《机械设计手册》卷目

卷次	篇名
第1卷 常用设计资料	1. 常用资料、常用数学公式和常用力学公式 2. 机械工程材料 3. 零部件设计常用基础标准 4. 零件结构设计工艺性
第2卷 机械零部件设计（连接、紧固与传动）	5. 连接与紧固 6. 带传动和链传动 7. 摩擦轮传动与螺旋传动 8. 齿轮传动 9. 轮系 10. 减速器和变速器 11. 机构
第3卷 机械零部件设计（轴系、支承与其他）	12. 轴 13. 滑动轴承 14. 滚动轴承 15. 联轴器、离合器与制动器 16. 弹簧 17. 起重运输机械零部件和操作件 18. 机架与箱体 19. 管道与管道附件 20. 润滑 21. 密封
第4卷 流体传动与控制	22. 液压传动与控制 23. 气压传动与控制 24. 液力传动
第5卷 机电一体化与控制技术	25. 机电一体化技术及设计 26. 机电系统控制 27. 工业机器人技术 28. 数控技术 29. 微机电系统及设计 30. 机械状态监测与故障诊断技术 31. 激光及其在机械工程中的应用 32. 电动机、电器与常用传感器
第6卷 现代设计理论与方法	33. 现代设计理论与方法综述 34. 普适设计与功能设计 35. 创新设计 36. 绿色设计与和谐设计 37. 机械系统概念设计 38. 机械系统的振动设计及噪声控制 39. 机械结构的有限元设计 40. 疲劳强度设计 41. 机械可靠性设计 42. 造型设计和人机工程 43. 摩擦学设计 44. 优化设计 45. 虚拟设计 46. 智能设计 47. 并行设计与协同设计 48. 反求设计与快速成形制造技术 49. 快速响应变型设计 50. 计算机辅助设计 51. 公理设计与质量功能展开（QFD）设计 52. 产品综合设计的理论与方法

机 械 设 计 手 册

第5版

主　编　闻邦椿
副主编　张义民　鄂中凯　陈良玉　孙志礼
宋锦春　柳洪义　汪　恺

第1卷　常用设计资料

本卷主编　鄂中凯

机 械 工 业 出 版 社

本书是在前4版的基础上，吸收并总结了国内外机械工程设计领域中的新标准、新材料、新工艺、新结构、新技术、新产品、新设计理论与方法撰写而成。本书全面系统地介绍了常规设计、机电一体化与控制技术和现代设计方法及其应用等内容。具有内容先进、信息量大、取材广、规格全，实用性强，数据可靠，使用方便等特点。

全书分6卷52篇，内容有：常用设计资料、机械零部件设计（连接、紧固与传动）、机械零部件设计（轴系、支承与其他）、流体传动与控制、机电一体化及控制技术、现代设计理论与方法等。

本卷为第1卷，主要内容有：常用资料、常用数学公式和常用力学公式、机械工程材料、零部件设计常用基础标准、零件结构设计工艺性等。

本书供从事机械设计、制造、维修及有关工程技术人员作为工具书使用，也可供大专院校的有关专业师生使用和参考。

图书在版编目（CIP）数据

机械设计手册．第1卷/闻邦椿主编．—5版．—北京：机械工业出版社，2010.1（2014.3重印）
ISBN 978-7-111-29225-8

Ⅰ．机… Ⅱ．闻… Ⅲ．机械设计－技术手册 Ⅳ．TH122－62

中国版本图书馆CIP数据核字（2009）第221408号

机械工业出版社（北京市百万庄大街22号 邮政编码100037）
策划编辑：曲彩云 责任编辑：王春雨
封面设计：姚 毅 责任校对：李秋荣 责任印制：李 洋
三河市宏达印刷有限公司印刷
2014年3月第5版第7次印刷
184mm×260mm·85.25印张·3插页·3005千字
27001—31000册
标准书号：ISBN 978-7-111-29225-8
定价：140.00元
凡购本书，如有缺页、倒页、脱页，由本社发行部调换
电话服务 编辑热线：(010)88379782
社服务中心：(010)88361066 网络服务
销售一部：(010)68326294 门户网：http://www.cmpbook.com
销售二部：(010)88379649 教材网：http://www.cmpedu.com
读者购书热线：(010)88379203 **封面无防伪标均为盗版**

第5版前言

人类社会正迈入知识经济时代，以知识为依托的科学技术在当今社会发展过程中正在发挥着越来越重要的作用。科学技术成果的研究与开发及其广泛应用是当今，也是未来推动经济发展和社会进步的至关重要的因素。依靠科技进步振兴装备制造业是使我国由制造大国过渡到制造强国的核心因素和关键。

发展装备制造业离不开产品的研究与开发及设计。机械产品设计正由传统设计模式向现代设计模式转变，现代设计的特点是广泛采用计算机技术，着力应用智能化设计、数字化设计、网络化设计、绿色化设计及系统化设计的综合技术。机械设计手册的编辑与出版，充分地展现了现代设计的特点，是现代设计不可缺少的工具和手段。

本版手册在科学发展观和自主创新设计的理念引领下，进行了较大篇幅的修改和补充，为我国现代机械产品自主创新设计提供了保障。例如，在手册中重点介绍了产品绿色设计、和谐设计与系统化设计，也介绍了产品的创新设计等内容，这有利于产品设计师们采用手册中介绍的内容和方法开展产品开发。

本版手册汇总了大量的原始数据和设计资料，以及在产品设计时必须采用技术标准，同时还介绍了设计中许多不可缺少的相关设计知识。因此，可以说手册是设计师们在产品设计过程中所必需的数据库和知识库，目前她已成为产品研究与开发的“利器”及其他设计器具无法取代的重要的设计工具，这不仅在现在，而且在将来也会发挥其积极的作用。

本版手册系统地叙述了机械设计各专业的主要技术内容，归纳和总结了新中国成立以来我国机械领域取得的成就和经验，不少新内容是本手册编者们研究得到的，此外，还吸取了国外的若干先进科学技术，其内容丰富，实用性强，前4版出版后，受到了社会各界的重视和好评，作为国家级重点科技图书和机械工程方面的最具权威的大型工具书，曾获得全国优秀图书二等奖、机电部科技进步二等奖、全国优秀科技畅销书奖，1994曾在台湾建宏出版社出版发行，她在机械产品设计中起着十分重要的作用，目前已成为各行业，尤其是机械行业各技术部门必备的工具书。

在本版手册的修订过程中，我们努力贯彻了“科学性、先进性、实用性、可靠性”的指导思想。广泛调研了厂矿企业、设计院、科研院所、高等院校等多方面的使用情况和意见。对机械设计的基础内容、经典内容和传统内容，从取材、产品及其零部件的设计方法与计算流程、设计实例等多方面进行了深入系统的整合，同时，还全面总结了当前国内外机械设计的新理论、新方法、新材料、新工艺、新结构、新产品、新技术，特别是在产品的综合设计理论与方法、机电一体化及机械系统自动控制技术等方面作了系统和全面的论述和凝炼。相信本手册会以崭新的面貌展现在广大读者面前，她对提高我国机械产品的设计水平，推进新产品的研究与开发、老产品的改造，以及产品的引进、消化、吸收和再创新，进而促进我国由制造大国向制造强国转变，发挥其积极的作用。

本版手册分6卷52篇。第1卷：常用设计资料；第2卷：机械零部件设计（连接、紧固与传动）；第3卷：机械零部件设计（轴系、支承与其他）；第4卷：流体传动与控制；第5卷：

机电一体化及控制技术；第6卷：现代设计理论与方法。在撰写过程中，贯彻和采用最新技术标准和国际新标准，最大限度地充实和更新技术内容，凝炼和总结机械设计的最新成就和经验，尽力地吸取国外的先进科学技术，努力反映当代机械设计的最新水平，更好地为现代机械设计服务；在取材和选材过程中，尽量压缩对基本原理的介绍，避免在手册中出现教科书的叙述方式，特别强调要采用手册化、表格化的设计流程。删除一些可要可不要的内容，以及应用面相对较窄和尚未用于实际的研究性内容。力求使各篇章内容构成有机的整体，既要考虑到各篇的系统性，又要照顾全书的统一性，尽量避免不必要的重复；在各类零部件设计计算中，要增加结构图和应用实例。在部件设计选用中，应适当提供可选用的产品的结构及其安装尺寸、主要技术参数等，给设计和选用创造方便的条件；所有计算方法和数据都要准确、可靠、无误，重要的要注明来源；对相近标准的数据和表格尽量予以合并、采用双栏排版、摘其所要等形式予以编写，以使该手册采用较少的篇幅而编入较多的内容。

手册的第5版是在前4版的基础上，着力在以下几个方面作了修订：

一、在贯彻落实推广标准化技术方面

手册全部内容贯彻和采用了2010年1月以前颁发的最新国家标准、行业标准和相关的国际新标准，最大限度地充实和更新标准化技术的内容。本次修订为历次修订中标准更新规模最大的一次，例如：机械工程材料部分更新的标准达162个，流体传动与控制部分更新的标准有150多个。更换的标准中有许多是机械行业的重要标准，如GB/T 786.1—2009流体传动系统及元件图形符号和回路，GB/T 10095.1～2—2008圆柱齿轮精度制，GB/Z 18620.1～4—2008圆柱齿轮检验实施规范等。

二、在新的设计计算方法方面

按照GB/T 3480.1～5—1997渐开线圆柱齿轮承载能力计算方法、GB/T 10300.1～3—2003锥齿轮承载能力计算方法重新构建了实用、合理的齿轮设计体系。对圆柱齿轮和锥齿轮均按照初步确定尺寸的简化计算、简化疲劳强度校核计算和一般疲劳强度校核计算编排设计计算方法，以满足不同场合不同要求的齿轮设计需求。增加了齿轮齿廓修形和齿顶修缘的内容，给出了修形计算公式和确定修形量的方法。

在滚动螺旋传动中，按最新的国家标准GB/T 17587.4～5—2008滚珠丝杠副轴向静刚度、轴向静载荷与动载荷，整理更新了滚珠丝杠传动选用和评估计算方法。

根据机构学的最新发展，考虑到近年来并联机器人和并联机床的快速发展和应用，特地另辟一章，编入并联机器人和并联机床的运动学和动力学分析、典型并联机器人和并联机床的类型和应用选型，这是在大型工具书中首次载入。增加了机构系统方案的构思与拟定并例举了典型实例，对机构设计与选用起到综合和运用的作用。

三、在新材料、新元器件、新产品等方面

在新材料方面，编入了新型工程材料——钛及钛合金，该种材料具有低密度、高熔点、高比强度、耐腐蚀性好、高低温特性好、生物相容性好、具有形状记忆特性等优点，在航空航天、海洋开发、化工、冶金、生物技术、汽车工程、食品、轻工等工业技术领域的装备制造中有重要用途。编入了有“21世纪绿色材料”之称的镁及镁合金，该种材料在轻量性、比强度、导热性、减振性、储能性、切削性、尺寸稳定性以及可回收性等方面具有独特的优点。编入了GB/T 20878—2007不锈钢和耐热钢牌号及化学成分，该标准是一个全新标准，它规定了143个牌号的化学成分及部分牌号的物理性能参数与国内外标准牌号的对照，在各种手册中未见编入。

在新元件、新产品方面，在减速器和变速器篇中，增加了平面二次包络蜗杆减速器（GB/T 16444—2008）、新型的锥盘环盘式无级变速器、XZW 型行星锥轮无级变速器，在大型工具书中首次编入了用于高档轿车的新型金属带式无级变速器，以及其他相关的设计资料。

流体传动与控制卷在内容和产品方面作了大幅度的更新，编入了液压气动领域中的最新开发的各类元器件，为流体传动与控制系统的设计、运行和维护提供全面的技术支撑。为满足不同层次用户的需要，分别引入了国内主流品牌（含台湾知名品牌 HP）以及国际知名品牌的产品，如液压传动中的德国（Rexroth）、美国（Vickers）、日本（Yuken）、意大利（Atos）等品牌产品；液压控制系统中的德国（Festo）、美国（Moog、Vickers、Dowry）等品牌产品；气压传动中的德国（Fosto）、日本（SMC）等品牌产品。

编入了最新出现的具有广泛应用前景的液压元件——螺纹插装阀系列产品，增加了液压伺服油缸等相关新产品，大幅度增加了最新出现的适应性强的各类液压辅件。增加了以气流引射原理制造的真空发生器等气动系统常用的真空元器件。

四、在机电一体化设计与控制技术方面

机械技术与电子技术相结合已经成为当前装备制造业的主流和发展趋向，机电一体化是现代机械和技术的重要典型特征之一，为适应机电一体化技术的应用，本版手册对该方面的内容作了重新编排和大量充实，专辟一卷为机电一体化及控制技术等内容进行较系统和全面的叙述。

在机电一体化技术及设计篇中，以典型机电一体化产品的五大组成部分的技术要点作主线进行编写，并以产品设计为背景组织内容，并编入了多个综合性设计实例。

机器人是机电一体化特征最为显著的现代机械系统，从实用性的角度介绍了工业机器人技术中的本体、驱动、控制、传感等共性技术，结合喷涂、搬运、电焊、冲压、压铸等工艺，介绍了机器人的典型应用。另外对视觉机器人、智能机器人等作了实用性的介绍。

微机电系统（MEMS）是 20 世纪 80 年代中后期出现的微电子技术与机械技术及生物、物理、化学等学科相交叉的一种新技术，它不仅是机械学科发展的前沿方向之一，也逐渐形成了产业。顺应高新技术发展潮流，设专篇撰写微机电系统，这在大型工具书中尚属首次。本篇重点编入了 MEMS 制造技术和设计技术。

激光加工目前已经成为一种有效的重要先进制造技术。手册以激光加工技术的最新成果为素材，编写了各种激光加工的原理、工艺及其应用，其中包括在打孔、切割、焊接、淬火、熔覆与合金化中的应用和激光加工中的安全防护等。

同时，对机电系统控制、数控技术、机械状态监测与故障诊断技术和电动机、电器与常用传感器等内容，简化原理、突出应用、扩充实例、引用最新成果作了编写。

五、在凝炼和推广现代设计理论与方法方面

针对现代机械产品设计的新方法和新技术存在的多样性和复杂性问题，本版手册以现代机械产品设计的总目标和建立其设计方法新体系为主旨，从先进性、系统性和实用性的角度，对产品的设计理论与方法作了系统总结和介绍。本版手册按新的分类共编入了 21 种现代设计方法，可以说是集现代设计方法之大全。

在现代设计理论与方法综述篇中，介绍了机械及机械制造技术发展总趋势，国际上有影响的主要设计理论与方法，产品研究和开发的一般过程和关键问题，现代设计理论的发展和根据不同的设计目标对设计理论与方法的选用。首次采用系统工程的方法对产品设计理论与方法做了分类，克服了目前对产品设计理论与方法的叙述缺乏系统性的不足。

创新设计是现代机电产品提高竞争力的重要技术和方法。该篇在概要介绍创新设计的基本理论、创新思维、创新技法的基础上，基于国际上著名的发明问题解决理论（TRIZ）就情景分析、理想设计、创新设计中的技术进化和技术预测、冲突以及冲突解决原理、物质—场模型方法等介绍了创新设计的系统化方法。介绍了29种创新思维方法，30种创新技术，40条发明创造原理，并通过大量应用实例开拓创新设计思路。

绿色设计是实现低资源消耗、低环境影响、低碳经济的重要技术手段。该篇系统地论述绿色设计的概念、理论、方法及其关键技术。结合编者多年的研究实践，并参考了大量的国内外文献及其最新研究成果，通过介绍绿色设计的概念、材料选择、拆卸回收产品设计、包装设计、节能设计和绿色设计体系及评价方法，对绿色设计进行系统、简明的论述，并给出了绿色设计在上述几个方面的典型案例。这是在工具书中首次全面和系统地论述绿色设计，为推动工程绿色设计的普遍实施具有指引作用。

本版手册对机械系统的振动设计及噪声控制、机械结构有限元设计、疲劳强度设计、可靠性设计、优化设计、计算机辅助设计等比较成熟的现代设计方法和技术，本着简明化、实用化的原则，做了全面修订和充实，吸收了最新研究成果，增加了系列应用实例。例如，机械系统的振动设计及噪声控制中，增加了非线性系统中的等效线性化和多尺度法；机械可靠性设计篇编入了机构运动可靠性设计理论和方法、可靠性灵敏度分析方法等最新成果；在机械优化设计篇中，增加了模糊优化设计等新内容。

另外，对机械系统概念设计、虚拟设计、智能设计、并行设计与协同设计、反求设计、快速反应设计、公理设计和质量功能展开（QFD）设计、和谐设计等设计领域的前沿方法分别作了实用化介绍，以进一步拓展设计思路。

在本版手册最后一篇，系统介绍了现代机电产品的综合设计方法。该方法是一种基于系统工程的产品深层次的综合设计理论和方法。它以产品功能设计、性能设计和产品质量检验和评估为基本目标，将产品设计过程分为准备阶段、规划阶段、实施阶段和设计质量检验阶段等四个阶段，以准备阶段的3I调研、规划阶段的7D规划、实施阶段的深层次1+3+X综合设计和设计质量检验阶段的3A检验为基本要点构成综合设计法的完整技术体系。本版手册首次对该设计法作了系统论述，并给出了大型综合应用实例。

在本版手册编写中，为便于协调，提高质量，加快编写进度，编审人员以东北大学的教师为主，并组织邀请清华大学、上海交通大学、浙江大学、哈尔滨工业大学、天津大学、华中科技大学、西安交通大学、大连理工大学、东南大学、同济大学、重庆大学、上海大学、合肥工业大学、大连交通大学、苏州大学、西安建筑科技大学、沈阳工业大学、沈阳理工大学、重庆理工大学、机械科学研究总院、中国科学院沈阳自动化研究所、中国科学院长春精密机械及物理研究所、合肥通用机械研究院、沈阳液压件制造有限公司、大连液力传动机械厂、天津工程机械研究所等单位的专家、学者参加。

在本手册第5版出版之际，向著名机械学家、本手册创始人、历次版本的主编徐灏教授致以崇高的敬意，向历次版本副主编邱宣怀教授、蔡春源教授、严隽琪教授、林忠钦教授、余俊教授、汪恺总工程师、周士昌教授表示崇高的敬意，向参加本手册历次版本的编写单位和人员表示衷心感谢，向在手册编写、出版过程中给予大力支持的单位和社会各界朋友们表示衷心感谢，特别感谢机械科学研究总院、郑州机械研究所、沈阳铝镁设计研究院、北方重工集团沈阳重型机械集团有限责任公司和沈阳矿山机械集团有限责任公司、沈阳机床集团有限责任公司、沈阳鼓风机集团有限责任公司及国家标准馆沈阳分馆等单位的大力支持。

由于水平有限，手册难免有一些不尽人意之处，殷切希望广大读者批评指正。

主编　闻邦椿

第4版前言

《机械设计手册》自出版以来，在机械设计实践中发挥了重要的基础性作用，先后荣获全国优秀科技图书二等奖、机械电子工业部科技进步二等奖，是全国优秀科技畅销书，在社会上有较高的知名度，影响广泛，深得广大工程技术人员的厚爱。

机械设计是机械工业的基础技术。科技成果要转化为有竞争力的新产品，设计起着关键性作用。设计工作的质量和水平，直接关系到产品质量、性能和技术经济效益。特别是在产品创新和创造方面，工业发达国家都极为重视机械设计工作，不断地研制出适应市场需要的机电产品。近几年来，由于科学技术不断发展，加之我国加入世贸组织以后国际技术交流更直接、便捷，使我国在机械设计领域有了长足的进步，取得了丰硕的成果，发现了许多新材料、新的设计理念和设计方法，这些都需要我们及时归纳总结，全面准确地提供给广大读者。为使《机械设计手册》紧跟时代步伐，满足广大读者需要，我们组织了这次《机械设计手册》的新版修订工作。

这次修订，根据广大工程技术人员实际需要和阅读习惯，在保持手册先进性、系统性的前提下，我们调整了卷、篇、章的框架结构，重新编排，并补充了机械设计应用方面的内容。更加突出实用便查，让技术人员感到既有很多成熟使用的现代设计方法，又能更方便、快捷地查到所需内容。

这次修订取材仍根据基本、常用、关键、发展的原则，强调准确性。我们认真细致地对各种数据、图表等进行分析、核对和验证，对一些局部性的技术经验和测试结果，为了做到准确、可靠，作者亲自南下北上，取得第一手试验数据资料，以确定选取范围，做到了精益求精。对国外资料，以常用和新材料为主，主要从选用角度编写，重点介绍材料的技术参数、性能特点、适用范围和应用技术等，为如何正确选择和合理使用提供依据，以发挥其最佳性能和经济效果，这些都是作者经过长期生产实践积累的宝贵资料。本书数据、资料全部来自国家最新标准、规范和其他权威机构，设计方法、公式选择、参数选取原则均经过长期实践检验，典型结构设计、计算实例均来自工程实践。为了突出反映先进性，增加了许多适合我国国情的新材料、新方法、新技术、新工艺，广泛收集具有先进水平的新产品。

重点修订内容：

(1) 更换补充新标准

书中所涉及的标准均采用现行国际、国家及行业最新标准，这对提高我国机械设计标准化水平，促进机械产品走向世界都将起到促进作用。同时，对一些新旧标准过渡有难点的内容做了详细指导，如渐开线圆柱齿轮部分引入最新国家标准 GB/T 10095.1 ~ 2—2001 渐开线圆柱齿轮精度和 GB/Z 18620.1 ~ 4—2002 圆柱齿轮检验实施规范；考虑到新旧标准应用的过渡期，保留了渐开线圆柱齿轮精度标准 GB/T 100095—1988 的相关内容，给出了新旧标准精度对照表及旧标准向新标准的转化方法，同时给出了新旧标准标注的齿轮工作图示例，以方便读者使用。

锥齿轮强度计算采用最新颁布的国家标准 GB/T 10062.1 ~ 3—2003，为便于采用新标准，增加了强度计算用到的锥齿轮的端面当量齿轮和法面当量齿轮参数计算公式，给出了用新标准计算的两个锥齿轮传动设计算例。把现有国内资料中关于锥齿轮几何设计中的“参考点”改为“基准点”，以忠实原意。

在轴承中增加了2004年6月发布的滚动轴承代号方法的补充规定，以作为轴承标准的补充内容。

(2) 增加新材料、新结构

由于新材料、新结构不断出现，故在这次修订中，均适当纳入新内容，更换老内容，使手册更新、更适用。

如由于工程塑料和复合材料的力学性能有了很大的提高，又具有价廉、防腐、防锈蚀等一系列优点，故其应用发展很快，我们加强了这方面的介绍，书中还大量增加了新的结构类型和应用实例。

在轴承部分增加了带座外球面轴承、专用轴承、直线运动滚动支撑、关节轴承，以及国外轴承、钢球、钢种、润滑油等的代号和国内外对照表。

(3) 介绍新产品，删掉淘汰产品

机械设计中经常选用的一些基础产品发生了很大的变化，现在产品的分类、代号方法、设计计算等内容完全与国际接轨，与老产品相比完全不同。对于这些内容，我们必须加以修正，以适应我国机械产品进入国际市场的需要。因而，我们删掉了部分淘汰产品内容，并将国内主要厂家新开发推出的具有较大影响的新产品进行了补充，并适当增加了国内选用较多的国外产品，如为适应目前国内市场上进口液压、液力、气动元器件所占份额逐渐增大的现状，特增加了大篇幅的内容，主要推出世界著名的几大品牌应用较广泛的产品，以满足专业技术人员的需要。

近年来我国出现的新的减速器或形成了新标准的减速器，都在不断地向国外的新技术看齐，也收入本手册中供大家参考。此外，还及时引入了国外的产品，如SEW和PIV的产品，一则是为了向国际靠拢（接轨），二则是让设计人员方便选用国外知名公司的适用产品。

(4) 增加了反映现代科技的新内容

在“机械振动的控制”一章内，不仅填补了对冲击、对随机振动的隔离等国内外空白内容，还重点增加了利用振动信号的测量、分析、反馈及跟踪等先进技术，进行最优控制、自适应控制、预测控制、模糊控制等振动的主动控制的新内容。增加了“振动的利用”一章，使读者不仅能查到对有害振动进行控制的内容，还能查到振动的有益内容，包括振动利用的方法、步骤、设计与计算，利用振动原理工作的各类机械。

为适应现代机械设计的要求，增加了“模态分析与参数识别”一章。在机械设计中应用此章的内容，能对机械给定的动力特性，识别出机械应有的物理参数，或者已知机械的物理参数，识别出其动力特性。还能识别出很难准确计算和直接测量的机械动载荷，更能在机械运行时“在线”识别其动态特性。这些都将提高机械动态优化设计的功能与效率。

(5) 充实增加了现代设计方法的应用技术

近年来，机械设计的理论和方法在国内外取得了很大的发展，我国设计人员要在产品设计方面赶超国际水平，必须掌握先进的设计理论和方法。由于机械设计涉及面广，即使是经验丰富的设计师，也难以及时、全面地掌握这些理论与方法，所以本书重点介绍了当今发达工业国家流行的成熟的设计理论与方法，增强广大工程技术人员的创新意识和能力。如通过对有限元设计、创新设计、虚拟设计、优化设计、并行设计、智能设计、机电一体化设计及其相应工具软件等内容的详细阐述，使得工程技术人员在日常设计工作中融入现代设计的理论与方法，并注重相应流行软件的应用，达到提高设计水平和设计效率的目的。如有限元设计部分，详细介绍将“有限元设计”如何应用于实际设计工作之中，以适应国际流行的针对重大机电产品（包括新产品）研发及销售过程中需配备有限元分析软件的需要。又如为加强环保，进行绿色设计，生产绿色产品，在世界各国均受到普遍欢迎，工业发达国家更是十分重视环保这方面的工作，所以本手册也介绍了如何实施机电产品的绿色设计。所有这些内容，都是现代设计工作者必不可少的最新的必备知识，而其他同类工具书却极少涉及这些内容。

可靠性、优化、疲劳强度、摩擦学等理论的新发展，可以为机械设计人员提供当代的先进资料，其中有些是最新的研究成果。设计人员可以较方便地找到自己需要的方法或解决问题的线索，并为进一步深入开展工作打下良好的基础。

本书作者都是具有丰富的设计知识和技能，具有出色的机械设计实践和研究经验的本学科知名学者和机械设计专家，他们统观全局、采实撷精、为本书修订奠定了可靠的保证。

机械设计手册编委会

目　录

第1篇　常用资料、常用数学公式和常用力学公式

第1章　常用符号和数据

第2章　计量单位和单位换算

第3章　常用数学公式

第4章 常用力学公式

第2篇　机械工程材料

第1章　钢 铁 材 料

第2章　有色金属材料

第3章　非金属材料

第4章　复合材料

第3篇　零部件设计常用基础标准

第1章　技术制图及图形符号

第2章 公差与配合

第3章　几何公差——形状、方向、位置和跳动公差

第4章 表面结构

第5章　螺　　纹

第4篇 零件结构设计工艺性

第1章 概 述

第2章 铸件结构设计工艺性

第3章 锻件结构设计工艺性

第4章 冲压件结构设计工艺性

第5章 粉末冶金件结构设计工艺性

第6章 工程塑料件结构设计工艺性

第7章　热处理零件结构设计工艺性

第8章　橡胶件结构设计工艺性

第9章　焊接件结构设计工艺性

第10章 金属切削加工件结构设计工艺性

第11章 零部件的装配和维修工艺性

第1篇　常用资料、常用数学公式和常用力学公式

主　编　鄂中凯
编写人　鄂中凯
周康年
李建华
林　菁
审稿人　张义民

第 4 版

常用资料和常用数学公式

主　编　鄂中凯
编写人　鄂中凯
　　　　李建华
　　　　王运达
　　　　林　菁
审稿人　潘德惠
　　　　崔　巍

力学公式、实验应力分析常用公式及技术数据

主　编　周康年
编写人　周康年

第1章　常用符号和数据

1　常用符号

1.1　常用字母（见表1.1-1～表1.1-3）

表1.1-1　汉语拼音字母

大写	小写	名称	读音	大写	小写	名称	读音	大写	小写	名称	读音
A	a	阿	阿	J	j	街	基	S	s	诶思	思
B	b	玻诶	玻	K	k	科诶	科	T	t	特诶	特
C	c	雌诶	雌	L	l	诶勒	勒	U	u	乌	乌
D	d	得诶	得	M	m	诶摸	摸	V	v	物诶	维
E	e	鹅	鹅	N	n	讷诶	讷	W	w	蛙	屋
F	f	诶佛	佛	O	o	喔	喔	X	x	希	希
G	g	哥诶	哥	P	p	坡诶	坡	Y	y	呀	衣
H	h	哈	喝	Q	q	邱	欺	Z	z	资诶	资
I	i	衣	衣	R	r	阿儿	日				

注：1."V"只用来拼写外来语、少数民族语言和方言。

2. 前面没有声母时，韵母 i 写成 y，韵母 u 写成 w。

表1.1-2　拉丁字母

正　体		斜　体		名　称（国际音标注音）	正　体		斜　体		名　称（国际音标注音）
大　写	小　写	大　写	小　写		大　写	小　写	大　写	小　写	
A	a	*A*	*a*	[ei]	N	n	*N*	*n*	[en]
B	b	*B*	*b*	[biː]	O	o	*O*	*o*	[ou]
C	c	*C*	*c*	[siː]	P	p	*P*	*p*	[piː]
D	d	*D*	*d*	[diː]	Q	q	*Q*	*q*	[kjuː]
E	e	*E*	*e*	[iː]	R	r	*R*	*r*	[ɑː]
F	f	*F*	*f*	[ef]	S	s	*S*	*s*	[es]
G	g	*G*	*g*	[dʒiː]	T	t	*T*	*t*	[tiː]
H	h	*H*	*h*	[eitʃ]	U	u	*U*	*u*	[juː]
I	i	*I*	*i*	[ai]	V	v	*V*	*v*	[viː]
J	j	*J*	*j*	[dʒei]	W	w	*W*	*w*	[ˈdʌbljuː]
K	k	*K*	*k*	[kei]	X	x	*X*	*x*	[eks]
L	l	*L*	*l*	[el]	Y	y	*Y*	*y*	[wai]
M	m	*M*	*m*	[em]	Z	z	*Z*	*z*	[zed]

表 1.1-3　希腊字母

正体		斜体		英文名称（国际音标注音）	正体		斜体		英文名称（国际音标注音）
大写	小写	大写	小写		大写	小写	大写	小写	
Α	α	A	α	alpha〔'ælfə〕	Ν	ν	N	ν	nu〔nju:〕
Β	β	B	β	beta〔'bi:tə〕	Ξ	ξ	Ξ	ξ	xi〔ksai〕
Γ	γ	Γ	γ	gamma〔'gæmə〕	Ο	ο	O	o	omicron〔ou'maikrən〕
Δ	δ	Δ	δ	delta〔'deltə〕	Π	π	Π	π	pi〔pai〕
Ε	ε,ϵ	E	ε	epsilon〔'epsilən〕	Ρ	ρ	P	ρ	rho〔rou〕
Ζ	ζ	Z	ζ	zeta〔'zi:tə〕	Σ	σ	Σ	σ	sigma〔'sigmə〕
Η	η	H	η	eta〔'i:tə〕	Τ	τ	T	τ	tau〔tau〕
Θ	θ,ϑ	Θ	θ,ϑ	theta〔'θi:tə〕	Υ	υ	Υ	υ	upsilon〔'ju:psilon〕
Ι	ι	I	ι	jota〔ai'outə〕	Φ	ϕ,φ	Φ	ϕ,φ	phi〔fai〕
Κ	κ	K	κ	kappa〔'kæpə〕	Χ	χ	X	χ	chi〔kai〕
Λ	λ	Λ	λ	lambda〔'læmdə〕	Ψ	ψ	Ψ	ψ	psi〔psi:〕
Μ	μ	M	μ	mu〔mju:〕	Ω	ω	Ω	ω	omega〔'oumigə〕

1.2　国内和国外部分标准代号（见表 1.1-4、表 1.1-5）

表 1.1-4　国内部分标准代号

名称	代号	名称	代号	名称	代号
强制性国家标准	GB	电子行业标准	SJ	地质矿产行业标准	DZ
推荐性国家标准	GB/T	黑色冶金行业标准	YB	水力行业标准	SL
国家军用标准	GJB	煤炭行业标准	MT	石油天然气行业标准	SY
国家建筑材料行业标准	JC	石油化工行业标准	SH	纺织行业标准	FZ
机械行业标准	JB	化学行业标准	HG	轻工行业标准	QB

注：标准名称加“/T”为推荐性标准。

表 1.1-5　国外部分标准代号

名称	代号	名称	代号
国际标准化组织标准	ISO	加拿大标准协会标准	CSA
国际标准化协会标准	ISA	美国国家标准	ANSI
国际电工委员会标准	IEC	美国汽车协会标准	SAE
联合国工业发展组织标准	IDO	美国国家标准局标准	NBS
法国标准协会标准	AFNOR	美国标准协会标准	ASA
法国国家标准	NF	美国钢铁学会标准	AISI
日本工业标准	JIS	美国齿轮制造者协会标准	AGMA
日本工业产品标准统一调查会标准	JES	美国机械工程师学会标准	ASME
日本机械学会标准	JSME	美国材料和实验协会标准	ASTM
日本齿轮工业协会标准	JGMA	美国航空材料的技术规格	AMS
英国标准	BS	俄罗斯国家标准	ГОСТ
德国工业标准	DIN	意大利国家标准	UNI
德国工程师协会标准	VDI	瑞典国家标准	SIS

1.3　数学符号(见表 1.1-6)

表 1.1-6　数学符号(摘自 GB3102.11—1993)

杂类符号

符号	应用	意义或读法
=	$a=b$	a 等于 b
≠	$a\neq b$	a 不等于 b
$\underline{\underline{\mathrm{def}}}$	$a\underline{\underline{\mathrm{def}}}b$	按定义 a 等于 b 或 a 以 b 为定义
≙	$a\triangleq b$	a 相当于 b
≈	$a\approx b$	a 约等于 b
∝	$a\propto b$	a 与 b 成正比
:	$a:b$	a 比 b
<	$a<b$	a 小于 b
>	$b>a$	b 大于 a
⩽	$a\leqslant b$	a 小于或等于 b
⩾	$b\geqslant a$	b 大于或等于 a
≪	$a\ll b$	a 远小于 b
≫	$b\gg a$	b 远大于 a
∞		无穷[大]或无限[大]
~	$a\sim b$	数字范围
.	13.59	小数点
˙ ˙	$3.12\dot{3}\,8\dot{2}$	循环小数
%	5% ~10%	百分率
( )		圆括号
[ ]		方括号
{ }		花括号
〈 〉		角括号
±		正或负
∓		负或正
max		最大
min		最小

运算符号

符号及应用	意义或读法
$a+b$	a 加 b
$a-b$	a 减 b
$a\pm b$	a 加或减 b
$a\mp b$	a 减或加 b
$ab, a\cdot b, a\times b$	a 乘以 b
$\frac{a}{b}, a/b, ab^{-1}$	a 除以 b 或 a 被 b 除
$\sum\limits_{i=1}^{n}a_i$	$a_1+a_2+\cdots+a_n$
$\prod\limits_{i=1}^{n}a_i$	$a_1\cdot a_2\cdot\cdots\cdot a_n$
a^p	a 的 p 次方或 a 的 p 次幂
$a^{1/2}, a^{\frac{1}{2}}$ $\sqrt{a}, \sqrt{}a$	a 的$\frac{1}{2}$次方,a 的平方根
$a^{1/n}, a^{\frac{1}{n}}$ $\sqrt[n]{a}, \sqrt[n]{}a$	a 的$\frac{1}{n}$次方,a 的 n 次方根
$\vert a\vert$	a 的绝对值;a 的模
sgn a	a 的符号函数
$\overline{a}, \langle a\rangle$	a 的平均值
$n!$	n 的阶乘
$\binom{n}{p}, C_n^p$	二项式系数;组合数
ent a, E(a)	小于或等于 a 的最大整数;示性 a

几何符号

符号及应用	意义或读法
$\overline{AB}, AB$	[直]线段 AB
∠	[平面]角
$\overset{\frown}{AB}$	弧 AB
π	圆周率
△	三角形
▱	平行四边形
⊙	圆
⊥	垂直
//, ‖	平行
$\underline{\underline{\parallel}}$	平行且相等
∽	相似
≌	全等

（续）

函数符号	
符号及应用	意义或读法
f	函数 f
$f(x)$ $f(x,y,\cdots)$	函数 f 在 x 或在 $(x,y,\cdots)$ 的值
$f(x)\|_a^b$ $[f(x)]_a^b$	$f(b)-f(a)$
$g\circ f$	f 与 g 的合成函数或复合函数
$x\to a$	x 趋于 a
$\lim\limits_{x\to a}f(x)$ $\lim_{x\to a}f(x)$	x 趋于 a 时 $f(x)$ 的极限
$\overline{\lim}$	上极限
$\underline{\lim}$	下极限
sup	上确界
inf	下确界
$\simeq$	渐近等于
$O(g(x))$	$f(x)=O(g(x))$ 的含义为 $\|f(x)/g(x)\|$ 在行文所述的极限中有上界
$o(g(x))$	$f(x)=o(g(x))$ 表示在行文所述的极限中 $f(x)/g(x)\to 0$
Δx	x 的[有限]增量
$\dfrac{\mathrm{d}f}{\mathrm{d}x}$ $\mathrm{d}f/\mathrm{d}x$ f'	单变量函数 f 的导[函]数或微商
$\left(\dfrac{\mathrm{d}f}{\mathrm{d}x}\right)_{x=a}$ $(\mathrm{d}f/\mathrm{d}x)_{x=a}$ $f'(a)$	函数 f 的导[函]数在 a 的值
$\dfrac{\mathrm{d}^nf}{\mathrm{d}x^n}$ $\mathrm{d}^nf/\mathrm{d}x^n$ $f^{(n)}$	单变量函数 f 的 n 阶导函数
$\dfrac{\partial f}{\partial x}$ $\partial f/\partial x$ $\partial_x f$	多变量 $x,y,\cdots$ 的函数 f 对于 x 的偏微商或偏导数
$\dfrac{\partial^{m+n}f}{\partial x^n\partial y^m}$	函数 f 先对 y 求 m 次偏微商，再对 x 求 n 次偏微商；混合偏导数
$\dfrac{\partial(u,v,w)}{\partial(x,y,z)}$	u,v,w 对 x,y,z 的函数行列式
$\mathrm{d}f$	函数 f 的全微分
δf	函数 f 的(无穷小)变分

函数符号	
符号及应用	意义或读法
$\int f(x)\mathrm{d}x$	函数 f 的不定积分
$\int_a^b f(x)\mathrm{d}x$ $\int_a^b f(x)\mathrm{d}x$	函数 f 由 a 至 b 的定积分
$\iint\limits_A f(x,y)\mathrm{d}A$	函数 $f(x,y)$ 在集合 A 上的二重积分
δ_{ik}	克罗内克 δ 符号
ε_{ijk}	勒维-契维塔符号
$\delta(x)$	狄拉克 δ 分布[函数]
$\varepsilon(x)$	单位阶跃函数；海维赛函数
$f*g$	f 与 g 的卷积

三角函数和双曲函数符号	
符号及表达式	意义或读法
$\sin x$	x 的正弦
$\cos x$	x 的余弦
$\tan x$	x 的正切，也可用 tg x
$\cot x$	x 的余切
$\sec x$	x 的正割
$\csc x$	x 的余割，也可用 cosec x
$\sin^m x$	$\sin x$ 的 m 次方
arcsin x	x 的反正弦
arccos x	x 的反余弦
arctan x	x 的反正切，也可用 arctg x
arccot x	x 的反余切
arcsec x	x 的反正割
arccsc x	x 的反余割，也可用 arccosec x
sinh x	x 的双曲正弦，也可用 sh x
cosh x	x 的双曲余弦，也可用 ch x
tanh x	x 的双曲正切，也可用 th x
coth x	x 的双曲余切
sech x	x 的双曲正割
csch x	x 的双曲余割，也可用 cosech x
arsinh x	x 的反双曲正弦，也可用 arsh x
arcosh x	x 的反双曲余弦，也可用 arch x
artanh x	x 的反双曲正切，也可有 arth x
arcoth x	x 的反双曲余切
arsech x	x 的反双曲正割
arcsch x	x 的反双曲余割，也可用 arcosech x

（续）

指数函数和对数函数符号	
符号及表达式	意义或读法
a^x	x 的指数函数（以 a 为底）
e	自然对数的底
e^x，$\exp x$	x 的指数函数（以 e 为底）
$\log_a x$	以 a 为底的 x 的对数
$\ln x$，$\log_e x$	x 的自然对数
$\lg x$，$\log_{10} x$	x 的常用对数
$\mathrm{lb}\, x$，$\log_2 x$	x 的以 2 为底的对数
复数符号	
i，j	虚数单位，$i^2 = -1$
$\mathrm{Re}\, z$	z 的实部
$\mathrm{Im}\, z$	z 的虚部
$\lvert z \rvert$	z 的绝对值；z 的模
$\arg z$	z 的辐角；z 的相
z^*	z 的［复］共轭
$\mathrm{sgn}\, z$	z 的单位模函数
矩阵符号	
$\boldsymbol{A}$ $\begin{pmatrix} A_{11} & \cdots & A_{1n} \\ \vdots & & \vdots \\ A_{m1} & \cdots & A_{mn} \end{pmatrix}$	$m \times n$ 型的矩阵 $\boldsymbol{A}$
$\boldsymbol{AB}$	矩阵 $\boldsymbol{A}$ 与 $\boldsymbol{B}$ 的积
$\boldsymbol{E}$，$\boldsymbol{I}$	单位矩阵
$\boldsymbol{A}^{-1}$	方阵 $\boldsymbol{A}$ 的逆
$\boldsymbol{A}^{\mathrm{T}}$，$\tilde{\boldsymbol{A}}$	$\boldsymbol{A}$ 的转置矩阵
$\boldsymbol{A}^*$	$\boldsymbol{A}$ 的复共轭矩阵
$\boldsymbol{A}^{\mathrm{H}}$，$\boldsymbol{A}^+$	$\boldsymbol{A}$ 的厄米特共轭矩阵
$\det \boldsymbol{A}$ $\begin{vmatrix} A_{11} & \cdots & A_{1n} \\ \vdots & & \vdots \\ A_{n1} & \cdots & A_{nn} \end{vmatrix}$	方阵 $\boldsymbol{A}$ 的行列式
$\mathrm{tr}\, \boldsymbol{A}$	方阵 $\boldsymbol{A}$ 的迹
$\lVert \boldsymbol{A} \rVert$	矩阵 $\boldsymbol{A}$ 的范数

矢量和张量符号	
符号及表达式	意义或读法
$\boldsymbol{a}$ $\langle \vec{a} \rangle$	矢量或向量 $\boldsymbol{a}$
a $\lvert \boldsymbol{a} \rvert$	矢量 $\boldsymbol{a}$ 的模或长度，也可用 $\lVert \boldsymbol{a} \rVert$
$\boldsymbol{e}_a$	$\boldsymbol{a}$ 方向的单位矢量
$\boldsymbol{e}_x$，$\boldsymbol{e}_y$，$\boldsymbol{e}_z$ $\boldsymbol{i}$，$\boldsymbol{j}$，$\boldsymbol{k}$ $\boldsymbol{e}_i$	在笛卡儿坐标轴方向的单位矢量
a_x，a_y，a_z a_i	矢量 $\boldsymbol{a}$ 的笛卡儿分量
$\boldsymbol{a} \cdot \boldsymbol{b}$	$\boldsymbol{a}$ 与 $\boldsymbol{b}$ 的标量积或数量积，在特殊场合，也可用 $(\boldsymbol{a}, \boldsymbol{b})$
$\boldsymbol{a} \times \boldsymbol{b}$	$\boldsymbol{a}$ 与 $\boldsymbol{b}$ 的矢量积或向量积
$\boldsymbol{\nabla}$ $\vec{\nabla}$	那勃勒算子或算符；也可用 $\dfrac{\partial}{\partial \boldsymbol{r}}$
$\boldsymbol{\nabla}\varphi$，$\mathbf{grad}\ \varphi$	φ 的梯度，也可用 $\mathrm{grad}\ \varphi$
$\mathrm{div}\ \boldsymbol{a}$，$\boldsymbol{\nabla} \cdot \boldsymbol{a}$	$\boldsymbol{a}$ 的散度
$\boldsymbol{\nabla} \times \boldsymbol{a}$，$\mathbf{rot}\ \boldsymbol{a}$，$\mathbf{curl}\ \boldsymbol{a}$	$\boldsymbol{a}$ 的旋度
$\boldsymbol{\nabla}^2$，Δ	拉普拉斯算子
$\Box$	达朗贝尔算子
$\boldsymbol{T}$	二阶张量 $\boldsymbol{T}$，也用 $\vec{\vec{T}}$
T_{xx}，T_{xy}，…，T_{zz} T_{ij}	张量 $\boldsymbol{T}$ 的笛卡儿分量
$\boldsymbol{ab}$，$\boldsymbol{a} \otimes \boldsymbol{b}$	两矢量 $\boldsymbol{a}$ 与 $\boldsymbol{b}$ 的并矢积或张量积
$\boldsymbol{T} \otimes \boldsymbol{S}$	两个二阶张量 $\boldsymbol{T}$ 与 $\boldsymbol{S}$ 的张量积
$\boldsymbol{T} \cdot \boldsymbol{S}$	两个二阶张量 $\boldsymbol{T}$ 与 $\boldsymbol{S}$ 的内积
$\boldsymbol{T} \cdot \boldsymbol{a}$	二阶张量 $\boldsymbol{T}$ 与矢量 $\boldsymbol{a}$ 的内积
$\boldsymbol{T} : \boldsymbol{S}$	两个二阶张量 $\boldsymbol{T}$ 与 $\boldsymbol{S}$ 的标量积

数理逻辑符号			
符号	应用	符号名称	意义、读法及备注
$\wedge$	$p \wedge q$	合取	p 和 q
$\vee$	$p \vee q$	析取	p 或 q
$\neg$	$\neg p$	否定	p 的否定；不是 p；非 p
$\Rightarrow$	$p \Rightarrow q$	推断	若 p 则 q；p 蕴含 q 也可写为 $q \Leftarrow p$，有时也用→
$\Leftrightarrow$	$p \Leftrightarrow q$	等价	$p \Rightarrow q$ 且 $q \Rightarrow p$；p 等价于 q 有时也用↔
$\forall$	$\forall x \in A,\ p(x)$ $(\forall x \in A),\ p(x)$	全称量词	命题 $p(x)$ 对于每一个属于 A 的 x 为真
$\exists$	$\exists x \in A,\ p(x)$ $(\exists x \in A),\ p(x)$	存在量词	存在 A 中的元 x 使 $p(x)$ 为真

（续）

集合论符号		
符号	应用	意义或读法
$\in$	$x\in A$	x 属于 A；x 是集合 A 的一个元［素］
$\notin$	$y\notin A$	y 不属于 A；y 不是集合 A 的一个元［素］ 也可用 $\not\in$ 或 $\bar{\in}$
$\ni$	$A\ni x$	集 A 包含［元］x
$\not\ni$	$A\not\ni y$	集 A 不包含［元］y，也可用 $\not\ni$ 或 $\bar{\ni}$
$\{,\cdots,\}$	$\{x_1,x_2,\cdots,x_n\}$	诸元素 $x_1,x_2,\cdots,x_n$ 构成的集
$\{\mid\}$	$\{x\in A\mid p(x)\}$	使命题 $p(x)$ 为真的 A 中诸元［素］之集
card	card(A)	A 中诸元素的数目；A 的势（或基数）
$\varnothing$		空集
$\mathbb{N}$，$\mathbf{N}$		非负整数集；自然数集
$\mathbb{Z}$，$\mathbf{Z}$		整数集
$\mathbb{Q}$，$\mathbf{Q}$		有理数集
$\mathbb{R}$，$\mathbf{R}$		实数集
$\mathbb{C}$，$\mathbf{C}$		复数集
$[,]$	$[a,b]$	$\mathbb{R}$ 中由 a 到 b 的闭区间
$],]$ $(,]$	$]a,b]$ $(a,b]$	$\mathbb{R}$ 中由 a 到 b（含于内）的左半开区间
$[,[$ $[,)$	$[a,b[$ $[a,b)$	$\mathbb{R}$ 中由 a（含于内）到 b 的右半开区间
$],[$ $(,)$	$]a,b[$ (a,b)	$\mathbb{R}$ 中由 a 到 b 的开区间
$\subseteq$	$B\subseteq A$	B 含于 A；B 是 A 的子集
$\subsetneqq$	$B\subsetneqq A$	B 真包含于 A；B 是 A 的真子集
$\nsubseteq$	$C\nsubseteq A$	C 不包含于 A；C 不是 A 的子集 也可用 $\not\subset$
$\supseteq$	$A\supseteq B$	A 包含 B［作为子集］
$\supsetneqq$	$A\supsetneqq B$	A 真包含 B
$\nsupseteq$	$A\nsupseteq C$	A 不包含 C［作为子集］ 也可用 $\not\supset$
$\cup$	$A\cup B$	A 与 B 的并集
$\cup$	$\bigcup_{i=1}^{n}A_i$	诸集 $A_1,\cdots,A_n$ 的并集
$\cap$	$A\cap B$	A 与 B 的交集
$\cap$	$\bigcap_{i=1}^{n}A_i$	诸集 $A_1,\cdots,A_n$ 的交集
$\backslash$	$A\backslash B$	A 与 B 之差；A 减 B
$\complement$	$\complement_A B$	A 中子集 B 的补集或余集
$(,)$	(a,b)	有序偶 a,b；偶 a,b
$(,\cdots,)$	$(a_1,a_2,\cdots,a_n)$	有序 n 元组
$\times$	$A\times B$	A 与 B 的笛卡儿积
Δ	Δ_A	$A\times A$ 中点对 (x,x) 的集，其中 $x\in A$；$A\times A$ 的对角集

坐标系符号①	
坐标	名称或意义
x,y,z	笛卡儿坐标 e_x,e_y 与 e_z 组成一标准正交右手系
ρ,φ,z	圆柱坐标 e_ρ,e_φ 与 e_z 组成一标准正交右手系
γ,θ,φ	球坐标 e_γ,e_θ 与 e_φ 组成一标准正交右手系

特殊函数符号②	
符号及表达式	意义或读法
$\mathrm{J}_l(x)$	［第一类］柱贝塞尔函数
$\mathrm{N}_l(x)$	柱诺依曼函数，第二类柱贝塞尔函数
$\mathrm{H}_l^{(1)}(x)$ $\mathrm{H}_l^{(2)}(x)$	柱汉开尔函数，第三类柱贝塞尔函数
$\mathrm{I}_l(x)$ $\mathrm{K}_l(x)$	修正的柱贝塞尔函数
$\mathrm{j}_l(x)$	［第一类］球贝塞尔函数
$\mathrm{n}_l(x)$	球诺依曼函数，第二类球贝塞尔函数
$\mathrm{h}_l^{(1)}(x)$ $\mathrm{h}_l^{(2)}(x)$	球汉开尔函数，第三类球贝塞尔函数
$\mathrm{P}_l(x)$	勒让德多项式
$\mathrm{P}_l^m(x)$	关联勒让德函数
$\mathrm{Y}_l^m(\vartheta,\varphi)$	球面调和函数，球谐函数
$\mathrm{H}_n(x)$	厄米特多项式
$\mathrm{L}_n(x)$	拉盖尔多项式
$\mathrm{L}_n^m(x)$	关联拉盖尔多项式
$\mathrm{F}(a,b;c;x)$	超几何函数
$\mathrm{F}(a;c;x)$	合流超几何函数
$\mathrm{F}(k,\varphi)$	第一类［不完全］椭圆积分
$\mathrm{E}(k,\varphi)$	第二类［不完全］椭圆积分
$\Pi(k,n,\varphi)$	第三类［不完全］椭圆积分
$\Gamma(x)$	Γ（伽马）函数
$\mathrm{B}(x,y)$	B（贝塔）函数
$\mathrm{Ei}\ x$	指数积分
$\mathrm{erf}\ x$	误差函数
$\zeta(z)$	黎曼（泽塔）函数

① 如果为了某些目的，例外地使用左手坐标系时，必须明确地说出，以免引起符号错误。

② 行文中方括号内的文字表示可以略去或不读。

1.4　化学元素符号(摘自 GB3102.8—1993)(见表 1.1-7)

表 1.1-7　化学元素表(摘自 GB3102.8—1993)

原子序数	元素名称		符号	原子序数	元素名称		符号	原子序数	元素名称		符号	原子序数	元素名称		符号
	英文	中文			英文	中文			英文	中文			英文	中文	
1	hydrogen	氢	H	29	copper (cuprum)	铜	Cu	56	barium	钡	Ba	83	bismuth	铋	Bi
2	helium	氦	He	30	zinc	锌	Zn	57	lanthanum	镧	La	84	polonium	钋	Po
3	lithium	锂	Li	31	gallium	镓	Ga	58	cerium	铈	Ce	85	astatine	砹	At
4	beryllium	铍	Be	32	germanium	锗	Ge	59	praseodymium	镨	Pr	86	radon	氡	Rn
5	boron	硼	B	33	arsenic	砷	As	60	neodymium	钕	Nd	87	francium	钫	Fr
6	carbon	碳	C	34	selenium	硒	Se	61	promethium	钷	Pm	88	radium	镭	Ra
7	nitrogen	氮	N	35	bromine	溴	Br	62	samarium	钐	Sm	89	actinium	锕	Ac
8	oxygen	氧	O	36	krypton	氪	Kr	63	europium	铕	En	90	thorium	钍	Th
9	fluorine	氟	F	37	rubidium	铷	Rb	64	gadolinium	钆	Gd	91	protactinium	镤	Pa
10	neon	氖	Ne	38	strontium	锶	Sr	65	terbium	铽	Tb	92	uranium	铀	U
11	sodium (natrium)	钠	Na	39	yttrium	钇	Y	66	dysprosium	镝	Dy	93	neptunium	镎	Np
12	magnesium	镁	Mg	40	zirconium	锆	Zr	67	holmium	钬	Ho	94	plutonium	钚	Pu
13	aluminium	铝	Al	41	niobium	铌	Nb	68	erbium	铒	Er	95	americium	镅	Am
14	silicon	硅	Si	42	molybdenum	钼	Mo	69	thulium	铥	Tm	96	curium	锔	Cm
15	phosphorus	磷	P	43	technetium	锝	Tc	70	ytterbium	镱	Yb	97	berkelium	锫	Bk
16	sulfur	硫	S	44	ruthenium	钌	Ru	71	lutetium	镥	Lu (Cp)	98	californium	锎	Cf
17	chlorine	氯	Cl	45	rhodium	铑	Rh	72	hafnium	铪	Hf	99	einsteinium	锿	Es
18	argon	氩	Ar	46	palladium	钯	Pd	73	tantalum	钽	Ta	100	fermium	镄	Fm
19	potassium (kalium)	钾	K	47	silver (argenturm)	银	Ag	74	tungsten (wolfram)	钨	W	101	mendelevium	钔	Md
20	calcium	钙	Ca	48	cadmium	镉	Cd	75	rhenium	铼	Re	102	nobelium	锘	No
21	scandium	钪	Sc	49	indium	铟	In	76	osmium	锇	Os	103	lawrencium	铹	Lr
22	titanium	钛	Ti	50	tin (stannum)	锡	Sn	77	iridium	铱	Ir	104	unnilquadium		Unq
23	vanadium	钒	V	51	antimony (stibium)	锑	Sb	78	platinum	铂	Pt	105	unnilpentium		Unp
24	chromium	铬	Cr	52	tellurium	碲	Te	79	gold (aurum)	金	Au	106	unnilhexium		Unh
25	manganese	锰	Mn	53	iodine	碘	I	80	mercury (hydrargyrum)	汞	Hg	107	unnilseptium		Uns
26	iron (ferrum)	铁	Fe	54	xenon	氙	Xe	81	thallium	铊	Tl	108	unniloctium		Uno
27	cobalt	钴	Co	55	caesium	铯	Cs	82	lead (plumbum)	铅	Pb	109	unnilennium		Une
28	nickel	镍	Ni												

2　常用数据表

2.1　金属硬度与强度换算(见表1.1-8～表1.1-12)

表1.1-8　碳钢及合金钢硬度与强度核算值(摘自GB/T1172—1999)

硬度							抗拉强度 σ_b/N·mm^{-2}								
洛氏		表面洛氏			维氏	布氏($F=30D^2$)①									
HRC	HRA	HR 15N	HR 30N	HR 45N	HV	HBW	碳钢	铬钢	铬钒钢	铬镍钢	铬钼钢	铬镍钼钢	铬锰硅钢	超高强度钢	不锈钢
20.0	60.2	68.8	40.7	19.2	226	225	774	742	736	782	747		781		740
20.5	60.4	69.0	41.2	19.8	228	227	784	751	744	787	753		788		749
21.0	60.7	69.3	41.7	20.4	230	229	793	760	753	792	760		794		758
21.5	61.0	69.5	42.2	21.0	233	232	803	769	761	797	767		801		767
22.0	61.2	69.8	42.6	21.5	235	234	813	779	770	803	774		809		777
22.5	61.5	70.0	43.1	22.1	238	237	823	788	779	809	781		816		786
23.0	61.7	70.3	43.6	22.7	241	240	833	798	788	815	789		824		796
23.5	62.0	70.6	44.0	23.3	244	242	843	808	797	822	797		832		806
24.0	62.2	70.8	44.5	23.9	247	245	854	818	807	829	805		840		816
24.5	62.5	71.1	45.0	24.5	250	248	864	828	816	836	813		848		826
25.0	62.8	71.4	45.5	25.1	253	251	875	838	826	843	822		856		837
25.5	63.0	71.6	45.9	25.7	256	254	886	848	837	851	831	850	865		847
26.0	63.3	71.9	46.4	26.3	259	257	897	859	847	859	840	859	874		858
26.5	63.5	72.2	46.9	26.9	262	260	908	870	858	867	850	869	883		868
27.0	63.8	72.4	47.3	27.5	266	263	919	880	869	876	860	879	893		879
27.5	64.0	72.7	47.8	28.1	269	266	930	891	880	885	870	890	902		890
28.0	64.3	73.0	48.3	28.7	273	269	942	902	892	894	880	901	912		901
28.5	64.6	73.3	48.7	29.3	276	273	954	914	903	904	891	912	922		913
29.0	64.8	73.5	49.2	29.9	280	276	965	925	915	914	902	923	933		924
29.5	65.1	73.8	49.7	30.5	284	280	977	937	928	924	913	935	943		936
30.0	65.3	74.1	50.2	31.1	288	283	989	948	940	935	924	947	954		947
30.5	65.6	74.4	50.6	31.7	292	287	1002	960	953	946	936	959	965		959
31.0	65.8	74.7	51.1	32.3	296	291	1014	972	966	957	948	972	977		971
31.5	66.1	74.9	51.6	32.9	300	294	1027	984	980	969	961	985	989		983
32.0	66.4	75.2	52.0	33.5	304	298	1039	996	993	981	974	999	1001		996
32.5	66.6	75.5	52.5	34.1	308	302	1052	1009	1007	994	987	1012	1013		1008
33.0	66.9	75.8	53.0	34.7	313	306	1065	1022	1022	1007	1001	1027	1026		1021
33.5	67.1	76.1	53.4	35.3	317	310	1078	1034	1036	1020	1015	1041	1039		1034
34.0	67.4	76.4	53.9	35.9	321	314	1092	1048	1051	1034	1029	1056	1052		1047
34.5	67.7	76.7	54.4	36.5	326	318	1105	1061	1067	1048	1043	1071	1066		1060
35.0	67.9	77.0	54.8	37.0	331	323	1119	1074	1082	1063	1058	1087	1079		1074
35.5	68.2	77.2	55.3	37.6	335	327	1133	1088	1098	1078	1074	1103	1094		1087
36.0	68.4	77.5	55.8	38.2	340	332	1147	1102	1114	1093	1090	1119	1108		1101
36.5	68.7	77.8	56.2	38.8	345	336	1162	1116	1131	1109	1106	1136	1123		1116
37.0	69.0	78.1	56.7	39.4	350	341	1177	1131	1148	1125	1122	1153	1139		1130
37.5	69.2	78.4	57.2	40.0	355	345	1192	1146	1165	1142	1139	1171	1155		1145
38.0	69.5	78.7	57.6	40.6	360	350	1207	1161	1183	1159	1157	1189	1171		1161
38.5	69.7	79.0	58.1	41.2	365	355	1222	1176	1201	1177	1174	1207	1187	1170	1176
39.0	70.0	79.3	58.6	41.8	371	360	1238	1192	1219	1195	1192	1226	1204	1195	1193
39.5	70.3	79.6	59.0	42.4	376	365	1254	1208	1238	1214	1211	1245	1222	1219	1209
40.0	70.5	79.9	59.5	43.0	381	370	1271	1225	1257	1233	1230	1265	1240	1243	1226
40.5	70.8	80.2	60.0	43.6	387	375	1288	1242	1276	1252	1249	1285	1258	1267	1244
41.0	71.1	80.5	60.4	44.2	393	381	1305	1260	1296	1273	1269	1306	1277	1290	1262
41.5	71.3	80.8	60.9	44.8	398	386	1322	1278	1317	1293	1289	1327	1296	1313	1280
42.0	71.6	81.1	61.3	45.4	404	392	1340	1296	1337	1314	1310	1348	1316	1336	1299
42.5	71.8	81.4	61.8	45.9	410	397	1359	1315	1358	1336	1331	1370	1336	1359	1319
43.0	72.1	81.7	62.3	46.5	416	403	1378	1335	1380	1358	1353	1392	1357	1381	1339
43.5	72.4	82.0	62.7	47.1	422	409	1397	1355	1401	1380	1375	1415	1378	1404	1361
44.0	72.6	82.3	63.2	47.7	428	415	1417	1376	1424	1404	1397	1439	1400	1427	1383
44.5	72.9	82.6	63.6	48.3	435	422	1438	1398	1446	1427	1420	1462	1422	1450	1405
45.0	73.2	82.9	64.1	48.9	441	428	1459	1420	1469	1451	1444	1487	1445	1473	1429

（续）

硬　度							抗拉强度 σ_b/N · mm^{-2}								
洛氏		表面洛氏			维氏	布氏（$F=30D^2$）①	碳钢	铬钢	铬钒钢	铬镍钢	铬钼钢	铬镍钼钢	铬锰硅钢	超高强度钢	不锈钢
HRC	HRA	HR 15N	HR 30N	HR 45N	HV	HBW									
45.5	73.4	83.2	64.6	49.5	448	435	1481	1444	1493	1476	1468	1512	1469	1496	1453
46.0	73.7	83.5	65.0	50.1	454	441	1503	1468	1517	1502	1492	1537	1493	1520	1479
46.5	73.9	83.7	65.5	50.7	461	448	1526	1493	1541	1527	1517	1563	1517	1544	1505
47.0	74.2	84.0	65.9	51.2	468	455	1550	1519	1566	1554	1542	1589	1543	1569	1533
47.5	74.5	84.3	66.4	51.8	475	463	1575	1546	1591	1581	1568	1616	1569	1594	1562
48.0	74.7	84.6	66.8	52.4	482	470	1600	1574	1617	1608	1595	1643	1595	1620	1592
48.5	75.0	84.9	67.3	53.0	489	478	1626	1603	1643	1636	1622	1671	1623	1646	1623
49.0	75.3	85.2	67.7	53.6	497	486	1653	1633	1670	1665	1649	1699	1651	1674	1655
49.5	75.5	85.5	68.2	54.2	504	494	1681	1665	1697	1695	1677	1728	1679	1702	1689
50.0	75.8	85.7	68.6	54.7	512	502	1710	1698	1724	1724	1706	1758	1709	1731	1725
50.5	76.1	86.0	69.1	55.3	520	510		1732	1752	1755	1735	1788	1739	1761	
51.0	76.3	86.3	69.5	55.9	527	518		1768	1780	1786	1764	1819	1770	1792	
51.5	76.6	86.6	70.0	56.5	535	527		1806	1809	1818	1794	1850	1801	1824	
52.0	76.9	86.8	70.4	57.1	544	535		1845	1839	1850	1825	1881	1834	1857	
52.5	77.1	87.1	70.9	57.6	552	544			1869	1883	1856	1914	1867	1892	
53.0	77.4	87.4	71.3	58.2	561	552			1899	1917	1888	1947	1901	1929	
53.5	77.7	87.6	71.8	58.8	569	561			1930	1951			1936	1966	
54.0	77.9	87.9	72.2	59.4	578	569			1961	1986			1971	2006	
54.5	78.2	88.1	72.6	59.9	587	577			1993	2022			2008	2047	
55.0	78.5	88.4	73.1	60.5	596	585			2026	2058			2045	2090	
55.5	78.7	88.6	73.5	61.1	606	593								2135	
56.0	79.0	88.9	73.9	61.7	615	601								2181	
56.5	79.3	89.1	74.4	62.2	625	608								2230	
57.0	79.5	89.4	74.8	62.8	635	616								2281	
57.5	79.8	89.6	75.2	63.4	645	622								2334	
58.0	80.1	89.8	75.6	63.9	655	628								2390	
58.5	80.3	90.0	76.1	64.5	666	634								2448	
59.0	80.6	90.2	76.5	65.1	676	639								2509	
59.5	80.9	90.4	76.9	65.6	687	643								2572	
60.0	81.2	90.6	77.3	66.2	698	647								2639	
60.5	81.4	90.8	77.7	66.8	710	650									
61.0	81.7	91.0	78.1	67.3	721										
61.5	82.0	91.2	78.6	67.9	733										
62.0	82.2	91.4	79.0	68.4	745										
62.5	82.5	91.5	79.4	69.0	757										
63.0	82.8	91.7	79.8	69.5	770										
63.5	83.1	91.8	80.2	70.1	782										
64.0	83.3	91.9	80.6	70.6	795										
64.5	83.6	92.1	81.0	71.2	809										
65.0	83.9	92.2	81.3	71.7	822										
65.5	84.1				836										
66.0	84.4				850										
66.5	84.7				865										
67.0	85.0				879										
67.5	85.2				894										
68.0	85.5				909										

注：1. 本表所列各种钢的换算值，适用于含碳量由低到高的钢种。

2. 本表所列换算值只有当试件组织均匀一致时，才能得到较精确的结果。

3. 本表不包括低碳钢。

① F 为压头上负荷（N）；D 为压头直径（mm）。

表1.1-9　碳钢硬度与强度换算值(GB/T1172—1999)

硬度							抗拉强度 σ_b/N·mm^{-2}	硬度							抗拉强度 σ_b/N·mm^{-2}
洛氏	表面洛氏			维氏	布氏 HBW			洛氏	表面洛氏			维氏	布氏 HBW		
HRB	HR15T	HR30T	HR45T	HV	$F=10D^2$	$F=30D^2$		HRB	HR15T	HR30T	HR45T	HV	$F=10D^2$	$F=30D^2$	
60.0	80.4	56.1	30.4	105	102		375	80.5	86.1	69.2	51.6	148	134		503
60.5	80.5	56.4	30.9	105	102		377	81.0	86.2	69.5	52.1	149	136		508
61.0	80.7	56.7	31.4	106	103		379	81.5	86.3	69.8	52.6	151	137		513
61.5	80.8	57.1	31.9	107	103		381	82.0	86.5	70.2	53.1	152	138		518
62.0	80.9	57.4	32.4	108	104		382	82.5	86.6	70.5	53.6	154	140		523
62.5	81.1	57.7	32.9	108	104		384	83.0	86.8	70.8	54.1	156		152	529
63.0	81.2	58.0	33.5	109	105		386	83.5	86.9	71.1	54.7	157		154	534
63.5	81.4	58.3	34.0	110	105		388	84.0	87.0	71.4	55.2	159		155	540
64.0	81.5	58.7	34.5	110	106		390	84.5	87.2	71.8	55.7	161		156	546
64.5	81.6	59.0	35.0	111	106		393	85.0	87.3	72.1	56.2	163		158	551
65.0	81.8	59.3	35.5	112	107		395	85.5	87.5	72.4	56.7	165		159	557
65.5	81.9	59.6	36.1	113	107		397	86.0	87.6	72.7	57.2	166		161	563
66.0	82.1	59.9	36.6	114	108		399	86.5	87.7	73.0	57.8	168		163	570
66.5	82.2	60.3	37.1	115	108		402	87.0	87.9	73.4	58.3	170		164	576
67.0	82.3	60.6	37.6	115	109		404	87.5	88.0	73.7	58.8	172		166	582
67.5	82.5	60.9	38.1	116	110		407	88.0	88.1	74.0	59.3	174		168	589
68.0	82.6	61.2	38.6	117	110		409	88.5	88.3	74.3	59.8	176		170	596
68.5	82.7	61.5	39.2	118	111		412	89.0	88.4	74.6	60.3	178		172	603
69.0	82.9	61.9	39.7	119	112		415	89.5	88.6	75.0	60.9	180		174	609
69.5	83.0	62.2	40.2	120	112		418	90.0	88.7	75.3	61.4	183		176	617
70.0	83.2	62.5	40.7	121	113		421	90.5	88.8	75.6	61.9	185		178	624
70.5	83.3	62.8	41.2	122	114		424	91.0	89.0	75.9	62.4	187		180	631
71.0	83.4	63.1	41.7	123	115		427	91.5	89.1	76.2	62.9	189		182	639
71.5	83.6	63.5	42.3	124	115		430	92.0	89.3	76.6	63.4	191		184	646
72.0	83.7	63.8	42.8	125	116		433	92.5	89.4	76.9	64.0	194		187	654
72.5	83.9	64.1	43.3	126	117		437	93.0	89.5	77.2	64.5	196		189	662
73.0	84.0	64.4	43.8	128	118		440	93.5	89.7	77.5	65.0	199		192	670
73.5	84.1	64.7	44.3	129	119		444	94.0	89.8	77.8	65.5	201		195	678
74.0	84.3	65.1	44.8	130	120		447	94.5	89.9	78.2	66.0	203		197	686
74.5	84.4	65.4	45.4	131	121		451	95.0	90.1	78.5	66.5	206		200	695
75.0	84.5	65.7	45.9	132	122		455	95.5	90.2	78.8	67.1	208		203	703
75.5	84.7	66.0	46.4	134	123		459	96.0	90.4	79.1	67.6	211		206	712
76.0	84.8	66.3	46.9	135	124		463	96.5	90.5	79.4	68.1	214		209	721
76.5	85.0	66.6	47.4	136	125		467	97.0	90.6	79.8	68.6	216		212	730
77.0	85.1	67.0	47.9	138	126		471	97.5	90.8	80.1	69.1	219		215	739
77.5	85.2	67.3	48.5	139	127		475	98.0	90.9	80.4	69.6	222		218	749
78.0	85.4	67.6	49.0	140	128		480	98.5	91.1	80.7	70.2	225		222	758
78.5	85.5	67.9	49.5	142	129		484	99.0	91.2	81.0	70.7	227		226	768
79.0	85.7	68.2	50.0	143	130		489	99.5	91.3	81.4	71.2	230		229	778
79.5	85.8	68.6	50.5	145	132		493	100.0	91.5	81.7	71.7	233		232	788
80.0	85.9	68.9	51.0	146	133		498								

注：1. 本表适用于低碳钢。

2. 表中 F 及 D 意义见前表。

表1.1-10　钢铁洛氏与肖氏硬度对照

肖　氏　HS	96.6	95.6	94.6	93.5	92.6	91.5	90.5	89.4	88.4	87.6	86.5	85.7		
洛　氏　HRC	68	67.5	67	66.5	66	65.5	65	64.5	64	63.5	63	62.5		
肖　氏　HS	84.8	84.0	83.1	82.2	81.4	80.6	79.7	78.9	78.1	77.2	76.5	75.6		
洛　氏　HRC	62	61.5	61	60.5	60	59.5	59	58.5	58	57.5	57	56.5		
肖　氏　HS	74.9	74.2	73.5	72.6	71.9	71.2	70.5	69.8	69.1	68.5	67.7	67.0		
洛　氏　HRC	56	55.5	55	54.5	54	53.5	53	52.5	52	51.5	51	50.5		
肖　氏　HS	66.3	65.0	63.7	62.3	61.0	59.7	58.4	57.1	55.9	54.7	53.5	52.3		
洛　氏　HRC	50	49	48	47	46	45	44	43	42	41	40	39		
肖　氏　HS	51.1	50.0	48.8	47.8	46.6	45.6	44.5	43.5	42.5	41.6	40.6	39.7		
洛　氏　HRC	38	37	36	35	34	33	32	31	30	29	28	27		
肖　氏　HS	38.8	37.9	37.0	36.3	35.5	34.7	34.0	33.2	32.6	31.9	31.4	30.7	30.1	29.6
洛　氏　HRC	26	25	24	23	22	21	20	19	18	17	16	15	14	13

表 1.1-11　铜合金硬度与强度换算值　（摘自 GB/T3771—1983）

硬度													抗拉强度 /MPa							
布氏（$F=30D^2$）		维氏	洛氏				表面洛氏						黄铜		铍青铜					
HBW	d_{10}、$2d_5$、$4d_{2.5}$/mm	HV	HRC	HRA	HRB	HRF	HR15N	HR30N	HR45N	HR15T	HR30T	HR45T	板材 σ_b	棒材 σ_b	板材 σ_b	板材 $\sigma_{0.2}$	板材 $\sigma_{0.01}$	棒材 σ_b	棒材 $\sigma_{0.2}$	棒材 $\sigma_{0.01}$
90.0	6.159	90.5	—	—	53.7	87.1	—	—	—	77.2	50.8	26.7	—	—	—	—	—	—	—	—
92.0	6.100	92.6	—	—	54.2	87.4	—	—	—	77.4	51.2	27.2	—	—	—	—	—	—	—	—
94.0	6.042	94.7	—	—	54.8	87.7	—	—	—	77.6	51.6	27.7	—	—	—	—	—	—	—	—
96.0	5.986	96.8	—	—	55.5	88.1	—	—	—	77.8	52.0	28.4	—	—	—	—	—	—	—	—
98.0	5.931	98.9	—	—	56.2	88.5	—	—	—	78.0	52.5	29.1	—	—	—	—	—	—	—	—
100.0	5.878	101.0	—	—	57.1	89.1	—	—	—	78.3	53.2	30.1	—	—	—	—	—	—	—	—
102.0	5.826	103.1	—	—	58.0	89.6	—	—	—	78.6	53.8	31.0	—	—	—	—	—	—	—	—
104.0	5.775	105.1	—	—	58.9	90.1	—	—	—	78.9	54.4	31.9	—	—	—	—	—	—	—	—
106.0	5.726	107.2	—	—	60.0	90.7	—	—	—	79.2	55.1	32.9	—	—	—	—	—	—	—	—
108.0	5.678	109.3	—	—	61.0	91.3	—	—	—	79.6	55.8	33.9	—	—	—	—	—	—	—	—
110.0	5.631	111.4	—	—	62.1	91.9	—	—	—	79.9	56.5	35.0	379	392	—	—	—	—	—	—
112.0	5.585	113.5	—	—	63.2	92.6	—	—	—	80.3	57.4	36.2	382	397	—	—	—	—	—	—
114.0	5.541	115.6	—	—	64.3	93.2	—	—	—	80.6	58.1	37.2	386	403	—	—	—	—	—	—
116.0	5.497	117.7	—	—	65.4	93.8	—	—	—	81.0	58.8	38.2	390	408	—	—	—	—	—	—
118.0	5.454	119.8	—	—	66.6	94.5	—	—	—	81.4	59.6	39.4	394	414	—	—	—	—	—	—
120.0	5.413	121.9	—	—	67.7	95.1	—	—	—	81.7	60.3	40.5	398	420	—	—	—	—	—	—
122.0	5.372	124.0	—	—	68.8	95.8	—	—	—	82.1	61.2	41.7	402	425	—	—	—	—	—	—
124.0	5.332	126.1	—	—	69.9	96.4	—	—	—	82.5	61.9	42.7	407	431	—	—	—	—	—	—
126.0	5.293	128.2	—	—	71.0	97.0	—	—	—	82.8	62.6	43.7	412	437	—	—	—	—	—	—
128.0	5.255	130.3	—	—	72.1	97.7	—	—	—	83.2	63.4	44.9	417	443	—	—	—	—	—	—
130.0	5.218	132.4	—	—	73.1	98.2	—	—	—	83.5	64.0	45.8	422	449	—	—	—	—	—	—
132.0	5.181	134.5	—	—	74.1	98.8	—	—	—	83.8	64.7	46.8	428	456	—	—	—	—	—	—
134.0	5.145	136.6	—	—	75.1	99.4	—	—	—	84.1	65.5	47.9	434	462	—	—	—	—	—	—
136.0	5.110	138.6	—	—	76.1	100.0	—	—	—	84.5	66.2	48.9	440	468	—	—	—	—	—	—
138.0	5.076	140.7	—	—	77.0	100.5	—	—	—	84.8	66.8	49.8	446	475	—	—	—	—	—	—
140.0	5.042	142.8	—	—	77.9	101.0	—	—	—	85.0	67.4	50.6	453	481	—	—	—	—	—	—
142.0	5.009	144.9	—	—	78.8	101.5	—	—	—	85.3	67.9	51.5	460	488	—	—	—	—	—	—
144.0	4.977	147.0	—	—	79.7	102.0	—	—	—	85.6	68.5	52.3	467	495	—	—	—	—	—	—
146.0	4.945	149.1	—	—	80.5	102.5	—	—	—	85.8	69.1	53.2	474	502	—	—	—	—	—	—
148.0	4.914	151.2	—	—	81.2	102.9	—	—	—	86.1	69.6	53.9	482	509	—	—	—	—	—	—
150.0	4.883	153.3	—	—	82.0	103.3	—	—	—	86.3	70.1	54.6	489	516	—	—	—	—	—	—
152.0	4.853	155.4	—	—	82.7	103.7	—	—	—	86.6	70.6	55.3	498	523	—	—	—	—	—	—
154.0	4.823	157.5	—	—	83.3	104.1	—	—	—	86.8	71.0	56.0	506	530	—	—	—	—	—	—

（续）

硬度												抗拉强度/MPa								
布氏($F=30D^2$)		维氏	洛氏				表面洛氏						黄铜		铍青铜					
HBW	d_{10}、$2d_5$、$4d_{2.5}$/mm	HV	HRC	HRA	HRB	HRF	HR15N	HR30N	HR45N	HR15T	HR30T	HR45T	板材	棒材	板材			棒材		
													σ_b	σ_b	σ_b	$\sigma_{0.2}$	$\sigma_{0.01}$	σ_b	$\sigma_{0.2}$	$\sigma_{0.01}$
156.0	4.794	159.6	—	—	84.0	104.5	—	—	—	87.0	71.5	56.6	514	537	—	—	—	—	—	—
158.0	4.766	161.7	—	—	84.6	104.8	—	—	—	87.2	71.9	57.2	523	545	—	—	—	—	—	—
160.0	4.738	163.8	—	—	85.2	105.2	—	—	—	87.4	72.3	57.9	532	552	—	—	—	—	—	—
162.0	4.710	165.9	—	—	85.8	105.5	—	—	—	87.6	72.7	58.4	541	560	—	—	—	—	—	—
164.0	4.683	168.0	—	—	86.3	105.8	—	—	—	87.7	73.1	58.9	551	567	—	—	—	—	—	—
166.0	4.657	170.1	—	—	86.8	106.1	—	—	—	87.9	73.4	59.4	561	575	—	—	—	—	—	—
168.0	4.631	172.1	—	—	87.4	106.4	—	—	—	88.1	73.8	59.9	571	583	—	—	—	—	—	—
170.0	4.605	174.2	—	—	87.9	106.7	—	—	—	88.2	74.1	60.4	581	591	556	476	332	662	374	291
172.0	4.580	176.3	—	—	88.4	107.0	—	—	—	88.4	74.5	61.0	591	599	562	482	337	667	382	297
174.0	4.555	178.4	—	—	88.8	107.2	—	—	—	88.5	74.7	61.3	602	607	569	489	342	673	390	303
176.0	4.530	180.5	—	—	89.3	107.5	—	—	—	88.7	75.1	61.8	613	615	576	496	347	678	398	309
178.0	4.506	182.6	—	—	89.8	107.8	—	—	—	88.9	75.4	62.3	624	624	582	503	352	683	406	314
180.0	4.483	184.7	—	—	90.3	108.1	—	—	—	89.0	75.8	62.8	636	632	589	509	356	689	414	320
182.0	4.459	186.8	—	—	90.8	108.4	—	—	—	89.2	76.1	63.4	648	640	596	516	361	694	422	326
184.0	4.436	188.9	—	—	91.3	108.7	—	—	—	89.4	76.5	63.9	659	649	603	523	366	700	430	332
186.0	4.414	191.0	—	—	91.8	109.0	—	—	—	89.5	76.9	64.4	672	658	609	530	371	705	438	337
188.0	4.392	193.1	—	—	92.3	109.2	—	—	—	89.7	77.1	64.7	684	666	616	537	376	711	446	343
190.0	4.370	195.2	—	—	92.8	109.5	—	—	—	89.8	77.5	65.3	697	675	623	543	380	717	454	349
192.0	4.348	197.3	—	—	93.3	109.8	—	—	—	90.0	77.8	65.8	710	684	630	550	385	722	462	355
194.0	4.327	199.4	—	—	93.9	110.2	—	—	—	90.2	78.3	66.5	723	693	637	557	390	728	470	360
196.0	4.306	201.5	—	—	94.4	110.4	—	—	—	90.3	78.5	66.8	736	702	643	564	395	734	478	366
198.0	4.285	203.5	—	—	95.0	110.8	—	—	—	90.6	79.0	67.5	750	712	650	570	400	740	486	372
200.0	4.265	205.6	—	—	95.6	111.1	—	—	—	90.7	79.4	68.0	764	721	657	577	404	746	494	378
202.0	4.244	207.7	—	—	96.2	111.5	—	—	—	90.9	79.8	68.7	—	—	664	584	409	752	502	383
204.0	4.225	209.8	—	—	96.8	111.8	—	—	—	91.2	80.2	69.2	—	—	671	591	414	758	510	389
206.0	4.205	211.9	—	—	97.5	112.2	—	—	—	91.4	80.7	69.9	—	—	678	598	419	764	518	395
208.0	4.186	214.0	—	—	98.1	112.6	—	—	—	91.6	81.1	70.6	—	—	685	604	424	770	526	401
210.0	4.167	216.1	—	—	98.8	113.0	—	—	—	91.8	81.6	71.3	—	—	692	611	428	776	534	406
212.0	4.148	218.2	18.0	59.2	—	—	67.9	38.9	17.3	—	—	—	—	—	699	618	433	782	542	412
214.0	4.129	220.3	18.4	59.4	—	—	68.2	39.2	17.8	—	—	—	—	—	706	625	438	789	550	418
216.0	4.111	222.4	18.8	59.6	—	—	68.4	39.6	18.3	—	—	—	—	—	713	631	443	795	558	424
218.0	4.093	224.5	19.1	59.8	—	—	68.5	39.9	18.6	—	—	—	—	—	720	638	447	801	566	429
220.0	4.075	226.6	19.5	60.0	—	—	68.8	40.3	19.1	—	—	—	—	—	727	645	452	808	574	435

（续）

硬							度						抗拉强度/MPa						
布氏（$F=30D^2$）		维氏	洛氏				表面洛氏						黄铜		铍青铜				
HBW	d_{10}、$2d_5$、$4d_{2.5}$/mm	HV	HRC	HRA	HRB	HRF	HR15N	HR30N	HR45N	HR15T	HR30T	HR45T	板材	棒材	板材			棒材	
													σ_b	σ_b	σ_b	$\sigma_{0.2}$	$\sigma_{0.01}$	σ_b	$\sigma_{0.2}$	$\sigma_{0.01}$
222.0	4.058	228.7	19.9	60.2	—	—	69.0	40.7	19.6	—	—	—	—	—	734	652	457	814	582	441
224.0	4.040	230.8	20.2	60.3	—	—	69.2	40.9	19.9	—	—	—	—	—	741	658	462	820	590	447
226.0	4.023	232.9	20.6	60.5	—	—	69.4	41.3	20.4	—	—	—	—	—	748	665	467	827	598	452
228.0	4.006	235.0	20.9	60.7	—	—	69.6	41.6	20.7	—	—	—	—	—	755	672	471	833	606	458
230.0	3.990	237.0	21.3	60.9	—	—	69.8	42.0	21.2	—	—	—	—	—	762	679	476	840	613	464
232.0	3.973	239.1	21.7	61.1	—	—	70.0	42.4	21.6	—	—	—	—	—	769	686	481	847	621	470
234.0	3.957	241.2	22.0	61.3	—	—	70.2	42.6	22.0	—	—	—	—	—	776	692	486	853	629	475
236.0	3.941	243.3	22.4	61.5	—	—	70.4	43.0	22.5	—	—	—	—	—	783	699	491	860	637	481
238.0	3.925	245.4	22.7	61.6	—	—	70.6	43.3	22.8	—	—	—	—	—	790	706	495	867	645	487
240.0	3.909	247.5	23.0	61.8	—	—	70.8	43.6	23.2	—	—	—	—	—	797	713	500	874	653	493
242.0	3.894	249.6	23.4	62.0	—	—	71.0	44.0	23.7	—	—	—	—	—	804	719	505	880	661	498
244.0	3.878	251.7	23.7	62.1	—	—	71.1	44.3	24.0	—	—	—	—	—	812	726	510	887	669	504
246.0	3.863	253.8	24.1	62.3	—	—	71.3	44.6	24.4	—	—	—	—	—	819	733	515	894	677	510
248.0	3.848	255.9	24.4	62.5	—	—	71.5	44.9	24.8	—	—	—	—	—	826	740	519	901	685	516
250.0	3.833	258.0	24.7	62.6	—	—	71.7	45.2	25.1	—	—	—	—	—	833	747	524	908	693	521
252.0	3.819	260.1	25.1	62.8	—	—	71.9	45.6	25.6	—	—	—	—	—	840	753	529	915	701	527
254.0	3.804	262.2	25.4	63.0	—	—	72.1	45.9	26.0	—	—	—	—	—	848	760	534	922	709	533
256.0	3.790	264.3	25.7	63.1	—	—	72.3	46.2	26.3	—	—	—	—	—	855	767	539	929	717	539
258.0	3.776	266.4	26.0	63.3	—	—	72.4	46.4	26.7	—	—	—	—	—	862	774	543	936	725	544
260.0	3.762	268.5	26.4	63.5	—	—	72.6	46.8	27.1	—	—	—	—	—	869	780	548	943	733	550
262.0	3.748	270.5	26.7	63.6	—	—	72.8	47.1	27.4	—	—	—	—	—	877	787	553	951	741	556
264.0	3.734	272.6	27.0	63.8	—	—	73.0	47.4	27.8	—	—	—	—	—	884	794	558	958	749	562
266.0	3.721	274.7	27.3	64.0	—	—	73.2	47.7	28.2	—	—	—	—	—	891	801	562	965	757	567
268.0	3.707	276.8	27.6	64.1	—	—	73.3	48.0	28.6	—	—	—	—	—	899	808	567	972	765	573
270.0	3.694	278.9	27.9	64.3	—	—	73.5	48.2	28.9	—	—	—	—	—	906	814	572	980	773	579
272.0	3.681	281.0	28.2	64.4	—	—	73.7	48.5	29.2	—	—	—	—	—	913	821	577	987	781	585
274.0	3.668	283.1	28.6	64.6	—	—	73.9	48.9	29.6	—	—	—	—	—	921	828	582	994	789	591
276.0	3.655	285.2	28.9	64.8	—	—	74.1	49.2	30.0	—	—	—	—	—	928	835	586	1002	797	596
278.0	3.643	287.3	29.2	64.9	—	—	74.2	49.5	30.3	—	—	—	—	—	936	841	591	1009	805	602
280.0	3.630	289.4	29.5	65.1	—	—	74.4	49.8	30.7	—	—	—	—	—	943	848	596	1017	813	608
282.0	3.618	291.5	29.8	65.2	—	—	74.6	50.0	31.1	—	—	—	—	—	950	855	601	1024	821	614
284.0	3.605	293.6	30.1	65.4	—	—	74.7	50.3	31.4	—	—	—	—	—	958	862	606	1032	829	619
286.0	3.593	295.7	30.4	65.5	—	—	74.9	50.6	31.8	—	—	—	—	—	965	868	610	1039	837	625

（续）

硬度														抗拉强度/MPa							
布氏（$F=30D^2$）		维氏	洛氏				表面洛氏						黄铜		铍青铜						
HBW	d_{10}、$2d_5$、$4d_{2.5}$/mm	HV	HRC	HRA	HRB	HRF	HR15N	HR30N	HR45N	HR15T	HR30T	HR45T	板材	棒材	板材			棒材			
													σ_b	σ_b	σ_b	$\sigma_{0.2}$	$\sigma_{0.01}$	σ_b	$\sigma_{0.2}$	$\sigma_{0.01}$	
288.0	3.581	297.8	30.7	65.7	—	—	75.1	50.9	32.1	—	—	—	—	—	973	875	615	1047	845	631	
290.0	3.569	299.9	31.0	65.8	—	—	75.2	51.2	32.5	—	—	—	—	—	980	882	620	1054	852	637	
292.0	3.557	301.9	31.2	65.9	—	—	75.4	51.4	32.7	—	—	—	—	—	988	889	625	1062	860	642	
294.0	3.545	304.0	31.5	66.1	—	—	75.5	51.7	33.1	—	—	—	—	—	995	896	630	1070	868	648	
296.0	3.534	306.1	31.8	66.2	—	—	75.7	51.9	33.4	—	—	—	—	—	1003	902	634	1077	876	654	
298.0	3.522	308.2	32.1	66.4	—	—	75.9	52.2	33.8	—	—	—	—	—	1010	909	639	1085	884	660	
300.0	3.511	310.3	32.4	66.5	—	—	76.0	52.5	34.1	—	—	—	—	—	1018	916	644	1093	892	665	
302.0	3.500	312.4	32.7	66.7	—	—	76.2	52.8	34.4	—	—	—	—	—	1026	923	649	1100	900	671	
304.0	3.489	314.5	33.0	66.9	—	—	76.4	53.1	34.8	—	—	—	—	—	1033	929	654	1108	908	677	
306.0	3.478	316.6	33.2	67.0	—	—	76.5	53.3	35.0	—	—	—	—	—	1041	936	658	1116	916	683	
308.0	3.467	318.7	33.5	67.1	—	—	76.7	53.6	35.4	—	—	—	—	—	1048	943	663	1124	924	688	
310.0	3.456	320.8	33.8	67.3	—	—	76.8	53.8	35.7	—	—	—	—	—	1056	950	668	1131	932	694	
312.0	3.445	322.9	34.1	67.4	—	—	77.0	54.1	36.1	—	—	—	—	—	1064	957	673	1139	940	700	
314.0	3.434	325.0	34.3	67.5	—	—	77.1	54.3	36.3	—	—	—	—	—	1071	963	677	1147	948	706	
316.0	3.424	327.1	34.6	67.7	—	—	77.3	54.6	36.7	—	—	—	—	—	1079	970	682	1155	956	711	
318.0	3.413	329.2	34.9	67.8	—	—	77.4	54.9	37.0	—	—	—	—	—	1087	977	687	1163	964	717	
320.0	3.403	331.3	35.2	68.0	—	—	77.6	55.2	37.4	—	—	—	—	—	1094	984	692	1171	972	723	
322.0	3.393	333.4	35.4	68.1	—	—	77.7	55.4	37.6	—	—	—	—	—	1102	990	697	1179	980	729	
324.0	3.383	335.4	35.7	68.2	—	—	77.9	55.6	38.0	—	—	—	—	—	1110	997	701	1187	988	734	
326.0	3.372	337.5	36.0	68.4	—	—	78.1	55.9	38.3	—	—	—	—	—	1117	1004	706	1195	996	740	
328.0	3.636	339.6	36.2	68.5	—	—	78.2	56.1	38.5	—	—	—	—	—	1125	1011	711	1203	1004	746	
330.0	3.353	341.7	36.5	68.6	—	—	78.3	56.4	38.9	—	—	—	—	—	1133	1018	716	1210	1012	752	
332.0	3.343	343.8	36.7	68.7	—	—	78.5	56.6	39.1	—	—	—	—	—	1141	1024	721	1218	1020	757	
334.0	3.333	345.9	37.0	68.9	—	—	78.6	56.9	39.5	—	—	—	—	—	1149	1031	725	1227	1028	763	
336.0	3.323	348.0	37.3	69.0	—	—	78.8	57.1	39.8	—	—	—	—	—	1156	1038	730	1235	1036	769	
338.0	3.314	350.1	37.5	69.1	—	—	78.9	57.3	40.1	—	—	—	—	—	1164	1045	735	1243	1044	775	
340.0	3.304	352.2	37.8	69.3	—	—	79.1	57.6	40.4	—	—	—	—	—	1172	1051	740	1251	1052	780	
342.0	3.295	354.3	38.0	69.4	—	—	79.2	57.8	40.6	—	—	—	—	—	1180	1058	745	1259	1060	786	
344.0	3.286	356.4	38.3	69.5	—	—	79.3	58.1	41.0	—	—	—	—	—	1188	1065	749	1267	1068	792	
346.0	3.276	358.5	38.5	69.7	—	—	79.5	58.3	41.2	—	—	—	—	—	1196	1072	754	1275	1076	798	
348.0	3.267	360.6	38.8	69.8	—	—	79.6	58.6	41.6	—	—	—	—	—	1204	1079	759	1283	1084	803	
350.0	3.258	362.7	39.0	69.9	—	—	79.8	58.8	41.8	—	—	—	—	—	1211	1085	764	1291	1091	809	
352.0	3.249	364.8	39.3	70.1	—	—	79.9	59.0	42.2	—	—	—	—	—	1219	1092	769	1299	1099	815	

（续）

硬度													抗拉强度/MPa							
布氏（$F=30D^2$）		维氏	洛氏				表面洛氏						黄铜		铍青铜					
HBW	d_{10}、$2d_5$、$4d_{2.5}$/mm	HV	HRC	HRA	HRB	HRF	HR15N	HR30N	HR45N	HR15T	HR30T	HR45T	板材	棒材	板材			棒材		
													σ_b	σ_b	σ_b	$\sigma_{0.2}$	$\sigma_{0.01}$	σ_b	$\sigma_{0.2}$	$\sigma_{0.01}$
354.0	3.240	366.9	39.5	70.2	—	—	80.1	59.2	42.4	—	—	—	—	—	1227	1099	773	1307	1107	821
356.0	3.231	368.9	39.9	70.4	—	—	80.2	59.6	42.9	—	—	—	—	—	1235	1106	778	1316	1115	826
358.0	3.223	371.0	40.2	70.5	—	—	80.4	59.9	43.2	—	—	—	—	—	1243	1112	783	1324	1123	832
360.0	3.214	373.1	40.4	70.6	—	—	80.5	60.1	43.4	—	—	—	—	—	1251	1119	788	1332	1131	838
362.0	3.205	375.2	40.6	70.7	—	—	80.7	60.3	43.7	—	—	—	—	—	1259	1126	792	1340	1139	844
364.0	3.197	377.3	40.9	70.9	—	—	80.8	60.6	44.0	—	—	—	—	—	1267	1133	797	1348	1147	849
366.0	3.188	379.4	41.1	71.0	—	—	80.9	60.8	44.2	—	—	—	—	—	1275	1139	802	1356	1155	855
368.0	3.180	381.5	41.3	71.1	—	—	81.0	60.9	44.5	—	—	—	—	—	1283	1146	807	1365	1163	861
370.0	3.171	383.6	41.5	71.2	—	—	81.1	61.1	44.7	—	—	—	—	—	1291	1153	812	1373	1171	867
372.0	3.163	385.7	41.7	71.3	—	—	81.3	61.3	44.9	—	—	—	—	—	1299	1160	816	1381	1179	872
374.0	3.155	387.8	42.0	71.4	—	—	81.4	61.6	45.3	—	—	—	—	—	1307	1167	821	1389	1187	878
376.0	3.147	389.9	42.2	71.5	—	—	81.5	61.8	45.5	—	—	—	—	—	1315	1173	826	1397	1195	884
378.0	3.138	392.0	42.4	71.6	—	—	81.7	62.0	45.8	—	—	—	—	—	1324	1180	831	1406	1203	890
380.0	3.130	394.1	42.7	71.8	—	—	81.8	62.3	46.1	—	—	—	—	—	1332	1187	836	1414	1211	895
382.0	3.122	396.2	42.9	71.9	—	—	81.9	62.5	46.3	—	—	—	—	—	1340	1194	840	1422	—	—
384.0	3.114	398.3	43.2	72.0	—	—	82.1	62.7	46.7	—	—	—	—	—	1348	1200	845	1430	—	—
386.0	3.107	400.3	43.4	72.1	—	—	82.2	62.9	46.9	—	—	—	—	—	1356	1207	850	1438	—	—
388.0	3.099	402.4	43.6	72.2	—	—	82.3	63.1	47.2	—	—	—	—	—	1364	1214	855	1447	—	—
390.0	3.091	404.5	43.9	72.4	—	—	82.5	63.4	47.5	—	—	—	—	—	1372	1221	860	1455	—	—
392.0	3.083	406.6	44.1	72.5	—	—	82.6	63.6	47.7	—	—	—	—	—	1381	1228	864	1463	—	—
394.0	3.076	408.7	44.3	72.6	—	—	82.7	63.8	48.0	—	—	—	—	—	1389	1234	869	1471	—	—
396.0	3.068	410.8	44.6	72.8	—	—	82.9	64.1	48.3	—	—	—	—	—	1397	1241	874	1480	—	—
398.0	3.061	412.9	44.8	72.9	—	—	83.0	64.3	48.6	—	—	—	—	—	1405	1248	879	1488	—	—
400.0	3.053	415.0	45.0	73.0	—	—	83.1	64.4	48.8	—	—	—	—	—	1413	1255	884	1496	—	—
402.0	3.046	417.1	45.3	73.1	—	—	83.3	64.7	49.1	—	—	—	—	—	1422	—	—	1504	—	—
404.0	3.038	419.2	45.5	73.2	—	—	83.4	64.9	49.4	—	—	—	—	—	1430	—	—	1512	—	—
406.0	3.031	421.3	45.7	73.3	—	—	83.5	65.1	49.6	—	—	—	—	—	1438	—	—	1521	—	—
408.0	3.024	423.4	45.9	73.4	—	—	83.6	65.3	49.8	—	—	—	—	—	1447	—	—	1529	—	—
410.0	3.017	425.5	46.2	73.6	—	—	83.8	65.6	50.2	—	—	—	—	—	1455	—	—	1537	—	—
412.0	3.009	427.6	46.4	73.7	—	—	83.9	65.8	50.4	—	—	—	—	—	1463	—	—	1545	—	—
414.0	3.002	429.7	46.6	73.8	—	—	84.0	66.0	50.7	—	—	—	—	—	1472	—	—	1553	—	—
416.0	2.995	431.8	46.8	73.9	—	—	84.1	66.2	50.9	—	—	—	—	—	1480	—	—	1562	—	—
418.0	2.988	433.8	47.0	74.0	—	—	84.3	66.4	51.1	—	—	—	—	—	1488	—	—	1570	—	—
420.0	2.981	435.9	47.3	74.1	—	—	84.4	66.6	51.5	—	—	—	—	—	1497	—	—	1578	—	—

注：表中 D 为压头直径（mm）；d_{10}—钢球为 10mm 时的压痕直径；d_5—钢球为 5mm 时的压痕直径；$d_{2.5}$—钢球为 2.5mm 时的压痕直径。

表 1.1-12　铝合金硬度与强度换算值

硬度								抗拉强度 σ_b /MPa						
布氏		维氏	洛氏		表面洛氏			退火、淬火人工时效				淬火自然时效		变形铝合金
$F=10D^2$														
HBW	d_{10},$2d_5$、$4d_{2.5}$/mm	HV	HRB	HRF	HR15T	HR30T	HR45T	2A11 2A12	7A04	2A50	2A14	2A11 2A12	2A50 2A14	
55.0	4.670	56.1	—	52.5	62.3	17.6	—	197	207	208	207	—	—	215
56.0	4.631	57.1	—	53.7	62.9	18.8	—	201	209	209	209	—	—	218
57.0	4.592	58.2	—	55.0	63.5	20.2	—	204	212	211	211	—	—	221
58.0	4.555	59.8	—	56.2	64.1	21.5	—	208	216	215	215	—	—	224
59.0	4.518	60.4	—	57.4	64.7	22.8	—	211	220	219	219	—	—	227
60.0	4.483	61.5	—	58.6	65.3	24.1	—	215	225	223	223	—	—	230
61.0	4.448	62.6	—	59.7	65.9	25.2	—	218	230	228	229	—	—	233
62.0	4.414	63.6	—	60.9	66.4	26.5	—	222	235	233	234	—	—	235
63.0	4.381	64.7	—	62.0	67.0	27.7	—	225	240	239	240	—	—	238
64.0	4.348	65.8	—	63.1	67.5	28.9	—	229	246	245	246	—	—	241
65.0	4.316	66.9	6.9	64.2	68.1	30.0	—	232	252	251	252	—	—	244
66.0	4.285	68.0	8.8	65.2	68.6	31.5	—	236	257	257	258	—	—	247
67.0	4.254	69.1	10.8	66.3	69.1	32.3	—	239	263	263	263	—	—	250
68.0	4.225	70.1	12.7	67.3	69.6	33.4	—	243	269	269	269	—	—	253
69.0	4.195	71.2	14.6	68.3	70.1	34.4	—	246	274	274	275	—	—	256
70.0	4.167	72.3	16.5	69.3	70.6	35.5	—	250	279	280	280	—	—	259
71.0	4.139	73.4	18.2	70.2	71.0	36.5	0.8	253	284	285	285	—	—	263
72.0	4.111	74.5	20.0	71.1	71.5	37.4	2.3	257	289	291	290	—	—	266
73.0	4.084	75.6	21.9	72.1	72.0	38.5	3.9	260	294	295	295	—	—	269
74.0	4.058	76.7	23.4	72.9	72.3	39.3	5.2	264	298	300	299	—	—	272
75.0	4.032	77.7	25.1	73.8	72.8	40.3	6.7	267	302	305	303	—	—	275
76.0	4.006	78.8	26.8	74.7	73.2	41.3	8.2	271	306	309	307	—	—	278
77.0	3.981	79.9	28.3	75.5	73.6	42.1	9.5	274	310	312	310	—	—	281
78.0	3.957	81.0	29.8	76.3	74.0	43.0	10.8	278	313	316	314	—	—	285
79.0	3.933	82.1	31.3	77.1	74.4	43.8	12.1	281	316	319	317	—	—	288
80.0	3.909	83.2	32.9	77.9	74.8	44.7	13.4	285	319	322	319	—	—	291
81.0	3.886	84.2	34.2	78.6	75.2	45.4	14.6	288	322	325	322	—	—	294
82.0	3.863	85.3	35.5	79.3	75.5	46.2	15.7	292	325	327	324	—	—	298
83.0	3.841	86.4	36.9	80.0	75.8	46.9	16.9	295	327	329	326	—	—	301
84.0	3.819	87.5	38.2	80.7	76.2	47.7	18.0	299	330	331	328	—	—	304
85.0	3.797	88.6	39.5	81.4	76.5	48.4	19.2	302	332	333	330	—	—	307
86.0	3.776	89.7	40.8	82.1	76.9	49.2	20.3	306	334	334	332	—	—	311
87.0	3.755	90.7	42.0	82.7	77.2	49.8	21.3	309	336	336	334	—	—	314
88.0	3.734	91.8	43.1	83.3	77.5	50.4	22.3	313	337	337	335	—	—	317
89.0	3.714	92.9	44.3	83.9	77.8	51.1	23.3	316	339	338	337	—	—	321
90.0	3.694	94.0	45.4	84.5	78.1	51.7	24.2	320	341	339	338	351	414	324
91.0	3.675	95.1	46.5	85.1	78.3	52.4	25.2	323	342	340	340	357	417	328

（续）

硬度								抗拉强度 σ_b /MPa						
布氏		维氏	洛氏		表面洛氏			退火、淬火人工时效				淬火自然时效		变形铝合金
$F=10D^2$														
HBW	d_{10}, $2d_5$、$4d_{2.5}$/mm	HV	HRB	HRF	HR15T	HR30T	HR45T	2A11 2A12	7A04	2A50	2A14	2A11 2A12	2A50 2A14	
92.0	3.655	96.2	47.7	85.7	78.6	53.0	26.2	327	344	341	341	363	421	331
93.0	3.636	97.2	48.6	86.2	78.9	53.5	27.0	330	346	342	343	368	425	335
94.0	3.618	98.3	49.6	86.7	79.1	54.1	27.9	334	347	343	345	374	429	338
95.0	3.599	99.4	50.7	87.3	79.4	54.7	28.8	337	349	345	346	379	433	341
96.0	3.581	100.5	51.7	87.8	79.7	55.2	29.7	341	350	346	348	385	436	345
97.0	3.563	101.6	52.6	88.3	79.9	55.8	30.5	344	352	347	350	390	440	349
98.0	3.545	102.7	53.4	88.7	80.1	56.2	31.1	348	354	349	352	396	444	352
99.0	3.528	103.7	54.3	89.2	80.4	56.7	32.0	351	356	351	354	402	448	356
100.0	3.511	104.8	55.3	89.7	80.6	57.3	32.8	355	358	353	357	407	451	359
101.0	3.494	105.9	56.0	90.1	80.8	57.7	33.4	358	360	355	359	413	455	363
102.0	3.478	107.0	57.0	90.6	81.1	58.2	34.3	362	362	357	362	418	459	366
103.0	3.461	108.1	57.7	91.0	81.2	58.6	34.9	365	365	360	364	424	463	370
104.0	3.445	109.2	58.5	91.4	81.4	59.1	35.6	369	367	363	367	429	466	374
105.0	3.429	110.2	59.3	91.8	81.6	59.5	36.2	372	370	366	370	435	470	377
106.0	3.413	111.1	60.0	92.2	81.8	59.9	36.9	376	372	370	373	441	474	381
107.0	3.398	112.4	60.8	92.6	82.0	60.4	37.5	379	375	373	376	446	479	385
108.0	3.383	113.5	61.5	93.0	82.2	60.8	38.2	383	378	377	379	452	482	388
109.0	3.367	114.6	62.3	93.4	82.4	61.2	38.8	386	381	382	383	457	485	392
110.0	3.353	115.7	63.1	93.8	82.6	61.6	39.5	390	385	386	386	463	489	396
111.0	3.338	116.7	63.6	94.1	82.8	62.0	40.0	393	388	391	390	468	493	400
112.0	3.323	117.8	64.4	94.5	83.0	62.4	40.7	397	391	396	394	474	497	403
113.0	3.309	118.9	65.0	94.8	83.1	62.7	41.1	400	395	402	397	480	500	407
114.0	3.295	120.0	65.7	95.2	83.3	63.1	41.8	404	399	407	401	485	504	411
115.0	3.281	121.1	66.3	95.5	83.5	63.5	42.3	407	403	413	405	491	508	415
116.0	3.267	122.2	67.0	95.9	83.7	63.9	43.0	411	407	419	409	496	512	419
117.0	3.254	123.2	67.6	96.2	83.8	64.2	43.4	414	411	425	413	502	516	422
118.0	3.240	124.3	68.2	96.5	84.0	64.5	43.9	418	415	432	417	507	519	426
119.0	3.227	125.4	68.8	96.8	84.1	64.8	44.4	421	419	438	421	513	523	430
120.0	3.214	126.5	69.3	97.1	84.2	65.2	44.9	425	423	444	425	519	527	434
121.0	3.201	127.6	69.9	97.4	84.4	65.5	45.4	428	427	451	429	524	531	438
122.0	3.188	128.7	70.6	97.8	84.6	65.9	46.1	432	431	457	432	530	534	442
123.0	3.175	129.7	71.2	98.1	84.7	66.2	46.4	435	435	464	436	535	538	446
124.0	3.163	130.8	71.6	98.3	84.8	66.4	46.9	439	440	470	440	540	542	450
125.0	3.151	131.9	72.2	98.6	85.0	66.8	47.4	442	444	476	444	546	546	454
126.0	3.138	133.0	72.7	98.9	85.1	67.1	47.9	446	448	482	448	552	550	458
127.0	3.126	134.1	73.3	99.2	85.3	67.4	48.4	449	452	488	452	558	553	462
128.0	3.114	135.2	73.9	99.5	85.4	67.7	48.9	453	457	493	455	563	557	466

（续）

硬度								抗拉强度 σ_b /MPa						
布氏		维氏	洛氏		表面洛氏			退火、淬火人工时效				淬火自然时效		变形铝合金
$F=10D^2$														
HBW	d_{10}，$2d_5$、$4d_{2.5}$/mm	HV	HRB	HRF	HR15T	HR30T	HR45T	2A11 2A12	7A04	2A50	2A14	2A11 2A12	2A50 2A14	
129.0	3.103	136.2	74.4	99.8	85.6	68.0	49.3	456	461	498	459	569	561	470
130.0	3.091	137.3	74.8	100.0	85.7	68.3	49.7	460	465	503	463	574	565	474
131.0	3.079	138.4	75.4	100.3	85.8	68.6	50.2	463	469	507	467	580	—	478
132.0	3.068	139.5	76.0	100.6	86.0	68.9	50.7	467	473	511	471	585	—	482
133.0	3.057	140.6	76.3	100.8	86.1	69.1	51.0	470	477	514	474	591	—	486
134.0	3.046	141.7	76.9	101.1	86.2	69.4	51.5	474	480	517	478	597	—	491
135.0	3.035	142.7	77.3	101.3	86.3	69.6	51.8	477	484	519	483	602	—	495
136.0	3.024	143.8	77.9	101.6	86.5	70.0	52.3	481	488	521	487	608	—	499
137.0	3.013	144.9	78.2	101.8	86.6	70.2	52.6	484	491	522	491	613	—	503
138.0	3.002	146.0	78.8	102.1	86.7	70.5	53.1	488	495	523	496	619	—	507
139.0	2.992	147.1	79.2	102.3	86.8	70.7	53.5	491	498	—	501	—	—	512
140.0	2.981	148.2	79.8	102.6	87.0	71.0	53.9	495	502	—	506	—	—	516
141.0	2.971	149.2	80.1	102.8	87.1	71.2	54.3	498	505	—	511	—	—	520
142.0	2.961	150.3	80.5	103.0	87.2	71.5	54.6	502	509	—	517	—	—	524
143.0	2.951	151.4	81.1	103.3	87.3	71.8	55.1	505	512	—	524	—	—	529
144.0	2.940	152.5	81.5	103.5	87.4	72.0	55.4	509	515	—	530	—	—	533
145.0	2.931	153.6	81.9	103.7	87.5	72.2	55.7	512	519	—	538	—	—	537
146.0	2.921	154.7	82.2	103.9	87.6	72.4	56.1	516	522	—	546	—	—	542
147.0	2.911	155.7	82.6	104.1	87.7	72.6	56.4	519	526	—	555	—	—	546
148.0	2.901	156.8	83.0	104.3	87.8	72.8	56.7	523	529	—	564	—	—	550
149.0	2.892	157.9	83.4	104.5	87.9	73.1	57.1	526	533	—	575	—	—	555
150.0	2.882	159.0	83.9	104.8	88.0	73.4	57.6	530	537	—	586	—	—	559
151.0	2.873	160.1	84.3	105.0	88.1	73.6	57.9	533	541	—	—	—	—	—
152.0	2.864	161.2	84.7	105.2	88.2	73.8	58.2	537	545	—	—	—	—	—
153.0	2.855	162.2	85.1	105.4	88.3	74.0	58.5	540	550	—	—	—	—	—
154.0	2.846	163.3	85.5	105.6	88.4	74.2	58.9	544	554	—	—	—	—	—
155.0	2.837	164.4	85.8	105.8	88.5	74.4	59.2	547	559	—	—	—	—	—
156.0	2.828	165.5	86.2	106.0	88.6	74.7	59.5	551	564	—	—	—	—	—
157.0	2.819	166.6	86.6	106.2	88.7	74.9	59.9	554	570	—	—	—	—	—
158.0	2.810	167.7	86.8	106.3	88.8	75.0	60.0	558	576	—	—	—	—	—
159.0	2.801	168.7	87.2	106.5	88.9	75.2	60.3	561	582	—	—	—	—	—
160.0	2.793	169.8	87.5	106.7	89.0	75.4	60.7	565	588	—	—	—	—	—
161.0	2.784	170.9	87.9	106.9	89.1	75.6	61.0	—	595	—	—	—	—	—
162.0	2.776	172.0	88.3	107.1	89.2	75.8	61.3	—	602	—	—	—	—	—
163.0	2.767	173.1	88.7	107.3	89.3	76.0	61.7	—	610	—	—	—	—	—
164.0	2.759	174.2	89.3	107.6	89.4	76.4	62.1	—	617	—	—	—	—	—
165.0	4.670	169.7	87.5	106.7	89.0	75.4	60.7	587	—	—	—	—		

（续）

硬度								抗拉强度 σ_b /MPa				
布氏		维氏	洛氏		表面洛氏			退火、淬火人工时效			淬火自然时效	
$F=10D^2$												
HBW	d_{10}，$2d_5$、$4d_{2.5}$/mm	HV	HRB	HRF	HR15T	HR30T	HR45T	7A04	2A50	2A14	2A11 2A12	2A50 2A14
166.0	4.657	170.8	87.9	106.9	89.1	75.6	61.0	594	—	—	—	—
167.0	4.644	171.9	88.3	107.1	89.2	75.8	61.3	601	—	—	—	—
168.0	4.631	172.9	88.7	107.3	89.3	76.0	61.7	608	—	—	—	—
169.0	4.618	173.9	89.1	107.5	89.4	76.3	62.0	616	—	—	—	—
170.0	4.605	175.0	89.4	107.7	89.5	76.5	62.3	624	—	—	—	—
171.0	4.592	176.0	89.8	107.9	89.6	76.7	62.6	631	—	—	—	—
172.0	4.580	177.1	90.2	108.1	89.7	76.9	63.0	640	—	—	—	—
173.0	4.567	178.2	90.8	108.4	89.8	77.2	63.5	649	—	—	—	—
174.0	4.555	179.3	91.2	108.6	89.9	77.4	63.8	658	—	—	—	—
175.0	4.543	180.2	91.5	108.8	90.0	77.6	64.1	666	—	—	—	—

注：F—压头上负荷（N）；D—压头直径（mm）；d_{10}—钢球为 10mm 时的压痕直径；d_5—钢球为 5mm 时的压痕直径；$d_{2.5}$—钢球为 2.5mm 时的压痕直径。

2.2　常用材料的物理性能（见表 1.1-13～表 1.1-19）

表 1.1-13　常用材料弹性模量及泊松比

名称	弹性模量 E /GPa	切变模量 G /GPa	泊松比 μ	名称	弹性模量 E /GPa	切变模量 G /GPa	泊松比 μ
灰铸铁	118～126	44.3	0.3	轧制锌	82	31.4	0.27
球墨铸铁	173		0.3	铅	16	6.8	0.42
碳钢、镍铬钢、合金钢	206	79.4	0.3	玻璃	55	1.96	0.25
				有机玻璃	2.35～29.42		
铸钢	202		0.3	橡胶	0.0078		0.47
轧制纯铜	108	39.2	0.31～0.34	电木	1.96～2.94	0.69～2.06	0.35～0.38
冷拔纯铜	127	48.0		夹布酚醛塑料	3.92～8.83		
轧制磷锡青铜	113	41.2	0.32～0.35	赛璐珞	1.71～1.89	0.69～0.98	0.4
冷拔黄铜	89～97	34.3～36.3	0.32～0.42	尼龙 1010	1.07		
轧制锰青铜	108	39.2	0.35	硬聚氯乙烯	3.14～3.92		0.34～0.35
轧制铝	68	25.5～26.5	0.32～0.36	聚四氟乙烯	1.14～1.42		
拔制铝线	69			低压聚乙烯	0.54～0.75		
铸铝青铜	103	41.1	0.3	高压聚乙烯	0.147～0.245		
铸锡青铜	103		0.3	混凝土	13.73～39.2	4.9～15.69	0.1～0.18
硬铝合金	70	26.5	0.3				

表 1.1-14　常用材料线膨胀系数 α　（10^{-6}/℃$^{-1}$）

材料	温度范围 /℃								
	20	20～100	20～200	20～300	20～400	20～600	20～700	20～900	70～1000
工程用铜		16.6～17.1	17.1～17.2	17.6	18～18.1	18.6			
黄铜		17.8	18.8	20.9					
青铜		17.6	17.9	18.2					
铸铝合金	18.44～24.5								

（续）

材　　料	温　度　范　围　/℃								
	20	20 ~ 100	20 ~ 200	20 ~ 300	20 ~ 400	20 ~ 600	20 ~ 700	20 ~ 900	70 ~ 1000
铝合金		22.0 ~ 24.0	23.4 ~ 24.8	24.0 ~ 25.9					
碳钢		10.6 ~ 12.2	11.3 ~ 13	12.1 ~ 13.5	12.9 ~ 13.9	13.5 ~ 14.3	14.7 ~ 15		
铬钢		11.2	11.8	12.4	13	13.6			
3Cr13		10.2	11.1	11.6	11.9	12.3	12.8		
1Cr18Ni9Ti		16.6	17	17.2	17.5	17.9	18.6	19.3	
铸铁		8.7 ~ 11.1	8.5 ~ 11.6	10.1 ~ 12.1	11.5 ~ 12.7	12.9 ~ 13.2			
镍铬合金		14.5							17.6
砖	9.5								
水泥、混凝土	10 ~ 14								
胶木、硬橡皮	64 ~ 77								
玻璃		4 ~ 11.5							
赛璐珞		100							
有机玻璃		130							

表 1.1-15　常用材料熔点热导率及比热容

名　称	熔　点 /℃	热导率 λ /W·(m·K)$^{-1}$	比热容 c /kJ·(kg·K)$^{-1}$	名　称	熔　点 /℃	热导率 λ /W·(m·K)$^{-1}$	比热容 c /kJ·(kg·K)$^{-1}$
灰铸铁	1200	58	0.532	铝	658	204	0.879
碳钢	1460	47 ~ 58	0.49	锌	419	110 ~ 113	0.38
不锈钢	1450	14	0.51	锡	232	64	0.24
硬质合金	2000	81	0.80	铅	327.4	34.7	0.130
纯铜	1083	384	0.394	镍	1452	59	0.64
黄铜	950	104.7	0.384	聚氯乙烯		0.16	
青铜	910	64	0.37	聚酰胺		0.31	

注：表中的热导率及比热容数值指 0 ~ 100℃ 范围内。

表 1.1-16　常用材料的密度[1]

材料名称	密　度 /g·cm^{-3}(t/m^3)	材料名称	密　度 /g·cm^{-3}(t/m^3)	材料名称	密　度 /g·cm^{-3}(t/m^3)
碳钢	7.3 ~ 7.85	黄铜	8.4 ~ 8.85	锡	7.29
铸钢	7.8	铸造黄铜	8.62	金	19.32
高速钢（含钨 9%）	8.3	锡青铜	8.7 ~ 8.9	银	10.5
高速钢（含钨 18%）	8.7	无锡青铜	7.5 ~ 8.2	汞	13.55
合金钢	7.9	轧制磷青铜、冷拉青铜	8.8	硅钢片	7.55 ~ 7.8
镍铬钢	7.9	工业用铝、铝镍合金	2.7	锌铝合金	6.3 ~ 6.9
灰铸铁	7.0	可铸铝合金	2.7	铝镍合金	2.7
白口铸铁	7.55	镍	8.9	磷青铜	8.8
可锻铸铁	7.3	轧锌	7.1	镁合金	1.74 ~ 1.81
纯铜	8.9	铅	11.37	锡基轴承合金	7.34 ~ 7.75

（续）

材料名称	密　度 /g·cm^{-3}(t/m^3)	材料名称	密　度 /g·cm^{-3}(t/m^3)	材料名称	密　度 /g·cm^{-3}(t/m^3)
铅基轴承合金	9.33~10.67	石棉线	0.45~0.55	金刚砂	4
硬质合金(钨钴)	14.4~14.9	石棉布制动带	2	普通刚玉	3.85~3.9
硬质合金(钨钴钛)	9.5~12.4	工业用毛毡	0.3	白刚玉	3.9
聚氯乙烯	1.35~1.40	纤维蛇纹石石棉	2.2~2.4	石英	2.5
聚苯乙烯	0.91	角闪石石棉	3.2~3.3	云母	2.7~3.1
有机玻璃	1.18~1.19	工业橡胶	1.3~1.8	沥青	0.9~1.5
无填料的电木	1.2	平胶板	1.6~1.8	石蜡	0.9
赛璐珞	1.4	皮革	0.4~1.2	石灰石	2.4~2.6
氯乙烯	0.92~0.95	软钢纸板	0.9	花岗石	2.6~3.0
聚四氟乙烯	2.1~2.3	纤维纸板	1.3	砌砖	1.9~2.3
聚丙烯	0.9~0.91	酚醛层压板	1.3~1.45	凝固水泥块	3.05~3.15
聚甲醛	1.41~1.43	平板玻璃	2.5	混凝土	1.8~2.45
聚苯醚	1.06~1.07	实验器皿玻璃	2.45	生石灰	1.1
聚砜	1.24	耐高温玻璃	2.23	熟石灰、水泥	1.2
尼龙 6	1.13~1.14	胶木	1.3~1.4	粘土耐火砖	2.10
尼龙 66	1.14~1.15	电玉	1.45~1.55	硅质耐火砖	1.8~1.9
尼龙 1010	1.04~1.06	木材(含水 15%)	0.4~0.75	镁质耐火砖	2.6
泡沫塑料	0.2	胶合板	0.56	镁铬质耐火砖	2.8
玻璃钢	1.4~2.1	刨花板	0.6	高铬质耐火砖	2.2~2.5
酚醛层压板	1.3~1.45	竹材	0.9	碳化硅	3.10
胶木板、纤维板	1.3~1.4	木炭	0.3~0.5	石英玻璃	2.2
橡胶夹布传动带	0.3~1.2	石墨	2~2.2	陶瓷	2.3~2.45
ABS 树脂	1.02~1.08	石膏	2.2~2.4	碳化钙(电石)	2.22
石棉板	1~1.3	大理石	2.6~2.7	空气(4℃)	0.0012
橡胶石棉板	1.5~2.0	金刚石	3.5~3.6		

表 1.1-17　液体材料的物理性能[1]

名称	密度 ρ (t=20℃) /kg·dm^{-3}	熔点 t /℃	沸点 t /℃	热导率 λ (t=20℃) /W·m^{-1}·K^{-1}	比热容 (0<t<100℃) /kJ·kg^{-1}·K^{-1}	名称	密度 ρ (t=20℃) /kg·dm^{-3}	熔点 t /℃	沸点 t /℃	热导率 λ (t=20℃) /W·m^{-1}·K^{-1}	比热容 (0<t<100℃) /kJ·kg^{-1}·K^{-1}
水	0.998	0	100	0.60	4.187	丙酮	0.791	-95	56	0.16	2.22
汞	13.55	-38.9	357	10	0.138	甘油	1.26	19	290	0.29	2.37
苯	0.879	5.5	80	0.15	1.70	重油（轻级）	约 0.83	-10	>175	0.14	2.07
甲苯	0.867	-95	110	0.14	1.67						
甲醇	0.8	-98	66		2.51	汽油	约 0.73	-(30~50)	25~210	0.13	2.02
乙醚	0.713	-116	35	0.13	2.28						
乙醇	0.79	-110	78.4		2.38	煤油	0.81	-70	>150	0.13	2.16

（续）

名称	密度 ρ ($t=20℃$) /kg·dm^{-3}	熔点 t /℃	沸点 t /℃	热导率 λ ($t=20℃$) /W·m^{-1}·K^{-1}	比热容 ($0<t<100℃$) /kJ·kg^{-1}·K^{-1}	名称	密度 ρ ($t=20℃$) /kg·dm^{-3}	熔点 t /℃	沸点 t /℃	热导率 λ ($t=20℃$) /W·m^{-1}·K^{-1}	比热容 ($0<t<100℃$) /kJ·kg^{-1}·K^{-1}
柴油	约0.83	－30	150～300	0.15	2.05	氢氰酸	0.987	－92.5	19.5		
氯仿	1.49	－70	61			石油醚	0.66	－160	>40	0.14	1.76
盐酸(400g/L)	1.20					三氯乙烯	1.463	－86	87	0.12	0.93
硫酸(500g/L)	1.40					四氯代乙烯	1.62	－20	119		0.904
浓硫酸	1.83	约10	338	0.47	1.42	亚麻油	0.93	－15	316	0.17	1.88
浓硝酸	1.51	－41	84	0.26	1.72	润滑油	0.91	－20	>360	0.13	2.09
醋酸	1.04	16.8	118			变压器油	0.88	－30	170	0.13	1.88

表1.1-18　气体材料的物理性能[1]

名称	密度 ρ ($t=20℃$) /kg·m^{-3}	熔点 t /℃	沸点 t /℃	热导率 λ ($t=0℃$) /W·m^{-1}·K^{-1}	比热容 ($t=0℃$) /kJ·kg^{-1}·K^{-1}		名称	密度 ρ ($t=0℃$) /kg·m^{-3}	熔点 t /℃	沸点 t /℃	热导率 λ ($t=0℃$) /W·m^{-1}·K^{-1}	比热容 ($t=0℃$) /kJ·kg^{-1}·K^{-1}	
					c_p	c_V						c_p	c_V
氢	0.09	－259.2	－252.8	0.171	14.05	9.934	二氧化碳	1.97	－78.2	－56.6	0.015	0.816	0.627
氧	1.43	－218.8	－182.9	0.024	0.909	0.649	二氧化硫	2.92	－75.5	－10.0	0.0086	0.586	0.456
氮	1.25	－210.5	－195.7	0.024	1.038	0.741	氯化氢	1.63	－111.2	－84.8	0.013	0.795	0.567
氯	3.17	－100.5	－34.0	0.0081	0.473	0.36	臭氧	2.14	－251	－112			
氩	1.78	－189.3	－185.9	0.016	0.52	0.312	硫化碳	3.40	－111.5	46.3	0.0069	0.582	0.473
氖	0.90	－248.6	－246.1	0.046	1.03	0.618	硫化氢	1.54	－85.6	－60.4	0.013	0.992	0.748
氪	3.74	－157.2	－153.2	0.0088	0.25	0.151	甲烷	0.72	－182.5	－161.5	0.030	2.19	1.672
氙	5.86	－111.9	－108.0	0.0051	0.16	0.097	乙炔	1.17	－83	－81	0.018	1.616	1.300
氦	0.18	－270.7	－268.9	0.143	5.20	3.121	乙烯	1.26	－169.5	－103.7	0.017	1.47	1.173
氨	0.77	－77.9	－33.4	0.022	2.056	1.568	丙烷	2.01	－187.7	－42.1	0.015	1.549	1.360
干燥空气	1.293	－213	－192.3	0.02454	1.005	0.718	正丁烷	2.70	－135	1			
煤气	约0.58	－230	－210		2.14	1.59	异丁烷	2.67	－145	－10			
高炉煤气	1.28	－210	－170	0.02	1.05	0.75	水蒸气①	0.77	0.00	100.00	0.016	1.842	1.381
一氧化碳	1.25	－205	－191.6	0.023	1.038	0.741							

注：1. 表中性能数据在101.325kPa压力时测出。

2. 表中 c_p 表示比定压热容，c_V 表示比定容热容。

① 表示该项是在 $t=100℃$ 时测出的。

表1.1-19　松散物料的堆密度和安息角

物料名称	堆密度 /t·m^{-3}	安息角		物料名称	堆密度 /t·m^{-3}	安息角	
		运动	静止			运动	静止
无烟煤(干，小)	0.7～1.0	27°～30°	27°～45°	泥煤(湿)	0.55～0.65	40°	45°
烟煤	0.8	30°	35°～45°	焦炭	0.36～0.53	35°	50°
褐煤	0.6～0.8	35°	35°～50°	木炭	0.2～0.4		
泥煤	0.29～0.5	40°	45°	无烟煤粉	0.84～0.89		37°～45°

（续）

物料名称	堆密度 /t·m^{-3}	安息角 运动	安息角 静止	物料名称	堆密度 /t·m^{-3}	安息角 运动	安息角 静止
烟煤粉	0.4 ~ 0.7		37° ~ 45°	平炉渣(粗)	1.6 ~ 1.85		45° ~ 50°
粉状石墨	0.45		40° ~ 45°	高炉渣	0.6 ~ 1.0	35°	50°
磁铁矿	2.5 ~ 3.5	30° ~ 35°	40° ~ 45°	铅锌水碎渣(湿)	1.5 ~ 1.6		42°
赤铁矿	2.0 ~ 2.8	30° ~ 35°	40° ~ 45°	干煤灰	0.64 ~ 0.72		35° ~ 45°
褐铁矿	1.2 ~ 2.1	30° ~ 35°	40° ~ 45°	煤灰	0.70		15° ~ 20°
锰矿	1.7 ~ 1.9		35° ~ 45°	粗砂(干)	1.4 ~ 1.9		50°
镁砂(块)	2.2 ~ 2.5		40° ~ 42°	细砂(干)	1.4 ~ 1.65	30°	
粉状镁砂	2.1 ~ 2.2		45° ~ 50°	细砂(湿)	1.9 ~ 2.1		30° ~ 35°
铜矿	1.7 ~ 2.1		35° ~ 45°	造型砂	0.8 ~ 1.3	30°	45°
铜精矿	1.3 ~ 1.8		40°	石灰石(大块)	1.6 ~ 2.0	30° ~ 35°	40° ~ 45°
铅精矿	1.9 ~ 2.4		40°	石灰石(中块)	1.2 ~ 1.5	30° ~ 35°	40° ~ 45°
锌精矿	1.3 ~ 1.7		40°	生石灰	1.7 ~ 1.8	25°	45° ~ 50°
铅锌精矿	1.3 ~ 2.4		40°	碎石	1.32 ~ 2.0	35°	45°
铁烧结块	1.7 ~ 2.0		45° ~ 50°	白云石(块)	1.2 ~ 2.0	35°	
碎烧结块	1.4 ~ 1.6	35°		碎白云石	1.8 ~ 1.9	35°	
铅烧结块	1.8 ~ 2.2			砾石	1.5 ~ 1.9	30°	30° ~ 45°
铅锌烧结块	1.6 ~ 2.0			粘土(小块)	0.7 ~ 1.5	40°	50°
锌烟尘	0.7 ~ 1.5			粘土(湿)	1.7		27° ~ 45°
黄铁矿烧渣	1.7 ~ 1.8			水泥	0.9 ~ 1.7	35°	40° ~ 45°
铅锌团矿	1.3 ~ 1.8			熟石灰(粉)	0.5		
黄铁矿球团矿	1.2 ~ 1.4			熟石灰(块)	2.0		

2.3　常用材料及物体的摩擦因数(见表 1.1-20 ~ 表 1.1-23)

表 1.1-20　常用材料的摩擦因数[1]

摩擦副材料	摩擦因数 μ 无润滑	摩擦因数 μ 有润滑	摩擦副材料	摩擦因数 μ 无润滑	摩擦因数 μ 有润滑
钢-钢	0.15①	0.1 ~ 0.12①	石棉基材料-铸铁或钢	0.25 ~ 0.40	0.08 ~ 0.12
	0.1②	0.05 ~ 0.1②	皮革-铸铁或钢	0.30 ~ 0.50	0.12 ~ 0.15
钢-软钢	0.2	0.1 ~ 0.2	木材(硬木)-铸铁或钢	0.20 ~ 0.35	0.12 ~ 0.16
钢-不淬火的 T8 钢	0.15	0.03	软木-铸铁或钢	0.30 ~ 0.50	0.15 ~ 0.25
钢-铸铁	0.2 ~ 0.3①	0.05 ~ 0.15	钢纸-铸铁或钢	0.30 ~ 0.50	0.12 ~ 0.17
	0.16 ~ 0.18②		毛毡-铸铁或钢	0.22	0.18
钢-黄铜	0.19	0.03	软钢-铸铁	0.2①,0.18②	0.05 ~ 0.15
钢-青铜	0.15 ~ 0.18	0.1 ~ 0.15①	软钢-青铜	0.2①,0.18②	0.07 ~ 0.15
		0.07②	铸铁-铸铁	0.15	0.15 ~ 0.16①
					0.07 ~ 0.12②
钢-铝	0.17	0.02			
钢-轴承合金	0.2	0.04	铸铁-青铜	0.28①	0.16①
钢-夹布胶木	0.22	—		0.15 ~ 0.21②	0.07 ~ 0.15②
钢-粉末冶金材料	0.35 ~ 0.55①	—	铸铁-皮革	0.55①,0.28②	0.15①,0.12②
钢-冰	0.027①	—	铸铁-橡胶	0.8	0.5
	0.014②	—	橡胶-橡胶	0.5	—

（续）

摩擦副材料	摩擦因数 μ		摩擦副材料	摩擦因数 μ	
	无润滑	有润滑		无润滑	有润滑
皮革-木料	0.4～0.5①	—	铝-酚醛树脂层压材	0.26	—
	0.03～0.05②	—	硅铝合金-酚醛树脂层压材	0.34	—
铜-T8钢	0.15	0.03	硅铝合金-钢纸	0.32	—
铜-铜	0.20	—	硅铝合金-树脂	0.28	—
黄铜-不淬火的T8钢	0.19	0.03	硅铝合金-硬橡胶	0.25	—
黄铜-淬火的T8钢	0.14	0.02	硅铝合金-石板	0.26	—
黄铜-黄铜	0.17	0.02	硅铝合金-绝缘物	0.26	—
黄铜-钢	0.30	0.02	木材-木材	0.4～0.6①	0.1①
黄铜-硬橡胶	0.25	—		0.2～0.5②	0.07～0.10②
黄铜-石板	0.25	—	麻绳-木材	0.5～0.8①	—
黄铜-绝缘物	0.27	—		0.5②	—
青铜-不淬火的T8钢	0.16	—	45淬火钢-聚甲醛	0.46	0.016
青铜-黄铜	0.16	—	45淬火钢-聚碳酸酯	0.30	0.03
青铜-青铜	0.15～0.20	0.04～0.10	45淬火钢-尼龙9（加3% MoS_2 填充料）	0.57	0.02
青铜-钢	0.16	—	45淬火钢-尼龙9（加30%玻璃纤维填充物）	0.48	0.023
青铜-酚醛树脂层压材	0.23	—	45淬火钢-尼龙1010（加30%玻璃纤维填充物）	0.039	—
青铜-钢纸	0.24	—	45淬火钢-尼龙1010（加40%玻璃纤维填充物）	0.07	—
青铜-塑料	0.21	—	45淬火钢-氯化聚醚	0.35	0.034
青铜-硬橡胶	0.36	—	45淬火钢-苯乙烯-丁二烯-丙烯腈共聚体（ABS）	0.35～0.46	0.018
青铜-石板	0.33	—			
青铜-绝缘物	0.26	—			
铝-不淬火的T8钢	0.18	0.03			
铝-淬火的T8钢	0.17	0.02			
铝-黄铜	0.27	0.02			
铝-青铜	0.22	—			
铝-钢	0.30	0.02			

注：1. 表中滑动摩擦因数是摩擦表面为一般情况时的试验数值，由于实际工作条件和试验条件不同，表中的数据只能作近似计算参考。关于摩擦因数的更多数据，可参考本手册第43篇摩擦学设计的有关内容。

2. 除①、②标注外，其余材料动、静摩擦因数二者兼之。

① 静摩擦因数。② 动摩擦因数。

表1.1-21　工程塑料间、工程塑料与钢的摩擦因数[2]

摩擦副材料 Ⅰ	摩擦副材料 Ⅱ	静摩擦因数 μ_s	动摩擦因数 μ	摩擦副材料 Ⅰ	摩擦副材料 Ⅱ	静摩擦因数 μ_s	动摩擦因数 μ
聚四氯乙烯	聚四氯乙烯	0.04		聚对苯二甲酸乙二醇酯	聚对苯二甲酸乙二醇酯	0.27	0.20
	钢	0.10	0.05		钢	0.29	0.28
聚全氟乙丙烯	钢	0.25	0.18	聚己二酰己二胺	聚己二酰己二胺	0.42	0.35
聚偏二氟乙烯	钢	0.33	0.25		钢	0.37	0.34
聚三氯氟乙烯	聚三氯氟乙烯	0.43	0.32	聚壬酰胺 填充 MoS_2	钢	—	0.57
	钢	0.45	0.33	聚壬酰胺 填充玻璃纤维	钢	—	0.48
低密度聚乙烯	低密度聚乙烯	0.33		聚癸二酰癸二酸胺 填充玻璃纤维	钢	—	0.39
	钢	0.27	0.26	聚碳酸酯	钢	0.60	0.53
高密度聚乙烯	高密度聚乙烯	0.12	0.11	苯乙烯-丁二烯-丙烯腈共聚体	钢	—	0.40
	钢	0.18	0.10	聚酰胺（尼龙66）	聚酰胺（尼龙66）	0.42	0.35
聚氯乙烯	聚氯乙烯	0.50	0.40		钢	0.37	0.34
	钢	0.45	0.40				
聚甲醛	钢	0.14	0.13				
氯化聚醚	钢	—	0.35				
聚偏二氯乙烯	聚偏二氯乙烯	0.90	0.52				
	钢	0.68	0.45				

表 1.1-22　物体的摩擦因数

名称			摩擦因数 μ	名称		摩擦因数 μ
滚动轴承	深沟球轴承	径向载荷	0.002	滑动轴承	液体摩擦	0.001 ~ 0.008
		轴向载荷	0.004		半液体摩擦	0.008 ~ 0.08
	角接触球轴承	径向载荷	0.003		半干摩擦	0.1 ~ 0.5
		轴向载荷	0.005	轧辊轴承	滚动轴承	0.002 ~ 0.005
	圆锥滚子轴承	径向载荷	0.008		层压胶木轴瓦	0.004 ~ 0.006
		轴向载荷	0.02		青铜轴瓦(用于热轧辊)	0.07 ~ 0.1
	调心球轴承		0.0015		青铜轴瓦(用于冷轧辊)	0.04 ~ 0.08
	圆柱滚子轴承		0.002		特殊密封全液体摩擦轴承	0.003 ~ 0.005
	长圆柱或螺旋滚子轴承		0.006		特殊密封半液体摩擦轴承	0.005 ~ 0.01
	滚针轴承		0.008	密封软填料盒中填料与轴的摩擦		0.2
	推力球轴承		0.003	热钢在辊道上摩擦		0.3
	调心滚子轴承		0.004	冷钢在辊道上摩擦		0.15 ~ 0.18
加热炉内	金属在管子或金属条上		0.4 ~ 0.6	制动器普通石棉制动带(无润滑) $p = 0.2 \sim 0.6$ MPa		0.35 ~ 0.48
	金属在炉底砖上		0.6 ~ 1	离合器装有黄铜丝的压制石棉带 $p = 0.2 \sim 1.2$ MPa		0.43 ~ 0.4

表 1.1-23　滚动摩擦力臂(大约值)

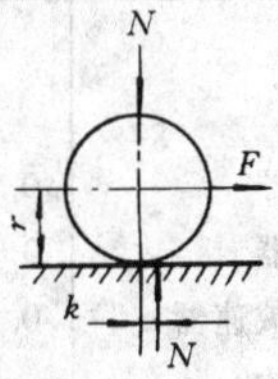

圆柱沿平面滚。滚动阻力矩为:

$$M = Nk = Fr$$

k 为滚动摩擦力臂

两个具有固定轴线的圆柱,其中主动圆柱以 N 力压另一圆柱,两个圆柱相对滚动。主圆柱上遇到的滚动阻力矩为:

$$M = Nk\left(1 + \frac{r_1}{r_2}\right)$$

k 为滚动摩擦力臂

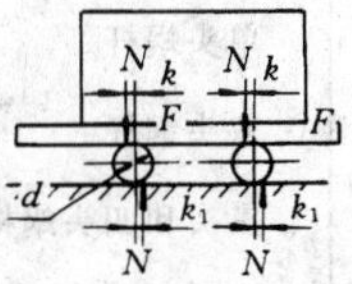

重物压在圆辊支承的平台上移动,每个圆辊承受的载重为 N。克服一个辊子上摩擦阻力所需的牵引力 F

$$F = \frac{N}{d}(k + k_1)$$

k 和 k_1 依次是平台与圆辊之间和圆辊与固定支持物之间的滚动摩擦力臂

摩擦材料	滚动摩擦力臂 k /mm	摩擦材料	滚动摩擦力臂 k /mm
软钢与软钢	0.5	表面淬火车轮与钢轨 圆锥形车轮 圆柱形车轮	 0.8 ~ 1 0.5 ~ 0.7
铸铁与铸铁	0.5		
木材与钢	0.3 ~ 0.4		
木材与木材	0.5 ~ 0.3	钢轮与木面	1.5 ~ 2.5
铜板间的滚子(梁之活动支座)	0.2 ~ 0.7	橡胶轮胎对沥青路面	2.5
铸铁轮或钢轮与钢轨	0.5	橡胶轮胎对土路面	10 ~ 15

2.4　机械传动效率的概略值（见表1.1-24）

表1.1-24　机械传动效率的概略值

类别	传动型式	效率 η
圆柱齿轮传动	很好跑合的6级精度和7级精度齿轮传动（稀油润滑）	0.98～0.995
	8级精度的一般齿轮传动（稀油润滑）	0.97
	9级精度的齿轮传动（稀油润滑）	0.96
	加工齿的开式齿轮传动（干油润滑）	0.94～0.96
	铸造齿的开式齿轮传动	0.90～0.93
圆锥齿轮传动	很好跑合的6级和7级精度齿轮传动（稀油润滑）	0.97～0.98
	8级精度的一般齿轮传动（稀油润滑）	0.94～0.97
	加工齿的开式齿轮传动（干油润滑）	0.92～0.95
	铸造齿开式齿轮传动	0.88～0.92
蜗杆传动	自锁蜗杆	0.40～0.45
	单头蜗杆	0.70～0.75
	双头蜗杆	0.75～0.82
	三头和四头蜗杆	0.82～0.92
	环面蜗杆传动	0.85～0.95
带传动	平带无压紧轮的开式传动	0.98
	平带有压紧轮的开式传动	0.97
	平带交叉传动	0.90
	V带传动	0.95
	同步带传动	0.96～0.98
链传动	焊接链	0.93
	片式关节链	0.95
	滚子链	0.96
	齿形链	0.98
滑动轴承	润滑不良	0.94
	润滑正常	0.97
	润滑特好（压力润滑）	0.98
	液体摩擦	0.99
滚动轴承	滚珠轴承（稀油润滑）	0.99
	滚柱轴承（稀油润滑）	0.98
摩擦轮传动	平摩擦轮传动	0.85～0.96
	槽摩擦轮传动	0.98～0.90
	卷绳轮	0.95
联轴器	浮动联轴器	0.97～0.99
	齿式联轴器	0.99
	弹性联轴器	0.99～0.995
	万向联轴器（$\alpha \leqslant 3°$）	0.97～0.98
	万向联轴器（$\alpha > 3°$）	0.95～0.97
	梅花接轴	0.97～0.98
复合轮组	滑动轴承（$i=2～6$）	0.98～0.90
	滚动轴承（$i=2～6$）	0.99～0.95
运输滚筒		0.96
减（变）速器①	单级圆柱齿轮减速器	0.97～0.98
	双级圆柱齿轮减速器	0.95～0.96
	单级行星圆柱齿轮减速器（NGW类型负号机构）	0.95～0.98
	单级行星摆线针轮减速器	0.90～0.97
	单级圆锥齿轮减速器	0.95～0.96
	双级圆锥-圆柱齿轮减速器	0.94～0.95
	无级变速器	0.92～0.95
	轧机人字齿轮座（滑动轴承）	0.93～0.95
	轧机人字齿轮座（滚动轴承）	0.94～0.96
	轧机主减速器（包括主接手和电机接手）	0.93～0.96
丝杠传动	滑动丝杠	0.30～0.60
	滚动丝杠	0.85～0.9

① 滚动轴承的损耗考虑在内。

2.5　常用物理量常数(见表 1.1-25)

表 1.1-25　基本与常用物理常数[1]

名　称	符号	数　值	单位
真空中的光速	c_0	2.99792458×10^{8}	m/s
电磁波在真空中的速度	c_0	2.99792458×10^{8}	m/s
电子电荷	e	1.6021892×10^{-19}	C
电子静止质量	m_e	9.109534×10^{-31}	kg
质子静止质量	m_p	1.6726485×10^{-27}	kg
中子静止质量	m_n	1.6749543×10^{-27}	kg
电子荷质比	e/m_e	1.7588047×10^{11}	C/kg
质子荷质比	e/m_p	9.57929×10^{7}	C/kg
电子静止能量	$(W_e)_0$	0.5110034	MeV
质子静止能量	$(W_p)_0$	983.5731	MeV
真空介电常数	ε_0	$8.854187818\times10^{-12}$	F/m
真空磁导率	μ_0	$4\pi\times10^{-7}$	H/m
玻尔半径	a_0	5.2917706×10^{-11}	m
普朗克(Planck)常数	h	6.626176×10^{-34}	J/Hz
阿伏加德罗(Avogadro)常数	N_A	6.022045×10^{23}	l/mol
约瑟夫逊(Josephson)频率电压比	$2e/h$	4.835939×10^{14}	Hz/V
法拉第(Faraday)常数	F	9.648456×10^{4}	C/mol
里德伯(Rydberg)常数	R_∞	1.097373177×10^{7}	l/m
质子回旋磁比	r_p	2.6751987×10^{8}	Hz/T
玻尔兹曼(Bollzman)常数	k	1.380662×10^{-23}	J/K
斯蒂芬-玻尔兹曼常数	σ	5.67032×10^{-8}	$W/(m^2\cdot K^4)$
万有引力常数	G	6.6720×10^{-11}	$m^3/(s^2\cdot kg)$
标准重力加速度	g	9.80665	m/s^2
摩尔气体常数	R	8.31441	J/(mol·K)
标准状态下理想气体的摩尔体积	V_m	22.41383×10^{-3}	m^3/mol
第二辐射常数	c_2	1.438786×10^{-2}	m·K
绝对零度	T_0	-273.15	C
标准大气压	atm	101325	Pa
标准条件下空气中的声速	c	331.4	m/s
纯水三相点的绝对温度	T	273.16	K
4℃时水的密度		0.999973	g/cm^3
0℃时汞的密度		13.5951	g/cm^3
在标准条件下干燥空气的密度		0.001293	g/cm^3
标准条件下空气中的声速		331.4	m/s

3　优先数和优先数系(摘自 GB/T 321—2005、GB/T 19763—2005、GB/T 19764—2005)

优先数和优先数系是一种科学的、国际统一的数值制度，是无量纲的分级数系，适用于各种量值的分级。凡能正确使用优先数系设计的产品，其参数系列一般都比较经济合理，可用较少的品种规格来满足较宽范围内的需要，且便于协调国民经济各部门或各专业之间的配合。产品或零件的主要参数或主要尺寸，按优先数系形成系列，可使产品或零件走上系列化、标准化的轨道。用优先数系来进行系列设计，便于分析参数间的关系，可减轻设计计算的工作量。

3.1　术语与定义

3.1.1　优先数系

优先数系是公比为 $\sqrt[5]{10}$、$\sqrt[10]{10}$、$\sqrt[20]{10}$、$\sqrt[40]{10}$ 和 $\sqrt[80]{10}$，且项值中含有10的整数幂的几何级数的常用圆整值。基本系列R5、R10、R20、R40和补充系列R80列于表1.1-26。这个优先数系可向两个方向无限延伸，表中值乘以10的正整数幂或负整数幂后即可得其他十进制项值。

（1）优先数

符合R5、R10、R20、R40和R80系列的圆整值（见表1.1-26中第1列～第4列和第9列）。

表1.1-26　基本系列和补充系列

系列类别与项目	基本系列								补充系列 R80	
	基本系列（常用值）				序号	理论值的对数尾数	计算值	基本系列的常用值对计算值的相对误差（%）		
	R5	R10	R20	R40						
列	1	2	3	4	5	6	7	8	9	
	1.00	1.00	1.00	1.00	0	000	1.0000	0	1.00	3.15
				1.06	1	025	1.0593	+0.07	1.03	3.25
			1.12	1.12	2	050	1.1220	−0.18	1.06	3.35
				1.18	3	075	1.1885	−0.71	1.09	3.45
		1.25	1.25	1.25	4	100	1.2589	−0.71	1.12	3.55
				1.32	5	125	1.3335	−1.01	1.15	3.65
			1.40	1.40	6	150	1.4125	−0.88	1.18	3.75
				1.50	7	175	1.4962	+0.25	1.22	3.87
	1.60	1.60	1.60	1.60	8	200	1.5849	+0.95	1.25	4.00
				1.70	9	225	1.6788	+1.26	1.28	4.12
			1.80	1.80	10	250	1.7783	+1.22	1.32	4.25
				1.90	11	275	1.8836	+0.87	1.36	4.37
		2.00	2.00	2.00	12	300	1.9953	+0.24	1.40	4.50
				2.12	13	325	2.1135	+0.31	1.45	4.62
数			2.24	2.24	14	350	2.2387	+0.06	1.50	4.75
				2.36	15	375	2.3714	−0.48	1.55	4.87
值	2.50	2.50	2.50	2.50	16	400	2.5119	−0.47	1.60	5.00
				2.65	17	425	2.6607	−0.40	1.65	5.15
			2.80	2.80	18	450	2.8184	−0.65	1.70	5.30
				3.00	19	475	2.9854	+0.49	1.75	5.45
		3.15	3.15	3.15	20	500	3.1623	−0.39	1.80	5.60
				3.35	21	525	3.3497	+0.01	1.85	5.80
			3.55	3.55	22	550	3.5481	+0.05	1.90	6.00
				3.75	23	575	3.7584	−0.22	1.95	6.15
	4.00	4.00	4.00	4.00	24	600	3.9811	+0.47	2.00	6.30
				4.25	25	625	4.2170	+0.78	2.06	6.50
			4.50	4.50	26	650	4.4668	+0.74	2.12	6.70
				4.75	27	675	4.7315	+0.39	2.18	6.90
		5.00	5.00	5.00	28	700	5.0119	−0.24	2.24	7.10
				5.30	29	725	5.3088	−0.17	2.30	7.30
			5.60	5.60	30	750	5.6234	−0.42	2.36	7.50

（续）

系列类别与项目	基本系列								补充系列 R80	
	基本系列（常用值）				序号	理论值的对数尾数	计算值	基本系列的常用值对计算值的相对误差（%）		
	R5	R10	R20	R40						
列	1	2	3	4	5	6	7	8	9	
数值				6.00	31	775	5.9566	+0.73	2.43	7.75
	6.30	6.30	6.30	6.30	32	800	6.3096	−0.15	2.50	8.00
				6.70	33	825	6.6834	+0.25	2.58	8.25
			7.10	7.10	34	850	7.7095	+0.29	2.65	8.50
				7.50	35	875	7.4989	+0.01	2.72	8.75
		8.00	8.00	8.00	36	900	7.9433	+0.71	2.80	9.00
				8.50	37	925	8.4140	+1.02	2.90	9.25
			9.00	9.00	38	950	8.9125	+0.98	3.00	9.50
				9.50	39	975	9.4406	+0.63	3.07	9.75
	10.00	10.00	10.00	10.00	40	000	10.0000	0		
公比	$\sqrt[5]{10}\approx1.6$	$\sqrt[10]{10}\approx1.25$	$\sqrt[20]{10}\approx1.12$	$\sqrt[40]{10}\approx1.06$					$\sqrt[80]{10}\approx1.03$	

注：1. 大于 10 或小于 1 的优先数均可用 10、100、1000、…或用 0.1、0.01、…乘以基本系列或补充系列优先数求得。

2. 基本系列中任意两项之积和商，任意一项之整数乘方或开方，都为优先数，其运算应通过序号 N 去实现。

3. 常用值的相对误差 $=\dfrac{常用值-计算值}{计算值}\times100\%$。

（2）理论值

$(\sqrt[5]{10})^N$、$(\sqrt[10]{10})^N$ 等理论等比数列的连续项值，其中 N 为任意整数。理论值一般是无理数，不便于实际应用。

（3）计算值

对理论值取五位有效数字的近似值，计算值对理论值的相对误差小于 1/20000。

在作参数系列的精确计算时可用来代替理论值。

（4）化整值

它是对 R5、R10、R20 和 R40 系列中的常用值作进一步圆整后所得的值，只在某些特殊情况下才允许采用。

（5）序号

表明优先数排列次序的一个等差数列，它从优先数 1.00 的序号 0 开始计算。

3.1.2　系列代号

优先数的所有系列均以字母 R 为符号开始。

3.2　系列的种类

（1）基本系列

R5、R10、R20 和 R40 四个系列是优先数系中的常用系列（见表 1.1-26）。

基本系列中的优先数常用值，对计算值的相对误差在 +1.26% ~ −1.01% 范围内。各系列的公比为：

R5：$q_5=(\sqrt[5]{10})\approx1.6$

R10：$q_{10}=(\sqrt[10]{10})\approx1.25$

R20：$q_{20}=(\sqrt[20]{10})\approx1.12$

R40：$q_{40}=(\sqrt[40]{10})\approx1.06$

$$常用值的相对误差=\frac{常用值-计算值}{计算值}\times100\%$$

（2）补充系列 R80

R80 系列称为补充的系列（见表 1.1-26 中第 8 列），它的公比，仅在参数分级很细或基本系列中的优先数不能适应实际情况时，才可考虑采用。

（3）化整值系列

化整值系列是由优先数的常用值和一部分化整值所组成的系列（见表 1.1-27），仅在参数取值受到特殊限制时才允许采用。由对常用值的偏差较小的化整值组成的系列称为第一化整值系列，用符号 R_r' 表示；偏差较大的系列称为第二化整值系列，用符号 R_r'' 表示。

优先数的理论值系列是一个等比数列，但是实用上的常用值系列和化整值系列都只是一个近似的等比数列，实际公比（后一项值对相邻前一项值之比值）有所波动，其波动的大小可用公比的相对误差来衡量。其计算式为

表1.1-27　化整值系列

列	1		2			3			4		5	6	7	8	9	10
项数或指数	5		10			20			40		序号	计算值[3]	系列中每个项值和计算值之间的相对误差（%）			
近似的公比	1.6		1.25			1.12			1.06							
系列	R5	R″5	R10	R′10	R″10	R20	R′20	R″20	R40	R′40			R 5～40	R′ 10～40	R″ 20	R″ 5和10
数值	1		1			1.0			1.0		0	1.0000	0			
									1.06	1.05	1	1.0593	+0.07	−0.88		
						1.12	1.1		1.12	1.10[2]	2	1.1220	−0.18	−1.96	−1.96	
									1.18	1.2	3	1.1885	−0.71	+0.97		
			1.25		(1.2)	1.25		(1.2)	1.25		4	1.2589	−0.71		−4.68	−4.68
									1.32	1.3	5	1.3335	−1.01	−**2.51**		
						1.4			1.4		6	1.4125	−0.88			
									1.5		7	1.4962	+0.25			
	1.6	(1.5)[1]	1.6		(1.5)[1]	1.6			1.6		8	1.5849	+0.95			−**5.36**
									1.7		9	1.6788	+**1.26**			
						1.8			1.8		10	1.7783	+1.22			
									1.9		11	1.8836	+0.87			
			2			2.0			2.0		12	1.9953	+0.24			
									2.12	2.1	13	2.1135	+0.31	−0.64		
						2.24	2.2		2.24	2.2	14	2.2387	+0.06	−1.73	−1.73	
									2.36	2.4	15	2.3714	−0.48	+1.21		
	2.5		2.5			2.5			2.5		16	2.5119	−0.47			
									2.65	2.6	17	2.6607	−0.40	−2.28		
						2.8			2.8		18	2.8184	−0.65			
									3.0		19	2.9854	+0.49			
			3.15	3.2	(3)	3.15	3.2	(3.0)	3.15	3.2	20	3.1623	−0.39	+1.19	−**5.13**	−5.13
									3.35	3.4	21	3.3497	+0.01	+1.50		
						3.55	3.6	(3.5)	3.55	3.6	22	3.5481	+0.05	+1.46	−1.38	
									3.75	3.8	23	3.7584	−0.22	+1.11		
	4		4			4.0			4.0		24	3.9811	+0.47			
									4.25	4.2	25	4.2170	+0.78	−0.40		
						4.5			4.5		26	4.4668	+0.74			
									4.75	4.8	27	4.7315	+0.39	+1.45		
			5			5.0			5.0		28	5.0119	−0.24			
									5.3		29	5.3088	−0.17			
						5.6		(5.5)	5.6		30	5.6234	−0.42		−2.19	
									6.0		31	5.9566	+0.73			
	6.3	(6)	6.3		(6)	6.3		(6.0)	6.3		32	6.3096	−0.15		−4.90	−4.90
									6.7		33	6.6834	+0.25			
						7.1		(7.0)	7.1		34	7.0795	+0.29		−1.11	
									7.5		35	7.4989	+0.01			
			8			8.0			8.0		36	7.9433	+0.71			
									8.5		37	8.4140	+1.02			
						9.0			9.0		38	8.9125	+0.98			
									9.5		39	9.4405	+0.63			
	10		10			10.0			10.0		40	10.0000	0			
公比的最大相对误差（%）（见3.2,(3)）	+1.42	−5.37	+1.66	+1.66	−5.61	−1.83	−1.97	−4.48	+1.15	+2.94						

优先数｜　化整值：第一化整值｜　第二化整值┆

注：1. 表中第7～10栏内带方框的数值为相应系列中项值的最大相对误差。

2. 公比的相对误差 $=\dfrac{\text{相邻两项常用值（或化整值）之比}-\text{公比的计算值}}{\text{公比的计算值}}\times 100\%$

① R″系列中的化整值（括号中的值），特别是1.5这个数值，应尽可能不用。

② 在特殊情况下，当系列分档间距不允许“倒缩”（项值增大，项差反而缩小）时，R′40系列中允许以1.15作为1.18的化整值，以1.20作为1.25的化整值，以构成数列：1，1.05，1.10，1.15，1.20，1.30。

③ 在某些特殊情况下（例如透平叶片的制造），需要很高精度时，可采用计算值（表内第6列）。

$$公比的相对误差 = \frac{相邻两项常用值（或化整值）之比 - 公比的计算值}{公比的计算值} \times 100\%$$

表中的底栏列出了各系列波动的公比中最大的相对误差，可见 R'_r 和 R''_r 系列的公比均匀性要比优先数的常用值系列差。分级越密的系列，项值的相对差越小，故允许的化整值的项值误差也越小，不然会使系列公比的均匀性太差。因此，在分级较密的 R40 系列中就只有误差较小的 R'_r 系列，而没有误差较大的 R''_r 系列。

（4）派生系列

派生系列是从基本系列或补充系列 R_r 中，每 p 项取值导出的系列，以 R_r/p 表示，比值 r/p 是 1～10、10～100 等各个十进制数内项值的分级数。

派生系列的公比为：

$$q_{r/p} = q_r^p = (\sqrt[r]{10})^p = 10^{p/r}$$

比值 r/p 相等的派生系列具有相同的公比，但其项值是多义的。例如，派生系列 R10/3 的公比 $q_{10/3} = 10^{3/10} = 1.2589^3 \approx 2$，可导出三种不同项值的系列：

1.00，2.00，4.00，8.00

1.25，2.50，5.00，10.0

1.60，3.15，6.30，12.5

（5）移位系列

移位系列是指与某一基本系列有相同分级，但起始项不属于该基本系列的一种系列。它只用于因变量参数的系列。

例如：R80/8（25.8……165）系列与 R10 系列有同样的分级，但从 R80 系列的一个项开始，相当于由 25 开始的 R10 系列的移位。

3.3　优先数的计算与序号 N 的运用

（1）序号

优先数的序号 N_r 表示理论值为 $q_r^N r$ 的优先数在 R_r 系列中的排列次序。由于取项值“1”的序号为 0，就把序号和指数联系起来了，序号就是优先数理论值用公比 q_r 的指数式表示时的指数值。

由对数的定义可知，序号 N_r（即指数）就是优先数理论值以其公比 q_r 为底的特殊对数。因此，优先数的运算可转换为它的序号运算而得到简化，其运算规则同一般对数计算完全相同。

由于 R40 系列包含了全部基本系列的项值，故 R40 系列中的优先数序号 N（见表 1.1-26，N 是 N_{40} 的简写），可以代替 N_5、N_{10}、N_{20}，满足一般的计算要求。当对补充系列 R80 的优先数进行运算时，应采用序号 N_{80}。

常用计算中所用序号 N，皆指 R40 系列中的序号。$N = 0 \sim 40$ 适用于 1～10 十进段内的优先数 n，优先数 n 每增大到 10 倍，其序号增加 40，每缩小到 1/10，其序号减小 40。同理，对 R80 系列排序号时，$N_{80} = 0 \sim 80$ 适用于 1～10 十进段内的优先数 n，n 每增大到 10 倍，其序号增加 80，每缩小到 1/10，其序号减小 80。

（2）积和商

两优先数 n 和 n' 的积或商形成的优先数 n''，可由序号 N_n 和 N'_n 相加或相减来计算，对应新序号的优先数 n'' 即为所求值。

例 1　$3.15 \times 1.6 = 5$

$N_{3.15} + N_{1.6} = 20 + 8 = 28 = N_5$

例 2　$6.3 \times 0.2 = 1.25$

$N_{6.3} + N_{0.2} = 32 + (-28) = 4 = N_{1.25}$

例 3　$1 \div 0.06 = 17$

$N_1 - N_{0.06} = 0 - (-49) = 49 = N_{17}$

（3）幂和根

计算优先数的正或负整幂时，可由指数与优先数序号之积作为新序号，与之相应的优先数为所求值。

用同样的方法可计算对应优先数的根或优先数的正或负分数幂的优先数，但序号与分式指数的乘积须为整数。

例 1　$(3.15)^2 = 10$

$2N_{3.15} = 2 \times 20 = 40 = N_{10}$

例 2　$\sqrt[5]{3.15} = 3.15^{1/5} = 1.25$

$\frac{1}{5}N_{3.15} = 20/5 = 4$（整数）$= N_{1.25}$

例 3　$\sqrt{0.16} = 0.16^{1/2} = 0.4$

$\frac{1}{2}N_{0.16} = -32/2 = -16$（整数）$= N_{0.4}$

例 4　另一方面，$\sqrt[4]{3} = 3^{1/4}$ 不是优先数，因指数 1/4 与 3 的序号之积不是整数。

例 5　$0.25^{-1/3} = 1.6$

$-\frac{1}{3}N_{0.25} = -\frac{1}{3}(-24) = +8 = N_{1.6}$

注：用序号计算的方法可能导致微小的误差，该误差是由优先数的理论值与对应的基本系列化数值之间的偏差引起的。

（4）常用对数

理论值的常用对数尾数列于表 1.1-26 中第 6 列。

3.4　系列选择原则

（1）在选择参数系列时，应优先采用公比大的基本系列。选择的优先顺序是：R5 系列优先于 R10 系列，R10 系列优先于 R20 系列，R20 系列优先于

R40系列。

（2）补充系列R80由于分级很细，不利于不同人员使用时相互间的协调统一，也增加了品种规格数量，故不宜用于产品参数的系列化，仅在要求参数分级很细或基本系列中的优先数不能适应实际需要的特殊情况下，才可考虑采用。

（3）基本系列的公比不能满足要求时，则可采用派生系列，应依次优先考虑R5/2、R10/3、R10/4、R20/3、R20/4，R40的派生系列应尽量避免采用。

（4）基本系列中的数值不符合需要并有充分理由而完全不能采用优先数时，允许采用标准中的化整值，应优先采用第一化整值系列 R_r'。选得的化整值应尽量保持系列公比的均匀，见标准GB/T19764—2005。

化整值中括号内尺寸，特别是标有＊号的数值1.5，应尽可能不用。

（5）优先数对于产品的尺寸和参数不全部适用时，则应在基本参数和主要尺寸上采用优先数。

（6）对某些精密产品的参数，可直接使用计算值（所列计算值精确到5位数字，与理论值比较，误差小于0.00005）。

3.5　优先数和优先数系的应用示例[8]

企业在设计产品时，产品的主要参数系列应最大限度采用优先数系，以促进产品的标准化。企业在对产品整顿时，对规格杂乱、品种繁多的老产品，应通过调查分析加以整顿，从优先数系中选用合适的系列作为产品的主要参数系列，以简化品种规格，使产品走上标准化的轨道。在零部件的系列设计中应选取一些主要尺寸为自变量选用优先数系，这不仅有利于零部件的标准化，而且可以简化设计工作。

下面仅以起重机滑轮结构尺寸设计作为优先数系应用的示例。起重机滑轮的结构尺寸，见图1.1-1。

（1）确定采用优先数的参数

对滑轮来说，最重要的参数是与其相配的钢丝绳直径 d_r。因为 d_r 的大小直接影响到滑轮上所承受载荷的大小，从而决定了滑轮的结构尺寸。因此，首先选用钢丝绳直径 d_r 为优先数，取R20系列，尺寸在10～60mm范围内。

其次，在滑轮轮缘部分的几个直径尺寸中，决定钢丝绳中心处的滑轮公称直径 D 采用优先数。而滑轮底径 D_b 按下式计算：

$$D_b = D - d_r$$

D_b 一般不再为优先数。

另外，根据经验确定适当的槽形，其尺寸比例如

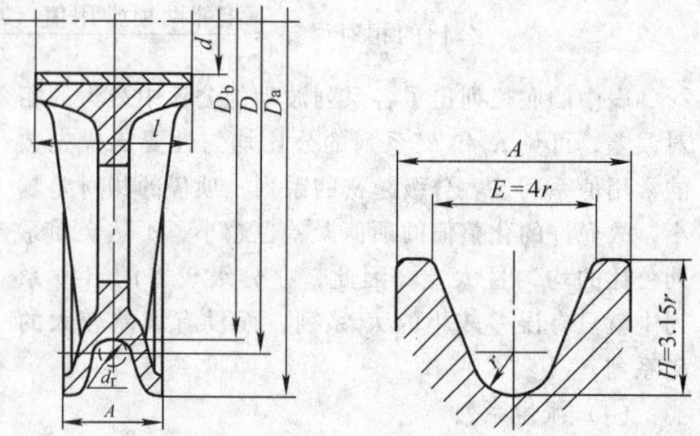

图1.1-1　滑轮的结构尺寸
（参阅JISZ 8601标准数解说）

图1.1-1所示，比例系数取优先数。这样只要槽底的圆弧半径 r 取为优先数，则槽形的各部分尺寸就都为优先数。

滑轮的外径 D_a 由下式计算确定：

$$D_a = D_b + 2H$$

D_a 一般也不再为优先数。

与轴的配合尺寸——轮毂长度 l 和滑轮孔径 d 都取为优先数。

（2）确定滑轮直径 D

滑轮直径 D 的系列取R20系列。滑轮直径与钢丝绳直径之比取决于起重机使用的频繁程度，在起重机的结构规范中最低为20倍。系列设计中假定取20倍、25倍和31.5倍三种（倍数也按优先数选用，以保证 D 为优先数），并称20倍的滑轮为20型，25倍的为25型，31.5倍的为31.5型。对应不同钢丝绳直径 d_r 的滑轮直径 D 可按R20系列排表（见表1.1-28）。

（3）确定槽底的圆弧半径 r

对槽底圆弧半径 r 的要求是使钢丝绳能较合适地安放在槽内。槽底半径过小或钢丝绳直径过大，都会产生干涉。r 值可按下式求得：

$$r \geqslant \frac{d_{rm}}{2} + \sqrt{\alpha^2 + \beta^2}$$

式中　d_{rm}——钢丝绳直径的平均值，mm；

α——钢丝绳直径公差的 $\frac{1}{4}$，mm；

β——槽底半径公差的 $\frac{1}{2}$，mm。

把计算所得的值圆整为R20中的优先数。

（4）确定轮缘宽度 A

轮缘宽度 A 根据经验式为

$$A = E + 4.25\sqrt{r}$$

把计算所得的值圆整为相近的R40中的优先数。

表 1.1-28　滑轮的系列尺寸　（mm）

钢丝绳直径 d_r	滑轮直径 D			滑轮底径 D_b			槽底半径 r	槽的高度 H	沟槽宽度 E	轮缘宽度 A	滑轮外径 D_a			载荷 F/kN
	20 型	25 型	31.5 型	20 型	25 型	31.5 型					20 型	25 型	31.5 型	
10	200	250	315	190	240	305	6.3	20	25	37.5	230	280	345	20
11.2	224	280	355	212.8	268.8	343.8	7.1	22.4	28	40	257.6	313.6	388.6	25
12.5	250	315	400	237.5	302.5	387.5	7.1	22.4	28	40	282.3	347.3	432.3	31.5
14	280	355	450	266	341	436	8	25	31.5	40	316	391	486	40
16	315	400	500	299	384	484	9	28	35.5	50	355	440	540	50
18	355	450	560	337	432	542	10	31.5	40	56	400	495	605	63
20	400	500	630	380	480	610	11.2	35.5	45	60	451	551	681	80
22.4	450	560	710	427.6	537.6	687.6	12.5	40	50	67	507.6	617.6	767.6	100
25	500	630	800	475	605	775	14	45	56	75	565	695	865	125
28	560	710	900	532	682	872	16	50	63	80	632	782	972	160
31.5	630	800	1000	598.5	768.5	968.5	18	56	71	90	710.5	880.5	1080.5	200
35.5	710	900	1120	674.5	864.5	1084.5	20	63	80	100	800.5	990.5	1210.5	250
40	800	1000	1250	760	960	1210	22.4	71	90	112	902	1102	1352	315
45	900	1120	1400	855	1075	1355	25	80	100	125	1015	1235	1515	400
50	1000	1250	1600	950	1200	1550	28	90	112	140	1130	1380	1730	500
56	1120	1400	1800	1064	1344	1744	31.5	100	125	150	1264	1544	1944	630

（5）计算滑轮轴承上所承受的载荷 F

轴承上所承受的载荷 F 应为钢丝绳拉力 F_a 的两倍，即：

$$F = 2F_a = 2 \times \frac{F_b}{n} = \frac{F_b}{3}$$

式中　F_a——钢丝绳拉力；

F_b——钢丝绳的破断载荷，可由钢丝绳的直径查标准求得；

n——安全系数，对超重机用钢丝绳取 $n = 6$。

钢丝绳直径 $d_r = 10$mm 时，查得 $F_b = 60.3$kN，则 $F = 20.1$kN，近似取为优先数 $F \approx 20$kN。同时，考虑到在材料许用应力不变时，钢丝绳的破断载荷 F_b 与钢丝绳的截面积成正比。因此

$$F_b \propto d_r^2,\ F \propto F_b,\ F \propto d_r^2$$

现在钢丝绳直径 d_r 为 R20 系列，故载荷 F 为 R20/2 系列（因 $F = 20$kN 为 R10 系列中的值，故 R20/2 = R10 系列）。

（6）决定孔径 d 和轮毂长度 l

设孔径 d 取 R20 系列，轮毂长度 l 取 R10 系列。对同一种钢丝绳直径的滑轮，因承载条件的不同，必须有不同的孔径 d 和轮毂长度 l 的组合，因此需要确定其大小的极限范围，这时最好利用优先数图来作系列分析。

1）确定孔径 d 和轮毂长度 l 的关系　d 与 l 的关系可由滑轮轴承面上的许用压力决定，其关系为：

$$l = \frac{F}{dp_p} \propto \frac{d_r^2}{d}$$

式中　p_p——轴承许用压强，设 $p_p = 900\text{N/cm}^2$；

F——滑轮轴承所受的载荷（N）。

l、d 的单位取 cm。

对各个钢丝绳直径 d_r，其 p_p 和 F 值都是一定的，故上式可表示为

$$l \propto \frac{1}{d}$$

这个关系式在按优先数刻度的 d-l 坐标中是斜率为 -1 的直线（见图 1.1-2），只要算出任意一点就能画出此直线。取孔径 $d = 100\text{mm} = 10\text{cm}$，钢丝绳直径分别取最小（$d_r = 10$mm，$F = 20$kN）和最大（$d_r = 56$mm，$F = 630$kN）两种情况，则轮毂长度 l 为：

$$d_r = 10\text{mm 时},\ l = \frac{20000}{10 \times 900}\text{cm} = 2.24\text{cm} = 22.4\text{mm}$$

$$d_r = 56\text{mm 时},\ l = \frac{630000}{10 \times 900}\text{cm} = 71\text{cm} = 710\text{mm}$$

在图 1.1-2 中相应于 $d_r = 10$mm 时 $d = 100$mm，$l = 22.4$mm 的一个点，和 $d_r = 56$mm 时 $d = 100$mm，$l = 710$mm 的一个点，以符号▲表示。从这两点分别画出斜率为 -1 的直线①和①′。

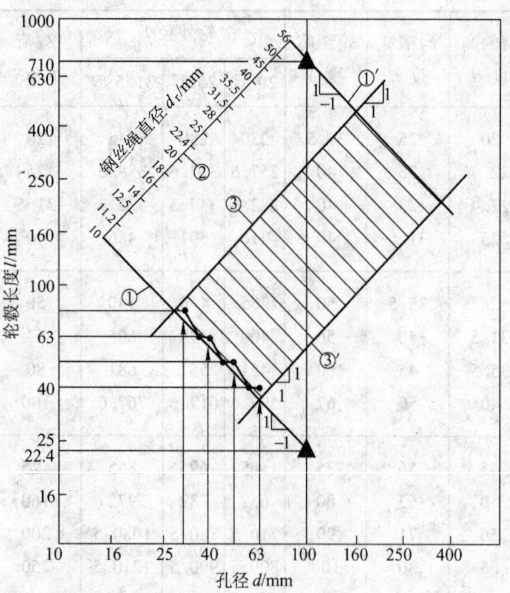

图 1.1-2　确定孔径 d 和轮毂长度 l 的系列

相应于其他 d_r 值的 d 与 l 值，只要在两直线①和①′之间，按钢丝绳直径系列 R20 等分，绘出平行直线，就很容易求得，而不必一一计算。

2）确定 d 和 l 的极限范围　按照在滑轮轴两支点间仅装一个滑轮的最小承载条件，以及装五个滑轮的最大承载条件，考虑使轴的弯曲应力不超过许用值，可求得最小孔径、最大孔径与轮毂长度的关系为

$$d_{min}=\frac{1}{2.72}l$$

$$d_{max}=1.80l$$

与上式相应的两条斜率为 1 的直线③、③′给出了 d 和 l 的极限范围。

3）修正轮毂长度　与各种 d、l 值相应的点，只要在直线①、①′、③、③′规定的范围内，就能符合设计要求。但因轴（孔）径 d 取 R20 系列，而轮毂长度 l 取 R10 系列，是已经给定的条件，因此，需要把 l 中不是 R10 系列的值向上修正到 R10 系列。例如在图 1.1-2 的直线①上，把箭头符号所表示的 R20 系列的轮毂长度修正到 R10 上。这样得到的滑轮孔径与轮毂长度的系列尺寸见表 1.1-29。

表 1.1-29　滑轮的孔径和轮毂长度　（mm）

钢丝绳直径 d_r	轴、孔径 d	轮毂长度 l 40	50	63	80	100	125	160	200	250	315	400
10	31.5				×							
	35.5			×								
	40			×								
	45		×									
	50		×									
	56	×										
	63	×										
	71	×										
11.2	35.5				×							
	40				×							
	45			×								
	50			×								
	56		×									

第 2 章　计量单位和单位换算

1　国际单位制（SI）单位（见表 1.2-1 ~ 表 1.2-4）（摘自 GB3100—1993）

国际单位制的构成如下：

- 国际单位制（SI）
  - SI 单位
    - SI 基本单位（见表 1.2-1）
    - SI 导出单位
      - 包括 SI 辅助单位在内的具有专门名称的 SI 导出单位（见表 1.2-2、表 1.2-3）
      - 组合形式的 SI 导出单位
  - SI 单位的十进倍数单位

表 1.2-1　SI 基本单位

量的名称	单位名称	单位符号	量的名称	单位名称	单位符号
长　度	米	m	热力学温度	开［尔文］	K
质　量	千克（公斤）	kg	物质的量	摩［尔］	mol
时　间	秒	s	发光强度	坎［德拉］	cd
电　流	安［培］	A			

注：1. 圆括号中的名称，是它前面的名称的同义词，下同。

2. 方括号中的字，在不致引起混淆、误解的情况下，可以省略，下同。去掉方括号中的字即为其单位名称的简称。无方括号量的名称与单位名称均为全称。

3. 除特殊指明者外，符号均指我国法定计量单位中所规定的符号以及国际符号，下同。

4. 人民生活和贸易中，质量习惯称为重量。

表 1.2-2　包括 SI 辅助单位在内的具有专门名称的 SI 导出单位

量的名称	SI 导出单位		
	名　称	符　号	用 SI 基本单位和 SI 导出单位表示
［平面］角	弧　度	rad	1 rad = 1 m/m = 1
立体角	球面度	sr	1 sr = 1 m^2/m^2 = 1
频率	赫［兹］	Hz	1 Hz = 1 s^{-1}
力	牛［顿］	N	1 N = 1 kg · m/s^2
压力，压强，应力	帕［斯卡］	Pa	1 Pa = 1 N/m^2
能［量］，功，热量	焦［耳］	J	1 J = 1 N · m
功率，辐［射能］通量	瓦［特］	W	1 W = 1 J/s
电荷［量］	库［仑］	C	1 C = 1 A · s
电压，电动势，电位（电势）	伏［特］	V	1 V = 1 W/A
电容	法［拉］	F	1 F = 1 C/V
电阻	欧［姆］	Ω	1 Ω = 1 V/A
电导	西［门子］	S	1 S = 1 Ω^{-1}
磁通［量］	韦［伯］	Wb	1 Wb = 1 V · s
磁通［量］密度，磁感应强度	特［斯拉］	T	1 T = 1 Wb/m^2
电感	亨［利］	H	1 H = 1 Wb/A
摄氏温度	摄氏度	°C	1°C = 1 K①
光通量	流［明］	lm	1 lm = 1 cd · sr
［光］照度	勒［克斯］	lx	1 lx = 1 lm/m^2

①　只表示两个单位°C 与 K 间的关系，并不表示摄氏温度与热力学温度之间的关系。

表1.2-3　由于人类健康安全防护上的需要而确定的具有专门名称的SI导出单位

量的名称	SI导出单位		
	名称	符号	用SI基本单位和SI导出单位表示
[放射性] 活度	贝可 [勒尔]	Bq	$1\ Bq = 1\ s^{-1}$
吸收剂量 比授 [予] 能 比释动能	戈 [瑞]	Gy	1 Gy = 1 J/kg
剂量当量	希 [沃特]	Sv	1 Sv = 1 J/kg

表1.2-4　SI词头

因数	词头名称		符号	因数	词头名称		符号
	英文	中文			英文	中文	
10^{24}	yotta	尧[它]	Y	10^{-1}	deci	分	d
10^{21}	zétta	泽[它]	Z	10^{-2}	centi	厘	c
10^{18}	exa	艾[可萨]	E	10^{-3}	milli	毫	m
10^{15}	peta	拍[它]	P	10^{-6}	micro	微	μ
10^{12}	tera	太[拉]	T	10^{-9}	nano	纳[诺]	n
10^{9}	gega	吉[咖]	G	10^{-12}	pico	皮[可]	p
10^{6}	mega	兆	M	10^{-15}	femto	飞[母托]	f
10^{3}	kilo	千	k	10^{-18}	atto	阿[托]	a
10^{2}	hecto	百	h	10^{-21}	zepto	仄[普托]	z
10^{1}	deca	十	da	10^{-24}	yocto	幺[科托]	y

2　可与国际单位制单位并用的我国法定计量单位（见表1.2-5）

表1.2-5　可与国际单位制单位并用的我国法定计量单位

量的名称	单位名称	单位符号	与SI单位的关系
时间	分	min	1 min = 60 s
	[小] 时	h	1 h = 60 min = 3600 s
	日,(天)	d	1 d = 24 h = 86400 s
[平面] 角	度	°	1° = (π/180) rad
	[角] 分	′	1′ = (1/60)° = (π/10800) rad
	[角] 秒	″	1″ = (1/60)′ = (π/648000) rad
体积,容积	升	L,(l)	$1\ L = 1\ dm^3 = 10^{-3}\ m^3$
质量	吨	t	$1\ t = 10^3\ kg$
	原子质量单位	u	$1\ u \approx 1.66054055 \times 10^{-27}\ kg$
旋转速度	转每分	r/min	$1\ r/min = (1/60)\ s^{-1}$
长度	海里	n mile	1 n mile = 1852 m（只用于航程）
速度	节	kn	1 kn = 1 n mile/h = (1852/3600) m/s（只用于航行）
能	电子伏	eV	$1\ eV \approx 1.602\ 177 \times 10^{-19}\ J$
级差	分贝	dB	
线密度	特 [克斯]	tex	$1\ tex = 10^{-6}\ kg/m$
面积	公顷	hm^2	$1\ hm^2 = 10^4\ m^2$

注:1. 平面角单位度、分、秒的符号,在组合单位中应采用(°)、(′)、(″)的形式。例如,不用°/s而用(°)/s。

2. 升的两个符号属同等地位,可任意选用。

3. 公顷的国际通用符号为ha。

3　常用物理量符号及其法定单位(见表 1.2-6)

表 1.2-6　常用物理量符号及其法定单位(摘自 GB/T3102.1～GB/T3102.7—1993)

量的名称及符号		单位名称及符号	
空间和时间			
[平面]角	$\alpha,\beta,\gamma,\theta,\varphi$	弧度	rad
		度	°
		[角]分	′
		[角]秒	″
立体角	Ω	球面度	sr
长度	l,L	米	m
		海里	n mile
宽度	b	米	m
高度	h	米	m
厚度	δ,d	米	m
半径	r,R	米	m
直径	d,D	米	m
程长	s	米	m
距离	d,r	米	m
笛卡儿坐标	x、y、z	米	m
曲率半径	ρ	米	m
曲率	κ	每米	m^{-1}
面积	$A,(S)$	平方米	m^2
体积,容积	V	立方米	m^3
		升	L,l
时间,时间间隔	t	秒	s
持续时间		分	min
		[小]时	h
		日,(天)	d
角速度	ω	弧度每秒	rad/s
角加速度	a	弧度每二次方秒	rad/s^2
速度	v,u,w,c	米每秒	m/s
		千米每小时	km/h
		节	kn
加速度	a	米每二次方秒	m/s^2
自由落体加速度	g	米每二次方秒	m/s^2
重力加速度	g_n	米每二次方秒	m/s^2
周期及有关现象			
周期	T	秒	s
时间常数	τ	秒	s
频率	f,ν	赫[兹]	Hz
旋转频率	n	每秒	s^{-1}
旋转速度,转速		转每分	r/min
角频率,圆频率	ω	弧度每秒	rad/s
波长	λ	米	m
波数	σ	每米	m^{-1}
角波数	k	弧度每米	rad/m
阻尼系数	δ	每秒	s^{-1}
衰减系数	α	每米	m^{-1}
相位系数	β	每米	m^{-1}
传播系数	γ	每米	m^{-1}
力　学			
质量	m	千克,(公斤)	kg
		吨	t

量的名称及符号		单位名称及符号	
体积质量,[质量]密度	ρ	千克每立方米	kg/m^3
		吨每立方米	t/m^3
		千克每升	kg/L
相对体积质量,相对[质量]密度	d	–	1
质量体积,比体积	v	立方米每千克	m^3/kg
线质量,线密度	ρ_l	千克每米	kg/m
		特[克斯]	tex
面质量,面密度	$\rho_A,(\rho_s)$	千克每平方米	kg/m^2
动量	p	千克米每秒	kg·m/s
动量矩,角动量	L	千克二次方米每秒	$kg\cdot m^2/s$
转动惯量,(惯性矩)	$J,(I)$	千克二次方米	$kg\cdot m^2$
力	F	牛[顿]	N
重量	$W,(P,G)$	牛[顿]	N
力矩	M	牛[顿]米	N·m
转矩,力偶矩	M,T	牛[顿]米	N·m
压力,压强	p	帕[斯卡]	Pa
正应力	σ	帕[斯卡]	Pa
切应力	τ	帕[斯卡]	Pa
线应变,(相对变形)	ε,e	–	1
切应变	γ	–	1
体应变	θ	–	1
泊松比,泊松数	μ,ν	–	1
弹性模量	E	帕[斯卡]	Pa
切变模量,刚量模量	G	帕[斯卡]	Pa
体积模量,压缩模量	K	帕[斯卡]	Pa
[体积]压缩率	κ	每帕[斯卡]	Pa^{-1}
截面二次矩(惯性矩)	I_a,I	四次方米	m^4
截面二次极矩(极惯性矩)	I_p	四次方米	m^4
截面系数	W,Z	三次方米	m^3
静摩擦因数	$\mu_s,(f_s)$	–	1
动摩擦因数	$\mu,(f)$	–	1
[动力]粘度	$\eta,(\mu)$	帕[斯卡]秒	Pa·s
运动粘度	ν	二次方米每秒	m^2/s
表面张力	γ,σ	牛[顿]每米	N/m
功	$W,(A)$	焦[耳]	J
		电子伏	eV
能[量]	E	同功的单位	
势能,位能	$E_p,(V)$	同功的单位	
动能	$E_k,(T)$	同功的单位	
功率	P	瓦[特]	W
质量流量	q_m	千克每秒	kg/s
体积流量	q_v	立方米每秒	m^3/s
热　学			
热力学温度	$T,(\Theta)$	开[尔文]	K
摄氏温度	t,θ	摄氏度	℃
线[膨]胀系数	α_l	每开[尔文]	K^{-1}
体[膨]胀系数	$\alpha_v,(\alpha,\gamma)$	每开[尔文]	K^{-1}

（续）

量的名称及符号		单位名称及符号	
热，热量	Q	焦[耳]	J
热流量	Φ	瓦[特]	W
面积热流量，热流[量]密度	q,φ	瓦[特]每平方米	W/m^2
热导率，(导热系数)	$\lambda,(\kappa)$	瓦[特]每米开[尔文]	W/(m·K)
表面传热系数	$h,(a)$	瓦[特]每平方米开[尔文]	
传热系数	$K,(k)$		$W/(m^2 \cdot K)$
热扩散率	a	平方米每秒	m^2/s
热容	C	焦[耳]每开[尔文]	J/K
质量热容，比热容	c	焦[耳]每千克开[尔文]	J/(kg·K)
质量热容比，比热[容]比	γ	–	1
熵	S	焦[耳]每开[尔文]	J/K
质量熵，比熵	s	焦[耳]每千克开[尔文]	J/(kg·K)
能[量]	E	焦[耳]	J
焓	$H,(I)$	焦[耳]	J
亥姆霍兹自由能	A,F	焦[耳]	J
吉布斯自由能	G	焦[耳]	J
质量能，比能	e	焦[耳]每千克	J/kg
质量焓，比焓	$h,(i)$	焦[耳]每千克	J/kg
电学和磁学			
电流	I	安[培]	A
电荷[量]	Q	库[仑]	C
体积电荷，电荷[体]密度	$\rho,(\eta)$	库[仑]每立方米	C/m^3
面积电荷，电荷面密度	σ	库[仑]每平方米	C/m^2
电场强度	E	伏[特]每米	V/m
电位，(电势)	$V,\ \varphi$	伏[特]	V
电位差，(电势差)，电压	$U,\ (V)$	伏[特]	V
电动势	E	伏[特]	V
电通[量]密度	D	库[仑]每平方米	C/m^2
电通[量]	Ψ	库[仑]	C
电容	C	法[拉]	F
介电常数，(电容率)	ε	法[拉]每米	F/m
相对介电常数，(相对电容率)	ε_r	–	1
电极化率	$\chi,\ \chi_e$	–	1
电极化强度	P	库[仑]每平方米	C/m^2
电偶极矩	$p,\ (p_e)$	库[仑]米	C·m
面积电流，电流密度	$J,\ (S)$	安[培]每平方米	A/m^2
线电流，电流线密度	$A,\ (a)$	安[培]每米	A/m
[直流]电阻	R	欧[姆]	Ω
电抗	X	欧[姆]	Ω
阻抗，(复[数]阻抗)	Z	欧[姆]	Ω
[直流]电导，[交流]电导	G	西[门子]	S
电纳	B	西[门子]	S
导纳，(复[数]导纳)	Y	西[门子]	S
电阻率	ρ	欧[姆]米	Ω·m
电导率	$\gamma,\ \sigma$	西[门子]每米	S/m
自感	L	亨[利]	H

量的名称及符号		单位名称及符号	
互感	$M,\ L_{12}$	亨[利]	H
耦合因数，(耦合系数)	$k,(\kappa)$	–	1
漏磁因数，(漏磁系数)	σ	–	1
绕组的匝数	N	–	1
相数	m	–	1
极对数	P	–	1
[交流]电阻	R	欧[姆]	Ω
品质因数	Q	–	1
相[位]差，相[位]移	φ	弧度	rad
功率	P	瓦[特]	W
[有功]功率	P	瓦[特]	W
视在功率，(表观功率)	S,P_S	瓦[特]	W
无功功率	$Q,\ P_Q$	瓦[特]	W
功率因数	λ		1
[有功]电能[量]	W	焦[尔]	J
磁场强度	H	安[培]每米	A/m
磁通势，磁动势	$F,\ F_m$	安[培]	A
磁位差，(磁势差)	U_m	安[培]	A
磁通[量]密度，磁感应强度	B	特[斯拉]	T
磁通[量]	Φ	韦[伯]	Wb
磁矢位，(磁矢势)	A	韦[伯]每米	Wb/m
坡印廷矢量	S	瓦[特]每平方米	W/m^2
磁导率	μ	亨[利]每米	H/m
相对磁导率	μ_r	–	1
磁化率	$k,\ (\chi_m,\ \chi)$	–	1
[面]磁矩	m	安[培]平方米	$A \cdot m^2$
磁化强度	$M,\ (H_i)$	安[培]每米	A/m
磁极化强度	$J,\ (B_i)$	特[斯拉]	T
磁阻	R_m	每亨[利]	H^{-1}
磁导	$\Lambda,\ (P)$	亨[利]	H
光及有关电磁辐射			
辐[射]能	$Q,W,(U,Q_e)$	焦[耳]	J
辐[射]功率，辐[射能]通量	$P,\ \Phi,\ (\Phi_e)$	瓦[特]	W
辐[射]强度	$I,(I_e)$	瓦[特]每球面度	W/sr
辐[射]亮度，辐射度	$L,(L_e)$	瓦[特]每球面度平方米	$W/(sr \cdot m^2)$
辐[射]出[射]度	$M,(M_e)$	瓦[特]每平方米	W/m^2
辐[射]照度	$E,\ (E_e)$	瓦[特]每平方米	W/m^2
发射率	ε	–	1
光通量	$\Phi,\ (\Phi_v)$	流[明]	lm
光量	$Q,\ (Q_v)$	流[明]秒	lm·s
发光强度	$I,\ (I_v)$	坎[德拉]	cd
[光]亮度	$L,\ (L_v)$	坎[德拉]每平方米	cd/m^2
光出射度	$M,\ (M_v)$	流[明]每平方米	lm/m^2
[光]照度	$E,\ (E_v)$	勒[克斯]	lx
曝光量	H	勒[克斯]秒	lx·s
光视效能	K	流[明]每瓦[特]	lm/W
光谱光视效能	$K\ (\lambda)$	流[明]每瓦[特]	lm/W
最大光谱光视效能	K_m	流[明]每瓦[特]	lm/W

（续）

量的名称及符号		单位名称及符号		量的名称及符号		单位名称及符号	
光谱光视效率	$V(\lambda)$	–	1	（瞬时）［声］质点速度	u，v	米每秒	m/s
视见函数				声速，（相速）	c	米每秒	m/s
光谱吸收比	$a(\lambda)$	–	1	（瞬时）体积流量（体积速度）	Uq，(q_v)	立方米每秒	m^3/s
光谱吸收因数				声能密度	w，(e)，(D)	焦［耳］每立方米	J/m^3
光谱反射比	$\rho(\lambda)$	–	1	声强［度］	I，J	瓦［特］每平方米	W/m^2
光谱反射因数				声阻抗	Z_a	帕［斯卡］秒每三次方米	$Pa \cdot s/m^3$
光谱透射比	$\tau(\lambda)$	–	1	力阻抗	Z_m	牛［顿］秒每米	$N \cdot s/m$
光谱透射因数				声功率级①	L_w	贝［尔］	B
线性吸收系数	a	每米	m^{-1}	声压级①	L_p	贝［尔］	B
线性衰减系数，线性消光系数	μ，μ_l	每米	m^{-1}	声强级①	L_I	贝［尔］	B
摩尔吸收系数	κ	平方米每摩［尔］	m^2/mol	阻尼系数	δ	每秒	s^{-1}
折射率	n	–		反射因数、（反射系数）	(ρ)	–	1
声　学				透射因数、（透射系数）	τ	–	1
				吸收因数、（吸收系数）	a	–	1
静压	p_s，(P_0)	帕［斯卡］	Pa	隔声量①	R	贝［尔］	B
［瞬时］声压	p	帕［斯卡］	Pa	混响时间	T，(T_{60})	秒	s

① 声功率级、声压级、声强级、隔声量通常以 dB 为单位，1dB = 0.1B。

4 计量单位换算（见表 1.2-7）

表 1.2-7 常用计量单位换算表

单位名称及符号		单位换算	单位名称及符号		单位换算
长　度			·［角］分	(′)	(π/10800) rad
·米	m		·［角］秒	(″)	(π/648000) rad
·海里	n mile	1852 m	**时间**		
英里	mile	1609.344 m	·秒	s	
英尺	ft	0.3048 m	·分	min	60 s
英寸	in	0.0254 m	·［小］时	h	3600 s
码	yd	0.9144 m	·天，（日）	d	86400 s
密耳	mil	25.4×10^{-6} m	**速　度**		
埃	Å	10^{-10} m	·米每秒	m/s	
费密		10^{-15} m	·节	kn	0.514444 m/s
面　积			·千米每小时	km/h	0.277778 m/s
·平方米	m^2		·米每分	m/min	0.0166667 m/s
公顷	ha	10000 m^2	英里每小时	mile/h	0.44704 m/s
公亩	a	100 m^2	英尺每秒	ft/s	0.3048 m/s
平方英里	$mile^2$	2.58999×10^6 m^2	英寸每秒	in/s	0.0254 m/s
平方英尺	ft^2	0.0929030 m^2	**加速度**		
平方英寸	in^2	6.4516×10^{-4} m^2	·米每二次方秒	m/s^2	
体积，容积			英尺每二次方秒	ft/s^2	
·立方米	m^3		伽	Gal	10^{-2} m/s^2
·升	L，(l)	10^{-3} m^3	**角速度**		
立方英尺	ft^3	0.0283168 m^3	·弧度每秒	rad/s	
立方英寸	in^3	1.63871×10^{-5} m^3	·转每分	r/min	(π/30) rad/s
英加仑	UKgal	4.54609 dm^3	度每分	(°) /min	0.00029 rad/s
美加仑	USgal	3.78541 m^3	度每秒	(°) /s	0.01745 rad/s
平面角			**质　量**		
·弧度	rad		·千克	kg	
·度	(°)	(π/180) rad	·吨	t	1000 kg

（续）

单位名称及符号		单位换算
·原子质量单位	u	1.6605655×10^{-27} kg
英吨	ton	1016.05 kg
英担	cwt	50.8023 kg
磅	lb	0.45359237 kg
夸特	qr，qtr	12.7006 kg
盎司	oz	28.3495 g
格令	gr，gn	0.06479891 g
线密度，纤度		
·千克每米	kg/m	
·特［克斯］	tex	10^{-6} kg/m
旦尼尔		0.111112×10^{-6} kg/m
磅每英尺	lb/ft	1.48816 kg/m
磅每英寸	lb/in	17.8580 kg/m
密　度		
·千克每立方米	kg/m^3	
·吨每立方米	t/m^3	1000 kg/m^3
·千克每升	kg/L	1000 kg/m^3
磅每立方英尺	lb/ft^3	16.0185 kg/m^3
磅每立方英寸	lb/in^3	27679.9 kg/m^3
质量体积，比体积		
·立方米每千克	m^3/kg	
立方英尺每磅	ft^3/lb	0.0624280 m^3/kg
立方英寸每磅	in^3/lb	3.61273×10^{-5} m^3/kg
力；重力		
·牛［顿］	N	
千克力	kgf	9.80665 N
磅力	lbf	4.44822 N
达因	dyn	10^{-5} N
吨力	tf	9.80665×10^3 N
压力，压强；应力		
·帕［斯卡］	Pa	
巴	bar	10^5 Pa
托	Torr	133.322 Pa
毫米汞柱	mmHg	133.322 Pa
毫米水柱	mmH_2O	9.80665 Pa
工程大气压	at	98066.5 Pa
标准大气压	atm	101325 Pa
力矩；转矩；力偶矩		
·牛［顿］米	N·m	
公斤力米	kgf·m	9.80665 N·m
克力厘米	gf·cm	9.80665×10^{-5} N·m
达因厘米	dyn·cm	10^{-7} N·m
磅力英尺	lbf·ft	1.35582 N·m
转动惯量		
·千克二次方米	$kg\cdot m^2$	
磅二次方英尺	$lb\cdot ft^2$	0.0421401 $kg\cdot m^2$
磅二次方英寸	$lb\cdot in^2$	2.92640×10^{-4} $kg\cdot m^2$
能量；功；热		
·焦［耳］	J	
·电子伏	eV	1.60210892×10^{-19} J
·千瓦小时	kW·h	3.6×10^6 J
千克力米	kgf·m	9.80665 J
卡	cal	4.1868 J
尔格	erg	10^{-7} J
英热单位	Btu	1055.06 J
功率；辐射通量		
·瓦［特］	W	
乏	var	1 W
伏安	VA	1 W
马力	PS	735.499 W
英马力	hp	745.7 W
电工马力		746 W
卡每秒	cal/s	4.1868 W
千卡每小时	kcal/h	1.163 W
质量流量		
·千克每秒	kg/s	
磅每秒	lb/s	0.453592 kg/s
磅每小时	lb/h	1.25998×10^{-4} kg/s
体积流量		
·立方米每秒	m^3/s	
立方英尺每秒	ft^3/s	0.0283168 m^3/s
立方英寸每小时	in^3/h	4.55196×10^{-6} L/s
动力粘度		
·帕［斯卡］秒	Pa·s	
泊	P，Po	0.1 Pa·s
厘泊	cP	10^{-3} Pa·s
千克力秒每平方米	$kgf\cdot s/m^2$	9.80665 Pa·s
磅力秒每平方英尺	$lbf\cdot s/ft^2$	47.8803 Pa·s
磅力秒每平方英寸	$lbf\cdot s/in^2$	6894.76 Pa·s
运动粘度		
·二次方米每秒	m^2/s	
斯托克斯	St	10^{-4} m^2/s
厘斯托克斯	cSt	10^{-6} m^2/s
二次方英尺每秒	ft^2/s	9.29030×10^{-2} m^2/s
二次方英寸每秒	in^2/s	6.4516×10^{-4} m^2/s

注：1. 表中前面加点的词为法定计量单位的名称。

2. 单位名称中带方括号的字可省略。

3. 圆括号中的字为前者的同义语。

第3章　常用数学公式

1　代数

1.1　二项式公式、多项式公式和因式分解

1.1.1　二项式公式

$$(a+b)^n = C_n^0 a^n + C_n^1 a^{n-1} b + \cdots + C_n^k a^{n-k} b^k + \cdots + C_n^n b^n$$

$$(a-b)^n = C_n^0 a^n - C_n^1 a^{n-1} b + \cdots + (-1)^k C_n^k a^{n-k} b^k + \cdots + (-1)^n C_n^n b^n$$

式中　n——正整数；

C_n^k——二项系数，$C_n^k = \dfrac{n!}{(n-k)!\,k!}$。

特别有：

1）$(a \pm b)^1 = a \pm b$

2）$(a \pm b)^2 = a^2 \pm 2ab + b^2$

3）$(a \pm b)^3 = a^3 \pm 3a^2 b + 3ab^2 \pm b^3$

4）$(a \pm b)^4 = a^4 \pm 4a^3 b + 6a^2 b^2 \pm 4ab^3 + b^4$

5）$(a \pm b)^5 = a^5 \pm 5a^4 b + 10a^3 b^2 \pm 10a^2 b^3 + 5ab^4 \pm b^5$

1.1.2　多项式公式

$$(a+b+\cdots+h)^n = \sum_{p+q+\cdots+s=n} \frac{n!}{p!\,q!\,\cdots s!} a^p b^q \cdots h^s$$

其中 Σ 表示对所有满足 $p+q+\cdots+s=n$ 的非负整数 $p, q, \cdots, s$ 形成的数组求和。

特别有：

1）$(a+b+c)^2 = a^2 + b^2 + c^2 + 2ab + 2bc + 2ac$

2）$(a+b+c)^3 = a^3 + b^3 + c^3 + 3a^2 b + 3ab^2 + 3a^2 c + 3ac^2 + 3b^2 c + 3bc^2 + 6abc$

1.1.3　因式分解

1）$a^2 - b^2 = (a+b)(a-b)$

2）$a^3 \pm b^3 = (a \pm b)(a^2 \mp ab + b^2)$

3）$a^4 - b^4 = (a+b)(a-b)(a^2 + b^2)$

4）$a^n - b^n = (a-b)(a^{n-1} + a^{n-2} b + \cdots + ab^{n-2} + b^{n-1})$（$n$ 为正整数）

5）$a^n - b^n = (a+b)(a^{n-1} - a^{n-2} b + \cdots + ab^{n-2} - b^{n-1})$（$n$ 为正偶数）

6）$a^n + b^n = (a+b)(a^{n-1} - a^{n-2} b + \cdots - ab^{n-2} + b^{n-1})$（$n$ 为正奇数）

7）$a^3 + b^3 + c^3 - 3abc = (a+b+c)(a^2 + b^2 + c^2 - ab - bc - ac)$

1.2　指数和根式

1.2.1　指数

1）正整数指数　$a^n = \underbrace{a \cdot a \cdot \cdots \cdot a}_{n个}$

2）分数指数　$a^{\frac{n}{m}} = \sqrt[m]{a^n} = (\sqrt[m]{a})^n$　（$a \geqslant 0$）

3）零指数　$a^0 = 1$　（$a \neq 0$）

4）负指数　$a^{-n} = \dfrac{1}{a^n}$　（$a > 0$）

5）同底幂的积　$a^x \cdot a^y = a^{x+y}$

6）同底幂的商　$a^x \div a^y = a^{x-y}$

7）幂的幂　$(a^x)^y = a^{xy}$

8）积的幂　$(ab)^x = a^x b^x$

9）商的幂　$\left(\dfrac{a}{b}\right)^x = \dfrac{a^x}{b^x}$

5）~9）式中，$a > 0$，$b > 0$；x，y 为任意实数。

1.2.2　根式

1）乘积的方根　$\sqrt[n]{ab} = \sqrt[n]{a} \cdot \sqrt[n]{b}$　（$a \geqslant 0$，$b \geqslant 0$）

2）分式的方根　$\sqrt[n]{\dfrac{a}{b}} = \dfrac{\sqrt[n]{a}}{\sqrt[n]{b}}$　（$a \geqslant 0$，$b > 0$）

3）根式化简　$\sqrt[np]{a^{mp}} = \sqrt[n]{a^m}$　（$a \geqslant 0$）

4）$\sqrt{a} \pm \sqrt{b} = \sqrt{a + b \pm 2\sqrt{ab}}$　（$a > b$）

5）$\dfrac{1}{\sqrt{a} \pm \sqrt{b}} = \dfrac{\sqrt{a} \mp \sqrt{b}}{a - b}$　（$a > 0$，$b > 0$，$a \neq b$）

6）$\dfrac{1}{\sqrt[3]{a} \pm \sqrt[3]{b}} = \dfrac{\sqrt[3]{a^2} \mp \sqrt[3]{ab} + \sqrt[3]{b^2}}{a \pm b}$　（$a \neq b$）

1.3　对数

1.3.1　运算法则　（设 $a > 0$）

1）$\log_a 1 = 0$

2）$\log_a a = 1$

3）$\log_a xy = \log_a x + \log_a y$

4） $\log_a \dfrac{x}{y} = \log_a x - \log_a y$

5） $\log_a x^b = b\log_a x$

6） $a^{\log_a x} = x$

7）换底公式 $\log_a x = \dfrac{\log_b x}{\log_b a}$ $(b>0)$

8） $\log_a b \cdot \log_b a = 1$ $(b>0)$

1.3.2 常用对数和自然对数

以10为底的对数称为常用对数，记为lg*x*。以e=2.71828…为底的对数称为自然对数，记为ln*x*。

1） $\lg x = M\ln x$ $(M = \lg e = 0.43429\cdots)$

2） $\ln x = \dfrac{1}{M}\lg x$ $\left(\dfrac{1}{M} = \ln 10 = 2.30258\cdots\right)$

1.4 不等式

1.4.1 代数不等式

设*n*为正整数

1） $1 + \dfrac{1}{\sqrt{2}} + \cdots + \dfrac{1}{\sqrt{n}} > 2\sqrt{n+1} - 2$

2） $\dfrac{1}{2} < 1 + \dfrac{1}{2} + \cdots + \dfrac{1}{n} - \ln n < 1$ $(n>1)$

3） $\dfrac{1 \cdot 3 \cdot 5 \cdot \cdots \cdot (2n-1)}{2 \cdot 4 \cdot 6 \cdot \cdots \cdot 2n} < \dfrac{1}{\sqrt{2n+1}}$

4） $\sqrt{n} \leqslant \sqrt[n]{n!} \leqslant \dfrac{n+1}{2}$

5） $\dfrac{a_1 + a_2 + \cdots + a_n}{n} \geqslant \sqrt[n]{a_1 a_2 \cdots a_n}$ $(a_i \geqslant 0,\ i = 1, 2, 3, \cdots, n)$

6） $\sqrt{a_1^2 + a_2^2 + \cdots + a_n^2} \leqslant |a_1| + |a_2| + \cdots + |a_n|$

7） $(a_1^2 + a_2^2 + \cdots + a_n^2)(b_1^2 + b_2^2 + \cdots + b_n^2) \geqslant (a_1 b_1 + a_2 b_2 + \cdots + a_n b_n)^2$

8） $\left(\dfrac{a_1 + \cdots + a_n}{n}\right)^k \leqslant \dfrac{a_1^k + \cdots + a_n^k}{n}$ $(a_i > 0,\ i = 1, 2, \cdots, n$；$k$为正整数)

9） $\sqrt[n]{(a_1 + b_1)(a_2 + b_2)\cdots(a_n + b_n)} \geqslant \sqrt[n]{a_1 \cdots a_n} + \sqrt[n]{b_1 \cdots b_n}$

10） $(a_1 + a_2 + \cdots + a_n)\left(\dfrac{1}{a_1} + \cdots + \dfrac{1}{a_n}\right) \geqslant n^2$ $(a_i > 0,\ i = 1, 2, \cdots, n)$

1.4.2 三角不等式

1） $\sin x < x < \tan x$ $\left(0 < x < \dfrac{\pi}{2}\right)$

2） $\dfrac{\sin x}{x} > \dfrac{2}{\pi}$ $\left(-\dfrac{\pi}{2} < x < \dfrac{\pi}{2}\right)$

3） $\sin x > x - \dfrac{1}{6}x^3$ $(x>0)$

4） $\cos x > 1 - \dfrac{1}{2}x^2$ $(x \neq 0)$

5） $\tan x > x + \dfrac{1}{3}x^3$ $\left(0 < x < \dfrac{\pi}{2}\right)$

1.4.3 含有指数、对数的不等式

1） $e^x > 1 + x$ $(x \neq 0)$

2） $e^x < \dfrac{1}{1-x}$ $(x < 1,\ x \neq 0)$

3） $e^{-x} < 1 - \dfrac{x}{1+x}$ $(x > -1,\ x \neq 0)$

4） $\dfrac{x}{1+x} < \ln(1+x) < x$ $(x > -1,\ x \neq 0)$

5） $\ln x \leqslant x - 1$ $(x>0)$

6） $\ln x \leqslant n(x^{\frac{1}{n}} - 1)$ $(n>0,\ x>0)$

7） $(1+x)^\alpha > 1 + x^\alpha$ $(\alpha > 1,\ x > 0)$

1.5 代数方程

1.5.1 一元方程的解

1）一元一次方程 $ax + b = 0$，当 $a \neq 0$ 时解为

$$x = -\frac{b}{a}$$

2）一元二次方程 $ax^2 + bx + c = 0$ 的解为

$$x_1 = \frac{-b + \sqrt{b^2 - 4ac}}{2a}$$

$$x_2 = \frac{-b - \sqrt{b^2 - 4ac}}{2a}$$

且有

$$x_1 + x_2 = -\frac{b}{a}$$

$$x_1 x_2 = \frac{c}{a}$$

3）一元三次方程 $x^3 - 1 = 0$ 的解为

$$x_1 = 1$$

$$x_2 = -\frac{1}{2} + \frac{\sqrt{3}}{2}\mathrm{i}$$

$$x_3 = -\frac{1}{2} - \frac{\sqrt{3}}{2}\mathrm{i}$$

$$\mathrm{i}^2 = -1$$

4）一元三次方程 $x^3 + px + q = 0$ 的解为

$$x_1 = \sqrt[3]{t+s} + \sqrt[3]{t-s}$$

$$x_2 = \omega\sqrt[3]{t+s} + \overline{\omega}\sqrt[3]{t-s}$$

$$x_3 = \overline{\omega}\sqrt[3]{t+s} + \omega\sqrt[3]{t-s}$$

式中 $t = -\dfrac{1}{2}q$，$s = \sqrt{\left(\dfrac{q}{2}\right)^2 + \left(\dfrac{p}{3}\right)^3}$，

$$\omega = -\frac{1}{2} + \frac{\sqrt{3}}{2}\mathrm{i},\ \overline{\omega} = -\frac{1}{2} - \frac{\sqrt{3}}{2}\mathrm{i}$$

且有 $x_1+x_2+x_3=0$，$\frac{1}{x_1}+\frac{1}{x_2}+\frac{1}{x_3}=-\frac{p}{q}$，$x_1x_2x_3=-q$。

5）一元三次方程　$x^3+mx^2+nx+l=0$　可经变换 $x=y-\frac{1}{3}m$，化为 $y^3+py+q=0$，求得解 y_1，y_2，y_3 后得

$$x_1=y_1-\frac{1}{3}m,\ x_2=y_2-\frac{1}{3}m,\ x_3=y_3-\frac{1}{3}m$$

6）一元 n 次方程 $a_0x^n+a_1x^{n-1}+\cdots+a_{n-1}x+a_n=0$ 的解 x_1，x_2，…，x_n 与系数的关系是

$$x_1+x_2+\cdots+x_n=-\frac{a_1}{a_0}$$

$$x_1x_2+x_1x_3+\cdots+x_{n-1}x_n=\frac{a_2}{a_0}$$

$$x_1x_2x_3+x_1x_2x_4+\cdots+x_{n-2}x_{n-1}x_n=-\frac{a_3}{a_0}$$

$$\vdots$$

$$x_1x_2\cdots x_n=(-1)^n\frac{a_n}{a_0}$$

1.5.2　一次方程组的解

1）二元一次方程组 $\begin{cases}a_1x+b_1y=c_1\\a_2x+b_2y=c_2\end{cases}$ 的解，

当 $\begin{vmatrix}a_1 & b_1\\a_2 & b_2\end{vmatrix}=a_1b_2-a_2b_1\neq0$ 时为

$$x_1=\begin{vmatrix}c_1 & b_1\\c_2 & b_2\end{vmatrix}\div\begin{vmatrix}a_1 & b_1\\a_2 & b_2\end{vmatrix}=\frac{c_1b_2-c_2b_1}{a_1b_2-a_2b_1}$$

$$x_2=\begin{vmatrix}a_1 & c_1\\a_2 & c_2\end{vmatrix}\div\begin{vmatrix}a_1 & b_1\\a_2 & b_2\end{vmatrix}=\frac{a_1c_2-a_2c_1}{a_1b_2-a_2b_1}$$

2）三元一次方程组 $\begin{cases}a_1x+b_1y+c_1z=d_1\\a_2x+b_2y+c_2z=d_2\\a_3x+b_3y+c_3z=d_3\end{cases}$ 的解，

当 $D\neq0$ 时为 $x=\frac{D_1}{D}$，$y=\frac{D_2}{D}$，$z=\frac{D_3}{D}$。

式中 $D=\begin{vmatrix}a_1 & b_1 & c_1\\a_2 & b_2 & c_2\\a_3 & b_3 & c_3\end{vmatrix}$，$D_1=\begin{vmatrix}d_1 & b_1 & c_1\\d_2 & b_2 & c_2\\d_3 & b_3 & c_3\end{vmatrix}$，

$D_2=\begin{vmatrix}a_1 & d_1 & c_1\\a_2 & d_2 & c_2\\a_3 & d_3 & c_3\end{vmatrix}$，$D_3=\begin{vmatrix}a_1 & b_1 & d_1\\a_2 & b_2 & d_2\\a_3 & b_3 & d_3\end{vmatrix}$。

1.6　级数

1.6.1　等差级数

$$a+(a+d)+(a+2d)+(a+3d)+\cdots+[a+(n-1)d]+\cdots\quad(d\text{为常数})$$

1）通项公式　$a_n=a+(n-1)d$

2）前 n 项和　$S_n=na+\frac{n(n-1)}{2}d$

1.6.2　等比级数

$$a+aq+aq^2+\cdots+aq^{n-1}+\cdots\quad(q\text{为常数})$$

1）通项公式　$a_n=aq^{n-1}$

2）前 n 项和　$S_n=\frac{a(1-q^n)}{1-q}$

1.6.3　一些级数的前n项和

1）$1+2+3+\cdots+n=(1/2)n(n+1)$

2）$1^2+2^2+3^2+\cdots+n^2=(1/6)n(n+1)(2n+1)$

3）$1^3+2^3+3^3+\cdots+n^3=(1/4)n^2(n+1)^2$

4）$1^4+2^4+3^4+\cdots+n^4=\frac{1}{30}n(n+1)(2n+1)(3n^2+3n-1)$

5）$1+3+5+\cdots+(2n-1)=n^2$

6）$1^2+3^2+5^2+\cdots+(2n-1)^2=(1/3)n(4n^2-1)(2n+1)$

7）$1^3+3^3+\cdots+(2n-1)^3=n^2(2n^2-1)$

8）$\frac{1}{1\cdot2\cdot3}+\frac{1}{2\cdot3\cdot4}+\cdots+\frac{1}{n(n+1)(n+2)}=\frac{1}{4}-\frac{1}{2(n+1)(n+2)}$

9）$1\cdot2\cdot3+2\cdot3\cdot4+\cdots+n(n+1)(n+2)=(1/4)n(n+1)(n+2)(n+3)$

1.6.4　一些特殊级数的和

1）$1-\frac{1}{3}+\frac{1}{5}-\frac{1}{7}+\cdots=\frac{\pi}{4}$

2）$1-\frac{1}{5}+\frac{1}{7}-\frac{1}{11}+\frac{1}{13}-\cdots=\frac{\pi}{2\sqrt{3}}$

3）$\frac{1}{1^2}+\frac{1}{2^2}+\cdots+\frac{1}{n^2}+\cdots=\frac{\pi^2}{6}$

4）$\frac{1}{1^2}-\frac{1}{2^2}+\frac{1}{3^2}-\frac{1}{4^2}+\cdots=\frac{\pi^2}{12}$

5）$\frac{1}{1\cdot3}+\frac{1}{3\cdot5}+\frac{1}{5\cdot7}+\cdots=\frac{1}{2}$

6）$1+\frac{1}{1!}+\frac{1}{2!}+\cdots+\frac{1}{n!}+\cdots=\mathrm{e}$

1.6.5　二项级数

$(1+x)^n=1+nx+\frac{n(n-1)}{2!}x^2+\cdots+\frac{n(n-1)\cdots(n-k+1)}{k!}x^k+\cdots$，$|x|<1$，称为二

项级数，其中 n 为任意实数。此式在 $x=1$，$n>-1$ 及 $x=-1$，$n>0$ 的情况也成立。

1）$\frac{1}{1\pm x}=1\mp x+x^2\mp x^3+x^4\mp x^5+\cdots$

2）$\sqrt{1+x}=1+\frac{1}{2}x-\frac{1}{8}x^2+\frac{1}{16}x^3-\frac{5}{128}x^4+\frac{7}{256}x^5-\frac{21}{1024}x^6+\cdots$

3）$\frac{1}{\sqrt{1+x}}=1-\frac{1}{2}x+\frac{3}{8}x^2-\frac{5}{16}x^3+\frac{35}{128}x^4-\frac{63}{256}x^5+\frac{231}{1024}x^6-\cdots$

1.6.6　指数函数和对数函数的幂级数展开式

1）$e^x=1+\frac{1}{1!}x+\frac{1}{2!}x^2+\frac{1}{3!}x^3+\cdots+\frac{1}{n!}x^n+\cdots$　$(|x|<\infty)$

2）$a^x=1+\frac{\ln a}{1!}x+\frac{(\ln a)^2}{2!}x^2+\frac{(\ln a)^3}{3!}x^3+\cdots+\frac{(\ln a)^n}{n!}x^n+\cdots$　$(|x|<\infty)$

3）$\ln(1+x)=x-\frac{x^2}{2}+\frac{x^3}{3}-\frac{x^4}{4}+\cdots+(-1)^{n+1}\frac{x^n}{n}+\cdots$　$(-1<x\leqslant 1)$

4）$\ln(1-x)=-x-\frac{x^2}{2}-\frac{x^3}{3}-\frac{x^4}{4}-\cdots-\frac{x^n}{n}-\cdots$　$(-1\leqslant x<1)$

5）$\ln\left(\frac{1+x}{1-x}\right)=2\left(x+\frac{x^3}{3}+\frac{x^5}{5}+\frac{x^7}{7}+\cdots+\frac{x^{2n+1}}{2n+1}+\cdots\right)$　$(|x|<1)$

6）$\frac{x}{e^x-1}=1-\frac{x}{2}+\frac{1}{12}x^2-\frac{1}{720}x^4+\frac{1}{30240}x^6-\cdots+(-1)^{n+1}\frac{B_n}{(2n)!}x^{2n}+\cdots$　$(|x|<2\pi)$

式中 B_n 为伯努利数。$B_4=\frac{1}{30}$，$B_5=\frac{5}{66}$，$B_6=\frac{691}{2730}$，$B_7=\frac{7}{6}$，$B_8=\frac{3617}{510}$，$B_9=\frac{43867}{798}$，…

7）$e^{\sin x}=1+x+\frac{x^2}{2!}-\frac{3x^4}{4!}-\frac{8x^5}{5!}-\frac{3x^6}{6!}+\frac{56x^7}{7!}+\cdots$　$(|x|<\infty)$

8）$e^{\cos x}=e\left(1-\frac{x^2}{2!}+\frac{4x^4}{4!}-\frac{31x^6}{6!}+\cdots\right)$　$(|x|<\infty)$

1.6.7　三角函数和反三角函数的幂级数展开式

1）$\sin x=x-\frac{x^3}{3!}+\frac{x^5}{5!}-\cdots+(-1)^{n-1}\frac{x^{2n-1}}{(2n-1)!}+\cdots$　$(|x|<\infty)$

2）$\cos x=1-\frac{x^2}{2!}+\frac{x^4}{4!}-\cdots+(-1)^n\frac{x^{2n}}{(2n)!}+\cdots$　$(|x|<\infty)$

3）$\tan x=x+\frac{1}{3}x^3+\frac{2}{15}x^5+\frac{17}{315}x^7+\cdots+\frac{2^{2n}(2^{2n}-1)B_n}{(2n)!}x^{2n-1}+\cdots$　$(|x|<\frac{\pi}{2})$

4）$\cot x=\frac{1}{x}-\frac{1}{3}x-\frac{1}{45}x^3-\frac{2}{945}x^5-\cdots-\frac{2^{2n}B_n}{(2n)!}x^{2n-1}-\cdots$　$(0<|x|<\pi)$

式中，B_n 为伯努利数

5）$\arcsin x=x+\frac{1}{2\cdot 3}x^3+\frac{1\cdot 3}{2\cdot 4\cdot 5}x^5+\frac{1\cdot 3\cdot 5}{2\cdot 4\cdot 6\cdot 7}x^7+\cdots+\frac{(2n)!}{2^{2n}(n!)^2(2n+1)}x^{2n+1}+\cdots$　$(|x|<1)$

6）$\arctan x=x-\frac{x^3}{3}+\frac{x^5}{5}-\frac{x^7}{7}+\frac{x^9}{9}-\cdots+(-1)^n\frac{x^{2n+1}}{2n+1}+\cdots$　$(|x|\leqslant 1)$

1.6.8　双曲函数和反双曲函数的幂级数展开式

1）$\mathrm{sh}x=x+\frac{x^3}{3!}+\frac{x^5}{5!}+\frac{x^7}{7!}+\cdots+\frac{x^{2n+1}}{(2n+1)!}+\cdots$　$(|x|<\infty)$

2）$\mathrm{ch}x=1+\frac{x^2}{2!}+\frac{x^4}{4!}+\frac{x^6}{6!}+\cdots+\frac{x^{2n}}{(2n)!}+\cdots$　$(|x|<\infty)$

3）$\mathrm{th}x=x-\frac{x^3}{3}+\frac{2x^5}{15}-\cdots+(-1)^{n+1}\frac{2^{2n}(2^{2n}-1)B_n}{(2n)!}x^{2n-1}$　$(|x|<\frac{\pi}{2})$

式中，B_n 为伯努利数

4）$\mathrm{Arsh}x=x-\frac{1}{2\cdot 3}x^3+\frac{1\cdot 3}{2\cdot 4\cdot 5}x^5-\frac{1\cdot 3\cdot 5}{2\cdot 4\cdot 6\cdot 7}x^7+\cdots+(-1)^n\frac{(2n)!}{2^{2n}(n!)^2(2n+1)}x^{2n+1}+\cdots$　$(|x|<1)$

5）$\mathrm{Arth}x=x+\frac{x^3}{3}+\frac{x^5}{5}+\cdots+\frac{x^{2n+1}}{2n+1}+\cdots$　$(|x|<1)$

1.7　傅里叶级数

1）$\frac{\pi}{4}=\sum_{k=1}^{\infty}\frac{\sin(2k-1)x}{2k-1}$　$(0<x<\pi)$

2）$x=-\frac{\pi}{2}+\frac{4}{\pi}\left(\cos x+\frac{1}{3^2}\cos 3x+\frac{1}{5^3}\cos 5x+\cdots\right)$　$(0<x<\pi)$

3）$x=\frac{\pi}{2}-2\left(\frac{\sin 2x}{2}+\frac{\sin 4x}{4}+\frac{\sin 6x}{6}+\cdots\right)$
$(0<x<\pi)$

4）$x=2\sum_{n=1}^{\infty}\frac{(-1)^{n+1}}{n}\sin nx\quad(-\pi<x<\pi)$

5）$x^2=\frac{\pi^2}{3}+4\sum_{n=1}^{\infty}\frac{(-1)^n}{n^2}\cos nx\quad(-\pi<x<\pi)$

6）$x^2=\left(2\pi-\frac{8}{\pi}\right)\sin x-\pi\sin 2x+\left(\frac{2\pi}{3}-\frac{8}{3^3\pi}\right)\times\sin 3x-\frac{\pi}{2}\sin 4x+\cdots\quad(0\leqslant x<\pi)$

7）$e^{ax}=\frac{e^{a\pi}-1}{a\pi}+\frac{2a}{\pi}\sum_{n=1}^{\infty}\frac{(-1)^n e^{a\pi}-1}{a^2+n^2}\cos nx$
$(0\leqslant x\leqslant\pi)$

8）$e^{ax}=\frac{2}{\pi}\sum_{n=1}^{\infty}[1-(-1)^n e^{a\pi}]\frac{n}{a^2+n^2}\sin nx$
$(0<x<\pi)$

9）$e^{ax}=\frac{2}{\pi}\mathrm{sh}\,a\pi\left\{\frac{1}{2a}+\sum_{n=1}^{\infty}\frac{(-1)^n}{a^2+n^2}\times[a\cos nx-n\sin nx]\right\}\quad(-\pi<x<\pi,\ a\neq 0)$

10）$\sin ax=\frac{2\sin a\pi}{\pi}\sum_{n=1}^{\infty}\frac{(-1)^{n+1}n\sin nx}{n^2-a^2}$
$(-\pi<x<\pi$，a 不是整数）

11）$\cos ax=\frac{2}{\pi}\sin a\pi\left(\frac{1}{2a}+\sum_{n=1}^{\infty}(-1)^n\frac{a\cos nx}{a^2-n^2}\right)$
$(-\pi\leqslant x\leqslant\pi$，$a$ 不是整数）

12）$\mathrm{sh}\,ax=\frac{2}{\pi}\mathrm{sh}\,a\pi\sum_{n=1}^{\infty}(-1)^{n-1}\frac{n}{a^2+n^2}\sin nx$
$(-\pi<x<\pi)$

13）$\mathrm{ch}\,ax=\frac{2}{\pi}\mathrm{sh}\,a\pi\left(\frac{1}{2a}+\sum_{n=1}^{\infty}(-1)^n\frac{a}{a^2+n^2}\cos nx\right)$
$(-\pi\leqslant x\leqslant\pi)$

1.8　行列式和矩阵

1.8.1　行列式

1）n 阶行列式记为

$$D_n=|\boldsymbol{A}|=\det\boldsymbol{A}=\det(a_{ij})=\begin{vmatrix}a_{11}&a_{12}&\cdots&a_{1n}\\a_{21}&a_{22}&\cdots&a_{2n}\\\vdots&\vdots&&\vdots\\a_{n1}&a_{n2}&\cdots&a_{nn}\end{vmatrix}$$

式中，$\boldsymbol{A}$ 为 n 阶方阵

2）$D_n=\sum_{j_1j_2\cdots j_n}(-1)^{\tau(j_1j_2\cdots j_n)}a_{1j_1}a_{2j_2}\cdots a_{nj_n}$

式中，$\tau(j_1j_2\cdots j_n)$ 为排列 $j_1j_2\cdots j_n$ 的逆序数，$\sum_{j_1j_2\cdots j_n}$ 表示对 n 个元素的所有排列求和。

3）二阶行列式

$$\begin{vmatrix}a_{11}&a_{12}\\a_{21}&a_{22}\end{vmatrix}=a_{11}a_{22}-a_{12}a_{21}$$

4）三阶行列式

$$\begin{vmatrix}a_{11}&a_{12}&a_{13}\\a_{21}&a_{22}&a_{23}\\a_{31}&a_{32}&a_{33}\end{vmatrix}=a_{11}a_{22}a_{33}+a_{12}a_{23}a_{31}+a_{13}a_{21}a_{32}-a_{11}a_{23}a_{32}-a_{12}a_{21}a_{33}-a_{13}a_{22}a_{31}$$

5）对角行列式

$$\begin{vmatrix}a_{11}&0&\cdots&0\\0&a_{22}&\cdots&0\\\vdots&\vdots&&\vdots\\0&0&\cdots&a_{nn}\end{vmatrix}=a_{11}a_{22}\cdots a_{nn}$$

$$\begin{vmatrix}0&0&\cdots&a_{1n}\\0&0&a_{2,n-1}&0\\\vdots&\vdots&&\vdots\\a_{n1}&0&\cdots&0\end{vmatrix}=(-1)^{\frac{n(n-1)}{2}}a_{1n}a_{2,n-1}\cdots a_{n1}$$

6）上（下）三角行列式

$$\begin{vmatrix}a_{11}&a_{12}&\cdots&a_{1n}\\a_{21}&a_{22}&\cdots&0\\\vdots&\vdots&&\vdots\\a_{n1}&0&\cdots&0\end{vmatrix}=\begin{vmatrix}0&0&\cdots&a_{1n}\\0&0&\cdots&a_{2n}\\\vdots&\vdots&&\vdots\\a_{n1}&a_{n2}&\cdots&a_{nn}\end{vmatrix}=(-1)^{\frac{n(n-1)}{2}}a_{1n}a_{2,n-1}\cdots a_{n1}$$

$$\begin{vmatrix}a_{11}&a_{12}&\cdots&a_{1n}\\0&a_{22}&\cdots&a_{2n}\\\vdots&\vdots&&\vdots\\0&0&\cdots&a_{nn}\end{vmatrix}=\begin{vmatrix}a_{11}&0&\cdots&0\\a_{21}&a_{22}&\cdots&0\\\vdots&\vdots&&\vdots\\a_{n1}&a_{n2}&\cdots&a_{nn}\end{vmatrix}=a_{11}a_{22}\cdots a_{nn}$$

7）行列式按行（列）展开式

$\det\boldsymbol{A}=a_{i1}A_{i1}+a_{i2}A_{i2}+\cdots+a_{in}A_{in}=\sum_{k=1}^{n}a_{ik}A_{ik}$
$(i=1,2,\cdots,n)$

$\det\boldsymbol{A}=a_{1j}A_{1j}+a_{2j}A_{2j}+\cdots+a_{nj}A_{nj}=\sum_{k=1}^{n}a_{kj}A_{kj}$
$(j=1,2,\cdots,n)$

式中，A_{ij} 为 a_{ij} 的代数余子式。

1.8.2　行列式的性质

1）$\det\boldsymbol{A}=\det\boldsymbol{A}^{\mathrm{T}}$，式中 $\boldsymbol{A}^{\mathrm{T}}$ 表示 $\boldsymbol{A}$ 的转置。

2）$\det(\boldsymbol{A}_1\boldsymbol{A}_2\cdots\boldsymbol{A}_m)=\det\boldsymbol{A}_1\det\boldsymbol{A}_2\cdots\det\boldsymbol{A}_m$，式中 $\boldsymbol{A}_1$，$\boldsymbol{A}_2$，…，$\boldsymbol{A}_m$ 均为 n 阶方阵。

3）$\det(k\boldsymbol{A})=k^n\det\boldsymbol{A}$，式中 $\boldsymbol{A}$ 为 n 阶方阵，k 为任意复数。

4）互换行列式任意两行（列），行列式变号。例如

$$\begin{vmatrix} a_{11} & \cdots & a_{1j} & \cdots & a_{1k} & \cdots & a_{1n} \\ \vdots & & \vdots & & \vdots & & \vdots \\ a_{n1} & \cdots & a_{nj} & \cdots & a_{nk} & \cdots & a_{nn} \end{vmatrix}= -\begin{vmatrix} a_{11} & \cdots & a_{1k} & \cdots & a_{1j} & \cdots & a_{1n} \\ \vdots & & \vdots & & \vdots & & \vdots \\ a_{n1} & \cdots & a_{nk} & \cdots & a_{nj} & \cdots & a_{nn} \end{vmatrix}$$

5）行列式的某一行（列）的所有元素都可以表示为两项之和时，该行列式可用两个同阶行列式之和表示。例如

$$\begin{vmatrix} a_{11} & \cdots & (a_{1j'}+a_{1j''}) & \cdots & a_{1n} \\ \vdots & & \vdots & & \vdots \\ a_{n1} & \cdots & (a_{nj'}+a_{nj''}) & \cdots & a_{nn} \end{vmatrix}= \begin{vmatrix} a_{11} & \cdots & a_{1j'} & \cdots & a_{1n} \\ \vdots & & \vdots & & \vdots \\ a_{n1} & \cdots & a_{nj'} & \cdots & a_{nn} \end{vmatrix}+ \begin{vmatrix} a_{11} & \cdots & a_{1j''} & \cdots & a_{1n} \\ \vdots & & \vdots & & \vdots \\ a_{n1} & \cdots & a_{nj''} & \cdots & a_{nn} \end{vmatrix}$$

6）以数 a 乘行列式的某行（列），等于将此行列式乘以数 a。例如

$$\begin{vmatrix} a_{11} & \cdots & aa_{1i} & \cdots & a_{1n} \\ a_{21} & \cdots & aa_{2i} & \cdots & a_{2n} \\ \vdots & & \vdots & & \vdots \\ a_{n1} & \cdots & aa_{ni} & \cdots & a_{nn} \end{vmatrix}= a\begin{vmatrix} a_{11} & \cdots & a_{1i} & \cdots & a_{1n} \\ a_{21} & \cdots & a_{2i} & \cdots & a_{2n} \\ \vdots & & \vdots & & \vdots \\ a_{n1} & \cdots & a_{ni} & \cdots & a_{nn} \end{vmatrix}$$

7）如果行列式中有一行（列）元素全为零，则行列式等于零。

8）如果行列式中有两行（列）对应元素相同或成比例，则行列式等于零。

9）如果行列式中某行（列）元素是其他某些行（列）对应元素的线性组合，则行列式等于零。

10）把行列式的某行（列）元素乘以数 k 后加到另一行（列）对应元素上，行列式的值不变。例如

$$\begin{vmatrix} a_{11} & \cdots & a_{1i}+ka_{1j} & \cdots & a_{1j} & \cdots & a_{1n} \\ a_{21} & \cdots & a_{2i}+ka_{2j} & \cdots & a_{2j} & \cdots & a_{2n} \\ \vdots & & \vdots & & \vdots & & \vdots \\ a_{n1} & \cdots & a_{ni}+ka_{nj} & \cdots & a_{nj} & \cdots & a_{nn} \end{vmatrix}= \begin{vmatrix} a_{11} & \cdots & a_{1i} & \cdots & a_{1j} & \cdots & a_{1n} \\ a_{21} & \cdots & a_{2i} & \cdots & a_{2j} & \cdots & a_{2n} \\ \vdots & & \vdots & & \vdots & & \vdots \\ a_{n1} & \cdots & a_{ni} & \cdots & a_{nj} & \cdots & a_{nn} \end{vmatrix}$$

1.8.3　矩阵（见表1.3-1）

表1.3-1　矩阵

名　称	形　式	说　明
$m\times n$ 矩阵	$\begin{pmatrix} a_{11} & a_{12} & \cdots & a_{1n} \\ a_{21} & a_{22} & \cdots & a_{2n} \\ \vdots & \vdots & & \vdots \\ a_{m1} & a_{m2} & \cdots & a_{mn} \end{pmatrix}$	由 $m\times n$ 个数排成的 m 行 n 列的数表，a_{ij}称为第 i 行第 j 列元素，可记为 $\boldsymbol{A}$（或 $\boldsymbol{B}$，$\boldsymbol{C}$，…），$\boldsymbol{A}_{m\times n}$，$(a_{ij})_{m\times n}$等
n 阶方阵	$\begin{pmatrix} a_{11} & a_{12} & \cdots & a_{1n} \\ a_{21} & a_{22} & \cdots & a_{2n} \\ \vdots & \vdots & \ddots & \vdots \\ a_{n1} & a_{n2} & \cdots & a_{nn} \end{pmatrix}$	行数列数相同的矩阵，元素 a_{11}，a_{nn}的连线称主对角线，a_{ii}（$i=1$，2，…，n）称主对角线元素，可记为 $\boldsymbol{A}_n$
行矩阵	$(a_1\ \ a_2\ \ \cdots\ \ a_n)$	仅有一行的矩阵，也称行向量，可记为 $\boldsymbol{a}$（或 $\boldsymbol{b}$，$\boldsymbol{c}$，…）
列矩阵	$\begin{pmatrix} a_1 \\ a_2 \\ \vdots \\ a_m \end{pmatrix}$	仅有一列的矩阵，也称列向量，可记为 $\boldsymbol{\alpha}$（或 $\boldsymbol{\beta}$，$\boldsymbol{\gamma}$，…）

（续）

名称	形式	说明
对角矩阵	$\begin{pmatrix} a_1 & & & \\ & a_2 & & \\ & & \ddots & \\ & & & a_n \end{pmatrix}$	主对角线以外的元素均为零的方阵，可记为 $\boldsymbol{\Lambda}$ 或 diag $(a_1, a_2, \cdots, a_n)$
数量矩阵	$\begin{pmatrix} a & & & \\ & a & & \\ & & \ddots & \\ & & & a \end{pmatrix}$	主对角线元素均相等的对角矩阵
单位矩阵	$\begin{pmatrix} 1 & & & \\ & 1 & & \\ & & \ddots & \\ & & & 1 \end{pmatrix}$	主对角线元素均为1的数量矩阵，可记为 $\boldsymbol{I}$，$\boldsymbol{E}$ 等
零矩阵	$\begin{pmatrix} 0 & 0 & \cdots & 0 \\ 0 & 0 & \cdots & 0 \\ \vdots & \vdots & \ddots & \vdots \\ 0 & 0 & \cdots & 0 \end{pmatrix}$	所有元素均为零的矩阵，可记为 $\boldsymbol{O}$，或 $\boldsymbol{O}_{m\times n}$
对称矩阵	$\begin{pmatrix} a_{11} & a_{12} & \cdots & a_{1n} \\ a_{12} & a_{22} & \cdots & a_{2n} \\ \vdots & \vdots & \ddots & \vdots \\ a_{1n} & a_{2n} & \cdots & a_{nn} \end{pmatrix}$	元素满足条件 $a_{ij}=a_{ji}$ 的方阵
反称矩阵	$\begin{pmatrix} 0 & a_{12} & \cdots & a_{1n} \\ -a_{12} & 0 & \cdots & a_{2n} \\ \vdots & \vdots & \ddots & \vdots \\ -a_{1n} & -a_{2n} & \cdots & 0 \end{pmatrix}$	元素满足条件 $a_{ij}=-a_{ji}$ 的方阵，其主对角线元素均为零
上三角矩阵	$\begin{pmatrix} a_{11} & a_{12} & \cdots & a_{1n} \\ 0 & a_{22} & \cdots & a_{2n} \\ \vdots & \vdots & \ddots & \vdots \\ 0 & 0 & \cdots & a_{nn} \end{pmatrix}$	主对角线以下元素均为零的方阵
下三角矩阵	$\begin{pmatrix} a_{11} & 0 & \cdots & 0 \\ a_{21} & a_{22} & \cdots & 0 \\ \vdots & \vdots & \ddots & \vdots \\ a_{n1} & a_{n2} & \cdots & a_{nn} \end{pmatrix}$	主对角线以上元素均为零的方阵
负矩阵	$\begin{pmatrix} -a_{11} & -a_{12} & \cdots & -a_{1n} \\ -a_{21} & -a_{22} & \cdots & -a_{2n} \\ \vdots & \vdots & & \vdots \\ -a_{m1} & -a_{m2} & \cdots & -a_{mn} \end{pmatrix}$	把矩阵 $\boldsymbol{A}$ 的所有元素改变符号后所得的矩阵，记有 $-\boldsymbol{A}$
元素 a_{ij} 的代数余子式	$(-1)^{i+j}\begin{vmatrix} a_{11} & \cdots & a_{1,j-1} & a_{1,j+1} & \cdots & a_{1n} \\ \vdots & & \vdots & \vdots & & \vdots \\ a_{i-1,1} & \cdots & a_{i-1,j-1} & a_{i-1,j+1} & \cdots & a_{i-1,n} \\ a_{i+1,1} & \cdots & a_{i+1,j-1} & a_{i+1,j+1} & \cdots & a_{i+1,n} \\ \vdots & & \vdots & \vdots & & \vdots \\ a_{n1} & \cdots & a_{n,j-1} & a_{n,j+1} & \cdots & a_{nn} \end{vmatrix}$	在 n 阶方阵中划去 a_{ij} 所在的行和列而得的 $n-1$ 阶方阵的行列式再冠以符号 $(-1)^{i+j}$，记为 $\boldsymbol{M}_{ij}$

1.8.4　矩阵的运算（见表1.3-2）

表1.3-2　矩阵的运算及运算法则

运　算　式	法则及说明
［相等］两个 $m \times n$ 矩阵 $\boldsymbol{A}=(a_{ij})$，$\boldsymbol{B}=(b_{ij})$ 相等 $\begin{pmatrix} a_{11} & a_{12} & \cdots & a_{1n} \\ a_{21} & a_{22} & \cdots & a_{2n} \\ \vdots & \vdots & & \vdots \\ a_{m1} & a_{m2} & \cdots & a_{mn} \end{pmatrix} = \begin{pmatrix} b_{11} & b_{12} & \cdots & b_{1n} \\ b_{21} & b_{22} & \cdots & b_{2n} \\ \vdots & \vdots & & \vdots \\ b_{m1} & b_{m2} & \cdots & b_{mn} \end{pmatrix}$ 当且仅当 $a_{ij}=b_{ij}$，$(i=1, 2, \cdots, m; j=1, 2, \cdots, n)$	相等的矩阵行数、列数分别相等，对应元素相等，记为 $\boldsymbol{A}=\boldsymbol{B}$
［加减法］两个 $m \times n$ 矩阵 $\boldsymbol{A}=(a_{ij})$，$\boldsymbol{B}=(b_{ij})$ 相加减仍为 $m \times n$ 矩阵 $\begin{pmatrix} a_{11} & \cdots & a_{1n} \\ a_{21} & \cdots & a_{2n} \\ \vdots & & \vdots \\ a_{m1} & \cdots & a_{mn} \end{pmatrix} \pm \begin{pmatrix} b_{11} & \cdots & b_{1n} \\ b_{21} & \cdots & b_{2n} \\ \vdots & & \vdots \\ b_{m1} & \cdots & b_{mn} \end{pmatrix} = \begin{pmatrix} c_{11} & \cdots & c_{1n} \\ c_{21} & \cdots & c_{2n} \\ \vdots & & \vdots \\ c_{m1} & \cdots & c_{mn} \end{pmatrix}$, 其中 $c_{ij}=a_{ij} \pm b_{ij}$　$(i=1, 2, \cdots, m; j=1, 2, \cdots, n)$	对应元素相加减 $\boldsymbol{A}+\boldsymbol{B}=\boldsymbol{B}+\boldsymbol{A}$（交换律） $(\boldsymbol{A}+\boldsymbol{B})+\boldsymbol{C}=\boldsymbol{A}+(\boldsymbol{B}+\boldsymbol{C})$（结合律）
［乘数］数 k 与 $m \times n$ 矩阵 $\boldsymbol{A}=(a_{ij})$ 相乘仍为 $m \times n$ 矩阵 $k\begin{pmatrix} a_{11} & a_{12} & \cdots & a_{1n} \\ a_{21} & a_{22} & \cdots & a_{2n} \\ \vdots & \vdots & & \vdots \\ a_{m1} & a_{m2} & \cdots & a_{mn} \end{pmatrix} = \begin{pmatrix} ka_{11} & ka_{12} & \cdots & ka_{1n} \\ ka_{21} & ka_{22} & \cdots & ka_{2n} \\ \vdots & \vdots & & \vdots \\ ka_{m1} & ka_{m2} & \cdots & ka_{mn} \end{pmatrix}$, 记为 $k\boldsymbol{A}$，或 $\boldsymbol{A}k$	把 k 乘到 $\boldsymbol{A}$ 的每一个元素之上 $k(\boldsymbol{A}+\boldsymbol{B})=k\boldsymbol{A}+k\boldsymbol{B}$ $(k+l)\boldsymbol{A}=k\boldsymbol{A}+l\boldsymbol{A}$ $k(l\boldsymbol{A})=(kl)\boldsymbol{A}$ （k，l 为任意数）
［乘法］$m \times s$ 矩阵 $\boldsymbol{A}=(a_{ij})$ 和 $s \times n$ 矩阵 $\boldsymbol{B}=(b_{ij})$ 相乘为 $m \times n$ 矩阵 $\boldsymbol{C}=(c_{ij})$，记为 $\boldsymbol{AB}=\boldsymbol{C}$，其中 $c_{ij}=\sum\limits_{k=1}^{s} a_{ik}b_{kj}, (i=1,2,\cdots,m; j=1,2,\cdots,n)$	第一个矩阵的列数与第二个矩阵的行数相等时才可相乘 $(\boldsymbol{AB})\boldsymbol{C}=\boldsymbol{A}(\boldsymbol{BC})$（结合律） $(\boldsymbol{A}+\boldsymbol{B})\boldsymbol{C}=\boldsymbol{AC}+\boldsymbol{BC}$ $\boldsymbol{C}(\boldsymbol{A}+\boldsymbol{B})=\boldsymbol{CA}+\boldsymbol{CB}$（分配律） $k(\boldsymbol{AB})=(k\boldsymbol{A})\boldsymbol{B}=\boldsymbol{A}(k\boldsymbol{B})$（$k$ 为任意数） 但 $\boldsymbol{AB}$ 与 $\boldsymbol{BA}$ 既使在都有意义时，一般也不相等
［转置］将 $m \times n$ 矩阵 $\boldsymbol{A}=(a_{ij})$ 的行列互换而得的 $n \times m$ 矩阵称为 $\boldsymbol{A}$ 的转置，记为 $\boldsymbol{A}'$ 或 $\boldsymbol{A}^{\mathrm{T}}$ $\boldsymbol{A}'=\begin{pmatrix} a_{11} & a_{12} & \cdots & a_{1n} \\ a_{21} & a_{22} & \cdots & a_{2n} \\ \vdots & \vdots & & \vdots \\ a_{m1} & a_{m2} & \cdots & a_{mn} \end{pmatrix}' = \begin{pmatrix} a_{11} & a_{21} & \cdots & a_{m1} \\ a_{12} & a_{22} & \cdots & a_{m2} \\ \vdots & \vdots & & \vdots \\ a_{1n} & a_{2n} & \cdots & a_{mn} \end{pmatrix}$	$(\boldsymbol{A}+\boldsymbol{B})'=\boldsymbol{A}'+\boldsymbol{B}'$ $(k\boldsymbol{A})'=k\boldsymbol{A}'$（$k$ 为任意数） $(\boldsymbol{AB})'=\boldsymbol{B}'\boldsymbol{A}'$ $(\boldsymbol{A}')'=\boldsymbol{A}$
［方阵的幂］n 阶方阵 $\boldsymbol{A}$ 的 k 次幂为 k 个 $\boldsymbol{A}$ 连乘（k 为正整数），记为 $\boldsymbol{A}^k$	$\boldsymbol{A}^k\boldsymbol{A}^l=\boldsymbol{A}^{k+l}$ $(\boldsymbol{A}^k)^l=\boldsymbol{A}^{kl}$ $(\boldsymbol{A}^k)'=(\boldsymbol{A}')^k$ （k，l 为正整数）
［共轭］将 $m \times n$ 矩阵 $\boldsymbol{A}=(a_{ij})$ 的所有元素换成其共轭复数所得矩阵 $(\overline{a}_{ij})$，记为 $\overline{\boldsymbol{A}}$	$\overline{(\boldsymbol{A}+\boldsymbol{B})}=\overline{\boldsymbol{A}}+\overline{\boldsymbol{B}}$ $\overline{(k\boldsymbol{A})}=\overline{k}\overline{\boldsymbol{A}}$ $\overline{\boldsymbol{AB}}=\overline{\boldsymbol{A}}\overline{\boldsymbol{B}}$ $\overline{(\boldsymbol{A}')}=(\overline{\boldsymbol{A}})'$ （k 为任意复数）

（续）

运　算　式	法则及说明
［导数］　若 $m\times n$ 矩阵 $\boldsymbol{A}$ 的元素 a_{ij} 均为 x 的可导函数，则 $\boldsymbol{A}$ 的导数 $\frac{\mathrm{d}\boldsymbol{A}}{\mathrm{d}x}$ 仍为 $m\times n$ 矩阵 $\frac{\mathrm{d}\boldsymbol{A}}{\mathrm{d}x}=\begin{pmatrix}\frac{\mathrm{d}a_{11}}{\mathrm{d}x} & \frac{\mathrm{d}a_{12}}{\mathrm{d}x} & \cdots & \frac{\mathrm{d}a_{1n}}{\mathrm{d}x}\\ \frac{\mathrm{d}a_{21}}{\mathrm{d}x} & \frac{\mathrm{d}a_{22}}{\mathrm{d}x} & \cdots & \frac{\mathrm{d}a_{2n}}{\mathrm{d}x}\\ \vdots & \vdots & & \vdots\\ \frac{\mathrm{d}a_{m1}}{\mathrm{d}x} & \frac{\mathrm{d}a_{m2}}{\mathrm{d}x} & \cdots & \frac{\mathrm{d}a_{mn}}{\mathrm{d}x}\end{pmatrix}$	可类似定义高阶导数 $\frac{\mathrm{d}}{\mathrm{d}x}(\boldsymbol{A}+\boldsymbol{B})=\frac{\mathrm{d}\boldsymbol{A}}{\mathrm{d}x}+\frac{\mathrm{d}\boldsymbol{B}}{\mathrm{d}x}$ $\frac{\mathrm{d}}{\mathrm{d}x}(k\boldsymbol{A})=k\frac{\mathrm{d}\boldsymbol{A}}{\mathrm{d}x}$（$k$ 为常数） $\frac{\mathrm{d}}{\mathrm{d}x}(\boldsymbol{AB})=\frac{\mathrm{d}\boldsymbol{A}}{\mathrm{d}x}\boldsymbol{B}+\boldsymbol{A}\frac{\mathrm{d}\boldsymbol{B}}{\mathrm{d}x}$
［积分］　若 $m\times n$ 矩阵 $\boldsymbol{A}$ 的元素 a_{ij} 均为 x 的可积函数，则 $\boldsymbol{A}$ 的积分 $\int\boldsymbol{A}\mathrm{d}x$ 仍为 $m\times n$ 矩阵 $\int\boldsymbol{A}\mathrm{d}x=\begin{pmatrix}\int a_{11}\mathrm{d}x & \int a_{12}\mathrm{d}x & \cdots & \int a_{1n}\mathrm{d}x\\ \int a_{21}\mathrm{d}x & \int a_{22}\mathrm{d}x & \cdots & \int a_{2n}\mathrm{d}x\\ \vdots & \vdots & & \vdots\\ \int a_{m1}\mathrm{d}x & \int a_{m2}\mathrm{d}x & \cdots & \int a_{mn}\mathrm{d}x\end{pmatrix}$	可类似定义重积分
［伴随矩阵］　n 阶方阵 $\boldsymbol{A}$ 的伴随矩阵是由 $\boldsymbol{A}$ 的元素 a_{ij} 的代数余子式 $\boldsymbol{A}_{ij}$ 构成的 n 阶方阵，记为 $\boldsymbol{A}^*$ 或 adj$\boldsymbol{A}$ $\boldsymbol{A}^*=\begin{pmatrix}A_{11} & A_{21} & \cdots & A_{n1}\\ A_{12} & A_{22} & \cdots & A_{n2}\\ \vdots & \vdots & & \vdots\\ A_{1n} & A_{2n} & \cdots & A_{nn}\end{pmatrix}$	$\boldsymbol{A}$ 的第 i 行第 j 列元素的代数余子式在 $\boldsymbol{A}^*$ 中位于第 j 行第 i 列 $\boldsymbol{AA}^*=\|\boldsymbol{A}\|I=\boldsymbol{A}^*\boldsymbol{A}$ $(\boldsymbol{AB})^*=\boldsymbol{B}^*\boldsymbol{A}^*$ $\|\boldsymbol{A}^*\|=\|\boldsymbol{A}\|^{n-1}$
［方阵的行列式］　n 阶方阵 $\boldsymbol{A}$ 的行列式是由 $\boldsymbol{A}$ 的 n^2 个元素形成的 n 阶行列式（元素的相对位置不变），记为 $\|\boldsymbol{A}\|$ 或 det$\boldsymbol{A}$	$\|\boldsymbol{AB}\|=\|\boldsymbol{A}\|\|\boldsymbol{B}\|$ $\|\boldsymbol{A}^m\|=\|\boldsymbol{A}\|^m$ $\|k\boldsymbol{A}\|=k^n\|\boldsymbol{A}\|$ （$\boldsymbol{A}$，$\boldsymbol{B}$ 为 n 阶方阵，m 为正整数，k 为常数）
［逆矩阵］　设 n 阶方阵 $\boldsymbol{A}$ 的行列式 $\|\boldsymbol{A}\|\neq0$，则 $\boldsymbol{A}$ 的逆矩阵（记为 $\boldsymbol{A}^{-1}$）为 $\boldsymbol{A}^{-1}=\frac{1}{\|\boldsymbol{A}\|}\boldsymbol{A}^*$	$(\boldsymbol{A}^{-1})^{-1}=\boldsymbol{A}$ $(k\boldsymbol{A})^{-1}=\frac{1}{k}\boldsymbol{A}^{-1}$ $(\boldsymbol{A}')^{-1}=(\boldsymbol{A}^{-1})'$ $(\boldsymbol{AB})^{-1}=\boldsymbol{B}^{-1}\boldsymbol{A}^{-1}$ $\boldsymbol{AA}^{-1}=I$ （$\boldsymbol{A}$，$\boldsymbol{B}$ 为 n 阶可逆方阵，k 为非零常数）

1.8.5　初等变换、初等方阵及其关系（见表 1.3-3，表 1.3-4）

表 1.3-3　矩阵的初等变换

初等变换	
初等行变换	初等列变换
（1）交换矩阵 $\boldsymbol{A}$ 的第 i 行与第 j 行 $\boldsymbol{A}\to\begin{pmatrix}a_{11} & a_{12} & \cdots & a_{1n}\\ \vdots & \vdots & & \vdots\\ a_{j1} & a_{j2} & \cdots & a_{jn}\\ \vdots & \vdots & & \vdots\\ a_{i1} & a_{i2} & \cdots & a_{in}\\ \vdots & \vdots & & \vdots\\ a_{m1} & a_{m2} & \cdots & a_{mn}\end{pmatrix}$	（1）交换矩阵 $\boldsymbol{A}$ 的第 i 列与第 j 列 $\boldsymbol{A}\to\begin{pmatrix}a_{11} & \cdots & a_{1j} & \cdots & a_{1i} & \cdots & a_{1n}\\ a_{21} & \cdots & a_{2j} & \cdots & a_{2i} & \cdots & a_{2n}\\ \vdots & & \vdots & & \vdots & & \vdots\\ a_{m1} & \cdots & a_{mj} & \cdots & a_{mi} & \cdots & a_{mn}\end{pmatrix}$

（续）

初等变换	
初等行变换	初等列变换
（2）以非零常数 k 乘矩阵 $\boldsymbol{A}$ 的第 i 行各元素 $$\boldsymbol{A}\to\begin{pmatrix}a_{11}&a_{12}&\cdots&a_{1n}\\ \vdots&\vdots&&\vdots\\ ka_{i1}&ka_{i2}&\cdots&ka_{in}\\ \vdots&\vdots&&\vdots\\ a_{m1}&a_{m2}&\cdots&a_{mn}\end{pmatrix}$$	（2）以非零常数 k 乘矩阵 $\boldsymbol{A}$ 的第 i 列各元素 $$\boldsymbol{A}\to\begin{pmatrix}a_{11}&a_{12}&\cdots&ka_{1i}&\cdots&a_{1n}\\ a_{21}&a_{22}&\cdots&ka_{2i}&\cdots&a_{2n}\\ \vdots&\vdots&&\vdots&&\vdots\\ a_{m1}&a_{m2}&\cdots&ka_{mi}&\cdots&a_{mn}\end{pmatrix}$$
（3）以常数 k 乘矩阵 $\boldsymbol{A}$ 的第 i 行各元素加到第 j 行对应元素之上 $$\boldsymbol{A}\to\begin{pmatrix}a_{11}&a_{12}&\cdots&a_{1n}\\ \vdots&\vdots&&\vdots\\ a_{i1}&a_{i2}&\cdots&a_{in}\\ \vdots&\vdots&&\vdots\\ a_{j1}+ka_{i1}&a_{j2}+ka_{i2}&\cdots&a_{jn}+ka_{in}\\ \vdots&\vdots&&\vdots\\ a_{m1}&a_{m2}&\cdots&a_{mn}\end{pmatrix}$$	（3）以常数 k 乘矩阵 $\boldsymbol{A}$ 的第 i 列各元素加到第 j 列对应元素之上 $$\boldsymbol{A}\to\begin{pmatrix}a_{11}&\cdots&a_{1i}&\cdots&a_{1j}+ka_{1i}&\cdots&a_{1n}\\ a_{21}&\cdots&a_{2i}&\cdots&a_{2j}+ka_{2i}&\cdots&a_{2n}\\ \vdots&&\vdots&&\vdots&&\vdots\\ a_{m1}&\cdots&a_{mi}&\cdots&a_{mj}+ka_{mi}&\cdots&a_{mn}\end{pmatrix}$$

表 1.3-4 初等方阵及其作用

记号	形式	作用
$E[i,j]$	单位阵交换第 i 与第 j 两行（列）所得的矩阵 $$\begin{pmatrix}1&&&&&\\ &\ddots&&&&\\ &&0&\cdots&1&\\ &&\vdots&\ddots&\vdots&\\ &&1&\cdots&0&\\ &&&&&\ddots\\ &&&&&&1\end{pmatrix}\begin{matrix}\\ \\ -i\text{行}\\ \\ -j\text{行}\\ \\ \\ \end{matrix}$$ i 列　j 列	$m\times n$ 矩阵 $\boldsymbol{A}$ 左乘 m 阶 $E[i,j]$ 相当于对 $\boldsymbol{A}$ 进行一次初等行变换（1）； $m\times n$ 矩阵 $\boldsymbol{A}$ 右乘 n 阶 $E[i,j]$ 相当于对 $\boldsymbol{A}$ 进行一次初等列变换（1）
$E[i(k)]$	单位阵第 i 行（列）各元素乘以非零常数 k 所得的矩阵 $$\begin{pmatrix}1&&&\\ &\ddots&&\\ &&k&&\\ &&&\ddots&\\ &&&&1\end{pmatrix}\begin{matrix}\\ \\ -i\text{行}\\ \\ \\ \end{matrix}$$ i 列	$m\times n$ 矩阵 $\boldsymbol{A}$ 左乘 m 阶 $E[i(k)]$ 相当于对 $\boldsymbol{A}$ 进行一次初等行变换（2）； $m\times n$ 矩阵 $\boldsymbol{A}$ 右乘 n 阶 $E[i(k)]$ 相当于对 $\boldsymbol{A}$ 进行一次初等列变换（2）
$E[j+i(k)]$	单位阵第 i 行（第 j 列）各元素乘以常数 k 加到第 j 行（第 i 列）对应元素之上所得的矩阵 $$\begin{pmatrix}1&&&&\\ &\ddots&&&\\ &&1&&&\\ &&\vdots&\ddots&&\\ &&k&\cdots&1&\\ &&&&&\ddots\\ &&&&&&1\end{pmatrix}\begin{matrix}\\ \\ -i\text{行}\\ \\ -j\text{行}\\ \\ \\ \end{matrix}$$ i 列　j 列	$m\times n$ 矩阵 $\boldsymbol{A}$ 左乘 m 阶 $E[j+i(k)]$ 相当于对 $\boldsymbol{A}$ 进行一次初等行变换（3）； $m\times n$ 矩阵 $\boldsymbol{A}$ 右乘 n 阶 $E[j+i(k)]$ 相当于对 $\boldsymbol{A}$ 进行一次初等列变换（3）

1.8.6　等价矩阵和矩阵的秩

（1）初等变换前后的矩阵称为等价矩阵。

（2）矩阵经初等行变换可化为行阶梯形和行最简形，再经初等列变换可化为标准形。（见表 1.3-5）

表 1.3-5　行阶梯形、行最简形和标准形

名　称	形　式	说　明
行阶梯形	$\begin{pmatrix} b_{11} & b_{12} & \cdots & b_{1j} & \cdots & b_{1n} \\ 0 & b_{22} & \cdots & b_{2j} & \cdots & b_{2n} \\ \vdots & \vdots & & \vdots & & \vdots \\ 0 & 0 & \cdots & b_{ij} & \cdots & b_{in} \\ 0 & 0 & \cdots & 0 & \cdots & 0 \\ \vdots & \vdots & & \vdots & & \vdots \\ 0 & 0 & \cdots & 0 & \cdots & 0 \end{pmatrix}$	可经初等行变换化得，其特征是： a）非零行（元素不全为 0 的行）在上，零行（如果有的话）在下； b）每个非零行的第一个非零元素之前的零元素个数不同，且由少到多自上而下排列
行最简形	$\begin{pmatrix} 1 & 0 & \cdots & 0 & b_{1j} & \cdots & b_{1n} \\ 0 & 1 & \cdots & 0 & b_{2j} & \cdots & b_{2n} \\ \vdots & \vdots & & \vdots & \vdots & & \vdots \\ 0 & 0 & \cdots & 1 & b_{ij} & \cdots & b_{in} \\ 0 & 0 & \cdots & 0 & 0 & \cdots & 0 \\ \vdots & \vdots & & \vdots & \vdots & & \vdots \\ 0 & 0 & \cdots & 0 & 0 & \cdots & 0 \end{pmatrix}$	可在行阶梯形基础上继续经初等行变换化得，其特征是： a）为行阶梯形； b）每个非零行的第一个非零元素为 1，其所在列的其余元素为 0
标准形	$\begin{pmatrix} 1 & 0 & \cdots & 0 & 0 & \cdots & 0 \\ 0 & 1 & \cdots & 0 & 0 & \cdots & 0 \\ \vdots & \vdots & \ddots & \vdots & \vdots & & \vdots \\ 0 & 0 & \cdots & 1 & 0 & \cdots & 0 \\ 0 & 0 & \cdots & 0 & 0 & \cdots & 0 \\ \vdots & \vdots & & \vdots & \vdots & & \vdots \\ 0 & 0 & \cdots & 0 & 0 & \cdots & 0 \end{pmatrix}$	可在行最简形基础上经初等列变换化得，其特征是： a）左上角为单位阵 b）其余元素均为 0

（3）矩阵 $\boldsymbol{A}$ 的行阶梯形（行最简形）中非零行的个数称为矩阵 $\boldsymbol{A}$ 的秩，记为 $R(\boldsymbol{A})$。初等变换不改变矩阵的秩，即等价矩阵有相同的秩。零矩阵的秩 $R(\boldsymbol{O})=0$。

（4）n 阶方阵 $\boldsymbol{A}$ 的秩 $R(\boldsymbol{A})<n$ 时，称降秩方阵，n 阶方阵 $\boldsymbol{A}$ 的秩 $R(\boldsymbol{A})=n$ 时，称满秩方阵。

1.8.7　分块矩阵

1）用与行、列平行的直线把矩阵 $\boldsymbol{A}$ 分成若干个小矩阵（记为 $\boldsymbol{A}_{ij}$，称为子块），以这些小矩阵做元素的矩阵称为分块矩阵

2）设 $\boldsymbol{A}=(a_{ij})$，$\boldsymbol{B}=(b_{ij})$ 均为 $m\times n$ 矩阵且分块方式相同，k 为任意常数，则（以 2×2 的分块矩阵为例）

$$\boldsymbol{A}+\boldsymbol{B}=\begin{pmatrix} \boldsymbol{A}_{11} & \boldsymbol{A}_{12} \\ \boldsymbol{A}_{21} & \boldsymbol{A}_{22} \end{pmatrix}+\begin{pmatrix} \boldsymbol{B}_{11} & \boldsymbol{B}_{12} \\ \boldsymbol{B}_{21} & \boldsymbol{B}_{22} \end{pmatrix}=\begin{pmatrix} \boldsymbol{A}_{11}+\boldsymbol{B}_{11} & \boldsymbol{A}_{12}+\boldsymbol{B}_{12} \\ \boldsymbol{A}_{21}+\boldsymbol{B}_{21} & \boldsymbol{A}_{22}+\boldsymbol{B}_{22} \end{pmatrix}$$

$$k\boldsymbol{A}=k\begin{pmatrix} \boldsymbol{A}_{11} & \boldsymbol{A}_{12} \\ \boldsymbol{A}_{21} & \boldsymbol{A}_{22} \end{pmatrix}=\begin{pmatrix} k\boldsymbol{A}_{11} & k\boldsymbol{A}_{12} \\ k\boldsymbol{A}_{21} & k\boldsymbol{A}_{22} \end{pmatrix}$$

3）设 $\boldsymbol{A}$ 为 $m\times s$ 矩阵，$\boldsymbol{B}$ 为 $s\times n$ 矩阵。分块后，$\boldsymbol{A}$ 为 $k\times l$ 分块矩阵，$\boldsymbol{B}$ 为 $l\times h$ 分块矩阵，且 $\boldsymbol{A}$ 的第 i 行各子块的列数与 $\boldsymbol{B}$ 的第 j 列各对应子块的行数相同，则（以 2×2 的分块矩阵为例）

$$\boldsymbol{AB}=\begin{pmatrix} \boldsymbol{A}_{11} & \boldsymbol{A}_{12} \\ \boldsymbol{A}_{21} & \boldsymbol{A}_{22} \end{pmatrix}\begin{pmatrix} \boldsymbol{B}_{11} & \boldsymbol{B}_{12} \\ \boldsymbol{B}_{21} & \boldsymbol{B}_{22} \end{pmatrix}=\begin{pmatrix} \boldsymbol{A}_{11}\boldsymbol{B}_{11}+\boldsymbol{A}_{12}\boldsymbol{B}_{21} & \boldsymbol{A}_{11}\boldsymbol{B}_{12}+\boldsymbol{A}_{12}\boldsymbol{B}_{22} \\ \boldsymbol{A}_{21}\boldsymbol{B}_{11}+\boldsymbol{A}_{22}\boldsymbol{B}_{21} & \boldsymbol{A}_{21}\boldsymbol{B}_{12}+\boldsymbol{A}_{22}\boldsymbol{B}_{22} \end{pmatrix}$$

4）分块对角阵的逆矩阵　设 $\boldsymbol{A}$ 为 n 阶方阵且 $\boldsymbol{A}^{-1}$ 存在，若 $\boldsymbol{A}$ 经分块成为

$$\boldsymbol{A}=\begin{pmatrix} \boldsymbol{A}_{11} & 0 & \cdots & 0 \\ 0 & \boldsymbol{A}_{22} & \cdots & 0 \\ \vdots & \vdots & \ddots & \vdots \\ 0 & 0 & \cdots & \boldsymbol{A}_{kk} \end{pmatrix},$$

其中主对角线上的子块 $\boldsymbol{A}_{ii}$ 均为方阵，其余子块均为零矩阵，则 $\boldsymbol{A}$ 为分块对角阵。$\boldsymbol{A}$ 的逆矩阵为

$$\boldsymbol{A}^{-1}=\begin{pmatrix} \boldsymbol{A}_{11}^{-1} & 0 & \cdots & 0 \\ 0 & \boldsymbol{A}_{22}^{-1} & \cdots & 0 \\ \vdots & \vdots & \ddots & \vdots \\ 0 & 0 & \cdots & \boldsymbol{A}_{kk}^{-1} \end{pmatrix}$$

$\boldsymbol{A}$ 的行列式为

$$|A| = |A_{11}| \cdot |A_{22}| \cdot \cdots \cdot |A_{kk}|$$

1.9　线性方程组

含有 n 个未知量，m 个一次方程的方程组

$$\begin{cases} a_{11}x_1 + a_{12}x_2 + \cdots + a_{1n}x_n = b_1 \\ a_{21}x_1 + a_{22}x_2 + \cdots + a_{2n}x_n = b_2 \\ \vdots \quad\quad \vdots \quad\quad\quad \vdots \quad\quad \vdots \\ a_{m1}x_1 + a_{m2}x_2 + \cdots + a_{mn}x_n = b_m \end{cases}$$

称为 n 元线性方程组，其中 a_{ij} $(i=1,2,\cdots,m;\ j=1,2,\cdots,n)$ 称系数，b_i $(i=1,2,\cdots,m)$ 称常数项。

1.9.1　线性方程组的基本概念(见表1.3-6)

表1.3-6　线性方程组的基本概念

名称	形式	说明
齐次线性方程组	$\begin{cases} a_{11}x_1 + a_{12}x_2 + \cdots + a_{1n}x_n = 0 \\ a_{21}x_1 + a_{22}x_2 + \cdots + a_{2n}x_n = 0 \\ \vdots \\ a_{m1}x_1 + a_{m2}x_2 + \cdots + a_{mn}x_n = 0 \end{cases}$	常数项均为0的线性方程组
非齐次线性方程组	$\begin{cases} a_{11}x_1 + a_{12}x_2 + \cdots + a_{1n}x_n = b_1 \\ a_{21}x_1 + a_{22}x_2 + \cdots + a_{2n}x_n = b_2 \\ \vdots \\ a_{m1}x_1 + a_{m2}x_2 + \cdots + a_{mn}x_n = b_m \end{cases}$	$b_1,b_2,\cdots,b_m$ 不全为0的线性方程组
系数行列式	$m=n$ 时 $\begin{vmatrix} a_{11} & a_{12} & \cdots & a_{1n} \\ a_{21} & a_{22} & \cdots & a_{2n} \\ \vdots & \vdots & \ddots & \vdots \\ a_{n1} & a_{n2} & \cdots & a_{nn} \end{vmatrix}$	$m \neq n$ 时，无系数行列式
系数矩阵	$\begin{pmatrix} a_{11} & a_{12} & \cdots & a_{1n} \\ a_{21} & a_{22} & \cdots & a_{2n} \\ \vdots & \vdots & & \vdots \\ a_{m1} & a_{m2} & \cdots & a_{mn} \end{pmatrix}$	由未知量的系数组成的 $m \times n$ 矩阵,记为 $\boldsymbol{A}$
增广矩阵	$\left(\begin{array}{cccc\|c} a_{11} & a_{12} & \cdots & a_{1n} & b_1 \\ a_{21} & a_{22} & \cdots & a_{2n} & b_2 \\ \vdots & \vdots & & \vdots & \vdots \\ a_{m1} & a_{m2} & \cdots & a_{mn} & b_m \end{array}\right)$	在系数矩阵的右边增加由常数项形成的一列所得的 $m \times (n+1)$ 矩阵,记为 $\boldsymbol{B}$
方程组的矩阵表示	齐次:$\boldsymbol{Ax}=\boldsymbol{o}$ 非齐次:$\boldsymbol{Ax}=\boldsymbol{b}$	$\boldsymbol{x}=(x_1,x_2,\cdots,x_n)^{\mathrm{T}}$ $\boldsymbol{o}=(o,o,\cdots,o)^{\mathrm{T}}$ $\boldsymbol{b}=(b_1,b_2,\cdots,b_m)^{\mathrm{T}}$
解(向量)	$\boldsymbol{c}=(c_1,c_2,\cdots,c_n)$ $\boldsymbol{Ac} \equiv \boldsymbol{o}$　(齐次) $\boldsymbol{Ac} \equiv \boldsymbol{b}$　(非齐次)	把 $x_i=c_i$ $(i=1,2,\cdots,n)$ 代入方程组成恒等式
同解方程组		解完全相同的两个 n 元线性方程组,其增广矩阵可经初等行变换互化
保留未知量		系数矩阵的行阶梯形中每个非零行的第一个非零元素所对应的未知量
自由未知量		保留未知量以外的未知量,其个数为 $n-R(\boldsymbol{A})$。当 $n=R(\boldsymbol{A})$ 时,无自由未知量

1.9.2　线性方程组解的判定(见表1.3-7)

表1.3-7　线性方程组解的判定

方程组	判定方法
n 元齐次线性方程组 $\boldsymbol{Ax}=\boldsymbol{o}$	$R(\boldsymbol{A})=n$ 时,有唯一解(即零解); $R(\boldsymbol{A})<n$ 时,有无穷多解 特别地,当 $m=n$ 时,如果 $\|\boldsymbol{A}\| \neq 0$,有唯一解(即零解),如果 $\|\boldsymbol{A}\|=0$,有无穷多解
n 元非齐次线性方程组 $\boldsymbol{Ax}=\boldsymbol{b}$	$R(\boldsymbol{A})=R(\boldsymbol{B})=n$,有唯一解; $R(\boldsymbol{A})=R(\boldsymbol{B})<n$,有无穷多解; $R(\boldsymbol{A}) \neq R(\boldsymbol{B})$,无解

1.9.3　线性方程组求解的消元法

(1)理论根据　齐次线性方程组 $\boldsymbol{Ax}=\boldsymbol{o}$ 与其系数矩阵 $\boldsymbol{A}$ 一一对应,$\boldsymbol{A}$ 的行最简形 $\boldsymbol{A}_1$ 所对应的方程组 $\boldsymbol{A}_1\boldsymbol{x}=\boldsymbol{o}$ 与原方程组是同解方程组。非齐次线性方程组 $\boldsymbol{Ax}=\boldsymbol{b}$ 与其增广矩阵 $\boldsymbol{B}$ 一一对应,$\boldsymbol{B}$ 的行最简形 $\boldsymbol{B}_1$ 对应的方程组 $\boldsymbol{A}_1\boldsymbol{x}=\boldsymbol{b}_1$ 与原方程组是同解方程组。

(2)齐次方程组求解步骤

① 列出系数矩阵 $\boldsymbol{A}$,用初等行变换化为行最简形 $\boldsymbol{A}_1$,从而得到 $R(\boldsymbol{A})$。

② 如果 $R(\boldsymbol{A})=n$,则方程组有唯一解(零解),即 $x_1=x_2=\cdots=x_n=0$,如果 $R(\boldsymbol{A})<n$,则写出与 $\boldsymbol{A}_1$ 对应的齐次线性方程组 $\boldsymbol{A}_1\boldsymbol{x}=\boldsymbol{o}$,其 $n-R(\boldsymbol{A})$ 个自由未知量分别取任意常数并代入 $\boldsymbol{A}_1\boldsymbol{x}=\boldsymbol{o}$,所得保留未知量的表达式即为方程组的全部解。

(3)非齐次方程组求解步骤

① 列出增广矩阵 $\boldsymbol{B}$,用初等行变换化为行最简形 $\boldsymbol{B}_1$(注意前 n 列即系数矩阵 $\boldsymbol{A}$ 的行最简形 $\boldsymbol{A}_1$),从而得到 $R(\boldsymbol{A})$,$R(\boldsymbol{B})$。

② 如果 $R(\boldsymbol{A})\neq R(\boldsymbol{B})$,则方程组无解。如果 $R(\boldsymbol{A})=R(\boldsymbol{B})=n$,则写出 $\boldsymbol{B}_1$ 对应的非齐次方程组,由此得到唯一解。如果 $R(\boldsymbol{A})=R(\boldsymbol{B})<n$,则写出 $\boldsymbol{B}_1$ 对应的非齐次方程组 $\boldsymbol{A}_1\boldsymbol{x}=\boldsymbol{b}_1$,其 $n-R(\boldsymbol{A})$ 个自由未知量分别取任意常数并代入 $\boldsymbol{A}_1\boldsymbol{x}=\boldsymbol{b}_1$,所得保留未知量的表达式即为方程组的全部解。

2　三角函数与双曲函数

2.1　三角函数

2.1.1　三角函数间的关系

1) $\sin^2\alpha+\cos^2\alpha=1$

2) $\sec^2\alpha-\tan^2\alpha=1$

3) $\csc^2\alpha-\cot^2\alpha=1$

4) $\tan\alpha=\dfrac{\sin\alpha}{\cos\alpha}$

5) $\cot\alpha=\dfrac{\cos\alpha}{\sin\alpha}$

6) $\tan\alpha=\dfrac{1}{\cot\alpha}$

7) $\sec\alpha=\dfrac{1}{\cos\alpha}$

8) $\csc\alpha=\dfrac{1}{\sin\alpha}$

2.1.2　和差角公式

1) $\sin(\alpha\pm\beta)=\sin\alpha\cos\beta\pm\cos\alpha\sin\beta$

2) $\cos(\alpha\pm\beta)=\cos\alpha\cos\beta\mp\sin\alpha\sin\beta$

3) $\tan(\alpha\pm\beta)=\dfrac{\tan\alpha\pm\tan\beta}{1\mp\tan\alpha\tan\beta}$

4) $\cot(\alpha\pm\beta)=\dfrac{\cot\alpha\cot\beta\mp1}{\cot\alpha\pm\cot\beta}$

2.1.3　和差化积公式

1) $\sin\alpha+\sin\beta=2\sin\dfrac{1}{2}(\alpha+\beta)\cos\dfrac{1}{2}(\alpha-\beta)$

2) $\sin\alpha-\sin\beta=2\cos\dfrac{1}{2}(\alpha+\beta)\sin\dfrac{1}{2}(\alpha-\beta)$

3) $\cos\alpha+\cos\beta=2\cos\dfrac{1}{2}(\alpha+\beta)\cos\dfrac{1}{2}(\alpha-\beta)$

4) $\cos\alpha-\cos\beta=-2\sin\dfrac{1}{2}(\alpha+\beta)\sin\dfrac{1}{2}(\alpha-\beta)$

5) $\tan\alpha\pm\tan\beta=\dfrac{\sin(\alpha\pm\beta)}{\cos\alpha\cos\beta}$

6) $\cot\alpha\pm\cot\beta=\dfrac{\sin(\beta\pm\alpha)}{\sin\alpha\sin\beta}$

7) $\sin^2\alpha-\sin^2\beta=\cos^2\beta-\cos^2\alpha=\sin(\alpha+\beta)\sin(\alpha-\beta)$

8) $\cos^2\alpha-\sin^2\beta=\cos^2\beta-\sin^2\alpha=\cos(\alpha+\beta)\cos(\alpha-\beta)$

9) $\sin\alpha\pm\cos\alpha=\pm\sqrt{1\pm\sin2\alpha}=\sqrt{2}\sin\left(\alpha\pm\dfrac{\pi}{4}\right)$

设 $a>0$,$b>0$,$c=\sqrt{a^2+b^2}$,A,B 为正锐角,$\tan A=\dfrac{a}{b}$,$\tan B=\dfrac{b}{a}$,则有

10) $a\cos\alpha+b\sin\alpha=c\sin(A+\alpha)=c\cos(B-\alpha)$

11) $a\cos\alpha-b\sin\alpha=c\sin(A-\alpha)=c\cos(B+\alpha)$

2.1.4　积化和差公式

1) $\sin\alpha\sin\beta=\dfrac{1}{2}\cos(\alpha-\beta)-\dfrac{1}{2}\cos(\alpha+\beta)$

2) $\cos\alpha\cos\beta=\dfrac{1}{2}\cos(\alpha-\beta)+\dfrac{1}{2}\cos(\alpha+\beta)$

3) $\sin\alpha\cos\beta=\dfrac{1}{2}\sin(\alpha+\beta)+\dfrac{1}{2}\sin(\alpha-\beta)$

4) $\tan\alpha\tan\beta=\dfrac{\tan\alpha+\tan\beta}{\cot\alpha+\cot\beta}=-\dfrac{\tan\alpha-\tan\beta}{\cot\alpha-\cot\beta}$

5) $\cot\alpha\cot\beta=\dfrac{\cot\alpha+\cot\beta}{\tan\alpha+\tan\beta}=-\dfrac{\cot\alpha-\cot\beta}{\tan\alpha-\tan\beta}$

2.1.5　倍角公式

1) $\sin2\theta=2\sin\theta\cos\theta$

2) $\sin3\theta=\sin\theta(3-4\sin^2\theta)$

3) $\sin4\theta=\sin\theta\cos\theta(4-8\sin^2\theta)$

4) $\sin5\theta=\sin\theta(5-20\sin^2\theta+16\sin^4\theta)$

5) $\sin6\theta=\sin\theta\cos\theta(6-32\sin^2\theta+32\sin^4\theta)$

6) $\sin7\theta=\sin\theta(7-56\sin^2\theta+112\sin^4\theta-64\sin^6\theta)$

7) $\cos2\theta=2\cos^2\theta-1$

8) $\cos3\theta=\cos\theta(4\cos^2\theta-3)$

9) $\cos4\theta=8\cos^4\theta-8\cos^2\theta+1$

10) $\cos5\theta=\cos\theta(16\cos^4\theta-20\cos^2\theta+5)$

11) $\cos6\theta=32\cos^6\theta-48\cos^4\theta+18\cos^2\theta-1$

12) $\cos7\theta=\cos\theta(64\cos^6\theta-112\cos^4\theta+56\cos^2\theta-7)$

13) $\tan2\theta=\dfrac{2\tan\theta}{1-\tan^2\theta}$

14) $\tan 3\theta = \dfrac{3\tan\theta - \tan^3\theta}{1 - 3\tan^2\theta}$

2.1.6　半角公式

1) $\sin\dfrac{1}{2}\alpha = \pm\sqrt{\dfrac{1-\cos\alpha}{2}} = \pm\dfrac{1}{2}\sqrt{1+\sin\alpha} \pm \dfrac{1}{2}\sqrt{1-\sin\alpha}$

2) $\cos\dfrac{1}{2}\alpha = \pm\sqrt{\dfrac{1+\cos\alpha}{2}} = \pm\dfrac{1}{2}\sqrt{1+\sin\alpha} \mp \dfrac{1}{2}\sqrt{1-\sin\alpha}$

3) $\tan\dfrac{1}{2}\alpha = \dfrac{\sin\alpha}{1+\cos\alpha} = \dfrac{1-\cos\alpha}{\sin\alpha} = \pm\sqrt{\dfrac{1-\cos\alpha}{1+\cos\alpha}}$

4) $\cot\dfrac{1}{2}\alpha = \dfrac{\sin\alpha}{1-\cos\alpha} = \dfrac{1+\cos\alpha}{\sin\alpha} = \pm\sqrt{\dfrac{1+\cos\alpha}{1-\cos\alpha}}$

5) $\sec\dfrac{1}{2}\alpha = \pm\sqrt{\dfrac{2\sec\alpha}{\sec\alpha+1}}$

6) $\csc\dfrac{1}{2}\alpha = \pm\sqrt{\dfrac{2\sec\alpha}{\sec\alpha-1}}$

2.1.7　正弦和余弦的幂

1) $2\sin^2\theta = 1 - \cos 2\theta$

2) $4\sin^3\theta = 3\sin\theta - \sin 3\theta$

3) $8\sin^4\theta = 3 - 4\cos 2\theta + \cos 4\theta$

4) $16\sin^5\theta = 10\sin\theta - 5\sin 3\theta + \sin 5\theta$

5) $32\sin^6\theta = 10 - 15\cos 2\theta + 6\cos 4\theta - \cos 6\theta$

6) $64\sin^7\theta = 35\sin\theta - 21\sin 3\theta + 7\sin 5\theta - \sin 7\theta$

7) $2\cos^2\theta = \cos 2\theta + 1$

8) $4\cos^3\theta = \cos 3\theta + 3\cos\theta$

9) $8\cos^4\theta = \cos 4\theta + 4\cos 2\theta + 3$

10) $16\cos^5\theta = \cos 5\theta + 5\cos 3\theta + 10\cos\theta$

11) $32\cos^6\theta = \cos 6\theta + 6\cos 4\theta + 15\cos 2\theta + 10$

12) $64\cos^7\theta = \cos 7\theta + 7\cos 5\theta + 21\cos 3\theta + 35\cos\theta$

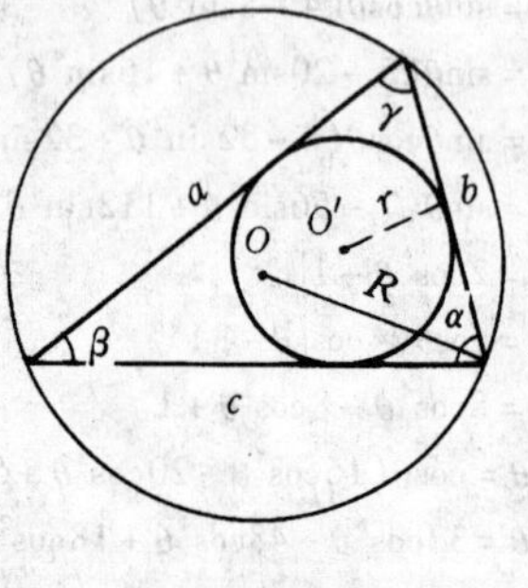

图1.3-1　平面三角形计算简图

$a + b + c = 2s$

2.1.8　三角形(见图1.3-1)

1) 内角和 $\alpha + \beta + \gamma = 180°$

2) 正弦定理 $\dfrac{a}{\sin\alpha} = \dfrac{b}{\sin\beta} = \dfrac{c}{\sin\gamma} = 2R$

3) 第一余弦定理

$a = c\cos\beta + b\cos\gamma$

$b = a\cos\gamma + c\cos\alpha$

$c = b\cos\alpha + a\cos\beta$

4) 第二余弦定理

$a^2 = b^2 + c^2 - 2bc\cos\alpha$

$b^2 = c^2 + a^2 - 2ca\cos\beta$

$c^2 = a^2 + b^2 - 2ab\cos\gamma$

5) 正切定理

$$\frac{a+b}{a-b} = \frac{\tan\frac{1}{2}(\alpha+\beta)}{\tan\frac{1}{2}(\alpha-\beta)} = \frac{\sin\alpha + \sin\beta}{\sin\alpha - \sin\beta}$$

6) 半角公式

$$\sin\frac{1}{2}\alpha = \sqrt{\frac{(s-b)(s-c)}{bc}}$$

$$\cos\frac{1}{2}\alpha = \sqrt{\frac{s(s-a)}{bc}}$$

$$\tan\frac{1}{2}\alpha = \sqrt{\frac{(s-b)(s-c)}{s(s-a)}}$$

7) 面积公式

$$S = \frac{1}{2}bc\sin\alpha = \sqrt{s(s-a)(s-b)(s-c)}$$

8) 内切圆半径

$$r = \frac{S}{s} = s\tan\frac{\alpha}{2}\tan\frac{\beta}{2}\tan\frac{\gamma}{2} = \sqrt{\frac{(s-a)(s-b)(s-c)}{s}}$$

9) 外接圆半径

$$R = \frac{abc}{4S} = \frac{abc}{4\sqrt{s(s-a)(s-b)(s-c)}}$$

2.2　反三角函数间的关系

1) $\arcsin x + \arccos x = \dfrac{1}{2}\pi$

2) $\arctan x + \operatorname{arccot} x = \dfrac{1}{2}\pi$

3) $\arcsin x = \pm\arccos\sqrt{1-x^2} = \arctan(x/\sqrt{1-x^2})$

正负与 x 相同

4) $\arccos x = \arcsin\sqrt{1-x^2} = \arctan(\sqrt{1-x^2}/x)$, $(x>0)$

5) $\arccos x = \pi - \arcsin\sqrt{1-x^2}$, $(x<0)$

6) $\arccos x = \pi + \arctan(\sqrt{1-x^2}/x)$, $(x<0)$

7) $\arctan x = \arcsin(x/\sqrt{1+x^2}) = \pm\arccos(1/\sqrt{1+x^2})$ 正负与 x 相同

8) $\arctan x = \operatorname{arccot}(1/x)$, $(x>0)$

9) $\arctan x = \operatorname{arccot}(1/x) - \pi$, $(x<0)$

10) $\arcsin x \pm \arcsin y = \arcsin(x\sqrt{1-y^2} \pm y\times\sqrt{1-x^2})$

11) $-\frac{1}{2}\pi \leqslant \arcsin x \pm \arcsin y \leqslant \frac{1}{2}\pi$

12) $\arccos x \pm \arccos y = \arccos(xy \pm \sqrt{1-x^2}\times\sqrt{1-y^2})$

13) $0 \leqslant \arccos x \pm \arccos y \leqslant \pi$

14) $\arctan x \pm \arctan y = \arctan\frac{x\pm y}{1\mp xy}$

15) $-\frac{\pi}{2} < \arctan x \pm \arctan y < \frac{\pi}{2}$

16) $\arcsin(-x) = -\arcsin x$

17) $\arccos(-x) = \pi - \arccos x$

18) $\arctan(-x) = -\arctan x$

19) $\operatorname{arccot}(-x) = \pi - \operatorname{arccot} x$

2.3 双曲函数

2.3.1 双曲函数间的关系

1) $\mathrm{ch}^2 x - \mathrm{sh}^2 x = 1$

2) $\mathrm{ch}x + \mathrm{sh}x = e^x$

3) $\mathrm{ch}x - \mathrm{sh}x = e^{-x}$

4) $\mathrm{sh}(-x) = -\mathrm{sh}x$

5) $\mathrm{ch}(-x) = \mathrm{ch}x$

6) $\mathrm{th}(-x) = -\mathrm{th}x$

7) $\mathrm{sh}(x\pm y) = \mathrm{sh}x\mathrm{ch}y \pm \mathrm{ch}x\mathrm{sh}y$

8) $\mathrm{ch}(x\pm y) = \mathrm{ch}x\mathrm{ch}y \pm \mathrm{sh}x\mathrm{sh}y$

9) $\mathrm{th}(x\pm y) = \frac{\mathrm{th}x \pm \mathrm{th}y}{1 \pm \mathrm{th}x\mathrm{th}y}$

2.3.2 反双曲函数的对数表达式

1) $\mathrm{arsh}x = \ln(x + \sqrt{x^2+1})$

2) $\mathrm{arch}x = \pm\ln(x + \sqrt{x^2-1})$, $x \geqslant 1$

3) $\mathrm{arth}x = \frac{1}{2}\ln\frac{1+x}{1-x}$, $|x| < 1$

2.3.3 双曲函数和三角函数的关系

1) $\sin ix = i\,\mathrm{sh}x$

2) $\mathrm{sh}ix = i\sin x$

3) $\cos ix = \mathrm{ch}x$

4) $\mathrm{ch}ix = \cos x$

5) $\tan ix = i\,\mathrm{th}x$

6) $\mathrm{th}ix = -\tan x$

7) $\sin(x \pm iy) = \sin x\,\mathrm{ch}y \pm i\cos x\,\mathrm{sh}y$

8) $\cos(x \pm iy) = \cos x\,\mathrm{ch}y \mp i\sin x\,\mathrm{sh}y$

9) $\tan(x \pm iy) = \frac{\sin 2x \pm i\,\mathrm{sh}2y}{\cos 2x + \mathrm{ch}2y}$

以上各式中 $i = \sqrt{-1}$

3 微分

3.1 特殊极限值

设 n 为正整数，x、y 为任意实数。

1) $\lim\limits_{n\to\infty}\sqrt[n]{a} = 1$, $(a>0)$

2) $\lim\limits_{n\to\infty}\sqrt[n]{n} = 1$

3) $\lim\limits_{x\to 0}\frac{\sin x}{x} = 1$

4) $\lim\limits_{x\to 0}\frac{\tan x}{x} = 1$

5) $\lim\limits_{n\to\infty}\left(1+\frac{1}{n}\right)^n = e$, $(e = 2.718\,281\,828\,459\cdots)$

6) $\lim\limits_{n\to\infty}\left(1+\frac{x}{n}\right)^n = e^x$

7) $\lim\limits_{x\to\infty}\left(1+\frac{1}{x}\right)^x = e$

8) $\lim\limits_{x\to\infty}\left(1+\frac{y}{x}\right)^x = e^y$

9) $\lim\limits_{n\to\infty}\left(1+\frac{1}{2}+\frac{1}{3}+\cdots+\frac{1}{n}-\ln n\right) = \gamma$, $(\gamma = 0.577\,215\,664\,9\cdots)$

10) $\lim\limits_{n\to\infty}\frac{n!}{n^n e^{-n}\sqrt{n}} = \sqrt{2\pi}$ （斯特林公式）

11) $\lim\limits_{n\to\infty}\left\{\frac{2\cdot 4\cdot 6\cdot\cdots\cdot(2n)}{1\cdot 3\cdot 5\cdot\cdots\cdot(2n-1)}\right\}^2\frac{1}{2n+1} = \frac{\pi}{2}$ （瓦利斯公式）

3.2 导数

3.2.1 导数符号

1) $y = f(x)$ 的导数

$y' = f'(x) = \frac{\mathrm{d}y}{\mathrm{d}x} = \lim\limits_{\Delta x\to 0}\frac{\Delta y}{\Delta x} =$

$$\lim_{\Delta x\to 0}\frac{f(x+\Delta x)-f(x)}{\Delta x}$$

2) $y=f(x)$ 的 n 阶导数

$$y^{(n)}=f^{(n)}(x)=\frac{d^n y}{dx^n}=\frac{d}{dx}\left(\frac{d^{n-1}y}{dx^{n-1}}\right),(n=2,3,\cdots)$$

3) $z=f(x,y)$ 的偏导数

$$\frac{\partial z}{\partial x}=f_x(x,y)=\lim_{\Delta x\to 0}\frac{f(x+\Delta x,y)-f(x,y)}{\Delta x}$$

$$\frac{\partial z}{\partial y}=f_y(x,y)=\lim_{\Delta y\to 0}\frac{f(x,y+\Delta y)-f(x,y)}{\Delta y}$$

4) $z=f(x,y)$ 的二阶偏导数

$$\frac{\partial^2 z}{\partial x^2}=\frac{\partial}{\partial x}\left(\frac{\partial z}{\partial x}\right)=f_{xx}(x,y)$$

$$\frac{\partial^2 z}{\partial y^2}=\frac{\partial}{\partial y}\left(\frac{\partial z}{\partial y}\right)=f_{yy}(x,y)$$

$$\frac{\partial^2 z}{\partial y\partial x}=\frac{\partial}{\partial y}\left(\frac{\partial z}{\partial x}\right)=f_{yx}(x,y)$$

$$\frac{\partial^2 z}{\partial x\partial y}=\frac{\partial}{\partial x}\left(\frac{\partial z}{\partial y}\right)=f_{xy}(x,y)$$

3.2.2　求导法则

设 $u,v,w,\cdots$ 为 x 的可导函数，a 为常数

1) $\frac{d}{dx}(u+v)=\frac{du}{dx}+\frac{dv}{dx}$

2) $\frac{d}{dx}(au)=a\frac{du}{dx}$

3) $\frac{d}{dx}(uv)=\frac{du}{dx}v+u\frac{dv}{dx}$

4) $\frac{d}{dx}(uvw\cdots)=(uvw\cdots)\times\left(\frac{1}{u}\frac{du}{dx}+\frac{1}{v}\frac{dv}{dx}+\frac{1}{w}\frac{dw}{dx}+\cdots\right)$

5) $\frac{d}{dx}\left(\frac{u}{v}\right)=\frac{v\,du/dx-u\,dv/dx}{v^2}$

6) 幂指函数的导数

$$\frac{d}{dx}u^v=u^v\left(\ln u\frac{dv}{dx}+\frac{v}{u}\frac{du}{dx}\right)$$

7) 乘积的高阶导数

$$\frac{d^n(uv)}{dx^n}=\frac{d^n u}{dx^n}v+C_n^1\frac{d^{n-1}u}{dx^{n-1}}\frac{dv}{dx}+C_n^2\frac{d^{n-2}u}{dx^{n-2}}\frac{d^2v}{dx^2}+\cdots+u\frac{d^n v}{dx^n}$$

式中 C_n^i 为组合数

8) 复合函数的导数　当 $y=f(z)$，$z=g(x)$ 时，则有 $\frac{dy}{dx}=\frac{dy}{dz}\frac{dz}{dx}=f'(z)g'(x)$

9) 反函数的导数　当 $y=f(x)$，$x=\phi(y)$ 时，则有

$$\frac{dy}{dx}=\frac{1}{dx/dy},f'(x)=\frac{1}{\phi'(y)}$$

10) 参数方程确定的函数的导数　当 $x=\phi(t)$，$y=\psi(t)$ 时，则有 $\frac{dy}{dx}=\frac{\frac{dy}{dt}}{\frac{dx}{dt}}=\frac{\psi'(t)}{\phi'(t)}$

3.2.3　基本导数公式（见表1.3-8）

表1.3-8　基本导数公式

$f(x)$	$f'(x)$	$f(x)$	$f'(x)$	$f(x)$	$f'(x)$
C	0	$\cos x$	$-\sin x$	$\mathrm{arccsc}\,x$	$-\frac{1}{x\sqrt{x^2-1}}$
x^m	mx^{m-1}	$\tan x$	$\sec^2 x$	$\mathrm{sh}x$	$\mathrm{ch}x$
$\frac{1}{x}$	$-\frac{1}{x^2}$	$\cot x$	$-\csc^2 x$	$\mathrm{ch}x$	$\mathrm{sh}x$
$\sqrt{x}$	$\frac{1}{2\sqrt{x}}$	$\sec x$	$\sec x\tan x$	$\mathrm{th}x$	$\frac{1}{\mathrm{ch}^2 x}$
a^x	$a^x\ln a$	$\csc x$	$-\csc x\cot x$	$\mathrm{arsh}x$	$\frac{1}{\sqrt{1+x^2}}$
e^x	e^x	$\arcsin x$	$\frac{1}{\sqrt{1-x^2}}$	$\mathrm{arch}x$	$\frac{1}{\sqrt{x^2-1}}$
$\log_a x$	$\frac{1}{x\ln a}$	$\arccos x$	$-\frac{1}{\sqrt{1-x^2}}$	$\mathrm{arth}x$	$\frac{1}{1-x^2}$
$\ln x$	$\frac{1}{x}$	$\arctan x$	$\frac{1}{1+x^2}$	$\ln(\sin x)$	$\cot x$
$\lg x$	$\frac{1}{x}\lg e$	$\mathrm{arccot}\,x$	$-\frac{1}{1+x^2}$	$\ln(\cos x)$	$-\tan x$
$\sin x$	$\cos x$	$\mathrm{arcsec}\,x$	$\frac{1}{x\sqrt{x^2-1}}$	$\ln(\tan x)$	$2\csc 2x$

3.2.4　简单函数的高阶导数公式(见表 1.3-9)

表 1.3-9　简单函数的高阶导数公式

$f(x)$	$f^{(n)}(x)$	$f(x)$	$f^{(n)}(x)$
x^{μ}	$\mu(\mu-1)(\mu-2)\cdots(\mu-n+1)x^{\mu-n}$,$\mu$ 为实数	$\sin x$	$\sin\left(x+\frac{n\pi}{2}\right)$
x^{m}	$m(m-1)(m-2)\cdots(m-n+1)x^{m-n}$,$m$ 为整数 当 $n>m$ 时,$f^{(n)}(x)=0$	$\cos x$	$\cos\left(x+\frac{n\pi}{2}\right)$
		$\sin mx$	$m^n\sin\left(mx+\frac{n\pi}{2}\right)$
e^x	e^x	$\cos mx$	$m^n\cos\left(mx+\frac{n\pi}{2}\right)$
e^{mx}	$m^n e^{mx}$		
a^x	$a^x(\ln a)^n\quad(a>0)$	$\mathrm{sh}x$	$\mathrm{sh}x$(n 为偶数),$\mathrm{ch}x$(n 为奇数)
$\ln x$	$(-1)^{n-1}(n-1)!\ \frac{1}{x^n}$	$\mathrm{ch}x$	$\mathrm{ch}x$(n 为偶数),$\mathrm{sh}x$(n 为奇数)

3.3　泰勒公式和马克劳林公式

1)泰勒公式

如果 $f(x)$ 在包含 a 的开区间 Ⅰ 内有直到 $n+1$ 阶导数,则对任意的 $x\in$ Ⅰ,有

$$f(x)=f(a)+f'(a)(x-a)+\frac{1}{2!}f''(a)(x-a)^2+\cdots+\frac{1}{n!}f^{(n)}(a)(x-a)^n+R_n(x)$$

式中 $R_n(x)=\frac{1}{(n+1)!}f^{(n+1)}[a+\theta(x-a)](x-a)^{n+1}$,$(0<\theta<1)$

2)马克劳林公式

在泰勒公式中,取 $a=0$　有

$$f(x)=f(0)+f'(0)x+\frac{1}{2!}f''(0)x^2+\cdots+\frac{1}{n!}f^{(n)}(0)x^n+R_n(x),$$

式中　$R_n(x)=\frac{1}{(n+1)!}f^{(n+1)}(\theta x)x^{n+1}$,$(0<\theta<1)$

3.4　曲线性状的导数特征(见表 1.3-10)

表 1.3-10　曲线性状的导数特征

性　　状	图　　形	导数特征
$y=f(x)$　在$[a,b]$上为常数	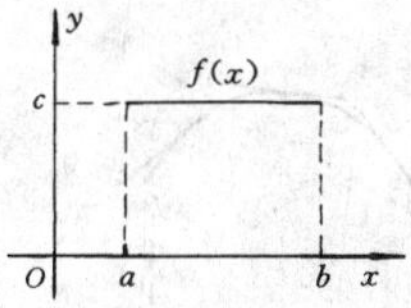	$f'(x)=0$, $x\in[a,b]$
$y=f(x)$　在$[a,b]$上单调增加	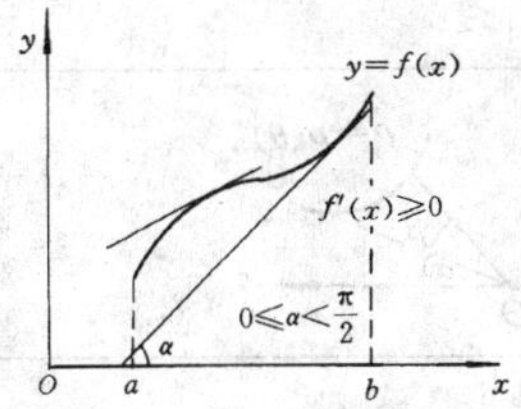	$f'(x)\geqslant 0$ $x\in(a,b)$
$y=f(x)$在$[a,b]$上单调减少	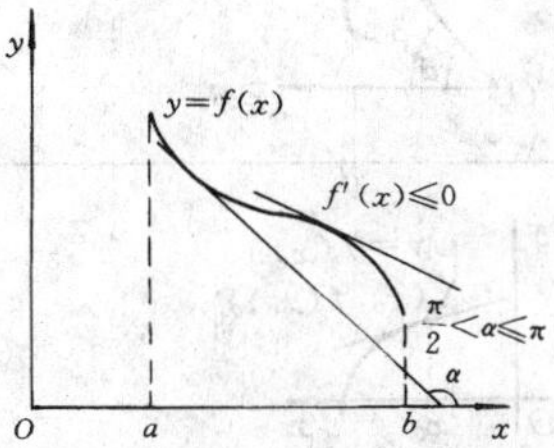	$f'(x)\leqslant 0$, $x\in(a,b)$

（续）

<table>
<tr><th>性　状</th><th>图　形</th><th>导数特征</th></tr>
<tr><td>$y=f(x)$在$x=x_0$处有极小值</td><td>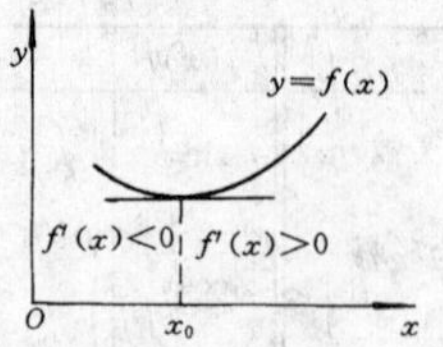
</td><td>$f'(x_0)=0$（或不存在）
（1）当x渐增地通过x_0时，$f'(x)$由负变正
或（2）$f''(x_0)>0$</td></tr>
<tr><td>$y=f(x)$在$x=x_0$处有极大值</td><td>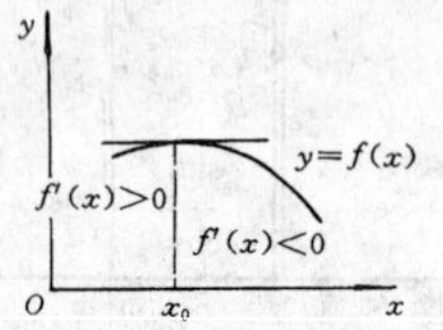
</td><td>$f'(x_0)=0$（或不存在）
（1）当x渐增地通过x_0时，$f'(x)$由正变负
或（2）$f''(x_0)<0$</td></tr>
<tr><td>曲线$y=f(x)$在$[a,b]$上向上凹</td><td>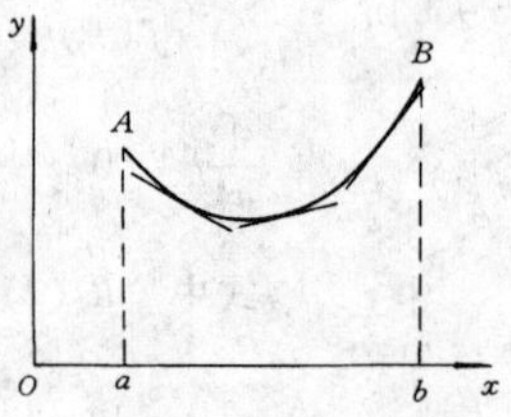
</td><td>$f''(x)>0$
$x\in(a,b)$</td></tr>
<tr><td>曲线$y=f(x)$在$[a,b]$上向上凸</td><td>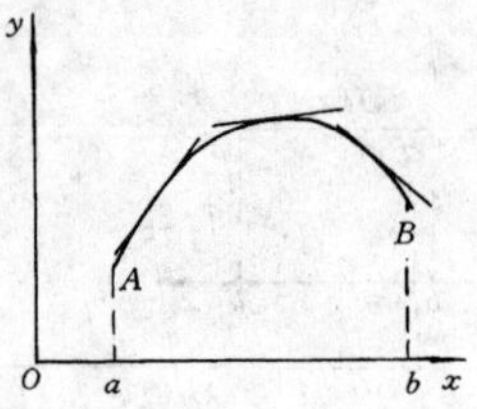
</td><td>$f''(x)<0$,
$x\in(a,b)$</td></tr>
<tr><td>曲线$\rho=\rho(\theta)$在$[\alpha,\beta]$上向外凹</td><td>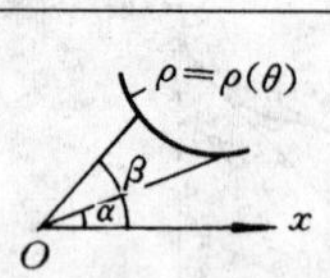
</td><td>$\rho^2+2\rho'^2-\rho\rho''<0$,
$\theta\in(\alpha,\beta)$</td></tr>
<tr><td>曲线$\rho=\rho(\theta)$在$[\alpha,\beta]$上向外凸</td><td>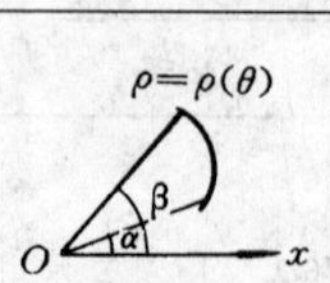
</td><td>$\rho^2+2\rho'^2-\rho\rho''>0$,
$\theta\in(\alpha,\beta)$</td></tr>
<tr><td>$(x_0,f(x_0))$为曲线$y=f(x)$的拐点</td><td>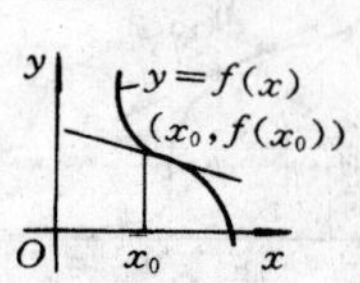
</td><td>$f''(x_0)=0$（或不存在），当x渐增地通过x_0时，$f''(x)$变号</td></tr>
</table>

3.5　曲率和曲率中心

设 k 为曲线的曲率，(x_0,y_0) 为曲率中心，$R=\frac{1}{k}$ 为曲率半径。则有

1）曲线方程为 $y=f(x)$ 时，$k=\frac{y''}{(1+y'^2)^{3/2}}$，

$x_0=x-\frac{y'(1+y'^2)}{y''}$，$y_0=y+\frac{1+y'^2}{y''}$

2）曲线方程为 $\begin{cases}x=x(t)\\y=y(t)\end{cases}$ 时，$k=\frac{\dot{x}\ddot{y}-\ddot{x}\dot{y}}{(\dot{x}^2+\dot{y}^2)^{3/2}}$，

$x_0=x-\frac{\dot{y}(\dot{x}^2+\dot{y}^2)}{\dot{x}\ddot{y}-\ddot{x}\dot{y}}$，$y_0=y+\frac{\dot{x}(\dot{x}^2+\dot{y}^2)}{\dot{x}\ddot{y}-\ddot{x}\dot{y}}$

3）曲线方程为 $\rho=\rho(\theta)$ 时，$k=\frac{\rho^2+2\rho'^2-\rho\rho''}{(\rho^2+\rho'^2)^{3/2}}$，

$x_0=\rho\cos\theta-\frac{(\rho^2+\rho'^2)(\rho\cos\theta+\rho'\sin\theta)}{\rho^2+2\rho'^2-\rho\rho''}$，$y_0=\rho\sin\theta-\frac{(\rho^2+\rho'^2)(\rho\sin\theta-\rho'\cos\theta)}{\rho^2+2\rho'^2+\rho\rho''}$

3.6　曲线的切线和法线（见表 1.3-11）

表 1.3-11　切线和法线方程

曲线方程	切　点	切线和法线方程
$y=f(x)$	$(x_0,f(x_0))$	$y-f(x_0)=f'(x_0)(x-x_0)$　（切线） $y-f(x_0)=-\frac{1}{f'(x_0)}(x-x_0)$　（法线）
$\begin{cases}x=\varphi(t)\\y=\psi(t)\end{cases}$	(x_0,y_0) 其中，$x_0=\varphi(t_0)$， $y_0=\psi(t_0)$	$\frac{x-x_0}{\varphi'(t_0)}=\frac{y-y_0}{\psi'(t_0)}$　（切线） $\varphi'(t_0)(x-x_0)+\psi'(t_0)(y-y_0)=0$　（法线）
$F(x,y)=0$	(x_0,y_0) $F(x_0,y_0)=0$	$F'_x(x_0,y_0)(x-x_0)+F'_y(x_0,y_0)(y-y_0)=0$　（切线） $F'_y(x_0,y_0)(x-x_0)-F'_x(x_0,y_0)(y-y_0)=0$　（法线）
$\rho=\rho(\theta)$	(ρ_0,θ_0)	$\rho=\frac{\rho_0^2}{\rho_0\cos(\theta-\theta_0)-\rho'(\theta_0)\sin(\theta-\theta_0)}$　（切线） $\rho=\frac{\rho_0\rho'(\theta_0)}{\rho'(\theta_0)\cos(\theta-\theta_0)+\rho_0\sin(\theta-\theta_0)}$　（法线）

3.7　常用曲线（见表 1.3-12）

表 1.3-12　常用曲线

曲线名称和图形	曲线方程	说　　明
［圆］ 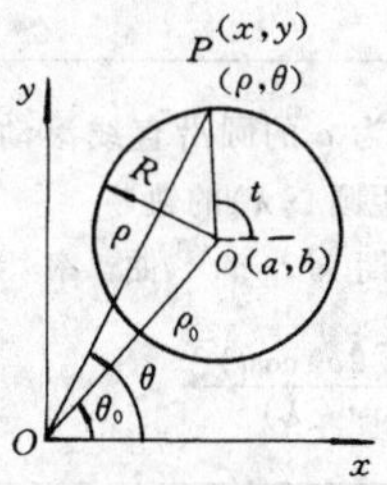	直角坐标方程 $(x-a)^2+(y-b)^2=R^2$ 参数方程 $\begin{cases}x=a+R\cos t\\y=b+R\sin t\end{cases}$　$(0\leqslant t<2\pi)$ 极坐标方程 $\rho^2-2\rho\rho_0\cos(\theta-\theta_0)+\rho_0^2=R^2$	是与定点 (a,b) 的距离等于定长 R 的点的轨迹 圆心 (a,b)，(ρ_0,θ_0)，半径 R，曲率半径 R
［椭圆］ 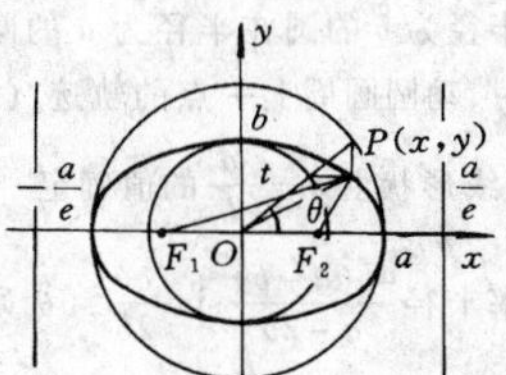	直角坐标方程 $\frac{x^2}{a^2}+\frac{y^2}{b^2}=1$ 参数方程 $\begin{cases}x=a\cos t\\y=a\sin t\end{cases}$　$(0\leqslant t<2\pi)$ 极坐标方程 $\rho^2=\frac{b^2}{1-e^2\cos^2\theta}$	是与定点 $F_1(-c,0)$，$F_2(c,0)$ 的距离之和等于常数 $2a$ 的点的轨迹，F_1，F_2 称为焦点 长轴 $2a$，短轴 $2b$，焦距 $2c$，$c^2=a^2-b^2$ 离心率 $e=\frac{c}{a}<1$， 准线 $x=-\frac{a}{e}$，$x=\frac{a}{e}$， 曲率半径 $a^2b^2\left(\frac{x^2}{a^4}+\frac{y^2}{b^4}\right)^{\frac{3}{2}}$

（续）

曲线名称和图形	曲线方程	说　明
［抛物线］ 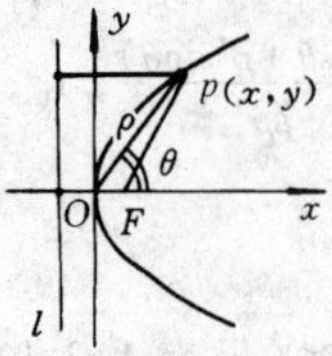	直角坐标方程 $y^2=2px,(p>0)$ 参数方程 $\begin{cases}x=2pt^2\\y=2pt\quad(-\infty<t<+\infty)\end{cases}$ 极坐标方程 $\rho=\dfrac{2\rho\cos\theta}{1-\cos^2\theta}$	是与定点 $F\left(\dfrac{p}{2},0\right)$，定直线 $l:x=-\dfrac{p}{2}$ 距离相等的点的轨迹，F 称为焦点，l 称为准线，p 称为焦参数，曲率半径 $\dfrac{1}{\sqrt{p}}(p+2x)^{\frac{3}{2}}$
［双曲线］ 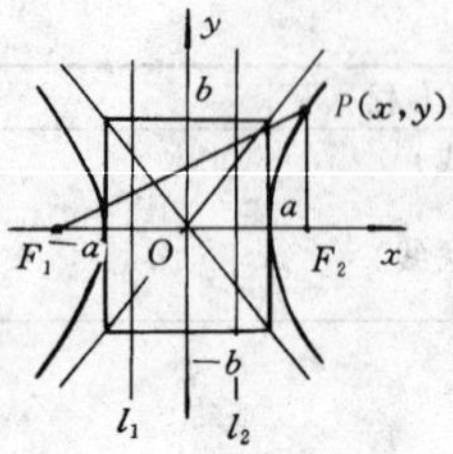	直角坐标方程 $\dfrac{x^2}{a^2}-\dfrac{y^2}{b^2}=1$ 参数方程 $\begin{cases}x=a\mathrm{ch}t\\y=b\mathrm{sh}t\quad(-\infty<t<\infty)\end{cases}$ 极坐标方程 $\rho^2=\dfrac{-b^2}{1-e^2\cos^2\theta}$	是到定点 $F_1(-c,0)$，$F_2(c,0)$ 距离之差为常数 $2a$ 的点的轨迹，F_1，F_2 称为焦点 实轴 $2a$，虚轴 $2b$，焦距 $2c$，$c^2=a^2+b^2$，离心率 $e=\dfrac{c}{a}>1$，准线 $x=-\dfrac{a}{e}$，$x=\dfrac{a}{e}$，曲率半径 $a^2b^2\left(\dfrac{x^2}{a^4}+\dfrac{y^2}{b^4}\right)^{\frac{3}{2}}$
［摆线］ 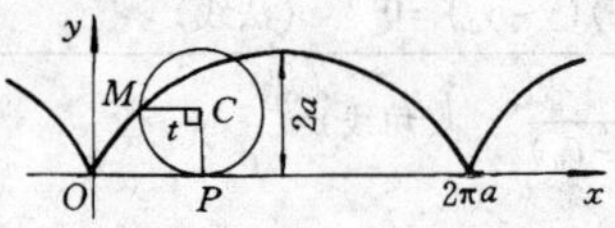	直角坐标方程 $x+\sqrt{y(2a-y)}=a\mathrm{Arccos}\left(1-\dfrac{y}{a}\right)$ 参数方程 $\begin{cases}x=a(t-\sin t)\\y=a(1-\cos t)\quad(-\infty<t<\infty)\end{cases}$	是半径为 a 的圆沿直线滚动时，圆周上一点的轨迹 周期 $2\pi a$，一拱长 $8a$，一拱与直线所围面积 $3\pi a^2$，曲率半径 $4a\sin\dfrac{t}{2}$
［长幅摆线］ 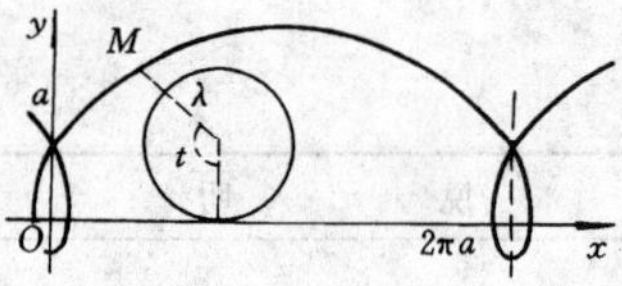	参数方程 $\begin{cases}x=at-\lambda\sin t\\y=a-\lambda\cos t\end{cases}$，$(\lambda>a)(-\infty<t<\infty)$	是半径为 a 的圆沿直线滚动时，圆外一点（距圆心 λ）的轨迹 周期 $2\pi a$，曲率半径 $\dfrac{(a^2+\lambda^2-2a\lambda\cos t)^{\frac{3}{2}}}{\lambda(a\cos t-\lambda)}$
［短幅摆线］ 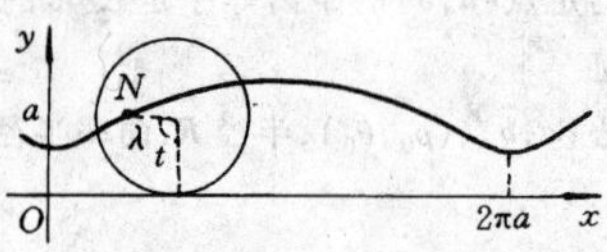	参数方程 $\begin{cases}x=at-\lambda\sin t,\\y=a-\lambda\cos t\end{cases}$，$(\lambda<a)(-\infty<t<\infty)$	是半径为 a 的圆沿直线滚动时，圆内一点（距圆心 λ）的轨迹 周期 $2\pi a$，曲率半径 $\dfrac{(a^2+\lambda^2-2a\lambda\cos t)^{\frac{3}{2}}}{\lambda(a\cos t-\lambda)}$
［内摆线］ 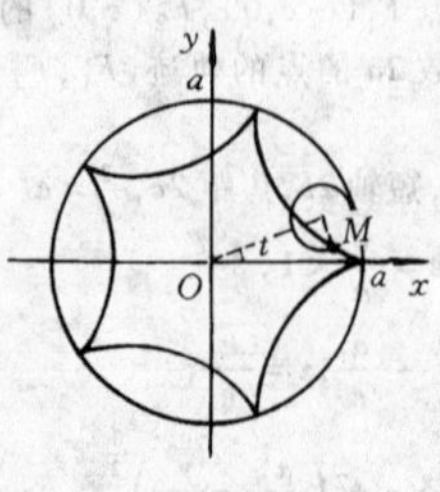 （$m=5$）	参数方程 $\begin{cases}x=(a-b)\cos t+b\cos\left(\dfrac{a}{b}-1\right)t\\y=(a-b)\sin t-b\sin\left(\dfrac{a}{b}-1\right)t\end{cases}$	是半径为 b 的圆在半径为 a 的圆内滚动时，动圆圆周上一点的轨迹，$(b<a)$，曲线形状由 $m=\dfrac{a}{b}$ 的值确定 曲率半径 $\dfrac{4b(a-b)}{a-2b}\sin\dfrac{a\theta}{2b}$，（$\theta$ 为曲线上的点与原点连线和 x 轴的夹角）

（续）

曲线名称和图形	曲线方程	说明
[星形线] 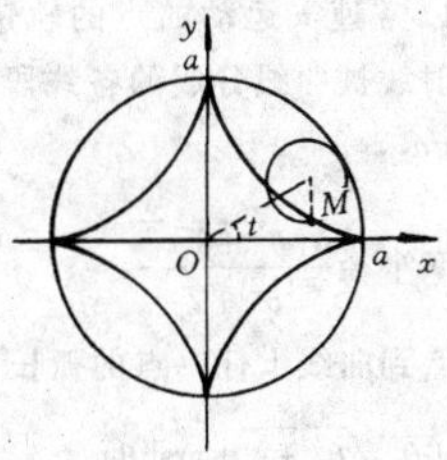	直角坐标方程 $x^{\frac{2}{3}}+y^{\frac{2}{3}}=a^{\frac{2}{3}}$ 参数方程 $\begin{cases}x=a\cos^3 t\\y=a\sin^3 t \quad (0\leqslant t<2\pi)\end{cases}$	是 $m=\frac{a}{b}=4$ 时的内摆线，全长 $6a$，面积$\frac{3}{8}\pi a^2$
[外摆线] 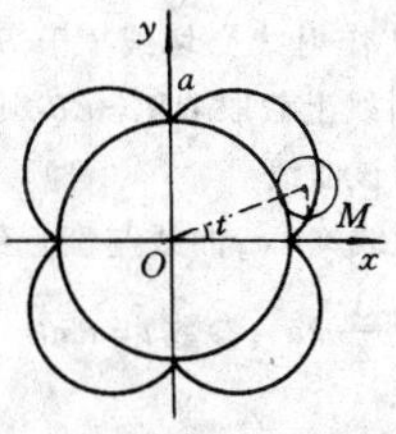 （$m=4$）	参数方程 $\begin{cases}x=(a+b)\cos t-b\cos\left(\frac{a}{b}+1\right)t\\y=(a+b)\sin t-b\sin\left(\frac{a}{b}+1\right)t\end{cases}$	是半径为 b 的圆在半径为 a 的圆外滚动时，动圆圆周上一点的轨迹，曲线形状由 $m=\frac{a}{b}$的值确定 曲率半径$\frac{4b(a+b)}{a+2b}\sin\frac{a\theta}{2b}$，（$\theta$ 为曲线上的点与原点连线和 x 轴的夹角）
[心形线] 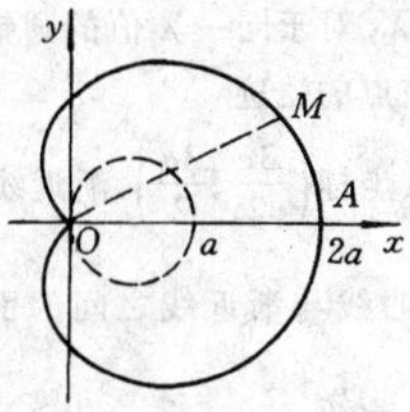	直角坐标方程 $(x^2+y^2)^2-2ax(x^2+y^2)=a^2y^2$ 参数方程 $\begin{cases}x=a\cos t(1+\cos t)\\y=a\sin t(1+\cos t) \quad (0\leqslant t<2\pi)\end{cases}$ 极坐标方程 $\rho=a(1+\cos\theta)$	是 $m=\frac{a}{b}=1$ 时的外摆线，全长 $8a$，面积$\frac{3}{2}\pi a^2$
[圆的渐伸线] 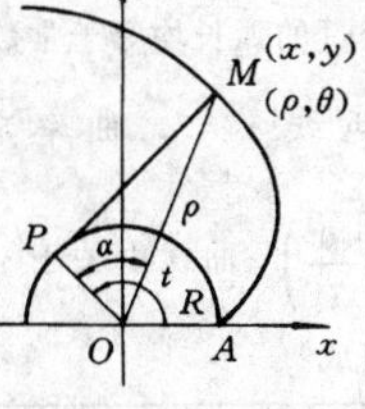	参数方程 $\begin{cases}x=R(\cos t+t\sin t)\\y=R(\sin t-t\cos t)\end{cases}$ 极坐标方程 $\begin{cases}\rho=\frac{R}{\cos\alpha}\\\theta=\tan\alpha-\alpha\end{cases}$	是缠绕在半径为 R 的圆（基圆）上的无伸缩的细线解开时，细线端点的轨迹，细线称为发生线 参数 $t=\alpha+\theta$，渐伸线上任一点的法线是基圆的切线 曲率半径 Rt
[对数螺线] 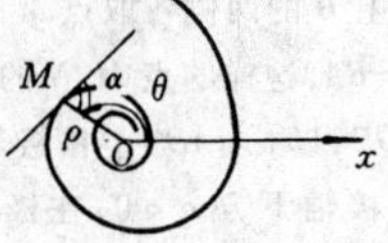	极坐标方程 $\rho=\alpha e^{k\theta}$	曲线上任一点处的切线与该点极半径夹角为常数 $\arctan\frac{1}{k}$ 过极点的任一射线被曲线分成的各线段的长成等比数列，公比为 $e^{2k\pi}$，曲率半径 $\sqrt{1+k^2}\rho$，曲线上任意两点间的弧长为 $\frac{\sqrt{1+k^2}}{k}(\rho_2-\rho_1)$

（续）

曲线名称和图形	曲线方程	说　明
[阿基米德螺线] 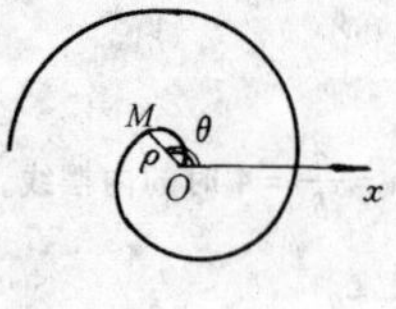 	极坐标方程 $\rho = a\theta \quad \left(a = \dfrac{v}{\omega}\right)$	是一绕极点以常角速度 ω 转动的射线上以常速 v 运动的点的轨迹，过极点的射线被曲线分成的各线段之长相等：$2\pi a$ 曲率半径$\dfrac{a(\theta^3+1)^{\frac{3}{2}}}{\theta^2+2}$ 极点到曲线上任一点的弧长为 $\dfrac{a}{2}(\theta\sqrt{\theta^2+1}+\operatorname{arsh}\theta)$
[蔓叶线] 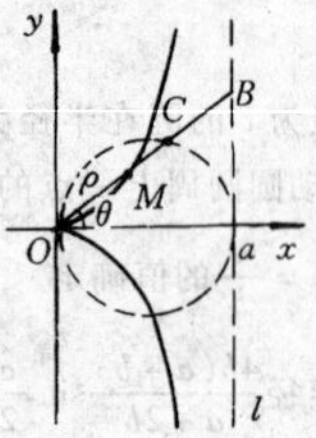 	直角坐标方程 $y^2 = \dfrac{x^3}{a-x}$ 参数方程 $\begin{cases} x = \dfrac{at^2}{1+t^2} \\ y = \dfrac{at^3}{1+t^2} \end{cases}$ 极坐标方程 $\rho = \dfrac{a\sin^2\theta}{\cos\theta}$	过 O 作射线交切线 l 于 B，交圆于 C，在射线上截取 $OM = CB$，则 M 的轨迹即为该曲线 渐近线 $x = a$，曲线与渐近线之间的面积为$\dfrac{3}{4}\pi a^2$，参数 $t = \tan\theta$
[笛卡儿叶形线] 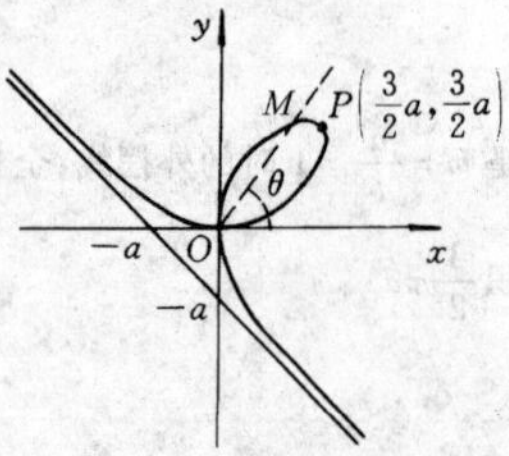 	直角坐标方程 $x^3 + y^3 = 3axy$ 参数方程 $\begin{cases} x = \dfrac{3at}{1+t^3} \\ y = \dfrac{3at^2}{1+t^3} \quad (t = \tan\theta) \end{cases}$	是圆锥曲线束 $x^2 + \lambda y^2 = 3ay$ 和直线束 $y = \lambda x$ 对于同一 λ 值的圆锥曲线和直线交点的轨迹 顶点坐标$\left(\dfrac{3a}{2}, \dfrac{3a}{2}\right)$，渐近线 $x + y + a = 0$，曲线与渐近线之间的面积$\dfrac{3a^2}{2}$，圈套面积$\dfrac{3a^2}{2}$
[双曲螺线] 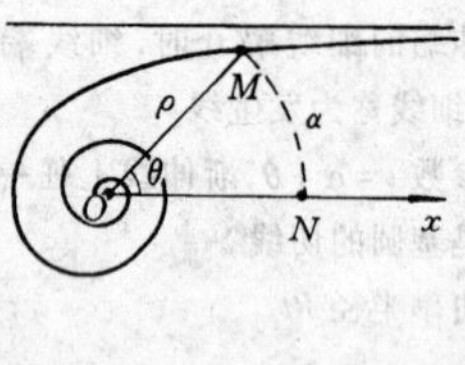 	极坐标方程 $\rho = \dfrac{a}{\theta}$	曲线上任一点 $M(\rho,\theta)$ 绕极点旋转 θ 角所经过的弧长均等于常数 a 渐近线 $y = a$，曲率半径 $\dfrac{a}{\theta} \times \left(\dfrac{\sqrt{1+\theta^2}}{\theta}\right)^3$，曲线由关于 y 轴对称的两支组成
[斜环索线] 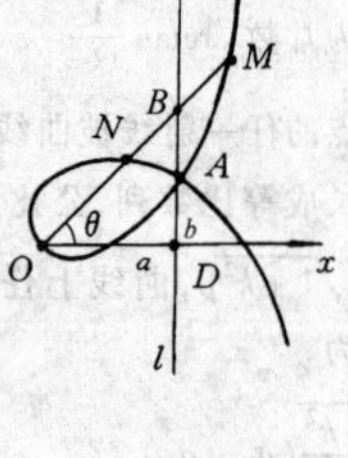 	直角坐标方程 $(x^2+y^2)(x-2a)+(a^2-b^2)x+2aby=0$ 极坐标方程 $\rho = \dfrac{a}{\cos\theta} + a\tan\theta - b$	设 l 为定直线，A 为其上定点，O 为其外的定点，过 O 的射线与 l 交于 B，在 OB 上 B 的两侧各取点 M，N，使 $BM = BN = BA$，这样的点 M，N 的轨迹 $a = OD$，$\|b\| = AD$（A 在极轴上方，$b > 0$，在极轴下方 $b < 0$，在极轴上 $b = 0$）

（续）

曲线名称和图形	曲线方程	说　　明
[环索线] 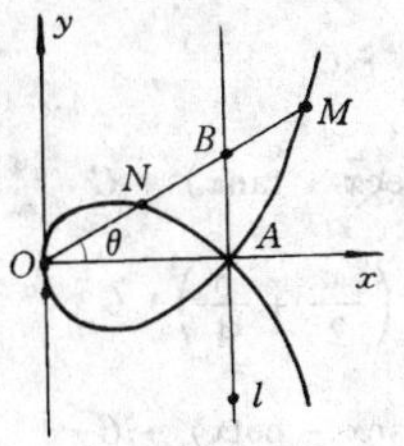	直角坐标方程 $(x^2+y^2)(x-a)^2=a^2y^2$　（以 O 为原点） $y^2=x^2\dfrac{a+x}{a-x}$　（以 A 为原点） 极坐标方程 $\rho=a\dfrac{1+\sin\theta}{\cos\theta}$　（以 O 为极点）	是 OA 垂直于定直线 l 时的斜环索线，渐近线 $x=2a$（以 O 为原点） 曲线与渐近线之间的面积 $2a^2+\dfrac{1}{2}\pi a^2$，圈套面积 $2a^2-\dfrac{1}{2}\pi a^2$
[箕舌线] 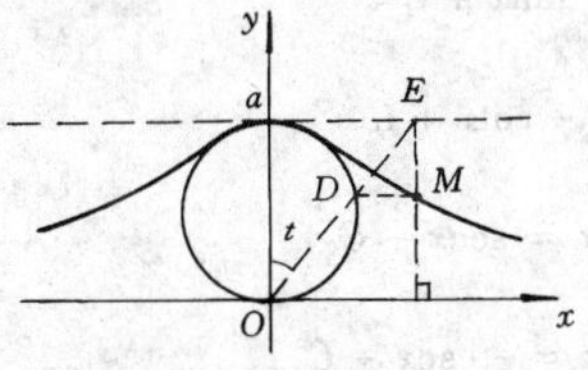	直角坐标方程 $y=\dfrac{a^3}{x^2+a^2}$ 参数方程 $\begin{cases}x=a\tan t\\ y=a\cos^2 t\end{cases}$　$\left(-\dfrac{\pi}{2}<t<\dfrac{\pi}{2}\right)$	从原点 O 作射线交圆 $x^2+y^2=ay$ 于 D，交直线 $y=a$ 于 E，过 D 作 x 轴平行线，过 E 作 y 轴平行线，二平行线交点 M 的轨迹 渐近线 $y=0$，曲线与渐近线之间的面积 πa^2
[悬链线] 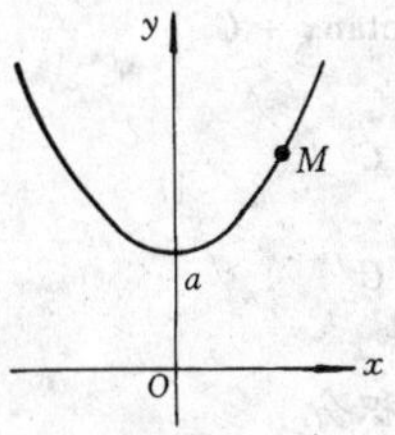	直角坐标方程 $y=a\,\mathrm{ch}\dfrac{x}{a}$	柔软、不能伸长的绳子悬挂于两点的形状 曲率半径 $a\,\mathrm{ch}^2\dfrac{x}{a}$，顶点 $(0,a)$ 到曲线上一点 $M(x,y)$ 的弧长 $a\,\mathrm{sh}\dfrac{x}{a}$
[双纽线] 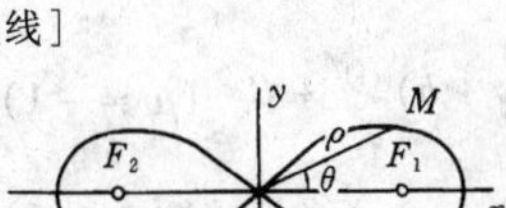	直角坐标方程 $(x^2+y^2)^2=2a^2(x^2-y^2)$ 极坐标方程 $\rho^2=2a^2\cos 2\theta$	是到定点 $F_1(a,0)$，$F_2(-a,0)$ 距离之积为定值 a^2 的点 M 的轨迹 曲率半径 $\dfrac{2a^2}{3\rho}$，双纽面积 $2a^2$
[圆柱螺线] 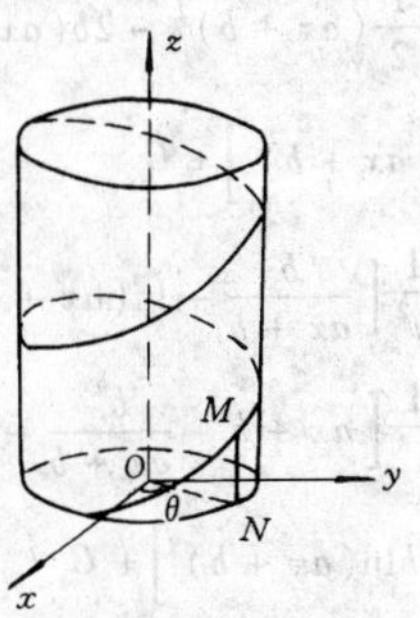	参数方程 $\begin{cases}x=a\cos\theta\\ y=a\sin\theta\\ z=\dfrac{h\theta}{2\pi}\end{cases}$　（h：螺距）	是绕一直线等速转动，且沿该直线方向作等速运动的点 M 的轨迹 曲率 $\dfrac{4\pi^2a}{4\pi^2a^2+h^2}$， 挠率 $\dfrac{2\pi h}{4\pi^2a^2+h^2}$

4 积分

4.1 不定积分

4.1.1 不定积分法则

1）设 $F'(x)=f(x)$，则

$\int f(x)\mathrm{d}x = F(x)+C$，式中 C 为任意常数

2）$\int f'(x)\mathrm{d}x = f(x)+C$

3）$\int kf(x)\mathrm{d}x = k\int f(x)\mathrm{d}x$，式中 k 为常数

4）$\int [f(x)\pm g(x)]\mathrm{d}x = \int f(x)\mathrm{d}x \pm \int g(x)\mathrm{d}x$

5）$\int f(u)\mathrm{d}u = \int f[\varphi(x)]\mathrm{d}\varphi(x) = \int f[\varphi(x)]\times \varphi'(x)\mathrm{d}x, u=\varphi(x)$

6）$\int u(x)v'(x)\mathrm{d}x = u(x)v(x) - \int v(x)u'(x)\mathrm{d}x$

4.1.2 常用换元积分法

1）被积函数含 $\sqrt{a^2-x^2}$ 的，设 $x = a\sin t$

2）被积函数含 $\sqrt{a^2+x^2}$ 的，设 $x = a\tan t$

3）被积函数含 $\sqrt{x^2-a^2}$ 的，设 $x = a\sec t$

4）$\int R(\cos x,\sin x)\mathrm{d}x$，$R$ 表示有理函数，设 $\tan\frac{x}{2}=t$，则 $\sin x=\frac{2t}{1+t^2}$，$\cos x=\frac{1-t^2}{1+t^2}$，$\mathrm{d}x=\frac{2}{1+t^2}\mathrm{d}t$

5）$\int R(\cos^2 x,\sin^2 x)\mathrm{d}x$，设 $\tan x = t$，则 $\sin^2 x=\frac{t^2}{1+t^2}$，$\cos^2 x=\frac{1}{1+t^2}$，$\mathrm{d}x=\frac{1}{1+t^2}\mathrm{d}t$

6）$\int R(x,\sqrt[p]{ax+b},\sqrt[q]{ax+b})\mathrm{d}x$，设 $\sqrt[n]{ax+b}=t$，n 是 p,q 的最小公倍数

4.1.3 基本积分公式

1）$\int a\mathrm{d}x = ax+C$，a 为常数

2）$\int x^a\mathrm{d}x = \frac{1}{a+1}x^{a+1}+C,(a\neq -1)$

3）$\int \frac{\mathrm{d}x}{x} = \ln x + C$

4）$\int \mathrm{e}^x\mathrm{d}x = \mathrm{e}^x + C$

5）$\int a^x\mathrm{d}x = \frac{1}{\ln a}a^x + C$

6）$\int \sin x\mathrm{d}x = -\cos x + C$

7）$\int \cos x\mathrm{d}x = \sin x + C$

8）$\int \tan x\mathrm{d}x = -\ln\cos x + C$

9）$\int \cot x\mathrm{d}x = \ln\sin x + C$

10）$\int \sec x\mathrm{d}x = \ln(\sec x+\tan x)+C = \ln\tan\left(\frac{x}{2}+\frac{\pi}{4}\right)+C$

11）$\int \csc x\mathrm{d}x = \ln(\csc x-\cot x)+C = \ln\tan\frac{x}{2}+C$

12）$\int \sec^2 x\mathrm{d}x = \tan x + C$

13）$\int \csc^2 x\mathrm{d}x = -\cot x + C$

14）$\int \sec x\tan x\mathrm{d}x = \sec x + C$

15）$\int \csc x\cot x\mathrm{d}x = -\csc x + C$

16）$\int \frac{1}{\sqrt{1-x^2}}\mathrm{d}x = \arcsin x + C$

17）$\int \frac{1}{1+x^2}\mathrm{d}x = \arctan x + C$

18）$\int \mathrm{sh}x\mathrm{d}x = \mathrm{ch}x + C$

19）$\int \mathrm{ch}x\mathrm{d}x = \mathrm{sh}x + C$

4.1.4 有理函数的积分

1）$\int (ax+b)^{\mu}\mathrm{d}x =$

$$\begin{cases} \frac{1}{a(\mu+1)}(ax+b)^{\mu+1}+C & (\mu\neq -1) \\ \frac{1}{a}\ln(ax+b)+C & (\mu=-1) \end{cases}$$

2）$\int \frac{x\mathrm{d}x}{ax+b} = \frac{x}{a}-\frac{b}{a^2}\ln(ax+b)+C$

3）$\int \frac{x^2\mathrm{d}x}{ax+b} = \frac{1}{a^3}\left[\frac{1}{2}(ax+b)^2-2b(ax+b)+b^2\ln(ax+b)\right]+C$

4）$\int \frac{x\mathrm{d}x}{(ax+b)^2} = \frac{1}{a^2}\left[\frac{b}{ax+b}+\ln(ax+b)\right]+C$

5）$\int \frac{x^2\mathrm{d}x}{(ax+b)^2} = \frac{1}{a^3}\left[ax+b-\frac{b^2}{ax+b}-2b\ln(ax+b)\right]+C$

6）$\int \frac{\mathrm{d}x}{x(ax+b)} = \frac{1}{b}\ln\left(\frac{x}{ax+b}\right)+C$

7) $\int \frac{dx}{x^2(ax+b)} = \frac{-1}{bx} + \frac{a}{b^2}\ln\left(\frac{ax+b}{x}\right) + C$

8) $\int \frac{dx}{x(ax+b)^2} = \frac{1}{b(ax+b)} - \frac{1}{b^2}\ln\left(\frac{ax+b}{x}\right) + C$

9) $\int \frac{dx}{x^2(ax+b)^2} = \frac{-1}{b^2}\left(\frac{a}{ax+b} + \frac{1}{x}\right) + \frac{2a}{b^3}\ln\left(\frac{ax+b}{x}\right) + C$

10) $\int \frac{dx}{a+bx^2} = \frac{1}{\sqrt{ab}}\arctan\sqrt{\frac{b}{a}}x + C \quad (a>0, b>0)$

11) $\int \frac{dx}{a-bx^2} = \frac{1}{2\sqrt{ab}}\ln\left(\frac{\sqrt{a}+\sqrt{b}x}{\sqrt{a}-\sqrt{b}x}\right) + C \quad (a>0, b>0)$

12) $\int x(a+bx^2)^n dx = \frac{1}{2(n+1)b}(a+bx^2)^{n+1} + C \quad (n \neq -1)$

13) $\int \frac{x dx}{a+bx^2} = \frac{1}{2b}\ln(a+bx^2) + C$

14) $\int \frac{dx}{(a+bx^2)^n} = \frac{1}{2(n-1)a}\left[\frac{x}{(a+bx^2)^{n-1}} + (2n-3)\int\frac{dx}{(a+bx^2)^{n-1}}\right]$

15) $\int \frac{dx}{x(a+bx^2)} = \frac{1}{2a}\ln\left(\frac{x^2}{a+bx^2}\right) + C$

16) $\int \frac{x^2 dx}{(a+bx^2)^2} = \frac{-x}{2b(a+bx^2)} + \frac{1}{2b\sqrt{ab}} \times \arctan\sqrt{\frac{b}{a}}x + C$

17) $\int \frac{dx}{x^2(a+bx^2)} = -\frac{1}{ax} - \frac{b}{a}\int\frac{dx}{a+bx^2}$

18) $\int \frac{dx}{a+bx+cx^2} = -\frac{2}{b+2cx} + C \quad (b^2-4ac=0)$

19) $\int \frac{dx}{a+bx+cx^2} = \frac{2}{\sqrt{-D}}\arctan\frac{b+2cx}{\sqrt{-D}} + C \quad (D=b^2-4ac<0)$

20) $\int \frac{dx}{a+bx+cx^2} = \frac{1}{\sqrt{D}}\ln\frac{b+2cx-\sqrt{D}}{b+2cx+\sqrt{D}} + C \quad (D=b^2-4ac>0)$

21) $\int \frac{(A+Bx)dx}{a+bx+cx^2} = \frac{B}{2c}\ln(a+bx+cx^2) + \frac{2Ac-Bb}{2c}\int\frac{dx}{a+bx+cx^2} + C$

22) $\int \frac{dx}{(a+bx+cx^2)^p} = \frac{1}{(p-1)(4ac-b^2)} \times \frac{b+2cx}{(a+bx+cx^2)^{p-1}} + \frac{2c(2p-3)}{(p-1)(4ac-b^2)}\int\frac{dx}{(a+bx+cx^2)^{p-1}}$

23) $\int \frac{(A+Bx)dx}{(a+bx+cx^2)^p} = -\frac{B}{2c(p-1)} \times \frac{1}{(a+bx+cx^2)^{p-1}} + \frac{2Ac-Bb}{2c}\int\frac{dx}{(a+bx+cx^2)^p}$

24) $\int x^p(a+bx)^q dx = \frac{x^p(a+bx)^{q+1}}{(p+q+1)b} - \frac{pa}{(p+q+1)b}\int x^{p-1}(a+bx)^q dx = \frac{x^{p+1}(a+bx)^q}{p+q+1} + \frac{qa}{p+q+1}\int x^p(a+bx)^{q-1}dx$

25) $\int \frac{dx}{a+bx^3} = \frac{k}{3a}\left\{\frac{1}{2}\ln\frac{(k+x)^2}{k^2-kx+x^2} + \sqrt{3}\arctan\frac{2x-k}{k\sqrt{3}}\right\} + C \quad \left(k^3=\frac{a}{b}\right)$

26) $\int \frac{x dx}{a+bx^3} = \frac{1}{3bk}\left\{-\frac{1}{2}\ln\frac{(k+x)^2}{k^2-kx+x^2} + \sqrt{3}\arctan\frac{2x-k}{k\sqrt{3}}\right\} + C \quad \left(k^3=\frac{a}{b}\right)$

4.1.5　无理函数的积分

1) $\int \sqrt{ax+b}\,dx = \frac{2}{3a}(ax+b)^{3/2} + C$

2) $\int x\sqrt{ax+b}\,dx = \frac{6ax-4b}{15a^2}(ax+b)^{3/2} + C$

3) $\int x^2\sqrt{ax+b}\,dx = \frac{2}{105a^3}(15a^2x^2-12abx+8b^2)(ax+b)^{3/2} + C$

4) $\int \frac{dx}{\sqrt{ax+b}} = \frac{2}{a}(ax+b)^{1/2} + C$

5) $\int \frac{x dx}{\sqrt{ax+b}} = \frac{2}{3a^2}(ax-2b)(ax+b)^{1/2} + C$

6) $\int \frac{x^2 dx}{\sqrt{ax+b}} = \frac{2}{15a^3}(3a^2x^2-4abx+8b^2) \times (ax+b)^{1/2} + C$

7) $\int \frac{dx}{x\sqrt{ax+b}} = \begin{cases} \frac{1}{\sqrt{b}}\ln\left(\frac{\sqrt{ax+b}-\sqrt{b}}{\sqrt{ax+b}+\sqrt{b}}\right) + C & (b>0) \\ \frac{2}{\sqrt{-b}}\arctan\sqrt{\frac{ax+b}{-b}} + C & (b<0) \end{cases}$

8) $\int\frac{dx}{x^2\sqrt{ax+b}}=\frac{-\sqrt{ax+b}}{bx}-\frac{a}{2b}\int\frac{dx}{x\sqrt{ax+b}}$

9) $\int\frac{\sqrt{ax+b}}{x}dx=2\sqrt{ax+b}+b\int\frac{dx}{x\sqrt{ax+b}}$

10) $\int\sqrt{a^2-x^2}dx=\frac{x}{2}\sqrt{a^2-x^2}+\frac{a^2}{2}\arcsin\frac{x}{a}+C$

11) $\int x\sqrt{a^2-x^2}dx=-\frac{1}{3}(a^2-x^2)^{3/2}+C$

12) $\int x^2\sqrt{a^2-x^2}dx=\frac{x}{8}(2x^2-a^2)\sqrt{a^2-x^2}+\frac{a^4}{8}\arcsin\frac{x}{a}+C$

13) $\int x^3\sqrt{a^2-x^2}dx=\frac{-1}{15}(\sqrt{a^2-x^2})^3\times(3x^2+2a^2)+C$

14) $\int\frac{dx}{\sqrt{a^2-x^2}}=\arcsin\frac{x}{a}+C$

15) $\int\frac{xdx}{\sqrt{a^2-x^2}}=-\sqrt{a^2-x^2}+C$

16) $\int\frac{x^2dx}{\sqrt{a^2-x^2}}=-\frac{x}{2}\sqrt{a^2-x^2}+\frac{a^2}{2}\arcsin\frac{x}{a}+C$

17) $\int\frac{dx}{x\sqrt{a^2-x^2}}=\frac{-1}{a}\ln\left(\frac{a+\sqrt{a^2-x^2}}{x}\right)+C$

18) $\int\frac{dx}{x^2\sqrt{a^2-x^2}}=-\frac{\sqrt{a^2-x^2}}{a^2x}+C$

19) $\int\frac{\sqrt{a^2-x^2}}{x}dx=\sqrt{a^2-x^2}-a\ln\left(\frac{a+\sqrt{a^2-x^2}}{x}\right)+C$

20) $\int(a^2-x^2)^{3/2}dx=\frac{x}{8}(5a^2-2x^2)\sqrt{a^2-x^2}+\frac{3a^4}{8}\arcsin\frac{x}{a}+C$

21) $\int\frac{xdx}{(a^2-x^2)^{3/2}}=\frac{1}{\sqrt{a^2-x^2}}+C$

22) $\int(a^2-x^2)^{-3/2}dx=\frac{x}{a^2\sqrt{a^2-x^2}}+C$

23) $\int\frac{x^2dx}{(a^2-x^2)^{3/2}}=\frac{x}{\sqrt{a^2-x^2}}-\arcsin\frac{x}{a}+C$

24) $\int\sqrt{x^2\pm a^2}dx=\frac{x}{2}\sqrt{x^2\pm a^2}\pm a^2\ln(x+\sqrt{x^2\pm a^2})+C$

25) $\int x\sqrt{x^2\pm a^2}dx=\frac{1}{3}(x^2\pm a^2)^{3/2}+C$

26) $\int x^2\sqrt{x^2\pm a^2}dx=\frac{x}{8}(2x^2\pm a^2)\sqrt{x^2\pm a^2}-\frac{a^4}{8}\ln(x+\sqrt{x^2\pm a^2})+C$

27) $\int x^3\sqrt{x^2\pm a^2}dx=\frac{3x^2\mp 2a^2}{15}\times(\sqrt{x^2\pm a^2})^3+C$

28) $\int\frac{dx}{\sqrt{x^2\pm a^2}}=\ln(x\pm\sqrt{x^2\pm a^2})+C$

29) $\int\frac{xdx}{\sqrt{x^2\pm a^2}}=\sqrt{x^2\pm a^2}+C$

30) $\int\frac{x^2dx}{\sqrt{x^2\pm a^2}}=\frac{x}{2}\sqrt{x^2\pm a^2}\mp\frac{a^2}{2}\ln(x+\sqrt{x^2\pm a^2})+C$

31) $\int\frac{dx}{x\sqrt{x^2+a^2}}=\frac{1}{a}\ln\left(\frac{x}{a+\sqrt{x^2+a^2}}\right)+C$

32) $\int\frac{dx}{x\sqrt{x^2-a^2}}=\frac{1}{a}\arccos\frac{a}{x}+C$

33) $\int\frac{dx}{x^2\sqrt{x^2\pm a^2}}=\mp\frac{\sqrt{x^2\pm a^2}}{a^2x}+C$

34) $\int\frac{\sqrt{x^2+a^2}}{x}dx=\sqrt{x^2+a^2}-a\ln\frac{a+\sqrt{x^2+a^2}}{x}+C$

35) $\int\frac{\sqrt{x^2-a^2}}{x}dx=\sqrt{x^2-a^2}-a\arccos\frac{a}{x}+C$

36) $\int(x^2\pm a^2)^{3/2}dx=\frac{x}{8}(2x^2\pm 5a^2)\sqrt{x^2\pm a^2}+\frac{3a^4}{8}\ln(x+\sqrt{x^2\pm a^2})+C$

37) $\int x(x^2\pm a^2)^{3/2}dx=\frac{1}{5}(x^2\pm a^2)^{5/2}+C$

38) $\int\frac{dx}{(x^2\pm a^2)^{3/2}}=\pm\frac{x}{a^2\sqrt{x^2\pm a^2}}+C$

39) $\int\frac{xdx}{(x^2\pm a^2)^{3/2}}=\frac{-1}{\sqrt{x^2\pm a^2}}+C$

40) $\int\frac{x^2dx}{(x^2\pm a^2)^{3/2}}=\frac{-x}{\sqrt{x^2\pm a^2}}+\ln(x+\sqrt{x^2\pm a^2})+C$

41) $\int\frac{dx}{x(x^2\pm a^2)^{3/2}}=\frac{1}{a^2\sqrt{x^2\pm a^2}}+$

$$\frac{1}{a^2}\int\frac{dx}{x\sqrt{x^2\pm a^2}}$$

42) $\int\frac{dx}{\sqrt{ax^2+bx+c}}=\frac{1}{\sqrt{a}}\ln(2ax+b+2\times\sqrt{a(ax^2+bx+c)})+C\quad(a>0)$

43) $\int\frac{dx}{\sqrt{ax^2+bx+c}}=\frac{-1}{\sqrt{-a}}\times\arcsin\frac{2ax+b}{\sqrt{b^2-4ac}}+C,(a<0,b^2-4ac>0)$

44) $\int\sqrt{ax^2+bx+c}dx=\frac{2ax+b}{4a}\sqrt{ax^2+bx+c}+\frac{4ac-b^2}{8a}\int\frac{dx}{\sqrt{ax^2+bx+c}}$

45) $\int\frac{xdx}{\sqrt{ax^2+bx+c}}=\frac{1}{a}\sqrt{ax^2+bx+c}-\frac{b}{2a}\int\frac{dx}{\sqrt{ax^2+bx+c}}$

4.1.6　超越函数的积分

1) $\int\sin(ax+b)dx=-\frac{1}{a}\cos(ax+b)+C$

2) $\int\cos(ax+b)dx=\frac{1}{a}\sin(ax+b)+C$

3) $\int\tan(ax+b)dx=-\frac{1}{a}\ln[\cos(ax+b)]+C$

4) $\int\cot(ax+b)dx=\frac{1}{a}\ln[\sin(ax+b)]+C$

5) $\int\sec axdx=\frac{1}{a}\ln(\sec ax+\tan ax)+C$

6) $\int\csc axdx=-\frac{1}{a}\ln(\csc ax+\cot ax)+C$

7) $\int\sin^2axdx=\frac{1}{2a}(ax-\sin ax\cos ax)+C$

8) $\int\cos^2axdx=\frac{1}{2a}(ax+\sin ax\cos ax)+C$

9) $\int\sin^naxdx=-\frac{1}{na}\sin^{n-1}ax\cos ax+\frac{n-1}{n}\int\sin^{n-2}axdx$

10) $\int\cos^naxdx=\frac{1}{na}\cos^{n-1}ax\sin ax+\frac{n-1}{n}\int\cos^{n-2}axdx$

11) $\int\tan^naxdx=\frac{1}{(n-1)a}\tan^{n-1}ax-\int\tan^{n-2}axdx$

12) $\int\cot^naxdx=\frac{1}{(n-1)a}\cot^{n-1}ax-\int\cot^{n-2}axdx$

13) $\int\sec^naxdx=\int\frac{dx}{\cos^nax}=\frac{1}{(n-1)a}\cdot\frac{\sin ax}{\cos^{n-1}ax}+\frac{n-2}{n-1}\int\frac{dx}{\cos^{n-2}ax}$

14) $\int\csc^naxdx=\int\frac{dx}{\sin^nax}=\frac{-1}{(n-1)a}\cdot\frac{\cos ax}{\sin^{n-1}ax}+\frac{n-2}{n-1}\int\frac{dx}{\sin^{n-2}ax}$

15) $\int\sin ax\sin bxdx=-\frac{\sin(a+b)x}{2(a+b)}+\frac{\sin(a-b)x}{2(a-b)}+C\quad(a\neq b)$

16) $\int\sin ax\cos bxdx=-\frac{\cos(a+b)x}{2(a+b)}-\frac{\cos(a-b)x}{2(a-b)}+C\quad(a\neq b)$

17) $\int\cos ax\cos bxdx=\frac{\sin(a+b)x}{2(a+b)}+\frac{\sin(a-b)x}{2(a-b)}+C\quad(a\neq b)$

18) $\int\sin^mx\cos^nxdx=\frac{\sin^{m+1}x\cos^{n-1}x}{m+n}+\frac{n-1}{m+n}\times\int\sin^mx\cos^{n-2}xdx$

19) $\int\frac{dx}{\sin^mx\cos^nx}=\frac{1}{n-1}\cdot\frac{1}{\sin^{m-1}x\cos^{n-1}x}+\frac{m+n-2}{n-1}\int\frac{dx}{\sin^mx\cos^{n-2}x}=-\frac{1}{m-1}\cdot\frac{1}{\sin^{m-1}x\cos^{n-1}x}+\frac{m+n-2}{m-1}\int\frac{dx}{\sin^{m-2}x\cos^nx}$

20) $\int\frac{dx}{1\pm\sin x}=\tan x\mp\sec x+C$

21) $\int\frac{dx}{a+b\sin x}=\frac{1}{\sqrt{b^2-a^2}}\times\ln\left(\frac{a\tan\frac{x}{2}+b-\sqrt{b^2-a^2}}{a\tan\frac{x}{2}+b+\sqrt{b^2-a^2}}\right)+C\quad(b^2>a^2)$

22) $\int\frac{dx}{a+b\sin x}=\frac{2}{\sqrt{a^2-b^2}}\arctan\frac{a\tan\frac{x}{2}+b}{\sqrt{a^2-b^2}}+C\quad(b^2<a^2)$

23) $\int\frac{dx}{1+\cos x}=\tan\frac{x}{2}+C$

24) $\int \frac{dx}{1-\cos x} = -\cot\frac{x}{2} + C$

25) $\int \frac{dx}{a+b\cos x} = \frac{1}{\sqrt{b^2-a^2}} \times \ln\left(\frac{\sqrt{b^2-a^2}\tan\frac{x}{2}+b+a}{\sqrt{b^2-a^2}\tan\frac{x}{2}-b-a}\right) + C \quad (b^2 > a^2)$

26) $\int \frac{dx}{a+b\cos x} = \frac{2}{\sqrt{a^2-b^2}} \times \arctan\left(\frac{\sqrt{a^2-b^2}}{a+b}\tan\frac{x}{2}\right) + C \quad (b^2 < a^2)$

27) $\int \frac{dx}{a^2\cos^2 x + b^2\sin^2 x} = \frac{1}{ab}\arctan\left(\frac{b}{a}\tan x\right) + C$

28) $\int \frac{dx}{a^2\cos^2 x - b^2\sin^2 x} = \frac{1}{2ab}\ln\left(\frac{b\tan x + a}{b\tan x - a}\right) + C$

29) $\int x\sin ax dx = \frac{1}{a^2}\sin ax - \frac{1}{a}x\cos ax + C$

30) $\int x\cos ax dx = \frac{1}{a^2}\cos ax + \frac{1}{a}x\sin ax + C$

31) $\int x^n\sin ax dx = \frac{x^{n-1}}{a^2}(n\sin ax - ax\cos ax) - \frac{n(n-1)}{a^2}\int x^{n-2}\sin ax dx$

32) $\int x^n\cos ax dx = \frac{x^{n-1}}{a^2}(n\cos ax + ax\sin ax) - \frac{n(n-1)}{a^2}\int x^{n-2}\cos ax dx$

33) $\int \arcsin\frac{x}{a}dx = x\arcsin\frac{x}{a} + \sqrt{a^2-x^2} + C$

34) $\int \arccos\frac{x}{a}dx = x\arccos\frac{x}{a} - \sqrt{a^2-x^2} + C$

35) $\int \arctan\frac{x}{a}dx = x\arctan\frac{x}{a} - \frac{a}{2}\ln(a^2+x^2) + C$

36) $\int \mathrm{arccot}\frac{x}{a}dx = x\,\mathrm{arccot}\frac{x}{a} + \frac{a}{2}\ln(a^2+x^2) + C$

37) $\int x^n\arcsin x dx = \frac{1}{n+1}\left(x^{n+1}\arcsin x - \int \frac{x^{n+1}}{\sqrt{1-x^2}}dx\right)$

38) $\int x^n\arccos x dx = \frac{1}{n+1}\left(x^{n+1}\arccos x + \int \frac{x^{n+1}}{\sqrt{1-x^2}}dx\right)$

39) $\int x^n\arctan x dx = \frac{1}{n+1}\left(x^{n+1}\arctan x - \int \frac{x^{n+1}}{1+x^2}dx\right)$

40) $\int x^n\mathrm{arccot}x dx = \frac{1}{n+1}\left(x^{n+1}\mathrm{arccot}x + \int \frac{x^{n+1}}{1+x^2}dx\right)$

41) $\int e^{ax}dx = \frac{1}{a}e^{ax} + C$

42) $\int b^{ax}dx = \frac{b^{ax}}{a\ln b} + C$

43) $\int x^n e^{ax}dx = \frac{1}{a}x^n e^{ax} - \frac{n}{a}\int x^{n-1}e^{ax}dx$

44) $\int x^n b^{ax}dx = \frac{1}{a\ln b}x^n b^{ax} - \frac{n}{a\ln b}\int x^{n-1}b^{ax}dx$

45) $\int e^{ax}\sin bx dx = \frac{e^{ax}}{a^2+b^2}(a\sin bx - b\cos bx) + C$

46) $\int e^{ax}\cos bx dx = \frac{e^{ax}}{a^2+b^2}(b\sin bx + a\cos bx) + C$

47) $\int \ln x dx = x\ln x - x + C$

48) $\int x^a\ln x dx = \frac{x^{a+1}}{a+1}\left(\ln x - \frac{1}{a+1}\right) + C \quad (a \neq -1)$

49) $\int \frac{\ln x}{x}dx = \frac{1}{2}(\ln x)^2 + C$

50) $\int \frac{dx}{x\ln x} = \ln(\ln x) + C$

51) $\int (\ln x)^n dx = x(\ln x)^n - n\int(\ln x)^{n-1}dx$

52) $\int \sin\ln x dx = \frac{x}{2}(\sin\ln x - \cos\ln x) + C$

53) $\int \cos\ln x dx = \frac{x}{2}(\sin\ln x + \cos\ln x) + C$

54) $\int \mathrm{th}x dx = \ln\mathrm{ch}x + C$

55) $\int \mathrm{cth}x dx = \ln\mathrm{sh}x + C$

56) $\int \mathrm{sh}^2 x dx = -\frac{x}{2} + \frac{1}{4}\mathrm{sh}2x + C$

57) $\int \mathrm{ch}^2 x dx = \frac{x}{2} + \frac{1}{4}\mathrm{sh}2x + C$

58) $\int \mathrm{th}^2 x dx = x - \mathrm{th}x + C$

59) $\int \mathrm{cth}^2 x dx = x - \mathrm{cth}x + C$

60) $\int x\mathrm{sh}x dx = x\mathrm{ch}x - \mathrm{sh}x + C$

61) $\int x\mathrm{ch}x dx = x\mathrm{sh}x - \mathrm{ch}x + C$

62) $\int \mathrm{arsh}x dx = x\mathrm{arsh}x - \sqrt{1+x^2} + C$

63) $\int \mathrm{arch}x\mathrm{d}x = x\mathrm{arch}x - \sqrt{x^2-1} + C$

64) $\int \mathrm{arth}x\mathrm{d}x = x\mathrm{arth}x + \frac{1}{2}\ln(1-x^2) + C$

65) $\int \mathrm{arcth}x\mathrm{d}x = x\mathrm{arcth}x + \frac{1}{2}\ln(1-x^2) + C$

4.2 定积分和反常积分

4.2.1 定积分一般公式

1) 牛顿—莱布尼兹公式

$\int_a^b f(x)\mathrm{d}x = F(x)\Big|_a^b = F(b) - F(a)$，$F(x)$ 是 $f(x)$ 的一个原函数

2) $\int_a^b kf(x)\mathrm{d}x = k\int_a^b f(x)\mathrm{d}x$，$k$ 为常数

3) $\int_a^b [f(x) \pm g(x)]\mathrm{d}x = \int_a^b f(x)\mathrm{d}x \pm \int_a^b g(x)\mathrm{d}x$

4) $\int_a^b uv'\mathrm{d}x = uv\Big|_a^b - \int_a^b vu'\mathrm{d}x$

5) $\int_a^b f(x)\mathrm{d}x = \int_{\psi^{-1}(a)}^{\psi^{-1}(b)} f[\psi(t)]\psi'(t)\mathrm{d}t$ $(x = \psi(t), t = \psi^{-1}(x))$

6) $\int_a^b f(x)\mathrm{d}x = \int_a^c f(x)\mathrm{d}x + \int_c^b f(x)\mathrm{d}x$ $(a < c < b)$

7) $\int_{-a}^a f(x)\mathrm{d}x = 2\int_0^a f(x)\mathrm{d}x$，$f(x)$ 为偶函数

8) $\int_{-a}^a f(x)\mathrm{d}x = 0$，$f(x)$ 为奇函数

9) $\int_a^a f(x)\mathrm{d}x = 0$

10) $\int_b^a f(x)\mathrm{d}x = -\int_a^b f(x)\mathrm{d}x$

11) $\frac{\mathrm{d}}{\mathrm{d}x}\int_a^x f(t)\mathrm{d}t = f(x)$

12) $\frac{\mathrm{d}}{\mathrm{d}\lambda}\int_{a(\lambda)}^{b(\lambda)} f(x,\lambda)\mathrm{d}x = \int_{a(\lambda)}^{b(\lambda)} \frac{\partial f(x,\lambda)}{\partial\lambda}\mathrm{d}x + f(b(\lambda),\lambda)\frac{\mathrm{d}b(\lambda)}{\mathrm{d}\lambda} - f(a(\lambda),\lambda)\frac{\mathrm{d}a(\lambda)}{\mathrm{d}\lambda}$

13) 若 $g(x) \leqslant f(x)$，则

$\int_a^b g(x)\mathrm{d}x \leqslant \int_a^b f(x)\mathrm{d}x$

14) 若 $m \leqslant f(x) \leqslant M$，则

$m(b-a) \leqslant \int_a^b f(x)\mathrm{d}x \leqslant M(b-a)$

15) $\left|\int_a^b f(x)\mathrm{d}x\right| \leqslant \int_a^b |f(x)|\mathrm{d}x$

4.2.2 反常积分

(1) 无穷限反常积分

1) $\int_a^{+\infty} f(x)\mathrm{d}x = \lim\limits_{t\to+\infty}\int_a^t f(x)\mathrm{d}x = \lim\limits_{x\to+\infty} F(x) - F(a)$

2) $\int_{-\infty}^b f(x)\mathrm{d}x = \lim\limits_{t\to-\infty}\int_t^b f(x)\mathrm{d}x = F(b) - \lim\limits_{x\to-\infty} F(x)$

(2) 无界函数反常积分

1) $\int_a^b f(x)\mathrm{d}x = \lim\limits_{t\to a+}\int_t^b f(x)\mathrm{d}x = F(b) - \lim\limits_{x\to a+} F(x)$，其中 a 为 $f(x)$ 的无界间断点。

2) $\int_a^b f(x)\mathrm{d}x = \lim\limits_{t\to b-}\int_a^t f(x)\mathrm{d}x = \lim\limits_{x\to b-} F(x) - F(a)$，其中 b 为 $f(x)$ 的无界间断点。

(1)，(2) 式中 $F(x)$ 为 $f(x)$ 的原函数

4.2.3 重要定积分和反常积分公式

1) $\int_{-\pi}^{\pi} \cos nx\mathrm{d}x = \int_{-\pi}^{\pi} \sin nx\mathrm{d}x = 0$

2) $\int_{-\pi}^{\pi} \cos mx\sin nx\mathrm{d}x = 0$

3) $\int_{-\pi}^{\pi} \cos mx\cos nx\mathrm{d}x = \int_{-\pi}^{\pi} \sin mx\sin nx\mathrm{d}x = \begin{cases} 0 & 当 m \neq n 时 \\ \pi & 当 m = n 时 \end{cases}$

4) $\int_0^{\pi} \cos mx\cos nx\mathrm{d}x = \int_0^{\pi} \sin mx\sin nx\mathrm{d}x = \begin{cases} 0 & 当 m \neq n 时 \\ \frac{\pi}{2} & 当 m = n 时 \end{cases}$

5) $\int_0^{\frac{\pi}{2}} \sin^n x\mathrm{d}x = \int_0^{\frac{\pi}{2}} \cos^n x\mathrm{d}x = I_n$，式中 $I_n = \frac{n-1}{n}I_{n-2}$，$I_1 = 1$，$I_0 = \frac{\pi}{2}$，

即 $I_n =$

$$\begin{cases} \frac{n-1}{n}\cdot\frac{n-3}{n-2}\cdot\cdots\cdot\frac{4}{5}\cdot\frac{2}{3} (n 为正奇数) \\ \frac{n-1}{n}\cdot\frac{n-3}{n-2}\cdot\cdots\cdot\frac{3}{4}\cdot\frac{1}{2}\cdot\frac{\pi}{2} (n 为正偶数) \end{cases}$$

当 n 为大于 -1 的实数时，$I_n = \frac{\sqrt{\pi}}{2}\frac{\Gamma\left(\frac{n+1}{2}\right)}{\Gamma\left(\frac{n}{2}+1\right)}$，其中 $\Gamma(x) = \int_0^{\infty} \mathrm{e}^{-t}t^{x-1}\mathrm{d}t$。

6) $\int_0^{\frac{\pi}{2}} \sin^{2m+1}x\cos^n x\mathrm{d}x = \frac{2\cdot4\cdot6\cdot\cdots\cdot2m}{(n+1)(n+3)\cdots(n+2m+1)}$

7) $\int_0^{\frac{\pi}{2}} \sin^{2m} x\cos^{2n} x\mathrm{d}x = \dfrac{1\cdot3\cdot5\cdot\cdots\cdot(2n-1)\cdot1\cdot3\cdot5\cdot\cdots\cdot(2m-1)}{2\cdot4\cdot6\cdot8\cdot\cdots\cdot(2m+2n)} \times \dfrac{\pi}{2}$

8) $\int_0^{\frac{\pi}{2}} \sin^m x\cos^n x\mathrm{d}x = \dfrac{1}{2}\int_0^1 x^{\frac{m-1}{2}}(1-x)^{\frac{n-1}{2}}\mathrm{d}x = \dfrac{\Gamma\left(\frac{m+1}{2}\right)\Gamma\left(\frac{n+1}{2}\right)}{2\Gamma\left(\frac{m+n+2}{2}\right)}$

9) $\int_0^{\pi} \ln\sin x\mathrm{d}x = \int_0^{\pi} \ln\cos x\mathrm{d}x = -\pi\ln2$

10) $\int_0^a \dfrac{\mathrm{d}x}{\sqrt{a^2-x^2}} = \dfrac{\pi}{2}$

11) $\int_0^{\pi} \ln(1\pm2p\cos x+p^2)\mathrm{d}x = \begin{cases}0 & (0<p<1)\\ 2\pi\ln p & (p>1)\end{cases}$

12) $\int_0^{\pi} \dfrac{\mathrm{d}x}{a+b\cos x} = \dfrac{\pi}{\sqrt{a^2-b^2}}\quad(a>b\geqslant0)$

13) $\int_0^{2\pi} \dfrac{\mathrm{d}x}{1+a\cos x} = \dfrac{2\pi}{\sqrt{1-a^2}}\quad(a^2<1)$

14) $\int_0^{\frac{\pi}{2}} \dfrac{\mathrm{d}x}{a^2\sin^2x+b^2\cos^2x} = \dfrac{\pi}{2ab}$

15) $\int_0^{\frac{\pi}{2}} \dfrac{\mathrm{d}x}{(a^2\sin^2x+b^2\cos^2x)^2} = \dfrac{\pi(a^2+b^2)}{4a^3b^3}\quad(a,b>0)$

16) $\int_0^{\infty} \dfrac{a\mathrm{d}x}{a^2+x^2} = \begin{cases}\dfrac{\pi}{2} & (a>0)\\ -\dfrac{\pi}{2} & (a<0)\end{cases}$

17) $\int_0^{\infty} \dfrac{x^{a-1}}{1+x}\mathrm{d}x = \dfrac{\pi}{\sin a\pi}\quad(0<a<1)$

18) $\int_0^{\infty} \dfrac{\sin^2x}{x^2}\mathrm{d}x = \dfrac{\pi}{2}$

19) $\int_0^{\infty} \dfrac{\sin ax}{x}\mathrm{d}x = \begin{cases}\dfrac{\pi}{2} & (a>0)\\ -\dfrac{\pi}{2} & (a<0)\end{cases}$

20) $\int_0^{\infty} \dfrac{\sin ax\sin bx}{x}\mathrm{d}x = \dfrac{1}{2}\ln\left(\dfrac{a+b}{a-b}\right)$

21) $\int_0^{\infty} \dfrac{\sin ax\cos bx}{x}\mathrm{d}x = \begin{cases}\dfrac{\pi}{2} & (0<b<a)\\ 0 & (0<a<b)\\ \dfrac{\pi}{4} & (0<a=b)\end{cases}$

22) $\int_0^{\infty} \dfrac{\tan x}{x}\mathrm{d}x = \dfrac{\pi}{2}$

23) $\int_0^{\infty} \sin(x^2)\mathrm{d}x = \int_0^{\infty} \cos(x^2)\mathrm{d}x = \dfrac{1}{2}\sqrt{\dfrac{\pi}{2}}$

24) $\int_0^{\infty} x^n e^{ax}\mathrm{d}x = \dfrac{n!}{a^{n+1}}\quad(a>0)$

25) $\int_0^{\infty} e^{-ax}\mathrm{d}x = \dfrac{1}{a}\quad(a>0)$

26) $\int_0^{\infty} e^{-ax}\cos bx\mathrm{d}x = \dfrac{a}{a^2+b^2}\quad(a>0)$

27) $\int_0^{\infty} e^{-ax}\sin bx\mathrm{d}x = \dfrac{b}{a^2+b^2}\quad(a>0)$

28) $\int_0^{\infty} \dfrac{e^{-ax}-e^{-bx}}{x}\mathrm{d}x = \ln\dfrac{b}{a}$

29) $\int_0^{\infty} e^{-a^2x^2}\mathrm{d}x = \dfrac{\sqrt{\pi}}{2a}$

30) $\int_0^{\infty} x^{2n}e^{-ax^2}\mathrm{d}x = \dfrac{1\cdot3\cdot5\cdots(2n-1)}{2^{n+1}a^n}\sqrt{\dfrac{\pi}{a}}$

31) $\int_0^{\infty} x^p e^{-bx}\mathrm{d}x = \dfrac{\Gamma(p+1)}{b^{p+1}}\quad(p>0,b>0)$

32) $\int_0^{\infty} x^{2n+1}e^{-a^2x^2}\mathrm{d}x = \dfrac{n!}{2a^{2n+2}}$

33) $\int_0^{\infty} e^{-x^n}\mathrm{d}x = \Gamma\left(1+\dfrac{1}{n}\right)$

34) $\int_0^{\infty} e^{-x}\ln x\mathrm{d}x = \int_0^1 \ln(\ln x)\mathrm{d}x = -\gamma$，$\gamma$为欧拉数

35) $\int_0^{\infty} e^{(-x^2-a^2/x^2)}\mathrm{d}x = \dfrac{e^{-2a}\sqrt{\pi}}{2}\quad(a\geqslant0)$

36) $\int_0^{\infty} e^{-nx}\sqrt{x}\mathrm{d}x = \dfrac{1}{2n}\sqrt{\dfrac{\pi}{n}}$

37) $\int_0^{\infty} \dfrac{e^{-nx}}{\sqrt{x}}\mathrm{d}x = \sqrt{\dfrac{\pi}{n}}$

38) $\int_0^{\infty} e^{-ax}(\cos mx)\mathrm{d}x = \dfrac{a}{a^2+m^2}\quad(a>0)$

39) $\int_0^{\infty} e^{-ax}(\sin mx)\mathrm{d}x = \dfrac{a}{a^2+m^2}\quad(a>0)$

40) $\int_0^{\infty} x^{b-1}\cos x\mathrm{d}x = \Gamma(b)\cos\left(\dfrac{b\pi}{2}\right)\quad(0<b<1)$

41) $\int_0^{\infty} x^{b-1}\sin x\mathrm{d}x = \Gamma(b)\sin\left(\dfrac{b\pi}{2}\right)\quad(0<b<1)$

42) $\int_0^{\infty} \dfrac{\sin x}{x}\mathrm{d}x = \int_0^{\infty} \dfrac{\cos x}{\sqrt{x}}\mathrm{d}x = \sqrt{\dfrac{\pi}{2}}$

43) $\int_0^1 \left(\ln\dfrac{1}{x}\right)^{1/2}\mathrm{d}x = \dfrac{\sqrt{\pi}}{2}$

44) $\int_0^1 \ln x\ln(1-x)\mathrm{d}x = 2-\dfrac{\pi^2}{6}$

45) $\int_0^1 \left(\ln \frac{1}{x}\right)^n dx = n!$

46) $\int_0^1 x\ln(1-x)dx = -\frac{3}{4}$

47) $\int_0^1 x\ln(1+x)dx = \frac{1}{4}$

48) $\int_0^1 x^m(\ln x)^n dx = \frac{(-1)^n n!}{(m+1)^{n+1}}, m > -1, n = 0, 1, 2, \cdots$

49) $\int_0^1 \ln x\ln(1+x)dx = 2 - 2\ln 2 - \frac{\pi^2}{12}$

50) $\int_0^1 \frac{\ln x}{1-x^2}dx = -\frac{\pi^2}{8}$

51) $\int_0^1 \frac{\ln x}{1-x}dx = \int_0^1 \frac{\ln(1-x)}{x}dx = -\frac{\pi^2}{6}$

52) $\int_0^1 \frac{\ln x}{1+x}dx = -\int_0^1 \frac{\ln(1+x)}{x}dx = -\frac{\pi^2}{12}$

53) $\int_0^1 \frac{dx}{\sqrt{\ln \frac{1}{x}}} = 2\int_0^1 \sqrt{\ln \frac{1}{x}}dx = \sqrt{\pi}$

54) $\int_0^{\frac{\pi}{2}} \ln\sin x dx = \int_0^{\frac{\pi}{2}} \ln\cos x dx = -\int_0^{\frac{\pi}{2}} \frac{x}{\tan x}dx = -\frac{\pi}{2}\ln 2$

55) $\int_0^1 \frac{x^p}{(1-x)^p}dx = \frac{p\pi}{\sin p\pi} \quad (0 < p^2 < 1)$

56) $\int_0^1 \frac{x^{p-1}}{(1-x^n)^{p/n}}dx = \frac{\pi}{n\sin \frac{p\pi}{n}} \quad (0 < p < n)$

5　常微分方程

5.1　一阶常微分方程（见表 1.3-13，表 1.3-14）

表 1.3-13　一阶常微分方程

方 程 形 式	解 法 及 通 解
[可分离变量方程] $P_1(x)Q_1(y)dx + P_2(x)Q_2(y)dy = 0$	分离变量 $\frac{Q_2(y)}{Q_1(y)}dy = -\frac{P_1(x)}{P_2(x)}dx$，积分得隐式通解 $\int \frac{Q_2(y)}{Q_1(y)}dy = -\int \frac{P_1(x)}{P_2(x)}dx + C$
[齐次方程] $y' = f\left(\frac{y}{x}\right)$	令 $u = \frac{y}{x}$，则 $y' = u + xu'$，方程化为 $u + xu' = f(u)$，即 $\frac{1}{f(u)-u}du = \frac{1}{x}dx$。积分得 $\int \frac{1}{f(u)-u}du = \ln x + C$，代回 $u = \frac{y}{x}$ 得通解
[齐次线性方程] $y' + P(x)y = 0$	通解公式 $y = Ce^{-\int P(x)dx}$
[非齐次线性方程] $y' + P(x)y = Q(x)$	通解公式 $y = e^{-\int P(x)dx}\left[\int Q(x)e^{\int P(x)dx}dx + C\right]$
[全微分方程] $P(x,y)dx + Q(x,y)dy = 0$ 其中 $\frac{\partial P}{\partial y} = \frac{\partial Q}{\partial x}$	通解 $u(x,y) = \int_{x_0}^{x} P(x,y)dx + \int_{y_0}^{y} Q(x_0,y)dy = C,$ 或　$u(x,y) = \int_{x_0}^{x} P(x,y_0)dx + \int_{y_0}^{y} Q(x,y)dy = C,$ 其中 x_0, y_0 可适当选取
[伯努利方程] $y' = P(x)y + Q(x)y^n$ $(n \neq 0, 1)$	令 $u = y^{1-n}$，则 $y' = \frac{1}{1-n}y^n u'$，方程化为非齐次线性方程 $u' + (n-1)P(x)u = (1-n)Q(x)$ $u = e^{(1-n)\int P(x)dx}\left[(1-n)\int Q(x)e^{(n-1)\int P(x)dx}dx + C\right]$ 通解为 $y^{1-n} = e^{(1-n)\int P(x)dx}\left[(1-n)\int Q(x)e^{(n-1)\int P(x)dx}dx + C\right]$

（续）

方程形式	解法及通解
[拉格朗日方程] $y=xf(y')+g(y')$，f，g 为可微函数	令 $p=y'$，方程两边对 x 求导得 $p=f(p)+xf'(p)\frac{dp}{dx}+g'(p)\frac{dp}{dx}$，整理为 $\frac{dp}{dx}=\frac{p-f(p)}{xf'(p)+g'(p)}$，即 $\frac{dx}{dp}+\frac{f'(p)}{f(p)-p}x=-\frac{g'(p)}{f(p)-p}$，再按非齐次线性方程通解公式求得通解，与原方程联立消去 p，如果 $f(p_0)-p_0=0$，则 $y=p_0x+g(p_0)$ 为方程的解
[可化为可分离变量方程的方程] $y'=f(ax+by+c)$	令 $z=ax+by+c$，则 $z'=a+by'$，方程化为 $z'=a+bf(z)$，为可分离变量的方程
[可化为齐次方程的方程] $y'=f\left(\frac{a_1x+b_1y+c_1}{a_2x+b_2y+c_2}\right)$	当 $\Delta=\begin{vmatrix}a_1 & b_1\\ a_2 & b_2\end{vmatrix}\neq0$，则利用线性方程组 $\begin{cases}a_1u+b_1v+c_1=0\\ a_2u+b_2v+c_2=0\end{cases}$ 的解 $u=\alpha$，$v=\beta$ 作变量代换：$x=\xi+\alpha$，$y=\eta+\beta$。方程化为齐次方程： $\frac{d\eta}{d\xi}=f\left(\frac{a_1\xi+b_1\eta}{a_2\xi+b_2\eta}\right)$ 当 $\Delta=0$，$b_1\neq0$，则令 $z=a_1x+b_1y+c_1$； 当 $\Delta=0$，$b_2\neq0$，则令 $z=a_2x+b_2y+c_2$， 原方程化为可分离变量方程
[黎卡提方程] $y'=p(x)y^2+q(x)y+r(x)$， $p(x)\neq0$，$r(x)\neq0$	一般地，通解不能用积分求得。但若已知方程的一个特解 $y=y_1(x)$，则可利用变换 $y=y_1(x)+\frac{1}{u}$ 把方程化为非齐次线性方程： $u'+[q(x)+2p(x)y_1(x)]u=-p(x)$， 或利用变换 $y=y_1(x)+u$ 把方程化为伯努利方程： $u'=[q(x)+2p(x)y_1(x)]u+p(x)u^2$
[克莱罗方程] $y=xy'+f(y')$，f 是可微函数	通解 $y=Cx+f(C)$
[可解出 y 的方程] $y=F(x,y')$	令 $p=y'$，方程两边对 x 求导得 $p=\frac{\partial F}{\partial x}+\frac{\partial F}{\partial p}\frac{\partial p}{\partial x}$，即 $\left(p-\frac{\partial F}{\partial x}\right)dx=\frac{\partial F}{\partial p}dp$。设其通解为 $p=\varphi(x,C)$，则原方程的通解为 $y=F(x,\varphi(x,C))$
[可解出 x 的方程] $x=F(y,y')$	令 $p=y'$，则 $y''=p\frac{dp}{dy}$，方程两边对 x 求导得 $1=\frac{\partial F}{\partial y}p+\frac{\partial F}{\partial p}p'$，即 $1=\frac{\partial F}{\partial y}p+\frac{\partial E}{\partial p}p\frac{dp}{dy}$，于是方程化为： $\left(p\frac{\partial F}{\partial y}-1\right)dy=p\frac{\partial F}{\partial p}dp$。 设其通解为 $p=\varphi(y,C)$，则原方程的通解为 $x=F(y,\varphi(y,C))$
[不显含 y 的方程] $F(x,y')=0$	引入适当的参数 t，原方程化为 $\begin{cases}x=\varphi(t)\\ y'=\psi(t)\end{cases}$，则通解为： $\begin{cases}x=\varphi(t)\\ y=\int\psi(t)\varphi'(t)dt+C\end{cases}$
[不显含 x 的方程] $F(y,y')=0$	引入适当的参数 t，原方程化为 $\begin{cases}y=\varphi(t)\\ y'=\psi(t)\end{cases}$，则通解为： $\begin{cases}x=\int\frac{\varphi'(t)}{\psi(t)}dt+C\\ y=\varphi(t)\end{cases}$

（续）

方程形式	解法及通解
［达朗贝尔方程］ $x+yy'=\varphi(y')$	令 $p=y'$，方程两边对 y 求导得 $\frac{dx}{dy}+p+y\frac{dp}{dy}=\varphi'(p)\frac{dp}{dy}$，即 $\frac{1}{p}+p+y\frac{dp}{dy}=\varphi'(p)\frac{dp}{dy}$，化为非齐次线性方程： $\frac{dy}{dp}+\frac{p}{1+p^2}y=\frac{p\varphi'(p)}{1+p^2}$， 将其通解与原方程联立消去 p 得原方程的通解
［含积分因子的方程］ $P(x,y)dx+Q(x,y)dy=0,\frac{\partial P}{\partial y}\neq\frac{\partial Q}{\partial x}$	如果存在 $\mu(x,y)$（称积分因子）使得 $\frac{\partial(\mu P)}{\partial y}=\frac{\partial(\mu Q)}{\partial x}$，则方程可化为全微分方程： $\mu(x,y)P(x,y)dx+\mu(x,y)Q(x,y)dy=0$， 积分因子的确定见表 1.3-14

表 1.3-14　积分因子

$P(x,y)$，$Q(x,y)$ 满足条件	积分因子
$xP+yQ=0$	$\frac{1}{xP-yQ}$
$xP-yQ=0$	$\frac{1}{xP+yQ}$
$xP+yQ\neq0$，P,Q 为同次齐次式	$\frac{1}{xP+yQ}$
$xP-yQ\neq0,P=yP_1(xy),Q=xQ_1(xy)$	$\frac{1}{xP-yQ}$
$\frac{1}{Q}\left(\frac{\partial P}{\partial y}-\frac{\partial Q}{\partial x}\right)=f(x)$	$e^{\int f(x)dx}$
$\frac{1}{P}\left(\frac{\partial Q}{\partial x}-\frac{\partial P}{\partial y}\right)=g(y)$	$e^{\int g(y)dy}$
存在满足 $nxP-myQ+xy\left(\frac{\partial P}{\partial y}-\frac{\partial Q}{\partial x}\right)=0$ 的常数 m,n	$x^m y^n$
$\frac{\partial P}{\partial x}=\frac{\partial Q}{\partial y},\frac{\partial P}{\partial y}=-\frac{\partial Q}{\partial x}$	$\frac{1}{P^2+Q^2}$
$\frac{\partial P}{\partial y}-\frac{\partial Q}{\partial x}=f(x+y)(Q-P)$	形为 $\mu(x+y)$
$\frac{\partial P}{\partial y}-\frac{\partial Q}{\partial x}=f(x-y)(Q+P)$	形为 $\mu(x-y)$
$\frac{\partial P}{\partial y}-\frac{\partial Q}{\partial x}=f(xy)(yQ-xP)$	形为 $\mu(xy)$
$x^2\left(\frac{\partial P}{\partial y}-\frac{\partial Q}{\partial x}\right)=f\left(\frac{y}{x}\right)(yQ+xP)$	形为 $\mu\left(\frac{y}{x}\right)$
$\frac{\partial P}{\partial y}-\frac{\partial Q}{\partial x}=f(x^2+y^2)(xQ-yP)$	形为 $\mu(x^2+y^2)$
$\frac{\partial P}{\partial y}-\frac{\partial Q}{\partial x}=f(x^2-y^2)(xQ+yP)$	形为 $\mu(x^2-y^2)$

5.2　二阶常微分方程（见表 1.3-15，表 1.3-16）

表 1.3-15　二阶常微分方程

方程形式	解法及通解
［不显含 y,y' 的方程］ $y''=f(x)$	通解 $y=\int\left[\int f(x)dx\right]dx+C_1x+C_2$

（续）

方程形式	解法及通解
[不显含 y 的齐次线性方程] $y''+P(x)y'=0$	令 $y'=u$，则 $y''=u'$，方程化为 $u'+P(x)u=0$，其通解 $u=C_1\mathrm{e}^{-\int P(x)\mathrm{d}x}$，两边积分得方程的通解： $$y=C_1\int[\mathrm{e}^{-\int P(x)\mathrm{d}x}]\mathrm{d}x+C_2$$
[不显含 y 的非齐次线性方程] $y''+P(x)y'=Q(x)$	令 $y'=u$，则 $y''=u'$，方程化为 $u'+P(x)u=Q(x)$，其通解 $u=\mathrm{e}^{-\int P(x)\mathrm{d}x}\left(\int Q(x)\mathrm{e}^{\int P(x)\mathrm{d}x}\mathrm{d}x+C_1\right)$，两边积分得方程的通解： $$y=\int\left[\mathrm{e}^{-\int P(x)\mathrm{d}x}\left(\int Q(x)\mathrm{e}^{\int P(x)\mathrm{d}x}\mathrm{d}x+C_1\right)\right]\mathrm{d}x+C_2$$
[不显含 y 的非线性方程] $y''+P(x)f(y')=0$	令 $y'=u$，则 $y''=u'$，方程化为可分离变量的方程 $u'+P(x)f(u)=0$，设其通解为 $u=u(x)+C_1$，则两边积分得方程的通解： $$y=\int u(x)\mathrm{d}x+C_1x+C_2$$
[不显含 x 和 y' 的方程] $y''=f(y)$	令 $y'=u(y)$，则 $y''=u(y)\dfrac{\mathrm{d}u}{\mathrm{d}y}$，方程化为可分离变量的方程 $\dfrac{\mathrm{d}u}{\mathrm{d}y}=f(y)$，其通解 $u=\pm\sqrt{2\int f(y)\mathrm{d}y+C_1}$，分离变量并积分得方程通解： $$x=\pm\int\frac{1}{\sqrt{2\int f(y)\mathrm{d}y+C_1}}\mathrm{d}y+C_2$$
[不显含 x,y 的方程] $y''=f(y')$	令 $y'=u$，则 $y''=u'$，方程化为 $u'=f(u)$，分离变量并积分得： $$x=\int\frac{1}{f(u)}\mathrm{d}u+C_1\quad(*)$$ 另一方面，$y''=u\dfrac{\mathrm{d}u}{\mathrm{d}y}$，方程化为 $\dfrac{u}{f(u)}\mathrm{d}u=\mathrm{d}y$，积分得： $$y=\int\frac{u}{f(u)}\mathrm{d}u+C_2\quad(**),$$ 由（*），（**）消去 u 得方程通解
[不显含 x 的方程] $y''=f(y,y')$	令 $y'=u$，则 $y''=\dfrac{\mathrm{d}u}{\mathrm{d}x}=u\dfrac{\mathrm{d}u}{\mathrm{d}y}$，方程化为 $u\dfrac{\mathrm{d}u}{\mathrm{d}y}=f(y,u)$。如果其通解为 $u=u(y,C_1)$，则原方程通解为： $$x=\int\frac{1}{u(y,C_1)}\mathrm{d}y+C_2$$
[欧拉方程] $x^2y''+a_1xy'+a_0y=0$	方程 $\lambda^2+(a_1-1)\lambda+a_0=0$ 有两个不相等的实根 r_1,r_2 时，通解： $$y=C_1x^{r_1}+C_2x^{r_2};$$ 有一对共轭复根 $r_1=\alpha+\mathrm{i}\beta,r_2=\alpha-\mathrm{i}\beta$ 时，通解： $$y=x^{\alpha}[C_1\cos(\beta\ln x)+C_2\sin(\beta\ln x)]$$
[常系数齐次线性方程] $y''+py'+qy=0$，p,q 为常数	特征方程 $\lambda^2+p\lambda+q=0$ 有两个不相等的实根 r_1,r_2 时，通解： $$y=C_1\mathrm{e}^{r_1x}+C_2\mathrm{e}^{r_2x};$$ 有二重实根 $r=r_1=r_2$ 时，通解： $$y=(C_1+C_2x)\mathrm{e}^{rx};$$ 有一对共轭复根 $r_1=\alpha+\mathrm{i}\beta,r_2=\alpha-\mathrm{i}\beta$ 时，通解： $$y=\mathrm{e}^{\alpha x}(C_1\cos\beta x+C_2\sin\beta x)$$
[常系数非齐次线性方程] $y''+py'+qy=f(x)$，p,q 为常数，$f(x)\neq0$	通解 $y=y_c+y^*$，其中 y_c 为对应的齐次方程 $y''+py'+qy=0$ 的通解，可由上栏的方法求得，y^* 为方程的特解，可用待定系数法求得，具体方法见表 1.3-16

表 1.3-16 二阶常系数非齐次线性方程的特解

$f(x)$的形式	特解 y^* 的待定形式	
$a_0x^m+a_1x^{m-1}+\cdots+a_{m-1}x+a_m$	0不是特征方程的根	$y^*=b_0x^m+b_1x^{m-1}+\cdots+b_{m-1}x+b_m$
	0是特征方程的单根	$y^*=x(b_0x^m+b_1x^{m-1}+\cdots+b_{m-1}x+b_m)$
	0是特征方程的二重根	$y^*=x^2(b_0x^m+b_1x^{m-1}+\cdots+b_{m-1}x+b_m)$
$(a_0x^m+a_1x^{m-1}+\cdots+a_{m-1}x+a_m)e^{\lambda x}$	λ不是特征方程的根	$y^*=(b_0x^m+b_1x^{m-1}+\cdots+b_{m-1}x+b_m)e^{\lambda x}$
	λ是特征方程的单根	$y^*=x(b_0x^m+b_1x^{m-1}+\cdots+b_{m-1}x+b_m)e^{\lambda x}$
	λ是特征方程的二重根	$y^*=x^2(b_0x^m+b_1x^{m-1}+\cdots+b_{m-1}x+b_m)e^{\lambda x}$
$e^{\lambda x}[P_l(x)\cos\omega x+P_n(x)\sin\omega x]$，$P_l(x)$，$P_n(x)$分别为$x$的$l$次，$n$次多项式	$\lambda+i\omega$不是特征方程的根	$y^*=e^{\lambda x}[R_m^{(1)}(x)\cos\omega x+R_m^{(2)}(x)\sin\omega x]$
	$\lambda+i\omega$是特征方程的根	$y^*=xe^{\lambda x}[R_m^{(1)}(x)\cos\omega x+R_m^{(2)}(x)\sin\omega x]$，$R_m^{(1)}(x)$，$R_m^{(2)}(x)$为$x$的$m$次多项式，$m=\max\{l,n\}$

6 拉普拉斯变换

6.1 拉普拉斯变换及逆变换

设$f(t)$为在$[0,+\infty)$上有定义的实值或复值函数，则

$$F(s)=\int_0^{\infty}f(t)e^{-st}dt\quad(s=\sigma+i\omega)$$

称为$f(t)$的拉普拉斯变换，记为$L[f(t)]$，即$F(s)=L[f(t)]$，而

$$f(t)=\frac{1}{2\pi i}\int_{\sigma-i\infty}^{\sigma+i\infty}F(s)e^{st}ds\quad(t\geqslant 0,\sigma\geqslant 0)$$

称为$F(s)$的拉普拉斯逆变换，记为$L^{-1}[F(s)]$，即$f(t)=L^{-1}[F(s)]$。$F(s)$称为$f(t)$的象函数，而$f(t)$称为$F(s)$的象原函数。

当$f(t)$满足

(1) $t<0$时，$f(t)\equiv 0$；

(2) $t\geqslant 0$时，$f(t)$在任一有限区间上分段连续；

(3) 当$t\to+\infty$时，存在常数M及$s_0\geqslant 0$，使得$|f(t)|\leqslant Me^{s_0t}$，$(0\leqslant t\leqslant+\infty)$，

则$f(t)$的拉普拉斯变换在半平面$Res=\sigma>s_0$上存在且$F(s)$在此半平面上为解析函数。

6.2 拉普拉斯变换的性质（见表1.3-17）

6.3 拉普拉斯变换表（见表1.3-18）

表 1.3-17 拉普拉斯变换的性质

性质	表达式
线性性质	$L[af(t)]=aL[f(t)]$ $L[af_1(t)+bf_2(t)]=aL[f_1(t)]+bL[f_2(t)]$ a,b为常数
相似性质	$L[f(at)]=\frac{1}{a}F\left(\frac{s}{a}\right)$ a为正常数
位移性质	$L[e^{at}f(t)]=F(s-a)$ a为复常数且$Re(s-a)>s_0$
延迟性质	$L[f(t-\tau)]=e^{-s\tau}F(s)$ τ为正实数
微分性质	$L[f'(t)]=sF(s)-f(0)$ $L[f^{(n)}(t)]=s^nF(s)-s^{n-1}f(0)-s^{n-2}f'(0)-\cdots-f^{(n-1)}(0)$ $n=2,3,\cdots$

（续）

性　质	表　达　式
积分性质	$L[\int_0^t f(t)\,\mathrm{d}t] = \frac{1}{s}F(s)$ $L[\int_0^t \mathrm{d}t_n \cdots \int_0^{t_3}\mathrm{d}t_2\int_0^{t_2} f(t_1)\,\mathrm{d}t_1] = \frac{1}{s^n}F(s)$ $n = 2,3,\cdots$ $L\left[\frac{f(t)}{t}\right] = \int_s^{\infty} F(s)\,\mathrm{d}s$
初值定理	$\lim\limits_{t\to 0} f(t) = \lim\limits_{s\to\infty} sF(s)$
终值定理	$\lim\limits_{t\to +\infty} f(t) = \lim\limits_{s\to 0} sF(s)$
卷积定理	$L[f_1(t) * f_2(t)] = L[f_1(t)]L[f_2(t)]$ 其中$f_1(t) * f_2(t) = \int_0^t f_1(\tau)f_2(t-\tau)\,\mathrm{d}\tau$称为$f_1(t)$与$f_2(t)$的卷积

表 1.3-18　拉普拉斯变换表

$f(t)$	$F(s)=L[f(t)]$	$f(t)$	$F(s)=L[f(t)]$
$\delta(t)=\begin{cases}0 & t\neq 0\\ \infty & t=0\end{cases}$	1	$\mathrm{e}^{-bt}t^a\ (a>-1)$	$\frac{\Gamma(a+1)}{(s+b)^{a+1}}$
$\delta(t-c)\quad (c>0)$	e^{-cs}	$\mathrm{sh}^2 at$	$\frac{2a^2}{s(s^2-4a^2)}$
$\begin{cases}0 & t>a\\ 1 & 0<t<a\end{cases}$ （a为正常数）	$\frac{\mathrm{e}^{-as}}{s}$	$\mathrm{ch}^2 at$	$\frac{s^2-2a^2}{s(s^2-4a^2)}$
$\begin{cases}0 & 0<t<a\\ 1 & a<t<b\\ 0 & b<t<\infty\end{cases}$ $(0\leqslant a<b)$	$\frac{\mathrm{e}^{-as}-\mathrm{e}^{-bs}}{s}$	$\sin(at+b)$	$\frac{s\sin b+a\cos b}{s^2+a^2}$
1	$\frac{1}{s}$	$\cos(ax+b)$	$\frac{s\cos b-a\sin b}{s^2+a^2}$
t	$\frac{1}{s^2}$	$\mathrm{e}^{-at}\mathrm{sh}bt$	$\frac{b}{(s+a)^2-b^2}$
t^n （n为非负整数）	$\frac{n!}{s^{n+1}}$	$\mathrm{e}^{-at}\mathrm{ch}bt$	$\frac{s+a}{(s+a)^2-b^2}$
$t^{n-\frac{1}{2}}$ （n为正整数）	$\frac{\sqrt{\pi}(2n-1)!!}{2^n s^{n+\frac{1}{2}}}$	$at-\sin at$	$\frac{a^3}{s^2(s^2+a^2)}$
e^{at}	$\frac{1}{s-a}$	$1-\cos at$	$\frac{a^2}{s(s^2+a^2)}$
$\frac{1}{t}(\mathrm{e}^{bt}-\mathrm{e}^{at})$	$\ln\frac{s-a}{s-b}$	$t\sin at$	$\frac{2as}{(s^2+a^2)^2}$
$\sin at$	$\frac{a}{s^2+a^2}$	$t\cos at$	$\frac{s^2-a^2}{(s^2+a^2)^2}$
$\cos at$	$\frac{s}{s^2+a^2}$	$\frac{1}{t}\sin^2 at$	$\frac{1}{4}\ln\frac{s^2+4a^2}{s^2}$
$\mathrm{sh}at$	$\frac{a}{s^2-a^2}$	$\sin^2 t$	$\frac{1}{2}\left(\frac{1}{s}-\frac{s}{s^2+4}\right)$
$\mathrm{ch}at$	$\frac{a}{s^2-a^2}$	$\cos^2 t$	$\frac{1}{2}\left(\frac{1}{s}+\frac{s}{s^2+4}\right)$
$\mathrm{e}^{-bt}\sin at$	$\frac{a}{(s+b)^2+a^2}$	$\sin at\sin bt$	$\frac{2abs}{[s^2+(a+b)^2][s^2+(a-b)^2]}$
$\mathrm{e}^{-bt}\cos at$	$\frac{s+b}{(s+b)^2+a^2}$	$\frac{2}{t}(1-\cos at)$	$\ln\frac{s^2+a^2}{s^2}$
		$\frac{2}{t}(1-\mathrm{ch}at)$	$\ln\frac{s^2-a^2}{s^2}$
		$\frac{1}{t}\sin at$	$\arctan\frac{a}{s}$
		$\frac{1}{a}\sin at-\frac{1}{b}\sin bt$	$\frac{b^2-a^2}{(s^2+a^2)(s^2+b^2)}$

（续）

$f(t)$	$F(s)=L[f(t)]$	$f(t)$	$F(s)=L[f(t)]$
$\cos at-\cos bt$	$\frac{(b^2-a^2)s}{(s^2+a^2)(s^2+b^2)}$	$\mathrm{ch}\,at+\cos at$	$\frac{2s^3}{s^4-a^4}$
$t\,\mathrm{sh}\,at$	$\frac{2as}{(s^2-a^2)^2}$	$\frac{2}{t}\mathrm{sh}\,at$	$\ln\frac{s+a}{s-a}$
$t\,\mathrm{ch}\,at$	$\frac{s^2+a^2}{(s^2-a^2)^2}$	$\ln t$	$-\frac{1}{s}(\ln s+\gamma)$（$\gamma$为欧拉常数，下同）
$\mathrm{sh}\,at-\sin at$	$\frac{2a^3}{s^4-a^4}$	$\ln t\sin at$	$\frac{1}{s^2+a^2}\left[s\arctan\frac{a}{s}-\frac{a}{2}\ln(s^2+a^2)-a\gamma\right]$
$\mathrm{ch}\,at-\cos at$	$\frac{2a^2s}{s^4-a^4}$	$\ln t\cos at$	$\frac{-1}{s^2+a^2}\left[a\arctan\frac{a}{s}+\frac{s}{2}\ln(s^2+a^2)+s\gamma\right]$
$\mathrm{sh}\,at+\sin at$	$\frac{2as^2}{s^4-a^4}$		

6.4 拉普拉斯逆变换表（见表1.3-19）

表1.3-19 拉普拉斯逆变换表

$F(s)$	$f(t)=L^{-1}[F(s)]$	$F(s)$	$f(t)=L^{-1}[F(s)]$
$\frac{1}{s^n}\quad(n=1,2,\cdots)$	$\frac{1}{(n-1)!}t^{n-1}$	$\frac{1}{(s+a)(s+b)(s+c)}$（$a,b,c$不等）	$\frac{e^{-at}}{(b-a)(c-a)}+\frac{e^{-bt}}{(a-b)(c-b)}+\frac{e^{-ct}}{(a-c)(b-c)}$
$\frac{1}{\sqrt{s}}$	$\frac{1}{\sqrt{\pi t}}$		
$\frac{1}{s\sqrt{s}}$	$2\sqrt{\frac{t}{\pi}}$	$\frac{s}{(s+a)(s+b)(s+c)}$（$a,b,c$不等）	$\frac{ae^{-at}}{(c-a)(a-b)}+\frac{be^{-bt}}{(a-b)(b-c)}+\frac{ce^{-ct}}{(b-c)(c-a)}$
$\frac{1}{s}\left(\frac{s-1}{s}\right)^n$ $(n=0,1,2,\cdots)$	$\frac{e^t}{n!}\frac{d^n}{dt^n}(t^ne^{-t})$		
$\frac{a-b}{(s-a)(s-b)}$	$e^{at}-e^{bt}$	$\frac{s^2}{(s+a)(s+b)(s+c)}$（$a,b,c$不等）	$\frac{a^2e^{-at}}{(c-a)(b-a)}+\frac{b^2e^{-bt}}{(a-b)(c-b)}+\frac{c^2e^{-ct}}{(b-c)(a-c)}$
$\frac{(a-b)s}{(s-a)(s-b)}$	$ae^{at}-be^{bt}$		
$\frac{1}{s^2(s^2+a^2)}$	$\frac{1}{a^4}(\cos at-1)+\frac{1}{2a^2}t^2$	$\frac{1}{(s+a)(s+b)^2}$ $(a\neq b)$	$\frac{e^{-at}-e^{-bt}[1-(a-b)t]}{(a-b)^2}$
$\frac{1}{s^3(s^2-a^2)}$	$\frac{1}{a^4}(\mathrm{ch}\,at-1)-\frac{1}{2a^2}t^2$	$\frac{s}{(s+a)(s+b)^2}$ $(a\neq b)$	$\frac{[a-b(a-b)t]e^{-at}-ae^{-bt}}{(a-b)^2}$
$\frac{1}{(s^2+a^2)^2}$	$\frac{1}{2a^3}(\sin at-at\cos at)$	$\frac{3a^2}{s^3+a^3}$	$e^{-at}-e^{\frac{a}{2}t}\left(\cos\frac{\sqrt{3}}{2}at-\sqrt{3}\sin\frac{\sqrt{3}}{2}at\right)$
$\frac{s^2}{(s^2+a^2)^2}$	$\frac{1}{2a}(\sin at+at\cos at)$	$\frac{4a^3}{s^4+4a^4}$	$\sin at\,\mathrm{ch}\,at-\cos at\,\mathrm{sh}\,at$
$\frac{1}{s(s^2+a^2)^2}$	$\frac{1}{a^4}(1-\cos at)-\frac{1}{2a^3}t\sin at$	$\frac{s}{s^4+4a^4}$	$\frac{1}{2a^2}\sin at\,\mathrm{sh}\,at$
$\frac{s}{(s+a)^2}$	$(1-at)e^{-at}$	$\frac{1}{s^4-a^4}$	$\frac{1}{2a^3}(\mathrm{sh}\,at-\sin at)$
$\frac{s}{(s+a)^3}$	$t\left(1-\frac{a}{2}t\right)e^{-at}$	$\frac{1}{s^4+a^4}$	$\frac{1}{\sqrt{2}a^3}\left(\sin\frac{at}{\sqrt{2}}\mathrm{ch}\frac{at}{\sqrt{2}}-\cos\frac{at}{\sqrt{2}}\mathrm{sh}\frac{at}{\sqrt{2}}\right)$
$\frac{1}{s(s+a)}$	$\frac{1}{a}(1-e^{-at})$	$\frac{s}{s^4-a^4}$	$\frac{1}{2a^2}(\mathrm{ch}\,at-\cos at)$
$\frac{1}{s(s+a)(s+b)}$ $(a\neq b)$	$\frac{1}{ab}+\frac{1}{b-a}\left(\frac{e^{-bt}}{b}-\frac{e^{-at}}{a}\right)$	$\frac{s}{s^4+a^4}$	$\frac{1}{a^2}\sin\frac{at}{\sqrt{2}}\mathrm{sh}\frac{at}{\sqrt{2}}$

（续）

$F(s)$	$f(t)=L^{-1}[F(s)]$	$F(s)$	$f(t)=L^{-1}[F(s)]$
$\arctan\frac{a}{s}$	$\frac{1}{t}\sin at$	$\ln\frac{s^2+b^2}{s^2-a^2}$	$\frac{2}{t}(\text{ch}at-\cos bt)$
$\frac{s}{(s-a)\sqrt{s-a}}$	$\frac{1}{\sqrt{\pi t}}e^{at}(1+2at)$	$\frac{1}{s}\ln\frac{1}{\sqrt{1+s^2}}$	$-\int_t^{\infty}\frac{\cos u}{u}du$
$\sqrt{s-a}-\sqrt{s-b}$ $a\neq b$	$\frac{1}{2\sqrt{\pi t^3}}(e^{bt}-e^{at})$	$\frac{\pi}{2s}-\frac{1}{s}\arctan s$	$-\int_t^{\infty}\frac{\sin u}{u}du$
$\frac{1}{\sqrt{s}}e^{-\frac{a}{s}}$	$\frac{1}{\sqrt{\pi t}}\cos 2\sqrt{at}$	$\frac{1}{s}\ln(1+s)$	$\int_t^{\infty}\frac{e-u}{u}du$
$\frac{1}{\sqrt{s}}e^{\frac{a}{s}}$	$\frac{1}{\sqrt{\pi t}}\text{ch}2\sqrt{at}$	$\frac{1}{\sqrt{s}}e^{-\sqrt{s}}\sin\sqrt{s}$	$\frac{1}{\sqrt{\pi t}}\sin\frac{1}{2t}$
$\frac{1}{s\sqrt{s}}e^{-\frac{a}{s}}$	$\frac{1}{\sqrt{\pi t}}\sin 2\sqrt{at}$	$\frac{1}{\sqrt{s}}e^{-\sqrt{s}}\cos\sqrt{s}$	$\frac{1}{\sqrt{\pi t}}\cos\frac{1}{2t}$
$\frac{1}{s\sqrt{s}}e^{\frac{a}{s}}$	$\frac{1}{\sqrt{\pi t}}\text{sh}2\sqrt{at}$	$\ln\frac{s^2+a^2}{s^2+b^2}$	$\frac{2}{t}(\cos bt-\cos at)$
$\ln\frac{s+a}{s-a}$	$\frac{2}{t}\text{sh}at$	$\ln\frac{s^2-a^2}{s^2-b^2}$	$\frac{2}{t}(\text{ch}bt-\text{ch}at)$

6.5 拉普拉斯变换的应用

6.5.1 常系数线性微分方程的定解问题

（1）设有常系数线性微分方程

$$\begin{cases}y^{(n)}(t)+a_1y^{(n-1)}(t)+\cdots+a_{n-1}y'(t)+a_ny(t)=f(t)\\ y(0)=b_0,\ y'(0)=b_1,\cdots,y^{(n-1)}(0)=b_{n-1}\end{cases}$$

方程两边逐项做拉普拉斯变换（注意利用变换的微分性质和方程的初始条件），并记象函数 $L[y(t)]=Y(s)$，则得关于 $Y(s)$ 的一次代数方程，由此解出 $Y(s)$。

（2）对 $Y(s)$ 作拉普拉斯逆变换，利用拉普拉斯逆变换表求得 $y(t)$，即为满足初始条件的方程的解。

6.5.2 线性定常系统的传递函数

（1）数学模型为常系数线性微分方程的系统称为线性定常系统。设系统的输入函数为 $f(t)$，输出函数为 $g(t)$，二者的拉普拉斯变换的象函数分别为 $F(s)$ 和 $G(s)$，并设 $t=0$ 时，$f(t)$，$g(t)$ 及其各阶导数均为0（零初始条件），则称

$$H(s)=\frac{G(s)}{F(s)}$$

为系统的传递函数。

特别地，对单输入，单输出的线性定常系统，其输入函数 $f(t)$，输出函数 $g(t)$ 满足

$$a_ng^{(n)}(t)+a_{n-1}g^{(n-1)}(t)+\cdots+a_1g'(t)+a_0g(t)=$$
$$b_mf^{(m)}(t)+b_{m-1}f^{(m-1)}(t)+\cdots+b_1f'(t)+b_0f(t),(n\geqslant m)$$

在零初始条件下，两边作拉普拉斯变换得

$$(a_ns^n+a_{n-1}s^{n-1}+\cdots+a_1s+a_0)G(s)=$$
$$(b_ms^m+b_{m-1}s^{m-1}+\cdots+b_1s+b_0)F(s),$$

则传递函数

$$H(s)=\frac{G(s)}{F(s)}=\frac{b_ms^m+b_{m-1}s^{m-1}+\cdots+b_1s+b_0}{a_ns^n+a_{n-1}s^{n-1}+\cdots+a_1s+a_0}。$$

（2）典型元件的传递函数（见表1.3-20）

表1.3-20　典型元件的传递函数

元件名称		数学模型	传递函数 $H(s)$
原始传递元件	比例元件	$g(t)=Kf(t)$	K
	积分元件	$g(t)=K\int f(t)dt$	$\frac{K}{s}$
	微分元件	$g(t)=Kf'(t)$	Ks
	空载时间元件	$g(t)=f(t)(t-T)$	e^{-Ts}

（续）

	元件名称	数学模型	传递函数 $H(s)$
延迟元件	一阶延迟元件	$g(t)+Tg'(t)=Kf(t)$	$\dfrac{K}{1+Ts}$
	二阶延迟元件	$g(t)+\dfrac{2\theta}{\omega_0}g'(t)+\dfrac{1}{\omega_0^2}g''(t)=Kf(t)$ θ：阻尼比 ω_0：特征角频率	$(\theta<1)$ $\dfrac{K\omega_0^2}{\omega_0^2+2\theta\omega_0 s+s^2}$
			$(\theta>1)$ $\dfrac{K}{\left[1+\dfrac{s}{\omega_0}(\theta+\sqrt{\theta^2-1})\right]\left[1+\dfrac{s}{\omega_0}(\theta-\sqrt{\theta^2-1})\right]}$
并联组合元件	比例积分元件	$g(t)=K\int f(t)\mathrm{d}t+Tf(t)$	$\dfrac{K}{s}+T$
	比例微分元件	$g(t)=Kf(t)+Tf'(t)$	$K+Ts$
	比例积分微分元件	$g(t)=K\int f(t)\mathrm{d}t+T_1f(t)+T_2f'(t)$	$\dfrac{K}{s}+T_1+T_2s$
串联组合元件	具有一阶延迟的积分元件	$g(t)+Tg'(t)=K\int f(t)\mathrm{d}t$	$\dfrac{K}{s(1+Ts)}$
	具有一阶延迟的微分元件	$g(t)+Tg'(t)=Kf'(t)$	$\dfrac{Ks}{1+Ts}$
	具有二阶延迟的微分元件	$g(t)+\dfrac{2\theta}{\omega_0}g'(t)+\dfrac{1}{\omega_0^2}g''(t)=Kf'(t)$	$\dfrac{Ks\omega_0^2}{\omega_0^2+2\theta\omega_0 s+s^2}$
群组合元件	具有一阶延迟的比例微分元件	$g(t)+Tg'(t)=K_1f(t)+K_2f'(t)$	$\dfrac{K_1+K_2s}{1+Ts}$
	具有一阶延迟的比例积分微分元件	$g(t)+Tg'(t)=K_1\int f(t)\mathrm{d}t+K_2f(t)+K_3f'(t)$	$\dfrac{K_1+K_2s+K_3s^2}{s(1+Ts)}$

7　Z 变换

7.1　Z 变换及逆变换

设 $f(n)(n=0,1,2,\cdots)$ 为序列，z 为复变量，则级数 $\sum\limits_{n=0}^{+\infty}f(n)z^{-n}$ 在 z 的变化域内收敛时所确定的函数 $F(z)$ 称为序列 $f(n)$ 的 Z 变换，记为 $Z[f(n)]$，即

$$F(z)=Z[f(n)]=\sum_{n=0}^{+\infty}f(n)z^{-n}。$$

而

$$f(n)=\frac{1}{2\pi i}\oint_C z^{n-1}F(z)\mathrm{d}z,(n=0,1,2,\cdots)$$

其中 C 为复平面上半径大于 $F(z)$ 收敛半径的任意圆，称为 $F(z)$ 的 Z 逆变换，记为 $Z^{-1}[F(z)]$，即

$$f(n)=Z^{-1}[F(z)]$$

$F(z)$ 也称为 $f(n)$ 的象，而 $f(n)$ 称为 $F(z)$ 的原象。

若存在正数 N，R，M，使得当 $n\geqslant N$ 时总有 $|f(n)|\leqslant MR^n$ 成立，则 $f(n)$ 的 Z 变换 $F(z)$ 在 $|z|>R$ 存在，且 $F(z)$ 在 $|z|>R$ 内为解析函数。

7.2　Z 变换的性质（见表 1.3-21）

7.3　Z 变换表（见表 1.3-22）

表 1.3-21　Z 变换的性质

性　质	表　达　式
线性性质	$Z[af(n)]=aZ[f(n)]$ $Z[af_1(n)+bf_2(n)]=aZ[f_1(n)]+bZ[f_2(n)]$ 其中 a，b 为常数

（续）

性质	表达式
左移性质	$Z[f(n+k)]=z^k\{Z[f(n)]-\sum_{n=0}^{k-1}f(n)z^{-n}\}$， 其中 k 为正整数 特别地， $Z[f(n+1)]=z\{Z[f(n)]-f(0)\}$， $Z[f(n+2)]=z^2\{Z[f(n)]-f(0)-f(1)z^{-1}\}$
延迟性质	$Z[f(n-k)u(n-k)]=z^{-k}Z[f(n)]$， 其中 k 为正整数，u 为单位阶跃序列：$u(n)=\begin{cases}1, & n\geqslant 0\\0, & n<0\end{cases}$
初值定理	$f(0)=\lim\limits_{z\to\infty}F(z)$， 其中 $F(z)=Z[f(n)]$
终值定理	$\lim\limits_{n\to\infty}f(n)=\lim\limits_{z\to 1}(z-1)F(z)$， 其中 $F(z)=Z[f(n)]$　且 $\lim\limits_{n\to\infty}f(n)$ 存在
有限和性质	$Z[\sum_{k=1}^{n}f(k)]=\dfrac{z}{z-1}F(z),(\mid z\mid>\max\{1,R\})$ 其中 $F(z)=Z[f(n)]$，$\mid z\mid>R$
微分性质	$Z[nf(n)]=-z\dfrac{dF(z)}{dz}$， 其中 $F(z)=Z[f(n)]$
积分性质	$Z\left[\dfrac{f(n)}{n+k}\right]=z^k\int_z^{+\infty}x^{-(k+1)}F(x)dx,(k\geqslant 1)$ 其中 $F(z)=Z[f(n)]$
卷积定理	$Z[f_1(n)*f_2(n)]=Z[f_1(n)]Z[f_2(n)]$， 其中 $f_1(n)*f_2(n)=\sum_{k=0}^{n}f_1(k)f_2(n-k)$，称为 $f_1(n)$，$f_2(n)$ 的卷积

表 1.3-22　Z 变换表

$f(n)$	$F(z)=Z[f(n)]$	$f(n)$	$F(z)=Z[f(n)]$
单位脉冲序列 $\delta(n)=\begin{cases}1,n=0\\0,n\neq 0\end{cases}$	1	n	$\dfrac{z}{(z-1)^2}$
$\delta(n-k)$	z^{-k}	n^2	$\dfrac{z^2+z}{(z-1)^3}$
单位阶跃序列 $u(n)=\begin{cases}1,n\geqslant 0\\0,n<0\end{cases}$	$\dfrac{z}{z-1}$	n^3	$\dfrac{z^3+4z^2+z}{(z-1)^4}$
		n^4	$\dfrac{z^4+11z^3+11z^2+z}{(z-1)^5}$
$u(n-k)$	$\dfrac{z^{1-k}}{z-1}$	n^5	$\dfrac{z^5+26z^4+66z^3+26z^2+z}{(z-1)^6}$
$(-1)^n$	$\dfrac{z}{z+1}$	na^n	$\dfrac{az}{(z-a)^2}$
a^n	$\dfrac{z}{z-a}$	n^2a^n	$\dfrac{az^2+a^2z}{(z-a)^3}$
e^{an}	$\dfrac{z}{z-e^a}$	n^3a^n	$\dfrac{az^3+4a^2z^2+a^3z}{(z-a)^4}$

（续）

$f(n)$	$F(z)=Z[f(n)]$	$f(n)$	$F(z)=Z[f(n)]$
n^4a^n	$\frac{az^4+11a^2z^3+11a^3z^2+a^4z}{(z-a)^5}$	$a^n\sin n\theta$	$\frac{az\sin\theta}{z^2-2az\cos\theta+a^2}$
n^5a^n	$\frac{az^5+26a^2z^4+66a^3z^3+26a^4z^2+a^5z}{(z-a)^6}$	$\mathrm{ch}\,n\beta$	$\frac{z(z-\mathrm{ch}\beta)}{z^2-2z\,\mathrm{ch}\beta+1}$
$(n+1)^2$	$\frac{z^3+z^2}{(z-1)^3}$	$\mathrm{sh}\,n\beta$	$\frac{z\,\mathrm{sh}\beta}{z^2-2z\,\mathrm{ch}\beta+1}$
n^2+1	$\frac{z^3-z^2+2z}{(z-1)^3}$	$a^n\mathrm{ch}\,n\beta$	$\frac{z(z-a\,\mathrm{ch}\beta)}{z^2-2az\,\mathrm{ch}\beta+a^2}$
n^2-1	$\frac{-z^3+2z^2}{(z-1)^3}$	$a^n\mathrm{sh}\,n\beta$	$\frac{az\,\mathrm{sh}\beta}{z^2-2az\,\mathrm{ch}\beta+a^2}$
$\mathrm{C}_{n+k}^{k}a^n$	$\left(\frac{z}{z-a}\right)^{k+1}$	$n\cos n\theta$	$\frac{(z^3+z)\cos\theta-2z^2}{(z^2-2z\cos\theta+1)^2}$
$\mathrm{C}_{n}^{k}a^n$	$\frac{a^kz}{(z-a)^{k+1}}$	$n\sin n\theta$	$\frac{(z^3-z)\sin\theta}{(z^2-2z\cos\theta+1)^2}$
$\mathrm{C}_{k}^{n}a^nb^{k-n}$	$\frac{(a+bz)^k}{z^k}$	$na^n\cos n\theta$	$\frac{(az^3+a^3z)\cos\theta-2a^2z^2}{(z^2-2az\cos\theta+a^2)^2}$
u_n-u_{n-k}	$\frac{z^{k-1}}{z^k-z^{k-1}}$	$na^n\sin n\theta$	$\frac{(az^3-a^3z)\sin\theta}{(z^2-2az\cos\theta+a^2)^2}$
$a^n\cos\frac{n\pi}{2}$	$\frac{z^2}{z^2+a^2}$	$\frac{1}{n+1}$	$z\ln\left(\frac{z}{z+1}\right)$
$a^{n-1}\sin\frac{n\pi}{2}$	$\frac{z}{z^2+a^2}$	$\frac{1}{(n+1)(n+2)}$	$z+(z-z^2)\ln\left(\frac{z}{z-1}\right)$
na^{n-1}	$\frac{z}{(z-a)^2}$	$\frac{n}{(n+1)(n+2)}$	$-2z+(2z^2-z)\ln\left(\frac{z}{z-1}\right)$
$(n+1)a^n$	$\frac{z^2}{(z-a)^2}$	$\frac{2}{(n+1)(n+2)(n+3)}$	$\frac{3}{2}z-z^2+z(1-z)^2\ln\left(\frac{z}{z-1}\right)$
$\frac{a^n-b^n}{a-b}$	$\frac{z}{(z-a)(z-b)}$	$\frac{1}{2n+1}$	$\sqrt{z}\arctan\sqrt{\frac{1}{z}}$
$\frac{a^{n+1}-b^{n+1}}{a-b}$	$\frac{z^2}{(z-a)(z-b)}$	$\frac{a^n}{n!}$	$\mathrm{e}^{\frac{a}{z}}$
$\cos n\theta$	$\frac{z(z-\cos\theta)}{z^2-2z\cos\theta+1}$	$\frac{(\ln a)^n}{n!}$	$a^{\frac{1}{z}}$
$\sin n\theta$	$\frac{z\sin\theta}{z^2-2z\cos\theta+1}$	$\frac{1}{(2n)!}$	$\mathrm{ch}\sqrt{\frac{1}{z}}$
$\cos(n\theta+\varphi)$	$\frac{z^2\cos\varphi-z\cos(\theta-\varphi)}{z^2-2z\cos\theta+1}$	$\frac{(2n)!\,a^n}{(2^nn!)^2}$	$\sqrt{\frac{z}{z-a}}$
$\sin(n\theta+\varphi)$	$\frac{z^2\sin\varphi+z\sin(\theta-\varphi)}{z^2-2z\cos\theta+1}$	$\frac{(2n)!\,(-a)^n}{(2^nn!)^2}$	$\sqrt{\frac{z}{z+a}}$
$a^n\cos n\theta$	$\frac{z(z-a\cos\theta)}{z^2-2az\cos\theta+a^2}$		

7.4　Z逆变换表（见表1.3-23）

表1.3-23　Z逆变换表

$F(z)$	$f(n)=Z^{-1}[F(z)]$
$\frac{z^2}{z^2-1}$	$\frac{1}{2}u_n+\frac{1}{2}(-1)^n$
$\frac{z^3}{(z-1)^3}$	$\frac{(n+1)(n+2)}{2}$
$\frac{z^2}{(z-1)^3}$	$\frac{n(n+1)}{2}$
$\frac{z}{(z-1)^3}$	$\frac{n(n-1)}{2}$
$\frac{1}{(z-1)^3}$	$\frac{(n-1)(n-2)}{2}u_{n-1}$
$\frac{1}{z^2-a^2}$	$\frac{a^n+(-a)^n}{2a^2}u_{n-1}$
$\frac{z}{z^2-a^2}$	$\frac{a^n-(-a)^n}{2a}$
$\frac{z^2}{z^2-a^2}$	$\frac{a^n+(-a)^n}{2}$
$\frac{1}{z^2+a^2}$	$-a^{n-2}u_{n-1}\cos\frac{n\pi}{2}$
$\frac{1}{(z-a)^2}$	$(n-1)a^{n-2}u_{n-1}$
$\frac{1}{(z-a)(z-b)}$	$\frac{a^{n-1}-b^{n-1}}{a-b}u_{n-1}$
$\ln\left(\frac{z}{z-a}\right)$	$\begin{cases}0, & n=0;\\ \frac{a^n}{n}, & n\neq 0\end{cases}$
$\ln\left(\frac{z}{z+a}\right)$	$\begin{cases}0, & n=0;\\ \frac{(-a)^n}{n}, & n\neq 0\end{cases}$
$\frac{1}{2}\ln\left(\frac{z+a}{z-a}\right)$	$\begin{cases}\frac{a^n}{n}, & n=1,3,5,\cdots\\ 0, & n=0,2,4,\cdots\end{cases}$
$\ln\left(\frac{z}{\sqrt{z^2-a^2}}\right)$	$\begin{cases}\frac{a^n}{n}, & n=2,4,6,\cdots\\ 0, & n=0,1,3,\cdots\end{cases}$
$\frac{z}{(z-a)(z-b)^2}$	$\frac{a^n-b^n}{(a-b)^2}-\frac{nb^n-1}{a-b}$
$\frac{z}{(z-a)(z-b)^3}$	$\frac{a^n-b^n}{(a-b)^3}-\frac{nb^{n-1}}{(a-b)^2}-\frac{n(n-1)b^{n-2}}{2(a-b)}$
$\frac{z}{(z-a)^2(z-b)^2}$	$\frac{n(a^{n-1}+b^{n-1})}{(a-b)^2}-\frac{2(a^n-b^n)}{(a-b)^3}$
$\frac{z}{(z-a)^2(z-b)^3}$	$\frac{n(a^{n-1}+2b^{n-1})}{(a-b)^3}-\frac{3(a^n-b^n)}{(a-b)^4}+\frac{n(n-1)b^{n-2}}{2(a-b)^2}$
$\frac{z^3}{(z-a)(z-b)(z-c)}$	$\frac{a^{n+2}}{(a-b)(a-c)}+\frac{b^{n+2}}{(b-a)(b-c)}+\frac{c^{n+2}}{(c-a)(c-b)}$
$\frac{z}{(z-a)(z-b)(z-c)}$	$\frac{1}{a-b}\left(\frac{a^n-c^n}{a-c}-\frac{b^n-c^n}{b-c}\right)$

（续）

$F(z)$	$f(n)=Z^{-1}[F(z)]$
$\dfrac{z}{(z-a)(z-b)(z-c)^2}$	$\dfrac{a^n-c^n}{(a-b)(a-c)^2}-\dfrac{b^n-c^n}{(a-b)(b-c)^2}+\dfrac{nc^{n-1}}{(a-c)(b-c)}$
$\arctan\dfrac{\sin\theta}{z-\cos\theta}$	$\begin{cases}0, & n=0;\\ \dfrac{\sin n\theta}{n}, & n\neq 0\end{cases}$
$\arctan\dfrac{1}{z}$	$\begin{cases}0, & n=0;\\ \dfrac{1}{n}\sin\dfrac{n\pi}{2}, & n\neq 0\end{cases}$

8　立体图形计算公式（表 1.3-24）

表 1.3-24　立体图形计算公式

图形	计算公式	图形	计算公式
正方体 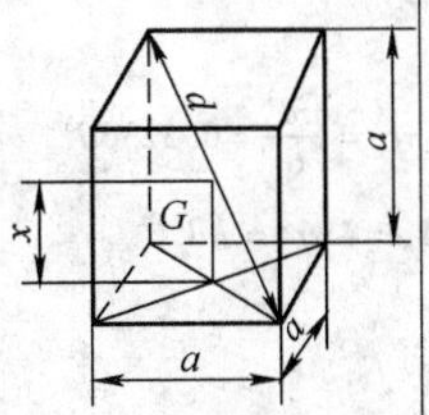	$V=a^3$ $A_n=6a^2$ $A_0=4a^2$ $A=A_s=a^2$ $x=a/2$ $d=\sqrt{3}a=1.7321a$	正角锥体 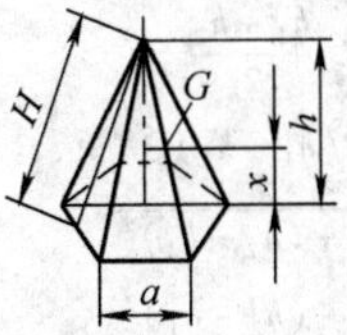	$V=\dfrac{hA_s}{3}$ ① $A_0=\dfrac{1}{2}pH=\dfrac{1}{2}naH$ $x=\dfrac{h}{4}$ p——底面周长 n——侧面的面数
长方体 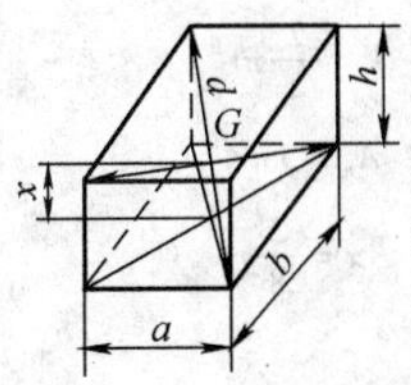	$V=abh$ $A_n=2(ab+ah+bh)$ $A_0=2h(a+b)$ $x=\dfrac{h}{2}$ $d=\sqrt{a^2+b^2+h^2}$	平截正角锥体 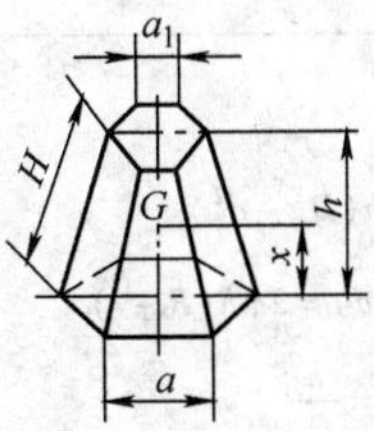	$V=\dfrac{h}{3}(A+\sqrt{AA_s}+A_s)$ ② $A_0=\dfrac{1}{2}H(na_1+na)$ $x=\dfrac{h}{4}\dfrac{A_s+2\sqrt{AA_s}+3A}{A_s+\sqrt{AA_s}+A}$ n——侧面的面数
正六角体 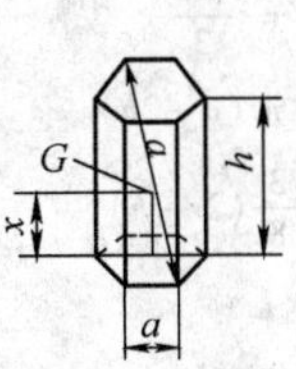	$V=2.598a^2h$ $A_n=5.1963a^2+6ah$ $A_0=6ah$ $x=\dfrac{h}{2}$ $d=\sqrt{h^2+4a^2}$	楔形体 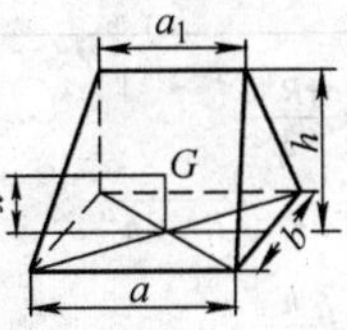	$V=\dfrac{bh}{6}(2a+a_1)$ A_n = 二个梯形面积 + 二个三角形面积 + 底面积 $x=\dfrac{h(a+a_1)}{2(2a+a_1)}$ 底为矩形
平截四角锥体 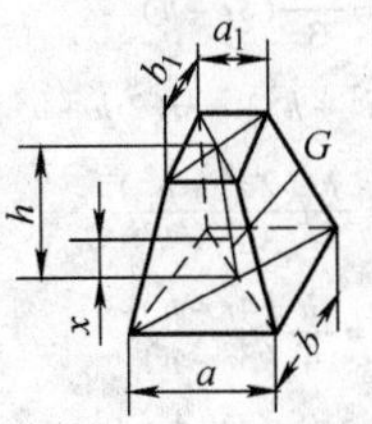	$V=\dfrac{h}{6}(2ab+ab_1+a_1b+2a_1b_1)$ $x=\dfrac{h(ab+ab_1+a_1b+3a_1b_1)}{2(2ab+ab_1+a_1b+2a_1b_1)}$ 底为矩形	四面体 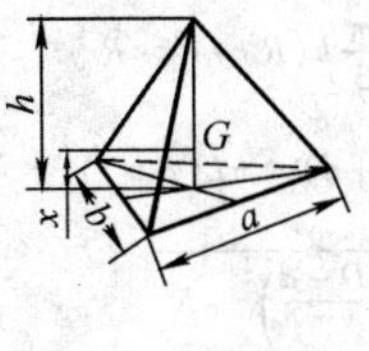	$V=\dfrac{1}{6}abh$ A_n = 四个三角形面积之和 $x=\dfrac{1}{4}h$ $a\perp b$

（续）

图形	计算公式
矩形棱锥体 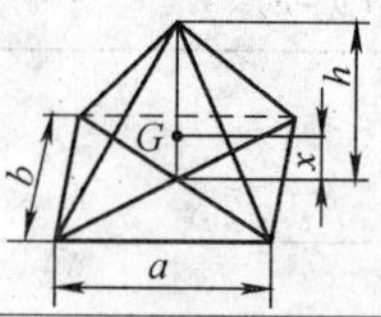	$V=\frac{1}{3}abh$ $A_n=$四个三角形面积+底面积 $x=\frac{1}{4}h$ 底为矩形
圆柱体 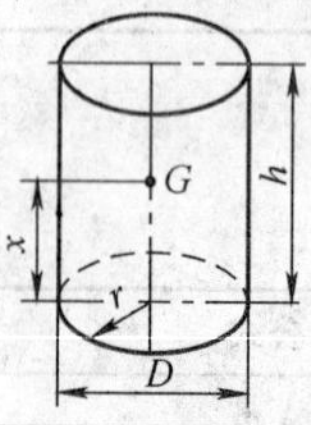	$V=\frac{\pi}{4}D^2h=0.785D^2h=\pi r^2h$ $A_0=\pi Dh=2\pi rh$ $x=\frac{h}{2}$ $A_n=2\pi r(r+h)$
斜截圆柱 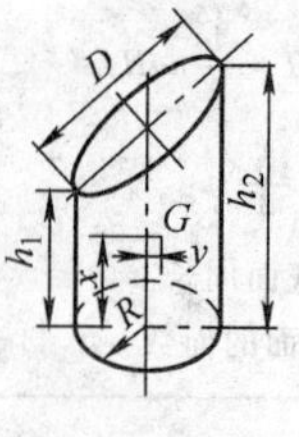	$V=\pi R^2\frac{h_1+h_2}{2}$ $A_0=\pi R(h_1+h_2)$ $D=\sqrt{4R^2+(h_2-h_1)^2}$ $x=\frac{h_2+h_1}{4}+\frac{(h_2-h_1)^2}{16(h_2+h_1)}$ $y=\frac{R}{4}\frac{(h_2-h_1)}{(h_2+h_1)}$
空心圆柱 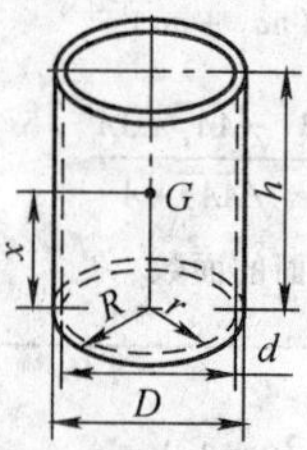	$V=\frac{\pi}{4}h(D^2-d^2)$ $A_0=\pi h(D+d)=2\pi h(R+r)$ $x=\frac{h}{2}$
圆锥体 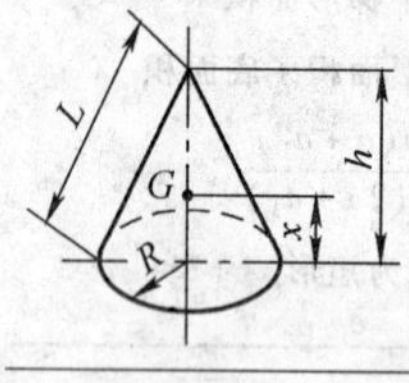	$V=\frac{\pi R^2h}{3}$ $A_0=\pi RL=\pi R\sqrt{R^2+h^2}$ $x=\frac{h}{4}$ $L=\sqrt{R^2+h^2}$
平截圆锥体 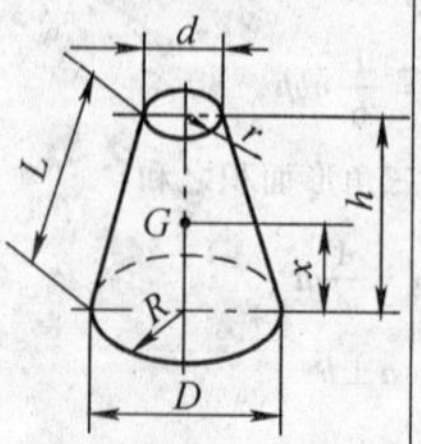	$V=\frac{\pi}{12}h(D^2+Dd+d^2)$ $=\frac{\pi}{3}h(R^2+r^2+Rr)$ $A_0=\frac{\pi}{2}L(D+d)=\pi L(R+r)$ $L=\sqrt{\left(\frac{D-d}{2}\right)^2+h^2}$ $x=\frac{h(D^2+2Dd+3d^2)}{4(D^2+Dd+d^2)}$
平截空心圆锥体 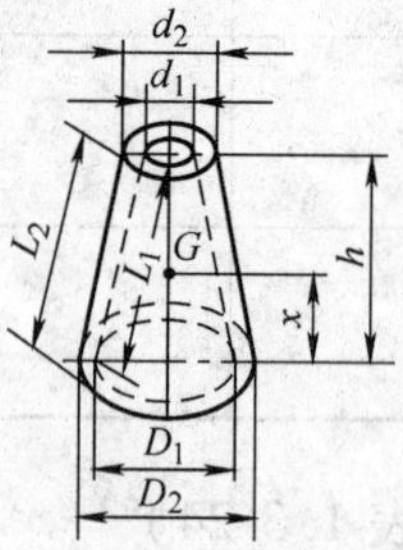	$V=\frac{\pi h}{12}(D_2^2-D_1^2+D_2d_2-D_1d_1+d_2^2-d_1^2)$ $A_0=\frac{\pi}{2}[L_2(D_2+d_2)+L_1(D_1+d_1)]$ $x=\frac{h}{4}\left(\frac{D_2^2-D_1^2+2(D_2d_2-D_1d_1)^2+3(d_2^2-d_1^2)}{D_2^2-D_1^2+D_2d_2-D_1d_1+d_2^2-d_1^2}\right)$
圆球 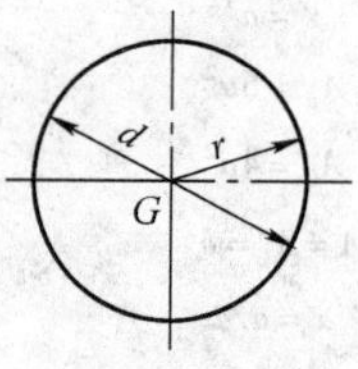	$V=\frac{4}{3}\pi r^3=\frac{\pi d^3}{6}=0.5236d^3$ $A_n=4\pi r^2=\pi d^2$
半圆球体 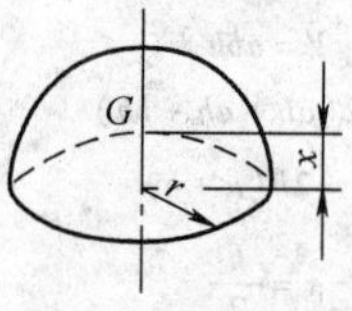	$V=\frac{2}{3}\pi r^3$ $A_n=3\pi r^2$ $x=\frac{3}{8}r$
球楔体 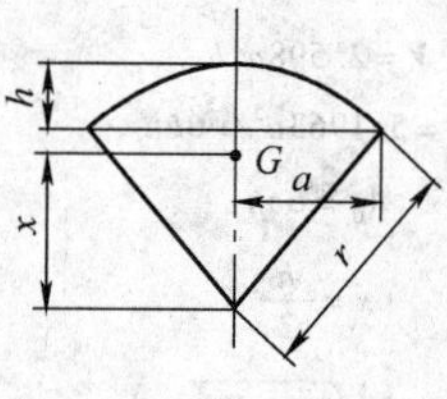	$V=\frac{2\pi r^2h}{3}$ $A_n=\pi r(a+2h)$ $x=\frac{3}{8}(2r-h)$
缺球体 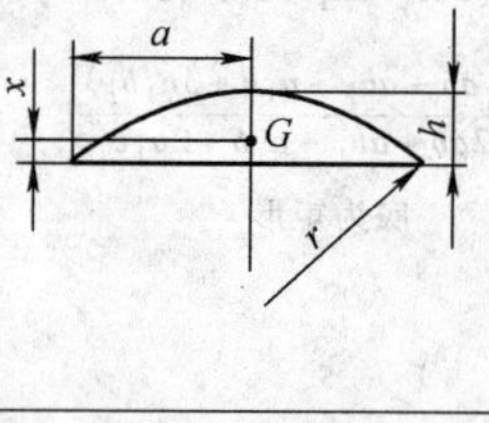	$V=\frac{\pi h}{6}(3a^2+h^2)$ $=\frac{\pi h^2}{3}(3r-h)$ $A_n=\pi(2a^2+h^2)=\pi(2rh+a^2)$ $x=\frac{h}{2}\frac{(2a^2+h^2)}{(3a^2+h^2)}$ $x=\frac{h}{4}\frac{(4r-h)}{(3r-h)}$ $A_0=2\pi rh=\pi(a^2+h^2)$

（续）

图形	计算公式
平截球台体 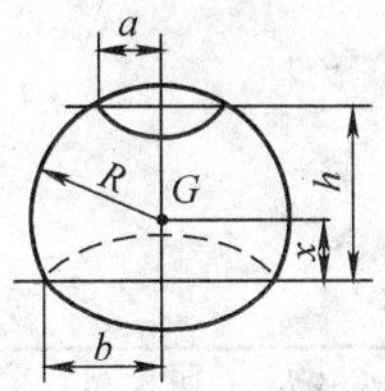	$V=\frac{\pi h}{6}(3a^2+3b^2+h^2)$ $A_0=2\pi Rh$ $R^2=b^2+\left(\frac{b^2-a^2-h^2}{2h}\right)^2$ $x=\frac{3(b^4-a^4)}{2h(3a^2+3b^2+h^2)}\pm\frac{b^2-a^2-h^2}{2h}$ 式中“＋”号为球心在球台体之内 “－”号为球心在球台体之外
抛物线体 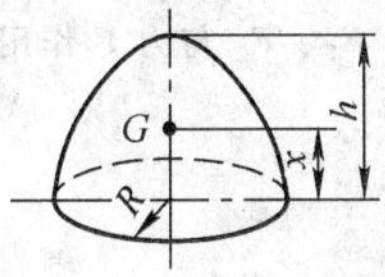	$V=\frac{\pi R^2 h}{2}$ $A_0=\frac{2\pi}{3P}\left[\sqrt{(R^2+P^2)^3}-P^3\right]$ 其中 $P=\frac{R^2}{2h}$ $x=\frac{1}{3}h$
平截抛物线体 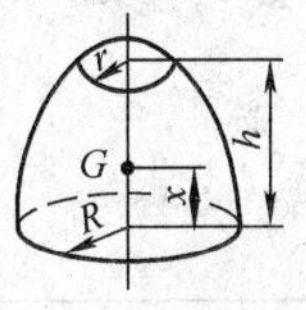	$V=\frac{\pi}{2}(R^2+r^2)h$ $A_0=\frac{2\pi}{3P}\left[\sqrt{(R^2+P^2)^3}-\sqrt{(r^2+P^2)^3}\right]$ $P=\frac{R^2-r^2}{2h}$ $x=\frac{h(R^2+2r^2)}{3(R^2+r^2)}$
半椭圆球体 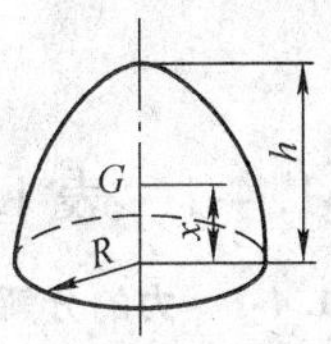	$V=\frac{2}{3}\pi hR^2$ $A_0=\pi R^2+\frac{\pi hR}{e}\text{arcsine}$ $\approx\pi R\left(h+R+\frac{h^2-R^2}{6h}\right)$ $e=$ 离心率 $=\sqrt{\frac{h^2-R^2}{h}}$ $x=\frac{3}{8}h$ h——长半轴；R——短半轴；e——离心率
圆环体 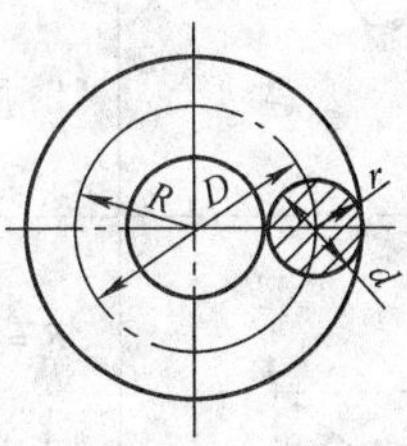	$V=2\pi^2Rr^2=\frac{1}{4}\pi^2Dd^2=2.4674Dd^2$ $A_n=4\pi^2Rr=\pi^2Dd$
椭圆体 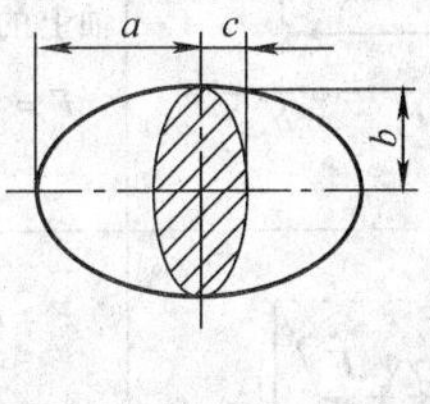	$V=\frac{4}{3}\pi abc$
桶形体 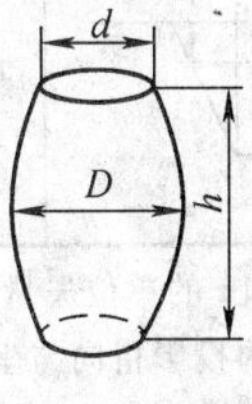	对于抛物线形桶： $V=\frac{\pi h}{15}(2D^2+Dd+\frac{3}{4}d^2)$ 对于圆形桶： $V=\frac{1}{12}\pi h(2D^2+d^2)$

注：V—容积；A_n—全面积；A_0—侧面积；A_s—底面积；A—顶面积；G—重心的位置。

① 此公式也适用于底面积为任意多边形的角锥体。

② 此公式也适用于底面积为任意多边形的平截角锥体。

第 4 章　常用力学公式

1　静力学基本公式（见表 1.4-1 ~ 表 1.4-3）

表 1.4-1　力的分解及在直角坐标轴上的投影

序号	分解类型	图　示	计 算 式	说　明
1	力沿两非正交方向的分解	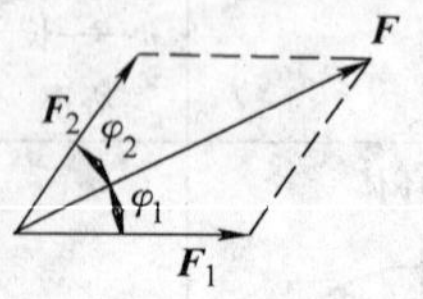	$\boldsymbol{F}=\boldsymbol{F}_1+\boldsymbol{F}_2$ $F=\sqrt{F_1^2+F_2^2+2F_1F_2\cos(\varphi_1+\varphi_2)}$ $F_1=\dfrac{F}{\sin(\varphi_1+\varphi_2)}\sin\varphi_2$ $F_2=\dfrac{F}{\sin(\varphi_1+\varphi_2)}\sin\varphi_1$	分力 $\boldsymbol{F}_1$、$\boldsymbol{F}_2$ 与力 $\boldsymbol{F}$ 作用点相同
2	力沿平面直角坐标轴方向的分解与投影	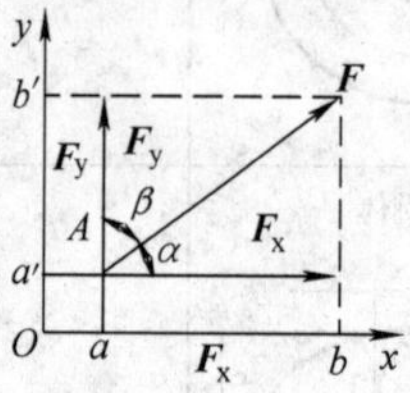	$\boldsymbol{F}=\boldsymbol{F}_x+\boldsymbol{F}_y=F_x\boldsymbol{i}+F_y\boldsymbol{j}$ 式中 $\left.\begin{matrix}F_x=F\cos\alpha\\F_y=F\cos\beta\end{matrix}\right\}$ 分别称为力 $\boldsymbol{F}$ 在 x、y 轴上的投影 $F=\sqrt{F_x^2+F_y^2}$	分力 $\boldsymbol{F}_x$、$\boldsymbol{F}_y$ 与力 $\boldsymbol{F}$ 作用点相同
3	力沿空间直角坐标轴的分解与投影	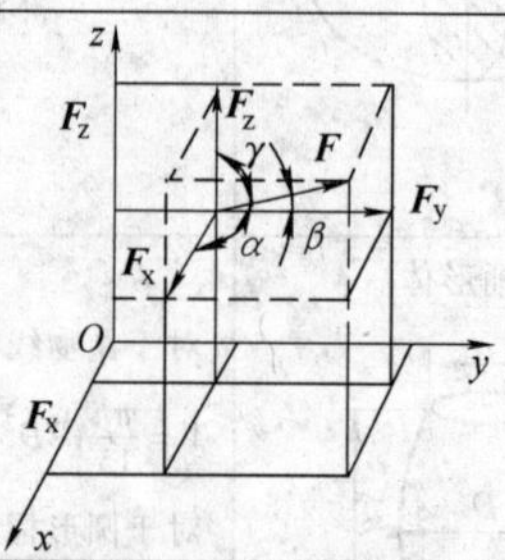	$\boldsymbol{F}=\boldsymbol{F}_x+\boldsymbol{F}_y+\boldsymbol{F}_z=F_x\boldsymbol{i}+F_y\boldsymbol{j}+F_z\boldsymbol{k}$ 式中 $\left.\begin{matrix}F_x=F\cos\alpha\\F_y=F\cos\beta\\F_z=F\cos\gamma\end{matrix}\right\}$ 分别称为力 $\boldsymbol{F}$ 在 x、y 和 z 轴上的投影 $F=\sqrt{F_x^2+F_y^2+F_z^2}$	分力 $\boldsymbol{F}_x$、$\boldsymbol{F}_y$、$\boldsymbol{F}_z$ 与力 $\boldsymbol{F}$ 作用点相同

注：1. $\boldsymbol{i}$、$\boldsymbol{j}$、$\boldsymbol{k}$ 分别为沿坐标轴 x、y 和 z 的单位矢量。

2. 规定如力的始末端在坐标轴上的投影指向与坐标轴正向一致，则力在该轴上的投影为正，反之为负。

3. 本表力的分解与投影的计算方法也适用于其他力学矢量，如后面提到的力矩、动量和动量矩矢量等。

表 1.4-2　力矩和力偶矩的计算公式

类型	图　示	计 算 公 式	说　明
平面力矩	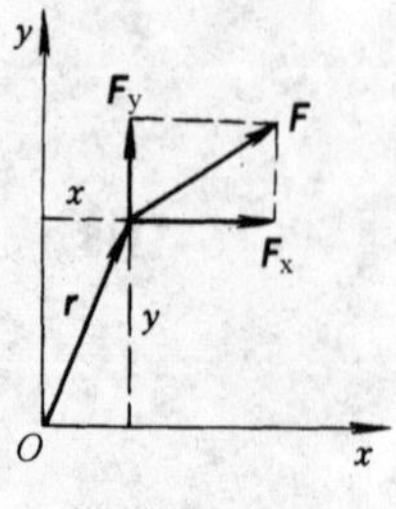	$\boldsymbol{m}_o(\boldsymbol{F})=\boldsymbol{r}\times\boldsymbol{F}$ $=(x\boldsymbol{i}+y\boldsymbol{j})\times(F_x i+F_y\boldsymbol{j})$ $=(xF_y-yF_x)\boldsymbol{k}$ $=m_z(\boldsymbol{F})\boldsymbol{k}$	力 $\boldsymbol{F}$ 在作用面内对任一点 O 的矩 $\boldsymbol{m}_o(\boldsymbol{F})$ 等于其分力对该点的矩的代数和 力对点的矩就是力对通过该点且垂直于作用面的 z 轴的矩

（续）

类型	图　示	计　算　公　式	说　明
空间力矩	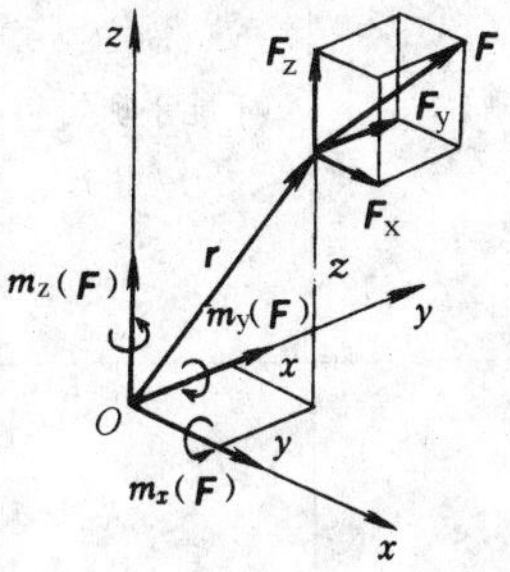	$\boldsymbol{m}_o(\boldsymbol{F}) = \boldsymbol{r}\times\boldsymbol{F} = \begin{vmatrix} \boldsymbol{i} & \boldsymbol{j} & \boldsymbol{k} \\ x & y & z \\ F_x & F_y & F_z \end{vmatrix}$ $= (yF_z - zF_y)\boldsymbol{i} + (zF_x - xF_z)\boldsymbol{j} + (xF_y - yF_x)\boldsymbol{k}$ $= m_x(\boldsymbol{F})\boldsymbol{i} + m_y(\boldsymbol{F})\boldsymbol{j} + m_z(\boldsymbol{F})\boldsymbol{k}$ 式中　$m_x(\boldsymbol{F}) = yF_z - zF_y$ $m_y(\boldsymbol{F}) = zF_x - xF_z$ $m_z(\boldsymbol{F}) = xF_y - yF_x$	力 $\boldsymbol{F}$ 对空间任一点 O 的矩 $\boldsymbol{m}_o(\boldsymbol{F})$ 等于其分力对该点的矩之矢量和 力 $\boldsymbol{F}$ 对任一点 O 的矩 $\boldsymbol{m}_o(\boldsymbol{F})$ 沿通过该点的坐标轴方向的分量，等于力 $\boldsymbol{F}$ 对坐标轴 x、y、z 的矩 $m_x(\boldsymbol{F})$、$m_y(\boldsymbol{F})$、$m_z(\boldsymbol{F})$
力对特定方向的轴的矩	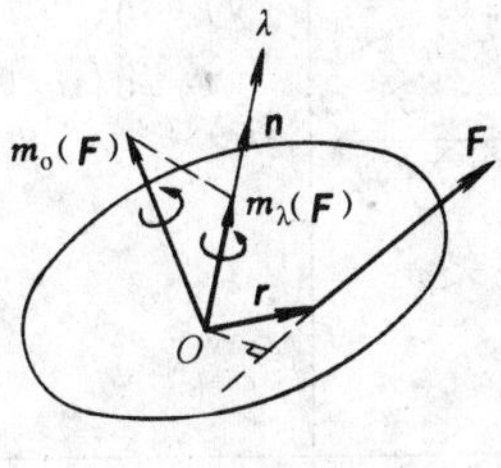	$\boldsymbol{m}_\lambda(\boldsymbol{F}) = (\boldsymbol{r}\times\boldsymbol{F})\cdot\boldsymbol{n} = \begin{vmatrix} x & y & z \\ F_x & F_y & F_z \\ \alpha & \beta & \gamma \end{vmatrix}$ $= (yF_z - zF_y)\alpha + (zF_x - xF_z)\beta + (xF_y - yF_x)\gamma$	力 $\boldsymbol{F}$ 对 λ 轴的矩等于力矩 $\boldsymbol{m}_o(\boldsymbol{F})$ 沿 λ 方向的投影 式中　$\boldsymbol{n} = \alpha\boldsymbol{i} + \beta\boldsymbol{j} + \gamma\boldsymbol{k}$ 为 λ 方向的单位矢量，α、β、γ 为单位矢量 $\boldsymbol{n}$ 的方向余弦
若干汇交力对点的矩	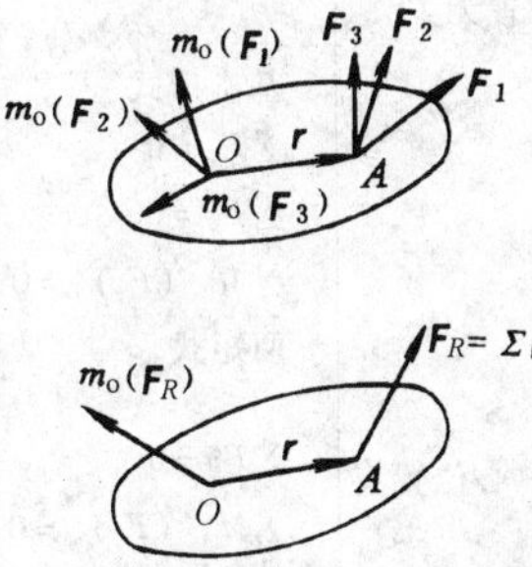	$\boldsymbol{m}_o(\boldsymbol{F}_1) + \boldsymbol{m}_o(\boldsymbol{F}_2) + \boldsymbol{m}_o(\boldsymbol{F}_3) + \cdots$ $= \boldsymbol{r}\times\boldsymbol{F}_1 + \boldsymbol{r}\times\boldsymbol{F}_2 + \boldsymbol{r}\times\boldsymbol{F}_3 + \cdots$ $= \boldsymbol{r}\times\sum\boldsymbol{F}$ 即　$\sum\boldsymbol{m}_o(\boldsymbol{F}_i) = \boldsymbol{m}_o(\boldsymbol{R})$	空间汇交力系中各力对任一点 O 的矩的矢量和，等于合力对同一点的矩 平面汇交力系中各力对任一点 O 的矩的代数和，等于合力对同一点的矩
合力偶矩	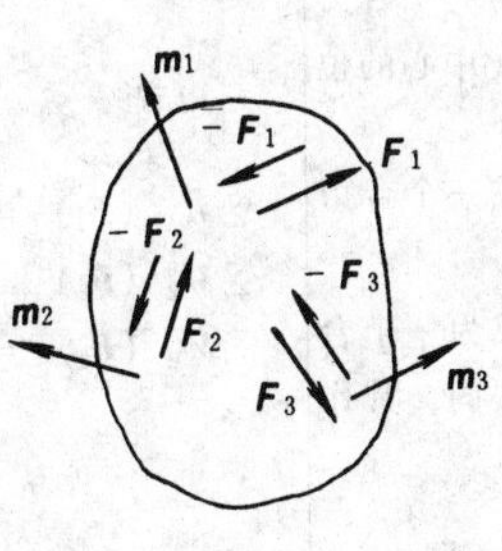	$\boldsymbol{M} = \sum\boldsymbol{m}_i$	空间合力偶矩为各力偶矩的矢量和；平面合力偶矩为各力偶矩的代数和

表 1.4-3　力系的简化与合成及平衡条件（平衡方程）

序号	力系类型	图　示	简化与合成	平衡条件（平衡方程）
1	两同向平行力	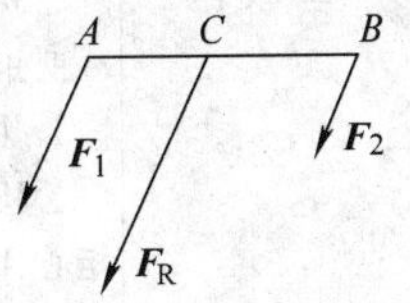	合力大小 $F_R = F_1 + F_2$ 合力作用线位置 $\frac{AC}{CB} = \frac{F_2}{F_1}$（$\boldsymbol{F}_R$ 与两力平行）	不能平衡

（续）

序号	力系类型	图　示	简化与合成	平衡条件（平衡方程）
2	两反向平行力	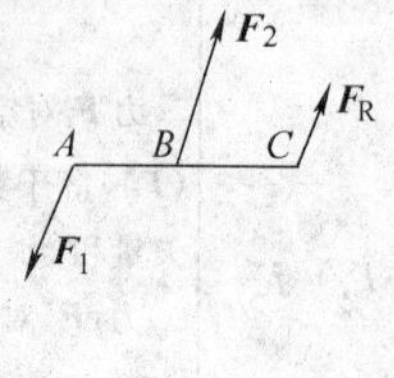 $(F_2>F_1)$	合力大小 $F_R=F_2-F_1$ 合力作用线位置（在大力 $\boldsymbol{F}_2$ 外侧） $\frac{BC}{AB}=\frac{F_1}{F_R}$（$\boldsymbol{F}_R$ 与两力平行）	不能平衡
3	平面汇交力系	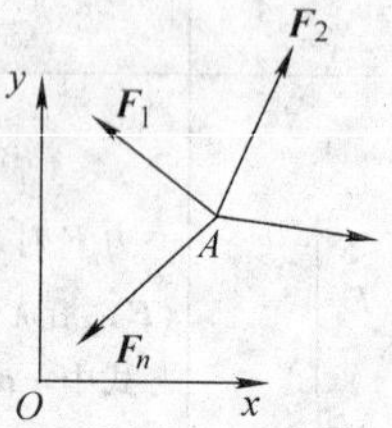	合成为过力系汇交点的合力 $\boldsymbol{F}_R=F_{Rx}\boldsymbol{i}+F_{Ry}\boldsymbol{j}$ 式中，合力在 x、y 轴上的投影 $\left.\begin{matrix}F_{Rx}=\sum F_x\\F_{Ry}=\sum F_y\end{matrix}\right\}$称合力投影定理 合力大小 $F_R=\sqrt{F_{Rx}^2+F_{Ry}^2}=\sqrt{(\sum F_x)^2+(\sum F_y)^2}$ 合力与 x 轴夹角 $\tan(\boldsymbol{F}_R,\boldsymbol{i})=\frac{\sum F_y}{\sum F_x}$	$\left.\begin{matrix}\sum F_x=0\\\sum F_y=0\end{matrix}\right\}$
4	平面一般力系（图a）	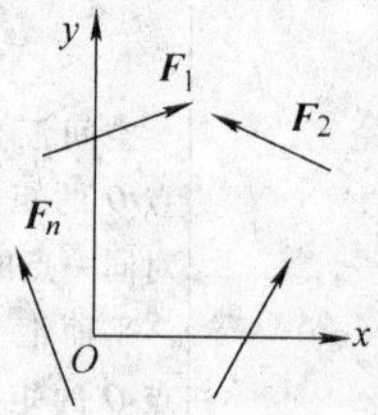 a) 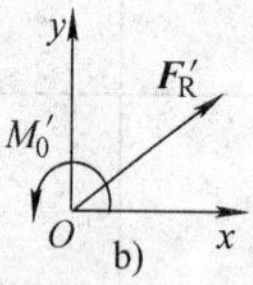 b) 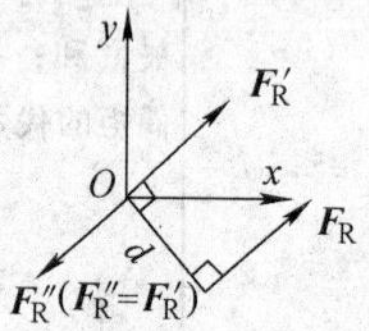 c)	向任一点 O 简化得主矢和主矩（图b）主矢 $\boldsymbol{F}'_R=F'_{Rx}\boldsymbol{i}+F'_{Ry}\boldsymbol{j}$（与简化中心位置无关） 其中 $F'_{Rx}=\sum F_x$ $F'_{Ry}=\sum F_y$ $F'_R=\sqrt{(\sum F_x)^2+(\sum F_y)^2}$ $\tan(\boldsymbol{F}'_R,\boldsymbol{i})=\frac{\sum F_y}{\sum F_x}$ 主矩 $M'_0=\sum M_0(\boldsymbol{F}_i)$（与简化中心位置有关） 1）$F'_R=0$，$M'_0\neq0$ 即力系合成为一个合力偶，合力偶矩即为 M'_0（此时与简化中心的位置无关） 2）$F'_R\neq0$，$M'_0=0$，即力系合成一个合力 $\boldsymbol{F}_R=\boldsymbol{F}'_R$，作用线通过 O 点 3）$F'_R\neq0$，$M'_0\neq0$，力系也合成为一个合力 $\boldsymbol{F}_R$（图c），大小、方向与主矢同，其作用线到 O 点的垂直距离： $d=\frac{M'_0}{F'_R}$，且 F_R 对 O 的转矩与 M'_0 相同	基本形式 $\left.\begin{matrix}\sum F_x=0\\\sum F_y=0\\\sum M_0(\boldsymbol{F}_i)=0\end{matrix}\right\}$ 两矩式 $\left.\begin{matrix}\sum F_x=0\\\sum M_A(\boldsymbol{F}_i)=0\\\sum M_B(\boldsymbol{F}_i)=0\end{matrix}\right\}$ 两矩心 A、B 的连线不能与 x 轴垂直 三矩式 $\left.\begin{matrix}\sum M_A(\boldsymbol{F}_i)=0\\\sum M_B(\boldsymbol{F}_i)=0\\\sum M_C(\boldsymbol{F}_i)=0\end{matrix}\right\}$ 三矩心 A、B、C 不能在一条直线上
		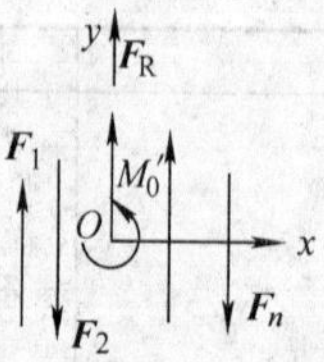 d)	若为平行力系，并取 x 轴与力作用线垂直（图d） 主矢 $\boldsymbol{F}_R=F'_{Ry}\boldsymbol{j}$ $F_R=F'_{Ry}=\sum F_y$ 主矩 $M'_0=\sum M_0(\boldsymbol{F}_i)$	基本形式 $\left.\begin{matrix}\sum F_y=0\\\sum M_0(\boldsymbol{F}_i)=0\end{matrix}\right\}$ 两矩式 $\left.\begin{matrix}\sum M_A(\boldsymbol{F}_i)=0\\\sum M_B(\boldsymbol{F}_i)=0\end{matrix}\right\}$ 矩心 A，B 连线不能与力作用线平行

（续）

序号	力系类型	图　示	简化与合成	平衡条件（平衡方程）
5	空间汇交力系（图a）	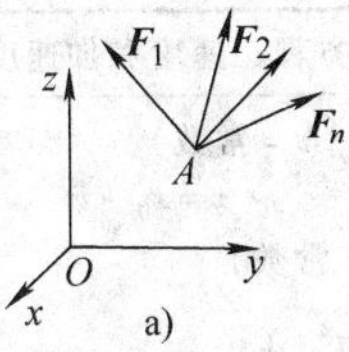 a) 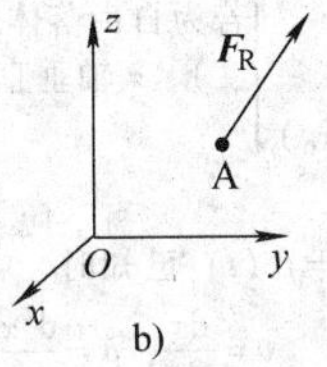 b)	可合成为过力系汇交点的合力（图b） $\boldsymbol{F}_R=F_{Rx}\boldsymbol{i}+F_{Ry}\boldsymbol{j}+F_{Rz}\boldsymbol{k}$ 式中合力 $\boldsymbol{F}_R$ 在三坐标轴上的投影 $F_{Rx}=\sum F_x$，$F_{Ry}=\sum F_y$，$F_{Rz}=\sum F_z$ 合力大小 $F_R=\sqrt{F_{Rx}^2+F_{Ry}^2+F_{Rz}^2}$ $=\sqrt{(\sum F_x)^2+(\sum F_y)^2+(\sum F_z)^2}$ 合力方位 $\cos(\boldsymbol{F}_R,\boldsymbol{i})=\frac{\sum F_x}{F_R}$，$\cos(\boldsymbol{F}_R,\boldsymbol{j})=\frac{\sum F_y}{F_R}$，$\cos(\boldsymbol{F}_R,\boldsymbol{k})=\frac{\sum F_z}{F_R}$	$\left.\begin{array}{l}\sum F_x=0\\ \sum F_y=0\\ \sum F_z=0\end{array}\right\}$
6	空间一般力系（图a）	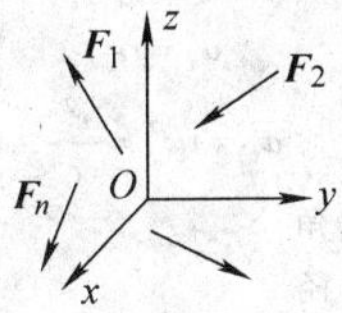 a) 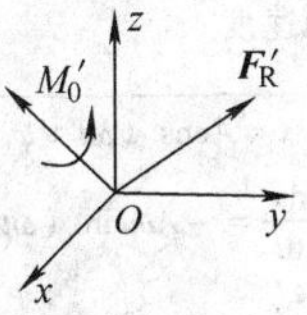 b) 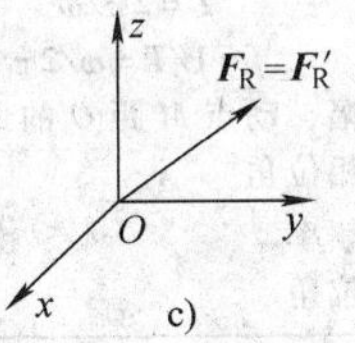 c) 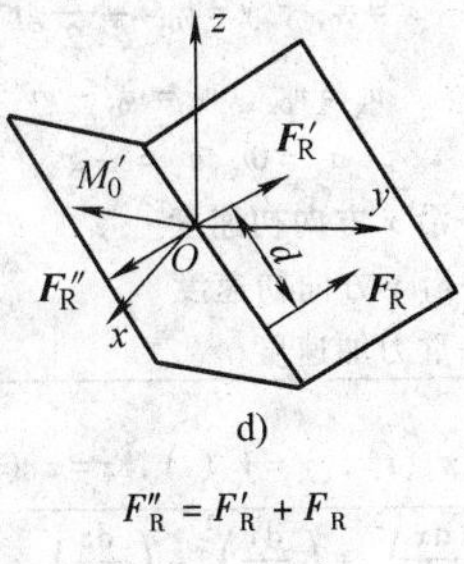 d) $F_R''=F_R'+F_R$	向任一点 O 简化得主矢和主矩矢（图b） 主矢 $\boldsymbol{F}_R'=F_{Rx}'\boldsymbol{i}+F_{Ry}'\boldsymbol{j}+F_{Rz}'\boldsymbol{k}$（与 O 点位置无关） 式中主矢在坐标轴上的投影 $F_{Rx}'=\sum F_x$，$F_{Ry}'=\sum F_y$，$F_{Rz}'=\sum F_z$ 主矢大小 $F_R'=\sqrt{F_{Rx}'^2+F_{Ry}'^2+F_{Rz}'^2}$ $=\sqrt{(\sum F_x)^2+(\sum F_y)^2+(\sum F_z)^2}$ 主矢方位 $\cos(\boldsymbol{F}_R,\boldsymbol{i})=\frac{\sum F_x}{F_R'}$，$\cos(\boldsymbol{F}_R,\boldsymbol{j})=\frac{\sum F_y}{F_R'}$，$\cos(\boldsymbol{F}_R,\boldsymbol{k})=\frac{\sum F_z}{F_R'}$ 主矩矢 $\boldsymbol{M}_0'=\sum \boldsymbol{M}_0(\boldsymbol{F}_i)=\sum M_x(\boldsymbol{F}_i)\boldsymbol{i}+\sum M_y(\boldsymbol{F}_i)\boldsymbol{j}+\sum M_z(\boldsymbol{F}_i)\boldsymbol{k}$（与 O 点位置有关） 主矩矢大小 $M_0'=\sqrt{(\sum M_x(\boldsymbol{F}_i))^2+(\sum M_y(\boldsymbol{F}_i))^2+(\sum M_z(\boldsymbol{F}_i))^2}$ 主矩矢方位 $\cos(\boldsymbol{M}_0',\boldsymbol{i})=\frac{\sum M_x(\boldsymbol{F}_i)}{M_0'}$ $\cos(\boldsymbol{M}_0',\boldsymbol{j})=\frac{\sum M_y(\boldsymbol{F}_i)}{M_0'}$ $\cos(\boldsymbol{M}_0',\boldsymbol{k})=\frac{\sum M_z(\boldsymbol{F}_i)}{M_0'}$ 若 1）$F_R'\neq 0$、$M_0'=0$ 则力系合成为一个合力 $\boldsymbol{F}_R=\boldsymbol{F}_R'$（图c） 2）若 $F_R'\neq 0$，$M_0'\neq 0$，但 $\boldsymbol{F}_R'$ 与 $\boldsymbol{M}_0'$ 垂直，仍可合成为一个合力 $\boldsymbol{F}_R$（图d），其大小和方向与 $\boldsymbol{F}_R'$ 同，且 $\boldsymbol{F}_R$ 与 $\boldsymbol{F}_R'$ 确定的平面与 $\boldsymbol{M}_0'$ 垂直，$\boldsymbol{F}_R$ 作用线到 O 点垂直距离 $d=\frac{M_0'}{F_R'}$ 3）$\boldsymbol{F}_R=0$，$M_0'\neq 0$，即力系合成为一个合力偶 $\boldsymbol{M}_0=\boldsymbol{M}_0'$ 4）$F_R'\neq 0$，$M_0'\neq 0$，且 $\boldsymbol{F}_R'$ 不与 $\boldsymbol{M}_0$ 垂直，则为一般情况	$\left.\begin{array}{l}\sum F_x=0\\ \sum F_y=0\\ \sum F_z=0\\ \sum M_x(\boldsymbol{F}_i)=0\\ \sum M_y(\boldsymbol{F}_i)=0\\ \sum M_z(\boldsymbol{F}_i)=0\end{array}\right\}$ 特例 若为空间平行力系，取 z 轴与各力作用线平行 $\left.\begin{array}{l}\sum F_z=0\\ \sum M_x(\boldsymbol{F}_i)=0\\ \sum M_y(\boldsymbol{F}_i)=0\end{array}\right\}$

2　运动学基本公式（见表 1.4-4 ~ 表 1.4-8）

表 1.4-4　质点的运动方程、速度和加速度计算式

<table>
<tr><th>质点运动类型</th><th>图　示</th><th>运动方程、速度和加速度计算式</th></tr>
<tr><td>直线运动</td><td>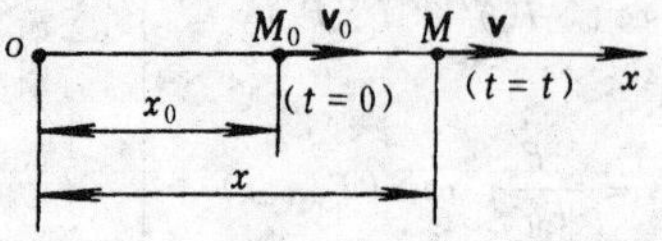
</td><td>匀速运动（$a=0$，$v=$ 常数）
$x=x_0+vt$
匀变速运动（$a=$ 常数）
$x=x_0+v_0t+\frac{1}{2}at^2$
$v=v_0+at$
$v^2-v_0^2=2a(x-x_0)$
若为自由落体运动 $a=g$（重力加速度），x 轴垂直向下
一般变速运动
（1）运动方程 $x=f(t)$ 已知时
$v=\frac{dx}{dt}$，$a=\frac{d^2x}{dt^2}$
（2）加速度 $a=\varphi(t)$ 已知时
$v=v_0+\int_0^t a dt$，$x=x_0+\int_0^t v dt$</td></tr>
<tr><td>圆周运动</td><td>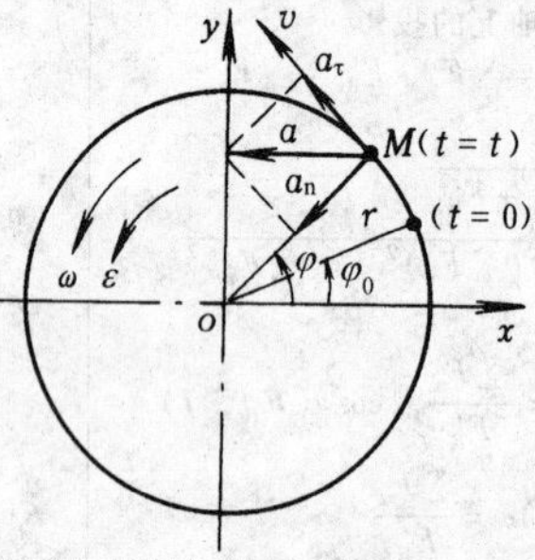
</td><td>弧长　$s=r\varphi=r(\omega t+\varphi_0)$
速度　$v=r\omega$
切线加速度　$a_\tau=r\varepsilon$
法线加速度　$a_n=r\omega^2=\frac{v^2}{r}$
式中　φ_0——初始角
r——圆半径
ω——角速度
$\varepsilon=\frac{d\omega}{dt}$——角加速度</td></tr>
<tr><td>简谐运动</td><td>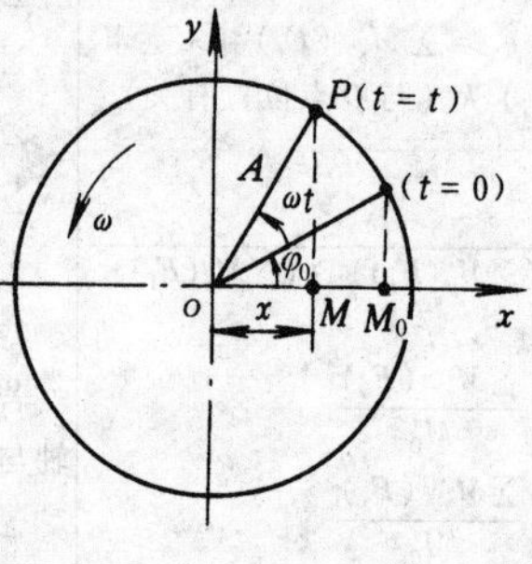
</td><td>运动方程　$x=A\cos(\omega t+\varphi_0)$
速度　$v=\frac{dx}{dt}=-A\omega\sin(\omega t+\varphi_0)$
加速度　$a=\frac{d^2x}{dt^2}=-A\omega^2\cos(\omega t+\varphi_0)$
周期　$T=2\pi/\omega$
频率　$f=1/T=\omega/2\pi$
式中　A——振幅，动点 M 距 O 的最大距离
φ_0——初相位角
ω——角频率
$\omega t+\varphi_0$——相位角</td></tr>
<tr><td>抛物线运动</td><td>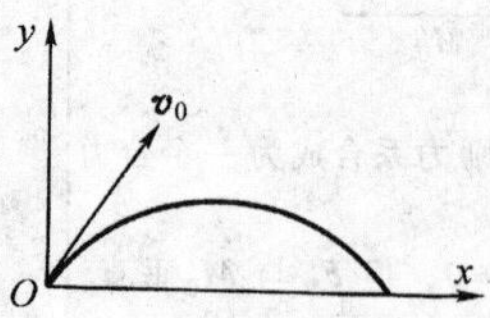
</td><td>运动方程　$x=v_{0x}t$，$y=v_{0y}t-\frac{1}{2}gt^2$
速度　$v_x=v_{0x}$，$v_y=v_{0y}-gt$
加速度　$a_x=0$，$a_y=-g$
式中　v_{0x}——沿 x 方向初速度
v_{0y}——沿 y 方向初速度
g——重力加速度</td></tr>
<tr><td>一般曲线运动</td><td>直角坐标
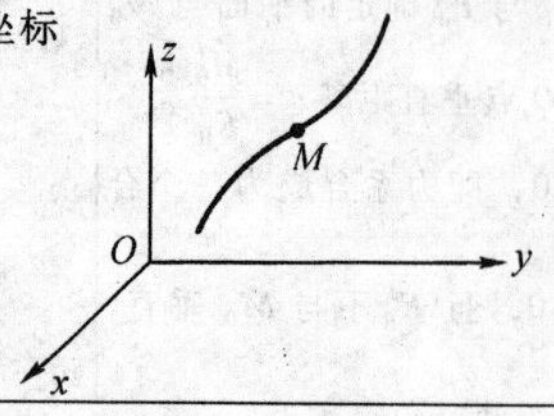
</td><td>运动方程　$x=x(t)$，$y=y(t)$，$z=z(t)$
速度　$v=\sqrt{\left(\frac{dx}{dt}\right)^2+\left(\frac{dy}{dt}\right)^2+\left(\frac{dz}{dt}\right)^2}$
加速度　$a=\sqrt{\left(\frac{d^2x}{dt^2}\right)^2+\left(\frac{d^2y}{dt^2}\right)^2+\left(\frac{d^2z}{dt^2}\right)^2}$</td></tr>
</table>

（续）

质点运动类型	图　示	运动方程、速度和加速度计算式
一般曲线运动	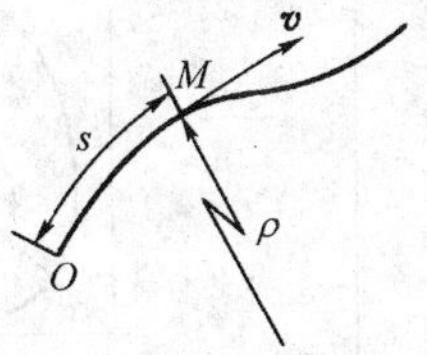	运动方程　$s=s(t)$ 速度　$v=\frac{ds}{dt}$ 加速度　$a=\sqrt{a_\tau^2+a_n^2}=\sqrt{\left(\frac{dv}{dt}\right)^2+\left(\frac{v^2}{\rho}\right)^2}$ 式中　a_τ——切向加速度，$a_\tau=\frac{dv}{dt}$ a_n——法向加速度，$a_n=\frac{v^2}{\rho}$ ρ——质点所处位置运动轨迹的曲率半径

表 1.4-5　点的合成运动的速度与加速度计算公式

合成名称	计算公式	说　明
点的速度合成定理	$\boldsymbol{v}_a=\boldsymbol{v}_e+\boldsymbol{v}_r$	绝对速度$\boldsymbol{v}_a$：动点相对于定参考系运动的速度 相对速度$\boldsymbol{v}_r$：动点相对于动参考系运动的速度 牵连速度$\boldsymbol{v}_e$：动参考系上与动点相重合的那一点，相对于定参考系运动的速度
点的加速度合成定理	$\boldsymbol{a}_a=\boldsymbol{a}_e+\boldsymbol{a}_r+\boldsymbol{a}_k$	绝对加速度 $\boldsymbol{a}_a$：动点相对于定参考系运动的加速度 相对加速度 $\boldsymbol{a}_r$：动点相对于动参考系运动的加速度 牵连加速度 $\boldsymbol{a}_e$：动参考系上与动点相重合的那一点，相对于定参考系运动的加速度 科氏加速度 $\boldsymbol{a}_k$：由于牵连运动为转动，牵连运动和相对运动相互影响而出现的附加的加速度 $\boldsymbol{a}_k=2\boldsymbol{\omega}_e\times\boldsymbol{v}_r$ 当动参考系作平动或 $\boldsymbol{\omega}_e$ 与$\boldsymbol{v}_r$ 平行时，$\boldsymbol{a}_k=0$

注：计算可用矢量合成的图解法，也可用直角坐标投影解析求解。

表 1.4-6　刚体运动的常用计算式

序号	运动类型	刚体整体运动的计算式	刚体内任一点运动的计算式	图示与说明
1	平动	刚体内各点运动的轨迹、速度和加速度相同，故其计算与点的运动一样（表 1.4-4）		
2	定轴转动	转角 $\varphi=\varphi(t)$ 角速度 $\omega=\frac{d\varphi}{dt}$ 角加速度 $\varepsilon=\frac{d\omega}{dt}$ → $\varphi=\varphi_0+\int_0^t\omega dt$ $\omega=\omega_0+\int_0^t\varepsilon dt$ 特例 1）匀速转动（$\varepsilon=0$） $\omega=$常数 $\varphi=\varphi_0+\omega t$ 2）匀变速转动（$\varepsilon=$常数） $\varphi=\varphi_0+\omega_0 t+\frac{1}{2}\varepsilon t^2$ $\omega=\omega_0+\varepsilon t$ $\omega^2=\omega_0^2+2\varepsilon(\varphi-\varphi_0)$	$s=r\varphi=r(\varphi_0+\int_0^t\omega dt)$ $v=r\omega$ $a=\sqrt{a_\tau^2+a_n^2}$ $a_\tau=r\varepsilon$，$a_n=r\omega^2$ $\theta=\arctan\frac{\varepsilon}{\omega^2}<90°$ 特例 1）匀速转动 $s=r(\varphi_0+\omega t)$ $v=r\omega$ $a_\tau=0$，$a_n=r\omega^2=a$ $\theta=0$ 2）匀变速转动 $s=r(\varphi_0+\omega_0 t+\frac{1}{2}\times\varepsilon t^2)$ $v=r(\omega_0+\varepsilon t)$ $a_\tau=r\varepsilon$，$a_n=r\omega^2$ $a=r\sqrt{\varepsilon^2+\omega^4}$ $\theta=\arctan\frac{\varepsilon}{\omega^2}<90°$	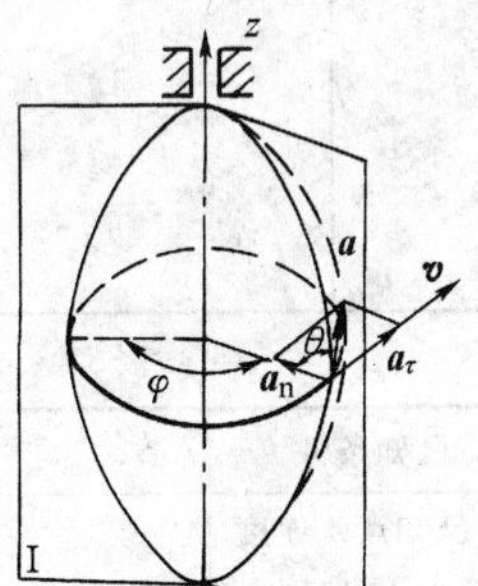Ⅰ—固定平面 Ⅱ—随刚体转动平面 1）规定从 z 轴正向看去，逆时针转的 φ_0、φ 角为正，顺时针转为负 2）$d\varphi>0$，ω 为正；$d\varphi<0$，ω 为负 3）$d\omega>0$，ε 为正；$d\omega<0$，ε 为负 4）切向加速度 a_τ 垂直半径，ε 为正时，与 ω 方向同，ε 为负时，与 ω 方向相反。法向加速度沿径向指向转轴

（续）

序号	运动类型	刚体整体运动的计算式	刚体内任一点运动的计算式	图示与说明
3	平面运动	为随基点A的牵连运动和绕基点的相对转动的合成。基点的位移、速度与加速度分别为$\boldsymbol{u}_A$、$\boldsymbol{v}_A$、$\boldsymbol{a}_A$（与所选的基点位置有关），绕基点的转角、角速度、角加速度分别为φ、ω和ε（与基点选择无关） xAy—固定坐标系 $x'A'y'$—与基点A固结，相对xAy作平动的坐标系 A、B—初始点位置 A'、B'—某瞬时位置	速度合成法（图a）： $\boldsymbol{v}_B=\boldsymbol{v}_A+\boldsymbol{v}_{BA}$ $v_{BA}=\overline{AB}\omega$（$v_{BA}$方向垂直$A'B'$，沿$\omega$转向） $v_B\cos\alpha=v_C\cos\beta$（图b）（速度投影定理） 瞬心法： $v_B=\overline{BP}\omega$（图c），（v_B垂直于BP，沿ω转向） $\boldsymbol{a}_B=\boldsymbol{a}_A+\boldsymbol{a}^{\tau}_{BA}+\boldsymbol{a}^{n}_{BA}$（图d） $a^{\tau}_{BA}=\overline{AB}\times\varepsilon$（与$\varepsilon$向同） $a^{n}_{BA}=\overline{AB}\omega^2$（由$B$指向$A$点） $\alpha=\arctan\dfrac{\varepsilon}{\omega^2}<90°$	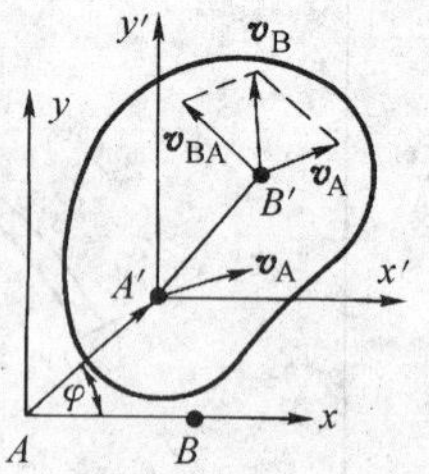 a) A为刚体任选的基点（通常选速度、加速度已知点） 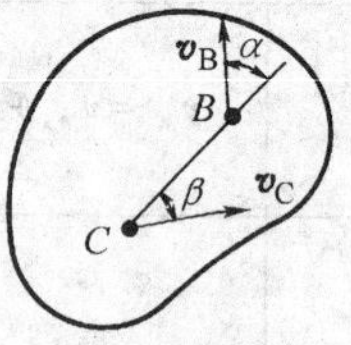 b) B、C为刚体上的任两点 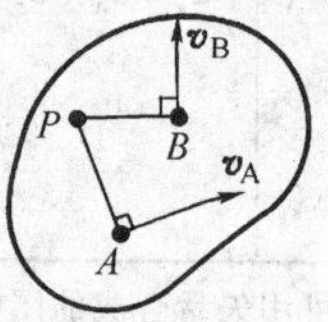 c) 速度瞬心位置P的确定见表1.4-7 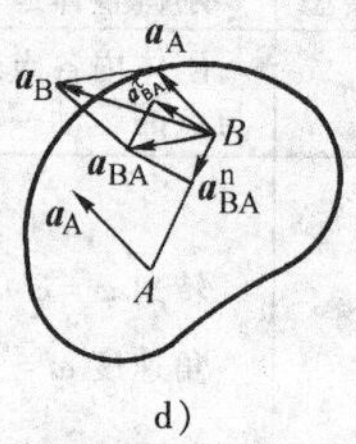 d)

表1.4-7　确定刚体平面运动速度瞬心的方法

序号	已知条件	图　示	确定方法
1	已知点A速度$\boldsymbol{v}_A$的大小和方向，及刚体角速度ω的大小和转向	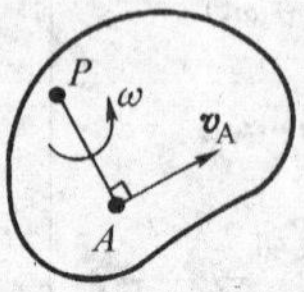	将$\boldsymbol{v}_A$顺ω方向转90°作一直线，在该直线上由$\overline{AP}=\dfrac{v_A}{\omega}$定速度瞬心$P$点
2	已知A、B两点速度$\boldsymbol{v}_A$、$\boldsymbol{v}_B$的方向（序号3的情况除外）	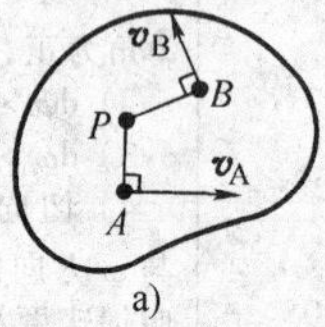 a) 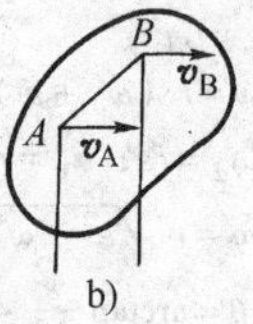 b)	过A、B点作$\boldsymbol{v}_A$、$\boldsymbol{v}_B$的垂线，其交点即为速度瞬心P（图a） 特例：v_A、v_B平行且不垂直AB，P在无穷远（图b）

（续）

序号	已知条件	图　示	确定方法
3	已知 A、B 两点速度 $\boldsymbol{v}_A$、$\boldsymbol{v}_B$ 的大小及方向，且两者平行，并垂直于 AB 连线	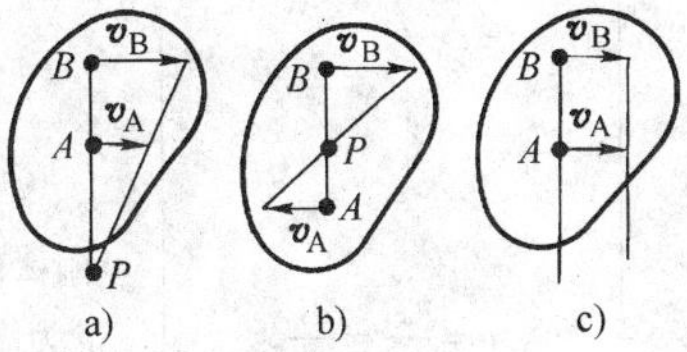a)　b)　c)	A、B 两点速度端点的连线与 AB 直线的交点即为速度瞬心 P（图 a、b） 特例：$v_A = v_B$ 速度瞬心在无穷远（图 c）
4	刚体沿某固定面作无滑动的滚动	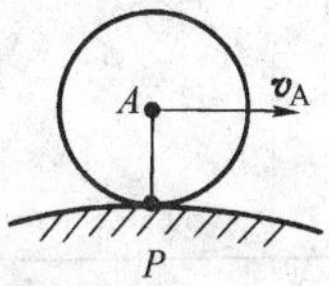	刚体与固定面的接触点即为速度瞬心

表 1.4-8　刚体运动的合成

合成类型	图　示	速度和加速度	说　明
平动与平动合成		$\boldsymbol{v} = \boldsymbol{v}_1 + \boldsymbol{v}_2$ $\boldsymbol{a} = \boldsymbol{a}_1 + \boldsymbol{a}_2$	合成运动仍为平动，合成运动的速度与加速度分别等于两个平动的速度的矢量和及加速度的矢量和
绕两个平行轴转动的合成	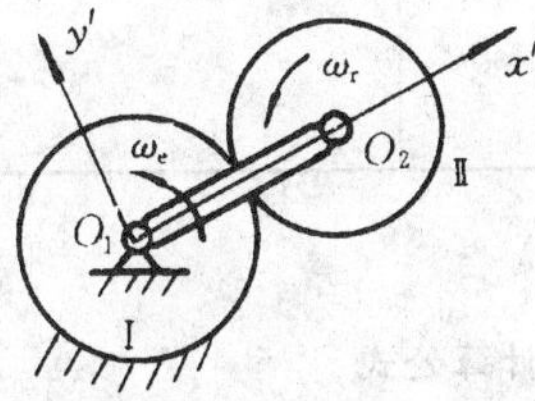	$\omega_a = \omega_r + \omega_e$	合成运动为绕瞬时轴的转动。瞬时轴与这两轴平行并在同一平面内，轴的位置在较大的角速度的一侧。合成转动的角速度等于绕两平行轴转动的角速度的代数和
绕相交轴转动的合成	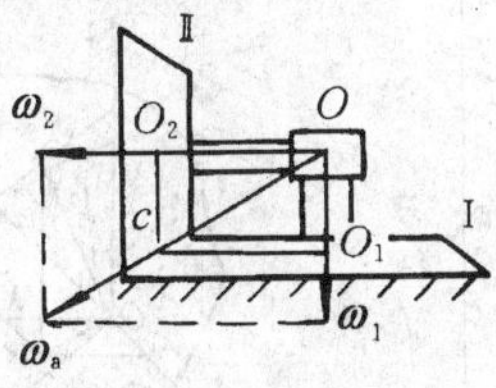	$\boldsymbol{\omega}_a = \boldsymbol{\omega}_1 + \boldsymbol{\omega}_2$	合成运动为绕通过该点的瞬时轴的转动，其角速度等于绕各轴转动的角速度的矢量和
平动与转动的合成	平动速度矢与转动角速度矢垂直 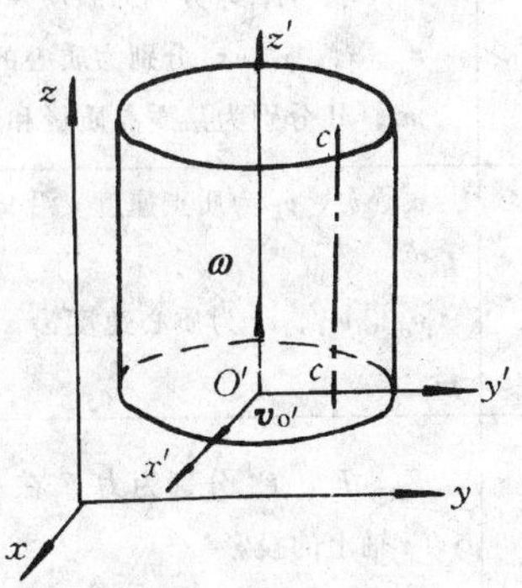	$O'c = \dfrac{v_{o'}}{\omega}$ $\boldsymbol{\omega}_a = \boldsymbol{\omega}$	刚体作平面运动，可看成绕瞬时转动轴 cc 转动，它与轴 z' 平行，线段 $O'c$ 与速度 $\boldsymbol{v}_{o'}$ 垂直 绕瞬时轴转动的角速度为 $\boldsymbol{\omega}_a$

（续）

合成类型	图　示	速度和加速度	说　明
平动与转动的合成	平动速度矢与转动角速度矢平行 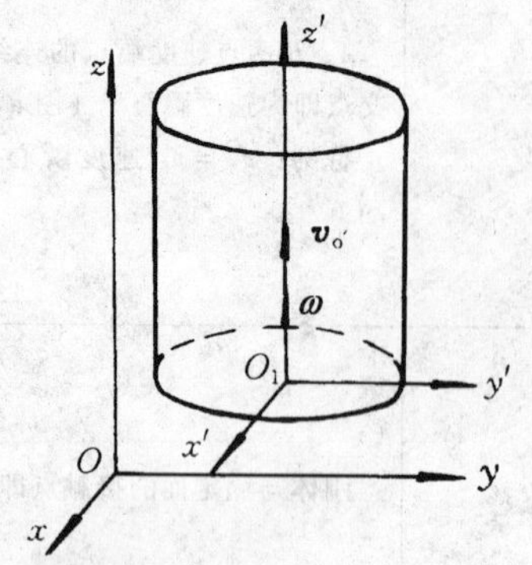	$p=\dfrac{v_{o'}}{\omega}=\dfrac{ds}{d\varphi}$	刚体作螺旋运动 p 为螺旋运动的螺旋率 s 为螺距
	平动速度矢与转动角速度矢成任意角 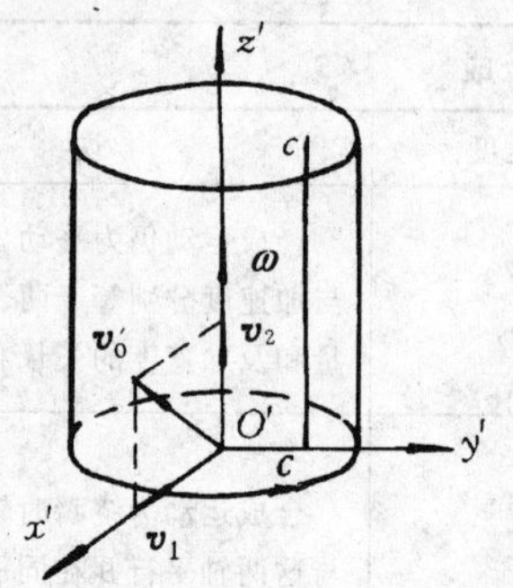	$\boldsymbol{v}_{o'}=\boldsymbol{v}_1+\boldsymbol{v}_2$	刚体作瞬时螺旋运动 $\boldsymbol{v}_1$ 与 $\boldsymbol{\omega}$ 垂直，$\boldsymbol{v}_2$ 与 $\boldsymbol{\omega}$ 平行，刚体以速度$\boldsymbol{v}$ 的平动和以角速度 $\boldsymbol{\omega}$ 的转动，可以合成为绕瞬时轴 cc 的转动。所以刚体的运动成为以$\boldsymbol{v}_2$ 的平动和以 $\boldsymbol{\omega}$ 绕瞬时轴 cc 的转动的合成运动

3　动力学基本公式（见表1.4-9～表1.4-14）

表1.4-9　常用动力学物理量的计算公式

序号	物理量名称	计算公式	图示与说明
1	质点系的质量中心位置 $\boldsymbol{r}_c$ $(x_c,\ y_c,\ z_c)$	矢径 $\boldsymbol{r}_c=\dfrac{\sum m_i\boldsymbol{r}_i}{M}$ 坐标公式（又称质心运动方程） $x_c=\dfrac{\sum m_ix_i}{M}$ $y_c=\dfrac{\sum m_iy_i}{M}$ $z_c=\dfrac{\sum m_iz_i}{M}$	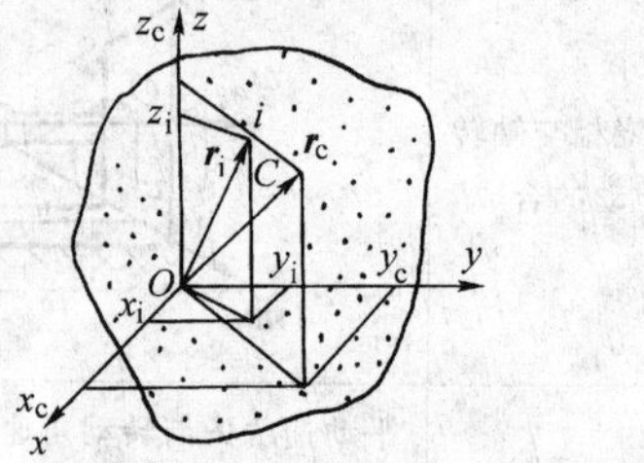 $\boldsymbol{r}_i$，x_i，y_i，z_i 分别为某质点的矢径和坐标 $\boldsymbol{r}_c$，x_c，y_c，z_c 分别为质心的矢径和坐标 m_i，M 分别为某质点质量和质点系总质量
2	动量 $\boldsymbol{p}$	质点动量 $\boldsymbol{p}=m\boldsymbol{v}=m\ (v_x\boldsymbol{i}+v_y\boldsymbol{j}+v_z\boldsymbol{k})$ 质点系动量 $\boldsymbol{p}=\sum m_i\boldsymbol{v}_i=M\boldsymbol{v}_c$ $\boldsymbol{v}_c=v_{cx}\boldsymbol{i}+v_{cy}\boldsymbol{j}+v_{cz}\boldsymbol{k}$	v_x、v_y、v_z 为质点速度 v 沿 x、y、z 轴的分量 v_{cx}、v_{cy}、v_{cz} 为质心速度沿 x、y、z 轴的分量
3	力的冲量 $\boldsymbol{I}$	$\boldsymbol{I}=\int_{t_1}^{t_2}\boldsymbol{F}dt=\int_{t_1}^{t_2}F_xdt\boldsymbol{i}+\int_{t_1}^{t_2}F_ydt\boldsymbol{j}+\int_{t_1}^{t_2}F_zdt\boldsymbol{k}$	F_x、F_y、F_z 分别为力 $\boldsymbol{F}$ 在三直角坐标 x、y、z 轴上的投影

（续）

序号	物理量名称	计算公式	图示与说明
4	动量矩 $\boldsymbol{l}_0$ 和 $\boldsymbol{L}_0$	质点动量对固定点 O 的动量矩 矢量式：$\boldsymbol{l}_0=M_0(m\boldsymbol{v})=\boldsymbol{r}\times m\boldsymbol{v}$ 投影式（即为质点动量对坐标轴的矩） $l_x=M_x(m\boldsymbol{v})=y(mv_z)-z(mv_y)$ $l_y=M_y(m\boldsymbol{v})=z(mv_x)-x(mv_z)$ $l_z=M_z(m\boldsymbol{v})=x(mv_y)-y(mv_x)$	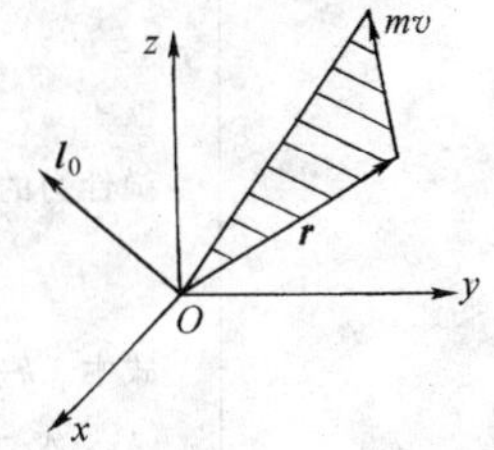 $\boldsymbol{l}_0$ 垂直于 $\boldsymbol{r}$ 和 $m\boldsymbol{v}$ 所在平面，指向按右手螺旋规则确定
		质点系对某固定点 O 的动量矩 矢量式 $\boldsymbol{L}_0=\sum\boldsymbol{l}_{0i}=\sum\boldsymbol{r}_i\times m\boldsymbol{v}_i$ 投影式（即质点系对原点为 O 的三坐标轴的动量矩） $L_x=\sum l_x=\sum(y_im_iv_{zi}-z_im_iv_{yi})$ $L_y=\sum l_y=\sum(z_im_iv_{xi}-x_im_iv_{zi})$ $L_z=\sum l_z=\sum(x_im_iv_{yi}-y_im_iv_{xi})$ 特例：刚体绕定轴 z 的动量矩 $L_z=J_z\omega$ 式中 ω——角速度； J_z——刚体对 z 轴转动惯量，$J_z=\sum m_ir_i^2$	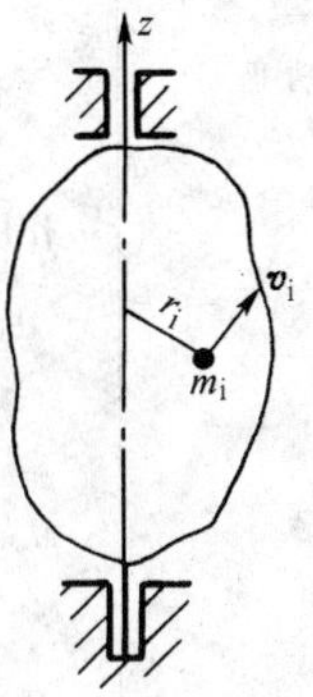
5	刚体转动惯量 J_z 与回转半径 ρ_z	对 z 轴的转动惯量 $J_z=\sum m_ir_i^2 \xlongequal{\text{当质量连续分布时}} \int_M r^2\mathrm{d}m$ 回转半径 $\rho_z=\sqrt{\dfrac{J_z}{M}}$ 平行移轴定理 $J'_z=J_z+Md^2$ z' 与 z 平行相距距离为 d，M 为刚体总质量	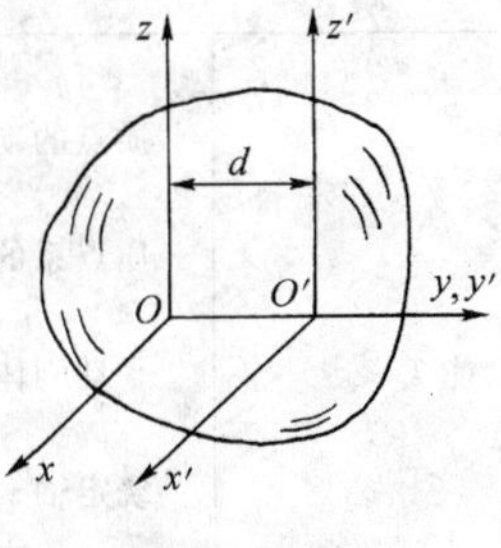
6	功 W	一般计算式： $W=\int_{M_1}^{M_2}\boldsymbol{F}\cdot\mathrm{d}\boldsymbol{r}$ $=\int_{M_1}^{M_2}(F_x\mathrm{d}x+F_y\mathrm{d}y+F_z\mathrm{d}z)$ F_x、F_y、F_z 为力 $\boldsymbol{F}$ 在坐标轴上的投影	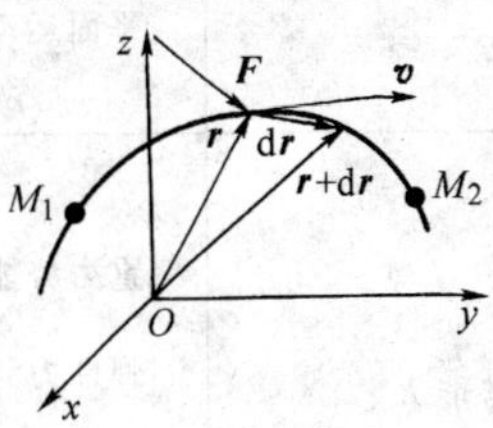
		重力的功 $W=mg(z_1-z_2)$ z_1、z_2 为物体重心在始末位置的高度	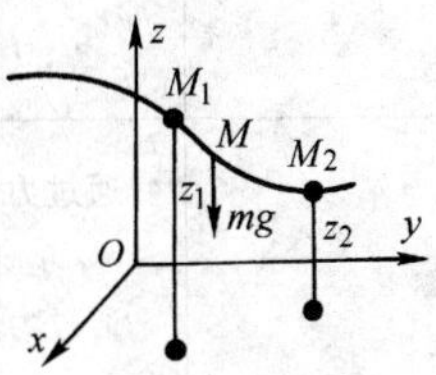

（续）

序号	物理量名称	计算公式	图示与说明
6	功 W	弹性力的功 $$W=\frac{1}{2}k\ (\lambda_1^2-\lambda_2^2)$$ 式中　k——弹簧劲度系数； λ_1、λ_2——弹簧在始末位置的变形量	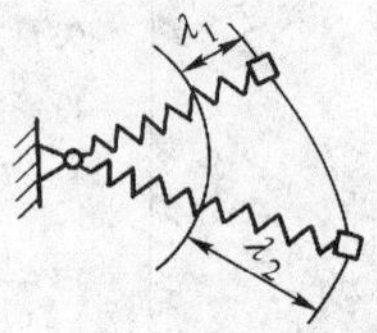
		作用于绕定轴转动刚体上力的功 $$W=\int_0^{\varphi}r(F'\cos\alpha)\,\mathrm{d}\varphi$$ $$=\int_0^{\varphi}M_z(\boldsymbol{F})\,\mathrm{d}\varphi$$ M_z（$\boldsymbol{F}$）——力 $\boldsymbol{F}$ 对轴的力矩（或力偶矩）； F'——力 F 沿轴垂直平面上的分力	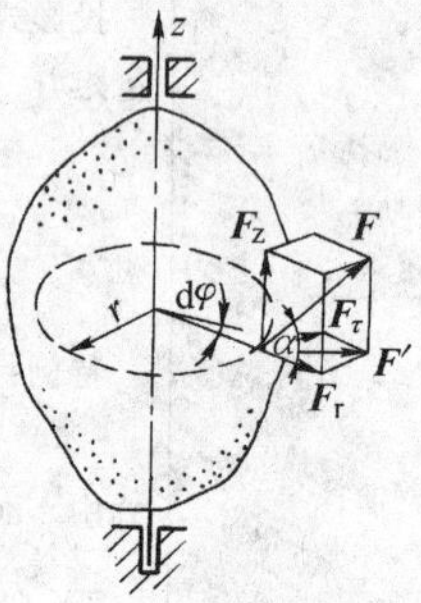
7	动能 T	质点的动能 $E_k=\frac{1}{2}mv^2$ 质点系的动能 $E_k=\sum\frac{1}{2}m_iv_i^2$ 平动刚体的动能 $E_k=\frac{1}{2}Mv_c^2$ 绕定轴 z 转动的刚体的动能 $E_k=\frac{1}{2}J_z\omega^2$ 平面运动刚体的动能 $E_k=\frac{1}{2}Mv_c^2+\frac{1}{2}J_c\omega^2$	式中　m，m_i——质点的质量； v，v_i——质点的速度； M——刚体总质量； v_c——质心 C 的速度； J_z，J_c——刚体绕 z 轴和质心轴的转动惯量； ω——刚体的转动角速度
8	势能 E_p	重力势能 $E_p=Mgz$ 弹性力势能 $E_p=\frac{1}{2}k\lambda^2$ 牛顿引力势能 $E_p=-f\frac{M_1M_2}{r}$	式中　z——质心到选定零势面的高度； λ——弹簧变形量（选弹簧原长为零势面）； M——重物质量； M_1，M_2——1、2两物体质量； f——引力常数； r——1、2两物体质心距离
9	功率 P	通过力计算 $$P=\boldsymbol{F}\cdot\boldsymbol{v}=Fv\cos\alpha$$ 通过力矩或力偶矩计算 $$P=M\omega$$	式中　α——力 $\boldsymbol{F}$ 与速度 $\boldsymbol{v}$ 的夹角； M——力对转轴的矩或力偶距； ω——角速度

表 1.4-10　均质物体的转动惯量

序号	图　形	转动惯量
1	直　线 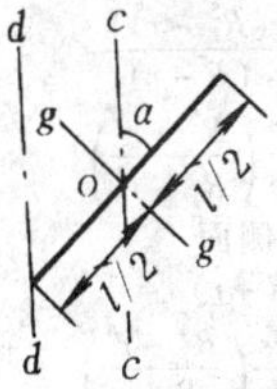	$J_g=\rho_1\frac{l^3}{12}=M\frac{l^2}{12}$ $J_C=\rho_1\frac{l^3\sin^2\alpha}{12}=M\frac{l^2\sin^2\alpha}{12}$ $J_d=\rho_1\frac{l^3\sin^2\alpha}{3}=M\frac{l^2\sin^2\alpha}{3}$
2	圆弧线 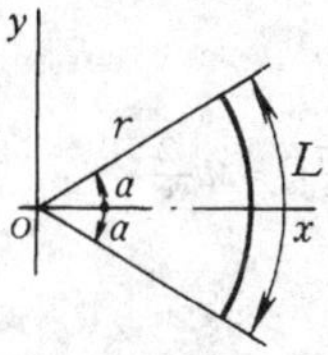	$L=2\alpha r$ $J_x=\rho_1\frac{r^3}{2}(2\alpha-\sin2\alpha)$ $=M\frac{r^2}{2}\left(1-\frac{\sin2\alpha}{2\alpha}\right)$ $J_y=\rho_1\frac{r^3}{2}(2\alpha+\sin2\alpha)$ $=M\frac{r^2}{2}\left(1+\frac{\sin2\alpha}{2\alpha}\right)$ $J_O=\rho_1 r^3 2\alpha=Mr^2$
3	等腰三角形 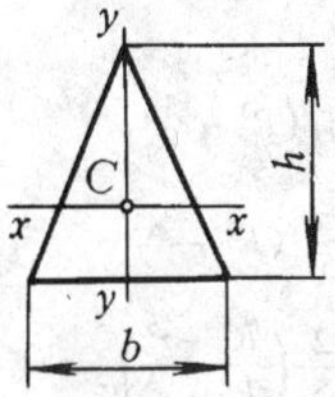	$A=\frac{bh}{2}$ $J_x=\rho_A\frac{bh^3}{36}=M\frac{h^2}{18}$ $J_y=\rho_A\frac{hb^3}{48}=M\frac{b^2}{24}$ $J_C=\rho_A\frac{bh(4h^2+3b^2)}{144}$ $=M\frac{4h^2+3b^2}{72}$
4	矩形 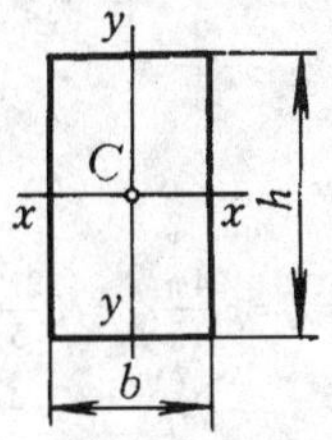	$A=bh$ $J_x=\rho_A\frac{bh^3}{12}=M\frac{h^2}{12}$ $J_y=\rho_A\frac{hb^3}{12}=M\frac{b^2}{12}$ $J_C=\rho_A\frac{bh(b^2+h^2)}{12}$ $=M\frac{b^2+h^2}{12}$
5	n 边正多边形 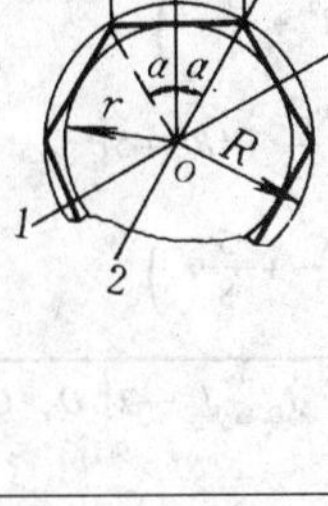	$A=\frac{a^2n}{4\tan\alpha}=\frac{nar}{2}$ $J_1=J_2=\rho_A\frac{nar}{48}(6R^2-a^2)$ $=\frac{M}{24}(6R^2-a^2)$ $=\frac{M}{48}(12r^2+a^2)$ $J_O=\rho_A\frac{nar}{24}(6R^2-a^2)$ $=\frac{M}{12}(6R^2-a^2)$ $=\frac{M}{24}(12r^2+a^2)$
6	圆 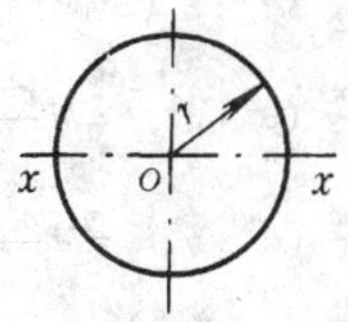	$A=\pi r^2$ $J_x=\rho_A\frac{\pi}{4}r^4=M\frac{r^2}{4}$ $J_O=\rho_A\frac{\pi}{2}r^4=M\frac{r^2}{2}$
7	半　圆 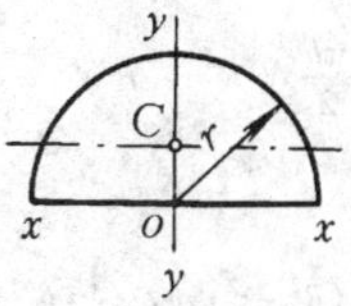	$A=\frac{\pi}{2}r^2$ $J_x=J_y=\rho_A\frac{\pi}{8}r^4=M\frac{r^2}{4}$ $J_O=\rho_A\frac{\pi}{4}r^4=M\frac{r^2}{2}$
8	椭　圆 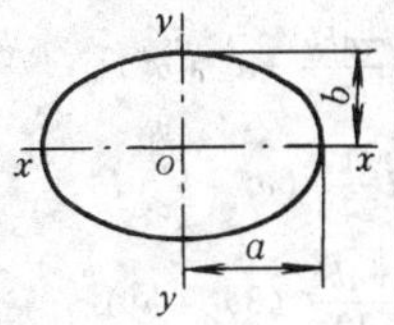	$A=\pi ab$ $J_x=\rho_A\frac{\pi}{4}ab^3=M\frac{b^2}{4}$ $J_y=\rho_A\frac{\pi}{4}ba^3=M\frac{a^2}{4}$ $J_O=\rho_A\frac{\pi}{4}ab(a^2+b^2)$ $=M\frac{a^2+b^2}{4}$
9	正圆柱 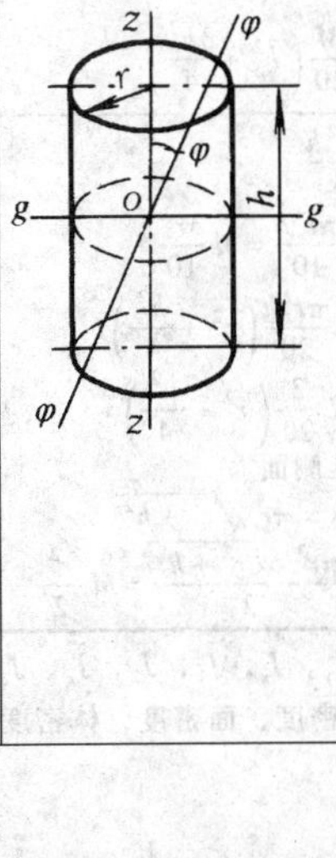	$V=\pi r^2h$ $J_z=\rho\frac{\pi r^4h}{2}=M\frac{r^2}{2}$ $J_g=\rho\frac{\pi r^2h}{12}(3r^2+h^2)$ $=M\frac{3r^2+h^2}{12}$ $J_\varphi=\rho\frac{\pi r^2h}{12}[3r^2(1+\cos^2\varphi)$ $+h^2\sin^2\varphi]$ $=M\frac{1}{12}[3r^2(1+\cos^2\varphi)$ $+h^2\sin^2\varphi]$ 正圆柱侧面 $A=2\pi rh$ $J_z=\rho_A 2\pi r^3h=Mr^2$ $J_g=\rho_A\frac{\pi rh}{6}(6r^2+h^2)$ $=M\frac{1}{12}(6r^2+h^2)$

（续）

序号	图形	转动惯量	序号	图形	转动惯量
10	正六面体 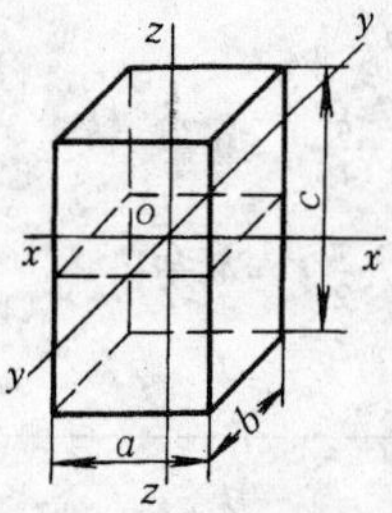	$V=abc$ $J_x=\rho\frac{abc}{12}(b^2+c^2)=M\frac{b^2+c^2}{12}$ $J_y=\rho\frac{abc}{12}(c^2+a^2)=M\frac{c^2+a^2}{12}$ $J_z=\rho\frac{abc}{12}(a^2+b^2)=M\frac{a^2+b^2}{12}$ 正立方体（$a=b=c$） $J_x=J_y=J_z=\rho\frac{a^5}{6}=M\frac{a^2}{6}$	15	截正圆锥 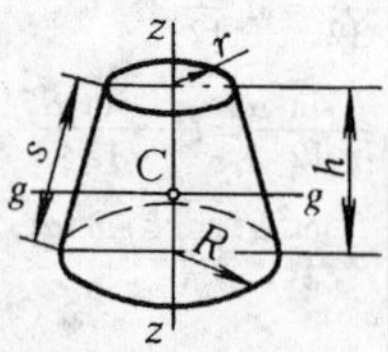	$V=\frac{\pi h}{3}(R^2+Rr+r^2)$ $J_z=\rho\frac{\pi h(R^5-r^5)}{10(R-r)}$ $=M\frac{3}{10}\left(\frac{R^5-r^5}{R^3-r^3}\right)$ 截正圆锥侧面 $A=\pi s(R+r)$ $J_z=\rho_A\frac{\pi s}{2}\left(\frac{R^4-r^4}{R-r}\right)$ $=M\left(\frac{R^2+r^2}{2}\right)$
11	空心正圆柱 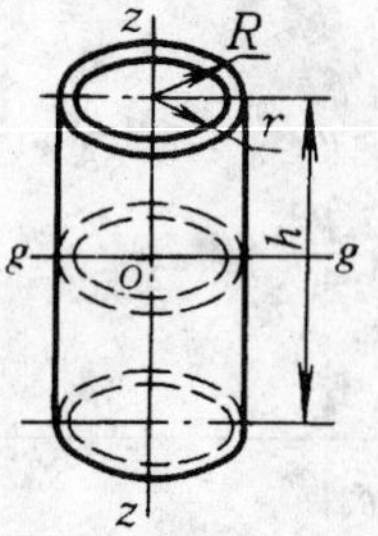	$V=\pi(R^2-r^2)h$ $J_z=\rho\frac{\pi h}{2}(R^4-r^4)=M\times\frac{R^2+r^2}{2}$ $J_g=\rho\frac{\pi(R^2-r^2)h}{4}\left(R^2+r^2+\frac{h^2}{3}\right)$ $=M\frac{1}{4}\left(R^2+r^2+\frac{h^2}{3}\right)$	16	球 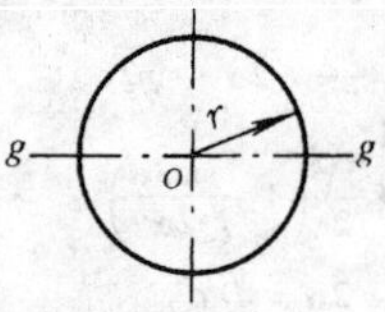	$V=\frac{4}{3}\pi r^3$ $J_g=\rho\frac{8\pi}{15}r^5=M\frac{2}{5}r^2$ 球面 $A=4\pi r^2$ $J_g=\rho_A\frac{8\pi}{3}r^4=M\frac{2r^2}{3}$
12	正椭圆柱 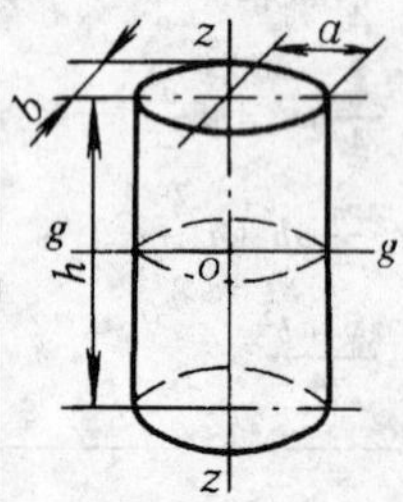	$V=\pi abh$ $J_z=\rho\frac{\pi abh}{4}(a^2+b^2)$ $=M\frac{1}{4}(a^2+b^2)$ $J_g=\rho\frac{\pi abh}{12}(3b^2+h^2)$ $=M\frac{1}{12}(3b^2+h^2)$	17	空心球 	$V=\frac{4}{3}\pi(R^3-r^3)$ $J_g=\rho\frac{8\pi}{15}(R^5-r^5)$ $=M\frac{2}{5}\left(\frac{R^5-r^5}{R^3-r^3}\right)$
13	正四棱锥 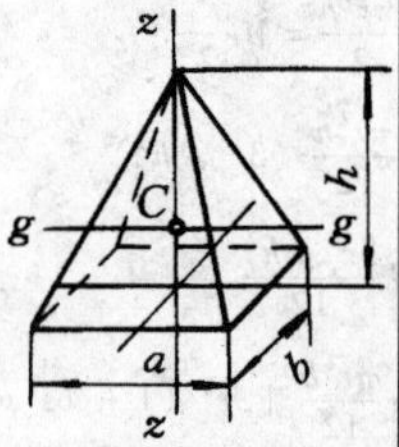	$V=\frac{abh}{3}$ $J_z=\rho\frac{abh}{60}(a^2+b^2)$ $=\frac{M}{20}(a^2+b^2)$ $J_g=\rho\frac{abh}{60}\left(b^2+\frac{3h^2}{4}\right)$ $=\frac{M}{20}\left(b^2+\frac{3h^2}{4}\right)$	18	半球 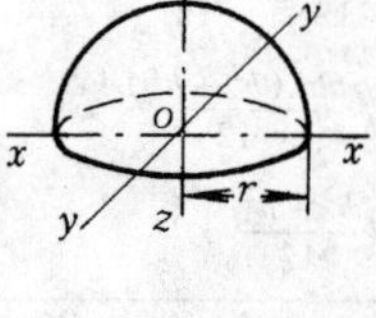	$V=\frac{2}{3}\pi r^3$ $J_x=J_y=J_z=\rho\frac{4\pi}{15}r^5=M\frac{2r^2}{5}$
14	正圆锥 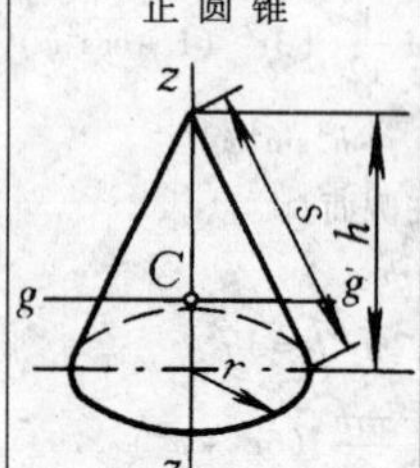	$V=\frac{\pi r^2h}{3}$ $J_z=\rho\frac{\pi r^4h}{10}=M\frac{3r^2}{10}$ $J_g=\rho\frac{\pi r^2h}{20}\left(r^2+\frac{h^2}{4}\right)$ $=M\frac{3}{20}\left(r^2+\frac{h^2}{4}\right)$ 正圆锥侧面 $A=\pi rs=\pi r\sqrt{r^2+h^2}$ $J_z=\rho\frac{\pi r^3\sqrt{r^2+h^2}}{2}=M\frac{r^2}{2}$	19	圆截面环形体 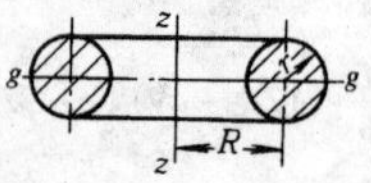	$V=2\pi^2Rr^2$ $J_x=\rho\frac{\pi^2Rr^2}{2}(4R^2+3r^2)$ $=M\left(R^2+\frac{3}{4}r^2\right)$ $J_g=\rho\frac{\pi^2Rr^2}{4}(4R^2+5r^2)$ $=M\left(\frac{R^2}{2}+\frac{5}{8}r^2\right)$

注：A—面积；V—体积；J_x，J_y，J_z，J_1，J_2，J_g，J_φ—对 x，y，z，1，2，g，φ 轴的转动惯量；J_O，J_C—对 O，C 点的转动惯量；ρ_1，ρ_A，ρ—线密度，面密度，体密度；M—总质量。

表 1.4-11　常用旋转体的转动惯量的近似计算式

计算通式：

$$J=\frac{KMD_e^2}{4}$$

式中　M——旋转体质量（kg）；

K——系数，见本表；

D_e——旋转体的飞轮计算直径（m）

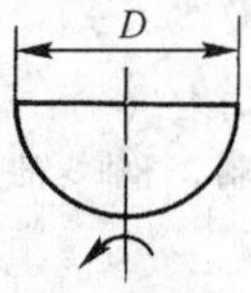 $K=0.4\quad D_e^2=D^2$	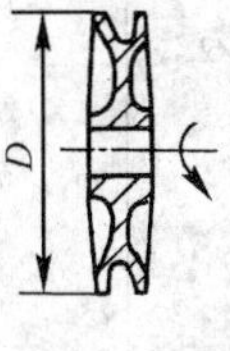 $K=0.55\quad D_e^2=D^2$	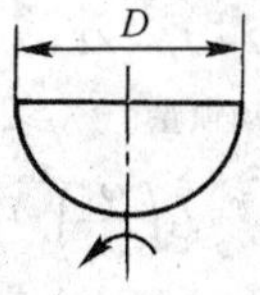 $K=0.3\quad D_e^2=D^2$	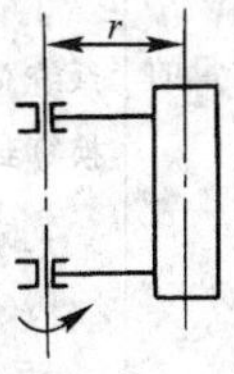 $K=4\quad D_e^2=r^2$
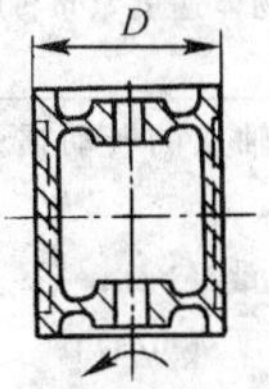 $K=0.7\quad D_e^2=D^2$	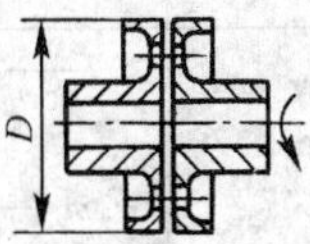 $K=0.45\quad D_e^2=D^2$	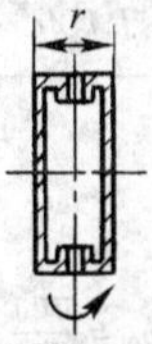 $K=2\quad D_e^2=r^2$	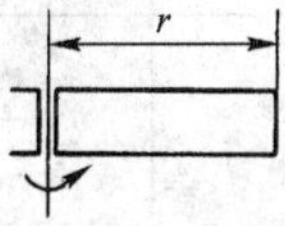 $K=1.33\quad D_e^2=r^2$
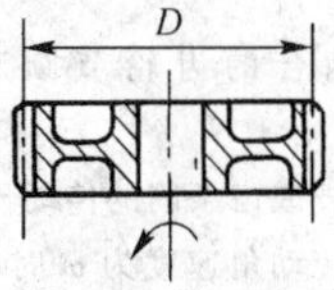 $K=0.6\quad D_e^2=D^2$	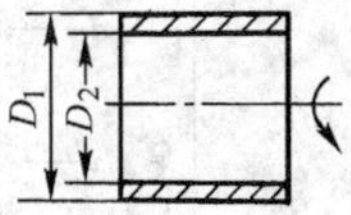 $K=0.5\quad D_e^2=D_1^2+D_2^2$	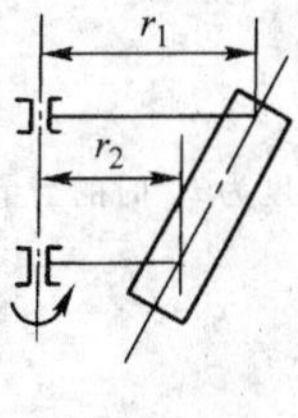 $K=1.33\quad D_e^2=r_1^2+r_1r+r_2^2$	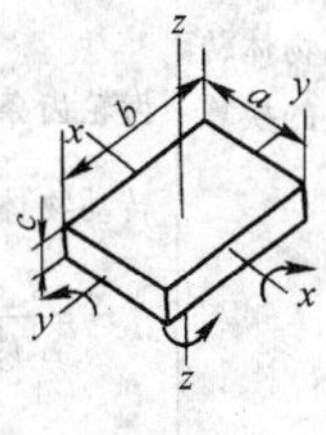 $K=0.33\quad D_{ex}^2=b^2+c^2$ $D_{ey}^2=b^2+a^2\quad D_{ez}^2=c^2+a^2$
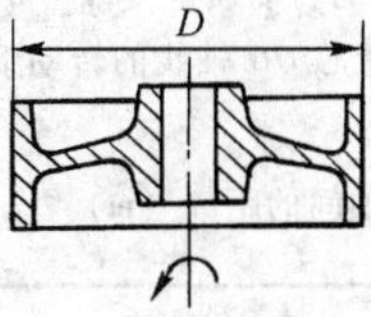 $K=0.6\quad D_e^2=D^2$	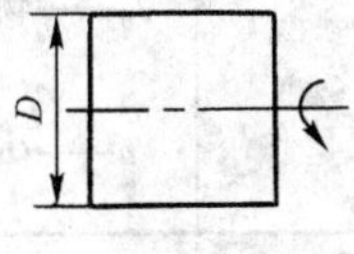 $K=0.5\quad D_e^2=D^2$	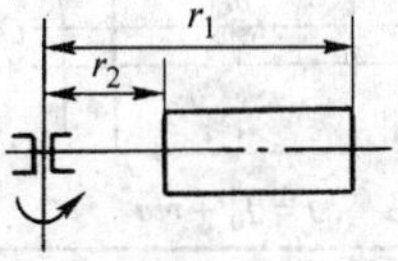 $K=1.33\quad D_e^2=\frac{r_1^3-r_2^3}{r_1-r_2}$	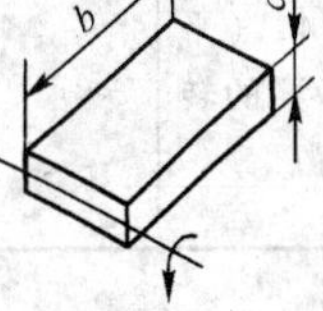 $K=0.166\quad D_e^2=4b^2+c^2$

注：表中部分零件只给出主要尺寸，计算出的转动惯量是近似的。

表 1.4-12　机械传动中转动惯量的换算

转动惯量及飞轮矩	$J=mr^2$	式中　J——转动惯量（$kg\cdot m^2$）； m——物体的质量（kg）； r——惯性半径（m）
	转动惯量 J 与飞轮矩（GD^2）的关系 $J=(GD^2)/4g$　　(1) $J=(GD^2)/4$　　(2)	式（1）中（GD^2）——飞轮矩（$N\cdot m^2$）； g——重力加速度 式（2）中（GD^2）——飞轮矩（$kg\cdot m^2$）

（续）

转动惯量的换算	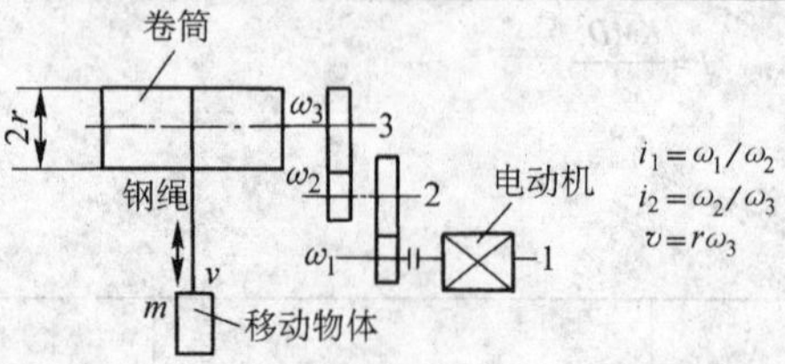 系统总动能　$E=J_1\omega_1^2/2+J_2\omega_2^2/2+J_3\omega_3^2/2+m\ (r\omega_3)^2/2$ 换算到电动机轴上的转动惯量 $J=\frac{2E}{\omega_1^2}=J_1+J_2\left(\frac{\omega_2}{\omega_1}\right)^2+J_3\left(\frac{\omega_3}{\omega_1}\right)^2+mr^2\left(\frac{\omega_3}{\omega_1}\right)^2$ $=J_1+J_2/i_1^2+J_3/\ (i_1i_2)^2+mr^2/\ (i_1i_2)^2$ 换算到移动物体上的当量质量 $m=\frac{2E}{v^2}=J_1\ (i_1i_2)^2/r^2+J_2i_2^2/r^2+J_3/r^2+m$	J——换算到电动机轴上的总转动惯量（$kg\cdot m^2$）； J_1、J_2、J_3——轴1、轴2、轴3上回转体的转动惯量（$kg\cdot m^2$）； m——吊在钢绳上移动物体的质量（kg）； r——卷筒的半径（m）； ω_1、ω_2、ω_3——轴1、轴2、轴3的角速度（rad/s）； i_1、i_2——轴1与轴2、轴2与轴3间的传动比； v——移动物体速度（m/s）
移动物体转动惯量的换算	一般移动物体　$J=\frac{mv_m^2}{\omega_0^2}$，$\omega_0=\frac{\pi n_0}{30}$ 丝杆传动　$J=\frac{mt^2}{4\pi^2i^2}$ 齿轮齿条传动　$J=\frac{md^2}{4i^2}$ 转动物体换算为移动速度为 v_m 时的当量质量 $m=\frac{J_n\omega^2}{v_m^2}$，$\omega=\frac{\pi n}{30}$	J——换算到电动机轴上的转动惯量（$kg\cdot m^2$）； m——移动物体的质量（kg）； v_m——物体的移动速度（m/s）； ω_0——电动机角速度（rad/s）； n_0——电动机转速（r/min）； t——丝杆螺距（m）； d——与齿条相啮合的齿轮节圆直径（m）； i——电动机与丝杆或齿条间的传动比； J_n——物体绕某轴转动角速度为 ω 时的转动惯量（$kg\cdot m^2$）； ω——物体绕某轴转动的角速度（rad/s）； n——转动物体转速（r/min）
物体对某一轴线 AA（平行 OO）的转动惯量	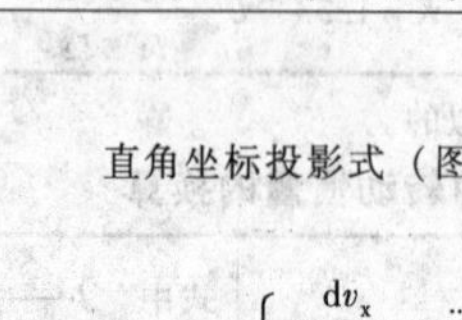 $J=J_0+ma^2$	J——物体对 AA 轴的转动惯量（$kg\cdot m^2$）； J_0——物体对通过重心 OO 轴线的转动惯量（$kg\cdot m^2$）； a——OO 轴与 AA 轴间的距离（m）

表 1.4-13　动力学普遍定理

序号	定理名称	关系式	图示与说明
1	恒质量质点的动量定理	矢量式 $m\frac{d\boldsymbol{v}}{dt}=\sum\boldsymbol{F}_i$ 直角坐标投影式（图a） $\begin{cases}m\frac{dv_x}{dt}=m\ddot{x}=\sum F_{xi}\\m\frac{dv_y}{dt}=m\ddot{y}=\sum F_{yi}\\m\frac{dv_z}{dt}=m\ddot{z}=\sum F_{zi}\end{cases}$	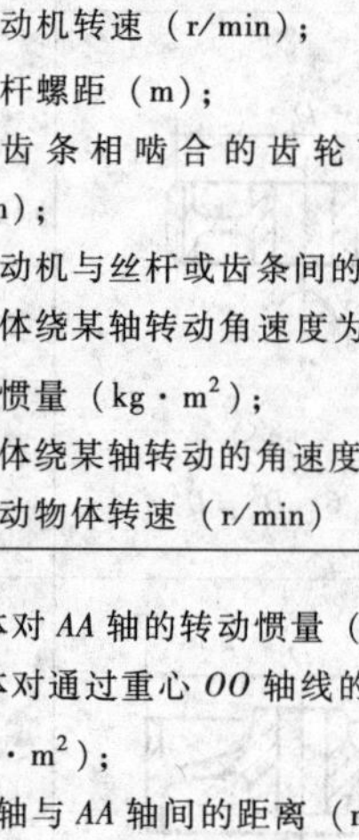 a) x、y、z——质点瞬时坐标 F_{xi}、F_{yi}、F_{zi}——第 i 个力在三坐标轴上的投影

（续）

序号	定理名称	关　　系　　式	图示与说明
1	恒质量质点的动量定理	自然坐标的投影式（图 b） $\begin{cases} m\dfrac{\mathrm{d}v}{\mathrm{d}t}=m\ddot{s}=\sum F_{\tau i} \\ m\dfrac{v^2}{\rho}=m\dfrac{\dot{s}^2}{\rho}=\sum F_{\mathrm{n}i} \\ 0=\sum F_{\mathrm{b}i} \end{cases}$ 质点动量守恒情况： 若 $\sum \boldsymbol{F}_i=0$，则 $m\boldsymbol{v}$ = 常矢量 若 $\sum F_{\mathrm{x}}=0$，则 mv_{x} = 常量	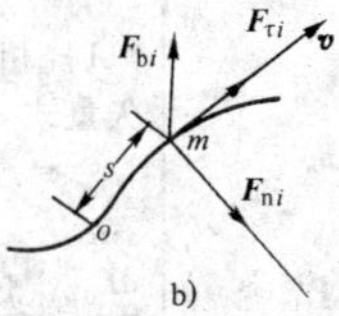 $\boldsymbol{\tau}$、$\boldsymbol{n}$、$\boldsymbol{b}$ 分别为沿轨迹切向、主法线方向和副法线方向的单位矢量 $F_{\tau i}$、$F_{\mathrm{n}i}$、$F_{\mathrm{b}i}$分别为沿 $\boldsymbol{\tau}$、$\boldsymbol{n}$ 和 $\boldsymbol{b}$ 方向的第 i 个力 $\boldsymbol{F}_i$ 的三个分量
2	变质量质点的动量定理	矢量式　　　　直角坐标投影式 $m\dfrac{\mathrm{d}\boldsymbol{v}}{\mathrm{d}t}=\sum \boldsymbol{F}_i+\dfrac{\mathrm{d}m}{\mathrm{d}t}\boldsymbol{v}_{\mathrm{r}}\begin{cases} m\ddot{x}=\sum F_{\mathrm{x}i}+\dfrac{\mathrm{d}m}{\mathrm{d}t}v_{\mathrm{rx}} \\ m\ddot{y}=\sum F_{\mathrm{y}i}+\dfrac{\mathrm{d}m}{\mathrm{d}t}v_{\mathrm{ry}} \\ m\ddot{z}=\sum F_{\mathrm{z}i}+\dfrac{\mathrm{d}m}{\mathrm{d}t}v_{\mathrm{rz}} \end{cases}$	$\boldsymbol{v}_{\mathrm{r}}$ 为流出或进入原质点质量的相对速度
3	质点系动量定理	矢量式　　　　直角坐标投影式 $\dfrac{\mathrm{d}\boldsymbol{p}}{\mathrm{d}t}=\dfrac{\mathrm{d}\sum m_i\boldsymbol{v}_i}{\mathrm{d}t}=\sum \boldsymbol{F}_i\begin{cases} \dfrac{\mathrm{d}p_{\mathrm{x}}}{\mathrm{d}t}=\dfrac{\mathrm{d}\sum m_i v_{\mathrm{x}i}}{\mathrm{d}t}=\sum F_{\mathrm{x}i} \\ \dfrac{\mathrm{d}p_{\mathrm{y}}}{\mathrm{d}t}=\dfrac{\mathrm{d}\sum m_i v_{\mathrm{y}i}}{\mathrm{d}t}=\sum F_{\mathrm{y}i} \\ \dfrac{\mathrm{d}p_{\mathrm{z}}}{\mathrm{d}t}=\dfrac{\mathrm{d}\sum m_i v_{\mathrm{z}i}}{\mathrm{d}t}=\sum F_{\mathrm{z}i} \end{cases}$ 质点系动量守恒情况： 若 $\sum \boldsymbol{F}_i=0$，则 $\boldsymbol{p}=\sum m_i\boldsymbol{v}_i$ = 常矢量 若 $\sum F_{\mathrm{x}i}=0$，则 $p_{\mathrm{x}}=\sum m_i v_{\mathrm{x}i}$ = 常量	$\sum \boldsymbol{F}_i$ 为作用质点系各外力的矢量和，$\sum F_{\mathrm{x}i}$、$\sum F_{\mathrm{y}i}$、$\sum F_{\mathrm{z}i}$ 分别为各外力在三坐标轴上的投影代数和
4	质心运动定理	矢量式　　　　直角坐标投影式 $M\boldsymbol{a}_{\mathrm{c}}=\sum \boldsymbol{F}_i\begin{cases} Ma_{\mathrm{cx}}=M\ddot{x}_{\mathrm{c}}=\sum F_{\mathrm{x}i} \\ Ma_{\mathrm{cy}}=M\ddot{y}_{\mathrm{c}}=\sum F_{\mathrm{y}i} \\ Ma_{\mathrm{cz}}=M\ddot{z}_{\mathrm{c}}=\sum F_{\mathrm{z}i} \end{cases}$ 质心运动守恒情况： 若 $\sum \boldsymbol{F}_i=0$，则 $\boldsymbol{v}_{\mathrm{c}}$ = 常矢量 若 $\sum F_{\mathrm{x}}=0$，则 v_{cx} = 常量	由质点系动量定理导出 $\boldsymbol{F}_i$ 为作用于质点系的外力 M 为质点系总质量 $\boldsymbol{a}_{\mathrm{c}}$ 为质心的加速度，其沿 x、y、z 轴的分量为 a_{cx}、a_{cy} 和 a_{cz} $\boldsymbol{v}_{\mathrm{c}}$ 为质心速度，其沿 x、y、z 轴的分量为 v_{cx}、v_{cy} 和 v_{cz}
5	质点动量矩定理	矢量式　　　　直角坐标投影式 $\dfrac{\mathrm{d}\boldsymbol{l}_0}{\mathrm{d}t}=\dfrac{\mathrm{d}M_0\ (m\boldsymbol{v})}{\mathrm{d}t}=\boldsymbol{r}\times\boldsymbol{F}\begin{cases} \dfrac{\mathrm{d}l_{\mathrm{x}}}{\mathrm{d}t}=M_{\mathrm{x}}\ (\boldsymbol{F}) \\ \dfrac{\mathrm{d}l_{\mathrm{y}}}{\mathrm{d}t}=M_{\mathrm{y}}\ (\boldsymbol{F})=M_0\ (\boldsymbol{F}) \\ \dfrac{\mathrm{d}l_{\mathrm{z}}}{\mathrm{d}t}=M_{\mathrm{z}}\ (\boldsymbol{F}) \end{cases}$ 质点动量矩守恒情况： 若 $M_0\ (\boldsymbol{F})=0$，则 $\boldsymbol{l}_0$ = 常矢量 若 $M_{\mathrm{z}}\ (\boldsymbol{F})=0$，则 l_{z} = 常量	$\boldsymbol{l}_0$、l_{x}、l_{y}、l_{z} 的计算见表 1.4-9 M_0（$m\boldsymbol{v}$）、M_{x}（$\boldsymbol{F}$）、M_{y}（$\boldsymbol{F}$）、M_{z}（$\boldsymbol{F}$）的计算见表 1.4-2

（续）

序号	定理名称	关　系　式	图示与说明
6	质点系动量矩定理	1）相对于固定点（或轴）的动量矩定理 矢量式 $\frac{\mathrm{d}\boldsymbol{L}_0}{\mathrm{d}t}=\frac{\mathrm{d}}{\mathrm{d}t}\sum M_0\ (m_i\boldsymbol{v}_i)\ =\sum M_0\ (\boldsymbol{F}_i)$ 直角坐标投影式 $\begin{cases}\frac{\mathrm{d}L_x}{\mathrm{d}t}=\sum M_x\ (\boldsymbol{F}_i)\\ \frac{\mathrm{d}L_y}{\mathrm{d}t}=\sum M_y\ (\boldsymbol{F}_i)\\ \frac{\mathrm{d}L_z}{\mathrm{d}t}=\sum M_z\ (\boldsymbol{F}_i)\end{cases}$ 质点系动量守恒情况： 若$\sum M_0\ (\boldsymbol{F}_i)\ =0$，$\boldsymbol{L}_0$＝常矢量 若$\sum M_z\ (\boldsymbol{F}_i)\ =0$，$L_z$＝常量	各力$\boldsymbol{F}_i$为外力 $\boldsymbol{L}_0$、L_x、L_y、L_z计算见表1.4-9 $M_x\ (\boldsymbol{F}_i)$、$M_y\ (\boldsymbol{F}_i)$、$M_z\ (\boldsymbol{F}_i)$计算见表1.4-2
		2）相对于质心的动量矩定理 $\frac{\mathrm{d}\boldsymbol{L}_c^r}{\mathrm{d}t}=\boldsymbol{M}_c$ $\boldsymbol{L}_c^r=\sum \boldsymbol{r}'_i\times m_i\boldsymbol{v}_i^r$为质点系对于质心相对运动的动量矩 $\boldsymbol{M}_c$—质点系所受外力对质心的主矩	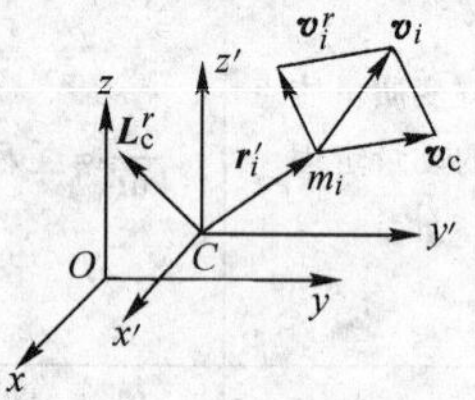 $Cx'y'z'$以质心C为原点的平动坐标系（质心坐标系） $Oxyz$以固定点O为原点的坐标系 v_i^r——任一质点对质心坐标系的相对速度
7	动能定理	$T-T_0=\sum W_i$	T_0、T——质点或质点系始末位置的动能； $\sum W_i$——作用在质点或质点系上所有外力和内力，从运动初始到终了所做的功
8	机械能守恒定律	$T+V$＝常量	T、V——质点或质点系某瞬时的动能和势能 本定律仅在有势力作用下适用。如还有其他力作用，但其不做功，本定律仍适用

表1.4-14　质点及刚体的运动微分方程

序号	运动类型	运动微分方程	说　明
1	质点运动（恒质量）	直角坐标系 $m\ddot{x}=\sum F_{xi}$ $m\ddot{y}=\sum F_{yi}$ $m\ddot{z}=\sum F_{zi}$ 自然坐标系 $m\ddot{s}=\sum F_{\tau i}$ $m\frac{\dot{s}^2}{\rho}=\sum F_{ni}$	即恒质量质点动量定理，见表1.4-13
2	刚体平动	$M\ddot{x}_c=\sum F_{xi}$ $M\ddot{y}_c=\sum F_{yi}$ $M\ddot{z}_c=\sum F_{zi}$	$\ddot{x}_c$、$\ddot{y}_c$、$\ddot{z}_c$——刚体质心在x、y、z方向的加速度分量； M——刚体总质量
3	刚体定轴转动	$J_z\ddot{\varphi}=M_z$	由动量矩定理导出 J_z——刚体对z轴的转动惯量； M_z——作用于刚体外力对z轴的合力矩
4	刚体平面运动	$M\ddot{x}_c=\sum F_{xi}$ $M\ddot{y}_c=\sum F_{yi}$ $J_c\ddot{\varphi}=M_c$	由质心运动定理和相对于质心动量矩定理导出。 M——刚体总质量； J_c——刚体对质心轴的转动惯量； M_c——作用于刚体外力对质心轴合力矩

4　点的应力、应变状态分析和强度理论（见表 1.4-15～表 1.4-18）

表 1.4-15　点的应力状态分析

序号	应力状态类型	图　示	斜截面上的应力	主应力	主方向	主切应力和最大切应力
1	单向应力状态	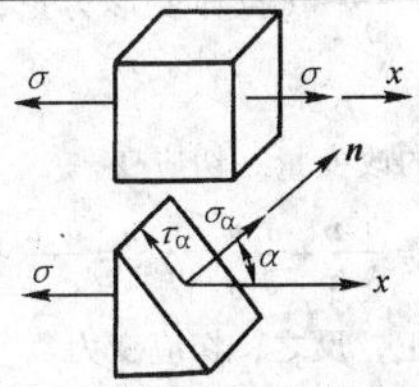	$\sigma_\alpha=\frac{1}{2}\sigma\ (1+\cos2\alpha)$ $\tau_\alpha=-\frac{1}{2}\sigma\sin2\alpha$	$\sigma_1=\sigma$ $\sigma_2=\sigma_3=0$	$\alpha_p=\begin{cases}0°\\90°\end{cases}$	$\tau_{max}=\frac{1}{2}\sigma$ （作用面法线与 x 成 45°）
2	两向应力状态	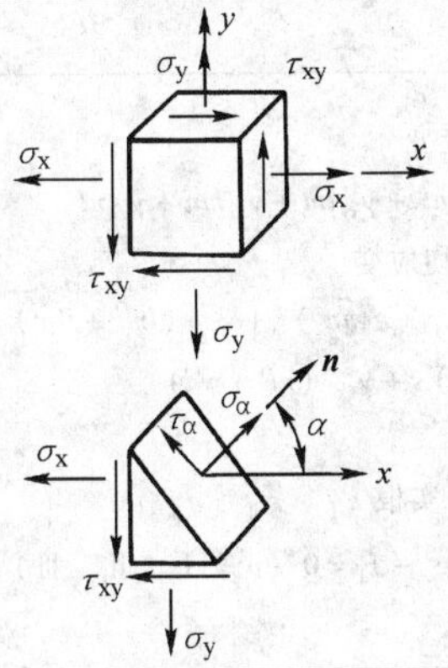	$\sigma_\alpha=\frac{\sigma_x+\sigma_y}{2}+\frac{\sigma_x-\sigma_y}{2}\times\cos2\alpha+\tau_{xy}\sin2\alpha$ $\tau_\alpha=\frac{-(\sigma_x-\sigma_y)}{2}\sin2\alpha+\tau_{xy}\cos2\alpha$	$\sigma_{\min}^{\max}=\frac{\sigma_x+\sigma_y}{2}\pm\sqrt{\left(\frac{\sigma_x-\sigma_y}{2}\right)^2+\tau_{xy}^2}$ 据 σ_{max}、σ_{min} 及另一主应力（为零）代数值的大小，由大至小依次定为 σ_1，σ_2，σ_3	$\tan2\alpha_p=\frac{2\tau_{xy}}{\sigma_x-\sigma_y}$ 若取 $2\alpha_p$ 为主值（$-\frac{\pi}{2}\leqslant 2\alpha_p\leqslant\frac{\pi}{2}$），则当 $\sigma_x\geqslant\sigma_y$ 时，由 x 转 α_p 角至 σ_{max}，若 $\sigma_x<\sigma_y$，由 x 转 α_p 角至 σ_{min}	主切应力 $\tau_{1,2}=\pm\sqrt{\left(\frac{\sigma_x-\sigma_y}{2}\right)^2+\tau_{xy}^2}$ （在垂直 xy 面的斜截面中） 最大切应力 $\tau_{max}=\frac{\sigma_1-\sigma_3}{2}$ （作用面与 σ_2 平行、与 σ_1，σ_3 向成 45°）
3	三向应力状态	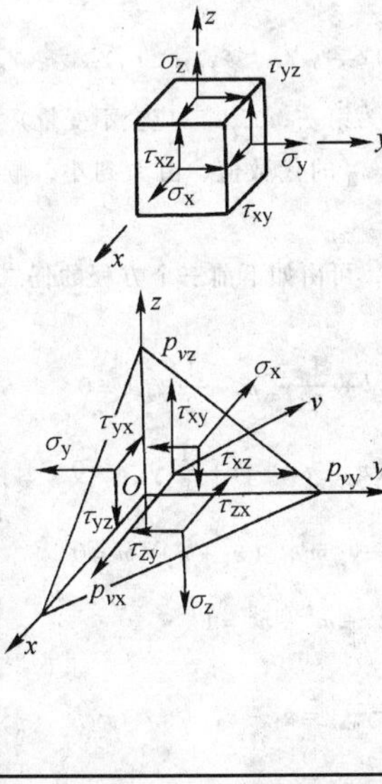	斜截面上总应力沿坐标轴的三个分量： $p_{vx}=\sigma_x l+\tau_{xy}m+\tau_{xz}n$ $p_{vy}=\tau_{yx}l+\sigma_y m+\tau_{yz}n$ $p_{vz}=\tau_{zx}l+\tau_{zy}m+\sigma_z n$ （l、m、n 为斜截面法线与 x、y、z 轴的方向余弦）	三个主应力值（σ_{I}，σ_{II} 和 σ_{III}）由下式解得： $\sigma_i^3-\Theta_1\sigma_i^2-\Theta_2\sigma_i-\Theta_3=0$ （下标 i 为 Ⅰ，Ⅱ，Ⅲ表示三个主应力） 式中 $\Theta_1=\sigma_x+\sigma_y+\sigma_z$ $\Theta_2=-(\sigma_x\sigma_y+\sigma_y\sigma_z+\sigma_z\sigma_x)+\tau_{xy}^2+\tau_{yz}^2+\tau_{zx}^2$ $\Theta_3=\sigma_x\sigma_y\sigma_z+2\tau_{xy}\tau_{yz}\times\tau_{zx}-\sigma_x\tau_{yz}^2-\sigma_y\tau_{zx}^2-\sigma_z\tau_{xy}^2$ Θ_1、Θ_2、Θ_3 分别称为第一、二、三应力不变量。按解得 σ_{I}，σ_{II}、σ_{III} 的代数值，由大到小，顺序定为 σ_1、σ_2 和 σ_3	三个主应力方向的方向余弦由如下方程前三个的任二个及第四个方程联立求得 $(\sigma_x-\sigma_i)\ l+\tau_{xy}\times m+\tau_{xz}n=0$ $\tau_{yx}l+(\sigma_y-\sigma_i)\times m+\tau_{yz}n=0$ $\tau_{zx}l+\tau_{zy}m+(\sigma_z-\sigma_i)\ n=0$ $l^2+m^2+n^2=1$	主切应力 $\tau_1=\frac{1}{2}(\sigma_{\mathrm{I}}-\sigma_{\mathrm{II}})$ $\tau_2=\frac{1}{2}(\sigma_{\mathrm{II}}-\sigma_{\mathrm{III}})$ $\tau_3=\frac{1}{2}(\sigma_{\mathrm{III}}-\sigma_{\mathrm{I}})$ 最大切应力 $\tau_{max}=\frac{\sigma_1-\sigma_3}{2}$ （作用面与 σ_2 平行与 σ_1 和 σ_3 向成 45°）

注：1. 规定在外法线指向坐标轴正向的单元体表面上，如作用的应力分量方向沿坐标轴正向，则取其为正值，反之取负值；在外法线指向坐标轴负向的单元体表面上，如作用的应力分量方向沿坐标轴负向，则取其为正值，反之为负值。

2. α 角从 x 量起，反时针转为正，顺时针转为负。

3. 按高等代数，求主应力的三次方程的三个根为：$\sigma_{\mathrm{I}}=\frac{\Theta_1}{3}+R\cos\varphi$，$\sigma_{\mathrm{II}}=\frac{\Theta_1}{3}+R\cos\left(\frac{\varphi+2\pi}{3}\right)$、$\sigma_{\mathrm{III}}=\frac{\Theta_1}{3}+R\times\cos\left(\frac{\varphi+4\pi}{3}\right)$。式中 $R=\frac{2}{3}\sqrt{\Theta_1^2+3\Theta_2}$，$\cos\varphi=\frac{2\Theta_1^3+9\Theta_1\Theta_2+27\Theta_3}{2(\Theta_1^2+3\Theta_2)^{3/2}}$

表1.4-16　点的应变状态分析（小变形条件）

序号	分析项目	图　示	表示或关系式
1	点的应变状态表示及应变与点的位移间的关系	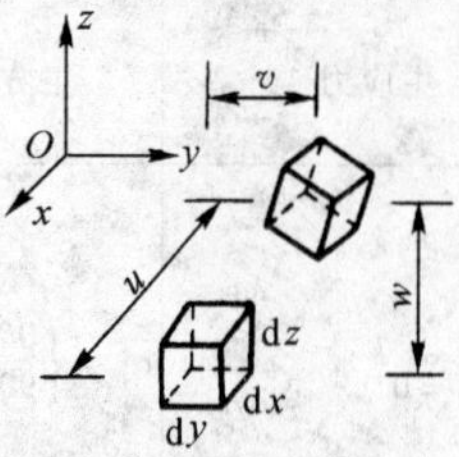 u、v、w 分别为点沿 x、y、z 向位移，为点的坐标的函数	单元体三棱边单位长度的伸长或缩短量—线应变 $\varepsilon_x=\frac{\partial u}{\partial x}$，$\varepsilon_y=\frac{\partial v}{\partial y}$，$\varepsilon_z=\frac{\partial w}{\partial z}$（拉伸变形为正，压缩变形为负） 单元体三正交棱边直角的改变量—切应变 $\gamma_{xy}=\frac{\partial u}{\partial y}+\frac{\partial v}{\partial x}$，$\gamma_{yz}=\frac{\partial v}{\partial z}+\frac{\partial w}{\partial y}$，$\gamma_{zx}=\frac{\partial u}{\partial z}+\frac{\partial w}{\partial x}$ （直角减小，切应变为正，反之，切应变为负）
2	一般应变状态	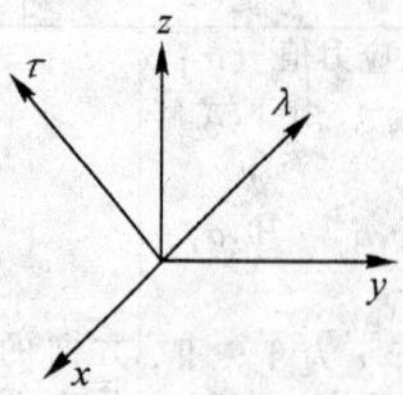 过一点沿任意两正交方向，$\boldsymbol{\lambda}$ 和 $\boldsymbol{\tau}$ 对 x、y、z 轴的方向余弦分别为 l、m、n 和 l'、m'、n'	沿任意方向 λ 的线应变 $\varepsilon_\lambda=\varepsilon_x l^2+\varepsilon_y m^2+\varepsilon_z n^2+\gamma_{xy}lm+\gamma_{yz}mn+\gamma_{zx}nl$ 沿 λ—τ 正交方向的切应变 $\gamma_{\lambda\tau}=2(\varepsilon_x ll'+\varepsilon_y mm'+\varepsilon_z nn')+\gamma_{xy}(lm'+l'm)+\gamma_{yz}(mn'+m'n)+\gamma_{zx}(nl'+n'l)$ 主应变： 由如下方程求得三个实根 ε_{I}、$\varepsilon_{\mathrm{II}}$、$\varepsilon_{\mathrm{III}}$ $\varepsilon_\nu^3-J_1\varepsilon_\nu^2-J_2\varepsilon_\nu-J_3=0$（$\nu$ 取Ⅰ，Ⅱ，Ⅲ） 式中 $J_1=\varepsilon_x+\varepsilon_y+\varepsilon_z$ $J_2=-(\varepsilon_x\varepsilon_y+\varepsilon_y\varepsilon_z+\varepsilon_z\varepsilon_x)+\frac{1}{4}(\gamma_{xy}^2+\gamma_{yz}^2+\gamma_{zx}^2)$ $J_3=\varepsilon_x\varepsilon_y\varepsilon_z+\frac{1}{4}(\gamma_{xy}\gamma_{yz}\gamma_{zx}-\varepsilon_x\gamma_{yz}^2-\varepsilon_y\gamma_{zx}^2-\varepsilon_z\gamma_{xy}^2)$ （J_1、J_2、J_3 分别称为第一、二、三应变不变量） 按解得的 ε_{I}、$\varepsilon_{\mathrm{II}}$、$\varepsilon_{\mathrm{III}}$ 的代数值、由大到小，顺序定为 ε_1、ε_2、ε_3 三主应变的方向余弦，可由如下前三个方程的任二个及第四个方程求得： $(\varepsilon_x-\varepsilon_\nu)l+\frac{1}{2}\gamma_{xy}m+\frac{1}{2}\gamma_{zx}n=0$ $\frac{1}{2}\gamma_{xy}l+(\varepsilon_y-\varepsilon_\nu)m+\frac{1}{2}\gamma_{yz}n=0$ $\frac{1}{2}\gamma_{zx}l+\frac{1}{2}\gamma_{yz}m+(\varepsilon_z-\varepsilon_\nu)n=0$ $l^2+m^2+n^2=1$ 最大切应变 $\gamma_{max}=\varepsilon_1-\varepsilon_3$
3	与平面应力状态相应的应变状态 （$\gamma_{yz}=\gamma_{zx}=0$，$\varepsilon_z=\varepsilon_z(x、y)$）	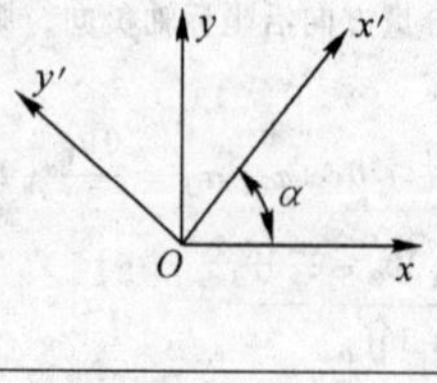	x'向的线应变 $\varepsilon_{x'}=\frac{\varepsilon_x+\varepsilon_y}{2}+\frac{\varepsilon_x-\varepsilon_y}{2}\cos2\alpha+\frac{\gamma_{xy}}{2}\sin2\alpha$ x'-y'正交方向的切应变 $\frac{1}{2}\gamma_{x'y'}=-\frac{(\varepsilon_x-\varepsilon_y)}{2}\sin2\alpha+\frac{\gamma_{xy}}{2}\cos2\alpha$

（续）

序号	分析项目	图　示	表示或关系式
3	与平面应力状态相应的应变状态（$\gamma_{yz}=\gamma_{zx}=0$，$\varepsilon_z=\varepsilon_z(x、y)$）		主应变 $\varepsilon_{\substack{max\\min}}=\dfrac{\varepsilon_x+\varepsilon_y}{2}\pm\sqrt{\left(\dfrac{\varepsilon_x-\varepsilon_y}{2}\right)^2+\left(\dfrac{\gamma_{xy}}{2}\right)^2}$ 主方向 $\tan2\alpha_p=\dfrac{\gamma_{xy}}{\varepsilon_x-\varepsilon_y}$〔若取$2\alpha_p$为主值$\left(-\dfrac{\pi}{2}\leqslant\alpha\leqslant\dfrac{\pi}{2}\right)$，则当$\varepsilon_x\geqslant\varepsilon_y$时，由$x$转$\alpha_p$至$\varepsilon_{max}$，反之至$\varepsilon_{min}$〕 按$\varepsilon_{max}$、$\varepsilon_{min}$及另一个主应变的代数值由大至小，顺序定为$\varepsilon_1$、$\varepsilon_2$、$\varepsilon_3$ 最大切应变$\gamma_{max}=\varepsilon_1-\varepsilon_3$

表1.4-17　线弹性材料的应力应变关系式（广义虎克定律）

序号	应力状态	用应力分量表示应变分量	用应变分量表示应力分量
1	三向应力状态	$\varepsilon_x=\dfrac{1}{E}[\sigma_x-\nu(\sigma_y+\sigma_z)]$ $=\dfrac{1}{2G}\left(\sigma_x-\dfrac{\nu}{1+\nu}\textcircled{H}_1\right)$　$\gamma_{xy}=\dfrac{\tau_{xy}}{G}$ $\varepsilon_y=\dfrac{1}{E}[\sigma_y-\nu(\sigma_z+\sigma_x)]$ $=\dfrac{1}{2G}\left(\sigma_y-\dfrac{\nu}{1+\nu}\textcircled{H}_1\right)$　$\gamma_{yz}=\dfrac{\tau_{yz}}{G}$ $\varepsilon_z=\dfrac{1}{E}[\sigma_z-\nu(\sigma_x+\sigma_y)]$ $=\dfrac{1}{2G}\left(\sigma_z-\dfrac{\nu}{1+\nu}\textcircled{H}_1\right)$　$\gamma_{zx}=\dfrac{\tau_{zx}}{G}$	$\sigma_x=\dfrac{E}{(1+\nu)(1-2\nu)}[(1-\nu)\varepsilon_x+\nu(\varepsilon_y+\varepsilon_z)]$ $=2G\varepsilon_x+\lambda\theta$　$\tau_{xy}=G\gamma_{xy}$ $\sigma_y=\dfrac{E}{(1+\nu)(1-2\nu)}[(1-\nu)\varepsilon_y+\nu(\varepsilon_z+\varepsilon_x)]$ $=2G\varepsilon_y+\lambda\theta$　$\tau_{yz}=G\gamma_{yz}$ $\sigma_z=\dfrac{E}{(1+\nu)(1-2\nu)}[(1-\nu)\varepsilon_z+\nu(\varepsilon_x+\varepsilon_y)]$ $=2G\varepsilon_z+\lambda\theta$　$\tau_{zx}=G\gamma_{zx}$
2	平面应力状态（$\sigma_z=\tau_{yz}=\tau_{zx}=0$）	$\varepsilon_x=\dfrac{1}{E}(\sigma_x-\nu\sigma_y)$ $\varepsilon_y=\dfrac{1}{E}(\sigma_y-\nu\sigma_x)$　$\gamma_{xy}=\dfrac{\tau_{xy}}{G}$ $\varepsilon_z=\dfrac{-\nu}{E}(\sigma_x+\sigma_y)$	$\sigma_x=\dfrac{E}{1-\nu^2}(\varepsilon_x+\nu\varepsilon_y)$ $\tau_{xy}=G\gamma_{xy}$ $\sigma_y=\dfrac{E}{1-\nu^2}(\varepsilon_y+\nu\varepsilon_x)$
3	平面应变状态（$\varepsilon_z=\gamma_{yz}=\gamma_{zx}=0$）	$\varepsilon_x=\dfrac{1-\nu^2}{E}\left(\sigma_x-\dfrac{\nu}{1-\nu}\sigma_y\right)$ $\varepsilon_y=\dfrac{1-\nu^2}{E}\left(\sigma_y-\dfrac{\nu}{1-\nu}\sigma_x\right)$　$\gamma_{xy}=\dfrac{\tau_{xy}}{G}$ $\varepsilon_z=0$	$\sigma_x=\dfrac{E}{(1+\nu)(1-2\nu)}[(1-\nu)\varepsilon_x+\nu\varepsilon_y]$ $\sigma_y=\dfrac{E}{(1+\nu)(1-2\nu)}[(1-\nu)\varepsilon_y+\nu\varepsilon_x]$　$\tau_{xy}=G\gamma_{xy}$ $\sigma_z=\dfrac{E\nu}{(1+\nu)(1-2\nu)}(\varepsilon_x+\varepsilon_y)$

注：1. E、G、ν、λ分别为材料的弹性模量、切变弹性模量、泊松比和拉梅弹性常数。它们之间有关系式$G=\dfrac{E}{2(1+\nu)}$和$\lambda=\dfrac{E\nu}{(1+\nu)(1-2\nu)}$。

2. $\textcircled{H}_1=\sigma_x+\sigma_y+\sigma_z$，$\theta=\varepsilon_x+\varepsilon_y+\varepsilon_z$。

3. 表中应力σ_x、σ_y、σ_z（或σ_x、σ_y）及应变ε_x、ε_y、ε_z（或ε_x、ε_y）间的关系也适用于主应力σ_1、σ_2、σ_3与主应变ε_1、ε_2、ε_3间的关系。

表 1.4-18　常用的强度理论

序号	强度理论名称	破坏条件	强度条件	适用范围	
				破坏形式	应力状态与材料
1	第一强度理论（最大拉应力理论）	$\sigma_1=\sigma_{bl}$ （σ_{bl}—抗拉强度，下同）	$\sigma_1\leqslant[\sigma]_{bl}\leqslant\frac{\sigma_{bl}}{n}$ （$[\sigma]_{bl}$—许用拉伸应力 n—安全系数）	正断	1）单向拉伸、二向应力状态（二向压缩除外）的极脆材料 2）单向拉伸、二向应力状态（压大于拉或二向压缩除外）的抗拉、抗压强度不等的脆材或低塑性材料 3）三向拉伸应力状态的塑材和脆材
2	第二强度理论（最大伸长线应变理论）	$\varepsilon_1=\frac{1}{E}[\sigma_1-\nu(\sigma_2+\sigma_3)]$ $=\varepsilon_{bl}=\frac{\sigma_{bl}}{E}$	$\sigma_1-\nu(\sigma_2+\sigma_3)\leqslant[\sigma]_{bl}=\frac{\sigma_{bl}}{n}$	正断	1）石料、混凝土等脆材的单向压缩 2）拉压强度不等的脆材或低塑性材料的压缩应力大于拉伸应力的二向应力状态
3	第三强度理论（最大切应力理论）	$\tau_{max}=\frac{\sigma_1-\sigma_3}{2}=\tau_s=\frac{\sigma_s}{2}$ （σ_s—屈服点，下同）	$\sigma_1-\sigma_3\leqslant[\sigma]=\frac{\sigma_s}{n}$	屈服	1）除三向拉伸之外各种应力状态的塑性材料 2）三向压缩应力状态的脆材
4	第四强度理论（形状改变比能理论）	$\sqrt{\frac{1}{2}[(\sigma_1-\sigma_2)^2+(\sigma_2-\sigma_3)^2+(\sigma_3-\sigma_1)^2]}$ $=\sigma_s$	$\sqrt{\frac{1}{2}[(\sigma_1-\sigma_2)^2+(\sigma_2-\sigma_3)^2+(\sigma_3-\sigma_1)^2]}$ $\leqslant[\sigma]=\frac{\sigma_s}{n}$	屈服	1）除三向拉伸之外各种应力状态的塑性材料 2）三向压缩应力状态的脆材
5	莫尔强度理论	$\sigma_1-\frac{\sigma_{bl}}{\sigma_{bc}}\sigma_3=\sigma_{bl}$ （σ_{bc}—抗压强度）	$\sigma_1-\frac{[\sigma]_{bl}}{[\sigma]_{bc}}\sigma_3\leqslant[\sigma]_{bl}=\frac{\sigma_{bl}}{n}$ （$[\sigma]_{bc}=\frac{\sigma_{bc}}{n}$，许用压应力）	切断	单向拉伸和二向应力状态的抗拉、抗压强度不等的脆材或低塑性材料

注：极脆材料如淬硬工具钢和陶瓷等；拉、压强度不等的材料如铸铁、混凝土和岩石等；低塑性材料如淬硬高强钢等；塑性材料如低碳钢、非淬硬中碳钢、退火球墨铸铁、铜、铝等。

5　平面图形几何性质的计算公式（见表 1.4-19、表 1.4-20）

表 1.4-19　平面图形几何性质的一般计算式

截面与坐标轴的相对位置	一般定义和计算式
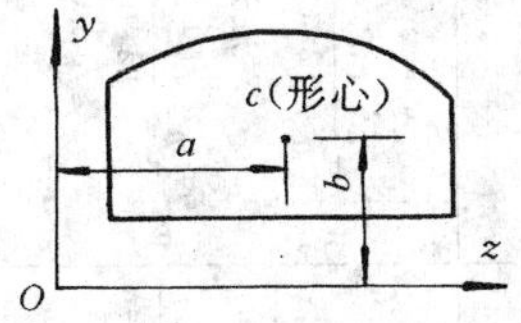 任意位置坐标轴	形心位置 $b=\int_A y\mathrm{d}A/A;a=\int_A z\mathrm{d}A/A$　(1) 静矩　$S_z=\int_A y\mathrm{d}A=Ab;\ S_y=\int_A z\mathrm{d}A=Aa$　(2) 惯性积 $I_{yz}=\int_A yz\mathrm{d}A$　(3) 惯性矩 $I_z=\int_A y^2\mathrm{d}A;I_y=\int_A z^2\mathrm{d}A$　(4) 极惯性矩 $I_0=\int_A(z^2+y^2)\mathrm{d}A=I_y+I_z$　(5)
	转轴公式与形心主惯性轴、形心主惯性矩
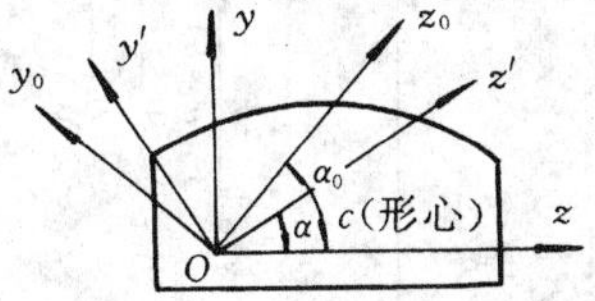 yOz—任一位置坐标轴 $y'Oz'$—与 yOz 共原点，但转动 α 角（规定逆时针为正） y_0Oz_0—通过 O 点的主惯性轴	惯性积 $I_{y'z'}=\frac{I_z-I_y}{2}\sin2\alpha+I_{yz}\cos2\alpha$　(6) 惯性矩 $I_{z'}=\frac{I_z+I_y}{2}+\frac{I_z-I_y}{2}\cos2\alpha-I_{yz}\sin2\alpha$　(7) $I_{y'}=\frac{I_z+I_y}{2}-\frac{I_z-I_y}{2}\cos2\alpha+I_{yz}\sin2\alpha$　(8) 主惯性轴—对应于惯性积 $I_{y_0z_0}=0$ 的坐标轴，其方位角为 $\alpha_0=\frac{1}{2}\arctan\left(-\frac{2I_{yz}}{I_z-I_y}\right)$　（有正交的两个主值）　(9) 主惯性矩—对主惯性轴的惯性矩 $\begin{matrix}I_{z0}\\I_{y0}\end{matrix}=\frac{1}{2}(I_z+I_y)\pm\frac{1}{2}\sqrt{(I_z-I_y)^2+4I_{yz}^2}$　(10) 形心主惯性轴—坐标原点与形心重合的主惯性轴 形心主惯性矩—对形心主惯性轴的惯性矩，计算式可按本表式（10），但 z、y 坐标系原点要与形心 c 重合
	平行移轴公式
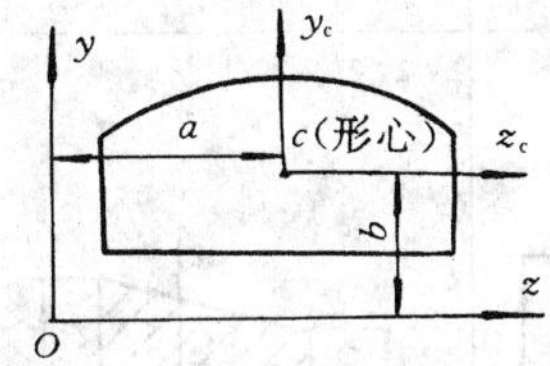 $y_c cz_c$—坐标原点为形心 c 的坐标轴 yOz—与 $y_c cz_c$ 平行的坐标轴	惯性矩 $I_z=I_{zc}+b^2A$ $I_y=I_{yc}+a^2A$ 惯性积 $I_{yz}=I_{y_cz_c}+abA$

注：对由任意个图形组合的平面图形，根据定义的积分式可得：其静矩、惯性积、惯性矩和极惯性矩可由各个图形对同一轴（或同一极点）相应量之和算得（空心图形面积可视为负值）。

表 4.1-20　常用截面几何性质的计算公式

序号	截面形状	面积 A	惯性矩 I	惯性半径 $i=\sqrt{I/A}$	形心到边缘（或顶点）距离 e	抗弯截面系数 $W=I/e$	特　例
1	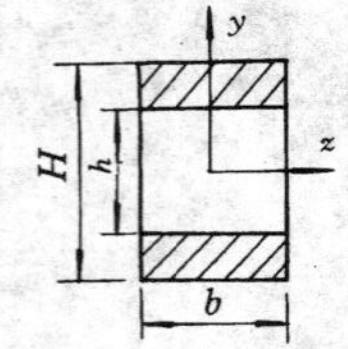	$b(H-h)$	$I_z=\frac{1}{12}b(H^3-h^3)$ $I_y=\frac{1}{12}(H-h)b^3$	$i_z=\frac{1}{\sqrt{12}}\sqrt{\frac{H^3-h^3}{H-h}}$ $i_y=\frac{1}{\sqrt{12}}b=0.289b$	$e_y=\frac{1}{2}H$ $e_z=\frac{1}{2}b$	$W_z=\frac{1}{6}\frac{b(H^3-h^3)}{H}$ $W_y=\frac{1}{6}(H-h)b^2$	$h=0$ 即为实心矩形截面
2	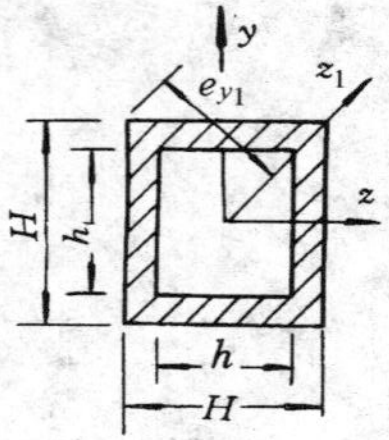	H^2-h^2	$I=\frac{1}{12}(H^4-h^4)$	$i=0.289\sqrt{H^2+h^2}$	$e_y=\frac{1}{2}H$ $e_{y_1}=\frac{\sqrt{2}}{2}H$	$W_z=\frac{1}{6}\frac{H^4-h^4}{H}$ $W_{z_1}=\frac{\sqrt{2}(H^4-h^4)}{12H}$	$h=0$ 即为正方形实心截面
3	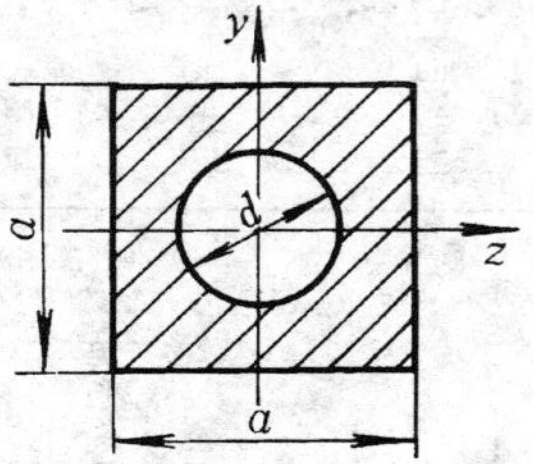	$a^2-\frac{\pi d^2}{4}$	$I=\frac{1}{12}\left(a^4-\frac{3\pi d^4}{16}\right)$	$i=\sqrt{\frac{16a^4-3\pi d^4}{48(4a^2-\pi d^2)}}$	$e_y=\frac{a}{2}$ $e_z=\frac{a}{2}$	$W_y=W_z$ $=\frac{1}{6a}\left(a^4-\frac{3\pi d^4}{16}\right)$	$d=0$ 即为正方形实心截面
4	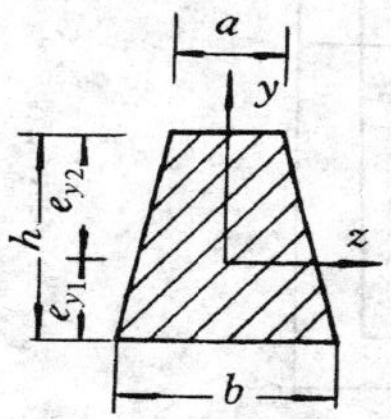	$\frac{h(a+b)}{2}$	$I_z=\frac{h^3(a^2+4ab+b^2)}{36(a+b)}$	$i_z=\frac{h}{3(a+b)}\times\sqrt{\frac{a^2+4ab+b^2}{2}}$	$e_{y_1}=\frac{h(2a+b)}{3(a+b)}$ $e_{y_2}=\frac{h(a+2b)}{3(a+b)}$	$W_{z_1}=\frac{h^2(a^2+4ab+b^2)}{12(2a+b)}$ （对底边） $W_{z_2}=\frac{h^2(a^2+4ab+b^2)}{12(a+2b)}$ （对顶边）	$a=0$ 即为任意三角形截面

（续）

序号	截面形状	面积 A	惯性矩 I	惯性半径 $i=\sqrt{I/A}$	形心到边缘（或顶点）距离 e	抗弯截面系数 $W=I/e$	特例
5	正多边形 n—边数 a—边长 R—外接圆半径 r—内接圆半径	$\frac{nR^2}{2}\sin\frac{2\pi}{n}$	$I=\frac{A}{24}(6R^2-a^2)$ $=\frac{A}{48}(12r^2+a^2)$	$i=\frac{1}{\sqrt{24}}\sqrt{6R^2-a^2}$	$e_y=r$（到底边） $e_{y_1}=R$（到顶点）	$W_z=\frac{I}{R\cos\pi/n}\approx\frac{AR}{4}$ （对底边）（n很大时） $W_{z_1}=\frac{I}{R}$（对顶点）	
6	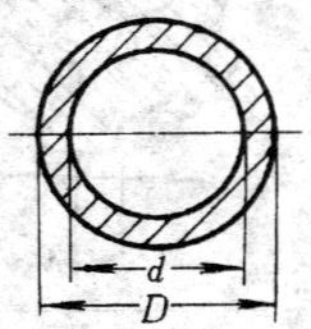	$\frac{\pi}{4}(D^2-d^2)$	$I=\frac{\pi}{64}(D^4-d^4)$ $=\frac{\pi D^4}{64}(1-\alpha^4)$ $\alpha=d/D$	$i=\frac{1}{4}\sqrt{D^2+d^2}$	$e=\frac{1}{2}D$	$W=\frac{\pi}{32}\frac{D^4-d^4}{D}$ $=\frac{\pi D^3}{32}(1-\alpha^4)$ $\alpha=d/D$	当$d=0$，即$\alpha=0$，为实心圆截面
7	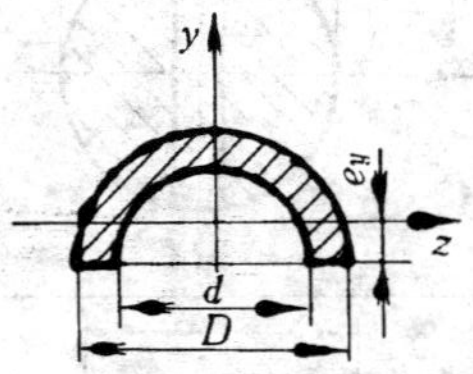	$\frac{\pi}{8}(D^2-d^2)$ $=\frac{\pi}{8}D^2(1-\alpha^2)$ $\alpha=d/D$	$I_z=0.00686(D^4-d^4)-\frac{0.0177D^2d^2(D-d)}{D+d}$ $I_y=\frac{\pi}{128}(D^4-d^4)$ $=\frac{\pi}{128}D^4(1-\alpha^4)$	$i_z=\sqrt{\frac{I_z}{A}}$ $i_y=\sqrt{\frac{I_y}{A}}=\frac{D}{4}\sqrt{1+\alpha^2}$	$e_y=\frac{2(D^2+Dd+d^2)}{3\pi(D+d)}$ $e_z=\frac{D}{2}$	$W_{z_1}=\frac{I_z}{e_y}$（对底边） $W_z=\frac{I_z}{D/2-e_y}$（对顶点） $W_y=\frac{\pi D^3}{64}\left(1-\frac{d^4}{D^4}\right)$	当$d=0$，即$\alpha=0$，为实心半圆截面
8	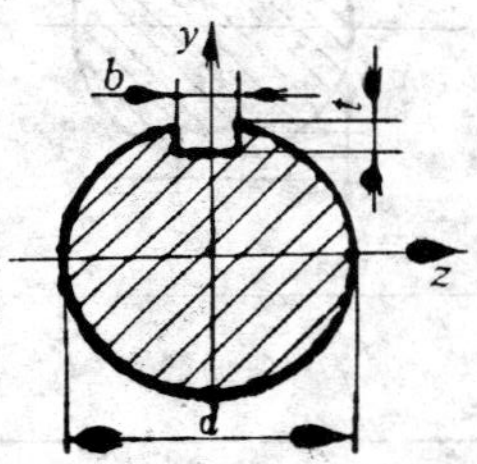	$\frac{\pi}{4}d^2-bt$	$I_z=\frac{\pi d^4}{64}-\frac{bt(d-t)^2}{4}$ $I_y=\frac{\pi d^4}{64}-\frac{tb^3}{12}$	$i_z=\frac{1}{4}\sqrt{\frac{\pi d^4-16bt(d-t)^2}{\pi d^2-4bt}}$ $i_y=\frac{1}{8}\sqrt{\frac{4(3\pi d^4-16tb^3)}{3(\pi d^2-4bt)}}$	$e_z=\frac{d}{2}$ $e_y=\frac{d}{2}$	$W_z=\frac{\pi d^3}{32}-\frac{bt(d-t)^2}{2d}$ $W_y=\frac{\pi d^3}{32}-\frac{tb^3}{6d}$	

（续）

序号	截面形状	面积 A	惯性矩 I	惯性半径 $i=\sqrt{I/A}$	形心到边缘（或顶点）距离 e	抗弯截面系数 $W=I/e$	特　例
9	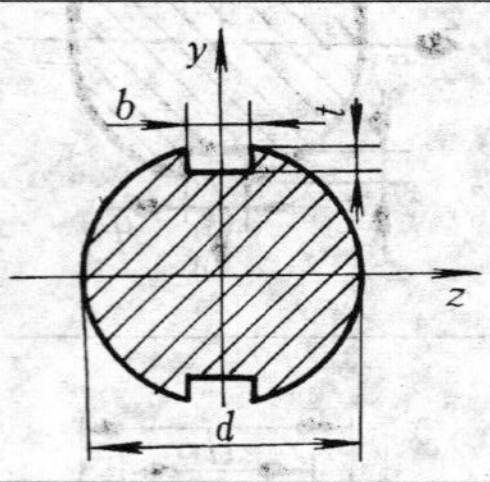	$\frac{\pi}{4}d^2-2bt$	$I_z=\frac{\pi d^4}{64}-\frac{bt\ (d-t)^2}{2}$ $I_y=\frac{\pi d^4}{64}-\frac{tb^3}{6}$	$i_z=\sqrt{\frac{I_z}{A}}$ $i_y=\sqrt{\frac{I_y}{A}}$	$e_z=\frac{d}{2}$ $e_y=\frac{d}{2}$	$W_z=\frac{\pi d^3}{32}-\frac{bt\ (d-t)^2}{d}$ $W_y=\frac{\pi d^3}{32}-\frac{tb^3}{3d}$	
10	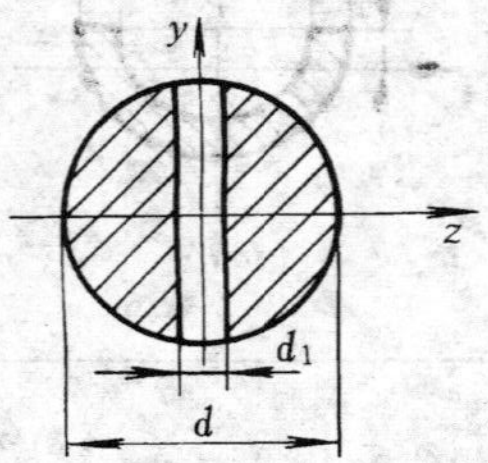	$\frac{\pi}{4}d^2-d_1 d$	$I_z=\frac{\pi d^4}{64}\ (1-1.69\beta)$ $I_y=\frac{\pi d^4}{64}\ (1-1.69\beta^3)$ $\beta=\frac{d_1}{d}$	$i_z=\sqrt{\frac{I_z}{A}}$ $i_y=\sqrt{\frac{I_y}{A}}$	$e_z=\frac{d}{2}$ $e_y=\frac{d}{2}$	$W_z=\frac{\pi d^3}{32}\ (1-1.69\beta)$ $W_y=\frac{\pi d^3}{32}\ (1-1.69\beta^3)$	
11	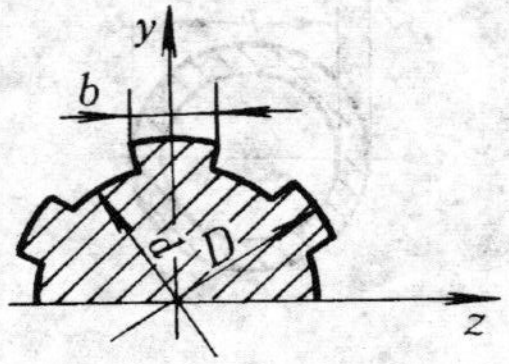	$\frac{\pi}{4}d^2+\frac{zb\ (D-d)}{2}$ （z—花键齿数）	$I_z=\frac{\pi d^4}{64}+$ $\frac{bz\ (D-d)\ (D+d)^2}{64}$	$i_z=\frac{1}{4}\times$ $\sqrt{\frac{\pi d^4+bz\ (D-d)\ (D+d)^2}{\pi d^2+2zb\ (D-d)}}$	$e_z=\frac{d}{2}$ $e_y=\frac{D}{2}$	$W_z=$ $\frac{\pi d^4+bz\ (D-d)\ (D+d)^2}{32D}$	
12	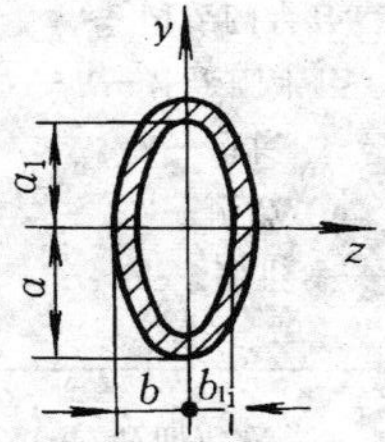 空心椭圆	$\pi\ (ab-a_1 b_1)$	$I_z=\frac{\pi}{4}\ (a^3 b-a_1^3 b_1)$ $\approx\frac{\pi}{4}a^2\ (a+3b)\ t$ $I_y=\frac{\pi}{4}\ (ab^3-a_1 b_1^3)$ $\approx\frac{\pi}{4}b^2\ (b+3a)\ t$ $t=a-a_1=b-b_1$	$i_z=\sqrt{\frac{I_z}{A}}$ $i_y=\sqrt{\frac{I_y}{A}}$	$e_z=b$ $e_y=a$	$W_z=\frac{\pi}{4}\frac{(a^3 b-a_1^3 b_1)}{a}$ $\approx\frac{\pi}{4}a\ (a+3b)\ t$ $W_y=\frac{\pi}{4}\frac{(ab^3-a_1 b_1^3)}{b}$ $\approx\frac{\pi}{4}b\ (b+3a)\ t$	当 $a_1=b_1=0$，即为实心椭圆截面

（续）

序号	截面形状	面积 A	惯性矩 I	惯性半径 $i=\sqrt{I/A}$	形心到边缘（或顶点）距离 e	抗弯截面系数 $W=I/e$	特　例
13	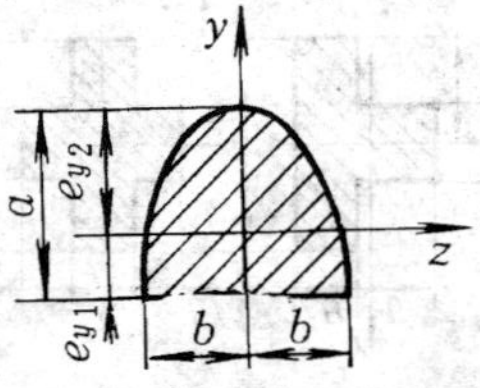 半椭圆	$\frac{\pi ab}{2}$	$I_z=ba^3\left(\frac{\pi}{8}-\frac{8}{9\pi}\right)$ $=0.10975ba^3$ $I_y=\frac{\pi}{8}ab^3$	$i_z=\frac{a}{2}\sqrt{1-\left(\frac{8}{3\pi}\right)^2}$ $i_y=\frac{b}{2}$	$e_z=b$ $e_{y_1}=\frac{4}{3\pi}a$ $e_{y_2}=\left(1-\frac{4}{3\pi}\right)a$	$W_{z_1}=\frac{3}{4}ba^2\left(\frac{\pi^2}{8}-\frac{8}{9}\right)$ $W_{z_2}=\frac{ba^2\left(\frac{\pi}{8}-\frac{8}{9\pi}\right)}{1-\frac{4}{3\pi}}$ $W_y=\frac{\pi ab^2}{8}\approx 0.392ab^2$	
14	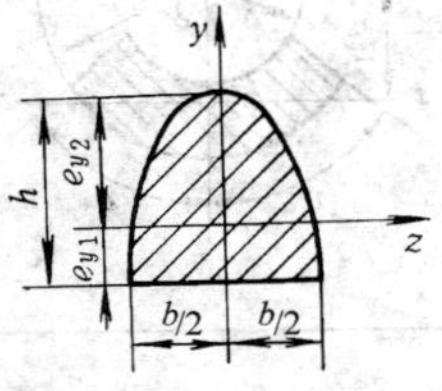 抛物线	$\frac{2}{3}bh$	$I_z=\frac{8}{175}bh^3$ $I_y=\frac{hb^3}{30}$	$i_z=\frac{2}{5}h\sqrt{\frac{3}{7}}$ $i_y=\frac{b}{2\sqrt{5}}$	$e_z=\frac{b}{2}$ $e_{y_1}=\frac{2}{5}h$ $e_{y_2}=\frac{3}{5}h$	$W_{z_1}=\frac{4}{35}bh^2$ $W_{z_2}=\frac{8}{105}bh^2$ $W_y=\frac{hb^2}{15}$	
15	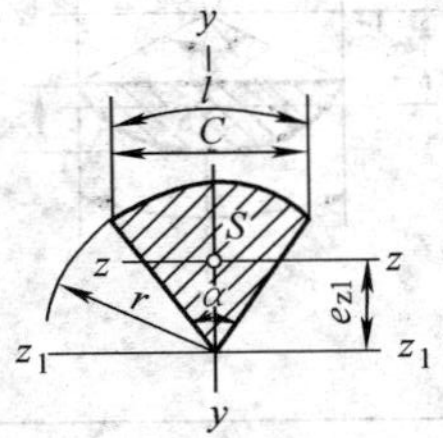 扇形	$A=\frac{\pi r^2\alpha}{360°}$ $=0.00873r^2\alpha$ $l=\frac{\pi r\alpha}{180°}$ $=0.01745r\alpha$ $C=2r\sin\frac{\alpha}{2}$	$I_{z_1}=\frac{r^4}{8}\left(\pi\frac{\alpha}{180°}+\sin\alpha\right)$ $I_z=\frac{r^4}{8}\left(\pi\frac{\alpha}{180°}+\sin\alpha-\frac{64}{9}\sin^2\frac{\alpha}{2}\times\frac{180°}{\pi\alpha}\right)$ $I_y=\frac{r^4}{8}\left(\pi\frac{\alpha}{180°}-\sin\alpha\right)$	$i_z=\frac{r}{2}\times\sqrt{1+\frac{\sin\alpha}{\alpha}\times\frac{180°}{\pi}-\frac{64}{9}\times\frac{\sin^2\frac{\alpha}{2}}{\left(\alpha\frac{\pi}{180°}\right)^2}}$ $i_y=\frac{r}{2}\sqrt{1-\frac{\sin\alpha}{\alpha}\times\frac{180°}{\pi}}$	$e_{z_1}=\frac{2rC}{3l}$	$W_z=\frac{I_z}{r-e_{z_1}}$ （对上边） $W_z=\frac{I_z}{e_{z_1}}$ （对下边）	

（续）

序号	截面形状	面积 A	惯性矩 I	惯性半径 $i=\sqrt{I/A}$	形心到边缘（或顶点）距离 e	抗弯截面系数 $W=I/e$	特例
16	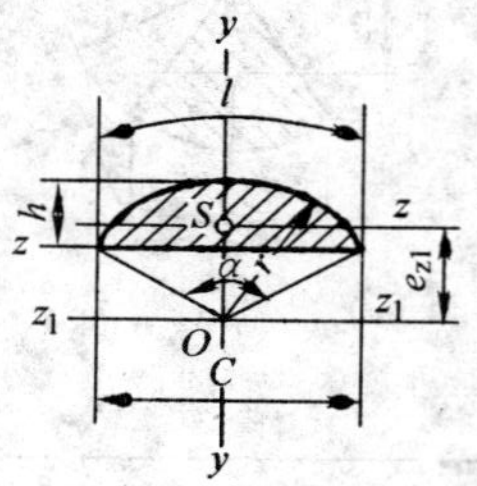 弓形	$A=\frac{1}{2}[rl-C(r-h)]$ $C=2\sqrt{h(2r-h)}$ $r=\frac{C^2+4h^2}{8h}$ $h=r-\frac{1}{2}\sqrt{4r^2-C^2}$ $l=0.01745r\alpha$ $\alpha=\frac{57.296l}{r}$	$I_{z_1}=\frac{lr^3}{8}-\frac{r^4}{16}\sin2\alpha$ $I_z=I_{z_1}-Ae_{z_1}^2$ $I_y=\frac{r^4}{8}\left(\frac{\alpha\pi}{180°}-\sin\alpha-\frac{2}{3}\sin\alpha\sin^2\frac{\alpha}{2}\right)$	$i_z=\sqrt{\frac{I_z}{A}}$	$e_{z_1}=\frac{C^3}{12A}$	$W_z=\frac{I_z}{(r-e_{z_1})}$ （对上边）	
17	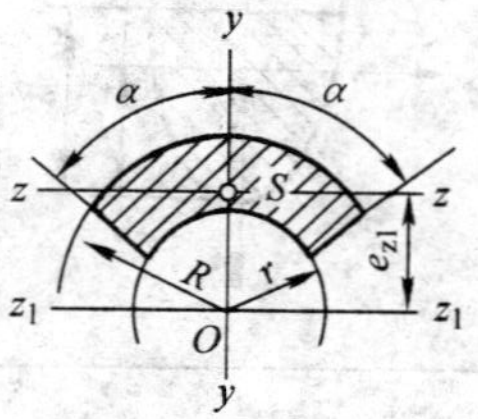 扇形圆环	$\frac{\pi\alpha}{180°}(R^2-r^2)$	$I_{z_1}=\frac{R^4-r^4}{8}\left(\frac{\pi\alpha}{90°}+\sin2\alpha\right)$ $I_z=I_{z_1}-Ae_{z_1}^2$ $I_y=\frac{R^4-r^4}{8}\left(\frac{\pi\alpha}{90°}-\sin2\alpha\right)$	$i_z=\sqrt{\frac{I_z}{A}}$ $i_y=\sqrt{\frac{I_y}{A}}$	$e_{z_1}=38.197\times\frac{(R^3-r^3)\sin\alpha}{(R^2-r^2)\alpha}$	$W_z=\frac{I_z}{R-e_{z_1}}$ （对上边） $W_z=\frac{I_z}{e_{z_1}-r}$ （对下边）	
18	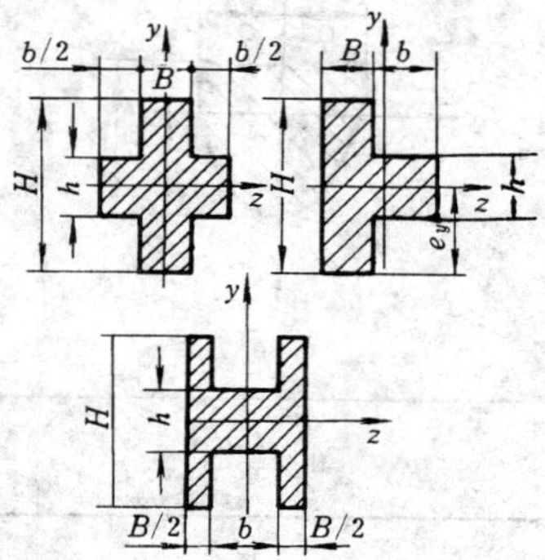	$BH+bh$	$I_z=\frac{BH^3+bh^3}{12}$	$i_z=\sqrt{\frac{I_z}{A}}$	$e_y=\frac{H}{2}$	$W_z=\frac{BH^3+bh^3}{6H}$	

（续）

序号	截面形状	面积 A	惯性矩 I	惯性半径 $i=\sqrt{I/A}$	形心到边缘（或顶点）距离 e	抗弯截面系数 $W=I/e$	特　例
19	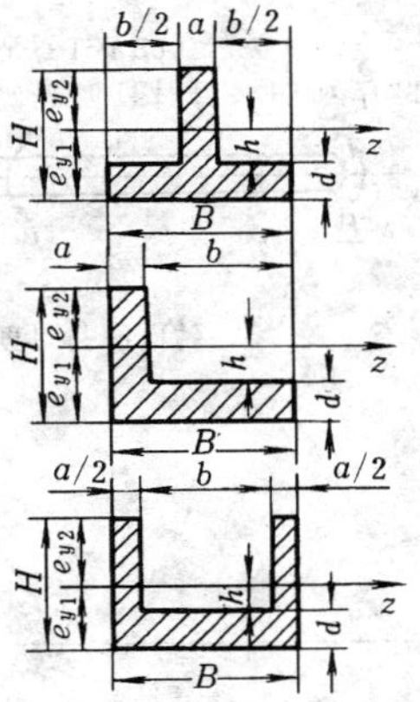	$BH-b\times(e_{y_2}+h)$	$I_z=\frac{1}{3}(Be_{y_1}^3+ae_{y_2}^3-bh^3)$	$i_z=\sqrt{\frac{I_z}{A}}$	$e_{y_1}=\frac{aH^2+bd^2}{2(aH+bd)}$ $e_{y_2}=H-e_{y_1}$	$W_{z_1}=\frac{I_z}{e_{y_1}}$ $W_{z_2}=\frac{I_z}{e_{y_2}}$	
20	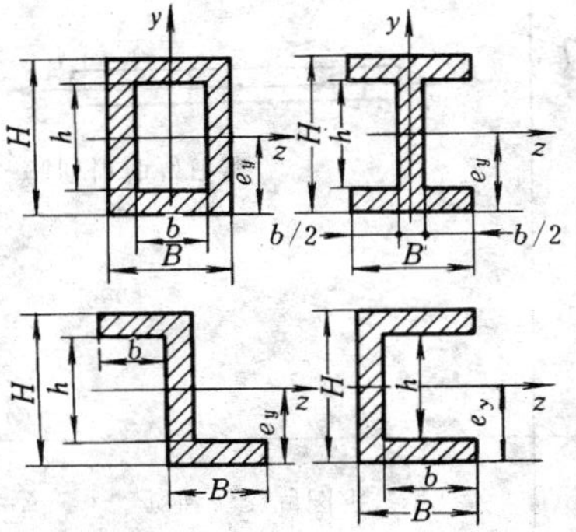	$BH-bh$	$I_z=\frac{BH^3-bh^3}{12}$	$i_z=\sqrt{\frac{I_z}{A}}$	$e_y=\frac{H}{2}$	$W_z=\frac{BH^3-bh^3}{6H}$	

注：1. 惯性矩 I、惯性半径 i 及抗弯截面系数 W 的符号未加右下脚标的指对任意形心主轴而言。

2. 组合图形的形心主惯性矩可将图形分块查本表，再应用平行移轴公式（见表 1.4-19）分别计算，然后求和得到。

6　杆件的强度和刚度计算公式（见表 1.4-21～表 1.4-29）

表 1.4-21　直杆的内力、应力、变形和位移计算式及强度与刚度条件

序号	变形类型与图示	内力计算	横截面的应力分布与计算	强度条件	变形和位移：应变	变形和位移：横截面的位移和变形量	刚度条件	外力的适用范围
1	轴向拉伸与压缩 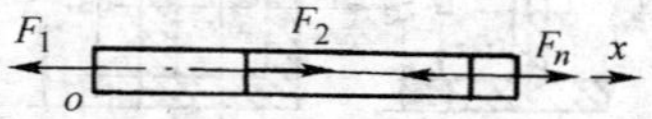	轴力 $F_N=\sum_{一侧}F_i$ 正负规定 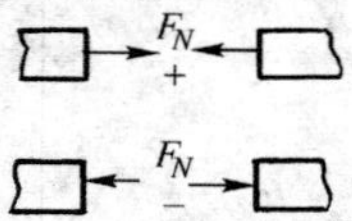	拉伸　压缩 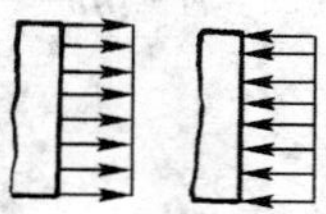 $\sigma=\frac{F_N}{A}$ A—横截面面积	$\sigma_{max}=\left(\frac{F_N}{A}\right)_{max}\leqslant[\sigma]$	1）轴向线应变 $\varepsilon=\frac{du}{dx}$ $=\frac{\sigma}{E}$ 2）横向线应变 $\varepsilon'=-\nu\varepsilon$	1）轴向位移 $u=\int\frac{F_N dx}{EA}+C$ 积分常数 C 由边界条件定 2）伸长或缩短量（在 l 长度段内） $\Delta l=\int_0^l\frac{F_N dx}{EA}$	$u_{max}\leqslant[u]$ 或 $\Delta l\leqslant[\Delta l]$	作用于各横截面上的外力合力 F_i 要通过轴线
2	圆截面直杆的扭转 （非圆截面直杆扭转的应力和变形计算见表 1.4-22）	扭矩 $T=\sum_{一侧}\overline{M}_i$ 正负规定 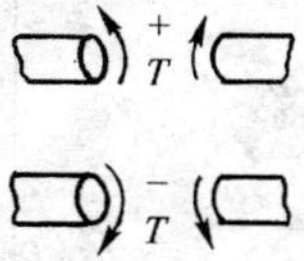	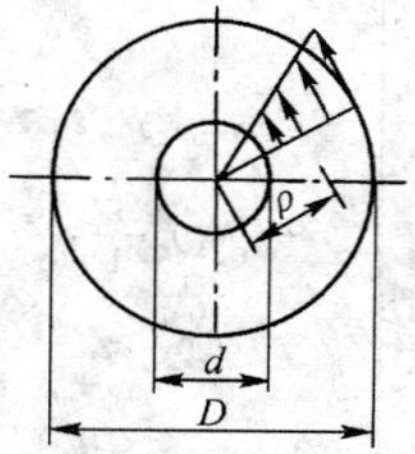$\tau=\frac{T\rho}{I_p}$ 极惯性矩 $I_p=\frac{\pi D^4}{32}(1-\alpha^4)$ $\alpha=d/D$	$\tau_{max}=\left(\frac{T}{W_p}\right)_{max}\leqslant[\tau]$ 抗扭截面系数 $W_p=\frac{\pi D^3}{16}(1-\alpha^4)$	切应变 $\gamma=\rho\frac{d\varphi}{dx}$ $=\tau/G$	1）横截面绕轴线转角： $\varphi=\int\frac{Tdx}{GI_p}+C$ 积分常数 C 由边界条件定 2）相对转角（l 段） $\Delta\varphi=\int_l\frac{Tdx}{GI_p}$ 3）单位杆长相对扭转角 $\theta=\frac{d\varphi}{dx}=\frac{T}{GI_p}$	$\theta_{max}=\frac{180°}{\pi}\times\left(\frac{T}{GI_p}\right)_{max}\leqslant[\theta]$	作用于一些横截面上绕轴线的外力偶 $\overline{M}_i$

（续）

序号	变形类型与图示	内力计算	横截面的应力分布与计算	强度条件	变形和位移		刚度条件	外力的适用范围
					应变	横截面的位移和变形量		
3	平面弯曲 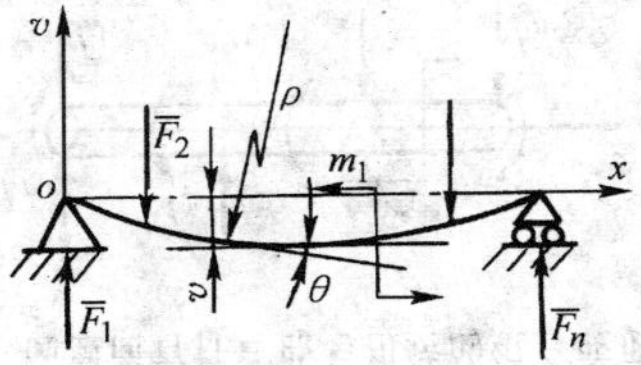 v—横截面挠度（垂直位移），向上为正，向下为负 θ—横截面转角，反时针转为正，反之为负 ρ—挠曲线（弯曲变形后的轴线）任一处的曲率半径	1）剪力 $F_s=\sum\limits_{一侧}\overline{F}_i$ 正负规定 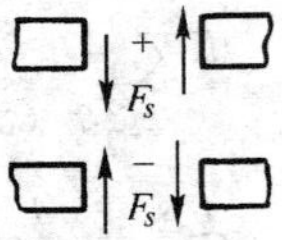 2）弯矩 $M=\sum\limits_{一侧}m_i$ m_i—指截面一侧第 i 个力（或力偶）对计算截面中性轴之矩 正负规定 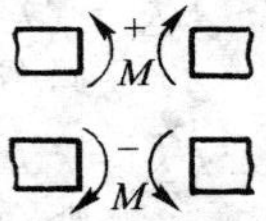 	1）弯曲正应力 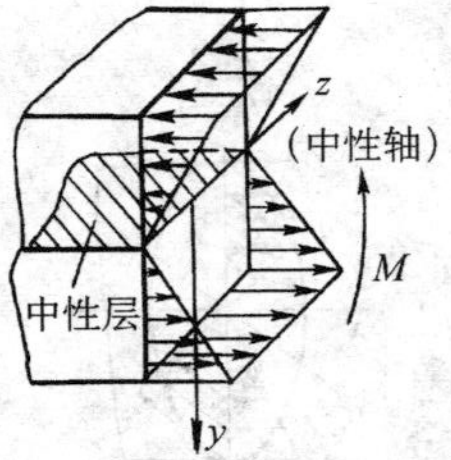 （沿宽度方向均布，沿高度方向线性分布） $\sigma=\frac{My}{I_z}$ 2）弯曲切应力（对矩形及开口薄壁截面） 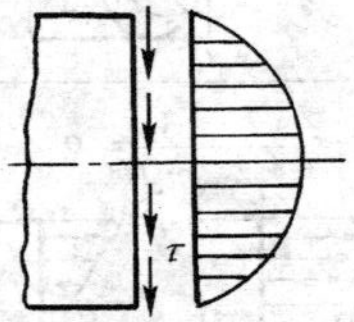 （沿厚度方向均布） $\tau=\frac{F_sS_z^*}{bI_z}$ I_z—截面对中性轴惯性矩 S_z^*—所求点一侧截面对中性轴的静矩 b—所求点厚度	1）对上、下底边： $\sigma_{max}=\left(\frac{M}{W_z}\right)_{max}\leqslant[\sigma]$ 2）对中性层： $\tau_{max}\leqslant[\tau]$ 3）对其他各点： 第三强度理论 $\sqrt{\sigma^2+4\tau^2}\leqslant[\sigma]$ 第四强度理论 $\sqrt{\sigma^2+3\tau^2}\leqslant[\sigma]$	1）轴向线应变 $\varepsilon=\frac{\sigma}{E}$ 2）横向线应变 $\varepsilon'=-\nu\varepsilon$ 3）切应变 $\gamma=\frac{\tau}{G}$	1）曲率 $k=\frac{1}{\rho}\approx\frac{d^2v}{dx^2}=\frac{M}{EI}$ 2）转角 $\theta=\int\frac{Mdx}{EI}+C$ 3）挠度 $v=\iint\frac{Mdxdx}{EI}+Cx+D$ 积分常数 C、D 由边界条件和光滑连续条件确定 （某些受载梁的挠度和转角见表 1.4-25）	$v_{max}\leqslant[v]$ $\theta_{max}\leqslant[\theta]$	外力 $\overline{F}_i$（或 m_i）作用线（或作用面）通过弯曲中心且与形心主惯性平面平行或重合（常用截面的弯曲中心位置见表 1.4-24）

（续）

序号	变形类型与图示	内力计算	横截面的应力分布与计算	强度条件	变形和位移：应变	变形和位移：横截面的位移和变形量	刚度条件	外力的适用范围
4	拉伸（或压缩）与弯曲的组合变形 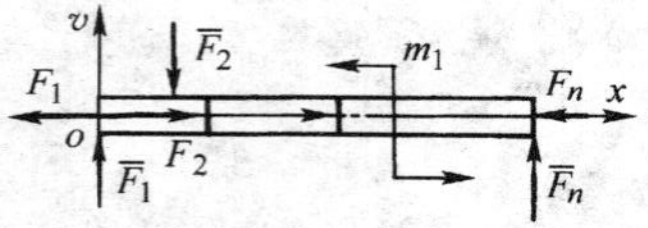 	1）轴力 $F_N=\sum_{一侧}F_i$ 2）剪力 $F_s=\sum_{一侧}\overline{F}_i$ 3）弯矩 $M=\sum_{一侧}m_i$	当拉与正弯组合时 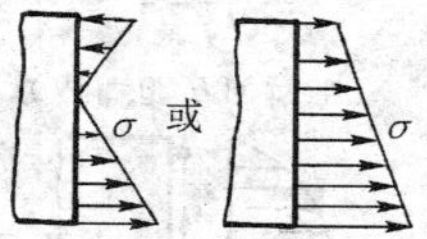 $\sigma=\frac{F_N}{A}+\frac{My}{I_z}$	危险点一般在上下底 $\left(\frac{F_N}{A}+\frac{M}{W_z}\right)_{max}\leqslant[\sigma]$	序号1与序号3叠加	No1和No3的组合		
5	圆截面直杆的拉伸（或压缩）与扭转组合变形  	1）轴力 $F_N=\sum_{一侧}F_i$ 2）扭矩 $T=\sum_{一侧}\overline{M}_i$	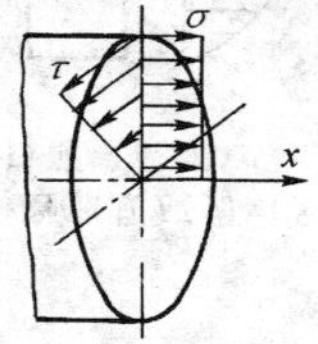 $\sigma=\frac{F_N}{A}$ $\tau=\frac{T\rho}{I_p}$	危险点在周边第三强度理论 $\sqrt{\left(\frac{F_N}{A}\right)^2+\left(\frac{T}{W_z}\right)^2}\leqslant[\sigma]$ 第四强度理论 $\sqrt{\left(\frac{F_N}{A}\right)^2+0.75\left(\frac{T}{W_z}\right)^2}\leqslant[\sigma]$	序号1与序号2的叠加	No1与No2的组合		
6	圆截面直杆弯曲与扭转的组合变形 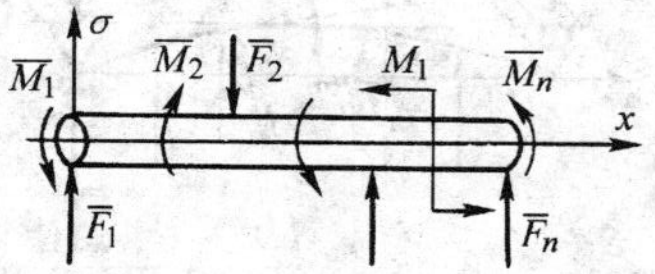 	1）剪力 $F_s=\sum_{一侧}\overline{F}_i$ 2）弯矩 $M=\sum_{一侧}m_i$ 3）扭矩 $T=\sum_{一侧}\overline{M}_i$	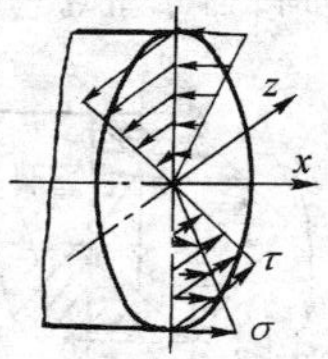 $\sigma=\frac{My}{I_z}$ $\tau=\frac{T\rho}{I_p}$ 此外还有弯曲切应力（略）	危险点在周边弯曲应力最大点 第三强度理论 $\frac{\sqrt{M^2+T^2}}{W_z}\leqslant[\sigma]$ 第四强度理论 $\frac{\sqrt{M^2+0.75T^2}}{W_z}\leqslant[\sigma]$	序号2与序号3的叠加	No2与No3的组合		

注：1. 表中所列各类变形的应力和变位计算式只限于线弹性材料和截面无突变的直杆段。
2. 求内力式中 $\sum_{一侧}$ 是指对计算横截面一侧各外力所引起的内力求和。
3. E、G、ν 和 $[\sigma]$、$[\tau]$ 分别指材料的弹性模量、切变弹性模量、泊松比及许用拉应力和许用切应力。$[\Delta l]$、$[v]$、$[\theta]$ 分别为杆件的许用伸长量、许用挠度及单位杆长许用扭转角。
4. 某些常用截面的弯曲切应力的具体分布和计算式见表 1.4-23。
5. 表中未列其他组合变形可类似本表序号4～序号6的方法，应用序号1～序号3计算式叠加法计算。

表 1.4-22　非圆截面直杆自由扭转时的应力和变形计算式（线弹性范围）

最大扭转切应力　$\tau_{max}=\dfrac{T}{W_k}$　(1)

单位杆长相对扭转角　$\theta=\dfrac{T}{GI_k}$　(2)

式中　T—扭矩；G—切变模量；I_k、W_k—截面抗扭几何特性参数

<table>
<tr><th>序号</th><th>截面形状与扭转切应力分布</th><th>I_k</th><th>W_k</th><th>附　注</th></tr>
<tr><td>1</td><td>矩形（$b/a\geqslant1$）
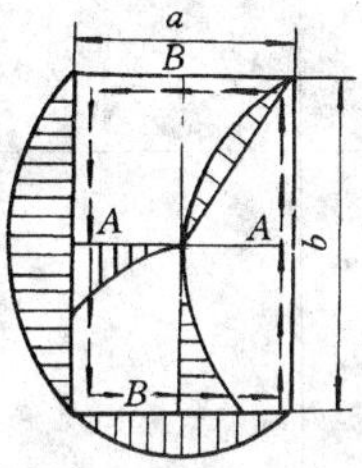</td><td colspan="2">
<table>
<tr><td colspan="4">$I_k=\beta a^3b$</td><td colspan="4">$W_k=\alpha a^2b$</td></tr>
<tr><td>b/a</td><td>1</td><td>1.2</td><td>1.5</td><td>1.75</td><td>2</td><td>2.5</td><td>3</td></tr>
<tr><td>α</td><td>0.208</td><td>0.219</td><td>0.231</td><td>0.239</td><td>0.246</td><td>0.258</td><td>0.267</td></tr>
<tr><td>β</td><td>0.141</td><td>0.166</td><td>0.196</td><td>0.214</td><td>0.229</td><td>0.249</td><td>0.263</td></tr>
<tr><td>γ</td><td>1.0</td><td>0.930</td><td>0.860</td><td>0.820</td><td>0.795</td><td>0.766</td><td>0.753</td></tr>
<tr><td>b/a</td><td>4</td><td>5</td><td>6</td><td>8</td><td>10</td><td>∞</td><td></td></tr>
<tr><td>α</td><td>0.282</td><td>0.291</td><td>0.299</td><td>0.307</td><td>0.312</td><td>0.333</td><td></td></tr>
<tr><td>β</td><td>0.281</td><td>0.291</td><td>0.299</td><td>0.307</td><td>0.312</td><td>0.333</td><td></td></tr>
<tr><td>γ</td><td>0.745</td><td>0.744</td><td>0.743</td><td>0.742</td><td>0.742</td><td>0.742</td><td></td></tr>
</table>
</td><td>τ_{max}在长边中点 A，短边中点 B 的应力为
$\tau_B=\gamma\tau_{max}$</td></tr>
<tr><td>2</td><td>正多边形
（边长为 a）</td><td>$I_k=\begin{cases}0.02165a^4\\ \text{（正三角形）}\\ 1.039a^4\\ \text{（正六边形）}\\ 3.658a^4\\ \text{（正八边形）}\end{cases}$</td><td>$W_k=\begin{cases}0.05a^3\\ \text{（正三角形）}\\ 0.981a^3\\ \text{（正六边形）}\\ 2.605a^3\\ \text{（正八边形）}\end{cases}$</td><td>$\tau_{max}$在各边中点</td></tr>
<tr><td>3</td><td>开口薄壁截面
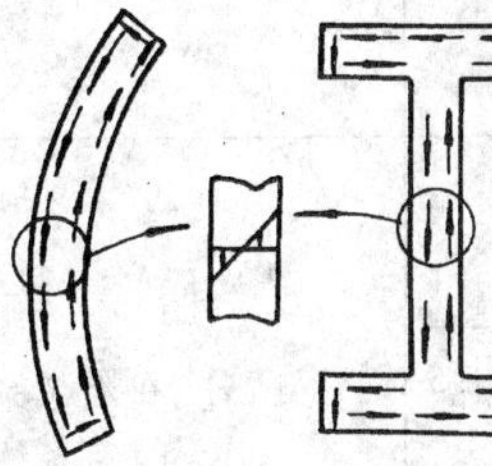
切应力沿厚度线性分布</td><td colspan="2">$I_k=\eta\dfrac{1}{3}\sum s_it_i^3$　　$W_k=I_k/t_{max}$
式中　s_i—第 i 个狭矩形（直的或弯的）的长度；
t_i—第 i 个狭矩形的厚度；
t_{max}—各狭矩形中的最大厚度；
η—修正系数：
$\eta=\begin{cases}1 & \text{对非型钢和角钢}\\ 1.12 & \text{槽钢}\\ 1.14 & \text{Z 型钢}\\ 1.15 & \text{T 型钢}\\ 1.20 & \text{工字钢}\end{cases}$</td><td>$\tau_{max}$发生在各狭条矩形中厚度最大处的周边上</td></tr>
<tr><td>4</td><td>闭口薄壁截面
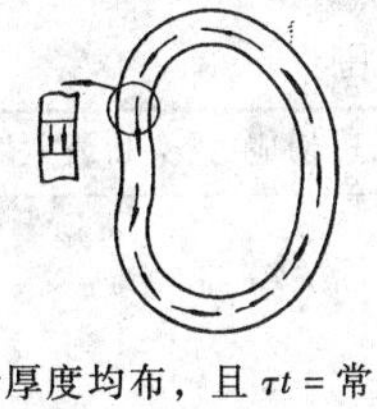
沿厚度均布，且 $\tau t=$常数</td><td colspan="2">$I_k=4A_c^2\Big/\oint\dfrac{ds}{t}$　　$W_k=2A_ct_{min}$
式中　A_c——截面中线所围面积的两倍
t_{min}——壁的最小厚度</td><td>τ_{max}发生在最小厚度上的各点</td></tr>
<tr><td>5</td><td>空心椭圆
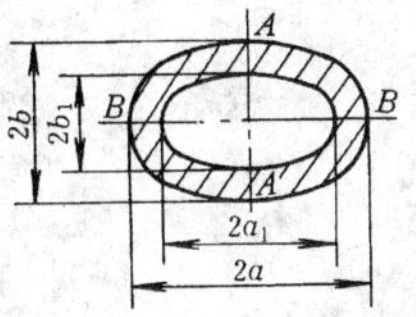
$\dfrac{a}{b}>1$　$\dfrac{a_1}{a}=\dfrac{b_1}{b}=c<1$</td><td>$I_k=\dfrac{\pi a^3(b^4-b_1^4)}{b(a^2+b^2)}$
实心椭圆
$I_k=\dfrac{\pi a^3b^3}{a^2+b^2}$</td><td>$W_k=\dfrac{\pi(ab^3-a_1b_1^3)}{2b}$
实心椭圆
$W_k=\dfrac{\pi ab^2}{2}$</td><td>τ_{max}在 A 点，B 点应力为
$\tau_B=\dfrac{b}{a}\tau_{max}$</td></tr>
</table>

（续）

<table>
<tr><th>序号</th><th>截面形状与扭转切应力分布</th><th colspan="9">I_k</th><th>W_k</th><th>附　注</th></tr>
<tr><td>6</td><td>带光平面的圆
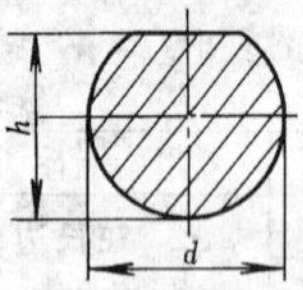
$\alpha=\dfrac{h}{d}>0.5$</td><td colspan="9">$I_k=\dfrac{d^4}{16}\left(2.6\dfrac{h}{d}-1\right)$
$=\dfrac{d^4}{16}(2.6\alpha-1)$</td><td>$W_k=\dfrac{d^3(2.6\alpha-1)}{8(0.3\alpha+0.7)}$</td><td>$\tau_{max}$在平切面中间</td></tr>
<tr><td>7</td><td>带一个键槽的圆
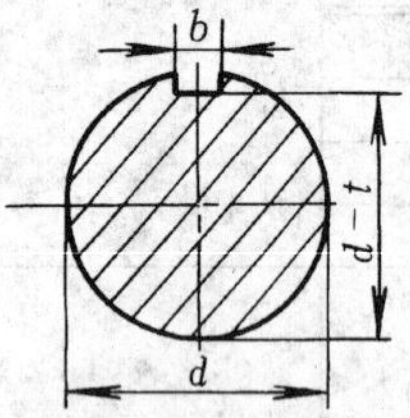</td><td colspan="9">$I_k\approx\dfrac{\pi d^4}{32}-\dfrac{bt(d-t)^2}{4}$</td><td>$W_k\approx\dfrac{\pi d^3}{16}-\dfrac{bt(d-t)^2}{2d}$</td><td></td></tr>
<tr><td>8</td><td>带两个键槽的圆
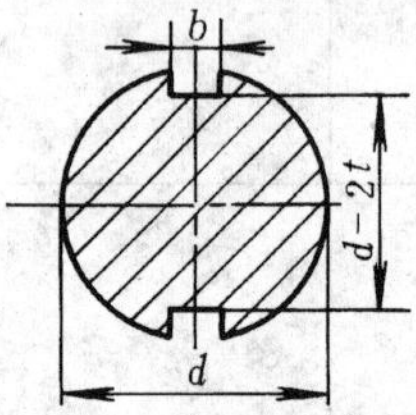</td><td colspan="9">$I_k\approx\dfrac{\pi d^4}{32}-\dfrac{bt(d-t)^2}{2}$</td><td>$W_k\approx\dfrac{\pi d^3}{16}-\dfrac{bt(d-t)^2}{d}$</td><td></td></tr>
<tr><td rowspan="4">9</td><td rowspan="4">带半圆弧切口的圆
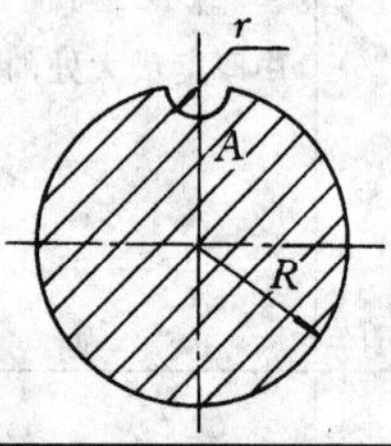</td><td colspan="5">$I_k=k_1R^4$</td><td colspan="5">$W_k=k_2R^3$</td><td rowspan="4">τ_{max}在A点</td></tr>
<tr><td>r/R</td><td>0</td><td>0.05</td><td>0.1</td><td>0.2</td><td>0.4</td><td>0.6</td><td>0.8</td><td>1.0</td><td>1.5</td></tr>
<tr><td>k_1</td><td>1.57</td><td>1.56</td><td>1.56</td><td>1.46</td><td>1.22</td><td>0.92</td><td>0.63</td><td>0.38</td><td>0.07</td></tr>
<tr><td>k_2</td><td>1.57</td><td>0.98</td><td>0.82</td><td>0.81</td><td>0.76</td><td>0.66</td><td>0.52</td><td>0.38</td><td>0.14</td></tr>
</table>

注：截面周边各点切应力方向与周边相切，凸角点切应力为零，凹角点有应力集中现象。

表1.4-23　弯曲切应力的计算公式及其分布（线弹性范围）

序号	截面形状和切应力分布图	垂直切应力 τ、沿周边切应力 τ_1 和最大切应力
1	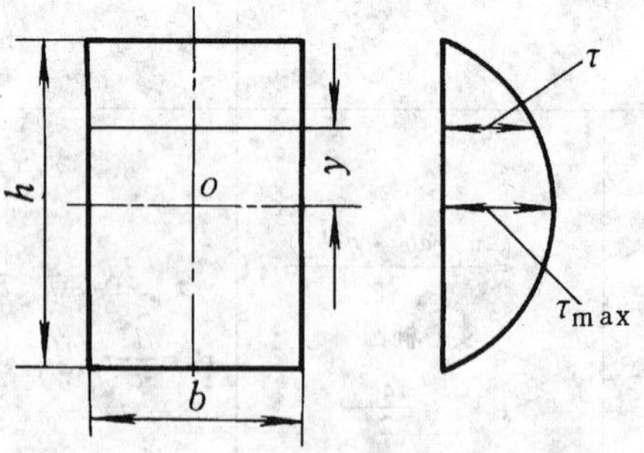	$\tau=\tau_1=\dfrac{3}{2}\dfrac{F_s}{A}\left[1-4\left(\dfrac{y}{h}\right)^2\right]$ $y=0$： $\tau_{max}=\tau_{1max}=\dfrac{3}{2}\dfrac{F_s}{A}$ $A=bh$

（续）

序号	截面形状和切应力分布图	垂直切应力 τ、沿周边切应力 τ_1 和最大切应力
2	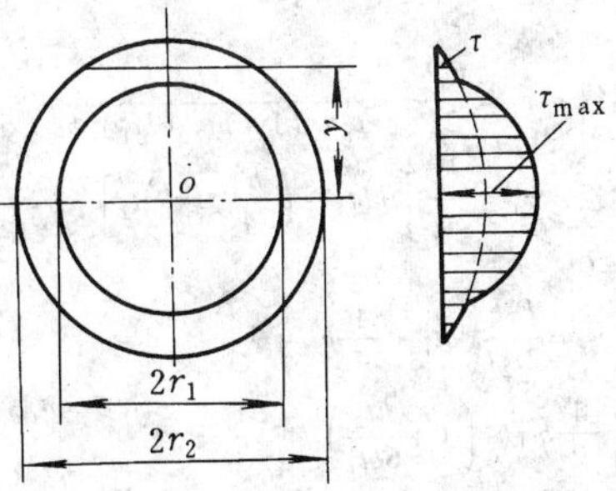	$r_1 \leqslant y \leqslant r_2$： $\tau = \dfrac{4F_s}{3\pi\ (r_2^4 - r_1^4)}\ (r_2^2 - y^2)$ $0 \leqslant y \leqslant r_1$： $\tau = \dfrac{4F_s}{3\pi\ (r_2^4 - r_1^4)}\ \left[r_2^2 + r_1^2 - 2y^2 + \sqrt{(r_2^2 - y^2)\ (r_1^2 - y^2)}\right]$ $0 \leqslant y \leqslant r_1$ $\tau_1 = \tau \Big/ \sqrt{1 - \left(\dfrac{y}{r_2}\right)^2}$ $y = 0$： $\tau_{max} = \tau_{1max} = \dfrac{F_s}{A}\dfrac{4\ (r_2^2 + r_2 r_1 + r_1^2)}{3\ (r_2^2 + r_1^2)}$ $A = \pi\ (r_2^2 - r_1^2)$
3	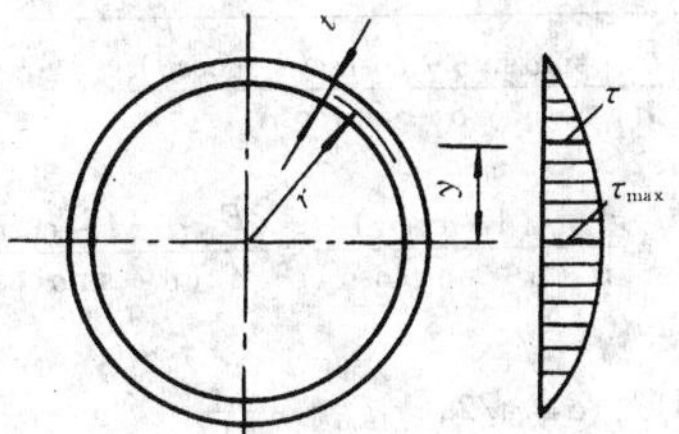 薄壁圆环$\left(\dfrac{t}{r} \leqslant 5\right)$	$\tau = \dfrac{2F_s}{A}\left[1 - \left(\dfrac{y}{r}\right)^2\right]$，$\tau_1 = \dfrac{2F_s}{A}\left[1 - \left(\dfrac{y}{r}\right)^2\right]^{1/2}$ $y = 0$： $\tau_{max} = \dfrac{2F_s}{A} = \tau_{1max}$ $A = 2\pi rt$
4	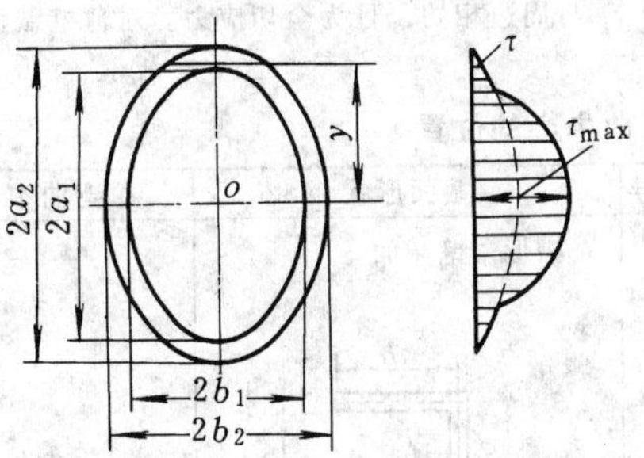	$a_1 \leqslant y \leqslant a_2$： $\tau = \dfrac{4F_s}{3\pi\ (a_2^3 b_2 - a_1^3 b_1)}\ (a_2^2 - y^2)$ $0 \leqslant y \leqslant a_1$： $\tau = \dfrac{4F_s}{3\pi\ (a_2^3 b_2 - a_1^3 b_1)} \times$ $\dfrac{\dfrac{b_2}{a_2}\ (a_2^2 - y^2)^{\frac{3}{2}} - \dfrac{b_1}{a_1}\ (a_1^2 - y^2)^{\frac{3}{2}}}{\dfrac{b_2}{a_2}\ (a_2^2 - y^2)^{\frac{1}{2}} - \dfrac{b_1}{a_1}\ (a_1^2 - y^2)^{\frac{1}{2}}}$ $y = 0$： $\tau_{max} = \dfrac{F_s}{A}\ \dfrac{4\ (a_2^2 b_2 - a_1^2 b_1)\ (a_2 b_2 - a_1 b_1)}{3\ (a_2^3 b_2 - a_1^3 b_1)\ (b_2 - b_1)}$ $A = \pi\ (a_2 b_2 - a_1 b_1)$
5	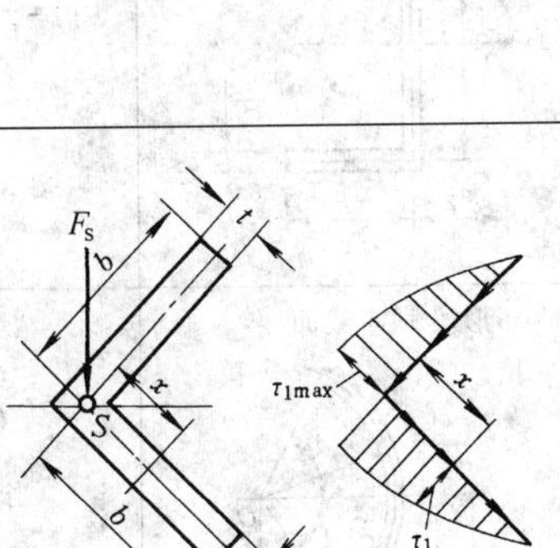	$\tau_1 = \dfrac{3\sqrt{2}}{2}\dfrac{F_s}{A}\left[1 - \left(\dfrac{x}{b}\right)^2\right]$ $x = 0$： $\tau_{1max} = \dfrac{3\sqrt{2}}{2}\dfrac{F_s}{A}$ $A = 2bt$

（续）

序号	截面形状和切应力分布图	垂直切应力 τ、沿周边切应力 τ_1 和最大切应力
6	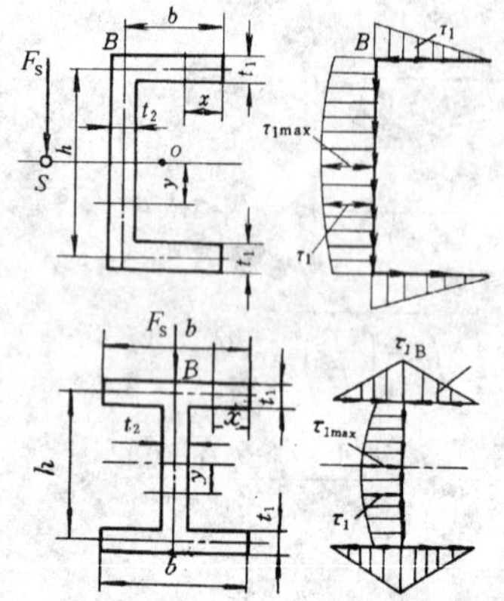	翼缘：$\tau_1=\dfrac{F_s h}{2I}x=\dfrac{F_s}{t_1 h\ (1+ht_2/6bt_1)}\dfrac{x}{b}$ 腹板：$\tau_1=\dfrac{F_s}{2t_2 I}\left[hbt_1+\left(\dfrac{h^2}{4}-y^2\right)t_2\right]$ $y=0$： $\tau_{1\max}=\dfrac{F_s h}{2t_2 I}\left(bt_1+\dfrac{1}{4}ht_2\right)$ $I=\dfrac{1}{2}bt_1h^2\left(1+\dfrac{ht_2}{6bt_1}\right)$
7	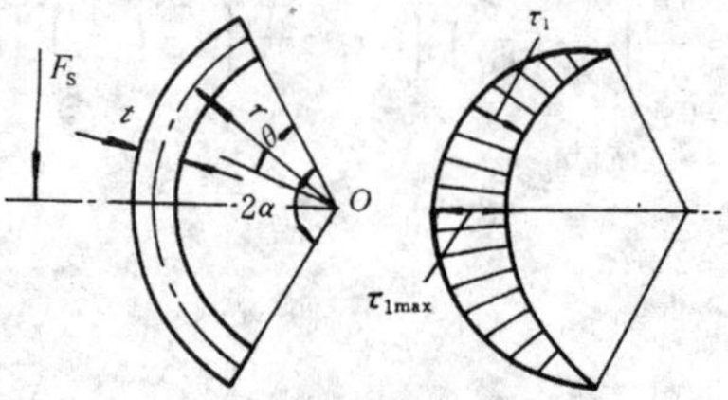	$\tau_1=\dfrac{F_s}{rt}\dfrac{[\sin\alpha\sin\theta-\cos\alpha\ (1-\cos\theta)]}{\alpha-\sin\alpha\cos\alpha}$ $\theta=\alpha$ $\tau_{1\max}=\dfrac{F_s\ (1-\cos\alpha)}{rt\ (\alpha-\sin\alpha\cos\alpha)}=\dfrac{2F_s\ \alpha\ (1-\cos\alpha)}{A\ (\alpha-\sin\alpha\cos\alpha)}$ $A=2\alpha rt$ 半圆形：$\alpha=\pi/2$，$\tau_{1\max}=2\dfrac{F_s}{A}$ 有缝隙的圆形：$\tau_1=\dfrac{F_s}{\pi rt}\ (1-\cos\theta)$ $\alpha\to\pi$，$\tau_{1\max}=4\dfrac{F_s}{A}$

注：1. F_s—作用在横截面上垂直于中性轴的剪力。

2. 垂直切应力 τ 沿中性轴等垂直距离处均布，周边切应力 τ_1 与周边相切，且为全切应力。对薄壁截面 No3、5、6 和 7 各点的全切应力即为 τ_1，且沿厚度均布。

表 1.4-24　常用截面弯曲中心的位置

序号	截面形状	弯曲中心位置
1	具有两个对称轴的截面	两对称轴的交点
2	实心截面或闭口薄壁截面	通常与形心位置很接近
3	各窄条矩形中心线汇交于一点的开口薄壁组合截面 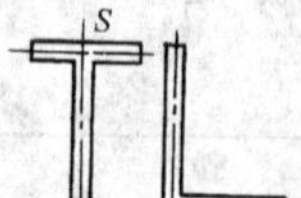	在各矩形中心线的汇交点
4	I字形薄壁截面（非对称） 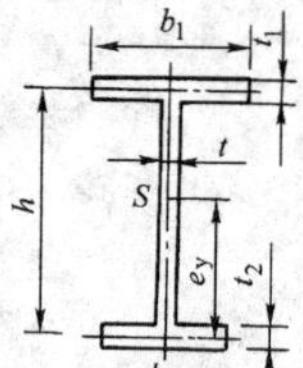	$e_y=\dfrac{t_1b_1^3}{t_1b_1^3+t_2b_2^3}h$
5	槽形薄壁截面 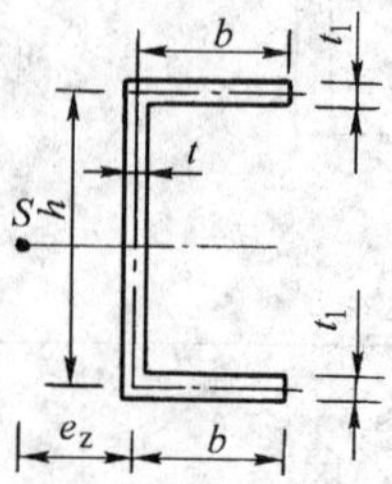	$e_z=\dfrac{3b^2t_1}{6bt_1+ht}$
6	环形段薄壁截面 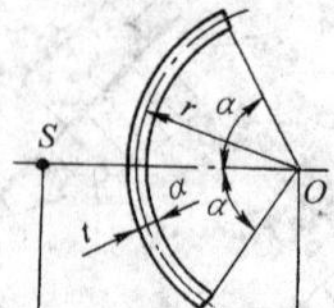	$e=2\dfrac{(\sin\alpha-\alpha\cos\alpha)}{(\alpha-\sin\alpha\cos\alpha)}r$ 当 $\alpha=\dfrac{\pi}{2}$　$e=\dfrac{4}{\pi}r$ $\alpha=\pi$　$e=2r$

表 1.4-25　单跨直梁的剪力、弯矩、挠度和转角的计算公式(EI＝常数)

序号	载荷、挠曲线、剪力图及弯矩图	反力及剪力 F_s	弯　矩　M	挠　度　$y(v)$	转　角　θ
1	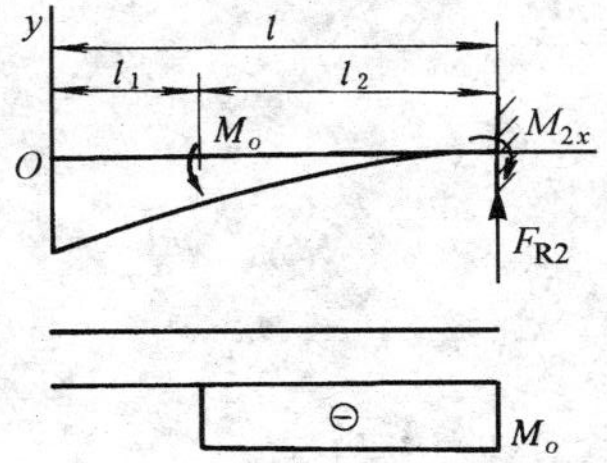	$F_{R2}=0$ $M_2=M_o$ $0\leqslant x\leqslant l$: $F_s=0$	$0\leqslant x<l_1$: $M=0$ $l_1<x<l$: $M=-M_o$	$0\leqslant x\leqslant l_1$: $y=-\dfrac{M_o}{2EI}[l_2^2+2l_2(l_1-x)]$ $l_1\leqslant x\leqslant l$: $y=-\dfrac{M_o}{2EI}(l-x)^2$ $x=0$: $y_{max}=-\dfrac{M_o}{2EI}l_2(2l_1+l_2)$	$0\leqslant x\leqslant l_1$: $\theta=\dfrac{M_o}{EI}l_2$ $l_1\leqslant x\leqslant l$: $\theta=\dfrac{M_o}{EI}(l-x)$ $0\leqslant x\leqslant l_1$: $\theta_{max}=\dfrac{M_o l_2}{EI}$
		当 M_o 作用在左端 $F_{R2}=0, M_2=M_o$	$0\leqslant x<l$: $M=-M_o$	$y=-\dfrac{M_o}{2EI}(l-x)^2, y_{max}=-\dfrac{M_o l^2}{2EI}$	$\theta=\dfrac{M_o}{EI}(l-x), \theta_{max}=\dfrac{M_o l}{EI}$
2	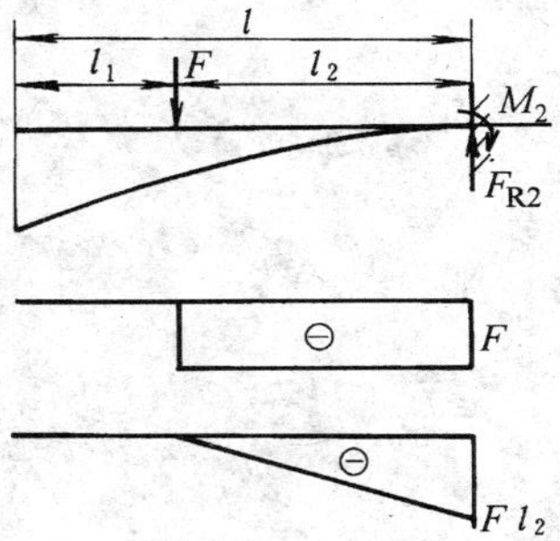	$M_2=Fl_2$ $F_{R2}=F$ $0\leqslant x<l_1$: $F_s=0$ $l_1<x<l$: $F_s=-F$ $F_{smax}=-F$	$0\leqslant x\leqslant l_1$: $M=0$ $l_1\leqslant x\leqslant l$: $M=-F(x-l_1)$ $x=l$: $M_{max}=-Fl_2$	$0\leqslant x\leqslant l_1$: $y=-\dfrac{Fl_2^3}{3EI}\left[1-\dfrac{3(x-l_1)}{2l_2}\right]$ $l_1\leqslant x\leqslant l$: $y=-\dfrac{Fl_2^3}{3EI}\left[1-\dfrac{3(x-l_1)}{2l_2}+\dfrac{(x-l_1)^3}{2l_2^3}\right]$ $x=0$: $y_{max}=-\dfrac{Fl_2^3}{3EI}\left(1+\dfrac{3l_1}{2l_2}\right)$ $y_{x=l_1}=-\dfrac{Fl_2^3}{3EI}$	$0\leqslant x\leqslant l_1$ $\theta=\dfrac{Fl_2^2}{2EI}$ $l_1\leqslant x\leqslant l$: $\theta=\dfrac{Fl_2^2}{2EI}\left[1-\dfrac{(x-l_1)^2}{l_2^2}\right]$ $0\leqslant x\leqslant l_1$: $\theta_{max}=\dfrac{Fl_2^2}{2EI}$
		当 F 作用在梁左端 $F_{R2}=F$ $M_2=Fl$ $F_s=-F$	$M=-Fx$ $x=l$: $M_{max}=-Fl$	$y=-\dfrac{Fl^3}{3EI}\left(1-\dfrac{3x}{2l}+\dfrac{x^3}{2l^3}\right)$ $x=0$: $y_{max}=-\dfrac{Fl^3}{3EI}$	$\theta=\dfrac{Fl^2}{2EI}\left(1-\dfrac{x^2}{l^2}\right)$ $x=0$: $\theta_{max}=\dfrac{Fl^2}{2EI}$

（续）

序号	载荷、挠曲线、剪力图及弯矩图	反力及剪力 F_s	弯　矩　M	挠　度　$y(v)$	转　角　θ
3	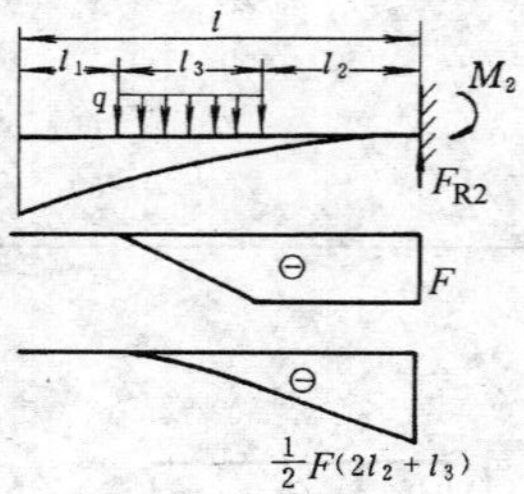 	$F=ql_3$ $F_{R2}=F, M_2=F\left(\frac{l_3}{2}+l_2\right)$ $0\leqslant x\leqslant l_1$： $F_s=0$ $l_1\leqslant x\leqslant(l_1+l_3)$： $F_s=-\frac{F}{l_3}(x-l_1)$ $(l_1+l_3)\leqslant x<l$： $F_s=-F$	$0\leqslant x\leqslant l_1$： $M=0$ $l_1\leqslant x\leqslant(l_1+l_3)$： $M=-\frac{F}{2l_3}(x-l_1)^2$ $(l_1+l_3)\leqslant x<l$： $M=-\frac{1}{2}F(2x-2l_1-l_3)$ $x=l$： $M_{max}=-\frac{1}{2}F(2l_2+l_3)$	$0\leqslant x\leqslant l_1$： $y=\frac{-F}{24EI}[4(3l_2^2+3l_2l_3+l_3^2)\times$ $(l-x)-(4l_2^3+6l_2^2l_3+4l_2l_3^2+l_3^3)]$ $l_1\leqslant x\leqslant(l_1+l_3)$： $y=-\frac{F}{24EI}[6(2l_2+l_3)(l-x)^2-$ $4(l-x)^3+\frac{1}{l_3}(l_1+l_3-x)^4]$ $(l_1+l_3)\leqslant x\leqslant l$： $y=-\frac{F}{12EI}[3(2l_2+l_3)(l-x)^2-$ $2(l-x)^3]$ $x=0$： $y_{max}=-\frac{F}{24EI}[4(3l_2^2+3l_2l_3+$ $l_3^2)l-(4l_2^3+6l_2^2l_3+4l_2l_3^2+l_3^3)]$	$0\leqslant x\leqslant l_1$： $\theta=\frac{F}{6EI}(3l_2^2+3l_2l_3+l_3^2)$ $l_1<x<(l_1+l_3)$： $\theta=\frac{F}{6EI}[3(2l_2+l_3)(l-x)-$ $3(l-x)^2+\frac{1}{l_3}(l_1+l_3-x)^3]$ $(l_1+l_3)\leqslant x\leqslant l$： $\theta=\frac{F}{2EI}[(2l_2+l_3)(l-x)-(l-$ $x)^2]$ $0\leqslant x\leqslant l_1$： $\theta=\theta_{max}=\frac{F}{6EI}(3l_2^2+3l_2l_3+l_3^2)$
		当 q 沿全长均布 $F_{R2}=ql$ $M_2=\frac{1}{2}ql^2$ $F_s=-qx$ $x=l$： $F_{smax}=-ql$	$M=-\frac{q}{2}x^2$ $x=l$： $M_{max}=-\frac{ql^2}{2}$	$y=-\frac{ql^4}{8EI}\left(1-\frac{4x}{3l}+\frac{x^4}{3l^4}\right)$ $x=0$： $y_{max}=\frac{-ql^4}{8EI}$	$\theta=\frac{ql^3}{6EI}\left(1-\frac{x^3}{l^3}\right)$ $x=0$： $\theta_{max}=\frac{ql^3}{6EI}$

（续）

序号	载荷、挠曲线、剪力图及弯矩图	反力及剪力 F_s	弯　矩　M	挠　度　$y(v)$	转　角　θ
4	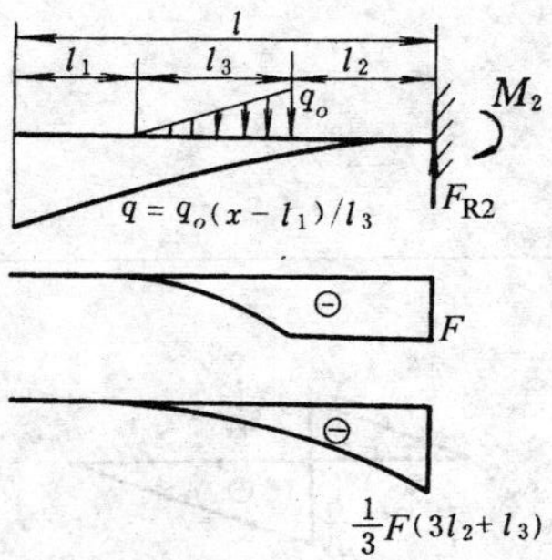	$F=\frac{1}{2}q_o l_3$ $F_{R2}=F, M_2=\frac{F}{3}(3l_2+l_3)$ $0\leqslant x\leqslant l_1$： $F_s=0$ $l_1\leqslant x\leqslant(l_1+l_3)$： $F_s=-F\frac{(x-l_1)^2}{l_3^2}$ $(l_1+l_3)\leqslant x<l$： $F_s=-F$	$0\leqslant x\leqslant l_1$： $M=0$ $l_1\leqslant x\leqslant(l_1+l_3)$： $M=-\frac{F(x-l_1)^3}{3l_3^2}$ $(l_1+l_3)\leqslant x<l$： $M=-\frac{F}{3}[3x-3l_1-2l_3]$ $x=l$： $M_{max}=-\frac{1}{3}F(3l_2+l_3)$	$0\leqslant x\leqslant l_1$： $y=-\frac{F}{60EI}[5(6l_2^2+4l_2l_3+l_3^2)(l_1-x)+4(5l_2^3+10l_2^2l_3+5l_2l_3^2+l_3^3)]$ $l_1\leqslant x\leqslant(l_1+l_3)$： $y=-\frac{F}{60EI}[20l_2^3+10l_2^2l_3-l_3^3-5(6l_2^2+4l_2l_3+l_3^2)(x-l_1-l_3)+\frac{1}{l_3^2}(x-l_1)^5]$ $(l_1+l_3)\leqslant x\leqslant l$： $y=-\frac{F}{6EI}[(3l_2+l_3)(l-x)^2-(l-x)^3]$ $x=0$： $y_{max}=-\frac{F}{60EI}[5(6l_2^2+4l_2l_3+l_3^2)l_1+4(5l_2^3+10l_2^2l_3+5l_2l_3^2+l_3^3)]$	$0\leqslant x\leqslant l_1$： $\theta=\frac{F}{12EI}(6l_2^2+4l_2l_3+l_3^2)=\theta_{max}$ $l_1\leqslant x\leqslant(l_1+l_3)$： $\theta=\frac{F}{12EI}[6l_2^2+4l_2l_3+l_3^2-\frac{1}{l_3^2}\times(x-l_1)^4]$ $(l_1+l_3)\leqslant x\leqslant l$： $\theta=\frac{F}{6EI}[2(3l_2+l_3)(l-x)-3(l-x)^2]$
		当载荷沿全长分布 $F_{R2}=\frac{1}{2}q_o l$ $M_2=\frac{1}{6}q_o l^2$ $F_s=-\frac{q_o x^2}{2l}$	$M=-\frac{q_o x^3}{6l}$ $x=l$： $M_{max}=-\frac{q_o l^2}{6}$	$y=-\frac{q_o l^4}{30EI}\left(1-\frac{5x}{4l}+\frac{x^5}{4l^5}\right)$ $x=0$： $y_{max}=-\frac{q_o l^4}{30EI}$	$\theta=\frac{q_o l^3}{24EI}\left(1-\frac{x^4}{l^4}\right)$ $x=0$： $\theta_{max}=\frac{q_o l^3}{24EI}$

（续）

序号	载荷、挠曲线、剪力图及弯矩图	反力及剪力 F_s	弯　矩　M	挠　度　$y(v)$	转　角　θ
5	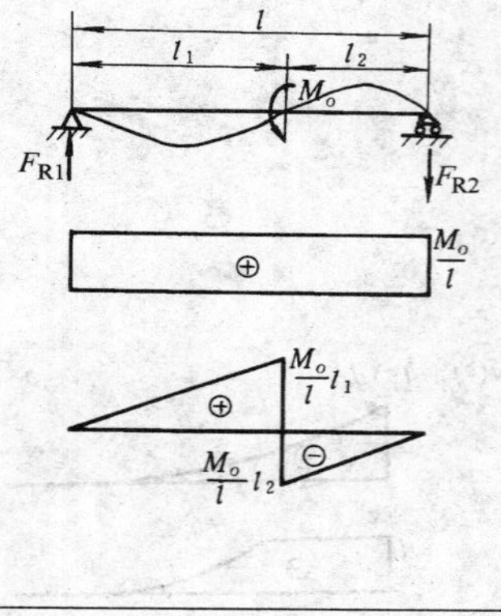	$F_{R1}=\frac{M_o}{l}$ $F_{R2}=F_{R1}$ $F_s=\frac{M_o}{l}$	$0\leqslant x<l_1$： $M=\frac{M_o}{l}x$ $l_1<x\leqslant l$： $M=-\frac{M_o}{l}(l-x)$	$0\leqslant x\leqslant l_1$： $y=-\frac{M_o x}{6EIl}(l^2-3l_2^2-x^2)$ $l_1\leqslant x\leqslant l$ $y=\frac{M_o}{6EIl}[x^3-3l(x-l_1)^2-(l^2-3l_2^2)x]$	$0\leqslant x\leqslant l_1$ $\theta=-\frac{M_o}{6EIl}(l^2-3l_2^2-3x^2)$ $l_1\leqslant x\leqslant l$ $\theta=\frac{M_o}{6EIl}[3x^2-6l(x-l_1)-(l^2-3l_2^2)]$
		力偶作用在左端 $l_1=0,l_2=l$ $F_{R1}=F_{R2}=\frac{M_o}{l}$ $F_s=\frac{M_o}{l}$	$0<x\leqslant l$： $M=-\frac{M_o}{l}(l-x)$	$0\leqslant x\leqslant l$： $y=\frac{M_o x}{6EIl}(x^2-3lx+2l^2)$ $x=0.423l$ $y_{max}=0.0642\frac{M_o l^2}{EI}$	$0\leqslant x\leqslant l$ $\theta=\frac{M_o}{6EIl}(3x^2-6lx+2l^2)$ $x=0,\theta=\frac{M_o l}{3EI}=\theta_{max}$ $x=l,\theta=-\frac{M_o l}{6EI}$
6	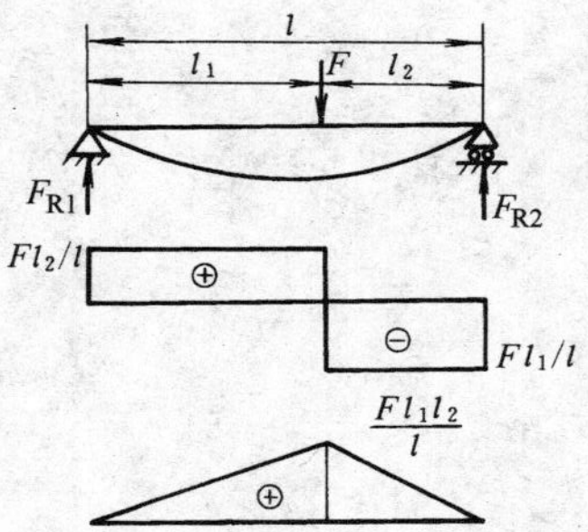	$F_{R1}=\frac{Fl_2}{l}$ $F_{R2}=\frac{Fl_1}{l}$ $0<x<l_1$： $F_s=\frac{Fl_2}{l}$ $l_1<x<l$： $F_s=-\frac{Fl_1}{l}$	$0\leqslant x\leqslant l_1$： $M=\frac{Fl_2x}{l}$ $l_1\leqslant x\leqslant l$： $M=\frac{Fl_1(l-x)}{l}$ $x=l_1$： $M_{max}=\frac{Fl_1l_2}{l}$	$0\leqslant x\leqslant l_1$： $y=-\frac{Fl_1^2l_2^2}{6EIl}\left(\frac{2x}{l_1}+\frac{x}{l_2}-\frac{x^3}{l_1^2l_2}\right)$ $l_1\leqslant x\leqslant l$： $y=-\frac{Fl_1}{6EIl}[l_2(2l_1+l_2)(l-x)-(l-x)^3]$ $l_1>l_2$ 时 $x=\sqrt{(l^2-l_2^2)/3}$： $y_{max}=-\frac{Fl_2(l^2-l_2^2)^{3/2}}{9\sqrt{3}EIl}$ $y_{x=\frac{l}{2}}=-\frac{Fl_2(3l^2-4l_2^2)}{48EI}$ $y_{x=l_1}=-\frac{Fl_1^2l_2^2}{3EIl}$	$0\leqslant x\leqslant l_1$： $\theta=-\frac{Fl_1l_2^2}{6EIl}\left(2+\frac{l_1}{l_2}-\frac{3x^2}{l_1l_2}\right)$ $l_1\leqslant x\leqslant l$： $\theta=\frac{Fl_1}{6EIl}[l_2(2l_1+l_2)-3(l-x)^2]$ $\theta_{x=0}=-\frac{Fl_1l_2}{6EIl}(l_1+2l_2)$ $\theta_{x=l}=\frac{Fl_1l_2}{6EIl}(2l_1+l_2)$
		当 F 作用在中点 $F_{R1}=F_{R2}=\frac{F}{2}$ $0<x<l/2$： $F_s=F/2$	$0\leqslant x\leqslant l/2$： $M=\frac{F}{2}x$ $x=l/2$： $M_{max}=\frac{Fl}{4}$	$0\leqslant x\leqslant l/2$： $y=-\frac{Fl^3}{48EI}\left(\frac{3x}{l}-\frac{4x^3}{l^3}\right)$ $x=l/2$： $y_{max}=-\frac{Fl^3}{48EI}$	$0\leqslant x\leqslant l/2$： $\theta=-\frac{Fl^2}{16EI}\left(1-\frac{4x^2}{l^2}\right)$ $x=0,x=l$： $\theta_{max}=\mp\frac{Fl^2}{16EI}$

（续）

序号	载荷、挠曲线、剪力图及弯矩图	反力及剪力 F_s	弯 矩 M	挠 度 $y(v)$	转 角 θ
7	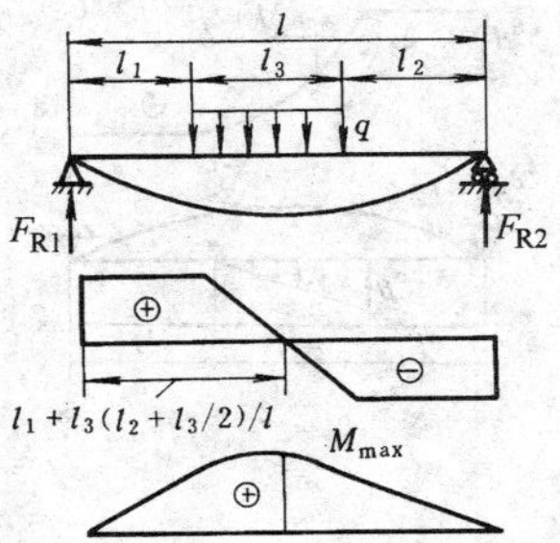 	$F_{R1}=\frac{ql_3}{l}\left(l_2+\frac{l_3}{2}\right)$ $F_{R2}=\frac{ql_3}{l}\left(l_1+\frac{l_3}{2}\right)$ $0<x\leqslant l_1$： $F_s=\frac{ql_3}{l}\left(l_2+\frac{l_3}{2}\right)$ $l_1\leqslant x\leqslant(l_1+l_3)$： $F_s=\frac{ql_3}{l}\left(l_2+\frac{l_3}{2}\right)-q\times(x-l_1)$ $(l_1+l_3)\leqslant x<l$： $F_s=-\frac{ql_3}{l}\left(l_1+\frac{l_3}{2}\right)$	$0\leqslant x\leqslant l_1$： $M=\frac{ql_3}{l}\left(l_2+\frac{l_3}{2}\right)x$ $l_1\leqslant x\leqslant(l_1+l_3)$： $M=q\left[\frac{l_3}{l}\left(l_2+\frac{l_3}{2}\right)x-\frac{(x-l_1)^2}{2}\right]$ $x=l_1+\frac{l_3}{l}\left(l_2+\frac{l_3}{2}\right)$： $M_{max}=\frac{ql_3}{l}\left(l_2+\frac{l_3}{2}\right)\times\left(l_1+\frac{2l_2l_3+l_3^2}{4l}\right)$ $(l_1+l_3)\leqslant x\leqslant l$ $M=\frac{ql_3}{l}\left(l_1+\frac{l_3}{2}\right)(l-x)$	$0\leqslant x\leqslant l_1$： $y=-\frac{ql_3}{6EIl}\left(l_2+\frac{l_3}{2}\right)x\left[\left(l_1+\frac{l_3}{2}\right)\times\left(l+l_2+\frac{l_3}{2}\right)-\frac{1}{4}l_3^2-x^2\right]$ $l_1\leqslant x\leqslant(l_1+l_3)$： $y=-\frac{ql_3}{6EIl}\left\{x\left(l_2+\frac{l_3}{2}\right)\left[\left(l_1+\frac{l_3}{2}\right)\times\left(l+l_2+\frac{l_3}{2}\right)-\frac{1}{4}l_3^2-x^2\right]+\frac{l}{4l_3}(x-l_1)^4\right\}$ $(l_1+l_3)\leqslant x\leqslant l$： $y=-\frac{ql_3}{6EIl}\left(l_1+\frac{l_3}{2}\right)(l-x)\left[\left(l_2+\frac{l_3}{2}\right)\times\left(l+l_1+\frac{l_3}{2}\right)-\frac{1}{4}l_3^2-(l-x)^2\right]$	$0\leqslant x\leqslant l_1$： $\theta=-\frac{ql_3}{6EIl}\left(l_2+\frac{l_3}{2}\right)\times\left[\left(l_1+\frac{l_3}{2}\right)\times\left(l+l_2+\frac{l_3}{2}\right)-\frac{1}{4}l_3^2-3x^2\right]$ $l_1\leqslant x\leqslant(l_1+l_3)$： $\theta=-\frac{ql_3}{6EIl}\left\{\left(l_2+\frac{l_3}{2}\right)\left[\left(l_1+\frac{l_3}{2}\right)\times\left(l+l_2+\frac{l_3}{2}\right)-\frac{1}{4}l_3^2-3x^2\right]+\frac{l}{l_3}(x-l_1)^3\right\}$ $(l_1+l_3)\leqslant x\leqslant l$： $\theta=\frac{ql_3}{6EIl}\left(l_1+\frac{l_3}{2}\right)\left[\left(l_2+\frac{l_3}{2}\right)\times\left(l+l_1+\frac{l_3}{2}\right)-\frac{1}{4}l_3^2-3(l-x)^2\right]$
		当 q 沿全长作用 $F_{R1}=F_{R2}=\frac{ql}{2}$ $F_s=\frac{ql}{2}-qx$	$M=\frac{ql}{2}x-\frac{qx^2}{2}$ $x=l/2$： $M_{max}=\frac{ql^2}{8}$	$y=-\frac{ql^4}{24EI}\left(\frac{x}{l}-2\frac{x^3}{l^3}+\frac{x^4}{l^4}\right)$ $x=l/2$： $y_{max}=-\frac{5ql^4}{384EI}$	$\theta=-\frac{ql^3}{24EI}\left(1-6\frac{x^2}{l^2}+4\frac{x^3}{l^3}\right)$ $x=0,x=l$： $\theta_{max}=\mp\frac{ql^3}{24EI}$

（续）

序号	载荷、挠曲线、剪力图及弯矩图	反力及剪力 F_s	弯　矩　M	挠　度　$y(v)$	转　角　θ
8	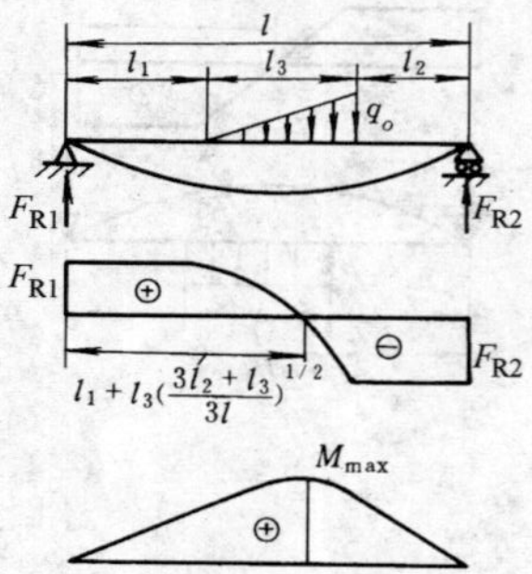	$F=\frac{1}{2}q_o l_3$ $F_{R1}=\frac{F}{3l}(3l_2+l_3)$ $F_{R2}=\frac{F}{3l}(3l_1+2l_3)$ $0<x\leqslant l_1$： $F_s=F_{R1}$ $l_1\leqslant x\leqslant(l_1+l_3)$ $F_s=F_{R1}-F\frac{(x-l_1)^2}{l_3^2}$ $(l_1+l_3)\leqslant x<l$： $F_s=-F_{R2}$	$0\leqslant x\leqslant l_1$： $M=F_{R1}x$ $l_1\leqslant x\leqslant(l_1+l_3)$： $M=F_{R1}x-\frac{F}{3l_3^2}(x-l_1)^3$ $(l_1+l_3)\leqslant x\leqslant l$： $M=F_{R2}(l-x)$ $x=l_1+l_3\left(\frac{3l_2+l_3}{3l}\right)^{1/2}$： $M_{max}=F\frac{(3l_2+l_3)}{3l}\times$ $\left[l_1+\frac{2}{3}l_3\times\left(\frac{3l_2+l_3}{3l}\right)^{1/2}\right]$	$0\leqslant x\leqslant l_1$： $y=\frac{F}{18EIl}\left\{(3l_2+l_3)(x^3-l^2x)+x\left[\frac{1}{9}(3l_2+l_3)^3+\frac{1}{2}l_2l_3^2+\frac{17}{90}l_3^3\right]\right\}$ $l_1\leqslant x\leqslant(l_1+l_3)$： $y=\frac{F}{18EIl}\left\{(3l_2+l_3)(x^3-l^2x)+x\left[\frac{1}{9}(3l_2+l_3)^3+\frac{1}{2}l_2l_3^2+\frac{17}{90}l_3^3\right]-\frac{3}{10}\frac{l}{l_3^2}(x-l_1)^5\right\}$ $(l_1+l_3)\leqslant x\leqslant l$： $y=\frac{F}{18EIl}\left\{(3l_1+2l_3)(l-x)^3-(l-x)\left[\frac{1}{9}(3l_2+l_3)^3+\frac{1}{2}l_2l_3^2+\frac{17}{90}l_3^3-l(3l_2+l_3)^2+\frac{1}{2}ll_3^2+2(3l_2+l_3)l^2\right]\right\}$	$0\leqslant x\leqslant l$： $\theta=\frac{F}{18EIl}\left\{(3l_2+l_3)(3x^2-l^2)+\left[\frac{1}{9}(3l_2+l_3)^3+\frac{1}{2}l_2l_3^2+\frac{17}{90}l_3^3\right]\right\}$ $l_1\leqslant x\leqslant(l_1+l_3)$： $\theta=\frac{F}{18EIl}\left\{(3l_2+l_3)(3x^2-l^2)+\left[\frac{1}{9}(3l_2+l_3)^3+\frac{1}{2}l_2l_3^2+\frac{17}{90}l_3^3\right]-\frac{3}{2}\frac{l}{l_3^2}(x-l_1)^4\right\}$ $(l_1+l_3)\leqslant x\leqslant l$： $\theta=-\frac{F}{18EIl}\left\{3(3l_1+2l_3)(l-x)^2-\left[\frac{1}{9}(3l_2+l_3)^3+\frac{1}{2}l_2l_3^2+\frac{17}{90}l_3^3-l(3l_2+l_3)^2+\frac{1}{2}ll_3^2+2(3l_2+l_3)l^2\right]\right\}$
		载荷作用在全长上时，则 $l_1=l_2=0,l_3=l$： $F_{R1}=\frac{1}{3}F,F_{R2}=\frac{2}{3}F$ $F_s=\frac{F}{3}-\frac{x^2}{l^2}F$	$M=\frac{F}{3}\left(x-\frac{x^3}{l^2}\right)$ $x=0.5774l$： $M_{max}=0.128Fl$	$y=-\frac{F}{180EIl^2}(3x^5-10l^2x^3+7l^4x)$ $x=0.519l$： $y_{max}=-0.01304\frac{Fl^3}{EI}$	$\theta=-\frac{F}{180EIl^2}(15x^4-30l^2x^2+7l^4)$ $\theta_{x=0}=-\frac{7Fl^2}{180EI}$ $\theta_{x=l}=\frac{8Fl^2}{180EI}$

（续）

序号	载荷、挠曲线、剪力图及弯矩图	反力及剪力 F_s	弯　矩　M	挠　度　$y(v)$	转　角　θ
9	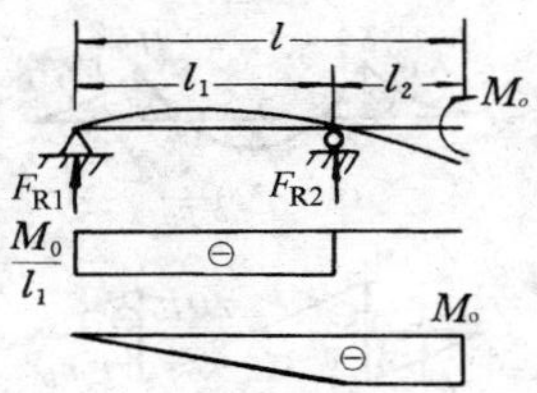	$F_{R1}=-F_{R2}=\frac{-M_o}{l_1}$ $0<x<l_1$： $F_s=\frac{-M_o}{l_1}$ $l_1<x\leqslant l$ $F_s=0$	$0\leqslant x\leqslant l_1$： $M=\frac{-M_o}{l_1}x$ $l_1\leqslant x<l$ $M=-M_o$	$0\leqslant x\leqslant l_1$： $y=\frac{M_o x}{6EIl_1}(l_1^2-x^2)$ $l_1\leqslant x\leqslant l$： $y=\frac{-M_o}{6EI}(l_1^2-4l_1x+3x^2)$ $x=l_1/\sqrt{3}:y_{\max}=\frac{M_o l_1^2}{9\sqrt{3}EI}$ $x=l:y_{\max}=\frac{-M_o l_2}{6EI}(2l_1+3l_2)$	$0\leqslant x\leqslant l_1$： $\theta=\frac{M_o}{6EIl_1}(l_1^2-3x^2)$ $l_1\leqslant x\leqslant l$ $\theta=\frac{-M_o}{3EI}(3x-2l_1)$ $x=0$： $\theta=\frac{M_o l_1}{6EI}$ $x=l$： $\theta=\frac{-M_o}{3EI}(l_1+3l_2)$
10	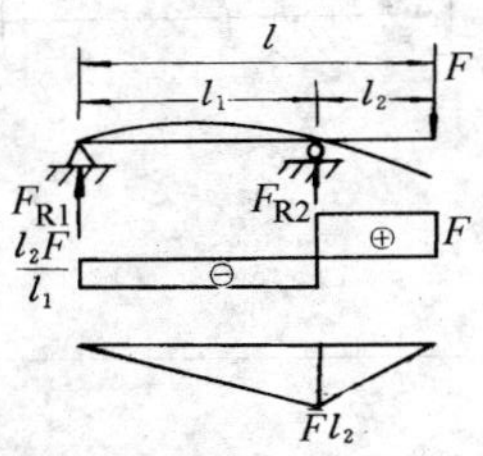	$F_{R1}=-\frac{l_2}{l_1}F$ $F_{R2}=\left(1+\frac{l_2}{l_1}\right)F$ $0<x<l_1$： $F_s=-\frac{l_2}{l_1}F$ $l_1<x<l$： $F_s=F$	$0\leqslant x\leqslant l_1$： $M=-\frac{l_2}{l_1}Fx$ $l_1\leqslant x\leqslant l$： $M=-F(l-x)$	$0\leqslant x\leqslant l_1$： $y=\frac{Fl_2 x}{6EIl_1}(l_1^2-x^2)$ $l_1\leqslant x\leqslant l$： $y=-\frac{F(x-l_1)}{6EI}[l_2(3x-l_1)-(x-l_1)^2]$ $x=l_1/\sqrt{3}:y_{\max}=\frac{Fl_2 l_1^2}{9\sqrt{3}EI}$ $x=l:y=-\frac{Fl_2^2}{3EI}l$	$0\leqslant x\leqslant l$： $\theta=\frac{Fl_2}{6EIl_1}(l_1^2-3x^2)$ $l_1\leqslant x\leqslant l$ $\theta=-\frac{F}{6EI}[(6x-4l_1)l_2-3(x-l_1)^2]$ $x=0:\theta=\frac{Fl_1 l_2}{6EI}$ $x=l:\theta=-\frac{Fl_2}{6EI}(2l_1+3l_2)$
11	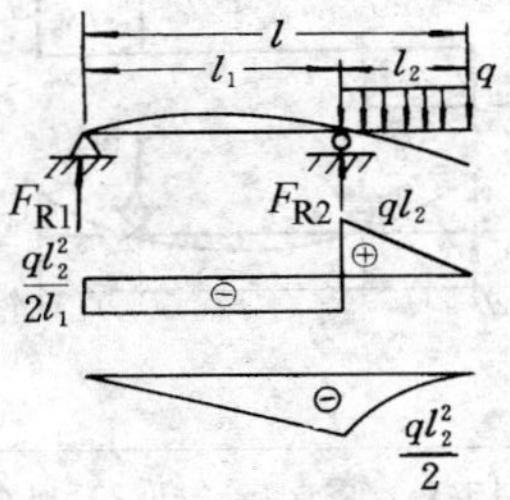	$F_{R1}=-\frac{ql_2^2}{2l_1}$ $F_{R2}=ql_2\left(1+\frac{l_2}{2l_1}\right)$ $0<x<l_1$： $F_s=-\frac{ql_2^2}{2l_1}$ $l_1<x\leqslant l$ $F_s=q(l-x)$	$0\leqslant x\leqslant l_1$： $M=-\frac{ql_2^2}{2l_1}x$ $l_1\leqslant x\leqslant l$： $M=-\frac{q}{2}(l-x)^2$	$0\leqslant x\leqslant l_1$： $y=\frac{ql_2^2 x}{12EIl_1}(l_1^2-x^2)$ $l_1\leqslant x\leqslant l$： $y=\frac{-q(x-l_1)}{24EI}[4l_2^2l_1+6l_2^2(x-l_1)-$ $4l_2(x-l_1)^2+(x-l_1)^3]$ $x=l_1/\sqrt{3}:y_{\max}=\frac{ql_1^2l_2^2}{18\sqrt{3}EI}$ $x=l:y_{\max}=-\frac{ql_2^3}{24EI}(4l_1+3l_2)$	$0\leqslant x\leqslant l_1$： $\theta=\frac{ql_2^2}{12EIl_1}(l_1^2-3x^2)$ $l_1\leqslant x\leqslant l$ $\theta=-\frac{q}{6EI}[l_2^2l_1+3l_2^2(x-l_1)-$ $3l_2(x-l_1)^2+(x-l_1)^3]$ $x=0:\theta=ql_1l_2^2/12EI$ $x=l:\theta=-ql_2^2l/6EI$

（续）

序号	载荷、挠曲线、剪力图及弯矩图	反力及剪力 F_s	弯　矩　M	挠　度　$y(v)$	转　角　θ
12	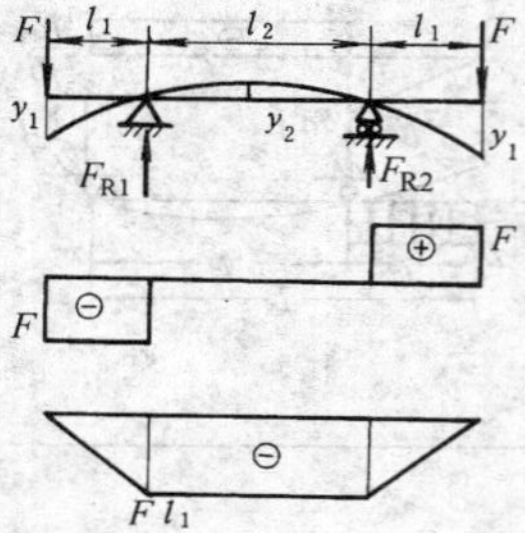	$F_{R1}=F_{R2}=F$ $0<x<l_1$： $F_s=-F$ $l_1<x<(l_1+l_2)$： $F_s=0$	$0\leqslant x\leqslant l_1$： $M=-Fx$ $l_1\leqslant x\leqslant(l_1+l_2)$： $M=-Fl_1$ $M_{max}=-Fl_1$	$0\leqslant x\leqslant l_1$： $y=-\frac{Fl_1^3}{6EI}\left[\frac{x^3}{l_1^3}-\frac{3(l_1+l_2)}{l_1^2}x+\frac{3l_2}{l_1}+2\right]$ $l_1\leqslant x\leqslant(l_1+l_2)$： $y=-\frac{Fl_1^3}{6EI}\left[\frac{x^3}{l_1^3}-\frac{3(l_1+l_2)}{l_1^2}x+\frac{3l_2}{l_1}+2\right]-\frac{F(x-l_1)^3}{6EI}$ $y_1=-\frac{Fl_1^3}{6EI}\left(\frac{3l_2}{l_1}+2\right)$ $y_2=\frac{Fl_1l_2^2}{8EI}$	$0\leqslant x\leqslant l_1$： $\theta=\frac{Fl_1^2}{2EI}\left(1+\frac{l_2}{l_1}-\frac{x^2}{l_1^2}\right)$ $l_1\leqslant x\leqslant(l_1+l_2)$： $\theta=\frac{Fl_1^2}{2EI}\left(1+\frac{l_2}{l_1}-\frac{x^2}{l_1^2}\right)-\frac{F(x-l_1)^2}{2EI}$ $\theta_{x=0}=\frac{Fl_1(l_1+l_2)}{2EI}$ $\theta_{x=l_1}=\frac{Fl_1l_2}{2EI}$
13	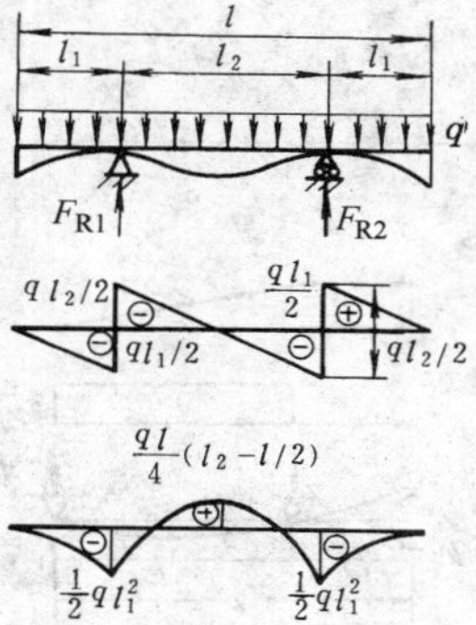	$F_{R1}=F_{R2}=\frac{ql}{2}$ $0\leqslant x<l_1$： $F_s=-qx$ $l_1<x<(l_1+l_2)$： $F_s=-qx+\frac{ql}{2}$ $(l_1+l_2)<x\leqslant l$： $F_s=q(l-x)$	$0\leqslant x\leqslant l_1$： $M=\frac{-q}{2}x^2$ $l_1\leqslant x\leqslant(l_1+l_2)$： $M=-\frac{qx^2}{2}+\frac{ql}{2}(x-l_1)$ $(l_1+l_2)\leqslant x\leqslant l$： $M=-\frac{q}{2}(l-x)^2$	$0\leqslant x\leqslant l_1$： $y=\frac{ql_2^4}{24EI}\left[\left(1-6\frac{l_1^2}{l_2^2}-3\frac{l_1^3}{l_2^3}\right)\frac{l_1}{l_2}-\left(1-6\frac{l_1^2}{l_2^2}-4\frac{l_1^3}{l_2^3}\right)\frac{x}{l_2}-\frac{x^4}{l_2^4}\right]$ $l_1\leqslant x\leqslant(l_1+l_2)$： $y=\frac{ql_2^4}{24EI}\left[\left(1-6\frac{l_1^2}{l_2^2}-3\frac{l_1^3}{l_2^3}\right)\frac{l_1}{l_2}-\left(1-6\frac{l_1^2}{l_2^2}-4\frac{l_1^3}{l_2^3}\right)\frac{x}{l_2}-\frac{x^4}{l_2^4}+2\left(1+2\frac{l_1}{l_2}\right)\frac{(x-l_1)^3}{l_2^3}\right]$ $x=0$ 和 $x=l$： $y=\frac{ql_1l_2^3}{24EI}\left(1-6\frac{l_1^2}{l_2^2}-3\frac{l_1^3}{l_2^3}\right)$ $x=l_1+\frac{l_2}{2}$： $y=-\frac{ql_2^4}{16EI}\left(\frac{5}{24}-\frac{l_1^2}{l_2^2}\right)$	$0\leqslant x\leqslant l_1$： $\theta=-\frac{ql_2^3}{24EI}\left(1-6\frac{l_1^2}{l_2^2}-4\frac{l_1^3}{l_2^3}+4\frac{x^3}{l_2^3}\right)$ $l_1\leqslant x\leqslant(l_1+l_2)$： $\theta=-\frac{ql_2^3}{24EI}\left[1-6\frac{l_1^2}{l_2^2}-4\frac{l_1^3}{l_2^3}+4\frac{x^3}{l_2^3}-6\left(1+\frac{2l_1}{l_2}\right)\frac{(x-l_1)^2}{l_2^2}\right]$ $x=0$： $\theta=-\frac{ql_2^3}{24EI}\left(1-6\frac{l_1^2}{l_2^2}-4\frac{l_1^3}{l_2^3}\right)$ $x=l_1$： $\theta=-\frac{ql_2^3}{24EI}\left(1-6\frac{l_1^2}{l_2^2}\right)$

（续）

序号	载荷、挠曲线、剪力图及弯矩图	反力及剪力 F_s	弯　矩　M	挠　度　$y(v)$	转　角　θ
14	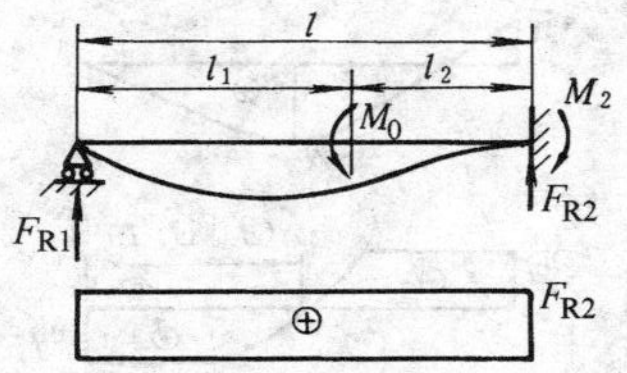	$F_{R1}=\frac{3M_0}{2l^3}(l^2-l_1^2)=-F_{R2}$ $M_2=\frac{(3l_1^2-l^2)}{2l^2}M_0$ $0<x<l$： $F_s=F_{R1}$	$0\leqslant x<l_1$： $M=F_{R1}x$ $l_1<x<l$： $M=-M_0+F_{R1}x$ $x=l$： $M=-M_2$	$0\leqslant x\leqslant l_1$： $y=\frac{M_0}{4EI}\left[\frac{(l^2-l_1^2)}{l^3}(x^3-3l^2x)+4(l-l_1)x\right]$ $l_1\leqslant x\leqslant l$： $y=\frac{M_0}{4EI}\left[\frac{(l^2-l_1^2)}{l^3}(x^3-3l^2x+2l^3)-2(l-x)^2\right]$	$0\leqslant x\leqslant l_1$： $\theta=\frac{M_0}{4EI}\left[3\frac{(l^2-l_1^2)}{l^3}(x^2-l^2)+4(l-l_1)\right]$ $l_1\leqslant x\leqslant l$： $\theta=\frac{M_0}{4EI}\left[3\frac{(l^2-l_1^2)}{l^3}(x^2-l^2)+4(l-x)\right]$
	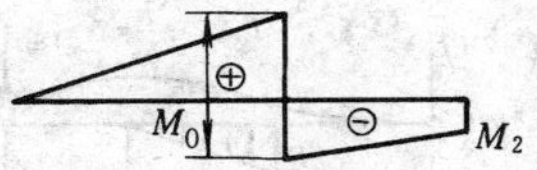	当 M_0 作用在左端 $F_{R1}=-F_{R2}=\frac{3M_0}{2l}$，$M_2=M_0/2$	$M=\frac{3M_0}{2l}x-M_0$	$y=\frac{M_0}{4EI}\left[\frac{1}{l}(x^3-3l^2x)+4lx-2x^2\right]$	$\theta=\frac{M_0}{4EI}\left[\frac{3}{l}(x^2-l^2)+4(l-x)\right]$
15	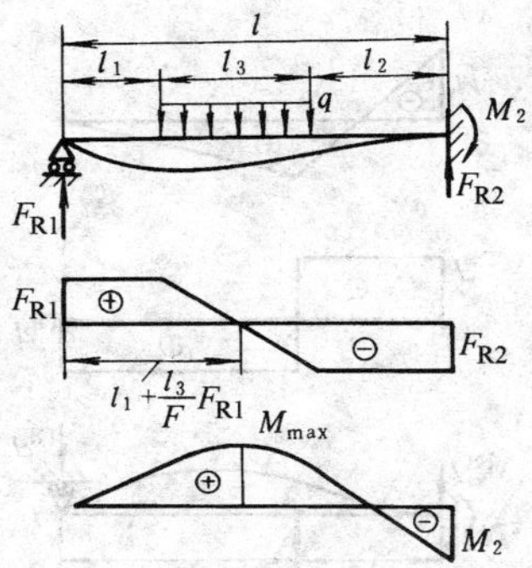	$F=ql_3$ $F_{R1}=\frac{F}{8l^3}[4l(3l_2^2+3l_2l_3+l_3^2)-4l_2^3-6l_2^2l_3-4l_2l_3^2-l_3^3]$ $F_{R2}=F-F_{R1}$ $M_2=\frac{F}{8l^2}[4l^2(2l_2+l_3)-4l(3l_2^2+3l_2l_3+l_3^2)+4l_2^3+6l_2^2l_3+4l_2l_3^2+l_3^3]$ $0<x\leqslant l_1$： $F_s=F_{R1}$ $l_1\leqslant x\leqslant(l_1+l_3)$： $F_s=F_{R1}-\frac{F}{l_3}(x-l_1)$ $(l_1+l_3)\leqslant x<l$： $F_s=-F_{R2}$	$0\leqslant x\leqslant l_1$： $M=F_{R1}x$ $l_1\leqslant x\leqslant(l_1+l_3)$： $M=F_{R1}x-\frac{F}{2l_3}(x-l_1)^2$ $(l_1+l_3)\leqslant x<l$： $M=F_{R1}x-\frac{F}{2}\times[2(x-l_1)-l_3]$ $x=l$： $M=-M_2$ $x=l_1+\frac{l_3}{F}F_{R1}$： $M_{max}=F_{R1}l_1+\frac{l_3F_{R1}^2}{2F}$	$0\leqslant x\leqslant l_1$： $y=\frac{F}{6EI}[3l_2^2+3l_2l_3+l_3^2]x+\frac{F_{R1}}{6EI}(x^3-3l^2x)$ $l_1\leqslant x\leqslant(l_1+l_3)$： $y=-\frac{F}{24EI}\left[6(2l_2+l_3)(l-x)^2-4(l-x)^3+\frac{(l_1+l_3-x)^4}{l_3}\right]+\frac{F_{R1}}{6EI}(x^3-3l^2x+2l^3)$ $(l_1+l_3)\leqslant x\leqslant l$： $y=-\frac{F}{12EI}[3(2l_2+l_3)(l-x)^2-2(l-x)^3]+\frac{F_{R1}}{6EI}(x^3-3l^2x+2l^3)$	$0\leqslant x\leqslant l_1$： $\theta=\frac{F}{6EI}(3l_2^2+3l_2l_3+l_3^2)-\frac{F_{R1}}{2EI}(l^2-x^2)$ $l_1\leqslant x\leqslant(l_1+l_3)$： $\theta=\frac{F}{6EI}\left[3(2l_2+l_3)(l-x)-3(l-x)^2+\frac{(l_1+l_3-x)^3}{l_3}\right]-\frac{F_{R1}}{2EI}(l^2-x^2)$ $(l_1+l_3)\leqslant x\leqslant l$： $\theta=\frac{F}{2EI}[(2l_2+l_3)(l-x)-(l-x)^2]+\frac{F_{R1}}{2EI}(x^2-l^2)$ $\theta_{x=0}=\frac{F}{6EI}(3l_2^2+3l_2l_3+l_3^2)-\frac{F_{R1}}{2EI}l^2$
		载荷在全长上作用时， $l_1=l_2=0$，$l_3=l$： $F_{R1}=\frac{3}{8}ql$，$F_{R2}=\frac{5}{8}ql$ $M_2=\frac{ql^2}{8}$	$x=l$： $M=-ql^2/8$ $x=3l/8$： $M_{max}=\frac{9}{128}ql^2$	$y=-\frac{ql^4}{48EI}\left(\frac{x}{l}-3\frac{x^3}{l^3}+2\frac{x^4}{l^4}\right)$ $x=0.4215l$： $y_{max}=-0.0054\frac{ql^4}{EI}$	$\theta=-\frac{ql^3}{48EI}\left(1-9\frac{x^2}{l^2}+8\frac{x^3}{l^3}\right)$ $\theta_{x=0}=-\frac{ql^3}{48EI}$

（续）

序号	载荷、挠曲线、剪力图及弯矩图	反力及剪力 F_s	弯　矩　M	挠　度　$y(v)$	转　角　θ
16	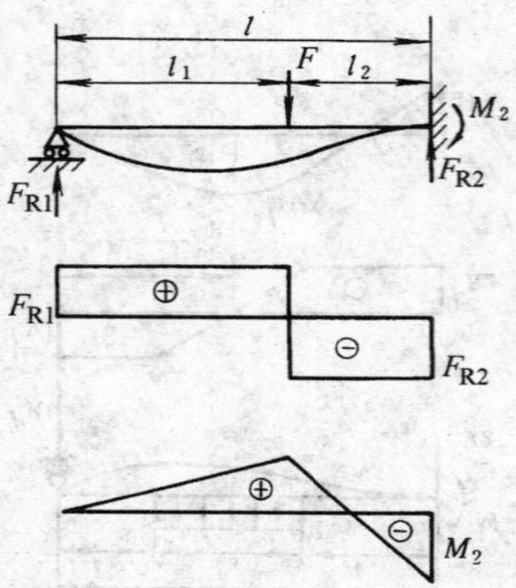	$F_{R1}=\frac{Fl_2^2}{2l^3}(3l_1+2l_2)$ $F_{R2}=F-F_{R1}$ $M_2=\frac{Fl_1l_2}{2l^2}(2l_1+l_2)$ $0<x<l_1$： $F_s=F_{R1}$ $l_1<x<l$ $F_s=-F_{R2}$	$0\leqslant x\leqslant l_1$：　$M=F_{R1}x$ $l_1\leqslant x\leqslant l$： $M=F_{R1}x-F(x-l_1)$ $x=l$： $M_2=-\frac{Fl_1l_2}{2l^2}(2l_1+l_2)$ $M_{x=l_1}=\frac{Fl_1l_2^2}{2l^3}(3l_1+2l_2)$ 当 $l_2\gtrless\sqrt{2}l_1$ 时， $\|M_{x=l_1}\|\gtrless M_2$	$0\leqslant x\leqslant l_1$： $y=-\frac{Fl_2^2}{12EIl}\left[3l_1x-\frac{(3l_1+2l_2)}{l^2}x^3\right]$ $l_1\leqslant x\leqslant l$： $y=-\frac{Fl_1}{12EIl}\left[\frac{3l_2(2l_1+l_2)}{l}(l-x)^2-\frac{(2l_1^2+6l_1l_2+3l_2^2)}{l^2}(l-x)^3\right]$ $y_{x=l_1}=-\frac{Fl_1^2l_2^3(4l_1+3l_2)}{12EIl^3}$ 当 $l_2\gtrless\sqrt{2}l_1$ 时，　在 $x\gtrless l_1$ 处有 y_{max}	$0\leqslant x\leqslant l_1$： $\theta=-\frac{Fl_2^2}{4EIl}\left[l_1-\frac{(3l_1+2l_2)}{l^2}x^2\right]$ $l_1\leqslant x\leqslant l$： $\theta=\frac{Fl_1}{4EIl}\left[\frac{2l_2(2l_1+l_2)}{l}(l-x)-\frac{(2l_1^2+6l_1l_2+3l_2^2)}{l^2}(l-x)^2\right]$ $\theta_{x=0}=-\frac{Fl_1l_2^2}{4EIl}$
		当 $l_1=l_2=l/2$：$F_{R1}=\frac{5}{16}F$， $F_{R2}=\frac{11}{16}F,M_2=3Fl/16$	$x=l$ $M_{max}=-\frac{3Fl}{16}$	$x=l/\sqrt{5}$： $y_{max}=\frac{-Fl^3}{48\sqrt{5}EI}$	$x=0$： $\theta=-\frac{Fl^2}{32EI}$
17	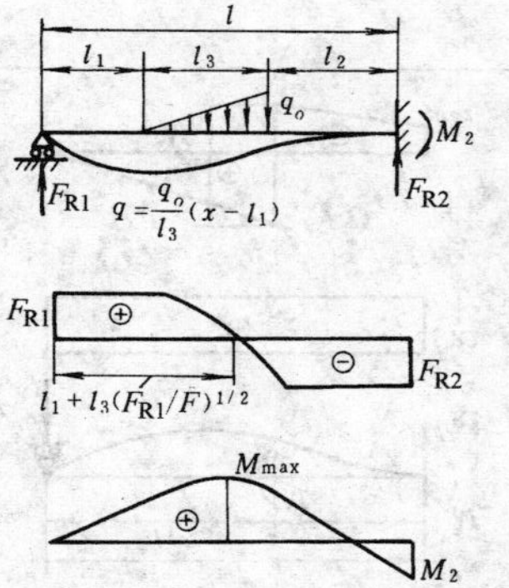	$F=\frac{1}{2}q_ol_3$ $F_{R1}=\frac{F}{20l^3}[5l_1-(6l_2^2+4l_2l_3+l_2^2)+4(5l_2^3+10l_2^2l_3+5l_2l_3^2+l_3^3)]$ $F_{R2}=F-F_{R1}$ $M_2=-F_{R1}l+\frac{F}{3}(3l_2+l_3)$ $0<x\leqslant l_1$：　$F_s=F_{R1}$ $l_1\leqslant x\leqslant(l_1+l_3)$： $F_s=F_{R1}-F\frac{(x-l_1)^2}{l_3^2}$ $(l_1+l_3)\leqslant x<l$：　$F_s=-F_{R2}$	$0\leqslant x\leqslant l_1$：　$M=F_{R1}x$ $l_1\leqslant x\leqslant(l_1+l_3)$： $M=F_{R1}x-\frac{F}{3}\frac{(x-l_1)^3}{l_3^2}$ $(l_1+l_3)\leqslant x<l$： $M=F_{R1}x-\frac{F}{3}(3x-3l_1-2l_3)$ $x=l$：$M=-M_2$ $x=l_1+l_3(F_{R1}/F)^{1/2}$： $M_{max}=F_{R1}\left(l_1+\frac{2}{3}l_3\sqrt{\frac{F_{R1}}{F}}\right)$	$0\leqslant x\leqslant l_1$： $y=-\frac{F}{12EI}(6l_2^2+4l_2l_3+l_3^2)x+\frac{F_{R1}}{6EI}(x^3-3l^2x)$ $l_1\leqslant x\leqslant(l_1+l_3)$： $y=-\frac{F}{60EI}\left[5(6l_2^2+4l_2l_3+l_3^2)x-\frac{(x-l_1)^5}{l_3^2}\right]+\frac{F_{R1}}{6EI}(x^3-3l^2x)$ $(l_1+l_3)\leqslant x\leqslant l$： $y=-\frac{F}{6EI}[(3l_2+l_3)(l-x)^2-(l-x)^3]+\frac{F_{R1}}{6EI}(x^3-3l^2x+2l^3)$	$0\leqslant x\leqslant l_1$： $\theta=\frac{-F}{12EI}(6l_2^2+4l_2l_3+l_3^2)-\frac{F_{R1}}{2EI}(l^2-x^2)$ $l_1\leqslant x\leqslant(l_1+l_3)$： $\theta=\frac{-F}{12EI}\left[6l_2^2+4l_2l_3+l_3^2-\frac{(x-l_1)^4}{l_3^2}\right]-\frac{F_{R1}}{2EI}(l^2-x^2)$ $(l_1+l_3)\leqslant x\leqslant l$： $\theta=\frac{F}{6EI}[2(3l_2+l_3)(l-x)-3(l-x)^2]-\frac{F_{R1}}{2EI}(l^2-x^2)$
		载荷作用全长时 $l_1=l_2=0$， $l_3=l$：$F_{R1}=\frac{1}{5}F,F_{R2}=\frac{4}{5}F$ $M_2=\frac{2}{15}Fl$	$M=F\left(\frac{x}{5}-\frac{1}{3}\frac{x^3}{l^2}\right)$ $x=l$：　$M=-0.1333Fl$ $x=0.4472l$ $M_{max}=0.0596Fl$	$y=-\frac{Fl^3}{60EI}\left(\frac{x}{l}-2\frac{x^3}{l^3}+\frac{x^5}{l^5}\right)$ $x=0.4472l$ $y_{max}=-0.00477\frac{Fl^3}{EI}$	$\theta=-\frac{Fl^2}{60EI}\left(1-\frac{6x^2}{l^2}+\frac{5x^4}{l^4}\right)$ $x=0$：$\theta=-\frac{Fl^2}{60EI}$

（续）

序号	载荷、挠曲线、剪力图及弯矩图	反力及剪力 F_s	弯 矩 M	挠 度 $y(v)$	转 角 θ
18	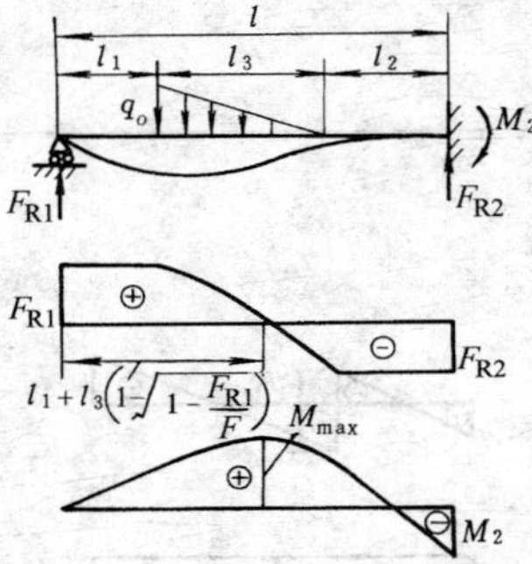	$F=\frac{1}{2}q_o l_3$ $F_{R1}=\frac{F}{20l^3}[5l_1(6l_2^2+8l_2l_3+3l_3^2)+20l_2^3+50l_2^2l_3+40l_2l_3^2+11l_3^3]$ $F_{R2}=F-F_{R1}$ $M_2=-F_{R1}l+\frac{F}{3}(3l_2+2l_3)$ $0<x\leqslant l_1$： $F_s=F_{R1}$ $l_1\leqslant x\leqslant(l_1+l_3)$： $F_s=F_{R1}-F\times\left[\frac{2(x-l_1)}{l_3}-\frac{(x-l_1)^2}{l_3^2}\right]$ $(l_1+l_3)\leqslant x<l$： $F_s=-F_{R2}$	$0\leqslant x\leqslant l_1$： $M=F_{R1}x$ $l_1\leqslant x\leqslant(l_1+l_3)$： $M=F_{R1}x-\frac{F}{3l_3}\times\left[3(x-l_1)^2-\frac{1}{l_3}(x-l_1)^3\right]$ $(l_1+l_3)\leqslant x<l$： $M=F_{R1}x-\frac{F}{3}(3x-3l_1-l_3)$ $x=l$： $M=-M_2$ $x=l_1+l_3\times\left(1-\sqrt{1-\frac{F_{R1}}{F}}\right)$： $M_{max}=F_{R1}\left(l_1+l_3-l_3\sqrt{1-\frac{F_{R1}}{F}}\right)+\frac{1}{3}Fl_3\times\left(1-\sqrt{1-\frac{F_{R1}}{F}}\right)^2\times\left(2+\sqrt{1-\frac{F_{R1}}{F}}\right)$	$0\leqslant x\leqslant l_1$： $y=\frac{F}{12EI}(6l_2^2+8l_2l_3+3l_3^2)x+\frac{F_{R1}}{6EI}(x^3-3l^2x)$ $l_1\leqslant x\leqslant(l_1+l_3)$： $y=\frac{F}{60EI}\left[5(6l_2^2+8l_2l_3+3l_3^2)x-5\frac{(x-l_1)^4}{l_3}+\frac{(x-l_1)^5}{l_3^2}\right]+\frac{F_{R1}}{6EI}(x^3-3l^2x)$ $(l_1+l_3)\leqslant x\leqslant l$： $y=-\frac{F}{6EI}[(3l_2+2l_3)(l-x)^2-(l-x)^3]+\frac{F_{R1}}{6EI}(x^3-3l^2x+2l^3)$	$0\leqslant x\leqslant l_1$： $\theta=\frac{F}{12EI}(6l_2^2+8l_2l_3+3l_3^2)-\frac{F_{R1}}{2EI}(l^2-x^2)$ $l_1\leqslant x\leqslant(l_1+l_3)$： $\theta=\frac{F}{12EI}\left[6l_2^2+8l_2l_3+3l_3^2-4\frac{(x-l_1)^3}{l_3}+\frac{(x-l_1)^4}{l_3^2}\right]-\frac{F_{R1}}{2EI}(l^2-x^2)$ $(l_1+l_3)\leqslant x\leqslant l$： $\theta=\frac{F}{6EI}[2(3l_2+2l_3)(l-x)-3(l-x)^2]-\frac{F_{R1}}{2EI}(l^2-x^2)$
		载荷作用在全长上时， $l_1=l_2=0, l_3=l$： $F_{R1}=\frac{11}{20}F$ $F_{R2}=\frac{9}{20}F$ $M_2=\frac{7}{60}Fl$ $F_s=F\left(\frac{11}{20}-2\frac{x}{l}+\frac{x^2}{l^2}\right)$	$M=Fl\left(\frac{11}{20}\frac{x}{l}-\frac{x^2}{l^2}+\frac{1}{3}\frac{x^3}{l^3}\right)$ $x=l$： $M=-0.1167Fl$ $x=0.329l$： $M_{max}=0.0846Fl$	$y=-\frac{Fl^3}{120EI}\left(3\frac{x}{l}-11\frac{x^3}{l^3}+10\frac{x^4}{l^4}-2\frac{x^5}{l^5}\right)$ $x=0.402l$： $y_{max}=-0.00609\frac{Fl^3}{EI}$	$\theta=-\frac{Fl^2}{120EI}\left(3-33\frac{x^2}{l^2}+40\frac{x^3}{l^3}-10\frac{x^4}{l^4}\right)$ $\theta_{x=0}=-\frac{Fl^2}{40EI}$

（续）

序号	载荷、挠曲线、剪力图及弯矩图	反力及剪力 F_s	弯　矩　M	挠　度　$y(v)$	转　角　θ
19	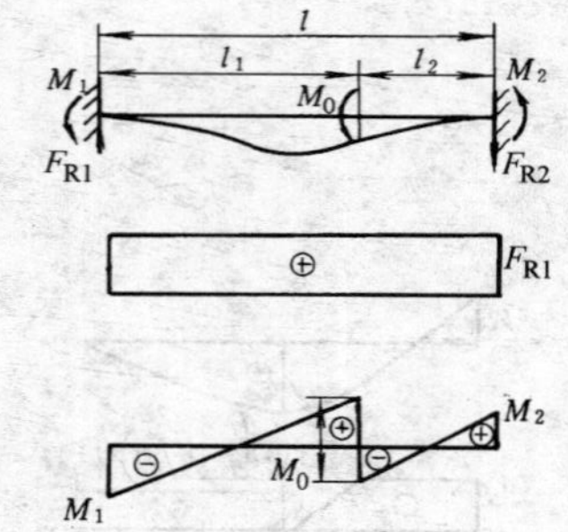	$F_{R1}=6\frac{l_1l_2}{l^3}M_0=F_{R2}$ $M_1=\frac{M_0}{l^2}(2l_1l_2-l_2^2)$ $M_2=\frac{M_0}{l^2}(2l_1l_2-l_1^2)$ $0<x<l$： $F_s=F_{R1}$	$0<x<l_1$： $M=F_{R1}x-M_1$ $l_1<x<l$： $M=M_2-F_{R2}(l-x)$ $x=0$： $M=-M_1$ $x=l$： $M=M_2$	$0\leqslant x\leqslant l_1$： $y=-\frac{1}{6EI}(3M_1x^2-F_{R1}x^3)$ $l_1\leqslant x\leqslant l$： $y=-\frac{1}{6EI}[3M_2(l-x)^2-F_{R2}(l-x)^3]$ 当 $l_1>\frac{l}{3}$ 时，$x=2M_1/F_{R1}$： $y_{max}=-\frac{2}{3EI}\frac{M_1^3}{F_{R1}^2}$	$0\leqslant x\leqslant l_1$： $\theta=-\frac{1}{2EI}(2M_1x-F_{R1}x^2)$ $l_1\leqslant x\leqslant l$： $\theta=\frac{1}{2EI}[2M_2(l-x)-F_{R2}(l-x)^2]$
		力偶作用在中间时： $l_1=l_2=l/2$： $F_{R1}=\frac{3M_0}{2l}=F_{R2}$ $M_1=M_2=\frac{M_0}{4}$	$x=0$： $M=-\frac{M_0}{4}$ $x=l$： $M=\frac{M_0}{4}$	$x=l/3$ $y_{max}=-\frac{M_0l^2}{216EI}$	
20	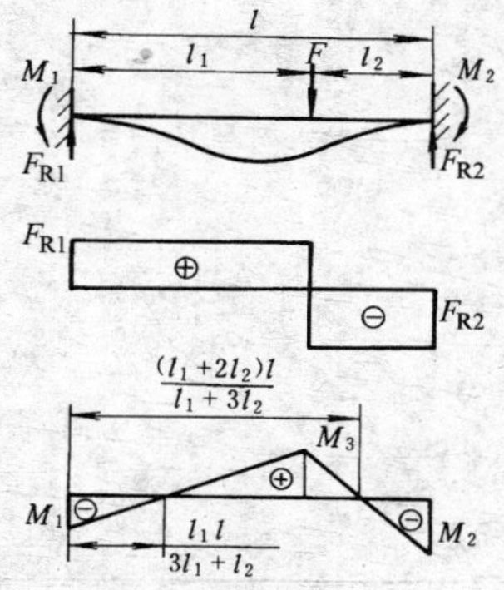	$F_{R1}=\frac{Fl_2^2}{l^3}(3l_1+l_2)$ $F_{R2}=\frac{Fl_1^2}{l^3}(l_1+3l_2)$ $M_1=\frac{Fl_1l_2^2}{l^2}$ $M_2=\frac{Fl_1^2l_2}{l^2}$ $0<x<l_1$： $F_s=F_{R1}$ $l_1<x<l$ $F_s=-F_{R2}$	$0<x\leqslant l_1$： $M=\frac{Fl_2^2}{l^2}\left[\frac{(3l_1+l_2)}{l}x-l_1\right]$ $l_1\leqslant x<l$： $M=\frac{Fl_1^2}{l^2}\times\left[l_1+2l_2-\frac{x}{l}(l_1+3l_2)\right]$ $x=0$： $M=-M_1$ $x=l$ $M=-M_2$ $x=l_1$ $M=M_3=\frac{2Fl_1^2l_2^2}{l^3}$ $l_1 \lesseqgtr l_2\quad M_1 \gtreqless M_3 \gtreqless M_2$	$0\leqslant x\leqslant l_1$： $y=-\frac{Fl_1l_2^2}{6EI}\left[3\frac{x^2}{l^2}-\frac{(3l_1+l_2)}{l_1}\frac{x^3}{l^3}\right]$ $l_1\leqslant x\leqslant l$： $y=-\frac{Fl_1^2l_2}{6EI}\left[3\frac{(l-x)^2}{l^2}-\frac{(l_1+3l_2)(l-x)^3}{l_2}\frac{}{l^3}\right]$ $y_{x=l_1}=-\frac{Fl_1^3l_2^3}{3EIl^3}$ 当 $l_1>l_2$ 时，$x=\frac{2l_1l}{3l_1+l_2}$ $y_{max}=-\frac{2Fl_1^3l_2^2}{3EI(3l_1+l_2)^2}$ $y_{x=\frac{l}{2}}=\frac{-Fl_2^2(3l_1-l_2)}{48EI}$	$0\leqslant x\leqslant l$： $\theta=\frac{Fl_1l_2^2}{2EIl}\left[\frac{(3l_1+l_2)}{l_1}\frac{x^2}{l^2}-2\frac{x}{l}\right]$ $l_1\leqslant x\leqslant l$： $\theta=-\frac{Fl_1^2l_2}{2EIl}\left[\frac{(l_1+3l_2)}{l_2}\times\frac{(l-x)^2}{l^2}-2\frac{(l-x)}{l}\right]$

（续）

序号	载荷、挠曲线、剪力图及弯矩图	反力及剪力 F_s	弯 矩 M	挠 度 $y(v)$	转 角 θ
20		当 F 作用在中间： $F_{R1}=F_{R2}=\frac{F}{2}$ $M_1=M_2=\frac{Fl}{8}$ $0<x<l/2$： $F_s=\frac{F}{2}$	$0<x<l/2$： $M=\frac{Fl}{2}\left(\frac{x}{l}-\frac{1}{4}\right)$ $x=0$： $M=-\frac{Fl}{8}$	$0\leqslant x\leqslant\frac{l}{2}$： $y=-\frac{Fl^3}{16EI}\left(\frac{x^2}{l^2}-\frac{4x^3}{3l^3}\right)$ $x=l/2$： $y_{max}=-\frac{Fl^3}{192EI}$	$0\leqslant x\leqslant\frac{l}{2}$： $\theta=-\frac{Fl^2}{8EI}\left(\frac{x}{l}-\frac{2x^2}{l^2}\right)$ $x=l/4$ $\theta_{max}=-\frac{Fl^2}{64EI}$
21	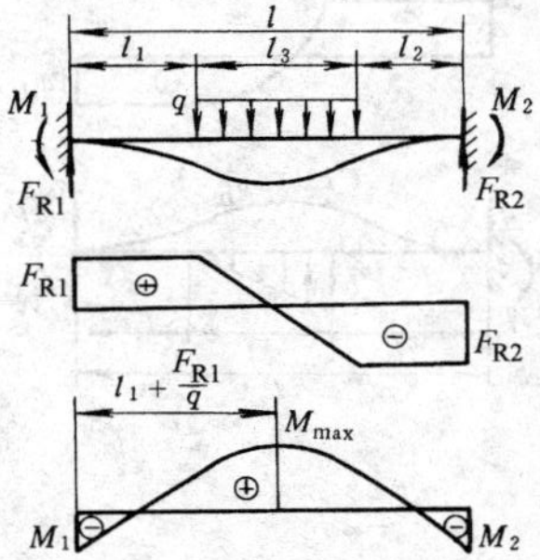	$F=ql_3$ $F_{R1}=\frac{F}{2l^3}[(2l_2+l_3)l^2-(l_1-l_2)\times(2l_1l_2+l_2l_3+l_3l_1)]$ $F_{R2}=F-F_{R1}$ $M_1=\frac{F}{8l^2}\Big[(2l_2+l_3)^2\times(2l_1+l_3)+\frac{1}{3}l_3^2\times(2l-6l_2-3l_3)\Big]$ $M_2=\frac{F}{8l^2}\Big[(2l_1+l_3)^2\times(2l_2+l_3)+\frac{1}{3}l_3^2\times(2l-6l_1-3l_3)\Big]$ $0<x\leqslant l_1$： $F_s=F_{R1}$ $l_1\leqslant x\leqslant(l_1+l_3)$： $F_s=F_{R1}-\frac{F}{l_3}(x-l_1)$ $(l_1+l_3)\leqslant x<l$： $F_s=-F_{R2}$	$0<x\leqslant l_1$： $M=F_{R1}x-M_1$ $l_1\leqslant x\leqslant(l_1+l_3)$： $M=F_{R1}x-M_1-\frac{F}{2l_3}\times(x-l_1)^2$ $(l_1+l_3)\leqslant x<l$： $M=F_{R2}(l-x)-M_2$ $x=0$： $M=-M_1$ $x=l$： $M=-M_2$	$0\leqslant x\leqslant l_1$： $y=-\frac{1}{6EI}(3M_1x^2-F_{R1}x^3)$ $l_1\leqslant x\leqslant(l_1+l_3)$： $y=-\frac{1}{6EI}\Big[3M_1x^2-F_{R1}x^3+\frac{1}{4}\frac{F}{l_3}(x-l_1)^4\Big]$ $(l_1+l_3)\leqslant x\leqslant l$： $y=-\frac{1}{6EI}[3M_2(l-x)^2-F_{R2}(l-x)^3]$	$0\leqslant x\leqslant l_1$： $\theta=-\frac{1}{2EI}(2M_1x-F_{R1}x^2)$ $l_1\leqslant x\leqslant(l_1+l_3)$： $\theta=-\frac{1}{2EI}\Big[2M_1x-F_{R1}x^2+\frac{1}{3}\frac{F}{l_3}(x-l_1)^3\Big]$ $(l_1+l_3)\leqslant x\leqslant l$： $\theta=\frac{1}{2EI}[2M_2(l-x)-F_{R2}(l-x)^2]$
		当 q 作用全长： $F_{R1}=F_{R2}=ql/2$ $M_1=M_2=ql^2/12$ $F_s=\frac{ql}{2}-qx$	$M=\frac{ql^2}{2}\left(-\frac{1}{6}+\frac{x}{l}-\frac{x^2}{l^2}\right)$ $x=0$： $M=-M_1=-\frac{ql^2}{12}$ $x=l$： $M=-M_2=-\frac{ql^2}{12}$	$y=-\frac{ql^4}{24EI}\left(\frac{x^2}{l^2}-\frac{2x^3}{l^3}+\frac{x^4}{l^4}\right)$ $x=l/2$： $y_{max}=-\frac{ql^4}{384EI}$	$\theta=-\frac{ql^3}{12EI}\left(\frac{x}{l}-\frac{3x^2}{l^2}+\frac{2x^3}{l^3}\right)$ $x=\left(\frac{1}{2}\pm\frac{\sqrt{3}}{6}\right)l$： $\theta_{max}=\pm\frac{\sqrt{3}ql^3}{216EI}$

（续）

序号	载荷、挠曲线、剪力图及弯矩图	反力及剪力 F_s	弯　矩　M	挠　度　$y(v)$	转　角　θ
22	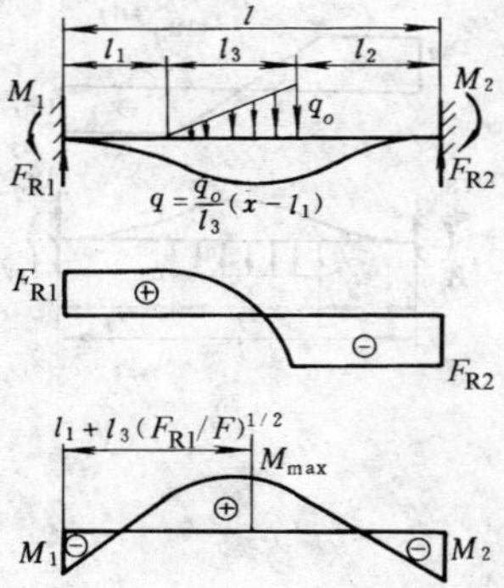	$F=q_o l_3/2$ $F_{R1}=\frac{F}{3l^3}\left\{\left[(3l_2+l_3)^2+\frac{1}{2}l_3^2\right]l-\frac{2}{9}\times(3l_2+l_3)^3-\frac{17}{45}l_3^3-l_2l_3^2\right\}$ $F_{R2}=F-F_{R1}$ $M_1=\frac{F}{3l^2}\left\{\left[\frac{1}{3}(3l_2+l_3)^2+\frac{1}{6}l_3^2\right]l-\frac{1}{9}\times(3l_2+l_3)^3-\frac{17}{90}l_3^3-\frac{1}{2}l_2l_3^2\right\}$ $M_2=\frac{F}{3l^2}\left\{\frac{1}{9}(3l_2+l_3)^3+\frac{17}{90}l_3^3+\frac{1}{2}l_2l_3^2-l\times\left[\frac{2}{3}(3l_2+l_3)^2+\frac{1}{3}l_3^2\right]+(3l_2+l_3)l^2\right\}$ $0<x\leqslant l_1$: $F_s=F_{R1}$ $l_1\leqslant x\leqslant l_1+l_3$ $F_s=F_{R1}-F\frac{(x-l_1)^2}{l_3^2}$ $l_1+l_3\leqslant x<l$ $F_s=-F_{R2}$	$0<x\leqslant l_1$ $M=F_{R1}x-M_1$ $l_1\leqslant x\leqslant(l_1+l_3)$ $M=F_{R1}x-M_1-F\frac{(x-l_1)^3}{3l_3^2}$ $l_1+l_3\leqslant x<l$: $M=F_{R2}(l-x)-M_2$ $x=0$: $M=-M_1$ $x=l$ $M=-M_2$	$0\leqslant x\leqslant l_1$: $y=-\frac{1}{6EI}(3M_1x^2-F_{R1}x^3)$ $l_1\leqslant x\leqslant l_1+l_3$: $y=-\frac{1}{60EI}\left[30M_1x^2-10F_{R1}x^3+F\frac{(x-l_1)^5}{l_3^2}\right]$ $l_1+l_3\leqslant x\leqslant l$: $y=-\frac{1}{6EI}[3M_2(l-x)^2-F_{R2}(l-x)^3]$	$0\leqslant x\leqslant l_1$: $\theta=-\frac{1}{2EI}(2M_1x-F_{R1}x^2)$ $l_1\leqslant x\leqslant(l_1+l_3)$: $\theta=-\frac{1}{12EI}\left[12M_1x-6F_{R1}x^2+F\frac{(x-l_1)^4}{l_3^2}\right]$ $l_1+l_3\leqslant x\leqslant l$: $\theta=\frac{1}{2EI}[2M_2(l-x)-F_{R2}(l-x)^2]$
		载荷作用全长时 $F_{R1}=\frac{3}{10}F, F_{R2}=\frac{7}{10}F$ $M_1=\frac{Fl}{15}, M_2=\frac{Fl}{10}$ $F_s=F\left(\frac{3}{10}-\frac{x^2}{l^2}\right)$	$M=-\frac{Fl}{30}\left(2-9\frac{x}{l}+10\frac{x^3}{l^3}\right)$ $x=0$:　$M=-M_1$ $x=l$:　$M=-M_2$ $x=0.548l$ $M_{max}=0.043Fl$	$y=-\frac{Fl^3}{60EI}\left[2\frac{x^2}{l^2}-3\frac{x^3}{l^3}+\frac{x^5}{l^5}\right]$ $x=0.525l$: $y_{max}=-0.00262\frac{Fl^3}{EI}$	$\theta=-\frac{Fl^2}{60EI}\left(4\frac{x}{l}-9\frac{x^2}{l^2}+5\frac{x^4}{l^4}\right)$

注：1. 取梁左端为 x 坐标原点。

2. 挠度 $y(v)$，转角 θ 及弯矩的正负规定与表 1.4-21 同，本表挠度和转角最大值指绝对值，剪力 F_s 对截面一侧内一点顺时针转为正。

3. 支反力和支反力矩按图示方向为正。

4. E 为材料弹性模量，I 为截面对中性轴的惯性矩（见表 1.4-20）

5. 某些组合载荷作用下的挠度和转角可根据叠加原理按本表计算式叠加求得。

表 1.4-26　简单双等跨连续梁计算公式和系数

支座弯矩：$M_B = \alpha_1 ql^2$（或 $a_1 Fl$）

跨内最大弯矩：AB 跨 $M_{\mathrm{I}\max} = \alpha_2 ql^2$（或 $\alpha_2 Fl$）

BC 跨 $M_{\mathrm{II}\max} = \alpha_3 ql^2$（或 $\alpha_3 Fl$）

支座反力：$F_{R_A} = \beta_1 ql$（或 $\beta_1 F$）

$F_{R_B} = \beta_2 ql$（或 $\beta_2 F$）

$F_{R_C} = \beta_3 ql$（或 $\beta_3 F$）

最大挠度：$v_{\max} = -\gamma \dfrac{ql^4}{EI}\left(或 -\gamma \dfrac{Fl^3}{EI}\right)$

序号	受力简图	α_1	α_2	α_3	β_1	β_2	β_3	γ
1	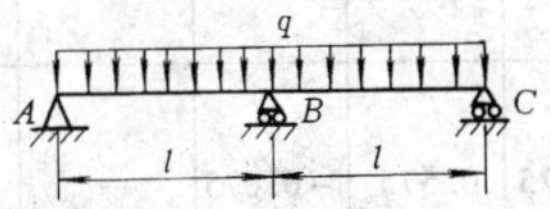	-0.125	0.070	0.070	0.375	1.250	0.375	0.00520
2	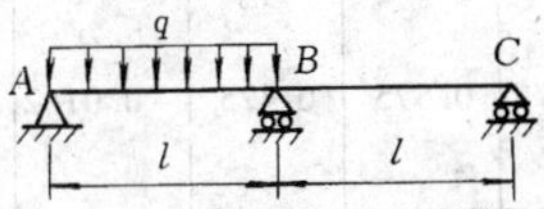	-0.063	0.096	—	0.438	0.625	-0.063	0.00906
3	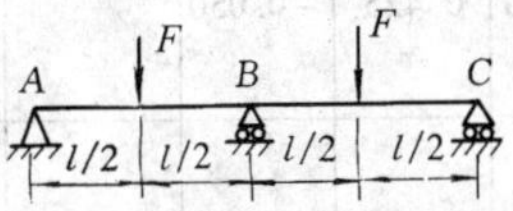	-0.188	0.156	0.156	0.313	1.375	0.313	0.00915
4	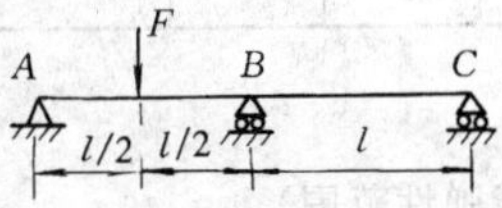	-0.094	0.203	—	0.406	0.688	-0.094	0.01502

注：弯矩和挠度的正负规定见表 1.4-21No3，支反力向上为正，向下为负。

表 1.4-27　三等跨连续梁计算公式和系数

支座弯矩：$M_B = \alpha_1 ql^2$（或 $\alpha_1 Fl$）

$M_C = \alpha_2 ql^2$（或 $\alpha_2 Fl$）

跨内最大弯矩：AB 跨 $M_{\mathrm{I}\max} = \alpha_3 ql^2$（或 $\alpha_3 Fl$）

BC 跨 $M_{\mathrm{II}\max} = \alpha_4 ql^2$（或 $\alpha_4 Fl$）

支座反力：$F_{R_A} = \beta_1 ql$（或 $\beta_1 F$）

$F_{R_B} = \beta_2 ql$（或 $\beta_2 F$）

$F_{R_C} = \beta_3 ql$（或 $\beta_3 F$）

$F_{R_D} = \beta_4 ql$（或 $\beta_4 F$）

最大挠度：AB 跨 $v_{\mathrm{I}\max} = \gamma_1 \dfrac{ql^4}{EI}\left(或 \gamma_1 \dfrac{Fl^3}{EI}\right)$

BC 跨 $v_{\mathrm{II}\max} = \gamma_2 \dfrac{ql^4}{EI}\left(或 \gamma_2 \dfrac{Fl^3}{EI}\right)$

序号	受力简图	α_1	α_2	α_3	α_4	β_1	β_2	β_3	β_4	γ_1	γ_2
1	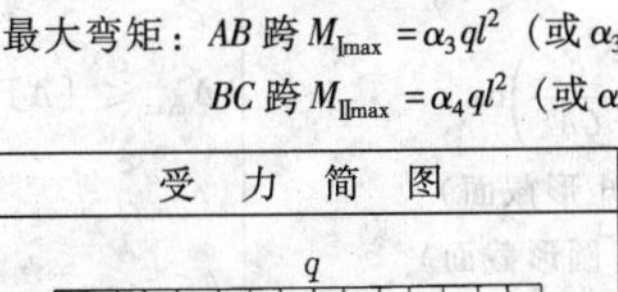	-0.100	-0.100	0.080	0.025	0.400	1.100	1.100	0.400	-0.0068	-0.0005
2	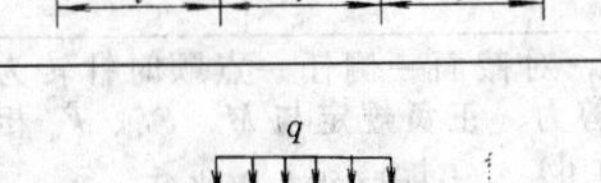	-0.050	-0.050	—	0.075	-0.050	0.550	0.550	-0.050	—	-0.0068
3	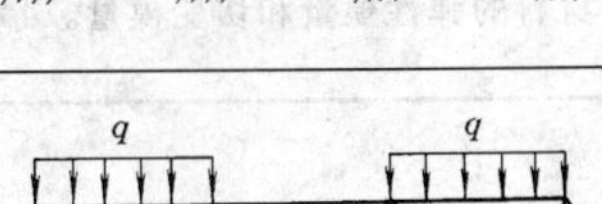	-0.050	-0.050	0.101	—	0.450	0.550	0.550	0.450	-0.0099	—

（续）

序号	受力简图	α_1	α_2	α_3	α_4	β_1	β_2	β_3	β_4	γ_1	γ_2
4	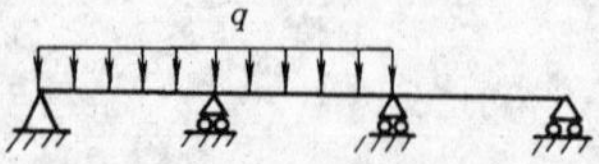	-0.117	-0.033	0.073	0.054	0.383	1.200	0.450	-0.033	—	—
5	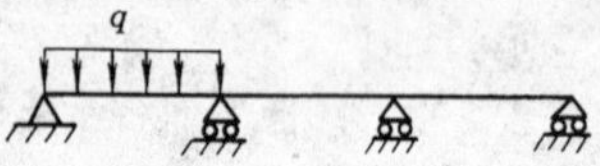	-0.067	0.017	0.094	—	0.433	0.650	0.100	0.017	-0.0088	—
6	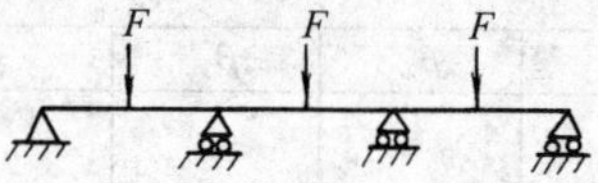	-0.150	-0.150	0.175	0.100	0.350	1.150	1.150	0.350	-0.0115	-0.0021
7	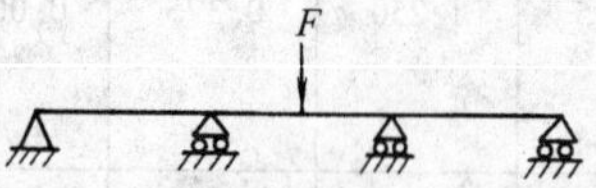	-0.075	-0.075	—	0.175	-0.075	0.575	0.575	-0.075	—	-0.0115
8	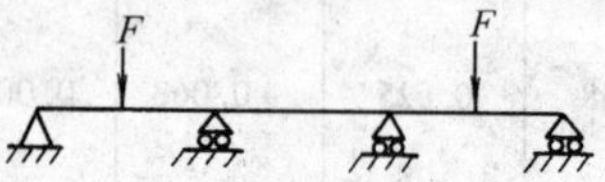	-0.075	-0.075	0.213	—	0.425	0.575	0.575	0.425	-0.0162	—
9	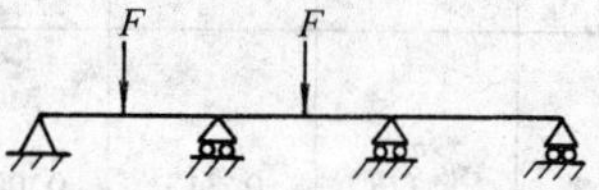	0.175	-0.050	0.163	0.138	0.325	1.300	0.425	-0.050	—	—
10	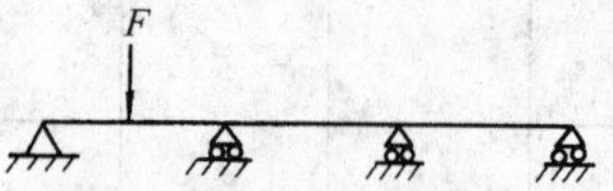	-0.100	0.025	0.200	—	0.400	0.725	-0.150	0.025	-0.0146	—

注：1. 简图中每跨长均为 l。

2. 弯矩和挠度正负规定见表 1.4-21No3，支反力向上为正，向下为负。

表 1.4-28　曲杆平面弯曲时的应力与位移计算式（线弹性范围）

横截面上的正应力	强度条件	任一截面处的广义位移	刚度条件
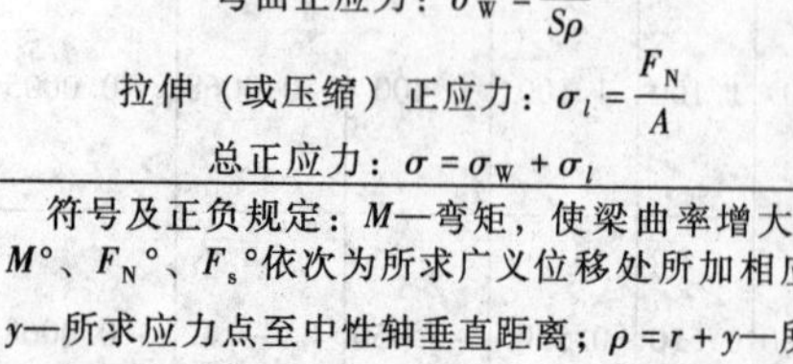 弯曲正应力：$\sigma_W=\dfrac{My}{S\rho}$ 拉伸（或压缩）正应力：$\sigma_l=\dfrac{F_N}{A}$ 总正应力：$\sigma=\sigma_W+\sigma_l$	$\sigma_{l\max}\leqslant[\sigma_l]$ $\sigma_{c\max}\leqslant[\sigma_c]$	$\Delta_i=\int_s\left(\dfrac{MM^\circ}{ESR_0}+\dfrac{MF_N{}^\circ+F_NM^\circ}{EAR_0}+\dfrac{F_NF_N{}^\circ}{EA}+k\dfrac{F_sF_s{}^\circ}{GA}\right)ds$ $k=\begin{cases}6/5 & \text{（矩形截面）}\\ 10/9 & \text{（圆形截面）}\end{cases}$	$\Delta_{\max}\leqslant[\Delta]$

符号及正负规定：M—弯矩，使梁曲率增大为正；F_N—轴力，拉为正；F_s—剪力，对截面一侧任一点顺时针转为正；M°、$F_N{}^\circ$、$F_s{}^\circ$依次为所求广义位移处所加相应的单位广义力引起的弯矩、轴力和剪力，正负规定与 M、F_N、F_s 相同。y—所求应力点至中性轴垂直距离；$\rho=r+y$—所求应力点 y 层处的曲率半径；$r=A\Big/\int\dfrac{dA}{\rho}$—中性层的曲率半径；$R_0$—形心层的曲率半径；$S=A(R_0-r)$—横截面对中性轴的静矩；$A$—横截面面积；$E$、$G$—材料的弹性模量和切变模量。$[\sigma_l]$、$[\sigma_c]$——材料的许用拉应力和许用压应力。

注：1. 若为小曲率曲杆（$R_0/h>5$），应力和位移可按直杆弯曲公式计算。

2. 与剪力 F_s 对应的切应力一般很小，可略去不计。

3. 常见曲杆横截面的 A、r 和 R_0 计算式见表 1.4-29。

表 1.4-29　常用曲杆的 A、r 和 R_0 的计算式

序号	横截面形状	面积 A	中性层曲率半径 r	形心层曲率半径 R_0
1	矩形 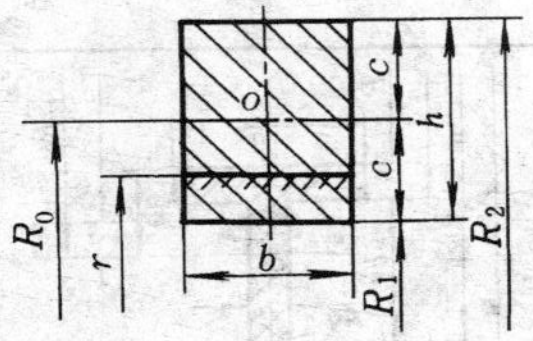	bh	$\dfrac{h}{\ln\dfrac{R_2}{R_1}}$	$R_1+\dfrac{h}{2}$
2	等腰梯形 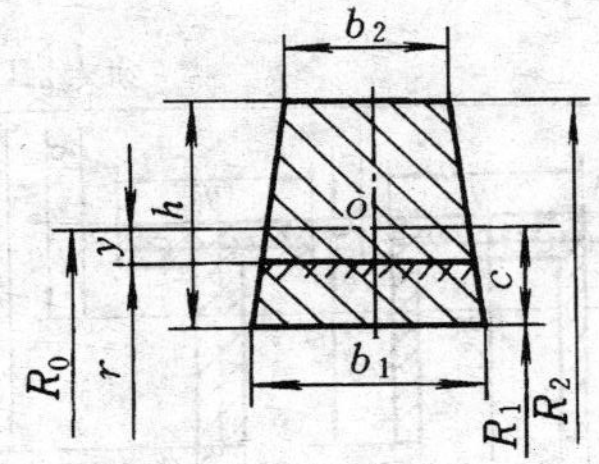	$\dfrac{1}{2}(b_1+b_2)h$	$\dfrac{\dfrac{1}{2}(b_1+b_2)h}{\dfrac{b_1R_2-b_2R_1}{h}\ln\dfrac{R_2}{R_1}-(b_1-b_2)}$	$R_1+\dfrac{(b_1+2b_2)}{3(b_1+b_2)}h$
		对等腰三角形 $(b_1=b;b_2=0)$ $\dfrac{1}{2}bh$	$\dfrac{h}{2\left(\dfrac{R_2}{h}\ln\dfrac{R_2}{R_1}-1\right)}$	$R_1+\dfrac{h}{3}$
3	圆形及椭圆形 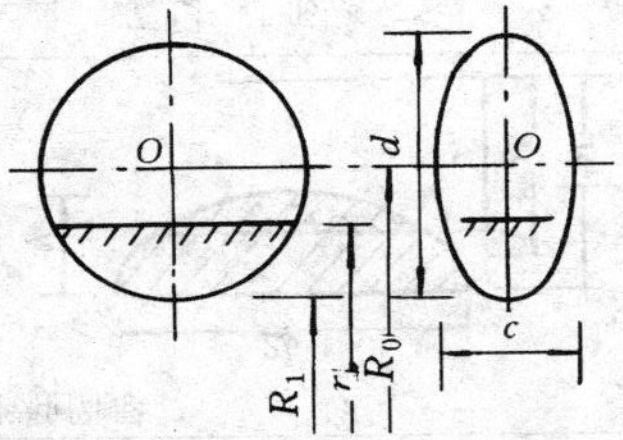	$\dfrac{\pi}{4}d^2$(圆形) $\dfrac{\pi}{4}cd$(椭圆形)	$\dfrac{d^2}{8R_0\left[1-\sqrt{1-\left(\dfrac{d}{2R_0}\right)^2}\right]}$	$R_1+\dfrac{d}{2}$
4	弓形 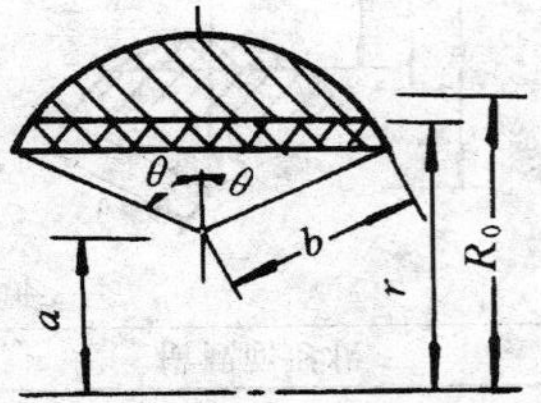	$b^2\theta-\dfrac{1}{2}b^2\sin2\theta$	若 $a>b$: $\dfrac{A}{2a\theta-2b\sin\theta-\pi\sqrt{a^2-b^2}+2\sqrt{a^2-b^2}\arcsin\left[\dfrac{b+a\cos\theta}{a+b\cos\theta}\right]}$ 若 $a<b$: $\dfrac{A}{2a\theta-2b\sin\theta+2\sqrt{b^2-a^2}\ln\left[\dfrac{b+a\cos\theta+\sqrt{b^2-a^2}\sin\theta}{a+b\cos\theta}\right]}$	$a+\dfrac{4b\sin^3\theta}{3(2\theta-\sin2\theta)}$

（续）

序号	横截面形状	面积 A	中性层曲率半径 r	形心层曲率半径 R_0
5	倒弓形 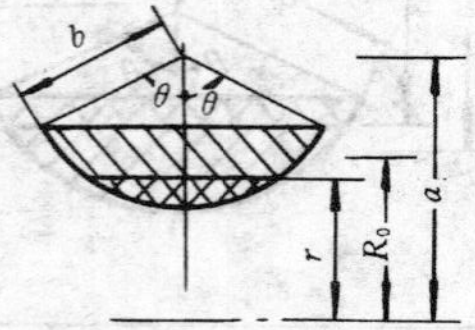	$b^2\theta-\dfrac{b^2}{2}\sin2\theta$	$\dfrac{A}{2a\theta+2b\sin\theta-\sqrt{a^2-b^2}\left\{\pi+2\arcsin\left[\dfrac{b-a\cos\theta}{a-b\cos\theta}\right]\right\}}$	$a-\dfrac{4b\sin^3\theta}{3(2\theta-\sin2\theta)}$
6	半椭圆形 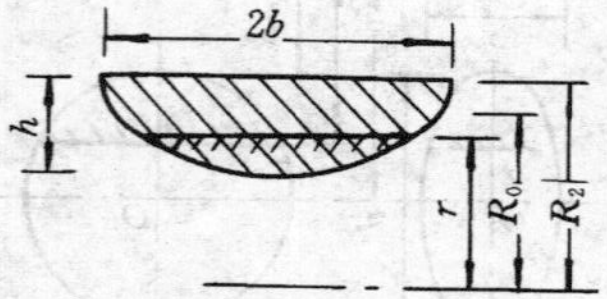	$\dfrac{1}{2}\pi bh$	$\dfrac{A}{2b+\dfrac{\pi b}{h}(R_2-\sqrt{R_2^2-h^2})-\dfrac{2b}{h}\sqrt{R_2^2-h^2}\arcsin\left(\dfrac{h}{R_2}\right)}$	$R_2-\dfrac{4h}{3\pi}$
7	“┴”、“└┘”形 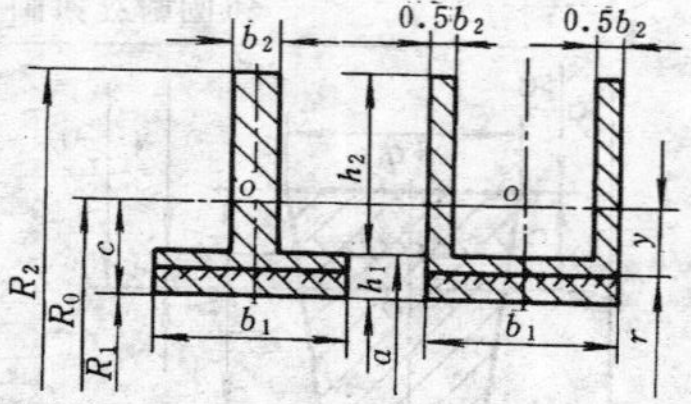	$b_1h_1+b_2h_2$	$\dfrac{b_1h_1+b_2h_2}{b_1\ln\dfrac{a}{R_1}+b_2\ln\dfrac{R_2}{a}}$	$R_1+\dfrac{\dfrac{1}{2}b_1h_1^2+b_2h_2\left(\dfrac{h_2}{2}+h_1\right)}{A}$
8	“工”字形 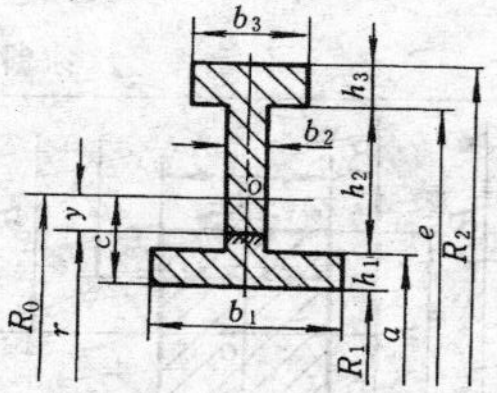	$b_1h_1+b_2h_2+b_3h_3$	$\dfrac{b_1h_1+b_2h_2+b_3h_3}{b_1\ln\dfrac{a}{R_1}+b_2\ln\dfrac{e}{a}+b_3\ln\dfrac{R_2}{e}}$	$R_1+\dfrac{\dfrac{1}{2}b_1h_1^2+b_2h_2\left(\dfrac{h_2}{2}+h_1\right)+b_3h_3\left(\dfrac{h_3}{2}+h_1+h_2\right)}{A}$
		当 $b_3=b_1$，$h_3=h_1$：$2b_1h_1+b_2h_2$	$\dfrac{2b_1h_1+b_2h_2}{b_1\left(\ln\dfrac{a}{R_1}+\ln\dfrac{R_2}{e}\right)+b_2\ln\dfrac{e}{a}}$	$R_1+h_1+\dfrac{h_2}{2}$

注：对其他由 n 个图形组成的组合截面，$A=\sum\limits_{i=1}^{n}A_i$；$r=\dfrac{A}{\sum\limits_{i=1}^{n}\int_{A_i}\dfrac{dA}{\rho}}$；$R_0=R_1+\dfrac{\sum\limits_{i=1}^{n}A_iy_{ic}}{A}$（$y_{ic}$ 为第 i 个图形的形心到曲杆内侧底边的距离）

7　杆系结构的内力、应力和位移计算公式（见表 1.4-30～表 1.4-32）

表 1.4-30　在载荷作用下，杆结构横截面的位移计算式（线弹性范围）

结构的类型	梁与刚架	桁架	组合构架
位移计算式	$\Delta_i = \sum\int_l \frac{MM^\circ}{EI}\mathrm{d}x$	$\Delta_i = \sum \frac{F_N F_N{}^\circ l}{EA}$	$\Delta_i = \sum\int_l \frac{MM^\circ}{EI}\mathrm{d}x + \sum \frac{F_N F_N{}^\circ l}{EA}$

注：1. Δ_i—广义位移；M、F_N—载荷引起的弯矩和轴力；M°、$F_N{}^\circ$—所求广义位移处作用单位广义力引起的弯矩和轴力。积分沿各杆段进行，$\sum$为对各杆段积分求和。

2. 对有扭矩的圆截面杆段，计算式中还应加 $\sum\int \frac{TT^\circ}{GI_p}\mathrm{d}x$ 项。T 为载荷引起的扭矩；T° 为单位广义力所引起的扭矩。

3. E、G— 材料的弹性模量和切变模量；I、A、I_p— 截面的惯性矩、面积和极惯性矩。

表 1.4-31　简单超静定刚架的弯矩计算公式

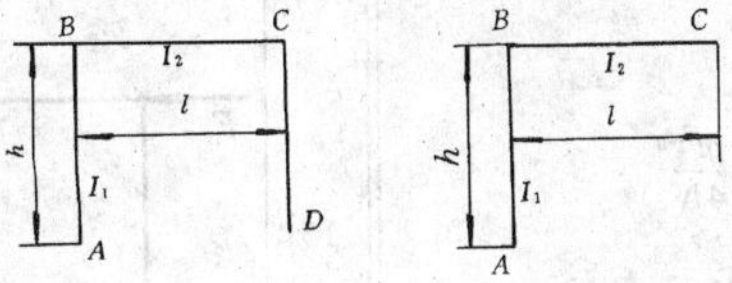

序号	$k=\frac{I_2}{I_1}\cdot\frac{h}{l}$, $N=k+1$		序号	$k=\frac{I_2}{I_1}\cdot\frac{h}{l}$, $N=3k+4$	
1	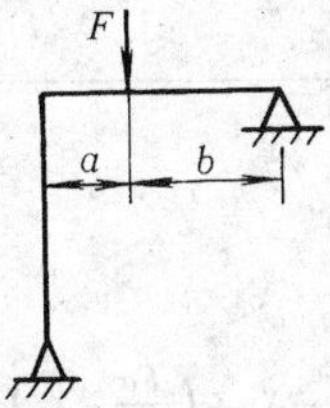	$\beta=\frac{b}{l}$, $M_B=-\frac{Fa\beta(1+\beta)}{2N}$ $M_P=(Fa+M_B)\beta$	5	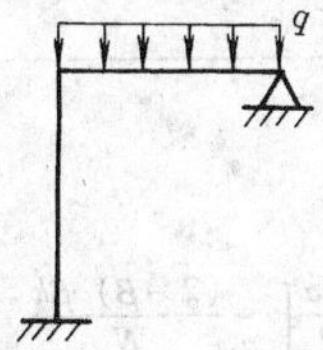	$M_A=-\frac{M_B}{2}$ $M_B=-\frac{ql^2}{2N}$
2	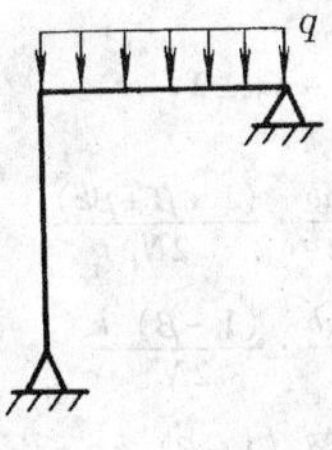	$M_B=-\frac{ql^2}{8N}$	6	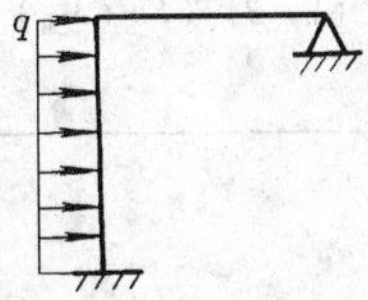	$M_A=-\frac{qh^2(k+2)}{4N}$ $M_B=-\frac{qh^2k}{4N}$
	$k=\frac{I_2}{I_1}\cdot\frac{h}{l}$, $N=3k+4$			$k=\frac{I_2}{I_1}\cdot\frac{h}{l}$, $N=k+1$	
3	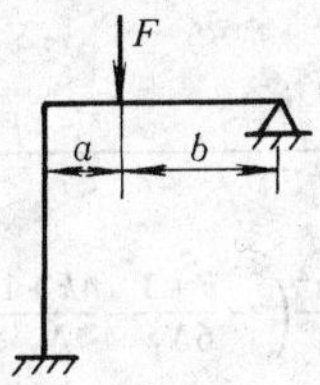	$\beta=\frac{b}{l}$, $M_A=\frac{Fa\beta(1+\beta)}{N}$ $M_B=-2M_A$ $M_P=(Fa+M_B)\beta$	7	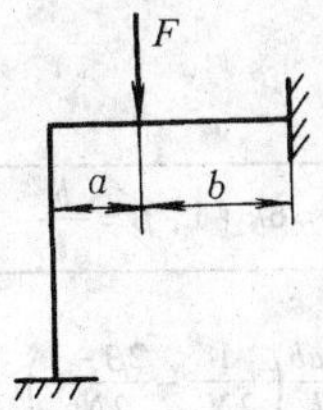	$\beta=b/l$, $M_A=\frac{Fab\beta}{2lN}$ $M_B=-2M_A$ $M_C=-\frac{Fab}{l}\times\left[\frac{(2-\beta)k+2(1-\beta)}{2N}\right]$ $M_P=\frac{Fab}{l}+\beta M_B+(1-\beta)M_C$
4	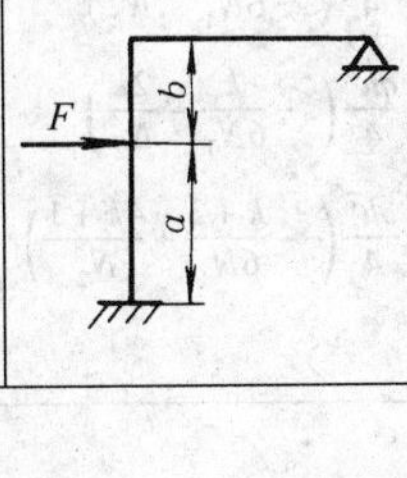	$M_A=-\frac{Fab}{h}\cdot\frac{3\beta k+2(1+\beta)}{N}$ $M_B=-\frac{Fab}{h}\cdot\frac{3(1-\beta)k}{N}$ $M_P=\frac{Fab}{h}+\beta M_A+(1-\beta)M_B$ $\beta=b/h$	8	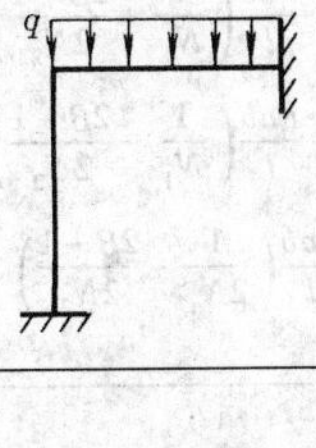	$M_A=-\frac{M_B}{2}$ $M_B=-\frac{ql^2}{12N}$ $M_C=-\frac{ql^2(3k+2)}{24N}$

（续）

序号	$k=\frac{I_2}{I_1}\cdot\frac{h}{l}$, $N=2k+3$	
9	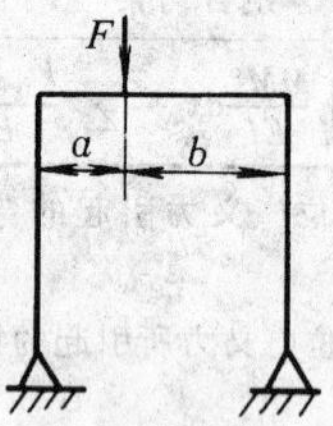	$M_B=M_C=-\frac{Fab}{l}\cdot\frac{3}{2N}$ $M_F=\frac{Fab}{l}+M_B$
10	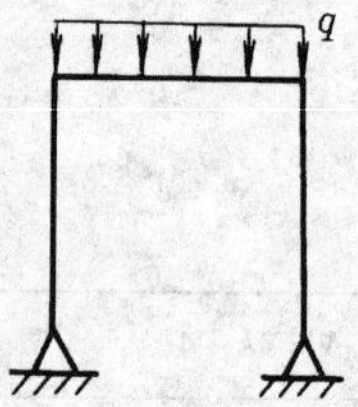	$M_B=M_C=-\frac{ql^2}{4N}$ $M_{max}=\frac{ql^2}{8}+M_B$
11	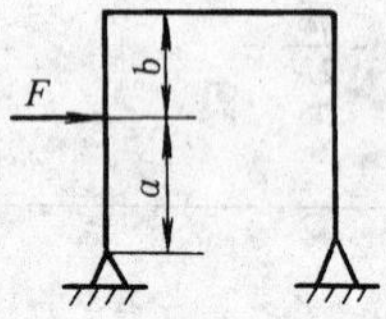	$\beta=\frac{b}{h}$ $M_B=\frac{Fa}{2}\left[-\frac{(2-\beta)\beta k}{N}+1\right]$ $M_C=\frac{Fa}{2}\left[-\frac{(2-\beta)\beta k}{N}-1\right]$ $M_P=(1-\beta)(Fb+M_B)$
12	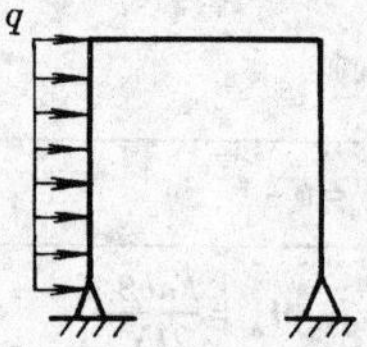	$M_B=\frac{qh^2}{4}\left(-\frac{k}{2N}+1\right)$ $M_C=\frac{qh^2}{4}\left(-\frac{k}{2N}-1\right)$
	$k=\frac{I_2}{I_1}\cdot\frac{h}{l}$, $N_1=k+2$, $N_2=6k+1$, $\beta=\frac{b}{l}$	
13	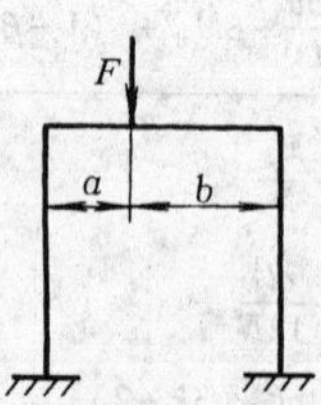	$M_A=\frac{Fab}{l}\left(\frac{1}{2N_1}-\frac{2\beta-1}{2N_2}\right)$ $M_B=-\frac{Fab}{l}\left(\frac{1}{N_1}+\frac{2\beta-1}{2N_2}\right)$ $M_C=-\frac{Fab}{l}\left(\frac{1}{N_1}-\frac{2\beta-1}{2N_2}\right)$ $M_D=\frac{Fab}{l}\left(\frac{1}{2N_1}+\frac{2\beta-1}{2N_2}\right)$

序号	$k=\frac{I_2}{I_1}\cdot\frac{h}{l}$, $N_1=k+2$, $N_2=6k+1$, $\beta=\frac{b}{l}$	
14	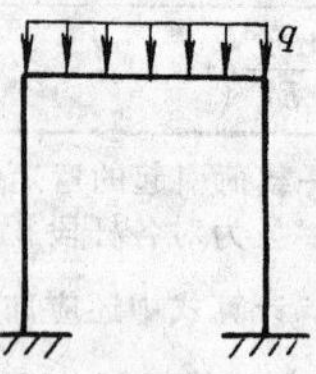	$M_A=M_D=\frac{ql^2}{12N_1}$ $M_B=M_C=-\frac{ql^2}{6N_1}$ $M_{max}=\frac{ql^2}{8}+M_B=\frac{(2+3k)}{24N_1}ql^2$
15	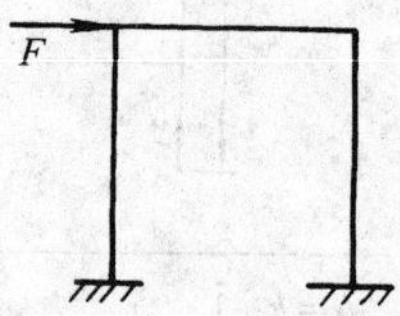	$M_A=-\frac{Fh}{2}\cdot\frac{(3k+1)}{N_2}$ $M_B=\frac{Fh}{2}\cdot\frac{3k}{N_2}$ $M_C=-M_B$ $M_D=-M_A$
16	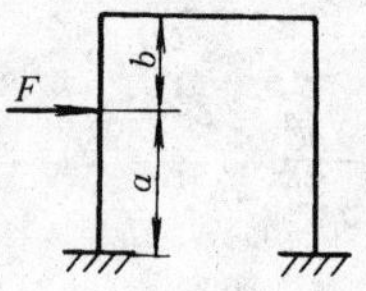	$\left.\begin{matrix}M_A\\M_D\end{matrix}\right\}=-X_1\mp\left(\frac{Fa}{2}-X_3\right)$ $\left.\begin{matrix}M_B\\M_C\end{matrix}\right\}=-X_2\pm X_3$ $X_1=\frac{Fab}{h}\cdot\frac{(1+\beta+\beta k)}{2N_1}$ $X_2=\frac{Fab}{h}\cdot\frac{(1-\beta)k}{2N_1}$ $X_3=\frac{3Fa(1-\beta)k}{2N_2}$
17	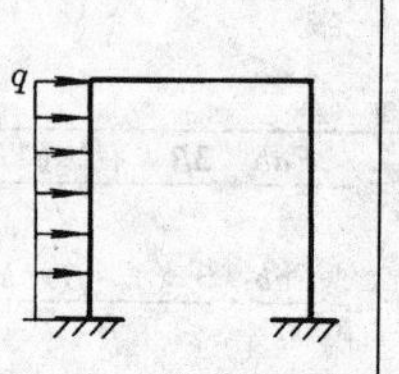	$M_A=\frac{qh^2}{4}\left(-\frac{k+3}{6N_1}-\frac{4k+1}{N_2}\right)$ $M_B=\frac{qh^2}{4}\left(-\frac{k}{6N_1}+\frac{2k}{N_2}\right)$ $M_C=\frac{qh^2}{4}\left(-\frac{k}{6N_1}-\frac{2k}{N_2}\right)$ $M_D=\frac{qh^2}{4}\left(-\frac{k+3}{6N_1}+\frac{4k+1}{N_2}\right)$

（续）

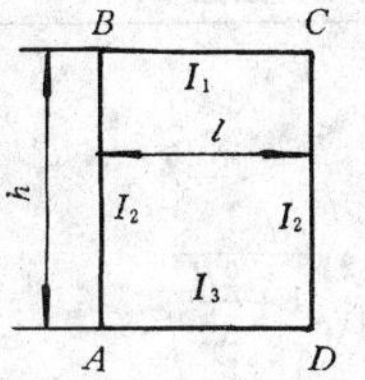

序　号	$k=\frac{I_1}{I_2}\cdot\frac{h}{l},\ m=\frac{I_1}{I_3},\ \alpha=\frac{x}{l},\ \nu=(2+k)+\frac{m}{k}(3+2k),\ \mu=1+6k+m$	
18	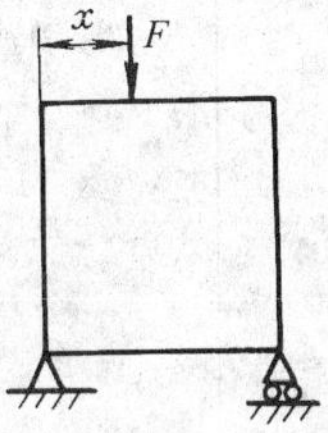	$\left.\begin{matrix}M_A\\M_D\end{matrix}\right\}=\frac{Fl}{2}\alpha(1-\alpha)\left(\frac{1}{\nu}\mp\frac{1-2\alpha}{\mu}\right)$ $\left.\begin{matrix}M_B\\M_C\end{matrix}\right\}=\frac{Fl}{2}\alpha(1-\alpha)\left(-\frac{2k+3m}{k\nu}\mp\frac{1-2\alpha}{\mu}\right)$
19	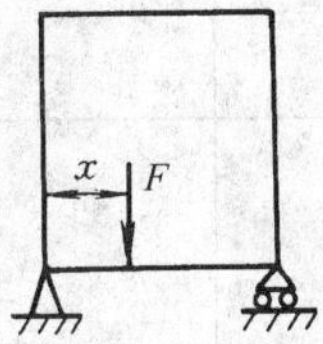	$\left.\begin{matrix}M_A\\M_D\end{matrix}\right\}=\frac{Fl}{2}\alpha(1-\alpha)\ m\left(\frac{3+2k}{k\nu}\pm\frac{1-2\alpha}{\mu}\right)$ $\left.\begin{matrix}M_B\\M_C\end{matrix}\right\}=-\frac{Fl}{2}\alpha(1-\alpha)\ m\left(\frac{1}{\nu}\mp\frac{1-2\alpha}{\mu}\right)$
	$k=\frac{I_1}{I_2}\cdot\frac{h}{l},\ m=\frac{I_1}{I_3},\ \nu=(2+k)+\frac{m}{k}(3+2k),\ \mu=1+6k+m$	
20	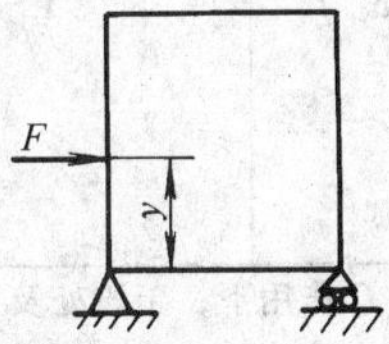	$\eta=\frac{y}{h},\ \left.\begin{matrix}M_A\\M_D\end{matrix}\right\}=\frac{Fh}{2}\eta\left\{\frac{1-\eta}{\nu}\left[(1+k)\eta-(2+k)\right]\mp\frac{1+3k(2-\eta)}{\mu}\right\}$ $\left.\begin{matrix}M_B\\M_C\end{matrix}\right\}=\frac{Fh}{2}\eta\left\{-\frac{1-\eta}{\nu}\left[(k+m)\eta+m\right]\pm\frac{3k\eta+m}{\mu}\right\}$
21	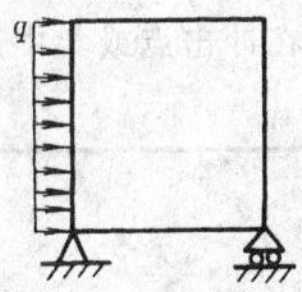	$\left.\begin{matrix}M_A\\M_D\end{matrix}\right\}=\frac{qh^2}{4}\left(-\frac{3+k}{6\nu}\mp\frac{1+4k}{\mu}\right)$ $\left.\begin{matrix}M_B\\M_C\end{matrix}\right\}=\frac{qh^2}{4}\left(-\frac{k+3m}{6\nu}\pm\frac{2k+m}{\mu}\right)$
22	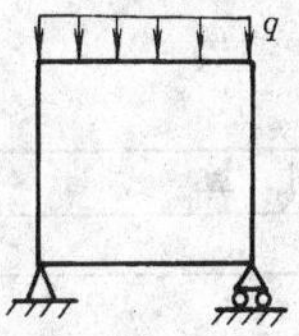	（1）载荷在构件 BC 上 $M_A=M_D=\frac{ql^2}{12}\cdot\frac{1}{\nu}$　　$M_B=M_C=-\frac{ql^2}{12}\cdot\frac{2k+3m}{k\nu}$ （2）载荷在构件 AD 上 $M_A=M_D=\frac{ql^2}{12}\cdot m\cdot\frac{3+2k}{k\nu}$　　$M_B=M_C=-\frac{ql^2}{12}\cdot\frac{m}{\nu}$
23	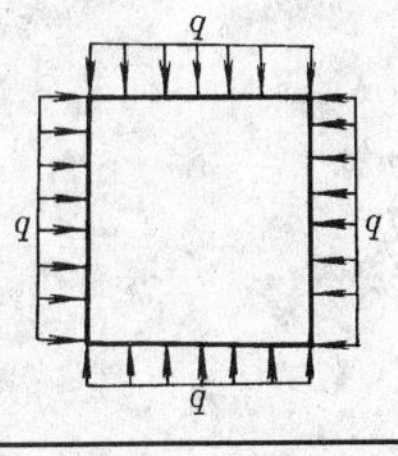	$I_1=I_3$ $M_A=M_B=M_C=M_D=-\frac{q}{12}\cdot\frac{l^2+kh^2}{k+1}$

注：引起刚架内侧拉伸的是正弯矩。

表 1.4-32　杆结构的冲击和振动应力及位移的计算式

类型	冲击或振动动荷系数 K_d	动应力 σ_d	动位移 Δ_d
自由落体冲击 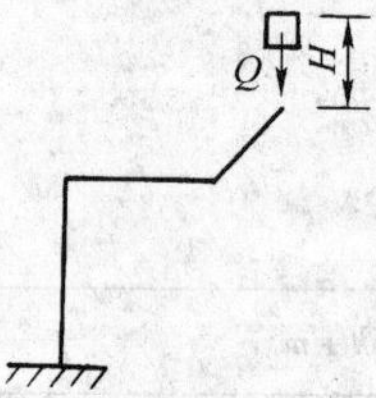	$K_d = 1 + \sqrt{1 + \dfrac{2H}{\Delta_{st}^*}}$	$\sigma_d = K_d \sigma_{st}$	$\Delta_d = K_d \Delta_{st}$
水平匀速冲击 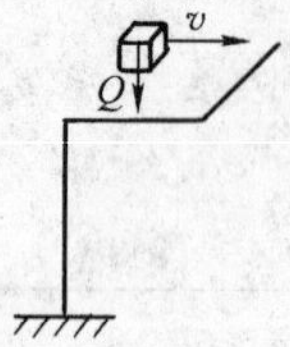	$K_d = \sqrt{\dfrac{v^2}{g\Delta_{st}^*}}$		
单自由度小阻尼强迫振动（简谐载荷） 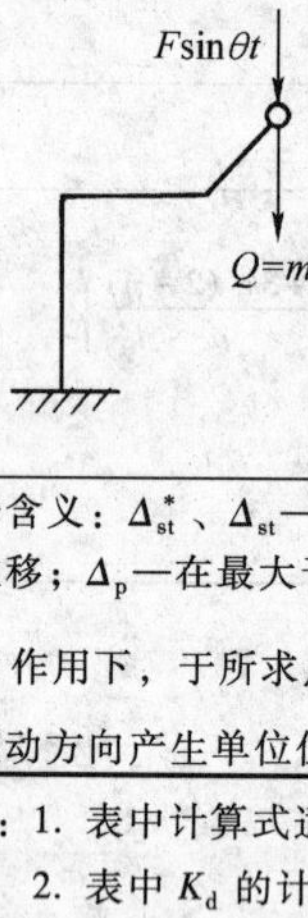	$K_d = 1 + \beta \dfrac{\Delta_p}{\Delta_{st}^*}$ $\beta = \dfrac{1}{\sqrt{\left(\left[1 - \dfrac{\theta^2}{\omega^2}\right]^2 + 4\left(\dfrac{n}{\omega}\right)^2\left(\dfrac{\theta}{\omega}\right)^2\right)}}$	$\sigma_{dmax} = K_d \sigma_{st}$ $\sigma_{dmin} = \left(1 - \beta \dfrac{\Delta_p}{\Delta_{st}^*}\right)\sigma_{st}$	$\Delta_{dmax} = K_d \Delta_{st}$ $\Delta_{dmin} = \left(1 - \beta \dfrac{\Delta_p}{\Delta_{st}^*}\right)\Delta_{st}$

符号含义：Δ_{st}^*、Δ_{st}—在冲击点（或集中质量 m 处）沿冲击（或振动）方向，在静载 Q 作用下，于该处及所求点所产生的静位移；Δ_p—在最大干扰力 F 静载作用下，在集中质量 m 处沿振动方向产生的位移；σ_{st}—在冲击点（或集中质量 m 处）静载 Q 作用下，于所求点所产生的静应力；$\omega = \sqrt{\dfrac{k}{m}}$结构的固有频率；$k$—结构的刚度（在冲击点或集中质量 m 处，沿冲击或振动方向产生单位位移所需的力）；θ—简谐载荷的圆频率；n—阻尼系数

注：1. 表中计算式适用于单杆、折杆、刚架和桁架等各种杆结构。

2. 表中 K_d 的计算略去了杆结构的质量。

8　薄板的应力与位移计算公式（见表 1.4-33～表 1.4-35）

表 1.4-33　等厚实心圆板的应力和位移（$\nu = 0.3$）

序号	载荷，约束条件及下表面的应力分布	应 力 与 位 移 计 算 式
	（1）在整个板面作用均布载荷 q	
1	周边简支 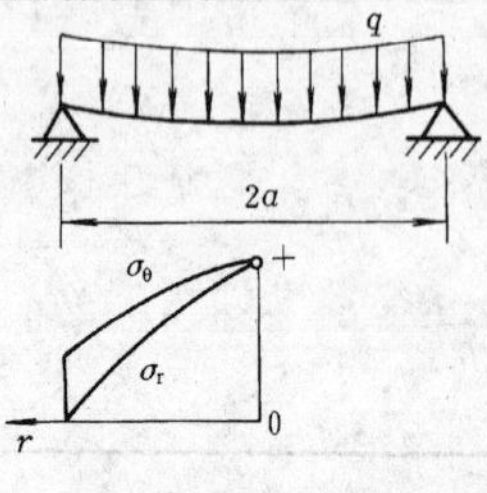	$\sigma_r = \mp 1.24\ (1 - k^2)\ m^2 q$ $\sigma_\theta = \mp 1.24\ (1 - 0.576k^2)\ m^2 q$ $\sigma_{max} = (\sigma_r)_{k=0} = (\sigma_\theta)_{k=0} = \mp 1.24 m^2 q$ $w = 0.171\ (1 - k^2)\ (4.08 - k^2)\ m^4 \dfrac{qt}{E}$ $w_{max} = (w)_{k=0} = 0.696 \dfrac{qt}{E} m^4$

（续）

序号	载荷，约束条件及下表面的应力分布	应力与位移计算式
2	周边固定 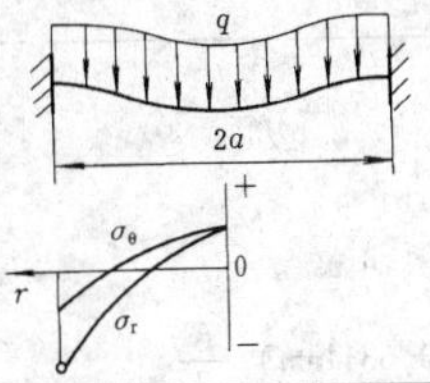	$\sigma_r = \mp(0.488-1.24k^2)m^2q$ $\sigma_\theta = \mp(0.488-0.713k^2)m^2q$ $\sigma_{max} = (\sigma_r)_{k=1} = \pm 0.750m^2q$ $w=0.171(1-k^2)^2m^4\frac{qt}{E}$ $w_{max}=(\omega)_{k=0}=0.171m^4\frac{qt}{E}$
	（2）在半径为 b 的同心圆域内作用均布载荷 q	
3	周边简支 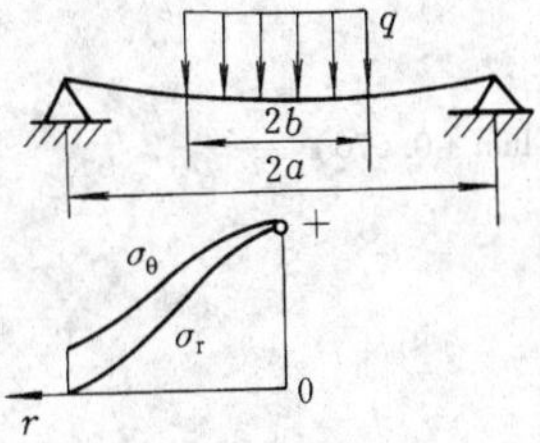	当 $0 \leqslant k \leqslant K$： $\sigma_r = \mp(1.5K^2-0.263K^4-1.95K^2\ln K-1.24k^2)m^2q$ $\sigma_\theta = \sigma_r + 0.525m^2qk^2$ $w=\left[0.171k^4-(1.05-0.184K^2)k^2K^2+\left(1.37\frac{k^2}{K^2}+0.683\right)K^4\ln K+1.73K^2-1.04K^4\right]m^4qt/E$ 当 $K \leqslant k \leqslant 1$： $\sigma_r = \mp[0.263(1/k^2-1)K^4-1.95K^2\ln k]m^2q$ $\sigma_\theta = \mp[-1.5K^2-0.263(1/k^2+1)K^4-1.95K^2\ln k]m^2q$ $w=\left[0.263(1-k^2)(6.6/K^2-0.7)+0.683\left(1+\frac{2k^2}{K^2}\right)\ln k\right]\frac{K^4m^4qt}{E}$ 在中心（$k=0$）： $\sigma_r=\sigma_\theta=\mp\alpha m^2q$ $(\alpha=1.5K^2-0.263K^4-1.95K^2\ln K)$ $w=w_{max}=\beta m^4\frac{qt}{E}$ $(\beta=1.73K^2-1.04K^4+0.683K^4\ln K)$

K	0.1	0.2	0.3	0.4	0.5	0.6	0.7	0.8	0.9	1.0
α	0.060	0.185	0.344	0.519	0.697	0.865	1.013	1.137	1.209	1.238
β	0.017	0.066	0.141	0.235	0.339	0.444	0.542	0.622	0.676	0.696

序号	载荷，约束条件及下表面的应力分布	应力与位移计算式
4	周边固定 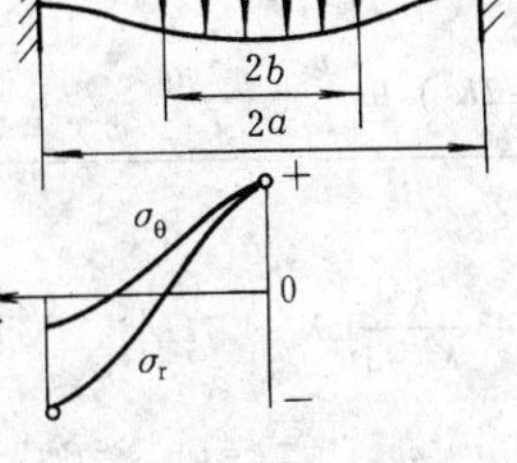	当 $0 \leqslant k \leqslant K$： $\sigma_r = \mp[0.488(K^4-4K^2\ln K)-1.24k^2]m^2q$ $\sigma_\theta = \mp[0.488(K^4-4K^2\ln K)-0.713k^2]m^2q$ $w=\left[0.171k^4-0.341k^2K^4+0.683K^4\left(1+\frac{2k^2}{K^2}\right)\times \ln K+0.683K^2-0.512K^4\right]m^4\frac{q}{E}t$ 当 $K \leqslant k \leqslant 1$： $\sigma_r=\mp\left[0.488(K^2-4\ln k)+0.263\frac{K^2}{k^2}-1.5\right]K^2m^2q$ $\sigma_\theta=\mp\left[0.488(K^2-4\ln k)-0.263\frac{K^2}{k^2}-0.45\right]K^2m^2q$ $w=0.683K^4\left[\frac{(1-k^2)}{K^2}-0.5k^2+\left(1+\frac{2k^2}{K^2}\right)\ln k+0.5\right]\frac{m^4qt}{E}$ 在中心（$k=0$）；当 $K<0.569$： $\sigma_r=\sigma_\theta=\sigma_{max}=\mp\alpha m^2q$ $(\alpha=0.488(K^2-4\ln K)K^2)$ 当 $K>0.569$： $\sigma_{max}=(\sigma_r)_{k=1}=\pm\alpha m^2q$ $\alpha=1.5K^2-0.75K^4$ $w=w_{max}=\beta m^4\frac{qt}{E}$ $(\beta=(0.683-0.512K^2+0.683K^2\ln K)K^2)$

K	0.1	0.2	0.3	0.4	0.5	0.6	0.7	0.8	0.9	1.0
α	0.045	0.126	0.215	0.298	0.368	0.443	0.555	0.653	0.723	0.750
β	0.017	0.025	0.051	0.080	0.109	0.134	0.153	0.165	0.170	0.171

（续）

序号	载荷，约束条件及下表面的应力分布	应力与位移计算式
	（3）在板的中心作用集中力 F	
5	周边简支 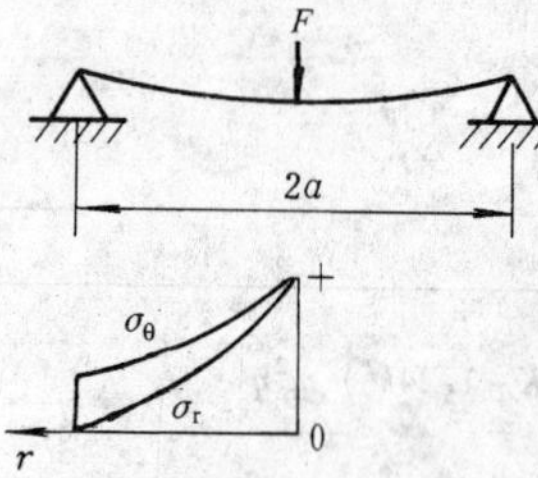	$\sigma_r = \mp\left(0.621\ln\frac{1}{k}\right)\frac{F}{t^2}$ $\sigma_\theta = \mp(0.334-0.621\ln k)\frac{F}{t^2}$ $\sigma_{max} = (\sigma_r)_{\substack{k=0\\下面}} = (\sigma_\theta)_{\substack{k=0\\下面}} = (1.153+0.631\ln m)\frac{F}{t^2}$ $w = [0.551(1-k^2)+0.434k^2\ln k]\, m^2\frac{F}{Et}$ $w_{max} = w_{k=0} = 0.551m^2\frac{F}{Et}$
6	周边固定 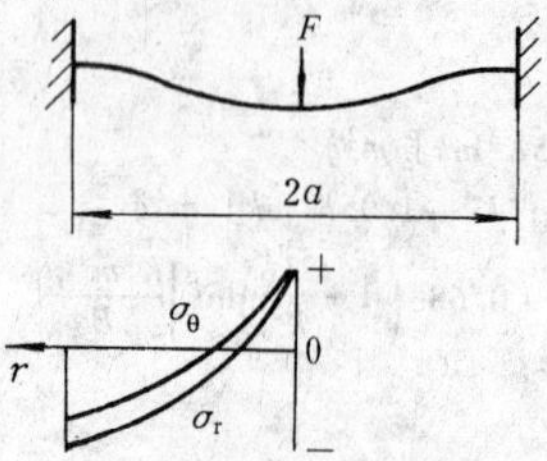	$\sigma_r = \mp\left(0.621\ln\frac{1}{k}-0.477\right)\frac{F}{t^2}$ $\sigma_\theta = \mp\left(0.621\ln\frac{1}{k}-0.143\right)\frac{F}{t^2}$ $\sigma_{max} = (\sigma_r)_{\substack{k=0\\下面}} = (\sigma_\theta)_{\substack{k=0\\下面}} = (0.631\ln m+0.676)\frac{F}{t^2}$ $(\sigma_r)_{k=1} = \pm 0.477\frac{F}{t^2}$ $w = 0.217[1-(1-2\ln k)k^2]\, m^2\frac{F}{Et}$ $w_{max} = w_{k=0} = 0.217m^2\frac{F}{Et}$
说明		σ_r、σ_θ—板上，下表面处的径向与周向弯曲应力，式前的“+”、“-”号中，上面的指上板面，下面的指下板面；w—挠度，向下为正；r—所求点半径；$k=\frac{r}{a}$；$K=\frac{b}{a}$；$m=\frac{a}{t}$；t—板厚

表 1.4-34　等厚圆环板的应力与位移（$\nu=0.3$）

序号	载荷，约束条件及下表面的应力分布	应力与位移计算式

（1）在整个板面作用均布载荷

$$\sigma_r = \pm[1.24k^2+1.95(A-\ln k)C-0.263(2C+BD/k^2)]\, m^2q$$

$$\sigma_\theta = \pm[0.713k^2+1.95(A-\ln k)C+0.263(2C+BD/k^2)]\, m^2q$$

对内边自由，外边简支；内边自由，外边固定；内边可动固定，外边简支；内边可动固定，外边固定等情况：

$$w = 0.171[1-k^4+8(A+1)(1-k^2)K^2-4(B-2K^2k^2)\ln k]\, m^4\frac{qt}{E}$$

对内边简支、外边自由和内边固定、外边自由的情况：

$$w = 0.171\left\{[K^2+k^2+8(A+1-\ln k)](k^2-K^2)-4(B+2K^2)\ln\frac{k}{K}\right\}\frac{m^4qt}{E}$$

1　内边自由，外边简支

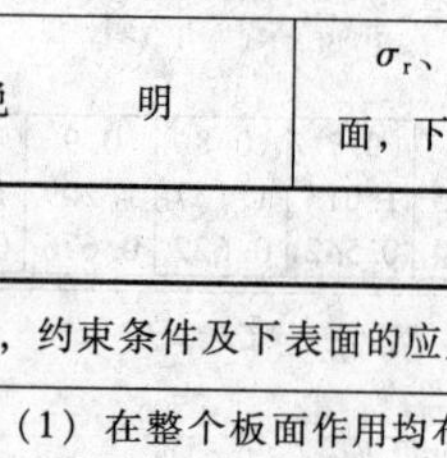

$A = \frac{K^2}{K^2-1}\ln K - 0.365 - 0.635/K^2$　　$B = 7.43\frac{K^4}{K^2-1}\ln K - 4.71K^2$

$C = K^2$，　$D = 1$　　$\sigma_{max} = (\sigma_\theta)_{k=K} = \mp\alpha m^2 q$　　$w_{max} = w_{k=K} = \beta m^4\frac{q}{E}t$

K	0	0.1	0.2	0.3	0.4	0.5	0.6	0.7	0.8	0.9	1.0
α	2.475	2.379	2.192	1.964	1.710	1.443	1.165	0.881	0.592	0.298	0
β	0.696	0.750	0.813	0.831	0.787	0.682	0.530	0.354	0.184	0.053	0

（续）

序号	载荷，约束条件及下表面的应力分布	应力与位移计算式
2	内边自由，外边固定	见下

2　内边自由，外边固定

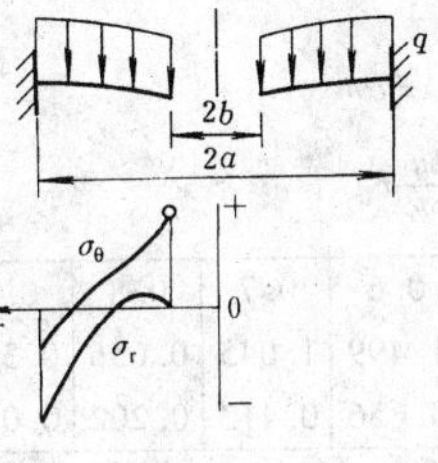

$$A=-\frac{1}{2.8+5.2K^2}\left[0.7\left(2+1/K^2\right)+\left(1.9-5.2\ln K\right)K^2\right]$$

$$B=\frac{-K^2}{0.7+1.3K^2}\left[1.3\left(1+4K^2\ln K\right)+0.7K^2\right]$$

$C=K^2$，$D=1$

当 $k<0.168$，$\sigma_{\max}=\left(\sigma_\theta\right)_{k=K}=\mp\alpha m^2 q$

当 $k>0.168$，$\sigma_{\max}=\left(\sigma_r\right)_{k=1}=\pm\alpha m^2 q$

$$w_{\max}=w_{k=K}=\beta m^4\frac{q}{E}t$$

K	0	0.1	0.2	0.3	0.4	0.5	0.6	0.7	0.8	0.9	1.0
α	0.975	0.869	0.730	0.681	0.596	0.480	0.348	0.217	0.105	0.028	0
β	0.171	0.181	0.175	0.144	0.100	0.058	0.0130	0.009	0.002	0.001	0

3　内边可动固定，外边简支

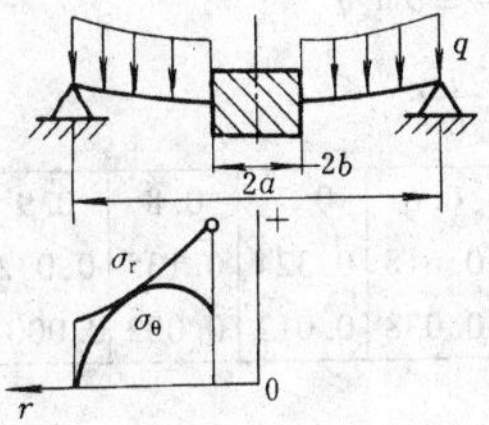

$$A=-\frac{1}{5.2+2.8K^2}\left\{3.3/K^2+0.7\left[\left(3-4\ln K\right)K^2-2\right]\right\}$$

$$B=\frac{K^2}{1.3+0.7K^2}\left[3.3-\left(5.3-5.2\ln K\right)K^2\right]$$

$C=K^2$，$D=1$

$\sigma_{\max}=\left(\sigma_r\right)_{k=K}=\mp\alpha m^2 q$

$$w_{\max}=w_{k=K}=\beta m^4\frac{q}{E}t$$

K	0	0.1	0.2	0.3	0.4	0.5	0.6	0.7	0.8	0.9	1.0
α	1.904	1.802	1.585	1.311	1.017	0.733	0.481	0.282	0.122	0.030	0
β	0.696	0.628	0.493	0.343	0.211	0.113	0.050	0.017	0.003	0.0002	0

4　内边可动固定，外边固定

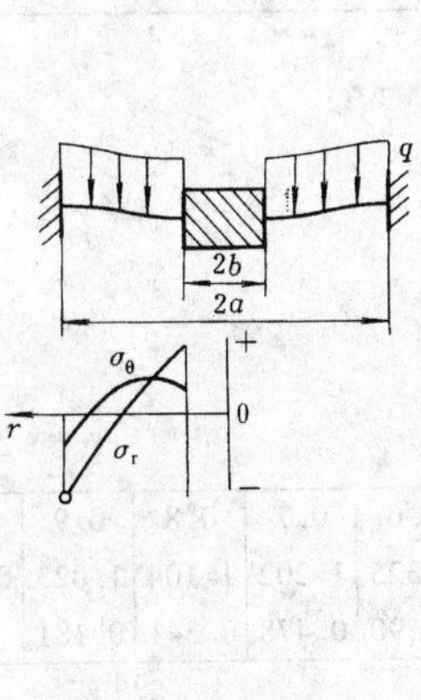

$$A=-0.25\left(3+1/K^2\right)-\frac{K^2}{1-K^2}\ln K$$

$$B=\left(1+\frac{4K^2}{1-K^2}\ln K\right)K^2$$

$C=K^2$，$D=1$

$\sigma_{\max}=\left(\sigma_r\right)_{k=1}=\pm\alpha m^2 q$

$$w_{\max}=w_{k=K}=\beta m^4\frac{q}{E}t$$

K	0	0.1	0.2	0.3	0.4	0.5	0.6	0.7	0.8	0.9	1.0
α	0.750	0.728	0.668	0.580	0.474	0.361	0.250	0.151	0.072	0.017	0
β	0.171	0.150	0.112	0.075	0.044	0.023	0.010	0.003	0.0007	0	0

（续）

序号	载荷，约束条件及下表面的应力分布	应力与位移计算式

5　内边简支，外边自由

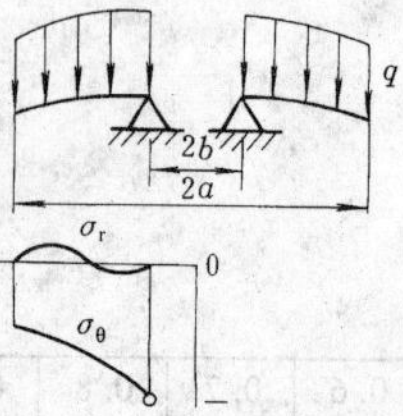

$$A=\frac{-K^2}{1-K^2}\ln K-0.365-0.635K^2$$

$$B=4.71K^2+7.43\frac{K^2}{1-K^2}\ln K$$

$$C=1,\ D=-1$$

$$\sigma_{\max}=(\sigma_\theta)_{k=K}=\pm\alpha m^2 q$$

$$w_{\max}=w_{k=1}=\beta m^4\frac{q}{E}t$$

K	0	0.1	0.2	0.3	0.4	0.5	0.6	0.7	0.8	0.9	1.0
α	—	7.641	5.092	3.688	2.745	2.048	1.499	1.045	0.656	0.312	0
β	1.037	1.217	1.309	1.265	1.117	0.902	0.656	0.412	0.202	0.055	0

6　内边固定，外边自由

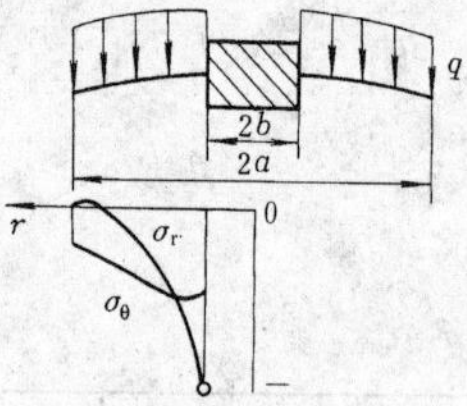

$$A=-\frac{1}{5.2+2.8K^2}\left[1.9+0.7\left(2+K^2-4\ln K\right)K^2\right]$$

$$B=\frac{K^2}{1.3+0.7K^2}\left[0.7+1.3\left(K^2-4\ln K\right)\right]$$

$$C=1,\ D=-1$$

$$\sigma_{\max}=(\sigma_r)_{k=K}=\pm\alpha m^2 q$$

$$w_{\max}=w_{k=1}=\beta m^4\frac{q}{E}t$$

K	0	0.1	0.2	0.3	0.4	0.5	0.6	0.7	0.8	0.9	1.0
α	—	5.787	3.680	2.462	1.633	1.041	0.618	0.324	0.135	0.032	0
β	1.037	0.827	0.560	0.347	0.193	0.094	0.038	0.012	0.002	0.0001	0

（2）在内周边上作用均布载荷，其合力为 F

$$\sigma_r=\mp\left[0.621\left(A-\ln k\right)-0.167\left(1-B/k^2\right)\right]\frac{F}{t^2}$$

$$\sigma_\theta=\mp\left[0.621\left(A-\ln k\right)+0.167\left(1-B/k^2\right)\right]\frac{F}{t^2}$$

$$w=0.434\left[\left(1+A\right)\left(1-k^2\right)+\left(B+k^2\right)\ln k\right]m^2\frac{F}{Et}$$

7　内边自由，外边简支

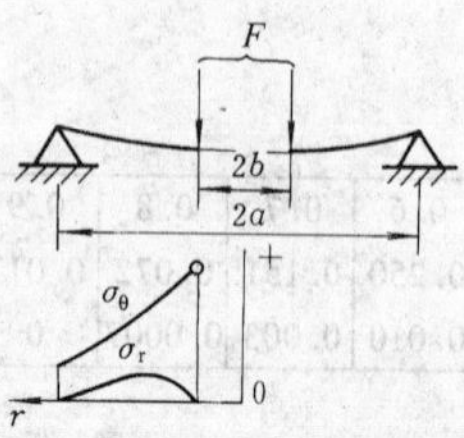

$$A=0.269-\frac{K^2}{1-K^2}\ln K$$

$$B=3.71\frac{K^2}{1-K^2}\ln K$$

$$\sigma_{\max}=(\sigma_\theta)_{k=K}=\mp\alpha\frac{F}{t^2}$$

$$w_{\max}=w_{k=K}=\beta m^2\frac{F}{Et}$$

K	0	0.1	0.2	0.3	0.4	0.5	0.6	0.7	0.8	0.9	1.0
α	—	3.222	2.415	1.977	1.688	1.482	1.325	1.202	1.104	1.023	0.955
β	0.550	0.632	0.704	0.733	0.721	0.672	0.590	0.478	0.341	0.181	0

（续）

序号	载荷，约束条件及下表面的应力分布	应力与位移计算式

8　内边自由，外边固定

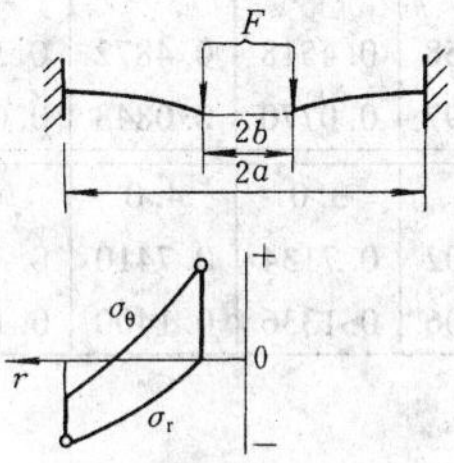

$$A=\frac{1}{0.538+K^2}\left[K^2\ln K-0.269\ (1-K^2)\right]$$

$$B=\frac{2K^2}{0.538+K^2}\ (\ln K+0.769)$$

当 $K<0.385$，$\sigma_{\max}=(\sigma_\theta)_{k=K}=\mp\alpha\frac{F}{t^2}$

当 $K>0.385$，$\sigma_{\max}=(\sigma_r)_{k=1}=\pm\alpha\frac{F}{t^2}$

$$w_{\max}=w_{k=K}=\beta m^2\frac{F}{Et}$$

K	0	0.1	0.2	0.3	0.4	0.5	0.6	0.7	0.8	0.9	1.0
α	—	2.203	1.305	0.797	0.510	0.454	0.379	0.290	0.194	0.097	0
β	0.217	0.247	0.238	0.191	0.123	0.081	0.042	0.017	0.005	0.001	0

9　内边可动固定，外边简支

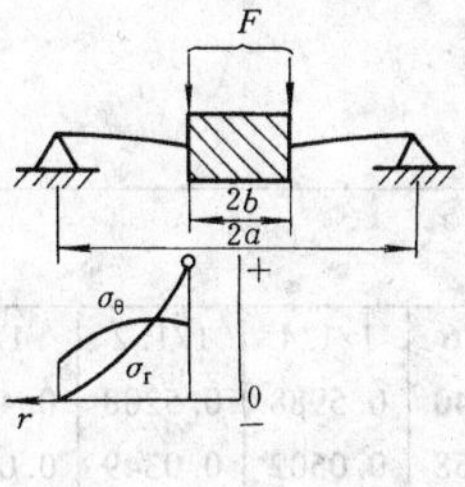

$$A=\frac{1}{3.71+2K^2}\left[1-(1-2\ln K)\ K^2\right]$$

$$B=\frac{2K^2}{1.3+0.7K^2}\ (1-1.3\ln K)$$

$$\sigma_{\max}=(\sigma_r)_{k=K}=\mp\alpha\frac{F}{t^2}$$

$$w_{\max}=w_{k=K}=\beta m^2\frac{F}{Et}$$

K	0	0.1	0.2	0.3	0.4	0.5	0.6	0.7	0.8	0.9	1.0
α	—	2.440	1.746	1.320	1.004	0.753	0.546	0.373	0.227	0.104	0
β	0.551	0.468	0.352	0.241	0.153	0.088	0.044	0.018	0.005	0.0006	0

10　内边可动固定，外边固定

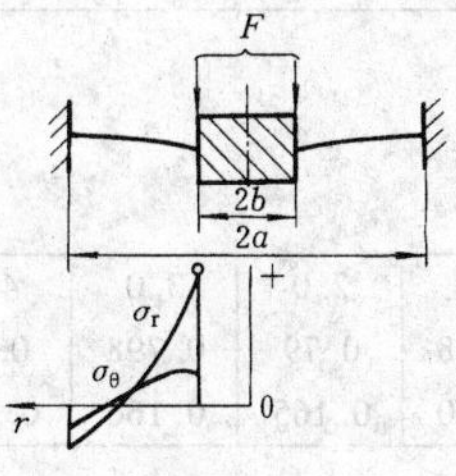

$$A=\frac{-K^2}{1-K^2}\ln K-0.5,\quad B=\frac{-2K^2}{1-K^2}\ln K$$

$$\sigma_{\max}=(\sigma_r)_{k=K}=\mp\alpha\frac{F}{t^2}$$

$$w_{\max}=w_{k=K}=\beta m^2\frac{F}{Et}$$

K	0	0.1	0.2	0.3	0.4	0.5	0.6	0.7	0.8	0.9	1.0
α	—	1.744	1.123	0.786	0.564	0.405	0.285	0.190	0.114	0.052	0
β	0.217	0.169	0.115	0.073	0.044	0.024	0.011	0.005	0.0007	0.0002	0

注：符号表示与表 1.4-33 同。

表 1.4-35　等厚矩形板的应力与位移（$\nu=0.3$）

序号	约束条件，$\sigma_{\max}$、$w_{\max}$位置	α、β 系 数 值

（1）在整个板面上作用均布载荷 q

$$\sigma_{\max}=\alpha\left(\frac{b}{t}\right)^2 q,\qquad w_{\max}=\beta\left(\frac{b}{t}\right)^4\frac{q}{E}t$$

1　四边简支

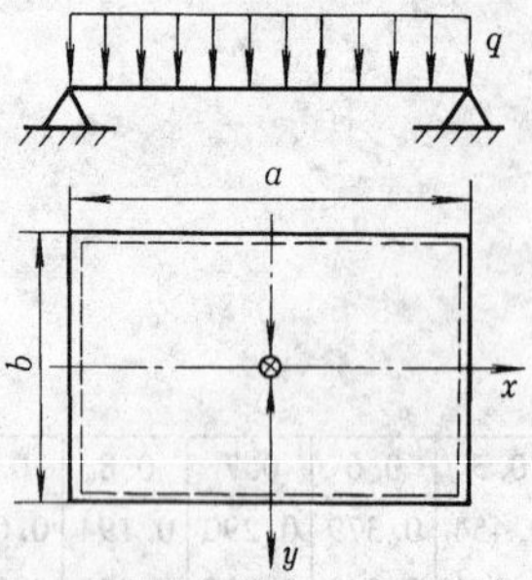

a/b	1.0	1.1	1.2	1.3	1.4	1.5	1.6
α	0.2874	0.3318	0.3756	0.4158	0.4518	0.4872	0.5172
β	0.0443	0.0530	0.0616	0.0697	0.0770	0.0843	0.0906
a/b	1.7	1.8	1.9	2.0	3.0	4.0	∞
α	0.5448	0.5688	0.5910	0.6102	0.7134	0.7410	0.7500
β	0.0964	0.1017	0.1064	0.1106	0.1336	0.1400	0.1422

2　四边固定

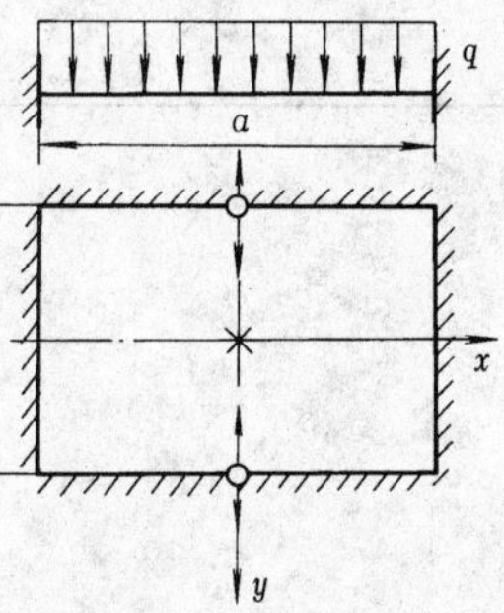

a/b	1.0	1.2	1.4	1.6	1.8	2.0	∞
α	0.3078	0.3834	0.4356	0.4680	0.4872	0.4974	0.5000
β	0.0138	0.0188	0.0226	0.0251	0.0267	0.0277	0.0284

3　一对边简支，另一对边固定

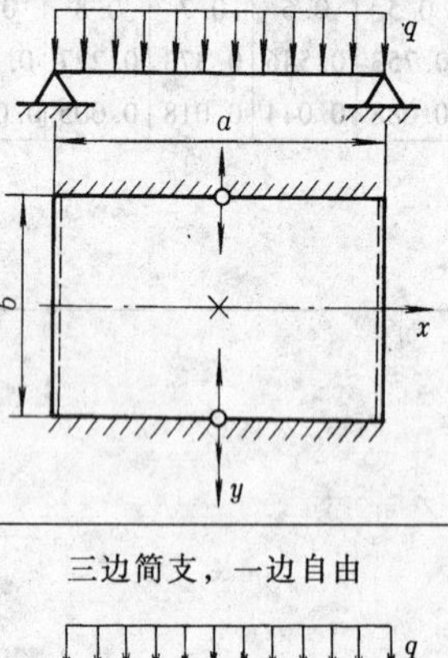

a/b	0	0.5	1/1.8	1/1.6	1/1.4	1/1.2	1.0
α	0.750	0.7146	0.6912	0.6540	0.5988	0.5208	0.4182
β	0.1422	0.0922	0.0800	0.0658	0.0502	0.0349	0.0210
a/b	1.2	1.4	1.6	1.8	2.0	∞	
α	0.4626	0.4860	0.4968	0.4971	0.4973	0.5000	
β	0.0243	0.0262	0.0273	0.0280	0.0283	0.0285	

当 $a/b<1$：　$\sigma_{\max}=\alpha\left(\frac{a}{t}\right)^2 q,\quad w_{\max}=\beta\left(\frac{a}{t}\right)^4\frac{q}{E}t$

4　三边简支，一边自由

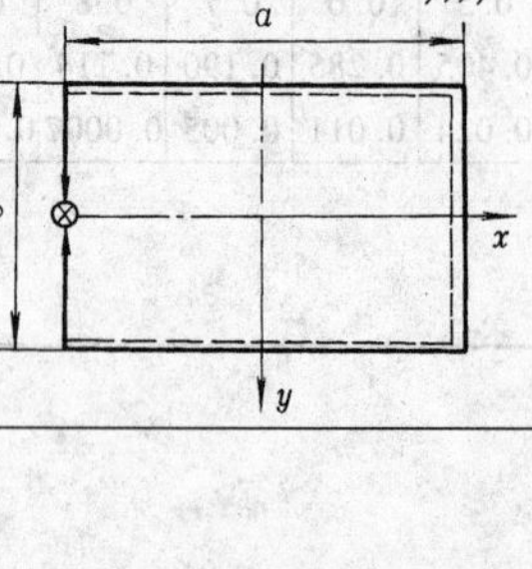

a/b	1/2	2/3	1.0	1.5	2.0	3.0	4.0
α	0.36	0.50	0.67	0.768	0.79	0.798	0.80
β	0.080	0.106	0.140	0.160	0.165	0.166	0.167

（续）

序号	约束条件，$\sigma_{\max}$、$w_{\max}$ 位置	α、β 系 数 值

（2）在板的中心作用集中力 F

$$\sigma_{\max}=\alpha\frac{F}{t^2}\qquad w_{\max}=\beta\left(\frac{b}{t}\right)^2\frac{F}{Et}$$

5　四边简支

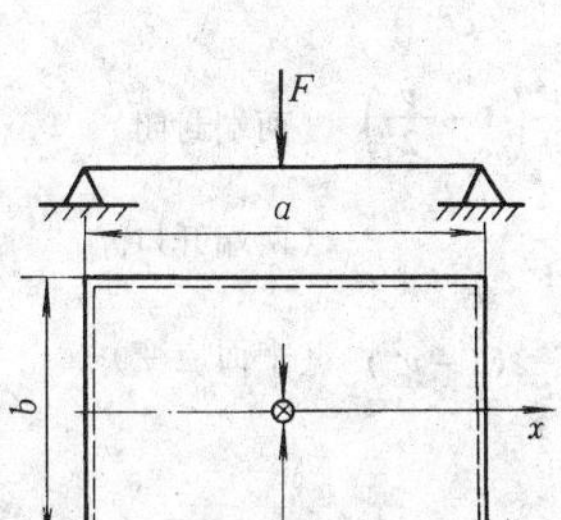

a/b	1.0	1.2	1.4	1.6	1.8	2.0	3.0	∞
β	0.1267	0.1478	0.1621	0.1714	0.1769	0.1803	0.1845	0.1851

载荷作用点附近的应力分布大致与半径为 $0.64b$，中心受集中力的简支圆板相同

6　四边固定

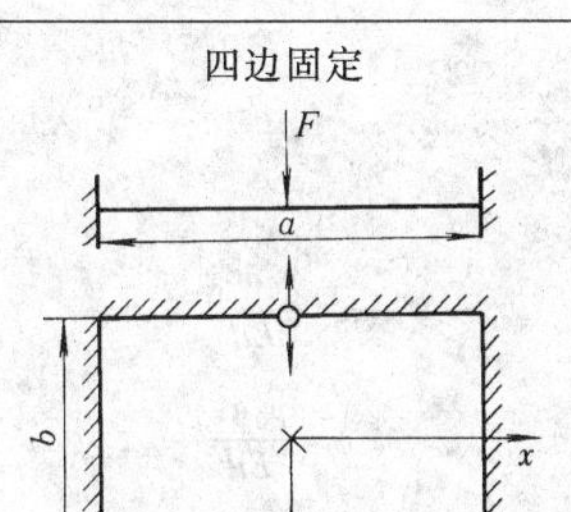

a/b	1.0	1.2	1.4	1.6	1.8	2.0	∞
α	0.7542	0.8940	0.9624	0.9906	1.0000	1.004	1.008
β	0.06115	0.07065	0.07545	0.07775	0.07862	0.07884	0.07917

（3）集中载荷作用在自由边中点

$$\sigma_{\max}=\alpha\frac{F}{t^2}\qquad w_{\max}=\beta\left(\frac{b}{t}\right)^2\frac{F}{Et}$$

7　受载边自由，一边固定一对边简支

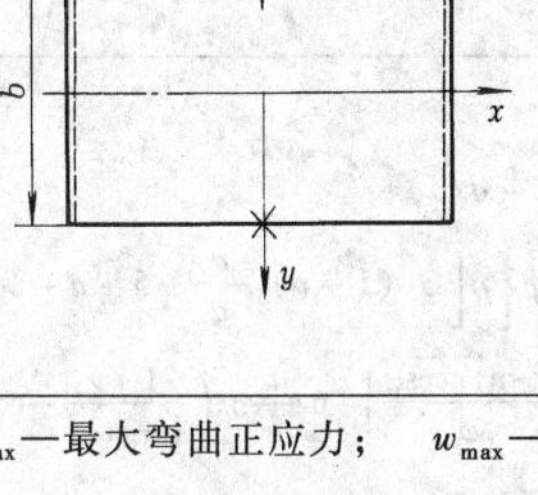

a/b	0.25	0.5	0.667	1.0	1.5	2.0	3.0	4.0	∞
α	0.0002	0.0702	0.2730	0.9780	2.196	2.616	2.988	3.042	3.054

当 $a\gg b$　$\beta=1.835$

说明

$\sigma_{\max}$—最大弯曲正应力；　$w_{\max}$—最大挠度；　t—板厚

截面图　平面图

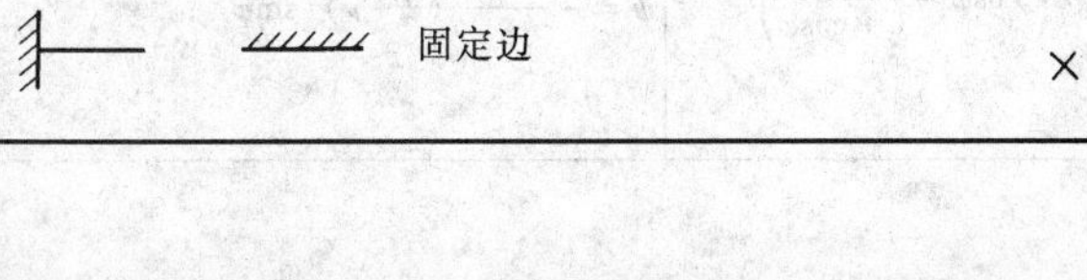

简支边

自由边

固定边

最大弯曲应力作用点，箭头指出上表面点应力的方向

× 最大挠度位置

9　薄壳的内力与位移计算公式（见表1.4-36～表1.4-39）

表1.4-36　旋转面薄壳的内力与位移（无矩理论）

序号	壳体类型、载荷及边界条件	内　　力	位　　移
1	圆柱壳、均匀内压 p 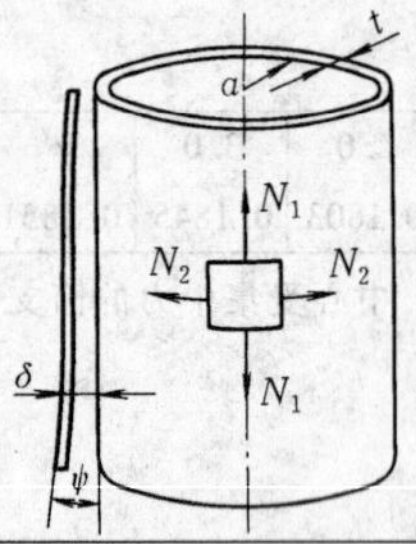	$N_1=\begin{cases}\dfrac{pa}{2}\text{（两端封闭）}\\0\text{（两端开口）}\\\nu pa\text{（平面应变）}\end{cases}$ $N_2=pa$	$\delta=\begin{cases}\dfrac{pa^2}{Et}\left(1-\dfrac{\nu}{2}\right)\text{（两端封闭）}\\\dfrac{pa^2}{Et}\text{（两端开口）}\\\dfrac{pa^2}{Et}(1-\nu^2)\text{（平面应变）}\end{cases}$ $\psi=0$
2	两端开口圆柱壳，线性变化内压 $p_0\dfrac{x}{l}$ 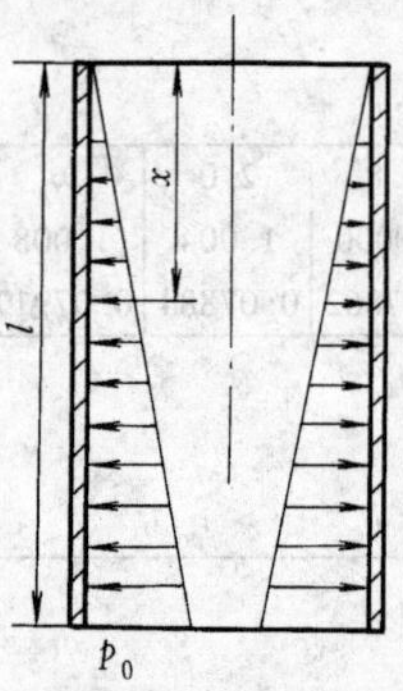	$N_1=0$ $N_2=\dfrac{p_0ax}{l}$	$\delta=\dfrac{p_0a^2x}{Etl}$ $\psi=\dfrac{p_0a^2}{Etl}$
3	球壳，均匀内压 p 或外压（p 取负值） 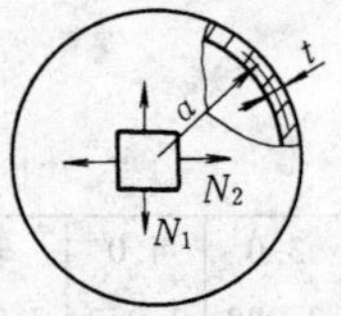	$N_1=N_2=\dfrac{pa}{2}$	$\delta=\dfrac{pa^2(1-\nu)\sin\varphi}{2Et}$ $\psi=0$
4	球壳，装有深 d，密度为 ρ 的液体或松散物料，壳体密度 ρ_0，边界切向支承 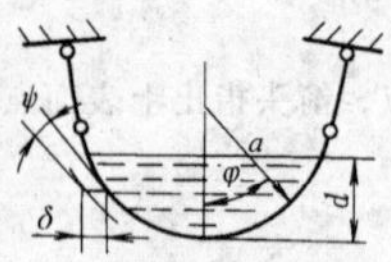	$\cos\varphi\geqslant(1-d/a)$： $N_1=\dfrac{ga^2}{6}\left[\rho\left(3\dfrac{d}{a}-1+\dfrac{2\cos^2\varphi}{1+\cos\varphi}\right)+6\rho_0\dfrac{t}{a}\left(\dfrac{1}{1+\cos\varphi}\right)\right]$ $N_2=\dfrac{ga^2}{6}\left\{\rho\left[3\dfrac{d}{a}-5+\dfrac{(3+2\cos\varphi)2\cos\varphi}{(1+\cos\varphi)}\right]+6\rho_0\dfrac{t}{a}\left(\cos\varphi-\dfrac{1}{1+\cos\varphi}\right)\right\}$ $\cos\varphi<(1-d/a)$： $N_1=\dfrac{F}{2\pi a\sin^2\varphi}+\dfrac{\rho_0gat}{1+\cos\varphi}$ $N_2=\dfrac{-F}{2\pi a\sin^2\varphi}+\rho_0ga\left(\cos\varphi-\dfrac{1}{1+\cos\varphi}\right)t$ （F 为物料重）	$\cos\varphi\geqslant(1-d/a)$： $\delta=\dfrac{ga^3}{6Et}\sin\varphi\left\{\rho\left[3(1-\nu)\dfrac{d}{a}-5+\nu+2\cos\varphi\times\dfrac{3+(2-\nu)\cos\varphi}{1+\cos\varphi}\right]-6\dfrac{t}{a}\rho_0\left(\dfrac{1+\nu}{1+\cos\varphi}-\cos\varphi\right)\right\}$ $\psi=-\dfrac{ga^2}{Et}\sin\varphi\left[\rho+\dfrac{t}{a}\rho_0(2+\nu)\right]$ $\cos\varphi\leqslant(1-d/a)$： $\delta=\dfrac{-(1+\nu)F}{2\pi Et\sin\varphi}-\dfrac{\rho_0a^2g}{E}\sin\varphi\left(\dfrac{1+\nu}{1+\cos\varphi}-\cos\varphi\right)$ $\psi=-\dfrac{\rho_0ga}{E}(2+\nu)\sin\varphi$

（续）

序号	壳体类型、载荷及边界条件	内　　力	位　　移
5	同 4 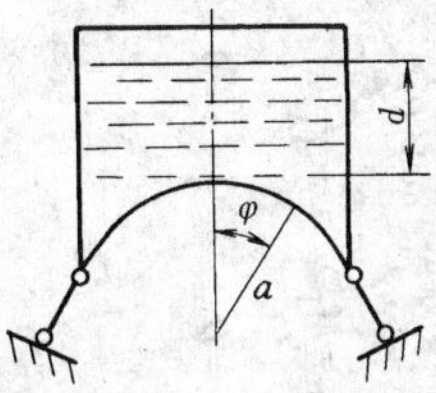 	$N_1=-\frac{ga^2}{6}\left[\rho\left(-1+3\frac{d}{a}-\frac{2\cos^2\varphi}{1+\cos\varphi}\right)+6\rho_0\frac{t}{a}\times\left(\frac{1}{1+\cos\varphi}\right)\right]$ $N_2=-\frac{ga^2}{6}\left[\rho\left(-1+3\frac{d}{a}-\frac{4\cos^2\varphi-6}{1+\cos\varphi}\right)+6\rho_0\frac{t}{a}\left(\cos\varphi-\frac{1}{1+\cos\varphi}\right)\right]$	$\delta=-\frac{ga^3}{6Et}\sin\varphi\left\{\rho\left[3\left(1+\frac{d}{a}\right)(1-\nu)-6\cos\varphi-\frac{2(1+\nu)}{\sin^2\varphi}(\cos^3\varphi-1)\right]-6\rho_0\frac{t}{a}\left(\frac{1+\nu}{1+\cos\varphi}-\cos\varphi\right)\right\}$ $\psi=\frac{ga^2}{Et}\sin\varphi\left[\rho+\rho_0\frac{t}{a}(2+\nu)\right]$
6	圆锥壳，均匀内压 p 或外压（p 取负值），边界切向支撑 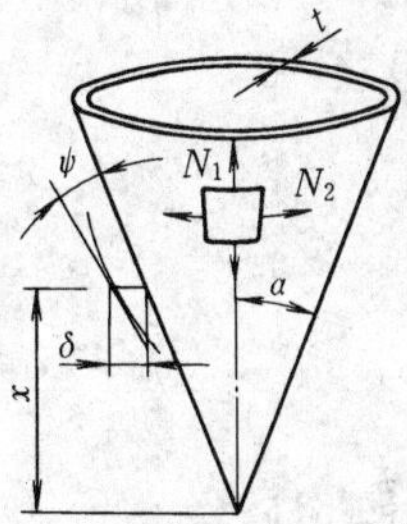 	$N_1=\frac{px\tan\alpha}{2\cos\alpha}$ $N_2=\frac{px\tan\alpha}{\cos\alpha}$	$\delta=\frac{px^2\tan^2\alpha}{Et\cos\alpha}\left(1-\frac{\nu}{2}\right)$ $\psi=\frac{3px\tan^2\alpha}{2Et\cos\alpha}$
7	圆锥壳，装有深 d，密度为 ρ 的液体或松散物料，壳体密度为 ρ_0，边界切向支承 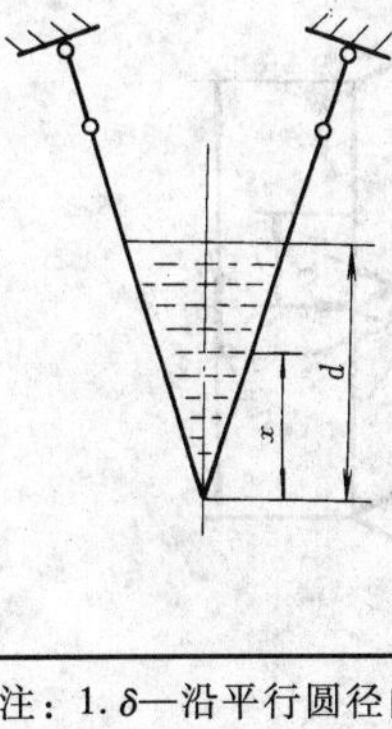 	$x\leqslant d$： $N_1=\frac{gx}{2\cos^2\alpha}\left[\rho\sin\alpha\left(d-\frac{2x}{3}\right)+\rho_0 t\right]$ $N_2=gx\tan^2\alpha\left[\rho\frac{(d-x)}{\sin\alpha}+\rho_0 t\right]$ $x>d$ $N_1=\frac{g}{\cos^2\alpha}\left(\frac{\rho d^3\sin\alpha}{6x}+\frac{\rho_0 xt}{2}\right)$ $N_2=\rho_0 gxt\tan^2\alpha$	$x\leqslant d$： $\delta=\frac{gx^2\tan^2\alpha}{E\cos\alpha}\left\{\frac{\rho}{t}\left[d\left(1-\frac{\nu}{2}\right)-x\left(1-\frac{\nu}{3}\right)\right]+\rho_0\left(\sin\alpha-\frac{\nu}{2\sin\alpha}\right)\right\}$ $\psi=\frac{gx\sin\alpha}{E\cos^3\alpha}\left\{\frac{\rho}{6t}\sin\alpha(9d-16x)+2\rho_0\times\left[\sin^2\alpha\left(1+\frac{\nu}{2}\right)-\frac{1}{4}(1+2\nu)\right]\right\}$ $x\geqslant d$： $\delta=\frac{g\tan^2\alpha}{E\cos\alpha}\left[-\frac{\rho\nu d^3}{6t}+\rho_0 x^2\left(\sin\alpha-\frac{\nu}{2\sin\alpha}\right)\right]$ $\psi=\frac{g\tan\alpha}{E\cos^2\alpha}\left\{-\frac{\rho d^3}{6tx}\sin\alpha+2\rho_0 x\left[\sin^2\alpha\times\left(1+\frac{\nu}{2}\right)-\frac{1}{4}(1+2\nu)\right]\right\}$

注：1. δ—沿平行圆径向位移；ψ—经线切向转角；各位移、内力按图示方向为正；g—重力加速度。

2. 经向正应力 $\sigma_1=\frac{N_1}{t}$；环向正应力 $\sigma_2=\frac{N_2}{t}$。

表 1.4-37　旋转面薄壳的内力与位移（有矩理论解）

序号	载　　荷	位移与内力	特定截面的位移与内力

（1）圆柱壳

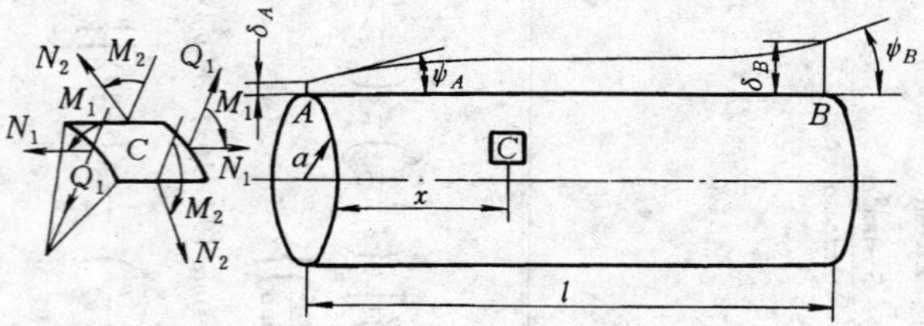

$$\lambda=\left[\frac{3(1-\nu^2)}{a^2t^2}\right]^{\frac{1}{4}}$$

$$D=\frac{Et^3}{12(1-\nu^2)}$$

$\eta_1=e^{-\lambda x}(\sin\lambda x+\cos\lambda x)$

$\eta_2=e^{-\lambda x}\sin\lambda x$

$\eta_3=e^{-\lambda x}(\cos\lambda x-\sin\lambda x)$

$\eta_4=e^{-\lambda x}\cos\lambda x$

$y_1=\cosh\lambda x\cos\lambda x$　　$c_1=y_1(\lambda l)$　　$c_{11}=\sinh^2\lambda l-\sin^2\lambda l$

$y_2=\frac{1}{2}(\cosh\lambda x\sin\lambda x+\sinh\lambda x\cos\lambda x)$　　$c_2=y_2(\lambda l)$　　$c_{12}=\cosh\lambda l\sinh\lambda l+\cos\lambda l\sin\lambda l$

$y_3=\frac{1}{2}\sinh\lambda x\sin\lambda x$　　$c_3=y_3(\lambda l)$　　$c_{13}=\cosh\lambda l\sinh\lambda l-\cos\lambda l\sin\lambda l$

$y_4=\frac{1}{4}(\cosh\lambda x\sin\lambda x-\sinh\lambda x\cos\lambda x)$　　$c_4=y_4(\lambda l)$　　$c_{14}=\sinh^2\lambda l+\sin^2\lambda l$

$\eta_1\sim\eta_4$，$y_1\sim y_4$，$c_1\sim c_4$，$c_{11}\sim c_{14}$的数值查表 1.4-38

序号	载　　荷	位移与内力	特定截面的位移与内力
1	在中截面沿圆周径向均匀分布载荷 q（两端自由） 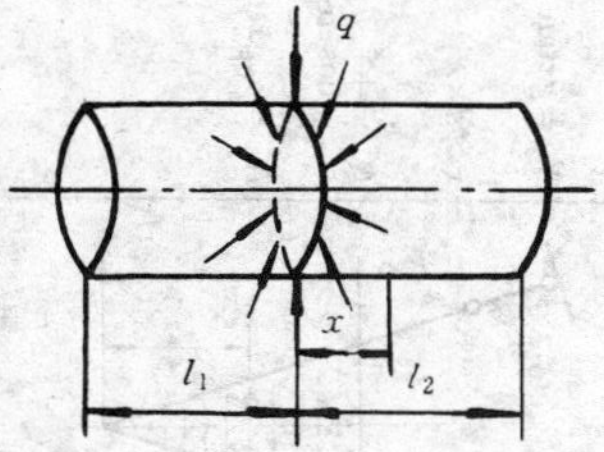 	对于长壳$\left(\begin{matrix}\lambda l_1\\ \lambda l_2\end{matrix}\geqslant 3\right)$的近似解 $\delta=-\frac{q}{8\lambda^3D}\eta_1$，$\psi=\frac{q}{4\lambda^2D}\eta_2$ $N_1=0$，$N_2=\frac{-Et}{8a\lambda^3D}q\eta_1$ $M_1=-\frac{q}{4\lambda}\eta_3$，$M_2=\nu M_1$ $Q_1=\frac{q}{2}\eta_4$，$Q_2=0$	$x=0$： $\delta=\delta_{max}=-\frac{q}{8\lambda^3D}$，$\psi=0$ $N_2=N_{2max}=\frac{-Et}{8a\lambda^3D}q$ $M_1=M_{1max}=-\frac{q}{4\lambda}$ $Q_1=Q_{1max}=\frac{q}{2}$（$x=0$ 偏右截面）

(续)

序号	载　荷	位移与内力	特定截面的位移与内力
2	沿左端周边均匀分布径向力 Q_0 和弯矩 M_0 (右端自由) 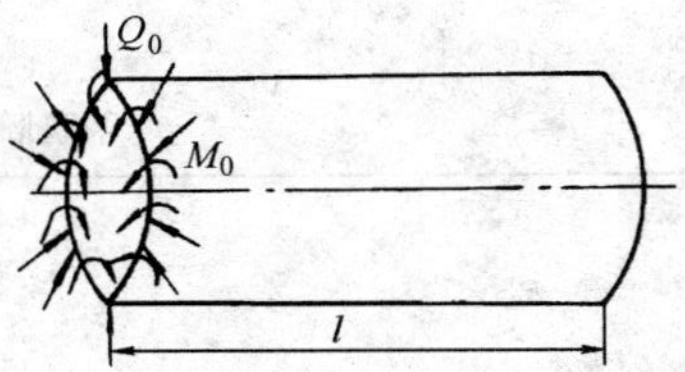 	精确解： $\delta=\delta_A y_1+\frac{\psi_A}{\lambda}y_2-\frac{Q_0}{D\lambda^3}y_4-\frac{M_0}{D\lambda^2}y_3$ $\psi=\psi_A y_1-4\delta_A\lambda y_4-\frac{Q_0}{D\lambda^2}y_3-\frac{M_0}{D\lambda}y_2$ $N_1=0,N_2=\frac{Et}{a}\delta$ $M_1=4D\lambda^2\delta_A y_3+4D\lambda\psi_A y_4+\frac{Q_0}{\lambda}y_2+M_0 y_1,M_2=\nu M_1$ $Q_1=4D\lambda^3\delta_A y_2+4D\lambda^2\psi_A y_3+Q_0 y_1-4\lambda M_0 y_4,Q_2=0$ 对于长壳($\lambda l\geqslant 3$)的近似解： $\delta=\frac{-Q_0}{2\lambda^3 D}\eta_4-\frac{M_0}{2\lambda^2 D}\eta_3,\psi=\frac{Q_0}{2\lambda^2 D}\eta_1+\frac{M_0}{\lambda D}\eta_4$ $N_1=0,N_2=\frac{Et}{a}\delta$ $M_1=\frac{Q_0}{\lambda}\eta_2+M_0\eta_1,M_2=\nu M_1$ $Q_1=Q_0\eta_3-2\lambda M_0\eta_2,Q_2=0$	精确解： $x=0,\delta_A=\delta_{max}=\frac{-Q_0}{2D\lambda^3}\frac{c_{13}}{c_{11}}-\frac{M_0}{2D\lambda^2}\frac{c_{14}}{c_{11}}$ $\psi_A=\psi_{max}=\frac{Q_0}{2D\lambda^2}\frac{c_{14}}{c_{11}}+\frac{M_0}{\lambda D}\frac{c_{12}}{c_{11}}$ $x=l,\delta_B=\frac{Q_0}{2D\lambda^3}\frac{4c_4}{c_{11}}+\frac{M_0}{D\lambda^2}\frac{2c_3}{c_{11}}$ $\psi_B=\frac{Q_0}{2D\lambda^2}\frac{4c_3}{c_{11}}+\frac{M_0}{D\lambda^2}\frac{2c_2}{c_{11}}$ 对于长壳($\lambda l\geqslant 3$)的近似解： $x=0,\delta_A=\delta_{max}=\frac{-Q_0}{2\lambda^3 D}-\frac{M_0}{2D\lambda^2}$ $\psi_A=\psi_{max}=\frac{Q_0}{2\lambda^2 D}+\frac{M_0}{\lambda D}$ $N_{2A}=N_{2max}=\frac{-Et}{2a\lambda^3 D}Q_0-\frac{EtM_0 c_{14}}{2aD\lambda^2 c_{11}}$ $M_{1A}=M_{1max}=M_0,M_{2A}=M_{2max}=\nu M_0$ $Q_{1A}=Q_{1max}=Q_0$

(2)球壳

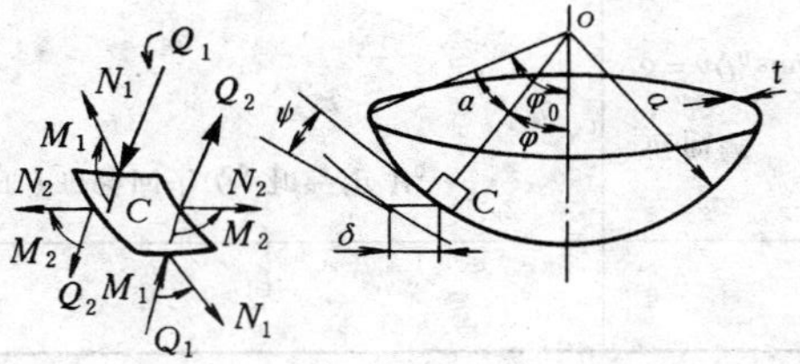

$$m=\left[\frac{3(1-\nu^2)a^2}{t^2}\right]^{\frac{1}{4}},D=\frac{Et^3}{12(1-\nu^2)}$$

$\eta_1,\eta_2,\eta_3,\eta_4$ 与圆柱壳同，但要以 $m\alpha$ 代替 λx

（续）

序号	载　荷	位移与内力	特定截面的位移与内力
3	沿边缘均匀分布径向力 Q_0 和弯矩 M_0 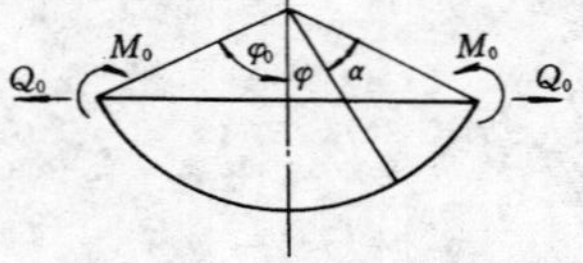 	近似解 $\delta = aQ_0\sin\varphi\ \sin\varphi_0(2m\eta_4 - \nu\eta_3\cot\varphi)\dfrac{1}{Et} -$ $2mM_0\sin\varphi(m\eta_3 + \nu\eta_2\cot\varphi)\dfrac{1}{Et}$ $\psi = \dfrac{2m^4}{Et}Q_0\eta_1\sin\varphi_0 - \dfrac{4m^3M_0}{Eta}\eta_4$ $N_1 = \cot\varphi\left(\eta_3Q_0\sin\varphi_0 + \dfrac{2mM_0}{a}\eta_2\right)$ $N_2 = 2Q_0m\eta_4\sin\varphi_0 - \dfrac{2m^2M_0}{a}\eta_3$ $M_1 = -\dfrac{aQ_0}{m}\eta_2\sin\varphi_0 + \eta_1M_0, M_2 = \nu M_1$ $Q_1 = Q_0\eta_3\sin\varphi_0 + 2M_0\dfrac{m}{a}\eta_2, Q_2 = 0$	在 $\alpha = 0$ 处： $\delta = \dfrac{aQ_0\sin\varphi_0}{Et}(2m\sin\varphi_0 - \nu\cos\varphi_0) - \dfrac{2m^2M_0}{Et}\sin\varphi_0$ $\psi = \dfrac{2m^4Q_0}{Et}\sin\varphi_0 - \dfrac{4m^3}{Eta}M_0$ $N_1 = Q_0\cos\varphi_0$ $N_2 = 2Q_0m\sin\varphi_0 - \dfrac{2m^2M_0}{a}$ $Q_1 = Q_0\sin\varphi_0, Q_2 = 0$ $M_1 = M_0, M_2 = \nu M_1$

（3）圆锥壳

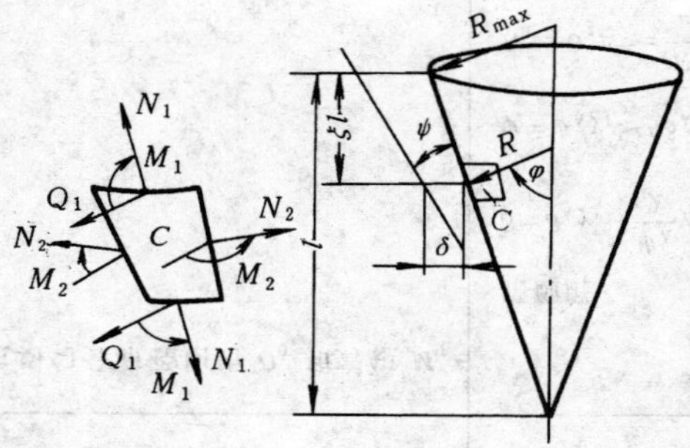

$$k = l\frac{\sqrt[4]{3(1-\nu^2)}}{\sqrt{R_{max}t\sin\varphi}}, D = \frac{Et^3}{12(1-\nu^2)}$$

$\eta_1, \eta_2, \eta_3, \eta_4$ 与圆柱壳同，但要以 $k\xi$ 代替 λx

（续）

序号	载　荷	位移与内力	特定截面的位移与内力
4	沿边缘均匀分布径向力 Q_0 和弯矩 M_0 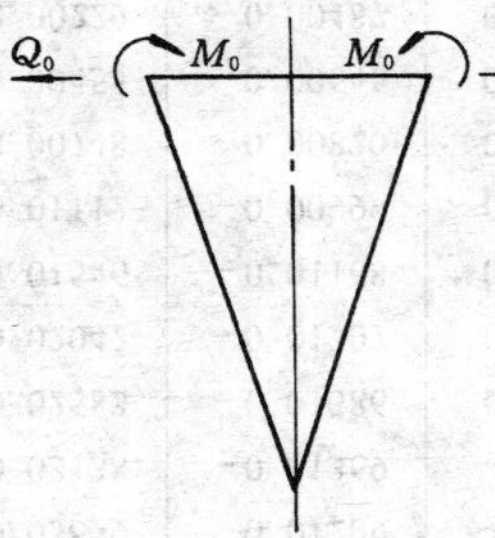 	近似解 $\delta=\frac{l^3Q_0}{2Dk^3\sin\varphi}\left(\eta_4-\frac{\nu l\cot\varphi}{2kR\sin\varphi}\eta_3\right)-\frac{l^2M_0}{2Dk^2\sin\varphi}\left(\eta_3+\frac{\nu\cos\varphi}{Rk\sin^2\varphi}\eta_2\right)$ $\psi=\frac{l^2Q_0}{2Dk^2\sin\varphi}\eta_1-\frac{lM_0}{Dk\sin\varphi}\eta_4$ $N_1=-Q_0\eta_3\cos\varphi-\frac{2kM_0}{l}\eta_2\cos\varphi,$ $N_2=-\frac{2kQ_0R\sin^2\varphi}{l}\eta_4+\frac{2M_0Rk^2\sin^2\varphi}{l^2}\eta_3$ $M_1=\frac{l}{k}Q_0\eta_2-M_0\eta_1$ $M_2=\frac{l^2Q_0\cot\varphi}{2Rk^2\sin\varphi}\eta_1-\frac{l\cot\varphi}{Rk\sin\varphi}M_0\eta_4+\nu M_1$ $Q_1=-Q_0\eta_3\sin\varphi-\frac{2k\sin\varphi}{l}M_0\eta_2,Q_2=0$	$\xi=0$ $\delta=\frac{l^3Q_0}{2Dk^3\sin\varphi}\left(1-\frac{\nu l\cot\varphi}{2Rk\sin\varphi}\right)-\frac{l^2}{2Dk^2\sin\varphi}M_0$ $\psi=\frac{l^2Q_0}{2Dk^2\sin\varphi}-\frac{l}{Dk\sin\varphi}M_0$

注：1. δ、ψ 同表 1.4-36，各位移、内力按图示方向为正；t—壳厚。

2. 壳外、里面径向正应力 $\sigma_1=N_1/t\pm6M_1/t^2$；环向正应力 $\sigma_2=N_2/t\pm6M_2/t^2$。

表 1.4-38　函数 $\eta_1\sim\eta_4$，$y_1\sim y_4$ 和 $c_{11}\sim c_{14}$ 的数值

λx	η_1	η_2	η_3	η_4	y_1	y_2	y_3	y_4	c_{11}	c_{12}	c_{13}	c_{14}
0.00	1.0000	0.0000	1.0000	1.0000	1.00000	0.00000	0.00000	0.00000	0.00000	0.00000	0.00000	0.00000
0.10	0.9907	0.0903	0.8100	0.9003	0.99998	0.10000	0.00500	0.00017	0.00007	0.20000	0.00133	0.02000
0.20	0.9651	0.1627	0.6398	0.8024	0.99973	0.19990	0.02000	0.00133	0.00107	0.40009	0.01067	0.08001
0.30	0.9267	0.2189	0.4888	0.7077	0.99865	0.29992	0.04500	0.00450	0.00540	0.60065	0.03601	0.18006
0.40	0.8784	0.2610	0.3564	0.6174	0.99573	0.39966	0.07998	0.01067	0.01707	0.80273	0.08538	0.32036
0.50	0.8231	0.2908	0.2415	0.5323	0.98958	0.49896	0.12491	0.02083	0.04169	1.00834	0.16687	0.50139
0.60	0.7628	0.3099	0.1431	0.4530	0.97841	0.59741	0.17974	0.03598	0.08651	1.22075	0.28871	0.72415
0.70	0.6997	0.3199	0.0599	0.3708	0.96001	0.69440	0.24435	0.05710	0.16043	1.44488	0.45943	0.99047
0.80	0.6354	0.3223	-0.0093	0.3131	0.93180	0.78908	0.31854	0.08517	0.27413	1.68757	0.68800	1.30333
0.90	0.5712	0.3185	-0.0657	0.2527	0.89082	0.88033	0.40205	0.12112	0.44014	1.95801	0.98416	1.66734
1.00	0.5083	0.3096	-0.1108	0.1988	0.83373	0.96671	0.49445	0.16587	0.67302	2.26808	1.35878	2.08917
1.10	0.4476	0.2967	-0.1457	0.1510	0.75683	1.04642	0.59517	0.22029	0.98970	2.63280	1.82430	2.57820
1.20	0.3899	0.2807	-0.1716	0.1091	0.65611	1.11728	0.70344	0.28516	1.40978	3.07085	2.39538	3.14717
1.30	0.3355	0.2626	-0.1897	0.0729	0.52722	1.17670	0.81825	0.36119	1.95606	3.60512	3.08962	3.81295
1.40	0.2849	0.2430	-0.2011	0.0419	0.36558	1.22164	0.93830	0.44898	2.65525	4.26345	3.92847	4.59748

（续）

λx	η_1	η_2	η_3	η_4	y_1	y_2	y_3	y_4	c_{11}	c_{12}	c_{13}	c_{14}
1. 50	0. 2384	0. 2226	−0. 2063	0. 0158	0. 16640	1. 24857	1. 06197	0. 54897	3. 53884	5. 07950	4. 93838	5. 52883
1. 60	0. 1959	0. 2018	−0. 2077	−0. 0059	−0. 07526	1. 25350	1. 18728	0. 66143	4. 64418	6. 09376	6. 15213	6. 64247
1. 70	0. 1576	0. 1812	−0. 2047	−0. 0235	−0. 36441	1. 23193	1. 31179	0. 78640	6. 01597	7. 35491	7. 61045	7. 98277
1. 80	0. 1234	0. 1610	−0. 1985	−0. 0376	−0. 70602	1. 17887	1. 43261	0. 92267	7. 70801	8. 92147	9. 36399	9. 60477
1. 90	0. 0932	0. 1415	−0. 1899	−0. 0484	−1. 10492	1. 08882	1. 54633	1. 07269	9. 78541	10. 86378	11. 47563	11. 57637
2. 00	0. 0667	0. 1231	−0. 1794	−0. 0563	−1. 56563	0. 95582	1. 64895	1. 23257	12. 32730	13. 26656	14. 02336	13. 98094
2. 10	0. 0439	0. 1057	−0. 1675	−0. 0618	−2. 09224	0. 77350	1. 73585	1. 40196	15. 43020	16. 23205	17. 10362	16. 92046
2. 20	0. 0244	0. 0896	−0. 1548	−0. 0652	−2. 68822	0. 53506	1. 80178	1. 57904	19. 21212	19. 88385	20. 83545	20. 51946
2. 30	0. 0080	0. 0748	−0. 1416	−0. 0668	−3. 35618	0. 23345	1. 84076	1. 76142	23. 81752	24. 37172	25. 36541	24. 92967
2. 40	−0. 0056	0. 0613	−0. 1282	−0. 0669	−4. 09766	−0. 13862	1. 84612	1. 94607	29. 42341	29. 87747	30. 87363	30. 33592
2. 50	−0. 0166	0. 0491	−0. 1149	−0. 0658	−4. 91284	−0. 58854	1. 81044	2. 12927	36. 24681	36. 62215	37. 58107	36. 96315
2. 60	−0. 0254	0. 0383	−0. 1019	−0. 0636	−5. 80028	−1. 12360	1. 72557	2. 30652	44. 55370	44. 87496	45. 75841	45. 08519
2. 70	−0. 0320	0. 0287	−0. 0895	−0. 0608	−6. 75655	−1. 75089	1. 58264	2. 47245	54. 67008	54. 96410	55. 73686	55. 03539
2. 80	−0. 0369	0. 0204	−0. 0777	−0. 0573	−7. 77591	−2. 47702	1. 37210	2. 62079	66. 99532	67. 29005	67. 92132	67. 21975
2. 90	−0. 0403	0. 0132	−0. 0666	−0. 0534	−8. 84988	−3. 30790	1. 08375	2. 74428	82. 01842	82. 34184	82. 80645	82. 13290
3. 00	−0. 04226	0. 00703	−0. 05632	−0. 04929	−9. 96691	−4. 24844	0. 70686	2. 83459	100. 3379	100. 7169	100. 9963	100. 3778
3. 20	−0. 04307	−0. 00238	−0. 03831	−0. 04069	−12. 26569	−6. 47111	−0. 35742	2. 87694	149. 9583	150. 5191	150. 4026	149. 9651
3. 40	−0. 04079	−0. 00853	−0. 02374	−0. 03227	−14. 50075	−9. 15064	−1. 91213	2. 65892	223. 8968	224. 7086	224. 2145	224. 0274
3. 60	−0. 03659	−0. 01209	−0. 01241	−0. 02450	−16. 42214	−12. 25071	−4. 04584	2. 07346	334. 1621	335. 2544	334. 4607	334. 5538
3. 80	−0. 03138	−0. 01369	−0. 00401	−0. 01770	−17. 68744	−15. 67599	−6. 83427	0. 99688	498. 6748	500. 0329	499. 0649	499. 4235
4. 00	−0. 02583	−0. 01386	0. 00189	−0. 01197	−17. 84985	−19. 25241	−10. 32654	−0. 70726	744. 1669	745. 7342	744. 7448	745. 3124
4. 20	−0. 02042	−0. 01307	0. 00572	−0. 00735	−16. 35052	−22. 70540	−14. 52728	−3. 18111	1110. 507	1112. 194	1111. 340	1112. 027
4. 40	−0. 01546	−0. 01168	0. 00791	−0. 00377	−12. 51815	−25. 63731	−19. 37428	−6. 56147	1657. 156	1658. 854	1658. 269	1658. 967
4. 60	−0. 01112	−0. 00999	0. 00886	−0. 00113	−5. 57927	−27. 50574	−24. 71167	−10. 96380	2472. 795	2474. 394	2474. 171	2474. 770
4. 80	−0. 00748	−0. 00820	0. 00892	0. 00072	5. 31638	−27. 60531	−30. 25904	−16. 46049	3689. 703	3691. 109	3691. 283	3691. 688
5. 00	−0. 00455	−0. 00646	0. 00837	0. 00191	21. 05056	−25. 05654	−35. 57763	−23. 05259	5505. 198	5506. 345	5506. 889	5507. 037
5. 20	−0. 00229	−0. 00487	0. 00746	0. 00259	42. 46583	−18. 80605	−40. 03523	−30. 63465	8213. 627	8214. 493	8215. 321	8215. 188
5. 40	−0. 00063	−0. 00349	0. 00636	0. 00287	70. 26397	−7. 64407	−42. 77288	−38. 95259	12254. 10	12254. 71	12255. 69	12255. 30
5. 60	0. 00053	−0. 00232	0. 00520	0. 00287	104. 8682	9. 75428	−42. 67721	−47. 55552	18281. 71	18282. 12	18283. 10	18282. 51
5. 80	0. 00127	−0. 00141	0. 00409	0. 00268	146. 2447	34. 75618	−38. 36412	−55. 74292	27273. 74	27274. 04	27274. 86	27274. 17
6. 00	0. 00169	−0. 00069	0. 00307	0. 00238	193. 6814	68. 55825	−28. 18089	−62. 51036	40688. 12	40688. 43	40688. 97	40688. 28

注：对球壳以 $m\alpha$ 代替 λx；对圆锥壳以 $k\xi$ 代替 λx。

表1.4-39　组合壳体连接处的弯曲内力及壳体应力

<table>
<tr><th>壳 体 与 载 荷</th><th>连接处的弯曲内力及壳体应力</th></tr>
<tr><td>

（1）受内压 p 或外压 $-p$ 的具有平底的长圆柱壳（$\lambda l>3$）

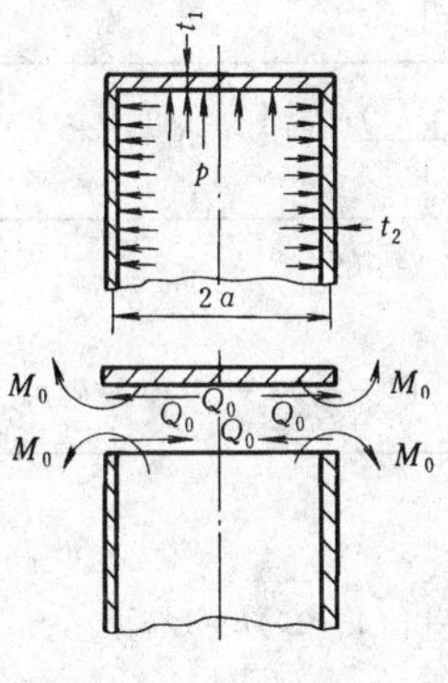

</td><td>

$$M_0=\frac{\dfrac{pa^3\lambda^2D_2}{4D_1(1+\nu)}+\dfrac{2pa^2\lambda^3t_1D_2}{t_2\left(1-\dfrac{\nu}{2}\right)[Et_1+2aD_2\lambda^3(1-\nu)]}}{2\lambda+\dfrac{2a\lambda^2D_2}{D_1(1+\nu)}-\dfrac{\lambda Et_1}{Et_1+2D_2\lambda^3a(1-\nu)}}$$

$$Q_0=M_0\left[2\lambda+\frac{2a\lambda^2D_2}{D_1(1+\nu)}\right]-\frac{pa^3\lambda^2D_2}{4D_1(1+\nu)}$$

$$D_1=\frac{Et_1^3}{12(1-\nu^2)},\ D_2=\frac{Et_2^3}{12(1-\nu^2)},$$

$$\lambda=\left[\frac{3(1-\nu^2)}{a^2t_2^2}\right]^{\frac{1}{4}}$$

柱壳的应力按表1.4-36No1及表1.4-37No2相应内力所引起的应力叠加求得

底板的应力由 p，M_0 产生的弯曲应力和 Q_0 产生的薄膜应力叠加

</td></tr>
<tr><td>

（2）受均匀内压 p（或外压 $-p$）具有半球形壳底的长圆柱壳（$\lambda l\geqslant3$）

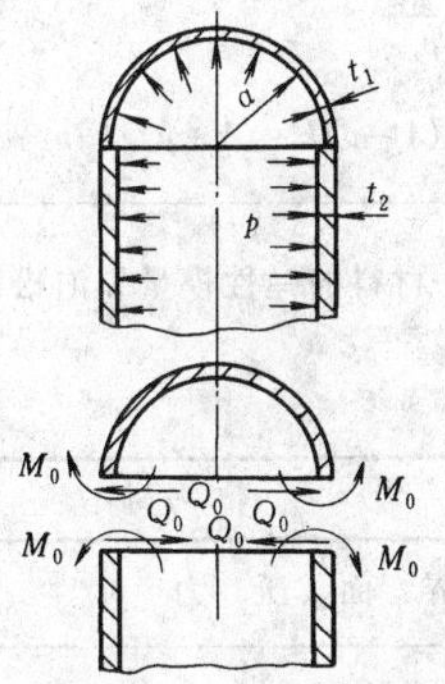

</td><td>

$$M_0=\frac{pat_1}{4\sqrt{3(1-\nu^2)}}\times\frac{[c(2-\nu)-(1-\nu)](1-c^2)}{(1-c^2)^2-2(1+c^{2.5})(1+c^{1.5})}$$

$$Q_0=2M_0\lambda_1\left(\frac{c^{2.5}+1}{c^2-1}\right)$$

$$c=\frac{t_1}{t_2},\ \lambda_1=\left[\frac{3(1-\nu^2)}{a^2t_1^2}\right]^{\frac{1}{4}}$$

当 $c=1$、$M_0=0$，$Q_0=\dfrac{p}{8\lambda_1}$

当 $c=\dfrac{1-\nu}{2-\nu}$，$M_0=0\quad Q_0=0$

圆柱壳的应力按表1.4-36No1及表1.4-37No2相应内力引起的应力叠加求得

球壳的应力，按表1.4-36No3及表1.4-37No3相应内力引起的应力叠加求得

</td></tr>
<tr><td>

（3）装有密度为 ρ 液体的平底长圆柱壳（$\lambda H\geqslant3$），底面固定

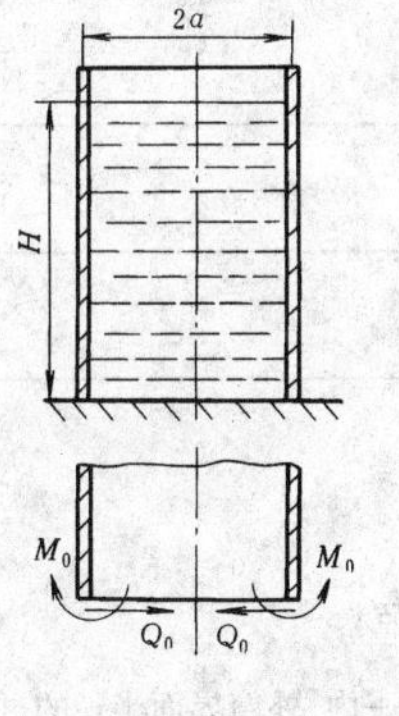

</td><td>

$$M_0=\frac{-\rho gatH}{\sqrt{12(1-\nu^2)}}\left(1-\frac{1}{\lambda H}\right)$$

$$Q_0=\frac{\rho gat}{\sqrt{12(1-\nu^2)}}(2\lambda H-1)$$

$$\lambda=\left[\frac{3(1-\nu^2)}{a^2t^2}\right]^{\frac{1}{4}}$$

圆柱壳的应力按表1.4-36No2及表1.4-37No2相应内力所引起的应力叠加求得

</td></tr>
</table>

10　厚壳的应力、位移计算公式和强度设计公式(见表 1.4-40 ~ 表 1.4-43)

表 1.4-40　在均匀内、外压单独作用下,厚壁圆筒的应力计算式

应力分量	端部条件	内压作用	外压作用
径向应力 σ_r	任意	$\dfrac{\sigma_r}{p_i}=-\dfrac{(K^2/k^2-1)}{K^2-1}$	$\dfrac{\sigma_r}{p_o}=-\dfrac{(K^2-K^2/k^2)}{K^2-1}$
周向应力 σ_θ	任意	$\dfrac{\sigma_\theta}{p_i}=\dfrac{K^2/k^2+1}{K^2-1}$	$\dfrac{\sigma_\theta}{p_o}=-\dfrac{(K^2+K^2/k^2)}{K^2-1}$
轴向应力 σ_z 和径向位移 u	两端封闭	$\dfrac{\sigma_z}{p_i}=\dfrac{1}{K^2-1}$ $\dfrac{u}{R_i}=\dfrac{[(1-2\nu)k+(1+\nu)K^2/k]}{E(K^2-1)}p_i$	$\dfrac{\sigma_z}{p_o}=-\dfrac{K^2}{K^2-1}$ $\dfrac{u}{R_i}=\dfrac{-K^2}{E(K^2-1)}[(1-2\nu)k+(1+\nu)/k]p_o$
	平面应变	$\dfrac{\sigma_z}{p_i}=\dfrac{2\nu}{K^2-1}$ $\dfrac{u}{R_i}=\dfrac{(1+\nu)}{E(K^2-1)}[(1-2\nu)k+K^2/k]p_i$	$\dfrac{\sigma_z}{p_o}=-\dfrac{2\nu K^2}{K^2-1}$ $\dfrac{u}{R_i}=\dfrac{-(1+\nu)K^2}{E(K^2-1)}[(1-2\nu)k+1/k]p_o$
	两端开口	$\dfrac{\sigma_z}{p_i}=0$ $\dfrac{u}{R_i}=\dfrac{1}{E(K^2-1)}[(1-\nu)k+(1+\nu)K^2/k]p_i$	$\dfrac{\sigma_z}{p_o}=0$ $\dfrac{u}{R_i}=\dfrac{-K^2}{E(K^2-1)}[(1-\nu)k+(1+\nu)/k]p_o$
	广义平面应变 ($\varepsilon_z=\varepsilon_0=$常数)	$\dfrac{\sigma_z}{p_i}=\dfrac{2\nu}{K^2-1}+\dfrac{E\varepsilon_0}{p_i}$ $\dfrac{u}{R_i}=\dfrac{1}{E(K^2-1)}[(1-\nu)k+(1+\nu)K^2/k]p_i-\dfrac{\nu\sigma_z}{E}k$	$\dfrac{\sigma_z}{p_o}=-\dfrac{2\nu K^2}{K^2-1}+\dfrac{E\varepsilon_0}{p_o}$ $\dfrac{u}{R_i}=\dfrac{-K^2}{E(K^2-1)}[(1-\nu)k+(1+\nu)/k]p_o-\dfrac{\nu\sigma_z}{E}k$
说明	p_i—内压;p_o—外压;$K=\dfrac{R_o}{R_i}$;$k=\dfrac{r}{R_i}$;r—所求点半径;R_i—内半径;R_o—外半径;E、ν—材料的弹性模量和泊松比;ε_0 由轴向的合力条件 $\int_A\sigma_z\mathrm{d}A=T$(给定)确定($A$ 为横截面面积)		

表 1.4-41　双层组合圆筒的界面压力 P_f

内外筒的厚薄程度	引起界面压力的原因	界面压力 p_f
内外筒均为厚壁	过盈配合	$p_{f\delta}=\dfrac{E_i\delta}{AR_f}$
	均匀内压 p_i	$p_{fi}=\dfrac{p_i}{A}\left(\dfrac{2}{K_i^2-1}\right)$
内筒薄壁外筒厚壁	过盈配合	$p_{f\delta}=\dfrac{E_i}{B}\dfrac{s_i\delta}{R_f^2}$
	均匀内压 p_i	$p_{fi}=\dfrac{1}{B}p_i$
内,外筒均为薄壁	过盈配合	$p_{f\delta}=\dfrac{E_i}{C}\dfrac{s_i\delta}{R_f^2}$
	均匀内压 p_i	$p_{fi}=\dfrac{1}{C}p_i$
说明	$A=\dfrac{K_i^2+1}{K_i^2-1}+\dfrac{E_i}{E_o}\left(\dfrac{K_o^2+1}{K_o^2-1}\right)+\dfrac{E_i}{E_o}\nu_o-\nu_i$;$B=1+\dfrac{E_is_i}{E_oR_i}\left[\dfrac{K_o^2+1}{K_o^2-1}+\nu_o\right]$; $C=\dfrac{E_os_o+E_is_i}{E_os_o}$;$K_o=\dfrac{R_o}{R_f}$;$K_i=\dfrac{R_f}{R_i}$;$R_i$—内筒内半径;$R_f$—界面半径;$R_o$—外筒外半径; s_i、s_o—内外筒壁厚;E_i、E_o—内、外筒材料的弹性模量;ν_i、ν_o—内、外筒材料的泊松比,δ—内、外筒界面半径的过盈量	

表1.4-42 厚壁球壳的应力和位移计算式

载荷	应力计算式	径向位移计算式
均匀内压 p_i	$\frac{\sigma_r}{p_i}=-\frac{1}{K^3-1}(1/k'^3-1)$ $\frac{\sigma_\theta}{p_i}=\frac{1}{K^3-1}(1/2k'^3+1)$	$\frac{u}{R_o}=\frac{k'p_i}{E(K^3-1)}\left[(1-2\nu)+\frac{(1+\nu)}{2k'^3}\right]$
均匀外压 p_o	$\frac{\sigma_r}{p_o}=-\frac{K^3}{K^3-1}\left(1-\frac{1}{k^3}\right)$ $\frac{\sigma_\theta}{p_o}=-\frac{K^3}{K^3-1}\left(1+\frac{1}{2k^3}\right)$	$\frac{u}{R_o}=-\frac{kK^3p_o}{E(K^3-1)}\left[(1-2\nu)+\frac{(1+\nu)}{2k^3}\right]$
说明	R_i、R_o—球壳内、外半径；r—任一点半径；$K=\frac{R_o}{R_i}$；$k=\frac{r}{R_i}$；$k'=\frac{r}{R_o}$；E—弹性模量；ν—泊松比	

表1.4-43 在均匀内压作用下，厚壁圆筒和球壳的强度设计公式

壳体	导出条件	许用压力〔p〕	许用外、内径比〔K〕	计算壁厚s′(不包括附加量)	适用范围
厚壁圆筒	第一强度理论	$\frac{K^2-1}{K^2+1}\varphi[\sigma]$	$\sqrt{\frac{\varphi[\sigma]+p}{\varphi[\sigma]-p}}$	$\left(\sqrt{\frac{\varphi[\sigma]+p}{\varphi[\sigma]-p}}-1\right)R_i$	脆性材料
	第三强度理论	$\frac{K^2-1}{2K^2}\varphi[\sigma]$	$\sqrt{\frac{\varphi[\sigma]}{\varphi[\sigma]-2p}}$	$\left(\sqrt{\frac{\varphi[\sigma]}{\varphi[\sigma]-2p}}-1\right)R_i$	屈强比较高的高强钢
	第四强度理论	$\frac{K^2-1}{\sqrt{3}K^2}\varphi[\sigma]$	$\sqrt{\frac{\varphi[\sigma]}{\varphi[\sigma]-\sqrt{3}p}}$	$\left(\sqrt{\frac{\varphi[\sigma]}{\varphi[\sigma]-\sqrt{3}p}}-1\right)R_i$	一般塑性材料
	中径公式(按薄壁容器)	$\frac{2(K-1)}{K+1}\varphi[\sigma]$	$\frac{2\varphi[\sigma]+p}{2\varphi[\sigma]-p}$	$\frac{2p}{2\varphi[\sigma]-p}R_i$	各种材料
厚壁球壳	第一强度理论	$\frac{2(K^3-1)}{K^3+2}\varphi[\sigma]$	$\sqrt[3]{\frac{p+\varphi[\sigma]}{\varphi[\sigma]-0.5p}}$	$\left(\sqrt[3]{\frac{p+\varphi[\sigma]}{\varphi[\sigma]-0.5p}}-1\right)R_i$	脆性材料
	第三、第四强度理论	$\frac{2(K^3-1)}{3K^3}\varphi[\sigma]$	$\sqrt[3]{\frac{\varphi[\sigma]}{\varphi[\sigma]-1.5p}}$	$\left(\sqrt[3]{\frac{\varphi[\sigma]}{\varphi[\sigma]-1.5p}}-1\right)R_i$	塑性材料
	按薄壁球壳的中径公式	$\frac{4(K-1)}{(K+1)}\varphi[\sigma]$	$\frac{4\varphi[\sigma]+p}{4\varphi[\sigma]-p}$	$\frac{2pR_i}{4\varphi[\sigma]-p}$	各种材料
说明	R_i、R_o—壳体内外半径；$K=R_o/R_i$；p—内压；$[\sigma]$—材料的设计温度下的许用应力；φ—焊缝系数，查有关设计规范				

11 旋转圆筒和旋转圆盘的应力和位移计算公式(见表1.4-44~表1.4-45)

表1.4-44 旋转长圆筒，圆轴的应力和位移计算公式

计算量＼筒体	空心	实心
周向应力 σ_θ	$\frac{\sigma_\theta}{q}=1+\frac{1}{K^2}\left(1+\frac{1}{k'^2}\right)-Hk'^2$	$\frac{\sigma_\theta}{q}=1-Hk'^2$

（续）

计算量＼筒体	空　　心	实　　心
周向应力 σ_θ	在内壁$\left(k'=\frac{1}{K}\right)$有最大值 $\left(\frac{\sigma_\theta}{q}\right)_{max}=2+\frac{1}{K^2}(1-H)$ $K\to\infty\left(\frac{\sigma_\theta}{q}\right)_{max}=2$ $K\to 1\left(\frac{\sigma_\theta}{q}\right)_{max}\overset{\nu=0.3}{=\!=\!=}2.33$	在 $k'=0$ 处有最大值 $\left(\frac{\sigma_\theta}{q}\right)_{max}=1$
径向应力 σ_r	$\frac{\sigma_r}{q}=1+\frac{1}{K^2}\left(1-\frac{1}{k'^2}\right)-k'^2$ 在 $k'=\sqrt{\frac{1}{K}}$ 处有最大值 $\left(\frac{\sigma_r}{q}\right)_{max}=\left(1-\frac{1}{K}\right)^2$	$\frac{\sigma_r}{q}=1-k'^2$ 在 $k'=0$ 处有最大值 $\left(\frac{\sigma_r}{q}\right)_{max}=1$
轴向应力 σ_z	$\frac{\sigma_z}{q}=\begin{cases}\frac{2\nu}{3-2\nu}\left[1+\frac{1}{K^2}-2k'^2\right]\left(\text{两端无轴力}\right)\\2\nu\left(1+\frac{1}{K^2}-\frac{2}{3-2\nu}k'^2\right)\left(\text{平面应变}\right)\end{cases}$ 在 $k'=1/K$ 处，σ_z/q 最大	$\frac{\sigma_z}{q}=\begin{cases}\frac{2\nu}{3-2\nu}\left[1-2k'^2\right]\left(\text{两端无轴力}\right)\\2\nu\left(1-\frac{2}{3-2\nu}k'^2\right)\left(\text{平面应变}\right)\end{cases}$
径向位移 u	$\frac{u}{R_o}=\begin{cases}(1+\nu)\frac{q}{E}k'\left[\frac{(3-5\nu)}{(1+\nu)(3-2\nu)}\left(\frac{1}{K^2}+1\right)+\frac{1}{K^2k'^2}-\frac{(1-2\nu)}{(3-2\nu)}k'^2\right]\left(\text{两端无轴力}\right)\\(1+\nu)\frac{q}{E}k'\left[(1-2\nu)\left(\frac{1}{K^2}+1\right)+\frac{1}{K^2k'^2}-\frac{(1-2\nu)}{(3-2\nu)}k'^2\right]\left(\text{平面应变}\right)\end{cases}$	$\frac{u}{R_o}=\begin{cases}\frac{(1+\nu)}{3-2\nu}\frac{q}{E}k'\left[\frac{3-5\nu}{1+\nu}-(1-2\nu)k'^2\right]\left(\text{两端无轴力}\right)\\(1+\nu)(1-2\nu)\frac{q}{E}k'\left[1-\frac{1}{(3-2\nu)}k'^2\right]\left(\text{平面应变}\right)\end{cases}$
说　明	$K=\frac{R_o}{R_i}$；$k'=\frac{r}{R_o}$；R_i、R_o——筒体内、外半径；r——所求点半径；$q=\frac{3-2\nu}{8(1-\nu)}\rho\omega^2R_o^2$； $H=\frac{1+2\nu}{3-2\nu}\overset{\nu=0.3}{=\!=\!=}0.667$；$\omega$——角速度；$\rho$、$\nu$——材料的密度和泊松比。	

表 1.4-45　等厚旋转圆盘的应力和位移计算式

载　荷	径向应力 σ_r、环向应力 σ_θ 和径向位移 u 的计算式	
	空心圆盘	实心圆盘
匀速 ω 转动	$\frac{\sigma_r}{q}=\left[1+\frac{1}{K^2}\left(1-\frac{1}{k'^2}\right)-k'^2\right]$ $\frac{\sigma_\theta}{q}=\left[1+\frac{1}{K^2}\left(1+\frac{1}{k'^2}\right)-\frac{(1+3\nu)}{(3+\nu)}k'^2\right]$ $\frac{u}{r}=\frac{q}{E}\left[(1-\nu)\frac{(K^2+1)}{K^2}+(1+\nu)\frac{1}{K^2k'^2}-\frac{(1-\nu^2)}{(3+\nu)}k'^2\right]k'$	$\frac{\sigma_r}{q}=(1-k'^2)$ $\frac{\sigma_\theta}{q}=\left(1-\frac{1+3\nu}{3+\nu}k'^2\right)$ $\frac{u}{r}=\frac{q}{E}\left[(1-\nu)-\frac{(1-\nu^2)}{(3+\nu)}k'^2\right]k'$
说　明	$K=\frac{R_o}{R_i}$；$k=\frac{r}{R_i}$；$k'=\frac{r}{R_o}$；R_i，R_o——内、外半径；r——所求点半径；$q=\frac{(3+\nu)\rho\omega^2R_o^2}{8}$；$\nu$——材料的泊松比；$\rho$——材料的密度；$\sigma_r$、$\sigma_\theta$——径向与周向应力；$u$——径向位移。	

12 接触问题的应力、位移计算公式和强度计算（见表1.4-46～表1.4-50）

12.1 接触面上的应力和位移的计算公式

表1.4-46 弹性体接触面尺寸，接触应力和相对位移的计算式

序号	接触类型	椭圆方程系数 A	椭圆方程系数 B	接触面尺寸	最大应力 σ_{max}	接触相对位移 δ
1	球与平面 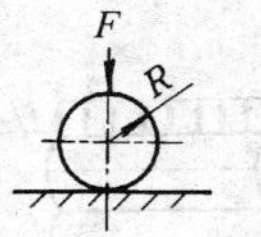	$\frac{1}{2R}$	$\frac{1}{2R}$	$a=b=0.909\sqrt[3]{FR\left(\frac{1-\nu_1^2}{E_1}+\frac{1-\nu_2^2}{E_2}\right)}$ 若 $E_1=E_2=E,\nu_1=\nu_2=0.3$，则 $a=b=1.109\sqrt[3]{\frac{FR}{E}}$	$0.578\sqrt[3]{\frac{F}{R^2\left(\frac{1-\nu_1^2}{E_1}+\frac{1-\nu_2^2}{E_2}\right)^2}}$ 若 $E_1=E_2=E,\nu_1=\nu_2=0.3$，则 $0.388\sqrt[3]{\frac{FE^2}{R^2}}$	$0.826\sqrt[3]{\frac{F^2}{R}\left(\frac{1-\nu_1^2}{E_1}+\frac{1-\nu_2^2}{E_2}\right)^2}$ 若 $E_1=E_2=E,\nu_1=\nu_2=0.3$，则 $1.231\sqrt[3]{\left(\frac{F}{E}\right)^2\frac{1}{R}}$
2	球与球 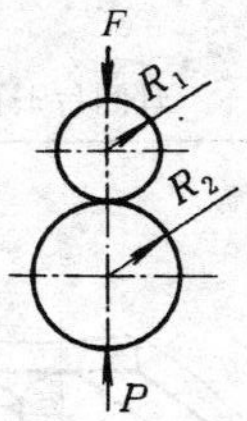	$\frac{R_1+R_2}{2R_1R_2}$	$\frac{R_1+R_2}{2R_1R_2}$	$a=b=0.909\times$ $\sqrt[3]{F\frac{R_1R_2}{(R_1+R_2)}\left(\frac{1-\nu_1^2}{E_1}+\frac{1-\nu_2^2}{E_2}\right)}$ 若 $E_1=E_2=E,\nu_1=\nu_2=0.3$，则 $a=b=1.109\sqrt[3]{\frac{F}{E}\frac{R_1R_2}{(R_1+R_2)}}$	$0.578\sqrt[3]{\frac{F\left(\frac{R_1+R_2}{R_1R_2}\right)^2}{\left(\frac{1-\nu_1^2}{E_1}+\frac{1-\nu_2^2}{E_2}\right)^2}}$ 若 $E_1=E_2=E,\nu_1=\nu_2=0.3$，则 $0.388\sqrt[3]{FE^2\left(\frac{R_1+R_2}{R_1R_2}\right)^2}$	$0.826\sqrt[3]{F^2\frac{(R_1+R_2)}{R_1R_2}\left(\frac{1-\nu_1^2}{E_1}+\frac{1-\nu_2^2}{E_2}\right)^2}$ 若 $E_1=E_2=E,\nu_1=\nu_2=0.3$，则 $1.231\sqrt[3]{\left(\frac{F}{E}\right)^2\frac{(R_1+R_2)}{R_1R_2}}$
3	球与凹形球面 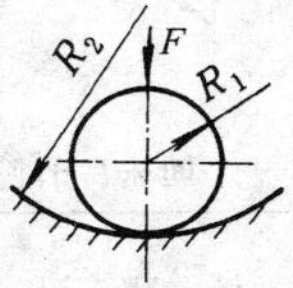 $R_2>R_1$	$\frac{R_2-R_1}{2R_1R_2}$	$\frac{R_2-R_1}{2R_1R_2}$	$a=b=0.909\times$ $\sqrt[3]{F\frac{R_1R_2}{(R_2-R_1)}\left(\frac{1-\nu_1^2}{E_1}+\frac{1-\nu_2^2}{E_2}\right)}$ 若 $E_1=E_2=E,\nu_1=\nu_2=0.3$，则 $a=b=1.109\sqrt[3]{\frac{F}{E}\frac{R_1R_2}{(R_2-R_1)}}$	$0.578\sqrt[3]{\frac{F\left(\frac{R_2-R_1}{R_1R_2}\right)^2}{\left(\frac{1-\nu_1^2}{E_1}+\frac{1-\nu_2^2}{E_2}\right)^2}}$ 若 $E_1=E_2=E,\nu_1=\nu_2=0.3$，则 $0.388\sqrt[3]{FE^2\left(\frac{R_2-R_1}{R_1R_2}\right)^2}$	$0.826\sqrt[3]{F^2\frac{(R_2-R_1)}{R_1R_2}\left(\frac{1-\nu_1^2}{E_1}+\frac{1-\nu_2^2}{E_2}\right)^2}$ 若 $E_1=E_2=E,\nu_1=\nu_2=0.3$，则 $1.231\sqrt[3]{\left(\frac{F}{E}\right)^2\frac{(R_2-R_1)}{R_1R_2}}$

（续）

序号	接触类型	椭圆方程系数 A	椭圆方程系数 B	接触面尺寸	最大应力 σ_{max}	接触相对位移 δ
4	圆柱与平面 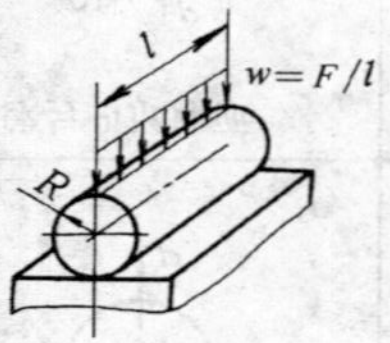 	—	$\frac{1}{2R}$	$b=1.131\sqrt{\frac{FR}{l}\left(\frac{1-\nu_1^2}{E_1}+\frac{1-\nu_2^2}{E_2}\right)}$ 若 $E_1=E_2=E,\nu_1=\nu_2=0.3$，则 $b=1.526\sqrt{\frac{FR}{lE}}$	$0.564\sqrt{\frac{\frac{F}{lR}}{\frac{1-\nu_1^2}{E_1}+\frac{1-\nu_2^2}{E_2}}}$ 若 $E_1=E_2=E,\nu_1=\nu_2=0.3$，则 $0.418\sqrt{\frac{FE}{Rl}}$	圆柱体两个受压边界之间直径减小量 若 $E_1=E_2=E,\nu_1=\nu_2=0.3$，则 $\Delta D=1.159\frac{F}{lE}\left(0.41+\ln\frac{4R}{b}\right)$
5	圆柱与圆柱 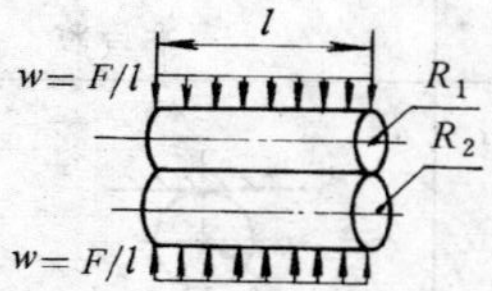 	—	$\frac{1}{2}\left(\frac{1}{R_1}+\frac{1}{R_2}\right)$	$b=1.128\sqrt{\frac{F}{l}\frac{R_1R_2}{(R_1+R_2)}\left(\frac{1-\nu_1^2}{E_1}+\frac{1-\nu_2^2}{E_2}\right)}$ 若 $E_1=E_2=E,\nu_1=\nu_2=0.3$，则 $b=1.522\sqrt{\frac{F}{lE}\frac{R_1R_2}{(R_1+R_2)}}$	$0.564\sqrt{\frac{F}{l}\frac{\frac{(R_1+R_2)}{R_1R_2}}{\frac{1-\nu_1^2}{E_1}+\frac{1-\nu_2^2}{E_2}}}$ 若 $E_1=E_2=E,\nu_1=\nu_2=0.3$，则 $0.418\sqrt{\frac{FE}{l}\frac{(R_1+R_2)}{R_1R_2}}$	两个圆柱中心距减小量 $\frac{2F}{\pi l}\left[\frac{1-\nu_1^2}{E_1}\left(\ln\frac{2R_1}{b}+0.407\right)+\frac{1-\nu_2^2}{E_2}\left(\ln\frac{2R_2}{b}+0.407\right)\right]$ 若 $E_1=E_2=E,\nu_1=\nu_2=0.3$，则 $0.580\frac{F}{lE}\left(\ln\frac{4R_1R_2}{b^2}+0.814\right)$
6	圆柱与凹形圆柱 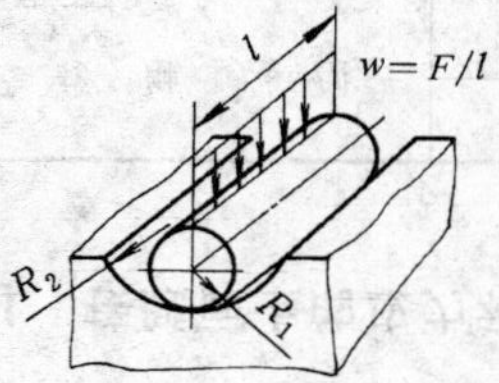 	—	$\frac{1}{2}\left(\frac{1}{R_1}-\frac{1}{R_2}\right)$	$b=1.128\sqrt{\frac{F}{l}\frac{R_1R_2}{(R_2-R_1)}\left(\frac{1-\nu_1^2}{E_1}+\frac{1-\nu_2^2}{E_2}\right)}$ 若 $E_1=E_2=E,\nu_1=\nu_2=0.3$，则 $b=1.522\sqrt{\frac{F}{lE}\frac{R_1R_2}{(R_2-R_1)}}$	$0.564\sqrt{\frac{F}{l}\frac{\frac{(R_2-R_1)}{R_1R_2}}{\frac{1-\nu_1^2}{E_1}+\frac{1-\nu_2^2}{E_2}}}$ 若 $E_1=E_2=E,\nu_1=\nu_2=0.3$，则 $0.418\sqrt{\frac{FE}{l}\frac{(R_2-R_1)}{R_1R_2}}$	若 $E_1=E_2=E,\nu_1=\nu_2=0.3$，则 $1.82\frac{F}{lE}(1-\ln b)$

（续）

序号	接触类型	椭圆方程系数 A	椭圆方程系数 B	接触面尺寸	最大应力 σ_{max}	接触相对位移 δ
7	正交圆柱 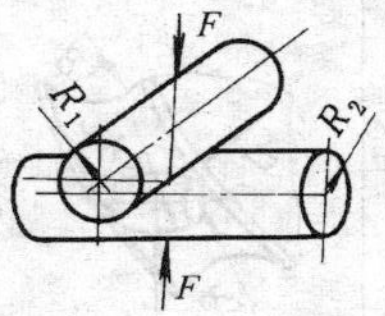	$\frac{1}{2R_2}$	$\frac{1}{2R_1}$	$a=1.145n_1\sqrt[3]{F\frac{R_1R_2}{(R_1+R_2)}\left(\frac{1-\nu_1^2}{E_1}+\frac{1-\nu_2^2}{E_2}\right)}$ $b=1.145n_2\sqrt[3]{F\frac{R_1R_2}{(R_1+R_2)}\left(\frac{1-\nu_1^2}{E_1}+\frac{1-\nu_2^2}{E_2}\right)}$ 若 $E_1=E_2=E,\nu_1=\nu_2=0.3$,则 $a=1.397n_1\sqrt[3]{\frac{F}{E}\frac{R_1R_2}{(R_1+R_2)}}$ $b=1.397n_2\sqrt[3]{\frac{F}{E}\frac{R_1R_2}{(R_1+R_2)}}$	$0.365n_3\sqrt[3]{\frac{F\left(\frac{R_1+R_2}{R_1R_2}\right)^2}{\left(\frac{1-\nu_1^2}{E_1}+\frac{1-\nu_2^2}{E_2}\right)^2}}$ 若 $E_1=E_2=E,\nu_1=\nu_2=0.3$,则 $0.245n_3\sqrt[3]{FE^2\left(\frac{R_1+R_2}{R_1R_2}\right)^2}$	$0.655n_4\sqrt[3]{F^2\frac{(R_1+R_2)}{R_1R_2}\left(\frac{1-\nu_1^2}{E_1}+\frac{1-\nu_2^2}{E_2}\right)^2}$ 若 $E_1=E_2=E,\nu_1=\nu_2=0.3$,则 $0.977n_4\sqrt[3]{\left(\frac{F}{E}\right)^2\frac{(R_1+R_2)}{R_1R_2}}$
8	球与圆柱 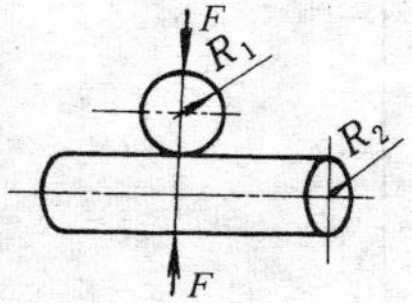	$\frac{1}{2R_1}$	$\frac{1}{2}\left(\frac{1}{R_1}+\frac{1}{R_2}\right)$	$a=1.145n_1\sqrt[3]{F\frac{R_1R_2}{(R_1+2R_2)}\left(\frac{1-\nu_1^2}{E_1}+\frac{1-\nu_2^2}{E_2}\right)}$ $b=1.145n_2\sqrt[3]{F\frac{R_1R_2}{(R_1+2R_2)}\left(\frac{1-\nu_1^2}{E_1}+\frac{1-\nu_2^2}{E_2}\right)}$ 若 $E_1=E_2=E,\nu_1=\nu_2=0.3$,则 $a=1.397n_1\sqrt[3]{\frac{F}{E}\frac{R_1R_2}{(R_1+2R_2)}}$ $b=1.397n_2\sqrt[3]{\frac{F}{E}\frac{R_1R_2}{(R_1+2R_2)}}$	$0.365n_3\sqrt[3]{\frac{F\left(\frac{R_1+2R_2}{R_1R_2}\right)^2}{\left(\frac{1-\nu_1^2}{E_1}+\frac{1-\nu_2^2}{E_2}\right)^2}}$ 若 $E_1=E_2=E,\nu_1=\nu_2=0.3$,则 $0.245n_3\sqrt[3]{FE^2\left(\frac{R_1+2R_2}{R_1R_2}\right)^2}$	$0.655n_4\sqrt[3]{F^2\frac{(R_1+2R_2)}{R_1R_2}\left(\frac{1-\nu_1^2}{E_1}+\frac{1-\nu_2^2}{E_2}\right)^2}$ 若 $E_1=E_2=E,\nu_1=\nu_2=0.3$,则 $0.977n_4\sqrt[3]{\left(\frac{F}{E}\right)^2\frac{(R_1+2R_2)}{R_1R_2}}$
9	球与圆柱形凹面 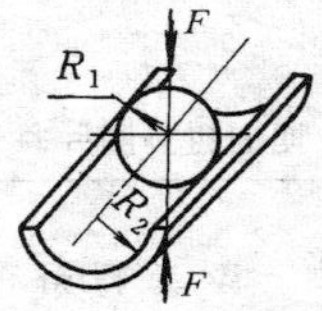	$\frac{1}{2}\left(\frac{1}{R_1}-\frac{1}{R_2}\right)$	$\frac{1}{2R_1}$	$a=1.145n_1\sqrt[3]{F\frac{R_1R_2}{(2R_2-R_1)}\left(\frac{1-\nu_1^2}{E_1}+\frac{1-\nu_2^2}{E_2}\right)}$ $b=1.145n_2\sqrt[3]{F\frac{R_1R_2}{(2R_2-R_1)}\left(\frac{1-\nu_1^2}{E_1}+\frac{1-\nu_2^2}{E_2}\right)}$ 若 $E_1=E_2=E,\nu_1=\nu_2=0.3$,则 $a=1.397n_1\sqrt[3]{\frac{F}{E}\frac{R_1R_2}{(2R_2-R_1)}}$ $b=1.397n_2\sqrt[3]{\frac{F}{E}\frac{R_1R_2}{(2R_2-R_1)}}$	$0.365n_3\sqrt[3]{\frac{F\left(\frac{2R_2-R_1}{R_1R_2}\right)^2}{\left(\frac{1-\nu_1^2}{E_1}+\frac{1-\nu_2^2}{E_2}\right)^2}}$ 若 $E_1=E_2=E,\nu_1=\nu_2=0.3$,则 $0.245n_3\sqrt[3]{FE^2\left(\frac{2R_2-R_1}{R_1R_2}\right)^2}$	$0.655n_4\sqrt[3]{F^2\frac{(2R_2-R_1)}{R_1R_2}\left(\frac{1-\nu_1^2}{E_1}+\frac{1-\nu_2^2}{E_2}\right)^2}$ 若 $E_1=E_2=E,\nu_1=\nu_2=0.3$,则 $0.977n_4\sqrt[3]{\left(\frac{F}{E}\right)^2\frac{(2R_2-R_1)}{R_1R_2}}$

（续）

序号	接触类型	椭圆方程系数		接触面尺寸	最大应力 $\sigma_{\max}$	接触相对位移 δ
		A	B			
10	球与圆弧形凹面 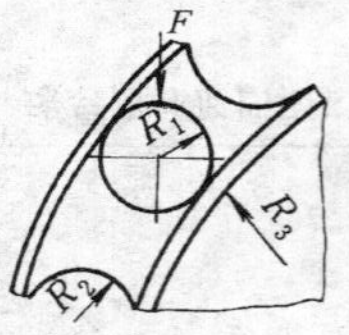	$\frac{1}{2}\left(\frac{1}{R_1}-\frac{1}{R_2}\right)$	$\frac{1}{2}\left(\frac{1}{R_1}+\frac{1}{R_2}\right)$	$a=1.145n_1\sqrt[3]{\dfrac{F\left(\dfrac{1-\nu_1^2}{E_1}+\dfrac{1-\nu_2^2}{E_2}\right)}{\dfrac{2}{R_1}-\dfrac{1}{R_2}+\dfrac{1}{R_3}}}$ $b=1.145n_2\sqrt[3]{\dfrac{F\left(\dfrac{1-\nu_1^2}{E_1}+\dfrac{1-\nu_2^2}{E_2}\right)}{\dfrac{2}{R_1}-\dfrac{1}{R_2}+\dfrac{1}{R_3}}}$ 若 $E_1=E_2=E,\nu_1=\nu_2=0.3$，则 $a=1.397n_1\sqrt[3]{\dfrac{F/E}{2/R_1-1/R_2+1/R_3}}$ $b=1.397n_2\sqrt[3]{\dfrac{F/E}{2/R_1-1/R_2+1/R_3}}$	$0.365n_3\sqrt[3]{\dfrac{F(2/R_1-1/R_2+1/R_3)^2}{\left(\dfrac{1-\nu_1^2}{E_1}+\dfrac{1-\nu_2^2}{E_2}\right)^2}}$ 若 $E_1=E_2=E,\nu_1=\nu_2=0.3$，则 $0.245n_3\sqrt[3]{FE^2\left(\dfrac{2}{R_1}-\dfrac{1}{R_2}+\dfrac{1}{R_3}\right)^2}$	$0.655n_4\sqrt[3]{F^2\left(\dfrac{2}{R_1}-\dfrac{1}{R_2}+\dfrac{1}{R_3}\right)\times\left(\dfrac{1-\nu_1^2}{E_1}+\dfrac{1-\nu_2^2}{E_2}\right)^2}$ 若 $E_1=E_2=E,\nu_1=\nu_2=0.3$，则 $0.977n_4\sqrt[3]{\left(\dfrac{F}{E}\right)^2\left(\dfrac{2}{R_1}-\dfrac{1}{R_2}+\dfrac{1}{R_3}\right)}$
11	滚柱与圆弧形凹面 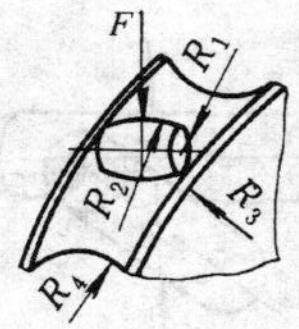	$\frac{1}{2}\left(\frac{1}{R_2}-\frac{1}{R_4}\right)$	$\frac{1}{2}\left(\frac{1}{R_1}+\frac{1}{R_3}\right)$	$a=1.145n_1\sqrt[3]{\dfrac{F\left(\dfrac{1-\nu_1^2}{E_1}+\dfrac{1-\nu_2^2}{E_2}\right)}{1/R_1+1/R_2+1/R_3-1/R_4}}$ $b=1.145n_2\sqrt[3]{\dfrac{F\left(\dfrac{1-\nu_1^2}{E_1}+\dfrac{1-\nu_2^2}{E_2}\right)}{1/R_1+1/R_2+1/R_3-1/R_4}}$ 若 $E_1=E_2=E,\nu_1=\nu_2=0.3$，则 $a=1.397n_1\sqrt[3]{\dfrac{F/E}{1/R_1+1/R_2+1/R_3-1/R_4}}$ $b=1.397n_2\sqrt[3]{\dfrac{F/E}{1/R_1+1/R_2+1/R_3-1/R_4}}$	$0.365n_3\sqrt[3]{\dfrac{F(1/R_1+1/R_2+1/R_3-1/R_4)^2}{\left(\dfrac{1-\nu_1^2}{E_1}+\dfrac{1-\nu_2^2}{E_2}\right)^2}}$ 若 $E_1=E_2=E,\nu_1=\nu_2=0.3$，则 $0.245n_3\sqrt[3]{FE^2\left(\dfrac{1}{R_1}+\dfrac{1}{R_2}+\dfrac{1}{R_3}-\dfrac{1}{R_4}\right)^2}$	$0.655n_4\sqrt[3]{F^2\left(\dfrac{1}{R_1}+\dfrac{1}{R_2}+\dfrac{1}{R_3}-\dfrac{1}{R_4}\right)\times\left(\dfrac{1-\nu_1^2}{E_1}+\dfrac{1-\nu_2^2}{E_2}\right)^2}$ 若 $E_1=E_2=E,\nu_1=\nu_2=0.3$，则 $0.977n_4\times\sqrt[3]{\left(\dfrac{F}{E}\right)^2\left(\dfrac{1}{R_1}+\dfrac{1}{R_2}+\dfrac{1}{R_3}-\dfrac{1}{R_4}\right)}$

注：a、b—椭圆形接触面长、短半轴；n_1、n_2、n_3、n_4—系数，见表 1.4-47

表 1.4-47　系数 n_1、n_2、n_3 和 n_4 的数值

A/B	n_1	n_2	n_3	n_4	A/B	n_1	n_2	n_3	n_4
1.0000	1.0000	1.0000	1.00000	1.0000	0.1603	1.979	0.5938	0.8504	0.8451
0.9623	1.013	0.9873	0.9999	0.9999	0.1462	2.053	0.5808	0.8386	0.8320
0.9240	1.027	0.9742	0.9997	0.9997	0.1317	2.141	0.5665	0.8246	0.8168
0.8852	1.042	0.9606	0.9992	0.9992	0.1166	2.248	0.5505	0.8082	0.7990
0.8459	1.058	0.9465	0.9985	0.9985	0.1010	2.381	0.5325	0.7887	0.7775
0.8059	1.076	0.9318	0.9974	0.9974	0.09287	2.463	0.5224	0.7774	0.7650
0.7652	1.095	0.9165	0.9960	0.9960	0.08456	2.557	0.5114	0.7647	0.7509
0.7238	1.117	0.9005	0.9942	0.9942	0.07600	2.669	0.4993	0.7504	0.7349
0.6816	1.141	0.8837	0.9919	0.9919	0.06715	2.805	0.4858	0.7338	0.7163
0.6384	1.168	0.8660	0.9890	0.9889	0.05797	2.975	0.4704	0.7144	0.6943
0.5942	1.198	0.8472	0.9853	0.9852	0.04838	3.199	0.4524	0.6909	0.6675
0.5489	1.233	0.8271	0.9805	0.9804	0.04639	3.253	0.4484	0.6856	0.6613
0.5022	1.274	0.8056	0.9746	0.9744	0.04439	3.311	0.4442	0.6799	0.6549
0.4540	1.322	0.7822	0.9669	0.9667	0.04237	3.373	0.4398	0.6740	0.6481
0.4040	1.381	0.7565	0.9571	0.9566	0.04032	3.441	0.4352	0.6678	0.6409
0.3518	1.456	0.7278	0.9440	0.9432	0.03823	3.514	0.4304	0.6612	0.6333
0.3410	1.473	0.7216	0.9409	0.9400	0.03613	3.594	0.4253	0.6542	0.6251
0.3301	1.491	0.7152	0.9376	0.9366	0.03400	3.683	0.4199	0.6467	0.6164
0.3191	1.511	0.7086	0.9340	0.9329	0.03183	3.781	0.4142	0.6387	0.6071
0.3080	1.532	0.7019	0.9302	0.9290	0.02962	3.890	0.4080	0.6300	0.5970
0.2967	1.554	0.6949	0.9262	0.9248	0.02737	4.014	0.4014	0.6206	0.5860
0.2853	1.578	0.6876	0.9219	0.9203	0.02508	4.156	0.3942	0.6104	0.5741
0.2738	1.603	0.6801	0.9172	0.9155	0.02273	4.320	0.3864	0.5990	0.5608
0.2620	1.631	0.6723	0.9121	0.9102	0.02033	4.515	0.3777	0.5864	0.5460
0.2501	1.660	0.6642	0.9067	0.9045	0.01787	4.750	0.3680	0.5721	0.5292
0.2380	1.693	0.6557	0.9008	0.8983	0.01533	5.046	0.3568	0.5555	0.5096
0.2257	1.729	0.6468	0.8944	0.8916	0.01269	5.432	0.3436	0.5358	0.4864
0.2132	1.768	0.6374	0.8873	0.8841	0.00993	5.976	0.3273	0.5112	0.4574
0.2004	1.812	0.6276	0.8766	0.8759	0.00702	6.837	0.3058	0.4783	0.4186
0.1873	1.861	0.6171	0.8710	0.8668	0.00385	8.609	0.2722	0.4267	0.3579
0.1739	1.916	0.6059	0.8614	0.8566					

12.2　接触强度计算

由于接触面附近材料处于三向应力状态，而且三个主应力都是压应力，在接触面中心处三个主应力大小几乎是相等的，所以，该处的材料能够承受很大的压力而不发生屈服，因此，接触面上的许用压应力较高。通常将接触强度条件，写成

$$\sigma_{max} \leqslant \sigma_{Hp}$$

其中，σ_{max} 为接触面上最大压应力，σ_{Hp} 为接触许用应力。

接触许用应力，与接触体形状、材质、受载状态以及判断准则等因素有关。

对于滚柱轴承或滚珠轴承

$$\sigma_{Hp} = 3500 \sim 5000\text{MPa}$$

对于铁轨钢

$$\sigma_{Hp} = 800 \sim 1000\text{MPa}$$

一些常用材料及零部件的许用接触应力，见表 1.4-48 ~ 50。

表 1.4-48　重型机械用钢的许用接触应力

钢号	热处理	截面尺寸/mm	许用面压应力/MPa	许用接触应力/MPa
35	正火回火	≤100	130	380
		>100~300	126	360
		>300~500	122	330
		>500~750	120	325
		>750~1000	118	310
	调质	≤100	140	430
		>100~300	134	400
45	正火回火	≤100	140	430
		>100~300	136	415
		>300~500	134	400
		>500~700	130	380
	调质	≤200	158	470
20MnMo	调质	100~300	142	445
		>300~500	134	400
20SiMn	正火回火	400~600	130	380
		>600~900	126	360
		>900~1200	124	350
35SiMn	调质	≤100	176	545
		>100~300	169	525
		>300~400	164	500
		>400~500	160	490
42SiMn	调质	≤100	176	545
		>100~200	171	530
		>200~300	169	525
		>300~500	160	490
38SiMnMo	调质	≤100	182	565
		>100~300	179	555
		>300~500	175	540
		>500~800	164	500
37SiMn2MoV	调质	≤200	187	525
		>200~400	185	490
		>400~600	182	465
42MnMoV	调质	100~300	182	565
		>300~500	179	555
		>500~800	175	540
18MnMoNb	调质	100~300	175	540
		>300~500	169	525
		>500~800	155	475
30CrMn2MoB		100~300	186	590
		>300~500	185	580
		>500~800	183	570
35CrMo	调质	≤100	179	550
		>100~300	175	540
		>300~500	169	525
		>500~800	164	500
40Cr	调质	≤100	179	550
		>100~300	175	540
		>300~500	169	525
		>500~800	155	475

注：表中的许用应力值，仅适用于表面粗糙度为 $R_a6.3\mu m \sim R_a0.8\mu m$ 的轴，对于 $R_a12.5\mu m$ 以下的轴，许用应力应降低10%；$R_a0.4\mu m$ 以上的轴，许用应力可提高10%。

表 1.4-49　润滑良好的接触零件(如凸轮)的许用接触应力

材料	硬度 HBW	许用接触应力 /MPa	材料	硬度 HBW	许用接触应力 /MPa
钢-钢	150～150	352	钢-钢	500～350	1020
钢-钢	200～150	422	钢-钢	400～400	1195
钢-钢	250～150	492	钢-钢	500～400	1230
钢-钢	200～200	492	钢-钢	600～400	1266
钢-钢	250～200	562	钢-钢	500～500	1336
钢-钢	300～200	633	钢-钢	600～600	1617
钢-钢	250～250	633	钢-铸铁	150	352
钢-钢	300～250	703	钢-铸铁	200	492
钢-钢	350～250	773	钢-铸铁	≥250	633
钢-钢	300～300	773	钢-磷青铜	150	352
钢-钢	350～300	844	钢-磷青铜	200	492
钢-钢	400～300	879	钢-磷青铜	≥250	598
钢-钢	350～350	914	铸铁-铸铁	150～250	633
钢-钢	400～350	984	铸铁-铸铁	160～250	680

表 1.4-50　润滑一般的接触零部件(如走轮)的许用接触应力

材料	热处理	硬度 HBW	许用接触应力 /MPa	材料	热处理	硬度 HBW	许用接触应力 /MPa
35	正火	140～185	320～380	37SiMn2MoV	调质	240～290	500～560
	调质	155～205	400～430	42MnMoV	调质	220～260	500～550
45	正火	160～215	380～430	18MnMo	调质	190～230	480～540
	调质	215～255	440～470	18MnMoB	调质	240～290	500～580
20SiMn	正火	—	350～380	30CrMn2MoB	调质	240～300	570～590
35SiMn	调质	215～280	490～540	35CrMo	调质	220～265	500～550
42SiMn	调质	215～285	500～540	40Cr	调质	240～285	530～550
38SiMnMo	调质	195～270	500～540			215～260	480～530

13　构件的稳定性计算公式(见表 1.4-51～表 1.4-60)

表 1.4-51　中心压杆的临界载荷计算式

临界载荷计算式	适用范围
欧拉公式　$F_{cr}=\dfrac{\pi^2 EI}{(\mu l)^2}=\dfrac{\pi^2 E}{\lambda^2}A=\eta\dfrac{EI}{l^2}$	线弹性　$\lambda\geqslant\lambda_1=\pi\sqrt{\dfrac{E}{\sigma_p}}$
抛物线经验公式　$F_{cr}=(a-b\lambda^2)A$ 直线经验公式　$F_{cr}=(c-d\lambda)A$	超过比例极限　$\lambda\leqslant\lambda_k=\pi\sqrt{\dfrac{E}{0.57\sigma_s}}$ $\lambda_1\geqslant\lambda\geqslant\lambda_2=\dfrac{c-\sigma_s}{d}$
说明	E——材料的弹性模量；I——横截面的形心主惯性矩；A——横截面面积；l——压杆的计算长度；$\lambda=\mu l/\sqrt{\dfrac{I}{A}}$——压杆的柔度；$\mu$——长度系数；$\eta=\dfrac{\pi^2}{\mu^2}$——稳定系数；某些受载压杆的 μ、η 值见表 1.4-52～表 1.4-56；a、b、c、d——与材料强度性能有关的系数，见表 1.4-57

表 1.4-52　中心受压等截面直杆的长度系数 μ 及稳定系数 η 值

$$F_{cr}=\frac{\pi^2EI}{(\mu l)^2}=\eta\frac{EI}{l^2};(ql)_{cr}=\frac{\pi^2EI}{(\mu l)^2}=\eta\frac{EI}{l^2}$$

<table>
<tr><td>序号</td><td>1</td><td>2</td><td>3</td><td>4</td><td>5</td><td>6</td><td>7</td></tr>
<tr><td>载荷与支座</td><td>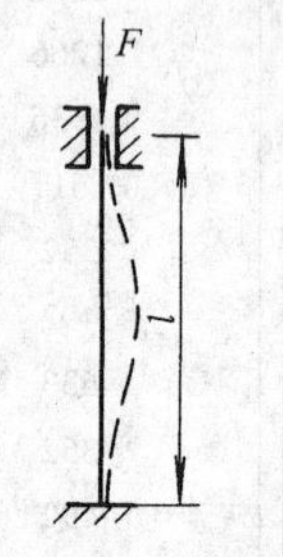</td><td>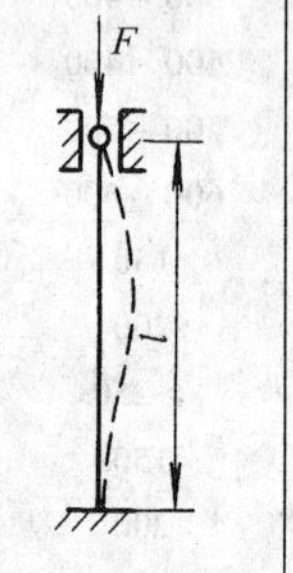</td><td>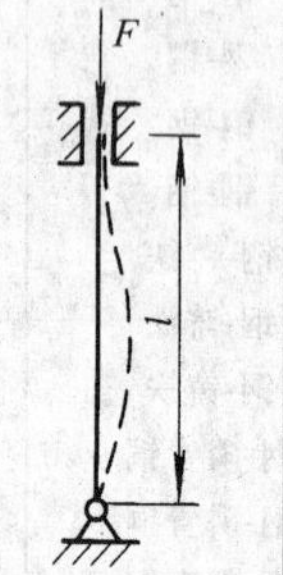</td><td>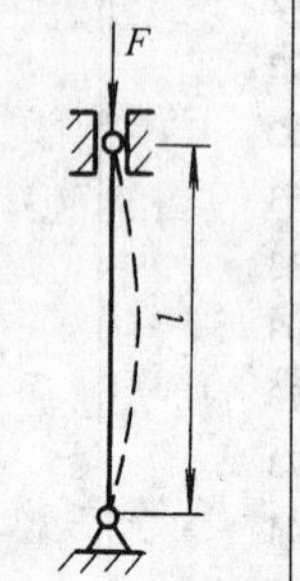</td><td>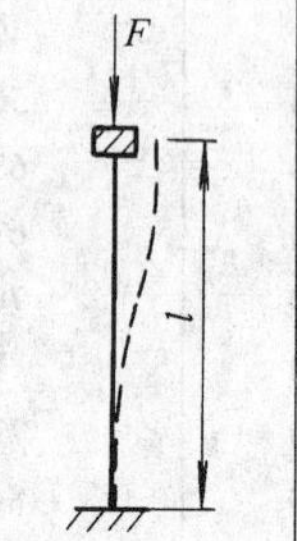</td><td>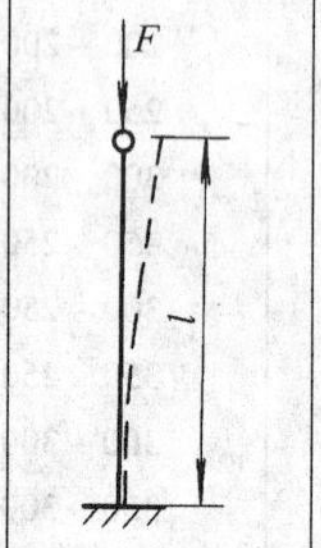</td><td>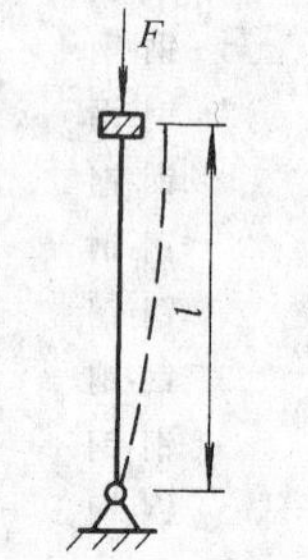</td></tr>
<tr><td>μ</td><td>0.5</td><td colspan="2">0.699</td><td colspan="2">1</td><td colspan="2">2</td></tr>
<tr><td>η</td><td>39.48</td><td colspan="2">20.20</td><td colspan="2">9.87</td><td colspan="2">2.467</td></tr>
<tr><td>序号</td><td>8</td><td>9</td><td>10</td><td>11</td><td>12</td><td>13</td><td></td></tr>
<tr><td>载荷与支座</td><td>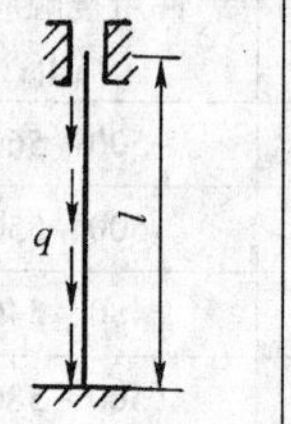</td><td>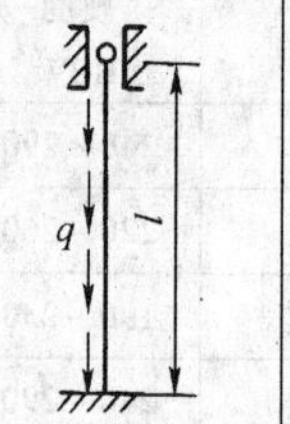</td><td>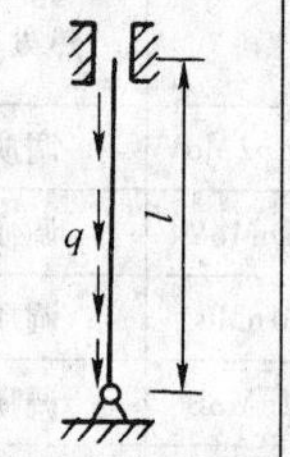</td><td>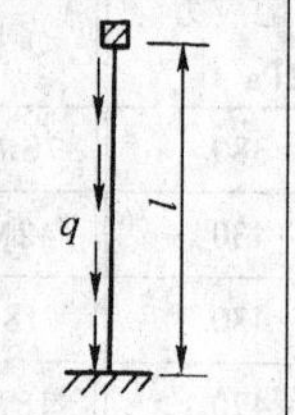</td><td>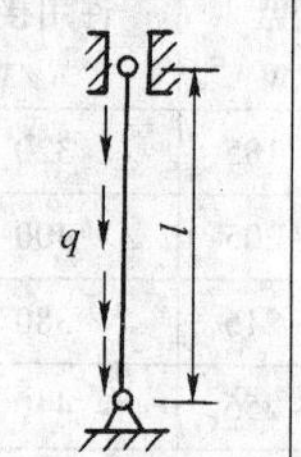</td><td>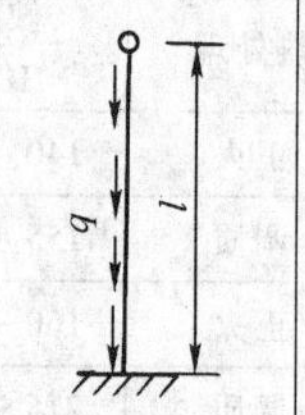</td><td></td></tr>
<tr><td>μ</td><td>0.366</td><td>0.434</td><td>0.577</td><td>0.723</td><td>0.725</td><td>1.122</td><td></td></tr>
<tr><td>η</td><td>73.68</td><td>52.40</td><td>29.64</td><td>18.88</td><td>18.78</td><td>7.84</td><td></td></tr>
<tr><td rowspan="6">支座简图含义</td><td></td><td colspan="6">不允许转动与位移</td></tr>
<tr><td>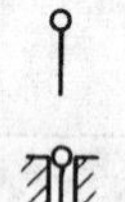</td><td colspan="6">不允许转动与侧向位移，轴向位移自由</td></tr>
<tr><td>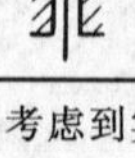</td><td colspan="6">不允许转动，侧向与轴向位移自由</td></tr>
<tr><td>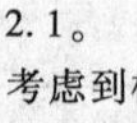</td><td colspan="6">不允许位移，转动自由</td></tr>
<tr><td>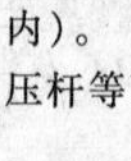</td><td colspan="6">转动与位移均自由</td></tr>
<tr><td></td><td colspan="6">不允许侧移，允许转动和轴向位移</td></tr>
</table>

注：1. 考虑到实际固定端不可能对位移完全限制，可将表中序号1、2、5及6的 μ 值适当加大，分别取为0.65、0.8、1.2及2.1。

2. 考虑到桁架中有节点的腹杆，其两端非理想铰支，可适当减小 μ 值，取 $\mu=0.8$（在桁架平面内）和 $\mu=0.9$（在侧平面内）。

3. 压杆等两端如为滑动轴承支座，依轴套长 l 与内直径 d 的比值可取 μ 值为：

当两端轴承均有 $l/d\leqslant1.5$ 时，$\mu=1.0$

当两端轴承均有 $1.5<l/d<3$ 时，$\mu=0.75$

当两端轴承均有 $l/d\geqslant3$ 时，$\mu=0.50$

当一端轴承 $l/d\geqslant3$，另一端轴承 $1.5<l/d<3$，$\mu=0.60$

表 1.4-53　受两种中心载荷的等截面压杆的稳定系数

序号 1

支座与载荷类型：

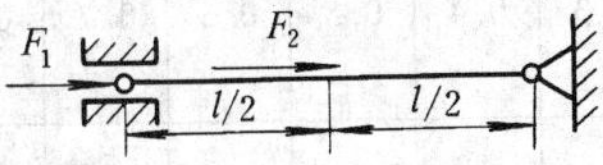

$F_{cr}=(F_1+F_2)_{cr}=\eta\frac{EI}{l^2}$

稳定系数：

F_2/F_1	0.5	1	2
η	11.9	13.0	14.7

序号 2

支座与载荷类型：

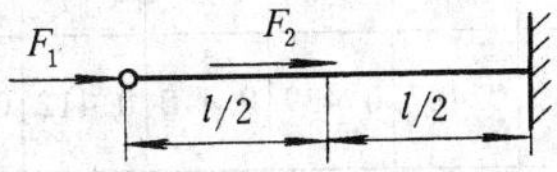

$F_{cr}=(F_1+F_2)_{cr}=\eta\frac{EI}{l^2}$

稳定系数：

F_2/F_1	0.5	1	2
η	3.38	4.14	5.27

序号 3

支座与载荷类型：

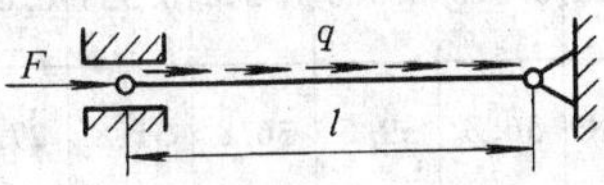

$F_{cr}=\eta\frac{EI}{l^2}$

稳定系数：

$ql/\frac{\pi^2EI}{l^2}$	1/4	1/2	3/4	1
η	8.62	7.40	6.08	4.77

$\eta\approx\left(1-0.5ql\Big/\frac{\pi^2EI}{l^2}\right)\pi^2$

若 $F=0,(ql)_{cr}=\eta\frac{EI}{l^2}$,其中 $\eta=18.8$

序号 4

支座与载荷类型：

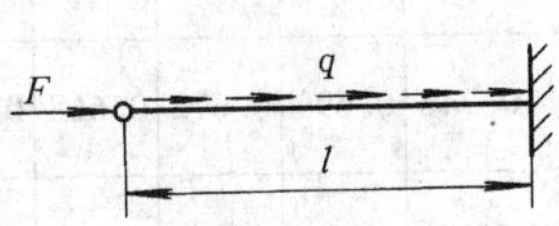

$F_{cr}=\eta\frac{EI}{l^2}$

稳定系数：

$ql/\frac{\pi^2EI}{4l^2}$	1/4	1/2	3/4	1
η	2.28	2.08	1.91	1.72

$\eta\approx\left(1-0.3ql\Big/\frac{\pi^2EI}{4l^2}\right)\frac{\pi^2}{4}$

若 $F=0,(ql)_{cr}=\eta\frac{EI}{l^2}$,其中 $\eta=7.84$

注:支座的图示意义同表 1.4-52。

表 1.4-54　中心受压变截面直杆的稳定系数 η

序号 1

支座与载荷类型：

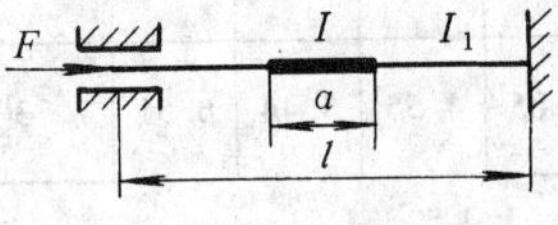

$F_{cr}=\eta\frac{EI}{l^2}$

稳定系数 η：

I_1/I \ a/l	0.4	0.6	0.8
0.4	24.9	26.3	27.5
0.6	30.6	31.1	32.5
0.8	35.3	35.4	36.4

序号 2

支座与载荷类型：

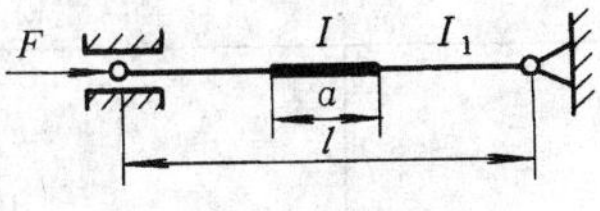

$F_{cr}=\eta\frac{EI}{l^2}$

稳定系数 η：

I_1/I \ a/l	0.4	0.6	0.8
0.4	6.68	8.51	9.67
0.6	8.19	9.24	9.78
0.8	9.18	9.63	9.84

序号 3

支座与载荷类型：

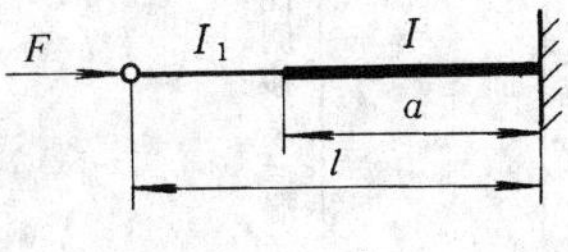

$F_{cr}=\eta\frac{EI}{l^2}$

稳定系数 η：

I_1/I \ a/l	0.4	0.5	0.6	0.7	0.8
1/3	1.50	1.76	2.03	2.26	2.40
1/2	1.88	2.07	2.24	2.36	2.44
2/3	2.14	2.26	2.35	2.42	2.45

注:支座的图示意义同表 1.4-52。

表 1.4-55　具有中间支承中心受压等截面直杆的长度系数 μ 与稳定系数 η

序号	支座与载荷类型	μ 与 η \ a/l	0	0.1	0.2	0.3	0.4	0.5	0.6	0.7	0.8	0.9	1.0
1	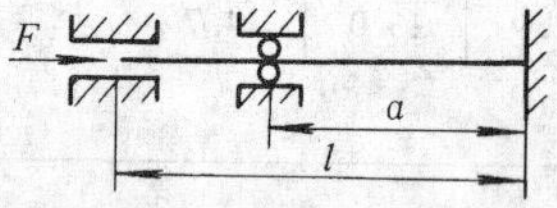	μ	0.500	0.463	0.426	0.391	0.362	0.350	0.362	0.391	0.426	0.463	0.500
		η	39.5	46.1	54.5	64.6	75.2	80.8	75.2	64.6	54.5	46.1	39.5
2	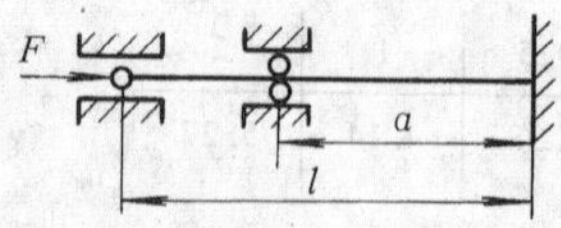	μ	0.699	0.646	0.593	0.539	0.487	0.439	0.410	0.412	0.436	0.467	0.500
		η	20.2	23.6	28.1	34.0	41.7	51.1	58.8	58.2	52.0	45.3	39.5
3	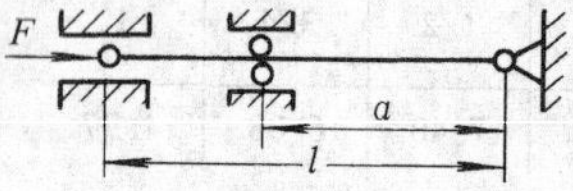	μ	0.699	0.652	0.604	0.558	0.518	0.500	0.518	0.558	0.604	0.652	0.699
		η	20.2	23.2	27.1	31.8	36.8	39.5	36.8	31.8	27.1	23.2	20.2
4	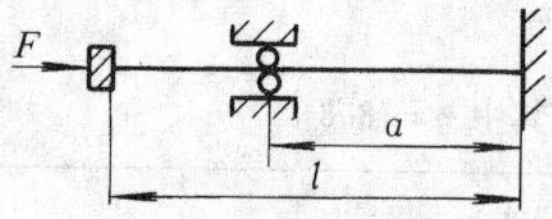	μ	1.00	0.925	0.850	0.776	0.704	0.636	0.575	0.530	0.507	0.501	0.500
		η	9.87	11.5	13.7	16.4	19.9	24.4	29.8	35.1	38.4	39.4	39.5
5	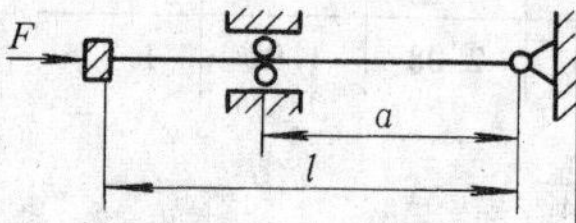	μ	1.00	0.933	0.868	0.804	0.746	0.699	0.672	0.668	0.679	0.693	0.699
		η	9.87	11.3	13.1	15.3	17.7	20.2	21.9	22.1	21.4	20.6	20.2
6	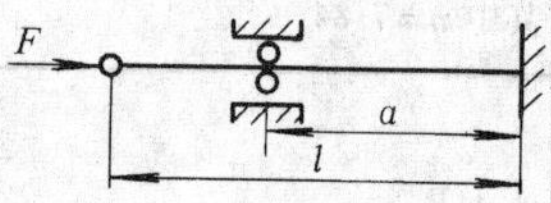	μ	2.00	1.85	1.70	1.55	1.40	1.26	1.11	0.975	0.852	0.757	0.699
		η	2.47	2.88	3.41	4.11	5.02	6.26	7.99	10.4	13.6	17.2	20.2
7	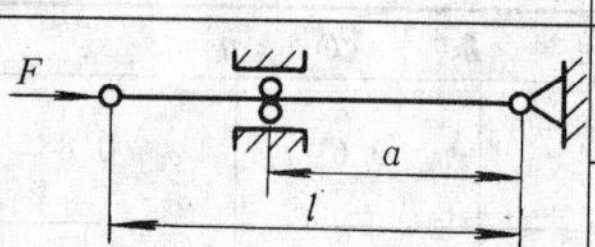	μ	2.00	1.87	1.73	1.60	1.47	1.35	1.23	1.13	1.06	1.01	1.00
		η	2.47	2.83	3.28	3.85	4.55	5.44	6.51	7.73	8.87	9.64	9.87

注：中间支座仅限制压杆在该处的侧向位移，其余支座图示的意义同表 1.4-52。

表 1.4-56　具有弹性支座中心压杆的临界载荷 F_{cr} 和稳定系数 η

序号	1		2		3	
支座类型	一端铰支，但能弹性转动，一端不能移动	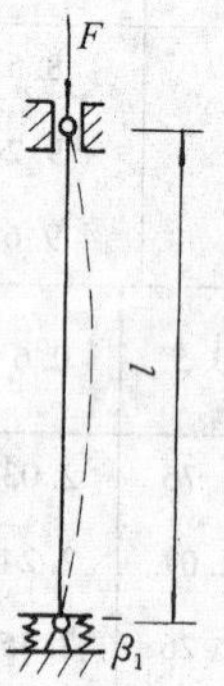	一端自由，但能弹性转动，一端不能移动	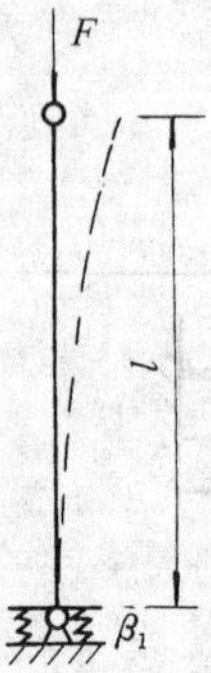	一端固定，一端弹性侧移	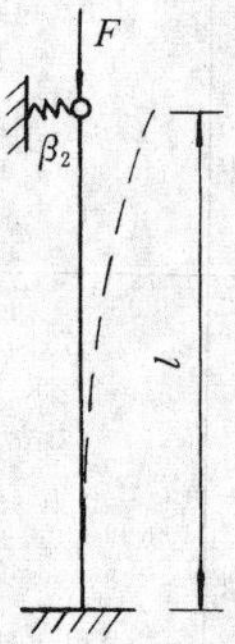

（续）

序号	1	2	3
稳定方程	$\tan nl = \dfrac{nl}{1+\dfrac{EI}{\beta_1 l}(nl)^2}$	$nl\tan nl = \dfrac{\beta_1 l}{EI}$	$\tan nl = nl - \dfrac{EI(nl)^3}{\beta_2 l^3}$
临界载荷稳定系数	$F_{cr} = (nl)^2 \dfrac{EI}{l^2} = \eta \dfrac{EI}{l^2}$　（稳定系数 $\eta=(nl)^2$ 中的 nl 为由稳定方程解得的 nl 最小正根）		
说明	E—材料的弹性模量；I—压杆横截面的惯性矩；β_1—抗转动弹簧刚度；β_2—抗侧移弹簧刚度		

表 1.4-57　临界载荷经验公式中的系数 a、b、c 及 d 的取值

材料	σ_s/MPa	σ_b/MPa	a/MPa	b/MPa	c/MPa	d/MPa	λ 适用范围
Q235A	235.2	372.4	235.2	0.668×10^{-2}	304	1.12	0～123（抛物线公式） 61～100（直线公式）
Q275	274.4	490.0	274.4	0.855×10^{-2}	—	—	0～96（抛物线公式）
16Mn	343.0	509.6	343.0	1.418×10^{-2}	—	—	0～102（抛物线公式）
优质钢	304	≥471	—	—	460	2.57	60～100（直线公式）
硅钢	353	≥510	—	—	578	3.74	
铬钼钢			—	—	981	5.30	≥55（直线公式）
硬铝			—	—	373	2.14	≥50
铸铁		392	392	1.891×10^{-2}	331.9	1.45	0～102（抛物线公式）
松木			—	—	39.2	0.199	≥59

表 1.4-58　中心压杆的稳定性条件

稳定性条件　$n = \dfrac{F_{cr}}{F} \geqslant n_w$　　n—工作稳定安全系数；n_w—许用稳定安全系数

压杆类型	n_w	压杆类型	n_w
结构中的压杆和柱子	钢 1.8～3.0 铸铁 5～5.5 木材 2.8～3.2	机床走刀丝杆	2.5～4
		水平长丝杆及精密丝杆	>4
矿山设备中的压杆	4～8	磨床等液压缸中的活塞杆	4～6
空压机及内燃机的连杆	3～8	起重螺旋	3.5～5
发动机的挺杆	低速 4～6 高速 2～5	拖拉机转向纵、横推杆	>5

表 1.4-59　平板的临界载荷（线弹性范围）

<table>
<tr><th>序号</th><th>载荷与支座</th><th>临界载荷</th></tr>
<tr><td>1</td><td>面内单向均匀受压，四边简支
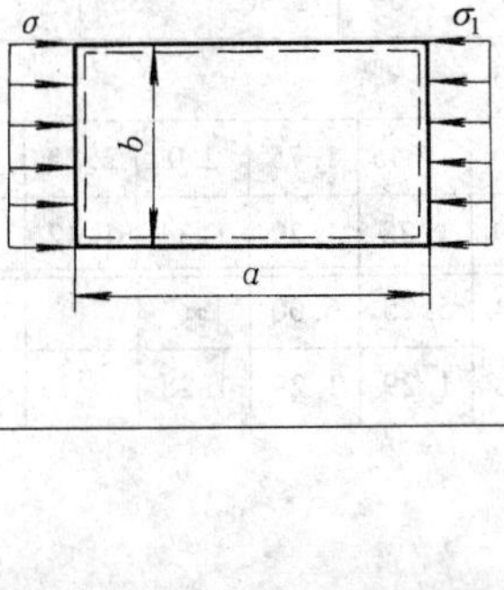
</td><td>

$$\sigma_{cr} = k\frac{\pi^2 E}{12(1-\nu^2)}\left(\frac{t}{b}\right)^2$$

<table>
<tr><td>a/b</td><td>0.2</td><td>0.3</td><td>0.4</td><td>0.5</td><td>0.6</td><td>0.7</td><td>0.8</td><td>0.9</td><td>1.0</td></tr>
<tr><td>k</td><td>27</td><td>13.2</td><td>8.41</td><td>6.25</td><td>5.14</td><td>4.53</td><td>4.20</td><td>4.04</td><td>4.00</td></tr>
<tr><td>a/b</td><td>1.1</td><td>1.2</td><td>1.3</td><td>1.4</td><td>1.5</td><td>1.6</td><td>1.7</td><td>1.8</td><td>2.0</td></tr>
<tr><td>k</td><td>4.04</td><td>4.13</td><td>4.28</td><td>4.47</td><td>4.34</td><td>4.20</td><td>4.11</td><td>4.04</td><td>4.00</td></tr>
<tr><td>a/b</td><td>2.2</td><td>2.4</td><td>2.6</td><td>2.8</td><td>3.0</td><td>3.5</td><td>4.0～∞</td><td></td><td></td></tr>
<tr><td>k</td><td>4.04</td><td>4.13</td><td>4.08</td><td>4.02</td><td>4.00</td><td>4.07</td><td>4.0</td><td></td><td></td></tr>
</table>

$k=\left(\dfrac{\beta}{m}+\dfrac{m}{\beta}\right)^2$，$\beta=a/b$，$m$ 为沿 a 向的半波数

$\beta \leqslant \sqrt{2}$　　$m=1$　　$\sqrt{6}<\beta\leqslant\sqrt{12}$　$m=3$

$\sqrt{2}<\beta\leqslant\sqrt{6}$　　$m=2$　　$\sqrt{12}<\beta\leqslant\sqrt{20}$　$m=4$
</td></tr>
</table>

（续）

序号	载荷与支座	临界载荷

2

面内单向均匀受压，加载边简支，非加载边固定

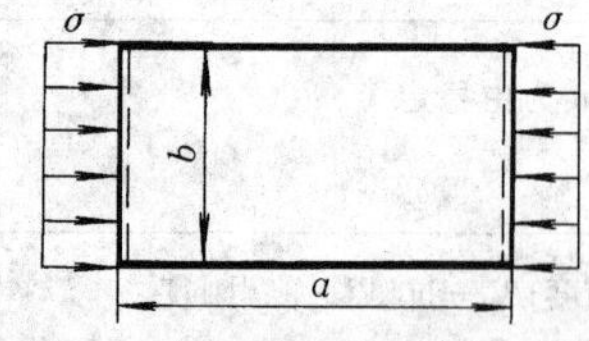

$$\sigma_{cr}=k\frac{\pi^2E}{12(1-\nu^2)}\left(\frac{t}{b}\right)^2$$

a/b	0.4	0.5	0.6	0.7	0.8	0.9	1.0	1.2	1.4	1.6
k	9.44	7.68	7.05	7.00	7.30	7.83	7.69	7.05	7.00	7.30
a/b	1.8	2.1	3.0	3.5	∞					
k	7.05	7.00	7.07	7.00	6.97					

3

面内单向均匀受压，加载边简支，非加载边一边固定，一边简支

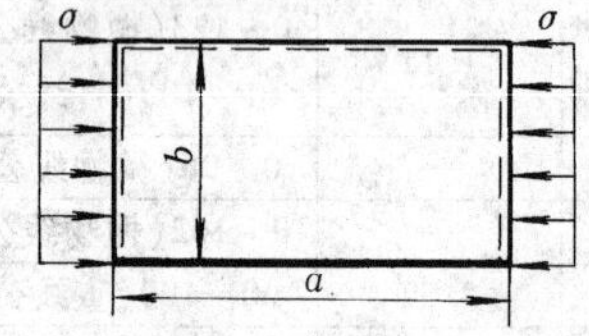

$$\sigma_{cr}=k\frac{\pi^2E}{12(1-\nu^2)}\left(\frac{t}{b}\right)^2$$

a/b	0.5	0.6	0.8	1.0	1.2	1.4	1.6
k	6.85	5.92	5.41	5.74	5.92	5.51	5.41
a/b	1.8	1.95	2.4	3.2	∞		
k	5.50	5.67	5.41	5.41	5.41		

4

面内单向均匀受压，受载边简支，非受载边一边简支，一边自由

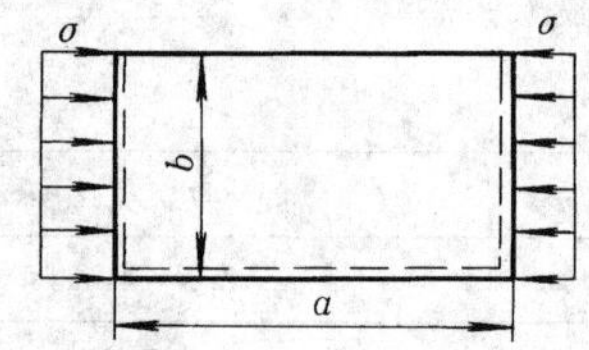

$$\sigma_{cr}=k\frac{\pi^2E}{12(1-\nu^2)}\left(\frac{t}{b}\right)^2$$

$\nu=0.25$　$k\approx(0.456+1/\beta^2)$　当 $\beta=a/b\geqslant2$

a/b	0.5	1.0	1.2	1.4	1.6	1.8	2.0	2.5
k	4.4	1.44	1.14	0.952	0.835	0.755	0.698	0.610
a/b	3.0	4.0	5.0	8.0	10	∞		
k	0.564	0.516	0.506	0.47	0.465	0.456		

$\nu=0.3$　$k\approx(0.425+1/\beta^2)$　当 $\beta=\frac{a}{b}\geqslant2$

a/b	0.8	0.9	1.00	1.25	1.50	1.75	2.00	2.50	3.00	3.50
k	1.954	1.631	1.402	1.047	0.858	0.742	0.669	0.582	0.533	0.505
a/b	4.00	5.00	6.00	7.00	9.00	11.0	15.0	25.0	∞	
k	0.486	0.464	0.451	0.445	0.438	0.434	0.428	0.426	0.425	

5

面内单向均匀受压，受载边简支，非受载边一边固定，一边自由

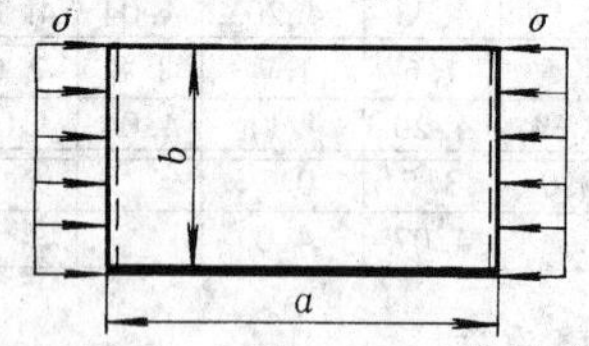

$\nu=0.25$　$$\sigma_{cr}=k\frac{\pi^2E}{12(1-\nu^2)}\left(\frac{t}{b}\right)^2$$

a/b	1.0	1.1	1.2	1.3	1.4	1.5	1.6	1.7
k	1.70	1.56	1.47	1.41	1.36	1.34	1.33	1.33
a/b	1.8	1.9	2.0	2.2	2.5	3	∞	
k	1.34	1.36	1.38	1.45	1.59	1.36	1.33	

$\nu=0.3$

a/b	0.8	0.9	1.0	1.25	1.5	1.645	1.75	2.0	2.25	2.5
k	2.15	1.85	1.66	1.39	1.29	1.28	1.29	1.34	1.42	1.39
a/b	3.0	3.5	4	4.5	4.94	5.25	6.00	∞		
k	1.29	1.29	1.34	1.29	1.28	1.29	1.29	1.28		

（续）

序号	载荷与支座	临界载荷

6　面内弯压组合作用，四边简支

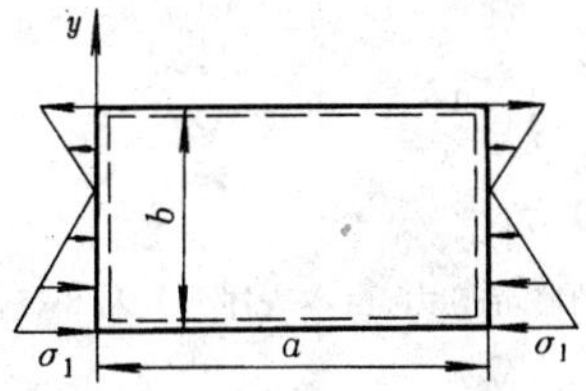

$\sigma_x=\sigma_1(1-\varphi y/b)$

$\varphi=2$ 纯弯

$\varphi=0$ 纯压

$$\sigma_{1cr}=k\frac{\pi^2E}{12(1-\nu^2)}(t/b)^2$$

φ \ a/b	0.40	0.50	0.60	0.667	0.75	0.80	0.90	1.0	1.5	∞
2	29.1	25.6	24.1	23.9	24.1	24.4	25.6	25.6	24.1	23.9
4/3	18.7	—	12.9	—	11.5	11.2	—	11.0	11.5	
1	15.1	—	9.7	—	8.4	8.1	—	7.8	8.4	
4/5	13.3	—	8.3	—	7.1	6.9	—	6.6	7.1	
2/3	10.8	—	7.1	—	6.1	6.0	—	5.8	6.1	

$\varphi=2$，近似式　$a/b\leqslant\frac{2}{3}$　$k\approx15.87+1.87/\beta^2+8.6\beta^2$

$a/b>\frac{2}{3}$　$k\approx23.9$　$(\beta=a/b)$

7　面内弯曲作用，受载边简支，非受载边固定

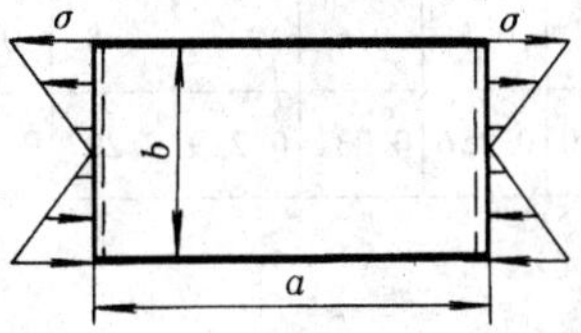

$$\sigma_{cr}=k\frac{\pi^2E}{12(1-\nu^2)}\left(\frac{t}{b}\right)^2$$

a/b	0.3	0.4	0.5	0.6	0.7	0.8	1.0	1.5	2.0
k	47.3	40.7	39.7	41.8	43.0	40.7	39.7	39.7	39.7

$a/b\geqslant1$　$k\approx39.7$

8　面内受均匀剪切作用，四边简支

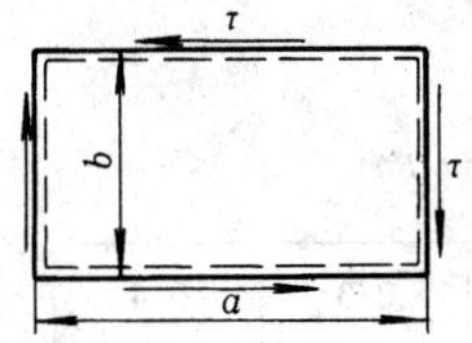

$$\tau_{cr}=k\frac{\pi^2E}{12(1-\nu^2)}(t/b)^2$$

$\beta=a/b\leqslant1$　　$k\approx4.0+5.34/\beta^2$

$\beta=a/b\geqslant1$　　$k\approx5.34+4.00/\beta^2$

精确解

a/b	1	2	3	∞
k	9.35	6.48	6.04	5.35

9　面内压缩，剪切组合作用，四边简支

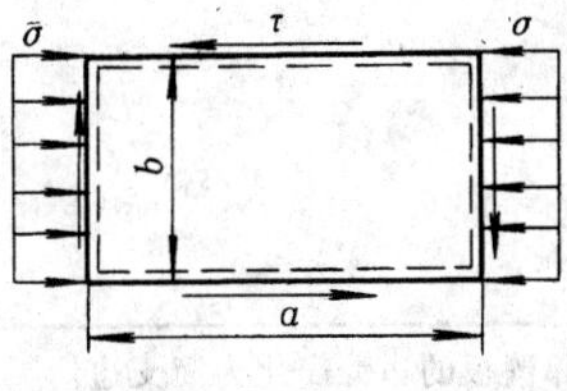

交叉影响公式

$$\left(\frac{\sigma_{cr}}{\sigma_{cr}^*}\right)^2+\left(\frac{\tau_{cr}}{\tau_{cr}^*}\right)^2=1$$

式中　σ_{cr}、τ_{cr}——压、剪组合作用时的临界应力；

σ_{cr}^*、τ_{cr}^*——仅有压缩或剪切作用时的临界应力，由本表序号 1 和 8 查得

（续）

序号	载荷与支座	临界载荷

10 面内弯曲，剪切组合作用，四边简支

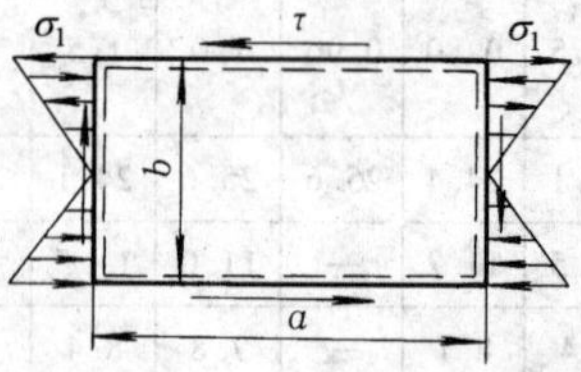

交叉影响公式

$$\left(\frac{\sigma_{1cr}}{\sigma_{1cr}^{*}}\right)^2+\left(\frac{\tau_{cr}}{\tau_{cr}^{*}}\right)^2=1$$

式中 σ_{1cr}、τ_{cr}——弯剪组合作用时的临界应力；

σ_{1cr}^{*}、τ_{cr}^{*}——仅有弯曲或剪切作用时的临界应力，由本表序号6和8查得

11 面内径向压缩，外周边简支内周边自由

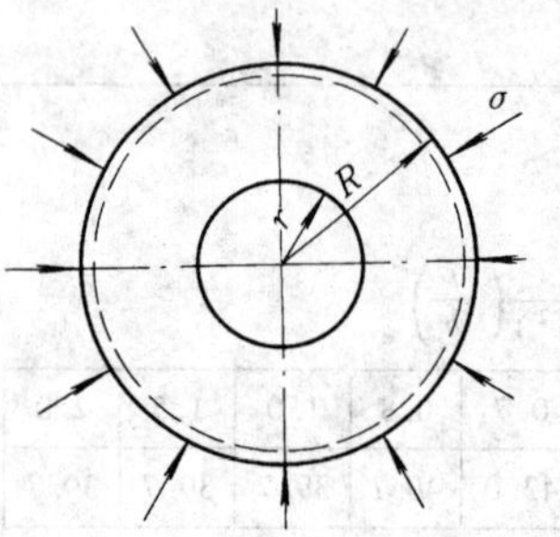

$$\sigma_{cr}=k\frac{\pi^2E}{12(1-\nu^2)}(t/R)^2$$

r/R	0	0.1	0.2	0.3	0.4	0.5	0.6	0.7	0.8	0.9
k	0.426	0.402	0.365	0.328	0.280	0.256	0.231	0.219	0.207	0.195

12 面内径向压缩，外周边固定，内周边自由

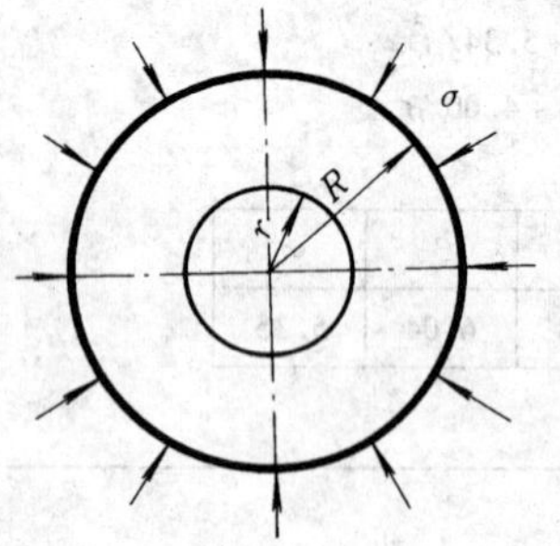

$$\sigma_{cr}=k\frac{\pi^2E}{12(1-\nu^2)}(t/R)^2$$

r/R	0	0.1	0.2	0.3	0.4	0.5
k	1.48	1.42	1.35	1.47	1.80	2.52

表中 t——板厚

———— 自由边

═ ═ ═ 简支边

━━━━ 固定边

注：本表也适用于薄壁杆件局部稳定临界载荷计算，通常将所计算的壁板部分与相邻壁板的边缘简化为简支边。

表 1.4-60　圆柱壳与球壳的临界载荷(线弹性)

序号	载荷与壳体	临界载荷
1	轴向均匀受压的圆柱壳 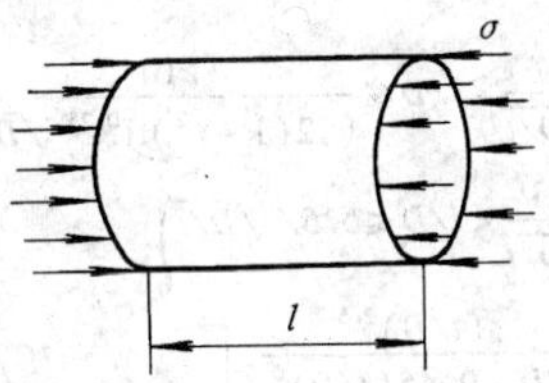 R—平均半径 t—厚度　　(下同)	短壳:$\left[z=\left(\frac{l}{R}\right)^2(R/t)\sqrt{1-\nu^2}<2.85\right]$ $\sigma_{cr}=k_c\frac{\pi^2E}{12(1-\nu^2)(l/t)^2}$ $k_c=\begin{cases}\frac{1+12z^2}{\pi^4}(两端简支)\\\frac{4+3z^2}{\pi^4}(两端固定)\end{cases}$ 中长壳:$(z>2.85)$ 经典理论解(理想圆柱壳)　$\sigma_{cr}=\frac{1}{\sqrt{3(1-\nu^2)}}\frac{Et}{R}$(两端简支或固定) 实测值(有缺陷圆柱壳)　$\sigma'_{cr}=\left(\frac{1}{5}\sim\frac{1}{3}\right)\sigma_{cr}$ 对精度较差的柱壳可取　$\sigma'_{cr}=\frac{1}{5}\sigma_{cr}$ 对精度较高的柱壳可取　$\sigma'_{cr}=\left(\frac{1}{4}\sim\frac{1}{3}\right)\sigma_{cr}$ 长壳:(z 很大的细长壳) $\sigma_{cr}=\frac{\pi^2E}{\lambda^2}$ $\lambda=\frac{\sqrt{2}\mu l}{R}>\pi\sqrt{\frac{E}{\sigma_s}}$ μ 为长度系数,见表 1.4-52
2	纵向对称面内受弯矩作用圆柱壳 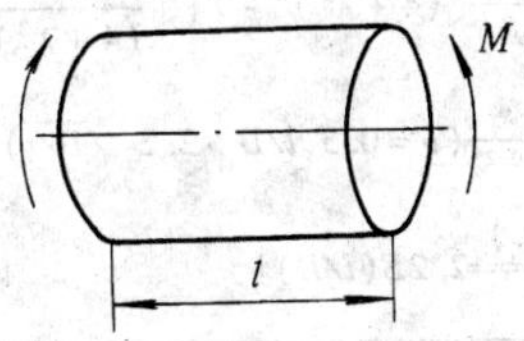	中长壳:　$M_{cr}=\frac{\pi ERt^2}{\sqrt{3(1-\nu^2)}}$ 实测值　$M'_{cr}=(0.4\sim0.7)M_{cr}$
3	两端受扭圆柱壳 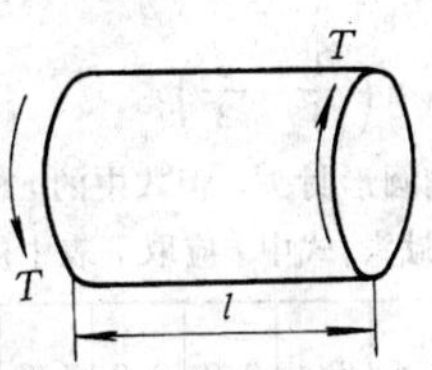 $\tau=\frac{T}{2\pi R^2t}$ D—平均直径	$\tau_{cr}=k_s\left(\frac{\pi^2E}{12(1-\nu^2)(l/t)^2}\right)\overset{\nu=0.3}{=\!=}\frac{0.904k_sE}{(l/t)^2}$ 短壳:　$z=(l/R)^2(R/t)\sqrt{1-\nu^2}<50$ $k_s=\begin{cases}5.35+0.213z\quad(两端简支)\\8.98+0.101z\quad(两端固定)\end{cases}$ 中长壳:　$100\leqslant z\leqslant19.2(1-\nu^2)(D/t)^2\overset{\nu=0.3}{=\!=}17.5(D/t)^2$ $k_s=0.85z^{0.75}$($\nu=0.3$,无论何边界) 考虑初始缺陷影响,建议取 k_s 比上式低 15% 长壳:　$k_s=\frac{0.416z}{(D/t)^{0.5}}$

（续）

<table>
<tr><th>序号</th><th>载荷与壳体</th><th>临界载荷</th></tr>
<tr><td>4</td><td>静水外压，非加劲圆柱壳及环向加劲圆柱壳在环肋之间的屈曲
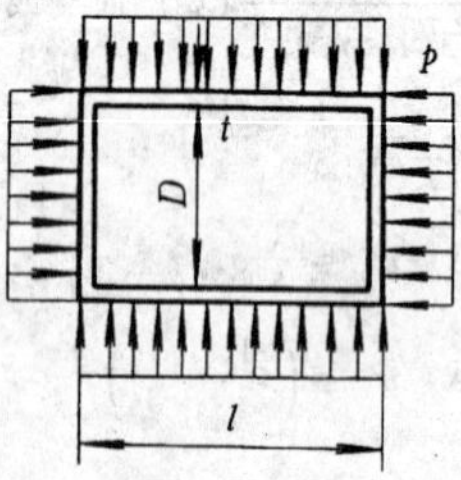
l 为柱壳两相邻环肋之间或一端部与相邻环肋间的距离，若两端为半球状头壳，当柱壳段发生屈曲，头部仍保持稳定，则可当作较长的柱壳，每端各加长 $\frac{\pi D}{2n}$</td><td>一般通用式：
$$p_{cr}=\frac{2E(t/D)}{n^2+(\lambda^2/2)-1}\left\{\frac{(t/D)^2}{3(1-\nu^2)}[(n^2+\lambda^2)^2-2n^2+1]+\frac{\lambda^4}{(n^2+\lambda^2)^2}\right\}$$
n：环向出现压陷时的瓣数（使 p_{cr} 最小的正整数）
$$\lambda=\frac{\pi D}{2l}$$
简化式：
当 $\frac{2}{[12(1-\nu^2)]^{0.25}\sqrt{D/t}}<l/D\leqslant\frac{10}{[12(1-\nu^2)]^{0.25}\sqrt{D/t}}$
$\left(\nu=0.3,\frac{1.1}{\sqrt{D/t}}<l/D\leqslant 5.5/\sqrt{D/t}\right)$
$$p_{cr}=\frac{2.42E}{(1-\nu^2)^{0.75}}\left[\frac{(t/D)^{2.5}}{l/D-0.45(t/D)^{0.5}}\right]\overset{\nu=0.3}{=\!=}\frac{2.6E(t/D)^{2.5}}{l/D-0.45(t/D)^{0.5}}$$
当 $\frac{10}{[12(1-\nu^2)]^{0.25}\sqrt{D/t}}<l/D\leqslant\frac{\sqrt{D/t}}{[12(1-\nu^2)]^{0.25}}$
$\left(\nu=0.3,\frac{5.5}{\sqrt{D/t}}<l/D\leqslant 0.55\sqrt{D/t}\right)$
$$p_{cr}=\frac{2.42E}{(1-\nu^2)^{0.75}(D/t)^{2.5}(l/D)}\overset{\nu=0.3}{=\!=}\frac{2.60E}{l/D(D/t)^{2.5}}$$
当 $\frac{\sqrt{D/t}}{[12(1-\nu^2)]^{0.25}}<l/D\leqslant\frac{4\sqrt{D/t}}{[12(1-\nu^2)]^{0.25}}$
$\left(\nu=0.3,0.55\sqrt{D/t}<l/D\leqslant 2.2\sqrt{D/t}\right)$
$$p_{cr}=\frac{2E(t/D)}{3+\lambda^2/2}\left\{\frac{(t/D)^2}{3(1-\nu^2)}[(4+\lambda^2)^2-7]+\frac{\lambda^4}{(4+\lambda^2)^2}\right\}$$
当 $l/D>\frac{4\sqrt{D/t}}{[12(1-\nu^2)]^{0.25}}\left(\nu=0.3,l/D>2.2\sqrt{D/t}\right)$
$$p_{cr}=\frac{2E(t/D)^3}{(1-\nu^2)}\overset{\nu=0.3}{=\!=}2.2E(t/D)^3$$</td></tr>
<tr><td>5</td><td>径向均匀外压球壳
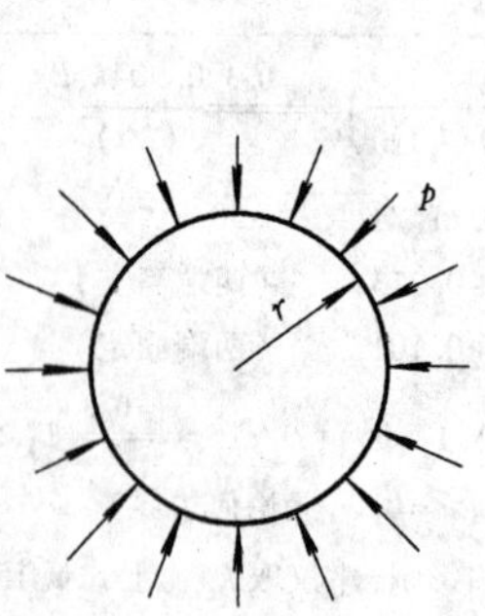</td><td>经典理论解
$$p_{cr}=\frac{2Et^2}{r^2\sqrt{3(1-\nu^2)}}\overset{\nu=0.3}{=\!=}1.2E\left(\frac{t}{r}\right)^2$$
实测值
$$p'_{cr}=\left(\frac{1}{4}\sim\frac{2}{3}\right)p_{cr}$$
经典解也适用于碟形和椭圆形封头。但式中的 r 应为碟形封头球面部分的内半径；用于椭圆形封头，式中 r 应取下表中的当量半径 r_0
<table>
<tr><td>长短半轴比 a/b</td><td>3.0</td><td>2.8</td><td>2.6</td><td>2.4</td><td>2.2</td><td>2.0</td><td>1.8</td><td>1.6</td><td>1.4</td><td>1.2</td></tr>
<tr><td>当量半径与容器外直径比 $\frac{r_0}{D}$</td><td>1.36</td><td>1.27</td><td>1.18</td><td>1.08</td><td>0.99</td><td>0.90</td><td>0.81</td><td>0.73</td><td>0.65</td><td>0.57</td></tr>
</table></td></tr>
</table>

参考文献

〔1〕 机械工程手册编辑委员会．机械工程手册：基础理论卷［M］．2 版．北京：机械工业出版社，1996.

〔2〕 机械设计手册编委会．机械设计手册：第 1 卷［M］．新版．北京：机械工业出版社，2004.

〔3〕 徐灝．机械设计手册：第 1 卷［M］．2 版．北京：机械工业出版社，2000.

〔4〕 东北大学《机械零件设计手册》编写组．机械零件设计手册：上册［M］．3 版．北京：冶金工业出版社，1994.

〔5〕 成大先．机械设计手册：第 1 卷［M］．5 版．北京：化学工业出版社，2008.

〔6〕 蔡春源．机电液设计手册：上册［M］．北京：机械工业出版社，沈阳：东北大学出版社，1997.

〔7〕 王启义．机械设计大典：第 2 卷［M］．南昌：江西科学技术出版社，2002.

〔8〕 汪恺．机械设计标准应用手册：第 1 卷［M］．北京：机械工业出版社，1997.

〔9〕 日本机械学会．机械技术手册：上册［M］．北京：机械工业出版社，1984.

〔10〕 全国量和单位标准化技术委员会．GB3100～3102—1993　量和单位［S］．北京：中国标准出版社，1994.

〔11〕 全国产品尺寸和几何技术规范标准化技术委员会．GB/T 321—2005　优先数和优先数系［S］．北京：中国标准出版社，2005.

〔12〕 全国产品尺寸和几何技术规范标准化技术委员会．GB/T 19763—2005　优先数和优先数系的应用指南［S］．北京：中国标准出版社，2005.

〔13〕 全国产品尺寸和几何技术规范标准化技术委员会．GB/T 19764—2005　优先数和优先数化整值系列的选用指南［S］．北京：中国标准出版社，2005.

〔14〕 严蕊琪．机械工程师工作手册［M］．北京：机械工业出版社，1985.

〔15〕 杜荷聪，王启尧，袁楠．物理量与单位［M］．北京：中国计量出版社，1986.

〔16〕 国家计量局单位办公室．中华人民共和国法定计量单位资料汇编［M］．北京：中国计量出版社，1984.

〔17〕 杜荷聪，陈维新．法定计量单位宣贯手册（修订本）［M］．北京：国防工业出版社，1986.

〔18〕 李慎安．法定计量单位手册［M］．南京：江苏科技出版社，1984.

〔19〕 杜荷聪，陈维新，张振威．计量单位及其换算［M］．北京：中国计量出版社，1982.

〔20〕 张秀田，等．法定计量单位换算手册［M］．北京：石油工业出版社，1985.

〔21〕 国际单位制推行委员会办公室．常用单位换算表［M］．北京：中国计量出版社，1986.

〔22〕 吉林大学数学系．数学分析［M］．北京：人民教育出版社，1979.

〔23〕 王连祥，等．数学手册［M］．北京：人民教育出版社，1979.

〔24〕 伯德，数学手册［M］．方开文，等，译．北京：科学出版社，1990.

〔25〕 居余马，等．线性代数［M］．北京：清华大学出版社，1995.

〔26〕 丘维声．解析几何［M］．北京：北京大学出版社，1998.

〔27〕 叶其孝，沈永欢．实用数学手册［M］．2 版．北京：科学出版社，2008.

〔28〕 酒井高男，等．齿车便览：基础［M］．东京：日本工业新闻出版社，1969.

〔29〕 Robert C Weast，et al. Handbook of Tables for Mathematics［M］. The Chemical Rubber Co.，1970.

〔30〕 Cabriel Klambauer. Problems and Propositions in Analysis［M］. NewYork：Marcel Dekker，Inc.，1979.

〔31〕 哈尔滨工业大学理论力学教研组．理论力学［M］．5 版．北京：高等教育出版社，1997.

〔32〕 徐芝纶．弹性力学［M］．3 版．北京：高等教育出版社，1990.

〔33〕 刘鸿文．材料力学［M］．3 版．北京：高等教育出版社，1992.

〔34〕 Γ C 皮萨连柯．材料力学手册［M］．宋俊杰，刘茂江，译．石家庄：河北科学出版社，1984.

〔35〕 R J 罗克，等．应力应变公式［M］．汪一麟，汪一骏，译．北京：中国建筑工业出版社，1985.

〔36〕 铁摩辛柯，等．板壳理论［M］．《板壳理论》翻译组，译．北京：科学出版社，1977.

〔37〕 西拉德．板的理论和分析［M］．陈太平，等，译．北京：中国铁道出版社，1984.

〔38〕 陈铁云，陈伯真．弹性薄壳力学［M］．武汉：华中工学院出版社，1981.

〔39〕 范钦珊．轴对称应力分析［M］．北京：高等教育出版社，1985.

〔40〕 Johnston B G．金属结构稳定性设计解说［M］．董其震，等，译．北京：中国铁道出版社，1981.

第 2 篇　机械工程材料

主　编　方昆凡

编写人　方昆凡

夏永发

黄　英

鄂晓宇

单宝峰

高　虹

审稿人　谭建荣

第 4 版

机械工程材料

主　编　方昆凡
编写人　方昆凡
黄　英
单宝峰
鄂晓宇
刘宏军

第1章 钢铁材料

1 钢铁材料牌号表示方法

1.1 钢铁产品牌号表示方法（见表2.1-1～表2.1-3）

表2.1-1 常用化学元素符号（摘自GB/T 221—2008）

元素名称	铁	锰	铬	镍	钴	铜	钨	钼	钒	钛	锂	铍	镁	钙	锆	锡	铅	铋	铯	钡
化学元素符号	Fe	Mn	Cr	Ni	Co	Cu	W	Mo	V	Ti	Li	Be	Mg	Ca	Zr	Sn	Pb	Bi	Cs	Ba
元素名称	钐	锕	硼	碳	硅	硒	碲	砷	硫	磷	铝	铌	钽	镧	铈	钕	氮	氧	氢	—
化学元素符号	Sm	Ac	B	C	Si	Se	Te	As	S	P	Al	Nb	Ta	La	Ce	Nd	N	O	H	—

注：混合稀土元素符号采用"RE"表示。

表2.1-2 产品名称、用途、特性和工艺方法表示符号（摘自GB/T 221—2008）

产品名称	采用的汉字及汉语拼音或英文单词			采用字母	位置
	汉字	汉语拼音	英文单词		
碳素结构钢、低合金结构钢	屈	QU	—	Q	牌号头
热轧光圆钢筋	热轧光圆钢筋	—	Hot Rolled Plain Bars	HPB	牌号头
热轧带肋钢筋	热轧带肋钢筋	—	Hot Rolled Ribbed Bars	HRB	牌号头
细晶粒热轧带肋钢筋	热轧带肋钢筋+细	—	Hot Rolled Ribbed Bars + Fine	HRBF	牌号头
冷轧带肋钢筋	冷轧带肋钢筋	—	Cold Rolled Ribbed Bars	CRB	牌号头
预应力混凝土用螺纹钢筋	预应力、螺纹、钢筋	—	Prestressing、Screw、Bars	PSB	牌号头
焊接气瓶用钢	焊瓶	HAN PING	—	HP	牌号头
管线用钢	管线	—	Line	L	牌号头
船用锚链钢	船锚	CHUAN MAO	—	CM	牌号头
煤机用钢	煤	MEI	—	M	牌号头
锅炉和压力容器用钢	容	RONG	—	R	牌号尾
锅炉用钢（管）	锅	GUO	—	G	牌号尾
低温压力容器用钢	低容	DI RONG	—	DR	牌号尾
桥梁用钢	桥	QIAO	—	Q	牌号尾
耐候钢	耐候	NAI HOU	—	NH	牌号尾
高耐候钢	高耐候	GAO NAI HOU	—	GNH	牌号尾
汽车大梁用钢	梁	LIANG	—	L	牌号尾
高性能建筑结构用钢	高建	GAO JIAN	—	GJ	牌号尾
低焊接裂纹敏感性钢	低焊接裂纹敏感性	—	Crack Free	CF	牌号尾
保证淬透性钢	淬透性	—	Hardenability	H	牌号尾
矿用钢	矿	KUANG	—	K	牌号尾
船用钢	采用国际符号				
沸腾钢	沸	FEI	—	F	牌号尾
半镇静钢	半	BAN	—	b	牌号尾
镇静钢	镇	ZHEN	—	Z	牌号尾
特殊镇静钢	特镇	TE ZHEN	—	TZ	牌号尾
质量等级	—	—	—	A、B、C、D、E	牌号尾

表 2.1-3　钢铁产品牌号表示方法及示例

（摘自 GB/T 221—2008、GB/T 5612—2008、GB/T 5613—1995）

产品分类	牌号表示方法						
	说　明	牌号组成及牌号示例					
		产品名称	第1部分			第2部分	牌号示例
			采用汉字	汉语拼音	采用字母		
生铁	生铁牌号通常由两部分组成，组成示例见右表 第1部分：表示产品用途、特性及工艺方法的大写汉语拼音字母 第2部分：表示主要元素平均含量（以千分之几计）的阿拉伯数字。炼钢用生铁、铸造用生铁、球墨铸铁用生铁、耐磨生铁为硅元素平均含量；脱碳低磷粒铁为碳平均含量，含钒生铁为钒元素平均含量	炼钢用生铁	炼	LIAN	L	含硅量为0.85%～1.25%的炼钢用生铁，阿拉伯数字为10	L10
		铸造用生铁	铸	ZHU	Z	含硅量为2.80%～3.20%的铸造用生铁，阿拉伯数字为30	Z30
		球墨铸铁用生铁	球	QIU	Q	含硅量为1.00%～1.40%的球墨铸铁用生铁，阿拉伯数字为12	Q12
		耐磨生铁	耐磨	NAI MO	NM	含硅量为1.60%～2.00%的耐磨生铁，阿拉伯数字为18	NM18
		脱碳低磷粒铁	脱粒	TUO LI	TL	含碳量为1.20%～1.60%的炼钢用脱碳低磷粒铁，阿拉伯数字为14	TL14
		含钒生铁	钒	FAN	F	含钒量不小于0.40%的含钒生铁，阿拉伯数字为04	F04

产品分类	说　明	牌号组成及牌号示例					
		产品名称	第1部分	第2部分	第3部分	第4部分	牌号示例
碳素结构钢和低合金结构钢	牌号由4部分组成 第1部分：前缀符号后加强度值（N/mm^2 或 MPa 为单位），其中通用结构钢前缀符号为代表屈服强度的拼音字母“Q”，专用结构钢前缀符号见表2.1-2 第2部分（必要时）：钢的质量等级，用英文字母A、B、C、D、E、F……表示 第3部分（必要时）：脱氧方式表示符号，即沸腾钢、半镇静钢、镇静钢、特殊镇静钢分别以“F”、“b”、“Z”、“TZ”表示，镇静钢（Z）、特殊镇静钢（TZ）符号通常可省略 第4部分（必要时）：产品用途、特性、工艺方法符号，见表2.1-2 牌号组成示例见右表 根据需要，低合金高强度结构钢的牌号也可以用二位阿拉伯数字（表示平均含碳量，以万分之几计）加表2.1-1规定的元素符号，必要时加代表产品用途、特性和工艺方法的表示符号（见表2.1-2），按顺序表示。例如，碳含量为0.15%～0.26%，锰含量为1.20%～1.60%的矿用钢牌号为20MnK	碳素结构钢	最小屈服强度 $235N/mm^2$	A级	沸腾钢	—	Q235AF
		低合金高强度结构钢	最小屈服强度 $345N/mm^2$	D级	特殊镇静钢	—	Q345D
		热轧光圆钢筋	屈服强度特征值 $235N/mm^2$	—	—	—	HPB235
		热轧带肋钢筋	屈服强度特征值 $335N/mm^2$	—	—	—	HRB335
		细晶粒热轧带肋钢筋	屈服强度特征值 $335N/mm^2$	—	—	—	HRBF335
		冷轧带肋钢筋	最小抗拉强度 $550N/mm^2$	—	—	—	CRB550
		预应力混凝土用螺纹钢筋	最小屈服强度 $830N/mm^2$	—	—	—	PSB830
		焊接气瓶用钢	最小屈服强度 $345N/mm^2$	—	—	—	HP345
		管线用钢	最小规定总延伸强度415MPa	—	—	—	L415
		船用锚链钢	最小抗拉强度370MPa	—	—	—	CM370
		煤机用钢	最小抗拉强度510MPa	—	—	—	M510
		锅炉和压力容器用钢	最小屈服强度 $345N/mm^2$	—	特殊镇静钢	压力容器“容”的汉语拼音首位字母“R”	Q345R

（续）

产品分类	牌号表示方法：说明	牌号组成及牌号示例：产品名称	第1部分	第2部分	第3部分	第4部分	第5部分	牌号示例
优质碳素结构钢和优质碳素弹簧钢	由5部分组成 第1部分：以两位阿拉伯数字表示平均含碳量（万分之几计） 第2部分（必要时）：较高含锰量的优质碳素结构钢，加锰元素符号Mn 第3部分（必要时）：钢材冶金质量，高级优质钢、特级优质钢分别用A、E表示，优质钢不用字母表示 第4部分（必要时）：脱氧方式符号，沸腾钢（F）、半镇静钢（b）、镇静钢（Z）、但Z通常可以省略 第5部分（必要时）：产品用途、特性、工艺方法表示符号，见表2.1-2，牌号组成示例见右表	优质碳素结构钢	碳含量：0.05%～0.11%	锰含量：0.25%～0.50%	优质钢	沸腾钢	—	08F
		优质碳素结构钢	碳含量：0.47%～0.55%	锰含量：0.50%～0.80%	高级优质钢	镇静钢	—	50A
		优质碳素结构钢	碳含量：0.48%～0.56%	锰含量：0.70%～1.00%	特级优质钢	镇静钢	—	50MnE
		保证淬透性用钢	碳含量：0.42%～0.50%	锰含量：0.50%～0.85%	高级优质钢	镇静钢	保证淬透性钢表示符号“H”	45AH
		优质碳素弹簧钢	碳含量：0.62%～0.70%	锰含量：0.90%～1.20%	优质钢	镇静钢	—	65Mn

产品分类	说明	牌号组成及牌号示例：产品名称	第1部分	第2部分	第3部分	第4部分	牌号示例
合金结构钢和合金弹簧钢	合金结构钢和合金弹簧钢牌号的表示方法相同，其牌号通常由4部分组成： 第1部分：以二位阿拉伯数字表示平均碳含量（以万分之几计） 第2部分：合金元素含量，以化学元素符号及阿拉伯数字表示。具体表示方法为：平均含量小于1.50%时，牌号中仅标明元素，一般不标明含量；平均含量为1.50%～2.49%、2.50%～3.49%、3.50%～4.49%、4.50%～5.49%……时，在合金元素后相应写成2、3、4、5…… 化学元素符号的排列顺序推荐按含量值递减排列。如果两个或多个元素的含量相等时，相应符号位置按英文字母的顺序排列 第3部分：钢材冶金质量，即高级优质钢、特级优质钢分别以A、E表示，优质钢不用字母表示 第4部分（必要时）：产品用途、特性或工艺方法表示符号，见表2.1-2	合金结构钢	碳含量：0.22%～0.29%	铬含量1.50%～1.80%、钼含量0.25%～0.35%、钒含量0.15%～0.30%	高级优质钢	—	25Cr2MoVA
		锅炉和压力容器用钢	碳含量：≤0.22%	锰含量1.20%～1.60%、钼含量0.45%～0.65%、铌含量0.025%～0.050%	特级优质钢	锅炉和压力容器用钢	18MnMoNbER
		合金弹簧钢	碳含量：0.56%～0.64%	硅含量1.60%～2.00%锰含量0.70%～1.00%	优质钢	—	60Si2Mn

（续）

产品分类	牌号表示方法							
名称	说　明	牌号组成及牌号示例						
		第1部分			第2部分	第3部分	第4部分	牌号示例
		汉字	汉语拼音	采用字母				
车辆车轴用钢	牌号通常由两部分组成 第1部分：车辆车轴用钢符号“LZ”或机车车辆用钢符号“JZ” 第2部分：以两位阿拉伯数字表示平均碳含量（以万分之几计）	辆轴	LiANG ZHOU	LZ	碳含量： 0.40%～0.48%	—	—	LZ45
机车车辆用钢		机轴	JI ZHOU	JZ	碳含量： 0.40%～0.48%	—	—	JZ45
非调质机械结构钢	牌号由4部分组成 第1部分：非调质机械结构钢符号“F” 第2、第3部分与合金结构钢第1、第2部分相同 第4部分（必要时）：改善可加工性的钢加硫元素S	非	FEI	F	碳含量： 0.32%～0.39%	钒含量： 0.06%～0.13%	硫含量： 0.035%～0.075%	F35VS
碳素工具钢	第1部分：碳素工具钢符号“T” 第2部分：阿拉伯数字表示平均碳含量（以千分之几计） 第3部分（必要时）：较高含锰量加元素符号Mn 第4部分（必要时）：高级优质钢加A，优质钢不加字母	碳	TAN	T	碳含量 0.80%～0.90%	锰含量： 0.40%～0.60%	高级优质钢	T8MnA
合金工具钢	牌号由两部分组成 第1部分：平均含碳量小于1.00%时，用一位数字表示碳含量（以千分之几计）。平均碳含量不小于1.00%时，不标明含碳量数字 第2部分：合金元素含量表示方法同合金结构钢第2部分。低铬（平均铬含量小于1%）合金工具钢，在铬含量（以千分之几计）前加数字“0”	碳含量： 0.85%～0.95%			硅含量： 1.20%～1.60% 铬含量： 0.95%～1.25%	—	—	9SiCr

（续）

产品分类	牌号表示方法							
名称	说明	牌号组成及牌号示例						
		第1部分			第2部分	第3部分	第4部分	牌号示例
		汉字	汉语拼音	采用字母				
高速工具钢	高速工具钢牌号表示方法与合金结构钢相同，但在牌号头部一般不标明表示碳含量的阿拉伯数字。为了区别牌号，在牌号头部可以加“C”表示高碳高速工具钢	碳含量：0.80%~0.90%			钨含量：5.50%~6.75% 钼含量：4.50%~5.50% 铬含量：3.80%~4.40% 钒含量：1.75%~2.20%	—	—	W6Mo5Cr4V2
		碳含量：0.86%~0.94%			钨含量：5.90%~6.70% 钼含量：4.70%~5.20% 铬含量：3.80%~4.50% 钒含量：1.75%~2.10%	—	—	CW6Mo5Cr4V2
高碳铬轴承钢	牌号通常由两部分组成 第1部分：滚动轴承钢表示符号“G”不标明碳含量 第2部分：合金元素“Cr”符号及其含量（以千分之几计） 其他合金元素含量的表示方法同合金结构钢第2部分	滚	GUN	G	铬含量：1.40%~1.65%	硅含量：0.45%~0.75% 锰含量：0.95%~1.25%	—	GCr15SiMn
钢轨钢	钢轨钢和冷镦钢牌号通常由3部分组成 第1部分：钢轨钢表示符号“U”、冷镦钢（铆螺钢）表示符号“ML” 第2部分：以阿拉伯数字表示平均碳含量，方法与优质碳素结构、合金结构钢第1部分相同 第3部分：合金元素含量等的表示方法同合金结构钢的第2部分	轨	GUI	U	碳含量：0.66%~0.75%	硅含量：0.85%~1.15% 锰含量：0.85%~1.15%	—	U70MnSi
冷镦钢		铆螺	MAO LUO	ML	碳含量：0.26%~0.34%	铬含量：0.80%~1.10% 钼含量：0.15%~0.25%	—	ML30CrMo
焊接用钢	焊接用钢包括焊接用碳素钢、焊接用合金钢和焊接用不锈钢，其牌号通常由两部分组成 第1部分：焊接用钢表示符号“H” 第2部分：各类焊接用钢牌号表示方法。焊接用碳素钢、合金钢、不锈钢分别与优质碳素结构钢、合金结构钢、不锈钢相同	焊	HAN	H	碳含量≤0.10%的高级优质碳素结构钢	—	—	H08A
					碳含量≤0.10%、铬含量为0.80%~1.10%、钼含量为0.40%~0.60%的高级优质合金结构钢	—	—	H08CrMoA

（续）

产品分类		牌号表示方法						
名称	说　明	牌号组成及牌号示例						
		第1部分			第2部分	第3部分	第4部分	牌号示例
		汉字	汉语拼音	采用字母				
电磁纯铁	牌号通常由3部分组成 第1部分：电磁纯铁表示符号“DT” 第2部分：以阿拉伯数字表示不同牌号的顺序号 第3部分：按电磁性能不同，采用“A”、“C”、“E”符号表示质量等级	电铁	DIAN TIE	DT	顺序号4	磁性能A级	—	DT4A
原料纯铁	牌号通常由两部分组成 第1部分：原料纯铁符号“YT” 第2部分：以阿拉伯数字表示不同牌号顺序号	原铁	YUAN TIE	YT	顺序号1	—	—	YT1

产品分类	牌号表示方法
易切削钢	易切削钢牌号通常由3部分组成 第1部分：易切削钢表示符号“Y” 第2部分：以两位阿拉伯数字表示平均碳含量（以万分之几计） 第3部分：易切削元素符号，如含钙、铅、锡等易切削元素的易切削钢，分别以Ca、Pb、Sn表示。加硫和加硫、磷的易切削钢，通常不加易切削元素符号S、P。较高锰含量的加硫或加硫磷易切削钢，本部分为锰元素符号Mn。为区分牌号，对较高硫含量的易切削钢，在牌号尾部加硫元素符号S 例如：碳含量为0.42%～0.50%、钙含量为0.002%～0.006%的易切削钢，其牌号表示为Y45Ca；碳含量为0.40%～0.48%、锰含量为1.35%～1.65%、硫含量为0.16%～0.24%的易切削钢，其牌号表示为Y45Mn；碳含量为0.40%～0.48%、锰含量为1.35%～1.65%、硫含量为0.24%～0.32%的易切削钢，其牌号表示为Y45MnS
渗碳轴承钢	在牌号头部加符号“G”，采用合金结构钢的牌号表示方法。高级优质渗碳轴承钢，在牌号尾部加“A” 例如：碳含量为0.17%～0.23%、铬含量为0.35%～0.65%、镍含量为0.40%～0.70%、钼含量为0.15%～0.30%的高级优质渗碳轴承钢，其牌号表示为G20CrNiMoA
高碳铬不锈轴承钢和高温轴承钢	在牌号头部加符号“G”，采用不锈钢和耐热钢的牌号表示方法 例如：碳含量为0.90%～1.00%、铬含量为17.0%～19.0%的高碳铬不锈轴承钢，其牌号表示为G95Cr18；碳含量为0.75%～0.85%、铬含量为3.75%～4.25%、钼含量为4.00%～4.50%的高温轴承钢，其牌号表示为G80Cr4Mo4V
不锈钢和耐热钢	1. 碳含量 用2或3位阿拉伯数字表示碳含量最佳控制值（以万分之几或十万分之几计） （1）只规定碳含量上限者，当碳含量上限不大于0.10%时，以其上限的3/4表示碳含量；当碳含量上限大于0.10%时，以其上限的4/5表示碳含量 例如：碳含量上限为0.08%时，碳含量以06表示；碳含量上限为0.20%时，碳含量以16表示；碳含量上限为0.15%时，碳含量以12表示 对超低碳不锈钢（即碳含量不大于0.030%），用3位阿拉伯数字表示碳含量最佳控制值（以十万分之几计） 例如：碳含量上限为0.030%时，其牌号中的碳含量以022表示；碳含量上限为0.020%时，其牌号中的碳含量以015表示 （2）规定上、下限者，以平均碳含量×100表示 例如：碳含量为0.16%～0.25%时，其牌号中的碳含量以20表示 2. 合金元素含量

（续）

产品分类	牌号表示方法
不锈钢和耐热钢	合金元素含量以化学元素符号及阿拉伯数字表示，表示方法同合金结构钢第2部分。钢中有意加入的铌、钛、锆、氮等合金元素，虽然含量很低，但也应在牌号中标出 例如：碳含量不大于0.08%、铬含量为18.00%～20.00%、镍含量为8.00%～11.00%的不锈钢，牌号为06Cr19Ni10；碳含量不大于0.030%、铬含量为16.00%～19.00%、钛含量为0.10%～1.00%的不锈钢，牌号为022Cr18Ti；碳含量为0.15%～0.25%、铬含量为14.00%～16.00%、锰含量为14.00%～16.00%、镍含量为1.50%～3.00%、氮含量为0.15%～0.30%的不锈钢，牌号为20Cr15Mn15Ni2N；碳含量不大于0.25%、铬含量为24.00%～26.00%、镍含量为19.00%～22.00%的耐热钢，牌号为20Cr25Ni20
冷轧电工钢	冷轧电工钢分为取向电工钢和无取向电工钢，牌号通常由3部分组成 第1部分：材料公称厚度（单位：mm）100倍的数字 第2部分：普通级取向电工钢表示符号“Q”、高磁导率级取向电工钢表示符号“QG”或无取向电工钢表示符号“W” 第3部分：取向电工钢，磁极化强度为1.7T、频率为50Hz、以W/kg为单位的相应厚度产品的最大比总损耗值的100倍；无取向电工钢，磁极化强度为1.5T、频率为50Hz、以W/kg为单位的相应厚度产品的最大比总损耗值的100倍 例如：公称厚度为0.30mm、比总损耗$P1.7/50$为1.30W/kg的普通级取向电工钢，牌号为30Q130；公称厚度为0.30mm、比总损耗$P1.7/50$为1.10W/kg的高磁导率级取向电工钢，牌号为30QG110；公称厚度为0.50mm、比总损耗$P1.5/50$为4.0W/kg的无取向电工钢，牌号为50W400
高电阻电热合金	高电阻电热合金牌号采用化学元素符号和阿拉伯数字表示。牌号表示方法与不锈钢和耐热钢的牌号表示方法相同（镍铬基合金不标出含碳量） 例如：铬含量为18.00%～21.00%、镍含量为34.00%～37.00%、碳含量不大于0.08%的合金（其余为铁），其牌号表示为06Cr20Ni35
铸钢	铸钢的符号用“ZG”表示 以强度表示的铸钢牌号中，“ZG”后面的两组数字表示力学性能，第一组数字表示该牌号铸钢的屈服强度最低值，第二组数字表示其抗拉强度的最低值，中间用“-”隔开 以化学成分表示的铸钢牌号中，“ZG”后面一组数字表示其名义万分碳含量。当平均碳含量大于1%时，在牌号中不表示其名义含量；当平均碳含量小于0.1%时，其第一位数字为“0”；只给出碳含量上限，未给出下限的铸钢，牌号中碳的名义含量用上限表示 在碳的名义含量后面排列各主要合金元素符号，每个元素符号后面用整数标出名义百分含量 锰元素平均含量小于0.9%时，在牌号中不标元素符号；平均含量为0.9%～1.4%时，只标符号不注含量。其他合金元素平均含量为0.9%～1.4%时，在该元素符号后面标注数字1 钼元素的平均含量小于0.15%，其他元素平均含量小于0.5%时，在牌号中不标元素符号；钼元素的平均含量大于0.15%、小于0.9%时，在牌号中只标元素符号不标含量 当钛、钒元素平均含量小于0.9%，铌、硼、氮、稀土等微量合金化元素的平均含量小于0.5%时，在牌号中标注其化学符号，但不标含量 当主要合金元素多于3种时，可以在牌号中只标注前两种或前3种元素的名义含量 当牌号中标注两种以上主要合金元素时，各元素符号的标注顺序按其名义含量的递减顺序排列。若两种元素名义含量相同，则按元素符号的字母顺序排列 在特殊情况下，当同一牌号分为几个品种时，可在牌号后面用阿拉伯数字标注品种序号，并用“-”隔开 例如： 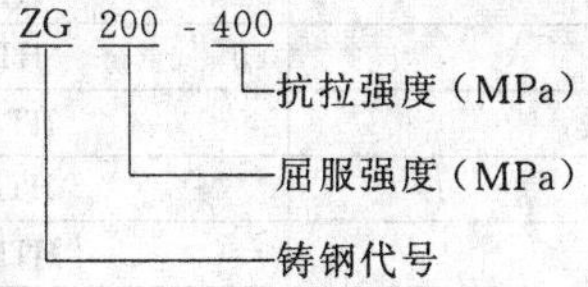

（续）

产品分类	牌号表示方法
铸钢	ZG 15 Cr 1 Mo 1 V V：钒的元素符号，其名义含量小于0.9% 1：钼的名义百分含量 Mo：钼的元素符号 1：铬的名义百分含量 Cr：铬的元素符号 15：碳的名义万分含量 ZG：铸钢代号 铸钢牌号表示方法符合 GB/T 5613—1995 的规定
铸铁	1）铸铁基本代号由表示该铸铁特征的汉语拼音字的第一个大写正体字母组成。当两种铸铁名称的代号字母相同时，可在该大写正体字母后加小写正体字母来区别。当要表示铸铁的组织特征或特殊性能时，代表铸铁组织特征或特殊性能的汉语拼音字的第一个大写正体字母排列在基本代号的后面 2）合金化元素符号用化学元素符号表示，混合稀土元素用符号“RE”表示，元素的名义含量及力学性能数值用阿拉伯数字表示 3）当以化学元素成分表示铸铁的牌号时，合金元素符号及名义含量（质量分数）排列在铸铁代号之后。牌号中常规（含量的）碳、硅、锰、硫、磷、元素一般不标注，仅在有特殊作用时，才标注其元素符号及含量。合金元素含量大于或等于1%时，在牌号中用整数标注；小于1%时，一般不标注，只有对该合金特性有较大影响时，才标注其合金化元素符号。合金化元素按其含量递减次序排列，含量相等时按元素符号的字母顺序排列 4）当以力学性能表示铸铁牌号时，力学性能数值排列在铸铁代号之后。当牌号中有合金元素符号时，抗拉强度值排列于元素符号及含量之后，之间用“-”隔开。牌号中代号后有一组数字时，此数字表示抗拉强度值（MPa）；有两组数字时，第一组表示抗拉强度值（MPa），第二组表示伸长率值（%），两组数字间用“-”隔开 5）牌号结构形式举例： QT 400 - 18 18：伸长率（%） 400：抗拉强度（MPa） QT：球墨铸铁代号 HTS Si 15 Cr 4 RE RE：稀土元素符号 Cr 4：铬元素符号及名义含量 Si 15：硅元素符号及名义含量 HTS：耐蚀灰铸铁代号 QTM Mn 8—300 300：抗拉强度（MPa） Mn 8：锰元素符号及名义含量 QTM：抗磨球墨铸铁代号 铸铁牌号表示方法符合 GB/T 5612—2008 的规定 铸铁代号及牌号示例如下

铸铁名称	代　　号	牌号示例
灰铸铁	HT	
灰铸铁	HT	HT250，HTCr-300
奥氏体灰铸铁	HTA	HTANi20Cr2
冷硬灰铸铁	HTL	HTLCr1Ni1Mo
耐磨灰铸铁	HTM	HTMCu1CrMo
耐热灰铸铁	HTR	HTRCr

（续）

产品分类	牌号表示方法		
	铸铁名称	代号	牌号示例
铸铁	耐蚀灰铸铁	HTS	HTSNi2Cr
	球墨铸铁	QT	
	球墨铸铁	QT	QT400-18
	奥氏体球墨铸铁	QTA	QTANi30Cr3
	冷硬球墨铸铁	QTL	QTLCrMo
	抗磨球墨铸铁	QTM	QTMMn8-30
	耐热球墨铸铁	QTR	QTR Si5
	耐蚀球墨铸铁	QTS	QTSNi20Cr2
	蠕墨铸铁	RuT	RuT420
	可锻铸铁	KT	
	白心可锻铸铁	KTB	KTB350-04
	黑心可锻铸铁	KTH	KTH350-10
	珠光体可锻铸铁	KTZ	KTZ650-02
	白口铸铁	BT	
	抗磨白口铸铁	BTM	BTMCr15Mo
	耐热白口铸铁	BTR	BTRCr16
	耐蚀白口铸铁	BTS	BTSCr28

注：1. GB/T 221—2008《钢铁产品牌号表示方法》代替 GB/T 221—2000。
2. GB/T 5612—2008《铸铁牌号表示方法》代替 GB/T 5612—1985。
3. GB/T 221—2008 规定，产品牌号中的元素含量均用质量分数表示。

1.2 钢铁及合金牌号统一数字代号体系

GB/T17616—1998《钢铁及合金牌号统一数字代号体系》与 GB/T221—2008《钢铁产品牌号表示方法》同时并用，作为钢铁及合金产品牌号的两种表示方法，在现行国家标准和行业标准中并列有效使用。

GB/T17616 标准规定的统一数字代号体系，以固定的6位符号结构型式，统一了钢铁及合金的所有产品牌号表示形式，便于现代化数据处理设备进行贮存和检索，便于生产管理和使用。

统一数字代号的结构型式为6位符号组成，左边第一位为大写的拉丁字母，后接5位阿拉伯数字，其型式及含意如下：

□ × ××××

大写拉丁字母，代表不同的钢铁及合金类型

第一位阿拉伯数字，代表各类型钢铁及合金细分类

第二、三、四、五位阿拉伯数字代表不同分类内的编组和同一编组内的不同牌号的区别顺序号（各类型材料编组不同）

钢铁及合金的类型和每个类型产品牌号统一数字代号，见表 2.1-4。各类型钢铁及合金的细分类和主要编组及其产品牌号统一数字代号，请参见 GB/T17616—1998。

表 2.1-4 钢铁及合金的类型与统一数字代号（摘自 GB/T17616—1998）

钢铁及合金的类型	前缀字母	统一数字代号	钢铁及合金的类型	前缀字母	统一数字代号
合金结构钢	A	A×××××	杂类材料	M	M×××××
轴承钢	B	B×××××	粉末及粉末材料	P	P×××××
铸铁、铸钢及铸造合金	C	C×××××	快淬金属及合金	Q	Q×××××
电工用钢和纯铁	E	E×××××	不锈、耐蚀和耐热钢	S	S×××××
铁合金和生铁	F	F×××××	工具钢	T	T×××××
高温合金和耐蚀合金	H	H×××××	非合金钢	U	U×××××
精密合金及其他特殊物理性能材料	J	J×××××	焊接用钢及合金	W	W×××××
低合金钢	L	L×××××			

1.3　金属材料主要力学性能名称及含义（见表2.1-5）

表2.1-5　金属材料主要力学性能名称、含义及符号

性能名称及符号	单位	含义说明
比例极限 σ_p	MPa	金属材料应力与应变成正比例关系的最大应力，即拉伸图上开始偏离直线时的应力称为比例极限 σ_p。$\sigma_p = P_p/A_0$。式中，P_p 为比例极限负荷（N）；A_0 为试样原始截面积（mm^2）。比例极限精确测定困难，标准规定以拉伸曲线的切线与负荷轴间夹角的正切值较弹性直线部分之值增加50%作为偏离值，其应力称为规定比例极限，也可将偏离值为25%或10%分别以 σ_{p25} 或 σ_{p10} 表示
弹性极限 σ_e	MPa	金属在弹性变形范围内，试样不产生塑性变形时所能承受的最大应力称为弹性极限 σ_e。$\sigma_e = P_e/A_0$。式中，P_e 为弹性极限负荷（N）；A_0 为试样原始截面积（mm^2）。弹性极限精确测定困难，标准规定以残余伸长为0.01%的应力作为规定弹性极限，弹性极限和比例极限数值很相近，常以规定的 σ_p 值代替 σ_e
弹性模量 E	MPa	金属在弹性变形阶段，其应力和应变成正比例关系（即符合胡克定律），其比例系数称为弹性模量。拉伸时：$E = \frac{\sigma}{\varepsilon} = Pl_0/(A_0\Delta l)$。式中，$\sigma$ 为正应力（MPa）；ε 为应变，用百分数表示；P 为垂直力（N）；A_0 为试样原始截面积（mm^2）；l_0 为试样原长（mm）；Δl 为绝对伸长（mm）；E 为弹性模量。剪切时：$G = \frac{\tau_b}{\gamma} = ML_0/[(\varphi_1 - \varphi_2) I_p]$。式中，$\tau_b$ 为切应力（MPa）；γ 为切应变，即相对扭转滑移；M 为扭转力矩；L_0 为试样计算长度；φ_1 和 φ_2 为计算长度两端的扭转角度；I_p 为扭转时试样截面相对于轴线的截面二次极矩；G 为切变模量。弹性模量可视为衡量材料产生弹性变形难易程度的指标，其值越大，使材料发生一定弹性变形的应力也越大，即材料刚度越大，亦即在一定应力作用下，发生弹性变形越小
屈服强度、上屈服强度 R_{eH}、下屈服强度 R_{eL}	MPa	当金属材料呈现屈服现象时，在试验期间达到塑性变形发生但力不增加的应力点称为屈服强度。GB/T 228—2002《金属材料室温拉伸试验方法》将屈服强度区分为上屈服强度和下屈服强度（旧标准GB/T 228—1987规定为屈服点 σ_s、上屈服点 σ_{sU} 和下屈服点 σ_{sL}） 试样发生屈服而力首次下降前的最高应力称为上屈服强度 R_{eH} 在屈服期间，不计初始瞬时效应时的最低应力称为下屈服强度 R_{eL}
规定非比例延伸强度 R_p（例如 $R_{p0.2}$）	MPa	非比例延伸率等于规定的引伸计标距百分率时的应力，称为规定非比例延伸强度 R_p。使用的符号应附以下脚注说明所规定的百分率，例如 $R_{p0.2}$ 表示规定非比例延伸率为0.2%时的应力
规定总延伸强度 R_t（例如 $R_{t0.5}$）	MPa	总延伸率等于规定的引伸计标距百分率时的应力，称为规定总延伸强度 R_t，使用的符号应附以下脚注说明所规定的百分率，例如 $R_{t0.5}$ 表示规定总延伸率为0.5%时的应力
规定残余延伸强度 R_r（例如 $R_{r0.2}$）	MPa	卸除应力后残余延伸率等于规定的引伸计标距百分率时对应的应力，称为规定残余延伸强度 R_r。使用的符号应附以下脚注说明所规定的百分率，例如 $R_{r0.2}$ 表示规定残余延伸率为0.2%时的应力
抗拉强度 R_m	MPa	与试样在屈服阶段之后所能抵抗的最大力 F_m 相应的应力，称为抗拉强度 R_m（GB/T228—1987旧标准规定抗拉强度符号为 σ_b）
抗弯强度 σ_{bb}	MPa	金属材料弯曲断裂前的最大应力称为抗弯强度。对于脆性材料，$\sigma_{bb} = M_b/W$。式中，M_b 为断裂弯曲力矩（N·mm）；W 为试样截面系数（mm^3）
抗剪强度 τ_b	MPa	材料能经受的最大剪切应力称为抗剪强度。在剪切试验中，抗剪强度是用剪切试验中的最大试验力除以试样的剪切面积所得的应力来表示
抗扭强度 τ_m	MPa	相应最大扭矩的切应力称为抗扭强度

（续）

性能名称及符号	单 位	含 义 说 明
抗压强度 R_{mc}	MPa	材料试样压至破坏过程中的最大应力称为抗压强度
持久强度 $\sigma_{b/时间}$	MPa	在规定温度下，材料试样达到规定时间而不断裂的最大应力称为持久强度
蠕变强度 $\sigma_{\frac{温度}{应变量/时间}}$	MPa	金属材料在高于一定温度下受到应力作用，即使应力小于屈服强度，试件也会随着时间的增长而缓慢地产生塑性变形，此种现象称为蠕变。在给定温度下和规定的使用时间内，使试样产生一定蠕变变形量的应力称为蠕变强度，例如 $\sigma_{\frac{500}{1/100\,000}}=100MPa$，表示材料在500℃温度下，$10^5$h 后应变量为1%的蠕变强度为100MPa。蠕变强度是材料在高温长期负荷下对塑性变形抗力的性能指标
布氏硬度 HBW		对一定直径的硬质合金球施加试验力 F 压入试件表面，经规定保持时间后，卸除试验力，测量试件表面压痕的直径。布氏硬度与试验力除以压痕表面积的商成正比。即布氏硬度＝常数×试验力 F/压痕表面积 $=0.102\times 2F/[\pi D(D-\sqrt{D^2-d^2})]$。式中 D 为球直径；d 为压痕平均直径 表示方法举例：（1）350HBW5/750 表示用直径 5mm 的硬质合金球，在 7.355kN 的压力下，保持 10～15s 测定的布氏硬度值为 350。（2）600HBW1/30/20 表示用直径 1mm 的硬质合金球，在 294.2N 的压力下，保持 20s 测定的布氏硬度值为 600（详见 GB/T231.1—2002）
洛氏硬度 HRA、HRB、HRC、HRD、HRE、HRF、HRG、HRH、HRK、HRN、HRT	无量纲	采用金刚石圆锥体或一定直径的淬火钢球作压头，压入金属材料表面，取其压痕深度计算确定硬度的大小，这种方法测量的硬度为洛氏硬度。GB/T230.1—2004《金属洛氏硬度 第1部分：试验方法（A、B、C、D、E、F、G、H、K、N、T标尺）》中规定了 A、B、C、D、E、F、G、H、K、N、T 等标尺，以及相应的硬度符号、压头类型、总试验力等。由于压痕较浅，工件表面损伤小，适于批量、成品件及半成品件的硬度检验，对于晶粒粗大且组织不均的零件不宜采用。采用不同压头和试验力，洛氏硬度可以用于较硬或较软的材料，使用范围较广 硬度标尺 A，硬度符号为 HRA，顶角为120°的圆锥金刚石压头，总试验力为 588.4N，HRA 主要用于测定硬质材料，如硬质合金、薄而硬的钢材及表面硬化层较薄的材料等 HRB 的压头为 1.5875mm 直径的钢球，总试验力为 980.7N，适用于测定低碳钢、软金属、铜合金、铝合金及可锻铸铁等中、低硬度材料的硬度 HRC 的压头为顶角 120°的金刚石圆锥体、总试验力为 1471N，适用于测定一般钢材、硬度较高的铸件、珠光体可锻铸铁及淬火回火的合金钢等材料硬度 HRN 和 HRT 为表面洛氏硬度，HRN 压头为金刚石圆锥体，HRT 压头为直径 1.5875mm 的淬硬钢球，两者试验载荷均为 15kgf、30kgf 和 45kgf，将载荷加注于符号之后，如 HRN15、HRT30。表面洛氏硬度只适用于钢材表面渗碳、渗氮等处理的表层硬度、较薄、较小的试件硬度测定（有关内容详见 GB/T230.1—2004）
维氏硬度 HV	一般不标注单位	维氏硬度试验是用一个相对面夹角为 136°的正四棱锥体金刚石压头，以规定的试验力（49.03～980.7N）压入试样表面，经规定时间后卸除试验力，以其压痕表面积除试验力所得的商，即为维氏硬度值 维氏硬度试验法适用于测量面积较小、硬度值较高的试样和零件的硬度，各种表面处理后的渗层或镀层以及薄材的硬度，如 0.3～0.5mm 厚度金属材料、镀铬、渗碳、氮化、碳氮共渗层等的硬度测量（详见 GB/T4340.1—1999）
断面收缩率 Z		断裂后试样横截面积的最大缩减量与原始横截面积之比的百分率，称为断面收缩率 Z。旧标准 GB/T228—1987 规定为断面收缩率 ψ
断后伸长率 A、$A_{11.3}$、A_{xmm}		断后标距的残余伸长与原始标距之比的百分率，称为断后伸长率 A。对于比例试样，若原始标距不为 $5.65\sqrt{S_0}$（S_0 为平行长度的原始横截面积），符号 A 应附以下脚注，说明所使用的比例系数。例如，$A_{11.3}$ 表示原始标距为 $11.3\sqrt{S_0}$ 的断后伸长率。对于非比例试样，符号 A 应附以下脚注，说明所使用的原始标距，以毫米（mm）表示。例如，A_{80mm} 表示原始标距为 80mm 的断后伸长率。（旧标准 GB/T228—1987 规定为伸长率 δ_5、δ_{10}、δ_{xmm}）

（续）

性能名称及符号	单　位	含　义　说　明
断裂总伸长率 A_t		断裂时刻原始标距总伸长（弹性伸长加塑性伸长）与原始标距之比的百分率，称为断裂总伸长率
最大力总伸长率 A_{gt}、最大力非比例伸长率 A_g		最大力时原始标距的伸长率与原始标距之比的百分率，称为最大力伸长率，应区分最大力总伸长率 A_{gt} 和最大力非比例伸长率 A_g
屈服点延伸率 A_e		呈现明显屈服（不连续屈服）现象的金属材料，屈服开始至均匀加工硬化开始之间引伸计标距的延伸与引伸计标距之比的百分率，称为屈服点延伸率
冲击韧度 a_K	J/cm^2	在摆锤式一次试验机上，将一定尺寸和形状的标准试样冲断所消耗的功 A_K 与断口横截面积之比值称为冲击韧度 a_K。按国标规定，a_{KU} 为夏比U形缺口试样冲击韧度值，A_{KU} 为夏比U形缺口试样冲击时所消耗的冲击吸收功（J）；a_{KV} 为夏比V形缺口试样冲断时所消耗的冲击韧度值，A_{KV} 为夏比V形缺口试样冲断时所消耗的冲击吸收功（J）
冲击吸收功 A_K	J	
疲劳极限 σ_{-1}，σ_{-1n}	MPa	金属材料在交变负荷作用下，经无限次应力循环而不产生断裂的最大循环应力称为疲劳极限。国标规定，对于钢铁材料，应力循环次数采用 10^7 次，对于有色金属材料采用 10^8 或更多的周次。σ_{-1} 表示光滑试样的对称弯曲疲劳极限；σ_{-1n} 表示缺口试样的对称弯曲疲劳极限

注：GB/T 228—2002《金属材料室温拉伸试验方法》代替GB/T228—1987《金属拉伸试验方法》、GB/T3076—1982《金属薄板（带）拉伸试验方法》、GB/T6397—1986《金属拉伸试验试样》，相关术语和性能定义符号全部采用ISO6892:1998的规定，本表所列有关金属室温拉伸的性能名称、符号及含义说明均符合GB/T228—2002的规定。对于尚未修订的某些标准，目前仍按GB/T228—1987的规定。本篇按国内目前的通常办法，在某些资料中仍保留旧标准的名词和符号。新标准在附录中列出了拉伸试验方法新、旧标准性能名称、符号对照，见下表，供查对之用。

新标准（GB/T228—2002）		旧标准（GB/T228—1987）		新标准（GB/T228—2002）		旧标准（GB/T228—1987）	
性能名称	符号	性能名称	符号	性能名称	符号	性能名称	符号
断面收缩率	Z	断面收缩率	ψ	上屈服强度	R_{eH}	上屈服点	σ_{sU}
断后伸长率	A	断后伸长率	δ_5	下屈服强度	R_{eL}	下屈服点	σ_{sL}
	$A_{11.3}$		δ_{10}	规定非比例延伸强度	R_p 如 $R_{p0.2}$	规定非比例伸长应力	σ_p 如 $\sigma_{p0.2}$
	A_{xmm}		δ_{xmm}				
最大力总伸长率	A_{gt}	最大力下的总伸长率	δ_{gt}	规定总延伸强度	R_t 如 $R_{t0.5}$	规定总伸长应力	σ_t 如 $\sigma_{t0.5}$
最大力非比例伸长率	A_g	最大力下的非比例伸长率	δ_g				
屈服点延伸率	A_e	屈服点伸长率	δ_s	规定残余延伸强度	R_r 如 $R_{r0.2}$	规定残余伸长应力	σ_r 如 $\sigma_{r0.2}$
屈服强度	—	屈服点	σ_s	抗拉强度	R_m	抗拉强度	σ_b

2　铸铁

2.1　灰铸铁件（见表2.1-6和表2.1-7）

表2.1-6　灰铸铁牌号及铸件预计的力学性能和应用举例（摘自GB/T9439—1988）

牌　号	铸件壁厚/mm		σ_b/MPa	应　用　举　例
	>	≤	≥	
HT100	2.5	10	130	机床中受轻负荷，磨损无关重要的铸件，如托盘、盖、罩、手轮、把手、重锤等形状简单且性能要求不高的零件；冶金矿山设备中的高炉平衡锤、炼钢炉重锤、钢锭模
	10	20	100	
	20	30	90	
	30	50	80	

（续）

牌　号	铸件壁厚/mm		σ_b/MPa	应　用　举　例
	>	≤	≥	
HT150	2.5	10	175	承受中等弯曲应力，摩擦面间压强高于500kPa的铸件，如多数机床的底座，有相对运动和磨损的零件，如溜板、工作台等，汽车中的变速箱、排气管、进气管等；拖拉机中的配气轮室盖、液压泵进出油管、鼓风机底座、后盖板、高炉冷却壁、热风炉篦、流渣槽、渣缸、炼焦炉保护板、轧钢机托辊、夹板、加热炉盖、冷却头、内燃机车水泵壳、止回阀体、阀盖、吊车阀轮、泵体、电动机轴承盖、汽轮机操纵座外壳、缓冲器外壳
	10	20	145	
	20	30	130	
	30	50	120	
HT200	2.5	10	220	承受较大弯曲应力，要求保持气密性的铸件，如机床立柱、刀架、齿轮箱体、多数机床床身、滑板、箱体、液压缸、泵体、阀体、刹车毂、飞轮、气缸盖、分离器本体、左半轴、右半轴壳、鼓风机座、带轮、轴承盖、叶轮、压缩机机身、轴承架、冷却器盖板、炼钢浇注平台、煤气喷嘴、真空过滤器销气盘、喉管、内燃机车风缸体、阀套、汽轮机气缸中部、隔板套、前轴承座主体、中机架、电动机接力器缸、活塞、导水套筒、前缸盖
	10	20	195	
	20	30	170	
	30	50	160	
HT250	4.0	10	270	炼钢用轨道板、气缸套、齿轮、机床立柱、齿轮箱体、机床床身、磨床转体、液压缸泵体、阀体
	10	20	240	
	20	30	220	
	30	50	200	
HT300	10	20	290	承受高的弯曲应力、拉应力，要求保持高度气密性的铸件，如重型机床床身、多轴机床主轴箱、卡盘齿轮、高压液压缸、泵体、阀体、水泵出水段、进水段，吸入盖、双螺旋分级机左机座、右机座、锥齿轮、大型卷筒、轧钢机座、焦化炉导板、汽轮机隔板、泵壳、收缩管、轴承支架、主配阀壳体、环形缸座
	20	30	250	
	30	50	230	
HT350	10	20	340	轧钢滑板、辊子、炼焦柱塞、圆筒混合机齿圈、支承轮座、挡轮座
	20	30	290	
	30	50	260	

注：1. 当一定牌号的铁液浇注壁厚均匀而形状简单的铸件时，壁厚变化所造成抗拉强度的变化，可从本表查出参考性数据，当铸件壁厚不均匀或有型芯时，此表仅能近似地给出不同壁厚处的大致的抗拉强度值，铸件设计应根据关键部位的实测值进行。

2. 当供需双方协商同意时，也可从预计有上述性能的铸件上取样，测定其抗拉强度值作为验收依据。

3. 在保证力学性能的条件下，灰铸铁各牌号的化学成分和生产方法由供方确定。

4. 验收时，某牌号的抗拉强度数值应在 n 至（$n+100$）MPa的范围内（n 为某牌号的最小抗拉强度数值）。

5. 应用举例为非标准提供的资料，供参考之用。

表2.1-7　灰铸铁铸件附铸试棒（块）的力学性能（摘自GB/T9439—1988）

牌　号	铸件壁厚/mm		σ_b /MPa ≥					牌　号	铸件壁厚/mm		σ_b /MPa ≥				
			附铸试棒		附铸试块		铸件（仅供参考）				附铸试棒		附铸试块		铸件（仅供参考）
	>	≤	ϕ30 /mm	ϕ50 /mm	R15 /mm	R25 /mm			>	≤	ϕ30 /mm	ϕ50 /mm	R15 /mm	R25 /mm	
HT150	20	40	130		(120)		120	HT200	150	300		135		130	120
	40	80	115	(115)	110		105	HT250	20	40	220		(210)		205
	80	150		105		100	90		40	80	200	(190)	190		180
	150	300		100		90	80		80	150		180		170	165
HT200	20	40	180		(170)		165		150	300		165		160	150
	40	80	160	(155)	150		145	HT300	20	40	260		(250)		245
	80	150		145		140	130		40	80	235	(230)	225		215

（续）

牌　号	铸件壁厚/mm		σ_b /MPa ≥					牌　号	铸件壁厚/mm		σ_b /MPa ≥				
			附铸试棒		附铸试块		铸件（仅供参考）				附铸试棒		附铸试块		铸件（仅供参考）
	>	≤	$\phi30$ /mm	$\phi50$ /mm	$R15$ /mm	$R25$ /mm			>	≤	$\phi30$ /mm	$\phi50$ /mm	$R15$ /mm	$R25$ /mm	
HT300	80	150		210		200	195	HT350	40	80	270	(265)	260		255
	150	300		195		185	180		80	150		240		230	225
HT350	20	40	300		(290)		285		150	300		215		210	205

注：1. 本表适用于铸件壁厚大于20mm，重量超过200kg，且有特殊要求的铸件。

2. HT100牌号的灰铁铸件在厚断面处强度太低，没有实用价值。

3. 当铸件壁厚超过300mm时，其力学性能应由供需双方协商确定。

4. 括弧内的数值仅适于铸件壁厚大于试样直径时使用。

2.2 可锻铸铁件（见表2.1-8）

表2.1-8　可锻铸铁牌号、力学性能及应用举例（摘自GB/T9440—1988）

牌　号		试样直径 d /mm	σ_b /MPa ≥	$\sigma_{0.2}$ /MPa	δ (%) $L_0=3d$ ≥	HBW	应　用　举　例
黑心可锻铸铁	KTH300-06	12或15	300	—	6	≤150	黑心可锻铸铁比灰铸铁强度高，塑性与韧性更好，可承受冲击和扭转负荷，具有良好的耐蚀性，可加工性良好。制作薄壁铸件，多用于机床零件、运输机零件、升降机械零件、管道配件、低压阀门。KTH300-06、KTH330-08可耐800～1400kPa的压力（气压、水压），可用于自来水管路、配件，高压锅炉管路配件，压缩空气管道配件以及农机零件。KTH350-10和KTH370-12能承受较大的冲击负荷，在寒冷环境（-40℃）下工作，不产生低温脆断，用于制作汽车和拖拉机中的后桥外壳、转向机构、弹簧钢板支座，农机中的收割机升降机构、护刃器、压刃器、捆束器等
	KTH330-08[①]		330	—	8		
	KTH350-10		350	200	10		
	KTH370-12[①]		370	—	12		
珠光体可锻铸铁	KTZ450-06		450	270	6	150～200	珠光体可锻铸铁的塑性、韧性比黑心可锻铸铁稍差，但其强度高，耐磨性好，低温性能优于球墨铸铁，加工性良好，可替代有色合金、低合金钢，以及低、中碳钢制作较高强度和耐磨性的零件。KTZ450-06用于制作插销、轴承座。KTZ550-04用于制作一定强度、韧性适当的零件，如汽车前轮轮毂、发动机支架、传动箱及拖拉机履带轨板。KTZ650-02用于制作强度较高的零件，如柴油机活塞、差速器壳、摇臂及农业机械的犁刀、犁片、齿轮箱。KTZ700-2用于制作高强度的零件，如曲轴、万向接头、传动齿轮、凸轮轴、活塞环等
	KTZ550-04		550	340	4	180～250	
	KTZ650-02		650	430	2	210～260	
	KTZ700-02		700	530	2	240～290	

（续）

	牌号	试样直径 d /mm	σ_b /MPa ≥	$\sigma_{0.2}$ /MPa ≥	δ (%) $L_0=3d$ ≥	HBS	应用举例
白心可锻铸铁	KTB350-04	9	340	—	5	≤230	将低碳、低硅的白口铸铁和氧化铁一起加热，进行脱碳软化后获得的铸铁称为白口可锻铸铁。其断口呈白色，表面层大量脱碳形成铁素体，心部为珠光体基体，且有少量残余游离碳，因而心部韧性难于提高，一般仅限于薄壁件的制造。由于其制造工艺较复杂，生产周期长，性能较差，因而国内在机械工业中较少应用。KTB380-12 适用于对强度有特殊要求和焊接后不需进行热处理的零件
		12	350	—	4		
		15	360	—	3		
	KTB380-12	9	320	170	13	≤220	
		12	380	200	12		
		15	400	210	8		
	KTB400-05	9	360	200	8	≤220	
		12	400	220	5		
		15	420	230	4		
	KTB450-07	9	400	230	10	≤220	
		12	450	260	7		
		15	480	280	4		

注：1. 对珠光体试样两种直径，如需方无要求，供方可以任选其中一种。

2. 白心可锻铸铁试样直径，由需方和供方按铸件壁厚尺寸双方协定。

3. 如果采用正确的工艺，所有牌号的白心可锻铸铁均可焊接。

4. 当需方对屈服强度有要求时，供需双方协议才进行测定。

5. 硬度值仅作参考，如需规定硬度值，则由供需双方协定。

① 为过渡牌号。

2.3 球墨铸铁件（见表 2.1-9）

表 2.1-9 球墨铸铁件材料牌号、单铸试样、附铸试样力学性能及应用

（摘自 GB/T1348—2009）

1. 单铸试样力学性能

材料牌号	抗拉强度 R_m/MPa ≥	屈服强度 $R_{p0.2}$/MPa ≥	伸长率 A（%）≥	布氏硬度 HBW	主要基体组织
QT350-22L	350	220	22	≤160	铁素体
QT350-22R	350	220	22	≤160	铁素体
QT350-22	350	220	22	≤160	铁素体
QT400-18L	400	240	18	120~175	铁素体
QT400-18R	400	250	18	120~175	铁素体
QT400-18	400	250	18	120~175	铁素体
QT400-15	400	250	15	120~180	铁素体
QT450-10	450	310	10	160~210	铁素体
QT500-7	500	320	7	170~230	铁素体+珠光体
QT500-5	550	350	5	180~250	铁素体+珠光体
QT600-3	600	370	3	190~270	珠光体+铁素体
QT700-2	700	420	2	225~305	珠光体

（续）

材料牌号	抗拉强度 R_m/MPa ≥	屈服强度 $R_{p0.2}$/MPa ≥	伸长率 A（%）≥	布氏硬度 HBW	主要基体组织
QT800-2	800	480	2	245～335	珠光体或索氏体
QT900-2	900	600	2	280～360	回火马氏体或屈氏体＋索氏体

2. 附铸试样力学性能

材料牌号	铸件壁厚/mm	抗拉强度 R_m/MPa ≥	屈服强度 $R_{p0.2}$/MPa ≥	伸长率 A（%）≥	布氏硬度 HBW	主要基体组织
QT350-22AL	≤30	350	220	22	≤160	铁素体
	＞30～60	330	210	18		
	＞60～200	320	200	15		
QT350-22AR	≤30	350	220	22	≤160	铁素体
	＞30～60	330	220	18		
	＞60～200	320	210	15		
QT350-22A	≤30	350	220	22	≤160	铁素体
	＞30～60	330	210	18		
	＞60～200	320	200	15		
QT400-18AL	≤30	380	240	18	120～175	铁素体
	＞30～60	370	230	15		
	＞60～200	360	220	12		
QT400-18AR	≤30	400	250	18	120～175	铁素体
	＞30～60	390	250	15		
	＞60～200	370	240	12		
QT400-18A	≤30	400	250	18	120～175	铁素体
	＞30～60	390	250	15		
	＞60～200	370	240	12		
QT400-15A	≤30	400	250	15	120～180	铁素体
	＞30～60	390	250	14		
	＞60～200	370	240	11		
QT450-10A	≤30	450	310	10	160～210	铁素体
	＞30～60	420	280	9		
	＞60～200	390	260	8		
QT500-7A	≤30	500	320	7	170～230	铁素体＋珠光体
	＞30～60	450	300	7		
	＞60～200	420	290	5		
QT550-5A	≤30	550	350	5	180～250	铁素体＋珠光体
	＞30～60	520	330	4		
	＞60～200	500	320	3		
QT600-3A	≤30	600	370	3	190～270	珠光体＋铁素体
	＞30～60	600	360	2		
	＞60～200	550	340	1		
QT700-2A	≤30	700	420	2	225～305	珠光体
	＞30～60	700	400	2		
	＞60～200	650	380	1		
QT800-2A	≤30	800	480	2	245～335	珠光体或索氏体
	＞30～60	由供需双方商定				
	＞60～200					
QT900-2A	≤30	900	600	2	280～360	回火马氏体或索氏体＋屈氏体
	＞30～60	由供需双方商定				
	＞60～200					

（续）

3. 球墨铸铁的常温物理力学性能（其他力学性能参见单铸和附铸试样力学性能）

特性值	材料牌号									
	QT350-22	QT400-18	QT450-10	QT500-7	QT550-5	QT600-3	QT700-2	QT800-2	QT900-2	QT500-10
剪切强度/MPa	315	360	405	450	500	540	630	720	810	—
扭转强度/MPa	315	360	405	450	500	540	630	720	810	—
弹性模量 E(拉伸和压缩)/GPa	169	169	169	169	172	174	176	176	176	170
泊松比 ν	0.275	0.275	0.275	0.275	0.275	0.275	0.275	0.275	0.275	0.28～0.029
无缺口疲劳极限①(旋转弯曲)(ϕ10.6mm)/MPa	180	195	210	224	236	248	280	304	304	225
有缺口疲劳极限②(旋转弯曲)(ϕ10.6mm)/MPa	114	122	128	134	142	149	168	182	182	140
抗压强度/MPa	—	700	700	800	840	870	1000	1150	—	—
断裂韧性 K_{IC}/MPa·$m^{\frac{1}{2}}$	31	30	28	25	22	20	15	14	14	28
300℃时的热传导率/W·$(K·m)^{-1}$	36.2	36.2	36.2	35.2	34	32.5	31.1	31.1	31.1	—
20～500℃时的比热容量/J·$(kg·K)^{-1}$	515	515	515	515	515	515	515	515	515	—
20～400℃时的线性膨胀系数/μm(m·K)	12.5	12.5	12.5	12.5	12.5	12.5	12.5	12.5	12.5	—
密度/kg·dm^{-3}	7.1	7.1	7.1	7.1	7.1	7.2	7.2	7.2	7.2	7.1
最大渗透性/μH·m^{-1}	2136	2136	2136	1596	1200	866	501	501	501	—
磁滞损耗(B=1T)/J·m^{-3}	600	600	600	1345	1800	2248	2700	2700	2700	—
电阻率/μΩ·m	0.50	0.50	0.50	0.51	0.52	0.53	0.54	0.54	0.54	—
主要基体组织	铁素体	铁素体	铁素体	铁素体-珠光体	铁素体-珠光体	珠光体-铁素体	珠光体	珠光体或索氏体	回火马氏体或索氏体+屈氏体③	铁素体

① 对抗拉强度是370MPa的球墨铸铁件无缺口试样，退火铁素体球墨铸铁件的疲劳极限强度大约是抗拉强度的0.5倍。在珠光体球墨铸铁和（淬火+回火）球墨铸铁中这个比率随着抗拉强度的增加而减少，疲劳极限强度大约是抗拉强度的0.4倍。当抗拉强度超过740MPa时这个比率将进一步减少。

② 对直径ϕ10.6mm的45°圆角R0.25mm的V形缺口试样，退火球墨铸铁件的疲劳极限强度降低到无缺口球墨铸铁件（抗拉强度是370MPa）疲劳极限的0.63倍。这个比率随着铁素体球墨铸铁件抗拉强度的增加而减少。对中等强度的球墨铸铁件、珠光体球墨铸铁件和（淬火+回火）球墨铸铁件，有缺口试样的疲劳极限大约是无缺口试样疲劳极限强度的0.6倍。

③ 对大型铸件，可能是珠光体，也可能是回火马氏体或屈氏体+索氏体。

（续）

4. 球墨铸铁的特性及应用举例	
牌　号	特性及应用举例
QT400-18L QT400-18R QT400-18	为铁素体型球墨铸铁，有良好的韧性和塑性，且有一定的抗温度急变性和耐蚀性能，焊接性和切削性较好，低温冲击值较高，在低温下的韧性和脆性转变温度较低。适用于制造承受高冲击振动、扭转等静负荷和动负荷的部位之零件，适于制作具有较高韧性和塑性的零件，特别适于制作低温条件下要求一定冲击性能的零件，如汽车、拖拉机中的牵引框、轮毂、驱动桥壳体、离合器壳体、差速器壳体、弹簧吊耳、阀体、阀盖、支架、压缩机中较高温度的高低压气缸、输气管、铁道垫板、农机用铧犁、犁柱、犁托、牵引架、收割机导架、护刃器等
QT400-15	为铁素体型球墨铸铁，具有良好的塑性和韧性，较好的焊接性和切削性，并有一定的抗温度急变性和耐蚀性能，在低温下有较低的韧性。适用于制作承受高扭转及冲击振动等静负荷和动负荷，要求塑性及韧性较高的零件，特别适于制作低温条件下要求一定冲击性能的零件，其应用情况与QT400-18相近
QT450-10	为铁素体型球墨铸铁，具有较高的韧性和塑性，在低温下的韧性和脆性转变温度较低，低温冲击韧性较高，且有一定的抗温度急变性和耐蚀性，焊接性能和切削性能均较好，与QT400-18相比较，其塑性稍低于QT400-18，强度和小能量冲击力优于QT400-18。其应用范围和QT400-18相近
QT500-7	为珠光体加铁素体类型的球墨铸铁，具有一定的强度和韧性，铸造工艺性能较好，切削加工性尚好；耐磨性和减振性能良好，缺口敏感性比钢低，能够采用不同的热处理方法改变其性能。在机械制造中应用广泛，适用于制作内燃机的机油泵齿轮、汽轮机中温气缸隔板及水轮机的阀门体、铁路机车的轴瓦、输电线路用的联板和碗头、机器座架、液压缸体、连杆、传动轴、飞轮、千斤顶座等
QT600-3	为珠光体类型球墨铸铁（珠光体含量大于65%），具有较高的综合性能，中高等强度，中等塑性及韧性，良好的耐磨性、减振性及铸造工艺性，可以采用热处理方法改变其性能。主要用于制造各种动力机械曲轴、凸轮轴、连接轴、连杆、齿轮、离合器片、液压缸体等
QT700-2 QT800-2	为珠光体类型球墨铸铁，有较高强度，良好的耐磨性，较高的疲劳极限，且有一定的塑性和韧性。适用于制作强度要求较高的零件，如柴油机和汽油机的曲轴、汽油机的凸轮、气缸套、进排气门座、连杆；农机用的脚踏脱粒机齿条及轻载荷齿轮；机床用主轴；空压机、冷冻机、制氧机的曲轴、缸体、缸套、球磨机齿轴、矿车轮、桥式起重机大小车滚轮、小型水轮机的主轴等
QT900-2	高强度，高耐磨性，具有一定的韧性，较高的弯曲疲劳强度和接触疲劳强度。用于制作农机用的犁铧、耙片、低速农用轴承套圈，汽车用的传动轴、转向轴及螺旋锥齿轮，内燃机的凸轮轴及曲轴，拖拉机用减速齿轮等
QT500-10	机械加工性能优于QT500-7，基体组织以铁素体为主，珠光体含量不超过5%，渗碳体不超过1%，适用于制作要求切削性能良好、较高韧性和中等强度的各种铸件

注：1. GB/T1348—2009《球墨铸铁件》代替GB/T1348—1988。适用于砂型铸造的普通和低合金球墨铸铁件，亦可适用于特种铸造方法生产的球墨铸铁件。

2. 牌号中的“L”表示此牌号有低温（-20℃或-40℃）冲击性能要求；字母“R”表示此牌号有室温（23℃）冲击性能要求；字母“A”表示附铸试样的牌号。

3. 球墨铸铁的生产方法和化学成分由供方自行决定，但必须保证铸件材料满足GB/T1348—2009规定的性能指标，化学成分不作为铸件验收条件，抗拉强度和伸长率为验收指标。除特殊规定外，一般不做屈服强度试验。

4. 如需方要求，冲击性能，其指标应符合GB/T1348—2009的规定。QT350-22L、QT350-22R、QT400-18L、QT400-18R等4个牌号标准规定可用于压力容器。

5. 抗拉强度和硬度是相互关联的，各牌号按硬度分类及布氏硬度范围应符合GB/T1348—2009附录的规定。球墨铸铁材料的硬度等级材料牌号QT-130HBW、QT-150HBW、QT-155HBW、QT-185HBW、QT-200HBW、QT-215HBW、QT-230HBW、QT-265HBW、QT-300HBW、QT-330HBW的布氏硬度范围分别为（HBW）：<160、130~175、135~180、160~210、170~230、180~250、190~270、225~305、245~335、270~360。当需方要求，硬度指标也可作为检验项目，且应符合GB/T1348—2009的规定。

6. 铸件本体性能的试样取样部位及要求达到的性能指标，由供需双方商定。铸件本体的性能指标值标准没有统一规定，也无法统一一致，因其取决于铸件的复杂程度、铸件壁厚的变化等因素，本表所列为铸件力学性能的指导值，铸件本体性能可能等于或低于本表所给定的数值。

2.4 蠕墨铸铁件（见表2.1-10）

表 2.1-10 蠕墨铸铁牌号、单铸试块力学性能及应用举例（摘自 JB/T4403—1999）

<table>
<tr><th rowspan="2">牌号</th><th>σ_b /MPa</th><th>$\sigma_{0.2}$ /MPa</th><th>伸长率 δ (%)</th><th rowspan="2">硬度 HBS</th><th>蠕化率VG (%)</th><th colspan="2" rowspan="2">性能特点及应用举例</th></tr>
<tr><th colspan="2">≥</th><th>≥</th><th>≥</th></tr>
<tr><td>RuT420</td><td>420</td><td>335</td><td>0.75</td><td>200～280</td><td rowspan="5">50</td><td rowspan="5">蠕墨铸铁是一种很有发展前景的新型材料，即蠕虫状石墨铸铁，材质性能介于球墨铸铁和灰铸铁之间。它既有球墨铸铁的强度、刚性及一定的韧性、良好的耐磨性，同时它的铸造性及热传导性又相近于灰铸铁。它用于制造液压件、排气管件、底座、大型机床床身、钢锭模及飞轮等铸件，有的铸件重量已高达数十吨</td><td rowspan="2">具有高强度、高耐磨性、高硬度以及较好的导热性，需经正火热处理，适于制造高强度或高耐磨性的重要铸件，如制动鼓、钢珠的研磨盘、气缸套、活塞环、玻璃模具、制动盘、吸淤泵体等</td></tr>
<tr><td>RuT380</td><td>380</td><td>300</td><td>0.75</td><td>193～274</td></tr>
<tr><td>RuT340</td><td>340</td><td>270</td><td>1.0</td><td>170～249</td><td>具有较高的强度、硬度、耐磨性及导热率，适于制造较高强度、刚度及耐磨的零件，如大型齿轮箱体、盖、底座制动鼓、大型机床件、飞轮、起重机卷筒、烧结机滑板等</td></tr>
<tr><td>RuT300</td><td>300</td><td>240</td><td>1.5</td><td>140～217</td><td>具有良好的强度和硬度，一定的塑性及韧性，较高的热导率，致密性良好，适于制造较高强度及耐热疲劳的零件，如气缸盖、变速箱体、纺织机械零件、液压件、排气管、钢锭模及小型烧结机篦条等</td></tr>
<tr><td>RuT260</td><td>260</td><td>195</td><td>3.0</td><td>121～197</td><td>强度不高，硬度较低，有较高的塑性、韧性及热导率，铸件需经退火热处理，适用于制造受冲击及热疲劳的零件，如汽车及拖拉机的底盘零件、增压机废气进气壳体</td></tr>
</table>

注：1. 蠕墨铸件的力学性能以单铸试块的抗拉强度为验收条件，RuT260 增加伸长率验收项目。
2. 铸铁金相组织中石墨的蠕化率一般按本表规定，但可根据供需双方协商，另定蠕化率的要求。
3. 本表规定的力学性能可经热处理之后达到。
4. 各牌号主要基体金相组织：RuT420、RuT380 为珠光体，RuT340 为珠光体＋铁素体，RuT300 为铁素体＋珠光体，RuT260 为铁素体。

2.5 耐热铸铁件（见表 2.1-11、表 2.1-12）

表 2.1-11 耐热铸铁牌号及化学成分（摘自 GB/T9437—2009）

<table>
<tr><th rowspan="3">铸铁牌号</th><th colspan="7">化 学 成 分 （质量分数） （%）</th></tr>
<tr><th rowspan="2">C</th><th rowspan="2">Si</th><th>Mn</th><th>P</th><th>S</th><th rowspan="2">Cr</th><th rowspan="2">Al</th></tr>
<tr><th colspan="3">不大于</th></tr>
<tr><td>HTRCr</td><td>3.0～3.8</td><td>1.5～2.5</td><td>1.0</td><td>0.10</td><td>0.08</td><td>0.50～1.00</td><td>—</td></tr>
<tr><td>HTRCr2</td><td>3.0～3.8</td><td>2.0～3.0</td><td>1.0</td><td>0.10</td><td>0.08</td><td>1.00～2.00</td><td>—</td></tr>
<tr><td>HTRCr16</td><td>1.6～2.4</td><td>1.5～2.2</td><td>1.0</td><td>0.10</td><td>0.05</td><td>15.00～18.00</td><td>—</td></tr>
<tr><td>HTRSi5</td><td>2.4～3.2</td><td>4.5～5.5</td><td>0.8</td><td>0.10</td><td>0.08</td><td>0.5～1.00</td><td>—</td></tr>
<tr><td>QTRSi4</td><td>2.4～3.2</td><td>3.5～4.5</td><td>0.7</td><td>0.07</td><td>0.015</td><td>—</td><td>—</td></tr>
<tr><td>QTRSi4Mo</td><td>2.7～3.5</td><td>3.5～4.5</td><td>0.5</td><td>0.07</td><td>0.015</td><td>Mo0.5～0.9</td><td>—</td></tr>
<tr><td>QTRSi4Mo1</td><td>2.7～3.5</td><td>4.0～4.5</td><td>0.3</td><td>0.05</td><td>0.015</td><td>Mo1.0～1.5</td><td>Mg0.01～0.05</td></tr>
<tr><td>QTRSi5</td><td>2.4～3.2</td><td>4.5～5.5</td><td>0.7</td><td>0.07</td><td>0.015</td><td>—</td><td>—</td></tr>
<tr><td>QTRAl4Si4</td><td>2.5～3.0</td><td>3.5～4.5</td><td>0.5</td><td>0.07</td><td>0.015</td><td>—</td><td>4.0～5.0</td></tr>
<tr><td>QTRAl5Si5</td><td>2.3～2.8</td><td>4.5～5.2</td><td>0.5</td><td>0.07</td><td>0.015</td><td>—</td><td>5.0～5.8</td></tr>
<tr><td>QTRAl22</td><td>1.6～2.2</td><td>1.0～2.0</td><td>0.7</td><td>0.07</td><td>0.015</td><td>—</td><td>20.0～24.0</td></tr>
</table>

注：1. GB/T9437—2009《耐热铸铁件》代替 GB/T9437—1988。适用于砂型铸造或导热性与砂型相仿的铸型中浇注而成的且工作在 1100℃以下的耐热铸铁件。
2. 铸件的几何形状与尺寸应符合图样的要求。其尺寸公差和加工余量应符合 GB/T6414 的规定，其重量偏差应符合 GB/T11351 的规定。
3. 铸件表面粗糙度应符合 GB/T6060.1 的规定，由供需双方商定标准等级。
4. 铸件应清理干净，修整多余部分，去除浇冒口残余、芯骨、粘砂及内腔残余物等。铸件允许的浇冒口残余、披缝、飞刺残余、内腔清洁度等，应符合需方图样、技术要求或供需双方订货协定。
5. 铸件上允许的缺陷，其形态、数量、尺寸与位置、可否修补及修补方法等由供需双方商定。

表 2.1-12　耐热铸铁室温力学性能、高温短时力学性能及应用（摘自 GB/T9437—2009）

	铸铁牌号	室温力学性能		在下列温度时的最小抗拉强度 R_m/MPa				
		最小抗拉强度 R_m/MPa	硬度/HBW	500℃	600℃	700℃	800℃	900℃
室温力学性能和高温短时力学性能	HTRCr	200	189～288	225	144	—	—	—
	HTRCr2	150	207～288	243	166	—	—	—
	HTRCr16	340	400～450	—	—	—	144	88
	HTRSi5	140	160～270	—	—	41	27	—
	QTRSi4	420	143～187	—	—	75	35	—
	QTRSi4Mo	520	188～241	—	—	101	46	—
	QTRSi4Mo1	550	200～240	—	—	101	46	—
	QTRSi5	370	228～302	—	—	67	30	—
	QTRAl4Si4	250	285～341	—	—	—	82	32
	QTRAl5Si5	200	302～363	—	—	—	167	75
	QTRAl22	300	241～364	—	—	—	130	77

	铸铁牌号	使用条件	应用举例
应用举例	HTRCr	在空气炉气中，耐热温度到550℃。具有高的抗氧化性和体积稳定性	适用于急冷急热的，薄壁，细长件。用于炉条、高炉支梁式水箱、金属型、玻璃模等
	HTRCr2	在空气炉气中，耐热温度到600℃。具有高的抗氧化性和体积稳定性	适用于急冷急热的，薄壁，细长件。用于煤气炉内灰盆、矿山烧结车挡板等
	HTRCr16	在空气炉气中耐热温度到900℃。具有高的室温及高温强度，高的抗氧化性，但常温脆性较大。耐硝酸的腐蚀	可在室温及高温下作抗磨件使用。用于退火罐、煤粉烧嘴、炉栅、水泥焙烧炉零件、化工机械等零件
	HTRSi5	在空气炉气中，耐热温度到700℃。耐热性较好，承受机械和热冲击能力较差	用于炉条、煤粉烧嘴、锅炉用梳形定位析、换热器针状管、二硫化碳反应瓶等
	QTRSi4	在空气炉气中耐热温度到650℃。力学性能抗裂性较 RQTSi5 好	用于玻璃窑烟道闸门、玻璃引上机墙板、加热炉两端管架等
	QTRSi4Mo	在空气炉气中耐热温度到680℃。高温力学性能较好	用于内燃机排气岐管、罩式退火炉导向器、烧结机中后热筛板、加热炉吊梁等
	QTRSi4Mo1	在空气炉气中耐热温度到800℃。高温力学性能好	用于内燃机排气岐管、罩式退火炉导向器、烧结机中后热筛板、加热炉吊梁等
	QTRSi5	在空气炉气中耐热温度到800℃。常温及高温性能显著优于 RTSi5	用于煤粉烧嘴、炉条、辐射管、烟道闸门、加热炉中间管架等
	QTRAl4Si4	在空气炉气中耐热温度到900℃。耐热性良好	适用于高温轻载荷下工作的耐热件。用于烧结机篦条、炉用件等
	QTRAl5Si5	在空气炉气中耐热温度到1050℃。耐热性良好	
	QTRAl22	在空气炉气中耐热温度到1100℃。具有优良的抗氧化能力，较高的室温和高温强度，韧性好，抗高温硫蚀性好	适用于高温（1 100℃）、载荷较小、温度变化较缓的工件。用于锅炉用侧密封块、链式加热炉炉爪、黄铁矿焙烧炉零件等

2.6　高硅耐蚀铸铁件（见表 2.1-13、表 2.1-14）

表 2.1-13　高硅耐蚀铸铁牌号及化学成分（摘自 GB/T8491—2009）

牌　号	化学成分（质量分数）（%）							
	C	Si	Mn≤	P≤	S≤	Cr	Mo	Cu	R 残留量≤
HTSSi11Cu2CrR	≤1.20	10.00～12.00	0.50	0.10	0.10	0.60～0.80	—	1.80～2.20	0.10
HTSSi15R	0.65～1.10	14.20～14.75	1.50	0.10	0.10	≤0.50	≤0.50	≤0.50	0.10

（续）

牌号	化学成分（质量分数）（%）								
	C	Si	Mn≤	P≤	S≤	Cr	Mo	Cu	R残留量≤
HTSSi15Cr4MoR	0.75～1.15	14.20～14.75	1.50	0.10	0.10	3.25～5.00	0.40～0.60	≤0.50	0.10
HTSSi15Cr4R	0.70～1.10	14.20～14.75	1.50	0.10	0.10	3.25～5.00	≤0.20	≤0.50	0.10

注：1. GB/T8491—2009《高硅耐蚀铸铁件》代替GB/T8491—1987。本表各牌号均适用于腐蚀的工况条件。

2. 高硅耐蚀铸铁以化学成分做为验收依据，力学性能一般不做为验收依据。

3. 铸件的几何形状、尺寸公差等技术要求应符合GB/T8491—2009的有关规定，并在需方提出的图样上反映清楚。

4. 除另有规定外，铸铁的生产工艺由供方自行确定。

表2.1-14 高硅耐蚀铸铁力学性能及应用（GB/T8491—2009）

牌号	最小抗弯强度 σ_{dB}/MPa	最小挠度 f/mm	性能和适用条件	应用举例
HTSSi11Cu2CrR	190	0.80	具有较好的力学性能，可以用一般的机械加工方法进行生产。在浓度大于或等于10%的硫酸、浓度小于或等于46%的硝酸或由上述两种介质组成的混合酸、浓度大于或等于70%的硫酸加氯、苯、苯磺酸等介质中具有较稳定的耐蚀性能，但不允许有急剧的交变载荷、冲击载荷和温度突变	卧式离心机、潜水泵、阀门、旋塞、塔罐、冷却排水管、弯头等化工设备和零部件等
HTSSi15R	118	0.66	在氧化性酸（例如：各种温度和浓度的硝酸、硫酸、铬酸等）各种有机酸和一系列盐溶液介质中都有良好的耐蚀性，但在卤素的酸、盐溶液（如氢氟酸和氯化物等）和强碱溶液中不耐蚀。不允许有急剧的交变载荷、冲击载荷和温度突变	各种离心泵、阀类、旋塞、管道配件、塔罐、低压容器及各种非标准零部件等
HTSSi15Cr4R	118	0.66	具有优良的耐电化学腐蚀性能，并有改善抗氧化性条件的耐蚀性能。高硅铬铸铁中和铬可提高其钝化性和点蚀击穿电位，但不允许有急剧的交变载荷和温度突变	在外加电流的阴极保护系统中，大量用作辅助阳极铸件
HTSSi15Cr4MoR	118	0.66	适用于强氯化物的环境	

注：高硅耐蚀铸铁的力学性能一般不作为验收依据。如需方有要求时，则应对其试棒进行弯曲试验，以测定其抗弯强度和挠度，试验结果应符合本表的规定。

2.7 抗磨白口铸铁件（见表2.1-15和表2.1-16）

表2.1-15 抗磨白口铸铁牌号及化学成分（摘自GB/T8263—1999）

牌号	化学成分（质量分数）（%）								
	C	Si	Mn	Cr	Mo	Ni	Cu	S	P
KmTBNi4Cr2-DT	2.4～3.0	≤0.8	≤2.0	1.5～3.0	≤1.0	3.3～5.0	—	≤0.15	≤0.15
KmTBNi4Cr2-GT	3.0～3.6	≤0.8	≤2.0	1.5～3.0	≤1.0	3.3～5.0	—	≤0.15	≤0.15
KmTBCr9Ni5	2.5～3.6	≤2.0	≤2.0	7.0～11.0	≤1.0	4.5～7.0	—	≤0.15	≤0.15
KmTBCr2	2.1～3.6	≤1.2	≤2.0	1.5～3.0	≤1.0	≤1.0	≤1.2	≤0.10	≤0.15
KmTBCr8	2.1～3.2	1.5～2.2	≤2.0	7.0～11.0	≤1.5	≤1.0	≤1.2	≤0.06	≤0.10
KmTBCr12	2.0～3.3	≤1.5	≤2.0	11.0～14.0	≤3.0	≤2.5	≤1.2	≤0.06	≤0.10
KmTBCr15Mo	2.0～3.3	≤1.2	≤2.0	14.0～18.0	≤3.0	≤2.5	≤1.2	≤0.06	≤0.10
KmTBCr20Mo	2.0～3.3	≤1.2	≤2.0	18.0～23.0	≤3.0	≤2.5	≤1.2	≤0.06	≤0.10
KmTBCr26	2.0～3.3	≤1.2	≤2.0	23.0～30.0	≤3.0	≤2.5	≤2.0	≤0.06	≤0.10

表 2.1-16 抗磨白口铸铁力学性能及应用举例（摘自 GB/T8263—1999）

牌号	硬度						特性及应用举例	
	铸态或铸态并去应力处理		硬化态或硬化态并去应力处理		软化退火态			
	HRC	HBW	HRC	HBW	HRC	HBW		
KmTBNi4Cr2-DT	≥53	≥550	≥56	≥600	—	—	可用于承受中等冲击载荷的易磨损零件	抗磨白口铸铁中，碳主要以碳化物的形式分布于金属基体中，具有优良的磨料磨损性能，适用于制造矿山、冶金、电力、建材和机械制造等行业的易磨损零件
KmTBNi4Cr2-GT	≥53	≥550	≥56	≥600	—	—	用于承受较小冲击载荷的易磨损零件	
KmTBCr9Ni5	≥50	≥500	≥56	≥600	—	—	有很好的淬透性，可用于承受中等冲击载荷的磨损零件	
KmTBCr2	≥46	≥450	≥56	≥600	≤41	≤400	用于承受较小冲击载荷的易磨损零件	
KmTBCr8	≥46	≥450	≥56	≥600	≤41	≤400	有一定的耐蚀性，可用于承受中等冲击载荷的易磨损零件	
KmTBCr12	≥46	≥450	≥56	≥600	≤41	≤400	可用于承受中等冲击载荷的易磨损零件	
KmTBCr15Mo	≥46	≥450	≥58	≥650	≤41	≤400	可用于承受中等冲击载荷的易磨损零件	
KmTBCr20Mo	≥46	≥450	≥58	≥650	≤41	≤400	有很好的淬透性、较好的耐蚀性，可用于承受较大冲击载荷的易磨损零件	
KmTBCr26	≥46	≥450	≥56	≥600	≤41	≤400	有很好的淬透性、良好的耐蚀性和抗高温氧化性，可用于承受较大冲击载荷的易磨损零件	

注：1. 牌号中的“DT”和“GT”分别为“低碳”和“高碳”的拼音字母的首位字母，表示含碳量的高低。

2. 铸铁的热处理规范和金相组织，参见 GB/T8263—1999。

3. 铸件在清理铸件或处理铸件缺陷过程中，不能采用火焰切割、电弧切割、电焊切割和补焊。

3 钢

3.1 铸钢

3.1.1 一般工程用铸造碳钢件（见表 2.1-17、表 2.1-18）

表 2.1-17 一般工程用铸造碳钢的牌号及化学成分（摘自 GB/T11352—2009）

牌号	元素最高含量（质量分数）（%）										
	C	Si	Mn	S	P	残余元素					
						Ni	Cr	Cu	Mo	V	残余元素总量
ZG200-400	0.20	0.60	0.80	0.035	0.035	0.40	0.35	0.40	0.20	0.05	1.00
ZG230-450	0.30		0.90								
ZG270-500	0.40										
ZG310-570	0.50										
ZG340-640	0.60										

注：1. 对上限减少 0.01% 的碳，允许增加 0.04% 的锰，对 ZG200-400 的锰最高至 1.00%，其余四个牌号锰最高至 1.20%。

2. 除另有规定外，残余元素不作为验收依据。

3. GB/T11352—2009《一般工程用铸造碳钢件》代替 GB/T11352—1989。

表 2.1-18　一般工程用铸造碳钢力学性能及应用（摘自 GB/T11352—2009）

牌　号	最小值						特　点	应用举例
	R_{eH} 或 $R_{p0.2}$ /MPa	R_m /MPa	A_5 (%)	按合同规定				
				Z (%)	A_{KV} /J	A_{KU} /J		
ZG200-400	200	400	25	40	30	47	低碳铸钢，韧性及塑性均好，但强度和硬度较低，低温冲击韧性大，脆性转变温度低，导磁、导电性能良好，焊接性好，但铸造性差	机座、电气吸盘、变速箱体等受力不大，但要求韧性的零件
ZG230-450	230	450	22	32	25	35		用于负荷不大、韧性较好的零件，如轴承盖、底板、阀体、机座、侧架、轧钢机架、铁道车辆摇枕、箱体、犁柱、砧座等
ZG270-500	270	500	18	25	22	27	中碳铸钢，有一定的韧性及塑性，强度和硬度较高，切削性良好，焊接性尚可，铸造性能比低碳钢好	应用广泛，用于制作飞轮、车辆车钩、水压机工作缸、机架、蒸汽锤汽缸、轴承座、连杆、箱体、曲拐
ZG310-570	310	570	15	21	15	24		用于重负荷零件，如联轴器、大齿轮、缸体、气缸、机架、制动轮、轴及辊子
ZG340-640	340	640	10	18	10	16	高碳铸钢，具有高强度、高硬度及高耐磨性，塑性韧性低，铸造焊接性均差，裂纹敏感性较大	起重运输机齿轮、联轴器、齿轮、车轮、棘轮、叉头

注：1. 试验环境温度为（20±10）℃。
2. 需方无要求时，断面收缩率和冲击值由供方任选其一。
3. 热处理规定：
除另有规定外，热处理工艺由供方自行决定。
铸钢件的热处理按 GB/T16923、GB/T16924 的规定执行。

3.1.2　焊接结构用碳素钢铸件（见表 2.1-19）

表 2.1-19　焊接结构用碳素钢铸件的牌号、化学成分和力学性能（摘自 GB/T7659—1987）

牌　号	化学成分（质量分数）(%)　≤											力学性能					
	C	Si	Mn	S	P	残余元素						σ_s /MPa	σ_b /MPa	δ_5 (%)	ψ (%)	A_{KV} /J	a_{KU} /J·cm^{-2}
						Ni	Cr	Cu	Mo	V	总和	≥					
ZG200—400H	0.20	0.50	0.80	0.04	0.04	0.30	0.30	0.30	0.15	0.05	0.80	200	400	25	40	30	59
ZG230—450H	0.20	0.50	1.20	0.04	0.04							230	450	22	35	25	44
ZG275—485H	0.25	0.50	1.20	0.04	0.04							275	485	20	35	22	34

注：1. 本表适用于一般工程结构用，且焊接性好的碳素钢铸件。
2. 冲击性能中，当供方尚不具备夏比（V型缺口）试样加工条件时，允许按夏比（U型缺口）试样的冲击韧度值 a_{KU} 交货。
3. 铸件热处理工艺由供方决定，常用热处理类型为：退火；正火；正火加回火（回火温度不低于550℃）。

3.1.3　一般工程与结构用低合金铸钢件（见表 2.1-20）

表 2.1-20　一般工程与结构用低合金铸钢件牌号及力学性能（摘自 GB/T14408—1993）

牌　　号	最　小　值				最高含量（质量分数）（%）	
	屈服点或屈服强度 σ_s 或 $\sigma_{0.2}$ /MPa	抗拉强度 σ_b /MPa	伸长率 δ_5 （%）	收缩率 ψ （%）	S	P
ZGD270-480	270	480	18	35	0.040	0.040
ZGD290-510	290	510	16	35		
ZGD345-570	345	570	14	35		
ZGD410-620	410	620	13	35		
ZGD535-720	535	720	12	30		
ZGD650-830	650	830	10	25		
ZGD739-910	730	910	8	22	0.035	0.035
ZGD840-1030	840	1030	6	20		

注：1. 表中力学性能值取自28mm厚标准试块。
2. 若以冲击吸收功作为检验指标，可代替断面收缩率。冲击试样应采用V型缺口，具体数值由供需双方协商确定。
3. 各牌号化学成分中的硫、磷含量应符合表中规定。除非供需双方另有规定，各牌号的化学成分由供方确定，并且除硫、磷外，其他元素不作为验收依据。

3.1.4　高锰钢铸件（见表2.1-21）

表 2.1-21　高锰钢铸件的牌号、化学成分、力学性能及应用举例（摘自 GB/T5680—1998）

牌　号	化学成分（质量分数）（%）					力学性能≥				应　用　举　例
	C	Mn	Si	S ≤	P ≤	σ_b/MPa	δ_5 （%）	a_{KU} /J·cm^{-2}	硬度 HBW	
ZGMn13-1	1.00 ~ 1.45	11.00 ~ 14.00	0.30 ~ 1.00	0.040	0.090	≥635	≥20	—	—	高锰钢铸件具有高强度及良好的塑性和韧性，在使用中受冲击和强大压力而变形时，产生高耐磨的表面层，里层仍具有很好的韧性，故能承受冲击载荷，用于铸造各种耐冲击、抗磨损的零件。ZGMn13-1和ZGMn13-2适用于铸造形状结构简单、耐磨为主的低冲击零件，如破碎壁、辊套、齿板、衬板、铲齿等。ZGMn13-4的耐冲击能力高于ZGMn13-3，此两个牌号适用于结构复杂，要求以韧性为主的承受强烈冲击负荷的零件，如斗前壁、提梁和履带板等
ZGMn13-2	0.90 ~ 1.35			0.040	0.070	≥685	≥25	≥147	≤300	
ZGMn13-3	0.95 ~ 1.35		0.30 ~ 0.80	0.035	0.070	≥735	≥30			
ZGMn13-4	0.90 ~ 1.30			0.040	0.070	≥735	≥20	—		
ZGMn13-5	0.75 ~ 1.30		0.30 ~ 1.00	0.040	0.070	—	—	—	—	

注：1. ZGMn13-4 含 Cr1.50% ~2.50%，ZGMn13-5 含 Mo0.90% ~1.20%（均指质量分数）。
2. 铸件应均匀地加热和保温，水韧处理温度不低于1040℃，保证铸件中碳化物均匀，固溶，其力学性能符合本表规定。
3. ZGMn13-4 的 σ_s≥390MPa。
4. 在图样或订货协议中对铸件尺寸公差无规定时，铸件尺寸公差等级按GB/T6414—1999《铸件尺寸公差》中CT13级规定，形位公差按GB/T5680—1998附录的有关规定。

3.1.5　大型低合金钢铸件（见表2.1-22、表2.1-23）

表 2.1-22　大型低合金钢铸件铸钢的牌号及化学成分（摘自 JB/T 6402—2006）

材料牌号	化学成分（质量分数）（%）								
	C	Si	Mn	P	S	Cr	Ni	Mo	Cu
ZG20Mn	0.16 ~ 0.22	0.60 ~ 0.80	1.00 ~ 1.30	≤0.030	≤0.030	—	≤0.40	—	—
ZG30Mn	0.27 ~ 0.34	0.30 ~ 0.50	1.20 ~ 1.50	≤0.030	≤0.030	—	—	—	—
ZG35Mn	0.30 ~ 0.40	0.60 ~ 0.80	1.10 ~ 1.40	≤0.030	≤0.030	—	—	—	—
ZG40Mn	0.35 ~ 0.45	0.30 ~ 0.45	1.20 ~ 1.50	≤0.030	≤0.030	—	—	—	—

（续）

材料牌号	化学成分(质量分数)(%)								
	C	Si	Mn	P	S	Cr	Ni	Mo	Cu
ZG40Mn2	0.35~0.45	0.20~0.40	1.60~1.80	≤0.030	≤0.030	—	—	—	—
ZG45Mn2	0.42~0.49	0.20~0.40	1.60~1.80	≤0.030	≤0.030	—	—	—	—
ZG50Mn2	0.45~0.55	0.20~0.40	1.50~1.80	≤0.030	≤0.030	—	—	—	—
ZG35SiMnMo	0.32~0.40	1.10~1.40	1.10~1.40	≤0.030	≤0.030	—	—	0.20~0.30	≤0.30
ZG35CrMnSi	0.30~0.40	0.50~0.75	0.90~1.20	≤0.030	≤0.030	0.50~0.80	—	—	—
ZG20MnMo	0.17~0.23	0.20~0.40	1.10~1.40	≤0.030	≤0.030	—	—	0.20~0.35	≤0.30
ZG30Cr1MnMo	0.25~0.35	0.17~0.45	0.90~1.20	≤0.030	≤0.030	0.90~1.20	—	0.20~0.30	—
ZG55CrMnMo	0.50~0.60	0.25~0.60	1.20~1.60	≤0.030	≤0.030	0.60~0.90	—	0.20~0.30	≤0.30
ZG40Cr1	0.35~0.45	0.20~0.40	0.50~0.80	≤0.030	≤0.030	0.80~1.10	—	—	—
ZG34Cr2Ni2Mo	0.30~0.37	0.30~0.60	0.60~1.00	≤0.030	≤0.030	1.40~1.70	1.40~1.70	0.15~0.35	—
ZG15Cr1Mo	0.12~0.20	≤0.60	0.50~0.80	≤0.030	≤0.030	1.00~1.50	—	0.45~0.65	—
ZG20CrMo	0.17~0.25	0.20~0.45	0.50~0.80	≤0.030	≤0.030	0.50~0.80	—	0.45~0.65	—
ZG35Cr1Mo	0.30~0.37	0.30~0.50	0.50~0.80	≤0.030	≤0.030	0.80~1.20	—	0.20~0.30	—
ZG42Cr1Mo	0.38~0.45	0.30~0.60	0.60~1.00	≤0.030	≤0.030	0.80~1.20	—	0.20~0.30	—
ZG50Cr1Mo	0.46~0.54	0.25~0.50	0.50~0.80	≤0.030	≤0.030	0.90~1.20	—	0.15~0.25	—
ZG65Mn	0.60~0.70	0.17~0.37	0.90~1.20	≤0.030	≤0.030	—	—	—	—
ZG28NiCrMo	0.25~0.30	0.30~0.80	0.60~0.90	≤0.030	≤0.030	0.35~0.85	0.40~0.80	0.35~0.55	—
ZG30NiCrMo	0.25~0.35	0.30~0.60	0.70~1.00	≤0.030	≤0.030	0.60~0.90	0.60~1.00	0.35~0.50	—
ZG35NiCrMo	0.30~0.37	0.60~0.90	0.70~1.00	≤0.030	≤0.030	0.40~0.90	0.60~0.90	0.40~0.50	—

注：残余元素含量的质量分数：Ni≤0.30%，Cr≤0.30%，Cu≤0.25%，Mo≤0.15%，V≤0.05%，残余元素总含量≤1.0%。如需方无要求，残余元素不作验收依据。

表2.1-23 大型低合金钢铸件铸钢力学性能及应用（摘自JB/T6402—2006）

材料牌号	热处理状态	R_{cH} /MPa ≥	R_m /MPa ≥	A (%) ≥	Z (%) ≥	A_{KU} /J ≥	A_{KV} /J ≥	A_{KDVM} /J ≥	HBW ≥	应用举例
ZG20Mn	正火+回火	285	495	18	30	39	—	—	145	焊接及流动性良好，作水压机缸、叶片、喷嘴体、阀、弯头等
	调质	300	500~650	24	—	—	45	—	150~190	
ZG30Mn	正火+回火	300	558	18	30	—	—	—	163	用于承受摩擦和冲击的零件，如齿轮等
ZG35Mn	正火+回火	345	570	12	20	24	—	—	—	用于承受摩擦的零件
	调质	415	640	12	25	27	—	27	200~240	
ZG40Mn	正火+回火	295	640	12	30	—	—	—	163	用于承受摩擦和冲击的零件，如齿轮等
ZG40Mn2	正火+回火	395	590	20	40	30	—	—	179	用于承受摩擦的零件，如齿轮等
	调质	685	835	13	45	35	—	35	269~302	
ZG45Mn2	正火+回火	392	637	15	30	—	—	—	179	用于模块、齿轮等
ZG50Mn2	正火+回火	445	785	18	37	—	—	—	—	用于高强度零件，如齿轮、齿轮缘等
ZG35SiMnMo	正火+回火	395	640	12	20	24	—	—	—	用于承受负荷较大的零件
	调质	490	690	12	25	27	—	27	—	
ZG35CrMnSi	正火+回火	345	690	14	30	—	—	—	217	用于承受冲击、摩擦的零件，如齿轮、滚轮等
ZG20MnMo	正火+回火	295	490	16		39	—	—	156	用于受压容器，如泵壳等
ZG30Cr1MnMo	正火+回火	392	686	15	30	—	—	—	—	用于拉坯和立柱

（续）

牌　号	热处理状态	R_{eH}/MPa ≥	R_m/MPa ≥	A(%) ≥	Z(%) ≥	A_{KU}/J ≥	A_{KV}/J ≥	A_{KDVM}/J ≥	HBW ≥	应用举例
ZG55CrMnMo	正火+回火	不规定	不规定	—	—	—	—	—	—	有一定的红硬性，用于锻模等
ZG40Cr1	正火+回火	345	630	18	26	—	—	—	212	用于高强度齿轮
ZG34Cr2Ni2Mo	调　质	700	950~1000	12	—	—	32	—	240~290	用于特别要求的零件，如锥齿轮、小齿轮、吊车行走轮、轴等
ZG15Cr1Mo	正火+回火	275	490	20	35	24	—	—	140~220	用于汽轮机
ZG20CrMo	正火+回火	245	460	18	30	30	—	—	135~180	用于齿轮、锥齿轮及高压缸零件等
	调　质	245	460	18	30	24	—	—	—	
ZG35Cr1Mo	正火+回火	392	588	12	20	23.5	—	—		用于齿轮、电炉支承轮轴套、齿圈等
	调　质	510	686	12	25	31	—	27	201	
ZG42Cr1Mo	正火+回火	343	569	12	20	—	30	—	—	用于承受高负荷零件、齿轮、锥齿轮等
	调　质	490	690~830	11	—	—	—	21	200~250	
ZG50Cr1Mo	调　质	520	740~880	11	—	—	—	34	200~260	用于减速器零件、齿轮、小齿轮等
ZG65Mn	正火+回火	不规定	不规定	—	—	—	—	—	—	用于球磨机衬板等
ZG28NiCrMo	—	420	630	20	40	—	—	—	—	适用于直径大于300mm的齿轮铸件
ZG30NiCrMo	—	590	730	17	35	—	—	—	—	适用于直径大于300mm的齿轮铸件
ZG35NiCrMo	—	660	830	14	30	—	—	—	—	适用于直径大于300mm的齿轮铸件

注：1. 需方无特殊要求时，A_{KU}、A_{KV}、A_{KDVM}由供方任选一种。

2. 需方无特殊要求时，硬度不作验收依据，仅供设计参考。

3.1.6　一般用途耐蚀钢铸件（见表2.1-24～表2.1-26）

表2.1-24　一般用途耐蚀钢铸件牌号及化学成分（摘自GB/T2100—2002）

牌　号	化学成分(质量分数)(%)								
	C	Si	Mn	P	S	Cr	Mo	Ni	其他
ZG15Cr12	≤0.15	≤0.8	≤0.8	≤0.035	≤0.025	11.5~13.5	≤0.5	≤1.0	
ZG20Cr13	0.16~0.24	≤1.0	≤0.6	≤0.035	≤0.025	12.0~14.0	—	—	
ZG10Cr12NiMo	≤0.10	≤0.8	≤0.8	≤0.035	≤0.025	11.5~13.0	0.2~0.5	0.8~1.8	
ZG06Cr12Ni4(QT1) ZG06Cr12Ni4(QT2)	≤0.06	≤1.0	≤1.5	≤0.035	≤0.025	11.5~13.0	≤1.0	3.5~5.0	
ZG06Cr16Ni5Mo	≤0.06	≤0.8	≤0.8	≤0.035	≤0.025	15.0~17.0	0.7~1.5	4.0~6.0	
ZG03Cr18Ni10	≤0.03	≤1.5	≤1.5	≤0.040	≤0.030	17.0~19.0	—	9.0~12.0	
ZG03Cr18Ni10N	≤0.03	≤1.5	≤1.5	≤0.040	≤0.030	17.0~19.0	—	9.0~12.0	N0.10%~0.20%
ZG07Cr19Ni9	≤0.07	≤1.5	≤1.5	≤0.040	≤0.030	18.0~21.0	—	8.0~11.0	
ZG08Cr19Ni10Nb	≤0.08	≤1.5	≤1.5	≤0.040	≤0.030	18.0~21.0	—	9.0~12.0	Nb:8×w_C~1.00%
ZG03Cr19Ni11Mo2	≤0.03	≤1.5	≤1.5	≤0.040	≤0.030	17.0~20.0	2.0~2.5	9.0~12.0	
ZG03Cr19Ni11Mo2N	≤0.03	≤1.5	≤1.5	≤0.040	≤0.030	17.0~20.0	2.0~2.5	9.0~12.0	N:0.10%~0.20%
ZG07Cr19Ni11Mo2	≤0.07	≤1.5	≤1.5	≤0.040	≤0.030	17.0~20.0	2.0~2.5	9.0~12.0	

（续）

牌　号	化学成分(质量分数)(%)								
	C	Si	Mn	P	S	Cr	Mo	Ni	其他
ZG08Cr19Ni11Mo2Nb	≤0.08	≤1.5	≤1.5	≤0.040	≤0.030	17.0～20.0	2.0～2.5	9.0～12.0	Nb:8×w_C～1.00
ZG03Cr19Ni11Mo3	≤0.03	≤1.5	≤1.5	≤0.040	≤0.030	17.0～20.0	3.0～3.5	9.0～12.0	
ZG03Cr19Ni11Mo3N	≤0.03	≤1.5	≤1.5	≤0.040	≤0.030	17.0～20.0	3.0～3.5	9.0～12.0	N:0.10%～0.20%
ZG07Cr19Ni11Mo3	≤0.07	≤1.5	≤1.5	≤0.040	≤0.030	17.0～20.0	3.0～3.5	9.0～12.0	
ZG03Cr26Ni5Cu3Mo3N	≤0.03	≤1.0	≤1.5	≤0.035	≤0.025	25.0～27.0	2.5～3.5	4.5～6.5	Cu:2.4%～3.5% N:0.12%～0.25%
ZG03Cr26Ni5Mo3N	≤0.03	≤1.0	≤1.5	≤0.035	≤0.025	25.0～27.0	2.5～3.5	4.5～6.5	N:0.12%～0.25%
ZG03Cr14Ni14Si4	≤0.03	3.5～4.5	≤0.8	≤0.035	≤0.025	13.0～15.0	—	13.0～15.0	

注：1. GB/T2100—2002 等效采用 ISO11972:1998《通用耐蚀铸钢》。

2. 本表的牌号适用于一般耐蚀用途的铸钢件，这些牌号代表了适合在各种不同腐蚀场合广泛应用的合金铸钢件的种类。GB/T2100—2002 规定，可以在订货合同中商定采用 GB/T2100—2002 中未列出的其他牌号。

表 2.1-25　一般用途耐蚀铸钢的热处理及室温力学性能（摘自 GB/T2100—2002）

牌　号	热处理规范	$\sigma_{p0.2}$①/MPa min	σ_b/MPa min	δ①(%) min	A_{KV}①/J min	最大厚度/mm
ZG15Cr12	奥氏体化 950～1050℃，空冷；650～750℃回火，空冷	450	620	14	20	150
ZG20Cr13	950℃退火，1050℃油淬，750～800℃空冷	440(σ_s)	610	16	58(A_{KU})	300
ZG10Cr12NiMo	奥氏体化 1000～1050℃，空冷；620～720℃回火，空冷或炉冷	440	590	15	27	300
ZG06Cr12Ni4(QT1)	奥氏体化 1000～1100℃，空冷；570～620℃回火，空冷或炉冷	550	750	15	45	300
ZG06Cr12Ni4(QT2)	奥氏体化 1000～1100℃，空冷；500～530℃回火，空冷或炉冷	830	900	12	35	300
ZG06Cr16Ni5Mo	奥氏体化 1020～1070℃，空冷；580～630℃回火，空冷或炉冷	540	760	15	60	300
ZG03Cr18Ni10	1050℃固溶处理；淬火。随厚度增加，提高空冷速度	180②	440	30	80	150
ZG03Cr18Ni10N		230②	510	30	80	150
ZG07Cr19Ni9		180②	440	30	60	150
ZG08Cr19Ni10Nb		180②	440	25	40	150
ZG03Cr19Ni11Mo2	1080℃固溶处理；淬火。随厚度增加，提高空冷速度	180②	440	30	80	150
ZG03Cr19Ni11Mo2N		230②	510	30	80	150
ZG07Cr19Ni11Mo2		180②	440	30	60	150
ZG08Cr19Ni11Mo2Nb		180②	440	25	40	150
ZG03Cr19Ni11Mo3	1120℃固溶处理；淬火。随厚度增加，提高空冷速度	180②	440	30	80	150
ZG03Cr19Ni11Mo3N		230②	510	30	80	150
ZG07Cr19Ni11Mo3		180②	440	30	60	150
ZG03Cr26Ni5Cu3Mo3N	1120℃固溶处理，水淬。高温固溶处理之后，水淬之前，铸件可冷至 1010～1040℃，以防止复杂形状铸件的开裂	450	650	18	50	150
ZG03Cr26Ni5Mo3N		450	650	18	50	150
ZG03Cr14Ni14Si4	1050～1100℃固溶；水淬	245(σ_s)	490	60(δ_5)	270(A_{KU})	150

注：1. 除另有规定外，炼钢方法和铸造工艺由供方自行确定。

2. 要求做晶间腐蚀倾向试验的铸件，应在合同中注明，其试验方法按 GB/T2100—2002 的规定进行。

① $\sigma_{p0.2}$——0.2%试验应力；

σ_b——抗拉强度；

δ——断裂后，原始测试长度 L_0 的延伸百分比；

A_{KV}——V 型缺口冲击吸收功；

A_{KU}——U 型缺口冲击吸收功。

② $\sigma_{p1.0}$的最低值高于 25MPa。

表 2.1-26　一般用途耐蚀铸钢的应用举例

牌号	特性及应用举例
ZG15Cr12	铸造性能较好，具有良好的力学性能，在大气、水和弱腐蚀介质（如盐水溶液、稀硝酸及某些体积分数不高的有机酸）和温度不高的情况下，均有良好的耐蚀性，可用于承受冲击负荷、要求韧性高的铸件，如泵壳、阀、叶轮、水轮机转轮或叶片、螺旋桨等
ZG20Cr13	基本性能与ZG15Cr12相似，含碳量高于ZG15Cr12，因而具有较高的硬度，焊接性较差，应用与ZG15Cr12相似，可用作较高硬度的铸件，如热油液压泵、阀门等
ZG03Cr18Ni10	为超低碳不锈钢，冶炼要求高，在氧化性介质（如硝酸）中具有良好的耐蚀性及良好的耐晶间腐蚀性能，焊后不出现刀口腐蚀，主要用于化学、化肥、化纤及国防工业上重要的耐蚀铸件和铸焊结构件等
ZG07Cr19Ni9	铸造性能比较好，在硝酸、有机酸等介质中具有良好的耐蚀性，在固溶处理后具有良好的耐晶间腐蚀性能，但在敏化状态下的耐晶间腐蚀性能会显著下降，低温冲击性能好，主要用于硝酸、有机酸、化工石油等工业用泵、阀等铸件
ZG03Cr14Ni14Si4	为超低碳高硅不锈钢，在浓硝酸中具有较好的耐蚀性，力学性能较高，对各种配比的浓硝酸、浓硫酸、混合酸的耐蚀性好，焊后不出现刀口腐蚀，用于化工、纺织、轻工、国防、医药等行业中的泵、阀、管接头等

3.1.7　工程结构用中、高强度不锈钢铸件（见表2.1-27、表2.1-28）

表 2.1-27　工程结构用中、高强度不锈钢铸件的牌号及化学成分（摘自GB/T6967—2009）（质量分数%）

铸钢牌号	C	Si	Mn	P	S	Cr	Ni	Mo	残余元素≤			
		≤							Cu	V	W	总量
ZG20Cr13	0.16～0.24	0.80	0.80	0.035	0.025	11.5～13.5	—	—	0.50	0.05	0.10	0.50
ZG15Cr13	≤0.15	0.80	0.80	0.035	0.025	11.5～13.5	—	—	0.50	0.05	0.10	0.50
ZG15Cr13Ni1	≤0.15	0.80	0.80	0.035	0.025	11.5～13.5	≤1.00	≤0.50	0.50	0.05	0.10	0.50
ZG10Cr13Ni1Mo	≤0.10	0.80	0.80	0.035	0.025	11.5～13.5	0.8～1.80	0.20～0.50	0.50	0.05	0.10	0.50
ZG06Cr13Ni4Mo	≤0.06	0.80	1.00	0.035	0.025	11.5～13.5	3.5～5.0	0.40～1.00	0.50	0.05	0.10	0.50
ZG06Cr13Ni5Mo	≤0.06	0.80	1.00	0.035	0.025	11.5～13.5	4.5～6.0	0.40～1.00	0.50	0.05	0.10	0.50
ZG06Cr16Ni5Mo	≤0.06	0.80	1.00	0.035	0.025	15.5～17.0	4.5～6.0	0.40～1.00	0.50	0.05	0.10	0.50
ZG04Cr13Ni4Mo	≤0.04	0.80	1.50	0.030	0.010	11.5～13.5	3.5～5.0	0.40～1.00	0.50	0.05	0.10	0.50
ZG04Cr13Ni5Mo	≤0.04	0.80	1.50	0.030	0.010	11.5～13.5	4.5～6.0	0.40～1.00	0.50	0.05	0.10	0.50

注：除另有规定外，残余元素含量不作为验收依据。

表 2.1-28　工程结构用中、高强度不锈钢铸件的力学性能及应用（摘自GB/T6967—2009）

铸钢牌号		屈服强度 $R_{p0.2}$/MPa	抗拉强度 R_m/MPa	伸长率 A_5/%	断面收缩率 Z/%	冲击吸收功 A_{KV}/J	布氏硬度 HBW	应用举例
		≥						
ZG15Cr13		345	540	18	40	—	163～229	耐大气腐蚀好，力学性能较好，可用于承受冲击负荷且韧性较高的零件，可耐有机酸水液、聚乙烯醇、碳酸氢钠、橡胶液，还可做水轮机转轮叶片、水压机阀
ZG20Cr13		390	590	16	35	—	170～235	
ZG15Cr13Ni1		450	590	16	35	20	170～241	
ZG10Cr13Ni1Mo		450	620	16	35	27	170～241	综合力学性能高，抗大气腐蚀，水中抗疲劳性能均好，钢的焊接性良好，焊后不必热处理，铸造性能尚好，耐泥砂磨损，可用于制作大型水轮机转轮（叶片）
ZG06Cr13Ni4Mo		550	750	15	35	50	221～294	
ZG06Cr13Ni5Mo		550	750	15	35	50	221～294	
ZG06Cr16Ni5Mo		550	750	15	35	50	221～294	
ZG04Cr13-Ni4Mo	HT1①	580	780	18	50	80	221～294	
	HT2②	830	900	12	35	35	294～350	
ZG04Cr13-Ni5Mo	HT1①	580	780	18	50	80	221～294	
	HT2②	830	900	12	35	35	294～350	

注：1. 本表中牌号为ZG15Cr13、ZG20Cr13、ZG15Cr13Ni1铸钢的力学性能适用于壁厚小于或等于150mm的铸件。牌号为ZG10Cr13Ni1Mo、ZG06Cr13Ni4Mo、ZG06Cr13Ni5Mo、ZG06Cr16Ni5Mo、ZG04Cr13Ni4Mo、ZG04Cr13Ni5Mo的铸钢适用于壁厚小于或等于300mm的铸件。

2. ZG04Cr13Ni4Mo（HT2）、ZG04Cr13Ni5Mo（HT2）用于大中型铸焊结构铸件时，供需双方应另行商定。

3. 需方要求做低温冲击试验时，其技术要求由供需双方商定。其中ZG06Cr16Ni5Mo、ZG06Cr13Ni4Mo、ZG04Cr13Ni4Mo、ZG06Cr13Ni5Mo和ZG04Cr13Ni5Mo温度为0℃的冲击吸收功应符合本表规定。

① 回火温度应在600℃～650℃。

② 回火温度应在500℃～550℃。

3.1.8　一般用途耐热钢和合金铸件（见表2.1-29、表2.1-30）

表2.1-29　一般用途耐热钢和合金铸件牌号及化学成分（摘自GB/T8492—2002）

牌号	化学成分（质量分数）（%）								
	C	Si	Mn	P ≤	S ≤	Cr	Mo ≤	Ni	其他
ZG30Cr7Si2	0.20~0.35	1.0~2.5	0.5~1.0	0.04	0.04	6~8	0.5	≤0.5	—
ZG40Cr13Si2	0.3~0.5	1.0~2.5	0.5~1.0	0.04	0.03	12~14	0.5	≤1	—
ZG40Cr17Si2	0.3~0.5	1.0~2.5	0.5~1.0	0.04	0.03	16~19	0.5	≤1	—
ZG40Cr24Si2	0.3~0.5	1.0~2.5	0.5~1.0	0.04	0.03	23~26	0.5	≤1	—
ZG40Cr28Si2	0.3~0.5	1.0~2.5	0.5~1.0	0.04	0.03	27~30	0.5	≤1	—
ZGCr29Si2	1.2~1.4	1.0~2.5	0.5~1.0	0.04	0.03	27~30	0.5	≤1	—
ZG25Cr18Ni9Si2	0.15~0.35	1.0~2.5	≤2	0.04	0.03	17~19	0.5	8~10	—
ZG25Cr20Ni14Si2	0.15~0.35	1.0~2.5	≤2	0.04	0.03	19~21	0.5	13~15	—
ZG40Cr22Ni10Si2	0.3~0.5	1.0~2.5	≤2	0.04	0.03	21~23	0.5	9~11	—
ZG40Cr24Ni24Si2Nb1	0.25~0.50	1.0~2.5	≤2	0.04	0.03	23~25	0.5	23~25	Nb: 1.2~1.8
ZG40Cr25Ni12Si2	0.3~0.5	1.0~2.5	≤2	0.04	0.03	24~27	0.5	11~14	—
ZG40Cr25Ni20Si2	0.3~0.5	1.0~2.5	≤2	0.04	0.03	24~27	0.5	19~22	—
ZG40Cr27Ni4Si2	0.3~0.5	1.0~2.5	≤1.5	0.04	0.03	25~28	0.5	3~6	—
ZG45Cr20Co20Ni20Mo3W3	0.35~0.60	≤1.0	≤2	0.04	0.03	19~22	2.5~3.0	18~22	Co:18~22 W:2~3
ZG10Ni31Cr20Nb1	0.05~0.12	≤1.2	≤1.2	0.04	0.03	19~23	0.5	30~34	Nb: 0.8~1.5
ZG40Ni35Cr17Si2	0.3~0.5	1.0~2.5	≤2	0.04	0.03	16~18	0.5	34~36	—
ZG40Ni35Cr26Si2	0.3~0.5	1.0~2.5	≤2	0.04	0.03	24~27	0.5	33~36	—
ZG40Ni35Cr26Si2Nb1	0.3~0.5	1.0~2.5	≤2	0.04	0.03	24~27	0.5	33~36	Nb: 0.8~1.8
ZG40Ni38Cr19Si2	0.3~0.5	1.0~2.5	≤2	0.04	0.03	18~21	0.5	36~39	
ZG40Ni38Cr19Si2Nb1	0.3~0.5	1.0~2.5	≤2	0.04	0.03	18~21	0.5	36~39	Nb: 1.2~1.8
ZNiCr28Fe17W5Si2C0.4	0.35~0.55	1.0~2.5	≤1.5	0.04	0.03	27~30	—	47~50	W:4~6
ZNiCr50Nb1C0.1	≤0.1	≤0.5	≤0.5	0.02	0.02	47~52	0.5	余量	N≤0.16 N+C≤0.2 Nb:1.4~1.7
ZNiCr19Fe18Si1C0.5	0.4~0.6	0.5~2.0	≤1.5	0.04	0.03	16~21	0.5	50~55	—
ZNiFe18Cr15Si1C0.5	0.35~0.65	≤2	≤1.3	0.04	0.03	13~19	—	64~69	—
ZNiCr25Fe20-Co15W5Si1C0.46	0.44~0.48	1~2	≤2	0.04	0.03	24~26	—	33~37	W:4~6 Co:14~16
ZCoCr28Fe18C0.3	≤0.5	≤1	≤1	0.04	0.03	25~30	0.5	1	Co:48~52 Fe≤20

注：1. GB/T8492—2002等效采用ISO11973：1999《一般用途耐热铸钢和合金》。

2. GB/T8492—2002《一般用途耐热钢和合金铸件》包括的牌号代表了适合在一般工程中不同耐热条件下广泛应用的铸造耐热钢和耐热合金铸件的种类。如果要求采用GB/T8492—2002未规定的牌号，则应在订货合同中注明。

3. 除另有规定外，熔炼方法和铸造工艺由供方自行确定。

表2.1-30　一般用途耐热钢和合金铸件室温力学性能和最高使用温度（摘自GB/T8492—2002）

牌号	$\sigma_{p0.2}$ /MPa ≥	σ_b /MPa ≥	δ (%) ≥	HBW	最高使用温度① /℃
ZG30Cr7Si2	—	—	—	—	750
ZG40Cr13Si2	—	—	—	300②	850
ZG40Cr17Si2	—	—	—	300②	900

（续）

牌号	$\sigma_{p0.2}$ /MPa ≥	σ_b /MPa ≥	δ（%）≥	HBW	最高使用温度[①] /℃
ZG40Cr24Si2	—	—	—	300[②]	1050
ZG40Cr28Si2	—	—	—	320[②]	1100
ZGCr29Si2	—	—	—	400[②]	1100
ZG25Cr18Ni9Si2	230	450	15	—	900
ZG25Cr20Ni14Si2	230	450	10	—	900
ZG40Cr22Ni10Si2	230	450	8	—	950
ZG40Cr24Ni24Si2Nb1	220	400	4	—	1050
ZG40Cr25Ni12Si2	220	450	6	—	1050
ZG40Cr25Ni20Si2	220	450	6	—	1100
ZG40Cr27Ni4Si2	250	400	3	400[③]	1100
ZG45Cr20Co20Ni20Mo3W3	320	400	6	—	1150
ZG10Ni31Cr20Nb1	170	440	20	—	1000
ZG40Ni35Cr17Si2	220	420	6	—	980
ZG40Ni35Cr26Si2	220	440	6	—	1050
ZG40Ni35Cr26Si2Nb1	220	440	4	—	1050
ZG40Ni38Cr19Si2	220	420	6	—	1050
ZG40Ni38Cr19Si2Nb1	220	420	4	—	1100
ZNiCr28Fe17W5Si2C0.4	220	400	3	—	1200
ZNiCr50Nb1C0.1	230	540	8	—	1050
ZNiCr19Fe18Si1C0.5	220	440	5	—	1100
ZNiFe18Cr15Si1C0.5	200	400	3	—	1100
ZNiCr25Fe20Co15W5Si1C0.46	270	480	5	—	1200
ZCoCr28Fe18C0.3	④	④	④	④	1200

注：1. 当供需双方协定要求提供室温力学性能时，其力学性能应按本表规定。

2. ZG30Cr7Si2、ZG40Cr13Si2、ZG40Cr17Si2、ZG40Cr24Si2、ZG40Cr28Si2、ZGCr29Si2 可以在 800℃～850℃进行退火处理。若需要 ZG30Cr7Si2 也可铸态下供货。其他牌号耐热钢和合金铸件，不需要热处理。若需热处理，则热处理工艺由供需双方商定，并在定货合同中注明。

3. 本表列出的最高使用温度为参考数据，这些数据仅适用于牌号间的比较，在实际应用时，还应考虑环境、载荷等实际使用条件。

① 最高使用温度取决于实际使用条件，所列数据仅供用户参考。这些数据适用于氧化气氛，实际的合金成分对其也有影响。

② 退火态最大布氏硬度值，铸件也可以铸态提供，此时硬度限制就不适用。

③ 最大布氏硬度值。

④ 由供需双方协商确定。

3.2 结构钢

3.2.1 碳素结构钢（见表 2.1-31）

表 2.1-31　碳素结构钢牌号、力学性能及应用举例(摘自 GB/T700—2006)

牌号	统一数字代号	等级	屈服强度 R_{eH}/MPa ≥ 厚度(或直径)/mm ≤16	>16~40	>40~60	>60~100	>100~150	>150~200	抗拉强度 R_m/MPa	断后伸长率 A(%) ≥ 厚度(或直径)/mm ≤40	>40~60	>60~100	>100~150	>150~200	冲击试验(V型缺口) 温度/℃	冲击吸收功(纵向)/J ≥	冷弯试验180° (B=2a) 试样方向	钢材厚度(或直径)/mm ≤60 弯心直径 d	>60~100 弯心直径 d	应用举例
Q195	U11952	—	195	185	—	—	—	—	315~430	33	—	—	—	—	—	—	纵	0	—	具有良好韧性、较高伸长率，焊接性良好，用于制作螺栓、炉撑、拉杆、犁板、短轴、支架、焊接件等
																	横	0.5a		
Q215	U12152	A	215	205	195	185	175	165	335~450	31	30	29	27	26	—	—	纵	0.5a	1.5a	
	U12155	B													+20	27	横	a	2a	
Q235	U12352	A	235	225	215	215	195	185	370~500	26	25	24	22	21	—	—	纵	a	2a	韧性良好，冲击和焊接性较好，广泛用于制作一般机械零件，如销、轴、拉杆、套筒、支架、焊接件等，C、D级性能较高，用于重要的焊接结构件
	U12355	B													+20	27				
	U12358	C													0		横	1.5a	2.5a	
	U12359	D													-20					
Q275	U12752	A	275	265	255	245	225	215	410~540	22	21	20	18	17	—	—	纵	1.5a	2.5a	较高强度，一定的焊接性，制作齿轮、心轴、转轴、键、制动板、农机用机架，链和链节等，C、D级用于强度要求较高的零件
	U12755	B													+20	27				
	U12758	C													0		横	2a	3a	
	U12759	D													-20					

注：1. 各牌号的化学成分应符合 GB/T700—2006 的有关规定。

2. 碳素结构钢钢板、钢带、型钢及钢棒的尺寸规格应符合相应标准的规定。

3. Q195 的屈服强度值仅供参考，不作交货条件。

4. 厚度大于 100mm 的钢材，抗拉强度下限允许降低 20MPa。宽带钢(包括剪切钢板)抗拉强度上限不作交货条件。

5. 厚度小于 25mm 的 Q235B 级钢材，如供方能保证冲击吸收功值合格，经需方同意，可不作检验。

6. 冷弯试验中的 B 为试样宽度、a 为试样厚度或直径。

7. 厚度不小于 12mm 或直径不小于 16mm 的钢材应做冲击试验，试样尺寸为 10mm×10mm×55mm，并符合本表规定。

3.2.2　优质碳素结构钢（见表2.1-32、表2.1-33）

表2.1-32　优质碳素结构钢牌号及交货状态下的力学性能（摘自GB/T699—1999）

牌号	统一数字代号	试样尺寸 /mm	σ_s /MPa ≥	σ_b /MPa ≥	δ_5 (%) ≥	ψ (%) ≥	A_K /J ≥	HBW10/3000 未热处理钢 ≤	HBW10/3000 退火钢 ≤
08F	U20080	25	175	295	35	60	—	131	—
08	U20082	25	195	325	33	60	—	131	—
10F	U20100	25	185	315	33	55	—	137	—
10	U20102	25	205	335	31	55	—	137	—
15F	U20150	25	205	355	29	55	—	143	—
15	U20152	25	225	375	27	55	—	143	—
20	U20202	25	245	410	25	55	—	156	—
25	U20252	25	275	450	23	50	71	170	—
30	U20302	25	295	490	21	50	63	179	—
35	U20352	25	315	530	20	45	55	197	—
40	U20402	25	335	570	19	45	47	217	187
45	U20452	25	355	600	16	40	39	241	197
50	U20502	25	375	630	14	40	31	241	207
55	U20552	25	380	645	13	35	—	255	217
60	U20602	25	400	675	12	35	—	255	229
65	U20652	25	410	695	10	30	—	255	229
70	U20702	25	420	715	9	30	—	269	229
75	U20752	试样	880	1080	7	30	—	285	241
80	U20802	试样	930	1080	6	30	—	285	241
85	U20852	试样	980	1130	6	30	—	302	255
15Mn	U21152	25	245	410	26	55	—	163	—
20Mn	U21202	25	275	450	24	50	—	197	—
25Mn	U21252	25	295	490	22	50	71	207	—
30Mn	U21302	25	315	540	20	45	63	217	187
35Mn	U21352	25	335	560	18	45	55	229	197
40Mn	U21402	25	355	590	17	45	47	229	207
45Mn	U21452	25	375	620	15	40	39	241	217
50Mn	U21502	25	390	645	13	40	31	255	217
60Mn	U21602	25	410	695	11	35	—	269	229
65Mn	U21652	25	430	735	9	30	—	285	229
70Mn	U21702	25	450	785	8	30	—	285	229

注：1. 70、80及85钢用留有加工余量的试样进行热处理。

2. 对于直径或厚度小于25mm的钢材，热处理是在与成品截面尺寸相同的试样毛坯上进行。

3. 表中所列性能仅适用于截面尺寸不大于80mm的钢材。大于80mm的钢材，允许其伸长率δ_5、断面收缩率ψ较本表规定分别降低2及5个单位。

4. 直径小于16mm的圆钢，厚度小于或等于12mm的方钢、扁钢，不作冲击韧度试验。

5. 各牌号的化学成分应符合GB/T699的规定。

6. 优质碳素结构钢钢材有热轧圆钢、方钢、六角钢、扁钢，冷拉圆钢、方钢、六角钢，锻制圆钢、方钢、扁钢，热轧钢板、钢带，冷轧钢板、钢带及冷拉钢丝等，其尺寸规格应符合相关标准的规定。

7. 各牌号的热处理制度标准规定了推荐热处理工艺，可参见GB/T699—1999有关规定。

表 2.1-33 优质碳素结构钢的特性及应用举例

牌号	特性	应用举例	牌号	特性	应用举例
08F 10F	冷变形塑性很好，深冲压等冷加工性和焊接性很高，但成分偏析倾向较大，钢经时效处理后韧性下降较多（时效敏感性较明显），所以冷作件常经水韧处理及消除应力处理来消除时效敏感性，强度和硬度均很低，但生产成本低	常用于生产成钢带、薄板及冷拉钢丝，适用于制作深冲击、深拉伸的制品，如汽车车身、驾驶室、发动机罩、翼子板等不受负载的各种盖罩件，各种贮存器，搪瓷设备，仪表板，管子，垫片，还可制作心部强度要求不高的渗碳、碳氮共渗零件，如套筒、支架、靠模和挡块等	15	低碳渗碳钢，塑性、韧性高，有良好的焊接性及冷冲压性，无回火脆性，切削性低，但经水韧处理或正火之后，即能提高切削性，强度较低，且淬硬性和淬透性较低	用于制作受载不大、韧性要求较高的零件、渗碳件、冲模锻件、紧固件，不需热处理的低负载零件，焊接性能较好的中、小结构件，如螺栓、螺钉、法兰盘、拉条、化工容器、蒸汽锅炉、小轴、挡铁、小模数齿轮、滚子、仿形板、摩擦片、销子、套筒、球轴承（轻载，H级）的套圈和滚珠，起重钩，农机用链轮、链条、轴套等
08	强度和硬度都很低，是一种极软的低碳钢，韧性和塑性极高，深冲压、深拉延、弯曲、镦粗等冷加工性均良好，并有良好的焊接性，淬硬性及淬透性极低，且存在一定的时效敏感性，通常在热轧供应状态下或正火后使用，经冷拉或正火处理之后，能提高其切削性能，是一种塑性很好的冷冲压钢	这种钢常轧制成高精度的厚度小于4mm的薄钢板或冷轧钢带，广泛用于制造无强度要求，而易加工成形的深冲压、深拉延的盖罩件及焊接件，可制作心部强度不高而表面需要硬化的渗碳和氰化零件，如离合器盘、齿轮等，经退火处理后，这种钢还可制作具有良好导磁性能、剩磁较少的磁性零件，如电磁吸盘、软性电磁铁等	15F	特性和15钢相近，但是沸腾钢成分偏析倾向较大，热轧或冷轧成低碳薄钢板	用于制作心部强度不高的渗碳或氰化零件，如套筒、挡块、支架、短轴、齿轮、靠模、离合器盘，也可制作塑性良好的零件，如管子、垫片、垫圈，还可用于制作摇杆、吊钩、衬套、螺栓、车钩以及农机中的低负载零件，亦可适于制作板金件及各种冲压件（最深冲压、深冲压等）
10	渗碳钢，塑性和韧性均高，无回火脆性倾向，在冷拉状态下或经正火处理之后的切削性明显提高，焊接性能高，在冷状态下，易于挤压成形和压模成形，但强度低，且淬透性及淬硬性很差	采用镦锻、弯曲、冷冲、热压、拉延及焊接等多种加工方法，制作各种韧性高、负荷小的零件，如卡头、钢管垫片、垫圈、摩擦片、汽车车身、防尘罩、容器、深冲器皿、搪瓷制品、轴承砂架、冷镦螺栓螺母及各种受载较小的焊接件，也可制作渗碳件，如链轮、齿轮、链的滚子和套筒、犁壁等，还可退火后制作电磁吸铁零件	20	低碳渗碳钢，特性与15钢相近，但强度比15钢稍高	在热轧或正火状态下用于制作负载不大、但韧性要求高的零件，如重型及通用机械中的锻、压的拉杆、杠杆、钩环、套筒、夹具及衬垫，在一般机械及汽车、拖拉机中，用于制作不甚重要的中、小型渗碳、氰化零件，如手刹车蹄片、杠杆轴、变速叉、被动齿轮、气阀挺杆、拖拉机上的凸轮轴、悬挂平衡器轴、内外衬套，机车车辆上的十字头、活塞、气缸盖等铸件，还可制作压力低于6MPa，温度低于450℃的无腐蚀介质中使用的管子、导管等锅炉零件

（续）

牌号	特　　性	应 用 举 例
25	和20钢的性能相近，其强度略高于20钢，塑性和韧性较好，且具有一定的强度，冷冲压性和焊接性较好，有较好的切削性能，无回火脆性，但淬透性及淬硬性不高，一般在热轧及正火后使用	用于制作焊接构件，以及经锻造、热冲压和切削加工，且负载较小的零件，如辊子、轴、垫圈、螺栓、螺母、螺钉、连接器，还用于制造压力小于600MPa、温度低于450℃的应力不大的锅炉零件，如螺栓、螺母等，在汽车拖拉机中，常用作冲击钢板，如厚度4～11mm的钢板，可制作横梁、车架、大梁、脚踏板等具有相当载荷的零件，经淬火处理（获得低马氏体）可制造强度和韧性良好的零件，如汽车轮胎螺钉等，还可制作心部强度不高、表面要求良好耐磨性的渗碳和氰化零件
30	具有一定的强度和硬度，塑性和焊接性较好，通常在正火状态下使用，也可调质，截面尺寸不大的钢材调质处理后，能得到较好的机械综合性能，并且具有良好的切削性能	用于制造受载不大、工作温度低于150℃的截面尺寸小的零件，如化工机械中的螺钉、拉杆、套筒、丝杠、轴、吊环、键等，在自动机床上加工的螺栓、螺母，亦可制作心部强度较高、表面耐磨的渗碳及氰化零件、焊接构件及冷镦锻零件
35	中碳钢，性能与30钢相似，具有一定的强度，良好的塑性，冷变形塑性高，可进行冷拉和冷镦及冷冲压，并具有良好的切削加工性能，其含碳量为规定含碳量的下限时，焊接性能良好；其含碳量为规定含碳量的上限时，焊接性能不好；钢的淬透性差，通常在正火或调质状态下使用，综合力学性能要求不高时，亦可在热轧供货状态下使用	广泛地用于制造负载较大，但截面尺寸较小的各种机械零件、热压件，如轴销、轴、曲轴、横梁、连杆，杠杆、星轮、轮圈、垫圈、圆盘、钩环、螺栓、螺钉、螺母等，还可不经热处理制作负载不大的锅炉用（温度低于450℃）螺栓、螺母等紧固件，这种钢通常不用于制作焊接件
40	强度较高，切削性能良好，是一种高强度的中碳钢，焊接性差，但可焊接，在焊前采用预热处理至150℃，冷变形塑性中等，适于水淬和油淬，但淬透性低，形状复杂零件，水淬易发生裂纹，多在正火或调质或高频表面淬火热处理后使用	用于制造机器中的运动件，心部强度要求不高，表面耐磨性好的淬火零件及截面尺寸较小，负载较大的调质零件，应力不大的大型正火件，如传动轴、心轴、曲轴、曲柄销、辊子、拉杆、连杆、活塞杆、齿轮、圆盘、链轮等，一般不适用做焊接件
45	高强度中碳调质钢，具有一定的塑性和韧性，较高的强度，切削性能良好，采用调质处理可获得很好的综合力学性能，淬透性较差，水淬易产生裂纹，中、小型零件调质后可得到较好的韧性及较高的强度，大型零件（截面尺寸超过80mm）以采用正火处理为宜，但45钢的焊接性能较低，仍可焊接，不过焊前应将焊件进行预热，且焊后应进行退火处理，以消除焊接应力	适用于制造较高强度的运动零件，如空压机、泵的活塞、蒸气透平机的叶轮，重型及通用机械中的轧制轴、连杆、蜗杆、齿条、齿轮、销子等，通常在调质或正火状态下使用，可代替渗碳钢，用以制造表面耐磨的零件，此时，不须经高频或火焰表面淬火，如曲轴、齿轮、机床主轴、活塞销、传动轴等，还用于制造农机中等负荷的轴、脱粒滚筒、凹板钉齿、链轮、齿轮、以及钳工工具等
50	高强度中碳钢，弹性性能较高，切削加工性能尚好，退火后切削加工性为50%，焊接性差，冷应变塑性低，淬透性较低，水中淬火易产生裂纹，但无回火脆性，一般在正火或淬火、回火以及高频表面淬火之后使用	主要用于制造动负载、冲击载荷不大以及要求耐磨性好的机械零件，如锻造齿轮、轴摩擦盘、机床主轴、发动机曲轴、轧辊、拉杆、弹簧垫圈、不重要的弹簧、农机中掘土犁铧、翻土板、铲子、重载心轴及轴类零件

（续）

牌号	特性	应用举例
55	高强度中碳钢，弹性性能较高，塑性及韧性低，热处理后可获得高强度、高硬度、切削加工性中等，淬透性低，水中淬火有产生裂纹的倾向，焊接性以及冷变形性能均低，一般在正火或淬火、回火后使用	主要用于制造耐磨、强度较高的机械零件以及弹性零件，也可用于制作铸钢件，如连杆、齿轮、机车轮箍、轮缘、轮圈、轧辊、扁弹簧
60	高强度中碳钢，具有相当高的强度、硬度及弹性，切削加工性不高，冷变形塑性低，淬透性低，水中淬火产生裂纹倾向，因此大型零件不适应淬火，多在正火状态下使用，只有小型零件才适于淬火，焊接性差，回火脆性不敏感	主要用于制造耐磨、强度较高、受力较大、摩擦工作以及相当弹性的弹性零件，如轴、偏心轴、轧辊、轮箍、离合器、钢丝绳、弹簧垫圈、弹簧圈、减震弹簧、凸轮及各种垫圈
65	高强度中碳钢，是一种广泛应用的碳素弹簧钢，经适当的热处理，其疲劳强度与合金弹簧钢相近，并能得到良好的弹性和较高的强度，切削加工性差，淬透性低，截面尺寸大于7～18mm时，在油中不能淬透，水淬易产生裂纹，小型零件多采用淬火，大型尺寸零件多采用正火或水淬油冷，回火脆性不敏感，通常在淬火并中温回火状态下使用，也可在正火状态下使用	主要用于制造弹簧垫圈、弹簧环、U形卡、汽门弹簧、受力不大的扁形弹簧、螺旋弹簧等，在正火状态下，可制造轧辊、凸轮、轴、钢丝绳等耐磨零件
70	性能和65钢相近，但其强度和弹性均比65钢稍高。由于淬透性低，直径大于12～15mm不能淬透	仅适用于制造强度不高、截面尺寸较小的扁形、圆形、方形弹簧、钢带、钢丝、车轮圈、电车车轮及犁铧等
75，80	75钢和80钢的性能和65钢相近，其弹性比65钢稍差，而强度较高，淬透性较低，一般在淬火回火状态下使用	用于制造强度不高，截面尺寸较小的螺旋弹簧、板弹簧，也用于制造承受摩擦工作的机械零件
85	高耐磨性的高碳钢，其性能与65钢相近，但强度和硬度均比65、70钢要高，但弹性稍低，淬透性也不好	主要用于制造截面尺寸不大、强度不高的振动弹簧，如普通机械中的扁形弹簧、圆形螺旋弹簧，铁道车辆和汽车拖拉机中的板簧及螺旋弹簧，农机中的清棉机锯片和摩擦盘以及其他用途的钢丝和钢带等
15Mn 20Mn	高锰低碳渗碳钢，其性能和15钢相近，但其淬透性、强度和塑性均比15钢有所提高，切削性能也有所提高，低温冲击韧度及焊接性能良好，通常在渗碳或正火或在热轧供货状态下使用，20Mn的含碳量略高于15Mn，因而其强度和淬透性比15Mn略高	主要用于制造中心部力学性能较高的渗碳或氰化零件，如凸轮轴、曲柄轴、活塞销、齿轮、滚动轴承（H级，轻载）的套圈以及圆柱、圆锥轴承中的滚动体等，在正火或热轧状态下用于制造韧性高而应力较小的零件，如螺钉、螺母、支架、铰链及铆焊结构件，还可轧制成板材（4～10mm），制作低温条件下工作的油罐等容器
25Mn	强度比25钢和20Mn都较高，其他性能和25钢、20Mn相近	一般用于制造渗碳件和焊接件，如连杆、销、凸轮轴、齿轮、联轴器、铰链等

（续）

牌号	特性	应用举例	牌号	特性	应用举例
30Mn	强度和淬透性比30钢均高，冷变形时塑性尚好，切削加工性良好，焊接性中等，但有回火脆性倾向，因而锻后要立即回火，通常在正火或调质状态下使用	一般用于制造低负荷的各种零件，如杠杆、拉杆、小轴、刹车踏板、螺栓、螺钉及螺母，还可用于制造高应力负载的细小零件（采用冷拉钢制作），如农机中的钩环链的链环、刀片、横向刹车机齿轮等	50Mn	性能与50钢相近，但淬透性较高，因而热处理之后的强度、硬度及弹性均比50钢要好，但有过热敏感性及回火脆性倾向，焊接性差，一般在淬火、回火后应用，在某些个别情况也允许正火后应用	一般用于制造高耐磨性、高应力的零件，如直径小于80mm的心轴、齿轮轴、齿轮、摩擦盘、板弹簧等，高频淬火后还可制造火车轴、蜗杆、连杆及汽车曲轴等
35Mn	强度和淬透性均比30Mn要高，切削加工性好，冷变形时塑性中等，焊接性较差，常用作调质钢	一般用于制造载荷中等的零件，如啮合杆、传动轴、螺栓、螺钉、螺母等，还可用于制造受磨损的零件（采用淬火回火），如齿轮、心轴、叉等	60Mn	强度较高，淬透性较好，脱脆倾向小，但有过热敏感性及回火脆性倾向，水淬易产生淬火裂纹，通常在淬火回火后应用，退火后的切削加工性良好	用于制造尺寸较大的螺旋弹簧，各种扁、圆弹簧、板簧、弹簧片、弹簧环、发条和冷拉钢丝（直径小于7mm）
40Mn	淬透性比40钢稍高，经热处理之后的强度、硬度及韧性都较40钢高，切削加工性好，冷变形时塑性中等，存在回火脆性及过热敏感性，水淬时易形成裂纹，并且焊接性差，40Mn既可在正火状态下应用，亦可在淬火与回火状态下应用	经调质处理后，可代替40Cr使用，用于制造在疲劳负载下工作的零件，如曲轴、连杆、辊子、轴以及高应力的螺栓、螺钉、螺母等	65Mn	高锰弹簧钢，具有高的强度和硬度，弹性良好，淬透性较好，适于油淬、水淬易产生裂纹，直径大于80mm的零件常采用水淬油冷，但热处理后有过热敏感性及回火脆性，退火后的切削性尚好，冷作变形塑性较差，焊接性能不好，一般不适于作焊接构件，通常在淬火，中温回火状态下应用	经淬火及低温回火或调质、表面淬火处理，用于制造受摩擦、高弹性、高强度的机械零件，如收割机铲、犁、切碎机切刀、翻土板、整地机械圆盘、机床主轴、机床丝杠、弹簧卡头、钢轨、螺旋滚子轴承的套圈，经淬火、中温回火处理后，用于制造中等负载的板弹簧（厚度5~15mm），螺旋弹簧（直径7~20mm）、弹簧垫圈、弹簧卡环、弹簧发条轻型汽车的离合器弹簧、制动弹簧、气门弹簧
45Mn	中碳调质钢，强度、韧性及淬透性均比45钢高，调质处理可获得较好的综合力学性能，切削加工性还好，但焊接性差，冷变形时塑性低，并且有回火脆性倾向，一般在调质状态下应用，也可在淬火、回火或在正火状态下应用	一般用于较大负载及承受磨损工作条件的零件，如曲轴、花键轴、轴、连杆、万向节轴、啮合杆、齿轮、离合器盘、螺栓、螺母等	70Mn	淬透性比70钢要好，经热处理可获得比70钢更好的强度、硬度及弹性，但冷作变形塑性差，焊接性能低，热处理时易产生过热敏感性以及回火脆性，易于脱碳，水淬时易形成裂纹，主要在淬火、回火状态下使用	用于制造耐磨、载荷较大的机械零件，如止推环、离合器盘、弹簧圈、弹簧垫圈，锁紧圈，盘簧等

3.2.3　低合金高强度结构钢(见表2.1-34、表2.1-35)

表2.1-34　低合金高强度结构钢牌号及钢材的力学性能(摘自GB/T1591—2008)

牌号	质量等级	拉伸试验①②③																							夏比(V型)冲击试验		
		以下公称厚度(直径,边长)下屈服强度(R_{eL})/MPa									以下公称厚度(直径,边长)抗拉强度(R_m)/MPa							断后伸长率(A)(%) 公称厚度(直径,边长)						试验温度/℃	冲击吸收能量(KV_2)/J≥ 公称厚度(直径,边长)	
		≤16mm	>16mm~40mm	>40mm~63mm	>63mm~80mm	>80mm~100mm	>100mm~150mm	>150mm~200mm	>200mm~250mm	>250mm~400mm	≤40mm	>40mm~63mm	>63mm~80mm	>80mm~100mm	>100mm~150mm	>150mm~250mm	>250mm~400mm	≤40mm	>40mm~63mm	>63mm~100mm	>100mm~150mm	>150mm~250mm	>250mm~400mm		12mm~150mm	>150mm~250mm
Q345	A	≥345	≥335	≥325	≥315	≥305	≥285	≥275	≥265	—	470~630	470~630	470~630	470~630	450~600	450~600	—	≥20	≥19	≥19	≥18	≥17	—	—	34	—
	B																							20		27
	C																	≥21	≥20	≥20	≥19	≥18		0		27
	D									≥265							450~600						≥17	-20		27(>150~250mm)
	E																							-40		
Q390	A	≥390	≥370	≥350	≥330	≥330	≥310	—	—	—	490~650	490~650	490~650	490~650	470~620	—	—	≥20	≥19	≥19	≥18	—	—	—	34	—
	B																							20		
	C																							0		
	D																							-20		
	E																							-40		
Q420	A	≥420	≥400	≥380	≥360	≥360	≥340	—	—	—	520~680	520~680	520~680	520~680	500~650	—	—	≥19	≥18	≥18	≥18	—	—	—	34	—
	B																							20		
	C																							0		
	D																							-20		
	E																							-40		
Q460	C	≥460	≥440	≥420	≥400	≥400	≥380	—	—	—	550~720	550~720	550~720	550~720	530~700	—	—	≥17	≥16	≥16	≥16	—	—	0	34	—
	D																							-20		
	E																							-40		

（续）

牌号	质量等级	拉伸试验①②③																						夏比（V型）冲击试验		
		以下公称厚度（直径，边长）下屈服强度（R_{eL}）/MPa									以下公称厚度（直径，边长）抗拉强度（R_m）/MPa							断后伸长率（A）（%）						试验温度/℃	冲击吸收能量（KV_2）/J≥	
																		公称厚度（直径，边长）							公称厚度（直径，边长）	
		≤16mm	>16mm～40mm	>40mm～63mm	>63mm～80mm	>80mm～100mm	>100mm～150mm	>150mm～200mm	>200mm～250mm	>250mm～400mm	≤40mm	>40mm～63mm	>63mm～80mm	>80mm～100mm	>100mm～150mm	>150mm～250mm	>250mm～400mm	≤40mm	>40mm～63mm	>63mm～100mm	>100mm～150mm	>150mm～250mm	>250mm～400mm		12mm～150mm	>150mm～250mm
Q500	C																							0	55	—
	D	≥500	≥480	≥470	≥450	≥440	—	—	—	—	610～770	600～760	590～750	540～730	—	—	—	≥17	≥17	≥17	—	—	—	-20	47	—
	E																							-40	31	—
Q550	C																							0	55	—
	D	≥550	≥530	≥520	≥500	≥490	—	—	—	—	670～830	620～810	600～790	590～780	—	—	—	≥16	≥16	≥16	—	—	—	-20	47	—
	E																							-40	31	—
Q620	C																							0	55	—
	D	≥620	≥600	≥590	≥570	—	—	—	—	—	710～880	690～880	670～860	—	—	—	—	≥15	≥15	≥15	—	—	—	-20	47	—
	E																							-40	31	—
Q690	C																							0	55	—
	D	≥690	≥670	≥660	≥640	—	—	—	—	—	770～940	750～920	730～900	—	—	—	—	≥14	≥14	≥14	—	—	—	-20	47	—
	E																							-40	31	—

注：1. GB/T1591—2008 代替 GB/T1591—1994。本表各牌号的化学成分应符合 GB/T1591—2008 的规定。

2. GB/T1591—2008 适用于一般结构和工程用低合金高强度结构钢钢板、钢带、型钢和钢棒等，钢材的尺寸规格应符合相关产品标准规定。钢材以热轧、控轧、正火、正火轧制或正火加回火、热机械轧制（TMCP）或热机械轧制加回火状态交货。

3. 当需方要求时，可做弯曲试验，并应符合 GB/T1591—2008 的规定。

4. 冲击试验取纵向试样。

① 当屈服不明显时，可测量 $R_{p0.2}$ 代替下屈服强度。

② 宽度不小于 600mm 扁平材，拉伸试验取横向试样；宽度小于 600mm 的扁平材、型材及棒材取纵向试样，断后伸长率最小值相应提高 1%（绝对值）。

③ 厚度 >250mm～400mm 的数值适用于扁平材。

表 2.1-35 低合金高强度结构钢牌号对照及应用

GB/T1591—2008 牌号	GB/T1591—1988 旧牌号对照	特性及应用举例
Q345	12MnV、14MnNb、16Mn、16MnRE、09MnCuPTi、18Nb、10MnSiCu、10MnPNiRE	具有良好的综合力学性能，塑性和焊接性良好，冲击韧性较好，一般在热轧或正火状态下使用，适于制作桥梁、船舶、车辆、管道、锅炉、各种容器、油罐、电站、厂房结构，低温压力容器等结构件
Q390	15MnV、15MnTi、10MnPNbRE、16MnNb	具有良好的综合力学性能，焊接性及冲击韧度较好，一般在热轧状态下使用，适于制作锅炉，中、高压石油化工容器、桥梁、船舶、起重机、较高负荷的焊接件、联接构件等
Q420	15MnVN、14MnVTiRE	具有良好的综合力学性能，优良的低温韧性，焊接性好，冷热加工性良好，一般在热轧或正火状态下使用，适于制作高压容器、重型机械、桥梁、船舶、机车车辆、锅炉及其他大型焊接结构件
Q460	—	高强度，在正火加回火或淬火加回火处理后具有很高的综合力学性能，C、D、E 级钢可保证良好的韧性。备用钢种，主要用于各种大型工程结构及要求高强度、重负荷的轻型结构

注：低合金结构钢的牌号由代表屈服强度的汉语拼音字母、屈服强度值、质量等级符号等三个部分组成，如 Q345D，其中 Q 为屈服强度“屈”字汉语拼音首位字母；345 为屈服强度数值，单位为 MPa；D 为质量等级 D 级。新国标规定，根据供需双方协定，可订购具有厚度方向性能要求的钢材。当需方要求钢板具有厚度方向性能时，则在上述牌号后加上仪表厚度方向（Z 向）性能级别的符号，例如：Q345DZ15。

3.2.4 合金结构钢（见表 2.1-36、表 2.1-37）

表 2.1-36 合金结构钢的牌号及力学性能（摘自 GB/T3077—1999）

牌号	试样毛坯尺寸/mm	热处理 淬火 加热温度/℃ 第一次淬火	第二次淬火	冷却剂	回火 加热温度/℃	冷却剂	力学性能 ≥ 抗拉强度 σ_b/MPa	屈服点 σ_s/MPa	断后伸长率 δ_5(%)	断面收缩率 ψ(%)	冲击吸收功 A_{ku2}/J	钢材退火或高温回火供应状态布氏硬度 HBW100/3000 ≤
20Mn2	15	850	—	水、油	200	水、空	785	590	10	40	47	187
		880	—	水、油	440	水、空						
30Mn2	25	840	—	水	500	水	785	635	12	45	63	207
35Mn2	25	840	—	水	500	水	835	685	12	45	55	207
40Mn2	25	840	—	水、油	540	水	885	735	12	45	55	217
45Mn2	25	840	—	油	550	水、油	885	735	10	45	47	217
50Mn2	25	820	—	油	550	水、油	930	785	9	40	39	229
20MnV	15	880	—	水、油	200	水、空	785	590	10	40	55	187
27SiMn	25	920	—	水	450	水、油	980	835	12	40	39	217
35SiMn	25	900	—	水	570	水、油	885	735	15	45	47	229
42SiMn	25	880	—	水	590	水	885	735	15	40	47	229
20SiMn2MoV	试样	900	—	油	200	水、空	1380	—	10	45	55	269
25SiMn2MoV	试样	900	—	油	200	水、空	1470	—	10	40	47	269
37SiMn2MoV	25	870	—	水、油	650	水、空	980	835	12	50	63	269
40B	25	840	—	水	550	水	785	635	12	45	55	207
45B	25	840	—	水	550	水	835	685	12	45	47	217
50B	20	840	—	油	600	空	785	540	10	45	39	207
40MnB	25	850	—	油	500	水、油	980	785	10	45	47	207
45MnB	25	840	—	油	500	水、油	1030	835	9	40	39	217
20MnMoB	15	880	—	油	2000	油、空	1080	885	10	50	55	207
15MnVB	15	860	—	油	200	水、空	885	635	10	45	55	207

（续）

牌号	试样毛坯尺寸/mm	热处理					力学性能					钢材退火或高温回火供应状态布氏硬度HBW100/3000 ≤
		淬火			回火		抗拉强度 σ_b /MPa	屈服点 σ_s /MPa	断后伸长率 δ_5 (%)	断面收缩率 ψ(%)	冲击吸收功 A_{ku2}/J	
		加热温度/℃		冷却剂	加热温度/℃	冷却剂	≥					
		第一次淬火	第二次淬火									
20MnVB	15	860	—	油	200	水、空	1080	885	10	45	55	207
40MnVB	25	850	—	油	520	水、油	980	785	10	45	47	207
20MnTiB	15	860	—	油	200	水、空	1130	930	10	45	55	187
25MnTiBRE	试样	860	—	油	200	水、空	1380	—	10	40	47	229
15Cr	15	880	780~820	水、油	200	水、空	735	490	11	45	55	179
15CrA	15	880	770~820	水、油	180	油、空	685	490	12	45	55	179
20Cr	15	880	780~820	水、油	200	水、空	835	540	10	40	47	179
30Cr	25	860	—	油	500	水、油	885	685	11	45	47	187
35Cr	25	860	—	油	500	水、油	930	735	11	45	47	207
40Cr	25	850	—	油	520	水、油	980	785	9	45	47	207
45Cr	25	840	—	油	520	水、油	1030	835	9	40	39	217
50Cr	25	830	—	油	520	水、油	1080	930	9	40	39	229
38CrSi	25	900	—	油	600	水、油	980	835	12	50	55	255
12CrMo	30	900	—	空	650	空	410	265	24	60	110	179
15CrMo	30	900	—	空	650	空	440	295	22	60	94	179
20CrMo	15	880	—	水、油	500	水、油	885	685	12	50	78	197
30CrMo	25	880	—	水、油	540	水、油	930	785	12	50	63	229
30CrMoA	15	880	—	油	540	水、油	930	735	12	50	71	229
35CrMo	25	850	—	油	550	水、油	980	835	12	45	63	229
42CrMo	25	850	—	油	560	水、油	1080	930	12	45	63	217
12CrMoV	30	970	—	空	750	空	440	225	22	50	78	241
35CrMoV	25	900	—	油	630	水、油	1080	930	10	50	71	241
12Cr1MoV	30	970	—	空	750	空	490	245	22	50	71	179
25Cr2MoVA	25	900	—	油	640	空	930	785	14	55	63	241
25CrMo1VA	25	1040	—	空	700	空	735	590	16	50	47	241
38CrMoAl	30	940	—	水、油	640	水、油	980	835	14	50	71	229
40CrV	25	880	—	油	650	水、油	885	735	10	50	71	241
50CrVA	25	860	—	油	500	水、油	1280	1130	10	40	—	255
15CrMn	15	880	—	油	200	水、空	785	590	12	50	47	179
20CrMn	15	850	—	油	200	水、空	930	735	10	45	47	187
40CrMn	25	840	—	油	550	水、油	980	835	9	45	47	229
20CrMnSi	25	880	—	油	480	水、油	785	635	12	45	55	207
25CrMnSi	25	880	—	油	480	水、油	1080	885	10	40	39	217
30CrMnSi	25	880	—	油	520	水、油	1080	885	10	45	39	229
30CrMnSiA	25	880	—	油	540	水、油	1080	835	10	45	39	229
35CrMnSiA	试样	加热到880℃，于280~310℃等温淬火					1620	1280	9	40	31	241
	试样	950	890	油	230	空、油						
20CrMnMo	15	850	—	油	200	水、空	1180	885	10	45	55	217
40CrMnMo	25	850	—	油	600	水、油	980	785	10	45	63	217
20CrMnTi	15	880	870	油	200	水、空	1080	850	10	45	55	217
30CrMnTi	试样	880	850	油	200	水、空	1470	—	9	40	47	229
20CrNi	25	850	—	水、油	460	水、油	785	590	10	50	63	197
40CrNi	25	820	—	油	500	水、油	980	785	10	45	55	241
45CrNi	25	820	—	油	530	水、油	980	785	10	45	55	255
50CrNi	25	820	—	油	500	水、油	1080	835	8	40	39	255

（续）

牌号	试样毛坯尺寸/mm	热处理					力学性能					钢材退火或高温回火供应状态布氏硬度HBW100/3000 ≤
		淬火			回火		抗拉强度 σ_b /MPa	屈服点 σ_s /MPa	断后伸长率 δ_5 (%)	断面收缩率 ψ(%)	冲击吸收功 A_{ku2}/J	
		加热温度/℃		冷却剂	加热温度/℃	冷却剂	≥					
		第一次淬火	第二次淬火									
12CrNi2	15	860	780	水、油	200	水、空	785	590	12	50	63	207
12CrNi3	15	860	780	油	200	水、空	930	685	11	50	71	217
20CrNi3	25	830	—	水、油	480	水、油	930	735	11	55	78	241
30CrNi3	25	820	—	油	500	水、油	980	785	9	45	63	241
37CrNi3	25	820	—	油	500	水、油	1130	980	10	50	47	269
12Cr2Ni4	15	860	780	油	200	水、空	1080	835	10	50	71	269
20Cr2Ni4	15	880	780	油	200	水、空	1180	1080	10	45	63	269
20CrNiMo	15	850	—	油	200	空	980	785	9	40	47	197
40CrNiMoA	25	850	—	油	600	水、油	980	835	12	55	78	269
18CrMnNiMoA	15	830	—	油	200	空	1180	885	10	45	71	269
45CrNiMoVA	试样	860	—	油	460	油	1470	1330	7	35	31	269
18Cr2Ni4WA	15	950	850	空	200	水、空	1180	835	10	45	78	269
25Cr2Ni4WA	25	850	—	油	550	水、油	1080	930	11	45	71	269

注：1. 各牌号的化学成分应符合GB/T3077—1999的相关规定。

2. 本表力学性能适用于截面尺寸小于或等于80mm的钢材；尺寸>80~100mm的钢材，按本表规定值，其伸长率下降1%、断面收缩率下降5%、冲击吸收功下降5%；尺寸>100~150mm钢材伸长率下降2%、断面收缩率和冲击吸收功均下降10%；尺寸>150~250mm的钢材伸长率下降3%、断面收缩率和冲击吸收功均下降15%。

3. 试样毛坯栏目中，未注明试样尺寸，只注写“试样”的，试样尺寸一般为10mm，最大为25mm，试样经热处理后测得的力学性能符合本表规定。

4. 合金结构钢钢材有圆钢（GB/T702、GB/T905、GB/T908）、六角钢（GB/T705、GB/T905）、六钢（GB/T702、GB/T905、GB/T908）、扁钢（GB/T704、GB/T16761）、钢丝（GB/T5954）、钢管（GB/T8162、GB/T8163）、钢板（GB/T709、GB/T708）。一般在热轧和退火状态供货，冷拉棒材和冷拉钢丝在冷拉状态供货，锻件为正火或正火+高温回火状态供货。合金结构钢材的尺寸规格应符合相应钢材产品标准的规定。

表2.1-37 合金结构钢的特性及应用举例

牌号	特性	应用举例
20Mn2	具有中等强度、较小截面尺寸的20Mn2和20Cr性能相似，低温冲击韧度、焊接性能较20Cr好，冷变形时塑性高，切削加工性良好，淬透性比相应的碳钢要高，热处理时有过热、脱碳敏感性及回火脆性倾向	用于制造截面尺寸小于50mm的渗碳零件，如渗碳的小齿轮、小轴、力学性能要求不高的十字头销、活塞销、柴油机套筒、变速齿轮操纵杆、钢套，热轧及正火状态下用于制造螺栓、螺钉、螺母及铆焊件等
30Mn2	30Mn2通常经调质处理之后使用，其强度高，韧性好，并具有优良的耐磨性能，当制造截面尺寸小的零件时，具有良好的静强度和疲劳强度，拉丝、冷镦、热处理工艺性都良好，切削加工性中等，焊接性尚可，一般不做焊接件，需焊接时，应将零件预热到200℃以上，具有较高的淬透性，淬火变形小，但有过热、脱碳敏感性及回火脆性	用于制造汽车、拖拉机中的车架、纵横梁、变速器齿轮、轴、冷镦螺栓、较大截面的调质件，也可制造心部强度较高的渗碳件，如起重机的后车轴等
35Mn2	比30Mn2的含碳量高，因而具有更高的强度和更好的耐磨性，淬透性也提高，但塑性略有下降，冷变形时塑性中等，切削加工性能中等，焊接性低，且有白点敏感性、过热倾向及回火脆性倾向，水淬易产生裂纹，一般在调质或正火状态下使用	制造小于直径20mm的较小零件时，可代替40Cr，用于制造直径小于15mm的各种冷镦螺栓、力学性能要求较高的小轴、轴套、小连杆、操纵杆、曲轴、风机配件、农机中的锄铲柄、锄铲

（续）

牌　号	特　性	应　用　举　例
40Mn2	中碳调质锰钢，其强度、塑性及耐磨性均优于40钢，并具有良好的热处理工艺性及切削加工性，焊接性差，当含碳量在下限时，需要预热至100~425℃才能焊接，存在回火脆性，过热敏感性，水淬易产生裂纹，通常在调质状态下使用	用于制造重载工作的各种机械零件，如曲轴、车轴、轴、半轴、杠杆、连杆、操纵杆、蜗杆、活塞杆、承载的螺栓、螺钉、加固环、弹簧，当制造直径小于40mm的零件时，其静强度及疲劳性能与40Cr相近，因而可代替40Cr制作小直径的重要零件
45Mn2	中碳调质钢，具有较高的强度、耐磨性及淬透性，调制后能获得良好的综合力学性能，适宜于油淬再高温回火，常在调质状态下使用，需要时也可在正火状态下使用，切削加工性尚可，但焊接性能差，冷变形时塑性低，热处理有过热敏感性和回火脆性倾向，水淬易产生裂纹	用于制造承受高应力和耐磨损的零件，如果制作直径小于60mm的零件，可代替40Cr使用，在汽车、拖拉机及通用机械中，常用于制造轴、车轴、万向接头轴、蜗杆、齿轮轴、齿轮、连杆盖、摩擦盘、车厢轴、电车和蒸汽机车轴、重负载机架、冷拉状态中的螺栓和螺母等
50Mn2	中碳调质高强度锰钢，具有高强度、高弹性及优良的耐磨性，并且淬透性亦较高，切削加工性尚好，冷变形塑性低，焊接性能差，具有过热敏感、白点敏感及回火脆性，水淬易产生裂纹，采用适当的调质处理，可获得良好的综合力学性能，一般在调质后使用，也可在正火及回火后使用	用于制造高应力、高磨损工作的大型零件，如通用机械中的齿轮轴、曲轴、各种轴、连杆、蜗杆、万向接头轴、齿轮等、汽车的传动轴、花键轴，承受强烈冲击负荷的心轴，重型机械中的滚动轴承支撑的主轴、轴及大型齿轮以及用于制造手卷簧、扳弹簧等，如果用于制作直径小于80mm的零件，可代替45Cr使用
27SiMn	27SiMn的性能高于30Mn2，具有较高的强度和耐磨性，淬透性较高，冷变形塑性中等，切削加工性良好，焊接性能尚可，热处理时，钢的韧性降低较少，水淬时仍能保持较高的韧性，但有过热敏感性、白点敏感性及回火脆性倾向，大多在调质后使用，也可在正火或热轧供货状态下使用	用于制造高韧性、高耐磨的热冲压件，不需热处理或正火状态下使用的零件，如拖拉机履带销
35SiMn	合金调质钢，性能良好，可以代替40Cr使用，还可部分代替40CrNi使用，调质处理后具有高的静强度、疲劳强度和耐磨性以及良好的韧性，淬透性良好，冷变形时塑性中等，切削加工性良好，但焊接性能差，焊前应预热，且有过热敏感性、白点敏感性及回火脆性，并且稍易脱碳	在调质状态下用于制造中速、中负载的零件，在淬火 回火状态下用于制造高负载、小冲击震动的零件以及制作截面较大、表面淬火的零件，如汽轮机的主轴和轮毂（直径小于250mm，工作温度小于400℃）、叶轮（厚度小于170mm）以及各种重要紧固件，通用机械中的传动轴、主轴、心轴、连杆、齿轮、蜗杆、电车轴、发电机轴、曲轴、飞轮及各种锻件，农机中的锄铲柄、犁镂等耐磨件，另外还可制作薄壁无缝钢管
42SiMn	性能与35SiMn相近，其强度、耐磨性及淬透性均略高于35SiMn，在一定条件下，此钢的强度、耐磨及热加工性能优于40Cr，还可代替40CrNi使用	在高频淬火及中温回火状态下，用于制造中速、中载的齿轮传动件，在调质后高频淬火、低温回火状态下，用于制造较大截面的表面高硬度、较高耐磨的零件，如齿轮、主轴、轴等；在淬火后低、中温回火状态下，用于制造中速、重载的零件，如主轴、齿轮、液压泵转子、滑块等
20MnV	20MnV性能好，可以代替20Cr、20CrNi使用，其强度、韧性及塑性均优于15Cr和20Mn2，淬透性亦好，切削加工性尚可，渗碳后，可以直接淬火、不需要第二次淬火来改善心部组织，焊接性较好，但热处理时，在300~360℃时有回火脆性	用于制造高压容器、锅炉、大型高压管道等的焊接构件（工作温度不超过450~475℃），还用于制造冷轧、冷拉、冷中压加工的零件，如齿轮、自行车链条、活塞销等，还广泛用于制造直径小于20mm的矿用链环

（续）

牌　号	特　性	应用举例
20SiMn2MoV	高强度、高韧性低碳淬火新型结构钢，有较高的淬透性，油淬变形及裂纹倾向很小，脱碳倾向低，锻造工艺性能良好，焊接性较好，复杂形状零件焊前应预热至300℃，焊后缓冷，但切削性差，一般在淬火及低温回火状态下使用	在低温回火状态下可代替调质状态下使用的35CrMo、35CrNi3MoA、40CrNiMoA等中碳合金结构钢使用，用于制造较重载荷、应力状态复杂或低温下长期工作的零件，如石油机械中的吊卡、吊环、射孔器以及其他较大截面的连接件
25SiMn2MoV	性能与25SiMn2MoV基本相同，但强度和淬硬性稍高于25SiMn2MoV，而塑性及韧性又略有降低	用途和20SiMn2MoV基本相同，用该钢制成的石油钻机吊环等零件，使用性能良好，较之35CrNi3Mo和40CrNiMo制作的同类零件更安全可靠，且重量轻，节省材料
37SiMn2MoV	高级调制钢，具有优良的综合力学性能，热处理工艺性良好，淬透性好，淬裂敏感性小。回火稳定性高，回火脆性倾向很小，高温强度较佳，低温韧性亦好，调质处理后能得到高强度和高韧性，一般在调质状态下使用	调质处理后，用于制造重载、大截面的重要零件，如重型机器中的齿轮、轴、连杆、转子、高压无缝钢管等，石油化工用的高压容器及大螺栓，制作高温条件下的大螺栓紧固件（工作温度低于450℃），淬火低温回火后可做为超高强度钢使用，可代替35CrMo、40CrNiMo使用
20MnTiB	具有良好的力学性能和工艺性能，正火后切削加工性良好，热处理后的疲劳强度较高	较多地用于制造汽车拖拉机中尺寸较小、中载的各种齿轮及渗碳零件，可代替20CrMnTi使用
25MnTiBRE	综合力学性能比20CrMnTi好，且具有很好的工艺性能及较好的淬透性，冷热加工性良好，锻造温度范围大，正火后切削加工性较好，RE加入后，低温冲击韧性提高，缺口敏感性降低，热处理变形比铬钢稍大，但可以控制工艺条件予以调整	常用以代替20CrMnTi、20CrMo使用，用于制造中载的拖拉机齿轮（渗碳），推土机和中、小汽车变速箱齿轮和轴等渗碳、碳氮共渗零件
15MnVB	低碳马氏体淬火钢，可完全代替40Cr钢，经淬火低温回火后，具有较高的强度，良好的塑性及低温冲击韧度，较低的缺口敏感性，淬透性好，焊接性能亦佳	采用淬火低温回火，用以制造高强度的重要螺栓零件，如汽车上的气缸盖螺栓、半轴螺栓、连杆螺栓，亦可用于制造中负载的渗碳零件
20MnVB	渗碳钢，其性能与20CrMnTi及20CrNi相近，具有高强度、高耐磨性及良好的淬透性，切削加工性、渗碳及热处理工艺性能均较好，渗碳后可直接降温淬火，但淬火变形、脱碳较20CrMnTi稍大，可代替20CrMnTi、20Cr、20CrNi使用	常用于制造较大载荷的中小渗碳零件，如重型机床上的轴、大模数齿轮、汽车后桥的主、从动齿轮
40B	硬度、韧性、淬透性都比40钢高，调质后的综合力学性能良好，可代替40Cr使用，一般在调质状态下使用	用于制造比40钢截面大、性能要求高的零件，如轴、拉杆、齿轮、凸轮、拖拉机曲轴柄等，制作小截面尺寸零件，可代替40Cr使用
45B	强度、耐磨性、淬透性都比45钢好，多在调质状态下使用，可代替40Cr使用	用于制造截面较大、强度要求较高的零件，如拖拉机的连杆、曲轴及其他零件，制造小尺寸、且性能不高的零件，可代替40Cr使用
50B	调质后，比50钢的综合力学性能要高，淬透性好，正火时硬度偏低，切削性尚可，一般在调质状态下使用，因抗回火性能较差，调质时应降低回火温度50℃左右	用于代替50、50Mn、50Mn2，制造强度较高、淬透性较高、截面尺寸不大的各种零件，如凸轮、轴、齿轮、转向拉杆等

（续）

牌　号	特　性	应　用　举　例
40MnB	具有高强度、高硬度，良好的塑性及韧性，高温回火后，低温冲击韧度良好，调质或淬火低温回火后，承受动载荷能力有所提高，淬透性和40Cr相近，回火稳定性比40Cr低，有回火脆性倾向，冷热加工性良好，工作温度范围为-20～425℃，一般在调质状态下使用	用于制造拖拉机、汽车及其他通用机器设备中的中小重要调质零件，如汽车半轴、转向轴、花键轴、蜗杆和机床主轴、齿轴等，可代替40Cr制造较大截面的零件，如卷扬机中轴，制造小尺寸零件时，可代替40CrNi使用
45MnB	强度、淬透性均高于40Cr，塑性和韧性略低，热加工和切削加工性良好，加热时晶粒长大、氧化脱碳、热处理变形都小，在调质状态下使用	用于代替40Cr、45Cr和45Mn2，制造中、小截面的耐磨的调质件及高频淬火件，如钻床主轴、拖拉机拐轴、机床齿轮、凸轮、花键轴、曲轴、惰轮、左右分离叉、轴套等
40MnVB	综合性能优于40Cr，具有高强度、高韧性和塑性，淬透性良好，热处理的过热敏感性较小，冷拔、切削加工性均好，调质状态下使用	常用于代替40Cr、45Cr及38CrSi，制造低温回火、中温回火及高温回火状态的零件，还可代替42CrMo、40CrNi制作重要调质件，如机床和汽车上的齿轮、轴等
38CrSi	具有高强度、较高的耐磨性及韧性，淬透性好，低温冲击韧度较高，回火稳定性好，切削加工性尚可，焊接性差，一般在淬火回火后使用	一般用于制造直径30～40mm，强度和耐磨性要求较高的各种零件，如拖拉机、汽车等机器设备中的小模数齿轮、拨叉轴、履带轴、小轴、起重钩、螺栓、进气阀，铆钉机压头等
15CrMn	渗碳钢，淬透性好，表面硬度高，耐磨性好，可用于代替15CrMo	用于制造齿轮、蜗轮、塑料模子，汽轮机油封和汽轴套等
20CrMn	渗碳钢，强度、韧性均高，淬透性良好，热处理所得到的性能优于20Cr，淬火变形小，低温韧度良好，切削加工性较好，但焊接性能低，一般在渗碳淬火或调质后使用	用于制造重载大截面的调质零件及小截面的渗碳零件，还可在制造中等负载、冲击较小的中小零件时，代替20CrNi使用，如齿轮、轴、摩擦轮、蜗杆调速器的套筒等
40CrMn	强度高，具有好的淬透性，可代替42CrMo和40CrNi	用于制造高速高弯曲负荷的泵类轴和连杆、无火的冲击负荷的齿轮泵、水泵转子、离合器、高压容器盖板的螺栓等
20CrMnSi	具有较高的强度和韧性，冷变形加工塑性高，冲压性能较好，适于冷拔、冷轧等冷作工艺，焊接性能较好，淬透性较低，回火脆性较大，一般不用于渗碳或其他热处理，需要时，也可在淬火回火后使用	用于制造强度较高的焊接件、韧性较好的受拉力的零件以及厚度小于16mm的薄板冲压件、冷拉零件、冷冲零件，如矿山设备中的较大截面的链条、链环、螺栓等
25CrMnSi	强度高于20CrMnSi，韧性稍差，经热处理后，强度、塑性、韧性均良好	用于制造拉杆、重要的焊接件和冲压零件，高强度的焊接构件
30CrMnSi	高强度调质结构钢，具有很高的强度和韧性，淬透性较高，冷变形塑性中等，切削加工性能良好，有回火脆性倾向，横向的冲击韧度差，焊接性能较好，但厚度大于3mm时，先预热到150℃，焊后热处理，一般调质后使用	多用于制造高负载、高速的各种重要零件，如齿轮、轴、离合器、链轮、砂轮轴、轴套、螺栓、螺母等，也用于制造耐磨、工作温度不高的零件、变载荷的焊接构件，如高压鼓风机的叶片、阀板以及非腐蚀管道用管
35CrMnSi	低合金超高强度钢，热处理后具有良好的综合性能，高强度，足够的韧性，淬透性、焊接性（焊前预热）、加工成形性均较好，但耐蚀和抗氧化性能低，使用温度通常不高于200℃，一般是低温回火或等温淬火后使用	用于制造中速、重载、高强度的零件及高强度构件，如飞机起落架等高强度零件、高压鼓风机叶片，在制造中小截面零件时，可以部分替代相应的铬镍钼合金钢使用

（续）

牌　号	特　　性	应　用　举　例
40CrV	调质钢，具有高强度和高屈服点，综合性能比40Cr要好，冷变形塑性和切削性均属中等，过热敏感性小，但有回火脆性倾向及白点敏感性，一般在调质状态下使用	用于制造变载、高负荷的各种重要零件，如机车连杆、曲轴、推杆、螺旋桨、横梁、轴套支架、双头螺柱、螺钉、不渗碳齿轮、经氮化处理的各种齿轮和销子、高压锅炉水泵轴（直径小于30mm）、高压气缸、钢管以及螺栓（工作温度小于420℃，300大气压）等
50CrV	合金弹簧钢，具有良好的综合力学性能和工艺性，淬透性较好，回火稳定性良好，疲劳强度高，工作温度最高可达500℃，低温冲击韧度良好，焊接性差，通常在淬火并中温回火后使用	用于制造工作温度低于210℃的各种弹簧以及其他机械零件，如内燃机气门弹簧、喷油嘴弹簧、锅炉安全阀弹簧、轿车缓冲弹簧
20CrMnTi	渗碳钢，也可做为调质钢使用，淬火低温回火后，综合力学性能和低温冲击韧度良好，渗碳后具有良好的耐磨性和抗弯强度，热处理工艺简单，热加工和冷加工性较好，但高温回火时有回火脆性倾向	是应用广泛、用量很大的一种合金结构钢，用于制造汽车拖拉机中的截面尺寸小于30mm的中载或重载、冲击耐磨且高速的各种重要零件，如齿轮轴、齿圈、齿轮、十字轴、滑动轴承支撑的主轴、蜗杆、爪牙离合器，有时，还可以代替20SiMnVB、20MnTiB使用
30CrMnTi	主要用做渗碳钢，有时也可作为调质钢使用，渗碳及淬火后具有耐磨性好、静强度高的特点，热处理工艺性好，渗碳后可直接降温淬火，且淬火变形很小，高温回火时有回火脆性	用于制造心部强度特高的渗碳零件，如齿轮轴、齿轮、蜗杆等，也可做调质零件，如汽车、拖拉机上较大截面的主动齿轮等
12CrMo	耐热钢，具有高的热强度，且无热脆性，冷变形塑性及切削性良好，焊接性能尚可，一般在正火及高温回火后使用	正火回火后用于制造蒸汽温度510℃的锅炉及汽轮机之主汽管，管壁温度不超过540℃的各种导管、过热器管，淬火回火后还可制造各种高温弹性零件
15CrMo	耐热钢，强度优于12CrMo，韧性稍低，在500～550℃温度以下，持久强度较高，切削性及冷应变塑性良好，焊接性尚可（焊前预热至300℃，焊后处理），一般在正火及高温回火状态下使用	正火及高温回火后用于制造蒸汽温度至510℃的锅炉过热器，中高压蒸汽导管及联箱，蒸汽温度至510℃的主汽管，淬火回火后，可用于制造常温工作的各种重要零件
20CrMo	热强性较高，在500～520℃时，热强度仍高，淬透性较好，无回火脆性，冷应变塑性、切削性及焊接均良好，一般在调质或渗碳淬火状态下使用	用于制造化工设备中非腐蚀介质及工作温度250℃以下，氮氢介质的高压管和各种紧固件，汽轮机、锅炉中的叶片、隔板、锻件、轧制型材，一般机器中的齿轮、轴等重要渗碳零件，还可以替代1Cr13钢使用，制造中压、低压汽轮机处在过热蒸汽区压力级工作叶片
30CrMo	具有高强度、高韧性，在低于500℃温度时，具有良好的高温强度，切削性良好，冷弯形塑性中等，淬透性较高，焊接性能良好，一般在调质状态下使用	用于制造300大气压，工作温度400℃以下的导管，锅炉、汽轮机中工作温度低于450℃的紧固件，工作温度低于500℃、高压用的螺母及法兰，通用机械中受载荷大的主轴、轴、齿轮、螺栓、螺柱、操纵轮，化工设备中低于250℃、氮氢介质中工作的高压导管以及焊接件
35CrMo	高温下具有高的持久强度和蠕变强度，低温韧性较好，工作温度高温可达500℃，低温可至-110℃，并具有高的静强度、冲击韧度及较高的疲劳强度，淬透性良好，无过热倾向，淬火变形小，冷变形时塑性尚可，切削性能中等，但有第一类回火脆性，焊接性不好，如果需焊接用时，焊前预热至150～400℃，焊后处理以消除应力，一般在调质处理后使用，也可在高中频表淬或淬火及低、中温回火后使用	用于制造承受冲击、弯扭、高载荷的各种机器中的重要零件，如轧钢机人字齿轮、曲轴、锤杆、连杆、紧固件，汽轮发动机主轴、车轴，发动机传动零件，大型电动机轴，石油机械中的穿孔器，工作温度低于400℃的锅炉用螺栓，低于510℃的螺母，化工机械中高压无缝壁厚的导管（温度450～500℃，无腐蚀性介质）等，还可代替40CrNi用于制造高载荷传动轴、汽轮发电机转子，大截面齿轮、支承轴（直径小于500mm）等

（续）

牌号	特性	应用举例
42CrMo	和35CrMo的性能相近，由于碳和铬含量增高，因而其强度和淬透性均优于35CrMo，调质后有较高的疲劳强度和抗多次冲击能力，低温冲击韧度良好，且无明显的回火脆性，一般在调质后使用	一般用于制造比35CrMo强度要求更高、断面尺寸较大的重要零件，如轴、齿轮、连杆、变速箱齿轮、增压器齿轮、发动机气缸、弹簧、弹簧夹、1200～2000mm石油钻杆接头、打捞工具以及代替含镍较高的调质钢使用
15CrMnMo	具有高强度、高韧性的高级渗碳钢，比20CrMnMo的强度略低，塑性及韧性略高，淬透性、切削性及焊接性均良好，无回火脆性	适于制造心部韧性好、高表面硬度、高耐磨性的渗碳件，如凸轮轴、曲轴、连杆、传动齿轮、石油钻机的牙轮及牙轮钻头、活塞销、球头销，有时还可代替含镍较高的渗碳钢使用
20CrMnMo	高强度的高级渗碳钢，强度高于15CrMnMo，塑性及韧性稍低，淬透性及力学性能比20CrMnTi较高，淬火低温回火后具有良好的综合力学性能和低温冲击韧度，渗碳淬火后具有较高的抗弯强度和耐磨性能，但磨削时易产生裂纹，焊接性不好，适于电阻焊接，焊前预热，焊后回火处理，切削加工性和热加工性良好	常用于制造高硬度、高强度、高韧性的较大的重要渗碳件（其要求均高于15CrMnMo），如曲轴、凸轮轴、连杆、齿轮轴、齿轮、销轴、还可代替12Cr2Ni4使用
40CrMnMo	调质处理之后具有良好的综合力学性能，淬透性较好，回火稳定性较高，大多在调质状态下使用	用于制造重载、截面较大的齿轮轴、齿轮、大卡车的后桥半轴、轴、偏心轴、连杆、汽轮机的类似零件，还可代替40CrNiMo使用
12CrMoV	耐热钢，具有较高的高温力学性能，冷变形时塑性高，无回火脆性倾向，切削加工性较好，焊接性尚可（壁厚零件应焊前预热焊后处理消除应力），使用温度范围较大，高温达560℃，低温可至-40℃，一般在高温正火及高温回火状态下使用	用于制造汽轮机温度540℃的主汽管道，转向导叶环，汽轮机隔板以及温度≤570℃的各种过热器管、导管
12Cr1MoV	此钢具有蠕变极限与持久强度数值相近的特点，在持久拉伸时，具有高的塑性，其抗氧化性及热强性均比12CrMoV更高，且工艺性与焊接性良好（焊前应预热，焊后处理消除应力），一般在正火及高温回火后使用	用于制造工作温度不超过570～585℃的高压设备中的过热钢管、导管、散热器管及有关的锻件
25Cr2MoVA	中碳耐热钢，强度和韧性均高，低于500℃时，高温性能良好，无热脆倾向，淬透性较好，切削性尚可，冷变形塑性中等，焊接性差，一般在调质状态下使用，也可在正火及高温回火后使用	用于制造高温条件下的螺母（≤550℃）、螺栓、螺柱（<530℃），长期工作温度至510℃左右的紧固件，汽轮机整体转子、套筒、主汽阀、调节阀，还可作为渗氮钢，用以制作阀杆、齿轮等
38CrMoAl	高级氮化钢，具有很高的渗氮性能和力学性能，良好的耐热性和耐蚀性，经渗氮处理后，能得到高的表面硬度，高的疲劳强度及良好的抗过热性，无回火脆性，切削性尚可，高温工作温度可达500℃，但冷弯形时塑性低，焊接性差，淬透性低，一般在调质及氮化后使用	用于制造高疲劳强度、高耐磨性、热处理后尺寸精确、强度较高的各种尺寸不大的渗氮零件，如气缸套、座套、底盖、活塞螺栓、检验规、精密磨床主轴、车床主轴、搪杆、精密丝杠和齿轮、蜗杆、高压阀门、阀杆、仿模、滚子、样板、汽轮机的调速器、转动套、固定套、塑料挤压机上的一些耐磨零件

（续）

牌 号	特 性	应 用 举 例
15Cr	低碳合金渗碳钢，较之15钢，强度和淬透性均有提高，冷弯形塑性高，焊接性良好，退火后切削性较好，对性能要求不高且形状简单的零件，渗碳后可直接淬火，但热处理变形较大，有回火脆性，一般均做为渗碳钢使用	用于制造表面耐磨、心部强度和韧性较高、较高工作速度但断面尺寸在30mm以下的各种渗碳零件，如曲柄销、活塞销、活塞环、联轴器、小凸轮轴、小齿轮、滑阀、活塞、衬套、轴承圈、螺钉、铆钉等，还可以用作淬火钢，制造要求一定强度和韧性，但变形要求较宽的小型零件
20Cr	比15Cr和20钢的强度和淬透性均有提高，经淬火低温回火后，能得到良好的综合力学性能和低温冲击性能，无回火脆性，渗碳时，钢的晶粒仍有长大的倾向，因而应当二次淬火以提高心部韧性，不宜降温淬火，冷弯形时塑性较高，可进行冷拉丝，高温正火或调质后，切削性良好，焊接性较好（焊前一般应预热至100~150℃），一般作为渗碳钢使用	用于制造小截面（<30mm），形状简单、较高转速、载荷较小、表面耐磨、心部强度较高的各种渗碳或氰化零件，如小齿轮、小轴、阀、活塞销、衬套棘轮、托盘、凸轮、蜗杆、爪形离合器等，对热处理变形小、耐磨性高的零件，渗碳后应高频表面淬火，如小模数（<3）齿轮、花键轴、轴等，也可作调质钢用于制造低速、中载（冲击）的零件
30Cr	强度和淬透性均高于30钢，冷弯形塑性尚好，退火或高温回火后的切削加工性良好，焊接性中等，一般在调质后使用，也可在正火后使用	用于制造耐磨或受冲击的各种零件，如齿轮、滚子、轴、杠杆、摇杆、连杆、螺栓、螺母等，还可用作高频表面淬火用钢，制造耐磨、表面高硬度的零件
35Cr	中碳合金调质钢，强度和韧性较高，其强度比35钢高，淬透性比30Cr略高，性能基本上与30Cr相近	用于制造齿轮、轴、滚子、螺栓以及其他重要调质件，用途和30Cr基本相同
40Cr	经调质处理后，具有良好的综合力学性能、低温冲击性及低的缺口敏感性，淬透韧度良好，油淬时可得到较高的疲劳强度，水淬时复杂形状的零件易产生裂纹，冷弯形塑性中等，正火或调质后切削加工性好，但焊接性不佳，易产生裂纹，焊前应预热到100~150℃，一般在调质状态下使用，还可以氰化和高频淬火处理	使用最广泛的钢种之一，调质处理后用于制造中速、中载的零件，如机床齿轮、轴、蜗杆、花键轴、顶针套等，调质并表面高频淬火后用于制造表面高硬度、耐磨的零件，如齿轮、轴、主轴、曲轴、心轴、套筒、销子、连杆、螺钉、螺母、进气阀等，经淬火及中温回火后用于制造重载、中速冲击的零件，如液压泵转子、滑块、齿轮、主轴、套环等，经淬火及低温回火后用于制造重载、低冲击、耐磨的零件，如蜗杆、主轴、轴、套环等，氰化处理后制造尺寸较大、低温韧度较高的传动零件，如轴、齿轮等，40Cr的代用钢有40MnB、45MnB、35SiMn、42SiMn、40MnVB、42MnV、40MnMoB、40MnWB等
45Cr	强度、耐磨性及淬透性均优于40Cr，但韧性稍低，性能与40Cr相近	与40Cr的用途相似，主要用于制造表面高频淬火的轴、齿轮、套筒、销子等
50Cr	淬透性好，在油淬及回火后，具有高强度、高硬度，水淬易产生裂纹，切削性良好，但冷弯形时塑性低，且焊接性不好，有裂纹倾向，焊前预热到200℃，焊后处理消除应力，一般在淬火及回火或调质状态下使用	用于制造重载、耐磨的零件，如600mm以下的热轧辊、传动轴、齿轮、止推环、支承辊的心轴、柴油机连杆、挺杆、拖拉机离合器、螺栓、重型矿山机械中耐磨、高强度的油膜轴承套、齿轮，也可制作高频表面淬火零件、中等弹性的弹簧等
20CrNi	具有高强度、高韧性、良好的淬透性，经渗碳及淬火后，心部具有韧性，表面硬度很高，切削性尚好，冷变形时塑性中等，焊接性差，焊前应预热到100~150℃，一般经渗碳及淬火回火后使用	用于制造重载大型重要的渗碳零件，如花键轴、对轴、键、齿轮、活塞销，也可用于制造高冲击韧度的调质零件

（续）

牌　号	特　性	应　用　举　例
40CrNi	中碳合金调质钢，具有高强度、高韧性以及高的淬透性，调质状态下，综合力学转度能良好，低温冲击韧度良好，有回火脆性倾向，水淬易产生裂纹，切削加工性良好，但焊接性差，在调质状态下使用	用于制造锻造和冷冲压且截面尺寸较大的重要调质件，如连杆、圆盘、曲轴、齿轮、轴、螺钉等
45CrNi	性能和40CrNi相近，由于含碳量高，因而其强度和淬透性均稍有提高	用于制造各种重要的调质件，和40CrNi用途相近，如制造变速箱曲轴，内燃机曲轴，汽车、拖拉机主轴、连杆、气门及螺栓等
50CrNi	性能优于45CrNi	用于制造重要的轴、曲轴、传动轴等
12CrNi2	低碳合金渗碳结构钢，具有高强度、高韧性及高淬透性，冷加工时塑性中等，低温冲击韧度较好，切削性和焊接性较好，热加工时有形成白点的倾向，回火脆性倾向小	适于制造心部韧性较高，强度要求不高的受力复杂的中、小渗碳或碳氮共渗零件，如活塞销、轴套、推杆、小轴、小齿轮、齿套等
12CrNi3	高级渗碳钢，淬火低温回火或高温回火后，均具有良好的综合力学性能，低温冲击韧度好，缺口敏感性小，切削加工性及焊接性尚好，但有回火脆性，白点敏感性较高，渗碳后均采用二次淬火，特殊情况还需作冷处理	用于制造表面硬度高、心部力学性能良好、重负荷、冲击、磨损等要求的各种渗碳或碳氮共渗零件，如传动轴、主轴、凸轮轴、心轴、连杆、齿轮、轴套、滑轮、气阀托盘、液压泵转子、活塞涨圈、活塞销、万向联轴器十字头、重要螺杆、调节螺钉
20CrNi3	经调质或淬火低温回火后，均具有良好的综合力学性能，低温冲击韧度较好，但有白点敏感倾向，高温回火有回火脆性倾向，切削性良好，中等焊接性能，通常在调质后使用，也可以作为渗碳钢使用	用于制作高负荷工作的各种重要零件，如凸轮、齿轮、蜗杆、机床主轴、螺栓、螺柱、销钉等
30CrNi3	具有极佳的淬透性，强度和韧性较高，经淬火低温回火或高温回火后均具有良好的综合力学性能，切削加工性良好，但冷变形时塑性低，焊接性差，有白点敏感性及回火脆性倾向，一般均在调质状态下使用	用于制造大型、载荷较高的重要零件或热锻、热冲压的负荷高的零件，如轴、蜗杆、连杆、曲轴、传动轴、方向轴、前轴、齿轮、键、螺栓、螺母等
37CrNi3	具有高韧性，淬透性很高，油淬可把ϕ150mm的零件完全淬透，在450℃时抗蠕变性稳定，低温冲击韧性良好，在450～550℃范围内回火时有第二类回火脆性，热加工时易形成白点，由于淬透性很好，必须采用正火及高温回火来降低硬度，改善切削性，一般在调质状态下使用	用于制造重载、冲击、截面较大的零件或低温，受冲击的零件或热锻、热冲压的零件，如转子轴、叶轮、重要的紧固件等
12Cr2Ni4	合金渗碳钢，具有高强度、高韧性，且淬透性良好，渗碳淬火后表面硬度和耐磨性很高，切削加工性尚好，冷变形时塑性中等，但有白点敏感性及回火脆性，焊接性差，焊前需预热，一般在渗碳及二次淬火、低温回火后使用	采用渗碳及二次淬火、低温回火后，用于制造高载荷 的大型渗碳件，如各种齿轮、蜗轮、蜗杆、轴、方向接手叉等，也可经淬火及低温回火 之后使用，制造高强度，高韧性的机械构件

（续）

牌号	特性	应用举例
20Cr2Ni4	强度、韧性及淬透性均高于12Cr2Ni4，渗碳后不能直接淬火，而在淬火前需进行一次高温回火，以减少表层大量残余奥氏体，冷变形塑性中等，切削性尚可，焊接性差，焊前应预热到150℃，白点敏感性大，有回火脆性倾向	用于制造要求高于12Cr2Ni4性能的大型渗碳件，如大型齿轴、轴等，也可用作强度、韧性均高的调质件
35CrMoV	强度较高，淬透性良好，焊接性差，冷变形时塑性低，经调质后使用	用于制造高应力下的重要零件，如500~520℃以下工作的汽轮机叶轮、高级涡轮鼓风机和压缩机的转子、盖盘、轴盘、发电机轴、强力发动机的零件
20CrNiMo	20CrNiMo钢原系美国AISI、SAE标准中的钢号8720。淬透性能与20CrNi钢相近。虽然钢中Ni含量为20CrNi钢的一半，但由于加入少量Mo元素，使奥氏体等温转变曲线的上部往右移；又因适当提高Mn含量，致使此钢的淬透性仍然很好，强度也比20CrNi钢高	常用于制造中小型汽车、拖拉机的发动机和传动系统中的齿轮；亦可代替12CrNi3钢制造要求心部性能较高的渗碳件、氰化件，如石油钻探和冶金露天矿用的牙轮钻头的牙爪和牙轮体
40CrNiMoA	具有高的强度、高的韧性和良好的淬透性，当淬硬到半马氏体硬度时（45HRC），水淬临界淬透直径为$\phi \geqslant 100$mm，油淬临界淬透直径为$\phi \geqslant 75$mm；当淬硬到90%马氏体时，水淬临界直径为ϕ80~90mm，油淬临界直径为ϕ55~66mm。此钢又具有抗过热的稳定性，但白点敏感性高，有回火脆性，钢的焊接性很差，焊前需经高温预热，焊后要进行消除应力处理	经调质后使用，用于制作要求塑性好，强度高及大尺寸的重要零件，如重型机械中高载荷的轴类、直径大于250mm的汽轮机轴、叶片、高载荷的传动件、紧固件、曲轴、齿轮等；也可用于操作温度超过400℃的转子轴和叶片等，此外，这种钢还可以进行氮化处理后用来制作特殊性能要求的重要零件
45CrNiMoVA	这是一种低合金超高强度钢，钢的淬透性高，油中临界淬透直径为60mm（96%马氏体），钢在淬火回火后可获得很高的强度，并具有一定的韧性，且可加工成型；但冷变形塑性与焊接性较低。抗腐蚀性能较差，受回火温度的影响，使用温度不宜过高，通常均在淬火、低温（或中温）回火后使用	主要用于制作飞机发动机曲轴、大梁、起落架、压力容器和中小型火箭壳体等高强度结构零、部件。在重型机器制造中，用于制作重载荷的扭力轴、变速箱轴、摩擦离合器轴等
18Cr2Ni4WA	高强度，高韧性，淬透性良好，性能优于12Cr2Ni4钢，是一种较高含镍量的高级合金钢。经渗碳及二次淬火并低温回火之后，表面硬度和耐磨性均较高，心部强度和韧性高。工艺性能较差，锻造时变形抗力较大，锻件正火后硬度较高，经长时间高温回火才能软化，切削性较差。通常在渗碳后淬火、回火后使用，也可以在调质状态下使用	适用于制造高强度、良好韧性及缺口敏感性低的大截面渗碳零件，如传动轴、曲轴、花键轴、活塞销、大型齿轮、精密机床控制进刀的蜗轮等；承受重负荷与振动的高强度的调质零件，如重型或中型机械的连杆、曲轴、减速器轴等；调质后再渗氮，可用于制作大功率高速发动机的曲轴
25Cr2Ni4WA	能耐较高的工作温度，综合力学性能良好。可用于渗氮或碳氮共渗处理。其性能和用途与18Cr2Ni4WA相近	用于制作动负荷下工作的大截面零件，如汽轮机主轴、叶轮、挖掘机轴、齿轮等

3.2.5　弹簧钢（见表2.1-38）

表 2.1-38 弹簧钢牌号、力学性能及应用举例（摘自 GB/T1222—2007）

统一数字代号	牌号	热处理制度[①] 淬火温度/℃	淬火介质	回火温度/℃	力学性能,不小于 抗拉强度 R_m/MPa	屈服强度 R_{eL}/MPa	断后伸长率 A(%)	断后伸长率 $A_{11.3}$(%)	断面收缩率 Z(%)	应用举例
U20652	65	840	油	500	980	786	—	9	35	强度高,塑性及韧性适当,淬透性低,制造汽车、机车车辆、拖拉机及一般机械用的板弹簧及螺旋弹簧
U20702	70	830	油	480	1030	835	—	8	30	
U20852	85	820	油	480	1130	980	—	6	30	
U21653	65Mn	830	油	540	980	785	—	8	30	强度高,淬透性好,易产生淬火裂纹,有回火脆性,制作较大尺寸的扁弹簧,座垫弹簧、发条弹簧、弹簧环、气门簧、冷卷簧
A77552	55SiMnVB	860	油	460	1375	1225	—	5	30	高温回火可得到良好综合力学性能,用于制作汽车、拖拉机、机车车辆的板簧、螺旋弹簧,安全阀及止回阀用弹簧,工作温度低于250℃的耐热弹簧,高应力的重要弹簧
A11602	60Si2Mn	870	油	480	1275	1180	—	5	25	
A11603	60Si2MnA	870	油	440	1570	1375	—	5	20	
A21603	60Si2CrA	870	油	420	1765	1570	6	—	20	综合力学性能好,强度高,冲击韧度好,过热敏感性低,高温性能较稳定,制作高负荷、耐冲击的重要弹簧,工作温度低于250℃的耐热弹簧
A28603	60Si2CrVA	850	油	410	1860	1665	6	—	20	
A21553	55SiCrA	860	油	450	1450～1750	1300($R_{p0.2}$)	6	—	25	
A22553	55CrMnA	830～860	油	460～510	1225	1080($R_{p0.2}$)	9[②]	—	20	淬透性好,综合性能好,制作大尺寸端面较重要的板弹簧、螺旋弹簧
A22603	60CrMnA	830～860	油	460～520	1225	1080($R_{p0.2}$)	9[②]	—	20	
A23503	50CrVA	850	油	500	1275	1130	10	—	40	综合力学性能较高,冲击韧性好,高温性能稳定,渗透性好,制作大截面(50mm)高应力螺旋弹簧,低于300℃工作温度的耐热弹簧
A22613	60CrMnBA	830～860	油	460～520	1225	1080($R_{p0.2}$)	9[②]	—	20	与60CrMnA性能相近,制作大型弹簧、扭簧、推土机板簧
A27303	30W4Cr2VA[③]	1050～1100	油	600	1470	1325	7	—	40	高强度、耐热性好,滚透性高,540℃蒸汽电站用弹簧,锅炉安全阀用弹簧
A76282	28MnSiB	900±20	水或油	320±30	1275	1180	—	5	25	

注：1. 各牌号的化学成分应符合 GB/T1222—2007 的规定。
2. 弹簧钢材可以热处理或非热处状态交货，要求热处理状态交货时，应在合同中注明。
3. 按供需双方协议，并在合同中注明，弹簧钢材可以剥皮、磨光或其他表面状态交货。
4. 力学性能测试采用直径 10mm 的比例试样。留有一定加工余量的试样毛坯（尺寸一般为 11～12mm），经热处理并去除加工余量后，测定钢材纵向力学性能，应符合本表规定。本表适用于直径或边长不大于 80mm 的棒材，厚度不大于 40mm 的扁钢。直径或边长大于 80mm 的棒材，厚度大于 40mm 的扁钢，允许其断后伸长率、断面收缩率较本表规定分别降低 1% 及 5%（绝对值）。
5. 弹簧钢热轧、冷拉和锻制棒材应符合 GB/T702、GB/T905、GB/T908 的规定。热轧扁钢尺寸规格参见 GB/T1222 规定。

① 除规定热处理温度上下限外，表中热处理温度允许偏差为：淬火，±20℃；回火，±50℃。根据需方特殊要求，回火可按 ±30℃进行。

② 其试样可采用下列试样中的一种。若按 GB/T228 规定作拉伸试验时，所测断后伸长率值供参考。
试样一：标距为 50mm，平行长度 60mm，直径 14mm，肩部半径大于 15mm。
试样二：标距为 $4\sqrt{S_0}$（S_0 表示平行长度的原始横截面积，mm^2），平行长度 1.2 倍标距长度，肩部半径大于 15mm。

③ 30W4Cr2VA 除抗拉强度外，其他力学性能检验结果供参考，不作为交货依据。

3.2.6 耐候结构钢（见表2.1-39）

表2.1-39 耐候结构钢分类、牌号、力学性能、尺寸规格及应用举例（摘自GB/T4171—2008）

分类	牌号	拉伸试验 下屈服强度 R_{eL}/MPa 不小于 ≤16	>16~40	>40~60	>60	抗拉强度 R_m/MPa	断后伸长率 A（%）不小于 ≤16	>16~40	>40~60	>60	180°弯曲试验 弯心直径（a为钢板厚度） ≤6	>6~16	>16	尺寸规格 钢板和钢带厚度范围≤/mm	型钢尺寸范围≤mm	产品标准规定	应用举例
焊接耐候钢	Q235NH	235	225	215	215	360~510	25	25	24	23	a	a	2a	100	100	热轧钢板和钢带尺寸规格按GB/T709规定 冷轧钢板和钢带尺寸规格按GB/T708规定 型钢尺寸规格按相关产品标准规定	耐候钢是通过添加少量合金元素如Cu、P、Cr、Ni等，使其在金属基体表面上形成保护层，以提高耐大气腐蚀性能的钢。焊接耐候钢适于制作车辆、桥梁、集装箱、建筑或其他结构件之用，与高耐候性钢相比，具有较好的焊接性能，以热轧方式生产
	Q295NH	295	285	275	255	430~560	24	24	23	22	a	2a	3a	100	100		
	Q355NH	355	345	335	325	490~630	22	22	21	20	a	2a	3a	100	100		
	Q415NH	415	405	395	—	520~680	22	22	20	—	a	2a	3a	60	—		
	Q460NH	460	450	440	—	570~730	20	20	19	—	a	2a	3a	60	—		
	Q500NH	500	490	480	—	600~760	18	16	15	—	a	2a	3a	60	—		
	Q550NH	550	540	530	—	620~780	16	16	15	—	a	2a	3a	60	—		
高耐候钢	Q295GNH	295	285	—	—	430~560	24	24	—	—	a	2a	3a	20	40		适于制作车辆、集装箱、建筑、塔架或其他结构件之用，其耐大气腐蚀性能优于焊接耐候钢，以热轧或冷轧方式生产
	Q355GNH	355	345	—	—	490~630	22	22	—	—	a	2a	3a	20	40		
	Q265GNH	265	—	—	—	≥410	27	—	—	—	a	—	—	3.5	—		
	Q310GNH	310	—	—	—	≥450	26	—	—	—	a	—	—	3.5	—		

注：1. GB/T4171—2008代替GB/T4171—2000高耐候结构钢、GB/T4172—2000焊接结构用耐候钢、GB/T18982—2003集装箱用耐腐蚀钢板和钢带。

2. 各牌号的化学成分应符合GB/T4171—2008的规定。

3. 钢的牌号说明：Q355GNHC，Q—屈服强度中“屈”字汉语拼音首位字母；355—下屈服强度下限值（MPa）；GNH—分别为“高”、“耐”和“候”字汉语拼音首位字母；C—钢的质量等级，分为A、B、C、D、E5个等级。

4. 钢材的冲击试验应符合GB/T4171—2008的规定。

5. 热轧钢材以热轧、控轧或正火状态交货，牌号为Q460NH、Q500NH、Q550NH的钢材可以淬火加回火状态交货；冷轧钢材一般以退火状态交货。

3.2.7 易切削结构钢（表2.1-40）

表2.1-40 易切削结构钢牌号、力学性能、钢材品种规格及应用举例（摘自GB/T8731—2008）

	品种	尺寸规格及允许偏差应符合的标准号		
钢材品种及尺寸规格	热轧钢棒（圆钢、方钢、扁钢、六角钢和八角钢）	GB/T702—2008	热处理后的易切削结构钢力学性能（其他中碳钢热处理后的性能可参照Y45Ca和Y40Mn，或由供需双方协商）	Y45Ca拉伸试样毛坯（直径25mm）正火处理，加热温度830~850℃，保温不小于30min，其力学性能：下屈服强度 $R_{eL}\geqslant 355MPa$；抗拉强度 $R_m\geqslant 600MPa$；断后伸长率 $A\geqslant 16\%$；断面收缩率 $Z\geqslant 40\%$；冲击试样毛坯（直径15mm）调质处理，淬火840±20℃，回火温度600±20℃，冲击吸收能量 $KV_2\geqslant$ 39J
	锻制钢棒（圆钢、方钢、扁钢）	GB/T908—2008		
	热轧盘条	GB/T14981—2004		
	冷拉圆钢、方钢、六角钢	GB/T905—1994		
	冷拉圆钢丝、方钢丝、六角钢丝	GB/T342—1997		Y40Mn冷拉条钢高温回火状态力学性能：R_m590~785MPa；$A\geqslant 17\%$；布氏硬度179~229HBW
	热轧钢板和钢带	GB/T709—2006		
	冷轧钢板和钢带	GB/T708—2006		

牌号	冷拉条钢和盘条					热轧条钢和盘条			
	力学性能					力学性能			
	抗拉强度 R_m/MPa			断后伸长率 A（%）不小于	布氏硬度 HBW	抗拉强度 R_m/MPa	断后伸长率 A（%）不小于	断面收缩率 Z（%）不小于	布氏硬度 HBW 不大于
	钢材公称尺寸/mm								
	8~20	>20~30	>30						
Y08	480~810	460~710	360~710	7.0	140~217	360~570	25	40	163
Y12	530~755	510~735	490~685	7.0	152~217	390~540	22	36	170
Y15	530~755	510~735	490~685	7.0	152~217	390~540	22	36	170
Y20	570~785	530~745	510~705	7.0	167~217	450~600	20	30	175
Y30	600~825	560~765	540~735	6.0	174~223	510~655	15	25	187
Y35	625~845	590~785	570~765	6.0	176~229	510~655	14	22	187
Y45	695~980	655~880	580~880	6.0	196~255	560~800	12	20	229
Y08MnS	480~810	460~710	360~710	7.0	140~217	350~500	25	40	165
Y15Mn	530~755	510~735	490~685	7.0	152~217	390~540	22	36	170
Y45Mn	695~980	655~880	580~880	6.0	196~255	610~900	12	20	241
Y45MnS	695~980	655~880	580~880	6.0	196~255	610~900	12	20	241

（续）

牌号	冷拉条钢和盘条					热轧条钢和盘条			
	力学性能				布氏硬度 HBW	力学性能			布氏硬度 HBW 不大于
	抗拉强度 R_m/MPa 钢材公称尺寸/mm			断后伸长率 A（%）不小于		抗拉强度 R_m/MPa	断后伸长率 A（%）不小于	断面收缩率 Z（%）不小于	
	8～20	>20～30	>30						
Y08Pb	480～810	460～710	360～710	7.0	140～217	360～570	25	40	165
Y12Pb	480～810	460～710	360～710	7.0	140～217	360～570	22	36	170
Y15Pb	530～755	510～735	490～685	7.0	152～217	390～540	22	36	170
Y45MnSPb	695～980	655～880	580～880	6.0	196～255	610～900	12	20	241
Y08Sn	480～705	460～685	440～635	7.5	140～200	350～500	25	40	165
Y15Sn	530～755	510～735	490～685	7.0	152～217	390～540	22	36	165
Y45Sn	695～920	655～855	635～835	6.0	196～255	600～745	12	26	241
Y45MnSn	695～920	655～855	635～835	6.0	196～255	610～850	12	26	241
Y45Ca	695～920	655～855	635～835	6.0	196～255	600～745	12	26	241

应用举例	牌号	说明
应用举例	Y12、Y12Pb	强度接近15Mn，用于自动机床加工标准件，常用于制造力学性能要求不高的零件，如螺母、销钉、螺柱、手表零件、仪表的精密小零件等
	Y15 Y15Pb	强度稍高于Y12，切削性比Y12好，用于自动机床加工紧固件和标准件，如双头螺栓、螺钉、螺母、管接头、弹簧座等
	Y20	强度高于Y15，切削性比20钢提高30%～40%；用于复杂断面不易加工的小型零件，如内燃机凸轮轴、纺织机零件、表面耐磨的仪器、仪表零件、零件可渗碳
	Y30	强度与35钢相近，用于制作要求有较高抗拉强度的零件，通常以冷拉状态使用
	Y35	强度略高于35钢，用于制作要求有较高抗拉强度的零件，通常以冷拉状态使用
	Y40Mn	切削性能高于45钢，并有较高的强度和硬度，用于制作较高性能的零件，如齿条、丝杆、花键轴等，一般以冷拉状态使用
	Y45Ca	高速切削用钢，切削速度高于45钢1倍以上，热处理后具有良好的力学性能，用于力学性能要求高的重要零件，如机床齿轮轴、花键轴等

注：本表各牌号的化学成分应符合GB/T8731—2008的规定。

3.2.8　非调质机械结构钢（见表2.1-41、表2.1-42）

表2.1-41　非调质机械结构钢牌号及力学性能（摘自GB/T15712—2008）

统一数字代号	牌　号	钢材直径或边长/mm	抗拉强度 R_m/MPa ≥	下屈服强度 R_{eL}/MPa ≥	断后伸长率 A（%）≥	断面收缩率 Z（%）≥	冲击吸收能量 KU_2/J≥
L22358	F35VS（YF35V）	≤40	590	390	18	40	47
L22408	F40VS（YF40V）	≤40	640	420	16	35	37
L22468	F45VS（YF45V，F45V）	≤40	685	440	15	30	35
L22308	F30MnVS	≤60	700	450	14	30	实测
L22378	F35MnVS（YF35MnV F35MnVN）	≤40	735	460	17	35	37
		>40~60	710	440	15	33	35
L22388	F38MnVS	≤60	800	520	12	25	实测
L22428	F40MnVS（YF40MnV F40MnV）	≤40	785	490	15	33	32
		>40~60	760	470	13	30	28
L22478	F45MnVS（YF45MnV）	≤40	835	510	13	28	28
		>40~60	810	490	12	28	25
L22498	F49MnVS	≤60	780	450	8	20	实测
L27128	F12Mn2VBS	（见注4）	685	490	16	45	—

注：1. 非调质机械结构钢是一种通过微合金化、控制轧制（锻制）和控制、冷却等强韧化方法，取消了调质热处理，达到或接近调质钢力学性能的优质或特殊质量的结构钢。钢材按规定分为两类：UC—直接切削加工用非调质机械结构钢；UHP—热压力加工用非调质机械结构钢。F12Mn2VBS为UHP钢，其他牌号均为UHP、UC两类钢。

2. 牌号的化学成分应符合GB/T15712—2008的规定。

3. 直接切削加工用钢材，直径或边长不大于60mm钢材的力学性能应符合本表的规定。直径不大于16mm的圆钢或边长不大于12mm的方钢不做冲击试验；直径或边长大于60mm的钢材力学性能可由供需双方协商。

4. 热压力加工用钢材，根据需方要求可检验力学性能及硬度，其试验方法和验收指标由供需双方协商，本表仅供参考。但直径不小于60mm的F12Mn2VBS钢，应先改锻成直径30mm圆坯，经450~650℃回火，其力学性能应符合本表规定。

5. 冲击吸收能量一栏中“实例”者，只提供实测数据，不作为判定依据。

6. 非调质机械结构钢热轧钢材尺寸规格应符合GB/T702的规定；银亮钢材尺寸规格应符合GB/T3207的规定。

7. 牌号加括号者为GB/T15712—1995旧标准牌号。

表2.1-42　非调质机械结构钢的性能特点及应用举例

钢　号	性能特点及应用举例
F35VS F40VS	热轧空冷后具有良好的综合力学性能，加工性能优于调质态的40钢 用于制造CA15发动机和空气压缩机的连杆及其他零件，可代替40钢
F45VS	属于685MPa级易切削非调质钢，比F35VS钢有更高的强度 用于制造汽车发动机曲轴、凸轮轴、连杆，以及机械行业的轴类、蜗杆等零件，可代替45钢
F35MnVS	与F35VS钢相比，有更好的综合力学性能，用于制造CA6102发动机的连杆及其他零件，可代替55钢
F40MnVS	比F35MnVS钢有更高的强度，其塑性和疲劳性能均优于调质态的45钢，加工性能优于45、40Cr、40MnB钢，可代替45、40Cr和40MnB钢制造汽车、拖拉机和机床的零部件
F45MnVS	属于785MPa级易切削非调质钢，与F40MnVS钢相比，耐磨性较高，韧性稍低，加工性能优于调质态的45钢，疲劳性能和耐磨性亦佳，主要取代调质态的45钢，用来制造拖拉机、机床等的轴类零件

3.3 工具钢

3.3.1 碳素工具钢（见表2.1-43）

表2.1-43 碳素工具钢牌号、硬度、特性及应用举例（摘自GB/T1298—2008）

牌号	交货状态硬度 退火	交货状态硬度 退火后冷拉	试样淬火硬度 淬火温度和冷却剂	试样淬火硬度 HRC 不小于	特性	应用举例
	HBW，不大于					
T7（T7A）	187	241	800℃～820℃，水冷	62	经热处理（淬火、回火）之后，可得到较高的强度和韧性以及相当的硬度，但淬透性低，淬火变形大，而且热硬性低	用于制作承受撞击、震动负荷、韧性较好、硬度中等且切削能力不高的各种工具，如小尺寸风动工具（冲头凿子）、木工用的凿和锯、压模、锻模、钳工工具、铆钉冲模、车床顶针、钻头、钻软岩石的钻头、镰刀、剪铁皮的剪子，还可用于制作弹簧、销轴、杆、垫片等耐磨、承受冲击、韧性不高的零件，T7还可制作手用大锤、钳工锤头、瓦工用抹子
T8（T8A）	187	241	780℃～800℃，水冷	62	经淬火回火处理后，可得到较高的硬度和良好的耐磨性，但强度和塑性不高，淬透性低、加热时易过热，易变形，热硬性低，承受冲击载荷的能力低	用于制造切削刃口在工作中不变热的、硬度和耐磨性较高的工具，如木材加工用的铣刀、埋头钻、锪钻、斧、凿、纵向手锯、圆锯片，滚子、铅锡合金压铸板和型蕊、简单形状的模子和冲头，软金属切削刀具、打眼工具、钳工装配工具、铆钉冲模，台虎钳口以及弹性垫圈、弹簧片、卡子、销子、夹子、止动圈等
T8Mn（T8Mn）	187	241	780℃～800℃，水冷	62	性能与T8、T8A相近，由于合金元素锰的作用，淬透性比T8、T8A为好，能获得较深的淬硬层，可以制造截面较大的工具	用途和T8，T8A相似
T9（T9A）	192	241	760℃～780℃，水冷	62	性能和T8、T8A相近	用于制作硬度、韧性较高，但不受强烈冲击震动的工具，如冲头、冲模、中心铳、木工工具、切草机刀片、收割机中切割零件
T10（T10A）	197	241	760℃～780℃，水冷	62	钢的韧性较好，强度较高，耐磨性比T8、T8A、T9、T9A均高，但热硬性低，淬透性不高、淬火变形较大	用于制造切削条件较差，耐磨性较高、且不受强烈震动、要求韧性及锋刃的工具，如钻头、丝锥、车刀、刨刀、扩孔刀具、螺丝板牙、铣刀、切烟和切纸机的刀刃、锯条、机用细木工具、拉丝模、直径或厚度为6～8mm、断面均匀的冷切边模及冲孔模、卡板量具以及用于制作冲击不大的耐磨零件，如小轴、低速传动轴承、滑轮轴、销子等
T11（T11A）	207	241	760℃～780℃，水冷	62	具有较好的韧性和耐磨性，较高的强度和硬度，而且对晶粒长大和形成碳化物网的敏感性较小，但淬透性低，热硬性差，淬火变形大	用于制造钻头、丝锥、手用锯金属的锯条、形状简单的冲头和阴模、剪边模和剪冲模

（续）

牌号	交货状态硬度 退火	退火后冷拉	试样淬火硬度 淬火温度和冷却剂	HRC 不小于	特性	应用举例
	HBW，不大于					
T12（T12A）	207	241	760℃～780℃，水冷	62	具有高硬度和高的耐磨性，但韧性较低、热硬性差、淬透性不好，淬火变形大	用于制造冲击小、切削速度不高、高硬度的各种工具，如铣刀、车刀、钻头、铰刀、扩孔钻、丝锥、板牙、刮刀、切烟丝刀、锉刀、锯片、切黄铜用工具、羊毛剪刀、小尺寸的冷切边模及冲孔模以及高硬度但冲击小的机械零件
T13（T13A）	217	241	760℃～780℃，水冷	62	在碳素工具钢中，是硬度和耐磨性都最好的工具钢，韧性较差、不能承受冲击	用于制造要求极高硬度但不受冲击的工具，如刮刀、剃刀、拉丝工具、刻锉刀纹的工具、钻头、硬石加工用的工具、锉刀、雕刻用工具、剪羊毛刀片等

注：1. 碳素工具钢分为优质钢及高级优质钢，高级优质钢在牌号后加“A”。各牌号的化学成分按 GB/T1298—2008 的规定。
2. 钢材分为压力加工用钢 UP，热压力加工用钢 UHP，冷压力加工用钢 UCP；切削加工用钢 UC。加工方法应在合同中注明。
3. 钢材包括热轧钢材、盘条、锻制钢材、冷拉钢材、银亮钢材，其尺寸规格应分别按 GB/T702、GB/T14981、GB/T908、GB/T905、GB/T3207 的规定。热轧（锻）钢材以退火状态交货，冷拉钢材以退火后冷拉交货，如有其他交货要求，供需双方协定，并在合同中注明。

3.3.2 合金工具钢（见表 2.1-44）

表 2.1-44 合金工具钢牌号、硬度值、特性及应用举例（摘自 GB/T1299—2000）

钢组	牌号	交货状态 布氏硬度 HBW10/3000	试样淬火 淬火温度/℃	冷却剂	洛氏硬度 HRC 不小于	特性	应用举例
量具刃具用钢	9SiCr	241～197	820～860	油	62	淬透性比铬钢好，ϕ45mm～50mm 的工件在油中可以淬透，耐磨性高，具有较好的回火稳定性，加工性差，热处理时变形小，但脱碳倾向较大	适用于耐磨性高、切削不剧烈、且变形小的刃具，如板牙，丝锥、钻头、铰刀、齿轮铣刀、拉刀等，还可用作冷冲模及冷轧辊
	8MnSi	≤229	800～820	油	60	韧性、淬透性与耐磨性均优于碳素工具钢	多用作木工凿子、锯条及其他工具，制造穿孔器与扩孔器工具以及小尺寸热锻模和冲头、热压锻模、螺栓、道钉冲模、拔丝模、冷冲模及切削工具
	Cr06	241～187	780～810	水	64	淬火后的硬度和耐磨性都很高，淬透性不好，较脆	多经冷轧成薄钢带后，用于制作剃刀、刀片及外科医疗刀具，也可用作刮刀、刻刀、锉刀等

（续）

钢组	牌号	交货状态	试样淬火			特性	应用举例
		布氏硬度 HBW10/3000	淬火温度 /℃	冷却剂	洛氏硬度 HRC 不小于		
量具刃具用钢	Cr2	229~179	830~860	油	62	淬火后的硬度、耐磨性都很高，淬火变形不大，但高温塑性差	多用于低速、走刀量小、加工材料不很硬的切削刀具，如车刀、插刀、铣刀、铰刀等，还可用作量具、样板、量规、偏心轮、冷轧辊、钻套和拉丝模，还可作大尺寸的冷冲模
	9Cr2	217~179	820~850	油	62	性能与 Cr2 相近	用于制作冷作模具、冲头、冷轧辊、压延辊、压印模及木工工具等
	W	229~187	800~830	水	62	淬火后的硬度和耐磨性较碳工钢好，热处理变形小，水淬不易开裂	多用于工作温度不高、切削速度不大的刀具，如小型麻花钻、丝锥、板牙、铰刀、锯条、辊式刀具等
耐冲击工具用钢	4CrW2Si	217~179	860~900	油	53	高温时有较好的强度和硬度，且韧性较高	适用于剪切机刀片、冲击振动较大的风动工具、中应力热锻模、受低热的压铸模
	5CrW2Si	255~207	860~900	油	55	特性同 4CrW2Si，但在 650°C 时硬度稍高，可达 41~43HRC 左右，热处理时对脱碳、变形和开裂的敏感性不大	用于手动和风动凿子、空气锤工具、铆钉工具、冷冲模、重震动的切割器，作为热加工用钢时，可用于冲孔、穿孔工具、剪切模、热锻模、易熔合金的压铸模
	6CrW2Si	285~229	860~900	油	57	特性同 5CrW2Si，但在 650°C 时硬度可达 43~45HRC 左右	可用于重负荷下工作的冲模、压模、铸造精整工具、风动凿子等，作为热加工用钢，可生产螺钉和热铆的冲头、高温压铸轻合金的顶头、热锻模等
	6CrMnSi2Mo1V	≤229	677±15℃预热，885℃（盐浴）或 900℃（炉控气氛）±6℃加热，保温 5~15min 油冷，58~204℃回火		58	—	—
	5Cr3Mn1SiMo1V	—	677±15℃预热，941℃（盐浴）或 955℃（炉控气氛）±6℃加热，保温 5~15min 空冷，56~204℃回火		56	—	—

（续）

钢组	牌号	交货状态	试样淬火			特性	应用举例
		布氏硬度 HBW10/3000	淬火温度 /℃	冷却剂	洛氏硬度 HRC 不小于		
冷作模具钢	Cr12	269～217	950～1000	油	60	高碳高铬钢，具有高的强度、耐磨性和淬透性，淬火变形小，较脆，导热性差，高温塑性差	多用于制造耐磨性能高、不承受冲击的模具及加工材料不硬的刃具，如车刀、铰刀、冷冲模、冲头及量规、样板、量具、凸轮销、偏心轮、冷轧辊、钻套和拉丝模
	Cr12Mo1V1	≤255	820±15℃预热，1000℃（盐浴）或1010℃（炉控气氛）±6℃加热，保温10～20min空冷，200±6℃回火		59	引进美国的钢号，性能与Cr12MoV相近，但淬透性和韧性优于Cr12MoV	适用于各种铸、锻、模具，如各种冲孔凹模、切边模、滚边模、缝口模、拉丝模、钢板拉伸模、螺纹搓丝板、标准工具和量具
	Cr12MoV	255～207	950～1000	油	58	淬透性、淬火回火后的硬度、强度、韧性比Cr12高，截面为300～400mm以下的工件可完全淬透，耐磨性和塑性也较好，变形小，但高温塑性差	
	Cr5Mo1V	≤255	790±15℃预热，940℃（盐浴）或950℃（炉控气氛）±6℃加热，保温5～15min空冷，200±6℃回火		60	引进美国的钢号，空淬性能好，空淬尺寸变形小，碳化物均细，耐磨性好，韧性良好	适于制作耐磨、韧性好的冷作模具成形模，下料模、冲头、冷冲模等
	9Mn2V	≤229	780～810	油	62	淬透性和耐磨性比碳工钢高，淬火后变形小	适用于制作各种变形小、耐磨性高的精密丝杆、磨床主轴、样板、凸轮、块规、量具及丝锥、板牙、铰刀以及压铸轻金属和合金的推入装置
	CrWMn	255～207	800～830	油	62	淬透性和耐磨性及淬火后的硬度比铬钢及铬硅钢高，且韧性较好，淬火后的变形比CrMn钢更小，缺点是形成碳化物网状程度严重	多用于制造变形小、长而形状复杂的切削刀具，如拉刀、长丝锥、长铰刀、专用铣刀、量规及形状复杂、高精度的冷冲模

（续）

钢组	牌号	交货状态	试样淬火			特性	应用举例
		布氏硬度 HBW10/3000	淬火温度/℃	冷却剂	洛氏硬度 HRC 不小于		
冷作模具钢	9CrWMn	241～197	800～830	油	62	特性与 CrWMn 相似，但由于含碳量稍低，在碳化物偏析上比 CrWMn 好些，因而力学性能更好，但热处理后硬度较低	多用于制造变形小、长而形状复杂的切削刀具，如拉刀、长丝锥、长铰刀、专用铣刀、量规及形状复杂、高精度的冷冲模
冷作模具钢	Cr4W2MoV	≤269	960～980 1020～1040	油	60	我国自行研制的新型中合金冷作模具钢，共晶化合物颗粒细小，分布均匀，具有较高的淬透性、淬硬性，有较好的力学性能、耐磨性和尺寸稳定性	用于制造冷冲模、冷挤压模、搓丝板等，也可冲裁 1.5～6.0mm 弹簧钢板
冷作模具钢	6Cr4W3Mo2VNb	≤255	1100～1160	油	60	高强度、高硬度、高韧性，有较高的疲劳强度，冷热加工性能良好	用于制作冲击负荷及形状复杂的冷作模具、冷挤压模具、冷镦模具、螺钉冲头等
冷作模具钢	6W6Mo5Cr4V	≤269	1180～1200	油	60	我国自行研制的适合于黑色金属挤压用的模具钢，具有高强度、高硬度、耐磨性及抗回火稳定性，有良好的综合性能	适用于作冲头、冷挤压凹模
热作模具钢	5Cr4Mo3SiMnVAl	≤255	1090～1120	油	15	较高的韧性，良好的冷热疲劳性，较好的耐热性、淬透性及淬硬性，是一种热作模具钢，又可以作为冷作模具钢使用，但耐磨性能不太理想	适于制作冲孔凹模、冷镦模、槽用螺栓锻模、热挤压冲头、压铸模等，可替代 3Cr2W8V、Cr12MoV 使用
热作模具钢	5CrMnMo	241～197	820～850	油	15	不含镍的锤锻模具钢，具有良好的韧性、强度和高耐磨性，对回火脆性不敏感，淬透性好	适用于作中、小型热模锻，且边长≤300～400mm
热作模具钢	5CrNiMo	241～197	830～860	油	15	特性与 5CrMnMo 相近，高温下强度、韧性及耐热疲劳性高于 5CrMnMo	适用于作形状复杂、冲击负荷重的各种中、大型锤锻模

（续）

钢组	牌号	交货状态	试样淬火			特性	应用举例
		布氏硬度 HBW10/3000	淬火温度 /℃	冷却剂	洛氏硬度 HRC 不小于		
热作模具钢	3Cr2W8V	≤255	1075～1125	油	15	常用的压铸模具钢，具有较低的含碳量，以保证高韧性及良好的导热性，同时含有较多的易形成碳化物铬、钨高温下有高硬度、强度，相变温度较高，耐热疲劳性良好，淬透性也较好，断面厚度≤100mm 可淬透，但其韧性和塑性较差	适于作高温、高应力但不受冲击的压模，如平锻机上的凸凹模、镶块、铜合金挤压模等，还可作螺钉及热剪切刀
	3Cr3Mo3W2V	≤255	1060～1130	油	15	良好的冷热加工性能，较高的热强性，良好的抗冷热疲劳性，耐磨性和淬硬性均好，有一定的耐冲击能力	用于制作热作模具，如镦锻模、精锻模、辊锻模具、压力机用模具、压铸模等
	5Cr4W5Mo2V	≤269	1100～1150	油	15	系自行研制的热挤压、精密锻造模具钢，具有高热硬性、高耐磨性、高温强度、抗回火稳定性及一定的冲击韧性，可进行一般热处理或等温热处理和化学热处理	多用于制造热挤压模具，可代替 3Cr2W8V 使用
	8Cr3	255～207	850～880	油	15	过共析钢，是一种热顶锻模具钢，淬透性较好	多用于制造承受冲击载荷不大、500℃以下、磨损条件下的模具，如热切边模、螺栓及螺钉热顶模
	4CrMnSiMoV	241～197	870～930	油	15	较高的高温力学性能，耐热疲劳性好，可代替 5CrNiMo 使用	用于制作锤锻模、压力机锻模、校正模、弯曲模
	4Cr3Mo3SiV	≤229	790±15℃预热，1010℃（盐浴）或1020℃（炉控气氛）±6℃加热，保温 5～15min 空冷，550±6℃回火		15	高淬透性和优良的韧性，高温硬度高，可代替 3Cr2W8V 使用	用于制作热滚锻模、塑压模、热锻模、热冲模等

（续）

钢组	牌号	交货状态	试样淬火			特性	应用举例
		布氏硬度 HBW10/3000	淬火温度/℃	冷却剂	洛氏硬度 HRC 不小于		
热作模具钢	4Cr5MoSiV	≤235	790 ± 15℃ 预热，1000℃（盐浴）或1010℃（炉控气氛）± 6℃加热，保温 5～15min 空冷，550 ±6℃回火		15	美国成熟钢号，一种空淬硬化热作模具钢，中温以下综合性能好，淬透性好，热处理后变形率低，其性能及使用寿命较3Cr2W8V高	热切边模、模锻锤锻模、铝合金压铸模、热挤压模及螺栓和螺钉模
热作模具钢	4Cr5MoSiV1	≤235				性能和4Cr5MoSiV相近	应用广泛的热作模具钢
热作模具钢	4Cr5W2VSi	≤229	1030～1050	油或空	15	前苏联钢号，为空冷淬火的热作模具钢，中温以下有良好的热硬度及良好的韧性	多用于高速锤用模具与冲头、热挤压模具、芯棒及有色金属压铸模等
无磁模具钢	7Mn15Cr2Al3V2WMo	—	1170～1190 固溶 650～700 时效	水 空	45	高强度、高硬度、高耐磨性；低导磁率，采用高温退火能改善切削性能，工作温度可高达700°C～800°C	适于制造无磁轴承、无磁模具、热作模具等
塑料模具钢	3Cr2Mo	—	—		—	切削性良好，镜面研磨性能好，机械加工成型后，型腔变形及尺寸变化小。经热处理后可提高表面硬度，提高工作寿命	适于制造塑料模及低熔点金属的压铸模等

注：1. 各牌号的化学成分应符合 GB/T1299—2000 的规定，（牌号 7CrSiMnMoV 和 3Cr2MnNiMo 没有编入本表）。

2. 钢材有热轧圆钢（GB/T702）、锻制钢材（GB/T908）、冷拉钢材（GB/T905）、热轧扁钢（GB/T911）和锻制扁钢（GB/T16761），尺寸规格应符合括号内国标的规定。

3. 保温时间是指试样达到加热温度后保持的时间。

a. 试样在盐浴中进行，在该温度保持时间为 5min，对 Cr12Mo1V1 钢是 10min。

b. 试样在炉控气氛中进行，在该温度保持时间为：5～15min，对 Cr12Mo1V1 钢是 10～20min。

4. 回火温度 200°C 时应一次回火 2h，550°C 时应二次回火，每次 2h。

5. 7Mn15Cr2Al3V2WMo 钢可以热轧状态供应，不作交货硬度。

6. 供方若能保证试样淬火硬度值符合本表规定时可不作检验。

7. 供需双方协议，螺纹刃具用退火状态交货的 9SiCr 钢材，其布氏硬度值为 187～229HBW10/3000。

8. 热作模具钢不检验试样淬火硬度。

3.3.3　高速工具钢（见表2.1-45、表2.1-46）

表2.1-45　高速工具钢牌号及硬度（摘自GB/T 9943—2008）

分类及代号	统一数字代号	牌号	交货硬度①（退火态）/HBW 不大于	试样热处理制度及淬回火硬度					
				预热温度/℃	淬火温度/℃		淬火介质	回火温度②/℃	硬度③/HRC 不小于
					盐浴炉	箱式炉			
低合金高速钢 HSS-L	T63342	W3Mo3Cr4V2	255	800～900	1180～1120	1180～1120	油或盐浴	540～560	63
	T64340	W4Mo3Cr4VSi	255		1170～1190	1170～1190		540～560	63
普通高速钢 HSS	T51841	W18Cr4V	255		1250～1270	1260～1280		550～570	63
	T62841	W2Mo8Cr4V	255		1180～1120	1180～1120		550～570	63
	T62942	W2Mo9Cr4V2	255		1190～1210	1200～1220		540～560	64
	T66541	W6Mo5Cr4V2	255		1200～1220	1210～1230		540～560	64
	T66542	CW6Mo5Cr4V2	255		1190～1210	1200～1220		540～560	64
	T66642	W6Mo6Cr4V2	262		1190～1210	1190～1210		550～570	64
	T69341	W9Mo3Cr4V	255		1200～1220	1220～1240		540～560	64
高性能高速钢 HSS-E	T66543	W6Mo5Cr4V3	262		1190～1210	1200～1220		540～560	64
	T66545	CW6Mo5Cr4V3	262		1180～1200	1190～1210		540～560	64
	T66544	W6Mo5Cr4V4	269		1200～1220	1200～1220		550～570	64
	T66546	W6Mo5Cr4V2Al	269		1200～1220	1230～1240		550～570	65
	T71245	W12Cr4V5Co5	277		1220～1240	1230～1250		540～560	65
	T76545	W6Mo5Cr4V2Co5	269		1190～1210	1200～1220		540～560	64
	T76438	W6Mo5Cr4V3Co8	285		1170～1190	1170～1190		550～570	65
	T77445	W7Mo4Cr4V2Co5	269		1180～1200	1190～1210		540～560	66
	T72948	W2Mo9Cr4VCo8	269		1170～1190	1180～1200		540～560	66
	T71010	W10Mo4Cr4V3Co10	285		1220～1240	1220～1240		550～570	66

注：1. 各牌号化学成分应符合GB/T 9943—2008规定。

2. 钢材截面尺寸（直径、边长、厚度或对边距离）不大于250mm的热轧、锻制、冷拉圆钢、方钢、扁钢、六角钢、盘条及银亮钢棒，其尺寸规格应符合GB/T 702、GB/T 14981、GB/T 908、GB/T 905、GB/T 3207的规定。

①　退火+冷拉态的硬度，允许比退火态指标增加50HBW。

②　回火温度为550～570℃时，回火2次，每次1h；回火温度为540～560℃时，回火2次，每次2h。

③　试样淬回火硬度供方若能保证可不检验。

表2.1-46　高速工具钢特性及应用举例

钢　号	性能特点	应用举例
W18Cr4V	钨系通用性高速钢，具有较高的硬度、热硬性及高温硬度，淬火不易过热，易于磨削加工；缺点是热塑性低、韧性稍差。该钢种曾经用量最大，但20世纪70年代后使用减少	主要用于制作高速切削的车刀、钻头、铣刀、铰刀等刀具，还用作板牙、丝锥、扩孔钻、拉丝模、锯片等
W12Cr4V5Co5	钨系高钒含钴高速钢，引自美国的T15，曾称为“王牌钢”，具有较高的硬度，尤其超高耐磨性，但可磨削性能差，强度与韧性较差，不宜制作用于高速切削的复杂刀具	适于制作要求特殊耐磨的切削刀具，如螺纹梳刀、车刀、铣刀、刮刀、滚刀及成形刀具、齿轮刀具等；还可用于冷作模具
W6Mo5Cr4V2	W-Mo系通用型高速钢，是当今各国用量最大的高速钢钢号（即M2），具有较高的硬度，热硬性及高温硬度，热塑性好，强度和韧性优良；缺点是钢的过热与脱碳敏感性较大	用于制作要求耐磨性和韧性配合良好的并承受冲击力较大的刀具和一般刀具，如插齿刀、锥齿轮刨刀、铣刀、车刀、丝锥、钻头等；还用作高载荷下耐磨性好的工具，如冷作模具等

（续）

钢　号	性能特点	应用举例
CW6Mo5Cr4V2	高碳W-Mo系通用型高速钢，由于碳含量提高，淬火后的表面硬度也提高，而且高温硬度、耐磨性和耐热性都比W6Mo5Cr4V2高，但强度和韧性有所降低	适于制作要求切削性能优良的刀具
W6Mo5Cr4V3 CW6Mo5Cr4V3	高碳高钒型高速钢，其耐磨性优于W6Mo5Cr4V2，但可磨削性能也变差，脱碳敏感性较大	用于制作要求特别耐磨的工具和一般刀具，如拉刀、滚刀、螺纹梳刀、车刀、刨刀、丝锥、钻头等。由于钢的磨削性差，制作复杂刀具，需用特殊砂轮加工
W2Mo9Cr4V2	低钨高钼型钢种，相当于美国的M7，具有较高的热硬性和韧性，耐磨性好，但脱碳敏感性较大	主要用于制作螺纹工具，如丝锥、板牙等；还用作钻头、铣刀及各种车削刀具、各种冷冲模具等
W6Mo5Cr4V2Co5	W-Mo系一般含钴高速钢，其热硬性、耐磨性均比W6Mo5Cr4V2高，故切削性能好，但钢的韧性和强度较差，脱碳敏感性较大	用于制作高速切削机床的刀具和要求耐高温并有一定振动载荷的刀具
W2Mo9Cr4VCo8	W-Mo系高碳含钴超硬型钢种，相当于美国的M42，是一种用量最大的超硬型高速钢钢号，其硬度可达66～70HRC，具有高的热硬性和高温硬度，易磨削加工，但韧性较差	用于制作各种复杂的高精度刀具，如精密拉刀、成形铣刀、专用车刀、钻头以及各种高硬度刀具，可用于对难加工材料如钛合金、高温合金、超高强度钢等的切削加工
W9Mo3Cr4V	我国研制的新型W-Mo系通用型高速钢，使用性能与W18Cr4V(T1)和W6Mo5Cr4V2(M2)相当，但综合工艺性能优于T1和M2，钢的合金成本也较低	可代替W18Cr4V和W6Mo5Cr4V2制作各种工具
W6Mo5Cr4V2Al	我国研制的W-Mo系无钴超硬型高速钢（简称M2Al或501），具有高的硬度、热硬性及高温硬度，切削性能优良，耐磨性和热塑性较好，其韧性优于含钴高速钢，但可磨削性能稍差，钢的过热和脱碳敏感性较大	用于制作各种拉刀、插齿刀、齿轮滚刀、铣刀、刨刀、镗刀、车刀、钻头等切削刀具，刀具使用寿命长，切削一般材料时，其使用寿命为W18Cr4V的两倍，切削难加工材料时，接近含钴高速钢的使用寿命

3.4 不锈钢和耐热钢

3.4.1 不锈钢（见表2.1-47～表2.1-50）

表2.1-47 不锈钢棒分类及产品规格的规定（摘自GB/T 1220—2007）

产品分类及符号	压力加工用钢（UP）、热压力加工（UHP）、热顶锻用钢（UHF）、冷拔坯料（UCD）、切削加工用钢（UC）
热轧圆钢、方钢	产品尺寸规格按GB/T 702—2008规定
热轧扁钢	产品尺寸规格按GB/T 702—2008规定
热轧六角钢、八角钢	产品尺寸规格按GB/T 702—2008规定
锻制圆钢、方钢	产品尺寸规格按GB/T 908—2008规定
锻制扁钢	产品尺寸规格按GB/T 908—2008规定

表 2.1-48 不锈钢棒牌号及力学性能（摘自 GB/T 1220—2007）

类型	序号	统一数字代号	新牌号	旧牌号	热处理温度 /℃	规定非比例延伸强度 $R_{p0.2}$[1]/MPa	抗拉强度 R_m/MPa	断后伸长率 A (%)	断面收缩率 Z[2] (%)	冲击吸收功 A_{ku2}[3] /J	硬度[1] HBW	硬度[1] HRB	硬度[1] HV
						≥					≤		
奥氏体型	1	S35350	12Cr17Mn6Ni5N	1Cr17Mn6Ni5N	1010～1120，快冷	275	520	40	45	—	241	100	253
	2	S35450	12Cr18Mn9Ni5N	1Cr18Mn8Ni5N	1010～1120，快冷	275	520	40	45		207	95	218
	3	S30110	12Cr17Ni7	1Cr17Ni7	1010～1150，快冷	205	520	40	60		187	90	200
	4	S30210	12Cr18Ni9	1Cr18Ni9	1010～1150，快冷	205	520	40	60		187	90	200
	5	S30317	Y12Cr18Ni9	Y1Cr18Ni9	1010～1150，快冷	205	520	40	50		187	90	200
	6	S30327	Y12Cr18Ni9Se	Y1Cr18Ni9Se	1010～1150，快冷	205	520	40	50		187	90	200
	7	S30408	06Cr19Ni10	0Cr18Ni9	1010～1150，快冷	205	520	40	60		187	90	200
	8	S30403	022Cr19Ni10	00Cr19Ni10	1010～1150，快冷	175	480	40	60		187	90	200
	9	S30488	06Cr18Ni9Cu3	0Cr18Ni9Cu3	1010～1150，快冷	175	480	40	60		187	90	200
	10	S30458	06Cr19Ni10N	0Cr19Ni9N	1010～1150，快冷	275	550	35	50		217	95	220
	11	S30478	06Cr19Ni9NbN	0Cr19Ni10NbN	1010～1150，快冷	345	685	35	50		250	100	260
	12	S30453	022Cr19Ni10N	00Cr18Ni10N	1010～1150，快冷	245	550	40	50		217	95	220
	13	S30510	10Cr18Ni12	1Cr18Ni12	1010～1150，快冷	175	480	40	60		187	90	200
	14	S30908	06Cr23Ni13	0Cr23Ni13	1030～1150，快冷	205	520	40	60		187	90	200
	15	S31008	06Cr25Ni20	0Cr25Ni20	1030～1180，快冷	205	520	40	50		187	90	200
	16	S31608	06Cr17Ni12Mo2	0Cr17Ni12Mo2	1010～1150，快冷	205	520	40	60		187	90	200
	17	S31603	022Cr17Ni12Mo2	00Cr17Ni14Mo2	1010～1150，快冷	175	480	40	60		187	90	200
	18	S31668	06Cr17Ni12Mo2Ti	0Cr18Ni12Mo3Ti	1000～1100，快冷	205	530	40	55		187	90	200
	19	S31658	06Cr17Ni12Mo2N	0Cr17Ni12Mo2N	1010～1150，快冷	275	550	35	50		217	95	220
	20	S31653	022Cr17Ni12Mo2N	00Cr17Ni13Mo2N	1010～1150，快冷	245	550	40	50		217	95	220

（续）

类型	序号	统一数字代号	新牌号	旧牌号	热处理温度/℃	规定非比例延伸强度 $R_{p0.2}^{①}$/MPa	抗拉强度 R_m/MPa	断后伸长率 A（%）	断面收缩率 $Z^{②}$（%）	冲击吸收功 $A_{ku2}^{③}$/J	硬度① HBW	硬度① HRB	硬度① HV
						≥					≤		
奥氏体型	21	S31688	06Cr18Ni12Mo2Cu2	0Cr18Ni12Mo2Cu2	1010～1150，快冷	205	520	40	60	—	187	90	200
	22	S31683	022Cr18Ni14Mo2Cu2	00Cr18NI14Mo2Cu2	1010～1150，快冷	175	480	40	60		187	90	200
	23	S31708	06Cr19Ni13Mo3	0Cr19Ni13Mo3	1010～1150，快冷	205	520	40	60		187	90	200
	24	S31703	022Cr19Ni13Mo3	00Cr19Ni13Mo3	1010～1150，快冷	175	480	40	60		187	90	200
	25	S31794	03Cr18Ni16Mo5	0Cr18Ni16Mo5	1030～1180，快冷	175	480	40	45		187	90	200
	26	S32168	06Cr18Ni11Ti	0Cr18Ni10Ti	920～1150，快冷	205	520	40	50		187	90	200
	27	S34778	06Cr18Ni11Nb	0Cr18Ni11Nb	980～1150，快冷	205	520	40	50		187	90	200
	28	S38148	06Cr18Ni13Si4	0Cr18Ni13Si4	1010～1150，快冷	205	520	40	60		207	95	218
奥氏体-铁素体型	29	S21860	14Cr18Ni11Si4AlTi	1Cr18Ni11Si4AlTi	930～1050，快冷	440	715	25	40	63	—	—	—
	30	S21953	022Cr19Ni5Mo3Si2N	00Cr18Ni5Mo3Si2	920～1150，快冷	390	590	20	40	—	290	30	300
	31	S22253	022Cr22Ni5Mo3N		950～1200，快冷	450	620	25	—	—	290	—	—
	32	S22053	022Cr23Ni5Mo3N		950～1200，快冷	450	655	25	—	—	290	—	—
	33	S22553	022Cr25Ni6Mo2N		950～1200，快冷	450	620	20	—	—	260	—	—
	34	S25554	03Cr25Ni6Mo3Cu2N		1000～1200，快冷	550	750	25	—	—	290	—	—
铁素体型	35	S11348	06Cr13Al	0Cr13Al	780～830，空冷或缓冷	175	410	20	60	78	183	—	—
	36	S11203	022Cr12	00Cr12	700～820，空冷或缓冷	195	360	22	60	—	183		
	37	S11710	10Cr17	1Cr17	780～850，空冷或缓冷	205	450	22	50	—	183		
	38	S11717	Y10Cr17	Y1Cr17	680～820，空冷或缓冷	205	450	22	50	—	183		
	39	S11790	10Cr17Mo	1Cr17Mo	780～850，空冷或缓冷	205	450	22	60	—	183		
	40	S12791	008Cr27Mo	00Cr27Mo	900～1050，快冷	245	410	20	45	—	219		
	41	S13091	008Cr30Mo2	00Cr30Mo2	900～1050，快冷	295	450	20	45	—	228		

（续）

类型	序号	统一数字代号	新牌号	旧牌号		热处理温度/℃	规定非比例延伸强度 $R_{p0.2}^{①}$/MPa	抗拉强度 R_m/MPa	断后伸长率 A（%）	断面收缩率 $Z^{②}$（%）	冲击吸收功 $A_{ku2}^{③}$/J	硬度① HBW	HRB	HV
							≥					≤		
马氏体型	42	S40310	12Cr12	1Cr12		钢棒退火：800～900缓冷或约750快冷 试样淬火回火：950～1000油冷700～750快冷（序号42、43、44、45）；600～750快冷（序号46、47、48）	390	590	25	55	118	≥170	—	
	43	S41008	06Cr13	0Cr13			345	490	24	60	—	—	—	
	44	S41010	12Cr13	1Cr13			345	540	22	55	78	≥159	—	
	45	S41617	Y12Cr13	Y1Cr13			345	540	17	45	55	≥159	—	
	46	S42020	20Cr13	2Cr13			440	640	20	50	63	≥192	—	
	47	S42030	30Cr13	3Cr13			540	735	12	40	24	≥217	—	
	48	S42037	Y30Cr13	Y3Cr13			540	735	8	35	24	≥217	—	
	49	S42040	40Cr13	4Cr13		钢棒退火试样淬火回火	—	—	—	—	—	—	≥50	
	50	S43110	14Cr17Ni2	1Cr17Ni2			—	1080	10	—	39	—	—	
	51	S43120	17Cr16Ni2④		1		700	900≥1050	12	45	25(A_{KV})	—	—	—
					2		600	800≥950	14					
	52	S44070	68Cr17	7Cr17		钢棒退火：800～920缓冷 试样淬火回火：1010～1070油淬100～180快冷	—	—	—	—	—	—	≥54	
	53	S44080	85Cr17	8Cr17			—	—	—	—	—	—	≥56	
	54	S44096	108Cr17	11Cr17			—	—	—	—	—	—	≥58	
	55	S44097	Y108Cr17	Y11Cr17			—	—	—	—	—	—	≥58	
	56	S44090	95Cr18	9Cr18			—	—	—	—	—	—	≥55	
	57	S45710	13Cr13Mo	1Cr13Mo		钢棒退火 试样淬火回火	490	690	20	60	78	≥192	—	
	58	S45830	32Cr13Mo	3Cr13Mo			—	—	—	—	—	—	≥50	
	59	S45990	102Cr17Mo	9Cr18Mo			—	—	—	—	—	—	≥55	
	60	S46990	90Cr18MoV	9Cr18MoV			—	—	—	—	—	—	≥55	

（续）

类型	序号	统一数字代号	新牌号	旧牌号	热处理温度/℃			规定非比例延伸强度 $R_{p0.2}$[1]/MPa	抗拉强度 R_m/MPa	断后伸长率 A（%）	断面收缩率 Z[2]（%）	冲击吸收功 A_{ku2}[3]/J	硬度[1] HBW	硬度[1] HRB	硬度[1] HV
								≥					≤		
沉淀硬化型	61	S51550	05Cr15Ni5Cu4Nb		固溶处理		0组	—	—	—	—	—	363	38	—
					沉淀硬化	480时效	1组	1180	1310	10	35		≥375	≥40	
						550时效	2组	1000	1070	12	45		≥331	≥35	
						580时效	3组	865	1000	13	45		≥302	≥31	
						620时效	4组	725	930	16	50		≥277	≥28	
	62	S51740	05Cr17Ni4Cu4Nb	0Cr17Ni4Cu4Nb	固溶处理		0组	—	—	—	—		363	38	
					沉淀硬化	480时效	1组	1180	1310	10	40		≥375	≥40	
						550时效	2组	1000	1070	12	45		≥331	≥35	
						580时效	3组	865	1000	13	45		≥302	≥31	
						620时效	4组	725	930	16	50		≥277	≥28	
	63	S51770	07Cr17Ni7Al	0Cr17Ni7Al	固溶处理		0组	≤380	≤1030	20	—		229	—	
					沉淀硬化	510时效	1组	1030	1230	4	10		≥388	—	
						565时效	2组	960	1140	5	25		≥363	—	
	64	S51570	07Cr15Ni7Mo2Al	0Cr15Ni7Mo2Al	固溶处理		0组	—	—	—	—		269	—	
					沉淀硬化	510时效	1组	1210	1320	6	20		≥388	—	
						565时效	2组	1100	1210	7	25		≥375	—	

注：1. 各牌号的化学成分应符合 GB/T 1220—2007 的规定。

2. 本表为热处理钢棒或热处理试样的力学性能。序号49、50、51、56～64的热处理制度参见 GB/T 1220—2007 附录的规定。

3. 序1～28仅适用于直径、边长、厚度或对边距离小于或等于180mm的钢棒。大于180mm的钢棒，可改锻成180mm的样坯检验，或由供需双方协商，规定允许降低其力学性能的数值。

4. 序号29～64仅适用于直径、边长、厚度或对边距离小于或等于75mm的钢棒。大于75mm的钢棒，可改锻成75mm的样坯检验或由供需双方协商，规定允许降低其力学性能的数值。

① 规定非比例延伸强度 $R_{p0.2}$ 和硬度，仅当需方要求时（合同注明）才进行测定（序号1～序号41），序号42～64的 $R_{p0.2}$ 和硬度按本表规定，序号61～64可选择HBW或HRC均可。

② 扁钢不适用，但需方要求时，由供需双方协定。

③ 直径或对边距离小于等于16mm的圆钢、六角钢、八角钢和边长或厚度小于等于12mm的方钢、扁钢不做冲击试验。

④ 17Cr16Ni2钢性能组别应在合同中注明、未注明时，由供方自行选择。

表 2.1-49　不锈钢的耐蚀性能

牌号	介质	质量分数(%)	温度/℃	腐蚀深度/mm·a⁻¹
20Cr13(2Cr13)	硝酸	5	20	<0.1
		5	沸	3.0~10.0
		20	20	<0.1
		20	沸	1.0~3.0
		50	20	<0.1
		50	沸	<3.0
		65	20	<0.1
30Cr13(3Cr13)	硫酸	2~50	20~100	腐蚀破坏
		52	15	2.11
14Cr17Ni2(1Cr17Ni2)	硝酸	10	50	<0.1
		10	85	<0.1
		30	60	<0.1
		30	沸	<0.1
		50	50	<0.1
		50	80	0.1~1.0
		50	沸	<3.0
		60	60	<0.1
	硫酸	1	20	3.0~10.0
		5	20	>10.0
		10	20	>10.0
	硫酸铝	10	50	<0.1
		10	沸	1.0~3.0
06Cr19Ni10(0Cr18Ni9)	硝酸	1~5	20	<0.1
		1~5	80	<0.1
		5	沸腾	<0.1
		20	20~80	<0.1
		50	20~50	<0.1
		50	80	<0.1
		50	沸腾	<0.1
		60	20~60	<0.1
		60	沸腾	0.1~1.0
		65	20	<0.1
		65	85	<0.1
		65	沸腾	0.1~1.0
		90	20	<0.1
		90	70	0.1~1.0
		90	沸腾	1.0~3.0
		99	20	0.1~1.0
		99	沸腾	3.0~10
10Cr17(1Cr17)	硝酸	5	20	<0.1
		5	沸	<0.1
		20	20	<0.1
		20	沸	<1.9
		30	80	0.03
		65	85	<1.0
		65	沸	2.20
		90	70	1.0~3.0
		90	沸	1.0~3.0

牌号	介质	质量分数(%)	温度/℃	腐蚀深度/mm·a⁻¹
20Cr13(2Cr13)	硝酸	65	沸	3.0~10.0
		90	20	<0.1
		90	沸	<10.0
	硼酸	50~饱和	100	<0.1
	醋酸	1	90	<0.1
		5	20	<1.0
30Cr13(3Cr13)	硫酸	52	60	8.6
		63.4	15	2.1
14Cr17Ni2(1Cr17Ni2)	醋酸	10	75	<3.0
		10	90	3.0~10.0
		15	20	<1.0
		15	40	>3.0
		25	50	<1.0
		25	90	<3.0
		25	沸	3.0~10.0
	磷酸	5	20	<0.1
		5	85	<0.1
		10	20	<3.0
		25	20	3.0~10.0
	盐酸	1	20	<3.0
		2	20	3.0~10.0
		5	20	>10.0
06Cr19Ni10(0Cr18Ni9)	硫酸	0.4	36~40	0.0001
		2	20	0~0.014
		2	100	3.0~6.5
		5	50	3.0~4.5
		10~50	20	2.0~5.0
		10~65	50~100	不可用
		90~95	20	0.006~0.008
	亚硫酸	2	20	<1.0
		20	20	<0.1
	磷酸	1	20	<0.1
		1	沸腾	<0.1
		10	20	<0.1
		10	沸腾	<0.1
		40	100	0.1~1.0
		65	80	<0.1
		65	110	>10
		80	60	<0.1
10Cr17(1Cr17)	磷酸	10	20	<1.0
		10	沸	<1.0
		45	20~沸	0.1~3.0
		80	20	<1.0
		80	110~120	>10.0

牌号	介质	质量分数(%)	温度/℃	腐蚀深度/mm·a⁻¹
20Cr13(2Cr13)	醋酸	10	20	<1.0
		5	沸	>10.0
	柠檬酸	1	20	<0.1
		20	沸	<10.0
	氢氧化钠	20	50	<0.1
30Cr13(3Cr13)	硫酸	65	20	0.03
14Cr17Ni2(1Cr17Ni2)	氢氧化钠	10	90	<0.1
		20	50	<0.1
		20	沸	<0.1
		30	沸	<0.1
		30	100	<1.0
		40	90	<1.0
		50	100	<1.0
		60	90	<1.0
	氢氧化钾	25	沸	<0.1
		50	20	<0.1
		50	沸	<1.0
		68	120	<1.0
		熔体	300	>10.0
06Cr19Ni10(0Cr18Ni9)	盐酸	0.5	20	0.1~1.0
		0.5	沸腾	>10
		3	20	0.1~1.0
		5	20	0.1~1.0
		10	20	0.1~1.0
		30	20	>10
	氢氟酸	10	20	0.1~1.0
		10	100	3.0~10
	氢氧化钠	10	90	<0.1
		50	90	<0.1
		50	100	0.1~0.1
	高锰酸钾	90	300	1.0~3.0
		熔盐	318	3.0~10
	氟化钠	5~10	20	<0.1
		10	沸腾	<0.1
	苯	5	20	0.1~1.0
		纯苯	20~沸	<0.1
10Cr17(1Cr17)	醋酸	10	20	<0.1
		10	100	1.0~3.0
	硫酸	5	20	>10.0
		50	20	>10.0
		80	20	1.0~3.0

注：1. GB/T 1220—2007 规定不锈钢耐蚀性能为供需双方的协议项目，有关腐蚀试验参见原标准。

2. 本表资料非标准内容，只供参考之用。

3. 括号内为旧牌号。

表 2.1-50 不锈钢的特性和应用举例(摘自 GB/T 1220—2007)

类型	序号	统一数字代号	牌号	特性和应用举例
奥氏体型	1	S35350	12Cr17Mn6Ni5N	节镍钢,性能12Cr17Ni7(1Cr17Ni7)与相近,可代替12Cr17Ni7(1Cr17Ni7)使用。在固溶态无磁,冷加工后具有轻微磁性,主要用于制造旅馆装备、厨房用具、水池、交通工具等
	2	S35450	12Cr18Mn9Ni5N	节镍钢,是Cr-Mn-Ni-N型最典型、发展比较完善的钢。在800℃以下具有很好的抗氧化性,且保持较高的强度,可代替12Cr18Ni9(1Cr18Ni9)使用。主要用于制作800℃以下经受弱介质腐蚀和承受负荷的零件,如炊具、餐具等
	3	S30110	12Cr17Ni7	亚稳定奥氏体不锈钢,是最易冷变形强化的钢。经冷加工有高的强度和硬度,并仍保留足够的塑韧性,在大气条件下具有较好的耐蚀性。主要用于以冷加工状态承受较高载荷,又希望减轻装备重量和不生锈的设备和部件,如铁道车辆,装饰板、传送带、紧固件等
	4	S30210	12Cr18Ni9	奥氏体不锈钢,在固溶态具有良好的塑性、韧性和冷加工性,在氧化性酸和大气、水、蒸汽等介质中耐蚀性也好。经冷加工有高的强度,但伸长率比12Cr17Ni7(1Cr17Ni7)稍差。主要用于对耐蚀性和强度要求不高的结构件和焊接件,如建筑物外表装饰材料;也可用于无磁部件和低温装置的部件。但在敏化态或焊后,具有晶间腐蚀倾向,不宜用作焊接结构材料
	5	S30317	Y12Cr18Ni9	12Cr18Ni9(1Cr18Ni9)改进切削性能钢。最适用于快速切削(如自动车床)制作辊、轴、螺栓、螺母等
	6	S30327	Y12Cr18Ni9Se	除调整12Cr18Ni9(1Cr18Ni9)钢的磷、硫含量外,还加入硒,提高12Cr18Ni9(1Cr18Ni9)钢的切削性能。用于小切削量,也适用于热加工或冷顶锻,如螺钉、铆钉等
	7	S30408	06Cr19Ni10	在12Cr18Ni9(1Cr18Ni9)钢基础上发展演变的钢,性能类似于12Cr18Ni9(1Cr18Ni9)钢,但耐蚀性优于12Cr18Ni9(1Cr18Ni9)钢,可用作薄断面尺寸的焊接件,是应用量最大、使用范围最广的不锈钢。适用于制造深冲成形部件和输酸管道、容器、结构件等,也可以制造无磁、低温设备和部件
	8	S30403	022Cr19Ni10	为解决因$Cr_{23}C_6$析出致使06Cr19Ni10(0Cr18Ni9)钢在一些条件下存在严重的晶间腐蚀倾向而发展的超低碳奥氏体不锈钢,其敏化态耐晶间腐蚀能力显著优于06Cr18Ni9(0Cr18Ni9)钢。除强度稍低外,其他性能同06Cr18Ni9Ti(0Cr18Ni9Ti)钢,主要用于需焊接且焊接后又不能进行固溶处理的耐蚀设备和部件
	9	S30488	06Cr18Ni9Cu3	在06Cr19Ni10(0Cr18Ni9)基础上为改进其冷成形性能而发展的不锈钢。铜的加入,使钢的冷作硬化倾向小,冷作硬化率降低,可以在较小的成形力下获得最大的冷变形。主要用于制作冷镦紧固件、深拉等冷成形的部件
	10	S30458	06Cr19Ni10N	在06Cr19Ni10(0Cr18Ni9)钢基础上添加氮,不仅防止塑性降低,而且提高钢的强度和加工硬化倾向,改善钢的耐点蚀、晶腐性,使材料的厚度减少。用于有一定耐腐性要求,并要求较高强度和减轻重量的设备或结构部件
	11	S30478	06Cr19Ni9NbN	在06Cr19Ni10(0Cr18Ni9)钢基础上添加氮和铌,提高钢的耐点蚀和晶间腐蚀性能,具有与06Cr19Ni10N(0Cr19Ni9N)钢相同的特性和用途
	12	S30453	022Cr19Ni10N	06Cr19Ni10N(0Cr19Ni9N)的超低碳钢。因06Cr19Ni10N(0Cr19Ni9N)钢在450~900℃加热后耐晶间腐蚀性能明显下降,因此对于焊接设备构件,推荐用022Cr19Ni10N(00Cr18Ni10N)钢
	13	S30510	10Cr18Ni12	在12Cr18Ni9(1Cr18Ni9)钢基础上,通过提高钢中镍含量而发展起来的不锈钢。加工硬化性比12Cr18Ni9(1Cr18Ni9)钢低。适宜用于旋压加工、特殊拉拔,如作冷镦钢用等
	14	S30908	06Cr23Ni13	高铬镍奥氏体不锈钢,耐腐蚀性比06Cr19Ni10(0Cr18Ni9)钢好,但实际上多作为耐热钢使用
	15	S31008	06Cr25Ni20	高铬镍奥氏体不锈钢,在氧化性介质中具有优良的耐蚀性,同时具有良好的高温力学性能,抗氧化性比06Cr23Ni13(0Cr23Ni13)钢好,耐点蚀和耐应力腐蚀能力优于18-8型不锈钢,既可用于耐蚀部件又可作为耐热钢使用
	16	S31608	06Cr17Ni12Mo2	在10Cr18Ni12(1Cr18Ni12)钢基础上加入钼,使钢具有良好的耐还原性介质和耐点腐蚀能力。在海水和其他各种介质中,耐腐蚀性优于06Cr19Ni10(0Cr18Ni9)钢。主要用于耐点蚀材料

（续）

类型	序号	统一数字代号	牌号	特性和应用举例
奥氏体型	17	S31603	022Cr17Ni12Mo2	06Cr17Ni12Mo2(0Cr17Ni12Mo2)的超低碳钢，具有良好的耐敏化态晶间腐蚀的性能。适用于制造厚断面尺寸的焊接部件和设备，如石油化工、化肥、造纸、印染及原子能工业用设备的耐蚀材料
	18	S31668	06Cr17Ni12Mo2Ti	为解决06Cr17Ni12Mo2(0Cr17Ni12Mo2)钢的晶间腐蚀而发展起来的钢种，有良好的耐晶间腐蚀性，其他性能与06Cr17Ni12Mo2(0Cr17Ni12Mo2)钢相近。适合于制造焊接部件
	19	S31658	06Cr17Ni12Mo2N	在06Cr17Ni12Mo2(0Cr17Ni12Mo2)中加入氮，提高强度，同时又不降低塑性，使材料的使用厚度减薄。用于耐蚀性好的高强度部件
	20	S31653	022Cr17Ni12Mo2N	在022Cr17Ni12Mo2(00Cr17Ni14Mo2)钢中加入氮，具有与022Cr17Ni12Mo2(00Cr17Ni14Mo2)钢同样特性，用途与06Cr17Ni12Mo2N(0Cr17Ni12Mo2N)相同，但耐晶间腐蚀性能更好。主要用于化肥、造纸、制药、高压设备等领域
	21	S31688	06Cr18Ni12Mo2Cu2	在06Cr17Ni12Mo2(0Cr17Ni12Mo2)钢基础上加入质量分数约2%的Cu，其耐蚀性、耐点蚀性好。主要用于制作耐硫酸材料，也可用作焊接结构件和管道、容器等
	22	S31683	022Cr18Ni14Mo2Cu2	06Cr18Ni12Mo2Cu2(0Cr18Ni12Mo2Cu2)的超低碳钢。比06Cr18Ni12Mo2Cu2(0Cr18Ni12Mo2Cu2)钢的耐晶间腐蚀性能好。用途同06Cr18Ni12Mo2Cu2(0Cr18Ni12Mo2Cu2)钢
	23	S31708	06Cr19Ni13Mo3	耐点蚀和抗蠕变能力优于06Cr17Ni12Mo2(0Cr17Ni12Mo2)。用于制作造纸、印染设备，石油化工及耐有机酸腐蚀的装备等
	24	S31703	022Cr19Ni13Mo3	06Cr19Ni13Mo3(0Cr19Ni13Mo3)的超低碳钢，比06Cr19Ni13Mo3(0Cr19Ni13Mo3)钢耐晶间腐蚀性能好，在焊接整体件时抑制析出碳。用途与06Cr19Ni13Mo3(0Cr19Ni13Mo3)钢相同
	25	S31794	03Cr18Ni16Mo5	耐点蚀性能优于022Cr17Ni12Mo2(00Cr17Ni14Mo2)和06Cr17Ni12Mo2Ti(0Cr18Ni12Mo3Ti)的一种高钼不锈钢，在硫酸、甲酸、醋酸等介质中的耐蚀性要比一般质量分数为2%～4% Mo的常用Cr-Ni钢更好。主要用于处理含氯离子溶液的热交换器、醋酸设备、磷酸设备、漂白装置等，以及在022Cr17Ni12Mo2(00Cr17Ni14Mo2)和06Cr17Ni12Mo2Ti(0Cr18Ni12Mo3Ti)钢不适用环境中使用
	26	S32168	06Cr18Ni11Ti	钛稳定化的奥氏体不锈钢，添加钛提高耐晶间腐蚀性能，并具有良好的高温力学性能。可用超低碳奥氏体不锈钢代替。除专用(高温或抗氢腐蚀)外，一般情况不推荐使用
	27	S34778	06Cr18Ni11Nb	铌稳定化的奥氏体不锈钢，添加铌提高耐晶间腐蚀性能，在酸、碱、盐等腐蚀介质中的耐蚀性同06Cr18Ni11Ti(0Cr18Ni10Ti)，焊接性能良好。既可作耐蚀材料又可作耐热钢使用，主要用于火电厂、石油化工等领域，如制作容器、管道、热交换器、轴类等；也可作为焊接材料使用
	28	S38148	06Cr18Ni13Si4	在06Cr19Ni10(0Cr18Ni9)中增加镍，添加硅，提高耐应力腐蚀断裂性能。用于含氯离子环境，如汽车排气净化装置等
奥氏体-铁素体型	29	S21860	14Cr18Ni11Si4AlTi	含硅使钢的强度和耐浓硝酸腐蚀性能提高，可用于制作抗高温、浓硝酸介质的零件和设备，如排酸阀门等
	30	S21953	022Cr19Ni5Mo3Si2N	在瑞典3RE60钢基础上，加入0.05%N～0.10%N(质量分数)形成的一种耐氯化物应力腐蚀的专用不锈钢。耐点蚀性能与022Cr17Ni12Mo2(00Cr17Ni14Mo2)相当。适用于含氯离子的环境，用于炼油、化肥、造纸、石油、化工等工业制造热交换器、冷凝器等。也可代替022Cr19Ni10(00Cr19Ni10)和022Cr17Ni12Mo2(00Cr17Ni14Mo2)钢在易发生应力腐蚀破坏的环境下使用

（续）

类型	序号	统一数字代号	牌号	特性和应用举例
奥氏体-铁素体型	31	S22253	022Cr22Ni5Mo3N	在瑞典SAF2205钢基础上研制的，是目前世界上双相不锈钢中应用最普遍的钢。对含硫化氢、二氧化碳、氯化物的环境具有阻抗性，可进行冷、热加工及成型，焊接性良好，适用于作结构材料，用来代替022Cr19Ni10(00Cr19Ni10)和022Cr17Ni12Mo2(00Cr17Ni14Mo2)奥氏体不锈钢使用。用于制作油井管，化工储罐，热交换器、冷凝冷却器等易产生点蚀和应力腐蚀的受压设备
	32	S22053	022Cr23Ni5Mo3N	从022Cr22Ni5Mo3N基础上派生出来的，具有更窄的区间。特性和用途同022Cr22Ni5Mo3N
	33	S22553	022Cr25Ni6Mo2N	在0Cr26Ni5Mo2钢基础上调高钼含量、调低碳含量、添加氮，具有高强度、耐氯化物应力腐蚀、可焊接等特点，是耐点蚀最好的钢。代替0Cr26Ni5Mo2钢使用。应用于化工、化肥、石油化工等工业领域，主要制作热交换器、蒸发器等
	34	S25554	03Cr25Ni6Mo3Cu2N	在英国Ferralium alloy 255合金基础上研制的，具有良好的力学性能和耐局部腐蚀性能，尤其是耐磨损性能优于一般的奥氏体不锈钢，是海水环境中的理想材料。适用作舰船用的螺旋推进器、轴、潜艇密封件等，也适用于在化工、石油化工、天然气、纸浆、造纸等领域应用
铁素体型	35	S11348	06Cr13Al	低铬纯铁素体不锈钢，非淬硬性钢。具有相当于低铬钢的不锈性和抗氧化性，塑性、韧性和冷成形性优于铬含量更高的其他铁素体不锈钢。主要用于12Cr13(1Cr13)或10Cr17(1Cr17)由于空气可淬硬而不适用的地方，如石油精制装置、压力容器衬里、蒸汽透平叶片和复合钢板等
	36	S11203	022Cr12	比022Cr13(0Cr13)碳含量低，焊接部位弯曲性能、加工性能、耐高温氧化性能好。作汽车排气处理装置、锅炉燃烧室、喷嘴等
	37	S11710	10Cr17	具有耐蚀性、力学性能和热导率高的特点，在大气、水蒸气等介质中具有不锈性，但当介质中含有较高氯离子时，不锈性则不足。主要用于生产硝酸、硝铵的化工设备，如吸收塔、热交换器、贮槽等；薄板主要用于建筑内装饰、日用办公设备、厨房器具、汽车装饰、气体燃烧器等。由于它的脆性转变温度在室温以上，且对缺口敏感，不适用制作室温以下的承受载荷的设备和部件，且通常使用的钢材其截面尺寸一般不允许超过4mm
	38	S11717	Y10Cr17	10Cr17(1Cr17)改进的切削钢。主要用于大切削量自动车床机加零件，如螺栓、螺母等
	39	S11790	10Cr17Mo	在10Cr17(1Cr17)钢中加入钼，提高钢的耐点蚀、耐缝隙腐蚀性及强度等，比10Cr17(1Cr17)钢抗盐溶液性强。主要用作汽车轮毂、紧固件、以及汽车外装饰材料使用
	40	S12791	008Cr27Mo	高纯铁素体不锈钢中发展最早的钢，性能类似于008Cr30Mo2(00Cr30Mo2)。适用于既要求耐蚀性又要求软磁性的用途
	41	S13091	008Cr30Mo2	高纯铁素体不锈钢。脆性转变温度低，耐卤离子应力腐蚀破坏性好，耐蚀性与纯镍相当，并具有良好的韧性，加工成形性和焊接性。主要用于化学加工工业(醋酸、乳酸等有机酸，苛性钠浓缩工程)成套设备，食品工业、石油精炼工业、电力工业、水处理和污染控制等用热交换器、压力容器、罐和其他设备等

（续）

类型	序号	统一数字代号	牌　号	特性和应用举例
马氏体型	42	S40310	12Cr12	作为汽轮机叶片及高应力部件之良好的不锈耐热钢
	43	S41008	06Cr13	作较高韧性及受冲击载荷的零件，如汽轮机叶片、结构架、衬里、螺栓、螺母等
	44	S41010	12Cr13	半马氏体型不锈钢，经淬火回火处理后具有较高的强度、韧性，良好的耐蚀性和加工性能。主要用于韧性要求较高且具有不锈性的受冲击载荷的部件，如刃具、叶片、紧固件、水压机阀、热裂解抗硫腐蚀设备等；也可制作在常温条件耐弱腐蚀介质的设备和部件
	45	S41617	Y12Cr13	不锈钢中切削性能最好的钢，自动车床用
	46	S42020	20Cr13	马氏体型不锈钢，其主要性能类似于12Cr13（1Cr13）。由于碳含量较高，其强度、硬度高于12Cr13（1Cr13），而韧性和耐蚀性略低。主要用于制造承受高应力载荷的零件，如汽轮机叶片、热油泵、轴和轴套、叶轮、水压机阀片等，也可用于造纸工业和医疗器械以及日用消费领域的刀具、餐具等
	47	S42030	30Cr13	马氏体型不锈钢，较12Cr13（1Cr13）和20Cr13（2Cr13）钢具有更高的强度、硬度和更好的淬透性，在室温的稀硝酸和弱的有机酸中具有一定的耐蚀性，但不及12Cr13（1Cr13）和20Cr13（2Cr13）钢。主要用于高强度部件，以及在承受高应力载荷并在一定腐蚀介质条件下的磨损件，如300℃以下工作的刀具、弹簧，400℃以下工作的轴、螺栓、阀门、轴承等
	48	S42037	Y30Cr13	改善30Cr13（3Cr13）切削性能的钢。用途与30Cr13（3Cr13）相似，需要更好的切削性能
	49	S42040	40Cr13	特性与用途类似于30Cr13（3Cr13）钢，其强度、硬度高于30Cr13（3Cr13）钢，而韧性和耐蚀性略低。主要用于制造外科医疗用具，轴承、阀门、弹簧等。40Cr13（4Cr13）钢焊接性差，通常不制造焊接部件
	50	S43110	14Cr17Ni2	热处理后具有较高的力学性能，耐蚀性优于12Cr13（1Cr13）和10Cr17（1Cr17）。一般用于既要求高力学性能的可淬硬性，又要求耐硝酸、有机酸腐蚀的轴类、活塞杆、泵、阀等零部件以及弹簧和紧固件
	51	S43120	17Cr16Ni2	加工性能比14Cr17Ni2（1Cr17Ni2）明显改善，适用于制作要求较高强度、韧性、塑性和良好的耐蚀性的零部件及在潮湿介质中工作的承力件
	52	S44070	68Cr17	高铬马氏体型不锈钢，比20Cr13（2Cr13）有较高的淬火硬度。在淬火回火状态下，具有高强度和硬度，并兼有不锈、耐蚀性能。一般用于制造要求具有不锈性或耐稀氧化性酸、有机酸和盐类腐蚀的刀具、量具、轴类、杆件、阀门、钩件等耐磨蚀的部件
	53	S44080	85Cr17	可淬硬性不锈钢。性能与用途类似于68Cr17（7Cr17），但硬化状态下，比68Cr17（7Cr17）硬，而比108Cr17（11Cr17）韧性高。如刃具、阀座等
	54	S44096	108Cr17	在可淬硬性不锈钢，不锈钢中硬度最高。性能与用途类似于68Cr17（7Cr17）。主要用于制作喷嘴、轴承等
	55	S44097	Y108Cr17	108Cr17（11Cr17）改进的切削性钢种。自动车床用
	56	S44090	95Cr18	高碳马氏体不锈钢。较Cr17型马氏体型不锈钢耐蚀性有所改善，其他性能与Cr17型马氏体型不锈钢相似。主要用于制造耐蚀高强度耐磨损部件，如轴、泵、阀件、杆类、弹簧、紧固件等。由于钢中极易形成不均匀的碳化物而影响钢的质量和性能，需在生产时予以注意

（续）

类型	序号	统一数字代号	牌　号	特性和应用举例
马氏体型	57	S45710	13Cr13Mo	比12Cr13(1Cr13)钢耐蚀性高的高强度钢。用于制作汽轮机叶片,高温部件等
	58	S45830	32Cr13Mo	在30Cr13(3Cr13)钢基础上加入钼,改善了钢的强度和硬度,并增强了二次硬化效应,且耐蚀性优于30Cr13(3Cr13)钢。主要用途同30Cr13(3Cr13)钢
	59	S45990	102Cr17Mo	性能与用途类似于95Cr18(9Cr18)钢。由于钢中加入了钼和钒,热强性和抗回火能力均优于95Cr18(9Cr18)钢。主要用来制造承受摩擦并在腐蚀介质中工作的零件,如量具、刃具等
	60	S46990	90Cr18MoV	
沉淀硬化型	61	S51550	05Cr15Ni5Cu4Nb	在05Cr17Ni4Cu4Nb(0Cr17Ni4Cu4Nb)钢基础上发展的马氏体沉淀硬化不锈钢,除高强度外,还具有高的横向韧性和良好的可锻性,耐蚀性与05Cr17Ni4Cu4Nb(0Cr17Ni4Cu4Nb)钢相当。主要应用于具有高强度、良好韧性,又要求有优良耐蚀性的服役环境,如高强度锻件、高压系统阀门部件、飞机部件等
	62	S51740	05Cr17Ni4Cu4Nb	添加铜和铌的马氏体沉淀硬化不锈钢,强度可通过改变热处理工艺予以调整,耐蚀性优于Cr13型及95Cr18(9Cr18)和14Cr17Ni2(1Cr17Ni2)钢,抗腐蚀疲劳及抗水滴冲蚀能力优于质量分数为12% Cr马氏体型不锈钢,焊接工艺简便,易于加工制造,但较难进行深度冷成形。主要用于既要求具有不锈性又要求耐弱酸、碱、盐腐蚀的高强度部件。如汽轮机末级动叶片以及在腐蚀环境下,工作温度低于300℃的结构件
	63	S51770	07Cr17Ni7Al	添加铝的半奥氏体沉淀硬化不锈钢,成分接近18-8型奥氏体不锈钢,具有良好的冶金和制造加工工艺性能。可用于350℃以下长期工作的结构件、容器、管道、弹簧、垫圈、计器部件。该钢热处理工艺复杂,有被马氏体时效钢取代的趋势,但目前仍有广泛应用的领域
	64	S51570	07Cr15Ni7Mo2Al	以质量分数为2% Mo取代07Cr17Ni7Al(0Cr17Ni7Al)钢中质量分数为2% Cr的半奥氏体沉淀硬化不锈钢,使之耐还原性介质腐蚀能力有所改善,综合性能优于07Cr17Ni7Al(0Cr17Ni7Al)。用于宇航、石油化工和能源等领域有一定耐蚀要求的高强度容器、零件及结构件

3.4.2　耐热钢(见表2.1-51～表2.1-55)

表2.1-51　耐热钢棒分类及产品规格的规定

产品分类及符号	压力加工用钢(UP),热压力加工用钢(UHP),热顶锻用钢(UHP),冷拔坯料(UCD);切削加工用钢(UC)(摘自GB/T 1221—2007)
热轧圆钢及方钢	尺寸规格按GB/T 702—2008规定
热轧扁钢	尺寸规格按GB/T 702—2008规定
热轧六角钢	尺寸规格按GB/T 702—2008规定
锻制圆钢和方钢	尺寸规格按GB/T 908—2008规定
锻制扁钢	尺寸规格GB/T 908—2008规定
冷加工钢棒	冷加工钢棒公称尺寸≥6～120mm,允许偏差按GB/T 1800.2—2009极限与配合的h10、h11、h12的规定,冷拉圆钢、方钢、六角钢、扁钢的尺寸规格及允许偏差按GB/T 1221—2007规定

表2.1-52　耐热钢棒牌号及力学性能（摘自GB/T 1221—2007）

类型	序号	统一数字代号	新牌号	旧牌号	热处理/℃	规定非比例延伸强度 $R_{p0.2}$②/MPa	抗拉强度 R_m/MPa	断后伸长率 A（%）	断面收缩率 Z③（%）	布氏硬度 HBW②
						≥				
奥氏体型	1	S35650	53Cr21Mn9Ni4N	5Cr21Mn9Ni4N	固溶1100～1200，快冷 时效730～780，空冷	560	885	8	—	≥302
	2	S35750	26Cr18Mn12Si2N	3Cr18Mn12Si2N	固溶1100～1150，快冷	390	685	35	45	≤248
	3	S35850	22Cr20Mn10Ni2Si2N	2Cr20Mn9Ni2Si2N	固溶1100～1150，快冷	390	635	35	45	≤248
	4	S30408	06Cr19Ni10	0Cr18Ni9	固溶1010～1150，快冷	205	520	40	60	≤187
	5	S30850	22Cr21Ni12N	2Cr21Ni12N	固溶1050～1150，快冷 时效750～800，空冷	430	820	26	20	≤269
	6	S30920	16Cr23Ni13	2Cr23Ni13	固溶1030～1150，快冷	205	560	45	50	≤201
	7	S30908	06Cr23Ni13	0Cr23Ni13	固溶1030～1150，快冷	205	520	40	60	≤187
	8	S31020	20Cr25Ni20	2Cr25Ni20	固溶1030～1180，快冷	205	590	40	50	≤201
	9	S31008	06Cr25Ni20	0Cr25Ni20	固溶1030～1180，快冷	205	520	40	50	≤187
	10	S31608	06Cr17Ni12Mo2	0Cr17Ni12Mo2	固溶1010～1150，快冷	205	520	40	60	≤187
	11	S31708	06Cr19Ni13Mo3	0Cr19Ni13Mo3	固溶1010～1150，快冷	205	520	40	60	≤187
	12	S32168	06Cr18Ni11Ti①	0Cr18Ni10Ti①	固溶920～1150，快冷	205	520	40	50	≤187
	13	S32590	45Cr14Ni14W2Mo	4Cr14Ni14W2Mo	退火820～850，快冷	315	705	20	35	≤248
	14	S33010	12Cr16Ni35	1Cr16Ni35	固溶1030～1180，快冷	205	560	40	50	≤201
	15	S34778	06Cr18Ni11Nb①	0Cr18Ni11Nb①	固溶980～1150，快冷	205	520	40	50	≤187
	16	S38148	06Cr18Ni13Si4	0Cr18Ni13Si4	固溶1010～1150，快冷	205	520	40	60	≤207
	17	S38240	16Cr20Ni14Si2	1Cr20Ni14Si2	固溶1080～1130，快冷	295	590	35	50	≤187
	18	S38340	16Cr25Ni20Si2	1Cr25Ni20Si2	固溶1080～1130，快冷	295	590	35	50	≤187

（续）

类型	序号	统一数字代号	新牌号	旧牌号	热处理/℃	规定非比例延伸强度 $R_{p0.2}$②/MPa	抗拉强度 R_m/MPa	断后伸长率 A（%）	断面收缩率 Z③（%）	布氏硬度 HBW②
						≥				
铁④素体型	19	S11348	06Cr13Al	0Cr13Al	780~830，空冷或缓冷	175	410	20	60	≤183
	20	S11203	022Cr12	00Cr12	700~820，空冷或缓冷	195	360	22	60	≤183
	21	S11710	10Cr17	1Cr17	780~850，空冷或缓冷	205	450	22	50	≤183
	22	S12550	16Cr25N	2Cr25N	780~880，快冷	275	510	20	40	≤201
马④氏体型	23	S41010	12Cr13	1Cr13	淬火+回火	345	540	22	55	159
	24	S42020	20Cr13	2Cr13		440	640	20	50	192
	25	S43110	14Cr17Ni2	1Cr17Ni2		—	1080	10	—	—
	26	S43120	17Cr16Ni2⑤	1		700	900~1050	12	45	—
				2		600	800~950	14		
	27	S45110	12Cr5Mo	1Cr5Mo		390	590	18	—	—
	28	S45610	12Cr12Mo	1Cr12Mo		550	685	18	60	217~248
	29	S45710	13Cr13Mo	1Cr13Mo		490	690	20	60	192
	30	S46010	14Cr11MoV	1Cr11MoV		490	685	16	55	—
	31	S46250	18Cr12MoVNbN	2Cr12MoVNbN		685	835	15	30	≤321
	32	S47010	15Cr12WMoV	1Cr12WMoV		585	735	15	45	—
	33	S47220	22Cr12NiWMoV	2Cr12NiMoWV		735	885	10	25	≤341
	34	S47310	13Cr11Ni2W2MoV⑤	1Cr11Ni2W-2MoV⑤ 1		735	885	15	55	269~321
				2		885	1080	12	50	311~388
	35	S47450	18Cr11NiMoNbVN	（2Cr11NiMoNbVN）		760	930	12	32	277~331
	36	S48040	42Cr9Si2	4Cr9Si2		590	885	19	50	—
	37	S48045	45Cr9Si3			685	930	15	35	≥269
	38	S48140	40Cr10Si2Mo	4Cr10Si2Mo		685	885	10	35	—
	39	S48380	80Cr20Si2Ni	8Cr20Si2Ni		685	885	10	15	≥262

（续）

类型	序号	统一数字代号	新牌号	旧牌号	热处理温度/℃			规定非比例延伸强度 $R_{p0.2}$②/MPa ≥	抗拉强度 R_m/MPa ≥	断后伸长率 A（%）≥	断面收缩率 Z③（%）≥	布氏硬度 HBW②
沉④淀硬化型	40	S51740	05Cr17Ni4Cu4Nb	0Cr17Ni4Cu4Nb	固溶处理		0组	—	—	—	—	≤363
					沉淀硬化	480，时效	1组	1180	1310	10	40	≥375
						550，时效	2组	1000	1070	12	45	≥331
						580，时效	3组	865	1000	13	45	≥302
						620，时效	4组	725	930	16	50	≥277
	41	S51770	07Cr17Ni7Al	0Cr17Ni7Al	固溶处理		0组	≤380	≤1030	20	—	≤229
					沉淀硬化	510，时效	1组	1030	1230	4	10	≥388
						565，时效	2组	960	1140	5	25	≥363
	42	S51525	06Cr15Ni25Ti2MoAlVB	0Cr15Ni25Ti2MoAlVB	固溶＋时效			590	900	15	18	≥248

注：1. 牌号的化学成分应符合 GB/T 1221—2007 的规定。

2. 马氏体型钢的硬度为淬火回火后的硬度（序号 23～39）。

3. 本表为热处理钢棒或试样的力学性能。马氏体和沉淀硬化型钢各牌号的典型热处理制度参见 GB/T 1221—2007 附录的规定。

4. 沉淀硬化型钢硬度也可根据钢棒尺寸或状态选择洛氏硬度测定，其数值参见 GB/T 1221—2007 的相关规定。

① 53Cr21Mn9Ni4N 和 22Cr21Ni12N 仅适用于直径、边长及对边距离或厚度小于或等于 25mm 的钢棒；大于 25mm 的钢棒，可改锻成 25mm 的样坯检验或由供需双方协商确定允许降低其力学性能的数值。其余牌号仅适用于直径、边长及对边距离或厚度小于或等于 180mm 的钢棒。大于 180mm 的钢棒，可改锻成 180mm 的样坯检验或由供需双方协商确定，允许降低其力学性能数值。

② 规定非比例延伸强度和硬度，仅当需方要求时（合同中注明）才进行测定（序号 1～22）。

③ 扁钢不适用，但需方要求时，可由供需双方协商确定。

④ 仅适用于直径、边长、及对边距离或厚度小于或等于 75mm 的钢棒。大于 75mm 的钢棒，可改锻成 75mm 的样坯检验或由供需双方协商确定允许降低其力学性能的数值（序号 19 至序号 42）。

⑤ 17Cr16Ni2 和 13Cr11Ni2W2MoV 钢的性能组别应在合同中注明，未注明时，由供方自行选择。

表 2.1-53　耐热钢的高温力学性能

牌号	材料状态	试验温度/℃	热处理	高温短时间力学性能						高温长时间力学性能					
				R_m/MPa	R_{eL}/MPa	A（%）	Z（%）	a_K/kJ·m^{-2}	HBW	蠕变强度/MPa $\sigma_1/10^3$	$\sigma_1/10^4$	$\sigma_1/10^5$	持久强度/MPa $\sigma_b/10^3$	$\sigma_b/10^4$	$\sigma_b/10^5$
12Cr13(1Cr13)	调质	20	1030～1050℃淬油，750℃回火	610	410	22	60	1100	—	—	—	—	—	—	—
		20	1030～1050℃淬油，680～700℃回火空冷	711	583	21.7	67.9	1530	—	—	—	—	—	—	—
		100	—	680	520	14	—	—	—	—	—	—	—	—	—
		200	—	640	490	12	—	—	—	—	—	—	—	—	—
		200	1030～1050℃淬油，750℃回火	540	370	16	60	—	—	—	—	—	—	—	—

（续）

牌号	材料状态	试验温度/℃	热处理	高温短时间力学性能						高温长时间力学性能					
										蠕变强度/MPa			持久强度/MPa		
				R_m/MPa	R_{eL}/MPa	A(%)	Z(%)	a_K/kJ·m^{-2}	HBW	$\sigma_1/10^3$	$\sigma_1/10^4$	$\sigma_1/10^5$	$\sigma_b/10^3$	$\sigma_b/10^4$	$\sigma_b/10^5$
12Cr13(1Cr13)	调质	300	—	600	480	12	—	—	—	—	—	—	—	—	—
		300	1030~1050℃淬油，680~700℃回火空冷	657	564	14.1	66	1890	—	—	—	—	—	—	—
		400	—	560	430	14	—	—	—	—	—	—	—	—	—
		400	1030~1050℃淬油，750℃回火	500	370	16.5	58	2000	—	—	123	—	—	—	—
		430	1030~1050℃淬油，750℃回火	—	—	—	—	—	—	—	—	—	300	210	—
		450	1030~1050℃淬油，750℃回火	—	—	—	—	—	—	—	—	105	—	—	—
		470	1030~1050℃淬油，750℃回火	—	—	—	—	—	—	—	—	—	300	260	220
		500	1030~1050℃淬油，750℃回火	370	280	18	64	2400	—	—	95	57	270	220	190
		500	1030~1050℃淬油，680~700℃回火空冷	534	453	17.3	69.5	1930	—	—	—	—	—	—	—
		500	—	420	300	18	—	—	—	—	—	—	—	—	—
		530	1030~1050℃淬油，750℃回火	—	—	—	—	—	—	—	—	—	230	190	160
		550	1030~1050℃淬油，680~700℃回火空冷	455	428	19.8	73.3	—	—	—	—	—	—	—	—
		600	1030~1050℃淬油，750℃回火	230	180	18	70	2250	—	—	—	—	—	—	—
		600	1030~1050℃淬油，680~700℃回火空冷	330	320	27.3	85.2	1950	—	—	—	—	—	—	—
		700	—	100	70	63	—	—	—	—	—	—	—	—	—
		800	—	40	10	66	—	—	—	—	—	—	—	—	—
12Cr5Mo(1Cr5Mo)	退火	30	860℃炉冷	470	180	39	80	—	≤163	—	—	—	—	—	—
		400	860℃炉冷	365	145	3	77	—	≤163	—	—	—	—	—	—
		450	860℃炉冷	—	—	—	—	—	—	—	120	—	—	—	—
		480	860℃炉冷	335	140	28	77	—	≤163	—	106	81	—	—	—
		500	860℃炉冷	—	—	—	—	—	—	—	90~100	80	—	140	114
		540	860℃炉冷	310	120	28	74	—	≤163	—	71	53	—	—	—

（续）

牌号	材料状态	试验温度/℃	热处理	高温短时间力学性能 R_m/MPa	R_{eL}/MPa	A(%)	Z(%)	a_K/kJ·m^{-2}	HBW	高温长时间力学性能 蠕变强度/MPa $\sigma_1/10^3$	$\sigma_1/10^4$	$\sigma_1/10^5$	持久强度/MPa $\sigma_b/10^3$	$\sigma_b/10^4$	$\sigma_b/10^5$
12Cr5Mo(1Cr5Mo)	退火	550	860℃炉冷	—	—	—	—	—	—	—	—	45	—	92	71
		550	860℃炉冷	—	—	—	—	—	—	—	—	—	—	60	50～40
		575	860℃炉冷	—	—	—	—	—	—	—	—	—	—	74	57
		590	860℃炉冷	240	105	38	87	—	≤163	—	—	—	—	—	—
		600	860℃炉冷	—	—	—	—	—	—	—	40	20	—	50	45
		650	860℃炉冷	180	75	46	91	—	≤163	—	21	12	—	—	20
		705	860℃炉冷	135	70	65	95	—	≤163	—	13	6	—	—	10
		760	860℃炉冷	90	50	65	96	—	≤163	—	—	—	—	—	—
	正火，回火	25	900℃空冷，540℃回火，6h	1270	1205	17	61	—	353	—	—	—	—	—	—
		315	900℃空冷，540℃回火，6h	1345	1045	13	51.5	—	—	—	—	—	—	—	—
		425	900℃空冷，540℃回火，6h	1250	990	14	55.4	—	—	—	—	—	—	—	—
		500	1000℃空冷，700℃回火	—	—	—	—	—	—	—	—	—	—	228	190
		525	1000℃空冷，700℃回火	—	—	—	—	—	—	—	—	—	—	168	128
		540	900℃空冷，540℃回火，6h	905	790	13.5	52.5	—	—	—	—	—	—	—	—
		550	1000℃空冷，700℃回火	—	—	—	—	—	—	—	—	—	—	120	88
		575	1000℃空冷，700℃回火	—	—	—	—	—	—	—	—	—	—	92	68
		600	1000℃空冷，700℃回火	—	—	—	—	—	—	—	—	—	—	70	53
	调质	25	900℃淬油，540℃回火，6h	1235	1190	17	64.5	—	341	—	—	—	—	—	—
		315	900℃淬油，540℃回火，6h	1170	935	15	55.5	—	—	—	—	—	—	—	—
		425	900℃淬油，540℃回火，6h	1090	900	16.5	60	—	—	—	—	—	—	—	—
		540	900℃淬油，540℃回火，6h	820	690	16.5	62	—	—	—	—	—	—	—	—

（续）

牌号	材料状态	试验温度/℃	热处理	高温短时间力学性能						高温长时间力学性能					
				R_m/MPa	R_{eL}/MPa	A(%)	Z(%)	a_K/kJ·m^{-2}	HBW	蠕变强度/MPa			持久强度/MPa		
										$\sigma_1/10^3$	$\sigma_1/10^4$	$\sigma_1/10^5$	$\sigma_b/10^3$	$\sigma_b/10^4$	$\sigma_b/10^5$
14Cr11MoV(1Cr11MoV)	调质	20	1050℃空冷，680℃回火空冷	856	739	17.4	67.7	580	—	—	—	—	—	—	—
		20	1050℃空冷，740℃回火	745	580	19	66	1500	—	—	—	—	—	—	—
		20	1050℃淬油或淬空气，720~740℃回火空冷	700	500	15	—	600	—	—	—	—	—	—	—
		400	1050℃淬油或淬空气，720~740℃回火空冷	560	420	15	—	800	—	—	—	—	—	—	—
		500	1050℃淬油或淬空气，720~740℃回火空冷	480	400	15	—	800	—	—	—	—	—	—	—
		500	1050℃空冷，680℃回火空冷	494	366	14.2	79.4	1840	—	—	—	—	260	196 208	152 170
		550	1050℃空冷，740℃回火	540	450	16.5	66	—	—	—	—	90	240	200	130 150
15Cr12WMoV(1Cr12WMoV)	调质	580	1100℃淬油，680~700℃回火，空或油冷	—	—	—	—	—	—	—	—	5.5	—	—	120
42Cr9Si2(4Cr9Si2)	调质	20	1100℃淬油，800℃回火油冷	900	650	20	58	—	—	—	—	—	—	—	—
		200	1100℃淬油，800℃回火油冷	840	560	18	64	—	—	—	—	—	—	—	—
		300	1100℃淬油，800°C回火油冷	800	530	17.6	63	—	—	—	—	—	—	—	—
		400	1100℃淬油，800℃回火油冷	800	460	18	62	—	—	—	—	—	—	—	—
		475	1100℃淬油，800℃回火油冷	—	—	—	—	—	—	—	130	116	—	—	—
		500	1100℃淬油，800℃回火油冷	600	420	17.5	65	—	—	—	110	95	—	—	—
		550	1100℃淬油，800℃回火油冷	—	—	—	—	—	—	—	58	60	—	—	—
		600	1100℃淬油，800℃回火油冷	530	400	17.5	80	—	—	—	27	20	—	—	—
		700	1100℃淬油，800℃回火油冷	220	170	18.5	92	—	—	—	—	—	—	—	—
		800	1100℃淬油，800℃回火油冷	80	50	22	92	—	—	—	—	—	—	—	—
		1000	1100℃淬油，800℃回火油冷	60	30	26	87	—	—	—	—	—	—	—	—

（续）

牌号	材料状态	试验温度/℃	热处理	高温短时间力学性能						高温长时间力学性能					
										蠕变强度/MPa			持久强度/MPa		
				σ_b/MPa	σ_s/MPa	δ_5(%)	ψ(%)	α_K/kJ·m^{-2}	HBS	$\sigma_1/10^3$	$\sigma_1/10^4$	$\sigma_1/10^5$	$\sigma_b/10^3$	$\sigma_b/10^4$	$\sigma_b/10^5$
40Cr10Si2Mo(4Cr10Si2Mo)	调质	20	1100℃淬油，800℃回火水冷	960	680	19	40.5	300	—	—	—	—	—	—	—
		100	1100℃淬油，800℃回火水冷	861	580	13.5	25.5	—	—	—	—	—	—	—	—
		200	1100℃淬油，800℃回火水冷	83.5	520	17.5	39	700	—	—	—	—	—	—	—
		300	1100℃淬油，800℃回火水冷	850	530	14.5	35.5	830	—	—	—	—	—	—	—
		400	1100℃淬油，800℃回火水冷	780	490	13	24	870	—	—	—	—	—	—	—
		500	1100℃淬油，800℃回火水冷	680	465	21	41	890	—	—	200	130	300	220	160
		550	—	—	—	—	—	—	—	110	100	40	170	130	90
		600	1100℃淬油，800℃回火水冷	440	375	30	70.5	—	—	—	50	20	—	—	—
		700	1100℃淬油，800℃回火水冷	225	205	41	91.5	1150	—	—	—	—	—	—	—
(1Cr18Ni9Ti)	固溶或固溶、时效	20	1050℃淬水或淬空气	620	280	41	63	—	—	—	—	—	—	—	—
		20	1050～1100℃空冷①	577	244	69.7	79.6	2800	—	—	—	—	—	—	—
		20	1130～1160℃淬水，800℃时效10h或700℃时效20h	655	310	55	75.5	2500	—	—	—	—	—	—	—
		200	1130～1160℃淬水，800℃时效10h或700℃时效20h	465	205	38	70	3700	—	—	—	—	—	—	—
		300	1130～1160℃淬水，800℃时效10h或700℃时效20h	460	220	29	66	3350	—	—	—	—	—	—	—
		300	1050℃淬水或淬空气	460	200	31	65	—	—	—	—	—	—	—	—
		400	1050℃淬水或淬空气	450	180	31	65	—	—	—	—	—	—	—	—
		400	1130～1160℃淬水，800℃时效10h或700℃时效20h	445	220	26.5	64	3170	—	—	—	—	—	—	—
		500	1130～1160℃淬水，800℃时效10h或700℃时效20h	430	210	30	64.5	3650	—	—	—	—	—	—	—
		500	1050℃淬水或淬空气	450	180	29	65	—	—	—	—	—	—	—	—
		550	1050～1100℃空冷①	436	144	37.3	66.2	2880	—	—	—	—	—	—	—
		550	1130～1160℃淬水，800℃时效10h或700℃时效20h	455	180	40.5	61	3650	—	—	—	—	240～290	190～240	140～200
		600	1130～1160℃淬水，800℃时效10h或700℃时效20h	360	210	28.5	64.5	3600	—	—	150	75～80	180～220	130～170	90～130
		600	1050℃淬水或淬空气	400	180	25	61	—	—	—	—	—	—	—	—

（续）

牌号	材料状态	试验温度/℃	热处理	高温短时间力学性能						高温长时间力学性能					
										蠕变强度/MPa			持久强度/MPa		
				σ_b/MPa	σ_s/MPa	δ_5(%)	ψ(%)	α_K/kJ·m^{-2}	HBS	$\sigma_1/10^3$	$\sigma_1/10^4$	$\sigma_1/10^5$	$\sigma_b/10^3$	$\sigma_b/10^4$	$\sigma_b/10^5$
(1Cr18Ni9Ti)	固溶或固溶、时效	600	1050～1100℃空冷①	378	183	31	62.5	3030	—	—	200	76	—	—	—
		650	1050～1100℃空冷①	408	132	34.6	65.6	2920	—	—	—	—	—	—	—
		650	1050～1100℃空冷①	366	133	20	58.8	3200	—	—	—	—	—	—	—
		650	1130～1160℃淬水，800℃时效10h或700℃时效20h	355	195	30	68.3	3550	—	—	—	—	110～140	60～100	40～70
		700	1130～1160℃淬水，800℃时效10h或700℃时效20h	275	210	29.5	57.5	3400	—	—	—	—	70～120	50～70	30～50
		700	1050℃淬水或淬空气	280	160	26	59	—	—	—	—	—	—	—	—
		800	1050℃淬水或淬空气	180	100	35	59	—	—	—	—	—	—	—	—
45Cr14Ni14W2Mo(4Cr14Ni14W2Mo)	固溶并时效	550	1175℃淬水，750℃时效5h，700℃时效1000h	550	275	18	43	—	—	—	—	—	—	—	—
		600	1175℃淬水，750℃时效5h	501	256	15.6	26.3	670	—	—	180	80	220	180	150
		600	1175℃淬水，750℃时效5h	570	270	20	—	—	—	—	—	—	—	—	—
		600	550℃时效1000h 600℃时效1000h	570	315	21	19	—	—	—	—	—	—	—	—
		600	700℃时效1000h	490	260	20	46	—	—	—	—	—	—	—	—
		650	1175℃淬水，750℃时效5h	448	241	12.6	24.9	750	—	175	80	40	170	130	100
		650	1175℃淬水，750℃时效5h	550	270	17	—	—	—	—	—	—	—	—	—
		650	550℃时效1000h 600℃时效1000h	485	300	18.5	24	—	—	—	—	—	—	—	—
		650	700℃时效1000h	480	275	20	43	—	—	—	—	—	—	—	—
		700	1175℃淬水，750℃时效5h	345	223	10.5	22	790	—	90	37	16	78	23	—
		700	1175℃淬水，750℃时效5h	410	250	26.5	—	—	—	—	—	—	—	—	—
		700	550℃时效1000h 600℃时效1000h	410	285	25	30	—	—	—	—	—	—	—	—
		700	700℃时效1000h	400	260	17	39	—	—	—	—	—	—	—	—
		750	1175℃淬水，750℃时效5h	288	201	8.8	17.5	830	—	—	—	—	—	—	—

注：本表数据供参考之用，括号内牌号为旧牌号；1Cr18Ni9Ti在GB/T 1221—2007被删掉，暂保留此资料作参考。

① 管材ϕ219mm×12mm。

表 2.1-54 耐热钢的特性和用途(摘自 GB/T 1221—2007)

类型	序号	统一数字代号	牌号	特性和用途
奥氏体型	1	S35650	53Cr21Mn9Ni4N	Cr-Mn-Ni-N 型奥氏体阀门钢。用于制作以经受高温强度为主的汽油及柴油机用排气阀
	2	S35750	26Cr18Mn12Si2N	有较高的高温强度和一定的抗氧化性,并且有较好的抗硫及抗增碳性。用于吊挂支架,渗碳炉构件、加热炉传送带、料盘、炉爪
	3	S35850	22Cr20Mn10Ni2Si2N	特性和用途同 26Cr18Mn12Si2N(3Cr18Mn12Si2N),还可用作盐浴坩埚和加热炉管道等
	4	S30408	06Cr19Ni10	通用耐氧化钢,可承受 870℃以下反复加热
	5	S30850	22Cr21Ni12N	Cr-Ni-N 型耐热钢。用以制造以抗氧化为主的汽油及柴油机用排气阀
	6	S30920	16Cr23Ni13	承受 980℃以下反复加热的抗氧化钢。加热炉部件,重油燃烧器
	7	S30908	06Cr23Ni13	耐蚀性比 06Cr19Ni10(0Cr18Ni9)钢好,可承受 980℃以下反复加热。炉用材料
	8	S31020	20Cr25Ni20	承受 1035℃以下反复加热的抗氧化钢。主要用于制作炉用部件、喷嘴、燃烧室
	9	S31008	06Cr25Ni20	抗氧化性比 06Cr23Ni13(0Cr23Ni13)钢好,可承受 1035℃以下反复加热。炉用材料、汽车排气净化装置等
	10	S31608	06Cr17Ni12Mo2	高温具有优良的蠕变强度,作热交换用部件,高温耐蚀螺栓
	11	S31708	06Cr19Ni13Mo3	耐点蚀和抗蠕变能力优于 06Cr17Ni12Mo2(0Cr17Ni12Mo2)。用于制作造纸、印染设备,石油化工及耐有机酸腐蚀的装备、热交换用部件等
	12	S32168	06Cr18Ni11Ti	作在 400~900℃腐蚀条件下使用的部件,高温用焊接结构部件
	13	S32590	45Cr14Ni14W2Mo	中碳奥氏体型阀门钢。在 700℃以下有较高的热强性,在 800℃以下有良好的抗氧化性能。用于制造 700℃以下工作的内燃机、柴油机重载荷进、排气阀和紧固件,500℃以下工作的航空发动机及其他产品零件。也可作为渗氮钢使用
	14	S33010	12Cr16Ni35	抗渗碳,易渗氮,1035℃以下反复加热。炉用钢料、石油裂解装置
	15	S34778	06Cr18Ni11Nb	作在 400~900℃腐蚀条件下使用的部件,高温用焊接结构部件
	16	S38148	06Cr18Ni13Si4	具有与 06Cr25Ni20(0Cr25Ni20)相当的抗氧化性。用于含氯离子环境,如汽车排气净化装置等
	17	S38240	16Cr20Ni14Si2	具有较高的高温强度及抗氧化性,对含硫气氛较敏感,在 600~800℃有析出相的脆化倾向,适用于制作承受应力的各种炉用构件
	18	S38340	16Cr25Ni20Si2	
铁素体型	19	S11348	06Cr13Al	冷加工硬化少,主要用于制作燃气透平压缩机叶片、退火箱、淬火台架等
	20	S11203	022Cr12	比 022Cr13(0Cr13)碳含量低,焊接部位弯曲性能、加工性能、耐高温氧化性能好。作汽车排气处理装置,锅炉燃烧室、喷嘴等
	21	S11710	10Cr17	作 900℃以下耐氧化用部件、散热器、炉用部件、油喷嘴等
	22	S12550	16Cr25N	耐高温腐蚀性强,1082℃以下不产生易剥落的氧化皮。常用于抗硫气氛,如燃烧室、退火箱、玻璃模具、阀、搅拌杆等

(续)

类型	序号	统一数字代号	牌号	特性和用途
马氏体型	23	S41010	12Cr13	作800℃以下耐氧化用部件
	24	S42020	20Cr13	淬火状态下硬度高,耐蚀性良好。汽轮机叶片
	25	S43110	14Cr17Ni2	作具有较高程度的耐硝酸、有机酸腐蚀的轴类、活塞杆、泵、阀等零部件以及弹簧、紧固件、容器和设备
	26	S43120	17Cr16Ni2	改善14Cr17Ni2(1Cr17Ni2)钢的加工性能,可代替14Cr17Ni2(1Cr17Ni2)钢使用
	27	S45110	12Cr5Mo	在中高温下有好的力学性能。能抗石油裂化过程中产生的腐蚀。作再热蒸汽管、石油裂解管、锅炉吊架、蒸汽轮机气缸衬套、泵的零件、阀、活塞杆、高压加氢设备部件、紧固件
	28	S45610	12Cr12Mo	铬钼马氏体耐热钢。作汽轮机叶片
	29	S45710	13Cr13Mo	比12Cr13(1Cr13)耐蚀性高的高强度钢。用于制作汽轮机叶片,高温、高压蒸汽用机械部件等
	30	S46010	14Cr11MoV	铬钼钒马氏体耐热钢。有较高的热强性,良好的减振性及组织稳定性。用于透平叶片及导向叶片
	31	S46250	18Cr12MoVNbN	铬钼钒铌氮马氏体耐热钢。用于制作高温结构部件,如汽轮机叶片、盘、叶轮轴、螺栓等
	32	S47010	15Cr12WMoV	铬钼钨钒马氏体耐热钢。有较高的热强性,良好的减震性及组织稳定性。用于透平叶片、紧固件、转子及轮盘
	33	S47220	22Cr12NiWMoV	性能与用途类似于13Cr11Ni2W2MoV(1Cr11Ni2W2MoV)。用于制作汽轮机叶片
	34	S47310	13Cr11Ni2W2MoV	铬镍钨钼钒马氏体耐热钢。具有良好的韧性和抗氧化性能,在淡水和湿空气中有较好的耐蚀性
	35	S47450	18Cr11NiMoNbVN	具有良好的强韧性、抗蠕变性能和抗松弛性能,主要用于制作汽轮机高温紧固件和动叶片
	36	S48040	42Cr9Si2	铬硅马氏体阀门钢,750℃以下耐氧化。用于制作内燃机进气阀,轻载荷发动机的排气阀
	37	S48045	45Cr9Si3	
	38	S48140	40Cr10Si2Mo	铬硅钼马氏体阀门钢,经淬火回火后使用。因含有钼和硅,高温强度抗蠕变性能及抗氧化性能比40Cr13(4Cr13)高。用于制作进、排气阀门,鱼雷,火箭部件,预燃烧室等
	39	S48380	80Cr20Si2Ni	铬硅镍马氏体阀门钢。用于制作以耐磨性为主的进气阀、排气阀、阀座等
沉淀硬化型	40	S51740	05Cr17Ni4Cu4Nb	添加铜和铌的马氏体沉淀硬化型钢,作燃气透平压缩机叶片、燃气透平发动机周围材料
	41	S51770	07Cr17Ni7Al	添加铝的半奥氏体沉淀硬化型钢,作高温弹簧、膜片、固定器、波纹管
	42	S51525	06Cr15Ni25Ti2MoAlVB	奥氏体沉淀硬化型钢,具有高的缺口强度,在温度低于980℃时抗氧化性能与06Cr25Ni20(0Cr25Ni20)相当。主要用于700℃以下的工作环境,要求具有高强度和优良耐蚀性的部件或设备,如汽轮机转子、叶片、骨架、燃烧室部件和螺栓等

表 2.1-55　部分不锈钢和耐热钢牌号的物理性能参数(摘自 GB/T 20878—2007)

统一数字代号	牌　号	密度/kg·dm⁻³ 20℃	熔点/℃	比热容/kg·(kg·K)⁻¹ 0~100℃	热导率/W·(m·K)⁻¹		线膨胀系数/$10^{-6}K^{-1}$		电阻率/Ω·mm²·m⁻¹ 20℃	纵向弹性模量/kN·mm⁻² 20℃	磁性
					100℃	500℃	0~100℃	0~500℃			
奥氏体型											
S35350	12Cr17Mn6Ni5N	7.93	1398~1453	0.50	16.3		15.7		0.69	197	
S35450	12Cr18Mn9Ni5N	7.93		0.50	16.3	19.0	14.8	18.7	0.69	197	
S35020	20Cr13Mn9Ni4	7.85		0.49					0.90	202	
S30110	12Cr17Ni7	7.93	1398~1420	0.50	16.3	21.5	16.9	18.7	0.73	193	
S30103	022Cr17Ni7	7.93		0.50	16.3	21.5	16.9	18.7	0.73	193	
S30153	022Cr17Ni7N	7.93		0.50	16.3		16.0	18.0	0.73	200	
S30220	17Cr18Ni9	7.85	1398~1453	0.50	18.8	23.5	16.0	18.0	0.73	196	
S30210	12Cr18Ni9	7.93	1398~1420	0.50	16.3	21.5	17.3	18.7	0.73	193	
S30240	12Cr18Ni9Si3	7.93	1370~1398	0.50	15.9	21.6	16.2	20.2	0.73	193	
S30317	Y12Cr18Ni9	7.98	1398~1420	0.50	16.3	21.5	17.3	18.4	0.73	193	
S30317	Y12Cr18Ni9Se	7.93	1398~1420	0.50	16.3	21.5	17.3	18.7	0.73	193	
S30408	06Cr19Ni10	7.93	1398~1454	0.50	16.3	21.5	17.2	18.4	0.73	193	
S30403	022Cr19Ni10	7.90		0.50	16.3	21.5	16.8	18.3			
S30409	0Cr19Ni10	7.90		0.50	16.3	21.5	16.8	18.3	0.73		
S30480	06Cr18Ni9Cu2	8.00		0.50	16.3	21.5	17.3	18.7	0.72	200	
S30458	06Cr19Ni10N	7.93	1398~1454	0.50	16.3	21.5	16.5	18.5	0.72	196	
S30453	022Cr19Ni10N	7.93		0.50	16.3	21.5	16.5	18.5	0.73	200	无[1]
S30510	10Cr18Ni12	7.93	1398~1453	0.50	16.3	21.5	17.3	18.7	0.72	193	
S38408	06Cr16Ni18	8.03	1430	0.50	16.2		17.3		0.75	193	
S30808	06Cr20Ni11	8.00	1398~1453	0.50	15.5	21.6	17.3	18.7	0.72	193	
S30850	22Cr21Ni12N	7.73			20.9 (24℃)			16.5			
S30920	16Cr23Ni13	7.98	1398~1453	0.50	13.8	18.7	14.9	18.0	0.78	200	
S30908	06Cr23Ni13	7.98	1397~1453	0.50	15.5	18.6	14.9	18.0	0.78	193	
S31010	14Cr23Ni18	7.90	1400~1454	0.50	15.9	18.8	15.4	19.2	1.0	196	
S31020	20Cr25Ni20	7.98	1398~1453	0.50	14.2	18.6	15.8	17.5	0.78	200	
S31008	06Cr25Ni20	7.98	1397~1453	0.50	16.3	21.5	14.4	17.5	0.78	200	
S31053	022Cr25Ni22Mo2N	8.02		0.45	12.0		15.8		1.0	200	
S31252	015Cr20Ni18Mo6CuN	8.00	1325~1400	0.50	13.5 (20℃)		16.5		0.85	200	
S31608	06Cr17Ni12Mo2	8.00	1370~1397	0.50	16.3	21.5	16.0	18.5	0.74	193	
S31603	022Cr17Ni12Mo2	8.00		0.50	16.3	21.5	16.0	18.5	0.74	193	
S31668	06Cr17Ni12Mo2Ti	7.90		0.50	16.0	24.0	15.7	17.6	0.75	199	
S31658	06Cr17Ni12Mo2N	8.00		0.50	16.3	21.5	16.5	18.0	0.73	200	

（续）

统一数字代号	牌号	密度/kg·dm⁻³ 20℃	熔点/℃	比热容/kg·(kg·K)⁻¹ 0~100℃	热导率/W·(m·K)⁻¹		线膨胀系数/10⁻⁶K⁻¹		电阻率/Ω·mm²·m⁻¹ 20℃	纵向弹性模量/kN·mm⁻² 20℃	磁性
					100℃	500℃	0~100℃	0~500℃			
奥氏体型											
S31653	022Cr17Ni12Mo2N	8.04		0.47	16.5		15.0			200	
S31688	06Cr18Ni12Mo2Cu2	7.96		0.50	16.1	21.7	16.6		0.74	186	
S31683	022Cr18Ni14Mo2Cu2	7.96		0.50	16.1	21.7	16.0	18.6	0.74	191	
S31782	015Cr21Ni26Mo5Cu2	8.00		0.50	13.7		15.0			188	
S31708	06Cr19Ni13Mo3	8.00	1370~1397	0.50	16.3	21.5	16.0	18.5	0.74	193	
S31703	022Cr19Ni13Mo3	7.98	1375~1400	0.50	14.4	21.5	16.5		0.79	200	
S31723	022Cr19Ni16Mo5N	8.00		0.50	12.8		15.2				无①
S32168	06Cr18Ni11Ti	8.03	1398~1427	0.50	16.3	22.2	16.6	18.6	0.72	193	
S32590	45Cr14Ni14W2Mo	8.00		0.51	15.9	22.2	16.6	18.0	0.81	177	
S32720	24Cr18Ni8W2	7.98		0.50	15.9	23.0	19.5	25.1			
S33010	12Cr16Ni35	8.00	1318~1427	0.46	12.6	19.7	16.6		1.02	196	
S34778	06Cr18Ni11Nb	8.03	1398~1427	0.50	16.3	22.2	16.6	18.6	0.73	193	
S38148	06Cr18Ni13Si4	7.75	1400~1430	0.50	16.3		13.8				
S38240	16Cr20Ni14Si2	7.90		0.50	15.0		16.5		0.85		
奥氏体-铁素体型											
S21860	14Cr18Ni11Si4AlTi	7.51		0.48	13.0	19.0	16.3	19.7	1.04	180	
S21953	022Cr19Ni5Mo3Si2N	7.70		0.46	20.0	24.0 (300℃)	12.2	13.5 (300℃)		196	
S22160	12Cr21Ni5Ti	7.80			17.6	23.0	10.0	17.4	0.79	187	
S22253	022Cr22Ni5Mo3N	7.80	1420~1462	0.46	19.0	23.0 (300℃)	13.7	14.7 (300℃)	0.88	186	
S23043	022Cr23Ni4MoCuN	7.80		0.50	16.0		13.0			200	有
S22553	022Cr25Ni6Mo2N	7.80		0.50	21.0	25.0	13.4 (200℃)	24.0 (300℃)		196	
S22583	022Cr25Ni7Mo3-WCuN	7.80		0.50		25.0	11.5 (200℃)	12.7 (400℃)	0.75	228	
S25554	03Cr25Ni6Mo3Cu2N	7.80		0.46	13.5		12.3			210	
S25073	022Cr25Ni7Mo4N	7.80			14		12.0			185 (200℃)	
铁素体型											
S11348	06Cr13Al	7.75	1480~1530	0.46	24.2		10.8		0.60	200	
S11168	06Cr11Ti	7.75		0.46	25.0		10.6	12.0	0.60		
S11163	022Cr11Ti	7.75		0.46	24.9	28.5	10.6	12.0	0.57	201	有
S11203	022Cr12	7.75		0.46	24.9	28.5	10.6	12.0	0.57	201	
S11510	10Cr15	7.70		0.46	26.0		10.3	11.9	0.59	200	
S11710	10Cr17	7.70	1480~1508	0.46	26.0		10.5	11.9	0.60	200	

（续）

统一数字代号	牌　号	密度/kg·dm^{-3} 20℃	熔点/℃	比热容/kg·(kg·K)$^{-1}$ 0~100℃	热导率/W·(m·K)$^{-1}$		线膨胀系数/10^{-6}K^{-1}		电阻率/Ω·mm^2·m^{-1} 20℃	纵向弹性模量/kN·mm^{-2} 20℃	磁性
					100℃	500℃	0~100℃	0~500℃			
铁素体型											
S11717	Y10Cr17	7.78	1427~1510	0.46	26.0		10.4	11.4	0.60	200	
S11863	022Cr18Ti	7.70		0.46	35.1 (20℃)		10.4		0.60	200	
S11790	10Cr17Mo	7.70		0.46	26.0		11.9		0.60	200	
S11770	10Cr17MoNb	7.70		0.44	30.0		11.7		0.70	220	
S11862	019Cr18MoTi	7.70		0.46	35.1		10.4		0.60	200	有
S11972	019Cr19Mo2NbTi	7.75		0.46	36.9		10.6 (200℃)		0.60	200	
S12791	008Cr27Mo	7.67		0.46	26.0		11.0		0.64	206	
S13091	008Cr30Mo2	7.64		0.50	26.0		11.0		0.64	210	
马氏体型											
S40310	12Cr12	7.80	1480~1530	0.46	24.2		9.9	11.7	0.57	200	
S41008	06Cr13	7.75		0.46	25.0		10.6	12.0	0.60	220	
S41010	12Cr13	7.70	1480~1530	0.46	24.2	28.9	11.0	11.7	0.57	200	
S41595	04Cr13Ni5Mo	7.79		0.47	16.30		10.7			201	
S41617	Y12Cr13	7.78	1482~1532	0.46	25.0		9.9	11.5	0.57	200	
S42020	20Cr13	7.75	1470~1510	0.46	22.2	26.4	10.3	12.2	0.55	200	
S42030	30Cr13	7.76	1365	0.47	25.1	25.5	10.5	12.0	0.52	219	
S42037	Y30Cr13	7.78	1454~1510	0.46	25.1		10.3	11.7	0.57	219	
S42040	40Cr13	7.75		0.46	28.1	28.9	10.5	12.0	0.59	215	
S43110	14Cr17Ni2	7.75		0.46	20.2	25.1	10.3	12.4	0.72	193	
S43120	17Cr16Ni2	7.71		0.46	27.8	31.8	10.0	11.0	0.70	212	
S44070	68Cr17	7.78	1371~1508	0.46	24.2		10.2	11.7	0.60	200	有
S44080	85Cr17	7.78	1371~1508	0.46	24.2		10.2	11.9	0.60	200	
S44096	108Cr17	7.78	1371~1482	0.46	24.0		10.2	11.7	0.60	200	
S44097	Y108Cr17	7.78	1371~1482	0.46	24.2		10.1		0.60	200	
S44090	95Cr18	7.70	1377~1510	0.48	29.3		10.5	12.0	0.60	200	
S45990	102Cr17Mo	7.70		0.43	16.0		10.4	11.6	0.80	215	
S46990	90Cr18MoV	7.70		0.46	29.3		10.5	12.0	0.65	211	
S46110	158Cr12MoV	7.70					10.9	12.2 (600℃)			
S46250	18Cr12MoVNbN	7.75			27.2		9.3			218	
S47220	22Cr12NiWMoV	7.78		0.46	25.1		10.6 (260℃)	11.5		206	
S47310	13Cr11Ni2W2MoV	7.80		0.48	22.2	28.1	9.3	11.7		196	

（续）

统一数字代号	牌号	密度/kg·dm⁻³ 20℃	熔点/℃	比热容/kg·(kg·K)⁻¹ 0~100℃	热导率/W·(m·K)⁻¹		线膨胀系数/$10^{-6}K^{-1}$		电阻率/Ω·mm²·m⁻¹ 20℃	纵向弹性模量/kN·mm⁻² 20℃	磁性
					100℃	500℃	0~100℃	0~500℃			
马氏体型											
S47410	14Cr12Ni2WMoVNb	7.80		0.47	23.0	25.1	9.9	11.4			
S48040	42Cr9Si2				16.7 (20℃)			12.0	0.79		
S48140	40Cr10Si2Mo	7.62			15.9	25.1	10.4	12.1	0.84	206	有
S48380	80Cr20Si2Ni	7.60						12.3 (600℃)	0.95		
沉淀硬化型											
S51380	04Cr13Ni8Mo2Al	7.76			14.0		10.4		1.00	195	
S51290	022Cr12Ni9Cu2NbTi	7.7	1400~1440	0.46	17.2		10.6		0.90	199	
S51550	05Cr15Ni5Cu4Nb	7.78	1397~1435	0.46	17.9	23.0	10.8	12.0	0.98	195	
S51740	05Cr17Ni4Cu4Nb	7.78	1397~1435	0.46	17.2	23.0	10.8	12.0	0.98	196	
S51770	07Cr17Ni7Al	7.93	1390~1430	0.50	16.3	20.9	15.3	17.1	0.80	200	有
S51570	07Cr15Ni7Mo2Al	7.80	1415~1450	0.46	18.0	22.2	10.5	11.8	0.80	185	
S51240	07Cr12Ni4Mn5Mo3Al	7.80			17.6	23.9	16.2	18.9	0.80	195	
S51750	09Cr17Ni5Mo3N				15.4		17.3		0.79	203	
S51525	06Cr15Ni25Ti2-MoAlVB	7.94	1371~1427	0.46	15.1	23.8 (600℃)	16.9	17.6	0.91	198	无①

注：GB/T 20878—2007《不锈钢和耐热钢牌号及化学成分》规定的牌号及其化学成分适用于制、修订不锈钢和耐热钢产品标准时采用。

① 冷变形后稍有磁性。

3.5 轴承钢

3.5.1 高碳铬轴承钢(见表2.1-56)

表2.1-56 高碳铬轴承钢牌号、特性、应用及钢材尺寸规格规定(摘自GB/T 18254—2002)

牌号（统一数字代号）	钢材布氏硬质HBW	性能特点	应用举例
GCr4（B00040）	179~207	低铬轴承钢，耐磨性比相同碳含量的碳工钢高，冷加工塑性变形和切削加工性能尚好，有回火脆性倾向	用作一般载荷不大、形状简单的机械转动轴上的钢球和滚子
GCr15（B00150）	179~207	高碳铬轴承钢的代表钢种，综合性能良好，淬火与回火后具有高而均匀的硬度，良好的耐磨性和高的接触疲劳寿命，热加工变形性能和切削加工性能均好，但焊接性差，对白点形成较敏感，有回火脆性倾向	用于制造壁厚≤12mm、外径≤250mm的各种轴承套圈，也用作尺寸范围较宽的滚动体，如钢球、圆锥滚子、圆柱滚子、球面滚子、滚针等；还用于制造模具、精密量具以及其他要求高耐磨性、高弹性极限和高接触疲劳强度的机械零件

（续）

牌　号（统一数字代号）	钢材布氏硬质HBW	性能特点	应用举例
GCr15SiMn（B01150）	179～217	在GCr15钢的基础上适当增加硅、锰含量，其淬透性、弹性极限、耐磨性均有明显提高，冷加工塑性中等，切削加工性能稍差，焊接性能不好，对白点形成较敏感，有回火脆性倾向	用于制造大尺寸的轴承套圈、钢球、圆锥滚子、圆柱滚子、球面滚子等，轴承零件的工作温度小于180℃；还用于制造模具、量具、丝锥及其他要求硬度高且耐磨的零部件
GCr15SiMo（B03150）	179～217	在GCr15钢的基础上提高硅含量，并添加钼而开发的新型轴承钢。综合性能良好，淬透性高，耐磨性好，接触疲劳寿命高，其他性能与GCr15SiMn相近	用于制造大尺寸的轴承套圈、滚珠、滚柱，还用于制造模具、精密量具以及其他要求硬度高且耐磨的零部件
GCr18Mo（B02180）	179～207	相当于瑞典SKF24轴承钢。是在GCr15钢的基础上加入钼，并适当提高铬含量，从而提高了钢的淬透性。其他性能与GCr15钢相近	用于制造各种轴承套圈，壁厚从≤16mm增加到≤20mm，扩大了使用范围；其他用途和GCr15钢基本相同
钢材尺寸规格	热轧圆钢尺寸及允许偏差应符合GB/T 702—2008第2组规定 锻制圆钢尺寸及允许偏差应符合GB/T 908—2008第1组规定 盘条尺寸及允许偏差应符合GB/T 14981—2004B级精度规定 冷拉圆钢（直条或盘状）尺寸及允许偏差应符合GB/T 905—1994中h11级规定 热轧钢管、冷拉（轧）钢管尺寸规格应符合GB/T 18254—2002的规定		

注：1. 各牌号的化学成分应符合GB/T 18254—2002的规定。

2. 钢材按下列几种交货状态提供，交货状态应在合同中注明。

热轧和热锻不退火圆钢（简称：热轧、热锻）………………………………… WHR
热轧和热锻软化退火圆钢（简称：热轧软退、热锻软退）……………… WHSTAR
热轧球化退火圆钢（简称：热轧球退）………………………………… WHTGR
热轧球化退火剥皮圆钢（简称：热轧球剥）………………………… WHTGSFR
热轧和热锻软化退火剥皮圆钢（简称：热轧（锻）软剥）…………… WHSTASFR
冷拉（轧）圆钢 …………………………………………………………… WCR
冷拉（轧）磨光圆钢 ……………………………………………………… WCSPR
热轧钢管 …………………………………………………………………… WHT
热轧退火剥皮钢管 ……………………………………………………… WHTASFT
冷拉（轧）钢管 …………………………………………………………… WCT
盘条（热轧或球化退火）………………………………………………… WHWY

供需双方协定并在合同中注明，亦可以其他状态的冷拉钢材交货，如："退火＋磷化＋微拔"、"退火＋微拔等代号为TASTPWCD、TAWCD。

3. 钢材按加工用途交货：热压力加工用钢（热压加）；冷压力加工用钢（冷压加）；切削加工用钢（切削）或双方协定的其他加工用途要求交货。具体的用途均应在合同中注明。

4. 供热压力加工用热轧不退火钢材，需方要求硬度指标时，其布氏硬度值不小于302HBW；当需方要求以"退火＋鳞化＋微拔"或"退火＋微拔"交货的冷拉钢材（直条或盘状），其布氏硬度值不大于229HBW。

5. 钢材顶锻试验要求、低倍组织、断口、非金属夹杂物、显微孔隙、显微组织、碳化物不均匀性、脱碳层及表面质量的各项技术要求均应符合GB/T 18254—2002的相关规定。

6. GB/T 18254以规范性附录的形式列出了高碳铬轴承钢标准图谱（中心疏松、一般疏松、偏析、非金属夹杂物、显微孔隙、显微组织、碳化物网状、碳化物带状、碳化物液析），详见标准原件。

3.5.2 高碳铬不锈轴承钢(见表2.1-57)

表2.1-57 高碳铬不锈轴承钢牌号、钢材规格、力学性能及应用(摘自GB/T 3086—2008)

	钢材品种	尺寸、外形、长度及允许偏差	公称直径范围/mm
钢材品种和规格	热轧圆钢	应符合GB/T 702—2008的有关规定,具体要求应在合同中注明。未注明时,尺寸允许偏差和弯曲度按GB/T 702—2008标准2组执行	5~160
	锻制圆钢	应符合GB/T 908—2008标准1组规定	5~160
	热轧盘条	应符合GB/T 14981—2004的有关规定,具体要求应在合同中注明。未注明时按GB/T 14981—2004标准B级执行	5~40
	冷拉圆钢	应符合GB/T 905—1994的有关规定,具体要求应在合同中注明。未注明时按GB/T 905—1994标准11级执行	5~160
	钢丝	应符合GB/T 342—1997标准表3的规定	1~16
	剥皮和磨光钢材	应符合GB/T 3207—2008的有关规定,具体要求应在合同中注明。未注明时按GB/T 3207—2008标准11级执行	5~160

	统一数字代号	新牌号	旧牌号(GB/T 3086—1982)	力学性能			性能特点	应用举例
				抗拉强度 R_m	布氏硬度	交货状态		
牌号、力学性能及应用	B21800	G95Cr18	9Cr18	直径不大于16mm钢材退火状态 R_m 为590~835MPa	直径大于16mm钢材退火状态布氏硬度为197~255HBW	钢材交货状态:热轧(锻造)退火、退火剥皮、磨光和冷拉退火,应在合同中注明,磨光状态钢材力学性能比退火状态波动+10%	具有高的硬度和抗回火稳定性,淬火冷处理和低温回火后有更高的耐磨性、弹性、硬度和接触疲劳强度、优良的耐腐蚀性和低温性能,切削性及冷冲性良好,磨削和导热性差	用于制造耐腐蚀的轴承套圈及滚动体,如海水、河水、蒸馏水、硝酸、化工石油、原子反应堆中的轴承,还可作耐蚀高温轴承钢使用(温度不高于250℃),亦可制造高质量的刀具如医用手术刀及耐磨、耐蚀但动载荷较小的其他零件
	B21810	G102Cr18Mo	9Cr18Mo					
	B21410	G65Cr14Mo						

注:1. 牌号的化学成分应符合GB/T 3086—2008相关规定。

2. 新标准提供了《高碳铬不锈轴承钢标准评级图》,作为钢材低倍组织、退火组织、显微孔隙等的合格依据,此图谱由冶金工业信息标准研究院提供。

3.5.3　渗碳轴承钢(见表2.1-58、表2.1-59)

表2.1-58　渗碳轴承钢牌号及力学性能(摘自GB/T 3203—1982)

牌号	试样毛坯尺寸 /mm	抗拉强度 σ_b/MPa	伸长率 δ(%)	断面收缩率 ψ(%)	冲击韧度 α_K/J·cm^{-2}	硬度 HBW(退火后)
		≥				≤
G20CrNiMo	15	1178	9	45	78.5	229
G20CrNi2Mo	25	980	13	45	78.5	229
G20Cr2Ni4	15	1175	10	45	78.5	241
G10CrNi3Mo	15	1080	9	45	78.5	229
G20Cr2Mn2Mo	15	1275	9	40	68.7	229

注:1. 本表数据适用于截面尺寸≤80mm的钢材。

2. 牌号的化学成分应符合GB/T 3203—1982的规定。

3. GB/T 3203规定牌号G20CrMo的力学性能,没有给出指标数值,该标准说明,此牌号的力学性能积累数据,供参考。

表2.1-59　渗碳轴承钢钢材规格及应用

钢材品种规格	热轧圆钢,按GB/T 702—2008规定的尺寸规格 锻制圆钢,按GB/T 908—2008规定的尺寸规格 冷拉圆钢,按GB/T 905—1994规定的尺寸规格		
性能特点及应用	牌号	性能特点	应用举例
	G20CrMo	低合金渗碳钢,渗碳后表面硬度较高,耐磨性较好,而心部硬度低,韧性好,适于制作耐冲击载荷的轴承及零部件	常用作汽车、拖拉机的承受冲击载荷的滚子轴承,也用作汽车齿轮、活塞杆、螺栓等
	G20CrNiMo	有良好的塑性、韧性和强度,渗碳或碳氮共渗后表面有相当高的硬度,耐磨性好,接触疲劳寿命明显优于GCr15钢,而心部碳含量低,有足够的韧性承受冲击载荷	制作耐冲击载荷轴承的良好材料,用作承受冲击载荷的汽车轴承和中小型轴承,也用作汽车、拖拉机齿轮及牙轮钻头的牙爪和牙轮体
	G20CrNi2Mo	渗碳后表面硬度高,耐磨性好,具有中等表面硬化性,心部韧性好,可耐冲击载荷,钢的冷热加工塑性较好,能加工成棒、板、带及无缝钢管	用于承受较高冲击载荷的滚子轴承,如铁路货车轴承套圈和滚子,也用作汽车齿轮、活塞杆、万向接轴、圆头螺栓等
	G10CrNi3Mo	渗碳后表面碳含量高,具有高硬度,耐磨性好,而心部碳含量低,韧性好,可耐冲击载荷	用于承受冲击载荷较高的大型滚子轴承,如轧钢机轴承等
	G20Cr2Ni4A	常用的渗碳结构钢用于制作轴承。渗碳后表面有相当高的硬度、耐磨性和接触疲劳强度,而心部韧性好,可耐强烈冲击载荷,焊接性中等,有回火脆性倾向,对白点形成较敏感	制作耐冲击载荷的大型轴承,如轧钢机轴承等,也用作其他大型渗碳件,如大型齿轮、轴等,还可用于制造要求强韧性高的调质件
	G20Cr2Mn2MoA	渗碳后表面硬度高,而心部韧性好,可耐强烈冲击载荷。与G20Cr2Ni4A相比,渗碳速度快,渗碳层较易形成粗大碳化物,不易扩散消除	用于高冲击载荷条件下工作的特大型和大、中型轴承零件,以及轴、齿轮等

4 钢铁材料国内外牌号对照

4.1 铸铁国内外牌号对照

4.1.1 灰铸铁国内外牌号对照(见表2.1-60)

表2.1-60 灰铸铁国内外牌号对照

中国	国际标准化	日本	韩国	美国		德国		法国	俄罗斯	英国
GB	组织 ISO	JIS	KS	AWS	UNS	DIN	W-Nr.	NF	ГОСТ	BS
HT100	100	FC100	GC100	No. 20	F11401	СЧ10	Grade 100	GG10	0.6010	EN—GJL—100
HT150	150	FC150	GC150	No. 25	F1701	СЧ15	Grade 150	GG15	0.6015	EN—GJL—150
HT200	200	FC200	GC200	No. 30	F12101	СЧ18 СЧ20 СЧ21	Grade 180 Grade 220	GG20	0.6020	EN—GJL—200
HT250	250	FC250	GC250	No. 35 No. 40	F12801	СЧ24 СЧ25	Grade 260	GG25	0.6025	EN—GJL—250
HT300	300	FC300	GC300	No. 45	F13101	СЧ30	Grade 300	GG30	0.6030	EN—GJL—300
HT350	350	FC350	GC350	No. 50	F13501	СЧ35	Grade 350	GG35	0.6035	EN—GJL—350
—	—	—	—	No. 60	F14101	—	Grade 400	GG40	0.6040	

4.1.2 球墨铸铁国内外牌号对照(见表2.1-61)

表2.1-61 球墨铸铁国内外牌号对照

中国	国际标准化	日本	韩国	美国		俄罗斯	英国	德国		法国
GB	组织 ISO	JIS	KS	AWS	UNS	ГОСТ	BS	DIN	W-Nr.	NF
—	350—22	FCD350—22	GCD370	—	—	ВЧ35	350/22	—	—	—
QT400—15	400—15	FCD400—15	GCD400	—	—	ВЧ40	370/17	GGG—40	0.7040	EN—GJS—400—15
QT400—18	400—18	FCD400—18	—	60—40—18	F32800	—	400/18	—	—	EN—GJS—400—18
QT450—10	450—10	FCD450—10	GCD450	65—45—12	F33100	ВЧ45	450/10	—	—	EN—GJS—450—10
QT500—7	500—7	FCD500—7	GCD500	80—55—06	F33800	ВЧ50	500/7	GGG—50	0.7050	EN—GJS—500—7
QT600—3	600—3	FCD600—3	GCD600	~80—55—06 ~100—70—03	F3300 F34800	ВЧ60	600/3	GGG—60	0.7060	EN—GJS—600—3
QT700—2	700—2	FCD700—2	GCD700	100—70—03	F34800	ВЧ70	700/2	GGG—70	0.7070	EN—GJS—700—2
QT800—2	800—2	FCD800—2	GCD800	120—90—02	F36200	ВЧ80	800/2	GGG—80	0.7080	EN—GJS—800—2
QT900—2	900—2	—	—	120—90—02	F36200	~ВЧ100	900/2	—	—	EN—GJS—900—2

4.1.3 可锻铸铁国内外牌号对照(见表2.1-62)

表2.1-62 可锻铸铁国内外牌号对照

中国	国际标准化	日本	韩国	美国		英国	德国		法国	俄罗斯
GB	组织 ISO	JIS	KS	AWS	UNS	BS	DIN	W-Nr.	NF	ГОСТ
KTH300—06	B30—06	FCMB30—06 FCMB27—05	BMC270	—	—	B30/06	—	—	EN—GJMB—300—6	КЧ30—6
KTH330—08	—	FCMB31—08	BMC310	—	—	B32/10	GTS—35—10	0.8135	—	КЧ33—8

（续）

中国 GB	国际标准化组织 ISO	日本 JIS	韩国 KS	美国 AWS	美国 UNS	英国 BS	德国 DIN	德国 W-Nr.	法国 NF	俄罗斯 ГОСТ
KTH350—10	B35—10	FCMB35—10	BMC340	32510	F22200	B35/12	—	—	EN—GJMB—350—10	КЧ35—10
KTH370—12	—	（FCMB37）	BMC360	35018	22400	—	—	—	—	КЧ37—12
KTZ450—06	P45—06	FCMP45—06 FCMP44—06	PMC440	45006 45008	F23131 F23130	P45/06	GTS—45—06	0.8145	EN—GJMB—450—6	КЧ45—7
—	—	FCMP50—05	PMC490	50005	F23530	P10/05	—	—	EN—GJMB—500—5	КЧ50—5
KTZ550—04	P55—04	FCMP55—04	PMC540	60004	F24130	P55/04	GTS—55—04	0.8155	EN—GJMB—550—4	КЧ55—4
—	—	FCMP60—03	PMC590	70003	F24830	P60/03	—	—	EN—GJMB—600—3	КЧ60—3
KTZ650—02	P65—02	FCMP65—02	—	80002	F25530	P65/02	GTS—65—02	0.8165	EN—GJMB—650—2	КЧ65—3
KTZ700—02	P70—02	FCMP70—02	PMC690	90001	F26230	P690/2	GTS—70—02	0.8170	EN—GJMB—700—2	КЧ70—2
KTB350—04	W35—04	FCMW34—04	WMC330	—	—	W35/04	GTW—35—04	0.8035	EN—GJMW—350—4	—
KTB380—12	W38—12	FCMW38—12	WMC370	—	—	W38/12	GTW—38—12	0.8038	EN—GJMW—360—12	—
KTB400—05	W40—05	FCMW40—05	—	—	—	W40/05	GTW—40—05	0.8040	EN—GJMW—400—5	—
KTB450—07	W45—07	FCMW45—07	WMC440	—	—	W45/07	GTW—45—07	0.8045	EN—GJMW—450—7	—

4.1.4 抗磨铸铁国内外牌号对照(见表2.1-63)

表2.1-63 抗磨铸铁国内外牌号对照

中国 GB	德国 DIN	德国 W-Nr.	法国 NF	英国 BS	美国 ASTM	美国 UNS
KmTBNi4Cr2—DT	G—X260NiCr4 2	0.9620	FBNi4Cr2BC	Grade 2A	Ⅰ B Ni—Cr—LC	F45001
KmTBNi4Cr2—GT	G—X330NiCr4 2	0.9625	FBNiCr2HC	Grade 2B	Ⅰ A Ni—Cr—HC	F45000
KmTBCr9Ni5Si2	G—X300CrNiSi9 5 2	0.9630	FBCr9Ni5	Grade 2D Grade 2E	Ⅰ D Ni—HiCr	F45003
KmTBCr15Mo2—GT	G—X300CrMo15 3	0.9635	—	Grade 3B	Ⅱ C 15% Cr—Mo—HC	F45006
KmTBCr20Mo2Cu1	G—X260CrMoNi20 2 1	0.9645	FBCr20MoNi	Grade 3C	Ⅱ D 20% Cr—Mo—LC	F45007 F45008
KmTBCr26	G—X300Cr27 ~G—X300CrMo27 1	0.9650	~FBCr26MoNi	Grade 3D	Ⅲ A 25% Cr	F45009

4.2 铸钢国内外牌号对照

4.2.1 工程与结构用碳素铸钢国内外牌号对照(见表2.1-64)。

表2.1-64 工程与结构用碳素铸钢国内外牌号对照

中国 GB	国际标准化组织 ISO	日本 JIS	韩国 KS	美国 ASTM	美国 UNS	俄罗斯 ГОСТ	英国 BS	德国 DIN	德国 W-Nr.	法国 NF
ZG200—400 （ZG15）	200—400	SC410 （SC42）	SC410 （SC42）	415—205 （60-30）	J03000	15л	—	GS-38	1.0416	—
ZG230—450 （ZG25）	230—450	SC450 （SC46）	SC450 （SC46）	450—240 （65-35）	J03101	25л	A1	GS-45	1.0446	GE 230
ZG270—500 （ZG35）	270—480	SC480 （SC49）	SC480 （SC49）	485—275 （70-40）	J02501	35л	A2	GS-52	1.0552	GE 280
ZG310—570 （ZG45）	—	SCC5	SCC5	（80-40）	J05002	45л	—	GS-60	1.0558	GE 320

(续)

中国 GB	国际标准化组织 ISO	日本 JIS	韩国 KS	美国 ASTM	美国 UNS	俄罗斯 ГОСТ	英国 BS	德国 DIN	德国 W-Nr.	法国 NF
ZG340—640 (ZG55)	340—550	—	—	—	J05000	—	A5	—	—	GE 370

注:表中括号内为旧牌号。

4.2.2 合金铸钢国内外牌号对照(见表2.1-65)

表2.1-65 合金铸钢国内外牌号对照

中国 GB	日本 JIS	韩国 KS	俄罗斯 ГОСТ	美国 ASTM	美国 UNS	德国 DIN	德国 W-Nr.	法国 NF
ZG40Mn	SCMn3	SCMn3	—	—	—	GS-40Mn5	1.1168	—
ZG40Cr	—	—	40Хл	—	—	—	—	—
ZG20SiMn	SCW480	SCW480	20ГСЛ	LCC	J02505	GS-20Mn5	1.1120	G20M6
ZG35SiMn	SCSiMn2	SCSiMn2	35ГСЛ	—	—	GS-37MnSi5	1.5122	—
ZG35CrMo	SCCrM3	SCCrM3	35ХМЛ	—	J13048	GS-34CrMo4	1.7220	G35CrMo4
ZG35CrMnSi	SCMnCr3	SCMnCr3	35ХГСЛ	—	—	—	—	—

4.2.3 不锈耐蚀铸钢国内外牌号对照(见表2.1-66)

表2.1-66 不锈耐蚀铸钢国内外牌号对照

中国 GB	国际标准化组织 ISO	日本 JIS	韩国 KS	美国 ASTM/ACI	美国 UNS	俄罗斯 ГОСТ	英国 BS	德国 DIN	德国 W-Nr.	法国 NF
ZG1Cr13	C39CH	SCS1	SCS1	CA-15	J91150	15х13Л	410C21	G-X7Cr13 G-X10Cr13	1.4001 1.4006	Z12C13M
ZG2Cr13	—	SCS2	SCS2	CA-40	J91153	20х13Л	420C29	G-X20Cr14	1.4027	Z20C13M
ZGCr28	—	—	—	—	—	—	452C11	G-X70Cr29 G-X120Cr29	1.4085 1.4086	Z130C29M
ZG00Cr18Ni10	C46	SCS19A	SCS19A	CF-3	J92500	03Х18Н11Л	304C12	G-X2CrNi18 9	1.4306	Z2CN18.10M
ZG0Cr18Ni9	C47	SCS13 SCS13A	SCS13 SCS13A	CF-8	J92600	07Х18Н9Л	304C15	G-X6CrNi18 9	1.4308	Z6CN18.10M
ZG1Cr18Ni9	C47H	≈SCS12	≈SCS12	CF-20	J92602	10Х18Н9Л	302C25	G-X10CrNi18 8	1.4312	Z10CN18.9M
ZG0Cr18Ni9Ti	C50	SCS21	SCS21	CF-8C	J92710	—	347C17	≈G-X5CrNi Nb18 9	1.4552	Z6CNNb18.10M
ZG0Cr18Ni 12Mo2Ti	—	SCS14A	SCS14A	CF-8M	J92900	—	—	G-X6CrNi Mo18 10	—	Z6CND18.12M
ZG1Cr18Ni 12Mo2Ti	C60	SCS22	SCS22	—	—	—	—	~G-X5CrNi MoNb18 10	1.4581	Z6CND18.12M
ZG0Cr18Ni 12Mo2Ti	—	SCS24	SCS24	CB7Cu-1 CB7Cu	—	—	—	—	—	Z5CNU16.4M

4.2.4 耐热铸钢国内外牌号对照(见表2.1-67)

表2.1-67 耐热铸钢国内外牌号对照

中国 GB	日本 JIS	韩国 KS	美国 ASTM/ACI	美国 UNS	德国 DIN	德国 W-Nr.	法国 NF	英国 BS
ZG30Cr26Ni5	SCH11	SCH11	HD	J93005	G-X40CrNiSi27-4	1.4823	Z30CN26.05M	—
ZG35Cr26Ni12	SCH13	SCH13	HH	J93503	G-X40CrNiSi25-12	1.4837	—	309C35
ZG30Ni35Cr15	SCH16	SCH16	HT-30	—	—	—	—	330C12

（续）

中国 GB	日本 JIS	韩国 KS	美国 ASTM /ACI	美国 UNS	德国 DIN	德国 W-Nr.	法国 NF	英国 BS
ZG40Cr28Ni16	SCH18	SCH18	HI	J94003	—	—	—	—
ZG35Ni24Cr18Si2	SCH19	SCH19	HN	J94213	—	—	—	311C11
ZG40Cr25Ni20	SCH22	SCH22	HK HK-40	J94224 J94204	G-X40CrNiSi25-20	1.4848	Z40CN25.20M	—
ZG40Cr30Ni20	SCH23	SCH23	HL	J94604	—	—	Z40CN30.20M	—
ZG45Ni35Cr26	SCH24	SCH24	HP	J95705	G-X45CrNiSi35-25	1.4857	—	—

4.2.5　高锰铸钢国内外牌号对照(见表2.1-68)

表2.1-68　高锰铸钢国内外牌号对照

中国 GB/JB/YB	日本 JIS	韩国 KS	美国 ASTM	美国 UNS	德国 DIN	德国 W-Nr.	俄罗斯 ГОСТ	英国 BS
ZGMn13-1 ZGMn13-2	~SCMnH1	~SCMnH1	B4 A	J91149 J91109	G-X120Mn13 G-X120Mn12	1.3802 1.3401	Г13Л 110013Л	BW10 (En145)
ZGMn13-3 ZGMn13-4	SCMnH1 SCMnH2 SCMnH3	SCMnH1 SCMnH2 SCMnH3	B1 B2	J91119 J91129	G-X110Mn14	1.3402	100Г13Л	—
ZGMn13-4 ZGMn13Cr2 ZGMn13-5	SCMnH11 SCMnH21	SCMnH11 SCMnH21	C	J91309	—	—	~110Г13Х2ЕРЛ	—

4.3　结构钢国内外牌号对照

4.3.1　碳素结构钢和工程用钢国内外牌号对照(见表2.1-69)

表2.1-69　碳素结构钢和工程用钢国内外牌号对照

中国 GB	国际标准化组织 ISO	日本 JIS	韩国 KS	美国 ASTM	美国 UNS	俄罗斯 ГОСТ	英国 BS	德国 DIN	德国 W-Nr.	法国 NF
Q195	HR2	—	—	A285M Cr. B	—	Ст. 1кп Ст. 1сп Ст. 1пс	S185	S185	1.0035	S185
Q215A A215B	HR1	SS330	SS330	A283M Gr. C A573M Cr. 58	—	Ст. 2кп-2, -3 Ст. 2пс-2, -3 Ст. 2сп-2, -3	040A12	USt34-2 RSt34-2	1.0028 1.0034	A34 A34-2NE
Q235A Q235B Q235C Q235D	Fe360A Fe360D	SS400	SS400	A570 Gr. A A570 Gr. D A283M Gr. D	K02501 K02502	Ст. 3кп-2 Ст. 3кп-3 Ст. 3кп-4 БСт. 3кп-2	S235JR S235JRG1 S235JRG2	S235JR S235JRG1 S235JRG2	1.0037 1.0036 1.0038	S235JR S235JRG1 S235JRG2
Q255A Q255D	—	SM400A SM400B	—	A709M Gr. 36	—	Ст. 4кп-2 Ст. 4пп-3 ЕСт. 4кп-2	43B	St44-2	1.0044	E28-2
Q275	Fe430A	SS490	SS490	—	K02901	Ст. 5кп-2 Ст. 5кс ЕСт. 5кс-2	S275J2G3 S275J2G4	S275J2G3 S275J2G4	1.0144 1.0145 1.0055	S275J2G3 S275J2G4

4.3.2 优质碳素结构钢国内外牌号对照(见表2.1-70)

表2.1-70 优质碳素结构钢国内外牌号对照

中国 GB	国际标准化组织 ISO	日本 JIS	韩国 KS	美国 ASTM /AISI	美国 UNS	俄罗斯 ГОСТ	英国 BS	德国 DIN	德国 W-Nr.	法国 NF
05F	—	—	—	1005	G10050	05кп	015A03	D6-2	1.0314	—
08F	—	S9CK	SM9CK	≈1008	—	08кп	—	USt4	1.0336	—
08	—	—	—	1008	G10080	08	040A04 050A04	—	—	XC6
10F	—	—	—	≈1010	—	10кп	—	USt13	—	—
10	—	S10C	SM10C	1010	G10100	10	040A10 045M10	C10 Ck10	1.0301 1.1121	C10 XC10
15	—	S15C	SM15C	1015	G10150	15	040A15 080M15	C15 Ck15	1.0401 1.1141	C12 XC15
20	—	S20C	SM20C	1020	G10200	20	C22E 070M20	C22E Ck22	1.1151	C22E XC18
25	C25E4	S25C	SM25C	1025	G10250	25	C25E 070M26	C25E Ck25	1.1158	C25E XC25
30	C30E4	S30C	SM30C	1030	G10300	30	C30E 080M30	C30E Ck30	1.1178	C30E XC32
35	C35E4	S35C	SM35C	1035	G10350	35	C35E 080M36	C35E Ck35	1.1181	C35E XC38
40	C40E4	S40C	SM40C	1040	G10400	40	C40E 080M40	C40E Ck40	1.1186	C4E XC42
45	C45E4	S45C	SM45C	1450	G10450	45	C40E 080M46	C45E Ck45	1.1191	C45E XC48
50	C50E4	S50C	SM50C	1050	G10500	50	C50E 080M50	C50E Ck53	1.1210	C50E
55	C55E4	S55C	SM55C	1055	G10550	55	C55E 070M55	C55E Ck55	1.1203	C55E XC55
60	C60E4	—	—	1060	G10600	60	C60E 070M60	C60E Ck60	1.1221	C60E XC60
65	SL,SM	—	—	1065	G10650	65	060A67	Ck67	1.1231	XC65
15Mn	—	—	—	1016	G10160	15Г	080A15	15Mn3	1.0467	12M5
20Mn	—	—	—	1022	G10220	20Г	080A20	21Mn4	1.0469	20M5
25Mn	—	—	—	1026	G10260	25Г	080A25	—	—	—
30Mn	—	—	—	1033	G10330	30Г	080A30	30Mn4	1.1146	32M5
35Mn	—	—	—	1037	G10370	35Г	080A35	36Mn4	1.0561	35M5
40Mn	SL,SM	—	—	1039	G10390	40Г	080A40	40Mn4	1.1157	40M5
45Mn	SL,SM	—	—	1046	G10460	45Г	080A47	—	—	45M5
50Mn	SL,SM	—	—	1053	G10530	50Г	080A52	—	—	—
60Mn	SL,SM	S58C	—	1062	—	60Г	080A62	60Mn3	1.0642	—

4.3.3　合金结构钢国内外牌号对照(见表2.1-71)

表2.1-71　合金结构钢国内外牌号对照

中国 GB	国际标准化组织 ISO	日本 JIS	韩国 KS	美国		俄罗斯 ГОСТ	英国 BS	德国		法国 NF
				ASTM/AISI	UNS			DIN	W-Nr.	
20Mn2	22Mn6	SMn420	SMn420	1320	—	20Г2	150M19	20Mn6	1.1169	20M5
30Mn2	28Mn6	—		1330	G13300	30Г2	150M28	30Mn5	1.1165	32M5
35Mn2	36Mn6	SMn433	SMn433	1325	G13350	35Г2	150M36	36Mn5	1.1167	35M5
40Mn2	42Mn6	SMn438	SMn438	1340	G13400	40Г2	—	—	—	40M5
45Mn2	—	SMn443	SMn443	1345	G13450	45Г2	—	46Mn7	1.0912	45M5
50Mn2	—	—	—	—	—	50Г2	—	50Mn7	1.0913	55M5
15MnV 20MnV	—	—	—	—	—	—	—	15MnV5 20MnV6	1.5213 1.5217	—
42MnV	—	—	—	—	—	—	—	42MnV7	1.5223	—
35SiMn 42SiMn	—	—	—	—	—	35СГ 42СГ		37MnSi5 46MnSi4	1.5122 1.5121	38MS5 41S7
40B 45B 40MnB	—	—	—	14B35 14B50	—	—	170H41 — 185H40	—	—	— 38MB5
15Cr	—	SCr415	SCr415	5115	G51150	15X	523A14 523M15	15Cr3	1.7015	12C3
20Cr	20Cr4	SCr420	SCr420	5120	G51200	20X	527A20	20Cr4	1.7027	18C3
30Cr	—	SCr430	SCr430	5130	G51300	30X	530A30	28Cr4	1.7030	32C4
35Cr	34Cr4	SCr435	SCr435	5135	G51350	35X	530A36	34Cr4	1.7033	38C4
40Cr	41Cr4	SCr440	SCr440	5140	G51400	40X	530A40 530M40	41Cr4	1.7035	42C4
45Cr	—	SCr445	SCr445	5145	G51450	45X	—	—	—	45C4
50Cr	—	—	—	5150	G51500	50X	—	—	—	50C4
12CrMo 12CrMoV	—	—	—	4119	—	12XM 12XMФ	1501-620 Cr27	13CrMo44	1.7335	12CD4
15CrMo[①]	—	SCM415	SCM415	—	—	15XM	1501-620 Cr31	15CrMo5	1.7262	15CD4.05
20CrMo	18CrMo4	SCM420	SCM420	4118	G41180	20XM	CDS12	20CrMo5	1.7264	18CD4
25CrMo[①]	—	—	—	—	—	30XM	—	25CrMo4	1.7218	25CD4
30CrMo	—	SCM430	SCM430	—	—	—	—	—	—	30CD4
35CrMo 35CrMoV	34CrMo4	SCM435	SCM435	4135	G41350	35XM 35XMФ	708A37 CDS13	34CrMo4	1.7220	35CD4
42CrMo	42CrMo4	SCM440	SCM440	4140	G41400	—	708M40	42CrMo4	1.7225	42CD4
25Cr2MoVA 25Cr2Mo1VA	—	—	—	—	—	25X2M1Ф	—	24CrMoV55	1.7733	—
20Cr3MoWVA	—	—	—	—	—	ЭИ415	—	21CrVMoW12	—	—
38CrMoAl	41Cr AlMo74	—	—	—	—	38X2MЮА	905M39	41CrAlMo7	1.8509	40CAD6.12
20CrV	—	—	—	6120	—	—	—	21CrV4	1.7510	—
50CrVA	13	SUP10	SPS6	6150	G61500	50XФА	735A50	51CrV4 (50CrV4)	1.8159	50CV4

（续）

中国 GB	国际标准化组织 ISO	日本 JIS	韩国 KS	美国 ASTM/AISI	UNS	俄罗斯 ГОСТ	英国 BS	德国 DIN	W-Nr.	法国 NF
15CrMn	—	—	—	5115	G51150	15ХГ	—	16MnCr5	1.7131	16MC5
20CrMn	20MnCr5	SMnC420	SMnC420	5120	G51200	20ХГ	—	20MnCr5	1.7147	20MC5
20CrMnSi 30CrMnSi 35CrMnSiA	—	—	—	—	—	20ХГС 30ХГС 35ХГСА	—	—	—	—
20CrMnMo	—	SCM421	SCM421	4119	—	18ХГМ	—	—	—	—
40CrMnMo	42CrMo4	SCM440	SCM440	4142	G41420	40ХГМ	708A42	42CrMo4	1.7225	—
20CrMnTi 30CrMnTi	—	—	—	—	—	18ХГТ 30ХГТ	—	30MnCrTi4	1.8401	—
20CrNi 40CrNi 50CrNi	—	—	—	3140	G31400	20ХН 40ХН 50ХН	640M40	40NiCr6	1.5711	—
12CrNi2	—	SNC415	SNC415	3415	—	12ХН2А	—	14NiCr10	1.5732	14NC11
12CrNi3	15NiCr13	SNC815	SNC815	3310	G33106	12ХН3А	665A12 665M13	14NiCr14	1.5752	14NC12
20CrNi3	—	—	—	—	—	20ХН3А	—	—	—	20NC11
30CrNi3	—	SNC836	SNC836	3435	—	30ХН3А	653M31	31NiCr14	1.5755	30NC11
12Cr2Ni4	—	—	—	2515	—	12Х2Н4А	659M15	14NiCr18	1.5860	12NC15
20Cr2Ni4 18Cr2Ni4WA	—	≈SNC815	≈SNC815	3316	—	20Х2Н4А 18Х2Н4ВА	≈665M13	≈14NiCr14	1.5752	18NC13
20CrNiMo	20NiCrMo2	SNCM220	SNCM220	8620	G86200	20ХНМ	805M20	21NiCrMo2	1.6523	20NCD2
40CrNiMo 45CrNiMoVA		SNCM439	SNCM439	4340	G43400	20ХНМ 45ХН2МФА	816M40	36CrNiMo4	1.6511	40NCD3

① 中国YB标准旧牌号。

4.3.4 易切削结构钢国内外牌号对照（见表2.1-72）

表2.1-72 易切削结构钢国内外牌号对照

中国 GB	国际标准化组织 ISO	日本 JIS	韩国 KS	美国 ASTM/AISI	UNS	俄罗斯 ГОСТ	英国 BS	德国 DIN	W-Nr.	法国 NF
Y12	10S20	SUM21	SUM21	B1112	—	A12	—	10S20	1.0721	13MF4
Y12Pb	11SMnPb28	—	—	11L08	—	—	—	10SPb20	1.0722	10PbF2
Y15	11SMn28	SUM32	SUM32	1115	—	—	220M07 210A15	15S20	1.0723	
Y15Pb	11SMnPb28	SUM22L	SUM22L	12L13	G12134	—	—	9SMnPb28	1.0718	S250Pb
Y20	—	—	—	1120	—	A20	—	22S20	1.0724	18MF5
Y30	—	—	—	1130	—	A30	—	—	—	—
Y35	35S20	—	—	1140	—	—	212M36	35S20	1.0726	35MF6
Y40Mn	44SMn28	SUM42	SUM42	1141	G11410	A10Г	212M44	—	—	—

4.3.5　弹簧钢国内外牌号对照(见表2.1-73)

表2.1-73　弹簧钢国内外牌号对照

中国 GB	国际标准化组织 ISO	日本 JIS	韩国 KS	美国 AISI	美国 UNS	俄罗斯 ГОСТ	英国 BS	德国 DIN	德国 W-Nr.	法国 NF
65	Type DC	SUP2	—	1065	G10650	65	060A67	Ck67	1.1231	XC65
70	Type DC	—	—	1070	G10700	70	070A72	—	—	XC70
85	Type DC	SUP3	SPS1	1086	G10860	85A	060A86	Ck85	1.1269	XC85
65Mn	—	—	—	1066	—	65Г	080A67	—	—	—
55Si2Mn	56SiCr7	—	—	9255	G92550	55C2	250A53	55Si7	1.0904	55S7
60Si2Mn	61SiCr7	SUP6	SPS3	—	—	60C2	—	60Si7	1.0909	60S7
60Si2CrA 60Si2CrVA	55SiCr6-3	—	—	—	—	60C2XA 60C2XФA	—	60SiCr7	1.0961	60SC7
55CrMnA	55Cr3	SUP9	SPS5	5155	G51550	—	≈527A60	55Cr3	1.7176	55C3
60CrMnA	—	SUP9A	SPS5A	5160	G51600	—	527A60	—	—	—
60CrMnMoA	60CrMo3-3	SUP13	SPS9	4160	G41610	—	705H60	≈51CrMoV4	1.7701	~51CDV4
50CrVA	51CrV4	SUP10	SPS6	6150	G61500	50XФA	735A50	51CrV4	1.8159	50CrV4
60CrMnBA	60Cr1	SUP11A	SPS7	51B60	G51601	55XГP	—	58CrMnB4	—	—
30W4Cr2VA	—	—	—	—	—	—	—	30WCrV17.9	1.2243	—

4.4　工具钢国内外牌号对照

4.4.1　碳素工具钢国内外牌号对照(见表2.1-74)

表2.1-74　碳素工具钢国内外牌号对照

中国 GB	国际标准化组织 ISO	日本 JIS	韩国 KS	美国 ASTM	美国 UNS	俄罗斯 ГОСТ	英国 BS	德国 DIN	德国 W-Nr.	法国 NF
T7	TC70	SK7	STC7	—	—	У7	—	C70W2	1.1620	(C70E2U)
T8	TC80	SK5 SK6	STC5 STC6	W1A-8	T72301	У8	—	C80W2	1.1625	(C80E2U)
T8Mn	—	SK5	STC5	—	—	У8Г	—	C85WS	1.1830	—
T9	TC90	—	—	W1A-8$^1/_2$	T72301	У9	—	—	—	C90E2U
T10	TC105	SK3 SK4	STC3 STC4	W1A-9$^1/_2$	T72301	У10	BW1B	C105W2	1.1645	(C105E2U)
T11	≈TC105	SK3	STC3	W1A-10$^1/_2$	T72301	У11	—	C110W2	1.1654	≈C105E2U
T12	TC120	SK2	STC2	W1A-11$^1/_2$	T72301	У12	BW1C	C125W2	1.1663	C120E3U
T13	TC140	SK1	STC1	—	—	У13	—	C13W2	1.1673	≈C140E3U
T7A	—	—	—	—	—	У7A	—	C70W1	1.1520	C70E2U
T8A	—	—	—	—	T72301	У8A	—	C80W1	1.1525	C80E2U
T10A	—	—	—	—	T72301	У10A	—	C105W1	1.1545	C105E2U
T12A	—	—	—	—	T72301	У12A	—	C110W1	1.1550	—
T13A	—	—	—	—	—	У13A	—	C125W1	1.1560	—

4.4.2 高速工具钢国内外牌号对照(见表2.1-75)

表2.1-75 高速工具钢国内外牌号对照

中国 GB	国际标准化组织 ISO	日本 JIS	韩国 KS	美国		俄罗斯 ГОСТ	英国 BS	德国		法国 NF
				ASTM	UNS			DIN	W-Nr.	
W18Cr4V	HS 18-0-1	SKH2	SKH2	T1	T12001	P18	BT1	S 18-0-1	1.3355	HS 18-0-1
W18Cr4VCo5	HS 18-1-1-5	SKH3	SKH3	T4	T12004	~P18K5Ф2	BT4	S 18-1-2-5	1.3255	HS 18-1-1-5
W18Cr4V2Co8	—	~SKH4	~SKH4	T5	T12005	—	BT5	~S18-1-2	1.3265	HS 18-0-2-9
W12Cr4V5Co5	HS 12-1-5-5	SKH10	SKH10	T15	T12015	P10K5Ф5	BT15	S 12-1-4-5	1.3202	HS 12-1-5-5
W6Mo5Cr4V2	HS 6-5-2	SKH9	SKH9	M2（正常C）	T11302	P6M5	BM2	S 6-5-2	1.3343	—
CW6Mo5Cr4V2	—	—	—	M2（高C）	T11302	—	—	SC 6-5-2	1.3342	HS 6-5-2HC
W6Mo5Cr4V3	—	SKH52	SKH52	M3 Class 1	T11313	P6M5Ф3	—	—	—	—
CW6Mo5Cr4V3	HS 6-5-3	SKH53	SKH53	M3 Class 2	T11323	—	—	S 6-5-3	1.3344	HS 6-5-3
W2Mo9Cr4V2	HS 2-9-2	—	—	M7	T11307	—	—	S 2-9-2	1.3348	HS 2-9-2
W6Mo5Cr4V2Co5	HS 6-5-2-5	SKH55	SKH55	—	—	P6M5K5	—	S 6-5-2-5	1.3243	HS 6-5-2-5
W7Mo4Cr4V2Co5	HS 7-4-2-5	—	—	M41	T11341	—	M41	S 7-4-2-5	1.3246	HS 7-4-2-5
W2Mo9Cr4VCo8	HS 2-9-1-8	SKH59	SKH59	M42	T11342	—	BM42	S 2-10-1-8	1.3247	HS 2-9-1-8

4.4.3 合金工具钢国内外牌号对照(见表2.1-76)

表2.1-76 合金工具钢国内外牌号对照

中国 GB	国际标准化组织 ISO	日本 JIS	韩国 KS	美国		俄罗斯 ГОСТ	英国 BS	德国		法国 NF
				ASTM	UNS			DIN	W-Nr.	
9SiCr	—	—	—	—	—	9XC	—	90CrSi5	1.2108	—
8MnSi	—	—	—	—	—	—	BW1A	≈C75W	1.1750	—
Cr06	—	SKS8	STS8	—	—	X05	—	140Cr3	1.2008	130Cr3
Cr2	100Cr2	SUJ2	—	L3	T61203	X	BL1 BL3	100Cr6	1.2067	Y100C6
9Cr2	—	—	—	—	—	9X1	BL3	90Cr3	1.2056	—
W	—	≈SKS21	≈STS21	F1	T60601	B1	BF1	120W4	1.2414	—
4CrW2Si	—	≈SKS41	≈STS41	—	—	4XB2C	—	—	—	—
5CrW2Si	≈45WCrV2	—	—	S1	T41901	5XB2C	BS1	≈45WCrV7	1.2542	≈45WCrV8
6CrW2Si	≈60WCrV2	—	—	—	—	6XB2C	—	≈60WCrV7	1.2550	(≈55WC20)
Cr12	210Cr12	SKD1	STD1	D3	T30403	X12	BD3	X210Cr12	1.2080	X200Cr12
Cr12MoV	—	SKD11	STD11	—	—	X12M	—	X165CrMoV12	1.2601	—
Cr12Mo1V1	160CrMoV12	—	—	D2	T30402	—	BD2	X155CrMoV12-1	1.2379	X160CrMoV12
Cr5Mo1V	100CrMoV5	SKD12	STD12	A2	T30102	—	BA2	X100CrMoV5-1	1.2363	X100CrMoV5
9Mn2V	90MnV2	—	—	O2	T31502	—	BO2	90MnCrV8	1.2842	90MnV8
CrWMn	105WCr1	SKS31	STS31	—	—	XBГ	—	105WCr6	1.2419	105WCr5
9CrWMn	95MnWCr1	SKS3	STS3	O1	T31501	9XBГ	BO1	100MnCrW4	1.2510	90MnWCrV5
5CrMnMo	—	—	—	—	—	5XГM	—	≈40CrMnMo7	1.2311	—

4.5 不锈钢和耐热钢国内外牌号对照(见表2.1-77)

表2.1-77 不锈钢和耐热钢国内外牌号对照(摘自GB/T 20878—2007)

序号	中国 GB/T 20878—2007			美国 ASTM A959-04	日本 JIS G4303—1998 JIS G4311—1991	国标 ISO/TS 15510:2003 ISO 4955:2005	欧洲 EN 10088:1—1995 EN 10095—1999 等	前苏联 ГОСТ 5632—1972
	统一数字代号	新牌号	旧牌号					
1	S35530	12Cr17Mn6Ni5N	1Cr17Mn6Ni5N	S20100,201	SUS201	X12CuMnNiN17-7-5	X12CrMnNiN17-7-5,1.4372	—
2	S35950	10Cr17Mn9Ni4N		—	—	—	—	12X17Г9AH4
3	S35450	12Cr18Mn9Ni5N	1Cr18Mn8Ni5N	S20200,202	SUS202	—	X12CrMnNiN18-9-5,1.4373	12X17Г9AH4
4	S35020	20Cr13Mn9Ni4	2Cr13Mn9Ni4	—	—	—	—	20X13H4Г9
5	S35550	20Cr15Mn15Ni2N	2Cr15Mn15Ni2N	—	—	—	—	—
6	S35650	53Cr21Mn9Ni4N	5Cr21Mn9Ni4N	(S63008)	SUH35	(X53CrMnNiN21-9)	X53CrMnNiN21-9-4,1.4871	55X20Г9AH4
7	S35750	26Cr18Mn12Si2N	3Cr18Mn12Si2N	—	—	—	—	—
8	S35850	22Cr20Mn10Ni3Si2N	2Cr20Mn9Ni3Si2N	—	—	—	—	—
9	S30110	12Cr17Ni7	1Cr17Ni7	S30100,301	SUS301	X5CrNi17-7	(X3CrNiN17-8,1.4319)	—
10	S30103	022Cr17Ni7		S30103,301L	(SUS301L)	—	—	—
11	S30153	022Cr17Ni7N		S30153,301LN	—	X2CrNiN18-7	X2CrNiN18-7,1.4318	—
12	S30220	17Cr18Ni9	2Cr18Ni9	—	—	—	—	17X18H9
13	S30210	12Cr18Ni9	1Cr18Ni9	S30200,302	SUS302	X10CrNi18-8	X10CrNi18-8,1.4310	12X18H9
14	S30240	12Cr18Ni9Si3	1Cr18Ni9Si3	S30215,302B	(SUS302B)	X12CrNiSi18-9-3	—	—
15	S30317	Y12Cr18Ni9	Y1Cr18Ni9	S30300,303	SUS303	X10CrNiS18-9	X8CrNiS18-9,1.4305	—
16	S30327	Y12Cr18Ni9Se	Y1Cr18Ni9Se	S30323,303Se	SUS303Se	—	—	12X18H10E
17	S30408	06Cr19Ni10	0Cr18Ni9	S30400,304	SUS304	X5CrNi18-10	X5CrNi18-10,1.4301	—
18	S30403	022Cr19Ni10	00Cr19Ni10	S30403,304L	SUS304L	X2CrNi19-11	X2CrNi19-11,1.4306	03X18H11
19	S30409	07Cr19Ni10		S30409,304H	SUH304H	X7CrNi18-9	X6CrNi18-10,1.4948	—
20	S30450	05Cr19Ni10Si2CeN		S30415	—	X6CrNiSiNCe19-10	X6CrNiSiNCe19-10,1.4818	—
21	S30480	06Cr18Ni9Cu2	0Cr18Ni9Cu2	—	SUS304J3	—	—	—
22	S30488	06Cr18Ni9Cu3	0Cr18Ni9Cu3	—	SUSXM7	X3CrNiCu18-9-4	X3CrNiCu18-9-4,1.4567	—
23	S30458	06Cr19Ni10N	0Cr19Ni9N	S30451,304N	SUS304N1	X5CrNiN19-9	X5CrNiN19-9,1.4315	—
24	S30478	06Cr19Ni9NbN	0Cr19Ni10NbN	S30452,XM-21	SUS304N2	—	—	—

（续）

序号	中国 GB/T 20878—2007			美国 ASTM A959-04	日本 JIS G4303—1998 JIS G4311—1991	国标 ISO/TS 15510:2003 ISO 4955:2005	欧洲 EN 10088:1—1995 EN 10095—1999 等	前苏联 ГОСТ 5632—1972
	统一数字代号	新牌号	旧牌号					
25	S30453	022Cr19Ni10N	00Cr18Ni10N	S30453,304LN	SUS304LN	X2CrNiN18-9	X2CrNiN18-10,1.4311	—
26	S30510	10Cr18Ni12	1Cr18Ni12	S30500,305	SUS305	X6CrNi18-12	X4CrNi18-12,1.4303	12Х18Н12Т
27	S30508	06Cr18Ni12	0Cr18Ni12		SUS305J1	—	—	—
28	S38408	06Cr16Ni18	0Cr16Ni18	S38400	(SUS384)	(X6CrNi18-16E)	—	—
29	S30808	06Cr20Ni11		S30800,308	SUS308	—	—	—
30	S30850	22Cr21Ni12N	2Cr21Ni12N	(S63017)	SUH37	—	—	—
31	S30920	16Cr23Ni13	2Cr23Ni13	S30900,309	SUH309	—	(X15CrNiSi20-12,1.4828)	20Х23Н12
32	S30908	06Cr23Ni13	0Cr23Ni13	S30908,309S	SUS309S	X12CrNi23-13	X12CrNi23-13,1.4833	10Х23Н13
33	S31010	14Cr23Ni18	1Cr23Ni18	—	—	—	—	20Х23Н18
34	S31020	20Cr25Ni20	2Cr25Ni20	S31000,310	SUH310	X15CrNi25-21	X15CrNi25-21,1.4821	20Х25Н20С2
35	S31008	06Cr25Ni20	0Cr25Ni20	S31008,310S	SUS310S	X12CrNi23-12	X12CrNi23-12,1.4845	10Х23Н18
36	S31053	022Cr25Ni22Mo2N		S31050,310MoLN	—	X1CrNiMoN25-22-2	X1CrNiMoN25-22-2,1.4466	—
37	S31252	015Cr20Ni18Mo6CuN		S31254	—	X1CrNiMoN20-18-7	X1CrNiMoN20-18-7,1.4547	—
38	S31608	06Cr17Ni12Mo2	0Cr17Ni12Mo2	S31600,316	SUS316	X5CrNiMo17-12-2	X5CrNiMo17-12-2,1.4401	—
39	S31603	022Cr17Ni12Mo2	00Cr17Ni14Mo2	S31603,316L	SUS316L	X2CrNiMo17-12-2	X2CrNiMo17-12-2,1.4404	03Х17Н14М2
40	S31609	07Cr17Ni12Mo2	1Cr17Ni12Mo2	S31609,316H	—	—	X3CrNiMo17-13-3,1.4436	—
41	S31668	06Cr17Ni12Mo3Ti	0Cr18Ni12Mo3Ti	S31635,316Ti	SUS316Ti	X6CrNiMoTi17-12-2	X6CrNiMoTi17-12-2,1.4571	08Х17Н13М3Т
42	S31678	06Cr17Ni12Mo2Nb		S31640,316Nb	—	X6CrNiMoNb17-12-2	X6CrNiMoNb17-2-2,1.4580	03Х16Н13М3Б
43	S31658	06Cr17Ni12Mo2N	0Cr17Ni12Mo2N	S31651,316N	SUS316N	—	—	—
44	S31653	022Cr17Ni12Mo2N	00Cr17Ni13Mo2N	S31653,316LN	SUS316LN	X2CrNiMoN17-12-3	X2CrNiMoN17-13-3,1.4429	—
45	S31688	06Cr18Ni12Mo2Cu2	0Cr18Ni12Mo2Cu2	—	SUS316J1	—	—	—
46	S31683	022Cr18Ni14Mo2Cu2	00Cr18Ni14Mo2Cu2	—	SUS316J1L	—	—	—
47	S31693	022Cr18Ni15Mo3N	00Cr18Ni15Mo3N	—	—	—	—	—
48	S31782	015Cr21Ni26Mo5Cu2		N08904,904L	—	—	—	—
49	S31708	06Cr19Ni13Mo3	0Cr19Ni13Mo3	S31700,317	SUS317	—	—	—

（续）

序号	中国 GB/T 20878—2007 统一数字代号	中国 GB/T 20878—2007 新牌号	中国 GB/T 20878—2007 旧牌号	美国 ASTM A959-04	日本 JIS G4303—1998 JIS G4311—1991	国标 ISO/TS 15510:2003 ISO 4955:2005	欧洲 EN 10088:1—1995 EN 10095—1999 等	前苏联 ГОСТ 5632—1972
50	S31703	022Cr19Ni13Mo3	00Cr19Ni13Mo3	S31703, 317L	SUS317L	X2CrNiMo19-14-4	X2CrNiMo18-15-4, 1.4438	03X16H15M3
51	S31793	022Cr18Ni14Mo3	00Cr18Ni14Mo3	—	—	—	—	—
52	S31794	03Cr18Ni16Mo5	0Cr18Ni16Mo5	—	SUS317J1	—	—	—
53	S31723	022Cr19Ni16Mo5N		S31726, 317LMN	—	X2CrNiMoN18-15-5	X2CrNiMoN17-13-5, 1.4439	—
54	S31753	022Cr19Ni13Mo4N		S31753, 317LN	SUS317LN	X2CrNiMoN18-12-4	X2CrNiMoN18-12-4, 1.4434	—
55	S32168	06Cr18Ni11Ti	0Cr18Ni10Ti	S32100, 321	SUS321	X6CrNiTi18-10	X6CrNiTi18-10, 1.4541	08X18H10T
56	S32169	07Cr19Ni11Ti	1Cr18Ni11Ti	S32109, 321H	(SUS321H)	X7CrNiTi18-10	X6CrNiTi18-10, 1.4541	12X18H11T
57	S32590	45Cr14Ni14W2Mo	4Cr14Ni14W2Mo	—	—	—	—	45X14H14B2M
58	S32652	015Cr24Ni22Mo8-Mn3CuN		S32654	—	X1CrNiMoCuN24-22-8	(X1CrNiMoCuN24-22-8, 1.4652)	—
59	S32720	24Cr18Ni8W2	2Cr18Ni8W2	—	—	—	—	25X18H8B2
60	S33010	12Cr16Ni35	1Cr16Ni35	N08330, 330	SUH330	(X12CrNiSi35-16)	X12CrNiSi35-16, 1.4864	—
61	S34553	022Cr24Ni17Mo5-Mn6NbN		S34565	—	X2CrNiMnMoN25-18-6-5	(X2CrNiMnMoN25-18-6-5, 1.4565)	—
62	S34778	06Cr18Ni11Nb	0Cr18Ni11Nb	S34700, 347	SUS347	X6CrNiNb18-10	X6CrNiNb18-10, 1.4550	08X18H12Б
63	S34779	07Cr18Ni11Nb	1Cr19Ni11Nb	S34709, 347H	(SUS347H)	X7CrNiNb18-10	X7CrNiNb18-10, 1.4912	—
64	S38148	06Cr18Ni13Si4	0Cr18Ni13Si4	—	SUSXM15J1	S38100, XM-15	—	—
65	S38240	16Cr20Ni14Si2	1Cr20Ni14Si2	—	—	S15CrNiSi20-12	X15CrNiSi20-12, 1.4828	20X20H14C2
66	S38340	16Cr25Ni20Si2	1Cr25Ni20Si2	—	—	(X15CrNiSi25-21)	(X15CrNiSi25-21, 1.4841)	20X25H20C2
67	S21860	14Cr18Ni11Si4AlTi	1Cr18Ni11Si4AlTi	—	—	—	—	15X18H12C4TЮ
68	S21953	022Cr19Ni5Mo3Si2N	00Cr18Ni5Mo3Si2	S31500	—	—	—	—
69	S22160	12Cr21Ni5Ti	1Cr21Ni5Ti	—	—	—	—	10X21H5T
70	S22253	022Cr22Ni5Mo3N		S31803	SUS329J3L	X2CrNiMoN22-5-3	X2CrNiMoN22-5-3, 1.4462	—
71	S22053	022Cr23Ni5Mo3N		S32205, 2205	—	—	—	—
72	S23043	022Cr23Ni4MoCuN		S32304, 2304	—	X2CrNiN23-4	X2CrNiN23-4, 1.4362	—
73	S22553	022Cr25Ni6Mo2N		S31200	—	X3CrNiMoN27-5-2	X3CrNiMoN27-5-2, 1.4460	—

（续）

序号	中国 GB/T 20878—2007 统一数字代号	新牌号	旧牌号	美国 ASTM A959-04	日本 JIS G4303—1998 JIS G4311—1991	国标 ISO/TS 15510:2003 ISO 4955:2005	欧洲 EN 10088:1—1995 EN 10095—1999 等	前苏联 ГОСТ 5632—1972
74	S22583	022Cr25Ni7Mo3WCuN		S31260	(SUS329J2L)	—	—	—
75	S25554	03Cr25Ni6Mo3Cu2N		S32550,255	SUS329J4L	X2CrNiMoCuN25-6-3	X2CrNiMoCuN25-6-3,1.4507	—
76	S25073	022Cr25Ni7Mo4N		S32750,2507	—	X2CrNiMoN25-7-4	X2CrNiMoN25-7-4,1.4410	—
77	S27603	022Cr25Ni7Mo4WCuN		S32760	—	X2CrNiMoWN25-7-4	X2CrNiMoWN25-7-4,1.4501	—
78	S11348	06Cr13Al	0Cr13Al	S40500,405	SUS405	X6CrAl13	X6CrAl13,1.4002	—
79	S11168	06Cr11Ti	0Cr11Ti	S40900	(SUH409)	X6CrTi12	—	—
80	S11163	022Cr11Ti		S40900	(SUH409L)	X2CrTi12	X2CrTi12,1.4512	—
81	S11173	022Cr11NbTi		S40930	—	—	—	—
82	S11213	022Cr12Ni		S40977	—	X2CrNi12	X2CrNi12,1.4003	—
83	S11203	022Cr12	00Cr12	—	SUS410L	—	—	—
84	S11510	10Cr15	1Cr15	S42900,429	(SUS429)	—	—	—
85	S11710	10Cr17	1Cr17	S43000	SUS430	X6Cr17	X6Cr17,1.4016	12X17
86	S11717	Y10Cr17	Y1Cr17	S43020,430F	SUS430F	X7CrS17	X14CrMoS17,1.4104	—
87	S11863	022Cr18Ti	00Cr17	S43035,439	(SUS430LX)	X3CrTi17	X3CrTi17,1.4510	08X17T
88	S11790	10Cr17Mo	1Cr17Mo	S43400,434	SUS434	X6CrMo17-1	X6CrMo17-1,1.4113	—
89	S11770	10Cr17MoNb		S43600,436	—	X6CrMoNb17-1	X6CrMoNb17-1,1.4526	—
90	S11862	019Cr18MoTi		—	(SUS436L)	—	—	—
91	S11873	022Cr18NbTi		S43940	—	X2CrTiNb18	X2CrTiNb18,1.4509	—
92	S11972	019Cr19Mo2NbTi	00Cr18Mo2	S44400,444	(SUS444)	X2CrMoTi18-2	X2CrMoTi18-2,1.4521	—
93	S12550	16Cr25N	2Cr25N	S44600,446	(SUH446)	—	—	—
94	S12791	008Cr27Mo	00Cr27Mo	S44627,XM-27	SUSXM27	—	—	—
95	S13091	008Cr30Mo2	00Cr30Mo2	—	SUS447J1	—	—	—
96	S40310	12Cr12	1Cr12	S40300,403	SUS403	—	—	—
97	S41008	06Cr13	0Cr13	S41008,410S	(SUS410S)	X6Cr13	X6Cr13,1.4000	08X13
98	S41010	12Cr13	1Cr13	S41000,410	SUS410	X12Cr13	X12Cr13,1.4006	12X13

（续）

序号	中国 GB/T 20878—2007			美国 ASTM A959-04	日本 JIS G4303—1998 JIS G4311—1991	国标 ISO/TS 15510:2003 ISO 4955:2005	欧洲 EN 10088:1—1995 EN 10095—1999 等	前苏联 ГОСТ 5632—1972
	统一数字代号	新牌号	旧牌号					
99	S41595	04Cr13Ni5Mo		S41500	(SUSF6NM)	X3CrNiMo13-4	X3CrNiMo13-4,1.4313	—
100	S41617	Y12Cr13	Y1Cr13	S41600,416	SUS416	X12CrS13	X12CrS13,1.4005	—
101	S42020	20Cr13	2Cr13	S42000,420	SUS420J1	X20Cr13	X20Cr13,1.4021	20X13
102	S42030	30Cr13	3Cr13	S42000,420	SUS420J2	X30Cr13	X30Cr13,1.4028	30X13
103	S42037	Y30Cr13	Y3Cr13	S42020,420F	SUS420F	X29CrS13	X29CrS13,1.4029	—
104	S42040	40Cr13	4Cr13	—	—	X39Cr13	X39Cr13,1.4031	40X13
105	S41427	Y25Cr13Ni2	Y2Cr13Ni2					25X13H2
106	S43110	14Cr17Ni2	1Cr17Ni2					14X17H2
107	S43120	17Cr16Ni2		S43100,431	SUS431	X17CrNi16-2	X17CrNi16-2,1.4057	—
108	S44070	68Cr17	7Cr17	S44002,440A	SUS440A	—	—	—
109	S44080	85Cr17	8Cr17	S44003,440B	SUS440B	—	—	—
110	S44096	108Cr17	11Cr17	S44003,440C	SUS440C	X105CrMo17	X105CrMo17,1.4125	—
111	S44097	Y108Cr17	Y11Cr17	S44020,440F	SUS440F	—	—	—
112	S44090	95Cr18	9Cr18	—	—	—	—	95X18
113	S45110	12Cr5Mo	1Cr5Mo	(S50200,502)	(STBA25)	(TS37)	—	15X5M
114	S45610	12Cr12Mo	1Cr12Mo	—	—	—	—	—
115	S45710	13Cr13Mo	1Cr13Mo	—	SUS410J1	—	—	—
116	S45830	32Cr13Mo	3Cr13Mo	—	—	—	—	—
117	S45990	102Cr17Mo	9Cr18Mo	S44004,440C	SUS440C	X105CrMo17	X105CrMo17,1.4125	—
118	S46990	90Cr18MoV	9Cr18MoV	S44003,440B	SUS440B	—	X90CrMoV18,1.4112	—
119	S46010	14Cr11MoV	1Cr11MoV	—	—	—	—	15X11MФ
120	S46110	158Cr12MoV	1Cr12MoV	—	—	—	—	—
121	S46020	21Cr12MoV	2Cr12MoV	—	—	—	—	—
122	S46250	18Cr12MoVNbN	2Cr12MoVNbN	—	SUH600	—	—	—
123	S47010	15Cr12WMoV	1Cr12WMoV	—	—	—	—	15X12BHMФ

（续）

序号	中国 GB/T 20878—2007 统一数字代号	中国 GB/T 20878—2007 新牌号	中国 GB/T 20878—2007 旧牌号	美国 ASTM A959-04	日本 JIS G4303—1998 JIS G4311—1991	国标 ISO/TS 15510:2003 ISO 4955:2005	欧洲 EN 10088:1—1995 EN 10095—1999 等	前苏联 ГОСТ 5632—1972
124	S47220	22Cr12NiWMoV	2Cr12NiMoWV	(616)	SUH616	—	—	—
125	S47310	13Cr11Ni2W2MoV	1Cr11Ni2W2MoV	—	—	—	—	13X11H2B2MФ
126	S47410	14Cr12Ni2WMoVNb	1Cr12Ni2WMoVNb	—	—	—	—	13X14H3B2Ф
127	S47250	10Cr12Ni3Mo2VN		—	—			
128	S47450	18Cr11NiMoNbVN	2Cr11NiMoNbVN	—	—	—	—	—
129	S47710	13Cr14Ni3W2VB	1Cr14Ni3W2VB	—	—	—	—	15X12H2MBФAБ
130	S48040	42Cr9Si2	4Cr9Si2	—	—	—	—	40X9C2
131	S48045	45Cr9Si3		—	SUH1	—	(X45CrSi3,1.4718)	—
132	S48140	40Cr10Si2Mo	4Cr10Si2Mo	—	SUH3	—	(X40CrSiMo10,1.4731)	40X10C2M
133	S48380	80Cr20Si2Ni	8Cr20Si2Ni	—	SUH4	—	(X80CrSiNi20,1.4747)	—
134	S51380	04Cr13Ni8Mo2Al		S13800,XM-13	—	—	—	—
135	S51290	022Cr12Ni9Cu2NbTi		S45500,XM-16	—		—	08X15H5Л2T
136	S51550	05Cr15Ni5Cu4Nb		S15500,XM-12	—	—	—	—
137	S51740	05Cr17Ni3Cu4Nb	0Cr17Ni4Cu4Nb	S17400,630	SUS630	X5CrNiCuNb16-4	X5CrNiCuNb16-4,1.4542	—
138	S51770	07Cr17Ni7Al	0Cr17Ni7Al	S1770,631	SUS631	X7CrNi17-7	X7CrNi17-7,1.4568	09X17H7Ю
139	S51570	07Cr15Ni7Mo2Al	0Cr15Ni7Mo2Al	S15700,632	—	X8CrNiMoAl15-7-2	X8CrNiMoAl15-7-2,1.4532	—
140	S51240	07Cr12Ni4Mn5Mo3Al	0Cr12Ni4Mn5Mo3Al		—	—	—	—
141	S51750	09Cr17Ni5Mo3N		S35000,633	—	—	—	—
142	S51778	06Cr17Ni7AlTi		S17600,635	—	—	—	—
143	S51525	06Cr15Ni25Ti2MoAlVB	0Cr15Ni25Ti2MoAlVB	S66286,660	SUH660	(X6NiCrTiMoVB25-15-2)	—	—

注：括号内牌号是在表头所列标准之外的牌号。

4.6　轴承钢国内外牌号对照(见表2.1-78)

表2.1-78　轴承钢国内外牌号对照

中国 GB	国际标准化组织 ISO	日本 JIS	韩国 KS	美国 ASTM /AISI	美国 UNS	俄罗斯 ГОСТ	英国 BS	德国 DIN	德国 W-Nr.	法国 NF
高碳铬轴承钢										
GCr6	—	—	—	50100 E50100	G50986	ЩХ6	—	100Cr2 (W1)	1.3501	100C2
GCr9	—	SUJ1	STB1	E51100	G51986	ЩХ9	—	105Cr4 (W2)	1.3503	100C5
GCr9SiMn	100CrMnSi4-4 (B2)	SUJ3	STB3	A485 Cr1	—	—	—	—	—	—
GCr15	100Cr6 (B1)	SUJ2	STB2	E52100	G52986	ЩХ15	535A99	100Cr6 (W3)	1.3505	100C6
GCr15SiMn	100CrMnSi6-4 (B3)	—	—	—	—	ЩХ15ГС	—	100CrMn6 (W4)	1.3502	100CM6
渗碳轴承钢										
G20CrMo	≈20MnCrMo4-2 (B27)	—	—	A534 4118H	—	—	—	20MoCr4	1.7321	—
G20CrNiMo	20NiCrMo2 (B28)	SNCM220	SNCM220	A534 8620H	—	—	805A20	21NiCrMo2	1.6523	20NCD2
G20CrNi2Mo	20NiCrMo7 (B29)	SNCM420	SNCM420	A534 4320H	—	20ХН2М (20ХНМ)	—	—	—	20NCD7
G20Cr2Ni4	≈18NiCrMo14-6 (B31)	—	—	—	—	20Х2Н4А	—	—	—	—
G10CrNi3Mo	—	—	—	A534 9310H	—	—	832H13	—	—	—
不锈轴承钢										
9Cr18	—	SUS440C	STS440C	—	—	95Х18	—	—	—	—
9Cr18Mo	X108CrMo17 (B52)	SUS440C	STS440C	A756 440C	—	—	—	X102CrMo17	1.3543	Z100CD17

5　钢材

5.1　型材

5.1.1　热轧钢棒(见表2.1-79～表2.1-81)

表2.1-79　热轧圆钢和方钢的尺寸及理论重量(摘自GB/T 702—2008)

圆钢公称直径 d 方钢公称边长 a/mm	理论重量/kg·m^{-1} 圆钢	理论重量/kg·m^{-1} 方钢	圆钢公称直径 d 方钢公称边长 a/mm	理论重量/kg·m^{-1} 圆钢	理论重量/kg·m^{-1} 方钢
5.5	0.186	0.237	13	1.04	1.33
6	0.222	0.283	14	1.21	1.54
6.5	0.260	0.332	15	1.39	1.77
7	0.302	0.385	16	1.58	2.01
8	0.395	0.502	17	1.78	2.27
9	0.499	0.636	18	2.00	2.54
10	0.617	0.785	19	2.23	2.83
11	0.746	0.950	20	2.47	3.14
12	0.888	1.13	21	2.72	3.46

（续）

圆钢公称直径 d 方钢公称边长 a/mm	理论重量/kg·m⁻¹		圆钢公称直径 d 方钢公称边长 a/mm	理论重量/kg·m⁻¹	
	圆钢	方钢		圆钢	方钢
22	2.98	3.80	85	44.5	56.7
23	3.26	4.15	90	49.9	63.6
24	3.55	4.52	95	55.6	70.8
25	3.85	4.91	100	61.7	78.5
26	4.17	5.31	105	68.0	86.5
27	4.49	5.72	110	74.6	95.0
28	4.83	6.15	115	81.5	104
29	5.18	6.60	120	88.8	113
30	5.55	7.06	125	96.3	123
31	5.92	7.54	130	104	133
32	6.31	8.04	135	112	143
33	6.71	8.55	140	121	154
34	7.13	9.07	145	130	165
35	7.55	9.62	150	139	177
36	7.99	10.2	155	148	189
38	8.90	11.3	160	158	201
40	9.86	12.6	165	168	214
42	10.9	13.8	170	178	227
45	12.5	15.9	180	200	254
48	14.2	18.1	190	223	283
50	15.4	19.6	200	247	314
53	17.3	22.0	210	272	
55	18.6	23.7	220	298	
56	19.3	24.6	230	326	
58	20.7	26.4	240	355	
60	22.2	28.3	250	385	
63	24.5	31.2	260	417	
65	26.0	33.2	270	449	
68	28.5	36.3	280	483	
70	30.2	38.5	290	518	
75	34.7	44.2	300	555	
80	39.5	50.2	310	592	

注：1. GB/T 702—2008《热轧钢棒尺寸、外形、重量及允许偏差》代替 GB/T 702—2004 热轧圆钢和方钢、GB/T 704—1988 热轧扁钢、GB/T 705—1989 热轧六角钢和八角钢和 GB/T 911—2004 热轧工具钢扁钢。

2. 热轧圆钢和方钢尺寸允许偏差分为 1、2、3 组，并应在合同中注明，未注明者按第 3 组允许偏差执行。

3. 圆钢和方钢通常长度：普通质量钢 3～12m；优质及特殊质量钢 2～12m；碳素和合金工具钢棒截面公称尺寸≤75mm，长度为 2～12m；截面公称尺寸＞75mm，为 1～8m。

4. 理论重量按密度 7.85g/cm³ 计算所得，钢棒一般按实际重量交货。按习惯本篇将“重量”用于表示“质量”。

5. 标记：用 40Cr 钢轧制成的公称直径或边长或对边距离为 40mm 允许偏差组别为 2 组的圆钢、方钢、六角钢或八角钢，标记为：$\times\times\frac{40-2-\text{GB/T 702—2008}}{\text{40Cr}-\text{GB/T 3077—1999}}$（××表示圆钢、方钢、六角钢或八角钢）

表 2.1-80 热轧扁钢的尺寸及理论重量(摘自 GB/T 702—2008)

公称宽度/mm	厚度/mm 3	4	5	6	7	8	9	10	11	12	14	16	18	20	22	25	28	30	32	36	40	45	50	56	60
	理论重量/kg·m^{-1}																								
10	0.24	0.31	0.39	0.47	0.55	0.63																			
12	0.28	0.38	0.47	0.57	0.66	0.75																			
14	0.33	0.44	0.55	0.66	0.77	0.88																			
16	0.38	0.50	0.63	0.75	0.88	1.00	1.15	1.26																	
18	0.42	0.57	0.71	0.85	0.99	1.13	1.27	1.41																	
20	0.47	0.63	0.78	0.94	1.10	1.26	1.41	1.57	1.73	1.88															
22	0.52	0.69	0.86	1.04	1.21	1.38	1.55	1.73	1.90	2.07															
25	0.59	0.78	0.98	1.18	1.37	1.57	1.77	1.96	2.16	2.36	2.75	3.14													
28	0.66	0.88	1.10	1.32	1.54	1.76	1.98	2.20	2.42	2.64	3.08	3.53													
30	0.71	0.94	1.18	1.41	1.65	1.88	2.12	2.36	2.59	2.83	3.30	3.77	4.24	4.71											
32	0.75	1.00	1.26	1.51	1.76	2.01	2.26	2.55	2.76	3.01	3.52	4.02	4.52	5.02											
35	0.82	1.10	1.37	1.65	1.92	2.20	2.47	2.75	3.02	3.30	3.85	4.40	4.95	5.50	6.04	6.87	7.69								
40	0.94	1.26	1.57	1.88	2.20	2.51	2.83	3.14	3.45	3.77	4.40	5.02	5.65	6.28	6.91	7.85	8.79								
45	1.06	1.41	1.77	2.12	2.47	2.83	3.18	3.53	3.89	4.24	4.95	5.65	6.36	7.07	7.77	8.83	9.89	10.60	11.30	12.72					
50	1.18	1.57	1.96	2.36	2.75	3.14	3.53	3.93	4.32	4.71	5.50	6.28	7.06	7.85	8.64	9.81	10.99	11.78	12.56	14.13					
55		1.73	2.16	2.59	3.02	3.45	3.89	4.32	4.75	5.18	6.04	6.91	7.77	8.64	9.50	10.79	12.09	12.95	13.82	15.54					
60		1.88	2.36	2.83	3.30	3.77	4.24	4.71	5.18	5.65	6.59	7.54	8.48	9.42	10.36	11.78	13.19	14.13	15.07	16.96	18.84	21.20			
65		2.04	2.55	3.06	3.57	4.08	4.59	5.10	5.61	6.12	7.14	8.16	9.18	10.20	11.23	12.76	14.29	15.31	16.33	18.37	20.41	22.96			
70		2.20	2.75	3.30	3.85	4.40	4.95	5.50	6.04	6.59	7.69	8.79	9.89	10.99	12.09	13.74	15.39	16.49	17.58	19.78	21.98	24.73			
75		2.36	2.94	3.53	4.12	4.71	5.30	5.89	6.48	7.07	8.24	9.42	10.60	11.78	12.95	14.72	16.48	17.66	18.84	21.20	23.55	26.49			
80		2.51	3.14	3.77	4.40	5.02	5.65	6.28	6.91	7.54	8.79	10.05	11.30	12.56	13.82	15.70	17.58	18.84	20.10	22.61	25.12	28.26	31.40	35.17	
85			3.34	4.00	4.67	5.34	6.01	6.67	7.34	8.01	9.34	10.68	12.01	13.34	14.68	16.68	18.68	20.02	21.35	24.02	26.69	30.03	33.36	37.37	40.04
90			3.53	4.24	4.95	5.65	6.36	7.07	7.77	8.48	9.89	11.30	12.72	14.13	15.54	17.66	19.78	21.20	22.61	25.43	28.26	31.79	35.32	39.56	42.39
95			3.73	4.47	5.22	5.97	6.71	7.46	8.20	8.95	10.44	11.93	13.42	14.92	16.41	18.64	20.88	22.37	23.86	26.85	29.83	33.56	37.29	41.76	44.74
100			3.92	4.71	5.50	6.28	7.06	7.85	8.64	9.42	10.99	12.56	14.13	15.70	17.27	19.62	21.98	23.55	25.12	28.26	31.40	35.32	39.25	43.96	47.10
105			4.12	4.95	5.77	6.59	7.42	8.24	9.07	9.89	11.54	13.19	14.84	16.48	18.13	20.61	23.08	24.73	26.38	29.67	32.97	37.09	41.21	46.16	49.46
110			4.32	5.18	6.04	6.91	7.77	8.64	9.50	10.36	12.09	13.82	15.54	17.27	19.00	21.59	24.18	25.90	27.63	31.09	34.54	38.86	43.18	48.36	51.81
120			4.71	5.65	6.59	7.54	8.48	9.42	10.36	11.30	13.19	15.07	16.96	18.84	20.72	23.55	26.38	28.26	30.14	33.91	37.68	42.39	47.10	45.75	56.52
125				5.89	6.87	7.85	8.83	9.81	10.79	11.78	13.74	15.70	17.66	19.62	21.58	24.53	27.48	29.44	31.40	35.32	39.25	44.16	49.06	54.95	58.88
130				6.12	7.14	8.16	9.18	10.20	11.23	12.25	14.29	16.33	18.37	20.41	22.45	25.51	28.57	30.62	32.66	36.74	40.82	45.92	51.02	57.15	61.23
140					7.69	8.79	9.89	10.99	12.09	13.19	15.39	17.58	19.78	21.98	24.18	27.48	30.77	32.97	35.17	39.56	43.96	49.46	54.95	61.54	65.94
150					8.24	9.42	10.60	11.78	12.95	14.13	16.48	18.84	21.20	23.55	25.90	29.44	32.97	35.32	37.68	42.39	47.10	52.99	58.88	65.94	70.65
160					8.79	10.05	11.30	12.56	13.82	15.07	17.58	20.10	22.61	25.12	27.63	31.40	35.17	37.68	40.19	45.22	50.24	56.52	62.80	70.34	75.36
180					9.89	11.30	12.72	14.13	15.54	16.96	19.78	22.61	25.43	28.26	31.09	35.32	39.56	42.39	45.22	50.87	56.52	63.58	70.65	79.13	84.78
200					10.99	12.56	14.13	15.70	17.27	18.84	21.98	25.12	28.26	31.40	34.54	39.25	43.96	47.10	50.24	56.52	62.80	70.65	78.50	87.92	94.20

注:1. 表中的粗线用以划分扁钢的组别

1 组——理论重量≤19kg/m;普通质量钢通常长度为 3~9m;

2 组——理论重量>19kg/m;普通质量钢通常长度为 3~7m;

优质及特殊质量钢全部规格通常长度均为 2~6m。工具钢扁钢宽度≤70mm 者,长度为≥2m,宽度>70mm,通常长度≥1m。

2. 表中的理论重量按密度 7.85g/cm^3 计算。

3. 扁钢截面为矩形,宽和厚度尺寸允许偏差分为 1 组和 2 组,在合同中应注明,未注明者按 2 组执行;热轧工具钢扁钢尺寸允许偏差不分组别。

4. 标记:用 45 钢轧制的 10mm×30mm 允许偏差组别为 2 组热轧(工具钢)扁钢,标记为:

$$\times\times\frac{10\times30-2-\text{GB/T 702—2008}}{45-\text{GB/T 699—1999}}$$

××表示扁钢或工具钢扁钢(工具钢扁钢允许偏差没有组别)

表2.1-81 热轧六角钢和热轧八角钢的尺寸及理论重量（摘自GB/T 702—2008）

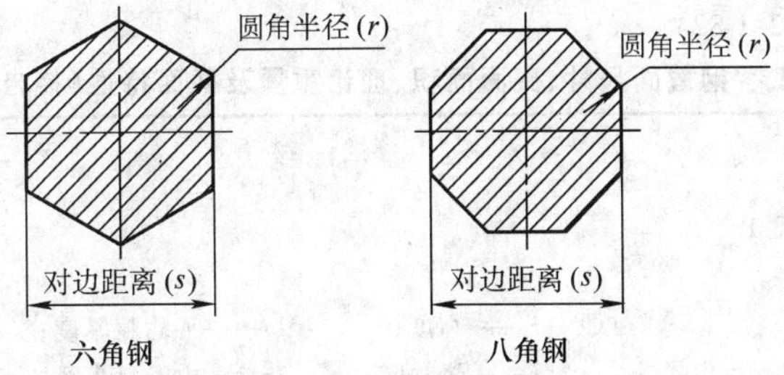

对边距离 s/mm	截面面积 A/cm²		理论重量/kg·m⁻¹	
	六角钢	八角钢	六角钢	八角钢
8	0.5543	—	0.435	—
9	0.7015	—	0.551	—
10	0.866	—	0.680	—
11	1.048	—	0.823	—
12	1.247	—	0.979	—
13	1.464	—	1.05	—
14	1.697	—	1.33	—
15	1.949	—	1.53	—
16	2.217	2.120	1.74	1.66
17	2.503	—	1.96	—
18	2.806	2.683	2.20	2.16
19	3.126	—	2.45	—
20	3.464	3.312	2.72	2.60
21	3.819	—	3.00	—
22	4.192	4.008	3.29	3.15
23	4.581	—	3.60	—
24	4.988	—	3.92	—
25	5.413	5.175	4.25	4.06
26	5.854	—	4.60	—
27	6.314	—	4.96	—
28	6.790	6.492	5.33	5.10
30	7.794	7.452	6.12	5.85
32	8.868	8.479	6.96	6.66
34	10.011	9.572	7.86	7.51
36	11.223	10.731	8.81	8.42
38	12.505	11.956	9.82	9.39
40	13.86	13.250	10.88	10.40
42	15.28	—	11.99	—
45	17.54	—	13.77	—
48	19.95	—	15.66	—
50	21.65	—	17.00	—
53	24.33	—	19.10	—
56	27.16	—	21.32	—
58	29.13	—	22.87	—
60	31.18	—	24.50	—
63	34.37	—	26.98	—
65	36.59	—	28.72	—
68	40.04	—	31.43	—
70	42.43	—	33.30	—

注：1. 表中的理论重量按密度7.85g/cm³计算。

2. 普通质量钢通常长度3~8m；优质及特殊质量钢通常长度2~6m。

3. 标记示例参见表2.1-79的注5。

5.1.2　热轧型钢

5.1.2.1　热轧工字钢(见表2.1-82)

表2.1-82　热轧工字钢截面尺寸、截面面积、理论重量及截面特性(摘自GB/T 706—2008)

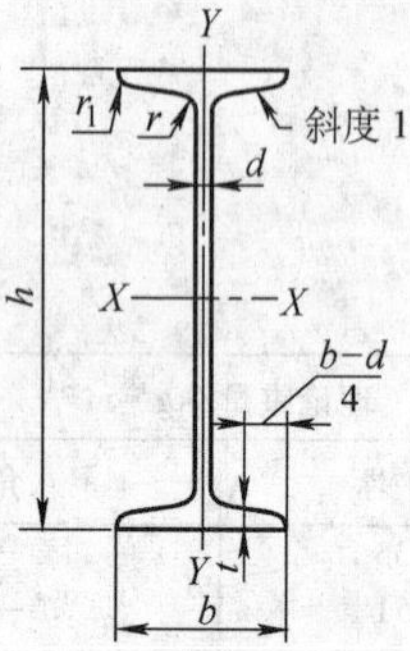

h——高度；　t——平均腿厚度；
b——腿宽度；　r——内圆弧半径；
d——腰厚度；　r_1——腿端圆弧半径。

型号	截面尺寸/mm						截面面积/cm^2	理论重量/$kg \cdot m^{-1}$	惯性矩/cm^4		惯性半径/cm		截面模数/cm^3	
	h	b	d	t	r	r_1			I_x	I_y	i_x	i_y	W_x	W_y
10	100	68	4.5	7.6	6.5	3.3	14.345	11.261	245	33.0	4.14	1.52	49.0	9.72
12	120	74	5.0	8.4	7.0	3.5	17.818	13.987	436	46.9	4.95	1.62	72.7	12.7
12.6	126	74	5.0	8.4	7.0	3.5	18.118	14.223	488	46.9	5.20	1.61	77.5	12.7
14	140	80	5.5	9.1	7.5	3.8	21.516	16.890	712	64.4	5.76	1.73	102	16.1
16	160	88	6.0	9.9	8.0	4.0	26.131	20.513	1130	93.1	6.58	1.89	141	21.2
18	180	94	6.5	10.7	8.5	4.3	30.756	24.143	1660	122	7.36	2.00	185	26.0
20a	200	100	7.0	11.4	9.0	4.5	35.578	27.929	2370	158	8.15	2.12	237	31.5
20b		102	9.0				39.578	31.069	2500	169	7.96	2.06	250	33.1
22a	220	110	7.5	12.3	9.5	4.8	42.128	33.070	3400	225	8.99	2.31	309	40.9
22b		112	9.5				46.528	36.524	3570	239	8.78	2.27	325	42.7
24a	240	116	8.0	13.0	10.0	5.0	47.741	37.477	4570	280	9.77	2.42	381	48.4
24b		118	10.0				52.541	41.245	4800	297	9.57	2.38	400	50.4
25a	250	116	8.0				48.541	38.105	5020	280	10.2	2.40	402	48.3
25b		118	10.0				53.541	42.030	5280	309	9.94	2.40	423	52.4
27a	270	122	8.5	13.7	10.5	5.3	54.554	42.825	6550	345	10.9	2.51	485	56.6
27b		124	10.5				59.954	47.064	6870	366	10.7	2.47	509	58.9
28a	280	122	8.5				55.404	43.492	7110	345	11.3	2.50	508	56.6
28b		124	10.5				61.004	47.888	7480	379	11.1	2.49	534	61.2
30a	300	126	9.0	14.4	11.0	5.5	61.254	48.084	8950	400	12.1	2.55	597	63.5
30b		128	11.0				67.254	52.794	9400	422	11.8	2.50	627	65.9
30c		130	13.0				73.254	57.504	9850	445	11.6	2.46	657	68.5
32a	320	130	9.5	15.0	11.5	5.8	67.156	52.717	11100	460	12.8	2.62	692	70.8
32b		132	11.5				73.556	57.741	11600	502	12.6	2.61	726	76.0
32c		134	13.5				79.956	62.765	12200	544	12.3	2.61	760	81.2

（续）

型号	截面尺寸/mm						截面面积/cm^2	理论重量/$kg·m^{-1}$	惯性矩/cm^4		惯性半径/cm		截面模数/cm^3	
	h	b	d	t	r	r_1			I_x	I_y	i_x	i_y	W_x	W_y
36a		136	10.0				76.480	60.037	15800	552	14.4	2.69	875	81.2
36b	360	138	12.0	15.8	12.0	6.0	83.680	65.689	16500	582	14.1	2.64	919	84.3
36c		140	14.0				90.880	71.341	17300	612	13.8	2.60	962	87.4
40a		142	10.5				86.112	67.598	21700	660	15.9	2.77	1090	93.2
40b	400	144	12.5	16.5	12.5	6.3	94.112	73.878	22800	692	15.6	2.71	1140	96.2
40c		146	14.5				102.112	80.158	23900	727	15.2	2.65	1190	99.6
45a		150	11.5				102.446	80.420	32200	855	17.7	2.89	1430	114
45b	450	152	13.5	18.0	13.5	6.8	111.446	87.485	33800	894	17.4	2.84	1500	118
45c		154	15.5				120.446	94.550	35300	938	17.1	2.79	1570	122
50a		158	12.0				119.304	93.654	46500	1120	19.7	3.07	1860	142
50b	500	160	14.0	20.0	14.0	7.0	129.304	101.504	48600	1170	19.4	3.01	1940	146
50c		162	16.0				139.304	109.354	50600	1220	19.0	2.96	2080	151
55a		166	12.5				134.185	105.335	62900	1370	21.6	3.19	2290	164
55b	550	168	14.5				145.185	113.970	65600	1420	21.2	3.14	2390	170
55c		170	16.5	21.0	14.5	7.3	156.185	122.605	68400	1480	20.9	3.08	2490	175
56a		166	12.5				135.435	106.316	65600	1370	22.0	3.18	2340	165
56b	560	168	14.5				146.635	115.108	68500	1490	21.6	3.16	2450	174
56c		170	16.5				157.835	123.900	71400	1560	21.3	3.16	2550	183
63a		176	13.0				154.658	121.407	93900	1700	24.5	3.31	2980	193
63b	630	178	15.0	22.0	15.0	7.5	167.258	131.298	98100	1810	24.2	3.29	3160	204
63c		180	17.0				179.858	141.189	102000	1920	23.8	3.27	3300	214

注：1. GB/T 706—2008《热轧型钢》代替 GB/T 706—1988 热轧工字钢、GB/T 707—1988 热轧槽钢、GB/T 9787—1988 热轧等边角钢、GB/T 9788—1988 热轧不等边角钢、GB/T 9946—1988 热轧 L 型钢。
2. 角钢的通常长度为 4000～19000mm 其他型钢通常长度为 5000～19000mm，按用户要求可供应其他长度的产品。
3. 型钢应按理论重量交货，GB/T 706—2008 提供的理论重量是按密度为 7.85g/cm^3 计算所得。
4. 型钢牌号化学成分及其力学性能应符合 GB/T 700 或 GB/T 1591 的有关规定。
5. 型钢以热轧状态交货。
6. 本表中的 r、r_1 的数据仅用于孔型设计，不做为交货条件。

5.1.2.2　热轧槽钢（见表 2.1-83）

表 2.1-83　热轧槽钢截面尺寸、截面面积、理论重量及截面特性（摘自 GB/T 706—2008）

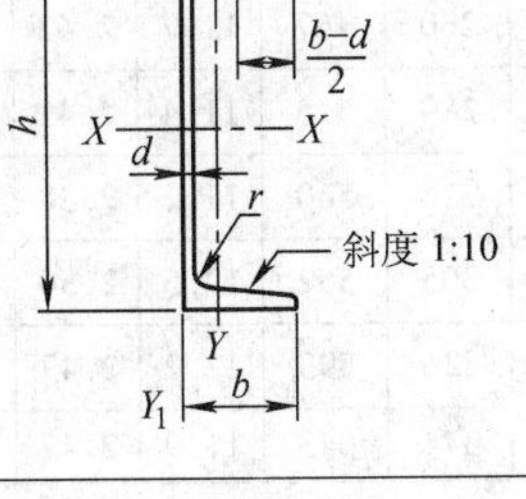

h——高度；
b——腿宽度；
d——腰厚度；
t——平均腿厚度；
r——内圆弧半径；
r_1——腿端圆弧半径；
Z_0——YY 轴与 Y_1Y_1 轴间距。

（续）

型号	截面尺寸/mm						截面面积/cm²	理论重量/kg·m⁻¹	惯性矩/cm⁴			惯性半径/cm		截面模数/cm³		重心距离/cm
	h	b	d	t	r	r_1			I_x	I_y	I_{y1}	i_x	i_y	W_x	W_y	Z_0
5	50	37	4.5	7.0	7.0	3.5	6.928	5.438	26.0	8.30	20.9	1.94	1.10	10.4	3.55	1.35
6.3	63	40	4.8	7.5	7.5	3.8	8.451	6.634	50.8	11.9	28.4	2.45	1.19	16.1	4.50	1.36
6.5	65	40	4.3	7.5	7.5	3.8	8.547	6.709	55.2	12.0	28.3	2.54	1.19	17.0	4.59	1.38
8	80	43	5.0	8.0	8.0	4.0	10.248	8.045	101	16.6	37.4	3.15	1.27	25.3	5.79	1.43
10	100	48	5.3	8.5	8.5	4.2	12.748	10.007	198	25.6	54.9	3.95	1.41	39.7	7.80	1.52
12	120	53	5.5	9.0	9.0	4.5	15.362	12.059	346	37.4	77.7	4.75	1.56	57.7	10.2	1.62
12.6	126	53	5.5	9.0	9.0	4.5	15.692	12.318	391	38.0	77.1	4.95	1.57	62.1	10.2	1.59
14a	140	58	6.0	9.5	9.5	4.8	18.516	14.535	564	53.2	107	5.52	1.70	80.5	13.0	1.71
14b		60	8.0				21.316	16.733	609	61.1	121	5.35	1.69	87.1	14.1	1.67
16a	160	63	6.5	10.0	10.0	5.0	21.962	17.24	866	73.3	144	6.28	1.83	108	16.3	1.80
16b		65	8.5				25.162	19.752	935	83.4	161	6.10	1.82	117	17.6	1.75
18a	180	68	7.0	10.5	10.5	5.2	25.699	20.174	1270	98.6	190	7.04	1.96	141	20.0	1.88
18b		70	9.0				29.299	23.000	1370	111	210	6.84	1.95	152	21.5	1.84
20a	200	73	7.0	11.0	11.0	5.5	28.837	22.637	1780	128	244	7.86	2.11	178	24.2	2.01
20b		75	9.0				32.837	25.777	1910	144	268	7.64	2.09	191	25.9	1.95
22a	220	77	7.0	11.5	11.5	5.8	31.846	24.999	2390	158	298	8.67	2.23	218	28.2	2.10
22b		79	9.0				36.246	28.453	2570	176	326	8.42	2.21	234	30.1	2.03
24a	240	78	7.0	12.0	12.0	6.0	34.217	26.860	3050	174	325	9.45	2.25	254	30.5	2.10
24b		80	9.0				39.017	30.628	3280	194	355	9.17	2.23	274	32.5	2.03
24c		82	11.0				43.817	34.396	3510	213	388	8.96	2.21	293	34.4	2.00
25a	250	78	7.0				34.917	27.410	3370	176	322	9.82	2.24	270	30.6	2.07
25b		80	9.0				39.917	31.335	3530	196	353	9.41	2.22	282	32.7	1.98
25c		82	11.0				44.917	35.260	3690	218	384	9.07	2.21	295	35.9	1.92
27a	270	82	7.5	12.5	12.5	6.2	39.284	30.838	4360	216	393	10.5	2.34	323	35.5	2.13
27b		84	9.5				44.684	35.077	4690	239	428	10.3	2.31	347	37.7	2.06
27c		86	11.5				50.084	39.316	5020	261	467	10.1	2.28	372	39.8	2.03
28a	280	82	7.5				40.034	31.427	4760	218	388	10.9	2.33	340	35.7	2.10
28b		84	9.5				45.634	35.823	5130	242	428	10.6	2.30	366	37.9	2.02
28c		86	11.5				51.234	40.219	5500	268	463	10.4	2.29	393	40.3	1.95
30a	300	85	7.5	13.5	13.5	6.8	43.902	34.463	6050	260	467	11.7	2.43	403	41.1	2.17
30b		87	9.5				49.902	39.173	6500	289	515	11.4	2.41	433	44.0	2.13
30c		89	11.5				55.902	43.883	6950	316	560	11.2	2.38	463	46.4	2.09
32a	320	88	8.0	14.0	14.0	7.0	48.513	38.083	7600	305	552	12.5	2.50	475	46.5	2.24
32b		90	10.0				54.913	43.107	8140	336	593	12.2	2.47	509	49.2	2.16
32c		92	12.0				61.313	48.131	8690	374	643	11.9	2.47	543	52.6	2.09

（续）

型号	截面尺寸/mm						截面面积/cm²	理论重量/kg·m⁻¹	惯性矩/cm⁴			惯性半径/cm		截面模数/cm³		重心距离/cm
	h	b	d	t	r	r_1			I_x	I_y	I_{y1}	i_x	i_y	W_x	W_y	Z_0
36a	360	96	9.0	16.0	16.0	8.0	60.910	47.814	11900	455	818	14.0	2.73	660	63.5	2.44
36b		98	11.0				68.110	53.466	12700	497	880	13.6	2.70	703	66.9	2.37
36c		100	13.0				75.310	59.118	13400	536	948	13.4	2.67	746	70.0	2.34
40a	400	100	10.5	18.0	18.0	9.0	75.068	58.928	17600	592	1070	15.3	2.81	879	78.8	2.49
40b		102	12.5				83.068	65.208	18600	640	114	15.0	2.78	932	82.5	2.44
40c		104	14.5				91.068	71.488	19700	688	1220	14.7	2.75	986	86.2	2.42

注：参见表2.1-82的注。

5.1.2.3　热轧等边角钢（见表2.1-84）

表2.1-84　热轧等边角钢截面尺寸、截面面积、理论重量及截面特性（摘自GB/T 706—2008）

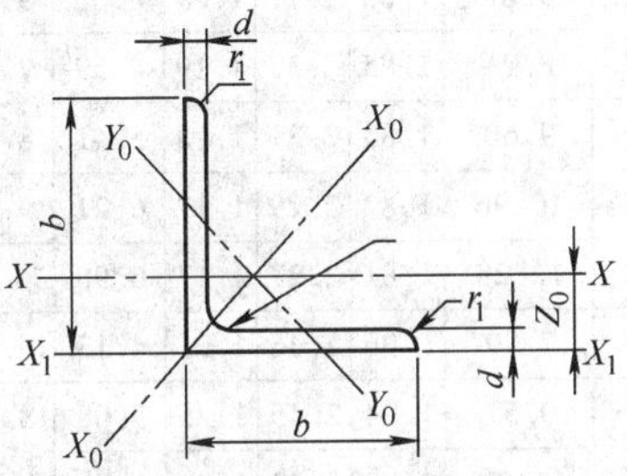

b——边宽度；
d——边厚度；
r——内圆弧半径；
r_1——边端圆弧半径；
Z_0——重心距离。

型号	截面尺寸/mm			截面面积/cm²	理论重量/kg·m⁻¹	外形面积/m²·m⁻¹	惯性矩/cm⁴				惯性半径/cm			截面模数/cm³			重心距离/cm
	b	d	r				I_x	I_{x1}	I_{x0}	I_{y0}	i_x	i_{x0}	i_{y0}	W_x	W_{x0}	W_{y0}	Z_0
2	20	3	3.5	1.132	0.889	0.078	0.40	0.81	0.63	0.17	0.59	0.75	0.39	0.29	0.45	0.20	0.60
		4		1.459	1.145	0.077	0.50	1.09	0.78	0.22	0.58	0.73	0.38	0.36	0.55	0.24	0.64
2.5	25	3		1.432	1.124	0.098	0.82	1.57	1.29	0.34	0.76	0.95	0.49	0.46	0.73	0.33	0.73
		4		1.859	1.459	0.097	1.03	2.11	1.62	0.43	0.74	0.93	0.48	0.59	0.92	0.40	0.76
30	30	3	4.5	1.749	1.373	0.117	1.46	2.71	2.31	0.61	0.91	1.15	0.59	0.68	1.09	0.51	0.85
		4		2.276	1.786	0.117	1.84	3.63	2.92	0.77	0.90	1.13	0.58	0.87	1.37	0.62	0.89
3.6	36	3		2.109	1.656	0.141	2.58	4.68	4.09	1.07	1.11	1.39	0.71	0.99	1.61	0.76	1.00
		4		2.756	2.163	0.141	3.29	6.25	5.22	1.37	1.09	1.38	0.70	1.28	2.05	0.93	1.04
		5		3.382	2.654	0.141	3.95	7.84	6.24	1.65	1.08	1.36	0.70	1.56	2.45	1.00	1.07
4	40	3	5	2.359	1.852	0.157	3.59	6.41	5.69	1.49	1.23	1.55	0.79	1.23	2.01	0.96	1.09
		4		3.086	2.422	0.157	4.60	8.56	7.29	1.91	1.22	1.54	0.79	1.60	2.58	1.19	1.13
		5		3.791	2.976	0.156	5.53	10.74	8.76	2.30	1.21	1.52	0.78	1.96	3.10	1.39	1.17
4.5	45	3		2.659	2.088	0.177	5.17	9.12	8.20	2.14	1.40	1.76	0.89	1.58	2.58	1.24	1.22
		4		3.486	2.736	0.177	6.65	12.18	10.56	2.75	1.38	1.74	0.89	2.05	3.32	1.54	1.26
		5		4.292	3.369	0.176	8.04	15.2	12.74	3.33	1.37	1.72	0.88	2.51	4.00	1.81	1.30
		6		5.076	3.985	0.176	9.33	18.36	14.76	3.89	1.36	1.70	0.8	2.95	4.64	2.06	1.33

（续）

型号	截面尺寸/mm			截面面积/cm²	理论重量/kg·m⁻¹	外形面积/m²·m⁻¹	惯性矩/cm⁴				惯性半径/cm			截面模数/cm³			重心距离/cm
	b	d	r				I_x	I_{x1}	I_{x0}	I_{y0}	i_x	i_{x0}	i_{y0}	W_x	W_{x0}	W_{y0}	Z_0
5	50	3	5.5	2.971	2.332	0.197	7.18	12.5	11.37	2.98	1.55	1.96	1.00	1.96	3.22	1.57	1.34
		4		3.897	3.059	0.197	9.26	16.69	14.70	3.82	1.54	1.94	0.99	2.56	4.16	1.96	1.38
		5		4.803	3.770	0.196	11.21	20.90	17.79	4.64	1.53	1.92	0.98	3.13	5.03	2.31	1.42
		6		5.688	4.465	0.196	13.05	25.14	20.68	5.42	1.52	1.91	0.98	3.68	5.85	2.63	1.46
5.6	56	3	6	3.343	2.624	0.221	10.19	17.56	16.14	4.24	1.75	2.20	1.13	2.48	4.08	2.02	1.48
		4		4.390	3.446	0.220	13.18	23.43	20.92	5.46	1.73	2.18	1.11	3.24	5.28	2.52	1.53
		5		5.415	4.251	0.220	16.02	29.33	25.42	6.61	1.72	2.17	1.10	3.97	6.42	2.98	1.57
		6		6.420	5.040	0.220	18.69	35.26	29.66	7.73	1.71	2.15	1.10	4.68	7.49	3.40	1.61
		7		7.404	5.812	0.219	21.23	41.23	33.63	8.82	1.69	2.13	1.09	5.36	8.49	3.80	1.64
		8		8.367	6.568	0.219	23.63	47.24	37.37	9.89	1.68	2.11	1.09	6.03	9.44	4.16	1.68
6	60	5	6.5	5.829	4.576	0.236	19.89	36.05	31.57	8.21	1.85	2.33	1.19	4.59	7.44	3.48	1.67
		6		6.914	5.427	0.235	23.25	43.33	36.89	9.60	1.83	2.31	1.18	5.41	8.70	3.98	1.70
		7		7.977	6.262	0.235	26.44	50.65	41.92	10.96	1.82	2.29	1.17	6.21	9.88	4.45	1.74
		8		9.020	7.081	0.235	29.47	58.02	46.66	12.28	1.81	2.27	1.17	6.98	11.00	4.88	1.78
6.3	63	4	7	4.978	3.907	0.248	19.03	33.35	30.17	7.89	1.96	2.46	1.26	4.13	6.78	3.29	1.70
		5		6.143	4.822	0.248	23.17	41.73	36.77	9.57	1.94	2.45	1.25	5.08	8.25	3.90	1.74
		6		7.288	5.721	0.247	27.12	50.14	43.03	11.20	1.93	2.43	1.24	6.00	9.66	4.46	1.78
		7		8.412	6.603	0.247	30.87	58.60	48.96	12.79	1.92	2.41	1.23	6.88	10.99	4.98	1.82
		8		9.515	7.469	0.247	34.46	67.11	54.56	14.33	1.90	2.40	1.23	7.75	12.25	5.47	1.85
		10		11.657	9.151	0.246	41.09	84.31	64.85	17.33	1.88	2.36	1.22	9.39	14.56	6.36	1.93
7	70	4	8	5.570	4.372	0.275	26.39	45.74	41.80	10.99	2.18	2.74	1.40	5.14	8.44	4.17	1.86
		5		6.875	5.397	0.275	32.21	57.21	51.08	13.31	2.16	2.73	1.39	6.32	10.32	4.95	1.91
		6		8.160	6.406	0.275	37.77	68.73	59.93	15.61	2.15	2.71	1.38	7.48	12.11	5.67	1.95
		7		9.424	7.398	0.275	43.09	80.29	68.35	17.82	2.14	2.69	1.38	8.59	13.81	6.34	1.99
		8		10.667	8.373	0.274	48.17	91.92	76.37	19.98	2.12	2.68	1.37	9.68	15.43	6.98	2.03
7.5	75	5	9	7.412	5.818	0.295	39.97	70.56	63.30	16.63	2.33	2.92	1.50	7.32	11.94	5.77	2.04
		6		8.797	6.905	0.294	46.95	84.55	74.38	19.51	2.31	2.90	1.49	8.64	14.02	6.67	2.07
		7		10.160	7.976	0.294	53.57	98.71	84.96	22.18	2.30	2.89	1.48	9.93	16.02	7.44	2.11
		8		11.503	9.030	0.294	59.96	112.97	95.07	24.86	2.28	2.88	1.47	11.20	17.93	8.19	2.15
		9		12.825	10.068	0.294	66.10	127.30	104.71	27.48	2.27	2.86	1.46	12.43	19.75	8.89	2.18
		10		14.126	11.089	0.293	71.98	141.71	113.92	30.05	2.26	2.84	1.46	13.64	21.48	9.56	2.22
8	80	5		7.912	6.211	0.315	48.79	85.36	77.33	20.25	2.48	3.13	1.60	8.34	13.67	6.66	2.15
		6		9.397	7.376	0.314	57.35	102.50	90.98	23.72	2.47	3.11	1.59	9.87	16.08	7.65	2.19
		7		10.860	8.525	0.314	65.58	119.70	104.07	27.09	2.46	3.10	1.58	11.37	18.40	8.58	2.23
		8		12.303	9.658	0.314	73.49	136.97	116.60	30.39	2.44	3.08	1.57	12.83	20.61	9.46	2.27
		9		13.725	10.774	0.314	81.11	154.31	128.60	33.61	2.43	3.06	1.56	14.25	22.73	10.29	2.31
		10		15.126	11.874	0.313	88.43	171.74	140.09	36.77	2.42	3.04	1.56	15.64	24.76	11.08	2.35

（续）

型号	截面尺寸/mm			截面面积/cm²	理论重量/kg·m⁻¹	外形面积/m²·m⁻¹	惯性矩/cm⁴				惯性半径/cm			截面模数/cm³			重心距离/cm
	b	d	r				I_x	I_{x1}	I_{x0}	I_{y0}	i_x	i_{x0}	i_{y0}	W_x	W_{x0}	W_{y0}	Z_0
9	90	6	10	10.637	8.350	0.354	82.77	145.87	131.26	34.28	2.79	3.51	1.80	12.61	20.63	9.95	2.44
		7		12.301	9.656	0.354	94.83	170.30	150.47	39.18	2.78	3.50	1.78	14.54	23.64	11.19	2.48
		8		13.944	10.946	0.353	106.47	194.80	168.97	43.97	2.76	3.48	1.78	16.42	26.55	12.35	2.52
		9		15.566	12.219	0.353	117.72	219.39	186.77	48.66	2.75	3.46	1.77	18.27	29.35	13.46	2.56
		10		17.167	13.476	0.353	128.58	244.07	203.90	53.26	2.74	3.45	1.76	20.07	32.04	14.52	2.59
		12		20.306	15.940	0.352	149.22	293.76	236.21	62.22	2.71	3.41	1.75	23.57	37.12	16.49	2.67
10	100	6	12	11.932	9.366	0.393	114.95	200.07	181.98	47.92	3.10	3.90	2.00	15.68	25.74	12.69	2.67
		7		13.796	10.830	0.393	131.86	233.54	208.97	54.74	3.09	3.89	1.99	18.10	29.55	14.26	2.71
		8		15.638	12.276	0.393	148.24	267.09	235.07	61.41	3.08	3.88	1.98	20.47	33.24	15.75	2.76
		9		17.462	13.708	0.392	164.12	300.73	260.30	67.95	3.07	3.86	1.97	22.79	36.81	17.18	2.80
		10		19.261	15.120	0.392	179.51	334.48	284.68	74.35	3.05	3.84	1.96	25.06	40.26	18.54	2.84
		12		22.800	17.898	0.391	208.90	402.34	330.95	86.84	3.03	3.81	1.95	29.48	46.80	21.08	2.91
		14		26.256	20.611	0.391	236.53	470.75	374.06	99.00	3.00	3.77	1.94	33.73	52.90	23.44	2.99
		16		29.627	23.257	0.390	262.53	539.80	414.16	110.89	2.98	3.74	1.94	37.82	58.57	25.63	3.06
11	110	7	12	15.196	11.928	0.433	177.16	310.64	280.94	73.38	3.41	4.30	2.20	22.05	36.12	17.51	2.96
		8		17.238	13.535	0.433	199.46	355.20	316.49	82.42	3.40	4.28	2.19	24.95	40.69	19.39	3.01
		10		21.261	16.690	0.432	242.19	444.65	384.39	99.98	3.38	4.25	2.17	30.60	49.42	22.91	3.09
		12		25.200	19.782	0.431	282.55	534.60	448.17	116.93	3.35	4.22	2.15	36.05	57.62	26.15	3.16
		14		29.056	22.809	0.431	320.71	625.16	508.01	133.40	3.32	4.18	2.14	41.31	65.31	29.14	3.24
12.5	125	8	14	19.750	15.504	0.492	297.03	521.01	470.89	123.16	3.88	4.88	2.50	32.52	53.28	25.86	3.37
		10		24.373	19.133	0.491	361.67	651.93	573.89	149.46	3.85	4.85	2.48	39.97	64.93	30.62	3.45
		12		28.912	22.696	0.491	423.16	783.42	671.44	174.88	3.83	4.82	2.46	41.17	75.96	35.03	3.53
		14		33.367	26.193	0.490	481.65	915.61	763.73	199.57	3.80	4.78	2.45	54.16	86.41	39.13	3.61
		16		37.739	29.625	0.489	537.31	1048.62	850.98	223.65	3.77	4.75	2.43	60.93	96.28	42.96	3.68
14	140	10		27.373	21.488	0.551	514.65	915.11	817.27	212.04	4.34	5.46	2.78	50.58	82.56	39.20	3.82
		12		32.512	25.522	0.551	603.68	1099.28	958.79	248.57	4.31	5.43	2.76	59.80	96.85	45.02	3.90
		14		37.567	29.490	0.550	688.81	1284.22	1093.56	284.06	4.28	5.40	2.75	68.75	110.47	50.45	3.98
		16		42.539	33.393	0.549	770.24	1470.07	1221.81	318.67	4.26	5.36	2.74	77.46	123.42	55.55	4.06
15	150	8		23.750	18.644	0.592	521.37	899.55	827.49	215.25	4.69	5.90	3.01	47.36	78.02	38.14	3.99
		10		29.373	23.058	0.591	637.50	1125.09	1012.79	262.21	4.66	5.87	2.99	58.35	95.49	45.51	4.08
		12		34.912	27.406	0.591	748.85	1351.26	1189.97	307.73	4.63	5.84	2.97	69.04	112.19	52.38	4.15

（续）

型号	截面尺寸/mm b	d	r	截面面积/cm²	理论重量/kg·m⁻¹	外形面积/m²·m⁻¹	惯性矩/cm⁴ I_x	I_{x1}	I_{x0}	I_{y0}	惯性半径/cm i_x	i_{x0}	i_{y0}	截面模数/cm³ W_x	W_{x0}	W_{y0}	重心距离/cm Z_0
15	150	14	14	40.367	31.688	0.590	855.64	1578.25	1359.30	351.98	4.60	5.80	2.95	79.45	128.16	58.83	4.23
		15		43.063	33.804	0.590	907.39	1692.10	1441.09	373.69	4.59	5.78	2.95	84.56	135.87	61.90	4.27
		16		45.739	35.905	0.589	958.08	1806.21	1521.02	395.14	4.58	5.77	2.94	89.59	143.40	64.89	4.31
16	160	10	16	31.502	24.729	0.630	779.53	1365.33	1237.30	321.76	4.98	6.27	3.20	66.70	109.36	52.76	4.31
		12		37.441	29.391	0.630	916.58	1639.57	1455.68	377.49	4.95	6.24	3.18	78.98	128.67	60.74	4.39
		14		43.296	33.987	0.629	1048.36	1914.68	1665.02	431.70	4.92	6.20	3.16	90.95	147.17	68.24	4.47
		16		49.067	38.518	0.629	1175.08	2190.82	1865.57	484.59	4.89	6.17	3.14	102.63	164.89	75.31	4.55
18	180	12		42.241	33.159	0.710	1321.35	2332.80	2100.10	542.61	5.59	7.05	3.58	100.82	165.00	78.41	4.89
		14		48.896	38.383	0.709	1514.48	2723.48	2407.42	621.53	5.56	7.02	3.56	116.25	189.14	88.38	4.97
		16		55.467	43.542	0.709	1700.99	3115.29	2703.37	698.60	5.54	6.98	3.55	131.13	212.40	97.83	5.05
		18		61.055	48.634	0.708	1875.12	3502.43	2988.24	762.01	5.50	6.94	3.51	145.64	234.78	105.14	5.13
20	200	14	18	54.642	42.894	0.788	2103.55	3734.10	3343.26	863.83	6.20	7.82	3.98	144.70	236.40	111.82	5.46
		16		62.013	48.680	0.788	2366.15	4270.39	3760.89	971.41	6.18	7.79	3.96	163.65	265.93	123.96	5.54
		18		69.301	54.401	0.787	2620.64	4808.13	4164.54	1076.74	6.15	7.75	3.94	182.22	294.48	135.52	5.62
		20		76.505	60.056	0.787	2867.30	5347.51	4554.55	1180.04	6.12	7.72	3.93	200.42	322.06	146.55	5.69
		24		90.661	71.168	0.785	3338.25	6457.16	5294.97	1381.53	6.07	7.64	3.90	236.17	374.41	166.65	5.87
22	220	16	21	68.664	53.901	0.866	3187.36	5681.62	5063.73	1310.99	6.81	8.59	4.37	199.55	325.51	153.81	6.03
		18		76.752	60.250	0.866	3534.40	6395.93	5615.32	1453.27	6.79	8.55	4.35	222.37	360.97	168.29	6.11
		20		84.756	66.533	0.865	3871.49	7112.04	6150.08	1592.90	6.76	8.52	4.34	244.77	395.34	182.16	6.18
		22		92.676	72.751	0.865	4199.23	7830.19	6668.37	1730.10	6.73	8.48	4.32	266.78	428.66	195.45	6.26
		24		100.512	78.902	0.864	4517.83	8550.57	7170.55	1865.11	6.70	8.45	4.31	288.39	460.94	208.21	6.33
		26		108.264	84.987	0.864	4827.58	9273.39	7656.98	1998.17	6.68	8.41	4.30	309.62	492.21	220.49	6.41
25	250	18	24	87.842	68.956	0.985	5268.22	9379.11	8369.04	2167.41	7.74	9.76	4.97	290.12	473.42	224.03	6.84
		20		97.045	76.180	0.984	5779.34	10426.97	9181.94	2376.74	7.72	9.73	4.95	319.66	519.41	424.85	6.92
		24		115.201	90.433	0.983	6763.93	12529.74	10742.67	2785.19	7.66	9.66	4.92	377.34	607.70	278.38	7.07
		26		124.154	97.461	0.982	7238.08	13585.18	11491.33	2984.84	7.63	9.62	4.90	405.50	650.05	295.19	7.15
		28		133.022	104.422	0.982	7700.60	14643.62	12219.39	3181.81	7.61	9.58	4.89	433.22	691.23	311.42	7.22
		30		141.807	111.318	0.981	8151.80	15705.30	12927.26	3376.34	7.58	9.55	4.88	460.51	731.28	327.12	7.30
		32		150.508	118.149	0.981	8592.01	16770.41	13615.32	3568.71	7.56	9.51	4.87	487.39	770.20	342.33	7.37
		35		163.402	128.271	0.980	9232.44	18374.95	14611.16	3853.72	7.52	9.46	4.86	526.97	826.53	364.30	7.48

注：1. 截面图中的 $r_1=1/3d$ 及表中 r 的数据用于孔型设计，不做交货条件。

2. 参见表 2.1-82 注 1～5。

5.1.2.4　热轧不等边角钢(见表2.1-85)

表2.1-85　热轧不等边角钢截面尺寸、截面面积、理论重量及截面特性(摘自GB/T 706—2008)

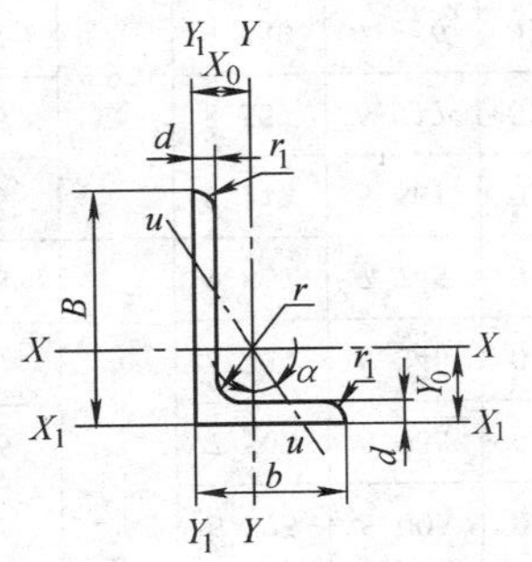

B——长边宽度；
b——短边宽度；
d——边厚度；
r——内圆弧半径；
r_1——边端圆弧半径；
X_0——重心距离；
Y_0——重心距离。

型号	截面尺寸/mm				截面面积/cm^2	理论重量/$kg \cdot m^{-1}$	外表面积/$m^2 \cdot m^{-1}$	惯性矩/cm^4					惯性半径/cm			截面模数/cm^3			tgα	重心距离/cm	
	B	b	d	r				I_x	I_{x1}	I_y	I_{y1}	I_u	i_x	i_y	i_u	W_x	W_y	W_u		X_0	Y_0
2.5/1.6	25	16	3	3.5	1.162	0.912	0.080	0.70	1.56	0.22	0.43	0.14	0.78	0.44	0.34	0.43	0.19	0.16	0.392	0.42	0.86
			4		1.499	1.176	0.079	0.88	2.09	0.27	0.59	0.17	0.77	0.43	0.34	0.55	0.24	0.20	0.381	0.46	1.86
3.2/2	32	20	3		1.492	1.171	0.102	1.53	3.27	0.46	0.82	0.28	1.01	0.55	0.43	0.72	0.30	0.25	0.382	0.49	0.90
			4		1.939	1.522	0.101	1.93	4.37	0.57	1.12	0.35	1.00	0.54	0.42	0.93	0.39	0.32	0.374	0.53	1.08
4/2.5	40	25	3	4	1.890	1.484	0.127	3.08	5.39	0.93	1.59	0.56	1.28	0.70	0.54	1.15	0.49	0.40	0.385	0.59	1.12
			4		2.467	1.936	0.127	3.93	8.53	1.18	2.14	0.71	1.36	0.69	0.54	1.49	0.63	0.52	0.381	0.63	1.32
4.5/2.8	45	28	3	5	2.149	1.687	0.143	445	9.10	1.34	2.23	0.80	1.44	0.79	0.61	1.47	0.62	0.51	0.383	0.64	1.37
			4		2.806	2.203	0.143	5.69	12.13	1.70	3.00	1.02	1.42	0.78	0.60	1.91	0.80	0.66	0.380	0.68	1.47
5/3.2	50	32	3	5.5	2.431	1.908	0.161	6.24	12.49	2.02	3.31	1.20	1.60	0.91	0.70	1.84	0.82	0.68	0.404	0.73	1.51
			4		3.177	2.494	0.160	8.02	16.65	2.58	4.45	1.53	1.59	0.90	0.69	2.39	1.06	0.87	0.402	0.77	1.60
5.6/3.6	56	36	3	6	2.743	2.153	0.181	8.88	17.54	2.92	4.70	1.73	1.80	1.03	0.79	2.32	1.05	0.87	0.408	0.80	1.65
			4		3.590	2.818	0.180	11.45	23.39	3.76	6.33	2.23	1.79	1.02	0.79	3.03	1.37	1.13	0.408	0.85	1.78
			5		4.415	3.466	0.180	13.86	29.25	4.49	7.94	2.67	1.77	1.01	0.78	3.71	1.65	1.36	0.404	0.88	1.82

（续）

型号	截面尺寸/mm				截面面积/cm^2	理论重量/$kg \cdot m^{-1}$	外表面积/$m^2 \cdot m^{-1}$	惯性矩/cm^4					惯性半径/cm			截面模数/cm^3			tgα	重心距离/cm	
	B	b	d	r				I_x	I_{x1}	I_y	I_{y1}	I_u	i_x	i_y	i_u	W_x	W_y	W_u		X_0	Y_0
6.3/4	63	40	4	7	4.058	3.185	0.202	16.49	33.30	5.23	8.63	3.12	2.02	1.14	0.88	3.87	1.70	1.40	0.398	0.92	1.87
			5		4.993	3.920	0.202	20.02	41.63	6.31	10.86	3.76	2.00	1.12	0.87	4.74	2.07	1.71	0.396	0.95	2.04
			6		5.908	4.638	0.201	23.36	49.98	7.29	13.12	4.34	1.96	1.11	0.86	5.59	2.43	1.99	0.393	0.99	2.08
			7		6.802	5.339	0.201	26.53	58.07	8.24	15.47	4.97	1.98	1.10	0.86	6.40	2.78	2.29	0.389	1.03	2.12
7/4.5	70	45	4	7.5	4.547	3.570	0.226	23.17	45.92	7.55	12.26	4.40	2.26	1.29	0.98	4.86	2.17	1.77	0.410	1.02	2.15
			5		5.609	4.403	0.225	27.95	57.10	9.13	15.39	5.40	2.23	1.28	0.98	5.92	2.65	2.19	0.407	1.06	2.24
			6		6.647	5.218	0.225	32.54	68.35	10.62	18.58	6.35	2.21	1.26	0.98	6.95	3.12	2.59	0.404	1.09	2.28
			7		7.657	6.011	0.225	37.22	79.99	12.01	21.84	7.16	2.20	1.25	0.97	8.03	3.57	2.94	0.402	1.13	2.32
7.5/5	75	50	5	8	6.125	4.808	0.245	34.86	70.00	12.61	21.04	7.41	2.39	1.44	1.10	6.83	3.30	2.74	0.435	1.17	2.36
			6		7.260	5.699	0.245	41.12	84.30	14.70	25.37	8.54	2.38	1.42	1.08	8.12	3.88	3.19	0.435	1.21	2.40
			8		9.467	7.431	0.244	52.39	112.50	18.53	34.23	10.87	2.35	1.40	1.07	10.52	4.99	4.10	0.429	1.29	2.44
			10		11.590	9.098	0.244	62.71	140.80	21.96	43.43	13.10	2.33	1.38	1.06	12.79	6.04	4.99	0.423	1.36	2.52
8/5	80	50	5		6.375	5.005	0.255	41.96	85.21	12.82	21.06	7.66	2.56	1.42	1.10	7.78	3.32	2.74	0.388	1.14	2.60
			6		7.560	5.935	0.255	49.49	102.53	14.95	25.41	8.85	2.56	1.41	1.08	9.25	3.91	3.20	0.387	1.18	2.65
			7		8.724	6.848	0.255	56.16	119.33	46.96	29.82	10.18	2.54	1.39	1.08	10.58	4.48	3.70	0.384	1.21	2.69
			8		9.867	7.745	0.254	62.83	136.41	18.85	34.32	11.38	2.52	1.38	1.07	11.92	5.03	4.16	0.381	1.25	2.73
9/5.6	90	56	5	9	7.212	5.661	0.287	60.45	121.32	18.32	29.53	10.98	2.90	1.59	1.23	9.92	4.21	3.49	0.385	1.25	2.91
			6		8.557	6.717	0.286	71.03	145.59	21.42	35.58	12.90	2.88	1.58	1.23	11.74	4.96	4.13	0.384	1.29	2.95
			7		9.880	7.756	0.286	81.01	169.60	24.36	41.71	14.67	2.86	1.57	1.22	13.49	5.70	4.72	0.382	1.33	3.00
			8		11.183	8.779	0.286	91.03	194.17	27.15	47.93	16.34	2.85	1.56	1.21	15.27	6.41	5.29	0.380	1.36	3.04
10/6.3	100	63	6	10	9.617	7.550	0.320	99.06	199.71	30.94	50.50	18.42	3.21	1.79	1.38	14.64	6.35	5.25	0.394	1.43	3.24

（续）

型号	截面尺寸/mm				截面面积/cm²	理论重量/kg·m⁻¹	外表面积/m²·m⁻¹	惯性矩/cm⁴					惯性半径/cm			截面模数/cm³			tgα	重心距离/cm	
	B	b	d	r				I_x	I_{x1}	I_y	I_{y1}	I_u	i_x	i_y	i_u	W_x	W_y	W_u		X_0	Y_0
10/6.3	100	63	7		11.111	8.722	0.320	113.45	233.00	35.26	59.14	21.00	3.20	1.78	1.38	16.88	7.29	6.02	0.394	1.47	3.28
			8		12.534	9.878	0.319	127.37	266.32	39.39	67.88	23.50	3.18	1.77	1.37	19.08	8.21	6.78	0.391	1.50	3.32
			10		15.467	12.142	0.319	153.81	333.06	47.12	85.73	28.33	3.15	1.74	1.35	23.32	9.98	8.24	0.387	1.58	3.40
10/8	100	80	6	10	10.637	8.350	0.354	107.04	199.83	61.24	102.68	31.65	3.17	2.40	1.72	15.19	10.16	8.37	0.627	1.97	2.95
			7		12.301	9.656	0.354	122.73	233.20	70.08	119.98	36.17	3.16	2.39	1.72	17.52	11.71	9.60	0.626	2.01	3.0
			8		13.944	10.946	0.353	137.92	266.61	78.58	137.37	40.58	3.14	2.37	1.71	19.81	13.21	10.80	0.625	2.05	3.04
			10		17.167	13.476	0.353	166.87	333.63	94.65	172.48	49.10	3.12	2.35	1.69	24.24	16.12	13.12	0.622	2.13	3.12
11/7	110	70	6	10	10.637	8.350	0.354	133.37	265.78	42.92	69.08	25.36	3.54	2.01	1.54	17.85	7.90	6.53	0.403	1.57	3.53
			7		12.301	9.656	0.354	153.00	310.07	49.01	80.82	28.95	3.53	2.00	1.53	20.60	9.09	7.50	0.402	1.61	3.57
			8		13.944	10.946	0.353	172.04	354.39	54.87	92.70	32.45	3.51	1.98	1.53	23.30	10.25	8.45	0.401	1.65	3.62
			10		17.167	13.476	0.353	208.39	443.13	65.88	116.83	39.20	3.48	1.96	1.51	28.54	12.48	10.29	0.397	1.72	3.70
12.5/8	125	80	7	11	14.096	11.066	0.403	227.98	454.99	74.42	120.32	43.81	4.02	2.30	1.76	26.86	12.01	9.92	0.408	1.80	4.01
			8		15.989	12.551	0.403	256.77	519.99	83.49	137.85	49.15	4.01	2.28	1.75	30.41	13.56	11.18	0.407	1.84	4.06
			10		19.712	15.474	0.402	312.04	650.09	100.67	173.40	59.45	3.98	2.26	1.74	37.33	16.56	13.64	0.404	1.92	4.14
			12		23.351	18.330	0.402	364.41	780.39	116.67	209.67	69.35	3.95	2.24	1.72	44.01	19.43	16.01	0.400	2.00	4.22
14/9	140	90	8	12	18.038	14.160	0.453	365.64	730.53	120.69	195.79	70.83	4.50	2.59	1.98	38.48	17.34	14.31	0.411	2.04	4.50
			10		22.261	17.475	0.452	445.50	913.20	140.03	245.92	85.82	4.47	2.56	1.96	47.31	21.22	17.48	0.409	2.12	4.58
			12		26.400	20.724	0.451	521.59	1096.09	169.79	296.89	100.21	4.44	2.54	1.95	55.87	24.95	20.54	0.406	2.19	4.66
			14		30.456	23.908	0.451	594.10	1279.26	192.10	348.82	114.13	4.42	2.51	1.94	64.18	28.54	23.52	0.403	2.27	4.74
15/9	150	90	8		18.839	14.788	0.473	442.05	898.35	122.80	195.96	74.14	4.84	2.55	1.98	43.86	17.47	14.48	0.364	1.97	4.92

（续）

型号	截面尺寸/mm				截面面积/cm²	理论重量/kg·m⁻¹	外表面积/m²·m⁻¹	惯性矩/cm⁴					惯性半径/cm			截面模数/cm³			tgα	重心距离/cm	
	B	b	d	r				I_x	I_{x1}	I_y	I_{y1}	I_u	i_x	i_y	i_u	W_x	W_y	W_u		X_0	Y_0
15/9	150	90	10	12	23.261	18.260	0.472	539.24	1122.85	148.62	246.26	89.86	4.81	2.53	1.97	53.97	21.38	17.69	0.362	2.05	5.01
			12		27.600	21.666	0.471	632.08	1347.50	172.85	297.46	104.95	4.79	2.50	1.95	63.79	25.14	20.80	0.359	2.12	5.09
			14		31.856	25.007	0.471	720.77	1572.38	195.62	349.74	119.53	4.76	2.48	1.94	73.33	28.77	23.84	0.356	2.20	5.17
			15		33.952	26.652	0.471	763.62	1684.93	206.50	376.33	126.67	4.74	2.47	1.93	77.99	30.53	25.33	0.354	2.24	5.21
			16		36.027	28.281	0.470	805.51	1797.55	217.07	403.24	133.72	4.73	2.45	1.93	82.60	32.27	26.82	0.352	2.27	5.25
16/10	160	100	10	13	25.315	19.872	0.512	668.69	1362.89	205.03	336.59	121.74	5.14	2.85	2.19	62.13	26.56	21.92	0.390	2.28	5.24
			12		30.054	23.592	0.511	784.91	1635.56	239.06	405.94	142.33	5.11	2.82	2.17	73.49	31.28	25.79	0.388	2.36	5.32
			14		34.709	27.247	0.510	896.30	1908.50	271.20	476.42	162.23	5.08	2.80	2.16	84.56	35.83	29.56	0.385	0.43	5.40
			16		29.281	30.835	0.510	1003.04	2181.79	301.60	548.22	182.57	5.05	2.77	2.16	95.33	40.24	33.44	0.382	2.51	5.48
18/11	180	110	10	14	28.373	22.273	0.571	956.25	1940.40	278.11	447.22	166.50	5.80	3.13	2.42	78.96	32.49	26.88	0.376	2.44	5.89
			12		33.712	26.440	0.571	1124.72	2328.38	325.03	538.94	194.87	5.78	3.10	2.40	93.53	38.32	31.66	0.374	2.52	5.98
			14		38.967	30.589	0.570	1286.91	2716.60	369.55	631.95	222.30	5.75	3.08	2.39	107.76	43.97	36.32	0.372	2.59	6.06
			16		44.139	34.649	0.569	1443.06	3105.15	411.85	726.46	248.94	5.72	3.06	2.38	121.64	49.44	40.87	0.369	2.67	6.14
20/12.5	200	125	12		37.912	29.761	0.641	1570.90	3193.85	483.16	787.74	285.79	6.44	3.57	2.74	116.73	49.99	41.23	0.392	2.83	6.54
			14		43.687	34.436	0.640	1800.97	3726.17	550.83	922.47	326.58	6.41	3.54	2.73	134.65	57.44	47.34	0.390	2.91	6.62
			16		49.739	39.045	0.639	2023.35	4258.88	615.44	1058.86	366.21	6.38	3.52	2.71	152.18	64.89	53.32	0.388	2.99	6.70
			18		55.526	43.588	0.639	2238.30	4792.00	677.19	1197.13	404.83	6.35	3.49	2.70	169.33	71.74	59.18	0.385	3.06	6.78

注：1. 截面图中的 $r_1=1/3d$ 及表中 r 的数据用于孔型设计，不做交货条件。

2. 参见表 2.1-82 的注 1～5。

5.1.2.5 热轧L型钢（见表2.1-86）

表2.1-86 热轧L型钢截面尺寸、截面面积、理论重量及截面特性（摘自GB/T 706—2008）

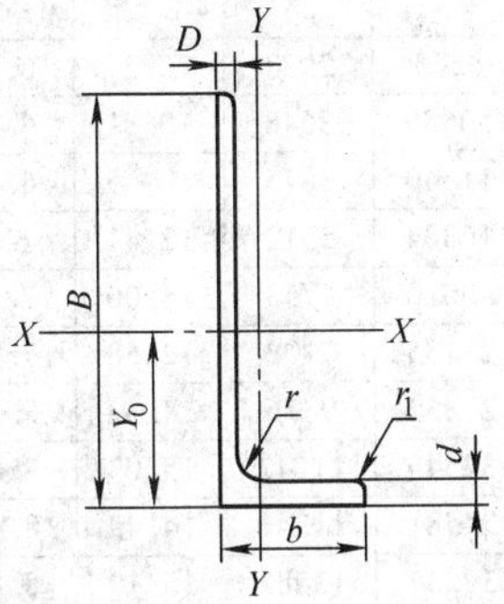

B——长边宽度；
b——短边宽度；
D——长边厚度；
d——短边厚度；
r——内圆弧半径；
r_1——边端圆弧半径；
Y_0——重心距离。

型号	截面尺寸/mm						截面面积	理论重量	惯性矩	重心距离
	B	b	D	d	r	r_1	/cm²	/kg·m⁻¹	I_x/cm⁴	Y_0/cm
L250×90×9×13	250	90	9	13	15	7.5	33.4	26.2	2 190	8.64
L250×90×10.5×15			10.5	15			38.5	30.3	2 510	8.76
L250×90×11.5×16			11.5	16			41.7	32.7	2 710	8.90
L300×100×10.5×15	300	100	10.5	15			45.3	35.6	4 290	10.6
L300×100×11.5×16			11.5	16			49.0	38.5	4 630	10.7
L350×120×10.5×16	350	120	10.5	16	20	10	54.9	43.1	7 110	12.0
L350×120×11.5×18			11.5	18			60.4	47.4	7 780	12.0
L400×120×11.5×23	400	120	11.5	23			71.6	56.2	11 900	13.3
L450×120×11.5×25	450	120	11.5	25			79.5	62.4	16 800	15.1
L500×120×12.5×33	500	120	12.5	33			98.6	77.4	25 500	16.5
L500×120×13.5×35			13.5	35			105.0	82.8	27 100	16.6

注：参见表2.1-82的注。

5.1.3 热轧H型钢和剖分T型钢（见表2.1-87～表2.1-89）

表2.1-87 热轧H型钢尺寸规格（摘自GB/T 11263—2005）

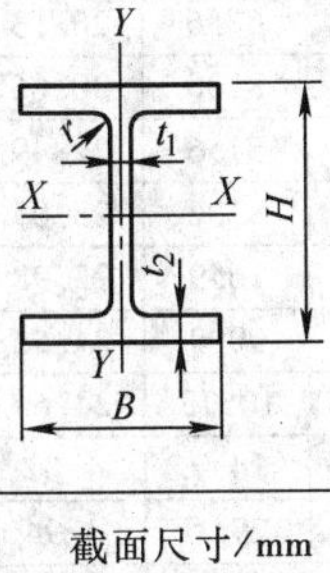

H——高度
B——宽度
t_1——腹板厚度
t_2——翼缘厚度
r——圆角半径

类别	型号（高度×宽度）/mm	截面尺寸/mm					截面面积/cm²	理论重量/kg·m⁻¹	惯性矩/cm⁴		惯性半径/cm		截面系数/cm³	
		H	B	t_1	t_2	r			I_X	I_Y	i_X	i_Y	W_X	W_Y
HW（宽翼缘型）	100×100	100	100	6	8	8	21.59	16.9	386	134	4.23	2.49	77.1	26.7
	125×125	125	125	6.5	9	8	30.00	23.6	843	293	5.30	3.13	135	46.9
	150×150	150	150	7	10	8	39.65	31.1	1620	563	6.39	3.77	216	75.1
	175×175	175	175	7.5	11	13	51.43	40.4	2918	983	7.53	4.37	334	112
	200×200	200	200	8	12	13	63.53	49.9	4717	1601	8.62	5.02	472	160
		200	204	12	12	13	71.53	56.2	4984	1701	8.35	4.88	498	167

（续）

类别	型号（高度×宽度）/mm	截面尺寸/mm					截面面积/cm²	理论重量/kg·m⁻¹	惯性矩/cm⁴		惯性半径/cm		截面系数/cm³	
		H	B	t_1	t_2	r			I_X	I_Y	i_X	i_Y	W_X	W_Y
HW（宽翼缘型）	250×250	244	252	11	11	13	81.31	63.8	8573	2937	10.27	6.01	703	233
		250	250	9	14	13	91.43	71.8	10689	3648	10.81	6.32	855	292
		250	255	14	14	13	103.93	81.6	11340	3875	10.45	6.11	907	304
	300×300	294	302	12	12	13	106.33	83.5	16384	5513	12.41	7.20	1115	365
		300	300	10	15	13	118.45	93.0	20010	6753	13.00	7.55	1334	450
		300	305	15	15	13	133.45	104.8	21135	7102	12.58	7.29	1409	466
	350×350	338	351	13	13	13	133.27	104.6	27352	9376	14.33	8.39	1618	534
		344	348	10	16	13	144.01	113.0	32545	11242	15.03	8.84	1892	646
		344	354	16	16	13	164.65	129.3	34581	11841	14.49	8.48	2011	669
		350	350	12	19	13	171.89	134.9	39637	13582	15.19	8.89	2265	776
		350	357	19	19	13	196.39	154.2	42138	14427	14.65	8.57	2408	808
	400×400	388	402	15	15	22	178.45	140.1	48040	16255	16.41	9.54	2476	809
		394	398	11	18	22	186.81	146.6	55597	18920	17.25	10.06	2822	951
		394	405	18	18	22	214.39	168.3	59165	19951	16.61	9.65	3003	985
		400	400	13	21	22	218.69	171.7	66455	22410	17.43	10.12	3323	1120
		400	408	21	21	22	250.69	196.8	70722	23804	16.80	9.74	3536	1167
		414	405	18	28	22	295.39	231.9	93518	31022	17.79	10.25	4518	1532
		428	407	20	35	22	360.65	283.1	120892	39357	18.31	10.45	5649	1934
		458	417	30	50	22	528.55	414.9	190939	60516	19.01	10.70	8338	2902
		498*	432	45	70	22	770.05	604.5	304730	94346	19.89	11.07	12238	4368
	500×500*	492	465	15	20	22	257.95	202.5	115559	33531	21.17	11.40	4698	1442
		502	465	15	25	22	304.45	239.0	145012	41910	21.82	11.73	5777	1803
		502	470	20	25	22	329.55	258.7	150283	43295	21.35	11.46	5987	1842
HM（中翼缘型）	150×100	148	100	6	9	8	26.35	20.7	995.3	150.3	6.15	2.39	134.5	30.1
	200×150	194	150	6	9	8	38.11	29.9	2586	506.6	8.24	3.65	266.6	67.6
	250×175	244	175	7	11	13	55.49	43.6	5908	983.5	10.32	4.21	484.3	112.4
	300×200	294	200	8	12	13	71.05	55.8	10858	1602	12.36	4.75	738.6	160.2
	350×250	340	250	9	14	13	99.53	78.1	20867	3648	14.48	6.05	1227	291.9
	400×300	390	300	10	16	13	133.25	104.6	37363	7203	16.75	7.35	1916	480.2
	450×300	440	300	11	18	13	153.89	120.8	54067	8105	18.74	7.26	2458	540.3
	500×300	482	300	11	15	13	141.17	110.8	57212	6756	20.13	6.92	2374	450.4
		488	300	11	18	13	159.17	124.9	67916	8106	20.66	7.14	2783	540.4
	550×300	544	300	11	15	13	147.99	116.2	74874	6756	22.49	6.76	2753	450.4
		550	300	11	18	13	165.99	130.3	88470	8106	23.09	6.99	3217	540.4
	600×300	582	300	12	17	13	169.21	132.8	97287	7659	23.98	6.73	3343	510.6
		588	300	12	20	13	187.21	147.0	112827	9009	24.55	6.94	3838	600.6
		594	302	14	23	13	217.09	170.4	132179	10572	24.68	6.98	4450	700.1
HN（窄翼缘型）	100×50	100	50	5	7	8	11.85	9.3	191.0	14.7	4.02	1.11	38.2	5.9
	125×60	125	60	6	8	8	16.69	13.1	407.7	29.1	4.94	1.32	65.2	9.7
	150×75	150	75	5	7	8	17.85	14.0	645.7	49.4	6.01	1.66	86.1	13.2
	175×90	175	90	5	8	8	22.90	18.0	1174	97.4	7.16	2.06	134.2	21.6
	200×100	198	99	4.5	7	8	22.69	17.8	1484	113.4	8.09	2.24	149.9	22.9
		200	100	5.5	8	8	26.67	20.9	1753	133.7	8.11	2.24	175.3	26.7
	250×125	248	124	5	8	8	31.99	25.1	3346	254.5	10.23	2.82	269.8	41.1
		250	125	6	9	8	36.97	29.0	3868	293.5	10.23	2.82	309.4	47.0
	300×150	298	149	5.5	8	13	40.80	32.0	5911	441.7	12.04	3.29	396.7	59.3
		300	150	6.5	9	13	46.78	36.7	6829	507.2	12.08	3.29	455.3	67.6

（续）

类别	型号（高度×宽度）/mm	截面尺寸/mm					截面面积/cm^2	理论重量/$kg\cdot m^{-1}$	惯性矩/cm^4		惯性半径/cm		截面系数/cm^3	
		H	B	t_1	t_2	r			I_X	I_Y	i_X	i_Y	W_X	W_Y
HN（窄翼缘型）	350×175	346	174	6	9	13	52.45	41.2	10456	791.1	14.12	3.88	604.4	90.9
		350	175	7	11	13	62.91	49.4	12980	983.8	14.36	3.95	741.7	112.4
	400×150	400	150	8	13	13	70.37	55.2	17906	733.2	15.95	3.23	895.3	97.8
	400×200	396	199	7	11	13	71.41	56.1	19023	1446	16.32	4.50	960.8	145.3
		400	200	8	13	13	83.37	65.4	22775	1735	16.53	4.56	1139	173.5
	450×200	446	199	8	12	13	82.97	65.1	27146	1578	18.09	4.36	1217	158.6
		450	200	9	14	13	95.43	74.9	31973	1870	18.30	4.43	1421	187.0
	500×200	496	199	9	14	13	99.29	77.9	39628	1842	19.98	4.31	1598	185.1
		500	200	10	16	13	112.25	88.1	45685	2138	20.17	4.36	1827	213.8
		506	201	11	19	13	129.31	101.5	54478	2577	20.53	4.46	2153	256.4
	550×200	546	199	9	14	13	103.79	81.5	49245	1842	21.78	4.21	1804	185.2
		550	200	10	16	13	117.25	92.0	56695	2138	21.99	4.27	2062	213.8
	600×200	596	199	10	15	13	117.75	92.4	64739	1975	23.45	4.10	2172	198.5
		600	200	11	17	13	131.71	103.4	73749	2273	23.66	4.15	2458	227.3
		606	201	12	20	13	149.77	117.6	86656	2716	24.05	4.26	2860	270.2
	650×300	646	299	10	15	13	152.75	119.9	107794	6688	26.56	6.62	3337	447.4
		650	300	11	17	13	171.21	134.4	122739	7657	26.77	6.69	3777	510.5
		656	301	12	20	13	195.77	153.7	144433	9100	27.16	6.82	4403	604.6
	700×300	692	300	13	20	18	207.54	162.9	164101	9014	28.12	6.59	4743	600.9
		700	300	13	24	18	231.54	181.8	193622	10814	28.92	6.83	5532	720.9
	750×300	734	299	12	16	18	182.70	143.4	155539	7140	29.18	6.25	4238	477.6
		742	300	13	20	18	214.04	168.0	191989	9015	29.95	6.49	5175	601.0
		750	300	13	24	18	238.04	186.9	225863	10815	30.80	6.74	6023	721.0
		758	303	16	28	18	284.78	223.6	271350	13008	30.87	6.76	7160	858.6
	800×300	792	300	14	22	18	239.50	188.0	242399	9919	31.81	6.44	6121	661.3
		800	300	14	26	18	263.50	206.8	280925	11719	32.65	6.67	7023	781.3
	850×300	834	298	14	19	18	227.46	178.6	243858	8400	32.74	6.08	5848	563.8
		842	299	15	23	18	259.72	203.9	291216	10271	33.49	6.29	6917	687.0
		850	300	16	27	18	292.14	229.3	339670	12179	34.10	6.46	7992	812.0
		858	301	17	31	18	324.72	254.9	389234	14125	34.62	6.60	9073	938.5
	900×300	890	299	15	23	18	266.92	209.5	330588	10273	35.19	6.20	7429	687.1
		900	300	16	28	18	305.82	240.1	397241	12631	36.04	6.43	8828	842.1
		912	302	18	34	18	360.06	282.6	484615	15652	36.69	6.59	10628	1037
	1000×300	970	297	16	21	18	276.00	216.7	382977	9203	37.25	5.77	7896	619.7
		980	298	17	26	18	315.50	247.7	462157	11508	38.27	6.04	9432	772.3
		990	298	17	31	18	345.30	271.1	535201	13713	39.37	6.30	10812	920.3
		1000	300	19	36	18	395.10	310.2	626396	16256	39.82	6.41	12528	1084
		1008	302	21	40	18	439.26	344.8	704572	18437	40.05	6.48	13980	1221
HT（薄壁型）	100×50	95	48	3.2	4.5	8	7.62	6.0	109.7	8.4	3.79	1.05	23.1	3.5
		97	49	4	5.5	8	9.38	7.4	141.8	10.9	3.89	1.08	29.2	4.4
	100×100	96	99	4.5	6	8	16.21	12.7	272.7	97.1	4.10	2.45	56.8	19.6
	125×60	118	58	3.2	4.5	8	9.26	7.3	202.4	14.7	4.68	1.26	34.3	5.1
		120	59	4	5.5	8	11.40	8.9	259.7	18.9	4.77	1.29	43.3	6.4
	125×125	119	123	4.5	6	8	20.12	15.8	523.6	186.2	5.10	3.04	88.0	30.3
	150×75	145	73	3.2	4.5	8	11.47	9.0	383.2	29.3	5.78	1.60	52.9	8.0
		147	74	4	5.5	8	14.13	11.1	488.0	37.3	5.88	1.62	66.4	10.1
	150×100	139	97	3.2	4.5	8	13.44	10.5	447.3	68.5	5.77	2.26	64.4	14.1

（续）

类别	型号（高度×宽度）/mm	截面尺寸/mm					截面面积/cm²	理论重量/kg·m⁻¹	惯性矩/cm⁴		惯性半径/cm		截面系数/cm³	
		H	B	t_1	t_2	r			I_X	I_Y	i_X	i_Y	W_X	W_Y
HT（薄壁型）	150×100	142	99	4.5	6	8	18.28	14.3	632.7	97.2	5.88	2.31	89.1	19.6
	150×150	144	148	5	7	8	27.77	21.8	1070	378.4	6.21	3.69	148.6	51.1
		147	149	6	8.5	8	33.68	26.4	1338	468.9	6.30	3.73	182.1	62.9
	175×90	168	88	3.2	4.5	8	13.56	10.6	619.6	51.2	6.76	1.94	73.8	11.6
		171	89	4	6	8	17.59	13.8	852.1	70.6	6.96	2.00	99.7	15.9
	175×175	167	173	5	7	13	33.32	26.2	1731	604.5	7.21	4.26	207.2	69.9
		172	175	6.5	9.5	13	44.65	35.0	2466	849.2	7.43	4.36	286.8	97.1
	200×100	193	98	3.2	4.5	8	15.26	12.0	921.0	70.7	7.77	2.15	95.4	14.4
		196	99	4	6	8	19.79	15.5	1260	97.2	7.98	2.22	128.6	19.6
	200×150	188	149	4.5	6	8	26.35	20.7	1669	331.0	7.96	3.54	177.6	44.4
	200×200	192	198	6	8	13	43.69	34.3	2984	1036	8.26	4.87	310.8	104.6
	250×125	244	124	4.5	6	8	25.87	20.3	2529	190.9	9.89	2.72	207.3	30.8
	250×175	238	173	4.5	8	13	39.12	30.7	4045	690.8	10.17	4.20	339.9	79.9
	300×150	294	148	4.5	6	13	31.90	25.0	4342	324.6	11.67	3.19	295.4	43.9
	300×200	286	198	6	8	13	49.33	38.7	7000	1036	11.91	4.58	489.5	104.6
	350×175	340	173	4.5	6	13	36.97	29.0	6823	518.3	13.58	3.74	401.3	59.9
	400×150	390	148	6	8	13	47.57	37.3	10900	433.2	15.14	3.02	559.0	58.5
	400×200	390	198	6	8	13	55.57	43.6	13819	1036	15.77	4.32	708.7	104.6

注：1. H型钢的化学成分和力学性能应符合GB/T 700（碳素结构钢）、GB/T 712（船体用结构钢）、GB/T 714（桥梁、建筑用碳素钢）、GB/T 1591（低合金高强度结构钢）、GB/T 4171（高耐候结构钢）和GB/T 4172（焊接结构用耐候钢）的规定。H型钢以热轧状态交货。

2. 型号同一范围的产品，其内侧尺寸高度是一致的。

3. “*”表示的规格，目前国内尚未生产。

4. 标记：高800mm、宽度300mm、腹板厚度14、翼缘厚度26mm的热轧H型钢，标记为：H800×300×14×26 GB/T 11263—2005

表2.1-88　热轧剖分T型钢尺寸规格（摘自GB/T 11263—2005）

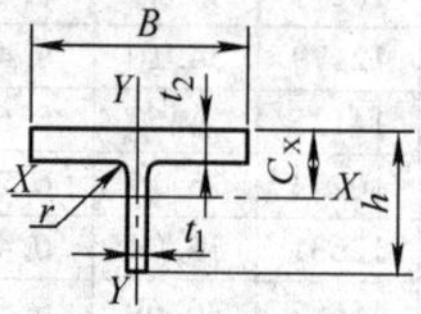

h——高度　　B——宽度

t_1——腹板厚度　　t_2——翼缘厚度

C_X——质心距离　　r——圆角半径

类别	型号（高度×宽度）/mm	截面尺寸/mm					截面面积/cm²	理论重量/kg·m⁻¹	惯性矩/cm⁴		惯性半径/cm		截面系数/cm³		质心距离 C_X	对应H型钢系列型号
		h	B	t_1	t_2	r			I_X	I_Y	i_X	i_Y	W_X	W_Y		
TW（宽翼缘剖分型）	50×100	50	100	6	8	8	10.79	8.47	16.7	67.7	1.23	2.49	4.2	13.5	1.00	100×100
	62.5×125	62.5	125	6.5	9	8	15.00	11.8	35.2	147.1	1.53	3.13	6.9	23.5	1.19	125×125
	75×150	75	150	7	10	8	19.82	15.6	66.6	281.9	1.83	3.77	10.9	37.6	1.37	150×150
	87.5×175	87.5	175	7.5	11	13	25.71	20.2	115.8	494.4	2.12	4.38	16.1	56.5	1.55	175×175
	100×200	100	200	8	12	13	31.77	24.9	185.6	803.3	2.42	5.03	22.4	80.3	1.73	200×200
		100	204	12	12	13	35.77	28.1	256.3	853.6	2.68	4.89	32.4	83.7	2.09	
	125×250	125	250	9	14	13	45.72	35.9	413.0	1827	3.01	6.32	39.6	146.1	2.08	250×250
		125	255	14	14	13	51.97	40.8	589.3	1941	3.37	6.11	59.4	152.2	2.58	
	150×300	147	302	12	12	13	53.17	41.7	855.8	2760	4.01	7.20	72.2	182.8	2.85	300×300
		150	300	10	15	13	59.23	46.5	798.7	3379	3.67	7.55	63.8	225.3	2.47	
		150	305	15	15	13	66.73	52.4	1107	3554	4.07	7.30	92.6	233.1	3.04	

（续）

类别	型号（高度×宽度）/mm	截面尺寸/mm					截面面积/cm²	理论重量/kg·m⁻¹	惯性矩/cm⁴		惯性半径/cm		截面系数/cm³		质心距离	对应H型钢系列型号
		h	B	t_1	t_2	r			I_X	I_Y	i_X	i_Y	W_X	W_Y	C_X	
TW（宽翼缘剖分型）	175×350	172	348	10	16	13	72.01	56.5	1231	5624	4.13	8.84	84.7	323.2	2.67	350×350
		175	350	12	19	13	85.95	67.5	1520	6794	4.21	8.89	103.9	388.2	2.87	
	200×400	194	402	15	15	22	89.23	70.0	2479	8150	5.27	9.56	157.9	405.5	3.70	400×400
		197	398	11	18	22	93.41	73.3	2052	9481	4.69	10.07	122.9	476.4	3.01	
		200	400	13	21	22	109.35	85.8	2483	11227	4.77	10.13	147.9	561.3	3.21	
		200	408	21	21	22	125.35	98.4	3654	11928	5.40	9.75	229.4	584.7	4.07	
		207	405	18	28	22	147.70	115.9	3634	15535	4.96	10.26	213.6	767.2	3.68	
		214	407	20	35	22	180.33	141.6	4393	19704	4.94	10.45	251.0	968.2	3.90	
TM（中翼缘剖分型）	75×100	74	100	6	9	8	13.17	10.3	51.7	75.6	1.98	2.39	8.9	15.1	1.56	150×100
	100×150	97	150	6	9	8	19.05	15.0	124.4	253.7	2.56	3.65	15.8	33.8	1.80	200×150
	125×175	122	175	7	11	13	27.75	21.8	288.3	494.4	3.22	4.22	29.1	56.5	2.28	250×175
	150×200	147	200	8	12	13	35.53	27.9	570.0	803.5	4.01	4.76	48.1	80.3	2.85	300×200
	175×250	170	250	9	14	13	49.77	39.1	1016	1827	4.52	6.06	73.1	146.1	3.11	350×250
	200×300	195	300	10	16	13	66.63	52.3	1730	3605	5.10	7.36	107.7	240.3	3.43	400×300
	225×300	220	300	11	18	13	76.95	60.4	2680	4056	5.90	7.26	149.6	270.4	4.09	450×300
	250×300	241	300	11	15	13	70.59	55.4	3399	3381	6.94	6.92	178.0	225.4	5.00	500×300
		244	300	11	18	13	79.59	62.5	3615	4056	6.74	7.14	183.7	270.4	4.72	
	275×300	272	300	11	15	13	74.00	58.1	4789	3381	8.04	6.76	225.4	225.4	5.96	550×300
		275	300	11	18	13	83.00	65.2	5093	4056	7.83	6.99	232.5	270.4	5.59	
	300×300	291	300	12	17	13	84.61	66.4	6324	3832	8.65	6.73	280.0	255.5	6.51	600×300
		294	300	12	20	13	93.61	73.5	6691	4507	8.45	6.94	288.1	300.5	6.17	
		297	302	14	23	13	108.55	85.2	7917	5289	8.54	6.98	339.9	350.3	6.41	
TN（窄翼缘剖分型）	50×50	50	50	5	7	8	5.92	4.7	11.9	7.8	1.42	1.14	3.2	3.1	1.28	100×50
	62.5×60	62.5	60	6	8	8	8.34	6.6	27.5	14.9	1.81	1.34	6.0	5.0	1.64	125×60
	75×75	75	75	5	7	8	8.92	7.0	42.4	25.1	2.18	1.68	7.4	6.7	1.79	150×75
	87.5×90	87.5	90	5	8	8	11.45	9.0	70.5	49.1	2.48	2.07	10.3	10.9	1.93	175×90
	100×100	99	99	4.5	7	8	11.34	8.9	93.1	57.1	2.87	2.24	12.0	11.5	2.17	200×100
		100	100	5.5	8	8	13.33	10.5	113.9	67.2	2.92	2.25	14.8	13.4	2.31	
	125×125	124	124	5	8	8	15.99	12.6	206.7	127.6	3.59	2.82	21.2	20.6	2.66	250×125
		125	125	6	9	8	18.48	14.5	247.5	147.1	3.66	2.82	25.5	23.5	2.81	
	150×150	149	149	5.5	8	13	20.40	16.0	390.4	223.3	4.37	3.31	33.5	30.0	3.26	300×150
		150	150	6.5	9	13	23.39	18.4	460.4	256.1	4.44	3.31	39.7	34.2	3.41	
	175×175	173	174	6	9	13	26.23	20.6	674.7	398.0	5.07	3.90	49.7	45.8	3.72	350×175
		175	175	7	11	13	31.46	24.7	811.1	494.5	5.08	3.96	59.0	56.5	3.76	
	200×200	198	199	7	11	13	35.71	28.0	1188	725.7	5.77	4.51	76.2	72.9	4.20	400×200
		200	200	8	13	13	41.69	32.7	1392	870.3	5.78	4.57	88.4	87.0	4.26	
	225×200	223	199	8	12	13	41.49	32.6	1863	791.8	6.70	4.37	108.7	79.6	5.15	450×200
		225	200	9	14	13	47.72	37.5	2148	937.6	6.71	4.43	124.1	93.8	5.19	
	250×200	248	199	9	14	13	49.65	39.0	2820	923.8	7.54	4.31	149.8	92.8	5.97	500×200
		250	200	10	16	13	56.13	44.1	3201	1072	7.55	4.37	168.7	107.2	6.03	
		253	201	11	19	13	64.66	50.8	3666	1292	7.53	4.47	189.9	128.5	6.00	
	275×200	273	199	9	14	13	51.90	40.7	3689	924.0	8.43	4.22	180.3	92.9	6.85	550×200
		275	200	10	16	13	58.63	46.0	4182	1072	8.45	4.28	202.9	107.2	6.89	
	300×200	298	199	10	15	13	58.88	46.2	5148	990.6	9.35	4.10	235.3	99.6	7.92	600×200
		300	200	11	17	13	65.86	51.7	5779	1140	9.37	4.16	262.1	114.0	7.95	
		303	201	12	20	13	74.89	58.8	6554	1361	9.36	4.26	292.4	135.4	7.88	

（续）

类别	型号（高度×宽度）/mm	截面尺寸/mm					截面面积/cm^2	理论重量/kg·m^{-1}	惯性矩/cm^4		惯性半径/cm		截面系数/cm^3		质心距离	对应H型钢系列型号
		h	B	t_1	t_2	r			I_X	I_Y	i_X	i_Y	W_X	W_Y	C_X	
TN（窄翼缘剖分型）	325×300	323	299	10	15	12	76.27	59.9	7230	3346	9.74	6.62	289.0	223.8	7.28	650×300
		325	300	11	17	13	85.61	67.2	8095	3832	9.72	6.69	321.1	255.4	7.29	
		328	301	12	20	13	97.89	76.8	9139	4553	9.66	6.82	357.0	302.5	7.20	
	350×300	346	300	13	20	13	103.11	80.9	11263	4510	10.45	6.61	425.3	300.6	8.12	700×300
		350	300	13	24	13	115.11	90.4	12018	5410	10.22	6.86	439.5	360.6	7.65	
	400×300	396	300	14	22	18	119.75	94.0	17660	4970	12.14	6.44	592.1	331.3	9.77	800×300
		400	300	14	26	18	131.75	103.4	18771	5870	11.94	6.67	610.8	391.3	9.27	
	450×300	445	299	15	23	18	133.46	104.8	25897	5147	13.93	6.21	790.0	344.3	11.72	900×300
		450	300	16	28	18	152.91	120.2	29223	6327	13.82	6.43	868.5	421.8	11.35	
		456	302	18	34	18	180.03	141.3	34345	7838	13.81	6.60	1002	519.0	11.34	

注：剖分T型钢的化学成分和力学性能与热轧H型钢相同。

表 2.1-89 H型钢与工字钢型号及性能参数比较表

工字钢型号	H型钢型号	工字钢与H型钢截面特性参数对比					
		横截面积	抗弯强度	抗剪强度	抗弯刚度	惯性半径 i_X	惯性半径 i_Y
I10	H125×60	1.16	1.33	1.62	1.66	1.19	0.87
I12.6	H150×75	0.99	1.11	1.15	1.32	1.16	1.03
I14	H175×90	1.07	1.32	1.12	1.65	1.25	1.19
I16	H175×90	0.88	0.95	0.90	1.04	1.09	1.09
	H198×99	0.87	1.06	0.91	1.32	1.23	1.19
	H200×100	1.02	1.24	1.12	1.56	1.23	1.19
I18	H200×100	0.87	0.95	0.91	1.03	1.10	1.12
	H248×124	1.04	1.46	1.04	1.97	1.39	1.41
I20a	H248×124	0.90	1.14	0.88	1.41	1.25	1.34
	H250×125	1.04	1.31	1.06	1.63	1.25	1.34
I20b	H248×124	0.81	1.08	0.88	1.34	1.29	1.36
	H250×125	0.93	1.24	0.84	1.55	1.29	1.36
I22a	H250×125	0.88	1.00	0.90	1.14	1.14	1.22
	H298×149	0.97	1.28	0.95	1.74	1.34	1.42
I22b	H250×125	0.80	0.95	0.72	1.08	1.17	1.24
	H298×149	0.88	1.22	0.76	1.65	1.37	1.45
	H300×150	1.00	1.40	0.91	1.91	1.38	1.45
I25a	H298×149	0.84	0.99	0.79	1.18	1.18	1.37
	H300×150	0.96	1.13	0.94	1.36	1.19	1.37
I25b	H298×149	0.76	0.94	0.64	1.12	1.21	1.39
	H300×150	0.87	1.08	0.76	1.29	1.22	1.39
	H346×174	0.98	1.43	0.82	1.98	1.42	1.64
I28a	H346×174	0.95	1.19	0.85	1.50	1.25	1.56
I28b	H346×174	0.86	1.13	0.70	1.40	1.27	1.59
	H350×175	1.03	1.39	0.84	1.74	1.30	1.62
I32a	H350×175	0.94	1.07	0.80	1.17	1.12	1.51
I32b	H350×175	0.86	1.02	0.67	1.12	1.14	1.54
	H400×150	0.96	1.23	0.86	1.54	1.27	1.26
	H396×199	0.97	1.32	0.76	1.64	1.30	1.75
I32c	H350×175	0.79	0.97	0.58	1.07	1.16	1.56
	H400×150	0.88	1.18	0.74	1.47	1.29	1.28
	H396×199	0.89	1.26	0.66	1.56	1.32	1.78
I36a	H400×150	0.92	1.02	0.87	1.13	1.29	1.20
	H396×199	0.93	1.09	0.77	1.20	1.31	1.67
I36b	H400×150	0.84	0.97	0.73	1.08	1.13	1.22
	H396×199	0.85	1.04	0.65	1.15	1.16	1.70
	H400×200	1.00	1.24	0.76	1.37	1.17	1.73
	H446×199	0.99	1.32	0.83	1.64	1.28	1.65
I36c	H396×199	0.79	1.00	0.56	1.10	1.18	1.73
	H400×200	0.92	1.18	0.66	1.31	1.20	1.75
	H446×199	0.91	1.26	0.72	1.56	1.31	1.68
I40a	H400×200	0.97	1.05	0.77	1.05	1.04	1.65
	H446×199	0.96	1.12	0.85	1.25	1.14	1.57
I40b	H400×200	0.89	1.00	0.65	1.00	1.06	1.68
	H446×199	0.88	1.07	0.72	1.19	1.16	1.61
	H450×200	1.01	1.25	0.82	1.40	1.18	1.63
I40c	H400×200	0.82	0.96	0.57	0.96	1.08	1.71
	H446×199	0.81	1.02	0.63	1.14	1.18	1.63
	H450×200	0.93	1.19	0.72	1.34	1.20	1.66
	H496×199	0.97	1.34	0.78	1.66	1.31	1.61
I45a	H450×200	0.93	0.99	0.79	1.00	1.03	1.53
	H496×199	0.97	1.12	0.86	1.23	1.13	1.49
I45b	H450×200	0.86	0.95	0.68	0.95	1.05	1.56
	H496×199	0.89	1.07	0.74	1.17	1.15	1.52
	H500×200	1.01	1.22	0.84	1.35	1.16	1.54
I45c	H450×200	0.79	0.91	0.60	0.91	1.07	1.59
	H496×199	0.82	1.02	0.65	1.12	1.17	1.54
	H500×200	0.93	1.17	0.74	1.29	1.18	1.56
	H596×199	0.98	1.39	0.86	1.84	1.37	1.47

（续）

工字钢型号	H型钢型号	工字钢与H型钢截面特性参数对比						工字钢型号	H型钢型号	工字钢与H型钢截面特性参数对比					
		横截面积	抗弯强度	抗剪强度	抗弯刚度	惯性半径				横截面积	抗弯强度	抗剪强度	抗弯刚度	惯性半径	
						i_X	i_Y							i_X	i_Y
I50a	H500×200	0.94	0.98	0.83	0.98	1.02	1.42	I56a	H596×199	0.87	0.93	0.84	0.99	1.07	1.29
	H596×199	0.99	1.17	0.98	1.39	1.19	1.34		H600×200	0.97	1.05	0.93	1.12	1.07	1.31
I50b	H506×201	1.00	1.11	0.81	1.12	1.06	1.48	I56b	H606×201	1.02	1.17	0.90	1.26	1.11	1.37
	H596×199	0.91	1.12	0.85	1.33	1.21	1.36	I56c	H600×200	0.83	0.96	0.72	1.03	1.11	1.34
	H600×200	1.02	1.27	0.94	1.52	1.22	1.38		H606×201	0.95	1.12	0.80	1.21	1.13	1.39
I50c	H500×200	0.81	0.90	0.64	0.90	1.06	1.47	I63a	H582×300	1.09	1.12	0.87	1.03	0.97	2.03
	H506×201	0.93	1.06	0.72	1.08	1.08	1.51								
	H596×199	0.85	1.07	0.75	1.28	1.23	1.39	I63b	H582×300	1.01	1.07	0.77	0.99	0.99	2.07
	H600×200	0.95	1.21	0.83	1.46	1.24	1.40	I63c	H582×300	0.94	1.03	0.68	0.95	1.00	2.10

注：H型钢是一种具有优越力学性能的经济断面型材，国外许多国家用H型钢代替有斜度的工字钢，在国外工业发达国家，H型钢产量占型钢生产的70%~80%。H型钢应用于设备制造业、建筑工程、水利工程、电力工程、海上石油平台、化工工程、交通运输、矿山工程等行业中。本表按照截面积大体相近，并且绕X轴的抗弯强度不低于相应工字钢的原则，计算出了GB/T11263—2005热轧H型钢有关型号与GB/T706—1988热轧工字钢的有关型号以及性能参数的对比。本表比较直观反映出H型钢比工字钢优越的性能参数及节材特性，供有关人员选用H型钢代替工字钢参考。

5.1.4　锻制钢棒（见表2.1-90、表2.1-91）

表2.1-90　锻制圆钢、方钢尺寸及理论重量（摘自GB/T 908—2008）

圆钢公称直径 d 或方钢公称边长 a/mm	理论重量/kg·m^{-1} 圆钢	理论重量/kg·m^{-1} 方钢	圆钢公称直径 d 或方钢公称边长 a/mm	理论重量/kg·m^{-1} 圆钢	理论重量/kg·m^{-1} 方钢
50	15.4	19.5	180	200	254
55	18.6	23.7	190	223	283
60	22.2	28.3	200	247	314
65	26.0	33.2	210	272	346
70	30.2	38.5	220	298	380
75	34.7	44.2	230	326	415
80	39.5	50.2	240	355	452
85	44.5	56.7	250	385	491
90	49.9	63.6	260	417	531
95	55.6	70.8	270	449	572
100	61.7	78.5	280	483	615
105	68.0	86.5	290	518	660
110	74.6	95.0	300	555	707
115	81.5	104	310	592	754
120	88.8	113	320	631	804
125	96.3	123	330	671	855
130	104	133	340	712	908
135	112	143	350	755	962
140	121	154	360	799	1 017
145	130	165	370	844	1 075
150	139	177	380	890	1 134
160	158	201	390	937	1 194
170	178	227	400	986	1 256

注：1. GB/T 908—2008代替GB/T 908—1987和GB/T 16761—1997。

2. 锻制钢棒精度分为1组和2组，在合同中未注明者，按2组规定执行；允许偏差值按GB/T 908规定。

3. 钢棒通常交货长度不小于1m。

4. 表中理论重量按密度7.85g/cm^{3}计算所得，高合金钢棒应采用相应牌号的密度计算理论重量。

5. 标记示例：用GB/T 3077—1999标准中40Cr钢锻制成的直径为120mm，尺寸允许偏差精度组别为1组的圆钢，其标记为：

$$\text{圆钢}\frac{120—1—\text{GB/T 908—2008}}{40\text{Cr—GB/T 3077—1999}}$$

表2.1-91　锻制扁钢尺寸及理论重量（摘自GB/T 908—2008）

公称宽度 b/mm	公称厚度 t/mm																				
	20	25	30	35	40	45	50	55	60	65	70	75	80	85	90	100	110	120	130	140	150	160
	理论重量/kg·m⁻¹																					
40	6.28	7.85	9.42																			
45	7.06	8.83	10.6																			
50	7.85	9.81	11.8	13.7	15.7																	
55	8.64	10.8	13.0	15.1	17.3																	
60	9.42	11.8	14.1	16.5	18.8	21.1	23.6															
65	10.2	12.8	15.3	17.8	20.4	23.0	25.5															
70	11.0	13.7	16.5	19.2	22.0	24.7	27.5	30.2	33.0													
75	11.8	14.7	17.7	20.6	23.6	26.5	29.4	32.4	35.3													
80	12.6	15.7	18.8	22.0	25.1	28.3	31.4	34.5	37.7	40.8	44.0											
90	14.1	17.7	21.2	24.7	28.3	31.8	35.3	38.8	42.4	45.9	49.4											
100	15.7	19.6	23.6	27.5	31.4	35.3	39.2	43.2	47.1	51.0	55.0	58.9	62.8	66.7								
110	17.3	21.6	25.9	30.2	34.5	38.8	43.2	47.5	51.8	56.1	60.4	64.8	69.1	73.4								
120	18.8	23.6	28.3	33.0	37.7	42.4	47.1	51.8	56.5	61.2	65.9	70.6	75.4	80.1								
130	20.4	25.5	30.6	35.7	40.8	45.9	51.0	56.1	61.2	66.3	71.4	76.5	81.6	86.7								
140	22.0	27.5	33.0	38.5	44.0	49.4	55.0	60.4	65.9	71.4	76.9	82.4	87.9	93.4	98.9	110						
150	23.6	29.4	35.3	41.2	47.1	53.0	58.9	64.8	70.7	76.5	82.4	88.3	94.2	100	106	118						
160	25.1	31.4	37.7	44.0	50.2	56.5	62.8	69.1	75.4	81.6	87.9	94.2	100	107	113	126	138	151				
170	26.7	33.4	40.0	46.7	53.4	60.0	66.7	73.4	80.1	86.7	93.4	100	107	113	120	133	147	160				
180	28.3	35.3	42.4	49.4	56.5	63.6	70.6	77.7	84.8	91.8	98.9	106	113	120	127	141	155	170	184	198		
190						67.1	74.6	82.0	89.5	96.9	104	112	119	127	134	149	164	179	194	209		
200						70.6	78.5	86.4	94.2	102	110	118	127	133	141	157	173	188	204	220		
210						74.2	82.4	90.7	98.9	107	115	124	132	140	148	165	181	198	214	231	247	264
220						77.7	86.4	95.0	103.6	112	121	130	138	147	155	173	190	207	224	242	259	276
230												135	144	153	162	180	199	217	235	253	271	289
240												141	151	160	170	188	207	226	245	264	283	301
250												147	157	167	177	196	216	235	255	275	294	314
260												153	163	173	184	204	224	245	265	286	306	326
280												165	176	187	198	220	242	264	286	308	330	352
300												177	188	200	212	236	259	283	306	330	353	377

注：扁钢截面形状为矩形。

5.1.5　冷拉圆钢、方钢和六角钢（见表2.1-92、表2.1-93）

表2.1-92　冷拉圆钢、方钢和六角钢尺寸规格（摘自GB/T 905—1994）

尺寸 d、a、s /mm	圆钢		方钢		六角钢	
	截面面积 /mm²	理论重量 /kg·m⁻¹	截面面积 /mm²	理论重量 /kg·m⁻¹	截面面积 /mm²	理论重量 /kg·m⁻¹
3.0	7.069	0.0555	9.000	0.0706	7.794	0.0612
3.2	8.042	0.0631	10.24	0.0804	8.868	0.0696
3.5	9.621	0.0755	12.25	0.0962	10.61	0.0833
4.0	12.57	0.0986	16.00	0.126	13.86	0.109
4.5	15.90	0.125	20.25	0.159	17.54	0.138
5.0	19.63	0.154	25.00	0.196	21.65	0.170
5.5	23.76	0.187	30.25	0.237	26.20	0.206
6.0	28.27	0.222	36.00	0.283	31.18	0.245
6.3	31.17	0.245	39.69	0.312	34.37	0.270
7.0	38.48	0.302	49.00	0.385	42.44	0.333

（续）

尺寸 d、a、s /mm	圆钢		方钢		六角钢	
	截面面积 /mm^2	理论重量 /$kg \cdot m^{-1}$	截面面积 /mm^2	理论重量 /$kg \cdot m^{-1}$	截面面积 /mm^2	理论重量 /$kg \cdot m^{-1}$
7.5	44.18	0.347	56.25	0.442	—	—
8.0	50.27	0.395	64.00	0.502	55.43	0.435
8.5	56.75	0.445	72.25	0.567	—	—
9.0	63.62	0.499	81.00	0.636	70.15	0.551
9.5	70.88	0.556	90.25	0.708	—	—
10.0	78.54	0.617	100.0	0.785	86.60	0.680
10.5	86.59	0.680	110.2	0.865	—	—
11.0	95.03	0.746	121.0	0.950	104.8	0.823
11.5	103.9	0.815	132.2	1.04	—	—
12.0	113.1	0.888	144.0	1.13	124.7	0.979
13.0	132.7	1.04	169.0	1.33	146.4	1.15
14.0	153.9	1.21	196.0	1.54	169.7	1.33
15.0	176.7	1.39	225.0	1.77	194.9	1.53
16.0	201.1	1.58	256.0	2.01	221.7	1.74
17.0	227.0	1.78	289.0	2.27	250.3	1.96
18.0	254.5	2.00	324.0	2.54	280.6	2.20
19.0	283.5	2.23	361.0	2.83	312.6	2.45
20.0	314.2	2.47	400.0	3.14	346.4	2.72
21.0	346.4	2.72	441.0	3.46	381.9	3.00
22.0	380.1	2.98	484.0	3.80	419.2	3.29
24.0	452.4	3.55	576.0	4.52	498.8	3.92
25.0	490.9	3.85	625.0	4.91	541.3	4.25
26.0	530.9	4.17	676.0	5.31	585.4	4.60
28.0	615.8	4.83	784.0	6.15	679.0	5.33
30.0	706.9	5.55	900.0	7.06	779.4	6.12
32.0	804.2	6.31	1024	8.04	886.8	6.96
34.0	907.9	7.13	1156	9.07	1001	7.86
35.0	962.1	7.55	1225	9.62	—	—
36.0	—	—	—	—	1122	8.81
38.0	1134	8.90	1444	11.3	1251	9.82
40.0	1257	9.86	1600	12.6	1386	10.9
42.0	1385	10.9	1764	13.8	1528	12.0
45.0	1590	12.5	2025	15.9	1754	13.8
48.0	1810	14.2	2304	18.1	1995	15.7
50.0	1968	15.4	2500	19.6	2165	17.0
52.0	2206	17.3	2809	22.0	2433	19.1
55.0	—	—	—	—	2620	20.5
56.0	2463	19.3	3136	24.6	—	—
60.0	2827	22.2	3600	28.3	3118	24.5
63.0	3117	24.5	3969	31.2	—	—
65.0	—	—	—	—	3654	28.7
67.0	3526	27.7	4489	35.2	—	—
70.0	3848	30.2	4900	38.5	4244	33.3
75.0	4418	34.7	5625	44.2	4871	38.2
80.0	5027	39.5	6400	50.2	5543	43.5

注：1. 本表理论重量按密度7.85kg/dm^3 计算，对高合金钢应按相应牌号的密度计算理论重量。d—圆钢直径，a—方钢边长，s—六角钢对边距离。

2. 按需方要求，经供需双方协议，可以供应中间尺寸的钢材。

3. 钢材通常长度为2000～6000mm，允许交付长度不小于1500mm钢材，其重量不超过批总重的10%，高合金钢钢材允许交付不小于1000mm的钢材，重量不超过批总重的10%。按需方要求，可供应长度大于6000mm钢材。

4. 按定尺、倍尺长度交货，应在合同中注明，其长度允许偏差不大于 $^{+50}_{0}$ mm。

5. 钢材以直条交货，经双方协议，钢材可成盘交货，盘径和盘重双方协定。

6. 标记示例：用40Cr制造，尺寸偏差为11级，直径d(或边长a或对边距离s)为20mm的冷拉钢材，标记为：冷拉圆钢 $\dfrac{\text{11—20—GB/T905—1994}}{\text{40Cr—GB/T3078—1994}}$

表 2.1-93　冷拉圆钢、方钢、六角钢尺寸允许偏差（摘自 GB/T905—1994）

尺寸 d、a、s/mm	允许偏差级别					
	8 (h8)	9 (h9)	10 (h10)	11 (h11)	12 (h12)	13 (h13)
	允许偏差/mm					
3	0 -0.014	0 -0.025	0 -0.040	0 -0.060	0 -0.100	0 -0.140
>3～6	0 -0.018	0 -0.030	0 -0.048	0 -0.075	0 -0.120	0 -0.180
>6～10	0 -0.022	0 -0.036	0 -0.058	0 -0.090	0 -0.150	0 -0.220
>10～18	0 -0.027	0 -0.043	0 -0.070	0 -0.110	0 -0.180	0 -0.270
>18～30	0 -0.033	0 -0.052	0 -0.084	0 -0.130	0 -0.210	0 -0.330
>30～50	0 -0.039	0 -0.062	0 -0.100	0 -0.160	0 -0.250	0 -0.390
>50～80	0 -0.046	0 -0.074	0 -0.120	0 -0.190	0 -0.300	0 -0.460

注：1. 圆钢适用允许偏差级别为8、9、10、11、12；方钢为10、11、12、13；六角钢为10、11、12、13。

2. 按需方要求，双方协议，可以供应本表规定允许偏差以外的钢材。

3. 按需方要求，可供应不圆度不大于直径公差50%的圆钢。

4. 钢材不应有显著扭转，方钢不得有显著脱方。对于方钢、六角钢的顶角圆弧半径和对角线有特殊要求时，由供需双方协议。

5. 钢材端头不应有切弯和影响使用的剪切变形。

6. 经供需双方协议供自动切削用直条交货的六角钢，尺寸 s 为7～25mm时，每米弯曲度不大于2mm，尺寸 s 大于25mm时，每米弯曲度不大于1mm。尺寸 s 小于7mm直条交货钢材，每米弯曲度不大于4mm。自动切削用圆钢应在合同中注明。尺寸大于或等于7mm的直条交货的钢材弯曲度应符合下列规定：

级别	弯曲度/$mm \cdot m^{-1}$，不大于			总弯曲度/mm，不大于
	尺寸(d、a、s)/mm			
	7～25	>25～50	>50～80	7～80
8、9级(h8、h9)	1	0.75	0.50	总长度与每米允许弯曲度的乘积
10、11级(h10、h11)	3	2	1	
12、13级(h12、h13)	4	3	2	
供自动切削用圆钢	2	2	1	

5.1.6　银亮钢（见表2.1-94）

表 2.1-94　银亮钢分类、牌号、尺寸规格及用途（摘自 GB/T 3207—2008）

分类及代号	剥皮材，代号SF，通过车削剥去表皮去除轧制缺陷和脱碳层后，经矫直，表面粗糙度 $Ra \leqslant 3.0\mu m$ 磨光材，代号SP，拉拔或剥皮后，经磨光处理，表面粗糙度 $Ra \leqslant 5.0\mu m$ 抛光材，代号SB，经拉拔、车削剥皮或磨光后，再进行抛光处理，表面粗糙度 $Ra \leqslant 0.6\mu m$	
材料要求	牌号	可以采用相关技术标准规定的牌号
	化学成分	化学成分符合相应技术标准的规定
	力学性能	银亮钢的力学性能（不含试样热处理的性能）和工艺性能允许比相应技术标准的规定波动±10%，试样经热处理的力学性能应符合相应技术标准的规定
用途	银亮钢经加工处理，表面无轧制缺陷和脱碳层，具有一定表面质量和尺寸精度，适用于对表面质量有较高要求的，可简化钢材使用后加工要求的机械及相关各行业的零件制作	

（续）

尺寸规格	通常长度：公称直径≤30mm时，通常长度为2~6m；公称直径>30mm时，通常长度为2~7m；通常以直条交货，剥皮材（SF）和抛光材（SB）平直度≤1mm/m；磨光材（SP）平直度≤2mm/m								
	公称直径 d/mm	参考截面面积/mm^2	参考重量 /kg·m^{-1}	公称直径 d/mm	参考截面面积/mm^2	参考重量 /kg·m^{-1}	公称直径 d/mm	参考截面面积/mm^2	参考重量 /kg·m^{-1}
	1.00	0.785 4	0.006	12.0	113.1	0.888	58.0	2 642	20.7
	1.10	0.950 3	0.007	13.0	132.7	1.04	60.0	2 827	22.2
	1.20	1.131	0.009	14.0	153.9	1.21	63.0	3 117	24.5
	1.40	1.539	0.012	15.0	176.7	1.39	65.0	3 318	26.0
	1.50	1.767	0.014	16.0	201.1	1.58	68.0	3 632	28.5
	1.60	2.001	0.016	17.0	227.0	1.78	70.0	3 848	30.2
	1.80	2.545	0.020	18.0	254.5	2.00	75.0	4 418	34.7
	2.00	3.142	0.025	19.0	283.5	2.23	80.0	5 027	39.5
	2.20	3.801	0.030	20.0	314.2	2.47	85.0	5 675	44.5
	2.50	4.909	0.039	21.0	346.4	2.72	90.0	6 362	49.9
	2.80	6.158	0.049	22.0	380.1	2.98	95.0	7 088	55.6
	3.00	7.069	0.056	24.0	452.4	3.55	100.0	7 854	61.7
	3.20	8.042	0.063	25.0	490.9	3.85	105.0	8 659	68.0
	3.50	9.621	0.076	26.0	530.9	4.17	110.0	9 503	74.6
	4.00	12.57	0.099	28.0	615.8	4.83	115.0	10 390	81.5
	4.50	15.90	0.125	30.0	706.9	5.55	120.0	11 310	88.8
	5.00	19.63	0.154	32.0	804.2	6.31	125.0	12 270	96.3
	5.50	23.76	0.187	33.0	855.3	6.71	130.0	13 270	104
	6.00	28.27	0.222	34.0	907.9	7.13	135.0	14 310	112
	6.30	31.17	0.244	35.0	962.1	7.55	140.0	15 390	121
	7.0	38.48	0.302	36.0	1 018	7.99	145.0	16 510	130
	7.5	44.18	0.347	38.0	1 134	8.90	150.0	17 670	139
	8.0	50.27	0.395	40.0	1 257	9.90	155.0	18 870	148
	8.5	56.75	0.445	42.0	1 385	10.9	160.0	20 110	158
	9.0	63.62	0.499	45.0	1 590	12.5	165.0	21 380	168
	9.5	70.88	0.556	48.0	1 810	14.2	170.0	22 700	178
	10.0	78.54	0.617	50.0	1 963	15.4	175.0	24 050	189
	10.5	86.59	0.680	53.0	2 206	17.3	180.0	25 450	200
	11.0	95.03	0.746	55.0	2 376	18.6			
	11.5	103.9	0.815	56.0	2 463	19.3			
直径允许偏差	公称直径/mm	允许偏差/mm							
		6(h6)	7(h7)	8(h8)	9(h9)	10(h10)	11(h11)	12(h12)	13(h13)
	1.0~3.0	0 -0.006	0 -0.010	0 -0.014	0 -0.025	0 -0.040	0 -0.060	0 -0.10	0 -0.14
	>3.0~6.0	0 -0.008	0 -0.012	0 -0.018	0 -0.030	0 -0.048	0 -0.075	0 -0.12	0 -0.18
	>6.0~10.0	0 -0.009	0 -0.015	0 -0.022	0 -0.036	0 -0.058	0 -0.090	0 -0.150	0 -0.22
	>10.0~18.0	0 -0.011	0 -0.018	0 -0.027	0 -0.043	0 -0.070	0 -0.11	0 -0.18	0 -0.27
	>18.0~30.0	0 -0.013	0 -0.021	0 -0.033	0 -0.052	0 -0.084	0 -0.13	0 -0.21	0 -0.33
	>30.0~50.0	0 -0.016	0 -0.025	0 -0.039	0 -0.062	0 -0.100	0 -0.16	0 -0.25	0 -0.39
	>50.0~80.0	0 -0.019	0 -0.030	0 -0.046	0 -0.074	0 -0.12	0 -0.19	0 -0.30	0 -0.46
	>80.0~120.0	0 -0.022	0 -0.035	0 -0.054	0 -0.087	0 -0.14	0 -0.22	0 -0.35	0 -0.54
	>120.0~180.0	0 -0.025	0 -0.040	0 -0.063	0 -0.100	0 -0.16	0 -0.25	0 -0.40	0 -0.63

5.1.7　结构用冷弯空心型钢

GB/T6728—2002结构用冷弯空心型钢的圆形、方形和矩形空心型钢截面如图2.1-1～图2.1-3所示；异型冷弯空心型钢（代号YI）外形截面由供需双方协商确定；冷弯型钢尺寸规格见表2.1-95～表2.1-98。

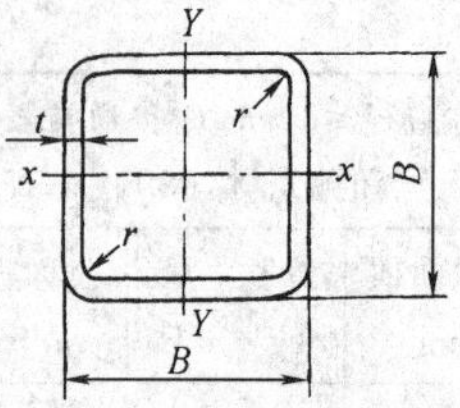

方形空心型，代号F

B——边长

t——壁厚

r——外圆弧半径

图　2.1-2

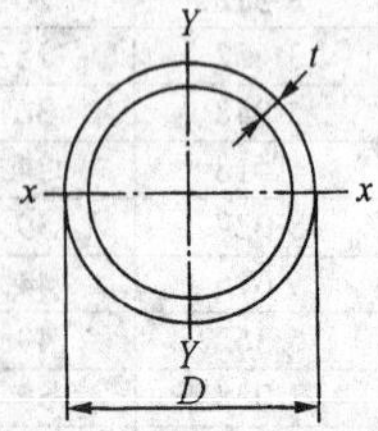

圆形空心型，代号Y

D——外径

t——壁厚

图　2.1-1

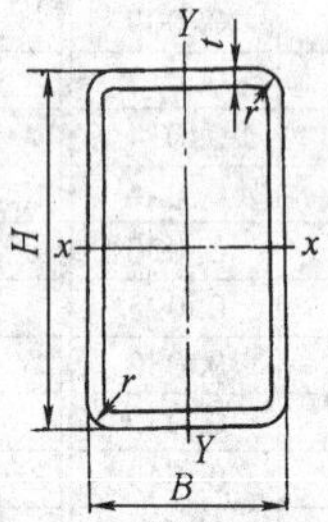

矩形空心型，代号J

H——长边；

B——短边；

t＝壁厚；

r——外圆弧半径

图　2.1-3

表2.1-95　圆形冷弯空心型钢尺寸规格（摘自GB/T6728—2002）

外径 D /mm	允许偏差 /mm	壁厚 t /mm	理论重量 M/kg·m^{-1}	截面面积 A/cm^2	惯性矩 I/cm^4	惯性半径 R/cm	弹性模数 Z/cm^3	塑性模数 S/cm^3	扭转常数 J/cm^4	扭转常数 C/cm^3	每米长度表面积 A_s/m^2
21.3 (21.3)	±0.5	1.2	0.59	0.76	0.38	0.712	0.36	0.49	0.77	0.72	0.067
		1.5	0.73	0.93	0.46	0.702	0.43	0.59	0.92	0.86	0.067
		1.75	0.84	1.07	0.52	0.694	0.49	0.67	1.04	0.97	0.067
		2.0	0.95	1.21	0.57	0.686	0.54	0.75	1.14	1.07	0.067
		2.5	1.16	1.48	0.66	0.671	0.62	0.89	1.33	1.25	0.067
		3.0	1.35	1.72	0.74	0.655	0.70	1.01	1.48	1.39	0.067
26.8 (26.9)	±0.5	1.2	0.76	0.97	0.79	0.906	0.59	0.79	1.58	1.18	0.084
		1.5	0.94	1.19	0.96	0.896	0.71	0.96	1.91	1.43	0.084
		1.75	1.08	1.38	1.09	0.888	0.81	1.1	2.17	1.62	0.084
		2.0	1.22	1.56	1.21	0.879	0.90	1.23	2.41	1.80	0.084
		2.5	1.50	1.91	1.42	0.864	1.06	1.48	2.85	2.12	0.084
		3.0	1.76	2.24	1.61	0.848	1.20	1.71	3.23	2.41	0.084
33.5 (33.7)	±0.5	1.5	1.18	1.51	1.93	1.132	1.15	1.54	3.87	2.31	0.105
		2.0	1.55	1.98	2.46	1.116	1.47	1.99	4.93	2.94	0.105
		2.5	1.91	2.43	2.94	1.099	1.76	2.41	5.89	3.51	0.105
		3.0	2.26	2.87	3.37	1.084	2.01	2.80	6.75	4.03	0.105
		3.5	2.59	3.29	3.76	1.068	2.24	3.16	7.52	4.49	0.105
		4.0	2.91	3.71	4.11	1.053	2.45	3.50	8.21	4.90	0.105
42.3 (42.4)	±0.5	1.5	1.51	1.92	4.01	1.443	1.89	2.50	8.01	3.79	0.133
		2.0	1.99	2.53	5.15	1.427	2.44	3.25	10.31	4.87	0.133
		2.5	2.45	3.13	6.21	1.410	2.94	3.97	12.43	5.88	0.133
		3.0	2.91	3.70	7.19	1.394	3.40	4.64	14.39	6.80	0.133
		4.0	3.78	4.81	8.92	1.361	4.22	5.89	17.84	8.44	0.133
48 (48.3)	±0.5	1.5	1.72	2.19	5.93	1.645	2.47	3.24	11.86	4.94	0.151
		2.0	2.27	2.89	7.66	1.628	3.19	4.23	15.32	6.38	0.151
		2.5	2.81	3.57	9.28	1.611	3.86	5.18	18.55	7.73	0.151
		3.0	3.33	4.24	10.78	1.594	4.49	6.08	21.57	9.89	0.151
		4.0	4.34	5.53	13.49	1.562	5.62	7.77	26.98	11.24	0.151
		5.0	5.30	6.75	15.82	1.530	6.59	9.29	31.65	13.18	0.151
60 (60.3)	±0.6	2.0	2.86	3.64	15.34	2.052	5.11	6.73	30.68	10.23	0.188
		2.5	3.55	4.52	18.70	2.035	6.23	8.27	37.40	12.47	0.188
		3.0	4.22	5.37	21.88	2.018	7.29	9.76	43.76	14.58	0.188
		4.0	5.52	7.04	27.73	1.985	9.24	12.56	55.45	18.48	0.188
		5.0	6.78	8.64	32.94	1.953	10.98	15.17	65.88	21.96	0.188

（续）

外径 D /mm	允许偏差 /mm	壁厚 t /mm	理论重量 $M/kg \cdot m^{-1}$	截面面积 A/cm^2	惯性矩 I/cm^4	惯性半径 R/cm	弹性模数 Z/cm^3	塑性模数 S/cm^3	扭转常数		每米长度表面积 A_s/m^2
									J/cm^4	C/cm^3	
75.5 (76.1)	±0.76	2.5	4.50	5.73	38.24	2.582	10.13	13.33	76.47	20.26	0.237
		3.0	5.36	6.83	44.97	2.565	11.91	15.78	89.94	23.82	0.237
		4.0	7.05	8.98	57.59	2.531	15.26	20.47	115.19	30.51	0.237
		5.0	8.69	11.07	69.15	2.499	18.32	24.89	138.29	36.63	0.237
88.5 (88.9)	±0.90	3.0	6.33	8.06	73.73	3.025	16.66	21.94	147.45	33.32	0.278
		4.0	8.34	10.62	94.99	2.991	21.46	28.58	189.97	42.93	0.278
		5.0	10.30	13.12	114.72	2.957	25.93	34.90	229.44	51.85	0.278
		6.0	12.21	15.55	133.00	2.925	30.06	40.91	266.01	60.11	0.278
114 (114.3)	±1.15	4.0	10.85	13.82	209.35	3.892	36.73	48.42	418.70	73.46	0.358
		5.0	13.44	17.12	254.81	3.858	44.70	59.45	509.61	89.41	0.358
		6.0	15.98	20.36	297.73	3.824	52.23	70.06	595.46	104.47	0.358
140 (139.7)	±1.40	4.0	13.42	17.09	395.47	4.810	56.50	74.01	790.94	112.99	0.440
		5.0	16.65	21.21	483.76	4.776	69.11	91.17	967.52	138.22	0.440
		6.0	19.83	25.26	568.03	4.742	85.15	107.81	1136.13	162.30	0.440
165 (168.3)	±1.65	4	15.88	20.23	655.94	5.69	79.51	103.71	1311.89	159.02	0.518
		5	19.73	25.13	805.04	5.66	97.58	128.04	1610.07	195.16	0.518
		6	23.53	29.97	948.47	5.63	114.97	151.76	1896.93	229.93	0.518
		8	30.97	39.46	1218.92	5.56	147.75	197.36	2437.84	295.50	0.518
219.1 (219.1)	±2.20	5	26.4	33.60	1928	7.57	176	229	3856	352	0.688
		6	31.53	40.17	2282	7.54	208	273	4564	417	0.688
		8	41.6	53.10	2960	7.47	270	357	5919	540	0.688
		10	51.6	65.70	3598	7.40	328	438	7197	657	0.688
273 (273)	±2.75	5	33.0	42.1	3781	9.48	277	359	7562	554	0.858
		6	39.5	50.3	4487	9.44	329	428	8974	657	0.858
		8	52.3	66.6	5852	9.37	429	562	11700	857	0.858
		10	64.9	82.6	7154	9.31	524	692	14310	1048	0.858
325 (323.9)	±3.25	5	39.5	50.3	6436	11.32	396	512	12871	792	1.20
		6	47.2	60.1	7651	11.28	471	611	15303	942	1.20
		8	62.5	79.7	10014	11.21	616	804	20028	1232	1.20
		10	77.7	99.0	12287	11.14	756	993	24573	1512	1.20
		12	92.6	118.0	14472	11.07	891	1176	28943	1781	1.20
355.6 (355.6)	±3.55	6	51.7	65.9	10071	12.4	566	733	20141	1133	1.12
		8	68.6	87.4	13200	12.3	742	967	26400	1485	1.12
		10	85.2	109.0	16220	12.2	912	1195	32450	1825	1.12
		12	101.7	130.0	19140	12.2	1076	1417	38279	2153	1.12
406.4 (406.4)	±4.10	8	78.6	100	19870	14.1	978	1270	39750	1956	1.28
		10	97.8	125	24480	14.0	1205	1572	48950	2409	1.28
		12	116.7	149	28937	14.0	1424	1867	57874	2848	1.28
457 (457)	±4.6	8	88.6	113	28450	15.9	1245	1613	56890	2490	1.44
		10	110.0	140	35090	15.8	1536	1998	70180	3071	1.44
		12	131.7	168	41556	15.7	1819	2377	83113	3637	1.44
508 (508)	±5.10	8	98.6	126	39280	17.7	1546	2000	78560	3093	1.60
		10	123.0	156	48520	17.6	1910	2480	97040	3621	1.60
		12	146.8	187	57536	17.5	2265	2953	115072	4530	1.60
610	±6.10	8	118.8	151	68552	21.3	2248	2899	137103	4495	1.92
		10	148.0	189	84847	21.2	2781	3600	169694	5564	1.92
		12.5	184.2	235	104755	21.1	3435	4463	209510	6869	1.92
		16	234.4	299	131782	21.0	4321	5647	263563	8641	1.92

注：括号内为 ISO 4019 所列规格。

表 2.1-96 方形冷弯空心型钢尺寸规格（摘自 GB/T6728—2002）

边长 B/mm	允许偏差 /mm	壁厚 t/mm	理论重量 M/kg·m^{-1}	截面面积 A/cm^2	惯性矩 $I_x=I_y$/cm^4	惯性半径 $r_x=r_y$/cm	截面系数 $W_x=W_y$/cm^3	扭转常数 I_t/cm^4	扭转常数 C_t/cm^3
20	±0.50	1.2	0.679	0.865	0.498	0.759	0.498	0.823	0.75
		1.5	0.826	1.052	0.583	0.744	0.583	0.985	0.88
		1.75	0.941	1.199	0.642	0.732	0.642	1.106	0.98
		2.0	1.050	1.340	0.692	0.720	0.692	1.215	1.06
20	±0.50	1.2	0.867	1.105	1.025	0.963	0.820	1.655	1.24
		1.5	1.061	1.352	1.216	0.948	0.973	1.998	1.47
		1.75	1.215	1.548	1.357	0.936	1.086	2.261	1.65
		2.0	1.363	1.736	1.482	0.923	1.186	2.502	1.80
30	±0.50	1.5	1.296	1.652	2.195	1.152	1.463	3.555	2.21
		1.75	1.490	1.898	2.470	1.140	1.646	4.048	2.49
		2.0	1.677	2.136	2.721	1.128	1.814	4.511	2.75
		2.5	2.032	2.589	3.154	1.103	2.102	5.347	3.20
		3.0	2.361	3.008	3.500	1.078	2.333	6.060	3.58
40	±0.50	1.5	1.767	2.525	5.489	1.561	2.744	8.728	4.13
		1.75	2.039	2.598	6.237	1.549	3.118	10.009	4.69
		2.0	2.305	2.936	6.939	1.537	3.469	11.238	5.23
		2.5	2.817	3.589	8.213	1.512	4.106	13.539	6.21
		3.0	3.303	4.208	9.320	1.488	4.660	15.628	7.07
		4.0	4.198	5.347	11.064	1.438	5.532	19.152	8.48
50	±0.50	1.5	2.238	2.852	11.065	1.969	4.426	17.395	6.65
		1.75	2.589	3.298	12.641	1.957	5.056	20.025	7.60
		2.0	2.933	3.736	14.146	1.945	5.658	22.578	8.51
		2.5	3.602	4.589	16.941	1.921	6.776	27.436	10.22
		3.0	4.245	5.408	19.463	1.897	7.785	31.972	11.77
		4.0	5.454	6.947	23.725	1.847	9.490	40.047	14.43
60	±0.60	2.0	3.560	4.540	25.120	2.350	8.380	39.810	12.60
		2.5	4.387	5.589	30.340	2.329	10.113	48.539	15.22
		3.0	5.187	6.608	35.130	2.305	11.710	56.892	17.65
		4.0	6.710	8.547	43.539	2.256	14.513	72.188	21.97
		5.0	8.129	10.356	50.468	2.207	16.822	85.560	25.61
70	±0.65	2.5	5.170	6.590	49.400	2.740	14.100	78.500	21.20
		3.0	6.129	7.808	57.522	2.714	16.434	92.188	24.74
		4.0	7.966	10.147	72.108	2.665	20.602	117.975	31.11
		5.0	9.699	12.356	84.602	2.616	24.172	141.183	36.65
80	±0.70	2.5	5.957	7.589	75.147	3.147	18.787	118.52	28.22
		3.0	7.071	9.008	87.838	3.122	21.959	139.660	33.02
		4.0	9.222	11.747	111.031	3.074	27.757	179.808	41.84
		5.0	11.269	14.356	131.414	3.025	32.853	216.628	49.68
90	±0.75	3.0	8.013	10.208	127.277	3.531	28.283	201.108	42.51
		4.0	10.478	13.347	161.907	3.482	35.979	260.088	54.17
		5.0	12.839	16.356	192.903	3.434	42.867	314.896	64.71
		6.0	15.097	19.232	220.420	3.385	48.982	365.452	74.16
100	±0.80	4.0	11.734	11.947	226.337	3.891	45.267	361.213	68.10
		5.0	14.409	18.356	271.071	3.842	54.214	438.986	81.72
		6.0	16.981	21.632	311.415	3.794	62.283	511.558	94.12
110	±0.90	4.0	12.99	16.548	305.94	4.300	55.625	486.47	83.63
		5.0	15.98	20.356	367.95	4.252	66.900	593.60	100.74
		6.0	18.866	24.033	424.57	4.203	77.194	694.85	116.47
120	±0.90	4.0	14.246	18.147	402.260	4.708	67.043	635.603	100.75
		5.0	17.549	22.356	485.441	4.659	80.906	776.632	121.75
		6.0	20.749	26.432	562.094	4.611	93.683	910.281	141.22
		8.0	26.840	34.191	696.639	4.513	116.106	1155.010	174.58
130	±1.00	4.0	15.502	19.748	516.97	5.117	79.534	814.72	119.48
		5.0	19.120	24.356	625.68	5.068	96.258	998.22	144.77
		6.0	22.634	28.833	726.64	5.020	111.79	1173.6	168.36
		8.0	28.921	36.842	882.86	4.895	135.82	1502.1	209.54

（续）

边长 B/mm	允许偏差 /mm	壁厚 t/mm	理论重量 $M/kg \cdot m^{-1}$	截面面积 A/cm^2	惯性矩 $I_x = I_y/cm^4$	惯性半径 $r_x = r_y/cm$	截面系数 $W_x = W_y/cm^3$	扭转常数 I_t/cm^4	扭转常数 C_t/cm^3
140	±1.10	4.0	16.758	21.347	651.598	5.524	53.085	1022.176	139.8
		5.0	20.689	26.356	790.523	5.476	112.931	1253.565	169.78
		6.0	24.517	31.232	920.359	5.428	131.479	1475.020	197.9
		8.0	31.864	40.591	1153.735	5.331	164.819	1887.605	247.69
150	±1.20	4.0	18.014	22.948	807.82	5.933	107.71	1264.8	161.73
		5.0	22.26	28.356	982.12	5.885	130.95	1554.1	196.79
		6.0	26.402	33.633	1145.9	5.837	152.79	1832.7	229.84
		8.0	33.945	43.242	1411.8	5.714	188.25	2364.1	289.03
160	±1.20	4.0	19.270	24.547	987.152	6.341	123.394	1540.134	185.25
		5.0	23.829	30.356	1202.317	6.293	150.289	1893.787	225.79
		6.0	28.285	36.032	1405.408	6.245	175.676	2234.573	264.18
		8.0	36.888	46.991	1776.496	6.148	222.062	2876.940	333.56
170	±1.30	4.0	20.526	26.148	1191.3	6.750	140.15	1855.8	210.37
		5.0	25.400	32.356	1453.3	6.702	170.97	2285.3	256.80
		6.0	30.170	38.433	1701.6	6.654	200.18	2701.0	300.91
		8.0	38.969	49.642	2118.2	6.532	249.2	3503.1	381.28
180	±1.40	4.0	21.800	27.70	1422	7.16	158	2210	237
		5.0	27.000	34.40	1737	7.11	193	2724	290
		6.0	32.100	40.80	2037	7.06	226	3223	340
		8.0	41.500	52.80	2546	6.94	283	4189	432
190	±1.50	4.0	23.00	29.30	1680	7.57	176	2607	265
		5.0	28.50	36.40	2055	7.52	216	3216	325
		6.0	33.90	43.20	2413	7.47	254	3807	381
		8.0	44.00	56.00	3208	7.35	319	4958	486
200	±1.60	4.0	24.30	30.90	1968	7.97	197	3049	295
		5.0	30.10	38.40	2410	7.93	241	3763	362
		6.0	35.80	45.60	2833	7.88	283	4459	426
		8.0	46.50	59.20	3566	7.76	357	5815	544
		10	57.00	72.60	4251	7.65	425	7072	651
220	±1.80	5.0	33.2	42.4	3238	8.74	294	5038	442
		6.0	39.6	50.4	3813	8.70	347	5976	521
		8.0	51.5	65.6	4828	8.58	439	7815	668
		10	63.2	80.6	5782	8.47	526	9533	804
		12	73.5	93.7	6487	8.32	590	11149	922
250	±2.00	5.0	38.0	48.4	4805	9.97	384	7443	577
		6.0	45.2	57.6	5672	9.92	454	8843	681
		8.0	59.1	75.2	7299	9.80	578	11598	878
		10	72.7	92.6	8707	9.70	697	14197	1062
		12	84.8	108	9859	9.55	789	16691	1226
280	±2.20	5.0	42.7	54.4	6810	11.2	486	10513	730
		6.0	50.9	64.8	8054	11.1	575	12504	863
		8.0	66.6	84.8	10317	11.0	737	16436	1117
		10	82.1	104.6	12479	10.9	891	20173	1356
		12	96.1	122.5	14232	10.8	1017	23804	1574
300	±2.40	6.0	54.7	69.6	9964	12.0	664	15434	997
		8.0	71.6	91.2	12801	11.8	853	20312	1293
		10	88.4	113	15519	11.7	1035	24966	1572
		12	104	132	17767	11.6	1184	29514	1829
350	±2.80	6.0	64.1	81.6	16008	14.0	915	24683	1372
		8.0	84.2	107	20618	13.9	1182	32557	1787
		10	104	133	25189	13.8	1439	40127	2182
		12	123	156	29054	13.6	1660	47598	2552
400	±3.20	8.0	96.7	123	31269	15.9	1564	48934	2362
		10	120	153	38216	15.8	1911	60431	2892
		12	141	180	44319	15.7	2216	71843	3395
		14	163	208	50414	15.6	2521	82735	3877

（续）

边长 B/mm	允许偏差 /mm	壁厚 t/mm	理论重量 M/kg·m^{-1}	截面面积 A/cm^2	惯性矩 $I_x=I_y$/cm^4	惯性半径 $r_x=r_y$/cm	截面系数 $W_x=W_y$/cm^3	扭转常数 I_t/cm^4	扭转常数 C_t/cm^3
450	±3.60	8.0	109	139	44966	18.0	1999	70043	3016
		10	135	173	55100	17.9	2449	86629	3702
		12	160	204	64164	17.7	2851	103150	4357
		14	185	236	73210	17.6	3254	119000	4989
500	±4.00	8.0	122	155	62172	20.0	2487	96483	3750
		10	151	193	76341	19.9	3054	119470	4612
		12	179	228	89187	19.8	3568	142420	5440
		14	207	264	102010	19.7	4080	164530	6241
		16	235	299	114260	19.6	4570	186140	7013

注：表中理论重量按密度7.85g/cm^{3}计算。

表2.1-97　矩形冷弯空心型钢尺寸规格（摘自GB/T6728—2002）

边长/mm H	边长/mm B	允许偏差/mm	壁厚 t/mm	理论重量 M/kg·m^{-1}	截面面积 A/cm^2	惯性矩/cm^4 I_x	惯性矩/cm^4 I_y	惯性半径/cm r_x	惯性半径/cm r_y	截面系数/cm^3 W_x	截面系数/cm^3 W_y	扭转常数 I_t/cm^4	扭转常数 C_t/cm^3
30	20	±0.50	1.5	1.06	1.35	1.59	0.84	1.08	0.788	1.06	0.84	1.83	1.40
			1.75	1.22	1.55	1.77	0.93	1.07	0.777	1.18	0.93	2.07	1.56
			2.0	1.36	1.74	1.94	1.02	1.06	0.765	1.29	1.02	2.29	1.71
			2.5	1.64	2.09	2.21	1.15	1.03	0.742	1.47	1.15	2.68	1.95
40	20	±0.50	1.5	1.30	1.65	3.27	1.10	1.41	0.815	1.63	1.10	2.74	1.91
			1.75	1.49	1.90	3.68	1.23	1.39	0.804	1.84	1.23	3.11	2.14
			2.0	1.68	2.14	4.05	1.34	1.38	0.793	2.02	1.34	3.45	2.36
			2.5	2.03	2.59	4.69	1.54	1.35	0.770	2.35	1.54	4.06	2.72
			3.0	2.36	3.01	5.21	1.68	1.32	0.748	2.60	1.68	4.57	3.00
40	25	±0.50	1.5	1.41	1.80	3.82	1.84	1.46	1.010	1.91	1.47	4.06	2.46
			1.75	1.63	2.07	4.32	2.07	1.44	0.999	2.16	1.66	4.63	2.78
			2.0	1.83	2.34	4.77	2.28	1.43	0.988	2.39	1.82	5.17	3.07
			2.5	2.23	2.84	5.57	2.64	1.40	0.965	2.79	2.11	6.15	3.59
			3.0	2.60	3.31	6.24	2.94	1.37	0.942	3.12	2.35	7.00	4.01
40	30	±0.50	1.5	1.53	1.95	4.38	2.81	1.50	1.199	2.19	1.87	5.52	3.02
			1.75	1.77	2.25	4.96	3.17	1.48	1.187	2.48	2.11	6.31	3.42
			2.0	1.99	2.54	5.49	3.51	1.47	1.176	2.75	2.34	7.07	3.79
			2.5	2.42	3.09	6.45	4.10	1.45	1.153	3.23	2.74	8.47	4.46
			3.0	2.83	3.61	7.27	4.60	1.42	1.129	3.63	3.07	9.72	5.03
50	25	±0.50	1.5	1.65	2.10	6.65	2.25	1.78	1.04	2.66	1.80	5.52	3.41
			1.75	1.90	2.42	7.55	2.54	1.76	1.024	3.02	2.03	6.32	3.54
			2.0	2.15	2.74	8.38	2.81	1.75	1.013	3.35	2.25	7.06	3.92
			2.5	2.62	2.34	9.89	3.28	1.72	0.991	3.95	2.62	8.43	4.60
			3.0	3.07	3.91	11.17	3.67	1.69	0.969	4.47	2.93	9.64	5.18
50	30	±0.50	1.5	1.767	2.252	7.535	3.415	1.829	1.231	3.014	2.276	7.587	3.83
			1.75	2.039	2.598	8.566	3.868	1.815	1.220	3.426	2.579	8.682	4.35
			2.0	2.305	2.936	9.535	4.291	1.801	1.208	3.814	2.861	9.727	4.84
			2.5	2.817	3.589	11.296	5.050	1.774	1.186	4.518	3.366	11.666	5.72
			3.0	3.303	4.206	12.827	5.696	1.745	1.163	5.130	3.797	13.401	6.49
			4.0	4.198	5.347	15.239	6.682	1.688	1.117	6.095	4.455	16.244	7.77
50	40	±0.50	1.5	2.003	2.552	9.300	6.602	1.908	1.608	3.720	3.301	12.238	5.24
			1.75	2.314	2.948	10.603	7.518	1.896	1.596	4.241	3.759	14.059	5.97
			2.0	2.619	3.336	11.840	8.348	1.883	1.585	4.736	4.192	15.817	6.673
			2.5	3.210	4.089	14.121	9.976	1.858	1.562	5.648	4.988	19.222	7.965
			3.0	3.775	4.808	16.149	11.382	1.833	1.539	6.460	5.691	22.336	9.123
			4.0	4.826	6.148	19.493	13.677	1.781	1.492	7.797	6.839	27.82	11.06

（续）

边长/mm H	边长/mm B	允许偏差/mm	壁厚 t/mm	理论重量 M/kg·m^{-1}	截面面积 A/cm^2	惯性矩/cm^4 I_x	惯性矩/cm^4 I_y	惯性半径/cm r_x	惯性半径/cm r_y	截面系数/cm^3 W_x	截面系数/cm^3 W_y	扭转常数 I_t/cm^4	扭转常数 C_t/cm^3
55	25	±0.50	1.5	1.767	2.252	8.453	2.460	1.937	1.045	3.074	1.968	6.273	3.458
			1.75	2.039	2.598	9.606	2.779	1.922	1.034	3.493	2.223	7.156	3.916
			2.0	2.305	2.936	10.689	3.073	1.907	1.023	3.886	2.459	7.992	4.342
55	40	±0.50	1.5	2.121	2.702	11.674	7.158	2.078	1.627	4.245	3.579	14.017	5.794
			1.75	2.452	3.123	13.329	8.158	2.065	1.616	4.847	4.079	16.175	6.614
			2.0	2.776	3.536	14.904	9.107	2.052	1.604	5.419	4.553	18.208	7.394
55	50	±0.60	1.75	2.726	3.473	15.811	13.660	2.133	1.983	5.749	5.464	23.173	8.415
			2.0	3.090	3.936	17.714	15.298	2.121	1.971	6.441	6.119	26.142	9.433
60	30	±0.60	2.0	2.620	3.337	15.046	5.078	2.123	1.234	5.015	3.385	12.57	5.881
			2.5	3.209	4.089	17.933	5.998	2.094	1.211	5.977	3.998	15.054	6.981
			3.0	3.774	4.808	20.496	6.794	2.064	1.188	6.832	4.529	17.335	7.950
			4.0	4.826	6.147	24.691	8.045	2.004	1.143	8.230	5.363	21.141	9.523
60	40	±0.60	2.0	2.934	3.737	18.412	9.831	2.220	1.622	6.137	4.915	20.702	8.116
			2.5	3.602	4.589	22.069	11.734	2.192	1.595	7.356	5.867	25.045	9.722
			3.0	4.245	5.408	25.374	13.436	2.166	1.576	8.458	6.718	29.121	11.175
			4.0	5.451	6.947	30.974	16.269	2.111	1.530	10.324	8.134	36.298	13.653
70	50	±0.60	2.0	3.562	4.537	31.475	18.758	2.634	2.033	8.993	7.503	37.454	12.196
			3.0	5.187	6.608	44.046	26.099	2.581	1.987	12.584	10.439	53.426	17.06
			4.0	6.710	8.547	54.663	32.210	2.528	1.941	15.618	12.884	67.613	21.189
			5.0	8.129	10.356	63.435	37.179	2.171	1.894	18.121	14.871	79.908	24.642
80	40	±0.70	2.0	3.561	4.536	37.355	12.720	2.869	1.674	9.339	6.361	30.881	11.004
			2.5	4.387	5.589	45.103	15.255	2.840	1.652	11.275	7.627	37.467	13.283
			3.0	5.187	6.608	52.246	17.552	2.811	1.629	13.061	8.776	43.680	15.283
			4.0	6.710	8.547	64.780	21.474	2.752	1.585	16.195	10.737	54.787	18.844
			5.0	8.129	10.356	75.080	24.567	2.692	1.540	18.770	12.283	64.110	21.744
80	60	±0.70	3.0	6.129	7.808	70.042	44.886	2.995	2.397	17.510	14.962	88.111	24.143
			4.0	7.966	10.147	87.945	56.105	2.943	2.351	21.976	18.701	112.583	30.332
			5.0	9.699	12.356	103.247	65.634	2.890	2.304	25.811	21.878	134.503	35.673
90	40	±0.75	3.0	5.658	7.208	70.487	19.610	3.127	1.649	15.663	9.805	51.193	17.339
			4.0	7.338	9.347	87.894	24.077	3.066	1.604	19.532	12.038	64.320	21.441
			5.0	8.914	11.356	102.487	27.651	3.004	1.560	22.774	13.825	75.426	24.819
90	50	±0.75	2.0	4.190	5.337	57.878	23.368	3.293	2.093	12.862	9.347	53.366	15.882
			2.5	5.172	6.589	70.263	28.236	3.266	2.070	15.614	11.294	65.299	19.235
			3.0	6.129	7.808	81.845	32.735	3.237	2.047	18.187	13.094	76.433	22.316
			4.0	7.966	10.147	102.696	40.695	3.181	2.002	22.821	16.278	97.162	27.961
			5.0	9.699	12.356	120.570	47.345	3.123	1.957	26.793	18.938	115.436	36.774
90	55	±0.75	2.0	4.346	5.536	61.75	28.957	3.340	2.287	13.733	10.53	62.724	17.601
			2.5	5.368	6.839	75.049	33.065	3.313	2.264	16.678	12.751	76.877	21.357
90	60	±0.75	3.0	6.600	8.408	93.203	49.764	3.329	2.432	20.711	16.588	104.552	27.391
			4.0	8.594	10.947	117.499	62.387	3.276	2.387	26.111	20.795	133.852	34.501
			5.0	10.484	13.356	138.653	73.218	3.222	2.311	30.811	24.406	160.273	40.712
95	50	±0.75	2.0	4.347	5.537	66.084	24.521	3.455	2.104	13.912	9.808	57.458	16.804
			2.5	5.369	6.839	80.306	29.647	3.247	2.082	16.906	11.895	70.324	20.364
100	50	±0.80	3.0	6.690	8.408	106.451	36.053	3.558	2.070	21.290	14.421	88.311	25.012
			4.0	8.594	10.947	134.124	44.938	3.500	2.026	26.824	17.975	112.409	31.35
			5.0	10.484	13.356	158.155	52.429	3.441	1.981	31.631	20.971	133.758	36.804
120	50	±0.90	2.5	6.350	8.089	143.97	36.704	4.219	2.130	23.995	14.682	96.026	26.006
			3.0	7.543	9.608	168.58	42.693	4.189	2.108	28.097	17.077	112.87	30.317
120	60	±0.90	3.0	8.013	10.208	189.113	64.398	4.304	2.511	31.581	21.466	156.029	37.138
			4.0	10.478	13.347	240.724	81.235	4.246	2.466	40.120	27.078	200.407	47.048
			5.0	12.839	16.356	286.941	95.968	4.188	2.422	47.823	31.989	240.869	55.846
			6.0	15.097	19.232	327.950	108.716	4.129	2.377	54.658	36.238	277.361	63.597

（续）

边长/mm H	边长/mm B	允许偏差/mm	壁厚 t/mm	理论重量 M/kg·m⁻¹	截面面积 A/cm²	惯性矩/cm⁴ I_x	惯性矩/cm⁴ I_y	惯性半径/cm r_x	惯性半径/cm r_y	截面系数/cm³ W_x	截面系数/cm³ W_y	扭转常数 I_t/cm⁴	扭转常数 C_t/cm³
120	80	±0.90	3.0	8.955	11.408	230.189	123.430	4.491	3.289	38.364	30.857	255.128	50.799
			4.0	11.734	11.947	294.569	157.281	4.439	3.243	49.094	39.320	330.438	64.927
			5.0	14.409	18.356	353.108	187.747	4.385	3.198	58.850	46.936	400.735	77.772
			6.0	16.981	21.632	105.998	214.977	4.332	3.152	67.666	53.744	165.940	83.399
140	80	±1.00	4.0	12.990	16.547	429.582	180.407	5.095	3.301	61.368	45.101	410.713	76.478
			5.0	15.979	20.356	517.023	215.914	5.039	3.256	73.860	53.978	498.815	91.834
			6.0	18.865	24.032	569.935	247.905	4.983	3.211	85.276	61.976	580.919	105.83
150	100	±1.20	4.0	14.874	18.947	594.585	318.551	5.601	4.110	79.278	63.710	660.613	104.94
			5.0	18.334	23.356	719.164	383.988	5.549	4.054	95.888	79.797	806.733	126.81
			6.0	21.691	27.632	834.615	444.135	5.495	4.009	111.282	88.827	915.022	147.07
			8.0	28.096	35.791	1039.101	519.308	5.388	3.917	138.546	109.861	1147.710	181.85
160	60	±1.20	3	9.898	12.608	389.86	83.915	5.561	2.580	48.732	27.972	228.15	50.14
			4.5	14.498	18.469	552.08	116.66	5.468	2.513	69.01	38.886	324.96	70.085
160	80	±1.20	4.0	14.216	18.117	597.691	203.532	5.738	3.348	71.711	50.883	493.129	88.031
			5.0	17.519	22.356	721.650	214.089	5.681	3.304	90.206	61.020	599.175	105.9
			6.0	20.749	26.433	835.936	286.832	5.623	3.259	104.192	76.208	698.881	122.27
			8.0	26.810	33.644	1036.485	343.599	5.505	3.170	129.560	85.899	876.599	149.54
180	65	±1.20	3.0	11.075	14.108	550.35	111.78	6.246	2.815	61.15	34.393	306.75	61.849
			4.5	16.264	20.719	784.13	156.47	6.152	2.748	87.125	48.144	438.91	86.993
180	100	±1.30	4.0	16.758	21.317	926.020	373.879	6.586	4.184	102.891	74.755	852.708	127.06
			5.0	20.689	26.356	1124.156	451.738	6.530	4.140	124.906	90.347	1012.589	153.88
			6.0	24.517	31.232	1309.527	523.767	6.475	4.095	145.503	104.753	1222.933	178.88
			8.0	31.861	40.391	1643.149	651.132	6.362	4.002	182.572	130.226	1554.606	222.49
200			4.0	18.014	22.941	1199.680	410.261	7.230	4.230	119.968	82.152	984.151	141.81
			5.0	22.259	28.356	1459.270	496.905	7.173	4.186	145.920	99.381	1203.878	171.94
			6.0	26.101	33.632	1703.224	576.855	7.116	4.141	170.332	115.371	1412.986	200.1
			8.0	34.376	43.791	2145.993	719.014	7.000	4.052	214.599	143.802	1798.551	249.6
200	120	±1.40	4.0	19.3	24.5	1353	618	7.43	5.02	135	103	1345	172
			5.0	23.8	30.4	1649	750	7.37	4.97	165	125	1652	210
			6.0	28.3	36.0	1929	874	7.32	4.93	193	146	1947	245
			8.0	36.5	46.4	2386	1079	7.17	4.82	239	180	2507	308
200	150	±1.50	4.0	21.2	26.9	1584	1021	7.67	6.16	158	136	1942	219
			5.0	26.2	33.4	1935	1245	7.62	6.11	193	166	2391	267
			6.0	31.1	39.6	2268	1457	7.56	6.06	227	194	2826	312
			8.0	40.2	51.2	2892	1815	7.43	5.95	283	242	3664	396
220	140	±1.50	4.0	21.8	27.7	1892	948	8.26	5.84	172	135	1987	224
			5.0	27.0	34.4	2313	1155	8.21	5.80	210	165	2447	274
			6.0	32.1	40.8	2714	1352	8.15	5.75	247	193	2891	321
			8.0	41.5	52.8	3389	1685	8.01	5.65	308	241	3746	407
250	150	±1.60	4.0	24.3	30.9	2697	1234	9.34	6.32	216	165	2665	275
			5.0	30.1	38.4	3304	1508	9.28	6.27	264	201	3285	337
			6.0	35.8	45.6	3886	1768	9.23	6.23	311	236	3886	396
			8.0	46.5	59.2	4886	2219	9.08	6.12	391	296	5050	504
260	180	±1.80	5.0	33.2	42.4	4121	2350	9.86	7.45	317	261	4695	426
			6.0	39.6	50.4	4856	2763	9.81	7.40	374	307	5566	501
			8.0	51.5	65.6	6145	3493	9.68	7.29	473	388	7267	642
			10	63.2	80.6	7363	4174	9.56	7.20	566	646	8850	772
300	200	±2.00	5.0	38.0	48.4	6241	3361	11.4	8.34	416	336	6836	552
			6.0	45.2	57.6	7370	3962	11.3	8.29	491	396	8115	651
			8.0	59.1	75.2	9389	5042	11.2	8.19	626	504	10627	838
			10	72.7	92.6	11313	6058	11.1	8.09	754	606	12987	1012

（续）

边长/mm		允许偏差/mm	壁厚 t/mm	理论重量 M/kg·m^{-1}	截面面积 A/cm^2	惯性矩/cm^4		惯性半径/cm		截面系数/cm^3		扭转常数	
H	B					I_x	I_y	r_x	r_y	W_x	W_y	I_t/cm^4	C_t/cm^3
350	250	±2.20	5.0	45.8	58.4	10520	6306	13.4	10.4	601	504	12234	817
			6.0	54.7	69.6	12457	7458	13.4	10.3	712	594	14554	967
			8.0	71.6	91.2	16001	9573	13.2	10.2	914	766	19136	1253
			10	88.4	113	19407	11588	13.1	10.1	1109	927	23500	1522
400	200	±2.40	5.0	45.8	58.4	12490	4311	14.6	8.60	624	431	10519	742
			6.0	54.7	69.6	14789	5092	14.5	8.55	739	509	12069	877
			8.0	71.6	91.2	18974	6517	14.4	8.45	949	652	15820	1133
			10	88.4	113	23003	7864	14.3	8.36	1150	786	19368	1373
			12	104	132	26248	8977	14.1	8.24	1312	898	22782	1591
400	250	±2.60	5.0	49.7	63.4	14440	7056	15.1	10.6	722	565	14773	937
			6.0	59.4	75.6	17118	8352	15.0	10.5	856	668	17580	1110
			8.0	77.9	99.2	22048	10744	14.9	10.4	1102	860	23127	1440
			10	96.2	122	26806	13029	14.8	10.3	1340	1042	28423	1753
			12	113	144	30766	14926	14.6	10.2	1538	1197	33597	2042
450	250	±2.80	6.0	64.1	81.6	22724	9245	16.7	10.6	1010	740	20687	1253
			8.0	84.2	107	29336	11916	16.5	10.5	1304	953	27222	1628
			10	104	133	35737	14470	16.4	10.4	1588	1158	33473	1983
			12	123	156	41137	16663	16.2	10.3	1828	1333	39591	2314
500	300	±3.20	6.0	73.5	93.6	33012	15151	18.8	12.7	1321	1010	32420	1688
			8.0	96.7	123	42805	19624	18.6	12.6	1712	1308	42767	2202
			10	120	153	52328	23933	18.5	12.5	2093	1596	52736	2693
			12	141	180	60604	27726	18.3	12.4	2424	1848	62581	3156
550	350	±3.60	8.0	109	139	59783	30040	20.7	14.7	2174	1717	63051	2856
			10	135	173	73276	36752	20.6	14.6	2665	2100	77901	3503
			12	160	204	85249	42769	20.4	14.5	3100	2444	92646	4118
			14	185	236	97269	48731	20.3	14.4	3537	2784	106760	4710
600	400	±4.00	8.0	122	155	80670	43564	22.8	16.8	2689	2178	88672	3591
			10	151	193	99081	53429	22.7	16.7	3303	2672	109720	4413
			12	179	228	115670	62391	22.5	16.5	3856	3120	130680	5201
			14	207	264	132310	71282	22.4	16.4	4410	3564	150850	5962
			16	235	299	148210	79760	22.3	16.3	4940	3988	170510	6694

注：1. 表中理论重量按密度7.85g/cm^3 计算。

2. 异形冷弯空心型钢（异形管）的截面尺寸、允许偏差参照方、矩形冷弯空心型钢的允许偏差执行。外形由供需双方协商确定。

3. 冷弯型钢（圆形、方形、矩形、异形）壁厚的允许偏差，当壁厚 t 不大于10mm时，不得超过公称壁厚的±10%；当 t 大于10mm时为壁厚的±8%。弯角及焊缝区域壁厚除外。

4. 冷弯型钢交货长度一般为4000~12000mm。

5. 冷弯型钢弯曲度每米不大于2mm，总弯曲度不大于总长度的0.2%。

6. 按GB/T6725—2002冷弯型钢用钢材的牌号和化学成分（熔炼分析）应符合GB/T699、GB/T700、GB/T1591、GB/T4171、GB/T4239等标准的规定。根据需方要求也可提供钢材成品化学成分。

7. 冷弯型钢一般不做力学性能和工艺性能试验，按需方要求并在合同中注明，可在原料钢带上进行力学性能及工艺性能试验，并应符合相应标准的规定。

8. 标记示例：用Q235钢制造、尺寸为150mm×100mm×6mm冷弯矩形空心型钢，标记为：冷弯空心型钢（矩形管）$\frac{\text{J150×100×6-GB/T6728-2002}}{\text{Q235-GB/T700—2006}}$

表2.1-98 冷弯型钢弯角外圆弧半径 r 值（摘自GB/T6728—2002）

厚度 t/mm	弯角外圆弧半径 r		厚度 t/mm	弯角外圆弧半径 r	
	碳素钢（σ_s≤320MPa）	低合金钢（σ_s>320MPa）		碳素钢（σ_s≤320MPa）	低合金钢（σ_s>320MPa）
t≤3	（1.0~2.5）t	（1.5~2.5）t	6<t≤10	（2.0~3.0）t	（2.0~3.5）t
3<t≤6	（1.5~2.5）t	（2.0~3.0）t	t>10	（2.0~3.5）t	（2.5~4.0）t

注：σ_s 值指标准中规定的最低值。

5.2　钢板和钢带

5.2.1　冷轧钢板和钢带尺寸规格（见表2.1-99、表2.1-100）

表2.1-99　冷轧钢板和钢带尺寸规格（摘自GB/T 708—2006）

尺寸规格的规定	1. 钢板和钢带（包括纵切钢带）的公称厚度范围为0.30～4.00mm，公称厚度小于1mm者，按0.05mm倍数的任何尺寸；公称厚度不小于1mm者，按0.1mm倍数的任何尺寸 2. 钢板和钢带公称宽度范围为600～2050mm，按10mm倍数的任何尺寸 3. 钢板公称长度范围为1000～6000mm，按50mm倍数的任何尺寸 4. 按需方要求可供应其他尺寸规格的产品						
厚度允许偏差/mm	公称厚度	厚度允许偏差					
		普通精度PT. A			较高精度PT. B		
		公称宽度			公称宽度		
		≤1 200	>1 200～1 500	>1 500	≤1 200	>1 200～1 500	>1 500
	≤0.40	±0.04	±0.05	±0.06	±0.025	±0.035	±0.045
	>0.40～0.60	±0.05	±0.06	±0.07	±0.035	±0.045	±0.050
	>0.60～0.80	±0.06	±0.07	±0.08	±0.040	±0.050	±0.050
	>0.80～1.00	±0.07	±0.08	±0.09	±0.045	±0.060	±0.060
	>1.00～1.20	±0.08	±0.09	±0.10	±0.055	±0.070	±0.070
	>1.20～1.60	±0.10	±0.11	±0.11	±0.070	±0.080	±0.080
	>1.60～2.00	±0.12	±0.13	±0.13	±0.080	±0.090	±0.090
	>2.00～2.50	±0.14	±0.15	±0.15	±0.100	±0.110	±0.110
	>2.50～3.00	±0.16	±0.17	±0.17	±0.110	±0.120	±0.120
	>3.00～4.00	±0.17	±0.19	±0.19	±0.140	±0.150	±0.150

注：1. GB/T 708—2006适用于轧制宽度不小于600mm的冷轧宽钢带及其剪切钢板、纵切钢带。
2. 规定的最小屈服强度小于280MPa的钢板和钢带的厚度，允许偏差符合本表规定。
3. 规定的最小屈服强度为280MPa～<360MPa的钢板和钢带的厚度允许偏差比本表规定值增加20%；规定的最小屈服强度为不小于360MPa的钢板和钢带的厚度允许偏差比本表规定值增加40%。
4. 冷轧钢板钢带的宽度允许偏差，长度允许偏差平面度等其他技术要求，应符合GB/T 708—2006的规定。

表2.1-100　钢板理论重量

厚度/mm	理论重量/kg·m^{-2}	厚度/mm	理论重量/kg·m^{-2}	厚度/mm	理论重量/kg·m^{-2}	厚度/mm	理论重量/kg·m^{-1}
0.2	1.570	1.50	11.78	10.0	78.50	29	227.70
0.25	1.963	1.6	12.56	11	86.35	30	235.50
0.27	2.120	1.8	14.13	12	94.20	32	251.20
0.30	2.355	2.0	15.70	13	102.10	34	266.90
0.35	2.748	2.2	17.27	14	109.20	36	282.60
0.40	3.140	2.5	19.63	15	117.80	38	298.30
0.45	3.533	2.8	21.98	16	125.60	40	314.00
0.50	3.925	3.0	23.55	17	133.50	42	329.70
0.55	4.318	3.2	25.12	18	141.30	44	345.40
0.60	4.710	3.5	27.48	19	149.20	46	361.10
0.70	5.495	3.8	29.83	20	157.00	48	376.80
0.75	5.888	4.0	31.40	21	164.90	50	392.50
0.80	6.280	4.5	35.33	22	172.70	52	408.20
0.90	7.065	5.0	39.25	23	180.60	54	423.90
1.00	7.850	5.5	43.18	24	188.40	56	439.60
1.10	8.635	6.0	47.10	25	196.30	58	455.30
1.20	9.420	7.0	54.95	26	204.10	60	471.00
1.25	9.813	8.0	62.80	27	212.00		
1.40	10.990	9.0	70.65	28	219.80		

注：密度为7.85g/cm^3。

5.2.2 碳素结构钢冷轧钢带（见表2.1-101）

表2.1-101 碳素结构钢冷轧钢带尺寸规格及力学性能（摘自GB/T 716—1991）

	按尺寸精度分类		按表面精度分类		按边缘状态分类		按力学性质分类	
分类及代号	普通精度	P	普通精度表面	Ⅰ	切边	Q	软钢带	R
	宽度较高精度	K						
	厚度较高精度	H	较高精度表面	Ⅱ	不切边	BQ	半软钢带	BR
	宽、厚度较高精度	KH					硬钢带	Y
尺寸范围	厚度0.10~3.00mm，宽度10~250mm，尺寸间隔按用户要求							

类别	抗拉强度 σ_b/MPa	伸长率 δ_5（%）≥	维氏硬度（HV）
软钢带	275~440	23	≤130
半软钢带	370~490	10	105~145
硬钢带	490~785	—	140~230

注：1. 钢带采用GB/T700—2006的碳素结构钢轧制，其化学成分按该标准规定。
2. 按供需双方协定，钢带按硬度试验验收，硬度值按本表规定。此时 σ_b 和 δ 不作交货条件。
3. 标记示例：
用Q235A·F钢轧制的普通精度尺寸，较高精度表面，切边，半软态，厚度为0.5mm，宽度为120mm的钢带，标记为：
冷轧钢带 Q235A·F—P—Ⅱ—Q—BR—0.5×120GB/T716—1991。

5.2.3 优质碳素结构钢冷轧薄钢板和钢带（见表2.1-102、表2.1-103）

表2.1-102 优质碳素结构钢冷轧薄钢板和钢带的牌号及力学性能
（摘自GB/T13237—1991）

牌号	拉延级别				
	Z	S和P	Z	S	P
	抗拉强度/MPa		伸长率 δ_{10}（%）不小于		
08F	275~365	275~380	34	32	30
08、08Al、10F	275~390	275~410	32	30	28
10	295~410	295~430	30	29	28
15F	315~430	315~450	29	28	27
15	335~450	335~470	27	26	25
20	355~490	355~500	26	25	24
25	—	390~540	—	24	23
30	—	440~590	—	22	21
35	—	490~635	—	20	19
40	—	510~650	—	—	18
45	—	530~685	—	—	16
50	—	540~715	—	—	14

注：1. 厚度小于2mm的钢板和钢带，伸长率允许比本表的规定降低1%（绝对值）。
2. 正火状态下供应的钢板和钢带，其他要求符合GB/T13237标准规定时，抗拉强度允许比本表上限的规定提高50MPa。
3. 拉延级别分为三级：最深拉延级——Z，
深拉延级——S，
普通拉延级——P。
4. 钢板和钢带的尺寸规格应符合GB/T708的规定（厚度不大于4mm）。
5. 冷轧板适于汽车、航空工业以及其他部门应用。
6. 牌号的化学成分应符合GB/T699的规定。

表2.1-103 优质碳素结构冷轧薄钢板和钢带的杯突值（摘自GB/T13237—1991）

厚度/mm	牌号和拉延级别				
	Z	S	P	Z	S
	08F、08 08Al、10F	08F、08 08Al、10F	08F、08 08Al、10F	10、15F 15、20	10、15F 15、20
	冲压深度/mm 不小于				
0.5	9.0	8.4	8.0	8.0	7.6
0.6	9.4	8.9	8.5	8.1	7.8
0.7	9.7	9.2	8.9	8.6	8.0
0.8	10.0	9.5	9.3	8.8	8.2
0.9	10.3	9.9	9.6	9.0	8.4
1.0	10.5	10.1	9.9	9.2	8.6
1.1	10.8	10.4	10.2	均不做试验	
1.2	11.0	10.6	10.4		
1.3	11.2	10.8	10.6		
1.4	11.3	11.0	10.8		
1.5	11.5	11.2	11.0		
1.6	11.6	11.4	11.2		
1.7	11.8	11.6	11.4		
1.8	11.9	11.7	11.5		
1.9	12.0	11.8	11.7		
2.0	12.1	11.9	11.8		

注：最深拉延级全部钢号及深拉延级的15F、15、20、25号的钢板和钢带，应在冷状态下做180°弯曲试验；厚度不大于2mm的弯至两面接触，大于2mm的垫上厚度相同的垫板。弯曲处不得有裂纹、裂口和分层。

5.2.4 不锈钢冷轧钢板和钢带（见表2.1-104～表2.1-109）

表2.1-104 不锈钢冷轧钢板和钢带尺寸规格（摘自GB/T 3280—2007）

<table>
<tr><td rowspan="6">尺寸规格</td><td colspan="3">钢板和钢带的公称厚度及公称宽度如下表规定，其具体规定应执行GB/T 708的相关内容，厚度和宽度允许偏差应符合GB/T 3280的规定</td></tr>
<tr><td>形态</td><td>公称厚度/mm</td><td>公称宽度/mm</td></tr>
<tr><td>宽钢带、卷切钢板</td><td>≥0.10～≤8.00</td><td>≥600～<2 100</td></tr>
<tr><td>纵剪宽钢带、卷切钢带Ⅰ</td><td>≥0.10～≤8.00</td><td><600</td></tr>
<tr><td>窄钢带、卷切钢带Ⅱ</td><td>≥0.01～≤3.00</td><td><600</td></tr>
<tr><td colspan="3">钢板的长度按GB/T 708的规定</td></tr>
<tr><td>交货状态</td><td colspan="3">钢板和钢带冷轧后，可经热处理及酸洗或类似处理后交货。光亮处理时，可省去酸洗等处理，热处理制度参见GB/T 3280附录
根据需方要求，钢板和钢带可按不同冷作硬化状态交货
对于沉淀硬化型钢的热处理，需方应在合同中注明热处理种类，并应说明是对钢板、钢带本身还是对试样进行热处理</td></tr>
<tr><td>用途</td><td colspan="3">用于防锈、耐蚀以及装潢等方面，在化工、石油、造纸、家用电器、车辆部件、厨房用具、刃具、阀门、阀座、轴承均有较多的应用，GB/T 3280—2007在附录中提供了冷轧钢板和钢带用不锈钢牌号的特性及用途，有关牌号的特性和用途可参见表2.1-50</td></tr>
</table>

表2.1-105 固溶处理的不锈钢冷轧钢板和钢带牌号及力学性能（摘自GB/T 3280—2007）

奥氏体型钢

GB/T 20878 中序号	新牌号	旧牌号	规定非比例延伸强度 $R_{P0.2}$/MPa	抗拉强度 R_m/MPa	断后伸长率 A(%)	硬度值 HBW	硬度值 HRB	硬度值 HV
			不小于			不大于		
9	12Cr17Ni7	1Cr17Ni7	205	515	40	217	95	218
10	022Cr17Ni7		220	550	45	241	100	—
11	022Cr17Ni7N		240	550	45	241	100	—
13	12Cr18Ni9	1Cr18Ni9	205	515	40	201	92	210
14	12Cr18Ni9Si3	1Cr18Ni9Si3	205	515	40	217	95	220
17	06Cr19Ni10	0Cr18Ni9	205	515	40	201	92	210
18	022Cr19Ni10	00Cr19Ni10	170	485	40	201	92	210
19	07Cr19Ni10		205	515	40	201	92	210
20	05Cr19Ni10Si2NbN		290	600	40	217	95	—
23	06Cr19Ni10N	0Cr19Ni9N	240	550	30	201	92	220
24	06Cr19Ni9NbN	0Cr19Ni10NbN	345	685	35	250	100	260
25	022Cr19Ni10N	00Cr18Ni10N	205	515	40	201	92	220
26	10Cr18Ni12	1Cr18Ni12	170	485	40	183	88	200
32	06Cr23Ni1	0Cr23Ni13	205	515	40	217	95	220
35	06Cr25Ni20	0Cr25Ni20	205	515	40	217	95	220
36	022Cr25Ni22Mo2N		270	580	25	217	95	—
38	06Cr17Ni12Mo2	0Cr17Ni12Mo2	205	515	40	217	95	220
39	022Cr17Ni12Mo2	00Cr17Ni14Mo2	170	485	40	217	95	220
41	06Cr17Ni12Mo2Ti	0Cr18Ni12Mo3Ti	205	515	40	217	95	220
42	06Cr17Ni12Mo2Nb		205	515	30	217	95	—
43	06Cr17Ni12Mo2N	0Cr17Ni12Mo2N	240	550	35	217	95	220
44	022Cr17Ni12Mo2N	00Cr17Ni13Mo2N	205	515	40	217	95	220
45	06Cr18Ni12Mo2Cu2	0Cr18Ni12Mo2Cu2	205	520	40	187	90	200

（续）

GB/T 20878中序号	新牌号	旧牌号	规定非比例延伸强度 $R_{P0.2}$/MPa	抗拉强度 R_m/MPa	断后伸长率 A(%)	硬度值 HBW	HRB	HV
			不小于			不大于		
奥氏体型钢								
48	015Cr21Ni26Mo5Cu2		220	490	35	—	90	—
49	06Cr19Ni13Mo3	0Cr19Ni13Mo3	205	515	35	217	95	220
50	022Cr19Ni13Mo3	00Cr19Ni13Mo3	205	515	40	217	95	220
53	022Cr19Ni16Mo5N		240	550	40	223	96	—
54	022Cr19Ni13Mo4N		240	550	40	217	95	—
55	06Cr18Ni11Ti	0Cr18Ni10Ti	205	515	40	217	95	220
58	015Cr24Ni22Mo8Mn3CuN		430	750	40	250	—	—
61	022Cr24Ni17Mo5Mn6NbN		415	795	35	241	100	—
62	06Cr18Ni11Nb	0Cr18Ni11Nb	205	515	40	201	92	210
奥氏体、铁素体型钢								
67	14Cr18Ni11Si4AlTi	1Cr18Ni11Si4AlTi	—	715	25	—	—	
68	022Cr19Ni5Mo3Si2N	00Cr18Ni5Mo3Si2	440	630	25	290	31	
69	12Cr21Ni5Ti	1Cr21Ni5Ti	—	635	20	—	—	
70	022Cr22Ni5Mo3N		450	620	25	293	31	
71	022Cr23Ni5Mo3N		450	620	25	293	31	
72	022Cr23Ni4MoCuN		400	600	25	290	31	
73	022Cr25Ni6Mo2N		450	640	25	295	31	
74	022Cr25Ni7Mo4WCuN		550	750	25	270	—	
75	03Cr25Ni6Mo3Cu2N		550	760	15	302	32	
76	022Cr25Ni7Mo4N		550	795	15	310	32	

沉淀硬化型钢试样

GB/T 20878中序号	新牌号	旧牌号	钢材厚度/mm	规定非比例延伸强度 $R_{P0.2}$/MPa	抗拉强度 R_m/MPa	断后伸长率 A(%)	硬度值 HRC	HBW
				不大于		不小于	不大于	
134	04Cr13Ni8Mo2Al		≥0.10～<8.0	—	—	—	38	363
135	022Cr12Ni9Cu2NbTi		≥0.30～≤8.0	1 105	1 205	3	36	331
138	07Cr17Ni7Al	0Cr17Ni7Al	≥0.10～<0.30 ≥0.30～≤8.0	450 380	1 035 1 035	— 20	— 92 HRB	— —
139	07Cr15Ni7Mo2Al	0Cr15Ni7Mo2Al	≥0.10～<8.0	450	1 035	25	100 HRB	—
141	09Cr17Ni5Mo3N		≥0.10～<0.30 ≥0.30～≤8.0	585 585	1 380 1 380	8 12	30 30	— —
142	06Cr17Ni7AlTi		≥0.10～<1.50 ≥1.50～≤8.0	515 515	825 825	4 5	32 32	— —

注：1. 表中牌号未给出硬度HV值者，GB/T 3280提示，请各单位在生产中注意积累数据，供修订标准时参考。此前，建议参照GB/T 1172进行换算。

2. 钢材按需方要求并在合同中注明可按原标准进行耐晶间腐蚀试验，否则可不作此试验。

3. $R_{P0.2}$和硬度仅当需方要求并在合同中注明才进行检验，硬度试验可选一种。

4. 热处理制度参见原标准。

5. 各牌号的化学成分按GB/T 20878—2007和GB/T 3280—2007的规定。

表2.1-106 经退火处理的不锈钢冷轧钢板和钢带牌号及力学性能（摘自GB/T 3280—2007）

分类	GB/T 20878中序号	新牌号	旧牌号	规定非比例延伸强度 $R_{P0.2}$/MPa	抗拉强度 R_m/MPa	断后伸长率 A(%)	冷弯180°	硬度值 HBW	硬度值 HRB	硬度值 HV
				不小于				不大于		
铁素体型	78	06Cr13Al	0Cr13Al	170	415	20	$d=2a$	179	88	200
	80	022Cr11Ti		275	415	20	$d=2a$	197	92	200
	81	022Cr11NbTi		275	415	20	$d=2a$	197	92	200
	82	022Cr12Ni		280	450	18	—	180	88	—
	83	022Cr12	00Cr12	195	360	22	$d=2a$	183	88	200
	84	10Cr15	1Cr15	205	450	22	$d=2a$	183	89	200
	85	10Cr17	1Cr17	205	450	22	$d=2a$	183	89	200
	87	022Cr18Ti	00Cr17	175	360	22	$d=2a$	183	88	200
	88	10Cr17Mo	1Cr17Mo	240	450	22	$d=2a$	183	89	200
	90	019Cr18MoTi		245	410	20	$d=2a$	217	96	230
	91	022Cr18NbTi		250	430	18	—	180	88	—
	92	019Cr19Mo2NbTi	00Cr18Mo2	275	415	20	$d=2a$	217	96	230
	94	008Cr27Mo	00Cr27Mo	245	410	22	$d=2a$	190	90	200
	95	008Cr30Mo2	00Cr30Mo2	295	450	22	$d=2a$	209	95	220
马氏体型	96	12Cr12	1Cr12	205	485	20	$d=2a$	217	96	210
	97	06Cr13	0Cr13	205	415	20	$d=2a$	183	89	200
	98	12Cr13	1C13	205	450	20	$d=2a$	217	96	210
	99	04Cr13Ni5Mo		620	795	15	—	302	32HRC	—
	101	20Cr13	2Cr13	225	520	18	—	223	97	234
	102	30Cr13	3Cr13	225	540	18	—	235	99	247
	104	40Cr13	4Cr13	225	590	15	—	—	—	—
	107	17Cr16Ni2[b]		690	880～1 080	12	—	262～326	—	—
				1 050	1 350	10	—	388	—	—
	108	68Cr17	1Cr12	245	590	15	—	255	25HRC	269

注：1. 冷弯试验仅当需方要求，并在合同中注明时才进行检验。
2. 参见表2.1-105的注1～5。
3. 序号107牌号17Cr16Ni2为淬火、回火后的力学性能

表2.1-107 不同冷作硬化状态不锈钢冷轧钢板和钢带牌号及力学性能（摘自GB/T 3280—2007）

状态分类	GB/T 20878中序号	新牌号	旧牌号	规定非比例延伸强度 $R_{P0.2}$/MPa	抗拉强度 R_m/MPa	断后伸长率A(%) 厚度<0.4mm	断后伸长率A(%) 厚度≥0.4mm～<0.8mm	断后伸长率A(%) 厚度≥0.8mm
				不小于				
H1/4状态	9	12Cr17Ni7	1Cr17Ni7	515	860	25	25	25
	10	022Cr17Ni7		515	825	25	25	25
	11	022Cr17Ni7N		515	825	25	25	25
	13	12Cr18Ni9	1Cr18Ni9	515	860	10	10	12
	17	06Cr19Ni10	0Cr18Ni9	515	860	10	10	12
	18	022Cr19Ni10	00Cr19Ni10	515	860	8	8	10
	23	06Cr19Ni10N	0Cr19Ni9N	515	860	12	12	12
	25	022Cr19Ni10N	00Cr18Ni10N	515	860	10	10	12
	38	06Cr17Ni12Mo2	0Cr17Ni12Mo2	515	860	10	10	10
	39	022Cr17Ni12Mo2	00Cr17Ni14Mo2	515	860	8	8	8
	41	06Cr17Ni12Mo2Ti	0Cr18Ni12Mo3Ti	515	860	12	12	12

（续）

状态分类	GB/T 20878中序号	新牌号	旧牌号	规定非比例延伸强度 $R_{P0.2}$/MPa	抗拉强度 R_m/MPa	断后伸长率 A（%）		
						厚度 <0.4mm	厚度 ≥0.4mm~<0.8mm	厚度 ≥0.8mm
				不小于				
H1/2状态	9	12Cr17Ni7	1Cr17Ni7	760	1 035	15	18	18
	10	022Cr17Ni7		690	930	20	20	20
	11	022Cr17Ni7N		690	930	20	20	20
	13	12Cr18Ni9	1Cr18Ni9	760	1 035	9	10	10
	17	06Cr19Ni10	0Cr18Ni9	760	1 035	6	7	7
	18	022Cr19Ni10	00Cr19Ni10	760	1 035	5	6	6
	23	06Cr19Ni10N	0Cr19Ni9N	760	1 035	6	8	8
	25	022Cr19Ni10N	00Cr18Ni10N	760	1 035	6	7	7
	38	06Cr17Ni12Mo2	0Cr17Ni12Mo2	760	1 035	6	7	7
	39	022Cr17Ni12Mo2	00Cr17Ni14Mo2	760	1 035	5	6	6
	43	06Cr17Ni12Mo2N	0Cr17Ni12Mo2N	760	1 035	6	8	8
H状态	9	12Cr17Ni7	1Cr17Ni7	930	1 205	10	12	12
	13	12Cr18Ni9	1Cr18Ni9	930	1 205	5	6	6
H2状态	9	12Cr17Ni7	1Cr17Ni7	965	1 275	8	9	9
	13	12Cr18Ni9	1Cr18Ni9	965	1 275	3	4	4

注：1. 参见表2.1-105的注1~3和注5。

2. H1/4——低冷作硬化状态；H1/2——半冷作硬化状态；H——冷作硬化状态；H2——特别冷作硬化状态。

表2.1-108 沉淀硬化处理后的沉淀硬化型不锈钢冷轧钢板和钢带试样力学性能（摘自GB/T 3280—2007）

GB/T 20878中序号	新牌号	旧牌号	钢材厚度/mm	热处理温度/℃	非比例延伸强度 $R_{P0.2}$/MPa	抗拉强度 R_m/MPa	断后伸长率 A/（%）	硬度值	
								HRC	HBW
					不小于				
134	04Cr13Ni8Mo2Al		≥0.10~<0.50		1 410	1 515	6	45	—
			≥0.50~<5.0	510±6	1 410	1 515	8	45	—
			≥5.0~≤8.0		1 410	1 515	10	45	—
			≥0.10~<0.50		1 310	1 380	6	43	—
			≥0.50~<5.0	538±6	1 310	1 380	8	43	—
			≥5.0~≤8.0		1 310	1 380	10	43	—
135	022Cr12Ni9Cu2NbTi		≥0.10~<0.50	510±6 或482±6	1 410	1 525	—	44	—
			≥0.50~<1.50		1 410	1 525	3	44	—
			≥1.50~≤8.0		1 410	1 525	4	44	—
138	07Cr17Ni7Al	0Cr17Ni7Al	≥0.10~<0.30	760±15	1 035	1 240	3	38	—
			≥0.50~<5.0	15±3	1 035	1 240	5	38	—
			≥5.0~≤8.0	566±6	965	1170	7	43	352
			≥0.10~<0.30	954±8	1 310	1 450	1	44	—
			≥0.30~<5.0	-73±6	1 310	1 450	3	44	—
			≥5.0~≤8.0	510±6	1 240	1 380	6	43	401

（续）

GB/T 20878中序号	新牌号	旧牌号	钢材厚度/mm	热处理温度/℃	非比例延伸强度 $R_{P0.2}$/MPa	抗拉强度 R_m/MPa	断后伸长率 A/(%)	硬度值 HRC	硬度值 HBW
					不小于				
139	07Cr15Ni7Mo2Al	0Cr15Ni7Mo2Al	≥0.10～<0.30	760±15	1 170	1 310	3	40	—
			≥0.30～<5.0	15±8	1 170	1 310	5	40	—
			≥5.0～≤8.0	566±6	1 170	1 310	4	40	375
			≥0.10～<0.30	954±8	1 380	1 550	2	46	—
			≥0.30～<5.0	−73±6	1 380	1 550	4	46	—
			≥5.0～≤8.0	510±6	1 380	1 550	4	45	429
			≥0.10～≤1.2	冷轧	1 205	1 380	1	41	—
			≥0.10～≤1.2	冷轧＋482	1 580	1 655	1	46	—
141	09Cr17Ni5Mo3N		≥0.10～<0.30	455±8	1 035	1 275	6	42	—
			≥0.30～≤5.0		1 035	1 275	8	42	—
			≥0.10～<0.30	540±8	1 000	1 140	6	36	—
			≥0.30～≤5.0		1 000	1 140	8	36	—
142	06Cr17Ni7AlTi		≥0.10～<0.80	510±8	1 170	1 310	3	39	—
			≥0.80～<1.50		1 170	1 310	4	39	—
			≥1.50～≤8.0		1 170	1 310	5	39	—
			≥0.10～<0.80	538±8	1 105	1 240	3	37	—
			≥0.80～<1.50		1 105	1 240	4	37	—
			≥1.50～≤8.0		1 105	1 240	5	37	—
			≥0.10～<0.80	566±8	1 035	1 170	3	35	—
			≥0.80～<1.50		1 035	1 170	4	35	—
			≥1.50～≤8.0		1 035	1 170	5	35	—

注：1. 热处理温度为推荐性热处理温度，供方应向需方提供推荐性热处理制度。

2. 断后伸长率适用于沿宽度方向的试验，垂直于轧制方向且平行于钢板表面。

3. 根据需方指定并经时效处理的试样力学性能应符合本表规定。

表2.1-109　不锈钢冷轧钢板和钢带表面加工类型及用途（摘自GB/T 3280—2007）

简称	加工类型	表面状态	备　注
2D表面	冷轧、热处理、酸洗或除鳞	表面均匀、呈亚光状	冷轧后热处理、酸洗。亚光表面经酸洗或除鳞产生。可用毛面辊进行平整。毛面加工便于在深冲时将润滑剂保留在钢板表面。这种表面适用于加工深冲部件，但这些部件成型后还需进行抛光处理
2B表面	冷轧、热处理、酸洗或除鳞、光亮加工	较2D表面光滑平直	在2D表面的基础上，对经热处理、除鳞后的钢板用抛光辊进行小压下量的平整。是最常用的表面加工。除极为复杂的深冲外，可用于任何用途
BA表面	冷轧、光亮退火	平滑、光亮、反光	冷轧后在可控气氛炉内进行光亮退火。通常采用干氢或干氢与干氮混合气氛，以防止退火过程中的氧化现象，也是后工序再加工常用的表面加工
3#表面	对单面或双面进行刷磨或亚光抛光	无方向纹理、不反光	需方可指定抛光带的等级或表面粗糙度。由于抛光带的等级或表面粗糙度的不同，表面所呈现的状态不同。这种表面适用于延伸产品还需进一步加工的场合。若钢板或钢带做成的产品不进行另外的加工或抛光处理时，建议用4#表面
4#表面	对单面或双面进行通用抛光	无方向纹理、反光	经粗磨料粗磨后，再用粒度为120#～150#或更细的研磨料进行精磨。这种材料被广泛用于餐馆设备、厨房设备、店辅门面、乳制品设备等

（续）

简称	加工类型	表面状态	备　注
6#表面	单面或双面亚光缎面抛光，坦皮科研磨	呈亚光状、无方向纹理	表面反光率较4#表面差。是用4#表面加工的钢板在中粒度研磨料和油的介质中经坦皮科刷磨而成。适用于不要求光泽度的建筑物和装饰。研磨粒度可由需方指定
7#表面	高光泽度表面加工	光滑、高反光度	是由优良的基础表面进行擦磨而成。但表面磨痕无法消除。该表面主要适用于要求高光泽度的建筑物外墙装饰
8#表面	镜面加工	无方向纹理、高反光度、影像清晰	该表面是用逐步细化的磨料抛光和用极细的铁丹大量擦磨而成。表面不留任何擦磨痕迹。该表面被广泛用于模压板、镜面
TR表面	冷作硬化处理	应材质及冷作量的大小而变化	对退火除鳞或光亮退火的钢板进行足够的冷作硬化处理。大大提高强度水平
HL表面	冷轧、酸洗、平整、研磨	呈连续性磨纹状	用适当粒度的研磨材料进行抛光，使表面呈连续性磨纹

注：1. 单面抛光的钢板，另一面需进行粗磨，以保证必要的平直度。

2. 标准的抛光工艺在不同的钢种上所产生的效果不同。对于一些关键性的应用，订单中需要附“典型标样”做参照，以便于取得一致的看法。

3. 需方按使用要求选定表面加工类型，并在合同中注明。

5.2.5　热轧钢板和钢带尺寸规格（见表2.1-110）

表2.1-110　热轧钢板和钢带尺寸规格（摘自GB/T 709—2006）

单轧钢板尺寸规格		
项目	尺寸范围/mm	推荐的公称尺寸
公称厚度	3～400	厚度小于30mm的钢板按0.5mm倍数的任何尺寸；厚度大于或等于30mm的钢板按1mm倍数的任何尺寸
公称宽度	600～4800	宽度按10mm或50mm倍数的任何尺寸
公称长度	2000～20000	长度按50mm或100mm倍数的任何尺寸
钢带和连轧钢板尺寸规格		
项目	尺寸范围/mm	推荐的公称尺寸
公称厚度	0.8～25.4	厚度0.1mm倍数的任何尺寸
公称宽度	600～2200 纵切钢带为120～900	宽度按10mm倍数的任何尺寸
公称长度	2000～20000	长度按50mm或100mm倍数的任何尺寸

钢板和钢带厚度允许偏差的规定

单张轧制钢板（单轧板）厚度允许偏差分为N、A、B、C4类，单轧板厚度允许偏差按N类规定。A、B、C类公差值和N类公差值相等，但正负偏差分布不同，参见原标准，采用A、B、C类应在合同中注明

钢带和连轧钢板的厚度偏差分为普通级精度（PT、A）和较高级精度（PT、B），其偏差值见原标准，需方要求较高厚度精度供货时应在合同中注明，未注明者按普通级精度供货

单轧钢板厚度N类允许偏差（A类：按公称厚度规定负偏差；B类：固定负偏差为0.3mm；C类：固定负偏差为零；公差值与N类相等）

公称厚度/mm	下列公称宽度的厚度允许偏差/mm			
	≤1500	>1500～2500	>2500～4000	>4000～4800
3.00～5.00	±0.45	±0.55	±0.65	—
>5.00～8.00	±0.50	±0.60	±0.75	—
>8.00～15.0	±0.55	±0.65	±0.80	±0.90
>15.0～25.0	±0.65	±0.75	±0.90	±1.10
>25.0～40.0	±0.70	±0.80	±1.00	±1.20
>40.0～60.0	±0.80	±0.90	±1.10	±1.30
>60.0～100	±0.90	±1.10	±1.30	±1.50
>100～150	±1.20	±1.40	±1.60	±1.80
>150～200	±1.40	±1.60	±1.80	±1.90
>200～250	±1.60	±1.80	±2.00	±2.20
>250～300	±1.80	±2.00	±2.20	±2.40
>300～400	±2.00	±2.20	±2.40	±2.60

5.2.6　碳素结构钢和低合金结构钢热轧厚钢板和钢带（见表2.1-111）

表2.1-111　碳素结构钢和低合金结构钢热轧厚钢板和钢带规格、牌号、力学性能及应用（摘自GB/T 3274—2007）

尺寸规格	钢板厚度为3～400mm 钢带厚度为3～25.4mm 钢板和钢带的尺寸规格应符合GB/T 709—2006的规定
牌号、化学成分及力学性能	牌号、化学成分、力学性能应符合GB/T 700碳素结构钢和GB/T 1591高强度低合金结构钢的规定
交货状态	以热轧、控轧或热处理状态交货
用途	碳素结构钢沸腾钢板大量用于制造各种冲压件、建筑及工程结构、性能要求不高的不重要的机器结构零件；镇静钢板主要用于低温承受冲击的构件，焊接结构件及其他对性能要求较高的构件 低合金结构钢板均为镇静钢和半镇静钢板，具有较高的强度，综合性能好，能够减轻结构重量，在各工业部门应用较广泛

5.2.7　合金结构钢热轧厚钢板（见表2.1-112）

表2.1-112　合金结构钢热轧厚钢板尺寸规格、牌号及力学性能（摘自GB/T 11251—1989）

尺寸规格	钢板厚度4～30mm，其尺寸规格及允许偏差应符合GB/T 709热轧钢板和钢带的规定					
牌号及力学性能	牌号	抗拉强度 σ_b/MPa	伸长率 δ_5（%）≤	牌号	抗拉强度 σ_b/MPa	伸长率 δ_5（%）≤
	45Mn2	600～850	13	30Cr	500～700	19
	27SiMn	550～800	18	35Cr	550～750	18
	40B	500～700	20	40Cr	550～800	16
	45B	550～750	18	20CrMnSiA	450～700	21
	50B	550～750	16	25CrMnSiA	500～700	20
	15Cr	400～600	21	30CrMnSiA	550～750	19
	20Cr	400～650	20	35CrMnSiA	600～800	16
	牌号的化学成分应符合GB/T 3077的规定 表列为退火状态交货钢板的力学性能					
交货状态及用途	钢板应以热处理（正火、正火后回火、退火或高温回火）状态交货，若能保证标准规定的力学性能，也可采用控制轧制和轧制后控温方法代替正火，钢板主要用于制造机器结构零部件					

5.2.8　不锈钢热轧钢板和钢带（见表2.1-113）

表2.1-113　不锈钢热钢板和钢带的规格、牌号及力学性能（摘自GB/T 4237—2007）

尺寸规格	钢板和钢带的公称厚度和公称宽度如下表，具体执行GB/T 709—2007的规定，厚度和宽度的允许偏差按GB/T 4237—2007的规定

形态	公称厚度/mm	公称宽度/mm
厚钢板	>3.0～≤200	≥600～≤2 500
宽钢带、卷切钢板、纵剪宽钢带	≥2.0～≤13.0	≥600～≤2 500
窄钢带、卷切钢带	≥2.0～≤13.0	<600

尺寸规格	钢板长度按GB/T 709的规定
牌号及力学性能	经固溶处理的奥氏体型钢、奥氏体、铁素体型钢的钢板和钢带以及经固溶处理的沉淀硬化型钢试样的牌号及力学性能可参考表2.1-105 经退火处理的铁素体型钢和马氏体型钢钢板和钢带的牌号及力学性能可参考表2.1-106

（续）

用途	不锈钢热轧钢板和钢带牌号特性及用途参见表2.1-50；产品广泛用于化工、石油、纺织、食品、医疗器械、航空等要求耐蚀的容器、构件、机械零件等

5.2.9　耐热钢钢板和钢带（见表2.1-114、表2.1-115）

表2.1-114　耐热钢钢板和钢带尺寸规格及用途（摘自GB/T 4238—2007）

尺寸规格	耐热钢冷轧钢板和钢带尺寸规格及允许偏差应符合GB/T 3280不锈钢冷轧钢板和钢带的规定（见表2.1-104） 耐热钢热轧钢板和钢带的尺寸规格及允许偏差应符合GB/T 4237不锈钢热轧钢板和钢带的规定（见表2.1-113）
交货状态	钢板和钢带经冷轧或热轧后，经热处理及酸洗或类似处理后的状态交货，经需方同意可省去酸洗等处理 对于沉淀硬化型钢的热处理，需方应在合同中注明对钢板或试样、钢带或试样热处理的种类，如未注明则以固溶处理状态交货 钢板和钢带的热处理制度可参照原标准资料性附录
用途	广泛用于化工设备、石油工业、锅炉、汽轮机、工业炉构件以及高温工作条件下的其他各种构件，如汽车排气净化装置、炉用材料、喷嘴、燃烧室等，各牌号的特性及用途可参考GB/T 4238—2007耐热钢的特性和用途的资料，也可参见表2.1-54中相关牌号的特性及用途

表2.1-115　耐热钢板和钢带牌号及力学性能（摘自GB/T 4238—2007）

分类	GB/T 20878中序号	新牌号	旧牌号	拉伸试验：规定非比例延伸强度 $R_{P0.2}$/MPa	拉伸试验：抗拉强度 R_m/MPa	拉伸试验：断后伸长率 A（%）	硬度试验：HBW	硬度试验：HRB	硬度试验：HV
				不小于			不大于		
固溶处理的奥氏体型耐热钢板和钢带	13	12Cr18Ni9	1Cr18Ni9	205	515	40	201	92	210
	14	12Cr18Ni9Si3	1Cr18Ni9Si3	205	515	40	217	95	220
	17	06Cr19Ni9	0Cr18Ni9	205	515	40	201	92	210
	19	07Cr19Ni10	—	205	515	40	201	92	210
	29	06Cr20Ni11	—	205	515	40	183	88	—
	31	16Cr23Ni13	2Cr23Ni13	205	515	40	217	95	220
	32	06Cr23Ni13	0Cr23Ni13	205	515	40	217	95	220
	34	20Cr25Ni20	2Cr25Ni20	205	515	40	217	95	220
	35	06Cr25Ni20	0Cr25Ni20	205	515	40	217	95	220
	38	06Cr17Ni12Mo2	0Cr17Ni12Mo2	205	515	40	217	95	220
	49	06Cr19Ni13Mo3	0Cr19Ni13Mo3	205	515	35	217	95	220
	55	06Cr18Ni11Ti	0Cr18Ni10Ti	205	515	40	217	95	220
	60	12Cr16Ni35	1Cr16Ni35	205	560	—	201	95	210
	62	06Cr18NiNb	0Cr18Ni11Nb	205	515	40	201	92	210
	66	16Cr25Ni20Si2	1Cr25Ni20Si2	—	540	35	—	—	—
固溶处理的沉淀硬化型耐热钢试样	135	022Cr12Ni9Cu2NbTi②	—	≤1105	≤1205	3	331	—	—
	137	05Cr17Ni4Cu4Nb③	0Cr17Ni4Cu4Nb	≤1105	≤1255	3	363	—	—
	138	07Cr17Ni7Al②	0Cr17Ni7Al	≤380	≤1035	20	—	92	—
	139	07Cr15Ni7Mo2Al④	—	≤450	≤1035	25	—	100	—
	142	06Cr17Ni7AlTi④	—	≤515	≤825	5	—	32 HRC	—
	143	06Cr15Ni25Ti2MoAlVB①	0Cr15Ni25Ti2MoAlVB	≥590	≥900	15	248	101	—

（续）

分类	GB/T 20878 中序号	新牌号	旧牌号	拉伸试验 规定非比例延伸强度 $R_{P0.2}$/MPa	抗拉强度 R_m/MPa	断后伸长率 A（%）	硬度试验 HBW	HRB	HV
				不小于			不大于		
退火处理的铁素体型耐热钢板和钢带	78	06Cr13Al	0Cr13Al	170	415	20	179	88	200
	80	022Cr11Ti	—	275	415	20	197	92	200
	81	022Cr11NbTi	—	275	415	20	197	92	200
	85	10Cr17	1Cr17	205	450	22	183	89	200
	93	16Cr25N	2Cr25N	275	510	20	201	95	210
退火处理的马氏体型耐热钢板和钢带	96	12Cr12	1Cr12	205	485	25	217	88	210
	98	12Cr13	1Cr13	—	690	15	217	96	210
	124	22Cr12NiMoWV	2Cr12NiMoWV	275	510	20	200	95	210

注：1. 牌号的化学成分应符合 GB/T 20878—2007 和 GB/T 4238—2007 的相关规定。
2. GB/T 4238—2007《耐热钢板和钢带》代替 GB/T 4238—1992 耐热钢板，部分代替 GB/T 4239—1991 不锈钢和耐热钢冷轧钢带。
3. 钢板和钢带的 $R_{P0.2}$ 和硬度仅当需方要求，并在合同中注明时才进行检验；硬度试验可选择一种方法检验。
4. 各牌号的热处理制度参见 GB/T 4238—2007 的规定。
5. 经退火处理的铁素体型和马氏体型耐热钢的弯曲试验仅当需方要求，并在合同中注明才进行检验，弯曲角度为180°，弯芯直径 d 等于2倍钢板厚度 a（$d=2a$），但序号98的12Cr13和序号124的22Cr12NiMoWV除外。

① 为钢材厚度 $a \geqslant 2$mm，经时效处理的力学性能。
② 钢材厚度 $a \geqslant 0.3 \sim 100$mm 的力学性能。
③ 钢材厚度 $a \geqslant 0.4 \sim 100$mm 的力学性能。
④ 钢材厚度 $a \geqslant 0.10 \sim 100$mm 的力学性能。

5.2.10　优质碳素结构钢热轧厚钢板和钢带（见表2.1-116）

表2.1-116　优质碳素结构钢热轧厚钢板和钢带牌号、规格及力学性能（摘自 GB/T 711—2008）

尺寸规格	厚度为3~60mm、宽度不小于600mm，其尺寸规格及允许偏差应符合 GB/T 709—2007 的规定							
牌号及力学性能	牌号	交货状态	抗拉强度 R_m/MPa	断后伸长率 A（%）	牌号	交货状态	抗拉强度 R_m/MPa	断后伸长率 A（%）
			不小于				不小于	
	08F	热轧或热处理②	315	34	50①	热处理②	625	16
	08		325	33	55①		645	13
	10F		325	32	60①		675	12
	10		335	32	65①		695	10
	15F		355	30	70①		715	9
	15		370	30	20Mn	热轧或热处理②	450	24
	20		410	28	25Mn		490	22
	25		450	24	30Mn		540	20
	30		490	22	40Mn①	热处理②	590	17
	35①	热处理②	530	20	50Mn①		650	13
	40①		570	19	60Mn①		695	11
	45①		600	17	65Mn①		735	9
用途	钢板和钢带主要用于制造机器结构零部件							

注：1. 各牌号的化学成分应符合 GB/T 711—2008 的规定。
2. 钢板和钢带厚度大于20mm时，厚度每增加1mm，其伸长率允许降低0.25%（绝对值）；厚度≤32mm的总降低值应不大于2%（绝对值），厚度>32mm的总降低值应不大于3%（绝对值）。

① 经供需双方协议，也可以热轧状态交货，以热处理样坯测定力学性能，样坯尺寸为 $a \times 3a \times 3a$（a 为钢材厚度）。
② 热处理指正火、退火或高温回火。

5.2.11 碳素结构钢和低合金结构钢热轧薄钢板和钢带（见表2.1-117）

表2.1-117 碳素结构钢和低合金结构钢热轧薄钢板和钢带规格、牌号、力学性能（摘自GB/T 912—2008）

尺寸规格	热轧薄钢板和钢带厚度不大于3mm，尺寸规格按GB/T 709热轧钢板和钢带的规定
牌号及力学性能	牌号和化学成分应符合GB/T 700碳素结构钢或GB/T 1591低合金高强度结构钢的规定 厚度不大于3mm的钢板和钢带抗拉强度及伸长率应符合GB/T 700或GB/T 1591的规定，按需方要求，钢板和钢带的屈服强度可按GB/T 700、GB/T 1591的规定，交货状态为热轧状态或退火状态
用途	用于制作不经深冲压，对表面质量要求不高的制品，如机器外罩、开关箱、卷柜、通风管道等，也常用作焊接钢管和冷弯型钢的坯料

5.2.12 高强度结构用调质钢板（见表2.1-118）

表2.1-118 高强度结构用调质钢板尺寸规格、牌号及力学性能（摘自GB/T16270—2009）

尺寸规格牌号化学成分规定	钢板尺寸规格应符合GB/T 709的规定，牌号的化学成分应符合GB/T 16270—2009的规定（钢板的最大厚度不大于150mm）											
牌号及力学性能	牌号	拉伸试验							冲击试验			
		屈服强度 R_{eH}/MPa≥			抗拉强度 R_m/MPa			断后伸长率	冲击吸收能量（纵向）KV_2/J			
		厚度/mm			厚度/mm				试验温度/℃			
		≤50	>50~100	>100~150	≤50	>50~100	>100~150	A（%）	0	-20	-40	-60
	Q460C	460	440	400	550~720		500~670	17	47			
	Q460D									47		
	Q460E										34	
	Q460F											34
	Q500C	500	480	440	590~770		540~720	17	47			
	Q500D									47		
	Q500E										34	
	Q500F											34
	Q550C	550	530	490	640~820		590~770	16	47			
	Q550D									47		
	Q550E										34	
	Q550F											34
	Q620C	620	580	560	700~890		650~830	15	47			
	Q620D									47		
	Q620E										34	
	Q620F											34
	Q690C	690	650	630	770~940	760~930	710~900	14	47			
	Q690D									47		
	Q690E										34	
	Q690F											34
	Q800C	800	740	—	840~1000	800~1000	—	13	34			
	Q800D									34		
	Q800E										27	
	Q800F											27
	Q890C	890	830	—	940~1100	880~1100	—	11	34			
	Q890D									34		
	Q890E										27	
	Q890F											27
	Q960C	960	—	—	980~1150	—	—	10	34			
	Q960D									34		
	Q960E										27	
	Q960F											27

注：1. 拉伸试验适用于横向试样，冲击试验适用于纵向试样；

2. 钢板按调质（淬火+回火）状态交货。

5.2.13　花纹钢板（见表2.1-119）

表2.1-119　花纹钢板尺寸规格（摘自GB/T3277—1991）

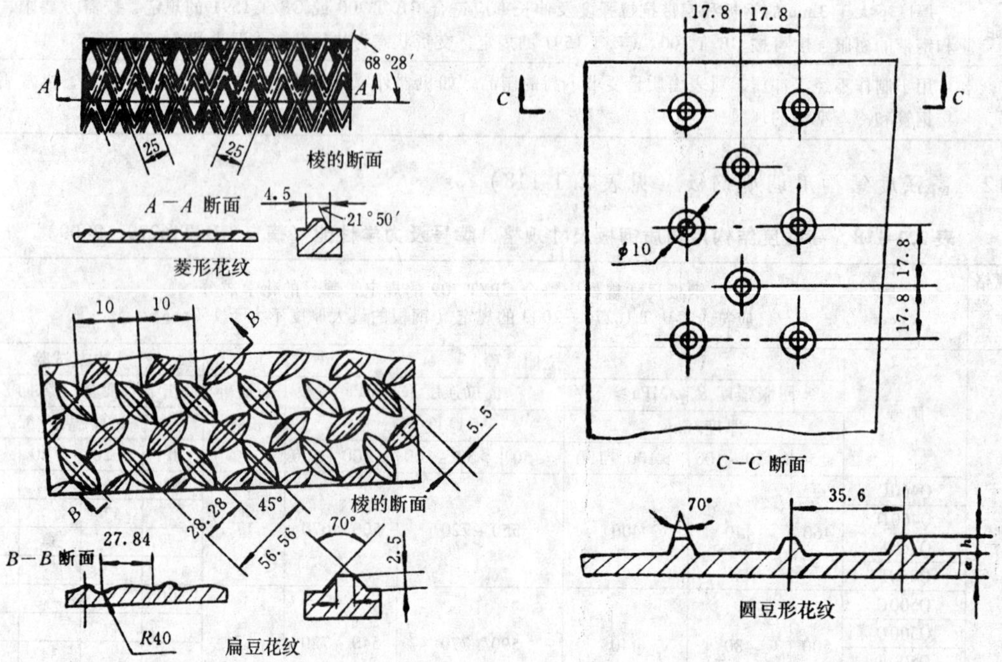

基本厚度/mm	基本厚度允许偏差/mm	理论重量/kg·m⁻²			基本厚度/mm	基本厚度允许偏差/mm	理论重量/kg·m⁻²		
		菱形	扁豆	圆豆			菱形	扁豆	圆豆
2.5	±0.3	21.6	21.3	21.1	5.5	+0.4 −0.5	46.2	44.3	44.1
3.0	±0.3	25.6	24.4	24.3	6.0	+0.5 −0.6	50.1	48.4	48.1
3.5	±0.3	29.5	28.4	28.3	7.0	+0.6 −0.7	59.0	52.6	52.4
4.0	±0.4	33.4	32.4	32.3	8.0	+0.6 −0.8	66.8	56.4	56.2
4.5	±0.4	37.3	36.4	36.2					
5.0	+0.4 −0.5	42.3	40.5	40.2					

注：1. 钢板宽度为600~1800mm，按50mm进级；长度为2000~12000mm，按100mm进级。
2. 花纹纹高不小于基板厚度0.2倍。图中尺寸不作为成品检查依据。
3. 钢板用钢的牌号按GB/T700，GB/T712，GB/T4171规定。
4. 钢板力学性能不作保证，当需方有要求时，按有关标准规定，也可由双方协定。
5. 钢板以热轧状态交货，适于制作厂房地板，厂房扶梯、工作架踏板、汽车薄板、船舶甲板等。
6. 标记示例：用Q235A制成的尺寸为4mm×1000mm×4000mm，圆豆形花纹钢板，标记为：
圆豆形花纹钢板 Q235A—4×1000×4000—GB/T3277—1991。

5.3　钢管

5.3.1　焊接钢管尺寸及单位长度理论重量(见表2.1-120～表2.1-122)

表2.1-120　普通焊接钢管尺寸及单位长度理论重量(摘自GB/T 21835—2008)

系列			壁厚/mm																		
系列1			0.5	0.6	0.8	1.0	1.2	1.4		1.6		1.8		2.0		2.3		2.6		2.9	
系列2									1.5		1.7		1.9		2.2		2.4		2.8		3.1
外径/mm			单位长度理论重量/kg·m⁻¹																		
系列1	系列2	系列3																			
10.2			0.120	0.142	0.185	0.227	0.266	0.304	0.322	0.339	0.356	0.373	0.389	0.404	0.434	0.448	0.462	0.487	0.511	0.522	
	12		0.142	0.169	0.221	0.271	0.320	0.366	0.388	0.410	0.432	0.453	0.473	0.493	0.532	0.550	0.568	0.603	0.635	0.651	0.680
	12.7		0.150	0.179	0.235	0.289	0.340	0.390	0.414	0.438	0.461	0.484	0.506	0.528	0.570	0.590	0.610	0.648	0.684	0.701	0.734
13.5			0.160	0.191	0.251	0.308	0.364	0.418	0.444	0.470	0.495	0.519	0.544	0.567	0.613	0.635	0.657	0.699	0.739	0.758	0.795
		14	0.166	0.198	0.260	0.321	0.379	0.435	0.462	0.489	0.516	0.542	0.567	0.592	0.640	0.664	0.687	0.731	0.773	0.794	0.833
	16		0.191	0.228	0.300	0.370	0.438	0.504	0.536	0.568	0.600	0.630	0.661	0.691	0.749	0.777	0.805	0.859	0.911	0.937	0.986
17.2			0.206	0.246	0.324	0.400	0.474	0.546	0.581	0.616	0.650	0.684	0.717	0.750	0.814	0.845	0.876	0.936	0.994	1.02	1.08
		18	0.216	0.257	0.339	0.419	0.497	0.573	0.610	0.647	0.683	0.719	0.754	0.789	0.857	0.891	0.923	0.987	1.05	1.08	1.14
	19		0.228	0.272	0.359	0.444	0.527	0.608	0.647	0.687	0.725	0.764	0.801	0.838	0.911	0.947	0.983	1.05	1.12	1.15	1.22
	20		0.240	0.287	0.379	0.469	0.556	0.642	0.684	0.726	0.767	0.808	0.848	0.888	0.966	1.00	1.04	1.12	1.19	1.22	1.29
21.3			0.256	0.306	0.404	0.501	0.595	0.687	0.732	0.777	0.822	0.866	0.909	0.952	1.04	1.08	1.12	1.20	1.28	1.32	1.39
		22	0.265	0.317	0.418	0.518	0.616	0.711	0.758	0.805	0.851	0.897	0.942	0.986	1.07	1.12	1.16	1.24	1.33	1.37	1.44
	25		0.302	0.361	0.477	0.592	0.704	0.815	0.869	0.923	0.977	1.03	1.082	1.13	1.24	1.29	1.34	1.44	1.53	1.58	1.67
		25.4	0.307	0.367	0.485	0.602	0.716	0.829	0.884	0.939	0.994	1.05	1.10	1.15	1.26	1.31	1.36	1.46	1.56	1.61	1.70
26.9			0.326	0.389	0.515	0.639	0.761	0.880	0.940	0.998	1.06	1.11	1.17	1.23	1.34	1.40	1.45	1.56	1.66	1.72	1.82
		30	0.364	0.435	0.576	0.715	0.852	0.987	1.05	1.12	1.19	1.25	1.32	1.38	1.51	1.57	1.63	1.76	1.88	1.94	2.06
	31.8		0.386	0.462	0.612	0.760	0.906	1.05	1.12	1.19	1.26	1.33	1.40	1.47	1.61	1.67	1.74	1.87	2.00	2.07	2.19
	32		0.388	0.465	0.616	0.765	0.911	1.06	1.13	1.20	1.27	1.34	1.41	1.48	1.62	1.68	1.75	1.89	2.02	2.08	2.21
33.7			0.409	0.490	0.649	0.806	0.962	1.12	1.19	1.27	1.34	1.42	1.49	1.56	1.71	1.78	1.85	1.99	2.13	2.20	2.34
		35	0.425	0.509	0.675	0.838	1.00	1.16	1.24	1.32	1.40	1.47	1.55	1.63	1.78	1.85	1.93	2.08	2.22	2.30	2.44
	38		0.462	0.553	0.734	0.912	1.09	1.26	1.35	1.44	1.52	1.61	1.69	1.78	1.94	2.02	2.11	2.27	2.43	2.51	2.67
	40		0.487	0.583	0.773	0.962	1.15	1.33	1.42	1.52	1.61	1.70	1.79	1.87	2.05	2.14	2.23	2.40	2.57	2.65	2.82

（续）

系列			壁厚/mm																	
系列1			3.2		3.6		4.0		4.5		5.0		5.4		5.6		6.3		7.1	
系列2				3.4		3.8		4.37		4.78		5.16		5.56		6.02		6.35		7.92
外径/mm			单位长度理论重量/kg·m^{-1}																	
系列1	系列2	系列3																		
10.2																				
	12																			
	12.7																			
13.5																				
		14																		
	16		1.01	1.06	1.10	1.14														
17.2			1.10	1.16	1.21	1.26														
		18	1.17	1.22	1.28	1.33														
	19		1.25	1.31	1.37	1.42														
	20		1.33	1.39	1.46	1.52	1.58	1.68												
21.3			1.43	1.50	1.57	1.64	1.71	1.82	1.86	1.95										
		22	1.48	1.56	1.63	1.71	1.78	1.90	1.94	2.03										
	25		1.72	1.81	1.90	1.99	2.07	2.22	2.28	2.38	2.47									
		25.4	1.75	1.84	1.94	2.02	2.11	2.27	2.32	2.43	2.52									
26.9			1.87	1.97	2.07	2.16	2.26	2.43	2.49	2.61	2.70	2.77								
		30	2.11	2.23	2.34	2.46	2.56	2.76	2.83	2.97	3.08	3.16								
	31.8		2.26	2.38	2.50	2.62	2.74	2.96	3.03	3.19	3.30	3.39								
	32		2.27	2.40	2.52	2.64	2.76	2.98	3.05	3.21	3.33	3.42								
33.7			2.41	2.54	2.67	2.80	2.93	3.16	3.24	3.41	3.54	3.63								
		35	2.51	2.65	2.79	2.92	3.06	3.30	3.38	3.56	3.70	3.80								
	38		2.75	2.90	3.05	3.21	3.35	3.62	3.72	3.92	4.07	4.18								
	40		2.90	3.07	3.23	3.39	3.55	3.84	3.94	4.15	4.32	4.43								

（续）

系列			壁厚/mm																		
系列1			0.5	0.6	0.8	1.0	1.2	1.4		1.6		1.8		2.0		2.3		2.6		2.9	
系列2									1.5		1.7		1.9		2.2		2.4		2.8		3.1
外径/mm			单位长度理论重量/kg·m^{-1}																		
系列1	系列2	系列3																			
42.4			0.517	0.619	0.821	1.02	1.22	1.42	1.51	1.61	1.71	1.80	1.90	1.99	2.18	2.27	2.37	2.55	2.73	2.82	3.00
		44.5	0.543	0.650	0.862	1.07	1.28	1.49	1.59	1.69	1.79	1.90	2.00	2.10	2.29	2.39	2.49	2.69	2.88	2.98	3.17
48.3				0.706	0.937	1.17	1.39	1.62	1.73	1.84	1.95	2.06	2.17	2.28	2.50	2.61	2.72	2.93	3.14	3.25	3.46
	51			0.746	0.990	1.23	1.47	1.71	1.83	1.95	2.07	2.18	2.30	2.42	2.65	2.76	2.88	3.10	3.33	3.44	3.66
		54		0.79	1.05	1.31	1.56	1.82	1.94	2.07	2.19	2.32	2.44	2.56	2.81	2.93	3.05	3.30	3.54	3.65	3.89
	57			0.835	1.11	1.38	1.65	1.92	2.05	2.19	2.32	2.45	2.58	2.71	2.97	3.10	3.23	3.49	3.74	3.87	4.12
60.3				0.883	1.17	1.46	1.75	2.03	2.18	2.32	2.46	2.60	2.74	2.88	3.15	3.29	3.43	3.70	3.97	4.11	4.37
	63.5			0.931	1.24	1.54	1.84	2.14	2.29	2.44	2.59	2.74	2.89	3.03	3.33	3.47	3.62	3.90	4.19	4.33	4.62
	70				1.37	1.70	2.04	2.37	2.53	2.70	2.86	3.03	3.19	3.35	3.68	3.84	4.00	4.32	4.64	4.80	5.11
		73			1.42	1.78	2.12	2.47	2.64	2.82	2.99	3.16	3.33	3.50	3.84	4.01	4.18	4.51	4.85	5.01	5.34
76.1					1.49	1.85	2.22	2.58	2.76	2.94	3.12	3.30	3.48	3.65	4.01	4.19	4.36	4.71	5.06	5.24	5.58
		82.5			1.61	2.01	2.41	2.80	3.00	3.19	3.39	3.58	3.78	3.97	4.36	4.55	4.74	5.12	5.50	5.69	6.07
88.9					1.74	2.17	2.60	3.02	3.23	3.44	3.66	3.87	4.08	4.29	4.70	4.91	5.12	5.53	5.95	6.15	6.56
	101.6						2.97	3.46	3.70	3.95	4.19	4.43	4.67	4.91	5.39	5.63	5.87	6.35	6.82	7.06	7.53
		108					3.16	3.68	3.94	4.20	4.46	4.71	4.97	5.23	5.74	6.00	6.25	6.76	7.26	7.52	8.02
114.3							3.35	3.90	4.17	4.45	4.72	4.99	5.27	5.54	6.08	6.35	6.62	7.16	7.70	7.97	8.50
	127									4.95	5.25	5.56	5.86	6.17	6.77	7.07	7.37	7.98	8.58	8.88	9.47
	133									5.18	5.50	5.82	6.14	6.46	7.10	7.41	7.73	8.36	8.99	9.30	9.93
139.7										5.45	5.79	6.12	6.46	6.79	7.46	7.79	8.13	8.79	9.45	9.78	10.44
		141.3								5.51	5.85	6.19	6.53	6.87	7.55	7.88	8.22	8.89	9.56	9.90	10.57
		152.4								5.95	6.32	6.69	7.05	7.42	8.15	8.51	8.88	9.61	10.33	10.69	11.41
		159								6.21	6.59	6.98	7.36	7.74	8.51	8.89	9.27	10.03	10.79	11.16	11.92

（续）

系列			壁厚/mm																			
系列 1			3.2		3.6		4.0		4.5		5.0		5.4		5.6		6.3		7.1		8.0	
系列 2				3.4		3.8		4.37		4.78		5.16		5.56		6.02		6.35		7.92		8.74
外径/mm			单位长度理论重量/kg · m^{-1}																			
系列 1	系列 2	系列 3																				
42.4			3.09	3.27	3.44	3.62	3.79	4.10	4.21	4.43	4.61	4.74	4.93	5.05	5.08	5.40						
		44.5	3.26	3.45	3.63	3.81	4.00	4.32	4.44	4.68	4.87	5.01	5.21	5.34	5.37	5.71						
48.3			3.56	3.76	3.97	4.17	4.37	4.73	4.86	5.13	5.34	5.49	5.71	5.86	5.90	6.28						
	51		3.77	3.99	4.21	4.42	4.64	5.03	5.16	5.45	5.67	5.83	6.07	6.23	6.27	6.68						
		54	4.01	4.24	4.47	4.70	4.93	5.35	5.49	5.80	6.04	6.22	6.47	6.64	6.68	7.12						
	57		4.25	4.49	4.74	4.99	5.23	5.67	5.83	6.16	6.41	6.60	6.87	7.05	7.10	7.57						
60.3			4.51	4.77	5.03	5.29	5.55	6.03	6.19	6.54	6.82	7.02	7.31	7.51	7.55	8.06						
	63.5		4.76	5.04	5.32	5.59	5.87	6.37	6.55	6.92	7.21	7.42	7.74	7.94	8.00	8.53						
	70		5.27	5.58	5.90	6.20	6.51	7.07	7.27	7.69	8.01	8.25	8.60	8.84	8.89	9.50	9.90	9.97				
		73	5.51	5.84	6.16	6.48	6.81	7.40	7.60	8.04	8.38	8.63	9.00	9.25	9.31	9.94	10.36	10.44				
76.1			5.75	6.10	6.44	6.78	7.11	7.73	7.95	8.41	8.77	9.03	9.42	9.67	9.74	10.40	10.84	10.92				
		82.5	6.26	6.63	7.00	7.38	7.74	8.42	8.66	9.16	9.56	9.84	10.27	10.55	10.62	11.35	11.84	11.93				
88.9			6.76	7.17	7.57	7.98	8.38	9.11	9.37	9.92	10.35	10.66	11.12	11.43	11.50	12.30	12.83	12.93				
	101.6		7.77	8.23	8.70	9.17	9.63	10.48	10.78	11.41	11.91	12.27	12.81	13.17	13.26	14.19	14.81	14.92				
		108	8.27	8.77	9.27	9.76	10.26	11.17	11.49	12.17	12.70	13.09	13.66	14.05	14.14	15.14	15.80	15.92				
114.3			8.77	9.30	9.83	10.36	10.88	11.85	12.19	12.91	13.48	13.89	14.50	14.91	15.01	16.08	16.78	16.91	18.77	20.78	20.97	
	127		9.77	10.36	10.96	11.55	12.13	13.22	13.59	14.41	15.04	15.50	16.19	16.65	16.77	17.96	18.75	18.89	20.99	23.26	23.48	
	133		10.24	10.87	11.49	12.11	12.73	13.86	14.26	15.11	15.78	16.27	16.99	17.47	17.59	18.85	19.69	19.83	22.04	24.43	24.66	
139.7			10.77	11.43	12.08	12.74	13.39	14.58	15.00	15.90	16.61	17.12	17.89	18.39	18.52	19.85	20.73	20.88	23.22	25.74	25.98	
		141.3	10.90	11.56	12.23	12.89	13.54	14.76	15.18	16.09	16.81	17.32	18.10	18.61	18.74	20.08	20.97	21.13	23.50	26.05	26.30	
		152.4	11.77	12.49	13.21	13.93	14.64	15.95	16.41	17.40	18.18	18.74	19.58	20.13	20.27	21.73	22.70	22.87	25.44	28.22	28.49	
		159	12.30	13.05	13.80	14.54	15.29	16.66	17.15	18.18	18.99	19.58	20.46	21.04	21.19	22.71	23.72	23.91	26.60	29.51	29.79	32.39

（续）

系列			壁厚/mm																		
系列1			0.5	0.6	0.8	1.0	1.2	1.4		1.6		1.8		2.0		2.3		2.6		2.9	
系列2									1.5		1.7		1.9		2.2		2.4		2.8		3.1
外径/mm			单位长度理论重量/kg·m⁻¹																		
系列1	系列2	系列3																			
		165								6.45	6.85	7.24	7.64	8.04	8.83	9.23	9.62	10.41	11.20	11.59	12.38
168.3										6.58	6.98	7.39	7.80	8.20	9.01	9.42	9.82	10.62	11.43	11.83	12.63
		177.8										7.81	8.24	8.67	9.53	9.95	10.38	11.23	12.08	12.51	13.36
		190.7										8.39	8.85	9.31	10.23	10.69	11.15	12.06	12.97	13.43	14.34
		193.7										8.52	8.99	9.46	10.39	10.86	11.32	12.25	13.18	13.65	14.57
219.1												9.65	10.18	10.71	11.77	12.30	12.83	13.88	14.94	15.46	16.51
		244.5												11.96	13.15	13.73	14.33	15.51	16.69	17.28	18.46
273.1														13.37	14.70	15.36	16.02	17.34	18.66	19.32	20.64
323.9																		20.60	22.17	22.96	24.53
355.6																		22.63	24.36	25.22	26.95
406.4																		25.89	27.87	28.86	30.83
457																					
508																					
		559																			
610																					
		660																			
711																					
	762																				
813																					
		864																			
914																					
		965																			

（续）

系列			壁厚/mm																	
系列1			3.2		3.6		4.0		4.5		5.0		5.4		5.6		6.3		7.1	
系列2				3.4		3.8		4.37		4.78		5.16		5.56		6.02		6.35		7.92
外径/mm			单位长度理论重量/kg·m^{-1}																	
系列1	系列2	系列3																		
		165	12.77	13.55	14.33	15.11	15.88	17.31	17.81	18.89	19.73	20.34	21.25	21.86	22.01	23.60	24.66	24.84	27.65	30.68
168.3			13.03	13.83	14.62	15.42	16.21	17.67	18.18	19.28	20.14	20.76	21.69	22.31	22.47	24.09	25.17	25.36	28.23	31.33
		177.8	13.78	14.62	15.47	16.31	17.14	18.69	19.23	20.40	21.31	21.97	22.96	23.62	23.78	25.50	26.65	26.85	29.88	33.18
		190.7	14.80	15.70	16.61	17.52	18.42	20.08	20.66	21.92	22.90	23.61	24.68	25.39	25.56	27.42	28.65	28.87	32.15	35.70
		193.7	15.03	15.96	16.88	17.80	18.71	20.40	21.00	22.27	23.27	23.99	25.08	25.80	25.98	27.86	29.12	29.34	32.67	36.29
219.1			17.04	18.09	19.13	20.18	21.22	23.14	23.82	25.26	26.40	27.22	28.46	29.28	29.49	31.63	33.06	33.32	37.12	41.25
		244.5	19.04	20.22	21.39	22.56	23.72	25.88	26.63	28.26	29.53	30.46	31.84	32.76	32.99	35.41	37.01	37.29	41.57	45.21
273.1			21.30	22.61	23.93	25.24	26.55	28.96	29.81	31.63	33.06	34.10	35.65	36.68	36.94	39.65	41.45	41.77	46.58	51.79
323.9			25.31	26.87	28.44	30.00	31.56	34.44	35.45	37.62	39.32	40.56	42.42	43.65	43.96	47.19	49.34	49.73	55.47	61.72
355.6			27.81	29.53	31.25	32.97	34.68	37.85	38.96	41.36	43.23	44.59	46.64	48.00	48.34	51.90	54.27	54.69	61.02	67.91
406.4			31.82	33.79	35.76	37.73	39.70	43.33	44.60	47.34	49.50	51.06	53.40	54.96	55.35	59.44	62.16	62.65	69.92	77.83
457			35.81	38.03	40.25	42.47	44.69	48.78	50.23	53.31	55.73	57.50	60.14	61.90	62.34	66.95	70.02	70.57	78.78	87.71
508			39.84	42.31	44.78	47.25	49.72	54.28	55.88	59.32	62.02	63.99	66.93	68.89	69.38	74.53	77.95	78.56	87.71	97.68
		559	43.86	46.59	49.31	52.03	54.75	59.77	61.54	65.33	68.31	70.48	73.72	75.89	76.43	82.10	85.87	86.55	96.64	107.64
610			47.89	50.86	53.84	56.81	59.78	65.27	67.20	71.34	74.60	76.97	80.52	82.88	83.47	89.67	93.80	94.53	105.57	117.60
		660					64.71	70.66	72.75	77.24	80.77	83.33	87.17	89.74	90.38	97.09	101.56	102.36	114.32	127.36
711							69.74	76.15	78.41	83.25	87.06	89.82	93.97	96.73	97.42	104.66	109.49	110.35	123.25	137.32
	762						74.77	81.65	84.06	89.26	93.34	96.31	100.76	103.72	104.46	112.23	117.41	118.34	132.18	147.29
813							79.80	87.15	89.72	95.27	99.63	102.80	107.55	110.71	111.51	119.81	125.33	126.32	141.11	157.25
		864					84.84	92.64	95.38	101.29	105.92	109.29	114.34	117.71	118.55	127.38	133.26	134.31	150.04	167.21
914							89.76	98.03	100.93	107.18	112.09	115.65	121.00	124.56	125.45	134.80	141.03	142.14	158.80	176.97
		965					94.80	103.53	106.59	113.19	118.38	122.14	127.79	131.56	132.50	142.37	148.95	150.13	167.73	186.94

（续）

系列			壁厚/mm																	
系列1			8.0		8.8		10		11		12.5		14.2		16		17.5		20	
系列2				8.74		9.53		10.31		11.91		12.70		15.09		16.66		19.05		20.62
外径/mm			单位长度理论重量/kg·m^{-1}																	
系列1	系列2	系列3																		
		165	30.97	33.68																
168.3			31.63	34.39	34.61	37.31	39.04	40.17	42.67	45.93	48.03	48.73								
		177.8	33.50	36.44	36.68	39.55	41.38	42.59	45.25	48.72	50.96	51.71								
		190.7	36.05	39.22	39.48	42.58	44.56	45.87	48.75	52.51	54.93	55.75								
		193.7	36.64	39.87	40.13	43.28	45.30	46.63	49.56	53.40	55.86	56.69								
219.1			41.65	45.34	45.64	49.25	51.57	53.09	56.45	60.86	63.69	64.64	71.75							
		244.5	46.66	50.82	51.15	55.22	57.83	59.55	63.34	68.32	71.52	72.60	80.65							
273.1			52.30	56.98	57.36	61.95	64.88	66.82	71.10	76.72	80.33	81.56	90.67							
323.9			62.34	67.93	68.38	73.88	77.41	79.73	84.88	91.64	95.99	97.47	108.45	114.92	121.49	126.23	132.23			
355.6			68.58	74.76	75.26	81.33	85.23	87.79	93.48	100.95	105.77	107.40	119.56	126.72	134.00	139.26	145.92			
406.4			78.60	85.71	86.29	93.27	97.76	100.71	107.26	115.87	121.43	123.31	137.35	145.62	154.05	160.13	167.84	181.98	190.58	196.18
457			88.58	96.62	97.27	105.17	110.24	113.58	120.99	130.73	137.03	139.16	155.07	164.45	174.01	180.92	189.68	205.75	215.54	221.91
508			98.65	107.61	108.34	117.15	122.81	126.54	134.82	145.71	152.75	155.13	172.93	183.43	194.14	201.87	211.69	229.71	240.70	247.84
		559	108.71	118.60	119.41	129.14	135.39	139.51	148.66	160.69	168.47	171.10	190.79	202.41	214.26	222.83	233.70	253.67	265.85	273.78
610			118.77	129.60	130.47	141.12	147.97	152.48	162.49	175.67	184.19	187.07	208.65	221.39	234.38	243.78	255.71	277.63	291.01	299.71
		660	128.63	140.37	141.32	152.88	160.30	165.19	176.06	190.36	199.60	202.74	226.15	240.00	254.11	264.32	277.29	301.12	315.67	325.14
711			138.70	151.37	152.39	164.86	172.88	178.16	189.89	205.34	215.33	218.71	244.81	258.98	274.24	285.28	299.30	325.08	340.82	351.07
	762		148.76	162.36	163.46	176.85	185.45	191.12	203.73	220.32	231.05	234.68	261.87	277.96	294.36	306.23	321.31	349.04	365.98	377.01
813			158.82	173.35	174.53	188.83	198.03	204.09	217.56	235.29	246.77	250.65	279.73	296.94	314.48	327.18	343.32	373.00	391.13	402.94
		864	168.88	184.34	185.60	200.82	210.61	217.06	231.40	250.27	262.49	266.63	297.59	315.92	344.61	348.14	365.33	396.96	416.29	428.88
914			178.75	195.12	196.45	212.57	222.94	229.77	244.96	264.96	277.90	282.29	315.10	334.52	354.34	368.68	386.91	420.45	440.95	454.30
		965	188.81	206.11	207.52	224.56	235.52	242.74	258.80	279.94	293.63	298.26	332.96	353.50	374.46	389.64	408.92	444.41	466.10	480.24

（续）

系列			壁厚/mm																	
系列1			22.2		25		28		30		32		36		40	45	50	55	60	65
系列2				23.83		26.19		28.58		30.96		34.93		38.1						
外径/mm			单位长度理论重量/kg·m^{-1}																	
系列1	系列2	系列3																		
406.4			210.34	224.83	235.15	245.57	261.29	266.30	278.48											
457			238.05	254.57	266.34	278.25	296.23	301.96	315.91											
508			265.97	283.54	297.79	311.19	331.45	337.91	353.65	364.23	375.64	407.51	419.05	441.52	461.66	513.82	564.75	614.44	662.90	710.12
		559	293.89	314.51	329.23	344.13	366.67	373.85	391.37	403.17	415.89	451.45	464.33	489.44	511.97	570.42	627.64	683.62	738.37	791.88
610			321.81	344.48	360.67	377.07	401.88	409.80	429.11	442.11	456.14	495.38	509.61	537.36	562.28	627.02	690.52	752.79	813.83	873.63
		660	349.19	373.87	391.50	409.37	436.41	445.04	466.10	480.28	495.60	538.45	554.00	584.34	611.61	682.51	752.18	820.61	887.81	953.78
711			377.11	403.84	422.94	442.31	471.63	480.99	503.83	519.22	535.85	852.38	599.27	632.26	661.91	739.11	815.06	889.79	963.28	1 035.54
	762		405.03	433.81	454.39	475.25	506.84	516.93	541.57	558.16	576.09	626.32	644.55	680.18	712.22	795.70	877.95	958.96	1 038.74	1 117.29
813			432.95	463.78	485.83	508.19	542.06	552.88	579.30	597.10	616.34	670.25	689.83	728.10	762.53	852.30	940.84	1 028.14	1 114.21	1 199.04
		864	460.87	493.75	517.27	541.13	577.28	588.83	617.03	636.04	656.59	714.18	735.11	776.02	812.84	908.90	1 003.72	1 097.31	1 189.67	1 280.22
914			488.25	523.14	548.10	573.42	611.80	624.07	654.02	674.22	696.05	757.25	779.50	823.00	862.17	964.39	1 065.38	1 165.13	1 263.66	1 360.94
		965	516.17	553.11	579.55	606.36	647.02	660.01	691.76	713.16	736.29	801.19	824.78	870.92	912.48	1 020.99	1 128.26	1 234.31	1 339.12	1 442.70

注：1. 普通焊接钢管外径尺寸分为：通用的系列1，推荐选用；非通用的系列2；少数特殊、专用的系列3。

2. 普通焊接钢管壁厚系列1，为优先选用系列；系列2为非优先选用系列。

3. 本表单位长度理论重量是取钢的密度为7.85kg/cm^{3}计算所得。

4. GB/T 21835 规定的外径尚有1016~2540mm共18个大尺寸规格尚未编入本表。

表 2.1-121 精密焊接钢管尺寸及单位长度理论重量(摘自 GB/T 21835—2008)

外径/mm		壁厚/mm																							
		0.5	(0.8)	1.0	(1.2)	1.5	(1.8)	2.0	(2.2)	2.5	(2.8)	3.0	(3.5)	4.0	(4.5)	5.0	(5.5)	6.0	(7.0)	8.0	(9.0)	10.0	(11.0)	12.5	(14)
系列2	系列3	单位长度理论重量/kg·m⁻¹																							
8		0.092	0.142	0.173	0.201	0.240	0.275	0.296	0.315																
10		0.117	0.182	0.222	0.260	0.314	0.364	0.395	0.423	0.462															
12		0.142	0.221	0.271	0.320	0.388	0.453	0.493	0.532	0.586	0.635	0.666													
	14	0.166	0.260	0.321	0.379	0.462	0.542	0.592	0.640	0.709	0.773	0.814	0.906												
16		0.191	0.300	0.370	0.438	0.536	0.630	0.691	0.749	0.832	0.911	0.962	1.08	1.18											
	18	0.216	0.309	0.419	0.497	0.610	0.719	0.789	0.857	0.956	1.05	1.11	1.25	1.38	1.50										
20		0.240	0.379	0.469	0.556	0.684	0.808	0.888	0.966	1.08	1.19	1.26	1.42	1.58	1.72										
	22	0.265	0.418	0.518	0.616	0.758	0.897	0.988	1.07	1.20	1.33	1.41	1.60	1.78	1.94	2.10									
25		0.302	0.477	0.592	0.704	0.869	1.03	1.13	1.24	1.39	1.53	1.63	1.86	2.07	2.28	2.47	2.64								
	28	0.339	0.517	0.666	0.793	0.980	1.16	1.28	1.40	1.57	1.74	1.85	2.11	2.37	2.61	2.84	3.05								
	30	0.364	0.576	0.715	0.852	1.05	1.25	1.38	1.51	1.70	1.88	2.00	2.29	2.56	2.83	3.08	3.32	3.55	3.97						
32		0.388	0.616	0.765	0.911	1.13	1.34	1.48	1.62	1.82	2.02	2.15	2.46	2.76	3.05	3.33	3.59	3.85	4.32	4.74					
	35	0.425	0.675	0.838	1.00	1.24	1.47	1.63	1.78	2.00	2.22	2.37	2.72	3.06	3.38	3.70	4.00	4.29	4.83	5.33					
38		0.462	0.704	0.912	1.09	1.35	1.61	1.78	1.94	2.19	2.43	2.59	2.98	3.35	3.72	4.07	4.41	4.74	5.35	5.92	6.44	6.91			
40		0.487	0.773	0.962	1.15	1.42	1.70	1.87	2.05	2.31	2.57	2.74	3.15	3.55	3.94	4.32	4.68	5.03	5.70	6.31	6.88	7.40			
	45		0.872	1.09	1.30	1.61	1.92	2.12	2.32	2.62	2.91	3.11	3.58	4.04	4.49	4.93	5.36	5.77	6.56	7.30	7.99	8.63			
50			0.971	1.21	1.44	1.79	2.14	2.37	2.59	2.93	3.26	3.48	4.01	4.54	5.05	5.55	6.04	6.51	7.42	8.29	9.10	9.86			
	55		1.07	1.33	1.59	1.98	2.36	2.61	2.86	3.24	3.60	3.85	4.45	5.03	5.60	6.17	6.71	7.25	8.29	9.27	10.21	11.10	11.94		
60			1.17	1.46	1.74	2.16	2.58	2.86	3.14	3.55	3.95	4.22	4.88	5.52	6.16	6.78	7.39	7.99	9.15	10.26	11.32	12.33	13.29		
70			1.35	1.70	2.04	2.53	3.03	3.35	3.68	4.16	4.64	4.96	5.74	6.51	7.27	8.01	8.75	9.47	10.88	12.23	13.54	14.80	16.01		
80			1.56	1.95	2.33	2.90	3.47	3.05	4.22	4.78	5.33	5.70	6.60	7.50	8.38	9.25	10.11	10.95	12.60	14.21	15.76	17.26	18.72		
	90				2.63	3.27	3.92	4.34	4.76	5.39	6.02	6.44	7.47	8.48	9.49	10.48	11.46	12.43	14.33	16.18	17.98	19.73	21.43		
100					2.92	3.64	4.36	4.83	5.31	6.01	6.71	7.18	8.33	9.47	10.60	11.71	12.82	13.91	16.05	18.15	20.20	22.20	24.14		
	110				3.22	4.01	4.80	5.33	5.85	6.63	7.40	7.92	9.19	10.46	11.71	12.95	14.17	15.39	17.78	20.12	22.42	24.66	26.86	30.06	
120							5.25	5.82	6.39	7.24	8.09	8.66	10.06	11.44	12.82	14.18	15.53	16.87	19.51	22.10	24.64	27.13	29.57	33.14	
	140						6.13	6.81	7.48	8.48	9.47	10.14	11.78	13.42	15.04	16.65	18.24	19.83	22.96	26.04	29.08	32.06	34.99	39.30	
160							7.02	7.79	8.56	9.71	10.86	11.62	13.51	15.39	17.26	19.11	20.96	22.79	26.41	29.99	33.51	36.99	40.42	45.47	
	180															21.58	23.67	25.75	29.87	33.93	37.95	41.92	45.85	51.64	
200																		28.71	33.32	37.88	42.39	46.86	51.27	57.80	
	220																		36.77	41.83	46.83	51.79	56.70	63.97	71.12
	240																		40.22	45.77	51.27	56.72	62.12	70.13	78.03
	260																		43.68	49.72	55.71	61.65	67.55	76.30	84.93

注:1.( )内壁厚不推荐使用。

2. 精密焊接钢管外径尺寸未规定系列1,只规定了非通用的系列2和少数特殊、专用的系列3。

3. 本表理论重量是按钢密度 7.85kg/dm^3 计算所得。

表 2.1-122　不锈钢焊接钢管尺寸（摘自 GB/T 21835—2008）　（mm）

外径			壁厚	外径			壁厚	外径			壁厚	外径			壁厚
系列 1	系列 2	系列 3		系列 1	系列 2	系列 3		系列 1	系列 2	系列 3		系列 1	系列 2	系列 3	
	8		0.3～1.2	26.9			0.5～4.5（4.6）		70		0.8～6.0	273.1			2.0～14（14.2）
		9.5	0.3～1.2			28	0.5～4.5（4.6）	76.1			0.8～6.0	323.9			2.5（2.6）～16
	10		0.3～1.4			30	0.5～4.5（4.6）			80	1.2～8.0	355.6			2.5（2.6）～16
10.2			0.3～2.0		31.8		0.5～4.5（4.6）			82.5	1.2～8.0			377	2.5（2.6）～16
	12		0.3～2.0		32		0.5～4.5（4.6）	88.9			1.2～8.0			400	2.5（2.6）～20
	12.7		0.3～2.0	33.7			0.8～5.0		101.6		1.2～8.0	406.4			2.5（2.6）～20
13.5			0.5～3.0			35	0.8～5.0			102	1.2～8.0			426	2.8（2.9）～25
		14	0.5～3.5（3.6）			36	0.8～5.0			108	1.6～8.0			450	2.8（2.9）～25
		15	0.5～3.5（3.6）		38		0.8～5.0	114.3			1.6～8.0	457			2.8（2.9）～28
	16		0.5～3.5（3.6）		40		0.8～5.5（5.6）			125	1.6～10			500	2.8（2.9）～28
17.2			0.5～3.5（3.6）	42.4			0.8～5.5（5.6）			133	1.6～10	508			2.8（2.9）～28
		18	0.5～3.5（3.6）			44.5	0.8～5.5（5.6）	139.7			1.6～11			530	2.8（2.9）～28
	19		0.5～3.5（3.6）	48.3			0.8～5.5（5.6）			141.3	1.6～12（12.5）			550	2.8（2.9）～28
		19.5	0.5～3.5（3.6）		50.8		0.8～6.0			154	1.6～12（12.5）			558.8	2.8（2.9）～28
	20		0.5～3.5（3.6）			54	0.8～6.0			159	1.6～12（12.5）			600	3.2～28
21.3			0.5～4.2		57		0.8～6.0	168.3			1.6～12（12.5）	610			3.2～28
		22	0.5～4.2	60.3			0.8～6.0			193.7	1.6～12（12.5）			630	3.2～28
	25		0.5～4.2			63	0.8～6.0	219.1			1.6～14（14.2）			660	3.2～28
		25.4	0.5～4.2		63.5		0.8～6.0			250	1.6～14（14.2）	711			3.2～28
壁厚尺寸系列			0.3～1.0（0.1 进级）、1.2、1.4、1.5、1.6、1.8、2.0、2.2（2.3）、2.5（2.6）、2.8（2.9）、3.0、3.2、3.5（3.6）、4.0、4.2、4.5（4.6）、4.8、5.0、5.5（5.6）、6.0、6.5（6.3）、7.0（7.1）、7.5、8.0、8.5、9.0（8.8）、9.5、10、11、12（12.5）、14（14.2）、15、16、17（17.5）、18、20、22（22.2）、24、25、26、28												

注：1. 括号内尺寸表示由相应英制规格换算成的米制规格。

2. GB/T 21835 规定的 762～1829mm 共 16 个大尺寸规格未编入本表。

3. 系列 1 为通用系列，推荐选用；系列 2 为非通用系列；系列 3 为少数特殊、专用系列。

4. 不锈钢焊接钢管单位长度理论重量计算公式如下：

$$W=\frac{\pi}{1000}S\ (D-S)\ \rho$$

式中　W——钢管理论重量（kg/m）；

π——圆周率，取 3.1416；

S——钢管公称壁厚（mm）；

D——钢管公称外径（mm）；

ρ——钢密度（kg/dm^3），不锈钢各牌号的密度按 GB/T 20878 中的给定值。

5.3.2 直缝电焊钢管（见表2.1-123）

表2.1-123 直缝电焊钢管尺寸规格、牌号及力学性能（摘自GB/T 13793—2008）

<table>
<tr><td rowspan="2">尺寸规格</td><td colspan="4" rowspan="2">1. 钢管外径 D 和壁厚 t 应符合 GB/T 21835—2008《焊接钢管尺寸及单位长度重量》的规定（外径 D 不大于 630mm）
2. 外径和壁厚允许偏差分为 A、B、C3 级，其偏差数值见 GB/T 13793—2008《直缝电焊钢管》的规定。合同未注明级别时，按 A3 级（普通精度）交货，但用于带式输送机托辊用钢管应按 B 级（较高精度）交货
3. 通常长度 L：外径≤30mm，L 为 4000～6000mm；
外径>30～70mm，L 为 4000～8000mm；
外径>70mm，L 为 4000～12000mm
在合同中注明，在通常长度范围内，可按定尺或倍尺交货</td><td>用途</td></tr>
<tr><td>适于制作各种结构件、零件、带式输送机托辊及输送一般流体用管道</td></tr>
<tr><td rowspan="10">牌号及力学性能</td><td rowspan="2">牌号</td><td>下屈服强度 R_{eL}/MPa</td><td>抗拉强度 R_m/MPa</td><td>断后伸长率 A（%）</td><td>焊缝抗拉强度 R_m/MPa</td></tr>
<tr><td colspan="4">不小于</td></tr>
<tr><td>08、10</td><td>195（205）</td><td>315（375）</td><td>22（13）</td><td>315</td></tr>
<tr><td>15</td><td>215（225）</td><td>355（400）</td><td>20（11）</td><td>355</td></tr>
<tr><td>20</td><td>235（245）</td><td>390（440）</td><td>19（9）</td><td>390</td></tr>
<tr><td>Q195</td><td>195（205）</td><td>315（335）</td><td>22（14）</td><td>315</td></tr>
<tr><td>Q215A、Q215B</td><td>215（225）</td><td>335（355）</td><td>22（13）</td><td>335</td></tr>
<tr><td>Q235A、Q235B、Q235C</td><td>235（245）</td><td>375（390）</td><td>20（9）</td><td>375</td></tr>
<tr><td>Q295A、Q295B</td><td>295</td><td>390</td><td>18</td><td>390</td></tr>
<tr><td>Q345A、Q345B、Q345C</td><td>345</td><td>470</td><td>18</td><td>470</td></tr>
</table>

注：1. GB/T 13793—2008《直缝电焊钢管》代替GB/T 13792—1992带式输送机托辊用电焊钢管和GB/T 13793—1992直缝电焊钢管。
2. 钢管牌号的化学成分应符合GB/T 699、GB/T 700和GB/T 1591相应牌号的规定。
3. 力学性能中带括号的数值为有特殊要求钢管的力学性能数值，按需方要求，且在合同中注明方可按此指标交货。
4. 按需方要求，并在合同中注明，钢管外径不小于219.1mm者，可进行焊缝横向拉伸试验，取样部位应垂直焊缝，焊缝位于试样的中心，焊缝抗拉强度值按本表规定。
5. 按需方要求，并在合同中注明，钢管可在内、外表面进行镀锌后交货。
6. 带式输送机托辊用钢管应逐根进行液压试验，外径不大于108mm管，试验压力为7MPa，外径大于108mm管，试验压力5MPa，稳压时间不少于5s，钢管不允许出现渗漏现象。

5.3.3 流体输送用不锈钢焊接钢管（见表2.1-124）

表2.1-124 流体输送用不锈钢焊接钢管规格、牌号、性能及应用（摘自GB/T 12771—2008）

<table>
<tr><td rowspan="2">尺寸规格</td><td colspan="5" rowspan="2">钢管外径 D 和壁厚 S 应符合 GB/T 21835 焊接钢管尺寸的规定，D 和 S 的允许偏差按 GB/T 12771—2008 的规定
钢管通常长度为 3000～9000mm，定尺长度或倍尺长度应在通常长度范围内</td><td>用途</td></tr>
<tr><td>适于腐蚀性流体的输送及在腐蚀条件下工作的中、低压流体管道</td></tr>
<tr><td rowspan="10">牌号及力学性能</td><td rowspan="2">新牌号</td><td rowspan="2">旧牌号</td><td>规定非比例延伸强度 $R_{p0.2}$/MPa</td><td>抗拉强度 R_m/MPa</td><td>断后伸长率 A（%）
热处理状态</td><td rowspan="2">备　注</td></tr>
<tr><td colspan="3">不小于</td></tr>
<tr><td>12Cr18Ni9</td><td>1Cr18Ni9</td><td>210</td><td>520</td><td rowspan="8">35
（非热处理状态为25）</td><td rowspan="8">钢管在交货前，应采用连续式或周期式炉全长热处理，推荐的热处理制度参见原标准</td></tr>
<tr><td>06Cr19Ni10</td><td>0Cr18Ni9</td><td>210</td><td>520</td></tr>
<tr><td>022Cr19Ni10</td><td>00Cr19Ni10</td><td>180</td><td>480</td></tr>
<tr><td>06Cr25Ni20</td><td>0Cr25Ni20</td><td>210</td><td>520</td></tr>
<tr><td>06Cr17Ni12Mo2</td><td>0Cr17Ni12Mo2</td><td>210</td><td>520</td></tr>
<tr><td>022Cr17Ni12Mo2</td><td>00Cr17Ni14Mo2</td><td>180</td><td>480</td></tr>
<tr><td>06Cr18Ni11Ti</td><td>0Cr18Ni10Ti</td><td>210</td><td>520</td></tr>
<tr><td>06Cr18Ni11Nb</td><td>0Cr18Ni11Nb</td><td>210</td><td>520</td></tr>
</table>

（续）

	新牌号	旧牌号	规定非比例延伸强度 $R_{p0.2}$/MPa	抗拉强度 R_m/MPa	断后伸长率 A（%）热处理状态	备　注
			不小于			
牌号及力学性能	022Cr18Ti	00Cr17	180	360	20	钢管在交货前，应采用连续式或周期式炉全长热处理，推荐的热处理制度参见原标准
	019Cr19Mo2NbTi	00Cr18Mo2	240	410		
	06Cr13Al	0Cr13Al	177	410		
	022Cr11Ti	—	275	400	18	
	022Cr12Ni	—	275	400	18	
	06Cr13	0Cr13	210	410	20	
交货状态	钢管采用单面或双面自动焊接方法制造，以热处理并酸洗状态交货					
液压试验	钢管应逐根进行液压试验，最大试验压力不大于10MPa，试验压力 $P=2SR/D$，式中 R 为允许应力，取 R_{eL} 的50%（MPa）；S 和 D 为公称壁厚和外径（mm）；P 单位为MPa，P 的稳压时间不少于5s，不出现渗漏现象					

注：1. 钢管牌号的化学成分应符合GB/T 12771—2008的相关规定。

2. $R_{p0.2}$ 仅在需方要求，并在合同注明时才给予保证。

5.3.4　低压流体输送用焊接钢管（见表2.1-125）

表2.1-125　低压流体输送用焊接钢管尺寸规格、牌号、力学性能及应用（摘自GB/T 3091—2008）

尺寸规格	钢管外径 D 和壁厚 t 应符合GB/T 21835《焊接钢管尺寸及单位长度重量》的规定；D 和 t 的允许偏差按GB/T 3091—2008的规定 钢管通常长度为3000～12000mm，定尺长度和倍尺长度应在通常长度范围内					用　途：适用水、空气、采暖蒸气、燃气等低压流体输送管道
钢材牌号及力学性能	牌号	下屈服强度 R_{eL}/MPa 不小于 $t \leqslant 16$mm	下屈服强度 R_{eL}/MPa 不小于 $t>16$mm	抗拉强度 R_m/MPa 不小于	断后伸长率 A（%）不小于 $D \leqslant 168.3$mm	断后伸长率 A（%）不小于 $D>168.3$m
	Q195	195	185	315	15	20
	Q215A、Q215B	215	205	335		
	Q235A、Q235B	235	225	370		
	Q295A、Q295B	295	275	390	13	18
	Q345A、Q345B	345	325	470		
交货状态	钢管采用直缝高频电阻焊（ERW）、直缝埋弧焊（SAWL）和螺旋缝埋弧焊（SAWH）的任一种工艺制造均可；钢管采用焊接状态交货，ERW钢管可按焊缝热处理状态交货；需方要求，合同注明，钢管可按整体热处理状态交货。需方要求，在合同中注明，D 不大于508mm的钢管可镀锌交货，也可按其他保护涂层交货					
液压试验	钢管逐根进行液压试验，最大试验压力 P_{max} 为5MPa，最小试验压力 $P_{min}=2St/D$，其中 S 为钢管下屈服强度 R_{eL} 数值的60%（MPa）；D 为钢管外径（mm）；t 为钢管壁厚（mm）。试验压力保持时间不小于5s，不出现渗漏现象					

注：钢管牌号的化学成分应符合GB/T 700和GB/T 1591的相关规定。

5.3.5　奥氏体-铁素体型双相不锈钢焊接钢管（见表2.1-126～表2.1-128）

表2.1-126　奥氏体-铁素体型双相不锈钢焊接钢管分类及尺寸规格（摘自GB/T 21832—2008）

分类及代号	Ⅰ类——钢管采用添加填充金属的双面自动焊接方法制造，且焊缝100%全长射线探伤； Ⅱ类——钢管采用添加填充金属的单面自动焊接方法制造，且焊缝100%全长射线探伤； Ⅲ类——钢管采用添加填充金属的双面自动焊接方法制造，且焊缝局部射线探伤； Ⅳ类——钢管采用除根部焊道不添加填充金属外，其他焊道应添加填充金属的单面自动焊接方法制造，且焊缝100%全长射线探伤； Ⅴ类——钢管采用添加填充金属的双面自动焊接方法制造，且焊缝不做射线探伤； Ⅵ类——钢管采用不添加填充金属的自动焊接方法制造。

（续）

	钢管的公称外径 *D* 和公称壁厚应符合 GB/T 21835—2008 的规定			
	公称外径 *D*/mm	外径允许偏差①/mm		壁厚允许偏差
		高级	普通级	
尺寸规格	≤38	±0.13	±0.40	±12.5% S
	>38～89	±0.25	±0.50	±10% *S* 或 ±0.2mm，两者取较大值
	>89～159	±0.35	±0.80	
	>159～219.1	±0.75	±1.00	
	>219.1	—	±0.75% *D*	
	钢管的通常长度为 3000～12000mm，定尺和倍尺总长度应在通常长度范围内			

注：1. 钢管适于耐腐蚀的承压设备、流体输送及热交换器之用。
2. 当合同中未注明钢管尺寸允许偏差级别时，钢管外径和壁厚允许偏差按普通级交货。
3. 钢管应经热处理并酸洗交货，经保护气氛热处理的钢管，可不经酸洗交货。经供需双方协商，并在合同中注明，钢管可以不经热处理而以焊接态交货，但应在钢管上作出标志“H”；钢管表面可要求进行抛光处理。
4. 钢管交货的规定参见表 2.1-135 注 3。
① 当需方在合同中注明钢管用作热交换器用途时，钢管应按外径允许偏差的高级交货。

表 2.1-127 奥氏体-铁素体型双相不锈钢焊接钢管牌号及力学性能（摘自 GB/T 21832—2008）

统一数字代号	牌号	推荐热处理制度		拉伸性能			硬度①	
				抗拉强度 R_m/MPa	规定非比例延伸强度 $R_{p0.2}$/MPa	断后伸长率 *A*（%）	HBW	HRC
				≥			≤	
S21953	022Cr19Ni5Mo3Si2N	980℃～1 040℃	急冷	630	440	30	290	30
S22253	022Cr22Ni5Mo3N	1 020℃～1 100℃	急冷	620	450	25	290	30
S22053	022Cr23Ni5Mo3N	1 020℃～1 100℃	急冷	655	485	25	290	30
S23043	022Cr23Ni4MoCuN	925℃～1 050℃	急冷 *D*≤25mm	690	450	25	—	—
			急冷 *D*>25mm	600	400	25	290	30
S22553	022Cr25Ni6Mo2N	1 050℃～1 100℃	急冷	690	450	25	280	—
S22583	022Cr25Ni7Mo3WCuN	1 020℃～1 100℃	急冷	690	450	25	290	30
S25554	03Cr25Ni6Mo3Cu2N	≥1 040℃	急冷	760	550	15	297	31
S25073	022Cr25Ni7Mo4N	1 025℃～1 125℃	急冷	800	550	15	300	32
S27603	022Cr25Ni7Mo4WCuN	1 100℃～1 140℃	急冷	750	550	25	300	—

注：1. 本表为钢管纵向或横向力学性能；各牌号的化学成分应符合 GB/T 20878 的规定。
2. 钢管应逐根进行液压试验，试验压力和试验方法符合 GB/T 21832—2008 的规定，最大试验压力为 20MPa。
3. 外径大于 219mm 的钢管应进行焊缝横向弯曲试验。弯曲试样从钢管或焊接试板上截取，焊接试板应与钢管同牌号、同炉号、同一焊接工艺、同热处理制度。
一组弯曲试验应包括一个面弯试验和一个背弯试验（即钢管外焊缝和内焊缝分别处于最大弯曲表面）。壁厚大于 10mm 的钢管，可采用两个侧向弯曲试验代替面弯试验和背弯试验。
弯曲试验时，弯芯直径为 4 倍试样厚度。弯曲角度为 180°。弯曲后焊缝区域不允许出现裂缝或裂口。
① 未要求硬度的牌号，只提供实测数据，不作为交货条件。

表 2.1-128 奥氏体-铁素体型双相不锈钢焊接钢管与美国、日本、欧洲钢管标准的牌号对照（摘自 GB/T 21832—2008）

中国（GB/T 21832—2008）		美国	日本	欧洲	中国原用旧牌号
统一数字代号	GB/T 20878—2007 标准的牌号	ASTM A790-05a	JIS G3463：2006	EN 10217-7：2005	
S21953	022Cr19Ni5Mo3Si2N	S31500	—	—	00Cr18Ni5Mo3Si2N
S22253	022Cr22Ni5Mo3N	S31803	SUS329J3LTB	X2CrNiMoN22-5-3 1.4462	00Cr22Ni5Mo3N
S22053	022Cr23Ni5Mo3N	S32205	—	—	00Cr22Ni5Mo3N
S23043	022Cr23Ni4MoCuN	S32304	—	X2CrNiN23-4 1.4362	00Cr23Ni4N
S22553	022Cr25Ni6Mo2N	S31200	—	—	00Cr25Ni6Mo2N
S22583	022Cr25Ni7Mo3WCuN	S31260	SUS329J4LTB	—	00Cr25Ni7Mo3WCuN
S25554	03Cr25Ni6Mo3Cu2N	S32550	—	—	0Cr25Ni6Mo3Cu2N
S25073	022Cr25Ni7Mo4N	S32750	—	X2CrNiMoN25-7-4 1.4410	00Cr25Ni7Mo4N
S27603	022Cr25Ni7Mo4WCuN	S32760	—	X2CrNiMoCuWN25-7-4 1.4501	0Cr25Ni7Mo4WCuN

5.3.6 无缝钢管尺寸及单位长度理论重量(见表2.1-129~表2.1-131)

表2.1-129 普通无缝钢管外径和壁厚尺寸及单位长度理论重量(摘自GB/T 17395—2008)

外径/mm			壁厚/mm															
系列1	系列2	系列3	0.25	0.30	0.40	0.50	0.60	0.80	1.0	1.2	1.4	1.5	1.6	1.8	2.0	2.2 (2.3)	2.5 (2.6)	2.8
			单位长度理论重量/kg·m^{-1}															
	6		0.035	0.042	0.055	0.068	0.080	0.103	0.123	0.142	0.159	0.166	0.174	0.186	0.197			
	7		0.042	0.050	0.065	0.080	0.095	0.122	0.148	0.172	0.193	0.203	0.213	0.231	0.247	0.260	0.277	
	8		0.048	0.057	0.075	0.092	0.109	0.142	0.173	0.201	0.228	0.240	0.253	0.275	0.296	0.315	0.339	
	9		0.054	0.064	0.085	0.105	0.124	0.162	0.197	0.231	0.262	0.277	0.292	0.320	0.345	0.369	0.401	0.428
10(10.2)			0.060	0.072	0.095	0.117	0.139	0.182	0.222	0.260	0.297	0.314	0.331	0.364	0.395	0.423	0.462	0.497
	11		0.066	0.079	0.105	0.129	0.154	0.201	0.247	0.290	0.331	0.351	0.371	0.408	0.444	0.477	0.524	0.566
	12		0.072	0.087	0.114	0.142	0.169	0.221	0.271	0.320	0.366	0.388	0.410	0.453	0.493	0.532	0.586	0.635
	13(12.7)		0.079	0.094	0.124	0.154	0.183	0.241	0.296	0.349	0.401	0.425	0.450	0.497	0.543	0.586	0.647	0.704
13.5			0.082	0.098	0.129	0.160	0.191	0.251	0.308	0.364	0.418	0.444	0.470	0.519	0.567	0.613	0.678	0.739
		14	0.085	0.101	0.134	0.166	0.198	0.260	0.321	0.379	0.435	0.462	0.489	0.542	0.592	0.640	0.709	0.773
	16		0.097	0.116	0.154	0.191	0.228	0.300	0.370	0.438	0.504	0.536	0.568	0.630	0.691	0.749	0.832	0.911
17(17.2)			0.103	0.124	0.164	0.203	0.243	0.320	0.395	0.468	0.539	0.573	0.608	0.675	0.740	0.803	0.894	0.981
		18	0.109	0.131	0.174	0.216	0.257	0.339	0.419	0.497	0.573	0.610	0.647	0.719	0.789	0.857	0.956	1.05
	19		0.116	0.138	0.183	0.228	0.272	0.359	0.444	0.527	0.608	0.647	0.687	0.764	0.838	0.911	1.02	1.12
	20		0.122	0.146	0.193	0.240	0.287	0.379	0.469	0.556	0.642	0.684	0.726	0.808	0.888	0.966	1.08	1.19
21(21.3)					0.203	0.253	0.302	0.399	0.493	0.586	0.677	0.721	0.765	0.852	0.937	1.02	1.14	1.26
		22			0.213	0.265	0.317	0.418	0.518	0.616	0.711	0.758	0.805	0.897	0.986	1.07	1.20	1.33
	25				0.243	0.302	0.361	0.477	0.592	0.704	0.815	0.869	0.923	1.03	1.13	1.24	1.39	1.53
		25.4			0.247	0.307	0.367	0.485	0.602	0.716	0.829	0.884	0.939	1.05	1.15	1.26	1.41	1.56
27(26.9)					0.262	0.327	0.391	0.517	0.641	0.764	0.884	0.943	1.00	1.12	1.23	1.35	1.51	1.67
	28				0.272	0.339	0.405	0.537	0.666	0.793	0.918	0.980	1.04	1.16	1.28	1.40	1.57	1.74

（续）

外径/mm			壁厚/mm															
系列1	系列2	系列3	2.9 (3.0)	3.2	3.5 (3.6)	4.0	4.5	5.0	5.4 (5.5)	6.0	6.3 (6.5)	7.0 (7.1)	7.5	8.0	8.5	8.8 (9.0)	9.5	10
			单位长度理论重量/kg·m^{-1}															
	6																	
	7																	
	8																	
	9																	
10(10.2)			0.518	0.537	0.561													
	11		0.592	0.616	0.647													
	12		0.666	0.694	0.734	0.789												
	13(12.7)		0.740	0.773	0.820	0.888												
13.5			0.777	0.813	0.863	0.937												
		14	0.814	0.852	0.906	0.986												
	16		0.962	1.01	1.08	1.18	1.28	1.36										
17(17.2)			1.04	1.09	1.17	1.28	1.39	1.48										
		18	1.11	1.17	1.25	1.38	1.50	1.60										
	19		1.18	1.25	1.34	1.48	1.61	1.73	1.83	1.92								
	20		1.26	1.33	1.42	1.58	1.72	1.85	1.97	2.07								
21(21.3)			1.33	1.40	1.51	1.68	1.83	1.97	2.10	2.22								
		22	1.41	1.48	1.60	1.78	1.94	2.10	2.24	2.37								
	25		1.63	1.72	1.86	2.07	2.28	2.47	2.64	2.81	2.97	3.11						
		25.4	1.66	1.75	1.89	2.11	2.32	2.52	2.70	2.87	3.03	3.18						
27(26.9)			1.78	1.88	2.03	2.27	2.50	2.71	2.92	3.11	3.29	3.45						
	28		1.85	1.96	2.11	2.37	2.61	2.84	3.05	3.26	3.45	3.63						

（续）

外径/mm			壁厚/mm														
系列1	系列2	系列3	0.25	0.30	0.40	0.50	0.60	0.80	1.0	1.2	1.4	1.5	1.6	1.8	2.0	2.2 (2.3)	2.5 (2.6)	2.8
			单位长度理论重量/kg·m^{-1}														
		30			0.292	0.364	0.435	0.576	0.715	0.852	0.987	1.05	1.12	1.25	1.38	1.51	1.70	1.88
	32(31.8)				0.312	0.388	0.465	0.616	0.765	0.911	1.06	1.13	1.20	1.34	1.48	1.62	1.82	2.02
34(33.7)					0.331	0.413	0.494	0.655	0.814	0.971	1.13	1.20	1.28	1.43	1.58	1.73	1.94	2.15
		35			0.341	0.425	0.509	0.675	0.838	1.00	1.16	1.24	1.32	1.47	1.63	1.78	2.00	2.22
	38				0.371	0.462	0.553	0.734	0.912	1.09	1.26	1.35	1.44	1.61	1.78	1.94	2.19	2.43
	40				0.391	0.487	0.583	0.773	0.962	1.15	1.33	1.42	1.52	1.70	1.87	2.05	2.31	2.57
42(42.4)									1.01	1.21	1.40	1.50	1.59	1.78	1.97	2.16	2.44	2.71
		45(44.5)							1.09	1.30	1.51	1.61	1.71	1.92	2.12	2.32	2.62	2.91
48(48.3)									1.16	1.38	1.61	1.72	1.83	2.05	2.27	2.48	2.81	3.12
	51								1.23	1.47	1.71	1.83	1.95	2.18	2.42	2.65	2.99	3.33
		54							1.31	1.56	1.82	1.94	2.07	2.32	2.56	2.81	3.18	3.54
	57								1.38	1.65	1.92	2.05	2.19	2.45	2.71	2.97	3.36	3.74
60(60.3)									1.46	1.74	2.02	2.16	2.30	2.58	2.86	3.14	3.55	3.95
	63(63.5)								1.53	1.83	2.13	2.28	2.42	2.72	3.01	3.30	3.73	4.16
	65								1.58	1.89	2.20	2.35	2.50	2.81	3.11	3.41	3.85	4.30
	68								1.65	1.98	2.30	2.46	2.62	2.94	3.26	3.57	4.04	4.50
	70								1.70	2.04	2.37	2.53	2.70	3.03	3.35	3.68	4.16	4.64
		73							1.78	2.12	2.47	2.64	2.82	3.16	3.50	3.84	4.35	4.85
76(76.1)									1.85	2.21	2.58	2.76	2.94	3.29	3.65	4.00	4.53	5.05
	77										2.61	2.79	2.98	3.34	3.70	4.06	4.59	5.12
	80										2.71	2.90	3.09	3.47	3.85	4.22	4.78	5.33

（续）

外径/mm			壁厚/mm														
系列1	系列2	系列3	2.9 (3.0)	3.2	3.5 (3.6)	4.0	4.5	5.0	(5.4) 5.5	6.0	(6.3) 6.5	7.0 (7.1)	7.5	8.0	8.5	(8.8) 9.0	9.5	10
			单位长度理论重量/kg·m⁻¹														
		30	2.00	2.11	2.29	2.56	2.83	3.08	3.32	3.55	3.77	3.97	4.16	4.34				
	32(31.8)		2.15	2.27	2.46	2.76	3.05	3.33	3.59	3.85	4.09	4.32	4.53	4.74				
34(33.7)			2.29	2.43	2.63	2.96	3.27	3.58	3.87	4.14	4.41	4.66	4.90	5.13				
		35	2.37	2.51	2.72	3.06	3.38	3.70	4.00	4.29	4.57	4.83	5.09	5.33	5.56	5.77		
	38		2.59	2.75	2.98	3.35	3.72	4.07	4.41	4.74	5.05	5.35	5.64	5.92	6.18	6.44	6.68	6.91
	40		2.74	2.90	3.15	3.55	3.94	4.32	4.68	5.03	5.37	5.70	6.01	6.31	6.60	6.88	7.15	7.40
42(42.4)			2.89	3.06	3.32	3.75	4.16	4.56	4.95	5.33	5.69	6.04	6.38	6.71	7.02	7.32	7.61	7.89
		45(44.5)	3.11	3.30	3.58	4.04	4.49	4.93	5.36	5.77	6.17	6.56	6.94	7.30	7.65	7.99	8.32	8.63
48(48.3)			3.33	3.54	3.84	4.34	4.83	5.30	5.76	6.21	6.65	7.08	7.49	7.89	8.28	8.66	9.02	9.37
	51		3.55	3.77	4.10	4.64	5.16	5.67	6.17	6.66	7.13	7.60	8.05	8.48	8.91	9.32	9.72	10.11
		54	3.77	4.01	4.36	4.93	5.49	6.04	6.58	7.10	7.61	8.11	8.60	9.08	9.54	9.99	10.43	10.85
	57		4.00	4.25	4.62	5.23	5.83	6.41	6.99	7.55	8.10	8.63	9.16	9.67	10.17	10.65	11.13	11.59
60(60.3)			4.22	4.48	4.88	5.52	6.16	6.78	7.39	7.99	8.58	9.15	9.71	10.26	10.80	11.32	11.83	12.33
	63(63.5)		4.44	4.72	5.14	5.82	6.49	7.15	7.80	8.43	9.06	9.67	10.27	10.85	11.42	11.99	12.53	13.07
	65		4.59	4.88	5.31	6.02	6.71	7.40	8.07	8.73	9.38	10.01	10.64	11.25	11.84	12.43	13.00	13.56
	68		4.81	5.11	5.57	6.31	7.05	7.77	8.48	9.17	9.86	10.53	11.19	11.84	12.47	13.10	13.71	14.30
	70		4.96	5.27	5.74	6.51	7.27	8.02	8.75	9.47	10.18	10.88	11.56	12.23	12.89	13.54	14.17	14.80
		73	5.18	5.51	6.00	6.81	7.60	8.38	9.16	9.91	10.66	11.39	12.11	12.82	13.52	14.21	14.88	15.54
76(76.1)			5.40	5.75	6.26	7.10	7.93	8.75	9.56	10.36	11.14	11.91	12.67	13.42	14.15	14.87	15.58	16.28
	77		5.47	5.82	6.34	7.20	8.05	8.88	9.70	10.51	11.30	12.08	12.85	13.61	14.36	15.09	15.81	16.52
	80		5.70	6.06	6.60	7.50	8.38	9.25	10.11	10.95	11.78	12.60	13.41	14.21	14.99	15.76	16.52	17.26

（续）

外径/mm			壁厚/mm															
系列1	系列2	系列3	11	12 (12.5)	13	14 (14.2)	15	16	17 (17.5)	18	19	20	22 (22.2)	24	25	26	28	30
			单位长度理论重量/kg·m⁻¹															
		30																
	32(31.8)																	
34(33.7)																		
		35																
	38																	
	40																	
42(42.4)																		
		45(44.5)	9.22	9.77														
48(48.3)			10.04	10.65														
	51		10.85	11.54														
		54	11.66	12.43	13.14	13.81												
	57		12.48	13.32	14.11	14.85												
60(60.3)			13.29	14.21	15.07	15.88	16.65	17.36										
	63(63.5)		14.11	15.09	16.03	16.92	17.76	18.55										
	65		14.65	15.68	16.67	17.61	18.50	19.33										
	68		15.46	16.57	17.63	18.64	19.61	20.52										
	70		16.01	17.16	18.27	19.33	20.35	21.31	22.22									
		73	16.82	18.05	19.24	20.37	21.46	22.49	23.48	24.41	25.30							
76(76.1)			17.63	18.94	20.20	21.41	22.57	23.68	24.74	25.75	26.71	27.62						
	77		17.90	19.24	20.52	21.75	22.94	24.07	25.15	26.19	27.18	28.11						
	80		18.72	20.12	21.48	22.79	24.05	25.25	26.41	27.52	28.58	29.59						

（续）

外径/mm			壁厚/mm															
系列1	系列2	系列3	0.25	0.30	0.40	0.50	0.60	0.80	1.0	1.2	1.4	1.5	1.6	1.8	2.0	2.2 (2.3)	2.5 (2.6)	2.8
			单位长度理论重量/kg·m^-1															
		83(82.5)									2.82	3.01	3.21	3.60	4.00	4.38	4.96	5.54
	85										2.89	3.09	3.29	3.69	4.09	4.49	5.09	5.68
89(88.9)											3.02	3.24	3.45	3.87	4.29	4.71	5.33	5.95
	95										3.23	3.46	3.69	4.14	4.59	5.03	5.70	6.37
	102(101.6)										3.47	3.72	3.96	4.45	4.93	5.41	6.13	6.85
		108									3.68	3.94	4.20	4.71	5.23	5.74	6.50	7.26
114(114.3)												4.16	4.44	4.98	5.52	6.07	6.87	7.68
	121											4.42	4.71	5.29	5.87	6.45	7.31	8.16
	127													5.56	6.17	6.77	7.68	8.58
	133																8.05	8.99
140(139.7)																		
		142(141.3)																
	146																	
		152(152.4)																
		159																
168(168.3)																		
		180(177.8)																
		194(193.7)																
	203																	
219(219.1)																		
		232																
		245(244.5)																
		267(267.4)																

（续）

外径/mm			壁厚/mm															
系列 1	系列 2	系列 3	(2.9) 3.0	3.2	3.5 (3.6)	4.0	4.5	5.0	(5.4) 5.5	6.0	(6.3) 6.5	7.0 (7.1)	7.5	8.0	8.5	(8.8) 9.0	9.5	10
			单位长度理论重量/kg·m⁻¹															
		83(82.5)	5.92	6.30	6.86	7.79	8.71	9.62	10.51	11.39	12.26	13.12	13.96	14.80	15.62	16.42	17.22	18.00
	85		6.07	6.46	7.03	7.99	8.93	9.86	10.78	11.69	12.58	13.47	14.33	15.19	16.04	16.87	17.69	18.50
89(88.9)			6.36	6.77	7.38	8.38	9.38	10.36	11.33	12.28	13.22	14.16	15.07	15.98	16.87	17.76	18.63	19.48
	95		6.81	7.24	7.90	8.98	10.04	11.10	12.14	13.17	14.19	15.19	16.18	17.16	18.13	19.09	20.03	20.96
	102(101.6)		7.32	7.80	8.50	9.67	10.82	11.96	13.09	14.21	15.31	16.40	17.48	18.55	19.60	20.64	21.67	22.69
		108	7.77	8.27	9.02	10.26	11.49	12.70	13.90	15.09	16.27	17.44	18.59	19.73	20.86	21.97	23.08	24.17
114(114.3)			8.21	8.74	9.54	10.85	12.15	13.44	14.72	15.98	17.23	18.47	19.70	20.91	22.12	23.31	24.48	25.65
	121		8.73	9.30	10.14	11.54	12.93	14.30	15.67	17.02	18.35	19.68	20.99	22.29	23.58	24.86	26.12	27.37
	127		9.17	9.77	10.66	12.13	13.59	15.04	16.48	17.90	19.32	20.72	22.10	23.48	24.84	26.19	27.53	28.85
	133		9.62	10.24	11.18	12.73	14.26	15.78	17.29	18.79	20.28	21.75	23.21	24.66	26.10	27.52	28.93	30.33
140(139.7)			10.14	10.80	11.78	13.42	15.04	16.65	18.24	19.83	21.40	22.96	24.51	26.04	27.57	29.08	30.57	32.06
		142(141.3)	10.28	10.95	11.95	13.61	15.26	16.89	18.51	20.12	21.72	23.31	24.88	26.44	27.98	29.52	31.04	32.55
	146		10.58	11.27	12.30	14.01	15.70	17.39	19.06	20.72	22.36	24.00	25.62	27.23	28.82	30.41	31.98	33.54
		152(152.4)	11.02	11.74	12.82	14.60	16.37	18.13	19.87	21.60	23.32	25.03	26.73	28.41	30.08	31.74	33.39	35.02
		159			13.42	15.29	17.15	18.99	20.82	22.64	24.45	26.24	28.02	29.79	31.55	33.29	35.03	36.75
168(168.3)					14.20	16.18	18.14	20.10	22.04	23.97	25.89	27.79	29.69	31.57	33.43	35.29	37.13	38.97
		180(177.8)			15.23	17.36	19.48	21.58	23.67	25.75	27.81	29.87	31.91	33.93	35.95	37.95	39.95	41.92
		194(193.7)			16.44	18.74	21.03	23.31	25.57	27.82	30.06	32.28	34.50	36.70	38.89	41.06	43.23	45.38
	203				17.22	19.63	22.03	24.41	26.79	29.15	31.50	33.84	36.16	38.47	40.77	43.06	45.33	47.60
219(219.1)										31.52	34.06	36.60	39.12	41.63	44.13	46.61	49.08	51.54
		232								33.44	36.15	38.84	41.52	44.19	46.85	49.50	52.13	54.75
		245(244.5)								35.36	38.23	41.09	43.93	46.76	49.58	52.38	55.17	57.95
		267(267.4)								38.62	41.76	44.88	48.00	51.10	54.19	57.26	60.33	63.38

（续）

外径/mm			壁厚/mm															
系列1	系列2	系列3	11	12 (12.5)	13	14 (14.2)	15	16	17 (17.5)	18	19	20	22 (22.2)	24	25	26	28	30
			单位长度理论重量/kg·m⁻¹															
		83(82.5)	19.53	21.01	22.44	23.82	25.15	26.44	27.67	28.85	29.99	31.07	33.10					
	85		20.07	21.60	23.08	24.51	25.89	27.23	28.51	29.74	30.93	32.06	34.18					
89(88.9)			21.16	22.79	24.37	25.89	27.37	28.80	30.19	31.52	32.80	34.03	36.35	38.47				
	95		22.79	24.56	26.29	27.97	29.59	31.17	32.70	34.18	35.61	36.99	39.61	42.02				
	102(101.6)		24.69	26.63	28.53	30.38	32.18	33.93	35.64	37.29	38.89	40.44	43.40	46.17	47.47	48.73	51.10	
		108	26.31	28.41	30.46	32.45	34.40	36.30	38.15	39.95	41.70	43.40	46.66	49.71	51.17	52.58	55.24	57.71
114(114.3)			27.94	30.19	32.38	34.53	36.62	38.67	40.67	42.62	44.51	46.36	49.91	53.27	54.87	56.43	59.39	62.15
	121		29.84	32.26	34.62	36.94	39.21	41.43	43.60	45.72	47.79	49.82	53.71	57.41	59.19	60.91	64.22	67.33
	127		31.47	34.03	36.55	39.01	41.43	43.80	46.12	48.39	50.61	52.78	56.97	60.96	62.89	64.76	68.36	71.77
	133		33.10	35.81	38.47	41.09	43.65	46.17	48.63	51.05	53.42	55.74	60.22	64.51	66.59	68.61	72.50	76.20
140(139.7)			34.99	37.88	40.72	43.50	46.24	48.93	51.57	54.16	56.70	59.19	64.02	68.66	70.90	73.10	77.34	81.38
		142(141.3)	35.54	38.47	41.36	44.19	46.98	49.72	52.41	55.04	57.63	60.17	65.11	69.84	72.14	74.38	78.72	82.86
	146		36.62	39.66	42.64	45.57	48.46	51.30	54.08	56.82	59.51	62.15	67.28	72.21	74.60	76.94	81.48	85.82
		152(152.4)	38.25	41.43	44.56	47.65	50.68	53.66	56.60	59.48	62.32	65.11	70.53	75.76	78.30	80.79	85.62	90.26
		159	40.15	43.50	46.81	50.06	53.27	56.43	59.53	62.59	65.60	68.56	74.33	79.90	82.62	85.28	90.46	95.44
168(168.3)			42.59	46.17	49.69	53.17	56.60	59.98	63.31	66.59	69.82	73.00	79.21	85.23	88.17	91.05	96.67	102.10
		180(177.8)	45.85	49.72	53.54	57.31	61.04	64.71	68.34	71.91	75.44	78.92	85.72	92.33	95.56	98.74	104.96	110.98
		194(193.7)	49.64	53.86	58.03	62.15	66.22	70.24	74.21	78.13	82.00	85.82	93.32	100.62	104.20	107.72	114.63	121.33
	203		52.09	56.52	60.91	65.25	69.55	73.79	77.98	82.13	86.22	90.26	98.20	105.95	109.74	113.49	120.84	127.99
219(219.1)			56.43	61.26	66.04	70.78	75.46	80.10	84.69	89.23	93.71	98.15	106.88	115.42	119.61	123.75	131.89	139.83
		232	59.95	65.11	70.21	75.27	80.27	85.23	90.14	95.00	99.81	104.57	113.94	123.11	127.62	132.09	140.87	149.45
		245(244.5)	63.48	68.95	74.38	79.76	85.08	90.36	95.59	100.77	105.90	110.98	120.99	130.80	135.64	140.42	149.84	159.07
		267(267.4)	69.45	75.46	81.43	87.35	93.22	99.04	104.81	110.53	116.21	121.83	132.93	143.83	149.20	154.53	165.04	175.34

（续）

外径/mm			壁厚/mm											
系列1	系列2	系列3	32	34	36	38	40	42	45	48	50	55	60	65
			单位长度理论重量/kg · m⁻¹											
114(114.3)														
	121		70.24											
	127		74.97											
	133		79.71	83.01	86.12									
140(139.7)			85.23	88.88	92.33									
		142(141.3)	86.81	90.56	94.11									
	146		89.97	93.91	97.66	101.21	104.57							
		152(152.4)	94.70	98.94	102.99	106.83	110.48							
		159	100.22	104.81	109.20	113.39	117.39	121.19	126.51					
168(168.3)			107.33	112.36	117.19	121.83	126.27	130.51	136.50					
		180(177.8)	116.80	122.42	127.85	133.07	138.10	142.94	149.82	156.26	160.30			
		194(193.7)	127.85	134.16	140.27	146.19	151.92	157.44	165.36	172.83	177.56			
	203		134.95	141.71	148.27	154.63	160.79	166.76	175.34	183.48	188.66	200.75		
219(219.1)			147.57	155.12	162.47	169.62	176.58	183.33	193.10	202.42	208.39	222.45		
		232	157.83	166.02	174.01	181.81	189.40	196.80	207.53	217.81	224.42	240.08	254.51	267.70
		245(244.5)	168.09	176.92	185.55	193.99	202.22	210.26	221.95	233.20	240.45	257.71	273.74	288.54
		267(267.4)	185.45	195.37	205.09	214.60	223.93	233.05	246.37	259.24	267.58	287.55	306.30	323.81

注：1. GB/T 17395—2008 规定无缝钢管分为：普通钢管、精密钢管和不锈钢管 3 类，钢管外径分为 3 个系列，系列 1 为通用系列，是推荐选用的系列；系列 2 是非通用系列；系列 3 是少数特殊、专用系列。

2. 无缝钢管通常长度为 3000 ~ 12500mm，定尺长度和倍尺长度均应在通常长度范围内。

3. 普通钢管大外径尺寸未摘编于本表的有下列规格（外径，其单位为 mm）：273、299、302、318.5、325、340、351、356、368、377、402、406、419、426、450、457、473、480、500、508、530、560、610、630、660、699、711、720、762、788.5、813、864、914、965、1016。其对应的壁厚及单位长度理论重量参见 GB/T 17395—2008。

4. 括号内尺寸为相应的 ISO 4200 的规格。

5. 无缝钢管理论重量计算公式：$W = \pi\rho(D-S)S/1000$，式中 W 为理论重量（kg/m）；$\pi = 3.1416$；ρ 为钢密度（kg/dm^3）；D 为公称外径（mm）；S 为公称壁厚（mm）。本表理论重量计算时，钢的密度为 $7.85kg/dm^3$。

表 2.1-130　精密无缝钢管外径及壁厚尺寸(摘自 GB/T 17395—2008)

外径/mm		壁厚/mm	外径/mm		壁厚/mm	外径/mm		壁厚/mm
系列2	系列3	规格	系列2	系列3	规格	系列2	系列3	规格
4		0.5~(1.2)	32		0.5~8	100		(1.2)~25
5		0.5~(1.2)		35	0.5~8		110	(1.2)~25
6		0.5~2.0	38		0.5~10	120		(1.8)~25
8		0.5~2.5	40		0.5~10	130		(1.8)~25
10		0.5~2.5	42		(0.8)~10		140	(1.8)~25
12		0.5~3.0		45	(0.8)~12.5	150		(1.8)~25
12.7		0.5~3.0	48		(0.8)~12.5	160		(1.8)~25
	14	0.5~(3.5)	50		(0.8)~12.5	170		(3.5)~25
16		0.5~4		55	(0.8)~(14)		180	5~25
	18	0.5~(4.5)	60		(0.8)~16	190		(5.5)~25
20		0.5~5	63		(0.8)~16	200		6~25
	22	0.5~5	70		(0.8)~16		220	(7)~25
25		0.5~6	76		(0.8)~16		240	(7)~25
	28	0.5~8	80		(0.8)~(18)		260	(7)~25
	30	0.5~8		90	(1.2)~(22)			
壁厚尺寸系列/mm	0.5(0.8)1.0(1.2)1.5(1.8)2.0(2.2)2.5(2.8)3.0(3.5)4(4.5)5(5.5)6(7)8(9)10(11)12.5(14)16(18)20(22)25							

注:括号内尺寸不推荐使用。

表 2.1-131　不锈钢无缝钢管外径及壁厚尺寸(摘自 GB/T17395—2008)

外径/mm			壁厚/mm
系列1	系列2	系列3	规格
	6		0.5~1.2
	7		0.5~1.2
	8		0.5~1.2
	9		0.5~1.2
10 (10.2)			0.5~2.0
	12		0.5~2.0
	12.7		0.5~3.2
13 (13.5)			0.5~3.2
		14	0.5~3.5
	16		0.5~4.0
17 (17.2)			0.5~4.0
		18	0.5~4.5
	19		0.5~4.5
	20		0.5~4.5
21 (21.3)			0.5~5.0
		22	0.5~5.0
	24		0.5~5.0
	25		0.5~6.0
		25.4	1.0~6.0
27 (26.9)			1.0~6.0
		30	1.0~6.5
	32 (31.8)		1.0~6.5

外径/mm			壁厚/mm
系列1	系列2	系列3	规格
34 (33.7)			1.0~6.5
		35	1.0~6.5
	38		1.0~6.5
	40		1.0~6.5
42 (42.4)			1.0~7.5
		45 (44.5)	1.0~8.5
48 (48.3)			1.0~8.5
	51		1.0~9.0
		54	1.6~10
	57		1.6~10
60 (60.3)			1.6~10
	64 (63.5)		1.6~10
	68		1.6~12
	70		1.6~12
	73		1.6~12
76 (76.1)			1.6~12
		83 (82.5)	1.6~14
89 (88.9)			1.6~14

（续）

外径/mm			壁厚/mm	外径/mm			壁厚/mm
系列1	系列2	系列3	规格	系列1	系列2	系列3	规格
	95		1.6~14		180		2.0~18
	102 (101.6)		1.6~14		194		2.0~18
	108		1.6~14	219 (219.1)			2.0~28
114 (114.3)			1.6~14		245		2.0~28
	127		1.6~14	273			2.0~28
	133		1.6~14	325 (323.9)			2.5~28
140 (139.7)			1.6~16		351		2.5~28
	146		1.6~16	356 (355.6)			2.5~28
	152		1.6~16		377		2.5~28
	159		1.6~16	406 (406.4)			2.5~28
168 (168.3)			1.6~18		426		3.2~20
壁厚尺寸系列/mm	0.5,0.6,0.7,0.8,0.9,1.0,1.2,1.4,1.5,1.6,2.0,2.2(2.3),2.5(2.6),2.8(2.9),3.0,3.2,3.5(3.6),4.0,4.5,5.0,5.5(5.6),6.0,6.5(6.3),7.0(7.1),7.5,8.0,8.5,9.0(8.8),9.5,10,11,12(12.5),14(14.2),15,16,17(17.5),18,20,22(22.2),24,25,26,28						

注：1. 括号内尺寸表示相应英制规格。

2. 直径194mm、219mm、245mm、273mm、325mm、351mm、356mm、377mm的钢管无6.0mm的壁厚。

5.3.7　结构用无缝钢管和输送流体用无缝钢管（见表2.1-132）

表2.1-132　结构用无缝钢管（GB/T 8162—2008）和输送流体用无缝钢管（GB/T 8163—2008）规格、牌号及力学性能

尺寸规格的规定	钢管外径（D）和壁厚（S）的尺寸应符合GB/T 17395—2008《无缝钢管尺寸、外形、重量及允许偏差》的相关规定 热轧（挤压、扩）钢管外径允许偏差为±1%D或±0.50mm，取其中较大者 冷拔（轧）钢管外径允许偏差为±1%D或±0.30mm，取其中较大者 钢管通常长度为3000~12500mm，定尺长度应在通常长度范围内

	牌号	质量等级	抗拉强度 R_m/MPa	下屈服强度 R_{eL}/MPa 壁厚/mm ≤16	>16~30	>30	断后伸长率 A(%)	冲击试验 温度/℃	吸收能量 KV_2/J
				不小于					不小于
优质碳素结构钢和低合金高强度结构钢钢管的牌号及交货状态力学性能（GB/T 8162为全部牌号，GB/T 8163为*号者牌号）	10*	—	≥335	205	195	185	24	—	—
	15	—	≥375	225	215	205	22	—	—
	20*	—	≥410	245	235	225	20	—	—
	25	—	≥450	275	265	255	18	—	—
	35	—	≥510	305	295	285	17	—	—
	45	—	≥590	335	325	315	14	—	—
	20Mn	—	≥450	275	265	255	20	—	—
	25Mn	—	≥490	295	285	275	18	—	—
	Q235	A	375~500	235	225	215	25	—	
		B						+20	27
		C						0	
		D						-20	

（续）

	牌号	质量等级	抗拉强度 R_m/MPa	下屈服强度 R_{eL}/MPa 壁厚/mm ≤16	>16~30	>30	断后伸长率 A(%)	冲击试验 温度/℃	吸收能量 KV_2/J
				不小于					不小于
优质碳素结构钢和低合金高强度结构钢钢管的牌号及交货状态力学性能（GB/T 8162 为全部牌号，GB/T 8163 为 * 号者牌号）	Q275	A	415~540	275	265	255	22	—	
		B						+20	27
		C						0	
		D						−20	
	Q295 *	A	390~570	295	275	255	22	—	—
		B						+20	34
	Q345 *	A	470~630	345	325	295	20	—	
		B						+20	34
		C					21	0	
		D						−20	
		E						−40	27
	Q390 *	A	490~650	390	370	350	18	—	—
		B						+20	
		C					19	0	34
		D						−20	
		E						−40	27
	Q420 *	A	520~680	420	400	380	18	—	—
		B						+20	
		C					19	0	34
		D						−20	
		E						−40	27
	Q460 *	C	550~720	460	440	420	17	—	34
		D						−20	
		E						−40	27
GB/T 8162 合金结构钢钢管的牌号及纵向力学性能	40Mn2、45Mn2、27SiMn、40MnB、45MnB、20Mn2B、20Cr、30Cr、35Cr、40Cr、45Cr、50Cr、38CrSi、12CrMo、15CrMo、20CrMo、35CrMo、42CrMo、12CrMoV、12Cr1MoV、38CrMoAl、50CrVA、20CrMn、20CrMnSi、30CrMnSi、35CrMnSiA、20CrMnTi、30CrMnTi、12CrNi2、12CrNi3、12Cr2Ni4、40CrNiMoA、45CrNiMoVA；除 35CrMnSiA 之外，上述牌号的力学性能抗拉强度 R_m、下屈服强度 R_{eL}、断后伸长率 A 及布氏硬度 4 项指标应符合 GB/T 3077 合金结构钢相应牌号的规定值。35CrMnSiA 的 R_m 不小于 1620MPa、A 不小于 9%、退火或高温回火交货状态布氏硬度不大于 229HBW								

注：1. 钢材牌号的化学成分应符合 GB/T 699、GB/T 1591、GB/T 3077 的规定，牌号为 Q235、Q275 的化学成分应符合 GB/T 8162 的规定。

2. 热轧（挤压、扩）钢管应以热轧状态或热处理状态交货，要求热处理交货时，应在合同中注明。冷拔（轧）钢管应以热处理状态交货，双方协商，在合同中注明也可冷拔（轧）状态交货。

3. GB/T 8162 钢管适于机械结构及一般工程结构之用；GB/T 8163 钢管用于输送一般流体。

5.3.8　流体输送用不锈钢无缝钢管(见表 2.1-133、表 2.1-134)

表 2.1-133　流体输送用不锈钢无缝钢管尺寸规格(摘自 GB/T14976—2002)

钢管外径和壁厚尺寸	热轧(挤、扩)钢管				冷拔(轧)钢管			
	尺寸/mm		允许偏差		尺寸/mm		允许偏差	
			普通级	高级			普通级	高级
符合 GB/T17395—2008 中不锈钢管尺寸的规定	公称外径 D	68 ~ 159	±1.25% D	±1.0% D	公称外径 D	6 ~ 10	±0.20mm	±0.15mm
		>159 ~ 426	±1.5% D			>10 ~ 30	±0.30mm	±0.20mm
						>30 ~ 50	±0.40mm	±0.30mm
						>50	±0.9% D	±0.8% D
	公称壁厚 S	<15	+15% S −12.5% S	±12.5% S	公称壁厚 S	≤3	±14% S	+12.5% S −10% S
		≥15	+20% S −15% S			>3	+12.5% S −10% S	±10% S

注:1. 钢管一般交货长度:热轧(挤、扩)钢管——2000 ~ 12000mm;

冷拔(轧)钢管——1000 ~ 10500mm。

2. 钢管一般以普通级偏差供货,当需要高级偏差时,应在合同中注明。
3. 钢管弯曲度:壁厚≤15mm 钢管,弯曲度≤1.5mm/m;

壁厚 >15mm 钢管,弯曲度≤2.0mm/m;

热扩管弯曲度≤3.0mm/m。

钢管全长弯曲度不大于钢管总长的 0.15%。

4. 钢管全长允许偏差:L1 级,全长允许偏差为 0 ~ 20mm,L2 级全长允许偏差为 0 ~ 10mm;L3 级全长允许偏差为 0 ~ 5mm。
5. 分类和代号:热轧(挤、扩)管—WH;冷拔(轧)管—WC;

尺寸精度:普通级—PA;高级—PC。

6. 标记示例:用 00Cr17Ni14Mo2 钢制造的外径为 25mm,壁厚 2mm,定尺长度 6000mm,尺寸精度普通级的冷拔(轧)无缝钢管,标记为:

WC 00Cr17Ni14Mo2—25 × 2 × 6000—GB/T14976—2002

表 2.1-134　流体输送用不锈钢无缝钢管牌号及力学性能(摘自 GB/T14976—2002)

组织类型	牌　号	推荐热处理制度	力学性能			密度 /kg · dm^{-3}
			σ_b/MPa	$\sigma_{p0.2}$/MPa	δ_5(%)	
			不小于			
奥氏体型	0Cr18Ni9	1010 ~ 1150℃,急冷	520	205	35	7.93
	1Cr18Ni9	1010 ~ 1150℃,急冷	520	205	35	7.90
	00Cr19Ni10	1010 ~ 1150℃,急冷	480	175	35	7.93
	0Cr18Ni10Ti	920 ~ 1150℃,急冷	520	205	35	7.95
	0Cr18Ni11Nb	980 ~ 1150℃,急冷	520	205	35	7.98
	0Cr17Ni12Mo2	1010 ~ 1150℃,急冷	520	205	35	7.98
	00Cr17Ni14Mo2	1010 ~ 1150℃,急冷	480	175	35	7.98
	0Cr18Ni12Mo2Ti	1000 ~ 1100℃,急冷	530	205	35	8.00
	1Cr18Ni12Mo2Ti	1000 ~ 1100℃,急冷	530	205	35	8.00
	0Cr18Ni12Mo3Ti	1000 ~ 1100℃,急冷	530	205	35	8.10
	1Cr18Ni12Mo3Ti	1000 ~ 1100℃,急冷	530	205	35	8.10
	1Cr18Ni9Ti	1000 ~ 1100℃,急冷	520	205	35	7.90

（续）

组织类型	牌号	推荐热处理制度	力学性能			密度 /kg·dm^{-3}
			σ_b/MPa	$\sigma_{p0.2}$/MPa	δ_5(%)	
			不小于			
奥氏体型	0Cr19Ni13Mo3	1010~1150℃，急冷	520	205	35	7.98
	00Cr19Ni13Mo3	1010~1150℃，急冷	480	175	35	7.98
	00Cr18Ni10N	1010~1150℃，急冷	550	245	40	7.90
	0Cr19Ni9N	1010~1150℃，急冷	550	275	35	7.90
	0Cr19Ni10NbN	1010~1150℃，急冷	685	345	35	7.98
	0Cr23Ni13	1030~1150℃，急冷	520	205	40	7.98
	0Cr25Ni20	1030~1180℃，急冷	520	205	40	7.98
	00Cr17Ni13Mo2N	1010~1150℃，急冷	550	245	40	8.00
	0Cr17Ni12Mo2N	1010~1150℃，急冷	550	275	35	7.80
	0Cr18Ni12Mo2Cu2	1010~1150℃，急冷	520	205	35	7.98
	00Cr18Ni14Mo2Cu2	1010~1150℃，急冷	480	180	35	7.98
铁素体型	1Cr17	780~850℃，空冷或缓冷	410	245	20	7.70
马氏体型	0Cr13	800~900℃，缓冷或750℃快冷	370	180	22	7.70
奥-铁双相型	0Cr26Ni5Mo2	≥950℃，急冷	590	390	18	7.80
	00Cr18Ni5Mo3Si2	920~1150℃，急冷	590	390	20	7.98

注：1. 热挤压管的抗拉强度允许降低20MPa。
2. 本表为热处理状态钢管的纵向力学性能。需方要求，在合同中规定，可测定钢管的规定非比例伸长应力 $\sigma_{p0.2}$。
3. 钢管牌号的化学成分应按GB/T1220—2007和GB/T14976—2002的规定。
4. 钢管应按GB/T14976—2002的规定进行液压试验、压扁试验、扩口试验和晶间腐蚀试验。

5.3.9 奥氏体-铁素体型双相不锈钢无缝钢管（见表2.1-135~表2.1-137）

表2.1-135 奥氏体-铁素体型双相不锈钢无缝钢管尺寸规格（摘自GB/T 21833—2008）

制造方法	钢管尺寸规格的规定	钢管的尺寸/mm			允许偏差	
					普通级	高级
热轧（热挤压）钢管	公称外径 D 和公称壁厚 S 尺寸应符合GB/T 17395—2008的规定 钢管一般以通常长度交货，通常长度为3000~12000mm，定尺和倍尺总长度应在通常长度范围内	公称外径 D	≤51		±0.40mm	±0.30mm
			>51~≤219	S≤35	±0.75% D	±0.5% D
				S>35	±1% D	±0.75% D
			>219		±1% D	±0.75% D
		公称壁厚 S	≤4.0		±0.45mm	±0.35mm
			>4.0~20		$^{+12.5}_{-10}$% S	±10% S
			>20	D<219	±10% S	±7.5% S
				D≥219	$^{+12.5}_{-10}$% S	±10% S
冷拔（轧）钢管		公称外径 D	12~30		±0.20mm	±0.15mm
			>30~50		±0.30mm	±0.25mm
			>50~89		±0.50mm	±0.40mm
			>89~140		±0.8% D	±0.7% D
			>140		±1% D	±0.9% D
		公称壁厚 S	≤3		±14% S	$^{+12}_{-10}$% S
			>3		$^{+12}_{-10}$% S	±10% S

注：1. 钢管适于在有腐蚀工况下使用，如承压设备、流体输送及热交换器等。
2. 钢管应经热处理并酸洗交货，经保护气氛热处理的钢管，可不经酸洗交货。按需方要求，并在合同中注明，钢管也可以冷加工状态交货，其弯曲度、力学性能、工艺性能、金相组织等由供需双方协商确定。
3. 钢管按理论重量交货，亦可按实际重量交货。钢管每米的理论重量按下列公式计算：

$$W = \pi\rho(D-S)\times S/1000$$

式中：
W——钢管的理论重量，单位为千克每米（kg/m）；
π——3.1416；
ρ——钢和密度，单位为千克每立方分米（kg/dm^3），022Cr19Ni5Mo3Si2N的密度取7.70kg/dm^3，其他牌号的密度取7.80kg/dm^3；
D——钢管的公称外径，单位为毫米（mm）；
S——钢管的公称壁厚，单位为毫米（mm）。

表 2.1-136　奥氏体-铁素体型双相不锈钢无缝钢管牌号、室温纵向力学性能和高温力学性能(摘自 GB/T 21833—2008)

牌号	推荐热处理制度		拉伸性能			硬度		高温力学性能				
			抗拉强度 R_m /MPa	规定非比例延伸强度 $R_{p0.2}$ /MPa	断后伸长率 A (%)	HBW	HRC	$R_{p0.2}$/MPa(钢管固熔状态下,壁厚不大于30mm,下列温度下的 $R_{p0.2}$)				
								50℃	100℃	150℃	200℃	250℃
			≥			≤		≥				
022Cr19Ni5Mo3Si2N	980℃ ~1040℃	急冷	630	440	30	290	30	430	370	350	330	325
022Cr22Ni5Mo3N	1020℃ ~1100℃	急冷	620	450	25	290	30	415	360	335	310	295
022Cr23Ni4MoCuN	925℃ ~1050℃	急冷 D≤25mm	690	450	25			370	330	310	290	280
		急冷 D>25mm	600	400	25	290	30					
022Cr23Ni5Mo3N	1020℃ ~1100℃	急冷	655	485	25	290	30					
022Cr24Ni7Mo4CuN	1080℃ ~1120℃	急冷	770	550	25	310		485	450	420	400	380
022Cr25Ni6Mo2N	1050℃ ~1100℃	急冷	690	450	25	280		—	—	—	—	—
022Cr25Ni7Mo3WCuN	1020℃ ~1100℃	急冷	690	450	25	290	30	—	—	—	—	—
022Cr25Ni7Mo4N	1025℃ ~1125℃	急冷	800	550	15	300	32	530	480	445	420	405
03Cr25Ni6Mo3Cu2N	≥1040℃	急冷	760	550	15	297	31	—	—	—	—	—
022Cr25Ni7Mo4WCuN	1100℃ ~1140℃	急冷	750	550	25	300		502	450	420	400	380
06Cr26Ni4Mo2	925℃ ~955℃	急冷	620	485	20	271	28	—	—	—	—	—
12Cr21Ni5Ti	950℃ ~1100℃	急冷	590	345	20			—	—	—	—	—

注:1. 本表各牌号的化学成分应符合 GB/T 21833—2008 的规定。

2. 壁厚大于等于 1.7mm 的钢管应进行布氏或洛氏硬度试验,指标值按本表规定。

3. 钢管应逐根进行液压试验,最大试验压力为 20MPa,液压试验按 GB/T 21833—2008 的规定进行。

4. 钢管的压扁试验、金相检验等均应符合 GB/T 21833—2008 的规定

表 2.1-137　奥氏体-铁素体型双相不锈钢无缝钢管与国外钢管标准的牌号对照(摘自 GB/T 21833—2008)

中国(GB/T21833—2008)		美国	欧洲	国际	日本	中国原用旧牌号
统一数字代号	牌号	ASTM A789M-05b	EN 10216-5:2004	ISO 15156-3:2003	JIS G3459—2004	
S21953	022Cr19Ni5Mo3Si2N	S31500	X2CrNiMoSi18-5-3 1.4424			00Cr18Ni5Mo3Si2N,

（续）

中国(GB/T21833—2008)		美国	欧洲	国际	日本	中国原用旧牌号
统一数字代号	牌号	ASTM A789M-05b	EN 10216-5:2004	ISO 15156-3:2003	JIS G3459—2004	
S22253	022Cr22Ni5Mo3N	S31803	X2CrNiMo22-5-3 1.4462	S31803/2205	SUS329J3LTP	00Cr22Ni5Mo3N,
S23043	022Cr23Ni4MoCuN	S32304	X2CrNiN23-4 1.4362			00Cr23Ni4N
S22053	022Cr23Ni5Mo3N	S32205				00Cr22Ni5Mo3N
S25203	022Cr24Ni7Mo4CuN	S32520	X2CrNiMoCuN25-6-3 1.4507	S32520/52N +		00Cr25Ni7Mo4CuN,
S22553	022Cr25Ni6Mo2N	S31200		S31200/44LN		00Cr25Ni6Mo2N
S22583	022Cr25Ni7Mo3WCuN	S31260			SUS329J4LTP	00Cr25Ni7Mo3WCuN
S25073	022Cr25Ni7Mo4N	S32750	X2CrNiMoN25-7-4 1.4410	S32750/2507		00Cr25Ni7Mo4N
S25554	03Cr25Ni6Mo3Cu2N	S32550		S32550/255		0Cr25Ni6Mo3Cu2N
S27603	022Cr25Ni7Mo4WCuN	S32760	X2CrNiMoCuWN25-7-4 1.4501	S32760a/Z100		0Cr25Ni7Mo4WCuN
S22693	06Cr26Ni4Mo2	S32900			SUS329J1LTP	0Cr26Ni5Mo2
S22160	12Cr21Ni5Ti					1Cr21Ni5Ti

5.3.10 低温管道用无缝钢管(见表2.1-138～表2.1-140)

表2.1-138 低温管道用无缝钢管尺寸规格(摘自GB/T 18984—2003)

尺寸规格	钢管外径和壁厚(≤25mm)尺寸应符合GB/T 17395—2008中表1的规定(见表2.1-129),按需方要求,供需双方协定,可生产规定之外规格的钢管 钢管通常长度为4000～12000mm,定尺长度和倍尺长度应在通常长度范围内,全长允许偏差为$^{+20}_{0}$mm			
外径及壁厚允许偏差/mm	钢管种类及代号	钢管尺寸		允许偏差
	热轧(扩)钢管(WH)	外径	<351	±1.0%D(最小±0.50)
			≥351	±1.25%D
		壁厚	≤25	±12.5%S①(最小±0.40)
	冷拔(轧)钢管(WC)	外径	≤30	±0.20
			>30～50	±0.30
			>50	±0.75%D

（续）

外径及壁厚允许偏差/mm	钢管种类及代号	钢管尺寸		允许偏差
	冷拔（轧）钢管（WC）	壁厚	≤3	+12.5% S -10% S
			>3	±10% S

注：

1. 壁厚≤15mm钢管，弯曲度≤1.5mm/m；壁厚>15mm钢管，弯曲度≤2.0mm/m；外径≥351mm的热扩管，弯曲度≤3.0mm/m。
2. 按需方要求，双方协定，并在合同中注明，钢管的不圆度和壁厚不均应分别不超过外径和壁厚公差的80%。
3. 标记示例：

示例1：

用牌号为10MnDG的钢制造的，外径为159mm，壁厚为7mm，长度为6000mm的热轧（扩）钢管其标记为：
10MnDG-159×7×6000-GB/T18984—2003

示例2：

用牌号为10MnDG的钢制造的，外径为159mm，壁厚为7mm，按通常长度交货的冷拔（轧）钢管其标记为：
WC10MnDG-159×7-GB/T18984—2003

① 对外径大于等于351mm的热扩管，壁厚允许偏差为：±15% S。

表2.1-139　低温管道用无缝钢管牌号及纵向力学性能（摘自GB/T18984—2003）

牌　号	抗拉强度 R_m/MPa	下屈服强度 R_{eL}/MPa		断后伸长率① A(%)		
		壁厚≤16mm	壁厚>16mm	1号试样	2号试样②	3号试样
16MnDG	490~665	≥325	≥315	≥30		
10MnDG	≥400	≥240		≥35		
09DG	≥385	≥210		≥35		
09Mn2VDG	≥450	≥300		≥30		
06Ni3MoDG	≥455	≥250		≥30		

注：

1. 钢管适于-45℃级~-100℃级低温压力容器管道及低温热交换器管道之用。
2. 钢管以正火状态交货（当终轧温度不低于相变临界温度（Ar3）可视为正火处理）。
3. 钢管工艺性能要求（液压试验、弯曲试验、扩口试验、压扁试验）、低倍组织检验、非金属夹杂物检验、无损检验等均应按GB/T18984—2003的规定执行。
4. 1号试样为管段试样，2号试样为条状试样，3号试样为圆形试样，试样的形状及尺寸详见GB/T18984—2003附录A钢管拉伸试样规定。
5. 钢管用牌号的化学成分应符合GB/T 18984的规定。

① 外径小于20mm的钢管，本表规定的断后伸长率值不适用，其断后伸长率值由供需双方商定。

② 壁厚小于8mm的钢管，用2号试样进行拉伸试验时，壁厚每减少1mm其断后伸长率的最小值应从本表规定最小断后伸长率中减去1.5%，并按数字修约规则修约为整数。

表2.1-140　低温管道用无缝钢管纵向低温冲击性能（摘自GB/T18984—2003）

试样尺寸/mm	冲击吸收功① A_{kv}/J		
	一组(3个)的平均值	2个的各自值	1个的最低值
10×10×55	≥21	≥21	≥15

（续）

试样尺寸/mm	冲击吸收功①A_{kv}/J		
	一组(3个)的平均值	2个的各自值	1个的最低值
7.5×10×55	≥18	≥18	≥13
5×10×55	≥14	≥14	≥10
2.5×10×55	≥7	≥7	≥5

注：

钢管低温冲击试验采用夏比纵向(V型缺口)试样，试验温度：16MnDG、09DG和10MnDG为-45℃，09Mn2VDG为-70℃，06Ni3MoDG为-100℃。

① 对不能采用2.5mm×10mm×55mm冲击试样尺寸的钢管，冲击功由供需双方协商。

5.3.11 冷拔或冷轧精密无缝钢管（见表2.1-141、表2.1-142）

表2.1-141 冷拔或冷轧精密无缝钢管牌号及力学性能
（摘自GB/T3639—2000）

牌号	交货状态										
	BK		BKW		BKS		GBK		NBK		
	抗拉强度 σ_b/MPa	断后伸长率 δ_5(%)	抗拉强度 σ_b/MPa	断后伸长率 δ_5(%)	抗拉强度 σ_b/MPa	断后伸长率 δ_5(%)	抗拉强度 σ_b/MPa	断后伸长率 δ_5(%)	抗拉强度 σ_b/MPa	屈服点 σ_s/MPa	断后伸长率 δ_5(%)
	不小于										
10	410	6	375	10	335	12	335	24	335	205	24
20	510	5	450	8	430	10	390	20	410	245	20
35	590	4	550	6	520	8	510	17	530	315	17
45	645	4	630	5	610	7	590	14	600	355	14

注：

1. 外径不大于30mm和壁厚大于3mm的钢管，其最小屈服点可降低10MPa。
2. 钢管牌号的化学成分应符合GB/T699—1999的规定。
3. 交货状态代号：BK—冷加工/硬，最后冷加工之后不进行热处理，管子变形很小；BKW—冷加工/软，最后热处理之后进行小变形量的冷加工，对钢管再加工时允许有限的冷变形（如弯曲、扩口）；BKS—冷加工后消除应力退火；GBK—退火，最后冷加工之后，钢管在保护气体下进行完全退火；NBK—正火，最后冷加工后，钢管在保护气体下进行正火。
4. GB/T3639—2000冷拔或冷轧精密钢管适于制造机械结构、液压设备、汽车用具有特殊尺寸精度和高质量表面要求的管件和零件。
5. 标记示例：
   a. 用20钢制造的外径为50mm，内径为30mm，冷加工/硬状态的冷轧精密无缝钢管，其标记为：
   精轧　20-ϕ50×ϕ30BK-GB/T3639—2000
   b. 用10钢制造的外径为38mm，壁厚为3mm，定尺长度为5000mm，冷加工/软状态的冷轧精密无缝钢管，标记为：
   精轧　10-ϕ38×3×5000BKW-GB/T3639—2000。

表 2.1-142 冷拔或冷轧精密无缝钢管

外径		壁厚 ±10%										
		0.5	(0.8)	1.0	1.2	1.5	(1.8)	2.0	(2.2)	2.5	(2.8)	3.0
尺寸	允许偏差	内（公称数值及										
4	±0.10	3±0.30	2.4±0.30	2±0.30								
5		4±0.30	3.4±0.30	3±0.30								
6		5±0.25	4.4±0.25	4±0.25	3.6±0.30							
8		7±0.20	6.4±0.20	6±0.20	5.6±0.30	5±0.30	4.4±0.35	4±0.35	3.6±0.40	3±0.40		
10		9±0.15	8.4±0.15	8±0.20	7.6±0.25	7±0.25	6.4±0.30	6±0.30	5.6±0.35	5±0.35		
12		11±0.15	10.4±0.15	10±0.15	9.6±0.20	9±0.20	8.4±0.25	8±0.25	7.5±0.30	7±0.30	6.4±0.40	6±0.40
(13)		12±0.15	11.4±0.15	11±0.15	10.6±0.20	10±0.20	9.4±0.25	9±0.25	8.6±0.30	8±0.30	7.4±0.40	7±0.40
14		13±0.10	12.4±0.10	12±0.10	11.6±0.15	11±0.15	10.4±0.20	10±0.20	9.6±0.25	9±0.25	8.4±0.30	8±0.30
16		15±0.10	14.4±0.10	14±0.10	13.6±0.10	13±0.10	12.4±0.15	12±0.15	11.6±0.20	11±0.20	10.4±0.30	10±0.30
18		17±0.10	16.4±0.10	16±0.10	15.6±0.10	15±0.10	14.4±0.10	14±0.10	13.6±0.20	13±0.20	12.4±0.20	12±0.20
20		19±0.10	18.4±0.10	18±0.10	17.6±0.10	17±0.10	16.4±0.10	16±0.10	15.6±0.15	15±0.15	14.4±0.15	14±0.20
22		21±0.10	20.4±0.10	20±0.10	19.6±0.10	19±0.10	18.4±0.10	18±0.10	17.6±0.10	17±0.15	16.4±0.15	16±0.15
25		24±0.10	23.4±0.10	23±0.10	22.0±0.10	22±0.10	21.4±0.10	21±0.10	20.6±0.10	20±0.10	19.4±0.15	19±0.15
(26)		25±0.10	24.4±0.10	24±0.10	23.6±0.10	23±0.10	22.4±0.10	22±0.10	21.6±0.10	21±0.10	20.4±0.15	20±0.15
28		27±0.10	26.4±0.10	26±0.10	25.6±0.10	25±0.10	24.4±0.10	24±0.10	23.6±0.10	23±0.10	22.4±0.10	22±0.15
30		29±0.10	28.4±0.10	28±0.10	27.6±0.10	27±0.10	26.4±0.10	26±0.10	25.6±0.10	25±0.10	24.4±0.10	24±0.15
32	±0.15	31±0.15	30.4±0.15	30±0.15	29.6±0.15	29±0.15	28.4±0.15	28±0.15	27.6±0.15	27±0.15	26.4±0.15	26±0.15
35		34±0.15	33.4±0.15	33±0.15	32.6±0.15	32±0.15	31.4±0.15	31±0.15	30.6±0.15	30±0.15	29.4±0.15	29±0.15
38		37±0.15	36.4±0.15	36±0.15	35.6±0.15	35±0.15	34.4±0.15	34±0.15	33.6±0.15	33±0.15	32.4±0.15	32±0.15
40		39±0.15	38.4±0.15	38±0.15	37.6±0.15	37±0.15	36.4±0.15	36±0.15	35.6±0.15	35±0.15	34.4±0.15	34±0.15
42	±0.20			40±0.20	39.6±0.20	39±0.20	38.4±0.20	38±0.20	37.6±0.20	37±0.20	36.4±0.20	36±0.20
45				43±0.20	42.6±0.20	42±0.20	41.4±0.20	41±0.20	40.6±0.20	40±0.20	39.4±0.20	39±0.20
48				46±0.20	45.6±0.20	45±0.20	44.4±0.20	44±0.20	43.6±0.20	43±0.20	42.4±0.20	42±0.20
50				48±0.20	47.6±0.20	47±0.20	46.4±0.20	46±0.20	45.6±0.20	45±0.20	44.4±0.20	44±0.20
55	±0.25			53±0.25	52.6±0.25	52±0.25	51.4±0.25	51±0.25	50.6±0.25	50±0.25	49.4±0.25	49±0.25
60				58±0.25	57.6±0.25	57±0.25	56.4±0.25	56±0.25	55.6±0.25	55±0.25	54.4±0.25	54±0.25
63	±0.30			61±0.30	60.6±0.30	60±0.30	59.4±0.30	59±0.30	58.6±0.30	58±0.30	57.4±0.30	57±0.30
70				68±0.30	67.6±0.30	67±0.30	66.4±0.30	66±0.30	65.6±0.30	65±0.30	64.4±0.30	64±0.30
76	±0.35			74±0.35	73.6±0.35	73±0.35	72.4±0.35	72±0.35	71.6±0.35	71±0.35	70.4±0.35	70±0.35
80				78±0.35	77.6±0.35	77±0.35	76.4±0.35	76±0.35	75.6±0.35	75±0.35	74.4±0.35	74±0.35
90	±0.40					87±0.40	86.4±0.40	86±0.40	85.6±0.40	85±0.40	84.4±0.40	84±0.40
100	±0.45						96.4±0.45	96±0.45	95.6±0.45	95±0.45	94.4±0.45	94±0.45
110	±0.50							106±0.50	105.6±0.50	105±0.50	104.4±0.50	104±0.50
120								116±0.50	115.6±0.50	115±0.50	114.4±0.50	114±0.50
130	±0.65											124±0.65
140												134±0.65
150	±0.75											144±0.75
160	±0.80											
170	±0.85											
180	±0.90											
190	±0.95											
200	±0.10											

注：1. 括号内的尺寸不推荐使用。

2. 钢管通常长度为 2000～7000mm。

3. 钢管弯曲度：BK、BKW 状态钢管弯曲度不大于 3.0mm/m；BKS、GBK、NBK 钢管弯曲度不大于 1.5mm/m。

4. 钢管圆度不大于外径公差 80%。

5. 钢管交货重量符合 GB/T17395—2008 的规定。

尺寸规格(摘自 GB/T3639—2000)　　(mm)

(最小 ±0.12mm)

(3.5)	4	(4.5)	5	(5.5)	6	(7)	8	(9)	10	11	12.5
径 允许偏差)											
9 ±0.35	8 ±0.35										
11 ±0.35	10 ±0.35										
13 ±0.30	12 ±0.35	11 ±0.35	10 ±0.35								
15 ±0.20	14 ±0.30	13 ±0.35	12 ±0.35								
18 ±0.15	17 ±0.20	16 ±0.20	15 ±0.30								
19 ±0.15	18 ±0.15	17 ±0.20	16 ±0.30	15 ±0.30	14 ±0.30						
21 ±0.15	20 ±0.15	19 ±0.15	18 ±0.20	17 ±0.30	16 ±0.30						
23 ±0.15	22 ±0.15	21 ±0.15	20 ±0.15	19 ±0.30	18 ±0.30						
25 ±0.15	24 ±0.15	23 ±0.15	22 ±0.15	21 ±0.35	20 ±0.35						
28 ±0.15	27 ±0.15	26 ±0.15	25 ±0.15	24 ±0.20	23 ±0.20	21 ±0.20					
31 ±0.15	30 ±0.15	29 ±0.15	28 ±0.15	27 ±0.15	26 ±0.15	24 ±0.20	22 ±0.25				
33 ±0.15	32 ±0.15	31 ±0.15	30 ±0.15	29 ±0.15	28 ±0.15	26 ±0.20	24 ±0.25				
35 ±0.20	34 ±0.20	33 ±0.20	32 ±0.20	31 ±0.20	30 ±0.20	28 ±0.20	26 ±0.20	24 ±0.20	22 ±0.30		
38 ±0.20	37 ±0.20	36 ±0.20	35 ±0.20	34 ±0.20	33 ±0.20	31 ±0.20	29 ±0.20	27 ±0.20	25 ±0.25		
41 ±0.20	40 ±0.20	39 ±0.20	38 ±0.20	37 ±0.20	36 ±0.20	34 ±0.20	32 ±0.20	30 ±0.20	28 ±0.20		
43 ±0.20	42 ±0.20	41 ±0.20	40 ±0.20	39 ±0.20	38 ±0.20	36 ±0.20	34 ±0.20	32 ±0.20	30 ±0.20		
48 ±0.25	47 ±0.25	46 ±0.25	45 ±0.25	44 ±0.25	43 ±0.25	41 ±0.25	39 ±0.25	37 ±0.25	35 ±0.25	33 ±0.25	30 ±0.25
53 ±0.25	52 ±0.25	51 ±0.25	50 ±0.25	49 ±0.25	48 ±0.25	46 ±0.25	44 ±0.25	42 ±0.25	40 ±0.25	38 ±0.25	35 ±0.25
56 ±0.30	55 ±0.30	54 ±0.30	53 ±0.30	52 ±0.30	51 ±0.30	49 ±0.30	47 ±0.30	45 ±0.30	43 ±0.30	41 ±0.30	39 ±0.30
63 ±0.30	62 ±0.30	61 ±0.30	60 ±0.30	59 ±0.30	58 ±0.30	56 ±0.30	54 ±0.30	52 ±0.30	50 ±0.30	48 ±0.30	45 ±0.30
69 ±0.35	68 ±0.35	67 ±0.35	66 ±0.35	65 ±0.35	64 ±0.35	62 ±0.35	60 ±0.35	58 ±0.35	56 ±0.35	53 ±0.35	50 ±0.35
73 ±0.35	72 ±0.35	71 ±0.35	70 ±0.35	69 ±0.35	68 ±0.35	66 ±0.35	64 ±0.35	62 ±0.35	60 ±0.35	58 ±0.35	56 ±0.35
83 ±0.40	82 ±0.40	81 ±0.40	80 ±0.40	79 ±0.40	78 ±0.40	76 ±0.40	74 ±0.40	72 ±0.40	70 ±0.40	68 ±0.40	66 ±0.40
93 ±0.45	92 ±0.45	91 ±0.45	90 ±0.45	89 ±0.45	88 ±0.45	86 ±0.45	84 ±0.45	82 ±0.45	80 ±0.45	78 ±0.45	75 ±0.45
103 ±0.50	102 ±0.50	101 ±0.50	100 ±0.50	99 ±0.50	98 ±0.50	96 ±0.50	94 ±0.50	92 ±0.50	90 ±0.50	88 ±0.50	85 ±0.50
113 ±0.50	112 ±0.50	111 ±0.50	110 ±0.50	109 ±0.50	108 ±0.50	106 ±0.50	104 ±0.50	102 ±0.50	100 ±0.50	98 ±0.50	95 ±0.50
123 ±0.65	122 ±0.65	121 ±0.65	120 ±0.65	119 ±0.65	118 ±0.65	116 ±0.65	114 ±0.65	112 ±0.65	110 ±0.65	108 ±0.65	105 ±0.65
133 ±0.65	132 ±0.65	131 ±0.65	130 ±0.65	129 ±0.65	128 ±0.65	126 ±0.65	124 ±0.65	122 ±0.65	120 ±0.65	118 ±0.65	115 ±0.65
143 ±0.75	142 ±0.75	141 ±0.75	140 ±0.75	139 ±0.75	138 ±0.75	136 ±0.75	134 ±0.75	132 ±0.75	130 ±0.75	128 ±0.75	125 ±0.75
	152 ±0.80	151 ±0.80	150 ±0.80	149 ±0.80	148 ±0.80	146 ±0.80	144 ±0.80	142 ±0.80	140 ±0.80	138 ±0.80	135 ±0.80
	162 ±0.85	161 ±0.85	160 ±0.85	159 ±0.85	158 ±0.85	156 ±0.85	154 ±0.85	152 ±0.85	150 ±0.85	148 ±0.85	145 ±0.85
			170 ±0.90	169 ±0.90	168 ±0.90	166 ±0.90	164 ±0.90	162 ±0.90	160 ±0.90	158 ±0.90	155 ±0.90
					178 ±0.95	176 ±0.95	174 ±0.95	172 ±0.95	170 ±0.95	168 ±0.95	165 ±0.95
					188 ±1.0	186 ±1.0	184 ±1.0	182 ±1.0	180 ±1.0	178 ±1.0	175 ±1.0

5.3.12　冷拔无缝异型钢管（见表2.1-143～表2.1-145）

表2.1-143　冷拔无缝异型钢管牌号和力学性能（摘自GB/T3094—2000）

牌　　号	抗拉强度 σ_b/MPa	屈服点 σ_s/MPa	断后伸长率 δ_5（%）
	不	小	于
10	335	205	24
20	390	245	20
35	510	305	17
45	590	335	14
Q195	315	195	22
Q215	335	215	22
Q235	375	235	20
Q295	430	295	22
Q345	510	345	21
Q390	530	390	18

注：1. 钢牌号的化学成分应分别符合GB/T 699、GB/T 700、GB/T 1591规定。

2. 冷拔状态交货的钢管，不作力学性能试验。本表为热处理状态交货钢管的力学性能，合同要求时，按本表规定。

3. 钢管适用于制作工程中各种结构件、工具、机械零件和部件等。

4. 钢管用无缝钢管冷拔制造，也可用焊接钢管冷拔制造，但应在合同中注明，一般以冷拔状态交货。供需双方协定，并在合同中注明，也可以热处理状态交货。

5. 钢管分为方形、矩形、平椭圆形、内外六角形和直角梯形5种断面形状，本节只介绍方形、矩形两种断面钢管的尺寸规格及有关参数；平椭圆形、内外六角形和直角梯形断面无缝钢管的尺寸规格参见GB/T 3094—2000。

6. 钢管尺寸精度分为普通级和高级，偏差值参见原标准，在合同中未注明者按普通级交货。

7. 标记示例：20钢，长边为50mm、短边为40mm、壁厚为3mm，壁厚精度等级为高级的矩形钢管，标记为：20钢 D-2　50×40×3 高-GB/T 3094—2000。

表2.1-144　冷拔无缝方形钢管尺寸规格（摘自GB/T3094—2000）

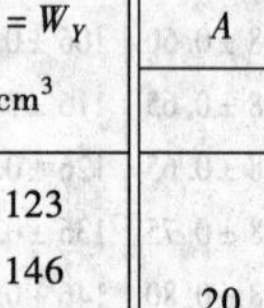

D-1 方形钢管

基本尺寸 A /mm	基本尺寸 S /mm	截面面积 F /cm²	理论重量 G /kg·m⁻¹	惯性矩 $J_X=J_Y$ /cm⁴	截面系数 $W_X=W_Y$ /cm³
12	0.8	0.348	0.273	0.0739	0.123
	1.0	0.423	0.332	0.0873	0.146
14	1.0	0.503	0.394	0.144	0.206
	1.5	0.712	0.559	0.192	0.274
16	1.0	0.583	0.458	0.222	0.278
	1.5	0.832	0.653	0.300	0.374
18	1.0	0.663	0.521	0.324	0.360
	1.5	0.952	0.747	0.442	0.491
	2.0	1.21	0.952	0.535	0.595
20	1.0	0.743	0.583	0.453	0.453
	1.5	1.07	0.841	0.624	0.624
	2.0	1.37	1.08	0.763	0.763
	2.5	1.64	1.29	0.874	0.874
22	1	0.823	0.646	0.612	0.556
	1.5	1.19	0.936	0.850	0.773
	2	1.53	1.20	1.05	0.953
	2.5	1.84	1.45	1.21	1.10
25	2.5	2.14	1.68	1.86	1.49
	3	2.49	1.95	2.08	1.57

（续）

基本尺寸		截面面积	理论重量	惯性矩	截面系数
A	S	F	G	$J_X=J_Y$	$W_X=W_Y$
mm		$/cm^2$	$/kg \cdot m^{-1}$	$/cm^4$	$/cm^3$
30	2.5	2.64	2.08	3.41	2.27
	3	3.01	2.42	3.86	2.58
	3.5	3.50	2.75	4.25	2.83
	4	3.89	3.05	4.58	3.05
32	2.5	2.84	2.23	4.21	2.63
	3	3.33	2.61	4.79	3.00
	3.5	3.78	2.97	5.29	3.31
	4	4.21	3.30	5.73	3.58
35	2.5	3.14	2.47	5.54	3.22
	3	3.69	2.89	6.45	3.68
	3.5	4.20	3.30	7.16	4.09
	4	4.69	3.68	7.78	4.45
	5	5.58	4.38	8.79	5.02
36	2.5	3.24	2.55	6.18	3.43
	3	3.81	2.99	7.07	3.93
	3.5	4.34	3.41	7.87	4.37
	4	4.85	3.81	8.56	4.76
	5	5.75	4.53	9.70	5.39
40	2.5	3.64	2.86	8.68	4.34
	3	4.29	3.37	9.98	4.99
	3.5	4.90	3.85	11.16	5.58
	4	5.49	4.31	12.21	6.11
	5	6.58	5.16	13.98	6.99
	6	7.55	5.93	15.34	7.67
42	2.5	3.84	3.02	10.15	4.83
	3	4.53	3.55	11.70	5.57
	3.5	5.18	4.07	13.10	6.24
	4	5.81	4.56	14.37	6.84
	5	6.98	5.48	16.56	7.87
	6	8.03	6.30	18.22	8.58
45	3.5	5.60	4.40	16.43	7.30
	4	6.23	4.94	18.07	8.03
	5	7.58	5.95	20.90	9.29
	6	8.75	6.87	23.19	10.31
	7	9.81	7.80	24.97	11.10
	8	10.8	8.44	26.30	11.59
50	4	7.09	5.56	25.56	10.22
	5	8.58	6.73	29.81	11.93
	6	9.95	7.81	33.35	13.34
	7	11.21	8.80	36.23	14.49
	8	12.35	9.70	38.51	15.41
55	4	7.89	6.19	34.87	12.58
	5	9.58	7.52	40.95	14.89
	6	11.15	8.75	46.13	16.77
	7	12.51	9.90	50.47	18.35
	8	13.95	10.95	54.04	19.65
60	4	8.69	6.82	46.21	15.4
	5	10.58	8.30	54.57	18.19
	6	12.35	9.69	61.82	20.61
	7	14.01	11.00	68.03	22.68
	8	15.55	12.21	73.28	24.43
65	4	9.49	7.45	59.78	18.39
	5	11.58	9.07	70.92	21.82
	6	13.55	10.64	80.72	24.84
	7	15.41	12.10	89.27	27.46
	8	17.15	13.47	96.64	29.74
70	4	10.29	8.08	75.78	21.65
	5	12.58	9.87	90.26	25.79
	6	14.7	11.58	103.1	29.47
	7	16.81	13.19	114.5	32.72
	8	18.75	14.72	124.5	35.57
75	4	11.09	8.70	94.4	25.17
	5	13.58	10.66	112.8	30.08
	6	15.95	12.52	129.4	34.50
	7	18.21	14.29	144.2	38.44
	8	20.35	15.98	157.3	41.94
80	4	11.89	9.33	115.9	28.96
	5	14.58	11.44	138.9	34.72
	6	17.15	13.46	159.7	39.93
	7	19.61	15.39	178.5	44.63
	8	21.95	17.23	195.4	48.85
92	5	16.98	13.33	217.1	47.19
	6	20.03	15.72	251.1	54.59
	7	22.97	18.03	282.3	61.38
	8	25.79	20.25	310.9	67.58
100	5	18.58	14.58	282.8	56.57
	6	21.95	17.23	328.2	65.54
	7	25.21	19.79	370.2	74.04
	8	28.35	22.26	408.9	81.78
110	7	28.01	21.99	503.4	91.54
	8	31.55	24.77	557.9	101.4
	9	34.98	27.46	608.4	110.6
108	4.5	18.11	14.22	318.52	65.46
	5.0	19.96	15.67	346.99	72.14
	6.0	23.55	18.49	400.07	85.13
	7.0	27.02	21.21	448.15	97.61
	8.0	30.35	23.82	491.42	109.56
	10.0	36.62	28.75	564.27	131.84
	12.0	42.37	33.26	620.05	151.91
	12.5	43.73	34.33	631.48	156.57
	14.0	47.59	37.36	660.12	169.71
	16.5	53.38	41.90	690.13	188.75
	18.0	56.46	44.32	698.50	198.48

（续）

基本尺寸 A	S	截面面积 F	理论重量 G	惯性矩 $J_X=J_Y$	截面系数 $W_X=W_Y$
mm		/cm²	/kg·m⁻¹	/cm⁴	/cm³
110	4.5	18.47	14.50	337.63	68.00
	5.0	20.36	15.98	367.95	74.95
	6.0	24.03	18.86	424.57	88.48
	10.0	37.42	29.37	600.90	137.26
	12.0	43.33	34.01	661.57	158.30
	14.0	48.71	38.24	705.79	177.05
	16.0	53.57	42.05	734.96	193.47
	18.0	57.90	45.45	750.37	207.58
115	4.5	19.37	15.21	388.71	74.55
	5.0	21.36	16.77	424.00	82.21
	6.0	25.23	19.81	490.15	97.12
	7.0	28.98	22.75	550.56	111.50
	8.0	32.59	25.58	605.43	125.32
	10.0	39.42	30.94	699.32	151.26
	12.0	47.53	35.90	773.36	174.87
	14.0	51.51	40.44	829.04	196.07
	16.0	56.77	44.56	867.80	214.84
120	4.5	20.27	15.91	444.70	81.40
	5.0	22.36	17.55	485.47	89.79
	6.0	26.43	20.75	562.16	106.17
	7.0	30.38	23.85	632.54	121.99
	8.0	34.19	26.84	696.82	137.23
	10.0	41.42	32.51	807.91	165.94
	12.0	48.13	37.78	897.05	192.23
	14.0	54.31	42.63	965.79	216.03
	16.0	59.97	47.08	1015.66	237.3
125	5	23.36	18.34	552.62	97.72
	6	27.63	21.69	640.89	115.62
	7	31.78	24.95	722.26	132.94
	8	35.79	28.10	796.96	149.66
	10	43.42	34.08	927.18	181.29
	12	50.53	39.67	1033.23	210.4
	14	57.11	44.83	1116.75	236.93
	16	63.17	49.59	1179.33	260.83
130	5	24.36	19.12	625.68	105.97
	6	28.83	22.63	726.64	125.47
	7	33.18	26.05	820.10	144.36
	8	37.39	29.35	906.26	162.63
	10	45.42	35.65	1057.63	197.30
140	5	26.36	20.69	790.56	123.48
	6	31.23	24.52	920.43	146.36
	7	35.98	28.24	1041.47	168.60
	8	40.59	31.86	1153.92	190.18
	10.0	49.42	38.79	1354.07	231.33
	12.0	57.73	45.32	1522.77	269.71
	14.0	65.51	51.43	1661.89	305.25
	16.0	72.77	57.12	1773.26	337.89
150	6.0	33.63	26.40	1145.91	168.85
	7.0	38.78	30.44	1299.44	194.70
	8.0	43.79	34.38	1443.00	219.85
	10.0	53.42	41.93	1701.21	268.02
	12.0	62.53	49.09	1922.61	313.26
	14.0	71.11	55.82	2109.19	355.49
	16.0	79.17	62.15	2262.95	394.63
160	6.0	36.03	28.28	1405.48	192.95
	7.0	41.58	32.64	1596.83	222.67
	8.0	46.99	36.89	1776.7	251.66
	10.0	57.42	45.07	2103.07	307.39
	12.0	67.33	52.85	2386.83	360.02
	14.0	76.71	60.22	2630.14	409.47
	16.0	85.57	67.17	2835.11	455.65
	18.0	93.9	73.71	3003.84	498.52
180	7.0	47.18	37.04	2321.04	284.22
	8.0	53.39	41.91	2590.73	321.69
	10.0	65.42	51.35	3086.93	394.12
	12.0	76.93	60.39	3527.64	463.14
	14.0	87.91	69.01	3915.33	528.65
	16.0	98.37	77.22	4252.42	590.55
	18.0	108.3	85.02	4541.3	648.77
200	8.0	59.79	46.94	3621	400.25
	10.0	73.42	57.63	4337.63	491.53
	12.0	86.53	67.93	4983.59	579.08
	14.0	99.11	77.8	5562.26	662.78
	16.0	111.17	87.27	6076.38	742.55
	18.0	122.7	96.32	6528.64	818.29
250	10.0	93.42	73.33	8841.87	781.73
	12.0	110.53	86.77	10254.22	924.94
	14.0	127.11	99.78	11556.24	1063.51
	16.0	143.17	112.39	12751.41	1197.31
	18.0	158.7	124.58	13843.17	1326.27
280	10.0	105.42	82.75	12648.95	987.86
	12.0	124.93	98.07	14726.82	1170.88
	14.0	143.91	112.97	16663.46	1348.77
	16.0	162.37	127.46	18462.79	1521.42
	18.0	180.3	141.54	20128.71	1688.73

注：钢管的通常长度为1.5m～9m。

表2.1-145 冷拔无缝矩形钢管尺寸规格(摘自GB/T3094—2000)

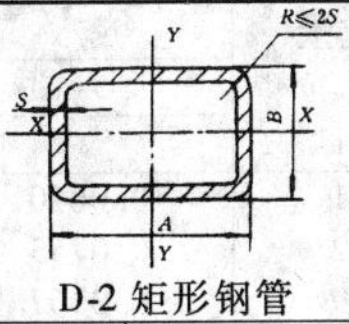

D-2 矩形钢管

基本尺寸			截面面积	理论重量	惯性矩		截面系数	
A	B	S		G	J_X	J_Y	W_X	W_Y
mm			F/cm²	/kg·m⁻¹	cm⁴		cm³	
10	5	0.8	0.203	0.160	0.0074	0.0239	0.0297	0.0478
		1	0.243	0.191	0.0082	0.0270	0.0329	0.0547
12	5	0.8	0.235	0.185	0.0088	0.0388	0.0354	0.0646
		1	0.283	0.222	0.0099	0.0449	0.0395	0.0748
	6	0.8	0.251	0.197	0.0139	0.0438	0.0462	0.0730
		1	0.303	0.238	0.0157	0.0509	0.0524	0.0849
14	6	0.8	0.283	0.223	0.0160	0.0654	0.0535	0.0935
		1	0.343	0.269	0.0182	0.0767	0.0608	0.110
		1.5	0.471	0.370	0.0215	0.0973	0.0715	0.139
	7	0.8	0.299	0.235	0.0233	0.0724	0.0665	0.104
		1	0.363	0.285	0.0268	0.0852	0.0765	0.122
		1.5	0.501	0.394	0.0324	0.109	0.0927	0.156
	10	0.8	0.347	0.273	0.0545	0.0934	0.109	0.133
		1	0.423	0.332	0.0640	0.111	0.128	0.158
		1.5	0.591	0.464	0.0818	0.144	0.164	0.206
		2	0.731	0.574	0.0925	0.167	0.185	0.238
15	6	0.8	0.299	0.235	0.0171	0.0784	0.0571	0.105
		1	0.363	0.285	0.0195	0.0922	0.0651	0.123
		1.5	0.501	0.394	0.0230	0.118	0.0768	0.157
		2	0.611	0.480	0.0240	0.133	0.0799	0.177
16	8	0.8	0.347	0.273	0.0362	0.111	0.0905	0.139
		1	0.423	0.332	0.0421	0.132	0.105	0.165
		1.5	0.591	0.464	0.0525	0.173	0.131	0.216
		2	0.731	0.574	0.0579	0.200	0.145	0.250
	12	0.8	0.411	0.323	0.0941	0.148	0.157	0.186
		1	0.503	0.395	0.112	0.177	0.186	0.222
		1.5	0.711	0.559	0.147	0.236	0.244	0.295
		2	0.891	0.700	0.170	0.279	0.284	0.349
18	9	0.8	0.395	0.310	0.0532	0.162	0.118	0.180
		1	0.483	0.379	0.0624	0.194	0.139	0.215
		1.5	0.681	0.535	0.0796	0.258	0.177	0.287
		2	0.851	0.668	0.0897	0.304	0.199	0.337
	10	0.8	0.411	0.323	0.0680	0.174	0.136	0.194
		1	0.503	0.395	0.0802	0.208	0.161	0.231
		1.5	0.711	0.559	0.1037	0.278	0.207	0.309
		2	0.891	0.700	0.119	0.329	0.237	0.366
	14	0.8	0.475	0.373	0.149	0.222	0.213	0.246
		1	0.583	0.458	0.178	0.266	0.255	0.296
		1.5	0.831	0.653	0.239	0.360	0.341	0.400
		2	1.051	0.825	0.283	0.432	0.404	0.480
20	8	0.8	0.411	0.323	0.0445	0.197	0.111	0.197
		1	0.503	0.395	0.0520	0.236	0.130	0.236
		1.5	0.711	0.559	0.0654	0.315	0.164	0.315
		2	0.891	0.700	0.0728	0.373	0.182	0.373
	10	0.8	0.443	0.348	0.0748	0.227	0.150	0.227
		1	0.543	0.426	0.0884	0.272	0.177	0.272
		1.5	0.771	0.606	0.115	0.367	0.229	0.367
		2	0.971	0.763	0.132	0.438	0.263	0.438
	12	0.8	0.475	0.373	0.114	0.256	0.190	0.256
		1	0.583	0.458	0.136	0.308	0.226	0.308
		1.5	0.831	0.653	0.180	0.418	0.300	0.418
		2	1.05	0.825	0.211	0.503	0.352	0.503
		2.5	1.24	0.976	0.231	0.565	0.385	0.565

（续）

基本尺寸 A	B	S	截面面积 F/cm²	理论重量 G /kg·m⁻¹	惯性矩 J_X	J_Y	截面系数 W_X	W_Y
mm					cm⁴		cm³	
22	9	0.8	0.459	0.361	0.0640	0.271	0.142	0.246
		1	0.563	0.442	0.0753	0.325	0.167	0.295
		1.5	0.801	0.629	0.0967	0.440	0.215	0.400
		2	1.011	0.794	0.110	0.527	0.244	0.479
		2.5	1.19	0.936	0.117	0.589	0.259	0.536
	14	0.8	0.539	0.423	0.177	0.361	0.253	0.328
		1	0.663	0.520	0.212	0.435	0.303	0.396
		1.5	0.951	0.746	0.286	0.598	0.408	0.543
		2	1.21	0.951	0.341	0.727	0.487	0.661
		2.5	1.44	1.13	0.381	0.828	0.544	0.753
24	12	0.8	0.539	0.423	0.134	0.403	0.224	0.336
		1	0.663	0.520	0.160	0.487	0.267	0.406
		1.5	0.951	0.747	0.213	0.669	0.355	0.557
		2	1.21	0.951	0.252	0.815	0.419	0.679
		2.5	1.44	1.13	0.277	0.928	0.462	0.774
25	10	0.8	0.523	0.411	0.0918	0.399	0.184	0.320
		1	0.643	0.505	0.109	0.482	0.217	0.386
		1.5	0.921	0.723	0.142	0.660	0.284	0.528
		2	1.17	0.920	0.164	0.802	0.329	0.642
		2.5	1.39	1.09	0.178	0.910	0.355	0.728
	15	1	0.743	0.583	0.279	0.626	0.372	0.501
		1.5	1.07	0.841	0.379	0.868	0.505	0.694
		2	1.37	1.08	0.457	1.07	0.609	0.854
		2.5	1.64	1.29	0.515	1.23	0.687	0.983
28	11	1	0.723	0.567	0.151	0.683	0.274	0.488
		1.5	1.04	0.818	0.200	0.945	0.363	0.675
		2	1.33	1.05	0.235	1.16	0.426	0.828
		2.5	1.59	1.25	0.257	1.33	0.468	0.951
	14	1	0.783	0.615	0.263	0.792	0.376	0.566
		1.5	1.13	0.888	0.356	1.10	0.509	0.788
		2	1.45	1.14	0.428	1.36	0.612	0.973
		2.5	1.74	1.37	0.482	1.58	0.688	1.13
	16	1	0.823	0.646	0.357	0.865	0.447	0.618
		1.5	1.19	0.935	0.489	1.21	0.612	0.863
		2	1.53	1.20	0.595	1.50	0.743	1.07
		2.5	1.84	1.45	0.676	1.74	0.845	1.24
	22	1	0.943	0.740	0.744	1.08	0.677	0.774
		1.5	1.37	1.08	1.04	1.52	0.945	1.09
		2	1.77	1.39	1.29	1.90	1.17	1.36
		2.5	2.14	1.68	1.50	2.23	1.36	1.59
		3	2.49	1.95	1.67	2.50	1.52	1.79
		3.5	2.80	2.20	1.80	2.72	1.64	1.94
30	12	1.5	1.13	0.888	0.263	1.19	0.439	0.796
		2	1.45	1.14	0.312	1.48	0.520	0.984
		2.5	1.74	1.37	0.347	1.71	0.578	1.14
		3	2.01	1.57	0.369	1.89	0.614	1.26
32	13	1.5	1.22	0.959	0.339	1.48	0.521	0.927
		2	1.57	1.23	0.406	1.84	0.624	1.15
		2.5	1.90	1.49	0.454	2.14	0.699	1.34
		3	2.19	1.72	0.488	2.39	0.751	1.49
	16	1.5	1.31	1.03	0.553	1.69	0.691	1.07
		2	1.69	1.33	0.674	2.11	0.842	1.32
		2.5	2.04	1.60	0.768	2.47	0.961	1.54
		3	2.37	1.86	0.840	2.77	1.05	1.73
	25	1.5	1.58	1.24	1.57	2.32	1.26	1.45
		2	2.05	1.61	1.97	2.92	1.58	1.83
		2.5	2.49	1.96	2.31	3.45	1.85	2.16
		3	2.91	2.28	2.60	3.91	2.08	2.44

（续）

基本尺寸			截面面积	理论重量	惯性矩		截面系数	
A	B	S		G	J_X	J_Y	W_X	W_Y
mm			F/cm^2	$/kg \cdot m^{-1}$	cm^4		cm^3	
35	14	1.5	1.34	1.05	0.439	1.96	0.627	1.12
		2	1.73	1.36	0.530	2.45	0.757	1.40
		2.5	2.09	1.64	0.599	2.86	0.856	1.64
		3	2.43	1.90	0.649	3.21	0.928	1.84
		3.5	2.73	2.14	0.683	3.50	0.975	2.00
36	18	1.5	1.49	1.17	0.811	2.46	0.901	1.37
		2	1.93	1.52	0.998	3.10	1.11	1.72
		2.5	2.34	1.84	1.15	3.65	1.28	2.03
		3	2.73	2.14	1.27	4.13	1.41	2.29
		3.5	3.08	2.42	1.37	4.53	1.52	2.51
	28	2	2.33	1.83	2.85	4.26	2.04	2.36
37	15	2	1.85	1.45	0.661	2.96	0.881	1.60
		2.5	2.24	1.76	0.753	3.47	1.00	1.88
		3	2.61	2.05	0.821	3.91	1.09	2.12
		3.5	2.94	2.31	0.870	4.28	1.16	2.31
		4	3.25	2.55	0.901	4.58	1.20	2.48
40	16	2	2.01	1.58	0.832	3.77	1.04	1.89
		2.5	2.44	1.92	0.953	4.46	1.19	2.23
		3	2.85	2.23	1.05	5.05	1.31	2.52
		3.5	3.22	2.53	1.12	5.55	1.40	2.77
		4	3.57	2.80	1.16	5.97	1.46	2.98
	20	2	2.17	1.70	1.41	4.35	1.41	2.18
		2.5	2.64	2.07	1.64	5.16	1.64	2.58
		3	3.09	2.42	1.83	5.87	1.83	2.93
		3.5	3.50	2.75	1.99	6.48	1.99	3.24
		4	3.86	3.05	2.11	7.01	2.11	3.50
	25	2	2.37	1.86	2.39	5.07	1.91	2.54
		2.5	2.89	2.27	2.82	6.04	2.25	3.02
		3	3.39	2.66	3.18	6.90	2.54	3.45
		3.5	3.85	3.02	3.49	7.65	2.79	3.83
		4	4.29	3.36	3.75	8.31	2.99	4.15
42	30	2	2.65	2.08	3.83	6.53	2.55	3.11
45	30	2	2.77	2.18	4.07	7.73	2.71	3.44
		2.5	3.39	2.66	4.83	9.26	3.22	4.12
		3	3.99	3.13	5.51	10.65	3.57	4.73
		3.5	4.55	3.57	6.11	11.90	4.07	5.29
		4	5.09	3.99	6.62	13.01	4.42	5.78
48	30	2	2.89	2.27	4.30	9.06	2.87	3.77
		2.5	3.54	2.78	5.12	10.87	3.41	4.53
50	32	2	3.05	2.40	5.18	10.48	3.24	4.19
		2.5	3.74	2.94	6.18	12.60	3.86	5.04
		3	4.41	3.46	7.07	14.55	4.42	5.82
55	38	2	3.49	2.74	8.36	14.93	4.40	5.43
		2.5	4.29	3.37	10.04	18.03	5.29	6.56
		3	5.07	3.98	11.58	20.91	6.09	7.60
		3.5	5.81	4.56	12.97	23.57	6.83	8.57
		4	6.53	5.12	14.23	26.01	7.49	9.46
60	40	3.5	6.30	4.95	15.84	30.41	7.92	10.14
		4	7.09	5.56	17.42	33.66	8.71	11.22
		5	8.57	6.73	20.15	39.41	10.07	13.14
70	50	4	8.69	6.82	34.05	58.35	13.52	16.67
		5	10.57	8.30	39.98	69.11	15.99	19.75
		6	12.34	9.69	45.04	78.51	18.02	22.43
		7	14.00	10.99	49.29	86.64	19.71	24.75
80	60	4	10.29	8.07	58.79	92.76	19.60	23.19
		5	12.57	9.87	69.75	110.7	23.25	27.68
		6	14.74	11.57	79.40	126.8	26.47	31.70
		7	16.80	13.19	87.81	141.1	29.27	35.28

（续）

基本尺寸			截面面积	理论重量	惯性矩		截面系数	
A	B	S		G	J_X	J_Y	W_X	W_Y
mm			F/cm²	/kg·m⁻¹	cm⁴		cm³	
90	60	4	11.09	8.70	65.07	123.7	21.59	27.48
		5	13.57	10.65	77.33	148.2	25.78	32.93
		6	15.94	12.52	88.18	170.4	29.39	37.86
		7	18.20	14.29	97.70	190.3	32.57	42.30
100	70	5	15.57	12.22	122.0	215.2	34.86	43.04
		6	18.34	14.40	140.1	248.6	40.04	49.73
		7	21.00	16.48	156.4	279.3	44.68	55.86
		8	23.54	18.48	170.9	307.1	48.83	61.43
110	75	5	17.07	13.40	155.8	285.8	41.54	51.96
		6	20.14	15.81	179.5	331.4	47.87	60.25
		7	23.10	18.13	201.0	373.4	53.61	67.89
		8	25.94	20.36	220.4	412.1	58.79	74.92
120	80	6	21.94	17.22	225.6	430.6	56.40	71.76
		7	25.20	19.78	253.4	486.6	63.35	81.10
		8	28.34	22.25	278.7	538.5	69.67	89.75
		9	31.37	24.63	301.6	586.5	75.41	97.74
130	85	6	23.74	18.64	278.9	547.8	65.63	84.28
		7	27.30	21.43	314.07	620.5	73.90	95.47
		8	30.74	24.13	346.3	688.4	81.49	105.9
		9	34.07	26.75	375.8	751.6	88.43	115.6
140	80	7	28.00	21.98	290.8	715.1	72.70	102.2
		8	31.54	24.76	320.3	794.1	80.08	113.4
		9	34.97	27.45	347.3	867.8	86.81	124.0
		10	38.29	30.05	371.7	936.4	92.92	133.8
150	75	7	28.70	22.53	266.0	814.6	70.93	108.6
		8	32.34	25.39	292.6	905.3	78.03	120.7
		9	35.87	28.16	316.8	990.1	84.47	132.0

注：1. GB/T 3094—2000 尚有下列规格本表没有编入，A×B：160×60、160×65、160×80、160×100、160×120、160×150、180×80、180×100、200×50、200×80、200×100、200×120、220×200、250×150、250×200、300×200、400×200（单位均为 mm）；壁厚有 6.5、6、8、10、12、14、16、18（单位均为 mm）等各种不同尺寸，具体尺寸规格及参数参见原标准文件。

2. 钢管通常长度为 1.5～9m。

5.3.13　P3 型镀锌金属软管（见表 2.1-146）

表 2.1-146　P3 型镀锌金属软管尺寸规格（摘自 YB/T 5306—2006）

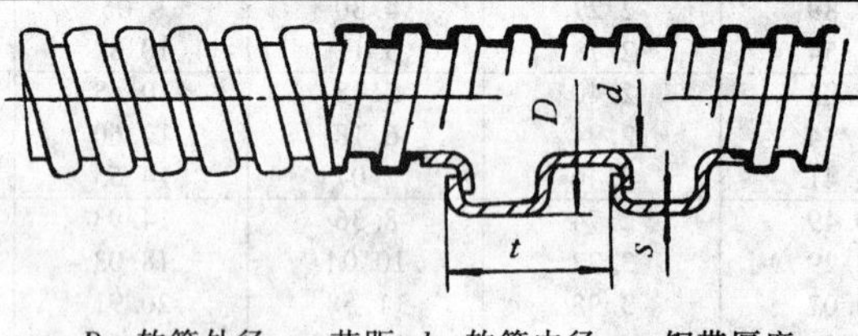

D—软管外径；t—节距；d—软管内径；s—钢带厚度

公称内径 d/mm	最小内径 d_{min}/mm	外径及允许偏差 D/mm	节距及允许偏差 t/mm	钢带厚度 s/mm	自然弯曲直径 R/mm	轴向拉力/N ≥	理论重量 /g·m⁻¹
(4)	3.75	6.20±0.25	2.65±0.40	0.25	30	235	49.6
(6)	5.75	8.2±0.25	2.70±0.4	0.25	40	350	68.6
8	7.70	11.00±0.30	4.00±0.4	0.30	45	470	111.7
10	9.70	13.50±0.30	4.70±0.45	0.30	55	590	139.0
12	11.65	15.50±0.35	4.70±0.45	0.30	60	705	162.3
(13)	12.65	16.50±0.35	4.70±0.45	0.30	65	765	174.0
(15)	14.65	19.00±0.35	5.70±0.45	0.35	80	885	233.8

（续）

公称内径 d/mm	最小内径 d_{min}/mm	外径及允许偏差 D/mm	节距及允许偏差 t/mm	钢带厚度 s/mm	自然弯曲直径 R/mm	轴向拉力/N ≥	理论重量 /g·m^{-1}
(16)	15.65	20.00±0.35	5.70±0.45	0.35	85	940	247.4
(19)	18.60	23.30±0.40	6.40±0.50	0.40	95	1120	326.7
20	19.60	24.30±0.40	6.40±0.50	0.40	100	1175	342.0
(22)	21.55	27.30±0.45	8.70±0.50	0.40	105	1295	375.1
25	24.55	30.30±0.45	8.70±0.50	0.40	115	1470	420.2
(32)	31.50	38.00±0.50	10.50±0.60	0.45	140	1880	585.8
38	37.40	45.00±0.60	11.40±0.60	0.50	160	2235	804.3
51	50.00	58.00±1.00	11.40±0.60	0.50	190	3000	1054.6
64	62.50	72.50±1.50	14.80±0.60	0.60	280	3765	1522.5
75	73.00	83.50±2.00	14.20±0.60	0.60	320	4410	1841.2
(80)	78.00	88.50±2.00	14.20±0.60	0.60	330	4705	1957.0
100	97.00	108.50±3.00	14.20±0.60	0.60	380	5880	2420.4

注：1. 钢带厚度 s 及理论重量，仅供参考。

2. 括弧中的规格不推荐使用。

3. 本产品用作电线保护管。

4. 软管长度不小于3m。

5. 标记示例：公称内径 15mm 的 P3 型镀锌金属软管，

标记为：金属软管 P3d15 - YB/T 5306—2006

5.3.14 S型钎焊不锈钢金属软管（见表 2.1-147）

表 2.1-147 S型钎焊不锈钢金属软管尺寸规格（摘自 YB/T 5307—2006）

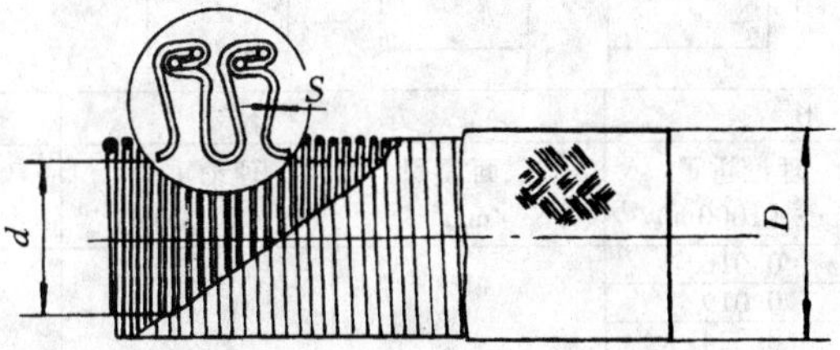

D—软管外径；d—软管内径；S—钢带厚度

公称内径 d/mm	最小内径 d_{min}/mm	软管外径 D/mm	钢带厚度 S/mm	编织钢丝直径 d_1/mm	软管性能参数 20℃时工作压力 /MPa	软管性能参数 20℃时爆破压力 /MPa	理论重量 /kg·m^{-1}
6	5.9	$10.8_{-0.3}$	0.13	0.3	14.70	44.10	0.209
8	7.9	$12.8_{-0.3}$	0.13	0.3	11.75	35.30	0.238
10	9.85	$15.6_{-0.3}$	0.16	0.3	9.80	29.40	0.367
12	11.85	$18.2_{-0.3}$	0.16	0.3	9.30	27.95	0.434
14	13.85	$20.2_{-0.3}$	0.16	0.3	8.80	26.45	0.494
(15)	14.85	$21.2_{-0.3}$	0.16	0.3	8.35	25.00	0.533
16	15.85	$22.2_{-0.3}$	0.16	0.3	7.85	23.55	0.553
(18)	17.85	$24.3_{-0.3}$	0.16	0.3	7.35	22.06	0.630
20	19.85	$29.3_{-0.3}$	0.20	0.3	6.85	20.60	0.866
(22)	21.85	$31.3_{-0.3}$	0.20	0.3	6.35	19.10	0.946
25	24.80	$35.3_{-0.3}$	0.25	0.3	5.90	17.65	1.347
30	29.80	$40.3_{-0.3}$	0.25	0.3	4.90	14.70	1.555

（续）

公称内径 d/mm	最小内径 d_{min}/mm	软管外径 D/mm	钢带厚度 S/mm	编织钢丝直径 d_1/mm	软管性能参数		理论重量 /kg·m^{-1}
					20℃时工作压力 /MPa	20℃时爆破压力 /MPa	
32	31.80	$44_{-0.3}$	0.30	0.3	4.40	13.25	1.864
38	37.75	$50_{-0.3}$	0.30	0.3	3.90	11.75	2.142
40	39.75	$52_{-0.3}$	0.30	0.3	3.45	10.29	2.207
42	41.75	$54_{-0.3}$	0.30	0.3	3.45	10.29	2.342
48	47.75	$60_{-0.3}$	0.30	0.3	2.95	8.80	2.634
50	49.75	$62_{-0.3}$	0.30	0.3	2.45	7.35	2.714
52	51.75	$64_{-0.3}$	0.30	0.3	2.45	7.35	2.795

注：1. 软管理论重量不包括接头的重量。理论重量和钢带厚度仅供参考。

2. 表中带括号的规格不推荐使用。

3. 本产品采用1Cr18Ni9Ti不锈钢带和不锈钢丝制成。适用于电缆的护套管及非腐蚀性的液压油、燃油、润滑油和蒸汽系统的输送管道之用，使用温度范围为0～400℃（输送管道），-200～400℃（电缆套管）。

4. 软管长度不短于500m。

5. 标记示例：公称内径为10mm的钎焊不锈钢金属软管，

标记为：金属软管 Sd10　YB/T 5307—2006。

5.4 钢丝

5.4.1 冷拉圆钢丝、方钢丝和六角钢丝（见表2.1-148、表2.1-149）

表2.1-148　冷拉圆钢丝、方钢丝和六角钢丝尺寸规格（摘自GB/T342—1997）

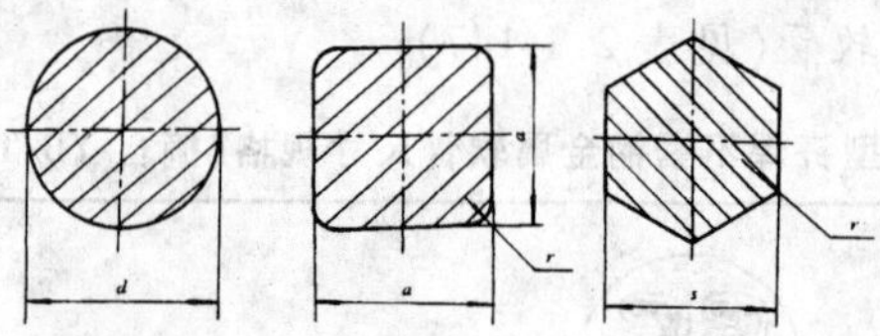

公称尺寸 /mm	圆形		方形		六角形	
	截面面积 /mm^2	理论重量 /kg·(1000m)$^{-1}$	截面面积 /mm^2	理论重量 /kg·(1000m)$^{-1}$	截面面积 /mm^2	理论重量 /kg·(1000m)$^{-1}$
0.050	0.0020	0.016	—	—	—	—
0.055	0.0024	0.019	—	—	—	—
0.063	0.0031	0.024	—	—	—	—
0.070	0.0038	0.030	—	—	—	—
0.080	0.0050	0.039	—	—	—	—
0.090	0.0064	0.050	—	—	—	—
0.10	0.0079	0.062	—	—	—	—
0.11	0.0095	0.075	—	—	—	—
0.12	0.0113	0.089	—	—	—	—
0.14	0.0154	0.121	—	—	—	—
0.16	0.0201	0.158	—	—	—	—
0.18	0.0254	0.199	—	—	—	—
0.20	0.0314	0.246	—	—	—	—
0.22	0.0380	0.298	—	—	—	—
0.25	0.0491	0.385	—	—	—	—
0.28	0.0616	0.484	—	—	—	—
0.30*	0.0707	0.555	—	—	—	—
0.32	0.0804	0.631	—	—	—	—
0.35	0.096	0.754	—	—	—	—
0.40	0.126	0.989	—	—	—	—
0.45	0.159	1.248	—	—	—	—
0.50	0.196	1.539	0.250	1.962	—	—
0.55	0.238	1.868	0.302	2.371	—	—
0.60*	0.283	2.22	0.360	2.826	—	—
0.63	0.312	2.447	0.397	3.116	—	—
0.70	0.385	3.021	0.490	3.846	—	—

（续）

公称尺寸 /mm	圆形		方形		六角形	
	截面面积 /mm²	理论重量 /kg·(1000m)⁻¹	截面面积 /mm²	理论重量 /kg·(1000m)⁻¹	截面面积 /mm²	理论重量 /kg·(1000m)⁻¹
0.80	0.503	3.948	0.640	5.024	—	—
0.90	0.636	4.993	0.810	6.358	—	—
1.00	0.785	6.162	1.000	7.850	—	—
1.10	0.950	7.458	1.210	9.498	—	—
1.20	1.131	8.878	1.440	11.30	—	—
1.40	1.539	12.08	1.960	15.39	—	—
1.60	2.011	15.79	2.560	20.10	2.217	17.40
1.80	2.545	19.98	3.240	25.43	2.806	22.03
2.00	3.142	24.66	4.000	31.40	3.464	27.20
2.20	3.801	29.84	4.840	37.99	4.192	32.91
2.50	4.909	38.54	6.250	49.06	5.413	42.49
2.80	6.158	48.34	7.840	61.54	6.790	53.30
3.00*	7.069	55.49	9.000	70.65	7.795	61.19
3.20	8.042	63.13	10.24	80.38	8.869	69.62
3.50	9.621	75.52	12.25	96.16	10.61	83.29
4.00	12.57	98.67	16.00	125.6	13.86	108.8
4.50	15.90	124.8	20.25	159.0	17.54	137.7
5.00	19.64	154.2	25.00	196.2	21.65	170.0
5.50	23.76	186.5	30.25	237.5	26.20	205.7
6.00*	28.27	221.9	36.00	282.6	31.18	244.8
6.30	31.17	244.7	39.69	311.6	34.38	269.9
7.00	38.48	302.1	49.00	384.6	42.44	333.2
8.00	50.27	394.6	64.00	502.4	55.43	435.1
9.00	63.62	499.4	81.00	635.8	70.15	550.7
10.0	78.54	616.5	100.00	785.0	86.61	679.9
11.0	95.03	746.0	—	—	—	—
12.0	113.1	887.8	—	—	—	—
14.0	153.9	1208.1	—	—	—	—
16.0	201.1	1578.6	—	—	—	—

注：1. 本表理论重量按密度7.85g/cm³ 计算的，对于特殊合金丝，应采用相应牌号的密度计算理论重量。

2. 表内公称尺寸一栏，对于圆钢丝表示直径 d，对于方钢丝表示边长 a，对于六角钢丝表示对边的距离 s。

3. 本表钢丝直径系列采用R20优先数系，其中"*"符号系列补充的R40优先数系中的优先数系。

4. 直条钢丝通常长度为2000~4000mm，允许供应长度不小于1500mm的短尺钢丝，但不得超过该批重量的15%。

5. 直条钢丝按定尺、倍尺交货时，其长度允许偏差为 $^{+50}_{0}$ mm。

6. GB/T342—1997代替GB/T342—1982、GB/T3204—1982、GB/T3205—1982。

7. 标记示例：用45钢制造，尺寸允许偏差为11级，直径为5mm的软状态冷拉优质碳素结构钢圆钢丝，其标记为：

圆钢丝 $\dfrac{11—5—GB/T342—1997}{45—R—GB/T3206}$。

表2.1-149 冷拉圆、方、六角钢丝尺寸允许偏差（摘自GB/T342—1997） （mm）

钢丝公称尺寸	允许偏差级别					
	8	9	10	11	12	13
	允许偏差					
0.05~0.10	±0.002	±0.005	±0.006	±0.010	±0.015	±0.020
>0.10~0.30	±0.003	±0.006	±0.009	±0.014	±0.022	±0.029
>0.30~0.60	±0.004	±0.009	±0.013	±0.018	±0.030	±0.038
>0.60~1.00	±0.005	±0.011	±0.018	±0.023	±0.035	±0.045
>1.00~3.00	±0.007	±0.015	±0.022	±0.030	±0.050	±0.060
>3.00~6.00	±0.009	±0.020	±0.028	±0.040	±0.062	±0.080
>6.00~10.0	±0.011	±0.025	±0.035	±0.050	±0.075	±0.100
>10.0~16.0	±0.013	±0.030	±0.045	±0.060	±0.090	±0.120

注：1. GB/T342规定，公称尺寸允许偏差值可为单向负偏差值，其公差值仍按本表规定。

例如本表规定某尺寸允许偏差为±0.02，单向负偏差为： $^{0}_{-0.04}$。

2. 中间尺寸钢丝的尺寸允许偏差按相邻较大规格钢丝的规定。

3. 偏差级别适用范围：圆钢丝为8~12级，方钢丝为10~13级，六角钢丝为10~13级。

4. 圆钢丝的圆度不大于直径公差之半；方钢丝的正截面对角线之差不大于相应级别边长公差的0.7倍。

5. 直条钢丝弯曲度不大于4mm/m。

5.4.2　一般用途低碳钢丝(见表2.1-150、表2.1-151)

表2.1-150　一般用途低碳钢丝分类及尺寸规格(摘自YB/T 5294—2006)

分类和代号	按交货状态分为： 冷拉钢丝　WCD 退火钢丝　TA 镀锌钢丝　SZ		按用途分为： Ⅰ类　普通用 Ⅱ类　制钉用 Ⅲ类　建筑用	
	钢丝直径	允许偏差	钢丝直径	允许偏差
冷拉普通用、制钉用、建筑用钢丝及退火钢丝直径及允许偏差/mm	≤0.30	±0.01	>1.60~3.00	±0.04
	>0.30~1.00	±0.02	>3.00~6.00	±0.05
	>1.00~1.60	±0.03	>6.00	±0.06
镀锌钢丝直径及允许偏差/mm	≤0.30	±0.02	>1.60~3.00	±0.06
	>0.30~1.00	±0.04	>3.00~6.00	±0.07
	>1.00~1.60	±0.05	>6.00	±0.08

注：1. 本表产品适用于一般的捆梆、牵拉、制钉，编织及建筑等用途；冷拉钢丝主要用于轻工业和建筑行业，如制钉、钢筋、焊接骨架、焊接网、水泥船织网、小五金等；退火钢丝主要用于一般捆扎、牵拉、编织等；镀锌钢丝用于需要耐蚀的捆扎、牵拉、编织等。

2. 钢丝可按英制线规或其他线规号交货。

3. 钢丝圆度不超出直径公差之半。

4. 标记示例：直径为2.00mm的冷拉钢丝，
标记为：低碳钢丝　WCD—2.00—YB/T 5294—2006。

表2.1-151　一般用途低碳钢丝力学性能(摘自YB/T 5294—2006)

公称直径/mm	抗拉强度/MPa					180°弯曲试验/次		伸长率(%)(标距100mm)	
	冷拉普通钢丝	制钉用钢丝	建筑用钢丝	退火钢丝	镀锌钢丝	冷拉普通用钢丝	建筑用钢丝	建筑用钢丝	镀锌钢丝
≤0.30	≤980	—	—	295~540	295~540	见5.2.3	—	—	≥10
>0.30~0.80	≤980	—	—				—	—	
>0.80~1.20	≤980	880~1320	—			≥6	—	—	≥12
>1.20~1.80	≤1060	785~1220	—				—	—	
>1.80~2.50	≤1010	735~1170	—				—	—	
>2.50~3.50	≤960	685~1120	≥550			≥4	≥4	≥2	
>3.50~5.00	≤890	590~1030	≥550						
>5.00~6.00	≤790	540~930	≥550						
>6.00	≤690	—	—			—	—	—	

注：1. 本表适用于冷拉普通用钢丝、制钉用钢丝、建筑用钢丝、退火钢丝、镀锌钢丝。

2. 对于直径≤0.80mm的冷拉普通钢丝，用打结拉伸试验代替弯曲试验，打结钢丝进行拉伸试验时所能承受的拉力不低于不打结破断拉力的50%。

5.4.3　重要用途低碳钢丝(见表2.1-152)

表2.1-152　重要用途低碳钢丝规格(摘自YB/T 5032—2006)

钢丝直径/mm			力学性能				每盘钢丝重量(由一根钢丝组成)/kg≥	镀锌钢丝锌层重量/g·m⁻²≥	理论重量/kg·m⁻¹
公称尺寸	允许偏差		抗拉强度 σ_b/MPa		扭转次数次/360°≥	弯曲次数次/180°≥			
	光面钢丝	镀锌钢丝	光面钢丝	镀锌钢丝					
0.3	±0.02	+0.04 −0.02	不小于390	不小于365	30	打结拉力试验抗拉强度 光面钢丝：≥226MPa 镀锌钢丝：≥186MPa	0.3	5	0.000555
0.4									0.000987
0.5							0.5	8	0.00154
0.6									0.00219
0.8	±0.04	+0.06 −0.02					1	15	0.00395
1.0					25	22		24	0.00617
1.2						18			0.00888
1.4					20	14	5		0.0121
1.6						12		41	0.0158

（续）

钢丝直径/mm			力学性能				每盘钢丝重量(由一根钢丝组成) /kg≥	镀锌钢丝锌层重量 /g·m^{-2} ≥	理论重量 /kg·m^{-1}
公称尺寸	允许偏差		抗拉强度 σ_b /MPa		扭转次数 次/360° ≥	弯曲次数 次/180° ≥			
	光面钢丝	镀锌钢丝	光面钢丝	镀锌钢丝					
1.8	±0.06	+0.08 −0.06	不小于390	不小于365	18	12	10	41	0.0200
2.0						10			0.0247
2.3					15	10		59	0.0326
2.6						8			0.0417
3.0					12	10		75	0.0555
3.5	±0.07	+0.09 −0.07				10			0.0743
4.0					10	8	20	95	0.0986
4.5						8			0.125
5.0					8	6		110	0.154
6.0					—	—			0.219

注：1. 本表钢丝用GB/T699—1999优质碳素钢中的低碳钢制造，适于制作机器中重要部件及零件。

2. 按交货表面状况分为：Ⅰ类——镀锌钢丝(Z_d)；Ⅱ类——光面钢丝(Z_g)。

3. 标记示例：直径为1.0mm镀锌钢丝，标记为：Z_d1.0—YB/T5032—2006。

5.4.4 油淬火—回火弹簧钢丝(见表2.1-153～表2.1-156)

表2.1-153 油淬火—回火弹簧钢丝分类及代号(摘自GB/T18983—2003)

分类		静态(FD)	中疲劳(TD)	高疲劳(VD)
抗拉强度分级	低强度	FDC	TDC	VDC
	中强度	FDCrV(A、B) FDSiMn	TDCrV(A、B) TDSiMn	VDCrV(A、B)
	高强度	FDCrSi	TDCrSi	VDCrSi
直径范围		0.50～17.00mm	0.50～17.00mm	0.50～10.00mm

注：1. 静态级钢丝适用于一般用途弹簧，以FD表示。

2. 中疲劳级钢丝用于离合器弹簧、悬架弹簧等，以TD表示。

3. 高疲劳级钢丝适用于剧烈运动的场合，例如用于阀门弹簧，以VD表示。

4. GB/T18983—2003油淬火—回火弹簧钢丝代替YB/T5008(原GB2271)《阀门用油淬火—回火铬钒合金弹簧钢丝》、YB/T5102(原GB4359)《阀门用油淬火—回火碳素弹簧钢丝、YB/T5103(原GB4360)《油淬火—回火碳素弹簧钢丝》、YB/T5104(原GB4361)《油淬火—回火硅锰合金弹簧钢丝》和YB/T5105(原GB4362)《阀门用油淬火—回火铬硅合金弹簧钢丝》，适用于制造各种机械弹簧用碳素钢和低合金钢油淬火—回火圆截面钢丝。GB/T18983根据ISO/FDIS8458—3《机械弹簧用钢丝，油淬火和回火钢丝》制订。

5. 钢丝抗拉强度分级代号和国内常用钢号的对应关系：FDC、TDC、VDC—65、70、65Mn；FDCrV-A、TDCrV-A、VDCrV-A—50CrVA；FDCrV-B、TDCrV-B、VDCrV-B—67CrV；FDSiMn—60Si2Mn；TDSiMn—60Si2MnA；FDCrSi、TDCrSi、VDCrSi—55CrSi。

6. 标记示例：用60Si2MnA钢制造的直径为11.0mm的TD级钢丝，标记为：TDSiMn—11.0—GB/T18983—2003。

表2.1-154 油淬火—回火弹簧钢丝(静态级、中疲劳级)力学性能
(摘自GB/T18983—2003)

直径范围 /mm	抗拉强度/MPa					断面收缩率①(%) ≥	
	FDC TDC	FDCrV-A TDCrV-A	FDCrV-B TDCrV-B	FDSiMn TDSiMn	FDCrSi TDCrSi	FD	TD
0.50～0.80	1800～2100	1800～2100	1900～2200	1850～2100	2000～2250	—	
>0.80～1.00	1800～2060	1780～2080	1860～2160	1850～2100	2000～2250	—	
>1.00～1.30	1800～2010	1750～2010	1850～2100	1850～2100	2000～2250	45	45
>1.30～1.40	1750～1950	1750～1990	1840～2070	1850～2100	2000～2250	45	45

（续）

直径范围 /mm	抗拉强度/MPa					断面收缩率①（%） ≥	
	FDC TDC	FDCrV-A TDCrV-A	FDCrV-B TDCrV-B	FDSiMn TDSiMn	FDCrSi TDCrSi	FD	TD
>1.40 ~ 1.60	1740 ~ 1890	1710 ~ 1950	1820 ~ 2030	1850 ~ 2100	2000 ~ 2250	45	45
>1.60 ~ 2.00	1720 ~ 1890	1710 ~ 1890	1790 ~ 1970	1820 ~ 2000	2000 ~ 2250	45	45
>2.00 ~ 2.50	1670 ~ 1820	1670 ~ 1830	1750 ~ 1900	1800 ~ 1950	1970 ~ 2140	45	45
>2.50 ~ 2.70	1640 ~ 1790	1660 ~ 1820	1720 ~ 1870	1780 ~ 1930	1950 ~ 2120	45	45
>2.70 ~ 3.00	1620 ~ 1770	1630 ~ 1780	1700 ~ 1850	1760 ~ 1910	1930 ~ 2100	45	45
>3.00 ~ 3.20	1600 ~ 1750	1610 ~ 1760	1680 ~ 1830	1740 ~ 1890	1910 ~ 2080	40	45
>3.20 ~ 3.50	1580 ~ 1730	1600 ~ 1750	1660 ~ 1810	1720 ~ 1870	1900 ~ 2060	40	45
>3.50 ~ 4.00	1550 ~ 1700	1560 ~ 1710	1620 ~ 1770	1710 ~ 1860	1870 ~ 2030	40	45
>4.00 ~ 4.20	1540 ~ 1690	1540 ~ 1690	1610 ~ 1760	1700 ~ 1850	1860 ~ 2020	40	45
>4.20 ~ 4.50	1520 ~ 1670	1520 ~ 1670	1590 ~ 1740	1690 ~ 1840	1850 ~ 2000	40	45
>4.50 ~ 4.70	1510 ~ 1660	1510 ~ 1660	1580 ~ 1730	1680 ~ 1830	1840 ~ 1990	40	45
>4.70 ~ 5.00	1500 ~ 1650	1500 ~ 1650	1560 ~ 1710	1670 ~ 1820	1830 ~ 1980	40	45
>5.00 ~ 5.60	1470 ~ 1620	1460 ~ 1610	1540 ~ 1690	1660 ~ 1810	1800 ~ 1950	35	40
>5.60 ~ 6.00	1460 ~ 1610	1440 ~ 1590	1520 ~ 1670	1650 ~ 1800	1780 ~ 1930	35	40
>6.00 ~ 6.50	1440 ~ 1590	1420 ~ 1570	1510 ~ 1660	1640 ~ 1790	1760 ~ 1910	35	40
>6.50 ~ 7.00	1430 ~ 1580	1400 ~ 1550	1500 ~ 1650	1630 ~ 1780	1740 ~ 1890	35	40
>7.00 ~ 8.00	1400 ~ 1550	1380 ~ 1530	1480 ~ 1630	1620 ~ 1770	1710 ~ 1860	35	40
>8.00 ~ 9.00	1380 ~ 1530	1370 ~ 1520	1470 ~ 1620	1610 ~ 1760	1700 ~ 1850	30	35
>9.00 ~ 10.00	1360 ~ 1510	1350 ~ 1500	1450 ~ 1600	1600 ~ 1750	1660 ~ 1810	30	35
>10.00 ~ 12.00	1320 ~ 1470	1320 ~ 1470	1430 ~ 1580	1580 ~ 1730	1660 ~ 1810	30	—
>12.00 ~ 14.00	1280 ~ 1430	1300 ~ 1450	1420 ~ 1570	1560 ~ 1710	1620 ~ 1770	30	—
>14.00 ~ 15.00	1270 ~ 1420	1290 ~ 1440	1410 ~ 1560	1550 ~ 1700	1620 ~ 1770	—	
>15.00 ~ 17.00	1250 ~ 1400	1270 ~ 1420	1400 ~ 1550	1540 ~ 1690	1580 ~ 1730		

注：一盘或一轴内钢丝抗拉强度允许波动范围为：VD 级钢丝不超过 50MPa，TD 级钢丝不超过 60MPa，FD 级钢丝不超过 70MPa。

① FDSiMn 和 TDSiMn 直径≤5.00mm 时，断面收缩率应≥35%；直径 >5.00mm ~ 14.00mm 时，断面收缩率应≥30%。

表 2.1-155 油淬火—回火弹簧钢丝（高疲劳级）力学性能（摘自 GB/T18983—2003）

直径范围 /mm	抗拉强度/MPa				断面收缩率（%） ≥
	VDC	VDCrV-A	VDCrV-B	VDCrSi	
0.50 ~ 0.80	1700 ~ 2000	1750 ~ 1950	1910 ~ 2060	2030 ~ 2230	—
>0.80 ~ 1.00	1700 ~ 1950	1730 ~ 1930	1880 ~ 2030	2030 ~ 2230	—
>1.00 ~ 1.30	1700 ~ 1900	1700 ~ 1900	1860 ~ 2010	2030 ~ 2230	45
>1.30 ~ 1.40	1700 ~ 1850	1680 ~ 1860	1840 ~ 1990	2030 ~ 2230	45
>1.40 ~ 1.60	1670 ~ 1820	1660 ~ 1860	1820 ~ 1970	2000 ~ 2180	45
>1.60 ~ 2.00	1650 ~ 1800	1640 ~ 1800	1770 ~ 1920	1950 ~ 2110	45
>2.00 ~ 2.50	1630 ~ 1780	1620 ~ 1770	1720 ~ 1860	1900 ~ 2060	45
>2.50 ~ 2.70	1610 ~ 1760	1610 ~ 1760	1690 ~ 1840	1890 ~ 2040	45
>2.70 ~ 3.00	1590 ~ 1740	1600 ~ 1750	1660 ~ 1810	1880 ~ 2030	45

（续）

直径范围/mm	抗拉强度/MPa				断面收缩率(%)
	VDC	VDCrV-A	VDCrV-B	VDCrSi	≥
>3.00~3.20	1570~1720	1580~1730	1640~1790	1870~2020	45
>3.20~3.50	1550~1700	1560~1710	1620~1770	1860~2010	45
>3.50~4.00	1530~1680	1540~1690	1570~1720	1840~1990	45
>4.20~4.50	1510~1660	1520~1670	1540~1690	1810~1960	45
>4.70~5.00	1490~1640	1500~1650	1520~1670	1780~1930	45
>5.00~5.60	1470~1620	1480~1630	1490~1640	1750~1900	40
>5.60~6.00	1450~1600	1470~1620	1470~1620	1730~1890	40
>6.00~6.50	1420~1570	1440~1590	1440~1590	1710~1860	40
>6.50~7.00	1400~1550	1420~1570	1420~1570	1690~1840	40
>7.00~8.00	1370~1520	1410~1560	1390~1540	1660~1810	40
>8.00~9.00	1350~1500	1390~1540	1370~1520	1640~1790	35
>9.00~10.00	1340~1490	1370~1520	1340~1490	1620~1770	35

表 2.1-156 油淬火—回火弹簧钢丝双向扭转试验要求（摘自 GB/T18983—2003）

<table>
<tr><th rowspan="2">公称直径/mm</th><th colspan="2">TDC VDC</th><th colspan="2">TDCrV VDCrV</th><th colspan="2">TDCrSi VDCrSi</th></tr>
<tr><th>右转圈数</th><th>左转圈数</th><th>右转圈数</th><th>左转圈数</th><th>右转圈数</th><th>左转圈数</th></tr>
<tr><td>>0.70~1.00</td><td rowspan="8">6</td><td>24</td><td rowspan="8">6</td><td>12</td><td>6</td><td rowspan="8">0</td></tr>
<tr><td>>1.00~1.60</td><td>16</td><td>8</td><td>5</td></tr>
<tr><td>>1.60~2.50</td><td>14</td><td rowspan="6">4</td><td rowspan="4">4</td></tr>
<tr><td>>2.50~3.00</td><td>12</td></tr>
<tr><td>>3.00~3.50</td><td>10</td></tr>
<tr><td>>3.50~4.50</td><td>8</td></tr>
<tr><td>>4.50~5.60</td><td>6</td><td rowspan="2">3</td></tr>
<tr><td>>5.60~6.00</td><td>4</td></tr>
</table>

注：1. 公称直径 >6.00mm 的钢丝绕直径等于钢丝直径 2 倍的芯棒弯曲 90°，试验后不得出现裂纹。

2. 钢丝表面应光滑，不应有对钢丝使用可能产生有害影响的划伤、结疤、锈蚀、裂纹等缺陷。

3. VD 级和 TD 级钢丝表面不得有全脱碳层，表面脱碳允许最大深度：VD 级、TD 级和 FD 级钢丝分别为 1.0% d、1.3% d、1.5% d，TDSiMn 最大深度为 1.5% d，d 为钢丝公称直径。

4. VD 级钢丝应检验非金属夹杂物，其合格级别由供需双方协商，合同未规定者，合格级别由供方确定。阀门用钢丝应在合同中注明非金属夹杂物级别。

5. 公称直径 <3.00mm 的钢丝在芯棒（其直径等于钢丝直径）上缠绕至少 4 圈，其表面不得产生裂纹或断开。

6. 公称直径 0.70~6.00mm 的钢丝应进行扭转试验，单向扭转即向一个方向扭转至少 3 次直到断裂，断口应平齐。TD 级和 VD 级钢丝可采用双向扭转，试验方法，具体要求符合本表规定。

5.4.5 重要用途碳素弹簧钢丝（见表 2.1-157）

表 2.1-157 重要用途碳素弹簧钢丝尺寸规格、牌号及力学性能（摘自 YB/T 5311—2006）

钢丝尺寸及允许偏差	钢丝按用途分为 E、F、G 三组， 直径范围：E 组——0.08~6.00mm，F 组——0.08~6.00mm，G 组——1.00~6.00mm。直径规格应符合 GB/T342—1997 的规定（见表 2.1-148） 钢丝直径允许偏差，E 组符合 GB/T342—1997 中 10 级规定，F 组和 G 组符合 11 级规定。经供需双方协议，E 组按 11 级，F 组和 G 组按 10 级。

（续）

直径 /mm	抗拉强度/MPa E组	F组	G组	最小盘重 /kg	直径 /mm	抗拉强度/MPa E组	F组	G组	最小盘重 /kg
0.08	2330～2710	2710～3060	—	0.1	0.70	2120～2500	2500～2850	—	0.5
0.09	2320～2700	2700～3050	—		0.80	2110～2490	2490～2840	—	
0.10	2310～2690	2690～3040	—		0.90	2060～2390	2390～2690	—	
0.12	2300～2680	2680～3030	—	0.2	1.00	2020～2350	2350～2650	1850～2110	2.0
0.14	2290～2670	2670～3020	—		1.20	1920～2270	2270～2570	1820～2080	
0.16	2280～2660	2660～3010	—		1.40	1870～2200	2200～2500	1780～2040	
0.18	2270～2650	2650～3000	—		1.60	1830～2140	2160～2480	1750～2010	
0.20	2260～2640	2640～2990	—		1.80	1800～2130	2060～2360	1700～1900	
0.22	2240～2620	2620～2970	—	0.4	2.00	1760～2090	1970～2230	1670～1910	5.0
0.25	2220～2600	2600～2950	—		2.20	1720～2000	1870～2130	1620～1860	
0.28	2220～2600	2600～2950	—		2.50	1680～1960	1770～2030	1620～1860	
0.30	2210～2600	2600～2950	—		2.80	1630～1910	1720～1980	1570～1810	
0.32	2210～2590	2590～2940	—	0.5	3.00	1610～1890	1690～1950	1570～1810	
0.35	2210～2590	2590～2940	—		3.20	1560～1840	1670～1930	1570～1810	8.0
0.40	2200～2580	2580～2930	—		3.50	1520～1750	1620～1840	1470～1710	
0.45	2190～2570	2570～2920	—		4.00	1480～1710	1570～1790	1470～1710	
0.50	2180～2560	2560～2910	—		4.50	1410～1640	1500～1720	1470～1710	
0.55	2170～2550	2550～2900	—		5.00	1380～1610	1480～1700	1420～1660	
0.60	2160～2540	2540～2890	—		5.50	1330～1560	1440～1660	1400～1640	
0.63	2140～2520	2520～2870	—		6.00	1320～1550	1420～1660	1350～1590	

注：1. 中间尺寸钢丝的抗拉强度按相邻较大尺寸的规定执行；如需方要求，并在合同中注明，也可以按相邻较小尺寸的规定。

2. 钢丝适用于制造具有高应力，阀门弹簧等重要用途的不经热处理或仅经低温回火的弹簧。

3. 钢丝采用65Mn、70、T9A、T8MnA制造，各牌号的化学成分应符合YB/T 5311—2006的规定。

4. 标记示例：

a）钢丝力学性能为E级，直径1.60mm，直径允许偏差10级的重要用途碳素弹簧钢丝，标记为：

$$\text{重要用途碳素弹簧钢丝}\frac{1.60\text{—}10\text{—GB/T 342—1997}}{\text{E—YB/T 5311—2006}}$$

b）当需方要求注明牌号，如a）例中要求采用70钢时，其标记为：

$$\text{重要用途碳素弹簧钢丝}\frac{1.60\text{—}10\text{—GB/T 342—1997}}{\text{70—E—YB/T 5311—2006}}$$

5.4.6　碳素工具钢丝（见表2.1-158）

表2.1-158　碳素工具钢丝分类、尺寸规格、牌号及力学性能（摘自YB/T 5322—2006）

<table>
<tr><td rowspan="6">分类及尺寸规格</td><td rowspan="2">分类、直径及允许偏差规定</td><td>分类及代号</td><td colspan="2">冷拉、热处理钢丝</td><td colspan="2">磨光钢丝</td></tr>
<tr><td>冷拉钢丝：L
磨光钢丝：Zm
热处理钢丝：R</td><td colspan="2">直径及允许偏差按GB/T342中11级（h11）的规定</td><td colspan="2">直径及允许偏差按GB/T3207中h11级的规定</td></tr>
<tr><td rowspan="4">钢丝长度</td><td rowspan="2">直径/mm</td><td rowspan="2">通常长度/m</td><td colspan="3">短　尺</td></tr>
<tr><td colspan="2">长度/m≥</td><td>数　量</td></tr>
<tr><td>1～3</td><td>1～2</td><td colspan="2">0.8</td><td rowspan="3">不超过每批重量1.5%</td></tr>
<tr><td></td><td>>3～6</td><td>2～3.5</td><td colspan="2">1.2</td></tr>
<tr><td></td><td></td><td>>6～16</td><td>2～4</td><td colspan="2">1.5</td></tr>
</table>

（续）

<table>
<tr><td rowspan="7">分类及尺寸规格</td><td rowspan="7">钢丝盘重</td><td>公称尺寸/mm</td><td>每盘重量/kg≥</td><td colspan="3">备 注</td></tr>
<tr><td><0.25</td><td>0.30</td><td colspan="3" rowspan="6">钢丝成盘交货时，每盘由同一根钢丝组成，其重量应符合本表规定
允许供应重量不少于表内规定盘重的50%的钢丝，其数量不得超过交货重量的10%
钢丝采用GB/T1298碳素工具钢牌号制成，牌号由需方指定，适用于制作工具及耐磨机械零件</td></tr>
<tr><td>>0.25～0.80</td><td>0.50</td></tr>
<tr><td>>0.80～1.50</td><td>1.50</td></tr>
<tr><td>>1.50～3.00</td><td>5.00</td></tr>
<tr><td>>3.00～4.50</td><td>8.00</td></tr>
<tr><td>>4.50</td><td>10.00</td></tr>
<tr><td rowspan="8">牌号及力学性能</td><td rowspan="2">牌 号</td><td colspan="2">试 样 淬 火</td><td>退火状态</td><td>热处理状态</td><td>冷拉状态</td></tr>
<tr><td>淬火温度和冷却剂</td><td>硬度值HRC</td><td>硬度值HBW</td><td colspan="2">抗拉强度 σ_b/MPa</td></tr>
<tr><td>T7(A)</td><td>800～820℃，水</td><td rowspan="6">≥62</td><td>≤187</td><td rowspan="2">490～685</td><td rowspan="6">≤1080</td></tr>
<tr><td>T8(A)、T6Mn(A)</td><td>780～800℃</td><td>≤192</td></tr>
<tr><td>T9(A)</td><td rowspan="4">760～780℃，水</td><td>≤197</td><td rowspan="4">540～735</td></tr>
<tr><td>T10(A)</td><td>≤207</td></tr>
<tr><td>T11(A)、T12(A)</td><td rowspan="2">≤217</td></tr>
<tr><td>T13(A)</td></tr>
</table>

注：1. 直径小于5mm的钢丝，不做试样淬火硬度和退火硬度检验。

2. 检验退火硬度时，不检验抗拉强度。

5.4.7 合金弹簧钢丝（见表2.1-159）

表2.1-159 合金弹簧钢丝的尺寸规格（摘自YB/T 5318—2006）

项 目	指 标	
尺寸规格	1. 钢丝的直径为0.50～14.0mm 2. 冷拉或热处理钢丝直径及直径允许偏差应符合GB/T342的规定 3. 银亮钢丝直径及直径允许偏差应符合GB/T3207的规定 4. 钢丝直径允许偏差级别应在合同中注明，未注明时银亮钢丝按10级、其他钢丝按11级供货	
外 形	1. 钢丝的圆度不得大于钢丝直径公差之半 2. 钢丝盘应规整，打开钢丝盘时不得散乱或呈现“∞”字形 3. 按直条交货的钢丝，其长度一般为2000～4000mm	
盘 重	钢丝直径/mm	最小盘重/kg
	0.50～1.00	1.0
	>1.00～3.00	5.0
	>3.00～6.00	10.0
	>6.00～9.00	15.0
	>9.00～14.0	30.0

注：1. 钢丝适于制造承受中，高应力的各种机械合金弹簧，采用50CrVA、55CrSiA、60Si2MnA制造，化学成分符合YB/T 5318—2006规定。

2. 直径大于5mm的冷拉钢丝其抗拉强度不大于1030MPa，经供需双方同意，也可用硬度代替抗拉强度，其硬度值不大于302HBW。

3. 交货状态：冷拉——WCD；热处理——退火（TA）、正火（TN）、淬火＋回火（TQT）。

4. 直径不大于5mm的冷拉钢丝应按YB/T 5318—2006规定作缠绕试验。

5.4.8　合金结构钢丝(见表2.1-160~表2.1-162)

表2.1-160　合金结构钢丝分类及尺寸规格(摘自YB/T 5301—2006)

分类及代号	Ⅰ类:特殊用途钢丝,Ⅱ类:一般用途钢丝, 交货状态:冷拉——L,退火——T 类别及交货状态应在合同中注明,否则按Ⅱ类　冷拉交货
公称尺寸规定	直径不大于10mm冷拉圆钢丝,2~8mm冷拉方钢丝和六角钢丝,尺寸规格符合GB/T342—1997的规定
公称尺寸允许偏差	直径、边长、对边距离的允许偏差按GB/T342—1997h11级的规定

注:1. 成盘供应钢丝,公称尺寸≤3mm盘重≥10kg;公称尺寸>3mm,盘重大于等于15kg;马氏体及半马氏体钢丝,盘重≥10kg。

2. 标记示例:用40Cr制造、尺寸允许偏差11级,直径5.00mm,退火状态的Ⅱ类钢丝,标记为:

冷拉圆钢丝$\frac{\text{h11—5.00—GB/T342—1997}}{\text{40Cr—T—Ⅱ—YB/T 5301—2006}}$

表2.1-161　合金结构钢丝牌号及交货状态力学性能(摘自YB/T 5301—2006)

牌号	Ⅰ类				Ⅱ类	
	冷拉状态		退火状态		冷拉状态	退火状态
	公称尺寸/mm		公称尺寸/mm		抗拉强度 σ_b/MPa ≤	抗拉强度 σ_b/MPa ≤
	<5	≥5	<5	≥5		
	抗拉强度 σ_b/MPa	布氏硬度HBW	抗拉强度 σ_b/MPa	布氏硬度HBW		
15CrA 38CrA 40CrA 12CrNi3A 20CrNi3A 30CrMnSiA	≤1080	≤302	≤785	≤229	1080	930
30CrNi3A 30CrMnMoTiA	≤1080	≤302	≤835	≤241		
12Cr2Ni4A 18Cr2Ni4WA 25Cr2Ni4WA 30SiMn2MoVA 30CrMnSiNi2A 30CrNi2MoVA 35CrMnSiA 38CrMoAlA 40CrNiMoA 50CrVA	—	—	≤930	≤269		

注:1. 本表未列牌号的力学性能指标按供需双方协议规定。

2. 钢丝的牌号及化学成分应符合GB/T3077和GB/T3079的规定。

表2.1-162　合金结构钢丝(Ⅰ类热处理试样)力学性能(摘自YB/T 5301—2006)

牌号	推荐热处理制度					力学性能			
	淬火			回火		抗拉强度 σ_b/MPa	屈服强度 σ_s/MPa	伸长率 δ_5(%)	收缩率 ψ(%)
	温度/℃		冷却剂	温度/℃	冷却剂	不小于			
	第一次淬火	第二次淬火							
12CrNi3A	860	780~810	油	150~170	空	980	685	11	55
						885	635	12	55
12Cr2Ni4A	780~810	—	油	150~170	空	1030	785	12	55
15CrA	860	780~810	油	150~170	空	590	390	15	45

（续）

牌　号	推荐热处理制度 淬火 温度/℃ 第一次淬火	第二次淬火	冷却剂	回火 温度/℃	冷却剂	力学性能 抗拉强度 σ_b/MPa	屈服强度 σ_s/MPa	伸长率 δ_5(%)	收缩率 ψ(%)
						不小于			
18Cr2Ni4WA	950	860~870	空油	525~575	空	1030	785	12	50
	950	850~860	空	150~170	空	1130	835	11	45
20CrNi3A	820~840	—	油或水	400~500	油或水	980	835	10	55
30CrMnSiA	870~890	—	油	510~570	油	1080	835	10	45
30CrMnSiNi2A	890~900	—	油	200~300	空	1570		9	45
38CrMoAlA	930~950	—	油或温水	600~670	油或水	930	785	15	50
						980	835	15	50
38CrA	860	—	油	500~590	油或水	885	785	12	50
						930	785	12	50
40CrNiMoA	850	—	油	550~650	水或空	1030	930	12	50
	840~860		油	550~650		980	835	12	55
50CrVA	860	—	油	460~520	油	1275	1080	10	45
				400~500		1275	1080	10	45
40Cr(A)	850±20	—	油	500±50	水或油	980	—	9	—
35CrMnSiA	在温度为280~310℃的硝酸盐混合液中自880℃开始等温淬火					1620	—	9	—
30CrNi3A	820±20	—	油	530±50	水或油	980	—	9	—
25Cr2Ni4WA	850±20	—	油	560±50	油	1080	—	11	—
30CrMnMoTiA	870±20	—	油	200±20	—	1520	—	9	—
30SiMn2MoVA	870±20	—	油	650±50	空或油	885	—	10(系δ_{10})	—
30CrNi2MoVA	860±20	—	油	680±50	水或油	885	—	10(系δ_{10})	—

注：1. 公称尺寸不小于2.00mm的Ⅰ类钢丝试样淬火、回火后的力学性能符合本表规定。

2. 尺寸小于2.00mm钢丝的力学性能由供需双方协定。

3. 尺寸小于5.00mm的钢丝，只检验抗拉强度和伸长率。

5.4.9　不锈钢丝（见表2.1-163）

表2.1-163　不锈钢丝规格（摘自GB/T4240—1993）

分类、牌号代号及化学成分	1. 按组织分为三类： 奥氏体型：0Cr17Ni12Mo2、1Cr18Ni9、1Cr18Ni9Ti、0Cr18Ni9、0Cr19Ni9N、00Cr17Ni14Mo2、Y1Cr18Ni9、Y1Cr18Ni9Se、1Cr18Ni12、0Cr18Ni11Ti、0Cr18Ni11Nb、00Cr19Ni11、0Cr23Ni13、0Cr25Ni20 铁素体型：1Cr17、Y1Cr17 马氏体型：1Cr13、Y1Cr13、2Cr13、3Cr13、4Cr13、1Cr17Ni2、9Cr18 2. 化学成分应符合GB/T1220规定 3. 交货状态：软态（R）——钢丝进行光亮热处理或热处理后进行酸洗及类似处理 轻拉（Q）——钢丝进行热处理后的小变形程度拉拔 冷拉（L）——钢丝热处理后进行常规拉拔
尺寸及外形规定	钢丝直径符合GB/T342—1997，直径范围：软态0.05~14mm；轻拉0.50~14.0mm；冷拉0.50~6.0mm 钢丝直径允许偏差按GB/T342h11级规定 钢丝圆度不大于直径公差之半 钢丝按盘交货；按要求亦可供直条钢丝和银亮钢丝，其尺寸及外形分别按GB/T342和GB/T3207规定

（续）

	直径/mm	抗拉强度 σ_b/MPa	伸长率（%）≥	牌号及状态代号
软态钢丝力学性能	0.05～0.10	690～1030	15	0Cr17Ni12Mo2—R、Y1Cr18Ni9Se—R、1Cr18Ni9—R、1Cr18Ni12—R、1Cr18Ni9Ti—R、0Cr18Ni11Ti—R、Cr18Ni9—R、0Cr19Ni9N—R、0Cr18Ni11Nb—R、00Cr19Ni11—R、00Cr17Ni14Mo2—R、0Cr23Ni13—R、Y1Cr19Ni9—R、0Cr25Ni20—R
	>0.10～0.30	640～980	20	
	>0.30～0.60	590～930	20	
	>0.60～1.00	540～880	25	
	>1.00～3.00	490～830	25	
	>3.00～6.00	490～830	30	
	>6.00～14.00	490～790	30	
	0.05～14.00	590～830	—	4Cr13—R、9Cr18R、1Cr17Ni2—R
轻拉钢丝力学性能	>0.50～1.00	830～1180	—	0Cr17Ni12Mo2—Q、1Cr18Ni9—Q、1Cr18Ni12—Q、Y1Cr18Ni9Se—Q、1Cr18Ni9Ti—Q、0Cr18Ni11Ti—Q、0Cr18Ni9—Q、0Cr18Ni11Nb—Q、0Cr19Ni9N—Q、00Cr19Ni11—Q、00Cr17Ni14Mo2—Q、0Cr23Ni13—Q、Y1Cr18Ni9—Q、0Cr25Ni20—Q
	>1.00～3.00	780～1130	—	
	>3.00～6.00	730～1080	—	
	>6.00～14.00	730～1030	—	
	0.50～3.00	640～930	—	Y1Cr13—Q、Y1Cr17—Q、2r13—Q、3r13—Q
	>3.00～6.00	590～880		
	>6.00～14.00	590～840		
	0.50～6.00	540～790	—	1Cr13—Q、1Cr17—Q
	>6.00～14.00	490～740		
冷拉钢丝力学性能	0.50～1.00	1180～1520	—	0Cr17Ni12Mo2—L、1Cr18Ni9—L、1Cr18Ni9—L、0Cr18Ni9—L、0Cr19Ni9N—L
	>1.00～3.00	1130～1470		
	>3.00～6.00	1080～1420		

注：1. 表中所列伸长率值不适用于Y1Cr18Ni9和Y1Cr18Ni9Se。

2. 直条钢丝和银亮钢丝力学性能上下限允许有10%的波动。

3. 不锈钢丝主要适用于制作耐蚀的机械零件，不适用于弹簧、冷顶锻及焊接用。

5.4.10　合金工具钢丝（见表2.1-164）

表2.1-164　合金工具钢丝规格（摘自YB/T095—1997）

尺寸规格及允许偏差规定	钢丝直径范围为1.5～8.0mm，分为退火钢丝和磨光钢丝两种 退火钢丝直径应符合GB/T342—1997规定，其直径允许偏差应按11级精度 磨光钢丝直径应符合GB/T3207规定，直径允许偏差按11级精度 按需方要求，可供应其他精度级别钢丝，但应在合同中注明 退火钢丝和磨光钢丝外形要求分别按GB/T342和GB/T3207规定				
牌号及化学成分规定	钢丝牌号及化学成分符合GB/T1299规定，适用于制造工具及机械零件				
力学性能	牌号	退火状态	试样淬火		磨光状态
		退火硬度 HBW ≤	淬火温度及冷却剂	硬度值 HRC ≥	硬度 HBW
	9SiCr	255	820～860℃，油	62	磨光状态交货钢丝硬度值允许比退火硬度值提高10%
	CrWMn	255	800～830℃，油	62	
	9CrWMn	255	800～830℃，油	62	
	Cr12MoV	255	950～1000℃，油	62	
	3Cr2W8V	255	—	—	
	4Cr5MoSiV	255			

注：1. 直径<5.0mm钢丝不做硬度检验，按需方要求可作拉力或其他检验，指标由双方协定。

2. 按需方要求，合同中注明，制造螺纹刀具用退火9SiCr钢丝，硬度值为197～241HBW。

3. 供方能保证试样淬火硬度，可不做检验。

5.4.11　高速工具钢丝(见表2.1-165)

表2.1-165　高速工具钢丝牌号、硬度及尺寸规格(摘自YB/T 5302—2006)

项　目	指　标
尺寸规格	1. 钢丝的直径范围为1.00~16.0mm 2. 退火钢丝的直径及其允许偏差应符合GB/T342中的9~11级规定 3. 磨光钢丝的直径及其允许偏差应符合GB/T3207中的9~11级规定
外　形	1. 退火直条钢丝的每米直线度不得大于2mm,磨光直条钢丝每米直线度不得大于1mm。端部变形由公称尺寸算起,端头直径增加量不是超过直径公差 2. 钢丝的圆度不得大于钢丝公称直径公差之半

钢丝公称直径/mm	通常长度/mm	短尺长度/mm ≥
1.00~3.00	1000~2000	800
>3.00~6.00	2000~4000	1200
>6.00	2000~6000	1200

牌　号	试样热处理制度			硬度值 HRC ≥
	淬火温度/℃	冷却剂	回火温度/℃	
W18Cr4V	1270~1285	油	550~570	63
W6Mo5Cr4V2	1210~1230		550~570	
W9Mo3Cr4V	1220~1240		540~560	
W4Mo3Cr4VSi	1170~1190		540~560	

注:1. 钢丝的交货状态为退火(包括直条或盘圆)或退火磨光状态。

2. 直径不小于5mm的钢丝应检验布氏硬度,硬度值为207~255HBW。直径小于5mm的钢丝应检验维氏硬度,其硬度值为206~256HV,若供方能保证合格,可不做检验。

3. 钢丝牌号的化学成分应符合YB/T 5302—2006的规定。

4. 钢丝适于制作各类工具及偶件针阀等。

6　粉末冶金材料

6.1　粉末冶金结构材料

6.1.1　粉末冶金铁基结构材料(见表2.1-166、表2.1-167)

表2.1-166　粉末冶金铁基结构材料性能参考值(摘自GB/T14667.1—1993)

牌　号	屈服强度 $\sigma_{0.2}$/MPa	规定比例极限 $\sigma_{0.1}$/MPa	正弹性模量 $E/\times10^3$MPa	剩余变形为0.1%的压缩强度 σ_{bc}/MPa
	≥			
F0001J	70	50	78	80
F0002J	100	80	88	100
F0003J	135	100	98	120
F0101J	70	50	78	100
F0102J	100	80	83	120
F0103J	135	100	88	145
F0111J	100	80	83	120
F0112J	135	100	88	145
F0113J	180	135	98	190
F0121J	135	100	88	145
F0122J	180	135	93	190
F0123J	220	180	103	245
F0201J	190	135	93	190
F0202J	245	180	107	295
F0203J	345	245	122	390
F0211J	295	190	112	345
F0212J	390	295	127	440

注:本表为GB/T14667.1—1993粉末冶金铁基结构材料的附录(参考件)。

表 2.1-167　粉末冶金铁基结构材料分类、牌号、化学成分、性能及应用（摘自 GB/T14667.1—1993）

类别	牌号	密度 /g·cm^{-3} ≥	化学成分(质量分数)(%) Fe	$C_{化合}$	Cu	Mo	其他	力学性能 ≥ σ_b /MPa	δ (%)	α_k /J·cm^{-2}	$\sigma_{0.2}$ /MPa	$\sigma_{0.1}$ /MPa	E /MPa	σ_{bc} /MPa	表观硬度 HBW ≥	主要特点与应用举例
烧结铁	F0001J	6.4	余量	≤0.1	—	—	≤1.5	100	3.0	4.9	68.6	49	78400	78.4	40	塑性、韧性、焊接性与导磁性较好，适于制造受力极低、要求翻铆或焊接以及要求导磁的零件，如垫片、尺框、接铁、磁筒、极靴等
	F0002J	6.8		≤0.1	—	—	≤1.5	150	5.0	9.8	98	78.4	88200	98	50	
	F0003J	7.2		≤0.1	—	—	≤1.5	200	7.0	19.6	137.2	98	98000	117.6	60	
烧结碳钢	F0101J	6.2	余量	>0.1~0.4	—	—	≤1.5	100	1.5	4.9	68.6	49	78400	98	50	塑性、韧性、焊接性较好，可进行渗碳淬火处理，适于制造受力较小，要求翻铆或焊接零件以及要求渗碳淬火零件，如端盖、滑块、底座等
	F0102J	6.4		>0.1~0.4	—	—	≤1.5	150	2.0	9.8	98	78.4	83300	117.6	60	
	F0103J	6.8		>0.1~0.4	—	—	≤1.5	200	3.0	14.7	137.2	98	88200	147	70	
	F0111J	6.2	余量	>0.4~0.7	—	—	≤1.5	150	1.0	4.9	98	78.4	83300	117.6	60	强度较高，可进行热处理，适于制造轻负荷结构零件和要求热处理的零件，如隔套、接头、调节螺母、传动小齿轮、液压泵转子等
	F0112J	6.4		>0.4~0.7	—	—	≤1.5	200	1.5	4.9	137.2	98	88200	147	70	
	F0113J	6.8		>0.4~0.7	—	—	≤1.5	250	2.0	9.8	176.4	137.2	98000	196	80	
	F0121J	6.2	余量	>0.7~1.0	—	—	≤1.5	200	0.5	2.94	137.2	98	88200	147	70	强度与硬度较高，耐磨性较好，可进行热处理，适于制造一般结构零件和耐磨零件，如推力垫、档套等
	F0122J	6.4		>0.7~1.0	—	—	≤1.5	250	0.5	4.9	176.4	137.2	93100	196	80	
	F0123J	6.8		>0.7~1.0	—	—	≤1.5	300	1.0	4.9	215.6	171.4	102900	245	90	
烧结铜钢	F0201J	6.2	余量	0.5~0.8	2~4	—	≤1.5	250	0.5	2.94	196	137.2	93100	196	90	强度与硬度高、耐磨性好，抗大气氧化性较好，可进行热处理，适于制造受力较大或耐磨的零件，如链轮、齿轮、推杆体、锁紧螺母、摆线转子等
	F0202J	6.4		0.5~0.8	2~4	—	≤1.5	350	0.5	4.9	245	171.4	107800	294	100	
	F0203J	6.8		0.5~0.8	2~4	—	≤1.5	500	0.5	4.9	343	245	122500	392	110	
烧结铜钼钢	F0211J	6.4	余量	0.4~0.7	2~4	0.5~1.0	≤1.5	400	0.5	4.9	294	196	112700	343	120	强度与硬度高，耐磨性好，渗透性好，热稳定性好，高温回火脆性低，适于制造受力高、要求耐磨或要求调质处理零件，如滚子、提火链块、螺旋螺母、活塞环、锁紧块、齿轮等
	F0212J	6.8		0.4~0.7	2~4	0.5~1.0	≤1.5	550	0.5	4.9	392	294	127400	441	130	

牌号示例说明：

F 0 0 01 J

- J — 烧结状态
- 01 — 顺序号
- 0 — 铁及铁基合金
- 0 — 结构材料
- F — 粉末冶金材料

6.1.2 热处理状态粉末冶金铁基结构材料(见表2.1-168)

表2.1-168 热处理状态粉末冶金铁基结构材料类别、化学成分及力学性能
(摘自 JB/T3593—1999)

类别	密度 /g·cm^{-3} ≥	化学成分(质量分数)(%)					力学性能		
		Fe	$C_{化合}$	Cu	Mo	其他	σ_b/MPa ≥	α_k/J·cm^{-2} ≥	(HRA) ≥
烧结低碳钢	6.5	余量	>0.1~0.4	—	—	≤2.0	(400)	3.0	50
	6.8	余量	>0.1~0.4	—	—	≤2.0	450	3.0	55
烧结中碳钢	6.5	余量	>0.4~0.7	—	—	≤2.0	450	3.0	45
	6.8	余量	>0.4~0.7	—	—	≤2.0	500	5.0	50
烧结高碳钢	6.5	余量	>0.7~1.0	—	—	≤2.0	500	3.0	50
	6.8	余量	>0.7~1.0	—	—	≤2.0	550	5.0	55
烧结铜钢	6.5	余量	>0.5~0.8	2~4	—	≤2.0	550	3.0	55
	6.8	余量	>0.5~0.8	2~4	—	≤2.0	650	5.0	60
烧结铜钼钢	6.5	余量	>0.5~0.8	2~4	0.5~1.0	≤2.0	550	3.0	55
	6.8	余量	>0.5~0.8	2~4	0.5~1.0	≤2.0	700	5.0	65

注:1. 化合碳量允许用金相法评定。

2. 化合碳量低于0.4%采用渗碳淬火。

3. 括弧内数字为参考值。

4. 本表材料适于 GB/T14667.1—1993 粉末冶金铁基结构材料规定的烧结碳钢、烧结铜钢、烧结铜钼钢热处理状态的选材。

6.1.3 烧结奥氏体不锈钢结构零件材料(见表2.1-169)

表2.1-169 烧结奥氏体不锈钢结构零件材料的牌号、化学成分及力学性能(摘自 GB/T13827—1992)

牌号	类别	化学成分(质量分数)(%)								性能		
		Fe	Ni	Cr	Mo	Mn	Si	$C_{化合}$	其他元素	密度 /g·cm^{-3}	抗拉强度/MPa	硬度 HBW
										不低于		
F5001T	镍-铬	余量	8.0~11.0	17.0~19.0	—	≤2.0	≤1.5	≤0.08	≤3.0	6.4	230	68
F5001U										6.8	310	80
F5011T	镍-铬-钼	余量	10.0~14.0	16.0~18.0	1.8~2.5	≤2.0	≤1.5	≤0.08	≤3.0	6.4	230	68
F5011U										6.8	295	75

注:1. 产品采用镍-铬、镍-铬-钼两类不锈钢粉末通过成型和烧结而成。

2. 烧结结构零件不同部位的密度差应不大于0.38g/cm^3。

3. 牌号标记说明:

F 5 0 01 T

- T——材料相对密度为82.5%~87.5%
- 01——镍-铬类型的顺序号(01~09)
- 0——不锈钢和耐热钢
- 5——耐蚀材料和耐热材料
- F——粉末冶金材料

6.1.4　烧结锡青铜结构材料(见表2.1-170)

表2.1-170　烧结锡青铜结构材料牌号、化学成分及力学性能(JB/T9139—1999)

牌号	密度 /$g \cdot cm^{-3}$	化学成分(质量分数)(%)						力学性能			
		Cu	Sn	Zn	Pb	Fe	其他	抗拉强度 σ_b /MPa	伸长率 δ (%)	表观硬度 HBW	冲击韧度 a_k/$J \cdot cm^{-2}$
								≥			
F0600S	68~72	余	5~7	5~7	2~4	<0.5	<1.5	98	4.0	30	16.0
F0600T	72~76	余	5~7	5~7	2~4	<0.5	<1.5	118	6.3	35	20.2
F0600U	76~80	余	5~7	5~7	2~4	<0.5	<1.5	167	8.7	45	32.0

注:1. 本产品为粉末冶金工艺制造的6-6-3锡青铜结构材料。

2. 牌号标记说明:

F　0　6　00　U　　JB/T9139—1999

U——相对密度87.5%～92.5%

00——6-6-3锡青铜

6——铜及铜合金

0——结构材料

F——粉末冶金材料

6.2　粉末冶金摩擦材料

6.2.1　铁基干式摩擦材料(见表2.1-171)

表2.1-171　铁基干式摩擦材料组成、性能及主要适用范围(摘自JB/T3063—1996)

牌号	化学成分(质量分数)(%)											平均动摩擦因数 μ_d	静摩擦因数 μ_s	磨损率 /$cm^3 \cdot J^{-1}$	密度 /$g \cdot cm^{-3}$	表观硬度 HBW	横向断裂强度 /MPa	主要适用范围
	铁	铜	锡	铅	石墨	二氧化硅	三氧化二铝	二硫化钼	碳化硅	铸石	其他							
F1001G	65~75	2~5	—	2~10	10~15	0.5~3	—	2~4	—	—	0~3	>0.25	>0.45	<5.0×10^{-7}	4.2~5.3	30~60	>50	载重汽车和矿山重型车辆的制动带
F1002G	73	10	—	8	6	—	3	—	—	—	—	>0.25	>0.45	<5.0×10^{-7}	5.0~5.6	40~70	>50	拖拉机、工程机械等干式离合器片和刹车片
F1003G	69	1.5	1	8	16	1	—	—	—	—	3.5	>0.25	>0.45	<5.0×10^{-7}	4.8~5.5	35~55	>50	工程机械干式离合器如挖掘机、吊车等
F1004G	65~70	—	3~5	2~4	13~17	—	—	3~5	3~4	3~5	—	>0.25	>0.45	<5.0×10^{-7}	4.7~5.2	60~90	>50	合金钢为对偶的飞机制动片
F1005G	65~70	1~5	2~4	2~4	—	4~6	—	—	—	—	—	>0.35	>0.45	<5.0×10^{-7}	5.0~5.5	40~60	>50	重型淬火吊车、缆索起重吊等

注:1. 本表产品适于制造离合器和制动器之用

2. 牌号标记示例:

F　1　0　01　G

G——材料应用场合,G表示干式、(S表示湿式)

01——顺序号(01～99)

0——材料分类,0表示铁基,(1表示铜基)

1——摩擦材料

F——粉末冶金材料

6.2.2 铜基干式摩擦材料(见表2.1-172)

表2.1-172 铜基干式摩擦材料组成、性能及主要适用范围(摘自JB/T3063—1996)

牌号	化学成分(质量分数)(%)									平均动摩擦因数 μ_d	静摩擦因数 μ_s	磨损率 /cm^3·J^{-1}	密度 /g·cm^{-3}	表观硬度 HBW	横向断裂强度 /MPa	主要适用范围
	铜	铁	锡	锌	铅	石墨	二氧化硅	硫酸钡	其他							
F1106G	68	8	5	—	—	10	4	5	—	>0.15			5.5~6.5	25~50		干式离合及制动器
F1107G	64	8	7	—	8	8	5	—	—				5.5~6.2	20~50	>40	拖拉机、冲压及工程机械等干式离合器
F1108G	72	5	10	—	3	2	8	—	—	>0.20	>0.45	<3.0×10^{-7}	5.5~6.2	25~55		DLM_2型、DLM_4型等系列机床、动力头的干式电磁离合器和制动器
F1109G	63~67	9~10	7~9	—	3~5	7~9	2~5	—	3				5.5~6.5	20~50	>60	喷撒工艺,用于DLMK型系列机床、动力头的干式电磁离合器和制动器
F1110G	70~80		6~8	3.5~5	2~3	3~4	3~5	—	2	>0.25	>0.40		6.0~6.8	35~65		锻压机床、剪切机、工程机械干式离合器

6.2.3 铜基湿式摩擦材料(见表2.1-173)

表2.1-173 铜基湿式摩擦材料组成、性能及主要适用范围(摘自JB/T3063—1996)

牌号	化学成分(质量分数)(%)								平均动摩擦因数 μ_d	静摩擦因数 μ_s	磨损率 /cm^3·J^{-1}	能量负荷许用值 /cm	密度 /g·cm^{-3}	表观硬度 HBW	横向断裂强度 /MPa	主要适用范围
	铜	铁	锡	锌	铅	石墨	二氧化硅	其他								
F1111S	69	6	8		8	6	3						5.8~6.4	20~50	>60	船用齿轮箱系列离合器、拖拉机主离合器、载重汽车及工程机械等湿式离合器
F1112S	75	8	3		5	5	4		0.04~0.05		<2.0×10^{-8}		5.5~6.4	30~60	>50	中等负荷(载重汽车、工程机械)的液力变速箱离合器
F1113S	73	8	8.5		4	4	2.5						5.8~6.4	20~50		飞溅离合器
F1114S	72~76	3~6	7~10		5~7	6~8	1~2		0.03~0.05			8500	≥6.7	≥40	>80	转向离合器
F1115S	67~71	7~9	7~9		9~11	5~7				0.12~0.17						喷撒工艺,用于调速离合器
F1116S	63~67	9~10	7~9		3~5	7~9	2~5	3	0.05~0.08		<2.5×10^{-8}		5.0~6.2	20~50	>60	喷撒工艺,用于船用齿轮箱系列离合器、拖拉机主离合器、载重汽车及工程机械等湿式离合器
F1117S	70~75	4~7	3~5		2~5	5~8	2~3						5.5~6.5	40~60		重负荷液力机械变速箱离合器
F1118S	68~74		2~4	4.5~7.5	2~4	13.5~16.5	2~4					32000	4.7~5.1	14~20	>30	工程机械高负荷传动件,如主离合器、动力换档变速箱等

6.3　粉末冶金过滤材料

6.3.1　烧结金属过滤元件(见表2.1-174～表2.1-179)

表2.1-174　烧结钛过滤元件牌号及性能(摘自GB/T 6887—2007)

牌　号	液体中阻挡的颗粒尺寸值/μm		渗透性,不小于		耐压破坏强度/MPa 不小于
	过滤效率(98%)	过滤效率(99.9%)	渗透系数/$10^{-12}m^2$	相对透气系数/ $m^3\cdot(h\cdot kPa\cdot m^2)^{-1}$	
TG003	3	5	0.04	8	3.0
TG006	6	10	0.15	30	3.0
TG010	10	14	0.40	80	3.0
TG020	20	32	1.01	200	2.5
TG035	35	52	2.01	400	2.5
TG060	60	85	3.02	600	2.5

注:1. 轧制成型的过滤元件,其耐压破坏强度不小于0.3MPa。管状元件需进行耐内压破坏强度试验。

2. 表中的“渗透系数”值对应的元件厚度为1mm。

3. 牌号中的T表示材质钛,G表示过滤,后3位数字代表过滤效率为98%时阻挡的颗粒尺寸值(μm)。

4. 烧结钛过滤元件采用粉末冶金方法生产,用于气体和液体的净化和分离。适用过滤介质为亚硝酸酐、醋酸、硫酸、盐酸、硝酸、王水、蚁酸、柠檬酸等。

5. 各种牌号烧结钛过滤元件的化学成分,除氧含量≤1.0%以外,其余化学成分应符合GB/T 2524—2002海绵钛中对牌号MHT-160的要求。

6. GB/T 6887—2007《烧结金属过滤元件》代替GB/T 6887—1986《烧结钛过滤元件及材料》、GB/T 6888—1986《烧结镍过滤元件》和GB/T 6889—1986《烧结镍铜合金过滤元件》。

表2.1-175　烧结镍及镍合金过滤元件牌号及性能(摘自GB/T 6887—2007)

牌　号	液体中阻挡的颗粒尺寸值/μm		渗透性,不小于		耐压破坏强度/MPa 不小于
	过滤效率(98%)	过滤效率(99.9%)	渗透系数/$10^{-12}m^2$	相对透气系数/ $m^3\cdot(h\cdot kPa\cdot m^2)^{-1}$	
NG003	3	5	0.08	8	3.0
NG006	6	10	0.40	40	3.0
NG012	12	18	0.71	70	3.0
NG022	22	36	2.44	240	2.5
NG035	35	50	6.10	600	2.5

注:1. 管状元件优先进行耐内压破坏强度试验。

2. 表中的“渗透系数”值对应的元件厚度为2mm。

3. 本表产品采用粉末冶金方法生产,用于气体和液体的净化与分离,适用于过滤介质为液态钠和钾、水、氢氧化钠、氢氟酸、氟化物等。

4. 牌号中的N表示材质为镍及镍合金,G表示过滤,后3位数字表示过滤效率为98%时阻挡的颗粒尺寸值(μm)。

5. 各种牌号烧结镍及镍合金过滤元件的化学成分应符合GB/T 5235加工镍及镍合金中牌号N6、NCu28-2.5-1.5的规定。

表2.1-176　烧结金属过滤元件(A1型)尺寸规格(摘自GB/T 6887—2007)

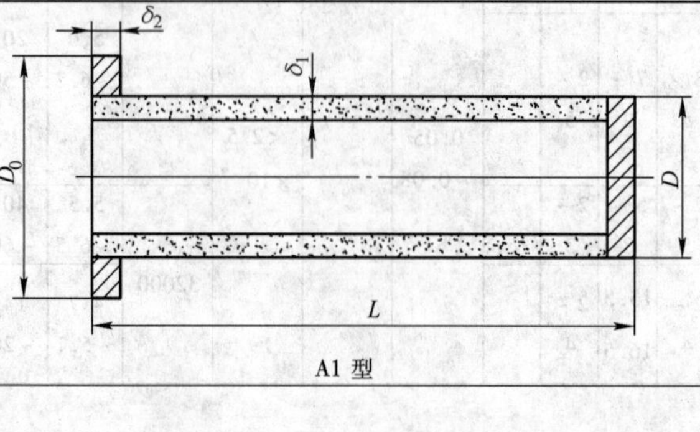

A1型　(mm)

（续）

直径 D		长度 L		壁厚 δ_1		法兰直径 D_0		法兰厚度 δ_2
公称尺寸	允许偏差	公称尺寸	允许偏差	公称尺寸	允许偏差	公称尺寸	允许偏差	
20	±1.0	200	±2	2.5	±0.5	30	±0.2	3~4
30	±1.0	200	±2	2.5	±0.5	40	±0.2	3~4
30	±1.0	300	±2	2.5	±0.5			
40	±1.0	200	±2	1.0	±0.1	52	±0.3	3~5
				1.5	±0.2			
				2.5	±0.5			
40	±1.0	300	±2	1.0	±0.1			
				1.5	±0.2			
				2.5	±0.5			
40	±1.0	400	±3	1.0	±0.1			
				1.5	±0.2			
				2.5	±0.5			
50	±1.5	300	±2	1.0	±0.1	62	±0.3	4~6
				1.5	±0.2			
				2.5	±0.5			
50	±1.5	400	±3	1.5	±0.2			
				2.0	±0.3			
				2.5	±0.5			
50	±1.5	500	±3	1.0	±0.1			
				1.5	±0.2			
				2.5	±0.5			
60	±1.5	300	±2	1.0	±0.1	72	±0.3	4~6
				1.5	±0.2			
				3.0	±0.5			
60	±1.5	400	±3	1.0	±0.1			
				1.5	±0.2			
				3.0	±0.5			
60	±1.5	500	±3	1.0	±0.1			
				1.5	±0.2			
				3.0	±0.5			
60	±1.5	600	±4	3.0	±0.5			
60	±1.5	700	±4	3.0	±0.5			
90	±2.0	800	±5	5.5	±0.8	110	±0.5	5~12

注：1. 壁厚公称尺寸为 1.0mm、1.5mm 的管状过滤元件由轧制板材卷焊而成。

2. 管状过滤元件标记示例：

过滤效率为 98% 时的阻挡颗粒尺寸值为 10μm，外径为 20mm、长度为 200mm 的 A1 型焊接烧结钛过滤元件标记为：

TG010-A1-20-200H

相同条件的无缝钛过滤元件标记为：

TG010-A1-20-200

表 2.1-177　烧结金属过滤元件（A2 型）尺寸规格（摘自 GB/T 6887—2007）

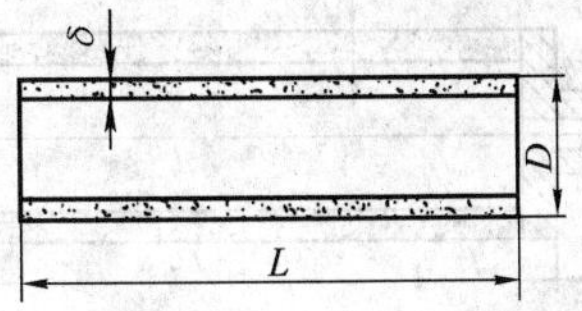

A2 型

（mm）

（续）

直径 D		长度 L		壁厚 δ	
公称尺寸	允许偏差	公称尺寸	允许偏差	公称尺寸	允许偏差
20	±1.0	200	±2	2.5	±0.5
30	±1.0	200	±2	2.5	±0.5
30	±1.0	300	±2	2.5	±0.5
40	±1.0	200	±2	1.0	±0.1
				1.5	±0.2
				2.5	±0.5
40	±1.0	300	±2	1.0	±0.1
				1.5	±0.2
				2.5	±0.5
40	±1.0	400	±3	1.0	±0.1
				1.5	±0.2
				2.5	±0.5
50	±1.5	300	±2	1.0	±0.1
				1.5	±0.2
				2.5	±0.5
50	±1.5	400	±3	1.5	±0.2
				2.0	±0.3
				2.5	±0.5
50	±1.5	500	±3	1.0	±0.1
				1.5	±0.2
				2.5	±0.5
60	±1.5	300	±2	1.0	±0.1
				1.5	±0.2
				3.0	±0.5
60	±1.5	400	±3	1.0	±0.1
				1.5	±0.2
				3.0	±0.5
60	±1.5	500	±3	1.0	±0.1
				1.5	±0.2
				3.0	±0.5
60	±1.5	600	±4	3.0	±0.5
60	±1.5	700	±4	3.0	±0.5
90	±2.0	800	±5	5.5	±0.8

注：壁厚公称尺寸为1.0mm、1.5mm的管状过滤元件由轧制板材卷焊而成。

表2.1-178　烧结金属过滤元件（A3型）尺寸规格（摘自GB/T 6887—2007）

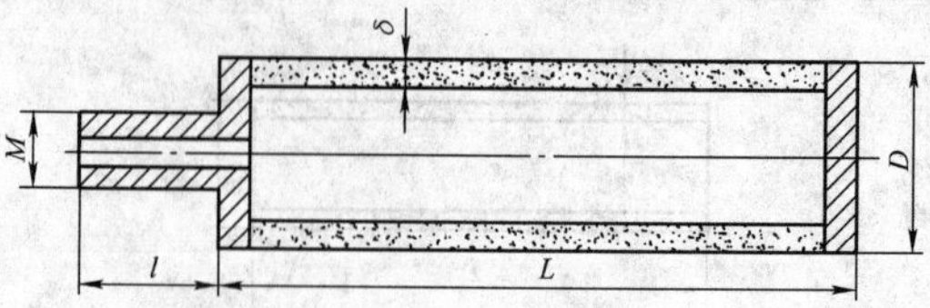

A3型

（mm）

（续）

直径 D		长度 L		壁厚 δ		管接头	
公称尺寸	允许偏差	公称尺寸	允许偏差	公称尺寸	允许偏差	螺纹尺寸	长度 l
20	±1.0	200	±2	2.5	±0.5	M12×1.0	28
30	±1.0	200	±2	2.5	±0.5		
30	±1.0	300	±2	2.5	±0.5		
40	±1.0	200	±2	1.0	±0.1		
				1.5	±0.2		
				2.5	±0.5		
40	±1.0	300	±2	1.0	±0.1		
				1.5	±0.2		
				2.5	±0.5		
40	±1.0	400	±3	1.0	±0.1		
				1.5	±0.2		
				2.5	±0.5		
50	±1.5	300	±2	1.0	±0.1		
				1.5	±0.2		
				2.5	±0.5		
50	±1.5	400	±3	1.5	±0.2	M20×1.5	40
				2.0	±0.3		
				2.5	±0.5		
50	±1.5	500	±3	1.0	±0.1		
				1.5	±0.2		
				2.5	±0.5		
60	±1.5	300	±2	1.0	±0.1	M30×2.0	40
				1.5	±0.2		
				3.0	±0.5		
60	±1.5	400	±3	1.0	±0.1		
				1.5	±0.2		
				3.0	±0.5		
60	±1.5	500	±3	1.0	±0.1		
				1.5	±0.2		
				3.0	±0.5		
60	±1.5	600	±4	3.0	±0.5		
60	±1.5	700	±4	3.0	±0.5	M30×2.0	50

注：壁厚公称尺寸为 1.0mm、1.5mm 的管状过滤元件由轧制板材卷焊而成。

表 2.1-179 烧结金属过滤元件（B1 型）尺寸规格（摘自 GB/T 6887—2007）

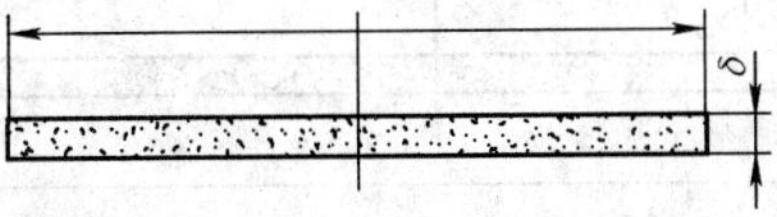

B1 型

（mm）

直径 D		壁厚 δ	
公称尺寸	允许偏差	公称尺寸	允许偏差
10	±0.2	1.0、1.5、2.0、2.5、3.0	±0.1

（续）

直径 D		壁厚 δ	
公称尺寸	允许偏差	公称尺寸	允许偏差
30	±0.5	1.0、1.5、2.0、2.5、3.0	±0.1
50	±1.0	1.0、1.5、2.0、2.5、3.0	±0.1
80	±1.5	1.0、1.5、2.0、2.5、3.0	±0.2
100	±2.0	1.0、1.5、2.0、2.5、3.0	±0.2
200	±2.5	2.5、3.0、3.5、4.0、5.0	±0.3
300	±2.5	3.0、3.5、4.0、5.0	±0.3
400	±2.5	3.0、3.5、4.0、5.0	±0.3

注：1. 厚度公称尺寸为1.0mm、1.5mm的片状过滤元件由轧制板材机加工而成。

2. 片状过滤元件标记示例：

过滤效率为98%时的阻挡颗粒尺寸值为12μm，直径为30mm、厚度为3mm的片状烧结镍及镍合金过滤元件标记为：NG012-B1-30-3

6.3.2　烧结不锈钢过滤元件（见表2.1-180～表2.1-185）

表2.1-180　烧结不锈钢过滤元件牌号及性能（摘自GB/T 6886—2008）

牌　号	液体中阻挡的颗粒尺寸值/μm		渗透性（不小于）		耐压破坏强度（不小于）
	过滤效率（98%）	过滤效率（99.9%）	渗透系数/$10^{-12}m^2$	相对透气系数/ $m^3\cdot(h\cdot kPa\cdot m^2)^{-1}$	MPa
SG005	5	7	0.18	18	3.0
SG007	7	10	0.45	45	3.0
SG010	10	15	0.90	90	3.0
SG015	15	22	1.81	180	3.0
SG022	22	30	3.82	380	3.0
SG030	30	40	5.83	580	2.5
SG045	45	60	7.54	750	2.5
SG065	65	75	12.10	1200	2.5

注：1. 管状元件耐压强度为外压试验值。

2. 表中的"渗透系数"值对应的元件厚度为2mm。

3. 烧结不锈钢过滤元件材质的牌号为：1Cr18Ni9、0Cr18Ni9、00Cr19Ni10、0Cr17Ni12Mo2、00Cr17Ni14Mo2，其化学成分应符合GB/T 1220—2007的规定。

4. 采用粉末冶金方法生产的不锈钢过滤元件用于气体和液体的净化与分离。

5. GB/T 6886—2008代替GB/T 6886—2001。

表2.1-181　烧结不锈钢过滤元件（A1型）尺寸规格（摘自GB/T 6886—2008）

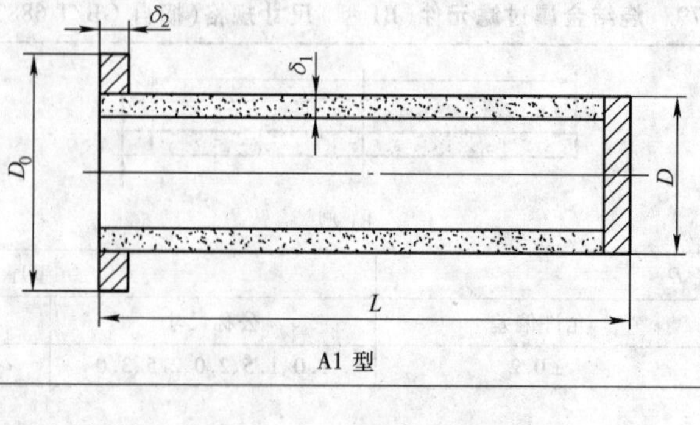

A1型　　（mm）

（续）

直径 D		长度 L		壁厚 δ_1		法兰直径 D_0		法兰厚度 δ_2
公称尺寸	允许偏差	公称尺寸	允许偏差	公称尺寸	允许偏差	公称尺寸	允许偏差	
20	±0.5	200	±2			30	±0.2	3～4
30	±1.0	200	±2	2.3	±0.4	40	±0.2	3～4
30	±1.0	300	±2					
40	±1.0	200	±2					
40	±1.0	300	±2			52	±0.3	3～5
40	±1.0	400	±3	2.3				
50	±1.5	300	±2					
50	±1.5	400	±3			62	±0.3	4～6
50	±1.5	500	±2		±0.4			
60	±1.5	300	±2					
60	±1.5	400	±2					
60	±1.5	500	±2	2.5		72	±0.3	4～6
60	±1.5	600	±3					
60	±1.5	700	±3					
60	±1.5	750	±3					
90	±2.0	800	±4	3.5	±0.5	110	±1.0	5～12

注：管状过滤元件的标记示例：

过滤效率为98%时的阻挡颗粒尺寸值为10μm，外径为20mm、长度为200mm 的 A1 型焊接烧结不锈钢过滤元件标记为：SG010-A1-20-200H，相同条件的无缝不锈钢过滤元件标记为：SG010-A1-20-200。

表 2.1-182　烧结不锈钢过滤元件（A2 型）尺寸规格（摘自 GB/T 6886—2008）

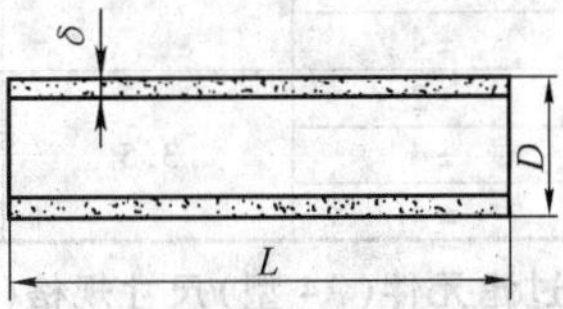

A2 型　　(mm)

直径 D		长度 L		壁厚 δ	
公称尺寸	允许偏差	公称尺寸	允许偏差	公称尺寸	允许偏差
20	±0.5	200	±2		
30	±1.0	200	±2		
30	±1.0	300	±2		
40	±1.0	200	±2		
40	±1.0	300	±2	2.3	
40	±1.0	400	±2		
50	±1.5	300	±2		
50	±1.5	400	±2		±0.4
50	±1.5	500	±2		
60	±1.5	300	±2		
60	±1.5	400	±2		
60	±1.5	500	±2	2.5	
60	±1.5	600	±3		
60	±1.5	700	±3		
60	±1.5	750	±3		
90	±2.0	800	±4	3.5	±0.5

表 2.1-183　烧结不锈钢过滤元件(A3型)尺寸规格(摘自 GB/T 6886—2008)

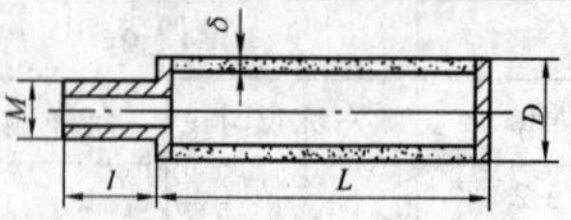

A3型

(mm)

<table>
<tr><th colspan="2">直径 D</th><th colspan="2">长度 L</th><th colspan="2">壁厚 δ</th><th colspan="2">管接头</th></tr>
<tr><th>公称尺寸</th><th>允许偏差</th><th>公称尺寸</th><th>允许偏差</th><th>公称尺寸</th><th>允许偏差</th><th>螺纹尺寸</th><th>长度 l</th></tr>
<tr><td>20</td><td>±1.0</td><td>200</td><td>±2</td><td rowspan="9">2.3</td><td rowspan="20">±0.4</td><td rowspan="6">M12×1.0</td><td rowspan="9">28</td></tr>
<tr><td>30</td><td>±1.0</td><td>200</td><td>±2</td></tr>
<tr><td>30</td><td>±1.0</td><td>300</td><td>±2</td></tr>
<tr><td>40</td><td>±1.0</td><td>200</td><td>±2</td></tr>
<tr><td>40</td><td>±1.0</td><td>300</td><td>±2</td></tr>
<tr><td>40</td><td>±1.0</td><td>400</td><td>±2</td></tr>
<tr><td>50</td><td>±1.5</td><td>300</td><td>±2</td><td rowspan="3">M20×1.5</td></tr>
<tr><td>50</td><td>±1.5</td><td>400</td><td>±2</td></tr>
<tr><td>50</td><td>±1.5</td><td>500</td><td>±2</td></tr>
<tr><td>60</td><td>±1.5</td><td>300</td><td>±2</td><td rowspan="11">2.5</td><td rowspan="3">M30×2.0</td><td rowspan="3">40</td></tr>
<tr><td>60</td><td>±1.5</td><td>400</td><td>±2</td></tr>
<tr><td>60</td><td>±1.5</td><td>500</td><td>±2</td></tr>
<tr><td>60</td><td>±1.5</td><td>600</td><td>±2</td><td rowspan="4">M36×2.0</td><td rowspan="4">100</td></tr>
<tr><td>60</td><td>±1.5</td><td>700</td><td>±3</td></tr>
<tr><td>60</td><td>±1.5</td><td>750</td><td>±3</td></tr>
<tr><td>60</td><td>±1.5</td><td>1000</td><td>±4</td></tr>
<tr><td>70</td><td>±1.5</td><td>500</td><td>±2</td><td rowspan="2">M36×2.0</td><td rowspan="2">40</td></tr>
<tr><td>70</td><td>±1.5</td><td>600</td><td>±3</td></tr>
<tr><td>70</td><td>±1.5</td><td>800</td><td>±3</td><td rowspan="2">M36×2.0</td><td rowspan="2">100</td></tr>
<tr><td>70</td><td>±1.5</td><td>1000</td><td>±4</td></tr>
<tr><td>90</td><td>±2.0</td><td>600</td><td>±2</td><td rowspan="3">3.5</td><td rowspan="3">±0.5</td><td>M36×2.0</td><td>40</td></tr>
<tr><td>90</td><td>±2.0</td><td>800</td><td>±4</td><td rowspan="2">M48×2.0</td><td rowspan="2">140</td></tr>
<tr><td>90</td><td>±2.0</td><td>1000</td><td>±4</td></tr>
</table>

表 2.1-184　烧结不锈钢过滤元件(A4型)尺寸规格(摘自 GB/T 6886—2008)

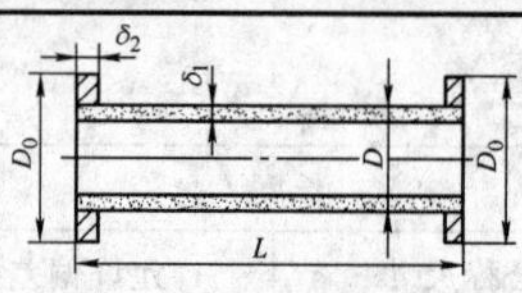

A4型

(mm)

<table>
<tr><th colspan="2">直径 D</th><th colspan="2">长度 L</th><th colspan="2">壁厚 δ1</th><th colspan="2">法兰直径 D0</th><th rowspan="2">法兰厚度 δ2</th></tr>
<tr><th>公称尺寸</th><th>允许偏差</th><th>公称尺寸</th><th>允许偏差</th><th>公称尺寸</th><th>允许偏差</th><th>公称尺寸</th><th>允许偏差</th></tr>
<tr><td>20</td><td>±0.5</td><td>200</td><td>±2</td><td rowspan="8">2.3</td><td rowspan="15">±0.4</td><td>30</td><td>±0.2</td><td>3~4</td></tr>
<tr><td>30</td><td>±1.0</td><td>200</td><td>±2</td><td rowspan="2">40</td><td rowspan="2">±0.2</td><td rowspan="2">3~4</td></tr>
<tr><td>30</td><td>±1.0</td><td>300</td><td>±2</td></tr>
<tr><td>40</td><td>±1.0</td><td>200</td><td>±2</td><td rowspan="3">52</td><td rowspan="3">±0.3</td><td rowspan="3">3~5</td></tr>
<tr><td>40</td><td>±1.0</td><td>300</td><td>±2</td></tr>
<tr><td>40</td><td>±1.0</td><td>400</td><td>±2</td></tr>
<tr><td>50</td><td>±1.5</td><td>300</td><td>±2</td><td rowspan="3">62</td><td rowspan="3">±0.3</td><td rowspan="3">4~6</td></tr>
<tr><td>50</td><td>±1.5</td><td>400</td><td>±2</td></tr>
<tr><td>50</td><td>±1.5</td><td>500</td><td>±2</td><td>2.3</td></tr>
<tr><td>60</td><td>±1.5</td><td>300</td><td>±2</td><td rowspan="6">2.5</td><td rowspan="6">72</td><td rowspan="6">±0.3</td><td rowspan="6">4~6</td></tr>
<tr><td>60</td><td>±1.5</td><td>400</td><td>±2</td></tr>
<tr><td>60</td><td>±1.5</td><td>500</td><td>±2</td></tr>
<tr><td>60</td><td>±1.5</td><td>600</td><td>±3</td></tr>
<tr><td>60</td><td>±1.5</td><td>700</td><td>±3</td></tr>
<tr><td>60</td><td>±1.5</td><td>750</td><td>±3</td></tr>
<tr><td>90</td><td>±2.5</td><td>800</td><td>±4</td><td>3.5</td><td>±0.5</td><td>110</td><td>±1.0</td><td>5~12</td></tr>
</table>

表 2.1-185　烧结不锈钢过滤元件(片状)尺寸规格(摘自 GB/T 6886—2008)　　(mm)

直径 D		壁厚 δ	
公称尺寸	允许偏差	公称尺寸	允许偏差
10	±0.2	1.5　2.0、2.5、3.0	±0.1
30	±0.2	1.5　2.0、2.5、3.0	±0.1
50	±0.5	1.5　2.0、2.5、3.0	±0.1
80	±0.5	2.5、3.0、3.5、4.0、5.0	±0.2
100	±1.0	2.5、3.0、3.5、4.0、5.0	±0.2
200	±1.5	3.0、3.5、4.0、5.0	±0.3
300	±2.0	3.0、3.5、4.0、5.0	±0.3
400	±2.5	3.0、3.5、4.0、5.0	±0.3

注:片状过滤元件标记示例:

过滤效率为98%时的阻挡颗粒尺寸值为15μm,直径为30mm、厚度为3mm的片状烧结不锈钢过滤元件标记为:SG015-30-3。

6.3.3　烧结锡青铜过滤元件(见表2.1-186、表2.1-187)

表 2.1-186　烧结锡青铜过滤元件的牌号及性能(摘自 JB/T8395—1996)

项目 / 性能指标 / 材料牌号	允许范围					推荐值	
	密　度 /g·cm^{-3}	过滤精度 /μm	气泡试验最大孔径 /μm	渗透性 /pm^2	抗剪强度 /MPa	渗透性 /pm^2	抗剪强度 /MPa
FQG200	5.0~6.5	≤200	≤571	≥210	≥20	≥250	≥30
FQG150	5.0~6.5	≤150	≤428	≥160	≥30	≥200	≥40
FQG100	5.0~6.5	≤100	≤285	≥110	≥40	≥140	≥60
FQG080	5.0~6.5	≤080	≤228	≥70	≥55	≥90	≥80
FQG060	5.0~6.5	≤060	≤171	≥45	≥65	≥60	≥90
FQG045	5.0~6.5	≤045	≤128	≥25	≥75	≥40	≥90
FQG020	5.0~6.5	≤020	≤57	≥6	≥85	≥10	≥110
FQG008	5.0~6.5	≤008	≤22	≥1.2	≥95	≥2	≥130

注:1. 产品为锡青铜球形粉末松装烧结制造的过滤元件及消音元件。

2. 元件的几何尺寸精度按图样要求。

3. 表中推荐值为 DIN30910(2)典型值,不作为法定保证值,可推荐为我国优等品指标。

4. 牌号标记说明:

FQG　150　JB/T8395—1996

　　　└过滤精度为150μm

└烧结锡青铜过滤元件

表 2.1-187　锡青铜球粉末的化学成分(摘自 JB/T8395—1996)

成分代号 / 质量分数(%) / 成分		铜	锡	锌	其　他
A	Cu/Sn　90/10	余量	9~11	—	<2.0
B①	Cu/Sn/Zn　89/8/3	余量	7~9	2~4	<2.0

①　成分代号B为我国常用材料配方。

第 2 章　有色金属材料

1　有色金属及合金牌号表示方法

1.1　有色金属及合金加工产品牌号表示方法（见表 2.2-1）

表 2.2-1　有色金属及合金加工产品牌号表示方法

分　类	牌 号 表 示 方 法	举例 名　称	举例 牌　号
变形铝及铝合金	根据 GB/T 16474—1996《变形铝及铝合金牌号表示方法》的规定，变形铝及铝合金牌号用四位字符体系表示，牌号的第 1、3、4 位为阿拉伯数字，第 2 位为英文大写字母（C、I、L、N、O、P、Q、Z8 个字母除外）。第 1 位数字表示铝及铝合金的组别，用 1 ~ 9 表示，如右所示；牌号的第 2 位字母表示原始纯铝或铝合金的改型情况。如果第 2 位字母为 A，则表示为原始纯铝或原始合金；如果是 B ~ Y 的其他字母（按字母表顺序），则表示为原始纯铝或原始合金的改型。纯铝牌号的最后两位数字表示铝的最低质量分数，当铝的最低质量分数精确到 0.01% 时，最后两位数字就是小数点后的两位数字。铝合金牌号的最后两位数字仅用于区别同一组中不同的铝合金	纯铝（Al 的质量分数不小于 99.00%）	1×××
		以铜为主要合金元素的铝合金	2×××
		以锰为主要合金元素的铝合金	3×××
		以硅为主要合金元素的铝合金	4×××
		以镁为主要合金元素的铝合金	5×××
		以镁、硅为主要合金元素，并以 Mg_2Si 相为强化相的铝合金	6×××
		以锌为主要合金元素的铝合金	7×××
		以其他合金元素为主要合金元素的铝合金	8×××
		备用合金组	9×××
加工铜及铜合金	Q A1 10-3-1.5 添加元素量 以百分之几表示：1) 纯铜、一般黄铜、白铜无此数字；2) 三元以上黄铜、白铜为第二添加元素合金；3) 青铜为第二主添加元素含量 主添加元素 以百分之几表示：1) 纯铜为顺序号；2) 黄铜为铜含量；3) 白铜为Ni或(Ni+Co)含量；4) 青铜为第一主添加元素含量 主添加元素符号：1) 纯铜、一般黄铜、白铜不标；2) 三元以上黄铜、白铜为第二主添加元素（第一主添加元素分别为Zn、Ni）；3) 青铜为第一主添加元素 分类代号：T——纯铜，TU——无氧铜，TP——脱氧铜；H——黄铜；Q——青铜；B——白铜	纯铜	T1、T2、TU1、TU2
		黄铜	H62、HSn90—1
		青铜	QSn4—3、QSn4—4—2.5、QAl10—3—1.5
		白铜	B30 BMn3—12

（续）

分类	牌号表示方法	举例：名称	举例：牌号
钛及钛合金	钛及钛合金用“T”加表示金属或合金组织类型的字母及顺序号表示 TA 1 1 顺序号——金属或合金的顺序号 TA 分类代号——表示金属或合金组织类型：TA——α 型钛及合金；TB——β 型钛合金；TC——α+β 型钛合金	一号 α 型钛	TA1
		四号 α+β 型钛合金	TC4
		二号 β 型钛合金	TB2
变形镁及镁合金	镁合金牌号以英文字母加数字再加英文字母组成。前面的英文字母是其最主要的合金组成元素代号，此元素代号符合下表的规定，其后的数字表示其最主要合金组成元素的大致含量，最后的英文字母为标识代号，用以标识各具体组成元素相异或元素含量有微小差别的不同合金	纯镁	Mg99.00
	（元素代号表见下表；牌号示例见下）	镁合金	AZ91D、AZ31B

元素代号	元素名称	元素代号	元素名称	元素代号	元素名称	元素代号	元素名称
A	铝	F	铁	M	锰	S	硅
B	铋	G	钙	N	镍	T	锡
C	铜	H	钍	P	铅	W	镱
D	镉	K	锆	Q	银	Y	锑
E	稀土	L	锂	R	铬	Z	锌

A Z 9 1 D
- D——标识代号
- 1——表示 Zn 的含量（质量分数）<1%
- 9——表示 Al 的含量（质量分数）大致为 9%
- Z——代表名义含量次高的合金元素 Zn
- A——代表名义含量最高的合金元素 Al

注：GB/T 340—1976 有色金属及其合金牌号表示方法已列入废止标准，因此，本表未编入。

1.2 有色金属及合金铸造产品牌号表示方法

GB/T 8063—1994《铸造有色金属及其合金牌号表示方法》中规定：

1）铸造有色纯金属牌号由“Z”和相应纯金属的化学元素符号及表明产品纯度百分含量的数字或用一短横线加顺序号组成。牌号示例：

铸造纯铝 Z Al 99.5
- 99.5——铝的最低名义百分含量
- Al——铝的化学元素符号
- Z——铸造代号

铸造纯钛 Z Ti—1
- 1——纯钛产品级别
- Ti——钛的化学元素符号
- Z——铸造代号

2）铸造有色合金牌号由“Z”和基体金属化学元素符号、主要合金化学元素符号（其中混合稀土元素符号统一用 RE 表示）以及表明合金化学元素名义百分含量的数字组成，优质合金在牌号后面注大写字母“A”。牌号示例：

铸造钛合金

Z Ti Al 5 Sn 2.5 (ELI)
- (ELI)——低间隙元素的英文缩写
- 2.5——锡的名义百分含量
- Sn——锡的化学元素符号
- 5——铝的名义百分含量
- Al——铝的化学元素符号
- Ti——基体钛的化学元素符号
- Z——铸造代号

铸造锡青铜

Z Cu Sn 3 Zn 8 Pb 6 Ni 1
- 1——镍的名义百分含量
- Ni——镍的化学元素符号
- 6——铅的名义百分含量
- Pb——铅的化学元素符号
- 8——锌的名义百分含量
- Zn——锌的化学元素符号
- 3——锡的名义百分含量
- Sn——表征合金类别的锡的化学元素符号
- Cu——基体铜的化学元素符号
- Z——铸造代号

2　铜及铜合金

2.1　铜及铜合金铸造产品

2.1.1　铸造铜合金（见表2.2-2、表2.2-3）

表2.2-2　铸造铜合金的牌号和化学成分（摘自GB/T 1176—1987）

合金牌号	合金名称	主要成分（质量分数）（%）							
		Sn	Zn	Pb	Al	Fe	Mn	Si	Cu
ZCuSn3Zn8Pb6Ni1	3-8-6-1锡青铜	2.0～4.0	6.0～9.0	4.0～7.0	—	—	—	Ni：0.5～1.5	其余
ZCuSn3Zn11Pb4	3-11-4锡青铜	2.0～4.0	9.0～13.0	3.0～6.0	—	—	—	—	其余
ZCuSn5Pb5Zn5	5-5-5锡青铜	4.0～6.0	4.0～6.0	4.0～6.0	—	—	—	—	其余
ZCuSn10Pb1	10-1锡青铜	9.0～11.5	—	—	—	—	—	P：0.5～1.0	其余
ZCuSn10Pb5	10-5锡青铜	9.0～11.0	—	4.0～6.0	—	—	—	—	其余
ZCuSn10Zn2	10-2锡青铜	9.0～11.0	1.0～3.0	—	—	—	—	—	其余
ZCuPb10Sn10	10-10铅青铜	9.0～11.0	—	8.0～11.0	—	—	—	—	其余
ZCuPb15Sn8	15-8铅青铜	7.0～9.0	—	13.0～17.0	—	—	—	—	其余
ZCuPb17Sn4Zn4	17-4-4铅青铜	3.5～5.0	2.0～6.0	14.0～20.0	—	—	—	—	其余
ZCuPb20Sn5	20-5铅青铜	4.0～6.0	—	18.0～23.0	—	—	—	—	其余
ZCuPb30	30铅青铜	—	—	27.0～33.0	—	—	—	—	其余
ZCuAl8Mn13Fe3	8-13-3铝青铜	—	—	—	7.0～9.0	2.0～4.0	12.0～14.5	—	其余
ZCuAl8Mn13Fe3Ni2	8-13-3-2铝青铜	—	—	—	7.0～8.5	2.5～4.0	11.5～14.0	Ni：1.8～2.5	其余
ZCuAl9Mn2	9-2铝青铜	—	—	—	8.0～10.0	—	1.5～2.5	—	其余
ZCuAl9Fe4Ni4Mn2	9-4-4-2铝青铜	—	—	—	8.5～10.0	4.0～5.0	0.8～2.5	Ni：4.0～5.0	其余
ZCuAl10Fe3	10-3铝青铜	—	—	—	8.5～11.0	2.0～4.0	—	—	其余
ZCuAl10Fe3Mn2	10-3-2铝青铜	—	—	—	9.0～11.0	2.0～4.0	1.0～2.0	—	其余
ZCuZn38	38黄铜	—	其余	—	—	—	—	—	60.0～63.0
ZCuZn25Al6Fe3Mn3	25-6-3-3铝黄铜	—	其余	—	4.5～7.0	2.0～4.0	1.5～4.0	—	60.0～66.0

（续）

合金牌号	合 金 名 称	主 要 成 分 （质量分数） （%）							
		Sn	Zn	Pb	Al	Fe	Mn	Si	Cu
ZCuZn26Al4Fe3Mn3	26-4-3-3 铝黄铜	—	其余	—	2.5 ~ 5.0	1.5 ~ 4.0	1.5 ~ 4.0	—	60.0 ~ 66.0
ZCuZn31Al2	31-2 铝黄铜	—	其余	—	2.0 ~ 3.0	—	—	—	66.0 ~ 68.0
ZCuZn35Al2Mn2Fe1	35-2-2-1 铝黄铜	—	其余	—	0.5 ~ 2.5	0.5 ~ 2.0	0.1 ~ 3.0	—	57.0 ~ 65.0
ZCuZn38Mn2Pb2	38-2-2 锰黄铜	—	其余	1.5 ~ 2.5	—	—	1.5 ~ 2.5	—	57.0 ~ 60.0
ZCuZn40Mn2	40-2 锰黄铜	—	其余	—	—	—	1.0 ~ 2.0	—	57.0 ~ 60.0
ZCuZn40Mn3Fe1	40-3-1 锰黄铜	—	其余	—	—	0.5 ~ 1.5	3.0 ~ 4.0	—	53.0 ~ 58.0
ZCuZn33Pb2	33-2 铅黄铜	—	其余	1.0 ~ 3.0	—	—	—	—	63.0 ~ 67.0
ZCuZn40Pb2	40-2 铅黄铜	—	其余	0.5 ~ 2.5	0.2 ~ 0.8	—	—	—	58.0 ~ 63.0
ZCuZn16Si4	16-4 硅黄铜	—	其余	—	—	—	—	2.5 ~ 4.5	79.0 ~ 81.0

表 2.2-3　铸造铜合金的力学性能及应用举例（摘自 GB/T 1176—1987）

合 金 牌 号	铸造方法	力学性能 ≥				特 性	应 用 举 例
		抗拉强度 σ_b /MPa	屈服强度 $\sigma_{0.2}$ /MPa	伸长率 δ_5 (%)	布氏硬度 HBW		
ZCuSn3Zn8Pb6Ni1	S	175	—	8	590	耐磨性较好，易加工，铸造性能好，气密性较好，耐腐蚀，可在流动海水下工作	在各种液体燃料以及海水、淡水和蒸汽（≤225℃）中工作的零件，压力不大于 2.5MPa 的阀门和管配件
	J	215	—	10	685		
ZCuSn3Zn11Pb4	S	175	—	8	590	铸造性能好，易加工，耐腐蚀	海水、淡水、蒸汽中工作，压力不大于 2.5MPa 的管配件
	J	215	—	10	590		
ZCuSn5Pb5Zn5	S、J	200	90	13	590*	耐磨性和耐蚀性好，易加工，铸造性能和气密性较好	在较高负荷、中等滑动速度下工作的耐磨、耐蚀零件，如轴瓦、衬套、缸套、活塞离合器、泵件压盖以及蜗轮等
	Li、La	250	100*	13	635*		
ZCuSn10Pb1	S	220	130	3	785*	硬度高，耐磨性极好，不易产生咬死现象，有较好的铸造性能和可加工性，在大气和淡水中有良好的耐蚀性	可用于高负荷（20MPa 以下）和高滑动速度（8m/s）下工作的耐磨零件，如连杆、衬套、轴瓦、齿轮、蜗轮等
	J	310	170	2	885*		
	Li	330	170*	4	885*		
	La	360	170*	6	885*		
ZCuSn10Pb5	S	195		10	685	耐腐蚀，特别对稀硫酸、盐酸和脂肪酸的耐蚀性优良	结构材料，耐蚀、耐酸的配件以及破碎机用衬套、轴瓦
	J	245		10	685		

（续）

合金牌号	铸造方法	力学性能 ≥ 抗拉强度 σ_b /MPa	屈服强度 $\sigma_{0.2}$ /MPa	伸长率 δ_5 (%)	布氏硬度 HBW	特性	应用举例
ZCuSn10Zn2	S	240	120	12	685*	耐蚀性、耐磨性和可加工性好，铸造性能好，铸件致密性较高，气密性较好	在中等及较高负荷和小滑动速度下工作的重要管配件，以及阀、旋塞、泵体、齿轮、叶轮和蜗轮等
	J	245	140*	6	785*		
	Li、La	270	140*	7	785*		
ZCuPb10Sn10	S	180	80	7	635*	润滑性、耐磨性和耐蚀性好，适合用作双金属铸造材料	表面压力高又存在侧压力的滑动轴承，如轧辊、车辆用轴承、负荷峰值60MPa的受冲击的零件、最高峰值达100MPa的内燃机双金属轴瓦，以及活塞销套、摩擦片等
	J	220	140	5	685*		
	Li、La	220	110*	6	685*		
ZCuPb15Sn8	S	170	80	5	590*	在缺乏润滑剂和用水质润滑剂条件下，滑动性和自润滑性能好，易切削，铸造性能差，对稀硫酸的耐蚀性好	表面压力高又有侧压力的轴承，可用来制造冷轧机的铜冷却管，耐冲击负荷达50MPa的零件，内燃机的双金属轴瓦，主要用于最大负荷达70MPa的活塞销套、耐酸配件
	J	200	100	6	635*		
	Li、La	220	100*	8	635*		
ZCuPb17Sn4Zn4	S	150		5	540	耐磨性和自润滑性能好，易切削，但铸造性能差	一般耐磨件，高滑动速度的轴承等
	J	175		7	590		
ZCuPb20Sn5	S	150	60	5	440*	有较高的滑动性能，在缺乏润滑介质和以水为介质时，有特别好的自润滑性能，适用于双金属铸造材料，耐硫酸腐蚀，易切削，但铸造性能差	高滑动速度的轴承，及破碎机、水泵、冷轧机轴承，负荷达40MPa的零件，耐腐蚀零件，双金属轴承，负荷达70MPa的活塞销套
	J	150	70*	6	540*		
	La	180	80*	7	540*		
ZCuPb30	J	—	—	—	245	有良好的自润滑性，易切削，铸造性能差，易产生密度偏析	要求高滑动速度的双金属轴瓦、减摩零件等
ZCuAl8Mn13Fe3	S	600	270*	15	1570	具有很高的强度和硬度，良好的耐磨性能和铸造性能，合金致密性高，耐蚀性好，作为耐磨件工作温度不大于400℃，可以焊接，但不易钎焊	适用于制造重型机械用轴套，以及要求强度高、耐磨、耐压的零件，如衬套、法兰、阀体、泵体等
	J	650	280*	10	1665		
ZCuAl8Mn13Fe3Ni2	S	645	280	20	1570	有很高的力学性能，在大气、淡水和海水中均有良好的耐蚀性，腐蚀疲劳强度高，铸造性能好，合金组织致密，气密性好，可以焊接，但不易钎焊	要求强度高、耐腐蚀的重要铸件，如船舶螺旋桨、高压阀体、泵体，以及耐压、耐磨零件，如蜗轮、齿轮、法兰、衬套等
	J	670	310*	18	1665		

（续）

合金牌号	铸造方法	力学性能 ≥ 抗拉强度 σ_b /MPa	屈服强度 $\sigma_{0.2}$ /MPa	伸长率 δ_5 (%)	布氏硬度 HBW	特性	应用举例
ZCuAl9Mn2	S	390	—	20	835	有高的力学性能，在大气、淡水和海水中耐蚀性好，铸造性能好，组织致密，气密性高，耐磨性好，可以焊接，但不易钎焊	耐蚀、耐磨零件，形状简单的大型铸件，如衬套、齿轮、蜗轮，以及在250℃以下工作的管配件和要求气密性高的铸件，如增压器内气封
	J	440	—	20	930		
ZCuAl9Fe4Ni4Mn2	S	630	250	16	1570	有很高的力学性能，在大气、淡水、海水中均有优良的耐蚀性，腐蚀疲劳强度高，耐磨性良好，在400℃以下具有耐热性，可以热处理，焊接性能好，不易钎焊，铸造性能尚好	要求强度高、耐蚀性好的重要铸件，是制造船舶螺旋桨的主要材料之一，也可用作耐磨和400℃以下工作的零件，如轴承、齿轮、蜗轮、螺母、法兰、阀体、导向套管
ZCuAl10Fe3	S	490	180	13	980*	具有高的力学性能，耐磨性和耐蚀性能好，可以焊接，但不易钎焊，大型铸件自700℃空冷可以防止变脆	要求强度高、耐磨、耐蚀的重型铸件，如轴套、螺母、蜗轮以及250℃以下工作的管配件
	J	540	200	15	1080*		
	Li、La	540	200	15	1080*		
ZCuAl10Fe3Mn2	S	490	—	15	1080	具有高的力学性能和耐磨性，可热处理，高温下耐蚀性和抗氧化性能好，在大气、淡水和海水中耐蚀性好，可以焊接，但不易钎焊，大型铸件自700℃空冷可以防止变脆	要求强度高、耐磨、耐蚀的零件，如齿轮、轴承、衬套、管嘴，以及耐热管配件等
	J	540	—	20	1175		
ZCuZn38	S	295	—	30	590	具有优良的铸造性能和较高的力学性能，可加工性好，可以焊接，耐蚀性较好，有应力腐蚀开裂倾向	一般结构件和耐蚀零件，如法兰、阀座、支架、手柄和螺母等
	J	295	—	30	685		
ZCuZn25Al6Fe3Mn3	S	725	380	10	1570*	有很高的力学性能，铸造性能良好，耐蚀性较好，有应力腐蚀开裂倾向，可以焊接	适用高强、耐磨零件，如桥梁支承板、螺母、螺杆、耐磨板、滑块和蜗轮等
	J	740	400	7	1665*		
	Li、La	740	400	7	1665*		
ZCuZn26Al4Fe3Mn3	S	600	300	18	1175*	有很高的力学性能，铸造性能良好，在空气、淡水和海水中耐蚀性较好，可以焊接	要求强度高，耐蚀零件
	J	600	300	18	1275*		
	Li、La	600	300	18	1275*		
ZCuZn31Al2	S	295	—	12	785	铸造性能良好，在空气、淡水、海水中耐蚀性较好，易切削，可以焊接	适用于压力铸造，如电机、仪表等压铸件，以及造船和机械制造业的耐蚀零件
	J	390	—	15	885		

（续）

合金牌号	铸造方法	力学性能 ≥ 抗拉强度 σ_b /MPa	屈服强度 $\sigma_{0.2}$ /MPa	伸长率 δ_5 (%)	布氏硬度 HBW	特性	应用举例
ZCuZn35Al2Mn2Fe2	S	450	170	20	980*	具有高的力学性能和良好的铸造性能，在大气、淡水、海水中有较好的耐蚀性，可加工性好，可以焊接	管路配件和要求不高的耐磨件
	J	475	200	18	1080*		
	Li、La	475	200	18	1080*		
ZCuZn38Mn2Pb2	S	245	—	10	685	有较高的力学性能和耐蚀性，耐磨性较好，可加工性良好	一般用途的结构件，船舶、仪表等使用的外型简单的铸件，如套筒、衬套、轴瓦、滑块等
	J	345	—	18	785		
ZCuZn40Mn2	S	345	—	20	785	有较高的力学性能和耐蚀性，铸造性能好，受热时组织稳定	在空气、淡水、海水、蒸汽（小于300℃）和各种液体燃料中工作的零件和阀体、阀杆、泵、管接头，以及需要浇注巴氏合金和镀锡的零件等
	J	390	—	25	880		
ZCuZn40Mn3Fe1	S	440	—	18	980	有高的力学性能，良好的铸造性能和可加工性，在空气、淡水、海水中耐蚀性较好，有应力腐蚀开裂倾向	耐海水腐蚀的零件，以及300℃以下工作的管配件，制造船舶螺旋桨等大型铸件
	J	490	—	15	1080		
ZCuZn33Pb2	S	180	70	12	490*	结构材料，给水温度为90℃时抗氧化性能好，电导率约为10~14MS/m	煤气和给水设备的壳体，机器制造业、电子技术、精密仪器和光学仪器行业中的部分构件和配件
ZCuZn40Pb2	S	220	—	15	785*	有好的铸造性能和耐磨性，可加工性好，耐蚀性较好，在海水中有应力腐蚀倾向	一般用途的耐磨、耐蚀零件，如轴套、齿轮等
	J	280	120	20	885*		
ZCuZn16Si4	S	345	—	15	885	具有较高的力学性能和良好的耐蚀性，铸造性能好，流动性高，铸件组织致密，气密性好	接触海水工作的管配件及水泵、叶轮、旋塞和在空气、淡水、油、燃料，以及工作压力在4.5MPa和250℃以下蒸汽中工作的铸件
	J	390	—	20	980		

注：S—砂型铸造，J—金属型铸造，La—连续铸造，Li—离心铸造。*为参考数值。

2.1.2　压铸铜合金（见表2.2-4）

表2.2-4　压铸铜合金牌号、化学成分、力学性能及应用（摘自GB/T 15116—1994）

牌号	合金代号	化学成分(质量分数)(%) Cu	Pb	Al	Si	Mn	Fe	Zn	杂质总和 ≤	力学性能≥ 抗拉强度 σ_b/MPa	伸长率 δ_5 (%)	布氏硬度 HBW 5/250/30	特性及应用
YZCuZn40Pb	YT40-1 铅黄铜	58.0~63.0	0.5~1.5	0.2~0.5	—	—	—	余量	1.5	300	6	85	塑性好，耐磨性高，优良的可加工性及耐蚀性，但强度不高。适于制作一般用途的耐磨、耐蚀零件，如轴套、齿轮等

（续）

牌 号	合金代号	化学成分（质量分数）(%)								力学性能≥			特性及应用
		Cu	Pb	Al	Si	Mn	Fe	Zn	杂质总和≤	抗拉强度 σ_b/MPa	伸长率 δ_5 (%)	布氏硬度 HBW 5/250/30	
YZCuZn16Si4	YT16-4 硅黄铜	79.0~81.0	—	—	2.5~4.5	—	—	余量	2.0	345	25	85	塑性、耐蚀性均好，高强度，铸造性能优良，可加工性和耐磨性能一般。适于制造普通腐蚀介质中工作的管配件、阀体、盖以及各种形状较复杂的铸件
YZCuZn30Al3	YT30-3 铝黄铜	66.0~68.0	—	2.0~3.0	—	—	—	余量	3.0	400	15	110	高强度、高耐磨性，铸造性能好，耐大气腐蚀好，耐其他介质一般，可加工性不好。适于制造在空气中工作的各种耐蚀件
YZCuZn35Al2Mn2Fe	YT35-2-2-1 铝锰铁黄铜	57.0~65.0	—	0.5~2.5	—	0.1~3.0	0.5~2.0	余量	2.0	475	3	130	力学性能好，铸造性好，在大气、海水、淡水中有较好的耐蚀性。适于制作管路配件和一般要求的耐磨件

注：本表只列出了各牌号杂质总和，杂质含量的具体规定参见 GB/T 15116—1994。

2.2 加工铜及铜合金的牌号、特性及应用（见表 2.2-5）

表 2.2-5 加工铜及铜合金的牌号、特性及应用举例

分类	组别	代号	主要特性	应用举例
加工铜	纯铜	T1 T2	有良好的导电、导热、耐蚀和加工性能，可以焊接和钎焊。含降低导电、导热性的杂质较少，微量的氧对导电、导热和加工等性能影响不大，但易引起“氢病”，不宜在高温（如>370℃）还原性气氛中加工（退火、焊接等）和使用	用于导电、导热、耐蚀器材。如：电线、电缆、导电螺钉、爆破用雷管、化工用蒸发器、贮藏器及各种管道等
		T3	有较好的导电、导热、耐蚀和加工性能，可以焊接和钎焊；但含降低导电、导热性的杂质较多，含氧量更高，更易引起“氢病”，不能在高温还原性气氛中加工、使用	用于一般铜材，如：电气开关、垫圈、垫片、铆钉、管嘴、油管及其他管道等
	无氧铜	TU1、TU2	纯度高，导电、导热性极好，无“氢病”或极少“氢病”；加工性能和焊接、耐蚀、耐寒性均好	主要用作电真空仪器仪表器件
	磷脱氧铜	TP1 TP2	焊接性能和冷弯性能好，一般无“氢病”倾向，可在还原性气氛中加工、使用，但不宜在氧化性气氛中加工、使用。TP1 的残留磷量比 TP2 少，故其导电、导热性较 TP2 高	主要以管材应用，也可以板、带或棒、线供应。用作汽油或气体输送管、排水管、冷凝管、水雷用管、冷凝器、蒸发器、热交换器、火车厢零件
	银铜	TAg0.1	铜中加入少量的银，可显著提高软化温度（再结晶温度）和蠕变强度，而很少降低铜的导电、导热性和塑性。实用的银铜其时效硬化的效果不显著，一般采用冷作硬化来提高强度。它具有很好的耐磨性、电接触性和耐蚀性，如制成电车线时，使用寿命比一般硬铜高 2~4 倍	用于耐热、导电器材。如：电动机整流子片、发电机转子用导体、点焊电极、通信线、引线、导线、电子管材料等

（续）

分类	组别	代号	主要特性	应用举例
加工黄铜	普通黄铜	H96	强度比纯铜高（但在普通黄铜中，它是最低的），导热、导电性好，在大气和淡水中有高的耐蚀性，且有良好的塑性，易于冷、热压力加工，易于焊接、锻造和镀锡，无应力腐蚀破裂倾向	在一般机械制造中用作导管、冷凝管、散热器管、散热片、汽车水箱带以及导电零件等
		H90	性能和H96相似，但强度较H96稍高，可镀金属及涂敷珐琅	供水及排水管、奖章、艺术品、水箱带以及双金属片
		H85	具有较高的强度，塑性好，能很好地承受冷、热压力加工，焊接和耐蚀性能也都良好	冷凝和散热用管、虹吸管、蛇形管、冷却设备制件
		H80	性能和H85近似，但强度较高，塑性也较好，在大气、淡水及海水中有较高的耐蚀性	造纸网、薄壁管、皱纹管及房屋建筑用品
		H70 H68	有极为良好的塑性（是黄铜中最佳者）和较高的强度，可加工性能好，易焊接，对一般腐蚀非常安定，但易产生腐蚀开裂。H68是普通黄铜中应用最为广泛的一个品种	复杂的冷冲件和深冲件，如散热器外壳、导管、波纹管、弹壳、垫片、雷管等
		H65	性能介于H68和H62之间，价格比H68便宜，也有较高的强度和塑性，能良好地承受冷、热压力加工，有腐蚀破裂倾向	小五金、日用品、小弹簧、螺钉、铆钉和机器零件
		H63 H62	有良好的力学性能，热态下塑性良好，冷态下塑性也可以，可加工性好，易钎焊和焊接，耐蚀，但易产生腐蚀破裂，此外价格便宜，是应用广泛的一个普通黄铜品种	各种深拉深和弯折制造的受力零件，如销钉、铆钉、垫圈、螺母、导管、气压表弹簧、筛网、散热器零件等
		H59	价格最便宜，强度、硬度高而塑性差，但在热态下仍能很好地承受压力加工，耐蚀性一般，其他性能和H62相近	一般机器零件、焊接件、热冲及热轧零件
	镍黄铜	HNi65-5 HNi56-3	有高的耐蚀性和减摩性，良好的力学性能，在冷态和热态下压力加工性能极好，对脱锌和“季裂”比较稳定，导热导电性低，但因镍的价格较贵，故HNi65-5一般用得不多	压力表管、造纸网、船舶用冷凝管等，可作锡磷青铜和德银的代用品
	铁黄铜	HFe59-1-1	具有高的强度、韧性，减摩性能良好，在大气、海水中的耐蚀性高，但有腐蚀破裂倾向，热态下塑性良好	制造在摩擦和受海水腐蚀条件下工作的结构零件
		HFe58-1-1	强度、硬度高，可加工性好，但塑性下降，只能在热态下压力加工，耐蚀性尚好，有腐蚀破裂倾向	适于用热压和切削加工法制作的高强度耐蚀零件
	铅黄铜	HPb63-3	含铅高的铅黄铜，不能热态加工，可加工性极为优良，且有高的减摩性能，其他性能和HPb59-1相似	主要用于要求可加工性极高的钟表结构零件及汽车拖拉机零件
		HPb63-0.1 HPb62-0.8	可加工性较HPb63-3低，其他性能和HPb63-3相同	用于一般机器结构零件
		HPb61-1	可加工性好，强度较高	用于要求高加工性能的一般结构件
		HPb59-1	应用较广的铅黄铜，它的特点是可加工性好，有良好的力学性能，能承受冷、热压力加工，易钎焊和焊接，对一般腐蚀有良好的稳定性，但有腐蚀破裂倾向	适于以热冲压和切削加工制作的各种结构零件，如螺钉、垫圈、垫片、衬套、螺母、喷嘴等

（续）

分类	组别	代号	主要特性	应用举例
加工黄铜	铝黄铜	HAl77-2	典型的铝黄铜，有高的强度和硬度，塑性良好，可在热态及冷态下进行压力加工，对海水及盐水有良好的耐蚀性，并耐冲击腐蚀，但有脱锌及腐蚀破裂倾向	船舶和海滨热电站中用作冷凝管以及其他耐蚀零件
		HAl67-2.5	在冷态热态下能良好的承受压力加工，耐磨性好，对海水的耐蚀性尚可，对腐蚀破裂敏感，钎焊和镀锡性能不好	海船抗蚀零件
		HAl66-6-3-2	为耐磨合金，具有高的强度、硬度和耐磨性，耐蚀性也较好，但有腐蚀破裂倾向，塑性较差。为铸造黄铜的移植品种	重负荷下工作中固定螺钉的螺母及大型蜗杆；可作铝青铜 QAl10-4-4 的代用品
		HAl60-1-1	具有高的强度，在大气、淡水和海水中耐蚀性好，但对腐蚀破裂敏感，在热态下压力加工性好，冷态下可塑性低	要求耐蚀的结构零件，如齿轮、蜗轮、衬套、轴等
		HAl59-3-2	具有高的强度，耐蚀性是所有黄铜中最好的，腐蚀破裂倾向不大，冷态下塑性低，热态下压力加工性好	发动机和船舶业及其他在常温下工作的高强度耐蚀件
	锰黄铜	HMn58-2	在海水和过热蒸汽、氯化物中有高的耐蚀性，但有腐蚀破裂倾向；力学性能良好，导热导电性低，易于在热态下进行压力加工，冷态下压力加工性尚可，是应用较广的黄铜品种	腐蚀条件下工作的重要零件和弱电流工业用零件
		HMn57-3-1	强度、硬度高，塑性低，只能在热态下进行压力加工；在大气、海水、过热蒸汽中的耐蚀性比一般黄铜好，但有腐蚀破裂倾向	耐腐蚀结构零件
		HMn55-3-1	性能和 HMn57-3-1 接近，为铸造黄铜的移植品种	耐腐蚀结构零件
	锡黄铜	HSn90-1	力学性能和工艺性能极近似于 H90 普通黄铜，但有高的耐蚀性和减摩性，目前只有这种锡黄铜可作为耐磨合金使用	汽车、拖拉机弹性套管及其他耐蚀减摩零件
		HSn70-1	典型的锡黄铜，在大气、蒸汽、油类和海水中有高的耐蚀性，且有良好的力学性能，可加工性尚可，易焊接和钎焊，在冷、热状态下压力加工性好，有腐蚀破裂倾向	海轮上的耐蚀零件（如冷凝气管），与海水、蒸汽、油类接触的导管，热工设备零件
		HSn62-1	在海水中有高的耐蚀性，有良好的力学性能，冷加工时有冷脆性，只适于热压加工，可加工性好，易焊接和钎焊，但有腐蚀破裂倾向	用作与海水或汽油接触的船舶零件或其他零件
		HSn60-1	性能与 HSn62-1 相似，主要产品为线材	船舶焊接结构用的焊条
	加砷黄铜	HSn70A	典型的锡黄铜。在大气、蒸汽、油类、海水中有高的耐蚀性。有高的力学性能、可切削性能、冷、热加工性能和焊接性能。有应力腐蚀开裂倾向。加微量 As 可防止脱锌腐蚀	海轮上的耐蚀零件，与海水、蒸汽、油类相接触的导管和零件
		H68A	H68 为典型的普通黄铜，为黄铜中塑性最佳者，应用最广。加微量 As 可防止脱锌腐蚀，进一步提高耐蚀性能	复杂冷冲件、深冲件、波导管、波纹管、子弹壳等
	硅黄铜	HSi80-3	有良好的力学性能，耐蚀性高，无腐蚀破裂倾向，耐磨性亦可，在冷态、热态下压力加工性好，易焊接和钎焊，可加工性好，导热、导电性是黄铜中最低的	船舶零件、蒸汽管和水管配件

（续）

分类	组别	代号	主要特性	应用举例
加工青铜	锡青铜	QSn4-3	为含锌的锡青铜，有高的耐磨性和弹性，抗磁性良好，能很好地承受热态或冷态压力加工；在硬态下，可加工性好，易焊接和钎焊，在大气、淡水和海水中耐蚀性好	制造弹簧（扁弹簧、圆弹簧）及其他弹性元件，化工设备上的耐蚀零件以及耐磨零件（如衬套、圆盘、轴承等）和抗磁零件、造纸工业用的刮刀
		QSn4-4-2.5 QSn4-4-4	为添有锌、铅合金元素的锡青铜，有高的减摩性和良好的可加工性，易于焊接和钎焊，在大气、淡水中具有良好的耐蚀性，只能在冷态下进行压力加工，因含铅，热加工时易引起热脆	制造在摩擦条件下工作的轴承、卷边轴套、衬套、圆盘以及衬套的内垫等。QSn4-4-4使用温度可达300℃以下，是一种热强性较好的锡青铜
		QSn6.5-0.1	磷锡青铜，有高的强度、弹性、耐磨性和抗磁性，在热态和冷态下压力加工性良好，对电火花有较高的抗燃性，可焊接和钎焊，可加工性好，在大气和淡水中耐蚀	制造弹簧和导电性好的弹簧接触片，精密仪器中的耐磨零件和抗磁零件，如齿轮、电刷盒、振动片、接触器
		QSn6.5-0.4	磷锡青铜，性能用途和QSn6.5-0.1相似，因含磷量较高，其抗疲劳强度较高，弹性和耐磨性较好，但在热加工时有热脆性，只能接受冷压力加工	除用于弹簧和耐磨零件外，主要用于造纸工业制作耐磨的铜网和单位负荷＜981MPa、圆周速度＜3m/s的条件下工作的零件
		QSn7-0.2	磷锡青铜，强度高，弹性和耐磨性好，易焊接和钎焊，在大气、淡水和海水中耐蚀性好，可加工性良好，适于热压加工	制造中等负荷、中等滑动速度下承受摩擦的零件，如抗磨垫圈、轴承、轴套、蜗轮等，还可用作弹簧、簧片等
	铝青铜	QAl5	为不含其他元素的铝青铜，有较高的强度、弹性和耐磨性，在大气、淡水、海水和某些酸中耐蚀性高，可电焊、气焊，不易钎焊，能很好地在冷态或热态下承受压力加工，不能淬火回火强化	制造弹簧和其他要求耐蚀的弹性元件，齿轮摩擦轮，蜗轮传动机构等，可作为QSn6.5-0.4、QSn4-3和QSn4-4-4的代用品
		QAl7	性能用途和QAl5相似，因含铝量稍高，其强度较高	
		QAl9-2	含锰的铝青铜，具有高的强度，在大气、淡水和海水中抗蚀性很好，可以电焊和气焊，不易钎焊，在热态和冷态下压力加工性均好	高强度耐蚀零件以及在250℃以下蒸汽介质中工作的管配件和海轮上零件
		QAl9-4	为含铁的铝青铜。有高的强度和减摩性，良好的耐蚀性，热态下压力加工性良好，可电焊和气焊，但钎焊性不好，可用作高锡耐磨青铜的代用品	制作在高负荷下工作的抗磨、耐蚀零件，如轴承、轴套、齿轮、蜗轮、阀座等，也用于制作双金属耐磨零件
		QAl9-5-1-1 QAl10-5-5	含有铁、镍元素的铝青铜，属于高强度耐热青铜，高温（400℃）下力学性能稳定，有良好的减摩性，在大气、淡水和海水中耐蚀性好，热态下压力加工性良好，可热处理强化，可焊接，不易钎焊，可加工性尚好 镍含量增加，强度、硬度、高温强度、耐蚀性提高	高强度的耐磨零件和400～500℃工作的零件，如轴衬、轴套、齿轮、球形座、螺母、法兰盘、滑座、坦克用蜗杆等以及其他各种重要的耐蚀耐磨零件
		QAl10-3-1.5	为含有铁、锰元素的铝青铜，有高的强度和耐磨性，经淬火、回火后可提高硬度，有较好的高温耐蚀性和抗氧化性，在大气、淡水和海水中抗蚀性很好，可加工性尚可，可焊接，不易钎焊，热态下压力加工性良好	制造高温条件下工作的耐磨零件和各种标准件，如齿轮、轴承、衬套、圆盘、导向摇臂、飞轮、固定螺母等。可代替高锡青铜制作重要机件
		QAl10-4-4	为含有铁、镍元素的铝青铜，属于高强度耐热青铜，高温（400℃）下力学性能稳定，有良好的减摩性，在大气、淡水和海水中抗蚀性很好，热态下压力加工性良好，可热处理强化，可焊接，不易钎焊，可加工性尚好	高强度的耐磨零件和高温下（400℃）工作的零件，如轴衬、轴套、齿轮、球形座、螺母、法兰盘、滑座等以及其他各种重要的耐蚀耐磨零件

（续）

分类	组别	代号	主要特性	应用举例
加工青铜	铝青铜	QAl11-6-6	成分、性能和 QAl10-4-4 相近	高强度耐磨零件和 500℃下工作的高温抗蚀耐磨零件
加工青铜	铍青铜	QBe2	为含有少量镍的铍青铜，是力学、物理、化学综合性能良好的一种合金。经淬火调质后，具有高的强度、硬度、弹性、耐磨性、疲劳极限和耐热性；同时还具有高的导电性、导热性和耐寒性，无磁性，磁击时无火花，易于焊接和钎焊，在大气、淡水和海水中抗蚀性极好	制造各种精密仪表、仪器中的弹簧和弹性元件，各种耐磨零件以及在高速、高压和高温下工作的轴承、衬套，矿山和炼油厂用的冲击不生火花的工具以及各种深冲零件
加工青铜	铍青铜	QBe1.7 QBe1.9	为含有少量镍、钛的铍青铜，具有和 QBe2 相近的特性，但其优点是：弹性迟滞小、疲劳强度高，温度变化时弹性稳定，性能对时效温度变化的敏感性小，价格较低廉，而强度和硬度比 QBe2 降低甚少	制造各种重要用途的弹簧、精密仪表的弹性元件、敏感元件以及承受高变向载荷的弹性元件，可代替 QBe2 牌号的铍青铜
加工青铜	铍青铜	QBe1.9-0.1	为加有少量 Mg 的铍青铜。性能同 QBe1.9，但因加入微量 Mg，能细化晶粒，并提高强化相（γ_2 相）的弥散度和分布均匀性，从而大大提高合金的力学性能，提高合金时效后的弹性极限和力学性能的稳定性	制造各种重要用途的弹簧、精密仪表的弹性元件、敏感元件以及承受高变向载荷的弹性元件，可代替 QBe2 牌号的铍青铜
加工青铜	硅青铜	QSi3-1	为加有锰的硅青铜，有高的强度、弹性和耐磨性，塑性好，低温下仍不变脆；能良好地与青铜、钢和其他合金焊接，特别是钎焊性好；在大气、淡水和海水中的耐蚀性高，对于苛性钠及氯化物的作用也非常稳定；能很好地承受冷、热压力加工，不能热处理强化，通常在退火和加工硬化状态下使用，此时有高的屈服强度和弹性	用于制造在腐蚀介质中工作的各种零件，弹簧和弹簧零件，以及蜗轮、蜗杆、齿轮、轴套、制动销和杆类耐磨零件，也用于制作焊接结构中的零件，可代替重要的锡青铜，甚至铍青铜
加工青铜	硅青铜	QSi1-3	为含有锰、镍元素的硅青铜，具有高的强度，相当好的耐磨性，能热处理强化，淬火回火后强度和硬度大大提高，在大气、淡水和海水中有较高的耐蚀性，焊接性和可加工性良好	用于制造在 300℃以下，润滑不良、单位压力不大的工作条件下的摩擦零件（如发动机排气和进气门的导向套）以及在腐蚀介质中工作的结构零件
加工青铜	硅青铜	QSi3.5-3-1.5	为含有锌、锰、铁等元素的硅青铜，性能同 QSi3-1，但耐热性较好，棒材、线材存放时自行开裂的倾向性较小	主要用作在高温工作的轴套材料
加工青铜	锰青铜	QMn1.5 QMn2	含锰量较 QMn5 低，与 QMn5 比较，强度、硬度较低，但塑性较高，其他性能相似，QMn2 的力学性能稍高于 QMn1.5	用于电子仪表零件，也可作为蒸气锅炉管配件和接头等
加工青铜	锰青铜	QMn5	为含锰量较高的锰青铜，有较高的强度、硬度和良好的塑性，能很好地在热态及冷态下承受压力加工，有好的耐蚀性，并有高的热强性，400℃下还能保持其力学性能	用于制作蒸气机零件和锅炉的各种管接头、蒸气阀门等高温耐蚀零件
加工青铜	锆青铜	QZr0.2	有高的电导率，能冷、热态压力加工，时效后有高的硬度、强度和耐热性	作电阻焊接材料及高导电、高强度电极材料。如：工作温度 350℃以下的电动机整流子片、开关零件、导线、点焊电极等
加工青铜	锆青铜	QZr0.4	强度及耐热性比 QZr0.2 更高，但导电率则比 QZr0.2 稍低	作电阻焊接材料及高导电、高强度电极材料。如：工作温度 350℃以下的电动机整流子片、开关零件、导线、点焊电极等
加工青铜	铬青铜	QCr0.5	在常温及较高温度下（<400℃）具有较高的强度和硬度，导电性和导热性好，耐磨性和减摩性也很好，经时效硬化处理后，强度、硬度、导电性和导热性均显著提高；易于焊接和钎焊，在大气和淡水中具有良好的抗蚀性，高温抗氧化性好，能很好地在冷态和热态下承受压力加工；但其缺点是对缺口的敏感性较强，在缺口和尖角处造成应力集中，容易引起机械损伤	用于制作工作温度 350℃以下的电焊机电极、电动机整流子片以及其他各种在高温下工作的、要求有高的强度、硬度、导电性和导热性的零件，还可以双金属的形式用于刹车盘和圆盘

（续）

分类	组别	代号	主要特性	应用举例
加工青铜	铬青铜	QCr0.5-0.2-0.1	为加有少量镁、铝的铬青铜，与QCr0.5相比，不仅进一步提高了耐热性和耐蚀性，而且可改善缺口敏感性，其他性能和QCr0.5相似	用于制作点焊、滚焊机上的电极等
		QCr0.6-0.4-0.05	为加有少量锆、镁的铬青铜，与QCr0.5相比，可进一步提高合金的强度、硬度和耐热性，同时还有好的导电性	同QCr0.5
	镉青铜	QCd1.0	具有高的导电性和导热性，良好的耐磨性和减摩性，抗蚀性好，压力加工性能良好，镉青铜的时效硬化效果不显著，一般采用冷作硬化来提高强度	用于工作温度250℃下的电动机整流子片、电车触线和电话用软线以及电焊机的电极和喷气技术中
	镁青铜	QMg0.8	这是含镁量在w_{Mg}0.7%～0.85%的铜合金。微量Mg降低铜的导电性较少，但对铜有脱氧作用，还能提高铜的高温抗氧化性。实际应用的铜—镁合金，其Mg含量一般w_{Mg}小于1%，过高则压力加工性能急剧变坏。这类合金只能加工硬化，不能热处理强化	主要用作电缆线芯及其他导线材料
加工白铜	普通白铜	B0.6	为电工铜镍合金，其特性是温差电动势小。最大工作温度为100℃	用于制造特殊温差电偶（铂-铂铑热电偶）的补偿导线
		B5	为结构白铜，它的强度和耐蚀性都比铜高，无腐蚀破裂倾向	用作船舶耐蚀零件
	普通白铜	B19	为结构铜镍合金，有高的耐蚀性和良好的力学性能，在热态及冷态下压力加工性良好，在高温和低温下仍能保持高的强度和塑性，可加工性不好	用于在蒸汽、淡水和海水中工作的精密仪表零件、金属网和抗化学腐蚀的化工机械零件以及医疗器具、钱币
		B25	为结构铜镍合金，具有高的力学性能和抗蚀性，在热态及冷态下压力加工性良好，由于其含镍量较高，故其力学性能和耐蚀性均较B5、B19高	用于在蒸汽、海水中工作的抗蚀零件以及在高温高压下工作的金属管和冷凝管等
	铁白铜	BFe10-1-1	为含镍较少的结构铁白铜，和BFe30-1-1相比，其强度、硬度较低，但塑性较高，耐蚀性相似	主要用于船舶业代替BFe30-1-1制作冷凝器及其他抗蚀零件
		BFe30-1-1	为结构铜镍合金，有良好的力学性能，在海水、淡水和蒸气中具有高的耐蚀性，但可加工性较差	用于海船制造业中制作高温、高压和高速条件下工作的冷凝器和恒温器的管材
	锰白铜	BMn3-12	为电工铜镍合金，俗称锰铜，特点是有高的电阻率和低的电阻温度系数，电阻长期稳定性高，对铜的热电动势小	广泛用于制造工作温度在100℃以下的电阻仪器以及精密电工测量仪器
		BMn40-1.5	为电工铜镍合金，通常称为康铜，具有几乎不随温度而改变的高电阻率和高的热电动势，耐热性和抗蚀性好，且有高的力学性能和变形能力	为制造热电偶（900℃以下）的良好材料，工作温度在500℃以下的加热器（电炉的电阻丝）和变阻器
		BMn43-0.5	为电工铜镍合金，通常称为考铜，它的特点是，在电工铜镍合金中具有最大的温差电动势，并有高的电阻率和很低的电阻温度系数，耐热性和抗蚀性也比BMn40-1.5好，同时具有高的力学性能和变形能力	在高温测量中，广泛采用考铜作补偿导线和热电偶的负极以及工作温度不超过600℃的电热仪器
	锌白铜	BZn15-20	为结构铜镍合金，因其外表具有美丽的银白色，俗称德银（本来是中国银），这种合金具有高的强度和耐蚀性，可塑性好，在热态及冷态下均能很好地承受压力加工，可加工性不好，焊接性差，弹性优于QSn6.5-0.1	用于潮湿条件下和强腐蚀介质中工作的仪表零件以及医疗器械、工业器皿、艺术品、电信工业零件、蒸汽配件和水道配件、日用品以及弹簧管和簧片等

（续）

分类	组别	代号	主要特性	应用举例
加工白铜	锌白铜	BZn15-21-1.8 BZn15-24-1.5	为加有铅的锌白结构合金，性能和 BZn15-20 相似，但它的可加工性较好，而且只能在冷态下进行压力加工	用于手表工业制作精细零件
	铝白铜	BAl13-3	为结构铜镍合金，可以热处理，其特性是：除具有高的强度（是白铜中强度最高的）和耐蚀性外，还具有高的弹性和抗寒性，在低温（90K）下力学性能不但不降低，反而有些提高，这是其他铜合金所没有的性能	用于制作高强度耐蚀零件
		BA16-1.5	为结构铜镍合金，可以热处理强化，有较高的强度和良好的弹性	制作重要用途的扁弹簧

注：加工铜及铜合金的各牌号化学成分应符合 GB/T 5231—2001《加工铜及铜合金化学成分和产品形状》的相关规定。

2.3 铜及铜合金加工产品

2.3.1 铜及铜合金拉制棒（见表 2.2-6～表 2.2-8）

表 2.2-6 铜及铜合金拉制棒牌号、状态及尺寸规格（摘自 GB/T 4423—2007）

牌号	状态	直径(或对边距离)/mm		牌号	状态	直径(或对边距离)/mm	
		圆形棒、方形棒、六角形棒	矩形棒			圆形棒、方形棒、六角形棒	矩形棒
T2、T3、TP2、H96、TU1、TU2	Y(硬) M(软)	3～80	3～80	QSn7-0.2	Y(硬) T(特硬)	4～40	—
H90	Y(硬)	3～40	—	QCd1	Y(硬) M(软)	4～60	—
H80、H65	Y(硬) M(软)	3～40	—	QCr0.5	Y(硬) M(软)	4～40	—
H68	Y_2(半硬) M(软)	3～80 13～35	—	QSi1.8	Y(硬)	4～15	—
H62	Y_2(半硬)	3～80	3～80	BZn15-20	Y(硬) M(软)	4～40	—
HPb59-1	Y_2(半硬)	3～80	3～80				
H63、HPb63-0.1	Y_2(半硬)	3～40	—				
HPb63-3	Y(硬) Y_2(半硬)	3～30 3～60	3～80	BZn15-24-1.5	T(特硬) Y(硬) M(软)	3～18	—
HPb61-1	Y_2(半硬)	3～20	—				
HFe59-1-1、HFe58-1-1、HSn62-1、HMn58-2	Y(硬)	4～60	—	BFe30-1-1	Y(硬) M(软)	16～50	—
QSn6.5-0.1、QSn6.5-0.4、QSn4-3、QSn4-0.3、QSi3-1、QAl9-2、QAl9-4、QAl10-3-1.5、QZr0.2、QZr0.4	Y(硬)	4～40	—	BMn40-1.5	Y(硬)	7～40	—

注：1. 棒材牌号的化学成分应符合 GB/T 5231 的规定。

2. 矩形棒截面高度≤10mm，>10～20mm，>20mm，其宽高比（宽/高）不大于 2.0、3.0、3.5。

表2.2-7　铜及铜合金拉制棒尺寸及允许偏差（摘自GB/T 4423—2007）

	直径（或对边距）	圆形棒				方形棒或六角形棒			
		紫黄铜类		青白铜类		紫黄铜类		青白铜类	
		高精级	普通级	高精级	普通级	高精级	普通级	高精级	普通级
圆形、方形、六角形棒尺寸及允许偏差/mm	≥3～≤6	±0.02	±0.04	±0.03	±0.06	±0.04	±0.07	±0.06	±0.10
	>6～≤10	±0.03	±0.05	±0.04	±0.06	±0.04	±0.08	±0.08	±0.11
	>10～≤18	±0.03	±0.06	±0.05	±0.08	±0.05	±0.10	±0.10	±0.13
	>18～≤30	±0.04	±0.07	±0.06	±0.10	±0.06	±0.10	±0.10	±0.15
	>30～≤50	±0.08	±0.10	±0.09	±0.10	±0.12	±0.13	±0.13	±0.16
	>50～≤80	±0.10	±0.12	±0.12	±0.15	±0.15	±0.24	±0.24	±0.30

	宽度或高度	紫黄铜类		青铜类	
		高精级	普通级	高精级	普通级
矩形棒尺寸及允许偏差/mm	3	±0.08	±0.10	±0.12	±0.15
	>3～≤6	±0.08	±0.10	±0.12	±0.15
	>6～≤10	±0.08	±0.10	±0.12	±0.15
	>10～≤18	±0.11	±0.14	±0.15	±0.18
	>18～≤30	±0.18	±0.21	±0.20	±0.24
	>30～≤50	±0.25	±0.30	±0.30	±0.38
	>50～≤80	±0.30	±0.35	±0.40	±0.50

注：1. GB/T 4423—2007《铜及铜合金拉制棒》代替GB/T 4423—1992《铜及铜合金拉制棒》、GB/T 13809—1992《铜及铜合金矩形棒》、并将YS/T 76—1994《铅黄铜拉花棒》的内容也纳入GB/T 4423—2007。

2. 棒材不定尺长度规定：直径（或对边距离）为3～50mm，供应长度为1000～5000mm；直径（或对边距离）为50～80mm，供应长度为500～5000mm；经双方协商，直径（或对边距离）不大于10mm的棒材可成盘（卷）供货，其长度不小于4000；定尺或倍尺长度应在不定尺范围内，并在合同中注明，否则按不定尺长度供货。

3. 棒材允许偏差等级应在合同中注明，未注明时按普通级供货。

4. 圆棒的圆度不得超过其直径允许偏差一半。

5. GB/T 4423—2007未列出棒材尺寸优先尺寸，GB/T 4423—1992优先尺寸为：5～10（0.5分级）、11～30（1分级）、32、34、35、36、38、40、42、44、45、46、48、50、52、54、55、56、58、60、65、70、75、80，单位为mm。

6. 标记示例：用H62制造的，供应状态为Y_2，高精级，外径20mm，长度为2000mm的圆形棒，标记为：圆形棒 H62 Y_2高20×2000 GB/T 4423—2007。

表2.2-8　铜及铜合金拉制棒材力学性能（摘自GB/T 4423—2007）

牌号	状态	直径、对边距/mm	抗拉强度 R_m/MPa	断后伸长率 A(%)	牌号	状态	直径、对边距/mm	抗拉强度 R_m/MPa	断后伸长率 A(%)
			不小于					不小于	
圆形棒材、方形棒材、六角形棒材					H68	Y_2	3～12	370	18
T2 T3	Y	3～40	275	10			12～40	315	30
		40～60	245	12			40～80	295	34
		60～80	210	16		M	13～35	295	50
	M	3～80	200	40	H65	Y	3～40	390	—
TU1　TU2　TP2	Y	3～80	—	—		M	3～40	295	44
H96	Y	3～40	275	8	H62	Y_2	3～40	370	18
		40～60	245	10			40～80	335	24
		60～80	205	14	HPb61-1	Y_2	3～20	390	11
	M	3～80	200	40	HPb59-1	Y_2	3～20	420	12
H90	Y	3～40	330	—			20～40	390	14
H80	Y	3～40	390	—			40～80	370	19
	M	3～40	275	50					

（续）

牌　号	状态	直径、对边距/mm	抗拉强度 R_m/MPa	断后伸长率 A(%)
			不小于	
HPb63-0.1 H63	Y_2	3~20	370	18
		20~40	340	21
HPb63-3	Y	3~15	490	4
		15~20	450	9
		20~30	410	12
	Y_2	3~20	390	12
		20~60	360	16
HSn62-1	Y	4~40	390	17
		40~60	360	23
HMn58-2	Y	4~12	440	24
		12~40	410	24
		40~60	390	29
HFe58-1-1	Y	4~40	440	11
		40~60	390	13
HFe59-1-1	Y	4~12	490	17
		12~40	440	19
		40~60	410	22
QAl9-2	Y	4~40	540	16
QAl9-4	Y	4~40	580	13
QAl10-3-1.5	Y	4~40	630	8
QSi3-1	Y	4~12	490	13
		12~40	470	19
QSi1.8	Y	3~15	500	15
QSn6.5-0.1 QSn6.5-0.4	Y	3~12	470	13
		12~25	440	15
		25~40	410	18
QSn7-0.2	Y	4~40	440	19 硬度130~200HBW
	T	4~40	—	硬度≥180HBW
QSn4-0.3	Y	4~12	410	10
		12~25	390	13
		25~40	355	15
QSn4-3	Y	4~12	430	14
		12~25	370	21
		25~35	335	23
		35~40	315	23
QCd1	Y	4~60	370	5 硬度≥100HBW
	M	4~60	215	36 硬度≤75HBW
QCr0.5	Y	4~40	390	6
	M	4~40	230	40
QZr0.2 QZr0.4	Y	3~40	294	6 硬度130HBW①
BZn15-20	Y	4~12	440	6
		12~25	390	8
		25~40	345	13
	M	3~40	295	33
BZn15-24-1.5	T	3~18	590	3
	Y	3~18	440	5
	M	3~18	295	30
BFe30-1-1	Y	16~50	490	—
	M	16~50	345	25
BMn40-1.5	Y	7~20	540	6
		20~30	490	8
		30~40	440	11
矩形棒材				
T2	M	3~80	196	36
	Y	3~80	245	9
H62	Y_2	3~20	335	17
		20~80	335	23
HPb59-1	Y_2	5~20	390	12
		20~80	375	18
HPb63-3	Y_2	3~20	380	14
		20~80	365	19

注：1. 直径或对边距离小于10mm的棒材不做硬度试验。

2. 锆青铜导电率在20℃时应不小于85%IACS（或电阻系数不大于0.0202835Ω·mm²/m），此数值为经淬火处理及冷加工时效后的性能参考值。

3. 除H96外，半硬、硬和特硬态的黄铜、锡青铜、硅青铜和锌白铜棒材均应进行消除内应力处理。

① 此硬度值为经淬火处理及冷加工时效后的性能参考值。

2.3.2　铜及铜合金无缝管材尺寸规格（见表 2.2-9、表 2.2-10）

表 2.2-9　挤制铜及铜合金圆管尺寸规格（摘自 GB/T 16866—2006）

公称外径/mm	20、21、22	23、24、25、26	27、28、29	30、32	34、35、36	38、40、42、44	45、46、48	50、52、54、55	56、58、60	62、64、65、68、70	72、74、75、78、80	85、90	95、100	105、110	115、120	125、130	135、140
公称壁厚/mm	1.5 ~ 3.4	1.5 ~ 4	2.5 ~ 6.0	2.5 ~ 6.0	2.5 ~ 6.0	2.5 ~ 10.0	2.5 ~ 10.0	2.5 ~ 17.5	4.0 ~ 17.5	4.0 ~ 20.0	4.0 ~ 25.0	7.5、10.0 ~ 30	7.5、10.0 ~ 30	10.0 ~ 30	10.0 ~ 37.5	10.0 ~ 35	10.0 ~ 37.5
公称外径/mm	145、150	155、160	165 170	175 180	185、190、195、200	210 220	230 240 250	260 280	290 300	公称壁厚尺寸系列/mm		1.5 ~ 5.0（0.5 进级）6.0、7.5、9.0、10.0 12.5 ~ 45.0（2.5 进级）50					
公称壁厚/mm	10.0 ~ 35.0	10.0 ~ 42.5	10.0 ~ 42.5	10.0 ~ 42.5	10.0 ~ 45.0	10.0 ~ 45.0	10.0 ~ 15.0 20.0 25.0 ~ 50	10.0 ~ 15.0 20.0 25.0 30.0	20.0、25.0、30.0								

注：1. GB/T 16866—2006 代替 GB/T 16866—1997。

2. 通常供应长度为 500 ~ 6000mm。

表 2.2-10　拉制铜及铜合金圆管尺寸规格（摘自 GB/T 16866—2006）

公称外径/mm	3、4	5、6、7	8 ~ 15	16 ~ 20	21 ~ 30	31 ~ 40	42 ~ 50	52 ~ 60	62 ~ 70	72 ~ 80	82 ~ 100	105 ~ 150	155 ~ 200	210 ~ 250	260 ~ 360
公称壁厚/mm	0.2 ~ 1.25	0.2 ~ 1.5	0.2 ~ 3.0	0.3 ~ 4.5	0.4 ~ 5.0	0.4 ~ 5.0	0.75 ~ 6.0	0.75 ~ 8.0	1.0 ~ 11.0	2.0 ~ 13.0	2.0 ~ 15.0	2.0 ~ 15.0	3.0 ~ 15.0	3.0 ~ 15.0	4.0 ~ 5.0
公称外径尺寸系列/mm	3 ~ 40（1 进级）、42、44、45、46、48、49、50、52、54、55、56、58、60、62、64、65、66、68、70、72、74、75、76、78、80、82、84、85、86、88、90、92、94、96、100 ~ 200（5 进级）、210 ~ 360（10 进级）														
公称壁厚尺寸系列/mm	0.2 ~ 0.6（0.1 进级）、0.75 ~ 1.5（0.25 进级）、2.0 ~ 5.0（0.5 进级）、6.0 ~ 15.0（1 进级）														

注：外径不大于 100mm 拉制管，长度为 1000 ~ 7000mm，其他圆管长度一般为 500 ~ 6000mm。

2.3.3　铜及铜合金拉制管（见表 2.2-11）

表 2.2-11　铜及铜合金拉制管牌号、状态和规格（摘自 GB/T 1527—2006）

牌　号	状　态	规　格 /mm			
		圆形		矩（方）形	
		外径	壁厚	对边距	壁厚
T2、T3、TU1、TU2、TP1、TP2	软（M）、轻软（M2）、硬（Y）、特硬（T）	3 ~ 360	0.5 ~ 15	3 ~ 100	1 ~ 10
	半硬（Y2）	3 ~ 100			
H96、H90	软（M）、轻软（M2）、半硬（Y2）、硬（Y）	3 ~ 200	0.2 ~ 10		0.2 ~ 7
H85、H80、H85A					
H70、H68、H59、HPb59-1、HSn62-1、HSn70-1、H70A、H68A		3 ~ 100			
H65、H63、H62、HPb66-0.5、H65A		3 ~ 200			

（续）

牌号	状态	规格 /mm			
		圆形		矩（方）形	
		外径	壁厚	对边距	壁厚
HPb63-0.1	半硬（Y2）	18～31	6.5～13	—	—
	1/3硬（Y3）	8～31	3.0～13		
BZn15-20	硬（Y）、半硬（Y2）、软（M）	4～40	0.5～8	—	—
BFe10-1-1		8～160			
BFe30-1-1	半硬（Y2）、软（M）	8～80			

注：1. 外径≤100mm的圆形直管，供应长度为1000～7000mm；其他规格的圆形直管供应长度为500～6000mm；
2. 矩（方）形直管的供应长度为1000～5000mm；
3. 外径≤30mm、壁厚<3mm的圆形管材和圆周长≤100mm或圆周长与壁厚之比≤15的矩（方）形管材，可供应长度≥6000mm的盘管。
4. 各牌号的化学成分应符合GB/T 5231中相应牌号的规定。
5. 管材作为各工业部门一般用途使用。其力学性能应符合GB/T 1527的规定。
6. 管材的尺寸及其允许偏差应符合GB/T 16866的规定。

2.3.4　铜及铜合金挤制管（见表2.2-12）

表2.2-12　铜及铜合金挤制管牌号、状态及规格（摘自GB/T 1528—1997）

牌号	状态	规格 /mm	
		外径	壁厚
T2，T3，TP2，TU1，TU2	挤制（R）	30～300	5～30
H96，H62，HPb59-1，HFe59-1-1		21～280	1.5～42.5
QAl9-2、QAl9-4、QAl10-3-1.5、QAl10-4-4		20～250	3～50

注：1. 管材化学成分应符合GB/T 5231—2001标准中相应牌号的规定。
2. 管材的尺寸及尺寸允许偏差应符合GB/T 16866—2006一般用途的加工铜及铜合金无缝圆形管材尺寸规格的规定。
3. 标记示例：用T2制造、挤制状态、外径为80mm、壁厚9.0mm的圆管，标记为：管T2Rϕ80×9.0GB/T 1528—1997。

2.3.5　铜及铜合金板材（见表2.2-13、表2.2-14）

表2.2-13　铜及铜合金板材牌号及规格（摘自GB/T 2040—2008）

牌号	状态	规格 /mm		
		厚度	宽度	长度
T2、T3、TP1 TP2、TU1、TU2	R	4～60	≤3000	≤6000
	M、Y_4、Y_2、Y、T	0.2～12	≤3000	≤6000
H96、H80	M、Y	0.2～10	≤3000	≤6000
H90、H85	M、Y_2、Y			
H65	M、Y_4、Y_2 Y、T、TY			
H70、H68	R	4～60		
	M、Y_4、Y_2 Y、T、TY	0.2～10		
H63、H62	R	4～60		
	M、Y_2 Y、T	0.2～10		
H59	R	4～60		
	M、Y	0.2～10		

牌号	状态	规格 /mm		
		厚度	宽度	长度
HPb59-1	R	4～60	≤3000	≤6000
	M、Y_2、Y	0.2～10		
HPb60-2	Y、T	0.5～10		
HMn58-2	M、Y_2、Y	0.2～10		
HSn62-1	R	4～60		
	M、Y_2、Y	0.2～10		
HMn55-3-1、HMn57-3-1 HAl60-1-1、HAl67-2.5 HAl66-6-3-2、HNi65-5	R	4～40	≤1000	≤2000
QSn6.5-0.1	R	9～50	≤600	≤2000
	M、Y_4、Y_2 Y、T、TY	0.2～12		

（续）

牌号	状态	规格 /mm		
		厚度	宽度	长度
QSn6.5-0.4、QSn4-3 QSn4-0.3、QSn7-0.2	M、Y、T	0.2~12	≤600	≤2000
QSn8-0.3	M、Y_4、Y_2、Y、T	0.2~5	≤600	≤2000
BAl6-1.5	Y	0.5~12	≤600	≤1500
BAl13-3	CYS			
BZn15-20	M、Y_2、Y、T	0.5~10	≤600	≤1500
BZn18-17	M、Y_2、Y	0.5~5	≤600	≤1500
B5、B19 BFe10-1-1、BFe30-1-1	R	7~60	≤2000	≤4000
	M、Y	0.5~10	≤600	≤1500
QAl5	M、Y	0.4~12	≤1000	≤2000
QAl7	Y_2、Y			

牌号	状态	规格 /mm		
		厚度	宽度	长度
QAl9-2	M、Y	0.4~12	≤1000	≤2000
QAl9-4	Y			
QCd1	Y	0.5~10	200~300	800~1500
QCr0.5、QCr0.5-0.2-0.1	Y	0.5~15	100~600	≥300
QMn1.5	M	0.5~5	100~600	≤1500
QMn5	M、Y			
QSi3-1	M、Y、T	0.5~10	100~1000	≥500
QSn4-4-2.5、QSn4-4-4	M、Y_3、Y_2、Y	0.8~5	200~600	800~2000
BMn40-1.5	M、Y	0.5~10	100~600	800~1500
BMn3-12	M			

注：1. 牌号 BZn18-17 的化学成分应符合 GB/T 2040—2008 的规定，其他牌号化学成分应符合 GB/T 5231 相应牌号的规定。

2. 板材的外形尺寸及允许偏差应符合 GB/T 17793 一般用途的加工铜及铜合金板带材外形尺寸及允许偏差的规定。铜及铜合金板材和带材的厚度尺寸数值采用连续方法给定，通常可按用户要求确定，但应在 GB/T 2040 和 GB/T 2059 规定的尺寸规格范围内。常用的厚度尺寸数值为：0.005、0.008、0.010、0.012、0.015、0.02~0.10（0.01 进级）、0.12、0.15、0.18、0.20、0.22、0.25、0.30、0.32、0.34、0.35、0.40、0.45、0.50、0.52、0.55、0.57、0.60、0.65、0.70、0.72、0.75、0.80、0.85、0.90、0.93、1.00、1.10、1.13、1.20、1.22、1.30~1.50（0.05 进级）、1.60、1.65、1.80、2.00、2.20、2.25、2.50、2.75、2.80、3.00~8.0（0.5 进级）、9.0~30（1 进级）、32、34、35、36、38、40、42、44、45、46、48、50、52、54、55、56、58、60、（单位为 mm）。可供板材带材选用时参考。

3. 板材供各工业部门一般用途使用。纯铜板、黄铜板在各工业部门广泛应用，复杂黄铜板主要用于制作热加工零件；铝青铜板主要用制作机器及仪表弹簧零件；锡青铜板主要用于机器制造和仪表工业弹性元件；普通白铜板主要用于制作精密机器、化学和医疗器械各种零件，铝白铜板适于制作高强度各种零件和重要用途弹簧；锌白铜板适于制作仪器、仪表弹性元件等。

4. GB/T 2040—2008《铜及铜合金板材》代替 GB/T 2040—2002《铜及铜合金板材》、GB/T 2044 镉青铜板、GB/T 2045 铬青铜板、GB/T 2046 锰青铜板、GB/T 2047 硅青铜板、GB/T 2049 锡锌铅青铜板、GB/T 2052 锰白铜板、GB/T 2531 热交换器固定板用黄铜板。

5. 标记示例：

产品标记按产品名称、牌号、状态、规格和标准编号的顺序表示。

用 H62 制造的、供应状态为 Y_2、厚度为 0.8mm、宽度为 600mm、长度为 1 500mm 的定尺板材，标记为：铜板 H62Y_2　0.8×600×1500　GB/T 2040—2008

表 2.2-14　铜及铜合金板材横向室温力学性能（摘自 GB/T 2040—2008）

牌号	状态	拉伸试验			硬度试验		
		厚度 /mm	抗拉强度 R_m/MPa	断后伸长率 $A_{11.3}$（%）	厚度 /mm	维氏硬度 HV	洛氏硬度 HRB
T2、T3 TP1、TP2 TU1、TU2	R	4~14	≥195	≥30	—	—	—
	M	0.3~10	≥205（195）	≥30	≥0.3	≤70	—
	Y_4		215~275	≥25		60~90	—
	Y_2		245~345	≥8		80~110	—
	Y		295~380	—		90~120	—
	T		≥350	—		≥110	—

（续）

牌号	状态	拉伸试验			硬度试验		
		厚度/mm	抗拉强度 R_m/MPa	断后伸长率 $A_{11.3}$（%）	厚度/mm	维氏硬度 HV	洛氏硬度 HRB
H96	M Y	0.3~10	≥215 ≥320	≥30 ≥3	—	—	—
H90	M Y_2 Y	0.3~10	≥245 330~440 ≥390	≥35 ≥5 ≥3	—	—	—
H85	M Y_2 Y	0.3~10	≥260 305~380 ≥350	≥35（40） ≥15 ≥3（—）	≥0.3	≤85 80~115 ≥105	—
H80	M Y	0.3~10	≥265 ≥390	≥50 ≥3	—	—	—
H70、H68	R	4~14	≥290	≥40	—	—	—
H70 H68 H65	M Y_4 Y_2 Y T TY	0.3~10	≥290 325~410 355~440（460） 410~540 520~620 ≥570	≥40 ≥35 ≥25 ≥10（13） ≥3（4） —	≥0.3	≤90 85~115 100~130 120~160 150~190 ≥180	— — — — — —
H63 H62	R	4~14	≥290	≥30	—	—	—
	M Y_2 Y T	0.3~10	≥290 350~470 410~630 ≥585	≥35 ≥20 ≥10 ≥2.5	≥0.3	≤95 90~130 125~165 ≥155	— — — —
H59	R	4~14	≥290	≥25	—	—	—
	M Y	0.3~10	≥290 ≥410	≥10 ≥5	≥0.3	— ≥130	— —
HPb59-1	R	4~14	≥370	≥18	—	—	—
	M Y_2 Y	0.3~10	≥340 390~490 ≥440	≥25 ≥12 ≥5	—	—	—
HPb60-2	Y	—	—	—	0.5~2.5	165~190	—
					2.6~10	—	75~92
	T	—	—	—	0.5~1.0	≥180	—
HMn58-2	M Y_2 Y	0.3~10	≥380 440~610 ≥585	≥30 ≥25 ≥3	—	—	—
HSn62-1	R	4~14	≥340	≥20	—	—	—
	M Y_2 Y	0.3~10	≥295 350~400 ≥390	≥35 ≥15 ≥5	—	—	—
HMn57-3-1	R	4~8	≥440	≥10	—	—	—
HMn55-3-1	R	4~15	≥490	≥15	—	—	—

（续）

牌　号	状　态	拉伸试验 厚度 /mm	拉伸试验 抗拉强度 R_m/MPa	拉伸试验 断后伸长率 $A_{11.3}$（%）	硬度试验 厚度 /mm	硬度试验 维氏硬度 HV	硬度试验 洛氏硬度 HRB
HAl60-1-1	R	4 ~ 15	≥440	≥15	—	—	—
HAl67-2.5	R	4 ~ 15	≥390	≥15	—	—	—
HAl66-6-3-2	R	4 ~ 8	≥685	≥3	—	—	—
HNi65-5	R	4 ~ 15	≥290	≥35	—	—	—
QAl5	M	0.4 ~ 12	≥275	≥33	—	—	—
	Y		≥585	≥2.5			
QAl7	Y_2	0.4 ~ 12	585 ~ 740	≥10	—	—	—
	Y		≥635	≥5			
QAl9-2	M	0.4 ~ 12	≥440	≥18	—	—	—
	Y		≥585	≥5			
QAl9-4	Y	0.4 ~ 12	≥585（635）	—	—	—	—
QSn6.5-0.1	R	9 ~ 14	≥290	≥38	—	—	—
	M	0.2 ~ 12	≥315	≥40	≥0.2	≤120	—
	Y_4	0.2 ~ 12	390 ~ 510	≥35		110 ~ 155	—
	Y_2	0.2 ~ 12	490 ~ 610	≥8（10）		150 ~ 190	—
	Y	0.2 ~ 3	590 ~ 690	≥5（8）		180 ~ 230	—
		>3 ~ 12	540 ~ 690	≥5（1）	≥0.2	180 ~ 230	—
	T	0.2 ~ 5	635 ~ 720	≥1		200 ~ 240	—
	TY		≥690	—		≥210	—
QSn6.5-0.4 QSn7-0.2	M	0.2 ~ 12	≥295	≥40	—	—	—
	Y		540 ~ 690	≥8			
	T		≥665	≥2			
QSn4-3 QSn4-0.3	M	0.2 ~ 12	≥290	≥40	—	—	—
	Y		540 ~ 690	≥3			
	T		≥635	≥2			
QSn8-0.3	M	0.2 ~ 5	≥345	≥40（45）	≥0.2	≤120	—
	Y_4		390 ~ 510	≥35（40）		100 ~ 160	—
	Y_2		490 ~ 610	≥20（30）		150 ~ 205	—
	Y		590 ~ 705	≥5（12）		180 ~ 235	—
	T		≥685	—（5）		≥210	—
QCd1	Y	0.5 ~ 10	≥390	—	—	—	—
QCr0.5 QCr0.5-0.2-0.1	Y	—	—	—	0.5 ~ 15	≥110	—
QMn1.5	M	0.5 ~ 5	≥205	≥30	—	—	—
QMn5	M	0.5 ~ 5	≥290	≥30	—	—	—
	Y		≥440	≥3			
QSi3-1	M	0.5 ~ 10	≥340（370）	≥40（45）	—	—	—
	Y		585 ~ 735（635 ~ 785）	≥3（5）			
	T		≥685（735）	≥1（2）			
QSn4-4-2.5 QSn4-4-4	M	0.8 ~ 5	≥290	≥35	≥0.8	—	—
	Y_3		390 ~ 490	≥10			65 ~ 85
	Y_2		420 ~ 510	≥9			70 ~ 90
	Y		≥510	≥5			—

（续）

牌　号	状　态	拉伸试验			硬度试验		
		厚度 /mm	抗拉强度 R_m/MPa	断后伸长率 $A_{11.3}$（%）	厚度 /mm	维氏硬度 HV	洛氏硬度 HRB
BZn15-20	M Y_2 Y T	0.5~10	≥340 440~570 540~690 ≥640	≥35 ≥5 ≥1.5 ≥1	—	—	—
BZn18-17	M Y_2 Y	0.5~5	≥375 440~570 ≥540	≥20 ≥5 ≥3	≥0.5	— 120~180 ≥150	—
B5	R	7~14	≥215	≥20	—	—	—
	M Y	0.5~10	≥215 ≥370	≥30（32） ≥10	—	—	—
B19	R	7~14	≥295	≥20	—	—	—
	M Y	0.5~10	≥290 ≥390	≥25 ≥3	—	—	—
BFe10-1-1	R	7~14	≥275	≥20	—	—	—
	M Y	0.5~10	≥275 ≥370	≥28 ≥3	—	—	—
BFe30-1-1	R	7~14	≥345	≥15	—	—	—
	M Y	0.5~10	≥370 ≥530	≥20 ≥3	—	—	—
BAl6-1.5	Y	0.5~12	≥535（600）	≥3（5）	—	—	—
BAl13-3	CYS		≥635（实测）	≥5（实测）	—	—	—
BMn40-1.5	M Y	0.5~10	390~590 ≥590（635）	实测 实测	—	—	—
BMn3-12	M	0.5~10	≥350（635）	≥25	—	—	—

注：1. 板材的横向室温力学性能应符合本表的规定。除铅黄铜板（HPb60-2）和铬青铜板（QCr0.5、QCr0.5-0.2-0.1）外，其他牌号板材在拉伸试验、硬度试验之间任选其一，未作特别说明时，仅提供拉伸试验。

2. 括号内的数值为 GB/T 2059—2008 铜及铜合金带的性能数据，非板材之数据。其他性能数值为板材和带材共用，但与性能数值相对应的带材厚度不同本表的板材厚度，详见表 2.2-15 的说明。

2.3.6　铜及铜合金带材（见表 2.2-15）

表 2.2-15　铜及铜合金带材牌号、状态、尺寸规格及力学性能（摘自 GB/T 2059—2008）

牌　号	状　态	厚度/mm	宽度/mm
T2、T3、TU1、TU2 TP1、TP2	软（M）、1/4硬（Y_4） 半硬（Y_2）、硬（Y）、特硬（T）	>0.15~<0.50	≤600
		0.50~3.0	≤1200
H96、H80、H59	软（M）、硬（Y）	>0.15~<0.50	≤600
		0.50~3.0	≤1200
H85、H90	软（M）、半硬（Y_2）、硬（Y）	>0.15~<0.50	≤600
		0.50~3.0	≤1200
H70、H68、H65	软（M）、1/4硬（Y_4）、半硬（Y_2） 硬（Y）、特硬（T）、弹硬（TY）	>0.15~<0.50	≤600
		0.50~3.0	≤1200
H63、H62	软（M）、半硬（Y_2） 硬（Y）、特硬（T）	>0.15~<0.50	≤600
		0.50~3.0	≤1200

（续）

牌 号	状 态	厚度/mm	宽度/mm
HPb59-1、HMn58-2	软（M）、半硬（Y_2）、硬（Y）	>0.15～<0.20	≤300
		>0.20～2.0	≤550
HPb59-1	特硬（T）	0.32～1.5	≤200
HSn62-1	硬（Y）	>0.15～0.20	≤300
		>0.20～2.0	≤550
QAl5	软（M）、硬（Y）	>0.15～1.2	≤300
QAl7	半硬（Y_2）、硬（Y）		
QAl9-2	软（M）、硬（Y）、特硬（T）		
QAl9-4	硬（Y）		
QSn6.5-0.1	软（M）、1/4硬（Y_4）、半硬（Y_2） 硬（Y）、特硬（T）、弹硬（TY）	>0.15～2.0	≤610
QSn7-0.2、QSn6.5-0.4 QSn4-3、QSn4-0.3	软（M）、硬（Y）、特硬（T）	>0.15～2.0	≤610
QSn8-0.3	软（M）、1/4硬（Y_4）、半硬（Y_2） 硬（Y）、特硬（T）	>0.15～2.6	≤610
QSn4-4-4、QSn4-4-2.5	软（M）、1/3硬（Y_3）、半硬（Y_2） 硬（Y）	0.80～1.2	≤200
QCd1	硬（Y）	>0.15～1.2	≤300
QMn1.5	软（M）	>0.15～1.2	
QMn5	软（M）、硬（Y）		
QSi3-1	软（M）、硬（Y）、特硬（T）	>0.15～1.2	≤300
BZn18-17	软（M）、半硬（Y_2）、硬（Y）	>0.15～1.2	≤610
BZn15-20	软（M）、半硬（Y_2）、硬（Y）、特硬（T）	>0.15～1.2	≤400
B5、B19、 BFe10-1-1、BFe30-1-1 BMn40-1.5、BMn3-12	软（M）、硬（Y）		
BAl13-3	淬火＋冷加工＋人工时效（CYS）	>0.15～1.2	≤300
BAl6-1.5	硬（Y）		
带材力学性能说明	GB/T 2059—2008《铜及铜合金带材》力学性能和GB/T 2040—2008《铜及铜合金板材》相同牌号的力学性能基本相同，可参见表2.2-14查阅带材的力学性能，但有两点注意： a. 厚度数值不同：牌号QSn6.5-0.1、QSn7-0.2、QSn6.5-0.4带材厚度为>0.15mm；QSn4-4-4、QSn4-4-2.5带材厚度为≥0.8mm，其他牌号带材厚度均为≥0.2mm b. 表2.2-14中括号内数值是带材的性能数据，对应不加括号的数据是板材性能数据。其他性能数值为板带材共用的数值		

注：1. BZn18-17牌号的化学成分应符合GB/T 2059—2008的规定，其他牌号化学成分应符合GB/T 5231的相应规定。

2. 铜及铜合金带材适于工业技术部门一般用途。

3. 带材的尺寸及允许偏差应符合GB/T 17793的相关规定，并可参见表2.2-13注2。

4. GB/T 2059—2008《铜及铜合金带材》代替GB/T 2059—2000《铜及铜合金带材》、GB/T 2067—1980《锡锌铅青铜带》、GB/T 2069—1980《铝白铜带》、GB/T 11089—1989《专用铅黄铜带》、GB/T 15714—1995《焊接管用H65黄铜带》。

5. 标记示例：

用H62制造的，半硬（Y_2）状态、厚度为0.8mm、宽度为200mm的带材标记为：

带 H62 Y_2 0.8×200 GB/T 2059—2008

2.3.7　铜及铜合金箔材（见表 2.2-16）

表 2.2-16　铜及铜合金箔材牌号、状态、尺寸规格及室温力学性能（摘自 GB/T 5187—2008）

牌　号	状　态	抗拉强度 R_m/MPa	伸长率 $A_{11.3}$（%）	维氏硬度 HV	尺寸规格（厚度 × 宽度）/mm
T1、T2、T3 TU1、TU2	软（M）	≥205	≥30	≤70	(0.012 ~ <0.025) ×（≤300） (0.025 ~ <0.15) ×（≤600）
	1/4 硬（Y_4）	215 ~ 275	≥25	60 ~ 90	
	半硬（Y_2）	245 ~ 345	≥8	80 ~ 110	
	硬（Y）	≥295	—	≥90	
H68、H65、H62	软（M）	≥290	≥40	≤90	
	1/4 硬（Y_4）	325 ~ 410	≥35	85 ~ 115	
	半硬（Y_2）	340 ~ 460	≥25	100 ~ 130	
	硬（Y）	400 ~ 530	≥13	120 ~ 160	
	特硬（T）	450 ~ 600	—	150 ~ 190	
	弹硬（TY）	≥500	—	≥180	
QSn6.5-0.1 QSn7-0.2	硬（Y）	540 ~ 690	≥6	170 ~ 200	
	特硬（T）	≥650	—	≥190	
QSn8-0.3	特硬（T）	700 ~ 780	≥11	210 ~ 240	
	弹硬（TY）	735 ~ 835	—	230 ~ 270	
QSi3-1	硬（Y）	≥635	≥5	—	
BZn15-20	软（M）	≥340	≥35	—	
	半硬（Y_2）	440 ~ 570	≥5		
	硬（Y）	≥540	≥1.5		
BZn18-18 BZn18-26	半硬（Y_2）	≥525	≥8	180 ~ 210	
	硬（Y）	610 ~ 720	≥4	190 ~ 220	
	特硬（T）	≥700	—	210 ~ 240	
BMn40-1.5	软（M）	390 ~ 590	—	—	
	硬（Y）	≥635			

注：1. 各牌号的化学成分应符合 GB/T 5231 的相应规定。
2. 箔材在仪表、电子等工业部门应用。
3. 箔材的维氏硬度试验、拉伸试验任选其一，在合同中未作特别注明者，按维氏硬度试验进行测定。
4. GB/T 5187—2008 代替 GB/T 5187—1985《纯铜箔》、GB/T 5188—1985《黄铜箔》、GB/T 5189—1985《青铜箔》。
5. 标记示例：用 T_2 制造的、软（M）状态、厚度为 0.05mm、宽度为 600mm 箔材，标记为：
铜箔　T_2M　0.05 × 600　GB/T 5187—2008

2.3.8　铜及铜合金线材（见表 2.2-17、表 2.2-18）

表 2.2-17　铜及铜合金线材牌号、状态及规格（摘自 GB/T 21652—2008）

类别	牌　号	状　态	直径（对边距）/mm
纯铜线	T2、T3	软（M），半硬（Y_2），硬（Y）	0.05 ~ 8.0
	TU1、TU2	软（M），硬（Y）	0.05 ~ 8.0
黄铜线	H62、H63、H65	软（M），1/8 硬（Y_8），1/4 硬（Y_4），半硬（Y_2），3/4 硬（Y_1），硬（Y）	0.05 ~ 13.0
		特硬（T）	0.05 ~ 4.0
	H68、H70	软（M），1/8 硬（Y_8），1/4 硬（Y_4），半硬（Y_2），3/4 硬（Y_1），硬（Y）	0.05 ~ 8.5
		特硬（T）	0.1 ~ 6.0

（续）

类别	牌　号	状　态	直径（对边距）/mm
黄铜线	H80、H85、H90、H96	软（M），半硬（Y_2），硬（Y）	0.05~12.0
	HSn60-1、HSn62-1	软（M），硬（Y）	0.5~6.0
	HPb63-3、HPb59-1	软（M），半硬（Y_2），硬（Y）	
	HPb59-3	半硬（Y_2），硬（Y）	1.0~8.5
	HPb61-1	半硬（Y_2），硬（Y）	0.5~8.5
	HPb62-0.8	半硬（Y_2），硬（Y）	0.5~6.0
	HSb60-0.9、HSb61-0.8-0.5、HBi60-1.3	半硬（Y_2），硬（Y）	0.8~12.0
	HMn62-13	软（M），1/4硬（Y_4），半硬（Y_2），3/4硬（Y_1），硬（Y）	0.5~6.0
青铜线	QSn6.5-0.1、QSn6.5-0.4 QSn7-0.2、QSn5-0.2、QSi3-1	软（M），1/4硬（Y_4），半硬（Y_2），3/4硬（Y_1），硬（Y）	0.1~8.5
	QSn4-3	软（M），1/4硬（Y_4），半硬（Y_2），3/4硬（Y_1）	0.1~8.5
		硬（Y）	0.1~6.0
	QSn4-4-4	半硬（Y_2），硬（Y）	0.1~8.5
	QSn15-1-1	软（M），1/4硬（Y_4），半硬（Y_2），3/4硬（Y_1），硬（Y）	0.5~6.0
	QAl7	半硬（Y_2），硬（Y）	1.0~6.0
	QAl9-2	硬（Y）	0.6~6.0
	QCr1、QCr1-0.18	固溶+冷加工+时效（CYS），固溶+时效+冷加工（CSY）	1.0~12.0
	QCr4.5-2.5-0.6	软（M），固溶+冷加工+时效（CYS），固溶+时效+冷加工（CSY）	0.5~6.0
	QCd1	软（M），硬（Y）	0.1~6.0
白铜线	B19	软（M），硬（Y）	0.1~6.0
	BFe10-1-1，BFe30-1-1		
	BMn3-12	软（M），硬（Y）	0.05~6.0
	BMn40-1.5		
	BZn9-29，BZn12-26，BZn15-20 BZn18-20	软（M），1/8硬（Y_8），1/4硬（Y_4），半硬（Y_2），3/4硬（Y_1），硬（Y）	0.1~8.0
		特硬（T）	0.5~4.0
	BZn22-16，BZn25-18	软（M），1/8硬（Y_8），1/4硬（Y_4），半硬（Y_2），3/4硬（Y_1），硬（Y）	0.1~8.0
		特硬（T）	0.1~4.0
	BZn40-20	软（M），1/4硬（Y_4），半硬（Y_2），3/4硬（Y_1），硬（Y）	1.0~6.0

注：1. GB/T 21652—2008《铜及铜合金线材》参照采用JIS H 3260：2006《铜及铜合金线》，代替GB/T 3125—1994《白铜线》、GB/T 14953—1994《纯铜线》、GB/T 14954—1994《黄铜线》、GB/T 14955—1994《青铜线》、GB/T 14956—1994《专用铜及铜合金线》。

2. 本表各牌号的化学成分应符合GB/T 5231的规定。

表 2.2-18　铜及铜合金线材直径（对边距）及其允许偏差（摘自 GB/T 21652—2008）（mm）

公称直径或对边距	允许偏差 ≤				正方形、正六角形线材圆角半径 r	
	圆形线材		正方形、正六角形线材			
	较高级	普通级	较高级	普通级	对边距	r ≤
0.05~0.1	±0.003	±0.005			≤2	0.4
>0.1~0.2	±0.005	±0.010			>2~4	0.5
>0.2~0.5	±0.008	±0.015	±0.030	±0.040	>4~6	0.6
>0.5~1.0	±0.010	±0.020			>6~10	0.8
>1.0~3.0	±0.020	±0.030			>10~13	1.2
>3.0~6.0	±0.030	±0.040	±0.040	±0.050		
>6.0~13.0	±0.040	±0.050	±0.050	±0.060		

注：1. 铜及铜合金线材应用于各生产部门，黄铜线用于制造耐蚀零件、切削加工零件、锁和钟用零件等；白铜线用于制造弹性元件、电阻材料及一般工业部门；纯铜线用于机械、化工及电子等工业部门。

2. 线材偏差等级应在合同中注明，否则按普通级供货。

3. 直径不大于 3.0mm 线材，其圆度不大于直径允许偏差之半；直径大于 3.0mm 线材，其圆度不大于直径允许偏差。

4. 标记示例：用 BZn40-20 合金制造的、1/4 硬态。较高精度、直径为 3mm 的圆形线材标记为：圆形铜线 BZn40-20 Y_4较高 3.0 GB/T 21652—2008

3　铝及铝合金

3.1　铝及铝合金铸造产品

3.1.1　铸造铝合金（见表 2.2-19～表 2.2-24）

表 2.2-19　铸造铝合金牌号及化学成分（摘自 GB/T 1173—1995）

合金牌号	合金代号	主要元素（质量分数）（%）							
		Si	Cu	Mg	Zn	Mn	Ti	其他	Al
ZAlSi7Mg	ZL101	6.5~7.5		0.25~0.45					余量
ZAlSi7MgA	ZL101A	6.5~7.5		0.25~0.45			0.08~0.20		余量
ZAlSi12	ZL102	10.0~13.0							余量
ZAlSi9Mg	ZL104	8.0~10.5		0.17~0.35		0.2~0.5			余量
ZAlSi5Cu1Mg	ZL105	4.5~5.5	1.0~1.5	0.4~0.6					余量
ZAlSi5Cu1MgA	ZL105A	4.5~5.5	1.0~1.5	0.4~0.55					余量
ZAlSi8Cu1Mg	ZL106	7.5~8.5	1.0~1.5	0.3~0.5		0.3~0.5	0.10~0.25		余量
ZAlSi7Cu4	ZL107	6.5~7.5	3.5~4.5						余量
ZAlSi12Cu2Mg1	ZL108	11.0~13.0	1.0~2.0	0.4~1.0		0.3~0.9			余量
ZAlSi12Cu1Mg1Ni1	ZL109	11.0~13.0	0.5~1.5	0.8~1.3				Ni：0.8~1.5	余量
ZAlSi5Cu6Mg	ZL110	4.0~6.0	5.0~8.0	0.2~0.5					余量
ZAlSi9Cu2Mg	ZL111	8.0~10.0	1.3~1.8	0.4~0.6		0.10~0.35	0.10~0.35		余量
ZAlSi7Mg1A	ZL114A	6.5~7.5		0.45~0.60			0.10~0.20	Be：0.04~0.07①	余量
ZAlSi5Zn1Mg	ZL115	4.8~6.2		0.4~0.65	1.2~1.8			Sb：0.1~0.25	余量
ZAlSi8MgBe	ZL116	6.5~8.5		0.35~0.55			0.10~0.30	Be：0.15~0.40	余量
ZAlCu5Mn	ZL201		4.5~5.3			0.6~1.0	0.15~0.35		余量
ZAlCu5MnA	ZL201A		4.8~5.3			0.6~1.0	0.15~0.35		余量
ZAlCu4	ZL203		4.0~5.0						余量
ZAlCu5MnCdA	ZL204A		4.6~5.3			0.6~0.9	0.15~0.35	Cd：0.15~0.25	余量

（续）

合金牌号	合金代号	主要元素　（质量分数）　（%）							
		Si	Cu	Mg	Zn	Mn	Ti	其他	Al
ZAlCu5MnCdVA	ZL205A		4.6～5.3			0.3～0.5	0.15～0.35	Cd：0.15～0.25 V：0.05～0.3 Zr：0.05～0.2 B：0.005～0.06	余量
ZAlRE5Cu3Si2	ZL207	1.6～2.0	3.0～3.4	0.15～0.25		0.9～1.2		Ni：0.2～0.3 Zr：0.15～0.25 RE：4.4～5.0②	余量
ZAlMg10	ZL301			9.5～11.0					余量
ZAlMg5Si1	ZL303	0.8～1.3		4.5～5.5		0.1～0.4			余量
ZAlMg8Zn1	ZL305			7.5～9.0	1.0～1.5		0.1～0.2	Be：0.03～0.1	余量
ZAlZn11Si7	ZL401	6.0～8.0		0.1～0.3	9.0～13.0				余量
ZAlZn6Mg	ZL402			0.5～0.65	5.0～6.5		0.15～0.25	Cr：0.4～0.6	余量

注：1. 合金代号由ZL（铸、铝汉语拼音第一个字母）及其后3个阿拉伯数字组成，ZL后的第1个数字表示合金系列，其中1、2、3、4分别代表铝硅、铝铜、铝镁、铝锌系列；ZL后第2、第3两个数字表示合金的顺序号。优质合金在数字后面附加字母“A”。

2. 铝硅系需要变质的合金用钠（含钠盐）进行变质处理，在不降低合金使用性能前提下，允许采用其他变质剂或变质方法进行变质处理。

3. 在海洋环境中使用时，ZL101铜的质量分数不大于0.1%。用金属型铸造时，ZL203硅的质量分数允许达3.0%。

4. ZL105中当铁的质量分数大于0.4%时，锰含量应大于铁含量的一半。

5. 当ZL201、ZL201A用于制作高温下工作的零件时，应加入0.05%～0.20%质量分数的锆。

6. 为提高力学性能，在ZL101、ZL102中允许含0.08%～0.20%质量分数的钇；在ZL203中允许含0.08%～0.20%质量分数的钛，此时，其铁的质量分数应不大于0.3%。

7. 与食品接触的铝合金制品，不许含有铍；砷的质量分数不大于0.015%，锌的质量分数不大于0.3%，铅的质量分数不大于0.15%。

8. 当用杂质总和来表示杂质含量时，如无特殊规定，其中每一种未列出的元素的质量分数不大于0.05%。

① 在保证合金力学性能条件下，可以不加元素铍（Be）。

② 混合稀土中含各种稀土总量不小于98%，其中含铈（Ce）约45%。

表2.2-20　铸造铝合金力学性能（摘自GB/T1173—1995）

合金牌号	合金代号	铸造方法	合金状态	力学性能 ≥		
				抗拉强度 σ_b /MPa	伸长率 δ_5 （%）	布氏硬度 HBW （5/250/30）
ZAlSi7Mg	ZL101	S、R、J、K	F	155	2	50
		S、R、J、K	T2	135	2	45
		JB	T4	185	4	50
		S、R、K	T4	175	4	50
		J、JB	T5	205	2	60
		S、R、K	T5	195	2	60
		SB、RB、KB	T5	195	2	60
		SB、RB、KB	T6	225	1	70
		SB、RB、KB	T7	195	2	60
		SB、RB、KB	T8	155	3	55
ZAlSi7MgA	ZL101A	S、R、K	T4	195	5	60
		J、JB	T4	225	5	60
		S、R、K	T5	235	4	70
		SB、RB、KB	T5	235	4	70
		JB、J	T5	265	4	70
		SB、RB、KB	T6	275	2	80
		JB、J	T6	295	3	80

（续）

合金牌号	合金代号	铸造方法	合金状态	力学性能 ≥ 抗拉强度 σ_b /MPa	伸长率 δ_5 (%)	布氏硬度 HBW (5/250/30)
ZAlSi12	ZL102	SB、JB、RB、KB	F	145	4	50
		J	F	155	2	50
		SB、JB、RB、KB	T2	135	4	50
		J	T2	145	3	50
ZAlSi9Mg	ZL104	S、J、R、K	F	145	2	50
		J	T1	195	1.5	65
		SB、RB、KB	T6	225	2	70
		J、JB	T6	235	2	70
ZAlSi5Cu1Mg	ZL105	S、J、R、K	T1	155	0.5	65
		S、R、K	T5	195	1	70
		J	T5	235	0.5	70
		S、R、K	T6	225	0.5	70
		S、J、R、K	T7	175	1	65
ZAlSi5Cu1MgA	ZL105A	SB、R、K	T5	275	1	80
		J、JB	T5	295	2	80
ZAlSi8Cu1Mg	ZL106	SB	F	175	1	70
		JB	T1	195	1.5	70
		SB	T5	235	2	60
		JB	T5	255	2	70
		SB	T6	245	1	80
		JB	T6	265	2	70
		SB	T7	225	2	60
		J	T7	245	2	60
ZAlSi7Cu4	ZL107	SB	F	165	2	65
		SB	T6	245	2	90
		J	F	195	2	70
		J	T6	275	2.5	100
ZAlSi12Cu2Mg1	ZL108	J	T1	195	—	85
		J	T6	255	—	90
ZAlSi12Cu1Mg1Ni1	ZL109	J	T1	195	0.5	90
		J	T6	245	—	100
ZAlSi5Cu6Mg	2L110	S	F	125	—	80
		J	F	155	—	80
		S	T1	145	—	80
		J	T1	165	—	90
ZAlSi9Cu2Mg	ZL111	J	F	205	1.5	80
		SB	T6	255	1.5	90
		J、JB	T6	315	2	100
ZAlSi7Mg1A	ZL114A	SB	T5	290	2	85
		J、JB	T5	310	3	90
ZAlSi5Zn1Mg	ZL115	S	T4	225	4	70
		J	T4	275	6	80
		S	T5	275	3.5	90
		J	T5	315	5	100
ZAlSi8MgBe	ZL116	S	T4	255	4	70
		J	T4	275	6	80
		S	T5	295	2	85
		J	T5	335	4	90
ZAlCu5Mn	ZL201	S、J、R、K	T4	295	8	70
		S、J、R、K	T5	335	4	90
		S	T7	315	2	80

（续）

合金牌号	合金代号	铸造方法	合金状态	力学性能 ≥ 抗拉强度 σ_b /MPa	伸长率 δ_5 (%)	布氏硬度 HBW (5/250/30)
ZAlCu5MnA	ZL201A	S、J、R、K	T5	390	8	100
ZAlCu4	ZL203	S、R、K	T4	195	6	60
		J	T4	205	6	60
		S、R、K	T5	215	3	70
		J	T5	225	3	70
ZAlCu5MnCdA	ZL204A	S	T5	440	4	100
ZAlCu5MnCdVA	ZL205A	S	T5	440	7	100
		S	T6	470	3	120
		S	T7	460	2	110
ZAlRE5Cu3Si2	ZL207	S	T1	165	—	75
		J	T1	175	—	75
ZAlMg10	ZL301	S、J、R	T4	280	10	60
ZAlMg5Si1	ZL303	S、J、R、K	F	145	1	55
ZAlMg8Zn1	ZL305	S	T4	290	8	90
ZAlZn11Si7	ZL401	S、R、K	T1	195	2	80
		J	T1	245	1.5	90
ZAlZn6Mg	ZL402	J	T1	235	4	70
		S	T1	215	4	65

注：1. 合金状态代号含义：F—铸态，T1—人工时效，T2—退火，T4—固熔处理加自然时效，T5—固熔处理加不完全人工时效，T6—固熔处理加完全人工时效，T7—固熔处理加稳定化处理，T8—固熔处理加软化处理。

2. 铸造方法代号含义：S—砂型铸造，J—金属型铸造，R—熔模铸造，K—壳型铸造，B—变质处理。

表 2.2-21　铸造铝合金高温和低温力学性能

	合金代号	铸造方法及热处理种类	高温短时强度/MPa 100℃	150℃	175℃	200℃	250℃	300℃	持久强度/MPa (100h) 200℃	250℃	300℃	蠕变强度/MPa (300℃，100h) 总变形	残余变形
高温力学性能	ZL101	S、T4	180	160	—	160	150	—	—	—	—	—	—
		S、T5	—	—	—	140	110	90	60	45	28	—	12
	ZL102	S、T2	—	—	—	150	130	80	70	40	28	—	12
	ZL104	S、T6	220	190	180	160	110	100	80	50	25	10	—
	ZL105	S、T5	260	250	—	220	180	130	80	46	24	15	—
		S、T6	—	—	—	180	150	110	90	60	35	—	24
	ZL201	S、T4	—	—	270	270	180	140	—	110	65	40	—
		S、T5	—	—	280	280	200	150	150	115	65	40	—
	ZL203	S、T4	250	240	—	210	150	—	—	—	—	—	—
	ZL301	S、T4	—	—	—	220	150	90	80	40	15	—	10
	ZL401	S、T1	170	—	—	120	—	40	—	50	35	—	—

	合金代号	状　　态	试验温度 /℃	抗拉强度 /MPa	屈服强度 /MPa	伸长率 (%)	冲击韧度 /J·cm^{-2}
低温力学性能	ZL101	T5	-70	189	133	3.7	4.0
			-196	223	157	2.8	3.6
		T6	-70	231	215	1.3	2.4
			-196	257	231	0.9	2.3
	ZL102	铸态	-40	190	—	9	6.0
			-70	200	—	8	5.0
	ZL104	T6	-40	280	—	3.5	2.5
			-70	290	—	2.8	2.5
			-196	330	—	2.5	2.5

（续）

	合金代号	状　态	试验温度 /℃	抗拉强度 /MPa	屈服强度 /MPa	伸长率 (%)	冲击韧度 /J·cm^{-2}
低温力学性能	ZL201	T4	-40 -70	280 280	— —	6.5 6.5	— —
		T5	-50	300	—	5	—
	ZL301	T4	-70 -196	298 247	212 233	7.7 1.2	7.0 2.3
	ZL402	自然时效	-70	270	—	5	—

注：本表数值供参考。

表 2.2-22　铸造铝合金物理性能

合金代号	密度 ρ /g·cm^{-3}	熔化温度范围 /℃	20~100℃时平均线膨胀系数 α /μm·(m·K)$^{-1}$	100℃时比热容 c /J·(kg·K)$^{-1}$	25℃时热导率 λ /W·(m·K)$^{-1}$	20℃时电导率 γ (%IACS)	20℃时电阻率 ρ /nΩ·m
ZL101	2.66	577~620	23.0	879	151	36	45.7
ZL101A	2.68	557~613	21.4	963	150	36	44.2
ZL102	2.65	577~600	21.1	837	155	40	54.8
ZL104	2.65	569~601	21.7	753	147	37	46.8
ZL105	2.68	570~627	23.1	837	159	36	46.2
ZL106	2.73	—	21.4	963	100.5	—	—
ZL108	2.68	—	—	—	117.2	—	—
ZL109	2.68	—	19	963	117.2	29	59.4
ZL111	2.69	—	18.9	—	—	—	—
ZL201	2.78	547.5~650	19.5	837	113	—	59.5
ZL201A	2.83	547.5~650	22.6	833	105	—	52.2
ZL202	2.91	—	22.0	963	134	34	52.2
ZL203	2.80	—	23.0	837	154	35	43.3
ZL204A	2.81	544~650	22.03	—	—	—	—
ZL205A	2.82	544~633	21.9	888	113	—	—
ZL206	2.90	542~631	20.6	—	155	—	64.5
ZL207	2.83	603~637	23.6	—	96.3	—	53
ZL208	2.77	545~642	22.5	—	155	—	46.5
ZL301	2.55		24.5	1047	92.1	21	91.2
ZL303	2.60	550~650	20.0	962	125	29	64.3
ZL401	2.95	545~575	24.0	879	—	—	—
ZL402	2.81	—	24.7	963	138.2	35	—

注：本表数值供参考。

表 2.2-23　铸造铝合金热处理工艺规范（摘自 GB/T1173—1995）

合金牌号	合金代号	合金状态	固溶处理 温度 /℃	固溶处理 时间 /h	时效 温度 /℃	时效 时间 /h
ZAlSi7MgA	ZL101A	T4	535±5	6~12		
		T5	535±5	6~12	室温 再 155±5	≥8 2~12
		T6	535±5	6~12	室温 再 180±5	不少于 8 3~8
ZAlSi5Cu1MgA	ZL105A	T5	525±5	4~12	160±5	3~5
ZAlSi7Mg1A	ZL114A	T5	535±5	10~14	室温 再 160±5	≥8 4~8
ZAlSi5Zn1Mg	ZL115	T4	540±5	10~12		
		T5	540±5	10~12	150±5	3~5

（续）

合金牌号	合金代号	合金状态	固溶处理		时效	
			温度/℃	时间/h	温度/℃	时间/h
ZAlSi8MgBe	ZL116	T4	535±5	10～14		
		T5	535±5	10～14	175±5	6
ZAlCu5MnA	ZL201A	T5	535±5 再545±5	7～9 7～9	160±5	6～9
ZAlCu5MnCdA	AL204A	T5	530±5 再540±5	9 9	175±5	3～5
ZAlCu5MnCdVA	ZL205A	T5 T6 T7	538±5 538±5 538±5	10～18 10～18 10～18	155±5 175±5 190±5	8～10 4～5 2～4
ZAlRE5Cu3Si2	ZL207	T1	—	—	200±5	5～10
ZAlMg8Zn1	ZL305	T4	435±5 再490±5	8～10 6～8	—	—

注：1. 本表为GB/T1173—1995标准附录的参考件。

2. 固溶处理时，装炉温度一般在300℃以下，升温（升至固溶温度）速度以100℃/h为宜。

表2.2-24　铸造铝合金的特性及应用

组别	合金代号	铸造方法	主要特性	用途举例
铝硅合金	ZL101	砂型、金属型、壳型和熔模铸造	系铝硅镁系列三元合金，特性是：①铸造性能良好，流动性高、无热裂倾向、线收缩小、气密性高，但稍有产生集中缩孔和气孔的倾向；②有相当高的耐蚀性，与ZL102相近；③可经热处理强化，同时合金淬火后有自然时效能力，因而具有较高的强度和塑性；④易于焊接，可加工性中等；⑤耐热性不高；⑥铸件可经变质处理或不经变质处理	适于铸造形状复杂、承受中等负荷的零件，也可用于要求高的气密性、耐蚀性和焊接性能良好的零件，但工作温度不得超过200℃，如水泵及传动装置壳体、水冷发动机汽缸体、抽水机壳体、仪表外壳、汽化器等
	ZL101A		成分、性能和ZL101基本相同，但其杂质含量低，且加入少量Ti以细化晶粒，故其力学性能比ZL101有较大程度的提高	与ZL101基本相同，主要用于铸造高强度铝合金铸件
	ZL102	砂型、金属型、壳型和熔模铸造	系典型的铝硅二元合金，是应用最早的一种普通硅铝明合金，其特性是：①铸造性能和ZL101一样好，但在铸件的断面厚度大处容易产生集中缩孔，吸气倾向也较大；②耐蚀性高，能经受得住湿气、海水、二氧化碳、浓硝酸、氨、硫、过氧化氢的腐蚀作用；③不能热处理强化，力学性能不高，但随铸件壁厚增加，强度降低的程度小；④焊接性能良好，但可切削性差，耐热性不高；⑤需经变质处理	常在铸态或退火状态下使用，适于铸造形状复杂、承受较低载荷的薄壁铸件，以及要求耐腐蚀和气密性高、工作温度≤200℃的零件，如仪表壳体、机器罩、盖子、船舶零件等
	ZL104	砂型、金属型、壳型和熔模铸造	系铝硅镁锰系列四元合金，特性是：①铸造性能良好，流动性高、无热裂倾向、气密性良好、线收缩小，但吸气倾向大，易于形成针孔；②可经热处理强化，室温力学性能良好，但高温性能较差（只能在≤200℃下使用）；③耐蚀性能好（类似于ZL102，但较ZL102低）；④可加工性和焊接性一般；⑤铸件需经变质处理	适于铸造形状复杂、薄壁、耐腐蚀和承受较高静载荷和冲击载荷的大型铸件，如水冷式发动机的曲轴箱、滑块和气缸盖、气缸体以及其他重要零件，但不宜用于工作温度超过200℃的场所

（续）

组别	合金代号	铸造方法	主要特性	用途举例
铝硅合金	ZL105	砂型、金属型、壳型和熔模铸造	系铝硅铜镁系列四元合金，特性是：①铸造性能良好，流动性高、收缩率较低、吸气倾向小、气密性良好、热裂倾向小；②熔炼工艺简单，不需采用变质处理和在压力下结晶等工艺措施；③可热处理强化，室温强度较高，但塑性、韧性较低；④高温力学性能良好；⑤焊接性和可加工性良好；⑥耐蚀性尚可	适于铸造形状复杂、承受较高静载荷的零件，以及要求焊接性能良好、气密性高或工作温度在 225℃ 以下的零件，如水冷发动机的气缸体、气缸头、气缸盖、空冷发动机头和发动机曲轴箱等 ZL105 合金在航空工业中应用相当广泛
铝硅合金	ZL105A	砂型、金属型、壳型和熔模铸造	特性和 ZL105 合金基本相同，但其杂质 Fe 的含量较少，且加入少量 Ti 细化晶粒，属于优质合金，故其强度高于 ZL105 合金	与 ZL105 基本相同，主要用于铸造高强度铝合金铸件
铝硅合金	ZL106	砂型、金属型铸件	系铝硅铜镁锰多元合金，特性是：①铸造性能良好，流动性大、气密性高、无热裂倾向、线收缩小，产生缩孔及气孔的倾向也较小；②可经热处理强化，室温下具有较高的力学性能，高温性能也较好；③焊接和可加工性能良好；④耐蚀性接近于 ZL101 合金	适于铸造形状复杂、承受高静载荷的零件，也可用于要求气密性高或工作温度在 225℃ 以下的零件，如泵体、水冷发动机气缸头等
铝硅合金	ZL107	砂型、金属型铸造	系铝硅铜三元合金，铸造流动性和抗热裂倾向均较 ZL101、102、104 差，但比铝铜、铝镁合金要好得多；吸气倾向较 ZL101 及 102 小，可热处理强化，在 20 ~ 250℃ 的温度范围内力学性能较 ZL104 高；可加工性良好，耐蚀性不高；铸件需要进行变质处理（砂型）	用于铸造形状复杂、壁厚不均、承受较高负荷的零件，如机架、柴油发动机的附件、汽化器零件、电气设备外壳等
铝硅合金	ZL108	金属型铸造	系铝硅铜镁锰多元合金，是我国目前常用的一种活塞铝合金，其特性是：①密度小、热胀系数低、热导率高、耐热性能好，但可加工性较差；②铸造性能良好，流动性高，无热裂倾向，气密性高，线收缩小，但易于形成集中缩孔，且有较大的吸气倾向；③可经热处理强化，室温和高温力学性能都较高；④在熔炼中需要进行变质处理，一般在硬模中（金属模）铸造，可以得到尺寸精确的零件，节省加工时间	主要用于铸造汽车、拖拉机的发动机活塞和其他在 250℃ 以下高温中工作的零件，当要求热胀系数小、强度高、耐磨性高时，也可以采用这种合金
铝硅合金	ZL109	金属型铸造	系加有部分镍的铝硅铜镁多元合多，和 ZL108 一样，也是一种常用的活塞铝合金，其性能和 ZL108 相似。加镍的目的在于提高其高温性能，但实际上效果并不显著，故在这种合金中的含镍量有降低和取消的倾向	与 ZL108 合金相同
铝硅合金	ZL111	砂型、金属型铸造	系铝硅铜镁锰钛多元合金，其特性是：①铸造性能良好，流动性好、充型能力优良，一般无热裂倾向、线收缩小、气密性高，可经受住高压气体和液体的作用；②在熔炼中需进行变质处理，可经热处理强化，在铸态或热处理后的力学性能是铝-硅系合金中最好的，可和高强铸铝合金 ZL201 相媲美，且高温性能也较好；③可加工性和焊接性良好；④耐蚀性较差	适于铸造形状复杂、承受高负荷、气密性要求高的大型铸件，以及在高压气体或液体下长期工作的大型铸件，如转子发动机的缸体、缸盖，以及水泵叶轮和军事工业中的大型壳体等重要机件

（续）

组别	合金代号	铸造方法	主要特性	用途举例
铝硅合金	ZL114A	砂型、金属型铸造	这是成分、性能和ZL101A优质合金相近似的铝硅镁系铝合金，由于杂质含量少、含镁量较ZL101A高，且加入少量的铍以消除杂质Fe的有害作用，故在保持ZL101A优良的铸造性能和耐蚀性的同时，显著地提高了合金的强度	这种合金是铝-硅系合金中强度最高的品种之一，主要用于铸造形状复杂、高强度铝合金铸件，由于铍的价格高，同时合金的热处理温度要求控制较严、热处理时间较长等原因，应用受到一定限制
	ZL115	砂型、金属型铸造	系加有少量锑的铝硅镁锌多元合金。在合金中添加少量的锑，目的是用其作为共晶硅的长效变质剂，以提高合金在热处理后的力学性能，成分中的锌也可起到辅助强化作用。因而，这种合金的特性是：在具有铝硅镁系合金优良的铸造性能和耐蚀性的同时，兼有高的强度和塑性，是铝-硅合金中高强度品种之一	主要用于铸造形状复杂、高强度铝合金铸件以及耐蚀的零件 这种合金在熔炼中不需再经变质处理
	ZL116	砂型、金属型铸造	系铝硅镁铍多元合金，这种合金的特点是：杂质中允许较多的Fe含量和含有少量的Be；Be的作用是与Fe形成化合物，使粗大针状的含Fe相变成团状，同时Be还有促进时效强化的作用，故加铍后显著提高了合金的力学性能，使其成为铝-硅合金中高强度品种之一，加Be还提高耐蚀性。由于合金的含硅量较高，有利于获得致密的铸件	适用于制造承受高液压的油壳泵体等发动机附件，以及其他外形复杂、要求高强度、高耐蚀性的机件 因Be的价格高且有毒，所以这种合金在使用上受到一定限制
铝铜合金	ZL201	砂型、金属型、壳型和熔模铸造	系加有少量锰、钛元素的铝-铜合金，其特性是：①铸造性能不好，流动性差，形成热裂和缩孔的倾向大、线收缩大、气密性低，但吸气倾向小；②可热处理强化，经热处理后，合金具有很高的强度和良好的塑性、韧性，同时耐热性高（在强高和耐热性两方面，ZL201是铸造铝合金中最好的合金）；③焊接性能和可加工性良好；④耐蚀性差	适于铸造工作温度为175～300℃或室温下承受高负荷、形状不太复杂的零件，也可用于低温下（－70℃）承受高负荷的零件，是用途较广的一种铝合金
	ZL201A		成分、性能和ZL201基本相同，但其杂质含量控制较严，属于优质合金，力学性能高于ZL210合金	与ZL201基本相同，主要用于要求高强度铝合金铸件的场所
	ZL202	砂型、金属型铸造	这是一种典型的铝-铜二元合金，特性是：①铸造性能不好，流动性、收缩性和气密性等均一般，但较ZL203要好，热裂倾向大、吸气倾向小；②热处理强化效果差，合金的强度低、塑性及韧性差，并随铸件壁厚的增加而明显降低；③熔炼工艺简单，不需要进行变质处理；④有优良的可加工性和焊接性，耐蚀性差，密度大；⑤耐热性较好	用于铸造小型、低载荷的零件，亦可用来铸造在较高工作温度（≤250℃）下工作的零件，如小型内燃发动机的活塞和气缸头等。此合金由于密度大、强度低、脆性高，为其他合金所取代，现在已用得很少
	ZL203	砂型、金属型、壳型和熔模铸造	这也是一种典型的铝-铜二元合金（含铜量比ZL202低），其特性是：①铸造性能差，流动性低，形成热裂和缩松倾向大，线收缩大，气密性一般，但吸气倾向小；②经淬火处理后，有较高的强度和好的塑性，铸件经淬火后有自然时效倾向；③熔炼工艺简单，不需要进行变质处理；④可加工性和焊接性良好；⑤耐蚀性差（特别是在人工时效状态下的铸件）；⑥耐热性不高	适于铸造形状简单、承受中等静负荷或冲击载荷、工作温度不超过200℃并要求可加工性良好的小型零件，如曲轴箱、支架、飞轮盖等

（续）

组别	合金代号	铸造方法	主要特性	用途举例
铝铜合金	ZL204A	砂型铸造	这是加入少量 Cd、Ti 元素的铝-铜合金，通过添加少量 Cd 以加速合金的人工时效，加少量 Ti 以细化晶粒，并降低合金中有害杂质的含量，选择合适的热处理工艺而获得 σ_b 达 437MPa 的高强度耐热铸铝合金。这种合金属于固溶体型合金，结晶间隔较宽，铸造工艺较差，一般用于砂型铸造，不适于金属型铸造	这类高强高、耐热铸铝合金的力学性能达到了常用锻铝合金的力学性能水平，它们的优质铸件可以代替一般的铝合金锻件。作为受力构件，在航空和航天工业中获得了广泛的应用
	ZL205A	砂型铸造	性能同上。这是在 ZL201 的基础上加入了 Cd、V、Zr、B 等微量元素而发展起来的、σ_b 达 437MPa 以上的高强度耐热铸铝合金。微量 V、B、Zr 等元素能进一步提高合金的热强性，Cd 能改善合金的人工时效效果，显著提高合金的力学性能。合金的耐热性高于 ZL204A	与 ZL204A 合金基本相同
铝稀土金属合金	ZL207A	砂型及金属型铸造	系 Al-RE（富铈混合稀土金属）为基的铸造铝合金。这种合金除含有较高的 RE 以外，还含有 Cu、Si、Mn、Ni、Mg、Zr 等元素，其特性是：①耐热性好，可在高温下长期使用，工作温度可达 400℃；②铸造性能良好，结晶温度范围只有 30℃ 左右，充型能力良好，且形成针孔的倾向较小，铸件的气密性高，不易产生热裂和疏松；③缺点是室温力学性能较低，成分复杂	可用于铸造形状复杂、受力不大、在高温下长期工作的铸件
铝镁合金	ZL301	砂型、金属型和熔模铸造	系典型的铝-镁二元合金，其特性是：①在海水、大气等介质中有很高的耐蚀性，是铸造铝合金中最好的；②铸造性能差，流动性和产生气孔、形成热裂的倾向一般，易于产生显微疏松，气密性低，收缩率低，吸气倾向大；③可热处理强化，铸件在淬火状态下使用，具有高的强度和良好的塑性、韧性，但具有自然时效倾向。在长期使用过程中，塑性明显下降、变脆，并出现应力腐蚀倾向；④耐热性不高；⑤可加工性良好，可以达到很高的表面质量要求。表面经抛光后，能长期保持原来的光泽；⑥焊接性较差；⑦熔炼中容易氧化，且熔铸工艺较复杂，废品率高	适于铸造承受高静载荷和冲击载荷、暴露在大气或海水等腐蚀介质中、工作温度不超过 200℃、形状简单的大、中、小型零件，如雷达底座、水上飞机和船舶配件（发动机机匣、起落架零件、船用舷窗等）以及其他装饰用零部件等
	ZL303	砂型、金属型、壳型和熔模铸造	这是添加质量分数 1% 左右 Si、少量 Mn 和含 Mg 的质量分数为 5% 左右的铝-镁-硅系合金，其特性是：①耐蚀性高，接近 ZL301 合金；②铸造性能尚可，流动性一般，有氧化、吸气、形成缩孔的倾向（但比 ZL301 好），收缩率大，气密性一般，形成热裂的倾向比 ZL301 小；③在铸态下具有一定的力学性能，但不能经热处理明显强化；④高温性能较 ZL301 高；⑤可加工性和抛光性与 ZL301 一样好，而焊接性则较 ZL301 有明显改善；⑥生产工艺简单，但熔炼中容易氧化和吸气	适于铸造同腐蚀介质接触和在较高温度（≤220℃）下工作、承受中等负荷的船舶、航空及内燃机车零件，如海轮配件、各种壳件、气冷发动机气缸头，以及其他装饰性零部件等

（续）

组别	合金代号	铸造方法	主要特性	用途举例
铝镁合金	ZL305	砂型铸造	这是加有少量Be、Ti元素的铝-镁-锌系合金，它是ZL301的改型合金，由于ZL301有自然时效和应力腐蚀倾向，力学性能稳定性差，故应用受到很大限制。针对ZL301合金的这一缺点，降低其Mg含量，并加入Zn及少量Ti，从而提高了合金的自然时效稳定性和耐应力腐蚀能力。合金中加入微量Be，可防止在熔炼和铸造过程中的氧化现象。合金的其他性能与ZL301相近	用途和ZL301基本相同，但工作温度不宜超过100℃。因为这种合金在人工时效温度超过150℃时，大量强化相析出，抗拉强度虽有提高，但塑性大量下降，应力腐蚀现象也同时加剧
铝锌合金	ZL401	砂型、金属型、壳型和熔模铸造	系铝锌硅镁四元合金，俗称锌硅铝明，其特性是：①铸造性能良好，流动性好、产生缩孔和形成热裂的倾向小、线收缩小，但有较大的吸气倾向；②在熔炼中需进行变质处理；③它的主要优点在于铸态下具有自然时效能力，可获得高的强度，因而不必进行热处理；④耐热性低，耐蚀性一般，密度大；⑤焊接和可加工性良好；⑥价格便宜	适于铸造大型、复杂和承受高的静载荷而又不便进行热处理的零件，但工作温度不得超过200℃，如汽车零件，医疗器械、仪器零件、日用品等。因密度大，在某些场合下限制了它的应用
	ZL402	砂型和金属型铸造	这是含有少量Cr和Ti的铝-锌-镁系合金，其特性是：①铸造性能尚好，流动性和气密性良好，缩松和热裂倾向都不大；②在铸态经时效后即可获得较高的力学性能，在－70℃的低温下仍能保持良好的力学性能，但高温性能低（工作温度≤150℃）；③有良好的耐蚀性和耐应力腐蚀性能，在这方面超过铝铜合金而接近于铝硅合金；④可加工性良好，焊接性一般；⑤铸件经人工时效后尺寸稳定；⑥密度较大	适于铸造承受高的静载荷和冲击载荷而又不便于进行热处理的零件，亦可用于要求同腐蚀介质接触和尺寸稳定性高的零件，如高速旋转的整铸叶轮、飞行起落架、空气压缩机活塞、精密仪表零件等。因密度大，限制了它的应用

3.1.2　压铸铝合金（见表2.2-25）

表2.2-25　压铸铝合金牌号、化学成分及应用（摘自GB/T 15115—2009）

牌号	代号	化学成分（质量分数）（%）											特性	应用举例
		Si	Cu	Mn	Mg	Fe	Ni	Ti	Zn	Pb	Sn	Al		
YZAlSi12	YL102	10.0~13.0	≤1.0	≤0.35	≤0.10	≤1.0	≤0.50	—	≤0.40	≤0.10	≤0.15	余量	共晶铝硅合金。具有较好的抗热裂性能和很好的气密性，以及很好的流动性，不能热处理强化，抗拉强度低	用于承受低负荷、形状复杂的薄壁铸件，如各种仪壳体、汽车机匣、牙科设备、活塞等
YZAlSi10Mg	YL101	9.0~10.0	≤0.6	≤0.35	0.45~0.65	≤1.0	≤0.50	—	≤0.40	≤0.10	≤0.15	余量	亚共晶铝硅合金。较好的抗腐蚀性能，较高的冲击韧性和屈服强度，但铸造性能稍差	汽车车轮罩、摩托车曲轴箱、自行车车轮、船外机螺旋桨等
YZAlSi10	YL104	8.0~10.5	≤0.3	0.2~0.5	0.30~0.50	0.5~0.8	≤0.10	—	≤0.30	≤0.05	≤0.01	余量		

（续）

牌号	代号	化学成分（质量分数）（%）											特性	应用举例
		Si	Cu	Mn	Mg	Fe	Ni	Ti	Zn	Pb	Sn	Al		
YZAlSi9Cu4	YL112	7.5~9.5	3.0~4.0	≤0.50	≤0.10	≤1.0	≤0.50	—	≤2.90	≤0.10	≤0.15	余量	具有好的铸造性能和力学性能，很好的流动性、气密性和抗热裂性，较好的力学性能、切削加工性、抛光性和铸造性能	常用作齿轮箱、空冷气缸头、发报机机座、割草机罩子、气动刹车、汽车发动机零件，摩托车缓冲器、发动机零件及箱体，农机具用箱体、缸盖和缸体，3C 产品壳体，电动工具、缝纫机零件、渔具、煤气用具、电梯零件等。YL112 的典型用途为带轮、活塞和气缸头等
YZAlSi11Cu3	YL113	9.5~11.5	2.0~3.0	≤0.50	≤0.10	≤1.0	≤0.30	—	≤2.90	≤0.10	—	余量	过共晶铝硅合金。具有特别好的流动性、中等的气密性和好的抗热裂性，特别是具有高的耐磨性和低的热膨胀系数	主要用于发动机机体、刹车块、带轮、泵和其他要求耐磨的零件
YZAlSi17Cu5Mg	YL117	16.0~18.0	4.0~5.0	≤0.50	0.50~0.70	≤1.0	≤0.10	≤0.20	≤1.40	≤0.10	—	余量		
YZAlMg5Si1	YL302	≤0.35	≤0.25	≤0.35	7.60~8.60	≤1.1	≤0.15	—	≤0.15	≤0.10	≤0.15	余量	耐蚀性能强，冲击韧性高，伸长率差，铸造性能差	汽车变速器的油泵壳体，摩托车的衬垫和车架的联结器，农机具的连杆、船外机螺旋桨、钓鱼杆及其卷线筒等零件

注：1. GB/T 15115—2009 代替 GB/T 15115—1994。新标准没有规定各牌号的力学性能。

2. 除有含量范围的元素和铁为必检查元素外，其余元素在有要求时抽检。

3.2　变形铝及铝合金牌号、特性及状态代号

3.2.1　变形铝及铝合金牌号、特性及应用（见表 2.2-26）

表 2.2-26　变形铝及铝合金牌号、特性及应用

类别	新牌号	旧牌号	特性	应用举例
工业用高纯铝	1A85、1A90 1A93、1A97 1A99	LG1、LG2 LG3、LG4 LG5	工业高纯铝	主要用于生产各种电解电容器用箔材，抗酸容器等，产品有板、带、箔、管等
工业用纯铝	1060、1050A 1035、8A06	L2、L3 L4、L6	工业纯铝都具有塑性高、耐蚀、导电性和导热性好的特点，但强度低，不能通过热处理强化，切削性不好，可接受接触焊、气焊	多利用其优点制造一些具有特定性能的结构件，如铝箔制成垫片及电容器、电子管隔离网、电线、电缆的防护套、网、线芯及飞机通风系统零件及装饰件

（续）

类别	新牌号	旧牌号	特性	应用举例
工业用纯铝	1A30	L4-1	特性与1060、8A06等类似，但其Fe和Si杂质含量控制严格，工艺及热处理条件特殊	主要用于航天工业和兵器工业纯铝膜片等处的板材
	1100	L5-1	强度较低，但延展性、成型性、焊接性和耐蚀性优良	主要生产板材、带材，适于制作各种深冲压制品
包覆铝	7A01 1A50	LB1 LB2	是硬铝合金和超硬铝合金的包铝板合金	7A01用于超硬铝合金板材包覆，1A50用于硬铝合金板材包覆
防锈铝	5A02	LF2	为铝镁系防锈铝，强度、塑性、耐蚀性高，具有较高的抗疲劳强度，热处理不可强化，可用接触焊氢原子焊良好焊接，冷作硬化态下可切削加工，退火态下切削性不良，可抛光	油介质中工作的结构件及导管、中等载荷的零件装饰件、焊条、铆钉等
防锈铝	5A03	LF3	铝镁系防锈铝性能与5A02相似，但焊接性优于5A02，可气焊、氩弧焊、点焊、滚焊	液体介质中工作的中等负载零件、焊件、冷冲件
	5A05 5B05	LF5 LF10	铝镁系防锈铝，抗腐蚀性高，强度与5A03类似，不能热处理强化，退火状态塑性好，半冷作硬化状态可进行切削加工，可进行氢原子焊、点焊、气焊、氩弧焊	5A05多用于在液体环境中工作的零件，如管道、容器等，5B05多用作连接铝合金、镁合金的铆钉、铆钉应退火并进行阳极化处理
	5A06	LF6	铝镁系防锈铝，强度较高，耐腐性较高，退火及挤压状态下塑性良好，可切削性良好，可亚弧焊、气焊、点焊	焊接容器，受力零件，航空工业的骨架及零件、飞机蒙皮
	5A12	LF12	镁含量高，强度较好，挤压状态塑性尚可	多用航天工业及无线电工业用各种板材、棒材及型材
	5B06、5A13 5A33	LF14、LF13 LF33	镁含量高，且加入适量的Ti、Be、Zr等元素，使合金焊接性较高	多用于制造各种焊条的合金
	5A43	LF43	系铝、镁、锰合金，成本低，塑性好	多用于民用制品，如铝制餐具、用具
	3A21	LF21	铝锰系合金，强度低，退火状态塑性高，冷作硬化状态塑性低耐蚀性好，焊接性较好，不可热处理强化，是一种应用最为广泛的防锈铝	用在液体或气体介质中工作的低载荷零件，如油箱、导管及各种异形容器
	5083 5056	LF4 LF5-1	铝镁系高镁合金，由美国5083和5056合金成型引进，在不可热处理合金中具有强度良好、耐蚀性、切削性良好，阳极化处理外观美丽，且电焊性好	广泛用于船舶、汽车、飞机、导弹等方面，民用多来生产自行车、挡泥板，5056也制成管件制车架等结构件
硬铝	2A01	LY1	强度低，塑性高，耐蚀性低，点焊焊接良好，切削性尚可工艺性能良好，在制作铆钉时应先进行阳极氧化处理	是主要的铆接材料，用来制造工作温度小于100℃的中等强度的结构用铆钉

（续）

类别	新牌号	旧牌号	特性	应用举例
硬铝	2A02	LY2	具有高强度，及较高的热强性可热处理强化，耐腐蚀性尚可，有应力腐蚀破坏倾向，切削性较好，多在人工时效状态下使用	是一种主要承载结构材料及高温（200～300℃）工作条件下的叶轮及锻件
	2A04	LY4	剪切强度和耐热性较高，在退火及刚淬火（4—6h内）塑性良好，淬火及冷作硬化后切削性尚好，耐蚀性不良，需进行阳极氧化，是一种主要铆钉合金	用于制造125～250℃工作条件下的铆钉
	2B11 2B12	LY8 LY9	剪切强度中等，退火及刚淬火状态下塑性尚好，可热处理强化，剪切强度较高	用作中等强度铆钉，但必须在淬火后2小时内使用，用作高强度铆钉制造，但必须在淬火后20min内使用
	2A10	LY10	剪切强度较高，焊接性一般，用气焊、氩弧焊有裂纹倾向，但点焊焊接性良好，耐蚀性与2A01、2A11相似，用作铆钉不受热处理后的时间限制，是其优越之处，但需要阳极氧化处理，并用重铬酸钾填充	用作工作温度低于100℃的要求较高强度的铆钉，可替代2A01、2B12、2A11、2A12等合金
	2A11	LY11	一般称为标准硬铝，中等强度，点焊焊接性良好，以其作焊料进行气焊及亚弧焊时有裂纹倾向，可热处理强化，在淬火和自然时效状态下使用，抗蚀性不高，多采用包铝，阳极化和涂漆以作表面防护，退火态切削性不好，淬火时尚好	用作中等强度的零件，空气螺旋桨叶片，螺栓铆钉等，用作铆钉应在淬火后2h内使用
	2A12	LY12	高强度硬铝，点焊焊接性良好，亚弧焊及气焊有裂纹倾向，退火状态切削性尚可，可作热处理强化，抗蚀性差，常用包铝，阳极氧化及涂漆提高耐蚀性	用来制造高负荷零件，其工作温度在150℃以下的飞机骨架、框隔、翼梁、翼肋、蒙皮等
	2A06	LY6	高强度硬铝、点焊焊接性与2A12相似，氩弧焊较2A12好，耐腐蚀性也2A12相同，加热至250℃以下其晶间腐蚀倾向较2A12小，可进行淬火和时效处理，其压力加工、切削性与2A12相同	可作为150～250℃工作条件下的结构板材，但对于淬火自然时效后冷作硬化的板材、不宜在高温长期加热条件下使用
	2A16	LY16	属耐热硬铝、即在高温下有较高的蠕变强度、合金在热态下有较高的塑性，无挤压效应切削性良好，可热处理强化，焊接性能良好，可进行点焊、滚焊和氩弧焊，但焊缝腐蚀稳定性较差，为防腐，应采用阳极氧化处理	用于在高温下（250～350℃）工作的零件，如压缩机叶片圆盘及焊接件，如容器
	2A17	LY17	成分与性能和2A16相近，但2A17在常温和225℃下的持久强度超过2A16，但在225～300℃时低于2A16、且2A17不可焊接	用20～300℃要求有高强度的锻件和冲压件

（续）

类 别	新牌号	旧牌号	特 性	应 用 举 例
锻铝	6A02	LD2	具有中等强度、退火和热态下有高的可塑性，淬火自然时效后塑性尚好，且这种状态下的抗蚀性可与5A2、3A21相比，人工时效状态合金具有晶间腐蚀倾向，可切削性淬火后尚好，退火后不好，合金可点焊、氢原子焊、气焊尚好	制造承受中等载荷、要求有高塑性和高耐蚀性，且形状复杂的锻件和模锻件，如发动机曲轴箱、直升飞机浆叶
	6B02	LD2-1	系Al-Mg-Si系合金，与6A02相比其晶间腐蚀倾向要小	多用于电子工业装箱板及各种壳体等
	6070	LD2-2	系Al-Mg-Si系合金、是由美国的6070合金转化而来，其耐蚀性很好，焊接性能良好	可用于制造大型焊接结构件，及高级跳水板等
	2A50	LD5	热态下塑性较高，易于锻造、冲压。强度较高，在淬火及人工时效时与硬铝相近，工艺性能较好，但有挤压效应，因此纵横向性能差别较大，抗蚀性较好，但有晶间腐蚀倾向，切削性良好，接触焊、滚焊良好，但电弧焊、气焊性能不佳	用于制造要求中等强度，且形状复杂的锻件和冲击件
	2B50	LD6	性能，成分与2A50相近，可互换通用，但热态下其可塑性优于2A50	制造形状复杂的锻件
	2A70	LD7	热态下具有高的可塑性，无挤压效应，可热处理强化，成分与2A50相近，但组织较2A80要细，热强性及工艺性能比2A80稍好，属耐热锻铝、其耐蚀性、可切削性尚好、接触焊、滚焊性能良好，电弧焊及气焊性能不佳	用于制造高温环境下工作的锻件，如内燃机活塞及一些复杂件如叶轮、板材可用制造高温下的焊接冲压结构件
	2A80	LD8	热态下可塑性较低，可进行热处理强化，高温强度高，属耐热锻铝，无挤压效应，焊接性与LD7相同，耐蚀性，可切削性尚好，有应力腐蚀倾向	用途与2A70相近
	2A90	LD9	有较好的热强性、热态下可塑性尚好，可热处理强化，耐蚀性，焊接性和切削性与2A70相近，最一种较早应用的耐热锻铝	用途与2A7、2A80相近，且逐渐被2A70、2A80所代替
	2A14	LD10	与2A50相比，含铜量较高，因此强度较高，热强性较好，热态下可塑性尚好，可切削性良好，接触焊、滚焊性能良好，电弧焊和气焊性能不佳，耐蚀性不高，人工时效状态时有晶间腐蚀倾向，可热处理强化，有挤压效应，因此纵横向性能有所差别	用于制造承受高负荷和形状简单的锻件

（续）

类别	新牌号	旧牌号	特性	应用举例
锻铝	4A11	LD11	属 Al-Cu-Mg-Si 系合金，是由前苏联 AK9 合金转化而来，可锻、可铸、热强性好，热膨胀系数小，抗磨性能好	主要用于制造蒸汽机活塞及汽缸材料
锻铝	6061 6063	LD30 LD31	属 Al-Mg-Si 系合金，相当美国的 6061 和 6063 合金，具有中等的强度、其焊接性优良，耐蚀性及冷加工性好、是一种使用范围广，很有前途的合金	广泛应用于建筑业门窗、台架等结构件、及医疗办公、车辆、船舶、机械等方面
超硬铝	7A03	LC3	铆钉合金，淬火人工时效状态可以铆接，可热处理强化，常抗剪强度较高，耐蚀性和可切削性能尚好，铆钉铆接时，不受热处理后时间限制	用作承力结构铆钉、工作温度在 125℃以下，可作 2A10 铆钉合金代用品
超硬铝	7A04	LC4	系高强度合金，在刚淬火及退火状态下塑性尚可，可热处理强化，通常在淬火人工时效状态下使用，这时得到的强度较一般硬铝高很多，但塑性较低，合金点焊焊接性良好，气焊不良，热处理后可切削性良好，但退火后的可切削性不佳	用于制造主要承力结构件，如飞机上的大梁，桁条、加强框、蒙皮、翼肋、接头、起落架等
超硬铝	7A09	LC9	属高强度铝合金，在退火和刚淬火状态下的塑性稍低于同样状态的 2A12、稍优于 7A04，板材的静疲劳、缺口敏感，应力腐蚀性能优于 7A04	制造飞机蒙皮等结构件和主要受力零件
超硬铝	7A10	LC10	是 Al-Cu-Mg-Zn 系合金	主要生产板材，管材和锻件等，用于纺织工业及防弹材料
超硬铝	7003	LC12	属于 Al-Cu-Mn-Zn 系合金，由日本的 7003 合金转化而来、综合力学性能较好，耐蚀性好	主要用来制作型材、生产自行车的车圈
特殊铝	4A01	LT1	属铝硅合金、抗蚀性高，压力加工性良好，但机械强度差	多用于制作焊条、焊棒
特殊铝	4A13 4A17	LT13 LT17	是 Al-Si 系合金	主要用于钎接板、带材的包覆板，或直接生产板、带、箔和焊线等
特殊铝	5A41	LT41	特殊的高镁合金，其抗冲击性强	多用于制作飞机座仓防弹板
特殊铝	5A66	LT66	高纯铝镁合金，相当于 5A02 其杂质含量要求严格控制	多用于生产高级饰品，如笔套，标牌等

注：1. GB/T 3190—2008 代替 GB/T 3190—1996《变形铝及铝合金牌号及化学成分》，新标准增加了 130 个牌号。本表选编的牌号化学成分应符合 GB/T 3190—2008 相应牌号的规定。

2. 本表旧牌号指 GB/T 3190—1982 旧版本的牌号。

3.2.2　变形铝及铝合金状态代号（见表2.2-27）

表2.2-27　变形铝及铝合金产品基础状态、H与T细分状态代号及新旧代号对照（摘自GB/T 16475—2008）

分类	代号	名　称	说　明
基础状态代号	F	自由加工状态	适用于在成型过程中，对于加工硬化和热处理条件无特殊要求的产品，该状态产品的力学性能不作规定
	O	退火状态	适用于经完全退火获得最低强度的加工产品
	H	加工硬化状态	适用于通过加工硬化提高强度的产品 H后面应有2位或3位阿拉伯数字
	W	固溶处理状态	一种不稳定状态，仅适用于经固熔热处理后，室温下自然时效的合金，该状态代号仅表示产品处于自然时效阶段
	T	热处理状态 （不同于F、O、H状态）	适用于热处理后，经过（或不经过）加工硬化达到稳定状态的产品，T代号后面必须跟一位或多位阿拉伯数字
H状态的细分状态代号	H后面的第1位数字表示获得该状态的基本工艺，用数字1～4表示		
	H1X	单纯加工硬化状态	适用于未经附加热处理，只经加工硬化即可获得所需强度的状态
	H2X	加工硬化后不完全退火状态	适用于加工硬化程度超过成品规定要求后，经不完全退火，使强度降低到规定指标的产品
	H3X	加工硬化后稳定化处理状态	适用于加工硬化后经低温热处理或由于加工过程中的受热作用致使其力学性能达到稳定的产品。H3X状态仅适用于在室温下时效（除非经规定化处理）的合金
	H4X	加工硬化后涂漆（层）处理的状态	适用于加工硬化后，经涂漆（层）处理导致了不完全退火的产品
	H后面的第2位数字表示产品的最终加工硬化程度，用数字1～9表示；数字8表示硬状态，HX8状态的最小抗拉强度值可按O状态的最小抗拉强度与标准规定的强度差值之和来确定 数字9为超硬状态，用HX9表示。HX9状态的最小抗拉强度极限值，超过HX8状态至少10MPa以上 数字1～7即细分状态代号HX1、HX2、HX3、HX4、HX5、HX6、HX7按标准规定分别表示不同的最终抗拉强度极限值		
	H后面的第3位数字或字母，表示影响产品特性，但产品特性仍接近其两位数字状态（H112、H116、H320状态除外）的特殊处理，如HX11代号适用于最终退火后又进行了适量的加工强化，但加工硬化程度又不及H11状态的产品		

分类	代号	说　明
T状态的细分状态代号	T1	高温成型＋自然时效 适用于高温成型后冷却、自然时效，不再进行冷加工（或影响力学性能极限的矫平、矫直）的产品
	T2	高温成型＋冷加工＋自然时效 适用于高温成型后冷却，进行冷加工（或影响力学性能极限的矫平、矫直）以提高强度，然后自然时效的产品
	T3	固溶热处理＋冷加工＋自然时效 适用于固溶热处理后，进行冷加工（或影响力学性能极限的矫平、矫直）以提高强度，然后自然时效的产品
	T4	固溶热处理＋自然时效 适用于固溶热处理后，不再进行冷加工（或影响力学性能极限的矫直、矫平），然后自然时效的产品
	T5	高温成型＋人工时效 适用高温成型后冷却，不经冷加工（或影响力学性能极限的矫直、矫平），然后进行人工时效的产品
	T6	固溶热处理＋人工时效 适用于固溶热处理后，不再进行冷加工（或影响力学性能极限的矫直、矫平），然后人工时效的产品

（续）

分类	代号	说　明
T状态的细分状态代号	T7	固溶热处理+过时效 适用于固溶热处理后，进行过时效至稳定化状态。为获取除力学性能外的其他某些重要特性，在人工时效时，强度在时效曲线上越过了最高峰点的产品
	T8	固溶热处理+冷加工+人工时效 适用于固溶热处理后，经冷加工（或影响力学性能极限的矫直、矫平）以提高强度，然后人工时效的产品
	T9	固溶热处理+人工时效+冷加工 适用于固溶热处理后，人工时效，然后进行冷加工（或影响力学性能极限的矫直、矫平）以提高强度的产品
	T10	高温成型+冷加工+人工时效 适用于高温成型后冷却，经冷加工（或影响力学性能极限的矫直、矫平）以提高强度，然后进行人工时效的产品
		某些6×××系或7×××系的合金，无论是炉内固溶热处理，还是高温成型后急冷以保留可溶性组分在固溶体中，均能达到相同的固溶热处理效果，这些合金的T3、T4、T6、T7、T8和T9状态可采用上述两种处理方法的任一种，但应保证产品的力学性能和其他性能（如抗腐蚀性能）。

分类	旧代号	新代号	旧代号	新代号
新旧状态代号对照	M	0	CYS	T-51、T-52等
	R	热处理不可强化合金：H112或F 热处理可强化合金：T1或F	CZY	T2
	Y	HX8	CSY	T9
	Y1	HX6	MCS	T62
	Y2	HX4	MCZ	T42
	Y4	HX2	CGS1	T73
	T	HX9	CGS2	T76
	CZ	T4	CGS3	T74
	CS	T6	RCS	T5

注：1. 原以R状态交货的、提供CZ、CS试样性能的产品，其状态可分别对应新代号T62、T42。

2. 本表旧代号指GB/T 340—1976“有色金属及合金产品牌号表示方法”中有关变形铝及铝合金产品状态代号部分。

3.3　变形铝及铝合金加工产品

3.3.1　铝及铝合金挤压棒材（见表2.2-28、表2.2-29）

表2.2-28　铝及铝合金挤压棒材牌号、状态及规格（摘自GB/T 3191—1998）

牌　号	供应状态	规格/mm 圆棒直径 普通棒材	圆棒直径 高强度棒材	方棒、六角棒内切圆直径 普通棒材	方棒、六角棒内切圆直径 高强度棒材
1070A，1060，1050A，1035，1200，8A06，5A02，5A03，5A05，5A06，5A12，3A21，5052，5083，3003	H112 F 0	5~600	—	5~200	—
2A70，2A80，2A90，4A11，2A02，2A06，2A16	H112，F	5~600	—	5~200	—
	T6	5~150	—	5~120	—
7A04，7A09，6A02，2A50，2A14	H112，F	5~600	20~160	5~200	20~100
	T6	5~150	20~120	5~120	20~100

（续）

牌　号	供应状态	规　格/mm			
		圆棒直径		方棒、六角棒内切圆直径	
		普通棒材	高强度棒材	普通棒材	高强度棒材
2A11，2A12	H112，F	5~600	20~160	5~200	20~100
	T4	5~150	20~120	5~120	20~100
2A13	H112，F	5~600	—	5~200	—
	T4	5~150	—	5~120	—
6063	T5，T6	5~250	—	5~25	—
	F	5~600	—	5~200	—
6061	H112，F	5~600	—	5~200	—
	T6	5~150	—	5~120	—
	T4				

注：1. 棒材的化学成分应符合 GB/T3190—2008 变形铝及铝合金化学成分相应牌号的规定。

2. GB/T3191—1998 铝及铝合金挤压棒材代替 GB3191—82、GB3192—82 及 GB10572—89。

3. 棒材直径允许偏差分为 A、B、C、D 共4级，其偏差数值参见原标准。

4. 标记示例：用2A12 合金制造的、T4 状态、直径30mm 的 B 级圆棒，标记为：棒 2A12—T4B 级 $\phi30$　GB/T3191—1998。

表 2.2-29　铝及铝合金棒材室温纵向力学性能（摘自 GB/T 3191—1998）

牌号	供应状态	试样状态	棒材直径（方棒、六角棒内切圆直径）/mm	抗拉强度 σ_b/MPa	规定非比例伸长应力 $\sigma_{p0.2}$/MPa	伸长率 δ_5（%）
				≥		
1060	O	O	≤150	60~95	15	22
	H112	H112		60	15	22
1070A	H112	H112		55	15	—
1050A				65	20	—
1200				75	20	—
1035，8A06	O、H112	O、H112		≤120	—	25
3003	O	O		95~130	35	22
	H112	H112		90	30	22
3A21	O	O		≤165	—	20
5A02				≤225	—	10
5A03	H112	H112		175	80	13
5A05				265	120	15
5A06				315	155	15
5A12				370	185	15
5052	H112	H112		175	70	—
	O	O		175~245	70	20

牌号	供应状态	试样状态	棒材直径（方棒、六角棒内切圆直径）/mm	抗拉强度 σ_b/MPa	规定非比例伸长应力 $\sigma_{p0.2}$/MPa	伸长率 δ_5（%）
				≥		
2A11	H112	T42	≤150	370	215	12
2A12			≤22	390	255	12
			>22~150	420	275	10
2A13	T4	T4	≤22	315	—	4
			>22~150	345	—	4
6061	H112，T6	T62，T6	≤150	260	240	9
	T4	T4		180	110	14
6063	T6	T6	≤25	205	170	9
	T5	T5	≤12.5	150	110	7
			>12.5~25.0	145	105	7
7A04，7A09	H62 T6	H112 T6	≤22	490	370	7
			>22~150	530	400	6
2A02	H112	T62	≤150	430	275	10
2A16				355	235	8
2A06			≤22	430	285	10
			>22~100	440	295	9
			>100~150	430	285	10

3.3.2　铝及铝合金挤压扁棒（见表 2.2-30）

表 2.2-30　铝及铝合金挤压扁棒尺寸规格及力学性能（摘自 YS/T 439—2001）

扁棒宽度和厚度尺寸及精度

<table>
<tr><th colspan="3">宽度及允许偏差/mm</th><th colspan="16">下列各厚度范围内的厚度允许偏差（±）/mm</th></tr>
<tr><th rowspan="2">宽度范围</th><th colspan="2">允许偏差（±）</th><th colspan="2">2~6</th><th colspan="2">>6~10</th><th colspan="2">>10~18</th><th colspan="2">>18~30</th><th colspan="2">>30~50</th><th colspan="2">>50~80</th><th colspan="2">>80~120</th><th colspan="2">>120~150</th></tr>
<tr><th>普通级</th><th>高精级</th><th>普通级</th><th>高精级</th><th>普通级</th><th>高精级</th><th>普通级</th><th>高精级</th><th>普通级</th><th>高精级</th><th>普通级</th><th>高精级</th><th>普通级</th><th>高精级</th><th>普通级</th><th>高精级</th><th>普通级</th><th>高精级</th></tr>
<tr><td>10~18</td><td>0.35</td><td>0.25</td><td rowspan="3">0.25</td><td rowspan="3">0.20</td><td rowspan="3">0.30</td><td rowspan="3">0.25</td><td>0.35</td><td>0.25</td><td>—</td><td>—</td><td rowspan="2">—</td><td rowspan="2">—</td><td rowspan="3">—</td><td rowspan="3">—</td><td rowspan="4">—</td><td rowspan="4">—</td><td rowspan="5">—</td><td rowspan="5">—</td></tr>
<tr><td>>18~30</td><td>0.40</td><td>0.30</td><td rowspan="2">0.40</td><td rowspan="2">0.30</td><td>0.40</td><td>0.30</td></tr>
<tr><td>>30~50</td><td>0.50</td><td>0.40</td><td>0.50</td><td>0.35</td><td>0.50</td><td>0.40</td></tr>
<tr><td>>50~80</td><td>0.70</td><td>0.60</td><td>0.30</td><td>0.25</td><td>0.35</td><td>0.30</td><td>0.45</td><td>0.35</td><td rowspan="2">0.60</td><td>0.40</td><td rowspan="2">0.70</td><td>0.50</td><td>0.70</td><td>0.60</td></tr>
<tr><td>>80~120</td><td>1.00</td><td>0.80</td><td>0.35</td><td>0.30</td><td>0.40</td><td>0.35</td><td>0.50</td><td>0.40</td><td>0.45</td><td rowspan="2">0.60</td><td>0.80</td><td rowspan="2">0.70</td><td>1.00</td><td>0.80</td></tr>
<tr><td>>120~180</td><td>1.30</td><td>1.10</td><td>0.40</td><td>0.35</td><td>0.45</td><td>0.40</td><td>0.55</td><td rowspan="2">0.45</td><td rowspan="2">0.70</td><td rowspan="2">0.50</td><td>0.80</td><td>1.00</td><td>1.10</td><td>0.90</td><td>1.30</td><td>1.00</td></tr>
<tr><td>>180~240</td><td>1.60</td><td>1.40</td><td rowspan="5">—</td><td rowspan="5">—</td><td rowspan="2">0.50</td><td rowspan="2">0.45</td><td>0.60</td><td rowspan="2">0.90</td><td rowspan="2">0.70</td><td>1.10</td><td rowspan="2">0.80</td><td>1.30</td><td>1.00</td><td>1.50</td><td>1.20</td></tr>
<tr><td>>240~302</td><td>2.00</td><td>1.70</td><td>0.65</td><td>0.50</td><td>0.80</td><td>0.60</td><td rowspan="2">1.20</td><td>1.40</td><td>1.10</td><td>1.60</td><td>1.30</td></tr>
<tr><td>>300~400</td><td>2.50</td><td>2.00</td><td rowspan="3">—</td><td rowspan="3">—</td><td>0.70</td><td>0.60</td><td>0.90</td><td>0.70</td><td>1.00</td><td>0.80</td><td>0.90</td><td>1.60</td><td>1.20</td><td>1.80</td><td>1.40</td></tr>
<tr><td>>400~500</td><td>3.00</td><td>2.50</td><td rowspan="2">—</td><td rowspan="2">—</td><td rowspan="2">—</td><td rowspan="2">—</td><td>1.10</td><td rowspan="2">0.90</td><td>1.30</td><td rowspan="2">1.00</td><td rowspan="2">1.80</td><td>1.30</td><td>2.00</td><td>1.70</td></tr>
<tr><td>>500~600</td><td>3.50</td><td>3.00</td><td>1.20</td><td>1.40</td><td>1.40</td><td>—</td><td>—</td></tr>
</table>

扁棒室温力学性能

<table>
<tr><th rowspan="2">合金牌号</th><th rowspan="2">供应状态</th><th rowspan="2">试样状态</th><th rowspan="2">厚度
/mm</th><th rowspan="2">截面积
/cm²</th><th>抗拉强度
R_m/MPa</th><th>规定非比例伸长应力 $R_{p0.2}$/MPa</th><th>断后伸长率
A（%）</th></tr>
<tr><th colspan="3">不小于</th></tr>
<tr><td>1070A、1070</td><td rowspan="5">H112</td><td rowspan="5">H112</td><td rowspan="11">≤120</td><td rowspan="5">≤200</td><td>55</td><td rowspan="2">15</td><td>—</td></tr>
<tr><td>1060</td><td>60</td><td>22</td></tr>
<tr><td>1050A、1050</td><td>65</td><td rowspan="3">20</td><td rowspan="3">—</td></tr>
<tr><td>1035</td><td>70</td></tr>
<tr><td>1100、1200</td><td>75</td></tr>
<tr><td>2A11</td><td rowspan="2">H112、T4</td><td rowspan="2">T4</td><td rowspan="5">≤170</td><td>370</td><td>215</td><td rowspan="3">12</td></tr>
<tr><td>2A12</td><td>390</td><td>255</td></tr>
<tr><td>2A50</td><td rowspan="3">H112、T6</td><td rowspan="3">T6</td><td rowspan="2">355</td><td rowspan="3">—</td></tr>
<tr><td>2A70、2A80、2A90</td><td rowspan="2">8</td></tr>
<tr><td>2A14</td><td>430</td></tr>
<tr><td>2017</td><td rowspan="4">T4</td><td rowspan="4">T4</td><td>≤200</td><td>345</td><td>215</td><td rowspan="3">12</td></tr>
<tr><td rowspan="3">2024</td><td>≤6</td><td>≤12</td><td>390</td><td>295</td></tr>
<tr><td>>6~19</td><td>≤76</td><td>410</td><td>305</td></tr>
<tr><td>>19~38</td><td>≤130</td><td>450</td><td>315</td><td>10</td></tr>
<tr><td>3A21</td><td rowspan="6">H112</td><td rowspan="6">H112</td><td rowspan="6">≤120</td><td rowspan="6">≤170</td><td>≤165</td><td>—</td><td>20</td></tr>
<tr><td>3003</td><td>90</td><td>30</td><td>22</td></tr>
<tr><td>5052</td><td>175</td><td>70</td><td>—</td></tr>
<tr><td>5A02</td><td>≤225</td><td>—</td><td>10</td></tr>
<tr><td>5A03</td><td>175</td><td>80</td><td>13</td></tr>
<tr><td>5A05</td><td>265</td><td>120</td><td>15</td></tr>
<tr><td>5A06</td><td rowspan="2">H112</td><td rowspan="2">H112</td><td rowspan="4">≤120</td><td rowspan="4">≤170</td><td>315</td><td>155</td><td rowspan="2">15</td></tr>
<tr><td>5A12</td><td>370</td><td>185</td></tr>
<tr><td>6A02</td><td rowspan="3">H112、T6</td><td rowspan="3">T6</td><td>295</td><td>—</td><td>12</td></tr>
<tr><td>6061</td><td>260</td><td>240</td><td rowspan="2">9</td></tr>
<tr><td>6063</td><td>≤25</td><td>≤100</td><td>205</td><td>170</td></tr>
</table>

（续）

合金牌号	供应状态	试样状态	厚度 /mm	截面积 /cm^2	抗拉强度 R_m/MPa	规定非比例伸长应力 $R_{p0.2}$/MPa	断后伸长率 A（%）
					不小于		
6101	T6	T6	≤12.5	≤38	200	172	—
7A04 7A09	H112、T6		≤22	≤100	490	370	7
			>22~120	≤200	530	400	
7075			≤6.3	≤12	540	485	6
			>6.3~12.5	≤30	560	505	
			>12.5~50	≤130		495	
8A06	H112	H112	≤150	≤200	70	—	10

注：1. 扁棒的截面尺寸及允许偏差应符合普通级规定，有要求时可双方协商选择高精级，并在订单或合同中注明。

2. 对于含镁量平均值不小于3%的高镁合金扁棒，其普通级和高精级的偏差数值为表中对应数值的2倍。对于其他合金扁棒，其普通级和高精级应符合表中的规定。

3. 扁棒横截面为矩形，尺寸规格：厚度为2~150mm，宽度为10~600mm。定尺和倍尺的扁棒材，其长度允许偏差为（$^{+20}_{0}$mm），不定尺扁棒的供应长度为1000~6000mm。

4. 扁棒外形要求，如圆角半径、切斜度、平面间隙、扭拧度、弯曲度等，应符合YS/T 439—2001的有关规定。

5. 扁棒材用于各工业部门需要的横截面为矩形之棒料。

6. 扁棒材料的牌号化学成分应符合GB/T 3190—2008的规定。

7. 扁棒尺寸规格超出本表规定值时，扁棒的力学性能附实测结果或由供需双方商定。

3.3.3　铝及铝合金管材尺寸规格（见表2.2-31）

表2.2-31　铝及铝合金冷拉、冷轧管材尺寸规格（摘自GB/T 4436—1995）

圆管	外径 /mm	6	8	10	12、14 15	16 18	20	22 24 24	26 28 30　32 34 35　36 38 40　42 45 48　50 52 55　58 60	65 70 75	80、85、90、95	100、105、110	115	120
	壁厚 /mm	0.5~1.0	0.5~2.0	0.5~2.5	0.5~3.0	0.5~3.5	0.5~4.0	0.5~5.0	0.75~5.0	1.5~5.0	2.0~5.0	2.5~5.0	3.0~5.0	3.5~5.0
	壁厚尺寸系列/mm	0.5、0.75、1.0~5.0（0.5进级）												

正方形管	公称边长 /mm	10、12	14、16	18、20	22、25	28、32、36 40	42、45、50、55、60、65、70	
	壁厚 /mm	1.0、1.5	1.0、1.5、2.0	1.0、1.5、2.0、2.5	1.5、2.0、2.5、3.0	1.5、2.0、2.5、3.0、4.5	1.5、2.0、2.5、3.0、4.5、5.0	
矩形管	公称边长 /mm×mm 长×宽	14×10 16×12 18×10	18×14 20×12 22×14	25×15 28×16	28×22 32×18	32×25 36×20 36×28	40×25、40×30 45×30、50×30 55×40	60×40 70×50
	壁厚 /mm	1.0、1.5 2.0	1.0、1.5、2.0、2.5	1.0、1.5、2.0、2.5、3.0	1.0、1.5、2.0、2.5、3.0、4.0	1.0、1.5、2.0、2.5、3.0、4.0、5.0	1.5、2.0、2.5、3.0、4.0、5.0	2.0、2.5、3.0、4.0、5.0

注：1. 正方形管、矩形管公称边长是指外侧尺寸。

2. GB/T 4436规定有椭圆形管，本表未编入。

3.3.4 铝及铝合金拉（轧）制无缝管（见表2.2-32）

表2.2-32 铝及铝合金拉（轧）制无缝管牌号及力学性能（摘自GB/T 6893—2000）

牌号	状态	壁厚/mm		抗拉强度 σ_b /MPa	规定非比例伸长应力 $\sigma_{p0.2}$/MPa	伸长率（%） 全截面试样 标距50mm	其他试样 50mm定标距	其他试样 δ_5
				不小于				
1035 1050A 1050	O	所有		60~95	—		—	
	H14	所有		95	—		—	
1060 1070A 1070	O	所有		60~95	—		—	
	H14	所有		85	—		—	
1100 1200	O	所有		75~110	—		—	
	H14	所有		110	—		—	
2A11	O	所有		≤245			10	
	T4	外径≤22	≤1.5	375	195		13	
			>1.5~2.0				14	
			>2.0~5.0				—	
		外径>22~50	≤1.5	390	225		12	
			>1.5~5.0				13	
		>50	所有				11	
2017	O	所有		≤245	≤125	17	16	16
	T4	所有		375	215	13	12	12
2A12	O	所有		≤245	—		10	
	T4	外径≤22	≤2.0	410	255		13	
			>2.0~5.0				—	
		外径>22~50	所有	420	275		12	
		>50	所有	420	275		10	
2024	O	所有		≤220	≤100		—	
	T4	0.63~1.2		440	290	12	10	—
		>1.2~5.0		440	290	14	10	—
3003	O	0.63~1.2		95~130	—	30	20	—
		>1.2~5.0		95~130	—	35	25	—
	H14	0.63~1.2		140	115	5	3	—
		>1.2~5.0		140	115	8	4	—
3A21	O	所有		≤135	—		—	
	H14	所有		135	—		—	
5A02	O	所有		≤225	—		—	
	H14	外径≤55，壁厚≤2.5		225	—		—	
		其他所有		195	—		—	
5A03	O	所有		175	80		15	
	H34	所有		215	125		8	
5A05	O	所有		215	90		15	
	H32	所有		245	145		8	
5A06	O	所有		315	145		15	

（续）

牌号	状态	壁厚/mm	抗拉强度 σ_b /MPa	规定非比例伸长应力 $\sigma_{p0.2}$/MPa	伸长率（%）		
					全截面试样	其他试样	
					标距 50mm	50mm 定标距	δ_5
			不小于				
5052	O	所有	170~240	70	—		
	H14	所有	235	180	—		
5056	O	所有	≤315	100	—		
	H32	所有	305	—	—		
5083	O	所有	270~355	110	14	12	12
	H32	所有	315	235	5	5	5
6A02	O	所有	≤155	—	14		
	T4	所有	205	—	14		
	T6	所有	305	—	8		
6061	O	所有	≤150	≤95	15	15	13
	T4	0.63~1.20	205	100	16	14	—
		>1.20~5.0	205	110	18	16	—
	T6	0.63~1.20	290	240	10	8	—
		>1.20~5.0	290	240	12	10	—
6063	O	所有	≤130	—	—		
	T6	0.63~1.20	230	195	12	8	—
		>1.2~5.0	230	195	14	10	—
8A06	O	所有	≤120	—	20		
	H14	所有	100	—	5		

注：1. 表中未列入的合金、状态、规格、力学性能由供需双方协商或附抗拉强度、伸长率的试验结果，但该结果不能作为验收依据。

2. 管材采用牌号的化学成分应符合 GB/T 3190—2008 的规定。

3. 管材适于一般工业部门应用。

4. 管材的尺寸规格及允许偏差应符合 GB/T4436 的规定（见表 2.2-31）。

5. 本表中 5A03、5A05、5A06 规定非比例伸长应力仅供参考，不作为验收依据。矩形管的 T× 和 H× 状态的伸长率低于本表 2 个百分点。

6. 标记示例

用 3A12 合金制造、退火状态，外径 10mm、壁厚 2.0mm、长度 1 500mm 定尺的圆管标记为：管 3A12-O　ϕ10×2.0×1 500　GB/T 6893—2000

用 2A11 合金制造、淬火自然时效状态、边长为 45mm、宽为 45 mm、壁厚为 3.0mm、长度为不定尺的矩形管材标记为：矩形管 2A11-T4　45×45×3.0　GB/T 6893—2000

3.3.5　铝及铝合金热挤压无缝圆管（见表 2.2-33）

表 2.2-33　铝及铝合金热挤压无缝圆管的牌号及力学性能（摘自 GB/T 4437.1—2000）

合金牌号	供应状态	试样状态	壁厚/mm	抗拉强度 σ_b/MPa	规定非比例伸长应力 $\sigma_{p0.2}$/MPa	伸长率（%）	
						50mm	δ_5
				≥			
1070A、1060	O	O	所有	60~95	—	25	22
	H112	H112	所有	60	—	25	22
1050A、1035	O	O	所有	60~100	—	25	23
1100、1200	O	O	所有	75~105	—	25	22
	H112	H112	所有	75	—	25	22

（续）

合金牌号	供应状态	试样状态	壁厚/mm	抗拉强度 σ_b/MPa	规定非比例伸长应力 $\sigma_{p0.2}$/MPa	伸长率（%） 50mm	伸长率（%） δ_5
				≥			
2A11	O	O	所有	≤245	—	—	10
	H112	H112	所有	350	195	—	10
2017	O	O	所有	≤245	≤125	—	16
	H112、T4	T4	所有	345	215	—	12
2A12	O	O	所有	≤245	—	—	10
	H112、T4	T4	所有	390	255	—	10
2017	O	O	所有	≤245	≤130	12	10
	H112	T4	≤18	395	260	12	10
			>18	395	260	—	9
3A21	H112	H112	所有	≤165	—	—	—
3003	O	O	所有	95~130	—	25	22
	H112	H112	所有	95	—	25	22
5A02	H112	H112	所有	≤225	—	—	—
5052	O	O	所有	170~240	70	—	—
5A03	H112	H112	所有	175	70	—	15
5A05	H112	H112	所有	225	110	—	15
5A06	O、H112	O、H112	所有	315	145	—	15
5083	O	O	所有	270~350	110	14	12
	H112	H112	所有	270	110	12	20
5454	O	O	所有	215~285	85	14	12
	H112	H112	所有	215	85	12	10
5086	O	O	所有	240~315	95	14	12
	H112	H112	所有	240	95	12	10
6A02	O	O	所有	≤145	—	—	17
	T4	T4	所有	205	—	—	14
	H112、T6	T6	所有	295	—	—	8
6061	T4	T4	所有	180	110	16	14
6061	T6	T6	≤6.3	260	240	8	—
			>6.3	260	240	10	9
6063	T4	T4	≤12.5	130	70	14	12
			>12.5~25	125	60	—	12
	T6	T6	所有	205	170	10	9
7A04、7A09	H112、T6	T6	所有	530	400	—	5
7075	H112、T6	T6	≤6.3	540	485	7	—
			>6.3 ≤12.5	560	505	7	6
			>12.5	560	495	—	6
7A15	H112、T6	T6	所有	470	420	—	6
8A06	H112	H112	所有	≤120	—	—	20

注：1. 管材适于一般工业技术部门使用。

2. 管材牌号的化学成分应符合 GB/T 3190 的规定。

3. 圆管材的尺寸规格及允许偏差应符合 GB/T 4436 的规定，见表 2.2-31。

4. 本表为管材室温纵向力学性能，但表中 5A05 合金规定的非比例伸长应力仅供参考，不作为验收依据。

5. 外径 185~300mm，壁厚大于 32.5mm 的管材，室温纵向力学性能由供需双方协商或附试验结果。

6. 标记示例：2A12 合金、退火状态，外径 40mm，长度 4000mm，定尺的热挤压圆管，标记为：管 2A12 O ϕ40×6×4000　GB/T4437.1—2000

3.3.6　一般工业用铝及铝合金板、带材（见表2.2-34～表2.2-36）

表2.2-34　铝及铝合金板、带材尺寸规格（摘自GB/T 3880.1—2006）

板、带材厚度/mm	板材的宽度和长度/mm		带材的宽度和内径/mm	
	板材的宽度	板材的长度	带材的宽度	带材的内径
>0.20～0.50	500～1660	1000～4000	1660	ϕ75、ϕ150、ϕ200、ϕ300、ϕ405、ϕ505、6ϕ610、ϕ650、ϕ750
>0.50～0.80	500～2000	1000～10000	2000	
>0.80～1.20	500～2200	1000～10000	2200	
>1.20～8.00	500～2400	1000～10000	2400	
>1.20～150.00	500～2400	1000～10000	—	—

注：1. GB/T 3880.1—2006一般工业用铝及铝合金板、带材规定的一般要求，适用于一般工业用的铝及铝合金板带材，不适用于深冲、涂漆、阳极氧化及帘墙、PS的基等特殊用途和军工用铝及铝合金板带材。

2. GB/T 3880.1—2006板、带材的牌号有1070、1060、5A03、3005、5052等37个牌号，每个牌号的状态、板厚度、带厚度均分别作出具体规定，请参见原标准。

3. 板、带材尺寸（厚度、宽度、长度）的允许偏差参见GB/T 3880.3—2006《一般工业用铝及铝合金板、带材　第3部分：尺寸偏差》的规定。

表2.2-35　铝及铝合金板带牌号、状态及力学性能（摘自GB/T3880.2—2006）

牌　号	供应状态	试样状态	厚度①/mm	抗拉强度② R_m/MPa	规定非比例延伸强度② $R_{p0.2}$/MPa	断后伸长率(%) A_{50mm}	断后伸长率(%) $A_{5.65}$③	弯曲半径④
				≥				
1070	O	O	>0.20～0.30	55～95	—	15	—	0t
			>0.30～0.50			20	—	0t
			>0.50～0.80			25	—	0t
			>0.80～1.50		15	30	—	0t
			>1.50～6.00			35	—	0t
			>6.00～12.50			35	—	—
			>12.50～50.00			—	30	—
	H12 H22	H12 H22	>0.20～0.30	70～100	—	2	—	0t
			>0.30～0.50			3	—	0t
			>0.50～0.80			4	—	0t
			>0.80～1.50		55	6	—	0t
			>1.50～3.00			8	—	0t
			>3.00～6.00			9	—	0t
	H14 H24	H14 H24	>0.20～0.30	85～120	—	1	—	0.5t
			>0.30～0.50			2	—	0.5t
			>0.50～0.80			3	—	0.5t
			>0.80～1.50		65	4	—	1.0t
			>1.50～3.00			5	—	1.0t
			>3.00～6.00			6	—	1.0t
	H16 H26	H16 H26	>0.20～0.50	100～135	—	1	—	1.0t
			>0.50～0.80			2	—	1.0t
			>0.80～1.50		75	3	—	1.5t
			>1.50～4.00			4	—	1.5t
	H18	H18	>0.20～0.50	120	—	1	—	—
			>0.50～0.80			2	—	—
			>0.80～1.50			3	—	—
			>1.50～3.00			4	—	—

（续）

牌　号	供应状态	试样状态	厚度[1] /mm	抗拉强度[2] R_m/MPa	规定非比例延伸强度[2] $R_{p0.2}$/MPa	断后伸长率（%） A_{50mm}	断后伸长率（%） $A_{5.65}$[3]	弯曲半径[4]
				≥				
1070	H112	H112	>4.50~6.00	75	35	13	—	—
			>6.00~12.50	70	35	15	—	—
			>12.50~25.00	60	25	—	20	—
			>25.00~75.00	55	15	—	25	—
	F	—	>2.50~150.00	—				—
1060	O	O	>0.20~0.30	60~100	15	15	—	—
			>0.30~0.50			18	—	—
			>0.50~1.50			23	—	—
			>1.50~6.00			25	—	—
			>6.00~80.00			25	22	—
	H12 H22	H12 H22	>0.50~1.50	80~120	60	6	—	—
			>1.50~6.00			12	—	—
	H14 H24	H14 H24	>0.20~0.30	95~135	70	1	—	—
			>0.30~0.50			2	—	—
			>0.50~0.80			2	—	—
			>0.80~1.50			4	—	—
			>1.50~3.00			6	—	—
			>3.00~6.00			10	—	—
	H16 H26	H16 H26	>0.20~0.30	110~155	75	1	—	—
			>0.30~0.50			2	—	—
			>0.50~0.80			2	—	—
			>0.80~1.50			3	—	—
			>1.50~4.00			5	—	—
	H18	H18	>0.20~0.30	125	85	1	—	—
			>0.30~0.50			2	—	—
			>0.50~1.50			3	—	—
			>1.50~3.00			4	—	—
	H112	H112	>4.50~6.00	75	—	10	—	—
			>6.00~12.50	75		10	—	—
			>12.50~40.00	70		—	18	—
			>40.00~80.00	60		—	22	—
	F	—	>2.50~150.00	—				—
5A03	O	O	>0.50~4.50	195	100	16	—	—
	H14、H24、H34	H14、H24、H34	>0.50~4.50	225	195	8	—	—
	H112	H112	>4.50~10.00	185	80	16	—	—
			>10.00~12.50	175	70	13	—	—
			>12.50~25.00	175	70	—	13	—
			>25.00~50.00	165	60	—	12	—
	F	—	>4.50~150.00	—	—	—	—	—

（续）

牌号	供应状态	试样状态	厚度①/mm	抗拉强度② R_m/MPa	规定非比例延伸强度② $R_{p0.2}$/MPa	断后伸长率（%） A_{50mm}	$A_{5.65}$③	弯曲半径④
				≥				
3005	O H111	O H111	>0.20~0.50	115~165	45	12	—	0t
			>0.50~1.50			14	—	0t
			>1.50~3.00			16	—	0.5t
			>3.00~6.00			19	—	1.0t
	H12	H12	>0.20~0.50	145~195	125	3	—	0t
			>0.50~1.50			4	—	0.5t
			>1.50~3.00			4	—	1.0t
			>3.00~6.00			5	—	1.5t
	H14	H14	>0.20~0.50	170~215	150	1	—	0.5t
			>0.50~1.50			2	—	1.0t
			>1.50~3.00			2	—	1.5t
			>3.00~6.00			3	—	2.0t
	H16	H16	>0.20~0.50	195~240	175	1	—	1.0t
			>0.50~1.50			2	—	1.5t
			>1.50~4.00			2	—	2.5t
	H18	H18	>0.20~0.50	220	200	1	—	1.5t
			>0.50~1.50			2	—	2.5t
			>1.50~3.00			2	—	—
	H22	H22	>0.20~0.50	145~195	110	5	—	0t
			>0.50~1.50			5	—	0.5t
			>1.50~3.00			6	—	1.0t
			>3.00~6.00			7	—	1.5t
	H24	H24	>0.20~0.50	170~215	130	4	—	0.5t
			>0.50~1.50			4	—	1.0t
			>1.50~3.00			4	—	1.5t
	H26	H26	>0.20~0.50	195~240	160	3	—	1.0t
			>0.50~1.50			3	—	1.5t
			>1.50~3.00			3	—	2.5t
	H28	H28	>0.20~0.50	220	190	2	—	1.5t
			>0.50~1.50			2	—	2.5t
			>1.50~3.00			3	—	—
5052	O H111	O H111	>0.20~0.50	170~215	65	12	—	0t
			>0.50~1.50			14	—	0t
			>1.50~3.00			16	—	0.5t
			>3.00~6.00			18	—	1.0t
			>6.00~12.50			19	—	2.0t
			>12.50~50.00			—	18	—
	H12	H12	>0.20~0.50	210~260	160	4	—	—
			>0.50~1.50			5	—	—
			>1.50~3.00			6	—	—
			>3.00~6.00			8	—	—

（续）

牌号	供应状态	试样状态	厚度①/mm	抗拉强度② R_m/MPa	规定非比例延伸强度② $R_{p0.2}$/MPa	断后伸长率(%) A_{50mm}	断后伸长率(%) $A_{5.65}$③	弯曲半径④
				≥				
5052	H14	H14	>0.20~0.50	230~280	180	3	—	—
			>0.50~1.50			3	—	—
			>1.50~3.00			4	—	—
			>3.00~6.00			4	—	—
	H16	H16	>0.20~0.50	250~300	210	2	—	—
			>0.50~1.50			3	—	—
			>1.50~3.00			3	—	—
			>3.00~4.00			3	—	—
	H18	H18	>0.20~0.50	270	240	1	—	—
			>0.50~1.50			2	—	—
			>1.50~3.00			2	—	—
	H22 H32	H22 H32	>0.20~0.50	210~260	130	5	—	0.5t
			>0.50~1.50			6	—	1.0t
			>1.50~3.00			7	—	1.5t
			>3.00~6.00			10	—	1.5t
	H24 H34	H24 H34	>0.20~0.50	230~280	150	4	—	0.5t
			>0.50~1.50			5	—	1.5t
			>1.50~3.00			6	—	2.0t
			>3.00~6.00			7	—	2.5t
	H26 H36	H26 H36	>0.20~0.50	250~300	180	3	—	1.5t
			>0.50~1.50			4	—	2.0t
			>1.50~3.00			5	—	3.0t
			>3.00~4.00			6	—	3.5t
	H38	H38	>0.20~0.50	270	210	3	—	—
			>0.50~1.50			3	—	—
			>1.50~3.00			4	—	—
	H112	H112	>6.00~12.50	190	80	7	—	—
			>12.50~40.00	170	70	—	10	—
			>40.00~80.00	170	70	—	14	—
	F	—	>2.50~150.00	—				—

注：1. GB/T 3880.2—2006 规定了一般工业用铝及铝合金板、带材的牌号 37 个及其供应状态、各种厚度的力学性能，本表只选编了少量的牌号及室温力学性能，其他牌号的资料参见标准原本。

2. 牌号的化学成分应符合 GB/T 3190—2008《变形铝及铝合金化学成分》规定。

① 厚度大于 40mm 的板材，表中数值仅供参考。当需方要求时，供方提供中心层试样的实测结果。

② 1050、1060、1070、1035、1235、1145、1100、8A06 合金的抗拉强度上限值及规定非比例伸长应力极限值对 H22、H24、H26 状态的材料不适用。

③ $A_{5.65}$表示原始标距（L_0）为 5.65 $\sqrt{S_0}$的断后伸长率。

④ t 为板或带材的厚度，板、带材弯曲角度为 90°。

表2.2-36 铝及铝合金板材理论重量

厚度/mm	理论重量/(kg/m²)	厚度/mm	理论重量/(kg/m²)
0.3	0.84	10	28.00
0.4	1.12	12	33.60
0.5	1.40	14	39.20
0.6	1.68	15	42.00
0.7	1.96	16	44.80
0.8	2.24	18	50.40
0.9	2.52	20	56.00
1.0	2.80	22	61.60
1.2	3.36	25	70.0
1.5	4.20	30	84.0
1.8	5.04	35	98.0
2.0	5.60	40	112.0
2.3	6.44	50	140.0
2.5	7.00	60	168.0
2.8	7.84	70	196.0
3.0	8.40	80	224.0
3.5	9.80	90	252.0
4	11.20	100	280.0
5	14.00	110	308.0
6	16.80	120	336.0
7	19.60	130	364.0
8	22.40	140	392.0
9	25.20	150	420.0

注:本表理论重量按ZA11等代号铝合金的密度(2.8g/cm³)计算,当铝合金密度不等于2.8g/cm³时,此表理论重量乘重量换算系数即为该合金牌号板材的重量,重量换算系数=该合金牌号的密度/2.8。

3.3.7 铝及铝合金花纹板

铝及铝合金花纹板(GB/T 3618—2006)是单面花纹板,适用于车辆、船舶、飞机、建筑等防滑板。花纹板的花纹图案分为9种,各种花纹纹形见图2.2-1～图2.2-9;其尺寸规格及重量见表2.2-37和表2.2-38。

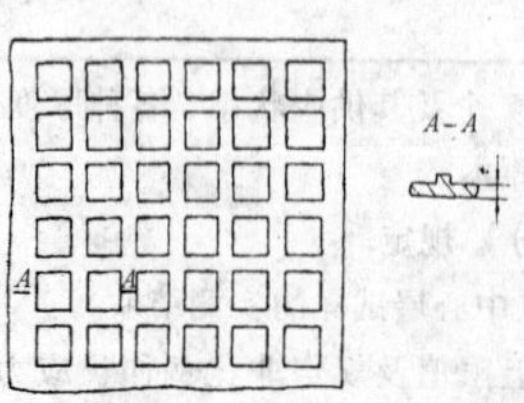

图2.2-1 1号花纹板

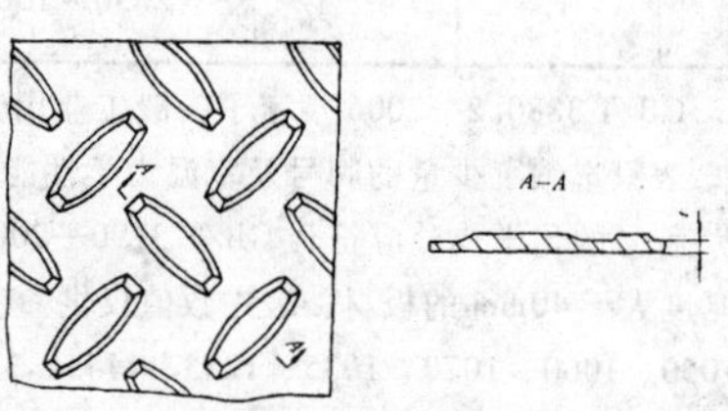

图2.2-2 2号花纹板

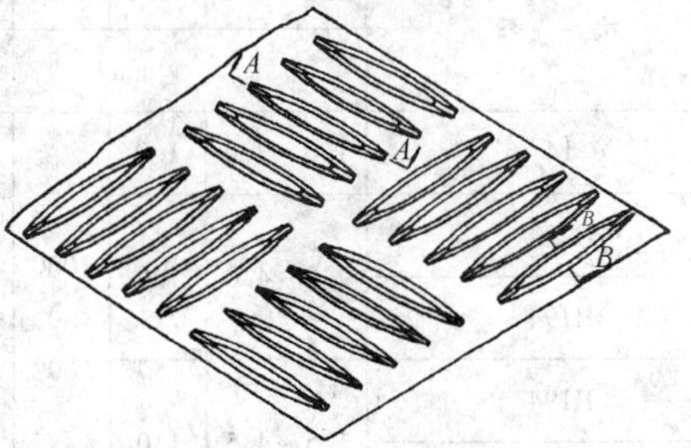

图 2.2-3　3 号花纹板

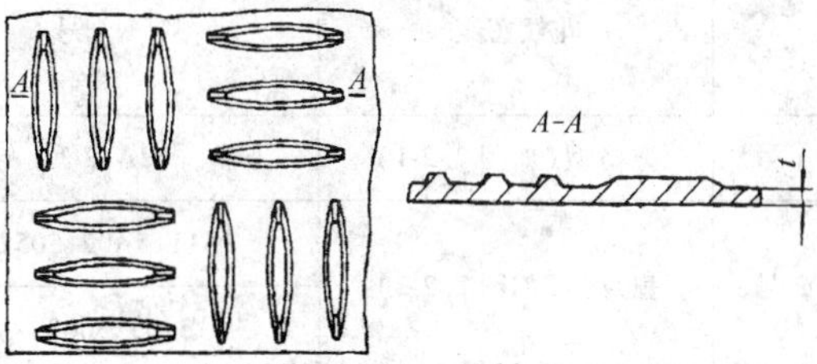

图 2.2-4　4 号花纹板

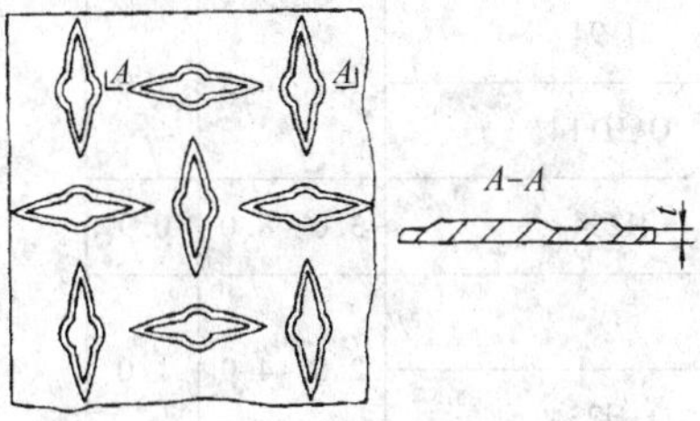

图 2.2-5　5 号花纹板

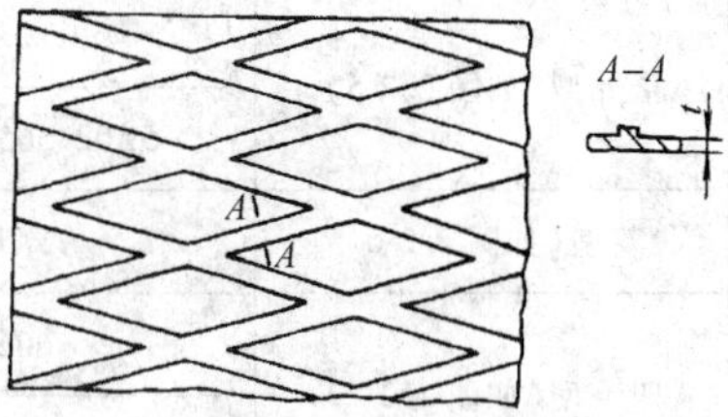

图 2.2-6　6 号花纹板

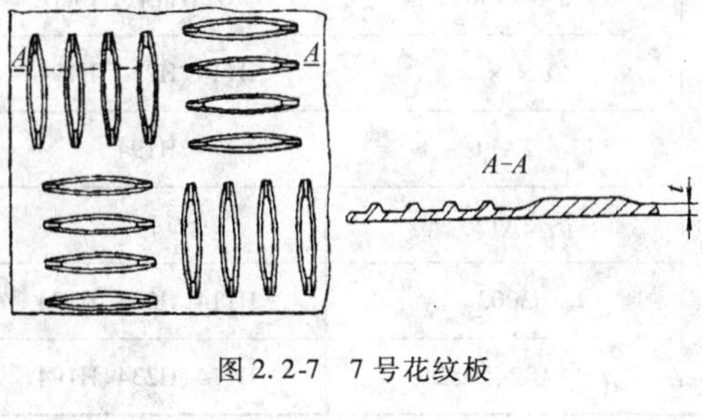

图 2.2-7　7 号花纹板

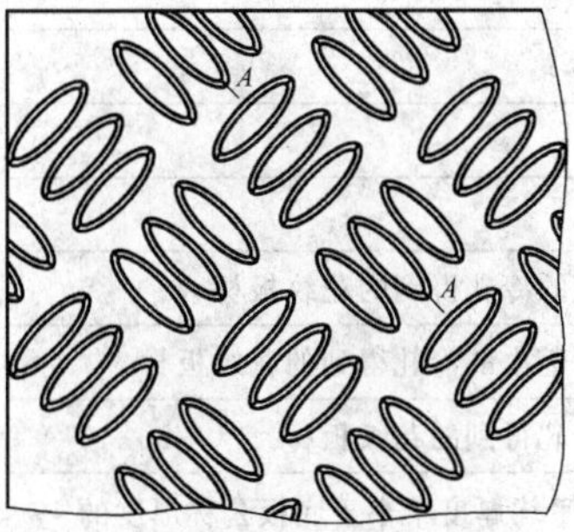

图 2.2-8　8 号花纹板

图 2.2-9　9 号花纹板

表2.2-37　铝及铝合金花纹板牌号、图案及尺寸规格(摘自GB/T 3618—2006)

花纹代号	花纹图案	牌　号	状　态	底板厚度	筋高	宽度	长度
				mm			
1号	方格型(如图2.2-1)	2A12	T4	1.0~3.0	1.0	1000~1600	2000~10000
2号	扁豆型(如图2.2-2)	2A11、5A02、5052	H234	2.0~4.0	1.0		
		3105、3003	H194				
3号	五条型(如图2.2-3)	1×××、3003	H194	1.5~4.5	1.0		
		5A02、5052、3105、5A43、3003	Q、H114				
4号	三条型(如图2.2-4)	1×××、3003	H194	1.5~4.5	1.0	1000~1600	2000~10000
		2A11、5A02、5052	H234				
5号	指针型(如图2.2-5)	1×××	H194	1.5~4.5	1.0		
		5A02、5052、5A43	Q、H114				
6号	菱型(如图2.2-6)	2A11	H234	3.0~8.0	0.9		
7号	四条型(如图2.2-7)	6061	O	2.0~4.0	1.0		
		5A02、5052	O、H234				
8号	三条型(如图2.2-8)	1×××	H114、H234、H194	1.0~4.5	0.3		
		3003	H114、H194				
		5A02、5052	O、H114、H194				
9号	星月型(如图2.2-9)	1×××	H114、H234、H194	1.0~4.0	0.7		
		2A11	H194				
		2A12	T4	1.0~3.0			
		3003	H114、H234、H194	1.0~4.0			
		5A02、5052	H114、H234、H194				

注:1. 各牌号的化学成分应符合GB/T 3190—2008相应牌号的规定。

2. 板材状态含义说明:

状态代号	状态代号含义
T4	花纹板淬火自然时效
O	花纹板成品完全退火
H114	用完全退火(O)状态的平板,经过一个道次的冷轧得到的花纹板材
H234	用不完全退火(H22)状态的平板,经过一个道次的冷轧得到的花纹板材
H194	用硬状态(H18)的平板,经过一个道次的冷轧得到的花纹板材

3. 2A11、2A12合金花纹板双面可带有1A50合金包覆层,其每面包覆层平均厚度不小于底板公称厚度的4%。

4. 需方要求其他合金、状态及规格时,双方协定应在合同中注明。

表 2.2-38　铝及铝合金花纹板单位面积理论重量(摘自 GB/T 3618—2006)

2A11 合金花纹板						2A12 合金花纹板		当花纹板花型不变,只改变牌号时,按该牌号的密度及比密度换算系数,换算该牌号花纹板单位面积的理论重量		
底板厚度/mm	单位面积的理论重量/kg·m^{-2} 花纹代号					底板厚度/mm	1 号花纹板单位面积的理论重量/kg·m^{-2}	牌号	密度/g·cm^{-3}	比密度换算系数
	2 号	3 号	4 号	6 号	7 号					
1.8	6.340	5.719	5.500	—	5.668	1.0	3.452	2A11	2.80	1.000
2.0	6.900	6.279	6.060	—	6.228	1.2	4.008	纯铝	2.71	0.968
2.5	8.300	7.679	7.460	—	7.628	1.5	4.842	2A12	2.78	0.993
3.0	9.700	9.079	8.860	—	9.028	1.8	5.676	3A21	2.73	0.975
3.5	11.100	10.479	10.260	—	10.428	2.0	6.232	3105	2.72	0.971
4.0	12.500	11.879	11.660	12.343	11.828	2.5	7.622			
4.5	—	—	—	13.743	—	3.0	9.012	5A02、5A43、5052	2.68	0.957
5.0	—	—	—	15.143	—					
6.0	—	—	—	17.943	—					
7.0	—	—	—	20.743	—			6061	2.70	0.964

3.3.8　铝及铝合金(导体用)拉制圆线(见表 2.2-39)

表 2.2-39　铝及铝合金(导体用)拉制圆线牌号、规格及力学性能(摘自 GB/T 3195—2008)

牌号	状态	直径/mm	力学性能 抗拉强度 R_m/MPa	力学性能 断后伸长率 A_{200mm}(%)	弯曲次数不少于
1A50	O	0.8~1.0	≥75	≥10	—
		>1.0~1.5		≥12	
		>1.5~2.0			
		>2.0~3.0		≥15	
		>3.0~4.0		≥18	
		>4.0~4.5			
		>4.5~5.0			
	H19	0.8~1.0	≥160	≥1.0	—
		>1.0~1.5	≥155	≥1.2	
		>1.5~2.0		≥1.5	7
		>2.0~3.0			
		>3.0~4.0			
		>4.0~4.5	≥135	≥2.0	6
		>4.5~5.0			

（续）

牌号	状态	直径/mm	力学性能		弯曲次数不少于
			抗拉强度 R_m/MPa	断后伸长率 A_{200mm}（%）	
1350	O	9.5~12.7	60~100	—	—
	H12、H22	9.5~12.7	80~120	—	
	H14、H24		100~140		
	H16、H26		115~155		
	H19	1.2~2.0	≥160	≥1.2	
		>2.0~2.5	≥175	≥1.5	
		>2.5~3.5	≥160		
		>3.5~5.3	≥160	≥1.8	
		>5.3~6.5	≥155	≥2.2	

注：1. 牌号的化学成分应符合 GB/T 3190《变形铝及铝合金化学成分》的相应牌号的规定。

2. 1A50（H19）普通级20℃电阻率不大于0.0295（Ω·μm），体积电导率为58.4%IACS

3. GB/T 3195—2008《铝及铝合金拉制圆线材》代替 GB/T 3195、GB/T3196、GB/T 3197 导电用铆钉用及焊条用铝及铝合金线材三个标准，本表只摘编其中导体用线材。

4. 标记示例：1A50 合金、H19 状态、φ4.0mm 的导体用线材，标记为：
导体用线 1A50—H19φ4.0 GB/T 3195—2008

4 钛及钛合金

4.1 铸造钛及钛合金（见表 2.2-40）

表 2.2-40 铸造钛及钛合金牌号、化学成分及力学性能（摘自 GB/T 6614—1994、GB/T 15073—1989）

铸造钛及钛合金		主要化学成分（质量分数）（%）						铸件力学性能（GB/T 6614）			
牌号	代号	Ti	Al	Sn	Mo	V	Nb	抗拉强度 /MPa≥	0.2 规定残余伸长应力/MPa ≥	伸长率（%）≥	硬度（HBW）≥
ZTi1	ZTA1	基	—	—	—	—	—	345	275	20	210
ZTi2	ZTA2	基	—	—	—	—	—	440	370	13	235
ZTi3	ZTA3	基	—	—	—	—	—	540	470	12	245
ZTiAl4	ZTA5	基	3.3~4.7	—	—	—	—	590	490	10	270
ZTiAl5Sn2.5	ZTA7	基	4.0~6.0	2.0~3.0	—	—	—	795	725	8	335
ZTiAl6V4	ZTC4	基	5.5~6.8	—	—	3.5~4.5	—	895	825	6	365
ZTiMo32	ZTB32	基	—	—	30.0~34.0	—	—	795	—	2	260
ZTiAlbSn4.5 Nb2Mo1.5	ZTC21	基	5.5~6.5	4.0~5.0	1.0~2.0	—	1.5~2.0	980	850	5	350

注：1. 各牌号化学成分杂质含量的规定参见 GB/T 15073—1989 的规定。

2. 本表适用于石墨加工型、石墨捣实型、金属型和熔模精铸型铸件的钛及钛合金。

3. 铸造钛合金的特点是冲击韧度比变形钛合金高，可加工为形状复杂的零件且节省材料，主要应用于化工设备，如球形阀、泵、叶轮等，其精密铸件也可用于航空、航天工业。ZTB32 为 B 型钛合金，是耐还原性介质腐蚀最强的一种钛合金。但耐氧化性介质腐蚀能力很差，由于铜含量高，因此合金变脆，加工工艺性差，主要用于化工中受还原性介质腐蚀的容器及结构件。

4.2　加工钛及钛合金牌号、特性及应用(见表 2.2-41 ~ 表 2.2-43)

表 2.2-41　钛及钛合金牌号、特性及应用

牌号	特性	应用举例
TA1 TA2 TA3 TA4	工业纯钛的杂质含量较化学纯钛要多,因此其强度、硬度也稍高,其力学性能及化学性能与不锈钢相近,比起钛合金纯钛强度低、塑性好,且可焊接、可切削加工、耐蚀性较好,在抗氧化性方面优于奥氏体不锈钢,但耐热性较差,TA1、TA2、TA3 依次杂质含量增高,机械强度、硬度依次增强,但塑性、韧性依次下降	主要用于工作温度在 350°C 以下,受力不大,但要求高塑性的冲压件和耐蚀结构零件,如飞机骨架、蒙皮、船用阀门、管道、海水淡化装置等,化工上的泵、冷却器、搅拌器、蒸馏塔、叶轮等及压缩机气阀、柴油发动机活塞等。TA1、TA2 由于有良好的低温韧性及低温强度,可作 –253°C以下低温结构材料
TA28	α 型钛合金不能热处理强化,主要依靠固溶强化,提高力学性能,室温下其强度低于 β 型和 α + β 型钛合金,但在 500 ~ 600°C 其高温强度是三类钛合金中是最好的,α 型钛合金还具有组织稳定、抗氧化性及焊接性好,耐蚀性及切削加工性尚好,塑性低,压力加工性较差	可用作中等强度范围的结构材料
TA5 TA6		400°C 以下腐蚀性介质中工作的零件及焊接件如:飞机蒙皮、骨架零件、压气机叶片等
TA7		500°C 以下长期工作的结构件及模锻件,也是一种优良的超低温材料
TA8		500°C 以下长期工作零件可用于制造压气机盘及叶片、由于组织稳定性较差,使用受到一定限制
TB2	β 型钛合金可以热处理强化,合金强度高、焊接性、压力加工性良好,但性能不稳定,且熔炼工艺复杂	主要用于 350°C 以下工作的零件,如压气机叶片,轮盘及飞机构件等
TC1 TC2	α + β 型钛合金综合力学性能较好,TC1、TC2、TC7 不能热处理强化,其他可热处理强化,可切削加工、压力加工性良好、室温强度高,在 150 ~ 500°C 以下有较好的耐热性,综合力学性能良好	400°C 以下工作的冲压件、焊接件及模锻件,也可用作低温材料
TC3 TC4		400°C 以下长期工作零件、结构锻件、各种容器、泵、低温部件、坦克履带、舰船耐压壳体,TC4 是 α + β 型钛合金中产量最多,应用最广的一种
TC6		450°C 以下使用,可作飞机发动机结构材料
TC9		500°C 以下长期使用的零件,如飞机发动机叶片等
TC10		450°C 以下长期工作零件,如飞机结构件、起落支架、导弹发动机外壳、武器结构件等

注:1. GB/T 3620.1—2007《钛及钛合金牌号及化学成分》规定,钛及钛合金产品 76 个牌号及其化学成分,这些牌号适用于钛及钛合金压力加工的各种加工成品和半成品(包括铸锭)。

2. GB/T 3620.1—2007 代替 GB/T 3620.1—1994,本表只选编部分牌号,其化学成分应符合新标准相应牌号的规定。本表所列的特性及应用非国标资料,供参考。

表2.2-42　钛及钛合金力学性能

代　号	种类和状态	试验温度 /°C	抗拉强度 σ_b /MPa	屈服强度 $\sigma_{0.2}$ /MPa	断后伸长率 δ(%)	冲击韧度 a_K /J·cm^{-2}	弹性模量 E /GPa
TA2	棒材,退火	20	420	—	35	105	105
TA3	棒材,退火	20	500	—	31	90	105
TA4	棒材,退火	20	600	—	24	80	105
TA28	锻件	20 300	730 370	640 320	22 26	80 180	— —
TA5	板材,退火	20 500	700 380	650 300	15 15.7	60 —	126 98
TA6	板材,退火	20 500	800 —	690 350	5 14	30～50 —	105 —
TA7	板、棒,退火	20 500	750～950 520～450	650～850 300～400	10 20	40 —	105～120 58.5
TA8	棒材,退火	20 500	1040～1100 750	980～1000 620	12 17	24～32 —	120 90
TB2	棒材,淬火+时效	20	1400	—	7	15	—
TC1	板材,退火	20 400	600～750 310～450	470～650 240～390	20～40 12～25	60～120 —	105
TC2	板材,退火	20 500	700 420	— —	15 —	— —	— —
TC3	棒材,退火	20 500	1100 750	1000 —	13 14	35～60 —	118 —
TC4	棒材,退火	20 400	950 640	860 500	15 17	40 —	113 —
TC6	棒材,淬火时效	20 400	1100 750	1000 600	12 15	40 —	115 —
TC9	棒材,退火	20 500	1200 870	1030 660	11 14	30 —	118 95
TC10	棒材,退火	20 450	1100 800	1050 600	12 19	40 —	108 90
TC11	棒材	20 500	1110 780	1014 600	17 22	30 —	123 99

表 2.2-43　钛及钛合金物理性能数值

性能		合金代号														
		TA2、TA3、TA4	TA28	TA5	TA6	TA7	TA8	TB2	TC1	TC2	TC3	TC4	TC6	TC9	TC10	TC11
0 °C密度 ρ/g · cm^{-3}		4.5	—	4.43	4.40	4.46	4.56	4.81	4.55	4.55	4.43	4.45	4.5	4.52	4.53	4.48
熔点/°C		1640 ~ 1671	—	—	—	1538 ~ 1649	—	—	—	1570 ~ 1640	1593 ~ 1610	1538 ~ 1649	1620 ~ 1650	—	—	—
比热容 c /J · (g · K)$^{-1}$	20 °C	0.544	—	—	—	0.540	—	0.540	—	—	—	—	—	—	—	—
	100 °C	0.544	—	—	0.586	0.540	0.502	0.540	0.574	—	—	0.678	0.502	0.540	0.540	—
	200 °C	0.628	—	—	0.670	0.569	0.586	0.553	—	0.565	0.586	0.691	0.586	—	0.548	—
	300 °C	0.670	—	—	0.712	0.590	0.628	0.569	0.641	0.628	0.628	0.703	0.670	—	0.565	0.605
	400 °C	0.712	—	—	0.796	0.620	0.628	0.636	0.699	0.670	0.670	0.741	0.712	—	0.557	0.654
	500 °C	0.754	—	—	0.879	0.653	0.670	0.599	0.729①	0.754	0.712	0.754	0.796	—	0.528	0.712
	600 °C	0.837	—	—	0.921	0.691	—	0.862	—	—	—	0.879	—	—	—	0.786
电阻率 p/nΩ · m		470	—	1260	1080	1380	16940	1550	—	—	1420	1600	1360	1620	1870	1710
热导率,λ /W · (m · K)$^{-1}$	20 °C	16.33	10.47	—	7.54	8.79	7.54	—	9.63	9.63	8.37	5.44	7.95	7.54	—	—
	100 °C	16.33	12.14	—	8.79	9.63	8.37	12.14②	10.47	—	8.79	6.70	8.79	12.98	—	6.3
	200 °C	16.33	—	—	10.05	10.89	9.63	12.56	11.72	11.30	10.05	8.79	10.05	11.30	—	7.5
	300 °C	16.75	—	—	11.72	12.14	10.89	12.98	12.14	12.14	10.89	10.47	11.30	12.14	10.47	9.2
	400 °C	17.17	—	—	13.40	13.40	12.14	16.33	13.40	13.40	12.56	12.56	12.59	12.98	12.14	10.5
	500 °C	18.00	—	—	15.07	14.65	—	17.58	14.65	14.65	14.24	14.24	—	13.40⑧	13.40	12.1
	600 °C	—	—	—	16.75	15.91	—	18.84	16.33	—	15.49	15.91	—	14.65	—	13.0
线胀系数 /W · (m · K)$^{-1}$	20 ~ 100 °C	8.0	8.2	9.28	8.3	9.36	9.02	8.53	8.0	8.0	—	7.89	8.60	7.70	9.45	9.3
	20 ~ 200 °C	8.6	—	9.53	8.9③	9.4	9.41	9.34	8.6	8.6	—	9.01	—	8.90	9.73	9.3
	20 ~ 300 °C	9.1	—	9.87	9.5④	9.5	9.72	9.52	9.1	9.1	—	9.30	—	9.27	9.97	9.5
	20 ~ 400 °C	9.25	—	10.08	10.4⑤	9.54	9.98	9.79	9.6	9.6	—	9.24	—	9.64	10.15	9.7
	20 ~ 500 °C	9.4	—	10.09	10.6⑥	9.68	10.20	9.83	9.6	9.4	—	9.39	11.60⑥	9.85	10.19	10.0
	20 ~ 600 °C	9.8	—	10.28	10.8⑦	9.86	10.42	9.99	—	—	—	9.40	—	—	12.21	10.2

注:本表数值供参考用。
① 450 °C。
② 80 °C。
③ 100 ~ 200 °C。
④ 200 ~ 300 °C
⑤ 300 ~ 400 °C
⑥ 400 ~ 500 °C
⑦ 500 ~ 600 °C
⑧ 490 °C。

4.3 钛及钛合金加工产品

4.3.1 钛及钛合金棒材(见表2.2-44)

表2.2-44 钛及钛合金棒材牌号、尺寸规格及力学性能(摘自GB/T 2965—2007)

	牌号	供应状态[①]	直径或截面厚度/mm	长度/mm
牌号及尺寸规格	TA1、TA2、TA3、TA4、TA5、TA6、TA7、TA9、TA10、TA13、TA15、TA19、TB2、TC1、TC2、TC3、TC4、TC4、ELI、TC6、TC9、TC10、TC11、TC12	热加工态(R)	>7~230	300~6000
		冷加工态(Y)		300~6000
		退火状态(M)		300~3000

	牌号	室温力学性能,不小于			
		抗拉强度 R_m/MPa	规定非比例延伸强度 $R_{p0.2}$/MPa	断后伸长率 A(%)	断面收缩率 Z(%)
室温力学性能	TA1	240	140	24	30
	TA2	400	275	20	30
	TA3	500	380	18	30
	TA4	580	485	15	25
	TA5	685	585	15	40
	TA6	685	585	10	27
	TA7	785	680	10	25
	TA9	370	250	20	25
	TA10	485	345	18	25
	TA13	540	400	16	35
	TA15	885	825	8	20
	TA19	895	825	10	25
	TB2[③]	≤980	820	18	40
	TB2[④]	1370	1100	7	10
	TC1	585	460	15	30
	TC2	685	560	12	30
	TC3	800	700	10	25
	TC4	895	825	10	25
	TC4 ELI	830	760	10	15
	TC6[②]	980	840	10	25
	TC9	1060	910	9	25
	TC10	1030	900	12	25
	TC11	1030	900	10	30
	TC12	1150	1000	10	25

（续）

	牌号	试验温度/℃	高温力学性能，≥ 抗拉强度 σ_b/MPa	持久强度/MPa σ_{100h}	σ_{50h}	σ_{35h}
高温力学性能	TA6	350	420	390	—	—
	TA7	350	490	440	—	—
	TA15	500	570	—	470	—
	TA19	480	620	—	—	480
	TC1	350	345	325	—	—
	TC2	350	420	390	—	—
	TC4	400	620	570	—	—
	TC6	400	735	665	—	—
	TC9	500	785	590	—	—
	TC10	400	835	785	—	—
	TC11	500	685	—	—	640
	TC12	500	700	590	—	—

注：1. 棒材牌号的化学成分应符合 GB/T 3620.1—2007 的规定。
2. 棒材以热加工或冷加工表面交货，可经车（磨）光后交货。热锻造或挤压棒、热轧棒、车（磨）光棒、冷轧或冷拉棒的尺寸允许偏差应符合 GB/T 2965—2007 的规定。
3. 棒材横截面积不大于 64.5cm² 且矩形棒的截面厚度不大于 76mm 时，其纵向室温力学性能符合本表规定；本表所列纵向高温力学性能，仅满足用户要求应在合同中注明者。本表力学性能在经热处理后的试样上测试，试样推荐热处理制度参见原标准附录。
4. 标记示列
a）直径 50mm、长度 3000mm 的 TC4 钛合金热加工态圆棒标记为：TC4Rϕ50×3000GB/T 2965—2007
b）截面厚度均为 60mm、长度为 2000mm 的 TA15 钛合金退火态方棒标记为：TA15 M60×60×2000GB/T 2965—2007
c）直径 10mm、长度 4000mm 的 TC4 钛合金冷加工态圆棒标记为：TC4Yϕ10×4000GB/T 2965—2007
① TC9、TA19 和 TC11 钛合金棒材的供应状态为热加工态（R）和冷加工态（Y）；TC6 钛合金棒材的退火态（M）为普通退火态。
② TC6 棒材测定普通退火状态的性能，当需方要求应在合同中注明时，方测定等温退火状态的性能。
③ 淬火性能。
④ 时效性能。

4.3.2 钛及钛合金饼和环（见表 2.2-45、表 2.2-46）

表 2.2-45 钛及钛合金饼及环产品牌号、状态、规格及尺寸允许偏差（摘自 GB/T 16598—1996）

	牌号	供应状态	产品型式	规格/mm 外径	内径	截面高度	环材壁厚
牌号、状态及规格	TA1 TA2、TA3、A4 TA9、TA10 TC4	热加工状态（R） 退火状态（M）	饼	150~300	—	35~140	—
				>300~500	—	35~150	—
				>500~600	—	40~110	—
			环	200~400	100~300	35~120	40~150
				>400~700	150~500	40~160	40~250
				>700~900	300~700	50~180	40~300
				>900~1300	400~900	70~250	40~400

	饼直径	允许偏差	截面高度	允许偏差	环外径	允许偏差	环内径	允许偏差	截面高度	允许偏差
尺寸允许偏差/mm	150~300	+3 -1	35~140	+3 -1	200~400	+3 -1	100~300	+1 -3	35~120	+3 -1
	>300~500	+3 -1	35~150	+3 -1	>400~700	+4 -2	150~500	+2 -4	40~160	+4 -2
	>500~600	+3 -1	40~110	+4 -2	>700~900	+5 -3	300~700	+3 -5	50~180	+5 -3
	—	—	—	—	>900~1300	+6 -3	400~900	+3 -6	70~250	+6 -3

注：1. 产品牌号的化学成分应符合 GB/T3620.1—2007 相应牌号的规定；化学成分允许偏差应符合 GB/T3620.2—2007 规定。
2. 标记示例：用 TA2 制造、退火状态、直径 400mm、截面高度 100mm 的饼材
标记为：饼 TA2Mϕ400×100GB/T16598—1996

表2.2-46　钛及钛合金饼和环室温力学性能（摘自GB/T 16598—1996）

牌　号	推荐热处理制度	截面积 /cm^2	室温力学性能，≥			
			抗拉强度 σ_b/MPa	规定残余伸长应力 $\sigma_{r0.2}$/MPa	伸长率 δ_5（%）	断面收缩率
TA1	650～700°C，保温不少于1h，空冷	≤100	280	170	30	35
TA2			370	250	20	35
TA3			440	320	18	35
TA4			540	410	15	30
TA9			370	250	20	30
TA10			485	345	18	25
TC4	700～800°C，保温不少于1h，空冷		895	825	10	25

注：1. 力学性能在经热处理后的试样坯上测试，需要时，供方可适当选择和调整热处理制度，但应在质量证书上注明。
2. 需方要求测定TC4产品高温力学性能时，其试验温度和性能指标应双方协商并在合同中注明。
3. 产品应进行两个端面（当环材壁厚<40mm时或环材截面高度与壁厚之比不小于4时，为外圆周面）的超声波探伤检验。
4. 产品低倍组织不应有裂纹，折叠、气孔、金属或非夹杂、影响使用的偏析及其他肉眼可见的冶金缺陷。
5. 需方要求时，在合同中注明，供方可检验TC4产品显微组织，应为两相区加工产生的组织，无完整的原始β晶界。
6. 产品表面应车光和倒角，两端面表面粗糙度不大于 R_a3.2μm，内外侧面 R_a 应不大于12.5μm（外圆周面需进行超声探伤时，R_a 不大于3.2μm）。
7. 产品适于一般工业部门之用。

4.3.3　钛及钛合金板材（见表2.2-47～表2.2-49）

表2.2-47　钛及钛合金板材牌号及尺寸规格（摘自GB/T 3621—2007）

牌号	制造方法	供应状态	规　格		
			厚度/mm	宽度/mm	长度/mm
TA1、TA2、TA3、TA4、TA5、TA6、TA7、TA8、TA8-1、TA9、TA9-1、TA10、TA11、TA15、TA17、TA18、TC1、TC2、TC3、TC4、TC4ELI	热轧	热加工状态（R） 退火状态（M）	>4.75～60.0	400～3000	1000～4000
	冷轧	冷加工状态（Y） 退火状态（M） 固溶状态（ST）	0.30～6	400～1000	1000～3000
TB2	热轧	固溶状态（ST）	>4.0～10.0	400～3000	1000～4000
	冷轧	固溶状态（ST）	1.0～4.0	400～1000	1000～3000
TB5、TB6、TB8	冷轧	固溶状态（ST）	0.35～4.75	400～1000	1000～3000

注：1. 本表各牌号化学成分应符合GB/T 3620.1—2007《钛及钛合金牌号和化学成分》的规定。
2. 钛及钛合金板适用于工业技术部门各种结构的零件制作，多用于飞机制造业、化工设备、炼钢工业等。
3. GB/T 3621—2007《钛及钛合金板材》尺寸规格没有给出厚度优先尺寸系列。旧标准GB/T 3621—1994厚度优先尺寸系列为：0.3～1.2（0.1进级）、1.4、1.5、1.6、1.8、2.0、2.2、2.5、2.8、3.0～6.0（0.5进级）、7.0～12.0（1.0进级）、14、15、16、18、20、22.5、25、28、30、32、35、38、40、42、45、48、50、53、56、60（mm）。
4. 工业纯钛板材供货的最小厚度为0.3mm，其他牌号的最小厚度见表2.2-48，如对供货厚度和尺寸规格有特殊要求，可由供需双方协商。
5. 当需方在合同中注明时，可供应消应力状态（m）的板材。
6. 标记示例：
产品标记按产品名称、牌号、供应状态、规格和标准编号的顺序表示。标记示例如下：用TA2制成的厚度为3.0mm、宽度500mm、长度2000mm的退火态板材，标记为：
板 TA2　M3.0×500×2000GB/T 3621—2007

表2.2-48　钛及钛合金板材横向室温力学性能（摘自GB/T 3621—2007）

牌号		状态	板材厚度/mm	抗拉强度 R_m/MPa	规定非比例延伸强度 $R_{p0.2}$/MPa	断后伸长率[①] A（%）≥
TA1		M	0.3～25.0	≥240	140～310	30
TA2		M	0.3～25.0	≥400	275～450	25
TA3		M	0.3～25.0	≥500	380～550	20
TA4		M	0.3～25.0	≥580	485～655	20
TA5		M	0.5～1.0 >1.0～2.0 >2.0～5.0 >5.0～10.0	≥685	≥585	20 15 12 12
TA6		M	0.8～1.5 >1.5～2.0 >2.0～5.0 >5.0～10.0	≥685	—	20 15 12 12
TA7		M	0.8～1.5 >1.6～2.0 >2.0～5.0 >5.0～10.0	735～930	≥685	20 15 12 12
TA8		M	0.8～10	≥400	275～450	20
TA8-1		M	0.8～10	≥240	140～310	24
TA9		M	0.8～10	≥400	275～450	20
TA9-1		M	0.8～10	≥240	140～310	24
TA10[②]	A类	M	0.8～10.0	≥485	≥345	18
	B类	M	0.8～10.0	≥345	≥275	25
TA11		M	5.0～12.0	≥895	≥825	10
TA13		M	0.5～2.0	540～770	460～570	18
TA15		M	0.8～1.8 >1.8～4.0 >4.0～10.0	930～1130	≥855	12 10 8
TA17		M	0.5～1.0 >1.1～2.0 >2.1～4.0 >4.1～10.0	685～835	—	25 15 12 10
TA18		M	0.5～2.0 >2.0～4.0 >4.0～10.0	590～735	—	25 20 15
TB2		ST STA	1.0～3.5	≤980 1320	—	20 8
TB5		ST	0.8～1.75 >1.75～3.18	705～945	690～835	12 10

（续）

牌号	状态	板材厚度 /mm	抗拉强度 R_m/MPa	规定非比例延伸强度 $R_{p0.2}$/MPa	断后伸长率① A（%）≥
TB6	ST	1.0~5.0	≥1000	—	6
TB8	ST	0.3~0.6 >0.6~2.5	825~1000	795~965	6 8
TC1	M	0.5~1.0 >1.0~2.0 >2.0~5.0 >5.0~10.0	590~735	—	25 25 20 20
TC2	M	0.5~1.0 >1.0~2.0 >2.0~5.0 >5.0~10.0	≥685	—	25 15 12 12
TC3	M	0.8~2.0 >2.0~5.0 >5.0~10.0	≥880		12 10 10
TC4	M	0.8~2.0 >2.0~5.0 >5.0~10.0 10.0~25.0	≥895	≥830	12 10 10 8
TC4ELI	M	0.8~25.0	≥860	≥795	10

注：当需方要求，应在合同中注明，可测定板材纵间室温力学性能，其值按本表规定。

① 厚度不大于0.64mm的板材，伸长率报实测值。

② 正常供货按A类，B类适应于复合板复材，当需方要求并在合同中注明时，按B类供货。

表2.2-49 钛及钛合金板材高温力学性能（摘自GB/T 3621—2007）

合金牌号	板材厚度 /mm	试验温度 /℃	抗拉强度 σ_b/MPa，≥	持久强度 σ_{100h}/MPa，≥
TA6	0.8~10	350 500	420 340	390 195
TA7	0.8~10	350 500	490 440	440 195
TA11	5.0~12	425	620	—
TA15	0.8~10	500 550	635 570	440 440
TA17	0.5~10	350 400	420 390	390 360
TA18	0.5~10	350 400	340 310	320 280
TC1	0.5~10	350 400	340 310	320 295
TC2	0.5~10	350 400	420 390	390 360
TC3、TC4	0.8~10	400 500	590 440	540 195

注：当需方要求并在合同中注明时（包括试验温度），高温性能按本表规定。

4.3.4　钛及钛合金管材（见表 2.2-50、表 2.2-51）

表 2.2-50　钛及钛合金管材尺寸规格（摘自 GB/T 3624—1995）　（mm）

牌号	供应状态	制造方法	外　径	壁　厚	制造方法	外　径	壁　厚	壁厚尺寸系列
TA1 TA2 TA3 TA9 TA10	退火状态（M）	冷轧（冷拔）	3 ~ 5	0.2 ~ 0.6	焊接	16	0.5 ~ 1.0	0.2、0.3、0.5、0.6、0.8、1.0、1.25、1.5、2.0、2.5、3.0、3.5、4.0、4.5
			>5 ~ 10	0.3 ~ 1.25		19	0.5 ~ 1.25	
			>10 ~ 15	0.5 ~ 1.5		25、27	0.5 ~ 1.5	
			>15 ~ 20	0.6 ~ 2.5		31、32、33	0.8 ~ 2.0	
			>20 ~ 30	0.6 ~ 3.0		38	1.5 ~ 2.5	
			>30 ~ 40	1.0 ~ 3.5		50	2.0、2.5	
			>40 ~ 50	1.25 ~ 3.5		63	2.0、2.5	
			>50 ~ 60	1.5 ~ 4.0	焊接轧制	6 ~ 10	0.5 ~ 1.25	
			>60 ~ 80	2.0 ~ 4.5		>10 ~ 15	0.5 ~ 1.5	
			>80 ~ 110	2.5 ~ 4.5		>15 ~ 20	0.5 ~ 2.0	
			—	—		>20 ~ 30	0.5 ~ 2.0	

	无缝管		焊接管			焊接—轧制管		
	外　径		壁　厚			壁　厚		
管材不定尺长度	≤15	>15	0.5 ~ 1.25	>1.25 ~ 2.0	>2.0 ~ 2.5	0.5 ~ 0.8	>0.8 ~ 2.0	管材定尺或倍尺长度应在其不定尺长度内，定尺长度允许偏差为 +10mm，倍尺长度应计入每个切口量为 5mm 的切断长
	500 ~ 4000	500 ~ 9000	500 ~ 15000	500 ~ 6000	500 ~ 4000	500 ~ 8000	500 ~ 5000	

注：1. 牌号的化学成分符合 GB/T 3620.1—2007 的规定。
2. 管材壁厚（不包括焊接管）允许偏差不超过壁厚的 ±12.5%，管材圆度及壁厚不均不超过外径和壁厚允许偏差。
3. 本表产品适用于一般工业用途，不适用于热交换器、冷凝器及各种压力容器所使用的钛及钛合金管。
4. 标记示例：用 TA0 制造的，退火状态、外径 30mm，壁厚 1.5mm，长度为 3500mm 的无缝管，标记为：无缝管 TA0Mϕ30 × 1.5 × 3500 GB/T3624—1995。

表 2.2-51　钛及钛合金管材室温力学性能（摘自 GB/T 3624—1995）

牌　号	状　态	抗拉强度 σ_b/MPa	规定残余伸长应力 $\sigma_{r0.2}$/MPa	伸　长　率 δ L_0 = 50mm（%）
				≥
TA1	退火状态 M	280 ~ 420	170	24
TA2	退火状态 M	370 ~ 530	250	20
TA3	退火状态 M	440 ~ 620	320	18
TA9	退火状态 M	370 ~ 530	250	20
TA10	退火状态 M	≥440	—	18

注：1. 规定残余伸长应力 $\sigma_{r0.2}$ 只在需方要求并在合同中注明时方予测定。
2. 需方要求并在合同中注明时可按 GB/T 3624—1995 的规定进行压扁试验。
3. 需方要求并在合同中注明，管材可按要求的试验方式和压力进行水压试验，合同不注明，供方可不进行试验，但必须保证最低水压试验要求（选用 5MPa，1.5 倍工作压力）。
4. 管材内部气压试验压力为 0.7MPa，保持压力时间为 5s，管材不泄漏。

4.3.5 钛及钛合金丝（见表2.2-52、表2.2-53）

表2.2-52 钛及钛合金丝牌号、规格及用途（摘自GB/T 3623—2007）

牌号	直径/mm	状态	化学成分	用途
TA1、TA1ELI、TA2、TA2ELI、TA3、TA3ELI、TA4、TA4ELI、TA28、TA7、TA9、TA10、TC1、TC2、TC3	0.1~7.0	热加工态R 冷加工态Y 退火态M	结构件丝化学成分符合GB/T 3620.1—2007相应牌号的规定 焊丝化学成分符合GB/T 3623—2007相应牌号规定	结构件丝用于制作结构件及紧固件 焊丝主要用于制作电极材料和焊接材料
TA1-1、TC4、TC4ELI	1.0~7.0			

直径允许偏差	直径/mm	0.1~0.2	>0.2~0.5	>0.5~1.0	>1.0~2.0	>2.0~4.0	>4.0~7.0
	允许偏差/mm	0 -0.025	0 -0.04	0 -0.06	0 -0.08	0 -0.10	0 -0.14
长度及弯曲度	丝材一般按散卷供货，直径小于3.5mm焊丝可焊接变绕（盘）；直径大于1.0mm丝材，当需方要求且在合同中注明时可供直段丝；加工态直丝的不定尺长度为700~3000mm；退火态直丝不定尺长度：直径大于2.0mm时，为500~2000mm，直径在1.0~2.0mm时，为500~1000mm。定尺长度应在不定尺长度范围内 直丝的弯曲度不得大于5mm/m						

注：丝材的用途和供应状态应在合同中注明，未注明者按加工状态（Y或R）焊丝供应。

表2.2-53 钛及钛合金丝力学性能（摘自GB/T 3623—2007）

牌号	直径/mm	热处理制度	室温力学性能	
			抗拉强度 R_m/MPa	断后伸长率 A（%）
TA1	0.1~<4.0	加热温度为600~700℃，保温1h	≥240	≥15
TA2			≥400	≥12
TA3			≥500	≥10
TA4			≥580	≥8
TA1	4.0~7.0		≥240	≥24
TA2			≥400	≥20
TA3			≥500	≥18
TA4			≥580	≥15
TA1-1	1.0~7.0		295~470	≥30
TC4ELI	1.0~7.0	加热温度为700~850℃，保温1h	≥860	≥10
TC4	1.0~2.0		≥925	≥8
	≥2.0~7.0		≥895	≥10

注：1. 直径小于2.0mm的丝材断后伸长率不满足要求时可按实测值报告。

2. 本表未列出牌号结构件丝的性能报实测数值。

5 镁及镁合金

5.1 镁及镁合金铸造产品

5.1.1 镁合金铸件（见表2.2-54、表2.2-55）

表 2.2-54　镁合金铸件的牌号及化学成分（摘自 GB/T 19078—2003）

合金组别	牌号	对应EN1753的数字牌号	铸造工艺	化学成分（质量分数）（%）															Fe/Mn⑥
				Mg	Al	Zn	Mn	RE	Zr	Ag	Y	Li	Si	Fe	Cu	Ni	其他元素⑤ 单个	其他元素⑤ 总计	
MgAlZn	AZ81A	—	S、K、L	余量	7.0~8.1	0.40~1.00	0.13~0.35	—	—	—	—	—	≤0.30	—	≤0.10	≤0.01	—	0.30	—
MgAlZn	AZ81S	MC21110	D	余量	7.0~8.7	0.35~1.00	0.10~0.50	—	—	—	—	—	≤0.10	≤0.005	≤0.03	≤0.002	≤0.01	—	—
MgAlZn	AZ81S	MC21110	S、K、L	余量	7.0~8.7	0.40~1.00	0.10~0.35	—	—	—	—	—	≤0.20	≤0.005	≤0.03	≤0.001	≤0.01	—	—
MgAlZn	AZ91D	MC21120	D	余量	8.3~9.7	0.35~1.00	0.15~0.50	—	—	—	—	—	≤0.10	≤0.005	≤0.03	≤0.002	≤0.01	—	≤0.032
MgAlZn	AZ91D	MC21120	S、K、L	余量	8.3~9.7	0.40~1.00	0.17~0.35	—	—	—	—	—	≤0.20	≤0.005	≤0.03	≤0.001	≤0.01	—	≤0.032
MgAlZn	AZ91S	MC21121	D、S、K、L	余量	8.0~10.0	0.30~1.00	0.10~0.60	—	—	—	—	—	≤0.30	≤0.03	≤0.2	≤0.01	≤0.05	—	—
MgAlZn	AZ63A	—	S	余量	5.3~6.7	2.5~3.5	0.15~0.35	—	—	—	—	—	≤0.30	≤0.005	≤0.25	≤0.01	—	0.30	—
MgAlMn	AM20S	MC21210	D	余量	1.6~2.6	≤0.20	0.33~0.70	—	—	—	—	—	≤0.10	≤0.004	≤0.01	≤0.002	≤0.01	—	≤0.012
MgAlMn	AM50A	MC2120	D	余量	4.4~5.4	≤0.20	0.26~0.60	—	—	—	—	—	≤0.10	≤0.004	≤0.01	≤0.002	≤0.01	—	≤0.015
MgAlMn	AM60B	MC21230	D	余量	5.5~6.5	≤0.20	0.24~0.60	—	—	—	—	—	≤0.10	≤0.005	≤0.010	≤0.002	≤0.01	—	≤0.021
MgAlMn	AM100A	—	S、K、L	余量	9.3~10.7	≤0.30	0.10~0.35	—	—	—	—	—	≤0.30	—	≤0.10	≤0.01	—	0.30	—
MgAlSi	AS21S	MC21310	D	余量	1.8~2.6	≤0.20	0.18~0.70	—	—	—	—	—	0.7~1.2	≤0.004	≤0.01	≤0.002	≤0.01	—	≤0.022
MgAlSi	AS41B	—	D	余量	3.5~5.0	≤0.12	0.35~0.70	—	—	—	—	—	0.5~1.5	≤0.0035	≤0.02	≤0.002	≤0.02	—	≤0.010
MgAlSi	AS41S	MC21320	D	余量	3.5~5.0	≤0.20	0.18~0.70	—	—	—	—	—	0.5~1.5	≤0.004	≤0.010	≤0.002	≤0.01	—	≤0.022

（续）

合金组别	牌号	对应EN1753的数字牌号	铸造工艺	化学成分（质量分数）（%）															Fe/Mn⑥
				Mg	Al	Zn	Mn	RE	Zr	Ag	Y	Li	Si	Fe	Cu	Ni	其他元素⑤ 单个	其他元素⑤ 总计	
MgZnCu	ZC63A	MC32110	S、K、L	余量	≤0.2	5.5~6.5	0.25~0.75	—	—	—	—	—	≤0.20	≤0.05	2.4~3.0	≤0.01	≤0.01	0.30	—
MgZnZr	ZK51A	—	S	余量	—	3.6~5.5	—	—	0.50~1.0	—	—	—	—	—	≤0.10	≤0.01	—	0.30	—
MgZnZr	ZK61A	—	S、L	余量	—	5.5~6.5	—	—	0.60~1.0	—	—	—	—	—	≤0.10	≤0.01	—	0.30	—
MgZr	K1A	—	S、L	余量	—	—	—	—	0.40~1.0	—	—	—	—	—	—	—	—	0.30	—
MgZnREZr①	ZE41A	MC35110	S、K、L	余量	—	3.5~5.0	≤0.15	0.75~1.75	0.40~1.0	—	—	—	≤0.01	≤0.01	≤0.03	≤0.005	≤0.01	0.30	—
MgZnREZr①	EZ33A	MC65120	S、K、L	余量	—	2.0~3.1	≤0.15	2.5~4.0	0.50~1.0	—	—	—	≤0.01	≤0.01	≤0.03	≤0.005	≤0.01	0.30	—
MgREAgZr②	QE22A	—	S、K、L	余量	—	—	—	1.8~2.5	0.40~1.0	2.0~3.0	—	—	—	—	≤0.10	≤0.01	—	0.30	—
MgREAgZr②	QE22S	MC65210	S、K、L	余量	—	≤0.20	≤0.15	2.0~3.0	0.40~1.0	2.0~3.0	—	—	≤0.01	≤0.01	≤0.03	≤0.005	≤0.01	—	—
MgREAgZr②	EQ21A	—	S、K、L	余量	—	—	—	1.5~3.0	0.40~1.0	1.3~1.7	—	—	—	—	0.05~0.10	≤0.01	—	0.30	—
MgREAgZr②	EQ21S	MC65220	S、K、L	余量	—	≤0.20	≤0.15	1.5~3.0	0.40~1.0	1.3~1.7	—	—	≤0.01	≤0.01	0.05~0.10	≤0.005	≤0.01	—	—
MgYREZr③④	WE54A	MC95310	S、K、L	余量	—	≤0.20	≤0.15	1.5~4.0	0.40~1.0	—	4.75~5.50	≤0.2	≤0.01	≤0.01	≤0.03	≤0.005	≤0.01	0.30	—
MgYREZr③④	WE43A	MC95320	S、K、L	余量	—	≤0.20	≤0.15	2.4~4.4	0.40~1.0	—	3.70~4.30	≤0.2	≤0.01	≤0.01	≤0.03	≤0.005	≤0.01	0.30	—

① 富铈。

② 富钕。钕含量（质量分数）不应小于70%。

③ 富钕和重稀土。WE54A、WE43A 含稀土元素钕（质量分数）分别为1.5%~2.0%、2.0%~2.5%，余量为重稀土。

④ 如下调整成分可改善合金抗蚀能力：w（Mn）≤0.03%，w（Fe）≤0.01%，w（Cu）≤0.02%，w（Zn+Ag）≤0.2%。

⑤ 其他元素指在本表表头中列出了元素符号，但在本表中却未规定极限数值含量的元素。

⑥ 如果 Mn 含量达不到表中最小极限，或 Fe 含量超出表中规定的最大极限，则 Fe/Mn 值应符合表中规定。

表2.2-55 镁合金铸件的力学性能（摘自GB/T 19078—2003）

铸造工艺	牌号	状态代号	拉伸试验结果 抗拉强度 R_m/MPa ≥	规定非比例延伸强度 R_{p02}/MPa ≥	伸长率 A（%）≥	布氏硬度 HBW A5mm球径
砂型铸造（S）	AZ81A、AZ81S	F	160	90	2	50~65
		T4	240	90	8	50~65
	AZ91D	F	160	90	2	55~65
		T4	240	110	6	55~70
		T6	240	150	2	60~90
	AZ63A	F	180	80	4	—
		T4	235	80	7	—
		T5	180	85	2	—
		T6	235	110	3	—
	AM100A	T6	240	120	—	—
	ZC63A	T6	195	125	2	55~65
	ZK51A	T5	235	140	5	—
	ZK61A	T6	275	180	5	—
	K1A	F	165	40	14	—
	ZE41A	T5	200	135	2.5	55~70
	EZ33A	T5	140	95	2.5	50~60
	QE22A、QE22S	T6	240	175	2	70~90
	EQ21A、EQ21S	T6	240	175	2	70~90
	WE54A	T6	250	170	2	80~90
	WE43A	T6	220	170	2	75~90
永久模铸件（K）	AZ81A	F	160	90	2	50~65
		T4	240	90	8	50~65
	AZ91D	F	160	110	2	55~70
		T4	240	120	6	55~70
		T6	240	150	2	60~90
	AM100A	F	140	70	—	—
		T4	235	70	6	—
		T6	235	105	2	—
	ZC63A	T6	195	125	2	55~65
	ZE41A	T5	210	135	3	55~70
	EZ33A	T5	145	100	3	50~60
	QE22A	T6	240	175	3	70~90
	EQ21A	T6	240	175	2	70~90
	WE54A	T6	250	170	2	80~90
	WE43A	T6	220	170	2	75~90

（续）

铸造工艺	牌号	状态代号	拉伸试验结果：抗拉强度 R_m/MPa	拉伸试验结果：规定非比例延伸强度 R_{p02}/MPa	拉伸试验结果：伸长率 A（%）	布氏硬度 HBW A5mm 球径
			≥			
模压铸造（D）	AZ81A	F	200～250	140～160	1～7	60～85
	AZ91D	F	200～260	140～170	1～6	65～85
	AM20S	F	150～220	80～100	8～18	40～55
	AM50A	F	180～230	110～130	5～15	50～65
	AM60B	F	190～250	120～150	4～14	55～70
	AS21S	F	170～230	110～130	4～14	50～70
	AS41B、AS41S	F	200～250	120～150	3～12	55～80

注：1. GB/T 19078—2003 为铸造镁合金锭新标准，本表和表2.2-54 为采用该标准的铸锭生产的镁合金铸件的化学成分和力学性能。

2. 拉伸试样不在铸件上切取，而是另外铸造，其形状、尺寸符合 ISO 6892。砂型铸造和永久模铸造的产品拉伸试样直径不小于12mm，熔模铸造产品拉伸试样直径不小于5mm。模压铸造产品拉伸试样横截面积为 $20mm^2$，最小厚度2mm。

3. 表中模压铸造产品拉伸试验结果仅供参考。

4. 供需双方也可商定在铸件某部位上切取拉伸试样，但其试验结果与表中数值可能有差异。

5. 表中砂型铸造及永久模铸造产品的布氏硬度值仅供参考。

6. F 为铸态，适用于铸造过程中通过一定温度控制获得某些性能的产品。T4 为固溶热处理后自然时效状态；适用于固溶处理后不再进一步处理的产品。T6 为固溶热处理后人工时效状态；适用于固溶热处理后进行人工时效的产品。T5 为铸造冷却后人工时效状态；适用于由铸造冷却后进行人工时效以改善力学性能或稳定尺寸的产品。

5.1.2　铸造镁合金（见表2.2-56、表2.2-57）

表2.2-56　铸造镁合金牌号、化学成分及力学性能（摘自 GB/T 1177—1991）

	牌号	代号	化学成分①（质量分数）（%）：Zn	Al	Zr	RE	Mn	Ag	Si	Cu	Fe	Ni	杂质总和
牌号及化学成分	ZMgZn5Zr	ZM1	3.5～5.5		0.5～1.0	—							
	ZMgZn4RE1Zr	ZM2	3.5～5.0			0.75②～1.75							
	ZMgRE3ZnZr	ZM3	0.2～0.7	—	0.4～1.0		—		—	0.1	—		
	ZMgRE3Zn2Zr	ZM4	2.0～0.3		0.5～1.0	2.5②～4.0		—					
	ZMgAl8Zn	ZM5	0.2～0.8	7.5～9.0	—	—	0.15～0.5		0.3	0.2	0.05	0.01	0.3
	ZMgRE2ZnZr	ZM6	0.2～0.7	—	0.4～1.0	2.0③～2.8							
	ZMgZn8AgZr	ZM7	7.5～9.0		0.5～1.0	—	—	0.6～1.2	—	0.1	—		
	ZMgAl10Zn	ZM10	0.6～1.2	9.0～10.2	—		0.1～0.5	—	0.3	0.2	0.05		

	牌号	代号	热处理状态	抗拉强度 σ_b /MPa	0.2%屈服强度 $\sigma_{0.2}$ /MPa	伸长率 δ_5（%）	牌号	代号	热处理状态	抗拉强度 σ_b /MPa	0.2%屈服强度 $\sigma_{0.2}$ /MPa	伸长率 δ_5（%）
室温力学性能				≥						≥		
	ZMgZn5Zr	ZM1	T1	235	140	5	ZMgRE3ZnZr	ZM3	F	120	85	1.5
	ZMgZn4RE1Zr	ZM2	T1	200	135	2			T2			

（续）

	牌号	代号	热处理状态	抗拉强度 σ_b /MPa	0.2%屈服强度 $\sigma_{0.2}$ /MPa	伸长率 δ_5 (%)	牌号	代号	热处理状态	抗拉强度 σ_b /MPa	0.2%屈服强度 $\sigma_{0.2}$ /MPa	伸长率 δ_5 (%)
				≥						≥		
室温力学性能	ZMgRE3Zn2Zr	ZM4	T1	140	95	2	ZMgZn8AgZr	ZM7	T4	265	—	6
	ZMgAl8Zn	ZM5	F	145	75	2			T6	275		4
			T4	230		6	ZMgAl10Zn	ZM10	F	145	85	1
	ZMgAl8Zn	ZM5	T6	230	100	2			T4	230		4
	ZMgRE2ZnZr	ZM6	T6	230	135	3			T6		130	1

	牌号	代号	热处理状态	抗拉强度 σ_b /MPa≥		蠕变强度 $\sigma_{0.2/100}$/MPa ≥		牌号	代号	热处理状态	抗拉强度 σ_b /MPa≥		蠕变强度 $\sigma_{0.2/100}$/MPa ≥	
				220℃	250℃	200℃	250℃				200℃	250℃	200℃	250℃
高温力学性能	ZMgZn4RE1Zr	ZM2	T1	100	—	—	—	ZMgRE3Zn2Zr	ZM4	T1	—	100	50	25
	ZMgRE3ZnZr	ZM3	F	—	110	50	25	ZMgRE2ZnZr	ZM6	T6		145	—	30

注：1. 热处理状态代号：F—铸态；T1—人工时效；T2—退火；T4—固溶处理；T6—固溶处理加完全人工时效。

2. 表中有上、下限数值的为主要组元，只有一个数值的为非主要组元所允许的上限含量。

① 合金可加入铍，其含量不大于 0.002%。

② 含铈量不小于 45% 的铈混合稀土金属，其中稀土金属总量不小于 98%。

③ 含钕量不小于 85% 的钕混合稀土金属，其中 Nd + Pr 不小于 95%。

表 2.2-57　铸造镁合金的特性和用途

合金代号	主要特性	用途举例
ZM1	铸造流动性好，抗拉强度和屈服强度较高，力学性能壁厚效应较小，抗蚀性良好，但热裂倾向大，故不宜焊接	适于形状简单的受力零件，如飞机轮毂
ZM2	耐腐蚀性与高温力学性能良好，但常温时力学性能比 ZM1 低，铸造性能良好，缩松和热裂倾向小，可焊接	可用于 200℃ 以下工作而要求强度高的零件，如发动机各类机匣、整流舱、电动机壳体等
ZM3	属耐热镁合金，在 200 ~ 250℃ 下高温持久和抗蠕变性能良好，有较好的抗蚀性和焊接性，铸造性能一般，对形状复杂零件有热裂倾向	航空工业中应用历史较久，可用于 250℃ 下工作且气密性要求高的零件，如压气机机匣、离心机匣、附件机匣、燃烧室罩等
ZM4	铸件致密性高，热裂倾向小，无显微疏松倾向，可焊性好，但室温强度低于其他合金	适于制造室温下要求气密或在 150 ~ 250℃ 下工作的发动机附件和仪表壳体、机匣等
ZM5	属于高强铸镁合金，强度高、塑性好，易于铸造，可焊接，也能抗蚀，但有显微缩松和壁厚效应倾向	广泛用于飞机上的翼肋、发动机和附件上各种机匣等零件，导弹上作副油箱挂架、支臂、支座等
ZM6	具有良好铸造性能、显微疏松和热裂倾向低，气密性好，在 250℃ 以下综合性能优于 ZM3、ZM4，铸件不同壁厚力学性能均匀	可用于飞机受力构件，发动机各种机匣与壳体，已在直升机上用于减速机匣、机翼翼肋等处

（续）

合金代号	主要特性	用途举例
ZM7	室温下抗拉强度、屈服强度和疲劳极限均很高，塑性好，铸造充型性良好，但有较大疏松倾向，不宜作耐压零件，此外，焊接性能也差	可用于飞机轮毂及形状简单的各种受力构件
ZM10	铝量高，耐蚀性好，对显微疏松敏感，宜压铸	一般要求的铸件

5.2　加工镁及镁合金牌号、特性及应用（见表2.2-58～表2.2-61）

表2.2-58　加工镁合金牌号、特性及应用

牌号		产品种类	特性	应用举例
新	旧			
M2M	MB1	板材、棒材、型材、管材、带材、锻件及模锻件	属镁-锰系镁合金，其主要特性是： 1）强度较低，但有良好的耐蚀性；在镁合金中，它的耐蚀性能最好，在中性介质中，无应力腐蚀破裂倾向 2）室温塑性较低，高温塑性高，可进行轧制、挤压和锻造 3）不能热处理强化 4）焊接性能良好，易于用气焊、氩弧焊、点焊等方法焊接 5）同纯镁一样，镁-锰系合金有良好的可加工性和MB1合金比较，MB8合金的强度较高，且有较好的高温性能	用于制造承受外力不大，但要求焊接性和耐蚀性好的零件，如汽油和滑油系统的附件等
ME20M	MB8	板材、棒材、带材、型材、管材、锻件及模锻件		强度较MB1高，常用来代替MB1合金使用，其板材可制飞机蒙皮、壁板及内部零件，型材和管材可制造汽油和滑油系统的耐蚀零件，模锻件可制外形复杂的零件
AZ40M	MB2	板材、棒材、型材、锻件及模锻件	属镁-铝-锌系镁合金，其主要特性是： 1）强度高，可热处理强化 2）铸造性能良好 3）耐蚀性较差，MB2和MB3合金的应力腐蚀破裂倾向较小，MB5、MB6、MB7合金的应力腐蚀破裂倾向较大 4）可加工性良好 5）热塑性以MB2、MB3合金为佳，可加工成板材、棒材、锻件等各种镁材；MB6、MB7合金热塑性较低，主要用做挤压件和锻材 6）MB2、MB3合金焊接性较好，可气焊和氩弧焊；MB5合金的焊接性低；MB7合金焊接性尚好，但需进行消除应力退火	用于制造形状复杂的锻件、模锻件及中等载荷的机械零件
AZ41M	MB3	板材		用做飞机内部组件、壁板
AZ61M	MB5	板材、带材、锻件及模锻件		主要用于制造承受较大载荷的零件
AZ62M	MB6	棒材、型材及锻件		主要用于制造承受较大载荷的零件
AZ80M	MB7	棒材、锻件及模锻件		可代替MB6使用，用做承受高载荷的各种结构零件
ZK61M	MB15	棒材、型材、带材、锻件及模锻件	属镁-锌-锆系镁合金，具有较高的强度和良好的塑性及耐蚀性，是目前应用最多的变形镁合金之一。无应力腐蚀破裂倾向，热处理工艺简单，可加工性良好，能制造形状复杂的大型锻件，但焊接性能不合格	用做室温下承受高载荷和高屈服强度的零件，如机翼长桁、翼肋等，零件的使用温度不能超过150℃

注：各牌号的化学成分应符合GB/T 5153—2003的规定。

表 2.2-59 M2M、AZ61M、AZ62M、AZ80M 镁合金的室温力学性能

合金代号	材料品种及状态	抗拉强度 σ_b /MPa	屈服强度 $\sigma_{0.2}$ /MPa	伸长率 δ_{10} (%)	断面收缩率 ψ (%)	弯曲疲劳强度 σ_{-1}/MPa		弹性模量 E /GPa	泊松比 μ	抗剪强度 σ_r /MPa	剪切模量 G /GPa	扭转强度 τ_b /MPa	扭转屈服强度 $\tau_{0.3}$ /MPa	扭转角 φ /(°)	抗压强度 σ_y /MPa	抗压屈服强度 $\sigma_{-0.2}$ /MPa	冲击韧度 a_K /J·cm^{-2}	布氏硬度 HBW
						光滑试样	带缺口试样											
M2M	挤压棒材	260	180	4.5	6	—	75	40	0.34	130	16	190	—	—	330	120	6	40
	退火板材(300℃退火)	210	120	8	—	—	75	—	—	—	—	—	—	—	—	—	5	45
	模锻件、锻件	245	150	6	—	—	—	—	—	—	—	—	—	—	—	—	—	45
	带材	255	185	9	—	—	6	—	—	—	—	—	—	—	—	—	—	40
	管材	235	150	7	—	—	—	—	—	—	—	—	—	—	—	—	—	40
	型材	180	165	10	—	—	—	—	—	—	—	—	—	—	—	—	—	45
AZ61M	棒材(R)	290	200	16	23	115	95	43.4	0.34	140	16	190	70	309	420	150	7	64
	锻件(M)	280	180	10	13	105	—	43	—	140	—	—	—	—	—	—	7	55
	带材(R)	300	210	13	18	115	—	43	—	145	—	—	—	—	—	—	10	55
AZ62M	棒材(R)	325	210	14.5	23	120	—	44.6	0.39	150	16	240	105	305	465	—	9.2	76
	锻件(R)	310	215	8	—	129	—	—	—	—	—	—	—	—	—	—	—	70
	(M)	330	220	6	—	110	—	—	—	—	—	—	—	—	—	—	—	70
	(C)	350	240	5	—		—	—	—	—	—	—	—	—	—	—	—	80
	带材(R)	330	225	12	—	120	—	45	—	—	—	—	—	—	—	—	—	65
	(M)	340	240	7	—	130	—	—	—	—	—	—	—	—	—	—	—	80
	(C)	350	260	7	—	—	—	—	—	—	—	—	—	—	—	—	—	80
AZ80M	棒材(C)	340	240	15	20	140	110	43	0.34	180	16	210	65	370	470	140	—	64
	锻件(C)	310	220	12	—	—	—	—	—	—	—	212	—	—	—	—	—	—

注：本表数据仅供参考。

表 2.2-60　加工镁合金的高温力学性能

牌号	材料品种及状态	力学性能	试验温度/℃				
			100	150	200	250	300
AZ40M	挤压棒材	抗拉强度 σ_b/MPa	215	190	120	115	75
		屈服强度 $\sigma_{0.2}$/MPa	140	100	70	40	22
		伸长率 δ (%)	33	50	65	75	90
	模　锻　件	抗拉强度 σ_b/MPa	210	155	105	80	45
		屈服强度 $\sigma_{0.2}$/MPa	150	90	60	35	25
		伸长率 δ (%)	30	45	55	75	125
AZ41M	热　轧　板（12～30mm 厚）	抗拉强度 σ_b/MPa	238	182	—	—	—
		屈服强度 $\sigma_{0.2}$/MPa	—	—	—	—	—
		伸长率 δ (%)	21	46.3	—	—	—
AZ61M	带　材（M）	抗拉强度 σ_b/MPa	265	190	150	115	—
		屈服强度 $\sigma_{0.2}$/MPa	160	105	80	45	—
		伸长率 δ (%)	21	28	28	225	—
AZ62M	锻　件（C）	抗拉强度 σ_b/MPa	280	200	140	95	70
		屈服强度 $\sigma_{0.2}$/MPa	200	140	90	55	50
		伸长率 δ (%)	21	40	50	80	120
	棒　材（C）	抗拉强度 σ_b/MPa	240	170	100	90	65
		屈服强度 $\sigma_{0.2}$/MPa	170	120	80	55	—
		伸长率 δ (%)	30	45	60	100	145
AZ80M	挤压棒材	抗拉强度 σ_b/MPa	220	170	125	85	70
		屈服强度 $\sigma_{0.2}$/MPa	130	100	70	55	35
		伸长率 δ (%)	22	30	35	45	85
	棒　材（C）	抗拉强度 σ_b/MPa	320	230	150	100	65
		屈服强度 $\sigma_{0.2}$/MPa	220	150	100	60	35
		伸长率 δ (%)	20	41	49	83	120
ME20M	挤压棒材（D18mm 未退火）	持久强度 σ_{100}/MPa	140	120	75	35	—
		蠕变强度 $\sigma_{0.1/100}$/MPa	—	57	30	—	—
	板材（厚 1.5mm，350℃退火 30min）	持久强度 σ_{100}/MPa	130	110	50	20	—
		蠕变强度 $\sigma_{0.1/100}$/MPa	—	50	—	—	—
ZK61M	挤压棒材（人工时效状态）	抗拉强度 σ_b/MPa	260	210	150	105	70
		伸长率 δ_{10} (%)	20	28	55	59	62
	挤压带材（人工时效状态）	抗拉强度 σ_b/MPa	260	210	140	—	—
		伸长率 δ_{10} (%)	20	28	50	—	—

注：本表数据仅供参考。

表 2.2-61　加工镁合金的物理性能

性能		合金代号							
		M2M	AZ40M	AZ41M	AZ61M	MZ62M	AZ80M	ME20M	ZK61M
密度 ρ（20℃）/$g \cdot cm^{-3}$		1.76	1.78	1.79	1.80	1.84	1.82	1.78	1.80
电阻率（20℃）/$\mu\Omega \cdot m$		0.0513	0.093	0.120	0.153	0.196	0.162	0.0612	0.0565
比热容 c /$J \cdot (kg \cdot K)^{-1}$	100℃	1010	1130	1090	1130	—	1130	—	—
	200℃	1050	1170	1130	1210	—	1210	—	—
	300℃	1130	1210	1210	1260	—	1260	—	—
	350℃	1170②	1260	1260	1300	—	1300	—	—
	20～100℃	1050	1050	1050	1050	1050	1050	1050	1030
线胀系数 α_1 /$10^{-6} \cdot K^{-1}$	20～100℃	22.29	26.0	26.1	24.4	23.4	26.3	23.61	20.9
	20～200℃	24.19	27.0	—	26.5	25.43	27.1	25.64	22.6
	20～300℃	32.01	27.9	—	31.2	30.18	27.6	30.58	—
热导率 λ /$W \cdot (m \cdot K)^{-1}$	30℃	125.60	96.3①	96.3	69.08	—	58.62	133.98	117.23①
	100℃	125.60	100.48	—	73.27	—	—	133.98	121.42
	200℃	138.68	104.67	—	79.55	—	—	133.98	125.60
	300℃	133.98	108.86	—	79.55	67.41	75.36	—	125.60

注：本表数据仅供参考。

① 温度为25℃。

② 温度为400℃。

5.3　镁及镁合金加工产品

5.3.1　镁合金热挤压棒材（见表 2.2-62）

表 2.2-62　镁合金热挤压棒材牌号、尺寸规格及力学性能（摘自 GB/T 5155—2003）

	牌号	化学成分	供应状态	规格/mm 直径	规格/mm 长度
牌号及尺寸规格	AZ40M、ME20M	按 GB/T 5153—2003 的规定	H112、F	5～22（1进级）、24～28（1进级）、30、32、34、35、36、38、40、42、45、46、48、50、52、55、58、60、62、65～120（5进级）、130～260（10进级）、280、300	棒材不定尺长度：直径5～50时为1000～6000，>50时为500～6000；定尺、倍尺长度须在合同中注明
	ZK61M		T5、F		

	牌号	状态	棒材直径/mm	抗拉强度 R_m /MPa ≥	规定非比例延伸强度 $R_{p0.2}$/MPa ≥	断后伸长率 A（%）≥
力学性能	AZ40M	H112	≤100.00	245	—	6.0
			>100.00～130.00	245	—	5.0
	ME20M	H112	≤50.00	215	—	4.0
			>50.00～100.00	205	—	3.0
			>100.00～130.00	195	—	2.0
	ZK61M	T5	≤100.00	315	245	6.0
			>100.00～130.00	305	235	6.0

注：直径等于或大于130.00mm的棒材，力学性能附试验结果或由双方商定。

5.3.2　镁合金热挤压型材（见表2.2-63）

表2.2-63　镁合金热挤压型材牌号、规格及力学性能（摘自GB/T 5156—2003）

牌号	化学成分	供应状态	室温纵向力学性能≥				规　格/mm		
			R_m/MPa	$R_{p0.2}$/MPa	A（%）	硬度HBW	名义尺寸	长度	
AZ40M	按GB/T 5153—2003的规定	H112	240	—	5.0	—	≤300	1000～6000	标准规定了型材的外形要求、尺寸偏差要求，具体尺寸规格及技术要求应在合同及图样中确定
ME20M		H112	225	—	10.0	40			
ZK61M		T5	310	245	7.0	60			

5.3.3　镁合金板材和带材（见表2.2-64）

表2.2-64　镁合金板材和带材牌号、尺寸规格及力学性能（摘自GB/T 5154—2003）

	品种	牌号	化学成分	供应状态	规格/mm		
					厚　度	宽　度	长　度
牌号及尺寸规格	带材	Mg99.00	按GB/T 5153—2003的规定	H18	0.20	3.0～6.0	≥100.0
	板材	M2M AZ40M		O	0.80～10.00	800.0～1200.0	1000.0～3500.0
				H112、F	>10.00～32.00	800.0～1200.0	1000.0～3500.0
		AZ41M		H18、O	0.50～0.80	≤1000.0	≤2000.0
				O	>0.80～10.00	800.0～1200.0	1000.0～3500.0
				H12、F	>10.00～32.00	800.0～1200.0	1000.0～3500.0
		ME20M		H18、O	0.50～0.80	≤1000.0	≤2000.0
				H24、O	>0.80～10.00	800.0～1200.0	1000.0～3500.0
				H112、F	>10.00～32.00	800.0～1200.0	1000.0～3500.0
				H112、F	>32.00～70.00	800.0～1200.0	1000.0～2000.0

	牌号	供应状态	板材厚度/mm	抗拉强度R_m/MPa	规定非比例强度/MPa		断后伸长率A（%）	
					延伸$R_{p0.2}$	压缩$R_{p-0.2}$	5D	50mm
				≥				
板材力学性能	M2M	O	0.80～3.00	190	110	—	—	6.0
			>3.00～5.00	180	100	—	—	5.0
			>5.00～10.00	170	90	—	—	5.0
		H112	10.00～12.50	200	90	—	—	4.0
			>12.50～20.00	190	100	—	4.0	—
			>20.00～32.00	180	110	—	4.0	—
	AZ40M	O	0.80～3.00	240	130	—	—	12.0
			>3.00～10.00	230	120	—	—	12.0
		H112	10.00～12.50	230	140	—	—	10.0
			>12.50～20.00	230	140	—	8.0	—
			>20.00～32.00	230	140	70	8.0	—

（续）

	牌号	供应状态	板材厚度 /mm	抗拉强度 R_m /MPa	规定非比例强度/MPa 延伸 $R_{p0.2}$	压缩 $R_{p-0.2}$	断后伸长率 A（%） 5D	50mm
				≥				
板材力学性能	AZ41M	H18	0.50～0.80	290	—	—	—	2.0
		O	0.50～3.00	250	150	—	—	12.0
			>3.00～5.00	240	140	—	—	12.0
			>5.00～10.00	240	140	—	—	10.0
		H112	10.00～12.50	240	140	—	—	10.0
			>12.50～20.00	250	150	—	6.0	—
			>20.00～32.00	250	140	80	10.0	—
	AZ41M	H18	0.50～0.80	260	—	—	—	2.0
		H24	0.80～3.00	250	160	—	—	8.0
			>3.00～5.00	240	140	—	—	7.0
			>5.00～10.00	240	140	—	—	6.0
		O	0.50～3.00	230	120	—	—	12.0
			>3.0～5.0	220	110	—	—	10.0
			>5.0～10.0	220	110	—	—	10.0
		H112	10.0～12.5	220	110	—	—	10.0
			>12.5～20.0	210	110	—	10.0	—
			>20.0～32.0	210	110	70	7.0	—
			>32.0～70.0	200	90	50	6.0	—

注：1. 板材厚度>12.5mm～14.0mm 时，规定非比例延伸强度圆形试样平行部分的直径取 10.0mm。
2. 板材厚度>14.5mm～70.0mm 时，规定非比例延伸强度圆形试样平行部分的直径取 12.5mm。
3. F 状态为自由加工状态，无力学性能指标要求。
4. 带材室温力学性能由供需双方商定。

5.3.4　镁合金热挤压管材（见表 2.2-65）

表 2.2-65　镁合金热挤压管材牌号、尺寸规格及力学性能（摘自 YS/T 495—2005）

尺寸规格	圆管	直径（外径或内径）小于 200mm 的允许偏差，壁厚小于 100mm 的允许偏差应符合 YS/T 495—2005 的规定，具体尺寸规格在合同中注明
	正方形、矩形、六角形和八角形管	公称宽度或高度小于 180mm 的允许偏差、壁厚小于 50mm 的允许偏差应符合 YS/T 495—2005 的规定，具体尺寸规格在合同中注明

	牌号	状态	管材壁厚 /mm	抗拉强度 R_m /MPa	规定非比例延伸强度 $R_{p0.2}$ /MPa	断后伸长率 A（%）	牌号	状态	管材壁厚 /mm	抗拉强度 R_m /MPa	规定非比例延伸强度 $R_{p0.2}$ /MPa	断后伸长率 A（%）
				≥						≥		
牌号及力学性能	AZ31B	H112	0.7～6.3	220	140	8	ZK61S	H112	0.7～20	275	195	5
			>6.3～20			4		T5	0.7～6.3	315	260	4
	AZ61A		0.7～20	250	110	7			2.5～30	305	230	
	M2S			195	—	2						

注：各牌号的化学成分应符合 GB/T 5153—2003 的规定。

6 其他有色金属材料

6.1 锌合金

6.1.1 铸造锌合金(见表2.2-66)

表2.2-66 铸造锌合金牌号、化学成分、力学性能及应用(GB/T 1175—1997)

合金牌号	合金代号	化学成分(质量分数)(%) 合金元素 Al	Cu	Mg	Zn	杂质含量≤ Fe	Pb	Cd	Sn	铸造方法及状态	抗拉强度 R_m /MPa ≥	断后伸长率 A (%) ≥	布氏硬度 HBW	特性及应用	
ZZnAl4Cu1Mg	ZA4-1	3.5~4.5	0.75~1.25	0.03~0.08	余量	0.1	0.015	0.005	0.003	JF	175	0.5	80	锌合金熔点低，流动性好，耐磨性良好，有接近黄铜的力学性能，广泛用于汽车、拖拉机，机械制造等部门	用于复杂形状的铸件，压铸小尺寸的高强度、耐蚀性好的零件
ZZnAl4Cu3Mg	ZA4-3	3.5~4.3	2.5~3.2	0.03~0.06	余量	0.075	Pb+Cd 0.009		0.002	SF JF	220 240	0.5 1	90 100		用于压铸各种零件
ZZnAl6Cu1	AZ6-1	5.6~6.0	1.2~1.6	—	余量	0.075	Pb+Cd 0.009		0.002	SF JF	180 220	1 1.5	80		用于硬模铸造及压铸各种零件
ZZnAl8Cu1Mg	ZA8-1	8.0~8.8	0.8~1.3	0.015~0.030	余量	0.075	0.006	0.006	0.003	SF JF	250 225	1 1	80 85		用于管接头、阀、电气开关和变压器铸件、滑轮和带轮、客车和运输车、灌溉系统零件以及小五金零件
ZZnAl9Cu2Mg	ZA9-2	8.0~10.0	1.0~2.0	0.03~0.06	余量	0.2	0.03	0.02	0.01	SF JF	275 315	0.7 1.5	90 105		制造复杂形状零件及滑动轴承，可代替锡青铜及低锡巴氏合金
ZZnAl11Cu1Mg	ZA11-1	10.5~11.5	0.5~1.2	0.015~0.030	余量	0.075	0.006	0.006	0.003	SF JF	280 310	1 1	90		用于硬模铸造，和ZA4-1相近
ZZnAl11Cu5Mg	ZA11-5	10.0~12.0	4.0~5.5	0.03~0.06	余量	0.2	0.03	0.02	0.01	SF JF	275 295	0.5 1.0	80 100		用于滑动轴承制作，和ZA9-2相近
ZZnAl27Cu2Mg	ZA27-2	25.0~28.0	2.0~2.5	0.010~0.020	余量	0.075	0.006	0.006	0.003	SF ST3 JF	400 310 420	3 8 1	110 90 110		工作温度可达150℃，用于高强度薄壁零件，抗擦伤的耐磨件、轴套、气动及液压配件、工业设备、农机具、运输车、客车等零件

注：1. 工艺代号：S—砂型铸造，J—金属型铸造，F—铸态，T3—均匀化处理。
2. T3工艺为320℃、3h、炉冷。

6.1.2 压铸锌合金和锌合金压铸件（见表2.2-67）

表2.2-67 压铸锌合金和锌合金压铸件牌号、化学成分及技术要求（摘自GB/T 13818—2009、GB/T 13821—2009）

压铸锌合金牌号及化学成分（GB/T 13818—2009）

序号	合金牌号	合金代号	主要成分（质量分数）（%）				杂质含量（质量分数）（%）≤			
			Al	Cu	Mg	Zn	Fe	Pb	Sn	Cd
1	YZZnAl4A	YX040A	3.9~4.3	≤0.1	0.030~0.060	余量	0.035	0.004	0.0015	0.003
2	YZZnAl4B	YX040B	3.9~4.3	≤0.1	0.010~0.020	余量	0.075	0.003	0.0010	0.002
3	YZZnAl4Cu1	YX041	3.9~4.3	0.7~1.1	0.030~0.060	余量	0.035	0.004	0.0015	0.003
4	YZZnAl4Cu3	YX043	3.9~4.3	2.7~3.3	0.025~0.050	余量	0.035	0.004	0.0015	0.003
5	YZZnAl8Cu1	YX081	8.2~8.8	0.9~1.3	0.020~0.030	余量	0.035	0.005	0.0050	0.002
6	YZZnAl11Cu1	YX111	10.8~11.5	0.5~1.2	0.020~0.030	余量	0.050	0.005	0.0050	0.002
7	YZZnAl27Cu2	YX272	25.5~28.0	2.0~2.5	0.012~0.020	余量	0.070	0.005	0.0050	0.002

锌合金压铸件（GB/T 13821—2009）

1. 锌合金压铸件的分类

类别	使用要求	检验项目
1	具有结构和功能性要求的零件	尺寸公差、表面质量、化学成分、其他特殊要求
2	无特殊要求的零件	表面质量、化学成分、尺寸公差

2. 锌合金压铸件的表面分级

级别	符号	使用范围	表面粗糙度 Ra
1	Y1	镀、抛光、研磨的表面，相对运动的配合面，危险应力区表面	不大于1.6μm
2	Y2	要求密封的表面、装配接触面等	不大于3.2μm
3	Y3	保护性的涂覆表面及紧固接触面，油漆打腻表面，其他表面	不大于6.3μm

3. 锌合金压铸件合金牌号及化学成分

序号	合金牌号	合金代号	主要成分（质量分数）（%）				杂质含量（质量分数）（%）			
			Al	Cu	Mg	Zn	Fe	Pb	Sn	Cd
1	YZZnAl4A	YX040A	3.5~4.3	≤0.25	0.02~0.06	余量	0.10	0.005	0.003	0.004
2	YZZnAl4B	YX040B	3.5~4.3	≤0.25	0.005~0.02	余量	0.075	0.003	0.001	0.002
3	YZZnAl4Cu1	YX041	3.5~4.3	0.75~1.25	0.03~0.08	余量	0.10	0.005	0.003	0.004
4	YZZnAl4Cu3	YX043	3.5~4.3	2.5~3.0	0.02~0.05	余量	0.10	0.005	0.003	0.004
5	YZZnAl8Cu1	YX081	8.0~8.8	0.8~1.3	0.015~0.03	余量	0.075	0.006	0.003	0.006
6	YZZnAl11Cu1	YX111	10.5~11.5	0.5~1.2	0.015~0.03	余量	0.075	0.006	0.003	0.006
7	YZZnAl27Cu2	YX272	25.0~28.0	2.0~2.5	0.010~0.02	余量	0.075	0.006	0.003	0.006

4. 锌压铸合金牌号对照及典型的力学、物理性能

锌压铸合金牌号对照

中国合金代号	YX040A	YX040B	YX041	YX043	YX081	YX111	YX272
北美商业标准（NADCA）	No. 3	No. 7	No. 5	No. 2	ZA-8	ZA-12	ZA-27
美国材料试验学会（ASTM）	AG-40A	AG-40B	AG-41A	—	—	—	—

力学性能

极限抗拉强度/MPa	283	283	328	359	372	400	426
屈服强度/MPa	221	221	269	283	283~296	310~331	359~370
抗压屈服强度/MPa	414	414	600	641	252	269	358
伸长率（%）	10	13	7	7	6~10	4~7	2.0~3.5

（续）

力学性能							
布氏硬度/HBW	82	80	91	100	100~106	95~105	116~122
抗剪强度/MPa	214	214	262	317	275	296	325
冲击强度/J	58	58	65	47.5	32~48	20~37	9~16
疲劳强度/MPa	47.6	47.6	56.5	58.6	103	—	145
杨氏模量/GPa	—	—	—	—	85.5	83	77.9
物理性能							
密度/$g \cdot cm^{-3}$	6.6	6.6	6.7	6.6	6.3	6.03	5.00
熔化温度范围/℃	381~387	381~387	380~386	379~390	375~404	377~432	372~484
比热容/（J/kg℃）	419	419	419	419	435	450	525
热膨胀系数$\times 10^{-6}/K^{-1}$	27.4	27.4	27.4	27.8	23.2	24.1	26.0
热传导率/（$Wm^{-1}K^{-1}$）	113	113	109	104.7	115	116	122.5
泊松比	0.30	0.30	0.30	0.30	0.30	0.30	0.30

注：1. GB/T 13818—2009 压铸锌合金用于压铸各种零件，如汽车、仪表零件外壳、形状较复杂零件等。该标准没有规定各牌号的力学性能指标，化学成分应符合本表规定。
2. 锌合金压铸件的典型力学、物理性能指标是采用专用试样模具获得的单铸试样进行试验而得到的结果，GB/T 13821—2009 作为资料性附录收入该标准附录中，作为参考。修订的新标准规定化学成分为验收依据，力学性能不作为验收依据。
3. 锌合金压铸件的尺寸要求、表面质量等技术要求应符合 GB/T 13821—2009 的有关规定，并须在图样上注明。
4. 牌号的表示方法
压铸锌合金牌号是由锌及主要合金元素的化学符号组成。主要合金元素后面跟有表示其名义百分含量的数字（名义百分含量为该元素的平均百分含量的修约化整值）。
在合金牌号前面以字母“Y”、“Z”（“压”、“铸”两字汉语拼音的第一字母）表示用于压力铸造。
5. 代号的表示方法
标准中合金代号由字母“Y”、“X”（“压”、“锌”两字汉语拼音的第一字母）表示压铸锌合金。合金代号后面由三位阿拉伯数字以及一位字母组成。YX 后面前两位数字表示合金中化学元素铝的名义百分含量，第三个数字表示合金中化学元素铜的名义百分含量，末位字母用以区别成分略有不同的合金。

6.2 铅及铅合金

6.2.1 铅及铅锑合金管（见表 2.2-68、表 2.2-69）

表 2.2-68　铅及铅锑合金管牌号及尺寸规格（摘自 GB/T 1472—2005）

铅管			铅锑合金管		
牌号	常用尺寸规格		牌号	常用尺寸规格	
	公称内径/mm	公称壁厚/mm		公称内径/mm	公称壁厚/mm
Pb1 Pb2	5、6、8、10、13、16、20	2~12	PbSb0.5 PbSb2 PbSb4 PbSb6 PbSb8	10、15、17、20、25、30、35、40、45、50	3~14
	25、30、35、38、40、45、50	3~12		55、60、65、70	4~14
	55、60、65、70、75、80、90、100	4~12		75、80、90、100	5~14
	110	5~12		110	6~14
	125、150	6~12		125、150	7~14
	180、200、230	8~12		180、200	8~14

注：1. 牌号的化学成分应符合 GB/T 1472—2005 的规定。
2. 公称壁厚尺寸系列（mm）：2、3、4、5、6、7、8、9、10、12、14。
3. 管材长度：直管≤4000mm，卷状管≥2500mm。
4. 管材用于化工、染料、制药及其他工业部分作防腐材料。
5. 需方要求，并在合同中注明，可进行气压试验，最大试验压力为 0.5MPa，试验持续时间 5min，应无裂、漏现象发生。
6. 标记示例：
1）用 Pb2 制造的、挤制状态、内径为 50mm、壁厚为 6mm 的铅管，标记为：
管 Pb2Rϕ50×6　GB/T 1472—2005
2）用 PbSb0.5 制造的、挤制状态、内径为 50mm、壁厚为 6mm 的高精级铅锑管，标记为：
管 PbSb0.5R 高 ϕ50×6　GB/T 1472—2005

表 2.2-69 铅及铅锑合金管理论重量及重量换算系数（摘自 GB/T 1472—2005）

内径/mm	壁厚/mm										内径/mm	壁厚/mm									
	2	3	4	5	6	7	8	9	10	12		2	3	4	5	6	7	8	9	10	12
	理论重量/kg·m⁻¹（密度 11.34g·cm⁻³）											理论重量/kg·m⁻¹（密度 11.34g·cm⁻³）									
5	0.5	0.9	1.3	1.8	2.3	3.0	3.7	4.7	5.3	7.3	55	—	—	8.4	10.7	13.1	15.5	18.0	20.5	23.1	28.6
6	0.6	1.0	1.4	1.9	2.6	3.2	4.1	4.8	5.7	7.7	60	—	—	9.1	11.6	14.1	16.7	19.4	22.1	24.9	30.8
8	0.7	1.2	1.7	2.3	3.0	3.7	4.5	5.4	6.4	8.5	65	—	—	9.8	12.4	15.2	18.8	20.8	24.6	26.9	32.9
10	0.8	1.4	2.0	2.7	3.4	4.2	5.1	6.3	7.1	9.4	70	—	—	10.5	13.3	16.2	19.1	22.2	25.3	28.5	35.0
13	1.1	1.7	2.4	3.2	4.1	5.0	6.0	7.0	8.2	10.7	75	—	—	11.3	14.2	17.3	20.4	23.6	27.1	30.3	37.2
16	1.3	2.0	2.8	3.7	4.7	5.7	6.8	8.0	9.3	12.0	80	—	—	12.0	15.1	18.3	21.7	26.0	28.5	32.0	39.3
20	1.6	2.5	3.4	4.4	5.5	6.7	8.0	9.3	10.7	13.7	90	—	—	13.4	16.9	20.5	24.2	27.9	31.8	35.6	43.6
25	—	3.0	4.1	5.4	6.6	8.0	9.4	10.9	12.5	15.8	100	—	—	14.8	18.7	22.6	26.7	30.8	35.0	39.2	47.9
30	—	3.5	4.9	6.2	7.7	9.2	10.8	12.5	14.2	17.9	110	—	—	—	20.5	24.8	29.2	33.6	38.2	42.7	52.1
35	—	4.1	5.6	7.1	8.8	10.5	12.3	14.1	16.0	20.1	125	—	—	—	—	28.0	32.9	37.9	42.9	48.1	58.6
38	—	4.1	6.0	7.6	9.4	11.2	13.1	15.1	17.1	21.4	150	—	—	—	—	33.3	39.1	45.0	50.9	57.1	69.3
40	—	4.6	6.3	8.0	9.8	11.7	13.7	15.7	17.8	22.2	180	—	—	—	—	—	—	53.6	60.5	67.7	82.2
45	—	5.1	7.0	8.9	10.9	13.0	15.1	17.3	19.6	24.3	200	—	—	—	—	—	—	59.3	67.0	74.8	90.7
50	—	5.7	7.7	9.8	12.0	14.2	16.5	18.9	21.4	26.5	230	—	—	—	—	—	—	67.8	76.5	85.5	103.5

重量换算	牌号	Pb1、Pb2	PbSb0.5	PbSb2	PbSb4	PbSb6	PbSb8
	密度/g·cm⁻³	11.34	11.32	11.25	11.15	11.06	10.97
	换算系数	1.0000	0.99982	0.9921	0.9850	0.9753	0.9674

6.2.2 铅及铅锑合金棒（见表 2.2-70）

表 2.2-70 铅及铅锑合金棒牌号、规格及用途（摘自 GB/T 1473—1988）

牌号	Pb1、Pb2、Pb3、PbSb0.5、PbSb2、PbSb4、PbSb6、PbSb8
尺寸规格	直径范围 6～100mm，名义直径（mm）分为：6、8、10、12、15、18、20、25～100（5 进级）直径允许偏差分为普通级和较高级，偏差值按 GB/T 1473—1988 的规定 长度：直径 6～20mm 者，成卷或直条交货，长度不小于 2.5m；直径 20mm 以上者，直条供货，长度不小于 1m
用途	用于各种耐酸耐蚀材料

注：1. 牌号的化学成分按 GB/T 1473—1988 的规定。
2. 在合同中没有注明者、直径允许偏差按普通级供货。
3. GB/T 1474—1988 铅及铅锑合金线规定了直径（mm）为 0.5、0.6、0.8、1.0、1.2、1.5～5.0（0.5 进级）的线材。

6.2.3 铅及铅锑合金板（见表 2.2-71）

表 2.2-71　铅及铅锑合金板牌号、尺寸规格、用途及理论重量（摘自 GB/T 1470—2005）

牌号	规格/mm			用途
	厚度	宽度	长度	
Pb1、Pb2	0.5～110	≤2500	≥1000	稀硫酸容器衬里及其他工业部门做耐酸材料，防护放射性材料之用
PbSb0.5、PbSb1、PbSb2、PbSb4、PbSb6、PbSb8、PbSb1-0.1-0.05、PbSb2-0.1-0.05、PbSb3-0.1-0.05、PbSb4-0.1-0.05、PbSb5-0.1-0.05、PbSb6-0.1-0.05、PbSb7-0.1-0.05、PbSb8-0.1-0.05、PbSb4-0.2-0.5、PbSb6-0.2-0.5、PbSb8-0.2-0.5	1.0～110			

厚度/mm	理论重量/kg·m⁻²						厚度/mm	理论重量/kg·m⁻²					
	Pb1、Pb2	PbSb0.5	PbSb2	PbSb4	PbSb6	PbSb8		Pb1、Pb2	PbSb0.5	PbSb2	PbSb4	PbSb6	PbSb8
0.5	5.67	5.66	5.63	5.58	5.53	5.48	20.0	226.80	226.40	225.00	223.00	221.20	219.40
1.0	11.34	11.32	11.25	11.15	11.06	10.97	25.0	283.50	283.00	281.25	278.75	276.50	274.25
2.0	22.68	22.64	22.50	22.30	22.12	21.94	30.0	340.20	339.60	337.50	334.50	331.80	329.10
3.0	34.02	33.96	33.75	33.45	33.18	32.91	40.0	453.60	452.80	450.00	446.00	442.40	438.80
4.0	45.36	45.28	45.00	44.60	44.24	43.88	50.0	567.00	566.00	562.50	557.50	553.00	548.50
5.0	56.70	56.60	56.25	55.75	55.30	54.85	60.0	680.40	679.20	675.00	669.00	663.60	658.20
6.0	68.04	67.92	67.50	66.90	66.36	65.82	70.0	793.80	792.40	787.50	780.50	774.20	767.90
7.0	79.38	79.24	78.75	78.05	77.42	76.79	80.0	902.20	905.60	900.00	892.00	884.80	877.60
8.0	90.72	90.56	90.00	89.20	88.48	87.76	90.0	1020.60	1018.80	1012.50	1003.50	995.40	987.30
9.0	102.06	101.88	101.25	100.35	99.54	98.73	100.0	1134.00	1132.00	1125.00	1115.00	1106.00	1097.00
10.0	113.40	113.20	112.50	111.50	110.60	109.70	110.0	1247.40	1245.20	1237.50	1226.50	1216.60	1206.70
15.0	170.10	169.80	168.75	167.25	165.90	164.55							

注：1. 牌号的化学成分应符合 GB/T 1470—2005 的规定。

2. GB/T 1470—2005 规定的铅锑合金板的硬度（维氏，HV）：PbSb2≥6.6，PbSb4≥7.2，PbSb6≥8.1，PbSb8≥9.5。

3. 板材表面应光滑、清洁、平整、不应有分层、气泡、波浪、压坑、裂纹和夹杂等缺陷，但允许有轻微和局部的不影响使用的划痕和凹坑等。

4. 标记示例：

1）用 PbSb0.5 制造的、厚度为 3.0mm、宽度为 2500mm、长度为 5000mm 的板材，标记为：板 PbSb0.5　3.0×2500×5000 GB/T 1470—2005

2）用 PbSb0.5 制造的、厚度为 3.0mm、宽度为 2500mm、长度为 5000mm 的较高精度的板材，标记为：板 PbSb0.5 较高 3.0×2500×5000　GB/T 1470—2005

6.3　轴承用铸造合金

6.3.1　铸造轴承合金锭(见表 2.2-72)

表 2.2-72　铸造轴承合金锭牌号、化学成分及性能(摘自 GB/T 8740—2005)

类别	牌号	化学成分(质量分数)(%)								技术性能			
		Sn	Pb	Sb	Cu	Fe	As	Bi	其他	布氏硬度 HBW ≤	屈服点/MPa ≤	抗压强度/MPa ≤	浇注温度/℃
锡基合金	SnSb4Cu4	余量	0.35	4.0 ~ 5.0	4.0 ~ 5.0	0.06	0.10	0.08	Al:0.005 Zn:0.005 Cd:0.05	17.0	30.3	88.6	440
	SnSb8Cu4			7.0 ~ 8.0	3.0 ~ 4.0					24.5	42.0	102.7	420
	SnSb8Cu8			7.5 ~ 8.5	7.5 ~ 8.5	0.08				27.0	45.5	121.3	490
	SnSb11Cu6			10.0 ~ 12.0	5.5 ~ 6.5		0.05	0.05			51.7	132.6	420
	SnSb12Pb10Cu4		9.0 ~ 11.0	11.0 ~ 13.0	2.5 ~ 5.0		0.10	0.08		29.0		129.3	460
铅基合金	PbSb16Sn1As1	0.8 ~ 1.2	余量	14.5 ~ 17.5	0.60	0.10	0.8 ~ 1.4	0.10		21.0	26.9	96.4	350
	PbSb15Sn10	9.3 ~ 10.7		14.0 ~ 16.0	0.50		0.3 ~ 0.6			22.5	24.5	107.9	340
	PbSb15Sn5	4.5 ~ 5.5								20.0	23.4	107.6	
	PbSb10Sn6	5.5 ~ 6.5		9.5 ~ 10.5			0.25			18.0	23.3	100.4	

6.3.2　铸造轴承合金（见表2.2-73、表2.2-74）

表2.2-73　铸造轴承合金牌号、化学成分及力学性能（摘自GB/T1174—1992）

种类	合金牌号	化学成分（质量分数）(%)														铸造方法	力学性能≥		
		Sn	Pb	Cu	Zn	Al	Sb	Ni	Mn	Si	Fe	Bi	As		其他元素总和		R_m/MPa	A(%)	布氏硬度HBW
锡基	ZSnSb12-Pb10Cu4	其余	9.0~11.0	2.5~5.0	0.01	0.01	11.0~13.0	—	—	—	0.1	0.08	0.1		0.55	J	—	—	29
锡基	ZSnSb12-Cu6Cd1	其余	0.15	4.5~6.3	0.05	0.05	10.0~13.0	0.3~0.6	—	—	0.1	—	0.4~0.7	Cd1.1~1.6 Fe+Al+Zn≤0.15	—	J	—	—	34
锡基	ZSnSb-11Cu6	其余	0.35	5.5~6.5	0.01	0.01	10.0~12.0	—	—	—	0.1	0.03	0.1		0.55	J	—	—	27
锡基	ZSnSb8-Cu4	其余	0.35	3.0~4.0	0.005	0.005	7.0~8.0	—	—	—	0.1	0.03	0.1		0.55	J	—	—	24
锡基	ZSnSb4-Cu4	其余	0.35	4.0~5.0	0.01	0.01	4.0~5.0	—	—	—	—	0.08	0.1		0.50	J	—	—	20
铅基	ZPbSb16-Sn16Cu2	15.0~17.0	其余	1.5~2.0	0.15		15.0~17.0	—	—	—	0.1	0.1	0.3		0.6	J	—	—	30
铅基	ZPbSb15-Sn5Cu3Cd2	5.0~6.0	其余	2.5~3.0	0.15	—	14.0~16.0	—	—	—	0.1	0.1	0.6~1.0	Cd1.75~2.25	0.4	J	—	—	32
铅基	ZPSb15-Sn10	9.0~11.0	其余	0.7	0.005	0.005	14.0~16.0	—	—	—	0.1	0.1	0.6	Cd0.05	0.45	J	—	—	24
铅基	ZPbSb-15Sn5	4.0~5.5	其余	0.5~1.0	0.15	0.01	14.0~15.5	—	—	—	0.1	0.1	0.2		0.75	J	—	—	20
铅基	ZPbSb-10Sn6	5.0~7.0	其余	0.7	0.005	0.005	9.0~11.0	—	—	—	0.1	0.1	0.25	Cd0.05	0.7	J	—	—	18
铜基	ZCuSn5-Pb5Zn5	4.0~6.0	4.0~6.0	其余	4.0~6.0	0.01	0.25	2.5△	—	0.01	0.30	—	—	P0.05 S0.10	0.7	S, J Li	200 250	13 13	60* 65*
铜基	ZCuSn-10P1	9.0~11.5	0.25	其余	0.05	0.01	0.05	0.10	0.05	0.02	0.10	0.005	—	P0.05~1.0 S0.05	0.7	S J Li	200 310 330	3 2 4	80* 90* 90*
铜基	ZCuPb-10Sn10	9.0~11.0	8.0~11.0	其余	2.0△	0.01	0.5	2.0△	0.2	0.01	0.25	0.005	—	P0.05 S0.10	1.0	S J Li	180 220 220	7 5 6	65* 70* 70*
铜基	ZCuPb-15Sn8	7.0~9.0	13.0~17.0	其余	2.0△	0.01	0.5	2.0△	0.2	0.01	0.25	—	—	P0.10 S0.10	1.0	S J Li	170 200 220	5 6 8	60* 65* 65*
铜基	ZCuPb-20Sn5	4.0~6.0	18.0~23.0	其余	2.0△	0.01	0.75	2.5△	0.2	0.01	0.25	—	—	P0.10 S0.10	1.0	S J	150 150	5 6	45* 55*
铜基	ZCuPb30	1.0	27.0~33.0	其余	—	0.01	0.2	—	0.3	0.02	0.5	0.005	0.10	P0.08	1.0	J	—	—	25*
铜基	ZCuAl-10Fe3	0.3	0.2	其余	0.4	8.5~11.0	—	3.0△	1.0△	0.20	2.0~4.0	—	—		1.0	S J, Li	490 540	13 15	100* 110*
铝基	ZAlSn6-Cu1Ni1	5.5~7.0	—	0.7~1.3	—	其余	—	0.7~1.3	0.1	0.7	0.7	—	—	Ti0.2 Fe+Si+Mn≤1.0	1.5	S J	110 130	10 15	35* 40*

注：1. 凡表格中所列两个数值，系指该合金主要元素含量范围，表格中所列单一数值，系指允许的其他元素最高含量。

2. 表中有"△"号为数值，不计入其他元素总和；"*"者为参考硬度值。

表 2. 2-74　铸造轴承合金特性及应用

组别	合金代号	主 要 特 征	用 途 举 例
锡基轴承合金	ZSnSb12Pb10Cu4	为含锡量最低的锡基轴承合金，其特点是：性软而韧、耐压、硬度较高，因含铅，浇注性能较其他锡基轴承合金差，热强性也较低，但价格比其他锡基轴承合金较低	适于浇注一般中速、中等载荷发动机的主轴承，但不适用于高温部分
	ZSnSb11Cu6	机械工业中应用较广的一种锡基轴承合金。其组成成分的特点是：锡含量较低，铜、锑含量较高。其性能特点是：有一定的韧性、硬度适中（27HBW）、抗压强度较高、可塑性好，所以它的减摩性和抗磨性均较好，其冲击韧度虽比 ZSnSb8Cu4、ZSnSb4Cu4 锡基轴承合金差，但比铅基轴承合金高。此外，还有优良的导热性和耐蚀性、流动性能好，膨胀系数比其他巴氏合金都小。缺点是：疲劳强度较低，故不能用于浇铸层很薄和承受较大振动载荷的轴承。此外，工作温度不能高于 110 °C，使用寿命较短	适于浇注重载、高速、工作温度低于 110° C 的重要轴承，如：2000（735，5W）以上的高速蒸汽机、500（735.5W）的涡轮压缩机和涡轮泵、1200（735.5W）以上的快速行程柴油机、750kW 以上的电动机、500kW 以上发电机，高转速的机床主轴的轴承和轴瓦
	ZSnSb8Cu4	除韧性比 ZSnSb11Cu6 较好，强度及硬度比 ZSnSb11Cu6 较低之外，其他性能与 ZSnSb11Cu6 近似，但因含锡量高，价格较 ZSnSb11Cu6 更贵	适于浇注工作温度在 100°C 以下的一般负荷压力大的大型机器轴承及轴衬、高速高载荷汽车发动机薄壁双金属轴承
	ZSnSb4Cu4	韧度是巴氏合金中最高的，强度及硬度比 ZSnSb11Cu6 略低，其他性能与 ZSnSb11Cu6 近似，但价格也最贵	用于要求韧性较大和浇注层厚度较薄的重载高速轴承，如：内燃机、涡轮机、特别是航空和汽车发动机的高速轴承及轴衬
铅基轴承合金	ZPbSb16Sn16Cu2	和 ZSnSb11Cu6 相比，它的摩擦因数较大，硬度相同，抗压强度较高，在耐磨性和使用寿命方面也不低，尤其是价格便宜得多；但其缺点是冲击韧度低，在室温下是比较脆的。当轴承经受冲击负荷的作用时，易形成裂缝和剥落；当轴承经受静载荷的作用时，工作情况比较好	适用于工作温度 < 120°C 的条件下承受无显著冲击载荷、重载高速的轴承，如：汽车拖拉机的曲柄轴承和 1200（735.5W）以内的蒸汽或水力涡轮机、750kW 以内的电动机、500kW 以内的发电机、500（735.5W）以内的压缩机以及轧钢机等轴承
	ZPbSb15Sn5Cu3Cd2	含锡量比 ZPbSb16Sn16Cu2 约低 2/3，但因加有 Cd（镉）和 As（砷），它们之间的性能却无多大差别。它是 ZPbSb16Sn16Cu2 很好的代用材料	用以代替 ZPbSb16Sn16Cu2 浇注汽车拖拉机发动机的轴承，以及船舶机械、100 ~ 250kW 电动机、抽水机、球磨机和金属切削机床齿轮箱轴承
	ZPbSb15Sn10	冲韧韧度比 ZPbSb16Sn16Cu2 高，它的摩擦因数虽然较大，但因其具有良好的磨合性和可塑性，所以仍然得到广泛的应用。合金经热处理（退火）后，塑性、韧性、强度和减摩性能均大大提高，而硬度则有所下降，故一般在浇注后均进行热处理，以改善其性能	用于浇注承受中等压力、中速和冲击负荷机械的轴承，如汽车、拖拉机发动机的曲轴轴承和连杆轴承。此外，也适用于高温轴承
	ZPbSb15Sn5	是性能较好的铅基低锡轴承合金，和锡基轴承合金 ZSnSb11Cu6 相比，耐压强度相同，塑性和热导率较差，在高温高压和中等冲击负荷的情况下，它的使用性能比锡基轴承合金差；但在温度不超过 80 ~ 100 °C 和冲击载荷较低的条件下，这种合金完全可以适用，其使用寿命并不低于锡基轴承合金 ZSnSb11Cu6	可用于低速、轻压力条件下工作的机械轴承。一般多用于浇注矿山水泵轴承，也可用于汽轮机、中等功率电动机、拖拉机发动机、空压机等轴承和轴衬

（续）

组别	合金代号	主要特征	用途举例
铅基轴承合金	ZPbSb10Sn6	是锡基轴承合金 ZSnSb4Cu4 理想的代用材料，其主要特点是：① 强度与弹性模量的比值 R_m/E 较大，抗疲劳剥落的能力较强；② 由于铅的弹性模量较小，硬度较低，因而具有较好的顺应性和嵌藏性；③ 铅有自然润滑性能，并有较好的油膜吸附能力，故有较好的抗咬合性能；④ 铅和钢的摩擦因数较小，硬度低，对轴颈的磨损小；⑤ 软硬适中，韧性好，装配时容易刮削加工，使用中容易磨合；⑥ 原材料成本低廉，制造工艺简单，浇注质量容易保证。缺点是耐蚀性和合金本身的耐磨性不如锡基轴承合金	可代替 ZSnSb4Cu4 用于浇注工作层厚度不大于 0.5mm、工作温度不超过 120°C 的条件下，承受中等载荷或高速低载荷的机械轴承。如：汽车汽油发动机、高速转子发动机、空压机、制冷机、高压油泵等主机轴承，也可用于金属切削机床、通风机、真空泵、离心泵、燃汽泵、水力透平机和一般农机上的轴承

注：铅基轴承合金 ZAlSn6Cu1Ni1 适于高速重载荷的轴承。铜基轴承合金的应用可参见加工铜合金相应牌号（见表 2.2-5）和铸造铜合金相应牌号（见表 2.2-3）。

7　有色金属及其合金国内外牌号对照

7.1　铜及铜合金国内外牌号对照（见表 2.2-75、表 2.2-76）

表 2.2-75　加工铜及铜合金国内外牌号对照

合金组别	中国 GB/T 5231	国际标准化组织 ISO	日本 JIS	德国 DIN	英国 BS	法国 NF	俄罗斯 ГОСТ	美国 ASTM
纯铜	T1	—	—	—	C103	—	M0	—
纯铜	T2	Cu-FRHC	C1100	E-Cu58	C101、C102	Cu-0.1、Cu-0.2	M1	C11000
纯铜	T3	Cu-FRTP	—	—	C104	—	M2	C12700
无氧铜	TU0	—	—	—	—	—	—	—
无氧铜	TU1	—	C1011	—	—	Cu-C2	M0Б	C10100
无氧铜	TU2	Cu-OF	C1020	OF-Cu	103	Cu-C1	M1Б	C10200
磷脱氧铜	TP1	Cu-DLP	C1201	SW-Cu	—	Cu-b2	M1P	C12000
磷脱氧铜	TP2	Cu-DHP	C1220	SF-Cu	C106	Cu-b1	M2P	C12200 C12300
银铜	TAg0.1	CuAg0.1	—	CuAg0.1	—	—	БрСр0.1	—
普通黄铜	H96	CuZn5	C2100	CuZn5	CZ125	CuZn5	Л96	C21000
普通黄铜	H90	CuZn10	C2200	CuZn10	CZ101	CuZn10	Л90	C22000
普通黄铜	H85	CuZn15	C2300	CuZn15	CZ102	CuZn15	Л85	C23000
普通黄铜	H80	CuZn20	C2400	CuZn20	CZ103	CuZn20	Л80	C24000
普通黄铜	H70	CuZn30	C2600	CuZn30	CZ106	CuZn30	Л70	C26000
普通黄铜	H68	—	—	CuZn33	—	—	Л68	C26200
普通黄铜	H65	CuZn35	C2700	CuZn36	CZ107	CuZn33	—	C27000
普通黄铜	H63	CuZn37	C2720	CuZn37	CZ108	CuZn37	Л63	C27200
普通黄铜	H62	CuZn40	C2800	—	CZ109	CuZn40	—	C28000
普通黄铜	H59	—	C2800	CuZn40	CZ109	—	Л60	C28000
镍黄铜	HNi65-5	—	—	—	—	—	ЛН65-5	—
镍黄铜	HNi56-3	—	—	—	—	—	—	—
铁黄铜	HFe59-1-1	—	—	CuZn40Al1	CZ114	—	ЛЖМЦ59-1-1	C67820
铁黄铜	HFe58-1-1	—	—	—	—	—	ЛЖС58-1-1	—

（续）

合金组别	中国 GB/T 5231	国际标准化组织 ISO	日本 JIS	德国 DIN	英国 BS	法国 NF	俄罗斯 ГОСТ	美国 ASTM
铅黄铜	HPb89-2	—	—	—	—	—	—	—
	HPb66-0.5	—	—	—	—	—	—	—
	HPb63-3	—	C3450	CuZn36Pb3	CZ124	—	ЛС63-3	C34500
	HPb63-0.1	—	—	CuZn37Pb0.5	—	—	—	—
	HPb62-0.8	CuZn37Pb1	C3710	—	—	—	—	C35000
	HPb62-3	—	—	—	—	—	—	—
	HPb62-2	—	—	—	—	—	—	—
	HPb61-1	—	C3710	CuZn39Pb0.5	CZ123	CuZn40Pb	ЛС60-1	C37100
	HPb60-2	—	—	—	—	—	—	—
	HPb59-3	—	—	—	—	—	—	—
	HPb59-1	CuZn39Pb1	C3771	CuZn40Pb2	CZ122	—	ЛС59-1	C37710
铝黄铜	HAl77-2	—	—	—	—	—	—	—
	HAl67-2.5	—	—	—	—	—	—	—
	HAl66-6-3-2	—	—	—	CZ116	—	—	—
	HAl61-4-3-1	—	—	—	—	—	—	—
	HAl60-1-1	CuZn39Al-FeMn	—	—	CZ115	—	ЛАЖ60-1-1	C67800
	HAl59-3-2	—	—	—	—	—	ЛАН59-3-2	—
锰黄铜	HMn62-3-3-0.7	—	—	—	—	—	—	—
	HMn58-2	—	—	CuZn40Mn	—	—	ЛМЦ58-2	—
	HMn57-3-1	—	—	—	—	—	ЛМЦА57-3-1	—
	HMn55-3-1	—	—	—	—	—	—	—
锡黄铜	HSn90-1	—	—	—	—	—	ГО90-1	C40400
	HSn70-1	—	—	—	—	—	—	—
	HSn62-1	CuZn38Sn1	C4620	CuZn39Sn	CZ112	—	ГО62-1	C46400
	HSn60-1	—	—	—	CZ113	CuZn38Sn1	ГО60-1	C48600
加砷黄铜	H85A	—	—	—	—	—	—	—
	HSn70-1	CuZn28Sn1	C4430	CuZn28Sn	CZ111	CuZn29Sn1	ГО70-1	C44300
	H68A	CuZn30As	—	—	CZ216	CuZn30	—	C26130
硅黄铜	HSi80-3	—	—	—	—	—	ЛК80-3	—
锡青铜	QSn1.5-0.2	—	—	—	—	—	—	—
	QSn4-0.3	—	—	—	—	—	—	—
	QSn4-3	CuSn4Zn2	—	—	—	—	БРОЦ4-3	—
	QSn4-4-2.5	—	—	—	—	—	БРОЦ4-4-2.5	—
	QSn4-4-4	CuSnPb4Zn3	—	—	—	CuSn4Zn4Pb4	БРОЦ4-4-4	C54400
	QSn6.5-0.1	CuSn6	C5191	CuSn6	PB103	CuSn6P	БРОФ6.5-0.15	C51900
	QSn6.5-0.4	CuSn6	C5191	CuSn6	PB103	CuSn6P	БРОФ6.5-0.4	C51900
	QSn7-0.2	CuSn8	C5210	CuSn8	—	CuSn8P	БРОФ7-0.2	C52100
	QSn8-0.3	—	—	—	—	—	—	—
铝青铜	QAl5	CuAl5	—	CuAl5As	CA101	CuAl6	БРА5	C60600
	QAl7	CuAl7	—	CuAl8	CA102	CuAl8	БРА7	C61000
	QAl9-2	CuAl9Mn2	—	CuAl9Mn2	—	—	БРАМЦ9-2	—
	QAl9-4	CuAl10Fe3	—	—	—	—	БРАЖ9-4	C62300
	QAl9-5-1-1	—	C628	—	—	—	—	—
	QAl10-3-1.5	—	—	CuAl10Fe-3Mn2	—	—	БРАЖМЦ 10-3-1.5	C63200
	QAl10-4-4	CuAl10Ni5Fe5	—	CuAl10Ni5Fe4	CA104	CuAl10Ni5Fe4	БРАЖН10-4-4	C63300
	QAl10-5-5	—	C6301	—	CA105	—	—	C63280
	QAl11-6-6	—	—	CuAl11Ni6Fe6	—	—	—	C62730

（续）

合金组别	中国 GB/T 5231	国际标准化组织 ISO	日本 JIS	德国 DIN	英国 BS	法国 NF	俄罗斯 ГОСТ	美国 ASTM
铍青铜	QBe2	CuBe2	C1720	CuBe2	—	CuBe1. 9	БРЪ2	C17200
	QBe1. 9	—	—	—	—	CuBe1. 9	БРЪНТ1. 9	—
	QBe1. 9-0. 1	—	—	—	—	—	БРЪНТ1. 9МГ	—
	QBe1. 7	CuBe1. 7	C1700	CuBe1. 7	CB101	CuBe1. 7	БРЪНТ1. 7	C17000
	QBe0. 6-2. 5	—	—	—	—	—	—	—
	QBe0. 4-1. 8	—	—	—	—	—	—	—
	QBe0. 3-1. 5	—	—	—	—	—	—	—
硅青铜	QSi3-1	CuSi3Mn1	—	CuSi3Mn	CS101	—	БРКМЦ3-1	C65500 C65800
	QSi-3	—	—	CuNi3Si	—	—	БРКН1-3	—
	QSi3. 5-3-1. 5	—	—	—	—	—	—	—
锰青铜	QMn1. 5	—	—	CuMn2	—	—	—	—
	QMn2	—	—	CuMn2	—	—	—	—
	QMn5	—	—	CuMn5	—	—	БРМЦ5	—
锆青铜	QZr0. 2	—	—	CuZr	—	—	—	C15000
	QZr0. 4	—	—	—	—	—	—	—
铬青铜	QCr0. 5	CuCr1	—	CuCr	CC101	—	БРх1	C18200
	QCr0. 5-0. 2-0. 1	—	—	—	—	—	—	—
	QCr0. 6-0. 4-0. 05	CuCr1Zr	—	—	CC102	—	—	C18100
	QCr1	—	—	—	—	—	—	—
镉青铜	QCd1	CuCd1	—	CuCd1	C108	—	БРКД1	C16200
镁青铜	QMg0. 8	—	—	CuMg0. 7	—	—	БРМГ0. 3	—
铁青铜	QFe2. 5	—	—	—	—	—	—	—
碲青铜	QTe0. 5	—	—	—	—	—	—	—
普通白铜	B0. 6	—	—	—	—	—	МН0. 6	—
	B5	—	—	CuNi5Fe	CN101	CuNi5	МН6	—
	B19	—	C7100	CuNi20Fe	CN104	CuNi20	МН19	C71000
	B25	CuNi25	—	CuNi25	CN105	CuNi25	МН25	C71300
	B30	—	—	—	—	—	—	—
铁白铜	BFe5-1. 5-0. 5	—	—	—	—	—	—	—
	BFe10-1-1	CuNi10Fe1Mn	—	CuNi10Fe	CN102	CuNi10Fe1Mn	МНЖМЦ10-1-1	C70600
	BFe30-1-1	CuNi30Mn1Fe	—	CuNi30Mn	CN107	CuNi30Mn1Fe	МНЖМЦ30-1-1	C71630
锰白铜	BMn3-12	—	—	—	—	—	МНМЦ3-12	—
	BMn40-1. 5	—	—	—	—	—	МНМЦ40-1. 5	—
	BMn43-0. 5	CuNi44Mn1	—	CuNi44	—	CuNi44Mn	МНМЦ43-0. 5	—
锌白铜	BZn18-18							
	BZn18-26							
	BZn15-20	CuNi15Zn21	C7541	—	NS105	—	МНЦ15-20	C75400
	BZn15-21-1. 8	—	—	—	NS112	—	—	—
	BZn15-24-1. 5	—	—	—	—	—	МНЦС16-29-1. 8	—
铝白铜	BAl3-3	—	—	—	—	—	МНА13-3	—
	BAl6-1. 5	—	—	—	—	—	МНА6-1. 5	—

表 2.2-76　铸造铜合金国内外牌号对照

中国 GB/T 1176	国际标准化组织 ISO	日本 JIS	德国 DIN	英国 BS	法国 NF	俄罗斯 ГОСТ	美国 ASTM
ZCuSn3Zn8Pb6Ni	—	—	G-CuSn2ZnPb	LG1	—	БРО3Ц7С5Н1	C83800
ZCuSn3Z11Pb4	—	BC1	—	—	—	БРО3Ц12С5	C84500
ZCuSn5Pb5Zn5	CuPb5Sn5Zn5	BC6	C-CuSn5ZnPb	LG2	CuPb5Sn5Zn5	БРО5Ц5С5	C83600
ZCuSn10P1	CuSn10P	PBC2B	—	PB4	—	БРО10Ф1	C90700
ZCuSn10Pb5	—	LBC2	G-CuPb5Sn	—	—	БРО10С5	—
ZCuSn10Zn2	CuSn10Z2	BC3	G-CuSn10Zn	G1	CuSn12	БРО10Ц2	C90500
ZCuPb10Sn10	CuPb10Sn10	LBC3	G-CuPb10Sn	LB2	CuPb10Sn10	БРО10С10	—
ZCuPb15Sn8	CuPb15Sn8	LBC4	G-CuPb15Sn	LB1	—	—	—
ZCuPb17Sn4Zn4	—	—	—	—	—	БРО4Ц4С17	—
ZCuPb20Sn5	CuPb20Sn5	LBC5	G-CuPb20Sn	LB5	CuPb20Sn5	—	—
ZCuPb30	—	—	—	—	—	БРС30	—
ZCuAl8Mn13Fe3	—	—	—	—	—	—	—
ZCuAl8Mn13Fe3Ni2	—	ALBC4	Al-MnBZ13	CMA1	—	НВВа-70	C95700
ZCuAl9Mn2	—	—	G-CuAl9Mn	—	—	БРАМЦ9-2	—
ZCuAl9Fe4 Ni4Mn2	—	ALBC3	—	AB2	CuAl10Fe5Ni5	БРАЖНМЦ9 -4-4-1	C95800
ZCuAl10Fe3	CuAl10Fe3	ALBC1	G-CuAl10Fe	AB1	CuAl10Fe3	БРАЖ9-4Л	C95200
ZCuAL10Fe3Mn2	—	—	—	—	CuAl10Fe3	БРАЖМЦ 10-3-1. 5	—
ZCuZn38	—	YBSC1	—	DCB1	—	Л62Л	C85500
ZCuZ25Al6 Fe3Mn3	CuZn25Al6 Fe3Mn3	HBSC4	G-CuZn25Al5	HTB-3	CuZn19Al6	ЛАЖМЦ 66-6-3-2	C86300
ZCuZn26Al14 Fe3Mn3	CuZn26Al14 Fe3Mn3	HBSC3	—	HTB-2	—	—	C86200
ZCuZn31Al2	—	—	—	—	—	ЛА67-2	—
ZCuZn35Al2 Mn2Fe1	CuZn35Al FeMn	HBSC1	G-CuZn35Al1	HTB-1	—	ЛАМ59-1-1Л	C86500
ZCuZn38Mn2Pb2	—	—	—	—	—	ЛМЦС58-2-2	—
ZCuZn40Mn2	—	—	—	—	—	ЛМЦС58-2	—
ZCuZn40Mn3Fe1	—	HBSC2	—	—	—	ЛМЦЖ55-3-1	C86800
ZCuZn33Pb2	CuZn33Pb	YBSC3	—	SCB3	—	—	C85400
ZCuZn40Pb2	CuZn40Pb	—	G-CuZn37Pb	DCB3	—	ЛС59-1Л	C85700
ZCuZn16Si4	—	—	G-CuZn15Si4	—	—	ЛК80-3Л	C87400 C87800

7.2　铝及铝合金国内外牌号对照（见表2.2-77～表2.2-79）

表2.2-77　变形铝及铝合金国内外牌号对照

中国 GB	国际牌号	ISO 牌号	欧洲 EN（ENAW－）		日本 JIS	俄罗斯 ГОСТ
			数字型	化学元素符号型		
1A99	1199		1199	Al99.99	1N99	АВ000
1A90	1090		1090	Al99.90	1N90	АВ1
1080	1080	Al99.8			A1080	
1080A	1080A	Al99.8（A）	1080A	Al99.8（A）		
1070	1070				A1070	
1070A	1070A	Al99.7	1070A	Al99.7		АВ00
1370	1370	E-Al99.7	1370	EAl99.7		
1060、1A60	1060	Al99.6	1060	Al99.6	A1060	
1050、1A50	1050				A1050	1011
1050A	1050A	Al99.5	1050A	Al99.5		（АД0）
1350	1350	E-Al99.5	1350	EAl99.5		（АД0Е）
1145、1A45	1145					
1035	1035					
1235、1A35	1235		1235	Al99.35		
1A30	1230					1013（АД1）
1200	1200	Al99.0	1200	Al99.0	A1200	
1100	1100	Al99.0Cu	1100	Al99.0Cu	A1100	A2
2004	2004					
2A50、2B50						
2011	2011	AlCu6BiPb	2011	AlCu6BiPb	A2011	
2014、2A14	2014	AlCu4SiMg	2014	AlCu4SiMg	A2014	1380（АК8）
2014A	2014A	AlCu4SiMg（A）	2014A	AlCu4SiMg（A）		
2214	2214		2214	AlCu4SiMg（B）		
2017、2A11、2B11	2017	AlCu4MgSi			A2017	
2017A	2017A	AlCu4MgSi（A）	2017A	AlCu4MgSi（A）		1100（Д1）
2117、2A01	2117	AlCu2.5Mg	2117	AlCu2.5MgA	A2117	1111（Д1П）
2A21、2A90	2018				A2018	
2218	2218				A2218	
2618、2A70、2B70	2618	AlCu2MgNi	2618A	AlCu2Mg1.5Ni	A2618	1140（АК4）
2219	2219	AlCu6Mn	2219	AlCu6Mn	A2219	
2A16、2B16、2A20	2319		2319	AlCu6Mn（A）		

（续）

中国 GB	国际牌号	ISO 牌号	欧洲 EN（ENAW－）数字型	欧洲 EN（ENAW－）化学元素符号型	日本 JIS	俄罗斯 ГОСТ
2024、2A12 2B12、2A06 2124 2A25	2024 2124 2524	AlCu4Mg1	2024 2124	AlCu4Mg1 AlCu4Mg1（A）	A2024	1160（Д16） （Д16П）
3003、3A21 3103	3003 3103	AlMn1Cu AlMn1	3003 3103	AlMn1Cu AlMn1	A3003	1400（АМП）
3004 3104	3004 3104	AlMn1Mg1 AlMn1Mg1Cu	3004 3104	AlMn1Mg1 AlMn1Mg1Cu	A3004	
3005 3105	3005 3105	AlMn1Mg0.5 AlMn0.5Mg0.5	3005 3105	AlMn1Mg0.5 AlMn0.5Mg0.5	A3005 A3105	
4004	4004		4004	AlSi10Mg1.5		
4032、4A11	4032		4032	AlSi12.5MgCuNi	A4032	
4043、4A01 4A13	4043 4343	AlSi5	4043A 4343	AlSi5（A） AlSi7.5	A4043	
4047、4A17 4047A	4047 4047A	AlSi12 AlSi12（A）	4047A	AlSi12（A）	A4047	
5005	5005	AlMg1（B）	5005	AlMg1（B）	A5005	（AMr1）
5019	5019	AlMg5	5019	AlMg5		1551（AMr5П）
5042	5042		5042	AlMg3.5Mn		
5050	5050	AlMg1.5（C）	5050	AlMg1.5（C）		
5A66 5251	5051A 5251	AlMg2	5051A 5251	AlMg2（B） AlMg2		1520（AMr2）
5052、5A02	5052	AlMg2.5	5052	AlMg2.5	A5052	
5154、5A03 5154A 5454 5554 5754	5154 5154A 5454 5554 5754	AlMg3.5 AlMg3.5（A） AlMg3Mn AlMg3Mn（A） AlMg3	 5154A 5454 5554 5754	 AlMg3.5（A） AlMg3Mn AlMg3Mn（A） AlMg3	A5154 A5454	1530（AMr3）
5056 5456、5A05、5B05 5A30	5056 5456 5556	AlMg5Cr AlMg5Mn1	5056A 5456A 5556A	AlMg5 AlMg5Mn1（A） AlMg5Mn	A5056	1550（AMr5）
5A43	5357					
5082 5182	5082 5182		5082 5182	AlMg4.5 AlMg4.5Mn0.4	A5082 A5182	

（续）

中国 GB	国际牌号	ISO 牌号	欧洲 EN（ENAW-）		日本 JIS	俄罗斯 ГОСТ
			数字型	化学元素符号型		
5083 5183	5083 5183	AlMg4.5Mn0.7 AlMg4.5Mn0.7（A）	5083 5183	AlMg4.5Mn0.7 AlMg4.5Mn0.7（A）	A5083	1540（AMr4.5）
5086	5086	AlMg4	5086	AlMg4	A5086	
6101 6101A	6101 6101A	E-AlMgSi E-AlMgSi（A）	6101 6101A	EAlMgSi EAlMgSi（A）		
6005 6005A	6005 6005A	AlSiMg AlSiMg（A）	6005 6005A	AlSiMg AlSiMg（A）		
6A10	6110A					
6A02、6B02 6351	6151 6351	AlSiMg0.5Mn	6351	AlSiMg0.5Mn	A6151	1340（AB）
6060	6060	AlMgSi	6060	AlMgSi		
6061	6061	AlMg1SiCu	6061	AlMgSiCu	A6061	1330（АД33）
6063 6063A	6063 6063A	AlMg0.7Si AlMg0.7Si（A）	6063 6063A	AlMg0.7Si AlMg0.7Si（A）	A6063	1310（АД31）
6070	6070					
6181	6181	AlSi1Mg0.8	6181	AlSi1Mg0.8		
6082	6082	AlSi1MgMn	6082	AlSi1MgMn		（АД35）
7003	7003		7003	AlZn6Mg0.8Zr		
7005、7A05	7005	AlZn4.5Mg1.5Mn	7005	AlZn4.5Mg1.5Mn		
7A04	7010		7010	AlZn6MgCu		
7A52	7017					
7020	7020	AlZn4.5Mg1	7020	AlZn4.5Mg1		1925C
7022	7022		7022	AlZn5Mg3Cu		
7A15	7023					
7A19	7028					
7A31	7039		7039	AlZn4Mg3		
7050	7050	AlZn6CuMgZr	7050	ZlZn6CuMgZr	7050	
7A01	7072		7072	AlZn1	7072	
7075、7A09 7475	7075 7475	AlZn5.5MgCu AlZn5.5MgCu（A）	7075 7475	AlZn5.5MgCu AlZn5.5MgCu（A）	7075	1950（B95）
8011	8011		8011A	AlFeSi（A）		
8090	8090		8090	AlLi2.5Cu1.5Mg		

表 2.2-78　铸造铝合金国内外牌号对照

中国 GB/T 1173		国际标准化组织 ISO	日本 JIS	德国 DIN	英国 BS	法国 NF	俄罗斯 ГОСТ	美国 ASTM
合金牌号	合金代号							
ZAlSi7Mg	ZL101	AlSi7Mg (Fe)	AC4C	G-AlSi7Mg	LM25	A-S7G	АЛ9	A03560
ZAlSi7MgA	ZL101A	AlSi7Mg	AC4CH	G-AlSi7Mg	—	A-S7G03	АЛ9-1	A13560
ZAlSi12	ZL102	AlSi12	AC3A	G-AlSi12	LM6	A-S13	АЛ9-2	A04130
ZAlSi9Mg	ZL104	AlSi10Mg	AC4A	G-AlSi10Mg	LM9	A-S9G	АЛ4	A03600
ZAlSi5Cu1Mg	ZL105	AlSi5Cu1Mg	AC4D	G-AlSi5 (Cu)	LM16	—	АЛ5	A03550
ZAlSi5Cu1MgA	ZL105A	—	—	—	—	—	АЛ5-1	A33550
ZAlSi8Cu1Mg	ZL106	—	—	G-AlSi8Cu3	LM27	—	АЛ32	A03280
ZAlSi7Cu4	ZL107	AlSi6Cu4	AC2B	G-AlSi6Cu4	LM21	—	—	A03190
ZAlSi12Cu2Mg1	ZL108	—	—	G-AlSi12Cu	—	—	АЛ25	A23320
ZAlSi2Cu1Mg1Ni1	ZL109	—	AC8A	—	LM13	A-S12UNG	АЛ30	A13320
ZAlSi5Cu6Mg	ZL110	—	—	—	—	—	—	—
ZAlSi9Cu2Mg	ZL111	—	—	G-AlSi8Cu3	—	—	—	A03540
ZAlSi7Mg1A	ZL114	—	—	—	—	A-S7G06	—	A13570
ZAlSi5Zn1Mg	ZL115	—	—	—	—	—	—	—
ZAlSi8MgBe	ZL116	—	—	—	—	—	АЛ34	—
ZAlCu5Mn	ZL201	—	—	—	—	—	АЛ19	—
ZAlCu5MnA	ZL201A	—	—	—	—	—	—	—
ZAlCu4	ZL203	AlCu4Ti	AC1A	G-AlCu4Ti	—	—	АЛ7	A02950
ZAlCu5MnCdA	ZL204A	—	—	—	—	—	—	—
ZAlCu5MnCdVA	ZL205A	—	—	—	—	—	—	—
ZAlRE5Cu3Si2	ZL207	—	—	—	—	—	АЦР-1	—
ZAlMg10	ZL301	AlMg10	AC7B	G-AlMg10	LM10	—	АЛ8	A05200
ZAlMg5Si1	ZL303	AlMg5Si1	—	G-AlMg5Si	LM5	—	АЛ13	A25140
ZAlMg8Zn1	ZL305	—	—	—	—	—	—	—
ZAlZn11Si7	ZL401	—	—	—	—	—	АЛ11	—
ZAlZn6Mg	ZL402	AlZn5Mg	—	—	—	A-Z5G	—	A07120

表 2.2-79　压铸铝合金国内外牌号对照

合金系列	中国 GB/T 15115—2009	美国 ASTM B179—06	日本 JIS H 2118：2006	欧洲 EN 1676：1997
Al-Si 系	YL102	A413.1	AD1.1	EN AB-47100
Al-Si-Mg 系	YL101	A360.1	AD3.1	EN AB-43400
	YL104	360.2	—	—
Al-Si-Cu 系	YL112	A380.1	AD10.1	EN AB-46200
	YL113	383.1	AD12.1	EN AB-46100
	YL117	B390.1	AD14.1	—
Al-Mg 系	YL302	518.1	—	—

注：本表为 GB/T 15115—2009《压铸铝合金》附录的资料。

7.3　钛及钛合金国内外牌号对照（见表2.2-80、表2.2-81）

表2.2-80　加工钛及钛合金国内外牌号对照

中国 GB/T 3620.1	国际标准化组织 ISO	日本 JIS	德国[①] DIN	英国 BS	法国 NF	俄罗斯 ГОСТ	美国 ASTM
TA1	Grade1	1级	3.7035（Ti2）	—	T40	BT10	Grade1
TA2	Grade2	2级	3.7055（Ti3）	—	—	—	Grade2
TA3	Grade3	3级	3.7065（Ti4）	—	—	—	Grade3
TA6	—	—	—	—	—	BT5	—
TA7	—	—	TiAl5Sn2（TIAL5S2.5）	—	—	BT5-1	Grade6
TA7（ELI）	—	—	—	—	—	—	—
TC1	—	—	—	—	—	OT4-1	—
TC2	—	—	—	—	—	OT4	—
TC4	Ti-6Al-4V	—	TiAl6V4	（Ti-6Al-4V）	TA6V	BT6	Grade5
TC6	—	—	—	—	—	BT3-1	—
TC10	—	—	（TiAl6V6Sn2）	—	—	—	—
TC11	—	—	—	—	—	BT9	—

① 括号中是新标准草案规定的牌号。

表2.2-81　铸造钛及钛合金国内外牌号对照

中国 GB/T 15073	国际标准化组织 ISO	俄罗斯 ГОСТ	美国 ASTM	日本 JIS	德国 DIN
ZTA1	—	BT1Л	C-1级	KS50-C	G-T199.2
ZTA2	—	—	C-2级	KS50-LFC	G-T199.4
ZTA3	—	—	C-3级	KS70-C	G-T199.5
ZTA5	—	BT5Л	—	—	—
ZTA7	—	—	C-6级	KS115AS-C	G-TiAl5Sn2.5
ZTB32	—	—	—	—	—
ZTC4	—	BT6Л	C-5级	KS130AV-C	G-TiAl6V4
ZTC21	—	—	—	—	—

7.4　镁及镁合金国内外牌号对照（见表2.2-82、表2.2-83）

表2.2-82　加工镁合金国内外牌号对照

中国 GB/T 5153	国际标准化组织 ISO	日本 JIS	德国 DIN	英国 BS	法国 NF	俄罗斯 ГОСТ	美国 ASTM
MB1	—	—	MgMn2	MAG101	G-M2	MA1	AIMIA
MB2	—	M1	MgAl3Zn	MAG111	—	MA2	AZ31C
MB3	—	—	—	—	—	MA2-1	—

（续）

中国 GB/T 5153	国际标准化 组织 ISO	日本 JIS	德国 DIN	英国 BS	法国 NF	俄罗斯 ГОСТ	美国 ASTM
MB5	—	M2	MgAl6Zn	MAG121	—	MA3	AZ61A
MB6	—	—	MgAl6Zn3	—	—	MA4	—
MB7	—	AZ61A	MgAl7Zn	—	—	MA5	AZ80X
MB8	—	AZ80A	AM537	—	—	MA8	—
MB15	—	ZK60A	MgZn6Zr	MAG161	—	（MB65-1）	ZK60A

表 2.2-83　铸造镁合金国内外牌号对照

中国 GB/T 1177	国际标准化 组织 ISO	日本 JIS	德国 DIN	英国 BS	法国 NF	俄罗斯 ГОСТ	美国 ASTM
ZM1	—	MC6	—	MAG4	—	МЛ12	ZK51A
ZM2	—	—	G-MgZn4Se1Zr1	MAG5	531G-Z4TV	МЛ15	ZE41A
ZM3	—	—	—	MAG6	—	МЛ11	EK41A
ZM4	Mg- RE3Zn2Zr	—	G-MgRE3Zn2Zr1 （ZRE1）	MAG6 （ZRE1） 2L126	G-TR3Z2Zr G-Tr3Zr （ZRE1）	—	EZ33A
ZM5	Mg-Al8Zn Mg-Al9Zn	MC2	G-MgAl8Zn1 （AZ81） G-MgAl9Zn1 （AZ91）	MAG1 3L112	G-A8Z G-A9Z	МЛ5	AZ81A AZ91C
ZM6	—	—	—	—	—	МЛ6	—
ZM7	—	—	—	—	—	—	—
ZM10	Mg-Al9Zn	—	G-MgAl9Zn1 （AZ91）	MAG3 3L125	G-A9Z	МЛ10	AM100A

7.5　轴承合金国内外牌号对照（见表 2.2-84）

表 2.2-84　轴承合金国内外牌号对照

类别	中　国 GB	俄罗斯 ГОСТ	美国 ASTM	英国 BS	德国 DIN	日本 JIS
锡基轴承合金	ZChSnSb12-4-10		锡系 No3			WJ4
	ZChSnSb11-6	Б83		BS3332/3		WJ3
	ZChSnSb8-4	Б89	锡系 No2，锡系 No11	BS3332/1	LgSn89	WJ2
	ZChSnSb4-4	Б91	锡系 No1	1号		WJ1
	ZChSnSb12-3-10			BS3332/4		
铅锑轴承合金	ZChPbSb16-16-2	Б16				
	ZChPbSb15-5-3	Б6				
	ZChPbSb15-10	Б7	铅系 No7，铅系 No15	7号 3332/7	WM10LgPbSn10	WJ7
	ZChPbSb15-5	Б5		6号 3332/7	WM5	
	ZChPbSb10-6		铅系 No13	13号		W19

第3章　非金属材料

1　橡胶及橡胶制品

1.1　工程常用橡胶的性能及应用（见表2.3-1～表2.3-4）

表2.3-1　工程常用橡胶的种类、特性及应用

种类（代号）	化学组成	特　　性	应用举例
天然橡胶（NR）	以橡胶烃（聚异戊二烯）为主，另含少量蛋白质、水分、树脂酸、糖类和无机盐	弹性大，拉伸强度高，抗撕裂性和电绝缘性优良，耐磨、耐寒性好，加工性佳，易与其他材料粘合，综合性能优于多数合成橡胶。缺点是耐氧及耐臭氧性差，容易老化，耐油、耐溶剂性不好，耐酸碱腐蚀的能力低，耐热性不高	制作轮胎、胶鞋、胶管、胶带、电线电缆的绝缘层和护套，以及其他通用橡胶制品
丁苯橡胶（SBR）	丁二烯和苯乙烯的共聚物	耐磨性突出，耐老化和耐热性超过天然橡胶，其他性能与天然橡胶接近。缺点是弹性和加工性能较天然橡胶差，特别是自粘性差，生胶强度低	代替天然橡胶制作轮胎、胶板、胶管、胶鞋及其他通用制品
顺丁橡胶（BR）	由丁二烯聚合而成的顺式结构橡胶	结构与天然橡胶基本一致。它的突出优点是弹性与耐磨性优良，耐老化性佳，耐低温性优越，在动负荷下发热量小，易与金属粘合；但强度较低，抗撕裂性差，加工性能与自粘性差，产量仅次于丁苯橡胶	一般和天然或丁苯橡胶混用，主要用于制作轮胎胎面、运输带和特殊耐寒制品
异戊橡胶（IR）	以异戊二烯为单体聚合而成，组成和结构均与天然橡胶相似	又称合成天然橡胶，具有天然橡胶的大部分优点，吸水性低，电绝缘性好，耐老化性优于天然橡胶，但弹性和加工性能比天然胶较差，成本较高	可代替天然橡胶制作轮胎、胶鞋、胶管、胶带，以及其他通用橡胶制品
丁基橡胶（IIR）	异丁烯和少量异戊二烯的共聚物，又称异丁橡胶	耐老化性及气密性、耐热性优于一般通用橡胶，吸振及阻尼特性良好，耐酸碱、耐一般无机介质及动植物油脂，电绝缘性亦佳，但弹性不好，加工性能差，表现在硫化慢，难粘，动态生热大	主要用于制作内胎、水胎、气球、电线电缆绝缘层、化工设备衬里及防振制品、耐热运输带、耐热耐老化胶布制品
氯丁橡胶（CR）	由氯丁二烯作单体，乳液聚合而成的聚合物	有优良的抗氧、抗臭氧及耐候性，不易燃，着火后能自熄，耐油、耐溶剂及耐酸碱性、气密性等亦较好。主要缺点是耐寒性较差，密度较大，相对成本高，电绝缘性不好，加工时易粘辊、焦烧及粘膜。此外，生胶稳定性差，不易保存。产量次于丁苯橡胶、顺丁橡胶，在合成橡胶中居第三位	主要用于制作要求抗臭氧、耐老化性高的重型电缆护套，耐油、耐化学腐蚀的胶管、胶带和化工设备衬里、耐燃的地下采矿用制品，以及汽车门窗嵌条、密封圈等
丁腈橡胶（NBR）	丁二烯与丙烯腈的共聚物	耐油性仅次于聚硫橡胶、丙烯酸酯橡胶及氟橡胶而优于其他通用胶，耐热性较好，可达150℃，气密性和耐水性良好，粘接力强，但耐寒、耐臭氧性较差，强度及弹性较低，电绝缘性不好，耐酸及耐极性溶剂性能较差	主要用于制作各种耐油制品，如耐油的胶管、密封圈、贮油槽衬里等，也可用于制作耐热运输带
二元、三元乙丙橡胶（EPM、EPDM）	是乙烯和丙烯的共聚物。一般分二元乙丙橡胶和三元乙丙橡胶（乙烯、丙烯和二烯类三元共聚）两类	为密度小、颜色浅、成本较低的品种。耐化学稳定性很好（仅不耐浓硝酸），耐臭氧及耐候性优异，电绝缘性突出，耐热可达150℃，耐极性溶剂但不耐脂肪烃及芳香烃。其他综合物理力学性能略次于天然橡胶而优于丁苯橡胶。缺点是硫化缓慢、粘着性差	主要用于制作化工设备衬里、电线电缆绝缘层、蒸汽胶管、耐热运输带、汽车配件（散热管及发动机部位的橡胶零件）及其他工业制品
氯磺化聚乙烯橡胶（CSM）	用氯和二氧化硫处理（即氯磺化）聚乙烯后，再经硫化而成	耐臭氧及耐日光老化性优良，耐候性高于其他橡胶。不易燃，耐热、耐酸碱及耐溶剂性能也较好，电绝缘性尚佳，耐磨性良好。缺点是抗撕裂性不太好，加工性能差，价格较贵	用于制作臭氧发生器上的密封材料、耐油垫圈、电线电缆包皮及绝缘层、耐腐蚀件及化工设备衬里等

（续）

种类（代号）	化学组成	特　性	应用举例
丙烯酸酯橡胶（AR）	烷基丙烯酸酯与不饱和单体（如丙烯腈）的共聚物	最大特点是兼有耐油、耐热性能，可在180℃以下热油中使用，还耐日光老化、耐氧与臭氧、耐紫外光，气密性也较好。缺点是耐低温性较差，不耐水及蒸汽，强度、弹性及耐磨性均较差，在苯及丙酮溶剂中膨胀较大，加工性能不好	可用于制作一切需要耐油、耐热、耐老化的制品，如耐热油软管、油封等
聚氨酯橡胶（UR）	由聚酯或聚醚与二异氰酸酯类化合物聚合而成	耐磨性高于其他橡胶，强度高，耐油性好，其他如耐臭氧、耐氧及日光老化、气密性等均很好。缺点是耐热、耐水、耐酸碱性能差	用于制作轮胎及耐油、耐苯零件、垫圈、防振制品及其他要求耐磨、高强度零件
硅橡胶（SR）	主链为硅氧原子组成的、带有机基团的缩聚物	耐高温（可达300℃）及低温（最低-100℃）性能突出，电绝缘性优良，对热氧化和臭氧的稳定性高。缺点是机械强度较低，耐油、耐酸碱、耐溶剂性较差，价格较贵	用于制作耐高低温制品（如胶管、密封件），耐高温电绝缘制品
氟橡胶（FPM）	由含氟单体共聚而得	耐高温可达300℃，耐介质腐蚀性高于其他橡胶（耐酸碱、耐油性是橡胶中最好的），抗辐射及高真空性优良。此外，机械强度、电绝缘性、耐老化性能都很好，是性能全面的特种合成橡胶。缺点是加工性差，价格贵	用于制作耐化学腐蚀制品，如化工衬里、垫圈、高级密封件、高真空橡胶件
聚硫橡胶（PSR）	三氯乙烷和多硫化钠的缩聚物。为分子主链中含有硫原子的特种橡胶	耐油及耐各种化学介质腐蚀性能特别高，在这方面仅次于氟橡胶，能耐臭氧、日光、各种氧化剂，气密性良好。缺点是机械强度极差，变形大，耐热、耐寒、耐磨、耐曲挠性均差，粘着性小，冷流现象严重	由于综合性能较差以及易燃烧、有催泪性气味，故工业上很少采用，仅用作密封腻子或油库覆盖层
氯化聚乙烯橡胶	乙烯、氯乙烯与二氯乙烯的三元共聚物	耐候、耐臭氧性卓越，电绝缘性尚可，耐酸碱、耐油性良好，耐水、耐燃、耐磨性优异，但弹性差，压缩变形较大，性能与氯磺化聚乙烯橡胶近似	用于制作电线电缆护套、胶带、胶管、胶辊、化工衬里

表2.3-2　工程常用橡胶技术性能数据

性能 \ 品种		天然橡胶	异戊橡胶	丁苯橡胶	顺丁橡胶	氯丁橡胶	丁基橡胶	丁腈橡胶
生胶密度/$g \cdot cm^{-3}$		0.90~0.95	0.92~0.94	0.92~0.94	0.91~0.94	1.15~1.30	0.91~0.93	0.96~1.20
拉伸强度/MPa	未补强硫化胶	17~29	20~30	2~3	1~10	15~20	14~21	2~4
	补强硫化胶	25~35	20~30	15~20	18~25	25~27	17~21	15~30
伸长率（%）	未补强硫化胶	650~900	800~1200	500~800	200~900	800~1000	650~850	300~800
	补强硫化胶	650~900	600~900	500~800	450~800	800~1000	650~800	300~800
200%定伸24h后永久变形（%）	未补强硫化胶	3~5	—	5~10	—	18	2	6.5
	补强硫化胶	8~12	—	10~15	—	7.5	11	6
回弹率（%）		70~95	70~90	60~80	70~95	50~80	20~50	5~65
永久压缩变形（%）100℃×70h		+10~+50	+10~+50	+2~+20	+2~+10	+2~+40	+10~+40	+7~+20
硬度　邵尔A		20~100	10~100	35~100	10~100	20~95	15~75	10~100
热导率/$W \cdot (m \cdot K)^{-1}$		0.17	—	0.29	—	0.21	0.27	0.25
最高使用温度/℃		100	100	120	120	150	170	170
长期工作温度/℃		-55~70	-55~70	-45~100	-70~100	-40~120	-40~130	-10~120
脆化温度/℃		-55~-70	-55~-70	-30~-60	-73	-35~-42	-30~-55	-10~-20
体积电阻率/$\Omega \cdot cm$		10^{15}~10^{17}	10^{10}~10^{15}	10^{14}~10^{16}	10^{14}~10^{15}	10^{11}~10^{12}	10^{14}~10^{16}	10^{12}~10^{15}
表面电阻率/Ω		10^{14}~10^{15}	—	10^{13}~10^{14}	—	10^{11}~10^{12}	10^{13}~10^{14}	10^{12}~10^{15}
相对介电常数/$\times 10^3$Hz		2.3~3.0	2.37	2.9	—	7.5~9.0	2.1~2.4	13.0
瞬时击穿强度/$kV \cdot mm^{-1}$		>20	—	>20	—	10~20	25~30	15~20
介质损耗角正切/$\times 10^3$Hz		0.0023~0.0030	—	0.0032	—	0.03	0.003	0.055

（续）

性能 \ 品种		天然橡胶	异戊橡胶	丁苯橡胶	顺丁橡胶	氯丁橡胶	丁基橡胶	丁腈橡胶
耐溶剂性膨胀率（体积分数）(%)	汽油	+80 ~ +300	+80 ~ +300	+75 ~ +200	+75 ~ +200	+10 ~ +45	+150 ~ +400	-5 ~ +5
	苯	+200 ~ +500	+200 ~ +500	+150 ~ +400	+150 ~ +500	+100 ~ +300	+30 ~ +350	+50 ~ +100
	丙酮	0 ~ +10	0 ~ +10	+10 ~ +30	+10 ~ +30	+15 ~ +50	0 ~ +10	+100 ~ +300
	乙醇	-5 ~ +5	-5 ~ +5	-5 ~ +10	-5 ~ +10	+5 ~ +20	-5 ~ +5	+2 ~ +12

性能 \ 品种		乙丙橡胶	氯磺化聚乙烯橡胶	丙烯酸酯橡胶	聚氨酯橡胶	硅橡胶	氟橡胶	聚硫橡胶	氯化聚乙烯橡胶
生胶密度/$g \cdot cm^{-3}$		0.86 ~ 0.87	1.11 ~ 1.13	1.09 ~ 1.10	1.09 ~ 1.30	0.95 ~ 1.40	1.80 ~ 1.82	1.35 ~ 1.41	1.16 ~ 1.32
拉伸强度/MPa	未补强硫化胶	3 ~ 6	8.5 ~ 24.5	—	—	2 ~ 5	10 ~ 20	0.7 ~ 1.4	—
	补强硫化胶	15 ~ 25	7 ~ 20	7 ~ 12	20 ~ 35	4 ~ 10	20 ~ 22	9 ~ 15	>15
伸长率(%)	未补强硫化胶	—			—	40 ~ 300	500 ~ 700	300 ~ 700	400 ~ 500
	补强硫化胶	400 ~ 800	100 ~ 500	400 ~ 600	300 ~ 800	50 ~ 500	100 ~ 500	100 ~ 700	—
200%定伸24h后永久变形(%)	未补强硫化胶	—	—	—	—		—		—
	补强硫化胶	—	—			—	—	—	—
回弹率(%)		50 ~ 80	30 ~ 60	30 ~ 40	40 ~ 90	50 ~ 85	20 ~ 40	20 ~ 40	—
永久压缩变形(%) 100℃ ×70h		—	+20 ~ +80	+25 ~ +90	+50 ~ +100	—	+5 ~ +30	—	—
硬度 邵尔A		30 ~ 90	40 ~ 95	30 ~ 95	40 ~ 100	30 ~ 80	50 ~ 60	40 ~ 95	—
热导率/$W \cdot (m \cdot K)^{-1}$		0.36	0.11	—	0.067	0.25	—	—	—
最高使用温度/℃		150	150	180	80	315	315	180	—
长期工作温度/℃		-50 ~ 130	-30 ~ 130	-10 ~ 180	-30 ~ 70	-100 ~ 250	-10 ~ 280	-10 ~ 70	90 ~ 105
脆化温度/℃		-40 ~ -60	-20 ~ -60	0 ~ -30	-30 ~ -60	-70 ~ -120	-10 ~ -50	-10 ~ -40	
体积电阻率/Ω·cm		$10^{12} \sim 10^{15}$	$10^{13} \sim 10^{15}$	10^{11}	10^{10}	$10^{16} \sim 10^{17}$	10^{13}	$10^{11} \sim 10^{12}$	$10^{12} \sim 10^{13}$
表面电阻率/Ω		—	10^{14}	—	10^{11}	10^{13}	—	—	—
相对介电常数/$\times 10^3$ Hz		3.0 ~ 3.5	7.0 ~ 10	4.0	—	3.0 ~ 3.5	2.0 ~ 2.5	—	7.0 ~ 10
瞬时击穿强度/$kV \cdot mm^{-1}$		30 ~ 40	15 ~ 20	—	—	20 ~ 30	20 ~ 25	—	15 ~ 20
介质损耗角正切/$\times 10^3$ Hz		0.004 (60Hz)	0.03 ~ 0.07	—	—	0.001 ~ 0.01	0.3 ~ 0.4	—	0.01 ~ 0.03
耐溶剂性膨胀率（体积分数）(%)	汽油	+100 ~ +300	+50 ~ +150	+5 ~ +15	-1 ~ +5	+90 ~ +175	+1 ~ +3	-2 ~ +3	—
	苯	+200 ~ +600	+250 ~ +350	+350 ~ +450	+30 ~ +60	+100 ~ +400	+10 ~ +25	-2 ~ +50	—
	丙酮	—	+10 ~ +30	+250 ~ +350	~ +40	-2 ~ +15	+150 ~ +300	-2 ~ +25	—
	乙醇	—	-1 ~ +2	-1 ~ +1	-5 ~ +20	-1 ~ +1	-1 ~ +2	-2 ~ +20	—

注：本表为经过硫化的软橡胶的技术性能数据。

表 2.3-3 工程常用橡胶性能比较

品种 性能	天然橡胶	异戊橡胶	丁苯橡胶	顺丁橡胶	氯丁橡胶	丁基橡胶	丁腈橡胶
抗撕裂性	优	良或优	良	可或良	良或优	良	良
耐磨性	优	优	优	优	良或优	可或良	优
耐曲挠性	优	优	良	优	良或优	优	良
冲击性能	优	优	优	良	良	良	可
耐矿物油	劣	劣	劣	劣	良	劣	可或优
耐动植物油	次	次	可或良	次	良	优	优
耐碱性	可或良	可或良	可或良	可或良	良	优	可或良
耐强酸性	次	次	次	劣	可或良	良	可或良
耐弱酸性	可或良	可或良	可或良	次或劣	优	优	良
耐水性	优	优	良或优	优	优	良或优	优
耐日光性	良	良	良	良	优	优	可或良
耐氧老化	劣	劣	劣或可	劣	良	良	可
耐臭氧老化	劣	劣	劣	次或可	优	优	劣
耐燃性	劣	劣	劣	劣	良或优	劣	劣或可
气密性	良	良	良	劣	良或优	优	良或优
耐辐射	可或良	可或良	良	劣	可或良	劣	可或良
耐蒸汽性	良	良	良	良	劣	优	良

品种 性能	乙丙橡胶	氯磺化聚乙烯橡胶	丙烯酸酯橡胶	聚氨酯橡胶	硅橡胶	氟橡胶	聚硫橡胶	氯化聚乙烯橡胶
抗撕裂性	良或优	可或良	可	良	劣或可	良	劣或可	优
耐磨性	良或优	优	可或良	优	可或良	优	劣或可	优
耐屈挠性	良	良	良	优	劣或良	良	劣	—
耐冲击性能	良	可或良	劣	优	劣或可	劣或可	劣	—
耐矿物油	劣	良	良	良	劣	优	优	良
耐动植物油	良或优	良	优	优	良	优	优	良
耐碱性	优	可或良	可	可	次或良	优	优	良
耐强酸性	良	可或良	可或次	劣	次	优	可或良	良
耐弱酸性	优	良	可	劣	次	优	可或良	优
耐水性	优	良	劣或可	可	良	优	可	良
耐日光性	优	优	优	良或优	优	优	优	优
耐氧老化	优	优	优	良	优	优	优	优
耐臭氧老化	优	优	优	优	优	优	优	优
耐燃性	劣	良	劣或可	劣或可	可或良	优	劣	良
气密性	良或优	良	良	良	可	优	优	—
耐辐射性	劣	可或良	劣或良	良	可或优	可或良	可或良	—
耐蒸汽性	优	优	劣	劣	良	优	—	—

注：1. 性能等级：优、良、可、次、劣5个等级，从优至劣依次降低。

2. 表列性能系指经过硫化的软橡胶而言。

表 2.3-4 工程常用橡胶在各种介质中的耐蚀性

橡胶品种	丁苯橡胶	丁腈橡胶	丁基橡胶	氯丁橡胶	乙丙橡胶	乙丙酸酯橡胶	聚氨酯橡胶	硅橡胶	氟橡胶	聚硫橡胶
发烟硝酸	×	×	×	×	—	—	×	×	△	×
浓硝酸	×	×	×	×	—	—	×	×	△	×
浓硫酸	×	×	×	×	—	—	×	×	○	×
浓盐酸	×	×	△	△	—	—	—	△	△	×
浓磷酸	○	×	○	△	—	—	—	○	△	×
浓醋酸	△	×	○	×	—	—	—	○	×	×
浓氢氧化钠	○	○	△	○	☆	—	—	○	△	—
无水氨	△	△	○	△	☆	—	—	○	△	—
稀硝酸	×	×	×	×	—	—	—	△	○	×
稀硫酸	△	△	○	△	—	—	—	△	△	×
稀盐酸	×	×	△	○	—	—	—	△	△	△
稀醋酸	△	×	○	×	—	—	—	△	△	×
氨水	△	△	○	△	—	—	—	○	×	×

（续）

橡胶品种	丁苯橡胶	丁腈橡胶	丁基橡胶	氯丁橡胶	乙丙橡胶	乙丙酸酯橡胶	聚氨酯橡　胶	硅橡胶	氟橡胶	聚硫橡胶
苯	×	×	✓	×	✓	×	×	×	○	○
汽油	×	○	×	○	×	○	○	×	○	○
石油	✓	△	×	✓	—	—	—	✓	○	○
四氯化碳	×	○	×	×	—	—	—	×	○	○
二硫化碳	×	○	×	×	—	—	—	—	—	—
乙醇	○	○	○	○	○	×	×	○	○	○
丙酮	△	×	△	✓	—	—	—	✓	×	△
甲酚	○	×	△	△	—	—	—	△	△	—
乙醛	×	✓	○	×	—	—	—	—	—	—
乙苯	×	×	×	×	×	×	×	—	—	○
丙烯腈	×	×	✓	△	—	—	—	—	×	△
丁醇	☆	☆	☆	☆	☆	☆	✓	☆	☆	☆
丁二烯	×	—	—	—	—	—	—	—	—	—
苯乙烯	×	×	×	×	—	—	—	—	—	△
醋酸乙酯	×	×	○	×	○	×	△	✓	×	△
醚	×	×	△	×	△	×	×	×	×	×

注：○—可用，寿命较长；△—可用，寿命一般；✓—可作代用材料，寿命较短；×—不可用；☆—在任何浓度均可用；— —不推荐。

1.2　橡胶板

1.2.1　工业用橡胶板（见表2.3-5）

表2.3-5　工业用橡胶板尺寸规格及性能（摘自GB/T 5574—2008）

<table>
<tr><td colspan="2">尺寸规格/mm</td><td colspan="9">厚度:0.5、1.0、1.5、2.0、2.5、3.0、4.0、5.0、6.0～22(2进级)25、30、40、50
宽度:500～2000
长度供需双方协定</td></tr>
<tr><td colspan="2" rowspan="3">耐油性能分类</td><td>A类</td><td colspan="8">不耐油</td></tr>
<tr><td>B类</td><td colspan="8">中等耐油,3#标准油,100℃×72h,体积变化率ΔV为40%～90%</td></tr>
<tr><td>C类</td><td colspan="8">耐油,3#标准油,100℃×72h,体积变化率ΔV为－5%～40%</td></tr>
<tr><td rowspan="6">力学性能</td><td>拉伸强度/MPa</td><td>≥3</td><td>≥4</td><td>≥5</td><td>≥7</td><td>≥10</td><td>≥14</td><td colspan="3">≥17</td></tr>
<tr><td>代号</td><td>03</td><td>04</td><td>05</td><td>07</td><td>10</td><td>14</td><td colspan="3">17</td></tr>
<tr><td>拉断伸长率(%)</td><td>≥100</td><td>≥150</td><td>≥200</td><td>≥250</td><td>≥300</td><td>≥350</td><td>≥400</td><td>≥500</td><td>≥600</td></tr>
<tr><td>代号</td><td>1</td><td>1.5</td><td>2</td><td>2.5</td><td>3</td><td>3.5</td><td>4</td><td>5</td><td>6</td></tr>
<tr><td>公称橡胶国际硬度或邵尔硬度A</td><td>30</td><td>40</td><td>50</td><td>60</td><td>70</td><td>80</td><td>90</td><td colspan="2" rowspan="2">硬度偏差均为：+5 -4</td></tr>
<tr><td>代号</td><td>H3</td><td>H4</td><td>H5</td><td>H6</td><td>H7</td><td>H8</td><td>H9</td></tr>
<tr><td colspan="2" rowspan="4">热空气老化性能(A_r)(B类和C类胶板应按代号A_r2的规定)</td><td colspan="2" rowspan="2">A_r1</td><td colspan="2" rowspan="2">热空气老化
70℃×72h</td><td colspan="5">拉伸强度降低率为≤30%</td></tr>
<tr><td colspan="5">拉断伸长率降低率为≤40%</td></tr>
<tr><td colspan="2" rowspan="2">A_r2</td><td colspan="2" rowspan="2">热空气老化
100℃×72h</td><td colspan="5">拉伸强度降低率为≤20%</td></tr>
<tr><td colspan="5">拉断伸长率降低率为≤50%</td></tr>
<tr><td colspan="2">用途</td><td colspan="9">A类橡胶板的工作介质为水和空气,工作温度范围一般为－30～50℃,用于制作机器衬垫、各种密封或缓冲用胶垫、胶圈以及室内外、轮船、火车、飞机等铺地面材料。耐油橡胶板(B、C类)工作介质为汽油、煤油、机油、柴油及其他矿物油类,工作温度范围为－30～50℃,用于制作机器衬垫,各种密封或缓冲用胶圈、衬垫等。</td></tr>
</table>

注：1. 按用户需要，可提供耐低温性能T_b、耐热性能H_r、抗撕裂性能T_s、耐臭氧性能O_r、压缩永久变形性能C_s及阻燃性能FR等附加性能的试验，试验条件可参照GB/T 5574—2008的相关规定，具体指标值由供需双方协定。

2. 标记示例：拉伸强度为5MPa（代号05），拉断伸长率为400%（代号4），公称硬度为60IRHD（公称橡胶国际硬度，代号H6），抗撕裂（代号T_s）的不耐油（A类）橡胶板，标记为：工业胶板　GB/T 5574-A-05-4-H6-Ts。

1.2.2　设备防腐衬里用橡胶板（见表2.3-6）

表2.3-6　设备防腐衬里用橡胶板分类、规格、性能及应用（摘自GB/T 18241.1—2001）

分类

分类	加热硫化橡胶衬里　H	将未经硫化的橡胶板用胶粘剂粘贴在设备上，经加热（高压蒸汽、常压蒸汽、热水或热空气）硫化而形成的衬里。硫化后的胶板按其硬度分硬胶（HY）、半硬胶（HB）和软胶（HR）
	自然硫化橡胶衬里　S	将未经硫化的衬里用橡胶板用胶粘剂粘贴在设备上，在室温条件下完成硫化过程形成的衬里
	预硫化橡胶衬里　P	预先将硫化好的衬里用橡胶板用胶粘剂粘贴在设备上形成的衬里

尺寸规格/mm

尺寸规格/mm	厚度	1.5	2	2.5	3	3.5	4	4.5	5	单层衬里通常厚度为3mm，双层叠合为4～6mm，硬质胶作为过渡层可用1.5mm或更薄。多层叠合结构可根据介质腐蚀、物料流动速度、温度变化等适当增减各层厚度。按用户要求宽度值可增减
	厚度及偏差	1.5±0.2	2±0.3	2.5±0.3	3±0.4	3.5±0.4	4±0.5	4.5±0.5	5±0.5	
	宽度及偏差	800±15		1000±15				1200±15		
	长度	≥5000								

技术性能

性能项目		加热硫化橡胶衬里H			自然硫化橡胶衬里　S		预硫化橡胶衬里　P			耐温范围分级
		硬胶HY	半硬胶HB	软胶HR	BIIR	CR	IIR	CIIR	CR	
硬度	邵尔A	—		40～80	55～70	50～65				1级—$T\leqslant55$℃ 2级—55℃$<T\leqslant70$℃ 3级—70℃$<T\leqslant85$℃ 4级—$T>85$℃
	邵尔D	70～85	40～70	—	—					
拉伸强度/MPa	≥	10	10	9	5	8	6	4	8	
扯断伸长率（%）	≥	—	30	350	350					
扯断永久变形（%）	≥	—		50	40		30			
横向抗折断强度/MPa	≥	65	—		—					
冲击强度/$J\cdot m^{-3}$	≥	2×10^5		—	—					
粘合强度（拉伸法）/MPa	≥	6		—	—					
粘合强度（单板法）/$kN\cdot m^{-1}$	≥	—			6.0		2.8			

适用防腐介质及应用说明

介质名称	允许最高温度/℃	允许介质最大浓度（质量分数）（%）				
		加热硫化胶板H			自然硫化胶板S	预硫化胶板P
		硬胶HY	半硬胶HB	软胶HR		
盐酸	65间歇85	任意浓度		不耐	<10	任意浓度
硫酸	65	<60	<50		<50	<70
氢氟酸	室温	<40	不耐		<50	
氢氧化钠 氢氧化钾 中性盐水溶液	65	任意浓度				
氨水	50	任意浓度				
磷酸	80	任意浓度	—		任意浓度	
橡胶防腐衬里具有一定的力学性能，耐酸碱介质种类较多，耐热和耐寒性能好，软质胶底层再衬以半硬胶层时，设备外表面还能承受冲击力。适用于化工防腐蚀及防机械磨损材料，如化工设备衬里，矿山冶金用泥浆泵、浮选机、磨机、建材水泥磨机等的衬里						

注：1. 胶板应致密、均匀、表面清洁、边缘整齐。

2. 按用户要求，可以增加马丁耐热指标。

1.3　橡胶管

1.3.1　输水通用橡胶软管（见表2.3-7）

表 2.3-7　输水通用橡胶软管规格（HG/T 2184—2008）

型号	工作压力/MPa≤	内径/mm	用途	内径及允许偏差/mm 公称尺寸	允许偏差	胶层厚度≥/mm 内胶层	外胶层
1型 低压型			适用于输送60℃以下的生活用水、工业用水的橡胶软管,不适用于输送饮用水	10	±0.75	1.8	1.0
a级	0.3	≤100		12.5			
b级	0.5			16			
c级	0.7			20	±1.25	2.0	1.0
2型 中压型				25			
d	1.0	≤50		31.5			
				40	±1.50	2.3	1.2
				50			
3型 高压型				63			
e	≤2.5	≤25		80	±2.00	2.5	1.5
				100			

注：标记示例：胶管内径 40mm，长度 1000mm，低压型，工作压力≤0.5MPa 的输水胶管，标记为：

胶管　1—b—40×1000　HG/T 2184—2008

1.3.2　蒸汽橡胶软管（见表2.3-8）

表 2.3-8　蒸汽橡胶软管规格及性能（摘自 HG/T 3036—1999）

尺寸规格/mm 内径基本尺寸	内径偏差	内胶层厚度	外胶层厚度
12.5	±0.75	≥2.0	≥1.5
16.0			
19.0			
20.0			
25.0	±1.25		
31.5			
38.0	±1.5		
40.0			
50.0			
51.0			
63.0			
80.0	±2.0		

性能							
类别			Ⅰ类:外胶层不耐油;Ⅱ类:外胶层耐油				
型别			1型	2型	3型	4型	5型
预定蒸汽压力和温度	压力/MPa ≤		0.3	0.6	1.0	1.6	1.6
	对应压力下的蒸汽温度/℃ ≤		144	165	184	204	204 (能持续使用)
结构及性能最低要求	内胶层		耐加压蒸汽老化				
	增强层	粘合强度	内胶层与增强层、各增强层之间及外胶层与增强层的粘合强度≥1.5kN/m				
		耐蒸汽试验条件: 压力/MPa	0.25～0.35	0.55～0.65	0.95～1.05	1.55～1.65	1.55～1.65
		时间/h	166～168	166～168	166～168	166～168	334～336
		试验后性能: 内胶层扯断伸长率的最大降低率(%)	50	50	50	50	50
		内胶层最小扯断伸长率(%)	150	150	150	150	150
		内胶层硬度增加最大值 IRHD	10	10	10	10	10
		持续暴露蒸汽试验	仅适用于5型管。将软管暴露在压力为1.55～1.65MPa的饱和蒸汽流中,时间为28d,管壁不应出现泄漏,内外胶层不出现龟裂等缺陷				
		材料组成	由符合上述要求的织物组成		由符合上述要求的高强度钢丝组成		
	外胶层	耐臭氧性能	按规定条件做耐臭氧试验,不应出现龟裂				
		耐油性能	仅用于Ⅱ类胶管。按规定条件将胶管浸泡在油中72h,体积变化率≤100%				
应用	各型号胶管用于输送饱和蒸汽或过热水,不耐油,不适于食品加工(如蒸煮等)及打桩机用						

注：1. 胶管长度由使用方提出，长度偏差按 GB/T 9575 的规定。

2. 各型胶管在5倍预定蒸汽压力下进行水压试验不渗水，无局部鼓胀及其他不正常变化；1、2、3、4、5型胶管最小爆破压力分别为3MPa、6MPa、10MPa、16MPa、16MPa。

3. 标记示例：内径 25mm，长度 1000mm，2 型蒸汽胶管，标记为：

胶管 25×1000—2 型　HG/T 3036—1999

1.3.3　压缩空气用织物增强橡胶软管（见表 2.3-9）

表 2.3-9　压缩空气用织物增强橡胶软管分类、型号、尺寸规格及技术性能（摘自 GB/T 1186—2007）

管结构及材料		管由橡胶内衬层、中间为采用适当技术铺放的一层或多层天然的或合成的织物、橡胶外覆层组成							
型号、工作压力及用途		型　号	1 型	2 型	3 型	4 型	5 型	6 型	7 型
		最大工作压力 /MPa	1.0			1.6		2.5	
		用　途	一般工业用空气软管	重型建筑用空气软管	具有良好耐油性能的重型建筑用空气软管	重型建筑用空气软管	具有良好耐油性能的重型建筑用空气软管	重型建筑用空气软管	具有良好耐油性能的重型建筑用空气软管
分类	A 类	工作温度范围	－25～70℃						
	B 类		－40～70℃						
尺寸规格	公称内径 /mm		5、6.3、8、10、12.5、16、20(19)、25、31.5、40(38)、50、63、80(76)、100(102)						
	长度		软管长度及长度公差应符合 GB/T 9575—2003 橡管和塑料软管尺寸规格的规定						
	内层外层最小厚度 /mm	内衬层	1.0			1.5		2.0	
		外覆层	1.5			2.0		2.5	
技术性能	拉伸强度 /MPa	内衬层	5.0	7.0					
		外覆层	7.0	10.0					
	断后伸长率 (%)	内衬层	200	250					
		外覆层	250	300					
	层间粘合强度/kN·m⁻¹		1.5	2.0					
	耐液体性能	1 号油中 70℃ 浸泡 72h	2、4、6 型内衬层试样不应收缩，体积增大不超过 15%						
		3 号油中 70℃ 浸泡 72h	3、5、7 型内、外层试样不应收缩；内层试样体积增大不超过 30%，外层试样体积增大不超过 75%						
	静液压要求 /MPa	工作压力	1.0			1.6		2.5	
		试验压力	2.0			3.2		5.0	
		最小爆破压力	4.0			6.4		10.0	
		尺寸变化	在试验压力下，各型号长度变化为 ±5%，各型号直径变化为 ±5%						
	加速老化 100℃ 老化 3d 后		内衬层和外覆层拉伸强度变化不超过 ±25%，拉断伸长率变化不超过原始值的 ±50%						

注：公称内径中带括号的尺寸数字是供选择的。

1.3.4　氧气橡胶软管（见表 2.3-10）

表 2.3-10　氧气橡胶软管规格尺寸（摘自 GB/T 2550—2007）　　（mm）

公称尺寸及允许偏差			胶层厚度　不小于	
公称内径	内径允许偏差	长度允许偏差	内胶层	外胶层
6.3	±0.55	软管全长的 1%	1.5	1.2
8.0	±0.60			
10.0	±0.60			
12.5	±0.65			

注：1. 产品适用于 －20～45℃ 环境下焊接和切割输送氧气。

2. 软管耐压性能：工作压力 2MPa，试验压力 4MPa，最小爆破压力 6MPa。

3. 软管长度由供需双方协定。

4. GB/T 2550—2007《气体焊接设备 焊接、切割和类似作业用橡胶软管》代替 GB/T 2550—1992 氧气橡胶软管。

1.3.5　乙炔橡胶软管（见表2.3-11）

表2.3-11　乙炔橡胶软管规格尺寸（摘自GB/T 2550—2007）　　(mm)

公称尺寸及允许偏差			胶层厚度不小于	
公称内径	内径允许偏差	长度允许偏差	内胶层	外胶层
6.3	±0.55	软管全长的1%	1.5	1.2
8.0	±0.60			
10.0	±0.60			

注：1. 产品适于-20~45℃环境中焊接和切割输送乙炔。
2. 产品耐压性能：工作压力0.3MPa，试验压力0.6MPa，最小爆破压力0.9MPa。
3. 软管长度由供需双方协定。
4. GB/T 2550—2007代替GB/T 2551乙炔橡胶软管。

1.3.6　输送无水氨用橡胶软管及软管组合件（见表2.3-12）

表2.3-12　输送无水氨用橡胶软管压力及尺寸规格（摘自GB/T 16591—1996）

软管额定压力/MPa	最大工作压力	2.5	软管内径尺寸及允许偏差/mm	公称内径	允许偏差
	试验压力	6.3		12.5, 16, 20	±0.75
	最小爆破压力	12.5		25, 31.5	±1.25
				40, 50	±1.50

软管切割长度及允许偏差	长度L/mm	≤300	>300~600	>600~900	>900~1200	>1200~1800	>1800
	允许偏差（所有内径）/mm	±3	±4.5	±6	±9	±12	±1%长度

注：1. 产品在-40~55℃环境温度范围内输送液态或气态氨之用。
2. 软管内胶层厚度均匀，不应有孔眼、海绵体及其他缺陷，所用的材料应耐氨。增强层由不受渗透氨影响的材料构成，增强层应当平整均匀。外胶层（如果用的话）应均匀一致，应具有耐氨和耐环境劣化的性能。
3. 软管及组合件的压力试验、粘合强度、物理性能、耐氨试验、低温试验、外胶层耐臭氧、耐老化试验的性能指标应符合GB/T 16591的规定。

1.3.7　耐稀酸碱橡胶软管（见表2.3-13、表2.3-14）

表2.3-13　耐稀酸碱橡胶管规格及应用（摘自HG/T 2183—1991）

公称内径/mm		12.5	16	20	22	25	31.5	40	45	50	63	80
内径偏差/mm		±0.75				±1.25		±1.5				±2
胶层厚度≥/mm	内胶层	2.2					2.5				2.8	
	外胶层	1.2					1.5					
型　号		A　型										
		—					B型、C型					
使用压力/MPa	A型	0.3、0.5、0.7，胶管有增强层，用于输送酸碱液体										
	B型	负压①，胶管有增强层和钢丝螺旋线，用于吸引酸碱液体										
	C型	负压①，0.3、0.5、0.7、用于排吸酸碱液体										
适用范围		适用于-20~45℃环境中，输送浓度不高于40%的硫酸溶液和浓度不高于15%氢氧化钠溶液，以及与上述浓度程度相当的酸碱液（硝酸除外）的橡胶软管										

① 表示软管在80kPa（-600mmHg）的压力下，经真空试验后，内胶层应无剥离，中间细等异常现象。

表2.3-14　耐稀酸碱橡胶管技术性能（摘自HG/T 2183—1991）

项　目			指　标	
			内胶层	外胶层
硫酸(40%)，室温×72h	抗拉强度变化率(%)	≥	-15	—
	扯断伸长率变化率(%)	≥	-20	—
盐酸(30%)，室温×72h	抗拉强度变化率(%)	≥	-15	—
	扯断伸长率变化率(%)	≥	-20	—
氢氧化钠(15%)，室温×72h	抗拉强度变化率(%)	≥	-15	—
	扯断伸长率变化率(%)	≥	-20	—

（续）

项　　目			指标 内胶层	指标 外胶层
热空气老化，70℃ ×72h	抗拉强度变化率（%） 扯断伸长率变化率（%）		-25 ~ 25 -30 ~ 10	
粘附强度/kN · m^{-1}	各胶层与增强层之间 各增强层与增强层之间	> >	1.5 1.5	
拉伸强度/MPa		≥	6.0	
扯断伸长率（%）		≥	250	

注：1. 管长度由需方规定。

2. 标记示例：A 型，公称内径 16mm，工作压力 0.3MPa 的耐稀酸碱胶管。

标记为：耐稀酸碱胶管 A—16—0.3　HG/T 2183—1991

1.3.8　液化石油气（LPG）橡胶软管（见表 2.3-15）

表 2.3-15　液化石油气（LPG）橡胶软管规格（摘自 GB/T 10546—2003）

结构	软管由内胶层、纤维（钢丝）增强层和外胶层组成
公称内径/mm	8、10、12.5、16、20、25、31.5、40、50、63、80、100、160、200
工作压力/MPa	2.0（工作压力）、试验压力 6.3、最小爆破压力 12.6
技术性能	拉伸强度：内胶层≥7MPa，外胶层≥10MPa 扯断伸长率：内胶层≥200%，外胶层≥250% 热空气老化（100℃，72h）：拉伸强度变化率≥ -25% 扯断伸长率变化率≥ -50% 各层间粘合强度≥1.5kN/m 低温弯曲性能：软管在 -40 ±3℃ 温度下，经放置 24h，进行弯曲试验，不得出现龟裂 耐液体性能：成品内胶试样在 23 ±2℃ 温度下，浸渍在正己烷液体中，放置 72_{-2}^{0}h 后，其试样的拉伸强度和扯断伸长率，不得低于初始值的 65% 耐臭氧性能：成品外胶试样放置在臭氧浓度（50 ±5）×10^{-8}、温度 40 ±2℃ 试验箱中，保持 72_{-2}^{0}h 后，应无龟裂现象 导电性能和渗漏性能：由需方提出，供需双方商定
用途	适用于 -40 ~ 60℃ 温度范围内，供铁路油罐车、汽车油槽车、输送液态液化石油气使用

注：软管长度由用户提出，经制造厂同意确定。

1.3.9　织物增强液压橡胶软管和软管组合件（见表 2.3-16）

表 2.3-16　织物增强液压橡胶软管规格（摘自 GB/T15329.1—2003）

结构和类型：软管由耐油、耐水的合成橡胶内胶层、一层或多层纤维线增强层和耐油、耐天候的外胶层构成。1 型，带有一层织物增强层的软管；2 型，带有一层或多层织物增强层的软管；3 型，带有一层或多层织物增强层的软管（较高工作压力）；R3 型，带有两层织物增强层的软管；R6 型，带有一层织物增强层的软管

尺寸规格				5	6.3	8	10	12.5	16	19	25	31.5	38	51	60	80	100
公称内径/mm				5	6.3	8	10	12.5	16	19	25	31.5	38	51	60	80	100
内径/mm	各型		min	4.4	5.9	7.4	9.0	12.1	15.3	18.2	24.6	30.8	37.1	49.8	58.8	78.8	98.6
			max	5.2	6.9	8.4	10.0	13.3	16.5	19.8	26.2	32.8	39.1	51.8	61.2	81.2	101.4
外径/mm	1 型		min	10.0	11.6	13.1	14.7	17.7	21.9								
			max	11.6	13.2	14.7	16.3	19.7	23.9								
	2 型		min	11.0	12.6	14.1	15.7	18.7	22.9	26.0	32.9						
			max	12.6	14.2	15.7	17.3	20.7	24.9	28.0	35.9						
	3 型		min	12.0	13.6	16.1	17.7	20.7	24.9	28.0	34.4	40.8	47.6	60.3	70.0	91.5	113.5
			max	13.5	15.2	17.7	19.3	22.7	26.9	30.0	37.4	43.8	51.6	64.3	74.0	96.5	118.5
	R3 型		min	11.9	13.5	16.7	18.3	23.0	26.2	31.0	36.9	42.9					
			max	13.5	15.1	18.3	19.8	24.6	27.8	32.5	39.3	46.0					
	R6 型		min	10.3	11.9	13.5	15.1	19.0	22.2	25.4							
			max	11.9	13.5	15.1	16.7	20.6	23.8	27.8							

（续）

	公称内径/mm	5	6.3	8	10	12.5	16	19	25	31.5	38	51	60	80	100
最大工作压力/MPa	1型	2.5	2.5	2.0	2.0	1.6	1.6								
	2型	8.0	7.5	6.8	6.3	5.8	5.0	4.5	4.0						
	3型	16.0	14.5	13.0	11.0	9.3	8.0	7.0	5.5	4.5	4.0	3.3	2.5	1.8	1.0
	R3型	10.5	8.8	8.2	7.9	7.0	6.1	5.2	3.9	2.6					
	R6型	3.5	3.0	3.0	3.0	3.0	2.6	2.2							
用途	产品适用在-40～100℃的温度下输送普通液压流体，液压流体为GB/T7631.2规定的液压系统用油，如HH液压油、HL抗氧防锈液压油、HM抗磨液压油、HV低温液压油、HR液压油等，也可用于油水乳浊液、乙二醇水溶液及水等，不适用于蓖麻油和酯基流体；当工作温度超过93℃时，会明显降低软管工作寿命														

注：1. 软管长度按用户要求，但最小长度为1m。

2. 标记：1型、公称内径为19mm的织物液压胶管，标记为：

织物液压胶管1型/19　GB/T15329.1—2003

1.3.10　钢丝缠绕增强外覆橡胶的液压橡胶软管和软管组合件（见表2.3-17）

表2.3-17　钢丝缠绕增强外覆橡胶液压橡胶软管尺寸规格（摘自GB/T 10544—2003）

	公称内径/mm	内径/mm									
		4SP型		4SH型		R12型		R13型		R15型	
		最小	最大	最小	最大	最小	最大	最小	最大	最小	最大
软管内径	6.3	6.2	7.0	—	—	—	—	—	—	—	—
	10	9.3	10.1	—	—	9.3	10.1	—	—	9.3	10.1
	12.5	12.3	13.5	—	—	12.3	13.5	—	—	12.3	13.5
	16	15.5	16.7	—	—	15.5	16.7	—	—	—	—
	19	18.6	19.8	18.6	19.8	18.6	19.8	18.6	19.8	18.6	19.8
	25	25.0	26.4	25.0	26.4	25.0	26.4	25.0	26.4	25.0	26.4
	31.5	31.4	33.0	31.4	33.0	31.4	33.0	31.4	33.0	31.4	33.0
	38	37.7	39.3	37.7	39.3	37.7	39.3	37.7	39.3	37.7	39.3
	51	50.4	52.0	50.4	52.0	50.4	52.0	50.4	52.0	—	—

	公称内径/mm	4SP型				4SH型				R12型				R13型				R15型			
		增强层外径/mm		软管外径/mm		增强层外径/mm		软管外径/mm		增强层外径/mm		软管外径/mm		增强层外径/mm		软管外径/mm		增强层外径/mm		软管外径/mm	
		最小	最大	最小	最大	最小	最大	最小	最大	最小	最大	最小	最大	最小	最大	最小	最大	最小	最大	最小	最大
软管增强层外径和软管外径	6.3	14.1	15.3	17.1	18.7	—	—	—	—	—	—	—	—	—	—	—	—	—	—	—	—
	10	16.9	18.1	20.6	22.2	—	—	—	—	16.6	17.8	19.5	21.0	—	—	—	—	—	20.3	—	23.3
	12.5	19.4	21.0	23.8	25.4	—	—	—	—	19.9	21.5	23.0	24.6	—	—	—	—	—	24.0	—	26.8
	16	23.0	24.6	27.4	29.0	—	—	—	—	23.8	25.4	26.6	28.2	—	—	—	—	—	—	—	—
	19	27.4	29.0	31.4	33.0	27.6	29.2	31.4	33.0	26.9	28.4	29.9	31.5	28.2	29.8	31.0	33.2	—	32.9	—	36.1
	25	34.5	36.1	38.5	40.9	34.4	36.0	37.5	39.9	34.1	35.7	36.8	39.2	34.9	36.4	37.6	39.8	—	38.9	—	42.9
	31.5	45.0	47.0	49.2	52.4	40.9	42.9	43.9	47.1	42.7	45.1	45.4	48.6	45.6	48.0	48.3	51.3	—	48.4	—	51.5
	38	51.4	53.4	55.6	58.8	47.8	49.8	51.9	55.1	49.2	51.6	51.9	55.0	53.1	55.5	55.8	58.8	—	56.3	—	59.6
	51	64.3	66.3	68.2	71.4	62.2	64.2	66.5	69.7	62.5	64.8	65.1	68.3	66.9	69.3	69.5	72.7	—	—	—	—

	公称内径/mm	最大工作压力/MPa					试验压力/MPa				
		4SP	4SH	R12	R13	R15	4SP	4SH	R12	R13	R15
技术性能	6.3	45.0	—	—	—	—	90.0	—	—	—	—
	10	44.5	—	28.0	—	42.0	89.0	—	56.0	—	84.0
	12.5	41.5	—	28.0	—	42.0	83.0	—	56.0	—	84.0
	16	35.0	—	28.0	—	42.0	70.0	—	56.0	—	84.0
	19	35.0	42.0	28.0	35.0	42.0	70.0	84.0	56.0	70.0	84.0
	25	28.0	38.0	28.0	35.0	42.0	56.0	76.0	56.0	70.0	84.0
	31.5	21.0	32.5	21.0	35.0	42.0	42.0	65.0	42.0	70.0	84.0
	38	18.5	29.0	17.5	35.0	42.0	37.0	58.0	35.0	70.0	84.0
	51	16.5	25.0	17.5	35.0	42.0	33.0	50.0	35.0	70.0	84.0

（续）

技术性能	公称内径/mm	最小爆破压力/MPa					最小弯曲半径/mm				
		4SP	4SH	R12	R13	R15	4SP	4SH	R12	R13	R15
	6.3	180.0	—	—	—	—	150	—	—	—	—
	10	178.0	—	112.0	—	168.0	180	—	130	—	150
	12.5	160.0	—	112.0	—	168.0	230	—	180	—	200
	16	140.0	—	112.0	—	168.0	250	—	200	—	—
	19	140.0	168.0	112.0	140.0	168.0	300	280	240	240	265
	25	112.0	152.0	112.0	140.0	168.0	340	340	300	300	330
	31.5	84.0	130.0	84.0	140.0	168.0	460	460	420	420	445
	38	74.0	116.0	70.0	140.0	168.0	560	560	500	500	530
	51	66.0	100.0	70.0	140.0	168.0	660	700	630	630	—

注：1. 软管由一层耐液压流体的橡胶内衬层、以交替方向缠绕的钢丝增强层和一层耐油和耐天候的橡胶外覆层构成，每层缠绕钢丝层由橡胶隔离。软管适用于符合 GB/T7631.2 液压油分类中的 HH（无抗氧剂的精制矿油）、HL（精制矿油，并改善其防锈性和抗氧性）、HM（HL 油，改善其抗磨性）、HR（HL 油，改善其粘温性）、HV（HM 油，改善其粘温性）液压流体。4SH 型软管适用温度为 -40 ~ +100℃，R12、R13 和 R15 型适用温度为 -40 ~ +120℃。软管不适用于蓖麻油基或脂基流体。

2. 软管按其结构、工作压力和耐油性能分为 5 种型别：

4SP 型：4 层钢丝缠绕的中压软管；

4SH 型：4 层钢丝缠绕的高压软管；

R12 型：4 层钢丝缠绕苛刻条件下的高温中压软管；

R13 型：多层钢丝缠绕苛刻条件下的高温高压软管；

R15 型：多层钢丝缠绕苛刻条件下的高温超高压软管。

3. 软管和软管组合件的供货长度由供需双方协定，通常以需方要求的长度供应，长度的偏差为全长的 ±2%。软管组合件应遵循制造厂的软管组合件装备及装配说明书。

4. 软管耐油性能：

当按照 GB/T1690 在 100℃温度下浸在 3 号标准油中 168h 测定时，4SP 和 4SH 型软管内衬层的体积变化率 ΔV_{100} 应在 0% ~60% 之间（即不允许收缩）。

当按照 GB/T1690 在 70℃温度下浸在 3 号标准油中 168h 测定时，4SP 和 4SH 型软管外覆层的体积变化率 ΔV_{70} 应在 0% ~100% 之间（即不允许收缩）。

当按照 GB/T1690 在 100℃温度下浸在 3 号标准油中测定时，R12、R13 和 R15 型软管的体积变化率 ΔV_{100}，内衬层应在 0% ~100% 之间，外覆层应在 0% ~125% 之间（即不允许收缩）。

5. 软管耐脉冲性能：

脉冲试验应按 GB/T5568 进行。对于试验液体的温度，4SP 和 4SH 型应为 100℃，R12、R13 和 R15 型应为 120℃。

4SP 和 4SH 型软管，当在最大工作压力 133% 的脉冲压力下试验时，软管应能承受至少 400 000 次脉冲。R12 型、R13 和 R15 型软管，当在最大工作压力 133% 的脉冲压力下试验时，软管应能承受至少 500 000 次脉冲。

在达到规定的脉冲次数之前，软管应该无泄漏和异常现象。

6. 软管的泄漏试验、低温屈挠性能、层间粘合强度、耐臭氧性能等详见 GB/T 10544—2003。

7. 标注示例：公称内径为 10mm 的 4SP 型钢丝缠绕增强液压橡胶软管，标记为：GB/T 10544/4SP/10。

2　塑料及塑料制品

2.1　工程常用塑料性能及应用（见表 2.3-18 ~ 表 2.3-20）

表 2.3-18　工程常用塑料性能特点及应用举例

名　称	特　性	应　用　举　例
硬质聚氯乙烯（UPVC）	机械强度较高，化学稳定性及介电性能优良，耐油性和耐老化性也较好，易熔接及粘合，价格较低。缺点是使用温度低（在 60℃以下），线膨胀系数大，成型加工性不良	制品有管、棒、板、塑料焊条及管件，主要用作耐磨蚀的结构材料或设备衬里材料（代有色合金、不锈钢和橡胶）及电气绝缘材料

（续）

名　称		特　性	应用举例
软质聚氯乙烯（SPVC）		拉伸强度、弯曲强度及冲击强度均较硬质聚氯乙烯低，但断后伸长率较高。质柔软、耐摩擦、曲挠，弹性良好，像橡胶，吸水性低，易加工成型，有良好的耐寒性和电气性能，化学稳定性强，能制各种鲜艳而透明的制品。缺点是使用温度低，在-15~55℃	通常制成管、棒、薄板、薄膜、耐寒管、耐酸碱软管等半成品，供作绝缘包皮、套管、耐腐蚀材料、包装材料和日常生活用品
聚乙烯（PE）		具有优良的介电性能、耐冲击、耐水性好，化学稳定性高，使用温度可达80~100℃，摩擦性能和耐寒性好。缺点是机械强度不高，质较软，成型收缩率大	用作一般电缆的包皮，耐腐蚀的管道、阀、泵的结构零件，亦可喷涂于金属表面，作为耐磨、减摩及防腐蚀涂层
有机玻璃（聚甲基丙烯酸甲酯）（PMMA）		有极好的透光性，可透过92%以上的太阳光，紫外光透过可达73.5%；力学性能较高，有一定耐热耐寒性，耐腐蚀、绝缘性能良好，尺寸稳定，易于成型，但质较脆，易溶于有机溶剂中，表面硬度不够，易擦毛	可作要求有一定强度的透明结构零件，如油杯、车灯、仪表零件，以及光学镜片、装饰件、光学纤维等
聚丙烯（PP）		是最轻的塑料之一，其弯曲、拉伸、压缩强度和硬度均优于低压聚乙烯，有很突出的刚性。高温（90℃）抗应力松弛性能良好，耐热性能较好，可在100℃以上使用，如无外力150℃也不变形。除浓硫酸、浓硝酸外，在许多介质中很稳定，但低相对分子质量的脂肪烃、芳香烃、氯化烃，对它有软化和溶胀作用。几乎不吸水，高频电性能不好，成型容易，但收缩率大，低温呈脆性，耐磨性不高	用于成型一般结构零件，作耐腐蚀化工设备和受热的电气绝缘零件，如泵叶轮、汽车零件、化工容器、管道、涂层、蓄电池匣
聚苯乙烯（PS）		有较高的韧性和冲击强度，耐酸、耐碱性能好，不耐有机溶剂，电气性能优良，透光性好，着色性佳，并易成型	用于成型一般结构零件和透明结构零件以及仪表零件、油浸式多点切换开关、电池外壳，透明零件
丙烯腈-丁二烯-苯乙烯（ABS）		具有良好的综合性能，即高的冲击强度和良好的力学性能，优良的耐热、耐油性能和化学稳定性，尺寸稳定，易机械加工，表面还可镀金属，电性能良好	用于成型一般结构或耐磨受力传动零件和耐腐蚀设备，用ABS制成泡沫夹层板可做小轿车车身
聚砜（PSU）		有很高的力学性能、绝缘性能及化学稳定性，并且在-100~150℃能长期使用，在高温下能保持常温下所具有的各种力学性能和硬度，蠕变值很小，用F-4填充后，可作摩擦零件	用于成型高温下工作的耐磨受力传动零件，如汽车分速器盖、齿轮以及电绝缘零件等
聚酰胺（尼龙）（PA）	尼龙66	疲劳强度和刚性较高，耐热性较好，摩擦因数低，耐磨性好，但吸湿性大，尺寸稳定性不够	用于成型中等载荷、使用温度≤100℃、无润滑或少润滑条件下工作的耐磨受力传动零件
	尼龙6	疲劳强度、刚性、耐热性较尼龙66稍低，但弹性好，有较好的消振、降低噪声能力。其余同尼龙66	用于成型在轻负荷、中等温度（最高100℃）、无润滑或少润滑、要求噪声低的条件下工作的耐磨受力传动零件
	尼龙610	强度、刚性、耐热性略低于尼龙66，但吸湿性较小，耐磨性好	同尼龙6，用于成型要求比较精密的齿轮、在湿度波动较大的条件下工作的零件
	尼龙1010	强度、刚性、耐热性均与尼龙6和610相似，吸湿性低于尼龙610，成型工艺性较好，耐磨性亦好	用于成型轻载荷、温度不高、湿度变化较大且无润滑或少润滑的情况下工作的零件
	单体浇铸尼龙（MC尼龙）	强度、耐疲劳性、耐热性、刚性均优于尼龙6及尼龙66，吸湿性低于尼龙6及尼龙66，耐磨性好，能直接在模型中聚合成型，宜浇铸大型零件	用于成型在较高载荷、较高的使用温度（最高使用温度小于120℃）无润滑或少润滑的条件下工作的零件
聚甲醛（POM）		拉伸强度、冲击强度、刚性、疲劳强度、抗蠕变性能都很高，尺寸稳定性好，吸水性小、摩擦系数小，有很好的耐化学药品能力，性能不亚于尼龙，但价格较尼龙低，缺点是加热易分解，成型比尼龙困难	用于成型轴承、齿轮、凸轮、阀门、管道螺母、泵叶轮、车身底盘的小零件、汽车仪表板、汽化器、箱体、容器、杆件以及喷雾器的各种代铜零件
聚碳酸酯（PC）		具有突出的冲击强度和抗蠕变性能，有很高的耐热性，耐寒性也很好，脆化温度达-100℃，弯曲、拉伸强度与尼龙等相当，并有较高的伸长率和弹性模量，但疲劳强度小于尼龙66，吸水性较低，收缩率小，尺寸稳定性好，耐磨性与尼龙相当，并有一定的耐腐蚀能力。缺点是成型条件要求较高	用于成型各种齿轮、蜗轮、齿条、凸轮、轴承、心轴、滑轮、传送链、螺母、垫圈、泵叶轮、灯罩、容器、外壳、盖板等

（续）

名　称	特　性	应用举例
氯化聚醚（聚氯醚）（CPE）	具有独特的耐腐蚀性能，仅次于聚四氟乙烯，可与聚三氟乙烯相比，能耐各种酸碱和有机溶剂，但在高温下不耐浓硝酸、浓双氧水和湿氯气等。可在120℃下长期使用，强度、刚性比尼龙、聚甲醛等低，耐磨性略优于尼龙，吸水性小，成品收缩率小，尺寸稳定，成品精度高，可用火焰喷镀法涂于金属表面	用于成型耐腐蚀设备与零件，作为在腐蚀介质中使用的低速或高速、低速、低负荷的精密耐磨受力传动零件，如泵、阀、轴承、密封圈、化工管道涂层、窥镜等
聚酚氧（苯氧树脂）	具有良好的力学性能，高的刚性、硬度和韧性。冲击强度可与聚碳酸酯相比，抗蠕变性能与大多数热塑性塑料相比属于优等，吸水性小，尺寸稳定，成型精度高，一般推荐的最高使用温度为77℃	用于成型精密、形状复杂的耐磨受力传动零件，仪表、计算机等的零件，还可用作涂料及胶粘剂
线型聚酯（聚对苯二甲酸乙二醇酯）（PETP）	具有很高的力学性能，拉伸强度超过聚甲醛，抗蠕变性能、刚性和硬度都胜过多种工程塑料，吸水性小，线胀系数小，尺寸稳定性高，但热力学性能和冲击性能很差，耐磨性同于聚甲醛和尼龙，增强的线型聚酯其性能相当于热固性塑料	用于成型耐磨受力传动零件，特别是与有机溶剂接触的上述零件，增强的聚酯可以代替玻璃纤维填充的酚醛、环氧等热固性塑料
聚苯醚（聚苯撑氧）（PPO），改性聚苯醚（MPPO）	在高温下有良好的力学性能，特别是拉伸强度和抗蠕变性极好，有较高的耐热性（长期使用温度为－127～120℃），成型收缩率低，尺寸稳定性强，耐高浓度的无机酸、有机酸、盐的水溶液、碱及水蒸气，但溶于氯化烃和芳香烃中，在丙酮、苯甲醇、石油中龟裂和膨胀	用于成型在高温下工作的耐磨受力传动零件，和耐腐蚀的化工设备与零件，如泵叶轮、阀门、管道等，还可以代替不锈钢作外科医疗器械
聚四氟乙烯（PTFE、F-4）	具有优异的化学稳定性，与强酸、强碱或强氧化剂均不起作用，有很高的耐热性、耐寒性，使用温度为－180～250℃，摩擦因数很低，是极好的自润滑材料。缺点是力学性能较低，刚性差，有冷流动性，热导率低，热膨胀大，耐磨性不高（可加入填充剂，适当改善），需采用预压烧结的方法，成型加工费用较高	主要用于成型耐化学腐蚀、耐高温的密封元件，如填料、衬垫、胀圈、阀座、阀片，也用作输送腐蚀介质的高温管道、耐腐蚀衬里、容器，以及轴承、导轨、无油润滑活塞环、密封圈等。其分散液可以作涂层及浸渍多孔制品
填充聚四氟乙烯（PTFE）	用玻璃纤维粉末、二硫化钼、石墨、氧化镉、硫化钨、青铜粉、铅粉等填充的聚四氟乙烯，在承载能力、刚性、*pv*极限值等方面都有不同的提高	用于成型高温或腐蚀介质中工作的摩擦零件，如活塞环等
聚三氟氯乙烯（PCTFE、F-3）	耐热性、电性能和化学稳定性仅次于F-4，在180℃的酸、碱和盐的溶液中亦不溶胀或侵蚀，机械强度、抗蠕变性能、硬度都比F-4好些，长期使用温度为－195～190℃之间，但要求长期保持弹性时，则最高使用温度为120℃，涂层与金属有一定的附着力，其表面坚韧、耐磨、有较高的强度	用于成型耐腐蚀的设备与零件，悬浮液涂于金属表面可作防腐、电绝缘防潮等涂层
聚全氟乙烯丙烯（FEP、F-46）	力学、电性能和化学稳定性基本与F-4相同，但突出的优点是冲击强度高，即使是带缺口的试样也冲不断，能在－85～205℃温度范围内长期使用	同F-4，用于成型要求大批量生产或外形复杂的零件，并用注射成型代替F-4的冷压烧结成型
酚醛树脂（PF）	力学性能很高，刚性大，冷流性小，耐热性很高（100℃以上），在水润滑下摩擦系数极低（0.01～0.03），*pv*值很高，有良好的电性能和耐酸碱侵蚀的能力，不易因温度和湿度的变化而变形，成型简便，价格低廉。缺点是性质较脆，色调有限，耐光性差，耐电弧性较小，不耐强氧化性酸的腐蚀	常用的为层压酚醛塑料和粉末状压塑料，用于成型板材、管材及棒材等。可成型农用潜水电泵的密封件和轴承、轴瓦、带轮、齿轮、制动装置和离合装置的零件、摩擦轮及电器绝缘零件等
聚酰亚胺（PI）	能耐高温、高强度，可在260℃温度下长期使用，耐磨性能好，且在高温和真空下稳定，挥发物少，电性能、耐辐射性能好，不溶于有机溶剂和不受酸的侵蚀，但在强碱、沸水、蒸汽持续作用下会破坏，主要缺点是质脆，对缺口敏感，不宜在室外长期使用	用于成型高温、高真空条件下作减摩、自润滑零件，以及高温电动机、电器零件
环氧树脂（EP）	具有较高的强度、良好的化学稳定性和电绝缘性能，成型收缩率小，成型简便	制造金属拉延模、压形模、铸造模、各种结构零件，用来修补金属零件及铸件

表2.3-19 常用工程塑料应用实例

分类	工况要求	零件实例	材料性能	可选材料
一般结构零件	不承受或只承受很小的载荷，工作环境温度不高	壳体、盖板、外罩、支架、手柄、手轮、导管、管接头、方向盘、一般紧固件等	只要求较低的强度和耐热性能，但因用量较大，还要求成型工艺性好，成本低廉	低压聚乙烯、聚苯乙烯、改性聚苯乙烯、聚丙烯、聚氯乙烯、尼龙、ABS等。稍大壳体零件，要求有较好的刚性时可选用聚碳酸酯
透明结构零件		仪表壳、灯罩、风窗玻璃、液面计、油标、设备标牌等	要求透光性好，并要求一定的耐热性、耐候性和耐磨性	有机玻璃、聚苯乙烯、聚碳酸酯、聚砜、透明芳香尼龙、ABS的改性品种MBS
普通传动零件	承受交变应力及冲击载荷，表面受磨损，工作条件较为苛刻	齿轮、齿条、凸轮、蜗轮、蜗杆、滚子、联轴器等	要求有较高的强度、刚度、韧性、耐磨性、耐疲劳性、耐热性和尺寸稳定性	尼龙、MC尼龙、聚甲醛、F-4填充的聚甲醛、聚碳酸酯、氯化聚醚、夹布酚醛、增强聚丙烯、增强热塑性聚酯
摩擦零件	受力不大，但运动速度较高，有的是在无油或少油润滑条件下运转	轴承、轴套、滑动导轨、活塞环、机械动密封圈、填料函等	对强度要求不高，但要求有良好的自润滑性、较低的摩擦系数、一定的耐油性和较高的热变形温度	低压聚乙烯、尼龙、MC尼龙、氯化聚醚、聚四氟乙烯及填充聚四氟乙烯、F-4填充的聚甲醛 对于工作条件苛刻的轴承可采用塑料-金属三层复合材料
耐腐蚀零件	在常温或高温下，长期受酸、碱或其他腐蚀性介质的侵蚀	化工容器、管道、泵、阀、塔器、搅拌器、反应釜、热交换器、冷凝器、分离和排气净化设备	主要要求有抵抗各种强酸、强碱、强氧化剂和有机溶剂等化学介质腐蚀的能力，保证正常操作、安全生产	可供选用的品种有：硬聚氯乙烯、聚乙烯、聚丙烯、氟塑料、氯化聚醚、聚苯硫醚、酚醛玻璃钢、环氧玻璃钢、呋喃玻璃钢、聚酯玻璃钢等
		全塑结构件	耐蚀性好，优良抗热变形性能，较高力学性能	聚丙烯、硬聚氯乙烯及其填充增强塑料、填充聚四氟乙烯、氯化聚醚、聚苯硫醚
		衬里结构件	耐蚀性好，负荷由基材承受	环氧树脂及其玻璃钢，工作温度不高可用聚氯乙烯、聚乙烯、聚丙烯、氯化聚醚，温度高时用氟塑料
		加强复合结构件	力学性能和耐蚀性均要求高	玻璃纤维增强的硬聚氯乙烯或聚丙烯
		涂层结构件	涂层薄，只作防大气腐蚀之用	环氧树脂、氯化聚醚、聚乙烯、聚三氟氯乙烯、聚苯硫醚
高强度、高模量结构件	负荷大，运转速度高，有的承受强大的离心力和热应力，有的受介质腐蚀	燃气轮机压气机叶片、高速风扇叶片、泵叶轮、船用螺旋桨、发电机护环、压力容器、高速离心转筒、船艇壳体、汽车车身等	要求高强度、高的弹性模量（刚度）、耐冲击、耐疲劳、耐腐蚀以及较高的热变形温度	玻璃纤维增强的热塑性塑料（其中以尼龙的增强效果最好，其次为聚碳酸酯、线型聚酯、聚苯乙烯等）、环氧玻璃钢、聚酯玻璃钢、碳纤维增强的环氧塑料等

表 2.3-20　工程常用塑料的技术性能

塑料名称	密度 /g·cm^{-3}	吸水率 (%)	成品收缩率 (%)	马丁耐热 /℃	连续耐热 /℃	维卡耐热 /℃	热变形温度/℃ 1.86MPa	热变形温度/℃ 0.46MPa	脆化温度 /℃	燃烧性	线胀系数 /(×10^{-5}/℃)	拉伸强度 /MPa	弯曲强度 /MPa
硬聚氯乙烯(UPVC)	1.35~1.45	0.4~0.6	0.6~0.8	50~65	49~71		56~73	75~82	-15	自熄	5~8	45~50	70~112
软聚氯乙烯	1.16~1.35	0.15~0.75	2~4	40~70	55~80				-30~-35	缓慢至自熄	7~25		
低压(高密度)聚乙烯(HDPE)	0.94~0.965	<0.01	1.5~3.6		121	121~127	48	60~82	-70	很慢	12.6~16	屈服 22~29 断裂 15~16	25~40
改性有机玻璃(372)(PMMA)	1.18	<0.2	0.5	≥60		≥110	85~100				5~6	≥50	≥100
聚丙烯(PP)	0.9~0.91	0.03~0.04	1.0~1.2	44	121		56~67	100~116	-35	自熄	10.8~11.2	30~39	42~56
改性聚苯乙烯(204)(PS)	1.07	0.17	0.4~0.7	75	60~96		175~205				5~5.5	≥50	≥72
聚砜(PSU)	1.24	0.12~0.22	0.8	156	150~174		174	181	-100	自熄	5.0~5.2	72~85	108~127
ABS 超高冲击型	1.05	0.3	0.5				87	96		缓慢	10.0	35	62
ABS 高强度中冲击型	1.07	0.3	0.4				89	98			7.0	63	97
ABS 低温冲击型	1.02	0.2					78~85	98		厚>1.27mm, 0.55mm/s	8.6~9.9	21~28	25~46
ABS 耐热型	1.06~1.08	0.2					96~110	104~116			6.8~8.2	53~56	84
聚酰胺(PA) 尼龙1010 未增强	1.04~1.06	0.39	1.0~2.5	45	80~120	123~190			-60	自熄	10.5	52~55	89
聚酰胺(PA) 尼龙1010 玻璃纤维增强	1.23	0.05		180					-60	自熄	3.1	180	237
聚酰胺(PA) 尼龙610 干态	1.07~1.09	0.4~0.5	1.0~1.5	51~56		195~205				自熄	9~12	60	
聚酰胺(PA) 尼龙610 含水1.5%												47	
聚酰胺(PA) 尼龙66 干态	1.14~1.15	1.5	1.5	50~60	82~140		66~68	182~185	-25~-30	自熄	9~10	83	100~110
聚酰胺(PA) 尼龙66 含水2.3%												56.5	
聚酰胺(PA) 尼龙6 干态	1.13~1.15	1.9	0.8~1.5	40~50	79~121		55~58	180	-20~-30	自熄	7.9~8.7	74~78	100
聚酰胺(PA) 尼龙6 含水3.5%												52~54	70
聚酰胺(PA) 尼龙11	1.04	0.4		(38)		173~178				自熄	11.4~12.4	47~58	76
聚酰胺(PA) 尼龙9	1.05	1.2	1.5~2.5	42~48		>160					8~12	58~65	80~85
聚酰胺(PA) MC尼龙(单体浇铸尼龙)	1.16			55			94	205		自熄	8.3	90~97	152~171

（续）

塑料名称	压缩强度 /MPa	疲劳强度（10^7次）/MPa	冲击强度 /J·cm^{-2} 缺口	冲击强度 /J·cm^{-2} 无缺口	拉伸弹性模量 /×10^3MPa	弯曲弹性模量 /×10^3MPa	断裂伸长率（%）	硬度 洛氏 R	硬度 洛氏 M	硬度 布氏 HBW	介电常数 /×10^6Hz	介电损耗 /×10^6Hz	体积电阻率 /Ω·cm	击穿强度 /kV·mm^{-1}	耐电弧性 /s
硬聚氯乙烯（PVC）	56.2～91.4		1.09～2.18	0.3～0.4			20～40		邵尔D 70～90		14～17		10^{12}～10^{16}	17～52	60～80
软聚氯乙烯	6.2～11.8			0.39～1.18			200～450		邵尔D 20～30		5～9	0.08～0.015	10^{11}～10^{18}	12～40	
低压（高密度）聚乙烯（HDPE）	22.5	11	7～8	不断	0.84～0.95	1.1～1.4	60～150		邵尔D 60～70		2.3～2.35	<0.005	10^{16}		150
改性有机玻璃（372）（PMMA）				≥0.12						≥10			表面4.5×10^{15}	20	
聚丙烯（PP）	39～56	11～22	0.22～0.5	不断	1.1～1.6	1.2～1.6	>200	95～105			2.0～2.6	0.001	>10^{16}	30	125～185
改性聚苯乙烯（204）（PS）	≥90		≥1.6	0.12～0.26			1.0～3.7		68～98（HRM）		3.12		10^{16}	25	
聚砜（PSU）	89～97		0.7～0.81	1.72～3.7	2.5～2.8	2.8	20～100	120		10.8	2.9～3.1	0.001～0.006	10^{16}	16.1～2.0	122
ABS 超高冲击型			5.3		1.8	1.8		100			2.4～5.0	0.003～0.008	10^{16}		50～85
ABS 高强度中冲击型			0.6		2.9	3.0		121			2.4～5.0	0.003～0.008	10^{16}		50～85
ABS 低温冲击型	18～39		2.7～4.9		0.7～1.8	1.2～2.0		62～88			3.7	0.011～0.073	10^{13}	15.1～15.7	70～80
ABS 耐热型	70		1.6～3.2		2.5	2.5～2.6		108～116			2.7～3.5	0.034	10^{13}	14.2～15.7	70～80
聚酰胺（PA） 尼龙1010 未增强	79		0.4～0.5	不断	1.6	1.3	100～250			7.1	2.5～3.6	0.020～0.026	>10^{14}	>20	
聚酰胺（PA） 尼龙1010 玻璃纤维增强	157		0.85	100	8.8	5.9				12.4		0.027	10^{15}	29	
聚酰胺（PA） 尼龙610 干态	90		0.035～0.55		2.3		85	111～113			3.9	0.04	10^{14}	28.5	
聚酰胺（PA） 尼龙610 含水1.5%	70		0.98		1.2		220～240	90							
聚酰胺（PA） 尼龙66 干态	120		0.39		3.2～3.3	2.9～3.0	60	118			40	0.014	10^{14}	15～19	130～140
聚酰胺（PA） 尼龙66 含水2.3%	90	23～25	1.38		1.4	1.2	200	100							
聚酰胺（PA） 尼龙6 干态	90	12～19	0.31		2.6	2.4～2.6	150	114			4.1	0.01	10^{14}～10^{15}	22	
聚酰胺（PA） 尼龙6 含水3.5%	60		>5.5		0.83	0.53	250	85							
聚酰胺（PA） 尼龙11	80～110		0.35～0.48	3.8	1.2	11	60～230	100～113		7.5		0.06	10^{15}	29.5	
聚酰胺（PA） 尼龙9				2.5～3.0	1.0～1.2	1.0～1.2					3.7	0.019	5.5×10^{14}	>15	
聚酰胺（PA） MC尼龙（单体浇铸尼龙）	107～130	约20		>5.0	3.6	4.2	20～30			14～21	3.7	0.02			

（续）

塑料名称		密度/g·cm⁻³	吸水率（%）	成品收缩率（%）	马丁耐热/℃	连续耐热/℃	维卡耐热/℃	热变形温度/℃ 1.86MPa	热变形温度/℃ 0.46MPa	脆化温度/℃	燃烧性	线胀系数/(×10⁻⁵/℃)	拉伸强度/MPa	弯曲强度/MPa
聚甲醛（POM）	共聚	1.41~1.43	0.22~0.25	2.0~3.0	57~62	104		110	168	-40	缓慢	11.0	屈服62~68	91~92
	均聚	1.42~1.43	0.25	2.0~2.5	60~64	85		124	170		缓慢	10.0	70	98
聚碳酸酯（PC）	未增强	1.20	0.13	0.5~0.8	110~130	121		132~138		-100	自熄	6~7	67	98~106
	增强	1.4	0.07~0.09	0.1~0.5	150~152	140~141		147~149			不燃	1.6~2.7	110~140	160~190
氯化聚醚（CPE）		1.4	0.01	0.4~0.8	72	120~143		100	141	-40	自熄	12	42.3	70~77
聚酚氧（苯氧树脂）		1.18	0.13	0.3~0.4		77		86	92	-60		5.8~6.8	63~70	90~110
线性聚酯（PET）	未增强	1.37~1.38	0.26	1.8				85	115			6.0	80	117
	增强	1.63~1.70		0.2~1.0	130~140			240			缓慢	2.5~3.4	120	145~175
聚苯醚（PPO）	未改性	1.06~1.07	0.07	0.7~1.0	144~160	200		190		-127	缓慢 自熄	5.0~5.6	屈服 86.5~89.5 断裂 66.5	98~137
	改性	1.06	0.066	0.7		100	190			-45	自熄	6.7	67	95
氟塑料	F-4（聚四氟乙烯）（PTFE）	2.1~2.2	0.001~0.005	模压 1~5		260		55	121	-180~-195	自熄	10~12	14~25	11~14
	F-3（聚三氟氯乙烯）（PCTFE）	2.1~2.2	<0.005	1~2.5	70	120~190		75	130	-180~-195	自熄	4.5~7.0	32~40	55~70
	F-2	1.76	0.04	2.0		150		91	149	-62	自熄	8.5~15.3	46~49.2	
	F-46（聚全氟乙丙烯）	2.1~2.2	<0.01	2~5		204		51	70	-200	自熄	8.3~10.5	20~25	
	F-23	2.02				170~180							25~30	35
聚酰亚胺（PI）	均苯型	1.4~1.6	0.2~0.3			260	>300	360		-180	自熄	5.5~6.3	94.5	>100
	可溶性型	1.34~1.40	0.2~0.3	0.5~1.0		200~250	250~270			-180	自熄		120	200~210
酚醛塑料（PF）		1.6~2.0	≤0.05		≥150							1.5~2.5	≥25	≥60
聚苯硫醚（PPS）	未增强型	1.3~1.5			105			135				2.8	6.5	9.6
	增强型	1.6~1.65	0.02					260					14.2~17.9	1.96

（续）

塑料名称		压缩强度	疲劳强度 10^7 周	冲击强度 /J·cm^{-2}		拉伸弹性模量	弯曲弹性模量	断裂伸长率（%）	硬度			介电系数	介电损耗	体积电阻率 /Ω·cm	击穿电压 /kV·mm^{-1}	耐电弧性 /s
		/MPa		缺口	无缺口	/×10^3MPa			洛氏 R	洛氏 M	布氏 HBW	/×10^6Hz				
聚甲醛（POM）	共聚	113	25~27	0.65~0.76	0.90~1.1	2.8	2.6	60~75	120	94		3.8	0.005	10^{14}	18.6	240
	均聚	122	30~35	0.65	1.08	2.9	2.9	15~25		80		3.7	0.004	10^{14}		129
聚碳酸酯（PC）	未增强	83~88	7~10	6.4~7.5	不断	2.2~2.4	2.0~3.0	60~100		75	9.7~10.4	3.0	0.006~0.007	10^{16}	17~22	120
	增强	120~135			0.65	6.6~11.9	4.8~7.5	1~5			12.8	3.2~3.5	0.003~0.005	10^{15}		5~120
氯化聚醚（CPE）		63~87		0.21	>0.50	1.1	0.9	60~160	100			3.1~3.3	0.011	6×10^{14}	15.8	
聚酚氧（苯氧树脂）		84		0.134	不断	2.7	2.9	60~100	121	72		3.8~4.1	0.0012	10^{15}		
线性聚酯（PET）	未增强			0.040		2.9		200				3.4	0.021	10^{14}		
	增强	130~161		0.085		8.3~9.0	6.2	15		95~100	14.5	3.78	0.016	10^{16}	18~35	90~120
聚苯醚（PPO）	未改性	91~112	14	0.083~0.102	0.53~0.64	2.6~2.8	2.0~2.1	30~80	118~123	78		2.58	0.001	$10^{16\sim17}$	15.8~20.5	
	改性	115	~20	0.70		2.5	2.5	20	119	78		2.64	0.0004	10^{17}		
氟塑料	F-4（聚四氟乙烯）（PTFE）	12		0.164		0.4		250~350	58	邵尔 D 50~65		2.0~2.2	0.0002	10^{18}	25~40	>200
	F-3（聚三氟氯乙烯）（PCTFE）			0.130~0.170		1.1~1.3	1.3~1.8	50~190		邵尔 D 74~78	10~13	2.3~2.7	0.0017	1.2×10^{16}	19.7	360
	F-2	70		0.203	0.160	0.84	1.4	30~300		邵尔 D 80		8.4	0.018	2×10^{14}	10.2	50~70
	F-46（聚全氟乙丙烯）			不断	不断	0.35		250~370	25			2.1	0.0007	2×10^{18}	40	>160
	F-23						1.0~1.2	150~250			7.8~8.0	3.0	0.012	$10^{16\sim17}$	23~25	
聚酰亚胺（PI）	均苯型	>170	26	0.38	0.54		3.2	6~8				3~4	0.003	10^{17}	>40	230
	可溶性型	>230		1.20	不断		3.3	6~10				3.1~3.5	0.001~0.005	$10^{15\sim16}$	>30	
酚醛塑料（PF）		≥100	抗剪强度≥25		≥0.35						≥30					
聚苯硫醚（PPS）	未增强型				0.78~0.98		3.8	3	117			3.4~3.8			20	
	增强型				2.9~3.9		10.7	3	123	428		3.8~4.2	0.002~0.006		17.1~18.4	160

2.2　工程常用塑料板材和薄膜

2.2.1　聚四氟乙烯板（见表2.3-21）

表2.3-21　聚四氟乙烯板规格性能及应用（摘自QB/T 3625—1999）

规格/mm			
牌号	厚度	宽度×长度	圆形板
SFB-3 SFB-2 SFB-1	0.5	60、90 120、150 200、250 300、600 1000、1200 1500 ×(≥500)	厚度： 0.8、1.0、 1.2、1.5 直径： 100、120、 140、160、 180、200、 250
	0.6		
	0.7		
	0.8		
	0.9		
	1.0	同上 120×120 160×160 200×200 250×250	
	1.2		
	1.5		
	2、2.5、3、4、5、6、7、8、9、10、11、12、13、14、15、16、17、18、19、20、22、24、26、28、30、32、34、36、38、40、45、50、55、60、65、70、75	120×120 160×160 200×200 250×250 300×300 400×400 450×450	
	80、85、90、95、100	300×300 400×400 450×450	

性能及应用			
项目	SFB-1	SFB-2	SFB-3
密度/g·cm⁻³	2.1~2.3	2.1~2.3	2.1~2.3
抗拉强度/MPa	≥15	≥15	≥15
断裂伸长率（%）	≥150	≥150	≥30
交流击穿电压/kV	≥10	—	—
应用	用于电器绝缘	用于腐蚀介质中的衬垫、密封件及润滑材料	用于腐蚀介质中的隔膜和视镜

注：标记示例：厚度15mm，宽度250mm，长度250mm的SFB-2聚四氟乙烯板材，标记为：乙烯板SFB-2—15×250×250 QB/T 3625—1999。

2.2.2　环氧玻璃布层压板（见表2.3-22）

表2.3-22　环氧玻璃布层压板规格性能及应用（摘自GB/T1303.3—1998）

	项　目	技术要求：试验用板材适合厚度/mm	技术要求：指标值
技术性能	垂直层向弯曲强度/MPa	≥1.6	≥340
	表观弯曲模量/MPa	≥1.6	≥(24000)
	垂直层向压缩强度/MPa	≥5	≥(350)
	平行层向冲击强度(悬臂梁法)/kJ·m⁻²	≥5	≥34
	平行层向剪切强度/MPa	≥5	≥(30)
	拉伸强度/MPa	≥1.6	≥(300)
	平行层向击穿电压(90℃±2℃油中)/kV	≤3	≥35
	介电常数①(48~62Hz)	≤3	≤5.5
	介电常数①(1MHz以下)	≤3	≤5.5
	介质损耗因数②(48~62Hz)	≤3	≤0.04
	介质损耗因数②(1MHz以下)	≤3	≤0.04
	浸水后绝缘电阻/Ω	全部	$\geqslant 5.0\times10^{8}$
	相比漏电起痕指数	≥3	≥(200)
	长期耐热性1℃	≥3	≥(130)
	负荷变形温度/℃	—	待定
	密度/g·cm⁻³	全部	(1.7~1.9)
尺寸规格/mm	板材标称厚度：0.4、0.5、0.6、0.8、1.0、1.2、1.6、2.0、2.5、3.0、4.0、5.0、6.0、8.0、10.0、12、14、16、20~50(5进级)，板材切割板条宽度：>3~600		
应用	中等温度下力学性能高，高湿度下电性能稳定性优良，用于机械、电子和电气工业		

①　任选一项均可。
②　任选一项均可

2.2.3　硬质聚氯乙烯板材（见表2.3-23）

表2.3-23　硬质聚氯乙烯板材分类、性能及尺寸规格（摘自GB/T22789.1—2008）

	性能	试验方法	单位	层压板材					挤出板材				
尺寸规格	板材长、宽、厚度尺寸由供需双方商定，其允许偏差应符合GB/T22789.1—2008的规定。厚度 d 的范围≥1~20mm（d<1mm板材的规定见GB/T22789.2）。长、宽尺寸推荐不大于4m，推荐幅面尺寸（长×宽）：1800×910、2000×1000、2440×1220、3000×1500、4000×2500（单位mm）												
分类及性能				第1类 一般用途级	第2类 透明级	第3类 高模量级	第4类 高抗冲级	第5类 耐热级	第1类 一般用途级	第2类 透明级	第3类 高模量级	第4类 高抗冲级	第5类 耐热级
	拉伸屈服应力	GB/T1040.2IB型	MPa	≥50	≥45	≥60	≥45	≥50	≥50	≥45	≥60	≥45	≥50
	拉伸断裂伸长率	GB/T1040.2IB型	%	≥5	≥5	≥8	≥10	≥8	≥8	≥5	≥3	≥8	≥10
	拉伸弹性模量	GB/T1040.2IB型	MPa	≥2500	≥2500	≥3000	≥2000	≥2500	≥2500	≥2000	≥3200	≥2300	≥2500
	缺口冲击强度（厚度小于4mm的板材不做缺口冲击强度）	GB/T1043.1 lepA型	kJ/m²	≥2	≥1	≥2	≥0	≥2	≥2	≥1	≥2	≥5	≥2
	维卡软化温度	ISO306:2004方法B50	℃	≥75	≥65	≥78	≥70	≥90	≥70	≥60	≥70	≥70	≥85
	加热尺寸变化率	根据GB/T22789.1	%	-3~+3					厚度：1.0mm≤d≤2.0mm：-10~+10 2.0mm<d≤5.0mm：-5~+5 5.0mm<d≤10.0mm：-4~+4 d>10.0mm：-4~+4				
	层积性（层间剥离力）	根据GB/T22789.1		无气泡、破裂或剥落（分层剥离）					—				
	总透光率（只适于第2类透明级）	ISO13468—1	%	厚度：d≤2mm，总透光率≥82%；2mm<d≤6mm，总透光率≥78%；6mm<d≤10mm，总透光率≥75%；d>10mm，总透光率不作规定									

注：GB/T22789.1—2008代替GB/T4454—1996硬质聚氯乙烯层压板材和GB/T13520—1992硬质聚氯乙烯挤出板材。

2.2.4　聚乙烯板（见表2.3-24）

表2.3-24　聚乙烯板规格及性能（摘自QB/T 2490—2000）

板材规格/mm			技术性能		
项目	尺寸	极限偏差	项目	指标	
厚度 S	2~8	±(0.08+0.03S)	密度/g·cm^{-3}	0.919~0.925	0.940~0.960
宽度	≥1000	±5	拉伸屈服强度（纵横向）/MPa	≥7.0	≥22.0
长度	≥2000	±10	简支梁缺口冲击韧度（纵横向）/MPa	无破裂	无破裂
对角线最大差值	每1000边长	≤5	断裂伸长率（纵横向）（%）	≥200	≥500

2.2.5 酚醛棉布层压板（见表2.3-25）

表2.3-25 酚醛棉布层压板型号、规格及性能（摘自JB/T8149.2—2000）

	型号	应用范围与特性
型号、应用及尺寸规格	3025	机械用(粗布),电气性能差
	3026	机械用(细布),电气性能差
	3027	机械及电气用(粗布),电气性能差
	3028	机械及电气用(细布),电气性能差。推荐制作小零部件(像3026)
	尺寸规格	厚度:0.4~50mm;宽度:450~1000mm;长度:1000~2600mm

	厚度及允许偏差/mm	吸水性/mg				垂直层向电气强度/MV·m⁻¹			
		3025	3026	3027	3028	3025	3026	3027	3028
技术性能	0.8±0.19	≤201	≤201	≤133	≤133	≥0.89	≥0.89	≥5.6	≥7.0
	1.0±0.20	≤206	≤206	≤136	≤136	≥0.82	≥0.82	≥5.1	≥6.3
	1.2±0.22	≤211	≤211	≤139	≤139	≥0.80	≥0.80	≥4.6	≥5.8
	1.6±0.24	≤220	≤220	≤145	≤145	≥0.72	≥0.72	≥3.8	≥5.1
	2.0±0.26	≤229	≤229	≤151	≤151	≥0.65	≥0.65	≥3.4	≥4.6
	2.5±0.29	≤239	≤239	≤157	≤157	—	—	—	—
	3.0±0.31	≤249	≤249	≤162	≤162	≥0.50	≥0.50	≥3.0	≥4.0
	4.0±0.36	≤262	≤262	≤169	≤169	平行层向击穿电压(90℃±2℃油中)/kV			
	5.0±0.42	≤275	≤275	≤175	≤175	3025	3026	3027	3028
	6.0±0.46	≤284	≤284	≤182	≤182	≥1	≥1	≥18	≥20
	8.0±0.55	≤301	≤301	≤195	≤195	垂直层向弯曲强度/MPa			
	10.0±0.63	≤319	≤319	≤209	≤209	3025	3026	3027	3028
	12.0±0.70	≤336	≤336	≤223	≤223	≥100	≥110	≥90	≥100
	14.0±0.78	≤354	≤354	≤236	≤236	力学性能:电气性能试件板厚规定: ① 垂直层向弯曲强度试验用最小板厚为1.6mm ② 垂直层向电气强度试验用最大板厚为3mm ③ 平行层向击穿电压试验用板厚大于3mm			
	16.0±0.85	≤371	≤371	≤250	≤250				
	20.0±0.95	≤406	≤406	≤277	≤277				
	25.0±1.10	≤450	≤450	≤311	≤311				
	30.0±1.22	厚度大于25mm时,单面加工至22.5mm							
	35.0±1.34	≤540	≤540	≤373	≤373				
	40.0±1.45								
	45.0±1.55								
	50.0±1.65								

2.2.6 酚醛纸层压板（见表2.3-26）

表2.3-26 酚醛纸层压板型号、规格及性能（摘自JB/T8149.1—2000）

	型号	应用范围与特性
型号、应用及尺寸规格	3020	工频高电压用,油中电气强度高,正常湿度下电气强度好
	3021	机械及电气用,正常湿度下电气性能好,也适用于热冲加工
	尺寸规格	厚度:0.4~50mm;宽度:450~1000mm;长度:1000~2600mm

	厚度及允许偏差/mm	吸水性/mg		垂直层向电气强度(90℃±2℃油中)/MV·m⁻¹	
		3020	3021	3020	3021
技术性能	0.4±0.07	≤165	≤160	≥19.0	≥15.7
	0.5±0.08	≤167	≤162	≥18.2	≥14.7
	0.6±0.09	≤168	≤163	≥17.6	≥14.0
	0.8±0.10	≤173	≤167	≥16.6	≥12.9
	1.0±0.12	≤180	≤170	≥15.8	≥12.1
	1.2±0.14	≤188	≤174	≥15.2	≥11.4

（续）

	厚度及允许偏差/mm	吸水性/mg		垂直层向电气强度(90℃ ±2℃油中)/MV·m^{-1}	
		3020	3021	3020	3021
技术性能	1.6 ±0.16	≤204	≤182	≥14.3	≥10.1
	2.0 ±0.19	≤220	≤190	≥13.6	≥9.3
	2.5 ±0.22	≤240	≤195	—	—
	3.0 ±0.25	≤260	≤200	≥13.0	≥8.4
	4.0 ±0.30	≤300	≤220	平行层向击穿电压(90℃ ±2℃油中)/kV	
	5.0 ±0.34	≤342	≤235	3020	3021
	6.0 ±0.37	≤382	≤250	≥35	≥20
	8.0 ±0.47	≤470	≤285	垂直层向弯曲强度/MPa	
	10 ±0.55	≤550	≤320	3020	3021
	12 ±0.62	≤630	≤350	≥120	≥120
	14 ±0.69	≤720	≤390	力学性能，电气性能试件板厚规定： ① 垂直层向弯曲强度试验用最小板厚为1.6mm ② 垂直层向电气强度试验用最大板厚为3mm ③ 平行层向击穿电压试验用板厚大于3mm	
	16 ±0.75	≤800	≤420		
	20 ±0.86	≤970	≤490		
	25 ±1.00	≤1150	≤570		
	30 ±1.15	厚度大于25mm时，单面加工至22.5mm			
	35 ±1.25	≤1380	≤684		
	40 ±1.35				
	45 ±1.45				
	50 ±1.55				

2.2.7 浇铸型工业有机玻璃板材（见表2.3-27）

表2.3-27 浇铸型工业有机玻璃板材规格、性能及应用（摘自GB/T 7134—2008）

尺寸规格	以甲基丙烯酸甲酯为原料，在特定的模具内进行本体聚合而成的无色和有色的透明、半透明或不透明，厚度为1.5~50mm的工业有机玻璃板材，板材的长度和宽度由相关方商定，板厚度规定为1.5、2.0、2.5、2.8、3.0~5.0(0.5进级)、6.0、8.0~13(1进级)、15、16、18、20~50(5进级)，单位为mm。板材长、宽、厚尺寸的允许偏差应符合GB/T7134—2008的相关规定			
性能	项目		指标	
			无色	有色
	抗拉强度/MPa		≥70	≥65
	拉伸断裂应变(%)		≥3	—
	拉伸弹性模量/MPa		≥3000	—
	简支梁无缺口冲击强度/kJ·m^{-2}		≥17	≥15
	维卡软化温度/℃		≥100	—
	加热时尺寸变化(收缩)(%)		≤2.5	—
	总透光率(%)		≥91	—
	420nm透光率(厚度3mm)(%)	氙弧灯照射之前	≥90	—
		氙弧灯照射1000h之后	≥88	—
应用	有机玻璃(PMMA)透明性好，有良好的耐候性，表面硬度较高、综合性能优良，主要用于要求透明的制品，但耐热温度不高、长期使用温度为80℃。浇铸型PMMA板材制品无内应力，呈各向同性，双折射小，宜于作光学透明材料、汽车、飞机、船用等交通工具窗玻璃			

2.2.8 软聚氯乙烯压延薄膜和片材（见表2.3-28）

表 2.3-28　软聚氯乙烯压延薄膜和片材的规格及性能（摘自 GB/T 3830—2008）

	分　类	厚　度	宽度/mm 公称尺寸	宽度/mm 极限偏差
规格	薄膜 片材	厚度极限偏差不超过公称厚度尺寸的 ±10% （新标准没有规定公称厚度尺寸数值）	<1000 ≥1000	±10 ±25

	项　目	指标 特软质薄膜	高透明薄膜	雨衣用薄膜	民杂用 薄膜	民杂用 片材	印花用薄膜	农业用薄膜	工业用薄膜	玩具用薄膜
技术性能	抗拉强度（纵、横向）/MPa	≥9.0	≥15	≥13.0	≥13.0	≥15.0	≥11.0	≥16.0	≥16.0	≥16.0
	断后伸长率（纵、横向）（%）	≥140	≥180	≥150	≥150	≥180	≥130	≥210	≥200	≥220
	低温伸长率（纵、横向）（%）	≥30	≥10	≥20	≥10	—	≥8	≥22	≥10	≥20
	直角撕裂强度（纵、横向）/$kN\cdot m^{-1}$	≥20	≥50	≥30	≥40	≥45	≥30	≥40	≥40	≥45
	尺寸变化率（纵、横向）（%）	≤8	≤7	≤7	≤7	≤5	≤7	—	—	≤6
	加热损失率（%）	≤5.0	≤5.0	≤5.0	≤5.0	≤5.0	≤5.0	≤5.0	≤5.0	—
	水抽出物（%）	—	—	—	—	—	—	≤1.0	≤1.0	—
	耐油性	—	雾度≤2%	—	—	—	—	—	不破裂	—

注：1. 薄膜和片材由悬浮法聚氯乙烯树脂加入增塑剂、稳定剂及其他助剂，用压延成型方法生产。

2. 雨衣用薄膜主要用于加工雨衣或雨具等；民杂用薄膜或片材主要用于加工书皮封套、票夹、手提袋等各种塑料民用制品；印花用薄膜主要用于加工成印花民膜；农业用薄膜主要用于农田、盐田覆盖或铺垫，也可用于农田保温大棚等；工业用薄膜主要用于一般的防水覆盖，防渗铺垫及普通工业品的外包装等；玩具用薄膜主要用于加工充气塑料玩具等。

3. GB/T3830—2008 代替 GB/T3830—1994。

2.3　工程常用塑料管材

2.3.1　聚四氟乙烯管（见表 2.3-29）

表 2.3-29　聚四氟乙烯管材规格、性能及应用（摘自 QB/T 3624—1999）

规格/mm 牌号	内径	内径偏差	壁厚	壁厚偏差	长度	性能 项　目	SFG-1	SFG-2
SFG-1	0.5、0.6、0.7、0.8、0.9、1.0	±0.1	0.2 0.3	±0.06 ±0.08	≥200	密度/$g\cdot cm^{-3}$	—	2.1~2.3
	1.2、1.4、1.6、1.8、2.0、2.2、2.4、2.6、2.8	±0.2	0.2 0.3 0.4	±0.06 ±0.08 ±0.10		抗拉强度/MPa	≥25	≥15
	3.0、3.2、3.4、3.6、3.8、4.0	±0.3	0.2 0.3 0.4 0.5	±0.06 ±0.08 ±0.10 ±0.16		断裂伸长率（%）	≥	≥150
	2.0	±0.2	1.0	±0.30				
	3.0、4.0	±0.3						

（续）

规格/mm						性能			
牌号	内径	内径偏差	壁厚	壁厚偏差	长度	项目	SFG-1		SFG-2
							壁厚/mm	指标数值	
SFG-2	5.0、6.0 7.0、8.0	±0.5	0.5 1.0 1.5 2.0	±0.30	≥200	交流击穿电压 ≥ /kV	0.2	6	—
	9.0 10.0 11.0 12.0	±0.5	1.0 1.5 2.0				0.3	8	
	13.0、14.0 15.0、16.0 17.0、18.0 19.0、20.0	±1.0	1.5 2.0				0.4	10	
	25.0、30.0	±1.0	1.5 2.0				0.5	12	
		±1.5	2.5				1.0	18	
						应用	用于制作绝缘及输送腐蚀流体导管		

2.3.2　工业用氯化聚氯乙烯（PVC-C）管材及管件

（1）工业用PVC-C管材（见表2.3-30、表2.3-31）

表2.3-30　工业用PVC-C管材尺寸规格（摘自GB/T 18998.2—2003）　　（mm）

公称外径 d_n	公称壁厚 e_n				壁厚偏差	
	管系列S					
	S10	S6.3	S5	S4	公称壁厚 e_n	允许偏差
	标准尺寸比SDR				2.0	+0.4 0
	SDR21	SDR13.6	SDR11	SDR9	>2.0~3.0	+0.5 0
20	2.0(0.96)*	2.0(1.5)*	2.0(1.9)*	2.3	>3.0~4.0	+0.6 0
25	2.0(1.2)*	2.0(1.9)*	2.3	2.8	>4.0~5.0	+0.7 0
32	2.0(1.6)*	2.4	2.9	3.6	>5.0~6.0	+0.8 0
40	2.0(1.9)*	3.0	3.7	4.5	>6.0~7.0	+0.9 0
50	2.4	3.7	4.6	5.6	>7.0~8.0	+1.0 0
63	3.0	4.7	5.8	7.1	>8.0~9.0	+1.1 0
75	3.6	5.6	6.8	8.4	>9.0~10.0	+1.2 0
90	4.3	6.7	8.2	10.1	>10.0~11.0	+1.3 0
110	5.3	8.1	10.0	12.3	>11.0~12.0	+1.4 0
125	6.0	9.2	11.4	14.0	>12.0~13.0	+1.5 0
140	6.7	10.3	12.7	15.7	>13.0~14.0	+1.6 0
160	7.7	11.8	14.6	17.9	>14.0~15.0	+1.7 0
180	8.6	13.3	—	—	>15.0~16.0	+1.8 0

（续）

公称外径 d_n	公称壁厚 e_n				壁厚偏差	
	管系列 S					
	S10	S6.3	S5	S4	公称壁厚 e_n	允许偏差
	标准尺寸比 SDR				2.0	$^{+0.4}_{0}$
	SDR21	SDR13.6	SDR11	SDR9	>2.0~3.0	$^{+0.5}_{0}$
200	9.6	14.7	—	—	>16.0~17.0	$^{+1.9}_{0}$
225	10.8	16.6	—	—	>17.0~18.0	$^{+2.0}_{0}$

注：1. 考虑到刚度的要求，带“*”号规格的管材壁厚增加到2.0mm，进行液压试验时用括号内的壁厚计算试验压力。

2. 管材适于在压力下输送适宜的工业用固体、液体及气体等化学物质的管道系统。应用于石油、化工、污水处理与水处理、电力电子、冶金、采矿、电镀、造纸、食品饮料、医药等工业部门。当用于输送易燃易爆介质时，应符合防火、防爆的有关规定。

3. 管材以氯化聚氯乙烯（PVC-C）树脂为主要原料，经挤出成型。制造管材所用的原材料应符合 GB/T 18998.1—2003 的规定。

4. 管系列 S = $(d_n - e_n)/2e_n$。d_n—公称外径（mm）；e_n—公称壁厚（mm）。

5. 标准尺寸比 SDR = d_n/e_n。

6. GB/T 18998.2—2003 规定，依据 ISO4433—1：1997 热塑性塑料管材—耐液体化学物质—分类和 ISO4433—3：1997 热塑性塑料管材—耐液体化学物质—分类（PVC—U、PVC—HI、PVC—C）的试验方法将耐化学性分为“耐化学性S级”、“耐化学性L级”、“耐化学性NS级”及耐化学腐蚀分类。根据管材所输送的化学介质及应用条件，从本表中合理选择管系列。

7. 管材的长度一般为4m或6m，也可按用户要求，由供需双方确定。长度允许偏差为长度的 $^{+0.4}_{0}$%。

8. 管材按尺寸分为：S10、S6.3、S5、S4 四个管系列。管材规格用管系列代号 S×、公称外径 d_n×公称壁厚 e_n 表示，例如：S5 $d_n 50 \times e_n 5.6$。

表 2.3-31 工业用 PVC-C 管材的性能（摘自 GB/T 18998.2—2003）

力学性能					物理性能	
项目	试验参数			要求	项目	要求
	温度/℃	静液压应力/MPa	时间≥/h			
静液压试验	20	43	1	无破裂 无渗漏	密度/kg·m^{-3}	1450~1650
	95	5.6	165		维卡软化温度/℃	≥110
	95	4.6	1000		纵向回缩率(%)	≤5
静液压状态下热稳定性试验	95	3.6	8760	无破裂 无渗漏	氯含量(质量分数)(%)	≥60
落锤冲击试验	按 GB/T 14152 规定 0℃ 条件下，锤头半径 25mm，落锤质量和高度按 GB/T18998.2—2003 规定			真实冲击率 TIR≤10%		

（2）工业用 PVC-C 管件

管件按对应的管系列 S 分为四类：S10、S6.3、S5、S4。管件的连接型式分为溶剂粘结型和法兰连接型两种。溶剂粘接型管件分为圆柱形和圆锥形承口两种，其尺寸及结构见表 2.3-32 和表 2.3-33。法兰连接型管件的结构及尺寸见表 2.3-34～表 2.3-36。管件的物理性能和力学性能见表 2.3-37。

表 2.3-32 工业用 PVC-C 溶剂粘接型管件（圆柱形承口）**尺寸规格**（摘自 GB/T 18998.3—2003）

（mm）

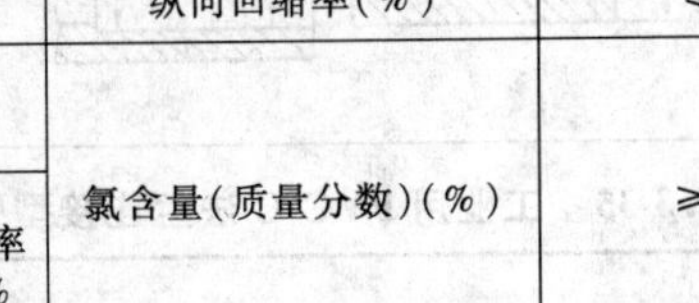

（续）

公称外径 d_n	承口的平均内径 d_{sm} ①		圆度②	承口长度 L③
	min	max	max	min
20	20.1	20.3	0.25	16.0
25	25.1	25.3	0.25	18.5
32	32.1	32.3	0.25	22.0
40	40.1	40.3	0.25	26.0
50	50.1	50.3	0.3	31.0
63	63.1	63.3	0.4	37.5
75	75.1	75.3	0.5	43.5
90	90.1	90.3	0.6	51.0
110	110.1	110.4	0.7	61.0
125	125.1	125.4	0.8	68.5
140	140.2	140.5	0.9	76.0
160	160.2	160.5	1.0	86.0
180	180.2	180.6	1.1	96.0
200	200.3	200.6	1.2	106.0
225	225.3	225.7	1.4	118.5

① 承口的平均内径 d_{sm} 应在承口中部测量，承口部分最大夹角应不超过0°30′；d_{sm} 与管材公称外径 d_n 相对应。

② 圆度偏差小于等于 $0.007d_n$。若 $0.007d_n<0.2\text{mm}$，则圆度偏差小于等于0.2mm。

③ 承口最小长度等于 $0.5d_n+6\text{mm}$，最短为12mm。

注：管件最小壁厚不得小于同等规格的管材壁厚。

表 2.3-33　工业用 PVC-C 溶剂粘接型管件（圆锥形承口）**尺寸规格**（摘自 GB/T 18998.3—2003）

（mm）

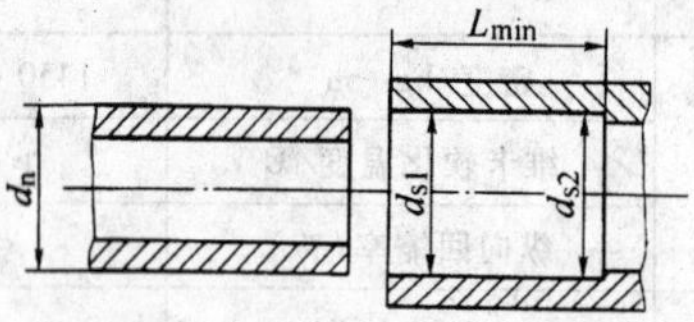

（续）

公称外径 d_n	接头内径				圆度①	承口长度 L
	承口口部 d_{s1}		承口底部 d_{s2}		max	min
	min	max	min	max		
20	20.25	20.45	19.9	20.1	0.25	20.0
25	25.25	25.45	24.9	25.1	0.25	25.0
32	32.25	32.45	31.9	32.1	0.25	30.0
40	40.25	40.25	39.8	40.1	0.25	35.0
50	50.25	50.45	49.8	50.1	0.3	41.0
63	63.25	63.45	62.8	63.1	0.4	50.0
75	75.3	75.6	74.75	75.1	0.5	60.0
90	90.3	90.6	89.75	90.1	0.6	72.0
110	110.3	110.6	109.75	110.1	0.7	88.0

注：管件最小壁厚不得小于同规格管材壁厚。

① 圆度偏差小于等于 $0.007d_n$。或当 $0.007d_n<0.2\text{mm}$ 时，偏差小于等于0.2mm。

表 2.3-34　工业用 PVC-C 法兰连接型管件法兰平承的尺寸规格（摘自 GB/T 18998.3—2003）（mm）

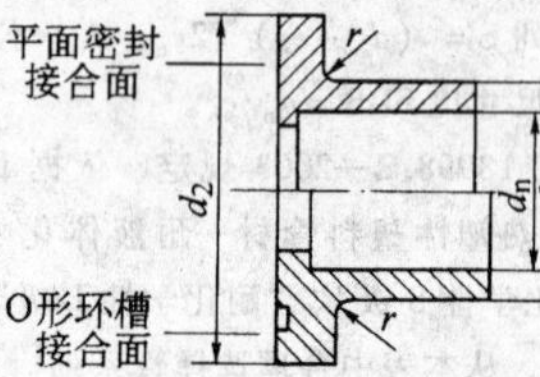

对应管材的公称外径 d_n	承口底部的外径 d_1	法兰接头的外径 d_2	承口底部的倒角 r
20	27	34	1
25	33	41	1.5
32	41	50	1.5
40	50	61	2
50	61	73	2
63	76	90	2.5
75	90	106	1.5
90	108	125	3
110	131	150	3
125	148	170	3
140	165	188	4
160	188	213	4
180	201	247	4
200	224	250	4
225	248	274	4

注：管件最小壁厚不得小于同规格的管材壁厚。

表 2.3-35　工业用 PVC-C 法兰连接型管件法兰盘尺寸规格（摘自 GB/T 18998.3—2003）　（mm）

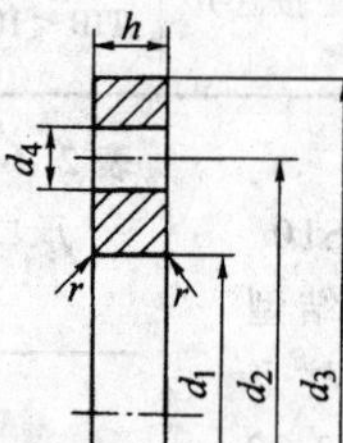

对应管材的公称外径 d_n	法兰盘内径 d_1	螺栓孔节圆直径 d_2	法兰盘外径 d_3 min	螺栓孔直径 d_4	倒角 r	螺栓孔数 n	法兰盘最小厚度 h
20	28	65	95	14	1	4	13
25	34	75	105	14	1.5	4	17

（续）

对应管材的公称外径 d_n	法兰盘内径 d_1	螺栓孔节圆直径 d_2	法兰盘外径 d_3 min	螺栓孔直径 d_4	倒角 r	螺栓孔数 n	法兰盘最小厚度 h
32	42	85	115	14	1.5	4	18
40	51	100	140	18	2	4	20
50	62	110	150	18	2	4	20
63	78	125	165	18	2.5	4	25
75	92	145	185	18	2.5	4	25
90	110	160	200	18	3	8	26
110	133	180	220	18	3	8	26
125	150	210	250	18	3	8	28
140	167	210	250	18	4	8	28
160	190	240	285	22	4	8	30
180	203	270	315	22	4	8	30
200	226	295	340	22	4	8	32
225	250	295	340	22	4	8	32

表 2.3-36　工业用 PVC-C 法兰连接型管件呆法兰尺寸规格（摘自 GB/T 18998.3—2003）　（mm）

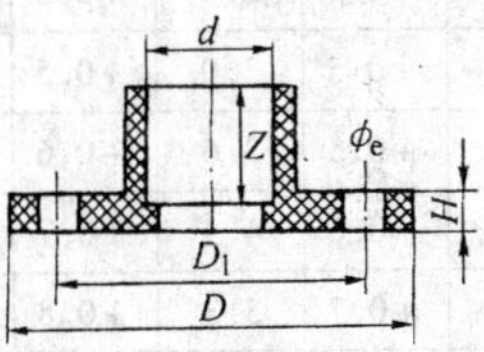

公称外径 d_n	外形尺寸					
	D	d	Z_{min}	D_1	ϕ_e	n
20	95	20	16.0	65	14	4
25	105	25	18.5	75	14	4
32	115	32	22.0	85	14	4
40	140	40	26.0	100	18	4
50	150	50	31.0	110	18	4
63	165	63	37.5	125	18	4
75	185	75	43.5	145	18	4
90	200	90	51.0	160	18	8
110	220	110	61.0	180	18	8
125	250	125	68.5	210	18	8
140	250	140	76.0	210	18	8
160	285	160	86.0	240	22	8
180	315	180	96.0	270	22	8
200	340	200	106.0	295	22	8
225	340	225	118.5	295	22	8

注：管件最小壁厚不得小于同规格管材壁厚。

表 2.3-37　工业用 PVC-C 管件性能（摘自 GB/T 18998.3—2003）

<table>
<tr><td colspan="2" rowspan="2">项　目</td><td colspan="3">试　验　参　数</td><td rowspan="2">要　求</td></tr>
<tr><td>温度/℃</td><td>静液压应力/MPa</td><td>时间/h</td></tr>
<tr><td rowspan="7">力学性能</td><td rowspan="3">静液压试验</td><td>20</td><td>28.5</td><td>≥1000</td><td rowspan="3">无破裂，无渗漏</td></tr>
<tr><td>60</td><td>21.1</td><td>≥1</td></tr>
<tr><td>80</td><td>6.9</td><td>≥1000</td></tr>
<tr><td>静液压状态下热稳定性试验</td><td>90</td><td>2.85</td><td>≥17520</td><td>无破裂，无渗漏</td></tr>
<tr><td rowspan="2">管材和管件连接后系统液压试验</td><td>20</td><td>17</td><td>≥1000</td><td rowspan="2">无破裂，无渗漏</td></tr>
<tr><td>80</td><td>4.8</td><td>≥1000</td></tr>
<tr><td>项　目</td><td>要　求</td><td>项　目</td><td colspan="2">要　求</td></tr>
<tr><td rowspan="2">物理性能</td><td>密度/kg·m^{-3}</td><td>1450～1650</td><td>氯含量（质量分数）（%）</td><td colspan="2">≥60</td></tr>
<tr><td>维卡软化温度/℃</td><td>≥103</td><td>烘箱试验</td><td colspan="2">无任何破裂、分层、起泡或熔接痕裂开的现象</td></tr>
</table>

2.3.3　工业用硬聚氯乙烯（PVC-U）管道系统用管材（见表2.3-38）

表2.3-38　工业用硬聚氯乙烯（PVC-U）管材尺寸规格、物理性能和力学性能（摘自GB/T 4219.1—2008）

公称外径 d_n	壁厚 e 及其偏差													
	管系列S和标准尺寸比SDR													
	S20 SDR41		S16 SDR33		S12.5 SDR26		S10 SDR21		S8 SDR17		S6.3 SDR13.6		S5 SDR11	
	e_{min}	偏差	e_{min}	偏差	e_{min}	偏差	e_{min}	偏差	e_{min}	偏差	e_{min}	偏差	e_{min}	偏差
16	—	—	—	—	—	—	—	—	—	—	—	—	2.0	+0.4
20	—	—	—	—	—	—	—	—	—	—	—	—	2.0	+0.4
25	—	—	—	—	—	—	—	—	—	—	2.0	+0.4	2.3	+0.5
32	—	—	—	—	—	—	—	—	2.0	+0.4	2.4	+0.5	2.9	+0.5
40	—	—	—	—	—	—	2.0	+0.4	2.4	+0.5	3.0	+0.5	3.7	+0.6
50	—	—	—	—	2.0	+0.4	2.4	+0.5	3.0	+0.5	3.7	+0.6	4.6	+0.7
63	—	—	2.0	+0.4	2.5	+0.5	3.0	+0.5	3.8	+0.6	4.7	+0.7	5.8	+0.8
75	—	—	2.3	+0.5	2.9	+0.5	3.6	+0.6	4.5	+0.7	5.6	+0.8	6.8	+0.9
90	—	—	2.8	+0.5	3.5	+0.6	4.3	+0.7	5.4	+0.8	6.7	+0.9	8.2	+1.1
110	—	—	3.4	+0.6	4.2	+0.7	5.3	+0.8	6.6	+0.9	8.1	+1.1	10.0	+1.2
125	—	—	3.9	+0.6	4.8	+0.7	6.0	+0.8	7.4	+1.0	9.2	+1.2	11.4	+1.4
140	—	—	4.3	+0.7	5.4	+0.8	6.7	+0.9	8.3	+1.1	10.3	+1.3	12.7	+1.5
160	4.0	+0.6	4.9	+0.7	6.2	+0.9	7.7	+1.0	9.5	+1.2	11.8	+1.4	14.6	+1.7
180	4.4	+0.7	5.5	+0.8	6.9	+0.9	8.6	+1.1	10.7	+1.3	13.3	+1.6	16.4	+1.9
200	4.9	+0.7	6.2	+0.9	7.7	+1.0	9.6	+1.2	11.9	+1.4	14.7	+1.7	18.2	+2.1
225	5.5	+0.8	6.9	+0.9	8.6	+1.1	10.8	+1.3	13.4	+1.6	16.6	+1.9	—	—
250	6.2	+0.9	7.7	+1.0	9.6	+1.2	11.9	+1.4	14.8	+1.7	18.4	+2.1	—	—
280	6.9	+0.9	8.6	+1.1	10.7	+1.3	13.4	+1.6	16.6	+1.9	20.6	+2.3	—	—
315	7.7	+1.0	9.7	+1.2	12.1	+1.5	15.0	+1.7	18.7	+2.1	23.2	+2.6	—	—
355	8.7	+1.1	10.9	+1.3	13.6	+1.6	16.9	+1.9	21.1	+2.4	26.1	+2.9	—	—
400	9.8	+1.2	12.3	+1.5	15.3	+1.8	19.1	+2.2	23.7	+2.6	29.4	+3.2	—	—
与公称压力PN的对照 C值2.0	PN0.63MPa		PN0.8MPa		PN1.0MPa		PN1.25MPa		PN1.6MPa		PN2.0MPa		PN2.5MPa	
与公称压力PN的对照 C值2.5	PN0.5MPa		PN0.63MPa		PN0.8MPa		PN1.0MPa		PN1.25MPa		PN1.6MPa		PN2.0MPa	

物理性能	项　目	要　求	管材长度	长度一般为4m、6m、8m，也可由供需双方商定，承口最小深度应符合标准规定 长度不允许负偏差
	密度 ρ/(kg·m^{-3})	1330～1460		
	维卡软化温度(VST)/℃	≥80		
	纵向回缩率(%)	≤5		
	二氯甲烷浸渍试验	试样表面无破坏		

力学性能	项　目	试验参数 温度/℃	试验参数 环应力/MPa	试验参数 时间/h	要　求
	静液压试验	20	40.0	1	无破裂、无渗漏
	静液压试验	20	34.0	100	无破裂、无渗漏
	静液压试验	20	30.0	1000	无破裂、无渗漏
	静液压试验	60	10.0	1000	无破裂、无渗漏
	落锤冲击性能	0℃（－5℃）			TIR≤10%

（续）

系统适用性试验	项　目	试验参数			要　求
		温度/℃	环应力/MPa	时间/h	
	系统液压试验	20	16.8	1000	无破裂、无渗漏
		60	5.8	1000	

注：1. GB/T4219.1—2008 代替 GB/T4219—1996，管件由 GB/T4219.2 规定。

2. 本表管材以聚氯乙烯（PVC）树脂为主要原料，经挤出成型，适用于工业部门各种硬聚氯乙烯管道系统，也适用于承压给排水输送以及污水处理、水处理、石油、化工、电力电子、冶金、电镀、造纸、食品饮料、医药、中央空调、建筑等领域的粉体、液体的输送。设计时应考虑输送介质随温度变化对管材的影响，应考虑管材的低温脆性和高温蠕变，标准建议使用温度为 -5℃ ~45℃。当输送易燃易爆介质或输送饮用水、食品饮料、医药时，应符合防火、防爆或卫生性能要求的有关规定。

3. 本表 C 值为总体使用（设计）系数，系数 C 是一个大于 1 的数值，其大小考虑了使用条件和管路其他附件的特性对管系的影响，是在置信下限所包含因素之外考虑的管系安全裕度。

4. 公称压力（PN）系管材输送 20℃水的最大工作压力，当输水温度 t 不同时，应用温度折减系数 f_t 乘以公称压力即为最大允许工作压力，当 $0℃ < t \leqslant 25℃$、$25℃ < t \leqslant 35℃$、$35℃ < t \leqslant 45℃$时，折减系数 f_t 分别为 1、0.8、0.63。

2.3.4　尼龙管材（见表 2.3-39）

表 2.3-39　尼龙管材规格及应用　（mm）

外径×壁厚	偏差		长　度	外径×壁厚	偏差		长　度
	外径	壁厚			外径	壁厚	
4×1 6×1 8×1	±0.10	±0.10	协议	12×1	±0.10	±0.10	协议
8×2 9×2	±0.5	±0.15		12×2 14×2 16×2 18×2 20×2	±0.15	±0.15	
10×1	±0.10	±0.10					
应用说明	主要用作机床输油管（代替铜管），也可输送弱酸、弱碱及一般腐蚀性介质；但不宜与酚类、强酸、强碱及低分子有机酸接触。可用管件连接，也可用粘接剂粘接；其弯曲可用弯卡弯成 90°，也可用热空气或热油加热至 120 ℃ 弯成任意弧度。使用温度为 -60 ~80 ℃，使用压力为 9.8 ~14.7MPa						

注：1. 尼龙管材性能参见表 2.3-42。

2. 标记示例：外径 20mm，壁厚 2mm，长度 1000mm 尼龙 1010 管材，标记为：尼龙 1010 管　$\phi 20 \times 2 \times 1000$

2.4　工程常用塑料棒材

2.4.1　聚四氟乙烯棒材（见表 2.3-40）

表 2.3-40　聚四氟乙烯棒材规格、性能及应用（摘自 QB/T 3626—1999）

分类	公称直径/mm	直径偏差/mm	长度/mm	长度偏差/mm	性能及应用
SFB-1	1、2、3	+0.4 0	≥100	±5	产品用于各种腐蚀性介质中工作的衬垫、密封件和润滑材料以及在各种频率下的电绝缘零件，分为 SFB-1（直径 ≤ 16mm）和 SFB-2（直径≥18mm）两类 SFB-1 的密度为 2.10 ~2.30g/cm³，抗拉强度为≥14.0MPa，断裂伸长率≥140%。SFB-2 的密度为 2.10 ~2.30g/cm³
	4、5、6、7、8、9、10、11、12、13、14、15、16	±0.5			
SFB-2	18、20、22、24、26、28、30、32、34、36、38、40	+1.0 -0.5	≥100	±5	
	42、44、46、48、50	+1.5 -0.5			
	55、60、65、70、75、80、85、90、95、100	+3.0 -0.5			
	110、120、130、140、150、160、170、180、190、200	+6.0 -0.5			
	220、240、260、280、300、350、400、450	+10.0 -0.5			

注：1. 特殊规格经供需双方协商确定。

2. 标记示例：直径为 50mm，长度为 100mm 的聚四氟乙烯棒材，标记为：
聚四氟乙烯棒 SFB-2-50×100 QB/T 3626—1999

2.4.2　尼龙棒材（见表2.3-41、表2.3-42）

表2.3-41　尼龙（1010）棒材规格　（mm）

棒材公称直径	允许偏差	棒材公称直径	允许偏差	棒材公称直径	允许偏差
10	+1.0 0	40	+3.0 0	100	+4.0 0
12	+1.5 0	50		120	+5.0 0
15		60		140	
20	+2.0 0	70		160	
25		80	+4.0 0		
30	+3.0 0	90			

表2.3-42　尼龙（1010）棒材及其他尼龙材料性能

指标项目 ＼ 品种		尼龙1010棒材	尼龙66树脂	玻纤增强尼龙6树脂
密度/g·cm^{-3}		1.04～1.05	1.10～1.14	1.30～1.40
抗拉强度/MPa　≥		49～59	59～79	118
断裂强度/MPa　≥		41～49	—	—
相对伸长率（%）　≥		160～320	—	—
弹性模量/MPa　≥		0.18×10^4～0.22×10^4	—	—
拉伸抗弯强度/MPa　≥		67～80	98～118	196
弯曲弹性模量/MPa　≥		0.11×10^4～0.14×10^4	0.2×10^4～0.3×10^4	—
抗压强度/MPa　≥		470～570	79	137
抗剪强度/MPa　≥		400～420	—	—
冲击韧度/J·cm^{-2}≥	缺口	1.47～2.45	0.88	1.47
	无缺口	不断	4.9～9.8	4.9～7.9
特性及应用		尼龙1010是我国独创的一种新型聚酰胺品种，它具有优良的减摩、耐磨和自润滑性，且抗霉、抗菌、无毒、半透明，吸水性较其他尼龙品种小，有较好的刚性、力学强度和介电稳定性，耐寒性也很好，可在－60～80℃下长期使用；作成零件有良好的消音性，运转时噪声小；耐油性优良，能耐弱酸、弱碱及醇、酯、酮类溶剂，但不耐苯酚、浓硫酸及低分子有机酸的腐蚀。尼龙1010棒材主要用于切削加工制作成螺母、轴套、垫圈、齿轮、密封圈等机械零件，以代替铜和其他金属制件		

2.4.3　热固性树脂层压棒（见表2.3-43）

表2.3-43　热固性树脂层压棒的型号、性能及应用（摘自GB/T 5133—1985）

名称	型号	直径范围/mm	密度/g·cm^{-3} 最小	抗弯强度/MPa 最小	抗压强度/MPa 最小	平行层向击穿电压/kV 最小	吸水性（%）（最大）直径/mm 6	13	25	25～51	应用举例
酚醛布棒	3722	6～100	1.28	110.3	131	—	2.5	2.0	2.0	1.5	机械用（粗布）
酚醛布棒	3723	6～100	1.26	89.6	137.9	10	1.7	1.3	1.0	1.2	机械及电气用（粗布）
酚醛布棒	3724	5～100	1.28	110.3	131	—	2.0	1.5	1.2	1.2	机械用（细布），可以精密加工
酚醛布棒	3725	5～100	1.26	82.7	137.9	10	1.4	1.1	1.0	1.1	机械及电气用（细布）、可精密加工
环氧玻璃布棒	3841	6～50	1.70	241.3	241.3	15	0.75	0.5	0.5	0.5	在干燥及潮湿条件下，机械强度、介电强度高

注：1. 层压棒为棉布或玻璃布为底材、分别浸以酚醛树脂、环氧树脂、热模压成形长度450～1250mm的圆棒。
2. 本表的物理力学性能数值适用于直径范围为6～51mm、抗弯强度适用于最大直径为25mm。
3. 标记示例：直径20mm、长度450mm、型号为3722的层压棒，标记为：
棒3722ϕ20×450-GB/T5133—1985

3　涂料

3.1　涂料产品分类及基本名称代号（见表 2.3-44）

表 2.3-44　涂料产品分类、基本名称及代号（摘自 GB/T2705—2003）

涂料类别代号

代号	涂料名称	代号	涂料名称	代号	涂料名称	代号	涂料名称	代号	涂料名称	代号	涂料名称
Y	油脂漆类	L	沥青漆类	Q	硝基漆类	X	烯树脂漆类	H	环氧漆类	J	橡胶漆类
T	天然树脂漆类	C	醇酸漆类	M	纤维素漆类	B	丙烯酸漆类	S	聚氨酯漆类	E	其他漆类
F	酚醛漆类	A	氨基漆类	G	过氯乙烯漆类	Z	聚酯漆类	W	元素有机漆类		

基本名称代号

分类	代号	基本名称	分类	代号	基本名称	分类	代号	基本名称	分类	代号	基本名称	分类	代号	基本名称	分类	代号	基本名称
基本品种	00	清油	美术漆	14	透明漆	绝缘漆	30	（浸渍）绝缘漆	绝缘漆	37	电阻漆、电位器漆	防腐漆	50	耐酸漆	特种漆	65	感光涂料
	01	清漆		15	斑纹漆		31	（覆盖）绝缘漆		38	半导体漆		52	防腐漆		67	隔热涂料
	02	厚漆		16	锤纹漆		32	互感器漆	船舶漆	40	防污漆		53	防锈漆		70	机床漆
	03	调和漆		17	皱纹漆		33	（粘合）绝缘漆		41	水线漆		54	耐油漆		71	工程机械漆
	04	磁漆		18	金属效应漆		34	漆包线漆		42	甲板漆、甲板防滑漆		55	防火漆		72	农机用漆
	05	粉末涂料		19	闪光漆		35	硅钢片漆		43	船壳漆	特种漆	61	耐热漆	备用	80	地板漆
	06	底漆	轻工用漆	20	铅笔漆		36	电容器漆		44	船底漆		62	示温漆		82	锅炉漆
	07	腻子		22	木器漆								63	涂布漆		83	烟囱漆
	09	大漆		23	罐头漆								64	可剥漆		84	黑板漆
	11	电泳漆														86	标志漆
	12	乳胶漆														98	胶液
	13	水溶性漆														99	其他

产品序号

涂料品种		序号 自干	序号 烘干
清漆、底漆、腻子		1~29	30 以上
磁漆	有光	1~49	50~59
	半光	60~69	70~79
	无光	80~89	90~99
专用漆	清漆	1~9	10~29
	有光磁漆	30~49	50~59
	半光磁漆	60~64	65~69
	无光磁漆	70~74	75~79
	底漆	80~89	90~99

注：

涂料型号标记示例：

□ □□ — □□

- □□（后）：产品序号，区别同类同名称漆的不同品种
- □□（中）：基本名称代号
- □（前）：涂料类别代号

例如：Q01-17 硝基清漆

3.2　常用涂料的性能及应用（见表 2.3-45～表 2.3-53）

表 2.3-45　各类涂料的类别代号、性能特点及应用

类别（代号）	主要成膜物质	性能特点	应用举例
油脂漆类（Y）	天然动植物油、鱼油、合成油、松浆油（溚油）	耐大气性，涂刷性、渗透性好，价廉；干燥较慢，膜软，力学性能差，水膨胀性大，不耐碱，不能打磨抛光	用于质量要求不高的建筑工程或其他制品的涂饰之用
天然树脂漆类（T）	松香及其衍生物，虫胶，动物胶，乳酪素，大漆及其衍生物	涂膜干燥较油脂漆快，坚硬耐磨，光泽好，短油度的涂膜坚硬好打光，长油度的漆膜柔韧，耐大气性较好；力学性能差，短油度的耐大气性差，长油度的不能打磨抛光，天然大漆毒性较大	短油度的适宜作室内物件的涂层，长油度的适宜室外使用

（续）

类别（代号）	主要成膜物质	性能特点	应用举例
酚醛漆类（F）	酚醛树脂，改性酚醛树脂，二甲苯树脂	涂膜坚硬，耐水性良好，耐化学腐蚀性良好，有一定的绝缘强度，附着力好；涂膜较脆，颜色易变深，易粉化，不能制白漆或浅色漆	广泛应用于木器、建筑、船舶、机械、电气及防化学腐蚀等方面
沥青漆类（L）	天然沥青，煤焦沥青，石油沥青，硬脂酸沥青	耐潮、耐水性良好，价廉，耐化学腐蚀性较好，有一定的绝缘强度，黑度好；对日光不稳定，不能制白漆或浅色漆，有渗透性，干燥性不好	广泛用于缝纫机、自行车及五金零件。还可用作浸渍、覆盖及制造绝缘制品
醇酸漆类（C）	甘油醇酸树脂，季戊四醇醇酸树脂，改性醇酸树脂	光泽较亮，耐气候性优良，施工性好，可刷、烘、喷，附着力较好；涂膜较软，耐水耐碱性差，干燥较慢，不能打磨	适用于大型机床、农业机械、工程机械、门窗、室内木结构的涂装
氨基漆类（A）	脲醛树脂，三聚氰胺甲醛树脂，聚酰亚胺树脂	涂膜坚硬、丰满、光泽亮，可以打磨抛光，色浅，不易泛黄，附着力较好，有一定的耐热性，耐水性、耐气候性较好；须高温烘烤才能固化，若烘烤过度，漆膜变脆	广泛用于五金零件、仪器仪表、电动机电器设备的涂装
硝基漆类（Q）	硝酸纤维素酯	干燥迅速，涂膜耐油、坚韧，可以打磨抛光；易燃，清漆不耐紫外线，不能在60 °C以上使用，固体分低	适合金属、木材、皮革、织物等的涂饰
纤维素漆类（M）	乙基纤维，苄基纤维，羟甲基纤维，乙酸纤维，乙酸丁酸纤维，其他纤维酯及醚类	耐大气性和保色性好，可打磨抛光，个别品种耐热、耐碱，绝缘性也较好；附着力和耐潮性较差，价格高	用于金属、木材、皮革、纺织品、塑料、混凝土等的涂覆
过氯乙烯漆类（G）	过氯乙烯树脂	耐候性和耐化学腐蚀性优良，耐水、耐油、防延燃性及三防性能好；附着力较差，打磨抛光性差，不能在70 ℃以上使用，固体分低	用于化工厂的厂房建筑、机械设备的防护，木材、水泥表面的涂饰
烯树脂漆类（X）	聚二乙烯乙炔树脂，氯乙烯共聚树脂，聚醋酸乙烯及其共聚物，聚乙烯醇缩醛树脂，含氟树脂	有一定的柔韧性，色淡，耐化学腐蚀性较好，耐水性好；耐溶剂性差，固体分低，高温时碳化，清漆不耐紫外线	用于织物防水、化工设备防腐、玻璃、纸张、电缆、船底防锈、防污、防延烧用的涂层
丙烯酸漆类（B）	丙烯酸酯树脂，丙烯酸共聚物及其改性树脂	色浅，保光性良好，耐候性优良，耐热性较好，有一定的耐化学腐蚀性；耐溶剂性差，固体分低	用于汽车、医疗器械、仪表、表盘、轻工产品、高级木器、湿热带地区的机械设备等的涂饰
聚酯漆类（Z）	饱和聚酯树脂，不饱和聚酯树脂	固体分高，能耐一定的温度，耐磨，能抛光，绝缘性较好；施工较复杂，干燥性不易掌握，对金属附着力差	用于木器、防化学腐蚀设备以及金属、砖石、水泥、电气绝缘件的涂装
环氧漆类（H）	环氧树脂，改性环氧树脂	涂膜坚韧，耐碱、耐溶剂，绝缘性良好，附着力强；保光性差，色泽较深，外观较差，室外暴晒易粉化	适于作底漆和内用防腐蚀涂料

（续）

类别（代号）	主要成膜物质	性能特点	应用举例
聚氨酯漆类（S）	聚氨基甲酸酯	耐潮、耐水、耐热、耐溶剂性好，耐化学和石油腐蚀，耐磨性好，附着力强，绝缘性良好；涂膜易粉化泛黄，对酸碱盐、水等物敏感，施工要求高，有一定毒性	广泛用于石油、化工设备、海洋船舶、机电设备等作为金属防腐蚀漆。也适用于木器、水泥、皮革、塑料、橡胶、织物等非金属材料的涂装
元素有机漆类（W）	有机硅，有机钛，有机铝	耐候性极好，耐高温，耐水性、耐潮性好，绝缘性能良好；耐汽油性差，涂膜坚硬较脆，需要烘烤干燥，附着力较差	主要用于涂装耐高温机械设备
橡胶漆类（J）	天然橡胶及其衍生物，合成橡胶及其衍生物	耐磨，耐化学腐蚀性良好，耐水性好；易变色，个别品种施工复杂，清漆不耐紫外线，耐溶剂性差	主要用于涂装化工设备、橡胶制品、水泥、砖石、船壳及水线部位、道路标志、耐大气暴晒机械设备等

表 2.3-46　常用涂料技术性能的比较

性能 \ 涂料类型		油脂漆	天然树脂漆	酚醛树脂漆	沥青漆	醇酸树脂漆	氨基漆	硝基纤维漆	醋酸丁酸纤维漆	乙基纤维漆
抗化学介质性能	户外耐久性	良	可	中	可	优	优	良	优	优
	耐盐雾	良	可	良	优	良	良	良	优	优
	耐醇类溶剂	劣	可	优	劣	可	中	中	中	劣
	耐石油溶剂	中	中	良	劣	中	优	中	中	劣
	耐烃类溶剂	可	良	优	劣	中	优	可	可	可
	耐酯、酮类溶剂	劣	可	可	劣	劣	可	劣	劣	劣
	耐氯化溶剂	劣	劣	可	劣	劣	劣	劣	劣	劣
	耐盐类	可	可	优	中	良	优	中	良	中
	耐氨	劣	可	劣	—	劣	劣	劣	劣	中
	耐碱	劣	可	劣、劣	优	可、劣	良、劣	劣、劣	劣、劣	中、中
	耐无机酸（矿物酸）	可	可	中、可、劣	中、—、—	可、劣、劣	中、可、劣	优、中、可	中、可、劣	中、可、劣
	耐氧化性酸	劣	劣	中、可、劣	—	劣、劣、劣	可、劣、劣	劣、劣、劣	劣、劣、劣	可、劣、劣
	耐有机酸（醋酸、甲酸）	可	可	中、可、劣	优、—、—	劣、劣、劣	劣、劣、劣	劣、劣、劣	劣、劣、劣	中、—、—
	耐有机酸（油酸、硬脂酸）	中	可	优	劣	可	中	可	可	—
	耐磷酸	可	可	可	优	劣	劣	劣	劣	—
	耐淡水、盐水	可	可	优	优	可	中	中	优	优
物理性能	硬度	劣	优	优	中	中	优	优	中	中
	柔韧性	优	中	中	优	优	良	优	优	优
	耐磨性（周）	—	—	>5000	—	3500	>5000	2500	2500	—
	最高使用温度/℃	80	93	170	93	93	120	82	82	150
	毒性	无	无	无	—	无	无	无	无	无
	冲击强度	—	中	中	优	良	优	优	优	优
	介电性能	中	可	优	中	中	良	可	中	优
	附着力：铁基金属上	良	良	优	优	优	优	良	良	劣
	附着力：非铁基金属上	—	—	优	优	可	—	中	中	中
	附着力：旧漆层上	—	—	中	—	良	—	劣	劣	劣

（续）

性能		涂料类型：脂油漆	天然树脂漆	酚醛树脂漆	沥青漆	醇酸树脂漆	氨基漆	硝基纤维漆	醋酸丁酸纤维漆	乙基纤维漆
装饰性	颜色选择性	任选	任选	有限	有限	任选	任选	任选	任选	任选
	保色性	中	中	劣	—	良	良	良	良	良
	原始光泽	可	良	良	良	优	优	良	良	良
	保光性	可	良	可	—	优	良	良	良	良

性能			涂料类型：过氯乙烯漆	乙烯漆	丙烯酸漆	聚酯漆	环氧树脂漆类		
							环氧胺固化漆	环氧酯漆	环氧酚醛漆
抗化学介质性能	户外耐久性		优	优	优	优	中	优	优
	耐盐雾		优	优	优	优	良	良	优
	耐醇类溶剂		优	可	劣	中	中	可	优
	耐石油溶剂		优	中	中	优	优	优	优
	耐烃类溶剂		可	劣	可	优	优	中	优
	耐酯、酮类溶剂		劣	劣	劣	劣	良	可	优
	耐氯化溶剂		劣	劣	劣	劣	中	劣	优
	耐盐类		优	优	良	中	优	优	优
	耐氨		优	优	劣	劣	中	劣	可
	耐碱		优	优、优	中、可	劣	优、优	中、可	优、优
	耐无机酸（矿物酸）		良	优、优、中	中、可、劣	优	优、良、中	中、可、劣	优、优、优
	耐氧化性酸		良	优、良、中	可、劣、劣	劣	中、劣、劣	可、劣、劣	优、良、劣
	耐有机酸（醋酸、甲酸）		优	优、劣、劣	劣、劣、劣	劣	可、可、劣	可、劣、劣	优、优、良
	耐有机酸（油酸、硬脂酸）		优	优	可	可	优	可	优
	耐磷酸		优	优	劣	可	中	劣	优
	耐淡水、盐水		优	优	优	中	优	中	优
物理性能	硬度		中	中	良	良	良	良	优
	柔韧性		优	优	优	中	中	优	良
	耐磨性（周）		—	>5000	2500	3500	>5000	>5000	>5000
	最高使用温度/℃		65	65	180	93	200	150	200
	毒性		无	无	无	无	无	无	无
	冲击强度		优	优	优	可	中	优	良
	介电性能		中	优	良	中	良	良	良
	附着力	铁基金属上	中	中	良	可	优	优	优
		非铁基金属上	—	良	良	可、劣	优	优	优
		旧漆层上	—	—	劣	劣	中	良	劣
装饰性	颜色选择性		任选	任选	任选	任选	任选	任选	有限
	保色性		中	优	优	优	可	中	劣
	原始光泽		中	中	优	优	中	中	中
	保光性		中	优	优	中	可	中	可

性能	涂料类型：聚氨酯漆	有机硅漆	氯化聚醚漆	橡胶漆类		
				氯化橡胶漆	氯丁橡胶漆	氯磺化聚乙烯漆
抗化学介质性能：户外耐久性	可	优	优	优	优	优
耐盐雾	优	优	优	优	优	优
耐醇类溶剂	良	可	优	优	优	—
耐石油溶剂	中～优	可	优	中	中	中
耐烃类溶剂	中～优	良	优	劣	劣	可～劣
耐酯、酮类溶剂	可	劣	优	劣	劣	劣
耐氯化溶剂	可	劣	优	劣	劣	劣
耐盐类	优	中	优	优	优	优
耐氨	劣	劣	优	中	中	中
耐碱	良、可	优、可	优	优、优	优、优	优、优

（续）

性能		聚氨酯漆	有机硅漆	氯化聚醚漆	橡胶漆类		
					氯化橡胶漆	氯丁橡胶漆	氯磺化聚乙烯漆
抗化学介质性能	耐无机酸（矿物酸）	中、可、劣	中、中、劣	优、优、优	优、优、优	优、中、中	优、优、中
	耐氧化性酸	中、可、劣	劣、劣、劣	优、中、可	优、优、可	可、劣、劣	中、中、可
	耐有机酸（醋酸、甲酸）	中、可、劣	劣、劣、劣	优、优、优	中、劣、劣	中、可、可	中、可、可
	耐有机酸（油酸、硬脂酸）	中	中	优	可	中	中
	耐磷酸	中	可	优	中	良	中
	耐淡水、盐水	良	优	优	优	优	优
物理性能	硬度	优	中	优	中	可	可
	柔韧性	优	可	可	良	优	优
	耐磨性（周）	>5000	2500	>5000	>5000	5000	5000
	最高使用温度/℃	150	280	150	93	93	120
	毒性	微	无	无	微	无	—
	冲击强度	优	可	可	中	优	优
	介电性能	优	优	优	优	中	良
	附着力　铁基金属上	优	可	良	可	良	良
	附着力　非铁基金属上	优	优	中	良	良	良
	附着力　旧漆层上	—	优	劣	—	—	—
装饰性	颜色选择性	任选	任选	有限	任选	有限	任选
	保色性	可	优	优	中	中	优
	原始光泽	良	中	优	良	劣	劣
	保光性	可	良	可	中	可	可

注：1. 此表仅作每大类油漆性能比较的参考，不代表每一品种性能；

2. 质量优劣分5等，其次序是：优→良→中→可→劣；

3. 化学性能中有两个等级时，第一个代表稀溶液（20%），第二个代表浓溶液；有三个等级时，第一个代表10%稀溶液，第二个代表10%～30%中等溶液，第三个代表浓溶液时的性能等级。

表2.3-47　各类面漆应用实例

可选涂料 \ 应用实例 / 涂料类别	金属切削机床	载货汽车、火车	轿车、摩托车	起重机、拖拉机、柴油机	仪器仪表	船壳、甲板、桅杆、船舱	船底、防锈、防污	木壁、门窗、地板、楼梯	钢架、铁柱、水管、水塔	泥墙、砖墙、水泥墙	漆包线、浸渍绕组、复盖电绝缘用	电线、电缆绝缘用
油脂漆				▽		▽		▽	▽	▽		
酯胶漆				▽				▽		▽		
酚醛漆	▽			▽	▽	▽	▽	▽	▽	▽	▽	
沥青漆						▽	▽		▽		▽	▽
醇酸漆	▽	▽			▽			▽	▽		▽	
氨基漆	▽	▽	▽		▽						▽	
硝基漆	▽	▽	▽	▽	▽							▽
过氯乙烯漆	▽	▽	▽	▽	▽				▽	▽		
乙烯漆							▽					
丙烯酸漆			▽									
环氧漆	▽		▽		▽		▽				▽	▽
虫胶漆								▽				
有机硅漆											▽	
聚醋酸乙烯漆						▽				▽	▽	
聚氨酯漆	▽						▽	▽			▽	▽

（续）

应用实例 / 可选涂料 / 涂料类别	金属切削机床	载货汽车、火车	轿车、摩托车	起重机、拖拉机、柴油机	仪器仪表	船壳、甲板、桅杆、船舱	船底、防锈、防污	木壁、门窗、地板、楼梯	钢架、铁柱、水管、水塔	泥墙、砖墙、水泥墙	漆包线、浸渍绕组、复盖电绝缘用	电线、电缆绝缘用
氯乙烯醋酸乙烯漆												
聚酰胺漆												
橡胶漆（氯丁橡胶）												
乙基纤维漆												
苄基纤维漆												▽
氯化橡胶漆							▽			▽		
氯磺化聚乙烯漆												
聚酯漆								▽			▽	
聚乙烯醇缩醛漆											▽	

应用实例 / 可选涂料 / 涂料类别	大型化工设备及建筑物防腐蚀	小型管道、蓄电池、仪表耐腐蚀	木质墙壁及易燃物防火	烟囱锅炉、管道高温防火	自行车、缝纫机	洗衣机、冰箱	收音机、乐器、高级家具	罐头内、外壁	玩具	橡胶、塑料、皮革	油布、油毡
油脂漆											▽
酯胶漆											
酚醛漆		▽	▽	▽				▽	▽		
沥青漆	▽	▽		▽	▽						▽
醇酸漆			▽								
氨基漆		▽			▽	▽	▽	▽			
硝基漆						▽	▽		▽		
过氯乙烯漆	▽		▽								
乙烯漆	▽										
丙烯酸漆										▽	
环氧漆	▽	▽			▽	▽		▽			
虫胶漆							▽				
有机硅漆		▽		▽							
聚醋酸乙烯漆											
聚氨酯漆	▽						▽			▽	
氯乙烯醋酸乙烯漆	▽										
聚酰胺漆								▽			
橡胶漆（氯丁橡胶）											
乙基纤维漆	▽										
苄基纤维漆										▽	
氯化橡胶漆	▽										
氯磺化聚乙烯漆	▽										
聚酯漆							▽				
聚乙烯醇缩醛漆								▽			

注："▽"表示可选用的涂料。

表 2.3-48　各种金属表面选用底漆品种

金属表面种类	推荐选用的底漆品种
黑色金属（铸铁、钢）	铁红醇酸底漆、铁红纯酚醛底漆、铁红酚醛底漆、铁红酯胶底漆、铁红过氯乙烯底漆、沥青底漆、磷化底漆、各种树脂的红丹防锈漆、铁红环氧底漆、铁红硝基底漆、富锌底漆、氨基底漆、铁红油性防锈漆、铁红缩醛底漆
铜及其合金	氨基底漆、磷化底漆、铁红环氧底漆或醇酸底漆
铝及铝镁合金	锌黄酚醛底漆、锶黄丙烯酸底漆、锌黄环氧底漆、锌黄过氯乙烯底漆
镁及其合金	锌黄或锶黄纯酚醛底漆或丙烯酸底漆或环氧底漆、锌黄过氯乙烯底漆
钛及钛合金	锶黄氯醋—氯化橡胶底漆

（续）

金属表面种类	推荐选用的底漆品种
镉铜合金	铁红纯酚醛底漆或酚醛底漆、铁红环氧底漆、磷化底漆
锌金属	锌黄纯酚醛底漆、磷化底漆、锌黄环氧底漆、环氧富锌底漆
镉金属	锌黄纯酚醛或环氧底漆
铬金属	铁红环氧底漆或醇酸底漆
铅金属	铁红环氧底漆或醇酸底漆
锡金属	铁红醇酸底漆或环氧底漆、磷化底漆

表 2.3-49　各种涂料所适应的施工方法比较

涂料类别＼施工方法	刷涂	浸涂	滚涂	浇涂	喷涂	热喷涂	高压无气喷涂	静电（湿）	静电（干）	电泳
油性调合漆	优	差	差	差	中	差	中	差	劣	劣
醇酸调合漆	优	中	中	中	良	中	良	良	劣	劣
酯胶漆	优	中	良	中	良	中	良	差	劣	劣
酚醛漆	优	良	中	中	良	中	良	差	劣	劣
沥青漆	良	中	中	优	良	良	中	良	劣	劣
醇酸漆	良	良	良	良	优	良	优	良	劣	劣
氨基漆	差	良	良	优	优	优	优	优	劣	劣
硝基漆	差	中	劣	差	优	优	优	中	劣	劣
过氯乙烯漆	差	中	劣	差	优	优	优	中	劣	劣
氯乙烯醋酸乙烯漆	良	中	差	差	良	差	优	劣	劣	劣
乙烯乳胶漆	优	中	中	差	良	劣	良	劣	劣	劣
环氧漆	中	中	中	差	良	良	良	良	劣	劣
丙烯酸漆	差	中	中	中	优	优	优	良	劣	劣
水溶性烘漆	中	中	中	中	良	差	良	劣	劣	优
聚酯漆	良	优	良	差	良	差	良	良	劣	劣
聚氨酯漆	中	中	中	差	优	差	优	中	劣	劣
粉末涂料	劣	劣	劣	劣	劣	劣	劣	劣	优	劣

注：施工方法的适应次序：优、良、中、可、劣五等级，适应性依次降低。

表 2.3-50　机床用漆配套选用实例

涂料类型		配套品种的选择				备注
		底漆	腻子	二道底漆	面漆	
涂料类型	甲组	Q06-4 各色硝基底漆	Q07-5 各色硝基腻子或桐油石膏腻子	Q06-4 各色硝基底漆	Q04-2 各色硝基外用磁漆	使用面最广，可以满足通用机床的需要，但三防性能差
	乙组	G06-4 铁红过氯乙烯底漆	G07-3 各色过氯乙烯腻子（或聚酯型）	G06-5 各色过氯乙烯二道底漆	G04-12 过氯乙烯机床磁漆或 G04-9 各色过氯乙烯外用磁漆、G16-31、G16-32 各色过氯乙烯锤纹漆	同上，也可用于湿热带地区，但需酌加少量有机防霉剂
	丙组	G06-4 铁红过氯乙烯底漆或环氧酯底漆（自干）	G07-3 各色过氯乙烯腻子（或聚酯型）	G06-5 各色过氯乙烯二道底漆（或聚氨酯型）	S04-10 各色聚氨酯磁漆	适用于要求装饰性较高的机床，可用于湿热地区
	丁组	环氧酯型（自干）	聚酯型	聚氨酯型	乙烯型	适用于大型机床

注：1. 甲组已逐步被乙组取代。

2. 近年来为了减少腻子的收缩性，机床用漆大多改用无溶剂腻子，如不饱和聚酯型腻子、环氧腻子，以代替油性或石膏腻子，这种腻子的填坑性好，腻子层可涂刮得很厚，施工亦比较方便。

3. 由铸铁件、铸钢件及钢板件构成的各种工业机器均可参考机床用漆的选用实例。

表 2.3-51　耐腐蚀涂料的选用

使用条件	推荐选用的涂料品种			
	自干型		烘干型	
	常用品种	亦可用品种	常用品种	亦可用品种
耐酸用漆	L50-1 沥青耐酸漆，G01-5 过氯乙烯清漆，G52-2、G52-31、G52-33、G52-37、G52-38 过氯乙烯防腐漆，H01-1 环氧清漆，H04-4 环氧磁漆，H52-33 环氧防腐漆，聚氨酯沥青漆、大漆	T09-11 漆酚清漆，T09-17 漆酚环氧防腐漆，F50-31 酚醛耐酸漆，X52-31 或 2、83 乙烯防腐漆，S01-2 聚氨酯清漆，S04-4 聚氨酯磁漆、S06-2 聚氨酯底漆，氯化橡胶漆，环氧聚氨酯漆	H01-32 环氧酚醛清烘漆，H52-11、H52-56 环氧酚醛烘干防腐漆，H52-55 环氧酯烘干防腐漆，F01-36 酚醛烘干清漆，F52-11、F52-52 酚醛环氧酯烘干防腐漆	T09-17 漆酚环氧防腐漆
耐碱用漆	L01-13、17 沥青清漆，G01-5 过氯乙烯清漆，G51-31 过氯乙烯耐氨漆，G52-2、31、33、37、38 过氯乙烯防腐漆，X51-31 乙烯耐氨漆，H01-1 环氧清漆，H01-4 环氧沥青清漆，H04-1 环氧磁漆，H04-3 环氧沥青磁漆，H52-33 环氧防腐漆	X52-2、31、4、35、83 乙烯防腐漆，S01-1 聚氨酯清漆，S04-4 聚氨酯磁漆，S06-2 聚氨酯底漆，氯化橡胶漆，环氧聚氨酯漆	H52-11、12、56 环氧酚醛烘干防腐漆、F52-11、52 酚醛环氧酯烘干防腐漆	T09-17 漆酚环氧防腐漆
耐溶剂用漆	H01-1 环氧清漆，H04-1 环氧磁漆，H06-4 环氧富锌底漆，E06-1 无机富锌底漆，S54-33 白聚氨酯漆	T09-11 漆酚清漆，H52-33 环氧防腐漆，S01-3 聚氨酯清漆，S04-1、S04-5 聚氨酯磁漆，S06-1、3、4、5 聚氨酯底漆，S54-31 白聚氨酯耐油漆，S54-32 各色聚氨酯耐油漆，S54-84 各色聚氨酯耐油底漆	H01-32 环氧酚醛烘干清漆，H52-11、H52-56 环氧酚醛烘干防腐漆	H52-54 灰环氧氨基烘干防腐漆，H52-55 草绿环氧酯烘干防腐漆
耐盐类用漆	L01-13、17 沥青清漆，L40-32 沥青防污漆，G52-2、31、33、37、38 过氯乙烯防腐漆，H01-1 环氧清漆，H01-4 环氧沥青清漆，H04-1 环氧磁漆，H04-3 棕环氧沥青磁漆，H52-33 环氧防腐漆	T09-1 油基大漆，X52-2、31 乙烯防腐漆，X52-83 乙烯防腐底漆，J41-31 氯化橡胶水线漆，J06-1 铝粉氯化橡胶底漆	H52-56 环氧酚醛烘干防腐漆，F52-11、F52-52 酚醛环氧酯烘干防腐漆	H52-55 草绿环氧酯烘干防腐漆，T09-17 漆酚环氧防腐漆
耐水用漆	L01-13、17 沥青清漆，L40-32 沥青防污漆，L44-81、82、83 沥青船底漆，X55-31、33 铝粉乙烯耐水漆，X06-4 铝粉乙烯底漆，H01-4 环氧沥青清漆，H04-3 环氧沥青磁漆，H06-4 环氧富锌底漆，H06-10 环氧酯富锌底漆，F06-1 酚醛底漆，J06-1 铝粉氯化橡胶底漆，J41-31、32 氯化橡胶水线漆	T09-11 漆酚清漆，X52-2、31、83 乙烯防腐漆，聚氨酯沥青漆，S55-30 聚氨酯环氧耐水漆	H55-11 环氧聚氨酯烘干耐水漆	T09-17 漆酚环氧防腐漆
耐油用漆	H04-5 白环氧磁漆，H06-4 环氧富锌底漆，H06-10 环氧酯富锌底漆，E06-1 无机富锌底漆，S04-1、5、7 聚氨酯磁漆，S06-1、5、4 聚氨酯底漆，S54-33 白聚氨酯耐油漆，环氧无溶剂漆	S54-1 聚氨酯耐油清漆，S54-31 白聚氨酯耐油漆，S54-32 各色聚氨酯耐油漆，S54-84 聚氨酯耐油底漆	H54-31 棕环氧沥青耐油漆，H54-82 铝粉环氧沥青耐油底漆	H52-12 环氧酚醛烘干防腐漆

表 2.3-52　过氯乙烯防腐漆配套选用实例

配套品种＼使用条件	室内耐化学涂层	室外耐化学涂层	室外耐大气腐蚀涂层	木材表面耐化学涂层	在混凝土表面耐化学涂层	铸铁表面耐化学涂层
	层次					
磷化底漆	1	1	1	—	—	1
铁红醇酸底漆	—	—	1	—	—	—
铁红醇酸底漆 铁红过氯乙烯底漆 }1∶1	1	1	1	—	—	1
铁红过氯乙烯底漆 过氯乙烯防腐蚀磁漆 }1∶1	1	1	—	—	—	—
过氯乙烯防腐蚀磁漆	2~3	4	3~4	—	—	—
过氯乙烯防腐蚀清漆	2	—	—	1	1	—
过氯乙烯防腐蚀腻子	—	—	—	1~2	1~2	2
过氯乙烯防腐蚀底漆	—	—	—	1	1	1
过氯乙烯防腐蚀底漆 过氯乙烯防腐蚀磁漆 }1∶1	—	—	—	1	—	3~4
过氯乙烯防腐蚀磁漆	—	—	—	3~4	3~4	—

表2.3-53　特种涂料的选用

涂层特性	涂料种类
耐酸涂层	聚氨脂漆、氯丁橡胶漆、氯化橡胶漆、环氧树脂漆、沥青漆、过氯乙烯漆、乙烯漆、酚醛树脂漆
耐碱涂层	过氯乙烯漆、乙烯漆、沥青漆、氯化橡胶漆、氯丁橡胶漆、环氧树脂漆、聚氨脂漆等
耐油涂层	醇酸漆、氨基漆、硝基漆、缩丁醛漆、过氯乙烯漆、醇溶酚醛漆、环氧树脂漆
耐热涂层	醇酸漆、沥青漆、氨基漆、有机硅漆、丙烯酸漆
耐水涂层	氯化橡胶漆、氯丁橡胶漆、聚氨脂漆、过氯乙烯漆、乙烯漆、环氧树脂漆、酚醛漆、沥青漆、氨基漆、有机硅漆
防潮涂层	乙烯漆、过氯乙烯漆、氯化橡胶漆、氯丁橡胶漆、聚氨脂漆、沥青漆、酚醛树脂漆、有机硅漆、环氧树脂漆等
耐磨涂层	聚氨脂漆、氯丁橡胶漆、环氧树脂漆、乙烯漆、酚醛树脂漆等
保色涂层	丙烯酸漆、氨基漆、有机硅漆、醇酸树脂漆、硝基漆、乙烯漆
保光涂层	醇酸漆、丙烯酸漆、有机硅漆、乙烯漆、硝基漆、乙酸丁酸纤维漆
耐大气涂层	天然树脂漆、油性漆、醇酸漆、氨基漆、硝基漆、过氯乙烯漆、丙烯酸漆、有机硅漆、酚醛树脂漆、氯丁橡胶漆等
耐溶剂涂层	聚氨脂漆、乙烯漆、环氧树脂漆
绝缘涂层	油性绝缘漆、酚醛绝缘漆、醇酸绝缘漆、环氧绝缘漆、氨基漆、聚氨脂漆、有机硅漆、沥青绝缘漆等

3.3　常用涂料品种(见表2.3-54)

表2.3-54　常用涂料品种型号、成分、特性及应用

型号及名称	组成成分	特性及应用
	清　油	
Y00-1 清油 Y00-2 清油 Y00-3 清油	干性植物油或干性植物油加部分半干性植物油经熬炼并加入,催干剂而成。Y00-1以亚麻油为主,Y00-2以梓油为主,Y00-3以各种混合植物油制成	清油比植物油(未熬炼)干燥性能好、易干、易涂刷;漆膜软,易发粘。清油主要用于调和厚漆和红丹防锈漆,也可单独使用作防水、防锈、防腐之用
	厚　漆	
Y02-1 各色厚漆	用颜料与干性或半干性植物油混合研磨而成的软膏状物	价格低、施工方便、漆膜软、干燥慢,耐久性差。用于要求不高的建筑物或水管接头处的涂覆,也可作木质表面打底用
Y02-2 锌白厚漆	由干性油和氧化锌混合研磨而成,比Y02-1耐候性好、遮盖力好	主要用于造船工业,也可作刻度盘上画线
	调　合　漆	
Y03-1 各色油性调合漆	是由干性植物油同各色颜料、体质颜料研磨后,加入催干剂,并用200号溶剂油或松节油与200号溶剂油的混合溶剂调制而成	耐候性比酯胶调合漆好,但干燥时间较长,漆膜较软。适用于涂刷室内外一般金属、木质物件及建筑物的表面,作保护和装饰之用
Y03-3 白色油性调和漆	由熬炼后的干性植物油与颜料碾磨并加催干剂、200号油漆溶油或松节油调制而成	用于室内外金属物件、木质物件和船舱等的涂装
T03-1 各色酯胶调合漆	是用干性植物油和多元醇松香酯炼制后,与颜料和体质颜料研磨,加入催干剂,以200号油漆溶剂油或松节油调制而成	干燥性能比油性调合漆好,漆膜较硬、有一定的耐水性。用于室内外一般金属、木质物件及建筑物表面的涂覆,作保护和装饰之用
C03-1 各色醇酸调合漆	由醇酸树脂、颜料、体质颜料、催干剂及有机溶剂调制而成	质量比酯胶调合漆稍好,适用于涂覆一般金属、木质物件及建筑物表面,起保护和装饰作用
	清　漆	
A01-1、A01-2 氨基烘干清漆	氨基清漆是氨基树脂、醇酸树脂溶于有机溶剂中而成	漆膜光亮、坚硬,色泽淡,具有优良的附着力,耐水,耐油及耐摩擦性,A01-1为通用漆,丰满度好、柔韧性佳。A01-2为罩光漆,色泽浅、硬度高、光泽好,可调配色漆作罩光用
T01-1 酯胶清漆	用干性植物油和多元醇松香熬炼后,加入催干剂,并以200号溶剂汽油或松节油作溶剂调配而成	漆膜光亮,耐水性较好,次于酚醛清漆,适合于木制家具、门窗、板壁等的涂复及金属表面的罩光
F01-1 酚醛清漆	用干性植物油和松香改性酚醛树脂熬炼后,加入催干剂,以200号溶剂汽油或松节油作溶剂调配而成	该漆耐水性比酯胶清漆好,漆膜光亮,但容易泛黄,它主要用于涂饰木家具,可显示出木器的底色及花纹
L01-6 沥青烘干清漆	用石油沥青(软化点90~120℃)、芳烃溶剂调制而成	有良好的耐水、防潮、耐腐蚀性能,但力学性能差,耐候性不好。不能涂于太阳光直接照射的物体表面,涂于各种容器与金属机械等内表面,作防潮、耐水、防腐蚀用
G52-2 过氯乙烯防腐清漆	是过氯乙烯树脂及增韧剂溶于有机混合溶剂(苯类、酯类及酮类)中的溶液	漆膜具有优良的防腐性能,可耐无机酸、碱类、盐类、煤油等的侵蚀,涂于化工设备、运输管道作防腐涂层,可喷涂或浸渍木质,防火、防霉、防腐蚀性良好

（续）

型号及名称	组成成分	特性及应用
B01-34 丙烯酸烘干清漆	由甲基丙烯酸酯、甲基丙烯酸共聚树脂及氨基树脂溶解在酯类、醇类、苯类的混合溶剂中，加增韧剂制成	有良好的耐气候性和附着力，在 120 ℃干燥 1.5～2h，可提高漆膜的耐油性、耐水性和硬度，在 180 ℃使用，除颜色发黄外，其他性能良好。适于喷涂经阳极化处理的硬铝板或其他金属表面
B01-6 丙烯酸清漆	是甲基丙烯酸酯和甲基丙烯酰胺共聚树脂中加入氨基树脂，溶解在酯类、醇类、苯类混合溶剂中，加增韧剂而成	具有耐候、耐水、耐高温（180 ℃以下）性能，硬度高，对轻金属有良好附着力，能常温干燥，适于涂覆经阳极化处理的硬铝板和其他金属制件表面
C01-7 醇酸清漆	是用干性油改性季戊四醇醇酸树脂、催干剂和有机溶剂经调制而成的长油度醇酸清漆	能常温干燥，漆膜具有较好的柔韧性和耐候性，可作各种涂有底漆、磁漆的钢铁及铝合金表面罩光涂层，也可作户外木器上的罩光涂层
	底　漆	
Q06-4 各色硝基底漆	是由硝化棉、油改性醇酸树脂、松香甘油酯、颜料、体质颜料、增韧剂和混合溶剂调制而成	漆膜干得快，易打磨。适于涂覆铸件、车辆表面，供各种硝基磁漆作配套底漆用
X06-1 乙烯磷化底漆（分装）	是由聚乙烯醇缩丁醛树脂、防锈颜料、乙醇、丁醇的混合溶剂调制而成，与组分磷化液配合使用	主要作为有色及黑色金属底层的防锈涂料，能起到一定的磷化作用，增加有机涂层和金属表面的附着力，防止锈蚀，延长有机涂层的使用寿命，不能代替一般采用的底漆，适于涂覆船舶、桥梁、浮筒及其他各种金属结构器材表面
B06-2 锶黄丙烯酸底漆	是由甲基丙烯酸甲酯和甲基丙烯酸共聚树脂溶于酯类、醇类、苯类溶剂中，加铬酸锶、增韧剂及体质颜料而成	有良好防霉、防腐、耐热、耐久性能，能室温干燥，适用于不能高温干燥的金属设备及轻金属零件的打底
H06-2 铁红、锌黄、铁黑环氧酯底漆	是用环氧树脂和植物油酸酯化后，与氧化铁红、氧化铁黑或锌铬黄等颜料及体质颜料研磨，加入催干剂，再以有机溶剂调配而成	漆膜坚韧耐久，附着力很好，若其与磷化底漆配套使用时，可提高漆膜的防潮、防盐雾及防锈性能，用于涂覆沿海地区及湿热带气候的金属材料。铁红、铁黑底漆适用于黑色金属表面打底，锌黄底漆适用于有色金属表面打底
H06-33 铁红、锌黄环氧烘干底漆	是由环氧树脂、三聚氰胺甲醛树脂、醇酸树脂与铁红、锌黄、氧化锌和体质颜料研磨后，以二甲苯与丁醇的混合溶剂调配而成	该漆具有良好的耐化学药品性能及耐水性，并有优越的附着力。它适用于能烘烤的各种金属表面作底漆（铁红色用于钢铁表面，锌黄色用于轻金属表面）
C06-1 铁红醇酸底漆	是用干性植物油改性醇酸树脂（中油度或长油度）与氧化铁红、铅铬黄、体质颜料等研磨后，加入催干剂，并以 200 号溶剂油及二甲苯调配而成	该漆有良好的附着力和一定的防锈能力，它与硝基磁漆、醇酸磁漆等多种面漆的层间结合力好。在一般气候条件下耐久性也不错，但在湿热带、海洋性气候和潮湿地区条件下，耐久性不太好。用于黑色金属表面打底防锈
C06-10 醇酸二道底漆	是用油改性醇酸树脂、颜料及体质颜料研磨后，加入催干剂，并以 200 号溶剂油或松节油与二甲苯的混合溶剂调配而成	该漆可常温干燥，也可烘干。容易打磨，对腻子层及面漆的附着力好。它适合于涂在打磨平滑的腻子层上，以填平腻子层的砂孔，纹道
T06-5 铁红、灰酯胶底漆	是用松香钙酯和多元醇松香酯与干性植物油熬炼后，以氧化铁红等颜料及体质颜料研磨，并加入催干剂，以 200 号溶剂油或松节油作溶剂调配而成	漆膜坚硬，容易打磨，附着力强。主要用于要求不高的钢铁、木质表面打底
F06-8 锌黄、铁红灰酚醛底漆	是用松香改性酚醛树脂、聚合植物油炼成漆基，与颜料和体质颜料研磨后，加入催干剂，并以 200 号油漆溶剂油及二甲苯作溶剂调配而成	该漆有良好的附着力和防锈性能。锌黄酚醛底漆用于铝合金表面，铁红、灰酚醛底漆用于钢铁表面
F06-9 锌黄、铁红、纯酚醛底漆	是用纯酚醛树脂与干性油炼成的漆基，同锌黄、铁红颜料及体质颜料研磨后、并加入催干剂，以二甲苯或松节油作溶剂调配而成	该漆有一定防锈能力，耐水性好。锌黄纯酚醛底漆用于涂饰铝合金表面，铁红纯酚醛底漆用于钢铁表面
L06-33 沥青烘干底漆	是用石油沥青、干性植物油与松香改性树脂熬炼后，用 200 号溶剂油及苯类溶剂稀释再与黑色颜料（炭黑、铁黑）体质颜料等研磨而成	该漆附着力好，有良好的柔韧性及防潮、耐湿热、耐滑油性能。它主要用于汽车、发动机，也可用于缝纫机、自行车、以及其他金属表面打底
G06-4 锌黄、铁红、过氯乙烯底漆	是过氯乙烯树脂，油改性醇酸树脂、增韧剂、颜料及体质颜料等经研磨后，溶于有机混合溶剂（苯、酯及酮类）制成	有一定的防锈性及耐化学性，但附着力不太好，如在 60～65 ℃烘烤 2h 后，可增强附着力及其他各种性能。铁红底漆主要用于车辆、机床及各种工业品的钢铁或木材表面打底，锌黄底漆用于轻金属表面打底
	腻　子	
T07-31 各色酯胶烘干腻子	是用酯胶清漆与颜料、体质颜料、催干剂和 200 号溶剂油、二甲苯研磨后而成	涂刮性和打磨性较好，可用来填平钢铁、木质表面的凹坑、针孔及缝隙等处
H07-5 各色环氧酯腻子	是用环氧树脂和植物油酸经酯化后，与颜料、体质颜料、二甲苯、催干剂、丁醇等研磨配制而成	腻子膜坚硬、耐潮性好，与底漆有良好的附着力，经打磨表面光洁。可供各种预先涂有底漆的金属表面不平处作填嵌用

（续）

型号及名称	组成成分	特性及应用
C07-5 各色醇酸腻子	是用醇酸树脂、颜料、体质颜料，催干剂及溶剂（200号溶剂油，二甲苯）研磨而成	涂层坚硬，附着力好，易于涂刷，它可用来填嵌金属及木器制品表面的凹坑和缝隙处
Q07-5 各色硝基腻子	各色硝基腻子的成膜物质是由硝化棉，醇酸树脂，增韧剂，各色颜料、体质颜料和混合溶剂组成	该腻子干得快，附着力好，容易打磨。可供涂有底漆的金属及木质物面作填平细孔、缝隙之用
G07-3 各色过氯乙烯腻子	是用过氯乙烯树脂、增韧剂、颜料、体质颜料和酯、酮、苯类等混合溶剂，经调和研磨而成	干燥快，主要用于填平已涂有醇酸底漆或过氯乙烯底漆的各种车辆、机床及各种工业品的钢铁或木材表面
磁　漆		
04-42 各色醇酸磁漆	是用干性植物油改性的季戊四醇醇酸树脂与颜料研磨后，加入催干剂，以松节油、200号溶剂汽油与二甲苯调配而成	该漆具有良好的耐候性及附着力，机械强度较好，能自然干燥，也可低温烘干。适用于涂饰户外的钢铁表面
C04-83 各色醇酸无光磁漆	是中油度醇酸树脂与颜料及体质颜料混合研磨后，加入催干剂，以200号溶剂汽油和二甲苯作溶剂调配而成	漆膜平整无光，常温或100℃以下干燥时，耐久性比酚醛无光磁漆好，比有光的醇酸磁漆差。若烘干耐水性更好，用于涂装车箱、船舱的内壁及特种车辆外表面及仪表盘
G04-60 各色过氯乙烯半光磁漆	是由过氯乙烯树脂，干性油改性醇酸树脂，增韧剂、颜料及体质颜料经调和研磨后，以有机混合溶剂苯类、酯类及酮类调配而成	有较好的户外耐久性及机械强度，耐海洋性气候和湿热带气候的性能好，耐油性和耐水好，但干燥时间较长，故附着力差一些，主要喷涂于金属或木质物件上
G04-9 各色过氯乙烯外用磁漆	是用过氯乙烯树脂，干性油改性醇酸树脂及颜料与增韧剂等研磨后，以有机混合剂苯类、酯类及酮类调配而成	该漆干燥较快，漆膜光亮、色泽鲜艳，能打磨。耐候性和抗老化性比硝基外用磁漆好，适合于亚热带和潮湿地区使用。用于涂饰车辆、机床、电工器材、医疗器械、农业机械配件等
B04-6 白丙烯酸磁漆	是由甲基丙烯酸酯，甲基丙烯酰胺共聚树脂与氨基树脂溶解在酯类、醇类、苯类混合溶剂中，并加钛白粉，增韧剂而成	具有耐光性与耐久性，能室温干燥，不泛黄，对湿热带气候具有良好的稳定性，涂覆各种金属表面及经阳极化处理后涂有底漆的硬铝表面
B04-87 黑丙烯酸无光磁漆	是由甲基丙烯酸酯和甲基丙烯酰胺共聚树脂溶于酯类、酮类、苯类混合溶剂中，加炭黑、消光剂、增韧剂而成	有良好的附着力，柔韧性较差，专供涂覆光学仪器上要求不反光的部位及涂覆不在弯曲条件下使用的硬铝黄铜，透明塑料零件
H04-2 各色环氧硝基磁漆	是环氧树脂、醇酸树脂与颜料研磨后，与硝化棉溶液混合而成。以苯二甲酸二丁酯作增韧剂，以乙酸丁酯、乙酸乙酯、丁醇、甲苯、二甲苯等混合溶液作溶剂	漆膜坚硬，较一般硝基外用磁漆的耐气候性好，在潮湿的海洋性和湿热带气候的条件下，更能显出其优越性。它的耐油性也很好，涂覆于已涂有环氧底漆的金属制品表面，防大气腐蚀的涂层
F04-11 各色纯酚醛磁漆	用纯酚醛树脂和干性植物油熬炼后与各色颜料研磨，加入催干剂，以二甲苯及200号溶剂油作溶剂调配而成	漆膜坚硬，其耐水性、耐候性、耐化学药品性能均比酚醛磁漆好。主要涂于机械设备、建筑物、交通运输工具及其他要求耐潮湿或需经干湿交替的金属、木材表面上
F04-60 各色酚醛半光磁漆	用松香改性酚醛树脂、季戊四醇松香酯与聚合干性植物油炼成漆基，与颜料和体质颜料研磨后加入催干剂，以200号溶剂汽油或松节油作溶剂调配而成	附着力强、漆膜坚硬，但耐候性比醇酸半光磁漆差。它主要用来涂覆要求半光的木材、钢铁表面
F04-89 各色酚醛无光磁漆	用松香改性酚醛树脂、季戊四醇松香脂与聚合干性植物油炼制后，与颜料和体质颜料研磨，加入催干剂，以200号溶剂汽油或松节油作溶剂调配而成	该漆附着力强，漆膜坚硬，但耐候性比醇酸无光磁漆差。它主要用于涂覆要求无光的钢铁、木材表面
F04-1 各色酚醛磁漆	用干性植物油和松香改性酚醛树脂熬炼后，与颜料及体质颜料研磨，加入催干剂，以200号溶剂汽油或松节油作溶剂调配而成	该漆附着力强，光泽好，漆膜坚硬，但耐候性比醇酸磁漆差。它主要用于建筑工程、交通工具、机械设备以及室内外一切木材、金属表面上
Q04-2 各色硝基外用磁漆	由硝化棉、油改性醇酸树脂、氨基树脂、各色颜料与增韧剂组成；挥发部分是由酯类、酮类、苯类、醇类等溶剂组成	漆膜干得快、外观平整光亮，耐候性较好，能用砂蜡打磨，它通常涂于各种交通车辆、机床、机器设备及工具上，作保护装饰
Q04-62 各色硝基半光磁漆	由硝化棉、醇酸树脂、各色颜料、增韧剂及体质颜料组成；挥发部分是由酯、酮、醇、苯类等溶剂组成	漆膜反光性能不大，在阳光下对人的眼睛刺激性较小。加有大量体质颜料，故漆膜易粉化，耐久性比硝基外用磁漆差。用于仪表设备及要求半光的金属表面作装饰保护用
Q04-17 各色硝基醇酸磁漆	由硝化棉，季戊四醇醇酸树脂、各色颜料、增韧剂组成；挥发部分是由酯、酮、醇、苯类等溶剂组成	漆膜具有良好的光泽与耐大气性能，但磨光性较差，故不宜打磨。它适于涂装车辆或机器设备
C04-2 各色醇酸磁漆	是以中油度醇酸树脂与颜料研磨后，加入适量催干剂，并以有机溶剂调配而成	具有较好的光泽和力学强度，能常温干燥，耐候性比调合漆及酚醛漆好，适合户外使用。耐水性较差，但若在60~70℃下烘烤后，耐水性可显著提高。最宜于涂装金属表面，木材表面也可使用

（续）

型号及名称	组成成分	特性及应用
A04-84 各色氨基无光烘干磁漆	用氨基树脂、醇酸树脂与各色颜料、体质颜料研磨后，以有机溶剂调配而成	漆膜色彩柔和，细度较细。用于光学仪器、仪表及要求无光的物件上
A04-81 各色氨基无光烘干磁漆	用氨基树脂、醇酸树脂与各色颜料、体质颜料研磨后，以有机溶剂调配而成	漆膜色彩柔和、平整无光、无刺目态，并有良好的物理性能。涂装仪器仪表、计算机、打字机、表牌等不反光的各种金属表面
H04-94 各色环氧酯无光烘干磁漆	用环氧树脂和植物油酸酯化后，加颜料、体质颜料研磨，加入氨基树脂及二甲苯、丁醇等混合溶剂配制而成	该漆漆膜坚硬、耐磨性好、附着力强，并有良好的耐水性，用于电动机、电器、仪表等外壳的涂覆
L04-1 沥青磁漆	由植物油与天然沥青或石油沥青、松香改性酚醛树脂、催干剂、200号油漆溶剂油及芳烃溶剂调制而成	漆膜黑亮平滑，耐水性较好。用于涂覆汽车底盘、水箱及其他金属零件表面
T04-1 各色酯胶磁漆	由甘油松香酯与干性植物油熬炼成漆料，再与各种颜料、填料研磨后加入催干剂及200号油漆溶剂油调制而成	漆膜光亮鲜艳，但耐候性较差。用于室内一般金属、木质物件以及五金零件等表面作装饰保护之用
绝　缘　漆		
F30-13 酚醛烘干绝缘漆	用酚醛树脂与干性植物油熬炼加入催干剂及200号溶剂油制成	耐水性、防潮性能较好，力学强度较差。它是A级绝缘材料，适用于浸渍和喷涂要求耐水、防潮和绝缘性能的塑料及金属表面
L30-19、L30-20 沥青烘干绝缘漆	用天然沥青、石油沥青和干性植物油熬炼后，加入催干剂并溶于200号溶剂汽油而制成	防潮湿性能和耐温度性能较好。L30-19因加入适量的三聚氰胺甲醛树脂，其干燥后漆膜不发粘，能达到厚层干透性的要求。是A级绝缘材料。用于浸渍电机转子、定子线圈及不要求耐油的电器零部件
L31-3 沥青绝缘漆	用石油沥青(或天然沥青)和植物油熬炼，加入催干剂及有机溶剂而成	干燥快，常温即可干燥。耐变压器油性和硬度较差。它用来覆盖要求常温干燥的电机、电器绕组，作A级绝缘之用
C30-11 醇酸烘干绝缘漆	用植物油改性醇酸树脂，加入催干剂以二甲苯作为溶剂稀释制成	有较好的耐油性和耐电弧性。它是B级绝缘材料，用于浸渍电机设备、变压器的绕组，也可作为覆盖漆用
A30-11 氨基烘干绝缘漆	用油改性醇酸树脂和三聚氰胺甲醛树脂、二甲苯、丁醇调制而成	有较好的干透性、耐油性、耐电弧性及附着力。漆膜平整光泽。是B级绝缘材料，用于浸渍各种电机、电器绕组
Z30-11 聚酯烘干绝缘漆	用不饱和丙烯酸聚脂和蓖麻油改性聚酯混合后，补加催干剂、引发剂制成	为无溶剂漆，浸渍性高，干燥快，漆膜浸水或受潮后绝缘电阻变化小。是B级绝缘材料，用于浸渍电机线圈
H30-12 环氧酯烘干绝缘漆	用环氧树脂、植物油酸经过酯化后，加适当氨基树脂，用苯类溶剂及丁醇稀释制成	用优良的耐热性和附着力，耐油性和柔韧性也较好，耐强烈的化学气体。适合湿热带及化工防腐蚀电动机电器的使用要求。是B级绝缘材料，用于浸渍电机、变压器及一般电动机绕组和电信器材，也适用于金属层压制品表面处理
H30-13 环氧聚脂酚醛烘干绝缘漆	用环氧树脂及改性酚醛树脂经酯化聚合后，加入二甲苯、丁醇、环己酮稀释而制成	漆膜坚韧，具有耐热、耐化学腐蚀、防潮、防霉和防盐雾性能。是B级绝缘材料，用于浸渍及覆盖电动机、电器绕组等
H31-54 灰环氧酯烘干绝缘漆	用环氧树脂、植物油酸经过酯化后，以二甲苯、丁醇混合溶剂稀释，加入适量三聚氰胺树脂及防毒剂与颜料研磨后制成	除有防霉性能外，还具有较好的耐油、防潮及力学性能与很好的附着力，耐强烈的化学性气体。是B级绝缘材料，用于涂覆湿热带的电动机、电器、精密仪表绕组外层，亦可涂覆机器零件
Q32-31 粉红硝基绝缘漆	用硝化棉与醇酸树脂溶解于酯、酮、醇、苯等混合溶剂中，加入颜料而制成	较其他类型绝缘漆干得快，能室温干燥，漆膜坚硬有光。是A级绝缘材料，适用于涂覆电动机设备的绝缘部件
W30-11 有机硅烘干绝缘漆	用聚甲基苯硅氧烷加二甲苯配制而成	是烘干型漆，漆膜具有较高的耐热性和较好的绝缘防潮性能。是H级绝缘材料，用于浸渍短期250～300℃工作的电动机电器线圈。也可用来浸渍长期在180～200℃运转的电动机电器线圈
W32-53 粉红有机硅烘干绝缘漆	用有机硅耐热清漆与无机颜料研磨后，以二甲苯、丁醇稀释而制成	有较高的耐热性和硬度，较好的耐油性、介电性和热带气候稳定性。适用于涂刷和修理长期在180℃或高温条件下运转的H级绝缘电动机线圈端部，也可用于涂饰需在120～125℃下进行热处理的电动机及电器零件
电　阻　漆		
C37-51 各色醇酸烘干电阻漆	由油改性季戊四醇醇酸树脂、适量氨基树脂、酚醛树脂和颜料研磨后，用二甲苯和松节油作溶剂稀释而成。产品分为灰、红、绿三种颜色	具有良好的绝缘性和防潮性，附着力和机械强度较高，适于涂复非线绕电阻，也可喷涂于其他金属表面作防潮用

（续）

型号及名称	组成成分	特性及应用
W37-51 红有机硅烘干电阻漆	是用油改性醇酸树脂、有机硅树脂及少量氨基树脂和颜料、体质颜料等研磨后，以二甲苯稀释而成	该漆附着力好，并具有良好的耐热、防潮及耐温变性。它主要用于涂复非绕线电阻以及其他金属零件表面
	电　泳　漆	
F11-54 各色酚醛油烘干电泳漆	是由干性植物油、顺丁烯二酸酐，丁醇醚化的酚醛树脂、颜料和蒸馏水等调制而成	烘干后漆膜平整光亮。具有良好的附着力和力学强度以及较好的漆液稳定性和一定的耐水性，适于以电泳施工方式涂覆于表面经磷化处理过的钢铁等金属表面
H11-51 各色环氧酯烘干电泳漆	由环氧树脂与干性油脂肪酸酯化后，再与顺丁烯二酸酐加成反应，所得产物加入助溶剂，并用胺类中和而成的水溶性环氧酯，再用该树脂液与各色颜料研磨调制而成	具有不燃性、电泳施工、便于油漆施工机械化、自动化、漆膜具有良好的附着力、力学强度、防腐性、耐水性，适用于黑色金属表面作底漆、或非装饰性的内用表面作面漆
H11-52 各色环氧酯烘干电泳漆	是由干性油脂肪酸和顺丁烯二酸酐改性的环氧酯，配以适量由干性油脂肪酸和酚醛树脂改性的醇酸树脂，加入醇类助溶剂并用胺类中和成盐，再加入适量蒸馏水和颜料，经研磨而制成稠厚的漆液。使用时按施工要求，加入蒸馏水	烘干后的漆膜平整，具有良好的力学强度和较好的附着力，有一定的防锈性和耐水性，并且漆液稳定性也好；适用于以电泳施工方式，涂覆在预先经过磷化处理的黑色金属表面
	防　锈　漆	
Y53-32 铁红油性防锈漆	由干性植物油炼制后与氧化锌、氧化铁红和体质颜料、催干剂、200号油漆溶剂油或松节油调制而成	附着力较强，防锈性能较好，但次于红丹油性防锈漆，漆膜较软。主要用于室内外一般要求的钢铁结构表面作防锈打底之用
C53-31 红丹醇酸防锈漆	是由醇酸树脂、红丹粉、体质颜料、催干剂与溶剂调制而成	防锈性能好，干燥快，附着力强。用于钢铁结构表面作防锈打底之用
F53-34 锌黄酚醛防锈漆	由松香改性酚醛树脂、多元醇松香酯、干性植物油、锌黄、氧化锌、体质颜料、催干剂及油漆溶剂油等制成	具有良好的防锈性能。用于轻金属表面作为防锈打底之用
F53-31 红丹酚醛防锈漆	由松香改性酚醛树脂、多元醇松香酯、干性植物油、红丹、体质颜料、催干剂、200号油漆溶剂油等调制而成	具有良好的防锈性能，适用于钢铁表面的涂覆，作防锈打底之用
F53-39 硼钡酚醛防锈漆	由松香改性酚醛树脂、多元醇松香酯、干性植物油、防锈颜料偏硼酸钡和其他颜料、催干剂、200号溶剂油等调制而成的长油度防锈漆	在大气环境中具有良好的防锈性能。适用于桥梁，火车车辆、船壳、大型建筑钢铁构件以及其他钢铁器材表面，作为防锈打底之用
F53-41 各色硼钡酚醛防锈漆	由松香改性酚醛树脂、聚合植物油、防锈颜料偏硼酸钡和其他颜料、催干剂、200号油漆溶剂油等调制而成的中短油度防锈漆	在大气环境中具有良好的防锈性能。主要用于火车车辆、工程机械、通用机床等钢铁器材表面，作防锈打底之用
F53-40 云铁酚醛防锈漆	由酚醛漆料与云母氧化铁等防锈颜料研磨后，加入催干剂及混合溶剂等调制而成	防锈性好、干燥快、遮盖力及附着力强、无铅毒。用于桥梁、铁塔、车辆、船舶等户外钢铁结构上防锈打底
Y53-31 红丹油性防锈漆	用于性植物油熬炼后，再与红丹粉、体质颜料研磨而成，并加入催干剂，用200号溶剂油或松节油作为溶剂	防锈性能好，但干燥较慢。主要用于涂刷大型钢铁结构表面，作为防锈打底之用
F53-33 铁红酚醛防锈漆	用松香改性酚醛树脂、多元醇松香酯与干性植物油炼制后，再与氧化铁红和适当的防锈颜料、体质颜料研磨，加入催干剂，并以200号溶剂油或松节油作溶剂调配而成	附着力强，但漆膜较软。主要涂覆防锈要求不高的钢铁结构表面，作为打底用
F53-32 灰酚醛防锈漆	用松香改性酚醛树脂、多元醇松香酯与干性植物油经炼制后，与氧化锌等颜料研磨，溶于200号溶剂油或松节油等有机溶剂中，并加入催干剂调制而成	该漆防锈性能好，适于涂刷钢铁表面
	耐　酸　漆	
T50-32 各色酯胶耐酸漆	是用多元醇松香酯与干性植物油炼制后，以200号溶剂油或松节油稀释，加入颜料、体质颜料研磨并加催干剂而成	用于一般化工厂中需要防止酸性气体腐蚀的金属和木质结构表面的涂覆，也可用于耐酸要求不高的工程结构物上，但不宜涂覆于长期浸渍在酸液内的物体上，也不宜涂覆于要求耐碱的物件上
L50-1 沥青耐酸漆	是用干性植物油与石油沥青或天然沥青熬炼后，加入催干剂，并以200号溶剂油和二甲苯混合溶剂调配而成	该漆具有耐硫酸腐蚀的性能，并有良好的附着力。主要涂覆于需要防止硫酸侵蚀的金属表面
C50-31 白醇酸耐酸漆	用醇酸树脂与钛白粉等耐酸颜料混合研磨，加入催干剂，以有机溶剂调配而成。有一定的耐酸性，但不宜于长期浸泡在硫酸溶液中	适用于在酸性气氛环境中的金属与木材表面的防护涂装之用

（续）

型号及名称	组成成分	特性及应用
	防腐漆	
G52-31 各色过氯乙烯防腐漆	用过氯乙烯树脂、醇酸树脂、增韧剂及颜料研磨后，再以有机溶剂调配而成	优良的防腐蚀性和防潮性，主要用于各种化工机械、管道、建筑等金属或木质表面上，防酸、碱及其他化学药品的侵蚀
X52-2 乙烯防腐漆	氯乙烯—醋酸乙烯—顺丁烯二酸单丁酯三元光聚树脂，用酮、苯类溶剂溶解，加入少量稳定剂和增韧剂调制而成	有良好的耐候性、耐酸碱、耐海水、耐化学腐蚀性，并耐石油烃和醇类溶剂。可用于大型化工机械设备，贮槽、化工仪器仪表、机电产品或其他金属构件作耐化学腐蚀涂装；可供钢铁桥梁、舰艇、船底、船壳及船上建筑物防腐涂装之用
	耐热漆	
C61-51 铝粉醇酸烘干耐热漆（分装）	是醇酸清漆与铝粉分别包装的一种油漆，使用前按70%清漆与30%铝粉混合搅拌均匀。该漆中的醇酸清漆是用半干性油改性醇酸树脂热溶于200号溶剂油或松节油与二甲苯的混合溶剂中，加入催干剂而成	对钢铁或铝制品表面有较强的附着力，漆膜受热后不易起泡，耐水性好。主要用于各种金属制品表面作耐热防腐涂层
W61-34 草绿有机硅耐热漆	是用有机硅树脂、乙基纤维、颜料（氧化铬绿等）及体质颜料研磨后，加有机溶剂稀释而成	该漆具有良好的耐热（耐400 ℃）、耐油、耐盐水性。用于涂覆各种耐高温又要求常温干燥的钢铁金属设备与零件
W61-55 铝粉有机硅耐热烘漆（分装）	是由清漆和铝粉组成。清漆是聚酯和有机硅树脂用甲苯稀释后制得的胶体溶液。清漆和铝粉分装，使用时清漆与铝粉以10:1 混合均匀	该漆可以在150 ℃烘干，能耐500 ℃高温。它主要用于涂覆高温设备的钢铁零件，如发动机外壳、烟囱、排气管、烘箱、火炉、暖气管道等，作防腐蚀用
	带锈涂料	
环氧酯稳定型带锈涂料 醇酸稳定型带锈涂料	带锈涂料是近年来发展的一种新型涂料，其特点是可以在经简单清理过的带锈钢铁表面上施工，以代替喷砂、酸洗、去锈等复杂而繁重的表面处理工艺；同时这种涂料又能起到底漆作用。对提高生产效率、节约施工费用、改善劳动条件、保障工人身体健康等都具有重要意义 环氧酯稳定型带锈涂料的防锈性能良好，醇酸稳定型带锈涂料的防锈性能比环氧酯型稍差。两种带锈涂料均可在带锈钢铁表面上使用 两种涂料的组成成分参见生产厂家的企业标准，生产厂家为：天津油漆总厂、武汉造漆总厂、无锡造漆厂、杭州油墨油漆厂等，有关施工方法及注意事项如下： 1）涂料可以涂刷，亦可喷涂。施工时以涂两道、每道涂层（40～50）μm为宜 2）涂前切莫忽视必要的去锈工序。凡被涂物件表面的松散锈层、松动老皮以及泥土灰尘、焊皮、水分等均须清除干净。如有油污，须用溶剂擦洗干净。使用本涂料时，带锈涂层厚度在60μm以下效果最好 3）使用时须将本涂料充分搅匀，太稠时，环氧酯带锈涂料可用X-7环氧漆稀料或X-4氨基稀料对稀。醇酸带锈涂料可用二甲苯或X-6醇酸漆稀料对稀 4）本涂料应与下列各漆配套使用：漆膜干透后，可以醇酸漆、过氯乙烯漆、氨基漆、环氧漆或聚氨酯漆罩面 5）本涂料存放和使用时须保持通风、干燥、防止日光曝晒和雨淋，并须远离热源，严禁明火	

注：各种型号涂料技术质量指标参见相应产品的标准。

4. 陶瓷

4.1 耐酸陶瓷

4.1.1 耐酸陶瓷种类、性能及应用（见表2.3-55～表2.3-58）

表2.3-55 耐酸陶瓷种类、品名及应用

种类	主要制品名称	应用举例	最高使用温度
耐酸陶 耐酸耐温陶	砖、板	砌制耐酸池、电解电镀槽、造纸蒸煮锅、防酸地面、防酸台面和防酸墙壁等	耐酸陶：90℃，耐酸碱，耐酸耐温陶：150℃，耐酸耐碱，耐温度急变
	管	用于输送腐蚀性流体和含有固体颗粒的腐蚀性材料	
	塔、塔填料	用于对腐蚀性气体进行干燥、净化、吸收、冷却、反应和回收废气	
	容器	用于酸洗槽、电解电镀槽、计量槽	
	过滤器	用于两相分离或两相结合、渗透、渗析、离子交换	
硬质瓷	阀、旋塞	用于腐蚀性流体的流量调节	150℃，耐酸，耐碱
	泵、风机	用于输送腐蚀性流体	
莫来石瓷	阀、旋塞、泵、风机	性能比硬质瓷较好，用途与硬质瓷相同	150℃，耐酸耐碱，耐温度急变，负荷较大
75%氧化铝瓷（质量分数）（含铬）		性能比硬质瓷较好，用途与硬质瓷相同	
97%氧化铝瓷（质量分数）		性能明显优于硬质瓷，用途与硬质瓷相同	
氟化钙瓷		力学性能优于硬质瓷，耐腐蚀性高于纯氧化铝瓷20倍以上，制作耐氢氟酸的零件	—

表2.3-56 耐酸陶瓷的物理力学性能

性能项目 \ 种类	耐酸陶	耐酸耐温陶	硬质瓷	莫来石瓷	75%氧化铝瓷（含铬）（质量分数）	97%氧化铝瓷（质量分数）	氟化钙瓷
体积密度/g·cm⁻³	2.2～2.3	2.1～2.2	2.3～2.4	2.79～2.88	3.05～3.21	3.74	3.04
气孔率（%）<	5	12	3	—	1	—	—
吸水率（%）<	3	6	0.5	0.2	0.5	0.1	0
抗弯强度/MPa	39.2～58.8	29.4～49.0	63.7～83.4	128～147	147～177	206～226	34.3
抗拉强度/MPa	7.85～11.8	6.87～7.85	19.6～35.3	58.8～78.5	—	118～137	—
抗压强度/MPa	78.5～118	118～137	451～647	687～883	824～932	1471～1569	—
冲击韧度/J·cm⁻²	0.098～0.147	—	0.147～0.294	0.245～0.343	—	0.687～0.785	—
弹性模量/MPa×10⁶	441～588	108～137	—	0.128～0.142	0.197	0.286～0.288	—
硬度（HRA）	—	—	7（莫氏）	75～80	72～74	85～86	3.5～4（莫氏）
热导率/W·(m·C)⁻¹	0.92～1.05	—	1.05～1.298	—	2.72～2.89	—	4.19～8.37
线胀系数/×10⁻⁶℃	4.5～6	—	3～6	3.18～3.68	7.4	—	24.3
耐热震性次>（200℃急降到20℃水中）	2	2①	2	10	—	10	—

① 由450℃急降至20℃水中的耐热震性次数。

表 2.3-57 耐酸陶、耐酸耐温陶及硬质瓷的耐腐蚀性能

介 质	(质量分数)(%)	温度/℃	耐腐蚀性评价	介 质	(质量分数)(%)	温度/℃	耐腐蚀性评价
硫酸	18~20	30~70	良	氢氧化钾	浓溶液	沸腾	良
硝酸	任何	<沸腾	良	氢氧化钠	20	60~70	可
盐酸	浓溶液	100	良	氨	任何	沸腾	良
磷酸	稀溶液	20	可	碳酸钠	稀溶液	20	可
氢氟酸	40	沸腾	差	氯	任何	<沸腾	良
氟硅酸		高温	差	丙酮	<100	沸腾	良
草酸	任何	<沸腾	良	苯	任何	沸腾	良

表 2.3-58 莫来石瓷、氧化铝瓷的耐腐蚀性能

介 质	质量分数(%)	温度/℃	莫来石瓷		97%氧化铝瓷	
			失重(%)	腐蚀深度/mm·a^{-1}	失重(%)	腐蚀深度/mm·a^{-1}
硫酸	40 95~98	沸腾 沸腾	0.05 0.16	0.04 0.12	0.13 0.01	0.09 0.01
硝酸	65~68	沸腾	0.03	0.03	0.01	0.01
盐酸	10 36~38	沸腾 沸腾	0.04 0.05	0.04 0.04	0.02 0.02	0.01 0.01
氢氟酸	40		不耐		0.47	0.34
醋酸	99	沸腾	0.01	0.00	0.01	0.00
氢氧化钠	20 50	沸腾 沸腾	0.21 2.03	0.16 0.63	0.02 0.07	0.01 0.05
氨	25~28	常温	0.01	0.00	0.01	0.00

注:75%氧化铝瓷(质量分数)(含铬)对95%~98%沸腾硫酸(质量分数)的失重为1%,对50%沸腾氢氧化钠的失重为0.8%。

4.1.2 耐酸砖(见表2.3-59、表2.3-60)

表 2.3-59 耐酸砖尺寸规格(摘自 GB/T 8488—2008) (mm)

砖的形状及名称	规格				砖的形状及名称	规格			
	长(a)	宽(b)	厚(h)	厚(h_1)		长(a)	宽(b)	厚(h)	厚(h_1)
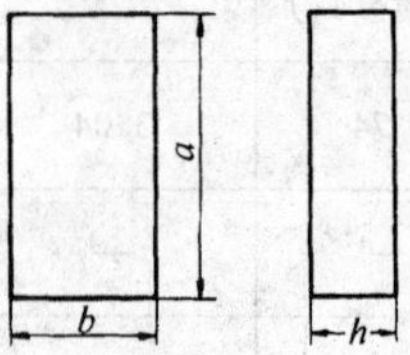 标型砖	230	113	65 40 30	— — —	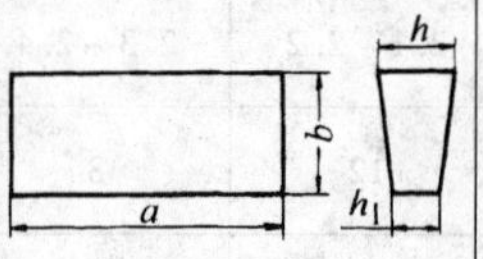 侧面楔型砖	230	113	65 65 55 65	55 45 45 35
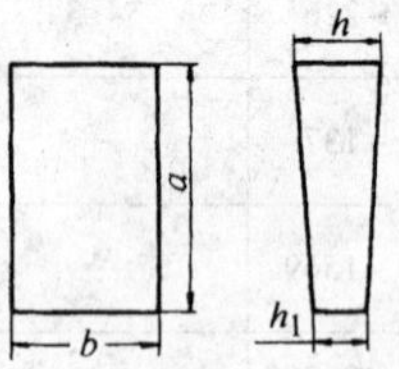 端面楔型砖	230	113	65 65 55 65	55 45 45 35	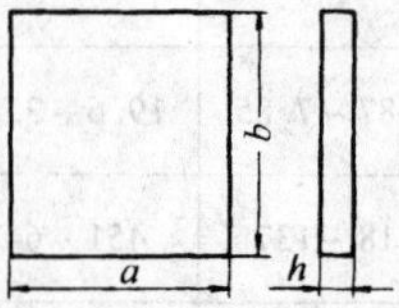 平板型砖	300 200 150 150 100 100 125	300 200 150 75 100 50 125	15~30 15~30 15~30 15~30 10~20 10~20 15	—

表 2.3-60 耐酸砖物理化学性能(摘自 GB/T 8488—2008)

项 目	性能指标分级及要求				项 目	性能指标分级及要求			
	Z-1	Z-2	Z-3	Z-4		Z-1	Z-2	Z-3	Z-4
吸水率(%)	≤0.2	≤0.5	≤2.0	≤4.0	耐急冷急热性	温差100℃	温差100℃	温差130℃	温差150℃
弯曲强度/MPa	≥58.8	≥39.2	≥29.4	≥19.6		试验一次后,试样不得有裂纹、剥落等破损现象			
耐酸度(%)	≥99.8	≥99.8	≥99.8	≥99.7					

4.1.3　化工陶瓷管（见表2.3-61）

表2.3-61　化工陶瓷管种类、尺寸规格及性能（摘自JC 705—1998）　（mm）

直　管

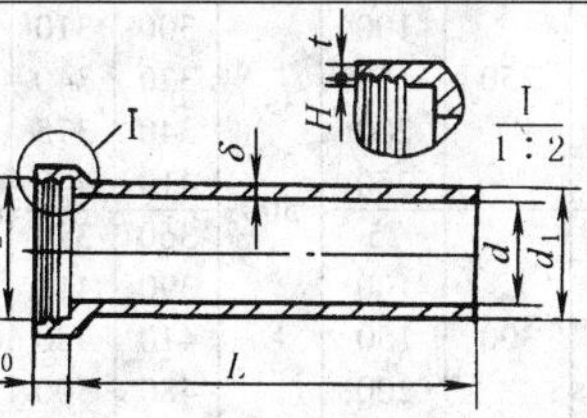

标记示例：

公称直径为100mm、长为1000mm直管标记为：

直管 D_g　100×1000　JC705—1998

D_g（内径 d）	50	75	100	150	200	250	300	400	500	600
有效长度 L	300、500		500、600、700、800、1000							
管身壁厚 δ	14		17	18	20	22	24	30	35	40
承口壁厚 t	≥10		≥13		≥16		≥20	≥24	≥28	≥32
承口深度 L_0	≥40		≥50	≥55	≥60		≥70	≥75	≥80	
承插口间隙 $(d_2-d_1)/2$	≥10			≥12	≥15			≥20	≥25	
承口倾斜 H	≈4		≈5			≈6		≈7		

弯　管

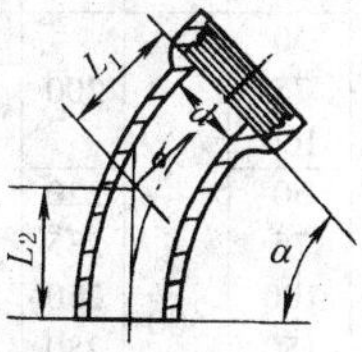

标记示例：

公称直径为100mm的90°弯管标记为：

弯管 D_g　100×90°　JC705—1998

D_g（内径 d）		50	75	100	150	200	250	300	400
$\alpha=30°$	L_1	120	130		140	150	160	180	200
	L_2	140	150		160	180	200	220	250
$\alpha=45°$	L_1	150				200	220	240	300
	L_2	150	220			260	280	300	400
$\alpha=60°$	L_1	150	200		220	300	330		350
	L_2	150	200		220	300	330		350
$\alpha=90°$	L_1	150	220			330	350	380	400
	L_2	150	220			330	350	380	400

Y形三通管

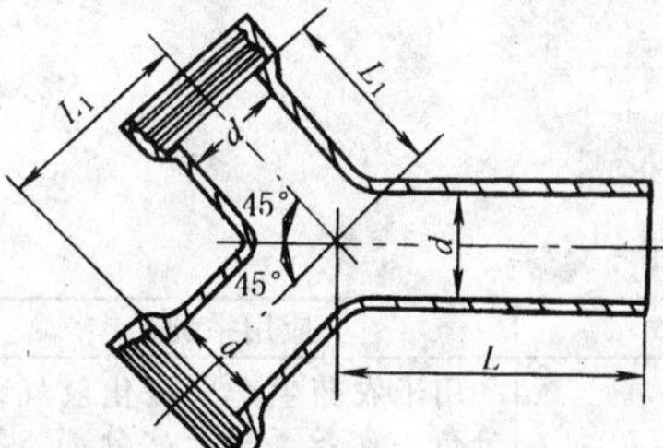

D_g	d	L	L_1
50	50	200	110
75	75		140
100	100		160
150	150		230
200	200	400	380

标记示例：

公称直径为100mm的Y形三通管标记为：

Y形三通管 D_g　100　JC705—1998

异径管

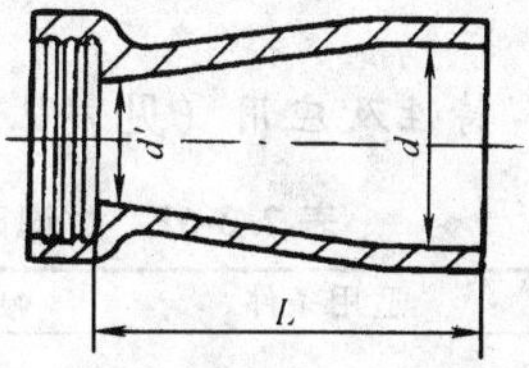

标记示例：

公称直径从100mm至50mm的异径管标记为：

异径管 D_g　100×50　JC705—1998

D_g	d	d'	L
100×50	100	50	300
100×75		75	
150×75	150	75	
150×100		100	
200×100	200	100	
200×150		150	
250×150	250	150	
250×200		200	
300×200	300	200	
300×250		250	

45°三通和四通管、90°三通和四通管

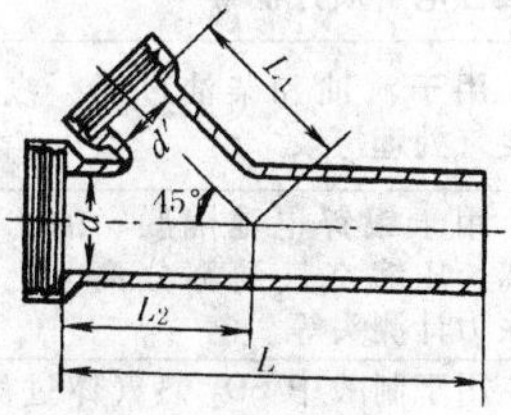

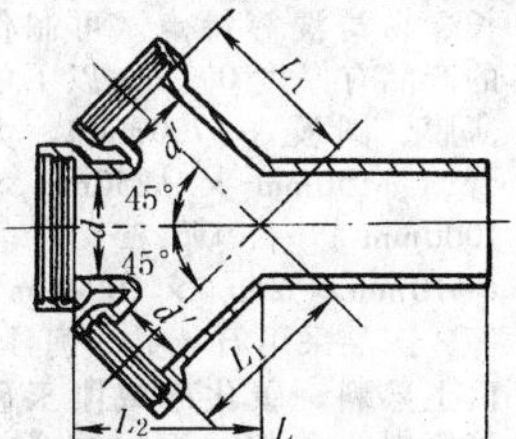

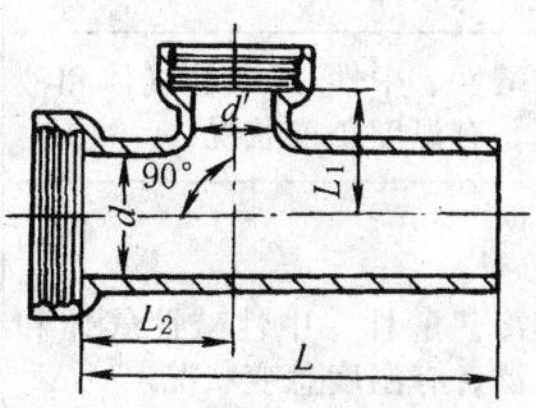

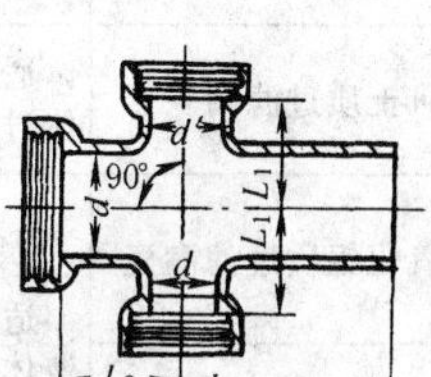

标记示例：

主管内径为100mm、支管内径为50mm的45°四通管标记为：

四通管 D_g　100×50×45°　JC705—1998

（续）

D_g	主管 d	支管 d'	45° 三通和四通 L	L_1	L_2	90° 三通和四通 L	L_1	L_2	D_g	主管 d	支管 d'	45° 三通和四通 L	L_1	L_2	90° 三通和四通 L	L_1	L_2
50×50	50	50	400	150	180	400	75	250	250×75	250	75	500	280	290	600	170	300
75×50	75			165	190		85		250×100		100		300	310			
75×75		75		180	210		90		250×150		150		320	340		180	
100×50	100	50	500	200	220	500	100	300	250×200		200		340	375			
100×75		75			230		105		250×250		250		410	440			
100×100		100					110		300×75	300	75		360	370		220	
150×50	150	50		220	250		120		300×100		100		390	410			
150×75		75		235	270				300×150		150		410	430			
150×100		100		250	290		130		300×200		200		480	500		230	
150×150		150		280	320				300×300		300		520	570		240	
200×50	200	50		280	290		170		400×75	400	75	800	420	420	800	250	
200×75		75		300	310				400×100		100		450	450		260	
200×100		100		320	340		180		400×200		200		480	480			
200×150		150		340	375				400×300		300		530	550		270	
200×200		200		410	440				400×400		400		580	620		290	

性能	D_g/mm	50	75	100	150	200	250	300	400	≥500
	抗外压强度 /kN·m⁻¹	17.7	17.7	19.6	19.6	21.6	23.5	26.5	29.4	协议
	D_g/mm	100	150	吸水率≤8%，耐酸度≥98%，耐水压0.275MPa保持5min不漏						
	弯曲强度 /MPa	7.8	9.8							

注：1. 表中 D_g 表示管的公称直径。

2. 除陶管及配件的承插口连接部位及承口底部、插口端面不施釉外，其余部分均应施釉。施用盐釉的制品不受此限。

4.2 过滤陶瓷

4.2.1 过滤陶瓷种类、特性及应用（见表2.3-62）

表2.3-62　过滤陶瓷种类、特性及应用

种　类	适用条件	特　性	应用举例
石英质过滤陶瓷	适于酸性、中性气体和液体过滤，无温度急变状况	过滤陶瓷是一种用于过滤和透气的多孔陶瓷，含有大量一定孔径的开口气孔，其开气孔率通常为30%~40%，需要时可高达60%~70%；气孔半径一般在0.2~200μm范围内。过滤陶瓷还具有耐蚀、耐高温、高强度、寿命长、易清洗等特点。可制作的产品有厚度0.1mm以下的薄膜、圆板（ϕ700mm）、大管（ϕ150mm×ϕ250mm×1000mm）和薄壁长管（ϕ10mm×2mm×1000mm）等，产品采用石英砂、河沙、矾土熟料、碳化硅或刚玉砂等原料为骨架，添加结合剂和增孔剂，经成型、烧结而成	用于农药生产中氯化氢气体分布、液态氧和干冰分离、污水处理、高压气体过滤、味精发酵液电渗折预滤等
刚玉质过滤陶瓷	适于冷热酸性、中性、碱性气体和液体过滤，有温度急变状况		用于双氧水电解隔膜、电解电镀槽液过滤、高温烟气过滤、热碱液过滤、气动仪表执行机构液体过滤等
硅藻土质过滤陶瓷	适于酸性、中性气体和液体过滤，无温度急变状况		用于尘埃分离、细菌过滤、酸性电解质过滤等
矾土质过滤陶瓷	适于酸性、中性、弱碱性气体和液体过滤，有温度急变状况		用于汽油和柴油过滤、汽车废气处理等
氧化铝质过滤陶瓷	适于冷热酸性、中性碱性气体和液体过滤，有温度急变状况		用于银锌电池隔膜、油水分离、压缩空气油雾分离、土壤张力计测头等
碳化硅质过滤陶瓷			用于制酸中 SO_2 热气体过滤、潜水泵呼吸器、气体分析过滤器、熔融铝过滤等
素烧陶土质过滤陶瓷	适于无腐蚀性气体和液体过滤，无温度急变状况		用于饮用水过滤、药物生产过滤等

4.2.2　过滤陶瓷性能（见表2.3-63）

表2.3-63　过滤陶瓷的性能

性能项目 \ 种类	石英质过滤陶瓷	刚玉质过滤陶瓷	硅藻土质过滤陶瓷	矾土质过滤陶瓷	氧化铝质过滤陶瓷	碳化硅质过滤陶瓷	素烧陶土质过滤陶瓷
孔半径/μm	1.4~190	0.22~200	0.5~8	25~55	0.2~0.8	40~100	1.1~8
气孔率（%）	30~50	30~50	40~65	—	25~55	32~37	最高达70
透气度/$(m^3 \cdot cm) \cdot [m^{-2} \cdot h^{-1} \cdot (10Pa)^{-1}]$	0.08~40	0.0001~58	0.001~0.33	7~10	0.022~0.36	2.3~20	—
密度/$g \cdot cm^{-3}$	1.5~1.8	1.7~2.4	—	—	—	1.9~2.1	0.70~0.85
抗弯强度/MPa	4.9~14.70	19.6~43.2	4.9~30.9	—	39.2~118	—	1.96~4.9
抗压强度/MPa	17.7~39.2	39.2~88.3	—	—	—	39.2~58.8	6.87~12.75
酸蚀失重（%）	<2	<1	—	—	2	—	—
碱蚀失重（%）	—	<5	—	—	—	—	—
允许使用温度/℃	300以下	1000，短时1400	300以下	900	1000	900	300
耐热震性[①]	差	好	差	好	好	好	—

①　差——指700℃⇌室温水中急冷1~2次即裂。
　　好——指700℃⇌室温水中急冷80次才破裂。

4.2.3　刚玉质过滤陶瓷产品（见表2.3-64）

表2.3-64　刚玉质过滤陶瓷产品规格及质量指标

规格/mm				主要质量指标	
	内径	外径	长度	指标项目	指标值
过滤管	85	120	400~1000	耐酸度（%）	≥99
	50	80	400	吸水率（%）	18~25
	直径		厚度	气孔率（%）	35~45
过滤板	1000		10~30	堆密度/$kg \cdot cm^{-3}$	0.215~0.235
	600		20	抗压强度/MPa	49~88.3
	500		20	管耐内水压/MPa	≥1.37

注：刚玉质微孔过滤制品的孔径如下：

孔径/μm	<10	10~25	25~50	>50
含量（%）	25~40	20~30	18~25	14~30

注：本表摘自陕西省工业陶瓷厂产品标准。

4.3　结构陶瓷

4.3.1　常用结构陶瓷种类、特性及应用（见表2.3-65）

表2.3-65　常用结构陶瓷种类、特性及应用

种类	性能特点	应用
氧化铝陶瓷	具有耐高温、高强度、耐磨、耐腐蚀性能，有良好的抗氧化性、电绝缘性、真空气密性及透微波特性，一般随Al_2O_3含量的增加，其耐高温度、力学性能、耐蚀性能均相应提高。氧化铝瓷硬度很高（低于金刚石、碳化硼、立方氮化硼、碳化硅，居第五位）。耐酸碱和其他腐蚀介质，高温下抗氧化性好，脆性大，不能承受冲击负荷，抗热震性差。微晶刚玉瓷和氧化铝金属瓷是新型氧化铝瓷，其性能比氧化铝瓷有明显提高。在下列情况下适用的最高温度为 空气—1 980℃，真空—1 800℃，还原气氛—1 925℃	制作高温器皿，电绝缘、电真空器件，磨料，高速切削工具。如熔融金属液坩埚、高温容器、测温热电偶的绝缘套管、内燃机火花塞、电子管外壳、电子管内的绝缘零件、微波功率输出窗口等。微晶刚玉瓷和氧化铝金属瓷可用做金属切削工具、耐磨性能高的零件，如金属拉丝模、石油化工用泵及农用泵的密封环、纺织机高速导纱等

（续）

种类	性能特点	应用
氧化锆陶瓷	密度大，硬度较高，抗弯强度和断裂韧性在各种陶瓷中为最高，酸性，在氧化气氛中，加入 CaO、MgO 稳定剂，在2400℃是稳定的，是一种具有优良综合性能的结构陶瓷	用于制作耐磨、耐蚀零部件，如化工用泥浆泵密封件、叶片及泵体、矿业用轴承、拉管模和拉丝模模具、刀具、喷嘴、隔热件、火箭和喷气发动机的耐磨耐腐蚀件、原子反应堆的高温结构材料。在绝热内燃机中，相变增韧氧化锆瓷用于制作轴承、进排气阀座、活塞顶、汽缸内衬、气门导管、挺杆、凸轮、活塞环等。喷涂于高温合金涡轮叶片，可提高工作温度50～20℃，完全稳定氧化锆用于制作绝热件，如绝热纤维及毛毡等
氧化镁陶瓷	碱性，抗热冲击性差，质脆，在高温时易被还原，在氧化气氛中使用温度应低于2300℃，对碱性金属熔渣有较好的抗浸蚀能力，在空气中，氧化镁瓷极易水化而生成 $Mg(OH)_2$，在潮湿空气中水化加剧，高温下具有良好的电绝缘性能	适用于高温电绝缘材料；利用抗碱性好的特性，用于熔炼贵金属、放射性金属铀、钍及其合金内坩埚、浇注铁及其合金的真空熔融用坩埚以及高温热电偶保护管、高温炉的炉衬等
氧化铍陶瓷	导热性良好，高温绝缘性好，高温蒸气压和蒸发速度较低，在真空或惰性气体中长期使用温度可达1800℃，在氧化气氛中1800℃时有明显的蒸发，当有水蒸气存在时，1500℃就挥发很快。还有良好的防核性能及耐碱性高。但机械强度较低，高温时机械强度降低较慢，1000℃时为248.5MPa	适用于作散热器，高温绝缘材料，冶炼稀有金属高纯金属铍、铂、钒的坩埚，原子反应堆中的中子减速剂和防辐射材料
莫来石陶瓷	具有良好的抗蠕变性、低热导率，高温强度高，高纯莫来石瓷韧度差，不宜用于高温结构材料，但氧化锆增韧莫来石（ZTM），或引入 SiC 颗粒，晶须构成复相陶瓷，其强度和韧性明显提高，是一种近年来新发展的高温结构陶瓷	高纯莫来石正被开发用于夹具或辊道窑中辊棒材料以及高温（>1000℃）氧化气氛中长的喷嘴、炉管或热电偶保护管。ZTM 具有高的强度和韧性，用做刀具材料、绝缘发动机的零部件、电绝缘管、高温炉衬、高压开关、碳膜电阻的基体等
二氧化硅（石英）陶瓷	二氧化硅陶瓷包括沸石、水晶、二氧化硅玻璃、光通讯玻璃纤维等品种。二氧化硅玻璃具有优异的化学稳定性，线胀系数极小，热震性优良，透明性很好，紫外线和红外线的透过率高，电绝缘性好，使用温度较高。水晶的纯度高，化学稳定性好，几乎不溶于除氢氟酸以外的其他酸，压电性和光学性能优良	二氧化硅玻璃在许多工业部门中获得应用，熔融石英用于制作窖具匣钵材料。水晶用于光学材料和装饰材料，制作振荡电路的振荡元件，在电视机、计算机、录像机中也广泛应用
氮化铝陶瓷（AlN）	氮化铝是难烧结的物质，具有高导热性、电绝热性。其理论密度为3.261g/cm³，实际制品的密度与烧结添加剂种类和数量有关	用于换向组件基板，如在各种工作机械、机器人遥控机械中使用的大功率、大电流换向组件，超高频功率增幅器基板，点火器基板，大规格集成电路包封用材料及绝缘热板材料；用于耐热材料，制作坩埚、保护管及烧结用的器具，高温热机中耐蚀部件，非氧化气氛下的耐火材料骨料，还可用做赛隆瓷、碳化硅瓷烧结用添加物，红外与雷达透过材料，以及 AlN-BN 系统可机加工陶瓷等
氮化硅陶瓷	具有良好的耐磨性及自润滑性，高硬度，耐腐蚀，耐高温，抗热震性和耐热疲劳性能均优良，耐各种无机酸（甚至沸腾的盐酸、硝酸、硫酸、磷酸、王水，但不包括氢氟酸），30%的烧碱液及其他碱液的腐蚀，能抗熔融铝、铅、锌、金银、黄铜、镍等金属溶体的侵蚀，有良好的电绝缘性和耐辐照性能。不同工艺制备的氮化硅瓷性能不同	反应烧结氮化硅适于制作形状复杂、尺寸精确的零件，如农用潜水泵、船用泵、盐酸泵、氯气压缩泵中的端面密封环、炼铝测温用的热电偶套管、铁锌熔体的流量计零件、化工用球阀的阀芯、炼油厂提升装置中的滑阀；热压烧结氮化硅性能优于反应烧结氮化硅，但只能制造形状简单的制品，如转子发动机中的刮片，高温轴承、金属切削刀具等

（续）

种类	性能特点	应用
赛隆陶瓷(sialon)	sialon 瓷属于氮化硅固溶体，一般分为 β-sialon、α-sialon、o-sialon 和 sialon 多型体 4 种类型，前 3 种可依次简写为 β′、α′和 o′。β′是 β-Si_3N_4 形成的固溶体，具有较高的强度，添加氧化钇的无压烧结 β-sialon（牌号为 SYALON），室温强度为 1000MPa，1300℃高温时强度仍保持 700MPa。α′的特点是硬度较高，抗热震性较好，抗氧化性和 β′相当，o′的抗氧化性能优良，Sialon 多型体具有优良的韧性和高强度，β′+α′，β′+o′，α′为主的 α′+β′等复相陶瓷的性能可满足不同的要求	应用于金属材料的切削刀具，多用于铸铁和镍基合金的机加工。用于冷态或热态金属挤压模的内衬；可用制作汽车零部件，如针形阀、挺柱的填片；制作车辆底盘上的定位销，日操作 5×10^6 次，使用一年基本不磨损；可与许多金属材料配对，组成摩擦副
氮化硼陶瓷	导热性良好，高压下合成的立方晶系具有与金刚石相同的硬度，具有较好的耐高温性能和绝缘性，性能稳定，加工性良好	用于高温润滑剂，高温电绝缘材料，雷达的传递窗，核反应堆的结构材料，高温金属冶炼坩埚、耐热材料；用做散热片和导热材料，在中性或还原气氛中的使用温度可达 2800℃；制作发动机部件、钢坯连铸结晶器的分离环等
碳化硅陶瓷	强度高，硬度高，导电性能优良，热稳定性和抗氧化性能均优，具有很好的高温强度，热传导性良好，耐磨，耐蚀，抗蠕变性能好，适用最高温度：空气中，1400 ~ 1500℃，短时 1600℃；不活泼气体中，2300 ℃；NH_3 中，小于 1400℃	制作高温强度高的零件（火箭尾喷嘴，浇注金属用喉嘴、热电锅套管炉管等）；热传导能力高的零件（高温下的热交换器零件，核燃料的包封材料等）；耐磨耐蚀良好的零件（各种泵的密封圈、陶瓷轴承）、金属材料的切削工具等，是国内外应用较多的基本密封材料
碳化钛陶瓷	强度和硬度高，导热性较好，熔点高，抗热震性好，化学稳定性好，不水解，高温抗氧化性能仅低于碳化硅，常温下不与酸起反应，但在硝酸和氢氟酸的混合酸中能溶解，在 1000℃的氮气氛中能形成氮化物，在氧化气氛中的使用温度可达 1400℃	是硬质合金的重要原料，用于制作耐磨材料、切削刀具材料、机械零件等，还可制作熔炼锡、铅、镉、锌等金属的坩埚，透明碳化钛瓷是优良的光学材料。用做涡轮机叶片材料可在 1400℃高温下使用
碳化硼陶瓷	高硬度，高强度，硬度仅低于金刚石；研磨效率可达到金刚石的 60% ~70%，高于 SiC 的 50%，是刚玉研磨能力的 1 ~2 倍，耐酸耐碱性能高，线胀系数小，能吸收热中子，但抗击性能差。高温强度大，在 1000℃高温时急剧氧化	用于制作磨料、切削刀具、耐磨零件、喷嘴、轴承、车轴等；还用于制造高温热交换器、核反应堆的控制剂、化学器皿以及熔融金属的坩埚等
碳化锆陶瓷	熔点高，硬度高，易氧化	用于金属陶瓷材料
碳化钨陶瓷	硬度高，强度高，易氧化，熔点高，不适于作高温材料	用于作刀具材料
硼化物陶瓷	硼化物陶瓷的熔点高，难挥发，硬度高，导电性及导热性均优良，线胀系数大，但高温抗蚀性、抗氧化性较差，但硼化钛和硼化铬在这方面的性能较好。硼化物在真空中稳定，在高温下也不易与碳、氮发生反应，Mg、Cu、Zn、Al、Fe 等的熔体对 TiB_2、ZrB_2、CrB_2 等是不润湿的。Cr-B 系陶瓷材料对强酸有良好的耐蚀性	利用硼化物陶瓷硬度高、熔点高的性质，用于制作高温轴承、耐磨材料及工具材料。利用 TiB_2 和 CrB_2 等的高温抗蚀性、抗氧化性优良的特性，用于制作熔融非铁系金属的器具、内燃机喷嘴、高温器件及电触点材料。利用在真空中的高温稳定性，制作高温真空器件的材料。电子放射系数大的硼化物瓷用于制作高温电极材料。硼化锆瓷是硼化物陶瓷中常用的品种，多用于制作高温热电偶保护套管、发热元件、冶炼金属的坩埚和铸模，在 1250℃长时抗氧化，用于制作高温电极
硅化物陶瓷	常用的硅化物陶瓷有二硅化钼（$MoSi_2$）和硅化硼（B_4Si）瓷。二硅化钼瓷熔点高、较高的导热系数、高温抗氧化性能优良（温度在 1700℃以下），熔于硝酸与氢氟酸的混合液中及熔融的碱中。硅化硼的硬度高，抗氧化性良好	$MoSi_2$ 用于制作高温发热元件及高温热电偶，冶炼金属钠、锂、铅、铋、锡的坩埚，原子反应堆装置的热交换器，超高速飞机、火箭、导弹上的某些高温抗氧化零部件。B_4Si 用于原子反应堆的减速材料及石墨涂层等
透明氧化铝陶瓷	透明氧化铝瓷的主要成分为 α-Al_2O_3，具有高致密度，小而且均匀的晶相，表面光洁，对可见光和红外光有优良的透过性，并且耐热性好，高温强度大，耐腐蚀性好，比体积电阻大，光学性能和力学性能均优良	透明氧化铝陶瓷用于制作红外检测窗材料，制造高压钠灯管，制作熔制玻璃的坩埚，并可制作铂金坩埚，还用于制作电子工业中的集成电路基片，高频绝缘材料以及有关结构材料等

4.3.2 氧化铝陶瓷（见表2.3-66、表2.3-67）

表2.3-66 氧化铝陶瓷的配方及原料成分

原料成分（质量分数）（%）	配方代号																			
	刚玉-莫来石		刚玉瓷（75氧化铝瓷）										92瓷	95瓷（Ⅰ）	95瓷（Ⅱ）	97瓷	99瓷（Ⅰ）	99瓷（Ⅱ）	99瓷（Ⅲ）	99瓷（Ⅳ）
	GB-1	Ⅲ-3	CP-1	CP-2	75料	A组料	A_5	A_4	1	2	3	4								
1420℃烧氧化铝	35.2	36	67	68	65	65	65	70	65	65	70	70	91.5	93.78	93.5	97	99	99	99	99
高岭土	24.8	24	24	20	25.5	20														
粘土							24	10	23	24	10	10		1.67	1.95	1				0.75
方解石	28	24					3	3	3	3	3	3								
碳酸钡	2	3	2	3	3	3	4	5	4	4	5	5								
碳酸锶	8	10	4	5	4											0.3				
膨润土	2						2	7	3	2	7	7								
萤石		3	2	2		2														
菱镁矿			3	2		2														
生滑石					2.5	3	2	5	2	2	5	5								
氧化镁																		0.4		
菱镁矿								10			1.12	1								
烧石英														1.29	1.28					0.13
碳酸钙													3	3.26	3.25					
氧化镧													0.5			0.5	0.1			
氧化钇																	0.25	0.3		
氧化铌																	0.25	0.3		
烧滑石													5		1.2	0.4				
CaO·MgO																				0.13
$MgO\cdot Al_2O_3$																			1	
烧成温度/℃	1350±20	1350±20	1420±10	1420±10	1410±10	1410±20							1650		1680	1700	1710	1710		1816

表2.3-67 氧化铝陶瓷的技术性能

性能		配方代号																
		GB-1	CP-1	CP-2	75料	A组料	A_5	A_4	1	3	95瓷（Ⅰ）	95瓷（Ⅱ）	92瓷	97瓷	99瓷（Ⅰ）	99瓷（Ⅱ）	99瓷（Ⅲ）	99瓷（Ⅳ）
在（1±0.5）MHz下的相对介电常数 ε/F·m^{-1}		6.8～7.4	8～8.2	8～8.5	8.3～9	9～11	7.8～8.2	7.8～8.7	8～8.4	<9	9.4～9.8	8～10	8.8～9.3	9.3～9.7	9.2～11	9.2～11	8.5～10.5	9.5
在（1±0.2）MHz的介质损耗角正切/10^{-4}	20℃±5℃	14～18	8～10	3～5	5～10	3～5	3～5	3.4～4.1	5.6～6	<10	2～3.1	1.5～2.8	1.1～1.2	0.6～1	0.1～0.3	0.1～0.3	0.2～1.5	8
	80℃±5℃	20～24	12～15	4～8	—	—	4～4.7	4.6～5.8	5.8～6.1	<12	2.3～2.9	1.6～2.8	2	0.5～0.6	0.1～0.3	0.1～0.3	—	—
	潮后	—	—	—	—	—	—	3.6～4.2	7.4～7.7	<12	2.8～3.8	1.8～3.5	1.5	1.5～1.9	0.3～1.7	0.3～1.5	—	—

（续）

性能	配方代号																
	GB-1	CP-1	CP-2	75料	A组料	A_5	A_4	1	3	95瓷（Ⅰ）	95瓷（Ⅱ）	92瓷	97瓷	99瓷（Ⅰ）	99瓷（Ⅱ）	99瓷（Ⅲ）	99瓷（Ⅳ）
直流击穿强度/$kV \cdot mm^{-1}$	30~35	20~25	25~30	—	—	27~41	34~37	>20	—	17.6~20	15~35	—	16~24	15~16	13~16	>30	—
在100℃±5℃下比体积电阻/Ω·cm	10^{13}~10^{14}	10^{12}~10^{14}	10^{12}~10^{14}	10^{12}~10^{13}	10^{12}~10^{13}	10^{13}~10^{14}	10^{12}	10^{13}~10^{14}	$>10^{12}$	10^{15}	10^{14}	—	10^{14}	—	—	10^{13}~10^{14}	—
静态抗弯强度/MPa	160~200	200~250	250~300	200~280	—	201.2~261.5	159.8~303.5	216.2~292	>200	274~305	250~408.8	280~314	290~388	300~363	300~363	350	—
线胀系数/10^{-6}℃$^{-1}$	4~4.5	5~5.5	5~5.5	—	—	4.6~4.9	5.7~5.9	—	<6	6.26	6.5~8.5	6.8~7.1	—	—	—	—	—
在(1±0.5)MHz下的电容率的温度系数/10^{-6}℃$^{-1}$	+(110±30)	+(110±30)	+(110±30)	122~147	90~110	—	—	—	—	—	—	—	—	—	—	—	—

4.3.3 氧化锆陶瓷（见表2.3-68）

表2.3-68 氧化锆陶瓷的技术性能

材料		抗弯强度/MPa			断裂韧性/$MPa \cdot m^{\frac{1}{2}}$	硬度（HV）/GPa		密度/$g \cdot cm^{-3}$	弹性模量/GPa	抗热冲击性ΔT/℃	热导率/$W \cdot (m \cdot K)^{-1}$		线胀系数/10^{-6}℃$^{-1}$（200℃）
		室温	800℃	1000℃		室温	1000℃				室温	800℃	
TZ-3Y	烧结	1200	350	—	7	12.8	4.0	6.05	205	250	2.93	2.93	10
	热等静压	1700	—	350	7	13.3	4.0	6.07	205	250	2.93	2.93	10
日本特殊陶业的"TTZ"二氧化锆陶瓷	UTZ-10	750	—	—	破坏韧性2.3	3.78	—	5.8	230	230	2.51	—	10.2
	UTZ-20①	1 100	—	—	4.0	3.87	—	4.9	320	260	9.21	—	9.6
	UTZ-30	1000	—	—	4.3	3.78	—	5.9	240	300	2.09	—	11.4

① UTZ-20是ZrO_2-Al_2O_3陶瓷。

4.3.4 氧化铍陶瓷（见表2.3-69）

表2.3-69 氧化铍陶瓷的技术性能

项目		95氧化铍陶瓷	99氧化铍陶瓷
配方成分（质量分数）(%)	氧化铍	95	99
	氧化铝	2.5	0.5
	氧化镁	2.5	0.5
技术性能	热导率/$W \cdot (m \cdot K)^{-1}$	120.2~122.2	170.3~180.3
	100℃下比体积电阻/Ω·cm	10^{12}~10^{13}	$>10^{15}$
	介电常数/$F \cdot m^{-1}$	6.9~7.3	6.0~6.4
	介质损耗角正切/10^{-4}（1MHz）		
	20℃	0.8~1.3	1.2~7.6
	850℃	1.0~1.6	1.1~1.3
	受潮	1.4~5.8	1.2~1.7
	直流击穿强度/$kV \cdot mm^{-1}$	11~14	24~30
	静态抗弯强度/MPa	133.7~187	157.6~200
	线胀系数/10^{-6}℃$^{-1}$	6.47~6.97	6.43~6.5
	密度/$g \cdot cm^{-3}$	2.8~2.9	2.9

4.3.5　二氧化硅陶瓷（见表2.3-70）

表2.3-70　二氧化硅（石英）玻璃的技术性能

玻璃种类（代号）	线胀系数 $/10^{-6}℃^{-1}$ （0~300℃）	密度 $/g \cdot cm^{-3}$	弹性模量 /GPa	泊松比	体积固有阻抗 $/\Omega \cdot cm$ （25℃）	介电常数 $/F \cdot m^{-1}$ （1 MHz,20℃）	介质损耗角正切（tanδ）	折射率
石英玻璃（7940）	0.55	2.20	740	0.16	1×10^{17}	3.8	3.8×10^{-3}	1.459
含氧化钛石英玻璃（7971）	0.05	2.21	690	0.17	1×10^{20}	4.0	$<8\times10^{-2}$	1.484
高硅氧玻璃（7913）	0.75	2.18	691	0.19	1×10^{17}	3.8	1.5×10^{-2}	1.458

4.3.6　莫来石陶瓷（见表2.3-71、表2.3-72）

表2.3-71　莫来石陶瓷及刚玉-莫来石陶瓷的化学组成

名　称		莫来石瓷	刚玉-莫来石瓷	刚玉-莫来石瓷	名　称		莫来石瓷	刚玉-莫来石瓷	刚玉-莫来石瓷
牌号			75瓷	85瓷	牌号			75瓷	85瓷
质量分数（%）	SiO_2	25.54	14.25	11.01	质量分数（%）	R_2O	1.03	0.53	0.47
	Al_2O_3	53.44	73.83	72.43		BaO	5.98	3.13	2.62
	TiO_2	0.30	0.25	0.20		B_2O_3	—	—	2.38
	Fe_2O_3	0.20	0.38	0.35		SrO	1.36	—	—
	CaO	1.92	1.85	1.89		CaF_2	—	—	1.98
	MgO	—	0.65	1.39					

表2.3-72　莫来石陶瓷技术性能

晶系	介电常数 $/F \cdot m^{-1}$	介质损耗角正切（tanδ）$/10^{-4}$（20℃，MHz）	电阻率 $\rho/\Omega \cdot cm$（20℃）	莫氏硬氏	密度 $/g \cdot cm^{-3}$	折射率		熔点/℃
						N_g	N_p	
斜方	7	≤5	$\sim10^{18}$	6~7	3.23	1.654	1.642	1810

4.3.7　氮化硅陶瓷（见表2.3-73）

表2.3-73　不同方法制造的氮化硅陶瓷的技术性能

性　能	反应烧结氮化硅	热压氮化硅	常压烧结氮化硅	重烧结氮化硅
体积密度 $/g \cdot cm^{-3}$	2.55~2.73	3.17~3.40	3.20	3.20~3.26
显气孔率（%）	10~20	<0.1	0.01	<0.2
抗弯强度/MPa	250~340	750~1200	828	600~670
抗拉强度/MPa	120	—	400	225
抗压强度/MPa	1200	3600	>3500	2400
冲击韧度 $/J \cdot cm^{-2}$	1.5~2.0	0.40~5.24	—	0.61~0.65
硬度（HRS）/GPa	80~85	91~93	91~92	90~92
弹性模量/GPa	160	300	300	271~286
断裂韧度 $/MPa \cdot m^{\frac{1}{2}}$	2.85	5.5~6.0	5	7.4
专伯尔系数	12~16	13	15	28
线胀系数 $/10^{-6}℃^{-1}$	2.7（0~1400℃）	2.95~3.5（0~1400℃）	3.2（0~1000℃）	3.55~3.6（0~1400℃）
热导率 $/W \cdot (m \cdot K)^{-1}$	8~12	25	—	—

4.3.8　氮化铝陶瓷（见表2.3-74）

表2.3-74　氮化铝陶瓷的技术性能

特　性	普通烧结		热压烧结	
	A1N	$A1N\text{-}Y_2O_3$	A1N	$A1N\text{-}Y_2O_2$
密度 $/g \cdot cm^{-3}$	2.61~2.93	3.26~3.50	≈3.20	3.26~3.50
气孔率（%）	10~20	≈0	2	≈0
颜色	灰白色	黑色	黑灰色	黑色
抗折强度/MPa	100~300	450~650	300~400	500~900
硬度（HRS）/GPa	—	12~16	12	12~16
弹性模量/GPa	—	310	351	279
线胀系数 $/10^{-6}C^{-1}$（25~1000℃）	5.70	—	5.64	4.90

（续）

特　　性	普通烧结		热压烧结	
	A1N	A1N-Y_2O_3	A1N	A1N-Y_2O_2
热导率/W·（m·K）$^{-1}$				
200℃	—	—	29.31	—
800℃	—	—	20.93	—
机械加工性	良	良	良	良
抗氧化性	劣	优	良	优

4.3.9　赛隆陶瓷（见表2.3-75）

表2.3-75　赛隆陶瓷的技术性能

性能项目	指标	性能项目	指标
理论密度/g·cm^{-3}	3.05~3.13	破裂表面能/J·m^{-2}·℃$^{-1}$	40.6
体积密度/g·cm^{-3}	2.9	弹性模量/GPa	200~280
显气孔率（%）	<5	泊松比（20℃）	2.288
抗弯强度/MPa	400~450（四点抗弯）	线胀系数/10^{-6}℃$^{-1}$（20~1000℃）	2.4~3.2
显微硬度/GPa	13~15	热扩散系数/cm^2·s^{-1}（300℃）	0.0195

4.3.10　碳化物陶瓷（见表2.3-76）

表2.3-76　各类碳化物陶瓷的技术性能

化合物	晶体结构	点阵常数/10^{-10}m	密度/g·cm^{-3}	摩尔热容（20℃）/J·（mol·K）$^{-1}$	熔点/℃	线胀系数/10^{-6}℃$^{-1}$（20~1000℃）	热导率（20℃）/W·（m·K）$^{-1}$	电阻率/μΩ·cm	电阻温度系数（$+\alpha_p$）/10^3℃$^{-1}$	显微硬度/MPa	弹性模量/GPa	抗压强度/MPa
TiC	面心立方NaCl型	4.320	4.93	33.66	3147	7.74	24.28	52.5	1.16	30000	46.0	138.0
ZrC	同上	4.685	6.9	61.13	3530	6.74	20.52	50.0	0.95	29300	35.5	167.0
HfC	同上	4.64	12.6	—	3890	5.60	6.28	45.0	1.42	29100	35.9	
VC	同上	4.160	5.36	33.37	2810	4.2	24.7	65	—	20900	43.0	62
NbC	同上	4.461	7.56	37.35	3480	6.5	14.24	51.1	0.86	19600	34.5	—
TaC	同上	4.455	14.3	36.80	3880	8.3	22.19	42.1	1.07	16000	29.1	—
Cr_3C_2	菱面体	—	6.68	99.98	1895	11.77	19.26	75.0	2.33	13500	38.8	—
Mo_2C_2	六方	—	9.18	—	2410	7.8	6.7	71.0	3.78	15000	54.4	
WC	六方	—	15.55	35.71	2720	3.84	29.31	19.2	0.495	17800	71.0	56
B_4C	斜方六面体	—	2.51	2.51	2450	4.5	8.37~29.3	—	—	50000	—	196
SiC	α，六方	—	3.21	0.95	2600（分解）	4.7	—	—	—	—	—	—
	β，立方	—	—	—	—	4.35	41.9	—	—	33400	—	225

4.3.11　硼化物陶瓷（见表2.3-77）

表2.3-77　硼化物陶瓷的技术性能

物质	晶质	熔点/℃	硬度		密度/g·cm^{-3}	热导率/W·（m·K）$^{-1}$			电阻率/μΩ·cm	线胀系数/10^{-6}℃$^{-1}$
			莫氏	显微硬度/MPa		23℃	200℃	500℃		
TiB_2	六方	2980	—	34000	4.52	24.28	—	41.87	12~28.4	8.1（25℃~2000℃）
ZrB_2	六方	3040	—	22000	6.09		23.02	—	9.2~38.8	5.5（20℃~1000℃）
HfB_2	六方	3060	—	—	11.2	10.84	~25.12	—	100~104	5.3（20℃~1000℃）
TaB_2	六方	3000	—	17000	12.6	—	—	—	68~86.5	—
MoB_2	六方	2100	—	12800	7.8	（25℃）	13.75	—	22.5~45	
CrB_2	六方	2760	—	17000	5.6	20.62	—	—	21	4.6
NbB_2	六方	—	—	—	—	16.75	19.68~25.12	—	28.4~65.5	—
MoB	正方	2180	8	15700	8.8	—	—	—	40~50	—
NbB	斜方	>2900	8	—	7.2	—	—	—	32	—
UB_2	六方	2100	8~9	16000	5.1	—	—	—	35	—
WB	正方	2860	—	—	16	—	—	—	—	—
Mo_2B	正方	2000	8~9	16000	9.3	—	—	—	40	—
ThB_2	立方	>2100	—	—	8.5	—	—	—	—	—

4.3.12 硅化物陶瓷（见表2.3-78）

表2.3-78 各类硅化物陶瓷的技术性能

化合物	密度 $/g\cdot cm^{-3}$	比热容（20℃）$/J\cdot K^{-1}$	熔点/℃	线胀系数 $/10^{-6}℃^{-1}$（20～1000℃）	热导率（20℃）$/W\cdot(m\cdot K)^{-1}$	电阻率 $/10^{-6}\Omega\cdot cm$	电阻温度系数 $/10^{3}℃^{-1}$	显微硬度/MPa	弹性模量 $/10^4GPa$	抗压强度/MPa
$TiSi_2$	4.35	27.76	1540	—	—	16.9	6.3	8900	264	—
$ZrSi_2$	4.88	—	1700	—	—	75.8	1.30	10600	268	—
$HfSi_2$	7.2	—	1750	—	—	—	—	9300	—	—
VSi_2	4.42	—	1660	—	—	66.5	3.52	9600	—	—
$NbSi_2$	5.45	—	2150	—	—	50.4	—	10500	—	—
$TaSi_2$	8.83	—	2200	—	—	46.1	3.32	14000	—	—
$CrSi_2$	4.40	52.92	1500	—	6.28	9.4	2.93	11300	—	—
$MoSi_2$	6.30	58.53	2030	5.1	29.31	21.6	6.38	12000	430	1139

4.3.13 透明氧化铝陶瓷（见表2.3-79、表2.3-80）

表2.3-79 透明氧化铝陶瓷的配方

原料组成（质量分数）（%）	配方代号			
	美国鲁卡洛斯（Lucalox）	1	2	3
Al_2O_3	100	99	100	100
MgO	少量	0.9	0.75	0.4
La_2O_3	—	—	0.125	—
杂质	—	微量	—	—

表2.3-80 透明氧化铝陶瓷的技术性能

性能项目		配方代号			
		Lucalox	1	2	3
密度 $/g\cdot cm^{-3}$		3.98	3.98	3.98	—
气孔率（体积分数）（%）		0	—	—	—
平均粒径/μm		—	～20	15～20	—
总透光率（%）		90	—	92～95	—
抗弯强度/MPa		381.20～386.60	350.00	—	350.00
线胀系数 $/10^{-6}℃^{-1}$		6.5	8.8	—	7.7
热导率 $/W\cdot(m\cdot K)^{-1}$		37.7	33.5	—	21.0
比体积电阻 $/\Omega\cdot cm$	（500℃时）	—	10^{12}	—	10^{12}
击穿强度 $/kV\cdot mm^{-1}$		64	60	—	—
介电常数 $\varepsilon/F\cdot m^{-1}$	（1 GHz）	9.9	—	—	9.9
使用温度/℃		—	1700～1900	—	—
在 H_2 中的烧结温度/℃		1650～1950	—	1680	—

5 玻璃

5.1 平板玻璃（见表2.3-81、表2.3-82）

表2.3-81 平板玻璃分类及尺寸规格（摘自GB11614—2009）

分类及说明	按颜色属性分为无色透明平板玻璃和本体着色平板玻璃 按外观质量分为合格品、一等品和优等品，幅面应切裁成矩形 GB11614—2009《平板玻璃》代替GB4871—1995《普通平板玻璃》、GB11614—1999《浮法玻璃》和GB/T 18701—2002《着色玻璃》。新标准适用于各种工艺生产的钠钙硅平板玻璃，不适用于压花玻璃和夹丝玻璃

（续）

尺寸规格	公称厚度/mm	2	3	4	5	6	8	10	12	15	19	22	25
	厚度偏差/mm	±0.2					±0.3			±0.5	±0.7	±1.0	
	厚薄差/mm	0.2					0.3			0.5	0.7	1.0	
	长、宽尺寸≤3000mm的偏差/mm	±2					+2 -3		±3		±5		
无色透明平板玻璃可见光透射比最小值（%）		89	88	87	86	85	83	81	79	76	72	69	67

注：1. 平板玻璃的长和宽尺寸由供需双方商定，新标准规定了大于3000mm（长、宽）尺寸的极限偏差，见GB11614—2009。

2. 平板玻璃的技术性能，合格品、一等品、优等品的质量要求应符合GB11614—2009的规定。

表2.3-82 国产普通平板玻璃产品规格

厂家	厚度/mm 2 长度	2 宽度	3 长度	3 宽度	4 长度	4 宽度	5 长度	5 宽度	6 长度	6 宽度	特殊规格/mm
秦皇岛耀华玻璃公司	400~1200	300~900	400~1200	300~900	—	—	600~1800	400~1500	600~1800	400~1500	
大连玻璃厂	600~1450	300~900	600~1500	300~1000	600~1500	400~1200	600~2750	400~1200	600~2650	400~1250	(8、10、12）厚 2900×1250
沈阳玻璃厂	400~1350	300~900	400~1600	300~900	300~1600	300~900	600~2700	400~1350	600~2700	400~1350	8厚
太原平板玻璃厂	—	—	600~1350	400~900	—	—	600~2200	400~1000	—	—	
洛阳玻璃厂	400~1200	300~900	400~1200	300~900	—	—	500~1600	400~1200	—	—	(8、10）厚
株洲玻璃厂	400~1250	300~600	400~1250	300~900	—	—	1000~2400	400~1000	—	—	(7~20）厚，2400×1500
蚌埠平板玻璃厂	400~1100	300~750	400~1100	300~1100	—	—	600~2200	400~1200	600~2200	400~1200	8厚，2200×2000
上海耀华玻璃厂	—	—	400~1250	300~1000	—	—	600~2000	400~1000	600~2000	400~1000	(8、9、10)厚，1800×1600 1900×1700

注：1. 目前国内企业可以加工订货的厚度还有8mm、10mm、12mm、15mm、20mm等5种。

2. 目前国产最大规格为2000mm×2500mm×5mm（6mm、8mm、10mm）。特大尺寸规格3000mm×3000mm×5mm（6mm、8mm、10mm、12mm、15mm、20mm）有些企业也可协商供货。

3. 由于GB11614—2009《平板玻璃》的发布和实施，大规格平板玻璃的产品按市场需求将会有企业进行生产。

5.2　钢化玻璃（见表 2.3-83）

表 2.3-83　钢化玻璃尺寸规格（摘自 GB 15763.2—2005）　（mm）

玻璃厚度 \ 边的长度 L	平面钢化玻璃长度允许偏差 $L \leqslant 1000$	$1000 < L \leqslant 2000$	$2000 < L \leqslant 3000$	$L > 3000$	平面和曲面钢化玻璃厚度允许偏差
3、4、5、6	+1 −2	±3	±4	±5	±0.2
8、10	+2 −3	±3	±4	±5	±0.3
12	+2 −3	±3	±4	±5	±0.4
15	±4	±4	±4	±5	±0.6
19	±5	±5	±6	±7	±1.0

注：1. 钢化玻璃具有普通平板玻璃的透明度，并具有很高的热稳定性、耐冲击性和高强度的特点。适于制作长期振动冲击的汽车、火车、船舶等的门窗玻璃及挡风玻璃，也可用于建筑及工业部门的观察玻璃及保护玻璃等。

2. 平面钢化玻璃的长度、宽度尺寸由供需双方商定。当边长大于 3000mm 时或为异型制品时，其尺寸偏差由供需双方商定。曲面钢化玻璃的形状和边长的允许偏差、吻合度均由双方商定。钢化玻璃开孔的孔径一般不小于玻璃的厚度，孔径 4～50mm，允许偏差为 ±1.0mm；孔径 51～100mm，允许偏差 ±2.0mm；孔径 >100mm，允许偏差双方商定。

3. 平型钢化玻璃弯曲度，弓形时不超过 0.3%，波形时不超过 0.2%。

4. 抗冲击性、碎片状态、散弹袋冲击性能、透射比、抗风压性能、外观质量要求按 GB 15763.2—2005 的规定。

5.3　中空玻璃（见表 2.3-84）

表 2.3-84　中空玻璃尺寸规格（摘自 GB/T11944—2002）　（mm）

玻璃厚度	间隔厚度	长边最大尺寸	短边最大尺寸（正方形除外）	最大面积/m^2	正方形边长最大尺寸
3	6	2110	1270	2.4	1270
	9～12	2110	1270	2.4	1270
4	6	2420	1300	2.86	1300
	9～10	2440	1300	3.17	1300
	12～20	2440	1300	3.17	1300
5	6	3000	1750	4.00	1750
	9～10	3000	1750	4.80	2100
	12～20	3000	1815	5.10	2100
6	6	4550	1980	5.88	2000
	9～10	4550	2280	8.54	2440
	12～20	4550	2440	9.00	2440
10	6	4270	2000	8.54	2440
	9～10	5000	3000	15.00	3000
	12～20	5000	3180	15.90	3250
12	12～20	5000	3180	15.90	3250

注：1. 中空玻璃为两片或多片玻璃以有效支撑均匀隔开并周边粘接密封，其玻璃层间形成有干燥气体空间的制品，适于建筑、冷藏等之用。

2. 中空玻璃采用的玻璃为：浮法玻璃（应符合 GB 11614—2009 的规定）；夹层玻璃（应符合 GB 9962—2009 的规定）；钢化玻璃（应符合 GB 15763.2—2005 的规定）；幕墙玻璃（钢化和半钢化玻璃，应符合 G B17841—2008 的规定）；亦可采用其他品种的玻璃。密封胶应符合 JC/T486—2001 中空玻璃用弹性密封胶的规定。

3. 中空玻璃的公称厚度为玻璃原片的公称厚度与间隔层厚度之和。公称厚度 $t < 17$mm，允许偏差 Δ 为 ±1.0mm；$17\text{mm} \leqslant t < 22$mm，$\Delta$ 为 ±1.5mm；$t \geqslant 22$mm，Δ 为 ±2.0mm。

4. 20 块试样露点均小于等于 −40℃。密封性能详见 GB/T11944—2002 的规定。

5.4 防火玻璃（见表 2.3-85）

表 2.3-85 防火玻璃分类、尺寸规格及性能（摘自 GB15763.1—2001）

<table>
<tr><td>分类和分级</td><td colspan="5">复合防火玻璃（FFB）：由两层或两层以上玻璃复合而成，或由一层玻璃和一层有机材料复合而成；单片防火玻璃（DFB）：由单层玻璃构成
防火玻璃按耐火性能分为 A、B、C 三类，各类耐火等级分别分为Ⅰ级、Ⅱ级、Ⅲ级、Ⅳ级
A 类：同时满足耐火完整性、耐火隔热性要求
B 类：同时满足耐火完整性、热辐射强度要求
C 类：满足耐火完整性要求</td></tr>
<tr><td>原片玻璃要求</td><td colspan="5">选用普通平板玻璃、浮法玻璃、钢化玻璃等材料作原片，复合防火玻璃也可选用单片防火玻璃作原片原片玻璃应分别符合 GB11614—2009、GB 15763.2—2005 等相应标准和本标准相应条款的规定</td></tr>
<tr><td rowspan="6">复合玻璃尺寸厚度/mm</td><td rowspan="2">玻璃的总厚度 d</td><td colspan="2">长度或宽度（L）允许偏差</td><td colspan="2" rowspan="2">厚度允许偏差</td></tr>
<tr><td>L≤1200</td><td>1200<L≤2400</td></tr>
<tr><td>5≤d<11</td><td>±2</td><td>±3</td><td colspan="2">±1.0</td></tr>
<tr><td>11≤d<17</td><td>±3</td><td>±4</td><td colspan="2">±1.0</td></tr>
<tr><td>17≤d≤24</td><td>±4</td><td>±5</td><td colspan="2">±1.3</td></tr>
<tr><td>d>24</td><td>±5</td><td>±6</td><td colspan="2">±1.5</td></tr>
<tr><td rowspan="9">单片玻璃尺寸厚度/mm</td><td rowspan="2">玻璃厚度</td><td colspan="3">长度或宽度（L）允许偏差</td><td rowspan="2">厚度允许偏差</td></tr>
<tr><td>L≤1000</td><td>1000<L≤2000</td><td>L>2000</td></tr>
<tr><td>5</td><td rowspan="2">+1
−2</td><td rowspan="5">±3</td><td rowspan="6">±4</td><td rowspan="2">±0.2</td></tr>
<tr><td>6</td></tr>
<tr><td>8</td><td rowspan="3">+2
−3</td><td rowspan="2">±0.3</td></tr>
<tr><td>10</td></tr>
<tr><td>12</td><td>±0.4</td></tr>
<tr><td>15</td><td>±4</td><td>±4</td><td>±0.6</td></tr>
<tr><td>19</td><td>±5</td><td>±5</td><td>±6</td><td>±1.0</td></tr>
<tr><td rowspan="2">耐火性能</td><td>耐火等级</td><td>Ⅰ级</td><td>Ⅱ级</td><td>Ⅲ级</td><td>Ⅳ级</td></tr>
<tr><td>耐火时间/min≥</td><td>90</td><td>60</td><td>45</td><td>30</td></tr>
</table>

注：1. 防火玻璃弯曲度，弓形和波形时均不超过 0.3%。

2. 复合防火玻璃透光度：玻璃总厚度 d（mm）：5≤d<11、11<d<17、17≤d≤24、d>24 透光度分别为：≥75%、≥70%、≥65%、≥60%。

3. 防火玻璃的耐热性、耐寒性、耐紫外线辐射性、力学性能及外观质量等详见 GB15763.1—2001 的有关规定。

4. 标记示例

一块公称厚度为 15mm、耐火性能为 A 类，耐火等级为Ⅰ级的复合防火玻璃的标记如下：

FFB-15-AⅠ

5.5 石英玻璃（见表 2.3-86、表 2.3-87）

表 2.3-86 石英玻璃技术性能

<table>
<tr><td colspan="2" rowspan="2">项　目</td><td rowspan="2">温度/℃</td><td colspan="2">指　标</td></tr>
<tr><td>透明石英玻璃</td><td>不透明石英玻璃</td></tr>
<tr><td colspan="2">密度/g·cm⁻³</td><td></td><td>2.2~2.21</td><td>2.18~2.20</td></tr>
<tr><td colspan="2">软化点/℃</td><td></td><td>1730</td><td>1580</td></tr>
<tr><td rowspan="2">最高安全使用温度/℃</td><td>连续</td><td></td><td>1000~1100</td><td>900~1000</td></tr>
<tr><td>短时间</td><td></td><td>1300~1400</td><td>1100~1200</td></tr>
<tr><td colspan="2">耐热急变温度/℃</td><td></td><td>800~1100</td><td>800</td></tr>
<tr><td colspan="2">平均线胀系数/K⁻¹</td><td>0~1000</td><td>5.4×10⁻⁷</td><td>5.5×10⁻⁷</td></tr>
<tr><td colspan="2" rowspan="2">热导率/W·(m·K)⁻¹</td><td>20</td><td>0.0033×418.68</td><td>0.0026×418.68</td></tr>
<tr><td>100</td><td>0.0035×418.68</td><td>0.0033×418.68</td></tr>
<tr><td colspan="2" rowspan="3">平均比热容/J·(kg·K)⁻¹</td><td>100</td><td>0.1845×4186.8</td><td>0.1845×4186.8</td></tr>
<tr><td>500</td><td>0.2302×4186.8</td><td>0.2302×4186.8</td></tr>
<tr><td>900</td><td>0.2512×4186.8</td><td>0.2512×4186.8</td></tr>
</table>

（续）

项目	温度/℃	指标	
		透明石英玻璃	不透明石英玻璃
热辐射率	250 850	0.93 0.47	0.93 0.68
弹性模量/GPa	20 500 900	76.7 80.9 83.4	71.2 74.6 77
刚性系数/MPa	20 500 900	33400 35100 36300	30400 33600 34600
泊松比	20	0.17	0.17
莫氏硬度		7	7
抗拉强度/MPa	20 500 900 1100	48.1 114 156 128	34.4 184 158 113
抗压强度/MPa	20	785~1150	392~491
抗折强度/MPa	20	36.5~59.2	22.5~32.3
冲击韧度×981/J·m^{-2}	20	1060	834
扭转刚度/MPa	20	46.5	15.4
电导率/S·m^{-1}	20	10^{-17}~10^{-16}	10^{-14}~3.2×10^{-13}
介电常数/F·m^{-1} （0~10^6Hz）	常温	3.7	3.5
介电损失 tanδ （10^3Hz） （10^7Hz） （10^8Hz） （10^9Hz） （10^{10}Hz）		$<5\times10^{-4}$ （约1.5×10^{-4}） $<1\times10^{-4}$ $<1\times10^{-4}$ $<1\times10^{-4}$ 4×10^{-4}	$6\sim20\times10^{-4}$ $4\sim12\times10^{-4}$ $4\sim12\times10^{-4}$ $4\sim12\times10^{-4}$ —
击穿电压/10^6V·m^{-1}	20 100 200 300 400 500 600	43.0 37.0 32.0 28.0 17.0 10.0 5.2	32.0 26.0 21.0 16.0 12.0 7.0 3.2

表2.3-87 石英玻璃耐蚀性能

介质	浓度（质量分数）（%）	处理时间/h	处理温度/℃	质量损失/g·m^{-2}	
				透明石英玻璃	不透明石英玻璃
硫酸	100 100	24 240	205 20	0.06 0.016	0.13 0.046
硝酸	68 68	24 240	115 20	0.11 0.06	0.15 0.092
盐酸	40 40	24 240	66 20	0.14 0.18	0.33 0.33
氢氧化钠	1	2	101	1.66	15.20
氢氧化钾	1	2	98	0.68	4.63
氢氧化铵	25	2	65	0.09	0.33
氯化钠	10	2	102	0.14	0.34
氯化钙	20	2	103	0.06	0.40
碳酸钠	10	2	102	1.20	4.99
硫酸铜	10	24	102	0.29	0.70

6 水泥品种

6.1 通用硅酸盐水泥

6.1.1 硅酸盐水泥和普通硅酸盐水泥（见表2.3-88）

表2.3-88 硅酸盐水泥和普通硅酸盐水泥性能与应用（摘自GB175—2007）

组成	硅酸盐水泥	凡由硅酸盐水泥熟料、质量分数为0%～5%石灰石或粒化高炉矿渣、适量石膏磨细制成的水硬性胶凝材料，称为硅酸盐水泥（即国外通称的波特兰水泥）。硅酸盐水泥分两种类型，不掺加混合材料的称Ⅰ型硅酸盐水泥，代号P·Ⅰ。在硅酸盐水泥熟料粉磨时掺加不超过水泥重量5%石灰石或粒化高炉矿渣混合材料的称Ⅱ型硅酸盐水泥，代号P·Ⅱ
	普通硅酸盐水泥	凡由硅酸盐水泥熟料、质量分数为6%～15%混合材料、适量石膏磨细制成的水硬性胶凝材料，称为普通硅酸盐水泥（简称普通水泥），代号P·O 掺活性混合材料时，最大掺量质量分数不得超过15%，其中允许用不超过水泥重量5%的窑灰或不超过水泥重量10%的非活性混合材料来代替。掺非活性混合材料时的最大掺量不得超过水泥重量10%
应用		具有快硬、早强、标号高，抗冻性、耐磨性优良，不透水性强等特点，适用于土木和建筑工程、道路及低温下施工的工程，用于制造水泥制品、预制构件、预应力混凝土及砂浆等，普通硅酸盐水泥的抗冻性、耐磨性较硅酸盐水泥有所降低，但抗硫酸盐侵蚀能力有所提高。不适于大体积混凝土及地下工程之用

	项目 \ 品种			硅酸盐水泥		普通硅酸盐水泥	
质量指标	细度			硅酸盐水泥比表面积大于300m²/kg，普通水泥为80μm方孔筛，筛余量不得超过10%			
	凝结时间			初凝不得早于45min，硅酸盐水泥终凝不得迟于390min，普通水泥终凝不得迟于10h			
	体积安定性			用沸煮法检验，必须合格			
	技术性能	品种	强度等级	抗压强度/MPa ≥ 3d	抗压强度/MPa ≥ 28d	抗折强度/MPa ≥ 3d	抗折强度/MPa ≥ 28d
		硅酸盐水泥	42.5	17.0	42.5	3.5	6.5
			42.5R	22.0	42.5	4.0	6.5
			52.5	23.0	52.5	4.0	7.0
			52.5R	27.0	52.5	5.0	7.0
			62.5	28.0	62.5	5.0	8.0
			62.5R	32.0	62.5	5.5	8.0
		普通水泥	32.5	11.0	32.5	2.5	5.5
			32.5R	16.0	32.5	3.5	5.5
			42.5	16.0	42.5	3.5	6.5
			42.5R	21.0	42.5	4.0	6.5
			52.5	22.0	52.5	4.0	7.0
			52.5R	26.0	52.5	5.0	7.0

注：1. GB 175—2007《通用硅酸盐水泥》分为硅酸盐水泥、普通硅酸盐水泥、矿渣硅酸盐水泥、火山灰质硅酸盐水泥、粉煤灰硅酸盐水泥和复合硅酸盐水泥共6种；前2种水泥的性能和应用见本表，后4种水泥的性能及应用见表2.3-89。

2. GB 175—2007代替GB 175—1999《硅酸盐水泥、普通硅酸盐水泥》、GB 1344—1999《矿渣硅酸盐水泥、火山灰质硅酸盐水泥、粉煤灰硅酸盐水泥》、GB 12958—1999《复合硅酸盐水泥》3项标准。

6.1.2　掺混合料的硅酸盐水泥(见表2.3-89)

表2.3-89　掺混合料的硅酸盐水泥性能及应用(摘自GB/T 175—2007)

组成	矿渣硅酸盐水泥	凡由硅酸盐水泥熟料和粒化高炉矿渣、适量石膏磨细制成的水硬性胶凝材料称为矿渣硅酸盐水泥(简称矿渣水泥),代号为P·S·A、P·S·B。水泥中粒化高炉矿渣掺加量按质量分数计为20%~70%。允许用石灰石、窑灰、粉煤灰和火山灰质混合材料中的一种材料代替矿渣,代替数量不得超过水泥重量的8%,替代后水泥中粒化高炉矿渣不得少于20%(质量分数)			
	火山灰质硅酸盐水泥	硅酸盐水泥熟料和火山灰质混合材料、适量石膏磨细制成的硅酸盐水泥(简称火山灰水泥)代号P·P。水泥中火山灰质混合材料掺20%~50%(质量分数)			
	粉煤灰硅酸盐水泥	凡由硅酸盐水泥熟料和粉煤灰、适量石膏磨细制成的水硬性胶凝材料称为粉煤灰硅酸盐水泥(简称粉煤灰水泥),代号P·F。水泥中粉煤灰掺加量按质量分数计为20%~40%			
	复合硅酸盐水泥	由粒化高炉矿渣、粒化高炉矿渣粉、粉煤灰、火山灰质混合材料及石灰石、砂岩等组成,代号为P·C			
应用	矿渣硅酸盐水泥	主要用于有地下水、海水或经常受高水压的工程,以及受热工程中早期强度低,抗冻性差,不适于受冻融循环干湿交替的工程			
	火山灰质硅酸盐水泥	用途与矿渣水泥相似,但突出缺点是干缩性大			
	粉煤灰硅酸盐水泥	用途与上两种水泥相同,但干缩性小,抗裂性好,用于地下施工和潮湿环境			
质量指标	技术性能 细度	80μm方孔筛筛余量不得超过10%			
	凝结时间	初凝不得早于45min,终凝不得迟于10h			
	体积安定性	用沸煮法检验,必须合格			
	强度等级	抗压强度/MPa　≥		抗折强度/MPa　≥	
		3d	28d	3d	28d
	32.5	10.0	32.5	2.5	5.5
	32.5R	15.0	32.5	3.5	5.5
	42.5	15.0	42.5	3.5	6.5
	42.5R	19.0	42.5	4.0	6.5
	52.5	21.0	52.5	4.0	7.0
	52.5R	23.0	52.5	4.5	7.0

6.2　抗硫酸盐硅酸盐水泥(见表2.3-90)

表2.3-90　抗硫酸盐硅酸盐水泥性能及应用(摘自GB748—2005)

定义与代号	中抗硫酸盐硅酸盐水泥	以适当成分的硅酸盐水泥熟料,加入适量石膏,磨细制成的具有抵抗中等浓度硫酸根离子侵蚀的水硬性胶凝材料,简称中抗硫水泥。代号为P·MSR			
	高抗硫酸盐硅酸盐水泥	以适当成分的硅酸盐水泥熟料,加入适量石膏,磨细制成的具有抵抗较高浓度硫酸根离子侵蚀的水硬性胶凝材料,简称高抗硫水泥。代号为P·HSR			
用途	主要用于受硫酸盐侵蚀的海港、水利、地下、隧道、引水、道路和桥梁基础等工程。中抗硫酸盐硅酸盐水泥,一般用于硫酸根离子浓度不超过2500mg/L的纯硫酸盐的腐蚀。高抗硫酸盐硅酸盐水泥,一般用于硫酸根离子浓度不超过8000mg/L的纯硫酸盐的腐蚀				
质量指标	化学指标	水泥中硅酸三钙和铝酸三钙含量　(质量分数)(%)			
		水泥名称	$3CaO \cdot SiO_2$	$3CaO \cdot Al_2O_3$	
		中抗硫水泥	<55.0	<5.0	
		高抗硫水泥	<50.0	<3.0	
		烧失量	水泥中烧失量<3.0		
		氧化镁	水泥中含量应<5.0,如果水泥经过压蒸安定性试验合格;则水泥中的含量允许放宽到6.0		
		碱含量	水泥中含量按 $w(Na_2O)+0.658w(K_2O)$ 计算值来表示,其含量应<0.60或由供需双方商定		
		三氧化硫	水泥中含量应<2.5		
		不溶物	水泥中含量应<1.5		
	技术性能	比表面积	水泥比表面积不得小于280m^2/kg		
		凝结时间	初凝不得早于45min,终凝不得迟于10h		
		安定性	用沸煮法检验,必须合格		
	强度等级	中抗硫、高抗硫水泥			
		抗压强度/MPa　≥		抗折强度/MPa　≥	
		3d	28d	3d	28d
	32.5	10.0	32.5	2.5	6.0
	42.5	15.0	42.5	3.0	6.5

6.3 特快硬调凝铝酸盐水泥(见表2.3-91)

表2.3-91　特快硬调凝铝酸盐水泥性能及应用(JC/T 736—1996)

<table>
<tr><td>组成</td><td colspan="8">是以铝酸一钙为主要成分的水泥熟料,加入适量硬石膏和促硬剂,经磨细制成的,凝结时间可调节、小时强度增长迅速、以硫铝酸钙盐为主要水化物的水硬性胶凝材料</td></tr>
<tr><td>应用</td><td colspan="8">适用于特快硬调凝铝酸盐水泥,该水泥用于抢建、抢修、堵漏以及喷射、负温施工等工程</td></tr>
<tr><td rowspan="6">质量指标</td><td>化学成分</td><td>三氧化硫</td><td colspan="6">熟料中三氧化硫(质量分数)不低于7%;不超过11%</td></tr>
<tr><td rowspan="5">技术性能</td><td>比表面积</td><td colspan="6">比表面积不得低于5000cm²/g</td></tr>
<tr><td>凝结时间</td><td colspan="6">初凝不早于2min;终凝不迟于10min;加入水泥质量(质量分数)的0.2%酒石酸钠缓凝剂初凝不早于15min;终凝不迟于40min</td></tr>
<tr><td rowspan="2">标号</td><td colspan="3">抗压强度/MPa　≥</td><td colspan="3">抗折强度/MPa　≥</td></tr>
<tr><td>2h</td><td>1d</td><td>28d</td><td>2h</td><td>1d</td><td>28d</td></tr>
<tr><td>225</td><td>22.06</td><td>34.31</td><td>53.92</td><td>3.43</td><td>5.39</td><td>7.35</td></tr>
<tr><td>使用中注意事项</td><td colspan="8">本水泥不得与其他品种水泥混合使用。可以与已硬化的硅酸盐水泥混凝土接触使用
不得使用于温度长期处于50℃以上的环境中
应用本水泥施工时,必须随拌和随使用防止结硬
采用机械拌和混凝土时,除必须将设备清洗洁净外,应先加水和石子转几转后,再加砂和水泥
用于钢筋混凝土工程时,钢筋的保护层厚度不得小于3cm,预应力混凝土工程暂不使用
根据施工条件和强度要求,采用酒石酸钠、氟硅酸钠等调节凝结时间
浇注和修补用的混凝土配比,根据设计强度而定,水灰的比不应大于0.42,水泥用量应大于400kg/m³
浇注和修补的混凝土或砂浆施工后,应根据硬化情况及时浇水养护
本水泥水化热集中在前2h释放,在浇注较大体积混凝土工程时,应根据环境温度情况,采取适当的降温措施
混凝土标号的设计,以2h或1d的强度指标为准</td></tr>
</table>

7 石棉制品

7.1 常用石棉性能及应用(见表2.3-92)

表2.3-92　常用石棉性能及应用

性　能	温石棉	青石棉
密度/g·cm⁻³	2.2~2.4	3.2~3.3
硬度(莫氏)	2.5~4.0	4.0
纤维外形	白色有光泽	深青色光泽小
柔顺性	柔　软	柔　软
强韧性	强	稍　强
热导率/W·(m·K)⁻¹	0.2512	—
熔点/℃	1200~1600	900~1150
使用温度/℃	400	200
最高使用温度/℃	600~800	—
灼烧减量(800℃)(%)	13~15	3~4
吸湿率(%)	1~3	1~3
耐酸性	弱	强
耐碱性	强	弱
抗拉强度/MPa	3000	3300
作为绝缘材料	适宜	较差
特性及应用	质软,有弹性,熔化温度高,耐热性好,耐酸性较差。主要用于纺织、保温制品和复合材料、隔音材料	质硬,强度高,耐酸性好,能防辐射,溶化温度低。主要用于水泥石棉管道、防辐射及过滤材料等

7.2　温石棉(见表 2.3-93)

表 2.3-93　机选温石棉分级、产品代号及质量要求(摘自 GB/T 8071—2008)

级别	产品代号	干式分级(质量分数)(%)				松解棉含量(质量分数)(%)	+1.18mm 纤维含量(质量分数)(%)	-0.075mm 细粉量(质量分数)(%)	纤维系数	砂粒含量(质量分数)(%)	夹杂物含量(质量分数)(%)
		+12.5mm	+4.75mm	+1.40mm	-1.40mm						
		≥			≤		≥	≤	≥	≤	≤
1	1-70	70	93	97	3	—	50	40	—	0.3	0.04
	1-60	60	88	96	4		47	44			
	1-50	50	85	95	5		43	46			
2	2-40	40	82	94	6		37	50	—		
	2-30	30	82	93	7		32	54			
	2-20	20	75	91	9		28	58			
3	3-80	—	80	93	7	50	10	38	1.3	0.3	0.04
	3-70		70	91	9			40	1.2		
	3-60		60	89	11			42	1.1		
	3-50		50	87	13		9	43	1.0		
	3-40		40	84	16			44	0.9		
4	4-30	—	30	83	17	45	8	46	0.7	0.4	0.03
	4-20		20	82	18		7	49	0.6		
	4-15		15	80	20		6	52	0.5		
	4-10		10	80	20		6	52	0.5		
5	5-80	—	—	80	20	40	4	54	0.40	0.5	0.02
	5-70			70	30		3	56	0.35		
	5-60			60	40		1.5	58	0.30		
	5-50			50	50		1	60	0.25		
6	6-40	—	—	40	60	35	—	66	—	2.0	
	6-30			30	70			68			
	6-20			20	80			70			

级别	产品代号	松散密度/kg·m^{-3} ≤	-0.045mm 细粉含量(质量分数)(%) ≤	砂粒含量(质量分数)(%) ≤
7	7-250	250	50	0.05
	7-350	350	50	0.1
	7-450	450	60	0.3
	7-550	550	70	0.5

注：1. 温石棉是一种纤维状含水硅酸镁矿物，矿物学上称为纤维蛇纹面，分子式为 $3MgO \cdot 2SiO \cdot 2H_2O$；温石棉纤维是具有一定长径比、最大横向尺寸小于 0.1mm 的温石棉集合体；机选温石棉是用机械方法从矿石中选出来的各等级温石棉纤维；细粉是按规定试验方法，对温石棉纤维进行长度分级所得到的最细粒级，通常是指按 GB/T 6646—2008 规定的湿式分级中通过 0.075mm 筛孔的物料；松解棉是经过松解、具有高度纤维化的温石棉；主体纤维含量是机选温石棉经干式分级后留存在所规定筛网上的累积筛余量，1.2 级温石棉规定筛孔为 12.5mm；3、4 级筛孔为 4.75mm；5、6 级筛孔为 1.4mm。纤维系数是表示温石棉纤维长度和数量的综合特征量，是用 GB/T 6646—2008 快速湿式分级方法测定的数据计算得出。

2. GB/T 8071—2008《温石棉》代替 GB/T 8071—2001，取消了原标准中手选温石棉的规定，只保留机选温石棉。些标准规定的机选温石棉在生产中广泛用于绝热、保温、防火、隔声的材料。

3. 产品代号和标记：

1 级～6 级机选温石棉的产品代号由级别识别数字（一位数字）和主体纤维含量识别数字（两位数字）组成。7 级机选温石棉的产品代号由数字 7 和松散密度数值组成。

□-□-□
- 标准编号（第三个□）
- 主体纤维含量或者松散密度（第二个□）
- 级别（第一个□）

示例如下：

5 级温石棉、主体纤维含量（质量分数）为 60%，其标记为：5-60-GB/T 8071—2008

7 级温石棉、松散密度为 350kg/m^3，其标记为：7-350GB/T 8071—2008

7.3 石棉橡胶板（见表2.3-94）

表2.3-94 石棉橡胶板等级牌号、性能及应用（摘自GB/T 3985—2008）

	等级牌号	对应GB/T 20671.1的编码	表面颜色	推荐使用范围	应用
等级牌号及应用	XB510	F119000—B7M7TZ	墨绿色	温度510℃以下、压力7MPa以下的非油、非酸介质	板材以温石棉为增强纤维，以橡胶为粘合剂，经辊压形成，用于制造耐热耐压密封垫片及其他要求的密封垫片
	XB450	F119000—B7M6TZ	紫色	温度450℃以下、压力6MPa以下的非油、非酸介质	
	XB400	F119000—B7M6TZ	紫色	温度400℃以下、压力5MPa以下的非油、非酸介质	
	XB350	F119000—B7M5TZ	红色	温度350℃以下、压力4MPa以下的非油、非酸介质	
	XB300	F119000—B7M4TZ	红色	温度300℃以下、压力3MPa以下的非油、非酸介质	
	XB200	F119000—B7M3TZ	灰色	温度200℃以下、压力1.5MPa以下的非油、非酸介质	
	XB150	F119000—B7M3TZ	灰色	温度150℃以下、压力0.8MPa以下的非油、非酸介质	

	项目		XB510	XB450	XB400	XB350	XB300	XB200	XB150
物理机械性能	横向拉伸强度/MPa	≥	21.0	18.0	15.0	12.0	9.0	6.0	5.0
	老化系数	≥	0.9						
	烧失量（%）	≤	28.0			30.0			
	压缩率（%）		7～17						
	回弹率（%）	≥	45			40		35	
	蠕变松弛率（%）	≤	50						
	密度/$g \cdot cm^{-3}$		1.6～2.0						
	常温柔软性		在直径为试样公称厚度12倍的圆棒上弯曲180°，试样不得出现裂纹等破坏迹象						
	氮气泄漏率/$mL \cdot (h \cdot mm)^{-1}$	≤	500						
	耐热耐压性	温度/℃	500～510	440～450	390～400	340～350	290～300	190～200	140～150
		蒸气压力/MPa	13～14	11～12	8～9	7～8	4～5	2～3	1.5～2
		要求	保持30min，不被击穿						

注：1. GB/T3985—2008没有规定板材厚度、长度和宽度的具体尺寸，可按用户要求提供，长、宽、厚尺寸的允许偏差应按标准规定的要求执行。GB/T 3985—1995旧标准规定的厚度为0.5、0.6、0.8、1.0～3.0以上（0.5进级）；宽度为500、620、1200、1260、1500；长度为500、620、1000、1260、1350、1500、4000（以上单位均为mm）；供参考。

2. GB/T 20671.1 非金属垫片材料分类体系及试验方法 第1部分：非金属垫片材料分类体系。

3. 标记示例：a. 按产品等级牌号和标号编号标记，石棉橡胶板，等级牌号为XB350，标记为：XB350—GB/T 3985。

b. 按产品型号类别和物理机械性能按GB/T 20671.1规定方法标记，石棉橡胶板，等级牌号为XB350，根据其产品的型号类别和物理机械性能标记为：

GB/T 20671—ASTMF104（F119000—B7M5TZ）。

上述两种标记方法，任选其一即可。

7.4 耐油石棉橡胶板（见表2.3-95）

表2.3-95 耐油石棉橡胶板分类、等级牌号、性能及应用（摘自GB/T 539—2008）

	分类	等级牌号	对应GB/T 20671.1的编码	表面颜色	推荐使用范围	应用
分类、等级牌号及用途	一般工业用耐油石棉橡胶板	NY510	F119040—A9B7E04M6TZ	草绿色	温度510℃以下、压力5MPa以下的油类介质	以温石棉为增强纤维，以耐油橡胶为粘合剂，辊压形成；用于制造耐油密封垫片及其他要求的密封垫片
		NY400	F119040—A9B7E04M6TZ	灰褐色	温度400℃以下、压力4MPa以下的油类介质	
		NY300	F119040—A9B7E04M5TZ	蓝色	温度300℃以下、压力3MPa以下的油类介质	
		NY250	F119040—A9B7E04M5TZ	绿色	温度250℃以下、压力2.5MPa以下的油类介质	
		NY150	F119040—A9M4TZ	暗红色	温度150℃以下、压力1.5MPa以下的油类介质	
	航空工业用耐油石棉橡胶板	HNY300	F119040—A9B7E04M5TZ	蓝色	温度300℃以下的航空燃油、石油基润滑油及冷气系统的密封垫片	

（续）

项目				NY510	NY400	NY300	NY250	NY150	HNY300
物理机械性能	横向拉伸强度/MPa		≥	18.0	15.0	12.7	11.0	9.0	12.7
	压缩率（%）			7～17					
	回弹率（%）		≥	50			45	35	50
	蠕变松弛率（%）		≤	45				—	45
	密度/g·cm^{-3}			1.6～2.0					
	常温柔软性			在直径为试样公称厚度12倍的圆棒上弯曲180°，试样不得出现裂纹等破坏迹象					
	浸渍IRM903油后性能 149℃，5h	横向拉伸强度/MPa	≥	15.0	12.0	9.0	7.0	5.0	9.0
		增重率（%）	≤	30					
		外观变化		—					无起泡
	浸渍ASTM燃料油B后性能 21℃～30℃，5h	增厚率（%）		0～20				—	0～20
		浸油后柔软性		—					同常温柔软性要求
	对金属材料的腐蚀性			—					无腐蚀
	常温油密封性	介质压力/MPa		18	16	15	10	8	15
		密封要求		保持30min，无渗漏					
	氮气泄漏率/mL·（h·mm）$^{-1}$		≤	300					

注：1. GB/T539—2008没有规定板材的厚、宽、长的具体尺寸，可按用户要求提供；但长、宽、厚的尺寸允许偏差应按此标准规定的要求执行。旧标准GB/T 539—1995规定的厚度为0.4、0.5、0.6、0.8、0.9、1.2、1.5、2.0、2.5、3.0；宽度为550、620、1200、1260、1500；长度550、620、1000、1260、1350、1500；（以上单位均为mm）供参考。

2. GB/T 20671.1 非金属垫片材料分类体系及试验方法 第1部分：非金属垫片材料分类体系。

3. 厚度大于3mm的板材，不做拉伸强度试验。

4. 标记：按下述两种方法任选一种标记均可

a. 按等级牌号和本标准编号顺序标记。

标记示例：

等级牌号为NY250的一般工业用耐油石棉橡胶板，标记为：NY250—GB/T 539

b. 根据其产品的型号类别和物理机械性能按GB/T 20671.1规定的方法进行标记。

标记示例：

等级牌号为NY250一般工业用耐油石棉橡胶板，可根据其产品的型号类别和物理机械性能标记为：GB/T 20671—ASTM F104（F119040—A9B7E04M5YZ）。

7.5　耐酸石棉橡胶板（见表2.3-96）

表2.3-96　耐酸石棉橡胶板规格及性能（摘自JC/T 555—1994）

	厚度	厚度偏差	同一张上相距500mm任意两点的厚度差	长度	宽度	长、宽度允许偏差（%）
尺寸规格/mm	1.0	±0.10	0.10	500	500	±5
	1.5	±0.15	0.15	1000	1000	
	2.0	±0.20	0.20	1260	1260	
	2.5	±0.25	0.20	1350	1350	
	3.0，3.5	±0.30	0.20	1500	1500	

	指标名称			技术指标		
				优等品	一等品	合格品
物理性能	横向抗拉强度/MPa		≥	14.0	11.0	8.0
	密度/g·cm^{-3}			1.7～2.1		
	压缩率（%）			12±5		
	回弹率（%）		≥	40		
	柔软性			无裂纹		
耐酸性能	硫酸 $c(H_2SO_4)=18$ mol/L，室温，48h	外观		不起泡、无裂纹		
		增重率（%）不大于		30	40	50
	盐酸 $c(HCl)=12$ mol/L，室温，48h	外观		不起泡、无裂纹		
		增重率（%）不大于		25	35	45
	硝酸 $c(HNO_3)=1.67$ mol/L，室温，48h	外观		不起泡、无裂纹		
		增重率（%）不大于		20	30	40

注：1. 厚度大于3.0mm者不做抗拉强度试验。

2. 厚度大于等于2.5mm者不做柔软性试验。

3. 其他性能要求可由供需双方商定。

4. 耐酸石棉橡胶板产品代号为"NS"，适用于温度200℃，压力2.5MPa以下的酸类介质的设备及管道密封衬垫用。

5. 标记示例：耐酸石棉橡胶板长度1000mm，宽度1000mm，厚度2.5mm，优等品，标记为：NS-1000×1000×2.5-优等品 JC/T 555—1994

7.6　工业机械用石棉摩擦片（见表2.3-97、表2.3-98）

表2.3-97　工业机械用石棉摩擦片分类、用途及规格（摘自GB/T 11834—2000）

	分类					代号
	类别	工艺特性	材料	用途		
分类、代号及用途	1类	未经热压或硫化	普通软质编织制品	制动片		ZP1
				制动带		ZD1
	2类	经半硫化	软质模压制品	制动片		ZP2
				制动带		ZD2
	3类	经热压及硫化	特殊加工编织制品	1号	制动片	ZP3-1
					制动带	ZD3-1
			模压制品或半模压制品	2号	制动片	ZP3-2
			半金属模压制品	3号	离合器片	LP3-3

	基本尺寸		极限偏差	
			1类，2类，3类1号	3类2号
制动片（带）尺寸及极限偏差/mm	宽度	≤30	±1.0	±0.5
		>30~60	±1.0	±0.6
		>60~100	±1.5	±0.8
		>100~200	±2.0	±1.0
		>200	±2.5	±1.2
	厚度	≤6.3	±0.3	±0.2
		>6.3~10.0	±0.5	±0.25
		>10.0	±0.6	±0.3

	外径基本尺寸	外径极限偏差	内径极限偏差	厚度基本尺寸	厚度极限偏差	每片厚薄差
离合器面片尺寸及极限偏差/mm	≤100	0 -0.8	+0.8 0	≤6.3	±0.15	≤0.15
	>100~250	0 -1.0	+1.0 0	>6.3~10.0	±0.20	≤0.20
	>250~400	0 -1.5	+1.5 0	>10.0	±0.25	≤0.25
	>400	0 -2.0	+2.0 0	>10.0	±0.25	≤0.25

注：1. 摩擦片基本尺寸由需方确定；制动带和制动片基本尺寸用宽度和厚度表示；离合器片基本尺寸用外径、内径和厚度表示。异形摩擦片基本尺寸由供需双方协定。

2. 本产品适于工业机械用石棉制动器衬片（带）和干式石棉离合器面片，也适用于农业机械用干式石棉摩擦片。

3. 标记示例：宽100mm、厚4mm的2类制动带，标记为：

ZD2—100×4　GB/T 11834—2000

表2.3-98　工业机械用石棉摩擦片性能（摘自GB/T 11834—2000）

	分类	试验机圆盘摩擦面温度/℃			
		100	150	200	250
摩擦因数 μ	1类	0.30~0.60	0.25~0.60	—	—
	2类	0.30~0.60	0.25~0.60	0.20~0.60	—
	3类1号	0.30~0.60	0.25~0.60	0.20~0.60	—
	3类2号	0.30~0.60	0.30~0.60	0.20~0.60	0.15~0.60
	3类3号	0.25~0.60	0.20~0.60	0.15~0.60	—
	分类	试验机圆盘摩擦面温度/℃			
		100	150	200	250
指定摩擦因数的允许偏差 $\Delta\mu$	1类	±0.10	—	—	—
	2类	±0.10	±0.12	—	—
	3类1号	±0.08	±0.10	—	—
	3类2号	±0.08	±0.10	±0.12	—
	3类3号	±0.08	±0.10	—	—

（续）

	分　类	试验机圆盘摩擦面温度/℃			
		100	150	200	250
磨损率 V /$10^{-7}cm^3 \cdot (N \cdot m)^{-1}$	1 类	≤1.00	≤2.00	—	—
	2 类	≤0.50	≤0.75	≤1.00	—
	3 类 1 号	≤0.50	≤0.75	≤1.00	—
	3 类 2 号	≤0.50	≤0.75	≤1.00	≤2.00
	3 类 3 号	≤0.50	≤0.75	≤1.00	—
弯曲性能	3 类 3 号制品：抗弯强度 $\sigma_a \geqslant 25$MPa， 最大应变 $e \geqslant 6.0 \times 10^{-3}$mm/mm				

注：1. 1 类制品应按 GB/T 11834—2000 柔软性能实验方法和指标进行柔软性试验。

2. 用户对厚度不大于 6.3mm 的 3 类 1 号制品有柔软性能要求，亦可按注 1 的要求执行。

7.7　石棉布、带（见表 2.3-99）

表 2.3-99　石棉布、带种类、尺寸规格及质量要求（摘自 JC/T 210—2000）

种类	宽度/mm		厚度/mm		经纬密度/(根/100/mm)		单位面积重量[①] ≤ kg/m²	织纹结构
	基本尺寸	允许偏差	基本尺寸	允许偏差	经线≥	纬线≥		
SB	1 000 1 200 1 500	±20	0.8	±0.1	80	40	0.60	平纹
			1.0		75	38	0.75	
			1.5	±0.2	72	36	1.10	
			2.0		64	32	1.50	
			2.5		60	30	1.90	
			3.0		52	26	2.30	
			3.0		84	30	2.40	平斜纹
WSB	800 1 000 1 200 1 500	±20	0.6	±0.05	140	70	0.45	平纹
			0.8	±0.1	132	66	0.55	
			1.0		120	60	0.75	
			1.5	±0.2	72	36	1.00	
			2.0		64	32	1.20	
			2.5		60	30	1.40	
			3.0		48	24	1.70	

按原料组成分类

1 类——未夹有增强物的石棉纱、线织成的布、带。

2 类——夹有金属增强丝（铜、铅、锌或其他金属丝及合金丝）的石棉纱、线织成的布、带。

3 类——夹有有机增强丝（棉、尼龙、人造丝等）的石棉纱、线织成的布、带。

4 类——夹有非金属无机增强丝（玻璃丝、陶瓷纤维等）的石棉纱、线织成的布、带。

5 类——用 1 ~ 4 类布、带中的两种或两种以上的纱、线织成的布、带。

夹有增强丝的石棉布、带，其中金属丝用化学符号表示：如铜（Cu）、铅（Pb）、锌（Zn）……，其他增强丝用汉语拼音表示，如玻璃丝（B）、陶瓷纤维（T）、棉（M）、尼龙（N）、人造丝（R）……，可加注于分类代号字母之后。

石棉布、带按烧失量分级	分级代号	4A 级	3A 级	2A 级	A 级	B 级	S 级
	烧失量范围（%）	≤16.0	16.1 ~ 19.0	19.1 ~ 24.0	24.1 ~ 28.0	28.1 ~ 32.0	32.1 ~ 35.0
	烧失量标准规定值（%）≤	16.0	19.0	24.0	28.0	32.0	35.0

石棉布断裂强力/N	种类	厚度 mm	4A 3A				2A A				B S				织纹结构
			常温		加热后		常温		加热后		常温		加热后		
			经向	纬向	经向	纬向	经向	纬向	经向	纬向	经向	纬向	经向	纬向	
	SB	0.8	294	147	147	78	245	137	137	68	196	98	98	59	平纹
		1.0	392	196	196	98	412	176	147	68	294	147	137	59	
		1.5	490	245	245	127	441	196	157	68	441	196	137	59	
		2.0	588	294	294	147	461	216	167	78	461	216	137	69	
		2.5	686	343	343	176	490	245	176	88	490	215	147	78	
		3.0	784	392	392	196	588	294	206	108	588	294	176	88	
		3.0	882	441	441	245	784	392	274	157	784	392	235	137	平斜纹

（续）

	种类	厚度 mm	4A 3A				2A A				B S				织纹结构
			常温		加热后		常温		加热后		常温		加热后		
			经向	纬向	经向	纬向	经向	纬向	经向	纬向	经向	纬向	经向	纬向	
石棉布断裂强力/N	WSB	0.6	294	147	147	74	245	123	123	62	—	—	—	—	平纹
		0.8	392	196	196	98	294	147	147	74	—	—	—	—	
		1.0	490	245	245	123	392	196	196	98	—	—	—	—	
		1.5	590	295	295	147	490	245	245	100	—	—	—	—	
		2.0	690	345	345	172	580	255	255	105	—	—	—	—	
		2.5	785	392	392	196	685	275	275	110	—	—	—	—	
		3.0	850	425	425	213	750	295	295	115	—	—	—	—	

注：1. 石棉布、带分为干法工艺生产的布（SB）、带（SD）和湿法工艺生产的布（WSB）、带（WSD）。

2. 石棉带的规格和经纬密度的基本要求由需方确定，其允许偏差应按 JC/T 210 的规定。

3. 石棉布的断裂强力指 1 类石棉布。

4. 石棉带的断裂强力、含其他金属丝或其他增强纤维石棉布的断裂强力由供需双方商定。

5. 本表石棉布加热后断裂强力的试验温度如下：4A 级为 550℃、3A 级为 500℃、2A 级为 350℃、A 级为 250℃、B 级和 S 级为 200℃。

6. 石棉布、带适用于各种传导系统及热设备作保温隔热材料以及制作有关石棉制品的原材料。

7. 产品标记：标记由分类代号、分级代号、厚度及标准号组成，示例如下：

（1）SB 种 2 类 3A 级 2mm 石棉铜丝布标记示例如下：

$SB_{2(Cu)}$　3A　2mm　JC/T 210-2000

标准号

厚度

分级代号

分类代号

（2）WSB 种 4 类 2A 级 2.0mm 石棉玻璃丝布标记示例如下：

$WSB_{4(B)}$　2A　2mm　JC/T 210-2000

标准号

厚度

分级代号

分类代号

（3）SD 种 2 类 3A 级 2.0mm 石棉铜丝带标记示例如下：

$SD_{2(Cu)}$　3A　2mm　JC/T 210-2000

标准号

厚度

分级代号

分类代号

（4）WSD 种 1 类 2A 级 2.0mm 石棉带标记示例如下：

WSD_1　2A　2mm　JC/T 210-2000

标准号

厚度

分级代号

分类代号

① 夹金属丝石棉布单位面积重量不作规定。

7.8　石棉绳（见表2.3-100）

表2.3-100　石棉绳产品名称、分类及代号（摘自JC/T 222—1994）

名称及代号	产品名称	制造方法	代　号
	石棉扭绳	用石棉纱、线扭合而成	SN
	石棉圆绳	用石棉纱、线编结成圆形的绳	SY
	石棉方绳	用石棉纱、线编结成方形的绳	SF
	石棉松绳	用石棉绒作芯，以石棉纱、线编成菱形网状外皮的松软的圆形绳	SC
按烧失量分级	分　级	烧失量（%）	代　号
	AAAA级	≤16.0	4A
	AAA级	16.1～19.0	3A
	AA级	19.1～24.0	2A
	A级	24.1～28.0	A
	B级	28.1～32.0	B
	S级	32.1～35.0	S
尺寸规格/mm	石棉扭绳	直径：3.0、5.0、6.0、8.0、10.0、>10.0；（密度1.00g/cm³）	
	石棉圆绳	直径：6.0、8.0、10.0、13.0、16.0、19.0、22.0、25.0、28.0、32.0、35.0、38.0、42.0、45.0、50.0；（密度1.00g/cm³）	
	石棉方绳	边长：4.0、5.0、6.0、8.0、10.0、13.0、16.0、19.0；（密度0.8g/cm³）	
	石棉松绳	直径：13.0、16.0、19.0；（密度0.55g/cm³）；直径：22.0、25.0、32.0，（密度0.45g/cm³）；直径：38.0、45.0、50.0；（密度0.35g/cm³）	
应用	用于各种热传导系统及热设备作保温隔热材料或填衬材料		

注：标记示例：直径3mm，长度1000mm，4A级石棉扭绳，标记为：

石棉绳 SN-4A3×1000　JC/T 222—1994

7.9　常用密封填料（见表2.3-101）

表2.3-101　常用密封填料品种规格

石棉密封填料（JC/T 1019—2006）	橡胶石棉密封填料	牌号	适用范围	牌号	适用范围
		XS550A	适用于介质温度≤550℃，压力≤8MPa	XS350A	适用于介质温度≤350℃，压力≤4.5MPa
		XS550B	适用于介质温度≤550℃，压力≤8MPa	XS350B	适用于介质温度≤350℃，压力≤4.5MPa
		XS450A	适用于介质温度≤450℃，压力≤6MPa	XS250A	适用于介质温度≤250℃，压力≤4.5MPa
		XS450B	适用于介质温度≤450℃，压力≤6MPa	XS250B	适用于介质温度≤250℃，压力≤4.5MPa
		各牌号体积密度、夹金属丝：≥1.1g/cm³；无金属丝：≥0.9g/cm³			
	油浸石棉密封填料	牌号	适用范围	牌号	适用范围
		YS350F	适用于介质温度≤350℃，压力≤4.5MPa	YS250F	适用于介质温度≤250℃，压力≤4.5MPa
		YS350Y	适用于介质温度≤350℃，压力≤4.5MPa	YS250Y	适用于介质温度≤250℃，压力≤4.5MPa
		YS350N	适用于介质温度≤350℃，压力≤4.5MPa	YS250N	适用于介质温度≤250℃，压力≤4.5MPa
		各牌号体积密度、夹金属丝：≥1.1g/cm³；无金属丝：≥0.9g/cm³			
	聚四氟乙烯石棉密封填料	聚四氟乙烯石棉密封填料牌号，由大写“FS”和表示产品规格的阿拉伯数字组成，如聚四氟乙烯石棉盘根，尺寸规格10×10mm，牌号表示为FS—10 适用于压力为12MPa以下，温度为－100℃～250℃管道阀门、活塞桿的密封 体积密度≥1.1g/cm³			
	石棉密封填料的应用	JC/T1019—2006适用于压力为8MPa以下、温度为550℃以下的蒸汽机、往复泵的活塞和阀门杆上的橡胶石棉密封填料；压力为4.5MPa以下、温度为350℃以下，介质为蒸汽、空气、工业用水、重质石油产品的回转轴、往复泵的活塞和阀门杆上的油浸石棉密封填料；压力为12MPa以下、温度为－100℃～250℃的管道阀门、活塞杆上的聚四氟乙烯石棉密封填料。			
	规格/mm（直径或方形边长）	3、4、5、6、8、10、13、16、19、22、25、28、32、35、38、42、45、50			

（续）

	牌号	规格（直径或方形边长）/mm	体积密度	适用最大压力	适用最高温度	应用举例
油浸棉、麻密封填料（JC/T 332—2006）	YM120F YM120Y	3、4、5、6、8、10、13、16、19 22、25、28、32、35、38、42、45、50	≥0.9g/cm³	12MPa	120℃	用于管道、阀门、旋转轴、往复泵活塞杆的密封，温度低于 120℃，压力小于 12MPa 的工作条件

注：牌号示例说明：

（1）XS550A，XS450B——其中 XS 表示“橡胶石棉”，数字 550、450 表示产品最高适应温度（℃）A 表示产品结构为编织，B 表示为卷制。

（2）YS350F，YS350Y、YS350N——其中 YS 表示“油浸石棉”，数字 350 表示产品最高适应温度（℃）F 表示产品结构为方型，Y 为圆型，N 为圆型扭制。

（3）YM120F，YM120Y——其中 YM 表示“油浸棉、麻”，数字 120 表示最高适应温度（℃）

8　木材

8.1　常用木材品种及性能（见表 2.3-102、表 2.3-103）

表 2.3-102　机械产品常用木材品种

用途		技术要求	主要适用木材
木质机械		密度、强度和冲击强度大、不劈裂、易加工	柏木、硬木松类、铁杉属、落叶松属、山毛榉、水曲柳、栲、槐、槭属、桉属
农业机具	机械零部件	强度、硬度和冲击强度较高，不易翘曲和变形，易加工	硬木松类、红松、云杉属、铁杉属、柏木、苦楝、桦属、山毛榉属、锥栗属、栎属、青冈属、椆属、水曲柳、栲、色木槭、槐树、黄檀、榉属
农业机具	农具	强度中等，有一定弹性和韧性，变形小	硬木松类、云杉属、铁杉属、落叶松属、柏木、旱柳、槐树、荷木、桑树、榆属、桦属、朴属、青冈属、栎属、椆属、锥栗属
锻锤垫木		横纹全部抗压强度和横纹抗压模量较高	落叶松属、云杉属、红松、华山松、马尾松、樟子松、云南松、油松、铁杉、云南铁杉、柞栎、麻栎、小叶栎、青冈、红锥、海南锥、荷木、红桦、水曲柳、桉属
木模		以胀缩性小为主，强度较高，易加工	松属、云杉属、铁杉属、柏木属、梓树属、黄桐、杨属、柳属、椴属、黄杞、苦楝、臭椿、桦属、锥栗属、朴属、荷木、槭属
车辆	车架	强度高	铁杉属、落叶松属、云杉属、松属、桦属、榆属、锥栗属、属、属刺槐、银荷木、荷木、西南荷木、云南双翅龙脑香
车辆	内墙板（侧板、椅）	外貌美观易加工	冷杉属、云杉属、铁杉属、桦属、槭属、柞栎、锥栗属、椆属、山毛榉属、水曲柳、栲、桉属、荷木、银荷木、西南荷木、楝科、榆科等
车辆	地板（底板）	木材耐磨、有装饰价值	栎属、鹅耳枥属、栲属、桉属、桦属、榆属、椆属、刺槐、槐树、云南双翅龙脑香等
车辆	车梁		同上
蓄电池隔板		纹理直，结构均匀，耐酸	松属、罗汉松属、黄杉属、椴属、拟赤杨
包装	箱桶	有适当的强度，钉着性较好，变形小	冷杉属、云杉属、铁杉属、松属、柳杉、杉木、杨属、柳属、杨桐属、桦属、苦楝、拟赤杨、枫杨、青钱柳、锥栗属、榆属、桤属、臭椿、朴属、旱莲、山枣、白颜树、兰果树、悬铃木、荷木、银荷木、西南荷木
包装	重型机械	强度较大	落叶松属、硬木松类、铁杉属、桦属、榆属、锥栗属、栎属、杜英属、马蹄荷、粘木、灰木属等

表 2.3-103　工业用木材物理力学性能

树种	地区	气干密度 /g·cm⁻³	体积干缩系数（%）	顺纹抗压强度 /MPa	横纹抗压强度（弦向）/MPa		顺纹抗拉强度 /MPa	抗弯强度（弦向）/MPa	抗弯模量（弦向）/GPa	冲击韧度（弦向）/N·m	顺纹抗剪强度（弦面）/MPa	硬度（端面）/MPa
					局部受压	全部受压						
针叶树材												
冷　杉	四川大渡河、青衣江	0.433	0.537	34.8	4.3	3.2	95.4	68.6	9.8	3.8	5.4	31
杉松冷杉	东北长白山	0.390	0.437	31.9	3.5	2.4	72.1	65.1	9.1	3.0	6.4	25
臭冷杉	东北小兴安岭	0.384	0.472	38.8	3.3	2.3	77.2	63.8	9.4	3.1	6.2	22
杉　木	湖南江华	0.371	0.420	37.0	3.2	1.4	75.7	62.5	9.4	2.5	4.8	25
柏　木	湖北崇阳	0.600	0.320	53.2	9.4	6.6	114.8	98.5	10.0	4.5	10.9	58
银　杏	安徽歙县	0.532	0.417	40.2	5.2	3.1	80.4	76.2	9.1	3.3	10.8	111
油　杉	福建永泰	0.552	0.510	43.7	7.1	4.5	107.8	89.3	12.3	5.6	6.9	43
落叶松	东北小兴安岭	0.641	0.588	56.4	8.2	—	127.3	111.0	14.2	4.8	6.7	37
黄花落叶松	东北长白山	0.594	0.554	51.3	7.6	—	120.1	97.3	12.4	4.8	6.9	33
红　杉	四川平武	0.452	0.416	34.3	6.2	4.3	76.0	68.8	8.6	2.8	5.1	31

（续）

树　种	地　区	气干密度 /g·cm^{-3}	体积干缩系数 （%）	顺纹抗压强度 /MPa	横纹抗压强度（弦向）/MPa		顺纹抗拉强度 /MPa	抗弯强度（弦向）/MPa	抗弯模量（弦向）/GPa	冲击韧度（弦向）/N·m	顺纹抗剪强度（弦面）/MPa	硬度（端面）/MPa
					局部受压	全部受压						
云　杉	四川武、理县	0.459	0.521	37.8	4.4	2.8	92.1	74.4	10.1	3.8	5.8	24
红皮云杉	东北小兴安岭	0.417	0.484	34.5	4.3	—	94.8	68.5	10.9	3.2	6.1	21
紫果云杉	四川平武	0.481	0.521	42.1	4.9	2.8	111.5	81.1	11.4	4.1	6.1	34
华山松	贵州威宁	0.476	0.449	35.3	4.3	2.6	85.5	63.3	8.5	3.6	7.5	25
红　松	小兴安岭、长白山	0.440	0.459	32.7	3.7	—	96.1	64.0	9.8	3.4	6.8	21
广东松	湖南莽山	0.501	0.409	31.4	—	6.1	96.2	89.9	9.9	3.9	7.8	34
黄山松	安徽霍山	0.571	0.589	46.6	6.6	4.5	—	89.4	12.8	5.4	8.7	31
马尾松	湖南郴县、会同	0.519	0.470	43.5	6.5	3.0	102.8	89.2	12.1	3.8	6.6	29
樟子松	黑龙江图里河	0.477	—	36.1	3.4	—	112.8	69.9	9.8	4.1	7.7	25
油　松	湖北秭归	0.537	0.476	41.6	5.4	3.5	118.2	86.2	11.3	4.2	6.2	28
云南松	云南广通	0.588	0.612	44.6	4.6	3.1	118.1	93.4	12.6	5.5	7.6	38
铁　杉	四川青衣江	0.511	0.439	45.4	6.0	3.5	115.4	89.7	11.1	3.9	8.2	40
阔叶树材												
槭　木	东北长白山	0.709	0.510	47.8	8.4	6.2	—	13.1	13.1	8.3	14.0	66
山合欢	江西武宁	0.577	0.390	45.9	6.7	4.2	88.3	11.9	11.9	6.9	12.4	58
拟赤杨	福建南靖	0.431	0.399	29.9	2.7	2.0	—	8.0	8.0	3.3	7.8	34
西南桤木	云南广通	0.503	0.441	39.1	3.7	2.9	80.4	74.6	9.6	4.126	9.4	38
西南蕈树	云南屏边	0.768	0.627	66.5	7.1	4.9	—	121.6	12.7	7.330	14.5	89
光皮桦	安徽岳西	0.723	0.557	58.2	9.4	6.5	148.0	127.8	14.3	8.614	19.0	81
红　桦	四川岷江、黑水	0.597	0.474	44.4	4.6	3.4	147.7	90.6	10.6	6.899	11.4	53
白　桦	甘肃洮河	0.615	0.466	41.7	4.7	3.4	101.4	85.6	9.0	7.820	11.6	38
蚬　木	广西龙津县	1.130	0.806	75.1	17.8	12.5	—	158.2	20.7	17.856	20.7	140
亮叶鹅耳枥	海南尖峰岭	0.651	0.518	44.1	7.8	5.1	—	71.3	11.2	5.037	10.5	75
米　槠	广东乳沅	0.548	0.465	37.9	4.1	2.6	108.3	81.4	10.7	6.478	9.2	38
甜　槠	安徽歙县	0.552	0.400	37.7	4.5	3.4	71.8	73.5	9.1	4.420	9.9	43
栲　树	福建建瓯	0.610	0.446	43.0	5.1	3.5	—	85.4	11.0	6.997	9.4	39
苦　槠	福建	0.595	0.392	41.7	4.9	3.3	75.7	82.7	8.8	4.498	8.7	47
山　枣	江西武宁	0.569	0.463	43.3	5.9	3.6	—	96.5	12.1	6.880	10.7	41
香　樟	湖南郴县	0.580	0.412	40.8	7.1	—	—	73.6	9.0	3.861	9.1	40
青　岗	安徽黟县	0.892	0.598	64.2	12.9	8.4	—	141.7	16.3	11.113	20.7	111
细叶青岗	安徽黟县	0.893	0.635	63.6	11.9	7.9	139.7	139.2	16.6	9.643	20.9	110
黄　檀	江西武宁	0.897	0.579	—	12.3	8.0	—	156.6	18.0	12.956	20.5	124
黄　杞	福建南靖	0.569	0.411	44.2	5.5	4.3	113.2	89.4	9.9	4.253	9.8	55
柠檬桉	广西宜山	0.968	0.732	63.5	14.4	7.7	148.5	142.3	18.6	15.670	15.5	85
水青岗	云南金平	0.793	0.617	51.5	6.8	4.7	139.6	113.2	13.4	13.289	14.0	62
水曲柳	东北长白山	0.686	0.577	51.5	10.5	—	135.9	116.2	14.3	6.978	10.3	63
毛坡垒	云南屏边	0.965	0.787	72.8	8.2	5.6	—	152.7	20.3	12.417	15.3	112
核桃楸	东北长白山	0.526	0.465	36.0	4.5	—	125.0	26.3	11.8	5.174	9.8	34
枫　香	湖南郴县	0.608	0.468	41.8	5.4	—	106.5	80.8	9.6	5.145	7.0	62
石　栎	浙江昌化	0.665	0.480	49.5	11.0	—	108.1	94.5	11.3	4.312	11.9	62
红　楠	广东乳沅	0.560	0.468	37.5	5.5	3.8	100.2	79.7	10.1	6.546	9.0	35
花榈木	江西武宁	0.588	0.448	40.8	6.0	3.5	—	91.6	8.9	8.506	13.4	59
黄菠椤	东北长白山	0.449	0.368	33.0	4.6	3.8	—	74.6	8.8	4.194	9.0	32
山　杨	黑龙江带岭	0.364	—	30.7	2.3	—	—	54.8	5.9	7.683	6.6	20
毛白杨	北京	0.525	0.458	38.2	3.4	2.7	91.6	77.0	10.2	7.850	9.4	38
麻　栎	安徽肥西	0.930	0.616	51.1	9.9	6.4	152.3	126.0	16.5	11.985	17.6	80
柞　木	东北长白山	0.766	0.590	54.5	8.6	—	152.3	121.5	15.2	11.074	12.6	74
刺　槐	北京	0.792	0.548	52.8	10.2	7.3	—	124.3	12.7	17.042	12.8	67
檫　木	湖南郴县	0.584	0.469	40.5	7.1	—	108.6	91.2	11.3	6.194	7.8	41
荷　木	湖南郴县	0.611	0.473	43.8	4.7	—	121.0	91.0	12.7	6.811	10.0	52
槐　树	山东	0.702	0.511	45.0	8.1	6.5	—	103.3	10.2	12.642	13.6	65
柚　木	云南景东	0.601	0.413	49.8	7.3	5.0	79.4	103.2	10.0	4.567	4.7	49
紫　椴	东北长白山	0.493	0.470	28.4	2.7	—	105.8	59.2	11.0	4.792	7.7	21
裂叶榆	黑龙江带岭	0.548	0.517	31.8	4.2	2.9	114.6	79.3	11.6	5.635	8.3	38
榉　树	安徽滁县	0.791	0.591	47.7	8.6	6.9	149.6	127.5	12.3	15.053	15.0	82

注：表列木材的物理、力学性能，除体积干缩系数、冲击韧度及针叶树木材顺纹抗拉强度外，均为含水率15%（质量分数）的数值。

8.2　针叶树锯材和阔叶树锯材(见表2.3-104)

表2.3-104　针叶树和阔叶树锯材尺寸规格

(摘自GB/T 153—2009、GB/T 4817—2009)

类别	树种名称	针叶树和阔叶树锯材尺寸规格				
		分类	长度/mm	厚度/mm	宽度/mm	
					尺寸范围	进级
针叶树锯材 GB/T 153—2009	所有针叶树的锯材产品(毛边锯材、专用锯材除外)	薄板	1~8	12、15、18、21	30~300	10
		中板		25、30、35		
阔叶树锯材 GB/T 4817—2009	所有阔叶树的锯材产品(毛边锯材、专用锯材除外)	厚板		40、45、50、60		
		方材		25×20、25×25、30×30、40×30、60×40、60×50、100×55、100×60		

注:1. 长度进级:自2m以上按0.2m进级,不足2m者按0.1m进级。

2. 锯材分为特等、一等、二等和三等共四个等级,各等级材质指标应符合GB/T 153—2009、GB/T 4817—2009的规定。

9　纸制品

9.1　硬钢纸板(见表2.3-105)

表2.3-105　硬钢纸板尺寸规格及技术指标(摘自QB/T 2199—1996)

项　目		指　标			
		A类	B类	C类	
分类及尺寸规格	按用途分类	供航空构件用	供机械、电器、仪表的部件和绝缘消弧材料用	供纺织、铁路、氧气设备及其他机械部件电器、电机的绝缘消弧材料用	
				Ⅰ型 间歇性生产	Ⅱ型 连续性生产
	尺寸和偏差	硬钢纸板的幅面尺寸为1000mm×1200mm、900mm×1200mm、850mm×1000mm、700mm×1200mm、500mm×600mm,或按订货合同规定,厚度在合同中注明			
		尺寸偏差不超过±10mm			
		偏斜度:0.5~2.0mm为8mm、2.1~3.0mm为10mm、3.1~15mm为12mm、15mm以上为15mm			
	用途	适用于加工机械、航空、电器仪表、铁路、纺织设备的部件的绝缘材料			

项　目		指　标			
		A类	B类	C类	
				Ⅰ型	Ⅱ型
技术指标	紧度/$g\cdot cm^{-3}$　≥				
	厚度:0.5~0.9mm	1.25	1.15	1.10	1.10
	0.1~2.0mm	1.30	1.25	1.15	1.15
	2.1~5.9mm	1.30	1.25	1.15	1.15
	6.0mm以上	—	1.25	1.20	1.20
	体积电阻率/$\Omega\cdot cm$(23±1)℃　≥	10^9		10^8	
	击穿电压强度/$kV\cdot mm^{-1}$在温度(23±1)℃,相对湿度(50±2)%的空气介质中,电流频率50Hz周波时:				
	厚度:0.5~0.9mm　≥		8.0	6.0	
	1.0~2.0mm		7.0	5.0	
	2.1~5.0mm		5.0	3.0	
	5.1~12mm		4.0	2.5	
	横断面抗张强度/$kN\cdot m^{-2}$　≥				
	厚度:0.5~0.9mm　纵向	8.5×10^4	7.0×10^4	5.5×10^4	
	横向	4.5×10^4	4.0×10^4	3.5×10^4	3.0×10^4

（续）

	项目		指标 A类	指标 B类	指标 C类 Ⅰ型	指标 C类 Ⅱ型
技术指标	厚度:1.0～2.0mm　纵向		9.0×10^4	7.5×10^4	6.0×10^4	
	横向		5.5×10^4	4.0×10^4	3.5×10^4	3.0×10^4
	厚度:2.1～3.5mm　纵向		9.0×10^4	7.5×10^4	6.0×10^4	
	横向		5.0×10^4	4.5×10^4	4.0×10^4	3.0×10^4
	厚度:3.6～5.0mm　纵向		8.5×10^4	6.5×10^4	5.0×10^4	
	横向		5.0×10^4	4.5×10^4	3.0×10^4	
	厚度:5.0mm以上者　纵向		—	5.0×10^4	4.0×10^4	
	横向			3.5×10^4	3.0×10^4	
	伸长率(%)　纵向	≥	10	—	—	
	横向		12			
	层间剥离强度/$N\cdot m^{-1}$ 厚度1.5～3.0mm <1.5mm、>3.0mm以上者不予试验	≥	200	200	200	200
	吸水率质量分数(%)水温(20±2)℃的条件下浸2h 厚度:1.0～2.0mm 2.1～3.5mm 3.6～5.0mm >5.0mm以上者 <0.9mm不予试验	≤	—	60 50 40 30	65 60 50 40	
	吸油率质量分数(%) 在15～20℃的航空汽油中浸24h 在15～20℃的变压器油中浸24h	≤	1.5 1.3	—	—	
	交货水分质量分数(%)		6.0～10.0			
	灰分质量分数(%)	≤	1.5		2.5	
	氯化锌含量质量分数(%)	≤	0.15	0.10	0.20	

注:5.0mm以上的硬钢纸板系用薄钢纸粘合而成。

9.2　软钢纸板(见表2.3-106)

表2.3-106　软钢纸板尺寸规格及技术指标(摘自QB/T2200—1996)

	项目	指标 A类	指标 B类
分类及尺寸规格	按用途分类	供飞机发动机制作密封连接处的垫片及其他部件用	供汽车、拖拉机的发动机及其他内燃机制作密封片及其他部件用
	尺寸和偏差	软钢纸板的幅面尺寸为:920mm×650mm、650mm×490mm、650mm×400mm、400mm×300mm,或按订货合同规定,厚度在合同中注明 尺寸偏差不超过±10mm,偏斜度不超过1.2%	
	用途	适用于飞机、汽车、拖拉机及其他内燃机等制作密封连接处的垫圈	

	项目		指标 A类	指标 B类
技术指标	厚度/mm 0.5～0.8 0.9～2.0 2.1～3.0		 ±0.12 ±0.15 −0.20	 ±0.20
	紧度/$g\cdot cm^{-3}$		1.10～1.40	1.10～1.40
	横切面抗张强度/$kN\cdot m^{-2}$　横向 厚度0.5～1.0mm 1.1～3.0mm	≥	 3.0×10^4 3.0×10^4	 2.5×10^4 3.0×10^4
	抗压强度/MPa	≥	160	
	氯含量(质量分数)(%)	≤	0.075	0.075
	交货水分(质量分数)(%)		4.0～8.0	4.0～8.0

9.3　绝缘纸板（见表 2.3-107）

表 2.3-107　绝缘纸板分类、尺寸规格及技术性能（摘自 QB/T 2688—2005）

分类及代号	各种类型由不同的字母和数字表示 字母有 B 和 P，其中“B”代表厚型绝缘纸板，“P”代表薄型绝缘纸板 数字由两位数组成。第一位数表示用途及制造工艺，数“0”为极高化学纯的压纸板，数“2”为高化学纯的压纸板，数“3”为具有高纯度和高机械强度的硬而坚固的压纸板。数“4”为高纯度和高吸油性的软压光薄纸板，数“6”为通常施胶的低紧度硬压光薄纸板。第二位数表示原料成分，数“1”为 100% 硫酸盐木浆，数“3”为硫酸盐木浆和棉浆的混合物 绝缘纸板按紧度不同分为 D、G 两种，其中“D”为较高紧度绝缘纸板，“G”为高紧度绝缘纸板 绝缘纸板代号为 JYB			
尺寸规格 /mm	分　类	基本尺寸/（纵向×横向）/（mm×mm）	允许偏差/mm	偏斜度/mm
	大规格	4200×1980 3250×1400	±10	≤10
	中规格	1050×1980 1080×1400 2000×1000 3000×1000	±10	≤10
	小规格	1000×1000 920×1320 880×1040 880×1030 800×1050	±5	≤5
	标称厚度	0.10、0.15、0.20、0.25、0.30、0.35、0.40、0.50、0.60、0.80、1.0、1.3、1.6、2.0、2.5、3.0、4.0、5.0、6.0、7.0、8.0		

指标名称			单位	规格 B 型 B0.1 D	B0.1 G	B2.1 D	B2.1 G	B3.1
技术指标	厚度允许误差	≤1.6mm >1.6mm	%	±7.5 ±5.0		±7.5 ±5.0		±7.5 ±5.0
	紧度	≤1.6mm >1.6mm~3.0mm >3.0mm~6.0mm >6.0mm~8.0mm	g/cm^3	1.0~1.2	1.2~1.3	1.0~1.2	1.2~1.3	1.00~1.20 1.10~1.25 1.15~1.30 1.20~1.30
抗张强度 ≥	纵向	≤1.6mm >1.6mm~3.0mm >3.0mm~6.0mm >6.0mm~8.0mm	N/mm^2	80 80 80 —	110 120 130 —	80 80 80 —	110 110 110 —	100 105 110 110
	横向	≤1.6mm >1.6mm~3.0mm >3.0mm~6.0mm >6.0mm~8.0mm		55 55 55 —	85 90 80 —	55 55 50 —	80 85 80 —	75 80 85 85
伸长率	≥	横向 纵向	%	6.0 8.0	7.0 9.0	6.0 8.0	7.0 9.0	3.0 4.0

（续）

指标名称			单位	规格 B型 B0.1 D	B0.1 G	B2.1 D	B2.1 G	B3.1
收缩率	≤	纵向	%	0.7		0.7		0.5
		横向		1.0		1.0		0.7
		厚向		5.0		5.0		5.0
吸油率	≥	≤1.6mm	%					11
		>1.6mm～3.0mm		15		15	10	9
		>3.0mm～8.0mm						7
灰分	≤		%	0.7		1.0		1.0
水抽提液pH				6.0～9.5		6.0～9.0		6.0～9.0
水抽提液电导率	≤	≤1.6mm	mS/m	6.0		8.0		5.0
		>1.6mm～3.0mm						6.0
		>3.0mm～6.0mm						8.0
		>6.0mm～8.0mm						10.0
电气强度≥	空气	≤1.6mm	kV/mm	14		14		12
		>1.6mm～3.0mm		13		13		11
		>3.0mm～6.0mm		12		12		10
		>6.0mm～8.0mm		—		—		9
	油中	≤1.6mm		40		40		40
		>1.6mm～3.0mm		30		30		35
		>3.0mm～6.0mm		25		25		30
		>6.0mm～8.0mm		—		—		30
交货水分	≤		%	8.0		8.0		6.0

指标名称			单位	规格 P型 P.2.1 D	P.2.1 G	P.4.1 D	P.4.1 G	P.4.3	P6.1 D	P6.1 G
厚度允许误差		0.10mm～0.50mm	%	±10.0		±10.0		±10.0	±10.0	
紧度		≤0.50mm	g/cm^3	1.20～1.30		1.00～1.20		0.95～1.20	1.15～1.25	
抗张强度≥	纵向	0.10mm	N/mm^2	80		80		70	80	
		0.15mm		85		80		70	85	
		0.20mm		90		80		70	90	
		0.25mm		90		80		70	90	
		0.30mm		90		80		70	90	
		0.35mm～0.50mm		—		80		70	—	
	横向	0.10mm		45		40		35	45	
		0.15mm		50		40		35	50	
		0.20mm		50		40		35	50	
		0.25mm		50		40		35	50	
		0.30mm		50		40		35	50	
		0.35mm～0.50mm		—		40		35	—	
折后抗张强度≥	纵向	0.10mm	N/mm^2	60		60		60	50	
		0.15mm		65		60		60	55	
		0.20mm		70		60		60	70	
		0.25mm		70		60		60	70	
		0.30mm		65		60		60	55	
		0.35mm～0.50mm		—		60		60	—	
	横向	0.10mm		40		35	40	30	40	
		0.15mm		45		35	40	30	45	
		0.20mm		45		35	40	30	45	
		0.25mm		45		35	40	30	45	
		0.30mm		45		35	40	30	45	
		0.35mm～0.50mm		—		35	40	30	—	

（续）

指标名称			单位	规格 P型 P.2.1 D	P.2.1 G	P.4.1 D	P.4.1 G	P.4.3	P6.1 D	P6.1 G
伸长率 ≥	纵向	0.10mm	%	1.0	4.5	1.0	4.5	1.8	1.0	4.5
		0.15mm		1.0	5.0	1.0	5.0	1.8	1.0	5.0
		0.20mm		1.5	5.5	1.5	6.0	2.0	2.0	5.5
		0.25mm		2.0	5.5	1.5	6.0	2.0	2.0	5.5
		0.30mm		2.5	5.5	2.0	—	2.5	2.5	6.0
		0.35mm～0.50mm		—	—	2.5	—	2.5	—	—
	横向	0.10mm	%	4.0	10.0	6.0	10.0	6.0	4.0	10.0
		0.15mm		5.0	12.0	6.0	12.0	6.0	5.0	12.0
		0.20mm		6.0	12.0	7.0	12.0	7.0	6.0	12.0
		0.25mm		7.0	12.0	7.0	12.0	7.0	7.0	12.0
		0.30mm		8.0	12.0	7.0	—	7.0	7.0	12.0
		0.35mm～0.50mm		—	—	7.0	—	7.0	—	—
折后伸长率≥	纵向	0.10mm	%	1.0	2.5	1.0	3.0	1.3	1.0	2.5
		0.15mm		1.0	3.5	1.0	4.0	1.3	1.0	3.5
		0.20mm		1.5	4.0	1.0	5.0	1.3	1.5	4.0
		0.25mm		1.5	4.5	1.2	5.0	1.5	1.5	4.5
		0.30mm		1.5	5.0	1.2	—	1.5	1.5	5.0
		0.35mm		—	—	1.5	—	1.8	—	—
		0.40mm～0.50mm		—	—	1.5	—	2.0	—	—
	横向	0.10mm		3.0	9.0	5.0	9.0	6.0	3.0	8.0
		0.15mm		3.0	10.0	5.0	9.0	6.0	3.0	10.0
		0.20mm		4.0	10.0	5.0	9.0	6.0	4.5	10.0
		0.25mm		4.5	10.0	5.0	11.0	6.0	4.5	10.0
		0.30mm		5.0	10.0	5.0	—	6.0	5.0	10.0
		0.35mm～0.50mm		—	—	5.0	—	6.0	—	—
收缩率 ≤		纵向	%	1.0		1.0		1.0	1.0	
		横向		1.5		1.5		1.5	1.5	
		厚向		7.0		7.0		7.0	7.5	
吸油率 ≥			%	9		10	12	15	—	
灰分 ≤			%	1.0		1.0		1.0	1.0	
水抽提液 pH			—	6.0～9.0		6.0～9.0		6.0～9.0	6.0～9.0	
水抽提液电导率 ≤			mS/m	8.0		8.0		8.0	20.0	
电气强度≥	空气中	0.10mm	kV/mm	10		9	9	9	10	
		0.15mm		11		10	10	10	11	
		0.20mm		11		10	10	10	11	
		0.25mm		11		10	10	10	11	
		0.30mm		11		10	—	10	11	
		0.35mm		—		10	—	10	—	
		0.40mm～0.50mm		—		9	—	9	—	
	折后空气中	0.10mm		7		7	7	7	7	
		0.15mm		7		7	7	7	7	
		0.20mm		8		8	8	8	8	
		0.25mm		8		8	8	8	8	
		0.30mm		8		8	—	8	8	
		0.35mm～0.50mm		—		7	—	7	—	
	油中	0.10mm		50		65	60	70	—	
		0.15mm		50		60	60	65		
		0.20mm		45		55	60	60		
		0.25mm		45		55	—	60		
		0.30mm		45		50	—	55		
		0.35mm		—		45	—	50		
		0.40mm～0.50mm		—		40	—	45		
交货水分 ≤			%	8.0						

10　石墨材料

10.1　碳、石墨制品的分类、特性及应用（表2.3-108、表2.3-109）

表2.3-108　碳、石墨制品的分类、特性及应用

类别	种　类	特性及应用
电机用电刷	电化石墨电刷	电阻较高，适用于高速、换向困难的电动机
	树脂粘合石墨电刷	电阻高，适用于换向特别困难的交流换向器电动机等
	石墨电刷	不经石墨化，润滑性能好，适用于一般速度、换向困难的电动机
	金属石墨电刷	电阻较小，适用于要求低电压、高电流密度电刷的电动机，如电解、电镀用直流电机等
碳棒	电影放映碳棒	高亮度弧光碳棒，燃烧稳定，适用于各种型号弧光电影放映机
	摄影碳棒	高色温碳棒为高强度光源碳棒，光强而色白，燃烧稳定、无噪声，用于照明弧光灯
	照相制版碳棒	利用其弧光做各种照相制版作业的晒板光源
碳棒	老化仪碳棒	碳棒的弧光光谱富有紫外线，近似于太阳光谱，主要用于人工阳光老化仪，对各种材料进行老化试验
	碳弧气刨碳棒	导电率高、灰分少、消耗率低，适用于开焊接坡口、切割、钻孔、消除毛刺、铲平焊缝等
	光谱碳棒	机械强度、纯度高，适用于光谱分析仪
	加热器碳棒	碳棒发热高、抗氧化性好，用做发热体
	小型电解碳棒	碳棒发热高，用于电解、冶金电炉的小型电极
机械用	碳石墨材料	机械强度高、耐磨性好、用于机械密封、轴承、刮片等
	电化石墨材料	机械强度较高、润滑性、耐冲击性好，适用于机械密封、轴承等耐磨材料
	树脂碳复合材料	机械强度高、耐磨性好，适用于机械密封、轴承等耐磨材料
	金属石墨材料	耐高温、抗冲击性能、导热性能好，适用于高温、冲击负荷较大的工况
触点	无轨电车碳滑块	摩擦因数低、接触性好、噪声小、能提高架空线的使用寿命，用于无轨电车受电杆集电靴
	电力机车碳滑板	本身磨耗小、对导电体的磨耗小、润滑性能好，用于电力机车受电弓导电材料
	碳石墨触点	机械强度高、耐磨损，在电气装置中做为切断、开启的导电接触点
	铜石墨触点	机械强度高、接触电阻小、耐磨损，在电气装置中做为切断、开启的导电接触点
	银石墨触点	
送话器用碳砂和石墨粉	送话器用碳砂	用作扩音器或喉头送话器中的调变电阻
	石墨粉	系用天然石墨粉经高温提纯成精炼石墨粉，灰分不大于 500×10^{-6}，用于金属熔炼和粉末冶金材料
特种石墨	防爆膜石墨	热胀系数小，耐高温、耐化学腐蚀，对正、负压力波动敏感、爆破压力为0.02～1MPa。漏气率小于 $1\times10^{-7}\cdot MPa\ cm^3/s$ 在盐酸、油气、水蒸气、六氟化硫等介质中作防爆膜保护装置
	石墨纤维（碳纤维）	机械强度、弹性模量高，密度小、耐腐蚀性强、耐高低温剧变、线胀系数低、导电导热性能好、吸附性强、耐中子辐射等特点，在航天、人造卫星、火箭、原子能工程、化工、机械工业、电动机、医疗等方面均有广泛的应用
	各向同性石墨	力学性能、电性能、热性能等静态特性具有各向同性、异性比为1～1.1、机械强度高、密度高，用作电火花加工电极、碳化硅涂层基料、密封材料、坩埚、火箭喷嘴等
	电火花加工石墨	热导率高、热胀系数低、耐热冲击性强、自润滑性能好、不浸润被熔融的金属等
	人造金刚石用石墨	具有纯度、石墨化高等特点，用作人工合成金刚石的碳源材料
	高强度高密度高纯石墨	机械强度高、密度高、纯度高、耐氧化、耐腐蚀、耐高温，用于宇航火箭喷嘴和化学分析的石墨化炉等
	柔性石墨（膨胀石墨）	具有石墨的优良性能，还具有优良的柔韧性与弹性，对液体、气体渗透性低，自润滑性和抗氧化性比一般石墨高得多，用于密封填料和集电体等
	激光石墨	机械强度高、密度高、纯度高、结构细密、异性比小、耐离子轰击、溅散小，是氩离子激光器放电管的重要材料
	硅化石墨	具有很高的耐腐蚀性、耐热性及在液体和气体中的抗磨性，用作抗磨材料
	热解石墨	机械强度高、耐氧化、耐腐蚀、致密、透气率极低，各向异性强，用于制造粒状核燃料的色壳层和燃料的套筒，也用于电子设备和其他工业中
	氟化石墨	具有优良的热稳定性、耐腐蚀性和润滑性，可用作润滑脂和抗磨材料的添加剂及无水高能电池阴极材料等
	化工用石墨	机械强度高、纯度高、导热性好、耐腐蚀，可用作热交换器等
	抗氧化石墨	机械强度高、氧化失重率低、耐高温，用于金属冶炼等
	玻璃碳	具有玻璃和碳的不透气性、耐腐蚀性、抗氧化性、在惰性气体中耐高温等特点，在冶金、半导体化学工业中均有广泛应用
	泡沫石墨	质轻、多孔、耐热性、耐腐蚀性好，吸附力强，易于加工，用作高温隔热材料、催化剂载体、过滤器和吸附材料等

（续）

类别	种类	特性及应用
高纯石墨	一级高纯石墨	机械强度高、纯度高、灰分含量小于 30×10^{-6}。耐高温、抗氧化、结构细密、导热和导电，用作光谱分析等
	二级高纯石墨	灰分含量在 $(30\sim100)\times10^{-6}$ 之间，适用于水银整流器阳极及半导体技术用石墨舟皿、石墨模等
	三级高纯石墨	纯度高，适用于水银整流器阳极及半导体技术用石墨舟皿、电热元件、电火花加工用电极等
	四级高纯石墨	纯度高，适用于电子管阳极、电热元件、坩埚和石墨模等
调压器用碳电阻片	特种调压器用碳电阻片	由厚度为0.5～2.2mm碳片叠合而成的调压器用碳电阻片柱，在不断改变负荷的作用下具有改变接触电阻等特点，用于发电机的电压调整器和连续改变电阻的各种结构的变阻器等
	自动电压调整器用碳电阻片	
石墨制品	普通石墨电极	采用低灰分原料，经高温石墨化制成。导电性好，具有一定机械强度，用于普通电弧炉作导电电极
	特制石墨电极	采用优质原料，经高温石墨化制成。导电性与机械强度比普通石墨电极好。使用电流密度比普通石墨电极提高15%～25%
	高功率石墨电极	采用针状石油焦等原料制成。导电性、机械强度及抗热冲击性能均比普通石墨电极高。使用电流密度比普通石墨电极提高25%～40%
	抗氧化涂层石墨电极	在电极表面喷涂烧结一层抗氧化材料，可减少电极在电弧炉中的氧化消耗
	石墨块	生产过程与石墨电极基本相同。用于冶金炉作炉衬材料或导电材料
	石墨电极	电解食盐溶液，提取烧碱
青铜石墨含油轴承	具有较高的抗磨性和润滑性能、在汽车、拖拉机和洗衣机以及其他机械设备的小型发电机或电动机中均能应用	

表2.3-109 碳、石墨制品在工业部门中的应用实例

工业部门	制品名称	应用实例
机械工业用碳石墨制品	石墨耐磨制品	制作碳石墨轴承、碳石墨活塞环、碳石墨密封环、石墨刹车片等
	石墨润滑剂	用于高温及高负荷的滑动轴承及各种机械的滑动或转动部分，适用于作金属拉丝、管棒挤压以及冲压、模锻等冷热加工时的润滑剂
	碳纤维	采用碳纤维增强塑料可制成磨床用的磨头以及其他各种磨床零件，如旋转刀具、齿轮、轴承等
	柔性石墨	可用于腐蚀性和高温条件下的密封垫圈或垫片、阀门的密封垫料环、仪器仪表的密封元件等
	玻璃态碳	用于尖端、化工、冶金、半导体等工作部门在机械工业中可制成玻璃工业用的心轴、各种高温耐腐蚀介质中的轴承和机械密封件等
电工用碳石墨制品	电机用电刷	可作为汽轮发电机、牵引电机、汽车拖拉机、电动工具电机等的电刷
	电接点用碳石墨制品	用作断开触点、电机车用碳石墨滑块以及各种碳石墨滑轮滑块等
	碳石墨电阻及发热材料	用作碳石墨固定电阻、无级调节碳电阻、片柱和碳石墨发热元件
	整流器和电子管用石墨制品	可作为水银整流器的阳极、栅极和大型电子管的阳极、栅极等
	电加工用石墨电极	用作电火花加工、电解加工以及电解成形磨削用石墨电极
	碳棒	可制作照明碳棒、加热碳棒、导电碳棒、光谱分析用碳棒、电弧气刨用碳棒以及接地用碳棒等
冶金工业用碳石墨制品	石墨制品	制成各种石墨电极，用于电弧炉炼钢
	炭制品	制成各种炭块，砌筑炉衬；制成炭电极，用作导电电极
	炭糊类制品	用于矿热炉作自焙电极，或用于砌筑炭块
	石墨模	用作有色金属连续铸造、压力铸造和离心铸造的石墨模以及热压模等
化工用碳石墨制品	不透性石墨制品	可制成换热设备、反应和吸收设备以及流体输送系统中的管道、旋塞和泵等
	石墨阳极	制成氯碱工业用石墨阳极、电渗析用石墨电极

10.2　高纯石墨(见表2.3-110)

表2.3-110　高纯石墨的型号及技术性能(摘自JB/T 2750—2006)

型号	技术性能							
	灰分	硫含量	钙含量	体积密度 /g·cm^{-3}	真密度 /g·cm^{-3}	抗压强度 /MPa	抗折强度 /MPa	电阻率 /(μΩ·m)
	(质量分数)(%)≤			≥	≥	≥	≥	≤
G2	0.010	0.050	—	1.65	2.20	40	20	15
G3	0.025	0.050	0.006	1.55	2.15	25	14	—
G4	0.100	0.050	0.030	1.55	2.15	25	17	—

注:高纯石墨纯度高,杂质少;强度高,抗热震性好,耐高温、耐腐蚀、耐摩擦,切削性好,广泛应用于机械、冶金、化工、轻工、纺织、电子、航空、原子能及各种新技术部门。

10.3　玻璃态碳材料(见表2.3-111)

表2.3-111　玻璃态碳材料品种、规格、性能及应用(摘自JC/T 425—1991)

	品种	长度/mm		宽度/mm		厚度/mm		直径/mm	
		基本尺寸	极限偏差	基本尺寸	极限偏差	基本尺寸	极限偏差	基本尺寸	极限偏差
品种和尺寸规格	长方板材	230	±0.5	90	±0.3	6	±0.3	—	—
		200		80		7			
		180		60		7			
	圆板材	—	—	—	—	5		160	0 −0.5
	棒材	100	±0.5	—	—	—	—	10,9,8	±0.3
		80～130						7,6,5,4	
		50～80						3.5,3,2.5	±0.2

	项目		指标	特性及应用
技术性能	密度/g·cm^{-3}		1.51～1.52	以热固性树脂经特殊工艺处理制成,是各向同性的不透性材料。质脆、兼有石墨和玻璃性质,强度和电阻率比一般石墨材料高数倍,线胀系数近似,热导率低于一般石墨而高于玻璃,硬度高、耐高温、耐蚀和抗氧化性均好。可用于旋转密封的辅助面、冶炼金属坩埚、舟皿及激光技术中的电极材料
	肖氏硬度(HS)		120～128	
	体积电阻率/(10^{-4}Ω·cm)		48～55	
	平均线胀系数(室温至500℃)/10^{-6}K^{-1}		2.3～2.4	
	透气率/(10^{-8}Pa·L·S^{-1})	不大于	1	

注:1. 按用户要求,可供应其他规格产品。
2. 产品外观呈黑色,镜面,表面平滑,无裂纹,无明显弯曲。

10.4　阀门用柔性石墨填料(见表2.3-112)

表2.3-112　阀门用柔性石墨填料环规格及技术性能(摘自JB/T 6617—1993)

尺寸规格:

填料环根据需要可分为闭合式、单开口式和双开口式三种形式(见图)。开口式填料环是经45°(需要时也可60°)切口而成,切口应平整,不应出现散圈

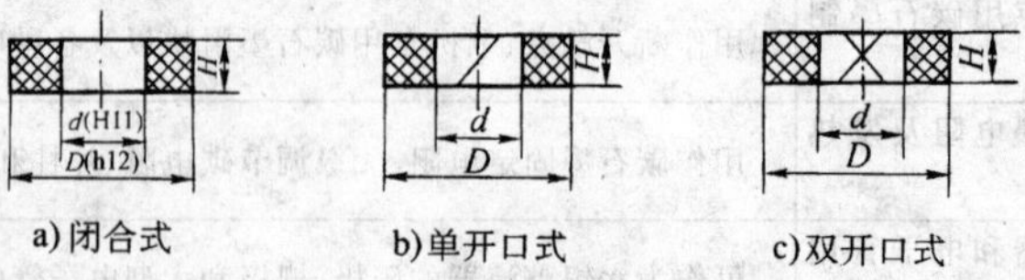

a)闭合式　　b)单开口式　　c)双开口式

填料环形式、尺寸可按用户要求选择。闭合式填料环的尺寸公差如图a),未注公差尺寸的公差等级按GB/T 1804规定的m(中等级)级

	项目		指标		
			单一柔性石墨类	金属复合类	树脂复合类
填料环技术性能	密度/g·cm^{-3}		1.5～1.7	≥1.7	≥1.5
	压缩率(%)		10～25	7～20	10～25
	回弹率(%)		≥35	≥35	≥35
	耐温失量①(%)	250℃	≤0.3	—	≤1.0
		450℃	≤0.8	≤0.6	—
		600℃	≤8.0	≤6.0	—
	摩擦因数		≤0.14	≤0.14	≤0.14

（续）

填料环用柔性石墨板带技术指标	抗拉强度不小于3.5MPa，灰分不大于5.0%（质量分数） 硫含量不大于1500×10^{-6}，氯含量不大于100×10^{-6}

① 当金属熔点低于试验温度时，不宜做该温度试验；树脂复合柔性石墨填料环视添加树脂种类、比例不同，试验温度允许按实际要求确定。

10.5 机械密封用碳石墨密封环（见表2.3-113～表2.3-115）

表2.3-113 机械密封用碳石墨密封环分类、代号及材料技术性能（摘自JB/T 8872—2002）

类别（代号）	浸渍物（代号）	肖氏硬度 HS ≥	抗折强度 /MPa ≥	抗压强度 /MPa ≥	体积密度 /g·cm^{-3} ≥	开口气孔率（%） ≤
碳-石墨密封环（M1）	无	40	25	50	1.40	20
	环氧树脂（H）	65	49	176	1.60	2.0
	呋喃树脂（K）	70	50	180	1.60	3.0
	酚醛树脂（F）	60	48	176	1.80	2.5
	巴氏合金（B）	75	70	218	2.50	3.5
	铝合金（A）	75	70	220	2.00	2.0
	铜合金（P）	70	70	230	2.50	3.0
	锑（D）	70	65	220	2.20	3.0
电化石墨密封环（M2）	无	30	20	30	1.50	20
	环氧树脂（H）	40	35	75	1.80	2.0
电化石墨密封环（M2）	呋喃树脂（K）	40	40	80	1.78	3.0
	酚醛树脂（F）	40	40	75	1.80	2.5
	巴氏合金（B）	40	45	80	2.40	3.5
	铝合金（A）	40	60	130	2.00	2.0
	铜合金（P）	40	50	100	2.60	4.0
	锑（D）	40	50	110	2.30	3.0
树脂碳石墨密封环（M3）	无	55	54	147	1.72	1.5

注：1. 本表各项技术性能系密封环用材料的性能指标。
2. 树脂碳石墨密封环的树脂粘结剂的代号为M3。
3. 碳石墨密封环应做水压试验，非平衡式和平衡式机械密封环的试验压力分别为1MPa和2.4MPa，持续10min，不得渗漏。
4. 碳石墨密封环的尺寸公差、表面粗糙度和形位公差参见JB/T 8872—2002的有关规定。

表2.3-114 碳石墨密封环材料的抗氧化腐蚀性能

介质	含量（%）（质量分数）	碳-石墨和电化石墨	浸渍树脂			浸渍金属				树脂碳石墨
			酚醛	环氧	呋喃	巴氏合金	铝合金	铜合金	锑	
盐酸	36	A	B	B	A	C	C	C	C	B
硫酸	50	A	B	C	A	C	C	C	C	B
硫酸	98	A	B	C	A	C	C	C	C	B
硝酸	50	A	B	C	B	C	C	C	C	B
硝酸	65	A	C	C	C	C	C	C	C	C
氢氟酸	40	A	B	C	A	C	C	C	C	B
磷酸	85	A	A	A	A	C	C	C	C	A
铬酸	10	A	B	B	B	C	C	C	C	B
醋酸	36	A	A	B	A	C	C	C	C	A
氢氧化钠	50	A	C	A	A	C	C	C	C	C
氢氧化钾	50	A	C	A	A	C	C	C	C	C
海水	/	A	B	A	A	A	C	A	C	B
苯	100	A	A	B	A	A	A	C	A	A
氨水	10	A	B	A	A	A	A	C	A	B
丙酮	100	A	B	B	A	B	A	A	A	B

（续）

介　质	含量（%）（质量分数）	碳-石墨和电化石墨	浸渍树脂			浸渍金属				树　脂碳石墨
			酚醛	环氧	呋喃	巴氏合金	铝合金	铜合金	锑	
尿　素	/	A	A	A	A	B	A	C	A	A
四氟化碳	/	A	A	A	A	A	A	A	A	A
机　油	/	A	A	A	A	A	A	A	A	A
汽　油	/	A	A	A	A	A	A	A	A	A

注：A—稳定；B—尚稳定；C—不稳定。

表2.3-115　碳石墨密封环的摩擦因数和推荐配对材料

类　　别	代号	浸渍物	摩擦因数不大于	推荐的配对材料	最高使用温度/℃
碳-石墨密封环	M1	树脂	0.15	青铜、硬质合金、镀铬钢、陶瓷、氮化硅、碳化硅	200
		金属	0.15	硬质合金、镀铬钢、不锈钢	450
				巴氏合金	200
电化石墨密封环	M2	树脂	0.25	陶瓷、硬质合金、青铜、不锈钢、镀铬钢、氮化硅、碳化硅	200
		金属	0.25	硬质合金、镀铬钢	450
				巴氏合金	200
树脂碳石墨密封环	M3	无	0.15	不锈钢、黄铜、陶瓷、氮化硅、硬质合金	200

注：本表中摩擦因数系碳石墨配对9Cr18、在MM-200型摩擦磨损试验机上进行干摩擦的测定值。

10.6　柔性石墨板（见表2.3-116）

表2.3-116　柔性石墨板尺寸规格及技术性能（摘自JB/T 7758.2—2005）

	项　目		指　标		
技术性能	密度偏差/$g \cdot cm^{-3}$（密度为1.0～1.1g/cm^3）	$H \geqslant 0.4$	±0.07	尺寸规格	石墨板的长、宽、厚尺寸按用户和生产厂双方商定宽度和厚度尺寸极限偏差应符合JB/T 7758.2—2005的规定： 宽度极限偏差为±3mm 厚度H极限偏差T：厚度$H \leqslant 0.4$mm，T为±10%H；0.4mm＜$H \leqslant 1.0$mm，T为±7%H；H＞1.0mm，T为±5%H
		$H < 0.4$	±0.1		
	抗拉强度/MPa		≥4.0		
	压缩率（%）		35～55		
	回弹率（%）		≥9		
	应力松弛率（%）		≤10		
	灰分（%）		≤2.0		
	热失重（%）	450℃	≤1.0		
		600℃	≤20		
	硫含量/$\mu g \cdot g^{-1}$		≤1200		
	氯含量/$\mu g \cdot g^{-1}$		≤80		

注：1. 本表也适用柔性石墨带。

2. 柔性石墨板的表面应平滑，无明显气泡、裂纹、皱折、划痕、杂质等缺陷。

10.7　柔性石墨编织填料（见表2.3-117）

表2.3-117　柔性石墨编织填料规格及技术性能（摘自JB/T 7370—1994）

项　目	RBTN1-450	RBTN2-600	RBTW1-300	RBTW2-450	RBTW2-600
体积密度/$g \cdot cm^{-3}$	规格＜20mm时，≥0.9 规格＞20mm时，≥0.7	0.8～1.2	规格＜20mm时，≥0.7 规格≤20mm时，≥0.9	1.1～1.4	
压缩率（%）	25～50			35～55	
回弹率（%）	≥12		≥10	≥9	≥10
含碳量（%）	≥80			≥85	
硫含量10^{-6}	≤1500				
热失量（%）	≤17	≤20	≤5	≤15	≤15
摩擦因数	≤0.18	≤0.2	≤0.13	≤0.4	

注：1. 不同型号产品耐温失量温度为各自最高适应温度。

2. 含碳量及硫含量测定时，若产品增强材料含金属材料，制样时应将金属材料剥离去掉后再进行测试。

3. 填料规格（填料边长）为：≤5mm、6～15mm、16～25mm、≥26mm，其极限偏差分别为：±0.4mm、±0.8mm、±1.2mm、±1.6mm。

4. 柔性石墨编织填料用的柔性石墨，其氯含量应不大于1550×10^{-6}。

10.8 柔性石墨复合增强(板)垫(见表2.3-118~表2.3-120)

表2.3-118 柔性石墨复合增强(板)垫分类、剖面结构及标记(摘自JB/T 6628—2008)

产品分类	产品标记	剖面结构简图
柔性石墨、金属齿板复合增强(板)垫	RSB 1222	
柔性石墨、金属平板复合增强(板)垫	RSB 1232	

表2.3-119 柔性石墨复合增强(板)垫厚度允许偏差(摘自JB/T 6628—2008) (mm)

规格	厚度	厚度偏差	同张厚度差	规格	厚度	厚度偏差	同张厚度差
≤500	0.5~1.0	±0.10	≤0.10	>500	0.5~1.0	±0.10	≤0.15
	>1.0~2.0	±0.15	≤0.15		>1.0~2.0	±0.15	≤0.20
	>2.0	±0.20	≤0.20		>2.0	±0.20	≤0.25

表2.3-120 柔性石墨复合增强(板)垫物理力学性能(摘自JB/T 6628—2008)

性能		指标 RSB 1222	指标 RSB 1232
压缩率(%)		15~35	35~55
回弹率(%) ≥		20	10
耐温失量(%) ≤	450℃	1.0	1.0
	600℃	10	10
吸油率(%) ≤	柴油	20	20
	机油	20	20
复合后石墨层密度 g·cm^{-3}		1.0~1.3	1.0~1.3

10.9 柔性石墨金属缠绕垫片(见表2.3-121、表2.3-122)

表2.3-121 柔性石墨金属缠绕垫片尺寸规格(摘自JB/T 6369—2005)

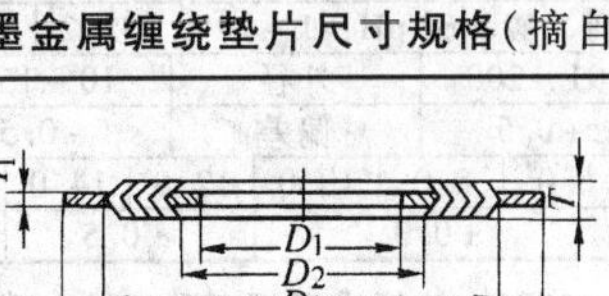

	公称通径	垫片本体 D_2	垫片本体 D_3	内外环 D_1	内外环 D_4
本体及内、外环公称通径及极限偏差/mm	≤200	±0.5 0	0 -0.8	+0.5 0	0 -0.8
	250~600	+0.8 0	0 -1.3	+0.8 0	0 -1.3
	650~1200	+1.8 0	0 -1.8	+1.5 0	0 -1.8
	1300~3000	+2.0 0	0 -2.5	+2.0 0	0 -2.5

（续）

	垫片主体		加强	
	厚度 T	极限偏差	厚度 T_1	极限偏差
主体及加强环厚度及极限偏差/mm	2.2～3.2	$^{0}_{-0.2}$	2	±0.2
	4.5～6.5	$^{0}_{\pm 0.4}$	3～5	±0.3
垫片技术指标	压缩率：18%～30%；回弹率：≥17%；应力松弛率：≤15%；泄漏率：≤$1.0\times10^{-3}cm^3/s$			

注：1. 垫片本体表面不应有伤痕、凹凸不平、空隙、锈斑等缺陷。主体缠绕完成后，其密封面不允许再进行预压处理或其他加工。

2. 垫片本体表面柔性石墨带应均匀突出金属带，且光洁平整。

3. 垫片由V型金属带和柔性石墨带相互重叠连续缠绕而成，金属带与柔性石墨带应紧密贴合，层次均匀，不应有皱折、空隙等缺陷。

4. 缠绕时，初绕和终绕一般各应有不少于3圈的金属带，其间不填入柔性石墨带。

5. 垫片外环在贮存和运输过程中不应与本体脱落。

表2.3-122 垫片用材料的技术性能（摘自JB/T 6369—2005）

	项 目		指 标
垫片用金属带材	厚 度		0.15～0.25mm
	材 质		0Cr18Ni9冷轧钢带，也可选用0Cr13、1Cr13、1Cr18Ni9Ti、0Cr17Ni12Mo2Ti或其他金属带材
	技术要求		（1）材料的化学成分和尺寸偏差应符合GB/T 4239的规定或用户要求 （2）不锈钢带硬度为140～160HBW或按用户要求 （3）金属带表面应光滑、洁净，不允许有粗糙不平、裂纹、划伤和锈斑等缺陷
垫片用柔性石墨板	项 目		指 标
	拉伸强度/MPa		≥4
	硫含量/μg·g^{-1}		≤1200
	氯含量/μg·g^{-1}		≤80
	热失量（%）	450℃	≤1.0
		600℃	≤20.0

注：垫片主体内、外侧的点焊数应符合JB/T 6369—2005的规定。

10.10 碳（化）纤维浸渍聚四氟乙烯编织填料（见表2.3-123、表2.3-124）

表2.3-123 碳（化）纤维浸渍聚四氟乙烯编织填料分类及尺寸规格（摘自JB/T 6627—2008）

分类	类型	最高使用温度/℃	适用介质	类型	最高使用温度/℃	适用介质
	T1101	≤345	溶剂、酸、碱 pH：1～14	T2102	≤300	溶剂、酸、碱 pH：1～14
	T1102	≤345	溶剂、酸、碱 pH：1～14	T3101	≤260	溶剂、弱酸、弱碱 pH：2～12
	T2101	≤300	溶剂、酸、碱 pH：1～14	T3102	≤260	溶剂、弱酸、弱碱 pH：2～12

压模成型环规格/mm	内径	4～100	101～200	外径	10～150	151～250	高度	3～25
	偏差	+0.3	+0.5	偏差	-0.5	-0.7		

正方形截面填料规格尺寸/mm	规格	3.0	4.0	5.0	6.0	8.0	10.0	12.0	14.0	16.0	18.0	20.0	22.0	24.0	25.0
	偏差	±0.2			±0.3			±0.5		±0.7		±1.0			

注：1. JB/T 6627—2008代替JB/T 6627—1993，该标准适用于碳纤维、碳化纤维Ⅰ型、Ⅱ型浸渍聚四氟乙烯或浸润滑油类编织及模压成型填料。

2. 产品内型号由大写汉语拼音字母和阿拉伯数字组成，表示方法如下：

T □ □ □ □

- 填料型式：1为编织填料；2为模压成型填料环
- 填充材料代号：0为不含填充材料；1为聚四氟乙烯纤维；2为柔性石墨
- 浸渍材料代号：0为不含浸渍材料；1为聚四氟乙烯乳液；2为润滑油；3为石墨；4为二硫化钼
- 碳纤维及碳化纤维代号：1为碳纤维；2为碳化纤维Ⅰ型；3为碳化纤维Ⅱ型
- 碳（化）纤维编织填料的基本代号

表 2.3-124　碳（化）纤维浸渍聚四氟乙烯编织填料的技术指标（摘自 JB/T 6627—2008）

项目		指标					
		T1101	T1102	T2101	T2102	T3101	T3102
体积密度/g·cm^{-3}		≥1.2	≥1.5	≥1.2	≥1.4	≥1.1	≥1.3
耐温失量（%）	(345±10)℃	≤6	≤5	—	—	—	—
	(300±10)℃	—	—	≤6	≤5	—	—
	(260±10)℃	—	—	—	—	≤6	≤5
摩擦因数		≤0.15					
磨耗量/g		<0.1	<0.07	<0.1	<0.07	<0.1	<0.1
压缩率（%）		20~45	10~25	25~45	10~25	25~45	10~25
回弹率（%）		≥30	≥30	≥30	≥30	≥25	≥30
酸失量（%）（5%硫酸）		<3	<3	<3	<3	<5	<5
碱失量（%）	25% NaOH	<3	<3	<3	<3	—	—
	5% NaOH	—	—	—	—	<8	<8

10.11　机械用炭材料及制品（见表 2.3-125~表 2.3-127）

表 2.3-125　机械用炭材料及制品系列、分类及型号（摘自 JB/T 2934—2006）

系列代号	分类	型号
M1	碳—石墨类	M103 M126 M134 M161 M164
	浸渍炭—石墨类	M113A M120B M161B M169D M170D M103F M135F M140F M161F M106H M112H M120H M126H M161H M103K M106K M120K M126K M158K M161K M120P M120R
M2	电化石墨类	M201 M202 M204 M205 M216 M218 M233 M238 M276 M252
	浸渍电化石墨类	M262A M201B M202B M205B M216B M254B M218C M201F M202F M205F M216F M218F M201H M202H M204H M205H M216H M233H M238H M252H M254H M255H M201K M202K M204K M205K M216K M218K M252K M254K M262P M262R
M3	树脂炭复合类	M301 M304 M312 M353 M356 M357 M369

注：1. JB/T 2934—2006 代替 JB/T 2934—1993。此标准适用于机械、化工、轻工业部门使用的炭石墨密封环、轴承和旋片。

2. 浸渍物的名称及代号如下：

名称	铝合金	巴氏合金	铜	锑	油脂	酚醛树脂	银	环氧树脂	
代号	A	B	C	D	E	F	G	H	
名称	聚四氟乙烯	呋喃树脂	磷酸铝	半干性油	脂肪酸	铝青铜	石腊	玻璃	干性油
代号	J	K	L	M	N	P	S	R	Y

3. 型号示例：

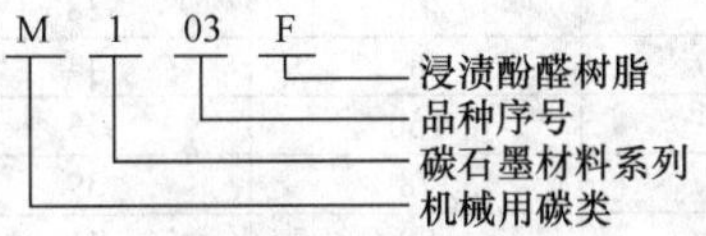

表 2.3-126　机械用炭材料的技术性能（摘自 JB/T 2934—2006）

系列代号	型号	肖氏硬度 ≥	抗压强度/MPa ≥	抗折强度/MPa ≥	开口气孔率（%） ≤	体积密度 g·cm^{-3} ≥
M1	M103	58	59	24	30	1.41
	M126	50	60	25	20	1.60
	M134	50	69	30	23	1.46
	M161	40	58	24	25	1.50
	M164	70	70	30	16	1.50
	M113A	60	250	98	2.0	1.9
	M120B	50	130	50	10	2.3
	M161B	50	102	36	6.0	2.6
	M169D	80	200	60	3.0	2.10
	M170D	70	120	40	5.0	2.20
	M103F	75	176	45	2.5	1.60
	M135F	60	100	49	3.0	1.70
	M140F	70	180	54	2.5	1.68
	M161F	50	80	36	2.5	1.75
	M106H	65	148	50	2.0	1.60
	M112H	55	170	52	2.0	1.62
	M120H	65	150	46	2.0	1.65

（续）

系列代号	型　号	肖氏硬度 ≥	抗压强度 /MPa ≥	抗折强度 /MPa ≥	开口气孔率 (%) ≤	体积密度 g·cm^{-3} ≥
M1	M126H	70	137	44	1.5	1.70
	M161H	65	122	56	2.5	1.80
	M103K	75	170	45	2.5	1.60
	M106K	70	161	54	3.0	1.60
	M120K	70	165	50	3.0	1.65
	M126K	70	137	39	3.0	1.65
	M158K	75	147	54	2.0	1.62
	M161K	65	122	56	2.5	1.75
	M120P	70	200	70	3.0	2.40
	M120R	90	180	57	3.0	1.80
M2	M201	23	37	15	28	1.54
	M202	30	26	18	28	1.57
	M204	40	74	30	18	1.60
	M205	27	40	15	27	1.48
	M216	26	34	15	27	1.60
	M218	60	100	40	18	1.70
	M233	55	98	39	10	1.80
	M238	35	60	30	20	1.70
	M252	32	39	20	25	1.55
	M276	40	59	25	20	1.60
	M262A	35	147	74	2.0	2.0
	M201B	28	75	34	5.0	2.5
	M202B	30	75	28	5.0	2.5
	M205B	55	115	31	5.0	2.5
	M216B	40	91	26	5.0	2.5
	M254B	30	60	30	1.0	2.3
	M218C	85	185	85	3.0	2.50
	M201F	40	78	34	2.5	1.80
	M202F	45	93	39	2.5	1.82
	M205F	40	75	38	2.5	1.80
	M216F	40	98	44	2.5	1.83
	M218F	70	160	55	1.0	1.85
	M254F	45	78	39	3.0	1.80
	M201H	48	88	41	2.5	1.82
	M202H	50	98	46	2.5	1.83
	M204H	62	127	50	1.0	1.85
	M205H	62	75	38	2.5	1.82
	M216H	48	97	46	2.5	1.83
	M233H	70	156	54	2.0	1.80
	M238H	40	78	39	2.0	1.85
	M252H	48	88	42	2.0	1.75
	M254H	42	74	35	2.0	1.75
	M255H	40	78	34	2.0	1.75
	M201K	42	88	35	2.5	1.82
	M202K	48	102	40	2.5	1.83
	M204K	60	137	39	3.0	1.85
	M205K	65	137	49	2.5	1.80
	M216K	40	87	30	2.5	1.80
	M218K	75	165	65	1.0	1.85
	M252K	50	88	34	3.0	1.80
	M262P	40	80	40	5.0	2.60
	M262R	64	100	48	2.0	1.80

（续）

系列代号	型　号	肖氏硬度 ≥	抗压强度 /MPa ≥	抗折强度 /MPa ≥	开口气孔率 （%） ≤	体积密度 $g \cdot cm^{-3}$ ≥
M3	M301	50	—	55	—	1.75
	M304	47	—	42	—	1.60
	M353	45	120	45	1.0	1.75
	M356	50	140	50	1.0	1.72
	M357	40	80	40	1.0	1.75
	M369	30	80	—	1.0	1.80
	M312	50	100	35	1.0	1.68

注：1. 浸渍类材料在作非密封制品时，表中开口气孔率数字可不作考核。

2. 如用户对浸渍制品有抗渗漏要求，可按供需双方拟定条件进行耐压试验。进行耐压试验的制品，不再做开口气孔率试验。

3. 机械用碳材料不允许有开裂、起层、氧化、夹料、浸渍不透和影响成品加工尺寸的表观缺陷。

4. M301 和 M304 型号 200℃线胀系数分别为（不大于）22×10^{-6}/K 和 15×10^{-6}/K。

表 2.3-127　机械用炭制品技术要求（摘自 JB/T 2934—2006）

制品名称	技　术　要　求
密封环	1. 静止环和旋转环的密封端面的平面度公差为 0.0009mm。表面粗糙度参数 R_a 值为 0.4μm 2. 静止环和旋转环的密封端面对与辅助密封圈接触的端面的平行度按 GB/T 1184 的 7 级公差 3. 静止环和旋转环与辅助密封圈接触部位的表面粗糙度参数 R_a 值为 3.2μm 4. 静止环和旋转环与辅助密封圈接触部位的圆周表面的尺寸公差带分别为 h8、H8 5. 静止环和旋转环的密封端面对与辅助密封圈接触部位的圆周表面的垂直度均按 GB/T 1184 的 7 级公差 6. 活塞分瓣环的外圆周面的尺寸公差带不低于 h8，表面粗糙度参数 R_a 值为 3.2μm、与端面垂直度不低于 GB/T 1184 的 9 级公差；两端面平行度不低于 GB/T 1184 的 8 级公差、表面粗糙度参数 R_a 值为 3.2μm、端面间尺寸偏差不低于 GB/T 1800 的 $\pm\frac{IT8}{2}$ 7. 轴封分瓣环的内圆周面的尺寸公差带不低于 H8、表面粗糙度参数 R_a 值为 3.2μm、对端面的垂直度不低于 GB/T 1184 的 9 级公差；两端面的平行度不低于 GB/T 1184 的 8 级、表面粗糙度参数 R_a 值为 3.2μm、端面间尺寸偏差不低于 GB/T 1800 的 $\pm\frac{IT8}{2}$
轴承	1. 导向轴承内圆周面的尺寸公差带不低于 H8、表面粗糙度参数 R_a 值为 3.2μm；外圆周面的尺寸公差带不低于 h8、表面粗糙度参数 R_a 值为 3.2μm；内外圆的同轴度不低于 GB/T 1184 的 8 级公差 2. 止推轴承的工作面与外圆周表面的垂直度不低于 GB/T 1184 的 9 级公差；外圆周面的尺寸公差带 h8
旋片	两短工作面间和两大面间的尺寸偏差不低于 GB/T 1800 的 $\pm\frac{IT8}{2}$，长工作面与短工作面间的垂直度不低于 GB/T 1184 的 8 级公差，工作面与两大面表面粗糙度参数 R_a 值均为 3.2μm

10.12　碳、石墨耐磨材料（见表 2.3-128）

表 2.3-128　碳、石墨耐磨材料的性能

类　别	体积密度 $/g \cdot cm^{-3}$	硬度 HS	气孔率（体积分数）（%）	抗压强度 /MPa	抗折强度 /MPa	线胀系数 /（$10^{-6}K^{-1}$）	耐热温度 /℃
碳-石墨	1.50～1.70	50～85	10～20	80～180	25～55	—	350
电化石墨	1.60～1.80	40～55	10～20	35～75	20～40	3	400
碳-石墨基体：浸酚醛	1.65	90	5	260	65	14	170
浸环氧	1.62～1.68	65～92	2	100～270	45～75	11.5	—
浸呋喃	1.70	70～90	2	170～270	60	6.5	—
浸四氟乙烯	1.60～1.90	80～100	<8	140～180	40～60	—	—
浸巴氏合金	2.40	60	2	200	65	—	—
浸青铜	2.40	90	4	320	80	6	500
电化石墨基体：浸酚醛	1.80	45～72	2～3	90～140	35～50	14	170
浸环氧	1.80～1.90	40～90	1	70～150	30～80	11.5	—
浸呋喃	1.85～1.90	50～80	2	120～150	45～50	6.5	170
浸四氟乙烯	1.70	65	—	60	30	5.2	250
浸巴氏合金	2.40	42～60	3	100～200	40～70	5.5	200
浸青铜	2.45	45～60	2～3	120～150	60～70	6	500
浸铝合金	2.10～2.20	45	1	200	100	6	400
浸磷酸盐	1.60	65	—	50	30	5.2	500

注：碳、石墨材料在润滑介质和腐蚀介质中，均能自润滑地长期工作，浸渍石墨（树脂、青铜、巴氏合金）适用于制作油泵、水泵、汽轮机、搅拌机以及各种酸碱化工泵的密封环（静环）、防爆片、管道、管件等；碳质，浸渍石墨（树脂、金属）适用于造纸、木材加工、纺织、食品等机器上忌油脂场所的轴承；电化石墨，浸渍石墨（金属）适于化工用气体压缩机的活塞环等；浸渍石墨（金属）适于制作计量泵、真空泵、分配泵的刮片等。

10.13　不透性石墨（见表2.3-129～表2.3-132）

表2.3-129　不透性石墨品种及技术性能

品种	人造石墨	酚醛树脂压型石墨		浸渍石墨			浇注石墨（常温常压）
				浸酚醛		浸呋喃	
		压型管	碳化管	管材	块材		
体积密度/g·cm^{-3}	1.5～1.6	1.87	1.79	1.90	1.80～1.90	1.80	1.20
抗压强度/MPa	20～24	66	69	83	60～70	42～59	49
抗弯强度/MPa	8.5～10.0	43.0	39.0	30.7	24.0～28.0	14.0～20.0	21.1
抗拉强度/MPa	2.5～3.5	16.0	14.1	19.5～23.2	8.0～10.0	—	7.7
线胀系数/10^{-6}K^{-1}	2.25	24.75（129℃）	8.45（151℃）	2.4	5.5	—	30
热导率/W·（m·K）$^{-1}$	172～130	33（56℃）	—	105～117	117～126	—	—
马丁耐热温度/℃	—	≤170	300	≤170	≤170	180～200	≤106
透气性	—	10MPa水压不透	8MPa水压不透	—	6MPa水压不透	5MPa水压不透	—
热稳定性次数（150℃急冷至20℃）	>20	>20	>20	>20	>20	>20	>20

注：不透性石墨以一般人造石墨制品为基体，浸渍树脂填充基体中孔隙而成，或以石墨粉加树脂为粘结剂，压制或浇注成型，俗称塑料石墨。具有优良的耐腐蚀性，导热性好，耐热冲击性强。用于化工设备中的块、管式和径向式石墨热交换器、降膜式石墨吸收器、浓硫酸石墨稀释器、石墨盐酸合成炉及耐腐蚀管道、管件和床板、石墨防爆片等。

表2.3-130　酚醛浸渍石墨耐腐蚀性能

介质名称		质量浓度/10g·L^{-1}	温度/℃	耐蚀性能	介质名称		质量浓度/10g·L^{-1}	温度/℃	耐蚀性能
酸类	盐酸	任意	沸点以下	A	有机介质	硝基苯	100	135	A
	硫酸	<80	沸点以下	A		二硫化碳	100	沸点以下	A
	亚硫酸	任意	沸点以下	A		苯酚	98	80	A
	磷酸	<85	沸点以下	A		汽油	100	沸点以下	A
	硝酸	<15	<50	A		植、动物油	—	<170	A
	亚硝酸	任意	沸点以下	A		煤油	—	<170	A
	硝酸	30	<20	A		甘油	95	沸点以下	A
	氢氟酸	48	沸点以下	A		石蜡	—	60	A
	氮溴酸	任意	沸点以下	A	盐类溶液	硫酸盐	任意	沸点以下	A
	铬酸	10	20	A		硫代硫酸盐	任意	沸点以下	A
	甲—丁酸	任意	沸点以下	A		钾钠碳酸盐	任意	80	B
	顺丁烯乙酸	45	90	A		其他碳酸盐	任意	沸点以下	A
	谷氨酸	20	<140	A		磷酸盐	任意	沸点以下	A
	苯磺酸	10	120	A		次氯酸盐	<12.5	沸点以下	A
	其他有机酸	任意	沸点以下	A		金属氯化物	任意	沸点以下	A
碱类	氢氧化钠	2.5	20	C		金属硫化物	任意	沸点以下	A
	氢氧化钾	2.5	20	C		硫氢酸盐	任意	沸点以下	A
	氢氧化氰	28	50	A		硫酸锰	15	95	A
有机介质	甲-戊醇	100	沸点以下	A		高锰酸钾	20	80	C
	甲-戊酮	100	沸点以下	A		高锰酸钾	20	60	B
	甲-戊醛	100	沸点以下	A		重铬酸钾	40	60	B
	氯代甲-戊醛	任意	沸点以下	A	其他介质	氟气	100	常温	C
	氯代甲-戊烷	任意	沸点以下	A		干氯气	100	常温	A
	氯代甲-戊烯	任意	沸点以下	A		溴	100	20	C
	苯、氯苯、苯胺	100	沸点以下	A		溴水	饱和	50	C
	苯乙烯、乙苯	100	80	A		碘	饱和	100	C
	二甲苯	100	100	A		拉开粉	20	100	C
	双二氯苯	100	125	A		发泡粉	20	100	C

注：A—完全耐蚀，B—实用耐蚀，C—耐腐性差。

表2.3-131　浸呋喃树脂石墨耐腐蚀性能

介质	质量浓度/10g·L^{-1}	温度/℃	耐蚀性
硫酸	90	50	A
铬酸	10	50	A
氢氧化钠	<50	沸点	A
氢氧化钾	20	40	A
次氯酸钙	20	60	A

（续）

介质	质量浓度/10g·L⁻¹	温度/℃	耐蚀性
高锰酸钾	20	60	A
重铬酸钾	20	60	A

注：A—完全耐蚀。

表 2.3-132　不透性石墨管尺寸规格和技术性能（摘自 HG/T 2059—2004）

	性能	压层酚醛石墨管		浸渍树脂石墨管	
		YFSG1	YFSG2	JSSG1	JSSG2
技术性能	体积密度/kg·m⁻³　≥	1.8×10^3	1.8×10^3	1.9×10^3	1.74×10^3
	导热率/W·(m·K)⁻¹	31.4~40.7	31.4~40.7	104.6~116.0	49.0
	线胀系数/℃⁻¹	24.7×10^{-6}(129℃)	8.2×10^{-6}(129℃)	2.4×10^{-6}(129℃)	—
	抗拉强度/MPa　≥	19.6	16.7	15.7	30.0
	抗压强度/MPa　≥	88.2	73.5	75.0	90.0
	抗弯强度/MPa　≥φ32mm/φ22mm	55.0	50.0	50.0	45.0
	抗弯强度/MPa　φ50mm/φ36mm	35.0	35.0	35.0	45.0
	水压爆破强度/MPa	7（φ32mm/φ22mm×300mm） 6（φ50mm/φ36mm×300mm）			6~10 （根据直径不同确定）
	抗渗透性	φ32mm/φ22mm×100mm 试样，在 1MPa 进行水压试验 10min，不渗漏			

尺寸规格	公称直径 DN/mm	22	25	30	36	40	50	65	75	102	127	152	203	254
	内径/mm	22	25	30	36	40	50	65	75	102	127	152	203	254
	外径/mm	32	38	43	50	55	67	85	100	133	159	190	254	330
	设计压力/MPa	0.3				0.2								

11　隔热材料

11.1　膨胀珍珠岩绝热制品（见表 2.3-133）

表 2.3-133　膨胀珍珠岩绝热制品分类、规格及性能（摘自 GB/T 10303—2001）

	项目	平板（P）/mm	弧形板（H）/mm	管壳（G）/mm	产品分类及代号
品种和规格	长度	400~600	400~600	400~600	按用途分为：建筑用制品（J），设备及管道、工业炉窑用制品（S） 按有无憎水性分为：普通型和憎水型（Z） 按质量分为：优等品（A）和合格品（B） 按密度分为：200 号、250 号、350 号 按形状分为：平板（P）、弧形（H）、管壳（G）
	宽度	200~400	—	—	
	厚度	40~100	40~100	40~100	
	内径	—	>1000	57~1000	

	项目		指标 200号 优等品	200号 合格品	250号 优等品	250号 合格品	350号 合格品
物理性能	密度/kg·m⁻³		≤200		≤250		≤350
	导热系数/W·(m·K)⁻¹	298K±2K	≤0.060	≤0.068	≤0.068	≤0.072	≤0.087
		623K±2K（S类要求此项）	≤0.10	≤0.11	≤0.11	≤0.12	≤0.12
	抗压强度/MPa		≥0.40	≥0.30	≥0.50	≥0.40	≥0.40
	抗折强度/MPa		≥0.20	—	≥0.25	—	—
	含水率（质量分数）(%)		≤2	≤5	≤2	≤5	≤10
	憎水率（%）		憎水型产品憎水率不小于98%				
	匀温灼烧线收缩率（%）		S类产品 923K（650℃）时不大于2%，且灼烧后无裂纹				

注：1. 产品的尺寸偏差及外观质量要求按 GB/T 10303 的规定，产品的尺寸规格具体要求由用户提供。

2. 憎水型制品是在产品中添加憎水剂，降低了表面亲水性能的一种制品。

3. 标记：标记顺序为产品名称、密度、形状、产品用途、憎水性、长度×宽度（内径）×厚度、等级、标准号

示例1：长为600mm、宽为300mm、厚为50mm，密度为200号的建筑物用憎水型平板优等品标记为：

膨胀珍珠岩绝热制品 200PJZ 600×300×50A GB/T 10303

示例2：长为400mm、内径为57mm、厚为40mm，密度为250号的普通型管壳合格品标记为：

膨胀珍珠岩绝热制品 250GS 400×57×40B GB/T 10303

示例3：长为500mm、内径为560mm、厚为80mm，密度为300号的憎水型弧形板合格品标记为：

膨胀珍珠岩绝热制品 300HSZ 500×560×80B GB/T 10303

11.2　绝热用玻璃棉及其制品（见表2.3-134）

表2.3-134　绝热用玻璃棉及其制品分类、尺寸规格及性能（摘自GB/T 13350—2008）

	类别	说　明		
玻璃棉制品分类	玻璃棉	用火焰法、离心法、高压载能气体喷吹法等技术，将熔融玻璃纤维化而制成的材料	制品按工艺分类	火焰法，代号为a 离心法，代号为b
	玻璃棉板	玻璃棉施加热固性粘结剂制成的具有一定刚度的板状制品		
	玻璃棉带	将玻璃棉板切成一定的宽度		
	玻璃棉毯	用不含粘结剂的玻璃棉，并用纸、布或金属网等作贴面材料增强制成的毯状制品		
	玻璃棉毡	玻璃棉施加热固性粘结剂制成的柔性的毡状制品		
	玻璃棉管壳	玻璃棉施加热固性粘结剂制成的管状制品		

玻璃棉种类及性能	玻璃棉种类	纤维平均直径/μm ≤	渣球含量（粒径＞0.25mm）（%）≤	导热系数/W·(m·K)$^{-1}$（平均温度70±5℃）≤	热荷重收缩温度/℃ ≥
	1号	5.0	1.0（1a）	0.041（40kg/m^3）	400
	2号	8.0	4.0（2a） 0.3（1b、2b）	0.042（64kg/m^3）	400

玻璃棉板	规格	种类	密度/kg·m^{-3}	厚度/mm	允许偏差/mm	宽度/mm	长度/mm
		2号	24	25，30，40	+5 0	600 $^{+10}_{-3}$	1200 $^{+10}_{-3}$
				50，75	+0.8 0		
				100	+10 0		
			32，40	25，30，40，50，75，100	+3 −2		
			48，64	15，20，25，30，40，50			
			80，96，120	12，15，20，25，30，40	±2		

玻璃棉板	性能	种类	体积密度/kg·m^{-3}	导热系数/W·(m·K)$^{-1}$（平均温度70℃±5℃）≤	燃烧性能	热荷重收缩温度/℃ ≥
		2号	24	0.049	不燃材料	250
			32	0.046		300
			40	0.044		350
			48	0.043		
			64、80、96、120	0.042		400

玻璃棉带	规格	种类	长度/mm	长度允许偏差/mm	宽度/mm	宽度允许偏差/mm	厚度/mm	厚度允许偏差/mm
		2号	1820	±20	605	±15	25	+4 −2

玻璃棉带	性能	种类	体积密度/kg·m^{-3}	导热系数/W·(m·K)$^{-1}$（平均温度70℃±5℃）	燃烧性能	热荷重收缩温度/℃
		2号	32、40、48、64、80、96、120	≤0.052	不燃	≥300～≥400（按密度不同）

玻璃棉毯	规格	种类	长度/mm	长度允许偏差/mm	宽度/mm	宽度允许偏差/mm	厚度/mm	厚度允许偏差/mm
		1号	2500	不允许负偏差	600	不允许负偏差	25、40、50、75	不允许负偏差
		2号	1000 1200	+10 −3	600	+10 −3	25、40、50、75、100	不允许负偏差
			5000	不允许负偏差				

玻璃棉毯	性能	种类	体积密度/kg·m^{-3}	导热系数/W·(m·K)$^{-1}$（平均温度70℃±5℃）	热荷重收缩温度/℃ ≥
		1号	≥24	≤0.047	350
		2号	24～40	≤0.048	350
			41～120	≤0.043	400

（续）

类别	项目	种类	长度/mm	长度允许偏差/mm	宽度/mm	宽度允许偏差/mm	厚度/mm	厚度允许偏差/mm
玻璃棉毡	规格	2 号	1000 1200 2800	+10 −3	600 1200 1800	+10 −3	25 30 40 50 75 100	不允许负偏差
			5500 11000 20000	不允许负偏差				

类别	项目	种类	密度/kg·m^{-3}	密度允许偏差（%）	导热系数（平均温度 70^{+5}_{-2}℃）/W·(m·K)$^{-1}$	燃烧性能	热荷重收缩温度/℃
玻璃棉毡	性能	2 号	10	+20 −10	≤0.062	不燃材料	≥250
			12 16		≤0.058		
			20		≤0.053		
			24		≤0.048		≥300
			32 40				≥350
			48		≤0.043		≥400

类别	项目	长度/mm	长度允许偏差/mm	厚度/mm	厚度允许偏差/mm	内径/mm	内径允许偏差/mm
玻璃棉管壳	规格	1 000	+5 −3	20 25 30	+3 −2	22，38， 45，57，89	+3 −1
				40 50	+5 −2	108，133，159，194	+4 −1
						219，245，273，325	+5 −1

类别	项目	密度/kg·m^{-3}	密度允许偏差（%）	导热系数（平均温度 70^{+5}_{-2}℃）/W·(m·K)$^{-1}$	燃烧性能	热荷重收缩温度/℃
玻璃棉管壳	性能	45～90	+15 0	≤0.043	不燃材料	≥350

注：1. GB/T 13350—2008 代替 GB/T 13350—2000。

2. 玻璃棉导热系数一栏带括号的数值是试验产品的体积密度（kg/m^3）。

3. 纤维直径 <15μm 的普通玻璃棉，耐蚀性较差，使用温度不超过 300℃；纤维直径 <5μm 的普通超细玻璃棉，耐热温度≤400℃，纤维直径 <2μm 的无碱超细玻璃棉，使用温度为 −120～600℃，耐蚀性强，吸声和防震性均好；高硅氧玻璃棉，吸声好，耐蚀性高，耐高温，使用温度最高可达 1000℃。

4. 表中热荷重收缩温度为试样在热荷重作用下，厚度收缩率为 10% 时的对应温度，旧标准称为最高使用温度。

5. 产品标记：由产品名称、技术特性（密度、尺寸、外覆层）、标准号组成。产品技术特性由下列部分组成：

① 用数字 1 或 2 表示玻璃棉种类；

② 用 a 或 b 表示生产工艺，后空一格；

③ 表示制品密度数字，单位为 kg/m^3；后接"—"。

④ 表示制品尺寸的数字，板、带、毯、毡以"长度×宽度×厚度"表示，管壳以"内径×长度×厚度"表示，单位为 mm；

⑤ 制造商标记，包括热阻 R 值，贴面等，彼此用逗号分开，放于圆括号内。

例 a：密度为 48kg/m^3，长度×宽度×厚度为 1 200mm×600mm×50mm，制造商标称热阻 R 值为 1.4m^2·K/W，外覆铝箔，纤维平均直径不大于 8.0μm 以离心法生产的玻璃棉板，标记为：

玻璃棉板 2b 48 1 200×600×50（R1.4，铝箔）GB/T 13350—2008。

例 b：密度为 64kg/m^3，内径×长度×壁厚为 ϕ89mm×1000mm×50mm，纤维直径不大于 5.0μm 以火焰法生产的玻璃棉管壳，标记为：

玻璃棉管壳 1a 64 ϕ89×1000×50 GB/T 13350—2008。

11.3　膨胀蛭石及其制品（见表2.3-135～表2.3-137）

表2.3-135　膨胀蛭石分类及技术性能（摘自JC/T 441—1996）

	类别 \ 累计筛余（%） \ 筛孔直径/mm	10	5	2.5	1.25	0.63	0.25	0.16
按颗粒级配分类	1号	30～80	—	80～100	—	—	—	—
	2号	0～10	—	—	90～100	—	—	—
	3号	—	0～10	40～90	—	90～100	—	—
	4号	—	—	0～10	—	—	90～100	—
	5号	—	—	—	0～5	—	60～98	90～100

	项目		产品等级		
			优等品	一等品	合格品
技术性能	体积密度/kg·m^{-3}	≤	100	200	300
	热导率（平均温度25℃±5℃）/W·(m·K)$^{-1}$	≤	0.062	0.078	0.095
	含水率（%）	≤	3	3	3

注：膨胀蛭石的使用温度为-30～900℃。

表2.3-136　膨胀蛭石制品尺寸规格（摘自JC/T 442—1996）

制品名称及代号	尺寸规格/mm	尺寸允许偏差
砖（P）	230×113×65；240×115×53	产品分为优等品、一等品、合格品。板、砖长、宽、厚的允许偏差均为：优等品：±3mm，一等品：±4mm，合格品：±5mm 管壳优等、一等、合格品，长度允许偏差分别为：±3mm、±5mm、±5mm，厚度允许偏差分别为：±3、±4、±5mm；内径允许偏差分别为：$^{+3}_{-0}$、$^{+4}_{-0}$、$^{+5}_{-0}$mm
板（P）	长200，250，300，400 宽200，250，300，500 厚40，50，60，65，70，80，100，120，150，200	
管壳（G）	长150，300，350 厚50，60，70，80，100，120，200 内径25，28，32，38，42，45，48，57，73，76，83，89，103，108，114，121，133，140，146，159，168，194，219，245，273，325，356，377，419，426，480	

注：按粘结剂不同分为：水泥膨胀蛭石制品，用于中低温管道绝热，冷库不宜用；水玻璃膨胀蛭石制品，用于非潮湿环境中；沥青膨胀蛭石制品，用于建筑防水层、冷库等。

表2.3-137　水泥膨胀蛭石制品技术性能（摘自JC/T 442—1996）

项目		产品等级		
		优等品	一等品	合格品
压缩强度/MPa	≥	0.4	0.4	0.4
体积密度/kg·m^{-3}	≤	350	480	550
含水率（%）	≤	4	5	6
热导率（平均温度25℃±5℃）/W·(m·K)$^{-1}$	≤	0.090	0.112	0.142

注：1. 水玻璃膨胀蛭石制品、沥青膨胀蛭石制品的各项物理性能指标由供需双方协议确定。

2. 膨胀蛭石制品使用温度为：-40～800℃。

11.4 泡沫石棉（见表2.3-138）

表2.3-138 泡沫石棉的尺寸规格及性能（摘自JC/T 812—1996）

尺寸规格/mm	项目	基本尺寸	允许偏差
	长度	800	±5
		1000	±10
		1500	±15
	宽度	500	±5
	厚度	25，30，35，40，45，50，55，60	$^{+4.5}_{0}$

性能及外观质量	项目/指标/等级	体积密度/kg·m^{-3} ≤	热导率（平均温度343K±5K，冷热板温差28K±2K）/W·(m·K)$^{-1}$ ≤	压缩回弹率（%）≥	含水率（%）≤	外观质量 表面	外观质量 断面结构
	优等品	30	0.046	80	2.0	平整，手感细腻、柔软	泡孔均匀、细密
	一等品	40	0.053	50	3.0	无明显隆起或凹陷，手感细腻	泡孔细密，个别泡孔不大于5mm
	合格品	50	0.059	30	4.0	比较平整，允许有5mm以下的凹凸	比较细密，上下层泡孔允许略有差别，个别泡孔不大于10mm

注：泡沫石棉是以温石棉为主要原料，经多种工艺制成的泡沫状制品，可生产各种规格及形状的产品。用于防潮、防水、防腐、保温、保冷等。

12 工业用毛毡（见表2.3-139～表2.3-143）

表2.3-139 工业用毛毡及毡制品力学性能（摘自FZ/T 25001—1992）

分类	品号	体积密度/g·cm^{-3} 一等品	体积密度/g·cm^{-3} 二等品	断裂强度/N·cm^{-2} 不小于 一等品	断裂强度 二等品	断裂时伸长率（%）不大于 一等品	断裂时伸长率 二等品	剥离力/N 不小于 一等品	剥离力 二等品	备注
细毛	T112-65	0.65 $^{+0.07}_{-0.05}$		一向588 另一向392		一向110 另一向120				断裂强度中的数值右上角有：1）、2）、3）、4）、5）的分别为0.44、0.41、0.39、0.36、0.32g/cm³细毛特品；右上角有6）、7）、8）、9）的分别为0.38、0.36、0.34、0.32g/cm³半粗毛特品；上角有10）、11）的分别为0.36、0.32g/cm³粗毛特品
	T112-32～44	0.32～0.44 $^{+0.03}_{-0.02}$	0.32～0.44 $^{+0.05}_{-0.04}$	490[1)]	392	90	108			
				460[2)]	374	105	126			
				441[3)]	353	110	132			
				343[4)]	274	115	138			
				245[5)]	196	120	144			
	T112-25～31	0.25～0.31±0.02	0.25～0.31+0.04							
	112-32～44	0.32～0.44 $^{+0.03}_{-0.02}$	0.32～0.44 $^{+0.05}_{-0.04}$							
	112-25～31	0.25～0.31±0.02	0.25～0.31±0.04							
	112-09～24	0.09～0.24±0.02	0.09～0.24±0.04							
	111-32	0.32 $^{+0.01}_{-0.01}$	0.32 $^{+0.0}_{-0.0}$					59	59	

（续）

分类	品号	体积密度/g·cm^{-3} 一等品	体积密度/g·cm^{-3} 二等品	断裂强度/N·cm^{-2} 不小于 一等品	断裂强度/N·cm^{-2} 不小于 二等品	断裂时伸长率（%）不大于 一等品	断裂时伸长率（%）不大于 二等品	剥离力/N 不小于 一等品	剥离力/N 不小于 二等品	备注
半粗毛	T112-30~38	0.30~0.38 $^{+0.03}_{-0.02}$	0.30~0.38 $^{+0.05}_{-0.04}$	392[6)]	314	95	114			断裂强度中的数值右上角有：1）、2）、3）、4）、5）的分别为0.44、0.41、0.39、0.36、0.32g/cm^{3}细毛特品；右上角有6）、7）、8）、9）的分别为0.38、0.36、0.34、0.32g/cm^{3}半粗毛特品；上角有10）、11）的分别为0.36、0.32g/cm^{3}粗毛特品
				294[7)]	235	110	132			
				245[8)]	196	110	132			
				245[9)]	196	125	150			
	T122-24~29	0.24~0.29±0.02	0.24~0.29±0.04							
	122-30~38	0.30~0.38 $^{+0.03}_{-0.02}$	0.03~0.38 $^{+0.05}_{-0.02}$							
	122-24~29	0.24~0.29±0.02	0.24~0.29±0.04							
	222-34~36	0.34~0.36 $^{+0.03}_{-0.02}$	0.34~0.36 $^{+0.05}_{-0.04}$							
粗毛	T132-32~36	0.32~0.36 $^{+0.03}_{-0.02}$	0.32~0.36 $^{+0.05}_{-0.04}$	294[10)]	235	110	132			
				245[11)]	196	130	156			
	T132-24~31	0.24~0.31±0.02	0.24~0.31±0.04							
	T132-23	0.23±0.02	0.23±0.04	245	196	110	132			
	132-32~36	0.32~0.36 $^{+0.03}_{-0.02}$	0.32~0.36 $^{+0.05}_{-0.04}$							
	132-23~31	0.23~0.31±0.02	0.24~0.31±0.04							
	232-36	0.36 $^{+0.03}_{-0.02}$	0.36 $^{+0.05}_{-0.04}$							
杂毛	T152-23	0.23±0.02	0.23±0.04	108	88	130	156			
	152-30~36	0.30~0.36 $^{+0.03}_{-0.02}$	0.30~0.36 $^{+0.05}_{-0.04}$							
	152-20~29	0.20~0.29±0.02	0.20~0.29±0.04							
	342-36	0.36 $^{+0.03}_{-0.02}$	0.36 $^{+0.05}_{-0.04}$							
	552-23~36	0.23~0.36 $^{+0.03}_{-0.02}$	0.23~0.36 $^{+0.05}_{-0.04}$							
	520-20	0.20±0.02	0.20±0.04							

注：1. 毛毡是工业上常用的材料，可以冲切制造成为各种形状的零件，如圆环形零件、条块形零件等；可作为隔热保温材料，过滤材料、抛磨光材料、防震材料、密封材料、衬垫材料及弹性钢丝针布底毡材料。

2. 毛毡品号的含义：

T 1 1 2-65

- T——特品毡
- 第一个1——颜色代号，1—白色（羊毛本色），2—灰色，3—天然杂色，4—彩色（人工染色或人工加白），5—各种杂色
- 第二个1——原料，1—细毛，2—半粗毛，3—粗毛，4—杂毛，5—兽毛
- 2——品种规格：1—匹毡，2—块毡，3—毡轮，4—毡筒，5—环形零件（油封），6—缝接环形零件（缝接油封），7—块形零件，8—圆片零件，9—条形零件，O—滤芯
- 65——密度代号（体积密度值乘100）65即0.65g/cm^3

表 2.3-140 工业用毛毡的尺寸规格（摘自 FZ/T25001—1992）

项目	评等指标 范围 / 密度范围	允许偏差 /mm 1.5~2.5 一等品	1.5~2.5 二等品	2.6~5 一等品	2.6~5 二等品	5.1~13 一等品	5.1~13 二等品	13.1~25 一等品	13.1~25 二等品	3 一等品	3 二等品	4.5 一等品	4.5 二等品	6 一等品	6 二等品	备注
厚度 /mm	体积密度 >0.30g·cm^{-3}	±20%	±27%	±14%	±17%	±12%	±15%	±11%	±15%							每块厚度测量点中每个测量点不允许超过标准公差
	体积密度≤0.30g/cm^3 以下（包括0.30g·cm^{-3}）	±25%	±30%	±18%	±25%	±15%	±20%	±11%	±15%							
	体积密度0.60~0.70g/cm^3 细毛毡	±0.2		±0.3										±0.3		
	体积密度0.32g/cm^3 钢丝针布毡									$^{+0.15}_{-0.2}$	±0.2	$^{+0.15}_{-0.3}$	$^{+0.2}_{-0.3}$			
尺寸		长度 一等品				长度 二等品				宽度 一等品				宽度 二等品		
	匹毡（钢丝针布毡）/m	$124^{+0.1}_{-1}$				$124^{+0.1}_{-1}$				$1.07^{+0.01}$				$1.07^{+0.01}$		
		$114^{+0.1}_{-1}$				$114^{+0.1}_{-1}$				$1.07^{+0.01}$				$1.07^{+0.01}$		
	块毡 /mm	$^{+10}_{-5}$				±10				$^{+10}_{-5}$				±10		

注：匹毡（钢丝针布毡）厚度，按规定取样测试10个测量点，求平均值，4.5mm规格，厚度极差必须在3.8mm及以上和5mm及以下，3mm规格厚度极差2.5mm及以上和3.3mm及以下。

表 2.3-141 毡制品零件的尺寸允许偏差（摘自 FZ/T25001—1992） （mm）

分类	零件形状及尺寸名称		名义尺寸 允许偏差 10以下（包括10） 油封	10以下 衬垫	10以下 滤芯、毡筒	10~25 油封	10~25 衬垫	10~25 滤芯、毡筒	25.1~100 油封	25.1~100 衬垫	25.1~100 滤芯、毡筒	100.1~200 油封	100.1~200 衬垫	100.1~200 滤芯、毡筒	200.1~300 油封	200.1~300 衬垫	200.1~300 滤芯、毡筒	300.1~400 油封	300.1~400 衬垫	300.1~400 滤芯、毡筒
细毛	圆环形零件	外径	±0.5	±0.5	±0.8	±0.5	±0.5	±1.0	±0.7	±0.7	±1.2	±1.0	±1.0	±1.3	±1.0	±1.0	±1.8	—		
		内径	±0.5	±0.5	±0.8	±0.5	±0.5	±1.0	±0.7	±0.7	±1.2	±1.0	±1.0	±01.3	±1.0	±1.0	±1.8	—		
	条块形零件	长度	±0.8	±0.8	±1.0	±1.0	±1.0	±1.5	±1.5	±1.5	±2.0	±1.8	±1.8	±3.0	±2.5	±2.5	±3.5	±3.5	±4.0	±5.0
		宽度	±0.5	±0.5	±0.8	±0.8	±0.8	±1.0	±1.3	±1.3	±2.0	±01.8	±1.8	±2.8	±2.5	±2.5	±3.0	±3.5	±4.0	±5.0
	厚度		1.5~3.9			4~10			10.1~25			—			—			—		
			±0.3	±0.3	±0.5	±0.5	±0.5	±0.7	±1	±1	±1.5	—	—	—	—	—	—	—	—	—
半粗毛及粗毛	圆环形零件	外径				±0.7	±1.0	±1.0	±0.9	±1.2	±1.2	±1.2	±1.4	±1.5	±1.3	±1.5	±1.8	—		—
		内径	—	—	—	±0.7	±1.0	±1.0	±0.9	±1.2	±1.2	±1.2	±1.4	±1.5	±1.3	±1.5	±1.8	—	—	—
	条块形零件	长度	—	—	—	±1.0	±1.5	±2.0	±1.5	±2.0	±2.5	±2.0	±2.5	±3.5	±2.5	±3.0	±4.0	±4.0	±4.0	±6.0
		宽度				±1.0	±1.5	±1.5	±1.5	±2.0	±2.0	±2.0	±2.5	±3.0	±2.5	±3.0	±4.0	±4.0	±4.0	±6.0
	厚度		1.5~3.9			4~10			10.1~25			—			—					
			±0.3	±0.3	±0.5	±0.5	±0.5	±0.7	±1	±1	±1.5	—	—	—			—	—		

表 2.3-142 毡轮的技术指标（摘自 FZ/T25001—1992）

项目 / 分类	体积密度/g·cm^{-3} 一等品	体积密度/g·cm^{-3} 二等品	游离硫酸含量（%）不大于	油脂含量（%）不大于	总灰分（%）不大于	植物性杂质含量（包括矿物性杂质）（%）不大于	矿物性杂质含量（包括植物性杂质灰分）（%）不大于
细毛	$0.30 \sim 0.40^{+0.03}_{-0.02}$	$0.30 \sim 0.40^{+0.05}_{-0.04}$	0.50	—	0.50	0.40	0.15
	0.44～0.46±0.03	0.44～0.46±0.05					
	0.50以上±0.04	0.50以上±0.06					
半粗毛	0.50以上±0.04	0.50以上±0.06	0.50	—	0.50	0.40	0.15
粗毛（包括兽毛）	0.50以上±0.04	0.50以上±0.06	0.60	1.50	0.60	0.40	0.20

注：1. 毡轮、毡制品零件二等品化学指标应符合一等品要求。

2. 本表中各种杂质含量百分数为质量分数。

表 2.3-143 毡轮外径、厚度的允许偏差（摘自 FZ/T25001—1992）

项目		允许偏差* /mm													
外径/mm		10以下		10～50		51～99		100～200		201～300		301～400		400以上	
		一等品	二等品	一等品	二等品	一等品	二等品	一等品	二等品	一等品	二等品	一等品	二等品	一等品	二等品
		±0.6	±0.1	±1	±2	±1.5	±3	±2	±4	±2.5	±6	±3	±8	±4	±10
厚度/mm		6～9		10～20				21～40				40以上			
	体积密度≥0.46/g·cm^{-3}	一等品	二等品	一等品		二等品		一等品		二等品		一等品		二等品	
		±0.5	±1	±1		±2		±1.5		±3		±2		±4	
	体积密度<0.46g·cm^{-3}	±0.6	±1.5	±1.5		±3		±2		±5		±3		±7	
均匀度		厚度在偏差范围内的同只产品，其厚度偏差不大于1.5mm													

注：1. 长度及宽度大于400mm的条块形毡制品零件的名义尺寸技术要求，规定其长度和宽度每增加100mm时，增加±1.0mm。条与块的区分为：长大于宽4倍及以上为条，长大于宽3倍及以下为块。

2. 用条料缝成的毛毡圆环应符合下列要求：

（1）圆环的外径小于300mm（包括300mm），其接缝处允许一处，圆环外径大于300mm时允许有二处接缝处；

（2）接缝处的剪割角（α）应在20°～25°范围内。

（3）根据圆环的边缘，用公制支数为$9.5^3/3$、$14.5^3/4$的苎麻线（或化学纤维线）来缝合，至少要缝二行，当边缘的宽度为10mm或大于10mm时，最靠边缘的内边线行与内边的距离至少为3mm，当边缘的宽度小于10mm，线行之间的距离与两边的距离应相等；

（4）用厚度在10mm以下的毛毡条来缝制圆环时，其针距不应大于6mm，毛毡条的厚度大于10mm时，针距不应大于10mm。

第4章 复合材料

1 复合材料分类（见表2.4-1）

表2.4-1 复合材料分类

增强体＼基体		金属	无机非金属				有机非金属		
			陶瓷	玻璃	水泥	碳素	木材	塑料	橡胶
金属		金属基复合材料	陶瓷基复合材料	金属网嵌玻璃	钢筋水泥	—	—	金属丝增强塑料	金属丝增强橡胶
无机非金属	陶瓷（纤维、粒料）	金属基超硬合金	增强陶瓷	陶瓷增强玻璃	增强水泥	—	—	陶瓷纤维增强塑料	陶瓷纤维增强橡胶
	碳素（纤维、粒料）	碳纤维增强金属	增强陶瓷	—	增强水泥	碳纤维强碳复合材料	—	碳纤维增强塑料	碳纤碳黑增强橡胶
	玻璃（纤维、粒料）	—	—	—	玻纤增强水泥	—	—	玻纤增强塑料	玻纤增强橡胶
有机非金属	木材	—	—	—	—	—	—	纤维板	
	高聚物纤维	—	—	—	—	—	塑料合板	高聚物纤维增强塑料	高聚物纤维增强橡胶
	橡胶粒	—	—	—	—	—	橡胶合板	高聚物合金	高聚物合金

注：本表为按复合材料的组成分类。按复合材料的用途可分为结构复合材料(用于工程结构件)及功能复合材料（声、光、电、热等特殊功能要求的材料）。按结构形式分为层合结构复合材料（由无纬布或纤维织物布用铺叠方法制成的纤维增强复合材料）和缠绕结构复合材料（由纤维粗砂、缠绕或纤维织物布带卷绕方法制成的纤维增强复合材料）

2 塑料基复合材料

2.1 玻璃纤维增强塑料

2.1.1 玻璃纤维增强热固性塑料(见表2.4-2)

表2.4-2 玻璃纤维增强热固性塑料的性能

性能	环氧树脂						酚醛树脂		
	双酚A型环氧		酚醛环氧		脂环族	脂肪族	高强玻纤	改性酚醛开刀丝玻纤	层压板
	玻纤	层压板	玻纤、填料	层压板	层压板	层压板			
成型收缩率（%）	0.1～0.8	—	0.4～0.8	—	—	—	0.1～0.4	—	—
抗拉强度/MPa	35～138	220～412	34～86	216～284	196～235	332	48～124	78～102	196
断后伸长率（%）	4	—	—	—	—	—	0.2	—	—
抗压强度/MPa	124～276	201～492	165～330		220～274	155	110～248	100～115	—
抗弯强度/MPa	55～206	112～442	69～150	370	294～392	339	84～413	170～215	245
缺口冲击韧度/kJ·m^{-2}	0.63～21	196～274（无缺口）	0.63～1.1	—	137～167（无缺口）	306（无缺口）	1～18	98～180（无缺口）	210（无缺口）
拉伸弹性模量/GPa	20.6	—	14.5	—	—	—	13～22.7	—	—
弯曲弹性模量/GPa	13.8～31	—	9.6～19.2	—	24.5	—	7.9～22.7	—	—
硬度洛氏、巴柯尔	100～112 HRM	—	70～74 巴柯尔	—	—		—	—	
线胀系数/$10^{-5}K^{-1}$	1.1～5	—	1.8～4.3	—	—	—	—	—	—
热变形温度/℃（1.82MPa）	107～260	—	154～230	—	—	—	176～315	≥250（马丁温度）	—
热导率/W·(m·K)$^{-1}$	0.17～0.42	—	0.35	—	—	—	—	—	—
密度/g·cm^{-3}	1.6～2	—	1.6～2.05	1.6～1.7	1.6～1.7	—	1.44～1.56	1.6～1.72	1.60～1.70
吸水率（%）（24h）	0.04～0.2	—	0.04～0.29	0.93	—	—	0.20	0.05～0.15	—
（饱和）	—	—	0.15～0.30	—	—	—	0.35	—	—
介质强度/kV·mm	9.8～15.7	—	12.8～17.7	—	—	—	—	—	11.8～27.6

（续）

性　　能	环　氧　树　脂						酚　醛　树　脂		
	双酚A型环氧		酚醛环氧		脂环族	脂肪族	高强玻纤	改性酚醛开刀丝玻纤	层压板
	玻　纤	层压板	玻纤、填料	层压板	层压板	层压板			
特点及应用	良好的电绝缘性和粘结性能，较高的机械强度和耐热性，耐一般酸、碱及有机溶剂，耐霉菌、成型收缩率小，体积收缩率1%~5%，加入固化剂后一般需加压加热成型，亦可在接触压力下常温固化。用于制作高强度制品、电绝缘件、电机护环、汽车零件、容器、风扇叶片、螺旋浆、泵、阀、船舶零部件、衬里等						优良的耐酸性、耐烧蚀性、电绝缘性、耐硫化氢、油、水、汽油、苯。能承受较大载荷，尺寸稳定、加热成型。硬脆、价廉。适于耐腐蚀件、泵、阀、管道、风机、管配件、酚醛层压板、绝缘结构件、轴瓦、导向轮、电信仪表中的绝缘配件。耐烧蚀材料、开关等电器零件		

性　　能	酚醚树脂		聚酰亚胺	不饱和聚酯树脂					糠酮树脂
	层压板	模压件开刀丝玻纤	体积分数50%玻纤	短切玻纤	玻璃布	SMC①	SMC②	玻　纤	层压板
成型收缩率（%）	—	—	0.20	0.1~0.2	0.02~0.2	0.05~0.40	0.05~0.40	0.1~1.0	—
抗拉强度/MPa	282~317	76~198	44	20.7~68.9	207~344	48~172	20.7~68.9	27.6~65	209
断后伸长率（%）	—	—	—	<1	1~2	3	—	—	—
抗压强度/MPa	—	104~142	23	138~207	172~344	103~206	96~206	103~248	350
抗弯强度/MPa	430	114~190	147	48~138	276~344	68.9~248	110~165	58.6~179	147
缺口冲击韧度/$kJ\cdot m^{-2}$	83.6	70~191	12.3	3.2~3.4	10~63	14.7~46.2	4.2~27.3	1.5~33.6	186（无缺口）
拉伸弹性模量/GPa	—	—	—	6.9~17	10~31	4.6~17.2	10~17.2	13.8~19.3	—
弯曲弹性模量/GPa	—	—	13.6	6.9~11.8	6.9~20.6	6.9~15	—	13.8	—
硬度洛氏、巴柯尔	—	巴柯尔 56~59	118HRK	巴柯尔 50~80	巴柯尔 60~80	巴柯尔 50~70	巴柯尔 50~65	—	95HRE
线胀系数/$10^{-5}K^{-1}$	—	—	1.3	2~3.3	1.5~3	1.4~2	—	1.5~3.3	—
热形温度/℃（1.82MPa）	>250	>250	309	>204	>204	190~260	160~204	204~260	>300（马丁耐热）
热导率/$W\cdot(m\cdot K)^{-1}$	—	—	0.36	—	—	—	0.75~0.92	0.63~1.05	—
密度/$g\cdot cm^{-3}$	1.78	1.52	1.60~1.70	1.65~2.32	1.50~2.10	1.65~2.60	1.72~2.1	2.0~2.3	1.70
吸水率（%）（24h）	0.04	0.04	0.70	0.06~0.28	0.05~0.5	0.10~0.25	0.10~0.45	0.03~0.50	0.10
（饱和）	—	—	—	—	—	—	—	—	
介质强度/$kV\cdot mm^{-1}$	—	—	17.6	13.6~16.5	13.8~19.7	15~19.7	11.8~15.4	9.8~20.9	17.5
特点及应用	耐蚀性好，耐热性能良好，粘接性能和耐磨性能很好，可作砂轮粘结剂，也可作为耐蚀、耐高测、电绝缘和耐烧蚀材料等		耐高温老化、耐辐射，在300℃尚能保持一定的机械强度，耐热性最好的一种热固性材料。可作C级绝缘材料，高温电机中的槽楔、仪表骨架、高温电气开关等	良好的电绝缘性、耐腐蚀性、韧性和透明性，可在接触压力下常温固化，工艺简便，成型收缩率较大，体积收缩率6%~10%，价格较低。适于制作波形瓦、浴缸、槽车、贮槽、容器、船艇、电气设备、飞机零部件、雷达罩、管道、冷水塔、净水槽等					优异的耐蚀性、耐许多种强酸、碱、盐及有机溶剂（除强氧化性酸外），耐热性和电绝缘性良好，质脆、价低。制作化工设备中的耐腐蚀件、高温绝缘件

① 片状模塑料。

② 团状模塑料。

2.1.2　玻璃纤维增强热塑性塑料(见表2.4-3～表2.4-5)

表2.4-3　不同含量玻璃纤维增强热塑性塑料的性能

材料	ABS	聚甲醛 均聚	聚甲醛 共聚	聚四氯乙烯	聚碳酸脂	聚碳酸脂	聚酰胺 尼龙6	聚酰胺 尼龙66	聚酰胺 尼龙66	聚酰胺 尼龙1010
玻璃纤维含量(体积分数)	20%	20%	25%	25%	10%	30%	30%～35%	30%～33%	20%+20%碳纤	28%
成型收缩率(%)	0.2	0.9～1.2	0.4～1.8	1.8～2	0.2～0.5	0.1～0.2	0.3～0.5	0.2～0.6	0.25～0.35	0.4～0.5
抗拉强度/MPa	72～90	59～62	127	13.8～18.6	65	131	165① 110②	193① 152②	238	58
断后伸长率(%)	3	6～7	2～3	200～300	5～7	2～5	—	3～4① 5～7②	3～4	—
抗压强度/MPa	96	124	117	6.9～9.6	93	124～138	131～158 165①	154 165～276①	—	137
抗弯强度/MPa	96～120	103	193	13.8	103～110	158～172	227① 145②	282① 172②	343	202
冲击韧度(缺口)/kJ·m⁻²	2.3～2.9	1.7～2.1	2.1～3.8	5.7	2.5～5.5	3.6～6.3	4.6～7.1① 7.8②	4.2～4.6	3.78	81.8 (无缺口)
拉伸弹性模量/GPa	5.1～6.1	6.9	8.6～9.6	1.4～1.6	3.4～4	8.6～9.6	10① 5.5②	9①	—	7.7
压缩弹性模量/GPa	5.5	—	—	—	3.6	8.96				
弯曲弹性模量/GPa	4.5～5.5	5	7.6	1.62	3.4	7.6	9.6① 5.5②	9～10① 5.5②	19.6	4.1
硬度洛氏	85～98HRM 107HRR	90HRM	79HRM	—	75HRM 118HRR	92HRM 119HRR	96HRM① 78HRR②	101HRR 109HRR①	—	—
线胀系数/$10^{-5}K^{-1}$	2.1	3.8～8.1	2～4.4	7.7～10	3.2～3.8	2.2～2.3	1.6～8	1.5～5.4	2.07	—
热变形温度/℃(1.82MPa)	99	157	163	—	138～142	146～149	200～215	254①	260	马丁温度176
热导率/W·(m·K)⁻¹	—	—	—	0.34～0.42	0.20～0.22	0.22～0.32	0.24～0.48	0.21～0.49	—	—
密度/g·cm⁻³	1.18～1.22	1.54～1.56	1.55～1.61	2.2～2.3	1.27～1.28	1.4～1.43	1.35～1.42	1.15～1.40	1.40	1.19
吸水率(%)(24h)	0.18～0.20	0.25	0.22～0.29	—	0.12～0.15	0.08～0.14	1.1～1.2	0.7～1.1	0.50	—
(饱和)	—	—	—	—	—	—	6.5～7.0	5.5～6.5	—	—
介质强度/kV·mm⁻¹	18	193	18.9～22.9	12.6	20.9	18.5～18.7	15.8～17.7	14.2～19.7	—	—

材料	聚酰胺 尼龙610	聚酰胺 尼龙612	聚对苯二甲酸丁二醇酯(PBT)	聚对苯二甲酸丁二醇酯(PBT)	聚对苯二甲酸乙二醇酯(PET)	聚对苯二甲酸乙二醇酯(PET)	聚酰胺酰亚胺	聚醚酰亚胺	聚醚醚酮(PEEK)	高密度聚乙烯
玻璃纤维含量(体积分数)	33%	30%～35%	30%	35%玻纤和滑石粉	30%	40%～50%玻纤、滑石粉	30%	30%	30%	30%
成型收缩率(%)	—	0.2～0.5	0.2～0.8	0.3～1.2	0.2～0.9	0.2～0.4	0.2～0.4	0.1～0.2	0.2	0.2～0.6
抗拉强度/MPa	170	152① 138②	96～131	78.5～95	145～158	96～179	221	172～196	162	62
断后伸长率(%)	—	4	2～4	2～3	2～7	1.5～3	2.3	2～5	3	1.5～2.5
抗压强度/MPa	145	152①	124～162	—	172	141～165	264	162～165	154	34～41
抗弯强度/MPa	234	220 241①	156～200	124～152	214～230	145～273	317	227～255	227～289	55～65

（续）

材料	聚酰胺 尼龙610	聚酰胺 尼龙612	聚对苯二甲酸丁二醇酯(PBT)		聚对苯二甲酸乙二醇酯(PET)		聚酰胺酰亚胺	聚醚酰亚胺	聚醚醚酮(PEEK)	高密度聚乙烯
玻璃纤维含量(体积分数)	33%	30%~35%	30%	35%玻纤和滑石粉	30%	40%~50%玻纤、滑石粉	30%	30%	30%	30%
冲击韧度(缺口)/kJ·m^{-2}	11.7	—	1.9~3.4	2.7~3.8	3.4~4.2	1.9~5.0	3.2	3.6~4.2	4.2~5.4	2.3~3.1
拉伸弹性模量/GPa	6	8.3①	8.96~10	—	8.96~9.9	12~13	14.5	9~11	8.6~11	5.5~6.2
压缩弹性模量/GPa		6.2②	—	—	—	—	7.9	3.79	9.6	4.8~5.5
弯曲弹性模量/GPa	4.1	7.6① 6.2②	5.9~8.3	8.3~9.6	8.6~10	9.6~13.8	11.7	8.3~8.6		
硬度洛氏	—	93HRM	90HRM	50HRM	90~100HRM0	118~119HRR	94HRE	125HRM 123HRR	—	75~90HRR
线胀系数/$10^{-5}K^{-1}$	—	—	2.5	—	2.5~3	2.1	1.3~1.8	2~2.1	1.5~2.2	4.8
热变形温度/℃(1.82MPa)	马丁温度195	199~218①	196~218	166~197	216~224	211~227	281	208~215	288~315	121
热导率/W·(m·K)$^{-1}$	—	0.43	0.29	—	0.25~0.29	—	0.68	0.25~0.39	0.2	0.36~0.46
密度/g·cm^{-3}	1.30	1.30~1.38	1.48~1.53	1.59~1.73	1.56~1.67	1.58~1.68	1.61	1.49~1.51	1.49~1.54	1.18~1.28
吸水率(%)(24h)	—	0.20	0.06~0.08	0.06~0.07	0.05	0.05	—	0.18~0.20	0.06~0.12	0.02~0.06
(饱和)	—	1.85	0.3	—	—	—	0.24	0.9	0.11~0.12	—
介质强度/kV·mm^{-1}	—	20.5	15.8~21.7	17.7~23.6	16.9~25.6	22.5~23.6	33.1	19.5~24.8	—	19.7~21.7

材料	聚苯醚和改性聚苯醚	聚苯硫醚(PPS)	聚丙烯均聚	聚氯乙烯	聚苯乙烯 均聚	聚苯乙烯 耐热共聚物	丙烯腈苯乙烯共聚物(SAN)	聚砜	改性聚砜	聚醚砜
玻璃纤维含量(体积分数)	30%	40%	40%	15%	20%	20%	20%长玻纤	30%	30%	20%
成型收缩率(%)	0.1~0.4	0.2~0.4	0.3~0.5	0.1	0.1~0.3	0.3~0.4	0.1~0.3	0.1~0.3	0.1~0.3	0.2~0.5
抗拉强度/MPa	103~127	120~158	58~103	62	68.9~82.7	68.9~96	107~124	100	103~131	170~138
断后伸长率(%)	2~5	0.9~4	1.5~4	2.3	1.3	1.4~3.5	1.2~1.8	1.5	1.9~3	2~3.5
抗压强度/MPa	123	145~179	61~68	62	110~117	—	117~145	131	—	134~165
抗弯强度/MPa	145~158	156~220	72~152	93	96~124	112~151	138~156	138	138~176	169~190
冲击韧度(缺口)/kJ·m^{-2}	3.6~4.8	2.3~3.2	2.9~4.2	2.1	1.9~5.3	4.4~5.5	2.1~6.3	2.3	2.1~4.2	2.5~3.6
拉伸弹性模量/GPa	6.9~8.9	7.6	7.6~10	6	6.2~8.3	5.8~6.2	6.3~11.8	9.3	5.7~6.89	5.9
弯曲弹性模量/GPa	7.6~7.9	11.7~12.4	6.5~6.9	5.2	6.5~7.6	5.5~7.2	6.9~8.8	7.2	8.86	5.9~6.2
硬度洛氏	115~116HRR	123HRR	102~111HRR	118HRR	80~95HRM 119HRR	—	89~100HRM 122HRR	90~100HRM	80~85HRM	98~99HRM
线胀系数/$10^{-5}K^{-1}$	1.4~2.5	2.2	2.7~3.2	—	3.96~4.0	2	2.34~4.14	2.5	4.8~5.4	2.3~3.2
热变形温度/℃(1.82MPa)	135~158	252~263	149~165	68	93~104	110~119	99~110	177	160~167	209~218
热导率/W·(m·K)$^{-1}$	0.15~0.17	0.29~0.45	0.35~0.37	—	0.25	—	0.28	—	—	—
密度/g·cm^{-3}	1.27~1.36	1.6~1.67	1.22~1.23	1.54	1.2	1.21~1.22	1.20~1.22	1.46	1.52	1.51
吸水率(%)(24h)	0.06	0.02~0.05	0.05~0.06	0.01	0.07~0.10	0.1	0.1~0.2	0.3	0.10~0.20	0.15~0.40
(饱和)	—	—	0.09~0.10	—	0.3	—	0.7	—	0.43	1.65~2.1
介质强度/kV·mm^{-1}	21.7~24.8	14.2~17.7	19.7~20.1	23.6~31.5	16.7	—	19.7	—	15.7	14.8~19.7

① 干燥状态。

② 50%相对湿度。

表 2.4-4 玻璃纤维增强热塑性塑料的特点及应用

材料名称	玻璃纤维含量(质量分数)(%)	特点	应用举例
聚丙烯	20~30	玻璃纤维增强热塑性塑料的物理力学性能均有明显提高。尼龙用玻纤增强后，吸湿性下降较多，耐热性、弹性模量和抗弯强度均相应递增。聚丙烯密度低、价低、耐蚀性优良，但耐热性较差，冲击韧度随温度下降而迅速减小，耐热性明显提高，可在100~120℃使用，在0℃以下冷冻几小时后，冲击韧度保持93%以上，线胀系数降低很多。PET和PBT具有优良的耐热性、耐焊性、耐蚀性、较高强度、优异电绝缘性，在高温湿环境下依然具有稳定的电绝缘性 热塑性塑料玻璃纤维增强后，不但提高力学性能，对缺口敏感性有改善，热变形温度上升较多，尺寸稳定性增加，线胀系数和吸水率均下降，并能抑制应力开裂。热塑性塑料须经活化处理才能与表面处理后的玻纤复合	汽车挡泥板、汽车发动机叶片、空调机叶片、阀门、泵、管道、管配件、洗涤机、搅拌器、板柜压滤机板、槽、塔、坐椅、蓄电池瓶壳等
尼龙6	30~50玻璃微珠+玻纤		电动工具外壳、凸轮、泵叶轮、齿轮、辊轴、汽车进气管、轴承架、衬套、阀座、涡轮、杠杆、电绝缘零件、熔断器等
尼龙66	玻纤		轴瓦、套筒、旋凿、齿轮、低摩擦材料、机电结构材料、叶轮、轴、凸轮等
聚碳酸酯	30		水表、水量计、手柄、照相盒、电子机电通信仪器、仪表中押线板、接铆件、齿轮、涡轮、接线盒、线圈骨架、耐热精密零件、刷架、集电环、绝缘块、电磁阀壳、轴套、阀体、螺母等
聚对苯二甲酸丁二醇酯和乙二醇酯(PBT, PET)	20~30		电位器电容器等零件、继电器骨架、电动机汽车结构件、连接器、冷却线圈、离心泵壳体、叶轮、液下泵、废液处理装置、齿轮、插座、电子电器骨架、熔断器、煤气阀、纺织机零件等
苯乙烯—丁二烯—丙烯腈三元共聚物	20		叶轮、电动机外壳、汽车零部件、电气零件、纺织机零件、仪表盘、过滤器零件、灯罩、放映机盒、电视机外壳等
苯乙烯—丙烯腈共聚物	20		无线电旋钮、上下托架、管子接头、卷轴等
乙烯—四氟乙烯共聚物	25		密封圈、阀门零件等
聚苯醚	20~30		管配件、空调机叶片、推进器、计算机和电子设备零件、外壳等
聚苯硫醚	30~40		阀门、离心泵、液压泵齿轮、化工耐腐蚀零部件、开关等

表 2.4-5 常用热塑性塑料的耐蚀性

塑料	非极性有机溶剂	盐类	碱	非氧化性酸	氧化性酸	塑料	非极性有机溶剂	盐类	碱	非氧化性酸	氧化性酸
ABC	2	1	1	1	2	聚苯硫醚	1	1	1	1	1
聚乙烯	3	1	1	1	2	尼龙	1	1	2	3	
聚丙烯	3	1	1	1	2	苯乙烯—丁二烯共聚物	3	1	1	1	3
聚苯乙烯	3	1	1	1	3	苯乙烯—丙烯腈共聚物	3	1	3	1	3
聚氯乙烯	2	1	1	1	2	聚对苯二甲酸乙二醇酯	3	1	3	1	3
聚三氟氯乙烯	1	1	1	1	1	聚对苯二甲酸丁二醇酯	3	1	3	1	3
聚四氟乙烯	1	1	1	1	1						

注：1. 表中数字“1”——耐蚀性好，“2”——耐蚀性尚可，“3”——不耐腐蚀

2. 玻璃纤维增强热塑性塑料的耐蚀性主要取决于塑料。

2.2　石棉纤维增强塑料（见表2.4-6）

表2.4-6　石棉纤维增强塑料性能及应用

性　能	石棉纤维增强尼龙	石棉纤维增强聚丙烯	聚丙烯	石棉纤维增强酚醛树脂	应　用
密度/g·cm⁻³	1.3	1.0～1.3	0.902～0.906	1.45～2.0	石棉纤维增强塑料具有良好的化学稳定性及电性能，可用于汽车制动件、阀门、导管、管配件、垫圈、化工耐腐蚀零部件。隔热和电绝缘件、导弹火箭耐热件、环氧玻璃钢管道内衬。石棉纤维与剑麻纤维混杂增强酚醛树脂制品有汽车加热器导管、风扇扩罩和仪表构件。应注意石棉纤维对人体有害
抗拉强度/MPa	124	34～38	30～38	31～52	
断后伸长度（%）	1	3～20	200～300	0.1～0.5	
拉伸弹性模量/GPa	7.6	2.7～5.5	1.1～1.5	6.9～20.7	
冲击韧度（缺口）/kJ·m⁻²	1.89	0.42～3	1.05～3.15	0.55～7.4	
抗弯强度/MPa	165	—	41～55	48～96	
弯曲模量/GPa	—	0.86～1.0	1.17～1.45	6.9～15	
热变形温度/℃（1.82MPa）	226	54～93	57～63	149～260	
吸水率（24h）（%）	1.5	0.02～0.03	0.03～0.04	0.12	

2.3　碳纤维增强塑料

2.3.1　碳纤维增强热固性塑料（见表2.4-7～表2.4-9）

表2.4-7　碳纤维增强热固性塑料单向层压板性能

性　能	T300/3231①	T300/4211②	T300/5222①	T300/QY8911③	T300/5405④
纵向抗拉强度/MPa	1750	1396	1490	1548	1727
纵向拉伸弹性模量/GPa	134	126	135	135	115
泊松比	0.29	0.33	0.30	0.33	0.29
横向抗拉强度/MPa	49.3	33.9	40.7	55.5	75.5
横向拉伸弹性模量/GPa	8.9	8.0	9.4	8.8	8.6
纵向抗压强度/MPa	1030	1029	1210	1226	1104
纵向压缩弹性模量/GPa	130	116	134	125.6	125.5
横向抗压强度/MPa	138	166.6	197.0	218	174
横向压缩弹性模量/GPa	9.5	7.8	10.8	10.7	8.1
纵横抗剪强度/MPa	106	65.5	92.3	89.9	135
纵横切变模量/GPa	4.7	3.7	5.0	4.5	4.4
密度/g·cm⁻³	—	1.56	1.61	1.61	—
玻璃化转变温度/℃	—	154～170	230	268～276	210

①　纤维体积分数 φ_f =（65±3）%，环氧体系，空隙率＜2%

②　φ_f =（60±3）%，环氧体系，空隙率＜2%

③　φ_f =（60±5）%，双马来酰亚胺体系，空隙率＜2%

④　φ_f =（65±3）%，双马来酰亚胺体系，空隙率＜2%。（3231、4211、5222均为环氧体系，QY8911，5405为双马来酰亚胺体系）。

表2.4-8　碳纤维增强热固性塑料单向层压板高、低温力学性能

品　种	T300/4211（环氧）		T300/5222（环氧）		T300/QY8911（双马来）		T300/5405（双马来）	
试验温度/℃	-60	125	-55	130	130	150	-55	130
纵向抗拉强度/MPa	1310	—	1220	1424	1579	1448	—	—
纵向拉伸弹性模量/GPa	131	135	134	136	128	128	—	—
横向抗拉强度/MPa	34.1	19	29.0	14.5	51	45	—	47.0
横向拉伸弹性模量/GPa	10.2	5.9	10.4	7.8	9.2	8.2	—	6.2
纵横抗剪强度/MPa	78.3	44.3	112.6	70.5	80.8	74.0	—	107
纵横切变模量/GPa	4.7	2.1	5.6	3.9	4.0	3.5	—	3.2
抗弯强度/MPa	—	—	—	—	—	1725	—	1276
弯曲弹性模量/MPa	—	—	—	—	—	136	—	118
层间抗剪强度/MPa	—	—	—	—	—	77	120	63
纤维体积分数 φ_f（%）	62±2		65±3		60±5		65±3	
空隙率（%）	＜2		＜2		＜2		＜2	

表 2.4-9 碳纤维增强热固性塑料的特点及应用

特点	应用部门	用途举例
碳纤维增强热固性塑料具有很好的力学性能，包括较高的高温和低温力学性能，抗疲劳及耐蚀性均好，并且具有高的比强度和比模量，同时，可以通过设计和加工的措施，获得材料多项特殊性能，以满足不同的应用要求，在机械工业、航空航天及其他工业中都得到应用	汽车工业	螺旋桨轴、弹簧、底盘、车轮、发动机零件，如活塞、连杆、操纵杆等
	纺织机械	综框、传箭带、梭子等
	电子器械	雷达设备、复印机、电子计算机、工业机器人等
	化工机械	导管、油罐、泵、搅拌器、叶片等
	医疗器械	X射线床和暗盒、骨夹板、关节、轮椅、单架等
	体育器械	高尔夫球棒、球头、钓竿、羽毛球拍、网球拍、小船、游艇、赛车、自行车等
	航空航天	飞机方向舵、升降舵、口盖、机翼、尾翼、机身、发动机零件等；人造卫星、火箭、飞船等
	其他	石油井架、建筑物、桥、铁塔、高速离心机转子、飞轮、烟草制造机板簧等

2.3.2 碳纤维增强热塑性塑料（见表2.4-10～表2.4-13）

表 2.4-10 碳纤维增强热塑性树脂的性能

性能 \ 材料	聚枫		线型聚酯		乙烯-四氟乙烯共聚物	
	纯树脂	碳纤维 30%	纯树脂	碳纤维 30%	纯树脂	碳纤维 30%
密度/g·cm^{-3}	1.24	1.37	1.32	1.47	1.70	1.73
吸水率（%）(24h)	0.20	0.15	0.03	0.04	0.02	0.018
（饱和）	0.60	0.38	—	0.23		—
加工收缩率（%）	0.7～0.8	0.1～0.2	1.7～2.3	0.1～0.2	15～2.0	0.15～0.25
抗拉强度/MPa	71	161	56	140	45	105
断后伸长率（%）	20～100	2～3	10	2～3	150	2～3
抗弯强度/MPa	108	224	91	203	70	140
弯曲弹性模量/GPa	2.7	14.3	2.4	14	1.4	11.6
抗剪强度/MPa	63	66	49	56	42	49
冲击韧度(悬臂梁)/kJ·m^{-2}						
缺口	2.5	2.5	0.63	2.5	未断	8.4～16.5
无缺口	126	12.6～14.7	52.5	8.4～10.5	未断	21
热变形温度/℃ (1.85MPa)	174	185	68	221	74	241
线膨胀系数/（$10^{-5}K^{-1}$）	5.6	1.08	9.5	0.9	7.6	1.4
热导率/W·（m·K）$^{-1}$	0.26	0.79	0.15	0.94	0.23	0.81
表面电阻率/Ω	10^8	1～3	10^{15}	2～4	5×10^{14}	3～5

表 2.4-11 碳纤维增强尼龙 66 塑料的性能

性能	纯尼龙 66	纤维增强尼龙 66（质量分数）			
		碳纤维 20%	碳纤维 30%	碳纤维 40%	碳纤维 20% 玻纤 20%
密度/g·cm^{-3}	1.14	1.23	1.28	1.34	1.40
吸水率（%）(24h)	1.60	0.6	0.5	0.4	0.5
（饱和）	—	2.7	2.4	2.1	—
成型收缩率(3mm厚)(%)	1.5	0.2～0.3	0.15～0.25	0.15～0.25	0.25～0.35
抗拉强度/MPa	83	196	245	280	238
断后伸长率（%）	10	3～4	3～4	3～4	3～4
抗弯强度/MPa	105	294	357	420	343
弯曲弹性模量/GPa	2.8	16.8	20.3	23.8	19.6
抗剪强度/MPa	67	84	91	98	91
冲击韧度/kJ·m^{-2}					
缺口悬臂梁	1.89	2.31	3.15	3.36	3.78
无缺口悬臂梁	—	—	25.2	23.3	33.6
热变形温度/℃ (1.85MPa)	66	257	257	260	260
线膨胀系数/（$10^{-5}K^{-1}$）	8.1	2.52	1.89	1.44	2.07
热导率/W·（m·K）$^{-1}$	0.25	0.79	1.01	1.23	0.92
表面电阻率/Ω	10^{15}	20～30	3～5	1～3	—

表 2.4-12　碳纤维增强聚苯硫醚（PPS）的性能

性能 \ 材料	PPS	PAS-1①	PAS-2②	PPS/AS4③	PAS-1/AS4	PAS-2/AS4
密度/g·cm^{-3}	1.36	1.36	1.40	1.61	1.60	1.60
抗拉强度/MPa	83.8	94.2	100.5	1836	1573	1490
拉伸弹性模量/GPa	—	—	—	134.4	124	131.7
抗弯强度/MPa	164.9	162.2	178	1906	1372	1670
弯曲弹性模量/GPa	4.1	3.9	3.2	117.8	111.6	111.0
断后伸长率（%）	2.5	4.0	8.0	1.2	1.1	1.1
压缩强度/MPa	—	—	—	942.5	—	901
短梁抗剪强度/MPa	—	—	—	69.3	90.1	78.3
纤维含量（体积分数）（%）	—	—	—	60.5	59.1	53
空隙含量（体积分数）（%）	—	—	—	0.5	0.2	0.3
氧指数	44	—	46	—	—	—
T_g/℃	85	145	215	—	—	—
T_m/℃	285	340	—	—	—	—

① PAS-1-改性 PPS。
② PAS-2-改性 PPS。
③ AS4—碳纤维。

表 2.4-13　碳纤维增强热塑性塑料的特点及应用

特　点	应用举例
韧性好，损伤容限大，耐环境性能优异，对水、光、溶剂和化学药品均有很好的抗耐性，耐高温性能好，（长期工作温度一般可达150℃以上），预浸料贮存期长，工艺简单、效率高，成型后的制品可采用热加工方法修整，装配自由度大，废料可回收，在各个工业部门有广泛的应用前景	用于制造轴承、轴承保持架、活塞环、调速器、复印机零件、齿轮、化工设备，电子电器工业中的继电器零件、印制电路板、赛车、网球拍、高尔夫球棒、钓鱼杆、撑杆跳高杆、医用X射线设备、纺织机械中的剑杆、连杆、推杆、梭子等；航空航天工业中做结构材料之用，如制作机身、机翼、尾翼、舱内材料、人造卫星支架、导弹弹翼、航天机构件等

2.4　混杂纤维增强塑料（见表 2.4-14～表 2.4-17）

表 2.4-14　以4211环氧体系为基体的混杂纤维增强塑料性能

性能	层板编号						
	4-C/K-2	4-C/K-3	4-C/K-4	4-C/G-1	4-C/G-2	4-C/G-3	4-C/G-4
铺层方式	[$0°_{2C}/0°_{6K}$]	[$0°_{3C}/0°_{5K}$]	[$0°_{4C}/0°_{4K}$]	[$0°_{C}/0°_{7G}$]	[$0°_{2C}/0°_{6G}$]	[$0°_{3C}/0°_{5G}$]	[$0°_{4C}/0°_{4G}$]
混杂比（%）	16.4	20.1	37.0	7.0	15.0	24.9	39.8
纵向抗拉强度/MPa	754	747	1010	524	679	720	762
纵向拉伸弹性模量/GPa	77.8	65.7	76.2	47.5	58.0	61.5	65.9
泊松比	0.37	0.36	0.36	—	—	—	—
横向抗拉强度/MPa	—	—	25	—	—	—	—
横向拉伸弹性模量/GPa	—	—	11.5	—	—	—	—
纵向抗压强度/MPa	393	415	561	620	670	690	686
纵向压缩模量/GPa	77.8	64.6	76.1	49.6	58.0	61.9	65.9
横向抗压强度/MPa	—	—	37	—	—	—	121
横向压缩模量/GPa	—	—	5.6	—	—	—	14.0
抗弯强度/MPa	863	848	1118	1058	1169	1140	1130
弯曲弹性模量/GPa	56.3	64.3	72.5	42.9	61.5	68.1	77.1
层间抗剪强度/MPa	—	—	74	—	—	—	79
纵横抗剪强度/MPa	—	—	72	—	—	—	61
纵横切变模量/GPa	—	—	3.9	—	—	—	5.5

注：4—4211树脂体系；G—玻璃纤维；C—碳纤维 T-300；K—芳纶纤维（Kerlar-49）。

表 2.4-15　以 QY8911 双马来体系为基体的混杂纤维增强塑料性能

性　能	板层编号						
	Q-C/G-4	Q-C/G-5	Q-C/G-6	Q-C/G-7	Q-C/G-8	Q-C/K-1	Q-C/K-2
铺层方式	$[0°_{4C}/0°_{2G}]_s$	$[0°_{4C}/0°_{4G}]_s$	$[(0°_{4C}/0°_{4G})_s]_s$	$[0°_G/0°_{2C}]$ $[0°_G/0°_C/0°_G]_s$	$[0°_{2G}/0°_{2C}/]$ $[0°_G/0°_C]_s$	$[0°_{3C}/0°_{3K}]_s$	$[(0°_C/0°_K)_3]_s$
混杂比（%）	67.6	51.1	51.1	51.1	51.1	38.0	38.0
纵向抗拉强度/MPa	945	982	1047	1204	1248	725	739
纵向拉伸弹性模量/GPa	113.0	91.0	83.5	95.9	85.7	85.0	80.8
泊松比	0.33	0.38	0.35	0.35	0.32	—	0.40
横向抗拉强度/MPa	—	—	59	—	—	—	—
横向拉伸弹性模量/GPa	—	—	11.0	—	—	—	—
纵向抗压强度/MPa	1048	836	950	887	852	—	—
纵向压缩模量/GPa	105.0	78.7	96.9	81.8	78.4	—	—
横向抗压强度/MPa	160	—	169	—	191	—	—
横向压缩模量/GPa	14.5	—	16.6	—	13.8	—	—
抗弯强度/MPa	2345	1754	1976	1982	1943	—	—
弯曲弹性模量/GPa	134.8	—	108.5	100.6	78.7	—	—
层间抗剪强度/MPa	97	—	101	92	88	—	—
纵横抗剪强度/MPa	—	—	89	—	—	—	—
纵横切变模量/GPa	—	—	4.6	—	—	—	—

注：Q—QY8911 双马来树脂体系；C—碳纤维 T-300；G—玻璃纤维；K—芳纶纤维（Kevlar-49）。

表 2.4-16　碳纤、玻纤、B 纤和芳纶纤维混杂纤维增强塑料的性能

材　料	混杂结构	抗拉强度/MPa	抗压强度/MPa	拉伸弹性模量（纵向）/GPa	压缩模量（纵向）/GPa	拉伸弹性模量（横向）/GPa	压缩模量（横向）/GPa
S-GL/T300	$(0°_4/\pm45°_2)_s$	975	644	44.8	39.3	21.4	22.7
T300/B	$(0°_4/\pm45°)_s$	1085	542	147	117	30.3	17.9
B/T-300/T-300	$(0°_3/\pm45°)_s$	856	654	152	24.1	57.9	15.1
S-GL/B	$(0°_5/\pm45°)_s$	1665	517	49.6	48.9	29.6	23.4
K-49/T-300/K-49	$(0°_2/\pm90°)_s$	496	175	48.2	39.3	27.6	20.7
T-300/HMS	$(0°_4/\pm45°_3)_s$	633	545	74.4	71.7	24.8	21.4
HTS/B	$(0°_5/\pm45°)_s$	799	625	74.4	88.2	24.8	17.2
S-GL/HMS	$(0°_4/\pm45°)_s$	751	399	19.3	36.5	7.6	18.6

表 2.4-17　混杂纤维增强塑料的特点及应用

特　点	应用举例
混杂纤维增强塑料是由两种或两种以上的纤维，匹配协调增强一种基体的塑料，因此，具有优异的综合性能，如提高冲击韧度、冲击强度、疲劳强度；调节混杂比，可以得到不同要求的热膨胀系数（包括为零）的材料，也可以得到设计要求的性能，以满足不同的技术要求及用途，降低成本，综合经济效益好	由于价格较高，目前主要在航空船天工业及体育用品中应用。如直升机旋翼、垂尾、战斗机机翼等，体育用品中的网球拍、羽毛球拍、棒球棒、高尔夫球杆、滑雪板、标枪、人体材料如关节、骨骼、齿根、假肢等、X 射线床、底片暗盒等，随着价格的降低，应用将不断扩大

3　金属基复合材料

3.1　层压金属复合材料

3.1.1　钛-钢复合板（见表2.4-18）

表2.4-18　钛-钢复合板分类、规格、性能及应用（摘自GB/T 8547—2006）

	生产种类		代　号	用途分类	应　用
分类及代号	爆炸钛-钢复合板	0类 1类 2类	B_0 B_1 B_2	0类：用于过滤接头、法兰等的高结合强度，且不允许不结合区存在的复合板	用于耐蚀压力容器、贮槽及其他设备零部件等
	爆炸-轧制钛-钢复合板	1类 2类	BR_1 BR_2	1类：将钛材作为强度设计的或特殊用途的复合板，如管板等 2类：将钛材作为耐蚀设计，而不考虑其强度的复合板，如筒体等	
尺寸规格	复合板厚度4～100mm，复材厚度一般为1.5～10mm，复合板的复层可由多层组成 复合板宽度不大于2200mm，可小于1100mm 复合板长度不大于4500mm，可小于1100mm				

	拉伸试验		剪切试验		弯曲试验	
性能	抗拉强度 R_m /MPa	断后伸长率 A（%）	抗剪强度 τ/MPa		弯曲角 α /（°）	弯曲直径 D /mm
			0类复合板	其他类复合板		
	$>R_{mj}$	大于基材或复材标准中较低一方的规定值	≥196	≥138	内弯180°，外弯由复材标准决定	内弯时按基材标准规定不够2倍时取2倍 外弯时为复合板厚度的3倍

注：1. 复合板复材的牌号为TA1、TA2、Ti-0.3、Mo-0.8Ni、Ti-0.2Pd，其化学成分应符合GB/T 3620.1—2007的规定，基材应符合相关标准规定。

2. 剪切强度适用于复层厚度≥1.5mm的复合板材。

3. 当用户要求时，供方可以做基材的拉伸试验，其抗拉强度应达到基材相应标准的要求。

4. 爆炸-轧制复合板的伸长率可以由供需双方协商确定。

5. 复合板的抗拉强度理论下限标准值 $R_{mj}=\dfrac{t_1R_{m1}+t_2R_{m2}}{t_1+t_2}$

式中：R_{m1}为基材抗拉强度下限标准值（MPa）；

R_{m2}为复材抗拉强度下限标准值（MPa）；

t_1为基材厚度（mm）；

t_2为复材厚度（mm）。

3.1.2　钛-不锈钢复合板（见表2.4-19）

表2.4-19　钛-不锈钢复合板分类、规格、性能及应用（摘自GB/T 8546—2007）

	类别	代号		应　用	
		爆　炸	爆炸-轧制		
分类、代号、复材、基材及用途	0类	B0	BR0	适于腐蚀环境中，承受一定压力、温度的压力容器，过渡接头及其他设备零部件等	过渡接头、法兰等
	1类	B1	BR1		管板等
	2类	B2	BR2		筒体板等
	复　材			基　材	
	GB/T 3621钛及钛合金板材中的TA1、TA2、TA9、TA10，化学成分按GB/T 3620.1—2007规定			GB/T 3280不锈钢冷轧钢板　JB 4728压力容器用不锈钢锻件 GB/T 4237不锈钢热轧钢板 GB/T 4238耐热钢板	

（续）

尺寸规格	复合板厚度4~60mm，复材厚度一般为1.0~12mm复合板可由多层复合组成 复合板宽度从1100~1600mm，宽度可<1100mm，也可>1600mm 复合板长度从1100~2800mm可<1100mm，也可>2800mm 供需双方协商，可提供其他规格的复合板材					
性能	抗拉强度 R_m/MPa	断后伸长率 A（%）	抗剪强度 τ/MPa		分离强度 σ_τ/MPa	
			0类复合板	其他类复合板	0类复合板	其他类复合板
	>R_{mj}	≥基材或复材标准中较低者的规定值	≥196	≥140	≥274	—

注：1. 产品采用操作复合技术及操作复合-轧制联合技术使钛及钛合金（复材）与各类不锈钢（基材）达到冶金结合状态的金属复合板。

2. 产品的形状为圆形、矩形和方形3种，其他形状复合板可由供需双方协定。

3. 复合板厚度≤10mm，复材厚度≤1.5mm时做抗剪强度试验。

4. 复合板的内弯曲性能，弯曲直径按基材标准规定，且不低于复合板厚度的2倍，弯曲角为180°，试样弯曲部分的外表面不得有裂纹。外弯曲性能，弯曲直径为复合板厚度的3倍，弯曲角按复材标准规定，在试样弯曲部分外表面不得有裂纹，复合界面不得有分层。

5. 厚度25mm以下复合板的抗拉强度理论下限标准值 R_{mj} 的计算公式参见钛-钢复合板表2.4-18的注5。

6. 标记示例：复材厚度为6mm的TA1板，基材厚度为36mm的0Cr18Ni9板，宽度为1000mm，长度为3000mm的1类爆炸或爆炸-轧制复合板。标记为：TA1/0Cr18Ni9 B1或BR1 6/36×1000×3000 GB/T 8546—2007

3.1.3 铝锡20铜-钢双金属板（见表2.4-20）

表2.4-20 铝锡20铜-钢双金属板规格、性能及应用（摘自YS/T 289—1994）

结构	第一层——钢板，材料为08Al、08F、08、10钢或工业纯铁 第二层——纯铝；第三层——铝锡20铜合金（耐磨层）；第四层——纯铝					
尺寸规格	总厚度>2~11mm；宽度25~130mm；长度70~400mm					
硬度和剥离长度	材料	布氏硬度HBW		铝合金厚度/mm	剥离长度≤/mm	
	铝锡20-铜合金	普通级	较高级		普通级	较高级
	钢背	25~35	30~40	≥0.5~1.0	8	5
		160~220	160~200	>1.0~1.5	15	12
应用	适用于中负荷、中速的汽油机、柴油机及内燃机车的轴瓦用					

3.1.4 铜-钢复合板（见表2.4-21、表2.4-22）

表2.4-21 铜-钢复合钢板尺寸及允许偏差（摘自GB/T 13238—1991） （mm）

总厚度		复层厚度		长度		宽度	
公称尺寸	允许偏差	公称尺寸	允许偏差	公称尺寸	允许偏差	公称尺寸	允许偏差
8~30	+12% -8%	2~6	±10%	≥1000	+25 -10	≥1000	+20 -10

注：1. 复合板的长度和宽度按50mm的倍数进极，定尺板尺寸由供需双方协商；

2. 复层厚度应在合同中注明，经需方同意，复层厚度超过正偏差亦可交货；

3. 复合板的平面度每米不大于12mm。

表 2.4-22 铜-钢复合板牌号、力学性能及应用（摘自 GB/T13238—1991）

复层材料		基层材料		抗拉强度 σ_b 计算公式	应用
牌号	化学成分规定	牌号	化学成分规定		
Tu1 T2 B30	GB5231 GB5234	Q235 20g、16Mng 20R、16MnR Q345 20	GB/T700 GB/T713 GB/T6654 GB/T1591 GB/T699	$\sigma_b=\frac{t_1\sigma_1+t_2\sigma_2}{t_1+t_2}$ σ_1、σ_2——基材、复材抗拉强度下限值，(MPa) t_1、t_2——基材、复材厚度（mm）	适用于化工、石油、制药、制盐等工业制造耐腐蚀的压力容器及真空设备

注：1. 复合板伸长率 δ_5（%）应不小于基材标准的规定值。

2. 复合板的抗剪强度 τ_b 不小于100MPa。

3. 复层和基层材料牌号应在合同中注明。

3.1.5 镍-钢复合板（见表2.4-23）

表 2.4-23 镍-钢复合板牌号、规格、性能及应用（YB/T108—1997）

复层材料		基层材料		总厚度		复层厚度		应用
典型牌号	标准号	典型牌号	标准号	公称尺寸/mm	允许偏差	公称尺寸/mm	允许偏差	
N6 N8	GB/T 5235 — 2007	Q235A Q235B	GB/T700	6~10	±9%	≤2	双方协议	适用于石油、化工、制药、制盐等行业制造耐腐蚀的压力容器，原子反应堆，贮藏槽及其他制品
		20g、16Mng	GB/T713					
		20R、16MnR	GB/T6654	>10~15	±8%	>2~3	±12%	
		Q345	GB/T1591	>15~20	±7%	>3	±10%	
		20	GB/T699					

剪切试验	拉伸试验		弯曲试验 α=180°		结合度试验 α=180°
抗剪强度 J_b /MPa ≥	抗拉强度 σ_b/MPa ≥	伸长率 δ_5（%）	外弯曲	内弯曲	分离率 c（%）
196	σ_b 计算式见注4	大于基材和复材标准值中较低的数值	弯曲部位的外侧不得有裂纹		3个结合度试样中的两个试样 c 值不大于50

注：1. 长度和宽度按50mm的倍数进级。长宽尺寸偏差按基材标准要求。

2. 复合板平面度 t：总厚度不大于10mm，$t\leq 12$mm/m；总厚度大于10mm，$t<10$mm/m。

3. 复合板按理论重量计算；钢密度7.85g/cm^3，镍及镍合金密度8.85g/cm^3。

4. 复合板抗拉强度 σ_b 计算式：$\sigma_b=\frac{t_1\sigma_{b1}+t_2\sigma_{b2}}{t_1+t_2}$。式中：$\sigma_{b1}$、$\sigma_{b2}$ 分别为基材、复材抗拉强度标准下限值（MPa）；t_1、t_2 分别为试样基材、复材的厚度（mm）。

5. 复合板应按 GB/T7734—2004 规定进行超声波探伤。

3.1.6 不锈钢复合钢板和钢带（见表2.4-24）

表2.4-24 不锈钢复合钢板和钢带分级、代号、尺寸规格、性能及应用（摘自GB/T 8165—2008）

<table>
<tr><td rowspan="5">分级、代号、用途及界面结合率</td><td rowspan="2">级别</td><td colspan="3">代 号</td><td rowspan="2">用 途</td><td colspan="2">界面结合率</td></tr>
<tr><td>爆炸法</td><td>轧制法</td><td>爆炸轧制法</td><td>复合中厚板</td><td>轧制复合带及其剪切钢板</td></tr>
<tr><td>Ⅰ级</td><td>BⅠ</td><td>RⅠ</td><td>BRⅠ</td><td>适用于不允许有未结合区存在的、加工时要求严格的结构件上</td><td>100%</td><td rowspan="3">≥99%</td></tr>
<tr><td>Ⅱ级</td><td>BⅡ</td><td>RⅡ</td><td>BRⅡ</td><td>适用于可允许有少量未结合区存在的结构件上</td><td>≥99%</td></tr>
<tr><td>Ⅲ级</td><td>BⅢ</td><td>RⅢ</td><td>BRⅢ</td><td>适用于复层材料只作为抗腐蚀层来使用的一般结构件上</td><td>≥95%</td></tr>
</table>

<table>
<tr><td rowspan="12">尺寸规格及材料牌号</td><td>复合中厚板尺寸规定</td><td colspan="5">轧制复合带及其剪切钢板尺寸规定</td><td colspan="2">复合钢板和钢带材料典型钢号</td></tr>
<tr><td rowspan="11">公称厚度不小于6mm
公称宽度1450~4000mm
公称长度4000~10000mm
单面复合中厚板复层公称厚度1.0~18mm，通常为2~4mm，基层最小厚度为5mm</td><td rowspan="3">轧制复合板（带）总公称厚度/mm</td><td colspan="3">复层厚度 不小于/mm</td><td rowspan="11">公称宽度为900~1200mm，剪切钢板公称长度为2000mm，轧制带成卷交货</td><td rowspan="3">复层材料钢号（应符合GB/T 3280—2007和GB/T 4237—2007规定）</td><td rowspan="3">基层材料钢号（应符合GB/T 3274—2007、GB/T 713—2008、GB/T 3531—2008、GB/T 710—2008规定）</td></tr>
<tr><td rowspan="2">对称型
AB面</td><td colspan="2">非对称型</td></tr>
<tr><td>A面</td><td>B面</td></tr>
<tr><td>0.8</td><td>0.09</td><td>0.09</td><td>0.06</td><td rowspan="8">06Cr13
06Cr13Al
022Cr17Ti
06Cr19Ni10
06Cr18Ni11Ti
06Cr17Ni12Mo2
022Cr17Ni12Mo2
022Cr25Ni7Mo4N
022Cr22Ni5Mo3N
022Cr19Ni5Mo3Si2N
06Cr25Ni20
06Cr23Ni13</td><td rowspan="8">Q235-A、B、C
Q345-A、B、C
Q245R、Q345R、15CrMoR
09MnNiDR
08Al</td></tr>
<tr><td>1.0</td><td>0.12</td><td>0.12</td><td>0.06</td></tr>
<tr><td>1.2</td><td>0.14</td><td>0.14</td><td>0.06</td></tr>
<tr><td>1.5</td><td>0.16</td><td>0.16</td><td>0.08</td></tr>
<tr><td>2.0</td><td>0.18</td><td>0.18</td><td>0.10</td></tr>
<tr><td>2.5</td><td>0.22</td><td>0.22</td><td>0.12</td></tr>
<tr><td>3.0</td><td>0.25</td><td>0.25</td><td>0.15</td></tr>
<tr><td>3.5~6.0</td><td>0.30</td><td>0.30</td><td>0.15</td></tr>
</table>

<table>
<tr><td rowspan="3">复合中厚板力学性能</td><td>级 别</td><td>界面抗剪强度 τ/MPa</td><td>上屈服强度① R_{eH}/MPa</td><td>抗拉强度 R_m/MPa</td><td>断后伸长率 A（%）</td><td>冲击吸收能量 KV_2/J</td></tr>
<tr><td>Ⅰ级
Ⅱ级</td><td>≥210</td><td rowspan="2">不小于基层对应厚度钢板标准值②</td><td rowspan="2">不小于基层对应厚度钢板标准下限值，且不大于上限值35MPa②</td><td rowspan="2">不小于基层对应厚度钢板标准值</td><td rowspan="2">应符合基层对应厚度钢板的规定</td></tr>
<tr><td>Ⅲ级</td><td>≥200</td></tr>
</table>

<table>
<tr><td rowspan="4">轧制复合带及其剪切钢板力学性能</td><td colspan="5">等于基层材料相应牌号标准规定的力学性能。当基层选用深冲钢时，其力学性能按下表规定，当复层为06Cr13钢时，其力学性能按复层为铁素体不锈钢的规定</td></tr>
<tr><td rowspan="2">基层钢号</td><td rowspan="2">上屈服强度① R_{eH}/MPa</td><td rowspan="2">抗拉强度 R_m/MPa</td><td colspan="2">断后伸长率 A（%）</td></tr>
<tr><td>复层为奥氏体不锈钢</td><td>复层为铁素体不锈钢</td></tr>
<tr><td>08Al</td><td>≤350</td><td>345~490</td><td>≥28</td><td>≥18</td></tr>
</table>

注：1. 产品的弯曲性能、杯突试验、表面质量等均应符合GB/T 8165—2008的规定。

2. GB/T 8165—2008代替GB/T 8165—1997《不锈钢复合钢板和钢带》及GB/T 17102—1997《不锈钢汽轮复合薄钢板和钢带》。

3. 产品用于制造石油、化工、轻工、机械、海水淡化、核工业的各类压力容器、贮罐等结构件（复层厚度≥1mm的中厚板），以及用于轻工机械、食品、炊具、建筑、装饰、焊管、铁路客车、医药、环保等行业的设备（复层厚度≤0.8mm的单面、双面对称和非对称复合带及其剪切钢板）。

① 屈服现象不明显时，按 $R_{p0.2}$。

② 复合钢板和钢带的屈服下限值 R_P、抗拉强度下限值 R_m 可按下列公式计算

$$R_P=\frac{t_1R_{p1}+t_2R_{p2}}{t_1+t_2}\qquad R_m=\frac{t_1R_{m1}+t_2R_{m2}}{t_1+t_2}$$

式中：R_{p1}、R_{p2} 为复层、基层钢板屈服点下限值（MPa）；

R_{m1}、R_{m2} 为复层、基层钢板抗拉强度下限值（MPa）；

t_1、t_2 为复层、基层钢板厚度（mm）。

3.1.7 结构用不锈钢复合管（见表2.4-25）

表2.4-25 结构用不锈钢复合管分类、规格及应用（摘自GB/T 18704—2008）

分类及代号	圆管—R，方管—S，矩形管—Q；按交货状态分为4种：表面未抛光状态—SNB，表面抛光状态—SB，表面磨光状态—SP，表面喷砂状态—SS
材料要求	覆材牌号：06Cr19Ni10、12Cr18Ni9、12Cr18Mn9Ni5N、12Cr17MnNi5N，其化学成分和力学性能应符合GB/T 18704—2008的规定 基材牌号：Q195、Q215、Q235，化学成分符合GB/T 700的规定；力学性能应按GB/T 18704—2008的相关规定

（续）

	圆　管（R）		矩　形　管（Q）		方　管（S）	
	外径	总　壁　厚	边　长	总　壁　厚	边　长	总　壁　厚
尺寸规格及用途/mm	12.7	0.8～2.0	20×10	0.8～2.0	15×15	0.8～2.0
	15.9	0.8～2.0	25×15	0.8～2.0	20×20	0.8～2.0
	19.1	0.8～2.0	40×20	1.0～2.5	25×25	0.8～2.5
	22.2	0.8～2.0	50×30	1.0～2.5	30×30	1.0～2.5
	25.4	0.8～2.5	70×30	1.2～2.5	40×40	1.0～2.5
	31.8	0.8～2.5	80×40	1.2～3.0	50×50	1.2～3.0
	38.1	1.2～2.5	90×30	1.2～3.0	60×60	1.4～3.5
	42.4	1.2～2.5	100×40	3.0～4.0	70×70	3.0～4.0
	48.3	1.2～2.5	110×50	3.0～4.0	80×80	3.0～4.0
	50.8	1.2～2.5	120×40	3.0～4.0	85×85	3.0～4.0
	57.0	1.0～2.5	120×60	3.5～4.5	90×90	3.0～4.0
	63.5	1.2～3.0	130×50	3.5～4.5	100×100	3.0～4.0
	76.3	1.2～3.0	130×70	3.5～4.5	110×110	3.0～4.0
	80.0	1.4～3.5	140×60	3.5～4.5	125×125	3.5～5.0
	87.0	2.2～3.5	140×80	3.5～4.5	130×130	3.5～5.0
	89.0	2.5～4.0	150×50	3.5～4.5	140×140	4.0～6.0
	102	3.0～4.0	150×70	3.5～5.0	170×170	5.0～8.0
	108	3.5～4.5	160×40	3.5～4.5	总壁厚尺寸系列/mm	
	112	3.0～4.0	160×60	3.5～5.0		
	114	3.0～4.5	160×90	4.0～5.0		
	127	3.5～4.5	170×50	3.5～5.0	0.8、1.0、1.2、1.4、1.5、1.6、1.8、2.0、2.2、2.5、3.0、3.5、4.0、4.5、5.0～12（1进级）	
	133	3.5～4.5	170×80	4.0～5.0		
	140	3.5～5.0	180×70	4.0～5.0		
	159	4.0～5.0	180×80	4.0～5.0		
	165	4.0～5.0	180×100	4.0～6.0		
	180	4.5～6.0	190×60	4.0～5.0	管长度/mm	1000～8000
	217	4.5～10	190×70	4.0～5.0	用　途	
	219	4.5～11	190×90	4.0～6.0	产品用于一般机械结构零部件、医疗器械、车船制造、钢结构网架、市政设施、建筑装饰、道桥铁路各种护栏等	
	273	6.0～12	200×60	4.0～5.0		
	299	6.0～12	200×80	4.0～6.0		
	325	7.0～12	200×140	4.5～8.0		

注：1. 复合管基材和覆材可在供需双方协定后，采用其他牌号的材料制造。

2. 管材工艺性能：将管材试样外径压扁至管径的1/3时，试样不得有裂纹或裂口；用顶心锥度为60°，将管材试样外径扩至管径的6%时，不得有裂纹或裂口；将管材弯曲角度为90°，弯心半径为管材外径3.5倍，试样弯曲处内侧面不得有皱褶。

3. 圆管材外径≤63.5mm时，管材表面粗糙度不低于R_a0.8μm（即光亮度400号）；圆管外径大于63.5mm及方形管和矩形管的管材表面粗糙度不低于R_a1.6μm（即光亮度320号）。

4. 按理论重量交货时，管材每米理论重量W的计算式为

$$W=\frac{\pi}{1000}\left[S_1\left(D-S_1\right)\rho_1+S_2\left(D-2S_1-S_2\right)\rho_2\right]$$

式中：

W为复合管的重量（kg/m）；

D为复合管的外径（mm）；

S_1为复合管覆材的壁厚（mm）；

S_2为复合管基材的壁厚（mm）；

ρ_1为复合管覆材的钢密度（kg/dm^3）（不锈钢的密度为7.93kg/dm^3）；

ρ_2为复合管基材钢的密度（kg/dm^3）（碳素钢的密度为7.85kg/dm^3）。

5. 标记示例：

a）用06Cr19Ni10的钢为覆材，Q195的钢为基材，圆形截面，抛光状态，外径25.4mm，壁厚1.2mm，长度为6 000mm定尺的复合管，其标记为：

06Cr19Ni10/Q195-25.4×1.2×6000-GB/T 18704—2008

（复合管以圆截面形状、抛（磨）光状态交货的，可不标注其代号）

b）用12Cr18Ni9的钢为覆材，Q235B的钢为基材，方形截面，喷砂状态，边长30mm，壁厚1.4mm，长度为6 000mm定尺的方形复合管，其标记为：

12Cr18Ni9/Q235B-S. SA30×30×1.4×6 000-GB/T 18704—2008

3.2 纤维增强金属基复合材料

3.2.1 碳（石墨）纤维增强铝复合材料（见表2.4-26）

表2.4-26 碳纤维增强铝复合材料力学性能及应用

	纤维	基体	纤维含量(质量分数)(%)	密度/g·cm^{-3}	拉伸强度/MPa	弹性模量/GPa
性能	石墨纤维 GT50	201AL	30	2.39	630	160
	石墨纤维 GGY70	201AL	34	2.39	665	210
	石墨纤维 GGY70	201AL	30	2.44	560	160
	高模量沥青纤维 GHMpitch	6061AL	41	2.44	630	329
特点及应用	具有很高的比强度及比模量，良好的高温性能和导热性、低的热膨胀系数及良好的尺寸稳定性。与高强铝合金、钛合金、高强钢相比，其比强度约高1倍，比模量约高3倍，适于制作构件重量轻、刚性好的构件，壁厚最小的要求结构稳定的构件；高温性能好及尺寸稳定性好、精度要求高的构件					

3.2.2 碳纤维增强铅复合材料（见表2.4-27）

表2.4-27 碳纤维增强铅及铅合金复合材料力学性能及应用

材料名称	C/Pb	C/Pb-Sn	C/Pb-Sn-Sb
拉伸强度/MPa	33.44	67.86	74.92
特点及应用	碳纤维强度比铅及铅合金高近百倍，碳纤维增强铅及铅合金复合材料具有消声、耐酸蚀、耐磨性及较高的强度和刚度，适于制作承受高负荷的自润滑轴承、薄板构件，可以降低飞机、农机具、工业设备和船舶等的噪声，如装在农用拖拉机驾驶室中，可使噪声下降17dB		

3.2.3 碳纤维增强铜复合材料（见表2.4-28）

表2.4-28 碳纤维增强铜复合材料摩擦性能及应用

	材料	纤维位向	线速度/m·s^{-1}	磨损速率/cm·(km×10^{4})$^{-1}$	平均摩擦因数	电刷温度/°C
摩擦性能	T300/Cu-1%/Sn A类复合丝	Ⅰ	54	0.52	0.06	—
		Ⅲ	54	2.47	0.14	—
		Ⅰ	60	0.55	0.39	—
		Ⅰ	120	0.08	0.16	—
	T300/Cu-1% Sn B类复合丝	Ⅰ	60	1.44	0.16	241
		Ⅰ	120	0.94	0.18	282
	T300/Cu-10% Sn B类复合丝	Ⅰ	60	3.36	0.22	223
		Ⅰ	120	2.99	0.19	274
	HM3000/Cu-1% Sn A类复合丝	Ⅰ	54	2.85	0.36	200
		Ⅱ	54	38.27	0.41	232
	HM3000/Cu-3% Sn A类复合丝	Ⅰ	54	1.62	0.23	164
		Ⅰ	60	2.08	0.29	170
		Ⅰ	120	1.09	0.16	201
	HM3000/Cu-4% Sn A类复合丝	Ⅰ	54	4.79	0.19	194
		Ⅰ	60	3.95	0.37	217
		Ⅰ	120	1.34	0.19	258
	HM3000/Cu-4% Sn B类复合丝	Ⅰ	60	6.08	0.30	217
		Ⅰ	120	1.72	0.15	258
	HM3000/Cu-8% Sn	Ⅰ	54	2.46	0.33	114
		Ⅰ	30	2.79	0.36	155
		Ⅰ	60	1.73	0.23	102
		Ⅰ	120	1.19	0.11	126
		Ⅰ	180	0.75	0.13	140
		Ⅰ	235	2.08	0.21	265
特点及应用	具有高强度、摩擦因数小、磨损率低、可通过工作电流大、接触电压降小等优异性能，适于用作低电压、大电流电机及特殊电机的电刷材料、耐磨材料及电子材料。目前，作为耐磨材料和电机电刷材料已有较多的试验研究					

注：1. A类复合丝指纤维束中95%已浸渍好，表面金属连续；B类复合丝指纤维束浸渍不完全，但表面涂层连续。

2. 纤维位向：Ⅰ——纤维轴与滑动面垂直；Ⅱ——纤维束与滑动面平行，但与滑动方向垂直；Ⅲ——纤维轴与滑动面及滑动方向都平行。

3.2.4 颗粒增强金属复合材料（见表2.4-29、表2.4-30）

表2.4-29 铸造铜-石墨复合材料力学性能及应用

力学性能	密度/$g \cdot cm^{-3}$	拉伸强度/MPa	硬度HBW	伸长率（%）	线膨胀系数/（$\times 10^{-5}$/°C）
	6.723	285	70	6.0	2.73
特点及应用	将石墨粒子均匀分散于铜合金中，制成铸造铜-石墨复合材料，具有优异的摩擦性能，不论有无润滑条件，均具有较低的摩擦因数，且具有较好的振动衰减性能。其力学性能随着石墨粒子的加入量增加而有所降低，当石墨粒子数量达到15%（质量分数）时，强度仍为285MPa，是一种优良的自润滑材料，可用于作轴瓦和耐磨损零件				

表2.4-30 铸造石墨铝合金复合材料物理力学性能及应用

物理力学性能	石墨体积（%）	密度/$g \cdot cm^{-3}$	拉伸强度/MPa	伸长率（%）	抗压强度/MPa	硬度HBW	油介质摩擦因数
	5	2.63	180	3.9	350	64	0.008
	10	2.52	150	3.0	300	59	0.01
特点及应用	用铸造法弥散石墨于铝或铝合金中的复合材料具有优良的自润滑性和减振性。可用于汽车发动机气缸、轴承及各种耐磨和减振件。石墨含量增高，强度随之有所降低；石墨含量（质量分数）小于10%时，耐磨性提高，超过10%时，随石墨含量增加耐磨性不再提高，甚至有所降低，石墨粒子经包覆后，在润滑条件下，复合材料耐磨性提高，无润滑条件下则相反。减振性能随石墨含量增加，衰减率也提高						

4 塑料-金属基复合材料

4.1 塑料-金属基多层复合材料

塑料-金属基多层复合材料是以钢板为基体，多孔青铜为中间层，塑料为表层而构成。此类多层复合材料既具有金属的力学性能，又具有塑料表面的优良耐磨性能。钢背与塑料之间以多孔性青铜为媒介，从而使界面结合可靠，结合强度高于喷涂和胶接。JB/T7521—1994《塑料-青铜-钢背三层复合自润滑板材》中的板材，可作为无油润滑、边界润滑及水润滑条件下的卷制轴承、轴瓦、止推垫片、滑块、机床导轨、闸门滑道、球座及关节轴承垫层等滑动摩擦副之用。塑料-金属基多层复合材料的种类及应用，见表2.4-31；塑料-青铜-钢背三层复合板材规格及性能见表2.4-32、表2.4-33。

表2.4-31 塑料-金属基多层复合材料的种类及应用
（摘自JB/T 7521—1994）

类型	名称	用途
Ⅰ	改性聚四氟乙烯为表面层的三层复合板材	特别适用于无油润滑条件
Ⅱ	改性聚甲醛为表面层的三层复合板材	特别适用于边界润滑条件
Ⅲ	填充增强酚醛为表面层的三层复合板材	特别适用于水润滑条件

表2.4-32 塑料-青铜-钢背三层复合板材规格
（摘自JB/T 7521—1994） （mm）

品种	厚度 公称厚度	厚度 偏差	公称宽度	公称长度
Ⅰ、Ⅱ	0.75	0.05	120	500
	1.0			
	1.5			
	2.0	0.06		
	2.5	0.07		
Ⅲ	20	—	—	—
	40			

注：1. 特殊规格可由供需双方商定。
2. Ⅰ型材料作为机床导轨板，经过磨削加工其偏差为0.02mm。

表2.4-33 塑料-青铜-钢背三层复合板材性能（摘自JB/T 7521—1994）

项目	品种		试样厚度/mm	压力/MPa	压缩永久变形量/mm
压缩永久变形	Ⅰ		2.5	280	≤0.08
	Ⅱ	无油坑		140	≤0.04
		有油坑			≤0.05
	Ⅲ		20	250	≤0.10
磨痕宽度和摩擦因数	品种		润滑条件	磨痕宽度/mm	摩擦因数
	Ⅰ		干摩擦	≤6.0	≤0.20
			油润滑（初始润滑）	≤4.5	≤0.08
	Ⅱ		干摩擦	≤5.5	≤0.50
			脂润滑（初始润滑）		≤0.10
	Ⅲ		水润滑	≤2.5	≤0.12
导热系数和线胀系数	品种		导热系数/$W \cdot (m \cdot K)^{-1}$	线膨胀系数/1/°C 温度范围	线膨胀系数/1/°C 数值
	Ⅰ		≥2.3	20～180°C	$\leqslant 30 \times 10^{-6}$
	Ⅱ		≥1.7	0～80°C	$\leqslant 70 \times 10^{-6}$

4.2　铝管对接焊式铝塑管（见表 2.4-34）

表 2.4-34　铝管对接焊式铝塑管品种分类（摘自 GB/T 18997.2—2003）

流体类别		用途代号	铝塑管代号	长期工作温度 T_0/°C	允许工作压力 p_0/MPa	尺寸规格/mm	
水	冷水	L	PAP3、PAP4	40	1.40	公称外径	参考内径
			XPAP1、XPAP2		2.00	d_n	d_i
	冷热水	R	PAP3、PAP4	60	1.00	16	10.9
			XPAP1、XPAP2	75	1.50	20	14.5
			XPAP1、XPAP2	95	1.25	25	18.5
燃气[①]	天然气	Q	PAP4	35	0.40	32	25.5
	液化石油气				0.40	40	32.4
	人工煤气[②]				0.20	50	41.4
特种流体[③]		T	PAP3	40	1.00		

注：1. 铝塑管按复合组分材料分类，其型式如下：

a. 聚乙烯/铝合金/交联聚乙烯（XPAP1）：一型铝塑管，适于较高工作温度和较高流体压力条件应用。

b. 交联聚乙烯/铝合金/交联聚乙烯（XPAP2）：二型铝塑管，适于较高工作温度和流体压力条件，抗外部恶劣环境优于 XPAP1。

c. 聚乙烯/铝/聚乙烯（PAP3）：三型铝塑管，适于较低工作温度和流体压力下应用。

d. 聚乙烯/铝合金/聚乙烯（PAP4）：四型铝塑管，适于较低工作温度和流体压力下应用，可用于输送燃气等气体。

2. 铝塑管的技术性能应符合 GB/T 18997.2—2003 的规定。

3. 标记示例：

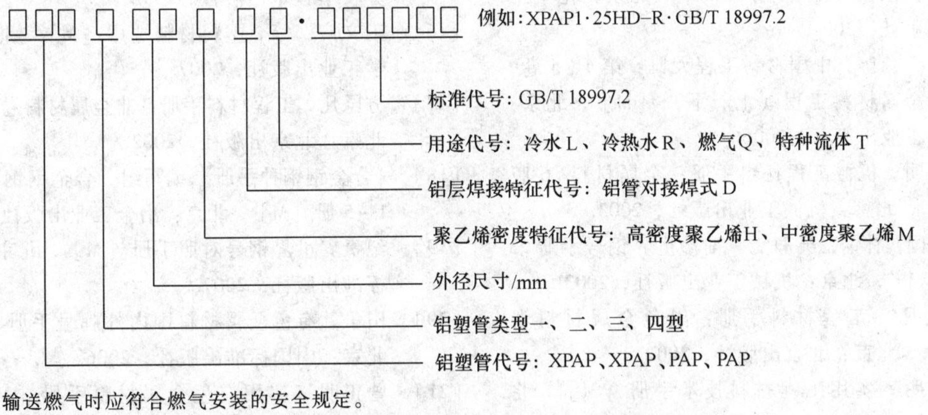

① 输送燃气时应符合燃气安装的安全规定。

② 在输送人工煤气时应注意到冷凝剂中芳香烃对管材的不利影响，工程中应考虑这一因素。

③ 系指和 HDPE（高密度聚乙烯）的抗化学药品性能相一致的特种流体。

4.3　塑覆铜管（见表 2.4-35）

表 2.4-35　塑覆铜管分类、规格、性能及应用（摘自 YS/T 451—2002）

产品分类

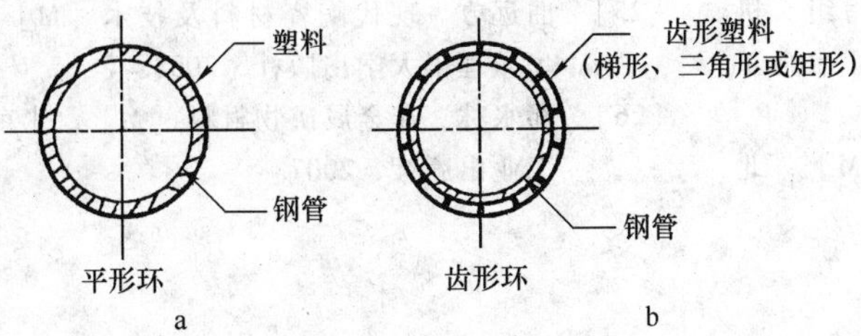

铜管外径/mm	塑覆铜管外径/mm	
	平形环	齿形环
6	8.2	8.6
8	10.2	10.6
10	12.2	12.6
12	14.2	14.6
15	17.6	18.6
18	20.6	21.6
22	24.6	25.6

（续）

<table>
<tr><td colspan="2" rowspan="2">产品分类</td><td colspan="3">尺寸规格</td></tr>
<tr><td rowspan="2">铜管外径
/mm</td><td colspan="2">塑覆铜管外径/mm</td></tr>
<tr><td colspan="2" rowspan="5">1. 塑覆铜冷水管：塑料在管材外表面密集成环状（平形环），其断面形状如图 a 所示
2. 塑覆铜热水管：塑料在管材外表面呈齿形环状（齿形环），其齿形可为梯形、三角形或矩形，其断面形状如图 b 所示
3. 塑覆铜气管：采用图 a 或图 b 形式
4. 塑覆铜燃气管，采用图 a 或图 b 形式</td><td>平形环</td><td>齿形环</td></tr>
<tr><td>28</td><td>30.6</td><td>31.6</td></tr>
<tr><td>35</td><td>38.6</td><td>40</td></tr>
<tr><td>42</td><td>45.6</td><td>47</td></tr>
<tr><td>54</td><td>58</td><td>60</td></tr>
<tr><td>材料
要求</td><td colspan="4">铜管基材应符合 GB/T 18033—2007《无缝铜水管和铜气管》中化学成分的规定
铜管塑覆材为聚乙烯，应保证能在 110℃ 温度以下正常应用。聚乙烯的技术性能应为：密度 0.930～0.940g/cm³；熔体流动速率 0.20～0.40g/10min；脆化温度≤－70℃；维卡软化温度≥80℃；阻燃性氧指数（OI）≥30</td></tr>
<tr><td>用　途</td><td colspan="4">产品用于输送冷水、热水、地面天然气、液态石油气、煤气、氧气等</td></tr>
</table>

参考文献

〔1〕　机械工程手册编辑委员会．机械工程手册工程：材料卷．2 版［M］．北京：机械工业出版社，1996.

〔2〕　干勇等．中国材料工程大典：第 2、3 卷，钢铁材料工程（上、下）［M］．北京：化学工业出版社，2006.

〔3〕　黄伯云，等．中国材料工程大典：第 4、5 卷，有色金属材料工程（上、下）［M］．北京：化学工业出版社，2006.

〔4〕　曾正明．机械工程材料手册：金属材料．6 版［M］．北京：机械工业出版社，2003.

〔5〕　林慧国，林钢，吴静雯．袖珍世界钢号手册．3 版［M］．北京：机械工业出版社，2003.

〔6〕　方昆凡．工程材料手册：黑色金属材料卷［M］．北京：北京出版社，2002.

〔7〕　曾正明．实用工程材料技术手册［M］．北京：机械工业出版社，2001.

〔8〕　方昆凡，黄英．机械工程材料实用手册［M］．沈阳：东北大学出版社，1995.

〔9〕　曾正明．机械工程材料手册：非金属材料．6 版［M］．北京：机械工业出版社，2003.

〔10〕　陈华辉，等．耐磨材料手册［M］．北京：机械工业出版社，2006.

〔11〕　东北大学《机械零件设计手册》编写组．机械零件设计手册．3 版［M］．北京：冶金工业出版社，1994.

〔12〕　张一公．常用工程材料选用手册［M］．北京：机械工业出版社，1998.

〔13〕　李智诚，等．常用金属材料产品手册［M］．北京：中国物质出版社，1997.

〔14〕　方昆凡．工程材料手册：有色金属材料卷［M］．北京：北京出版社，2002.

〔15〕　钦征骑．新型陶瓷材料手册［M］．南京：江苏科学技术出版社，1996.

〔16〕　王文广，等．塑料材料选用［M］．北京：化学工业出版社，2007.

〔17〕　方昆凡．工程材料手册：非金属材料卷［M］．北京：北京出版社，2002.

〔18〕　《合金钢钢种手册》编写组．合金钢钢种手册：1～5 册［M］．北京：冶金工业出版社，1983.

〔19〕　纪贵．世界钢号对照手册［M］．北京：中国标准出版社，2007.

〔20〕　田争．有色金属材料国内外牌号手册［M］．北京：中国标准出版社，2006.

〔21〕　曾正明．实用有色金属材料手册［M］．北京：机械工业出版社，2008.

〔22〕　张玉龙．塑料品种与性能手册［M］．北京：化学工业出版社，2007.

〔23〕　张玉龙，孙敏．橡胶品种及性能手册［M］．北京：化学工业出版社，2007.

〔24〕　贾德昌，宋桂明，等．无机非金属材料性能［M］．北京：科学出版社，2008.

〔25〕　曲远方．现代陶瓷材料及技术［M］．上海：华东理工大学出版社，2008.

〔26〕　郑水林．非金属矿物材料［M］．北京：化学工业出版社，2007.

第3篇　零部件设计常用基础标准

主　编　汪　恺

编写人　唐保宁

　　　　赵卓贤

　　　　汪　恺

　　　　于　源

审稿人　舒森茂

第1章　技术制图及图形符号

概述

技术图样涉及到各行各业在设计和制图过程中必须共同遵守的内容。为此，国际标准化组织（ISO/TC10）制定了一系列《技术制图》类标准。为与ISO一致，我国于20世纪80年代末在制定、修订上述领域的标准时，把《机械制图》改为《技术制图》。这些标准适用于机械、电子、电工、造船、航空、航天、冶金矿山、纺织等行业所绘制的图样。此外，具有机械制图特征的标准仍保留《机械制图》名称。

本章涉及的标准较多，现将新标准、代替标准、对应的国际标准以及采用情况汇总如下：

——GB/T 324—2008《技术制图　焊缝符号表示法》代替GB/T 324—1988

——GB/T 4656.1—2000《技术制图　棒料、型材及其断面的简化表示法》代替GB/T 4656—1984　等效采用ISO5261:1955

——GB/T 6567.1—2008《技术制图　管路系统的图形符号　基本原则》代替GB/T 6567.1—1986　等效采用ISO4067.2:1984

——GB/T 6567.2—2008《技术制图　管路系统的图形符号　管路》代替GB/T 6567.2—1986　等效采用ISO4067.2:1984

——GB/T 6567.3—2008《技术制图　管路系统的图形符号　管件》代替GB/T 6567.3—1986　等效采用ISO4067.3:1984

——GB/T 6567.4—2008《技术制图　管路系统的图形符号阀门和控制元件》代替GB/T 6567.4—1986　等效采用ISO 4067.4:1984

——GB/T 6567.5—2008《技术制图　管路系统的图形符号管路、管件和阀门等图形符号的轴测图画法》代替GB/ 6567.5—1986

——GB 10609.1—2008《技术制图　标题栏》代替GB/T 10609.1—1989　不等效采用ISO7200: 1989

——GB/T 10609.2—1989《技术制图　明细栏》不等效采用ISO7573—1983

——GB/T 12212—1990《技术制图　焊缝符号的尺寸、比例及简化表示法》

——GB/T 14689—2008《技术制图　图纸幅面和格式》代替14689—1993　等效采用ISO5457:1999

——GB/T 14690—1993《技术制图　比例》等效采用ISO 5455:1979

——GB/T 14691—1993《技术制图　字体》等效采用ISO3098—1:1974

——GB/T 14692—2008《技术制图　投影法》代替GB/T 14692—1993　等效采用ISO/DIS 5456—1993

——GB/T 15754—1995《技术制图　圆锥的尺寸和公差注法》等效采用ISO 3040:1990

——GB/T 16675.1—1996《技术制图　简化表示法　第1部分：图样画法》

——GB/T 16675.2—1996《技术制图　简化表示法　第2部分：尺寸注法》

——GB/T 17450—1998《技术制图　图线》等同采用ISO128—20:1996

——GB/T 17451—1998《技术制图　图样画法　视图》不等效采用ISO/DIS 11947—1:1995

——GB/T 17452—1998《技术制图　图样画法　剖面图和断面图》等效采用ISO/DIS 11947.2:1995

——GB/T 17453—2005《技术制图　图样画法　剖面区域的表示法》等效采用ISO/DIS 11947—3:1995

——GB/T 4457.2—2003《技术制图　图样画法　指引线和基准线的基本规定》

——GB/T 4457.4—2002《机械制图　图样画法　图线》修改采用ISO128—24:1999

——GB/T 4457.5—1984《机械制图　剖面符号》

——GB/T 4458.1—2002《机械制图　图样画法　视图》修改采用ISO128—34:2001

——GB/T 4458.2—2003《机械制图　装配图中零、部件序号及其编排方法》

——GB/T 4458.3—1984《机械制图　轴测图》

——GB/T 4458.4—2003《机械制图　尺寸注法》

——GB/T 4458.5—2003《机械制图　尺寸公差与配合注法》

——GB/T 4458.6—2002《机械制图　图样画法　剖视图和断面图》修改采用ISO128—44:2000

——GB/T 4459.1—1995《机械制图　螺纹及螺纹紧固件画法》等效采用ISO6410:1993

——GB/T 4459.2—2003《机械制图　齿轮表示法》

——GB/T 4459.3—2000《机械制图　花键表示法》

——GB/T 4459.4—2003《机械制图　弹簧表示法》

——GB/T 4459.5—1999《机械制图　中心孔表示法》等效采用 ISO6411:1982

——GB/T 4459.6—1996《机械制图　动密封圈表示法》等效采用 ISO 9221-1，-2:1989

——GB/T 4459.7—1998《机械制图　滚动轴承表示法》等效采用 ISO 8826-1:1993，-2:1994

——GB/T 4460—1984《机械制图　机构运动简图符号》等效采用 ISO 3952-1，-2:1981

——GB/T 5185—2005《焊接及相关工艺方法代号》代替 GB/T 5185—1985

——GB/T 786.1—2009《液体传动系统及元件图形符号和回路图　第1部分：用于常规用途的数据处理的图形符号》代替 GB/T 786.1—1993　等同采用 ISO 1219—1:2006。

——GB/T 6403.1—2008《球面半径》

——GB/T 6403.2—2008《润滑槽》

——GB/T 6403.3—2008《滚花》

——GB/T 6403.4—2008《零件倒圆与倒角》

——GB/T 6403.5—2008《砂轮越程槽》

为了方便读者查阅，将几何公差表示法、圆锥尺寸和公差表示法、表面粗糙度符号及表示法等内容安排在相关章节中介绍，本章不再重复。

1　通用性规定

1.1　图纸幅面和格式（GB/T 14689—2008）

1.1.1　图纸幅面

绘制技术图样时，应优先采用表 3.1-1 中所规定的基本幅面（第一选择），必要时，也允许选用表中的加长幅面（第二选择或第三选择）。

加长幅面的尺寸是由基本幅面的短边按整数倍增加得出，如图 3.1-1 所示。图中粗实线所示为基本幅面，细实线所示为第二选择的加长幅面（图中细实线大部分已被粗实线覆盖），第三选择的加长幅面为虚线所示。

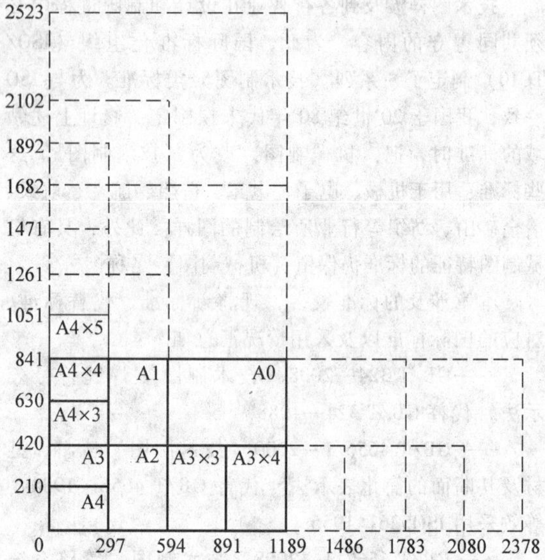

图 3.1-1　图纸幅面

图纸幅面的尺寸公差应符合 GB/T 148—1997《印刷、书写和绘图纸幅面尺寸》的规定：

边长尺寸（mm）	极限偏差（mm）
<150	±1.5
150～600	±2.0
>600	±3.0

表 3.1-1　图纸幅面尺寸　（mm）

基本幅面（第一选择）		加长幅面（第二选择）		加长幅面（第三选择）	
幅面代号	尺寸 $B \times L$	幅面代号	尺寸 $B \times L$	幅面代号	尺寸 $B \times L$
A0	841×1189	A3×3	420×891	A0×2	1189×1682
A1	594×841	A3×4	420×1189	A0×3	1189×2523
A2	420×594	A4×3	297×630	A1×3	841×1783
A3	297×420	A4×4	297×841	A1×4	841×2378
A4	210×297	A4×5	297×1051	A2×3	594×1261
				A2×4	594×1682
				A2×5	594×2102
				A3×5	420×1486
				A3×6	420×1783
				A3×7	420×2080
				A4×6	297×1261
				A4×7	297×1471
				A4×8	297×1682
				A4×9	297×1892

1.1.2　图纸边框格式及尺寸（表 3.1-2）

表 3.1-2　图纸边框格式及尺寸　（mm）

<table>
<tr><td>需要留装订边的图纸格式</td><td colspan="2">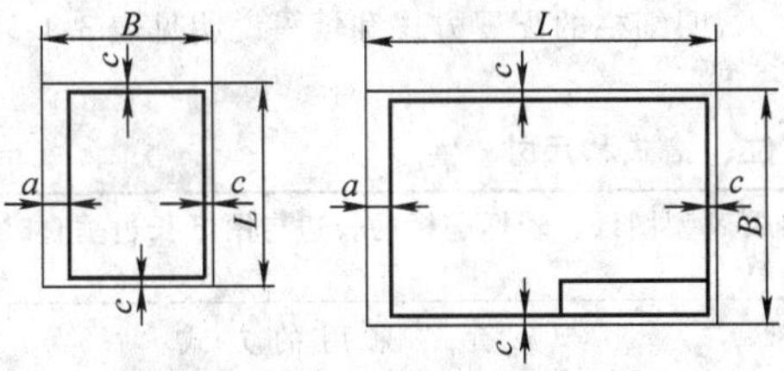</td><td>不需要留装订边的图纸格式</td><td colspan="2">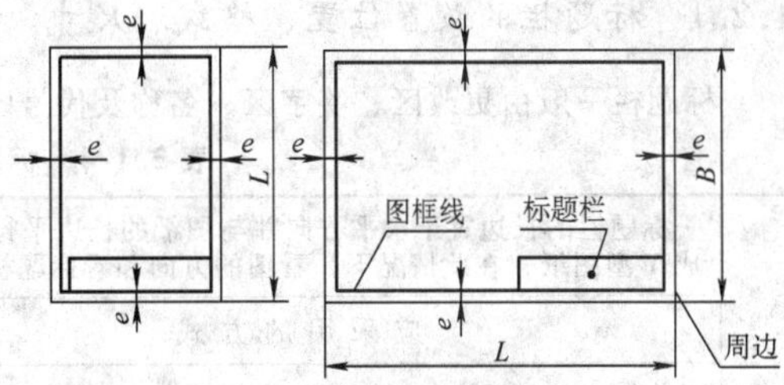</td></tr>
<tr><td>基本幅面边框尺寸</td><td>A0</td><td>A1</td><td>A2</td><td>A3</td><td>A4</td></tr>
<tr><td>e</td><td colspan="2">20</td><td colspan="3">10</td></tr>
<tr><td>c</td><td colspan="3">10</td><td colspan="2">5</td></tr>
<tr><td>a</td><td colspan="5">25</td></tr>
<tr><td>加长幅面边框尺寸</td><td colspan="5">加长幅面的边框尺寸，按所选用的基本幅面大一号的边框尺寸确定。例如：A2×3 的边框尺寸按 A1 的边框尺寸确定，即 e 为 20（或 c 为 10）；而 A3×4 的边框尺寸按 A2 的边框尺寸确定，即 e 为 10（或 c 为 10）</td></tr>
</table>

注：图框线用粗实线绘制。

1.1.3　图幅分区及对中符号、方向符号（表 3.1-3）

表 3.1-3　图幅分区和对中、方向符号

<table>
<tr><td>需要分区及采用对中符号的图幅</td><td>对较大幅面的图纸或较复杂的图样，需指明某部分需修改时，应用分区代号说明
图幅分区
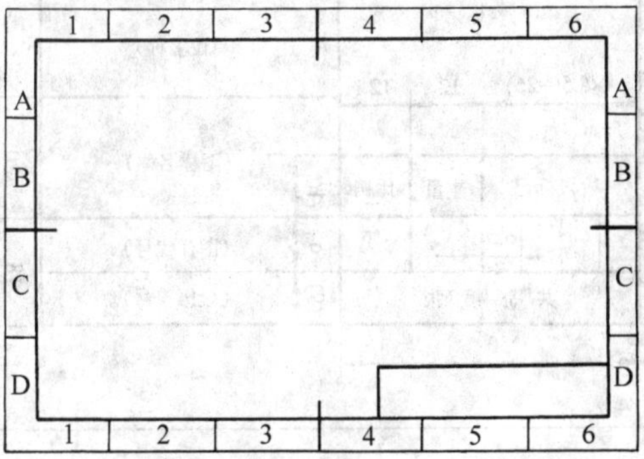
对中符号和方向符号
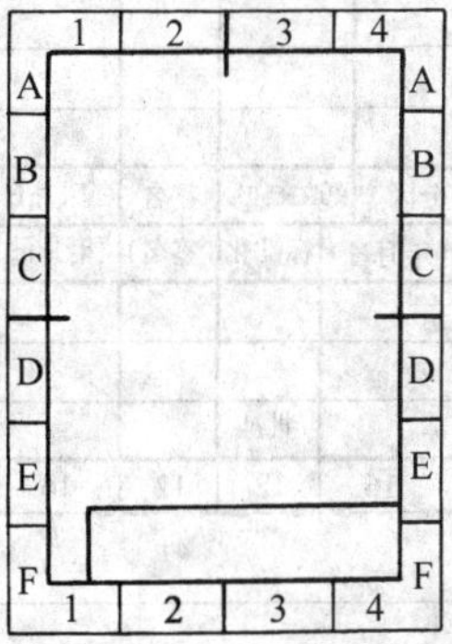
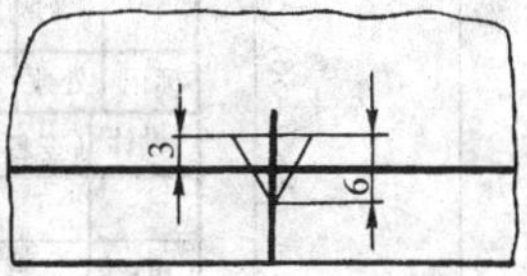</td></tr>
<tr><td>图幅分区的规定</td><td>1. 必要时，可用细实线在图纸周边内画出分区线
2. 图幅分区数目按图样的复杂程度确定，但必须取偶数。每一分区的长度应在 25～75mm 之间选择
3. 分区的编号，沿上下方向（按看图方向确定图纸的上下和左右）用大写拉丁字母从上到下顺序编写；沿水平方向用阿拉伯数字从左到右顺序编写
4. 分区代号由拉丁字母和阿拉伯数字组合而成，字母在前，数字在后并排地书写，如 B3、C3 等。当分区代号与图形名称同时标注时，则分区代号写在图形名称的后边，中间空出一个字母的宽度，例如 A　B3；$\frac{A}{2:1}$ C3；E－E　A7 等</td></tr>
<tr><td>对中符号和方向符号</td><td>1. 为了图样复制和缩微时准确定位，应在图纸各边长度的中点处分别画出对中符号
2. 对中符号用粗实线绘制，线宽不小于 0.5mm，长度从纸边界开始至伸入图框内约 5mm，当对中符号处在标题栏范围内时，则伸入标题栏部分省略不画
3. 为了明确绘图和看图的方向，应画出方向符号，方向符号是细实线等边三角形，高 6mm，对称分布于对中符号两侧</td></tr>
</table>

1.2　标题栏及明细栏（GB/T 10609.1—2008、GB/T 10609.2—1989）

1.2.1　标题栏的放置位置、格式和尺寸

标题栏一般由更改区、签字区、名称及代号区组成，也可按实际需要增加或减少。

标题栏的放置位置、格式和尺寸见表3.1-4。

1.2.2　明细栏的格式

明细栏的配置方式和填写说明见表3.1-5。

表3.1-4　标题栏的方位、格式和尺寸　　（mm）

<table>
<tr><td rowspan="3">标题栏的放置位置</td><td colspan="2">标题栏的长边置于水平方向并与图纸的长边平行时，则构成X型图纸；若标题栏的长边与图纸长边垂直时，则构成Y型图纸，在此情况下，看图的方向和看标题栏的方向一致</td></tr>
<tr><td>应采用的方式</td><td>允许采用的方式</td></tr>
<tr><td>标题栏的位置应位于图纸的右下角
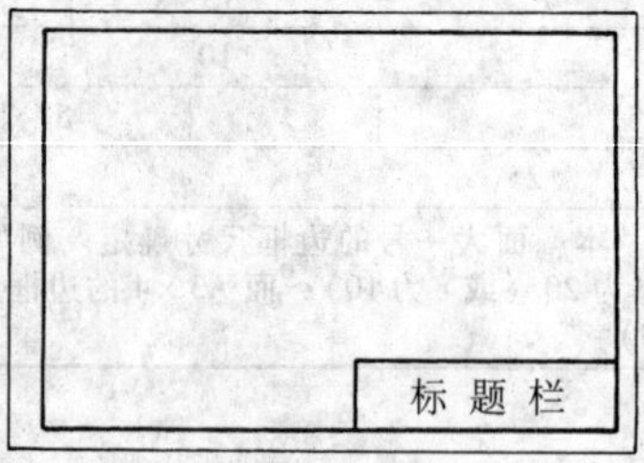
</td><td>为了利用预先印制的图纸，允许将X型图纸的短边置于水平位置使用；或将Y型图纸的长边置于水平位置使用
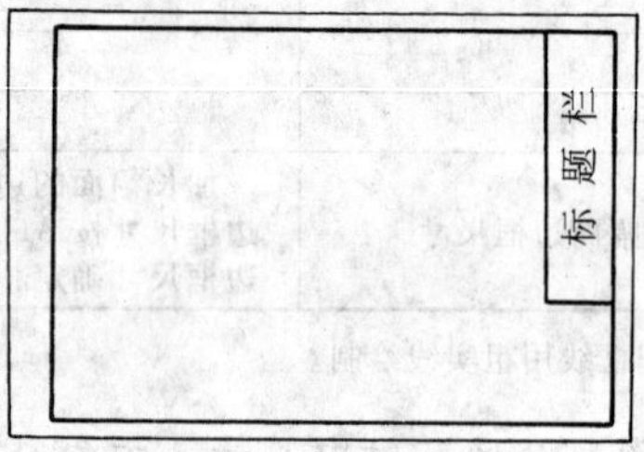
</td></tr>
<tr><td rowspan="2">标题栏的格式举例及尺寸</td><td colspan="2">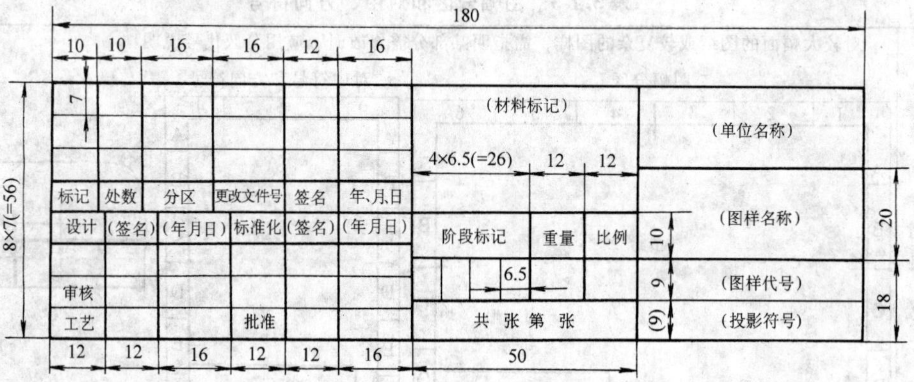
</td></tr>
<tr><td colspan="2">更改区填写说明：
1. 上图所示标题栏格式的左上方为更改区，更改区中的内容应由下而上顺序填写，也可根据实际情况顺延；或放在图样中其他地方，但应有表头
2. 标记：按有关规定或要求填写更改标记
3. 处数：填写同一标记所表示的更改数量
4. 分区：必要时，按有关规定（见表3.1-3）填写
5. 更改文件号：填写更改所依据的文件号
其他区填写说明：
1. 上图所示标题栏格式的中间为其他区
2. 材料标记：对于需要该项目的图样一般应按照相应标准或规定填写所使用的材料
3. 阶段标记：按有关规定自左向右填写图样各生产阶段
4. 重量：填写所绘图样相应产品的计算重量，以千克（kg）为计量单位时，允许不写出其计量单位</td></tr>
</table>

表 3.1-5　明细栏的格式和说明　(mm)

配置在装配图标题栏上方的明细栏举例

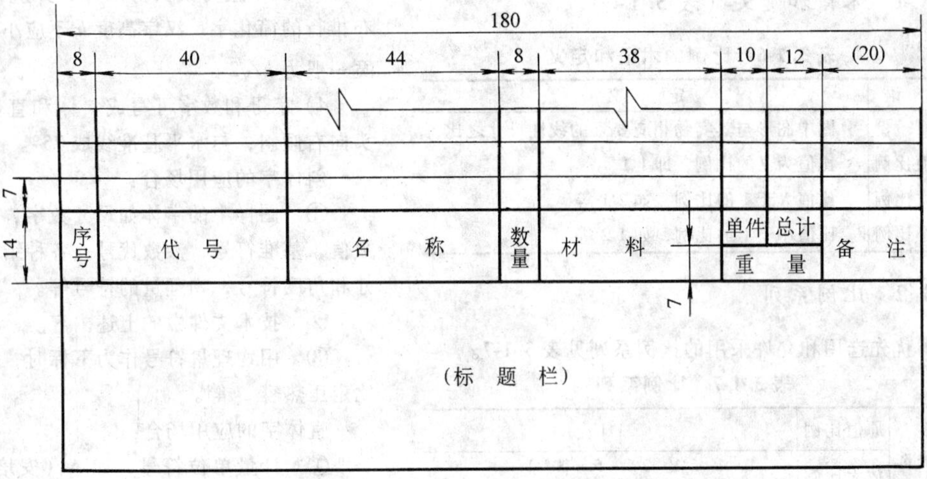

明细栏可作为装配图的续页按 A4 幅面单独给出的举例

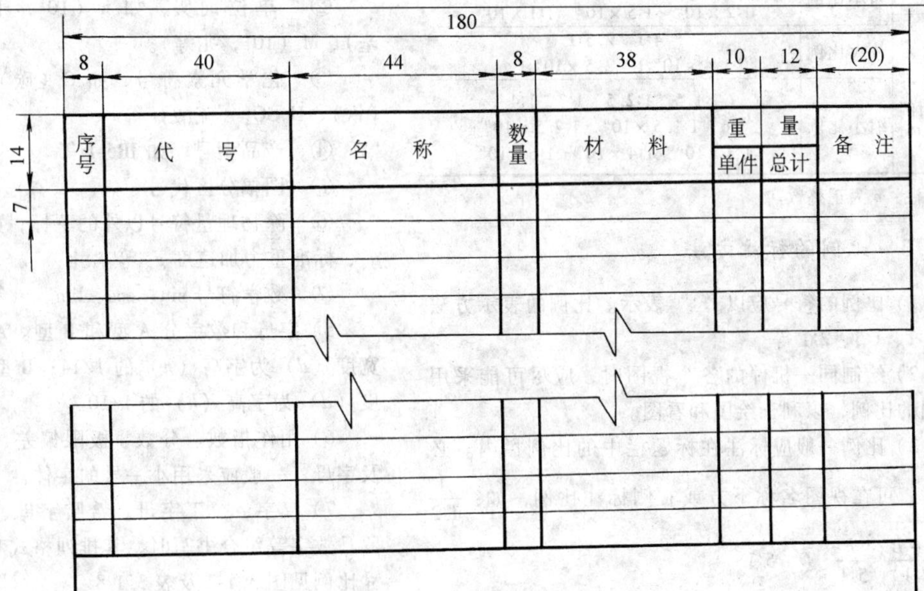

填写说明

1. 序号：填写图样中相应组成部分的序号
2. 代号：填写图样中相应组成部分的图样代号或标准号
3. 名称：填写图样中相应组成部分的名称。必要时，也可写出其形式和尺寸
4. 数量：填写图样中相应组成部分在装配图中所需的数量
5. 材料：填写图样中相应组成部分的材料标记
6. 重量：填写图样中相应组成部分单件和总件数的计算重量，以千克（kg）为计量单位时，允许不写出其计量单位
7. 备注：填写该项的附加说明或其他有关内容，如分区代号等

1.3 比例（GB/T 14690—1993）

1.3.1 术语和定义（表3.1-6）

表3.1-6 比例的术语和定义

术　语	定　　义
比　　例	图中图形与其实物相应要素的线性尺寸之比
原值比例	比值为1的比例，即1:1
放大比例	比值大于1的比例，如2:1等
缩小比例	比值小于1的比例，如1:2等

1.3.2 比例系列

优先选用和允许采用的比例系列见表3.1-7。

表3.1-7 比例系列

优先选用比例	原值比例	1:1
	放大比例	5:1　2:1　5×10^n:1 2×10^n:1　1×10^n:1
	缩小比例	1:2　1:5　1:10 1:2×10^n　1:5×10^n　1:1×10^n
允许采用比例	放大比例	4:1　2.5:1 4×10^n:1　2.5×10^n:1
	缩小比例	1:1.5　1:2.5　1:3　1:4 1:6　1:1.5×10^n　1:2.5×10^n 1:3×10^n　1:4×10^n　1:6×10^n

注：n为正整数。

1.3.3 比例的标注方法

1）比例的符号应以“:”表示。比例的表示方法如1:1、1:5、2:1等。

2）绘制同一机件的各个视图时，应尽可能采用相同的比例，以利于绘图和看图。

3）比例一般应标注在标题栏中的比例栏内。必要时，可在视图名称下方或右侧标注比例，如：$\frac{A}{1:2}$　$\frac{B-B}{2:1}$　$\frac{I}{5:1}$　D　5:1

4）当图形中的直径或薄片的厚度等于或小于2mm，以及斜度和锥度较小时，可以不按比例而夸大画出。

5）表格图或空白图不必注写比例。

1.4 字体及其在CAD制图中的规定（GB/T 14691—1993、GB/T 14665—1993）

1.4.1 字体的基本要求

1）图样中书写的字体必须做到：字体工整、笔画清楚、间隔均匀、排列整齐。

2）字体高度h的公称尺寸系列为：1.8mm、2.5mm、3.5mm、5mm、7mm、10mm、14mm、20mm。如需书写更大的字，其字体高度应按$\sqrt{2}$的比率递增。

3）汉字应写成长仿宋体，并应采用国家正式公布推行的简化字。汉字高度h不应小于3.5mm，其字宽一般为$h/\sqrt{2}$。

4）字母和数字可写成斜体和直体。斜体字的字头向右倾斜，与水平基准线成75°。

斜体字的应用场合：

① 图样中的字体如尺寸数字，视图名称，公差数值，基准符号，参数代号，各种结构要素代号，尺寸和角度符号，物理量的符号等。

② 技术文件中的上述内容。

③ 用物理量符号作为下标时，下标用斜体，如比定压热容c_p等。

直体字的应用场合：

① 计量单位符号，如A（安培）、N（牛顿）、m（米）等。

② 单位词头，如k（10^3，千）、m（10^{-3}，毫）、M（10^6，兆等）。

③ 化学元素符号，如C（碳）、N（氮）、Fe（铁）、H_2SO_4（硫酸）等。

④ 产品型号，如JR5-1等。

⑤ 图幅分区代号

⑥ 除物理量符号以外的下标，如相对摩擦因数μ_r、标准重力加速度g_n等。

⑦ 数学符号sin、cos、lim、ln等。

5）字母和数字分A型和B型。A型字体的笔画宽度（d）为字高（h）的1/14；B型字体的笔画宽度（d）为字高（h）的1/10。

6）用作指数、分数、极限偏差、注脚等的数字及字母，一般应采用小一号的字体。

7）汉字、拉丁字母、希腊字母、阿拉伯数字和罗马数字等组合书写时，其排列格式和规定的间距尺寸比例见图3.1-2及表3.1-8。

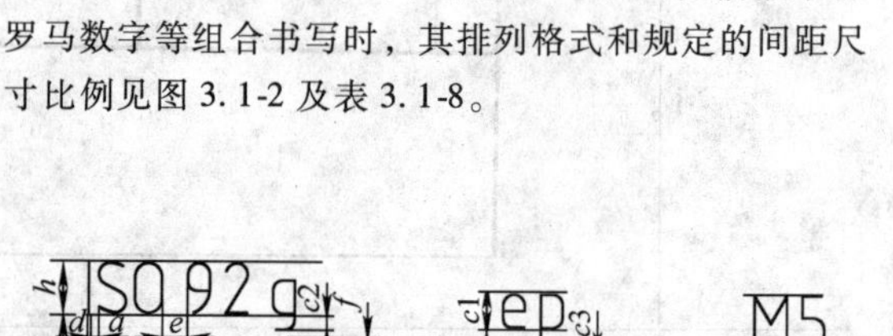

图3.1-2　组合文字的排列格式举例

表 3.1-8　组合字体间距尺寸基本比例

书写格式		基本比例	
		A 型字体	B 型字体
大写字母高度	h	(14/14) h	(10/10) h
小写字母高度	c_1	(10/14) h	(7/10) h
小写字母伸出尾部	c_2	(4/14) h	(3/10) h
小写字母出头部	c_3	(4/14) h	(3/10) h
发音符号范围	f	(5/14) h	(4/10) h
字母间间距①	a	(2/14) h	(2/10) h
基准线最小间距（有发音符号）	b_1	(25/14) h	(19/10) h
基准线最小间距（无发音符号）	b_2	(21/14) h	(15/10) h
基准线最小间距（仅为大写字母）	b_3	(17/14) h	(13/10) h
词间距	e	(6/14) h	(6/10) h
笔画宽度	d	(1/14) h	(1/10) h

① 特殊的字符组合，如 LA、TV、Tr 等，字母间距可为 a = (1/14) h（A 型）和 a = (1/10) h（B 型）。

1.4.2　字体示例（表 3.1-9）

1.4.3　CAD 制图中字体的要求

1）汉字一般用正体输出；字母和数字一般以斜体输出。

2）小数点进行输出时，应占一个字位，并位于中间靠下处。

3）标点符号除省略号和破折号为两个字位外，其余均为一个符号一个字位。

4）字体高度 h 与图纸幅面之间的选用关系，见表 3.1-10。

5）字体的最小字（词）距、行距以及间隔或基准线与字体之间最小距离，见表 3.1-11。

表 3.1-9　字体示例

汉字		字体工整　笔画清楚　间隔均匀　排列整齐
数字（斜体）		0123456789
拉丁字母（斜体）	大写	ABCDEFGHIJKLMNOP QRSTUVWXYZ
拉丁字母（斜体）	小写	abcdefghijklmnopq rstuvwxyz

（续）

希腊字母（斜体）	大写	ΑΒΓΔΕΖΗΘΙΚ ΛΜΝΞΟΠΡΣΤ ΥΦΧΨΩ
希腊字母（斜体）	小写	αβγδεζηθϑικ λμνξοπρστ υϕφχψω
罗马数字（斜体）		I II III IV V VI VII VIII IX X
应用示例		10Js5(±0.003)　M24-6h $\phi 25\frac{H6}{m5}$　$\frac{II}{2:1}$ $\sqrt{Ra\ 6.3}$　R8　5%　460r/min 220V　5MΩ　380kPa

注：本表示例中字母和数字均为A型字。

表 3.1-10 CAD 制图中字体与图幅关系 (mm)

字体高度 \ 图幅	A0	A1	A2	A3	A4
汉字	5		3.5		
字母与数字					

表 3.1-11 CAD 制图中字距、行距等的最小距离 (mm)

字体	最小距离	
汉字	字距	1.5
	行距	2
	间隔线或基准线与汉字的间距	1
字母与数字	字距	0.5
	间距	1.5
	行距	1
	间隔线或基准线与字母、数字的间距	1

注：当汉字与字母、数字组合使用时，字体的最小字距、行距等应根据汉字的规定使用。

1.5 图线画法及其在 CAD 制图中的规定（GB/T 4457.4—2002、GB/T 17450—1998、GB/T 14665—1996）

本节着重介绍 GB/T 4457.4—2002《机械制图 图线》规定的图线名称、形式及应用范围，还介绍 GB/T 17450—1998《技术制图 图线》中与机械图样有关的内容以及在机械工程 CAD 制图中所用图线的规定。

1.5.1 图线的术语和定义（表 3.1-12）

表 3.1-12 术语和定义

术语	定义
图线	起点和终点间以任意方式连接的一种几何图形，形状可以是直线或曲线，连续线或不连续线 注：1. 起点和终点可以重合，如一条图线形成圆的情况 2. 图线长度小于或等于图线宽度的一半称点
线素	不连续的独立部分，如点、长度不同的画和间隔
线段	一个或一个以上不同线素组成一段连续或不连续的图线，如实线的线段或由“长画、短间隔、点、短间隔、点、短间隔”组成的双点画线的线段

1.5.2 图线的宽度、形式和应用

所有图线的宽度，应按图样的类型、尺寸、比例和缩微复制的要求在下列数系中选择（该数系的公比为 $1:\sqrt{2}$）：0.13mm、0.18mm、0.25mm、0.35mm、0.5mm、0.7mm、1mm、1.4mm、2mm。由于图样复制中存在的困难，应尽可能避免采用线宽 0.18mm 以下的图线。

技术制图中图线分粗线、中粗线、细线三种，它们的宽度比率为4:2:1。在机械图样中采用粗、细两种线宽，它们之间的比率为2:1。

技术制图中的基本线型，如表 3.1-13 所示。机械制图中的线型及应用见表 3.1-14。

表 3.1-13 技术制图的基本线型

名称	基本线型	名称	基本线型
实线	————————————	长画双短画线	——— - - ——— - - ——— - -
虚线	— — — — — — — — —	画点线	—— · —— · —— · —— ·
间隔画线	— — — — —	双画单点线	—— —— · —— —— · ——
点画线	——— · ——— · ——— · ———	画双点线	— ·· — ·· — ·· — ·· —
双点画线	——— ·· ——— ·· ——— ··	双画双点线	—— —— ·· —— —— ·· ——
三点画线	——— ··· ——— ··· ——— ···	画三点线	— ··· — ··· — ··· —
点线	······························	双画三点线	—— —— ··· —— —— ···
长画短画线	——— — ——— — ——— —		

表3.1-14　机械制图的线型及应用

图线名称	线　　型	代码№	宽　　度	一　般　应　用
细实线		01.1	细	.1　过渡线 .2　尺寸线 .3　尺寸界线 .4　指引线和基准线 .5　剖面线 .6　重合断面的轮廓线 .7　短中心线 .8　螺纹牙底线 .9　尺寸线的起止线 .10　表示平面的对角线 .11　零件成形前的弯折线 .12　范围线及分界线 .13　重复要素表示线，例如：齿轮的齿根线 .14　锥形结构的基面表示线 .15　叠片结构位置线，例如：变压器叠钢片 .16　辅助线 .17　不连续同一表面连线 .18　成规律分布的相同要素连线 .19　投射线 .20　网格线
波浪线				.21　断裂处边界线；视图和剖视图的分界线①
双折线	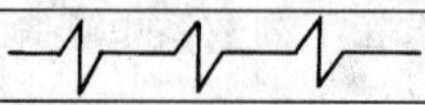			.22　断裂处边界线；视图和剖视图的分界线①
粗实线		01.2	粗	.1　可见棱边线 .2　可见轮廓线 .3　相贯线 .4　螺纹牙顶线 .5　螺纹长度终止线 .6　齿顶线（圆） .7　表格图、流程图中的主要表示线 .8　系统结构线（金属结构工程） .9　模样分型线 .10.　剖切符号用线
细虚线		02.1	细	.1　不可见棱边线 .2　不可见轮廓线
粗虚线		02.2	粗	.1　允许表面处理的表示线，例如：热处理
细点画线		04.1	细	.1　轴线 .2　对称中心线 .3　分度圆（线） .4　孔系分布的中心线 .5　剖切线
粗点画线		04.2	粗	.1　限定范围表示线
细双点画线		05.1	细	.1　相邻辅助零件的轮廓线 .2　可动零件处于极限位置时的轮廓线 .3　重心线 .4　成形前轮廓线 .5　剖切面前的结构轮廓线 .6　轨迹线 .7　毛坯图中制成品的轮廓线 .8　特定区域线 .9　延伸公差带表示线 .10　工艺用结构的轮廓线 .11　中断线

（续）

	应　用　示　例	
01.1　细实线	01.1.1　过渡线 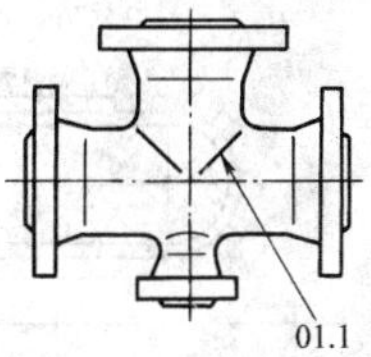 	01.1.2 尺寸线 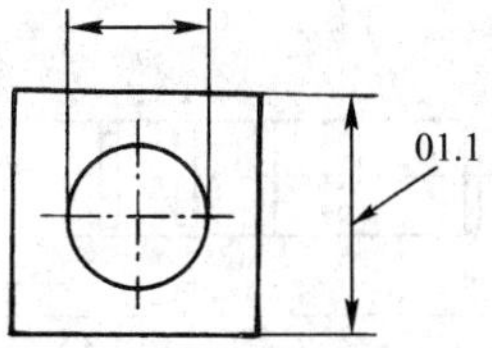
	01.1.3　尺寸界线 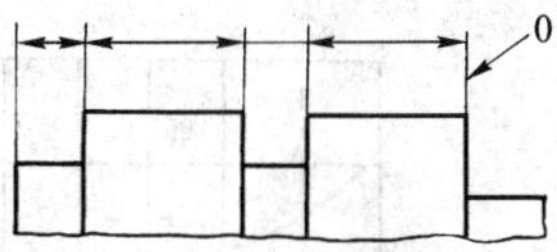 	01.1.4　指引线和基准线 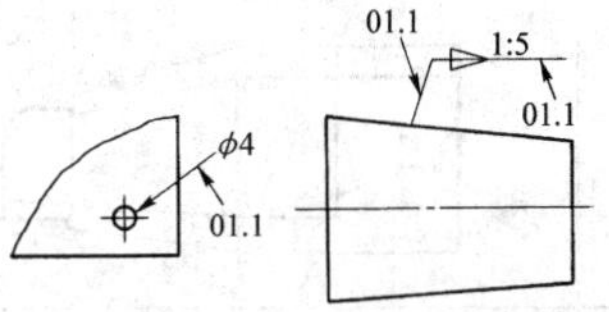
	01.1.5　剖面线 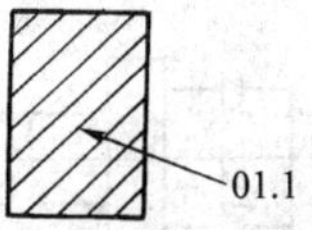 	01.1.6　重合断面的轮廓线 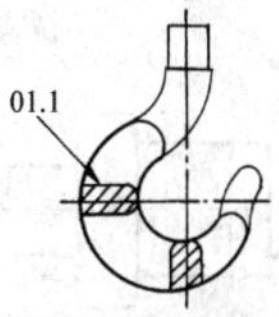
	01.1.7　短中心线 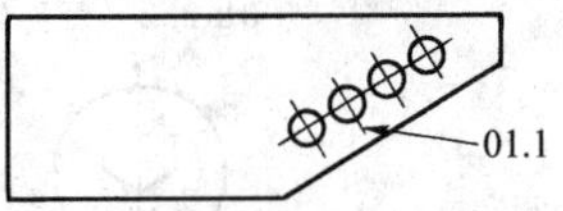 	01.1.8　螺纹牙底线 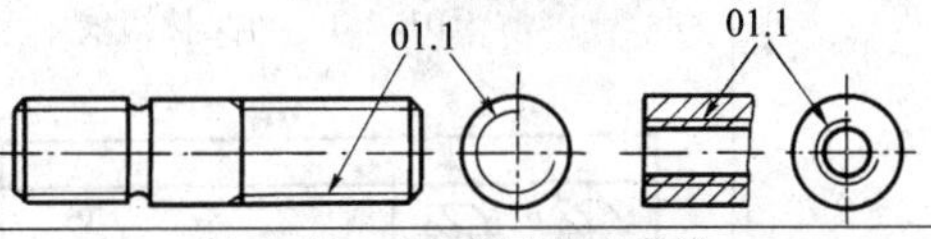
	01.1.9　尺寸线的起止线 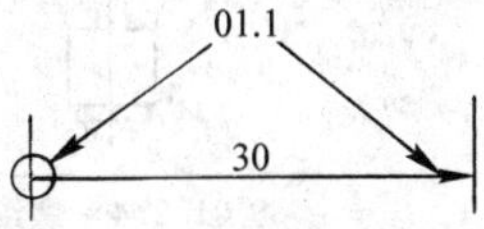 	01.1.10　表示平面的对角线 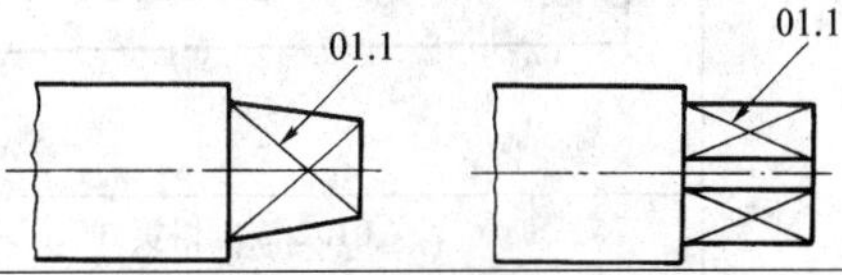
	01.1.11　零件成形前的弯折线 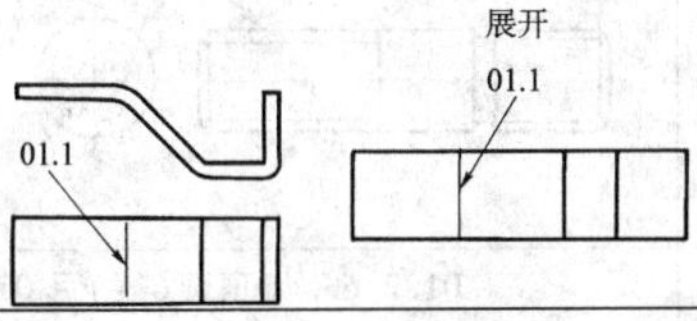 	01.1.12　范围线及分界线 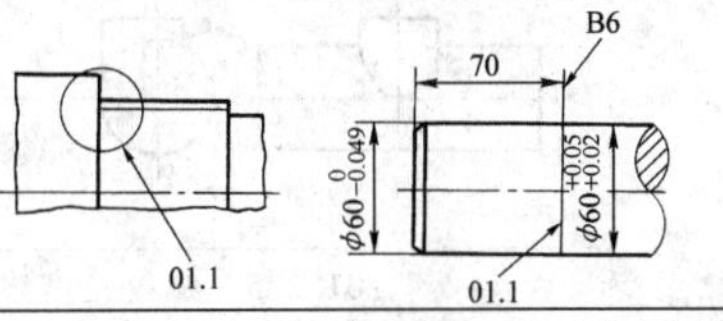
	01.1.13　重复要素表示线（例如齿轮的齿根线） 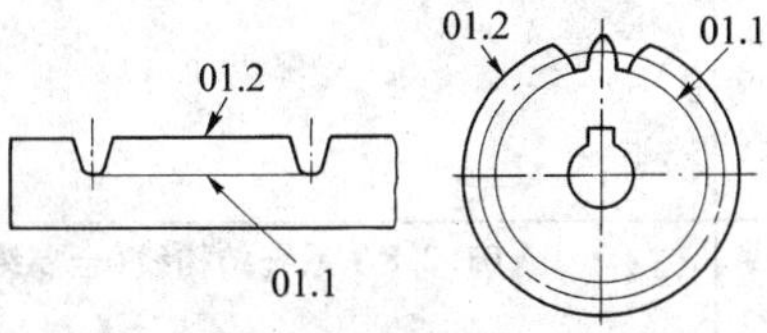 	01.1.14　锥形结构的基面表示线 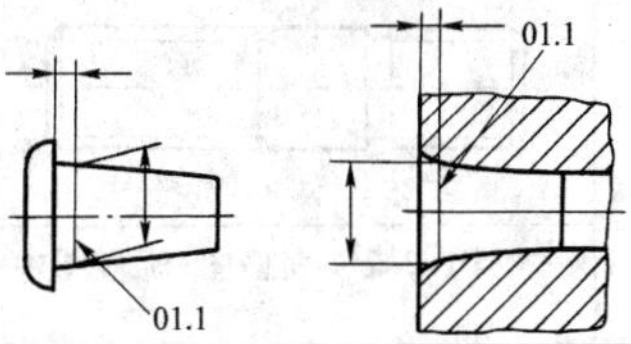
	01.1.15　叠片结构位置线(例如:变压器中的叠钢片) 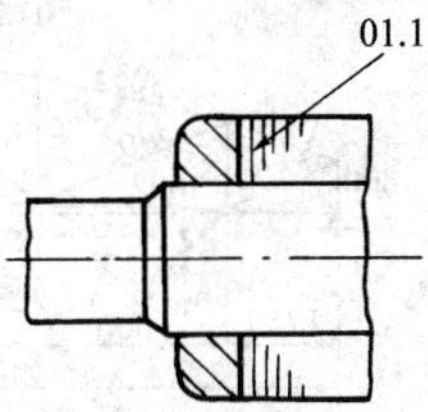 	01.1.16　辅助线 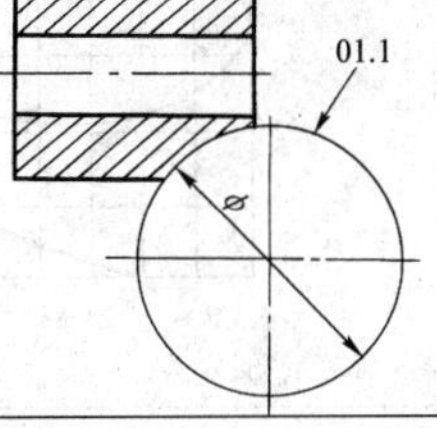

（续）

	应　用　示　例	
01.1　细实线	01.1.17　不连续的同一表面连线 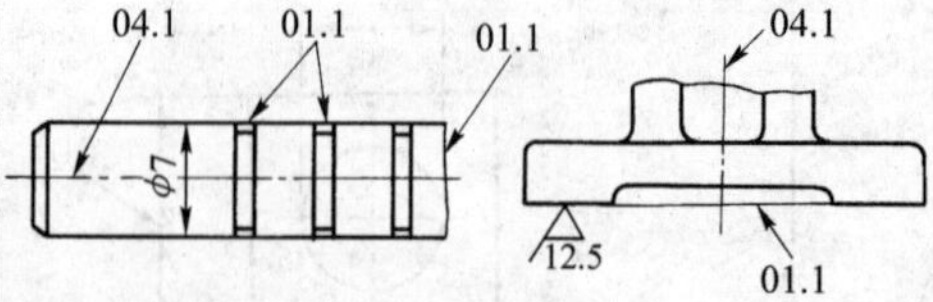	01.1.18　成规律分布相同要素连线 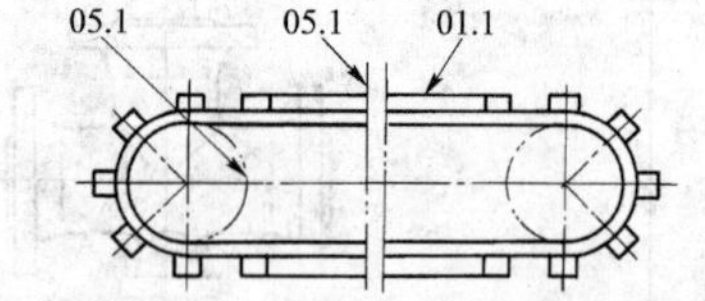
	01.1.19　投射线 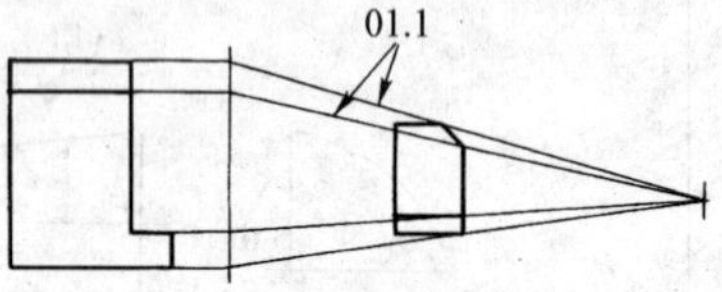	01.1.20　网格线 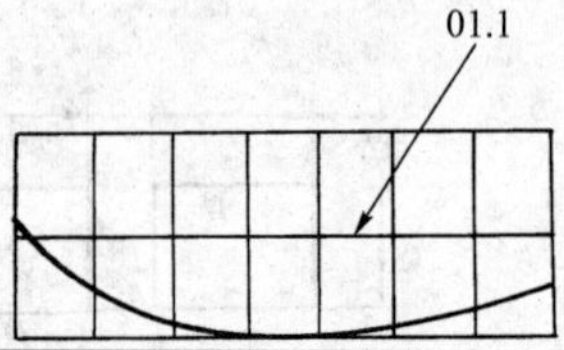
01.1.1 波浪线 双折线	01.1.21　断裂处边界线；视图与剖视图的分界线 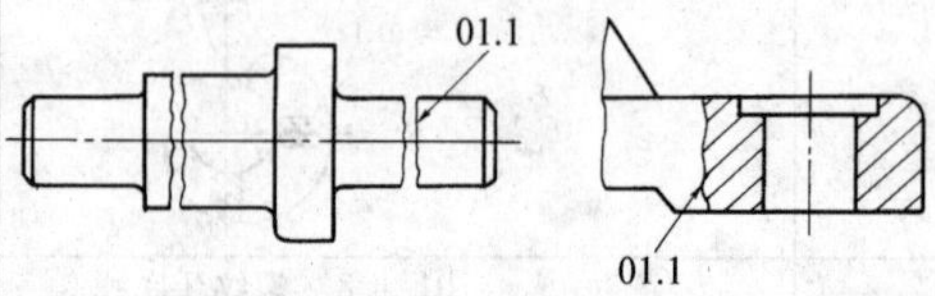	01.1.22　断裂处边界线；视图与剖视图的分界线 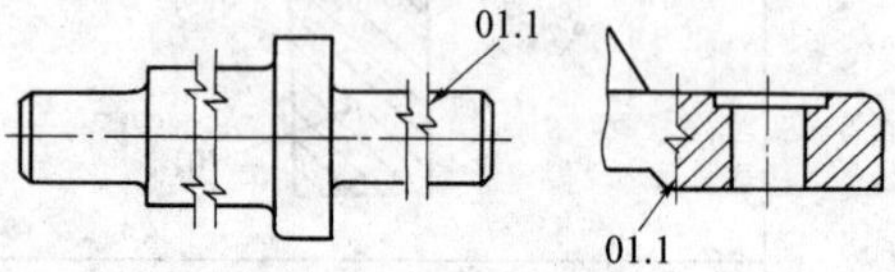
01.2　粗实线	01.2.1　可见棱边线 	01.2.2　可见轮廓线 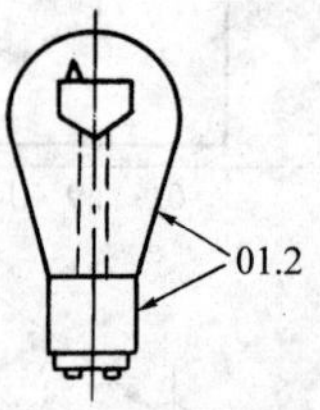
	01.2.3　相贯线 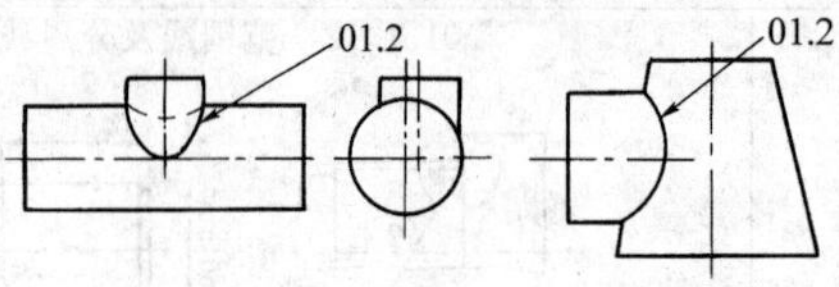	01.2.4　螺纹牙顶线 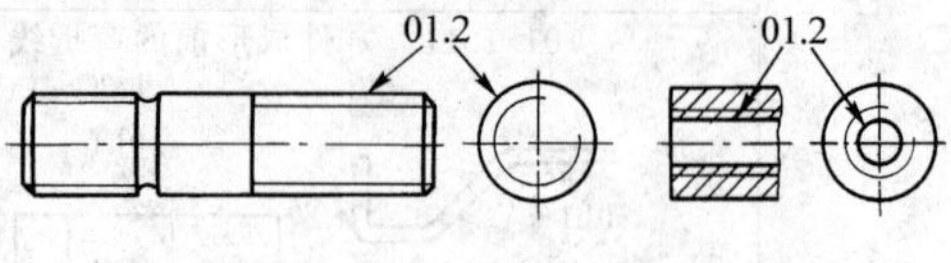
	01.2.5　螺纹长度终止线 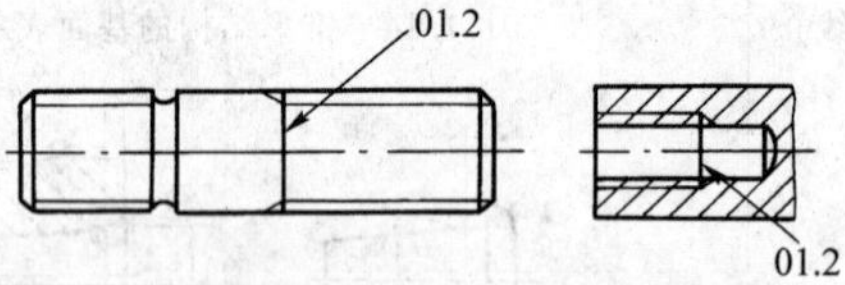	01.2.6　齿顶圆（线）见 01.1.13 图
	01.2.7　表格图、流程图中的主要表示线 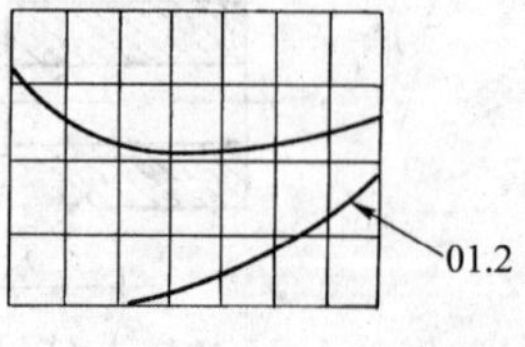	01.2.8　系统结构线（金属结构件） 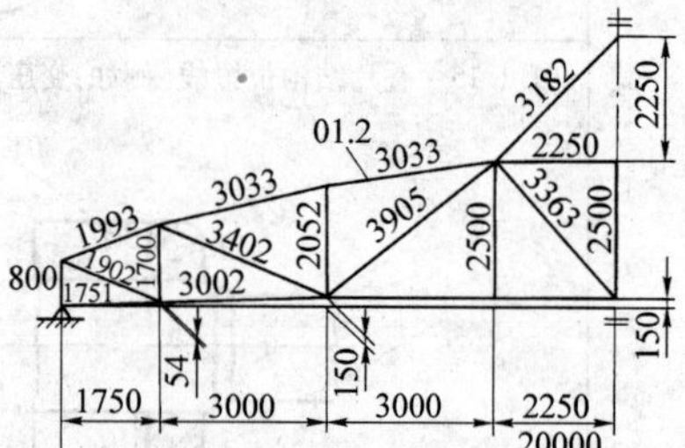

（续）

	应 用 示 例	
01.2 粗实线	01.2.9 模样分型线 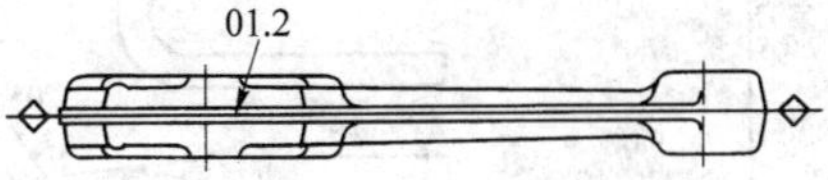	01.2.10 剖切符号用线 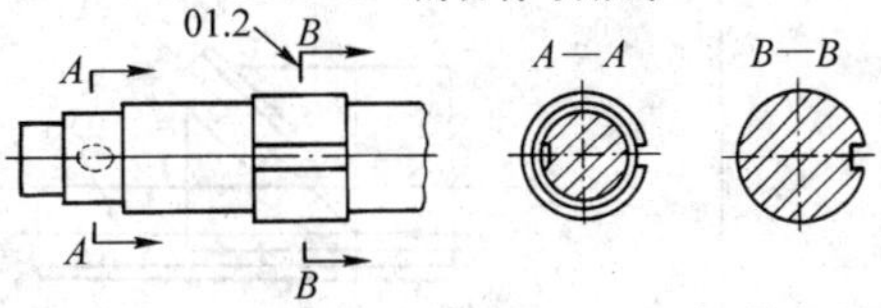
02.1 细虚线	02.1.1 不可见棱边线 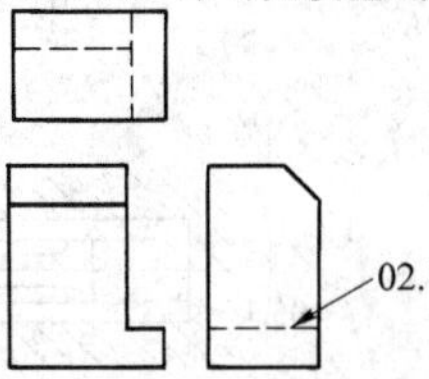	02.1.2 不可见轮廓线 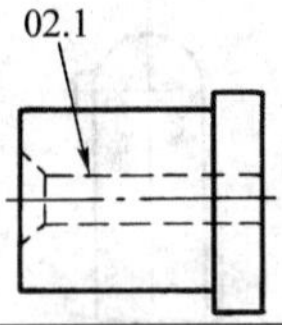
02.2 粗虚线	02.2.1 允许表面处理的表示线 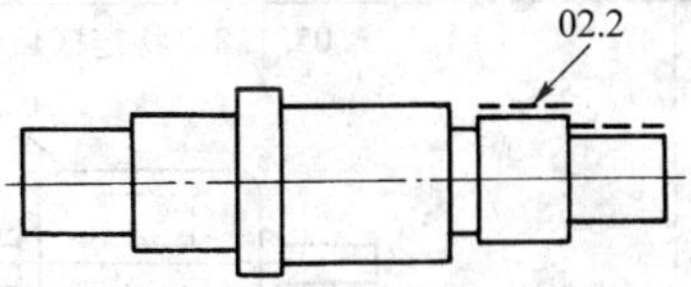	
04.1 细点画线	04.1.1 轴线 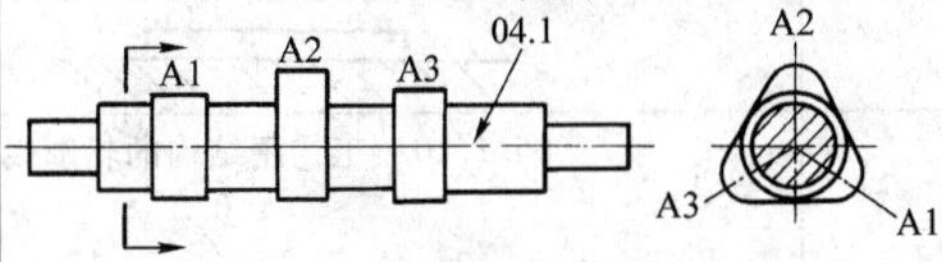	04.1.2 对称中心线 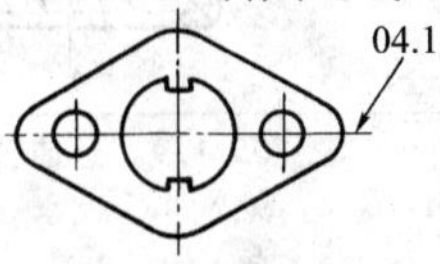
	04.1.3 分度圆（线） 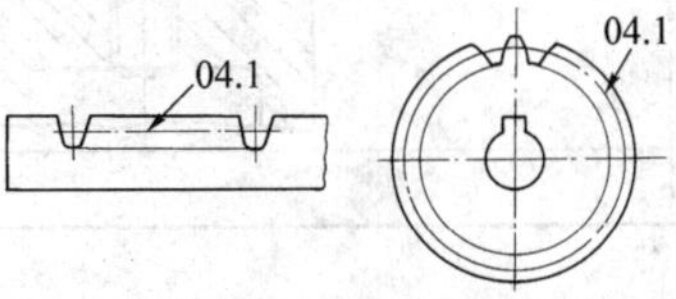	04.1.4 孔系分布的中心线 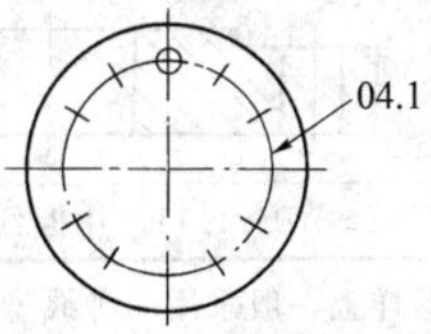
	04.1.5 剖切线 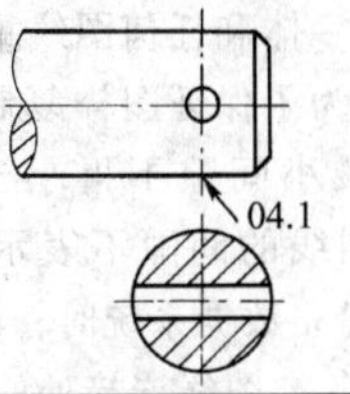	
04.2 粗点画线	04.2.1 限定范围表示线（例如：限定测量热处理表面的范围） 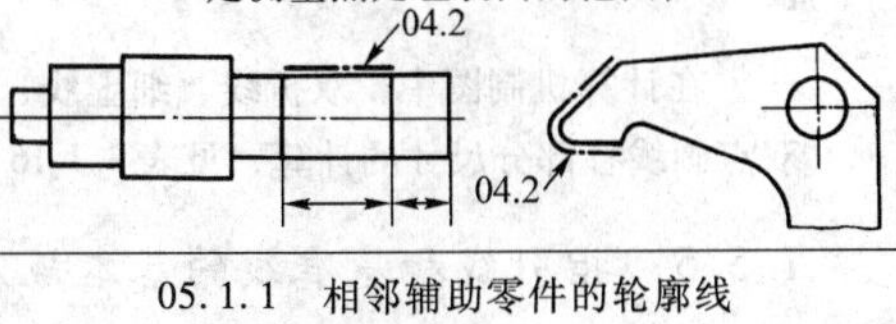	
05.1 细双点画线	05.1.1 相邻辅助零件的轮廓线 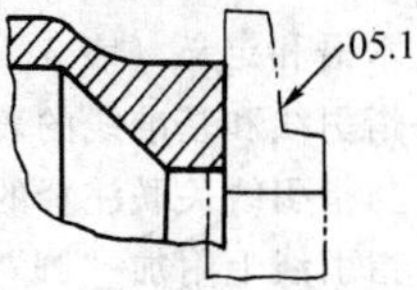	05.1.2 可动零件处于极限位置时的轮廓线 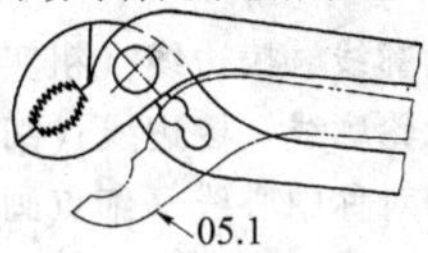

（续）

	应用示例	
05.1 细双点画线	05.1.3　重心线 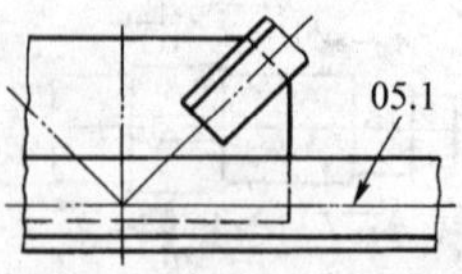	05.1.4　成形前轮廓线 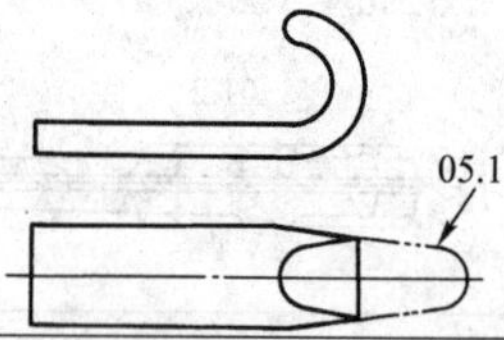
	05.1.5　剖切面前的结构轮廓线 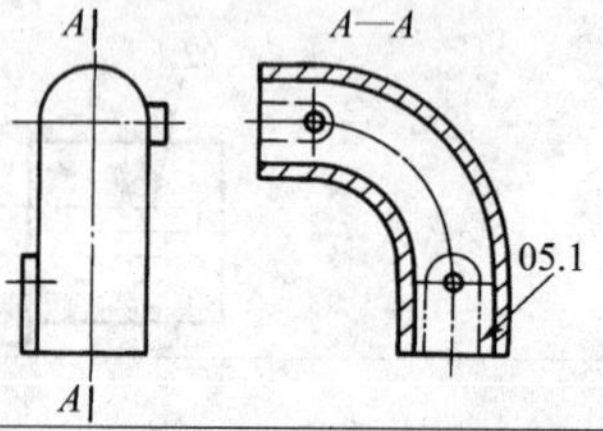	05.1.6　轨迹线 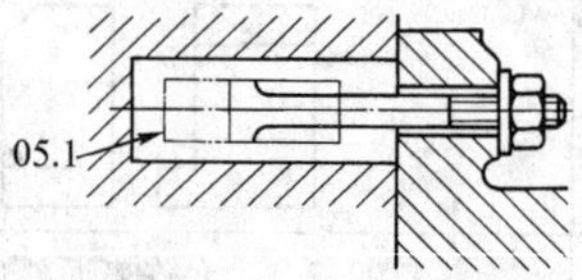
	05.1.7　毛坯图中制成品的轮廓线 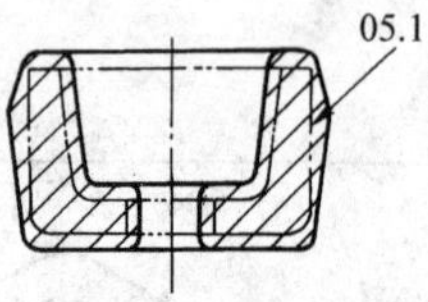	05.1.8　特定区域线 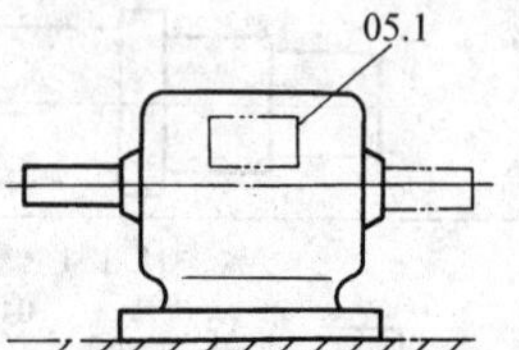
	05.1.9　延伸公差带表示线 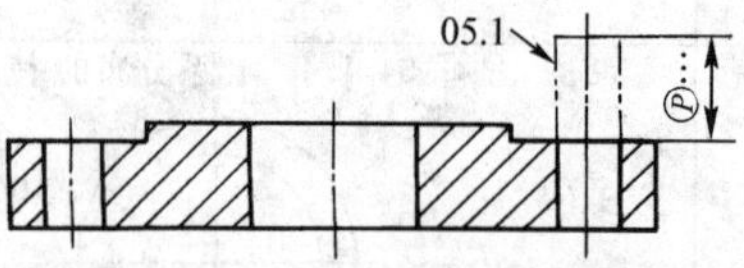	05.1.10　工艺用结构的轮廓线 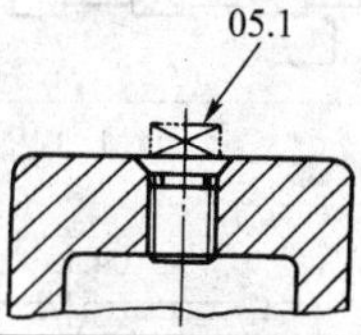
	05.1.11　中断线见 01.1.18 图	

①　在一张图样上一般采用一种线型，即采用波浪线或双折线。

1.5.3　图线画法

1）在同一图样中，同类图线的宽度应一致。

2）手工绘图时，各线素的长度宜采用下列规定：

点　≤0.5 倍线宽；短间隔　3 倍线宽

短画　6 倍线宽；画　12 倍线宽；

长画　24 倍线宽；间隔　18 倍线宽。

3）绘制圆的对称中心线时，圆心应为长画线的交点。点画线和双点画线的首末两端应是长画而不是点。

4）在较小图形上绘制细点画线或细双点画线有困难时，可用细实线替代。

5）当两种以上不同类型的图线重合时，应遵守以下优先顺序：

①　可见轮廓线、棱边线（粗实线）；

②　不可见轮廓线、棱边线（细虚线）；

③　轴线和对称中心线（细点画线）；

④　假想轮廓线（细双点画线）；

⑤　尺寸界线和分界线（细实线）。

6）字体和任何图线重合时，字体优先。

7）为了保证图样复制时图线清晰，两条平行线之间的最小间隙不得小于 0.7mm。计算机绘图时，图样上图线的间隙不表示真实的间距，如螺纹的表示，当建立数据系统时，应考虑这种情况。

8）各类图线连接处的画法，见表 3.1-15。

1.5.4　CAD 制图中图线的结构

在计算机制图中，双折线、细虚线、细点画线、细双点画线各部分尺寸的计算，见表 3.1-16～表 3.1-19。

1.5.5　指引线和基准线的基本规定

1）术语和定义（表 3.1-20）

2）指引线和基准线的表达（表 3.1-21）

3）与指引线关联注释的注写（表 3.1-22）

4）指引线上附加“圆”的应用（表 3.1-23）

表 3.1-15　各类图线接头处画法

示例 1

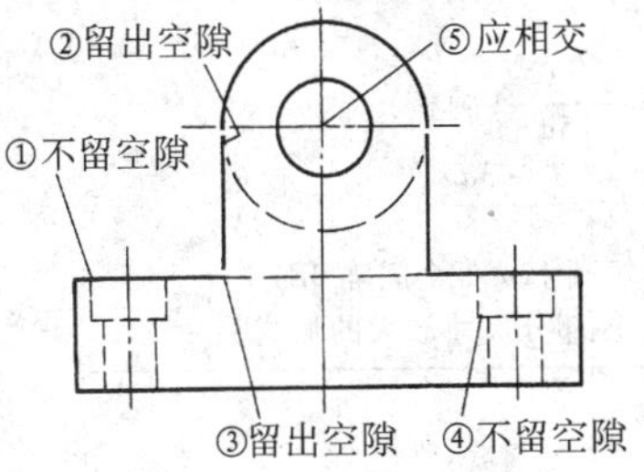

说明：
① 处为粗实线与细虚线相交，不留空隙
② 处在同一圆弧被分为粗实线与细虚线两部分，在中心线与虚线之间留出空隙
③ 处在同一直线被分为粗实线和细虚线两部分，中间留出空隙
④ 处为细虚线与细虚线相交，不留空隙
⑤ 处为两条点画线在长画处相交，不留空隙

示例 2

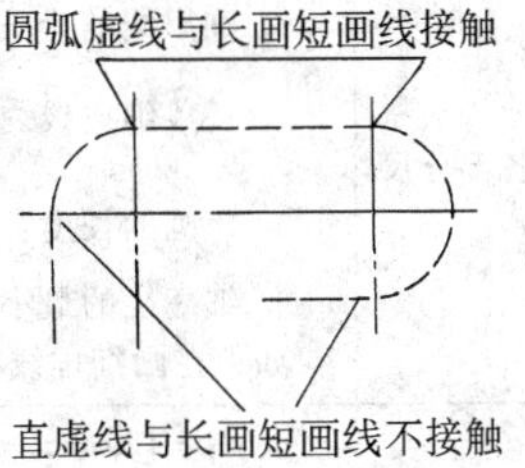

说明：
当圆弧与直线相切且为细虚线时，圆弧要从切点画起，留出一定空隙，再画直线部分，在图上表现为一段圆弧细虚线与点画线相接触

表 3.1-16　双折线各部分尺寸计算

双折线的尺寸和表示	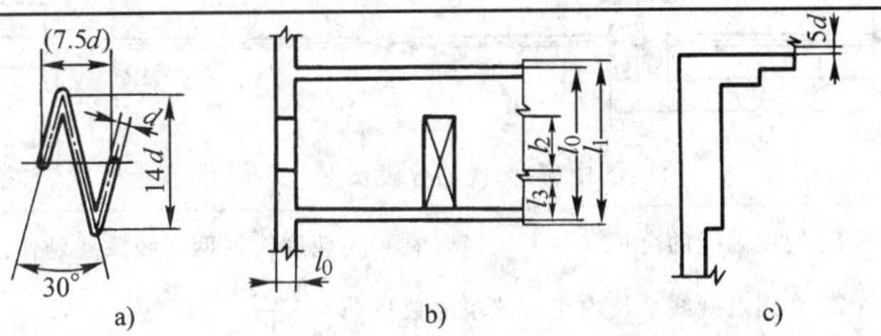
计算各部分尺寸的公式	1. 双折线的完整长度：$l_1 = l_0 + 10d$ 2. 一条双折线内 Z 形的数目：$n = \frac{l_1}{80} + 1$（圆整，$l_1 < 40$mm，$n = 1$） 3. 两个 Z 形之间线段长度：$l_2 = \frac{l_1}{n} - 7.5d$ 4. 在线的两端的线段长度： 当两个或多个 Z 形时　$l_3 = \frac{l_2}{2}$ 当只有一个 Z 形时　$l_3 = \frac{l_1 - 7.5d}{2}$ 当 $l_0 \leqslant 10d$ 时，Z 形的配置如图 c 所示
举　　例	设：$l_0 = 125$mm，$d = 0.25$mm 则：$l_1 = (125 + 2.5)$mm $= 127.5$mm $n = \frac{127.5}{80} + 1 = 2.954$（圆整为 3） $l_2 = \left[\frac{127.5}{3} - (7.5 \times 0.25)\right]$mm $= 40.625$mm $l_3 = \frac{40.625}{3}$mm $= 20.313$mm

表 3.1-17　细虚线各部分尺寸计算

细虚线的尺寸和表示	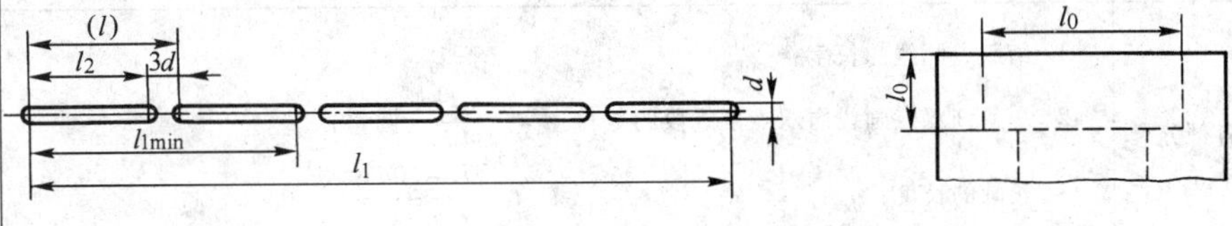 注：图中（l）为线的分段长度

（续）

计算各部分尺寸的公式	1. 细虚线的全长　$l_1 = l_0$ 2. 一条细虚线内短画的数目：$n=\dfrac{l_0-12d}{15d}$（圆整） 3. 短画的长度：$l_2=\dfrac{l_1-3dn}{n+1}$ 4. 细虚线的最小长度：$l_{1\min}=l_{0\min}=27d$（2条短画 $12d$，1个间隔 $3d$） 如果在画细虚线时长度小于 $27d$，可以采用将各部分尺寸放大的形式
举　　例	设：$l_1=125\text{mm}$，$d=0.35\text{mm}$ 则：$n=\dfrac{125-4.5}{5.25}=23.01$（圆整为23） $l_2=\dfrac{125-24.15}{24}\text{mm}=4.202\text{mm}$ 允许按固定的短画（$12d$）画线，此时线的一端可能是较短或较长的短画

表 3.1-18　细点画线各部分尺寸计算

细点画线的尺寸和表示	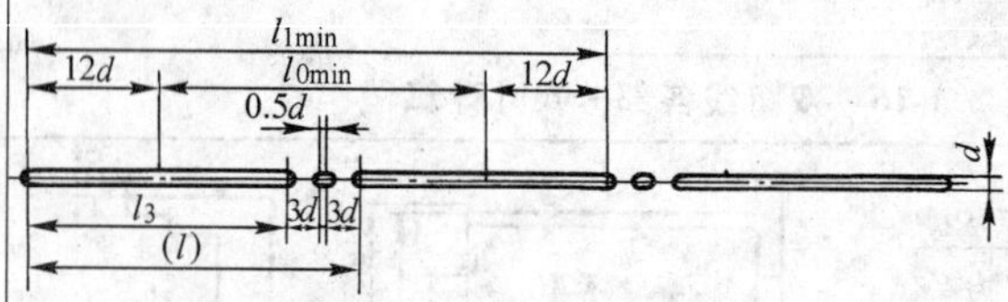 注：图中（l）为线的分段长度 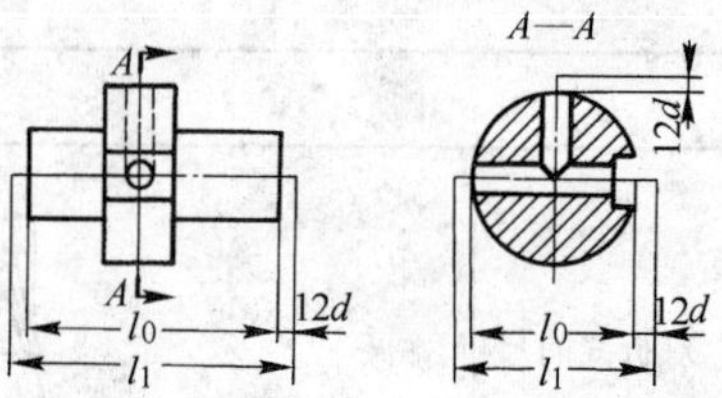
计算各部分尺寸的公式	1. 细点画线的全长：$l_1=l_0+24d$（在可见轮廓线的两端线条要延伸出来） 2. 在细点画线全长内点画线段的数目：$n=\dfrac{l_1-24d}{30.5d}$（圆整） 3. 长画的长度：$l_3=\dfrac{l-6.5dn}{n+1}$ 4. 点画线的最小长度：$l_{1\min}=54.5d$
举　　例	设：$l_0=125\text{mm}$，$d=0.25\text{mm}$ 则：$l_1=(125+6)\text{mm}=131\text{mm}$ $n=\dfrac{131-6}{7.625}=16.393$（圆整为16） $l_3=\dfrac{131-26}{17}\text{mm}=6.176\text{mm}$ 细点画线小于 $l_{1\min}=35.5d$ 时，可画成细实线

表 3.1-19　细双点画线各部分尺寸计算

细双点画线的尺寸和表示	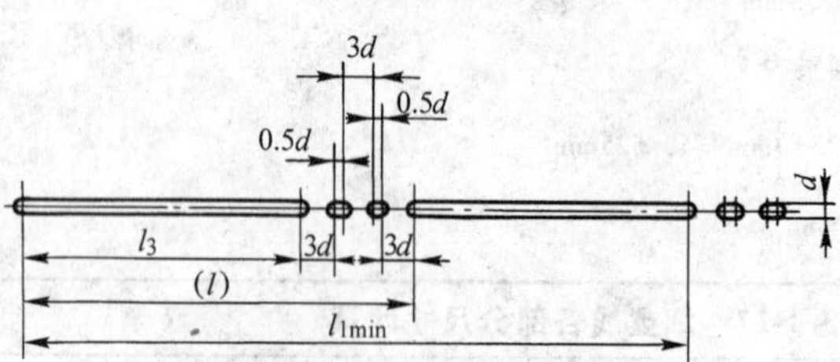 注：图中（l）为线段的分段长度 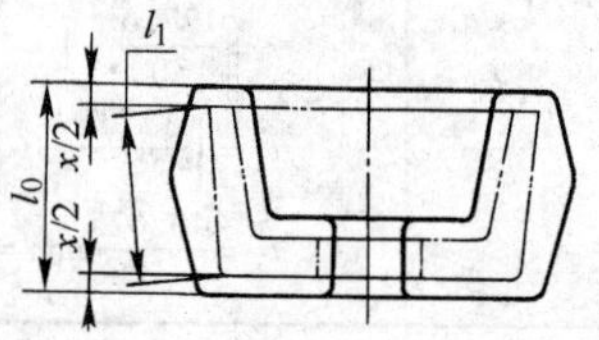
计算各部分尺寸的公式	1. 细双点画线的长度：$l_1=l_0-x$ 2. 一条细双点画线内双点画线段的数目：$n=\dfrac{l_1-24d}{34d}$（圆整） 3. 长画的长度：$l_3=\dfrac{l_1-10dn}{n+1}$ 4. 细双点画线的最小长度：$l_1=58d$

（续）

举　例	设：$l_0=128\text{mm}$，$d=0.35\text{mm}$，$\frac{x}{2}=1.5\text{mm}$ 则：$l_1=(128-3)\text{mm}=125\text{mm}$ $n=\frac{125-8.4}{11.9}=9.798$（圆整为 10） $l_3=\frac{125-35}{11}\text{mm}=8.182\text{mm}$

表 3.1-20　指引线和基准线的术语和定义

术　语	定　　义
指引线	指引线为细实线，它以明确的方式建立图形表达和附加的字母、数字或文本说明（注意事项、技术要求、参照条款等）之间联系的线
基准线	与指引线相连的水平或竖直的细实线，可在上方或旁边注写附加说明

表 3.1-21　指引线和基准线的表达

指引线	指引线要求绘制成细实线，并与要表达的物体形成一定角度，在绘制的结构上给予限制，而不能与相邻的图线（如剖面线）平行，与相应图线所成的角度应大于 15°（图 a ~ 图 m）	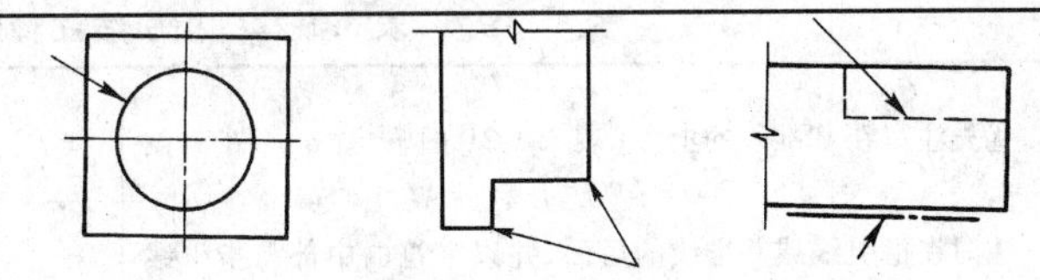 a)　b)　c)
	指引线可以弯折成锐角（图 e），两条或几条指引线可以有一个起点（图 b，图 e、图 g、图 h 和图 k），指引线不能穿过其他的指引线、基准线以及诸如图形符号或尺寸数值等	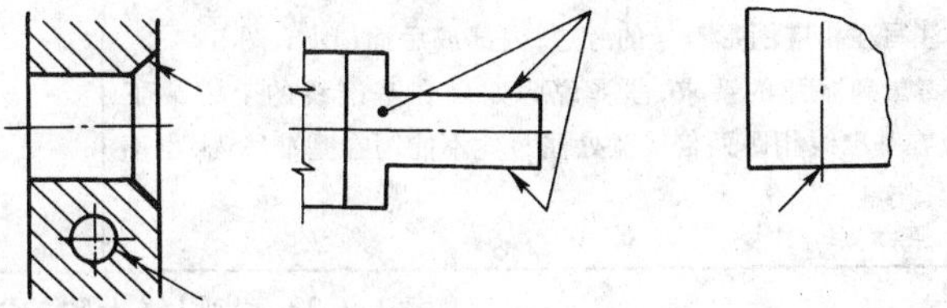 d)　e)　f)
	指引线的终端有如下几种形式： 1. 实心箭头 如果指引线终止于表达零件的轮廓线或转角处时，平面内部的管件和缆线，图表和曲线图上的图线时，可采用实心箭头。箭头也可以画到这些图线与其他图线（如对称中心线）相交处，如图 a ~ 图 g 所示。如果是几条平行线，允许用斜线代替箭头（图 h） 2. 一个点 如果指引线的末端在一个物体的轮廓内，可采用一个点（图 i ~ 图 k） 3. 没有任何终止符号 指引线在另一条图线上，如尺寸线、对称线等（图 l、图 m）	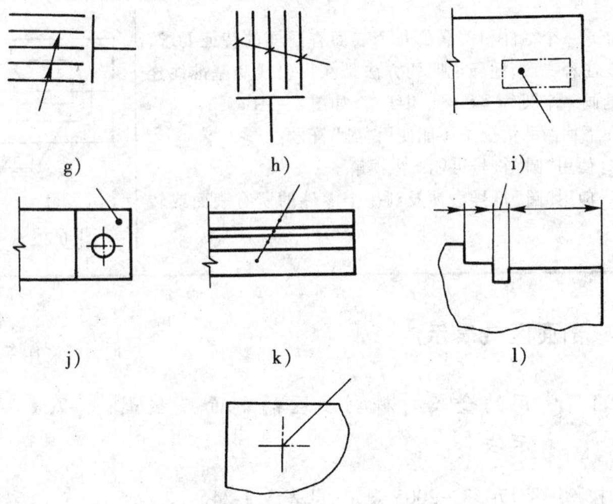 g)　h)　i)　j)　k)　l)　m)
基准线	基准线应绘制成细实线，每条指引线都可以附加一条基准线，基准线应按水平或竖直方向绘制	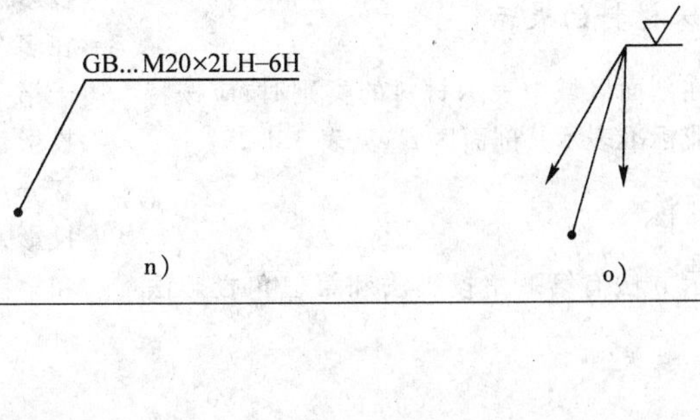 n)　o)

（续）

基准线	基准线可以画成： 1. 具有固定的长度，应为6mm（图o和图p） 2. 或者与注解说明同样长度（图n、图q） 3. 在特殊情况下，应画出公共基准线（图o） 4. 如果指引线绘制成水平方向或竖直方向，此时注释说明的注写与指引线方向一致（图r、图s） 5. 不适用基准线的情况下，均可省略基准线（图l、图t）	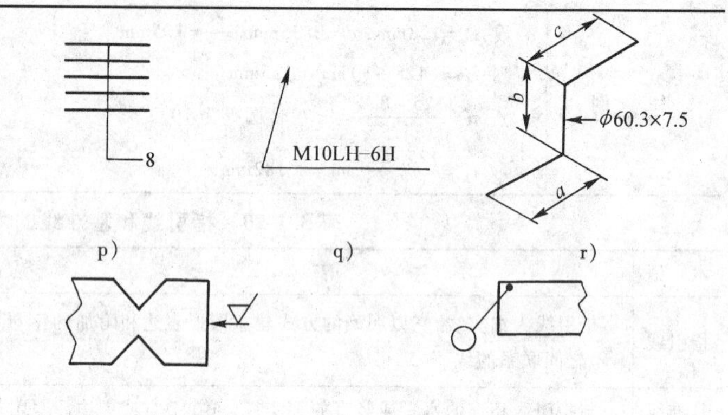 p)　q)　r)　s)　t)

表3.1-22　指引线注释的注写

1. 优先注写在基准线的上方（表3.1-21图n、图q）（图a、图b） 2. 注写在指引线或基准线的后面，并以字符的中部与指引线或基准线对齐（表3.1-21图p、图r） 3. 注写在相应图形符号的旁边，内部或后面（图a、图b） 4. 考虑到缩微的要求，注释说明如果在基准线的上方或下方，应在基准线相距两倍线宽处注写。不能写在基准线内，也不能与其接触	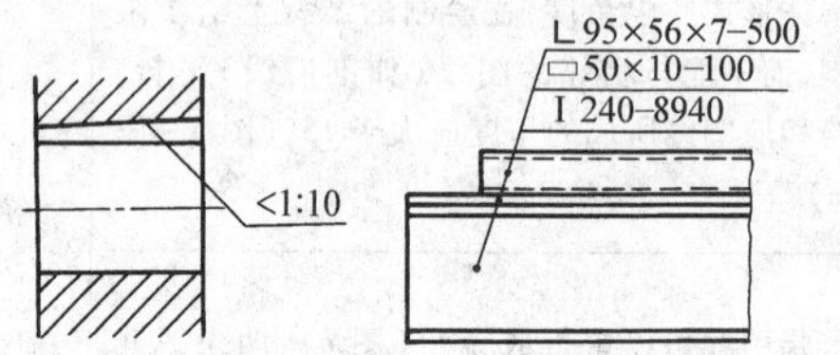 a)　b)

表3.1-23　指引线上附加"圆"的应用

如果一个零件相关联的几个表面有同样的特征要求，可仅注释一次，注释说明的方法是在指引线和基准线连接处画一个圆（$d=8\times$指引线宽）如图a～图c 在下面两种情况下不能使用"圆"符号： 1. 使用"圆"符号可能产生误解 2. 使用"圆"符号会涉及到一个零件的所有表面或转角	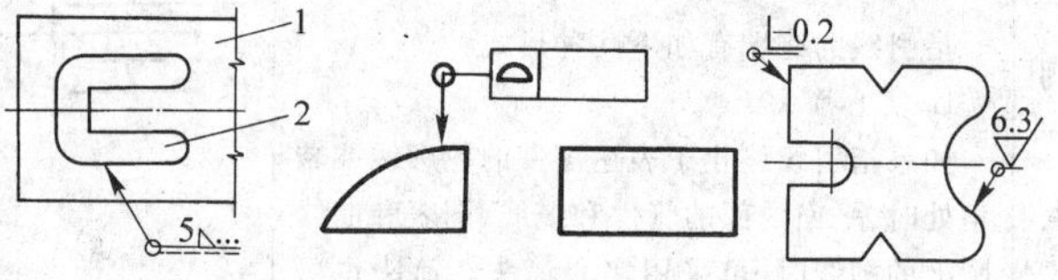 a)　b)　c) （⌊0.2—0.2表示边的形状需去除材料（倒边），边为0.2mm）

1.6　剖面区域表示法

1.6.1　常用的金属材料剖面区的剖面或截面表示法

按GB/T 17453—2005规定，见表3.1-24。

1.6.2　特殊材料的表示

若需要在剖面区域中表示材料的类别时，应按特殊规定或专业标准表示其剖面区域，见表3.1-25。

2　图样画法

图样表示方法有第一角投影法和第三角投影法两种，我国采用第一角投影法，ISO标准的图形均采用第一角投影法，但规定两种投影法是等效的。

2.1　第一角投影法和第三角投影法（GB/T 14692—2008）

绘制机械图样时应采用投射线与投影面垂直的正投影法。正投影法有单面正投影和多面正投影（物体在多个互相垂直的投影面上的投影）之分，将物体置于第一分角内，并使其处于观察者与投影之间的多面投影，称第一角投影法或第一角画法。将物体置于第三分角内，并使投影面处于观察者和物体之间的多面投影，称第三角投影法或第三角画法。第一角投影法和第三角投影法的区别见表3.1-26。

表 3.1-24　剖面符号的画法

规定		图例
一般画法	通用剖面线应以适当角度的细实线绘制，最好与主要轮廓线或剖面区域的对称线成 45°（图 a） 当剖面区域中的主要轮廓线与水平线成 45°时，该图形的剖面线应画成与水平线成 30°角或 60°角的平行线，其倾斜方向仍与其他图形的剖面线一致（图 b）	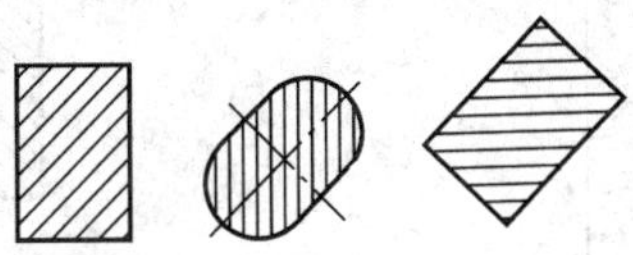 a)　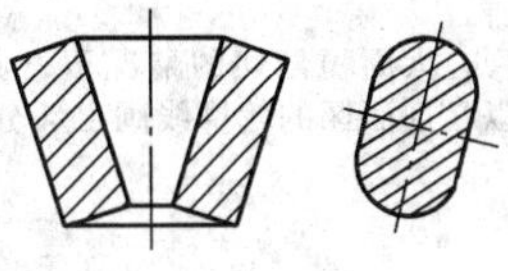 b)
	同一物体的各个剖面区域，其剖面线画法应一致，即剖面线的间隔应相等，方向要相同，而且与水平成 45°的平行线（图 c） 在装配图中相邻物体的剖面线必须以不同的方向或不同的间隔画出（图 d） 同一装配图中的同一物体的剖面线应方向相同、间隔相等	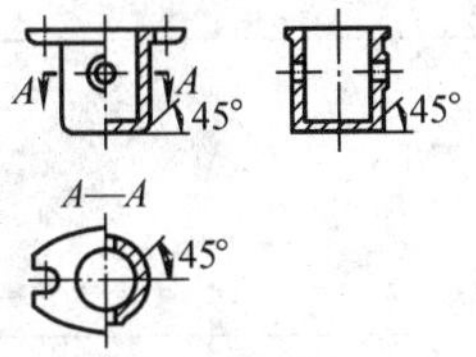 c)　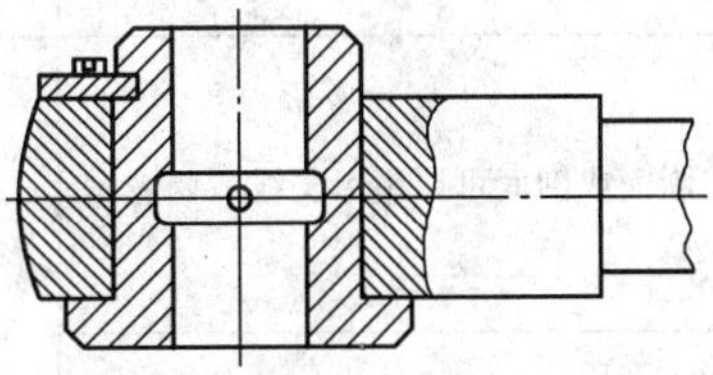 d)
	相邻辅助零件或部件的剖面区域一般不画剖面线，当需要画出时仍按图 d 的规定绘制（图 e）	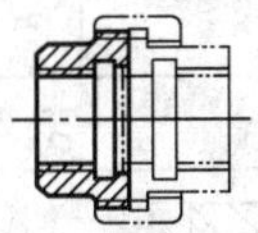 e)
	当绘制接合件的图样时，各零件剖面区域内的剖面线应按图 d 的规定绘制（图 f）绘制 当绘制接合件与其他零件的装配图时，接合件可作为一个整体在剖面区域画剖面线（图 g）	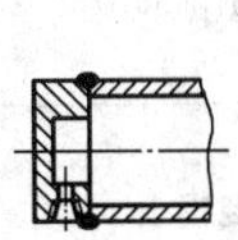 f)　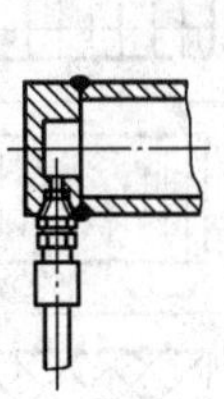 g)
简化画法	同一零件，为了表达不同的结构，截取不同的截面，但必须画相同方向、相同间隔的剖面线	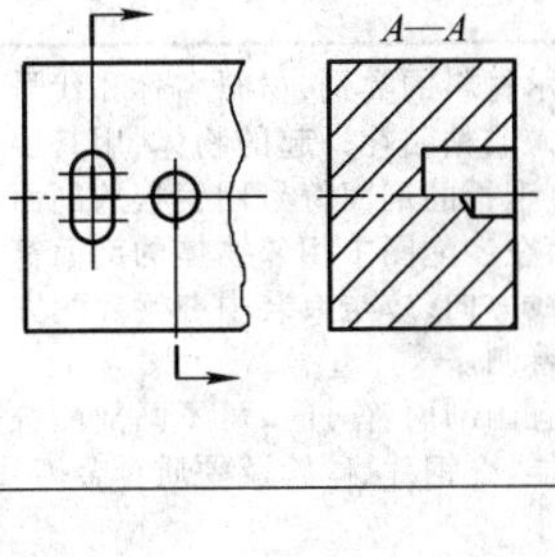

（续）

规定		图例
简化画法	在大面积剖切的情况下，剖面线可以在剖面区的轮廓线画出部分剖面线	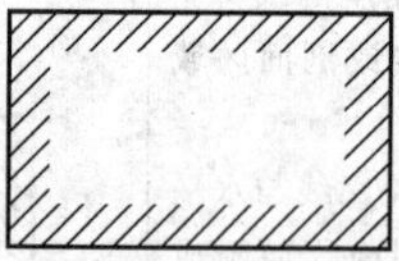
	剖面内可以标注尺寸	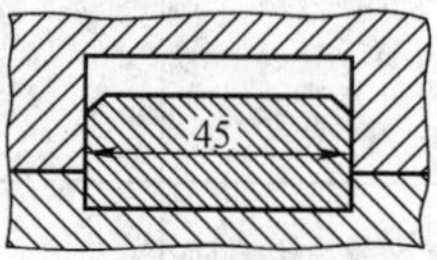
	断面或剖面可以用粗实线强调表示	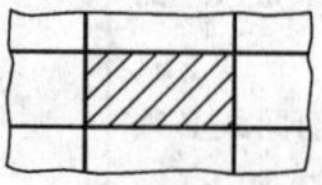
	狭小剖面可以用完全黑色来表示（图a） 相近的狭小剖面可以用完全黑色表示，其间至少应留下0.7mm的间距（图b）	 a)　b)

表3.1-25　特定剖面符号及画法

金属材料（已有规定剖面符号者除外）	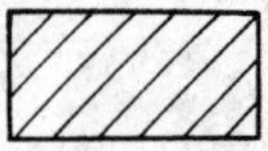	木质胶合板（不分层数）		玻璃及供观察用的其他透明材料		
线圈绕组元件	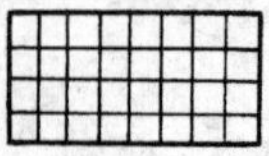	基础周围的泥土		木材	纵剖面	
转子、电枢、变压器和电抗器等的叠钢片	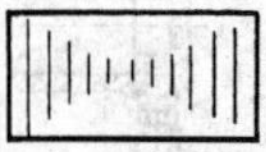	混凝土	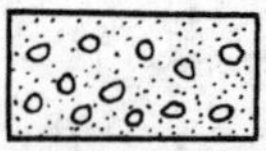		横剖面	
非金属材料（已有规定剖面符号者除外）		钢筋混凝土	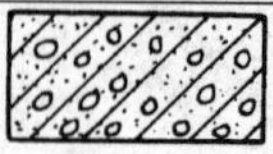	格网（筛网、过滤网等）		
型砂、填砂、粉末冶金、砂轮、陶瓷刀片、硬质合金刀片等		砖	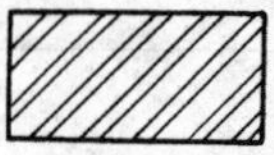	液体		

注：1. 剖面符号仅表示材料的类别，材料名称和代号必须另行注明。
2. 由不同材料嵌入或粘贴在一起的物体，用其中主要材料的剖面符号表示。例如：夹丝玻璃的剖面符号用玻璃的剖面符号表示，复合钢板的剖面符号用钢板的剖面符号表示。
3. 除金属材料外，在装配图中相邻物体的剖面符号相同时，应采用疏密不一的方法以示区别。
4. 叠钢片的剖面线方向，应与束装中叠钢片的方向一致。
5. 液面用细实线绘制。
6. 窄剖面区域不宜画剖面符号时，可不画剖面符号。
7. 木材、玻璃、液体、叠钢片、砂轮及硬质合金刀片等剖面符号，也可在外形视图中画出部分或全部，作为材料的标志。

表 3.1-26　第一、第三角投影法的区别

第一、第三角投影法的区别	第一角投影法	第三角投影法
投射线、物体、投影面之间的关系	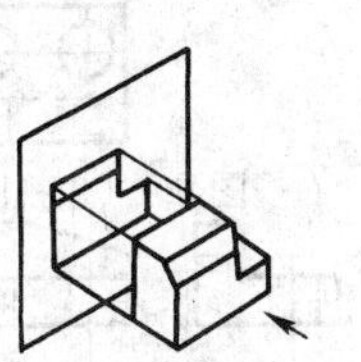	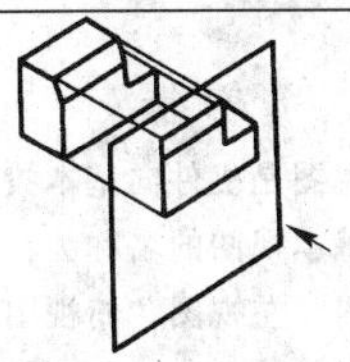 投影平面是透明的
六个基本投影面的展开方法	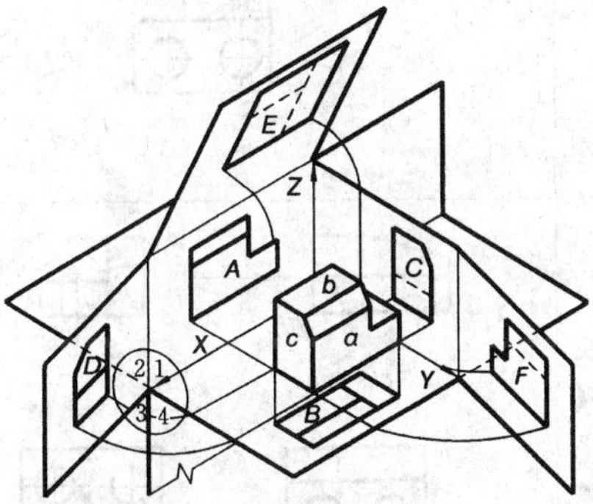	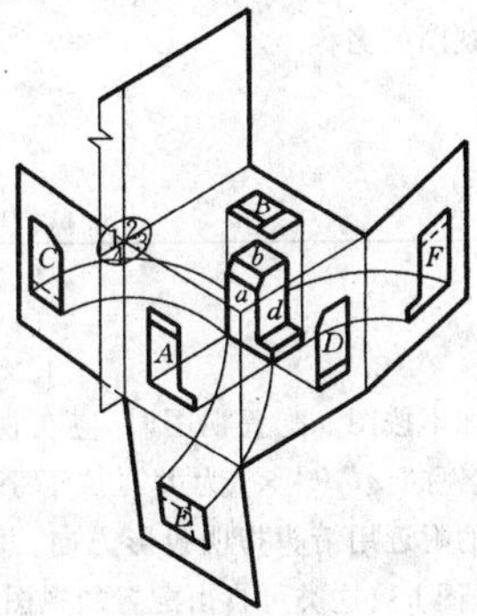
六个基本视图的名称和配置	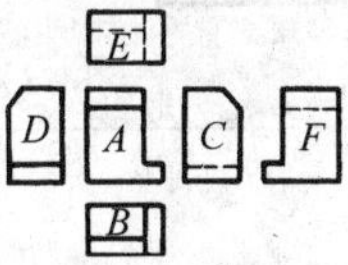 主视图——由前向后投射所得的视图(上图中 A) 左视图——由左向右投射所得的视图(上图中 C),配置在主视图的右方 俯视图——由上向下投射所得的视图(上图中 B),配置在主视图的下方 右视图——由右向左投射所得的视图(上图中 D),配置在主视图左方 仰视图——由下向上投射所得的视图(上图中 E),配置在主视图上方 后视图——由后向前投射所得的视图(上图中 F),配置在左视图右方	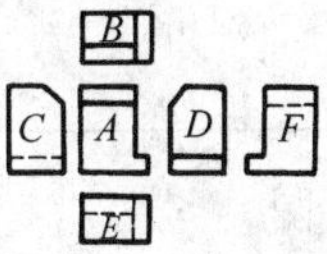 主视图——由前向后投射所得的视图(上图中 A) 右视图——由右向左投射所得的视图(上图中 D),配置在主视图左方 仰视图——由下向上投射所得的视图(上图中 E),配置在主视图下方 左视图——由左向右投射所得的视图(上图中 C),配置在主视图左方 俯视图——由下向上投射所得的视图(上图中 B),配置在主视图上方 后视图——由后向前投射所得的视图(上图中 F),配置在右视图右方
图样上的识别符号	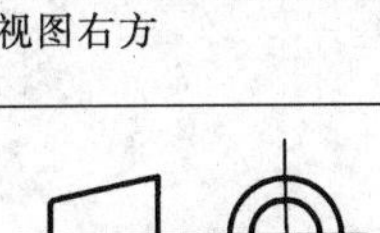 (我国规定采用第一角投影法,此符号可省略)	

2.2　视图(GB/T 4458.1—2002)

2.2.1　视图选择

1)表示信息量最多的那个视图应作为主视图。投射时物体在投影体系中的位置通常是机件的工作位置或加工位置或安装位置。

2)在明确表示机件的前提下,应使视图(包括剖视图和断面图)的数量为最少。

3)视图一般只画机件的可见部分,必要时才画出不可见部分。

4)尽量避免不必要细节的重复表达。

2.2.2　视图分类和画法(表 3.1-27)

2.2.3　视图的其他表示法(表 3.1-28)

表3.1-27　视图分类和画法

分类	规　　定	图　　例
基本视图	基本视图是机件向基本投影面投影所得的视图 六个基本视图的名称为： 主视图　左视图　俯视图　右视图　仰视图　后视图 在同一张图纸内按图a配置视图时，一律不标注视图的名称	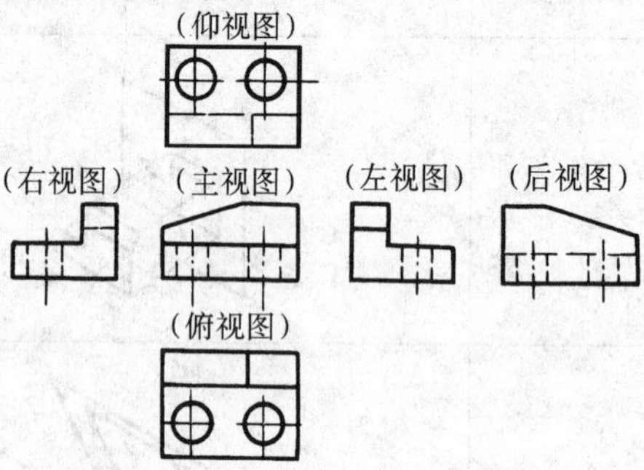 a)
向视图	如不按图a配置视图时，应在视图上方标注视图名称“×”(“×”为大写拉丁字母)，在相应视图的附近用箭头指明投影方向，并标注相同的字母(图b)，这类可自由配置的视图称向视图	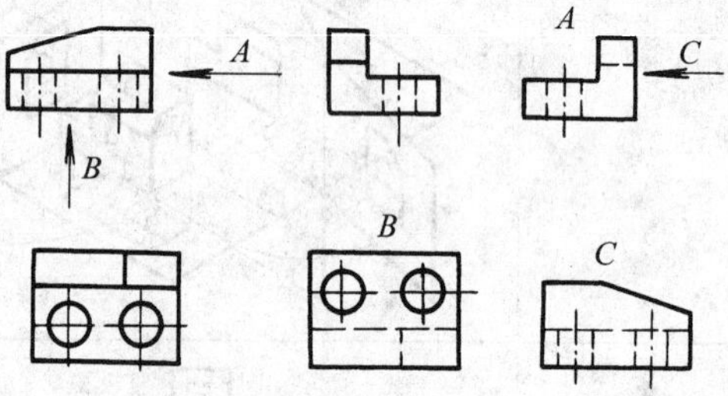 b)
斜视图	斜视图是机件向不平行于基本投影面的平面投射所得的视图 斜视图通常按向视图的配置形式配置并标注(图c) 必要时允许将斜视图旋转配置，表示该视图名称的大写拉丁字母应靠近旋转符号的箭头端，也允许将旋转角度标注在字母之后(图d) 斜视图的断裂边界应以波浪线或双折线表示，当所表示的局部结构是完整的，且外轮廓线又成封闭时，波浪线或双折线可以省略不画	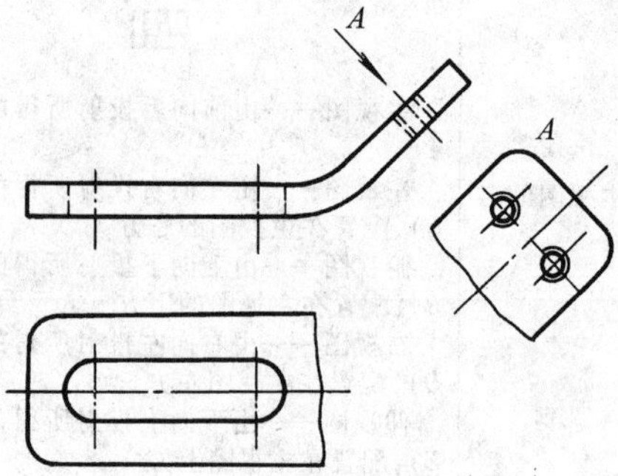 c) 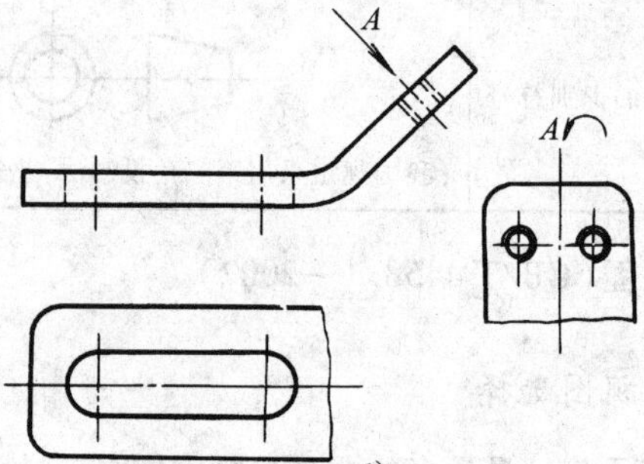 d)

（续）

分类	规　　定	图　　例
局部视图	局部视图是将机件的一部分向基本投影面投射所得的视图 在机械制图中，局部视图的配置可选用以下方式： 1. 按基本视图的配置形式配置（图 c 的俯视图） 2. 按向视图的配置形式配置（图 e） 3. 按第三角画法配置在视图上所需表示物体局部结构的附近，并用细点画线将两者相连（图 f ~ 图 i） 画局部视图时，其断裂边界用波浪线或双折线绘制（图 c 的俯视图和图 e 的 A 向视图）。当所表示的局部视图的外轮廓成封闭时，则不必画出其断裂边界线（图 e 中的 C 向视图） 标注局部视图时，通常在其上方用大写字母标出视图的名称，在相应视图附近用箭头指明投射方向，并注上相同的字母（图 e）。当局部视图按基本视图配置，中间又没有其他图形隔开时，则不必标注（图 c 的俯视图）	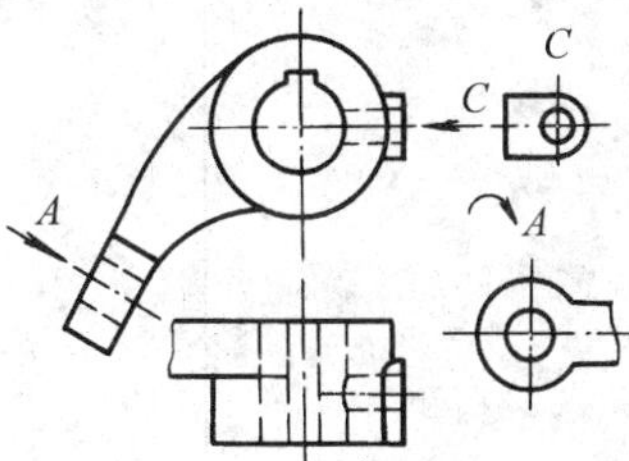 e) 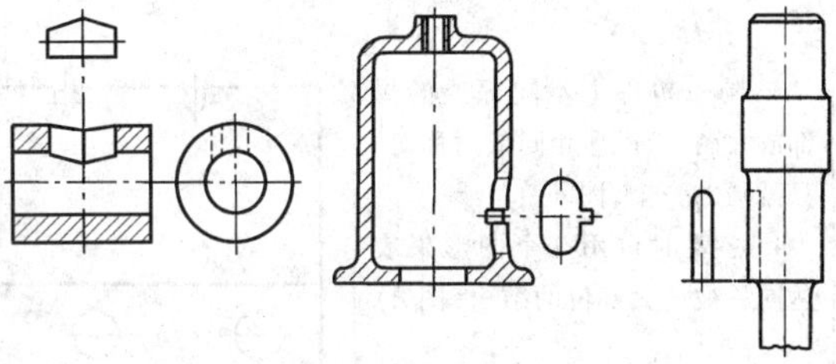 f)　g)　h)
旋转视图	旋转视图是假想将机件的倾斜部分旋转到某一选定的基本投影面平行，再向该投影面投影所得的视图	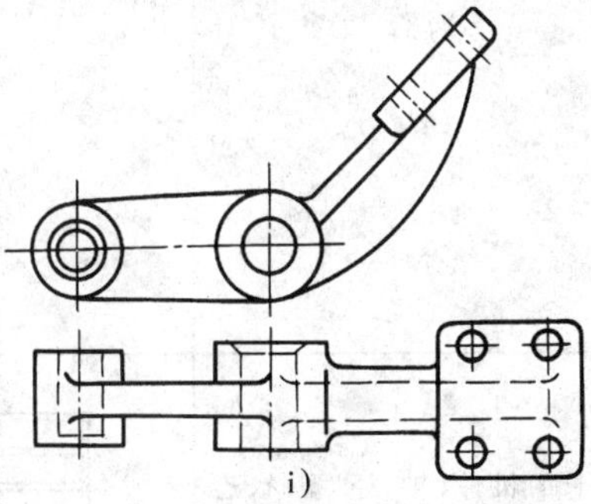 i)

表 3.1-28　视图的其他表示法

分类	规　　定	图　　例
局部放大图	1. 局部放大图——将机件的部分结构，用大于原图形所采用的比例画出的图形。局部放大图可画成视图，也可画成剖视图、断面图，它与被放大部分的表示方法无关（图 a）。局部放大图应尽量配置在被放大部位附近 2. 绘制局部放大图时，除螺纹牙型、齿轮和链轮齿形外，应按图 a、图 b 用细实线圈出被放大的部位。当同一机件上有几个被放大的部分时，应用罗马字依次标明被放大的部位，并在局部放大图的上方标注出相应罗马数字和所采用的比例（图 a）。当机件上被放大部分仅一个时，在局部放大图上方只需注明所采用的比例（图 b）	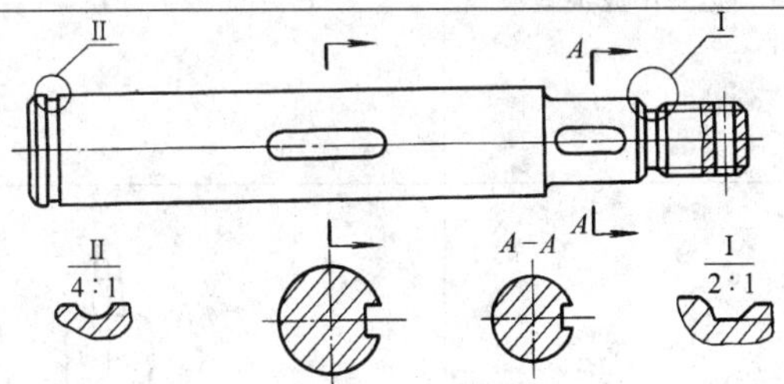 a) 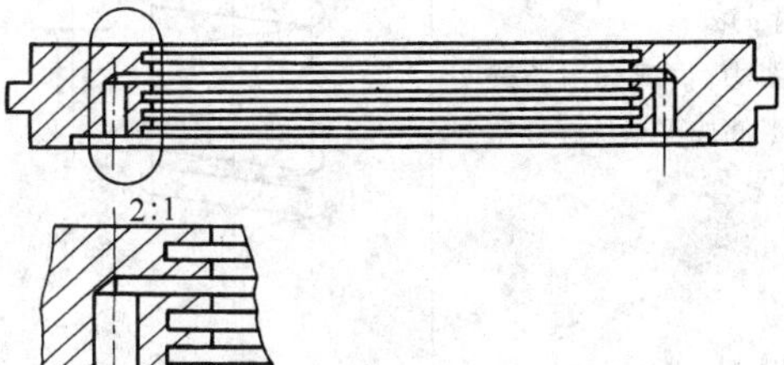 b)

（续）

分类	规　　定	图　　例
局部放大图	3. 同一机件上不同部位的局部放大图，当图形相同或对称时，只需画出一个（图 c） 4. 必要时可用几个图形来表达同一被放大部位的结构（图 d）	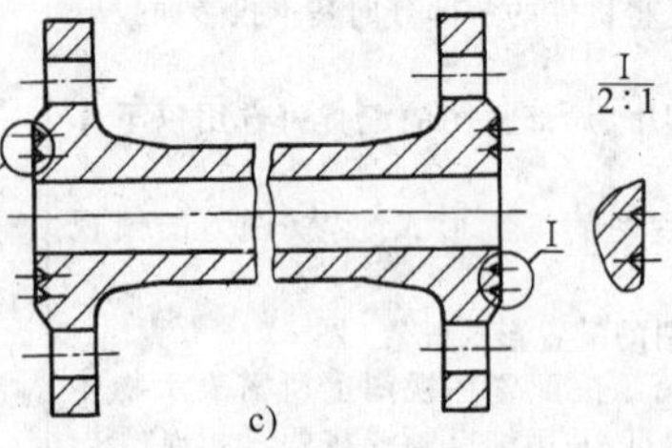 c) 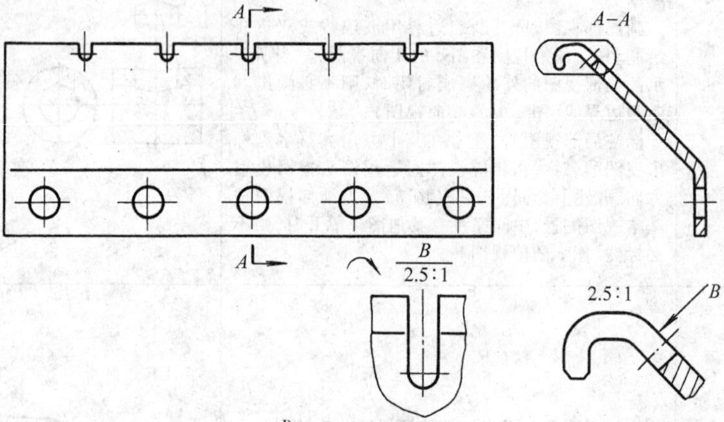 d)
断裂画法	较长的机件（轴、杆、型材、连杆等）沿长度方向的形状一致或按一定规律变化时，可断开缩短绘制，其断裂边界用波浪线绘制（图 e、图 f）	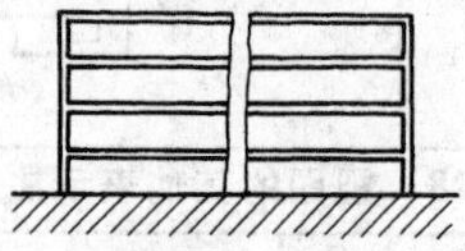 e) 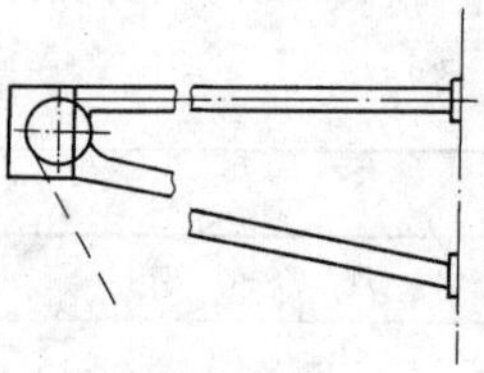 f)
透明材料物体的画法	透明材料制成的零件应按不透明绘制（图 g） 在装配图中，供观察用的透明材料后的零件按可见轮廓线绘制（图 h）	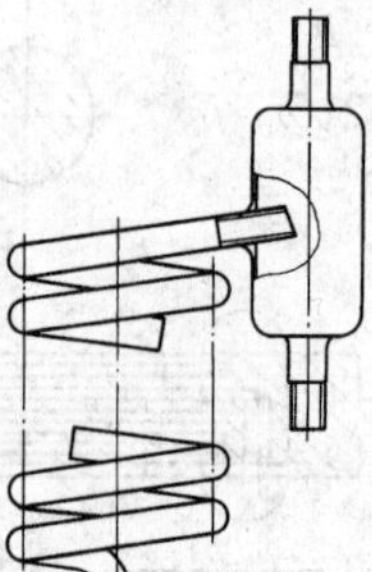 g) 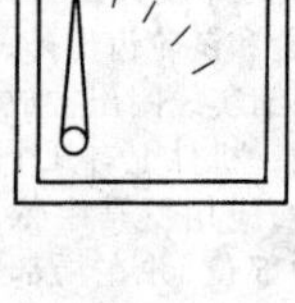 h)

（续）

分类	规　　定	图　　例
初始轮廓画法	当有必要表示零件成形前的初始轮廓时，应用双点画线绘制（图 i）	 i)
弯折零件画法	弯折零件的弯折线在展开图中应用细实线绘制（图 j）	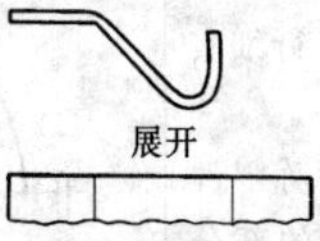 j)
可动件的画法	在装配图中，可动零件的变动和极限状态，用细双点画线表示（图 k）	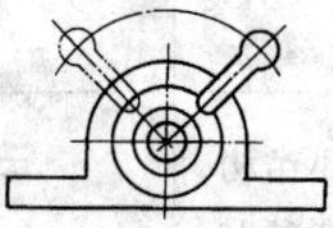 k)
成形零件和毛坯件画法	允许用细双点画线在毛坯图中画出完工零件的形状，或者在完工零件上画出毛坯的形状（图 l、图 m）	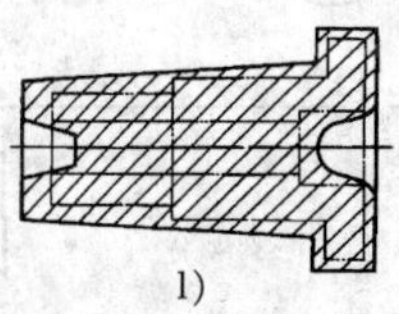 l) 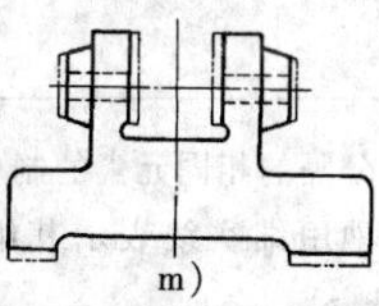 m)
网状结构画法	滚花、槽沟等网状结构应用粗实线完全或部分地表示出来（图 n）	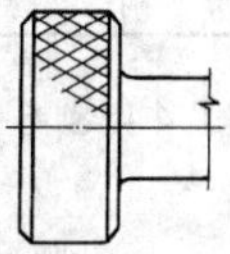 n)
纤维方向表示法	材质的纤维和轧制方向，一般不必示出，必要时，应用带箭头的细实线表示（图 o、图 p）	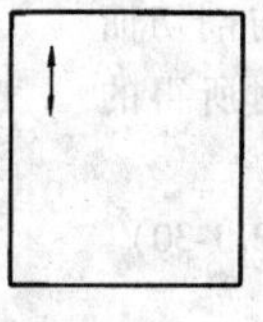 o) 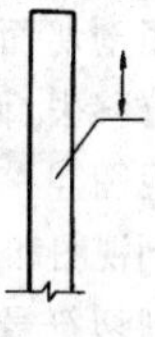 p)
两个或两个以上相同视图的表示	一个零件上有两个或两个以上图形相同的视图，可以只画一个视图，并用箭头、字母和数字表示其投射方向和位置（图 q、图 r）	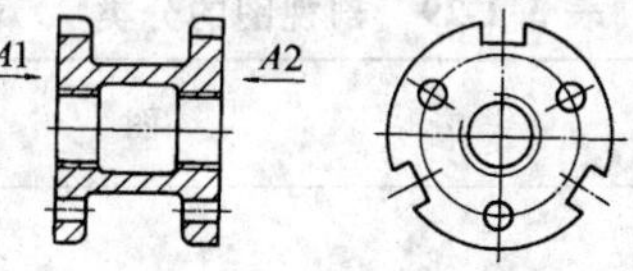 q) 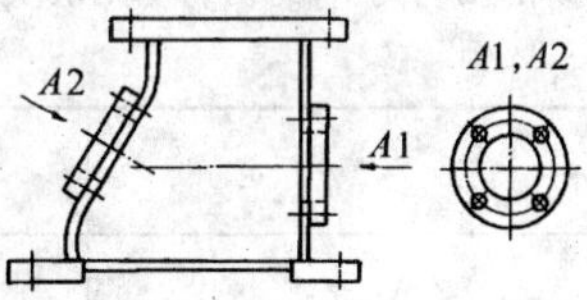 r)
镜像零件表示	对于左右件零件或装配件，可用一个视图表示，并在图形下方注写必要的说明（“LH”为左件，“RH”为右件）（见图 s）	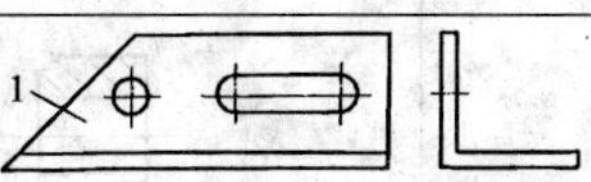 零件 1（LH）如图；零件 2（RH）对称 s)
相邻辅助零件画法	相邻的辅助零件用细双点画线绘制。相邻的辅助零件不应覆盖为主的零件，而可以被为主的零件遮挡（图 t），相邻的辅助零件的断面不画剖面线 当轮廓线无法明确绘制时，则其特定的封闭区域应用细双点划线绘制（图 u）	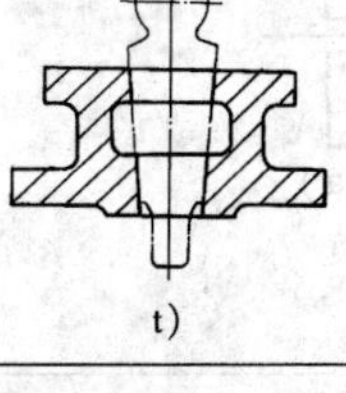 t) 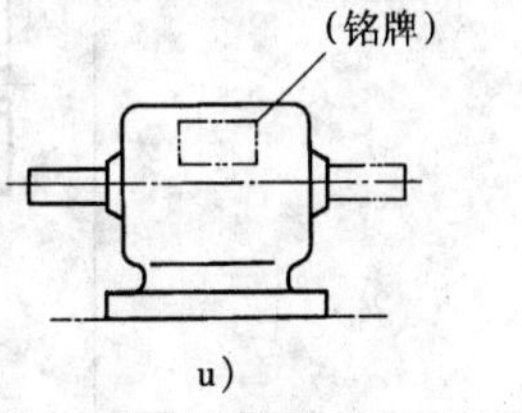 u)

（续）

分类	规　定	图　例
对称零件画法	在不致引起误解时，对于对称构件或零件的视图可只画一半或四分之一，并在对称中心线的两端画出两条与其垂直的平行细实线（图v、图w） 基本对称的零件可按对称零件绘制，但应对其中不对称的部分加注说明（图w）	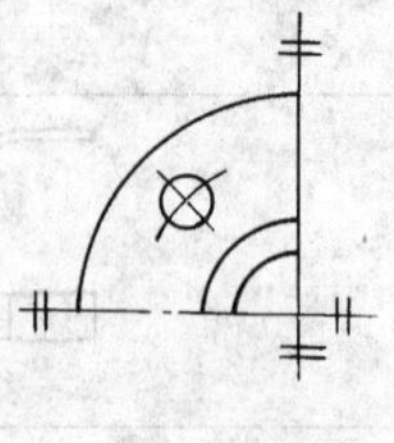 v） 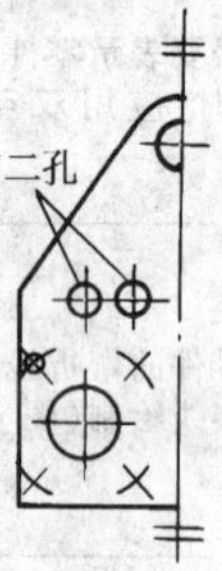 w）
较小斜度、锥度结构画法	机件上斜度和锥度等小结构，如在一个图形中已表达清楚时，其他投影可按小端画出（图x、图y）	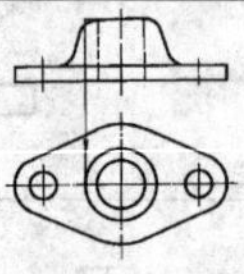 x） 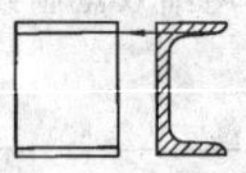 y）
分隔的相同元素画法	分隔的相同元素的制成件可局部地用细实线表示其组合情况（图z）	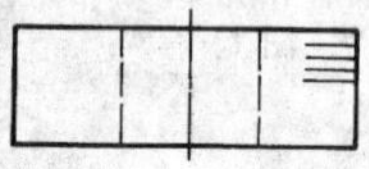 z）

2.3　剖视图和断面图（GB/T 4458.6—2002）

2.3.1　剖视图

假想用剖切面剖开机件，将处在观察者与剖切面之间的部分移去，而将其余部分向投影面投射所得的图形称剖视图。

（1）剖视图和剖切面的分类（表3.1-29、表3.1-30）

（2）剖切符号、剖视图的配置与标注

1）剖切符号　剖切符号（粗实线）尽可能不与图形的轮廓线相交，在它的起、迄和转折处应用相同的字母标出，但当转折处地位有限又不致引起误解时允许省略标注（表3.1-30图c、f、h）。两组或两组以上相交的剖切平面，其剖切符号相交处用大写拉丁字母“O”标注（表3.1-30图b）。

2）剖视图的配置　基本视图配置的规定（表3.1-27）同样适用于剖视图。剖视图也可按投影关系配置在剖切符号相对应的位置，必要时还允许配置在其他适当位置（表3.1-30，图j）。

3）剖切位置与剖视图的标注

表3.1-29　剖视图的分类

分类	规　定	图　例
全剖视图	全剖视图——用剖切面完全剖开机件所得的剖视图（图a、b）	 a） 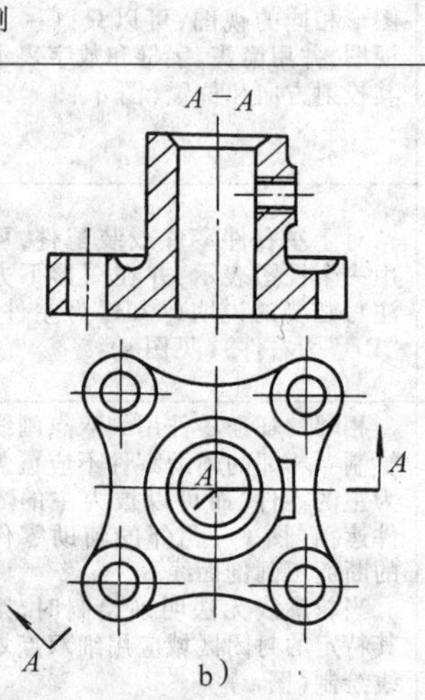 b）

（续）

分类	规　　定	图　　例
半剖视图	半剖视图——当机件具有对称平面时，在垂直于对称平面的投影面上投射所得的图形，可以对称中心线为界，一半画成剖视图，另一半画成视图（图 c、d） 机件的形状接近对称且不对称部分已另有图形表达清楚时，也可画成半剖视（图 d）	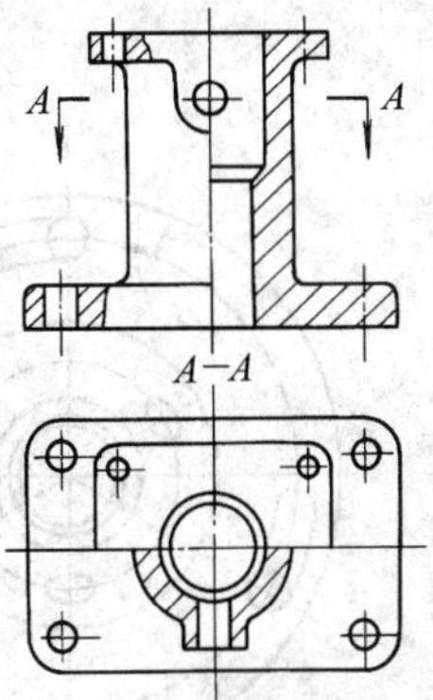 c) 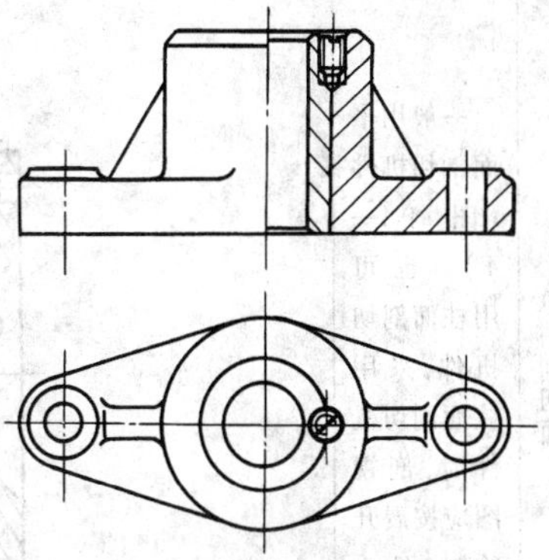 d)
局部剖视图	局部剖视图——用剖切面局部地剖开机件所得的剖视图（图 e、f） 局部剖视图用波浪线或双折线分界，波浪线与双折线不应和图样上其他图线重合。当被剖结构为回转体时，允许将结构的中心线作为局部剖视与视图的分界线（图 g）	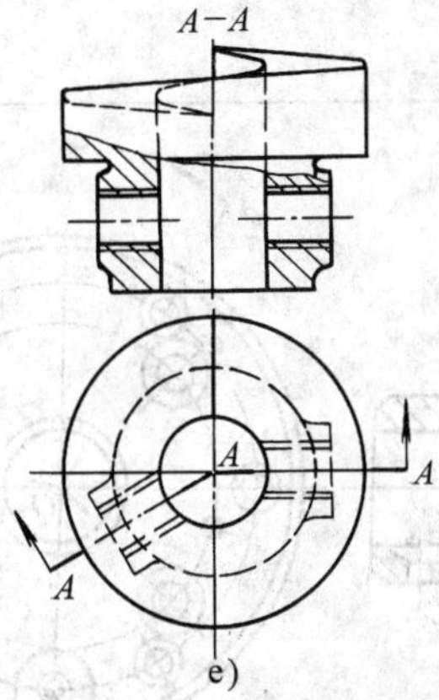 e) 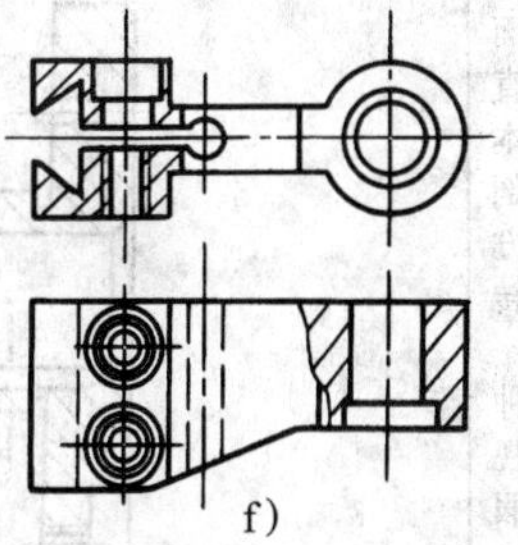 f) 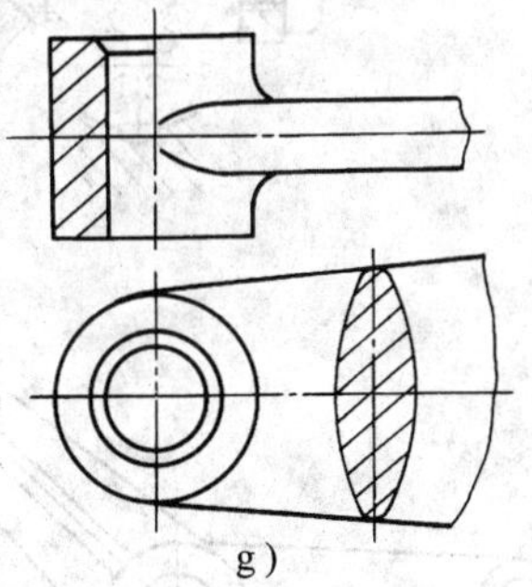 g)

a）一般应在剖视图上方用字母标出剖视图的名称“×-×”（“×-×”为大写拉丁字母）。在相应的视图上用剖切符号表示剖切位置，用箭头表示投射方向，并注上同样的字母（表 3.1-30 图 g、h、i、j）。

b）当剖视图按投影关系配置，中间又没有其他图形隔开时，可省略箭头（表 3.1-30 图 a、e）。

c）当单一剖切平面通过机件的对称平面或基本对称平面，且剖视图按投影关系配置，中间又没有其他图形隔开时，可省略标注（表 3.1-29，图 a）。

d）当单一剖切平面的剖切位置明显时，局部剖视图的标注可省略（图 3.1-29，图 f、g）。

（3）剖视图标注的几种特殊形式（表 3.1-31）

表3.1-30　剖切面分类

分类	规定	图例
单一剖切面	一般用平面剖切机件（图a：A—A）。也可用柱面剖切机件，采用柱面剖切机件时，剖视图应按展开绘制（图a：B—B）	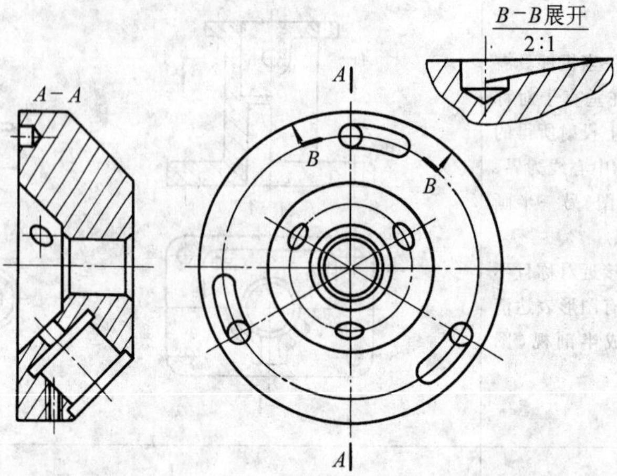 a)
两相交的剖切平面—旋转剖	用两相交的剖切平面（交线垂直于某一基本投影面）剖开机件的方法称为旋转剖（图b） 采用这种方法画剖视图时，先假想按剖切位置剖开机件，然后将剖切平面剖开的结构及其有关部分旋转到与选定的投影面平行再进行投射。在剖切平面后的其他结构一般仍按原来位置投影（图c油孔） 当剖切后产生不完整要素时，应将此部分按不剖绘制，如图d中的臂	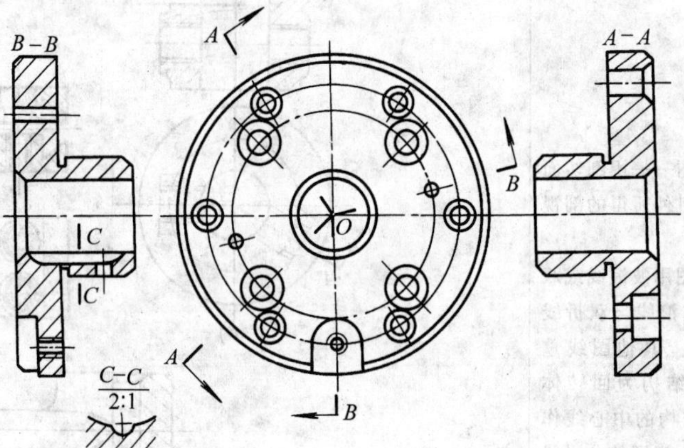 b) 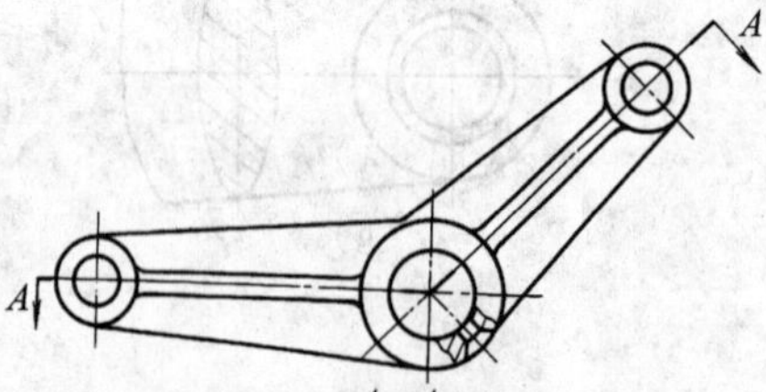 c) 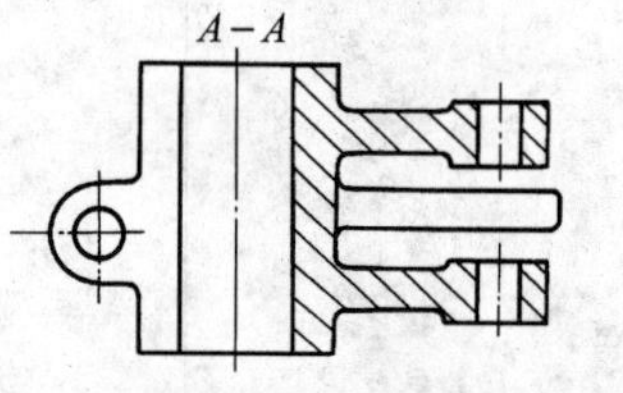 d)

（续）

分类	规　定	图　　例
几个平行的剖切平面—阶梯剖	用几个平行的剖切平面剖开机件的方法称阶梯剖（图 e） 采用这种方法画剖视图时，在图形内不应出现不完整的要素，仅当两个要素在图形上具有公共对称中心线或轴线时，可以各画一半，此时应以对称中心线或轴线为界（图 f）	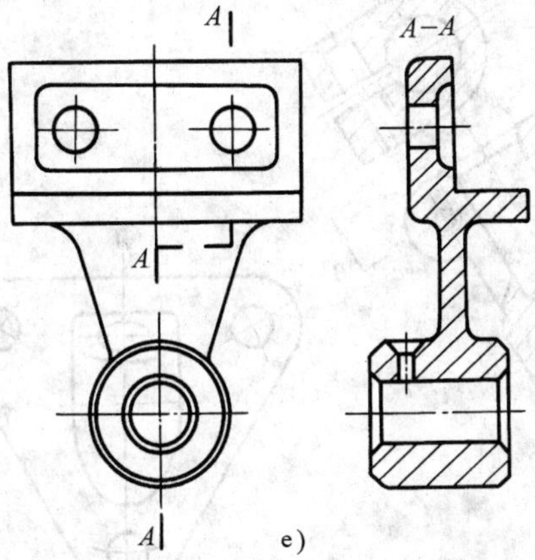 e) 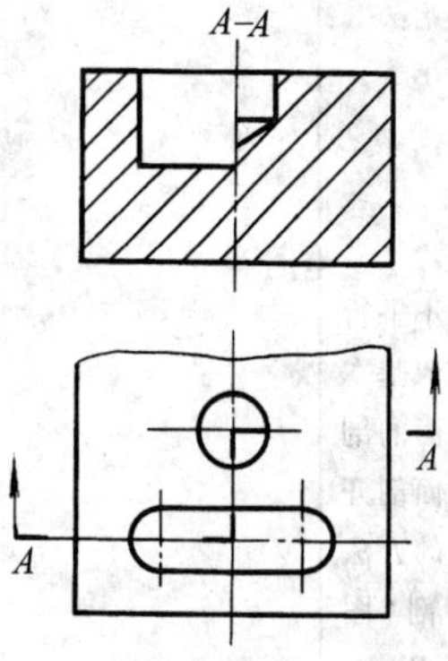 f)
组合的剖切平面—复合剖	除旋转剖、阶梯剖外，用组合的剖切平面剖开机件的方法称复合剖（图 g、h） 采用这种方法画剖视图时，可采用展开画法，此时应标注"×—× 展开"（图 h）	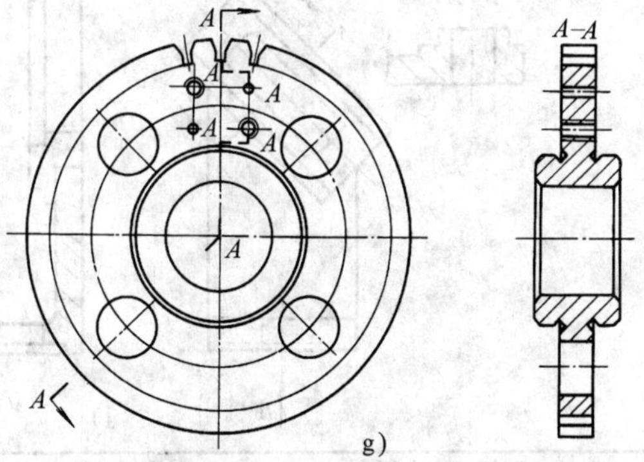 g) 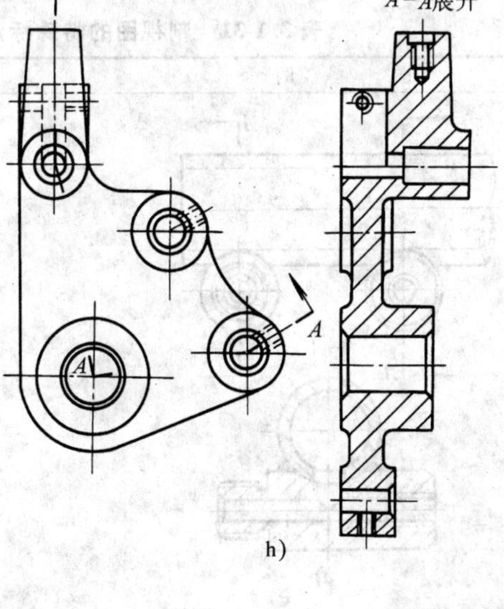 h)

（续）

分类	规　定	图　　例
不平行于任何基本投影面的剖切平面—斜剖	用不平行于任何基本投影面的剖切平面剖开机件的方法称斜剖（图 i:B—B） 采用这种方法画剖视图时，在不引起误解时，允许将图形旋转（图 j:A—A ⌒）	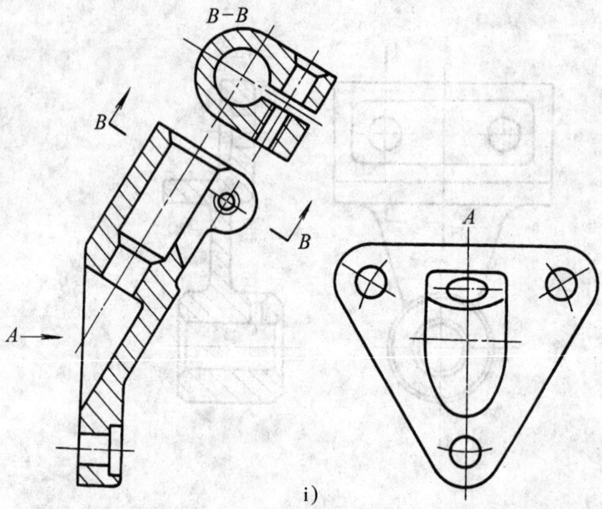i) 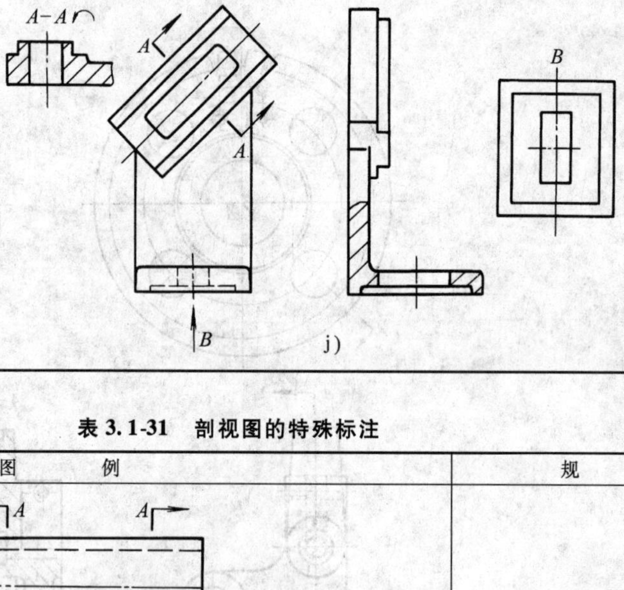j)

注：各类剖切面亦适用于断面图。

表 3.1-31　剖视图的特殊标注

图　　例	规　　定
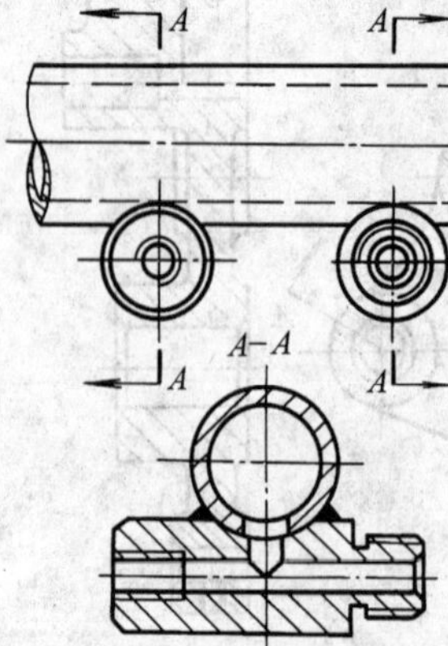a)	用几个剖切平面分别剖开机件，得到的剖视图为相同的图形时，可按图 a 的形式标注

（续）

图　　例	规　　定
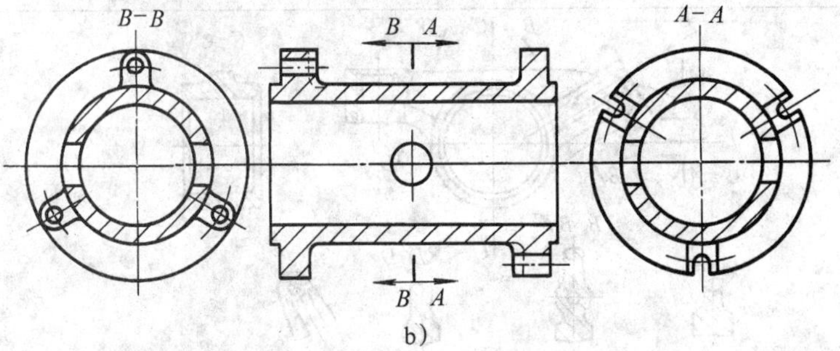 b)	用一个公共剖切平面剖开机件，按不同的方向投射得到的两个剖视图应按图 b 的形式标注
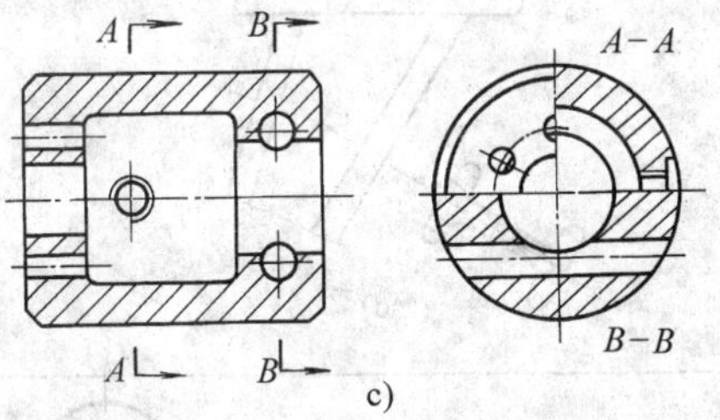 c)	可将投影方向一致的几个对称图形各取一半（或 1/4）合成一个图形，此时应在剖视图附近标出相应的剖视图名称"×—×"（图 c）
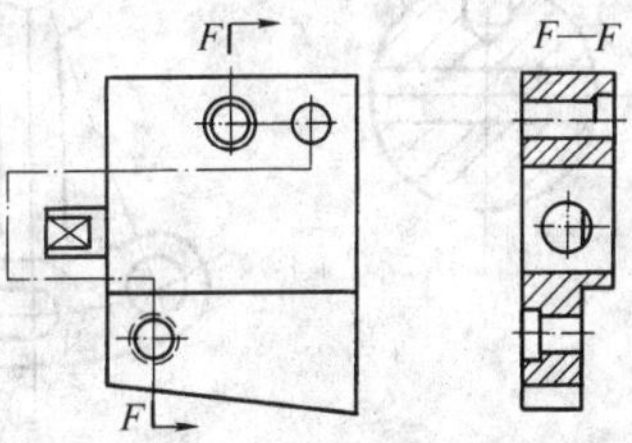 d)	当只需剖切绘制零件的部分结构，应用细点画线将剖切符号相连，剖切面可位于零件实体之外（图 d）

2.3.2　断面图

假想用剖切面将机件某处切断，仅画出剖切面与机件接触部分的图形称断面图。

（1）断面图的分类

断面可分为移出断面和重合断面，见表 3.1-32。

表 3.1-32　移出断面和重合断面

分类	规　定	图　　例
移出剖面	移出剖面的图形应画在视图之外，轮廓线用粗实线绘制（图 a） 移出剖面应尽量配置在剖切线的延长线上（图 a） 当剖面图形对称时也可画在视图的中断处（图 b）	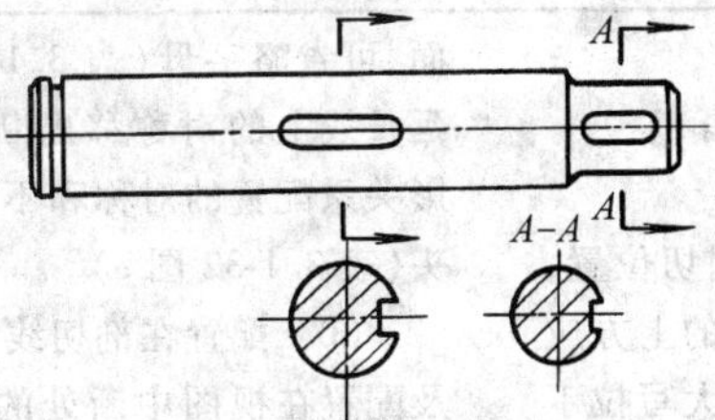 a) 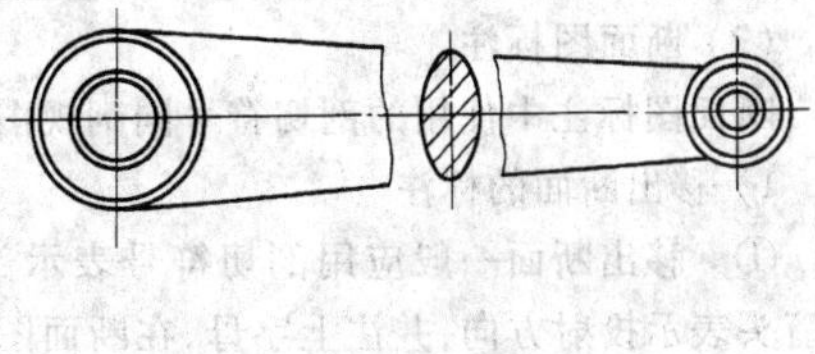 b)

（续）

分类	规　定	图　例
	必要时可将移出剖面配置在其他适当位置。在不致引起误解时，允许将图形旋转（图 c）	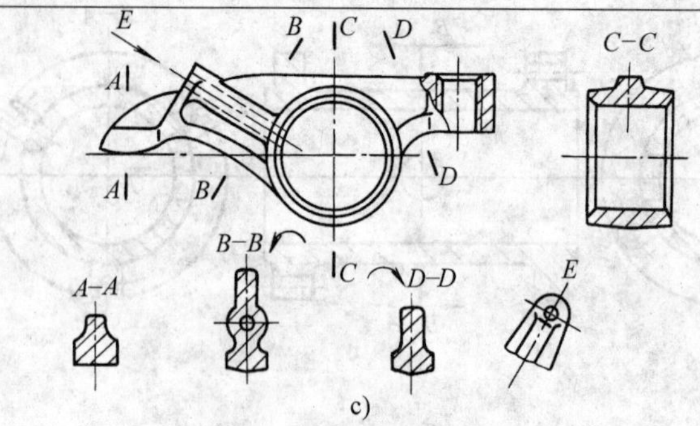 c)
移出剖面	由两个或多个相交的剖切平面剖切得出的移出剖面，中间一般应断开（图 d）	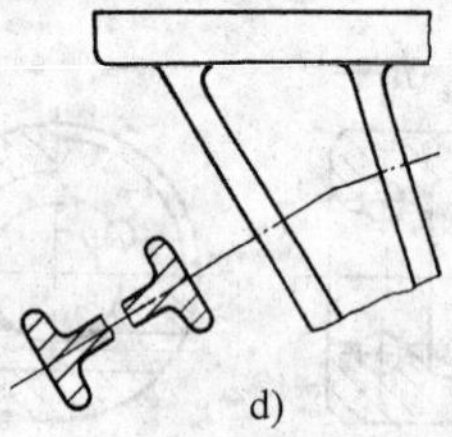 d)
	当剖切平面通过回转面形成的孔或凹坑的轴线时，这些结构按剖视图要求绘制（图 e） 当剖切平面通过非圆孔，会导致出现完全分离的两个断面时，则这些结构应按剖视图要求绘制（图 f）	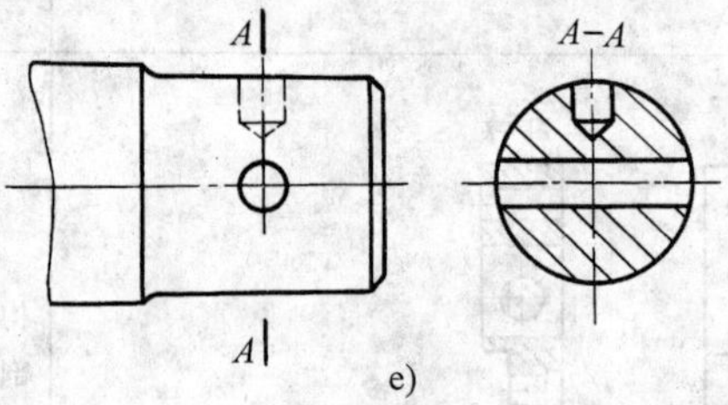 e) 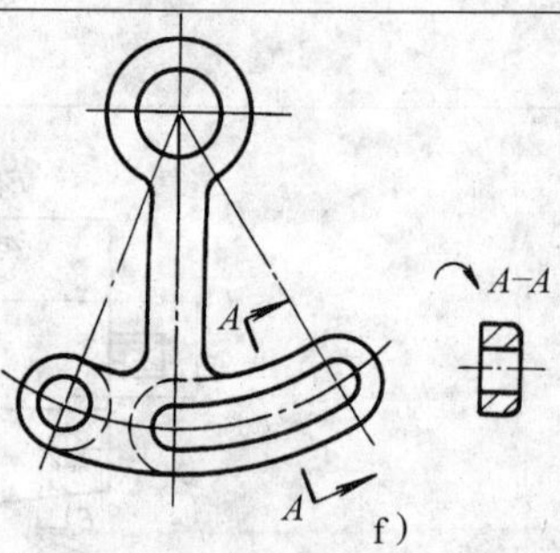 f)
重合剖面	重合剖面图的图形应画在视图内，剖面轮廓线用细实线绘制。当视图的轮廓线与重合剖面的图形重叠时，视图中的轮廓线仍应连续画出，不可间断（图 g、h）	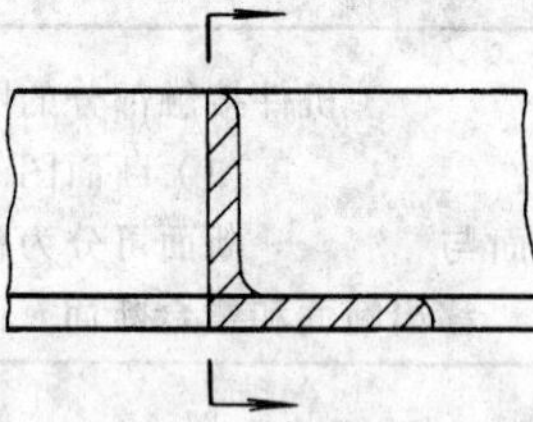 g) 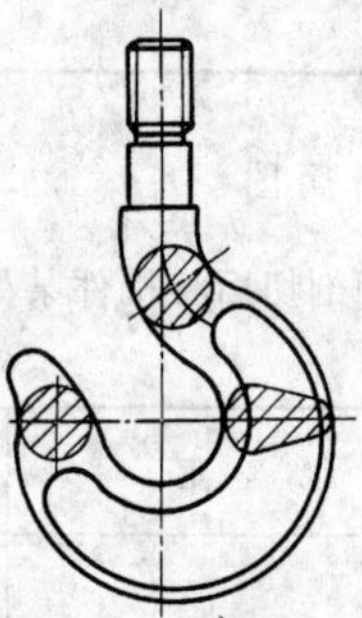 h)

（2）断面图标注

断面图标注中使用的剖切符号同剖视图。

1）移出断面的标注

① 移出断面一般应用剖切符号表示剖切位置，用箭头表示投射方向，并注上字母，在断面图的上方应用同样字母标出相应的名称“×—×”（“×”大写拉丁字母），见表 3.1-32 图 a：*A*—*A*。

② 配置在剖切符号延长线上的不对称移出断面，可省略字母（表 3.1-32 图 a），不配置在剖切符号延长线上的对称移出断面（表 3.1-32 图 c）以及按投影关系配置的对称和不对称的移出断面，均可省略箭头（表 3.1-32 图 e）。

③ 配置在剖切线延长线上对称的移出断面，以及配置在视图中断处的移出断面，均可不必标注（表 3.1-32 图 b、d）。

2）重合断面的标注

① 配置在剖切符号上的不对称重合断面,不必标注字母(表 3. 1-32 图 g)。

② 对称的重合断面不必标注(表 3. 1-32 图 h)。

2.4 简化画法和规定画法(GB/T 16675.1—1996)

2.4.1 简化画法

(1) 简化原则

1) 简化必须保证不致引起误解和不会产生理解的多意性。

2) 便于识读和绘制,注重简化的综合效果。

3) 在考虑便于手工制图和计算机制图的同时,还要考虑缩微制图的要求。

(2) 基本要求

1) 应避免不必要的视图和剖视图(图 3. 1-3)。

2) 在不引起误解时,应避免使用细虚线表示不可见的结构(图 3. 1-4)。

3) 尽可能使用有关标准中规定的符号表达设计要求,如图 3. 1-5 所示,用中心孔符号表示标准的中心孔。

4) 尽可能减少相同结构要素的重复绘制(图 3. 1-6)。

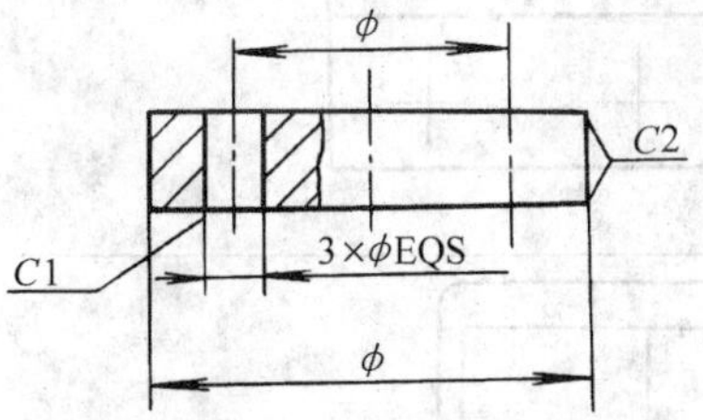

图 3. 1-3　避免不必要的视图

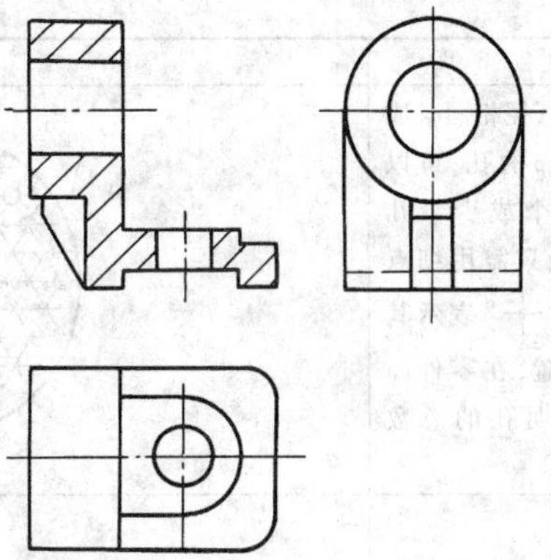
图 3. 1-4　避免使用细虚线

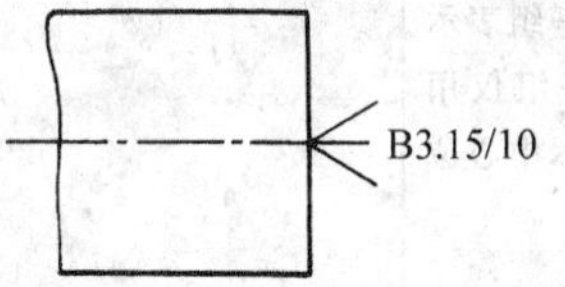

图 3. 1-5　用符号表达设计要求

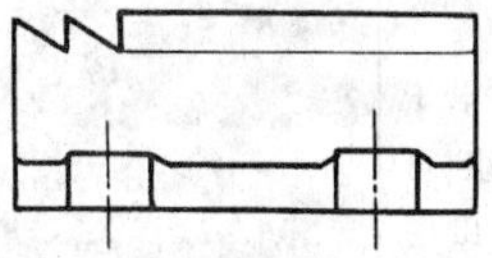
图 3. 1-6　减少相同结构的重复绘制

(3) 简化画法

相同要素的简化画法见表 3. 1-33。

机件上细小结构的各种简化画法见表 3. 1-34。

关于装配图的各种简化画法见表 3. 1-35。

其他简化画法见表 3. 1-36。

2.4.2 规定画法(表 3. 1-37)

表 3. 1-33　相同要素的简化画法

说　明	图　例
当机件具有若干相同结构(如齿槽等),并按一定规律分布时,只需画出几个完整的结构,其余用细实线连接,在零件图中则必须注明该结构的总数(图 a)	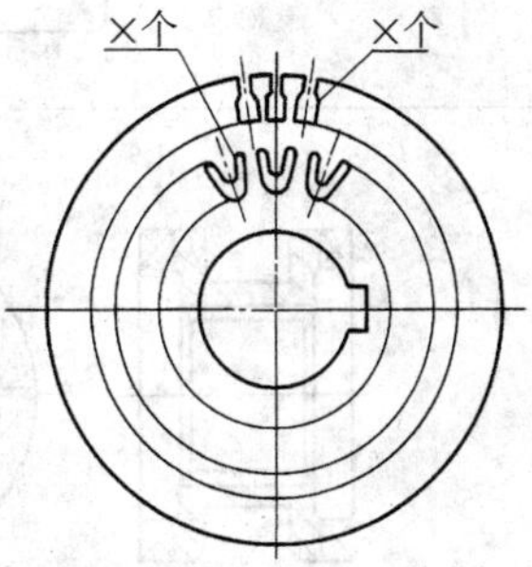 a)

（续）

<table>
<tr><th>说　　明</th><th>图　　例</th></tr>
<tr><td>若干直径相同且成规律分布的孔，可以仅画一个或少量几个，其余只需用细点画线或“—+—”表示其中心位置，在零件图中应注明孔的总数（图 b、c）</td><td>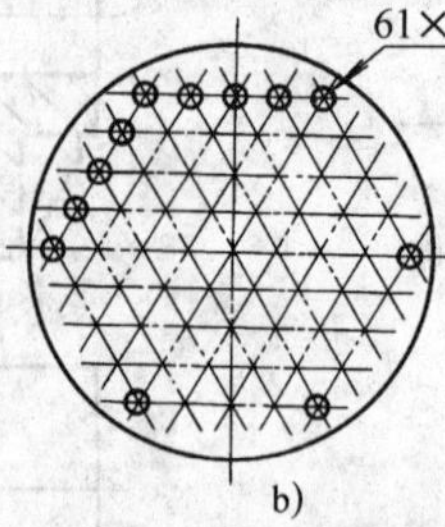
b)
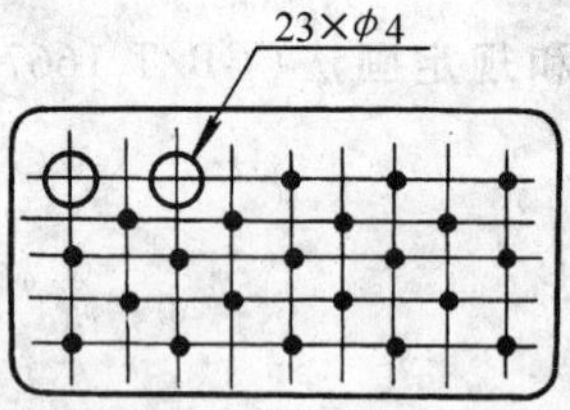
c)</td></tr>
<tr><td>成组的重复要素，可以将其中一组表示清楚，其余各组仅用细点画线表示中心位置（图 d）</td><td>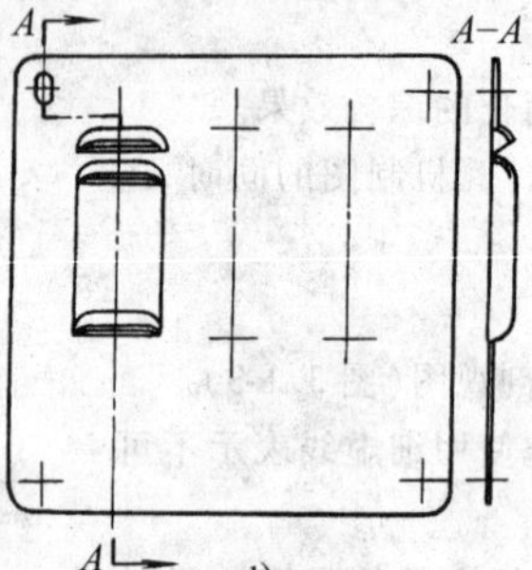
d)</td></tr>
<tr><td>对于装配图中若干相同的零、部件组，可以仅详细地画出一组，其余只需用细点画线表示其位置（图 e）</td><td>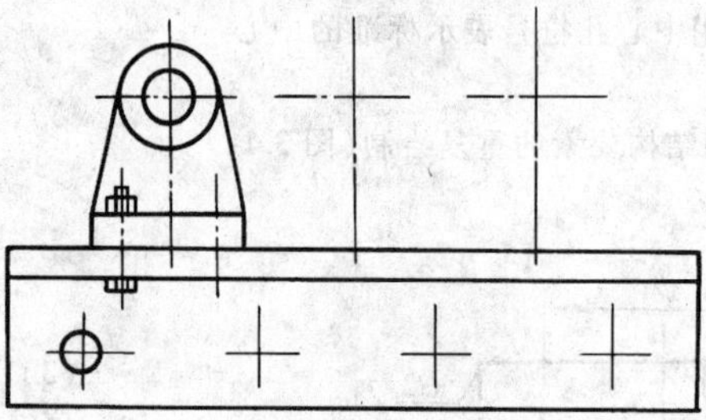
e)</td></tr>
<tr><td>对于装配图中若干相同的单元，可仅详细地画出一组，其余可采用图 f 所示的方法表示</td><td>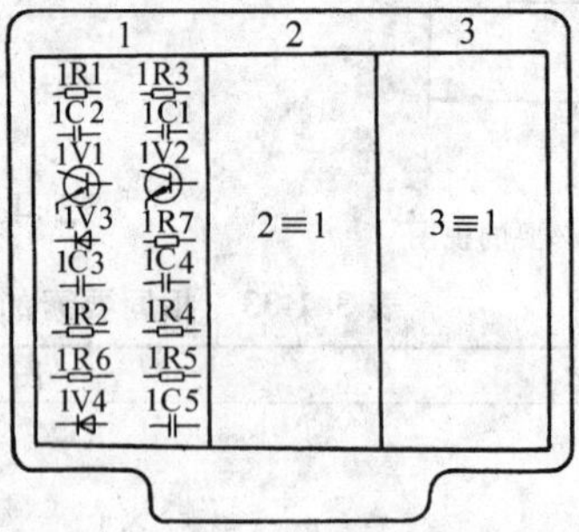
f)</td></tr>
<tr><td>在剖视图中，类似牙嵌式离合器的齿等相同结构可按图 g 表示</td><td>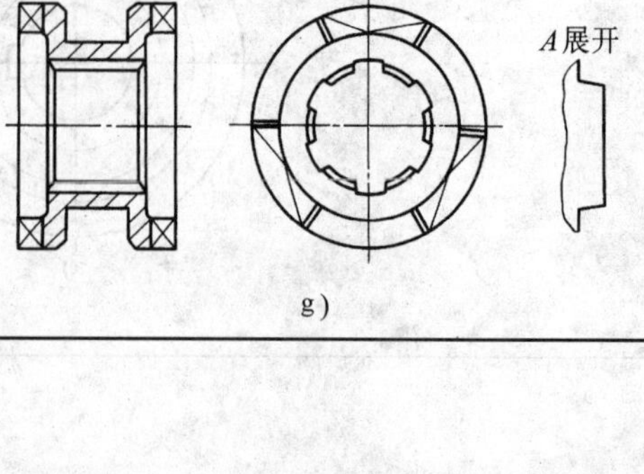
g)</td></tr>
</table>

表 3.1-34　细小结构的简化画法

分类	说　明	图　例
小结构的简化画法	当机件上较小的结构及斜度等已在一个图形中表达清楚时，其他图形应当简化或省略(图 a、b)	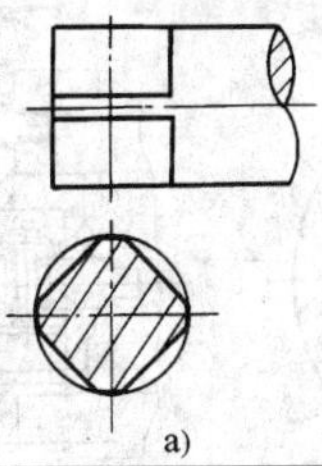 a) 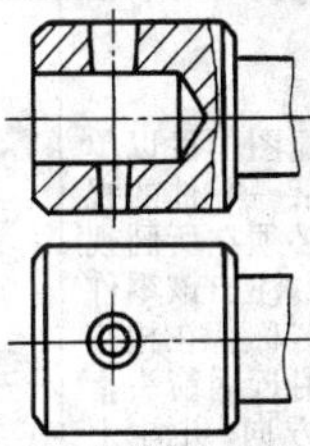 b)
	除确属需要表示的某些结构圆角外，其他圆角在零件图中均可不画，但必须注明尺寸或在技术要求中加以说明(图 c、d)	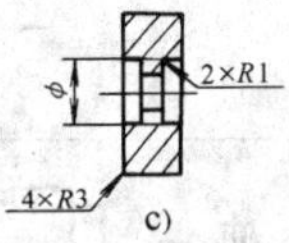 c) 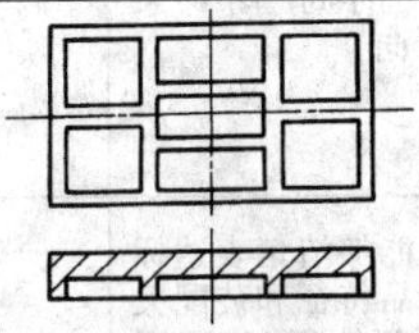 全部铸造圆角R5 d)
放大部位在原视图中的简化	在局部放大图表达完整的前提下，允许在原视图中简化被放大部位的图形(图 e)	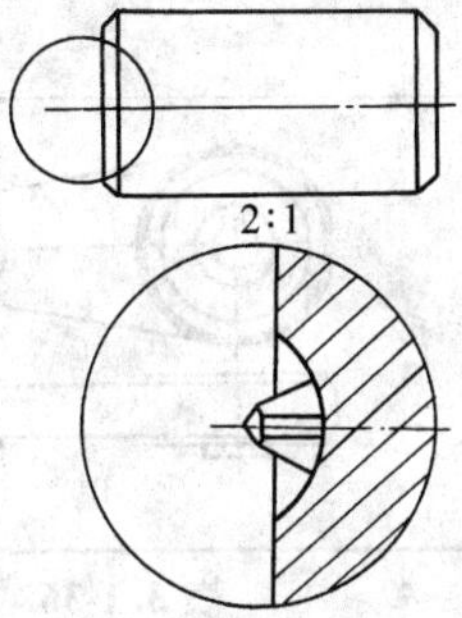 e)

表 3.1-35　装配图中各种简化画法

分类	说　明	图　例
拆卸画法	在装配图中可假想沿某些零件的结合面剖切或假想将某些零件拆卸后绘制，需要说明时，可加标注“拆去 × × 等”(图 a)	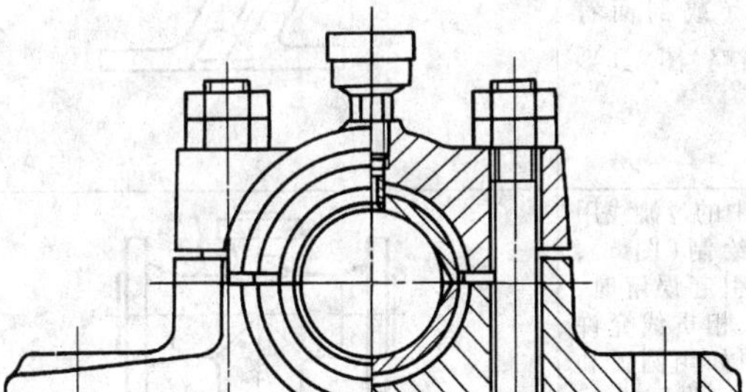 拆去轴承盖等 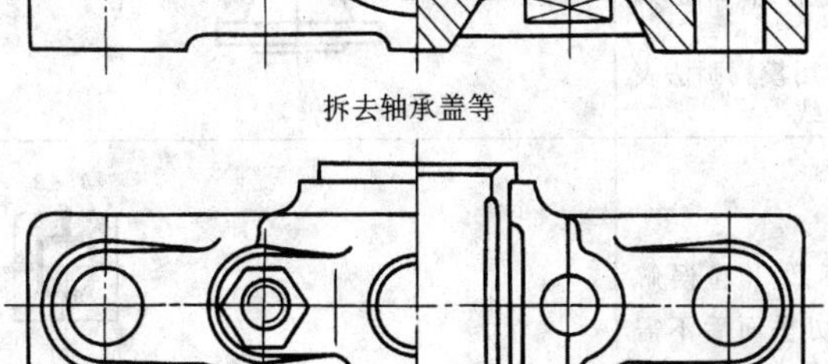 a)
剖切到标准产品的画法	在装配图中，当剖切平面通过的某些构件已为标准产品或已由其他图形表示清楚时，可按不剖绘制(图 a：油杯)	
小结构可省略	在装配图中，零件的倒角、圆角、凹坑、凸台、沟槽、滚花、刻线及其他细节可不画(图 a)	

（续）

分类	说　明	图　例
单独零件的单独视图	在装配图中可以单独画出某一零件的视图。但必须在所画视图的上方注出该零件视图的名称。在相应视图的附近用箭头指明投影方向，并注上同样的字母（图 b：泵盖 *B* 向）	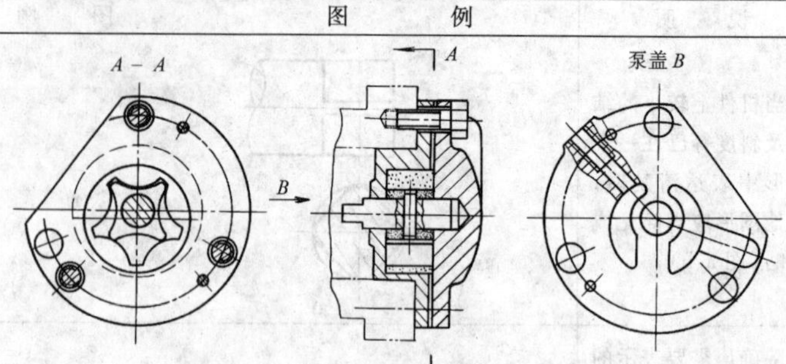 b）
标准产品在装配图中简化画法	在能够清楚表达标准产品特征和装配关系的条件下，装配图可仅画出其简化后的轮廓，如图 c 中电动机、联轴器和减速器	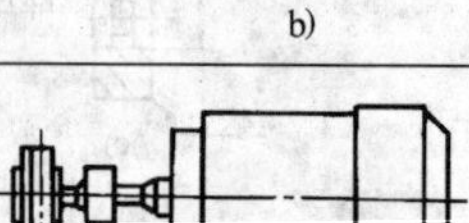 c）
带和链的画法	在装配图中，可用粗实线表示带传动中的带；用细点画线表示链传动中的链。必要时，可在粗实线或细点画线上绘制出表示带类型或链类型的符号，见 GB/T 4460—1984（图 d、e）	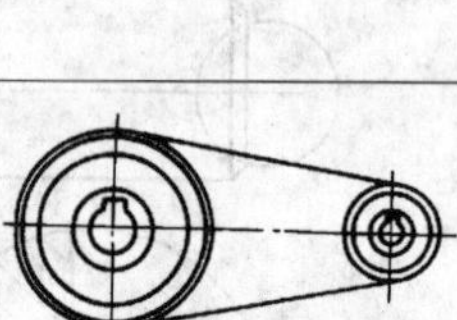 d） 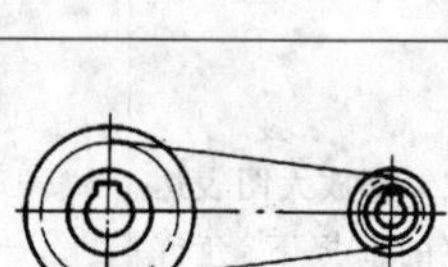 e）

表 3.1-36 其他简化画法

分类	说　明	图　例
省略剖面符号画法	在不引起误解时，剖面线（或剖面符号）可省略（图 a、b）	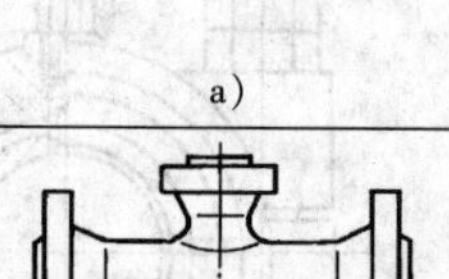 a） 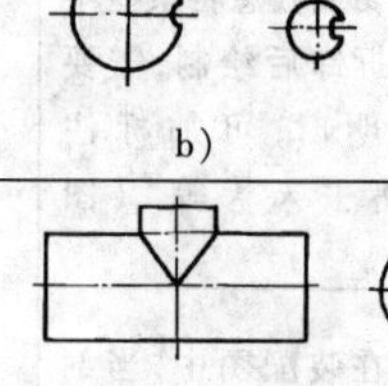 b）
相贯线简化画法	视图中的过渡线用细实线绘制（图 c），在不致引起误解时，过渡线、相贯线允许简化，例如用圆弧和直线代替非圆曲线（图 d） 也可用模糊画法表示相贯线	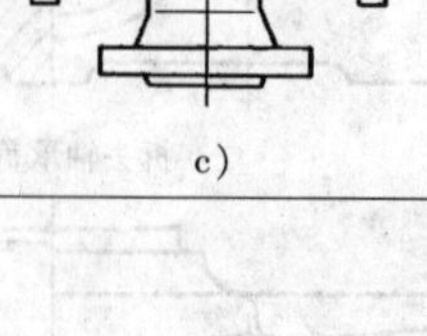 c） 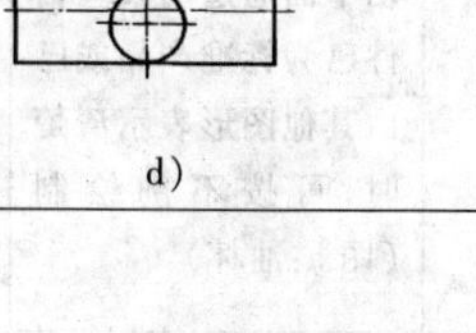 d）
剖切平面后的投影的省略	在不致引起误解时，剖切平面后不需表达的部分允许省略不画（图 e：*A*—*A*）	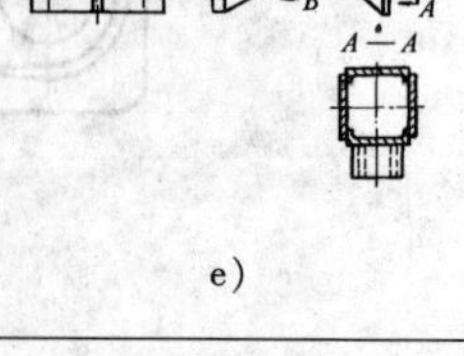 e）

（续）

分类	说　　明	图　　例
复杂曲面剖面图的简化	圆柱形法兰和类似零件上均匀分布的孔可按图 f 所示的方法表示（由机件外向法兰端面方向投影） 用一系列剖面表示机件上较复杂曲面时，可画出断面轮廓，并可配置在同一位置上	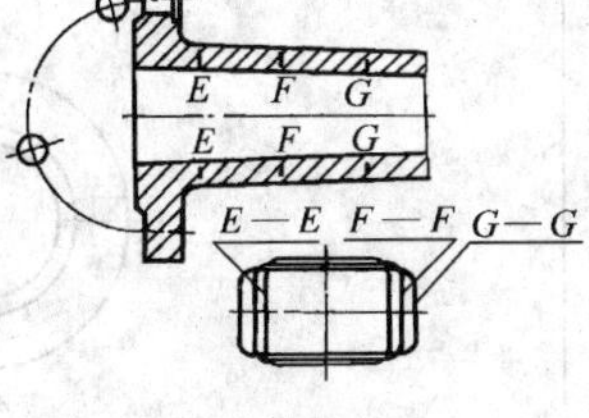 f)
回转体零件平面的简化画法	当回转体零件上的平面在图形中不能充分表达时，可用两条相交的细实线表示这些平面（图 g、h、i）	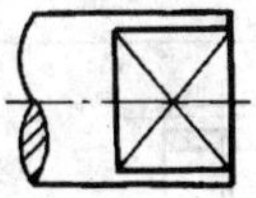 g) 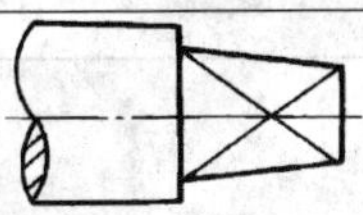 h)  i)
管子的简化画法	管子可仅在端部画出部分形状，其余用细点画线画出其中心线（图 j）	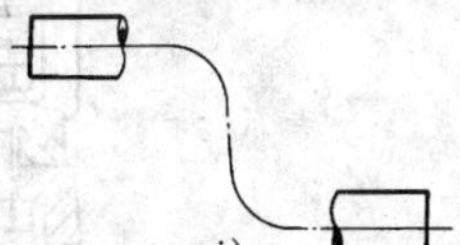 j)
倾斜面上圆及圆弧投影的简化画法	与投影面倾斜角度小于或等于 30°的圆或圆弧，其投影可用圆或圆弧代替（图 k）	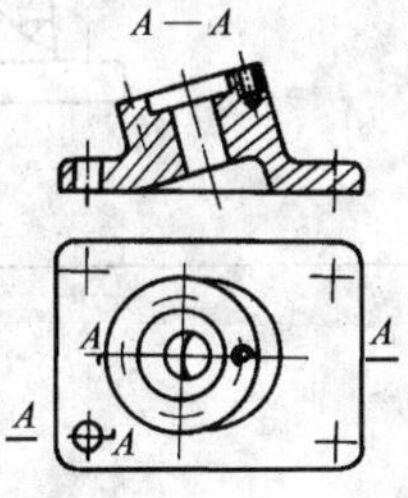 k)

表 3.1-37　规定画法

分类	说　　明	图　　例
肋、轮辐、薄壁的规定画法	对于机件的肋、轮辐及薄壁等，如按纵向剖切，这些结构都不画剖面符号，而用粗实线将它与其邻接部分分开 当零件回转体上均匀分布的肋、轮辐、孔等结构不处在剖切平面上时，可将这些结构旋转到剖切平面上画出（图 a、b）	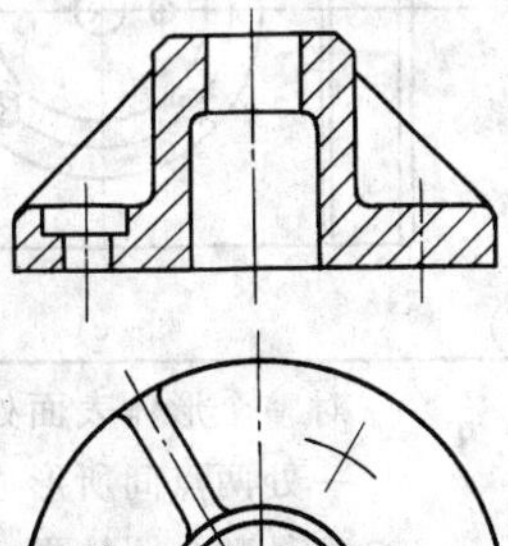 a) 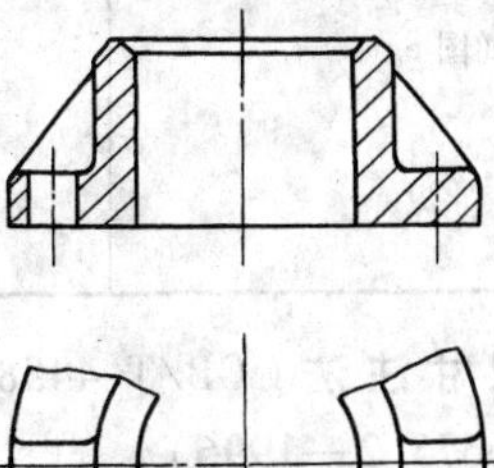 b)

（续）

分类	说　明	图　例
剖切平面前结构的画法	在需要表示位于剖切平面前的结构时，这些结构按假想投影的轮廓线（细双点画线）绘制（图c）	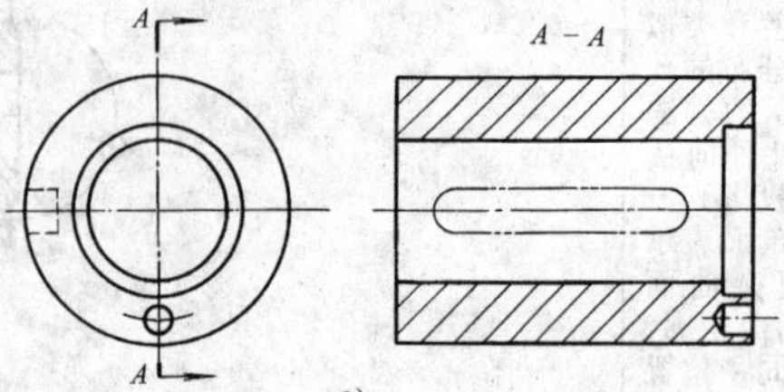 c)
装配图中实心件沿纵向剖切后的简化画法	在装配图中，对于紧固件以及轴、连杆、球、钩子、键、销等实心零件，若按纵向剖切，且剖切平面通过其对称平面或轴线时，则这些零件均按不剖绘制。如需要特别表明零件的构造，如凹槽、键槽、销孔等则可用局部剖视表示（图d）	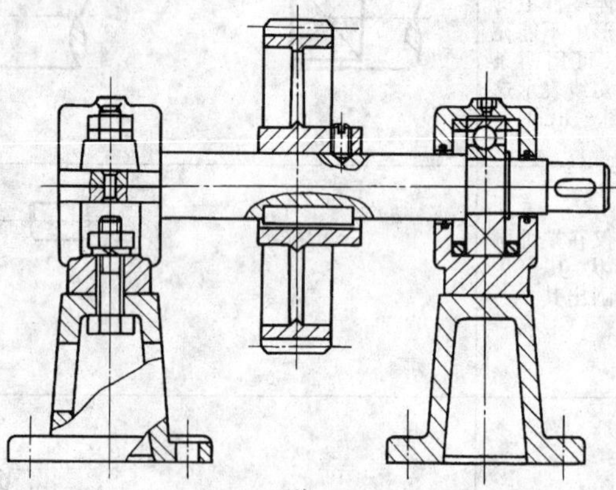 d)
剖中剖画法	在剖视图的剖面中可再作一次局部剖视。采用这种表达方法时，两个剖面的剖面线应同方向、同间隔，但要互相错开，并用指引线标出其名称（图e）	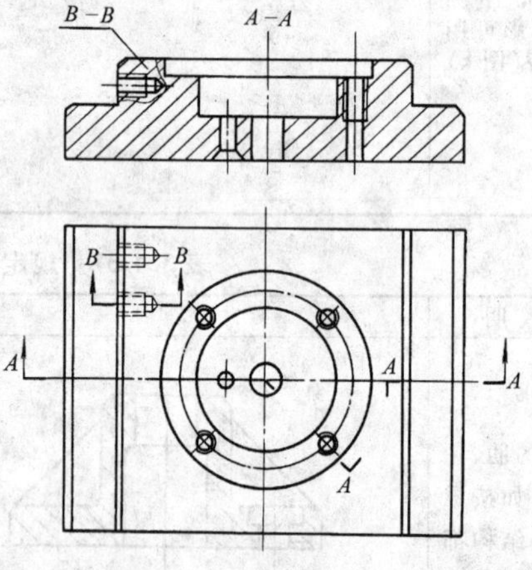 e)

2.5　尺寸注法（GB/T 4458.4—2003、GB/T 16675.2—1996）

图样上的尺寸，分线性尺寸和角度尺寸两种。线性尺寸是指物体某两点间的距离，如物体的长、宽、高、直径、半径、中心距等。角度尺寸是两相交直线所形成的夹角或相交平面所形成的两面角中任一正截面内平面角的大小。

图样中所标注的线性尺寸和角度尺寸，都意味着对整个形体表面处处有效（曲面除外），绝不仅限于某一处两点间所形成的尺寸，如直径尺寸适用于构成该直径整个圆柱面，角度尺寸也同样适用于构成该平面角两要素的整个范围。如图样中的尺寸另有含义，应另加说明。

2.5.1　基本规则

（1）尺寸单位

图样中（包括技术要求和其他说明）的线性尺寸，以毫米为单位时，不需标注计量单位的符号或名称，如采用其他单位，则必须注明相应的计量单位的符号或名称。

对于图样中某些特定符号一起标注的数值，其单位的标注应符合该特定符号的有关规定。如表面粗糙度代号中的参数值与代号一起标注时不必标注数值单位“μm”。又如各种管螺纹的尺寸代号必须与相应管螺纹的牙型特征符号同时标注。

（2）最后完工尺寸

图样上所标注的尺寸，为该图样所示机件的最后完工尺寸，否则应另加说明。最后完工尺寸是指这一图样所表示机件的最后要求，如毛坯图中的尺寸为毛坯最后完工尺寸；零件图上的尺寸是该零件交付装配时的尺寸，至于为了达到该尺寸的要求，中间所经过的各工序（包括镀覆和涂层等工序）的尺寸，则与之无关，否则必须另加说明。

（3）不重复标注尺寸

机件的每一尺寸一般只标注一次，并应标注在反映该结构最清晰的图形上。

（4）合理配置

为了保证产品质量，便于加工和检验人员看图，尺寸配置要合理，为此应考虑以下各点：

1）对机件的工作性能、装配精度及互换性起重要作用的功能尺寸应直接指出。

2）尺寸应尽量标注在表示形体特征最明显的视图上。

3）同一结构要素的尺寸应尽可能集中标注，如孔的直径和深度；槽的宽度和深度等。

4）尺寸应尽量标注在视图的外部，以保持图形的清晰。

5）尽量避免在不可见的轮廓线、棱边线上标注尺寸。

6）尺寸线与尺寸界线，尺寸线、尺寸界线与轮廓线、棱边线应尽量避免相交。

（5）自喻尺寸

图样上常有一些客观存在而没有注明的尺寸。由于图样的绘制均是形体的理想形状和理想位置，如轮廓相切；表面间的平行和垂直；两要素（平面或轴线，平面与轴线）的互相垂直，一般不标注 90°。又如在薄板的一个分布圆上均匀分布了 6 个直径为 8mm 的孔，标注为 6 × ϕ8 而不标注相邻孔间的夹角 30°，如没有其他视图表示该板的厚度和各孔的深度，应理解为这些孔均是通孔，不再标注孔深。如果需要检测这些自喻尺寸的精度，则按未注公差评定。

2.5.2　尺寸注法的一般规定（GB/T 4458.4—2003）

（1）尺寸注法的基本要素

图样上的尺寸主要有尺寸数字、尺寸线、尺寸界线三个要素组成，有时为了说明特殊含义，还在尺寸数字之前附加某种规定的符号，如 ϕ、R、□等。尺寸数字、尺寸线、尺寸界线的规定见表 3.1-38。

（2）常见要素的尺寸注法

1）直径、半径及弧长的尺寸注法见表 3.1-39。

2）斜度、锥度、倒角、退刀槽及正方形结构尺寸注法见表 3.1-40。

表 3.1-38　尺寸数字、尺寸线、尺寸界线的规定

尺寸要素		规　定	图　例
尺寸数字	线性尺寸的尺寸数字	线性尺寸的数字一般应注写在尺寸线的上方，也允许注写在尺寸中断处（图 a），当没有足够位置注写数字时，可用指引线引出标注（图 b） 线性尺寸的数字方向一般应采用第一种方法注写，即应按图 c 所示方法注写，并尽可能避免在 30°范围内标注尺寸。当无法避免在 30°范围内标注尺寸，可按图 d 的形式标注 在不致引起误解时，也允许采用第二种注法，即对非水平方向尺寸，其数字也可水平地注写在尺寸线中断处（图 e） 在一张图样上应尽可能采用同一种方法注写尺寸	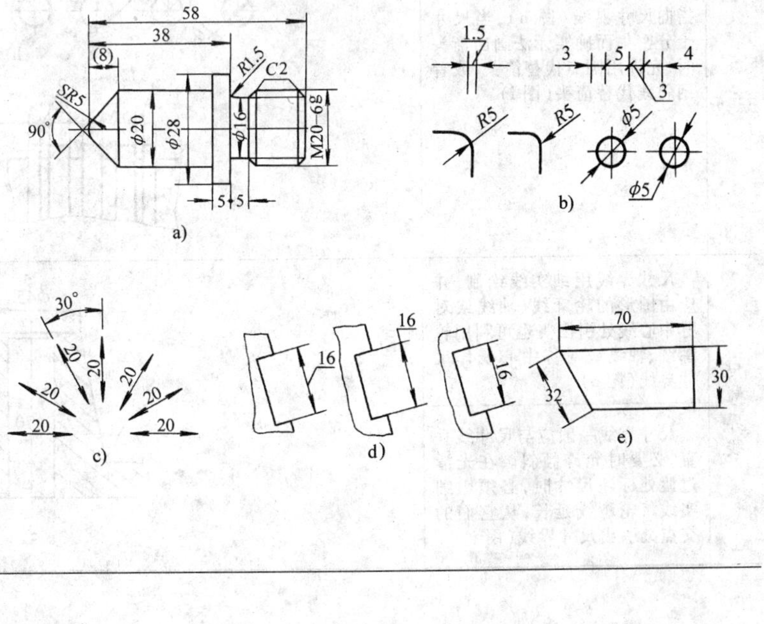

（续）

尺寸要素		规　定	图　例
尺寸数字	角度的尺寸数字	角度的尺寸数字一律写成水平方向，一般注写在尺寸线的中断处，必要时注写在尺寸线的上方或引出标注（图 f）	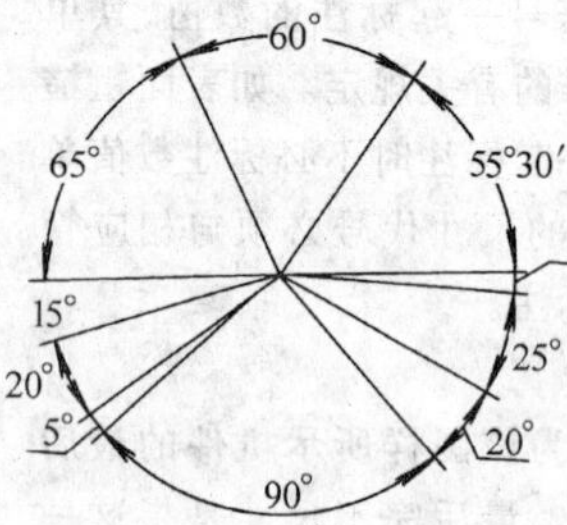 f）
尺寸线		尺寸线用细实线绘制。尺寸线不能用其他图线代替，一般也不得和其他图线重合或画在它们的延长线上 标注线性尺寸时，尺寸线必须与所标注的线段平行 尺寸线的终端有箭头（图 a）和斜线（图 g）两种形式，当尺寸线终端采用斜线形式，尺寸线与尺寸界线必须相互垂直（图 g）。当尺寸线与尺寸界线相互垂直时，同一张图样上只能采用一种尺寸终端形式	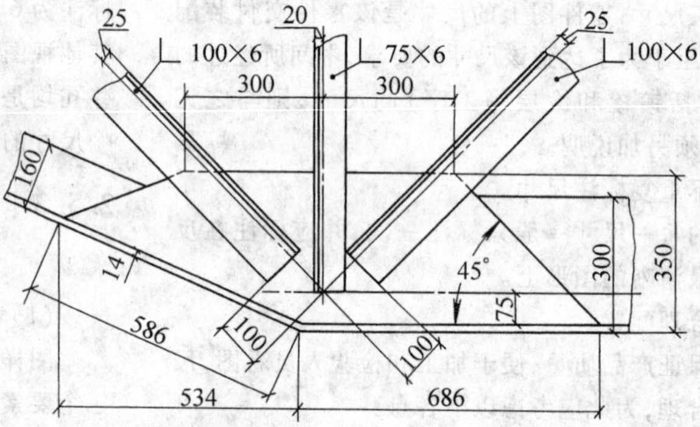 g）
		绘制尺寸线的箭头时，一般应尽量画在所注尺寸的区域之内，只有当所注尺寸的区域太小而无法容纳箭头时，才允许将箭头画在尺寸区域之外，并指向尺寸界线（图 h），当尺寸十分密集而确实无法画出箭头时，允许用圆点代替箭头，或者用斜线代替箭头（图 i）	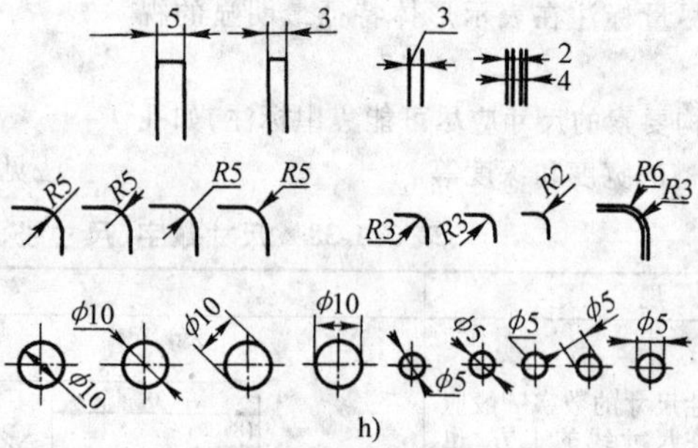 h） 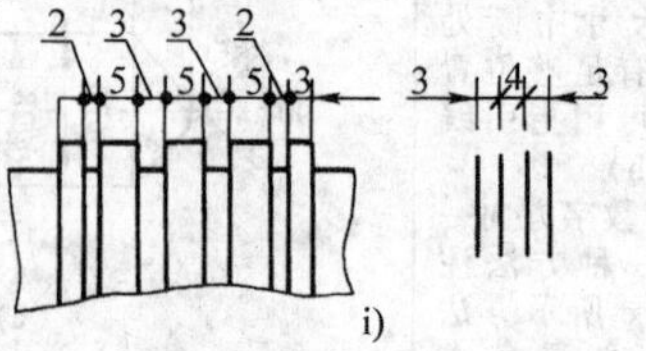 i）
尺寸界线		尺寸界线用细实线绘制，并应由图形的轮廓线、轴线或对称中心线处引出。也可利用轮廓线、轴线或对称中心线作尺寸界线（图 a） 尺寸界线一般应与尺寸线垂直，必要时允许倾斜。在光滑过渡处标注尺寸时，必须用细实线将轮廓线延长，从它们的交点处引出尺寸界线（图 j）	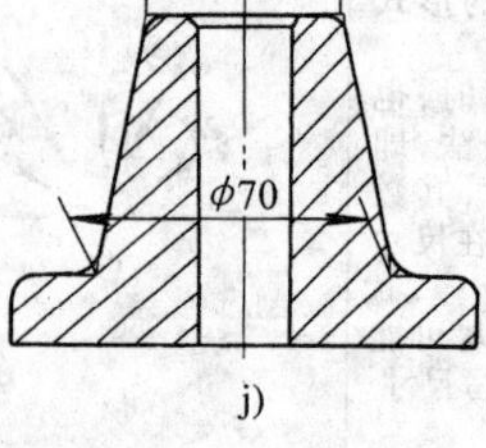 j）

表 3.1-39　直径、半径、弧长的注法

要素	规　定	图　例
直径和半径注法	标注直径时，应在尺寸数字前加注符号“ϕ”(图 a、b)，标注半径时，应在尺寸数字前加注符号“R”，半径尺寸应标注在反映实形的视图上，尺寸线一般要求画成法线方向(图 c、d) 圆的直径和圆弧半径尺寸线的终端应画箭头，并按图 a、b、c、d、e 所示方式标注	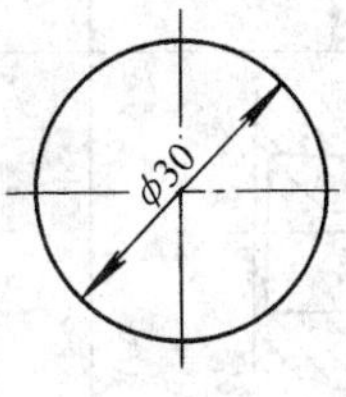 a) 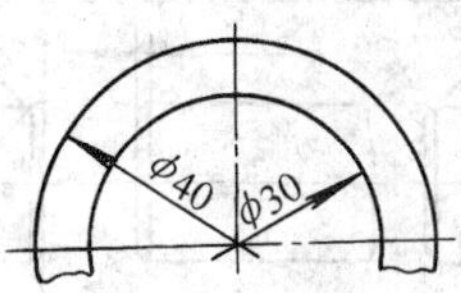 b) 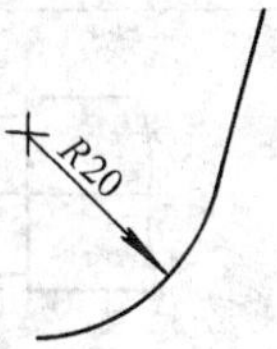 c) 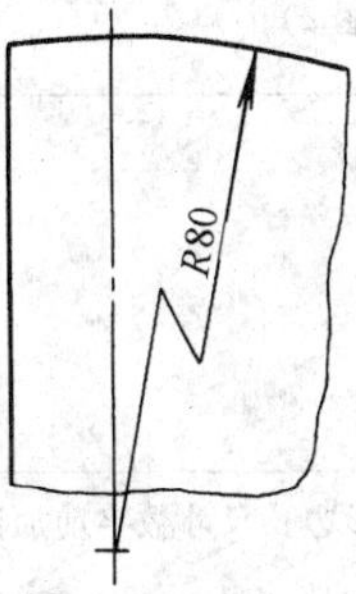 d) 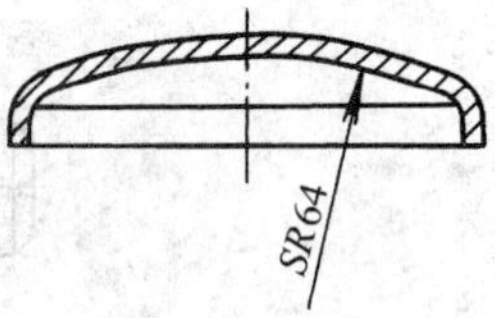 e)
球面直径和半径注法	标注球面直径或半径时，应在符号“ϕ”或“R”前加注符号“S”(图 e、f) 对于螺钉，铆钉的头部、轴(包括螺杆)的端部等，在不引起误解的情况下，可以省略符号“S”(图 g)	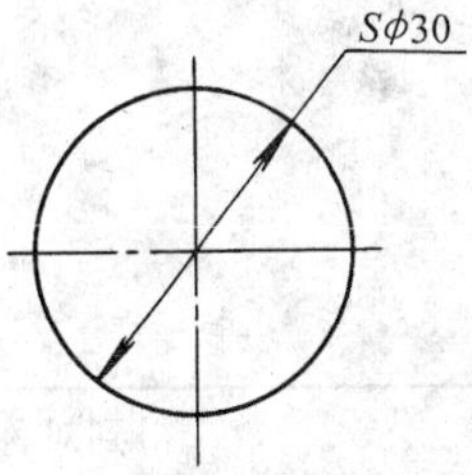 f) 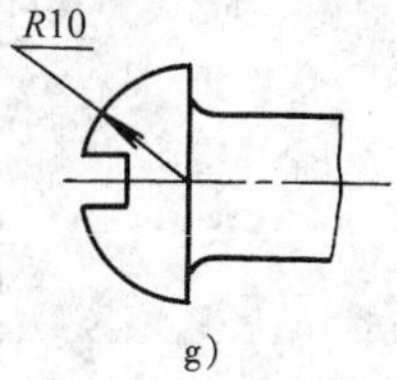 g)
弧长注法	标注弧长时，应在尺寸数字左方加注符号“⌒”(图 i,j) 标注弧长或弦长的尺寸界线应平行于该弧的弦的垂直平分线(图 h、i)，标注中心角的尺寸界线，应沿径向引出 当圆弧的弧长很大(中心角大于 90°)时，尺寸界线可沿径向引出，若需明确指出所注尺寸的弧长，可在尺寸线上附加箭头指引到该圆弧上(图 j)	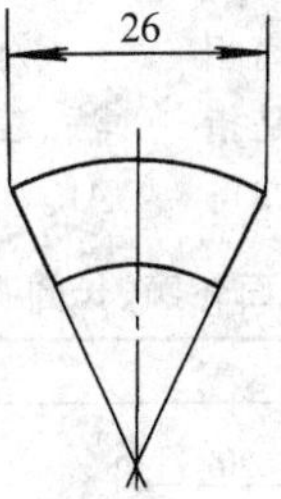 h) 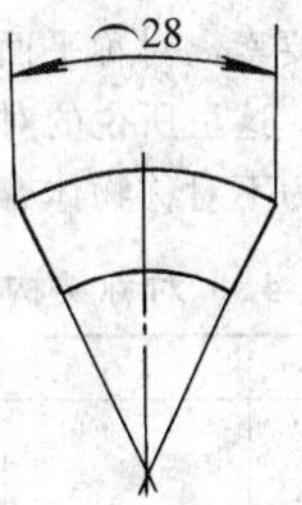 i) 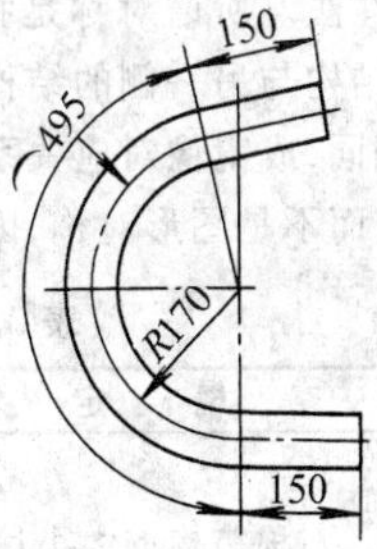 j)

表 3.1-40　斜度、锥度、倒角、退刀槽、正方形结构尺寸注法

斜度、锥度注法	斜度用斜度符号标注，符号的底线应与基准面(线)平行，符号的尖端应与斜面的倾斜方向一致，斜度一般都用指引线从斜面轮廓上引出标注(图 a、b) 锥度用锥度符号标注，符号的尖端的指向就是锥体的小头方向，锥度可用指引线从锥体轮廓上引出标注，亦可标注在锥体轴线上(图 c、d) 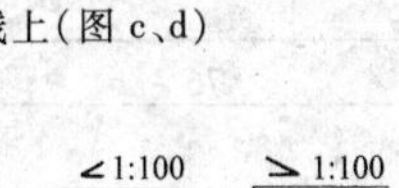 a) 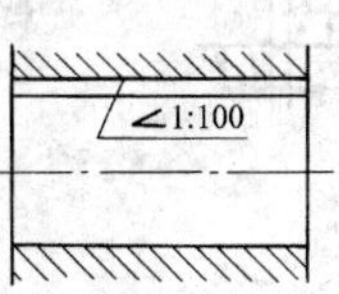 b) 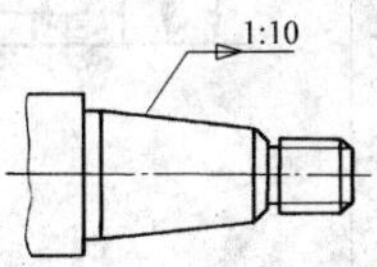 c) 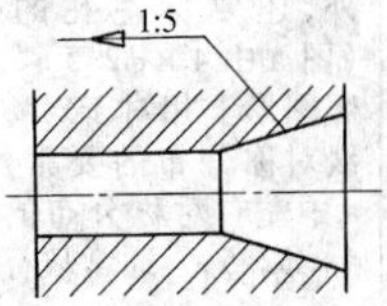 d)

（续）

倒角注法	45°倒角的标注形式(图 e)	非 45°倒角的标注形式(图 f)
	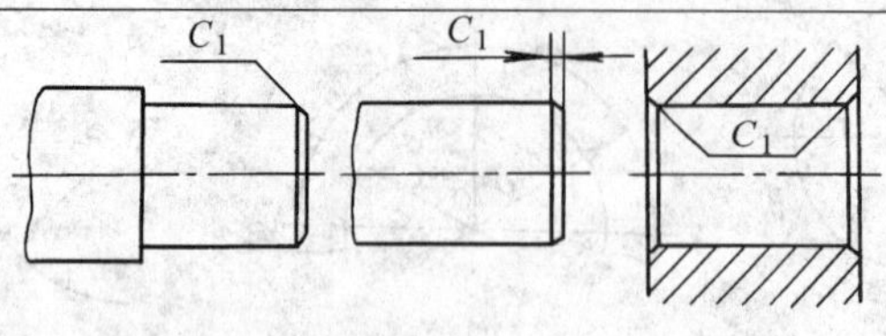 e)	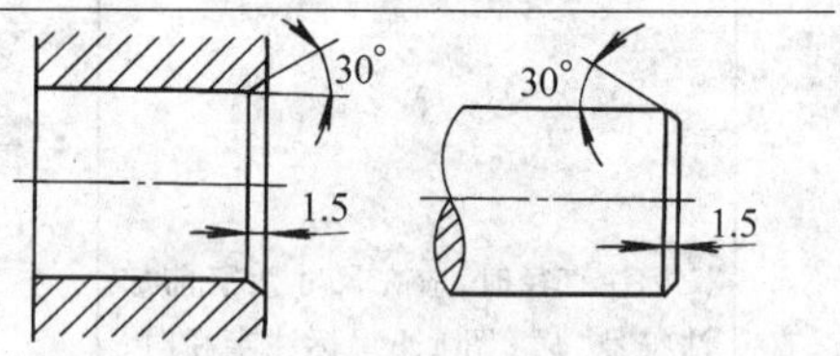 f)
退刀槽注法	按“槽宽 × 直径”的形式标注(图 g)	按“槽宽 × 槽深”的形式标注(图 h)
	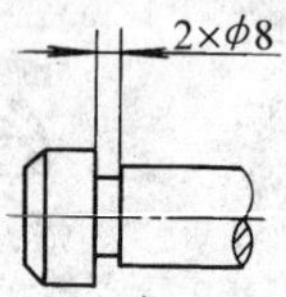 g)	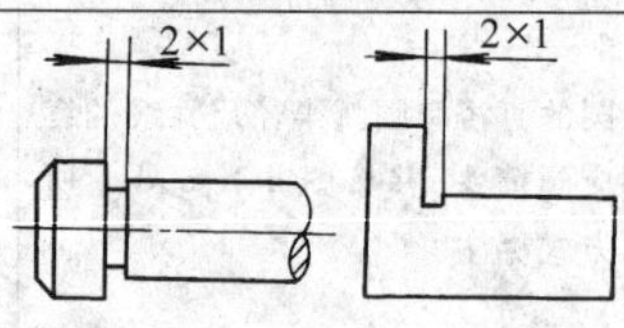 h)
正方形结构注法	标注断面为正方形结构的尺寸时,可在正方形边长尺寸数字前加注符号“□”(图 i)或用“$B \times B$”(图 j,B 为正方形的边长)	
	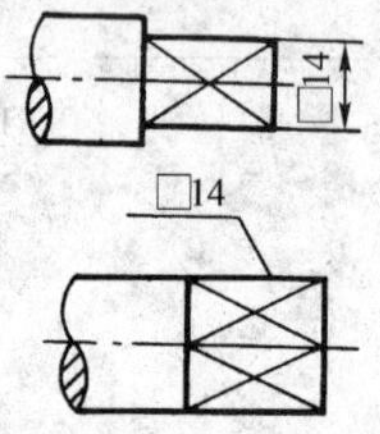 i)	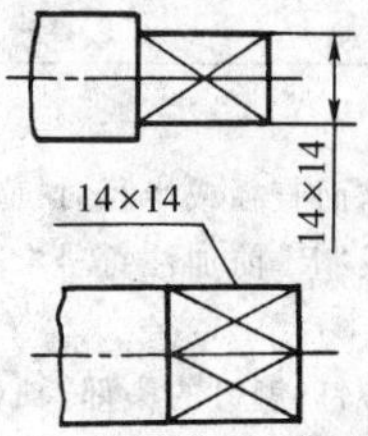 j)

(3) 特种尺寸注法

图样上常有一些较特殊的尺寸注法,例如:对称结构的尺寸注法。所谓对称是指具有对称平面的物体,其一侧的结构与另一侧的结构要素离对称平面距离相等,大小相同,成镜像对应关系。这里所说的对称是指物体对称,而不是图形对称,因为不对称物体有时亦可得到对称的图形。

又如:长圆孔宽度有较严格公差要求时的尺寸注法。

再如:曲面轮廓的尺寸标注有直角坐标法、极坐标法、表面展开法等,这些较特殊的尺寸注法见表 3.1-41。

表 3.1-41　对称结构、曲面轮廓、长圆孔、镀涂表面的尺寸注法

标注对象	规　定	图　例	
对称结构注法	对称结构的大小尺寸,可以仅标出其中某一侧结构要素的尺寸,而另一侧所对应的要素不必标注(图 a 中 $R8$、$R5$) 对于对称机件上对称的孔,仍按相同要素的注法标注,即除标注孔的直径外,还要标注孔的数量(图 a 中 4 × ϕ2.5) 图形上相对于对称中心线对称分布的要素,如图 a 中左右对称分布的孔组 4 × ϕ2.5, 通常仅标注其	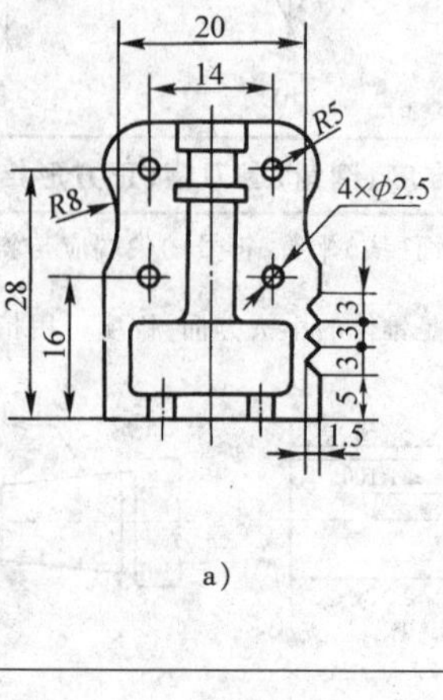 a)	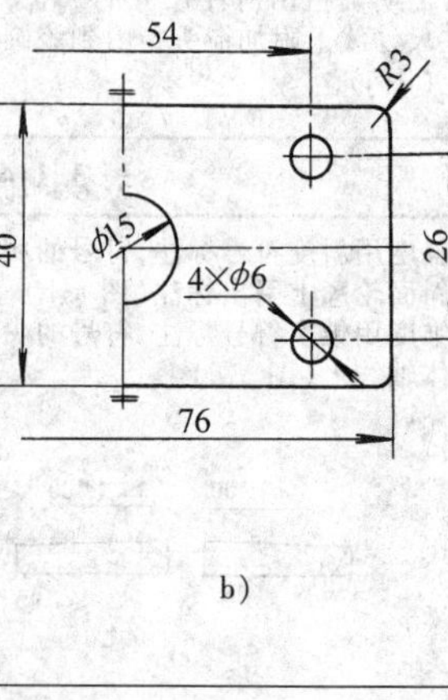 b)

（续）

标注对象	规　　定	图　　例
对称结构注法	中心距 14，即表示这孔组对称分布，其对称度公差应按未注形位公差确定 当对称机件的图形只画一半或略大于一半时，尺寸线应略超过对称中心线或断裂处的边界线，此时仅在尺寸线一端画出箭头（图 b、c）	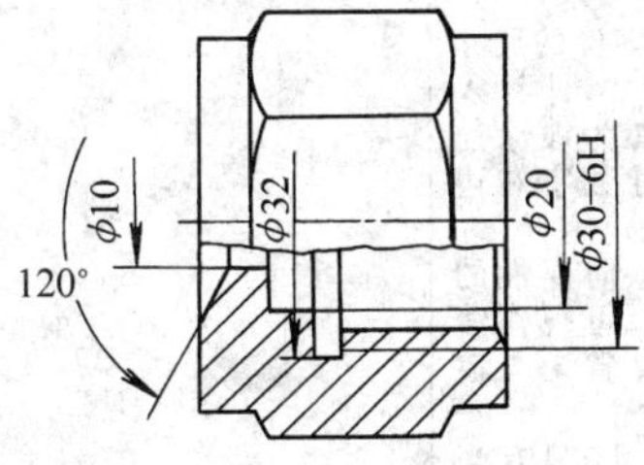 c）
曲线轮廓注法	曲面轮廓常以直角坐标或极坐标逐一定出轮廓上的各点，从而确定该轮廓（图 d、e），由于每个点都必须由两个坐标尺寸来确定，若该两个尺寸都具有公差，则被测点就无法确定，因此必须将其中一个尺寸定为加方框的理论正确尺寸，该尺寸不附带公差生产中其精度由工装设备或调整精度来保证 当表示曲线轮廓上各点坐标时可将尺寸线或它的延长线作尺寸界线（图 d、e） 有些曲面轮廓，在投影图上很难标注其尺寸，可利用表面展开图进行标注，图 f 用两个展开图分别表示端面凸轮和径向凸轮的尺寸	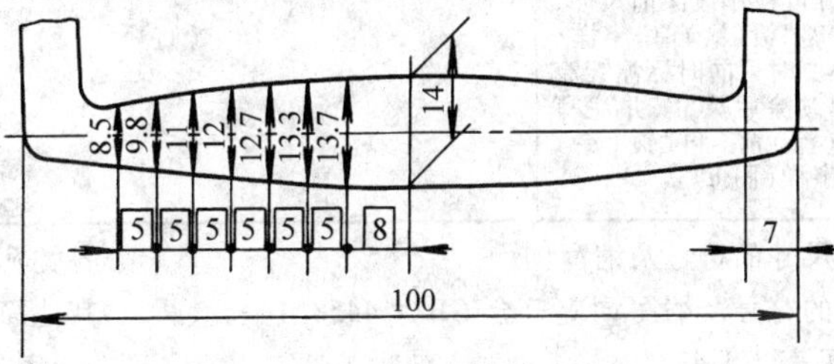 d） 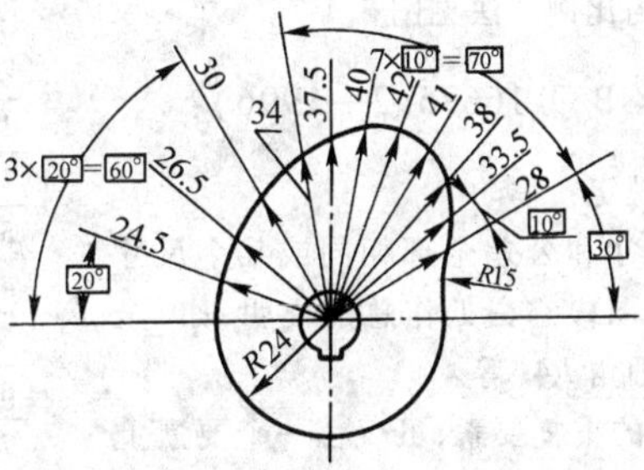 e） 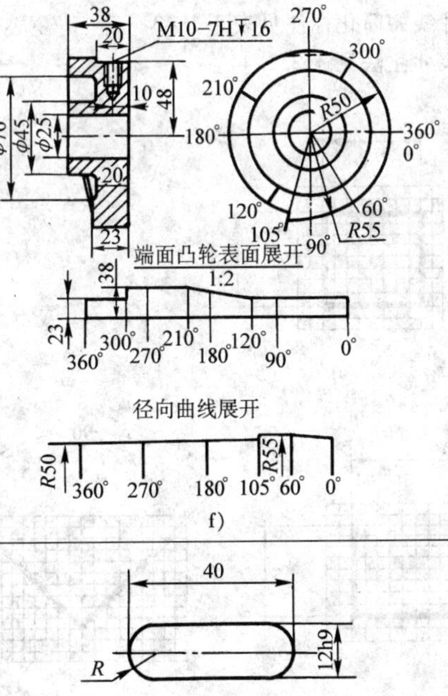 f）
长圆孔注法	如长圆孔的宽度尺寸有严格的公差要求，而两端必须为圆弧，圆弧半径的实际尺寸必须随着宽度实际尺寸的变化而变化，此时半径尺寸线上仅注出符号“*R*”，而不标注尺寸数值（图 g）	 g）

（续）

标注对象	规　　定	图　　例
渡涂表面注法	图样中镀涂零件的尺寸应为镀涂后尺寸，即计入镀涂层厚度，如为镀涂前尺寸，应在尺寸数字右边加注“镀（涂）前”字样 对于装饰性、防腐性的自由表面尺寸，可视作镀（涂）前尺寸，省略“镀（涂）前”字样 对于配合尺寸，只有当镀涂层厚度不影响配合时，方可视作镀涂前尺寸，并省略“镀（涂）前”字样 必要时可同时标注镀涂前和镀涂后尺寸，并注写“镀（涂）前”和“镀（涂）后”字样（图 h）	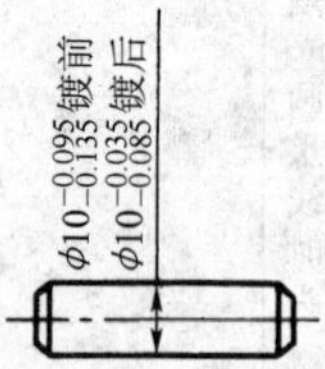 h）

（4）标注尺寸的符号及缩写词

标注尺寸的符号及缩写词应符合 GB/T 4458.4—2003 的规定，见表 3.1-42。

标注尺寸用符号的比例画法见图 3.1-7。

2.5.3　简化注法（GB/T 16675.2—1996）

简化注法的一般规定：

1）若图样中的尺寸和公差全部相同或某个尺寸和公差占多数时，可在图样空白处作总的说明，如“全部倒角 *C*1.6”，“其余圆角 *R*4”等。

2）对于尺寸相同的重复要素，可仅在一个要素上注出其尺寸和数量。

尺寸箭头和尺寸线的简化标注见表 3.1-43。

重复要素简化尺寸注法见表 3.1-44。

各类孔的旁注法见表 3.1-45。

其他简化注法见表 3.1-46。

表 3.1-42　标注尺寸的符号及缩写词

序号	含义	符号或缩写词	序号	含义	符号或缩写词
1	直径	ϕ	10	沉孔或锪平	⌴
2	半径	*R*	11	埋头孔	∨
3	球直径	$S\phi$	12	弧长	⌒
4	球半径	*SR*	13	斜度	∠
5	厚度	*t*	14	锥度	◁
6	均布	EQS	15	展开长	○→
7	45°倒角	*C*			
8	正方形	□	16	型材截面形状	（按 GB/T 4656—2008）
9	深度	↧			

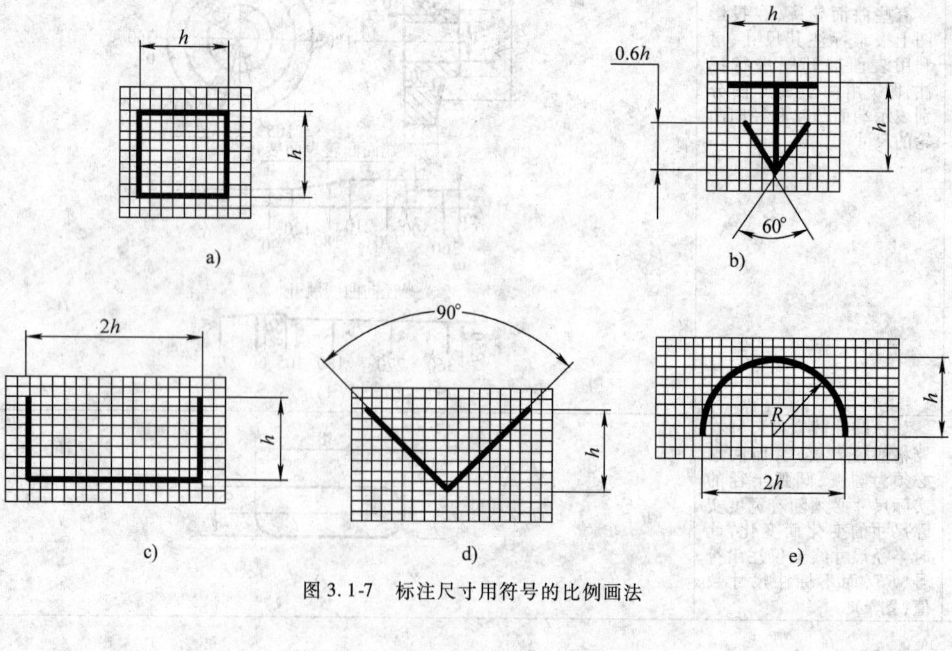

图 3.1-7　标注尺寸用符号的比例画法

表 3.1-43　尺寸箭头和尺寸线的简化标注

<table>
<tr><th>简化对象</th><th>图　　例</th><th>说　　明</th></tr>
<tr><td rowspan="2">尺寸箭头的简化与省略</td><td>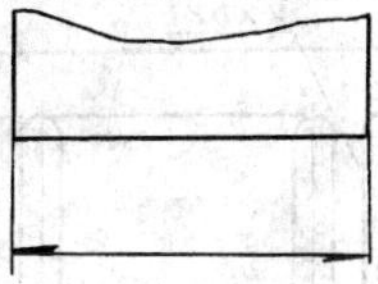
a)</td><td>标注尺寸时，可使用单边箭头(图 a)</td></tr>
<tr><td>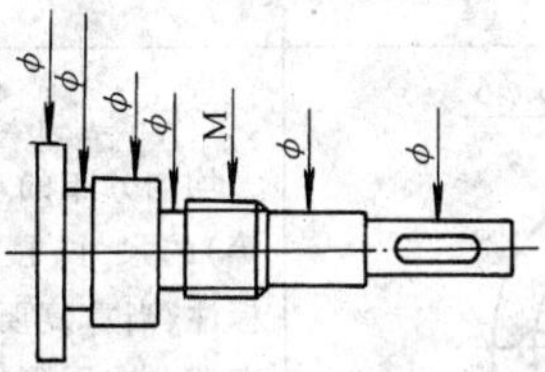

b)
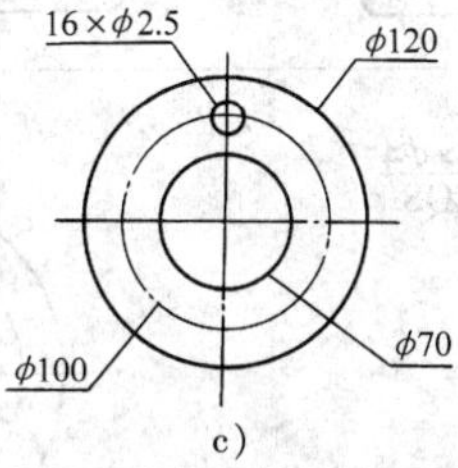

c)</td><td>标注尺寸时，可采用带箭头的指引线和不带箭头的指引线(图 b、图 c)</td></tr>
<tr><td>共用尺寸线和箭头</td><td>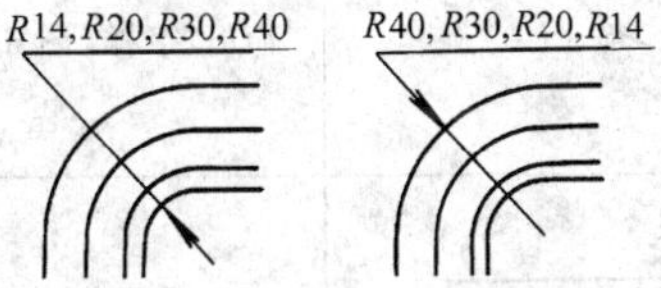

d)
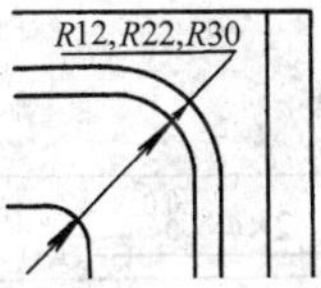

e)
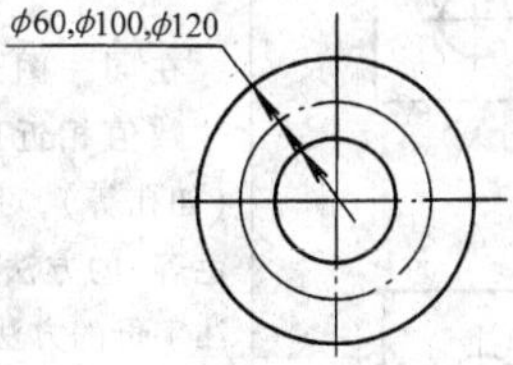

f)
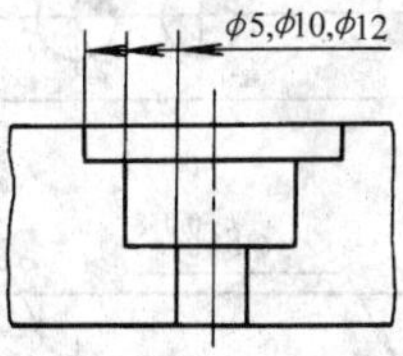

g)</td><td>一组同心圆弧或圆心位于一条直线上的多个不同圆心圆弧的半径尺寸，可用共用的尺寸线箭头依次表示(图 d、e)
一组同心圆或尺寸较多的台阶孔的尺寸，也可用共用的尺寸线和箭头依次表示(图 f、g)</td></tr>
<tr><td>同一基准注法</td><td>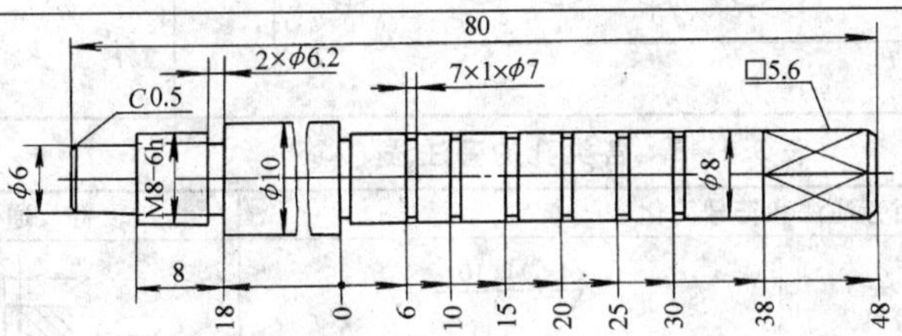

h)
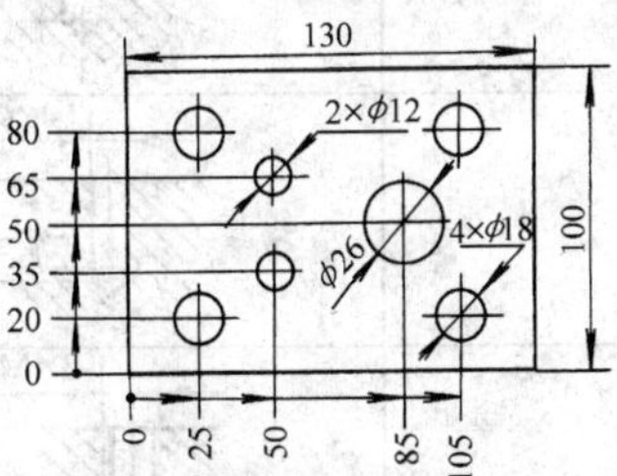

i)
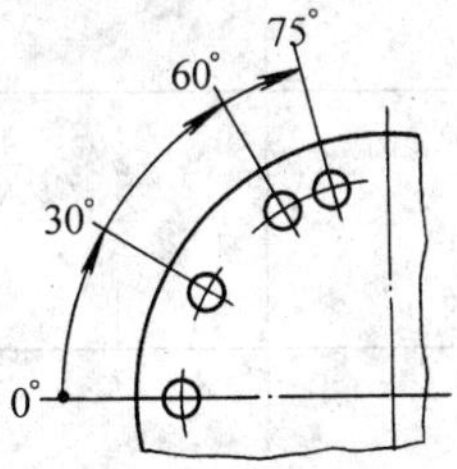

j)
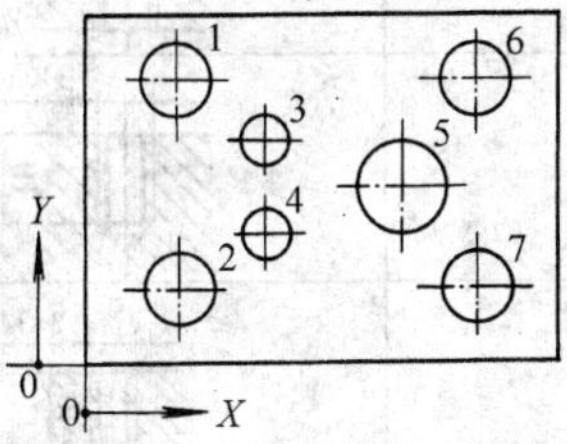

<table>
<tr><th>孔的编号</th><th>X</th><th>Y</th><th>ϕ</th></tr>
<tr><td>1</td><td>25</td><td>80</td><td>18</td></tr>
<tr><td>2</td><td>25</td><td>20</td><td>18</td></tr>
<tr><td>3</td><td>50</td><td>65</td><td>12</td></tr>
<tr><td>4</td><td>50</td><td>35</td><td>12</td></tr>
<tr><td>5</td><td>85</td><td>50</td><td>26</td></tr>
<tr><td>6</td><td>105</td><td>80</td><td>18</td></tr>
<tr><td>7</td><td>105</td><td>20</td><td>18</td></tr>
</table>
k)</td><td>采用同一基准注法时，尺寸线可重叠在一根线上并画出一端箭头，在起点处标“0”，其余尺寸数字逐一标注在箭头附近(图 h、i、j、k)</td></tr>
</table>

表 3.1-44 重复要素简化注法

简化对象	图例		说明
重复要素尺寸注法	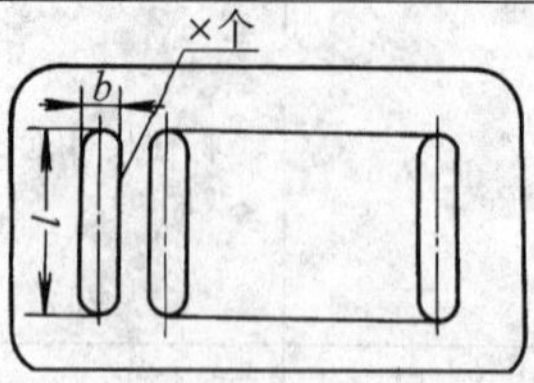 a)	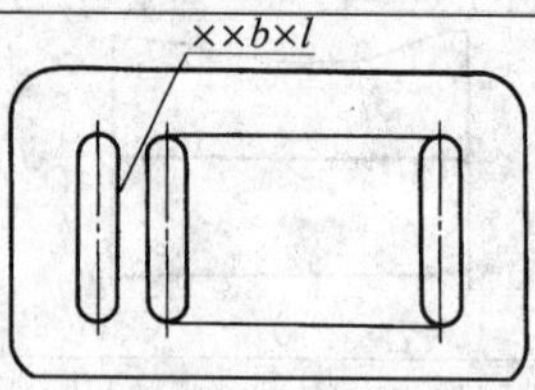 b)	在同一图形中,对于尺寸相同的孔、槽等重复要素,可仅在一个要素上注出其尺寸和数量(图 a、b)
均布重复要素的注法	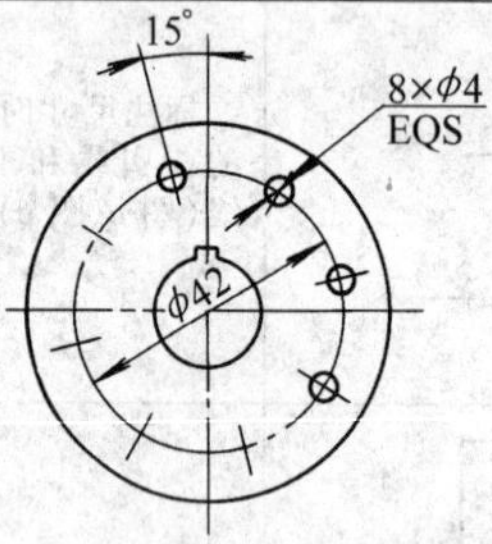 c)	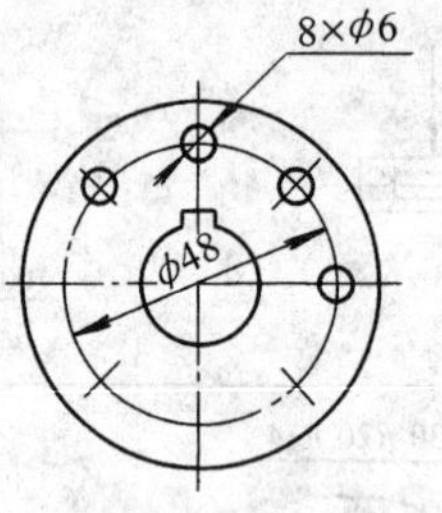 d)	均匀分布的重复要素(如孔等)的尺寸,按图 c 所示方法标注,当重复要素的定位和分布情况在图形中已明确时,可不标注其定位角度,并省略“EQS”字样(图 d)
尺寸数值相近且重复要素的简化注法	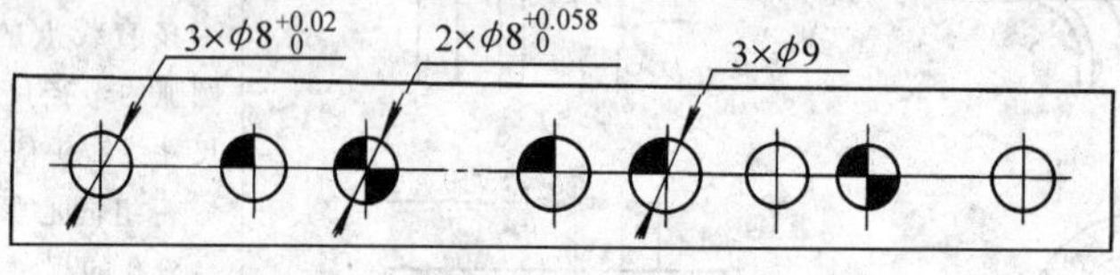 e) 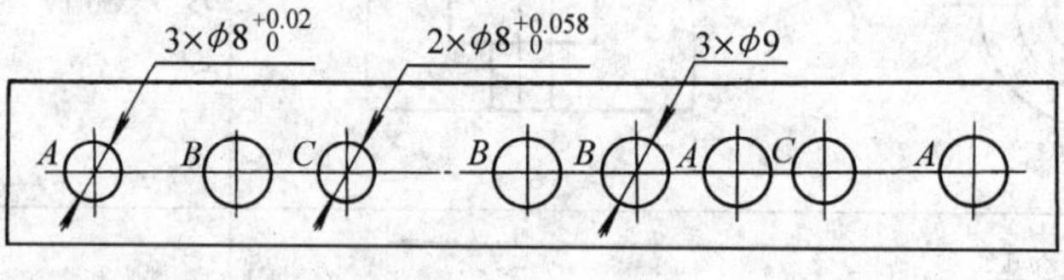 f)		在同一图形中具有几种尺寸数值相近而又重复的要素(如孔等),可采用标记(如涂色等)的方法(图 e)或采用标注字母的方法(图 f)来区别

表 3.1-45 各类孔的旁注法

孔的类型	用旁注法和符号简化		普通注法
光孔	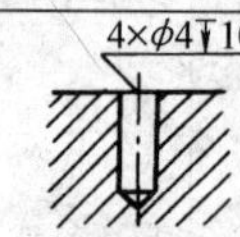	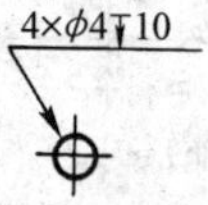	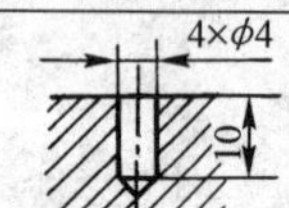
		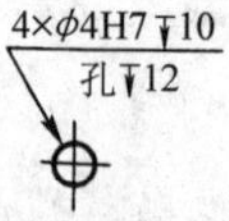	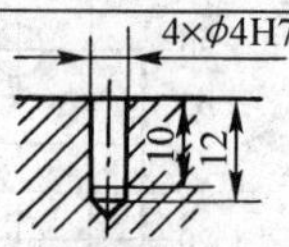
螺孔		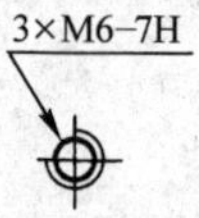	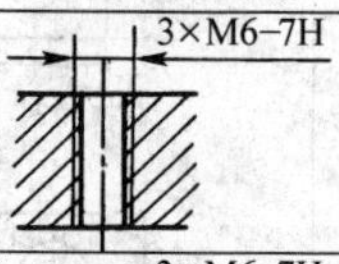
	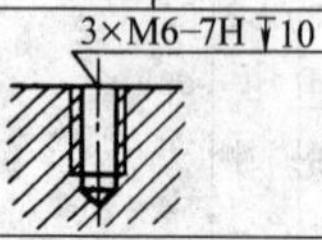	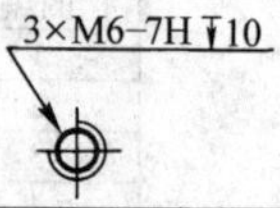	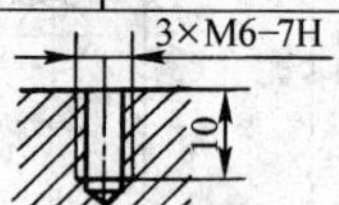
	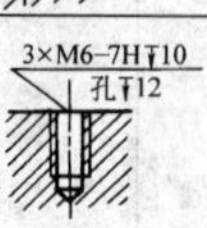	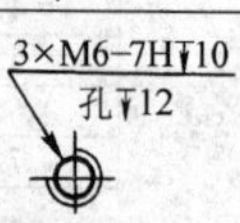	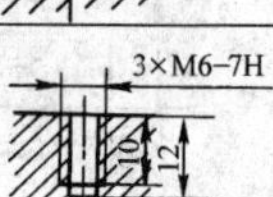

（续）

孔的类型	用旁注法和符号简化		普　通　注　法
沉孔、埋头孔	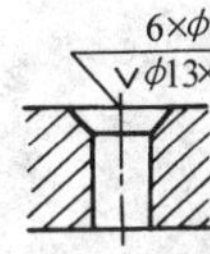	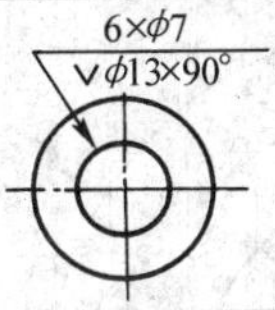	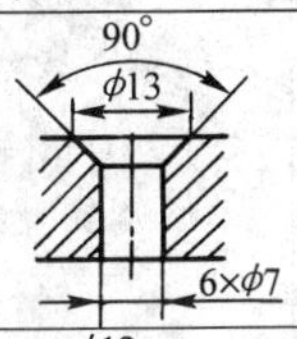
	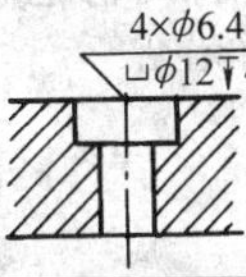	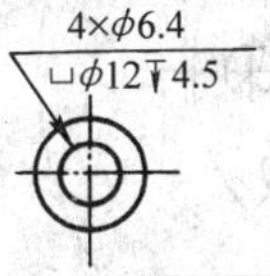	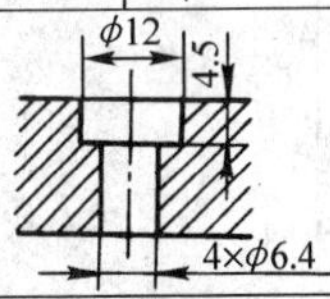
			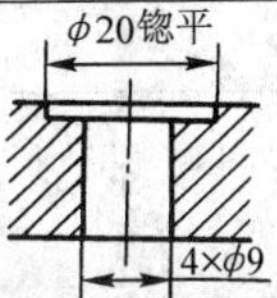
锥销孔	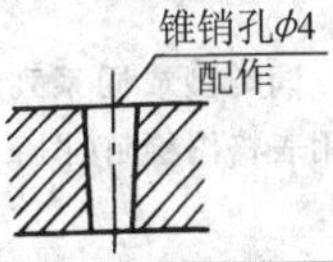		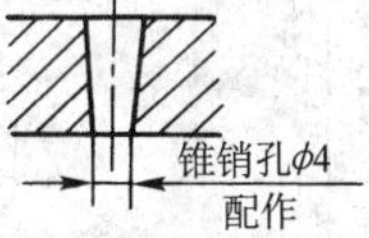

表 3.1-46　其他简化注法

简化对象	图　例	说　明
倒角的简化标注	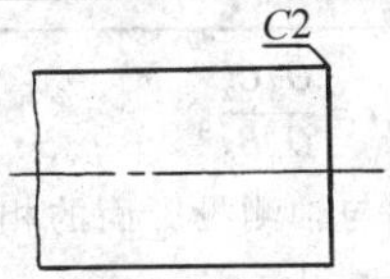a)　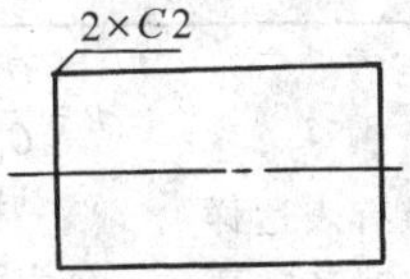b)	在不致引起误解时，零件图中的 45°倒角可省略不画，其尺寸亦可简化标注（图 a、b）
板厚的标注	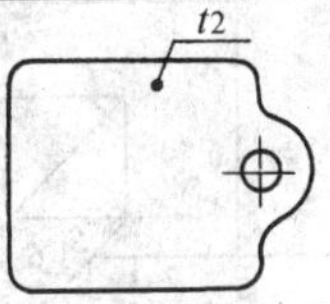c)	标注板状零件厚度时，可在数字前加注符号“t”（图 c）
不真实尺寸注法	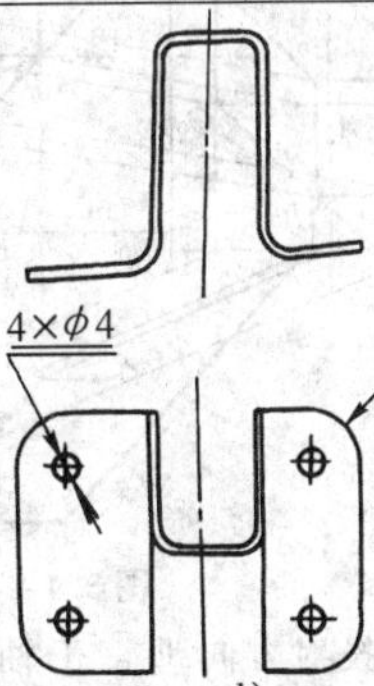d)	在不反映真实大小的投影上，采用在尺寸数值下加画粗实线短画的方法标注其真实尺寸（图 d）
链式尺寸的简化标注	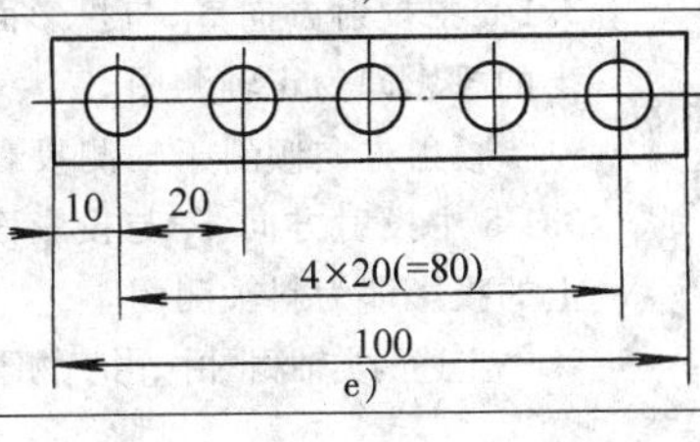e)	间隔相等的链式尺寸，可采用图 e、f 的简化注法

（续）

<table>
<tr><th>简化对象</th><th>图　　例</th><th>说　　明</th></tr>
<tr><td>链式尺寸的简化标注</td><td>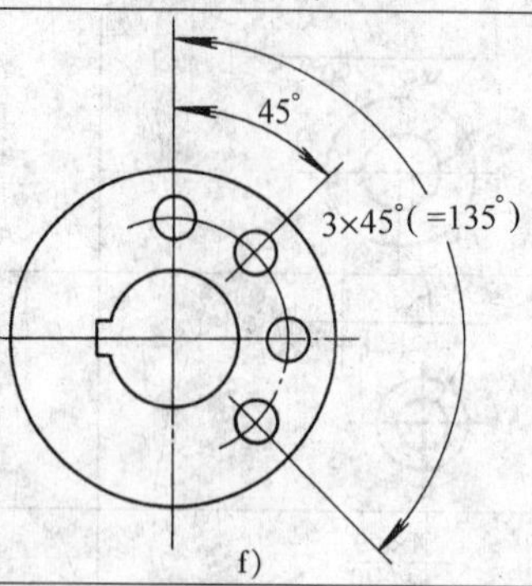

f)</td><td>间隔相等的链式尺寸，可采用图 e、f 的简化注法</td></tr>
<tr><td>表格图应用</td><td>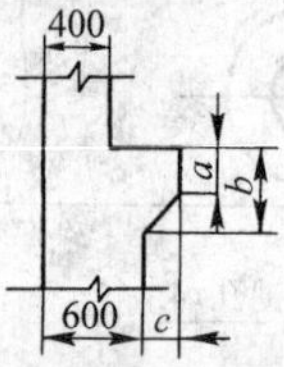

<table>
<tr><th>No.</th><th>a</th><th>b</th><th>c</th></tr>
<tr><td>1</td><td>200</td><td>400</td><td>200</td></tr>
<tr><td>2</td><td>250</td><td>450</td><td>200</td></tr>
<tr><td>3</td><td>200</td><td>450</td><td>250</td></tr>
</table>
g)</td><td>同类型或同系列的零件或构件可采用表格图绘制（图 g）</td></tr>
</table>

2.6　轴测图（GB/T 4458.3—1984）

使用多面正投影法绘制的工程图样，虽有表达详尽，绘制简便等优点，但缺乏立体感，因此有时还需要用具有立体感的轴测图作为辅助图样。

2.6.1　轴测投影基本概念

将物体连同其参考直角坐标系，沿不平行任一坐标面的方向，用平行投影法投射在单一投影面上所得的图形称轴测图。

图 3.1-8 中 O_0X_0、O_0Y_0、O_0Z_0 是确定物体位置的参考直角坐标系。P_1 平面与物体的三个坐标面都倾斜，如沿垂直于 P_1 平面的方向 S_1 投射，P_1 平面上的图形即能反映物体三个坐标方向的形状。P_2 平面虽与正平面 V 平行，但由于投射方向 S_2 倾斜于 P_2 平面，因此 P_2 平面上的图形也能反映物体三个坐标方向的形状。

图 3.1-8 中的 P_1、P_2 称谓轴测投影面，参考直角坐标轴在 P_1 和 P_2 面上的投影 O_1X_1、O_1Y_1、O_1Z_1 和 O_2X_2、O_2Y_2、O_2Z_2 称为轴测轴，相邻轴沿轴间的夹角称为轴间角。

在投影过程中物体上平行于参考直角坐标轴的直线，投影到轴测投影面上其长度均已改变。轴测投影面上的投影长度与原长之比称轴向变形系数，分别用 p、q、r 表示 X、Y、Z 轴的轴向变形系数。在 P_1 面上投影时，$p=\frac{O_1A_1}{O_0A_0}$；$q=\frac{O_1B_1}{O_0B_0}$；$r=\frac{O_1C_1}{O_0C_0}$。在 P_2 面上投影时，$p=\frac{O_2A_2}{O_0A_0}$；$q=\frac{O_2B_2}{O_0B_0}$；$r=\frac{O_2C_2}{O_0B_0}$。

根据投射方向与轴测投影面的相对关系，轴测可分为两类：

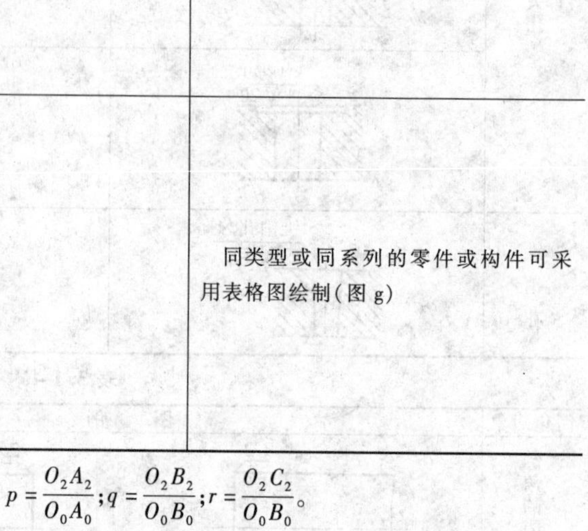

图 3.1-8　轴测投影概念

投射方向垂直于轴测投影面时称正轴测图如图 3.1-8 中投射方向 S_1 与投影面 P_1 垂直，物体在 P_1 面上的投影即为正轴测图。

投射方向倾斜于轴测投影面时称斜轴测图，如图 3.1-8 中投射方向 S_2 与投影面 P_2 倾斜，物体在 P_2 面上的投影即为斜轴测图。

上述两类轴测图中，由于物体相对于轴测投影面的位置不同，轴向变形系数亦不相同，因此每类轴测图可分为三种：

1）$p=q=r$ 称正等轴测图或斜等轴测图，简称正等测或斜等测。

2）$p=q\neq r$ 或 $p\neq q=r$ 或 $p=r\neq q$ 称为正二等轴测图或斜二等轴测图，简称正二测或斜二测。

3）$p\neq q\neq r$ 称为正三轴测图或斜三轴测图，简称正三测或斜三测。

2.6.2　绘制轴测图的基本方法

常用轴测图的类型有：正等测、正二等轴测图、斜二等轴测图三种（表 3.1-47）。

轴测图中一般用粗实线画出可见部分，不可见部分一般不画，必要时用细虚线绘制。

与各坐标平面平行的圆（如直径为 d）在各种轴测图中分别投影为椭圆（斜二测中正面投影仍为圆），见表 3.1-48。

在表示零件内部形状时，可假想用剖切平面将零件的一部分剖去。各种轴测图中剖面线的画法见表 3.1-49。

轴测图上尺寸标注的方法见表 3.1-50。

表 3.1-47　常用轴测图三种类型

正等轴测图	正二等轴测图	斜二等轴测图
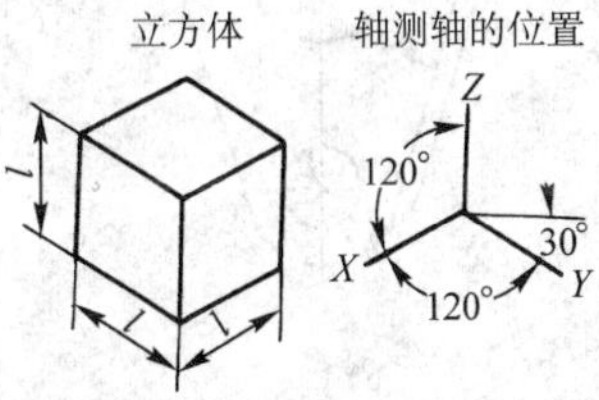 $p=q=r=1$	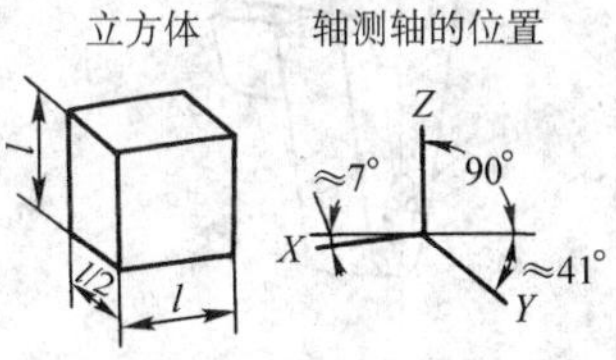 $p=r=1$ $q=1/2$	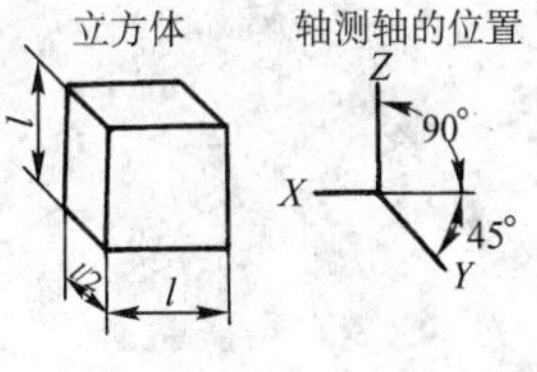 $p_1=r_1=1$ $q_1=1/2$

表 3.1-48　圆的轴测投影

正等轴测图	正二等轴测图	斜二等轴测图
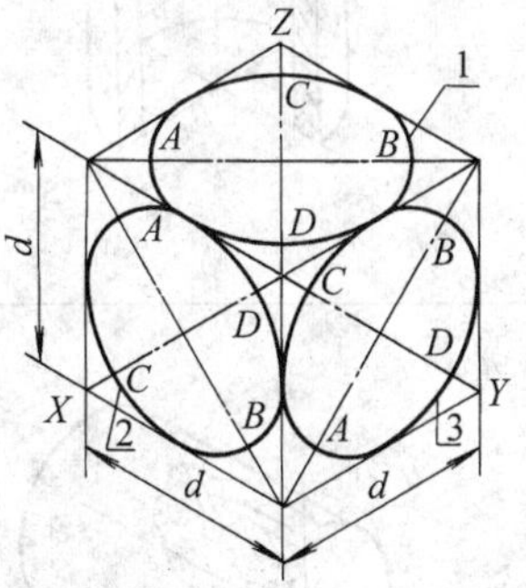 椭圆 1 的长轴垂直于 Z 轴 椭圆 2 的长轴垂直于 X 轴 椭圆 3 的长轴垂直于 Y 轴 长轴：$AB\approx1.22d$ 短轴：$CD\approx0.7d$	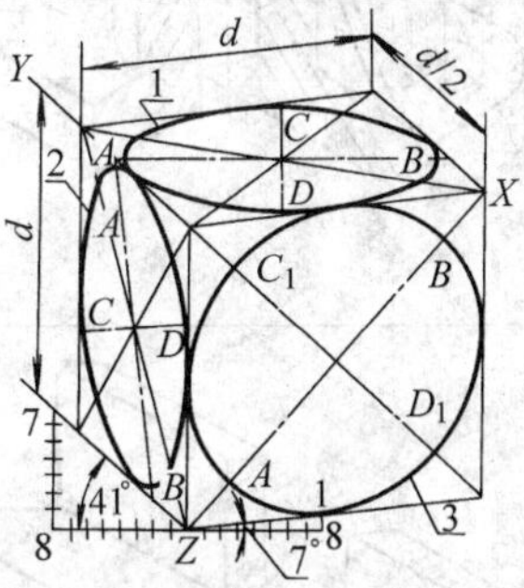 椭圆 1 的长轴垂直于 Z 轴 椭圆 2 的长轴垂直于 X 轴 椭圆 3 的长轴垂直于 Y 轴 长轴：$AB\approx1.06d$ 椭圆 1、2 的短轴：$CD\approx0.35d$ 椭圆 3 的短轴：$C_1D_1\approx0.94d$	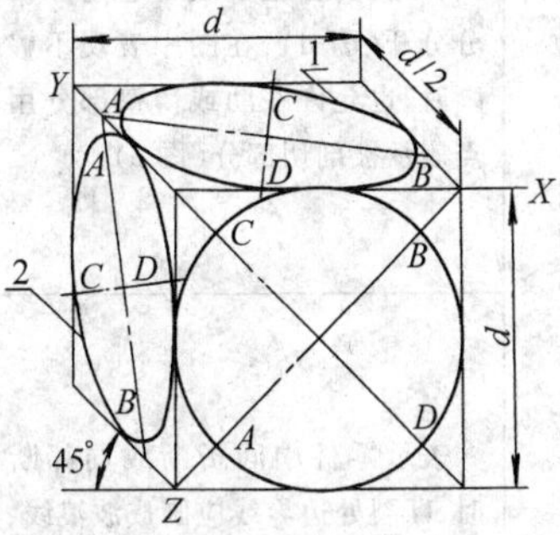 椭圆 1 的长轴与 X 轴约成 7° 椭圆 2 的长轴与 Z 轴约成 7° 椭圆 1、2 长轴： $AB\approx1.06d$ 椭圆 1、2 短轴：$CD\approx0.33d$

表 3.1-49　轴测图的剖面线画法

类别	规　　定	图　　例
零件轴测图中的剖面线画法	各种轴测图中的剖面线，应按 a、b、c 画出	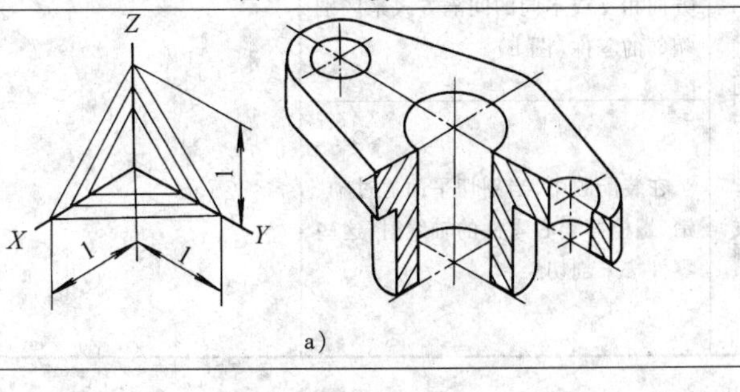 a)

（续）

<table>
<tr><th>类别</th><th>规　定</th><th colspan="2">图　例</th></tr>
<tr><td rowspan="3">零件轴测图中的剖面线画法</td><td>各种轴测图中的剖面线，应按图a、b、c画出</td><td>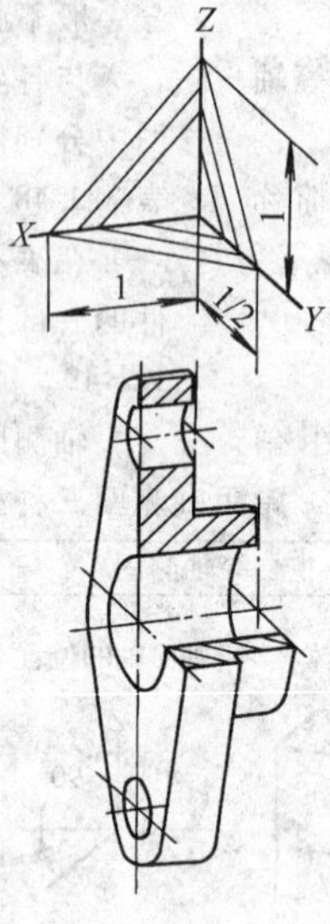
b)</td><td>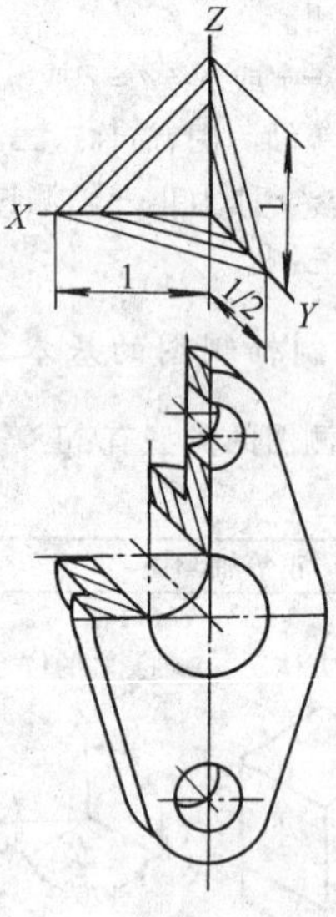
c)</td></tr>
<tr><td>剖切平面通过零件的肋或薄壁的纵向对称面时，这些结构均不画剖面符号，而且粗实线将它与邻接部分分开（图d）；在图中表现不够清晰时，也允许在肋或薄壁部分用细点表示被剖切部分（图e）</td><td>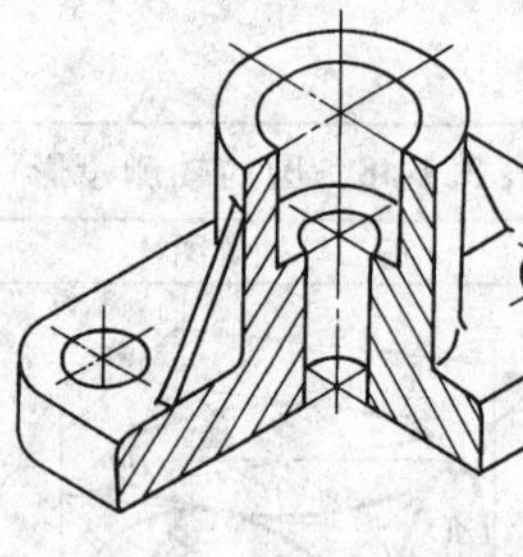
d)</td><td>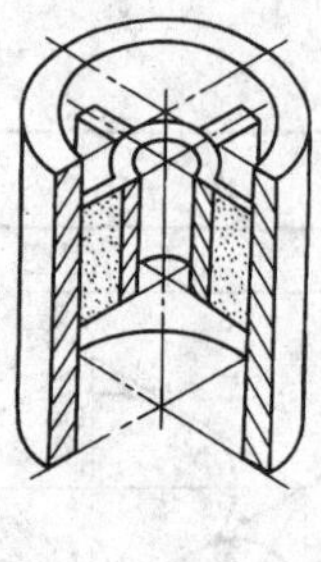
e)</td></tr>
<tr><td>表示零件中间折断或局部断裂时，断裂处边界线应画成波浪线，并在可见断裂面内加画细点以代替剖面线（图f、g）</td><td>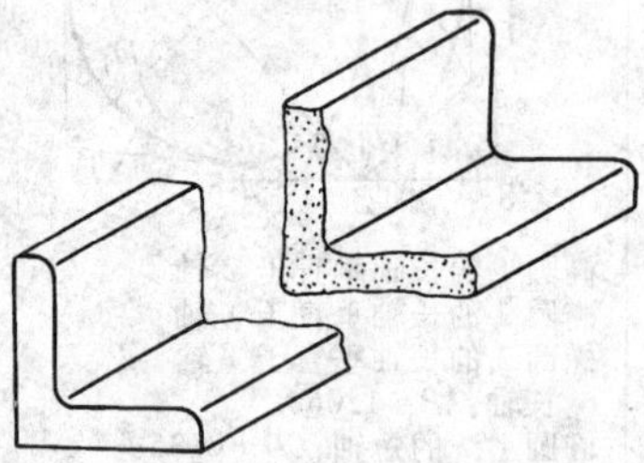
f)</td><td>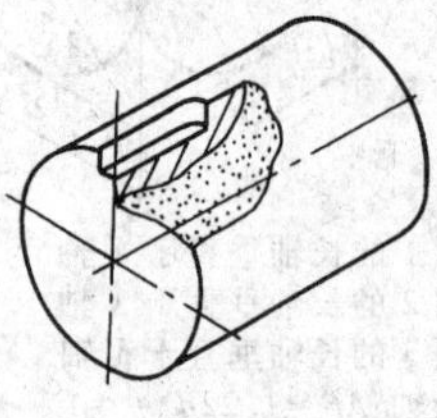
g)</td></tr>
<tr><td rowspan="2">装配轴测图中的剖面线画法</td><td>在装配图中，可用将剖面线画成方向相反或不同的间隔方式来区别相邻的零件（图h）</td><td colspan="2" rowspan="2">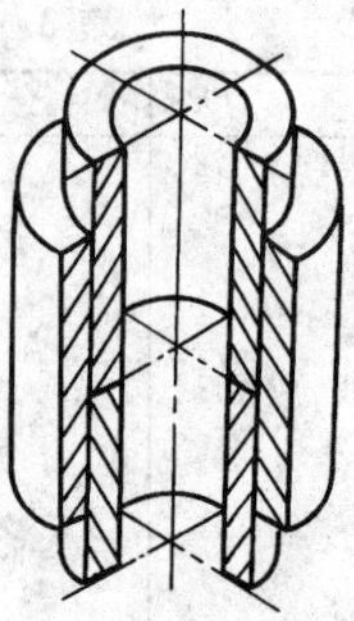
h)</td></tr>
<tr><td>在装配图中，当剖切平面通过轴、销、螺栓等实心零件的轴线时，这些零件按未剖切绘制</td></tr>
</table>

表 3.1-50　轴测图上的尺寸标注

图　　例	规　　定
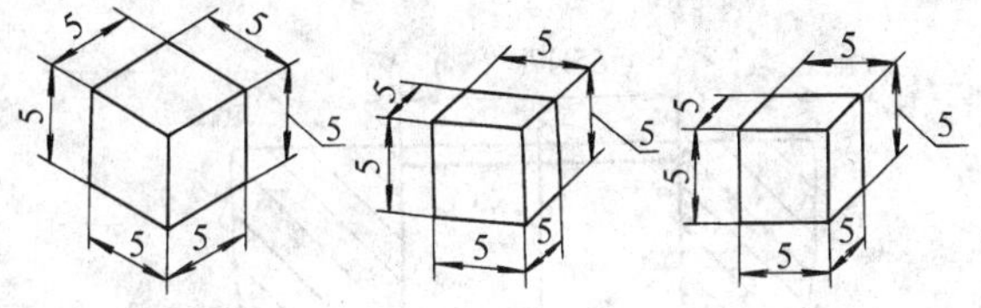 a) 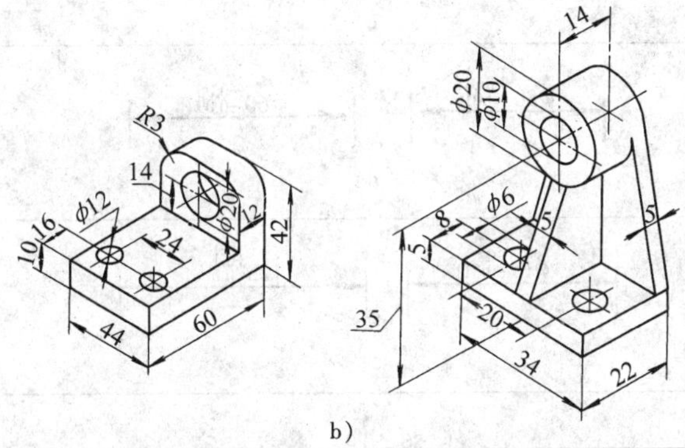 b)	轴测图的线性尺寸，一般沿轴测方向标注。尺寸数字为零件的基本尺寸。尺寸数字应按相应的轴测图形标注在尺寸线的上方。尺寸线必须与所标注的线段平行，尺寸界线一般应平行某一轴测轴，当图中出现字头向下时应引出标注，将数字按水平位置注写（图 a、b） 标注圆的直径，尺寸线与尺寸界线应分别平行于圆所在平面内的轴测轴，标注圆弧半径或较小圆直径时，尺寸线可从（或通过）圆心引出标注，但注写数字的横线必须平行于轴测轴（图 b）
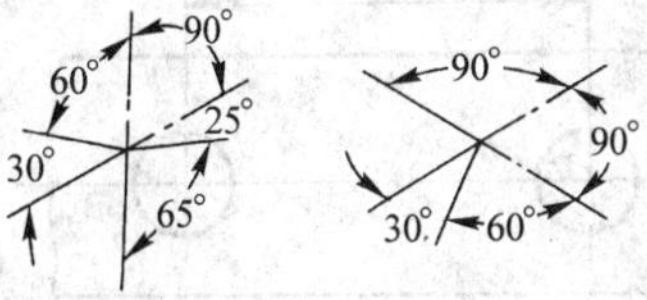 c)	标注角度的尺寸线，应画成该坐标平面相应的椭圆弧，角度数字一般写在尺寸线的中断处，字头向上（图 c）

2.7　尺寸公差与配合注法（GB/T 4458.5—2003）

2.7.1　公差与配合的一般标注

零件图中尺寸公差注法见表 3.1-51，装配图中配合代号及极限偏差注法见表 3.1-52。

表 3.1-51　零件图中尺寸公差注法

标注类型	规　　定	图　　例
线性尺寸的公差标注形式	当采用公差带代号标注线性尺寸的公差时，公差带代号应注在基本尺寸右边（图 a）	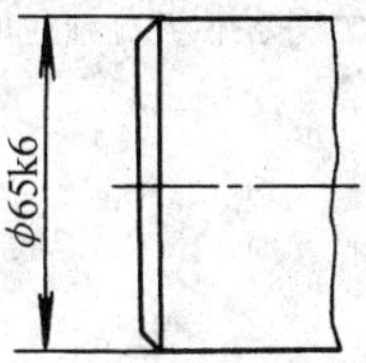 a)
	当采用极限偏差标注线性尺寸的公差时，上偏差应注在基本尺寸右上方，下偏差应与基本尺寸注在同一底线上（图 b）	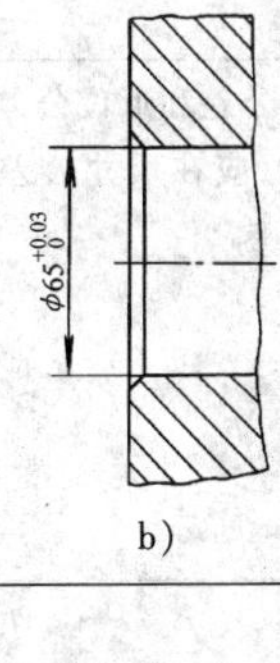 b)

（续）

<table>
<tr><th>标注类型</th><th>规　　定</th><th>图　　例</th></tr>
<tr><td rowspan="4">线性尺寸的公差标注形式</td><td>当要求同时标注公差带代号和相应的极限偏差时，则后者应加圆括号（图 c）</td><td>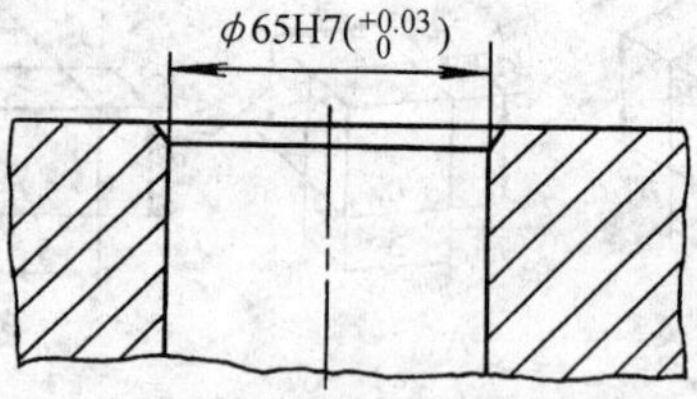c）</td></tr>
<tr><td>当标注极限偏差时，上下偏差的小数点必须对齐，小数点后的位数也必须相同（图 d）</td><td>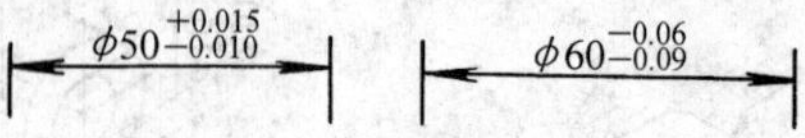d）</td></tr>
<tr><td>当上偏差或下偏差为“零”时，用数字“0”标出，并与下偏差或上偏差的小数点前的个位数对齐（图 e）</td><td>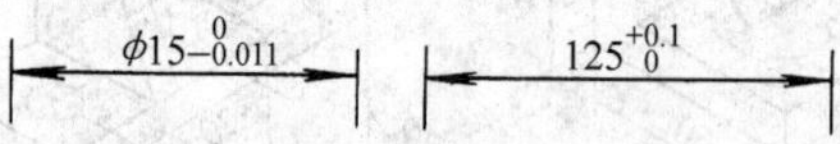e）</td></tr>
<tr><td>当公差带相对于基本尺寸对称地配置即上、下偏差的绝对值相同时，偏差只需注写一次，并应在偏差与基本尺寸之间注出符号“±”，且两者数字高度相等（图 f）</td><td>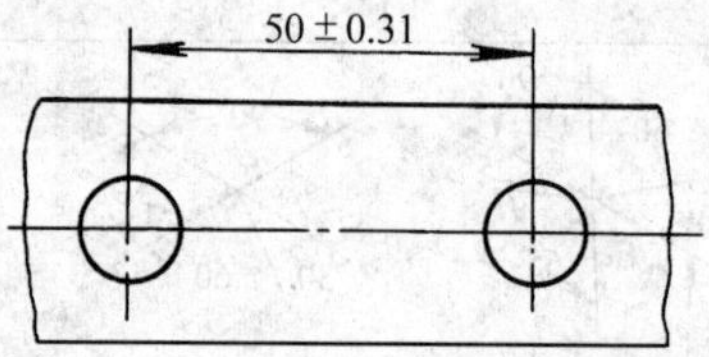f）</td></tr>
<tr><td rowspan="3">线性尺寸公差的附加符号注法</td><td>当尺寸仅需要限制单方向的极限时，应在该极限尺寸的右边加注符号“max”或“min”（图 g）（实际尺寸只要不超过这个极限值都符合要求）</td><td>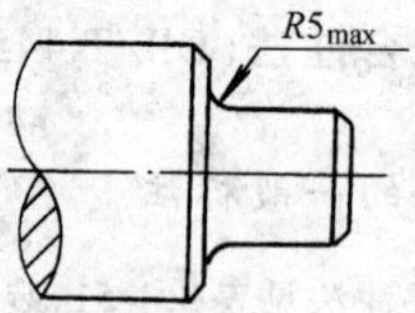g）</td></tr>
<tr><td>同一基本尺寸的表面，若具有不同的公差时，应用细实线分开，并分别注出公差（图 h）</td><td>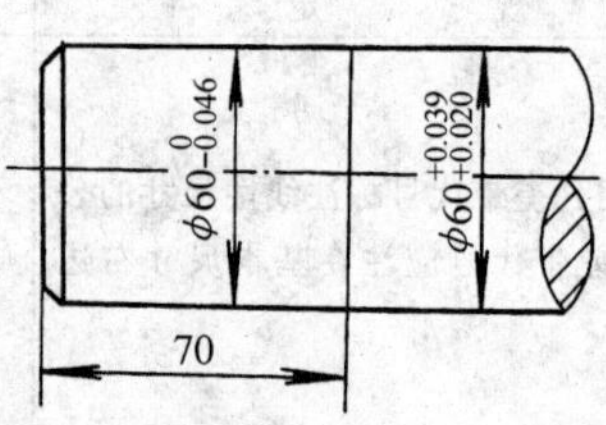h）</td></tr>
<tr><td>如果要素的尺寸公差和形位公差的关系遵守包容原则时，应在尺寸公差的右边加注符号“Ⓔ”（图 i）</td><td>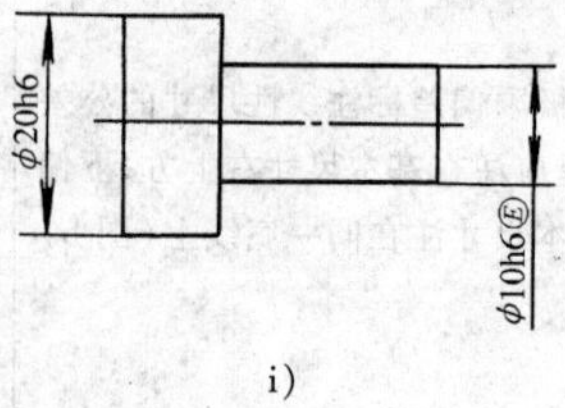i）</td></tr>
</table>

（续）

标注类型	规　　定	图　　例
角度公差的标注	角度公差标注的基本规则与线性尺寸公差的标注方法相同（图 j）	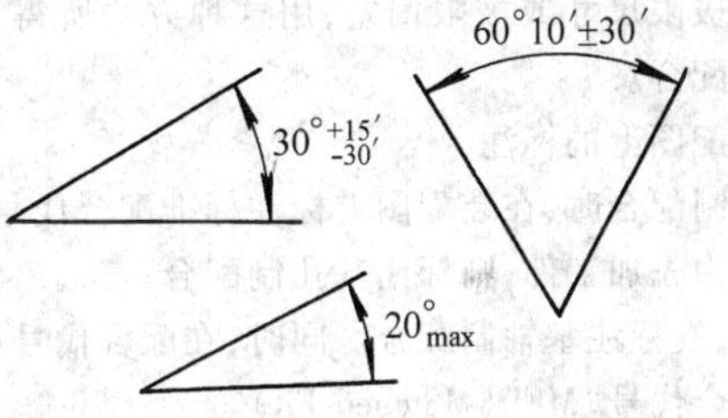 j)

表 3.1-52　装配图中配合代号及极限偏差的标注

标注类型	规　　定	图　　例
标注配合代号	在装配图中标注线性尺寸的配合代号时，必须在基本尺寸的右边用分数形式注出，分子为孔的公差代号，分母为轴的公差代号（图 a），必要时也允许按图 b 的形式标注 当某零件需与外购件（非标准件）配合时的标注形式（图 a、b）	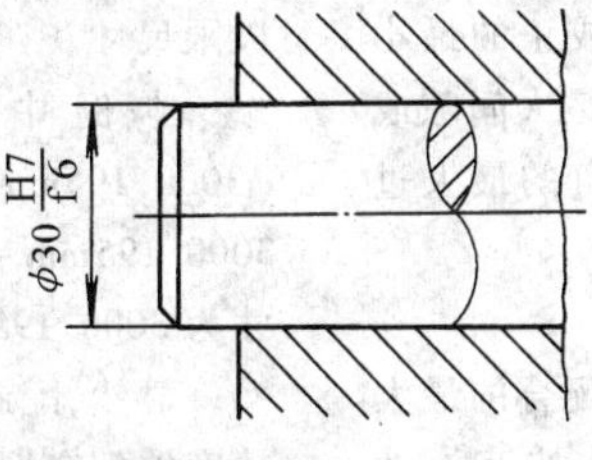 a) 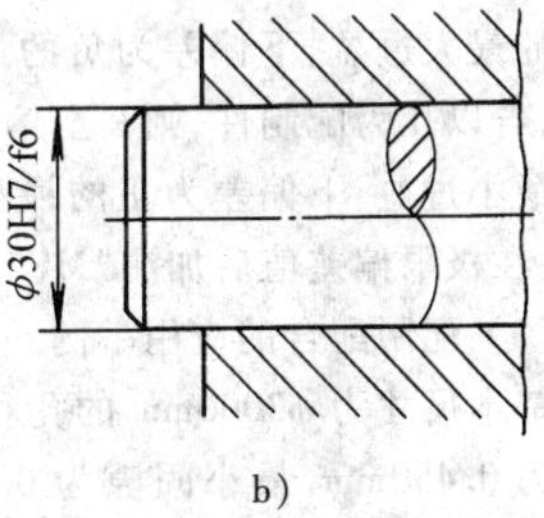 b)
标注极限偏差	在装配图中标注相配零件的极限偏差时，孔的基本尺寸及极限偏差注写在尺寸线上方，轴的基本尺寸和极限偏差注写在尺寸线的下方（图 c、d）	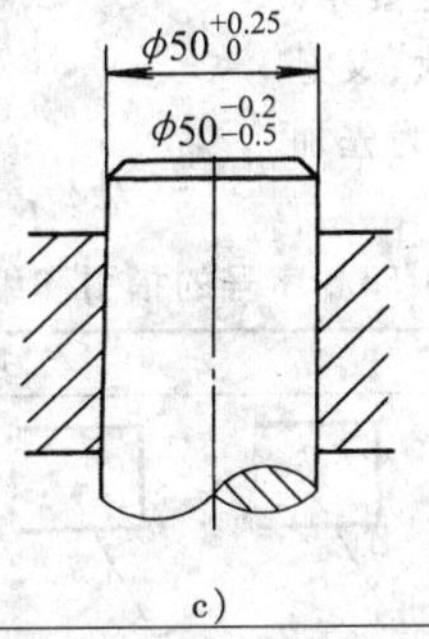 c) 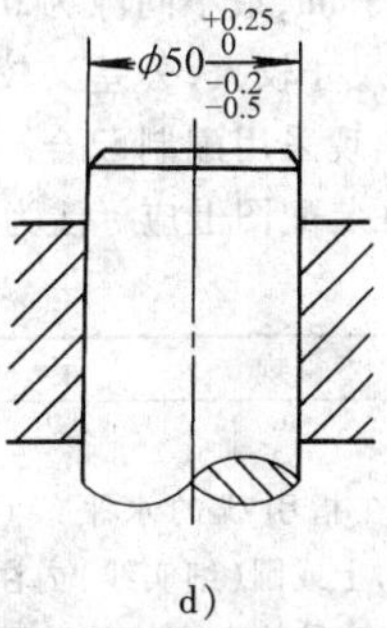 d)
特殊的标注形式	当基本尺寸相同的多个轴（孔）与同一孔（轴）相配合而又必须在图外标注其配合时，为了明确各自的配合对象，可在公差带代号或极限偏差之后加注装配件的序号（图 e） 标注标准件、外购件与零件（轴或孔）的配合要求时，可以仅标注相配零件的公差代号（图 f）	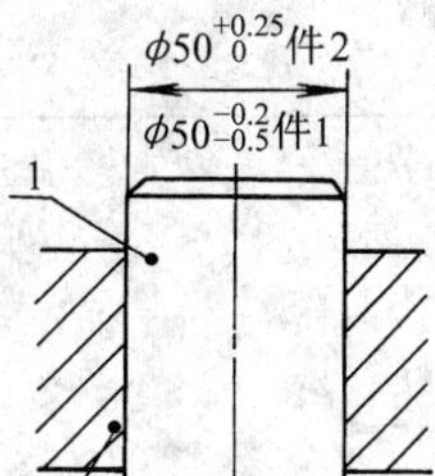 e) 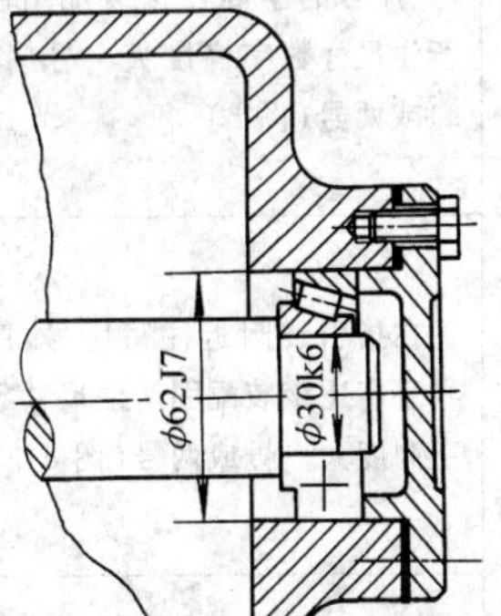 f)

2.7.2　配制配合的标注

由于大尺寸孔、轴的加工误差较大，且多为单件或小批量生产，当配合公差要求较高时，为了降低加工成本，又能保证原设计的配合要求，可放弃互换性要求，采用配制加工方法，即先加工其中较难加工，但能得到较高测量精度的零件，然后以这个零件的实际尺寸为基数，根据要求的极限间隙或极限过盈确定另一零件相应尺寸的极限尺寸或极限偏差，用这种方法所得到配合称配制配合。

（1）装配图上的标注

采用配制配合时，在装配图上标注标准配合代号，若选定孔作为先加工件，则标注基孔制配合；若选定轴为先加工件，则标注基轴制配合。同时，在配合代号后加注配制配合代号“MF”（Matched Fit）。

（2）零件图上的标注

在先加工的零件图上，标注按经济的公差等级确定的基准件公差带代号，并加注“MF”。在配制件的零件图上，若以轴为配制件，则其上偏差为负的最小间隙或正的最大过盈，下偏差为负的最大间隙或正的最小过盈；若以孔为配制件，则其上偏差为正的最大间隙或负的最小过盈，下偏差为正的最小间隙或负的最大过盈，并在极限偏差值后加注“MF”。

（3）配制配合的应用举例

基本尺寸为 ϕ3000mm 的孔和轴，要求配合的最大间隙为 0.450mm，最小间隙为 0.140mm，如按互换性要求可选用 ϕ3000H6/f6 或 ϕ3000F6/h6，此时最大间隙为 0.415mm，最小间隙为 0.145mm，均可满足要求。由于基本尺寸较大，公差又较小，加工难度很大，又是少量生产，现采用配制配合。将难加工的孔作为先加工件，则在装配图上应标注为

$$\phi3000\mathrm{H6/f6}\quad \mathrm{MF}$$

以孔作为先加工件，且确定一个比较容易达到的经济的公差等级为 IT8，则在孔的零件图上标注为

$$\phi3000\mathrm{H8}\quad \mathrm{MF}$$

与此相应在配制件轴的零件图上，上偏差应等于负的最小间隙 0.145mm，下偏差应等于负的最大间隙 0.415mm，即标注为

$$\phi3000^{-0.145}_{-0.415}\quad \mathrm{MF}$$

若需按标准公差带标注，则可标为 f7，即

$$\phi3000\mathrm{f7}\quad \mathrm{MF} \text{ 或 } \phi3000^{-0.145}_{-0.355}\quad \mathrm{MF}$$

应该特别注意，配制零件图上标注的极限偏差（或极限尺寸）不是实际加工时的依据。应以先加工件的实际尺寸作为配制件的基本尺寸来确定配制件的极限尺寸。

本例中，若先加工件孔的实际尺寸为 ϕ3000.195mm，则按 f7 配制件轴的最大极限尺寸为 3000.195mm－0.145mm＝3000.050mm　最小极限尺寸为 3000.195mm－0.355mm＝2999.840mm

显然，配制配合可以用较大的制造公差满足较高精度的配合性质要求，但无互换性。

2.8　装配图中零、部件序号及其编排方法（GB/T 4458.2—2003）

2.8.1　序号及编排方法（表 3.1-53）

表 3.1-53　序号的指引和编排

分类	规　　定	图　　例
序号的指引	在指引线的水平线（细实线）上或圆（细实线）内注写序号，序号的字高比该装配图中所注尺寸数字高度大一号（图 a）或两号（图 b）	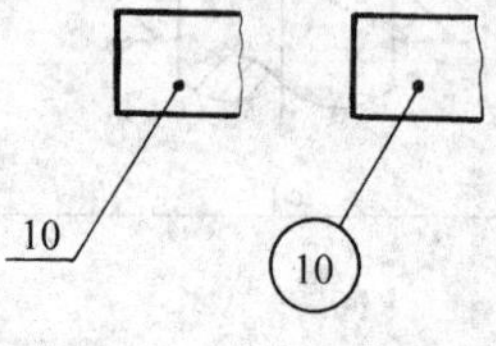 a) 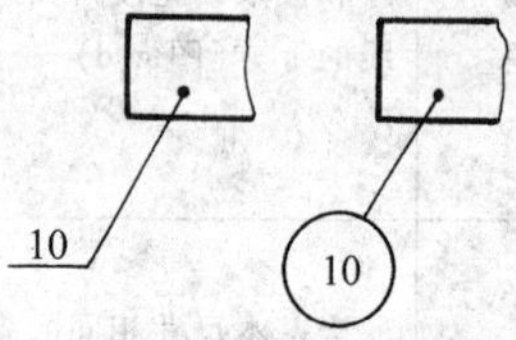 b)
	在指引线附近注写序号，序号字高比该装配图所注尺寸数字高度大一号或两号（图 c）	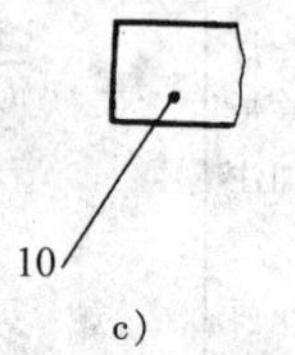 c)
	指引线自所指部分的可见轮廓线内引出，并画一个圆点（图 a、b）。若所指部分内不便画圆点时，可在指引线末端画箭头，并指向该部分的轮廓（图 d）	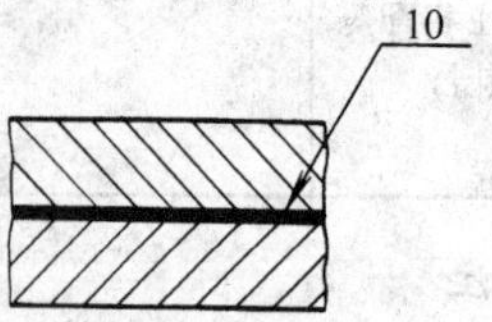 d)

（续）

分类	规　　定	图　　例
序号的标注与编排方法	相同的零、部件用一个序号，一般只标注一次，多处出现的相同的零、部件，必要时也可重复标注 指引线可以画成折线，但只可曲折一次 指引线相互不能相交，当通过有剖面线的区域时，指引线不应与剖面线平行 一组紧固件及装配关系清楚的零件组，可采用公共指引线（图 e）	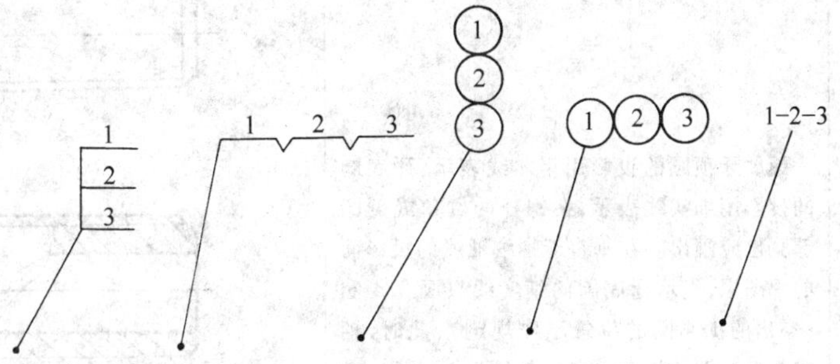 e)
	装配图上序号应按水平或垂直方向排列整齐 装配图上序号可按顺时针或逆时针方向顺次排列，在整个图上无法连续时，可只在每个水平或垂直方向顺次排列。也可按装配图明细栏中的序号排列，采用此种方法时，应尽量在每个水平或垂直方向顺次排列	

2.8.2　装配图中序号编排的基本要求

装配图中所有零、部件都必须编写序号，应按顺时针或逆时针方向顺序排列，在整个图上无法连续时，可只在每个水平或竖直方向顺序排列，如图 3.1-9 所示。

也可按装配图明细栏（表）中的序号排列，采用此种方法时，应尽量在每个水平或竖直方向顺序排列。

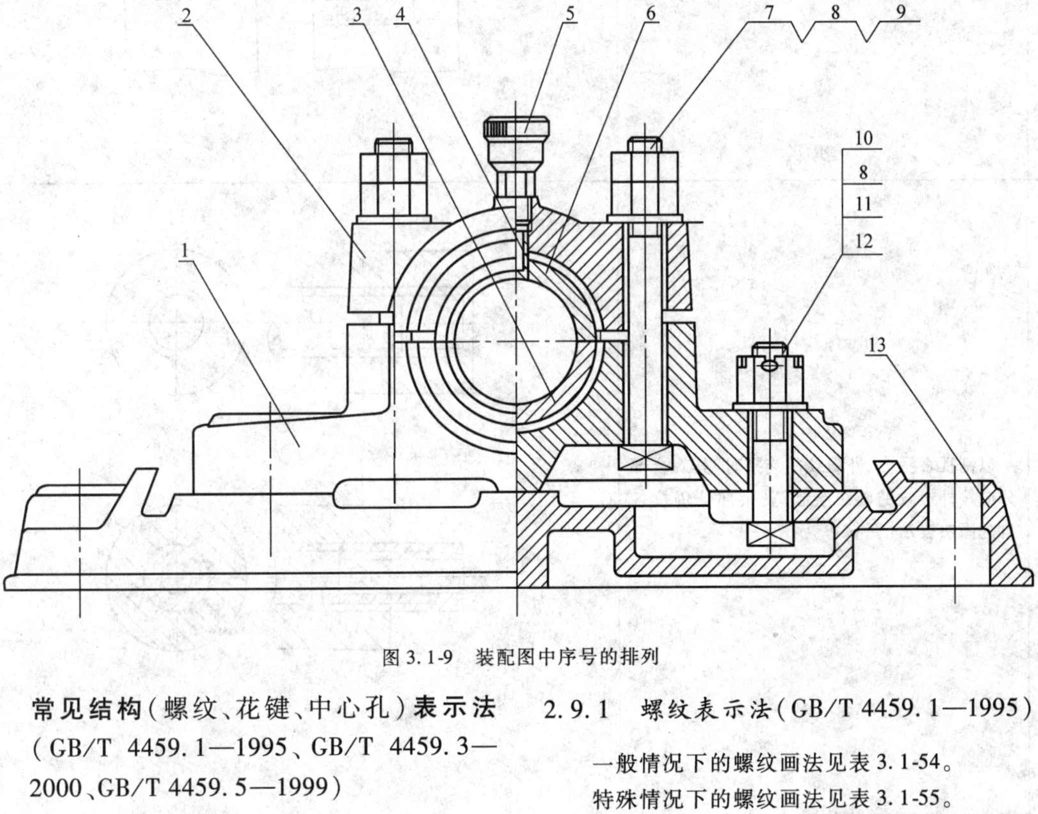

图 3.1-9　装配图中序号的排列

2.9　常见结构（螺纹、花键、中心孔）表示法（GB/T 4459.1—1995、GB/T 4459.3—2000、GB/T 4459.5—1999）

2.9.1　螺纹表示法（GB/T 4459.1—1995）

一般情况下的螺纹画法见表 3.1-54。

特殊情况下的螺纹画法见表 3.1-55。

表 3.1-54 一般情况下的螺纹画法

类别	规定	图例
内、外螺纹画法	螺纹牙顶圆的投影用粗实线表示，牙底圆的投影用细实线表示，在螺杆的倒角或倒圆部分也应画出。在垂直于螺纹轴线的投影面的视图中，表示牙底圆的细实线只画 3/4 圈（空出的 1/4 圈的位置不作规定），此时，轴或孔上的倒角投影规定不画（图 a） 有效螺纹的终止界线（简称螺纹终止线）用粗实线表示，外螺纹终止线的画法如图 a、b。内螺纹终止线的画法如图 c 螺纹部分的螺尾一般不必画出，当需要表示螺尾时，该部分用与轴线成 30°的细实线画出（图 a） 不可见螺纹的所有图线用细虚线绘制（图 d） 无论是外螺纹或内螺纹，在剖视或剖面图中剖面线都必须画到粗实线处	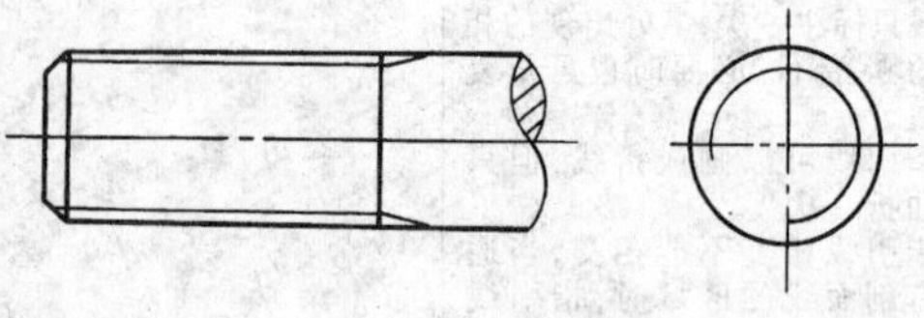 a) 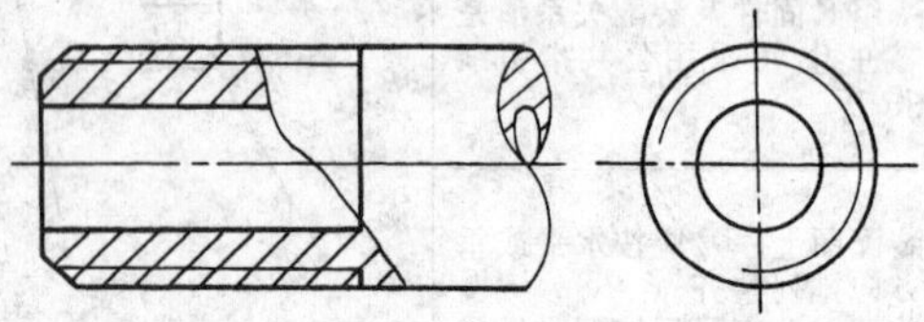 b) 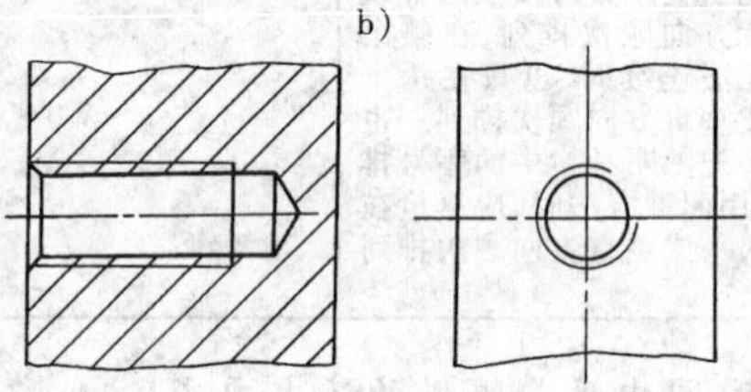 c) 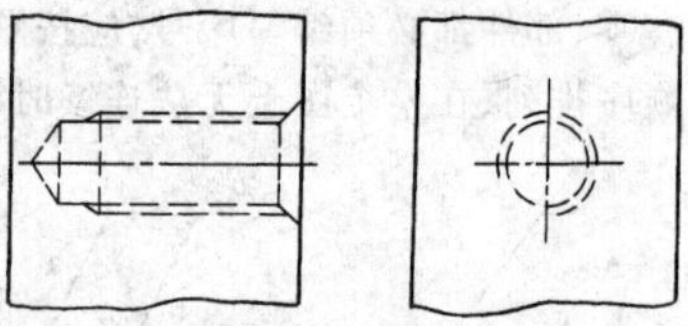 d)
内、外螺纹连接的画法	以剖视表示内、外螺纹的连接时，其旋合部分应按外螺纹的画法绘制，其余部分仍按各自的画法表示（图 e）	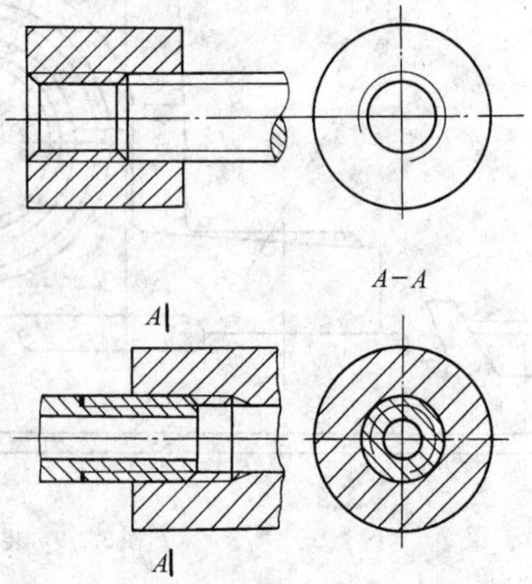 e)

表 3.1-55　特殊情况下的螺纹画法

类别	规　　定	图　　例
不完全的螺孔或螺杆	在平行轴线的投影面的视图中，仍应画出表示螺纹牙底的细实线，如图 a 夹头的主视图。对于被切除的螺纹在其他视图表示清楚的前提下，被切部分表示牙底的细实线可以不画，如图 b 螺杆标尺的主视图仅画出下面一根细实线，在俯视图中切平面与螺杆的交线也省略不画 在垂直于轴线的投影面的视图中，表示牙底的细实线圆弧，为区别于其他图线，仍应保留一小段空隙(图 a、b、c、d)	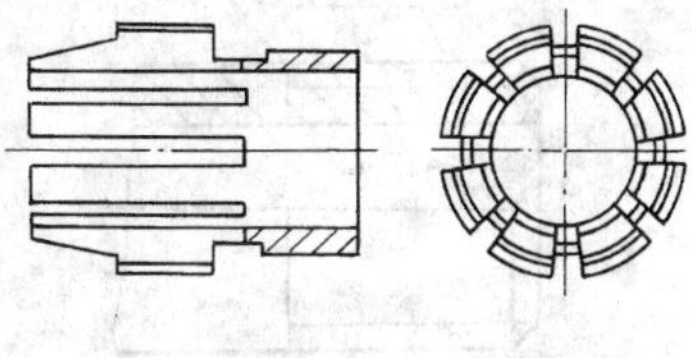 a) 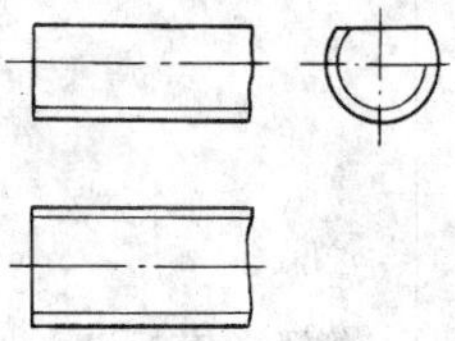 b) 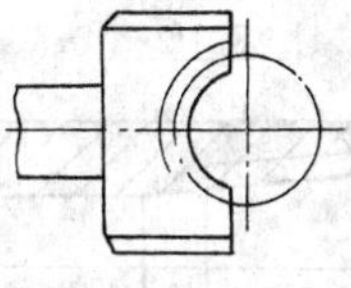 c) 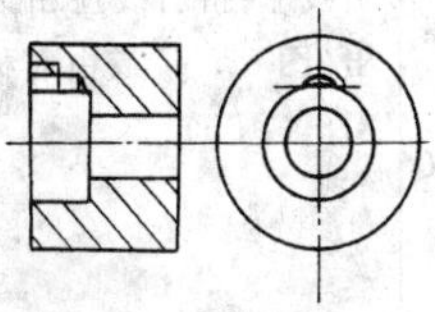 d)
薄壁上的螺纹	薄壁上的螺纹，为了明显地表示内、外螺纹，可采用示意画出牙型的方法(图 e)	 e)
特殊螺纹	结构特殊的螺纹，可采用近似投影法绘制，如图 f 为某种瓶口螺纹的表示法	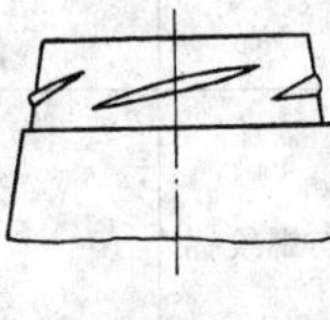 f)

螺纹及螺纹副的标注见表 3.1-56。

普通螺纹、小螺纹等标记示例见表 3.1-57。

管螺纹标记示例见表 3.1-58。

表 3.1-56　螺纹及螺纹副的标注

类别		规　　定	图　　例
螺纹的标注方法	米制螺纹	公称直径以 mm 为单位的螺纹，其标记应直接注在大径的尺寸线上(图 a)或其指引线上(图 b、c、d)	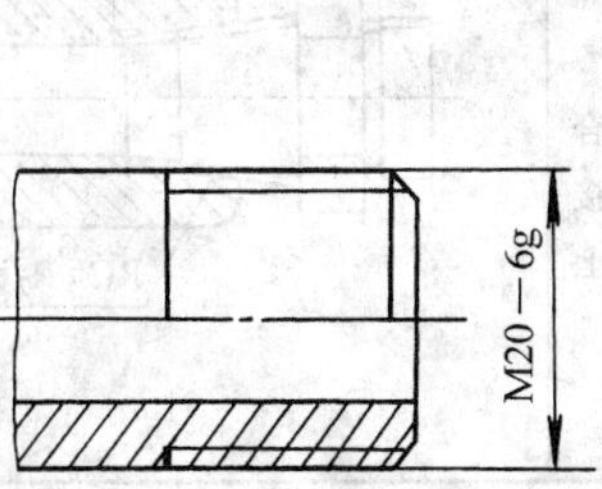 a) 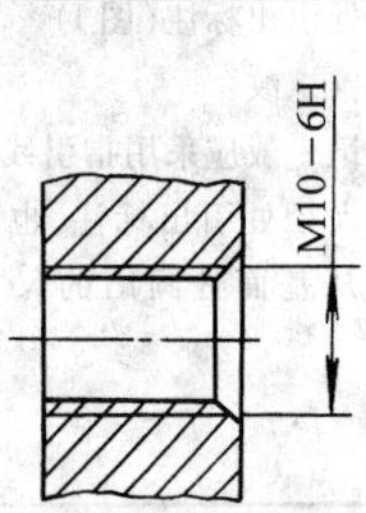 b) 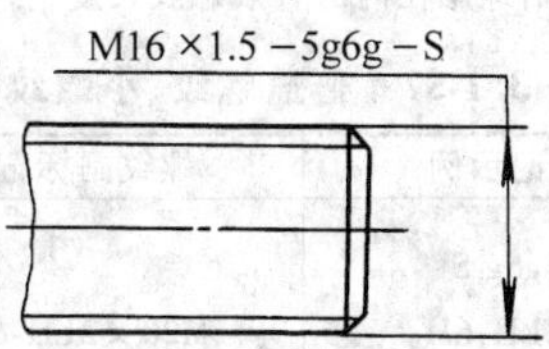 c) 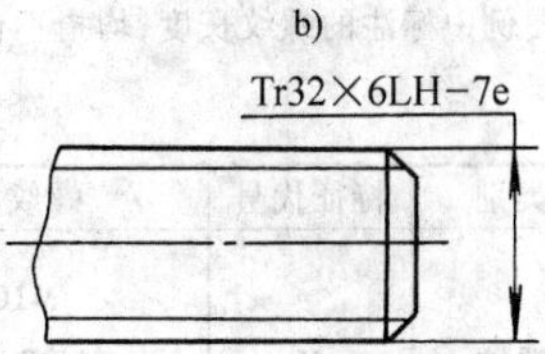 d)

（续）

类别		规　　定	图　　例
螺纹的标注方法	管螺纹	管螺纹，其标记一律注在指引线上，指引线应由大径处引出（图 e、f、g）或由对称中心处引出（图 h）	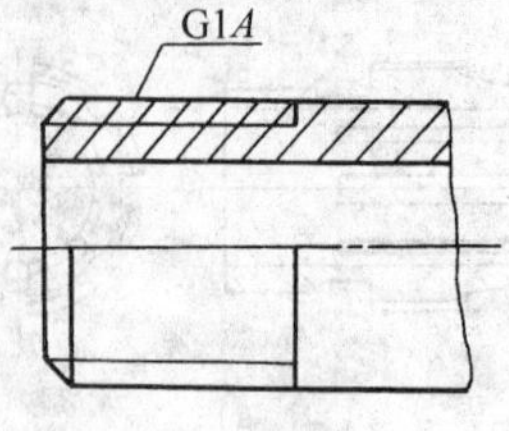 e） 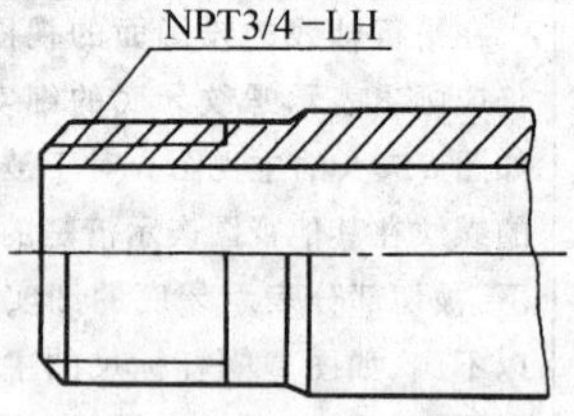 f） 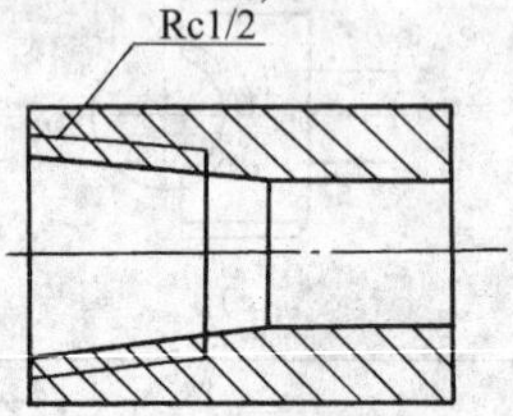 g） 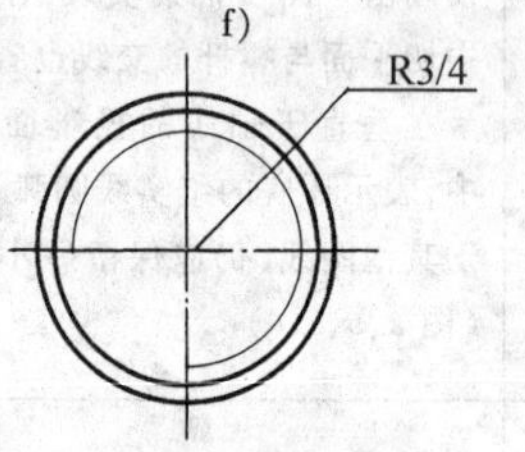 h）
	米制锥螺纹	米制锥螺纹，其标记一般应注在指引线上，指引线应由大径（图 i）或对称中心处引出，也可以直接标注在从基面处画出的尺寸线上（图 j）	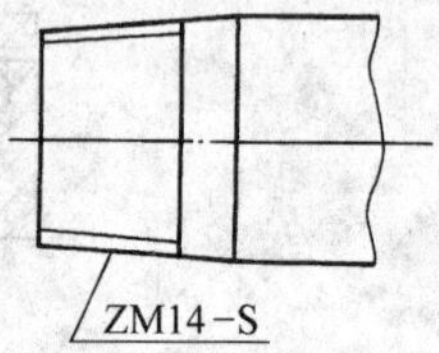 i） 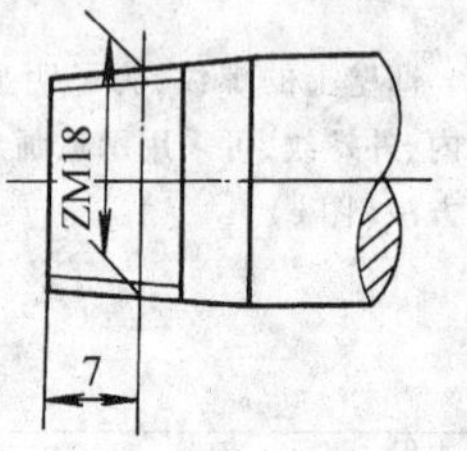 j）
螺纹副的标注方法		螺纹副标记的标注方法与螺纹标记的标注方法相同 米制螺纹： 其标记应直接标注在大径的尺寸线上或指引线上（图 k） 管螺纹： 其标记应采用指引线由配合部分的大径处引出标注（图 l） 米制锥螺纹： 其标记一般应采用指引线由配合部分的大径处引出标注，也可直接标注在从基面处画出的尺寸线上（图 m）	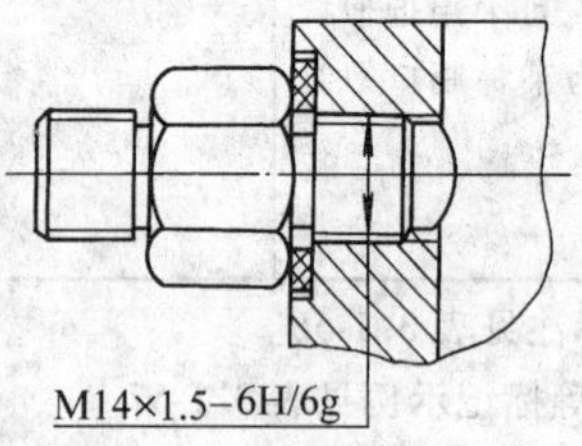 k） 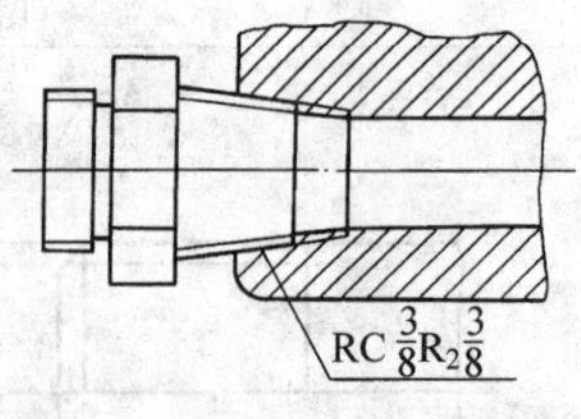 l） 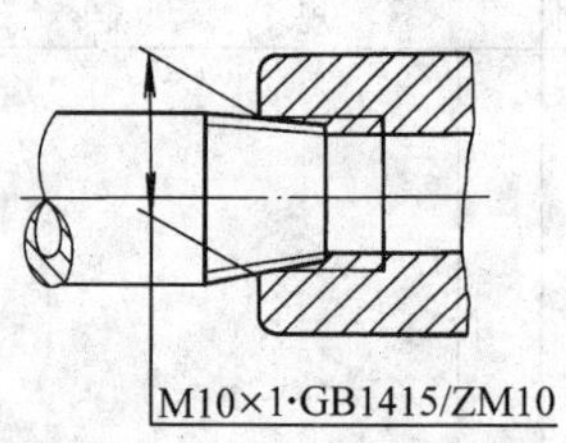 m）

注：图例中标注的螺纹长度，均指不包括螺尾在内的有效螺纹长度，否则应另加说明或按实际需要标注。

表 3.1-57　普通螺纹、小螺纹等标记示例

螺纹类别	特征代号	螺纹标记示例	螺纹副标记示例	说　　明
普通螺纹	M	M10-5g6g-S M20×2LH-6H M42×3（P1.5）LH-L	M20×2LH-6H/6g	普通螺纹粗牙不标注螺距 普通螺纹细牙必须标注螺距 多线普通螺纹螺距和导程都必须注出

（续）

螺纹类别	特征代号	螺纹标记示例	螺纹副标记示例	说　明
小螺纹	S	S0.84H5 S1.2LH5h3	S0.94H/5h3	内螺纹中径公差带为4H,顶径公差等级为5级 外螺纹中径公差带为5h,顶径公差等级为3级
米制锥螺纹	ZM	ZM10-S ZM10-S M10×1GB/T1451	ZM10/ZM10	圆锥内螺纹与圆锥外螺纹配合
			M10×1GB/T1415/ZM10-S	圆柱内螺纹与圆锥外螺纹配合 S为短基距代号,标准基距不注代号
自攻螺钉用螺纹	ST	GB/T5280 ST3.5		使用时,应先制出螺纹预制孔
自攻锁紧螺钉用螺纹(粗牙普通螺纹)	M	GB/T6559 M5×20		使用时,应先制出螺纹预制孔。标记示例中的20指螺杆长度
梯形螺纹	Tr	Tr40×7-7H Tr40×14(*P*7)LH-7e	Tr36×6-7H/7e	梯形螺纹螺距或导程都必须注出
锯形螺纹	B	B40×7-7A B40×14(*P*7)LH-8e-L	B40×7-7A/7e	锯形螺纹螺距或导程都必须注出

注:1. 右螺纹不注旋向,左螺纹注LH

2. 中径和顶径公差带代号相同时只标注一次。

3. 一般情况下不标注螺纹旋合长度时,螺纹按中等旋合长度考虑,可不标注代号N,长旋合长度加注代号L,短旋合长度加注代号S。

表3.1-58　管螺纹标记示例

螺纹类别	特征代号	螺纹标记示例	螺纹副标记示例	说　明
60°圆锥管螺纹	NPT	NPT3/8-LH		该螺纹仅有一种公差,故不注公差带代号
非螺纹密封的管螺纹	G	$G1^1/_2A$ $G1^1/_2$-LH	$G1^1/_2/G1^1/_2A$	外螺纹公差等级分A级和B级两种 内螺纹公差等级只有一种,故不标注公差带代号
用螺纹密封的管螺纹	圆锥外螺纹R	$R_1{}^1/_2$-LH	$Rc1^1/_2/R1^1/_2$	内、外螺纹均只有一种公差带,故不标注公差带代号
	圆锥内螺纹Rc	$Rc1^1/_2$	$Rc1^1/_2/R1^1/_2$-LH	
	圆柱内螺纹Rp	$Rp1^1/_2$	$Rp1^1/_2/R1^1/_2$	

注:右旋螺纹不注旋向,左旋螺纹注LH。

2.9.2　花键表示法(GB/T 4459.3—2000)

矩形花键和渐开线花键的画法见表3.1-59。

矩形花键代号标记示例见表3.1-60。

渐开线花键代号标记示例见表3.1-61。

表3.1-59　矩形花键、渐开线花键的画法

类别		规　定	图　例
矩形花键的画法	外花键	在平行于花键轴线的投影面的视图中,大径用粗实线;小径用细实线绘制。并用断面画出一部分或全部齿形(图a) 花键工作长度的终止端和尾部长度的末端均用细实线绘制,并与轴线垂直,尾部画成斜线,其倾斜角一般与轴线成30°(图a),必要时,可按实际情况画出	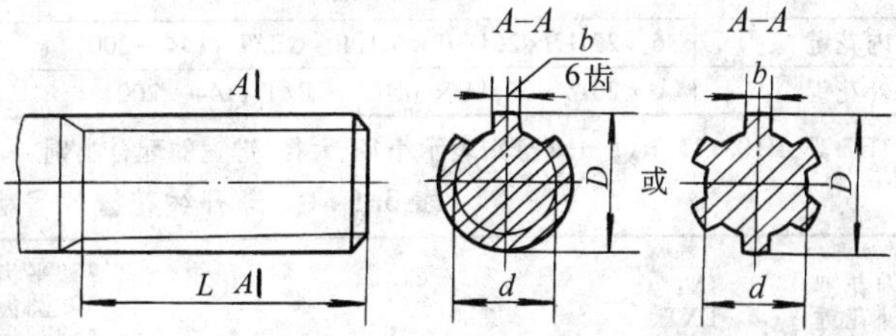 a)

（续）

类别		规　定	图　例
矩形花键的画法	内花键	在平行于花键轴线的投影面的视图中，大径与小径均用粗实线绘制，并用局部视图画出一部分或全部齿形（图b）	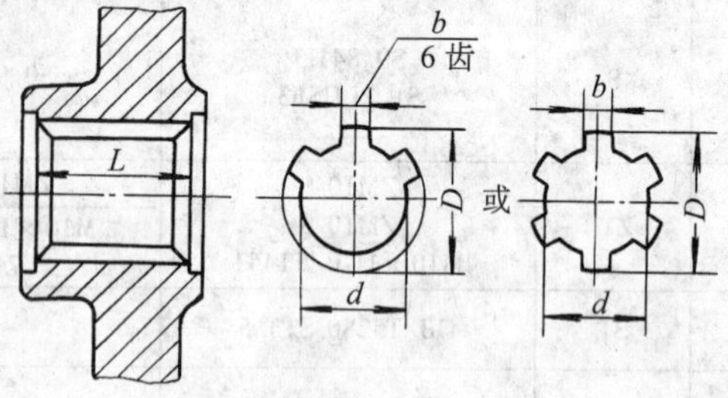 b）
渐开线花键的画法		渐开线花键的画法与矩形花键的画法基本相同，只是需用细点画线表示分度线和分度圆（图c）	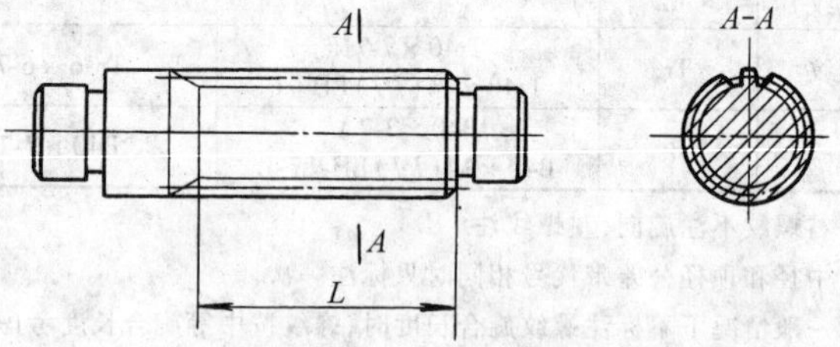 c）
花键副的画法		花键联结用剖视表示时，其联结部分按外花键的画法表示（图d）	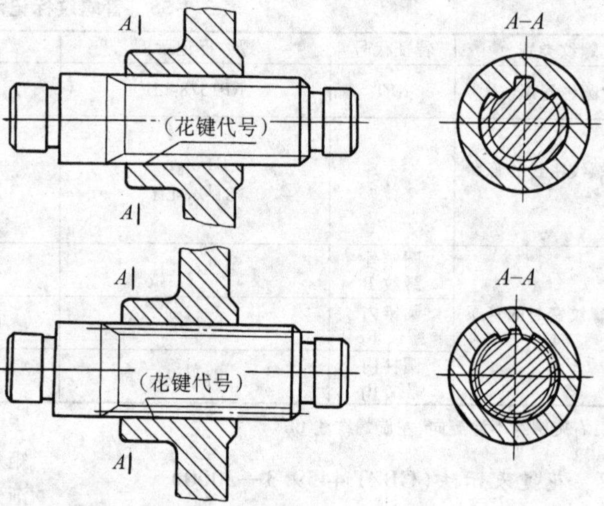 d）

表3.1-60　矩形花键代号标记示例

花键规格	N（键数）×d（小径）×D（大径）×B（键宽）　例：6×23×26×6
花键副[①]	$6\times23\frac{H7}{f7}\times26\frac{H10}{a11}\times6\frac{H11}{d10}$　GB/T 1144—2001
内花键	6×23H7×26H10×6H11　GB/T 1144—2001
外花键	6×23f7×26a11×6d10　GB/T 1144—2001

① H7/f7、H10/a11、H11/d10分别表示小径、大径、键宽的配合类别。

表3.1-61　渐开线花键代号标记示例

标记符号	内花键	INT	30°平齿根	30P
	外花键	EXT	30°圆齿根	30R
	花键副	INT/EXT	45°圆齿根	45
	齿　数	Z（前面加齿数值）	公差等级	4、5、6或7
	模　数	m（前面加模数值）	配合类别	内花键　H 外花键　k、js、h、f、e或d

（续）

示例	1）花键副，齿数 24，模数 2.5，30°圆齿根，公差等级 5 级，配合类别 H/h 花键副：INT/EXT　24Z×2.5m×30R×5H/5h　GB/T 3478.1—2008 内花键：INT　24Z×2.5m×30R×5H　GB/T 3478.1—2008 外花键：EXT　24Z×2.5m×30R×5h　GB/T 3478.1—2008
	2）花键副，齿数 24，模数 2.5，内花键为 30°平齿根，其公差等级为 6 级，外花键为 30°圆齿根，其公差等级为 5 级，配合类别为 H/h 花键副：INT/EXT　24Z×2.5m×30P/R×6H/5h　GB/T 3478.1—2008 内花键：INT　24Z×2.5m×30P×6H　GB/T 3478.1—2008 外花键：EXT　24Z×2.5m×30R×5h　GB/T 3478.1—2008
	3）花键副，齿数 24，模数 2.5，45°标准压力角，内花键公差等级为 6 级，外花键公差等级为 7 级，配合类别为 H/h 花键副：INT/EXT　24Z×2.5m×45×6H/7h　GB/T 3478.1—2008 内花键：INT　24Z×2.5m×45×6H　GB/T 3478.1—2008 外花键：EXT　24Z×2.5m×45×7h　GB/T 3478.1—2008

2.9.3　中心孔表示法（GB/T 4459.5—1999）

机械图样中，当不需要确切地表示中心孔的形状和结构的标准中心孔时，可采用中心孔符号表示（非标准中心孔也可参照采用）。完工零件上是否保留中心孔，通常有三种要求：

1）在完工的零件上要求保留中心孔；

2）在完工的零件上可以保留中心孔；

3）在完工的零件上不允许保留中心孔。

为了表达在完工的零件上是否保留标准中心孔，可采用表 3.1-62 中规定的符号表示。

标准中心孔有四种形式：R 型（弧形）、A 型（不带护锥）、B 型（带护锥）、C 型（带螺纹）。它们在图样中的标记如表 3.1-63、表 3.1-64 所示。

1）R 型、A 型、B 型中心孔标记包括：标准编号，型式（R、A 或 B），导向孔直径 D，锥形孔端面直径 D_1。

2）C 型中心孔标记包括：标准编号，型式（C），螺纹代号 D（用普通螺纹特征代号 M 和公称直径表示），螺纹长度（用字母 L 和数值表示），锥面孔端面直径 D_1。

3）在不致引起误解时，可省略标记中的标准编号。

四种标准中心孔的标记说明见表 3.1-63。

与中心孔有关内容的标注见表 3.1-64。

表 3.1-62　标准中心孔符号

要　求	符　号	表示法示例	说　明
在完工的零件上要求保留中心孔	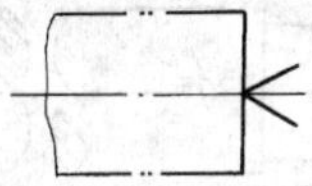	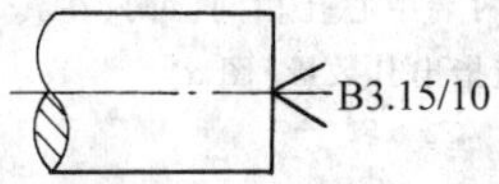	采用 B 型中心孔，D＝3.15mm D_1＝10mm 在完工零件上要求保留中心孔
在完工的零件上可以保留中心孔	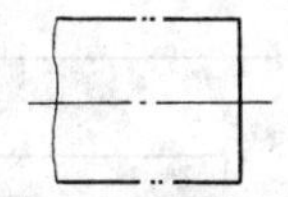	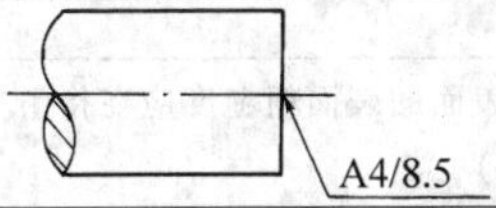	采用 A 型中心孔，D＝4mm D_1＝8.5mm 在完工零件上是否保留中心孔都可以
在完工的零件上不允许保留中心孔	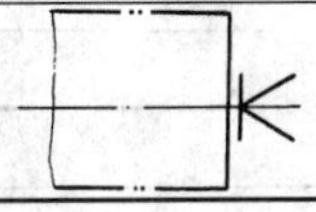	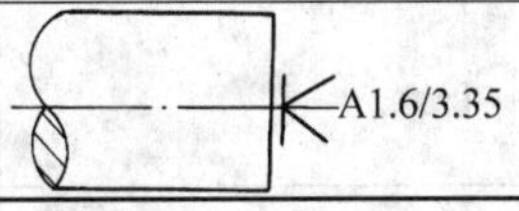	采用 A 型中心孔，D＝1.6mm D_1＝3.35mm 在完工零件上不允许保留中心孔

表 3.1-63　标准中心孔的标记

型　式	标记示例	说　明
R（弧形） 根据 GB/T 145—2001 选择中心钻	GB/T 4459.5-R3.15/6.7	D＝3.15mm D_1＝6.7mm 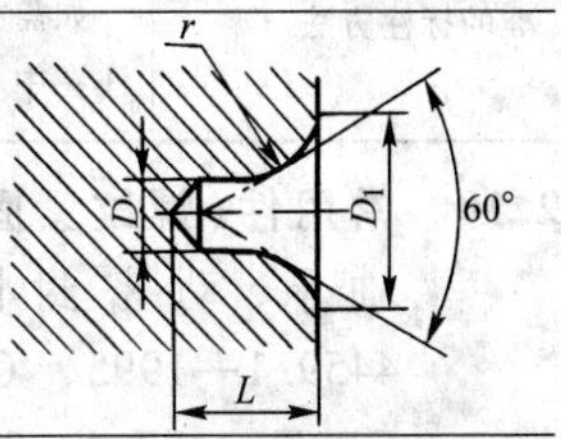
A（不带护锥） 根据 GB/T 145—2001 选择中心钻	GB/T 4459.5-A4/8.5	D＝4mm D_1＝8.5mm 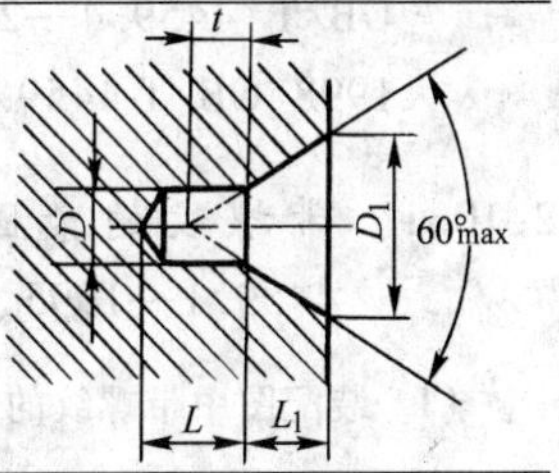

（续）

型　　式	标记示例	说　　明	
B(带护锥) 根据 GB/T 145—2001 选择中心钻	GB/T 4459.5-B2.5/8	$D=2.5\text{mm}$ $D_1=8\text{mm}$	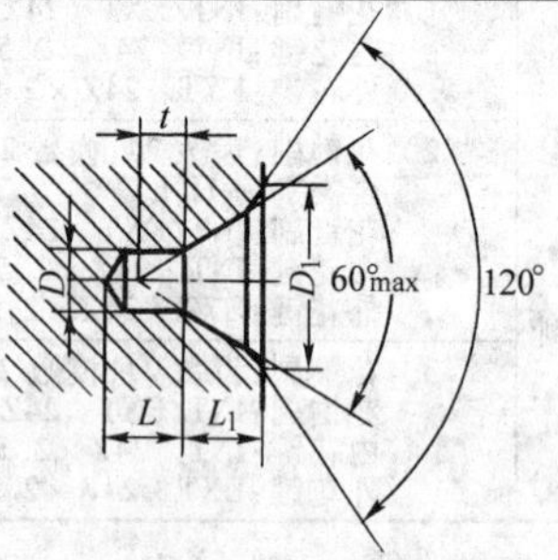
C(带螺纹) 根据 GB/T 145—2001 选择中心钻	GB/T 4459.5-CM10L30/16.3	$D=\text{M}10$ $L=30\text{mm}$ $D_2=16.3\text{mm}$	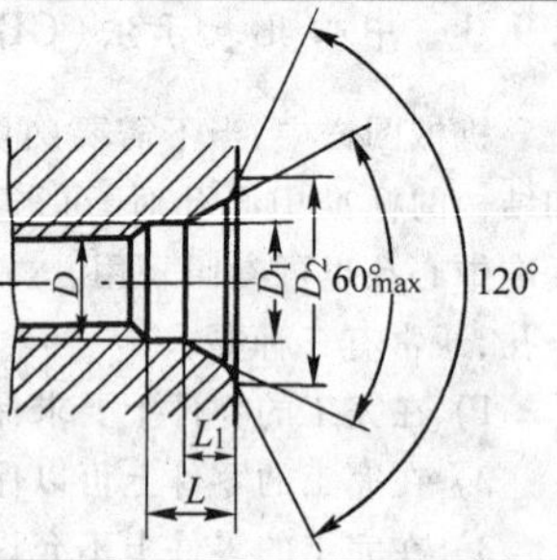

注：1. 尺寸 L 取决于中心钻的长度，不能小于 t。

2. 尺寸 L_1 取决于零件的功能要求。

表 3.1-64　与中心孔有关内容的标注

类　　别	规　　定	图　　例
轴两端相同中心孔的标注方法	如同一轴的两端中心孔相同，可只在其一端标注，但应指出其数量（图 a）	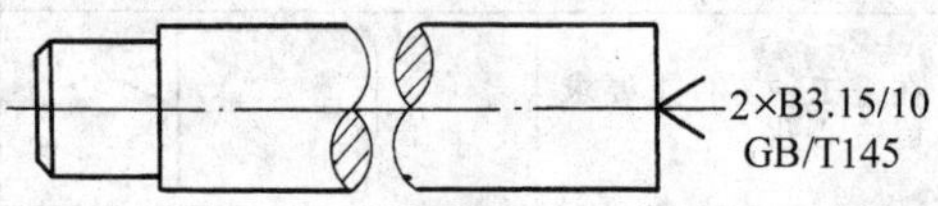 a)
中心孔锥面表面粗糙度的注法	中心孔工作表面的表面粗糙度应在指引线上标出（图 b）	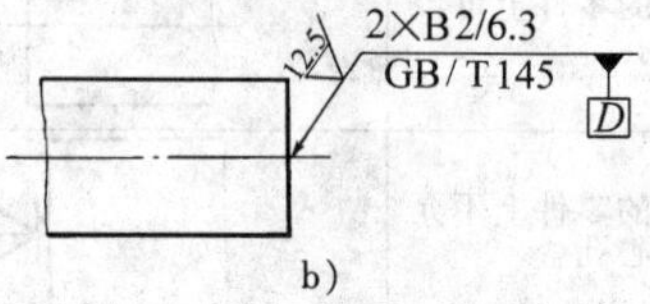 b)
以中心孔轴线为基准的标注方法	以中心孔轴线为基准时基准代（符）号可按图 b、c 的方法标注 如需指明中心孔的标准代号时，则可标注在中心孔型号的下面	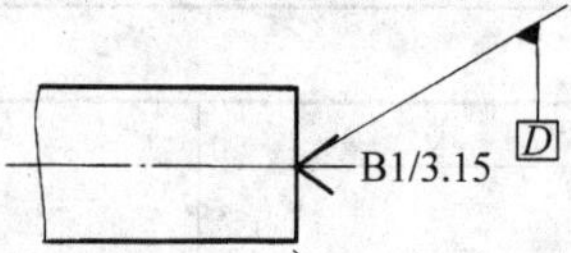 c)

2.10　常用件（螺纹紧固件、齿轮、弹簧、滚动轴承、动密封圈）表示法（GB/T 4459.1—1995、GB/T 4459.2—2003、GB/T 4459.4—2003、GB/T 4459.7—1998、GB/T 4459.6—1996）

2.10.1　带螺纹的紧固件的表示法（GB/T 4459.1—1995、GB/T 1237—2000）

（1）装配图中带螺纹的紧固件表示法

1）在装配图中，当剖切平面通过螺杆的轴线时，对于螺柱、螺栓、螺钉、螺母、垫圈等均按未剖切绘制。螺纹紧固件的工艺结构，如倒角、退刀槽、缩颈、凸肩等均可省略不画。

2）在装配图中，不穿通的螺纹孔可不画出钻孔深度，仅按有效螺纹部分的深度（不包括螺尾）画出。

装配图中带螺纹紧固件画法见表 3.1-65。

装配图中螺栓、螺钉头部及螺母的简化画法见表 3.1-66。

表 3.1-65　螺纹紧固件的装配画法

螺　栓　联　接	双头螺柱联接	内六角螺钉联接
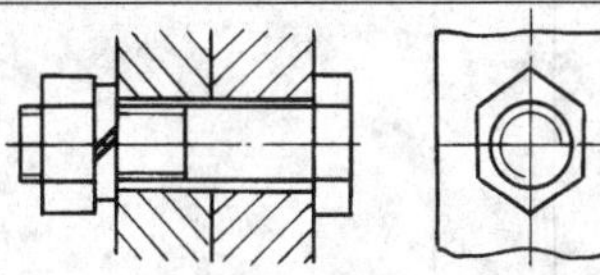	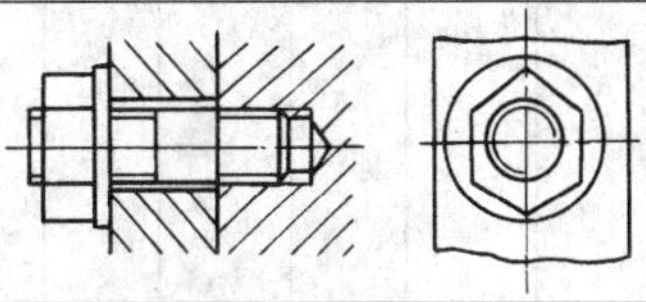	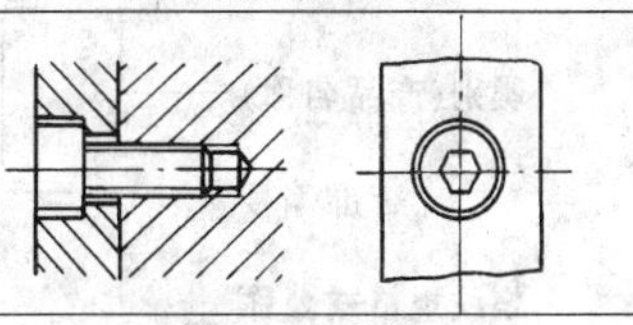
沉头开槽螺钉联接	盘头十字槽螺钉联接	钢丝螺套联接
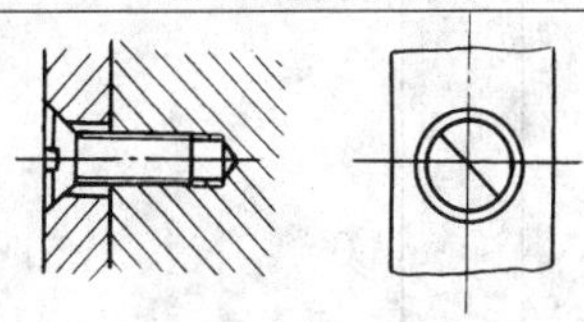	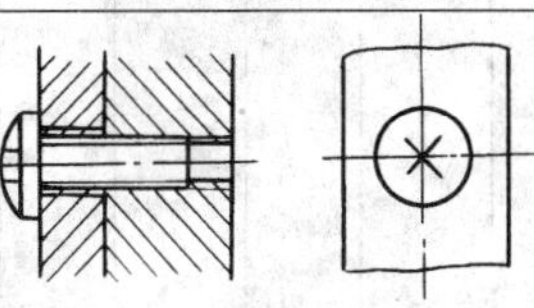	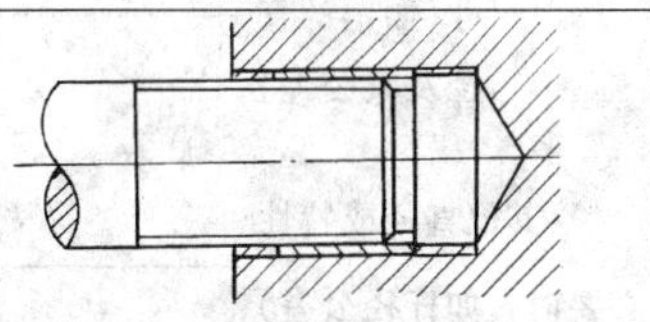

表 3.1-66　螺栓、螺钉头部、螺母的简化画法

六角头(螺栓)	方头(螺栓)	圆柱头内六角(螺钉)
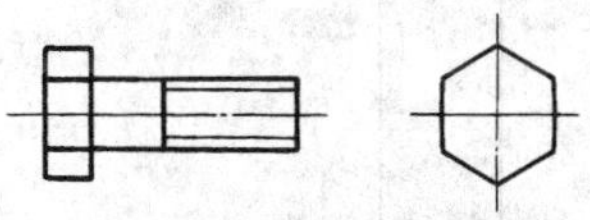	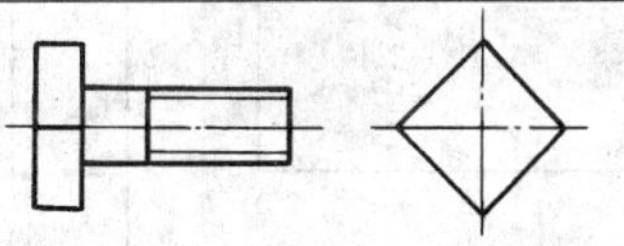	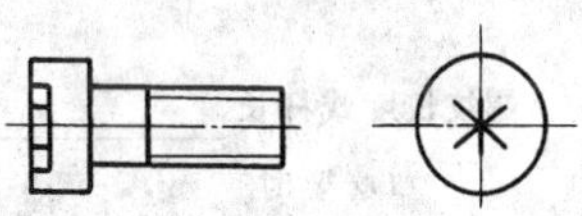
无头内六角(螺钉)	无头开槽(螺钉)	沉头开槽(螺钉)
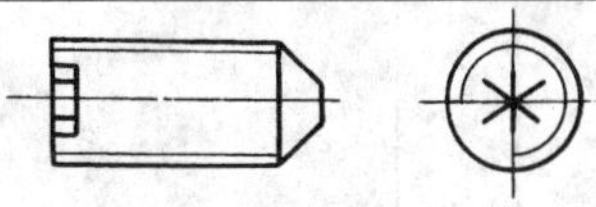	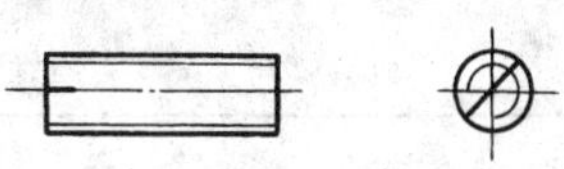	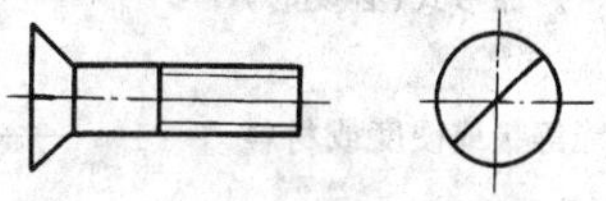
半沉头开槽(螺钉)	圆柱头开槽(螺钉)	盘头开槽(螺钉)
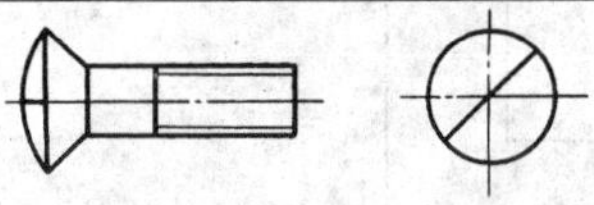	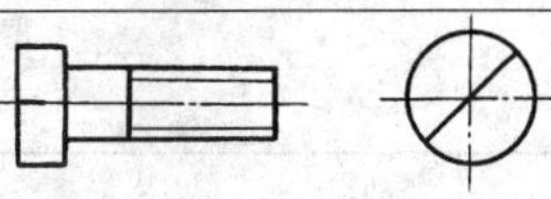	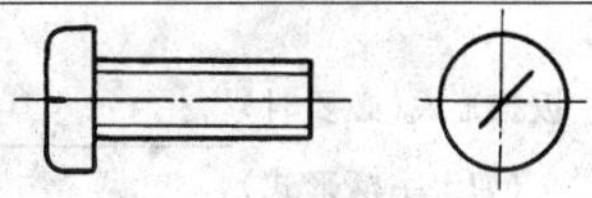
沉头开槽(自攻螺钉)	六角(螺母)	方头(螺母)
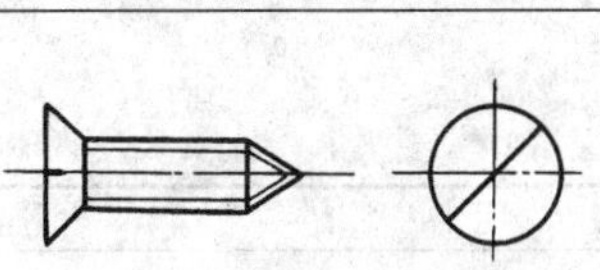	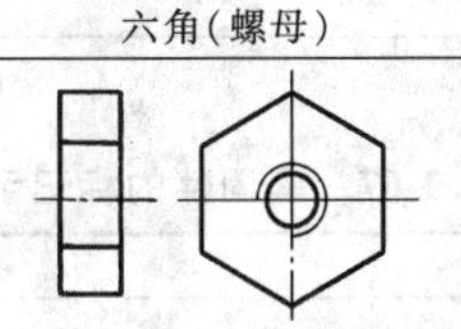	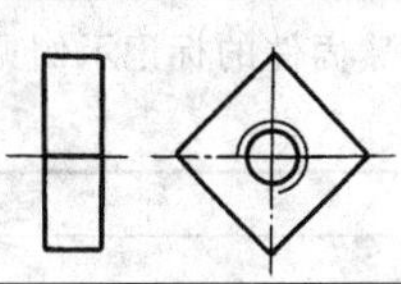
六角开槽(螺母)	六角法兰面(螺母)	蝶形(螺母)
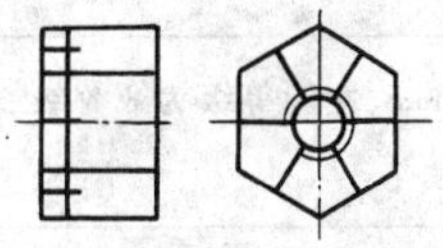	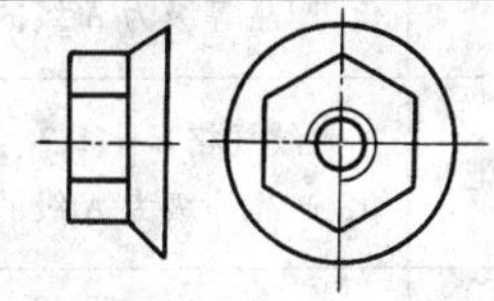	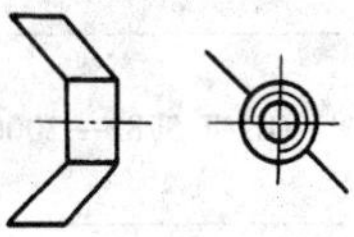
沉头十字槽(螺钉)	半沉头十字槽(螺钉)	盘头十字槽(螺钉)
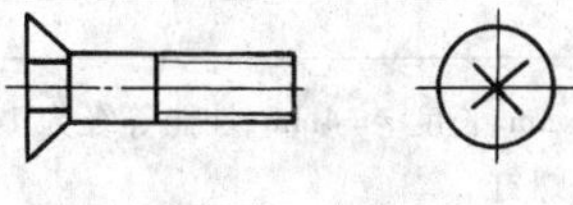	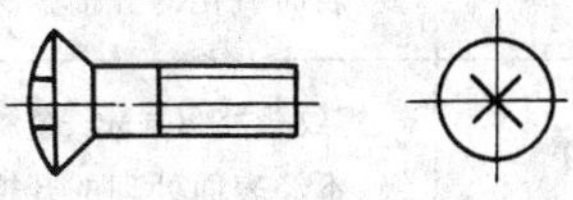	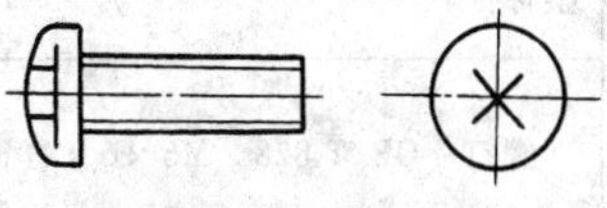

六角法兰面(螺栓)	圆头十字槽(木螺钉)
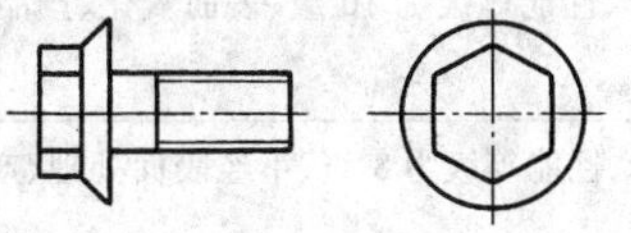	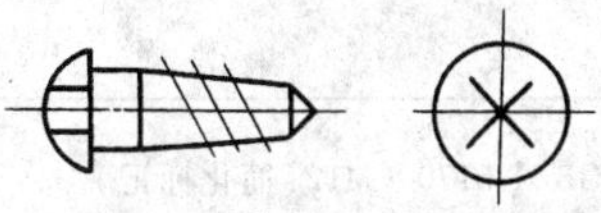

（2）紧固件的完整标记

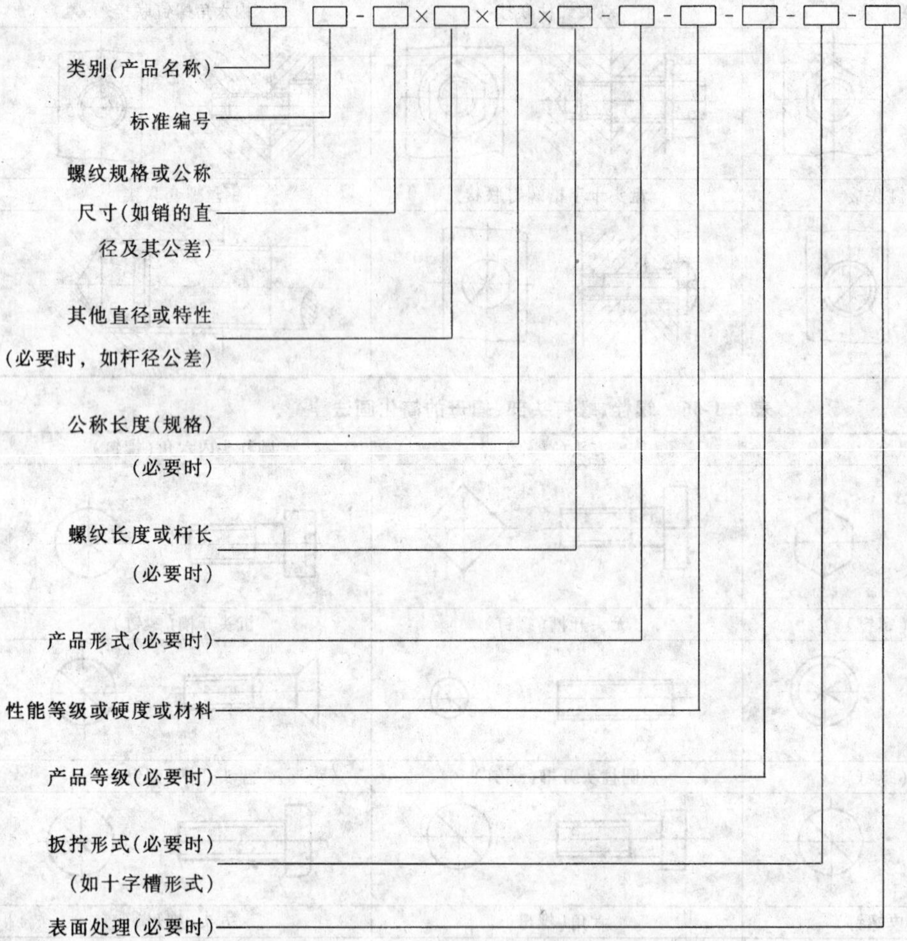

（3）紧固件的标记示例见表3.1-67。

表3.1-67　紧固件的标记示例

	标　　记	说　　明
外螺纹件	螺栓　GB/T 5782—2000-M12×80×80-10.9-A-O（完整标记）	螺纹规格 d＝M12、公称长度 l＝80mm、性能等级为10.9级、表面氧化、产品等级为A级的六角头螺栓
	螺栓　GB/T 5782—2000-M12×80（简化标记）	螺纹规格 d＝M12、公称长度 l＝80mm、性能等级为8.8级、表面氧化、产品等级为A级的六角头螺栓
	螺钉　GB/T 828—1988-M6×6×4-33H-O（完整标记）	螺纹规格 d＝M6、公称长度 l＝6mm、长度 z＝4mm、性能等级为33H级、表面氧化的开槽盘头定位螺钉
	螺钉　GB/T 828　M6×6×4（简化标记）	螺纹规格 d＝M6、公称长度 l＝6mm、长度 z＝4mm、性能等级为14H级、不经表面处理的开槽盘头定位螺钉
内螺纹件	螺母　GB/T 6170—2000-M12×10-A-O（完整标记）	螺纹规格 D＝M12、性能等级为10级、表面氧化、产品等级为A级的Ⅰ型六角螺母
	螺母　GB/T 6170　M12（简化标记）	螺纹规格 D＝M12、性能等级为8级、不经表面处理、产品等级为A级的Ⅰ型六角螺母

（续）

	标 记	说 明
垫圈	垫圈 GB/T 97.1—2002-8-300HV-A-O（完整标记）	标准系列、规格 8mm、性能等级为 300HV、表面氧化、产品等级为 A 级的平垫圈
垫圈	垫圈 GB/T 97.1—2002 8（简化标记）	标准系列、规格 8mm、性能等级为 140HV、不经表面处理、产品等级为 A 级的平垫圈
自攻螺钉	自攻螺钉 GB/T 845—1985-ST3.5×16-F-Z-O（完整标记）	螺纹规格 ST3.5、公称长度 $l=16$mm、Z 型槽、表面氧化的 F 型十字槽盘头自攻螺钉
自攻螺钉	自攻螺钉 GB/T 845—1985-ST 3.5×16（简化标记）	螺纹规格 ST3.5、公称长度 $l=16$mm、H 型槽、镀锌钝化的 C 型十字槽盘头自攻螺钉
销	销 GB/T 119.2—2000-6m6×30-C1-简单处理（完整标记）	公称直径 $d=6$mm、公差为 m6、公称长度 $l=30$mm，材料为 C1 组马氏体不锈钢、表面简单处理的圆柱销
销	销 GB/T 119.2 6×30（简单标记）	公称直径 $d=6$mm、公差为 m6、公称长度 $l=30$mm、材料为钢、普通淬火（A 型）、表面氧化的圆柱销
铆钉	抽芯铆钉 GB/T 12618—2006-5×10-08（完整标记）	公称直径 $d=5$mm、公称长度 $l=10$mm，性能等级为 08 级的开口型扁圆头铆钉
铆钉	抽芯铆钉 GB/T 12618 5×10（简单标记）	公称直径 $d=5$mm、公称长度 $l=10$mm，性能等级为 10 级的开口型扁圆头抽芯铆钉
挡圈	挡圈 GB/T 886—1986-30×40-35 钢、热处理 25～35HRC-O（完整标记）	公称直径 $d=30$mm、外径 $D=40$mm、材料为 35 钢、热处理硬度 25～35HRC、表面氧化的轴肩挡圈
挡圈	挡圈 GB/T 886—1986 30×40（简化标记）	公称直径 $d=30$mm、外径 $D=40$mm、材料为 35 钢、不经热处理及表面处理的轴肩挡圈

2.10.2 齿轮表示法（GB/T 4459.2—2003）

（1）齿轮画法

由于齿轮的轮齿部分比较复杂，用通常的正投影法绘制将无法表达清楚。有关齿轮、齿条、蜗杆、蜗轮及链轮的规定画法见表 3.1-68。

（2）齿轮、蜗轮、蜗杆啮合画法（表 3.1-69）

（3）齿轮工作图格式示例（供参考）

1）圆柱齿轮工作图（图 3.1-10） 圆柱齿轮工作图上标注的一般尺寸数据及需用表格列出的数据及参数（参考）见表 3.1-70。

2）圆锥齿轮工作图（图 3.1-11） 圆锥齿轮工作图上标注的一般尺寸数据及需用表格列出的数据及参数（参考）见表 3.1-71。

3）蜗杆工作图（图 3.1-12） 蜗杆工作图上标注的一般尺寸数据及需用表格列出的数据及参数（参考）见表 3.1-72。

4）蜗轮工作图（图 3.1-13） 蜗轮工作图上标注的一般尺寸数据及需用表格列出的数据及参数（参考）见表 3.1-73。

表 3.1-68 齿轮、齿条、蜗杆、蜗轮、链轮画法

规定	1. 齿顶圆和齿顶线用粗实线绘制（图 a～图 f） 2. 分度圆和分度线用细点划线绘制（图 a～图 f） 3. 齿根圆和齿根线用细实线绘制，也可省略不画；在剖视图中，齿根线用粗实线绘制（图 a～图 e、图 g） 4. 在剖视图中，当剖切平面通过齿轮轴线时，轮齿一律按不剖绘制（图 a～图 e） 5. 如需表明齿形，可在图形中用粗实线画出一个或两个齿形；或用适当比例的局部放大图表示（图 e） 6. 当需要表示齿线的特征时，可用三条与齿线方向一致的细实线表示（图 f）。直齿则不需要表示 7. 如需要注出齿条的长度时，可在画出齿形的图中注出，并在另一视图中用粗实线画出其范围线（图 c）

（续）

图例	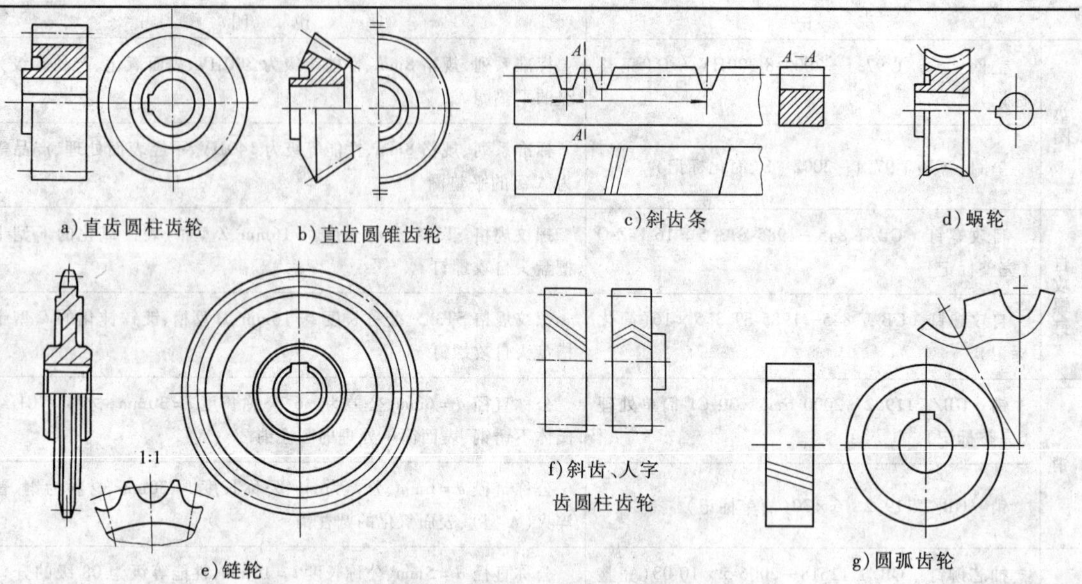 a）直齿圆柱齿轮　b）直齿圆锥齿轮　c）斜齿条　d）蜗轮 e）链轮　f）斜齿、人字齿圆柱齿轮　g）圆弧齿轮

表 3.1-69　齿轮、蜗轮、蜗杆啮合画法

啮合区的规定画法	1．在垂直于圆柱齿轮轴线的投影面的视图中，啮合区内齿顶圆用粗实线绘制（图 a），亦可省略（图 b） 2．在平行于圆柱齿轮、圆锥齿轮轴线的投影面的视图（图 a、图 d）中，啮合区的齿顶线不需画出，节线用粗实线绘制，其他处的节线用细点画线绘制（图 c），轴线垂直的螺旋齿轮啮合画法如图 e 3．在圆柱齿轮啮合、圆锥齿轮啮合、齿轮齿条啮合的剖视图（图 h）中，当剖切平面通过两啮合齿轮轴线时，在啮合区内，将一个齿轮的轮齿用粗实线绘制，另一个齿轮的轮齿被遮挡的部分用细虚线绘制（图 a）；也可省略不画 4．在剖视图中，当剖切平面不通过啮合齿轮轴线时，齿轮一律按不剖绘制 5．内齿轮啮合、圆弧齿轮啮合、蜗轮蜗杆啮合及弧面蜗杆啮合的剖视图画法分别见图 f、图 g、图 i 和图 j
图例	圆柱齿轮啮合画法 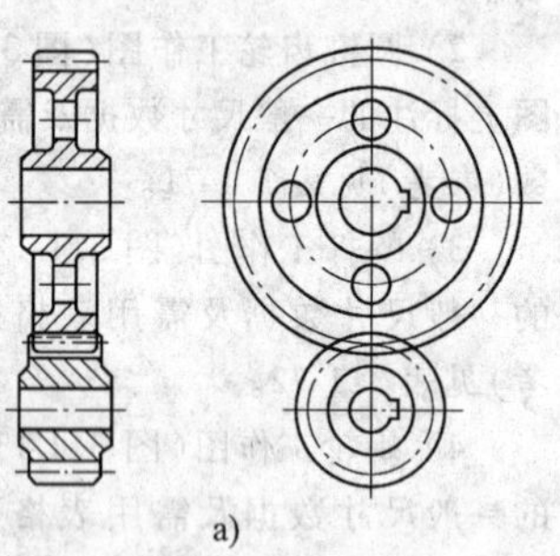 a） 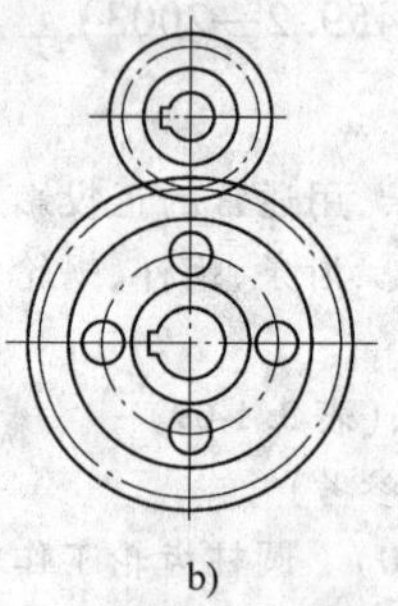 b）  c） 圆锥齿轮啮合画法 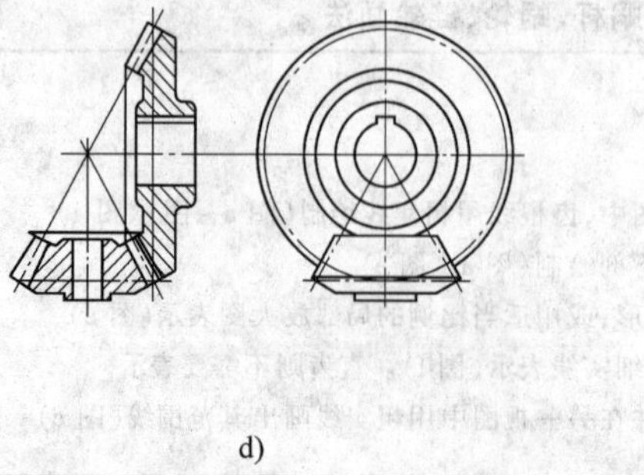 d） 轴线成直角的螺旋齿轮啮合画法 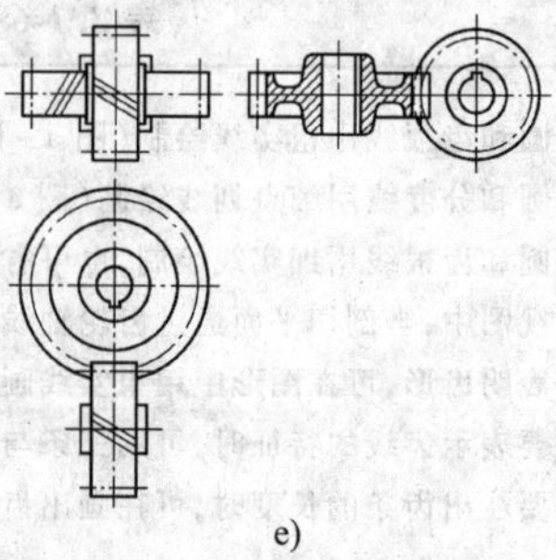 e）

（续）

图例	内齿轮啮合画法	圆弧齿轮啮合画法
	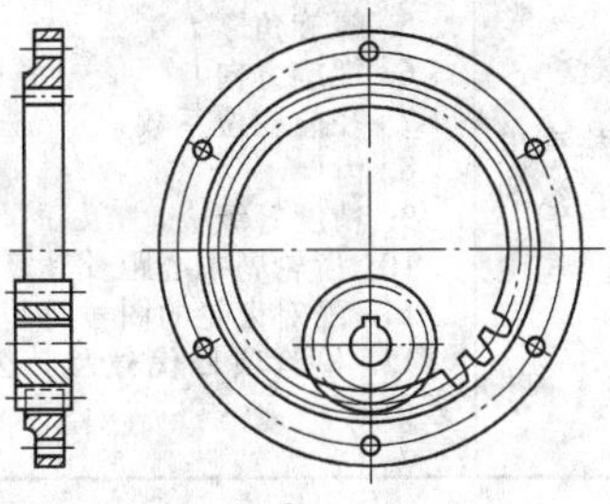 f)	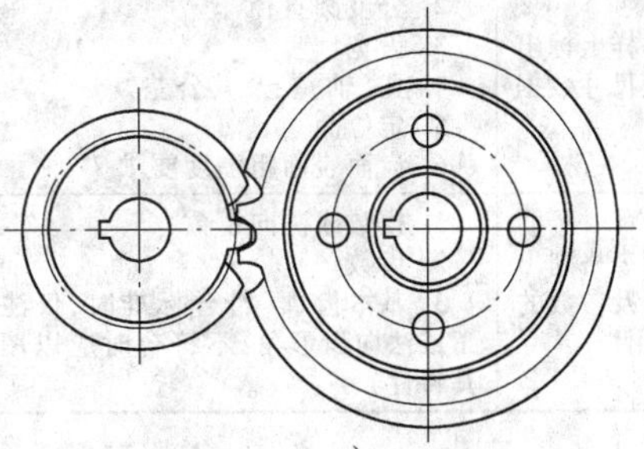 g)
	齿轮齿条啮合画法	蜗轮蜗杆啮合画法
	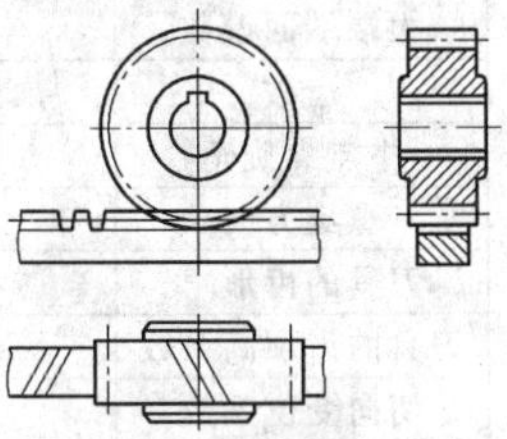 h)	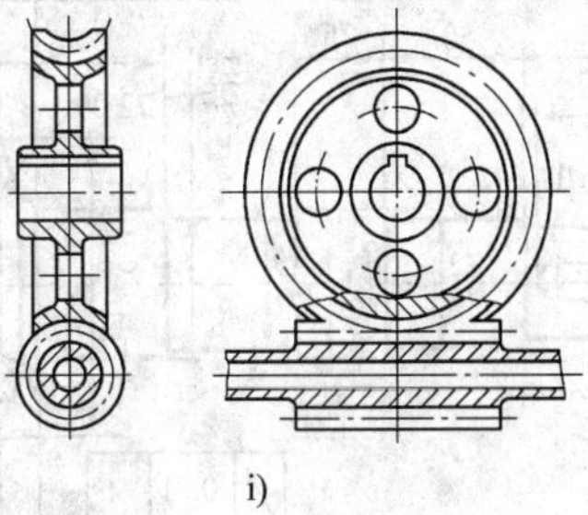 i)
	弧面蜗杆啮合画法	
	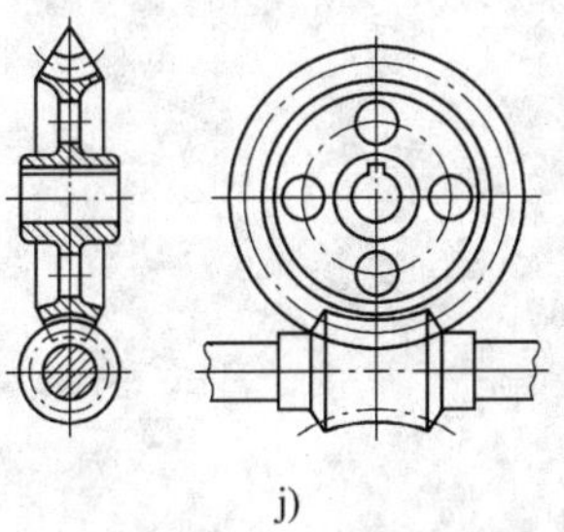 j)	

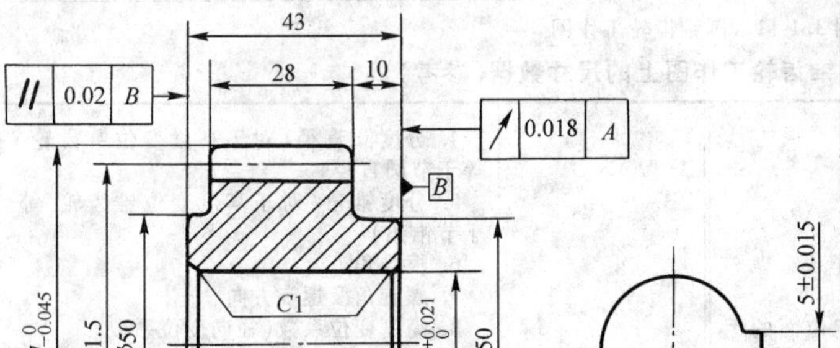

模数	m	2.75
齿数	z	26
齿形角	α	20°
变位系数	ζ	0
精度	877FJ'	
径向综合公差	F''_i	0.090
合法线长度变动公差	F_w	0.028
径向一齿综合公差	f''_i	0.02
基节极限偏差	f_{pb}	0.011
齿形公差	f_f	±0.013
齿向公差	F_β	0.011
齿厚 上偏差	E_{ss}	-0.056
齿厚 下偏差	E_{si}	-0.140

图 3.1-10　圆柱齿轮工作图

表 3.1-70　圆柱齿轮工作图上的尺寸数据(参考)

在图样上标出的一般尺寸数据	1. 齿顶圆直径及公差 2. 分度圆直径 3. 齿宽 4. 孔(轴)径及其公差 5. 定位面 6. 齿面表面粗糙度要求	需用表格列出的数据及参数的选用项目	4. 齿顶高系数 5. 螺旋角 6. 螺旋方向 7. 径向变位系数 8. 齿厚 9. 精度等级 10. 齿轮副中心距及其极限偏差 11. 配对齿轮的图号及其齿数 12. 检验项目代号及其公差(或极限偏差值)
需用表格列出的数据及参数的选用项目	1. 模数或法向模数 2. 齿数 3. 基本齿廓(符合标准时,仅注明齿形角或法向齿形角,不符合时应以图样表明其特性)		

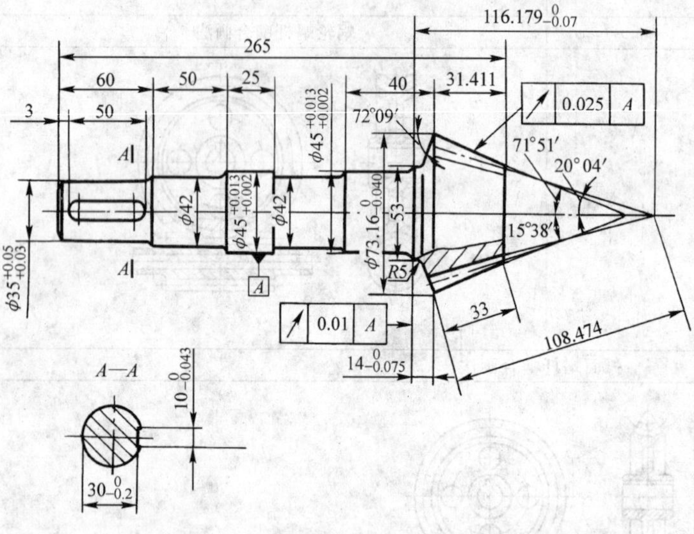

齿制		GB/T 12369—1990
大端端面模数	m_e	3.5
齿数	z	19
中点螺旋角	β	0
螺旋方向		
刀具的齿形角	α	20°
刀具的齿顶高系数	h_a	1
切向变位系数	x_f	0
径向变位系数	x	0
大端齿高	h_e	7.7
配对齿轮	图号	
	齿数	59
精度等级	6cB　GB/T 11365	
公差组	检验项目	数值
Ⅰ	F_i'	0.038
Ⅱ	f_i'	0.013
Ⅲ	沿齿长接触率>60%	
	沿齿高接触率>65%	
大端分度圆弦齿厚	$\bar{s}$	$6.452^{-0.040}_{-0.113}$
大端分度圆弦齿高	$\bar{h}_{ae}$	3.608

技术要求

1. 渗碳淬火后齿面硬度 58～63HRC
2. 未注倒角为 C2
3. 未注明圆角半径为 R2
4. 两轴端中心孔为 GB/T 4459.5—A5/10.6

图 3.1-11　圆锥齿轮工作图

表 3.1-71　圆锥齿轮工作图上的尺寸数据(参考)

在图样上标注的一般尺寸数据	1. 齿轮圆直径及其公差 2. 齿宽 3. 顶锥角 4. 背锥角 5. 孔(轴)径及其公差 6. 定位面(安装基准面) 7. 从分锥(或节锥)顶点至定位面的距离及公差 8. 从齿尖至定位面的距离 9. 从锥端面至定位面的距离 10. 齿面表面粗糙度(若需要,包括齿根表面及齿根圆处的表面粗糙度)	需用表格列出的数据及参数的选用项目	4. 分度圆直径(对于高度变位锥齿轮、等于节圆直径) 5. 分度锥角(对于高度变位锥齿轮,等于节锥角) 6. 根锥角 7. 螺旋角及螺旋方向 8. 高度变位系数(径向变位系数) 9. 切向变位系数(齿厚变位系数) 10. 测量齿厚和其公差 11. 精度等级 12. 接触斑点的高度沿齿高方向的百分比,长度沿齿长方向的百分比 13. 全齿高 14. 轴交角 15. 侧隙 16. 配对齿轮的齿数 17. 配对齿轮的图号 18. 检验项目代号及其公差值
需用表格列出的数据及参数的选用项目	1. 模数(一般为大端模数) 2. 齿数 3. 基本齿廓(符合标准时,仅注明法向齿形角,不符合时则应以图样表明特性)		

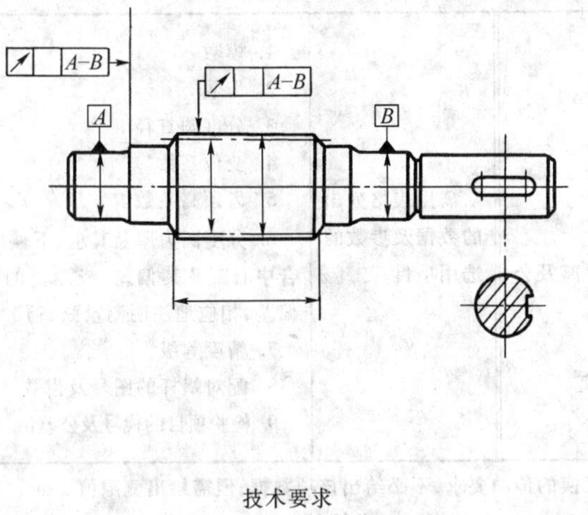

蜗杆类型		
模数	m	
齿数	z_1	
齿形角	α	
齿顶高系数	h_{a1}	
导程	P_z	
导程角	γ	
螺旋方向		
法向齿厚	s_1	
精度等级		
配对蜗轮	图号	
公差组	检验项目	公差(或极限偏差)值
Ⅰ		
Ⅱ		

图 3.1-12　蜗杆工作图

表 3.1-72　蜗杆工作图上的尺寸数据(参考)

在图样上标注的一般尺寸数据	1. 齿顶圆直径及其公差 2. 分度圆直径 3. 齿宽 4. 轴(孔)径及其公差 5. 定位面 6. 蜗杆轮齿表面粗糙度	需用表格列出的数据及参数的选用项目	5. 齿顶高系数 6. 螺旋方向(左旋或右旋) 7. 导程 8. 导程角 9. 齿厚及其上下偏差(或量柱测量距及其偏差,或测量的弦齿厚及其偏差,相应的指明量柱直径或测量弦齿高) 10. 精度等级 11. 配对蜗轮的图号及齿数 12. 检验项目代号及其公差(或极限偏差)
需用表格列出的数据及参数的选用项目	1. 蜗杆类型(ZA、ZN、ZI、ZK 和 ZC) 2. 模数 3. 齿数 4. 基本齿廓①(符合标准时,仅注明齿形角,否则应以图样——轴向剖视图或法向剖视图详述其特征)		

① 对不同的蜗杆类型,应分别注明法向齿形角或轴向齿形角、刀具角。

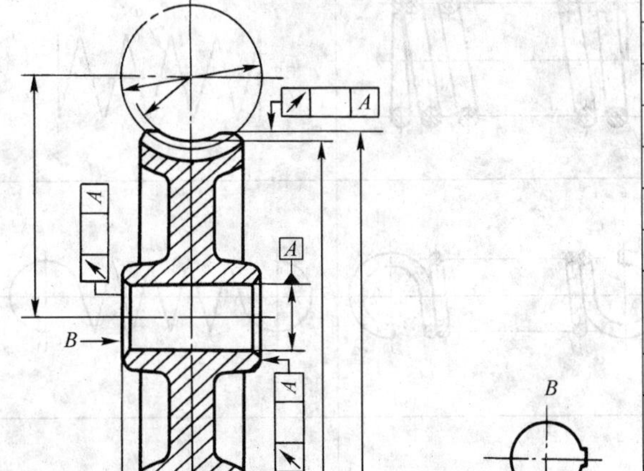

模数	m	
齿数	z_2	
分度圆直径	d_2	
齿顶高系数	h_{a2}	
变位系数	x_2	
分度圆齿厚	s_2	
精度等级		
配对蜗杆	图号	
	齿数	
公差组	检验项目	公差(或极限偏差)值
Ⅰ		
Ⅱ		
Ⅲ		

图 3.1-13　蜗轮工作图

表 3.1-73　蜗轮工作图上的尺寸数据(参考)

在图样上标注的一般尺寸数据	1. 蜗轮顶圆直径及其公差 2. 蜗轮喉圆直径及其公差 3. 咽喉母圆半径 4. 蜗轮宽度 5. 孔(轴)径及其公差 6. 定位面 7. 蜗轮中间平面与定位面的距离及公差 8. 蜗轮轮齿表面粗糙度 9. 咽喉母圆中心到蜗轮轴线距离 10. 配对蜗杆分度圆直径	需用表格列出的数据及参数的选用项目	1. 模数 2. 齿数 3. 分度圆直径 4. 变位系数 5. 齿顶高系数 6. 分度圆齿厚及其上、下偏差①(或双啮合中心距及其偏差,或测量的弦齿厚及其偏差,相应地注明测量弦高) 7. 精度等级 8. 配对蜗杆的图号及齿数 9. 检验项目的代号及公差(或极限偏差)

① 该项数据仅用于有互换性的传动要求,对非互换的传动要求,不必给出该项数据,但需绘出侧隙值。

2.10.3　弹簧表示法(GB/T 4459.4—2003)

弹簧是一种常用于减振、夹紧、储存能量、测力的零件,按其结构形状可分为螺旋弹簧、碟形弹簧、涡卷弹簧、板弹簧等。

(1) 螺旋弹簧画法(表 3.1-74、表 3.1-75)

(2) 碟形弹簧、涡卷弹簧、板弹簧的画法(见表 3.1-76～表 3.1-78)

表 3.1-74　螺旋弹簧画法

规　定
1. 在平行于螺旋弹簧轴线的投影面的视图中,其各圈的轮廓线应画成直线 2. 螺旋弹簧均可画成右旋,但左旋弹簧不论画成左旋或右旋,一律标注“左”字 3. 螺旋压缩弹簧,如要求两端并紧且磨平时,不论支承圈的圈数多少和末端贴紧情况如何,均按本表下列的形式绘制,必要时也可按支承圈的实际结构绘制 4. 有效圈数在四圈以上的螺旋弹簧中间部分可以省略。圆柱螺旋弹簧中间部分省略后,允许适当缩短图形的长度

类型	图例		
	视　图	剖视图	示意图
圆柱螺旋压缩弹簧	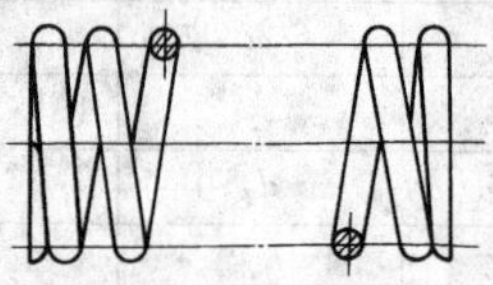	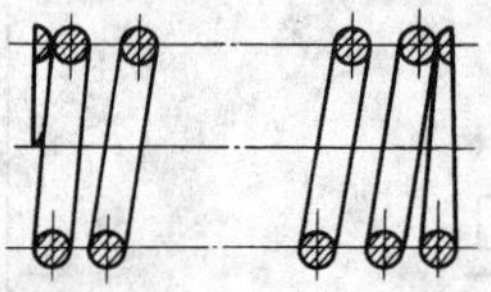	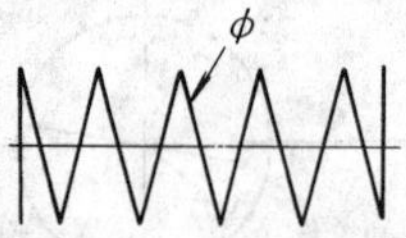
圆柱螺旋拉伸弹簧	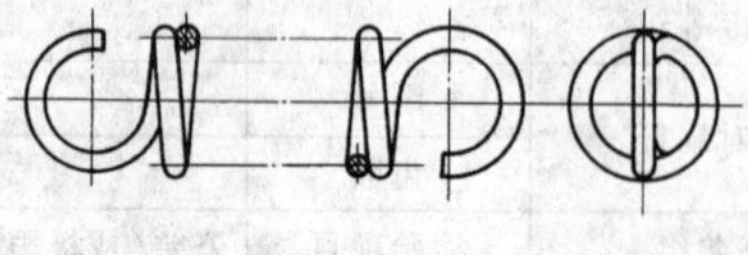	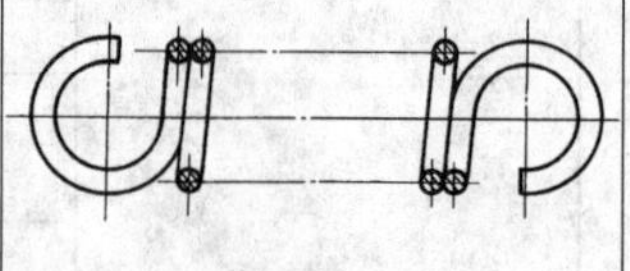	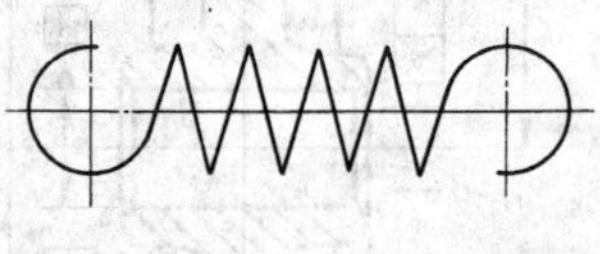
圆柱螺旋扭转弹簧	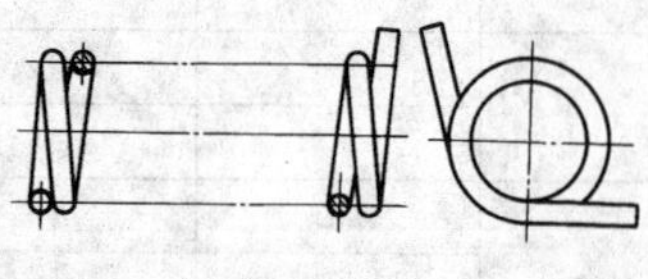	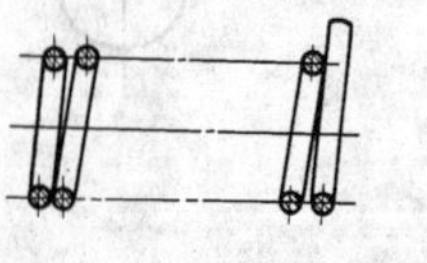	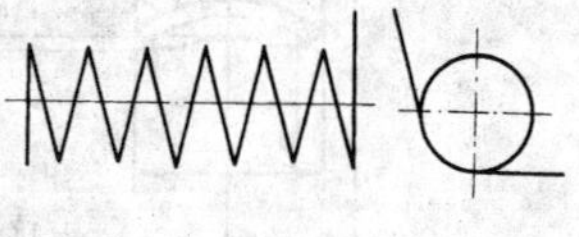

表 3.1-75　装配图中螺旋弹簧画法

规定	1. 被弹簧挡住的结构一般不画出，可见部分应从弹簧的外轮廓线或从弹簧钢丝剖面的中心线画起（图 a） 2. 型材直径或厚度在图形上等于或小于 2mm 的螺旋弹簧、碟形弹簧、片弹簧允许用示意图绘制（图 b），当弹簧被剖切时，剖面直径或厚度在图形上等于或小于 2mm 时也可用涂黑表示（图 c）		
图例	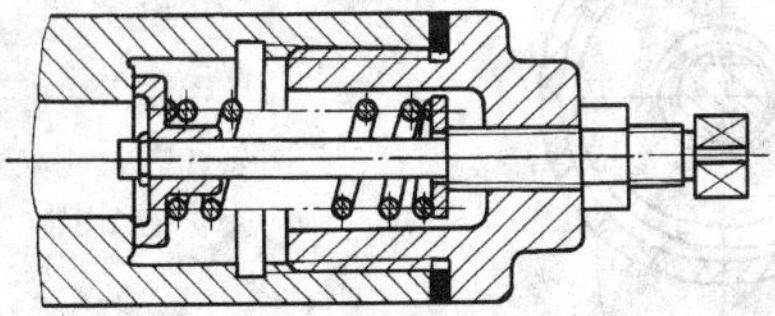 a)	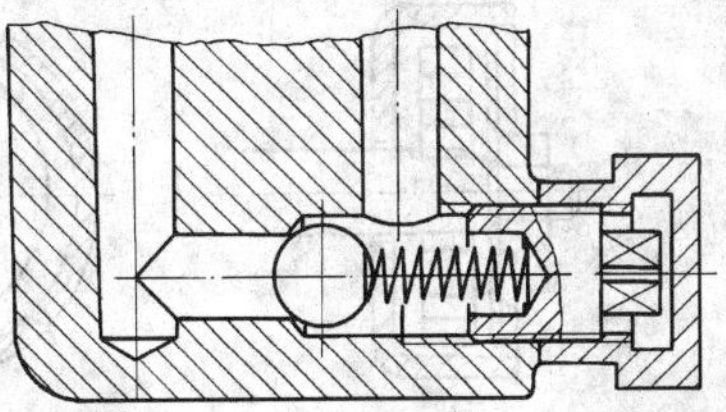 b)	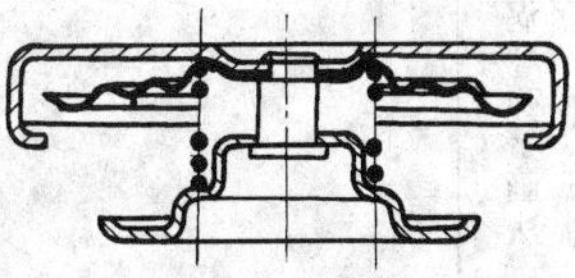 c)

表 3.1-76　碟形弹簧画法

类型	视　图	剖视图	示意图
零件图中碟形弹簧画法	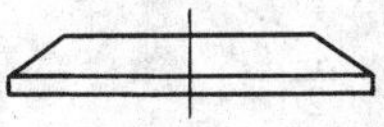	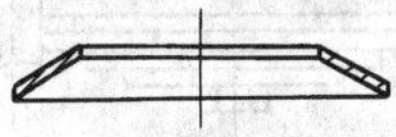	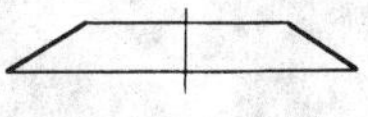
		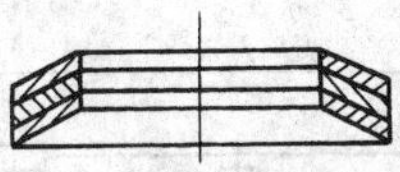	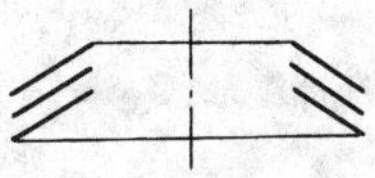
	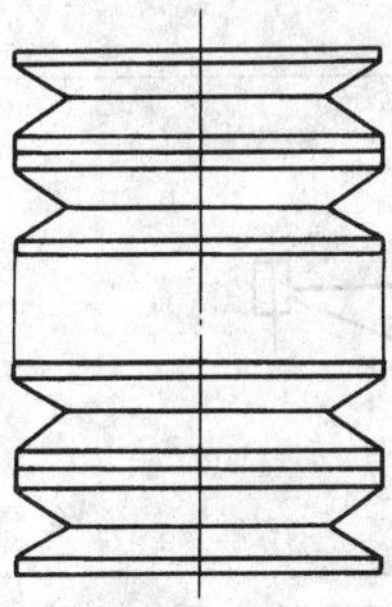	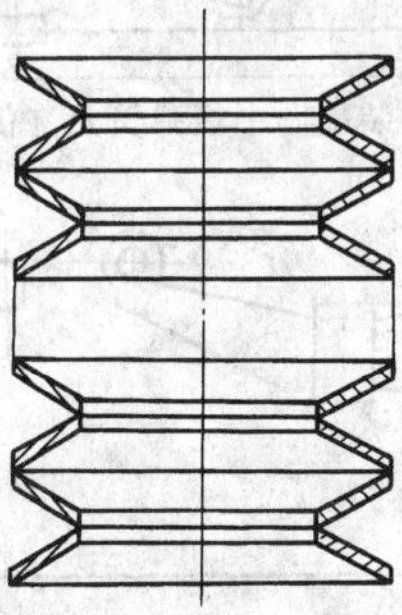	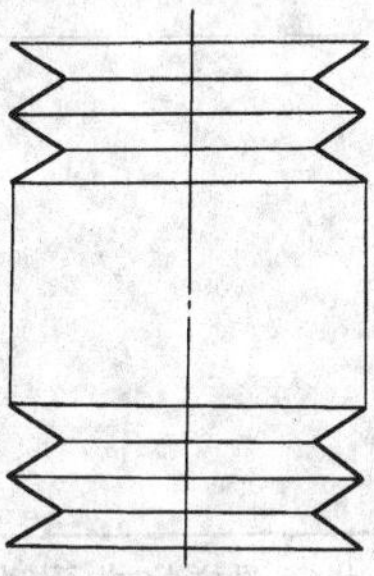
装配图中碟形弹簧画法			

表 3.1-77　平面涡卷弹簧画法

类型	视　图	示意图
零件图中涡卷弹簧画法	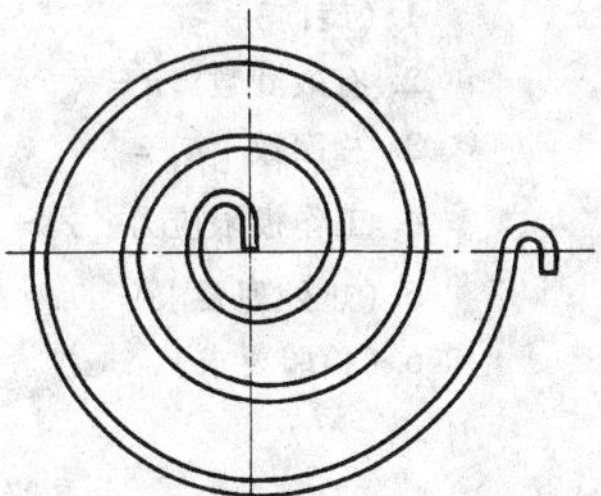	

（续）

类型	视　　图	示　意　图
装配图中涡卷弹簧画法	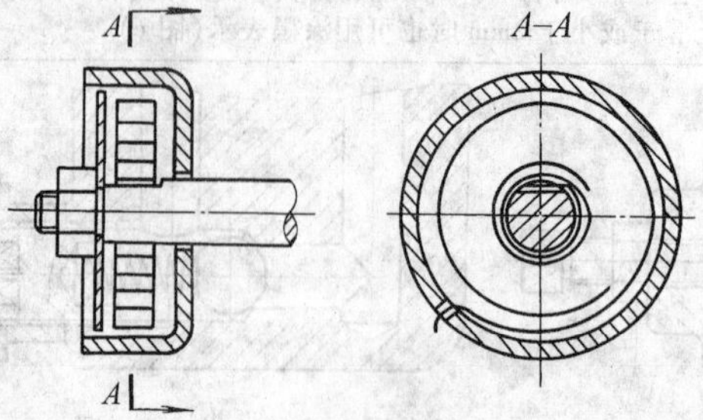	

表 3.1-78　板弹簧画法

板弹簧组件图画法	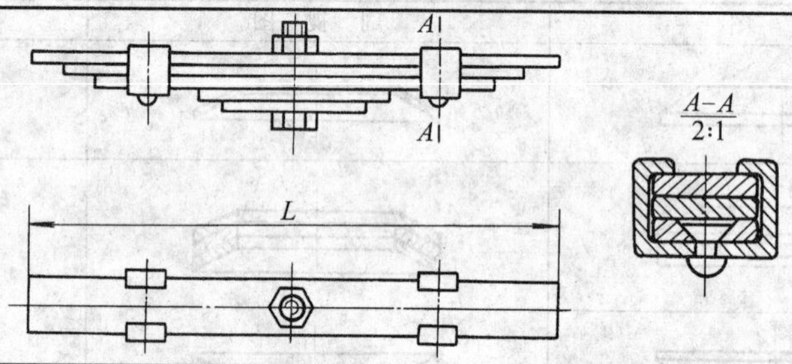
板弹簧在装配图中的画法	装配图中板弹簧允许仅画出外形轮廓 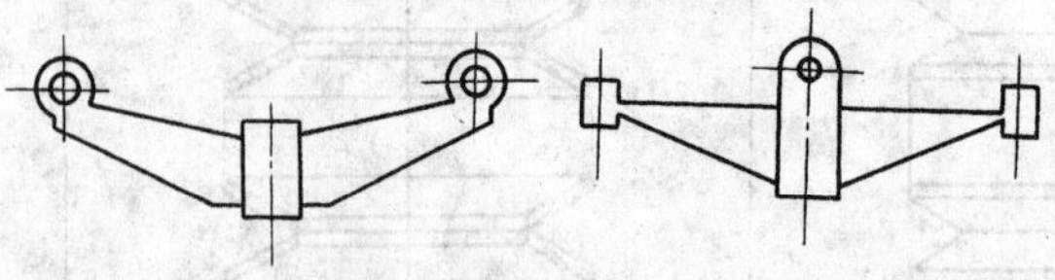

（3）弹簧图样格式示例

1）弹簧的参数应直接标注在图形上，当直接标注有困难时可在“技术要求”中说明。

2）一般采用图解方式表示弹簧力学性能。圆柱螺旋压缩（拉伸）弹簧的力学性能曲线均画直线，标注在主视图上方。圆柱螺旋扭转弹簧的力学性能曲线一般画在左视图上方，也允许画在主视图上方，性能曲线画成直线。力学性能曲线（或用直线形式）用粗实线绘制。

3）当某些弹簧只需给定刚度要求时，允许不画力学性能曲线，而在技术要求中说明刚度要求。

示例1：圆柱螺旋压缩弹簧见图 3.1-14

示例2：圆柱螺旋拉伸弹簧见图 3.1-15

示例3：圆柱螺旋扭转弹簧（一）见图 3.1-16

示例4：圆柱螺旋扭转弹簧（二）见图 3.1-17

有关弹簧的术语和代号见表 3.1-79

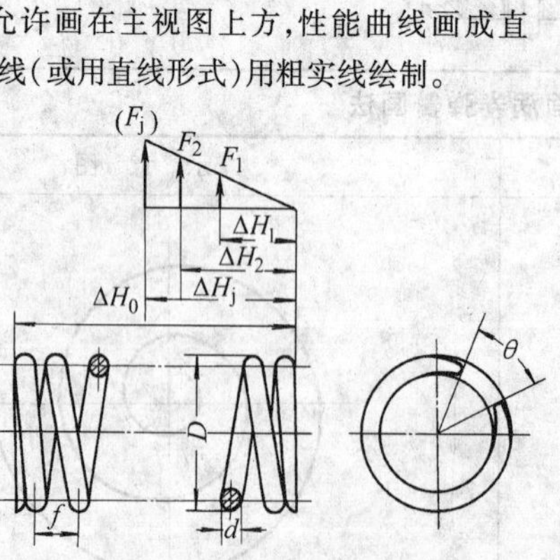

技术要求

1.（旋向）

2. 有效圈数　$n=$

3. 总圈数　$n_1=$

4. 工作极限应力　$\tau_j=$

5.（热处理要求）

6.（检验要求）

……

图 3.1-14　圆柱螺旋压缩弹簧

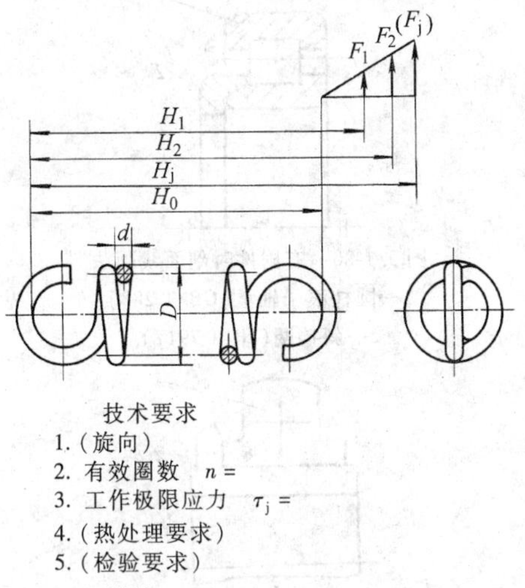

图 3.1-15　圆柱螺旋拉伸弹簧

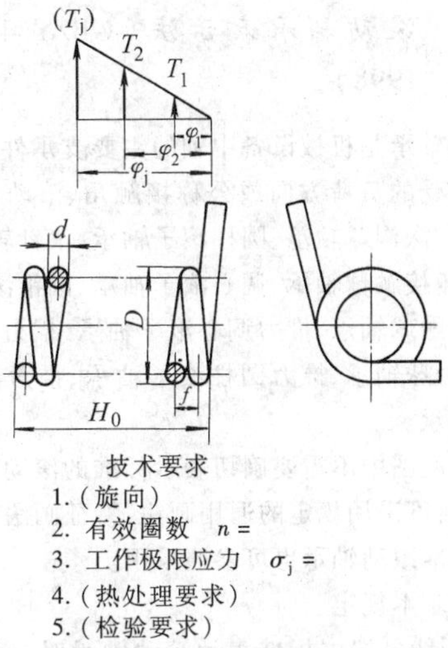

图 3.1-16　圆柱螺旋扭转弹簧（一）

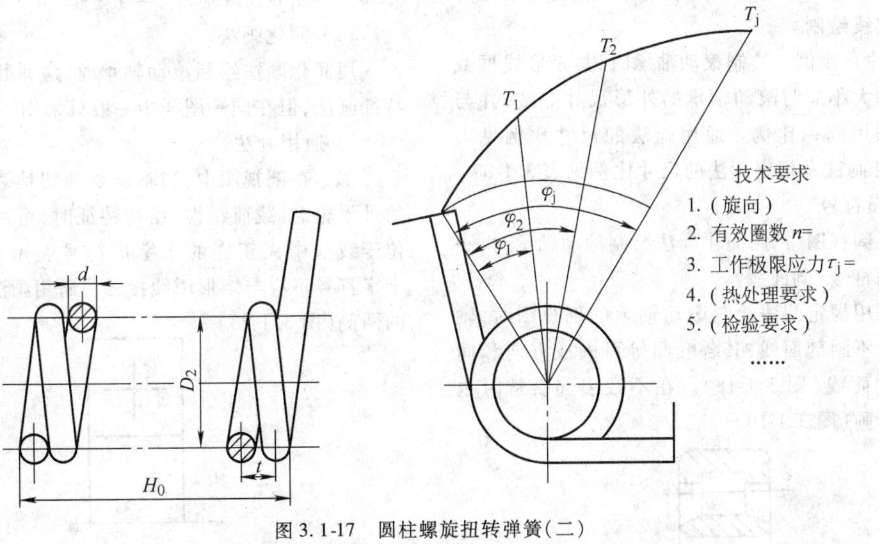

图 3.1-17　圆柱螺旋扭转弹簧（二）

表 3.1-79　弹簧的术语和代号

序号	术　语	代　号	序号	术　语	代　号
1	工作负荷	$F_{1、2、3\cdots n}$ $T_{1、2、3\cdots n}$	15 16	极限扭转角 试验扭转角	φ_j φ_s
2	极限负荷	F_j, T_j	17	弹簧刚度	F'、T'
3	试验负荷	F_s	18	初拉力	F_0
4	压并负荷	F_b	19	有效圈数	n
5	压并应力	τ_b	20	总圈数	n_1
6	变形量（挠度）	$f_{1、2、3\cdots n}$	21	支承圈数	N_z
7	极限负荷下变形量	f_j	22	弹簧外径	D_2
8	自由高度（长度）	H_0	23	弹簧内径	D_1
9	自由角度（长度）	φ_0	24	弹簧中径	D
10	工作高度（长度）	$H_{1、2、3\cdots n}$	25	线径	d
11	极限高度（长度）	H_j	26	节距	t
12	试验负荷下的高度（长度）	H_s	27	间距	δ
13	压并高度	H_b	28	旋向	
14	工作扭转角	$\varphi_{1、2、3\cdots n}$			

2.10.4　滚动轴承表示法（GB/T 4459.7—1998）

滚动轴承是机械设备中轴的主要支承件。通常按其所能承受的负荷方向或公称接触角、滚动件的种类综合分为：深沟球轴承、圆柱滚子轴承、滚针轴承、调心球轴承、角接触球轴承、调心滚子轴承、圆锥滚子轴承、推力角接触球轴承、推力调心滚子轴承、推力圆锥滚子轴承、推力球轴承、推力圆柱滚子轴承、推力滚针轴承和组合轴承。

在装配图中不需要确切表示标准的滚动轴承的形状、结构时可采用规定的通用画法、特征画法和规定画法。非标准滚动轴承也可参照采用。

（1）基本规定

1）图线　按本标准表示滚动轴承时，通用画法、特征画法及规定画法中的各种符号、矩形线框和轮廓线均用粗实线绘制。

2）尺寸及比例　绘制滚动轴承时，其矩形线框或外形轮廓的大小应与滚动轴承的外形尺寸一致，并与所属图样采用同一比例。通用画法的尺寸比例见表 3.1-86；特征画法及规定画法的尺寸比例见表 3.1-87。

3）剖面符号

①　在剖视图中，用简化画法绘制滚动轴承时，一般不画剖面符号（剖面线）。

②　采用规定画法绘制滚动轴承的剖视图时，轴承的滚动体不画剖面线，其各套圈等可画成方向和间隔相同的剖面线（图 3.1-18）。在不致引起误解时也允许省略不画（图 3.1-19）。

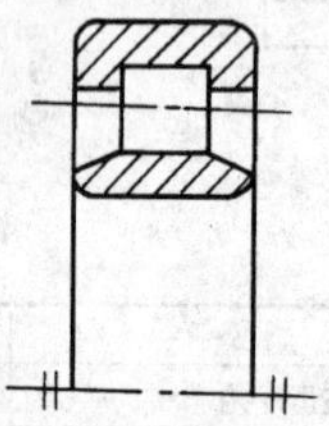

图 3.1-18　套圈的剖面线

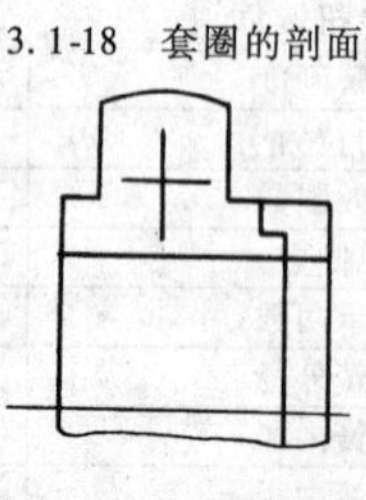

图 3.1-19　省略剖面线

③　若轴承带有其他零件或附件（偏心套、紧定套、挡圈等）时，其剖面线应与套圈的剖面线呈不同方向或不同间隔（图 3.1-20）。在不致引起误解时，也允许省略不画（图 3.1-21）。

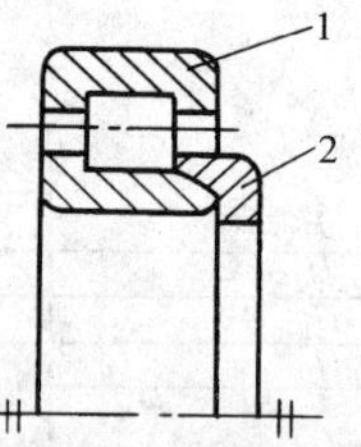

图 3.1-20　有附件时剖面线画法
1—圆柱滚子轴承（GB/T 283）
2—斜挡圈（JB/T 7917）

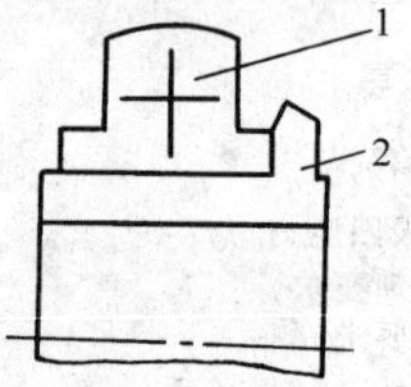

图 3.1-21　有附件时剖面线省略画法
1—外球面球轴承　2—紧定套（JB/T 7919.2）

（2）简化画法

用简化画法绘制滚动轴承时，应采用通用画法或特征画法，但在同一图样中一般只采用一种画法。

1）通用画法

①　在剖视图中，当不需要确切地表示滚动轴承的外形轮廓、载荷特性、结构特征时，可用矩形线框及位于线框中央正立的十字形符号表示（图 3.1-22）。十字符号不应与矩形图线接触。通用画法应绘制在轴的两侧（图 3.1-23）。

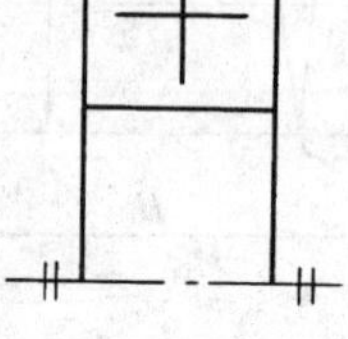

图 3.1-22　通用画法一

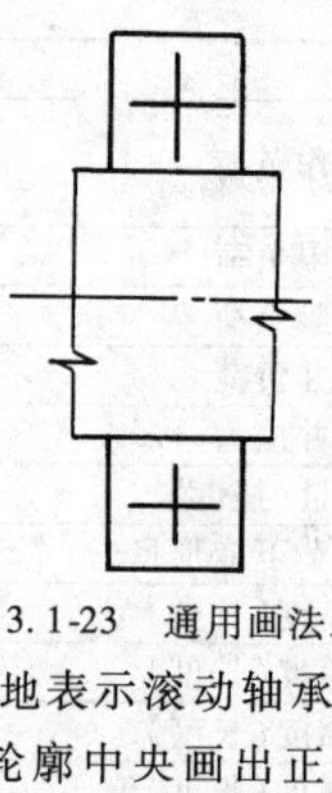

图 3.1-23　通用画法二

②　如需确切地表示滚动轴承的外形，则应画出其剖面轮廓，并在轮廓中央画出正立的十字形符号。十字形符号不应与剖面轮廓线接触（图 3.1-19）。

③　滚动轴承带有附件或零件时，则这些附件或零件也可只画出其外形轮廓（图 3.1-21）。

④　当需要表示滚动轴承的防尘盖和密封圈时，可按图 3.1-24 和图 3.1-25 的方法绘制。当需要表示滚动轴承内圈和外圈有、无挡边时，可按图 3.1-26 的方法在十字符号上附加一短画表示内圈或外圈无挡边的方向。

⑤　在装配图中，为了表达滚动轴承的安装方法，可画出滚动轴承的某些零件（图 3.1-27）。

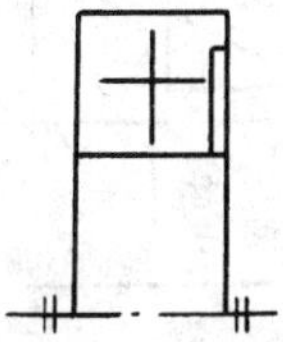

图 3.1-24　通用画法三

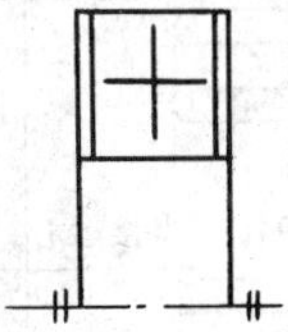

图 3.1-25　通用画法四

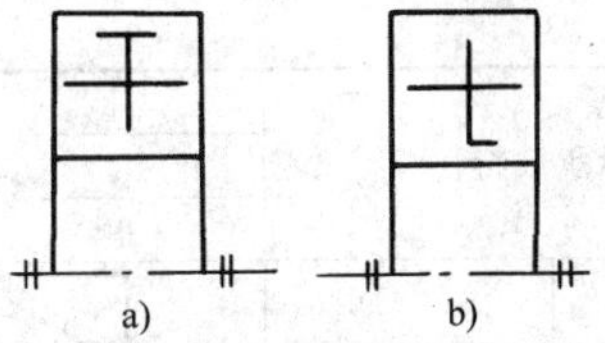

图 3.1-26　通用画法五

a）外圈无挡边　b）内圈有单挡边

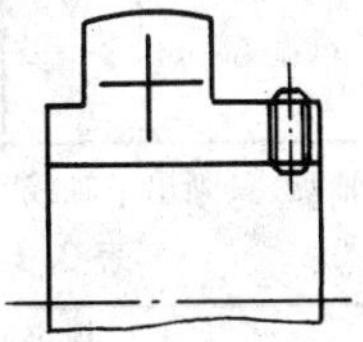

图 3.1-27　通用画法六

2）特征画法

①　在剖视图中，如需较形象地表示滚动轴承的结构特征时，可采用矩形线框内画出其结构要素符号（表 3.1-80）的方法表示；滚动轴承结构和载荷特性的要素符号组合见表 3.1-81；滚动轴承的特征画法及其应用见表 3.1-82～表 3.1-85。特征画法应绘制在轴的两侧。

表 3.1-80　滚动轴承特征画法中结构要素符号

序号	要素符号	说　明	应　用
1	①	长的粗实线	表示不可调心轴承的滚动体的滚动轴线
2	 ①	长的粗圆弧线	表示可调心轴承的调心表面或滚动体滚动轴线的包络线
3	 在规定画法中，可用以下符号代替短的粗画线 	短的粗实线与序号 1、2 的要素符号相交成 90°角（或相交于法线方向），并通过每个滚动体的中心 圆 宽矩形 长矩形	表示滚动体的列数和位置 球 圆柱滚子 长圆柱滚子、滚针

①　根据轴承的类型，可以倾斜画法。

表 3.1-81　滚动轴承特征画法中要素符号的组合

轴承承载特性		轴承结构特征			
		两个套圈		三个套圈	
		单　列	双　列	单　列	双　列
径向承载	不可调心	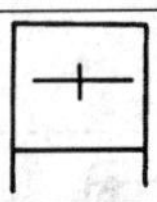	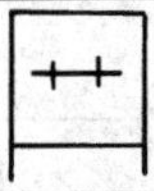	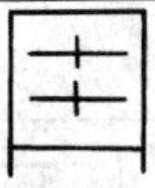	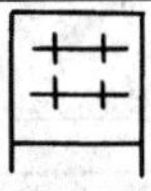
	可调心	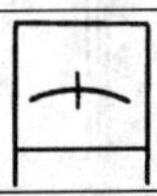	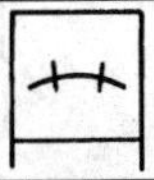	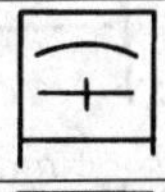	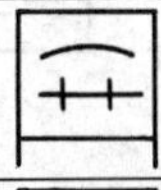
轴向承载	不可调心	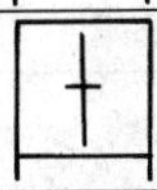	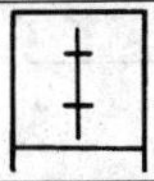	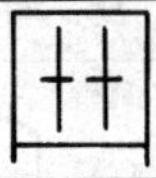	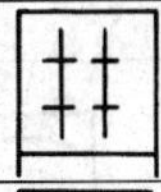
	可调心	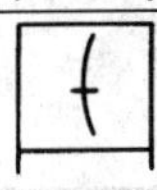	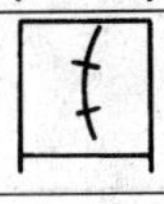	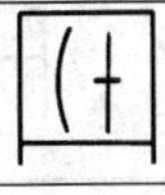	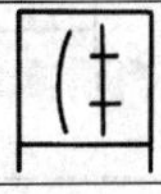

（续）

轴承承载特性		轴承结构特征			
		两个套圈		三个套圈	
		单　列	双　列	单　列	双　列
径向和轴向承载	不可调心			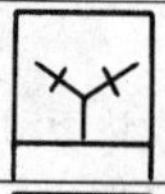	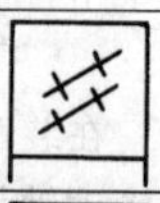
	可调心				

注：表中的滚动轴承，只画出了轴线一侧的部分。

表 3.1-82　球轴承和滚子轴承的特征画法及规定画法

特征画法		规定画法		特征画法		规定画法	
		球轴承	滚子轴承			球轴承	滚子轴承
1	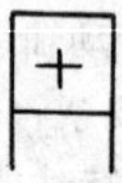	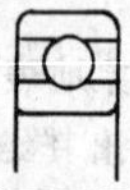 GB/T 276	 GB/T 283	6		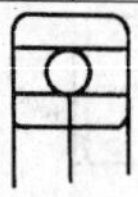 GB/T 294（三点接触）	
2	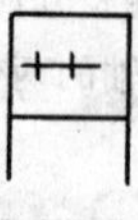		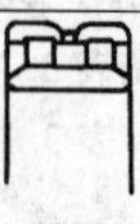 GB/T 285	7	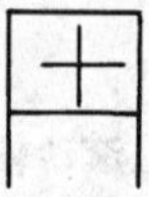	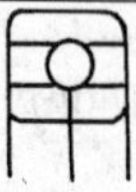 GB/T 294（四点接触）	
3	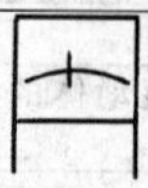		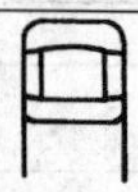	8		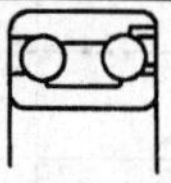 GB/T 296	
4		 GB/T 281	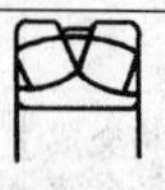 GB/T 288	9	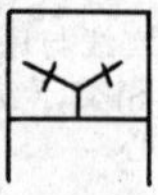	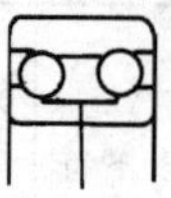	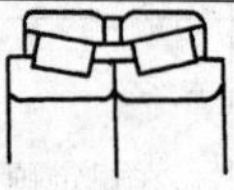 GB/T 299
5		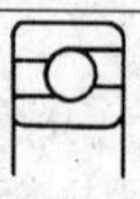 GB/T 292	 GB/T 297	10	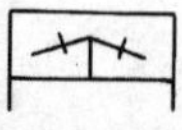		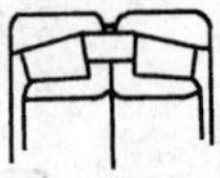

表 3.1-83　滚针轴承的特征画法及规定画法

特征画法		规　定　画　法		
1	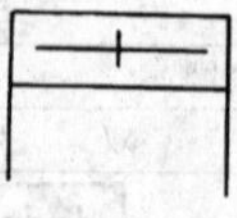	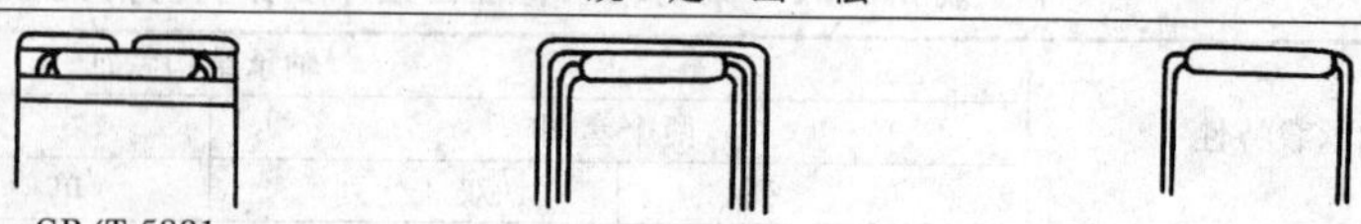 GB/T 5801 JB/T 3588	GB/T 290	JB/T 7918
2	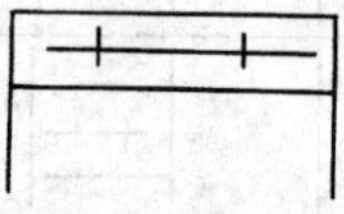	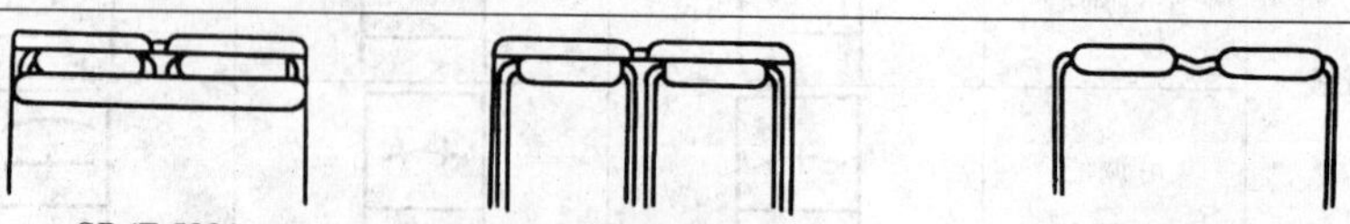 GB/T 5801	GB/T 5801	JB/T 7918
3	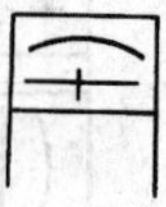	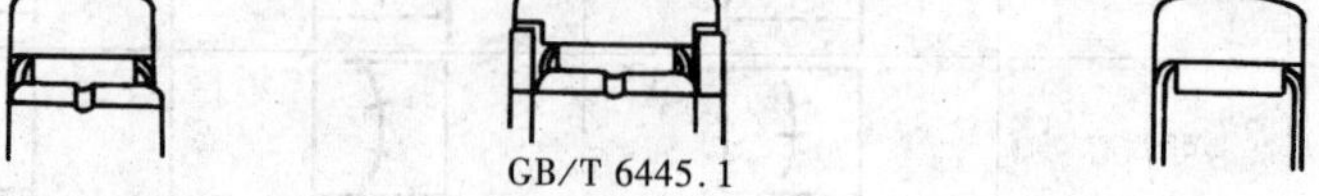	GB/T 6445.1	

表 3.1-84 组合轴承的特征画法及规定画法

	特征画法	规定画法		特征画法	规定画法
1	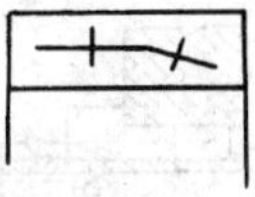	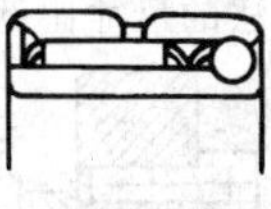 JB/T 3123	3	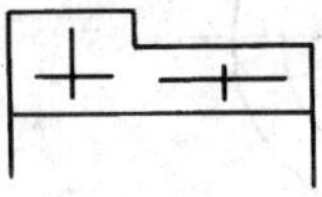	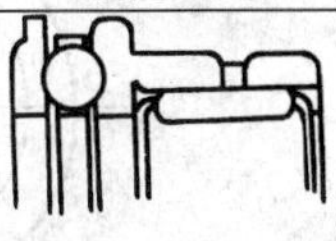 JB/T 3122
2	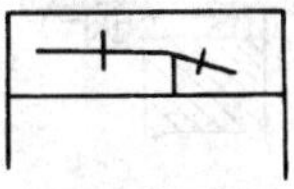	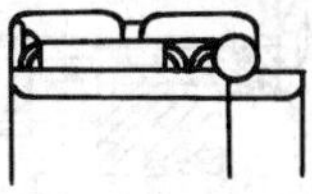 JB/T 3123	4	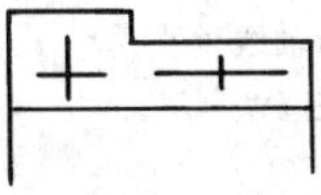	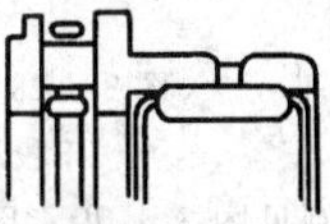 GB/T 16643

表 3.1-85 推力轴承的特征画法及规定画法

	特征画法	规定画法	
		球 轴 承	滚 子 轴 承
1	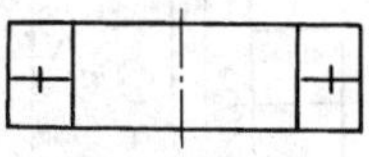	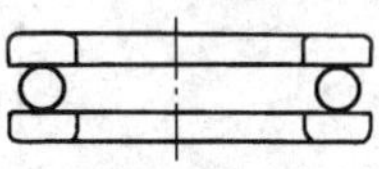 GB/T 301	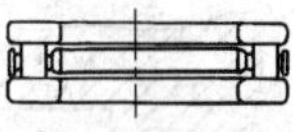 GB/T 4663  JB/T 7915 
2	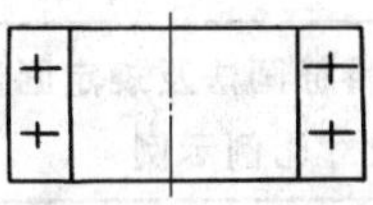	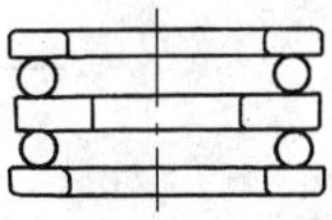 GB/T 301	
3	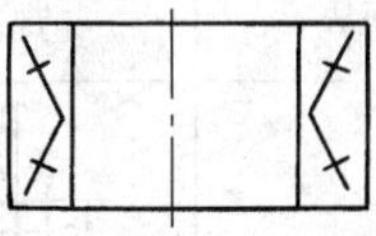	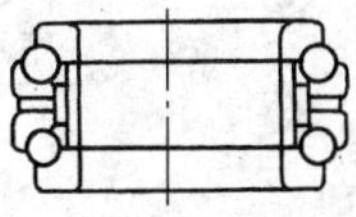 JB/T 6362	
4	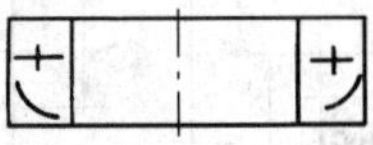	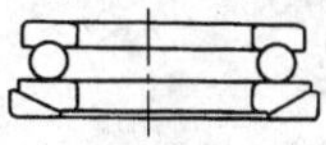 GB/T 301	
5	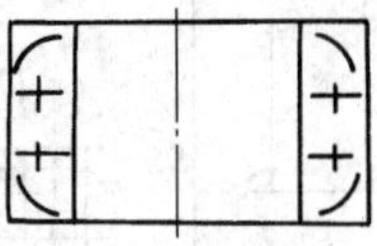	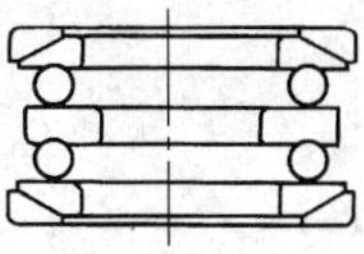 GB/T 301	
6	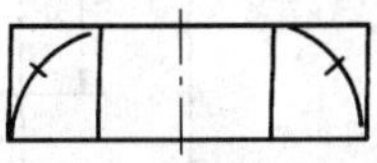		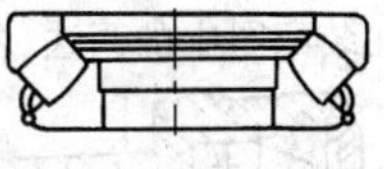 GB/T 5859

② 在垂直于滚动轴承轴线的投影面的视图上，无论滚动体的形状(球、柱、针等)及尺寸如何,均可按图 3.1-28 的方法绘制。

③ 上述通用画法中③～⑤的规定也适用于特征画法。

3）规定画法

① 必要时,在滚动轴承的产品图样、产品样本，产品标准、用户手册和使用说明书中可采用表 3.1-82～表 3.1-85 的规定画法绘制滚动轴承。

② 在装配图中,滚动轴承的保持架及倒角等可省略不画。

③ 规定画法一般绘制在轴的一侧,另一侧按通用画法绘制。

4）应用示例 滚动轴承表示法在装配图中的应

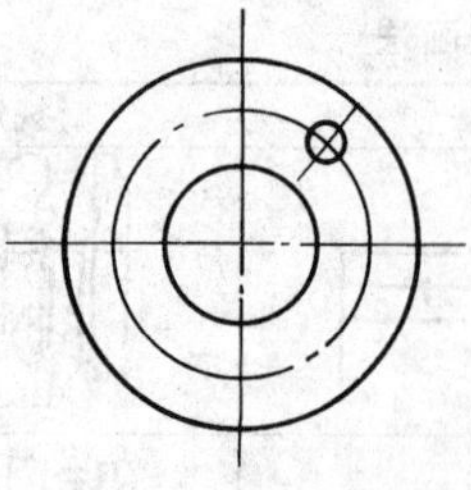

图 3.1-28　滚动轴承轴线垂直于投影面的特征画法

用示例见图 3.1-29～图 3.1-32。

示例1　双列圆柱滚子轴承在装配图中的画法(图 3.1-29)。

示例2　角接触球轴承在装配图中的画法(图 3.1-30)。

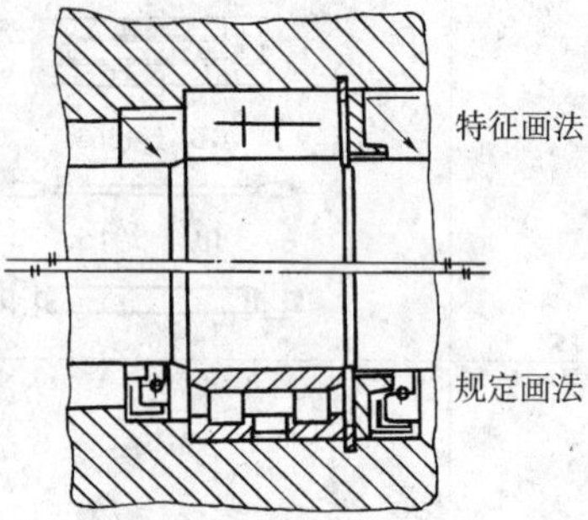

图 3.1-29　双列圆柱滚子轴承在装配图中的画法

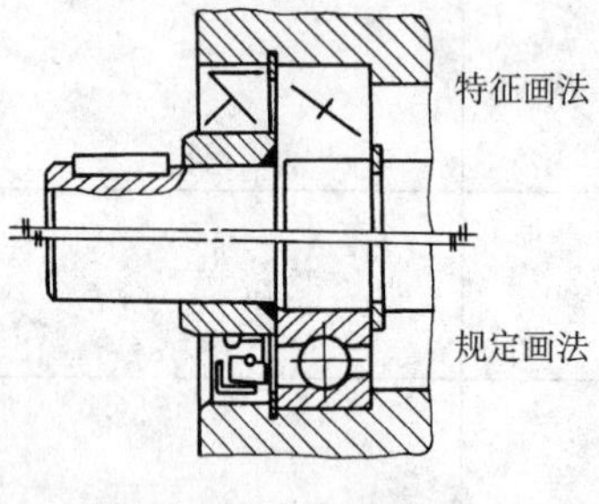

图 3.1-30　角接触球轴承在装配图中的画法

示例3　圆锥滚子轴承、推力球轴承和双列深沟球轴承在装配图中的画法(图 3.1-31)。

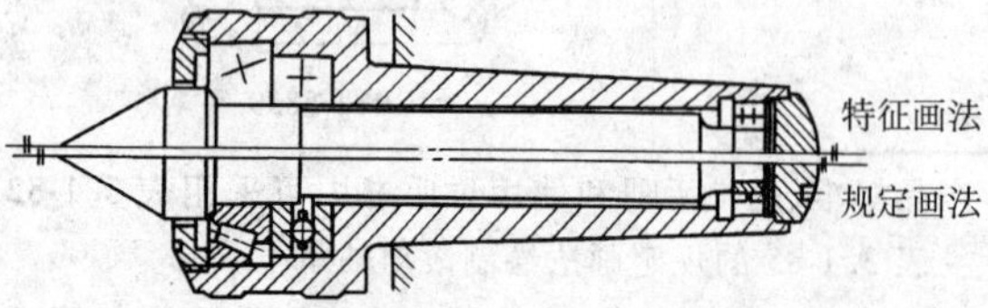

图 3.1-31　圆锥滚子轴承、推力球轴承和双列深沟球轴承在装配图中的画法

示例4　组合轴承在装配图中的画法(图 3.1-32)。

5）通用画法、特征画法及规定画法的尺寸比例示例　通用画法的尺寸比例见表 3.1-86。特征画法及规定画法的尺寸比例见表 3.1-87。

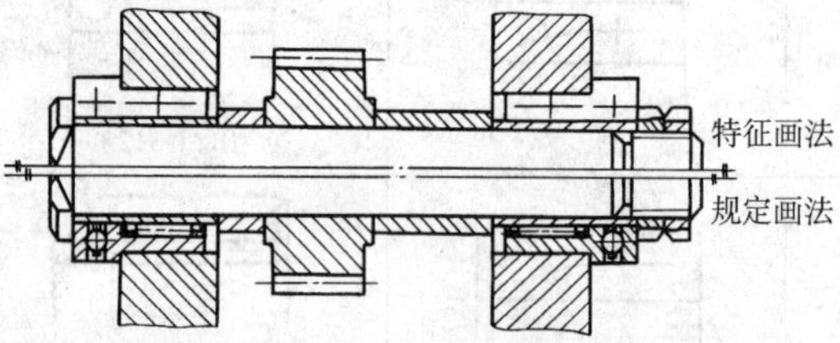

图 3.1-32　组合轴承在装配图中的画法

表 3.1-86　通用画法的尺寸比例示例

不需确切表示结构	外圈无挡边	内圈有单挡边
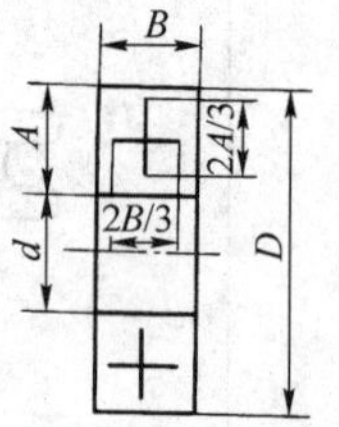	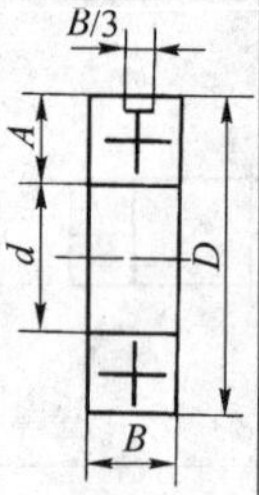	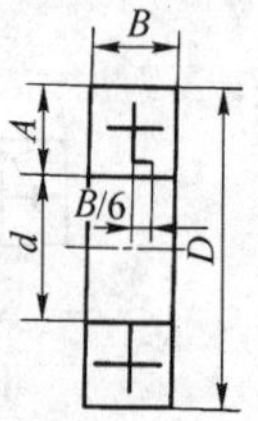

表 3.1-87　特征画法及规定画法的尺寸比例示例

序号＼尺寸	特征画法	规定画法
1	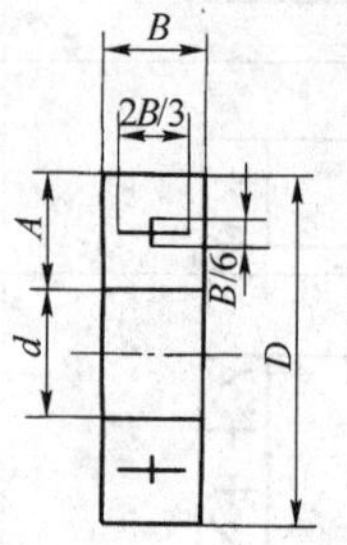	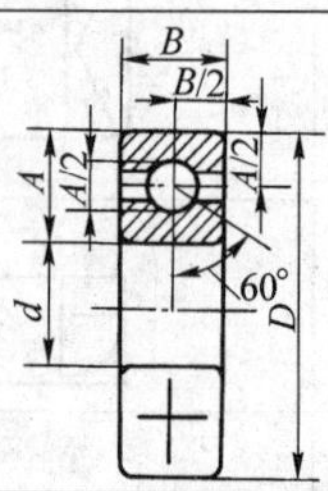 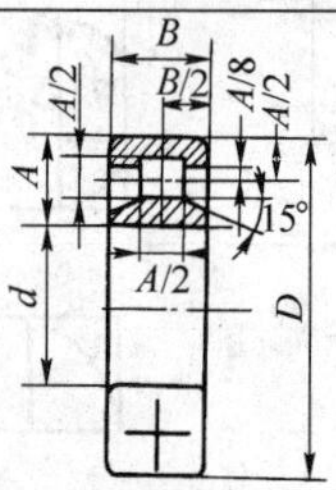
2	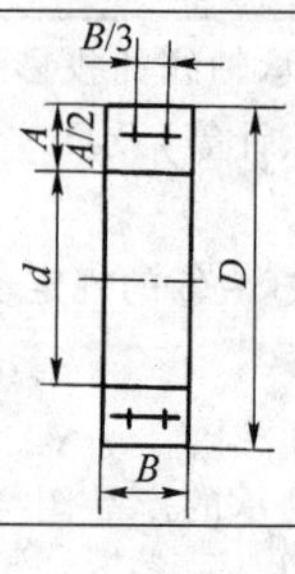	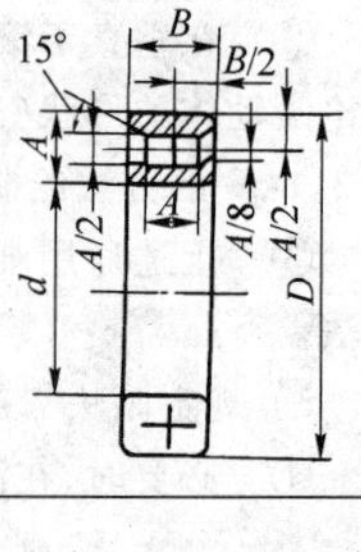

（续）

尺寸 / 序号	特征画法	规定画法
3	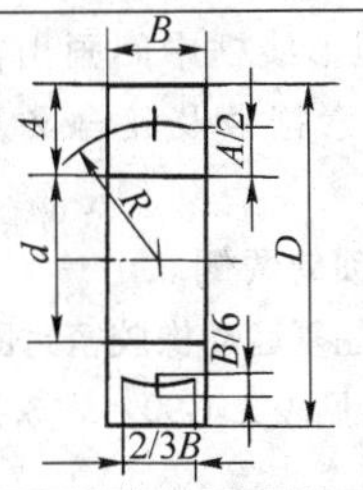	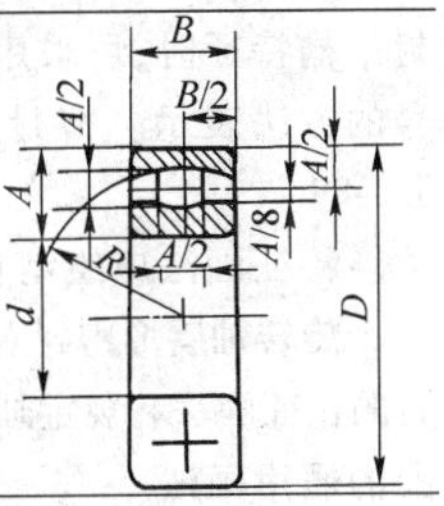
4	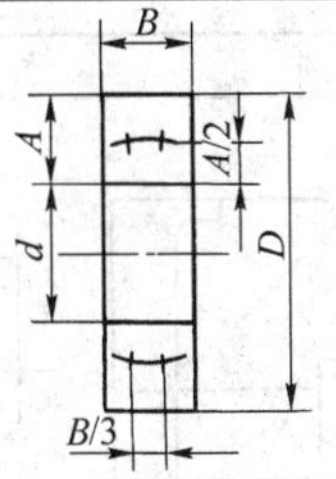	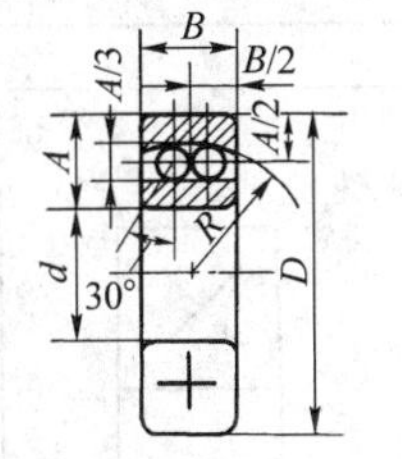
	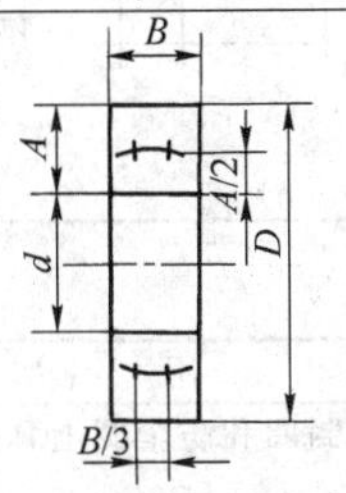	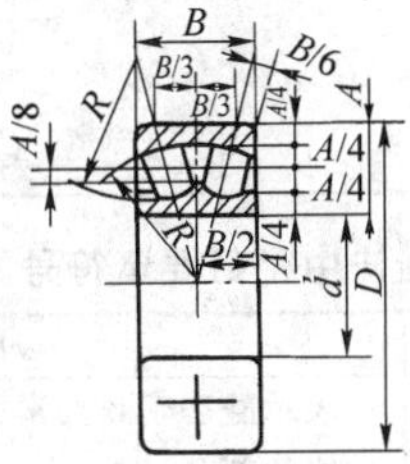
5	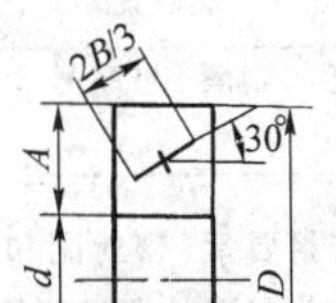	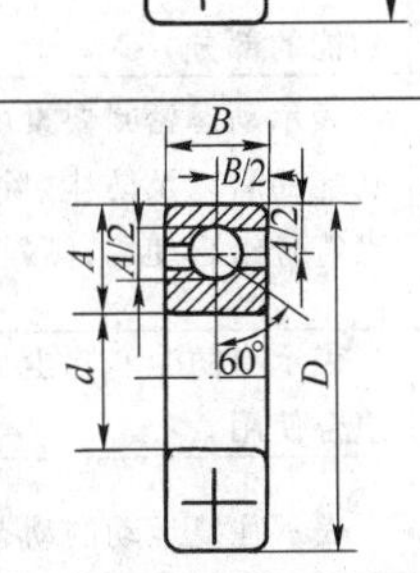
		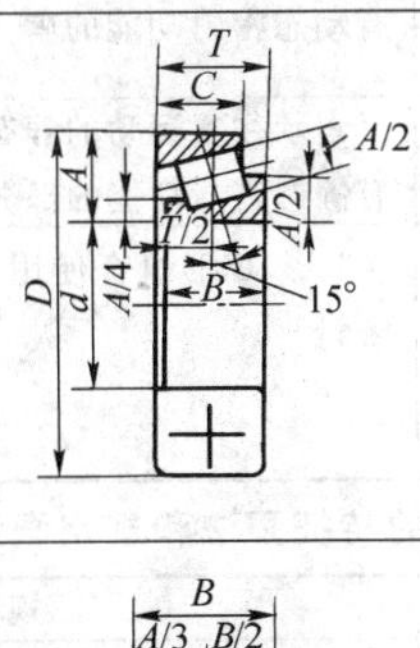
6	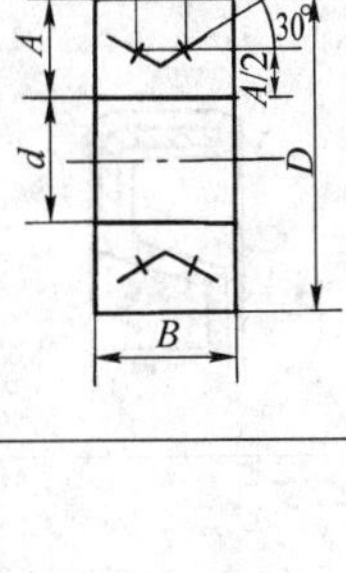	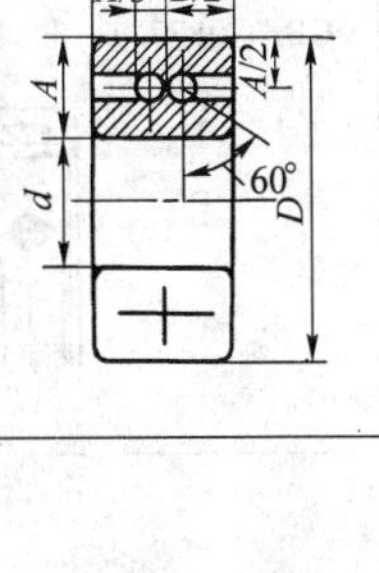

（续）

尺寸 / 序号	特征画法	规定画法
7	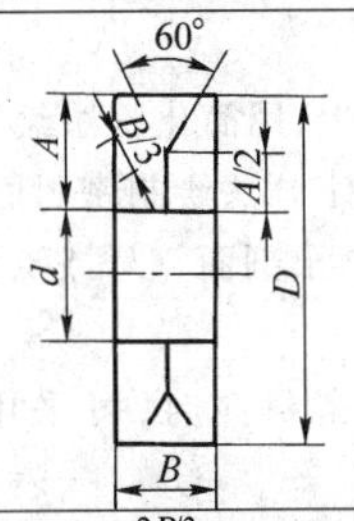	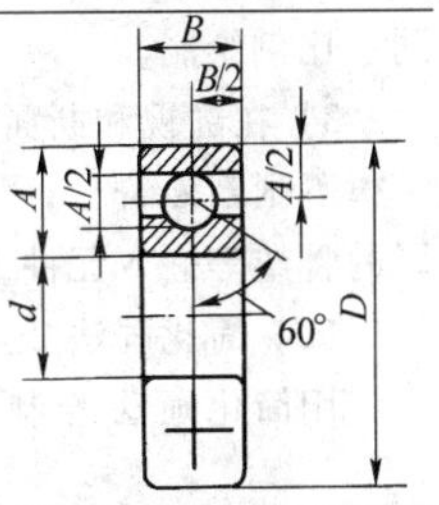
8	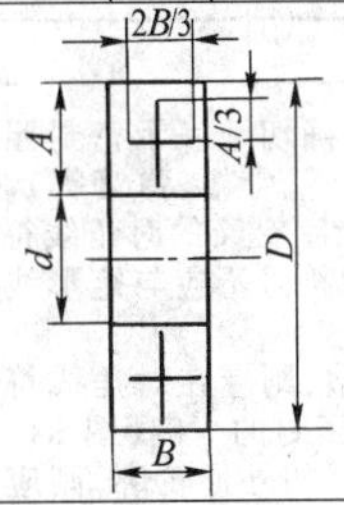	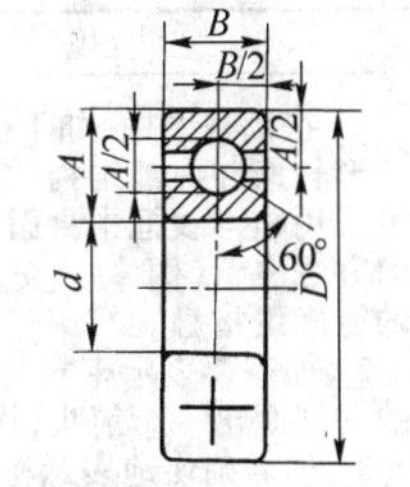
9	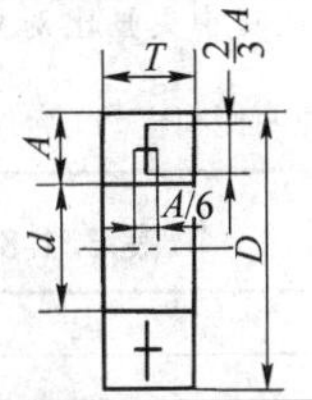	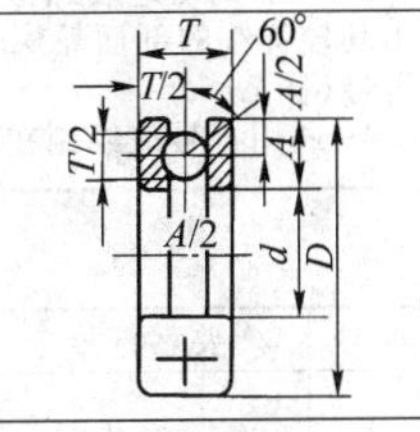
10	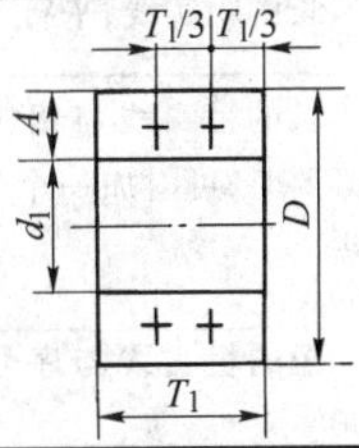	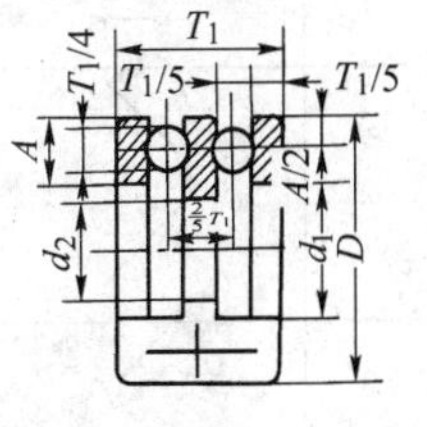

注：表 3.1-87 中规定画法的尺寸比例示例摘自 GB/T 4458.1—2002 机械制图　图样画法附录 B 滚动轴承的简化画法和示意画法的尺寸比例（参考件）中的简化画法。该附录的简化画法（即表 3.1-87 中的规定画法）与本标准的规定画法（见表 3.1-82 ~ 表 3.1-85）不尽相同，仅供新旧标准过渡阶段绘图时参考。

2.10.5　动密封圈表示法（GB/T 4459.6—1996）

国家标准规定了动密封圈的简化画法和规定画法。它适用于装配图中不需要确切地表示其形状和结构的旋转轴唇形密封圈、往复运动橡胶密封圈和橡胶防尘圈。不需要确切表示其形状和结构的其他类型的动密封件也可参照采用标准中规定的表示法。

（1）基本规定

1）绘制密封圈时，通用画法和特征画法及规定画法中的各种符号、矩形线框和轮廓线均用粗实线绘制。

2）用简化画法（通用画法、特征画法）绘制的密封圈，其矩形线框和轮廓应与有关标准规定的密封圈尺寸及其安装沟槽尺寸协调一致，并与所属图样采用同一比例绘制。

3）在剖视和断面图中，用简化画法绘制的密封圈一律不画剖面符号；用规定画法绘制密封圈时，仅在金属的骨架等嵌入元件上画出剖面符号或涂黑。

（2）简化画法

用简化画法绘制动密封圈时，可采用通用画法（表3.1-88）和特征画法（表3.1-90）。在同一张图样中一般只采用一种画法。

在剖视图中，如需比较形象地表示出密封圈的密封结构特征时，可采用矩形线框中间画出密封要素符号的方法表示。密封要素符号及其含义及应用见表3.1-89。

特征画法应绘制在轴的两侧。

旋转轴唇形密封圈、往复运动橡胶密封圈、迷宫式密封的特征画法和规定画法见表3.1-90～表3.1-92。

表3.1-88　动密封圈的通用画法

规　　定	图　　例
1. 在剖视图中，如不需要确切地表示密封圈的外形轮廓和内部结构（包括唇、骨架、弹簧等）时，可采用矩形线框中央画出十字交叉的对角线符号的方法表示（图a）。交叉线符号不应与矩形线框的轮廓线接触 2. 如需要表示密封的方向，则应在对角线符号的一端画出一个箭头，指向密封的一侧（图b） 3. 如需确切地表示密封圈的外形轮廓，则应画出其较详细的剖面轮廓，并在其中央画出对角线符号（图c） 4. 通用符号应绘制在轴的两侧（图d）	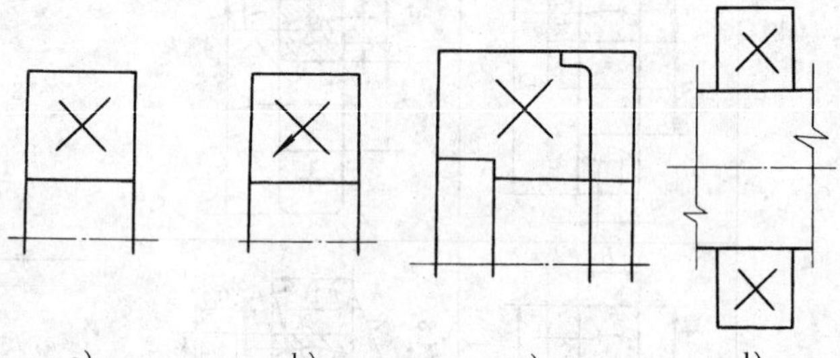 a)　b)　c)　d)

表3.1-89　动密封圈特征画法中密封要素符号

序号	要素符号	说　　明	应　　用
1		长的粗实线，平行于密封表面的母线	表示静态密封要素（密封圈和防尘圈上具有静态密封功能的部分）
2		长的粗实线与相应的轮廓线成45°，必要时，可附加一个表示密封方向的箭头	表示动态密封要素（密封圈和防尘圈上具有动态密封功能的唇以及防尘、除尘功能的结构）。与序号1的要素符号组合使用，倾斜方向应与工作介质流动方向相逆
3		短的粗实线与序号2的要素符号成90°	表示有防尘和除尘功能的副唇，与序号2的要素符号组合使用
4		短的粗实线与相应的轮廓线成30°，必要时，可附加一个表示密封方向的箭头	表示往复运动的动态密封要素（密封圈和防尘圈上具有动态密封功能的唇），与序号5的要素符号组合使用
5	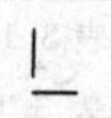	短的粗实线与相应的轮廓线平行，由矩形线框的中心画出	表示往复运动的静态密封要素（密封圈和防尘圈上具有静态密封功能的部分）
6		粗实线T形（凸起）	T形、U形组合使用，表示非接触密封。例如：迷宫式密封
7	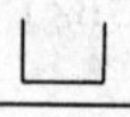	粗实线U形（凹入）	

表3.1-90　旋转轴唇形密封圈的特征画法和规定画法

序号	特征画法	应　　用	规　定　画　法
1	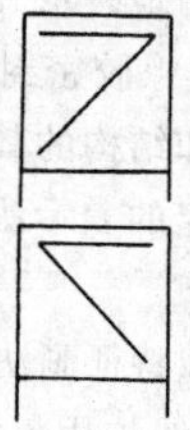	主要用于旋转轴唇形密封圈。也可用于往复运动活塞杆唇形密封圈及结构类似的防尘圈	GB/T 9877.1　B形 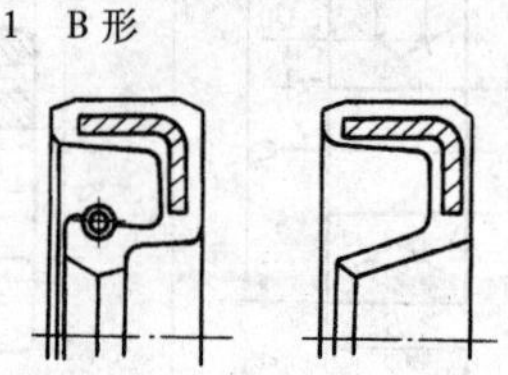

（续）

序号	特征画法	应　　用	规　定　画　法
1	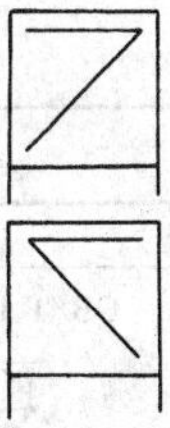	主要用于旋转轴唇形密封圈。也可用于往复运动活塞杆唇形密封圈及结构类似的防尘圈	GB/T 9877.2　W形 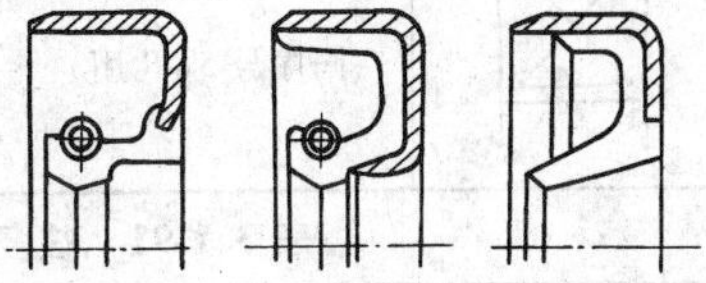 GB/T 9877.3　Z形 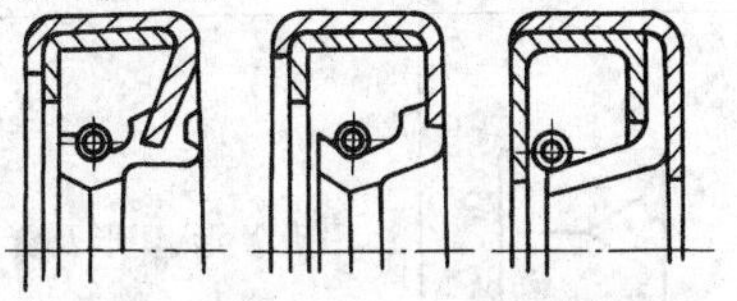
2	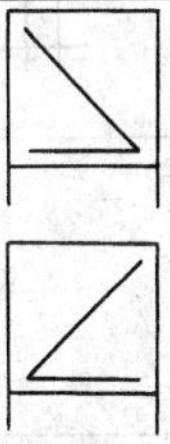	同序号1	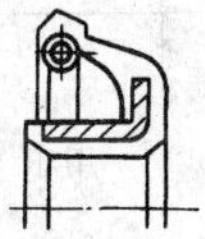
3	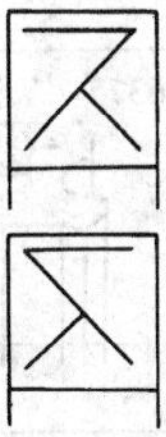	主要用于有副唇的旋转轴唇形密封圈。也可用于结构类似的往复运动活塞杆唇形密封圈	GB/T 9877.1　FB形 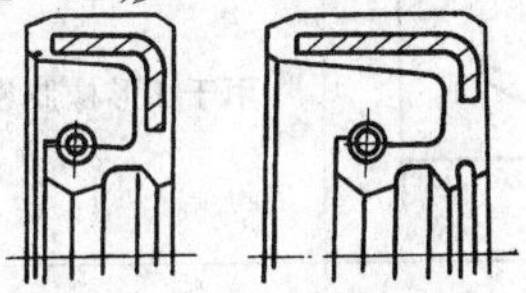 GB/T 9877.2　FW形 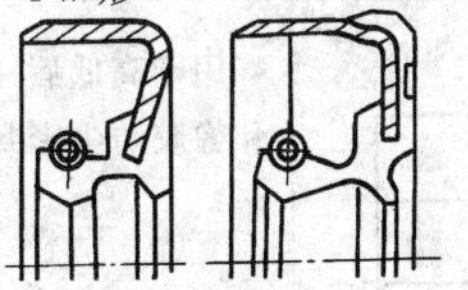 GB/T 9877.3　FZ形 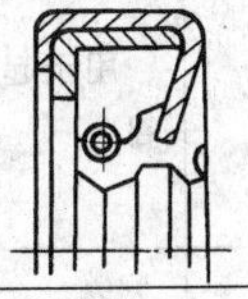
4		同序号3(孔用)	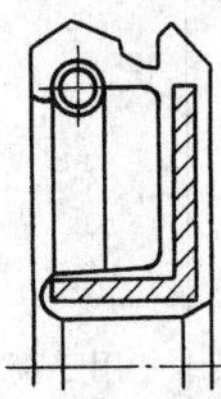
5	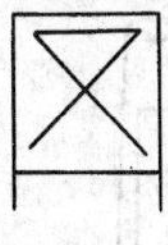	主要用于双向密封旋转轴唇形密封圈。也可用于结构类似的往复运动活塞杆唇形密封圈	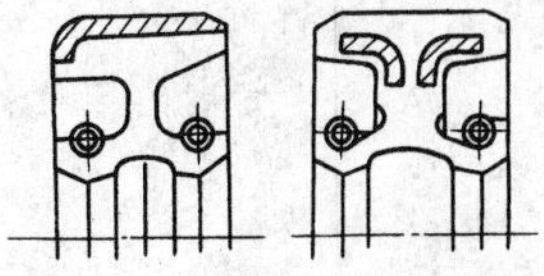

（续）

序号	特征画法	应用	规定画法
6	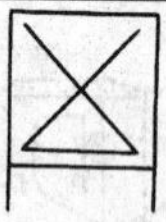	同序号5(孔用)	

表 3.1-91　往复运动橡胶密封圈的特征画法和规定画法

序号	特征画法	应用	规定画法
1	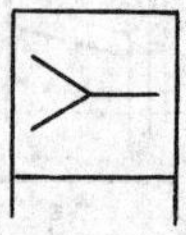	用于Y形、U形及蕾形橡胶密封圈	JB/T 6375 Y形　GB/T 10708.1 U形　GB/T 10708.1 蕾形 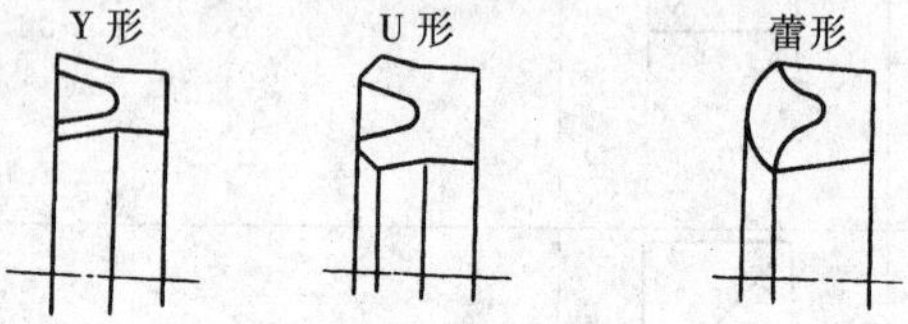
2		用于V形橡胶密封圈	GB/T 10708.1V形 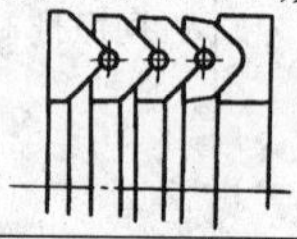
3	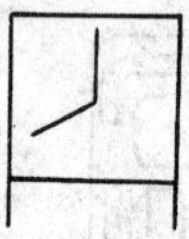	用于J形橡胶密封圈	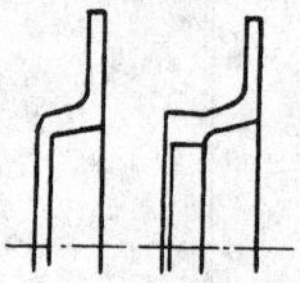
4	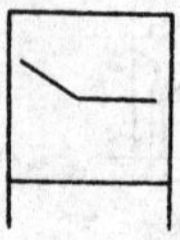	用于高低唇Y形橡胶密封圈(孔用)和橡胶防尘密封圈	GB/T 10708.1　Y形　JB/T 6375　Y形 
		用于起端密封和防尘功能的橡胶密封圈	JB/T 6994　S形、A形 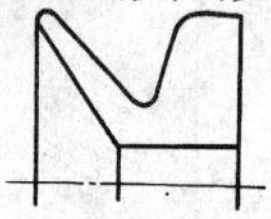
5	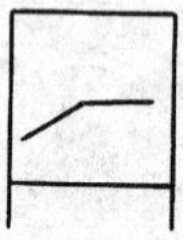	用于高低唇Y形橡胶密封圈(轴用)和橡胶防尘密封圈	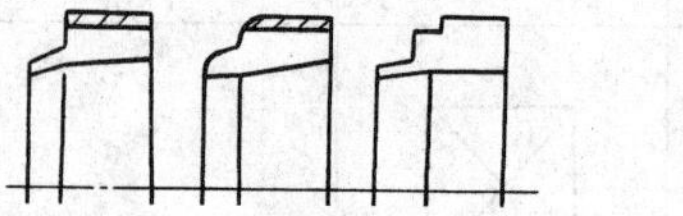 GB/T 10708.1　Y形　JB/T 6375　Y形 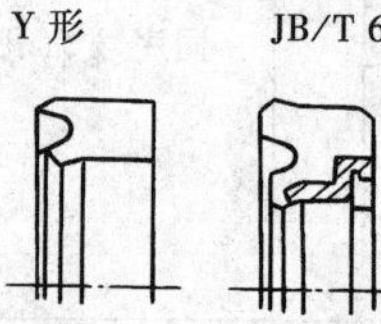 GB/T 10708.3　A形　GB/T 10708.3　B形 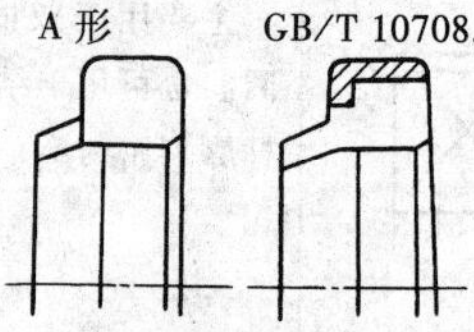

（续）

序号	特征画法	应　　用	规　定　画　法
6	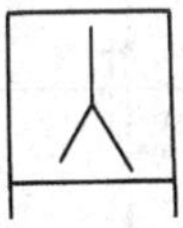	用于有双向唇的橡胶防尘密封圈。也可用于结构类似的防尘密封圈（轴用）	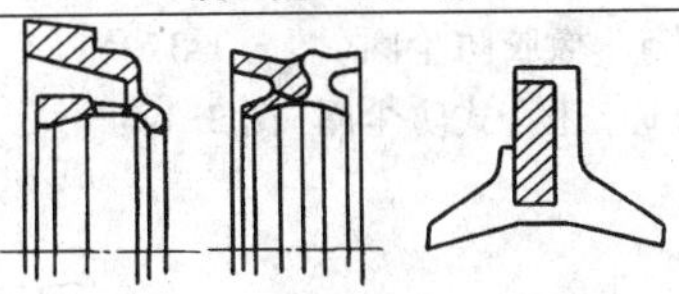 GB/T 10708.3　C 形 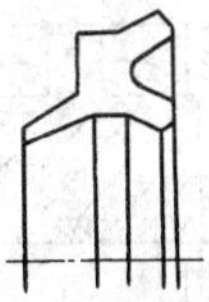
7	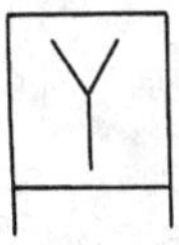	用于有双向唇的橡胶防尘密封圈。也可用于结构类似的防尘密封圈（孔用）	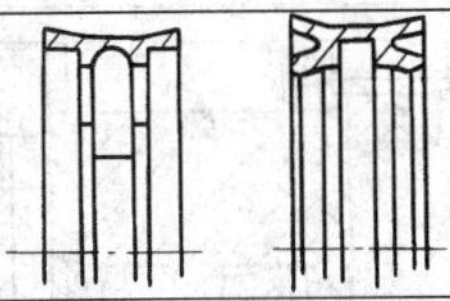
8	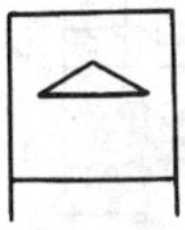	用于鼓形橡胶密封圈和山形橡胶密封圈	GB/T 10708.3　鼓形 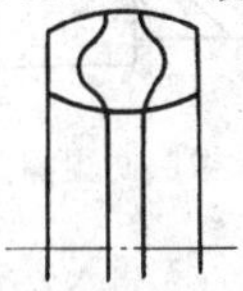 GB/T 10708.2　山形 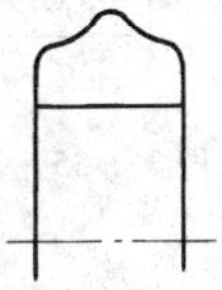

表 3.1-92　迷宫式密封的特征画法和规定画法

特征画法	应　　用	规　定　画　法
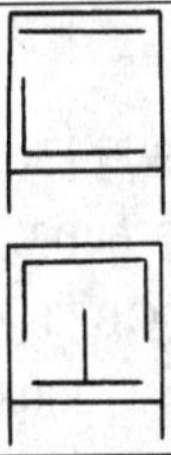	非接触密封的迷宫式密封	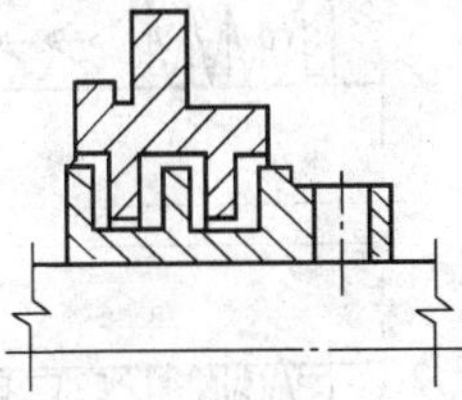

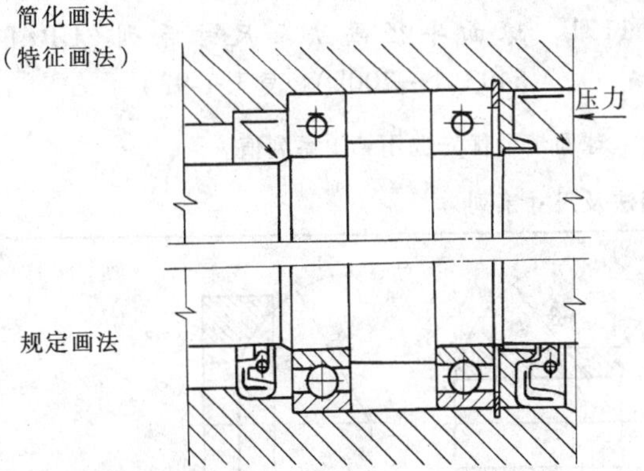

图 3.1-33　旋转轴唇形密封圈

（3）规定画法

如需较详细地表达密封圈的内部结构可采用规定画法。这种画法可绘在轴的两侧，也可绘制在轴的一侧，另一侧按通用画法绘制。

（4）密封圈画法应用示例

示例 1　旋转轴唇形密封圈（图 3.1-33）

示例 2　带副唇的旋转轴唇形密封圈（图 3.1-34）

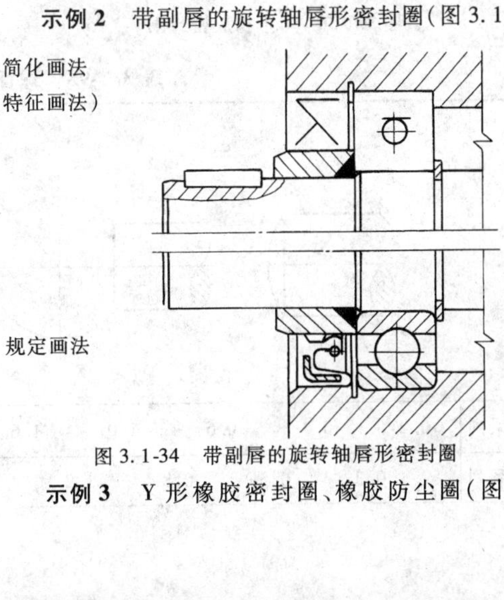

图 3.1-34　带副唇的旋转轴唇形密封圈

示例 3　Y 形橡胶密封圈、橡胶防尘圈（图 3.1-

35)

示例4　V形橡胶密封圈（图3.1-36）

示例5　橡胶防尘圈（图3.1-37）

示例6　迷宫式防尘圈（图3.1-38）

简化画法
（特征画法）

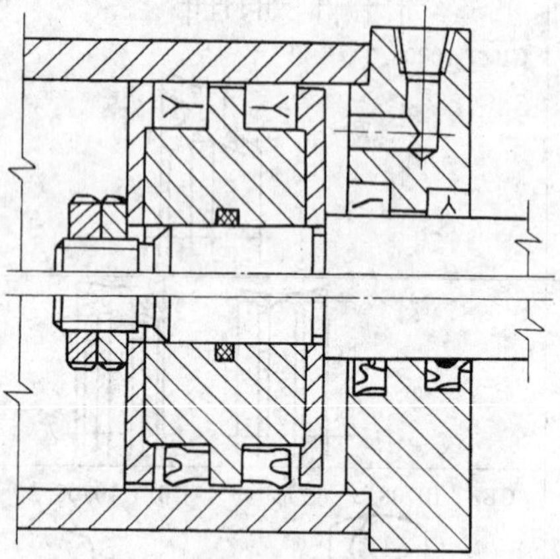

规定画法

图3.1-35　Y形橡胶密封圈、橡胶防尘圈

简化画法
（特征画法）

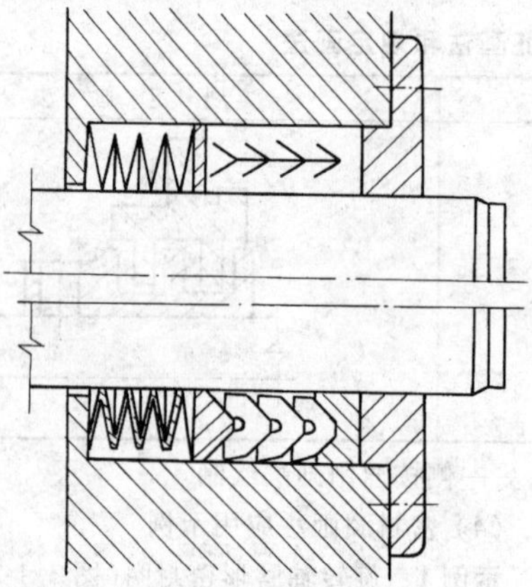

规定画法

图3.1-36　V形橡胶密封圈

简化画法
（特征画法）

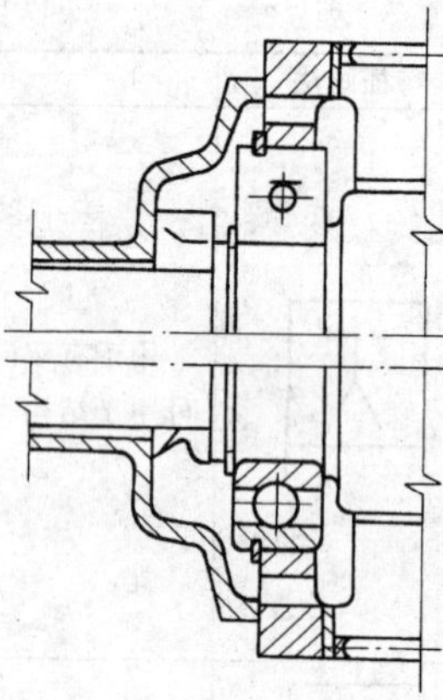

规定画法

图3.1-37　橡胶防尘圈

简化画法
（特征画法）

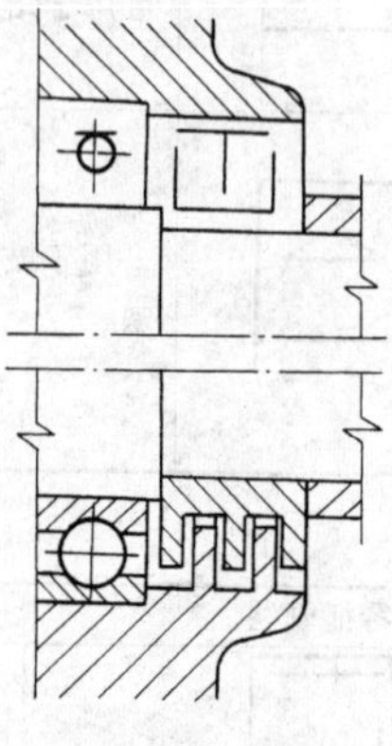

规定画法

图3.1-38　迷宫式防尘圈

2.11 结构要素画法（GB/T 6403.1—2008、GB/T 6403.2—2008、GB/T 6403.3—2008、GB/T 6403.4—2008、GB/T 6403.5—2008）

2.11.1 球面半径画法及尺寸系列（GB/T 6403.1—2008）（表3.1-93）

球面半径优先选用第1系列值。

表3.1-93　球面半径画法及尺寸系列

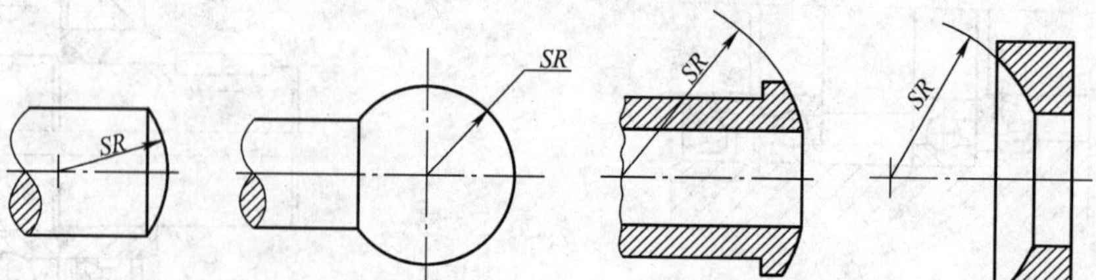

第1系列	0.2	0.4	0.6	1.0	1.6	2.5	4.0	6.0	10	16	20
第2系列	0.3	0.5	0.8	1.2	2.0	3.0	5.0	8.0	12	18	22

（续）

第 1 系列	25		32		40		50		63		80		100		125		160		200		250	
第 2 系列		28		36		45		56		71		90		110		140		180		220		280
第 1 系列	320		400		500		630		800		1000		1250		1600		2000		2500		3200	
第 2 系列		360		450		560		710		900		1100		1400		1800		2200		2800	

2.11.2　润滑槽形式及结构尺寸（GB/T 6403.2—2008）

（1）滑动轴承上用的润滑槽形式画法和尺寸（表 3.1-94）

表 3.1-94　滑动轴承上用的润滑槽形式画法和尺寸

径向轴承的润滑槽形式画法示例	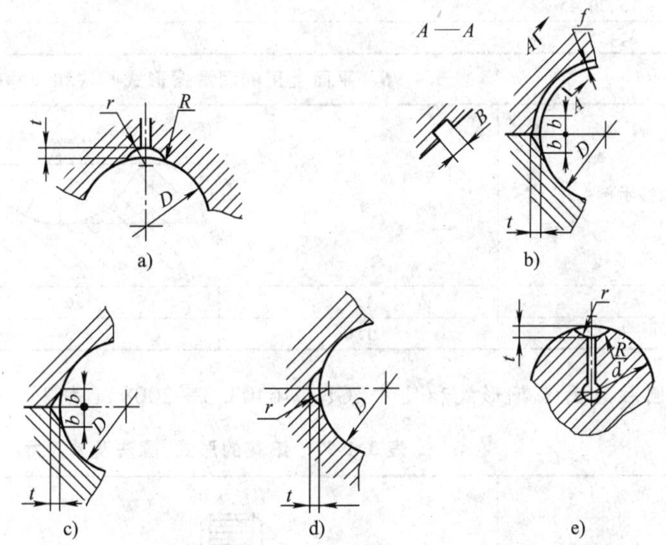注：图 a～图 d 用于轴瓦、轴套，图 e 用于轴上。未注明尺寸的棱边按 0.5mm 倒圆。
推力轴承的润滑槽形式画法示例	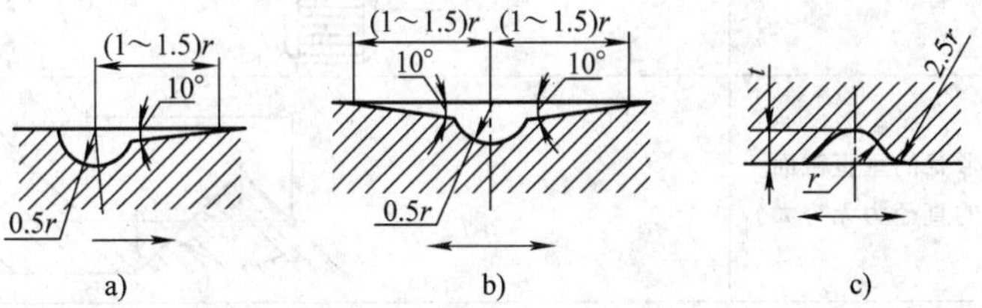注：图 a、图 b 用于推力轴承上，图 c 用于轴端面上。图中箭头说明运动为单向或双向。未注明尺寸的棱边按小于 0.5mm 倒圆。

直径 D	直径 d	t	r	R	B	f	b
≤50		0.8	1.0	1.0	—	—	—
		1.0	1.6	1.6	—	—	—
		1.6	3.0	6.0	5.0	1.6	4.0
>50～120		2.0	4.0	10	8.0	2.0	6.0
		2.5	5.0	16	10	2.0	8.0
		3.0	6.0	20	12	2.5	10
>120		4.0	8.0	25	16	3.0	12
		5.0	10	32	20	3.0	16
		6.0	12	40	25	4.0	20

（2）平面上用的润滑槽形式和尺寸（表3.1-95，表3.1-96）

表3.1-95　平面上用的润滑槽形式画法和尺寸（一）

画法示例	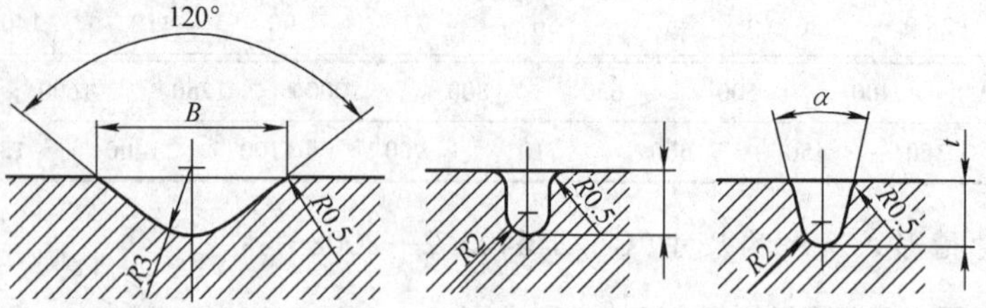 注：未注明尺寸的棱边按小于0.5mm倒圆。
B/mm	4，6，10，12，16
α/(°)	15，30，45
t/mm	3，4，5

表3.1-96　平面上用的润滑槽形式画法和尺寸（二）　（mm）

画法示例	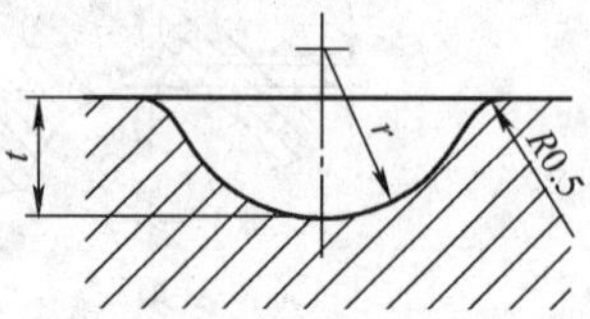		
t	1.0	1.6	2.0
r	1.6	2.5	4.0

2.11.3　圆柱表面滚花形式和尺寸（GB/T 6403.3—2008）（表3.1-97）

表3.1-97　滚花的形式，画法及其尺寸　（mm）

滚花的形式，画法	直纹滚花　网纹滚花 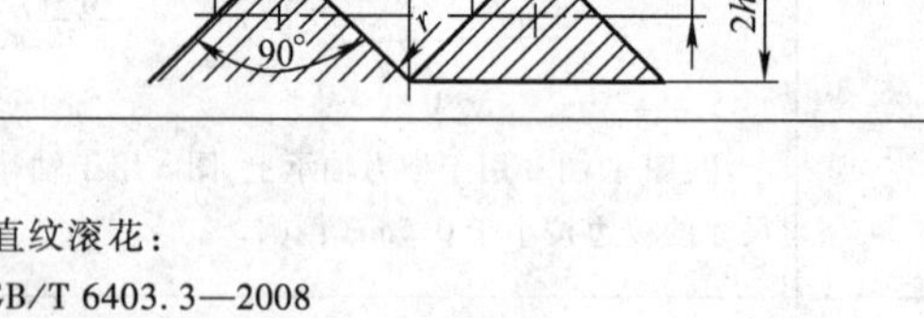		
滚花花纹形状的垂直截面（假定工件的直径为无穷大）	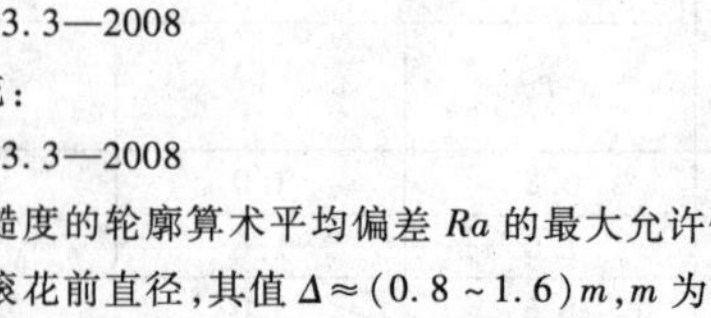		
其他要求	1. 标记 模数 *m*＝0.3直纹滚花： 直纹 *m*0.3　GB/T 6403.3—2008 模数 *m*＝0.4网纹滚花： 网纹 *m*0.4　GB/T 6403.3—2008 2. 滚花前工件的表面粗糙度的轮廓算术平均偏差 *Ra* 的最大允许值为12.5μm 3. 滚花后工件直径大于滚花前直径，其值 $\Delta\approx(0.8\sim1.6)m$，*m* 为模数		
模数 *m*	*h* （$h=0.785\quad m-0.414r$）	*r*	节距 *P*
0.2	0.132	0.06	0.628
0.3	0.198	0.09	0.942
0.4	0.264	0.12	1.257
0.5	0.326	0.16	1.571

2.11.4　零件倒圆与倒角形式及尺寸系列（GB/T 6403.4—2008）（表 3.1-98 ~ 表 3.1-100）

表 3.1-98　零件倒圆与倒角形式及尺寸系列　（mm）

<table>
<tr><td>零件倒圆与倒角形式</td><td colspan="13">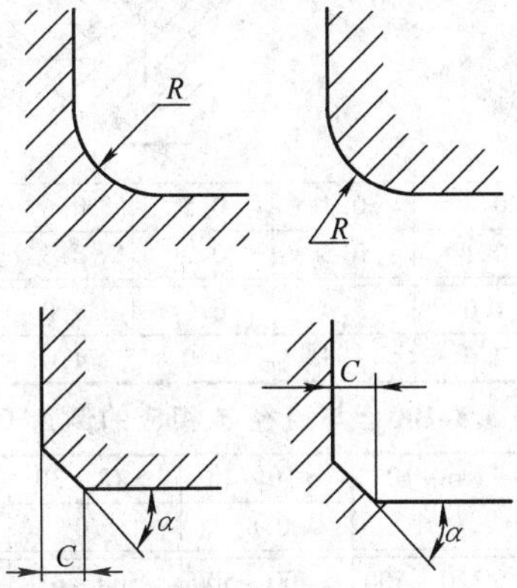

注：α 一般采用 45°，也可采用 30°或 60°。倒圆半径、倒角的尺寸注法按 GB/T 4458.4—2003</td></tr>
<tr><td>倒圆、倒角（倒角为 45°）的四种装配方式</td><td colspan="13">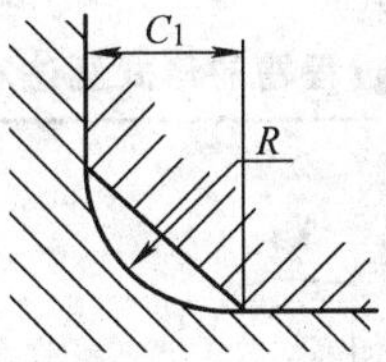

a)
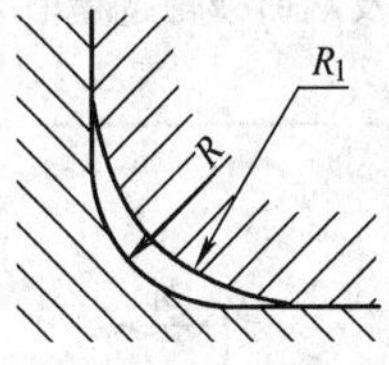

b)
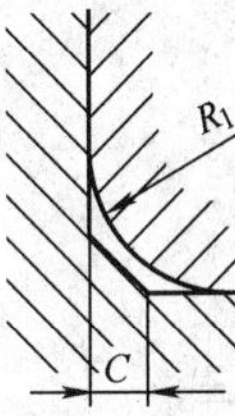

c)
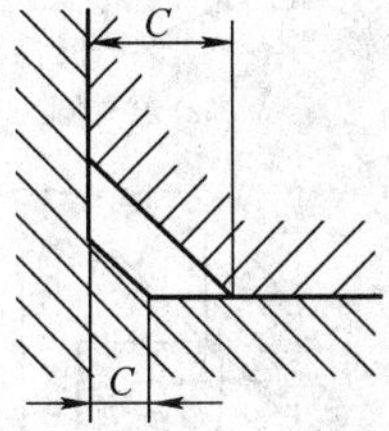

d)
注：1. R_1、C_1 的偏差为正；R、C 的偏差为负。
2. R、R_1、C、C_1 应按以下要求确定：
——内角倒圆，外角倒角时，$C_1 > R$，见图 a。
——内角倒圆，外角倒圆时，$R_1 > R$，见图 b。
——内角倒角，外角倒圆时，$C < 0.58R_1$，见图 c。C_{max} 与 R_1 的关系见表 3.1-99。
——内角倒角，外角倒角时，$C_1 > C$，见图 d。
——按上述关系装配时，内角与外角取值要适当。外角的倒圆或倒角过大会影响零件工作面；内角的倒圆或倒角过小会产生应力集中。</td></tr>
<tr><td rowspan="2">R，C</td><td>0.1</td><td>0.2</td><td>0.3</td><td>0.4</td><td>0.5</td><td>0.6</td><td>0.8</td><td>1.0</td><td>1.2</td><td>1.6</td><td>2.0</td><td>2.5</td><td>3.0</td></tr>
<tr><td>4.0</td><td>5.0</td><td>6.0</td><td>8.0</td><td>10</td><td>12</td><td>16</td><td>20</td><td>25</td><td>32</td><td>40</td><td>50</td><td>—</td></tr>
</table>

表 3.1-99　与直径 ϕ 相应的倒角 C、倒圆 R_1 的推荐值　（mm）

图例

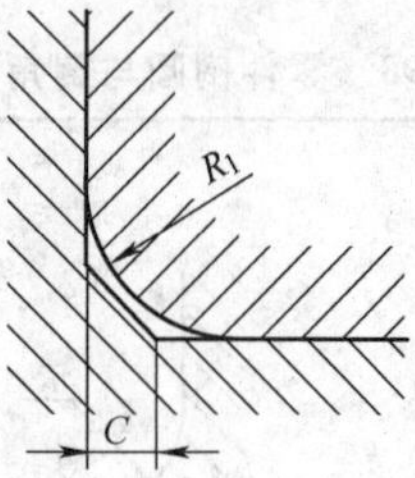

R_1	0.1	0.2	0.3	0.4	0.5	0.6	0.8	1.0	1.2	1.6	2.0
C_{max}	—	0.1	0.1	0.2	0.2	0.3	0.4	0.5	0.6	0.8	1.0
R_1	2.5	3.0	4.0	5.0	6.0	8.0	1.0	12	16	20	25
C_{max}	1.2	1.6	2.0	2.5	3.0	4.0	5.0	6.0	8.0	10	12

表 3.1-100　与直径 ϕ 相应的倒角 C_1、倒圆 R 的推荐值　（mm）

ϕ	<3	>3～6	>6～10	>10～18	>18～30	>30～50	>50～80	>80～120	>120～180
C_1、R	0.2	0.4	0.6	0.8	1.0	1.6	2.0	2.5	3.0
ϕ	>180～250	>250～320	>320～400	>400～500	>500～630	>630～800	>800～1000	>1000～1250	>1250～1600
C_1、R	4.0	5.0	6.0	8.0	10	12	16	20	25

2.11.5　*砂轮越程槽的形式画法和尺寸*（GB/T 6403.5—2008）（表 3.1-101～表 3.1-105）

（1）回转面及端面砂轮越程槽的形式和尺寸（表 3.1-101）

表 3.1-101　回转面及端面砂轮越程槽的形式画法和尺寸　（mm）

形式画法示例

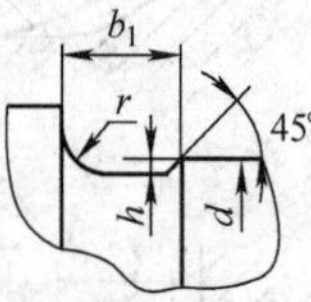

a) 磨外圆

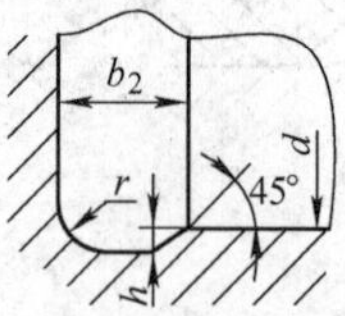

b) 磨内圆

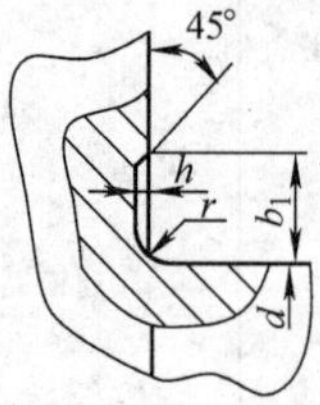

c) 磨外端面

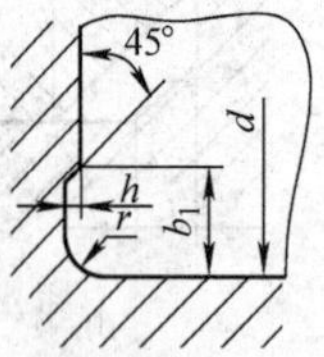

d) 磨内端面

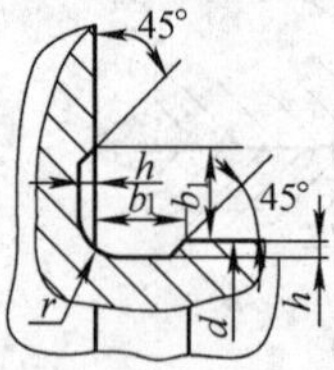

e) 磨外圆及端面

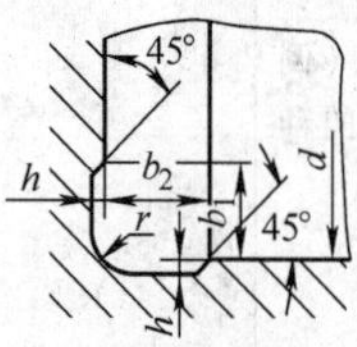

f) 磨内圆及端面

注：1. 越程槽内两直线相交处，不允许产生尖角。

2. 越程槽深度 h 与圆弧半径 r，要满足 $r<3h$。

b_1	0.6	1.0	1.6	2.0	3.0	4.0	5.0	8.0	10
b_2	2.0	3.0		4.0		5.0		8.0	10
h	0.1	0.2		0.3		0.4	0.6	0.8	1.2
r	0.2	0.5		0.8		1.0	1.6	2.0	3.0
d	～10			>10～50		>50～100		>100	

要求

1. 磨削具有数个直径的工件时，可使用同一规格的越程槽。
2. 直径 d 值大的零件，允许选择小规格的砂轮越程槽。
3. 砂轮越程槽的尺寸公差和表面粗糙度根据该零件的结构、性能确定。

（2）平面砂轮越程槽的形式和尺寸（表 3. 1-102）

表 3. 1-102　平面砂轮越程槽的形式和尺寸

（mm）

形式画法示例	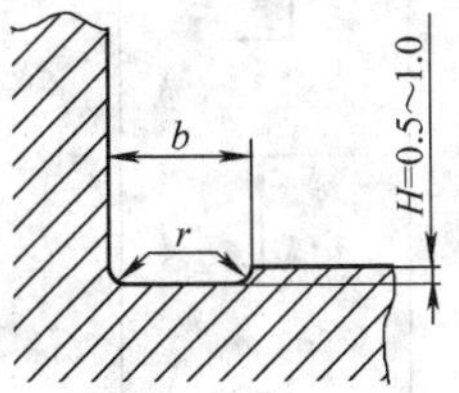			
b	2	3	4	5
r	0.5	1.0	1.2	1.6

（3）V 形砂轮越程槽的形式和尺寸（表 3. 1-103）

表 3. 1-103　V 形砂轮越程槽的形式和尺寸

（mm）

形式画法示例	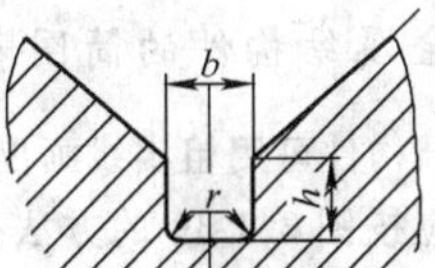			
b	2	3	4	5
h	1.6	2.0	2.5	3.0
r	0.5	1.0	1.2	1.6

（4）燕尾导轨砂轮越程槽的形式和尺寸（表 3. 1-104）

表 3. 1-104　燕尾导轨砂轮越程槽的形式和尺寸

（mm）

形式画法示例	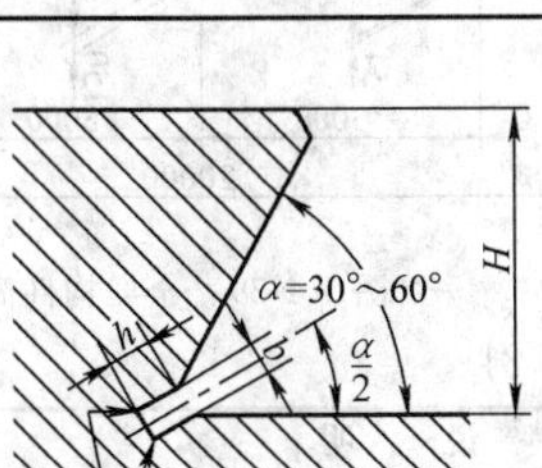												
H	<5	6	8	10	12	16	20	25	32	40	50	63	80
b *h*	1	2		3			4			5			6
r	0.5	0.5		1.0			1.6			1.6			2.0

（5）矩形导规砂轮越程槽的形式和尺寸（表 3. 1-105）

表 3. 1-105　矩形导轨砂轮越程槽的形式和尺寸

（mm）

形式画法示例	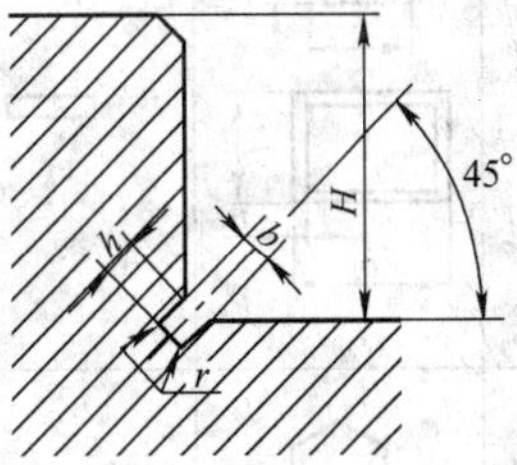											
H	8	10	12	16	20	25	32	40	50	63	80	100
b	2				3				5		8	
h	1.6				2.0				3.0		5.0	
r	0.5				1.0				1.6		2.0	

3　技术产品图样常用图形符号——用于投影图

本节仅介绍机械设计中常用的金属结构件和焊接两种。

3.1　金属结构件表示法（GB/T 4656—2008）

3.1.1　棒料及其断面标记（表 3. 1-106）

3.1.2　型材标记及其标注示例（表 3. 1-107、表 3. 1-108）

表 3. 1-106　棒料及其断面的标记

棒料断面	尺　寸	标　记	
		图形符号	必要尺寸
圆形	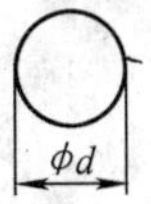		*d*
圆管形	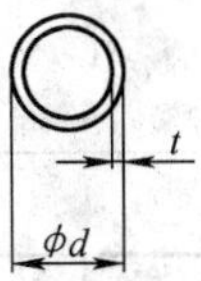		*d*×*t*
方形	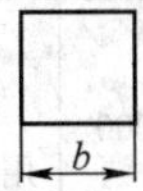	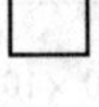	*b*
空心方管形	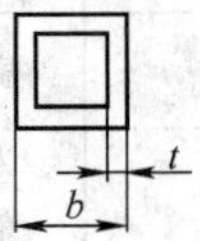		*b*×*t*

（续）

棒料断面	尺　　寸	标　　记	
		图形符号	必要尺寸
扁矩形	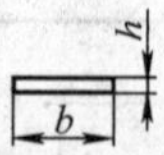		$b \times h$
空心矩管形	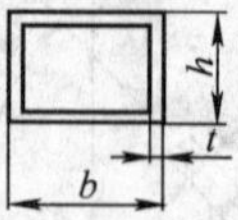		$b \times h \times t$
六角形			s
空心六角管形			$s \times t$
三角形	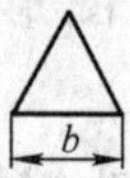		b
半圆形	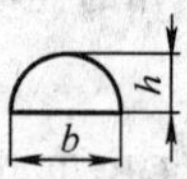		$b \times h$

表 3.1-107　型材标记

型材	标　　记		
	图形符号	字母代号	尺　　寸
角钢		L	特征尺寸
T 形钢		T	
工字钢		I	
H 钢		H	

（续）

型材	标　　记		
	图形符号	字母代号	尺　　寸
槽钢		U	特征尺寸
Z 形钢		Z	
钢轨			
球头角钢			
球扁钢			

3.1.3　金属结构件的简图表示法

金属结构件可用粗实线画出的简图表示。节点间的距离值应按图 3.1-39 的方法标注。金属结构件的尺寸允许标注封闭尺寸，在需要考虑累计误差时，要指明封闭环尺寸。

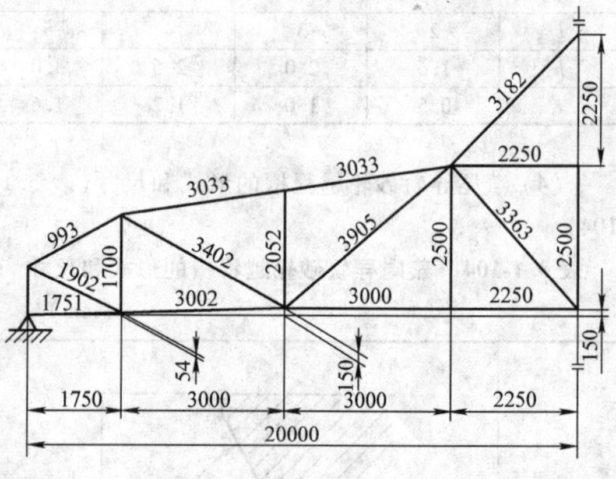

图 3.1-39　金属构件简图

表 3.1-108　型材标注示例

标记及图例	说　　明
 GB/T 9787—50 × 50 × 4—1000	角钢，尺寸为 50mm × 50mm × 4mm，长度为 1000mm 在有相应标准但不致引起误解或在相应标准中没有规定棒料、型材的标记时，可采用规定的图形符号加必要的尺寸及其切割长度简化表示
 50 × 10—100	扁钢，尺寸为 50mm × 10mm，长度为 100mm
 90 × 56 × 7—500	为了简化，也可用大写的字母代号代替规定的型材的图形符号 角钢，尺寸为 90mm × 56mm × 7mm，长度为 500mm

（续）

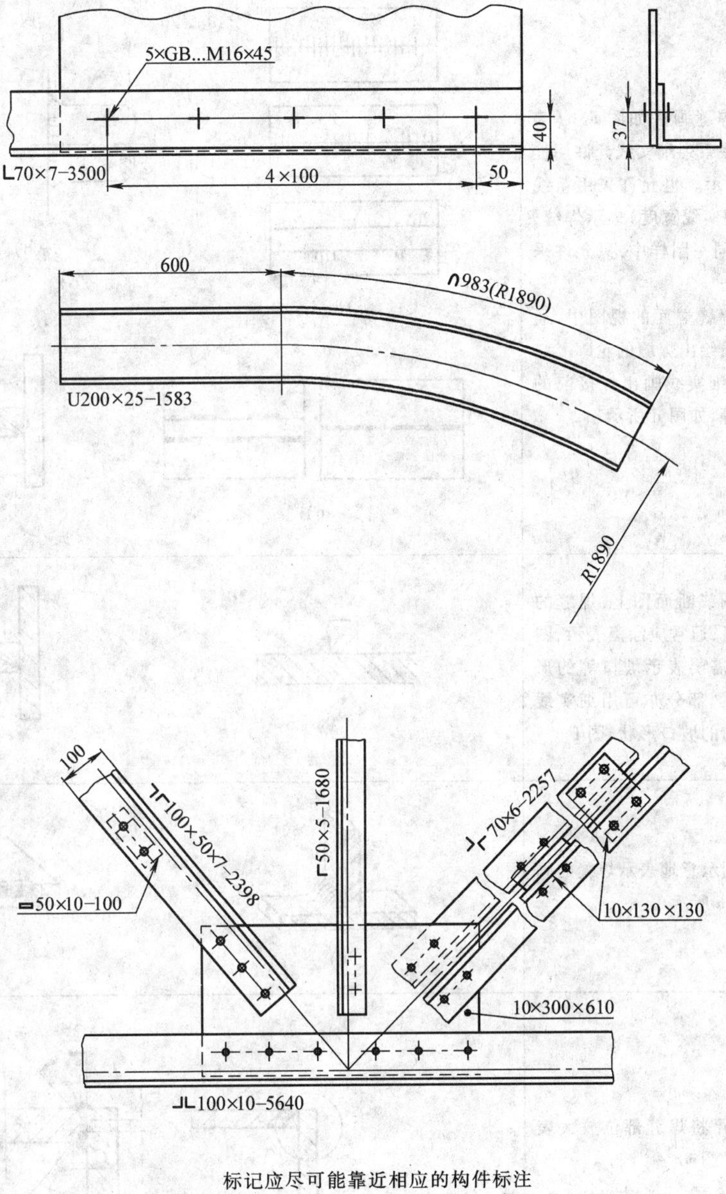

标记应尽可能靠近相应的构件标注

3.2　焊缝符号、坡口尺寸及焊接方法代号（GB/T 324—2008、GB/T 5185—2005、GB/T 12212—1990、GB/T 985.1—2008 ~ GB/T 985.4—2008）

3.2.1　焊缝符号

焊接是机械结构常见的一种固定连接方式。设计者可按要求的连接强度选择不同的焊缝，又可按被连接机件材料的不同选择不同的焊接方式。在技术图样中，不论选择何种焊缝及焊接方式，都应采用焊缝符号予以说明。

（1）焊缝图示法

在技术图样中简易地绘制焊缝时，可用视图、剖视图或断面图表示，也可用轴测图示意地表示。必要时可用局部放大图表示，见表 3.1-109。

表 3.1-109　焊缝的图示法

图示方式	规　　定	图　　例
视图	视图中焊缝画法如图 a、b（表示焊缝的一系列细实线允许用徒手绘制）所示。也允许采用粗线（2～3 倍粗实线宽度）表示焊缝，见图 c，但同一图样中，只允许采用一种画法 在表示焊缝端面的视图中，通常用粗实线绘出焊缝的轮廓。必要时，可用细实线画出焊接前的坡口形状等，如图 d 所示	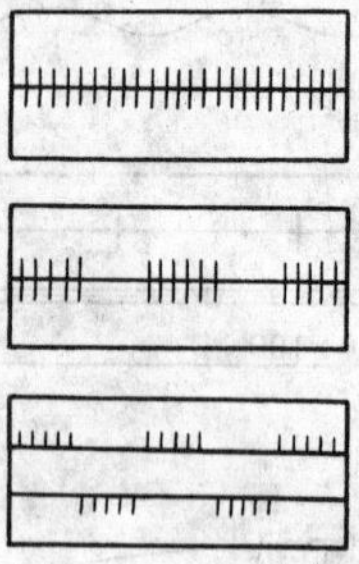 a) 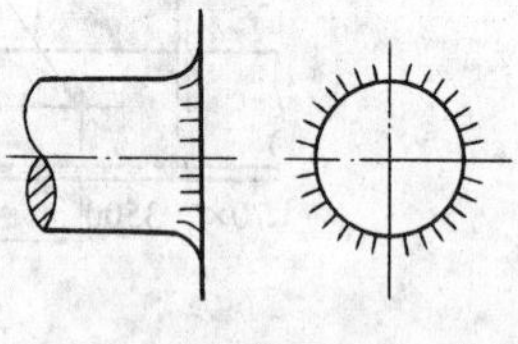 b) 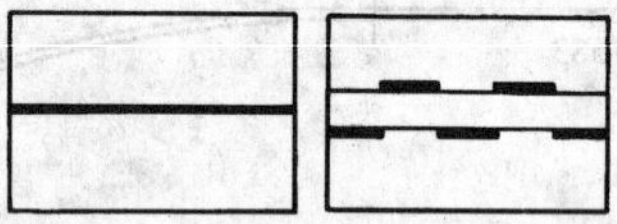 c) 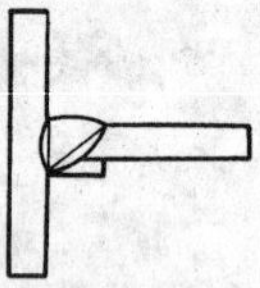 d)
剖视图或断面图	在剖视图或断面图上，焊缝的金属熔焊区，通常应涂黑表示，图 e。若同时需要表示坡口等的形状时，熔焊区部分亦可用细实线画出焊接前的坡口形状，图 f	 e) 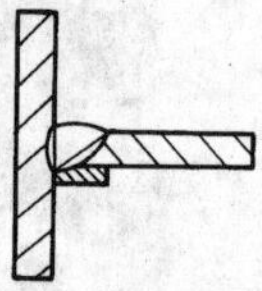 f)
轴测图	用轴测图示意地表示焊缝的画法，如图 g、h 所示	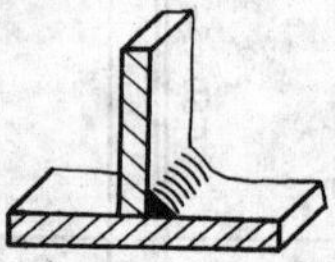 g) 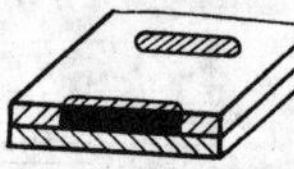 h)
局部放大图	必要时，可将焊缝部位放大表示，并标注（图 i）	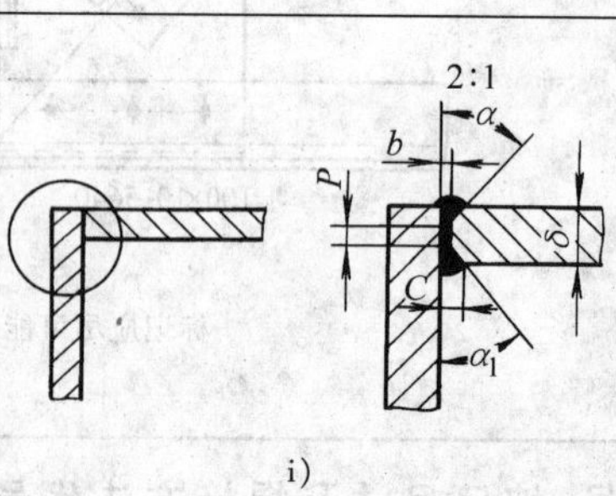 i)
图示法中标注焊缝符号	当在图样中采用图示法绘出焊缝时，通常应同时标注焊缝符号（图 j、k）	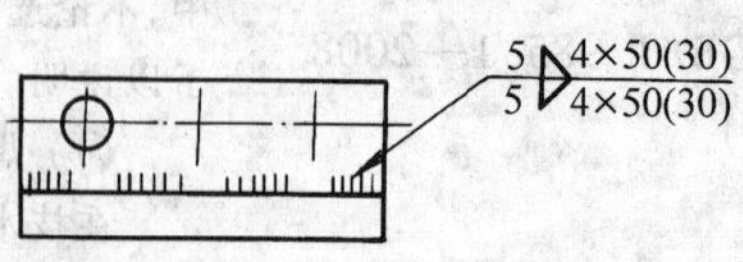 j) 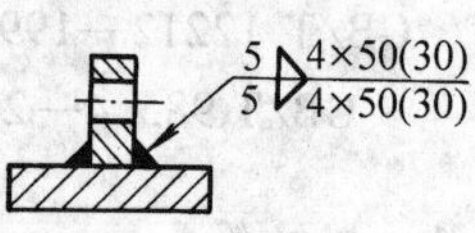 k)

（2）焊缝符号表示法

在任一图样中，焊缝图形符号的线宽、焊缝符号中的字形、字高和字体笔画宽度应与图样中其他符号的线宽、尺寸字体的字形、字高和笔画宽度相同。

焊缝符号表示法一般由基准线（两条平行的细实线和虚线、箭头线（细实线）和基本符号组成，必要时还可以加上补充符号和焊缝尺寸符号，如图 3.1-40 所示。

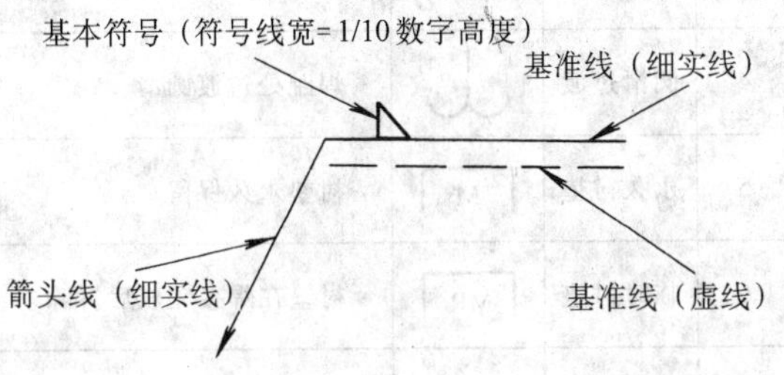

图 3.1-40　焊缝符号组成示例

焊缝的基本符号表示焊缝横断面的基本形式或特征，见表 3.1-110。在标注双面焊缝或接头时，基本符号可以组合使用，见表 3.1-111。

焊缝的补充符号用来补充说明有关焊缝或接头的某些特征（如表面形状、衬垫、焊缝分布、施焊地点等）。见表 3.1-112。

表 3.1-110　焊缝的基本符号

序号	名　称	示意图	符号
1	卷边焊缝（卷边完全熔化）		
2	I 形焊缝	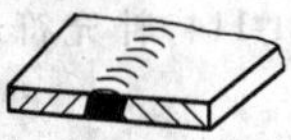	
3	V 形焊缝		
4	单边 V 形焊缝		
5	带钝边 V 形焊缝	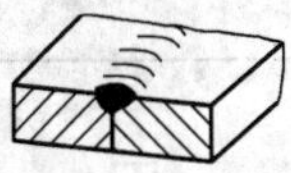	
6	带钝边单边 V 形焊缝		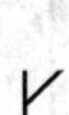

（续）

序号	名　称	示意图	符号
7	带钝边 U 形焊缝	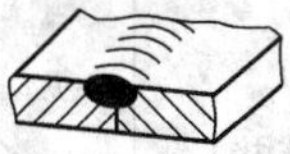	
8	带钝边 J 形焊缝		
9	封底焊缝	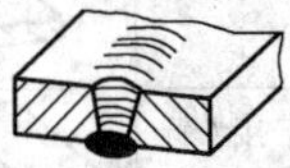	
10	角焊缝	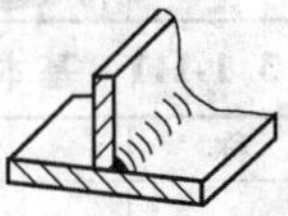	
11	塞焊缝或槽焊缝		
12	点焊缝		
13	缝焊缝	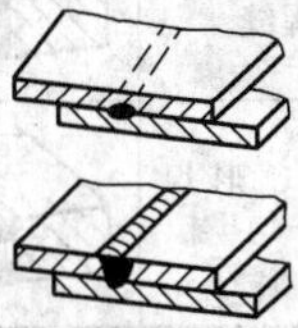	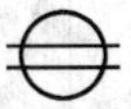
14	陡边 V 形焊缝	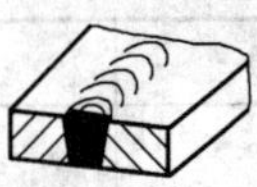	
15	陡边单 V 形焊缝		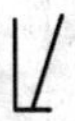
16	端焊缝		
17	堆焊缝	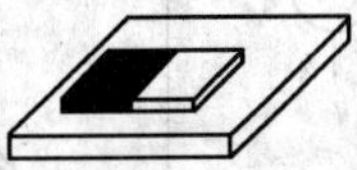	

（续）

序号	名　　称	示意图	符号
18	平面连接（钎焊）	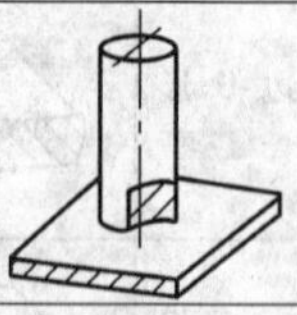 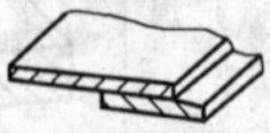	
19	斜面连接（钎焊）	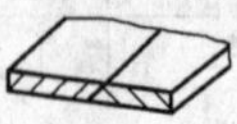	
20	折叠连接（钎焊）		

表 3.1-111　基本符号的组合

序号	名　　称	示意图	符号
1	双面 V 形焊缝（X 焊缝）		
2	双面单 V 形焊缝（K 焊缝）	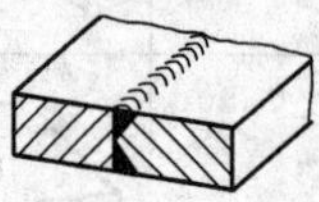	
3	带钝边的双面 V 形焊缝		
4	带钝边的双面单 V 形焊缝	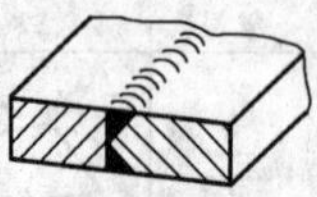	
5	双面 U 形焊缝		

表 3.1-112　补充符号

序号	名称	符号	说　　明
1	平面		焊缝表面通常经过加工后平整
2	凹面		焊缝表面凹陷
3	凸面		焊缝表面凸起
4	圆滑过渡		焊趾处过渡圆滑
5	永久衬垫	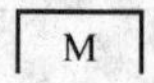	衬垫永久保留
6	临时衬垫	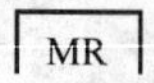	衬垫在焊接完成后拆除
7	三面焊缝		三面带有焊缝
8	周围焊缝		沿着工件周边施焊的焊缝 标注位置为基准线与箭头线的交点处
9	现场焊缝		在现场焊接的焊缝
10	尾部		可以表示所需的信息

（3）焊缝符号的应用示例

标准 GB/T 324 附录 A 提供了两种符号的应用示例，基本符号的应用示例，见表 3.1-113，补充符号的应用示例见表 3.1-114，补充符号的标注示例见表 3.1-115。

表 3.1-113　基本符号的应用示例

序号	符号	示意图	标注示例	备注
1			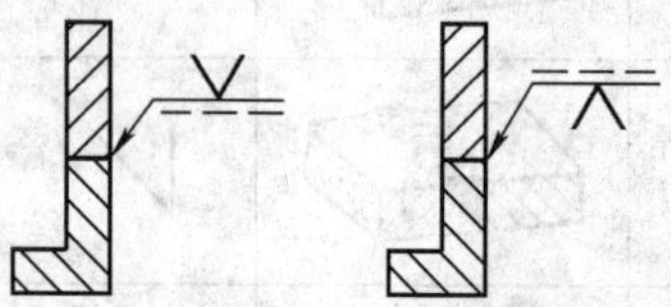	
2		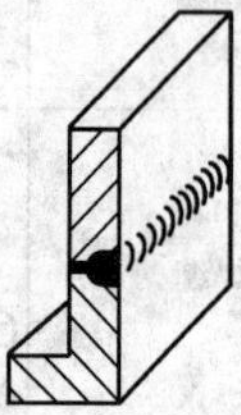	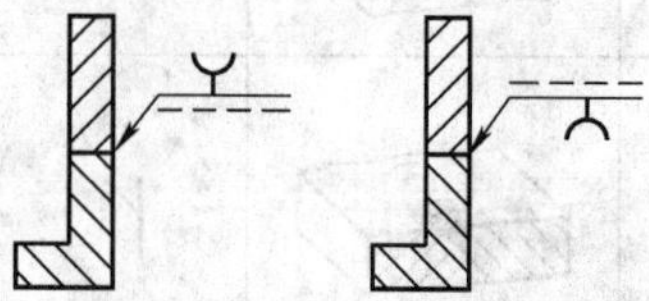	

（续）

序号	符号	示意图	标注示例	备注
3		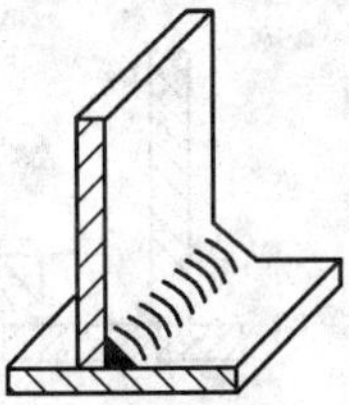	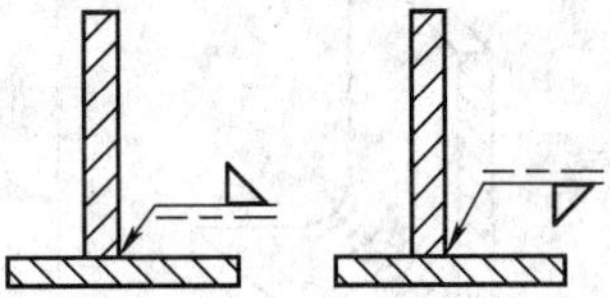	
4		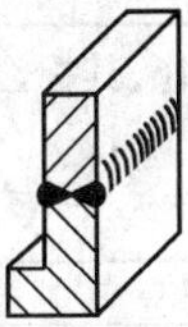	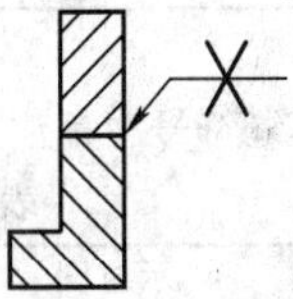	
5		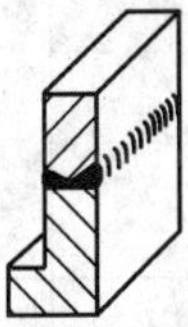	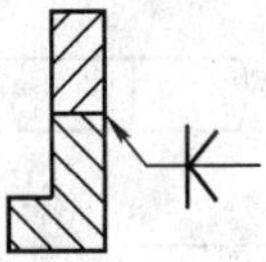	

表 3.1-114　补充符号应用示例

序号	名　　称	示　意　图	符　　号
1	平齐的 V 形焊缝		
2	凸起的双面 V 形焊缝		
3	凹陷的角焊缝	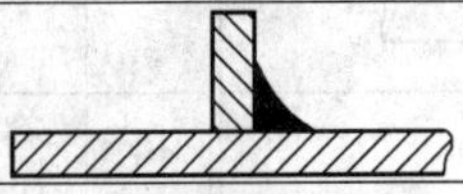	
4	平齐的 V 形焊缝和封底焊缝		
5	表面过渡平滑的角焊缝	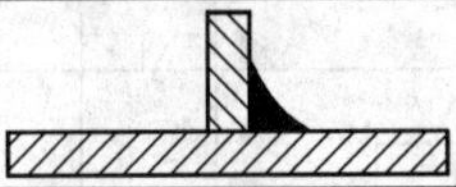	

表 3.1-115　补充符号的标注示例

序号	符号	示　意　图	标注示例	备注
1		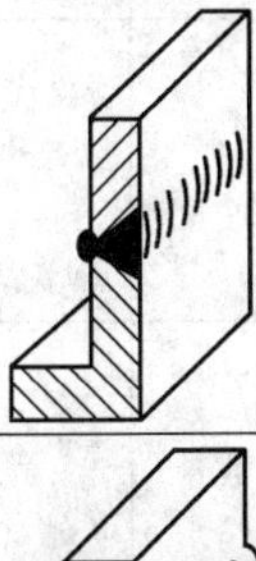		
2		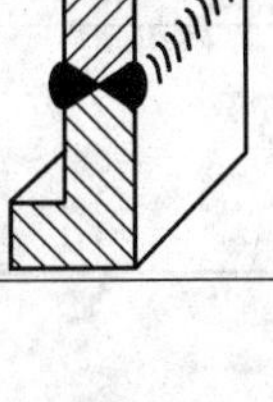	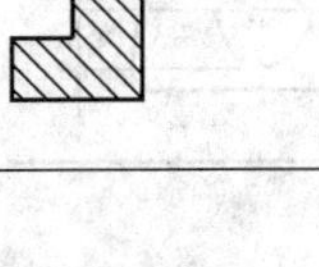	

（续）

序号	符号	示 意 图	标注示例	备注
3		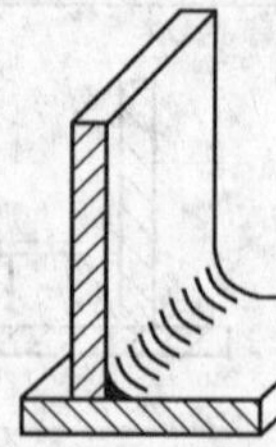	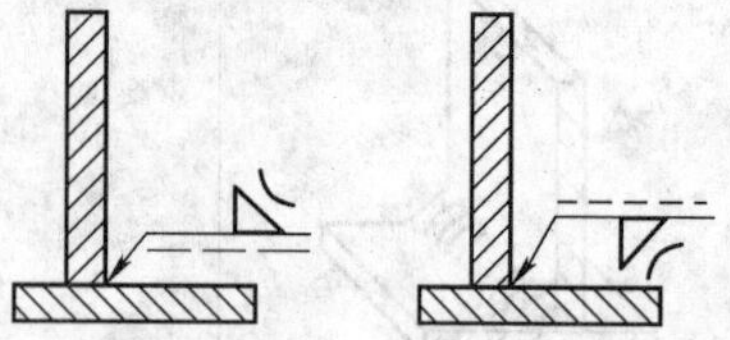	

（4）尺寸及标注

焊缝的尺寸一般可以在焊缝符号中标注。尺寸符号见表3.1-116,其标注示例见表3.1-117。

表3.1-116 焊缝尺寸符号

符号	名 称	示意图	符号	名 称	示意图
δ	工件厚度	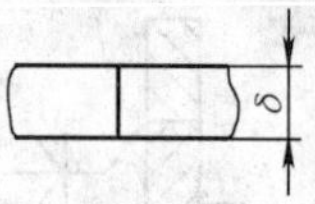	c	焊缝宽度	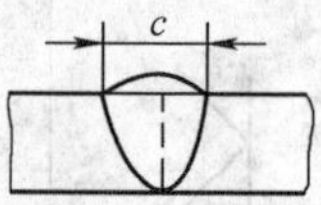
α	坡口角度	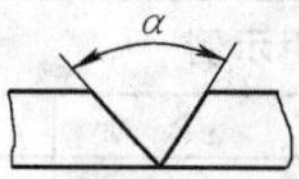	K	焊脚尺寸	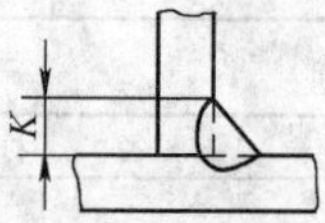
β	坡口面角度	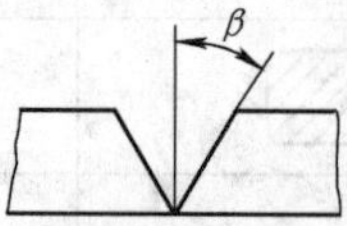	d	点焊:熔核直径 塞焊:孔径	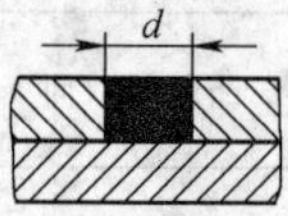
b	根部间隙	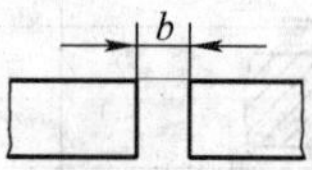	n	焊缝段数	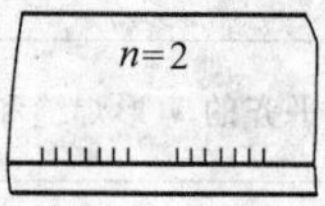
p	钝边	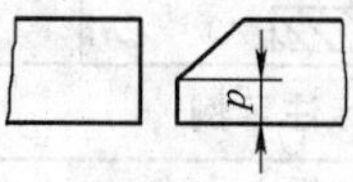	l	焊缝长度	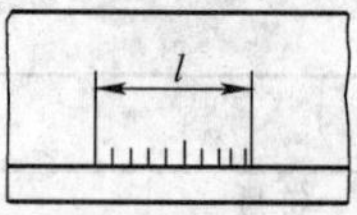
R	根部半径	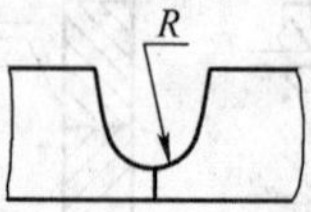	e	焊缝间距	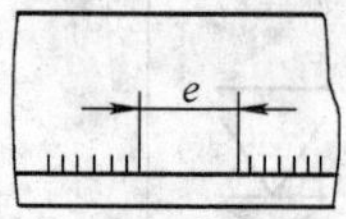
H	坡口深度	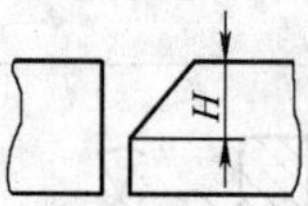	N	相同焊缝数量	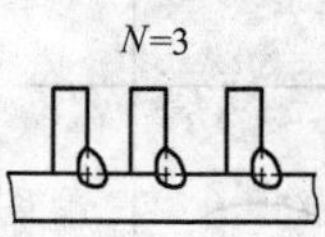
S	焊缝有效厚度	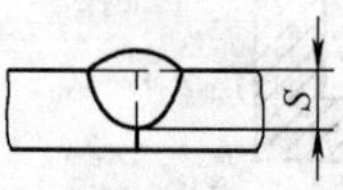	h	余高	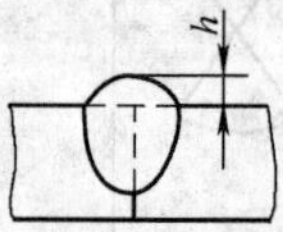

表 3.1-117　焊缝尺寸标注示例

序号	名称	示意图	尺寸符号	标注方法
1	对接焊缝	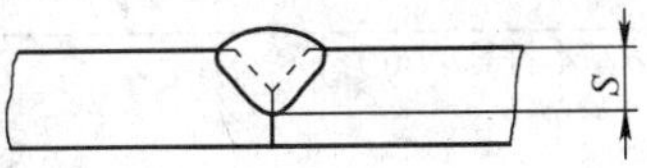	S：焊缝有效厚度	
2	连续角焊缝	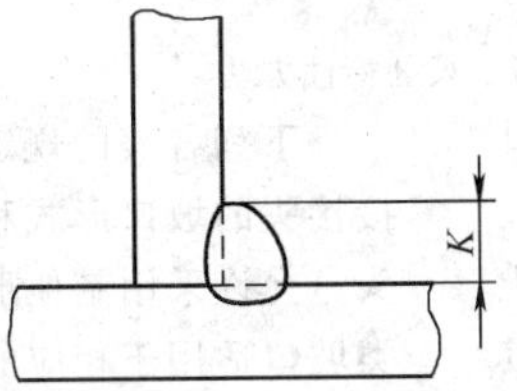	K：焊脚尺寸	
3	断续角焊缝	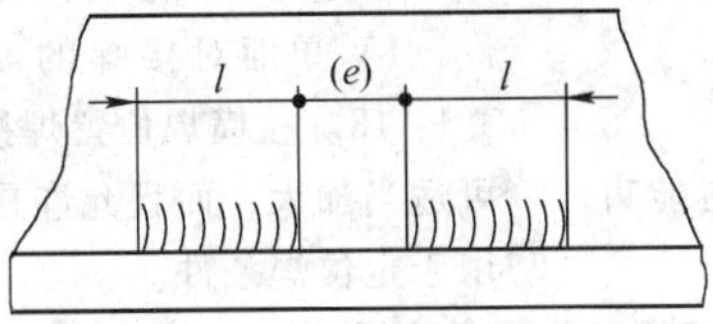	l：焊缝长度 e：间距 n：焊缝段数 K：焊脚尺寸	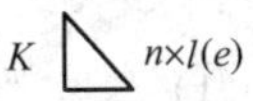
4	交错断续角焊缝	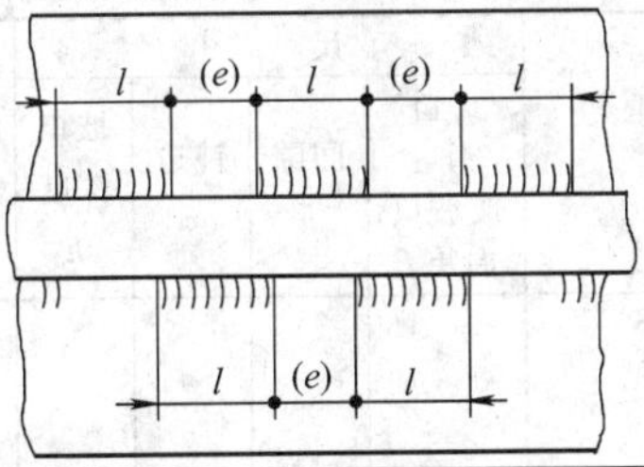	l：焊缝长度 e：间距 n：焊缝段数 K：焊脚尺寸	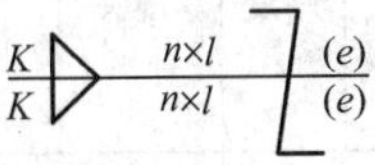
5	塞焊缝或槽焊缝	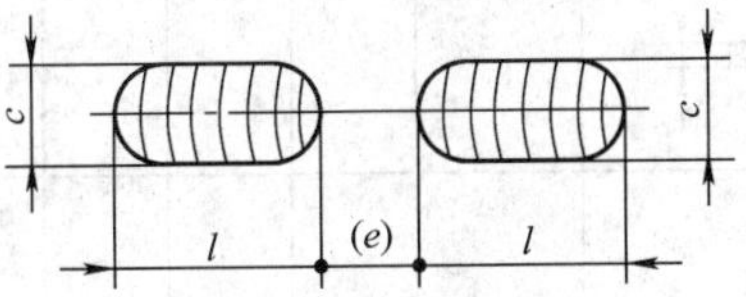 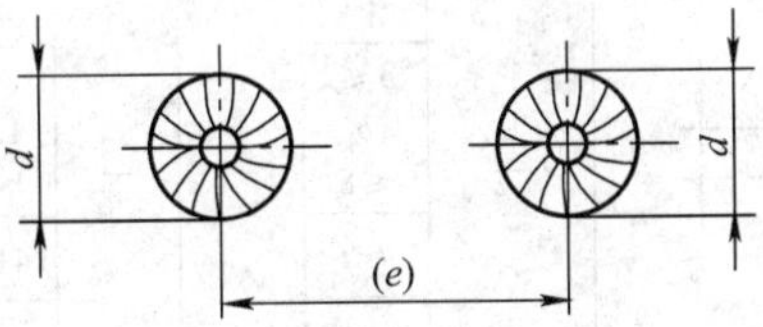	l：焊缝长度 e：间距 n：焊缝段数 c：槽宽 e：间距 n：焊缝段数 d：孔径	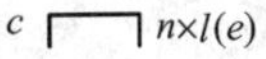 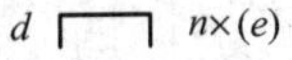
6	点焊缝	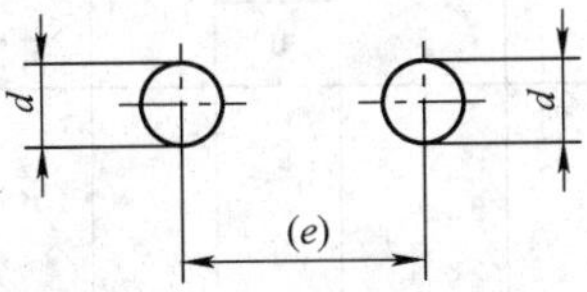	n：焊点数量 e：焊点距 d：熔核直径	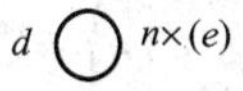
7	缝焊缝	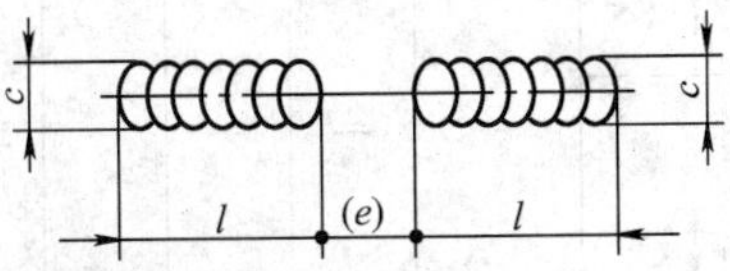	l：焊缝长度 e：间距 n：焊缝段数 c：焊缝宽度	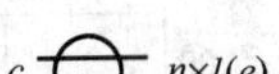

尺寸的标注方法应按照标注规则，横向尺寸标注在基本符号的左侧；纵向尺寸标注在基本符号的右侧；坡口角度、坡口面角度、根部间隙标注在基本符号的上侧或下侧；相同焊缝数量标注在尾部；当尺寸较多不易分辨时，可在尺寸数据前标注相应的尺寸符号。图 3.1-41 所示为尺寸标注方法。

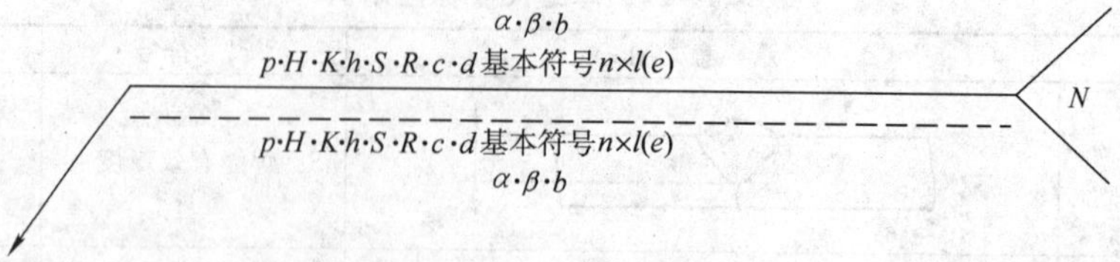

图3.1-41　尺寸标注方法

如焊缝位置的尺寸不在焊缝符号中标注，应将其标注在图样上。在基本符号的右侧无任何尺寸标注又无其他说明时，则表示焊缝在工作的整个长度方向上是连续的。同样在基本符号左侧无任何尺寸标注和其他说明时，表示对接焊缝应完全焊透。

3.2.2　坡口的基本形式与尺寸

（1）气焊、焊条电弧焊、气体保护焊和高能束焊的推荐坡口

下列各表的规定，按照完全熔透的原则，示出对接接头的坡口形式和尺寸。对于不完全熔透的对接接头，允许采用其他形式的焊接坡口。表中还规定了各类坡口适用于相应的焊接方法。必要时，也可采用两种以上适用方法组合焊接。

1）单面对接焊的坡口形式、符号和尺寸见表3.1-118。在横焊位置焊接时，坡口角（或坡口面角）可适当加大，而且允许是非对称的。给定的间隙也适用于定位焊条件。

表3.1-118　单面对接焊坡口　　(mm)

序号	母材厚度 t	坡口/接头种类	基本符号	横断面示意图	尺寸：坡口角 α 或坡口面角 β	尺寸：间隙 b	尺寸：钝边 c	尺寸：坡口深度 h	适用的焊接方法	焊缝示意图	备注
1	≤2	卷边坡口		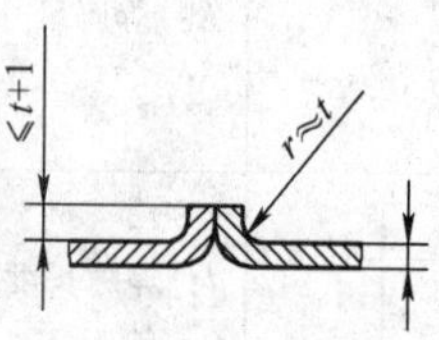	—	—	—	—	3 111 141 512		通常不填加焊接材料
2	≤4	I形坡口	‖	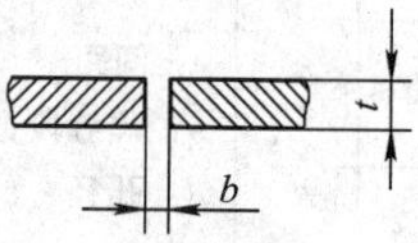	—	≈t	—	—	3 111 141		—
	3＜t≤8					3≤b≤8 ≈t			13 141①		必要时加衬垫
	≤15					≤1② 0			52		
3	≤100	I形坡口（带衬垫）	—	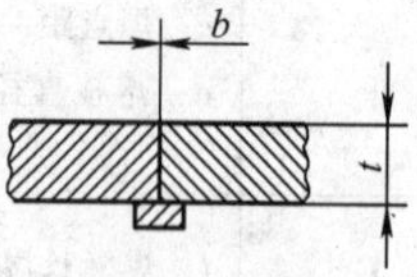	—	—	—	—	51		—
		I形坡口（带锁底）	—	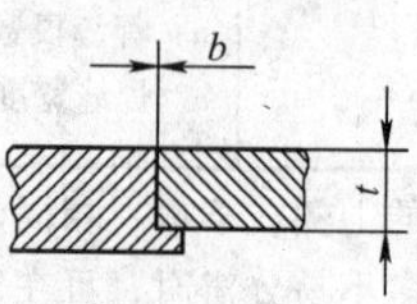						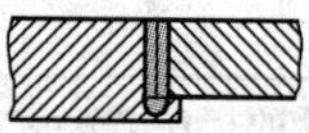	

（续）

序号	母材厚度 t	坡口/接头种类	基本符号	横断面示意图	尺寸：坡口角 α 或坡口面角 β	尺寸：间隙 b	尺寸：钝边 c	尺寸：坡口深度 h	适用的焊接方法	焊缝示意图	备注
4	$3<t\leqslant10$	V 形坡口		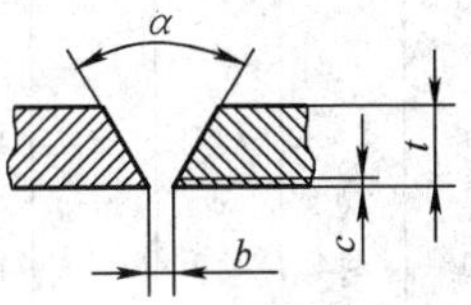	$40°\leqslant\alpha\leqslant60°$	≤4	≤2	—	3 111 13 141	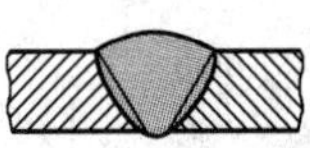	必要时加衬垫
	$8<t\leqslant12$				$6°\leqslant\alpha\leqslant8°$	—			52[②]		
5	>16	陡边坡口		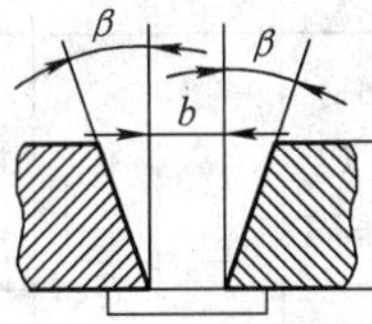	$5°\leqslant\beta\leqslant20°$	$5\leqslant b\leqslant15$	—	—	111 13	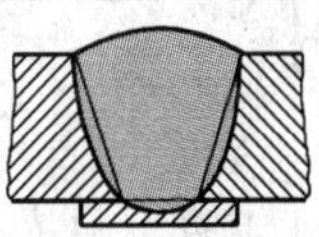	带衬垫
6	$5\leqslant t\leqslant40$	V 形坡口（带钝边）		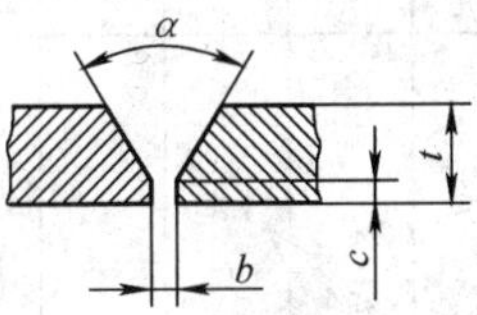	$\alpha\approx60°$	$1\leqslant b\leqslant4$	$2\leqslant c\leqslant4$	—	111 13 141	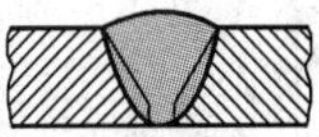	—
7	>12	U-V 形组合坡口		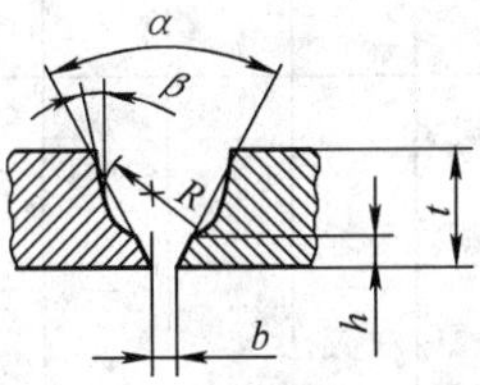	$60°\leqslant\alpha\leqslant90°$ $8°\leqslant\beta\leqslant12°$	$1\leqslant b\leqslant3$	—	≈4	111 13 141	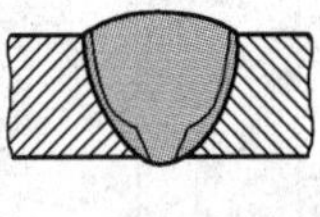	$6\leqslant R\leqslant9$
8	>12	V-V 形组合坡口		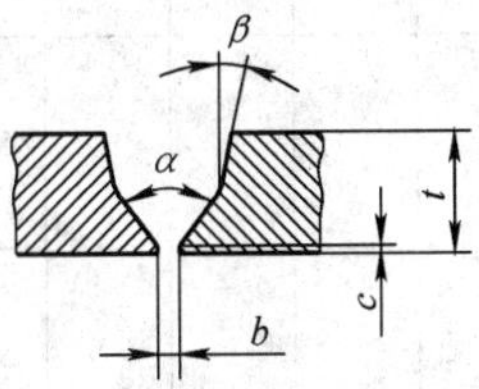	$60°\leqslant\alpha\leqslant90°$ $10°\leqslant\beta\leqslant15°$	$2\leqslant b\leqslant4$	>2	—	111 13 141	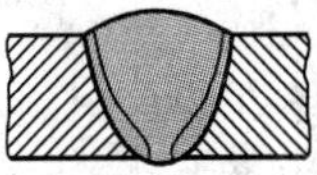	—
9	>12	U 形坡口		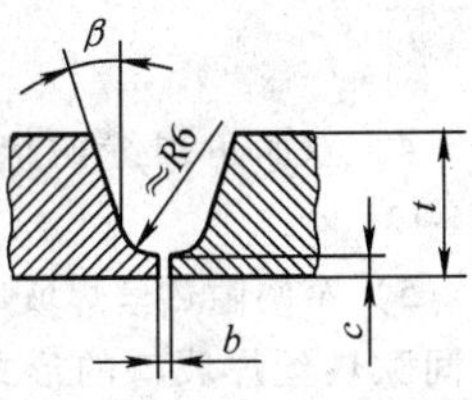	$8°\leqslant\beta\leqslant12°$	≤4	≤3	—	111 13 141	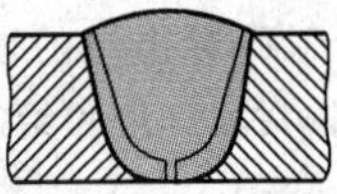	—

（续）

序号	母材厚度 t	坡口/接头种类	基本符号	横断面示意图	尺寸：坡口角 α 或坡口面角 β	尺寸：间隙 b	尺寸：钝边 c	尺寸：坡口深度 h	适用的焊接方法	焊缝示意图	备注
10	$3<t\leqslant10$	单边V形坡口		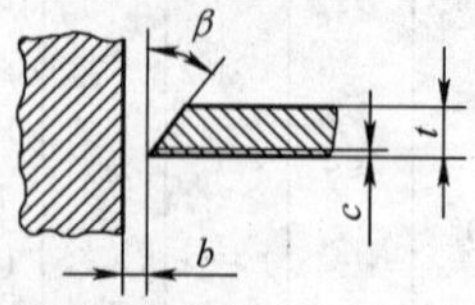 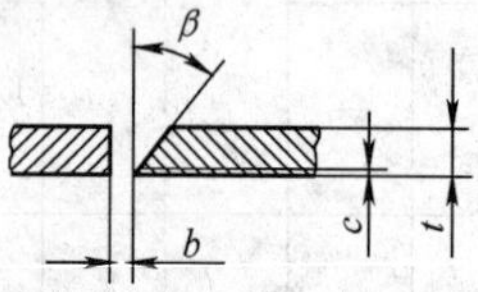	$35°\leqslant\beta\leqslant60°$	$2\leqslant b\leqslant4$	$1\leqslant c\leqslant2$	—	111 13 141	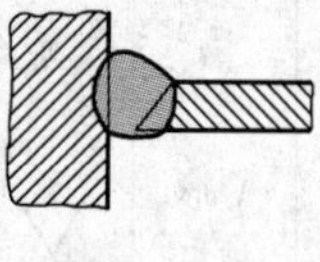 	—
11	>16	单边陡边坡口		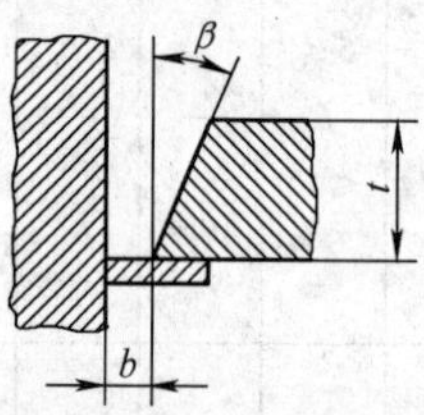	$15°\leqslant\beta\leqslant60°$	$6\leqslant b\leqslant12$ ≈12	—	—	111 13 141	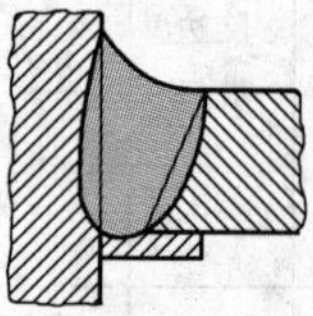	带衬垫
12	>16	J形坡口		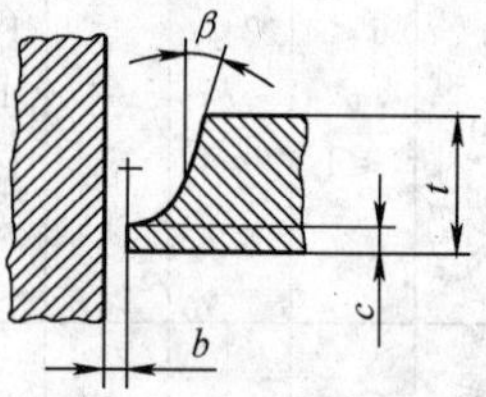	$10°\leqslant\beta\leqslant20°$	$2\leqslant b\leqslant4$	$1\leqslant c\leqslant2$	—	111 13 141	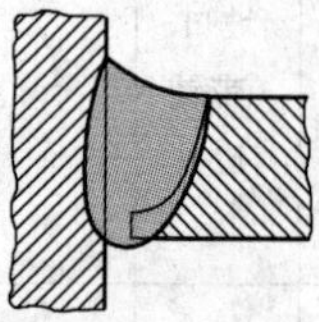	—
13	≤15 ≤100	T形接头		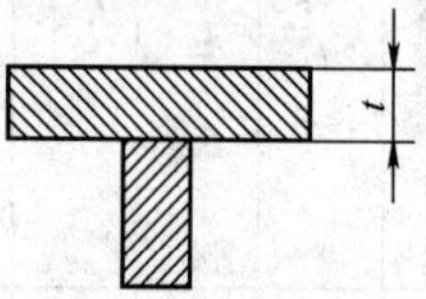	—	—	—	—	52 51	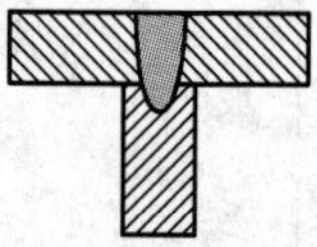	—
14	≤15 ≤100	T形接头		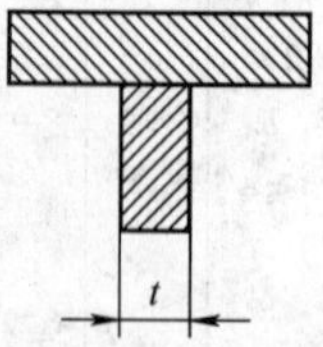	—	—	—	—	52 51	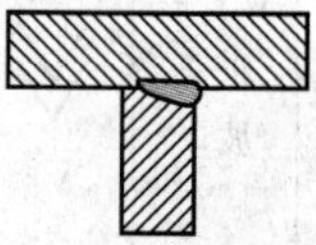	—

① 该种焊接方法不一定适用于整个工件厚度范围的焊接。

② 需要添加焊接材料。

2）双面对接焊的坡口形式、符号和尺寸见表3.1-119。对坡口角和给定间隙的规定同单面对接焊坡口。

3）单面角焊缝的接头形式、符号和尺寸见表3.1-120。

4）双面角焊缝的接头形式、符号和尺寸见表3.1-121。

5）窄间隙热丝焊坡口。在标准附录A中提供了窄间隙热丝焊坡口的形式、符号和尺寸，见表3.1-122。

表 3.1-119　双面对接焊坡口　（mm）

序号	母材厚度 t	坡口/接头种类	基本符号	横断面示意图	尺寸				适用的焊接方法	焊缝示意图	备注
					坡口角 α 或坡口面角 β	间隙 b	钝边 c	坡口深度 h			
1	≤8 ≤15	I 形坡口		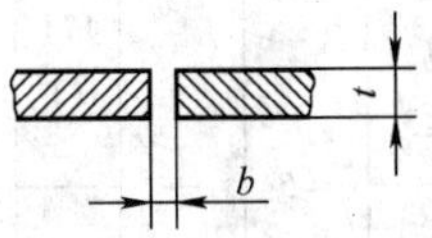	—	≈$t/2$ 0	—	—	111 141 13 52		—
2	3～40	V 形坡口		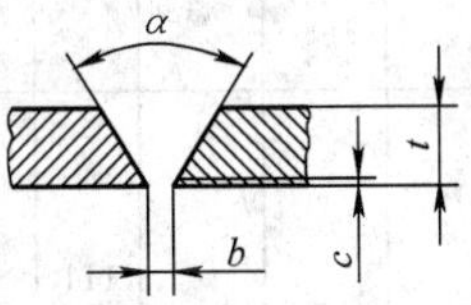	α≈60° 40°≤α≤60°	≤3	≤2	—	111 141 13	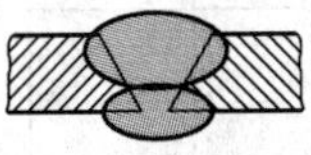	封底
3	>10	带钝边 V 形坡口		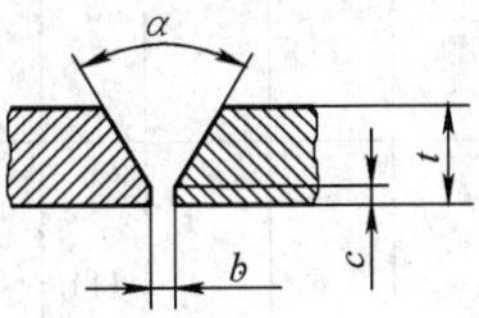	α≈60° 40°≤α≤60°	1≤b≤3	2≤c≤4	—	111 141 13	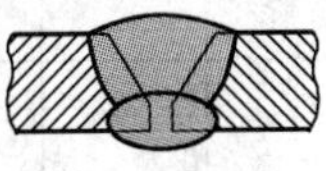	特殊情况下可适用更小的厚度和气体保护焊方法。注明封底
4	>10	双 V 形坡口（带钝边）		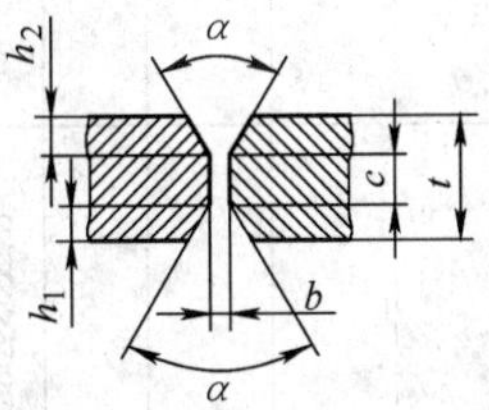	α≈60° 40°≤α≤60°	1≤b≤4	2≤c≤6	$h_1=h_2=\frac{t-c}{2}$	111 141 13	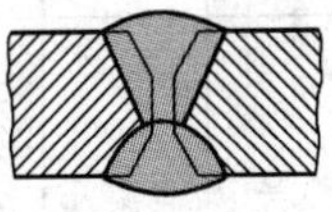	—
5	>10	双 V 形坡口		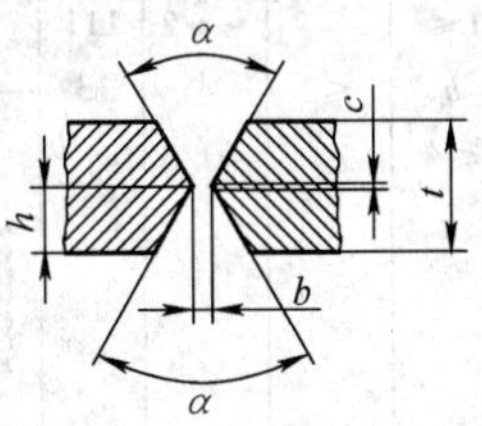	α≈60° 40°≤α≤60°	1≤b≤3	≤2	≈$t/2$	111 141 13	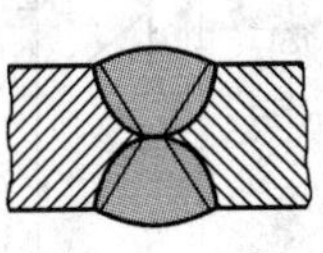	—
		非对称双 V 形坡口		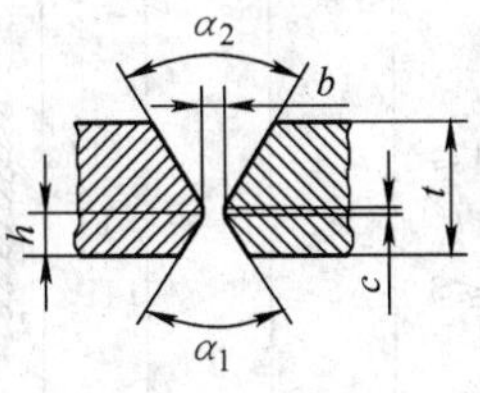	α_1≈60° α_2≈60° 40°≤α_1≤60° 40°≤α_2≤60°			≈$t/3$	111 141 13	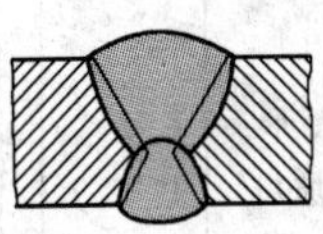	—

（续）

序号	母材厚度 t	坡口/接头种类	基本符号	横断面示意图	尺寸：坡口角 α 或坡口面角 β	尺寸：间隙 b	尺寸：钝边 c	尺寸：坡口深度 h	适用的焊接方法	焊缝示意图	备注
6	>12	U形坡口		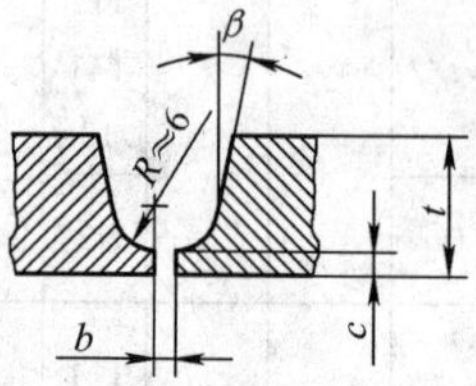	8°≤ β ≤12°	1≤ b ≤3 ≤3	≈5	—	111 13 141①	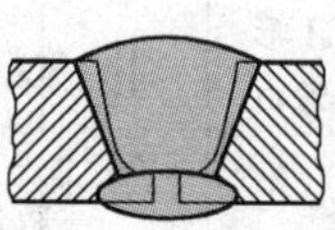	封底
7	≥30	双U形坡口		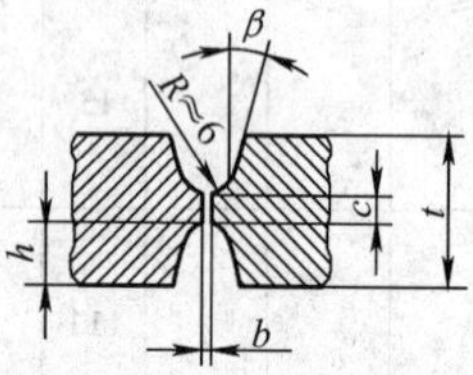	8°≤ β ≤12°	≤3	≈3	$\approx\frac{t-c}{2}$	111 13 141①	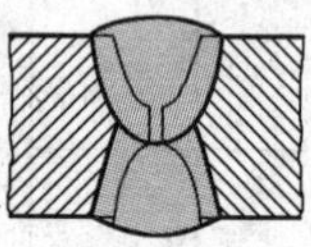	可制成与V形坡口相似的非对称坡口形式
8	3～30	单边V形坡口		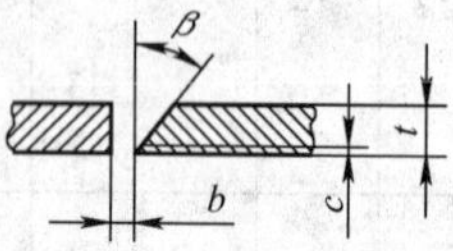	35°≤ β ≤60°	1≤ b ≤4	≤2	—	111 13 141①	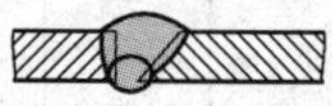	封底
9	>10	K形坡口		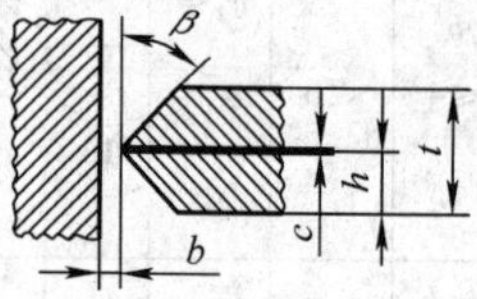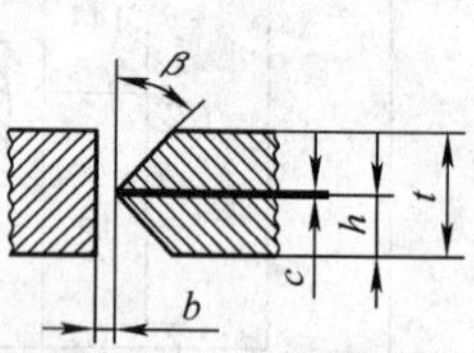	35°≤ β ≤60°	1≤ b ≤4	≤2	≈ t/2 或 ≈ t/3	111 13 141①	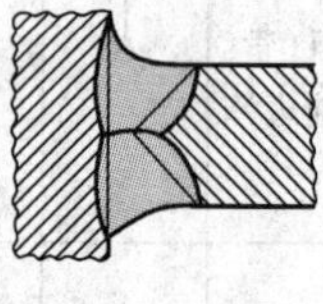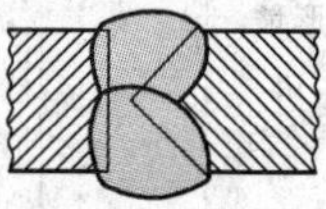	可制成与V形坡口相似的非对称坡口形式
10	>16	J形坡口		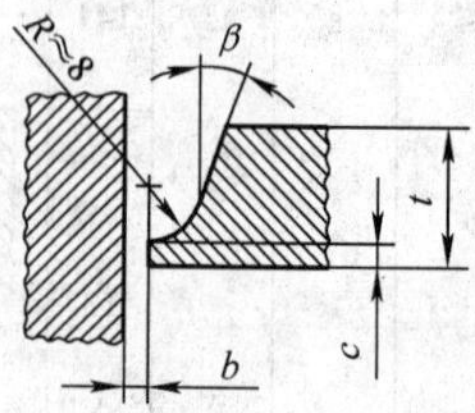	10°≤ β ≤20°	1≤ b ≤3	≥2	—	111 13 141①	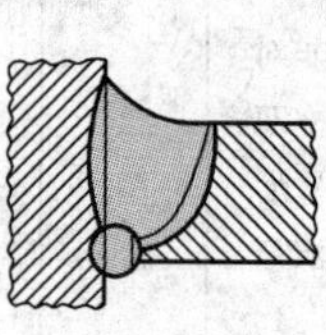	封底

（续）

序号	母材厚度 t	坡口/接头种类	基本符号	横断面示意图	尺寸：坡口角 α 或坡口面角 β	尺寸：间隙 b	尺寸：钝边 c	尺寸：坡口深度 h	适用的焊接方法	焊缝示意图	备注
11	>30	双 J 形坡口	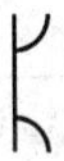	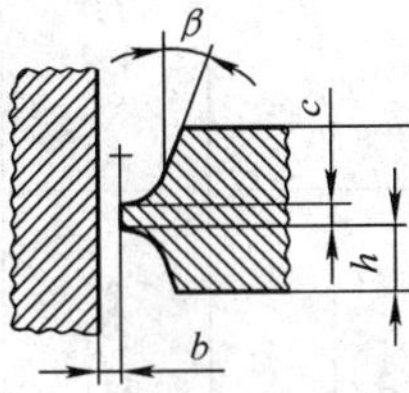	$10° \leqslant \beta \leqslant 20°$	≤3	≥2	$-\frac{t-c}{2}$	111 13 141[①]	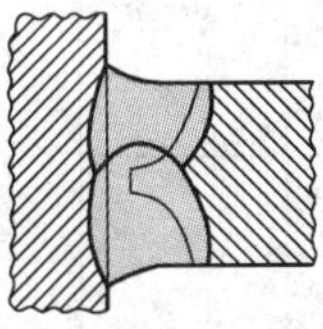	可制成与 V 形坡口相似的非对称坡口形式
							<2	$\approx t/2$			
12	≤25	T 形接头		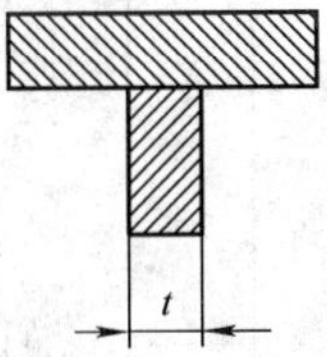	—	—	—	—	52	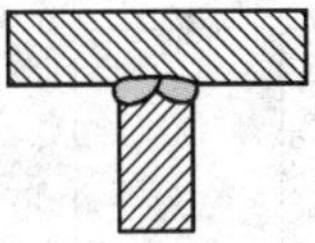	—
	≤170								51		

① 该种焊接方法不一定适用于整个工件厚度范围的焊接。

表 3.1-120　单面角焊缝的接头形式、符号和尺寸　（mm）

序号	母材厚度 t	接头形式	基本符号	横断面示意图	尺寸：角度 α	尺寸：间隙 b	适用的焊接方法[①]	焊缝示意图
1	$t_1 > 2$ $t_2 > 2$	T 形接头		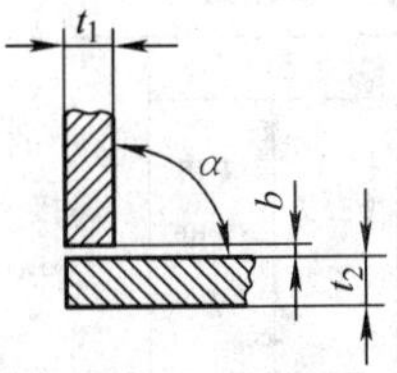	$70° \leqslant \alpha \leqslant 100°$	≤2	3 111 13 141	
2	$t_1 > 2$ $t_2 > 2$	搭接		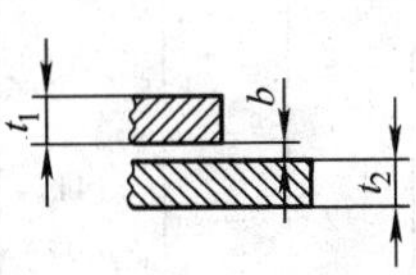	—	≤2	3 111 13 141	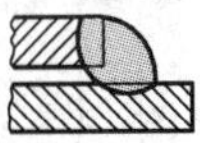
3	$t_1 > 2$ $t_2 > 2$	角接		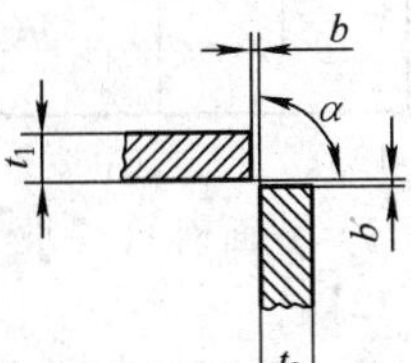	$60° \leqslant \alpha \leqslant 120°$	≤2	3 111 13 141	

① 这些焊接方法不一定适用于整个工件厚度范围的焊接。

表 3.1-121　双面角焊缝的接头形式、符号和尺寸　　(mm)

序号	母材厚度 t	接头形式	基本符号	横断面示意图	尺寸 角度 α	尺寸 间隙 b	适用的焊接方法①	焊缝示意图
1	$t_1>3$ $t_2>3$	角接		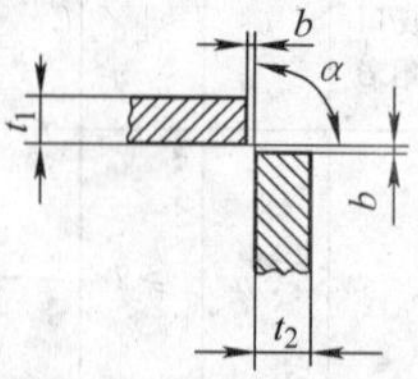	$70°\leqslant\alpha\leqslant100°$	$\leqslant2$	3 111 13 141	
2	$t_1>2$ $t_2>5$	角接		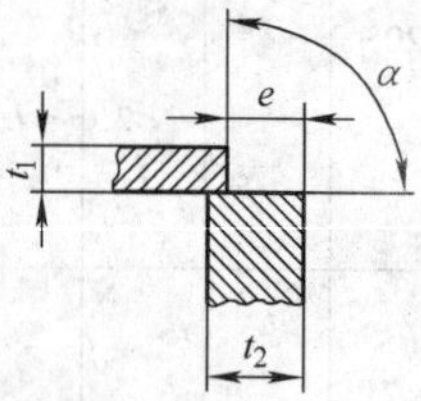	$60°\leqslant\alpha\leqslant120°$	—	3 111 13 141	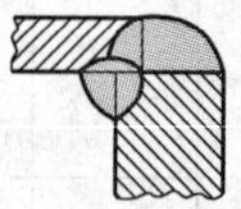
3	$2\leqslant t_1\leqslant4$ $2\leqslant t_2\leqslant4$	T形接头		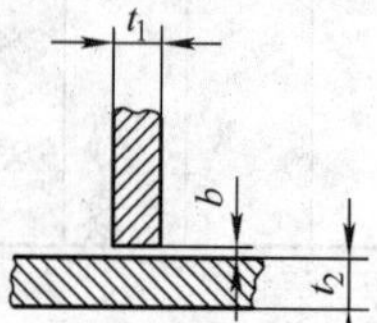	—	$\leqslant2$	3 111 13 141	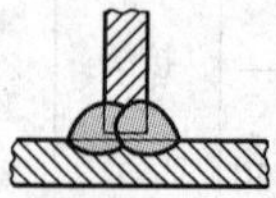
	$t_1>4$ $t_2>4$							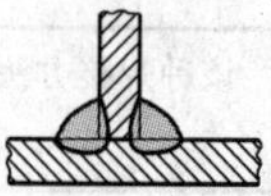

① 这些焊接方法不一定适用于整个工件厚度范围的焊接。

表 3.1-122　窄间隙热丝焊坡口　　(mm)

母材厚度 t	坡口/接头种类	基本符号	横断面示意图	尺寸 坡口角 α 或坡口面角 β	尺寸 间隙 b	尺寸 钝边 c	尺寸 坡口深度 h	适用的焊接方法	焊缝示意图	备注
20~150	U形坡口		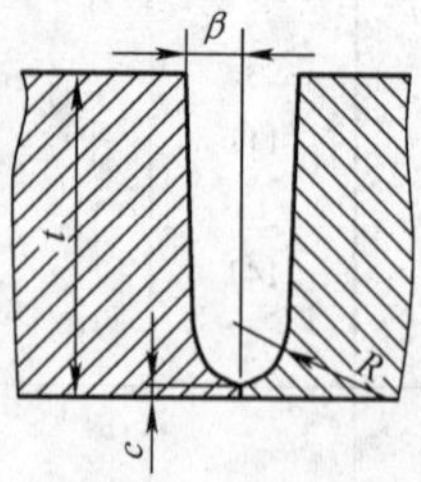	$1°\leqslant\beta\leqslant1.5°$	—	≈2	—	141 (热丝)	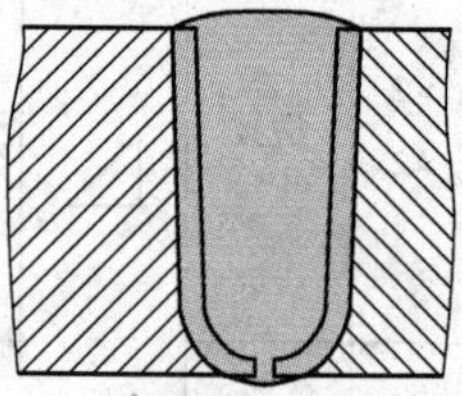	

(2) 埋弧焊的推荐坡口

下列各表的规定，按照完全熔透的原则，示出对接接头的坡口形式和尺寸。对于不熔透的对接接头，允许采用其他形式的焊接坡口。衬垫材料和尺寸的选择及使用应结合具体工况条件，表内未作规定。

1）单面对接焊坡口的形式、符号和尺寸见表3.1-123。

2）双面对接焊坡口的形式、符号和尺寸见表3.1-124。

3）窄间隙埋弧焊坡口的形式、符号及尺寸见表3.1-125。

表 3.1-123 单面对接焊坡口

(mm)

序号	工件厚度 t	焊缝 名称	焊缝 基本符号	焊缝示意图	坡口形式和尺寸 横断面示意图	坡口角 α 或坡口面角 β	间隙 b、圆弧半径 R	钝边 c	坡口深度 h	焊接位置	备注
1	3~12	平对接焊缝		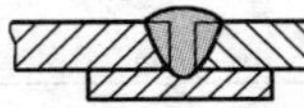	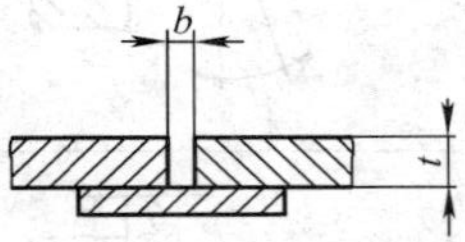	—	$b \leqslant 0.5t$ 最大 5	—	—	PA	带衬垫，衬垫厚度至少 5mm 或 $0.5t$
2	10~20	V 形焊缝		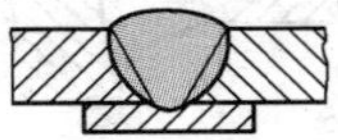	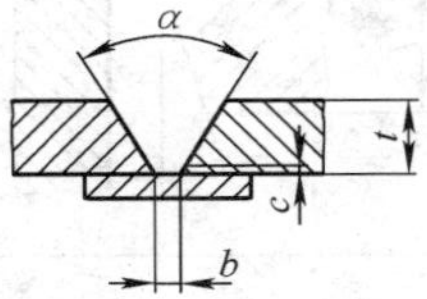	$30° \leqslant \alpha \leqslant 50°$	$4 \leqslant b \leqslant 8$	$\leqslant 2$	—	PA	带衬垫，衬垫厚度至少 5mm 或 $0.5t$
3	>20	陡边 V 形焊缝		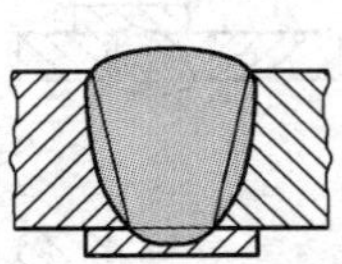	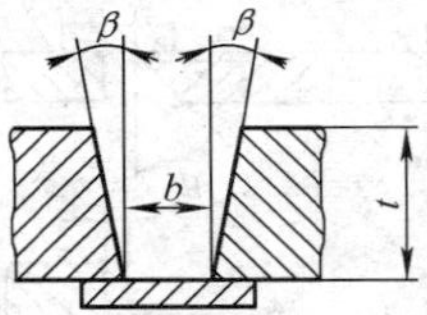	$4° \leqslant \beta \leqslant 10°$	$16 \leqslant b \leqslant 25$	—	—	PA	带衬垫，衬垫厚度至少 5mm 或 $0.5t$
4	>12	双 V 形组合焊缝		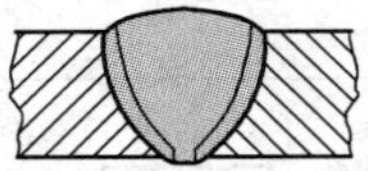	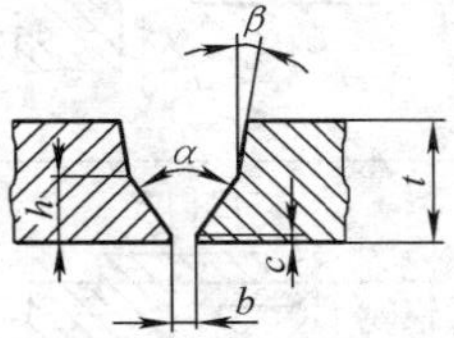	$60° \leqslant \alpha \leqslant 70°$ $4° \leqslant \beta \leqslant 10°$	$1 \leqslant b \leqslant 4$	0~3	4~10	PA	根部焊道可采用合适的方法焊接
5	≥12	U-V 形组合焊缝		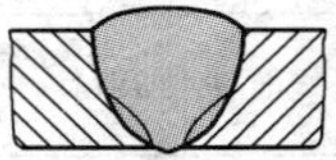	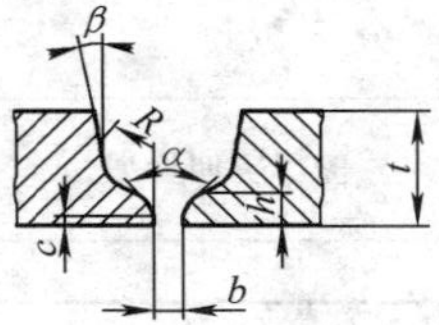	$60° \leqslant \alpha \leqslant 70°$ $4° \leqslant \beta \leqslant 10°$	$1 \leqslant b \leqslant 4$ $5 \leqslant R \leqslant 10$	0~3	4~10	PA	根部焊道可采用合适的方法焊接

（续）

序号	焊缝				坡口形式和尺寸					焊接位置	备注
	工件厚度 t	名称	基本符号	焊缝示意图	横断面示意图	坡口角 α 或坡口面角 β	间隙 b、圆弧半径 R	钝边 c	坡口深度 h		
6	≥30	U形焊缝		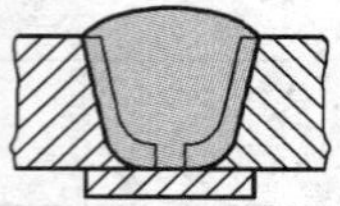	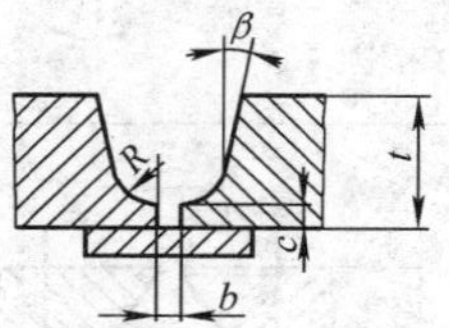	$4° \leqslant \beta \leqslant 10°$	$1 \leqslant b \leqslant 4$ $5 \leqslant R \leqslant 10$	2～3	—	PA	带衬垫，衬垫厚度至少5mm或0.5t
7	3～16	单边V形焊缝		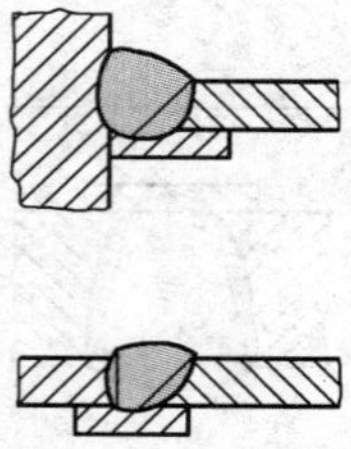	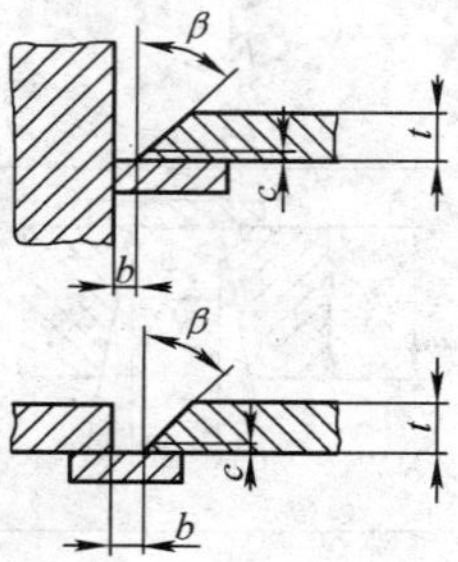	$30° \leqslant \beta \leqslant 50°$	$1 \leqslant b \leqslant 4$	≤2	—	PA PB	带衬垫，衬垫厚度至少5mm或0.5t
8	≥16	单边陡边V形焊缝		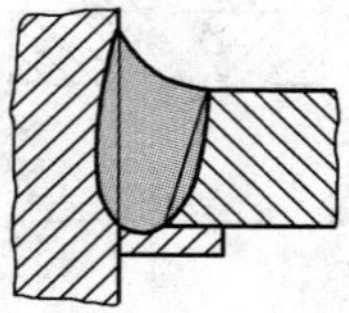	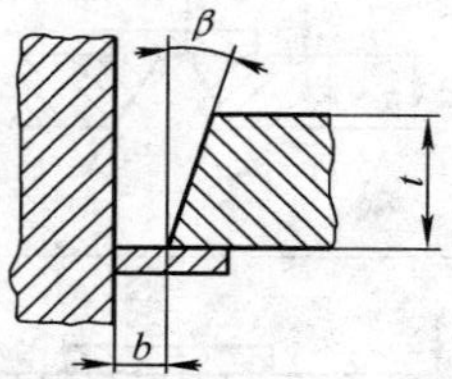	$8° \leqslant \beta \leqslant 10°$	$5 \leqslant b \leqslant 15$	—	—	PA PB	带衬垫，衬垫厚度至少5mm或0.5t
9	≥16	J形焊缝	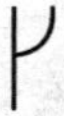	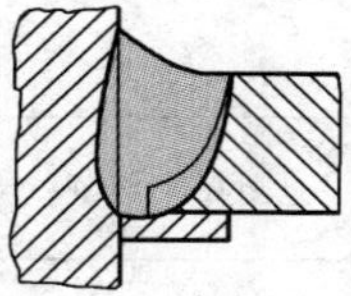	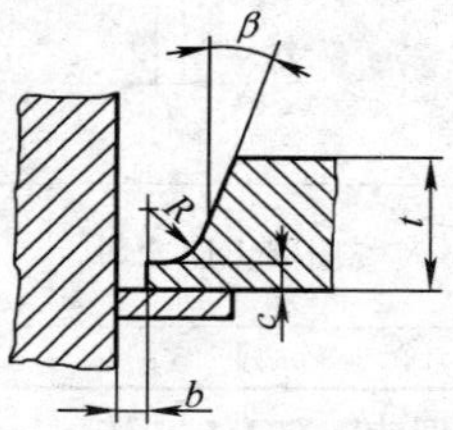	$4° \leqslant \beta \leqslant 10°$	$2 \leqslant b \leqslant 4$ $5 \leqslant R \leqslant 10$	2～3	—	PA PB	带衬垫，衬垫厚度至少5mm或0.5t

表 3.1-124　双面对接焊坡口的形式、符号和尺寸

（mm）

序号	焊缝				坡口形式和尺寸					焊接位置	备　注
	工件厚度 t	名称	基本符号	焊缝示意图	横断面示意图	坡口角 α 或坡口面角 β	间隙 b、圆弧半径 R	钝边 c	坡口深度 h		
1	3～20	平对接焊缝			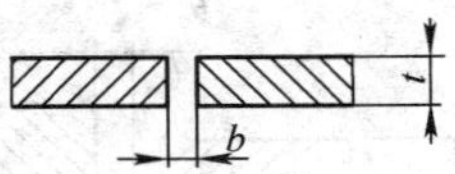	—	$b \leqslant 2$	—	—	PA	间隙应符合公差要求
2	10～35	带钝边 V 形焊缝/封底		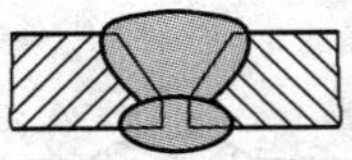	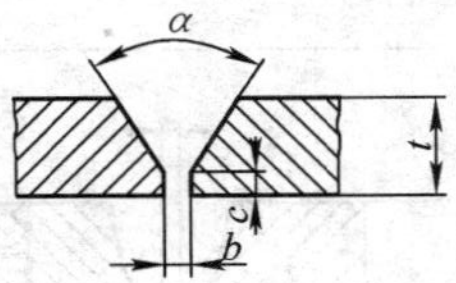	$30° \leqslant \alpha \leqslant 60°$	$b \leqslant 4$	4～10	—	PA	根部焊道可用其他方法焊接
3	10～20	V 形焊缝/平对接焊缝			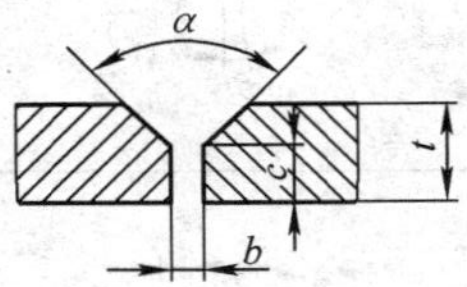	$60° \leqslant \alpha \leqslant 80°$	$b \leqslant 4$	5～15	—	PA	根部焊道可用其他方法焊接
4	≥16	带钝边的双 V 形焊缝		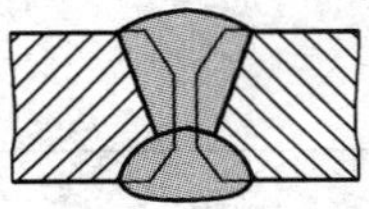	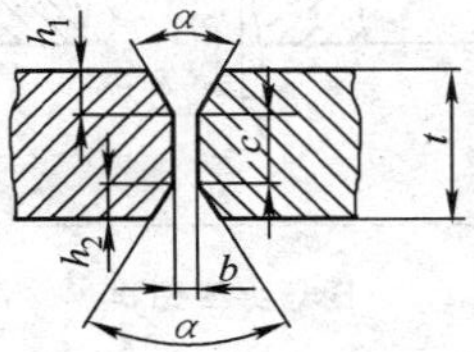	$30° \leqslant \alpha \leqslant 70°$	$b \leqslant 4$	4～10	$h_1 = h_2$	PA	—

（续）

序号	工件厚度 t	焊缝 名称	基本符号	焊缝示意图	坡口形式和尺寸 横断面示意图	坡口角 α 或坡口面角 β	间隙 b、圆弧半径 R	钝边 c	坡口深度 h	焊接位置	备注
5	≥30	U形焊缝/封底焊缝		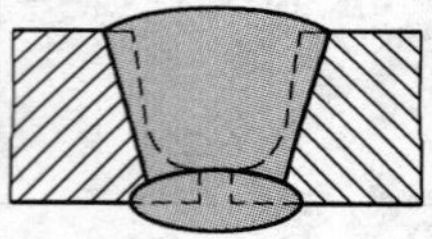	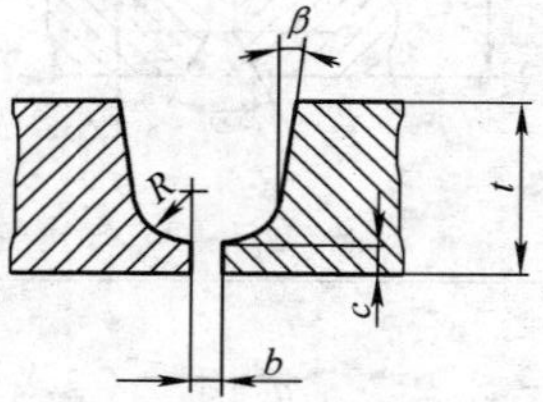	$5° \leqslant \beta \leqslant 10°$	$b \leqslant 4$ $5 \leqslant R \leqslant 10$	4～10	—	PA	—
6	≥50	双U形焊缝		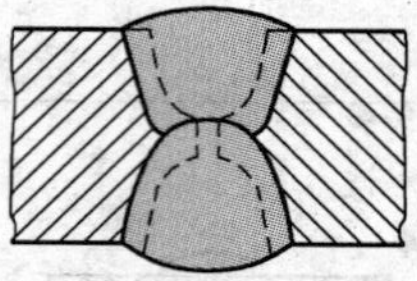	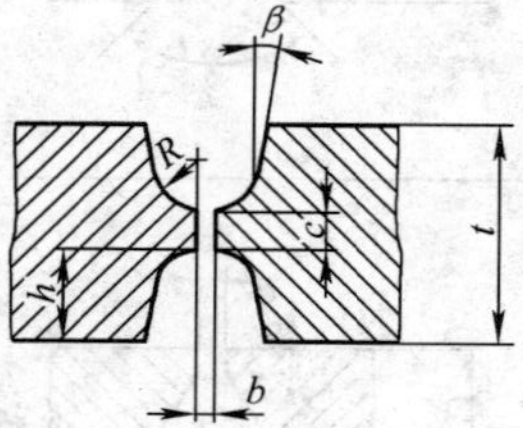	$5° \leqslant \beta \leqslant 10°$	$b \leqslant 4$ $5 \leqslant R \leqslant 10$	4～10	$h=0.5$ $(t-c)$	PA	与双V形对称坡口相似，这种坡口可制成对称的形式
7	≥12	带钝边的K形焊缝		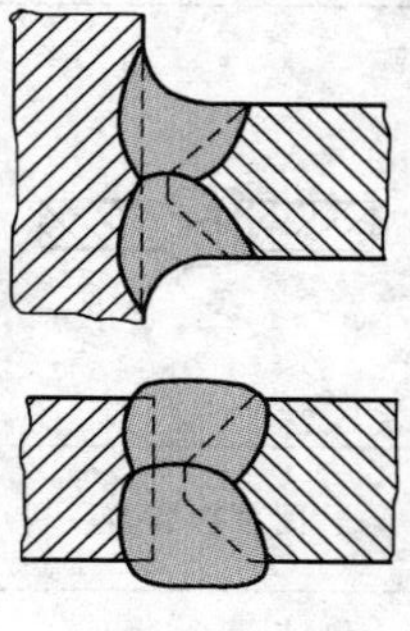	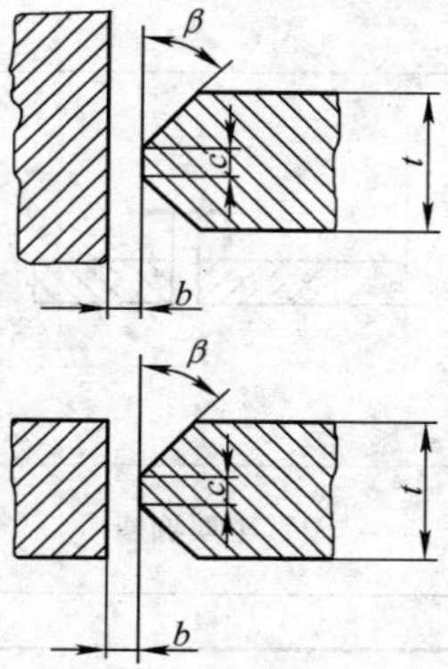	$30° \leqslant \beta \leqslant 50°$	$b \leqslant 4$	4～10	—	PA PB	与双V形对称坡口相似，这种坡口可制成对称的形式。 必要时可进行打底焊

（续）

序号	工件厚度 t	焊缝 名称	基本符号	焊缝示意图	坡口形式和尺寸 横断面示意图	坡口角 α 或坡口面角 β	间隙 b、圆弧半径 R	钝边 c	坡口深度 h	焊接位置	备注
8	≥20	J形焊缝/封底焊缝		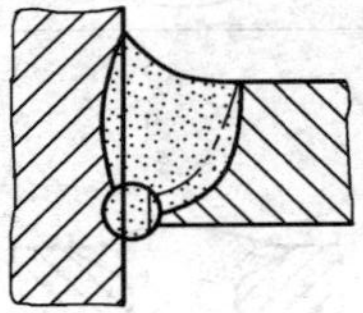	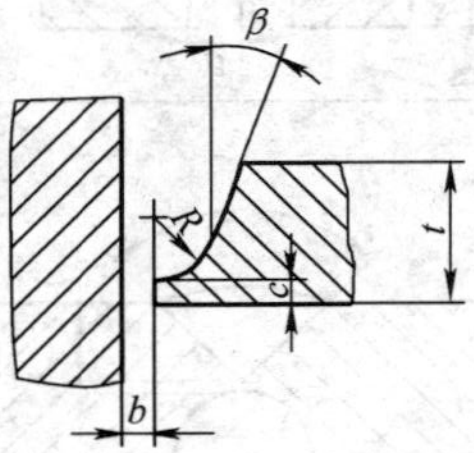	5°≤β≤10°	b≤4 5≤R≤10	4～10	—	PA PB	必要时可进行打底焊接
9	<12	单边V形焊缝		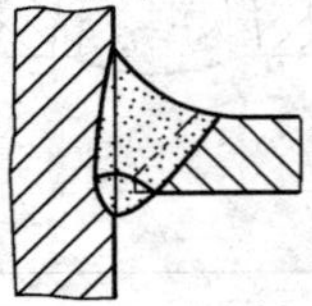	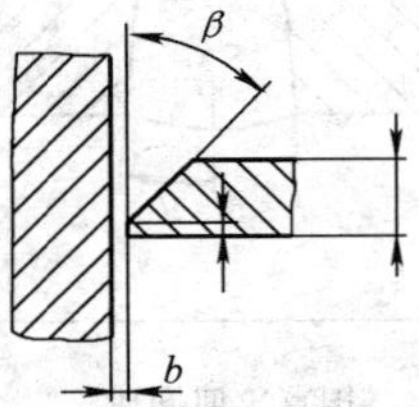	30°≤β≤50°	b≤4	≤2	—	PA PB	必要时可进行打底焊接
10	≥30	双面J形焊缝		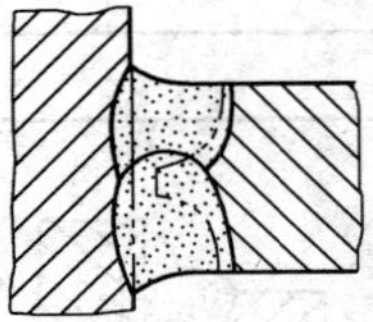	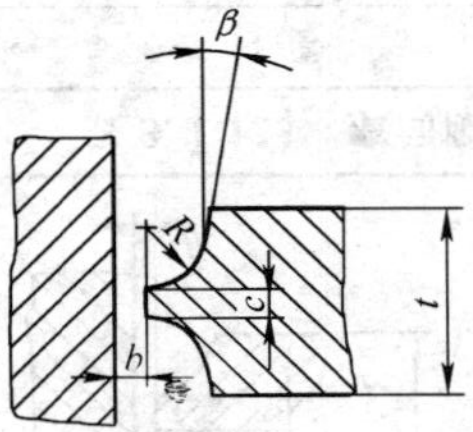	5°≤β≤10°	b≤4 5≤R≤10	2～7	—	PA PB	与双V形对称坡口相似，这种坡口可制成对称的形式。 必要时可进行打底焊
11	≤12	双面J形焊缝		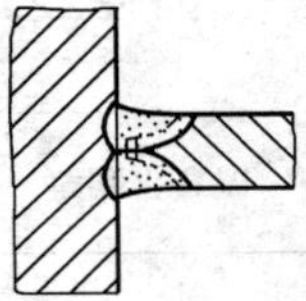	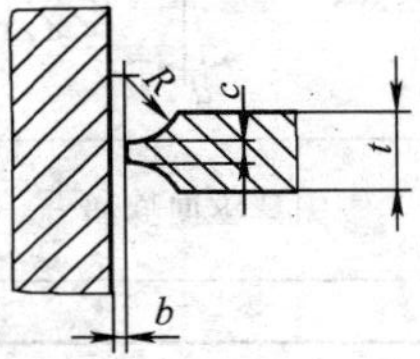	—	b≤2 5≤R≤10	2～3	—	PA PB	单道焊坡口

（续）

序号	工件厚度 t	焊缝 名称	焊缝 基本符号	焊缝示意图	坡口形式和尺寸 横断面示意图	坡口角 α 或坡口面角 β	间隙 b、圆弧半径 R	钝边 c	坡口深度 h	焊接位置	备注
12	>12	双面J形焊缝		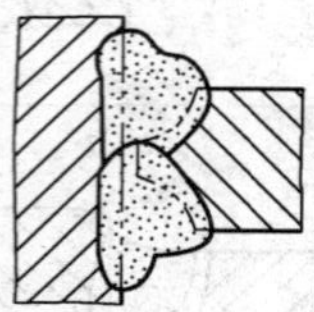	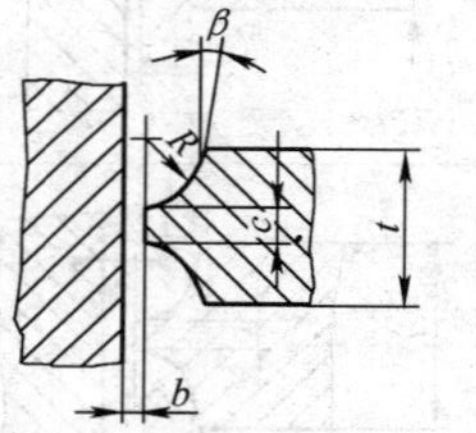	$5° \leqslant \beta \leqslant 10°$	$b \leqslant 4$ $5 \leqslant R \leqslant 10$	2~7	—	PA PB	多道焊坡口。 必要时可进行打底焊接

表 3.1-125　窄间隙埋弧焊坡口

（mm）

序号	工件厚度 t	焊缝 名称	焊缝 基本符号	焊缝示意图	坡口形式和尺寸 横断面示意图	坡口角 α 或坡口面角 β	间隙 b、圆弧半径 R	钝边 c	坡口深度 h	焊接位置	备注
1	≥30	UY形坡口		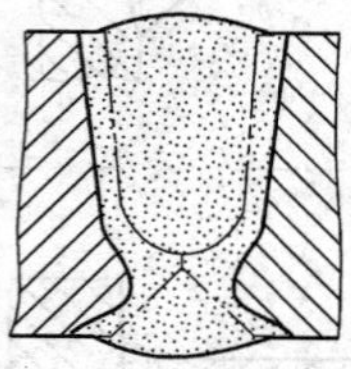	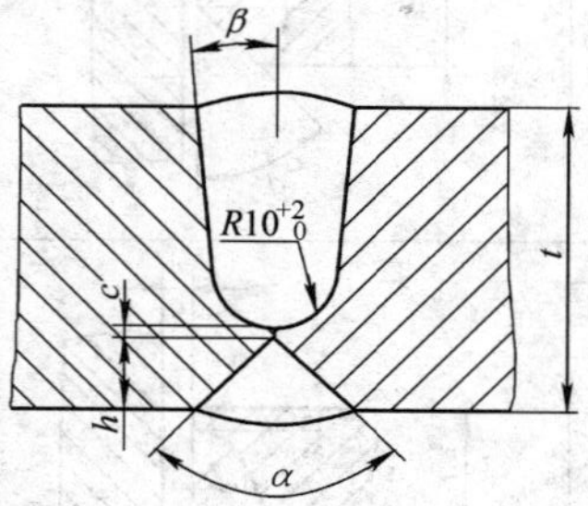	$1° \leqslant \beta \leqslant 1.5°$ $85° \leqslant \alpha \leqslant 95°$	$0 \leqslant b \leqslant 2$	≈2	4~10	PA	适用于环缝，V形坡口侧焊条电弧焊封底
						$1.5° \leqslant \beta \leqslant 2°$ $85° \leqslant \alpha \leqslant 95°$	$0 \leqslant b \leqslant 2$	≈2	4~10	PA	适用于纵缝，V形坡口侧焊条电弧焊封底
2	≥30	陡边V形坡口	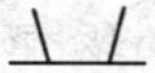	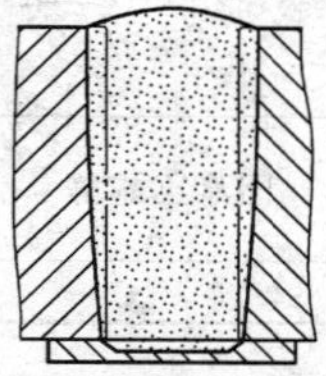	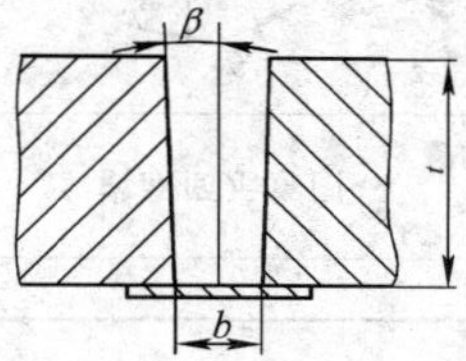	$1.5° \leqslant \beta \leqslant 2°$	$b \approx 20$	—	—	PA	带衬垫，衬垫厚度至少10mm

（3）铝及铝合金气体保护焊的推荐坡口

推荐的焊接坡口适用于所有可焊铝及铝合金的全熔透接头，对于不完全熔透的对接接头，允许采用其他形式的焊接坡口。除规定的焊接方法外，必要时，也可采用两种以上适用方法组合焊接。

坡口的边缘应采用机械方法，不得使用矿物油类的清洁剂。坡口的纵边应打磨或倒角处理。

1）单面对接焊坡口的形式、符号及尺寸见表3.1-126。

2）双面对接焊坡口形式、符号和尺寸见表3.1-127。

3）T形接头的形式、符号及尺寸见表3.1-128。

表3.1-126　单面对接焊坡口　　（mm）

焊缝					坡口形式及尺寸					适用的焊接方法②	备注
序号	工件厚度 t	名称	基本符号①	焊缝示意图	横断面示意图	坡口角 α 或坡口面角 β	间隙 b	钝边 c	其他尺寸		
1	≤2	卷边焊缝	八	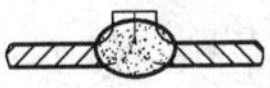	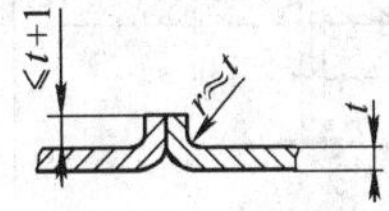	—	—	—	—	141	
2	≤4	I形焊缝	‖	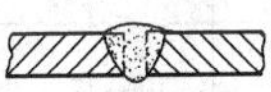	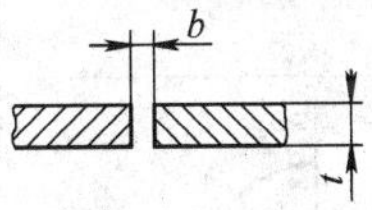	—	≤2	—	—	141	建议根部倒角
2	2～4	带衬垫的I形焊缝	‖	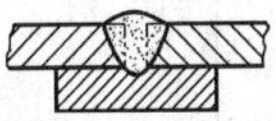	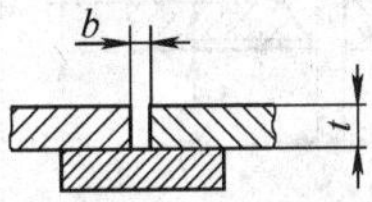	—	≤1.5	—	—	131	
3	3～5	V形焊缝	V	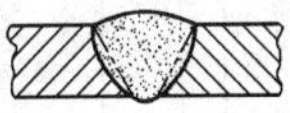	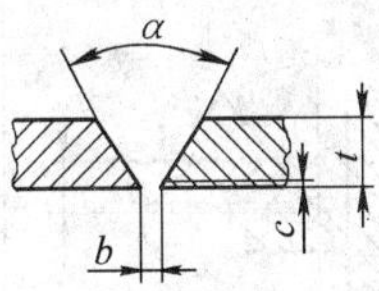	α≥50°	≤3	≤2	—	141	
						60°≤α≤90°	≤2			131	
3	3～5	带衬垫的V形焊缝	V	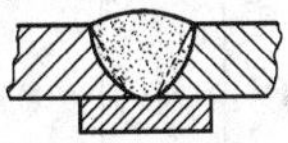	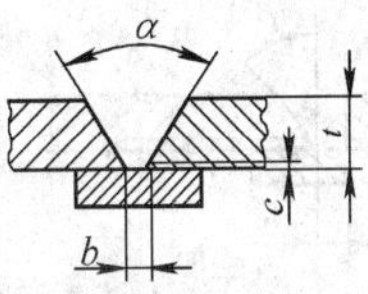	60°≤α≤90°	≤4	≤2	—	131	
4	8～20	带衬垫的陡边焊缝	⊻	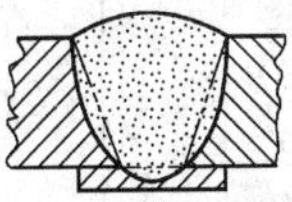	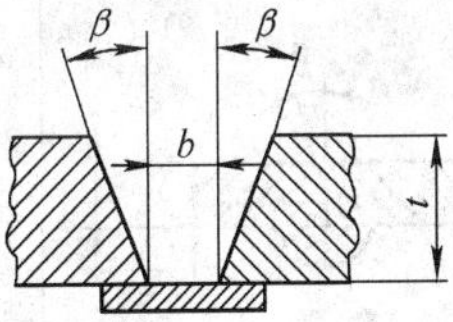	15°≤β≤20°	3～10	—	—	131	
5	3～15	带钝边V形焊缝	Y	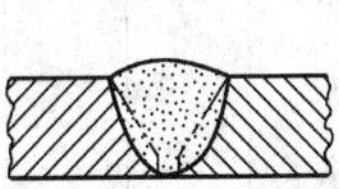	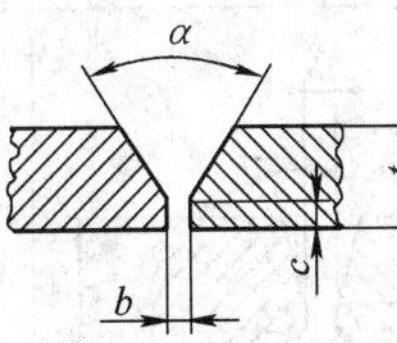	α≥50°	≤2	≤2	—	131 141	
5	6～25	带钝边V形焊缝（带衬垫）	Y	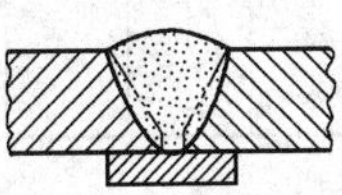	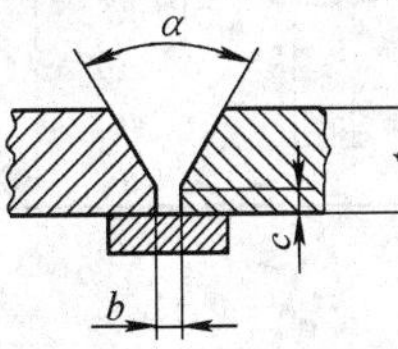	α≥50°	4～10	3	—	131	

（续）

序号	工件厚度 t	焊缝名称	基本符号①	焊缝示意图	坡口形式及尺寸：横断面示意图	坡口角 α 或坡口面角 β	间隙 b	钝边 c	其他尺寸	适用的焊接方法②	备注
6	板 $t\geqslant12$ 管 $t\geqslant5$	带钝边U形焊缝		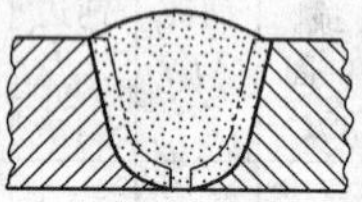	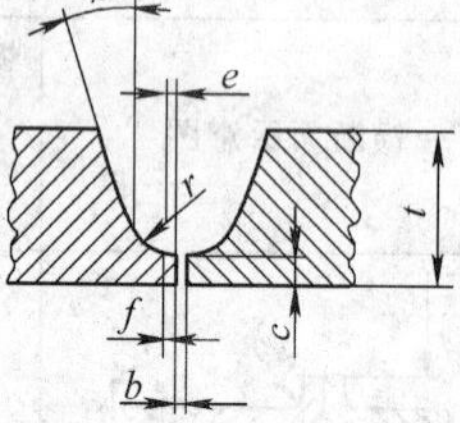	$15°\leqslant\beta\leqslant20°$	$\leqslant2$	2~4	$4\leqslant r\leqslant6$ $3\leqslant f\leqslant4$ $0\leqslant e\leqslant4$	141	
	5~30					$15°\leqslant\beta\leqslant20°$	1~3	2~4		131	根部焊道建议采用TIG焊（141）
7	4~10	单边V形焊缝			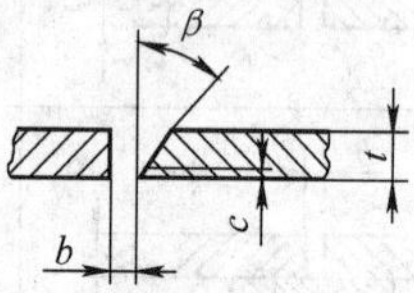	$\beta\geqslant50°$	$\leqslant3$	$\leqslant2$	—	131 141	
	3~20	带衬垫单边V形焊缝		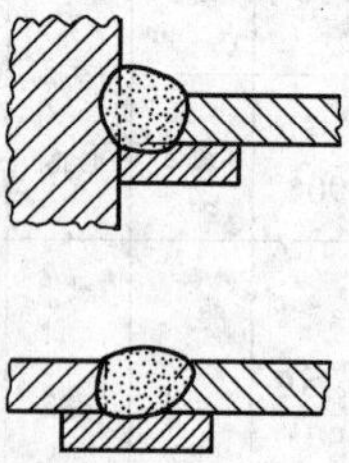	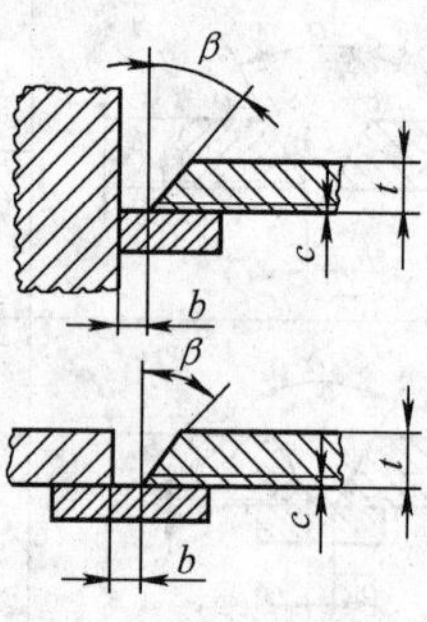	$50°\leqslant\beta\leqslant70°$	$\leqslant6$	$\leqslant2$	—	131 141	
8	2~20	锁底焊缝	—		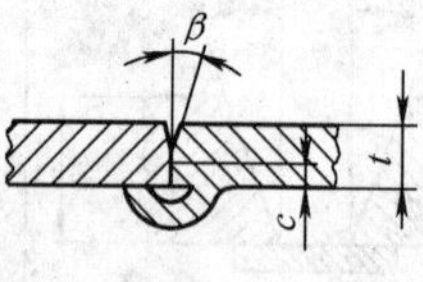	$20°\leqslant\beta\leqslant40°$	$\leqslant3$	1~3	—	131 141	
9	6~40	锁底焊缝	—	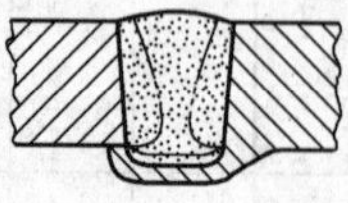	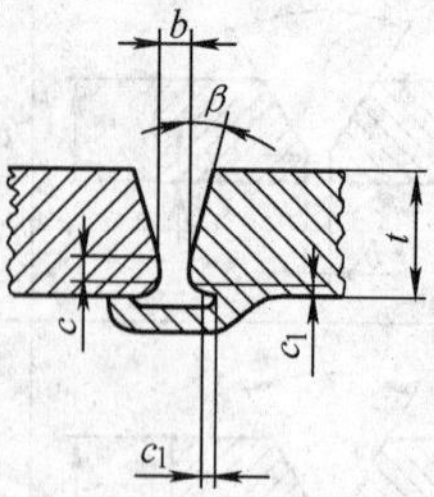	$10°\leqslant\beta\leqslant20°$	0~3	2~3	$c_1\geqslant1$	131 141	

① 基本符号参见 GB/T 324。

② 焊接方法代号参见 GB/T 5185。

表 3.1-127　双面对接焊坡口　（mm）

焊缝					坡口形式及尺寸					适用的焊接方法②	备注
序号	工件厚度 t	名称	基本符号①	焊缝示意图	横断面示意图	坡口角 α 或坡口面角 β	间隙 b	钝边 c	其他尺寸		
1	6 ~ 20	I 形焊缝		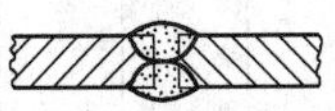	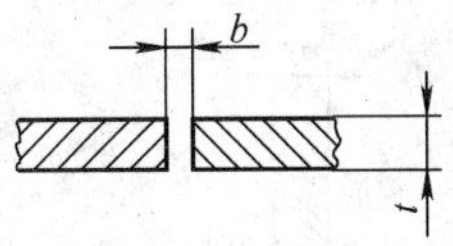	—	≤6	—	—	131 141	
2	6 ~ 15	单钝边 V 形焊缝封底		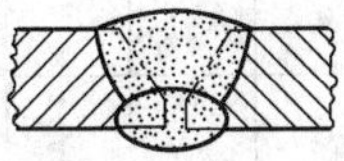	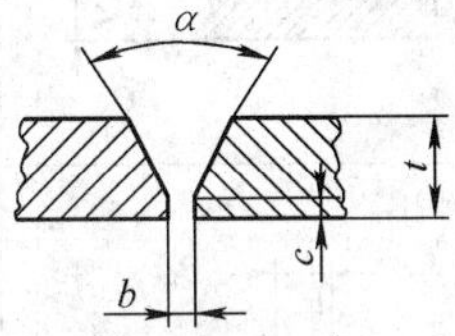	$\alpha \geqslant 50°$	≤3	2 ~ 4	—	141 131	
3	6 ~ 15	双面 V 形焊缝		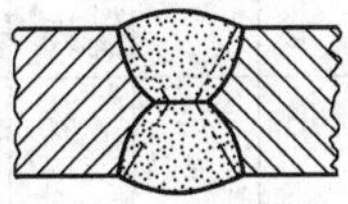	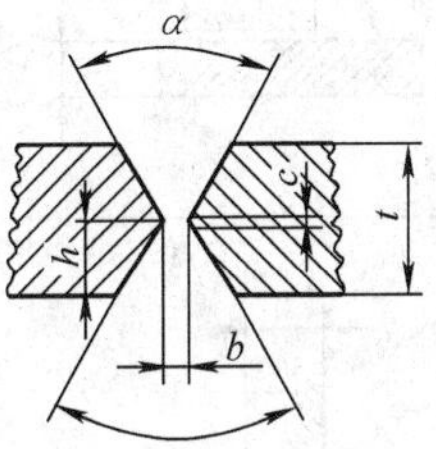	$\alpha \geqslant 60°$		≤2	—	141	
	>15					$\alpha \geqslant 70°$				131	
4	6 ~ 15	带钝边双面 V 形焊缝	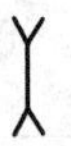	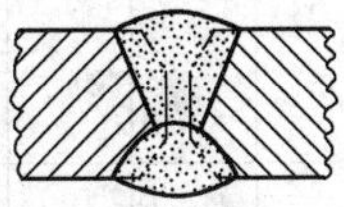	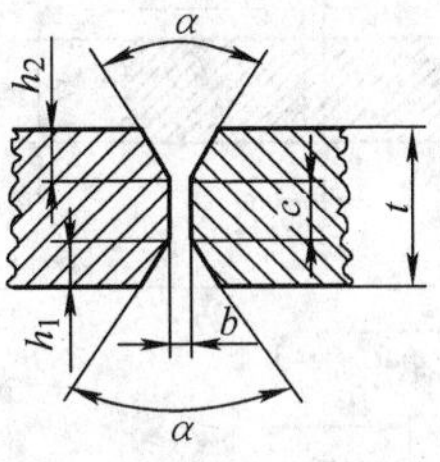	$\alpha \geqslant 50°$		2 ~ 4	$h_1 = h_2$	141	
	>15					$60° \leqslant \alpha \leqslant 70°$		2 ~ 6		131	
5	3 ~ 15	单边 V 形焊缝封底		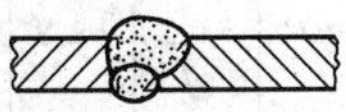	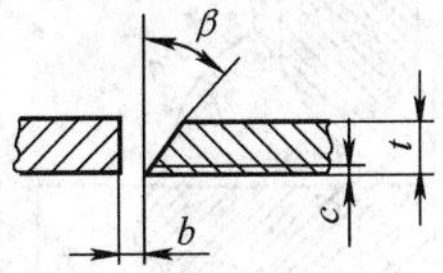	$\beta \geqslant 50°$		≤2	—	141 131	
6	≥15	带钝边双面 U 形焊缝		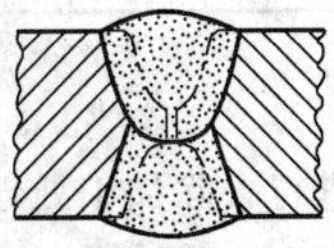	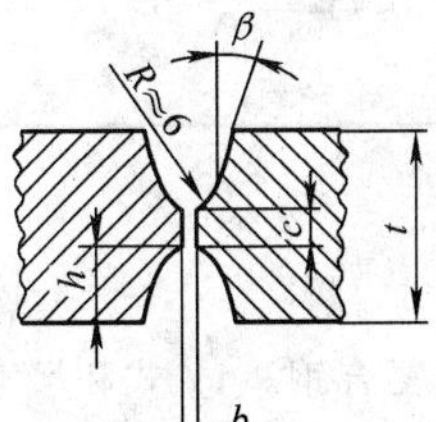	$15° \leqslant \beta \leqslant 20°$		2 ~ 4	$h = 0.5(t - c)$	131	

① 基本符号参见 GB/T 324。
② 焊接方法代号参见 GB/T 5185。

表 3.1-128 T 形接头 (mm)

序号	工件厚度 t	名称	基本符号①	焊缝示意图	横断面示意图	坡口角 α 或坡口面角 β	间隙 b	钝边 c	其他尺寸	适用的焊接方法②	备注
	焊缝				坡口形式及尺寸						
1	—	单面角焊缝		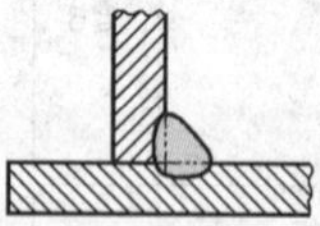	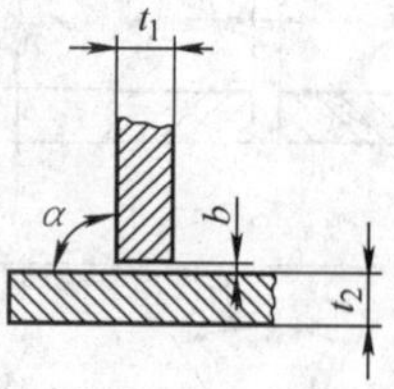	$\alpha=90°$	$b\leqslant2$	—	—	141 131	
2	—	双面角焊缝		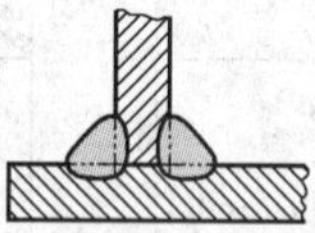	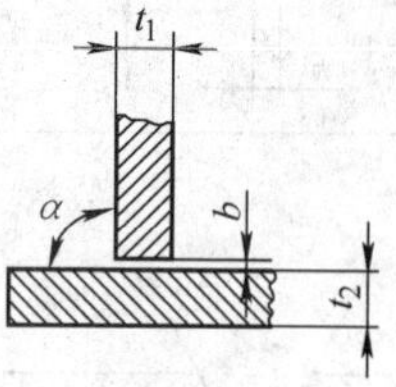	$\alpha=90°$	$b\leqslant2$	—	—	141 131	
3	$t_1\geqslant5$	单V形焊缝		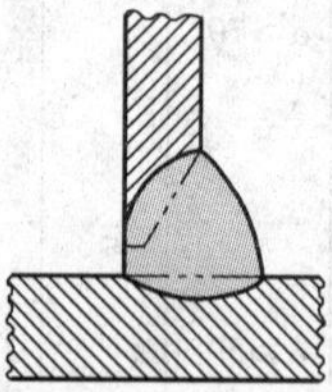	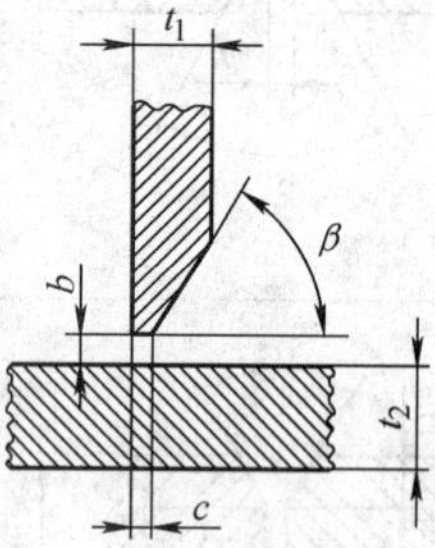	$\beta\geqslant50°$	$b\leqslant2$	$c\leqslant2$	$t_2\geqslant5$	141 131	
4	$t_1\geqslant8$	双V形焊缝		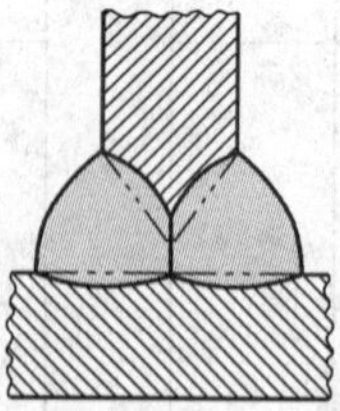	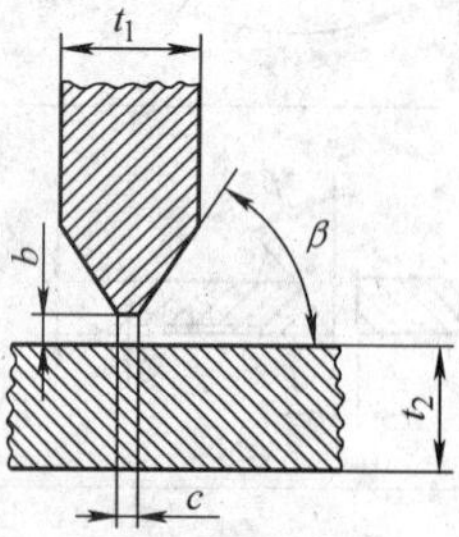	$\beta\geqslant50°$	$b\leqslant2$	$c\leqslant2$	$t_2\geqslant8$	141 131	采用双人双面同时焊接工艺时,坡口尺寸可适当调整

① 基本符号参见 GB/T 324。

② 焊接方法代号参见 GB/T 5185。

（4）复合钢的推荐坡口

所推荐的焊接坡口通常适合所有可焊的复合钢。但复合层含有钛、锆及其合金时，因可能产生脆化层，必要时可进行适当修正。

复合钢双面焊坡口形式和尺寸见表 3.1-129；

复合层进行去除加工处理的复合钢双面焊坡口形式和尺寸见表 3.1-130；

复合钢单面焊坡口形式和尺寸见表 3.1-131；

带衬垫、垫板或盖板的复合钢焊接坡口形式和尺寸见表 3.1-132。

表 3.1-129　复合钢双面焊坡口　（mm）

序号	工件厚度 t_1	坡口	示意图	坡口角 α、坡口面角 β	间隙 b、半径 R	钝边 c	坡口深度 h	复合层去除宽度 e	备注
1	≤18	带钝边的 V 形对接焊缝	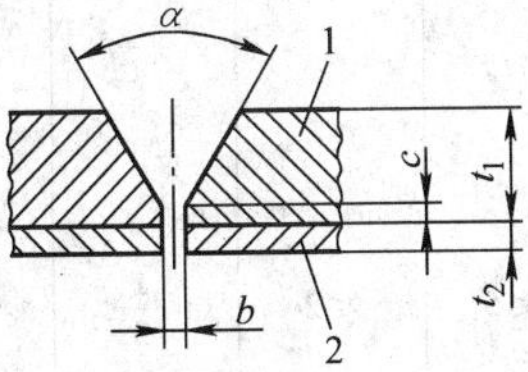	50°<α<70° 5°<β<15°	4<R<8 b≤3	2～4	—	—	在复合层侧进行背面打磨或机械加工
2	≤18	U 形对接焊缝	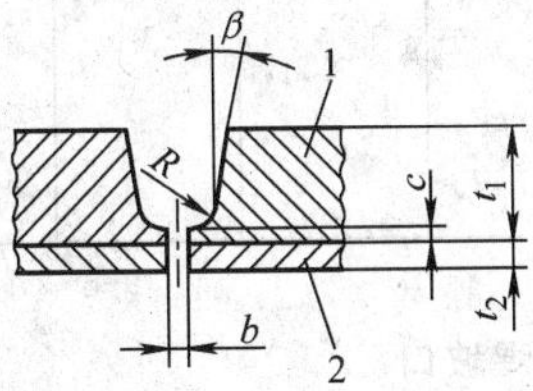						
3	>18	双 V 形焊缝	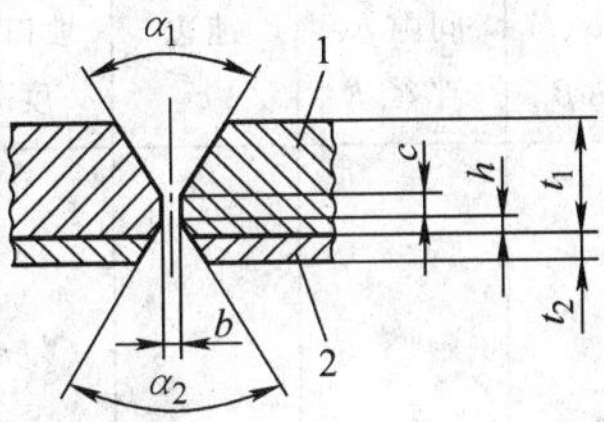	50°≤α≤70° 5°≤β≤15°	4≤R≤8 b≤3	2～6	3	—	
4	>18	U-V 形组合焊缝	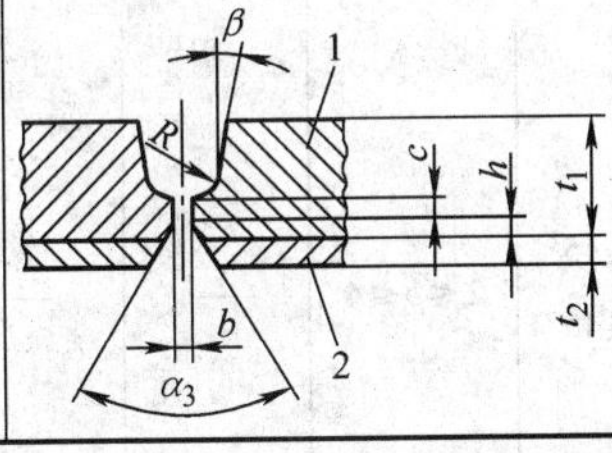						

注：示意图中：1—基材；2—复合层；t_2—复合层厚度。

表 3.1-130　复合钢双面焊坡口（复合层进行去除加工处理）　（mm）

序号	工件厚度 t_1	坡口	示意图	坡口角 α、坡口面角 β	间隙 b、半径 R	钝边 c	坡口深度 h	复合层去除宽度 e	备注
1	≤18	V 形对接焊缝	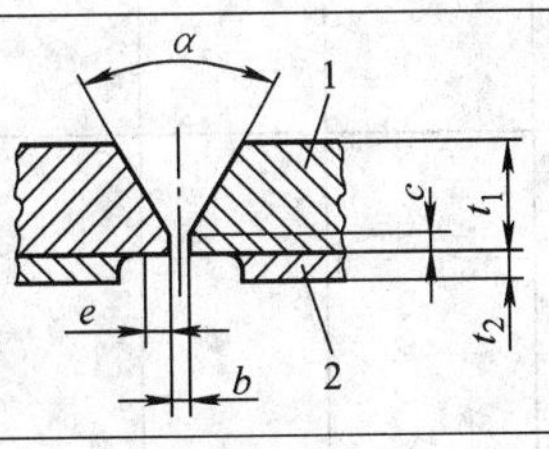	50°≤α≤70° 5°≤β≤15°	3≤b≤5 4≤R≤8	≤2	—	≥4	建议进行背面打磨或机械加工 邻近的复合层表面应做保护处理，防止打磨颗粒影响 采用埋弧焊时，e 至少应 8mm
2	≤18	U 形对接焊缝	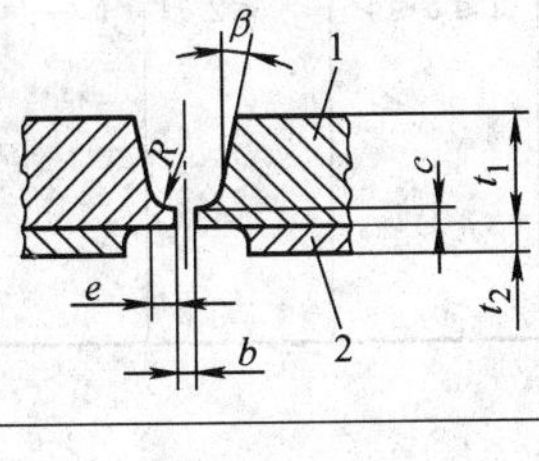						

（续）

序号	工件厚度 t_1	坡口	示意图	坡口角 α、坡口面角 β	间隙 b、半径 R	钝边 c	坡口深度 h	复合层去除宽度 e	备注
3	>18	双V形焊缝	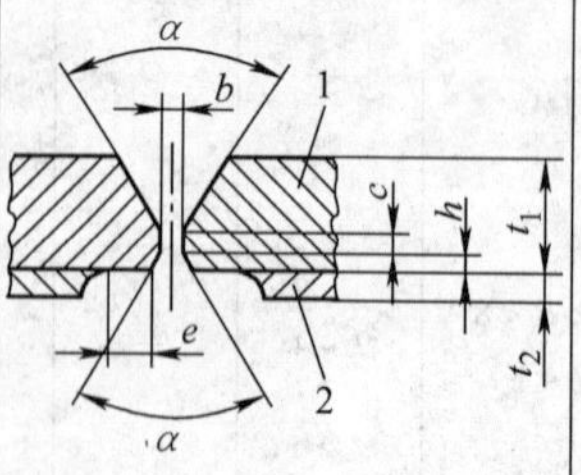	$50° \leqslant \alpha \leqslant 70°$	$3 \leqslant b \leqslant 5$	≤2	$\approx \frac{1}{3} t_1$	≥4	

注：示意图中：1—基材；2—复合层；t_2—复合层厚度。

表3.1-131　复合钢单面焊坡口

（mm）

序号	工件厚度 t_1	坡口	示意图	坡口角 α、坡口面角 β	间隙 b、半径 R	钝边 c	坡口深度 h	复合层去除宽度 e	备注
1	<8	V形对接焊缝	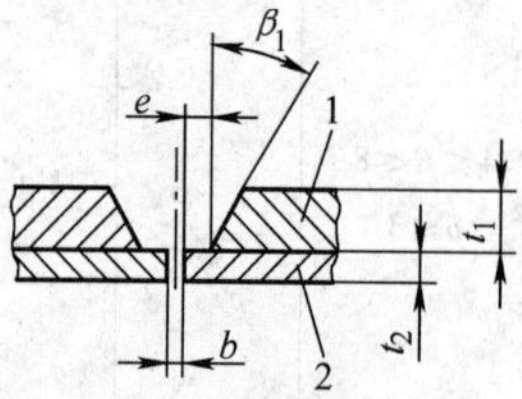	$20° \leqslant \beta_1 \leqslant 45°$ $20° \leqslant \beta_2 \leqslant 45°$	$2 \leqslant b \leqslant 4$	—	—	≥3	
2	<8	V-V形组合焊缝	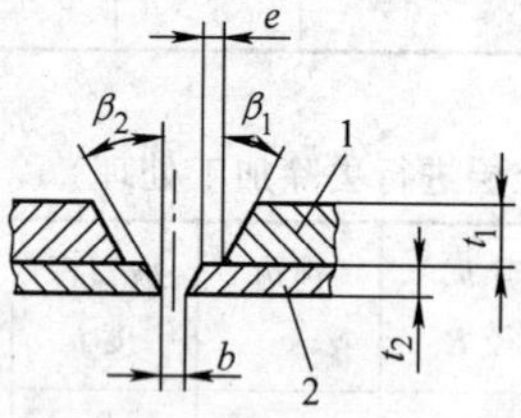						
3	$t_1 \leqslant 18$ $1 \leqslant t_2 \leqslant 4$	管道焊缝	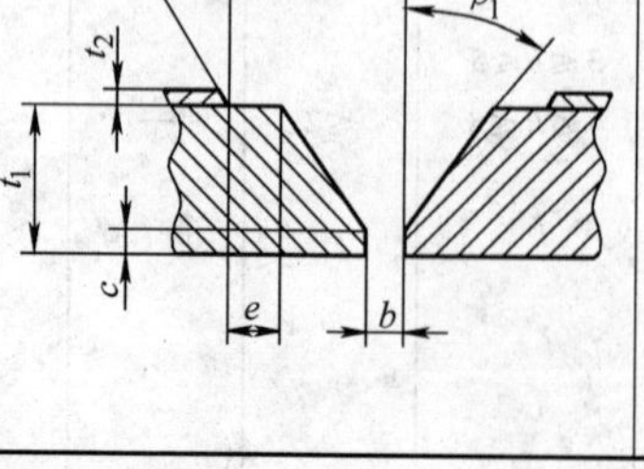	$30° \leqslant \beta_1 \leqslant 40°$ $20° \leqslant \beta_2 \leqslant 45°$	$1 \leqslant b \leqslant 4$	≤2	—	≥2	适合管道焊接

注：示意图中：1—基材；2—复合层；t_2—复合层厚度。

表 3.1-132 复合钢焊接坡口(带衬垫、垫板或盖板) (mm)

序号	工件厚度 t_1	坡口	示意图	坡口角 α、坡口面角 β	间隙 b、半径 R	钝边 c	坡口深度 h	复合层去除宽度 e	备注
1	≤18	V 形对接焊缝	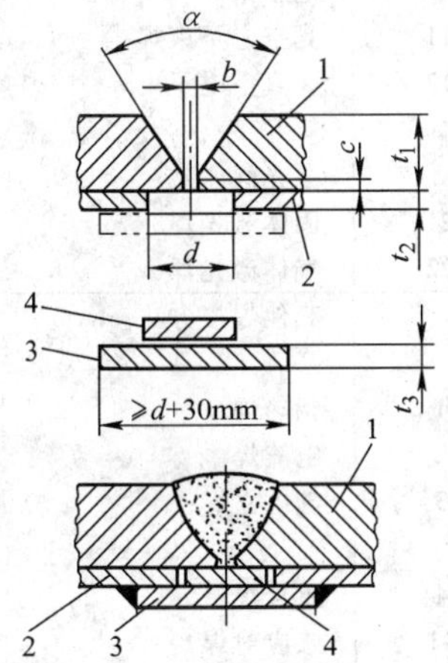	50°≤α≤70°	b≤3	≤2	—	—	为了组成坡口，在复合层去除之后在复合层一侧放置插件(其尺寸约为：$d\approx(b+10)t_2$ $t_3\geqslant t_2$
2	≤18	V 形对接焊缝	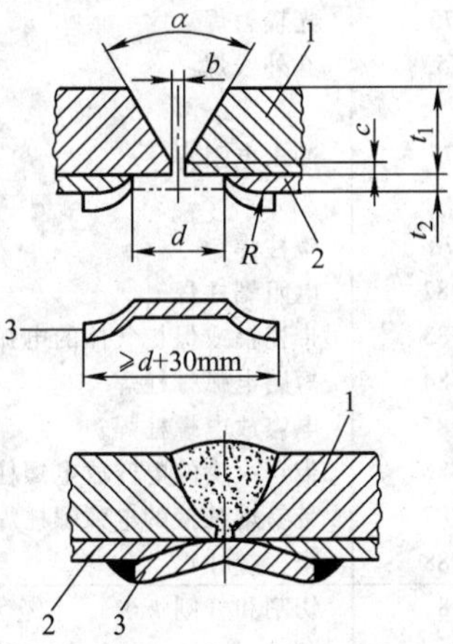	50°≤α≤70°	b≤3 R>10	≤2	—	—	复合层去除宽度： $d\approx b+15$

注：示意图中：1—基材；2—复合层；3—盖板；4—垫板；t_2—复合层厚度。

3.2.3 金属焊接及钎焊方法的代号(GB/T 5185—2005)

焊接的工艺方法可通过代号加以识别，一般采用三位数代号表示。其中，一位数代号表示工艺方法大类，二位数表示工艺方法分类，而三位数代号表示某种工艺方法。见表 3.1-133。

表 3.1-133 焊接及相关工艺方法代号

代号	焊接方法
1	电弧焊
101	金属电弧焊
11	无气体保护的电弧焊

(续)

代号	焊接方法
111	焊条电弧焊
112	重力焊
114	自保护药芯焊丝电弧焊
12	埋弧焊
121	单丝埋弧焊
122	带极埋弧焊
123	多丝埋弧焊
124	添加金属粉末的埋弧焊
125	药芯焊丝埋弧焊
13	熔化极气体保护电弧焊

（续）

代号	焊接方法
131	熔化极惰性气体保护电弧焊（MIG）
135	熔化极非惰性气体保护电弧焊（MAG）
136	非惰性气体保护的药芯焊丝电弧焊
137	惰性气体保护的药芯焊丝电弧焊
14	非熔化极气体保护电弧焊
141	钨极惰性气体保护电弧焊（TIG）
15	等离子弧焊
151	等离子 MIG 焊
152	等离子粉末堆焊
18	其他电弧焊方法
185	磁激弧对焊
2	电阻焊
21	点焊
211	单面点焊
212	双面点焊
22	缝焊
221	搭接缝焊
222	压平缝焊
225	薄膜对接缝焊
226	加带缝焊
23	凸焊
231	单面凸焊
232	双面凸焊
24	闪光焊
241	预热闪光焊
242	无预热闪光焊
25	电阻对焊
29	其他电阻焊方法
291	高频电阻焊
3	气焊
31	氧燃气焊
311	氧乙炔焊
312	氧丙烷焊
313	氢氧焊
4	压力焊
41	超声波焊
42	摩擦焊
44	高机械能焊
441	爆炸焊
45	扩散焊
47	气压焊
48	冷压焊

（续）

代号	焊接方法
5	高能束焊
51	电子束焊
511	真空电子束焊
512	非真空电子束焊
52	激光焊
521	固体激光焊
522	气体激光焊
7	其他焊接方法
71	铝热焊
72	电渣焊
73	气电立焊
74	感应焊
741	感应对焊
742	感应缝焊
75	光辐射焊
753	红外线焊
77	冲击电阻焊
78	螺柱焊
782	电阻螺柱焊
783	带瓷箍或保护气体的电弧螺柱焊
784	短路电弧螺柱焊
785	电容放电螺柱焊
786	带点火嘴的电容放电螺柱焊
787	带易熔颈箍的电弧螺柱焊
788	摩擦螺柱焊
8	切割和气刨
81	火焰切割
82	电弧切割
821	空气电弧切割
822	氧电弧切割
83	等离子弧切割
84	激光切割
86	火焰气刨
87	电弧气刨
871	空气电弧气刨
872	氧电弧气刨
88	等离子气刨
9	硬钎焊、软钎焊及钎接焊
91	硬钎焊

（续）

代号	焊 接 方 法
911	红外线硬钎焊
912	火焰硬钎焊
913	炉中硬钎焊
914	浸渍硬钎焊
915	盐浴硬钎焊
916	感应硬钎焊
918	电阻硬钎焊
919	扩散硬钎焊
924	真空硬钎焊
93	其他硬钎焊
94	软钎焊
941	红外线软钎焊
942	火焰软钎焊
943	炉中软钎焊
944	浸渍软钎焊
945	盐浴软钎焊
946	感应软钎焊
947	超声波软钎焊
948	电阻软钎焊
949	扩散软钎焊
951	波峰软钎焊
952	烙铁软钎焊
954	真空软钎焊
956	拖焊
96	其他软钎焊
97	钎接焊
971	气体钎接焊
972	电弧钎接焊

代号示例

单一焊接代号的表示（图3.1-42）

组合焊接代号的表示（图3.1-43）

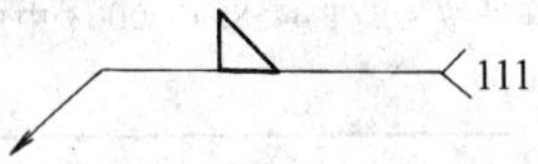

图3.1-42　角焊缝采用焊条电弧焊

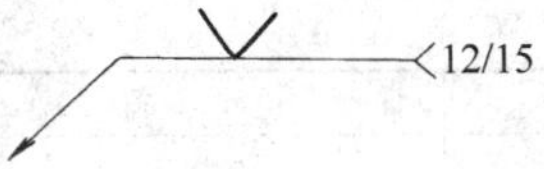

图3.1-43　V形焊缝先用等离子弧焊打底，后用埋弧焊盖面

4　技术产品图样常用图形符号——用于非投影图

本节仅摘要介绍通用的且与机械设计有关的内容：《管路系统的图形符号》、《液压气动图形符号》和《机构运动图形符号》。

4.1　管路系统的图形符号（GB/T 6567.1—2008～GB/T 6567.5—2008）

4.1.1　基本原则

管路系统中常用的图形符号符合形象、简单、清晰和便于计算机绘图、手工绘图及缩微复制等要求，标准中规定的常用的图形符号是按管路为水平时绘制的，也适用于任何位置的管路，但图形符号内的字符、指针等仍按管路为水平时表示。符号一般用线宽为 $d=0.5\sim2$mm 的图线绘制，对管件、阀门及控制元件等图形符号允许用细实线（线宽约为 $d/2$）绘制。同一图样上图形符号的各类线型宽度应分别保持一致，两平行线间的最小距离应为0.7mm。位于图形符号内或与符号组合在一起使用的字母、数字和所有其他字符，应按直体书写，它们的线宽应与符号本身的线宽相同。

功能相关的图形符号应成组设计，可由一基本符号与附加符号或符号要素组成。成组符号的特征是形状相似或含义相似或所表示的对象相似或用法相似等。

管路系统中常用的图形符号一般在单线管路中使用。必要时，也可用于双线管路。在应用时，图形符号的大小可适当地按比例放大或缩小。

4.1.2　管路的图形符号和标注

管路的图形符号，见表3.1-134。管路的一般连接形式，见表3.1-135。管路中常用介质的类别代号，见表3.1-136。

表3.1-134　管路图形符号

名　称	符　号	说　明
方法一 可见管路 不可见管路 假想管路	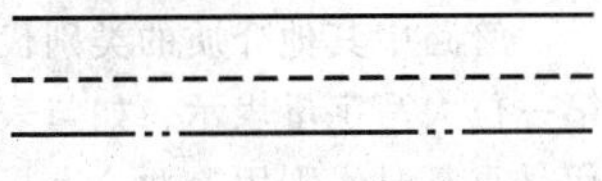	方法一： 符号表示图样上管路与有关剖切平面的相对位置。介质的状态、类别和性质用规定的代号注在管路符号上方或中断处表示，必要时应在图样上加注图例说明

（续）

名　称	符　号	说　明
方法二 （方法一和方法二应尽量避免在同一图样上同时使用）		方法二： 符号表示介质的状态、类别和性质，并应在图样上加注图例说明。如不够用时，可按符号的规律进行派生或另行补充
挠性管、软管		
保护管	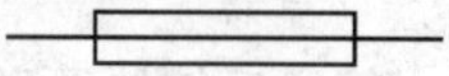	起保护管路的作用，使其不受撞击、防止介质污染绝缘等，可在被保护管路的全部或局部上用该符号表示或省去符号仅用文字说明
保温管		起隔热作用。可在被保温管路的全部或局部上用该符号表示或省去符号仅用文字说明
夹套管	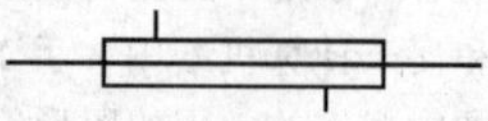	管路内及夹层内均有介质出入。该符号可用波浪线断开表示
蒸汽伴热管		
电伴热管		
交叉管	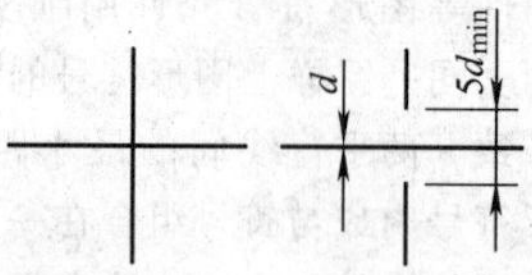	指两管路交叉不连接。当需要表示两管路相对位置时，其中在下方或后方的管路应断开表示
相交管	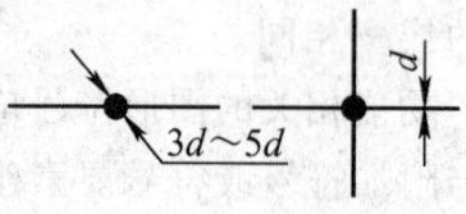	指两管路相交连接，连接点的直径为所连接管路符号线宽 d 的3倍～5倍
弯折管		表示管路朝向观察者弯成90°
	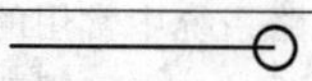	表示管路背离观察者弯成90°
介质流向		一般标注在靠近阀的图形符号处，箭头的形式按 GB/T 4458.4—2003 的规定绘制
管路坡度	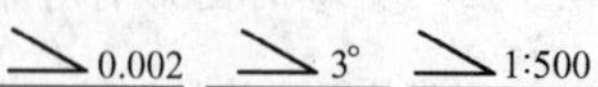	管路坡度符号按 GB/T 4458.4—2003 中的斜度符号绘制

表 3.1-135　管路的一般连接形式

名　称	符　号	说　明
螺纹连接	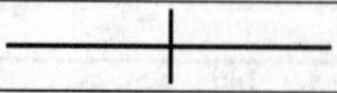	必要时可用文字说明，省略符号绘制
法兰连接	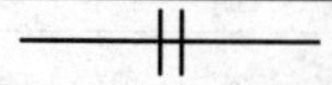	
承插连接	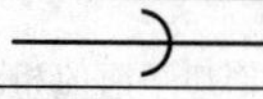	
焊接连接	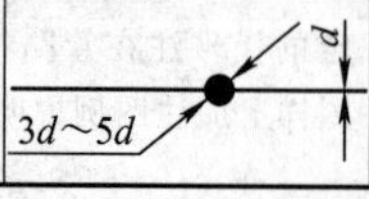	焊点符号的直径约为所连接管路符号线宽 d 的3倍～5倍，必要时可省略

表 3.1-136　管路中常用介质的类别代号

类别	代　号	英文名称
空气	A	Air
蒸汽	S	Steam
油	O	Oil
水	W	Water

管路中其他介质的类别代号用相应的英语名称的第一位大写字母表示，如与表 3.1-136 中规定的类别代号重复时，则用前两位大写字母表示。也可采用该

介质化合物化学式符号（如硫酸为 H_2SO_4）或国际通用代号（如聚氯乙烯为 PVC）表示其类别。

必要时，可在类别代号的右下角注上阿拉伯数字，以区别该类介质的不同状态和性质。

管路的标注包括管径和标高的标注，管径的标注见表 3.1-137，标高的标注见表 3.1-138。

4.1.3　管件的图形符号

常用的管接头图形符号，见表 3.1-139。管帽及其他图形符号，见表 3.1-140。常用的伸缩器图形符号，见表 3.1-141。常用的管架图形符号，见表 3.1-142。

表 3.1-137　管径标注

类　别	说　明	图　例
无缝钢管或非铁金属管路	采用“外径×壁厚”标注，如 $\phi108\times4$，其中 ϕ 允许省略	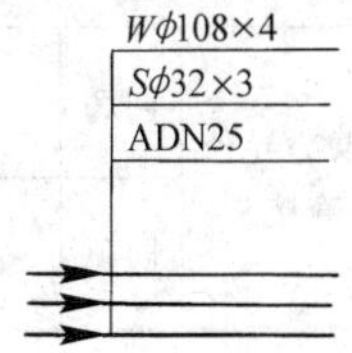
水、煤气输送钢管、铸铁管、塑料管等其他管路	采用公称通径“DN”标注	

表 3.1-138　标高标注

规　定	图　例
标高符号一般采用图 a 的形式。当注写位置不够时可采用图 b 的形式	 h 约为 3.5～5mm，线宽≈1/10h
标高的单位一律为米（m）。管道一般指管中心的标高。必要时，也可注管底的标高。标高一般注写至小数点以后二位。零点标高注成 ±0.00，正标高前可不加正号（+），但负标高前必须加注负号（-）	
标高一般应标注在管道的起始点、末端、转弯及交点处，如图 c～图 g。如需同时表示几个不同的标高时，可按图 h 标注	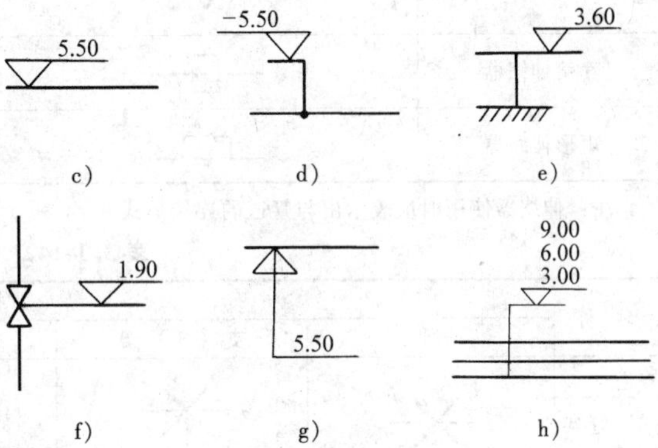

表 3.1-139　管接头图形符号

名　称	符　号	名　称	符　号
弯头（管）①		外接头	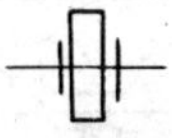
三通①	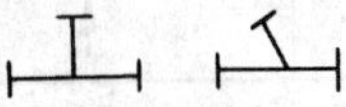	内外螺纹接头	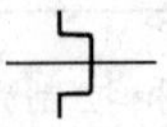
四通①	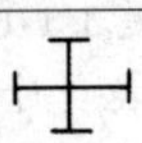		
活接头	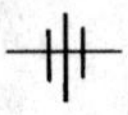	同心异径管接头	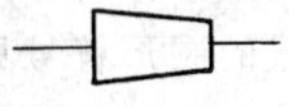

（续）

名　称		符　号	名　称	符　号
偏心异径管接头	同底	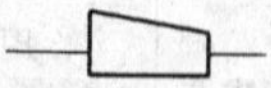	双承插管接头	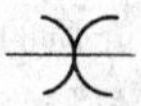
	同顶	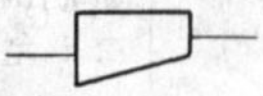	快换接头	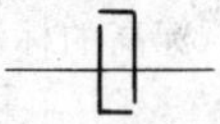

① 符号以螺纹连接为例。如法兰、承插和焊接连接形式，可按规定的图形符号组合派生。

表 3.1-140　管帽图形符号

名　称	符　号	名　称	符　号
螺纹管帽[①]		盲　板	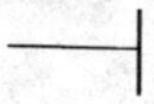
堵头[②]		管间盲板	
法兰盖	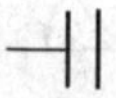		

① 管帽螺纹为内螺纹。
② 堵头螺纹为外螺纹。

表 3.1-141　伸缩器图形符号

名　称	符　号	名　称	符　号
波形伸缩器		弧形伸缩器	
套筒伸缩器	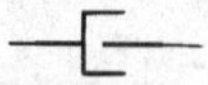	球形伸缩器	
矩形伸缩器			

注：伸缩器使用时应表示出与管道的连接形式。

表 3.1-142　管架图形符号

名　称	符　号				
	一般形式	支（托）架	吊　架	弹性支（托）架	弹性吊架
固定管架	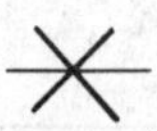				
活动管架					
导向管架	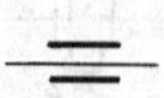				

4.1.4　阀门和控制元件图形符号

常用阀门的图形符号见表3.1-143。阀门与管道一般连接形式的图形符号见表3.1-144。控制元件的图形符号见表3.1-145。阀门和控制元件图形符号一般组合方式见表3.1-146。传感元件的图形符号见表3.1-147。指示表（计）和记录仪的图形符号见表3.1-148。传感元件和指示表（计）、记录仪的图形符号组合示例见表3.1-149。

表 3.1-143　常用阀门的图形符号

名　称		符　号	名　称		符　号
截止阀			安全阀	重锤式	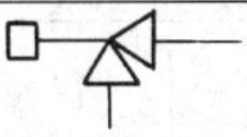
闸　阀			减压阀[②]		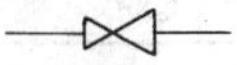
节流阀		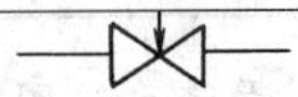	疏水阀		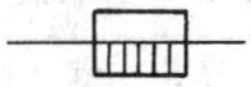
球　阀			角　阀		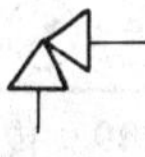
碟　阀			三通阀		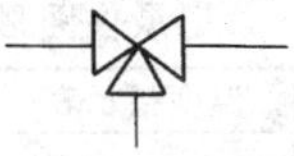
隔膜阀		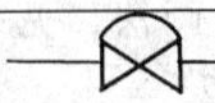	四通阀		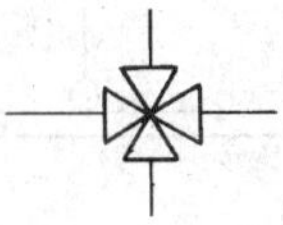
旋塞阀					
止回阀[①]					
安全阀	弹簧式	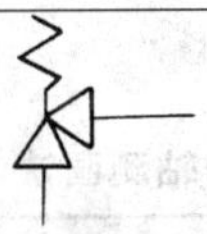			

① 流向由空白三角形至非空白三角形。

② 小三角形一端为高压端。

表 3.1-144　阀门与管道一般连接形式

名　称	螺纹连接	法兰连接	焊接连接
符　号			

表 3.1-145　控制元件的图形符号

名　称	符　号	名　称	符　号
手动（包括脚动）元件	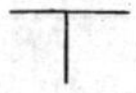	电动元件	
自动元件		弹簧元件	
带弹簧薄膜元件		浮球元件	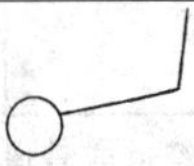
不带弹簧薄膜元件		重锤元件	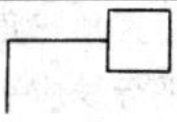
活塞元件	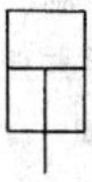	遥　控	
电磁元件	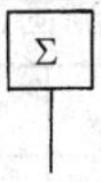		

表 3.1-146　阀门和控制元件图形符号一般组合方式示例

名　称	人工控制阀	电动控制阀
符号示例	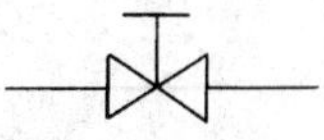	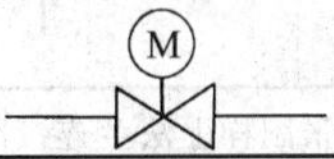

表 3.1-147　传感元件图形符号

名称	温度传感元件	压力传感元件	流量传感元件	湿度传感元件	水准传感元件
符号					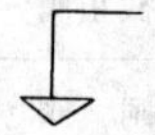

表 3.1-148　指示表（计）和记录仪图形符号

名　称	指示表（计）	记　录　仪
符　号		

表 3.1-149　传感元件、指示表（计）、记录仪图形符号组合示例

名　称	温度指示表（计）	温度记录仪
符号	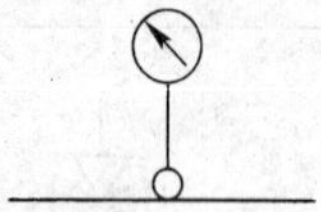	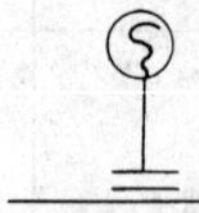

4.1.5　管道系统图形符号的轴测画法

管道系统图形符号的轴测图一般按正等轴测投影绘制。管道与管段的轴测画法，见表 3.1-150。法兰连接的轴测画法，见表 3.1-151。阀门的轴测画法，见表 3.1-152。

4.1.6　综合输送管路的轴测图示例（见图 3.1-44）

表 3.1-150　管道或管段图形符号的轴测画法

类　型	三角形表示法	长方形或长方体表示法
平行于直角坐标面垂直面的直管	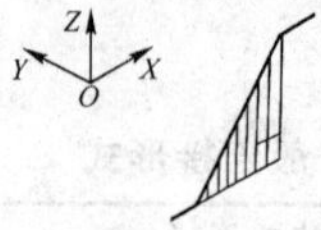	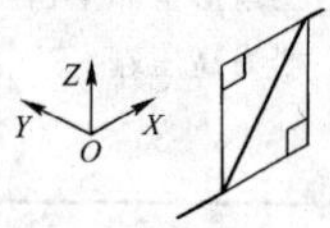
平行直角坐标面水平面的直管	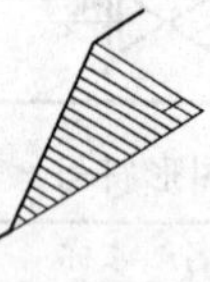	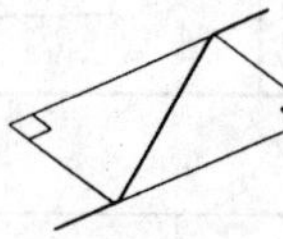
不平行任何直角平面的直管		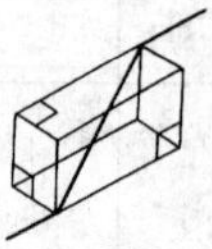
曲率半径大的弯管	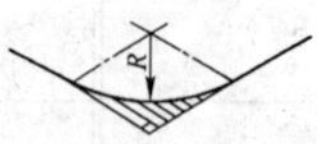	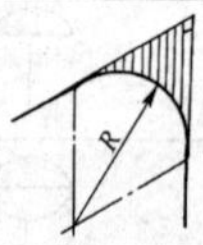

注：1. 管道或管段的投影，投射平面及投射平面内的平行线均用细实线绘制。

2. 用直角三角形表示投射平面时，应在投射平面内画出与其相关投影垂直且间距相等的平行线。水平投射平面内的平行线应平行 X 轴或 Y 轴，其他投射平面内的平行线应平行于 Z 轴。

表 3.1-151　法兰连接图形符号轴测画法

类　型	画法及图例	类　型	画法及图例
在垂直管道或管段	按与水平线方向成30°绘制[①]  或 	在水平管道或管段	按垂直方向绘制 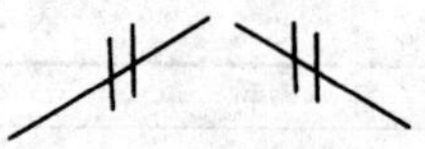

① 在同一张图样上法兰连接图形符号的方向应一致。

表 3.1-152　阀门图形符号轴测画法

类　别	图　　例	
一般画法		
需画出阀门控制元件图形符号类型（人工活塞等）位置的画法	控制元件符号的位置与任一直角坐标平面平行时，可不标注	控制元件符号与任一直角坐标平面不平行时，应标注其与直角坐标平面的相对位置
	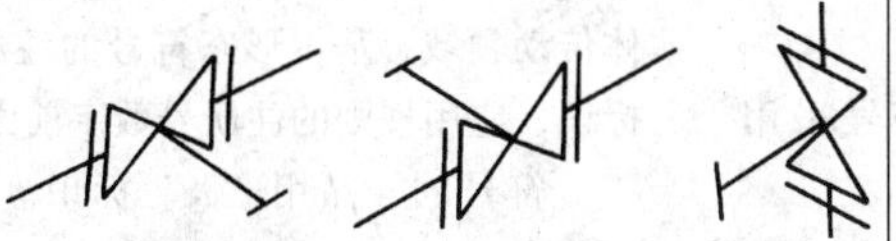	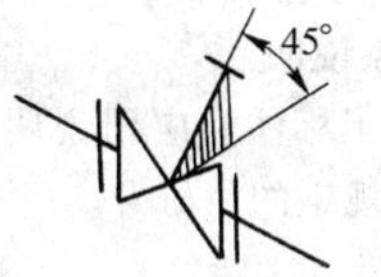

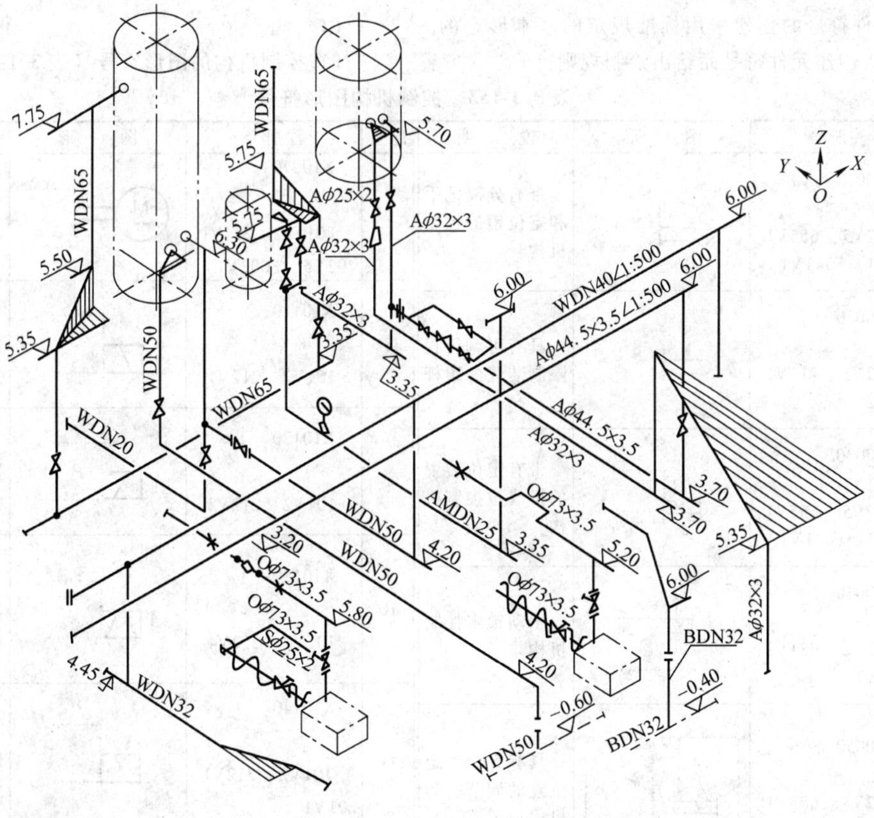

W —— 水；
B —— 碱液；
A —— 压缩空气；
O —— 油；
AM —— 氨；
S —— 蒸汽。

图 3.1-44　综合输送管路的轴测图示例

4.2　流体传动系统及元件的图形符号（GB/T 786.1—2009）

GB/T 786.1—2009《流体传动系统及元件图形符号和回路图　第1部分：用于常规用途和数据处理的图形符号》等同采用ISO 1219—1：2006。GB/T 786.1—2009与1993年标准的主要不同为：

1）名称的更改，将“液压、气动”改为“流体传动系统”。

2）标准直接引用了GB/T 17446《流体传动系统及元件　术语》。

3）增加了与GB/T 20063《简图用图形符号》系列标准的关系说明。

4）增加了标注和应用说明，每个图形符号采用GB/T 20063规定的注册号。

4.2.1　总则

1）元件符号的创建采用标准规定的基本形态的符号，并为创建元件符号而给出绘制规则。

2）大多数符号表示特定功能的元件或装置。部分符号表示功能或操作方法。符号不代表元件的实际结构。

3）元件符号表示元件非工作状态。未明确的元件符号，应按特定规则给出。

4）元件符号应给出所有的接口。符号应有全部油口、气口、连接口标识以及参数或组合装置所需的空间，参数包括压力、流量、电气连接等。

5）符号按标准中规定的初始状态来表示，在不改变它们含义的前提下可以水平翻转或90°旋转。

6）每个图形符号采用GB/T 20063规定的注册号，在该标准中未规定注册号的，应使用基本注册号。在流体传动领域，基本形态符号的注册号数字前用“F”来标识，应用规则的注册号数字前由“RF”来标识。

符号的样品用“X”标识。

4.2.2　液压应用实例

（1）阀

1）控制机构的图形符号（表3.1-153）

表3.1-153　控制机构图形符号

序号	注册号	图　形	说　明
1	X10010 402V5、655V1、686V1、F041V1	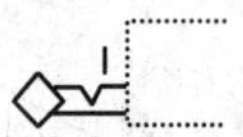	带有分离把手和定位销的控制机构
2	X10020 402V5、711V1、201V2		具有可调行程限制装置的顶杆
3	X10030 402V5、655V1、684V1、F041V1	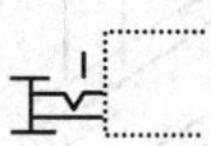	带有定位装置的推或拉控制机构
4	X10040 402V2、681V2、F041V1	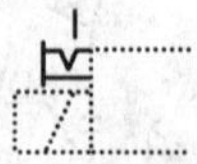	手动锁定控制机构
5	X10050 402V5、685V1、F041V1	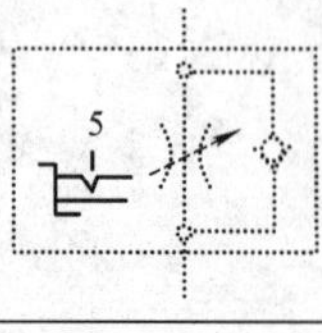	具有5个锁定位置的调节控制机构
6	X10060 402V5、711V1、2005V1、712V1	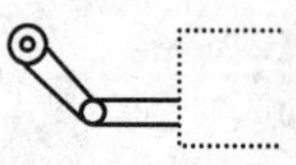	用做单方向行程操纵的滚轮杠杆
7	X10070 F019V2、211V1、402V5、F002V1	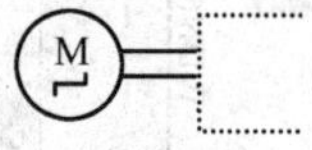	使用步进电动机的控制机构
8	X10110 101V2、212V1	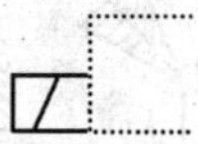	单做用电磁铁，动作指向阀芯
9	X10120 101V2、212V2	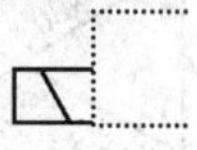	单作用电磁铁，动作背离阀芯
10	X10130 101V2、212V4	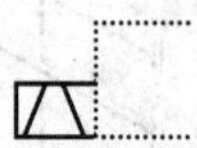	双作用电气控制机构，动作指向或背离阀芯
11	X10140 101V2、212V1、201V1	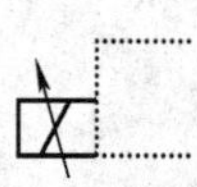	单作用电磁铁，动作指向阀芯，连续控制
12	X10150 101V2、212V2、201V1	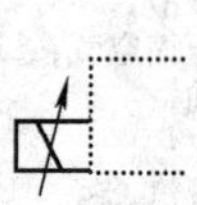	单作用电磁铁，动作背离阀芯，连续控制

（续）

序号	注册号	图　形	说　明
13	X10160 101V2、212V4、201V1	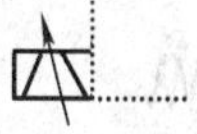	双作用电气控制机构，动作指向或背离阀芯，连续控制
14	X10170 101V2、212V2、244V1	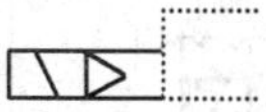	电气操纵的气动先导控制机构
15	X10180 101V2、212V1、243V1、422V1	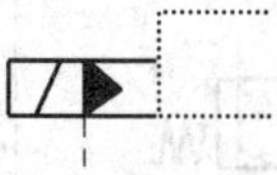	电气操纵的带有外部供油的液压先导控制机构
16	X10190 402V1、241V1、401V1	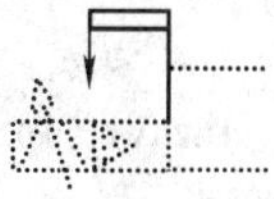	机械反馈
17	X10200 101V2、243V1、212V4、201V2	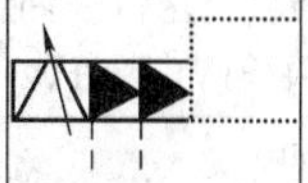	具有外部先导供油，双比例电磁铁，双向操作，集成在同一组件，连续工作的双先导装置的液压控制机构

2）方向控制阀的图形符号（表3.1-154）

表3.1-154　方向控制阀图形符号

序号	注册号	图　形	说　明
1	X10210 101V7、F028V1、2172V1、2002V1、402V5、682V1、401V2	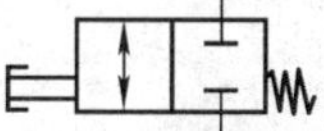	二位二通方向控制阀，两通，两位，推压控制机构，弹簧复位，常闭
2	X10220 101V7、F028V1、2002V1、101V2、212V1、2172V1、401V2	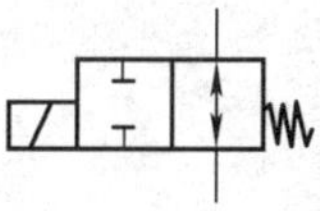	二位二通方向控制阀，两通，两位，电磁铁操纵，弹簧复位，常开
3	X10230 101V7、F026V1、F027V1、2002V1、101V2、212V1	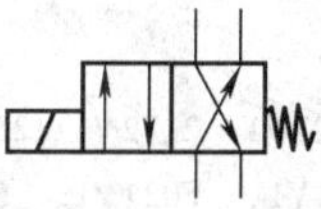	二位四通方向控制阀，电磁铁操纵，弹簧复位
4	X10260 101V7、F026V1、F027V1、2172V1、402V5、682V1、F039V1、2172V1、401V2	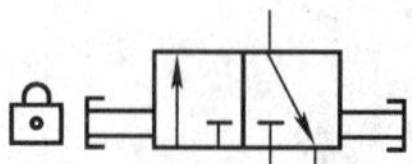	二位三通锁定阀
5	X10270 101V7、F026V1、F027V1、2172V1、2002V1、711V1、2005V1、402V5、401V2	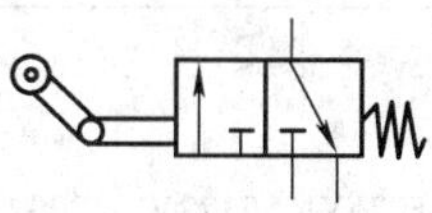	二位三通方向控制阀，滚轮杠杆控制，弹簧复位
6	X10280 101V7、F026V1、F027V1、2172V1、2002V1、101V2、212V1、401V2	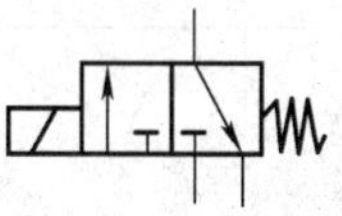	二位三通方向控制阀，电磁铁操纵，弹簧复位，常闭
7	X10290 101V7、F026V1、F027V1、2172V1、2002V1、101V2、212V1、681V2、402V2、655V1、F041V1	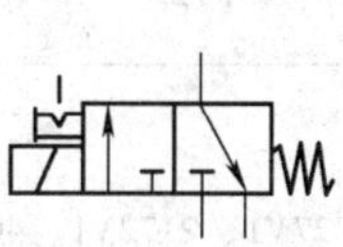	二位三通方向控制阀，单电磁铁操纵，弹簧复位，定位销式手动定位

（续）

序号	注册号	图　形	说　明
8	X10320 101V7、F026V1、F027V1、2002V1、101V2、212V1、402V2	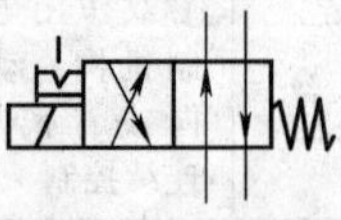	二位四通方向控制阀，单电磁铁操纵，弹簧复位，定位销式手动定位
9	X10330 101V7、F026V1、F027V1、101V2、212V1、655V1、F041V1、401V2	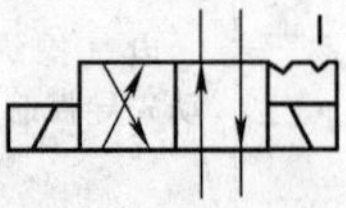	二位四通方向控制阀，双电磁铁操纵，定位销式（脉冲阀）
10	X10350 101V7、F026V1、F027V1、2002V1、101V2、243V1、212V1、401V2	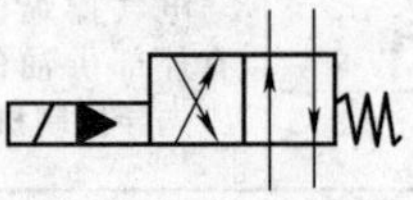	二位四通方向控制阀，电磁铁操纵液压先导控制，弹簧复位
11	X10360 101V7、F026V1、F027V1、2172V1、2002V1、212V1、401V2、F001V1	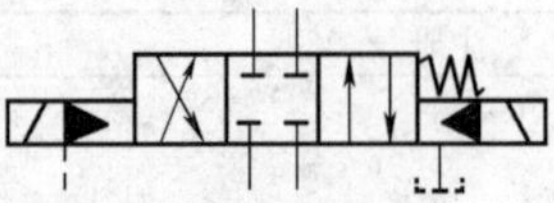	三位四通方向控制阀，电磁铁操纵先导级和液压操作主阀，主阀及先导级弹簧对中，外部先导供油和先导回油
12	X10370 101V7、F026V1、F027V1、2172V1、2002V1、101V2、212V1、F034V1、F031V1、501V1、401V2	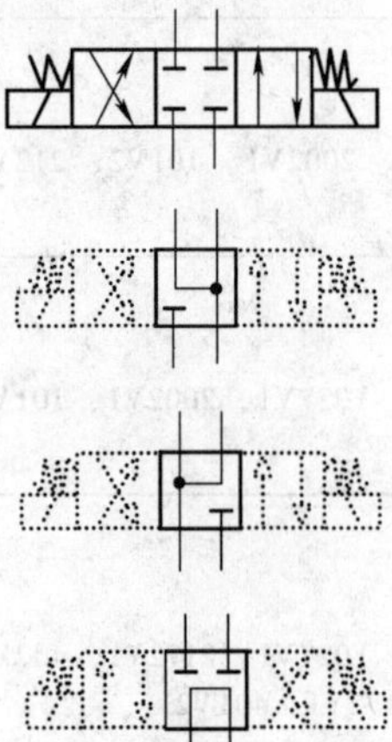	三位四通方向控制阀，弹簧对中，双电磁铁直接操纵，不同中位机能的类别
13	X10380 101V7、F034V1、F026V1、2172V1、2002V1、243V1、F001V1、401V2	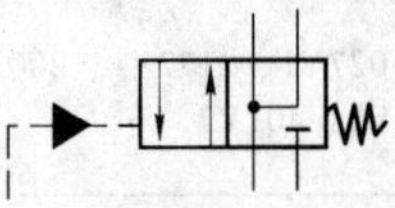	二位四通方向控制阀，液压控制，弹簧复位
14	X10390 101V7、F026V1、F034V1、2172V1、2002V1、243V1、F001V1、501V1、401V2	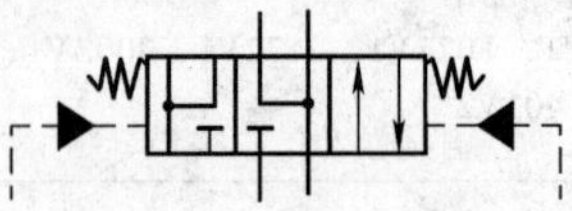	三位四通方向控制阀，液压控制，弹簧对中
15	X10400 101V8、F026V1、F027V1、2172V1、402V3、690V1、401V2	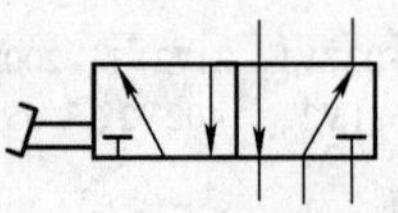	二位五通方向控制阀，踏板控制

（续）

序号	注册号	图　形	说　明
16	X10420 101V8、F032V1、242V1、F026V1、F027V1、2172V1、101V2、655V1、F041V1、402V3、688V1、401V2	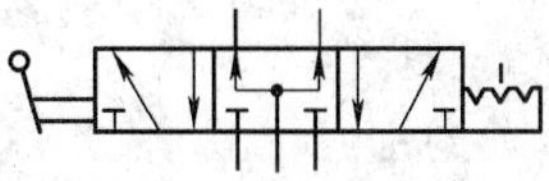	三位五通方向控制阀，定位销式各位置杠杆控制
17	X10480 101V7、F028V1、F029V1、2162V2、2163V2、101V2、212V1、101V5、F050V1	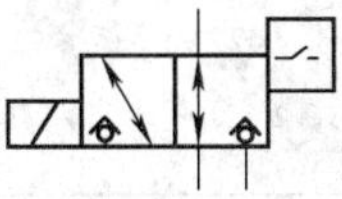	二位三通液压电磁换向座阀，带行程开关
18	X10490 101V7、F026V1、F027V1、2162V2、2163V2、2002V1、101V2、212V1、401V2	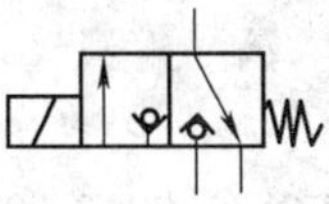	二位三通液压电磁换向座阀

3）压力控制阀的图形符号（表 3.1-155）

表 3.1-155　压力控制阀图形符号

序号	注册号	图　形	说　明
1	X10500 101V7、F026V1、2002V1、210V2、422V2、401V2	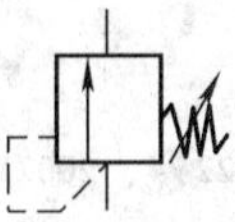	溢流阀，直动式，开启压力由弹簧调节
2	X10510 101V7、F026V1、2002V1、210V2、422V2、401V2、422V1	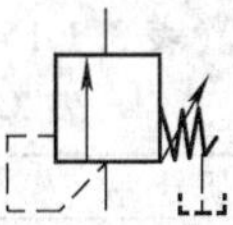	顺序阀，手动调节设定值
3	X10520 101V1、101V7、F026V1、2162V1、2163V1、422V2、501V1、401V1、422V1	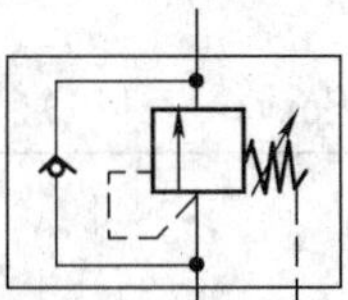	顺序阀，带有旁通阀
4	X10550 101V7、F026V1、2002V1、201V2、422V3、422V1、401V2	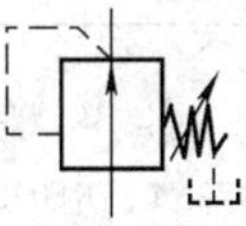	二通减压阀，直动式，外泄型
5	X10560 101V7、F026V1、101V2、243V1、2002V1、201V2、422V3、401V2、422V1	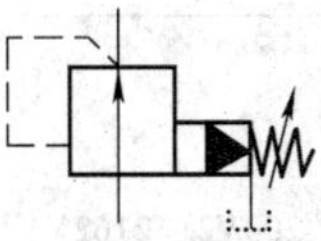	二通减压阀，先导式，外泄型
6	X10580 101V7、101V1、F026V1、2002V1、201V2、422V2、2162V1、2163V1、501V1、401V1	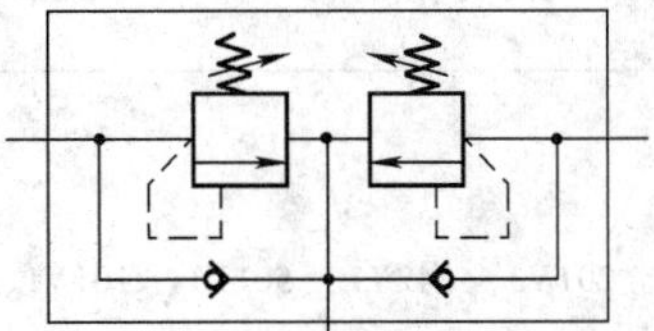	防气蚀溢流阀，用来保护两条供给管道

（续）

序号	注册号	图　形	说　明
7	X10590 101V7、101V1、F026V1、422V2、2177V1、101V2、243V1、2002V1、201V2、2162V1、2163V1、501V1、401V1、422V1	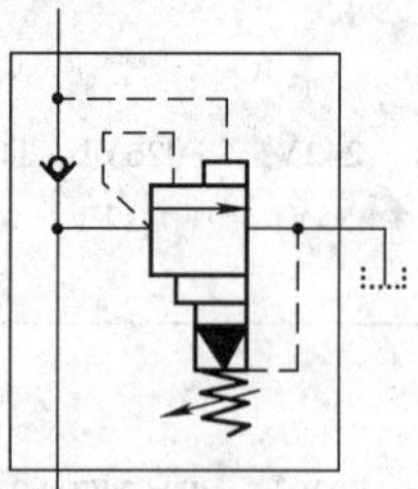	蓄能器充液阀，带有固定开关压差
8	X10600 101V7、F026V1、422V2、101V2、2002V1、201V2、2172V1、212V1、422V1、501V1、401V1	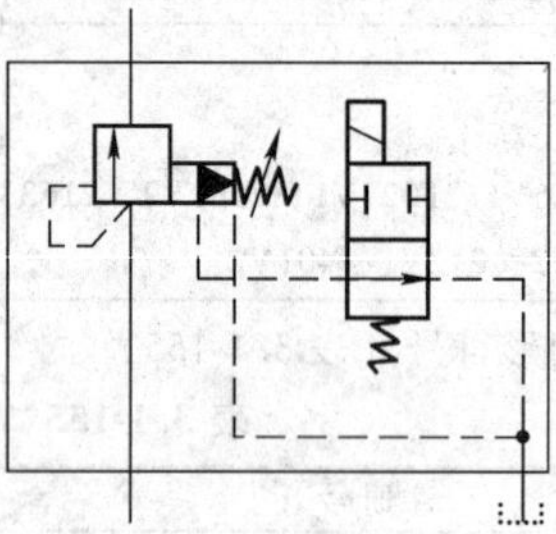	电磁溢流阀，先导式，电气操纵预设定压力
9	X10610 101V7、F028V1、422V4、2002V1、201V2、401V1、401V2	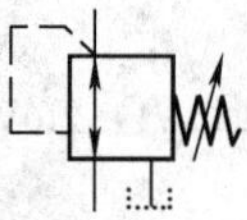	三通减压阀（液压）

4）流量控制阀的图形符号（表3.1-156）

表3.1-156　流量控制阀图形符号

序号	注册号	图　形	说　明
1	X10630 401V1、2031V1、201V4		可调节流量控制阀
2	X10640 401V1、2031V1、201V4、2162V1、2163V1、501V1、401V1	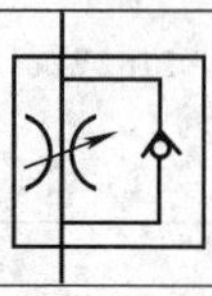	可调节流量控制阀，单向自由流动
3	X10650 101V7、F028V1、2172V1、RF028、2002V1、402V5、712V1	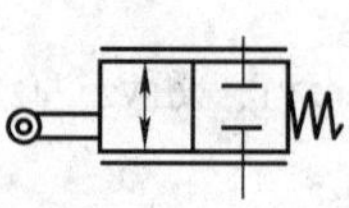	流量控制阀，滚轮杠杆操纵，弹簧复位
4	X10660 F022V1、F022V1、203V2、2162V1、2163V1、242V1、501V1、101V1、401V1	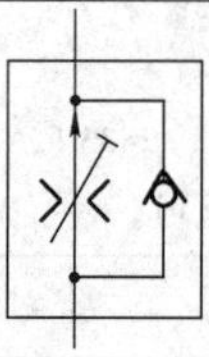	二通流量控制阀，可调节，带旁通阀，固定设置，单向流动，基本与黏度和压力差无关
5	X10670 F022V1、201V3、242V1、501V1、101V1、401V1	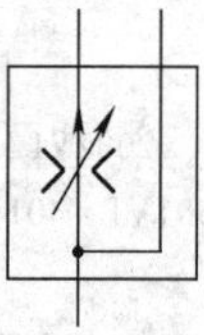	三通流量控制阀，可调节，将输入流量分成固定流量和剩余流量

（续）

序号	注册号	图　　形	说　　明
6	X10680 F022V1、242V1、501V1、101V1、401V1	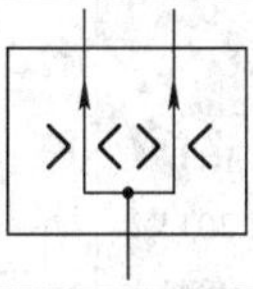	分流器，将输入流量分成两路输出
7	X10690 F022V1、242V1、501V1、101V1、401V1	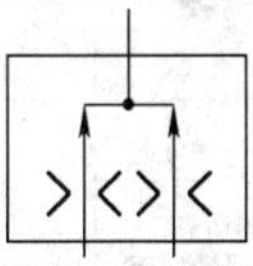	集流阀，保持两路输入流量相互恒定

5）单向阀和梭阀的图形符号（表 3.1-157）

表 3.1-157　单向阀和梭阀图形符号

序号	注册号	图　　形	说　　明
1	X10700 2162V1、2163V1、401V1		单向阀，只能在一个方向自由流动
2	X10710 2162V1、2163V1、401V1、202V1		单向阀，带有复位弹簧，只能在一个方向流动，常闭
3	X10720 2162V1、2163V1、401V1、202V1、101V1、422V1	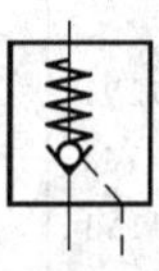	先导式液控单向阀，带有复位弹簧，先导压力允许在两个方向自由流动
4	X10730 101V1、2162V1、2163V1、422V1、401V1	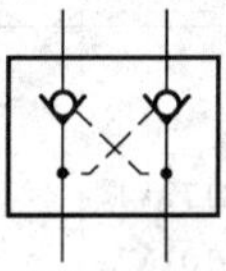	双单向阀，先导式
5	X10740 101V16、2162V1、2163V1、501V2、401V1、401V2	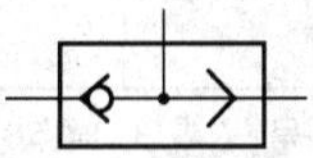	梭阀（“或”逻辑），压力高的入口自动与出口接通

6）比例方向控制阀的图形符号（表 3.1-158）

表 3.1-158　比例方向控制阀图形符号

序号	注册号	图　　形	说　　明
1	X10760 101V7、F026V1、F027V1、2172V1、RF028、101V2、212V1、201V2、2002V1	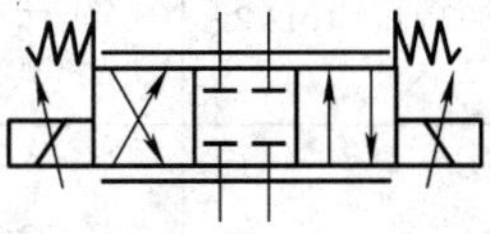	直动式比例方向控制阀
2	X10770 101V7、F026V1、F027V1、F032V1、2031V2、RF028、2172V1、101V2、212V1、201V2、2002V1	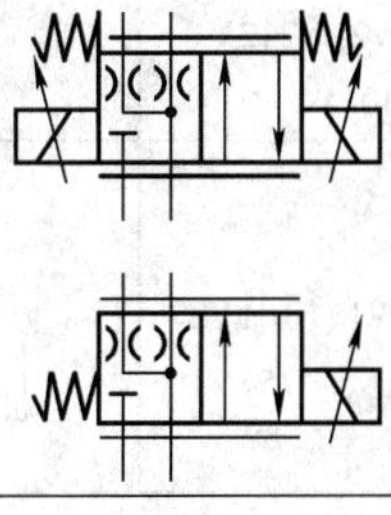	比例方向控制阀，直接控制

（续）

序号	注册号	图　　形	说　　明
3	X10780 101V7、F026V1、F027V1、RF028、101V2、243V1、212V1、201V2、2002V1、753V1、F045V1、234V1、401V2、101V5、F052V1	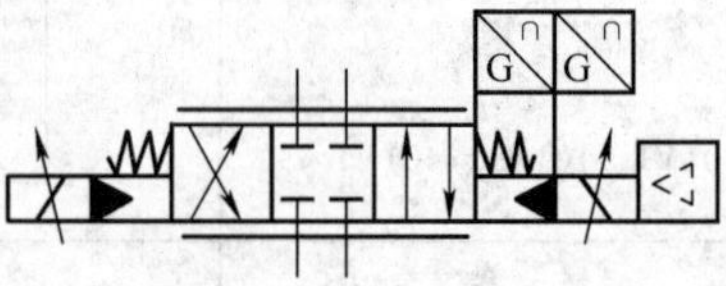	先导式比例方向控制阀，带主级和先导级的闭环位置控制，集成电子器件
4	X10790 101V7、F026V1、F027V1、RF028、101V2、243V1、212V1、201V2、101V5、F052V1、2002V1、753V1、F045V1、234V1、2002V1、401V2	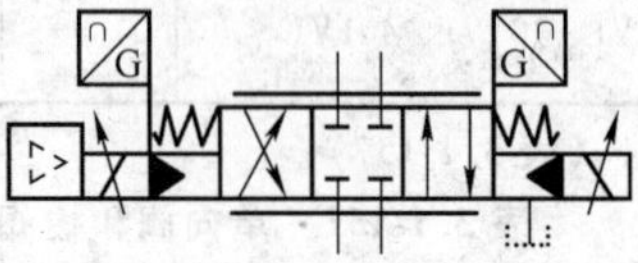	先导式伺服阀，带主级和先导级的闭环位置控制，集成电子器件，外部先导供油和回油
5	X10800 101V7、F026V1、F027V1、F033V1、2031V2、RF028、101V2、243V1、212V4、201V2、402V1、241V1、401V2	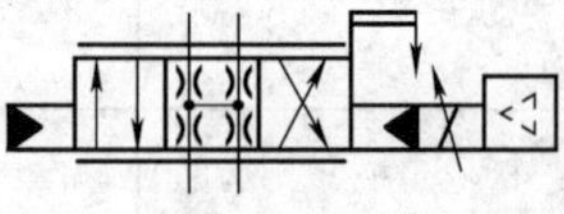	先导式伺服阀，先导级带双线圈电气控制机构，双向连续控制，阀芯位置机械反馈到先导装置，集成电子器件
6	X10810 101V7、F026V1、F027V1、2172V1、RF028、101V13、F004V1、101V14、402V1、241V1、F019V2、211V1、F002V1、402V5、101V1、401V1	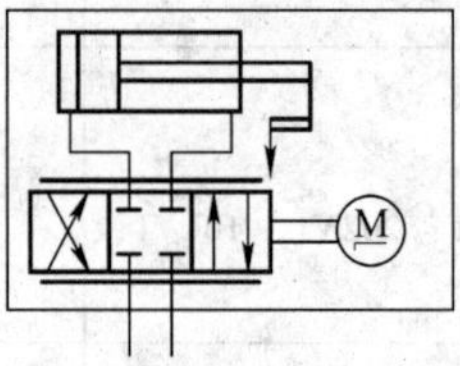	电液线性执行器，带由步进电动机驱动的伺服阀和液压缸位置机械反馈
7	X10820 101V7、F026V1、F027V1、2172V1、RF028、F034V1、2002V1、101V2、212V1、201V2、101V5、F052V1、753V1、F045V1、234V1	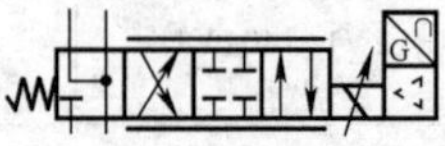	伺服阀，内置电反馈和集成电子器件，带预设动力故障位置

7）比例压力控制阀的图形符号（表3.1-159）

表3.1-159　比例压力控制阀图形符号

序号	注册号	图　　形	说　　明
1	X10830 101V7、F026V1、422V2、2002V1、101V2、212V1、201V2、401V2	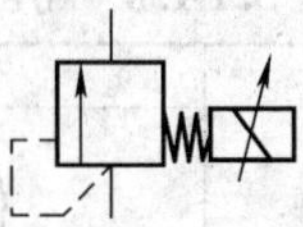	比例溢流阀，直控式，通过电磁铁控制弹簧工作长度来控制液压电磁换向座阀
2	X10840 101V7、F026V1、422V2、101V2、212V1、201V2、401V2、101V5、F052V1、401V2	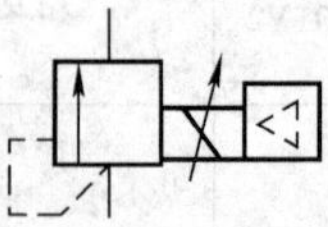	比例溢流阀，直控式，电磁力直接作用在阀芯上，集成电子器件
3	X10850 101V7、F026V1、422V2、2002V1、101V2、212V1、201V2、101V5、F052V1、753V1、F045V1、234V1、401V2	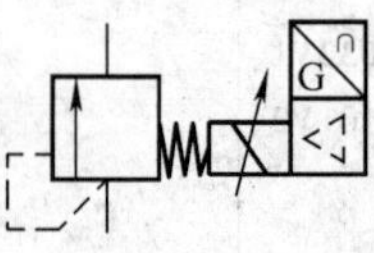	比例溢流阀，直控式，带电磁铁位置闭环控制，集成电子器件

（续）

序号	注册号	图　　形	说　　明
4	X10860 101V7、F026V1、422V2、2002V1、101V2、212V1、201V2、401V2、243V1、753V1、F045V1、234V1	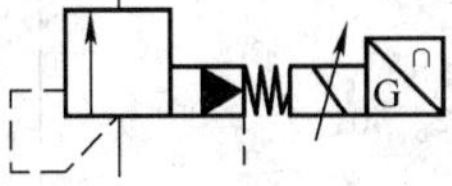	比例溢流阀，先导控制，带电磁铁位置反馈
5	X10870 101V7、F028V1、422V4、101V2、243V1、2002V1、212V1、201V2、101V5、F052V1、753V1、F045V1、234V1、501V1、422V1、401V1	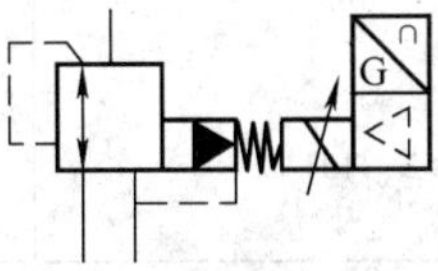	三通比例减压阀，带电磁铁闭环位置控制和集成式电子放大器
6	X10880 101V7、F026V1、101V2、243V1、212V1、201V2、101V5、F052V1、422V2、422V1、401V2	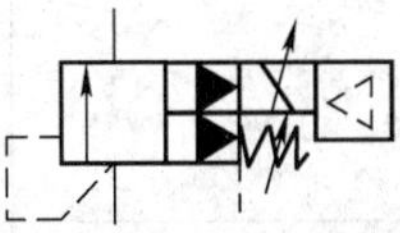	比例溢流阀，先导式，带电子放大器和附加先导级，以实现手动压力调节或最高压力溢流功能

8）比例流量控制阀的图形符号（表3.1-160）

表3.1-160　比例流量控制阀图形符号

序号	注册号	图　　形	说　　明
1	X10890 101V7、F028V1、2172V1、RF028、2002V1、101V2、212V1、201V2、401V2	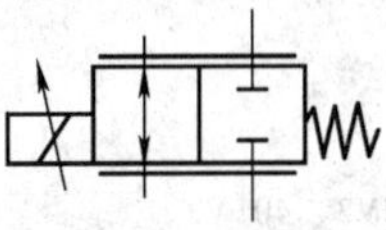	比例流量控制阀，直控式
2	X10900 101V7、F027V1、2172V1、RF028、2002V1、101V2、212V1、201V2、101V5、F052V1、753V1、F045V1、234V1、401V2	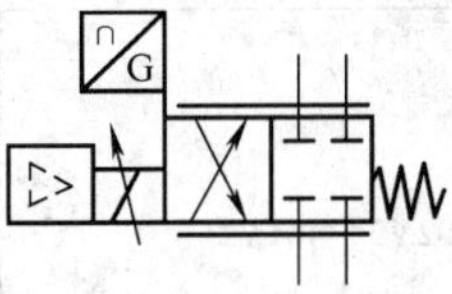	比例流量控制阀，直控式，带电磁铁闭环位置控制和集成式电子放大器
3	X10910 101V7、2172V2、F026V1、2172V1、RF028、2002V1、101V2、243V1、212V1、201V2、753V1、F045V1、234V1、101V5、F052V1、401V2	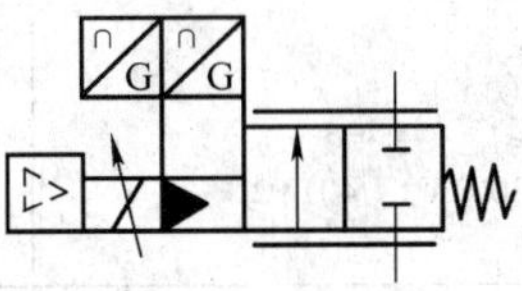	比例流量控制阀，先导式，带主级和先导级的位置控制和电子放大器
4	X10920 201V3、242V1、101V2、212V4、201V2、401V1		流量控制阀，用双线圈比例电磁铁控制，节流孔可变，特性不受黏度变化的影响

9）二通盖板式插装阀的图形符号（表3.1-161）

表3.1-161　二通盖板式插装阀图形符号

序号	注册号	图　　形	说　　明
1	X10930 F010V1、101V1、2002V2、401V2	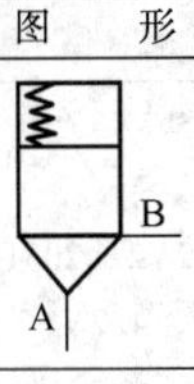	压力控制和方向控制插装阀插件，座阀结构，面积1:1

（续）

序号	注册号	图　　形	说　　明
2	X10940 F010V1、101V1、2002V2、401V2	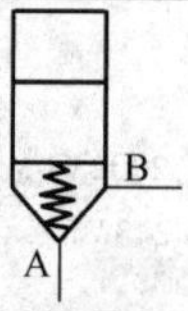	压力控制和方向控制插装阀插件，阀座结构，常开，面积比1:1
3	X10950 F010V1、F011V1、2002V2、401V2	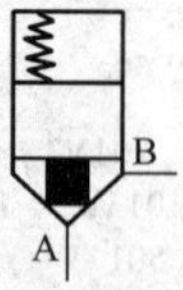	方向控制插装阀插件，带节流端的座阀结构，面积比例≤0.7
4	X10960 F010V1、F012V1、2002V2、401V2	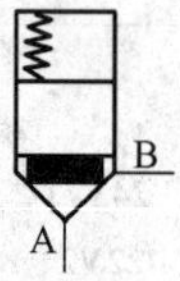	方向控制插装阀插件，带节流端的座阀结构，面积比例＞0.7
5	X10970 F010V1、F011V1、2002V2、401V2	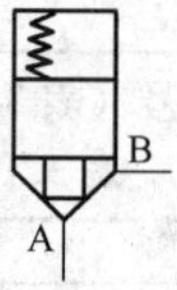	方向控制插装阀插件，座阀结构，面积比例≤0.7
6	X10980 F010V1、F012V1、2002V2、401V2	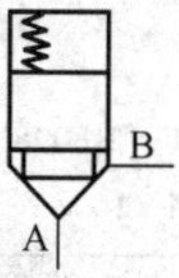	方向控制插装阀插件，座阀结构，面积比例＞0.7
7	X10990 F013V1、F014V1、2002V2、401V2	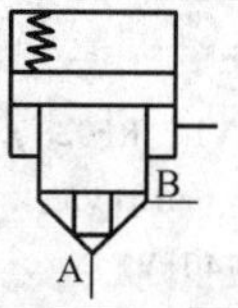	主动控制的方向控制插装阀插件，座阀结构，由先导压力打开
8	X11000 F013V1、F015V1、2002V2、401V2	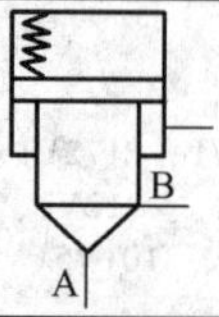	主动控制插件，B端无面积差
9	X11010 F010V1、F011V1、2002V2、2031V2、401V2、RF034	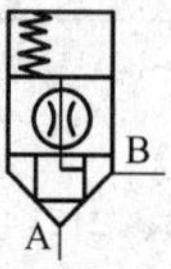	方向控制阀插件，单向流动，座阀结构，内部先导供油，带可替换的节流孔（节流器）
10	X11020 101V10、101V11、2002V2、2031V2、501V1、401V1	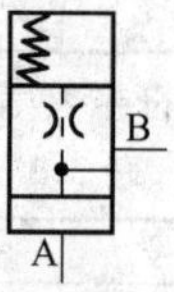	带溢流和限制保护功能的阀芯插件，滑阀结构，常闭
11	X11030 101V10、101V11、2002V2、2031V2、501V1、2162V2、6163V2、401V1、422V1	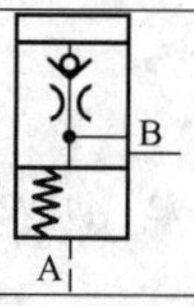	减压插装阀插件，滑阀结构，常闭，带集成的单向阀

（续）

序号	注册号	图　　形	说　　明
12	X11040 101V10、101V11、2002V2、2031V2、501V1、2162V2、6163V2、401V1、422V1	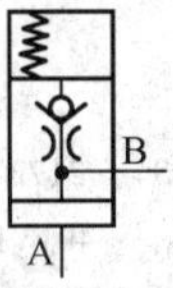	减压插装阀插件，滑阀结构，常开，带集成的单向阀
13	X11050 F016V1	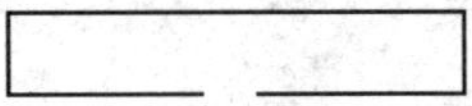	无端口控制盖
14	X11060 F016V1、2031V2、RF034、422V1	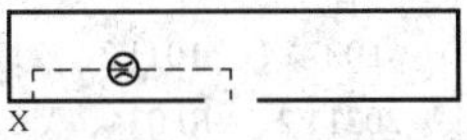	带先导端口的控制盖
15	X11070 F016V1、2031V2、RF034、2172V1、F020V1、201V1、501V1、422V1、401V1	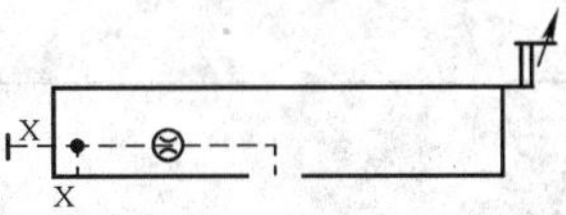	带先导端口的控制盖，带可调行程限位器和遥控端口
16	X11080 F016V1、2031V2、RF034、501V1、422V1	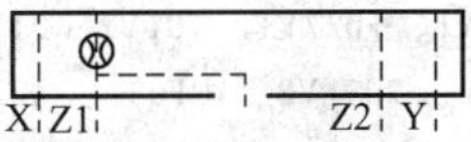	可安装附加元件的控制盖
17	X11090 F016V1、2031V2、RF034、101V16、2162V1、2163V1、501V2、401V1、422V1	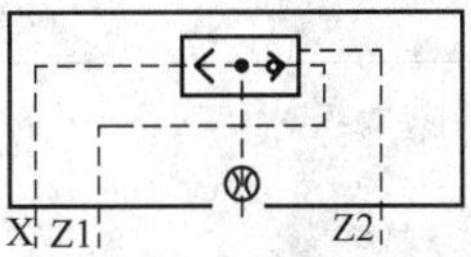	带液压控制梭阀的控制盖
18	X11100 F016V1、2031V2、RF034、101V16、2162V1、2163V1、501V2、401V1、422V1	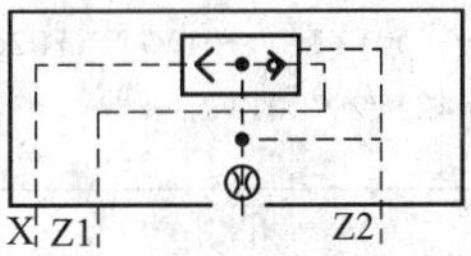	带梭阀的控制盖
19	X11110 F016V1、2031V2、RF034、101V16、2162V1、2163V1、501V2、401V1、422V1	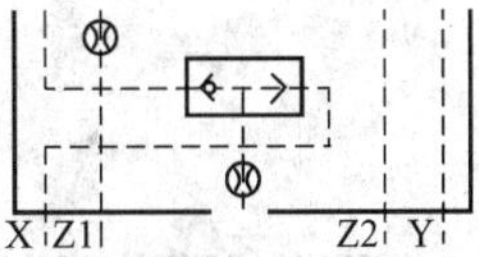	可安装附加元件，带梭阀的控制盖
20	X11120 F016V1、2031V2、RF034、501V1、101V7、F026V1、2002V1、210V2、422V2、401V2	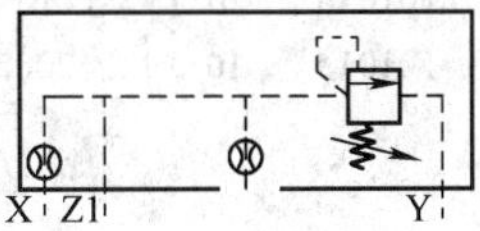	带溢流功能的控制盖
21	X11130 F016V1、2031V2、RF034、501V1、101V7、F026V1、2002V1、210V2、422V2、401V2、101V2、243V1	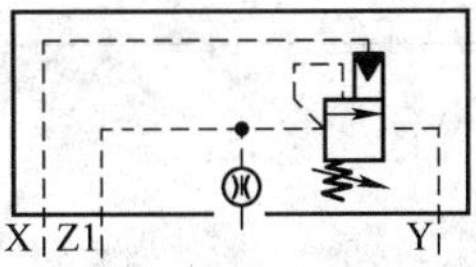	带溢流功能和液压卸载的控制盖
22	X11140 F016V1、2031V2、RF034、501V1、101V7、F026V1、2002V1、210V2、422V2、401V2、2031V1、242V1、401V1	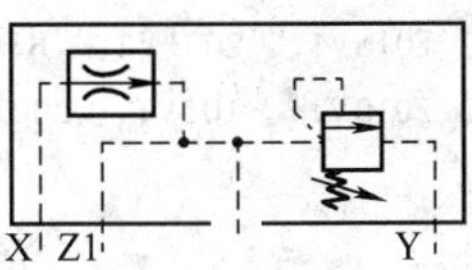	带溢流功能的控制盖，用流量控制阀来限制先导级流量

（续）

序号	注册号	图　形	说　明
23	X11150 F016V1、2031V2、RF034、2172V1、F020V1、201V1、501V1、422V1、401V1、F010V1、F011V1、2002V2、401V2	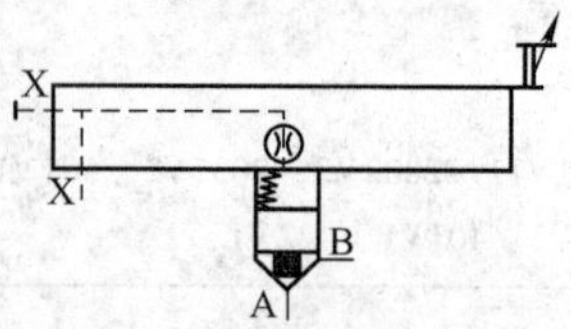	带行程限制器的二通插装阀
24	X11160 101V7、F026V1、F027V1、101V2、212V1、2002V1、F016V1、2031V2、RF034、501V1、422V1、F010V1、F011V1、2002V2、401V2	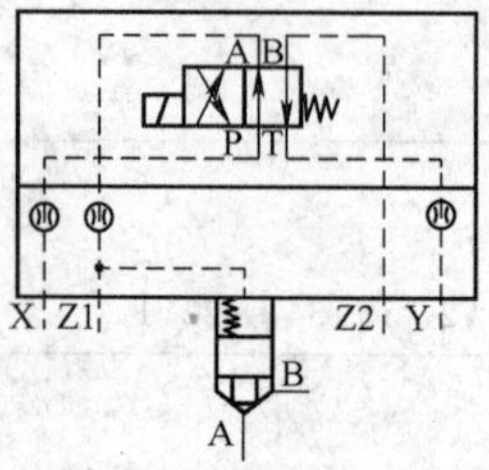	带方向控制阀的二通插装阀
25	X11170 101V7、F026V1、F027V1、101V2、212V1、2002V1、F016V1、2031V2、RF034、422V1、F013V1、F015V1、2002V2、401V2	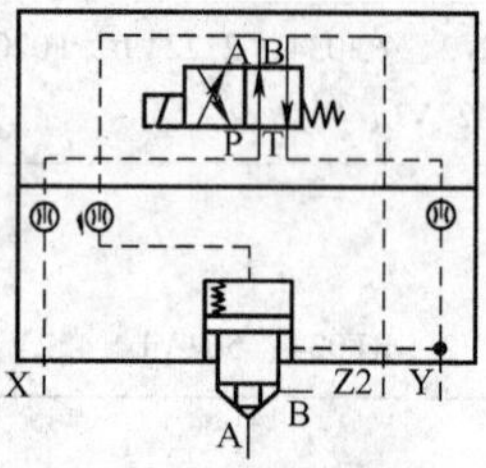	主动控制，带方向控制阀的二通插装阀
26	X11180 F010V1、101V1、2002V2、401V2、F016V1、2031V2、RF034、501V1、101V7、F026V1、2002V1、210V2、422V2、401V2	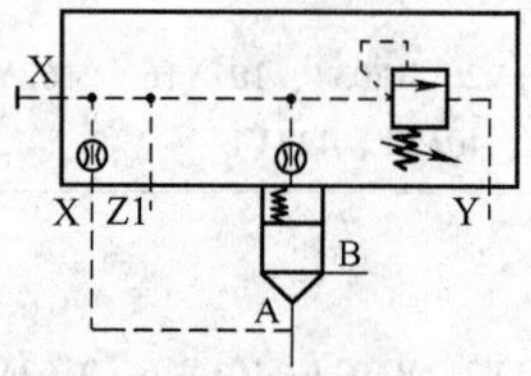	带溢流功能的二通插装阀
27	X11190 101V7、F026V1、F027V1、2172V1、2002V1、101V2、201V2、F016V1、2031V2、RF034、501V1、422V1、F010V1、101V1、2002V2、401V2	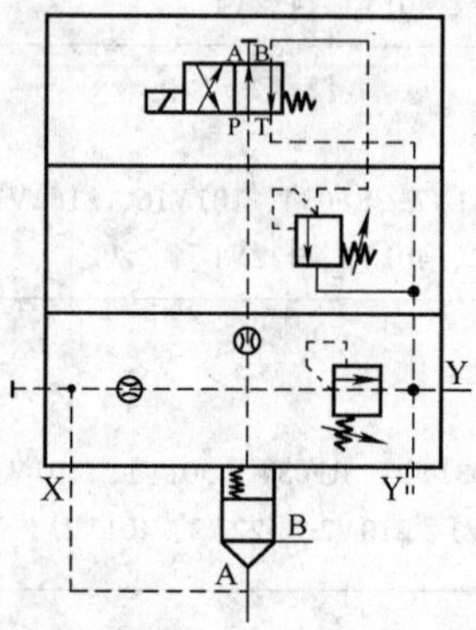	带溢流功能和可选第二级压力的二通插装阀
28	X11200 101V7、F026V1、F027V1、2172V1、2002V1、101V2、201V2、F016V1、2031V2、RF034、501V1、422V1、F010V1、101V1、2002V2、401V2	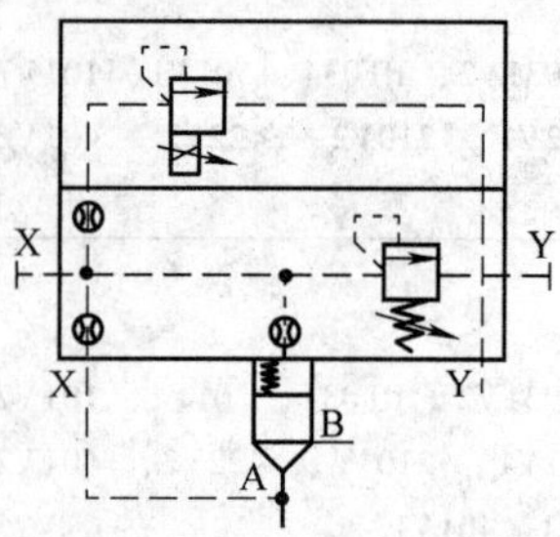	带比例压力调节和手动最高压力溢流功能的二通插装阀

（续）

序号	注册号	图　形	说　明
29	X11210 F016V1、2031V2、RF034、501V1、101V7、F026V1、2002V1、210V2、422V2、401V2、2031V1、242V1、101V10、101V11、2002V2、501V1、2162V2、6163V2、401V1、422V1	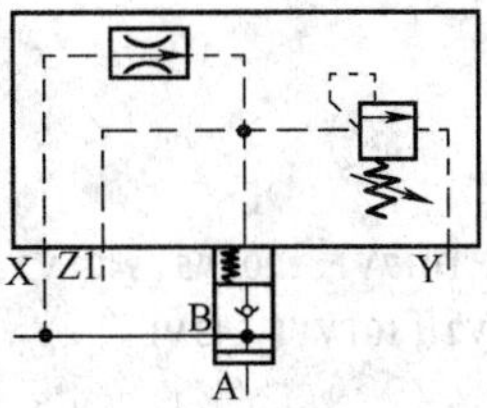	高压控制、带先导流量控制阀的减压功能的二通插装阀
30	X11220 F016V1、2031V2、RF034、501V1、101V7、F026V1、2002V1、210V2、422V2、401V2、101V10、101V11、2002V2、501V1、401V1	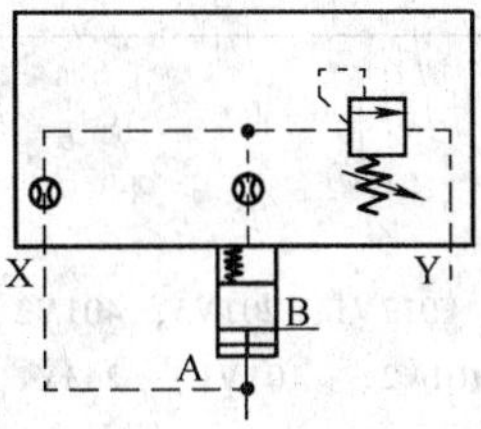	低压控制、减压功能的二通插装阀

（2）泵和马达的图形符号（表 3.1-162）

表 3.1-162　泵和马达图形符号

序号	注册号	图　形	说　明
1	X11230 2065V1、243V1、F017V1、201V5、401V2	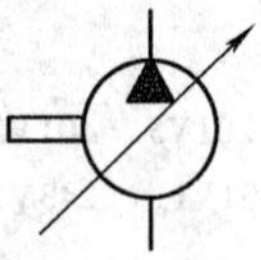	变量泵
2	X11240 2065V1、243V1、F017V1、201V5、401V2、255V1、422V1		双向流动，带外泄油路单向旋转的变量泵
3	X11250 2065V1、243V2、F017V1、201V5、401V2、256V1	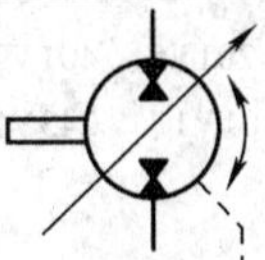	双向变量泵或马达单元，双向流动，带外泄油路，双向旋转
4	X11260 2065V1、243V1、F017V1、401V2、255V1、422V1	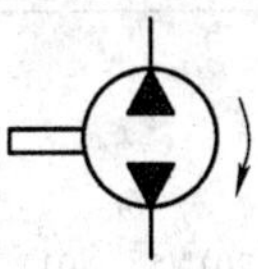	单向旋转的定量泵或马达
5	X11270 F003V1、243V2、402V3、688V1、401V2	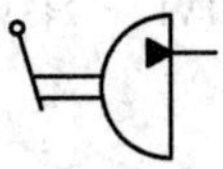	操纵杆控制，限制转盘角度的泵
6	X11280 F003V1、256V1、F017V1、401V2	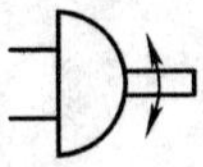	限制摆动角度，双向流动的摆动执行器或旋转驱动
7	X11290 F003V1、256V1、F017V1、401V2、2002V1	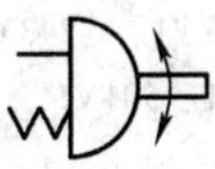	单作用的半摆动执行器或旋转驱动

（续）

序号	注册号	图形	说明
8	X11300 2065V1、243V1、F017V1、201V5、401V2、255V1、422V1、101V2、101V1、243V1	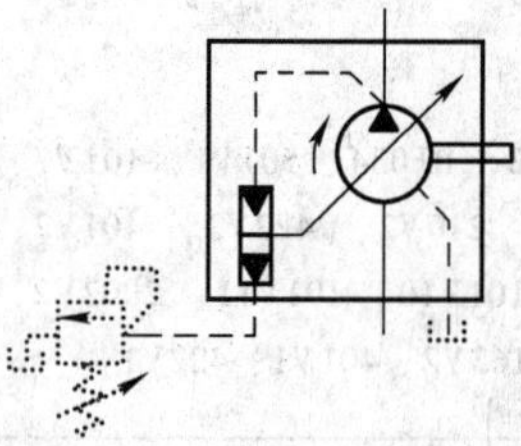	变量泵，先导控制，带压力补偿，单向旋转，带外泄油路
9	X11310 2065V1、243V1、F017V1、201V5、401V2、255V1、422V1、101V2、101V1、243V1、2002V1、201V2	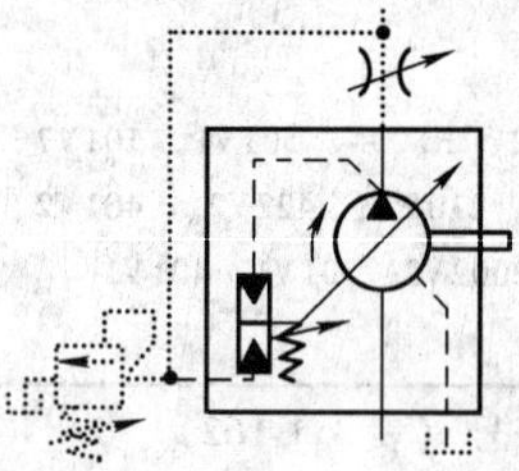	带复合压力或流量控制（负载敏感型）变量泵，单向驱动，带外泄油路
10	X11320 2065V1、243V1、F017V1、201V5、401V2、255V2、422V1、101V2、101V1、243V1、402V5、681V2	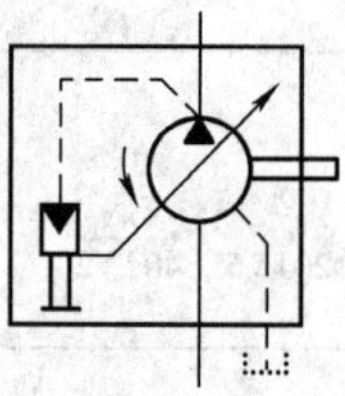	机械或液压伺服控制的变量泵
11	X11330 2065V1、243V1、F017V1、201V5、401V2、255V2、422V1、101V2、101V1、243V1、212V1、210V2	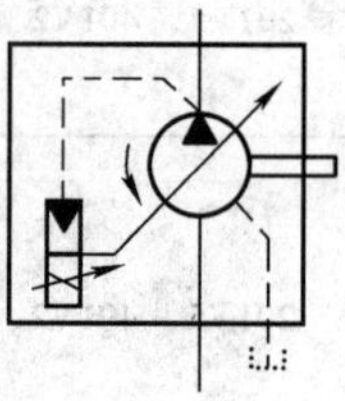	电液伺服控制的变量液压泵
12	X11340 2065V1、243V1、F017V1、201V5、401V2、255V2、422V1、101V2、101V1、243V1、2002V1、401V1	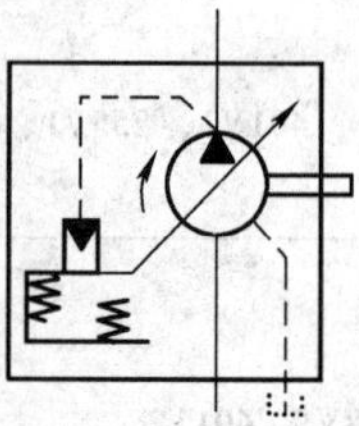	恒功率控制的变量泵
13	X11350 2065V1、243V1、F017V1、201V5、401V2、255V1、422V1、101V2、101V1、243V1、2002V1、201V2、F020V1、201V1、501V1	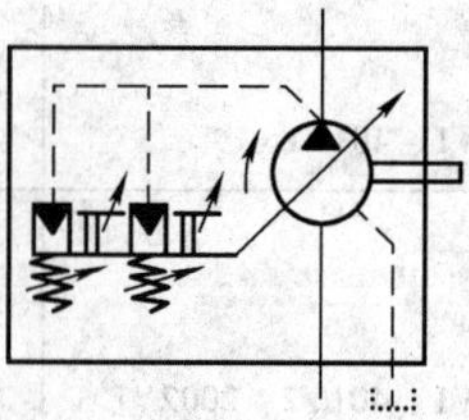	带两级压力或流量控制的变量泵，内部先导操纵

（续）

序号	注册号	图　形	说　明
14	X11360 2065V1、243V1、F017V1、201V5、401V2、255V1、422V1、101V2、101V1、243V1、2002V1、201V2、F020V1、201V1、501V1、101V7、F026V1、F027V1	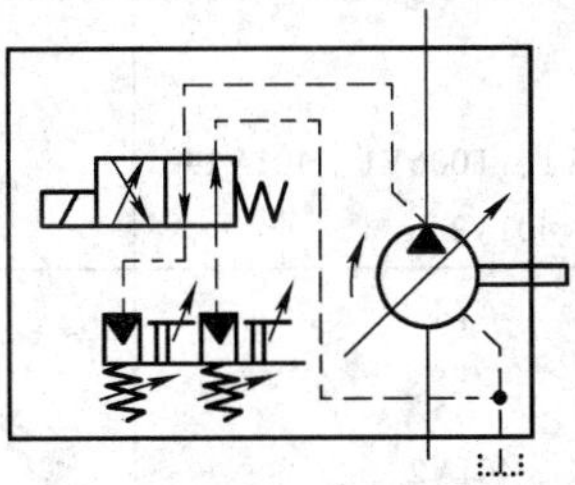	带两级压力控制元件的变量泵，电气转换
15	X11370 2065V1、243V1、F017V1、201V5、401V2、255V1、422V1、501V1、101V1、401V1	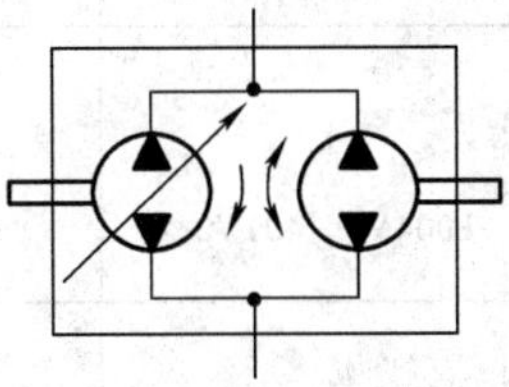	静液传动（简化表达）驱动单元，由一个能反转、带单输入旋转方向的变量泵和一个带双输出旋转方向的定量马达组成
16	X11380 2065V1、243V1、F017V1、201V5、401V2、101V7	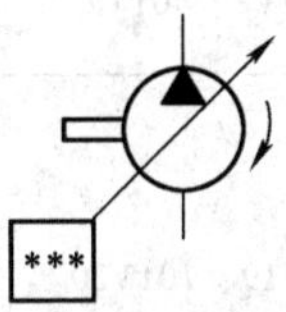	表现出控制和调节元件的变量泵，箭头表示调节能力可扩展，控制机构和元件可以在箭头任意一边连接 ＊＊＊没有指定复杂控制器
17	X11430 2065V1、243V2、244V2、401V2	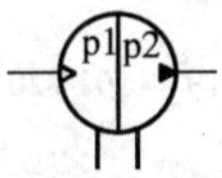	连续增压器，将气体压力 p_1 转换为较高的液体压力 p_2

（3）缸的图形符号（表 3.1-163）

表 3.1-163　缸图形符号

序号	注册号	图　形	说　明
1	X11440 101V13、2002V3、101V14、F004V1、401V2	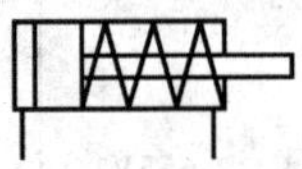	单作用单杆缸，靠弹簧力返回行程，弹簧腔带连接油口
2	X11450 101V13、101V14、F004V1、401V2	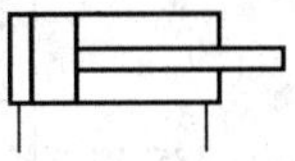	双作用单杆缸
3	X11460 101V13、101V14、F004V1、F004V2、101V19、201V7、401V2	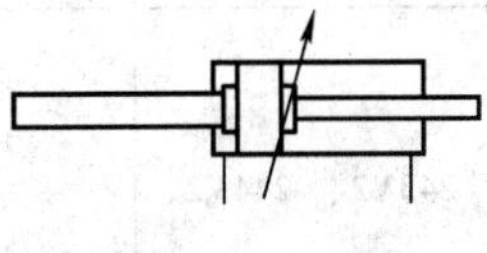	双作用双杆缸，活塞杆直径不同，双侧缓冲，右侧带调节
4	X11470 101V13、F006V1、F004V1、F003V1、201V1、401V2	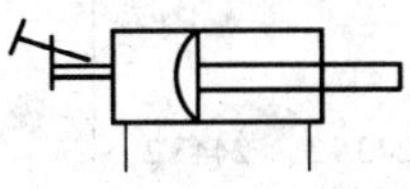	带行程限制器的双作用膜片缸

（续）

序号	注册号	图　　形	说　　明
5	X11480 101V13、F004V1、F006V1、101V19、2002V3、2174V1、401V2	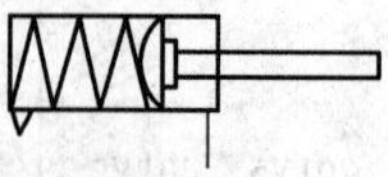	活塞杆终端带缓冲的单作用膜片缸，排气口不连接
6	X11490 101V22、101V18、401V2	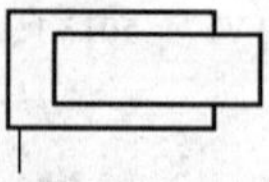	单作用缸，柱塞缸
7	X11500 101V22、F004V1、F004V3、401V2	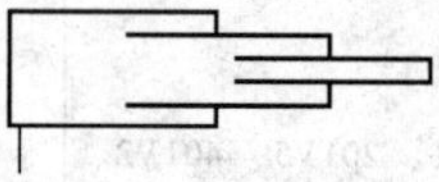	单作用伸缩缸
8	X11510 101V22、F005V1、F005V2、401V2	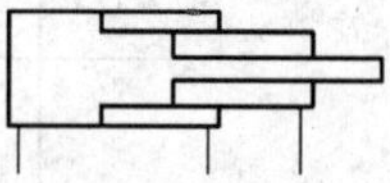	双作用伸缩缸
9	X11520 101V13、101V14、101V19、101V20	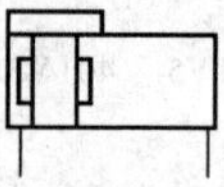	双作用带状无杆缸，活塞两端带终点位置缓冲
10	X11530 101V13、101V14、101V19、101V20、201V7、245V1、401V2	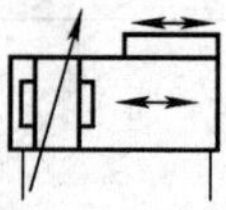	双作用缆绳式无杆缸，活塞两端带可调节终点位置缓冲
11	X11540 101V13、101V14、753V1、F045V1、F048V1、326V1、401V2	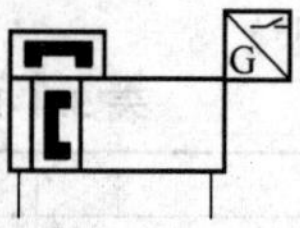	双作用磁性无杆缸，仅右边终端位置切换
12	X11550 101V13、101V14、F004V1、655V1、F041V1、401V2	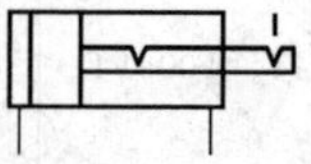	行程两端定位的双作用缸
13	X11560 101V13、101V14、F004V1、753V1、F045V1、F048V1、401V2	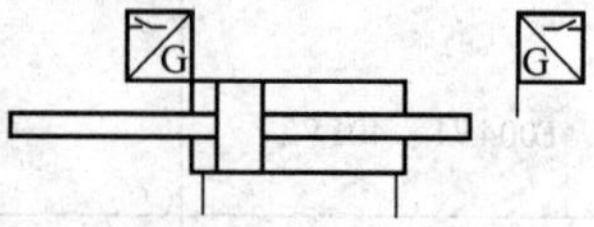	双杆双作用缸，左终点带内部限位开关，内部机械控制，右终点有外部限位开关，由活塞杆触发
14	X11580 101V13、101V14、243V2、244V2、401V2	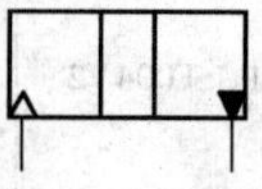	单作用压力介质转换器，将气体压力转换为等值的液体压力，反之亦然
15	X11590 F007V1、F008V1、243V2、244V2、401V2	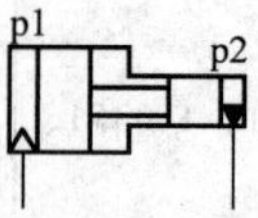	单作用增压器，将气体压力 p_1 转换为更高的液体压力 p_2

（4）附件

1）连接和管接头的图形符号（表3.1-164）

表3.1-164　连接和管接头图形符号

序号	注册号	图　形	说　明	序号	注册号	图　形	说　明
1	X11670 501V1、452V1		软管总成	5	X11710 2162V1、2163V1、2172V1		带两个单向阀的快换接头，断开状态
2	X11680 F036V1、RF049	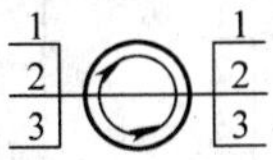	三通旋转接头	6	X11720 2162V1、2172V1		不带单向阀的快换接头，连接状态
3	X11690 2162V1、2172V1	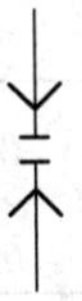	不带单向阀的快换接头，断开状态	7	X11730 2162V1、2163V1、2172V1		带一个单向阀的快插管接头，连接状态
4	X11700 2162V1、2163V1、2172V1		带单向阀的快换接头，断开状态	8	X11740 2162V1、2163V1、2172V1		带两个单向阀的快插管接头，连接状态

2）电气装置的图形符号（表3.1-165）

表3.1-165　电气装置图形符号

序号	注册号	图　形	说　明
1	X11750 101V5、F017V1、2002V1、201V2、401V2	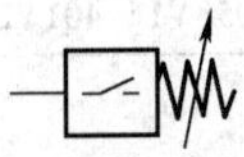	可调节的机械电子压力继电器
2	X11760 753V1、F045V1、F048V1、201V1、401V1、401V2	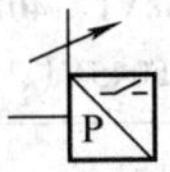	输出开关信号、可电子调节的压力转换器
3	X11770 753V1、F045V1、234V1、401V2	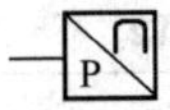	模拟信号输出压力传感器

3）测量仪和指示器的图形符号（表3.1-166）

表3.1-166　测量仪和指示器图形符号

序号	注册号	图　形	说　明
1	X11790 101V6、148V1、F056V1		光学指示器
2	X11800 101V6、235V1、148V1		数字式指示器
3	X11810 101V6、148V1、F057V1		声音指示器

（续）

序号	注册号	图　形	说　　明
4	X11820 F002V1、148V1、401V2		压力测量单元（压力表）
5	X11830 F002V1、148V1、401V2		压差计
6	X11840 F002V1、148V1、402V5、685V1 401V2	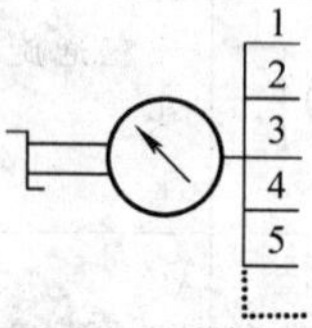	带选择功能的压力表
7	X11850 F002V1、F055V1、401V2		温度计
8	X11860 F002V1、F055V1、401V2、F049V1、201V1	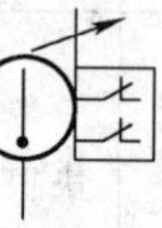	可调电气常闭触点温度计（接点温度计）
9	X11870 F002V1、1103V1、F058V1、401V2		液位指示器（液位计）
10	X11880 F002V1、1103V1、F058V1、401V2、F049V1	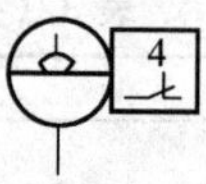	四常闭触点液位开关
11	X11890 F002V1、1103V1、F058V1、401V2、148V1、 101V6、235V1、234V1、F045V1、753V1	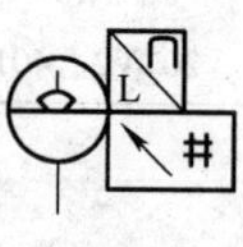	模拟量输出数字式电气液位监控器
12	X11900 F002V1、F054V1、401V2		流量指示器
13	X11910 F002V1、F054V1、401V2		流量计
14	X11920 F002V1、F054V1、401V2、101V6、235V1、 148V1	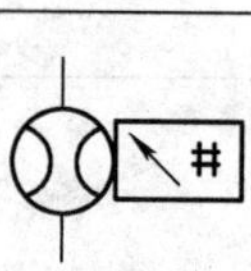	数字式流量计
15	X11930 F002V1、401V2、F025V1	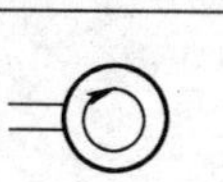	转速仪
16	X11940 F002V1、401V2、F024V1	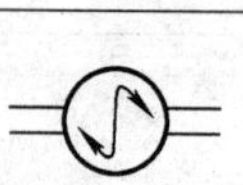	转矩仪

（续）

序号	注册号	图　形	说　明
17	X11950 101V6、F059V1、F050V1	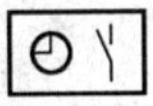	开关式定时器
18	X11960 101V5、F060V1	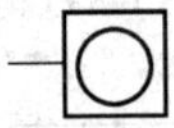	计数器
19	X11970 101V1、422V1、242V1、2061V1、401V1	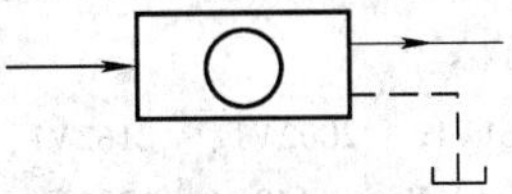	直通式颗粒计数器

4）过滤器与分离器的图形符号（表 3.1-167）

表 3.1-167　过滤器与分离器图形符号

序号	注册号	图　形	说　明
1	X11980 101V15、F061V1、401V2	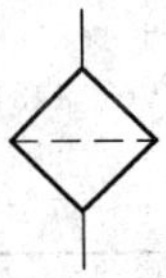	过滤器
2	X11990 101V15、F061V1、244V2、401V2	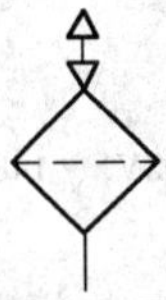	油箱通气过滤器
3	X12000 101V15、F061V1、326V1、401V2	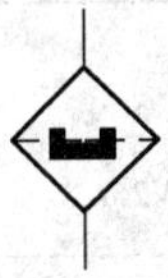	带附属磁性滤芯的过滤器
4	X12010 101V15、F061V1、101V6、148V1、F056V1、401V2	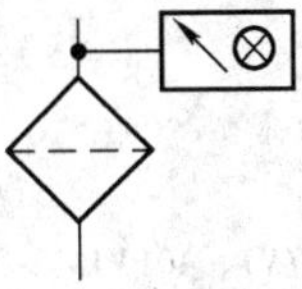	带光学阻塞指示器的过滤器
5	X12020 101V15、F061V1、F002V1、148V1、422V1、401V2	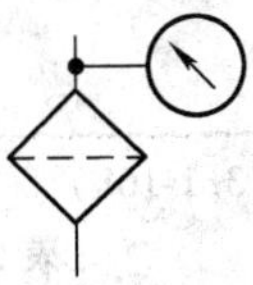	带压力表的过滤器
6	X12030 101V15、F061V1、2031V1、501V1、401V1	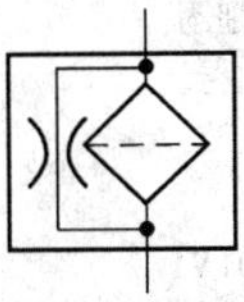	带旁路节流的过滤器
7	X12040 101V15、F061V1、2002V1、2162V1、2163V1、501V1、401V1	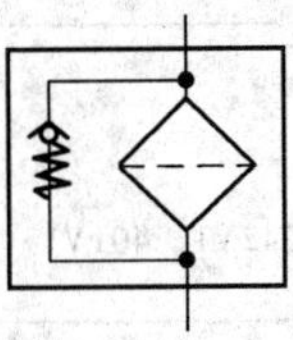	带旁路单向阀的过滤器

（续）

序号	注册号	图　形	说　明
8	X12050 101V15、F061V1、2002V1、2162V1、2163V1、501V1、101V6、148V1、235V1、401V1	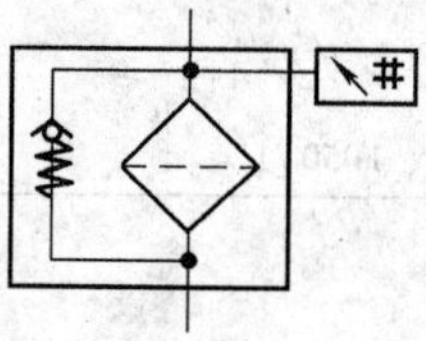	带旁路单向阀和数字显示器的过滤器
9	X12060 101V15、F061V1、2002V1、2162V1、2163V1、501V1、101V6、148V1、235V1、401V1、101V5、F050V1、422V1	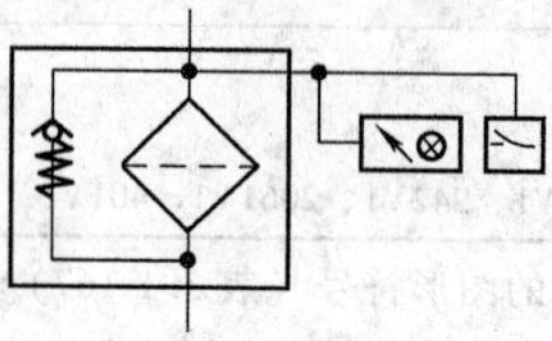	带旁路单向阀、光学阻塞指示器与电气触点的过滤器
10	X12070 101V15、F061V1、101V6、148V1、F056V1、401V2	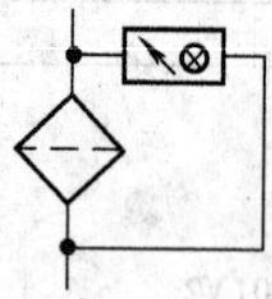	带光学压差指示器的过滤器
11	X12080 101V15、F061V1、F002V1、148V1、422V1、401V2、101V5、F050V1	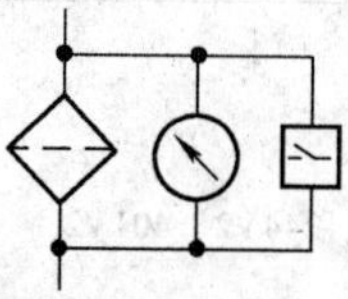	带压差指示器与电气触点的过滤器
12	X12090 101V15、F066V1、401V2	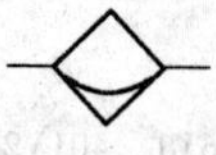	离心式分离器
13	X12170 101V15、422V1、F037V1、401V1	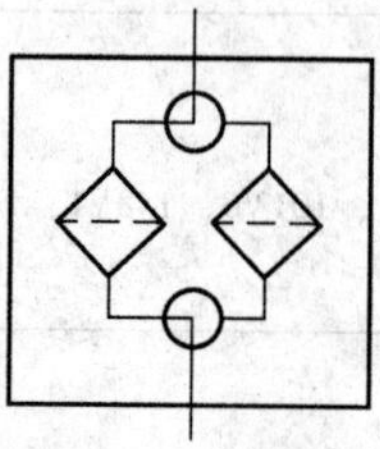	带手动切换功能的双过滤器

5）换热器的图形符号（表3.1-168）

表3.1-168　换热器图形符号

序号	注册号	图　形	说　明
1	X12260 101V15、F067V1、401V1		不带冷却液流道指示的冷却器
2	X12270 101V15、F067V1、242V1、401V1	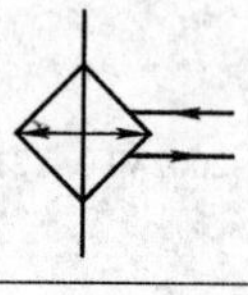	液体冷却的冷却器

（续）

序号	注册号	图形	说明
3	X12280 101V15、F067V1、2065V1、F019V1、F072V1、402V5、401V2	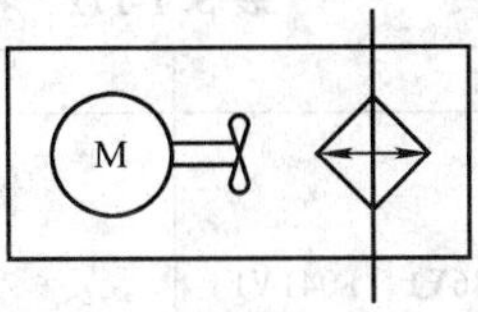	电动风扇冷却的冷却器
4	X12290 101V15、F067V1、401V1		加热器
5	X12300 101V15、F067V1、401V1	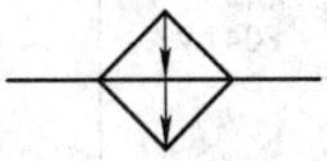	温度调节器

6）蓄能器（压力容器、气瓶）的图形符号（表3.1-169）

表3.1-169 蓄能器（压力容器、气瓶）图形符号

序号	注册号	图形	说明
1	X12320 F069V1、244V2、401V1	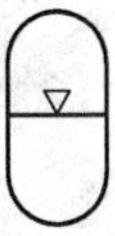	隔膜式充气蓄能器（隔膜式蓄能器）
2	X12330 F069V1、F006V1、244V2	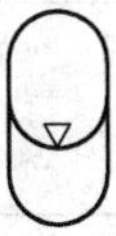	囊隔式充气蓄能器（囊式蓄能器）
3	X12340 F069V1、101V14、244V2	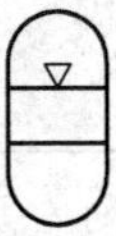	活塞式充气蓄能器（活塞式蓄能器）
4	X12350 F069V1、244V2		气瓶
5	X12360 F069V1、101V14、244V2、401V1	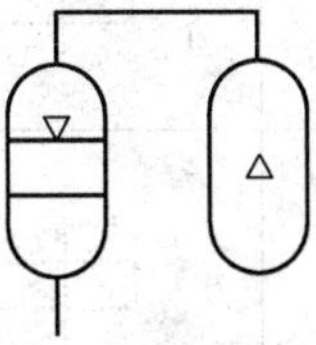	带下游气瓶的活塞式蓄能器

7）润滑点的图形符号（表3.1-170）

表3.1-170 润滑点图形符号

序号	注册号	图形	说明
1	X12440 101V21		润滑点

4.2.3　气动应用实例

(1) 阀

1) 控制机构的图形符号（表 3.1-171）

表 3.1-171　控制机构图形符号

序号	注册号	图　形	说　明
1	X10010 402V5、655V1、686V1、F041V1	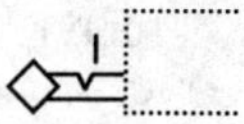	带有分离把手和定位销的控制机构
2	X10020 402V5、711V1、201V2	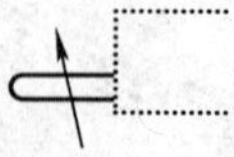	具有可调行程限制装置的柱塞
3	X10030 402V5、655V1、684V1、F041V1	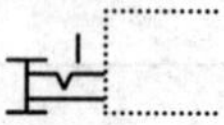	带有定位装置的推或拉控制机构
4	X10040 402V2、681V2、F041V1	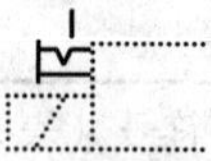	手动锁定控制机构
5	X10050 402V5、685V1、F041V1	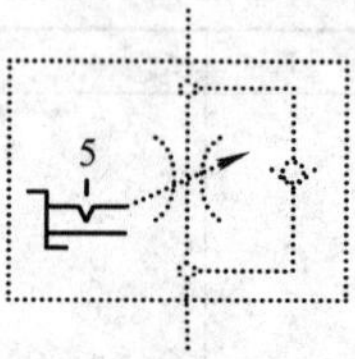	具有 5 个锁定位置的调节控制机构
6	X10060 402V5、711V1、2005V1、712V1	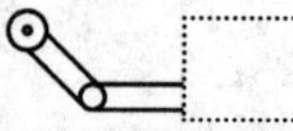	单方向行程操纵的滚轮手柄
7	X10070 F019V2、211V1、402V5、F002V1	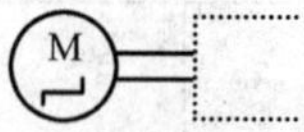	用步进电动机的控制机构
8	X10080 101V2、244V1、401V1	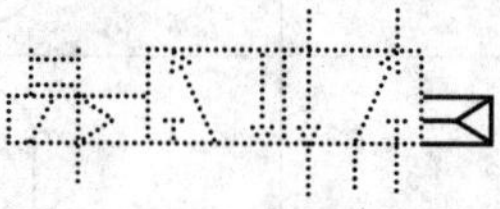	气压复位，从阀进气口提供内部压力
9	X10090 101V2、244V1、422V1、401V1	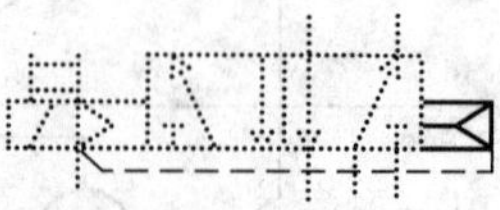	气压复位，从先导口提供内部压力 注：为更易理解，图中标识出外部先导线
10	X10100 101V2、244V1、401V1	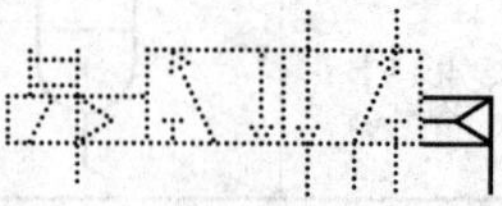	气压复位，外部压力源
11	X10110 101V2、212V1	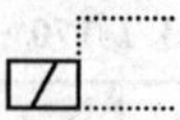	单作用电磁铁，动作指向阀芯
12	X10120 101V2、212V2	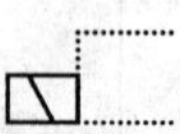	单作用电磁铁，动作背离阀芯

（续）

序号	注册号	图　形	说　明
13	X10130 101V2、212V4	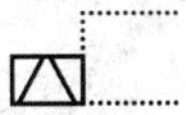	双作用电气控制机构，动作指向或背离阀芯
14	X10140 101V2、212V1、201V1	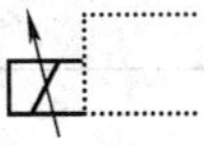	单作用电磁铁，动作指向阀芯，连续控制
15	X10150 101V2、212V2、201V1	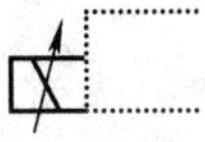	单作用电磁铁，动作背离阀芯，连续控制
16	X10160 101V2、212V4、201V1	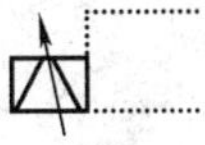	双作用电气控制机构，动作指向或背离阀芯，连续控制
17	X10170 101V2、212V2、244V1	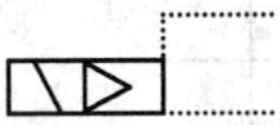	电气操纵的气动先导控制机构

2）方向控制阀的图形符号（表 3.1-172）

表 3.1-172　方向控制阀图形符号

序号	注册号	图　形	说　明
1	X10210 101V7、F028V1、2172V1、2002V1、402V5、682V1、401V2	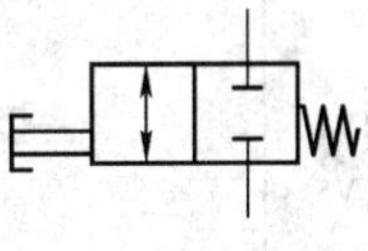	二位二通方向控制阀，两通，两位，推压控制机构，弹簧复位，常闭
2	X10220 101V7、F028V1、2002V1、101V2、212V1、2172V1、401V2	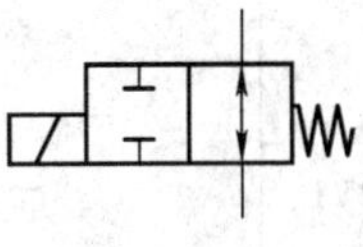	二位二通方向控制阀，两通，两位，电磁铁操纵，弹簧复位，常开
3	X10230 101V7、F026V1、F027V1、2002V1、101V2、212V1	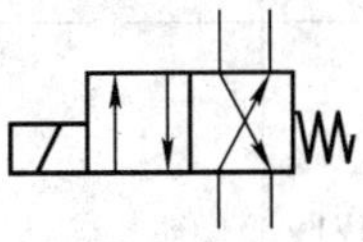	二位四通方向控制阀，电磁铁操纵，弹簧复位
4	X10240 101V7、F026V1、F021V1、401V1、101V2、212V1、2002V1、244V1	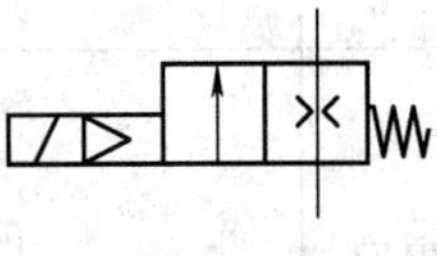	气动软启动阀，电磁铁操纵内部先导控制
5	X10250 101V1、101V7、2172V1、F026V1、101V2、244V1、2031V1、201V4、501V1	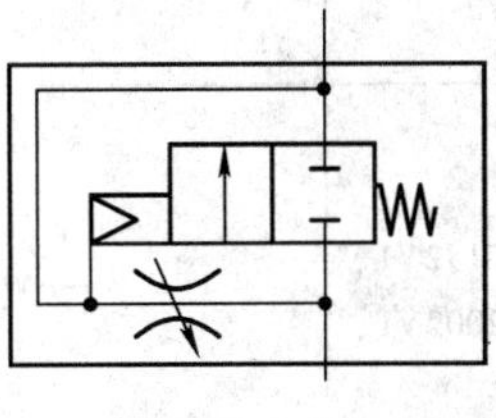	延时控制气动阀，其入口接入一个系统，使得气体低速流入直至达到预设压力才使阀口全开

（续）

序号	注册号	图　形	说　明
6	X10260 101V7、F026V1、F027V1、2172V1、402V5、682V1、F039V1、2172V1、401V2	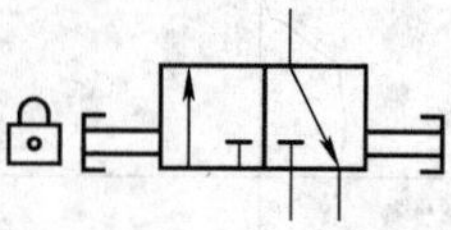	二位三通锁定阀
7	X10270 101V7、F026V1、F027V1、2172V1、2002V1、711V1、2005V1、402V5、401V2	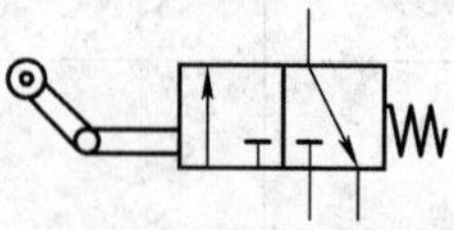	二位三通方向控制阀，滚轮杠杆控制，弹簧复位
8	X10280 101V7、F026V1、F027V1、2172V1、2002V1、101V2、212V1、401V2	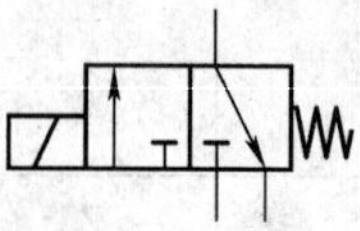	二位三通方向控制阀，电磁铁操纵，弹簧复位，常闭
9	X10290 101V7、F026V1、F027V1、2172V1、2002V1、101V2、212V1、681V2、402V2、655V1、F041V1	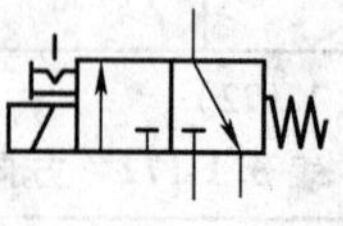	二位三通方向控制阀，单作业电磁铁操纵，弹簧复位，定位销式手动定位
10	X10300 101V7、F026V1、F027V1、2172V1、2002V1、401V2、402V2、101V5、F060V1、244V1	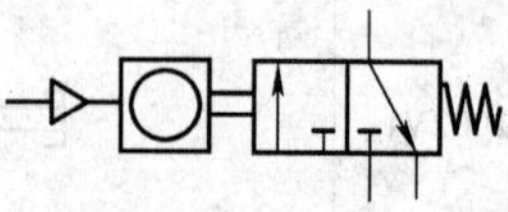	带气动输出信号的脉冲计数器
11	X10310 101V7、F026V1、F027V1、2172V1、2177V1、244V1、401V1、401V2	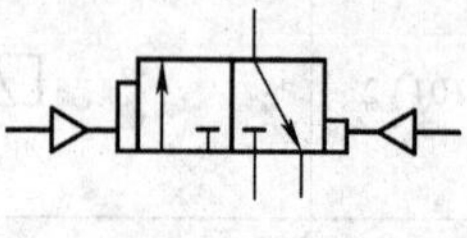	二位三通方向控制阀，差动先导控制
12	X10320 101V7、F026V1、F027V1、2002V1、101V2、212V1、402V2	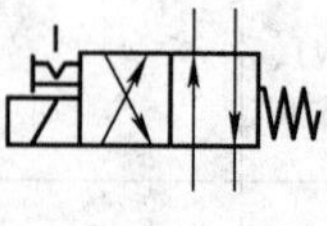	二位四通方向控制阀，单作用电磁铁操纵，弹簧复位，定位销式手动定位
13	X10330 101V7、F026V1、F027V1、101V2、212V1、655V1、F041V1、401V2	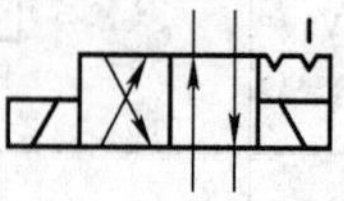	二位四通方向控制阀，双作用电磁铁操纵，定位销式（脉冲阀）
14	X10340 101V7、F026V1、F027V1、2172V1、101V2、244V1、F042V1、2002V1、401V2	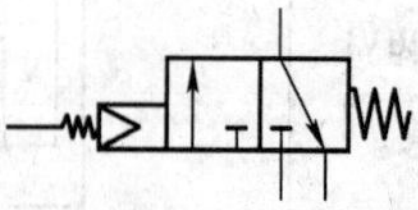	二位三通方向控制阀，气动先导式控制和扭力杆，弹簧复位

（续）

序号	注册号	图　形	说　明
15	X10370 101V7、F026V1、F027V1、2172V1、2002V1、101V2、212V1、F034V1、F031V1、501V1、401V2	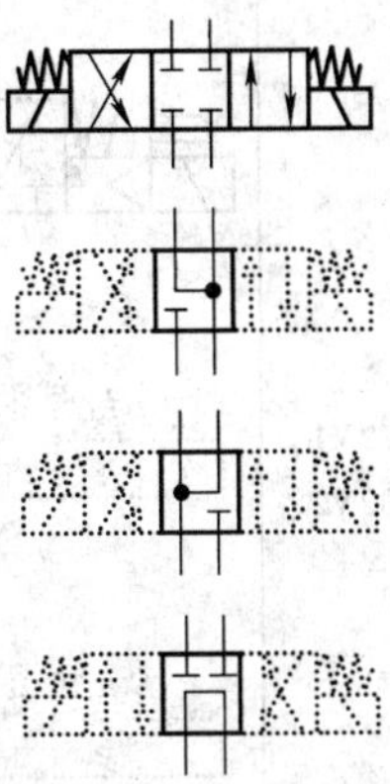	三位四通方向控制阀，弹簧对中，双作用电磁铁直接操纵，不同中位机能的类别
16	X10400 101V8、F026V1、F027V1、2172V1、402V3、690V1、401V2	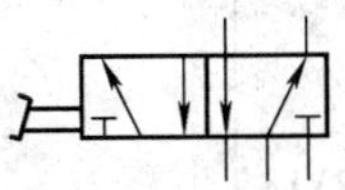	二位五通方向控制阀，踏板控制
17	X10410 101V8、F026V1、F027V1、2172V1、101V2、244V1、401V1、F047V1、401V2	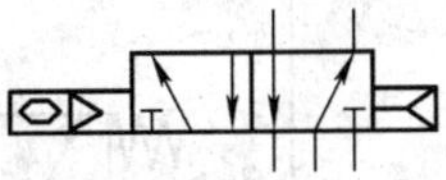	二位五通气动方向控制阀，先导式压电控制，气压复位
18	X10420 101V8、F032V1、242V1、F026V1、F027V1、2172V1、101V2、655V1、F041V1、402V3、688V1、401V2	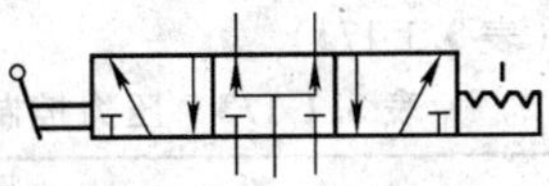	三位五通方向控制阀，手动拉杆控制，位置锁定
19	X10430 101V8、F026V1、F027V1、2172V1、2002V1、101V2、244V1、212V1、402V2、F041V1、401V2	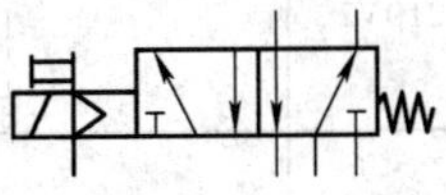	二位五通气动方向控制阀，单作用电磁铁，外部先导供气，手动操纵，弹簧复位
20	X10440 101V8、F026V1、F027V1、2172V1、101V2、244V1、212V1、402V1、681V1、401V1、401V2、422V1	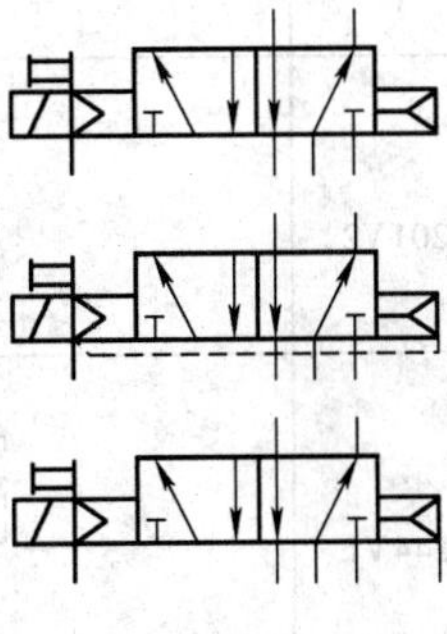	二位五通气动方向控制阀，电磁铁先导控制，外部先导供气，气压复位，手动辅助控制。 气压复位供压具有如下可能： —从阀进气口提供内部压力 —从先导口提供内部压力 —外部压力源

（续）

序号	注册号	图　　形	说　　明
21	X10450 101V8、F028V1、F029V1、2172V1、101V2、244V1、2002V1、402V2、681V2、F032V1、242V1、401V2	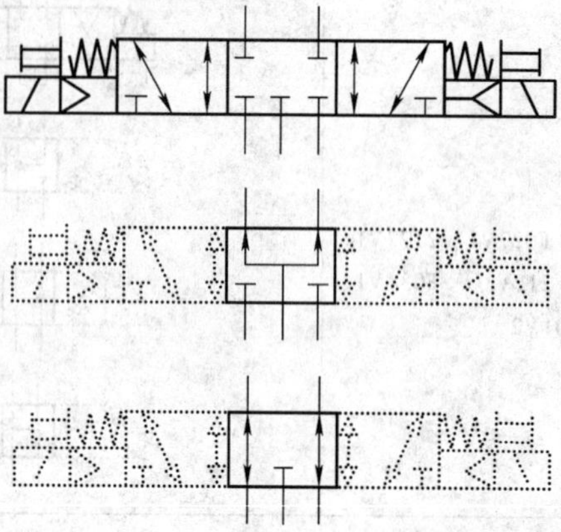	不同中位流路的三位五通气动方向控制阀，两侧电磁铁与内部先导控制和手动操作控制。弹簧复位至中位
22	X10460 101V8、F026V1、F027V1、2172V1、101V2、2002V1、243V1、401V1、401V2	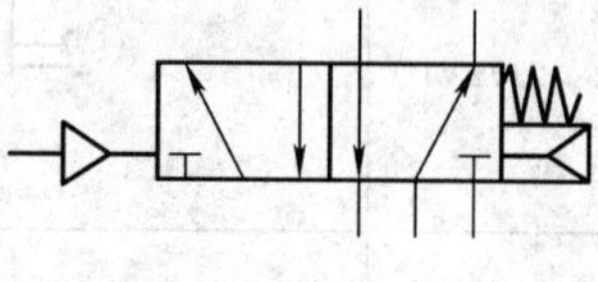	二位五通直动式气动方向控制阀，机械弹簧与气压复位
23	X10470 101V8、F026V1、V027V1、2172V1、2002V1、243V1、401V1、401V2	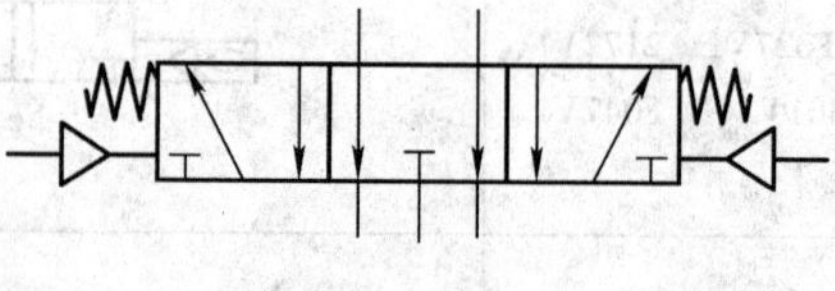	三位五通直动式气动方向控制阀，弹簧对中，中位时两出口都排气

3）压力控制阀的图形符号（表 3.1-173）

表 3.1-173　压力控制阀图形符号

序号	注册号	图　　形	说　　明
1	X10500 101V7、F026V1、2002V1、210V2、422V2、401V2	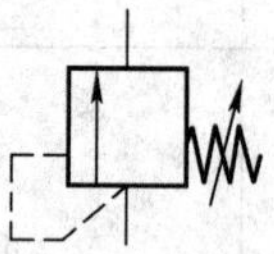	弹簧调节开启压力的直动式溢流阀
2	X10530 101V7、F026V1、2002V1、201V2、244V1、422V1、401V2	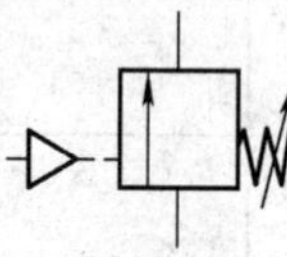	外部控制的顺序阀
3	X10540 101V7、F028V1、2002V1、201V2、422V4、2174V1、401V2	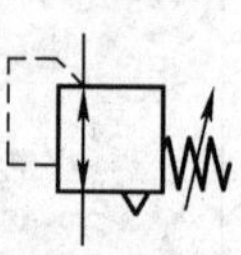	内部流向可逆调压阀
4	X10570 101V7、F026V1、101V2、244V1、422V4、401V2、2174V1	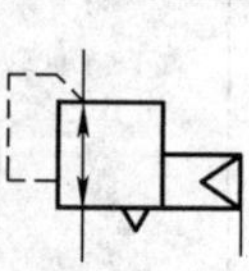	调压阀，远程先导可调，溢流，只能向前流动

（续）

序号	注册号	图　形	说　明
5	X10580 101V7、101V1、F026V1、2002V1、201V2、422V2、2162V1、2163V1、501V1、401V1	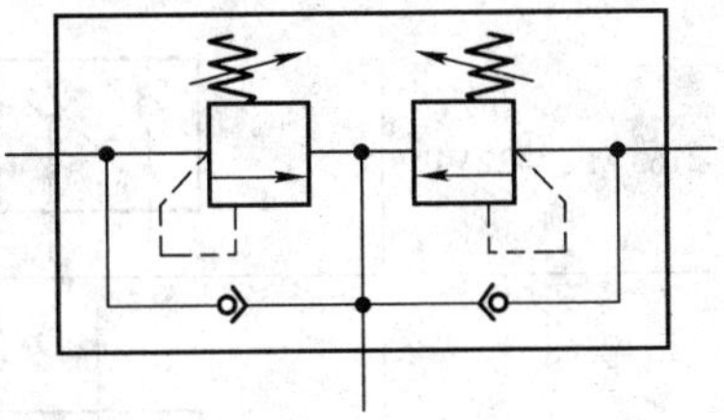	用来保护两条供给管道的防气蚀溢流阀
6	X10620 101V16、F040V1、401V1、401V2	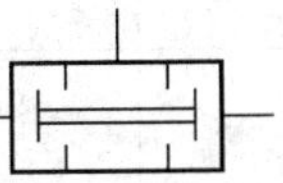	双压阀（“与”逻辑），并且仅当两进气口有压力时才会有信号输出，较弱的信号从出口输出

4）流量控制阀的图形符号（表 3.1-174）

表 3.1-174　流量控制阀图形符号

序号	注册号	图　形	说　明
1	X10630 401V1、2031V1、201V4		流量控制阀，流量可调
2	X10640 401V1、2031V1、201V4、2162V1、2163V1、501V1、401V1	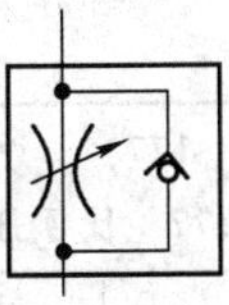	带单向阀的流量控制阀，流量可调
3	X10650 101V7、F028V1、2172V1、RF038、2002V1、402V5、712V1	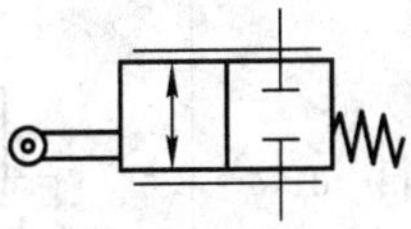	滚轮柱塞操纵的弹簧复位式流量控制阀

5）单向阀和梭阀的图形符号（表 3.1-175）

表 3.1-175　单向阀和梭阀图形符号

序号	注册号	图　形	说　明
1	X10700 2162V1、2163V1、401V1		单向阀，只能在一个方向自由流动
2	X10710 2162V1、2163V1、401V1、2002V1		带有复位弹簧的单向阀，只能在一个方向流动，常闭
3	X10720 2162V1、2163V1、401V1、2002V1、101V1、422V1		带有复位弹簧的先导式单向阀，先导压力允许在两个方向自由流动

（续）

序号	注册号	图形	说明
4	X10730 101V1、2162V1、2163V1、422V1、401V1	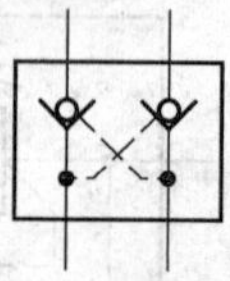	双单向阀，先导式
5	X10740 101V16、2162V1、2163V1、501V2、401V1、401V2	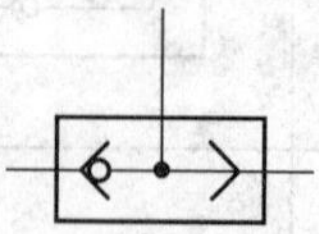	梭阀（“或”逻辑），压力高的入口自动与出口接通
6	X10750 2031V1、101V16、2162V1、2163V1、501V2、401V1、401V2	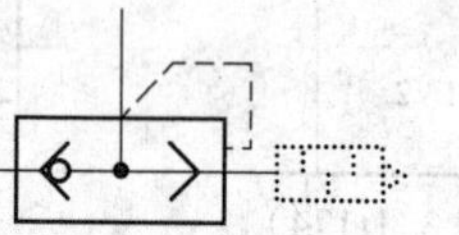	快速排气阀

6）比例方向控制阀的图形符号（表3.1-176）

表3.1-176　比例方向控制阀图形符号

序号	注册号	图形	说明
1	X10760 101V7、F026V1、F027V1、2172V1、RF038、101V2、212V1、201V2、2002V1、401V2	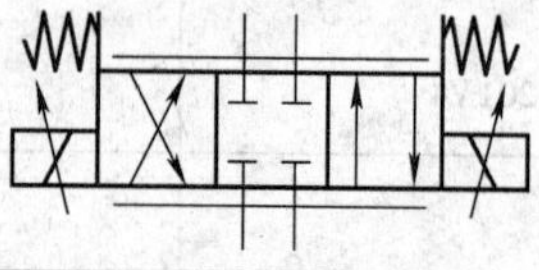	直动式比例方向控制阀

7）比例压力控制阀的图形符号（表3.1-177）

表3.1-177　比例压力控制阀图形符号

序号	注册号	图形	说明
1	X10830 101V7、F026V1、422V2、2002V1、101V2、212V1、201V2、401V2	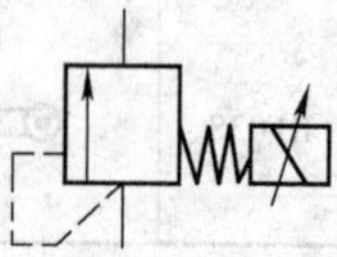	直控式比例溢流阀，通过电磁铁控制弹簧工作长度来控制液压电磁换向座阀
2	X10840 101V7、F026V1、422V2、101V2、212V1、201V2、401V2、101V5、F052V1、401V2	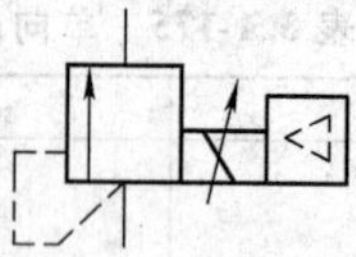	直控式比例溢流阀，电磁力直接作用在阀芯上，集成电子器件
3	X10850 101V7、F026V1、422V2、2002V1、101V2、212V1、201V2、101V5、F052V1、753V1、F045V1、234V1、401V2	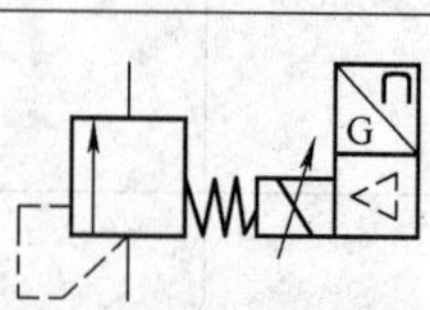	直控式比例溢流阀，带电磁铁位置闭环控制，集成电子器件

8）比例流量控制阀的图形符号（表3.1-178）

表3.1-178　比例流量控制阀图形符号

序号	注册号	图形	说明
1	X10890 101V7、F028V1、2172V1、RF038、2002V1、101V2、212V1、201V2、401V2	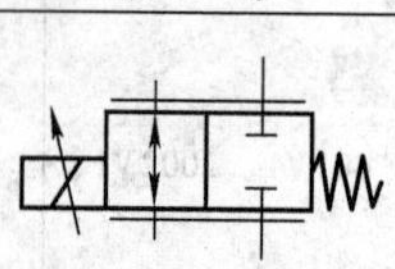	直控式比例流量控制阀

（续）

序号	注册号	图　形	说　明
2	X10900 101V7、F027V1、2172V1、RF038、2002V1、101V2、212V1、201V2、101V5、F052V1、753V1、F045V1、234V1、401V2	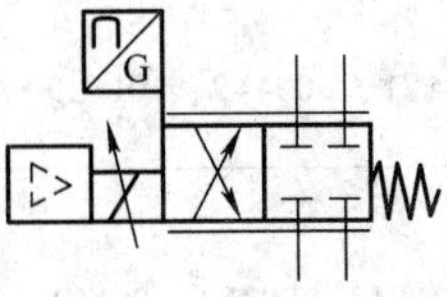	带电磁铁位置闭环控制和电子器件的直控式比例流量控制阀

（2）空气压缩机和马达的图形符号（表 3.1-179）

表 3.1-179　空气压缩机和马达图形符号

序号	注册号	图　形	说明
1	X11280 F003V1、256V1、F017V1、401V2	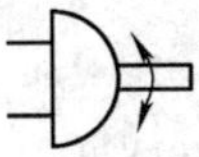	摆动气缸或摆动马达，限制摆动角度，双向摆动
2	X11290 F003V1、256V1、F017V1、401V2、2002V1	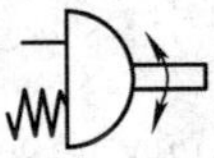	单作用的半摆动气缸或摆动马达
3	X11390 2065V1、244V1、F017V1、401V2	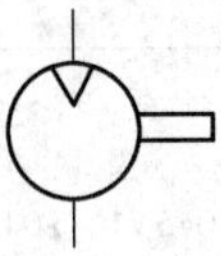	马达
4	X11400 2065V1、244V1、F017V1、401V2	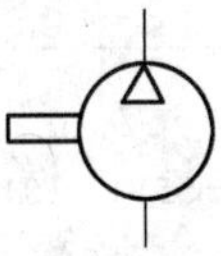	空气压缩机
5	X11410 2065V1、244V1、F017V1、401V2、256V1	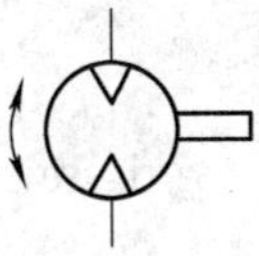	变方向定流量双向摆动马达
6	X11420 2065V1、F017V1、401V2、F023V1	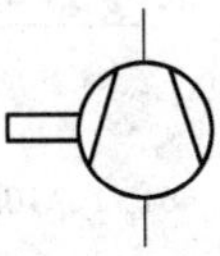	真空泵
7	X11430 2065V1、243V2、244V2、401V2	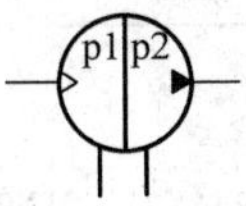	连续增压器，将气体压力 p_1 转换为较高的液体压力 p_2

（3）缸的图形符号（表 3.1-180）

表 3.1-180　缸图形符号

序号	注册号	图　形	说　明
1	X11440 101V13、2002V3、101V14、F004V1、401V2	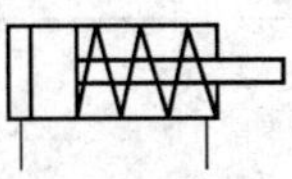	单作用单杆缸，靠弹簧力返回行程，弹簧腔室有连接口
2	X11450 101V13、101V14、F004V1、401V2	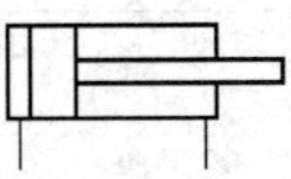	双作用单杆缸

（续）

序号	注册号	图 形	说 明
3	X11460 101V13、101V14、F004V1、F004V2、101V19、201V7、401V2	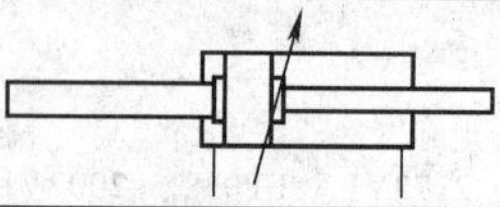	双作用双杆缸，活塞杆直径不同，双侧缓冲，右侧带调节
4	X11470 101V13、F006V1、F004V1、F003V1、201V1、401V2	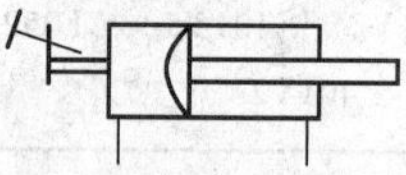	带行程限制器的双作用膜片缸
5	X11480 101V13、F004V1、F006V1、101V19、2002V3、2174V1、401V2	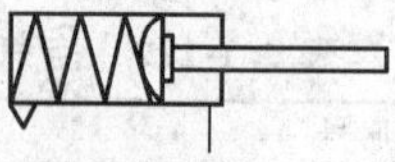	活塞杆终端带缓冲的膜片缸，不能连接的通气孔
6	X11520 101V13、101V14、101V19、101V20	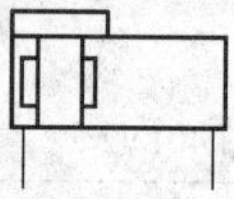	双作用带状无杆缸，活塞两端带终点位置缓冲
7	X11530 101V13、101V14、101V19、101V20、201V7、245V1、401V2	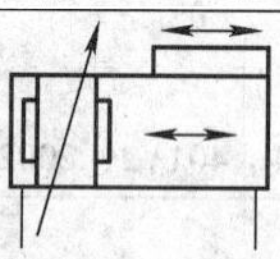	双作用缆索式无杆缸，活塞两端带可调节终点位置缓冲
8	X11540 101V13、101V14、753V1、F045V1、F048V1、326V1、401V2	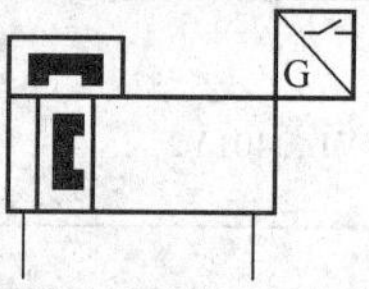	双作用磁性无杆缸，仅右手终端位置切换
9	X11550 101V13、101V14、F004V1、655V1、F041V1、401V2	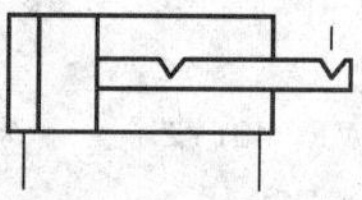	行程两端定位的双作用缸
10	X11560 101V13、101V14、F004V1、753V1、F045V1、F048V1、401V2	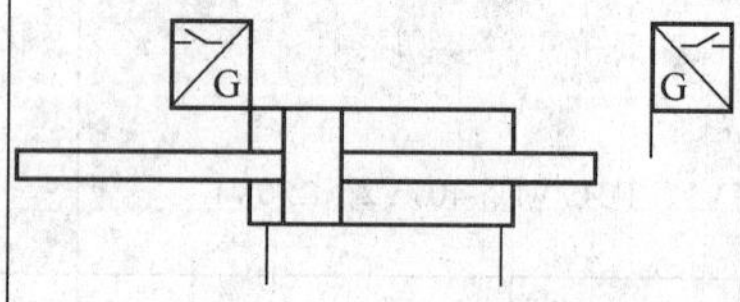	双杆双作用缸，左终点带内部限位开关，内部机械控制，右终点有外部限位开关，由活塞杆触发
11	X11570 101V13、101V14、F004V1、661V1、101V2、244V1、244V2、401V1、401V2	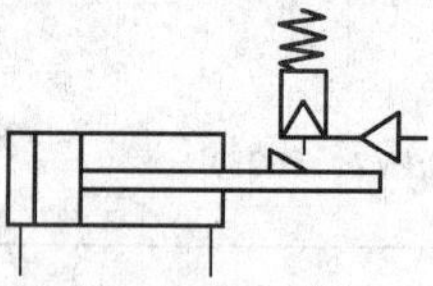	双作用缸，加压锁定与解锁活塞杆机构
12	X11580 101V13、101V14、243V2、244V2、401V2	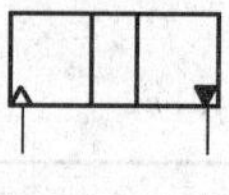	单作用压力介质转换器，将气体压力转换为等值的液体压力，反之亦然
13	X11590 F007V1、F008V1、243V2、244V2、401V2	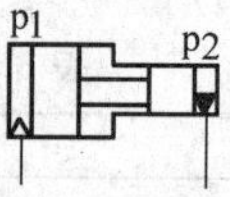	单作用增压器，将气体压力 p_1 转换为更高的液体压力 p_2
14	X11600 F069V1、RF047、401V2	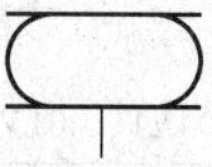	波纹管缸
15	X11610 RF057、401V2	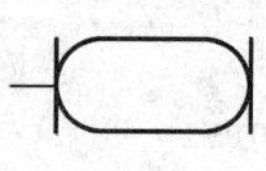	软管缸

（续）

序号	注册号	图　　形	说　　明
16	X11620 101V13、101V14、F004V1、326V1、F003V1、256V1、F017V1、401V1、401V2	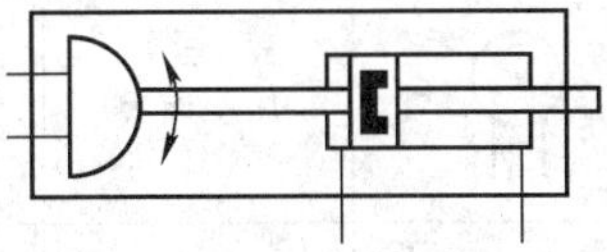	半回转线性驱动，永磁活塞双作用缸
17	X11630 101V17、101V14、F009V1、326V1、F065V1、401V2	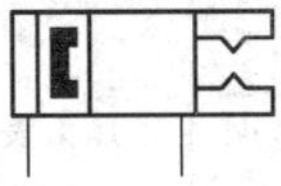	永磁活塞双作用夹具
18	X11640 101V17、101V14、F009V1、326V1、F065V1、401V2	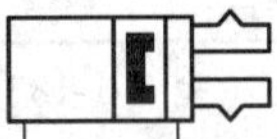	永磁活塞双作用夹具
19	X11650 101V17、101V14、F009V1、326V1、F065V1、2002V4、401V2		永磁活塞单作用夹具
20	X11660 101V17、101V14、F009V1、326V1、F065V1、2002V4、401V2	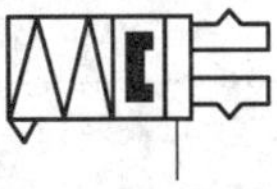	永磁活塞单作用夹具

（4）附件

1）电气装置的图形符号（表 3.1-181）

表 3.1-181　电气装置图形符号

序号	注册号	图　　形	说　　明
1	X11750 101V5、F050V1、2002V1、201V2、401V2	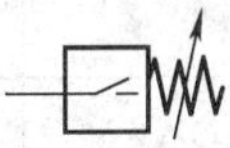	可调节的机械电子压力继电器
2	X11760 753V1、F045V1、F048V1、201V1、401V1、401V2	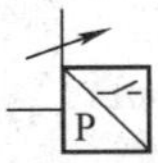 	输出开关信号，可电子调节的压力转换器
3	X11770 753V1、F045V1、234V1、401V2	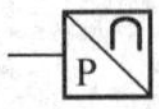 	模拟信号输出压力传感器
4	X11780 101V2、F047V1	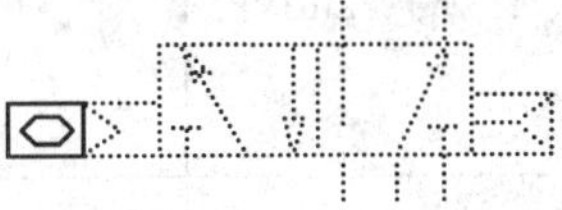	压电控制机构

2）测量仪和指示器的图形符号（表 3.1-182）

表 3.1-182　测量仪和指示器图形符号

序号	注册号	图　　形	说　　明	序号	注册号	图　　形	说　　明
1	X11790 101V6、148V1、F056V1		光学指示器	3	X11810 101V6、148V1、F057V1	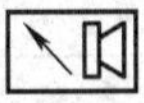	声音指示器
2	X11800 101V6、235V1、148V1		数字式指示器	4	X11820 F002V1、148V1、401V2		压力测量仪表（压力表）

（续）

序号	注册号	图　　形	说　　明	序号	注册号	图　　形	说　　明
5	X11830 F002V1、148V1、401V2		压差计	7	X11950 101V6、F059V1、F050V1	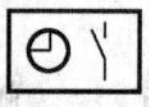	开关式定时器
6	X11840 F002V1、148V1、402V5、685V1、401V2	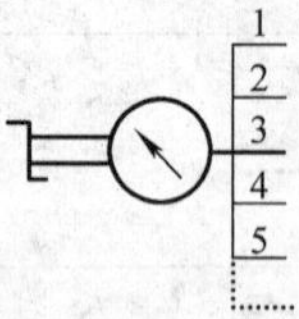	带选择功能的压力表	8	X11960 101V5、F060V1	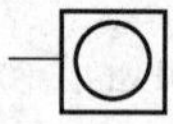	计数器

3）过滤器和分离器的图形符号（表3.1-183）

表3.1-183　过滤器和分离器图形符号

序号	注册号	图　　形	说　　明
1	X11980 101V15、F061V1、401V2	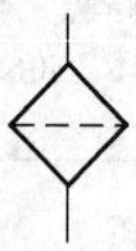	过滤器
2	X12010 101V15、F061V1、101V6、148V1、F056V1、401V2	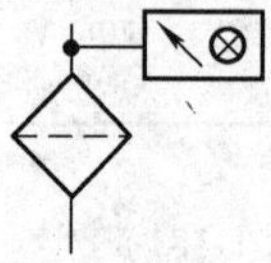	带光学阻塞指示器的过滤器
3	X12020 101V15、F061V1、F002V1、148V1、422V1、401V2	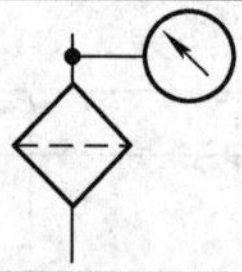	带压力表的过滤器
4	X12030 101V15、F061V1、2031V1、501V1、401V1	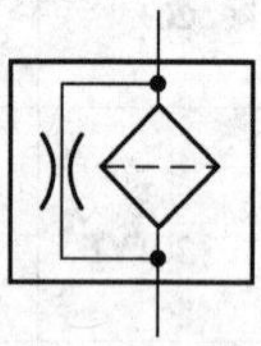	旁路节流过滤器
5	X12040 101V15、F061V1、2002V1、2162V1、2163V1、501V1、401V1	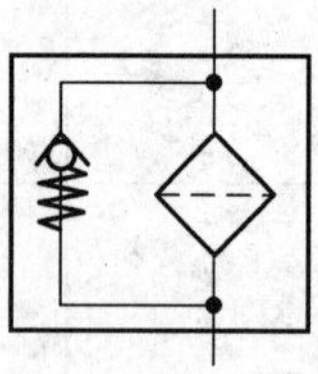	带旁路单向阀的过滤器
6	X12050 101V15、F061V1、2002V1、2162V1、2163V1、501V1、101V6、148V1、235V1、401V1	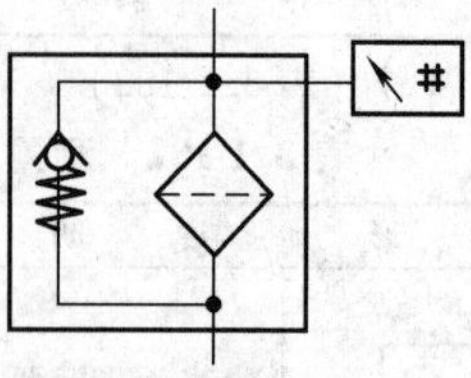	带旁路单向阀和数字显示器的过滤器
7	X12060 101V15、F061V1、2002V1、2162V1、2163V1、501V1、101V6、148V1、235V1、401V1、101V5、F050V1、422V1	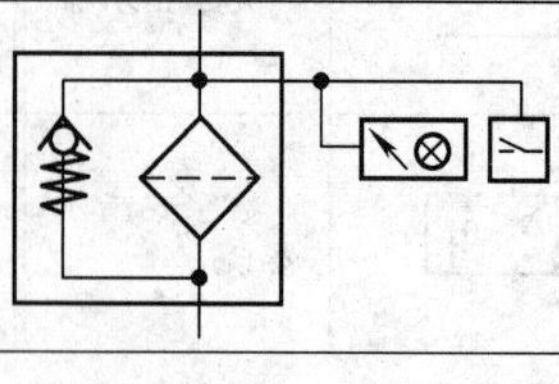	带旁路单向阀、光学阻塞指示器与电气触点的过滤器

（续）

序号	注册号	图　　形	说　　明
8	X12070 101V15、F061V1、101V6、148V1、F056V1、401V2	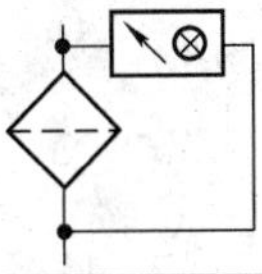	带光学压差指示器的过滤器
9	X12080 101V15、F061V1、F002V1、148V1、422V1、401V2、101V5、F050V1	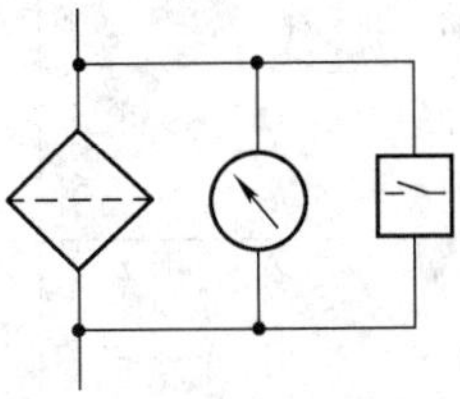	带压差指示器与电气触点的过滤器
10	X12090 101V15、F066V1、401V2	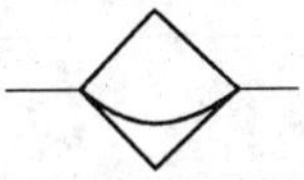	离心式分离器
11	X12100 101V15、F062V1、F064V1、401V2	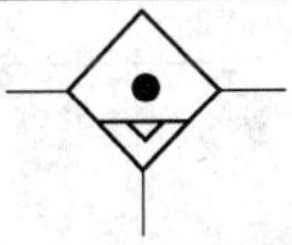	自动排水聚结式过滤器
12	X12110 101V15、F062V1、F064V1、101V6、148V1、F056V1、401V2	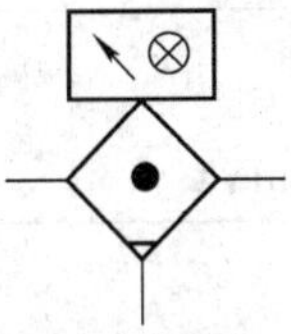	带手动排水和阻塞指示器的聚结式过滤器
13	X12120 101V15、F074V1、242V1、F028V1、401V1、401V2	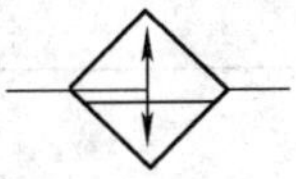	双相分离器
14	X12130 101V15　F074V1、241V1、F063V1、401V1、401V2	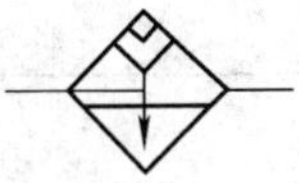	真空分离器
15	X12140 101V15、F074V1、242V1、401V1、401V2	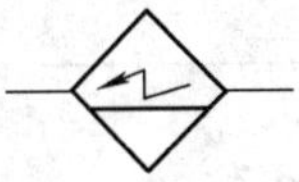	静电分离器
16	X12150 101V15、F064V1、422V1、101V7、F026V1、422V3、2002V1、201V2、401V1	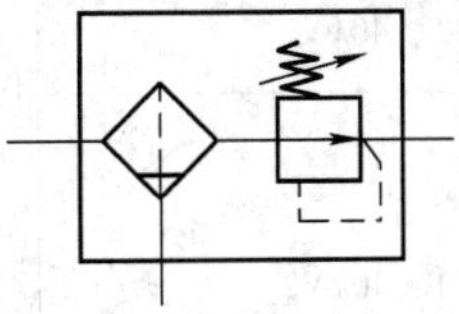	不带压力表的手动排水过滤器，手动调节，无溢流
17	X12160 101V15、F064V1、422V1、101V7、F028V1、422V4、2174V1、2002V1、201V2、501V1、F002V1、148V1、401V1、422V1、401V	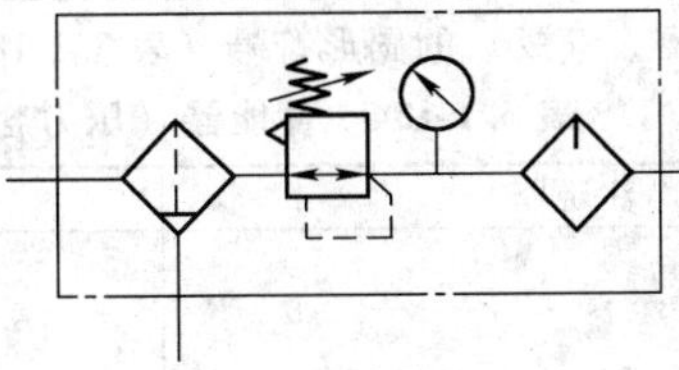 	气源处理装置，包括手动排水过滤器、手动调节式溢流调压阀、压力表和油雾器 上图为详细示意图，下图为简化图

（续）

序号	注册号	图　形	说　明
18	X12170 101V15、422V1、F037V1、401V1	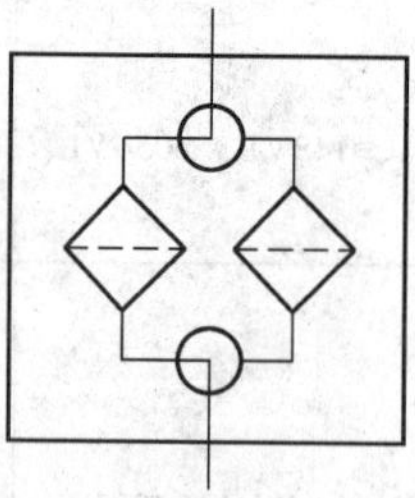	带手动切换功能的双过滤器
19	X12180 101V15、F064V1、401V2	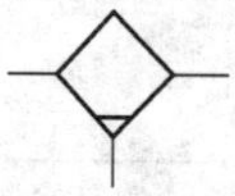	手动排水流体分离器
20	X12190 101V15、F064V1、422V1、401V2	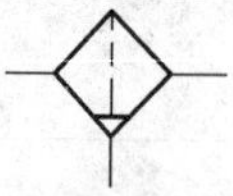	带手动排水分离器的过滤器
21	X12200 101V15、F065V1、401V2	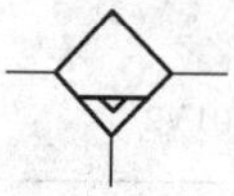	自动排水流体分离器
22	X12210 101V15、2061V1、401V1、401V2	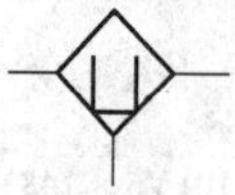	吸附式过滤器
23	X12220 101V15、422V1、401V2	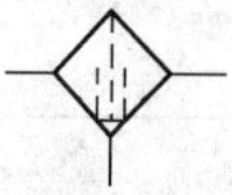	油雾分离器
24	X12230 101V15、F074V1、401V2	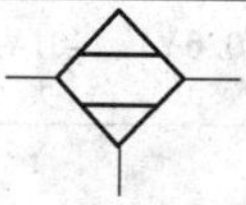	空气干燥器
25	X12240 101V15、401V1、401V2	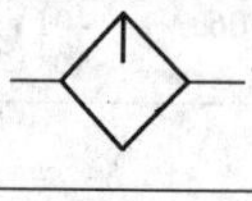	油雾器
26	X12250 101V15、F064V1、401V1、401V2	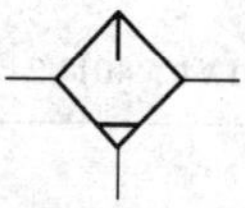	手动排水式油雾器
27	X12310 101V15、F064V1、401V1、401V2	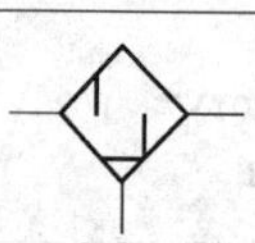	手动排水式重新分离器

4）蓄能器（压力容器、气瓶）的图形符号（表3.1-184）

表3.1-184　蓄能器（压力容器、气瓶）图形符号

序号	注册号	图　形	说　明
1	X12370 F069V1、401V2	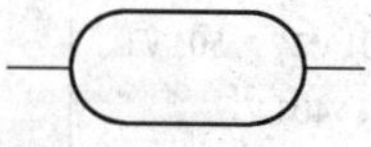	气罐

5）真空发生器的图形符号（表3.1-185）

表 3.1-185　真空发生器图形符号

序号	注册号	图　　形	说　　明
1	X12380 101V1、2031V1、401V1	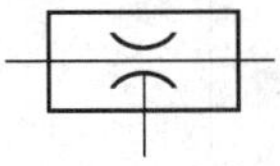	真空发生器
2	X12390 2031V1、101V1、2162V1、2163V1、2002V1、401V2	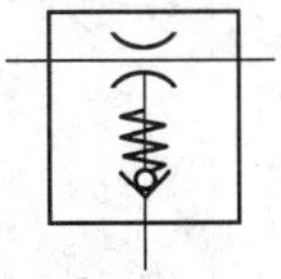	带集成单向阀的单级真空发生器
3	X12400 101V1、F022V1、2162V1、2163V1、501V1、401V1	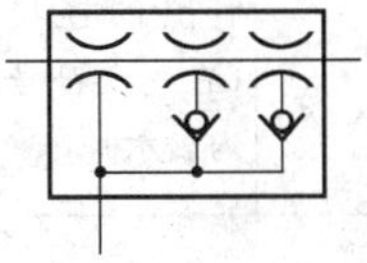	带集成单向阀的三级真空发生器
4	X12410 101V7、F027V1、101V2、212V1、202V1、2031V1、2162V1、2163V1、501V1、401V1、422V1	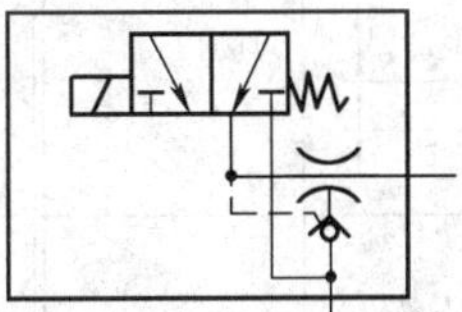	带放气阀的单级真空发生器

6）吸盘的图形符号（表 3.1-186）

表 3.1-186　吸盘图形符号

序号	注册号	图　形	说　明	序号	注册号	图　形	说　明
1	X12420 F073V1、2002V1、401V2	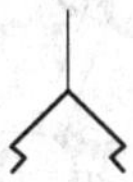	吸盘	2	X12430 F073V1、2162V1、2163V1、2002V1、401V2		带弹簧压紧式推杆和单向阀的吸盘

4.2.4　图形符号的基本要素

（1）线的图形符号（表 3.1-187）

（2）连接和管接头的图形符号（表 3.1-188）

表 3.1-187　线图形符号

序号	注册号	图　　形	说　　明
1	401V1	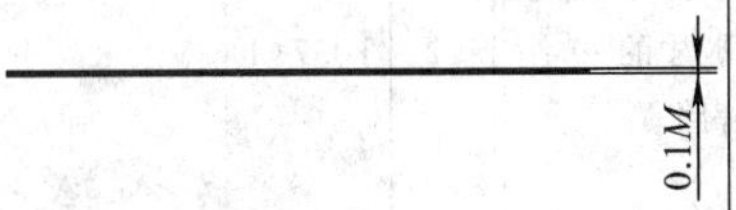	供油管路，回油管路，元件外壳和外壳符号（见 GB/T 4457.4、GB/T 17450、GB/T 18686）
2	422V1	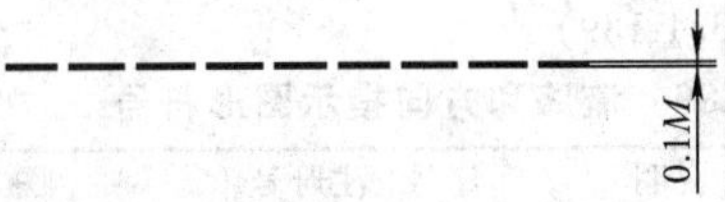	内部和外部先导（控制）管路，泄油管路，冲洗管路，放气管路（见 GB/T 4457.4、GB/T 17450、GB/T 18686）
3	F001V1		组合元件框线（见 GB/T 4457.4、GB/T 17450、GB/T 18686）

表 3. 1-188　连接和管接头图形符号

序号	注册号	图　形	说明	序号	注册号	图　形	说明
1	501V1	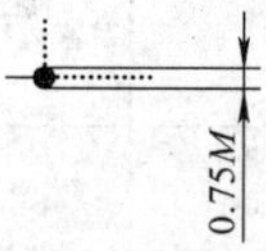	两个流体管路的连接	7	422V4	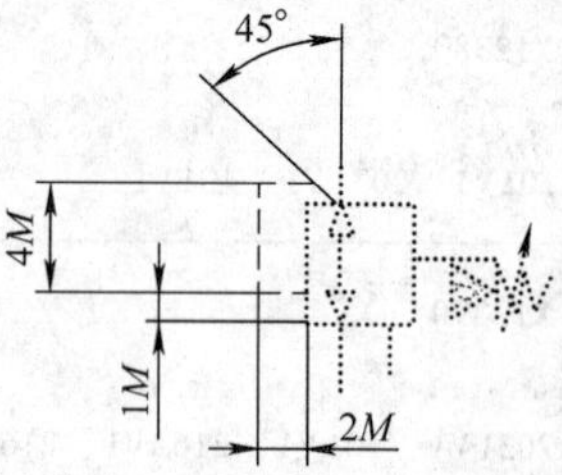	位于三通减压阀内的控制管路
2	501V2	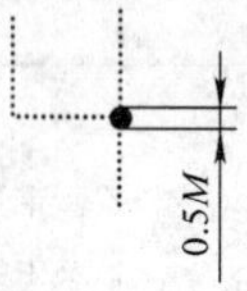	两个流体管路的连接(在一个符号内表示)	8	452V1		软管管路
3	401V2	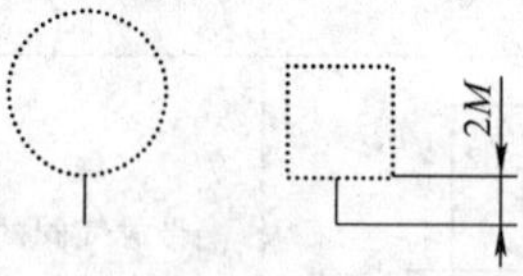	接口	9	2172V1	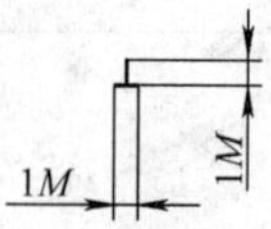	封闭管路或接口
4	F035V1	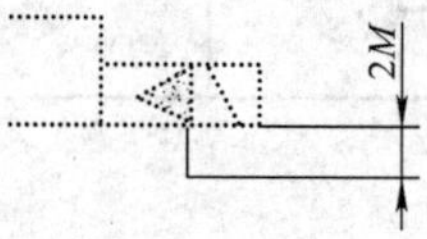	控制管路或泄油管路接口	10	F038V1	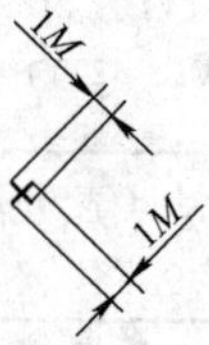	液压管路内堵头
5	422V2	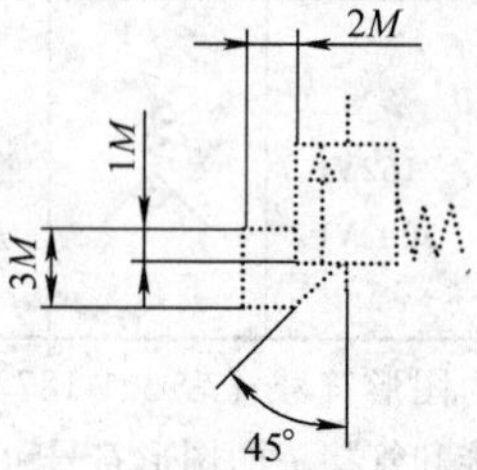	位于溢流阀内的控制管路	11	F036V1	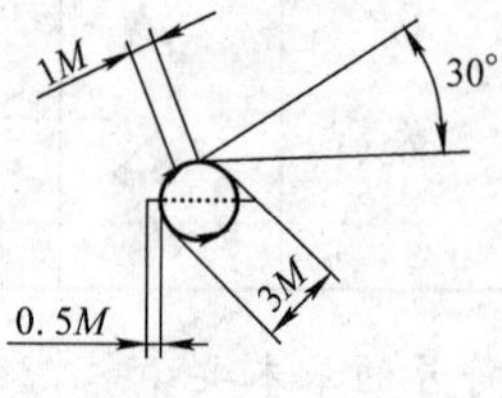	旋转管接头
6	422V3	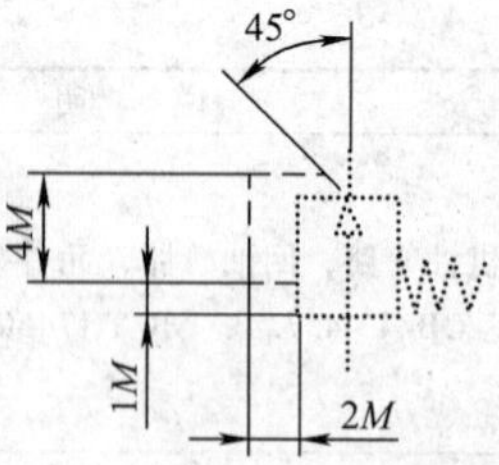	位于减压阀内的控制管路	12	F037V1	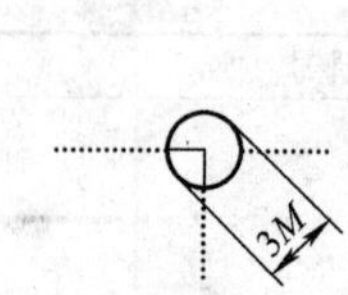	三向旋塞阀

(3) 流路和方向指示的图形符号（表 3. 1-189）

表 3. 1-189　流路和方向指示图形符号

序号	注册号	图　形	说明	序号	注册号	图　形	说明
1	F026V1	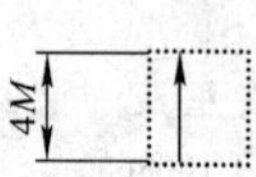	流体流过阀的路径和方向	2	F027V1	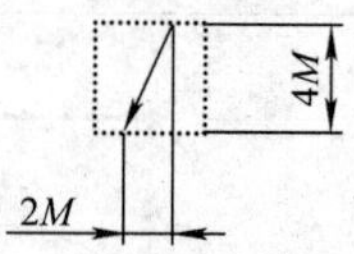	流体流过阀的路径和方向

（续）

序号	注册号	图　形	说明
3	F028V1	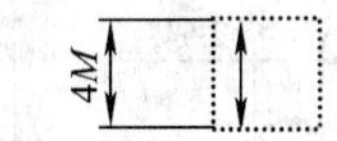	流体流过阀的路径和方向
4	F029V1	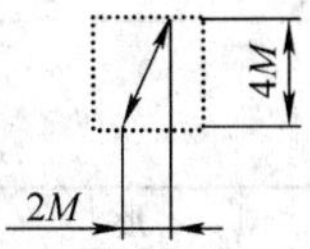	流体流过阀的路径和方向
5	F030V1	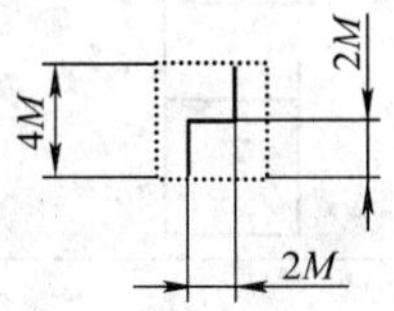	阀内部的流动路径
6	F031V1	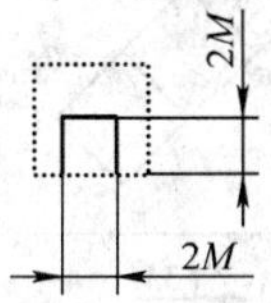	阀内部的流动路径
7	F032V1	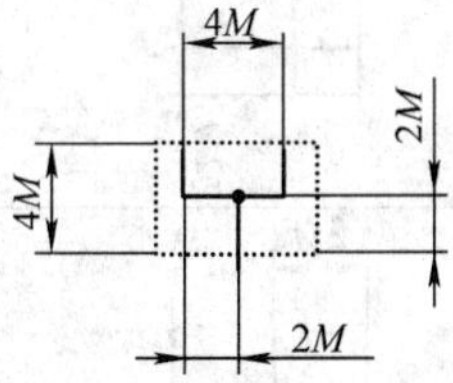	阀内部的流动路径
8	F033V1	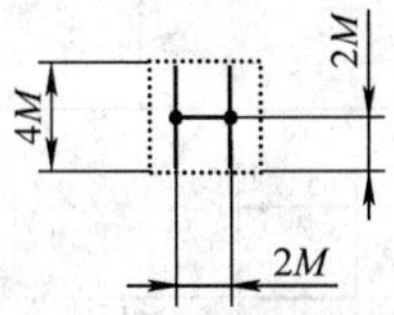	阀内部的流动路径
9	F034V1	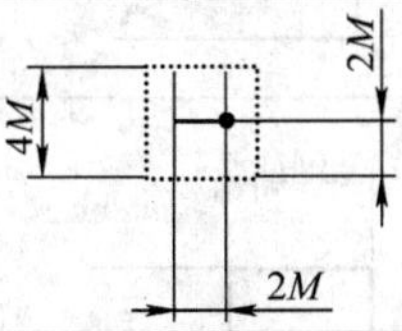	阀内部的流动路径
10	242V1	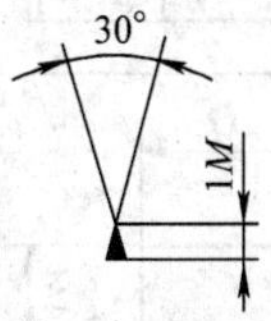	流体流动方向
11	243V2	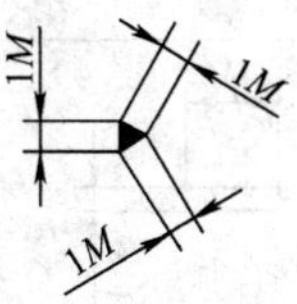	液压力作用方向
12	243V1	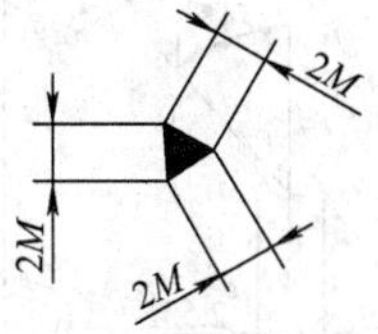	液压力作用方向
13	244V2	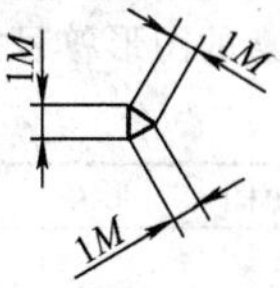	气压力作用方向
14	244V1	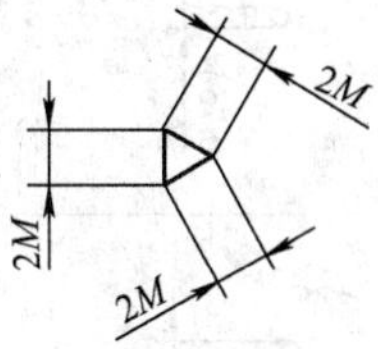	气压力作用方向
15	241V1	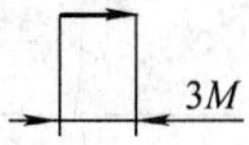	线性运动的方向指示
16	245V1	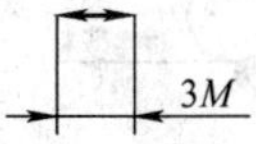	线性运动的双方向指示
17	255V1	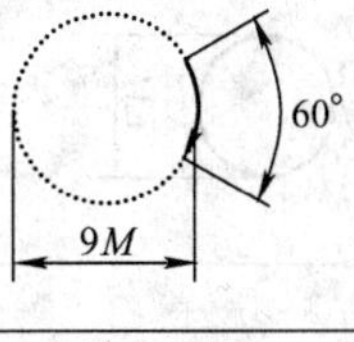	顺时针方向旋转指示箭头
18	255V2	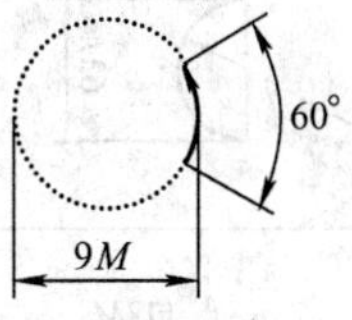	逆时针方向旋转指示箭头
19	256V1	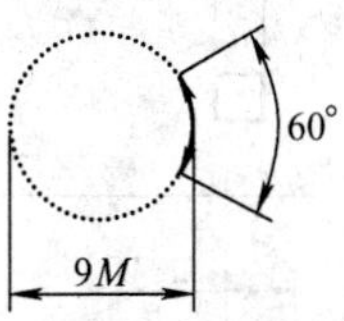	双方向旋转指示箭头
20	148V1	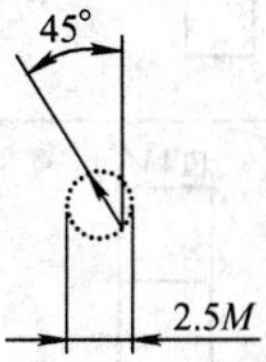	元件指示箭头，指示压力

（续）

序号	注册号	图　　形	说明	序号	注册号	图　　形	说明
21	F024V1	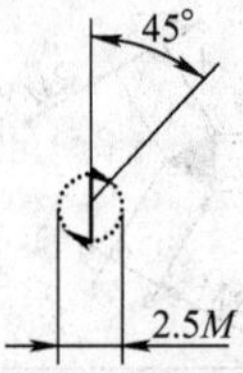	扭矩指示	22	F025V1	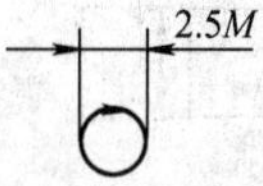	速度指示

（4）机械基本要素的图形符号（表3.1-190）

表3.1-190　机械基本要素图形符号

序号	注册号	图　　形	说明	序号	注册号	图　　形	说明
1	2163V2		单向阀运动部分，小规格	9	101V12	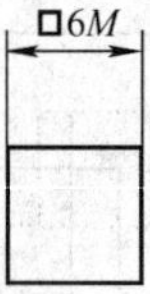	马达驱动部分框线（内燃机）
2	2163V1	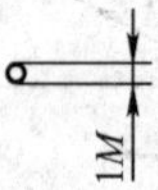	单向阀运动部分，大规格	10	101V15	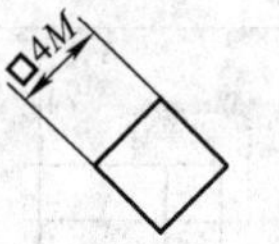	流体处理装置框线（过滤器，分离器，油雾器和热交换器）
3	F002V1	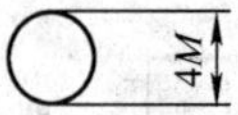	测量仪表框线（控制元件，步进电动机）	11	101V2	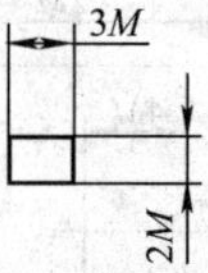	控制方法框线（标准图）
4	2065V1		能量转换元件框线（泵，压缩机，马达）	12	101V3	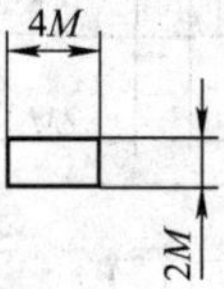	控制方法框线（拉长图）
5	F003V1	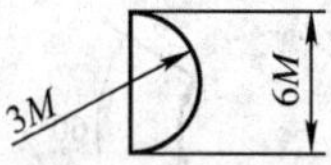	摆动泵或马达框线（旋转驱动）	13	101V6	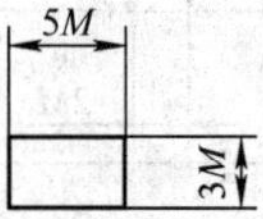	显示装置框线
6	101V21	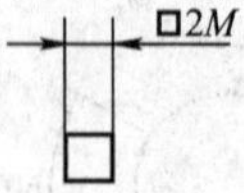	控制方法框线（简略表示），蓄能器重锤	14	101V8	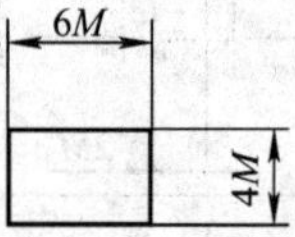	五个主油口阀的功能单元
7	101V5	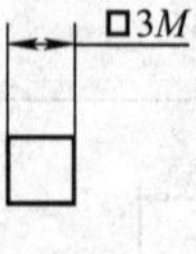	开关，变换器和其他器件框线	15	101V16	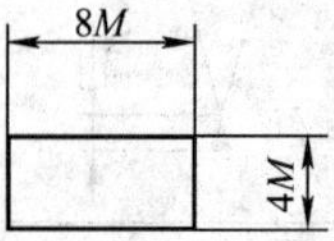	双压阀的功能单元（"与"逻辑）
8	101V7	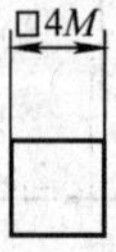	最多四个主油口阀的功能单元	16	101V20	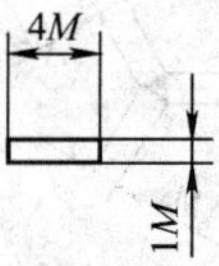	无杆缸支架

（续）

序号	注册号	图形	说明
17	101V1	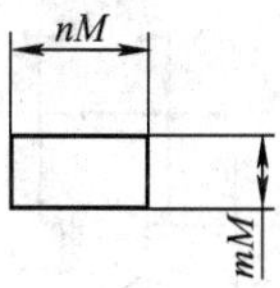	功能单元
18	101V17	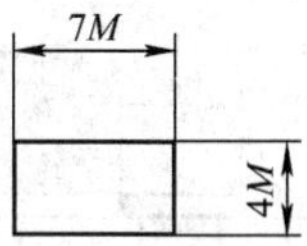	夹具框线
19	101V18	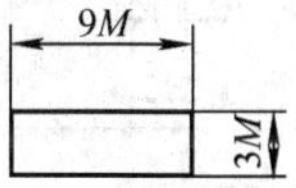	柱塞缸活塞杆
20	101V13	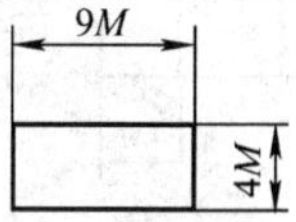	缸
21	101V22	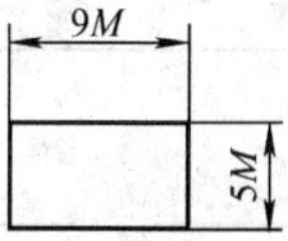	伸缩缸框线
22	F004V1	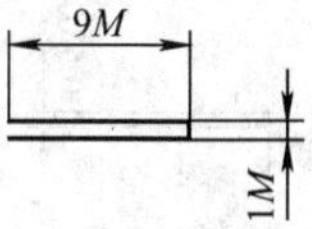	活塞杆
23	F004V2	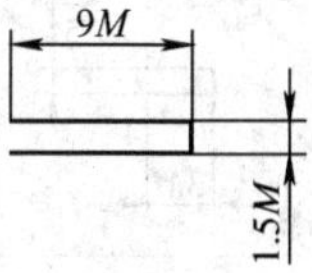	大直径活塞杆
24	F004V3	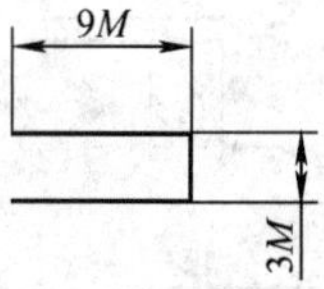	伸缩缸活塞杆
25	F005V1	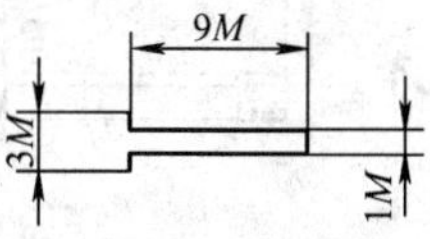	双作用伸缩缸活塞杆
26	F005V2	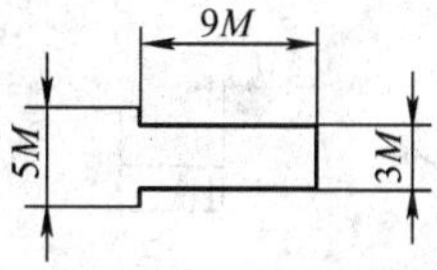	双作用伸缩缸活塞杆
27	661V1	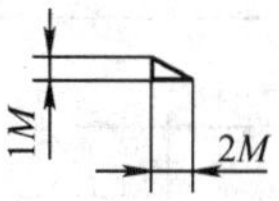	要求独立控制元件解锁的锁定装置
28	326V1	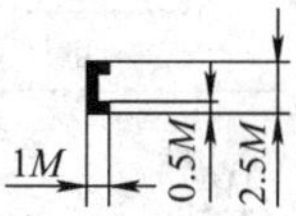	永久磁铁
29	F006V1	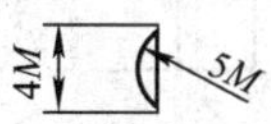	膜片活塞
30	F007V1	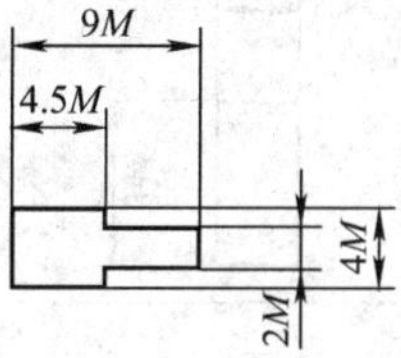	增压器壳体
31	F008V1	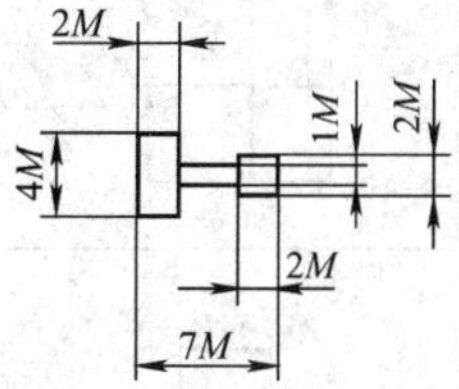	增压器活塞
32	F009V1	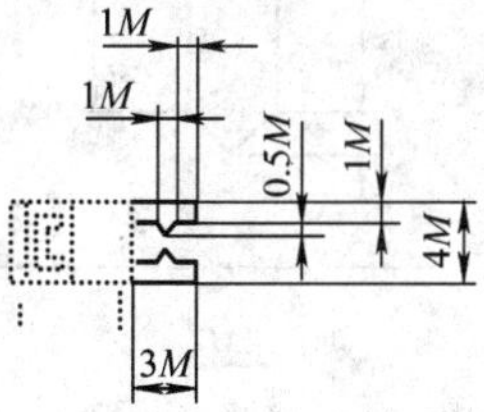	外部夹具元件
33	F009V2	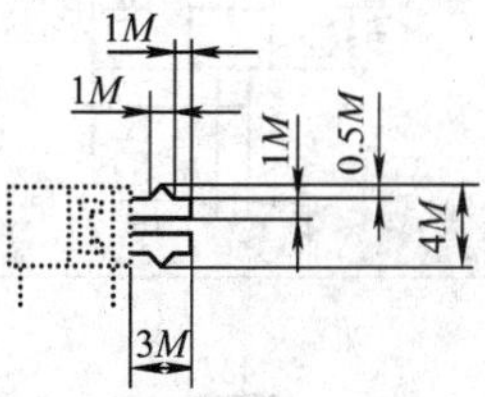	内部夹具元件
34	2174V1	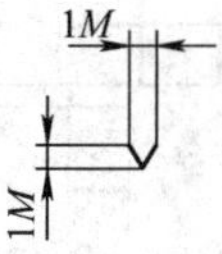	无连接排气管

（续）

序号	注册号	图形	说明
35	101V19	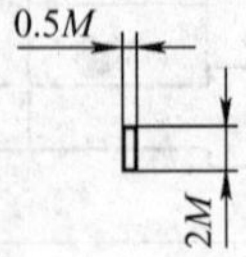	缸内缓冲
36	101V14	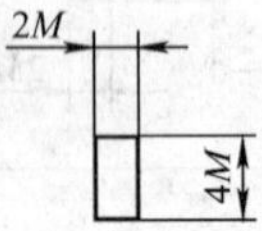	缸的活塞
37	101V9	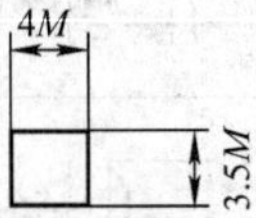	盖板式插装阀圆柱阀芯
38	101V10	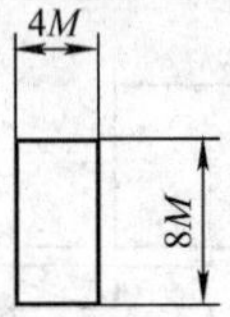	盖板式插装阀的嵌入式安装，滑阀结构
39	101V11	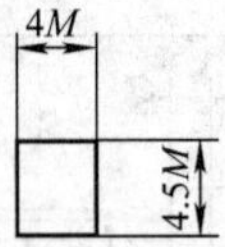	盖板式插装阀的圆柱阀芯，滑阀结构
40	F010V1	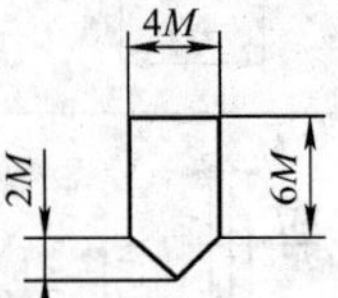	盖板式插装阀安装区域
41	F011V1	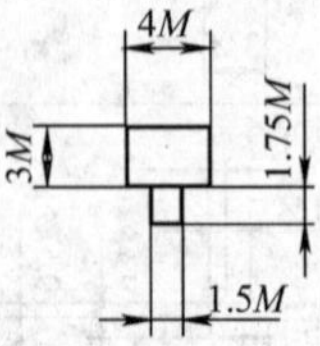	盖板式插装阀的圆柱阀芯，座阀结构
42	F012V1	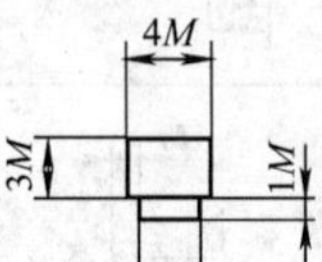	盖板式插装阀的圆柱阀芯，座阀结构
43	F013V1	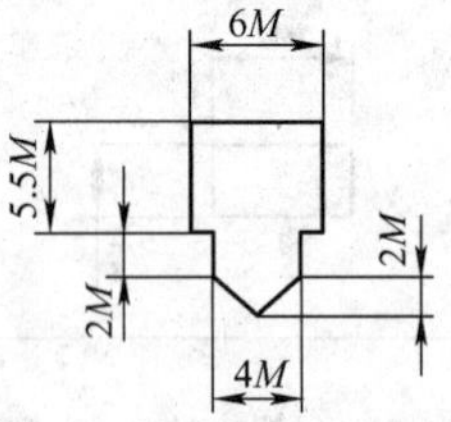	盖板式插装阀的嵌入式安装，内置主动座阀结构
44	F014V1	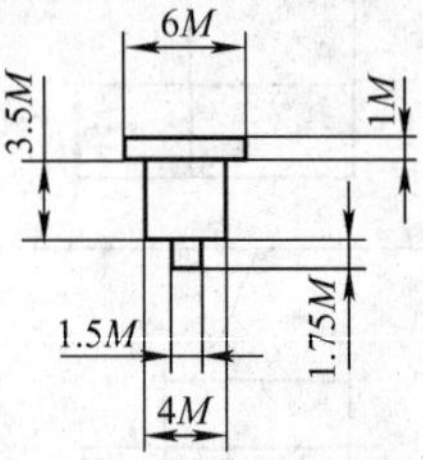	盖板式插装阀的圆柱阀芯，内置主动座阀结构
45	F015V1	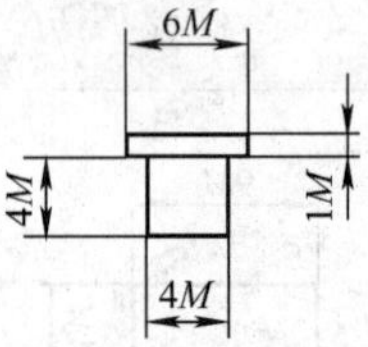	盖板式插装阀的活塞，内置主动座阀结构
46	F016V1	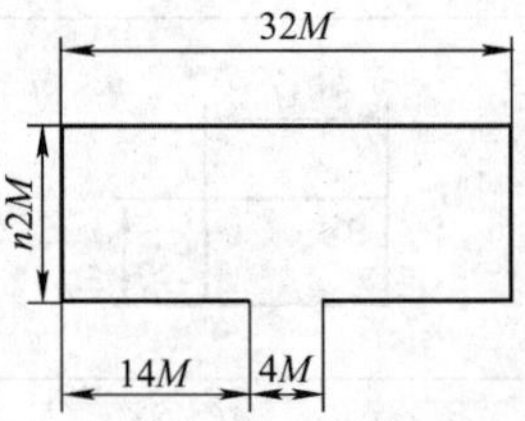	无口控制盖，盖的最小高度尺寸为 4*M*，为实现功能扩展，盖子高度应该调整为 2*M* 的倍数
47	402V1	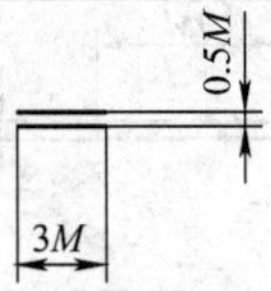	机械连接，轴，杆，机械反馈
48	F017V1	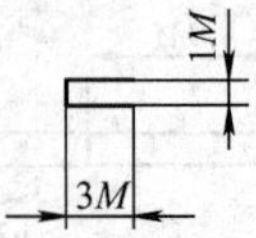	机械连接（轴，杆）
49	402V5	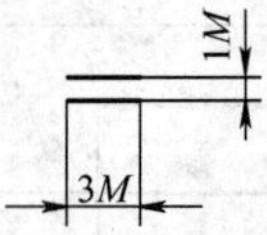	机械连接，轴，杆，机械反馈
50	F018V1	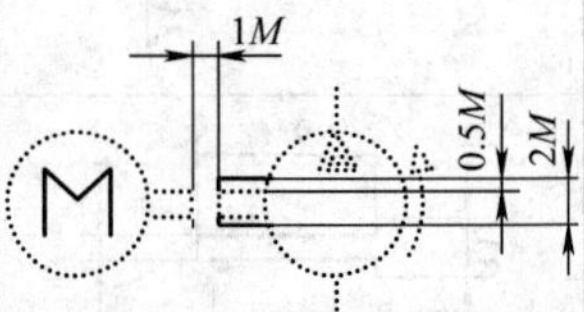	轴连接

（续）

序号	注册号	图　　形	说明	序号	注册号	图　　形	说明
51	F019V2	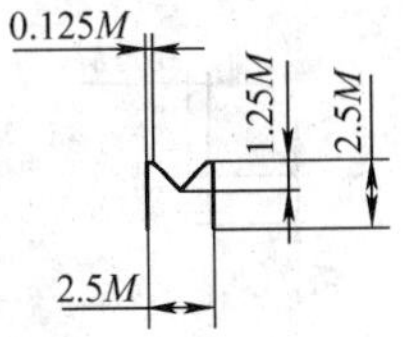	M 表示马达，与符号为 2065V1 的元件连接	57	2031V1	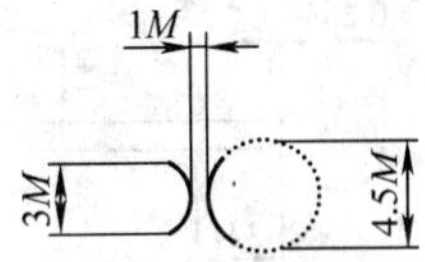	流量控制阀，节流通道节流，取决于黏度
52	F023V1	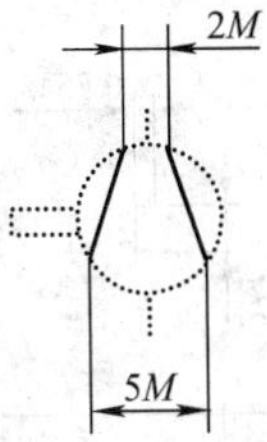	真空泵元件	58	F021V1	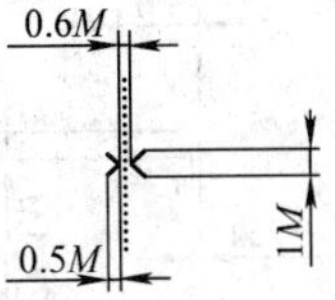	节流孔（小规格）
53	2162V2	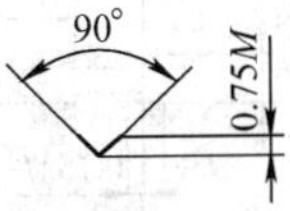	单向阀阀座，小规格	59	F022V1	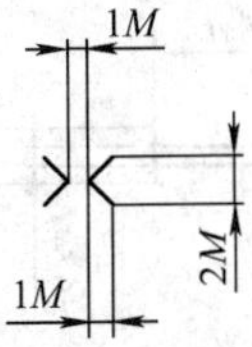	节流孔，锐边节流孔节流，很大程度取决于黏度
54	2162V1	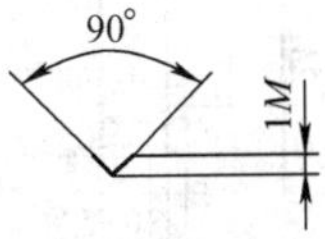	单向阀阀座，大规格	60	2002V2	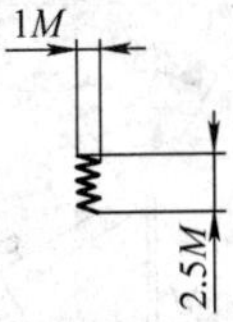	嵌入弹簧
55	F020V1	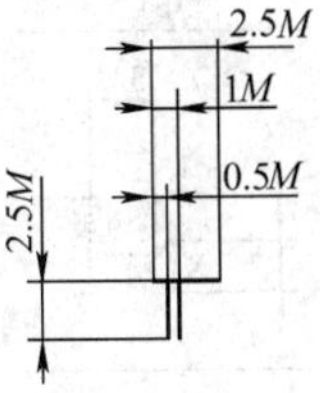	机械行程限制	61	2002V4	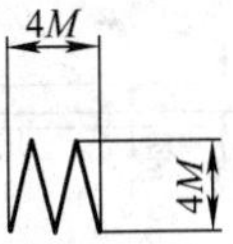	夹具弹簧
56	2031V21	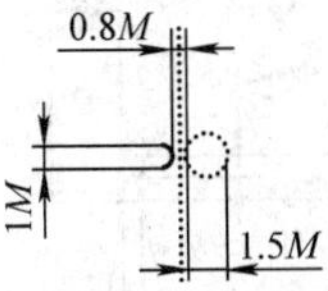	节流器（小规格）	62	2002V3	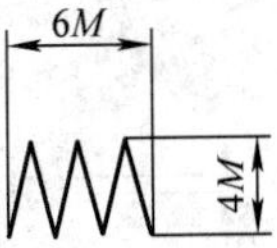	油缸弹簧

（5）控制机构要素的图形符号（表 3.1-191）

表 3.1-191　控制机构要素图形符号

序号	注册号	图　　形	说明	序号	注册号	图　　形	说明
1	F039V1	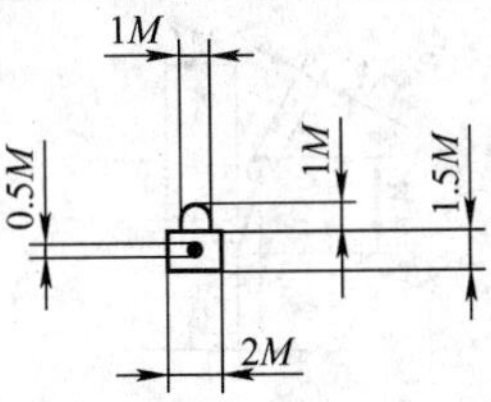	锁定元件（锁）	2	402V2	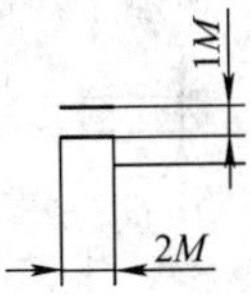	机械连接，轴，杆

（续）

序号	注册号	图　形	说明	序号	注册号	图　形	说明
3	402V3	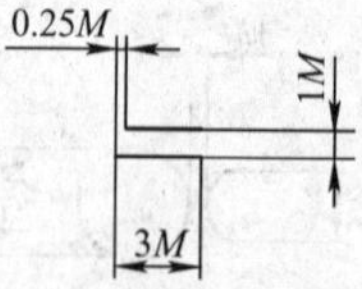	机械连接，轴，杆	10	682V1	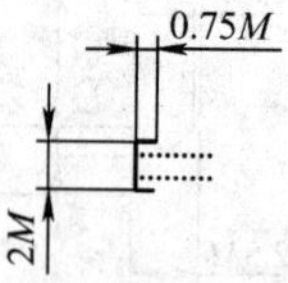	推力控制机构元件
4	402V4	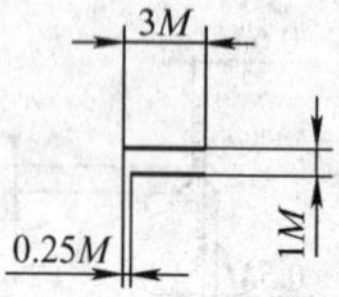	机械连接，轴，杆	11	683V1	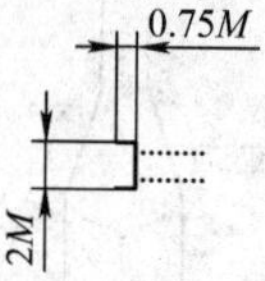	拉力控制机构元件
5	F040V1	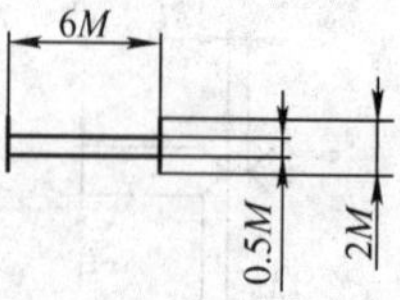	双压阀的机械连接	12	684V1	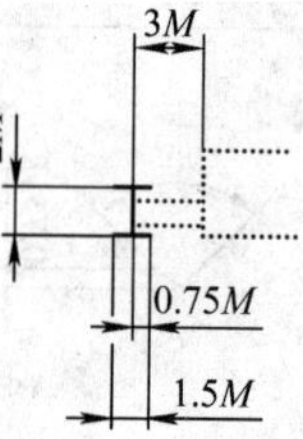	推拉控制机构元件
6	655V1	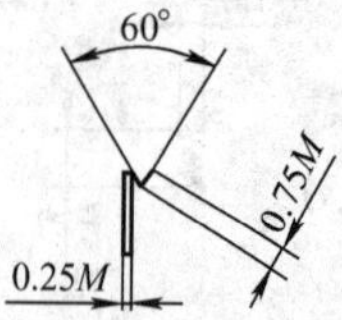	定位机构	13	685V1	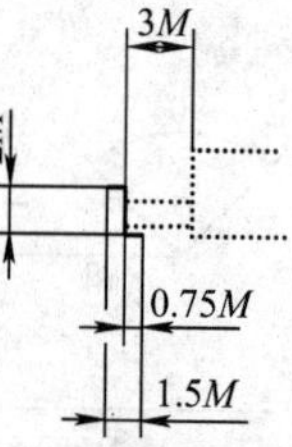	回转控制机构元件
7	F041V1	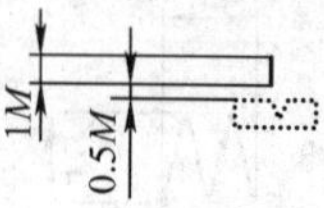	定位锁	14	686V1	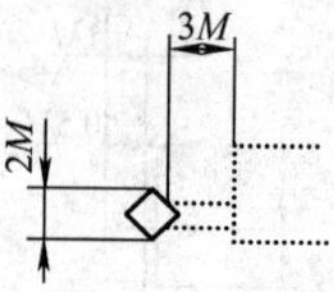	控制元件：可动把手
8	658V1	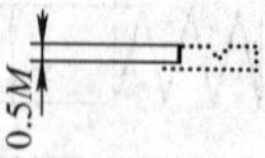	非定位位置指示	15	687V1	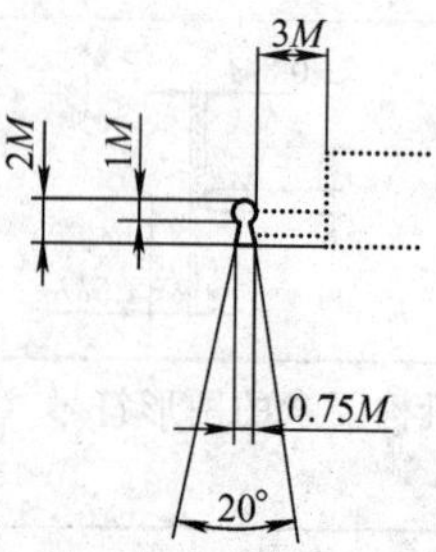	控制元件：匙
9	681V2	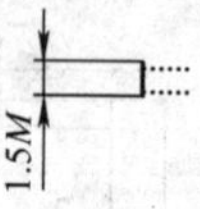	手动控制元件	16	688V1	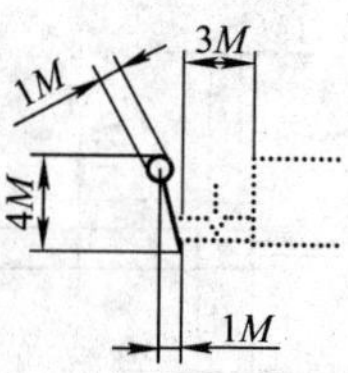	控制元件：手柄

（续）

序号	注册号	图　形	说明	序号	注册号	图　形	说明
17	689V1	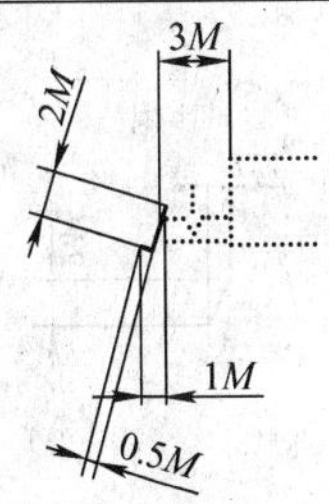	控制元件：踏板	23	2002V1	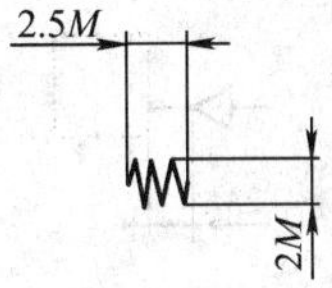	控制元件：弹簧
18	690V1	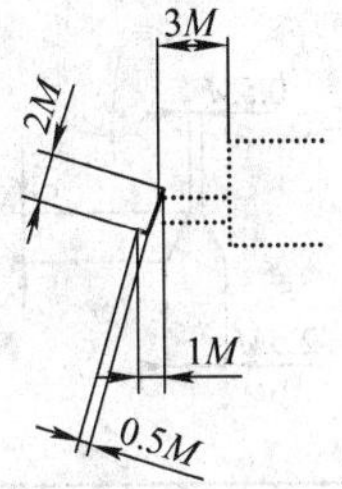	控制元件：双向踏板	24	F042V1	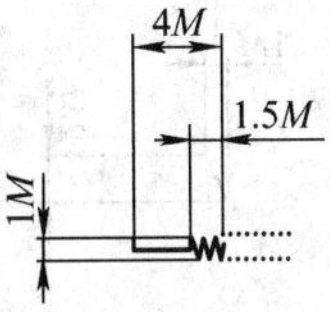	控制元件：带控制机构弹簧
19	692V1	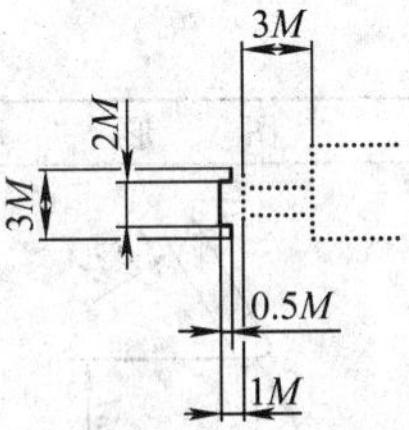	控制机构限制装置	25	2177V1	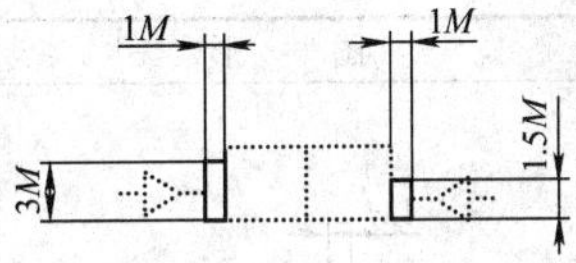	不同尺寸的反向控制面积的直动机构
20	711V1	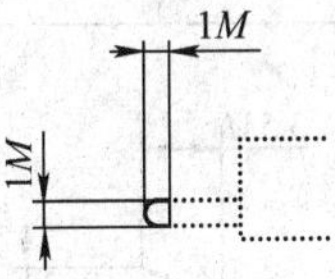	控制元件：活塞	26	211V1	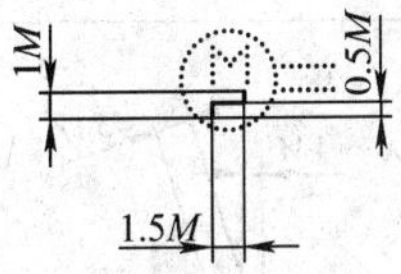	步进可调符号
21	2005V1	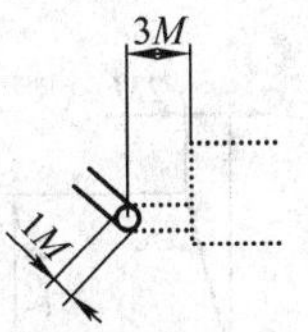	旋转节点连接	27	F019V2	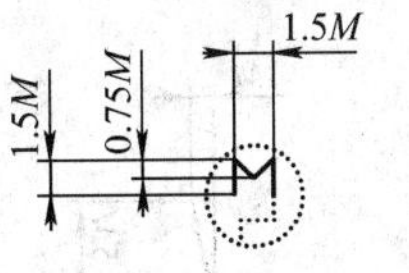	M 表示与符号为 F002V1 的元件连接的马达
22	712V1	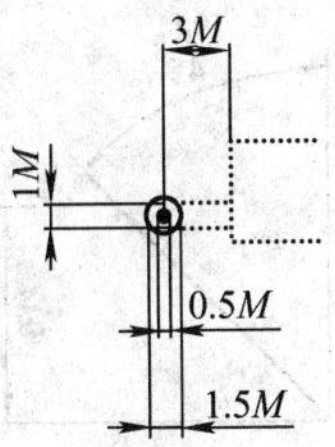	控制元件：滚轮	28	F043V1	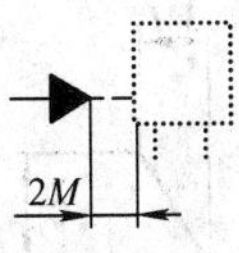	液压增压直动机构（用于方向控制阀）

（续）

序号	注册号	图形	说明	序号	注册号	图形	说明
29	F044V1	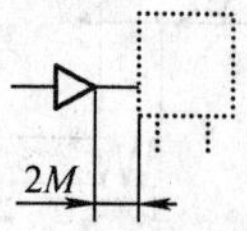	气压增压直动机构（用于方向控制阀）	31	212V2	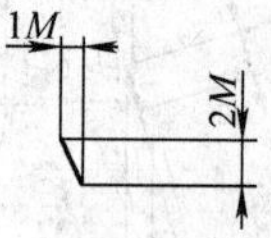	控制元件：绕组，作用方向背离阀芯（电磁铁，力矩马达，力马达）
30	212V1	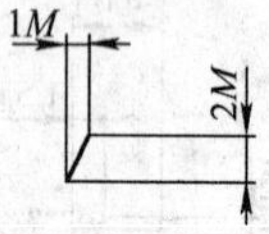	控制元件：绕组，作用方向指向阀芯（电磁铁，力矩马达，力马达）	32	212V4	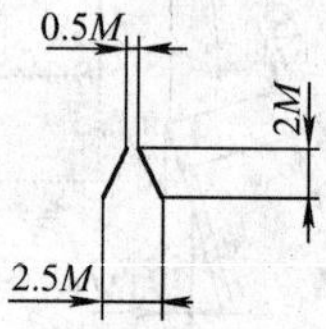	控制元件：双绕组，反方向作用

（6）调节要素的图形符号（表3.1-192）

表3.1-192　调节要素图形符号

序号	注册号	图形	说明	序号	注册号	图形	说明
1	201V1	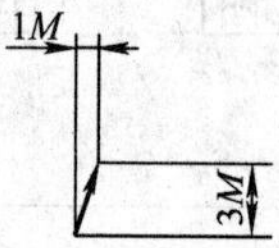	可调整，如行程限制	5	203V2	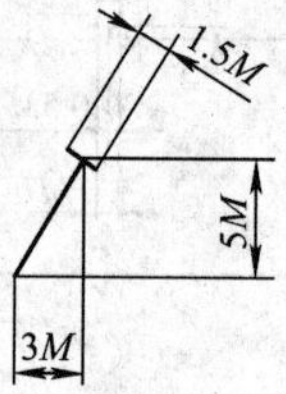	预设置，节流孔
2	203V1	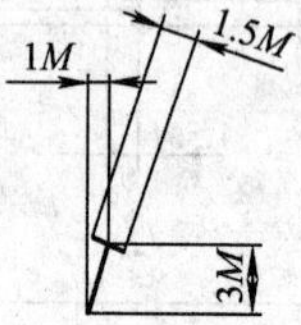	预设置，如行程限制	6	201V4	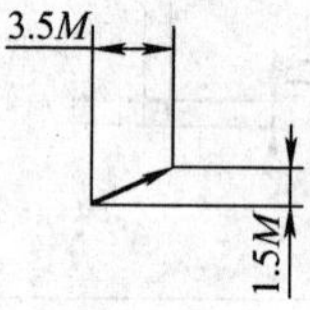	节流器的可调整
3	201V2	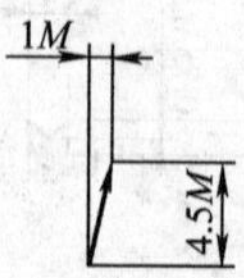	弹簧或比例电磁铁的可调整	7	201V7	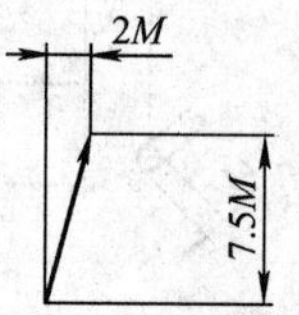	末端缓冲的可调整
4	201V3	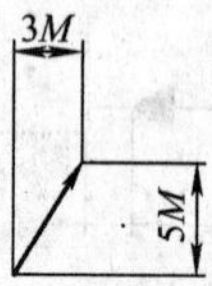	节流孔的可调整	8	201V5	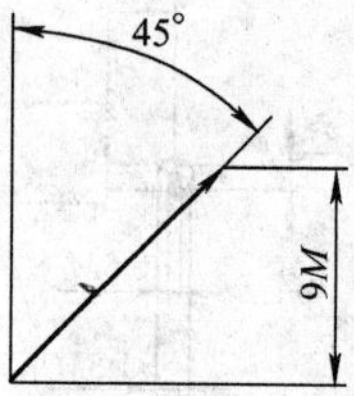	泵或马达的可调整

（7）附件的图形符号（表 3.1-193）

表 3.1-193　附件图形符号

序号	注册号	图　形	说明
1	753V1	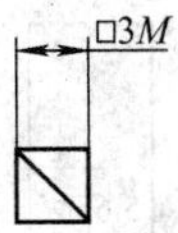	信号转换，常规，测量传感器
2	753V2	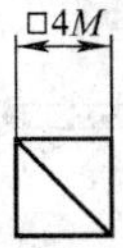	信号转换，常规，测量传感器
3	F045V1	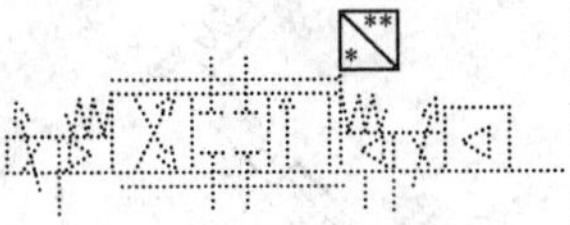	＊—输入信号，＊＊—输出信号
4	F046V1	F—流量； G—位置或长度测量； L—液位； P—压力或真空； S—速度或频率； T—温度； W—质量或力	输入信号
5	F047V1	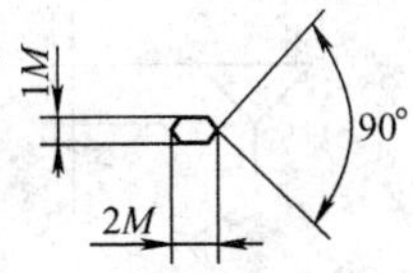	压电控制机构元件
6	435V1	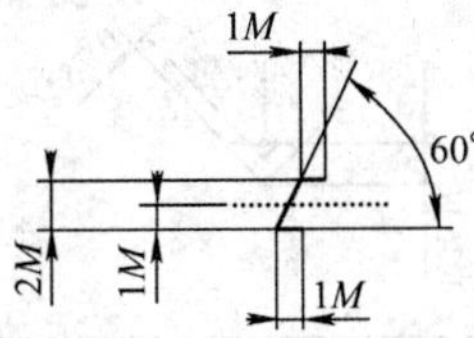	导线符号
7	F048V1	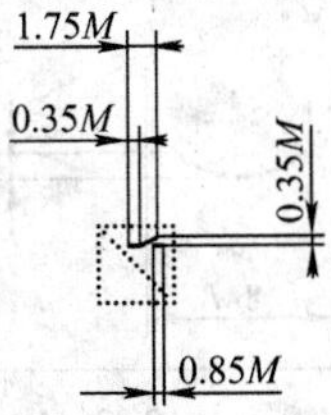	输出信号，电控开关
8	234V1	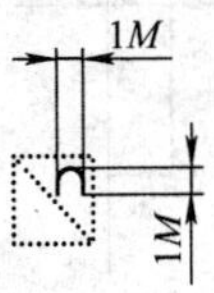	输出信号，电气模拟信号
9	235V1		输出信号，电气数字信号
10	F049V1	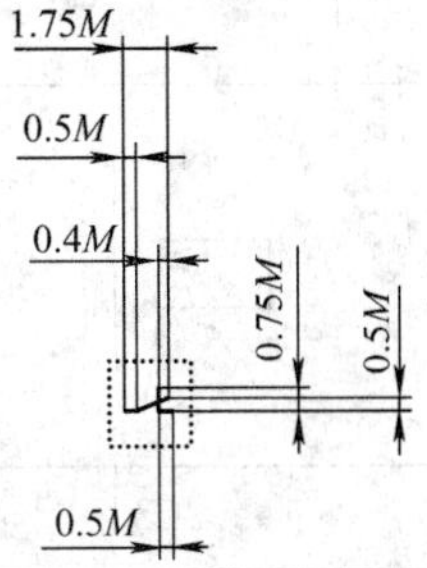	电气接触，常开触点
11	F050V1	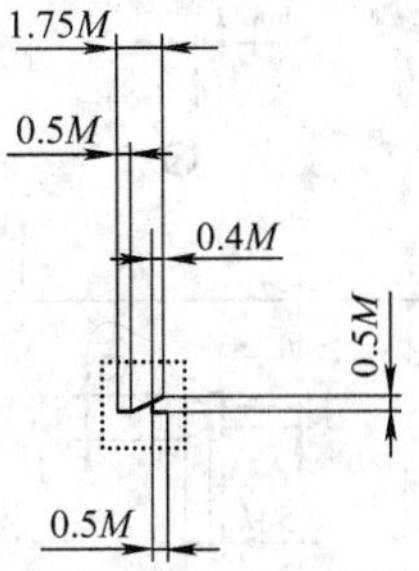	电气接触，常闭触点
12	F051V1	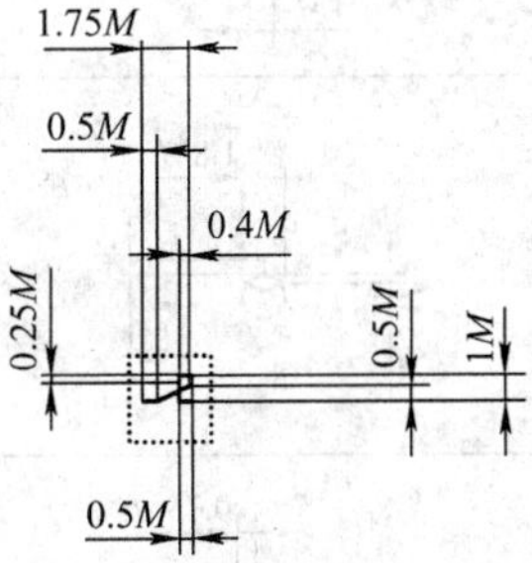	电气接触，开关触点
13	F052V1	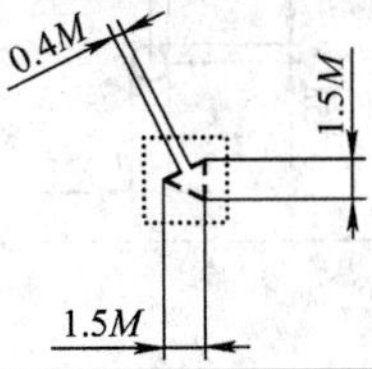	集成电子器件
14	1103V1	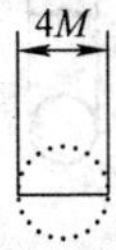	液位指示
15	F053V1	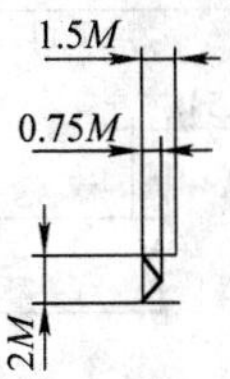	加法器符号

（续）

序号	注册号	图　形	说明	序号	注册号	图　形	说明
16	F054V1	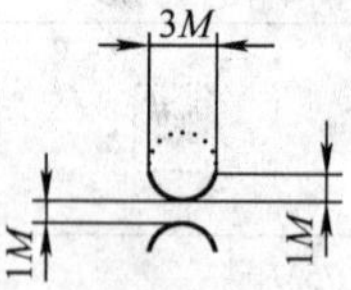	流量指示	24	F061V1		过滤器元件
17	F055V1	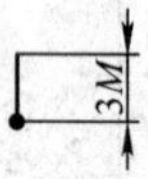	温度指示	25	F062V1	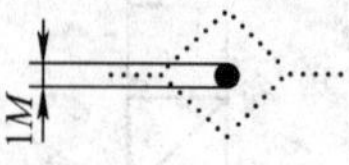	过滤器聚结功能
18	F056V1	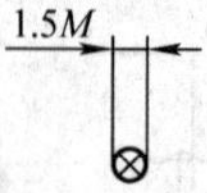	光学指示器元件	26	F063V1	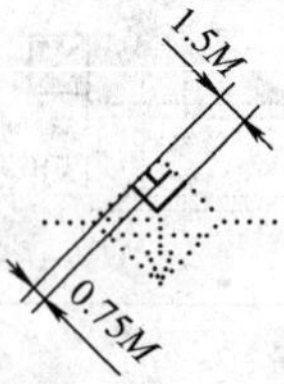	过滤器真空功能
19	F057V1	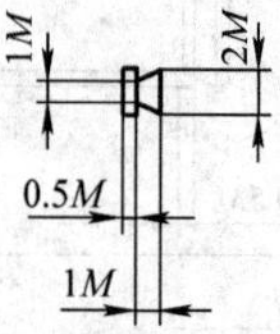	声音指示器元件	27	F064V1	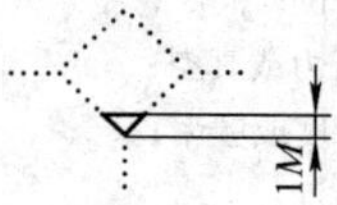	流体分离器元件，手动排水
20	F058V1	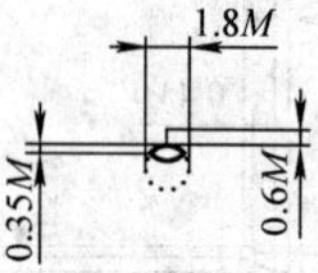	浮子开关元件	28	F074V1	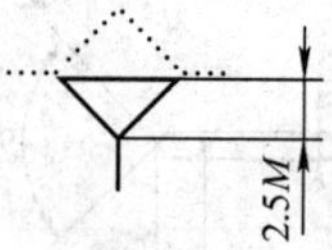	分离器元件
21	F059V1	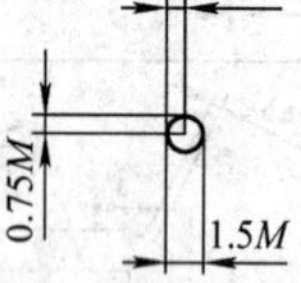	时控单元元件	29	F065V1	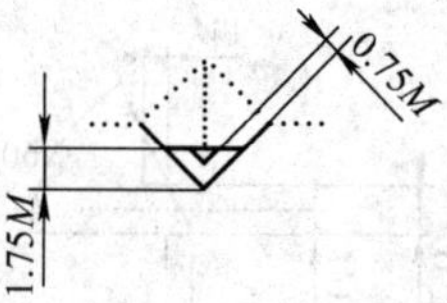	自动流体分离器元件
22	F060V1		计数器元件	30	F066V1	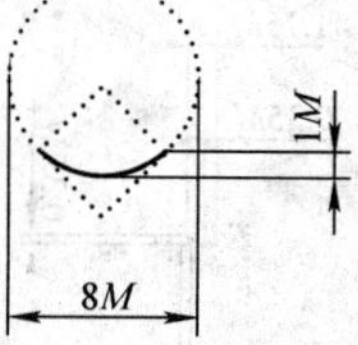	离心式过滤器元件
23	2101V1	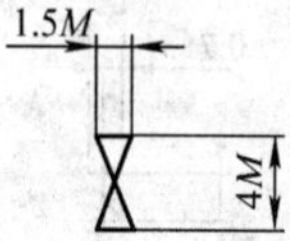	截止阀	31	F067V1	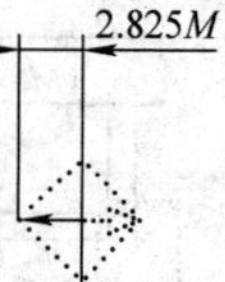	热交换元件

（续）

序号	注册号	图　形	说明	序号	注册号	图　形	说明
32	F068V1	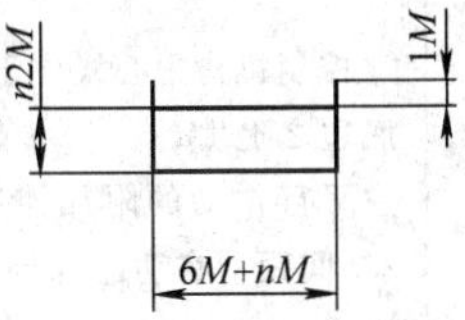	有盖油箱	36	F071V1	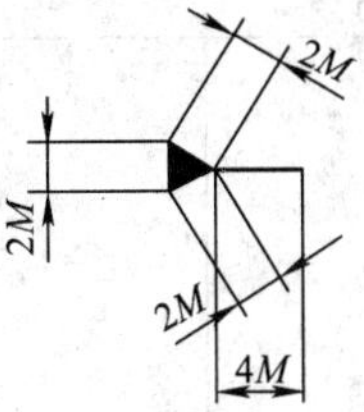	液压源
33	2061V1	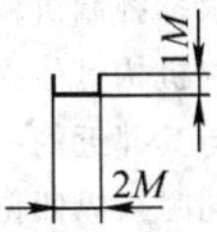	回到油箱	37	2033V1	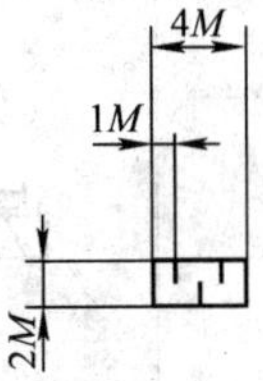	消音器
34	F069V1	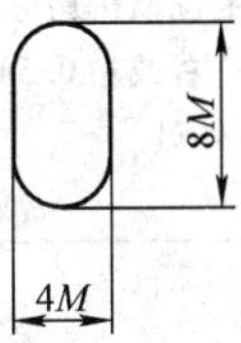	元件： —压力容器， —压缩空气储气罐，蓄能器， —气瓶，纹波管执行器， 软管气缸	38	F072V1	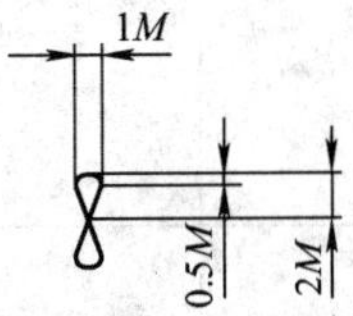	风扇
35	F070V1	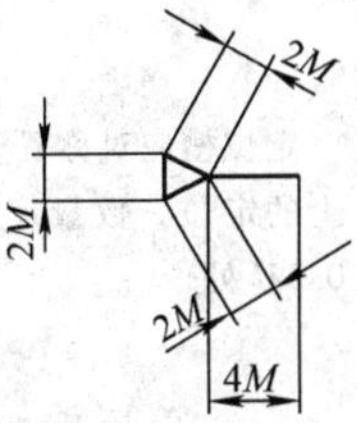	气压源	39	F073V1	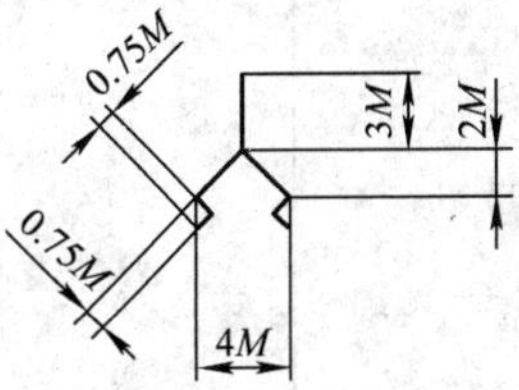	吸盘

4.2.5　应用规则

（1）常用符号的图形符号（表 3.1-194）

表 3.1-194　常用符号的图形符号

序号	注册号	图　形	说　明
1	RF001	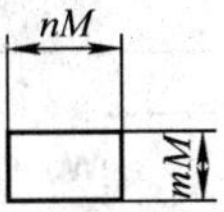	功能单元大小可能会随需要而改变
2	RF002		当功能需要时，无连接排气口应当标明
3	RF003	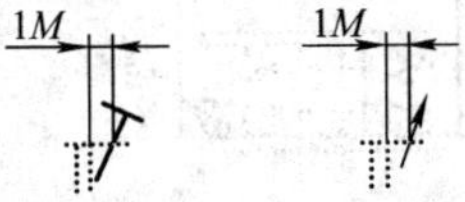	元件应中心位置放置且与相应符号有 1M 间隔

（2）阀的图形符号（表 3. 1-195）

表 3. 1-195　阀图形符号

序号	注册号	图　形	说　明
1	RF004	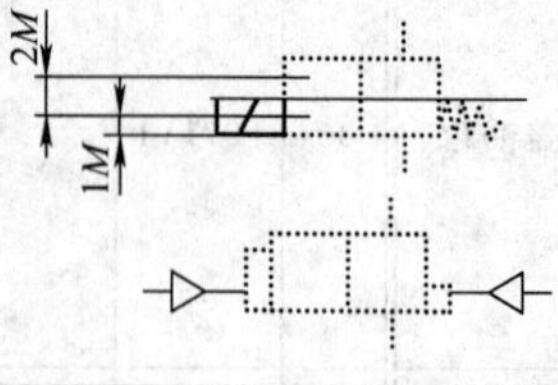	控制机构中心线位于长方形或正方形底边之上 1M 平行作动的附加控制机构中心线为 2M 间距，在功能部件底边之下不能有突出
2	RF005	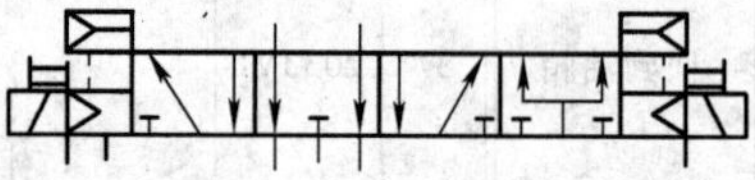	根据控制机构的工作状况，操作端的控制机构可使阀体元件从空闲的位置进入与其邻近的一个位置 同时操纵四位阀两端的控制机构可以控制阀体从空闲位置移越两个位置
3	RF006	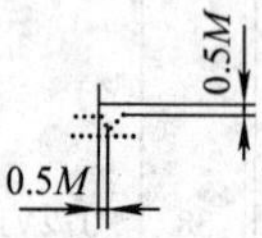	定位锁机构应放置在中间，或者在距凹口右或左 0.5M 的位置，且在轴上方 0.5M 处
4	RF007	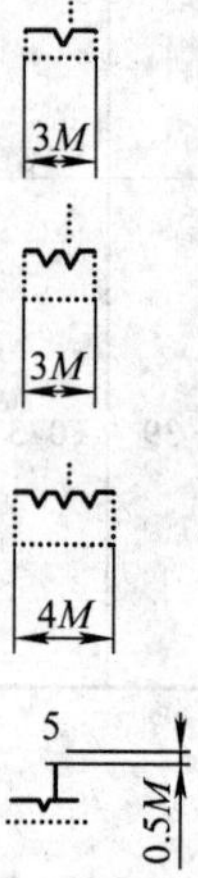	定位槽应对称置于轴上。对于三个以上的定位，数量应标注在定位槽上方 0.5M 处
5	RF008	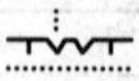	如有必要，无定位的切换位置应当标明
6	RF009	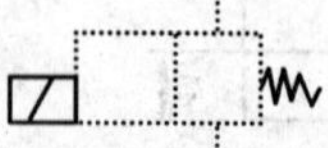	控制机构应在图中相应的矩形/长方形中直接标明
7	RF010	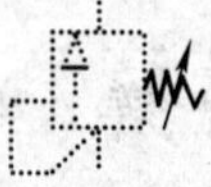	控制机构应画在矩形或长方形图的右侧，除非两侧均有
8	RF011	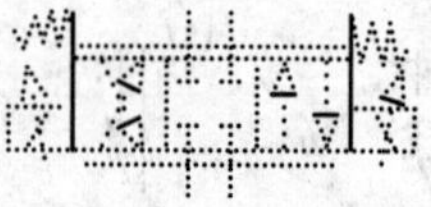	如果符号的尺寸不适合控制机构，需要画出延长线，在功能元件的两侧均可

（续）

序号	注册号	图　　形	说　　明
9	RF012	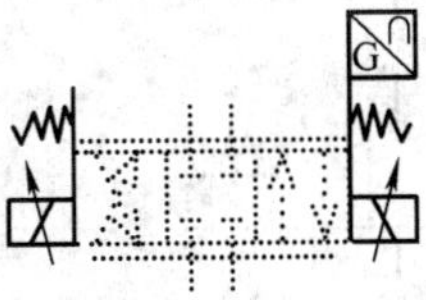	控制机构和信号转换器并行运行时从底部到顶部应遵循以下顺序： —液动或气动 —电磁铁 —弹簧 —手动控制元件 —转换器 如果同样的控制机构装载于功能元件的两侧，其顺序必须对称放置。不允许符号重叠
10	RF013	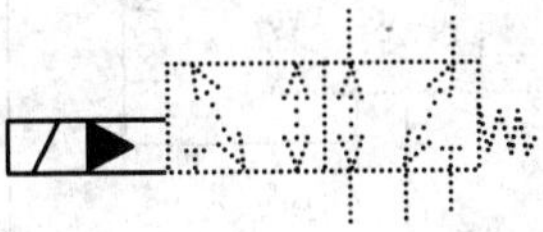	控制机构串联工作时应依照同样的控制次序按顺序表示
11	RF014	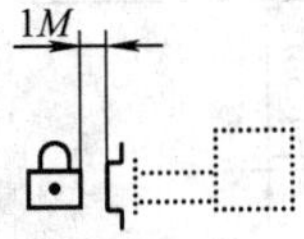	锁定符号应在距离可锁装置 1*M* 距离外标出，该锁定符号表示可锁定的调整
12	RF015	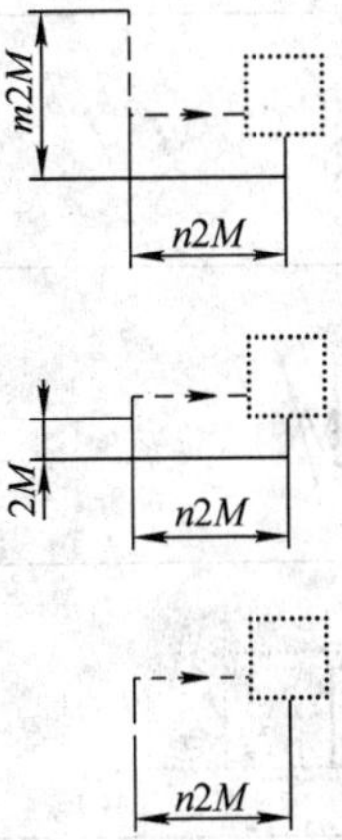	符号设计时应使接口末端在 2*M* 的倍数的网格上
13	RF016	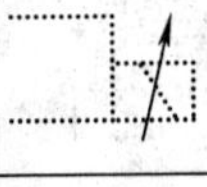	单绕组比例电磁铁
14	RF017	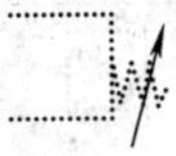	弹簧的可调整
15	RF018	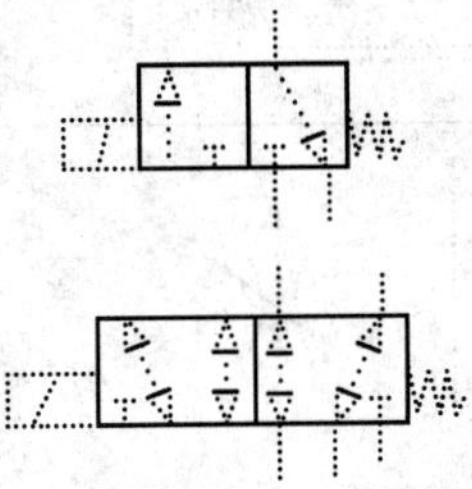	阀符号由各种功能单元组成，每一种功能单元代表一种阀芯位置和不同作用方式

（续）

序号	注册号	图　　形	说　　明
16	RF019	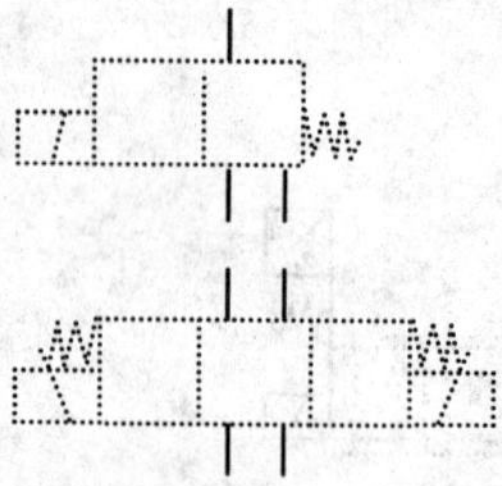	应标识出功能单元上的工作油口，并表示功能单元未受激励的状态（非工作状态）
17	RF020	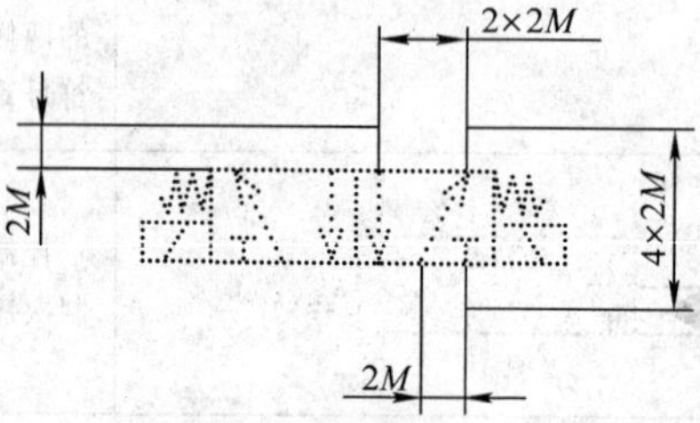	符号连接用2M的倍数表示，相邻连接线的距离应为2M，以保证接口标识码的标注空间
18	RF021	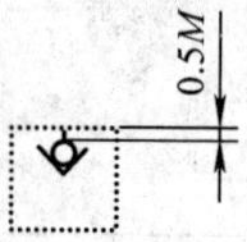	功能：防漏隔离，液压电磁换向座阀
19	RF022		功能：内部流路限流（零遮盖至负遮盖）
20	RF023	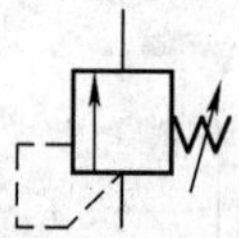	压力控制阀符号的基本位置由流动方向决定。供油口通常画在底部
21	RF024	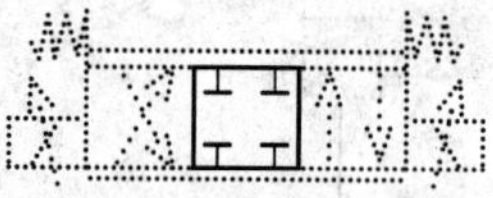	代表比例、快速响应伺服阀的中位机能，零遮盖或正遮盖
22	RF025	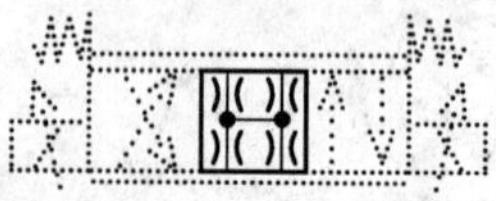	代表比例、快速响应伺服阀的中位机能，零遮盖或负遮盖（至3%）
23	RF026	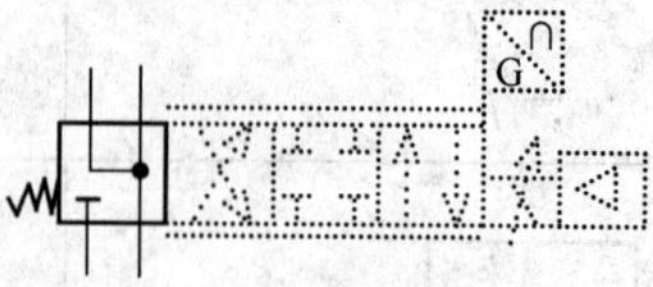	控制系统外部应显示设置自动防故障装置
24	RF027	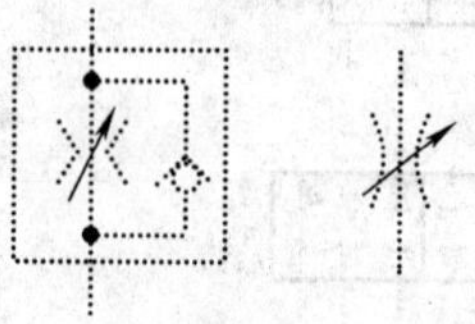	可调整要素符号应位于节流器或节流孔的中心位置

（续）

序号	注册号	图　形	说　明
25	RF028	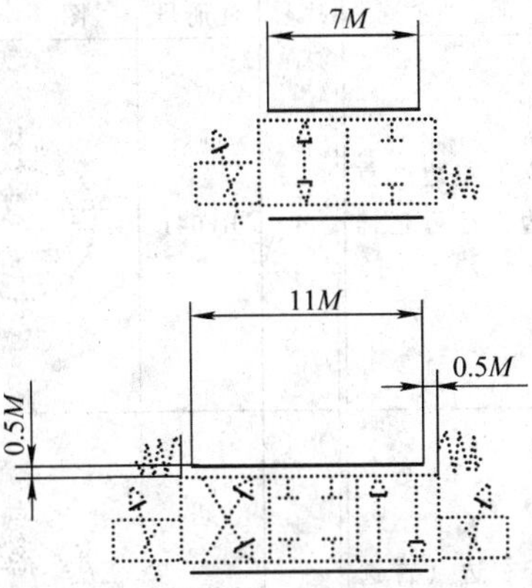	对于有两个或更多工作位置，或有多个中间位置且彼此节流特性各不相同的阀，应沿符号画两条平行线

（3）二通盖板式插装阀的图形符号（表 3.1-196）

表 3.1-196　二通盖板式插装阀图形符号

序号	注册号	图　形	说明
1	RF029	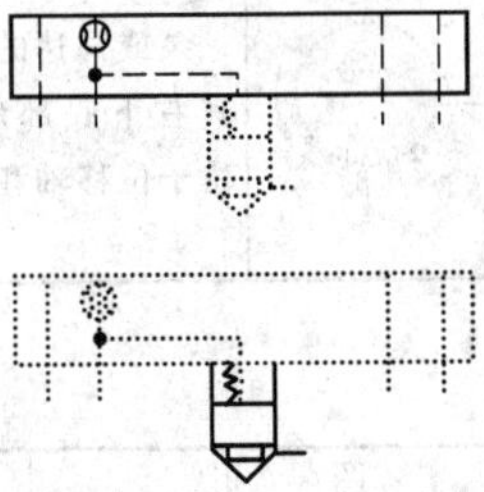	二通插装阀符号包括两个部分：控制盖板和插装阀芯。插装阀芯与控制盖板涵盖了更基础的元件或符号
2	RF030	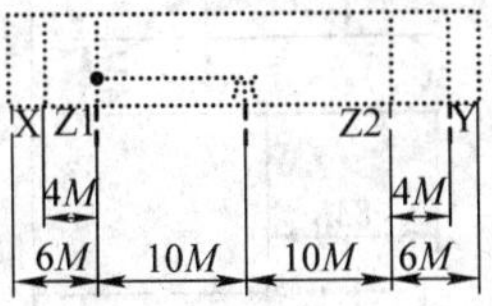	控制盖板的连接应位于框图中网格节点上，其位置固定
3	RF031	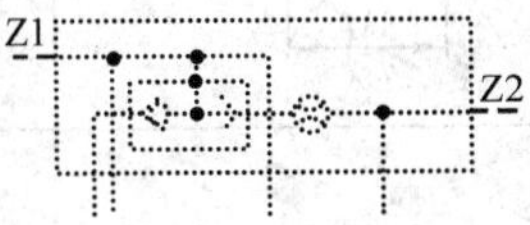	应画出外部连接
4	RF032	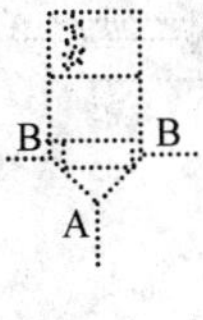	工作油口位于底部和符号侧边。A 口位于底部，B 口在右边或在左边或两边都有
5	RF033	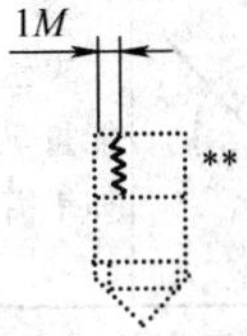	阀的开启压力应在符号旁边标明（＊＊）
6	RF034	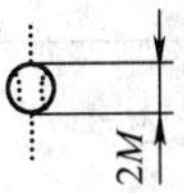	如果节流孔是可代替的，其符号应圈上一个圆圈
7	RF035	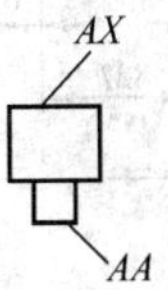	盖板式插装阀，座阀结构，阀芯面积比 $\frac{AA}{AX} \leq 0.7$
8	RF036	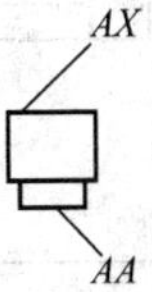	盖板式插装阀，座阀结构，圆柱阀芯面积比 $1 > \frac{AA}{AX} > 0.7$
9	RF037	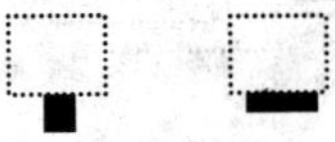	对于有节流功能的二通插装阀，阀芯部位应涂满

（4）泵和马达的图形符号（表3.1-197）

表3.1-197　泵和马达图形符号

序号	注册号	图　形	说　明	序号	注册号	图　形	说　明
1	RF038	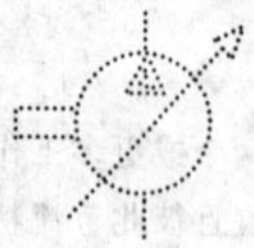	泵的驱动轴位于左边（首选位置）或右边，且可延伸2M的倍数	4	RF041	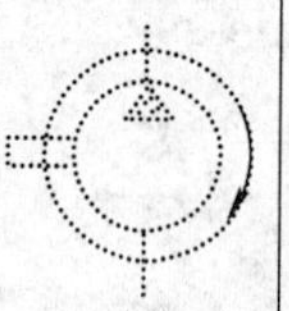	顺时针方向箭头表示泵的轴顺时针方向旋转，并画在泵的轴的对侧。旋转方向由在部件面对轴末端的视角给出。注意：当这个部件符号镜像时，指示旋转方向的箭头应当反向
2	RF039	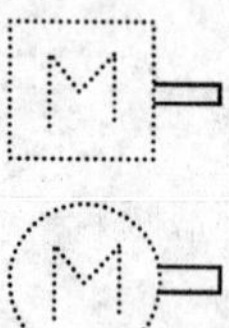	马达的轴位于右边（首选位置），也可置于左边	5	RF042		逆时针方向箭头表示泵的轴逆时针方向旋转，并画在泵的轴的对侧。旋转方向由在部件面对轴末端的视角给出。注意：当这个部件符号镜像时，指示旋转方向的箭头应当反向
3	RF040	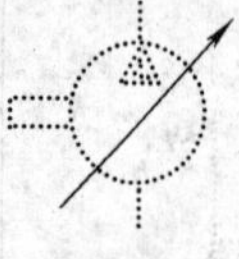	表示可调整的箭头应置于能量转换装置符号的中心。如果需要，可画得更长些	6	RF043	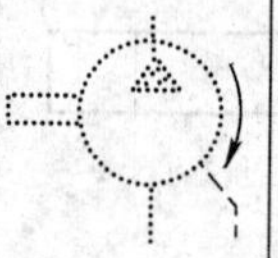	泵或马达的泄油管路表示在其右下底部斜度小于45度，位于位移轴和驱动轴之间

（5）缸的图形符号（表3.1-198）

表3.1-198　缸图形符号

序号	注册号	图　形	说明	序号	注册号	图　形	说明
1	RF044	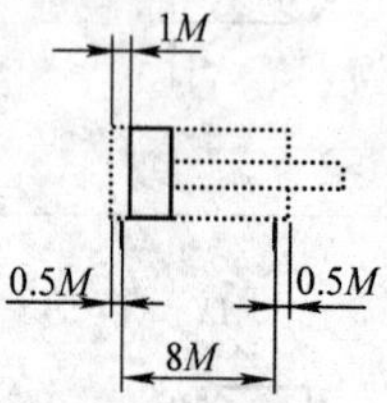	活塞应距离缸端盖1M以上。连接油口的管路距离缸的符号末端应当在0.5M以上	4	RF047	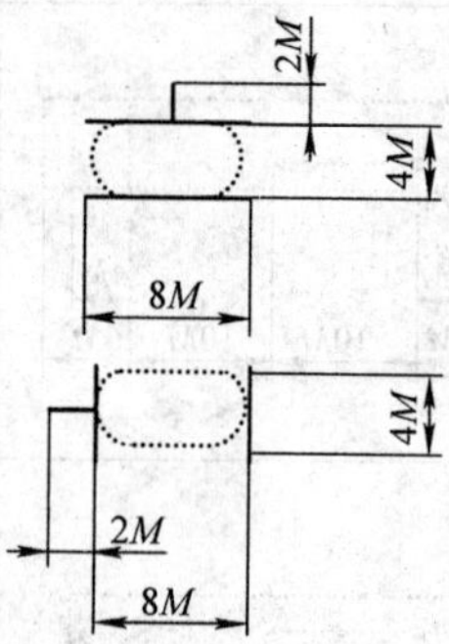	机械行程应以对称方式标出
2	RF045	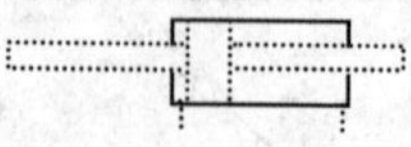	缸的框图应与活塞杆符号元件相匹配				
3	RF046	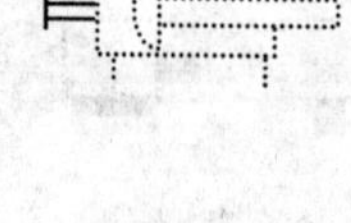	行程限制应在端盖末端标出	5	RF048	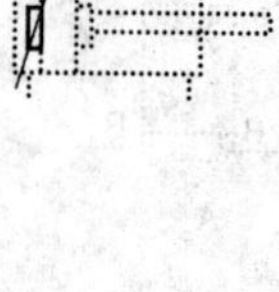	可调整机能应由标识在调节元件中的箭头指示。两个元件的可调整机能应表示在可调元件之间的中间位置

（6）附件

1）管接头的图形符号（表 3.1-199）

2）电气装置的图形符号（表 3.1-200）

3）测量设备和指示器的图形符号（表 3.1-201）

4）能量源的图形符号（表 3.1-202）

表 3.1-199　管接头图形符号

序号	注册号	图　形	说　明
1	RF049	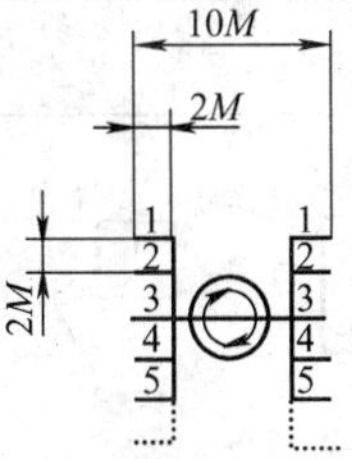	多路旋转管接头图中两边接口都有 2M 间隔。图中数字可自定义并扩展。接口牌号表示在接口符号上方
2	RF050	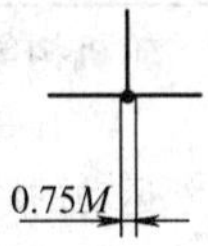	两条管路的连接标出连接点
3	RF051		两条管路交叉没有节点表明它们之间没有连接
4	RF052	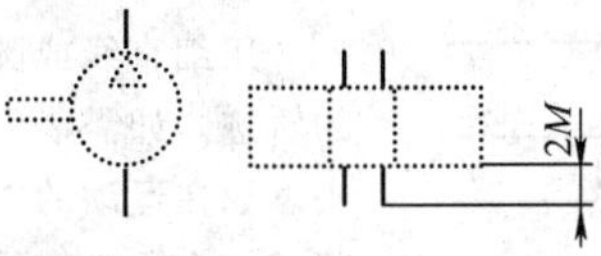	应标出所有接口的符号
5	RF053	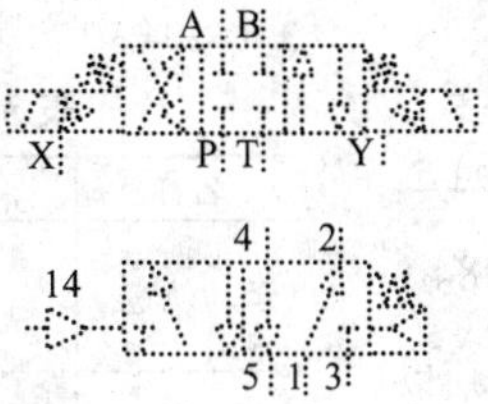	各种口的符号示例： A—油口； B—油口； P—泵； T—油箱； X—先导控制； Y—先导式泄油； 3，5—回油或排气口； 2，4—工作口； 1—供油或供气口； 14—控制口。 在每个口的上方或左边，对于每个口的牌号必须留出充足的空间进行标识

表 3.1-200　电气装置图形符号

序号	注册号	图　形	说　明
1	RF054	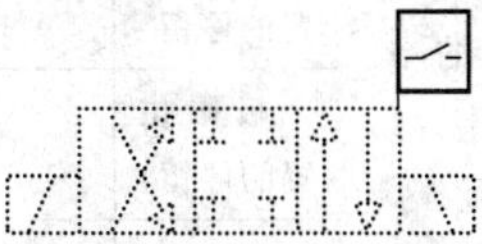	位置开关，机电式，如阀芯位置
2	RF055	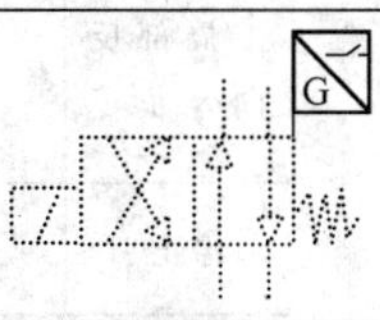	带切换输出信号的电控接近开关，如监视方向控制阀中的阀芯位置

（续）

序号	注册号	图　形	说　明
3	RF056	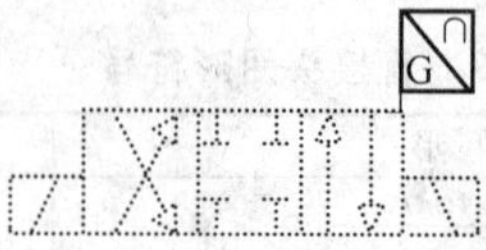	带模拟信号输出的位置信号转换器
4	RF057	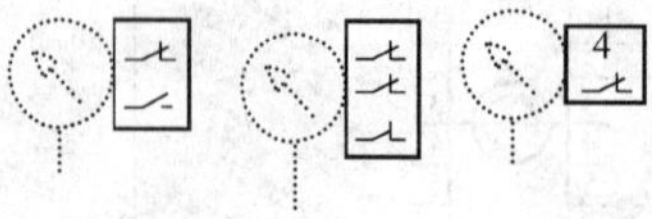	同一个图中至少可以有一个触点。每一个触点可以有不同功能（常闭触点，常开触点，开关触点）。 如果存在三个以上触点，触点的数量可标示在图中位于触点上方 0.5*M* 位置

表 3.1-201　测量设备和指示器图形符号

序号	注册号	图　形	说明
1	RF058	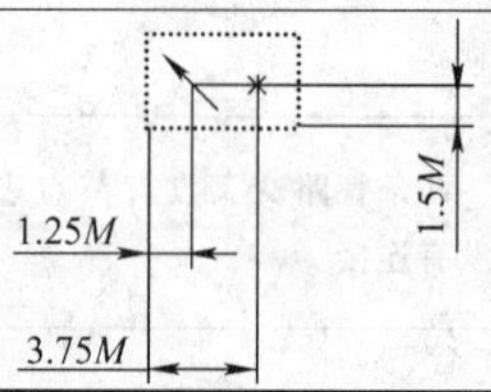	所示单元中箭头和星号的位置，＊详细描述的位置

表 3.1-202　能量源图形符号

序号	注册号	图　形	说明
1	RF059	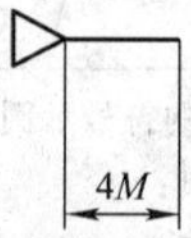	气压源
2	RF060		液压源

4.3　机构运动简图符号（GB/T 4460—1984）

将与运动无关的机器复杂外形和具体的结构加以简化，并以规定的符（代）号和简单线条表明整机或部件所属机构运动情况的非投影图称为机构运动简图。表明机械或机构的动力传递方式、过程及其组成的非投影图称传动简图。简图中的机构构件必须按实际尺寸或一定比例绘制，不严格按比例绘制的简图称示意图。

机器中各个运动单元称构件。构件可以是单一的零件，也可以是由几个零件组成的刚性结构。因此，构件和零件是两个不同的概念，构件是运动的单元，而零件是制造的单元。

将实现预期的机械运动的各构件（包括不运动的机架）的基本组合称机构。组成机构的各构件之间具有确定的相对运动，当其中某一构件的位置确定后，其余各件的位置也随之而定，如四连杆机构、齿轮机构等。

凡是两个构件直接接触又能产生一定型式的相对运动的联结称运动副。如曲柄与连杆相互联结并能产生相对回转运动，即为一个运动副，齿轮与齿轮啮合，凸轮与从动杆的联结都构成运动副。

4.3.1　机构构件的运动符号

用细直线或圆弧表示构件的直线运动或圆弧运动的轨迹。如需表示运动方向时应在轨迹线上加画箭头。如在运动的中间位置有瞬时停顿，则在轨迹线中部加一小段竖直线，若在中间位置或极限位置有短暂停留，或有局部反向运动时，运动轨迹用折线表示。停止符号是轨迹线终端处加一小段竖线。机构构件运动符号见表 3.1-203。机构构件运动符号示例见表 3.1-204。

表 3.1-203　机构构件运动符号

名称	基本符号	可用符号	附　注
运动轨迹	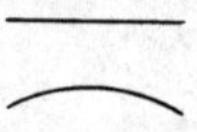		直线运动 回转运动
运动指向			表示点沿轨迹运动的指向
中间位置的瞬时停顿	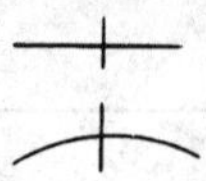		直线运动 回转运动
中间位置的停留			
极限位置的停留	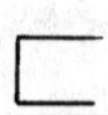		
局部反向运动	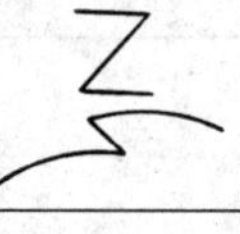		直线运动 回转运动
停止			

表 3.1-204　机构构件运动符号示例

名称	基本符号	可用符号	附注	名称	基本符号	可用符号	附注
单向运动	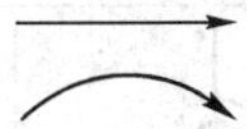		直线运动 回转运动	具有停留的单向运动	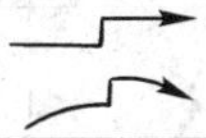		直线运动 回转运动
具有瞬间停顿的单向运动	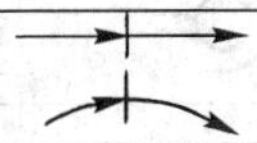		直线运动 回转运动	具有局部反向的单向运动	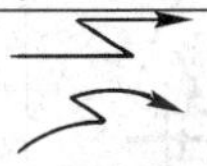		直线运动 回转运动
往复运动	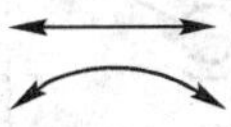		直线运动 回转运动	在中间位置停留的往复运动	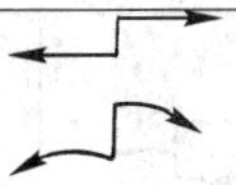		直线运动 回转运动
在一个极限位置停留的往复运动	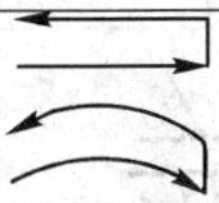		直线运动 回转运动	具有局部反向及停留的单向运动	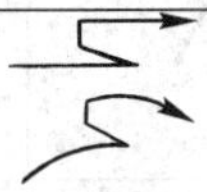		直线运动 回转运动
在两个极限位置停留的往复运动	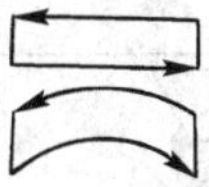		直线运动 回转运动	运动停止	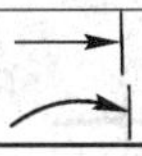		直线运动 回转运动

4.3.2　构件及其组成部分的联结

杆、轴的符号用二倍的粗实线绘制。机架通常不运动，常在符号下面用 45°斜细线表示。构件组成部分的永久连接以涂黑表示不可拆；可调连接则需另加表征符号（表 3.1-205）。轴、杆与组成部分的固定连接要加表征符号元素“×”，但用单线表示的符号也可不加此符号。

构件及其组成部分的联结，见表 3.1-205。

4.3.3　运动副符号（表 3.1-206）。

表 3.1-205　构件及其组成部分的连接

名　　称	基本符号	可用符号	附　　注
机架	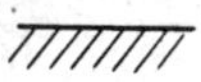		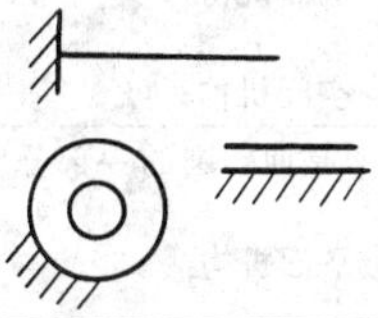
轴、杆			
构件组成部分的永久连接		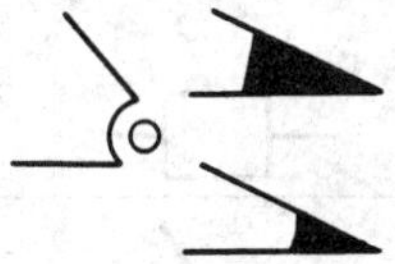	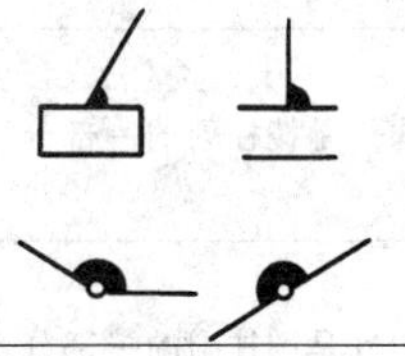
组成部分与轴（杆）的固定连接	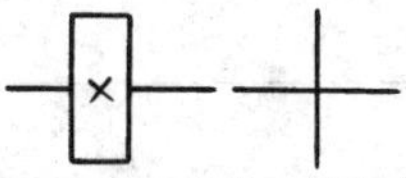		
构件组成部分的可调连接			

4.3.4　多杆机构及构件

这部分符号由 4.3.2、4.3.3 节符号组合而成，并按运动副所有的副元素的多少分类。副元素是构成运动副的点、线、面，例如轴与轴承的联接为一运动副，轴与轴承接触的外圆柱面即为副元素；同样轴承的内圆柱面也是副元素。

单副元素构件是仅能与其他构件组成一个运动副的构件，如机架可作为一个回转副的一部分，它就是单副元素构件。双副元素构件是联接两个运动副的构件。三副元素和多副元素构件是联接三个或多个运动副的构件。多杆机构及构件符号，见表 3.1-207。

4.3.5　摩擦机构与齿轮机构

1）摩擦轮与齿轮的符号较接近，都以单线符号为主，也可用框形符号。齿轮与摩擦轮符号的区别

表 3.1-206　运动副符号

名　称	基本符号	可用符号	名　称	基本符号	可用符号
具有一个自由度的运动副回转副 a）平面机构 b）空间机构		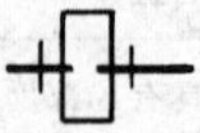	球销副		
			具有三个自由度的运动副球面副		
棱柱副（移动副）			平面副		
螺旋副	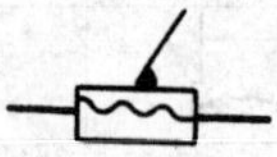		具有四个自由度的运动副球与圆柱副		
具有二个自由度的运动副圆柱副		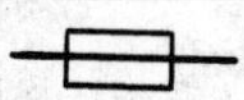	具有五个自由度的运动副球与平面副	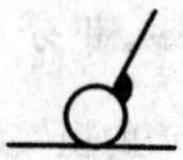	

表 3.1-207　多杆机构及构件

名　称	基本符号	可用符号	附　注
单副元素构件：构件是回转副的一部分 a）平面机构 b）空间机构	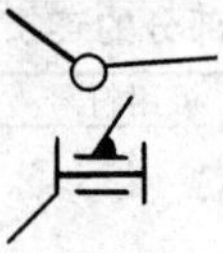		
机架是回转副的一部分 a）平面机构 b）空间机构			
构件是棱柱副的一部分		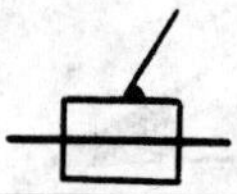	
构件是圆柱副的一部分			
构件是球面副的一部分	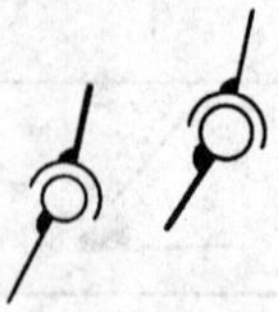		
双副元素构件：连接两个回转副的构件 连杆 a）平面机构 b）空间机构	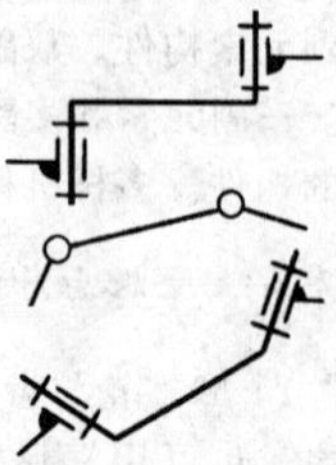		

（续）

名　　称	基本符号	可用符号	附　注
曲柄（或摇杆） a）平面机构 b）空间机构	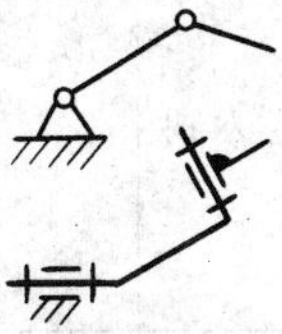		
偏心轮	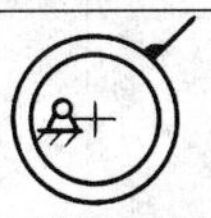		
连接两个棱柱副的构件	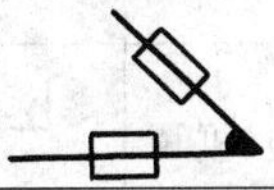		
通用情况	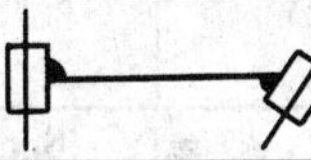		
滑块	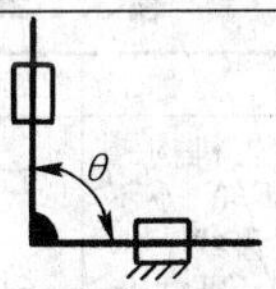	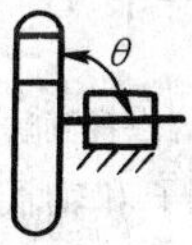	θ 为任意角
连接回转副与棱柱副的构件 通用情况	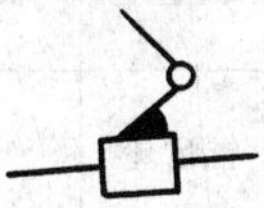		
导杆	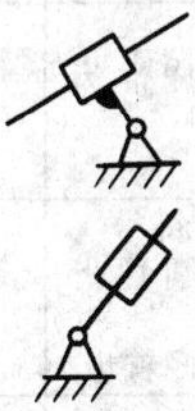		
滑块	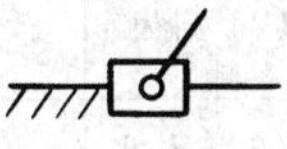		
三副元素构杆	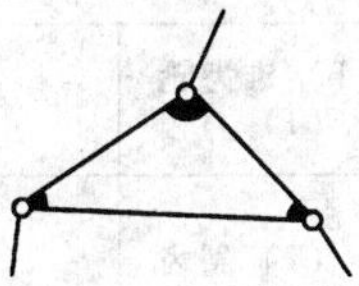	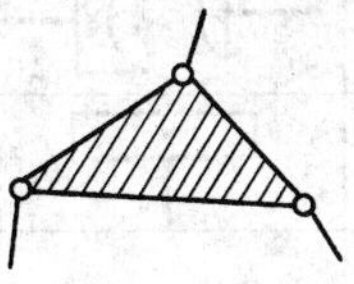	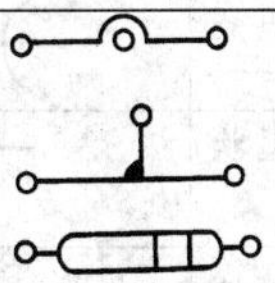
多副元素构件			符号与双副元素、多副元素类似

示例：

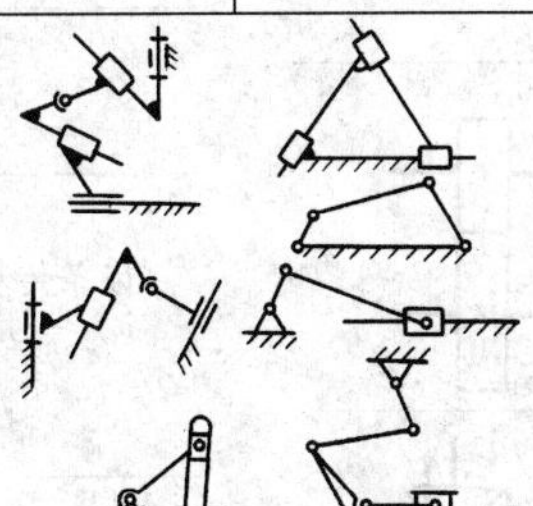

是：表示齿圈或摩擦表面的直线相对于表示轮幅平面的直线位置不同（图3.1-45）。

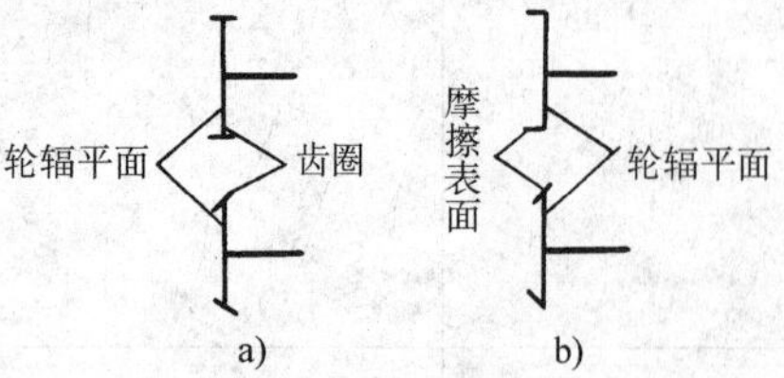

图3.1-45　齿轮与摩擦轮符号
a）齿轮　b）摩擦轮

2）采用单线符号表示摩擦传动或齿轮传动时，一般采用齿圈、摩擦表面相接触的画法，也可在接触处留出适当的空隙（图3.1-46）。

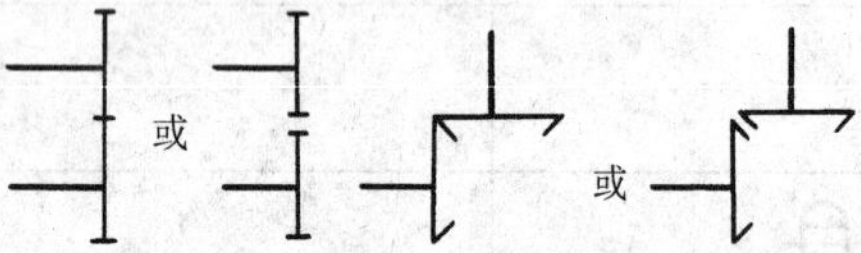

图3.1-46　齿轮、摩擦轮接触表面处的二种画法

3）绘制摩擦轮或齿轮机构时，轮子和轴固定连接的符号，在采用框线表示时应画出，但在绘制摩擦机构时，轮子和轴固定连接的符号，只需画在一个轮子上。

摩擦轮与摩擦轮的传动符号，见表3.1-208。齿轮与齿轮的传动符号，见表3.1-209。

表3.1-208　摩擦轮与摩擦轮传动符号

名　称	基本符号	可用符号
摩擦轮 a）圆柱轮	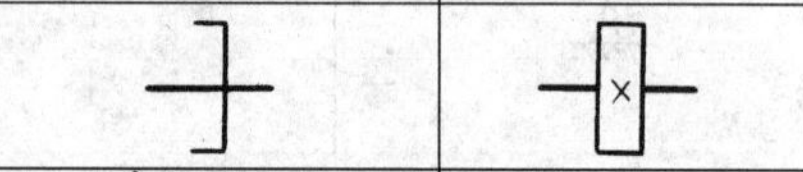	
b）圆锥轮	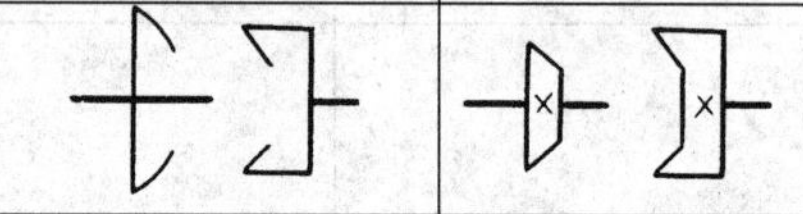	
c）曲线轮	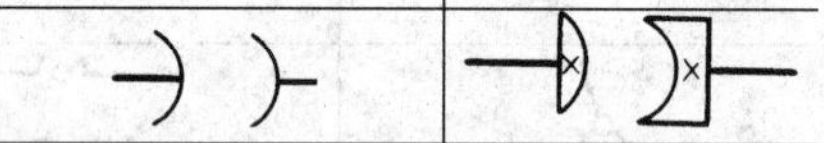	
d）冕状轮	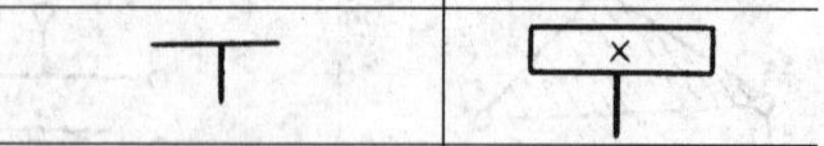	
e）挠性轮	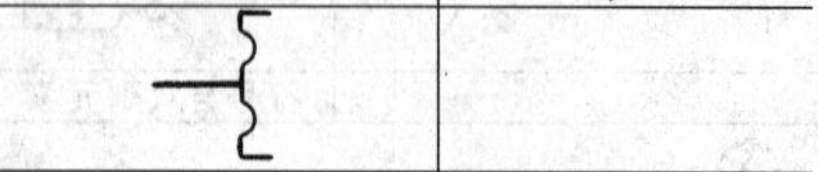	
摩擦传动 a）圆柱轮	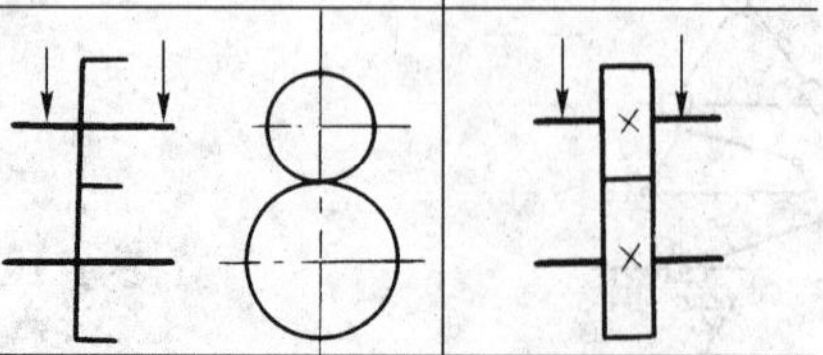	
b）圆锥轮	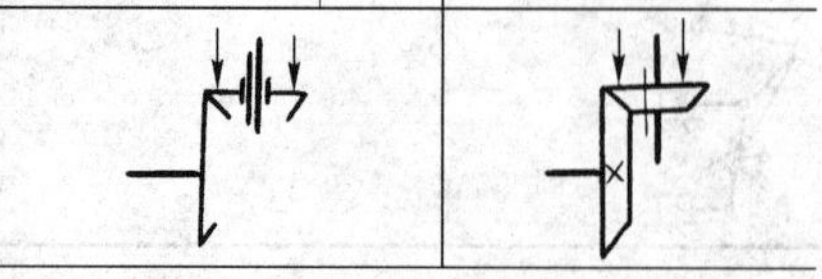	

（续）

名　称	基本符号	可用符号
c）双曲面轮	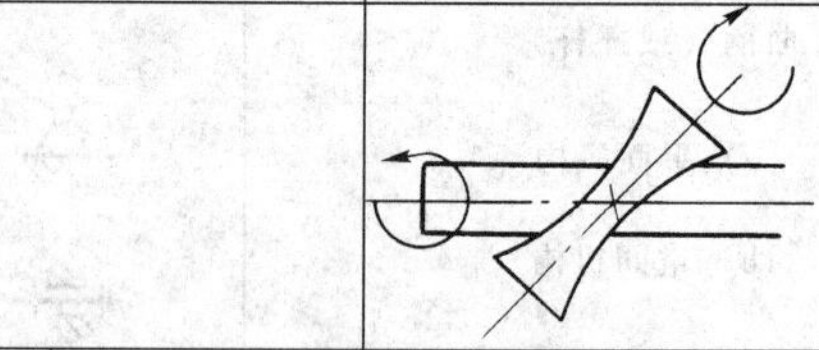	
d）可调圆锥轮	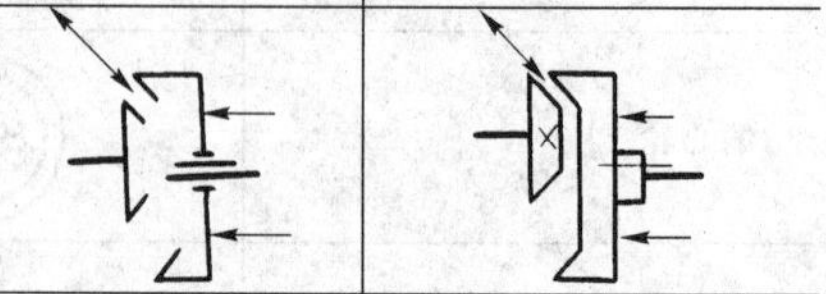	
e）可调冕状轮	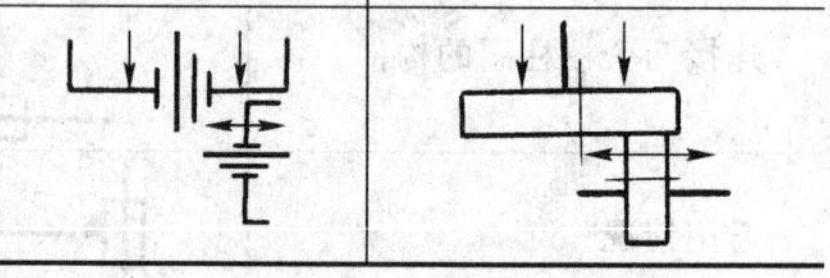	

表3.1-209　齿轮和齿轮传动符号

名　称	基本符号	可用符号	附注
齿轮机构 齿轮（不指明齿线） a）圆柱齿轮	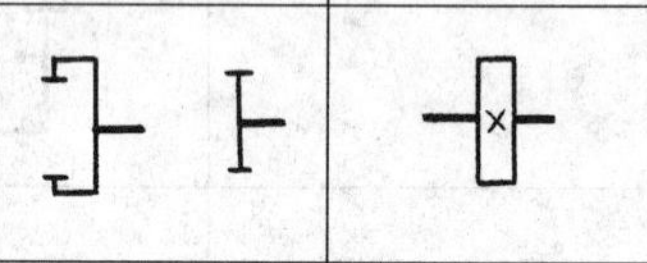		
b）锥齿轮	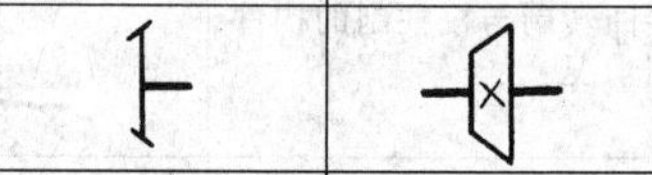		
c）挠性齿轮	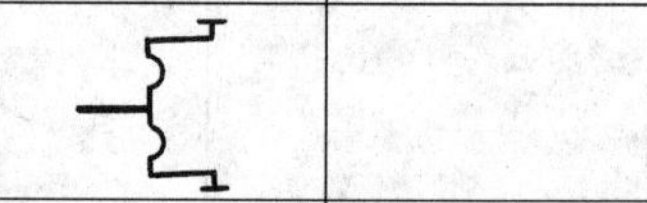		
齿轮符号 a）圆柱齿轮 （1）直齿	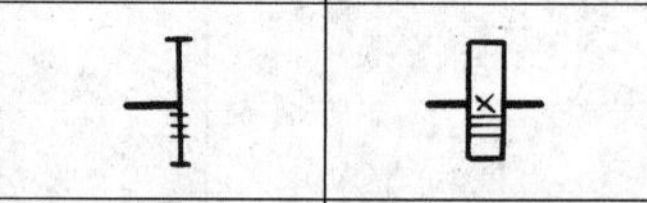		
（2）斜齿	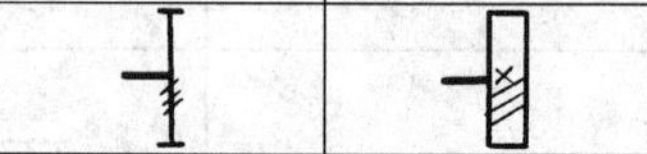		
（3）人字齿	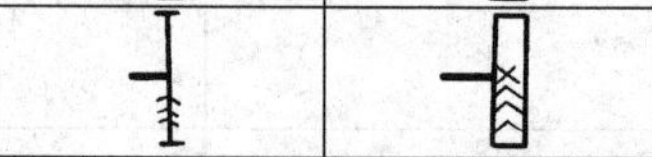		
b）锥齿轮 （1）直齿	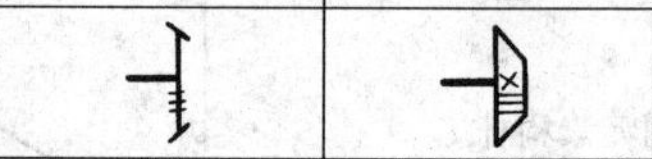		
（2）斜齿	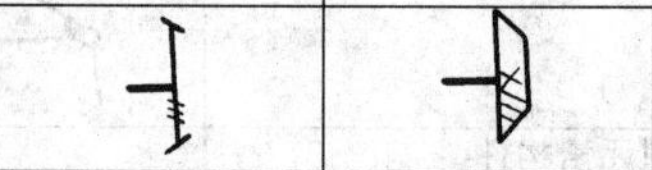		
（3）弧齿	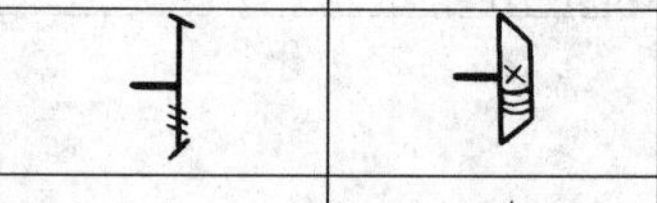		
齿条传动 a）一般表示	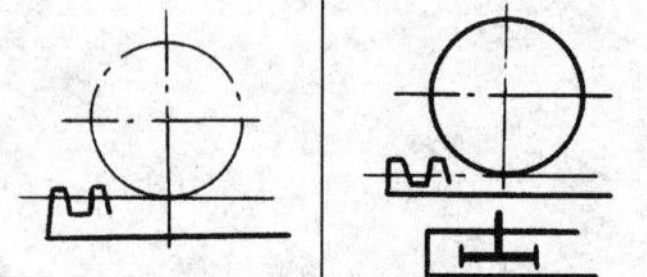		
b）蜗杆与蜗线齿条	同上	主视图同上 俯视图： 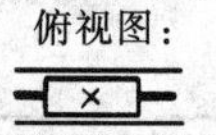	

（续）

名　　称	基本符号	可用符号	附注
c）齿条与蜗杆	同上	主视图同上 俯视图： 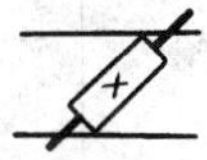	
齿轮传动（不指明齿线） a）圆柱齿轮	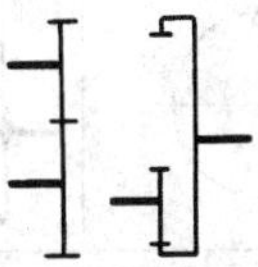	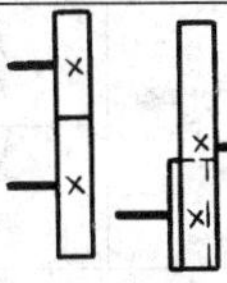	
b）非圆齿轮	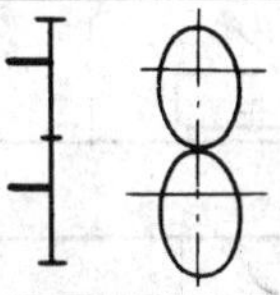	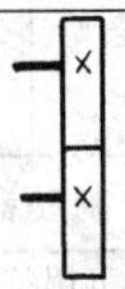	
c）锥齿轮	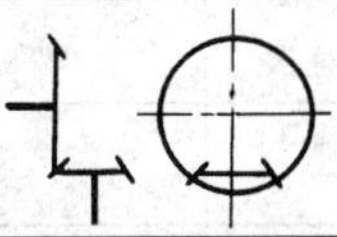	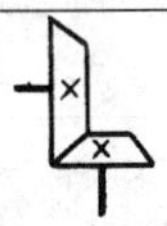	
d）准双曲面齿轮	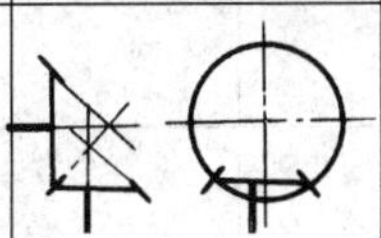	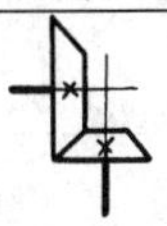	
e）蜗轮与圆柱蜗杆	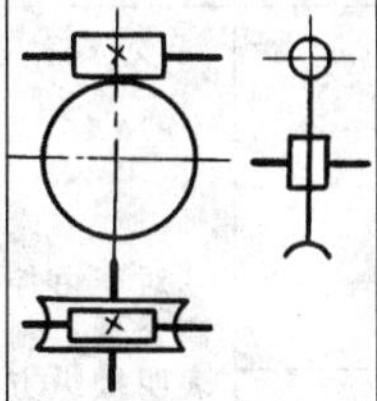	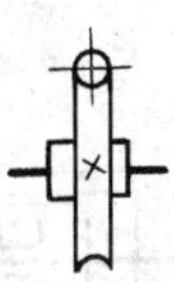	
f）蜗轮与球面蜗杆	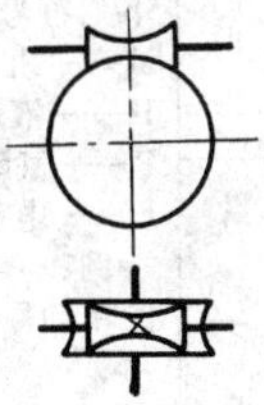	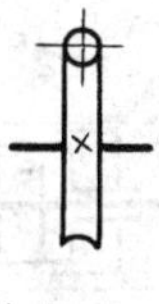	
g）螺旋齿轮	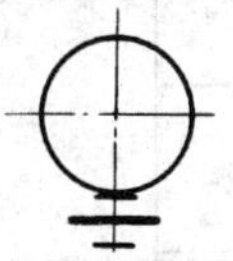	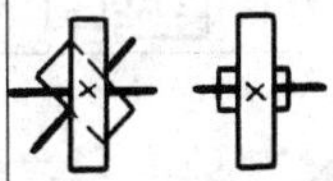	
扇形齿轮	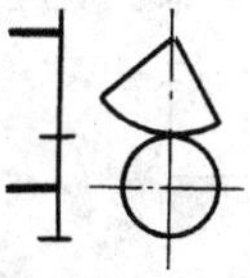	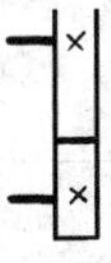	

4.3.6 凸轮机构、槽轮机构和棘轮机构

凸轮机构的符号，见表3.1-210。槽轮机构和棘轮机构符号，见表3.1-211。

表3.1-210 凸轮机构

名　　称	基本符号	可用符号	附　　注
盘形凸轮	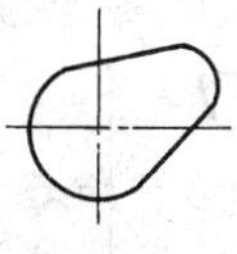		钩槽盘形凸轮 
移动凸轮	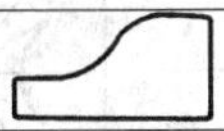		
与杆固定的凸轮	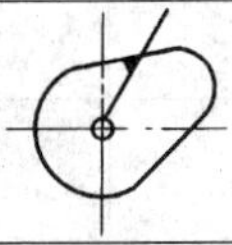		可调连接 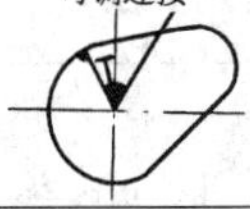
空间凸轮 a）圆柱凸轮	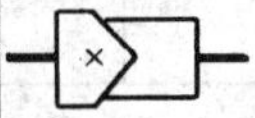	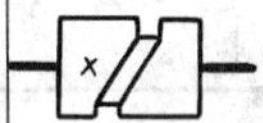	
b）圆锥凸轮		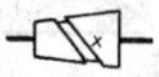	
c）双曲面凸轮	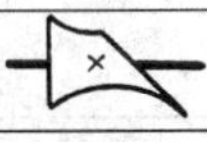	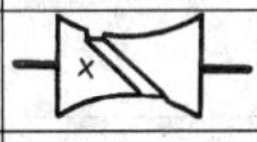	
凸轮从动杆 a）光顶从动杆（直动）	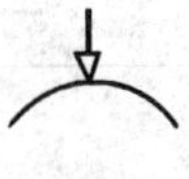		
b）曲面从动杆（直动）	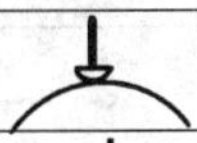		
c）滚子从动杆（直动）	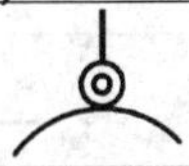		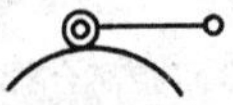
d）平底从动杆（直动）	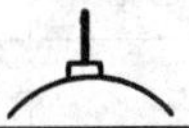		

4.3.7 联轴器、离合器及制动器（表3.1-212）

4.3.8 其他机构及组件

带传动、链传动等其他机构及其组件的符号，见表3.1-213。

4.3.9 应用示例

例1： 图3.1-47为振动式造型机的翻台机构。它有滑块1、连杆2、摇杆3、机架6组成的滑块摇杆机构和摇杆3、连杆4，另一摇杆5以及机架6组成的双摇杆机构组合而成。原动部分是滑块1，执行部分是连杆4。整个机构除活塞（滑块1）和气缸（机架6）组成移动副外，其余各构件的联接均为转动副。摇杆3为3副元素构件。当压缩空气推动活塞向左作直线运动时，翻台（构件4）将转动180°，翻到起模工作台上，以备起模。排出压缩空气，活塞反向运动，翻台复位。

例2： 机床主轴箱传动示意图（图3.1-48）。

例3： 单级圆柱齿轮减速器装配示意图(图3.1-49)。

表 3.1-211　槽轮机构和棘轮机构

名　　称	基本符号	可用符号	名　　称	基本符号	可用符号
槽轮机构一般符号	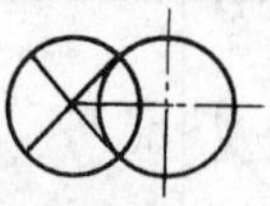		棘轮机构 a）外啮合	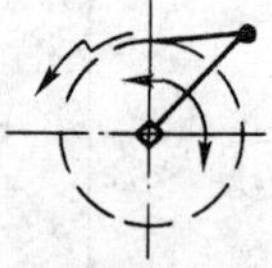	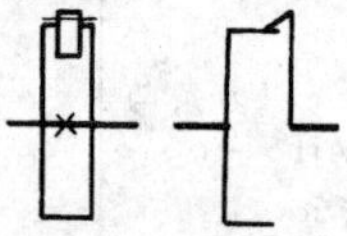
a）外啮合	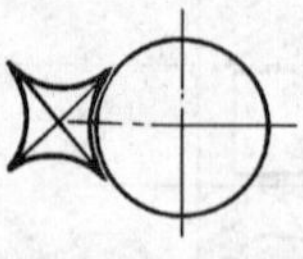		b）内啮合		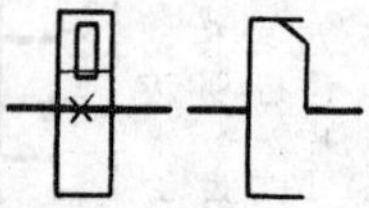
b）内啮合			c）棘齿条啮合	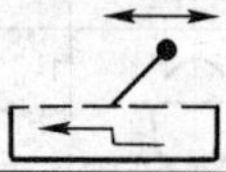	

表 3.1-212　联轴器、离合器及制动器

名　　称	基本符号	可用符号	附　　注
联轴器——一般符号（不指明类型）	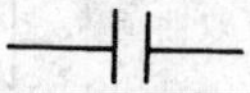		
固定联轴器	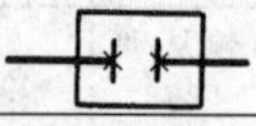		
可移式联轴器	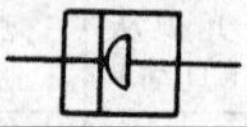		
弹性联轴器			
可控离合器	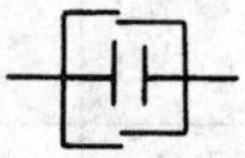		
啮合式离合器 a）单向式	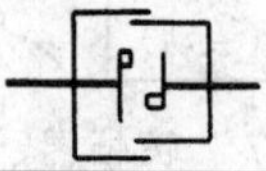	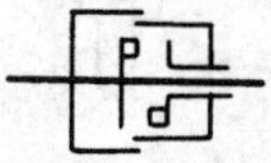	对于可控离合器、自动离合器、制动器，当需要表明操纵方式时，可使用下列符号： M——机动的 H——液动的 P——气动的 E——电动的（如电磁） 例：具有气动开关启动的单向摩擦离合器 
b）双向式	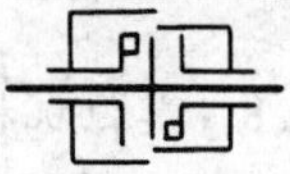		
摩擦离合器 a）单向式	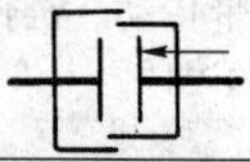	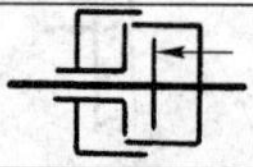	
b）双向式	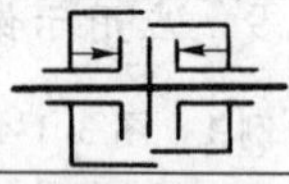	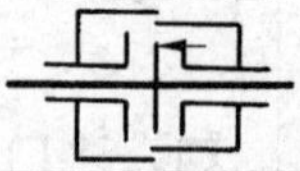	
液压离合器一般符号	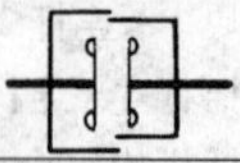		
电磁离合器	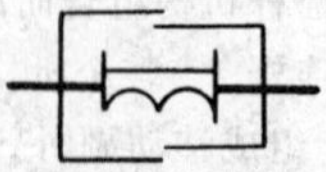		
自动离合器一般符号	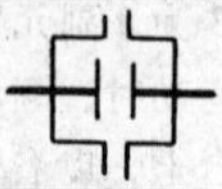		
离心摩擦离合器	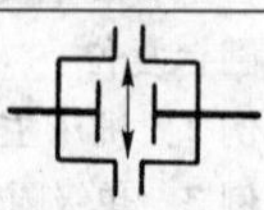		

（续）

名　　称	基本符号	可用符号	附　　注
超越离合器	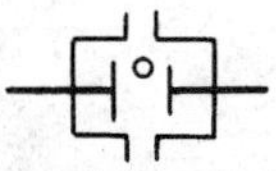		对于可控离合器、自动离合器、制动器，当需要表明操纵方式时，可使用下列符号： M——机动的 H——液动的 P——气动的 E——电动的（如电磁） 例：具有气动开关启动的单向摩擦离合器 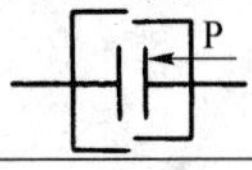
安全离合器 a）带有易损元件	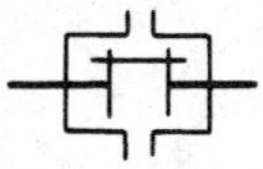		
b）不带易损元件	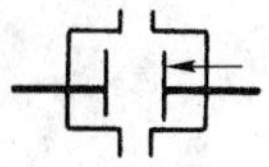		
制动器一般符号	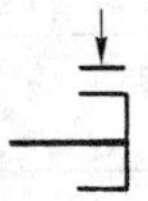		不规定制动器外观

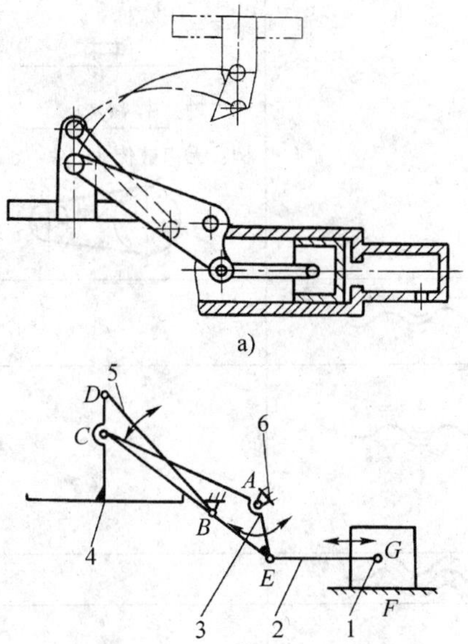

图 3.1-47　振动式造型机翻台机构
a）装配图　b）示意图

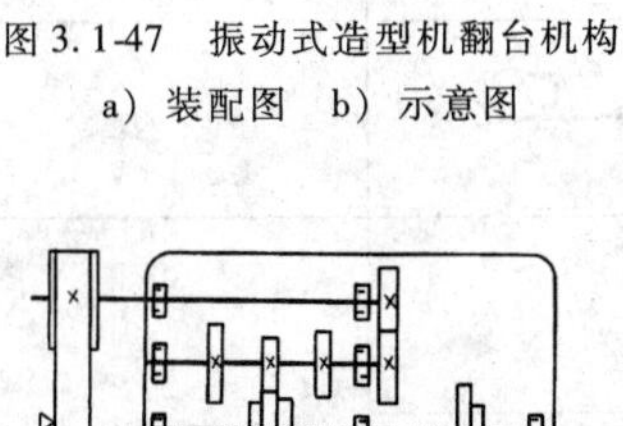

图 3.1-48　机床主轴箱传动示意图

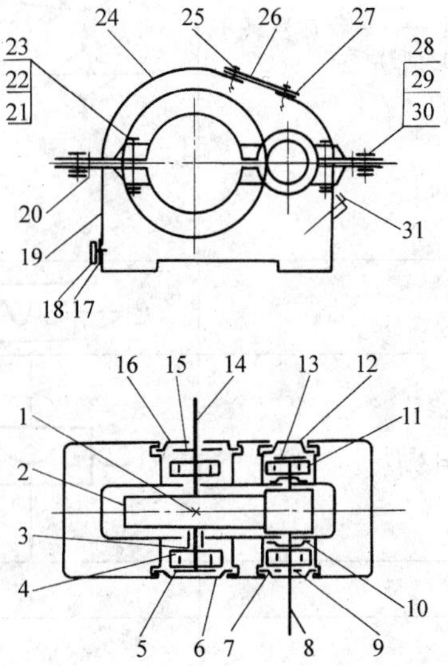

图 3.1-49　圆柱齿轮减速器装配示意图
1—键　2—从动齿轮　3—套筒　4—滚动轴承　5—调节环　6、7、12—端盖　8—主动齿轮轴　9、15—油封　10—挡油环　11—滚动轴承　13—调整环　14—从动轴　16—透盖　17、21、30—垫圈　18—螺塞　19—箱体　20—圆锥销　22—螺母　23、28—螺栓　24—箱盖　25—螺钉　26—视孔盖　27—垫片　29—螺母　31—油标

表 3.1-213　其他机构及其组件

名　　称	基本符号	可用符号	附　　注
带传动——一般符号（不指明带的类型）	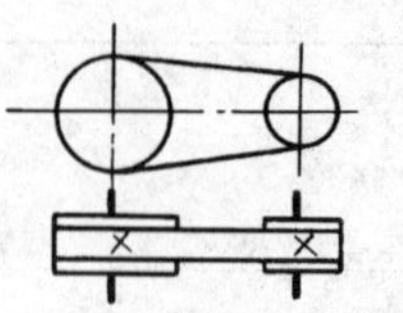		若需要指明带类型可采用下列符号： V带  圆带  同步齿形带 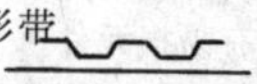 平带  例：V带传动 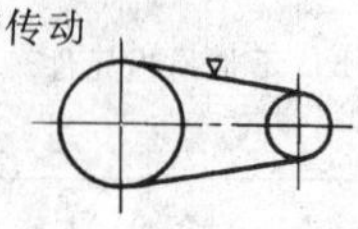
轴上的宝塔轮	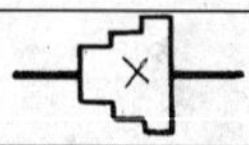		
链传动——一般符号（不指明链的类型）	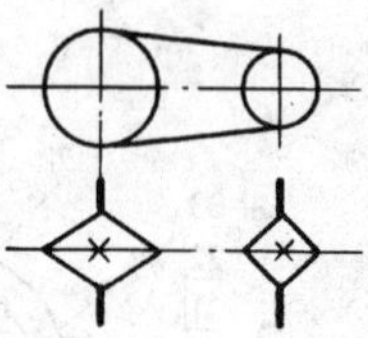		若需指明链条类型，可采用下列符号： 环形链  滚子链 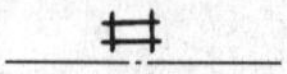 无声链  例：无声链传动 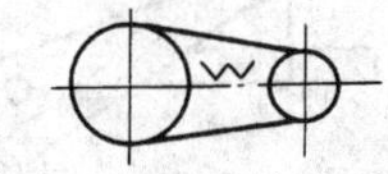
螺杆传动 a）整体螺母	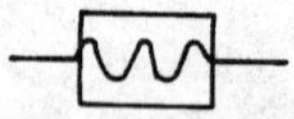		
b）开合螺母	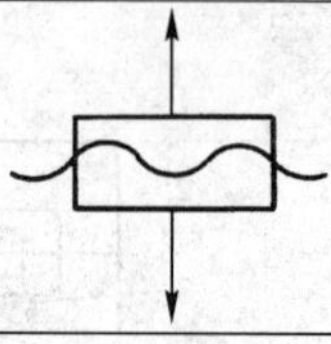		
c）滚珠螺母			
轴承 向心轴承 a）普通轴承	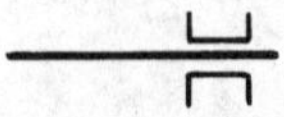		
b）滚动轴承	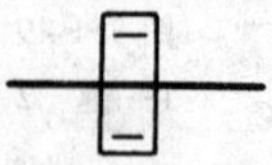		
推力轴承 a）单向推力普通轴承	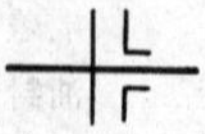		
b）双向推力普通轴承	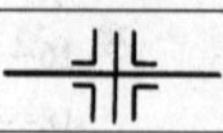		若有需要，可指明轴承型号
c）推力滚动轴承	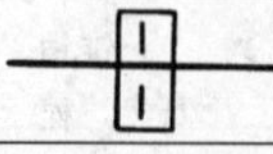		
向心推力轴承 a）单向向心推力普通轴承	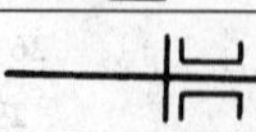		

（续）

名　　称	基本符号	可用符号	附　　注
b）双向向心推力普通轴承	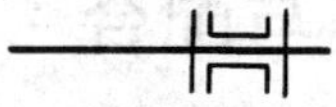		若有需要，可指明轴承型号
c）向心推力滚动轴承	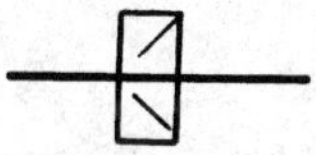	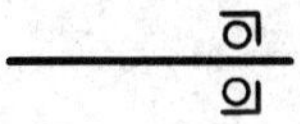	
挠性轴			可以只画一部分 
轴上飞轮	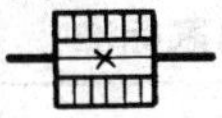	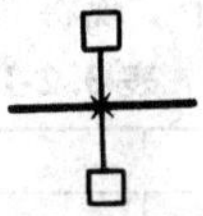	
分度头	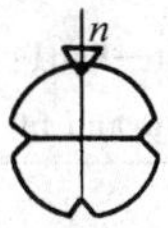		n 为分度数
原动机 a）通用符号（不指明类型）	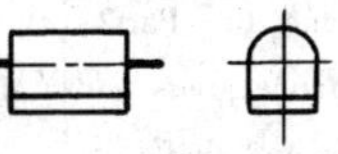		
b）电动机——一般符号	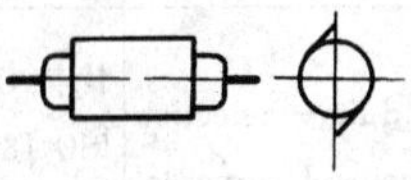		
c）装在支架上的电动机	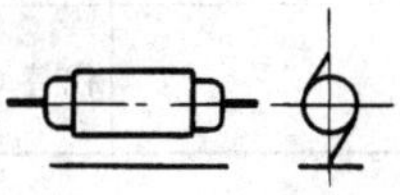		

第 2 章　公差与配合

1　极限与配合

1.1　极限与配合标准的主要内容

极限与配合国家标准目前共有 4 个。现将其主要内容归纳介绍，见表 3.2-1。

表 3.2-1　极限与配合国家标准

序号	国家标准	ISO 标准	代替原国标和采用 ISO 标准程度
1	GB/T 1800.1—2009 产品几何技术规范（GPS）　极限与配合　第 1 部分：公差、偏差和配合的基础	ISO 286—1：1988 ISO system of limits and fit—Part1：Bases of tolerances，deviations and fit	代替 GB/T 1800.1—1997，GB/T 1800.2—1998，GB/T 1800.3—1998；修改采用（MOD）ISO 286—1：1988
2	GB/T 1800.2—2009 产品几何技术规范（GPS）　极限与配合　第 2 部分：标准公差等级和孔、轴极限偏差表	ISO 286—2：1988 ISO system of limits and fit—Part2：Tables of standard tolerance grads and limit deviations for holes and shafts	代替 GB/T 1800.4—1999 修改采用（MOD）ISO 286—2：1988
3	GB/T 1801—2009 产品几何技术规范（GPS）　极限与配合　公差带和配合的选择	ISO 1829：1975 ISO system of limits and fits—Selection of tolerance zones for general purposes	代替 GB/T 1801—1999 修改采用（MOD）ISO 1829：1975
4	GB/T 1803—2003 极限与配合　尺寸至 18mm 孔、轴公差带		代替 GB/T 1803—1979

1.1.1　术语和定义（表 3.2-2）

表 3.2-2　术语和定义（GB/T 1800.1—2009）

序号	术语	定　义
1	尺寸要素	由一定大小的线性尺寸或角度尺寸确定的几何形状 ［GB/T 18780.1—2002 中 2.2］
2	实际（组成）要素	由接近实际（组成）要素所限定的工件实际表面的组成要素部分 ［GB/T 18780.1—2002 中 2.4.1］
3	提取组成要素	按规定方法，由实际（组成）要素提取有限数目的点所形成的实际（组成）要素的近似替代 ［GB/T 1878.1—2002 中 2.5］
4	拟合组成要素	按规定方法，由提取组成要素形成的并具有理想形状的组成要素 ［GB/T 18780.1—2002 中 2.6］
5	轴	通常，指工件的圆柱形外尺寸要素，也包括非圆柱形的外尺寸要素（由二平行平面或切面形成的被包容面）
6	基准轴	在基轴制配合中选作基准的轴 注：对本标准，即上极限偏差为零的轴
7	孔	通常，指工件的圆柱形内尺寸要素，也包括非圆柱形的内尺寸要素（由二平行平面或切面形成的包容面）
8	基准孔	在基孔制配合中选作基准的孔 注：对本标准，即极限下偏差为零的孔

（续）

序号	术语	定　义
9	尺寸	以特定单位表示线性尺寸值的数值
10	公称尺寸	由图样规范确定的理想形状要素的尺寸 注 1：通过它应用上、下极限偏差可计算出极限尺寸。 注 2：公称尺寸可以是一个整数或一个小数值，例如 32，15，8.75，0.5……
11	提取组成要素的局部尺寸	一切提取组成要素上两对应点之间距离的统称 注：为方便起见，可将提取组成要素的局部尺寸简称为提取要素的局部尺寸
12	提取圆柱面的局部尺寸	要素上两对应点之间的距离。其中：两对应点之间的连线通过拟合圆圆心；横截面垂直于由提取表面得到的拟合圆柱面的轴线 [GB/T 18780.2—2003 中 3.5]
13	两平行提取表面的局部尺寸	两平行对应提取表面上两对应点之间的距离。其中：所有对应点的连线均垂直于拟合中心平面；拟合中心平面是由两平行提取表面得到的两拟合平行平面的中心平面（两拟合平行平面之间的距离可能与公称距离不同） [GB/T 18780.2—2003 中 3.6]
14	极限尺寸	尺寸要素允许的尺寸的两个极端。提取组成要素的局部尺寸应位于其中，也可达到极限尺寸
15	上极限尺寸	尺寸要素允许的最大尺寸 注：在以前的版本中，上极限尺寸称为最大极限尺寸
16	下极限尺寸	尺寸要素允许的最小尺寸 注：在以前的版本中，下极限尺寸称为最小极限尺寸
17	极限制	经标准化的公差与偏差制度
18	零线	在极限与配合图解中，表示公称尺寸的一条直线，以其为基准确定偏差和公差 通常，零线沿水平方向绘制，正偏差位于其上，负偏差位于其下
19	偏差	某一尺寸减其公称尺寸所得的代数差
20	极限偏差	上极限偏差和下极限偏差 注：轴的上、下极限偏差代号用小写字母 es，ei；孔的上、下极限偏差代号用大写字母 ES，EI 表示
21	上极限偏差（ES，es）	上极限尺寸减其公称尺寸所得的代数差 注：在以前的版本中，上极限偏差称为上偏差
22	下极限偏差（EI，ei）	下极限尺寸减其公称尺寸所得的代数差 注：在以前的版本中，下极限偏差称为下偏差
23	基本偏差	在本标准极限与配合制中，确定公差带相对零线位置的那个极限偏差 注：它可以是上极限偏差或下极限偏差，一般为靠近零线的那个偏差
24	尺寸公差（简称公差）	上极限尺寸减下极限尺寸之差，或上极限偏差减下极限偏差之差。它是允许尺寸的变动量 注：尺寸公差是一个没有符号的绝对值
25	标准公差（IT）	本标准极限与配合制中，所规定的任一公差 注：字母 IT 为“国际公差”的英文缩略语
26	标准公差等级	在本标准极限与配合制中，同一公差等级（例如 IT7）对所有公称尺寸的一组公差被认为具有同等精确程度
27	公差带	在公差带图解中，由代表上极限偏差和下极限偏差或上极限尺寸和下极限尺寸的两条直线所限定的一个区域。它是由公差大小和其相对零线的位置如基本偏差来确定

（续）

序号	术语	定　义
28	标准公差因子（i，I）	在本标准极限与配合制中，用以确定标准公差的基本单位，该因子是公称尺寸的函数 注：1. 标准公差因子 i 用于公称尺寸至500mm 2. 标准公差因子 I 用于公称尺寸大于500mm
29	间隙	孔的尺寸减去相配合的轴的尺寸之差为正
30	最小间隙	在间隙配合中，孔的下极限尺寸与轴的上极限尺寸之差
31	最大间隙	在间隙配合或过渡配合中，孔的上极限尺寸与轴的下极限尺寸之差
32	过盈	孔的尺寸减去相配合的轴的尺寸之差为负
33	最小过盈	在过盈配合中，孔的上极限尺寸与轴的下极限尺寸之差
34	最大过盈	在过盈配合或过渡配合中，孔的下极限尺寸与轴的上极限尺寸之差
35	配合	公称尺寸相同的，相互结合的孔和轴公差带之间的关系
36	间隙配合	具有间隙（包括最小间隙等于零）的配合。此时，孔的公差带在轴的公差带之上
37	过盈配合	具有过盈（包括最小过盈等于零）的配合。此时，孔的公差带在轴的公差带之下
38	过渡配合	可能具有间隙或过盈的配合。此时，孔的公差带与轴的公差带相互交叠
39	配合公差	组成配合的孔、轴公差之和。它是允许间隙或过盈的变动量 注：配合公差是一个没有符号的绝对值
40	配合制	同一极限制的孔和轴组成配合的一种制度
41	基轴制配合	基本偏差为一定的轴的公差带，与不同基本偏差的孔的公差带形成各种配合的一种制度 对本标准极限与配合制，是轴的上极限尺寸与公称尺寸相等，轴的上极限偏差为零的一种配合制
42	基孔制配合	基本偏差为一定的孔的公差带，与不同基本偏差的轴的公差带形成各种配合的一种制度 对本标准极限与配合制，是孔的下极限尺寸与公称尺寸相等，孔的下极限偏差为零的一种配合制

部分有关术语和定义的进一步解释

（1）轴、孔

图3.2-1上方的光滑圆柱形外、内尺寸要素是轴、孔，这很容易理解；而它们也包括非圆柱形的外、内尺寸要素（由二平行平面或切面形成的被包容面、包容面）就较难理解了。图3.2-1中间注尺寸的普通平键键宽的二平行平面，按照轴的定义亦为外尺寸要素；注尺寸键槽宽的二平行平面，按照孔的定义亦为内尺寸要素。图3.2-1下方注尺寸的矩形花键轴键宽的两平行平面，以及其大、小径相对应的断续圆柱形外表面，按照轴的定义均为外尺寸要素；注尺寸的矩形花键孔键槽宽的二平行平面，以及其大、小径相对应的断续圆柱形内表面，按照孔的定义均为内尺寸要素。之所以把轴、孔的定义这样扩大，主要是为了便于对这种具有被包容面性质的单一尺寸采用轴的公差带，对这种具有包容面性质的单一尺寸采用孔的公差带。

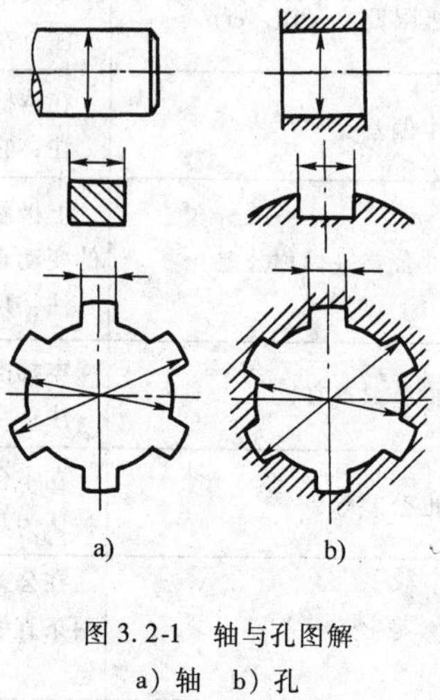

图3.2-1　轴与孔图解
a）轴　b）孔

（2）偏差和尺寸公差

由表 3.2-2 可见，偏差是以某一尺寸为被减数，其公称尺寸为减数，两者相减所得的代数差。按照代数学定义："a 与 b 两个数无论是正还是负，$a-b$ 即称之为 a 与 b 的代数差；而算术差为一个大数减去一个较小的数之余"。上极限尺寸、下极限尺寸或实际尺寸都有可能比公称尺寸大，有可能比公称尺寸小，也可能与公称尺寸相等，所以此处用代数差是合适的。

尺寸公差是一个没有数学性质符号的绝对值。如图 3.2-2 所示，无论公称尺寸为 50mm 的两个极限偏差均为正、均为负、一正一负、一正一零或一零一负，其尺寸公差均为 0.02mm 这样一段允许尺寸的变动量。按照代数学定义，不管数的符号为正为负，数的绝对值只讲其大小。据此，不应把尺寸公差作为正值，不能在尺寸公差数值之前冠以正号，若把尺寸公差称作"正公差"或"负公差"，那就更是错误了。

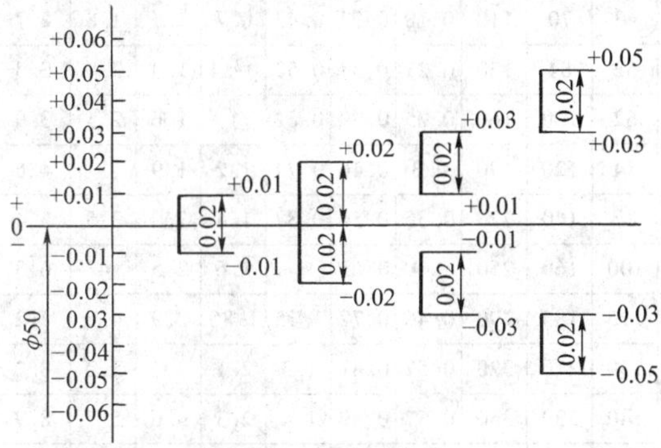

图 3.2-2　尺寸公差图解

（3）标准公差等级

标准公差等级在极限与配合制中，应是对尺寸精确程度所作的一种排序，宜理解为标准公差分级而"同一公差等级（例如 IT7）对所有公称尺寸的一组公差被认为具有同等精确程度"只是对其进一步说明，GB/T 1800.1—2009 只把上述进一步说明作为标准公差等级的定义，作者认为有所不足。

（4）标准公差因子

标准公差因子是确定标准公差的基本单位，公称尺寸至 500mm 的标准公差因子计算式为：$i=0.45\times\sqrt[3]{D}+0.001D$；公称尺寸大于 500mm 至 3150mm 的标准公差因子计算式为：$I=0.004D+2.1$，由上述两个计算式可见，无论标准公差因子 i 或 I，它们都是公称尺寸 D（公称尺寸段的几何平均值）的函数，式中 D 以 mm 为单位代入，计算结果以 μm 表示（式中已经过单位换算）。各标准公差等级的公差数值（公称尺寸至 500mm 的 IT01 至 IT4 除外）均为该标准公差因子 i 或 I 的若干倍，经过标准中规定的修约规则而得。

（5）间隙、过盈

由表 3.2-2 可见，无论间隙或过盈，孔的尺寸均作为被减数，相配合的轴的尺寸均作为减数，间隙是两者之差为正，过盈是两者之差为负。

在代数学中，一个数由其值与数学性质符号（正或负）所构成，如"+2"或"−2"这两个数，其大小均为2。在间隙或过盈计算中，如孔的尺寸减去相配合的轴的尺寸为"+0.02mm"，则表示此配合的间隙为 0.02mm；如孔的尺寸减去相配合的轴的尺寸为"−0.02mm"，则表示配合的过盈为 0.02mm。如某一配合孔与轴之差为"−0.035mm"，另一配合孔与轴之差为"−0.001mm"，前者表示过盈为 0.035mm，后者表示过盈为 0.001mm，自然前者过盈大，后者过盈小。

（6）配合

GB/T 1800.1—2009 对此术语基本采用原来标准 GB/T 1800.1—1997 的定义，该定义与 ISO/286—1:1988 国际标准相应术语的定义不同。由表 3.2-2 可见，它是指公称尺寸相同的，相互结合的孔和轴公差带之间的相对位置关系，如图 3.2-3。它不是指单个孔与单个轴的结合关系，而是从区分配合类别的角度进行定义的。孔的公差带在轴的公差带之上的，为间隙配合（图 3.2-3a）；孔的公差带在轴的公差带之下的，为过盈配合（图 3.2-3b）；孔的公差带与轴的公差带相互交叠的，为过渡配合（图 3.2-3c）。单个孔与单个轴相互结合后只能具有间隙或者具有过盈，不可能过渡其间，如有间隙，则该结合可

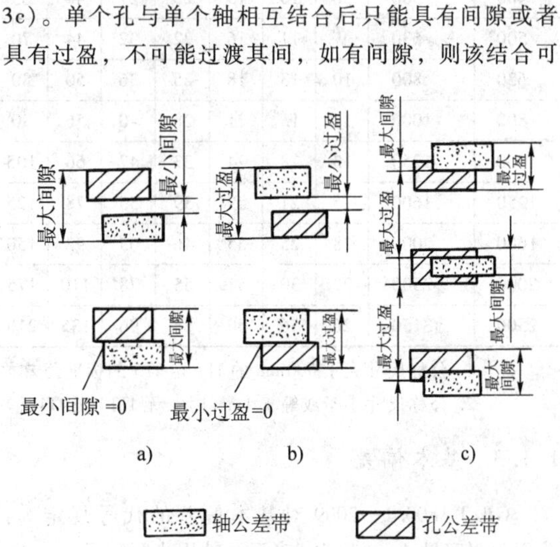

图 3.2-3　配合类别

a）间隙配合　b）过盈配合　c）过渡配合

能属于间隙配合类，也可能属于过渡配合类；如有过盈，则该结合可能属于过盈配合类，也可能属于过渡配合类。

1.1.2　标准公差

GB/T 1800. 1—2009 规定标准公差等级代号用符号 IT（国际公差 International Tolerance 的缩略语）和数字组成，例如 IT7。当其与代表基本偏差的字母一起组成公差带时，省略 IT 字母，如 h7。

GB/T 1800. 1—2009 将标准公差分为 IT01、IT0、IT1 至 IT18 共 20 级。GB/T 1800. 1—2009 的正文列出了公称尺寸至 3150mm 的 IT1 至 IT18 级的标准公差数值，见表 3. 2-3。标准公差等级 IT01 和 IT0 在工业中很少用到，所以在 GB/T 1800. 1—2009 的正文中没有给出该两公差等级的标准公差数值，但为满足使用者需要，在 GB/T 1800. 1—2009 的附录 A 中给出了这些数值，而且公称尺寸只至 500mm，见表 3. 2-4。

GB/T 1801—2009 的附录 C 提供了公称尺寸大于 3150mm 至 10000mm IT6 至 IT18 的标准公差数值，见表 3. 2-5，供参考使用。

表 3. 2-3　公称尺寸至 3150mm 的标准公差数值

公称尺寸/mm		标准公差等级																	
		IT1	IT2	IT3	IT4	IT5	IT6	IT7	IT8	IT9	IT10	IT11	IT12	IT13	IT14	IT15	IT16	IT17	IT18
大于	至	μm											mm						
—	3	0.8	1.2	2	3	4	6	10	14	25	40	60	0.1	0.14	0.25	0.4	0.6	1	1.4
3	6	1	1.5	2.5	4	5	8	12	18	30	48	75	0.12	0.18	0.3	0.48	0.75	1.2	1.8
6	10	1	1.5	2.5	4	6	9	15	22	36	58	90	0.15	0.22	0.36	0.58	0.9	1.5	2.2
10	18	1.2	2	3	5	8	11	18	27	43	70	110	0.18	0.27	0.43	0.7	1.1	1.8	2.7
18	30	1.5	2.5	4	6	9	13	21	33	52	84	130	0.21	0.33	0.52	0.84	1.3	2.1	3.3
30	50	1.5	2.5	4	7	11	16	25	39	62	100	160	0.25	0.39	0.62	1	1.6	2.5	3.9
50	80	2	3	5	8	13	19	30	46	74	120	190	0.3	0.46	0.74	1.2	1.9	3	4.6
80	120	2.5	4	6	10	15	22	35	54	87	140	220	0.35	0.54	0.87	1.4	2.2	3.5	5.4
120	180	3.5	5	8	12	18	25	40	63	100	160	250	0.4	0.63	1	1.6	2.5	4	6.3
180	250	4.5	7	10	14	20	29	46	72	115	185	290	0.46	0.72	1.15	1.85	2.9	4.6	7.2
250	315	6	8	12	16	23	32	52	81	130	210	320	0.52	0.81	1.3	2.1	3.2	5.2	8.1
315	400	7	9	13	18	25	36	57	89	140	230	360	0.57	0.89	1.4	2.3	3.6	5.7	8.9
400	500	8	10	15	20	27	40	63	97	155	250	400	0.63	0.97	1.55	2.5	4	6.3	9.7
500	630	9	11	16	22	32	44	70	110	175	280	440	0.7	1.1	1.75	2.8	4.4	7	11
630	800	10	13	18	25	36	50	80	125	200	320	500	0.8	1.25	2	3.2	5	8	12.5
800	1000	11	15	21	28	40	56	90	140	230	360	560	0.9	1.4	2.3	3.6	5.6	9	14
1000	1250	13	18	24	33	47	66	105	165	260	420	660	1.05	1.65	2.6	4.2	6.6	10.5	16.5
1250	1600	15	21	29	39	55	78	125	195	310	500	780	1.25	1.95	3.1	5	7.8	12.5	19.5
1600	2000	18	25	35	46	65	92	150	230	370	600	920	1.5	2.3	3.7	6	9.2	15	23
2000	2500	22	30	41	55	78	110	175	280	440	700	1100	1.75	2.8	4.4	7	11	17.5	28
2500	3150	26	36	50	68	96	135	210	330	540	860	1350	2.1	3.3	5.4	8.6	13.5	21	33

注：1. 公称尺寸大于 500mm 的 IT1 至 IT5 的标准公差数值为试行的。

2. 公称尺寸小于或等于 1mm 时，无 IT14 至 IT18。

1.1.3　基本偏差

GB/T 1800. 1—2009 对基本偏差的代号规定为：孔用大写字母 A，…，ZC 表示；轴用小写字母 a，…，zc 表示（图 3. 2-4），各 28 个。其中，H 代表基准孔的基本偏差代号，h 代表基准轴的基本偏差代号。

GB/T 1800. 1—2009 给出了公称尺寸至 3150mm 的轴的基本偏差数值，见表 3. 2-6；以及孔的基本偏差数值，见表 3. 2-7。

GB/T 1801—2009 的附录 C 提供了公称尺寸大于 3150mm 至 10000mm 的孔、轴基本偏差数值（表 3. 2-8），供参考使用。

表 3. 2-4　IT01 和 IT0 的标准公差数值

基本尺寸 /mm		标准公差等级		基本尺寸 /mm		标准公差等级	
		IT01	IT0			IT01	IT0
大于	至	公差/μm		大于	至	公差/μm	
—	3	0.3	0.5	80	120	1	1.5
3	6	0.4	0.6	120	180	1.2	2
6	10	0.4	0.6	180	250	2	3
10	18	0.5	0.8	250	315	2.5	4
18	30	0.6	1	315	400	3	5
30	50	0.6	1	400	500	4	6
50	80	0.8	1.2				

表 3. 2-5　公称尺寸大于 3150mm 至 10000mm 的标准公差数值

基本尺寸/mm		公差等级												
		IT6	IT7	IT8	IT9	IT10	IT11	IT12	IT13	IT14	IT15	IT16	IT17	IT18
大于	至	μm						mm						
3150	4000	165	260	410	660	1050	1650	2.60	4.10	6.6	10.5	16.5	26.0	41.0
4000	5000	200	320	500	800	1300	2000	3.20	5.00	8.0	13.0	20.0	32.0	50.0
5000	6300	250	400	620	980	1550	2500	4.00	6.20	9.8	15.5	25.0	40.0	62.0
6300	8000	310	490	760	1200	1950	3100	4.90	7.60	12.0	19.5	31.0	49.0	76.0
8000	10000	380	600	940	1500	2400	3800	6.00	9.40	15.0	24.0	38.0	60.0	94.0

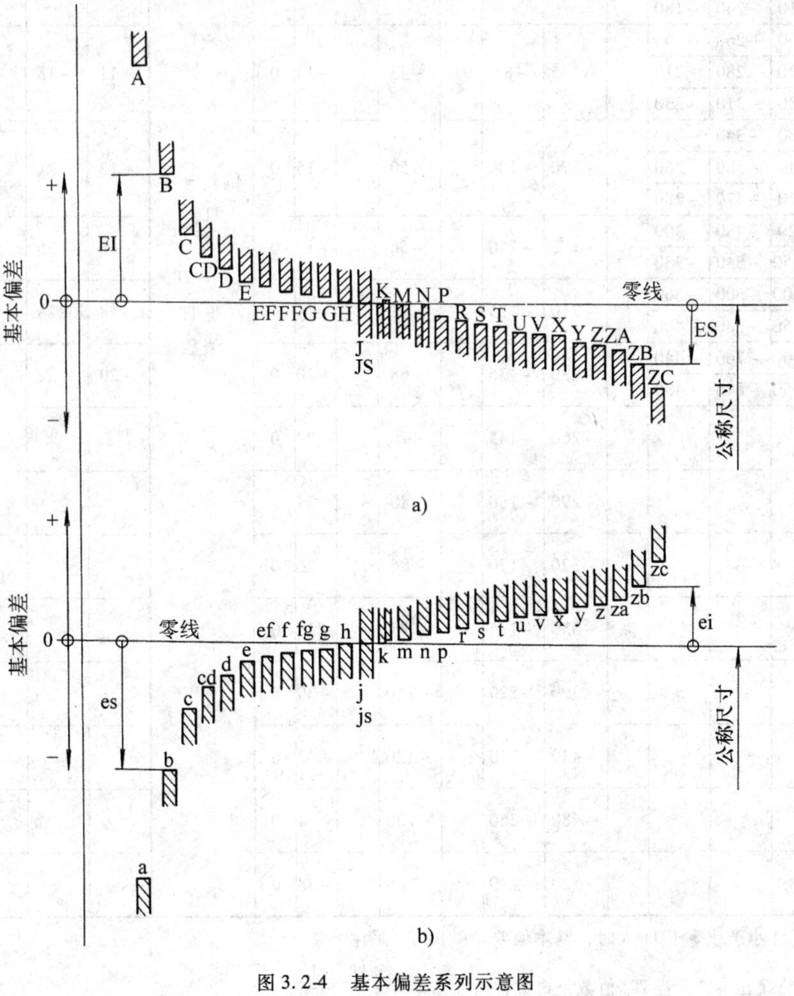

图 3. 2-4　基本偏差系列示意图

a) 孔　b) 轴

表 3.2-6 轴的

公称尺寸/mm		基本偏差数值（上极限偏差 es）																
		所有标准公差等级												IT5和IT6	IT7	IT8	IT4至IT7	≤IT3 >IT7
大于	至	a	b	c	cd	d	e	ef	f	fg	g	h	js	j			k	
—	3	-270	-140	-60	-34	-20	-14	-10	-6	-4	-2	0	偏差 = ±$\frac{IT_n}{2}$，式中 IT_n 是 IT 值数	-2	-4	-6	0	0
3	6	-270	-140	-70	-46	-30	-20	-14	-10	-6	-4	0		-2	-4		+1	0
6	10	-280	-150	-80	-56	-40	-25	-18	-13	-8	-5	0		-2	-5		+1	0
10	14	-290	-150	-95		-50	-32		-16		-6	0		-3	-6		+1	0
14	18																	
18	24	-300	-160	-110		-65	-40		-20		-7	0		-4	-8		+2	0
24	30																	
30	40	-310	-170	-120		-80	-50		-25		-9	0		-5	-10		+2	0
40	50	-320	-180	-130														
50	65	-340	-190	-140		-100	-60		-30		-10	0		-7	-12		+2	0
65	80	-360	-200	-150														
80	100	-380	-220	-170		-120	-72		-36		-12	0		-9	-15		+3	0
100	120	-410	-240	-180														
120	140	-460	-260	-200		-145	-85		-43		-14	0		-11	-18		+3	0
140	160	-520	-280	-210														
160	180	-580	-310	-230														
180	200	-660	-340	-240		-170	-100		-50		-15	0		-13	-21		+4	0
200	225	-740	-380	-260														
225	250	-820	-420	-280														
250	280	-920	-480	-300		-190	-110		-56		-17	0		-16	-26		+4	0
280	315	-1050	-540	-330														
315	355	-1200	-600	-360		-210	-125		-62		-18	0		-18	-28		+4	0
355	400	-1350	-680	-400														
400	450	-1500	-760	-440		-230	-135		-68		-20	0		-20	-32		+5	0
450	500	-1650	-840	-480														
500	560					-260	-145		-76		-22	0					0	0
560	630																	
630	710					-290	-160		-80		-24	0					0	0
710	800																	
800	900					-320	-170		-86		-26	0					0	0
900	1000																	
1000	1120					-350	-195		-98		-28	0					0	0
1120	1250																	
1250	1400					-390	-220		-110		-30	0					0	0
1400	1600																	
1600	1800					-430	-240		-120		-32	0					0	0
1800	2000																	
2000	2240					-480	-260		-130		-34	0					0	0
2240	2500																	
2500	2800					-520	-290		-145		-38	0					0	0
2800	3150																	

注：1. 公称尺寸小于或等于 1mm 时，基本偏差 a 和 b 均不采用。

2. 公差带 js7 至 js11，若 IT_n 值数是奇数，则取偏差 = ±$\frac{IT_n-1}{2}$。

基本偏差数值

（μm）

基本偏差数值（下极限偏差 ei）

所有标准公差等级													
m	n	p	r	s	t	u	v	x	y	z	za	zb	zc
+2	+4	+6	+10	+14		+18		+20		+26	+32	+40	+60
+4	+8	+12	+15	+19		+23		+28		+35	+42	+50	+80
+6	+10	+15	+19	+23		+28		+34		+42	+52	+67	+97
+7	+12	+18	+23	+28		+33		+40		+50	+64	+90	+130
							+39	+45		+60	+77	+108	+150
+8	+15	+22	+28	+35		+41	+47	+54	+63	+73	+98	+136	+188
					+41	+48	+55	+64	+75	+88	+118	+160	+218
+9	+17	+26	+34	+43	+48	+60	+68	+80	+94	+112	+148	+200	+274
					+54	+70	+81	+97	+114	+136	+180	+242	+325
+11	+20	+32	+41	+53	+66	+87	+102	+122	+144	+172	+226	+300	+405
			+43	+59	+75	+102	+120	+146	+174	+210	+274	+360	+480
+13	+23	+37	+51	+71	+91	+124	+146	+178	+214	+258	+335	+445	+585
			+54	+79	+104	+144	+172	+210	+254	+310	+400	+525	+690
+15	+27	+43	+63	+92	+122	+170	+202	+248	+300	+365	+470	+620	+800
			+65	+100	+134	+190	+228	+280	+340	+415	+535	+700	+900
			+68	+108	+146	+210	+252	+310	+380	+465	+600	+780	+1000
+17	+31	+50	+77	+122	+166	+236	+284	+350	+425	+520	+670	+880	+1150
			+80	+130	+180	+258	+310	+385	+470	+575	+740	+960	+1250
			+84	+140	+196	+284	+340	+425	+520	+640	+820	+1050	+1350
+20	+34	+56	+94	+158	+218	+315	+385	+475	+580	+710	+920	+1200	+1550
			+98	+170	+240	+350	+425	+525	+650	+790	+1000	+1300	+1700
+21	+37	+62	+108	+190	+268	+390	+475	+590	+730	+900	+1150	+1500	+1900
			+114	+208	+294	+435	+530	+660	+820	+1000	+1300	+1650	+2100
+23	+40	+68	+126	+232	+330	+490	+595	+740	+920	+1100	+1450	+1850	+2400
			+132	+252	+360	+540	+660	+820	+1000	+1250	+1600	+2100	+2600
+26	+44	+78	+150	+280	+400	+600							
			+155	+310	+450	+660							
+30	+50	+88	+175	+340	+500	+740							
			+185	+380	+560	+840							
+34	+56	+100	+210	+430	+620	+940							
			+220	+470	+680	+1050							
+40	+66	+120	+250	+520	+780	+1150							
			+260	+580	+840	+1300							
+48	+78	+140	+300	+640	+960	+1450							
			+330	+720	+1050	+1600							
+58	+92	+170	+370	+820	+1200	+1850							
			+400	+920	+1350	+2000							
+68	+110	+195	+440	+1000	+1500	+2300							
			+460	+1100	+1650	+2500							
+76	+135	+240	+550	+1250	+1900	+2900							
			+580	+1400	+2100	+3200							

表 3.2-7　孔的

公称尺寸/mm		基本偏差数值（下极限偏差 EI）																				
		所有标准公差等级												IT6	IT7	IT8	≤IT8	>IT8	≤IT8	>IT8	≤IT8	>IT8
大于	至	A	B	C	CD	D	E	EF	F	FG	G	H	JS	J			K		M		N	
—	3	+270	+140	+60	+34	+20	+14	+10	+6	+4	+2	0	偏差=±$\frac{IT_n}{2}$，式中 IT_n 是IT值数	+2	+4	+6	0	0	−2	−2	−4	−4
3	6	+270	+140	+70	+46	+30	+20	+14	+10	+6	+4	0		+5	+6	+10	−1+Δ		−4+Δ	−4	−8+Δ	0
6	10	+280	+150	+80	+56	+40	+25	+18	+13	+8	+5	0		+5	+8	+12	−1+Δ		−6+Δ	−6	−10+Δ	0
10	14	+290	+150	+95		+50	+32		+16		+6	0		+6	+10	+15	−1+Δ		−7+Δ	−7	−12+Δ	0
14	18																					
18	24	+300	+160	+110		+65	+40		+20		+7	0		+8	+12	+20	−2+Δ		−8+Δ	−8	−15+Δ	0
24	30																					
30	40	+310	+170	+120		+80	+50		+25		+9	0		+10	+14	+24	−2+Δ		−9+Δ	−9	−17+Δ	0
40	50	+320	+180	+130																		
50	65	+340	+190	+140		+100	+60		+30		+10	0		+13	+18	+28	−2+Δ		−11+Δ	−11	−20+Δ	0
65	80	+360	+200	+150																		
80	100	+380	+220	+170		+120	+72		+36		+12	0		+16	+22	+34	−3+Δ		−13+Δ	−13	−23+Δ	0
100	120	+410	+240	+180																		
120	140	+460	+260	+200		+145	+85		+43		+14	0		+18	+26	+41	−3+Δ		−15+Δ	−15	−27+Δ	0
140	160	+520	+280	+210																		
160	180	+580	+310	+230																		
180	200	+660	+340	+240		+170	+100		+50		+50	0		+22	+30	+47	−4+Δ		−17+Δ	−17	−31+Δ	0
200	225	+740	+380	+260																		
225	250	+820	+420	+280																		
250	280	+920	+480	+300		+190	+110		+56		+17	0		+25	+36	+55	−4+Δ		−20+Δ	−20	−34+Δ	0
280	315	+1050	+540	+330																		
315	355	+1200	+600	+360		+210	+125		+62		+18	0		+29	+39	+60	−4+Δ		−21+Δ	−21	−37+Δ	0
355	400	+1350	+680	+400																		
400	450	+1500	+760	+440		+230	+135		+68		+20	0		+33	+43	+66	−5+Δ		−23+Δ	−23	−40+Δ	0
450	500	+1650	+840	+480																		
500	560					+260	+145		+76		+22	0					0		−26		−44	
560	630																					
630	710					+290	+160		+80		+24	0					0		−30		−50	
710	800																					
800	900					+320	+170		+86		+26	0					0		−34		−56	
900	1000																					
1000	1120					+350	+195		+98		+28	0					0		−40		−66	
1120	1250																					
1250	1400					+390	+220		+110		+30	0					0		−48		−78	
1400	1600																					
1600	1800					+430	+240		+120		+32	0					0		−58		−92	
1800	2000																					
2000	2240					+480	+260		+130		+34	0					0		−68		−110	
2240	2500																					
2500	2800					+520	+290		+145		+38	0					0		−76		−135	
2800	3150																					

注：1. 公称尺寸小于或等于1mm时，基本偏差A和B及大于IT8的N均不采用。

2. 公差带JS7至JS11，若 IT_n 值数是奇数，则取偏差 = ±$\frac{IT_n-1}{2}$。

3. 对小于或等于IT8的K、M、N和小于或等于IT7的P至ZC，所需Δ值从表内右侧选取。例如：

18至30mm段的K7：$\Delta=8\mu m$，所以 $ES=(-2+8)\mu m=+6\mu m$

18至30mm段的S6：$\Delta=4\mu m$，所以 $ES=(-35+4)\mu m=-31\mu m$

4. 特殊情况：250至315mm段的M6，$ES=-9\mu m$（代替 $-11\mu m$）。

基本偏差值　　(μm)

基本偏差数值（上极限偏差 ES）													Δ 值					
≤IT7	标准公差等级大于 IT7												标准公差等级					
P 至 ZC	P	R	S	T	U	V	X	Y	Z	ZA	ZB	ZC	IT3	IT4	IT5	IT6	IT7	IT8
在大于 IT7 的相应数值上增加一个 Δ 值	-6	-10	-14		-18		-20		-26	-32	-40	-60	0	0	0	0	0	
	-12	-15	-19		-23		-28		-35	-42	-50	-80	1	1.5	1	3	4	6
	-15	-19	-23		-28		-34		-42	-52	-67	-97	1	1.5	2	3	6	7
	-18	-23	-28		-33		-40		-50	-64	-90	-130	1	2	3	3	7	9
						-39	-45		-60	-77	-108	-150						
	-22	-28	-35		-41	-47	-54	-63	-73	-98	-136	-188	1.5	2	3	4	8	12
				-41	-48	-55	-64	-75	-88	-118	-160	-218						
	-26	-34	-43	-48	-60	-68	-80	-94	-112	-148	-200	-274	1.5	3	4	5	9	14
				-54	-70	-81	-97	-114	-136	-180	-242	-325						
	-32	-41	-53	-66	-87	-102	-122	-144	-172	-226	-300	-405	2	3	5	6	11	16
		-43	-59	-75	-102	-120	-146	-174	-210	-274	-360	-480						
	-37	-51	-71	-91	-124	-146	-178	-214	-258	-335	-445	-585	2	4	5	7	13	19
		-54	-79	-104	-144	-172	-210	-254	-310	-400	-525	-690						
	-43	-63	-92	-122	-170	-202	-248	-300	-365	-470	-620	-800	3	4	6	7	15	23
		-65	-100	-134	-190	-228	-280	-340	-415	-535	-700	-900						
		-68	-108	-146	-210	-252	-310	-380	-465	-600	-780	-1000						
	-50	-77	-122	-166	-236	-284	-350	-425	-520	-670	-880	-1150	3	4	6	9	17	26
		-80	-130	-180	-258	-310	-385	-470	-575	-740	-960	-1250						
		-84	-140	-196	-284	-340	-425	-520	-640	-820	-1050	-1350						
	-56	-94	-158	-218	-315	-385	-475	-580	-710	-920	-1200	-1550	4	4	7	9	20	29
		-98	-170	-240	-350	-425	-525	-650	-790	-1000	-1300	-1700						
	-62	-108	-190	-268	-390	-475	-590	-730	-900	-1150	-1500	-1900	4	5	7	11	21	32
		-114	-208	-294	-435	-530	-660	-820	-1000	-1300	-1650	-2100						
	-68	-126	-232	-330	-490	-595	-740	-920	-1100	-1450	-1850	-2400	5	5	7	13	23	34
		-132	-252	-360	-540	-660	-820	-1000	-1250	-1600	-2100	-2600						
	-78	-150	-280	-400	-600													
		-155	-310	-450	-660													
	-88	-175	-340	-500	-740													
		-185	-380	-560	-840													
	-100	-210	-430	-620	-940													
		-220	-470	-680	-1050													
	-120	-250	-520	-780	-1150													
		-260	-580	-840	-1300													
	-140	-300	-640	-960	-1450													
		-330	-720	-1050	-1600													
	-170	-370	-820	-1200	-1850													
		-400	-920	-1350	-2000													
	-195	-440	-1000	-1500	-2300													
		-460	-1100	-1650	-2500													
	-240	-550	-1250	-1900	-2900													
		-580	-1400	-2100	-3200													

表3.2-8　公称尺寸大于3150mm至10000mm，孔、轴的基本偏差数值　　（μm）

轴的基本偏差		上极限偏差（es）						下极限偏差（ei）							
		d	e	f	g	h	js	k	m	n	p	r	s	t	u
公差等级		6至18													
公称尺寸/mm		符号													
大于	至	−	−	−	−				+	+	+	+	+	+	+
3150	3550	580	320	160		0	偏差 = $\pm\frac{IT}{2}$				290	680	1600	2400	3600
3550	4000											720	1750	2600	4000
4000	4500	640	350	175		0					360	840	2000	3000	4600
4500	5000											900	2200	3300	5000
5000	5600	720	380	190		0					440	1050	2500	3700	5600
5600	6300											1100	2800	4100	6400
6300	7100	800	420	210		0					540	1300	3200	4700	7200
7100	8000											1400	3500	5200	8000
8000	9000	880	460	230		0					680	1650	4000	6000	9000
9000	10000											1750	4400	6600	10000
大于	至	+	+	+	+				−	−	−	−	−	−	−
公称尺寸/mm		符号													
公差等级		6至18													
孔的基本偏差		D	E	F	G	H	JS	K	M	N	P	R	S	T	U
		下极限偏差（EI）						上极限偏差（ES）							

1.1.4　公差带

GB/T 1800.1—2009规定：公差带用基本偏差的字母和公差等级数字表示，例如H7表示一种孔的公差带，h7表示一种轴的公差带；注公差的尺寸用公称尺寸后跟所要求的公差带或（和）对应的偏差值表示，例如32H7、80js15、100g6、$100^{-0.012}_{-0.034}$、100g6（$^{-0.012}_{-0.034}$）；当使用有限的字母组的装置传输信息时，例如电报，在标注前加注H或h（对孔）、S或s（对轴），例如50H5或为H50H5或h50h5，50h6或为S50H6或s50h6，但这种方法不能在图样上使用。

图3.2-5为各种公差带上、下偏差的归类图释。由于各种公差带的极限偏差值均可由标准公差数值表3.2-3、表3.2-5和基本偏差数值表3.2-6～表3.2-8计算得到，此处仅举几个示例说明其计算方法，不再将各种公差带的极限偏差值一一列出。

例1：计算轴 ϕ40g11的极限偏差

标准公差＝160μm（由表3.2-3）

基本偏差＝－9μm（由表3.2-6）

上极限偏差＝基本偏差＝－9μm

下极限偏差＝基本偏差－标准公差＝（－9－160）μm＝－169μm

例2：计算轴 ϕ130n4的极限偏差

标准公差＝12μm（由表3.2-3）

基本偏差＝＋27μm（由表3.2-6）

下极限偏差＝基本偏差＝＋27μm

上极限偏差＝基本偏差＋标准公差＝（＋27＋12）μm＝＋39μm

例3：计算孔 ϕ130N4的极限偏差

标准公差＝12μm（由表3.2-3）

基本偏差＝－27＋Δ（由表3.2-7）＝（－27＋4）μm＝－23μm

上极限偏差＝基本偏差＝－23μm

下极限偏差＝基本偏差－标准公差＝（－23－12）μm＝－35μm

1.1.5　配合

GB/T 1800.1—2009规定：配合用相同的公称尺寸后跟孔、轴公差带表示，孔、轴公差带写成分数形式，分子为孔公差带，分母为轴公差带，例如 52H7/g6 或 $52\frac{H7}{g6}$；当使用有限的字母组的装置传输配合信息时，例如电报，在标注前加注 H 或 h（对孔）、S 或 s（对轴），例如 52H7/g6 可用 H52H7/S52G6 或 h52h7/s52g6，但这种方法同样也不能在图样上使用。

配合分基孔制配合和基轴制配合（图 3.2-6），如有特殊需要，允许将任一孔、轴公差带组成配合。无论基孔制配合还是基轴制配合，都有间隙配合、过渡配合和过盈配合三类。属于哪一种配合取决于孔、轴公差带的相互位置关系。

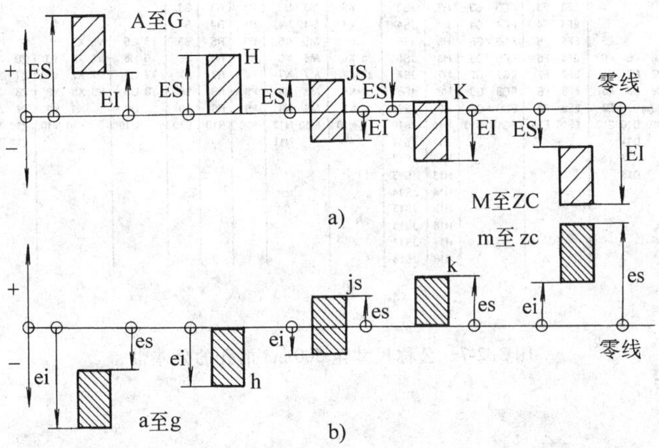

图 3.2-5　各种孔、轴公差带上极限偏差和下极限偏差归类图释

a）孔　b）轴

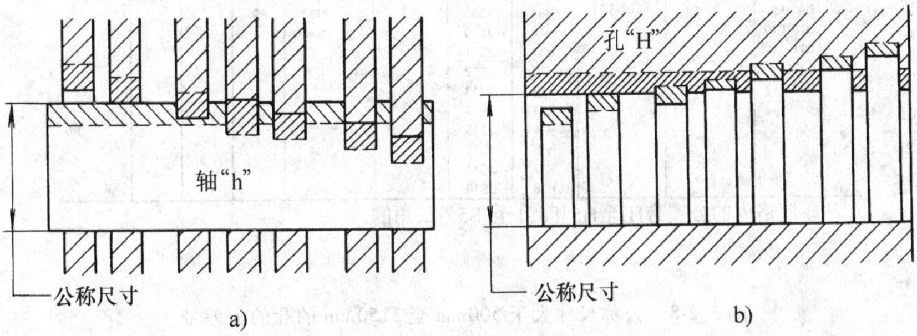

图 3.2-6　基孔制和基轴制配合

a）基轴制配合　b）基孔制配合

1.1.6　公差带和配合的选择

（1）公差带的选择

按照表 3.2-3、表 3.2-6 和表 3.2-7 所列的标准公差和基本偏差数值，在公称尺寸至 3150mm 内可以组成大量不同大小与位置的公差带，具有非常广泛选用的可能性。从经济性出发，为避免定值刀具、量具的品种、规格不必要的繁杂，GB/T 1800.2—2009 限定了许多孔、轴公差带，见图 3.2-7 至图 3.2-10。为了适应精密机械和钟表制造业的需要 GB/T 1803—2003 专门规定了尺寸至 18mm 孔、轴公差带，见图 3.2-11、图 3.2-12。上述各种孔、轴公差带的极限偏差均列于表 3.2-9 ~ 表 3.2-12。

GB/T 1801—2009 对公差带的选择进一步限定如下：

1）孔公差带　公称尺寸至 500mm 的孔公差带见图 3.2-13。选择时，应优先选用图 3.2-13 中圆圈中的公差带，其次选用方框中的公差带，最后选用其他公差带。

公称尺寸大于 500mm 至 3150mm 的孔公差带，

见图3.2-14。

2）轴公差带　公称尺寸至500mm的轴公差带，见图3.2-15。选择时，应优先选用图3.2-15中圆圈中的公差带，其次选用方框中的公差带，最后选用其他公差带。

公称尺寸大于500mm至3150mm的轴公差带，见图3.2-16。

（2）配合的选择

				H1	JS1									
				H2	JS2									
		EF3 F3	FG3 G3	H3	JS3	K3	M3 N3	P3	R3	S3				
		EF4 F4	FG4 G4	H4	JS4	K4	M4 N4	P4	R4	S4				
	E5	EF5 F5	FG5 G5	H5	JS5	K5	M5 N5	P5	R5	S5	T5 U5	V5 X5		
	CD6 D6 E6	EF6 F6	FG6 G6	H6	JS6	J6 K6	M6 N6	P6	R6	S6	T6 U6	V6 X6 Y6	Z6 ZA6	
	CD7 D7 E7	EF7 F7	FG7 G7	H7	JS7	J7 K7	M7 N7	P7	R7	S7	T7 U7	V7 X7 Y7	Z7 ZA7	ZB7 ZC7
B8 C8	CD8 D8 E8	EF8 F8	FG8 G8	H8	JS8	J8 K8	M8 N8	P8	R8	S8	T8 U8	V8 X8 Y8	Z8 ZA8	ZB8 ZC8
A9 B9 C9	CD9 D9 E9	EF9 F9	FG9 G9	H9	JS9	K9	M9 N9	P9	R9	S9	U9	X9 Y9	Z9 ZA9	ZB9 ZC9
A10 B10 C10	CD10 D10 E10	EF10 F10	FG10 G10	H10	JS10	K10	M10 N10	P10	R10	S10	U10	X10 Y10	Z10 ZA10	ZB10 ZC10
A11 B11 C11	D11			H11	JS11		N11						Z11 ZA11	ZB11 ZC11
A12 B12 C12	D12			H12	JS12									
A13 B13 C13	D13			H13	JS13									
				H14	JS14									
				H15	JS15									
				H16	JS16									
				H17	JS17									
				H18	JS18									

图3.2-7　公称尺寸至500mm的孔的公差带

			H1	JS1						
			H2	JS2						
			H3	JS3						
			H4	JS4						
			H5	JS5						
D6 E6	F6	G6	H6	JS6	K6	M6 N6	P6	R6	S6	T6 U6
D7 E7	F7	G7	H7	JS7	K7	M7 N7	P7	R7	S7	T7 U7
D8 E8	F8	G8	H8	JS8	K8	M8 N8	P8	R8	S8	T8 U8
D9 E9	F9		H9	JS9		N9	P9			
D10 E10			H10	JS10						
D11			H11	JS11						
D12			H12	JS12						
D13			H13	JS13						
			H14	JS14						
			H15	JS15						
			H16	JS16						
			H17	JS17						
			H18	JS18						

注：框格内的公差带H1至H5和JS1至JS5为试用的。

图3.2-8　公称尺寸大于500mm至3150mm的孔的公差带

					h1	js1									
					h2	js2									
		ef3	f3 fg3	g3	h3	js3	k3	m3 n3	p3	r3	s3				
		ef4	f4 fg4	g4	h4	js4	k4	m4 n4	p4	r4	s4				
	cd5 d5	e5 ef5	f5 fg5	g5	h5	js5	j5 k5	m5 n5	p5	r5	s5	t5 u5	v5 x5		
	cd6 d6	e6 ef6	f6 fg6	g6	h6	js6	j6 k6	m6 n6	p6	r6	s6	t6 u6	v6 x6 y6	z6 za6	
	cd7 d7	e7 ef7	f7 fg7	g7	h7	js7	j7 k7	m7 n7	p7	r7	s7	t7 u7	v7 x7 y7	z7 za7	zb7 zc7
c8	cd8 d8	e8 ef8	f8 fg8	g8	h8	js8	j8 k8	m8 n8	p8	r8	s8	t8 u8	v8 x8 y8	z8 za8	zb8 zc8
a9 b9 c9	cd9 d9	e9 ef9	f9 fg9	g9	h9	js9	k9	m9 n9	p9	r9	s9	u9	x9 y9	z9 za9	zb9 zc9
a10 b10 c10	cd10 d10	e10 ef10	f10 fg10	g10	h10	js10	k10		p10	r10	s10		x10 y10	z10 za10	zb10 zc10
a11 b11 c11	d11				h11	js11	k11							z11 za11	zb11 zc11
a12 b12 c12	d12				h12	js12	k12								
a13 b13	d13				h13	js13	k13								
					h14	js14									
					h15	js15									
					h16	js16									
					h17	js17									
					h18	js18									

图3.2-9　公称尺寸至500mm的轴的公差带

				h1	js1						
				h2	js2						
				h3	js3						
				h4	js4						
				h5	js5						
	e6	f6	g6	h6	js6	k6	m6 n6	p6	r6	s6	t6 u6
d7	e7	f7	g7	h7	js7	k7	m7 n7	p7	r7	s7	t7 u7
d8	e8	f8	g8	h8	js8	k8		p8	r8	s8	u8
d9	e9	f9		h9	js9	k9					
d10	e10			h10	js10	k10					
d11				h11	js11	k11					
				h12	js12	k12					
				h13	js13	k13					
				h14	js14						
				h15	js15						
				h16	js16						
				h17	js17						
				h18	js18						

注：框格内的公差带h1至h5和js1至js5为试用的。

图 3.2-10　公称尺寸大于 500mm 至 3150mm 的轴的公差带

										H1		Js1													
										H2		Js2													
						EF3	F3	FG3	G3	H3		Js3	K3	M3	N3	P3	R3								
						EF4	F4	FG4	G4	H4		Js4	K4	M4	N4	P4	R4								
					E5	EF5	F5	FG5	G5	H5		Js5	K5	M5	N5	P5	R5	S5							
			CD6	D6	E6	EF6	F6	FG6	G6	H6	J6	Js6	K6	M6	N6	P6	R6	S6	U6	V6	X6	Z6			
			CD7	D7	E7	EF7	F7	FG7	G7	H7	J7	Js7	K7	M7	N7	P7	R7	S7	U7	V7	X7	Z7	ZA7	ZB7	ZC7
	B8	C8	CD8	D8	E8	EF8	F8	FG8	G8	H8	J8	Js8	K8	M8	N8	P8	R8	S8	U8	V8	X8	Z8	ZA8	ZB8	ZC8
A9	B9	C9	CD9	D9	E9	EF9	F9	FG9	G9	H9		Js9	K9	M9	N9	P9	R9	S9	U9		X9	Z9	ZA9	ZB9	ZC9
A10	B10	C10	CD10	D10	E10	EF10				H10		Js10			N10										
A11	B11	C11		D11						H11		Js11													
A12	B12	C12								H12		Js12													
										H13		Js13													

图 3.2-11　公称尺寸至 18mm 的孔的公差带（精密机械和钟表制造业用）

										h1		js1													
										h2		js2													
						ef3	f3	fg3	g3	h3		js3	k3	m3	n3	p3	r3								
						ef4	f4	fg4	g4	h4		js4	k4	m4	n4	p4	r4	s4							
		c5	cd5	d5	e5	ef5	f5	fg5	g5	h5	j5	js5	k5	m5	n5	p5	r5	s5	u5	v5	x5	z5			
		c6	cd6	d6	e6	ef6	f6	fg6	g6	h6	j6	js6	k6	m6	n6	p6	r6	s6	u6	v6	x6	z6	za6		
		c7	cd7	d7	e7	ef7	f7	fg7	g7	h7	j7	js7	k7	m7	n7	p7	r7	s7	u7	v7	x7	z7	za7	zb7	zc7
	b8	c8	cd8	d8	e8	ef8	f8	fg8	g8	h8		js8	k8	m8	n8	p8	r8	s8	u8	v8	x8	z8	za8	zb8	zc8
a9	b9	c9	cd9	d9	e9	ef9	f9	fg9	g9	h9		js9	k9	m9	n9	p9	r9	s9	u9		x9	z9	za9	zb9	zc9
a10	b10	c10	cd10	d10	e10	ef10	f10			h10		js10	k10												
a11	b11	c11		d11						h11		js11													
a12	b12	c12								h12		js12													
a13	b13	c13								h13		js13													

图 3.2-12　公称尺寸至 18mm 的轴的公差带（精密机械和钟表制造业用）

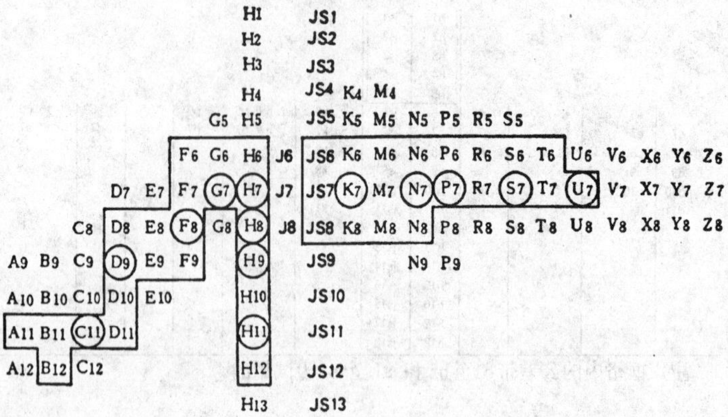

图 3.2-13　公称尺寸至500mm的孔的常用、优先公差带

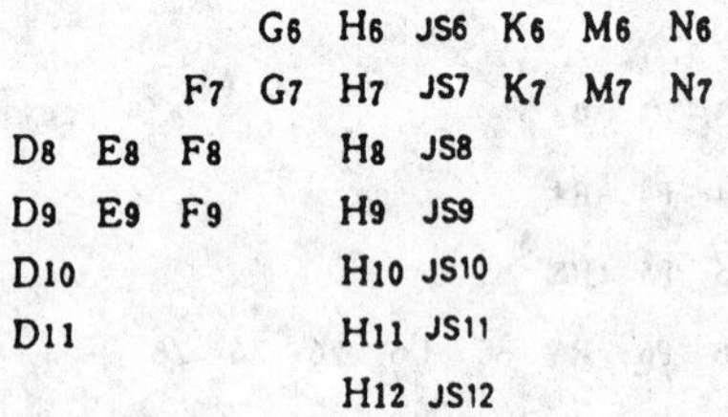

图 3.2-14　公称尺寸大于500mm至3150mm的孔的常用公差带

按照表3.2-3、表3.2-5和表3.2-6所列的标准公差和基本偏差数值，在公称尺寸至3150mm内可以组成大量不同大小和位置的公差带，按照这些孔、轴公差带更可组成很多种配合。与公差带选择同理，从经济性出发，亦应对配合的选择加以限定。GB/T 1801—2009在其选定的孔、轴公差带里，进一步从中选取了少量孔、轴公差带组成了一些优先和常用配合。

公称尺寸至500mm的基孔制优先和常用配合见表3.2-13，基轴制优先和常用配合见表3.2-14。表3.2-15为这些配合的极限间隙或极限过盈。选择时，首先选用表中的优先配合，其次选用常用配合。

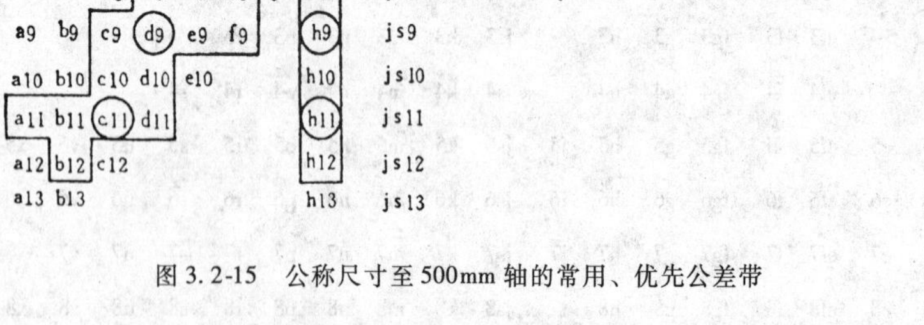

图 3.2-15　公称尺寸至500mm轴的常用、优先公差带

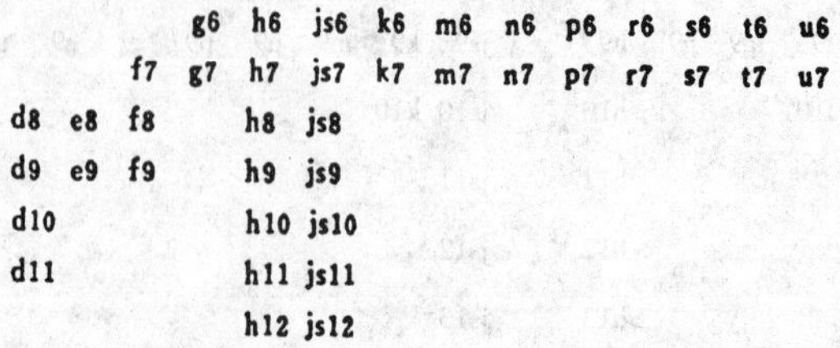

图 3.2-16　公称尺寸大于500mm至3150mm的轴的常用公差带

表 3.2-9 孔的极限偏差(500mm 以下) (μm)

公称尺寸/mm		A					B						C					
大于	至	9	10	11	12	13	8	9	10	11	12	13	8	9	10	11	12	13
—	3	+295 +270	+310 +270	+330 +270	+370 +270	+410 +270	+154 +140	+165 +140	+180 +140	+200 +140	+240 +140	+280 +140	+74 +60	+85 +60	+100 +60	+120 +60	+160 +60	+200 +60
3	6	+300 +270	+318 +270	+345 +270	+390 +270	+450 +270	+158 +140	+170 +140	+188 +140	+215 +140	+260 +140	+320 +140	+88 +70	+100 +70	+118 +70	+145 +70	+190 +70	+250 +70
6	10	+316 +280	+338 +280	+370 +280	+430 +280	+500 +280	+172 +150	+186 +150	+208 +150	+240 +150	+300 +150	+370 +150	+102 +80	+116 +80	+138 +80	+170 +80	+230 +80	+300 +80
10	18	+333 +290	+360 +290	+400 +290	+470 +290	+560 +290	+177 +150	+193 +150	+220 +150	+260 +150	+330 +150	+420 +150	+122 +95	+138 +95	+165 +95	+205 +95	+275 +95	+365 +95
18	30	+352 +300	+384 +300	+430 +300	+510 +300	+630 +300	+193 +160	+212 +160	+244 +160	+290 +160	+370 +160	+490 +160	+143 +110	+162 +110	+194 +110	+240 +110	+320 +110	+440 +110
30	40	+372 +310	+410 +310	+470 +310	+560 +310	+700 +310	+209 +170	+232 +170	+270 +170	+330 +170	+420 +170	+560 +170	+159 +120	+182 +120	+220 +120	+280 +120	+370 +120	+510 +120
40	50	+382 +320	+420 +320	+480 +320	+570 +320	+710 +320	+219 +180	+242 +180	+280 +180	+340 +180	+430 +180	+570 +180	+169 +130	+192 +130	+230 +130	+290 +130	+380 +130	+520 +130
50	65	+414 +340	+460 +340	+530 +340	+640 +340	+800 +340	+236 +190	+264 +190	+310 +190	+380 +190	+490 +190	+650 +190	+186 +140	+214 +140	+260 +140	+330 +140	+440 +140	+600 +140
65	80	+434 +360	+480 +360	+550 +360	+660 +360	+820 +360	+246 +200	+274 +200	+320 +200	+390 +200	+500 +200	+660 +200	+196 +150	+224 +150	+270 +150	+340 +150	+450 +150	+610 +150
80	100	+467 +380	+520 +380	+600 +380	+730 +380	+920 +380	+274 +220	+307 +220	+360 +220	+440 +220	+570 +220	+760 +220	+224 +170	+257 +170	+310 +170	+390 +170	+520 +170	+710 +170
100	120	+497 +410	+550 +410	+630 +410	+760 +410	+950 +410	+294 +240	+327 +240	+380 +240	+460 +240	+590 +240	+780 +240	+234 +180	+267 +180	+320 +180	+400 +180	+530 +180	+720 +180
120	140	+560 +460	+620 +460	+710 +460	+860 +460	+1 090 +460	+323 +260	+360 +260	+420 +260	+510 +260	+660 +260	+890 +260	+263 +200	+300 +200	+360 +200	+450 +200	+600 +200	+830 +200

（续）

公称尺寸/mm		A					B						C					
大于	至	9	10	11	12	13	8	9	10	11	12	13	8	9	10	11	12	13
140	160	+620 +520	+680 +520	+770 +520	+920 +520	+1 150 +520	+343 +280	+380 +280	+440 +280	+530 +280	+680 +280	+910 +280	+273 +210	+310 +210	+370 +210	+460 +210	+610 +210	+840 +210
160	180	+680 +580	+740 +580	+830 +580	+980 +580	+1 210 +580	+373 +310	+410 +310	+470 +310	+560 +310	+710 +310	+940 +310	+293 +230	+330 +230	+390 +230	+480 +230	+630 +230	+860 +230
180	200	+775 +660	+845 +660	+950 +660	+1 120 +660	+1 380 +660	+412 +340	+455 +340	+525 +340	+630 +340	+800 +340	+1 060 +340	+312 +240	+355 +240	+425 +240	+530 +240	+700 +240	+960 +240
200	225	+855 +740	+925 +740	+1 030 +740	+1 200 +740	+1 460 +740	+452 +380	+495 +380	+565 +380	+670 +380	+840 +380	+1 100 +380	+332 +260	+375 +260	+445 +260	+550 +260	+720 +260	+980 +260
225	250	+935 +820	+1 005 +820	+1 110 +820	+1 280 +820	+1 540 +820	+492 +420	+535 +420	+605 +420	+710 +420	+880 +420	+1 140 +420	+352 +280	+395 +280	+465 +280	+570 +280	+740 +280	+1 100 +280
250	280	+1 050 +920	+1 130 +920	+1 240 +920	+1 440 +920	+1 730 +920	+561 +480	+610 +480	+690 +480	+800 +480	+1 000 +480	+1 290 +480	+381 +300	+430 +300	+510 +300	+620 +300	+820 +300	+1 110 +300
280	315	+1 180 +1 050	+1 260 +1 050	+1 370 +1 050	+1 570 +1 050	+1 860 +1 050	+621 +540	+670 +540	+750 +540	+860 +540	+1 060 +540	+1 350 +540	+411 +330	+460 +330	+540 +330	+650 +330	+850 +330	+1 140 +330
315	355	+1 340 +1 200	+1 430 +1 200	+1 560 +1 200	+1 700 +1 200	+2 000 +1 200	+689 +600	+740 +600	+830 +600	+960 +600	+1 170 +600	+1 490 +600	+449 +360	+500 +360	+590 +360	+720 +360	+930 +360	+1 250 +360
355	400	+1 490 +1 350	+1 580 +1 350	+1 710 +1 350	+1 920 +1 350	+2 240 +1 350	+769 +680	+820 +680	+910 +680	+1 040 +680	+1 250 +680	+1 570 +680	+489 +400	+540 +400	+630 +400	+760 +400	+970 +400	+1 290 +400
400	450	+1 655 +1 500	+1 750 +1 500	+1 900 +1 500	+2 130 +1 500	+2 470 +1 500	+857 +760	+915 +760	+1 010 +760	+1 160 +760	+1 390 +760	+1 730 +760	+537 +440	+595 +440	+690 +440	+840 +440	+1 070 +440	+1 410 +440
450	500	+1 805 +1 650	+1 900 +1 650	+2 050 +1 650	+2 280 +1 650	+2 620 +1 650	+937 +840	+995 +840	+1 090 +840	+1 240 +840	+1 470 +840	+1 810 +840	+577 +480	+635 +480	+730 +480	+880 +480	+1 110 +480	+1 450 +480

注：公称尺寸小于1mm时，各级的A和B均不采用。

（续）

公称尺寸/mm		CD					D								E					
大于	至	6	7	8	9	10	6	7	8	9	10	11	12	13	5	6	7	8	9	10
—	3	+40 +34	+44 +34	+48 +34	+59 +34	+74 +34	+26 +20	+30 +20	+34 +20	+45 +20	+60 +20	+80 +20	+120 +20	+160 +20	+18 +14	+20 +14	+24 +14	+28 +14	+39 +14	+54 +14
3	6	+54 +46	+58 +46	+64 +46	+76 +46	+94 +46	+38 +30	+42 +30	+48 +30	+60 +30	+78 +30	+105 +30	+150 +30	+210 +30	+25 +20	+28 +20	+32 +20	+38 +20	+50 +20	+68 +20
6	10	+65 +56	+71 +56	+78 +56	+92 +56	+114 +56	+49 +40	+55 +40	+62 +40	+76 +40	+98 +40	+130 +40	+190 +40	+260 +40	+31 +25	+34 +25	+40 +25	+47 +25	+61 +25	+83 +25
10	18						+61 +50	+68 +50	+77 +50	+93 +50	+120 +50	+160 +50	+230 +50	+320 +50	+40 +32	+43 +32	+50 +32	+59 +32	+75 +32	+102 +32
18	30						+78 +65	+86 +65	+98 +65	+117 +65	+149 +65	+195 +65	+275 +65	+395 +65	+49 +40	+53 +40	+61 +40	+73 +40	+92 +40	+124 +40
30	50						+96 +80	+105 +80	+119 +80	+142 +80	+180 +80	+240 +80	+330 +80	+470 +80	+61 +50	+66 +50	+75 +50	+89 +50	+112 +50	+150 +50
50	80						+119 +100	+130 +100	+146 +100	+174 +100	+220 +100	+290 +100	+400 +100	+560 +100	+73 +60	+79 +60	+90 +60	+106 +60	+134 +60	+180 +60
80	120						+142 +120	+155 +120	+174 +120	+207 +120	+260 +120	+340 +120	+470 +120	+660 +120	+87 +72	+94 +72	+107 +72	+125 +72	+159 +72	+212 +72
120	180						+170 +145	+185 +145	+208 +145	+245 +145	+305 +145	+395 +145	+545 +145	+775 +145	+103 +85	+110 +85	+125 +85	+148 +85	+185 +85	+245 +85
180	250						+199 +170	+216 +170	+242 +170	+285 +170	+355 +170	+460 +170	+630 +170	+890 +170	+120 +100	+129 +100	+146 +100	+172 +100	+215 +100	+285 +100
250	315						+222 +190	+242 +190	+271 +190	+320 +190	+400 +190	+510 +190	+710 +190	+1 000 +190	+133 +110	+142 +110	+162 +110	+191 +110	+240 +110	+320 +110
315	400						+246 +210	+267 +210	+299 +210	+350 +210	+440 +210	+570 +210	+780 +210	+1 100 +210	+150 +125	+161 +125	+182 +125	+214 +125	+265 +125	+355 +125
400	500						+270 +230	+293 +230	+327 +230	+385 +230	+480 +230	+630 +230	+860 +230	+1 200 +230	+162 +135	+175 +135	+198 +135	+232 +135	+290 +135	+385 +135

（续）

公称尺寸/mm		EF								F								FG								G							
大于	至	3	4	5	6	7	8	9	10	3	4	5	6	7	8	9	10	3	4	5	6	7	8	9	10	3	4	5	6	7	8	9	10
—	3	+12 +10	+13 +10	+14 +10	+16 +10	+20 +10	+24 +10	+35 +10	+50 +10	+8 +6	+9 +6	+10 +6	+12 +6	+16 +6	+20 +6	+31 +6	+46 +6	+6 +4	+7 +4	+8 +4	+10 +4	+14 +4	+18 +4	+29 +4	+44 +4	+4 +2	+5 +2	+6 +2	+8 +2	+12 +2	+16 +2	+27 +2	+42 +2
3	6	+16.5 +14	+18 +14	+19 +14	+22 +14	+26 +14	+32 +14	+44 +14	+62 +14	+12.5 +10	+14 +10	+15 +10	+18 +10	+22 +10	+28 +10	+40 +10	+58 +10	+8.5 +6	+10 +6	+11 +6	+14 +6	+18 +6	+24 6	+36 +6	+54 +6	+6.5 +4	+8 +4	+9 +4	+12 +4	+16 +4	+22 +4	+34 +4	+52 +4
6	10	+20.5 +18	+22 +18	+24 +18	+27 +18	+33 +18	+40 +18	+54 +18	+76 +18	+15.5 +13	+17 +13	+19 +13	+22 +13	+28 +13	+35 +13	+49 +13	+71 +13	+10.5 +8	+12 +8	+14 +8	+17 +8	+23 +8	+30 +8	+44 +8	+66 +8	+7.5 +5	+9 +5	+11 +5	+14 +5	+20 +5	+27 +5	+41 +5	+63 +5
10	18									+19 +16	+21 +16	+24 +16	+27 +16	+34 +16	+43 +16	+59 +16	+86 +16									+9 +6	+11 +6	+14 +6	+17 +6	+24 +6	+33 +6	+49 +6	+76 +6
18	30									+24 +20	+26 +20	+29 +20	+33 +20	+41 +20	+53 +20	+72 +20	+104 +20									+11 +7	+13 +7	+16 +7	+20 +7	+28 +7	+40 +7	+59 +7	+91 +7
30	50									+29 +25	+32 +25	+36 +25	+41 +25	+50 +25	+64 +25	+87 +25	+125 +25									+13 +9	+16 +9	+20 +9	+25 +9	+34 +9	+48 +9	+71 +9	+109 +9
50	80											+43 +30	+49 +30	+60 +30	+76 +30	+104 +30												+23 +10	+29 +10	+40 +10	+56 +10		
80	120											+51 +36	+58 +36	+71 +36	+90 +36	+123 +36												+27 +12	+34 +12	+47 +12	+66 +12		
120	180											+61 +43	+68 +43	+83 +43	+106 +43	+143 +43												+32 +14	+39 +14	+54 +14	+77 +14		
180	250											+70 +50	+79 +50	+96 +50	+122 +50	+165 +50												+35 +15	+44 +15	+61 +15	+87 +15		
250	315											+79 +56	+88 +56	+108 +56	+137 +56	+186 +56												+40 +17	+49 +17	+69 +17	+98 +17		
315	400											+87 +62	+98 +62	+119 +62	+151 +62	+202 +62												+43 +18	+54 +18	+75 +18	+107 +18		
400	500											+95 +68	+108 +68	+131 +68	+165 +68	+223 +68												+47 +20	+60 +20	+83 +20	+117 +20		

（续）

公称尺寸/mm		H																	
		1	2	3	4	5	6	7	8	9	10	11	12	13	14	15	16	17	18
大于	至	偏差																	
		μm											mm						
—	3	+0.8 0	+1.2 0	+2 0	+3 0	+4 0	+6 0	+10 0	+14 0	+25 0	+40 0	+60 0	+0.1 0	+0.14 0	+0.25 0	+0.4 0	+0.6 0		
3	6	+1 0	+1.5 0	+2.5 0	+4 0	+5 0	+8 0	+12 0	+18 0	+30 0	+48 0	+75 0	+0.12 0	+0.18 0	+0.3 0	+0.48 0	+0.75 0	+1.2 0	+1.8 0
6	10	+1 0	+1.5 0	+2.5 0	+4 0	+6 0	+9 0	+15 0	+22 +0	+36 0	+58 0	+90 0	+0.15 0	+0.22 0	+0.36 0	+0.58 0	+0.9 0	+1.5 0	+2.2 0
10	18	+1.2 0	+2 0	+3 0	+5 0	+8 0	+11 0	+18 0	+27 0	+43 0	+70 0	+110 0	+0.18 0	+0.27 0	+0.43 0	+0.7 0	+1.1 0	+1.8 0	+2.7 0
18	30	+1.5 0	+2.5 0	+4 0	+6 0	+9 0	+13 0	+21 0	+33 0	+52 0	+84 0	+130 0	+0.21 0	+0.33 0	+0.52 0	+0.84 0	+1.3 0	+2.1 0	+3.3 0
30	50	+1.5 0	+2.5 0	+4 0	+7 0	+11 0	+16 0	+25 0	+39 0	+62 0	+100 0	+160 0	+0.25 0	+0.39 0	+0.62 0	+1 0	+1.6 0	+2.5 0	+3.9 0
50	80	+2 0	+3 0	+5 0	+8 0	+13 0	+19 0	+30 0	+46 0	+74 0	+120 0	+190 0	+0.3 0	+0.46 0	+0.74 0	+1.2 0	+1.9 0	+3 0	+4.6 0
80	120	+2.5 0	+4 0	+6 0	+10 0	+15 0	+22 0	+35 0	+54 0	+87 0	+140 0	+220 0	+0.35 0	+0.54 0	+0.87 0	+1.4 0	+2.2 0	+3.5 0	+5.4 0
120	180	+3.5 0	+5 0	+8 0	+12 0	+18 0	+25 0	+40 0	+63 0	+100 0	+160 0	+250 0	+0.4 0	+0.63 0	+1 0	+1.6 0	+2.5 0	+4 0	+6.3 0
180	250	+4.5 0	+7 0	+10 0	+14 0	+20 0	+29 0	+46 0	+72 0	+115 0	+185 0	+290 0	+0.46 0	+0.72 0	+1.15 0	+1.85 0	+2.9 0	+4.6 0	+7.2 0
250	315	+6 0	+8 0	+12 0	+16 0	+23 0	+32 0	+52 0	+81 0	+130 0	+210 0	+320 0	+0.52 0	+0.81 0	+1.3 0	+2.1 0	+3.2 0	+5.2 0	+8.1 0
315	400	+7 0	+9 0	+13 0	+18 0	+25 0	+36 0	+57 0	+89 0	+140 0	+230 0	+360 0	+0.57 0	+0.89 0	+1.4 0	+2.3 0	+3.6 0	+5.7 0	+8.9 0
400	500	+8 0	+10 0	+15 0	+20 0	+27 0	+40 0	+63 0	+97 0	+155 0	+250 0	+400 0	+0.63 0	+0.97 0	+1.55 0	+2.5 0	+4 0	+6.3 0	+9.7 0

（续）

公称尺寸/mm		JS																	
		1	2	3	4	5	6	7	8	9	10	11	12	13	14	15	16	17	18
大于	至	偏差																	
		μm											mm						
—	3	+0.4 -0.4	+0.6 -0.6	+1 -1	+1.5 -1.5	+2 -2	+3 -3	+5 -5	+7 -7	+12 -12	+20 -20	+30 -30	+0.05 -0.05	+0.07 -0.07	+0.125 -0.125	+0.2 -0.2	+0.3 -0.3		
3	6	+0.5 -0.5	+0.75 -0.75	+1.25 -1.25	+2 -2	+2.5 -2.5	+4 -4	+6 -6	+9 -9	+15 -15	+24 -24	+37 -37	+0.06 -0.06	+0.09 -0.09	+0.15 -0.15	+0.24 -0.24	+0.375 -0.375	+0.6 -0.6	+0.9 -0.9
6	10	+0.5 -0.5	+0.75 -0.75	+1.25 -1.25	+2 -2	+3 -3	+4.5 -4.5	+7 -7	+11 -11	+18 -18	+29 -29	+46 -46	+0.075 -0.075	+0.11 -0.11	+0.18 -0.18	+0.29 -0.29	+0.45 -0.45	+0.75 -0.75	+1.1 -1.1
10	18	+0.6 -0.6	+1 -1	+1.5 -1.5	+2.5 -2.5	+4 -4	+5.5 -5.5	+9 -9	+13 -13	+21 -21	+36 -36	+55 -55	+0.09 -0.09	+0.135 -0.135	+0.215 -0.215	+0.35 -0.35	+0.55 -0.55	+0.9 -0.9	+1.35 -1.35
18	30	+0.75 -0.75	+1.25 -1.25	+2 -2	+3 -3	+4.5 -4.5	+6.5 -6.5	+10 -10	+16 -16	+26 -26	+42 -42	+65 -65	+0.105 -0.105	+0.165 -0.165	+0.26 -0.26	+0.42 -0.42	+0.65 -0.65	+1.05 -1.05	+1.65 -1.65
30	50	+0.75 -0.75	+1.25 -1.25	+2 -2	+3.5 -3.5	+5.5 -5.5	+8 -8	+12 -12	+19 -19	+31 -31	+50 -50	+80 -80	+0.125 -0.125	+0.195 -0.195	+0.31 -0.31	+0.5 -0.5	+0.8 -0.8	+1.25 -1.25	+1.95 -1.95
50	80	+1 -1	+1.5 -1.5	+2.5 -2.5	+4 -4	+6.5 -6.5	+9.5 -9.5	+15 -15	+23 -23	+37 -37	+60 -60	+95 -95	+0.15 -0.15	+0.23 -0.23	+0.37 -0.37	+0.6 -0.6	+0.95 -0.95	+1.5 -1.5	+2.3 -2.3
80	120	+1.25 -1.25	+2 -2	+3 -3	+5 -5	+7.5 -7.5	+11 -11	+17 -17	+27 -27	+43 -43	+70 -70	+110 -110	+0.175 -0.175	+0.27 -0.27	+0.435 -0.435	+0.7 -0.7	+1.1 -1.1	+1.75 -1.75	+2.7 -2.7
120	180	+1.75 -1.75	+2.5 -2.5	+4 -4	+6 -6	+9 -9	+12.5 -12.5	+20 -20	+31 -31	+50 -50	+80 -80	+125 -125	+0.2 -0.2	+0.315 -0.315	+0.5 -0.5	+0.8 -0.8	+1.25 -1.25	+2 -2	+3.15 -3.15
180	250	+2.25 -2.25	+3.5 -3.5	+5 -5	+7 -7	+10 -10	+14.5 -14.5	+23 -23	+36 -36	+57 -57	+92 -92	+145 -145	+0.23 -0.23	+0.36 -0.36	+0.575 -0.575	+0.925 -0.925	+1.45 -1.45	+2.3 -2.3	+3.6 -3.6
250	315	+3 -3	+4 -4	+6 -6	+8 -8	+11.5 -11.5	+16 -16	+26 -26	+40 -40	+65 -65	+105 -105	+160 -160	+0.28 -0.28	+0.405 -0.405	+0.65 -0.65	+1.05 -1.05	+1.6 -1.6	+2.6 -2.6	+4.05 -4.05
315	400	+3.5 -3.5	+4.5 -4.5	+6.5 -6.5	+9 -9	+12.5 -12.5	+18 -18	+28 -28	+44 -44	+70 -70	+115 -115	+180 -180	+0.285 -0.285	+0.445 -0.445	+0.7 -0.7	+1.15 -1.15	+1.8 -1.8	+2.85 -2.85	+4.45 -4.45
400	500	+4 -4	+5 -5	+7.5 -7.5	+10 -10	+13.5 -13.5	+20 -20	+31 -31	+48 -48	+77 -77	+125 -125	+200 -200	+0.315 -0.315	+0.485 -0.485	+0.775 -0.775	+1.25 -1.25	+2 -2	+3.15 -3.15	+4.85 -4.85

（续）

公称尺寸 /mm		J			K							M							
大于	至	6	7	8	3	4	5	6	7	8	9	10	3	4	5	6	7	8	9	10
—	3	+2 -4	+4 -6	+6 +8	0 -2	0 -3	0 -4	0 -6	0 -10	0 -14	0 -25	0 -40	-2 -4	-2 -5	-2 -6	-2 -8	-2 -12	-2 -16	-2 -27	-2 -42
3	6	+5 -3	+6 -6	+10 -8	0 -2.5	+0.5 -3.5	0 -5	+2 -6	+3 -9	+5 -13			-3 -5.5	-2.5 -6.5	-3 -8	-1 -9	0 -12	+2 -16	-4 -34	-4 -52
6	10	+5 -4	+8 -7	+12 -10	0 -2.5	0.5 -3.5	+1 -5	+2 -7	+5 -10	+6 -16			-5 -7.5	-4.5 -8.5	-4 -10	-3 -12	0 -15	+1 -21	-6 -42	-6 -64
10	18	+6 -5	+10 -8	+15 -12	0 -3	+1 -4	+2 -6	+2 -9	+6 -12	+8 -19			-6 -9	-5 -10	-4 -12	-4 -15	0 -18	+2 -25	-7 -50	-7 -77
18	30	+8 -5	+12 -9	+20 -13	-0.5 -4.5	0 -6	+1 -8	+2 -11	+6 -15	+10 -23			-6.5 -10.5	-6 -12	-5 -14	-4 -17	0 -21	+4 -29	-8 -60	-8 -92
30	50	+10 -6	+14 -11	+24 -15	-0.5 -4.5	+1 -6	+2 -9	+3 -13	+7 -18	+12 -27			-7.5 11.5	-6 -13	-5 -16	-4 -20	0 -25	+5 -34	-9 -71	-9 -109
50	80	+13 -6	+18 -12	+28 -18			+3 -10	+4 -15	+9 -21	+14 -32					-6 -19	-5 -24	0 -30	+5 -41		
80	120	+16 -6	+22 -13	+34 -20			+2 -13	+4 -18	+10 -25	+16 -38					-8 -23	-6 -28	0 -35	+6 -48		
120	180	+18 -7	+26 -14	+41 -22			+3 -15	+4 -21	+12 -28	+20 -43					-9 -27	-8 -33	0 -40	+8 -55		
180	250	+22 -7	+30 -16	+47 -25			+2 -18	+5 -24	+13 -33	+22 -50					-11 -31	-8 -37	0 -46	+9 -63		
250	315	+25 -7	+36 -16	+55 -26			+3 -20	+5 -27	+16 -36	+25 -56					-13 -36	-9 -41	0 -52	+9 -72		
315	400	+29 -7	+39 -18	+60 -9			+3 -22	+7 -29	+17 -40	+28 -61					-14 -39	-10 -46	0 -57	+11 -78		
400	500	+33 -7	+43 -20	+66 -31			+2 -25	+8 -32	+18 -45	+29 -68					-16 -43	-10 -50	0 -63	+11 86		

（续）

公称尺寸/mm		N									P							
大于	至	3	4	5	6	7	8	9	10	11	3	4	5	6	7	8	9	10
—	3	-4 -6	-4 -7	-4 -8	-4 -10	-4 -14	-4 -18	-4 -29	-4 -44	-4 -64	-6 -8	-6 -9	-6 -10	-6 -12	-6 -16	-6 -20	-6 -31	-6 -46
3	6	-7 -9.5	-6.5 -10.5	-7 -12	-5 -13	-4 -16	-2 -20	0 -30	0 -48	0 -75	-11 -13.5	-10.5 -14.5	-11 -16	-9 -17	-8 -20	-12 -30	-12 -42	-12 -60
6	10	-9 -11.5	-8.5 -12.5	-8 -14	-7 -16	-4 -19	-3 -25	0 -36	0 -58	0 -90	-14 -16.5	-13.5 -17.5	-13 -19	-12 -21	-9 -24	-15 -37	-15 51	-15 73
10	18	-11 -14	-10 -15	-9 -17	-9 -20	-5 -23	-3 -30	0 -43	0 -70	0 -110	-17 -20	-16 -21	-15 -23	-15 -26	-11 -29	-18 -45	-18 -61	-18 -88
18	30	-13.5 -17.5	-13 -19	-12 -21	-11 -24	-7 -28	-3 -36	0 -52	0 -84	0 -130	-20.5 -24.5	-20 -26	-19 -28	-18 -31	-14 -35	-22 -55	-22 -74	-22 -106
30	50	-15.5 -19.5	-14 -21	-13 -24	-12 -28	-8 -33	-3 -42	0 -62	0 -100	0 -160	-24.5 -28.5	-23 -30	-22 -33	-21 -37	-17 -42	-26 -65	-26 -88	-26 -126
50	80			-15 -28	-14 -33	-9 -39	-4 -50	0 -74	0 -120	0 -190			-27 -40	-26 -45	-21 -51	-32 -78	-32 -106	
80	120			-18 -33	-16 -38	-10 -45	-4 -58	0 -87	0 -140	0 -220			-32 -47	-30 -52	-24 -59	-37 -91	-37 -124	
120	180			-21 -39	-20 -45	-12 -52	-4 -67	0 -100	0 -160	0 -250			-37 -55	-36 -61	-28 -68	-43 -106	-43 -143	
180	250			-25 -45	-22 -51	-14 -60	-5 -77	0 -115	0 -185	0 -290			-44 -64	-41 -70	-33 -79	-50 -122	-50 -165	
250	315			-27 -50	-25 -57	-14 -66	-5 -86	0 -130	0 -210	0 -320			-49 -72	-47 -79	-36 -88	-56 -137	-56 -186	
315	400			-30 -55	-26 -62	-16 -73	-5 -94	0 -140	0 -230	0 -360			-55 -80	-51 -87	-41 -98	-62 -151	-62 -202	
400	500			-33 -60	-27 -67	-17 -80	-6 -103	0 -155	0 -250	0 -400			-61 -88	-55 -95	-45 -108	-68 -165	-68 -223	

（续）

公称尺寸/mm		R								S							
大于	至	3	4	5	6	7	8	9	10	3	4	5	6	7	8	9	10
—	3	-10 -12	-10 -13	-10 -14	-10 -16	-10 -20	-10 -24	-10 -35	-10 -50	-14 -16	-14 -17	-14 -18	-14 -20	-14 -24	-14 -28	-14 -39	-14 -54
3	6	-14 -16.5	-13.5 -17.5	-14 -19	-12 -20	-11 -23	-15 -33	-15 -45	-15 -63	-18 -20.5	-17.5 -21.5	-18 -23	-16 -24	-15 -27	-19 -37	-19 -49	-19 -67
6	10	-18 -20.5	-17.5 -21.5	-17 -23	-16 -25	-13 -28	-19 -41	-19 -55	-19 -77	-22 -24.5	-21.5 -25.5	-21 -27	-20 -29	-17 -32	-23 -45	-23 -59	-23 -81
10	18	-22 -25	-21 -26	-20 -28	-20 -31	-16 -34	-23 -50	-23 -66	-23 -93	-27 -30	-26 -31	-25 -33	-25 -36	-21 -39	-28 -55	-28 -71	-28 -98
18	30	-26.5 -30.5	-26 -32	-25 -34	-24 -37	-20 -41	-28 -61	-28 -80	-10 -112	-33.5 -37.5	-33 -39	-32 -41	-31 -44	-27 -48	-35 -68	-35 -87	-35 -119
30	50	-32.5 -36.5	-31 -38	-30 -41	-29 -45	-25 -50	-34 -73	-34 -96	-34 -134	-41.5 -45.5	-40 -47	-39 -50	-38 -54	-34 -59	-43 -82	-43 -105	-43 -143
50	65			-36 -49	-35 -54	-30 -60	-41 -87					-48 -61	-47 -66	-42 -72	-53 -99	-53 -127	
65	80			-38 -51	-37 -56	-32 -62	-43 -89					-54 -67	-53 -72	-48 -78	-59 -105	-59 -133	
80	100			-46 -61	-44 -66	-38 -73	-51 -105					-66 -81	-64 -86	-58 -93	-71 -125	-71 -158	
100	120			-49 -64	-47 -69	-41 -76	-54 -108					-74 -89	-72 -94	-66 -101	-79 -133	-79 -166	
120	140			-57 -75	-56 -81	-48 -88	-63 -126					-86 -104	-85 -110	-77 -117	-92 -155	-92 -192	

（续）

公称尺寸/mm		R								S							
大于	至	3	4	5	6	7	8	9	10	3	4	5	6	7	8	9	10
140	160			-59 -77	-58 -83	-50 -90	-65 -128					-94 -112	-93 -118	-85 -125	-100 -163	-100 -200	
160	180			-62 -80	-61 -86	-53 -93	-68 -131					-102 -120	-101 -126	-93 -133	-108 -171	-108 -208	
180	200			-71 -91	-68 -97	-60 -106	-77 -149					-116 -136	-113 -142	-105 -151	-122 -194	-122 -237	
200	225			-74 -94	-71 -100	-63 -109	-80 -152					-124 -144	-121 -150	-113 -159	-130 -202	-130 -245	
225	250			-78 -98	-75 -104	-67 -113	-84 -156					-134 -154	-131 -160	-123 -169	-140 -212	-140 -255	
250	280			-87 -110	-85 -117	-74 -126	-94 -175					-151 -174	-149 -181	-138 -190	-158 -239	-158 -288	
280	315			-91 -114	-89 -121	-78 -130	-98 -179					-163 -186	-161 -193	-150 -202	-170 -251	-170 -300	
315	355			-101 -126	-97 -133	-87 -144	-108 -197					-183 -208	-179 -215	-169 -226	-190 -279	-190 -330	
355	400			-107 -132	-103 -139	-93 -150	-114 -203					-201 -226	-197 -233	-187 -244	-208 -297	-208 -348	
400	450			-119 -146	-113 153	-103 -166	-126 -223					-225 -252	-219 -259	-209 -272	-232 -329	-232 -387	
450	500			-125 -152	-119 -159	-109 -172	-132 -229					-245 -272	-239 -279	-229 -292	-252 -349	-252 -407	

（续）

公称尺寸/mm		T				U						V				X						Y				
大于	至	5	6	7	8	5	6	7	8	9	10	5	6	7	8	5	6	7	8	9	10	6	7	8	9	10
—	3					-18 -22	-18 -24	-18 -28	-18 -32	-18 -43	-18 -58					-20 -24	-20 -26	-20 -30	-20 -34	-20 -45	-20 -60					
3	6					-22 -27	-20 -28	-19 -31	-23 -41	-23 -53	-23 -71					-27 -32	-25 -33	-24 -36	-28 -46	-28 -58	-28 -76					
6	10					-26 -32	-25 -34	-22 -37	-28 -50	-28 -64	-28 -86					-32 -38	-31 -40	-28 -43	-34 -56	-34 -70	-34 -92					
10	14					-30 -38	-30 -41	-26 -44	-33 -60	-33 -76	-33 -103					-37 -45	-37 -48	-33 -51	-40 -67	-40 -83	-40 -110					
14	18											-36 -44	-36 -47	-32 -50	-39 -66	-42 -50	-42 -53	-38 -56	-45 -72	-45 -88	-45 -115					
18	24					-38 -47	-37 -50	-33 -54	-41 -74	-41 -93	-41 -125	-44 -53	-43 -56	-39 -60	-47 -80	-51 -60	-50 -63	-46 -67	-54 -87	-54 -106	-54 -138	-59 -72	-55 -76	-63 -96	-63 -115	-63 -147
24	30	-38 -47	-37 -50	-33 -54	-41 -74	-45 -54	-44 -57	-40 -61	-48 -81	-48 -100	-48 -132	-52 -61	-51 -64	-47 -68	-55 -88	-61 -70	-60 -73	-56 -77	-64 -97	-64 -116	-64 -148	-71 -84	-67 -88	-75 -108	-75 -127	-75 -159
30	40	-44 -55	-43 -59	-39 -64	-48 -87	-56 -67	-55 -71	-51 -76	-60 -99	-60 -122	-60 -160	-64 -75	-63 -79	-59 -84	-68 -107	-76 -87	-75 -91	-71 -96	-80 -119	-80 -142	-80 -180	-89 -105	-85 -110	-94 -133	-94 -156	-94 -194
40	50	-50 -61	-49 -63	-45 -70	-54 -93	-66 -77	-65 -81	-61 -86	-70 -109	-70 -132	-70 -170	-77 -88	-76 -92	-72 -97	-81 -120	-93 -104	-92 -108	-88 -113	-97 -136	-97 -159	-97 -197	-109 -125	-105 -130	-114 -153	-114 -176	-114 -214
50	65		-60 -79	-55 -85	-66 -112		-81 -100	-76 -106	-87 -133	-87 -161	-87 -207		-96 -115	-91 -121	-102 -148		-116 -135	-111 -141	-122 -168	-122 -196		-138 -157	-133 -163	-144 -190		
65	80		-69 -88	-64 -94	-75 -121		-96 -115	-91 -121	-102 -148	-102 -176	-102 -222		-114 -133	-109 -139	-120 -166		-140 -159	-136 -165	-146 -192	-146 -220		-168 -187	-163 -193	-174 -220		
80	100		-84 -106	-78 -113	-91 -145		-117 -139	-111 -146	-124 -178	-124 -211	-124 -264		-139 -161	-133 -168	-146 -200		-171 -193	-165 -200	-178 -232	-178 -265		-207 -229	-201 -236	-214 -268		
100	120		-97 -119	-91 -126	-104 -158		-137 -159	-131 -166	-144 -198	-144 -231	-144 -284		-165 -187	-159 -194	-172 -226		-203 -225	-197 -232	-210 -264	-210 -297		-247 -269	-241 -276	-254 -308		
120	140		-115 -140	-107 -147	-122 -185		-163 -188	-155 -195	-170 -233	-170 -270	-170 -330		-195 -220	-187 -227	-202 -265		-241 -266	-233 -273	-248 -311	-248 -348		-293 -318	-285 -325	-300 -363		

（续）

公称尺寸/mm		T				U						V				X						Y				
大于	至	5	6	7	8	5	6	7	8	9	10	5	6	7	8	5	6	7	8	9	10	6	7	8	9	10
140	160		－127 －152	－119 －159	－134 －197		－183 －208	－175 －215	－190 －253	－190 －290	－190 －350		－221 －246	－213 －253	－228 －291		－273 －298	－265 －305	－280 －343	－280 －380		－333 －358	－325 －365	－340 －403		
160	180		－139 －164	－131 －171	－146 －209		－203 －228	－195 －235	－210 －273	－210 －310	－210 －370		－245 －270	－237 －277	－252 －315		－303 －328	－295 －335	－310 －373	－310 －410		－373 －398	－365 －405	－380 －443		
180	200		－157 －186	－149 －195	－166 －238		－227 －256	－219 －265	－236 －308	－236 －351	－236 －421		－275 －304	－267 －313	－284 －356		－341 －370	－333 －379	－350 －422	－350 －465		－416 －445	－408 －454	－425 －497		
200	225		－171 －200	－163 －209	－180 －252		－249 －278	－241 －287	－258 －330	－258 －373	－258 －443		－301 －330	－293 －339	－310 －382		－376 －405	－368 －414	－385 －457	－385 －500		－461 －490	－453 －499	－470 －542		
225	250		－187 －216	－179 －225	－196 －268		－275 －304	－267 －313	－284 －356	－284 －399	－284 －469		－331 －360	－323 －369	－340 －412		－416 －445	－408 －454	－425 －497	－425 －540		－511 －540	－503 －549	－520 －592		
250	280		－209 －241	－198 －250	－218 －299		－306 －338	－295 －347	－315 －396	－315 －445	－315 －525		－376 －408	－365 －417	－385 －466		－466 －498	－455 －507	－475 －556	－475 －605		－571 －603	－560 －612	－580 －661		
280	315		－231 －263	－220 －272	－240 －321		－341 －373	－330 －382	－350 －431	－350 －480	－350 －560		－416 －448	－405 －457	－425 －506		－516 －548	－505 －557	－525 －606	－525 －655		－641 －673	－630 －682	－650 －731		
315	355		－257 －293	－247 －304	－268 －357		－379 －415	－369 －426	－390 －479	－390 －530	－390 －620		－464 －500	－454 －511	－475 －564		－579 －615	－569 －626	－590 －679	－590 －730		－719 －755	－709 －766	－730 －819		
355	400		－283 －319	－273 －330	－294 －383		－424 －460	－414 －471	－435 －524	－435 －575	－435 －665		－519 －555	－509 －566	－530 －619		－649 －685	－639 －696	－660 －749	－660 －800		－809 －845	－799 －856	－820 －909		
400	450		－317 －357	－307 －370	－330 －427		－477 －517	－467 －530	－490 －587	－490 －645	－490 －740		－582 －622	－572 －635	－595 －692		－727 －767	－717 －780	－740 －837	－740 －895		－907 －947	－897 －960	－920 －1 017		
450	500		－347 －387	－337 －400	－360 －457		－527 －567	－517 －580	－540 －637	－540 －695	－540 －790		－647 －687	－637 －700	－660 －757		－807 －847	－797 －860	－820 －917	－820 －975		－987 －1 027	－977 －1 040	－1 000 －1 097		

（续）

公称尺寸/mm 大于	至	Z 6	Z 7	Z 8	Z 9	Z 10	Z 11	ZA 6	ZA 7	ZA 8	ZA 9	ZA 10	ZA 11
—	3	-26 -32	-26 -36	-26 -40	-26 -51	-26 -66	-26 -86	-32 -38	-32 -42	-32 -46	-32 -57	-32 -72	-32 -92
3	6	-32 -40	-31 -43	-35 -53	-35 -65	-35 -83	-35 -110	-39 -47	-38 -50	-42 -60	-42 -72	-42 -90	-42 -117
6	10	-39 -48	-36 -51	-42 -64	-42 -78	-42 -100	-42 -132	-49 -58	-46 -61	-52 -74	-52 -88	-52 -110	-52 -142
10	14	-47 -58	-43 -61	-50 -77	-50 -93	-50 -120	-50 -160	-61 -72	-57 -75	-64 -91	-64 -107	-64 -134	-64 -174
14	18	-57 -68	-53 -71	-60 -87	-60 -103	-60 -130	-60 -170	-74 -85	-70 -88	-77 -104	-77 -120	-77 -147	-77 -187
18	24	-69 -82	-65 -86	-73 -106	-73 -125	-73 -157	-73 -203	-94 -107	-90 -111	-98 -131	-98 -150	-98 -182	-98 -228
24	30	-84 -97	-80 -101	-88 -121	-88 -140	-88 -172	-88 -218	-114 -127	-110 -131	-118 -151	-118 -170	-118 -202	-118 -248
30	40	-107 -123	-103 -128	-112 -151	-112 -174	-112 -212	-112 -272	-143 -159	-139 -164	-148 -187	-148 -210	-148 -248	-148 -308
40	50	-131 -147	-127 -152	-136 -175	-136 -198	-136 -236	-136 -296	-175 -191	-171 -196	-180 -219	-180 -242	-180 -280	-180 -340
50	65		-161 -191	-172 -218	-172 -246	-172 -292	-172 -362		-215 -245	-226 -272	-226 -300	-226 -346	-226 -416
65	80		-199 -229	-210 -256	-210 -284	-210 -330	-210 -400		-263 -293	-274 -320	-274 -348	-274 -394	-274 -464
80	100		-245 -280	-258 -312	-258 -345	-258 -398	-258 -478		-322 -357	-335 -389	-335 -422	-335 -475	-335 -555
100	120		-297 -332	-310 -364	-310 -397	-310 -450	-310 -530		-387 -422	-400 -454	-400 -487	-400 -540	-400 -620
120	140		-350 -390	-365 -428	-365 -465	-365 -525	-365 -615		-455 -495	-470 -533	-470 -570	-470 630	-470 720

（续）

公称尺寸/mm		Z						ZA					
大于	至	6	7	8	9	10	11	6	7	8	9	10	11
140	160		−400 −440	−415 −478	−415 −515	−415 −575	−415 −665		−520 −560	−535 −598	−535 −635	−535 −695	−535 −785
160	180		−450 −490	−465 −528	−465 −565	−465 −625	−465 −715		−585 −625	−600 −663	−600 −700	−600 −760	−600 −850
180	200		−503 −549	−520 −592	−520 −635	−520 −705	−520 −810		−653 −699	−670 −742	−670 −785	−670 −855	−670 −960
200	225		−558 −604	−575 −647	−575 −690	−575 −760	−575 −865		−723 −769	−740 −812	−740 −855	−740 −925	−740 −1 030
225	250		−623 −669	−640 −712	−640 −755	−640 −825	−640 −930		−803 −849	−820 −892	−820 −935	−820 −1 005	−820 −1 110
250	280		−690 −742	−710 −791	−710 −840	−710 −920	−710 −1 030		−900 −952	−920 −1 001	−920 −1 050	−920 −1 130	−920 −1 240
280	315		−770 −822	−790 −871	−790 −920	−790 −1 000	−790 −1 110		−980 −1 032	−1 000 −1 081	−1 000 −1 130	−1 000 −1 210	−1 000 −1 320
315	355		−879 −936	−900 −989	−900 −1 040	−900 −1 130	−900 −1 260		−1 129 −1 186	−1 150 −1 239	−1 150 −1 290	−1 150 −1 380	−1 150 −1 510
355	400		−979 −1 036	−1 000 −1 089	−1 000 −1 140	−1 000 −1 230	−1 000 −1 360		−1 279 −1 336	−1 300 −1 389	−1 300 −1 440	−1 300 −1 530	−1 300 −1 660
400	450		−1 077 −1 140	−1 100 −1 197	−1 100 −1 255	−1 100 −1 350	−1 100 −1 500		−1 427 −1 490	−1 450 −1 547	−1 450 −1 605	−1 450 −1 700	−1 450 −1 850
450	500		−1 227 −1 290	−1 250 −1 347	−1 250 −1 405	−1 250 −1 500	−1 250 −1 650		−1 577 −1 640	−1 600 −1 697	−1 600 −1 755	−1 600 −1 850	−1 600 −2 000

公称尺寸/mm		ZB					ZC				
大于	至	7	8	9	10	11	7	8	9	10	11
—	3	−40 −50	−50 −54	−40 −65	−40 −80	−40 −100	−60 −70	−60 −74	−60 −85	−60 −100	−60 −120

（续）

公称尺寸/mm		ZB					ZC				
大于	至	7	8	9	10	11	7	8	9	10	11
3	6	-46 -58	-50 -68	-50 -80	-50 -98	-50 -125	-76 -88	-80 -98	-80 -110	-80 -128	-80 -155
6	10	-61 -76	-67 -89	-67 -103	-67 -125	-67 -157	-91 -106	-97 -119	-97 -133	-97 -155	-97 -187
10	14	-83 -101	-90 -117	-90 -133	-90 -160	-90 -200	-123 -141	-130 -157	-130 -173	-130 -200	-130 -240
14	18	-101 -119	-108 -135	-108 -151	-108 -178	-108 -218	-143 -161	-150 -177	-150 -193	-150 -220	-150 -260
18	24	-128 -149	-136 -169	-136 -188	-136 -220	-136 -266	-180 -201	-188 -221	-188 -240	-188 -272	-188 -318
24	30	-152 -173	-160 -193	-160 -212	-160 -244	-160 -290	-210 -231	-218 -251	-218 -270	-218 -302	-218 -348
30	40	-191 -216	-200 -239	-200 -262	-200 -300	-200 -360	-265 -290	-274 -313	-274 -336	-274 -374	-274 -434
40	50	-233 -258	-242 -281	-242 -304	-242 -342	-242 -402	-316 -341	-325 -364	-325 -387	-325 -425	-325 -485
50	65	-289 -319	-300 -346	-300 -374	-300 -420	-300 -490	-394 -424	-405 -451	-405 -479	-405 -525	-405 -595
65	80	-349 -379	-360 -406	-360 -434	-360 -480	-360 -550	-469 -499	-480 -526	-480 -554	-480 -600	-480 -670
80	100	-432 -467	-445 -499	-445 -532	-445 -585	-445 -665	-572 -607	-585 -639	-585 -672	-585 -725	-585 -805
100	120	-512 -547	-525 -579	-525 -612	-525 -665	-525 -745	-677 -712	-690 -744	-690 -777	-690 -830	-690 -910
120	140	-605 -645	-620 -683	-620 -720	-620 -780	-620 -870	-785 -825	-800 -863	-800 -900	-800 -960	-800 -1 050
140	160	-685 -725	-700 -763	-700 -800	-700 -860	-700 -950	-885 -925	-900 -963	-900 -1 000	-900 -1 060	-900 -1 150
160	180	-765 -805	-780 -843	-780 -880	-780 -940	-780 -1 030	-985 -1 025	-1 000 -1 063	-1 000 -1 100	-1 000 -1 160	-1 000 -1 250

（续）

公称尺寸/mm		ZB					ZC				
大于	至	7	8	9	10	11	7	8	9	10	11
180	200	-863 -909	-880 -952	-880 -995	-880 -1 065	-880 -1 170	-1 133 -1 179	-1 150 -1 222	-1 150 -1 265	-1 150 -1 335	-1 150 -1 440
200	225	-943 -989	-960 -1 032	-960 -1 075	-960 -1 145	-960 -1 250	-1 233 -1 279	-1 250 -1 322	-1 250 -1 365	-1 250 -1 435	-1 250 -1 540
225	250	-1 033 -1 079	-1 050 -1 122	-1 050 -1 165	-1 050 -1 235	-1 050 -1 340	-1 333 -1 379	-1 350 -1 422	-1 350 -1 465	-1 350 -1 535	-1 350 -1 640
250	280	-1 180 -1 232	-1 200 -1 281	-1 200 -1 330	-1 200 -1 410	-1 200 -1 520	-1 530 -1 582	-1 550 -1 631	-1 550 -1 680	-1 550 -1 760	-1 550 -1 870
280	315	-1 280 -1 332	-1 300 -1 381	-1 300 -1 430	-1 300 -1 510	-1 300 -1 620	-1 680 -1 732	-1 700 -1 781	-1 700 -1 830	-1 700 -1 910	-1 700 -2 020
315	355	-1 479 -1 536	-1 500 -1 589	-1 500 -1 640	-1 500 -1 730	-1 500 -1 860	-1 879 -1 936	-1 900 -1 989	-1 900 -2 040	-1 900 -2 130	-1 900 -2 260
355	400	-1 629 -1 686	-1 650 -1 739	-1 650 -1 790	-1 650 -1 880	-1 650 -2 010	-2 079 -2 136	-2 100 -2 189	-2 100 -2 240	-2 100 -2 330	-2 100 -2 460
400	450	-1 827 -1 890	-1 850 -1 947	-1 850 -2 005	-1 850 -2 100	-1 850 -2 250	-2 377 -2 440	-2 400 -2 497	-2 400 -2 555	-2 400 -2 650	-2 400 -2 800
450	500	-2 077 -2 140	-2 100 -2 197	-2 100 -2 255	-2 100 -2 350	-2 100 -2 500	-2 577 -2 640	-2 600 -2 697	-2 600 -2 755	-2 600 -2 850	-2 600 -3 000

注：1. 各级的 CD、EF、FG 主要用于精密机械和钟表制造业。

2. IT14 至 IT18 只用于大于 1mm 的公称尺寸。

3. J8、J10 等公差带对称于零线，其偏差值可见 JS9、JS10 等。

4. 公称尺寸大于 3mm 时，大于 IT8 的 K 的偏差值不作规定。

5. 公称尺寸大于 3～6mm 的 J7 的偏差值与对应尺寸段的 JS7 等值。

6. 公差带 N9、N10 和 N11 只用于大于 1mm 的公称尺寸。

7. 公称尺寸至 24mm 的 T5 至 T8 的偏差值未列入表内，建议以 U5 至 U8 代替。如非要 T5 至 T8，则可按 GB/T 1800.3 计算。

8. 公称尺寸至 14mm 的 V5 至 V8 的偏差值未列入表内，建议以 X5 至 X8 代替。如非要 V5 至 V8，则可按 GB/T 1800.3 计算。

9. 公称尺寸至 18mm 的 Y6 至 Y10 的偏差值未列入表内，建议以 Z6 至 Z10 代替。如非要 Y6 至 Y10，则可按 GB/T 1800.3 计算。

表 3.2-10　孔的极限偏差（500mm 以上）

（μm）

公称尺寸/mm		D								E					F				G		
大于	至	6	7	8	9	10	11	12	13	6	7	8	9	10	6	7	8	9	6	7	8
500	630	+304 +260	+330 +260	+370 +260	+435 +260	+540 +260	+700 +260	+960 +260	+1 360 +260	+189 +145	+215 +145	+255 +145	+320 +145	+425 +145	+120 +76	+146 +76	+186 +76	+251 +76	+66 +22	+92 +22	+132 +22
630	800	+340 +290	+370 +290	+415 +290	+490 +290	+610 +290	+790 +290	+1 090 +290	+1 540 +290	+210 +160	+240 +160	+285 +160	+360 +160	+480 +160	+130 +80	+160 +80	+205 +80	+280 +80	+74 +24	+104 +24	+149 +24
800	1 000	+376 +320	+410 +320	+460 +320	+550 +320	+680 +320	+880 +320	+1 220 +320	+1 720 +320	+226 +170	+260 +170	+310 +170	+400 +170	+530 +170	+142 +86	+176 +86	+226 +86	+316 +86	+82 +26	+116 +26	+166 +26
1 000	1 250	+416 +350	+455 +350	+515 +350	+610 +350	+770 +350	+1 010 +350	+1 400 +350	+2 000 +350	+261 +195	+300 +195	+360 +195	+455 +195	+615 +195	+164 +98	+203 +98	+263 +98	+358 +98	+94 +28	+133 +28	+193 +28
1 250	1 600	+468 +390	+515 +390	+585 +390	+700 +390	+890 +390	+1 170 +390	+1 640 +390	+2 340 +390	+298 +220	+345 +220	+415 +220	+530 +220	+720 +220	+188 +110	+235 +110	+305 +110	+420 +110	+108 +30	+155 +30	+225 +30
1 600	2 000	+522 +430	+580 +430	+660 +430	+800 +430	+1 030 +430	+1 350 +430	+1 930 +430	+2 730 +430	+332 +240	+390 +240	+470 +240	+610 +240	+840 +240	+212 +120	+270 +120	+350 +120	+490 +120	+124 +32	+182 +32	+262 +32
2 000	2 500	+590 +480	+655 +480	+760 +480	+920 +480	+1 180 +480	+1 580 +480	+2 230 +480	+3 280 +480	+370 +260	+435 +260	+540 +260	+700 +260	+960 +260	+240 +130	+305 +130	+410 +130	+570 +130	+144 +34	+209 +34	+314 +34
2 500	3 150	+655 +520	+730 +520	+850 +520	+1 060 +520	+1 380 +520	+1 870 +520	+2 620 +520	+3 820 +520	+425 +290	+500 +290	+620 +290	+830 +290	+1 150 +290	+280 +145	+355 +145	+475 +145	+685 +145	+173 +38	+248 +38	+368 +38

（续）

公称尺寸/mm		H																	
大于	至	1	2	3	4	5	6	7	8	9	10	11	12	13	14	15	16	17	18
		偏差 μm											mm						
500	630	+9 0	+11 0	+16 0	+22 0	+32 0	+44 0	+70 0	+110 0	+175 0	+280 0	+440 0	+0.7 0	+1.1 0	+1.75 0	+2.8 0	+4.4 0	+7 0	+11 0
630	800	+10 0	+13 0	+18 0	+25 0	+36 0	+50 0	+80 0	+125 0	+200 0	+320 0	+500 0	+0.8 0	+1.25 0	+2 0	+3.2 0	+5 0	+8 0	+12.5 0
800	1 000	+11 0	+15 0	+21 0	+28 0	+40 0	+56 0	+90 0	+140 0	+230 0	+360 0	+560 0	+0.9 0	+1.4 0	+2.3 0	+3.6 0	+5.6 0	+9 0	+14 0
1 000	1 250	+13 0	+18 0	+24 0	+33 0	+47 0	+66 0	+105 0	+165 0	+260 0	+420 0	+660 0	+1.05 0	+1.65 0	+2.6 0	+4.2 0	+6.6 0	+10.5 0	+16.5 0
1 250	1 600	+15 0	+21 0	+29 0	+39 0	+55 0	+78 0	+125 0	+195 0	+310 0	+500 0	+780 0	+1.25 0	+1.95 0	+3.1 0	+5 0	+7.8 0	+12.5 0	+19.5 0
1 600	2 000	+18 0	+25 0	+35 0	+46 0	+65 0	+92 0	+150 0	+230 0	+370 0	+600 0	+920 0	+1.5 0	+2.3 0	+3.7 0	+6 0	+9.2 0	+15 0	+23 0
2 000	2 500	+22 0	+30 0	+41 0	+55 0	+78 0	+110 0	+175 0	+280 0	+440 0	+700 0	+1 100 0	+1.75 0	+2.8 0	+4.4 0	+7 0	+11 0	+17.5 0	+28 0
2 500	3 150	+26 0	+36 0	+50 0	+68 0	+96 0	+135 0	+210 0	+330 0	+540 0	+860 0	+1 350 0	+2.1 0	+3.3 0	+5.4 0	+8.6 0	+13.5 0	+21 0	+33 0

（续）

公称尺寸/mm 大于	至	JS 1	2	3	4	5	6	7	8	9	10	11	12	13	14	15	16	17	18
		偏差 μm											偏差 mm						
500	630	+4.5 -4.5	+5.5 -5.5	+8 -8	+11 -11	+16 -16	+22 -22	+35 -35	+55 -55	+87 -87	+140 -140	+220 -220	+0.35 -0.35	+0.55 -0.55	+0.875 -0.875	+1.4 -1.4	+2.2 -2.2	+3.5 -3.5	+5.5 -5.5
630	800	+5 -5	+6.5 -6.5	+9 -9	+12.5 -12.5	+18 -18	+25 -25	+40 -40	+62 -62	+100 -100	+160 -160	+250 -250	+0.4 -0.4	+0.625 -0.652	+1 -1	+1.6 -1.6	+2.5 -2.5	+4 -4	+6.25 -6.25
800	1 000	+5.5 -5.5	+7.5 -7.5	+10.5 -10.5	+14 -14	+20 -20	+28 -28	+45 -45	+70 -70	+115 -115	+180 -180	+280 -280	+0.45 -0.45	+0.7 -0.7	+1.15 -1.15	+1.8 -1.8	+2.8 -2.8	+4.5 -4.5	+7 -7
1 000	1 250	+6.5 -6.5	+9 -9	+12 -12	+16.5 -16.5	+23.5 -23.5	+33 -33	+52 -52	+82 -82	+130 -130	+210 -210	+330 -330	+0.525 -0.525	+0.825 -0.825	+1.3 -1.3	+2.1 -2.1	+3.3 -3.3	+5.25 -5.25	+8.25 -8.25
1 250	1 600	+7.5 -7.5	+10.5 -10.5	+14.5 -14.5	+19.5 -19.5	+27.5 -27.5	+39 -39	+62 -62	+97 -97	+155 -155	+250 -250	+390 -390	+0.625 -0.625	+0.975 -0.975	+1.55 -1.55	+2.5 -2.5	+3.9 -3.9	+6.25 -6.25	+9.75 -9.75
1 600	2 000	+9 -9	+12.5 -12.5	+17.5 -17.5	+23 -23	+32.5 -32.5	+46 -46	+75 -75	+115 -115	+185 -185	+300 -300	+460 -460	+0.75 -0.75	+1.15 -1.15	+1.85 -1.85	+3 -3	+4.6 -4.6	+7.5 -7.5	+11.5 -11.5
2 000	2 500	+11 -11	+15 -15	+20.5 -20.5	+27.5 -27.5	+39 -39	+55 -55	+87 -87	+140 -140	+220 -220	+350 -350	+550 -550	+0.875 -0.875	+1.4 -1.4	+2.2 -2.2	+3.5 -3.5	+5.5 -5.5	+8.75 -8.75	+14 -14
2 500	3 150	+13 -13	+18 -18	+25 -25	+34 -34	+48 -48	+67.5 -67.5	+105 -105	+165 -165	+270 -270	+430 -430	+675 -675	+1.05 -1.05	+1.65 -1.65	+2.7 -2.7	+4.3 -4.3	+6.75 -6.75	+10.5 -10.5	+16.5 -16.5

（续）

公称尺寸/mm		K			M			N				P			
大于	至	6	7	8	6	7	8	6	7	8	9	6	7	8	9
500	630	0 -44	0 -70	0 -110	-26 -70	-26 -96	-26 -136	-44 -88	-44 -114	-44 -154	-44 -219	-78 -122	-78 -148	-78 -188	-78 -253
630	800	0 -50	0 -80	0 -125	-30 -80	-30 -110	-30 -155	-50 -100	-50 -130	-50 -175	-50 -250	-88 -138	-88 -168	-88 -213	-88 -288
800	1 000	0 -56	0 -90	0 -140	-34 -90	-34 -124	-34 -174	-56 -112	-56 -146	-56 -196	-56 -286	-100 -156	-100 -190	-100 -240	-100 -330
1 000	1 250	0 -66	0 -105	0 -165	-40 -106	-40 -145	-40 -205	-66 -132	-66 -171	-66 -231	-66 -326	-120 -186	-120 -225	-120 -285	-120 -380
1 250	1 600	0 -78	0 -125	0 -195	-48 -126	-48 -173	-48 -243	-78 -156	-78 -203	-78 -273	-78 -388	-140 -218	-140 -265	-140 -335	-140 -450
1 600	2 000	0 -92	0 -150	0 -230	-58 -150	-58 -208	58 -288	-92 -184	-92 -242	-92 -322	-92 -462	-170 -262	-170 -320	-170 -400	-170 -540
2 000	2 500	0 -110	0 -175	0 -280	-68 -178	-68 -243	-68 -348	-110 -220	-110 -285	-110 -390	-110 -550	-195 -305	-195 -370	-195 -475	-195 -635
2 500	3 150	0 -135	0 -210	0 -330	-76 -211	-76 -286	-76 -406	-135 -270	-135 -345	-135 -465	-135 -675	-240 -375	-240 -450	-240 -570	-240 -780

（续）

公称尺寸/mm		R			S			T			U		
大于	至	6	7	8	6	7	8	6	7	8	6	7	8
500	560	－150 －194	－150 －220	－150 －260	－280 －324	－280 －350	－280 －390	－400 －444	－400 －470	－400 －510	－600 －644	－600 －670	－600 －710
560	630	－155 －199	－155 －225	－155 －265	－310 －354	－310 －380	－310 －420	－450 －494	－450 －520	－450 －560	－660 －704	－660 －730	－660 －770
630	710	－175 －225	－175 －255	－175 －300	－340 －390	－340 －420	－340 －465	－500 －550	－500 －580	－500 －625	－740 －790	－740 －820	－740 －865
710	800	－185 －235	－185 －265	－185 －310	－380 －430	－380 －460	－380 －505	－560 －610	－560 －640	－560 －685	－840 －890	－840 －920	－840 －965
800	900	－210 －266	－210 －300	－210 －350	－430 －486	－430 －520	－430 －570	－620 －676	－620 －710	－620 －760	－940 －996	－940 －1 030	－940 －1 080
900	1000	－220 －276	－220 －310	－220 －360	－470 －526	－470 －560	－470 －610	－680 －736	－680 －770	－680 －820	－1 050 －1 106	－1 050 －1 140	－1 050 －1 190
1 000	1 120	－250 －316	－250 －355	－250 －415	－520 －586	－520 －625	－520 －685	－780 －846	－780 －885	－780 －945	－1 150 －1 216	－1 150 －1 255	－1 150 －1 315
1 120	1 250	－260 －326	－260 －365	－260 －425	－580 －646	－580 －685	－580 －745	－840 －906	－840 －945	－840 －1 005	－1 300 －1 366	－1 300 －1 405	－1 300 －1 465
1 250	1 400	－300 －378	－300 －425	－300 －495	－640 －718	－640 －765	－640 －835	－960 －1 038	－960 －1 085	－960 －1 155	－1 450 －1 528	－1 450 －1 575	－1 450 －1 645
1 400	1 600	－330 －408	－330 －455	－330 －525	－720 －798	－720 －845	－720 －915	－1 050 －1 128	－1 050 －1 175	－1 050 －1 245	－1 600 －1 678	－1 600 －1 725	－1 600 －1 795
1 600	1 800	－370 －462	－370 －520	－370 －600	－820 －912	－820 －970	－820 －1 050	－1 200 －1 292	－1 200 －1 360	－1 200 1 430	－1 850 －1 942	－1 850 －2 000	－1 850 －2 080
1 800	2 000	－400 －492	－400 －550	－400 －630	－920 －1 012	－920 －1 070	－920 －1 150	－1 350 －1 442	－1 350 －1 500	－1 350 －1 580	－2 000 －2 092	－2 000 －2 150	－2 000 －2 230
2 000	2 240	－440 －550	－440 －615	－440 －720	－1 000 －1 110	－1 000 －1 175	－1 000 －1 280	－1 500 －1 610	－1 500 －1 675	－1 500 －1 780	－2 300 －2 410	－2 300 －2 475	－2 300 －2 580
2 240	2 500	－460 －570	－460 －635	－460 －740	－1 100 －1 210	－1 100 －1 275	－1 100 －1 380	－1 650 －1 760	－1 650 －1 825	－1 650 －1 930	－2 500 －2 610	－2 500 －2 675	－2 500 －2 780
2 500	2 800	－550 －685	－550 －760	－550 －880	－1 250 －1 385	－1 250 －1 460	－1 250 －1 580	－1 900 －2 035	－1 900 －2 110	－1 900 －2 230	－2 900 －3 035	－2 900 －3 110	－2 900 －3 230
2 800	3 150	－580 －715	－580 －790	－580 －910	－1 400 －1 535	－1 400 －1 610	－1 400 －1 730	－2 100 －2 235	－2 100 －2 310	－2 100 －2 430	－3 200 －3 335	－3 200 －3 410	－3 200 －3 530

注：黑框中的数值，即公称尺寸于 1 500～3 150mm，IT1 至 IT5 的偏差值，为试用的。

表 3.2-11 轴的极限偏差（500mm 以下） （μm）

公称尺寸/mm		a					b					c					
大于	至	9	10	11	12	13	8	9	10	11	12	13	8	9	10	11	12
—	3	-270 -295	-270 -310	-270 -330	-270 -370	-270 -410	-140 -154	-140 -165	-140 -180	-140 -200	-140 -240	-140 -280	-60 -74	-60 -85	-60 -100	-60 -120	-60 -160
3	6	-270 -300	-270 -318	-270 -345	-270 -390	-270 -450	-140 -158	-140 -170	-140 -188	-140 -215	-140 -260	-140 -320	-70 -88	-70 -100	-70 -118	-70 -145	-70 -190
6	10	-280 -316	-280 -338	-280 -370	-280 -430	-280 -500	-150 -172	-150 -186	-150 -208	-150 -240	-150 -300	-150 -370	-80 -102	-80 -116	-80 -138	-80 -170	-80 -230
10	18	-290 -333	-290 -360	-290 -400	-290 -470	-290 -560	-150 -177	-150 -193	-150 -220	-150 -260	-150 -330	-150 -420	-95 -122	-95 -138	-95 -165	-95 -205	-95 -275
18	30	-300 -352	-300 -384	-300 -430	-300 -510	-300 -630	-160 -193	-160 -212	-160 -244	-160 -290	-160 -370	-160 -490	-110 -143	-110 -162	-110 -194	-110 -240	-110 -320
30	40	-310 -372	-310 -410	-310 -470	-310 -560	-310 -700	-170 -209	-170 -232	-170 -270	-170 -330	-170 -420	-170 -560	-120 -159	-120 -182	-120 -220	-120 -280	-120 -370
40	50	-320 -382	-320 -420	-320 -480	-320 -570	-320 -710	-180 -219	-180 -242	-180 -280	-180 -340	-180 -430	-180 -570	-130 -169	-130 -192	-130 -230	-130 -290	-130 -380
50	65	-340 -414	-340 -460	-340 -530	-340 -640	-340 -800	-190 -236	-190 -264	-190 -310	-190 -380	-190 -490	-190 -650	-140 -186	-140 -214	-140 -260	-140 -330	-140 -440
65	80	-360 -434	-360 -480	-360 -550	-360 -660	-360 -820	-200 -246	-200 -274	-200 -320	-200 -390	-200 -500	-200 -660	-150 -196	-150 -224	-150 -270	-150 -340	-150 -450
80	100	-380 -467	-380 -520	-380 -600	-380 -730	-380 -920	-220 -274	-220 -307	-220 -360	-220 -440	-220 -570	-220 -760	-170 -224	-170 -257	-170 -310	-170 -390	-170 -520
100	120	-410 -497	-410 -550	-410 -630	-410 -760	-410 -950	-240 -294	-240 -327	-240 -380	-240 -460	-240 -590	-240 -780	-180 -234	-180 -267	-180 -320	-180 -400	-180 -530
120	140	-460 -560	-460 -620	-460 -710	-460 -860	-460 -1 090	-260 -323	-260 -360	-260 -420	-260 -510	-260 -660	-260 -890	-200 -263	-200 -300	-200 -360	-200 -450	-200 -600

（续）

公称尺寸/mm		a					b						c				
大于	至	9	10	11	12	13	8	9	10	11	12	13	8	9	10	11	12
140	160	-520 -620	-520 -680	-520 -770	-520 -920	-520 -1 150	-280 -343	-280 -380	-280 -440	-280 -530	-280 -680	-280 -910	-210 -273	-210 -310	-210 -370	-210 -460	-210 -610
160	180	-580 -680	-580 -740	-580 -830	-580 -980	-580 -1 210	-310 -373	-310 -410	-310 -470	-310 -560	-310 -710	-310 -940	-230 -293	-230 -330	-230 -390	-230 -480	-230 -630
180	200	-660 -775	-660 -845	-660 -950	-660 -1 120	-660 -1 380	-340 -412	-340 -455	-340 -525	-340 -630	-340 -800	-340 -1 060	-240 -312	-240 -355	-240 -425	-240 -530	-240 -700
200	225	-740 -855	-740 -925	-740 -1 030	-740 -1 200	-740 -1 460	-380 -452	-380 -495	-380 -565	-380 -670	-380 -840	-380 -1 100	-260 -332	-260 -375	-260 -445	-260 -550	-260 -720
225	250	-820 -935	-820 -1 005	-820 -1 110	-820 -1 280	-820 -1 540	-420 -492	-420 -535	-420 -605	-420 -710	-420 -880	-420 1 140	-280 -352	-280 -395	-280 -465	-280 -570	-280 -740
250	280	-920 -1 050	-920 -1 130	-920 -1 240	-920 -1 440	-920 -1 730	-480 -561	-480 -610	-480 -690	-480 -800	-480 -1 000	-480 -1 290	-300 -381	-300 -430	-300 -510	-300 -620	-300 -820
280	315	-1 050 -1 180	-1 050 -1 260	-1 050 -1 370	-1 050 -1 570	-1 050 -1 860	-540 -621	-540 -670	-540 -750	-540 -860	-540 -1 060	-540 -1 350	-330 -411	-330 -460	-330 -540	-330 -650	-330 -850
315	355	-1 200 -1 340	-1 200 -1 430	-1 200 -1 560	-1 200 -1 770	-1 200 -2 090	-600 -689	-600 -740	-600 -830	-600 -960	-600 -1 170	-600 -1 490	-360 -449	-360 -500	-360 -590	-360 -720	-360 -930
355	400	-1 350 -1 490	-1 350 -1 580	-1 350 -1 710	-1 350 -1 920	-1 350 -2 240	-680 -769	-680 -820	-680 -910	-680 -1 040	-680 -1 250	-680 -1 570	-400 -489	-400 -540	-400 -630	-400 -760	-400 -970
400	450	-1 500 -1 655	-1 500 -1 750	-1 500 -1 900	-1 500 -2 130	-1 500 -2 470	-760 -857	-760 -915	-760 -1 010	-760 -1 160	-760 -1 390	-760 -1 730	-440 -537	-440 -595	-440 -690	-440 -840	-440 -1 070
450	500	-1 650 -1 805	-1 650 -1 900	-1 650 -2 050	-1 650 -2 280	-1 650 -2 620	-840 -937	-840 -995	-840 -1 090	-840 -1 240	-840 -1 470	-840 -1 810	-480 -577	-480 -635	-480 -730	-480 -880	-480 -1 110

注：公称尺寸小于1mm时，各级的a和b均不采用。

（续）

公称尺寸/mm		cd						d									e		
大于	至	5	6	7	8	9	10	5	6	7	8	9	10	11	12	13	5	6	7
—	3	-34 -38	-34 -40	-34 -44	-34 -48	-34 -59	-34 -74	-20 -24	-20 -26	-20 -30	-20 -34	-20 -45	-20 -60	-20 -80	-20 -120	-20 -160	-14 -18	-14 -20	-14 -24
3	6	-46 -51	-46 -54	-46 -58	-46 -64	-46 -76	-46 -94	-30 -35	-30 -38	-30 -42	-30 -48	-30 -60	-30 -78	-30 -105	-30 -150	-30 -210	-20 -25	-20 -28	-20 -32
6	10	-56 -62	-56 -65	-56 -71	-56 -78	-56 -92	-56 -114	-40 -46	-40 -49	-40 -55	-40 -62	-40 -76	-40 -98	-40 -130	-40 -190	-40 -260	-25 -31	-25 -34	-25 -40
10	18							-50 -58	-50 -61	-50 -68	-50 -77	-50 -93	-50 -120	-50 -160	-50 -230	-50 -320	-32 -40	-32 -43	-32 -50
18	30							-65 -74	-65 -78	-65 -86	-65 -98	-65 -117	-65 -149	-65 -195	-65 -275	-65 -395	-40 -49	-40 -53	-40 -61
30	50							-80 -91	-80 -96	-80 -105	-80 -119	-80 -142	-80 -180	-80 -240	-80 -330	-80 -470	-50 -61	-50 -66	-50 -75
50	80							-100 -113	-100 -119	-100 -130	-100 -146	-100 -174	-100 -220	-100 -290	-100 -400	-100 -560	-60 -73	-60 -79	-60 -90
80	120							-120 -135	-120 -142	-120 -155	-120 -174	-120 -207	-120 -260	-120 -340	-120 -470	-120 -660	-72 -87	-72 -94	-72 -107
120	180							-145 -163	-145 -170	-145 -185	-145 -208	-145 -245	-145 -305	-145 -395	-145 -545	-145 -775	-85 -103	-85 -110	-85 -125
180	250							-170 -190	-170 -199	-170 -216	-170 -242	-170 -285	-170 -355	-170 -460	-170 -630	-170 -890	-100 -120	-100 -129	-100 146
250	315							-190 -213	-190 -222	-190 -242	-190 -271	-190 -320	-190 -400	-190 -510	-190 -710	-190 -1 000	-110 -133	-110 -142	-110 -162
315	400							-210 -235	-210 -246	-210 -267	-210 -299	-210 -350	-210 -440	-210 -570	-210 -780	-210 -1 100	-125 -150	-125 -161	-125 -182
400	500							-230 -257	-230 -270	-230 -293	-230 -327	-230 -385	-230 -480	-230 -630	-230 -860	-230 -1 200	-135 -162	-135 -175	-135 -198

（续）

公称尺寸/mm		e			ef								f							
大于	至	8	9	10	3	4	5	6	7	8	9	10	3	4	5	6	7	8	9	10
—	3	-14 -28	-14 -39	-14 -54	-10 -12	-10 -13	-10 -14	-10 -16	-10 -20	-10 -24	-10 -35	-10 -50	-6 -8	-6 -9	-6 -10	-6 -12	-6 -16	-6 -20	-6 -31	-6 -46
3	6	-20 -38	-20 -50	-20 -68	-14 -16.5	-14 -18	-14 -19	-14 -22	-14 -26	-14 -32	-14 -44	-14 -62	-10 -12.5	-10 -14	-10 -15	-10 -18	-10 -22	-10 -28	-10 -40	-10 -58
6	10	-25 -47	-25 -61	-25 -83	-18 -20.5	-18 -22	-18 -24	-18 -27	-18 -33	-18 -40	-18 -54	-18 -76	-13 -15.5	-13 -17	-13 -19	-13 -22	-13 -28	-13 -35	-13 -49	-13 -71
10	18	-32 -59	-32 -75	-32 -102									-16 -19	-16 -21	-16 -24	-16 -27	-16 -34	-16 -43	-16 -59	-16 -86
18	30	-40 -73	-40 -92	-40 -124									-20 -24	-20 -26	-20 -29	-20 -33	-20 -41	-20 -53	-20 -72	-20 -104
30	50	-50 -89	-50 -112	-50 -150									-25 -29	-25 -32	-25 -36	-25 -41	-25 -50	-25 -64	-25 -87	-25 -125
50	80	-60 -106	-60 -134	-60 -180										-30 -38	-30 -43	-30 -49	-30 -60	-30 -76	-30 -104	
80	120	-72 -126	-72 -212	-72 -159										-36 -46	-36 -51	-36 -58	-36 -71	-36 -90	-36 -123	
120	180	-85 -148	-85 -185	-85 -245										-43 -55	-43 -61	-43 -68	-43 -83	-43 -106	-43 -143	
180	250	-100 -172	-100 -215	-100 -285										-50 -64	-50 -70	-50 -79	-50 -96	-50 -122	-50 -165	
250	315	-110 -191	-110 -240	-110 -320										-56 -72	-56 -79	-56 -88	-56 -108	-56 -137	-56 -185	
315	400	-125 -214	-125 -265	-125 -355										-62 -80	-62 -87	-62 -98	-62 -119	-62 -151	-62 -202	
400	500	-135 -232	-135 -290	-135 -385										-68 -88	-68 -95	-68 -108	-68 -131	-68 -165	-68 -223	

（续）

公称尺寸/mm		fg								g							
大于	至	3	4	5	6	7	8	9	10	3	4	5	6	7	8	9	10
—	3	-4 -6	-4 -7	-4 -8	-4 -10	-4 -14	-4 -18	-4 -29	-4 -44	-2 -4	-2 -5	-2 -6	-2 -8	-2 -12	-2 -16	-2 -27	-2 -42
3	6	-6 -8.5	-6 -10	-6 -11	-6 -14	-6 -18	-6 -24	-6 -36	-6 -54	-4 -6.5	-4 -8	-4 -9	-4 -12	-4 -16	-4 -22	-4 -34	-4 -52
6	10	-8 -10.5	-8 -12	-8 -14	-8 -17	-8 -23	-8 -30	-8 -44	-8 -66	-5 -7.5	-5 -9	-5 -11	-5 -14	-5 -20	-5 -27	-5 -41	-5 -63
10	18									-6 -9	-6 -11	-6 -14	-6 -17	-6 -24	-6 -33	-6 -49	-6 -76
18	30									-7 -11	-7 -13	-7 -16	-7 -20	-7 -28	-7 -40	-7 -59	-7 -91
30	50									-9 -13	-9 -16	-9 -20	-9 -25	-9 -34	-9 -48	-9 -71	-9 -109
50	80										-10 -18	-10 -23	-10 -29	-10 -40	-10 -56		
80	120										-12 -22	-12 -27	-12 -34	-12 -47	-12 -66		
120	180										-14 -26	-14 -32	-14 -39	-14 -54	-14 -77		
180	250										-15 -29	-15 -35	-15 -44	-15 -61	-15 -87		
250	315										-17 -33	-17 -40	-17 -49	-17 -69	-17 -98		
315	400										-18 -36	-18 -43	-18 -54	-18 -75	-18 -107		
400	500										-20 -40	-20 -47	-20 -60	-20 -83	-20 -117		

（续）

公称尺寸/mm		h																	
		1	2	3	4	5	6	7	8	9	10	11	12	13	14	15	16	17	18
		偏差																	
大于	至	μm											mm						
—	3	0 -0.8	0 -1.2	0 -2	0 -3	0 -4	0 -6	0 -10	0 -14	0 -25	0 -40	0 -60	0 -0.1	0 -0.14	0 -0.25	0 -0.4	0 -0.6		
3	6	0 -1	0 -1.5	0 -2.5	0 -4	0 -5	0 -8	0 -12	0 -18	0 -30	0 -48	0 -75	0 -0.12	0 -0.18	0 -0.3	0 -0.48	0 -0.75	0 -1.2	0 -1.8
6	10	0 -1	0 -1.5	0 -2.5	0 -4	0 -6	0 -9	0 -15	0 -22	0 -36	0 -58	0 -90	0 -0.15	0 -0.22	0 -0.36	0 -0.58	0 -0.9	0 -1.5	0 -2.2
10	18	0 -1.2	0 -2	0 -3	0 -5	0 -8	0 -11	0 -18	0 -27	0 -43	0 -70	0 -110	0 -0.18	0 -0.27	0 -0.43	0 -0.7	0 -1.1	0 -1.8	0 -2.7
18	30	0 -1.5	0 -2.5	0 -4	0 -6	0 -9	0 -13	0 -21	0 -33	0 -52	0 -84	0 -130	0 -0.21	0 -0.33	0 -0.52	0 -0.84	0 -1.3	0 -2.1	0 -3.3
30	50	0 -1.5	0 -2.5	0 -4	0 -7	0 -11	0 -16	0 -25	0 -39	0 -62	0 -100	0 -160	0 -0.25	0 -0.39	0 -0.62	0 -1	0 -1.6	0 -2.5	0 -3.9
50	80	0 -2	0 -3	0 -5	0 -8	0 -13	0 -19	0 -30	0 -46	0 -74	0 -120	0 -190	0 -0.3	0 -0.46	0 -0.74	0 -1.2	0 -1.9	0 -3	0 -4.6
80	120	0 -2.5	0 -4	0 -6	0 -10	0 -15	0 -22	0 -35	0 -54	0 -87	0 -140	0 -220	0 -0.35	0 -0.54	0 -0.87	0 -1.4	0 -2.2	0 -3.5	0 -5.4
120	180	0 -3.5	0 -5	0 -8	0 -12	0 -18	0 -25	0 -40	0 -63	0 -100	0 -160	0 -250	0 -0.4	0 -0.63	0 -1	0 -1.6	0 -2.5	0 -4	0 -6.3
180	250	0 -4.5	0 -7	0 -10	0 -14	0 -20	0 -29	0 -46	0 -72	0 -115	0 -185	0 -290	0 -0.46	0 -0.72	0 -1.15	0 -1.85	0 -2.9	0 -4.6	0 -7.2
250	315	0 -6	0 -8	0 -12	0 -16	0 -23	0 -32	0 -52	0 -81	0 -130	0 -210	0 -320	0 -0.52	0 -0.81	0 -1.3	0 -2.1	0 -3.2	0 -5.2	0 -8.1
315	400	0 -7	0 -9	0 -13	0 -18	0 -25	0 -36	0 -57	0 -89	0 -140	0 -230	0 -360	0 -0.57	0 -0.89	0 -1.4	0 -2.3	0 -3.6	0 -5.7	0 -8.9
400	500	0 -8	0 -10	0 -15	0 -20	0 -27	0 -40	0 -63	0 -97	0 -155	0 -250	0 -400	0 -0.63	0 -0.97	0 -1.55	0 -2.5	0 -4	0 -6.3	0 -9.7

（续）

公称尺寸/mm		js																	
		1	2	3	4	5	6	7	8	9	10	11	12	13	14	15	16	17	18
大于	至	偏差 μm											偏差 mm						
—	3	+0.4 −0.4	+0.6 −0.6	+1 −1	+1.5 −1.5	+2 −2	+3 −3	+5 −5	+7 −7	+12 −12	+20 −20	+30 −30	+0.05 −0.05	+0.07 −0.07	+0.125 −0.125	+0.2 −0.2	+0.3 −0.3		
3	6	+0.5 −0.5	+0.75 −0.75	+1.25 −1.25	+2 −2	+2.5 −2.5	+4 −4	+6 −6	+9 −9	+15 −15	+24 −24	+37 −37	+0.06 −0.06	+0.09 −0.09	+0.15 −0.15	+0.24 −0.24	+0.375 −0.375	+0.6 −0.6	+0.9 −0.9
6	10	+0.5 −0.5	+0.75 −0.75	+1.25 −1.25	+2 −2	+3 −3	+4.5 −4.5	+7 −7	+11 −11	+18 −18	+29 −29	+45 −45	+0.075 −0.075	+0.11 −0.11	+0.18 −0.18	+0.29 −0.29	+0.45 −0.45	+0.75 −0.75	+1.1 −1.1
10	18	+0.6 −0.6	+1 −1	+1.5 −1.5	+2.5 −2.5	+4 −4	+5.5 −5.5	+9 −9	+13 −13	+21 −21	+35 −35	+55 −55	+0.09 −0.09	+0.135 −0.135	+0.215 −0.215	+0.35 −0.35	+0.55 −0.55	+0.9 −0.9	+1.35 −1.35
18	30	+0.75 −0.75	+1.25 −1.25	+2 −2	+3 −3	+4.5 −4.5	+6.5 −6.5	+10 −10	+16 −16	+26 −26	+42 −42	+65 −65	+0.105 −0.105	+0.165 −0.165	+0.26 −0.26	+0.42 −0.42	+0.65 −0.65	+1.05 −1.05	+1.65 −1.65
30	50	+0.75 −0.75	+1.25 −1.25	+2 −2	+3.5 −3.5	+5.5 −5.5	+8 −8	+12 −12	+19 −19	+31 −31	+50 −50	+80 −80	+0.125 −0.125	+0.195 −0.195	+0.31 −0.31	+0.5 −0.5	+0.8 −0.8	+1.25 −1.25	+1.95 −1.95
50	80	+1 −1	+1.5 −1.5	+2.5 −2.5	+4 −4	+6.5 −6.5	+9.5 −9.5	+15 −15	+23 −23	+37 −37	+60 −60	+95 −95	+0.15 −0.15	+0.23 −0.23	+0.37 −0.37	+0.6 −0.6	+0.95 −0.95	+1.5 −1.5	+2.3 −2.3
80	120	+1.25 −1.25	+2 −2	+3 −3	+5 −5	+7.5 −7.5	+11 −11	+17 −17	+27 −27	+43 −43	+70 −70	+110 −110	+0.175 −0.175	+0.27 −0.27	+0.435 −0.435	+0.7 −0.7	+1.1 −1.1	+1.75 −1.75	+2.7 −2.7
120	180	+1.75 −1.75	+2.5 −2.5	+4 −4	+6 −6	+9 −9	+12.5 −12.5	+20 −20	+31 −31	+50 −50	+80 −80	+125 −125	+0.2 −0.2	+0.315 −0.135	+0.5 −0.5	+0.8 −0.8	+1.25 −1.25	+2 −2	+3.15 −3.15
180	250	+2.25 −2.25	+3.5 −3.5	+5 −5	+7 −7	+10 −10	+14.5 −14.5	+23 −23	+36 −36	+57 −57	+92 −92	+145 −145	+0.23 −0.23	+0.36 −0.36	+0.575 −0.575	+0.925 −0.925	+1.45 −1.45	+2.3 −2.3	+3.6 −3.6
250	315	+3 −3	+4 −4	+6 −6	+8 −8	+11.5 −11.5	+16 −16	+26 −26	+40 −40	+65 −65	+105 −105	+160 −160	+0.26 −0.26	+0.405 −0.405	+0.65 −0.65	+1.05 −1.05	+1.6 −1.6	+2.6 −2.6	+4.05 −4.05
315	400	+3.5 −3.5	+4.5 −4.5	+6.5 −6.5	+9 −9	+12.5 −12.5	+18 −18	+28 −28	+44 −44	+70 −70	+115 −115	+180 −180	+0.285 −0.285	+0.445 −0.445	+0.7 −0.7	+1.15 −1.15	+1.8 −1.8	+2.85 −2.85	+4.45 −4.45
400	500	+4 −4	+5 −5	+7.5 −7.5	+10 −10	+13.5 −13.5	+20 −20	+31 −31	+48 −48	+77 −77	+125 −125	+200 −200	+0.315 −0.315	+0.485 −0.485	+0.775 −0.775	+1.25 −1.25	+2 −2	+3.15 −3.15	+4.85 −4.85

（续）

公称尺寸/mm		j				k											m			
大于	至	5	6	7	8	3	4	5	6	7	8	9	10	11	12	13	3	4	5	6
—	3	+2 -2	+4 -2	+6 -4	+8 -6	+2 0	+3 0	+4 0	+6 0	+10 0	+14 0	+25 0	+40 0	+60 0	+100 0	+140 0	+4 +2	+5 +2	+6 +2	+8 +2
3	6	-3 -2	+6 -2	+8 -4		+2.5 0	+5 +1	+6 +1	+9 +1	+13 +1	+18 0	+30 0	+48 0	+75 0	+120 0	+180 0	+6.5 +4	+8 +4	+9 +4	+12 +4
6	10	+4 -2	+7 -2	+10 -5		+2.5 0	+5 +1	+7 +1	+10 +1	+16 +1	+22 0	+36 0	+58 0	+90 0	+150 0	+220 0	+8.5 +6	+10 +6	+12 +6	+15 +6
10	18	+5 -3	+8 -3	+12 -6		+3 0	+6 +1	+9 +1	+12 +1	+19 +1	+27 0	+43 0	+70 0	+110 0	+180 0	+270 0	+10 +7	+12 +7	+15 +7	+18 +7
18	30	+5 -4	+9 -4	+13 -8		+4 0	+8 +2	+11 +2	+15 +2	+23 +2	+33 0	+52 0	+84 0	+130 0	+210 0	+330 0	+12 +8	+14 +8	+17 +8	+21 +8
30	50	+6 -5	+11 -5	+15 -10		+4 0	+9 +2	+13 +2	+18 +2	+27 +2	+39 0	+62 0	+100 0	+160 0	+250 0	+390 0	+13 +9	+16 +9	+20 +9	+25 +9
50	80	+6 -7	+12 -7	+18 -12			+10 +2	+15 +2	+21 +2	+32 +2	+46 0	+74 0	+120 0	+190 0	+300 0	+460 0		+19 +11	+24 +11	+30 +11
80	120	+6 -9	+13 -9	+20 -15			+13 +3	+18 +3	+25 +3	+38 +3	+54 0	+87 0	+140 0	+220 0	+350 0	+540 0		+23 -13	+28 +13	+35 +13
120	180	+7 -11	+14 -11	+22 -18			+15 +3	+21 +3	+28 +3	+43 +3	+63 0	+100 0	+160 0	+250 0	+400 0	+630 0		+27 +15	+33 +15	+40 +15
180	250	+7 -13	+16 -13	+25 -21			+18 +4	+24 +4	+33 +4	+50 +4	+72 0	+115 0	+185 0	+290 0	+460 0	+720 0		+31 +17	+37 +17	+46 +17
250	315	+7 -16	+16 -16	+16 -16			+20 +4	+27 +4	+36 +4	+56 +4	+81 0	+130 0	+210 0	+320 0	+520 0	+810 0		+36 +20	+43 +20	+52 +20
315	400	+7 -18	+18 -18	+29 -28			+22 +4	+29 +4	+40 +4	+61 +4	+89 0	+140 0	+230 0	+360 0	+570 0	+890 0		+39 +21	+46 +21	+57 +21
400	500	+7 -20	+20 -20	+31 -32			+25 +5	+32 +5	+45 +5	+68 +5	+97 0	+155 0	+250 0	+400 0	+630 0	+970 0		+43 +23	+50 +23	+63 +23

（续）

公称尺寸/mm		m			n						p							
大于	至	7	8	9	3	4	5	6	7	8	9	3	4	5	6	7	8	9	10
—	3	+12 +2	+16 +2	+27 +2	+6 +4	+7 +4	+8 +4	+10 +4	+14 +4	+18 +4	+29 +4	+8 +6	+9 +6	+10 +6	+12 +6	+16 +6	+20 +6	+31 +6	+46 +6
3	6	+16 +4	+22 +4	+34 +4	+10.5 +8	+12 +8	+13 +8	+16 +8	+20 +8	+26 +8	+38 8	+14.5 +12	+16 +12	+17 +12	+20 +12	+24 +12	+30 +12	+42 +12	+60 +12
6	10	+21 +6	+28 +6	+42 +6	+12.5 +10	+14 +10	+16 +10	+19 +10	+25 +10	+32 +10	+46 +10	+17.5 +15	+19 +15	+21 +15	+24 +15	+30 +15	+37 +15	+51 +15	+73 +15
10	18	+25 +7	+34 +7	+50 +7	+15 +12	+17 +12	+20 +12	+23 +12	+30 +12	+39 +12	+55 +12	+21 +18	+23 +18	+26 +18	+29 +18	+36 +18	+45 +18	+61 +18	+88 +18
18	30	+29 +8	+41 +8	+60 +8	+19 +15	+21 +15	+24 +15	+28 +15	+36 +15	+48 +15	+67 +15	+26 +22	+28 +22	+31 +22	+35 +22	+43 +22	+55 +22	+74 +22	+106 +22
30	50	+34 +9	+48 +9	+71 +9	+21 +17	+24 +17	+28 +17	+33 +17	+42 +17	+56 +17	+79 +17	+30 +26	+33 +26	+37 +26	+42 +26	+51 +26	+65 +26	+88 +26	+126 +26
50	80	+41 +11				+28 +20	+33 +20	+39 +20	+50 +20				+40 +32	+45 +32	+51 +32	+62 +32	+78 +32		
80	120	+48 +13				+33 +23	+38 +23	+45 +23	+58 +23				+47 +37	+52 +37	+59 +37	+72 +37	+91 +37		
120	180	+55 +15				+39 +27	+45 +27	+52 +27	+67 +27				+55 +43	+61 +43	+68 +43	+83 +43	+106 +43		
180	250	+63 +17				+45 +31	+51 +31	+60 +31	+77 +31				+64 +50	+70 +50	+79 +50	+96 +50	+122 +50		
250	315	+72 +20				+50 +34	+57 +34	+66 +34	+86 +34				+72 +56	+79 +56	+88 +56	+108 +56	+137 +56		
315	400	+78 +21				+55 +37	+62 +37	+73 +37	+94 +37				+80 +62	+87 +62	+98 +62	+119 +62	+151 +62		
400	500	+86 +23				+60 +40	+67 +40	+80 +40	+103 +40				+88 +68	+95 +68	+108 +68	+131 +68	+165 +68		

（续）

公称尺寸/mm		r								s								t				u				
大于	至	3	4	5	6	7	8	9	10	3	4	5	6	7	8	9	10	5	6	7	8	5	6	7	8	9
—	3	+12 +10	+13 +10	+14 +10	+16 +10	+20 +10	+24 +10	+35 +10	+50 +10	+16 +14	+17 +14	+18 +14	+20 +14	+24 +14	+28 +24	+39 +14	+54 +14					+22 +18	+24 +18	+28 +18	+32 +18	+43 +18
3	6	+17.5 +15	+19 +15	+20 +15	+23 +15	+27 +15	+33 +15	+45 +15	+63 +15	+21.5 +19	+23 +19	+24 +19	+27 +19	+31 +19	+37 +19	+49 +19	+67 +19					+28 +23	+31 +23	+35 +23	+41 +23	+53 +23
6	10	+21.5 +19	+23 +19	+25 +19	+28 +19	+34 +19	+41 +19	+55 +19	+77 +19	+25.5 +23	+27 +23	+29 +23	+32 +23	+38 +23	+45 +23	+59 +23	+81 +23					+34 +28	+37 +28	+43 +28	+50 +28	+64 +28
10	18	+26 +23	+28 +23	+31 +23	+34 +23	+41 +23	+50 +23	+66 +23	+93 +23	+31 +28	+33 +28	+36 +28	+39 +28	+46 +28	+55 +28	+71 +28	+98 +28					+41 +33	+44 +33	+51 +33	+60 +33	+76 +33
18	24	+32 +28	+34 +28	+37 +28	+41 +28	+49 +28	+61 +28	+80 +28	+112 +28	+39 +25	+41 +35	+44 +35	+48 +35	+56 +35	+68 +35	+87 +35	+119 +35					+50 +41	+54 +41	+62 +41	+74 +41	+93 +41
24	30																	+50 +41	+54 +41	+62 +41	+74 +41	+57 +48	+61 +48	+69 +48	+81 +48	+100 +48
30	40	+38 +34	+41 +34	+45 +34	+50 +34	+59 +34	+73 +34	+96 +34	+134 +34	+47 +43	+50 +43	+54 +43	+59 +43	+68 +43	+82 +43	+105 +43	+143 +43	+59 +48	+64 +48	+73 +48	+87 +48	+71 +60	+76 +60	+85 +60	+99 +60	+122 +60
40	50																	+65 +54	+70 +54	+79 +54	+93 +54	+81 +70	+86 +70	+95 +70	+109 +70	+132 +70
50	65		+49 +41	+54 +41	+60 +41	+71 +41	+87 +41				+61 +53	+66 +53	+72 +53	+83 +53	+99 +53	+127 +53		+79 +66	+85 +66	+96 +66	+112 +66	+100 +87	+106 +87	+117 +87	+183 +87	+161 +87
65	80		+51 +43	+56 +43	+62 +43	+72 +43	+89 +43				+67 +59	+72 +59	+78 +59	+89 +59	+105 +59	+133 +59		+88 +75	+94 +75	+105 +75	+121 +75	+115 +102	+121 +102	+132 +102	+148 +102	+176 +102
80	100		+61 +51	+66 +51	+73 +51	+86 +51	+105 +51				+81 +71	+86 +71	+93 +71	+106 +71	+125 +71	+158 +71		+106 +91	+113 +91	+126 +91	+145 +91	+139 +124	+146 +124	+159 +124	+178 +124	+211 +124
100	120		+64 +54	+69 +54	+76 +54	+89 +54	+108 +54				+89 +79	+94 +79	+101 +79	+114 +79	+133 +79	+166 +79		+119 +104	+126 +104	+139 +104	+158 +104	+159 +144	+166 +144	+179 +144	+198 +144	+231 +144

（续）

公称尺寸/mm		r								s								t				u				
大于	至	3	4	5	6	7	8	9	10	3	4	5	6	7	8	9	10	5	6	7	8	5	6	7	8	9
120	140		+75 +63	+81 +63	+88 +63	+103 +63	+126 +63				+104 +92	+110 +92	+117 +92	+132 +92	+155 +92	+192 +92		+140 +122	+147 +122	+162 +122	+185 +122	+188 +170	+195 +170	+210 +170	+233 +170	+270 +170
140	160		+77 +65	+83 +65	+90 +65	+105 +65	+128 +65				+112 +100	+118 +100	+125 +100	+140 +100	+163 +100	+200 +100		+152 +134	+159 +134	+174 +134	+197 +134	+208 +190	+215 +190	+230 +190	+253 +190	+290 +190
160	180		+80 +68	+86 +68	+93 +68	+108 +68	+131 +68				+120 +108	+126 +108	+133 +108	+148 +108	+171 +108	+208 +108		+164 +146	+171 +146	+186 +146	+209 +146	+228 +210	+235 +210	+250 +210	+273 +210	+310 +210
180	200		+91 +77	+97 +77	+106 +77	+123 +77	+149 +77				+136 +122	+142 +122	+151 +122	+168 +122	+194 +122	+237 +122		+186 +166	+195 +166	+212 +166	+238 +166	+256 +236	+265 +234	+282 +236	+308 +236	+351 +236
200	225		+94 +80	+100 +80	+109 +80	+126 +80	+152 +80				+144 +130	+150 +130	+159 +130	+176 +130	+202 +130	+245 +130		+200 +180	+209 +180	+226 +180	+252 +180	+278 +258	+287 +258	+304 +258	+330 +258	+373 +258
225	250		+98 +84	+104 +84	+113 +84	+130 +84	+156 +84				+154 +140	+160 +140	+169 +140	+186 +140	+212 +140	+255 +140		+216 +196	+225 +196	+242 +196	+268 +196	+304 +284	+313 +284	+330 +284	+356 +284	+399 +284
250	280		+110 +94	+117 +94	+126 +94	+146 +94	+175 +94				+174 +158	+181 +158	+190 +158	+210 +158	+239 +158	+288 +158		+241 +218	+250 +218	+270 +218	+299 +218	+338 +315	+347 +315	+367 +315	+396 +315	+445 +315
280	315		+114 +98	+121 +98	+130 +98	+150 +98	+179 +98				+186 +170	+193 +170	+202 +170	+222 -170	+251 +170	+300 +170		+263 +240	+272 +240	+292 +240	+321 +240	+373 +350	+382 +350	+402 +350	+431 +350	+480 +350
315	355		+126 +108	+133 +108	+144 +108	+165 +108	+197 +108				+208 +190	+215 +190	+226 +190	+247 +190	+279 +190	+330 +190		+293 +268	+304 +268	+325 +268	+357 +268	+415 +390	+426 +390	+447 +390	+479 +390	+530 +390
355	400		+132 +114	+139 +114	+150 +114	+171 +114	+203 +114				+226 +208	+233 +208	+244 +208	+265 +208	+297 +208	+348 +208		+319 +294	+330 +294	+351 +294	+383 +294	+460 +435	+471 +435	+492 +435	+524 +435	+575 +435
400	450		+146 +126	+153 +126	+166 +126	+189 +126	+223 +126				+252 +232	+259 +232	+272 +232	+295 +232	+329 +232	+387 +232		+357 +330	+370 +330	+393 +330	+427 +330	+517 +490	+530 +490	+553 +490	+587 +490	+645 +490
450	500		+152 +132	+159 +132	+172 +132	+195 +132	+229 +132				+272 +252	+279 +252	+292 +252	+315 +252	+349 +252	+407 +252		+387 +360	+400 +360	+423 +360	+457 +360	+567 +540	+580 +540	+603 +540	+637 +540	+695 +540

（续）

公称尺寸/mm 大于	至	v 5	v 6	v 7	v 8	x 5	x 6	x 7	x 8	x 9	x 10	y 6	y 7	y 8	y 9	y 10
—	3					+24 +20	+26 +20	+30 +20	+34 +20	+45 +20	+60 +20					
3	6					+33 +28	+36 +28	+40 +28	+46 +28	+58 +28	+76 +28					
6	10					+40 +34	+43 +34	+49 +34	+56 +34	+70 +34	+92 +34					
10	14					+48 +40	+51 +40	+58 +40	+67 +40	+83 +40	+110 +40					
14	18	+47 +39	+50 +39	+57 +39	+66 +39	+53 +45	+56 +45	+63 +45	+72 +45	+88 +45	+115 +45					
18	24	+56 +47	+60 +47	+68 +47	+80 +47	+63 +54	+67 +54	+75 +54	+87 +54	+106 +54	+138 +54	+76 +63	+84 +63	+96 +63	+115 +63	+147 +63
24	30	+64 +55	+68 +55	+76 +55	+88 +55	+73 +64	+77 +64	+85 +64	+97 +64	+116 +64	+148 +64	+88 +75	+96 +75	+108 +75	+127 +75	+159 +75
30	40	+79 +68	+84 +68	+93 +68	+107 +68	+91 +80	+96 +80	+105 +80	+119 +80	+142 +80	+180 +80	+110 +94	+119 +94	+133 +94	+156 +94	+194 +94
40	50	+92 +81	+97 +81	+106 +81	+120 +81	+108 +97	+113 +97	+122 +97	+136 +97	+159 +97	+197 +97	+130 +114	+139 +114	+153 +114	+176 +114	+214 +114
50	65	+115 +102	+121 +102	+132 +102	+148 +102	+135 +122	+141 +122	+152 +122	+168 +122	+196 +122	+242 +122	+163 +144	+174 +144	+190 +144		
65	80	+133 +120	+139 +120	+150 +120	+166 +120	+159 +146	+165 +146	+176 +146	+192 +146	+220 +146	+266 +146	+193 +174	+204 +174	+220 +174		
80	100	+161 +146	+168 +146	+181 +146	+200 +146	+193 +178	+200 +178	+213 +178	+232 +178	+265 +178	+318 +178	+236 +214	+249 +214	+268 +214		
100	120	+187 +172	+194 +172	+207 +172	+226 +172	+225 +210	+232 +210	+245 +210	+264 +210	+297 +210	+350 +210	+276 +254	+289 +254	+308 +254		

（续）

公称尺寸/mm		v				x						y				
大于	至	5	6	7	8	5	6	7	8	9	10	6	7	8	9	10
120	140	+220 +202	+227 +202	+242 +202	+265 +202	+266 +248	+273 +248	+288 +248	+311 +248	+348 +248	+408 +248	+325 +300	+340 +300	+363 +300		
140	160	+246 +228	+253 +228	+268 +228	+291 +228	+298 +280	+305 +280	+320 +280	+343 +280	+380 +280	+440 +280	+365 +340	+380 +340	+403 +340		
160	180	+270 +252	+277 +252	+292 +252	+315 +252	+328 +310	+335 +310	+350 +310	+373 +310	+410 +310	+470 +310	+405 +380	+420 +380	+443 +380		
180	200	+304 +284	+313 +284	+330 +284	+356 +284	+370 +350	+379 +350	+396 +350	+422 +350	+465 +350	+535 +350	+454 +425	+471 +425	+497 +425		
200	225	+330 +310	+339 +310	+356 +310	+382 +310	+405 +385	+414 +385	+431 +385	+457 +385	+500 +385	+570 +385	+499 +470	+516 +470	+542 +470		
225	250	+360 +340	+369 +340	+386 +340	+412 +340	+445 +425	+454 +425	+471 +425	+497 +425	+540 +425	+610 +425	+549 +520	+566 +520	+592 +520		
250	280	+408 +385	+417 +385	+437 +385	+466 +385	+498 +475	+507 +475	+527 +475	+556 +475	+605 +475	+685 +475	+612 +580	+632 +580	+661 +580		
280	315	+448 +425	+457 +425	+477 +425	+506 +425	+548 +525	+557 +525	+577 +525	+606 +525	+655 +525	+735 +525	+682 +650	+702 +650	+731 +650		
315	355	+500 +475	+511 +475	+532 +475	+564 +475	+615 +590	+626 +590	+647 +590	+679 +590	+730 +590	+820 +590	+766 +730	+787 +730	+819 +730		
355	400	+555 +530	+566 +530	+587 +530	+619 +530	+685 +660	+696 +660	+717 +660	+749 +660	+800 +660	+890 +660	+856 +820	+877 +820	+909 +820		
400	450	+622 +595	+635 +595	+658 +595	+692 +595	+767 +740	+780 +740	+803 +740	+837 +740	+895 +740	+990 +740	+960 +920	+983 +920	+1 017 +920		
450	500	+687 +660	+700 +660	+723 +660	+757 +660	+847 +820	+860 +820	+883 +820	+917 +820	+975 +820	+1 070 +820	+1 040 +1 000	+1 063 +1 000	+1 097 +1 000		

（续）

公称尺寸/mm		z						za					
大于	至	6	7	8	9	10	11	6	7	8	9	10	11
—	3	+32 +26	+36 +26	+40 +26	+51 +26	+66 +26	+86 +26	+38 +32	+42 +32	+46 +32	+57 +32	+72 +32	+92 +32
3	6	+43 +35	+47 +35	+53 +35	+65 +35	+83 +35	+110 +35	+50 +42	+54 +42	+60 +42	+72 +42	+90 +42	+117 +42
6	10	+51 +42	+57 +42	+64 +42	+78 +42	+100 +42	+132 +42	+61 +52	+67 +52	+74 +52	+88 +52	+110 +52	+142 +52
10	14	+61 +50	+68 +50	+77 +50	+93 +50	+120 +50	+160 +50	+75 +64	+82 +64	+91 +64	+107 +64	+134 +64	+174 +64
14	18	+71 +60	+78 +60	+87 +60	+103 +60	+130 +60	+170 +60	+88 +77	+95 +77	+104 +77	+120 +77	+147 +77	+187 +77
18	24	+86 +73	+94 +73	+106 +73	+125 +73	+157 +73	+203 +73	+111 +98	+119 +98	+131 +98	+150 +98	+182 +98	+228 +98
24	30	+101 +88	+109 +88	+121 +88	+140 +88	+172 +88	+218 +88	+131 +118	+139 +118	+151 +118	+170 +118	+202 +118	+248 +118
30	40	+128 +112	+137 +112	+151 +112	+174 +112	+212 +112	+272 +112	+164 +148	+173 +148	+187 +148	+210 +148	+248 +148	+308 +148
40	50	+152 +136	+161 +136	+175 +136	+198 +136	+236 +136	+296 +136	+196 +180	+205 +180	+219 +180	+242 +180	+280 +180	+340 +180
50	65	+191 +172	+202 +172	+218 +172	+246 +172	+292 +172	+362 +172	+245 +226	+256 +226	+272 +226	+300 +226	+346 +226	+416 +226
65	80	+229 +210	+240 +210	+256 +210	+284 +210	+330 +210	+400 +210	+293 +274	+304 +274	+320 +274	+348 +274	+394 +274	+464 +274
80	100	+280 +258	+293 +258	+312 +258	+345 +258	+398 +258	+478 +258	+357 +335	+370 +335	+389 +335	+422 +335	+475 +335	+555 +335

（续）

公称尺寸/mm		z						za					
大于	至	6	7	8	9	10	11	6	7	8	9	10	11
100	120	+332 +310	+345 +310	+364 +310	+397 +310	+450 +310	+530 +310	+422 +400	+435 +400	+454 +400	+487 +400	+540 +400	+620 +400
120	140	+390 +365	+405 +365	+428 +365	+465 +365	+525 +365	+615 +365	+495 +470	+510 +470	+533 +470	+570 +470	+630 +470	+720 +470
140	160	+440 +415	+455 +415	+478 +415	+515 +415	+575 +415	+665 +415	+560 +535	+575 +535	+598 +535	+635 +535	+695 +535	+785 +535
160	180	+490 +465	+505 +465	+528 +465	+565 +465	+625 +465	+715 +465	+625 +600	+640 +600	+663 +600	+700 +600	+760 +600	+850 +600
180	200	+549 +520	+566 +520	+595 +520	+635 +520	+705 +520	+810 +520	+699 +670	+716 +670	+742 +670	+785 +670	+855 +670	+960 +670
200	225	+604 +575	+621 +575	+647 +575	+690 +575	+760 +575	+865 +575	+769 +740	+786 +740	+812 +740	+855 +740	+925 +740	+1 030 +740
225	250	+669 +640	+686 +640	+712 +640	+755 +640	+825 +640	+930 +640	+849 +820	+866 +820	+892 +820	+935 +820	+1 005 +820	+1 110 +820
250	280	+742 +710	+762 +710	+791 +710	+840 +710	+920 +710	+1 030 +710	+952 +920	+972 +920	+1 001 +920	+1 050 +920	+1 130 +920	+1 240 +920
280	135	+822 +790	+842 +790	+871 +790	+920 +790	+1 000 +790	+1 110 +790	+1 032 +1 000	+1 052 +1 000	+1 081 +1 000	+1 130 +1 000	+1 210 +1 000	+1 320 +1 000
315	355	+936 +900	+957 +900	+989 +900	+1 040 +900	+1 130 +900	+1 260 +900	+1 186 +1 150	+1 207 +1 150	+1 239 +1 150	+1 290 +1 150	+1 380 +1 150	+1 510 +1 150
355	400	+1 036 +1 000	+1 057 +1 000	+1 089 +1 000	+1 140 +1 000	+1 230 +1 000	+1 360 +1 000	+1 336 +1 300	+1 357 +1 300	+1 389 +1 300	+1 440 +1 300	+1 530 +1 300	+1 660 +1 300
400	450	+1 140 +1 100	+1 163 +1 100	+1 197 +1 100	+1 255 +1 100	+1 350 +1 100	+1 500 +1 100	+1 490 +1 450	+1 513 +1 450	+1 547 +1 450	+1 605 +1 450	+1 700 +1 450	+1 850 +1 450
450	500	+1 290 +1 250	+1 313 +1 250	+1 347 +1 250	+1 405 +1 250	+1 500 +1 250	+1 650 +1 250	+1 640 +1 600	+1 663 +1 600	+1 697 +1 600	+1 755 +1 600	+1 850 +1 600	+2 000 +1 600

（续）

公称尺寸/mm		zb					zc				
大于	至	7	8	9	10	11	7	8	9	10	11
—	3	+50 +40	+54 +40	+65 +40	+80 +40	+100 +40	+70 +60	+74 +60	+85 +60	+100 +60	+120 +60
3	6	+62 +50	+68 +50	+80 +50	+98 +50	+125 +50	+92 +80	+98 +80	+110 +80	+128 +80	+155 +80
6	10	+82 +67	+89 +67	+103 +67	+125 +67	+157 +67	+112 +97	+119 +97	+133 +97	+155 +97	+187 +97
10	14	+108 +90	+117 +90	+133 +90	+160 +90	+200 +90	+148 +130	+157 +130	+173 +130	+200 +130	+240 +130
14	18	+126 +108	+135 +108	+151 +108	+178 +108	+218 +108	+168 +150	+177 +150	+193 +150	+220 +150	+260 +150
18	24	+157 +136	+169 +136	+188 +136	+220 +136	+266 +136	+209 +188	+221 +188	+240 +188	+272 +188	+318 +188
24	30	+181 +160	+193 +160	+212 +160	+244 +160	+290 +160	+239 +218	+251 +218	+270 +218	+302 +218	+348 +218
30	40	+225 +200	+239 +200	+262 +200	+300 +200	+360 +200	+299 +274	+313 +274	+336 +274	+374 +274	+434 +274
40	50	+267 +242	+281 +242	+304 +242	+342 +242	+402 +242	+350 +325	+364 +325	+387 +325	+425 +325	+485 +325
50	65	+330 +300	+346 +300	+374 +300	+420 +300	+490 +300	+435 +405	+451 +405	+479 +405	+525 +405	+595 +405
65	80	+390 +360	+406 +360	+434 +360	+480 +360	+550 +360	+510 +480	+526 +480	+554 +480	+600 +480	+670 +480
80	100	+480 +445	+499 +445	+532 +445	+585 +445	+665 +445	+620 +585	+639 +585	+672 +585	+725 +585	+805 +585
100	120	+560 +525	+579 +525	+612 +525	+665 +525	+745 +525	+725 +690	+744 +690	+777 +690	+830 +690	+910 +690
120	140	+660 +620	+683 +620	+720 +620	+780 +620	+870 +620	+840 +800	+863 +800	+900 +800	+960 +800	+1 050 +800

（续）

公称尺寸/mm		zb					zc				
大于	至	7	8	9	10	11	7	8	9	10	11
140	160	+740 +700	+763 +700	+800 +700	+860 +700	+950 +700	+940 +900	+963 +900	+1 000 +900	+1 060 +900	+1 150 +900
160	180	+820 +780	+843 +780	+880 +780	+940 +780	+1 030 +780	+1 040 +1 000	+1 063 +1 000	+1 100 +1 000	+1 160 +1 000	+1 250 +1 000
180	200	+926 +880	+952 +880	+995 +880	+1 065 +880	+1 170 +880	+1 196 +1 150	+1 222 +1 150	+1 265 +1 150	+1 335 +1 150	+1 440 +1 150
200	225	+1 160 +960	+1 032 +960	+1 075 +960	+1 450 +960	+1 250 +960	+1 296 +1 250	+1 322 +1 250	+1 365 +1 250	+1 435 +1 250	+1 540 +1 250
225	250	+ 1096 +1 050	+1 122 +1 050	+1 165 +1 050	+1 235 +1 050	+1 340 +1 050	+1 396 +1 350	+1 422 +1 350	+1 465 +1 350	+1 535 +1 350	+1 640 +1 350
250	280	+1 252 +1 200	+1 281 +1 200	+1 380 +1 200	+1 410 +1 200	+1 520 +1 200	+1 602 +1 550	+1 631 +1 550	+1 680 +1 550	+1 760 +1 550	+1 870 +1 550
280	315	+1 352 +1 300	+1 381 +1 300	+1 430 +1 300	+1 510 +1 300	+1 620 +1 300	+1 752 +1 700	+1 781 +1 700	+1 830 +1 700	+1 910 +1 700	+2 020 +1 700
315	355	+1 557 +1 500	+1 589 +1 500	+1 640 +1 500	+1 730 +1 500	+1 860 +1 500	+1 957 +1 900	+1 989 +1 900	+2 040 +1 900	+2 130 +1 900	+2 260 +1 900
355	400	+1 707 +1 650	+1 739 +1 650	+1 790 +1 650	+1 880 +1 650	+2 010 +1 650	+2 157 +2 100	+2 189 +2 100	+2 240 +2 100	+2 330 +2 100	+2 460 +2 100
400	450	+1 913 +1 850	+1 947 +1 850	+2 005 +1 850	+2 100 +1 850	+2 250 +1 850	+2 463 +2 400	+2 497 +2 400	+2 555 +2 400	+2 650 +2 400	+2 800 +2 400
450	500	+2 163 +2 100	+2 197 +2 100	+2 255 +2 100	+2 350 +2 100	+2 500 +2 100	+2 663 +2 600	+2 697 +2 600	+2 755 +2 600	+2 850 +2 600	+3 000 +2 600

注：1. 各级的 cd、ef、fg 主要用于精密机械和钟表制造业。

2. IT14 至 IT18 只用于大于 1mm 的公称尺寸。

3. 公称尺寸至 24mm 的 t5 至 t8 的偏差值未列入表内，建议以 u5 至 u8 代替。如非要 t5 至 t8，则可按 GB/T 1800.3 计算。

4. 公称尺寸至 14mm 的 v5 至 v8 的偏差值未列入表内。建议以 x5 至 x8 代替。如非要 v5 至 v8，则可按 GB/T 1800.3 计算。

5. 公称尺寸至 18mm 的 y6 至 y10 的偏差值未列入表内。建议以 z6 至 z10 代替。如非要 y6 至 y10，则可按 GB/T 1800.3 计算。

表 3.2-12 轴的极限偏差(500mm 以上)

公称尺寸/mm		d					e					f				g		
大于	至	7	8	9	10	11	7	8	9	10	11	6	7	8	9	6	7	8
500	630	－260 －330	－260 －370	－260 －435	－260 －540	－260 －700	－145 －189	－145 －215	－145 －255	－145 －320	－145 －425	－76 －120	－76 －146	－76 －186	－76 －251	－22 －66	－22 －92	－22 －132
630	800	－290 －370	－290 －415	－290 －490	－290 －610	－290 －790	－160 －210	－160 －240	－160 －285	－160 －360	－160 －480	－80 －130	－80 －160	－80 －205	－80 －280	－24 －74	－24 －104	－24 －149
800	1 000	－320 －410	－320 －460	－320 －550	－320 －680	－320 －880	－170 －226	－170 －260	－170 －310	－170 －400	－170 －530	－86 －142	－86 －176	－86 －226	－86 －316	－26 －82	－26 －116	－26 －166
1 000	1 250	－350 －455	－350 －515	－350 －610	－350 －770	－350 －1 010	－195 －261	－195 －300	－195 －360	－195 －455	－195 －615	－98 －164	－98 －203	－98 －263	－98 －358	－28 －94	－28 －133	－28 －193
1 250	1 600	－390 －515	－390 －585	－390 －700	－390 －890	－390 －1 170	－220 －298	－220 －345	－220 －415	－220 －530	－220 －720	－110 －188	－110 －235	－110 －305	－110 －420	－30 －108	－30 －155	－30 －225
1 600	2 000	－430 －580	－430 －660	－430 －800	－430 －1 030	－430 －1 350	－240 －332	－240 －390	－240 －470	－240 －610	－240 －840	－120 －212	－120 －270	－120 －350	－120 －490	－32 －124	－32 －182	－32 －262
2 000	2 500	－480 －655	－480 －760	－480 －920	－480 －1 180	－480 －1 580	－260 －370	－260 －435	－260 －540	－260 －700	－260 －960	－130 －240	－130 －305	－130 －410	－130 －570	－34 －144	－34 －209	－34 －314
2 500	3 150	－520 －730	－520 －850	－520 －1 060	－520 －1 380	－520 －1 870	－290 －425	－290 －500	－290 －620	－290 －830	－290 －1 150	－145 －280	－145 －355	－145 －475	－145 －685	－38 －173	－38 －248	－38 －368

（续）

公称尺寸/mm		h																	
		1	2	3	4	5	6	7	8	9	10	11	12	13	14	15	16	16	18
大于	至	偏差																	
		μm											mm						
500	630	0 －9	0 －11	0 －16	0 －22	0 －32	0 －44	0 －70	0 －110	0 －175	0 －280	0 －440	0 －0.7	0 －1.1	0 －1.75	0 －2.8	0 －4.4	0 －7	0 －11
630	800	0 －10	0 －13	0 －18	0 －25	0 －36	0 －50	0 －80	0 －125	0 －200	0 －320	0 －500	0 －0.8	0 －1.25	0 －2	0 －3.2	0 －5	0 －8	0 －12.5
800	1 100	0 －11	0 －15	0 －21	0 －28	0 －40	0 －56	0 －90	0 －140	0 －230	0 －360	0 －560	0 －0.9	0 －1.4	0 －2.3	0 －3.6	0 －5.6	0 －9	0 －14
1 000	1 250	0 －13	0 －18	0 －24	0 －33	0 －47	0 －66	0 －105	0 －165	0 －260	0 －420	0 －660	0 －1.05	0 －1.65	0 －2.6	0 －4.2	0 －6.6	0 －10.5	0 －16.5
1 250	1 600	0 －15	0 －21	0 －29	0 －39	0 －55	0 －78	0 －125	0 －195	0 －310	0 －500	0 －780	0 －1.25	0 －1.95	0 －3.1	0 －5	0 －7.8	0 －12.5	0 －19.5
1 600	2 000	0 －18	0 －25	0 －35	0 －46	0 －65	0 －92	0 －150	0 －230	0 －370	0 －600	0 －920	0 －1.5	0 －2.3	0 －3.7	0 －6	0 －9.2	0 －15	0 －23
2 000	2 500	0 －22	0 －30	0 －41	0 －55	0 －78	0 －110	0 －175	0 －280	0 －440	0 －700	0 －1 100	0 －1.75	0 －2.8	0 －4.4	0 －7	0 －11	0 －17.5	0 －28
2 500	3 150	0 －26	0 －36	0 －50	0 －68	0 －96	0 －135	0 －210	0 －330	0 －540	0 －860	0 －1 350	0 －2.1	0 －3.3	0 －5.4	0 －8.6	0 －13.5	0 －21	0 －33
500	630	＋4.5 －4.5	＋5.5 －5.5	＋8 －8	＋11 －11	＋16 －16	＋22 －22	＋35 －35	＋55 －55	＋87 －87	＋140 －140	＋220 －220	＋0.35 －0.35	＋0.55 －0.55	＋0.875 －0.875	＋1.4 －1.4	＋2.2 －2.2	＋3.5 －3.5	＋5.5 －5.5
630	800	＋5 －5	＋6.5 －6.5	＋9 －9	＋12.5 －12.5	＋18 －18	＋25 －25	＋40 －40	＋62 －62	＋100 －100	＋160 －160	＋250 －250	＋0.4 －0.4	＋0.625 －0.652	＋1 －1	＋1.6 －1.6	＋2.5 －2.5	＋4 －4	＋6.25 －6.25
800	1 000	＋5.5 －5.5	＋7.5 －7.5	＋10.5 －10.5	＋14 －14	＋20 －20	＋28 －28	＋45 －45	＋70 －70	＋115 －115	＋180 －180	＋280 －280	＋0.45 －0.45	＋0.7 －0.7	＋1.15 －1.15	＋1.8 －1.8	＋2.8 －2.8	＋4.5 －4.5	＋7 －7
1 000	1 250	＋6.5 －6.5	＋9 －9	＋12 －12	＋16.5 －16.5	＋23.5 －23.5	＋33 －33	＋52 －52	＋82 －82	＋130 －130	＋210 －210	＋330 －330	＋0.525 －0.525	＋0.825 －0.825	＋1.3 －1.3	＋2.1 －2.1	＋3.3 －3.3	＋5.25 －5.25	＋8.25 －8.25
1 250	1 600	＋7.5 －7.5	＋10.5 －10.5	＋14.5 －14.5	＋19.5 －19.5	＋27.5 －27.5	＋39 －39	＋62 －62	＋97 －97	＋155 －155	＋250 －250	＋390 －390	＋0.625 －0.625	＋0.975 －0.975	＋1.55 －1.55	＋2.5 －2.5	＋3.9 －3.9	＋6.25 －6.25	＋9.75 －9.75
1 600	2 000	＋9 －9	＋12.5 －12.5	＋17.5 －17.5	＋23 －23	＋32.5 －32.5	＋46 －46	＋75 －75	＋115 －115	＋185 －185	＋300 －300	＋460 －460	＋0.75 －0.75	＋1.15 －1.15	＋1.85 －1.85	＋3 －3	＋4.6 －4.6	＋7.5 －7.5	＋11.5 －11.5
2 000	2 500	＋11 －11	＋15 －15	＋20.5 －20.5	＋27.5 －27.5	＋39 －39	＋55 －55	＋87 －87	＋140 －140	＋220 －220	＋350 －350	＋550 －550	＋0.875 －0.875	＋1.4 －1.4	＋2.2 －2.2	＋3.5 －3.5	＋5.5 －5.5	＋8.75 －8.75	＋14 －14
2 500	3 150	＋13 －13	＋18 －18	＋25 －25	＋34 －34	＋48 －48	＋67.5 －67.5	＋105 －105	＋165 －165	＋270 －270	＋430 －430	＋675 －675	＋1.05 －1.05	＋1.65 －1.65	＋2.7 －2.7	＋4.3 －4.3	＋6.75 －6.75	＋10.5 －10.5	＋16.5 －16.5

（续）

公称尺寸/mm		k								m		n		p		
大于	至	6	7	8	9	10	11	12	13	6	7	6	7	6	7	8
500	630	+44 0	+70 0	+110 0	+175 0	+280 0	+440 0	+700 0	+1 100 0	+70 26	+96 +26	+88 +44	+114 +44	+122 +78	+148 +78	+188 +78
630	800	+50 0	+80 0	+125 0	+200 0	+320 0	+500 0	+800 0	+1 250 0	+80 +30	+110 +30	+100 +50	+130 +50	+138 +88	+168 +88	+213 +88
800	1 000	+56 0	+90 0	+140 0	+230 0	+360 0	+560 0	+900 0	+1 400 0	+90 +34	+124 +34	+112 +56	+146 +56	+156 +100	+190 +100	+240 +100
1 000	1 250	+66 0	+105 0	+165 0	+260 0	+420 0	+660 0	+1 050 0	+1 650 0	+106 +40	+145 +40	+132 +66	+171 +66	+186 +120	+225 +120	+285 +120
1 250	1 600	+78 0	+125 0	+195 0	+310 0	+500 0	+780 0	+1 250 0	+1 950 0	+126 +48	+173 +48	+156 +78	+203 +78	+218 +140	+265 +140	+335 +140
1 600	2 000	+92 0	+150 0	+230 0	+370 0	+600 0	+920 0	+1 500 0	+2 300 0	+150 +58	+208 +58	+184 +92	+242 +92	+262 +170	+320 +170	+400 +170
2 000	2 500	+110 0	+175 0	+280 0	+440 0	+700 0	+1 100 0	+1 750 0	+2 800 0	+178 +68	+243 +68	+220 +110	+285 +110	+305 +195	+370 +195	+475 +195
2 500	3 150	+135 0	+210 0	+330 0	+540 0	+860 0	+1 350 0	+2 100 0	+3 300 0	+211 +76	+286 +76	+270 +135	+345 +135	+375 +240	+450 +240	+570 +240

（续）

公称尺寸/mm		r			s			t		u		
大于	至	6	7	8	6	7	8	6	7	6	7	8
500	560	+194 +150	+220 +150	+260 +150	+324 +280	+350 +280	+390 +280	+444 +400	+470 +400	+644 +600	+670 +600	+710 +600
560	630	+199 +155	+225 +155	+265 +155	+354 +310	+380 +310	+420 +310	+494 +450	+520 +450	+704 +660	+730 +660	+770 +660
630	710	+225 +175	+255 +175	+300 +175	+390 +340	+420 +340	+465 +340	+550 +500	+580 +500	+790 +740	+820 +740	+865 +740
710	800	+235 +185	+265 +185	+310 +185	+430 +380	+460 +380	+505 +380	+610 +560	+640 +560	+890 +840	+920 +840	+965 +840
800	900	+266 +210	+300 +210	+350 +210	+486 +430	+520 +430	+570 +430	+676 +620	+710 +620	+996 +940	+1 030 +940	+1 080 +940
900	1 000	+276 +220	+310 +220	+360 +220	+526 +470	+560 +470	+610 +470	+736 +680	+770 +680	+1 106 +1 050	+1 140 +1 050	+1 190 +1 050
1 000	1 120	+316 +250	+355 +250	+415 +250	+586 +520	+625 +520	+685 +520	+846 +780	+885 +780	+1 216 +1 150	+1 255 +1 150	+1 315 +1 150
1 120	1 250	+326 +260	+365 +260	+425 +250	+646 +580	+685 +580	+745 +580	+906 +840	+945 +840	+1 366 +1 300	+1 405 +1 300	+1 465 +1 300
1 250	1 400	+378 +300	+425 +300	+495 +300	+718 +640	+765 +640	+835 +640	+1 038 +960	+1 085 +960	+1 528 +1 450	+1 575 +1 450	+1 645 +1 450
1 400	1 600	+408 +330	+455 +330	+525 +330	+798 +720	+845 +720	+915 +720	+1 128 1 050	+1 175 +1 050	+1 678 +1 600	+1 725 +1 600	+1 795 +1 600
1 600	1 800	+462 +370	+520 +370	+600 +370	+912 +820	+970 +820	+1 050 +820	+1 292 +1 200	+1 350 +1 200	+1 942 +1 850	+2 000 +1 850	+2 080 +1 850
1 800	2 000	+492 +400	+550 +440	+630 +400	+1 012 +920	+1 070 +920	+1 150 +920	+1 442 +1 350	+1 500 +1 350	+2 092 +2 000	+2 150 +2 000	+2 230 +2 000
2 000	2 240	+550 +440	+615 +400	+720 +440	+1 110 +1 000	+1 175 +1 000	+1 280 +1 000	+1 610 +1 500	+1 675 +1 500	+2 410 +2 300	+2 475 +2 300	+2 580 +2 300
2 240	2 500	+570 +460	+635 +460	+740 +460	+1 210 +1 100	+1 275 +1 100	+1 380 +1 100	+1 760 +1 650	1 825 +1 650	+2 610 +2 500	+2 675 +2 500	+2 780 +2 500
2 500	2 800	+685 +550	+760 +550	+880 +550	+1 385 +1 250	+1 460 +1 250	+1 580 +1 250	+2 035 +1 900	+2 110 +1 900	+3 035 +2 900	+3 110 +2 900	+3 230 +2 900
2 800	3 150	+715 +580	+790 +580	+910 +580	+1 535 +1 400	+1 610 +1 400	+1 730 +1 400	+2 235 +2 100	+2 310 +2 100	+3 335 +3 200	+3 410 +3 200	+3 530 +3 200

注：黑框中的数值，即公称尺寸大于500～3 150mm，IT1 至 IT5 的偏差值，为试用的。

表 3.2-13　基孔制优先、常用配合

基准孔	轴 a	b	c	d	e	f	g	h	js	k	m	n	p	r	s	t	u	v	x	y	z
	间隙配合								过渡配合			过盈配合									
H6						H6/f5	H6/g5	H6/h5	H6/js5	H6/k5	H6/m5	H6/n5	H6/p5	H6/r5	H6/s5	H6/t5					
H7						H7/f6	◤H7/g6	◤H7/h6	H7/js6	◤H7/k6	H7/m6	◤H7/n6	◤H7/p6	H7/r6	◤H7/s6	H7/t6	◤H7/u6	H7/v6	H7/x6	H7/y6	H7/z6
H8					H8/e7	◤H8/f7	H8/g7	◤H8/h7	H8/js7	H8/k7	H8/m7	H8/n7	H8/p7	H8/r7	H8/s7	H8/t7	H8/u7				
				H8/d8	H8/e8	H8/f8		H8/h8													
H9			H9/c9	◤H9/d9	H9/e9	H9/f9		◤H9/h9													
H10			H10/c10	H10/d10				H10/h10													
H11	H11/a11	H11/b11	◤H11/c11	H11/d11				◤H11/h11													
H12		H12/b12						H12/h12													

注：1. $\frac{H6}{n5}$、$\frac{H7}{p6}$在公称尺寸小于或等于 3mm 和$\frac{H8}{r7}$在小于或等于 100mm 时，为过渡配合。

2. 标注◤的配合为优先配合。

表 3.2-14　基轴制优先、常用配合

基准轴	孔 A	B	C	D	E	F	G	H	Js	K	M	N	P	R	S	T	U	V	X	Y	Z
	间隙配合								过渡配合			过盈配合									
h5						F6/h5	G6/h5	H6/h5	Js6/h5	K6/h5	M6/h5	N6/h5	P6/h5	R6/h5	S6/h5	T6/h5					
h6						F7/h6	◤G7/h6	◤H7/h6	Js6/h6	◤K7/h6	M7/h6	N7/h6	◤P7/h6	R7/h6	◤S7/h6	T7/h6	◤U7/h6				
h7					E8/h7	◤F8/h7		◤H8/h7	Js8/h7	K8/h7	M8/h7	N8/h7									
h8				D8/h8	E8/h8	F8/h8		H8/h8													
h9				◤D9/h9	E9/h9	F9/h9		◤H9/h9													
h10				D10/h10				H10/h10													
h11	A11/h11	B11/h11	◤C11/h11	D11/h11				◤H11/h11													
h12		B12/h12						H12/h12													

注：标注◤的配合为优先配合。

表 3.2-15　基孔制与基轴制优先、

基孔制		H6/f5	H6/g5	H6/h5	H7/f6	▼H7/g6	▼H7/h6	H8/e7	▼H8/f7	H8/g7	▼H8/h7	H8/d8	H8/c8	H8/f8	H8/h8	H9/c9	▼H9/d9
基轴制		F6/h5	G6/h5	H6/h5	F7/h6	▼G7/h6	▼H7/h6	E8/h7	▼F8/h7		▼H8/h7	D8/h8	E8/h8	F8/h8	H8/h8		▼D9/h9
公称尺寸/mm		间　隙															
大于	至																
—	3	+16 +6	+12 +2	+10 0	+22 +6	+18 +2	+16 0	+38 +14	+30 +6	+26 +2	+24 0	+48 +20	+42 +14	+34 +6	+28 0	+110 +60	+70 +20
3	6	+23 +10	+17 +4	+13 0	+30 +10	+24 +4	+20 0	+50 +20	+40 +10	+34 +4	+30 0	+66 +30	+56 +20	+46 +10	+36 0	+130 +70	+90 +30
6	10	+28 +13	+20 +5	+15 0	+37 +13	+29 +5	+24 0	+62 +25	+50 +13	+42 +5	+37 0	+84 +40	+69 +25	+57 +13	+44 0	+152 +80	+112 +40
10	14	+35 +16	+25 +6	+19 0	+45 +16	+35 +6	+29 0	+77 +32	+61 +16	+51 +6	+45 0	+104 +50	+86 +32	+70 +16	+54 0	+181 +95	+136 +50
14	18																
18	24	+42 +20	+29 +7	+22 0	+54 +20	+41 +7	+34 0	+94 +40	+74 +20	+61 +7	+54 0	+131 +65	+106 +40	+86 +20	+66 0	+214 +110	+169 +65
24	30																
30	40	+52 +25	+36 +9	+27 0	+66 +25	+50 +9	+41 0	+114 +50	+89 +25	+73 +9	+64 0	+158 +80	+128 +50	+103 +25	+78 0	+244 +120	+204 +80
40	50															+254 +130	
50	65	+62 +30	+42 +10	+32 0	+79 +30	+59 +10	+49 0	+136 +60	+106 +30	+86 +10	+76 0	+192 +100	+152 +60	+122 +30	+92 0	+288 +140	+248 +100
65	80															+298 +150	
80	100	+73 +36	+49 +12	+37 0	+93 +36	+69 +12	+57 0	+161 +72	+125 +36	+101 +12	+89 0	+228 +120	+180 +72	+144 +36	+108 0	+344 +170	+294 +120
100	120															+354 +180	
120	140	+86 +43	+57 +14	+43 0	+108 +43	+79 +14	+65 0	+188 +85	+146 +43	+117 +14	+103 0	+271 +145	+211 +85	+169 +43	+126 0	+400 +200	+345 +145
140	160															+410 +210	
160	180															+430 +230	
180	200	+99 +50	+64 +15	+49 0	+125 +50	+90 +15	+75 0	+218 +100	+168 +50	+133 +15	+118 0	+314 +170	+244 +100	+194 +50	+144 0	+470 +240	+400 +170
200	225															+490 +260	
225	250															+510 +280	
250	280	+111 +56	+72 +17	+55 0	+140 +56	+101 +17	+84 0	+243 +110	+189 +56	+150 +17	+133 0	+352 +190	+272 +110	+218 +56	+162 0	+560 +300	+450 +190
280	315															+590 +330	
315	355	+123 +62	+79 +18	+61 0	+155 +62	+111 +18	+93 0	+271 +125	+208 +62	+164 +18	+146 0	+388 +210	+303 +125	+240 +62	+178 0	+640 +360	+490 +210
355	400															+680 +400	
400	450	+135 +68	+87 +20	+67 0	+171 +68	+123 +20	+103 0	+295 +135	+228 +68	+180 +20	+160 0	+424 +230	+329 +135	+262 +68	+194 0	+750 +440	+540 +230
450	500															+790 +480	

注：1. 表中"＋"值为间隙量，"－"值为过盈量。

2. 标注▼的配合为优先配合。

常用配合极限间隙或极限过盈 (μm)

H9/e9	H9/f9	▼H9/h9	H10/c10	H10/d10	H10/h10	H11/a11	H11/b11	▼H11/c11	H11/d11	▼H11/h11	H12/b12	H12/h12	H6/js5	
E9/h9	F9/h9	▼H9/h9		D10/h10	H10/h10	A11/h11	B11/h11	▼C11/h11	D11/h11	▼H11/h11	B12/h12	H12/h12		Js6/h5
配	合												过渡配合	
+64 +14	+56 +6	+50 0	+140 +60	+100 +20	+80 0	+390 +270	+260 +140	+180 +60	+140 +20	+120 0	+340 +140	+200 0	+8 -2	+7 -3
+80 +20	+70 +10	+60 0	+166 +70	+126 +30	+96 0	+420 +270	+290 +140	+220 +70	+180 +30	+150 0	+380 +140	+240 0	+10.5 -2.5	+9 -4
+97 +25	+85 +13	+72 0	+196 +80	+156 +40	+116 0	+460 +280	+330 +150	+260 +80	+220 +40	+180 0	+450 +150	+300 0	+12 -3	+10.5 -4.5
+118 +32	+102 +16	+86 0	+235 +95	+190 +50	+140 0	+510 +290	+370 +150	+315 +95	+270 +50	+220 0	+510 +150	+360 0	+15 -4	+13.5 -5.5
+144 +40	+124 +20	+104 0	+278 +110	+233 +65	+168 0	+560 +300	+420 +160	+370 +110	+325 +65	+260 0	+580 +160	+420 0	+17.5 -4.5	+15.5 -6.5
+174 +50	+149 +25	+124 0	+320 +120 +330 +130	+280 +80	+200 0	+630 +310 +640 +320	+490 +170 +500 +180	+440 +120 +450 +130	+400 +80	+320 0	+670 +170 +680 +180	+500 0	+21.5 -5.5	+19 -8
+208 +60	+178 +30	+148 0	+380 +140 +390 +150	+340 +100	+240 0	+720 +340 +740 +360	+570 +190 +580 +200	+520 +140 +530 +150	+480 +100	+380 0	+790 +190 +800 +200	+600 0	+25.5 -6.5	+22.5 -9.5
+246 +72	+210 +36	+174 0	+450 +170 +460 +180	+400 +120	+280 0	+820 +380 +850 +410	+660 +220 +680 +240	+610 +170 +620 +180	+560 +120	+440 0	+920 +220 +940 +240	+700 0	+29.5 -7.5	+26 -11
+285 +85	+243 +43	+200 0	+520 +200 +530 +210 +550 +230	+465 +145	+320 0	+960 +460 +1020 +520 +1080 +580	+760 +260 +780 +280 +810 +310	+700 +200 +710 +210 +730 +230	+645 +145	+500 0	+1060 +260 +1080 +280 +1110 +310	+800 0	+34 -9	+30.5 -12.5
+330 +100	+280 +50	+230 0	+610 +240 +630 +260 +650 +280	+540 +170	+370 0	+1240 +660 +1320 +740 +1400 +820	+920 +340 +960 +380 +1000 +420	+820 +240 +840 +260 +860 +280	+750 +170	+580 0	+1260 +340 +1300 +380 +1340 +420	+920 0	+39 -10	+34.5 -14.5
+370 +110	+316 +56	+260 0	+720 +300 +750 +330	+610 +190	+420 0	+1560 +920 +1690 +1050	+1120 +480 +1180 +540	+940 +300 +970 +330	+830 +190	+640 0	+1520 +480 +1580 +540	+1040 0	+43.5 -11.5	+39 -16
+405 +125	+342 +62	+280 0	+820 +360 +860 +400	+670 +210	+460 0	+1920 +1200 +2070 +1350	+1320 +600 +1400 +680	+1080 +360 +1120 +400	+930 +210	+720 0	+1740 +600 +1820 +680	+1140 0	+48.5 -12.5	+43 -18
+445 +135	+378 +68	+310 0	+940 +440 +980 +480	+730 +230	+500 0	+2300 +1500 +2450 +1650	+1560 +760 +1640 +840	+1240 +440 +1280 +480	+1030 +230	+800 0	+2020 +760 +2100 +840	+1260 0	+53.5 -13.5	+47 -20

基孔制		H6/k5		H6/m5		H7/js6		H7/k6		H7/m6		H7/n6		H8/js7		H8/k7	
基轴制			K6/h5		M6/h5		Js7/h6		K7/h6		M7/h6		N7/h6		Js8/h7		K8/h7
公称尺寸/mm		过渡															
大于	至																
—	3	+6 −4	+4 −6	+4 −6	+2 −8	+13 −3	+11 −5	+10 −6	+6 −10	±8	+4 −12	+6 −10	+2 −14	+19 −5	+17 −7	+14 −10	+10 −14
3	6	+7 −6		+4 −9		+16 −4	+14 −6	+11 −9		+8 −12		+4 −16		+24 −6	+21 −9	+17 −13	
6	10	+8 −7		+3 −12		+19.5 −4.5	+16 −7	+14 −10		+9 −15		+5 −19		+29 −7	+26 −11	+21 −16	
10	14	+10 −9		+4 −15		+23.5 −5.5	+20 −9	+17 −12		+11 −18		+6 −23		+36 −9	+31 −13	+26 −19	
14	18																
18	24	±11		+5 −17		+27.5 −6.5	+23 −10	+19 −15		+13 −21		+6 −28		+43 −10	+37 −16	+31 −23	
24	30																
30	40	+14 −13		+7 −20		+33 −8	+28 −12	+23 −18		+16 −25		+8 −33		+51 −12	+44 −19	+37 −27	
40	50																
50	65	+17 −15		+8 −24		+39.5 −9.5	+34 −15	+28 −21		+19 −30		+10 −39		+61 −15	+53 −23	+44 −32	
65	80																
80	100	+19 −18		+9 −28		+46 −11	+39 −17	+32 −25		+22 −35		+12 −45		+71 −17	+62 −27	+51 −38	
100	120																
120	140	+22 −21		+10 −33		+52.5 −12.5	+45 −20	+37 −28		+25 −40		+13 −52		+83 −20	+71 −31	+60 −43	
140	160																
160	180																
180	200	+25 −24		+12 −37		+60.5 −14.5	+52 −23	+42 −33		+29 −46		+15 −60		+95 −23	+82 −36	+68 −50	
200	225																
225	250																
250	280	+28 −27		+12 −43	+14 −41	+68 −16	+58 −26	+48 −36		+32 −52		+18 −66		+107 −26	+92 −40	+77 −56	
280	315																
315	355	+32 −29		+15 −46		+75 −18	+64 −28	+53 −40		+36 −57		+20 −73		+117 −28	+101 −44	+85 −61	
355	400																
400	450	+35 −32		+17 −50		+83 −20	+71 −31	+58 −45		+40 −63		+23 −80		+128 −31	+111 −48	+92 −68	
450	500																

注：$\frac{H6}{n5}$、$\frac{H7}{p6}$在公称尺寸小于或等于3mm时，为过渡配合。

（续）

$\frac{H8}{m7}$	$\frac{M8}{h7}$	$\frac{H8}{n7}$	$\frac{N8}{h7}$	$\frac{H8}{p7}$	$\frac{H6}{n5}$	$\frac{N6}{h5}$	$\frac{H6}{p5}$	$\frac{P6}{h5}$	$\frac{H6}{r5}$	$\frac{R6}{h5}$	$\frac{H6}{s5}$	$\frac{S6}{h5}$	$\frac{H6}{t5}$	$\frac{T6}{h5}$	▼$\frac{H7}{p6}$	▼$\frac{P7}{h6}$
配合					过盈配合											
+12 −12	+8 −16	+10 −14	+6 −18	+8 −16	+2 −8	0 −10	0 −10	−2 −12	−4 −14	−6 −16	−8 −18	−10 −20	—		+4 −12	0 −16
+14 −16		+10 −20		+6 −21	0 −13		−4 −17		−7 −20		−11 −24		—		0 −20	
+16 −21		+12 −25		+7 −30	−1 −16		−6 −21		−10 −25		−14 −29		—		0 −24	
+20 −25		+15 −30		+9 −36	−1 −20		−7 −26		−12 −31		−17 −36		—		0 −29	
+25 −29		+18 −36		+11 −43	−2 −24		−9 −31		−15 −37		−22 −44		—		−1 −35	
													−28 −50			
+30 −34		+22 −42		+13 −51	−1 −28		−10 −37		−18 −45		−27 −54		−32 −59		−1 −42	
													−38 −65			
+35 −41		+26 −50		+14 −62	−1 −33		−13 −45		−22 −54		−34 −66		−47 −79		−2 −51	
									−24 −56		−40 −72		−56 −88			
+41 −48		+31 −58		+17 −72	−1 −38		−15 −52		−29 −66		−49 −86		−69 −106		−2 −59	
									−32 −69		−57 −94		−82 −119			
+48 −55		+36 −67		+20 −83	−2 −45		−18 −61		−38 −81		−67 −110		−97 −140		−3 −68	
									−40 −83		−75 −118		−109 −152			
									−43 −86		−83 −126		−121 −164			
+55 −63		+41 −77		+22 −96	−2 −51		−21 −70		−48 −97		−93 −142		−137 −186		−4 −79	
									−51 −100		−101 −150		−151 −200			
									−55 −104		−111 −160		−167 −216			
+61 −72		+47 −86		+25 −108	−2 −57		−24 −79		−62 −117		−126 −181		−186 −241		−4 −88	
									−66 −121		−138 −193		−208 −263			
+68 −78		+52 −91		+27 −119	−1 −62		−26 −87		−72 −133		−154 −215		−232 −293		−5 −98	
									−78 −139		−172 −233		−258 −319			
+74 −86		+57 −103		+29 −131	0 −67		−28 −95		−86 −153		−192 −259		−290 −357		−5 −108	
									−92 −159		−212 −279		−320 −387			

（续）

基孔制		H7/r6		▶H7/s6		H7/t6	▶H7/u6		H7/v6	H7/x6	H7/y6	H7/z6	H8/r7	H8/s7	H8/t7	H8/u7
基轴制			R7/h6		▶S7/h6	T7/h6		▶U7/h6								
公称尺寸/mm		过盈配合														
大于	至															
—	3	0 -16	-4 -20	-4 -20	-8 -24	—	-8 -24	-12 -28	—	-10 -26	—	-16 -32	+4 -20	0 -24	—	-4 -28
3	6	-3 -23		-7 -27		—	-11 -31		—	-16 -36	—	-23 -43	+3 -27	-1 -31	—	-5 -35
6	10	-4 -28		-8 -32		—	-13 -37		—	-19 -43	—	-27 -51	+3 -34	-1 -38	—	-6 -43
10	14	-5 -34		-10 -39		—	-15 -44		—	-22 -51	—	-32 -61	+4 -41	-1 -46	—	-6 -51
14	18								-21 -50	-27 -56	—	-42 -71				
18	24	-7 -41		-14 -48		—	-20 -54		-26 -60	-33 -67	-42 -76	-52 -86	+5 -49	-2 -56	—	-8 -62
24	30					-20 -54	-27 -61		-34 -68	-43 -77	-54 -88	-67 -101			-8 -62	-15 -69
30	40	-9 -50		-18 -59		-23 -64	-35 -76		-43 -84	-55 -96	-69 -110	-87 -128	+5 -59	-4 -68	-9 -73	-21 -85
40	50					-29 -70	-45 -86		-56 -97	-72 -113	-89 -130	-111 -152			-15 -79	-31 -95
50	65	-11 -60		-23 -72		-36 -85	-57 -106		-72 -121	-92 -141	-114 -163	-142 -191	+5 -71	-7 -83	-20 -96	-41 -117
65	80	-13 -62		-29 -78		-45 -94	-72 -121		-90 -139	-116 -165	-144 -193	-180 -229	+3 -73	-13 -89	-29 -105	-56 -132
80	100	-16 -73		-36 -93		-56 -113	-89 -146		-111 -168	-143 -200	-179 -236	-223 -280	+3 -86	-17 -106	-37 -126	-70 -159
100	120	-19 -76		-44 -101		-69 -126	-109 -166		-137 -194	-175 -232	-219 -276	-275 -332	0 -89	-25 -114	-50 -139	-90 -179
120	140	-23 -88		-52 -117		-82 -147	-130 -195		-162 -227	-208 -273	-260 -325	-325 -390	0 -103	-29 -132	-59 -162	-107 -210
140	160	-25 -90		-60 -125		-94 -159	-150 -215		-188 -253	-240 -305	-300 -365	-375 -440	-2 -105	-37 -140	-71 -174	-127 -230
160	180	-28 -93		-68 -133		-106 -171	-170 -235		-212 -277	-270 -335	-340 -405	-425 -490	-5 -108	-45 -148	-83 -186	-147 -250
180	200	-31 -106		-76 -151		-120 -195	-190 -265		-238 -313	-304 -379	-379 -454	-474 -549	-5 -123	-50 -168	-94 -212	-164 -282
200	225	-34 -109		-84 -159		-134 -209	-212 -287		-264 -339	-339 -414	-424 -499	-529 -604	-8 -126	-58 -176	-108 -226	-186 -304
225	250	-38 -113		-94 -169		-150 -225	-238 -313		-294 -369	-379 -454	-474 -549	-594 -669	-12 -130	-68 -186	-124 -242	-212 -330
250	280	-42 -126		-106 -190		-166 -250	-263 -347		-333 -417	-423 -507	-528 -612	-658 -742	-13 -146	-77 -210	-137 -270	-234 -367
280	315	-46 -130		-118 -202		-188 -272	-298 -382		-373 -457	-473 -557	-598 -682	-738 -822	-17 -150	-89 -222	-159 -292	-269 -402
315	355	-51 -144		-133 -226		-211 -304	-333 -426		-418 -511	-533 -626	-673 -766	-843 -936	-19 -165	-101 -247	-179 -325	-301 -447
355	400	-57 -150		-151 -244		-237 -330	-378 -471		-473 -566	-603 -696	-763 -856	-943 -1036	-25 -171	-119 -265	-205 -351	-346 -492
400	450	-63 -166		-169 -272		-267 -370	-427 -530		-532 -635	-677 -780	-857 -960	-1037 -1140	-29 -189	-135 -295	-233 -393	-393 -553
450	500	-69 -172		-189 -292		-297 -400	-477 -580		-597 -700	-757 -860	-937 -1040	-1187 -1290	-35 -195	-155 -315	-263 -423	-443 -603

注：$\frac{H8}{r7}$在小于或等于100mm时，为过渡配合。

公称尺寸大于 500mm 至 3150mm 的配合一般采用基孔制的孔、轴同级配合。根据零件制造特点，可采用配制配合。

配制配合：

GB/T 1801—2009 的附录 B 中，提出了公称尺寸大于 500mm 的零件除采用互换性生产外，根据其制造特点可采用配制配合。该附录对配制配合的应用提供了指导。

配制配合是以一个零件的实际尺寸为基数，来配制另一个零件的一种工艺措施。一般用于公差等级较高，单件小批生产的配合零件。

对配制配合零件的一般要求为：

1）先按互换性生产选取配合，配制的结果应满足此配合公差；

2）一般选择较难加工，但能得到较高测量精度的那个零件（在多数情况下是孔）作为先加工件，给它一个比较容易达到的公差或按“线性尺寸的未注公差”加工；

3）配制件（多数情况下是轴）的公差可按所定的配合公差来选取，所以配制件的公差比采用互换性生产时单个零件的公差要宽，配制件的偏差和极限尺寸以先加工件的实际尺寸为基数来确定；

4）配制配合是关于尺寸极限方面的技术规定，不涉及其他技术要求，如零件的形状和位置公差、表面粗糙度等，不因采用配制配合而降低；

5）测量对保证配合性质有很大关系，要注意温度、形状和位置误差对测量结果的影响，应采用尺寸相互比较的测量方法，并在同样条件下，使用同一基准装置或校对量具，由同一组计量人员进行测量，以提高测量精度。

在图样上用代号 MF（Matched Fit）表示配制配合，借用基准孔的基本偏差代号 H 或基准轴的基本偏差代号 h 表示先加工件。

举例：

公称尺寸为 ϕ3000mm 的孔和轴，要求配合的最大间隙为 0.45mm，最小间隙为 0.14mm。按互换性生产可选用 ϕ3000H6/f6 或 ϕ3000F6/h6，其最大间隙为 0.415mm，最小间隙为 0.145mm。现确定采用配制配合。

1）在装配图上标注为：

ϕ3000H6/f6　MF（先加工件为孔）

或 ϕ3000F6/h6　MF（先加工件为轴）

2）若先加工件为孔，给一个较容易达到的公差，例如 H8，在零件图上标注为：

ϕ3000H8　MF

若按“线性尺寸的未注公差”加工，则标注为：

ϕ3000　MF

3）配制件为轴，根据已确定的配合公差选取合适的公差带，例如 f 7，此时其最大间隙为 0.355mm，最小间隙为 0.145mm，图上标注为：

ϕ3000f 7　MF

或 $\phi3000^{-0.145}_{-0.355}$　MF

若先加工件（孔）的实际尺寸为 ϕ3000.195mm，则配制件（轴）的极限尺寸计算如下：

上极限尺寸 =（3000.195 － 0.145）mm = 3000.050mm

下极限尺寸 =（3000.195 － 0.355）mm = 2999.840mm

1.2　标准公差与配合的选用

公差与配合的选用不仅关系到产品的质量，而且关系到产品的制造和生产成本。选用公差与配合的原则应为：在保证产品质量的前提下，尽可能便于制造和降低成本，以取得最佳的技术经济效果。选用公差与配合的方法大体可归纳为类比法、计算法和试验法三种。

类比法有的又称“先例法”、“对照法”。它是以类似的机械、机构、零部件为参照对象，在功能、结构、材料和使用条件等方面与所要设计的对象进行对比后，确定公差与配合的方法。

计算法是按照一定的理论和公式，通过计算确定公差与配合的方法。我国已将尺寸链的计算和选用（见 GB/T5847—2004）、极限与配合　过盈配合的计算和选用（见 GB/T5371—2004）进行了标准化，间隙配合计算以及计算机辅助公差设计（含优化设计、并行设计）等方法也日趋成熟，但尚未制定标准和推广。

试验法是通过试验确定公差与配合的方法。以往常用实物进行试验，现在由于科学技术和计算机的发展，各种模拟、仿真等先进方法也应运而生。

类比法迄今仍最为常用，计算法用得较少，试验法往往与上述两种方法相结合。

1.2.1　标准公差的选用

无配合要求的尺寸，精确者（如量块、量规）选用何级标准公差主要取决于功能要求；未注公差者，在一般公差　未注公差的线性和角度尺寸的公差国家标准（GB/T1804—2000）中选取。

有配合要求的尺寸，孔、轴配合尺寸的公差按允许间隙或过盈的变动量（配合公差）而定。

表 3.2-16 列出了各标准公差等级的应用、表 3.2-17 列出了各种加工方法能达到的标准公差等级、表 3.2-18 列出了常用加工方法所能达到的标准公差等级和加工成本的关系等经验资料，供选用标准公差时参考。

表 3.2-16　标准公差等级的应用

应　　用	IT 等级 01	0	1	2	3	4	5	6	7	8	9	10	11	12	13	14	15	16	17	18
量　　块	—	—	—																	
量　　规			—	—	—	—	—	—	—											
配合尺寸							—	—	—	—	—	—	—	—	—					
特别精密零件的配合				—	—	—	—													
非配合尺寸(大制造公差)														—	—	—	—	—	—	—
原材料公差										—	—	—	—	—	—	—				

表 3.2-17　各种加工方法能达到的标准公差等级

加工方法	IT 等级 01	0	1	2	3	4	5	6	7	8	9	10	11	12	13	14	15	16
研　　磨	—	—	—	—	—	—	—											
珩						—	—	—	—									
内、外圆磨							—	—	—	—								
平面磨							—	—	—	—								
金刚石车							—	—	—									
金刚石镗							—	—	—									
拉　　削							—	—	—	—								
铰　　孔								—	—	—	—	—						
车									—	—	—	—	—					
镗									—	—	—	—	—					
铣										—	—	—	—					
刨　　插												—	—					
钻　　孔												—	—	—	—			
滚压、挤压												—	—					
冲　　压												—	—	—	—	—		
压　　铸													—	—	—	—		
粉末冶金成型								—	—	—								
粉末冶金烧结									—	—	—	—						
砂型铸造、气割																		—
锻　　造																	—	

表 3.2-18　常用加工方法能达到的标准公差等级和加工成本的关系①

—·—·—5———2. 5- - - - - - - -1

尺寸	加工方法	IT 等级 1	2	3	4	5	6	7	8	9	10	11	12	13	14	15	16
外　径	普通车削						—·—	—·—	—·—	——	——	——	---	---	---		
	转塔车床车削							—·—	—·—	——	——	——	---	---	---		
	自动车削							—·—	—·—	——	——	——	---	---			
	外 圆 磨			—·—	—·—	——	——	---	---								
	无 心 磨					—·—	——	——	——	---	---						
内　径	普通车削						—·—	—·—	—·—	——	——	——	---	---	---		
	转塔车床车削								—·—	—·—	——	——	---	---	---		
	自动车削								—·—	—·—	——	——	---	---			
	钻										—·—	—·—	——	——	---		
	铰							—·—	—·—	——	——	---	---				
	镗							—·—	—·—	——	——	---	---				
	精　　镗				—·—	—·—	——	——	---	---							
	内 圆 磨				—·—	—·—	——	——	---	---							
	研　　磨		—·—	—·—	——	——	---	---									

（续）

尺寸	加工方法	IT 等级															
		1	2	3	4	5	6	7	8	9	10	11	12	13	14	15	16
长　度	普通车削																
	转塔车床车削																
	自动车削																
	铣																

①　虚线、实线、点划线表示成本比例为 1:2.5:5。

1.2.2　配合的选用

当设计者应用类比法、计算法或试验法确定配合的间隙或过盈及其范围后，在极限与配合标准中如何选用配合实际上是如何选用配合代号的问题。选用配合代号时，要同时考虑选用什么基准制，选用什么标准公差等级，以及非基准件（基孔制中的轴或基轴制中的孔）选用什么基本偏差代号等问题。

（1）基准制的选用

基准制的选用应从结构、工艺、经济等方面综合考虑。GB/T1800.1—2009 提出：一般情况下，优先选用基孔制配合，如有特殊需要，允许将任一孔、轴公差带组成配合。之所以提出优先选用基孔制配合，主要出自工艺、经济的考虑。一般中等尺寸有较高公差等级要求的孔，常用定值刀具（如铰刀、拉刀等）加工，用定值量具（如光滑极限量规）检验，如用基孔制配合，既可减少定值刀、量具的品种，又利于提高效率和保证质量。

当轴采用型料，其结合面无需再进行切削加工时，则选用基轴制配合较为经济。在仪器仪表和钟表中，对于小尺寸的配合，由于改变孔径大小比改变轴径大小在技术和经济上更为合理，所以也多采用基轴制配合。

对于同一公称尺寸、同一个轴上有多孔与之配合，或同一公称尺寸、同一个孔上有多轴与之配合，且配合要求不同时，采用基孔制、基轴制、甚至非基准制，应视具体结构、工艺等情况而定。与标准件（如滚动轴承）的配合，基准制的选用应视标准件的配合面是孔还是轴而定，是孔的采用基孔制，是轴的采用基轴制。

例如图 3.2-17 所示的结构，滚动轴承外圈与机座孔的配合只能采用基轴制，内圈与轴的配合只能采用基孔制。为便于加工，与内圈配合的轴均按 ϕ50k6 制造，齿轮孔与轴要求采用过渡配合，采用基孔制 ϕ50H7/k6 配合可满足要求；而挡环孔与轴要求采用间隙配合时，由于轴公差带已经采用了 ϕ50k6，挡环孔的公差带就不能再用基准孔的，只能在高于 ϕ50k6 公差带的位置上选取一个合适的孔公差带如 ϕ50F8，这样一来，挡环孔与轴的配合 ϕ50F8/k6 便成了非基准制的间隙配合。机座孔与端盖 ϕ110mm 外表面也要求采用间隙配合，由于机座孔公差带已经采用了 ϕ110J7，端盖 ϕ110mm 外表面的公差带就不能采用基准轴的，只能在低于 ϕ110J7 公差带的位置下选取一个合适的轴公差带如 ϕ110f 9，这样一来，机座孔与端盖的配合 ϕ110J7/f 9 也成为非基准制的间隙配合了。图 3.2-18 为这些配合的公差带图解。

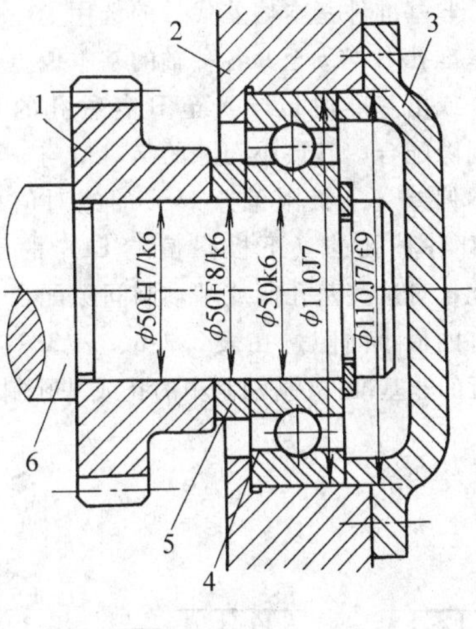

图 3.2-17　基准制应用分析示例
1—齿轮　2—机座　3—端盖
4—滚动轴承　5—挡环　6—轴

（2）标准公差等级的选用

由于配合公差等于孔、轴公差之和，所以当设计者按照类比法、计算法或试验法确定配合间隙或过盈的变化量（配合公差）之后，便可依此配合公差对照表 3.2-3 所列的标准公差数值，确定孔、轴配合尺寸所用的标准公差等级。当配合尺寸≤500mm 时，配合公差<2 倍 IT8 的，推荐孔比轴低一级，如轴为 IT7、孔为 IT8；配合公差≥2 倍 IT8 的，推荐孔、轴同级。当配合尺寸>500mm 时，一般采用孔、轴同级配合。

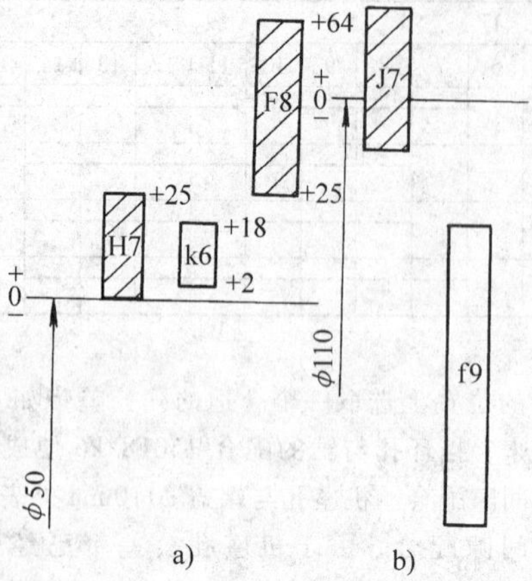

图3.2-18　图3.2-17中有关配合的公差带图
a）轴与齿轮孔、挡环孔的配合
b）机座孔与端盖凸缘的配合

（3）非基准件基本偏差代号的选用

由基准孔H与a至h各种轴的基本偏差形成的间隙配合，或由基准轴h与A至H各种孔的基本偏差形成的间隙配合，其最小间隙的绝对值与a至h各种轴的基本偏差（上极限偏差es）的绝对值相等，或与A至H各种孔的（下极限偏差EI）的绝对值相等。为此，对这些基孔制或基轴制间隙配合，可直接按照允许的最小间隙量在表3.2-6、表3.2-7中查出数值相近的非基准件(基轴制中的孔或基孔制中的轴）的基本偏差代号。由基准孔H与k至zc各种轴的基本偏差形成过渡配合或过盈配合的，或由基准轴h与K至ZC各种孔的基本偏差形成过渡配合或过盈配合的，基孔制或基轴制过渡配合中各种非基准件（轴或孔）的基本偏差ei或ES按式（3.2-1）求得；基孔制或基轴制过盈配合中各种非基准件（轴或孔）的基本偏差ei或ES按式（3.2-2）求得。

$$ei = T_H - X_{max} \text{ 或 } ES = -(T_s - X_{max}) \quad (3.2\text{-}1)$$

$$ei = T_H - Y_{min} \text{ 或 } ES = -(T_s - Y_{min}) \quad (3.2\text{-}2)$$

式中　X_{max}——过渡配合的最大间隙；
Y_{min}——过盈配合的最小过盈。
T_H——孔公差；
T_s——轴公差。

图3.2-19为各类配合基准件和非基准件的上极限偏差、下极限偏差、公差、极限间隙或极限过盈、配合公差的归类图释。

当求得非基准件（轴或孔）的基本偏差ei或ES之后，便可在表3.2-6和表3.2-7中查出相近的轴或孔的基本偏差代号。

表3.2-19为三类配合的选用示例，供大家参考。

表3.2-20列出了轴的各种基本偏差的应用资料，该资料也适用于同名孔的各种基本偏差（如轴的基本偏差代号a、b与孔的基本偏差A、B同名），供选用配合时参考。

表3.2-21列出了表3.2-13和表3.2-14所列优先和常用配合的特征及应用资料，亦供选用时参考。

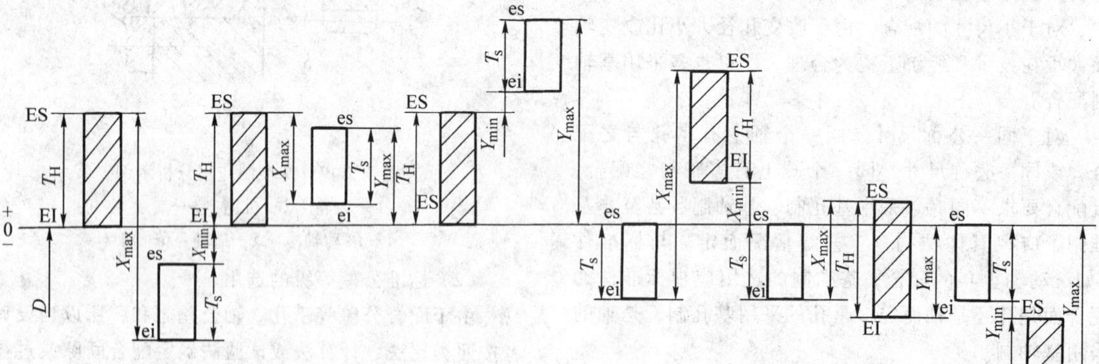

图3.2-19　各类配合基准件和非基准件的上极限偏差、下极限偏差、公差、极限间隙或极限过盈、配合公差的归类图释
a）基孔制（非基准件为轴）　b）基轴制（非基准件为孔）
T_H—孔公差　T_s—轴公差　X_{max}—最大间隙　X_{min}—最小间隙　Y_{max}—最大过盈　Y_{min}—最小过盈
$T_f = T_H + T_s = X_{max} - X_{min}$（对间隙配合）$= X_{max} - Y_{max}$（对过渡配合）$= Y_{min} - Y_{max}$（对过盈配合）

表 3.2-19　配合代号选用示例

	参数和要求 \ 例序	例 1	例 2	例 3
已知条件	公称尺寸/mm	$\phi30$	$\phi30$	$\phi30$
	配合类别	间隙配合	过渡配合	过盈配合
	允许间隙或过盈/mm	+0.02～+0.06	-0.030～+0.025	-0.007～-0.041
	配合公差 T_f	$X_{max}-X_{min}=T_H+T_s$ $=+0.06-(+0.02)$ $=0.04$	$X_{max}-Y_{max}=T_H+T_s$ $=+0.025-(-0.03)$ $=0.055$	$Y_{min}-Y_{max}=T_H+T_s$ $=-0.007-(-0.041)$ $=0.034$
待定参数和要求	基准制	选用基孔制	选用基孔制	选用基孔制
	孔用公差等级	由于 $T_H+T_s=0.04<$ 该尺寸段 2 倍 IT8 标准公差 $2\times33\mu m=0.066mm$，所以孔用 IT7	由于 $T_H+T_s=0.055<$ 该尺寸段 2 倍 IT8 标准公差 $2\times33\mu m=0.066mm$，所以孔用 IT7	由于 $T_H+T_s=0.034<$ 该尺寸段 2 倍 IT8 标准公差 $2\times33\mu m=0.066mm$，所以孔用 IT7
	轴用公差等级	由于 $T_H+T_s=0.04<$ 该尺寸段 2 倍 IT8 标准公差，轴宜比孔高一级，故选用 IT6	由于 $T_H+T_s=0.055<$ 该尺寸段 2 倍 IT8 标准公差，轴宜比孔高一级，故选用 IT6	由于 $T_H+T_s=0.034<$ 该尺寸段 2 倍 IT8 标准公差，轴宜比孔高一级，故用 IT6
	非基准件（轴）的基本偏差值/μm	es = +20	ei = 30 - 25 = +5（取 +8）	ei = 21 - (-7) = +28
	非基准件（轴）的基本偏差代号	f	m	r
	配合代号	ϕ30H7/f6	ϕ30H8/m7	ϕ30H7/r6

表 3.2-20　轴的各种基本偏差的应用

配合	基本偏差	配合特性及应用
间隙配合	a、b	可得到特别大的间隙，应用很少
	c	可得到很大间隙，一般适用于缓慢、松弛的动配合，用于工作条件较差（如农业机械），受力变形，或为了便于装配，而必须有较大间隙时。推荐配合为 H11/c11。其较高等级的配合，如 H8/c7 适用于轴在高温工作的紧密动配合，例如内燃机排气阀和导管
	d	一般用于 IT7～11 级，适用于松的转动配合，如密封盖、滑轮、空转带轮等与轴的配合。也适用于大直径滑动轴承配合，如透平机、球磨机、轧滚成型和重型弯曲机及其他重型机械中的一些滑动支承
	e	多用于 IT7～9 级，通常适用于要求有明显间隙，易于转动的支承配合，如大跨距支承，多支点支承等配合，高等级的 e 轴适应于大的、高速重载支承，如涡轮发电机，大的电动机支承等，也适用于内燃机主要轴承，凸轮轴支承、摇臂支承等配合
间隙配合	f	多用于 IT6～8 级的一般转动配合。当温度差别不大，对配合基本上没影响时，被广泛用于普通润滑油（或润滑脂）润滑的支承，如齿轮箱、小电动机、泵等的转轴与滑动支承的配合
	g	多用于 IT5～IT7 级，配合间隙很小，制造成本高，除很轻载荷的精密装置外，不推荐用于转动配合，最适合不回转的精密滑动配合，也用于插销等定位配合，如精密连杆轴承、活塞及滑阀、连杆销等
	h	多用于 IT4～IT11 级，广泛应用于无相对转动的零件，作为一般的定位配合。若没有温度、变形的影响，也用于精密滑动配合

（续）

配合	基本偏差	配合特性及应用	配合	基本偏差	配合特性及应用
过渡配合	js	为完全对称偏差（±IT/2），平均起来为稍有间隙的配合，多用于IT4～IT7级，要求间隙比h轴配合时小，并允许略有过盈的定位配合，如联轴器、齿圈与钢制轮毂，一般可用手或木锤装配	过盈配合	p	与H6或H7孔配合时是过盈配合，而与H8孔配合时为过渡配合。对非铁类零件，为较轻的压入配合，当需要时易于拆卸。对钢、铸铁或铜—钢组件装配是标准压入配合。对弹性材料，如轻合金等，往往要求很小的过盈，可采用p轴配合
	k	平均起来没有间隙的配合，适用于IT4～IT7级，推荐用于要求稍有过盈的定位配合，例如为了消除振动用的定位配合。一般用木锤装配		r	对铁类零件，为中等打入配合，对非铁类零件，为轻的打入配合，当需要时可以拆卸。与H8孔配合，直径在ϕ100mm以上时为过盈配合，直径小时为过渡配合
	m	平均起来具有不大过盈的过渡配合，适用于IT4～IT7级。一般可用木锤装配，但在最大过盈时，要求相当的压入力		s	用于钢和铁制零件的永久性和半永久性装配，过盈量充分，可产生相当大的结合力。当用弹性材料，如轻合金时，配合性质与铁类零件的p轴相当。例如套环压在轴上、阀座等配合。尺寸较大时，为了避免损伤配合表面，需用热胀或冷缩法装配
	n	平均过盈比用m轴时稍大，很少得到间隙，适用于IT4～IT7级。用锤或压力机装配。通常推荐用于紧密的组件配合。H6/n5为过盈配合		t、u v、x y、z	过盈量依次增大，除u外，一般不推荐

表3.2-21　优先配合、常用配合的特征及应用

基本偏差		轴或孔						
		a A	b B	c C	d D	e E	f F	g G
配合种类		间隙配合						
配合特征 / 基准孔或基准轴		可得到特别大的间隙，用于高温工作。很少用	可得到特大的间隙，用于高温工作。一般少用	可得到很大的间隙，高温工作时用	具有显著的间隙，适用于松动的配合	有相当的间隙，适用于高速运动，大跨距、多支承配合	配合间隙适中，用于一般转速的动配合	配合间隙很小，用于不回转的精密滑动配合
H6	h5						$\frac{H6}{f5}$ $\frac{F6}{h5}$	$\frac{H6}{g5}$ $\frac{G6}{h5}$
H7	h6						$\frac{H7}{f6}$ $\frac{F7}{h6}$	$\frac{H7}{g6}$ $\frac{G7}{h6}$
H8	h7					$\frac{H8}{e7}$ $\frac{E8}{h7}$	$\frac{H8}{f7}$ $\frac{F8}{h7}$	$\frac{H8}{g7}$
	h8				$\frac{H8}{d8}$ $\frac{D8}{h8}$	$\frac{H8}{e8}$ $\frac{E8}{h8}$	$\frac{H8}{f8}$ $\frac{F8}{h8}$	
H9	h9			$\frac{H9}{c9}$	$\frac{H9}{d9}$ $\frac{D9}{h9}$	$\frac{H9}{e9}$ $\frac{E9}{h9}$	$\frac{H9}{f9}$ $\frac{F9}{h9}$	
H10	h10			$\frac{H10}{c10}$	$\frac{H10}{d10}$ $\frac{D10}{h10}$			
H11	h11	$\frac{H11}{a11}$ $\frac{A11}{h11}$	$\frac{H11}{b11}$ $\frac{B11}{h11}$	$\frac{H11}{c11}$ $\frac{C11}{h11}$	$\frac{H11}{d11}$ $\frac{D11}{h11}$			
H12	h12		$\frac{H12}{b12}$ $\frac{B12}{h12}$					
按配合特征、装配方法及其应用分类		液体摩擦情况较差，有紊流。间隙非常大，用于高温工作和很松的转动配合；要求大公差、大间隙的外露组件、要求装配很松的配合			液体摩擦情况尚好、用于精度非主要要求有大的温度变动，高转速或大的轴径压力时的自由转动配合		带层流、流体摩擦情况良好，配合间隙适中，能保证轴与孔相对旋转时最好的润滑条件	

（续）

基本偏差		轴或孔						
		h H	js Js	k K	m M	n N	p P	r R
配合种类		间隙配合	过渡配合			过盈配合		
基准孔或基准轴 \ 配合特征		装配后多少有点间隙，但在最大实体状态下间隙为零，一般用于间隙定位配合	为完全对称偏差，平均起来稍有间隙的过渡配合（约有2%的过盈）	平均起来没有间隙的过渡配合（约有30%的过盈）	平均起来具有不大过盈的过渡配合（约有40%至60%的过盈）	平均过盈稍大，很少得到间隙（约有60%至84%的过盈）	与H6、H7配合时是真正的过盈配合，但与H8配合时是过渡配合	与H6、H7配合是过盈配合，但当基本尺寸至100mm时与H8配合为过渡配合（约80%的过盈）
H6	h5	H6/h5　H6/h5	H6/js5　Js6/h5	H6/k5　K6/h5	H6/m5　M6/h5	H6/n5　N6/h5	H6/p5　P6/h5	H6/r5　R6/h5
H7	h6	**H7/h6**　**H7/h6**	H7/js6　Js7/h6	**H7/k6**　**K7/h6**	H7/m6　M7/h6	**H7/n6**　**N7/h6**	**H7/p6**　**P7/h6**	H7/r6　R7/h6
H8	h7	**H8/h7**　**H8/h7**	H8/js7　Js8/h7	H8/k7　K8/h7	H8/m7　M8/h7	H8/n7　N8/h7	H8/p7	H8/r7
	h8	H8/h8　H8/h8						
H9	h9	**H9/h9**　**H9/h9**						
H10	h10				H10/h10　H10/h10			
H11	h11	**H11/h11**　**H11/h11**						
H12	h12	H12/h12　H12/h12						
按配合特征、装配方法及其应用分类		有较好的保持孔、轴的同轴度，但无法容纳足够的润滑油，不适于自由转动的配合	用手或木锤装配是略有过盈的定位配合	用木锤装配，是稍有过盈的定位配合，消除振动时用	用铜锤装配、在最大实体状态时要有相当的压入力	用铜锤或压力机装配，用于紧密的组合件配合	约有67%至94%的过盈，用压力机装配	属于轻型压入配合，用在传递较小转矩或轴向力时（较中型压入配合小一半左右）若承受冲击载荷，则应加辅助紧固件

基本偏差		轴或孔						
		s S	t T	u U	v V	x X	y Y	z Z
配合种类		过盈配合						
基准孔或基准轴 \ 配合特征		相对平均过盈为大于0.0005至0.0018	相对平均过盈大于0.00072至0.0018；相对最小过盈大于0.00026至0.00105	相对平均过盈为大于0.00095至0.0022；相对最小过盈大于0.00038至0.00112	相对平均过盈为大于0.00117至0.00125；相对最小过盈为大于0.00125至0.00132	相对平均过盈为大于0.0017至0.0031；相对最小过盈为大于0.0016至0.0019	相对平均过盈为大于0.0021至0.0029相对最小过盈为0.002左右	相对平均过盈为大于0.0026至0.004；相对最小过盈为大于0.00244至0.0027
H6	h5	H6/s5　S6/h5	H6/t5　T6/h5					
H7	h6	**H7/s6**　**S7/h6**	H7/u6　U7/h6	**H7/u6**　**U7/h6**	H7/v6	H7/x6	H7/y6	H7/z6
H8	h7	H8/s7	H8/t7	H8/u7				
	h8							
H9	h9							
H10	h10							
H11	h11							
H12	h12							
按配合特征、装配方法及其应用分类		属于中型压入配合，用在传递较小转矩或轴向力时不需加辅助件（较重型压入配合小三分之一至二分之一），若承受变动载荷，振动冲击时需加辅助件	属于重型压入配合，用压力机或热胀（孔套）冷缩（轴）的方法装配，能传递大转矩，变动载荷。材料许用应力要大		属于重型压入配合，用热胀（孔套）或冷缩（轴）的方法装配，能传递很大转矩，承受变动载荷，振动和冲击（较重型压力配合大一倍），材料许用应力要相当大			

2　过盈配合的计算和选用

2.1　极限与配合　过盈配合的计算和选用标准（GB/T 5371—2004）的主要内容

本标准是对GB/T 5371—1985的修订，由于它属于极限与配合中有关过盈配合选择的补充，所以此次修订时将其纳入极限与配合系列标准之中，把它改名为“极限与配合　过盈配合的计算和选用”。鉴于它不仅有其专用的术语和定义，而且有其特定的计算和选用内容，为此，把它单独列为一节。

2.1.1　有关过盈配合计算的术语和定义（表3.2-22）

表3.2-22　术语和定义

序号	术　语	定　义
1	过盈量 δ	过盈的绝对值
2	基本过盈量 δ_b	选择过盈配合的基准值。对基孔制配合，其值等于轴的基本偏差的绝对值；对基轴制配合，其值等于孔的基本偏差的绝对值（图3.2-20）
3	过盈联结 纵向过盈联结 横向过盈联结	利用过盈量使包容件和被包容件形成的固定联结 用压入法实现的过盈联结 用胀缩法实现的过盈联结
4	结合面	在过盈联结中，包容件和被包容件相接触的表面
5	结合直径 d_f	结合面的基本直径（图3.2-21）
6	结合长度 l_f	结合面的基本长度（图3.2-21）
7	直径比 q	相配合的包容件和被包容件的小直径与大直径的比值 包容件直径比 q_a 等于结合直径 d_f 除以包容件外径 d_a（图3.2-21） 被包容件直径比 q_i 等于被包容件内径 d_i（图3.2-21）除以结合直径 d_f
8	相对过盈量	过盈量 δ 与结合直径 d_f 的比值
9	压平深度 S	包容件或被包容件结合面的表面粗糙度被压平部分的深度 S_a 或 S_i（图3.2-22）
10	压平量	由于压平深度而使过盈量减小的部分。其值等于包容件的压平深度 S_a 和被包容件的压平深度 S_i 之和的两倍

（续）

序号	术　语	定　义
11	结合压力 p_f	作用在结合面上的压力
12	直径变化量 e	由于结合压力而使相配合的孔、轴直径变化的量 包容件直径变化量 e_a 为包容件内径的扩大量 被包容件直径变化量 e_i 为被包容件外径的缩小量
13	有效过盈量 δ_e	在过盈联结中起作用的过盈量。其值等于包容件直径变化量 e_a 和被包容件直径变化量 e_i 之和
14	压入力 P_{xi}	在实现纵向过盈联结的过程中施加的最大轴向力
15	压出力 P_{xe}	在解脱过盈联结的过程中施加的最大轴向力

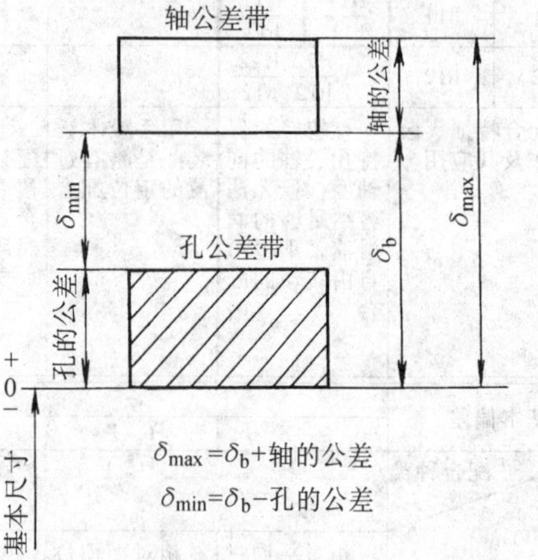

$\delta_{max}=\delta_b+$轴的公差

$\delta_{min}=\delta_b-$孔的公差

a)

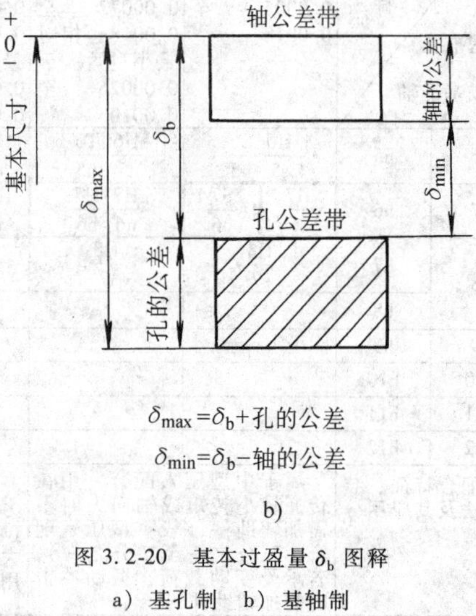

$\delta_{max}=\delta_b+$孔的公差

$\delta_{min}=\delta_b-$轴的公差

b)

图3.2-20　基本过盈量 δ_b 图释
a）基孔制　b）基轴制

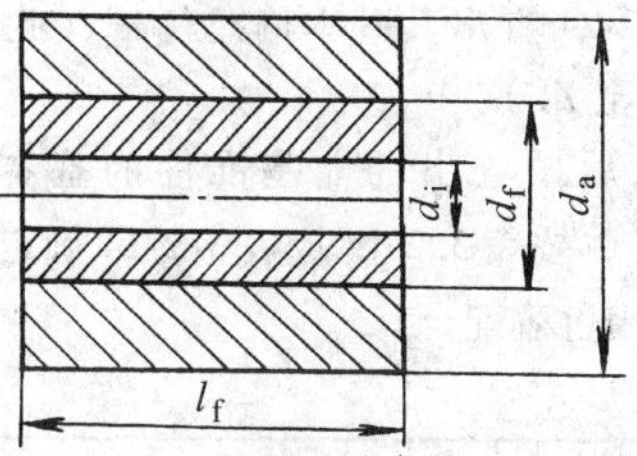

图 3.2-21　过盈联结尺寸图释

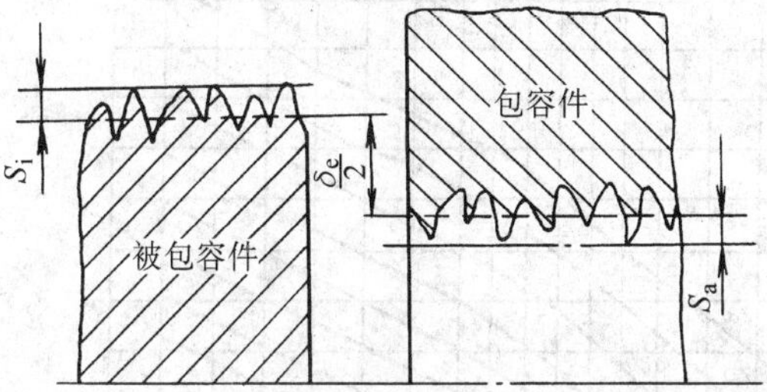

图 3.2-22　包容件与被包容件压平深度图释

2.1.2　符号

计算用的主要符号、含义和单位列于表 3.2-23。

表 3.2-23　过盈配合计算用的主要符号、含义和单位

符　号	含　　义	单　位
δ	过盈量	mm
δ_e	有效过盈量	mm
δ_b	基本过盈量	mm
d_f	结合直径	mm
d_a	包容件外径	mm
d_i	被包容件内径	mm
l_f	结合长度	mm
q_a	包容件直径比	—
q_i	被包容件直径比	—
S_a	包容件的压平深度	mm
S_i	被包容件的压平深度	mm
e_a	包容件直径变化量	mm
e_i	被包容件直径变化量	mm
p_f	结合压力	N/mm^2
P_{xi}	压入力	N
P_{xe}	压出力	N
F_x	轴向力	N
M	转矩	N · mm
F_t	传递力	N
μ	摩擦因数	—
ν	泊松比	—
σ_s	屈服点	N/mm^2
σ_b	抗拉强度	N/mm^2
E	弹性模量	N/mm^2
R_a	轮廓算术平均偏差	mm

注：除另有说明外，表中符号再加下标“a”表示包容件；“i”表示被包容件。

2.1.3　计算和选用

(1) 计算基础

该计算以两个简单厚壁圆筒在弹性范围内的联结为计算基础。弹性范围系指包容件和被包容件由于结合压力而产生的变形与应力呈线性关系，亦即联结件的应力低于其材料的屈服点或屈服强度（σ_s或 $\sigma_{0.2}$）。

计算的假定条件为：包容件与被包容件处于平面应力状态，即轴向应力 $\sigma_z=0$；包容件与被包容件在结合长度上结合压力为常数；材料的弹性模量为常数；计算的强度理论，按变形能理论。

对于几何形状特殊或具有特殊应力的过盈联结，需进行附加计算。

(2) 计算公式

过盈联结传递载荷所需的最小过盈量，可按表 3.2-24 所列公式进行计算；过盈联结不产生塑性变形所容许的最大有效过盈量，可按表 3.2-25 所列公式计算；表 3.2-26 列出了上述两表中所用系数 C_a和 C_i 的数值；图 3.2-23 绘出了表 3.2-25 中所列 a、b 值与 q_a值的关系，以及 c 值与 q_i值的关系。

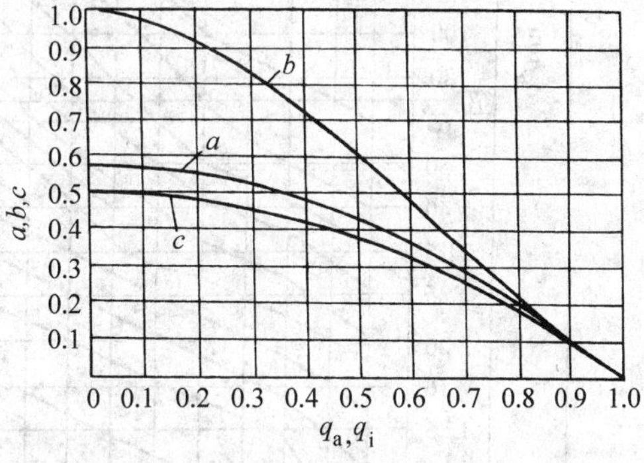

图 3.2-23　a、b 与 q_a、c 与 q_i的关系曲线

图 3.2-24 给出了基本过盈量 δ_b、结合直径 d_f和轴的基本偏差代号的关系，供选用配合时参考。

为进行校核计算，表 3.2-27 给出了过盈联结的最小传递力 $F_{t\,min}$ 和联结件的最大应力 σ_{max} 计算式；为计算包容件的外径扩大量和被包容件的内径缩小量，表 3.2-28 也给出了有关计算式。

为计算方便，在该标准的附录 A 中，列出了常用材料的摩擦因数、弹性模量、泊松比和线膨胀系数，见表 3.2-29 ~ 表 3.2-31。

(3) 配合的选择

1) 初选基本过盈量 δ_b。一般情况，可取 $\delta_b \approx \frac{\delta_{min}+\delta_{e\,max}}{2}$；当要求有较大的联结强度储备时，可取 $\delta_{e\,max} > \delta_b > \frac{\delta_{min}+\delta_{e\,max}}{2}$；当要求有较大的联结材料强

度储备时，可取 $\delta_{min} < \delta_b < \dfrac{\delta_{min} + \delta_{e\,max}}{2}$。

2）按初选的基本过盈量 δ_b 和结合直径 d_f，由图3.2-24查出非基准件（基孔制配合中的轴）的基本偏差代号。当采用基轴制配合时，非基准件为孔，亦可按图3.2-24查出其基本偏差代号（此时，将n至zc改为N至ZC）。

3）最后按查出的非基准件的基本偏差代号、$\delta_{e\,max}$ 和 δ_{min}，按表3.2-13或表3.2-14确定应用的某种优先或常用过盈配合。

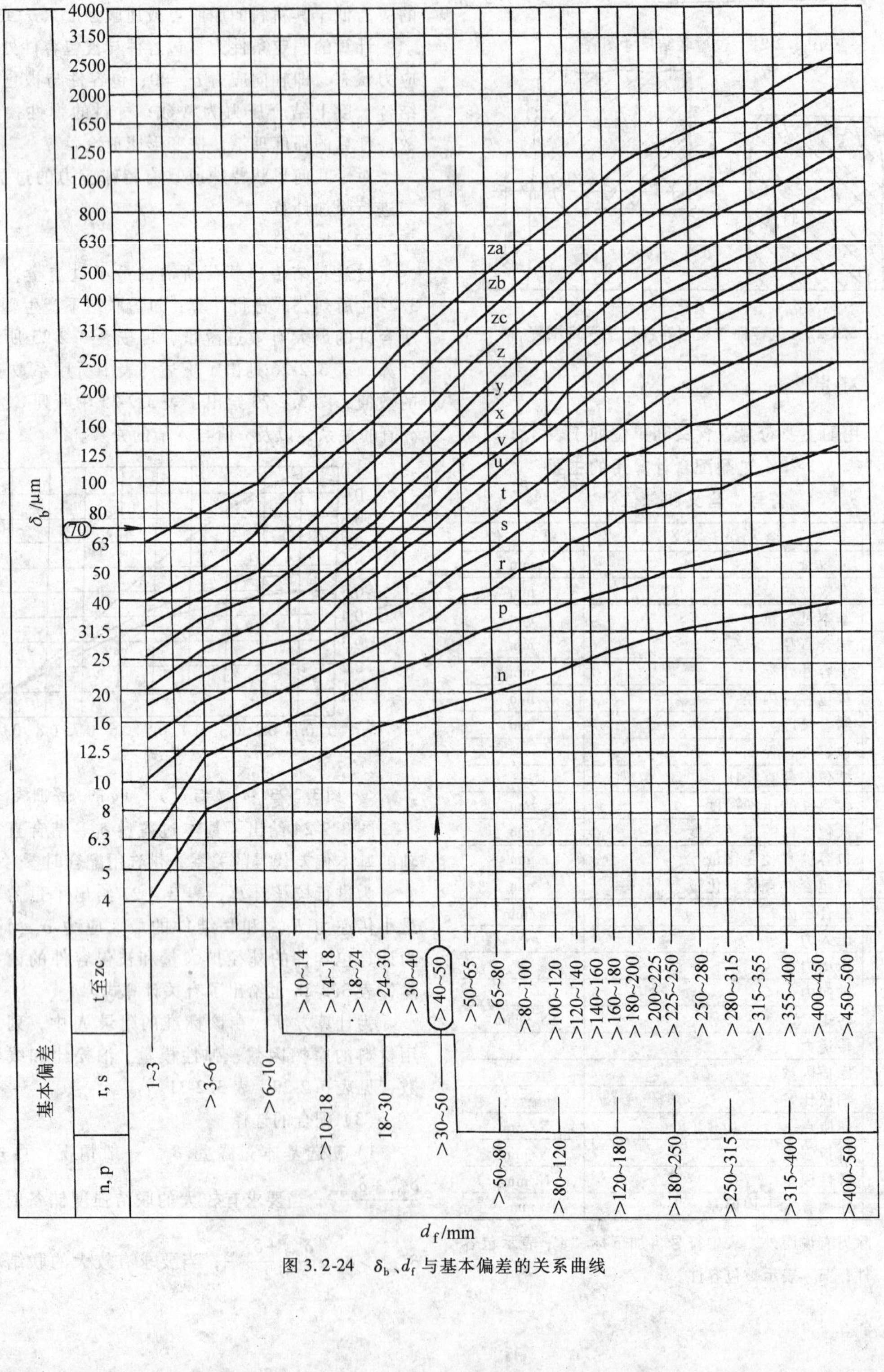

图3.2-24　δ_b、d_f 与基本偏差的关系曲线

表 3.2-24 过盈联结传递载荷所需的最小过盈量的计算式

序号	计算内容		计算公式	说明
1	传递载荷所需的最小结合压力	传递转矩	$p_{f\min}=\dfrac{2M}{\pi d_f^2 l_f \mu}$	
		承受轴向力	$p_{f\min}=\dfrac{F_x}{\pi d_f l_f \mu}$	
		传递力	$p_{f\min}=\dfrac{F_t}{\pi d_f l_f \mu}$	$F_t=\sqrt{F_x^2+\left(\dfrac{2M}{d_f}\right)^2}$
2	包容件直径比		$q_a=\dfrac{d_f}{d_a}$	
3	被包容件直径比		$q_i=\dfrac{d_i}{d_f}$	对实心轴 $q_i=0$
4	包容件传递载荷所需的最小直径变化量		$e_{a\min}=p_{f\min}\dfrac{d_f}{E_a}C_a$	$C_a=\dfrac{1+q_a^2}{1-q_a^2}+\nu_a$ C_a 值可查表 3.2-26
5	被包容件传递载荷所需的最小直径变化量		$e_{i\min}=p_{f\min}\dfrac{d_f}{E_i}C_i$	$C_i=\dfrac{1+q_i^2}{1-q_i^2}-\nu_i$ C_i 值可查表 3.2-26
6	传递载荷所需的最小有效过盈量		$\delta_{e\min}=e_{a\min}+e_{i\min}$	
7	考虑压平量的最小过盈量		$\delta_{\min}=\delta_{e\min}+2(S_a+S_i)$	对纵向过盈联结取： $S_a=0.4R_{za}$ 或 $S_a=1.6R_{aa}$ $S_i=0.4R_{zi}$ $S_i=1.6R_{ai}$

表 3.2-25 过盈联结件不产生塑性变形所容许的最大有效过盈量的计算式

序号	计算内容	计算公式	说明
1	包容件不产生塑性变形所容许的最大结合压力	塑性材料：$p_{fa\max}=a\sigma_{sa}$ 脆性材料：$p_{fa\max}=b\dfrac{\sigma_{ba}}{2\sim3}$	$a=\dfrac{1-q_a^2}{\sqrt{3+q_a^4}}$ $b=\dfrac{1-q_a^2}{1+q_a^2}$ a、b 值可查图 3.2-23
2	被包容件不产生塑性变形所容许的最大结合压力	塑性材料：$p_{fi\max}=c\sigma_{si}$ 脆性材料：$p_{fi\max}=c\dfrac{\sigma_{bi}}{2\sim3}$	$c=\dfrac{1-q_i^2}{2}$ c 值可查图 3.2-23 实心轴 $q_i=0$ 此时 $c=0.5$
3	联结件不产生塑性变形的最大结合压力	$p_{f\max}$ 取 $p_{fa\max}$ 和 $p_{fi\max}$ 中的较小者	
4	联结件不产生塑性变形的传递力	$F_1=p_{f\max}\pi d_f l_f \mu$	μ 值可查表 3.2-29 或表 3.2-30
5	包容件不产生塑性变形所容许的最大直径变化量	$e_{a\max}=\dfrac{p_{f\max}d_f}{E_a}C_a$	$C_a=\dfrac{1+q_a^2}{1-q_a^2}+\nu_a$ C_a 值可查表 3.2-26
6	被包容件不产生塑性变形所容许的最大直径变化量	$e_{i\max}=\dfrac{p_{f\max}d_f}{E_i}C_i$	$C_i=\dfrac{1+q_i^2}{1-q_i^2}+\nu_i$ C_i 值可查表 3.2-26
7	联结件不产生塑性变形所容许的最大有效过盈量	$\delta_{e\max}=e_{a\max}+e_{i\max}$	

表 3.2-26 系数 C_a 和 C_i

q_a 或 q_i	C_a		C_i		q_a 或 q_i	C_a		C_i	
	$\nu_a=0.25$	$\nu_a=0.25$	$\nu_i=0.3$	$\nu_i=0.25$		$\nu_a=0.25$	$\nu_a=0.25$	$\nu_i=0.3$	$\nu_i=0.25$
0	—	—	0.700	0.750	0.53	2.081	2.031	1.481	1.531
0.10	1.320	1.270	0.720	0.770	0.56	2.214	2.164	1.614	1.664
0.14	1.340	1.290	0.740	0.790	0.60	2.425	2.375	1.825	1.875
0.20	1.383	1.333	0.783	0.833	0.63	2.616	2.566	2.016	2.066
0.25	1.433	1.383	0.833	0.883	0.67	2.929	2.879	2.329	2.379
0.28	1.470	1.420	0.870	0.920	0.71	3.333	3.283	2.733	2.783
0.31	1.512	1.426	0.912	0.962	0.75	3.871	3.821	3.271	3.321
0.35	1.579	1.529	0.979	1.029	0.80	4.855	4.805	4.255	4.305
0.40	1.681	1.631	1.081	1.131	0.85	6.507	6.457	5.907	5.957
0.45	1.808	1.758	1.208	1.258	0.90	9.826	9.776	9.226	9.276
0.50	1.967	1.917	1.367	1.417					

表 3.2-27　过盈联结的最小传递力和联结件的最大应力的计算式

序号	计算内容	计算公式	说明
1	最小传递力	$F_{\mathrm{t\,min}}=[p_{\mathrm{f\,min}}]\mu d_{\mathrm{f}}l_{\mathrm{f}}\mu$	$[p_{\mathrm{f\,min}}]=\dfrac{[\delta_{\min}]-2(S_{\mathrm{a}}+S_{\mathrm{i}})}{d_{\mathrm{f}}\left(\dfrac{C_{\mathrm{a}}}{E_{\mathrm{a}}}+\dfrac{C_{\mathrm{i}}}{E_{\mathrm{i}}}\right)}$
2	包容件的最大应力	塑性材料：$\sigma_{\mathrm{a\,max}}=\dfrac{[p_{\mathrm{f\,max}}]}{a}$ 脆性材料：$\sigma_{\mathrm{a\,max}}=\dfrac{[p_{\mathrm{f\,max}}]}{b}$	$[p_{\mathrm{f\,max}}]=\dfrac{[\delta_{\max}]}{d_{\mathrm{f}}\left(\dfrac{C_{\mathrm{a}}}{E_{\mathrm{a}}}+\dfrac{C_{\mathrm{i}}}{E_{\mathrm{i}}}\right)}$
3	被包容件的最大应力	$\sigma_{\mathrm{i\,max}}=\dfrac{[p_{\mathrm{f\,max}}]}{c}$	

确定的过盈配合，其最大过盈量（以〔$\delta_{\max}$〕表示）应保证联结件不产生塑性变形，即〔$\delta_{\max}$〕$\leqslant\delta_{\mathrm{e\,max}}$；其最小过盈量（以〔$\delta_{\min}$〕表示）应保证过盈联结能传递给定的载荷。

表 3.2-28　包容件外径扩大量和被包容件内径缩小量的计算式

序号	计算内容	计算公式	说明
1	包容件的外径扩大量	$\Delta d_{\mathrm{a}}=\dfrac{2p_{\mathrm{f}}d_{\mathrm{a}}q_{\mathrm{a}}^2}{E_{\mathrm{a}}(1-q_{\mathrm{a}}^2)}$	p_{f} 取〔$p_{\mathrm{f\,max}}$〕或〔$p_{\mathrm{f\,min}}$〕
2	被包容件的内径缩小量	$\Delta d_{\mathrm{i}}=\dfrac{2p_{\mathrm{f}}d_{\mathrm{i}}}{E_{\mathrm{i}}(1-q_{\mathrm{i}}^2)}$	p_{f} 取〔$p_{\mathrm{f\,max}}$〕或〔$p_{\mathrm{f\,min}}$〕

表 3.2-29　常用材料用于纵向过盈联结的摩擦因数

材料	摩擦因数 μ	
	无润滑	有润滑
钢-钢	0.07～0.16	0.05～0.13
钢-铸钢	0.11	0.08
钢-结构钢	0.10	0.07
钢-优质结构钢	0.11	0.08
钢-青铜	0.15～0.2	0.03～0.06
钢-铸铁	0.12～0.15	0.05～0.10
铸铁-铸铁	0.15～0.25	0.05～0.10

表 3.2-30　常用材料用于横向过盈联结的摩擦因数

材料	结合方式、润滑	摩擦因数 μ
钢-钢	油压扩径，压力油为矿物油	0.125
	油压扩径，压力油为甘油，结合面排油干净	0.18
	在电炉中加热包容件至300℃	0.14
	在电炉中加热包容件至300℃以后；结合面脱脂	0.2
钢-铸铁	油压扩径，压力油为矿物油	0.1
钢-铝镁合金	无润滑	0.10～0.15

表 3.2-31　常用材料的弹性模量、泊松比和线膨胀系数

材料	弹性模量 E/N·mm^{-2} ≈	泊松比 ν ≈	线膨胀系数 α/(10^{-6}/℃)	
			加热≈	冷却≈
碳钢、低合金钢、合金结构钢	200,000～235,000	0.3～0.31	11	－8.5
灰铸铁 HT150 HT200	70,000～80,000	0.24～0.25	10	－8
灰铸铁 HT250 HT300	105,000～130,000	0.24～0.26	10	－8
可锻铸铁	90,000～100,000	0.25	10	－8
非合金球墨铸铁	160,000～180,000	0.28～0.29	10	－8
青铜	85,000	0.35	17	－15
黄铜	80,000	0.36～0.37	18	－16
铝合金	69,000	0.32～0.36	21	－20
镁合金	40,000	0.25～0.3	25.5	－25

2.2　过盈配合图算法

GB/T5371—2004 标准附录 B 提供了较为简便的图算法。应用图算法的条件是：

1）包容件与被包容件采用相同的材料，或$\dfrac{\nu_{\mathrm{a}}}{E_{\mathrm{a}}}=\dfrac{\nu_{\mathrm{i}}}{E_{\mathrm{i}}}$，若$\dfrac{\nu_{\mathrm{a}}}{E_{\mathrm{a}}}\neq\dfrac{\nu_{\mathrm{i}}}{E_{\mathrm{i}}}$时，采用图算法有不大于10%的计算误差；

2）对屈服点不明显的硬金属，以 $\sigma_{0.2}$ 代替 σ_{s}；

3）对于脆性材料，以$\dfrac{\sigma_{\mathrm{b}}}{2\sim3}$代替 σ_{s}。

图 3.2-25 用于包容件直径变化量 e_{a} 的计算。该图划分为 10 个分区，计算步骤以及各分区的计算功能列于表 3.2-32。

图 3.2-26 用于被包容件直径变化量 e_{i} 的计算。该图也划分为 10 个分区，计算步骤以及各分区的计算

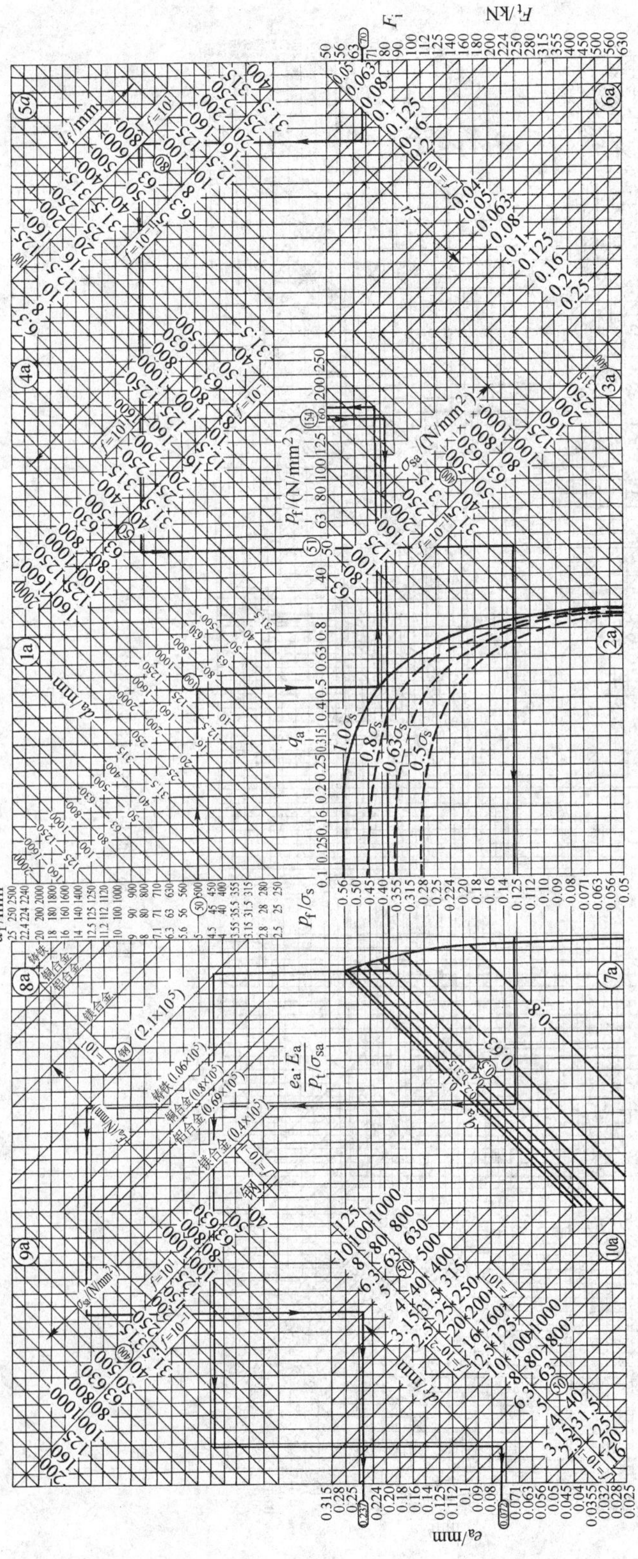

图 3.2-25　包容件直径变化量 e_a 图解

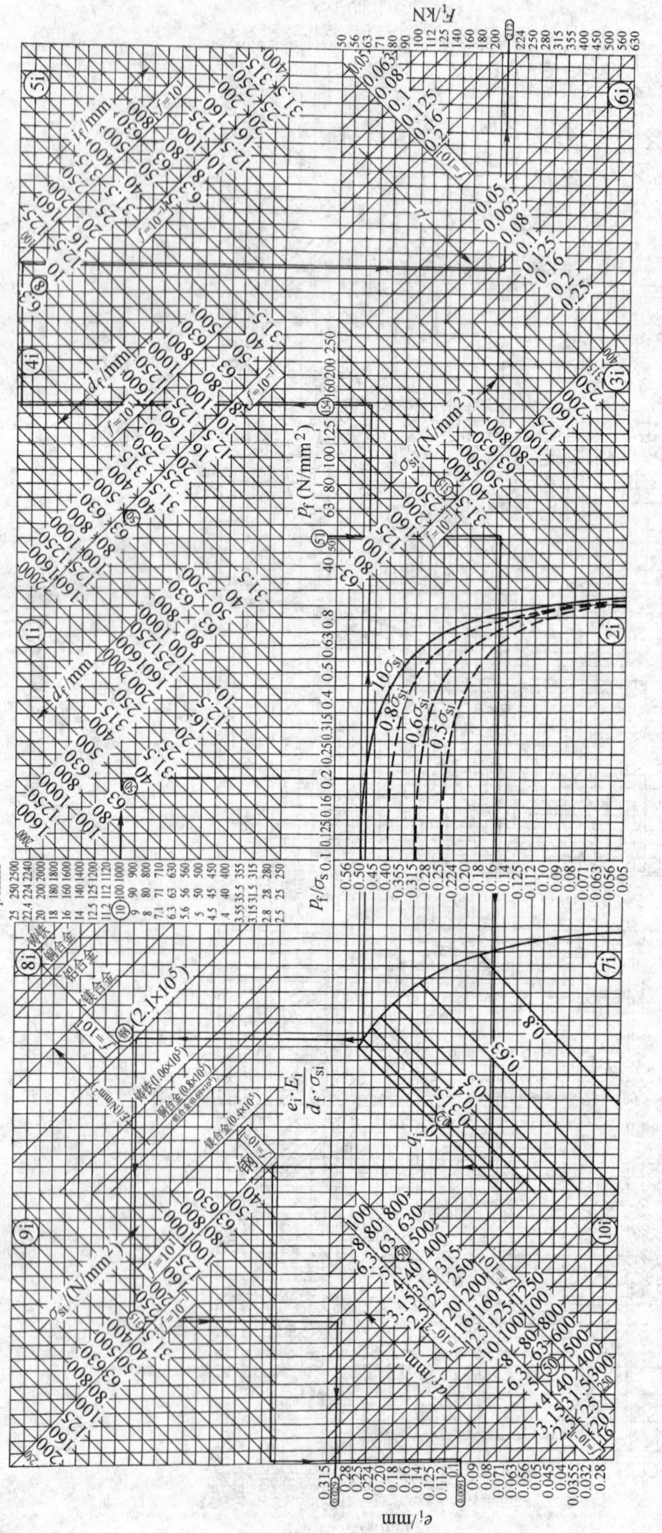

图 3.2-26　被包容件直径变化量 e_i 图解

功能列于表3.2-33。

由图3.2-25及图3.2-26求得 e_a 及 e_i 后，即可算出有效过盈量 δ_{emin} 与 δ_{emax}。对 δ_{emin} 考虑压平量后，即可按2.1.3节配合选择的步骤确定配合。

表3.2-32 包容件直径变化量 e_a 的求解步骤及各分区的计算功能

分区号	e_a 的求解步骤及各分区的计算功能
1a	以 d_f 除以 d_a，求得 q_a
2a	以 q_a 和包容件容许的弹性变形条件（$1.0\sigma_{sa}$ 线为不产生塑性变形的极限条件），求得 p_f/σ_{sa}
3a	以 p_f/σ_{sa} 乘以 σ_{sa}，求得 p_{fa}
4a	以 p_f 乘以 d_f，求得乘积 $p_f \cdot d_f$
5a	以 $p_f \cdot d_f$ 乘以 l_f，求得乘积 $p_f \cdot d_f \cdot l_f$（乘积中已考虑了"π"值）
6a	以 $p_f \cdot d_f \cdot l_f$ 乘以 μ，求得 F_t
7a	以 p_f/σ_{sa}，q_a，求得 $(e_a \cdot E_a)/(d_f \cdot \sigma_{sa})$（中间结果未给出数值）
8a	以 $(e_a \cdot E_a)/(d_f \cdot \sigma_{sa})$ 除以 E_a，求得 $e_a/(d_t \cdot \sigma_{sa})$
9a	以 $e_a/(d_f \cdot \sigma_{sa})$ 乘以 σ_{sa}，求得 e_a/d_f
10a	以 e_a/d_t 乘以 d_f，求得 e_a

表3.2-33 被包容件直径变化量 e_i 的求解步骤及各分区的计算功能

分区号	e_i 的求解步骤及各分区的计算功能
1i	以 d_i 除以 d_f，求得 q_i
2i	以 q_i 和被包容件容许的弹性变形条件（$1.0\sigma_{si}$ 为不产生塑性变形的极限条件），求得 p_f/σ_{si}
3i	以 p_f/σ_{si} 乘以 σ_{si}，求得 p_{fi}（以 σ_{fi} 与表3.2-32中3a区求得的 p_{fa} 相比较，取其中较小者作为联结件的结合压力 p_f）
4i	以 p_f 乘以 d_f，求得乘积 $p_f \cdot d_f$
5i	以 $p_f \cdot d_f$ 乘以 l_f，求得乘积 $p_f \cdot d_f \cdot l_f$（乘积中已考虑了"π"值）
6i	以 $p_f \cdot d_f \cdot l_f$ 乘以 μ，求得 F_t
7i	以 p_f/σ_{si}，q_i，求得 $(e_i \cdot E_i)/(d_f \cdot \sigma_{si})$（中间结果未给出数值）
8i	以 $(e_i \cdot E_i)/(d_f \cdot \sigma_{si})$ 除以 E_i，求得 $e_i/(d_f \cdot \sigma_{si})$
9i	以 $e_i/(d_f \cdot \sigma_{si})$ 乘以 σ_{si}，求得 e_i/d_f
10i	以 e_i/d_f 乘以 d_f，求得 e_i

表3.2-34和表3.2-35为图算法的示例。

表3.2-34 图算最大有效过盈量 δ_{emax}

步骤	内容
a	在1a区，以 $d_f = 50mm$ 除以 $d_a = 100mm$，求得 $q_a = 0.5$
b	在2a区，以 $q_a = 0.5$ 与 $1.0\sigma_{sa}$ 线相交，求得 $p_f/\sigma_{sa} = 0.43$
c	在3a区，以 $p_f/\sigma_{sa} = 0.43$ 乘以 $\sigma_{sa} = 400N/mm^2$，求得 $p_{fa} = 170N/mm^2$
d	在1i区，以 $d_i = 100mm$ 除以 $d_f = 50mm$，求得 $q_i = 0.2$
e	在2i区，以 $q_i = 0.2$ 与 $1.0\sigma_{si}$ 线相交，求得 $p_f/\sigma_{si} = 0.48$
f	在3i区，以 $p_f/\sigma_{si} = 0.48$ 乘以 $\sigma_{si} = 320N/mm^2$，求得 $p_{fi} = 154N/mm^2$，取 p_{fa} 与 p_{fi} 中较小者作为 $p_{fmax} = p_{fi} = 154N/mm^2$
g	以 $p_{fmax} = 154N/mm^2$，通过4i区 $d_f = 50mm$，5i区 $l_f = 80mm$，6i区 $\mu = 0.11$，求得联结件不产生塑性变形的 $F_t = 215 \times 10^{-1} \times 10^1 kN = 215kN$
h	在7i区，以 $p_f/\sigma_{si} = 0.48$，$q_i = 0.2$，求得 $(e_i \cdot E_i)/(d_f \cdot \sigma_{si})$
i	以 $(e_i \cdot E_i)/(d_f \cdot \sigma_{si})$，通过8i区"钢"线，9i区 $\sigma_{si} = 320N/mm^2$、10i区 $d_f = 50mm$，求得 $e_{imax} = 0.29 \times 10^{-1} = 0.029mm$
j	以 $p_{fmax} = 154N/mm^2$，通过3a区 $\sigma_{sa} = 400N/mm^2$，在2a区再求 $p_f/\sigma_{sa} = 0.385$
k	以 $p_f/\sigma_{sa} = 0.385$，通过7a区 $q_a = 0.5$，求得 $(e_a \cdot E_a)/(d_f \cdot \sigma_{sa})$
l	以 $(e_a \cdot E_a)/(d_f \cdot \sigma_{sa})$，通过8a区"钢线"，9a区 $\sigma_{sa} = 400N/mm^2$，10a区 $d_f = 50mm$，求得 $e_{amax} = 0.072mm$
m	由i和l，求得 $\sigma_{emax} = \sigma_{amax} + \sigma_{imax} = (0.072 + 0.029)mm = 0.101mm$

表3.2-35 图算最小过盈量 δ_{min}

步骤	内容
a	以 $F_t = 70,000N = 70kN$，通过6a区，$\mu = 0.11$，5a区 $l_f = 80mm$，4a区 $d_f = 50mm$，求得 $p_{fmin} = (51 \times 10^1 \times 10^{-1})N/mm^2 = 51N/mm^2$
b	以 $p_{fmin} = 51N/mm^2$，通过3a区 $\sigma_{sa} = 400N/mm^2$，在2a区求得 $p_f/\sigma_{sa} = 0.128$

（续）

步骤	内　　　容
c	以 $p_f/\sigma_{sa}=0.128$，通过7a区 $q_a=0.5$，求得 $(e_a\cdot E_a)/(d_f\cdot\sigma_{sa})$
d	以 $(e_a\cdot E_a)/(d_f\cdot\sigma_{sa})$，通过8a区"钢"线，9a区 $\sigma_{sa}=400\mathrm{N/mm^2}$，10a区 $d_f=50\mathrm{mm}$，求得 $e_{amin}=0.237\times10^{-1}\mathrm{mm}=0.0237\mathrm{mm}$
e	以 $p_{fmin}=51\mathrm{N/mm^2}$，通过3i区 $\sigma_{si}=320\mathrm{N/mm^2}$，在2i区求得 $p_f/\sigma_{si}=0.16$
f	以 $p_f/\sigma_{si}=0.16$，通过7i区 $q_i=0.2$，求得 $(e_i\cdot E_i)/(d_f\cdot\sigma_{si})$
g	以 $(e_i\cdot E_i)/(d_f\cdot\sigma_{si})$，通过8i区"钢"线，9i区 $\sigma_{si}=320\mathrm{N/mm^2}$，10i区 $d_f=50\mathrm{mm}$，求得 $e_{imin}=0.096\times10^{-1}\mathrm{mm}=0.0096\mathrm{mm}$
h	由d和g，求得 $\sigma_{emin}=e_{amin}+e_{imin}=(0.0237+0.0096)\mathrm{mm}\approx0.033\mathrm{mm}$
i	$\delta_{min}=\delta_{emin}+2(S_a+S_i)=\delta_{emin}+2(0.4R_{za}+0.4R_{zi})=0.033\mathrm{mm}+2(0.4\times0.0063+0.4\times0.0063)\mathrm{mm}=0.043\mathrm{mm}$

3　未注公差的线性尺寸的公差

3.1　未注公差的线性尺寸的公差标准的主要内容

未注公差的线性尺寸的公差标准在一般公差　未注公差的线性和角度尺寸的公差国家标准（GB/T 1804—2000）之中，以下为其有关的主要内容。

一般公差系指在车间通常加工条件下可保证的公差。采用一般公差的尺寸，在该尺寸后不需注出其极限偏差数值。

线性尺寸的一般公差分精密f、中等m、粗糙c、最粗v共4个公差等级。表3.2-36给出了线性尺寸的极限偏差数值。表3.2-37给出了倒圆半径和倒角高度尺寸的极限偏差数值。

采用该标准规定的一般公差，应在图样标题栏附近或技术要求、技术文件（如企业标准）中注出该标准号及公差等级代号。例如选取中等级时，标注为：

GB/T 1804—m

表3.2-36　线性尺寸的极限偏差数值　（mm）

公差等级	基本尺寸分段							
	0.5~3	>3~6	>6~30	>30~120	>120~400	>400~1000	>1000~2000	>2000~4000
精密f	±0.05	±0.05	±0.1	±0.15	±0.2	±0.3	±0.5	—
中等m	±0.1	±0.1	±0.2	±0.3	±0.5	±0.8	±1.2	±2
粗糙c	±0.2	±0.3	±0.5	±0.8	±1.2	±2	±3	±4
最粗v	—	±0.5	±1	±1.5	±2.5	±4	±6	±8

表3.2-37　倒圆半径和倒角高度尺寸的极限偏差数值　（mm）

公差等级	基本尺寸分段			
	0.5~3	>3~6	>6~30	>30
精密f 中等m	±0.2	±0.5	±1	±2
粗糙c 最粗v	±0.4	±1	±2	±4

注：倒圆半径和倒角高度的含义参见GB/T6403.4。

3.2　未注公差的线性和角度尺寸的公差标准（线性尺寸部分）的应用和有关说明

在该标准的附录A（提示的附录）中，介绍了线性和角度尺寸的一般公差的概念和解释。

GB/T 1804—2000适用于金属切削加工的尺寸，也适用于一般的冲压加工的尺寸。非金属材料和其他工艺方法加工的尺寸可参照采用。

构成零件的所有要素（点、线、面）总是具有一定的尺寸和几何形状。由于尺寸误差和几何特征（形状、方向、位置）误差的存在，为保证零件的使用功能就必须对它们加以限制，超出将会损坏其功能。因此，零件在图样上表达的所有要素都有一定的公差要求。对功能上无特殊要求的要素可给出一般公差。采用一般公差的要素在图样上不单独注出公差，而是在图样上、技术要求或技术文件（如企业标准）中作出总的说明。

线性尺寸的一般公差主要用于低精度的非配合尺寸。当功能上允许的公差等于或大于一般公差时，应采用一般公差。只有当要素的功能允许比一般公差大的公差，而该公差在制造上比一般公差更为经济时（例如装配时所钻的盲孔深度），其相应的极限偏差数值要在尺寸后注出。由于功能上的需要，某要素要求采用比"一般公差"小的公差值，则应在尺寸后注出其相应的极限偏差数值，当然这已不属一般公差的范畴。

采用一般公差的尺寸，在通常车间精度可保证的条件下，一般可不检验。

4　棱体的角度与斜度系列

4.1　棱体的角度与斜度系列标准（GB/T 4096—2001）的主要内容

4.1.1　术语和定义

标准中所规定的术语及其定义见表 3.2-38。

表 3.2-38　术语和定义

序号	术　语	定　义
1	棱体	由两个相交平面与一定尺寸所限定的几何体（图 3.2-27） 注：这两个相交平面称为“棱面”，当有配合要求时称为“棱体的配合面”。两棱面的交线称为“棱边”
2	多棱体	由几对相交平面与一定尺寸所限定的几何体 注：由两对相交平面与一定尺寸所限定的几何体是双棱体（图 3.2-28）；当各对平面相交到一点时的多棱体是棱锥体（图 3.2-29）
3	楔体	小角度的棱体
4	导棱体 V 形体 燕尾体	特定的大角度棱体（图 3.2-30 及图 3.2-31） 注：这些特定的棱体常用于机床导轨
5	棱体角（β）	两相交棱面间的夹角（图 3.2-27）
6	棱体中心平面（E_M）	通过棱边平分棱体角 β 的平面（图 3.2-32）
7	棱体厚	在平行于棱边并垂直于棱体中心平面 E_M 的某指定截面上测量的厚度（如图 3.2-32 中的 T 和 t）
8	棱体高	在平行于棱边并垂直于一个棱面的某指定截面上测量的高度（如图 3.2-33 中的 H 和 h）
9	棱体斜度（S）	两指定截面的棱体高 H 和 h 之差与该两截面之间的距离 L 之比（图 3.2-33）　$S=(H-h)/L$ 棱体斜度 S 与棱体角 β 的关系为：$S=\tan\beta=1:\cot\beta$

（续）

序号	术　语	定　义
10	棱体比率（C_p）	两指定截面的棱体厚 T 和 t 之差与该两截面之间的距离 L 之比（图 3.2-32）　$C_p=(T-t)/L$ 棱体比率 C_p 与棱体角 β 的关系为：$C_p=2\tan\dfrac{\beta}{2}=1:\dfrac{1}{2}\cdot\cot\dfrac{\beta}{2}$

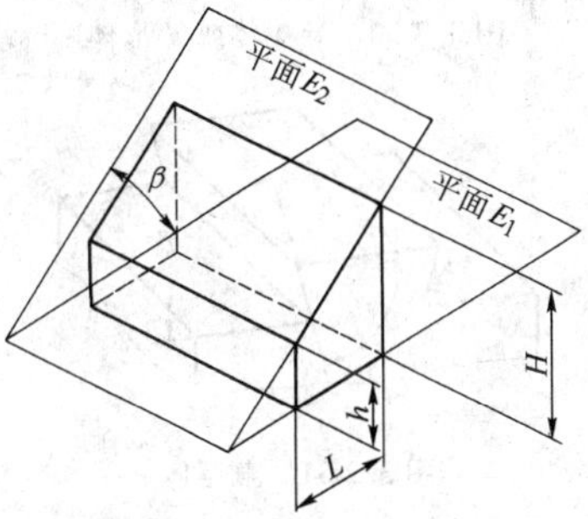

图 3.2-27　棱体或楔体

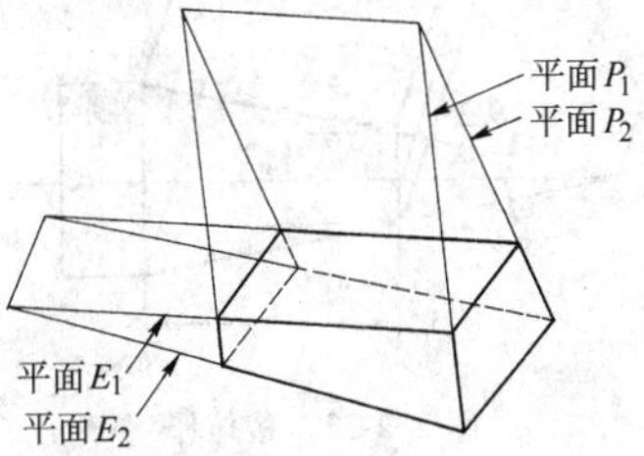

图 3.2-28　多（双）棱体

4.1.2　系列

该标准规定了一般用途棱体的角度与斜度系列（表 3.2-39），以及特定用途棱体的角度（表 3.2-41）。

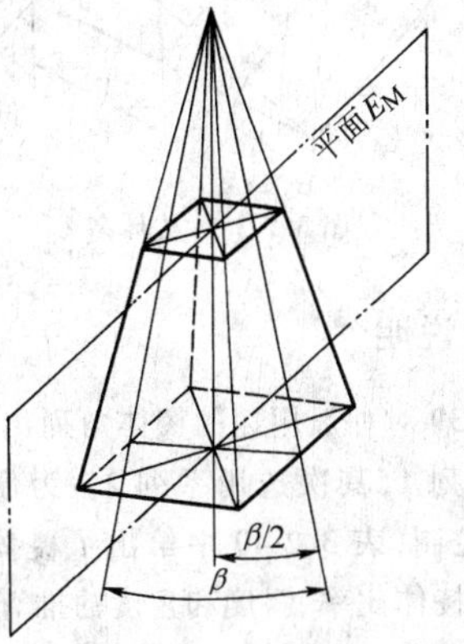

图 3.2-29　棱锥体

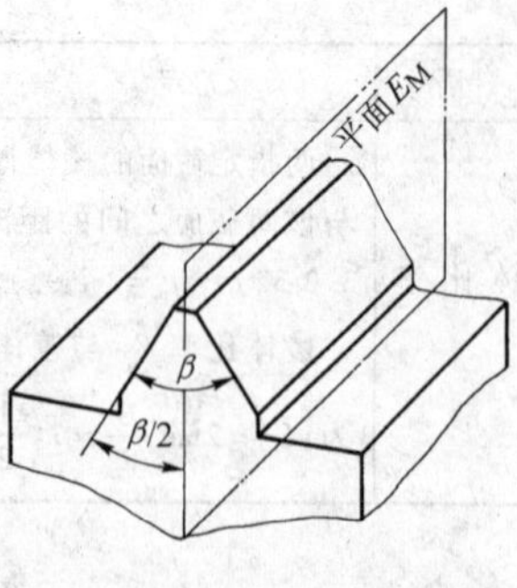

图3.2-30　导棱体或V形体

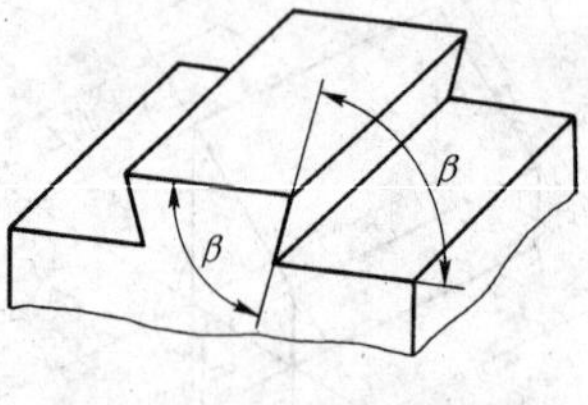

图3.2-31　燕尾体

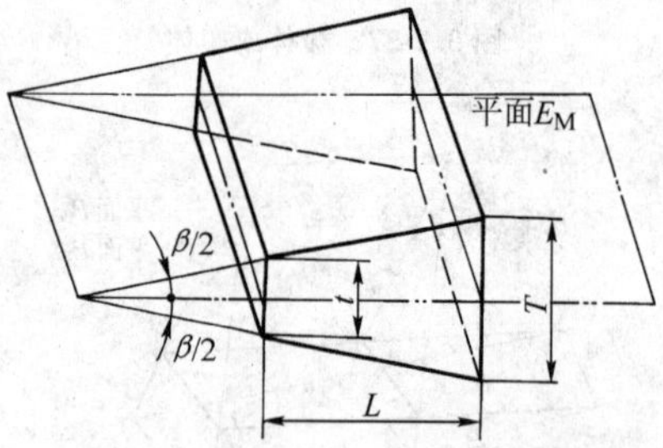

图3.2-32　棱体厚

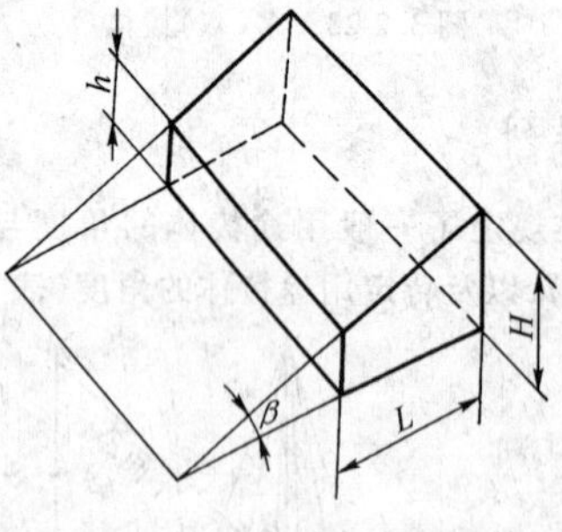

图3.2-33　棱体高

4.2　应用说明

表3.2-39对一般用途的棱体角列出了两个系列，优先选用系列1，其次选用系列2。为便于棱体的设计、生产和控制，表3.2-40中给出了棱体角和棱体斜度所对应的棱体比率、斜度和角度的推算值，其有效位数可按需要确定。表3.2-41所列特定用途的棱体只用于V形体和燕尾体，它们常用于机床的导轨。

表3.2-39　一般用途棱体的角度与斜度系列

棱体角				棱体斜度 S
系列1		系列2		
β	$\beta/2$	β	$\beta/2$	
120°	60°	—	—	—
90°	45°	—	—	—
—	—	75°	37°30′	—
60°	30°	—	—	—
45°	22°30′	—	—	—
—	—	40°	20°	—
30°	15°	—	—	—
20°	10°	—	—	—
15°	7°30′	—	—	—
—	—	10°	5°	—
—	—	8°	4°	—
—	—	7°	3°30′	—
—	—	6°	3°	—
—	—	—	—	1:10
5°	2°30′	—	—	—
—	—	4°	2°	—
—	—	3°	1°30′	—
—	—	—	—	1:20
—	—	2°	1°	—
—	—	—	—	1:50
—	—	1°	0°30′	—
—	—	—	—	1:100
—	—	0°30′	0°15′	—
—	—	—	—	1:200
—	—	—	—	1:500

表3.2-40　推算值

基本值		推算值		
β	S	C_p	S	β
120°	—	1:0.288 675	—	—
90°	—	1:0.500 000	—	—
75°	—	1:0.651 613	1:0.267 949	—
60°	—	1:0.866 025	1:0.577 350	—
45°	—	1:1.207 107	1:1.000 000	—
40°	—	1:1.373 739	1:1.191 754	—
30°	—	1:1.866 025	1:1.732 051	—
20°	—	1:2.835 641	1:2.747 477	—
15°	—	1:3.797 877	1:3.732 051	—
10°	—	1:5.715 026	1:5.671 282	—
8°	—	1:7.150 333	1:7.115 370	—
7°	—	1:8.174 928	1:8.144 346	—
6°	—	1:9.540 568	1:9.514 364	—
—	1:10	—	—	5°42′38.1″
5°	—	1:11.451 883	1:11.430 052	—

（续）

基本值		推算值		
β	S	C_p	S	β
4°	—	1:14.318 127	1:14.300 666	—
3°	—	1:19.094 230	1:19.081 137	—
—	1:20	—	—	2°51′44.7″
2°	—	1:28.644 981	1:28.636 253	—
—	1:50	—	—	1°8′44.7″
1°	—	1:57.294 325	1:57.289 962	—
—	1:100	—	—	34′22.6″
0°30′	—	1:114.590 832	1:114.588 650	—
—	1:200	—	—	17′11.3″
—	1:500	—	—	6′52.5″

表3.2-41　特定用途的棱体

棱体角		推算值		用　途
β	$\beta/2$	C_p	S	
108°	54°	1:0.363 271	—	V形体
72°	36°	1:0.688 191	—	V形体
55°	27°30′	1:0.960 491	1:0.700 207	燕尾体
50°	25°	1:1.072 253	1:0.839 100	燕尾体

5　圆锥的锥度与锥角系列

5.1　圆锥的锥度与锥角系列标准（GB/T 157—2001）的主要内容

5.1.1　术语和定义

标准中所规定的术语及其定义见表3.2-42。

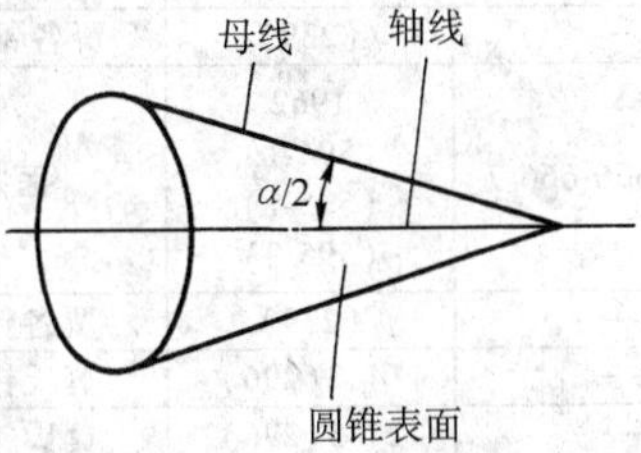

图3.2-34　圆锥表面

表3.2-42　术语和定义

序号	术语	定　义
1	圆锥表面	与轴线成一定角度，且一端交于轴线的一条直线段（母线），围绕着该轴线旋转形成的表面（图3.2-34）
2	圆　锥	由圆锥表面与一定尺寸所限定的几何体
3	圆锥角（α）	在通过圆锥轴线的截面内，两条素线间的夹角（图3.2-35）
4	锥度（C）	两个垂直圆锥轴线截面的圆锥直径D和d之差与该两截面之间的轴向距离L之比（图3.2-35） $C=\frac{D-d}{L}$ 锥度C与圆锥角α的关系为 $C=2\tan\frac{\alpha}{2}=1:\frac{1}{2}\cot\frac{\alpha}{2}$ 锥度一般用比例或分式形式表示

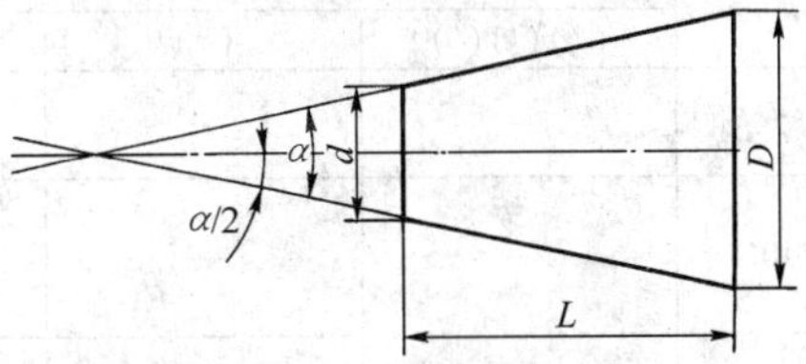

图3.2-35　圆锥角、圆锥直径和圆锥长度

5.1.2　系列

该标准规定了一般用途圆锥的锥度与锥角系列（表3.2-43），以及特定用途圆锥的锥度与锥角系列（表3.2-44）。

5.2　应用说明

表3.2-43对一般用途的锥度与锥角列出了两个系列，优先选用系列1，其次选用系列2。为便于圆锥件的设计、生产和控制，表3.2-43中给出了圆锥角或锥度的推算值，其有效位数可按需要确定。表3.2-44所列特定用途的圆锥，主要用于表中最后一栏所指的用途。

表3.2-43　一般用途圆锥的锥度与锥角系列

基本值		推算值			
		圆锥角 α			锥度 C
系列1	系列2	(°)(′)(″)	(°)	rad	
120°		—	—	2.094 395 10	1:0.288 675 1
90°		—	—	1.570 796 33	1:0.500 000 0
	75°	—	—	1.308 996 94	1:0.651 612 7
60°		—	—	1.047 197 55	1:0.866 025 4
45°		—	—	0.785 398 16	1:1.207 106 8
30°		—	—	0.523 598 78	1:1.866 025 4
1:3		18°55′28.7199″	18.924 644 42°	0.330 297 35	—
	1:4	14°15′0.1177″	14.250 032 70°	0.248 709 99	—
1:5		11°25′16.2706″	11.421 186 27°	0.199 337 30	—
	1:6	9°31′38.2202″	9.527 283 38°	0.166 282 46	—
	1:7	8°10′16.4408″	8.171 233 56°	0.142 614 93	—
	1:8	7°9′9.6075″	7.152 668 75°	0.124 837 62	—

（续）

基本值		推算值			
		圆锥角 α			锥度 C
系列 1	系列 2	(°)(′)(″)	(°)	rad	
1∶10		5°43′29.3176″	5.724 810 45°	0.099 916 79	—
	1∶12	4°46′18.7970″	4.771 888 06°	0.083 285 16	—
	1∶15	3°49′5.8975″	3.818 304 87°	0.066 641 99	—
1∶20		2°51′51.0925″	2.864 192 37°	0.049 989 59	—
1∶30		1°54′34.8570″	1.909 682 51°	0.033 330 25	—
1∶50		1°8′45.1586″	1.145 877 40°	0.019 999 33	—
1∶100		34′22.6309″	0.572 953 02°	0.009 999 92	—
1∶200		17′11.3219″	0.286 478 30°	0.004 999 99	—
1∶500		6′52.5295″	0.114 591 52°	0.002 000 00	—

注：系列1中120°～1∶3的数值近似按R10/2优先数系列，1∶5～1∶500按R10/3优先数系列（见GB/T 321）。

表 3.2-44　特定用途的圆锥

基本值	推算值				标准号 GB/T (ISO)	用途
	圆锥角 α			锥度 C		
	(°)(′)(″)	(°)	rad			
11°54′	—	—	0.207 694 18	1∶4.797 451 1	(5237) (8489-5)	
8°40′	—	—	0.151 261 87	1∶6.598 441 5	(8489-3) (8489-4) (324.575)	纺织机械和附件
7°	—	—	0.122 173 05	1∶8.174 927 7	(8489-2)	
1∶38	1°30′27.7080″	1.507 696 67°	0.026 314 27	—	(368)	
1∶64	0°53′42.8220″	0.895 228 34°	0.015 624 68	—	(368)	
7∶24	16°35′39.4443″	16.594 290 08°	0.289 625 00	1∶3.428 571 4	3 837.3 (297)	机床主轴工具配合
1∶12.262	4°40′12.1514″	4.670 042 05°	0.081 507 61	—	(239)	贾各锥度 No.2
1∶12.972	4°24′52.9039″	4.414 695 52°	0.077 050 97	—	(239)	贾各锥度 No.1
1∶15.748	3°38′13.4429″	3.637 067 47°	0.063 478 80	—	(239)	贾各锥度 No.33
6∶100	3°26′12.1776″	3.436 716 00°	0.059 982 01	1∶16.666 666 7	1962 (594-1) (595-1) (595-2)	医疗设备
1∶18.779	3°3′1.2070″	3.050 335 27°	0.053 238 39	—	(239)	贾各锥度 No.3
1∶19.002	3°0′52.3956″	3.014 554 34°	0.052 613 90	—	1443(296)	莫氏锥度 No.5
1∶19.180	2°59′11.7258″	2.986 590 50°	0.052 125 84	—	1443(296)	莫氏锥度 No.6
1∶19.212	2°58′53.8255″	2.981 618 20°	0.052 039 05	—	1443(296)	莫氏锥度 No.0
1∶19.254	2°58′30.4217″	2.975 117 13°	0.051 925 59	—	1443(296)	莫氏锥度 No.4
1∶19.264	2°58′24.8644″	2.973 573 43°	0.051 898 65	—	(239)	贾各锥度 No.6
1∶19.922	2°52′31.4463″	2.875 401 76°	0.050 185 23	—	1443(296)	莫氏锥度 No.3
1∶20.020	2°51′40.7960″	2.861 332 23°	0.049 939 67	—	1443(296)	莫氏锥度 No.2
1∶20.047	2°51′26.9283″	2.857 480 08°	0.049 872 44	—	1443(296)	莫氏锥度 No.1
1∶20.288	2°49′24.7802″	2.823 550 06°	0.049 280 25	—	(239)	贾各锥度 No.0
1∶23.904	2°23′47.6244″	2.396 562 32°	0.041 827 90	—	1443(296)	布朗夏普锥度 №1至№3
1∶28	2°2′45.8174″	2.046 060 38°	0.035 710 49	—	(8382)	复苏器（医用）
1∶36	1°35′29.2096″	1.591 447 11°	0.027 775 99	—	(5356-1)	麻醉器具
1∶40	1°25′56.3516″	1.432 319 89°	0.024 998 70	—		

6　圆锥公差

6.1　产品几何技术规范（GPS）　圆锥公差标准（GB/T 11334—2005）的主要内容

6.1.1　术语和定义

除GB/T 157确立的术语和定义适用于本标准之外，本标准中还规定了以下术语和定义（表3.2-45）。

表 3.2-45　术语和定义

序号	术　语	定　义
1	公称圆锥	由设计给定理想形状的圆锥（图 3.2-36） 公称圆锥可用两种形式确定： 1）一个公称圆锥直径（最大圆锥直径 D、最小圆锥直径 d、给定截面圆锥直径 d_x）、公称圆锥长度 L、公称圆锥角 α 或公称锥度 C 2）两个公称圆锥直径和公称圆锥长度 L
2	实际圆锥	实际存在并与周围介质分隔的圆锥
3	实际圆锥直径 d_a	实际圆锥上的任一直径（图 3.2-37）
4	实际圆锥角	实际圆锥的任一轴向截面内，包容其素线且距离为最小的两对平行直线之间的夹角（图 3.2-38）
5	极限圆锥	与公称圆锥共轴且圆锥角相等，直径分别为上极限尺寸和下极限尺寸的两个圆锥。在垂直于圆锥轴线的任一截面上，这两个圆锥的直径差都相等（图 3.2-39）
6	极限圆锥直径	极限圆锥上的任一直径。例如图 3.2-39 中的 D_{max}、D_{min}、d_{max}、d_{min}
7	极限圆锥角	允许的上极限或下极限圆锥角（图 3.2-40）
8	圆锥直径公差 T_D	圆锥直径的允许变动量（图 3.2-39）。 注：圆锥直径公差是一个没有符号的绝对值
9	圆锥直径公差区	两个极限圆锥所限定的区域。用示意图表示在轴向截面内的圆锥直径公差区时，如图 3.2-39 所示
10	圆锥角公差 AT（AT_α 或 AT_D）	圆锥角的允许变动量（图 3.2-40）
11	圆锥角公差区	两个极限圆锥角所限定的区域。用示意图表示圆锥角公差带时，如图 3.2-40 所示
12	给定截面圆锥直径公差 T_{DS}	在垂直圆锥轴线的给定截面内，圆锥直径的允许变动量（图 3.2-41） 注：给定截面圆锥直径公差是一个没有符号的绝对值。
13	给定截面圆锥直径公差区	在给定的圆锥截面内，由两个同心圆所限定的区域。用示意图表示给定截面圆锥直径公差区时，如图 3.2-41 所示

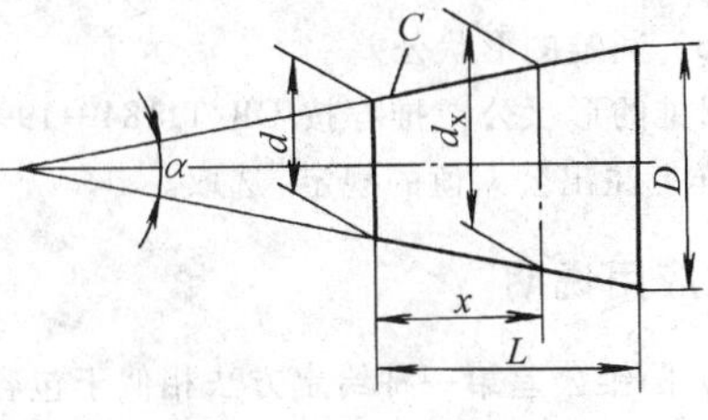

图 3.2-36　公称圆锥

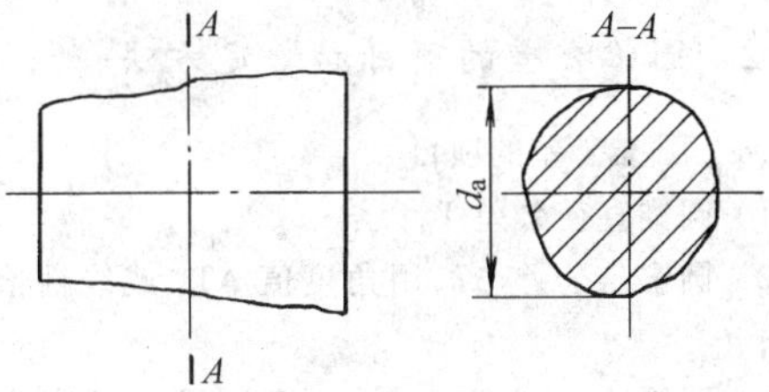

图 3.2-37　实际圆锥直径

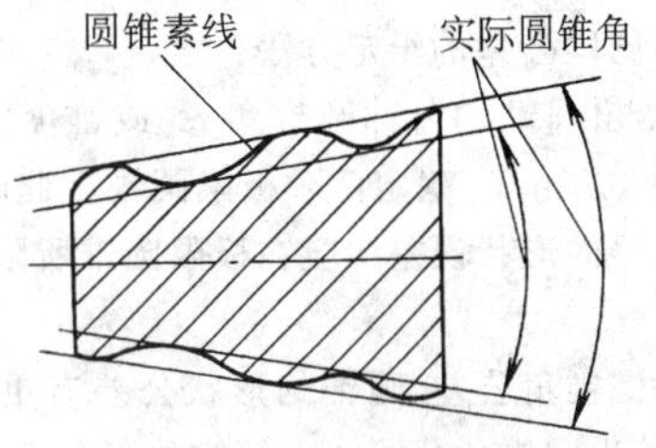

图 3.2-38　实际圆锥角

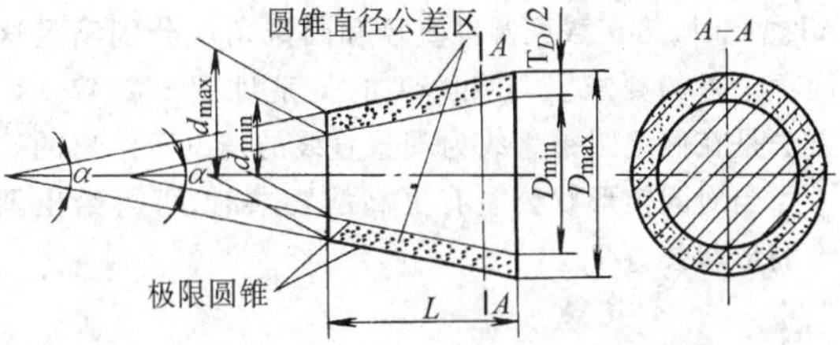

图 3.2-39　极限圆锥

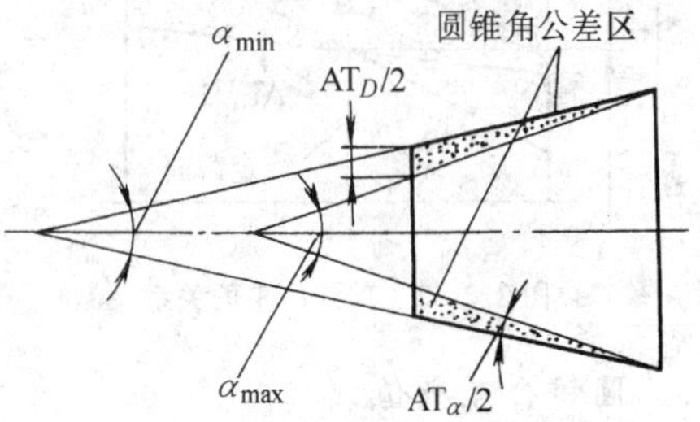

图 3.2-40　圆锥角公差区

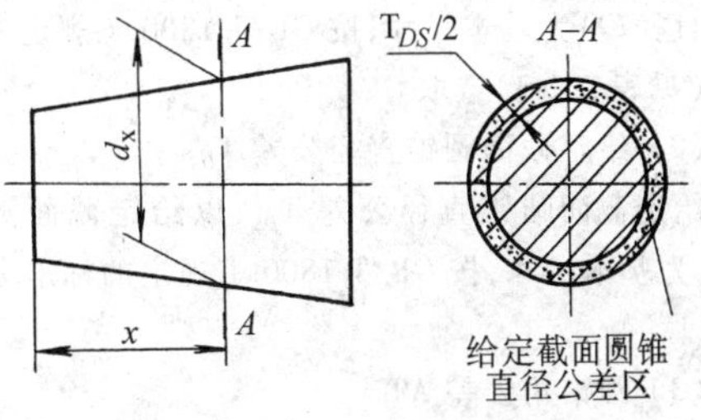

图 3.2-41　给定截面圆锥直径公差区

6.1.2　圆锥公差的项目和给定方法

（1）圆锥公差的项目

1）圆锥直径公差 T_D；

2）圆锥角公差 AT，用角度值 AT_α 或线性值 AT_D 给定；

3）圆锥的形状公差 T_F，包括素线直线度公差和截面圆度公差；

4）给定截面圆锥直径公差 T_{DS}。

（2）圆锥公差的给定方法

1）给出圆锥的公称圆锥角 α（或锥度 C）和圆锥直径公差 T_D，由 T_D 确定两个极限圆锥。此时，圆锥角误差和圆锥的形状误差均应在极限圆锥所限定的区域内。

当对圆锥角公差、圆锥的形状公差有更高的要求时，可再给出圆锥角公差 AT、圆锥的形状公差 T_F。此时，AT 和 T_F 仅占 T_D 的一部分。

2）给出给定截面圆锥直径公差 T_{DS} 和圆锥角公差 AT。此时，给定截面圆锥直径和圆锥角应分别满足这两项公差的要求。T_{DS} 和 AT 的关系见图 3.2-42。该方法是在假定圆锥素线为理想直线的情况下给出的。

当对圆锥形状公差有更高的要求时，可再给出圆锥的形状公差 T_F。

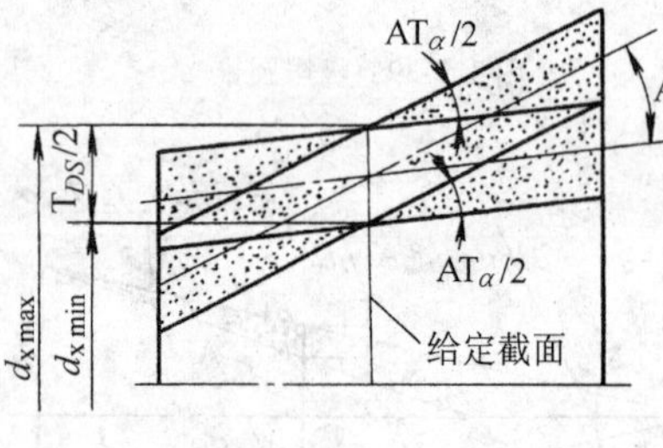

图 3.2-42　T_{DS} 和 AT 的关系

6.1.3　圆锥公差数值

（1）圆锥直径公差 T_D

圆锥直径公差 T_D，以公称圆锥直径（一般取最大圆锥直径 D）为基本尺寸，按 GB/T 1800.1 规定的标准公差（见表 3.2-3）选取。

（2）给定截面圆锥直径公差 T_{DS}

给定截面圆锥直径公差 T_{DS}，以给定截面圆锥直径 d_x 为基本尺寸，按 GB/T 1800.1 规定的标准公差选取。

（3）圆锥角公差 AT

圆锥角公差 AT 共分 12 个公差等级，用 AT1、AT2、…、AT12 表示，圆锥角公差的数值见表 3.2-46。表中数值用于棱体的角度时，以该角短边长度作为 L 选取公差值。如需要更高或更低等级的圆锥角公差时，按公比 1.6 向两端延伸得到：更高等级用 AT0、AT01、…表示；更低等级用 AT13、AT14、…表示。

圆锥角公差可用两种形式表示：AT_α——以角度单位微弧度或以度、分、秒表示；AT_D——以长度单位微米表示。AT_α 和 AT_D 的关系如下：

$$AT_D = AT_\alpha L \times 10^{-3} \tag{3.2-3}$$

式中　AT_D 单位为 μm；

AT_α 单位为 μrad；

L 单位为 mm。

表 3.2-46 给出与圆锥长度 L 的尺寸段相对应的 AT_D 范围值。若基本圆锥长度 L 不为任一尺寸段的端点值，AT_D 值则应按式（3.2-3）计算，计算结果的尾数按 GB8170 的规定进行修约，其有效位数应与表 3.2-46 中所列该 L 尺寸段的最大范围值的位数相同。

AT_D 取值举例：

例 1　L 为 63mm，选用 AT7，查表 3.2-46 得 AT_α 为 315μrad 或 1′05″，AT_D 为 20μm。

例 2　L 为 50mm，选用 AT7，查表 3.2-46 得 AT_α 为 315μrad 或 1′05″，但 50mm 非尺寸段 >40～63mm 的端点值，为此，AT_D 要进行如下计算：

$AT_D = AT_\alpha \times L \times 10^{-3} = 315 \times 50 \times 10^{-3}$ μm = 15.75μm（取 AT_D 为 15.8μm）。

（4）圆锥角的极限偏差

圆锥角的极限偏差可按单向或双向（对称或不对称）取值（图 3.2-43）。

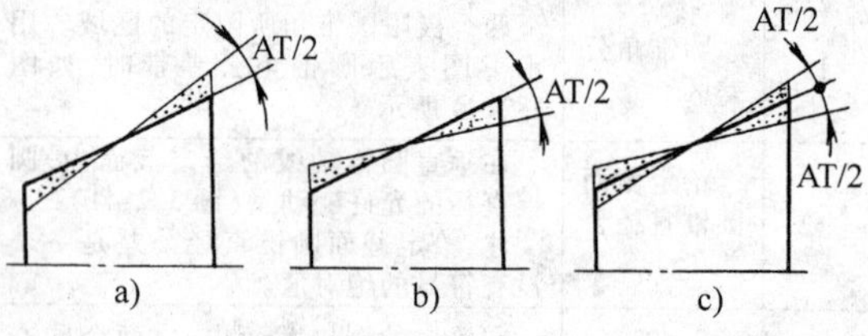

图 3.2-43　圆锥角极限偏差

a）$\alpha+AT$　b）$\alpha-AT$　c）$\alpha\pm\frac{AT}{2}$

（5）圆锥的形状公差

圆锥的形状公差推荐按 GB/T1184—1996 中附录 B“图样上注出公差值的规定”选取。

6.2　应用说明

1）圆锥公差第一种给定方法相似于包容要求，它要求圆锥角误差和圆锥的形状误差均控制在极限圆锥所限定的区域之内。因此，这种给定方法能使相配合的内、外圆锥保持预期的配合要求，是圆锥配合中内、外圆锥普遍应用的一种公差给定方法。

2）圆锥公差第二种给定方法相似于独立原则，它只要求圆锥直径和圆锥角分别满足各自的公差即可。因此，这种给定方法只能在 d_x 给定的截面上保持配合要求，主要适用于特定功能的场合。例如，阀类零件，为使其相互结合的圆锥表面接触紧密，以保证良好的密封性，以这种给定方法为宜。这种方法的公差空间是随实际给定截面直径和锥角公差构成的两个楔形环区（图 3.2-42）。图 3.2-42 只画出给定截面三个尺寸（上极限尺寸、下极限尺寸和平均尺寸）与 $AT_\alpha/2$ 的关系，看图时要注意与各个尺寸相对应的、其他截面尺寸所容许的各自范围。

3）该标准的附录 A（表 3.2-47）给出了圆锥直径公差所能限制的最大圆锥角误差，为采用圆锥公差第一种给定方法是否还要对圆锥角提出进一步要求时参考。使用者如认为圆锥角误差太大不符合要求时，可再规定出更小的圆锥角公差。

表 3.2-46　圆锥角公差数值

公称圆锥长度 *L* /mm		圆锥角公差等级								
		AT1			AT2			AT3		
		AT_α		AT_D	AT_α		AT_D	AT_α		AT_D
大于	至	μrad	(″)	μm	μrad	(″)	μm	μrad	(″)	μm
自 6	10	50	10	>0.3～0.5	80	16	>0.5～0.8	125	26	>0.8～1.3
10	16	40	8	>0.4～0.6	63	13	>0.6～1.0	100	21	>1.0～1.6
16	25	31.5	6	>0.5～0.8	50	10	>0.8～1.3	80	16	>1.3～2.0
25	40	25	5	>0.6～1.0	40	8	>1.0～1.6	63	13	>1.6～2.5
40	63	20	4	>0.8～1.3	31.5	6	>1.3～2.0	50	10	>2.0～3.2
63	100	16	3	>1.0～1.6	25	5	>1.6～2.5	40	8	>2.5～4.0
100	160	12.5	2.5	>1.3～2.0	20	4	>2.0～3.2	31.5	6	>3.2～5.0
160	250	10	2	>1.6～2.5	16	3	>2.5～4.0	25	5	>4.0～6.3
250	400	8	1.5	>2.0～3.2	12.5	2.5	>3.2～5.0	20	4	>5.0～8.0
400	630	6.3	1	>2.5～4.0	10	2	>4.0～6.3	16	3	>6.3～10.0

公称圆锥长度 *L* /mm		圆锥角公差等级								
		AT4			AT5			AT6		
		AT_α		AT_D	AT_α		AT_D	AT_α		AT_D
大于	至	μrad	(″)	μm	μrad	(′)(″)	μm	μrad	(′)(″)	μm
自 6	10	200	41	>1.3～2.0	315	1′05″	>2.0～3.2	500	1′43″	>3.2～5.0
10	16	160	33	>1.6～2.5	250	52″	>2.5～4.0	400	1′22″	>4.0～6.3
16	25	125	26	>2.0～3.2	200	41″	>3.2～5.0	315	1′05″	>5.0～8.0
25	40	100	21	>2.5～4.0	160	33″	>4.0～6.3	250	52″	>6.3～10.0
40	63	80	16	>3.2～5.0	125	26″	>5.0～8.0	200	41″	>8.0～12.5
63	100	63	13	>4.0～6.3	100	21″	>6.3～10.0	160	33″	>10.0～16.0
100	160	50	10	>5.0～8.0	80	16″	>8.0～12.5	125	26″	>12.5～20.0
160	250	40	8	>6.3～10.0	63	13″	>10.0～16.0	100	21″	>16.0～25.0
250	400	31.5	6	>8.0～12.5	50	10″	>12.5～20.0	80	16″	>20.0～32.0
400	630	25	5	>10.0～16.0	40	8″	>16.0～25.0	63	13″	>25.0～40.0

公称圆锥长度 *L* /mm		圆锥角公差等级								
		AT7			AT8			AT9		
		AT_α		AT_D	AT_α		AT_D	AT_α		AT_D
大于	至	μrad	(′)(″)	μm	μrad	(′)(″)	μm	μrad	(′)(″)	μm
自 6	10	800	2′45″	>5.0～8.0	1250	4′18″	>8.0～12.5	2000	6′52″	>12.5～20
10	16	630	2′10″	>6.3～10.0	1000	3′26″	>10.0～16.0	1600	5′30″	>16～25
16	25	500	1′43″	>8.0～12.5	800	2′45″	>12.5～20.0	1250	4′18″	>20～32
25	40	400	1′22″	>10.0～16.0	630	2′10″	>16.0～20.5	1000	3′26″	>25～40
40	63	315	1′05″	>12.5～20.0	500	1′43″	>20.0～32.0	800	2′45″	>32～50
63	100	250	52″	>16.0～25.0	400	1′22″	>25.0～40.0	630	2′10″	>40～63
100	160	200	41″	>20.0～32.0	315	1′05″	>32.0～50.0	500	1′43″	>50～80
160	250	160	33″	>25.0～40.0	250	52″	>40.0～63.0	400	1′22″	>63～100
250	400	125	26″	>32.0～50.0	200	41″	>50.0～80.0	315	1′05″	>80～125
400	630	100	21″	>40.0～63.0	160	33″	>63.0～100.0	250	52″	>100～600

（续）

公称圆锥长度 L /mm		圆锥角公差等级								
		AT10			AT11			AT12		
		AT_{α}		AT_D	AT_{α}		AT_D	AT_{α}		AT_D
大于	至	μrad	(′)(″)	μm	μrad	(′)(″)	μm	μrad	(′)(″)	μm
自 6	10	3150	10′49″	>20 ~ 32	5000	17′10″	>32 ~ 50	8000	27′28″	>50 ~ 80
10	16	2500	8′35″	>25 ~ 40	4000	13′44″	>40 ~ 63	6300	21′38″	>63 ~ 100
16	25	2000	6′52″	>32 ~ 50	3150	10′49″	>50 ~ 80	5000	17′10″	>80 ~ 125
25	40	1600	5′30″	>40 ~ 63	2500	8′35″	>63 ~ 100	4000	13′44″	>100 ~ 600
40	63	1250	4′18″	>50 ~ 80	2000	6′52″	>80 ~ 125	3150	10′49″	>125 ~ 200
63	100	1000	3′26″	>63 ~ 100	1600	5′30″	>100 ~ 600	2500	8′35″	>160 ~ 250
100	160	800	2′45″	>80 ~ 125	1250	4′18″	>125 ~ 200	2000	6′52″	>200 ~ 320
160	250	630	2′10″	>100 ~ 600	1000	3′26″	>160 ~ 250	1600	5′30″	>250 ~ 400
250	400	500	1′43″	>125 ~ 200	800	2′45″	>200 ~ 320	1250	4′18″	>320 ~ 500
400	630	400	1′22″	>160 ~ 250	630	2′10″	>250 ~ 400	1000	3′26″	>400 ~ 630

表 3.2-47　圆锥直径公差所能限定的最大圆锥角误差

圆锥直径公差等级	圆锥直径/mm						
	≤3	>3 ~ 6	>6 ~ 10	>10 ~ 18	>18 ~ 30	>30 ~ 50	>50 ~ 80
	$\Delta\alpha_{max}$/μrad						
IT01	3	4	4	5	6	6	8
IT0	5	6	6	8	10	10	12
IT1	8	10	10	12	15	15	20
IT2	12	15	15	20	25	25	30
IT3	20	25	25	30	40	40	50
IT4	30	40	40	50	60	70	80
IT5	40	50	60	80	90	110	130
IT6	60	80	90	110	130	160	190
IT7	100	120	150	180	210	250	300
IT8	140	180	220	270	330	390	460
IT9	250	300	360	430	520	620	740
IT10	400	480	580	700	840	1000	1200
IT11	600	750	900	1000	1300	1600	1900
IT12	1000	1200	1500	1800	2100	2500	3000
IT13	1400	1800	2200	2700	3300	3900	4600
IT14	2500	3000	3600	4300	5200	6200	7400
IT15	4000	4800	5800	7000	8400	10000	12000
IT16	6000	7500	9000	11000	13000	16000	19000
IT17	10000	12000	15000	18000	21000	25000	30000
IT18	14000	18000	22000	27000	33000	39000	46000

圆锥直径公差等级	圆锥直径/mm					
	>80 ~ 120	>120 ~ 180	>180 ~ 250	>250 ~ 315	>315 ~ 400	>400 ~ 500
	$\Delta\alpha_{max}$/μrad					
IT01	10	12	20	25	30	40
IT0	15	20	30	40	50	60
IT1	25	35	45	60	70	80
IT2	40	50	70	80	90	100
IT3	60	80	100	120	130	150
IT4	100	120	140	160	180	200
IT5	150	180	200	230	250	270
IT6	220	250	290	320	360	400
IT7	350	400	460	520	570	630
IT8	540	630	720	810	890	970
IT9	870	1000	1150	1300	1400	1550
IT10	1400	1600	1850	2100	2300	2500
IT11	2200	2500	2900	3200	3600	4000
IT12	3500	4000	4600	5200	5700	6300
IT13	5400	6300	7200	8100	8900	9700
IT14	8700	10000	11500	13000	14000	15500
IT15	14000	16000	18500	21000	23000	25000
IT16	22000	25000	29000	32000	36000	40000
IT17	35000	40000	46000	52000	57000	63000
IT18	54000	63000	72000	81000	89000	97000

注：圆锥长度不等于 100mm 时，需将表中的数值乘以 $100/L$，L 的单位为 mm。

7　圆锥配合

7.1　产品几何量技术规范(GPS)　圆锥配合标准(GB/T 12360—2005)的主要内容

7.1.1　圆锥配合的形成

圆锥配合是通过相互结合的内、外圆锥规定的轴向位置,以形成间隙或过盈的。按确定其轴向位置方法的不同,圆锥配合形成的方式有:

(1) 结构型圆锥配合

在结构型圆锥配合中,分为由内、外圆锥的结构确定装配最终位置而获得的配合和由内、外圆锥基准平面间的尺寸确定装配最终位置而获得的配合。上述两种结构方式均可形成间隙配合、过渡配合和过盈配合。图 3.2-44 为由轴肩接触这种结构确定装配最终位置而获得的间隙配合示例。图 3.2-45 为由结构尺寸 a(内、外圆锥基准平面间的尺寸)确定装配最终位置而获得的过盈配合示例。

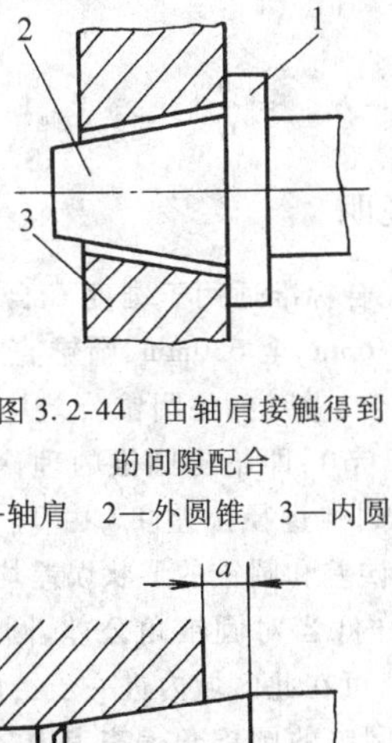

图 3.2-44　由轴肩接触得到的间隙配合
1—轴肩　2—外圆锥　3—内圆锥

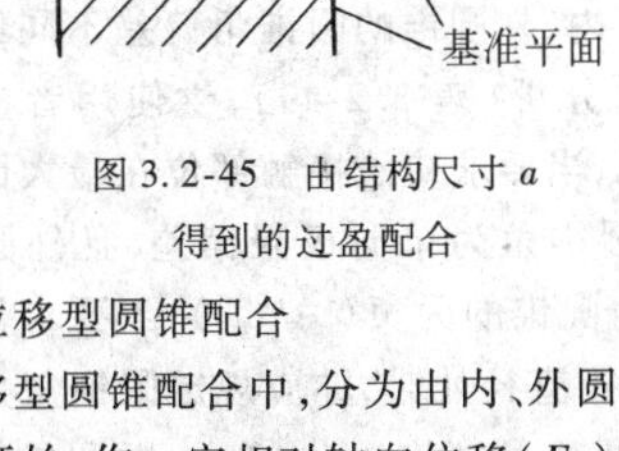

图 3.2-45　由结构尺寸 a 得到的过盈配合

(2) 位移型圆锥配合

在位移型圆锥配合中,分为由内、外圆锥实际初始位置(P_a)开始,作一定相对轴向位移(E_a)而获得的配合(这种方式既可形成间隙配合,又可形成过盈配合,图 3.2-46 为间隙配合的示例)及由内、外圆锥实际初始位置(P_a)开始,施加一定装配力产生轴向位移而获得的配合(这种方式只能形成过盈配合,如图 3.2-47 所示)。

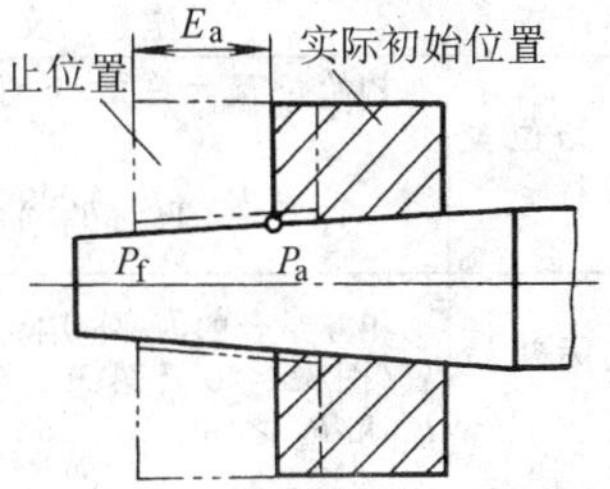

图 3.2-46　由相对轴向位移 E_a 得到的间隙配合

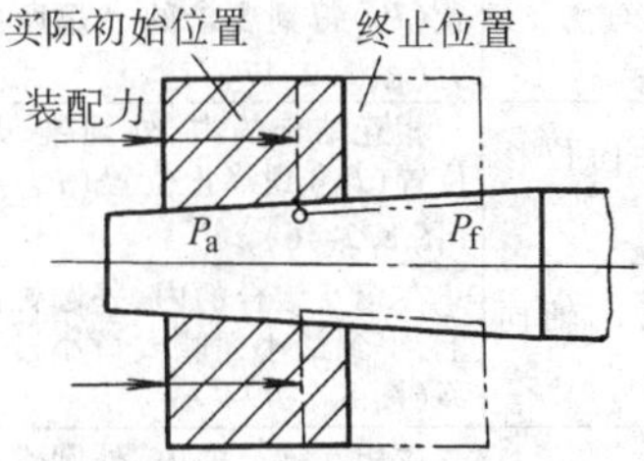

图 3.2-47　施加一定装配力获得的过盈配合

7.1.2　术语和定义

除 GB/T 157 和 GB/T 11334 确立的术语和定义适用于本标准之外,本标准还规定了以下术语和定义(见表 3.2-48)。

表 3.2-48　术语和定义

序号	术　语	定　　义
1	圆锥配合	圆锥配合有结构型圆锥配合和位移型圆锥配合两种
2	结构型圆锥配合	由圆锥结构确定装配位置,内、外圆锥公差区之间的相关系,见图 3.2-44 和图 3.2-45
3	位移型圆锥配合	内、外圆锥在装配时作一定相对轴向位移(E_a)确定的相互关系,见图 3.2-46 和图 3.2-47
4	初始位置 P	在不施加力的情况下,相互结合的内、外圆锥表面接触时的轴向位置
5	极限初始位置 P_1、P_2	初始位置允许的界限 P_1 为内圆锥的下极限圆锥与外圆锥的上极限圆锥的接触位置;P_2 为内圆锥的上极限圆锥与外圆锥的下极限圆锥的接触位置,见图 3.2-48

（续）

序号	术 语	定 义
6	初始位置公差 T_P	初始位置允许的变动量，见图 3.2-48。 $T_P=\frac{1}{C}(T_{Di}+T_{De})$
7	实际初始位置 P_a	相互结合的内、外实际圆锥的初始位置（图 3.2-46 及图 3.2-47），它应位于 P_1 和 P_2 之间
8	终止位置 P_f	相互结构的内、外圆锥，为使其终止状态得到要求的间隙或过盈，所规定的相互轴向位置，见图 3.2-46 及图 3.2-47
9	装配力 F_S	相互结合的内、外圆锥，为在终止位置（P_f）得到要求的过盈所施加的轴向力（图 3.2-47）
10	轴向位移 E_a	相互结合的内、外圆锥，从实际初始位置（P_a）到终止位置（P_f）移动的距离（图 3.2-46）
11	最小轴向位移 E_{amin}	在相互结合的内、外圆锥的终止位置上，得到最小间隙或最小过盈的轴向位移（图 3.2-49）
12	最大轴向位移 E_{amax}	在相互结合的内、外圆锥的终止位置上，得到最大间隙或最大过盈的轴向位移（图 3.2-49）
13	轴向位移公差 T_E	轴向位移允许的变动量，见图 3.2-49。 $T_E=E_{amax}-E_{amin}$
14	圆锥直径配合量 T_{Df}	圆锥配合在配合直径上允许的间隙或过盈的变动量

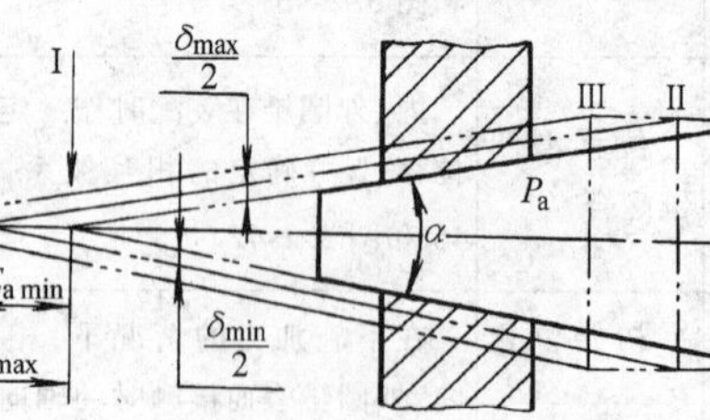

图 3.2-48　极限初始位置和初始位置公差

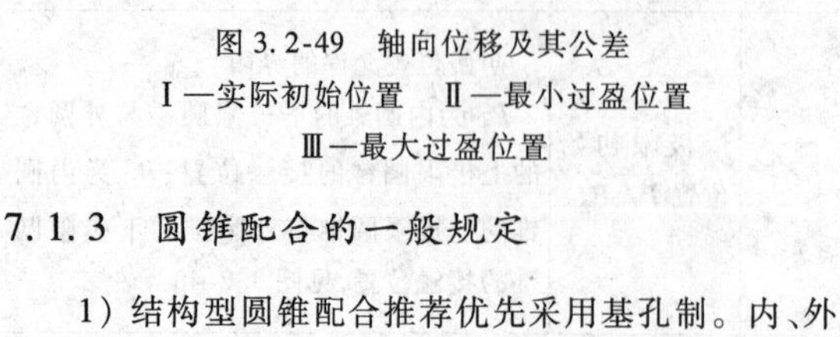

图 3.2-49　轴向位移及其公差
Ⅰ—实际初始位置　Ⅱ—最小过盈位置
Ⅲ—最大过盈位置

7.1.3　圆锥配合的一般规定

1）结构型圆锥配合推荐优先采用基孔制。内、外圆锥直径公差带及配合按图 3.2-13、图 3.2-15 及表 3.2-13 选取。

如表 3.2-13 给出的常用配合仍不能满足需要，可按 GB/T1800.1 规定的标准公差（表 3.2-3）和基本偏差（表 3.2-6、表 3.2-7）组成所需要的配合。

2）位移型圆锥配合的内、外圆锥直径公差带的基本偏差推荐选用 H、h；Js、js。其轴向位移的极限值按 GB1801 规定的极限间隙或极限过盈来计算。

3）位移型圆锥配合的轴向位移极限值（E_{amin}、E_{amax}）和轴向位移公差（T_E）按下列公式计算：

① 对于间隙配合

$$E_{amin}=\frac{1}{C}\times|X_{min}|$$

$$E_{amax}=\frac{1}{C}\times|X_{max}|$$

$$T_E=E_{amax}-E_{amin}=\frac{1}{C}|X_{max}-X_{min}|$$

② 对于过盈配合

$$E_{amin}=\frac{1}{C}\times|Y_{min}|$$

$$E_{amax}=\frac{1}{C}\times|Y_{max}|$$

$$T_E=E_{amax}-E_{amin}=\frac{1}{C}|Y_{max}-Y_{min}|$$

7.2　应用说明

1）圆锥配合标准适用于锥度 C 自 1:3 至 1:500、圆锥长度 L 自 6mm 至 630mm、圆锥直径 D 至 500mm 的光滑圆锥配合。其内、外圆锥公差均按第一种方法给定（见 6.1.2 节），即给出圆锥的理论正确圆锥角 α（或锥度 C）和圆锥直径公差 T_D，由 T_D 确定两个极限圆锥。圆锥角误差和圆锥的形状误差均应在极限圆锥所限定的区域内（当对圆锥角公差、圆锥的形状公差有更高要求时，可在此区域内进一步给出）。

2）内、外圆锥的圆锥角偏离其基本圆锥角时，将影响圆锥配合表面的接触质量和对中性能。该标准附录 A 列出了内、外圆锥的圆锥角偏差不同组合对初始接触部位的分析（表 3.2-49），供使用者参考。由表 3.2-49 可见，当要求初始接触部位在最大圆锥直径处时，应规定圆锥角为单向极限偏差，且外圆锥的为正（$+AT_e$），内圆锥的为负（$-AT_i$）；当要求初始接触部位在最小圆锥直径处时，亦应规定圆锥角为单向极限偏差，但外圆锥的为负（$-AT_e$），内圆锥的为正（$+AT_i$）；当对初始接触部位无特殊要求，而要求保证配合圆锥角之间的差别为最小时，内、外圆锥角的极限偏差方向应相同，可以是对称的$\left(\pm\frac{AT_e}{2},\pm\frac{AT_i}{2}\right)$，也可以是单向的（$+AT_e$、$+AT_i$ 或 $-AT_e$、$-AT_i$）。

表3.2-49　内、外圆锥角偏差不同组合对初始接触部位的分析

基本圆锥角	圆锥角偏差		简　图	初始接触部位
	内圆锥	外圆锥		
α	$+AT_i$	$-AT_e$	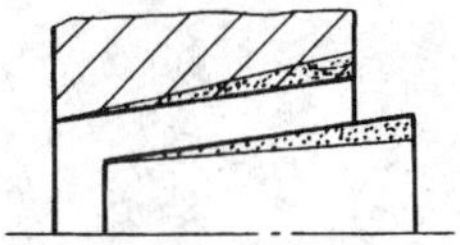	最小圆锥直径
	$-AT_i$	$+AT_e$	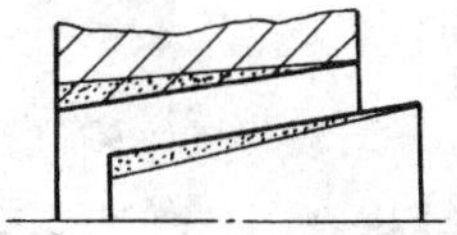	最大圆锥直径
	$+AT_i$	$+AT_e$	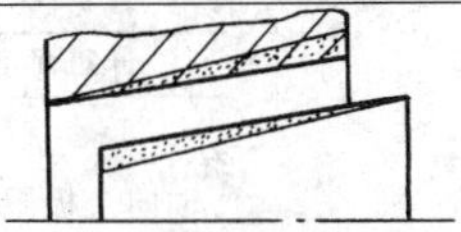	视实际圆锥角而定，可能在最大圆锥直径（$\alpha_e>\alpha_i$ 时），也可能在最小圆锥直径（$\alpha_i>\alpha_e$ 时）
	$-AT_i$	$-AT_e$	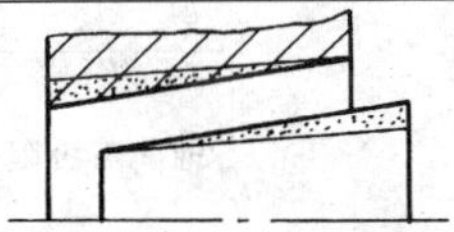	
	$\pm\frac{AT_i}{2}$	$\pm\frac{AT_e}{2}$	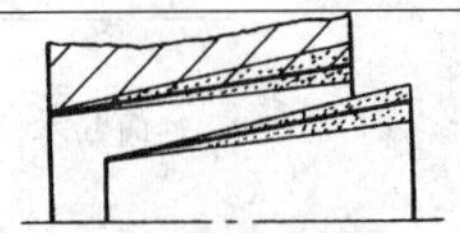	
	$\pm\frac{AT_i}{2}$	$+AT_e$	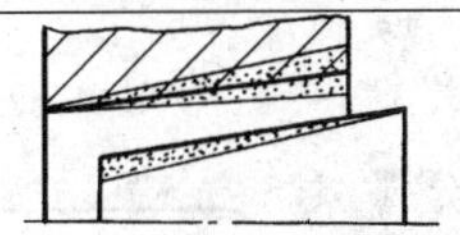	可能在最大圆锥直径（$\alpha_e>\alpha_i$ 时），也可能在最小圆锥直径（$\alpha_i>\alpha_e$ 时），最小圆锥直径接触的可能性比较大
	$-AT_i$	$+\frac{AT_e}{2}$	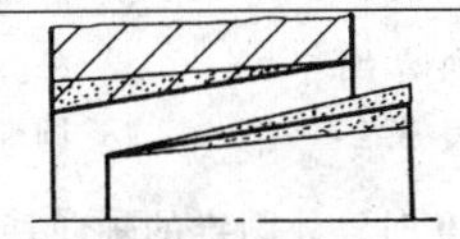	
	$\pm\frac{AT_i}{2}$	$-AT_e$	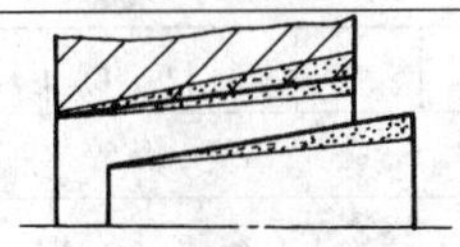	可能在最大圆锥直径（$\alpha_e>\alpha_i$ 时），也可能在最小圆锥直径（$\alpha_i>\alpha_e$ 时），最大圆锥直径接触的可能性比较大
	$+AT_i$	$\pm\frac{AT_e}{2}$	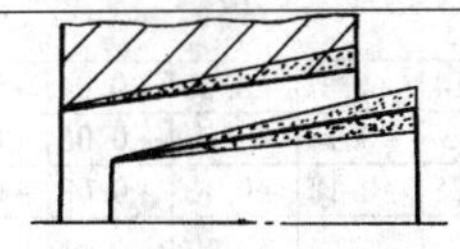	

3）为了确定位移型圆锥配合的极限初始位置，结构型圆锥配合后基准平面之间的极限轴向距离，以及确定圆锥直径极限偏差相应的圆锥量规的轴向距离（当用圆锥量规检验圆锥直径时）的需要，该标准附录B给出了圆锥配合的内圆锥或外圆锥直径极限偏差转换为轴向极限偏差的计算方法。

圆锥轴向极限偏差是某一极限圆锥与其公称圆锥轴向位置的偏离（图3.2-50、图3.2-51）。该标准附录规定下极限圆锥与公称圆锥的偏离为轴向上极限偏差（es_z、ES_z），上极限圆锥与公称圆锥的偏离为轴向下极限偏差（ei_z、EI_z），轴向上极限偏差与轴向下极限偏差之代数差的绝对值为轴向公差（T_z）。

图3.2-52为用圆锥量规检验内圆锥直径的示意图。如该内圆锥大端直径偏差在其极限偏差之内，则大端端面应处于圆锥量规轴向距离 m 的两个截面之间，此 m 值即按内圆锥的轴向公差而定。

圆锥轴向极限偏差的计算式见表3.2-50。

为了便于设计，该标准附录B提供了按GB/T1800.1轴的基本偏差数值（表3.2-6）转换算出 $C=1:10$ 的外圆锥轴向基本偏差（e_z）数值表（表3.2-51）；

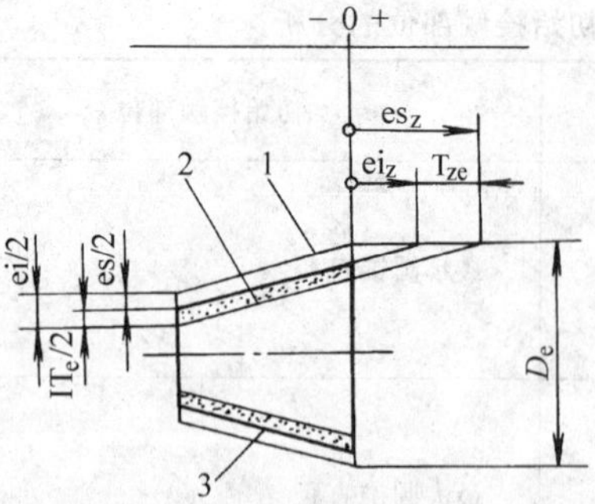

图 3.2-50　外圆锥轴向极限偏差示意图
1—基本圆锥　2—最小极限圆锥
3—最大极限圆锥

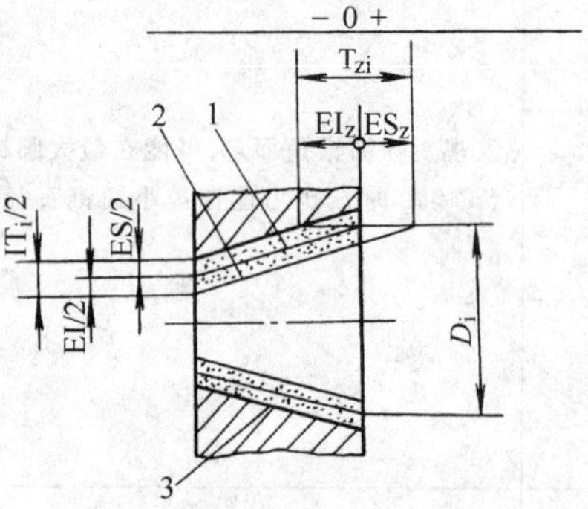

图 3.2-51　内圆锥轴向极限偏差示意图
1—基本圆锥　2—最小极限圆锥
3—最大极限圆锥

按 GB/T1800.1 标准公差数值（表 3.2-3）转换算出 $C=1:10$ 的圆锥轴向公差（T_z）数值表（表 3.2-52）；以及 $C\neq1:10$ 时一般用途圆锥的换算系数表（表 3.2-53）和特殊用途圆锥的换算系数表（表 3.2-54）。

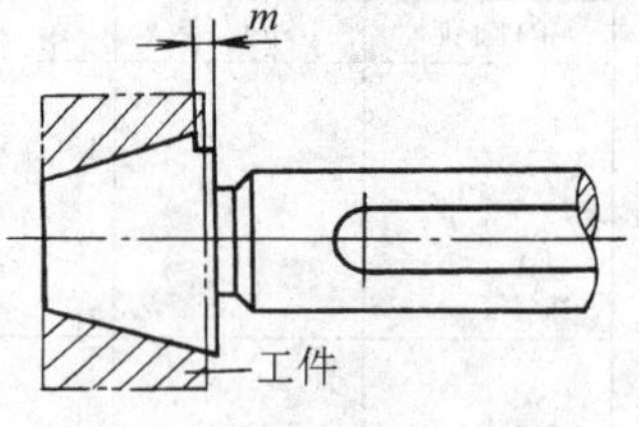

图 3.2-52　用圆锥量规检验内圆锥直径示意图

表 3.2-50　圆锥轴向极限偏差计算式

计算项目	计　算　式
轴向上极限偏差	$es_z=-\frac{1}{C}ei$（外圆锥） $ES_z=-\frac{1}{C}EI$（内圆锥）
轴向下极限偏差	$ei_z=-\frac{1}{C}es$（外圆锥） $EI_z=-\frac{1}{C}ES$（内圆锥）
轴向基本偏差	$e_z=-\frac{1}{C}\times$直径基本偏差（外圆锥） $E_z=-\frac{1}{C}\times$直径基本偏差（内圆锥）
轴向公差	$T_{ze}=\frac{1}{C}IT_e$（外圆锥） $T_{zi}=\frac{1}{C}IT_i$（内圆锥）

注：ei、EI—外、内圆锥直径下偏差的代号；es、ES—外、内圆锥直径上偏差的代号；IT_e、IT_i—外、内圆锥直径公差的代号。

表 3.2-51　锥度 $C=1:10$ 时，外圆锥的轴向基本偏差（e_z）数值　　（mm）

基本偏差		a	b	c	cd	d	e	ef	f	fg	g	h	js	j			k
公称尺寸		公差等级															
大于	至	所有等级												5、6	7	8	≤3、>7
—	3	+2.7	+1.4	+0.6	+0.34	+0.20	+0.14	+0.1	+0.06	+0.04	+0.02	0	$e_z=\pm\frac{T_{zc}}{2}$	+0.02	+0.04	+0.06	0
3	6	+2.7	+1.4	+0.7	+0.46	+0.30	+0.2	+0.14	+0.1	+0.06	+0.04	0		+0.02	+0.04	—	0
6	10	+2.8	+1.5	+0.8	+0.56	+0.40	+0.25	+0.18	+0.13	+0.08	+0.05	0		+0.02	+0.05	—	0
10	14	+2.9	+1.5	+0.95	—	+0.50	+0.32	—	+0.16	—	+0.06	0		+0.03	+0.06	—	0
14	18																
18	24	+3	+1.6	+1.1	—	+0.65	+0.4	—	+0.20	—	+0.07	0		+0.04	+0.08	—	0
24	30																
30	40	+3.1	+1.7	+1.2	—	+0.80	+0.5	—	+0.25	—	+0.09	0		+0.05	+0.1	—	0
40	50	+3.2	+1.8	+1.3													
50	65	+3.4	+1.9	+1.4	—	+1	+0.60	—	+0.3	—	+0.1	0		+0.07	+0.12	—	0
65	80	+3.6	+2	+1.5													
80	100	+3.8	+2.2	+1.7	—	+1.2	+0.72	—	+0.36	—	+0.12	0		+0.09	+0.15	—	0
100	120	+4.1	+2.4	+1.8													
120	140	+4.6	+2.6	+2	—	+1.45	+0.85	—	+0.43	—	+0.14	0		+0.11	+0.18	—	0
140	160	+5.2	+2.8	+2.1													
160	180	+5.8	+3.1	+2.3													
180	200	+6.6	+3.4	+2.4	—	+1.7	+1	—	+0.50	—	+0.15	0		+0.13	+0.21	—	0
200	225	+7.4	+3.8	+2.6													

（续）

基本偏差		a	b	c	cd	d	e	ef	f	fg	g	h	js	j			k
公称尺寸		公差等级															
大于	至	所有等级												5、6	7	8	≤3、>7
225	250	+8.2	+4.2	+2.8	—	+1.7	+1	—	+0.50	—	+0.15	0	$e_z = \pm \frac{T_{zc}}{2}$	+0.13	+0.21	—	0
250	280	+9.2	+4.8	+3	—	+1.9	+1.1	—	+0.56	—	+0.17	0		+0.16	+0.26	—	0
280	315	+10.5	+5.4	+3.3													
315	355	+12	+6	+3.6	—	+2.1	+1.25	—	+0.62	—	+0.18	0		+0.18	+0.28	—	0
355	400	+13.5	+6.8	+4													
400	450	+15	+7.6	+4.4	—	+2.3	+1.35	—	+0.68	—	+0.2	0		+0.20	+0.32	—	0
450	500	+16.5	+8.4	+4.8													

基本偏差		k	m	n	p	r	s	t	u	v	x	y	z	za	zb	zc
公称尺寸		公差等级														
大于	至	4~7	所有等级													
—	3	0	-0.02	-0.04	-0.06	-0.1	-0.14	—	-0.18	—	-0.20	—	-0.26	-0.32	-0.4	-0.6
3	6	-0.01	-0.04	-0.08	-0.12	-0.15	-0.19	—	-0.23	—	-0.28	—	-0.35	-0.42	-0.5	-0.8
6	10	-0.01	-0.06	-0.1	-0.15	-0.19	-0.23	—	-0.28	—	-0.34	—	-0.42	-0.52	-0.67	-0.97
10	14	-0.01	-0.07	-0.12	-0.18	-0.23	-0.28	—	-0.33	—	-0.4	—	-0.5	-0.64	-0.9	-1.3
14	18								-0.33	-0.39	-0.45	—	-0.6	-0.77	-1.08	-1.5
18	24	-0.02	-0.08	-0.15	-0.22	-0.28	-0.35	—	-0.41	-0.47	-0.54	-0.63	-0.73	-0.98	-1.36	-1.88
24	30							-0.41	-0.48	-0.55	-0.64	-0.75	-0.88	-1.18	-1.6	-2.18
30	40	-0.02	-0.09	-0.17	-0.26	-0.34	-0.43	-0.48	-0.6	-0.68	-0.8	-0.94	-1.12	-1.48	-2	-2.74
40	50							-0.54	-0.7	-0.81	-0.97	-1.14	-1.36	-1.80	-2.42	-3.25
50	65	-0.02	-0.11	-0.2	-0.32	-0.41	-0.53	-0.66	-0.87	-1.02	-1.22	-1.44	-1.72	-2.25	-3	-4.05
65	80					-0.43	-0.59	-0.75	-1.02	-1.2	-1.46	-1.74	-2.1	-2.74	-3.6	-4.8
80	100	-0.03	-0.13	-0.23	-0.37	-0.51	-0.71	-0.91	-1.24	-1.46	-1.78	-2.14	-2.58	-3.35	-4.45	-5.85
100	120					-0.54	-0.79	-1.04	-1.44	-1.72	-2.10	-2.54	-3.1	-4	-5.25	-6.9
120	140	-0.03	-0.15	-0.27	-0.43	-0.63	-0.92	-1.22	-1.7	-2.02	-2.48	-3	-3.65	-4.7	-6.2	-8
140	160					-0.65	-1	-1.34	-1.9	-2.28	-2.8	-3.4	-4.15	-5.35	-7	-9
160	180					-0.68	-1.08	-1.46	-2.1	-2.52	-3.1	-3.8	-4.65	-6	-7.8	-10
180	200	-0.04	-0.17	-0.31	-0.5	-0.77	-1.22	-1.66	-2.36	-2.84	-3.5	-4.25	-5.2	-6.7	-8.8	-11.5
200	225					-0.80	-1.3	-1.8	-2.58	-3.1	-3.85	-4.7	-5.75	-7.4	-9.6	-12.5
225	250					-0.84	-1.4	-1.96	-2.84	-3.4	-4.25	-5.2	-6.4	-8.2	-10.5	-13.5
250	280	-0.04	-0.2	-0.34	-0.56	-0.94	-1.58	-2.18	-3.15	-3.85	-4.75	-5.8	-7.1	-9.2	-12	-15.5
280	315					-0.98	-1.7	-2.4	-3.5	-4.25	-5.25	-6.5	-7.9	-10	-13	-17
315	355	-0.04	-0.21	-0.37	-0.62	-1.08	-1.9	-2.68	-3.9	-4.75	-5.9	-7.3	-9	-11.5	-15	-19
355	400					-1.14	-2.08	-2.94	-4.35	-5.3	-6.6	-8.2	-10	-13	-16.5	-21
400	450	-0.05	-0.23	-0.4	-0.68	-1.26	-2.32	-3.3	-4.9	-5.95	-7.4	-9.2	-11	-14.5	-18.5	-24
450	500					-1.32	-2.52	-3.6	-5.4	-6.6	-8.2	-10	-12.5	-16	-21	-26

表 3.2-52　锥度 $C=1:10$ 时，轴向公差（T_z）数值　（mm）

公称尺寸		公差等级									
大于	至	IT3	IT4	IT5	IT6	IT7	IT8	IT9	IT10	IT11	IT12
—	3	0.02	0.03	0.04	0.06	0.10	0.14	0.25	0.40	0.60	1
3	6	0.025	0.04	0.05	0.08	0.12	0.18	0.30	0.48	0.75	1.2
6	10	0.025	0.04	0.06	0.09	0.15	0.22	0.36	0.58	0.90	1.5
10	18	0.03	0.05	0.08	0.11	0.18	0.27	0.43	0.70	1.1	1.8
18	30	0.04	0.06	0.09	0.13	0.21	0.33	0.52	0.84	1.3	2.1
30	50	0.04	0.07	0.11	0.16	0.25	0.39	0.62	1	1.6	2.5
50	80	0.05	0.08	0.13	0.19	0.30	0.46	0.74	1.2	1.9	3
80	120	0.06	0.10	0.15	0.22	0.35	0.54	0.87	1.4	2.2	3.5
120	180	0.08	0.12	0.18	0.25	0.40	0.63	1	1.6	2.5	4
180	250	0.10	0.14	0.20	0.29	0.46	0.72	1.15	1.85	2.9	4.6
250	315	0.12	0.16	0.23	0.32	0.52	0.81	1.3	2.1	3.2	5.2
315	400	0.13	0.18	0.25	0.36	0.57	0.89	1.4	2.3	3.6	5.7
400	500	0.15	0.20	0.27	0.40	0.63	0.97	1.55	2.5	4	6.3

表3.2-53　一般用途圆锥的换算系数

基本值		换算系数	基本值		换算系数
系列1	系列2		系列1	系列2	
1:3		0.3		1:15	1.5
	1:4	0.4	1:20		2
1:5		0.5	1:30		3
	1:6	0.6		1:40	4
	1:7	0.7	1:50		5
	1:8	0.8	1:100		10
1:10		1	1:200		20
	1:12	1.2	1:500		50

表3.2-54　特殊用途圆锥的换算系数

基本值	换算系数	基本值	换算系数
18°30′	0.3	1:18.779	1.8
11°54′	0.48	1:19.002	1.9
8°40′	0.66	1:19.180	1.92
7°40′	0.75	1:19.212	1.92
7:24	0.34	1:19.254	1.92
1:9	0.9	1:19.264	1.92
1:12.262	1.2	1:19.922	1.99
1:12.972	1.3	1:20.020	2
1:15.748	1.57	1:20.047	2
1:16.666	1.67	1:20.288	2

该附录B还给出了内圆锥基本偏差H、外圆锥基本偏差a至zc的轴向极限偏差计算式（表3.2-55）。

4）为了确定相互配合的内、外圆锥基准平面之间的距离（基面距）的极限初始位置和极限终止位置，该标准附录C提供了基准平面间极限初始位置的计算式（表3.2-56）和基准平面间极限终止位置的计算式（表3.2-57）。

表3.2-55　基孔制的圆锥轴向极限偏差计算式

内、外圆锥	基本偏差	上偏差	下偏差
内圆锥	H	$ES_z=0$	$EI_z=-T_{zi}$
外圆锥	a ~ g	$es_z=e_z+T_{ze}$	$ei_z=e_z$
	h	$es_z=+T_{ze}$	$ei_z=0$
	js	$es_z=+\frac{T_{ze}}{2}$	$ei_z=-\frac{T_{ze}}{2}$
	j ~ zc	$es_z=e_z$	$ei_z=e_z-T_{ze}$

表3.2-56　基准平面间极限初始位置计算式

已知参数	基准平面的位置	计算公式	
		Z_{pmin}	Z_{pmax}
圆锥直径极限偏差	在锥体大直径端（图3.2-53）	$Z_p+\frac{1}{C}(ei-ES)$	$Z_p+\frac{1}{C}(es-EI)$
	在锥体小直径端（图3.2-54）	$Z_p+\frac{1}{C}(EI-es)$	$Z_p+\frac{1}{C}(ES-ei)$
圆锥轴向极限偏差	在锥体大直径端（图3.2-53）	$Z_p+EI_z-es_z$	$Z_p+ES_z-ei_z$
	在锥体小直径端（图3.2-54）	$Z_p+ei_z-ES_z$	$Z_p+es_z-EI_z$

注：1. 对于结构型圆锥配合，基准平面间的极限初始位置仅对过盈配合有意义，且在必要时才需计算；对于位移型圆锥配合，仅在对基准平面间的极限初始位置有要求时才进行计算。

2. 表中$Z_p=Z_e-Z_i$，在外圆锥距基准平面为Z_e处的d_{xe}和内圆锥距基准平面为Z_i处的d_{xi}是相等的。

表3.2-57　基准平面间极限终止位置计算式

已知参数	基准平面的位置	计算公式	
		Z_{pfmin}	Z_p
间隙配合轴向位移E_a	在锥体大直径端（图3.2-53）	$Z_{pmin}+E_{amin}$	$Z_{pmax}+E_{amax}$
	在锥体小直径端（图3.2-54）	$Z_{pmin}-E_{amax}$	$Z_{pmax}-E_{amin}$
过盈配合轴向位移E_a	在锥体大直径端（图3.2-53）	$Z_{pmin}-E_{amax}$	$Z_{pmax}-E_{amax}$
	在锥体小直径端（图3.2-54）	$Z_{pmin}+E_{amin}$	$Z_{pmax}+E_{amax}$

注：1. 对于结构型圆锥配合，基准平面间的极限终止位置由设计给定，不需要进行计算，见图3.2-44及图3.2-45。

2. 表中Z_{pmin}、E_{pmax}的值用表3.2-56的公式确定。

1995年，我国为适应光滑圆锥面在弹性范围内利用油压装拆的过盈联结计算和过盈配合选用的需要，特制定了《圆锥过盈配合的计算和选用》国家标准（GB/T 15755—1995）。

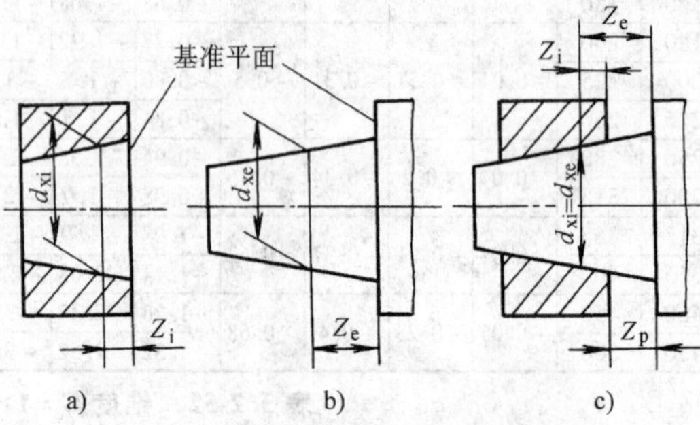

图3.2-53　基准平面在锥体大直径端
a）内圆锥　b）外圆锥　c）圆锥配合

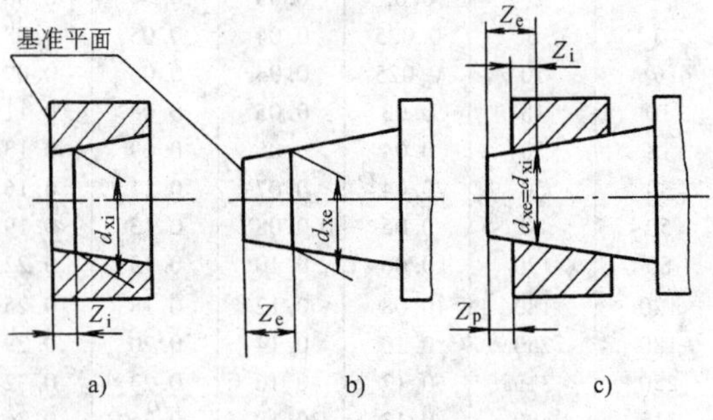

图3.2-54　基准平面在锥体小直径端
a）内圆锥　b）外圆锥　c）圆锥配合

8 未注公差的角度尺寸的公差

8.1 未注公差的角度尺寸的公差标准的主要内容

未注公差的角度尺寸的公差标准在一般公差未注公差的线性和角度尺寸的公差国家标准（GB/T 1804—2000）之中，以下为其有关的主要内容。

一般公差系指在车间通常加工条件下可保证的公差。采用一般公差的尺寸，在该尺寸后不需注出其极限偏差数值。

角度尺寸的一般公差亦分为精密 f、中等 m、粗糙 c、最粗 v 共 4 个公差等级。表 3.2-58 给出了角度尺寸的极限偏差数值。

表 3.2-58 角度尺寸的极限偏差数值

公差等级	长度分段/mm				
	≤10	>10~50	>50~120	>120~400	>400
精密 f	±1°	±30′	±20′	±10′	±5′
中等 m					
粗糙 c	±1°30′	±1°	±30°	±15′	±10′
最粗 v	±3°	±2°	±1°	±30′	±20′

采用该标准规定的一般公差，应在图样标题栏附近或技术要求、技术文件（如企业标准）中注出该标准号及公差等级代号。例如选取中等级时，标注为

GB/T 1804——m

8.2 未注公差的线性和角度尺寸的公差标准（角度尺寸部分）的应用和有关说明

由于未注公差的角度尺寸的公差与未注公差的线性尺寸的公差同属一个标准，其应用和有关说明与未注公差的线性尺寸的公差相同（参见 3.2）。

9 光滑工件尺寸的检验

9.1 产品几何技术规范（GPS）光滑工件尺寸的检验标准（GB/T 3177—2009）的主要内容

9.1.1 验收原则

所用验收方法应只接收位于规定的尺寸极限之内的工件。

9.1.2 验收方法的基础

由于计量器具和计量系统都存在内在误差，故任何测量都不能测出真值。另外，多数通用计量器具通常只用于测量尺寸，不测量工件上可能存在的形状误差。因此，对遵循包容要求的尺寸要素，工件的完善检验还应测量形状误差（如圆度、直线度等），并把这些形状误差的测量结果与尺寸的测量结果综合起来，以判定工件表面各部位是否超出最大实体边界。

在车间实际情况下，工件的形状误差通常取决于加工设备及工艺装备的精度，工件合格与否，只按一次测量来判断；对于温度、压陷效应等，以及计量器具和标准器的系统误差均不进行修正。因此，任何检验都存在误判。由测量误差引起的误判概率参见该标准的附录 A，由工件形状误差引起的误收率参见该标准的附录 B。为保证验收质量，本标准规定了验收极限、计量器具的测量不确定度允许值和计量器具选用原则。

9.1.3 标准温度

测量的标准温度为 20℃。见 GB/T 19765。

如果工件与计量器具的线膨胀系数相同，测量时只要计量器具与工件保持相同的温度，可以偏离 20℃。

9.1.4 验收极限

验收极限是检验工件尺寸时判断合格与否的尺寸界限。

（1）验收极限方式的确定

验收极限可以按照下列两种方式之一确定。

1）验收极限是从规定的最大实体尺寸（MMS）和最小实体尺寸（LMS）分别向工件公差带内移动一个安全裕度（A）来确定，如图 3.2-55 所示。A 值按工件公差（T）的 1/10 确定，其数值在表 3.2-59 中给出。

孔尺寸的验收极限：

上验收极限 = 最小实体尺寸（LMS）- 安全裕度（A）

下验收极限 = 最大实体尺寸（MMS）+ 安全裕度（A）

轴尺寸的验收极限：

上验收极限 = 最大实体尺寸（MMS）- 安全裕度（A）

下验收极限 = 最小实体尺寸（LMS）+ 安全裕度（A）

2）验收极限等于规定的最大实体尺寸（MMS）和最小实体尺寸（LMS），即 A 值等于零。

（2）验收极限方式的选择

验收极限方式的选择要结合尺寸功能要求及其重要程度、尺寸公差等级、测量不确定度和过程能力等因素综合考虑。

1）对遵循包容要求的尺寸、公差等级高的尺寸，其验收极限按上述第一种方式确定。

2）当过程能力指数 $C_p \geqslant 1$ 时，其验收极限可以按上述第二种方式确定；但对遵循包容要求的尺寸，其最大实体尺寸一边的验收极限仍应按上述第一种方式确定。

3）对偏态分布的尺寸，其验收极限可以仅对偏向的一边按上述第一种方式确定。

4）对非配合和一般公差的尺寸，其验收极限按上述第二种方式确定。

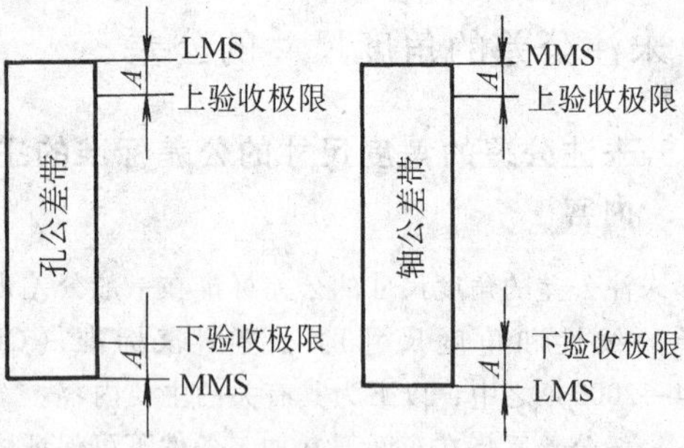

图 3.2-55　光滑工件尺寸的验收极限

表 3.2-59　安全裕度（A）与计量器具的测量不确定度允许值（u_1）　（μm）

公差等级		6					7					8					9				
基本尺寸/mm		T	A	u_1			T	A	u_1			T	A	u_1			T	A	u_1		
大于	至			Ⅰ	Ⅱ	Ⅲ			Ⅰ	Ⅱ	Ⅲ			Ⅰ	Ⅱ	Ⅲ			Ⅰ	Ⅱ	Ⅲ
—	3	6	0.6	0.54	0.9	1.4	10	1.0	0.9	1.5	2.3	14	1.4	1.3	2.1	3.2	25	2.5	2.3	3.8	5.6
3	6	8	0.8	0.72	1.2	1.8	12	1.2	1.1	1.8	2.7	18	1.8	1.6	2.7	4.1	30	3.0	2.7	4.5	6.8
6	10	9	0.9	0.81	1.4	2.0	15	1.5	1.4	2.3	3.4	22	2.2	2.0	3.3	5.0	36	3.6	3.3	5.4	8.1
10	18	11	1.1	1.0	1.7	2.5	18	1.8	1.7	2.7	4.1	27	2.7	2.4	4.1	6.1	43	4.3	3.9	6.5	9.7
18	30	13	1.3	1.2	2.0	2.9	21	2.1	1.9	3.2	4.7	33	3.3	3.0	5.0	7.4	52	5.2	4.7	7.8	12
30	50	16	1.6	1.4	2.4	3.6	25	2.5	2.3	3.8	5.6	39	3.9	3.5	5.9	8.8	62	6.2	5.6	9.3	14
50	80	19	1.9	1.7	2.9	4.3	30	3.0	2.7	4.5	6.8	46	4.6	4.1	6.9	10	74	7.4	6.7	11	17
80	120	22	2.2	2.0	3.3	5.0	35	3.5	3.2	5.3	7.9	54	5.4	4.9	8.1	12	87	8.7	7.8	13	20
120	180	25	2.5	2.3	3.8	5.6	40	4.0	3.6	6.0	9.0	63	6.3	5.7	9.5	14	100	10	9.0	15	23
180	250	29	2.9	2.6	4.4	6.5	46	4.6	4.1	6.9	10	72	7.2	6.5	11	16	115	12	10	17	26
250	315	32	3.2	2.9	4.8	7.2	52	5.2	4.7	7.8	12	81	8.1	7.3	12	18	130	13	12	19	29
315	400	36	3.6	3.2	5.4	8.1	57	5.7	5.1	8.4	13	89	8.9	8.0	13	20	140	14	13	21	32
400	500	40	4.0	3.6	6.0	9.0	63	6.3	5.7	9.5	14	97	9.7	8.7	15	22	155	16	14	23	35

公差等级		10					11					12				13			
基本尺寸/mm		T	A	u_1			T	A	u_1			T	A	u_1		T	A	u_1	
大于	至			Ⅰ	Ⅱ	Ⅲ			Ⅰ	Ⅱ	Ⅲ			Ⅰ	Ⅱ			Ⅰ	Ⅱ
—	3	40	4.0	3.6	6.0	9.0	60	6.0	5.4	9.0	14	100	10	9.0	15	140	14	13	21
3	6	48	4.8	4.3	7.2	11	75	7.5	6.8	11	17	120	12	11	18	180	18	16	27
6	10	58	5.8	5.2	8.7	13	90	9.0	8.1	14	20	150	15	14	23	220	22	20	33
10	18	70	7.0	6.3	11	16	110	11	10	17	25	180	18	16	27	270	27	24	41
18	30	84	8.4	7.6	13	19	130	13	12	20	29	210	21	19	32	330	33	30	50
30	50	100	10	9.0	15	23	160	16	14	24	36	250	25	23	38	390	39	35	59
50	80	120	12	11	18	27	190	19	17	29	43	300	30	27	45	460	46	41	69
80	120	140	14	13	21	32	220	22	20	33	50	350	35	32	53	540	54	49	81
120	180	160	16	15	24	36	250	25	23	38	56	400	40	36	60	630	63	57	95
180	250	185	18	17	28	42	290	29	26	44	65	460	46	41	69	720	72	65	110
250	315	210	21	19	32	47	320	32	29	48	72	520	52	47	78	810	81	73	120
315	400	230	23	21	35	52	360	36	32	54	81	570	57	51	86	890	89	80	130
400	500	250	25	23	38	56	400	40	36	60	90	630	63	57	95	970	97	87	150

公差等级		14				15				16				17				18			
基本尺寸/mm		T	A	u_1		T	A	u_1		T	A	u_1		T	A	u_1		T	A	u_1	
大于	至			Ⅰ	Ⅱ			Ⅰ	Ⅱ			Ⅰ	Ⅱ			Ⅰ	Ⅱ			Ⅰ	Ⅱ
—	3	250	25	23	38	400	40	36	60	600	60	54	90	1000	100	90	150	1400	140	135	210
3	6	300	30	27	45	480	48	43	72	750	75	68	110	1200	120	110	180	1800	180	160	270
6	10	360	36	32	54	580	58	52	87	900	90	81	140	1500	150	140	230	2200	220	200	330
10	18	430	43	39	65	700	70	63	110	1100	110	100	170	1800	180	160	270	2700	270	240	400
18	30	520	52	47	78	840	84	76	130	1300	130	120	200	2100	210	190	320	3300	330	300	490
30	50	620	62	56	93	1000	100	90	150	1600	160	140	240	2500	250	220	380	3900	390	350	580
50	80	740	74	67	110	1200	120	110	180	1900	190	170	290	3000	300	270	450	4600	460	410	690
80	120	870	87	78	130	1400	140	130	210	2200	220	200	330	3500	350	320	530	5400	540	480	810
120	180	1000	100	90	150	1600	160	150	240	2500	250	230	380	4000	400	360	600	6300	630	570	940
180	250	1150	115	100	170	1850	180	170	280	2900	290	260	440	4600	460	410	690	7200	720	650	1080
250	315	1300	130	120	190	2100	210	190	320	3200	320	290	480	5200	520	470	780	8100	810	730	1210
315	400	1400	140	130	210	2300	230	210	350	3600	360	320	540	5700	570	510	850	8900	890	800	1330
400	500	1500	150	140	230	2500	250	230	380	4000	400	360	600	6300	630	570	950	9700	970	870	1450

9.1.5　计量器具的选择

（1）计量器具选用原则

按照计量器具所导致的测量不确定度的允许值（u_1）（简称计量的测量不确定度允许值）选择计量器具。选择时，应使所选用的计量器具的测量不确定度数值等于或小于选定的 u_1 值。

计量器具的测量不确定度允许值（u_1）按测量不确定度（u）与工件公差的比值分档：对 IT6～IT11 的分为Ⅰ、Ⅱ、Ⅲ三档，对 IT12～IT18 的分为Ⅰ、Ⅱ两档。测量不确定度（u）的Ⅰ、Ⅱ、Ⅲ三档值，分别为工件公差的 1/10、1/6、1/4。

计量器具的测量不确定度允许值（u_1）约为测量不确定度（u）的 0.9 倍，其三档数值列于表 3.2-59。

（2）计量器具的测量不确定度允许值（u_1）的选定

一般情况下，优先选用Ⅰ档，其次选用Ⅱ档、Ⅲ档。

9.1.6　仲裁

对验收结果的争议，可以采用更精确的计量器具或按事先双方商定的方法解决。一般情况下按 GB/T18779.1 进行合格或不合格判定。

9.2　应用说明

9.2.1　适用范围

该标准不仅适用于注出公差尺寸的检验，也适用于按一般公差要求的、未注公差尺寸的检验。

这里所指的光滑工件尺寸的检验，应理解为光滑孔或轴（包括圆柱形内尺寸要素或外尺寸要素，以及非圆柱形内或外尺寸要素）局部实际尺寸的最终检验，而且这种检验是在一般车间条件下，以一次测量为准，对环境温度无严格要求，对测量结果也不作任何修正和计算。

9.2.2　验收原则和验收极限

按验收原则规定，所用验收方法应只接收位于规定尺寸极限之内的工件。该标准按此原则规定了两种验收极限，但由于计量器具和测量系统都存在误差，任何测量方法都可能存在一定的误判概率。该标准附录 A（误判概率与验收质量的评估）对两种验收极限分别就其验收工件时的误判概率，以工件尺寸遵循正态分布、偏态分布和均匀分布三种情况进行了计算，为节约篇幅，此处不具体引述，需要时，读者可在 GB/T 3177—2009 中进一步查看。

该标准附录 B（工件形状误差引起的误收率）还在假定工艺过程只测量出工件的中间尺寸（最小二乘圆柱直径），验收时将中间尺寸与形状误差作为两个独立随机变量进行综合的条件下，对两种验收极限分别就其验收工件时的误收率提供了计算参考，为节约篇幅，此处也不具体引述，需要时，读者亦可在 GB/T 3177—2009 中进一步查看。

9.2.3　计量器具的选择说明

选择计量器具时，应使所选用的计量器具的测量不确定度数值等于或小于按表 3.2-59 选定的 u_1 值。

值得注意的是：计量器具的测量不确定度与总的测量不确定度不同。按照标准所述，计量器具的测量不确定度允许值（u_1）约为测量不确定度（u）的 0.9 倍，由此可见，计量器具的测量不确定度虽为总的测量不确定度的主要成分，但不是其全部。总的测量不确定度如何合成，该标准未作规定。

该标准对测量不确定度推荐采用 GB/T 18779.2 规定的方法进行评定，并且提出在未作特别说明时，置信概率为 95%。

第 3 章　几何公差——形状、方向、位置和跳动公差

1　概述

1.1　零件的几何特性

零件的功能是由其内在特性和表面状况所决定的。零件的内在特性系指零件的材质、材料特性以及材料的内部缺陷（缩孔、偏析）等。零件的表面状况系指零件边界层的材料状况（如硬度、粒度、残余应力及其不均匀度）及零件的几何特性。零件的几何特性是指零件的实际要素相对其几何理想要素的偏离状况。它包括尺寸的偏离、零件几何要素的形状、方向或位置的偏离、表面粗糙度、表面波纹度等。

除了尺寸偏离外，形成零件几何特性的表面误差是由形状、方向、位置和跳动误差、表面粗糙度和表面波纹度组成的。零件表面误差的综合状态如图 3.3-1a 所示。可分解为表面粗糙度（图 3.3-1b）、表面波纹度（图 3.3-1c）和表面的方向误差（图 3.3-1d）。

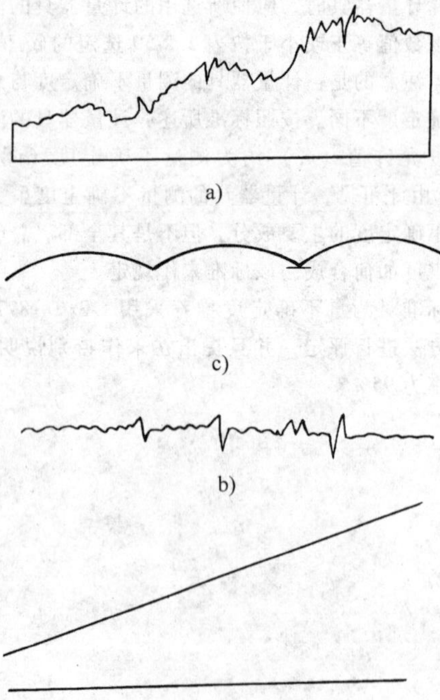

图 3.3-1　零件表面误差

1.2　国际标准 GPS 体系的提出

1996 年之前，在国际标准化组织中，上述领域的标准化工作分属于 3 个不同的技术委员会，即《尺寸的极限与配合》属 ISOTC3；《几何公差与尺寸公差》表示法属 ISOTC10/SC5；《表面特征及其计量》属 ISOTC57。

由于同属产品几何特征领域的尺寸、形状和位置、表面结构（表面粗糙度，表面波纹度和表面缺陷），均有各自的标准体系，随着各 TC 标准化工作的不断深入开展，它们之间的工作重复，项目空缺，术语与定义的不协调、不完整等问题都到了必须解决的地步。

1996 年 ISO 将上述 3 个 TC 及 SC 合并成一个技术委员会 ISOTC213，从事产品几何特征国际标准的规划、指导和制订、修订工作。

ISOTC213 对上述 3 个领域的国际标准化工作提出了总体规划，即 ISO 指导性文件 ISO/TR14636：1995《产品几何（特征）　技术规范（GPS）总体规划》（Masterplan）。文件提出了有关产品几何特征标准的“矩阵模型”，建立了上述 3 个领域的一套统一而较完整的标准体系，见图 3.3-2。它覆盖了从微观

GPS 基础标准

GPS 综合标准
影响部分或全部的 GPS 通用标准链环的
GPS 标准或相关标准

GPS 通用标准矩阵

GPS 通用标准链
1. 有关尺寸的标准链
2. 有关距离的标准链
3. 有关半径的标准链
4. 有关角度的标准链
5. 有关线的形状的标准链（与基准无关）
6. 有关线的形状的标准链（与基准相关）
7. 有关面的形状的标准链（与基准无关）
8. 有关面的形状的标准链（与基准相关）
9. 有关方向的标准链
10. 有关位置的标准链
11. 有关圆跳动的标准链
12. 有关全跳动的标准链
13. 有关基准的标准链
14. 有关轮廓粗糙度的标准链
15. 有关轮廓波纹度的标准链
16. 有关原始轮廓的标准链
17. 有关表面缺陷的标准链
18. 有关棱边的标准链

图 3.3-2　GPS 总体规划（GPS 矩阵模型）（框架）

GPS 基础标准

GPS 补充标准矩阵

GPS 补充标准链
A　特定工艺公差标准
A1. 有关机加工公差的标准链
A2. 有关铸造公差的标准链
A3. 有关焊接公差的标准链
A4. 有关热切削公差的标准链
A5. 有关塑料模具公差的标准链
A6. 有关金属有机镀层公差的标准链
A7. 有关涂覆公差的标准链
B　机械零件几何要素标准
B1. 有关螺纹的标准链
B2. 有关齿轮的标准链
B3. 有关花键的标准链

图 3.3-2　（续）

到宏观的产品几何特征，形成了集设计、制造、检验、认证为一体的新的国际标准体系。

ISOTC213 于 1999 年发布了综合标准 ISO14660.1 和 ISO14660.2，统一了上述领域的基本术语和定义。几何公差——形状、方向、位置和跳动公差（以下均称几何公差）系列的术语与定义均与该综合标准一致。

1.3　几何公差标准及对应的 ISO 标准

本章介绍的几何公差标准属 ISO14636 矩阵模型中的通用标准，包括几何公差各项误差的测量与检验等一系列标准，它所代替的原标准和对应的 ISO 标准和采用程度见表 3.3-1。

表 3.3-1　国家标准与 ISO 标准对照

序号	国 家 标 准	ISO 标准	采用程度
1	GB/T 1182—2008（代替 GB/T 1182—1996）《产品几何技术规范（GPS）几何公差　形状、方向、位置和跳动公差》	ISO1101:2004《产品几何技术规范（GPS）几何公差　形状、方向、位置和跳动公差》	等同
2	GB/T 1184—1996《形状和位置公差*　未注公差值》	ISO 2768—2:1989《一般几何公差—第二部分　未注几何公差》	等效
3	GB/T 1958—2004（代替 GB/T 1958—1980）《产品几何量技术规范（GPS）形状和位置公差*　检测规定》	ISO/TR 8460:1985《技术制图—几何公差—形状、方向、位置和跳动公差　检测原则与方法指南》	参照
4	GB/T 4249—2009（代替 GB/T 4249—1996）《产品几何技术规范（GPS）公差原则》	ISO 8015:1985《技术制图—基本的公差原则》	修改采用
5	GB/T 4380—2004（代替 GB/T 4380—1984）《圆度误差的评定　两点三点法》	ISO 4292:1985《圆度误差的评定方法两点三点法测量》	等效
6	GB/T 7234—2004（代替 GB/T 7234—1987）《产品几何量技术规范（GPS）圆度测量　术语、定义及参数》	ISO6318:1985《圆度测量—圆度的术语、定义及参数》	等效
7	GB/T 7235—2004（代替 GB/T 7235—1987）《产品几何量技术规范（GPS）评定圆度误差的方法　半径变化量测量》	ISO 4291:1985《评定圆度误差的方法　半径变化量测量》	等效
8	GB/T 8069—1998《功能量规》	无	
9	GB/T 11336—2004（代替 GB/T 11336—1989）《直线度误差检测》		
10	GB/T 11337—2004（代替 GB/T 11337—1989）《平面度误差检测》		
11	GB/T 13319—2003《产品几何量技术规范（GPS）几何公差　位置度公差注法》	ISO 5458:1987　《技术制图　几何公差　位置度公差》	等效
12	GB/T 15754—1995《技术制图　圆锥的尺寸和公差注法》	ISO 3040:1990《技术制图—尺寸和公差注法—圆锥》	等效

（续）

序号	国家标准	ISO 标准	采用程度
13	GB/T 16671—2009（代替 GB/T 16671—1996）《产品几何技术规范（GPS）几何公差 最大实体要求 最小实体要求和可逆要求》	ISO 2692:2006《产品几何量技术规范—几何公差—最大实体要求（MMR），最小实体要求（LMR）和可逆要求（RPR）》	修改采用
14	GB/T 16892—1997《形状和位置公差* 非刚性零件注法》	ISO 10579:1993 《技术制图—尺寸和公差注法—非刚性零件》	等效
15	GB/T 17773—1999《形状和位置公差* 延伸公差带及其表示法》	ISO 10578:1992 《技术制图—几何公差表示法—延伸公差带》	等效
16	GB/T 18780.1—2002《产品几何量技术规范（GPS）几何要素 第1部分：基本术语和定义》	ISO 14660—1:1999《产品几何量技术规范（GPS） 几何要素 第1部分：基本术语和定义》	等同
17	GB/T 18780.2—2003《产品几何量技术规范（GPS）几何要素 第2部分：圆柱面和圆锥面的提取中心线、平行平面的提取中心面、提取要素的局部尺寸》	ISO 14660—2:1999《产品几何量技术规范（GPS） 几何要素——第2部分：圆柱面和圆锥面的提取中心线、平行平面的提取中心面、提取要素的局部尺寸》	等同
18	GB/Z 20308—2006《产品几何技术规范 总体规划》	ISO/TR 14638:1995《产品几何技术规范（GPS）总体规划》	修改采用
19	JB/T 5996—1992《圆度测量 三点法及其仪器的精度评定》	无	
20	JB/T 7557—1994《同轴度误差检测》	无	

注*：几何公差即形位公差，尚未修订的标准仍保留“形状与位置公差”名称。

2 几何公差的术语、定义或解释

几何公差术语，定义或解释，依据 GB/T 18780.1—2002、GB/T 18780.2—2003 和 GB/T 1182—2008 的有关规定，并保留了原 GB/T 1182—1996 标准中给出的，而现行标准中仍沿用的一些术语和定义（如被测要素，基准要素，形状公差的定义等）。

2.1 几何公差要素类的术语及其定义或解释（表 3.3-2）

表 3.3-2 几何公差要素类术语及其定义

序号	术语	定义或解释	图示
1	要素	零件上的特征部分——点、线或面。这些要素是实际存在的，也可以由实际要素取得的中心线或中心平面	
2	点、线、面	“点”系指圆心、球心、中心点、交点等 “线”系指素线、曲线、轴线、中心线等 “面”系指平面、曲面、圆柱面、圆锥面、球面、中心平面等	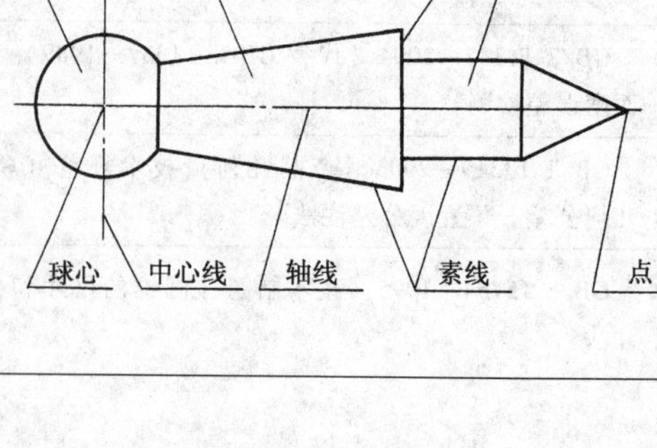

（续）

序号	术语	定义或解释	图示
3	理想要素（几何要素）	具有几何意义、没有任何误差的要素，分为理想轮廓要素和理想中心要素	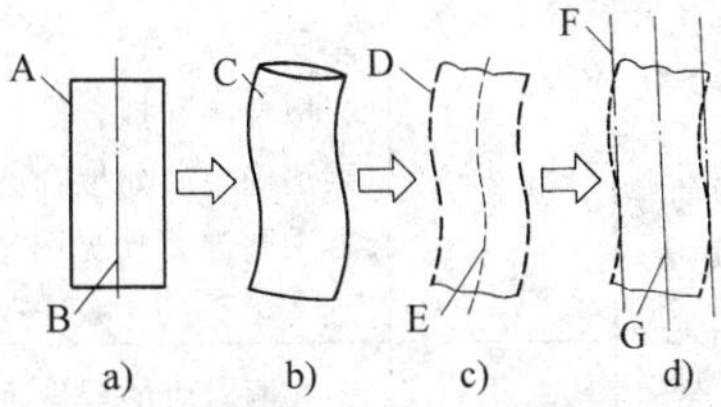 A—公称组成要素；B—公称导出要素； C—实际要素；D—提取组成要素； E—提取导出要素；F—拟合组成要素； G—拟合导出要素
4	实际要素	零件上实际存在的要素，由无限个点组成，分为实际轮廓要素和实际中心要素	
5	组成要素	由测得的轮廓要素或中心要素通过数据处理获得的要素，具有理想的形状	
6	提取组成要素（测得要素）	按规定方法，从实际要素提取的有限数目的点所形成的实际要素的近似替代	
7	公称组成要素	由技术制图或其他方法确定的理论正确组成要素	
8	拟合组成要素	按规定的方法由提取组成要素形成并且具有理想形状的组成要素	
9	拟合导出要素	由一个或几个拟合组成要素获得的中心点、中心线或中心面，如球心是由球面导出的要素（该球面则为组成要素）	
10	尺寸要素	由一定大小的线性尺寸或角度尺寸确定的具有几何形状的要素，可以是圆形、圆柱面形、圆锥形、楔形、两平行平面等	 由尺寸 ϕ 确定的圆要素 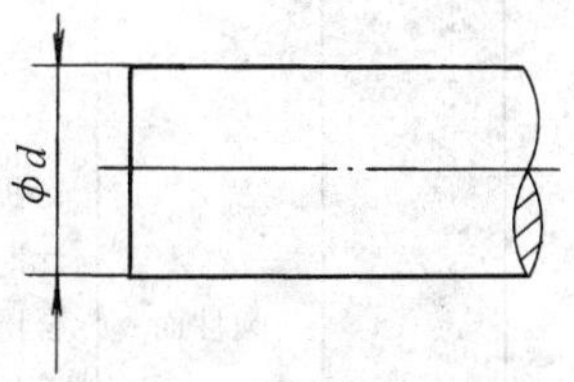 由尺寸 ϕd 确定的圆柱面要素 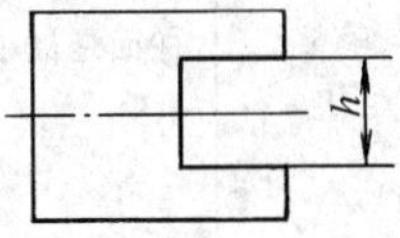 由尺寸 h 确定的两个平行的平面要素
11	提取的导出要素（中心要素）　圆柱面的提取中心线	圆柱面的各横截面中心点的轨迹。此时：各横截面的中心点就是各拟合圆的圆心、各横截面均应垂直于拟合圆柱面的轴线（其半径有可能与理想圆的半径有差异） 拟合圆和拟合圆柱面由最小二乘法确定。如，拟合圆即最小二乘圆（见图）	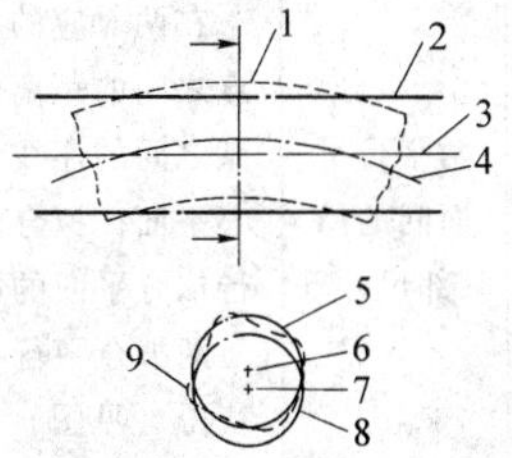 1—提取表面　2—拟合圆柱面　3—拟合圆柱面轴线 4—提取中心线　5—拟合圆　6—拟合圆圆心 7—拟合圆柱面轴线　8—拟合圆柱面　9—提取线

（续）

序号	术语		定义或解释	图　示
11	提取的导出要素（中心要素）	圆锥面的提取中心线	圆锥面的各横截面中心点的轨迹。此时，各横截面的中心点就是各拟合圆的圆心。各横截面均应垂直于拟合圆锥面的轴线（其锥角可能与理想圆锥面的锥角有差异） 拟合圆和拟合圆锥面由最小二乘法确定。如拟合圆锥面即最小二乘圆锥面（见图）	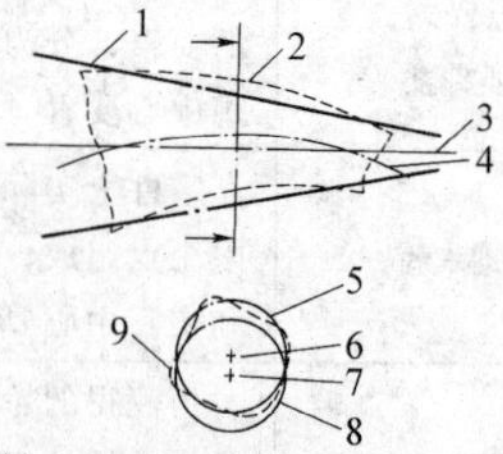 1—拟合圆锥面　2—拟合表面　3—拟合轴线　4—提取中心线　5—拟合圆　6—拟合圆圆心　7—拟合圆锥面轴线　8—拟合圆柱面　9—提取线
		提取的中心面	在两对应的提取面上，各组对应点连线的中心点的轨迹。此时，各组对应点之间的连线均应垂直于拟合中心平面。拟合中心平面是两个平行拟合平面的中心平面（两平行的拟合平面由提取表面获得，其距离与理想的距离有差异），两个平行的拟合平面由最小二乘法获得（见图）	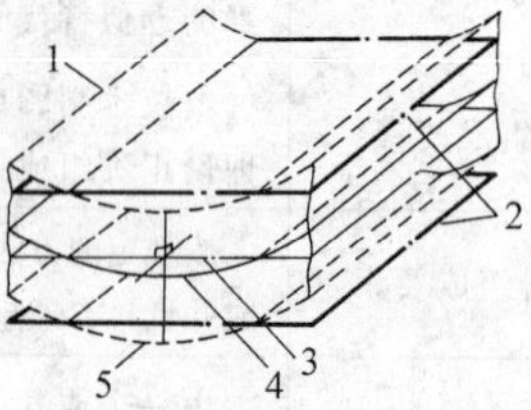 1—提取表面　2—提取平面　3—拟合中心平面　4—提取中心面　5—提取表面
12	提取的局部尺寸（局部实际尺寸）	圆柱面局部直径	提取要素上两对应点的距离。此时，两点之间的连线应通过拟合圆的中心，各横截面均应垂直于拟合圆柱面的轴线 拟合圆是最小二乘圆，拟合圆柱面是最小二乘圆柱面	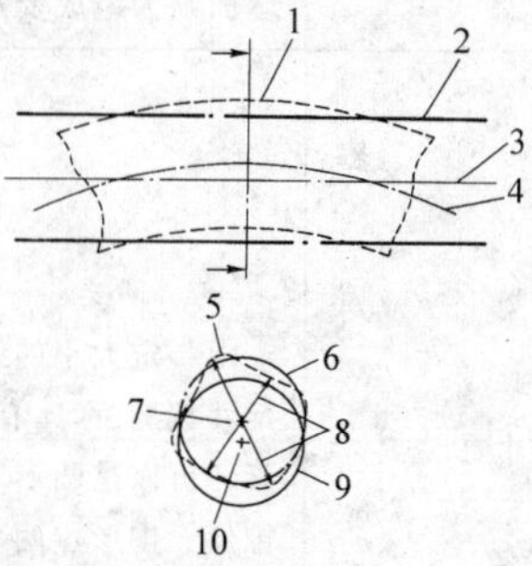 1—提取表面　2—拟合圆柱面　3—拟合圆柱面轴线　4—提取中心线　5—提取线　6—拟合圆　7—拟合圆圆心　8—提取要素的局部直径　9—拟合圆柱面　10—拟合圆柱面轴线
		两平行平面间的局部尺寸	在两对应的提取表面上两对应点之间的距离。此时，各组对应点之间的连线应垂直于拟合的中心平面；拟合的中心平面是两平行拟合平面的中心平面 两拟合平行平面由最小二乘法获得（见图）	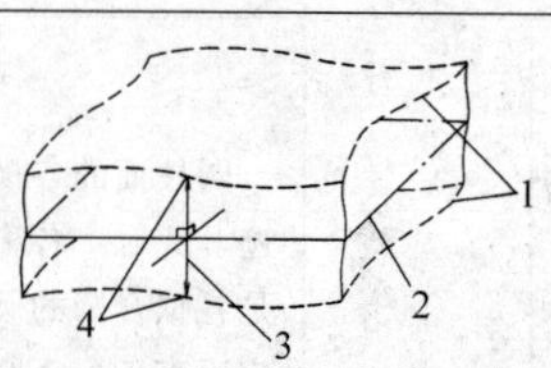 1—提取表面　2—拟合中心平面　3—再提取表面的局部尺寸　4—对应点
13	被测要素		给出几何公差的要素	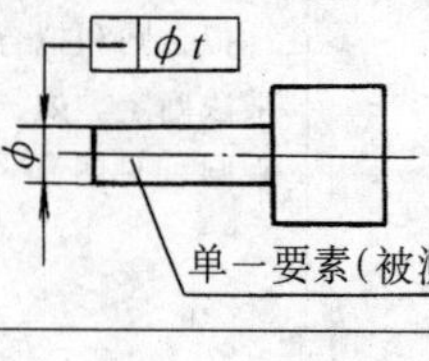
14	单一要素		仅对其本身给出几何公差要求的要素	

（续）

序号	术语	定义或解释	图　示
15	基准要素	用来确定被测要素的方向或（和）位置的要素	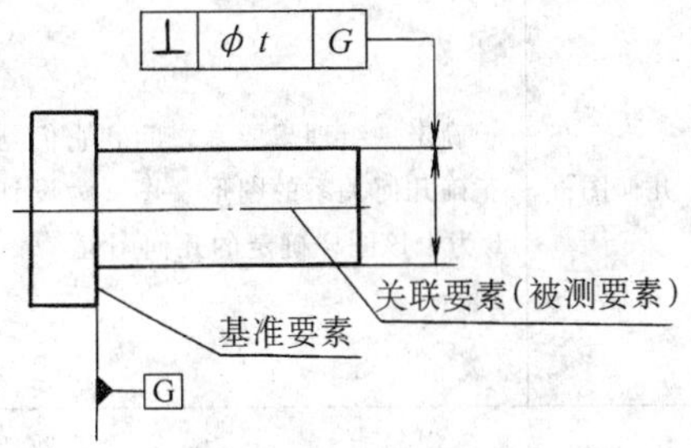
16	关联要素	对其他要素有功能（方向、位置）要求的要素	
17	单一基准要素	作为基准使用的单一要素（图中的基准 G）	
18	理想基准要素	确定要素间几何关系的依据，分别称为基准点、基准线和基准平面	
19	组合基准要素	作为单一基准使用的一组要素。如图中由 *A* 基准和 *B* 基准组成的公共基准要素	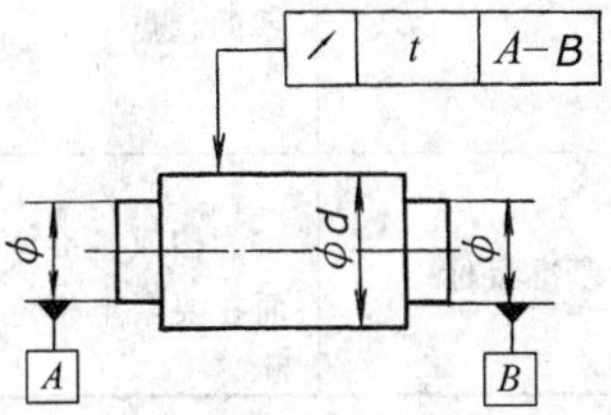

2.2　几何公差公差类的术语及其定义或解释

几何公差公差类的术语包括几何公差中的各项公差及与其有关的术语及其定义或解释，见表 3.3-3。

表 3.3-3　公差类术语

序号	术语	定义或解释	图　例
1	形状公差	单一实际要素的形状所允许的变动全量	
2	位置公差	关联实际要素的位置对基准所允许的变动全量 位置公差分定向、定位和跳动公差	
3	方向公差	关联实际要素对基准在方向上允许的变动全量	
4	位置公差	关联实际要素对基准在位置上允许的变动全量	
5	跳动公差	关联实际要素绕基准回转一周或连续回转时所允许的最大跳动量	
6	形状方向和位置公差带	限制实际要素变动的区域。公差带的形状、方向、位置、大小（公差值）由零件的功能和互换性要求来确定	
7	理论正确尺寸	确定被测要素的理想形状、方向、位置的尺寸。该尺寸不附带公差。图中 60 即为理论正确尺寸的示例	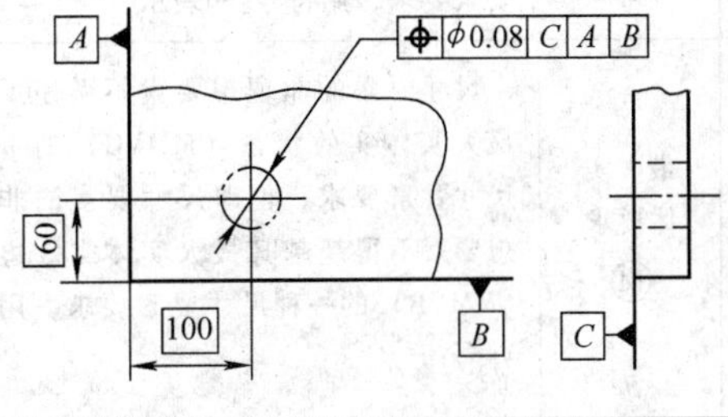

（续）

序号	术语	定义或解释	图例
8	几何图框	确定一组理想要素之间和它们与基准之间正确几何关系的图形。图 a 为设计图样，图 b 为由该图样确定的几何图框	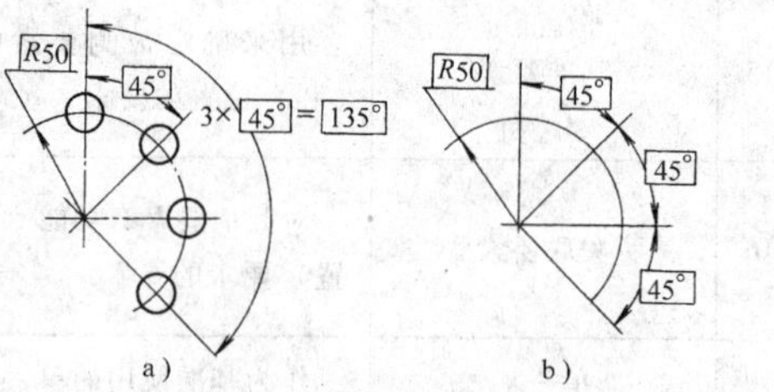
9	三基面体系	由三个互相垂直的基准平面组成的基准体系，它的三个平面是确定和测量零件上各要素几何关系的起点	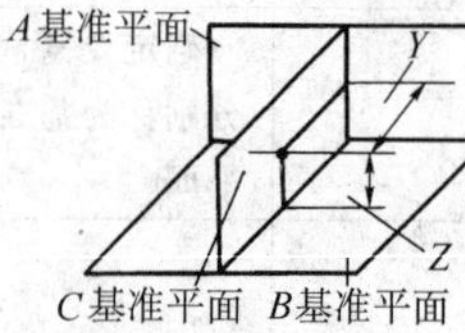
10	基准目标	为构成基准体系的各基准平面而在要素上指定的点、线、面	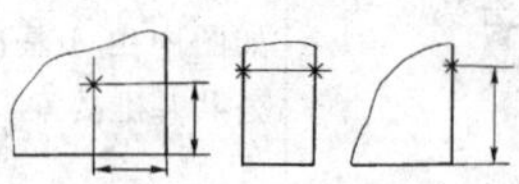

2.3 几何公差的“公差原则”及“相关要求”类术语（表 3.3-4）

表 3.3-4 “公差原则”及“相关要求”

序号	术语	定义或解释
1	独立原则	图样上给定的每一个尺寸和几何（形状、方向或位置）要求均是独立的，应分别满足要求。如果对尺寸和几何（形状、方向或位置）要求之间的相互关系有特定要求，应在图上规定
2	局部尺寸	在提取要素的任意正截面上，两对应点之间测得的距离
3	边界	由设计给定的具有理想形状的极限包容面。边界的尺寸为极限包容面的直径或距离
4	包容要求 Ⓔ	尺寸要素的非理想要素不得违反其最大实体边界（MMVB）的一种尺寸要素要求，用符号Ⓔ表示
5	最大实体要求 Ⓜ	尺寸要素的非理想要素不得违反其最大实体实效状态（MMVC）的一种尺寸要素要求，也即尺寸要素的非理想要素不得超越其最大实体实效边界（MMVB）的一种尺寸要素要求，用符号Ⓜ表示
6	最小实体要求 Ⓛ	尺寸要素的非理想要素不得违反其最小实体实效状态（LMVC）的一种尺寸要素要求，也即尺寸要素的非理想要素不得超越其最小实体实效边界（LMVB）的一种尺寸要素要求，用符号Ⓛ表示
7	可逆要求 Ⓡ	最大实体要求（MMR）或最小实体要求（LMR）的附加要求，表示尺寸公差可以在实际几何误差小于几何公差之间的差值范围内增大，用符号Ⓡ表示

3 几何公差的公差带及误差评定原则

3.1 几何公差的公差带

按照产品的功能要求对几何误差加以合理的控制，使零件的加工和装配达到一定的精度要求，这就需要设计者在图样上提出形位公差的要求。

几何公差是图样中对要素的形状方向和位置的最大允许的变动量。它的标注不仅指示出被控制的要素，并给出最大允许变动量的值即公差值。要素（点、线、面）在被测范围内均受其控制。

不论是控制要素的形状、方向还是位置，均是对整个被测要素的控制。因此设计给出的几何公差要求，实质上是对几何公差带的要求。如不给出附加要求，实际要素只要在公差带内，可以具有任何形状，也可以占有任何位置。

3.1.1　常用的公差带形式

公差带是由要素本身的特征和设计要求确定的。控制点、线、面的常用公差带有 9 种，见表 3.3-5。

表 3.3-5　常用公差带

特　征	公差带
圆内的区域	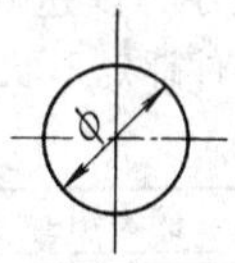
两同心圆间的区域	
两同轴圆柱面间的区域	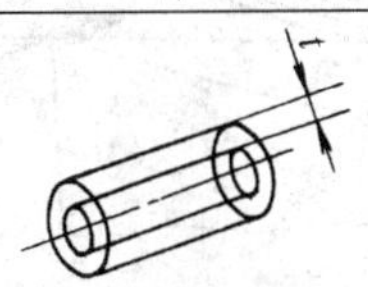
两平行直线之间的区域	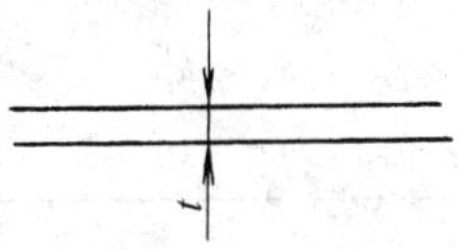
两等距曲线之间的区域	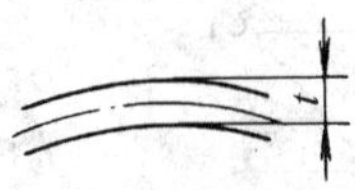
两平行平面之间的区域	
两等距曲面之间的区域	
圆柱面内的区域	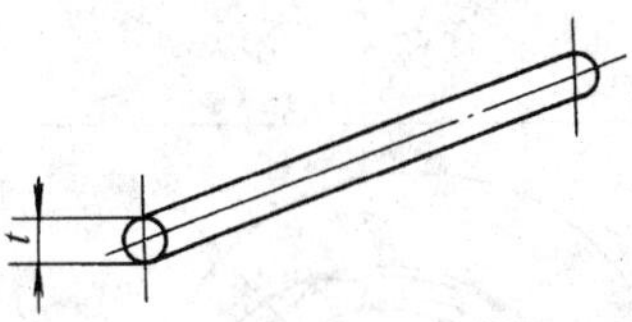
球内的区域	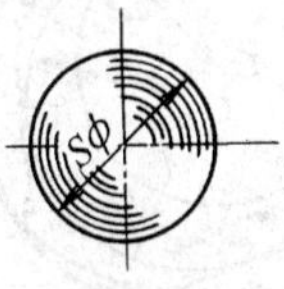

3.1.2　确定公差带的四个因素

在评定被测要素时，首先应确定其公差带，以此判断被测要素是否符合给定的几何公差要求。确定公差带应考虑其大小，形状，方向及位置等 4 个因素。

(1) 公差带的大小——宽度或直径

公差带的大小是指公差带的宽度或直径。给出公差数值是公差带的宽度还是直径，取决于被测要素的形状和设计的功能要求。对于圆度、圆柱度、轮廓度（包括线和面）、平面度、对称度和跳动，所给出的公差值只可能是公差带的宽度值。对于在一个方向上或两个方向上、一个给定平面内的直线度、平行度、垂直度、倾斜度和位置度所给出的一个或两个互相垂直方向的公差值也均为公差带的宽度值。对于同轴度和任意方向上的轴线直线度、平行度、垂直度、倾斜度和位置度，所给出的公差值是圆或圆柱面的直径值。对于点的位置度所给出的公差值是圆或球的直径值。

公差带的宽度或直径值是控制零件几何精度的重要指标。可参照 GB/T 1184—1996 来选择，如有特殊需要应根据零件功能要求另行规定。

(2) 公差带的形状

公差带呈何种形状，取决于被测要素的特征和设计要求，包括项目的要求和给定方向等要求。

在某些情况下，被测要素的特征就确定了公差带形状。如被测要素是平面，则其公差带必然是两平行平面；如被测要素是非圆曲面或曲线，则其公差带必然是两等距曲面或两等距曲线。在多数情况下，除被测要素特征外，设计要求显得更为重要。如对于轴线，根据设计要求，其公差带可以是两平行直线、两平行平面或圆柱面。有些几何公差的项目也决定了它唯一的公差带形状。如同轴度，其公差带只有圆柱面，圆度只可能是两同心圆，而圆柱度则只可能是两同轴圆柱面。

(3) 公差带的方向

在评定几何误差时，其公差带的放置方向直接影响到误差评定的准确性。

对于形状公差带，其放置方向应符合最小条件。

对于位置公差中的方向公差带；其放置方向由被测要素与基准的几何关系（垂直、平行或倾斜）确定。

对于位置公差中的位置公差带，其放置方向由相对于基准的理论正确尺寸来确定，其中同轴度、对称度的理论正确尺寸为 0，而位置度则在 x、y、z 坐标上分别给出理论正确尺寸。

(4) 公差带的位置

形状公差本身没有位置要求，只是用来限制被测要素的形状误差。如圆度公差带限制被测的圆截面，至于该轮廓在哪个位置上，直径的大小都不影响实际轮廓圆度误差的数值。但形状公差带受到相应的尺寸公差带的制约，因为形状公差带必然在尺寸公差带内浮动或由理论正确尺寸固定。

对于方向或位置公差带，与之密切相关的是相对于基准的关系。其方向或位置是由相对于基准的尺寸公差或理论正确尺寸确定。对于由尺寸公差定位的方向误差如平行度，被测要素只要位于尺寸公差带内，且不超过给定的平行度公差值，即视为合格。因此，平行度公差带的位置根据被测要素的实际状况，在尺寸公差带内上下浮动。如由理论正确尺寸定位，则位置公差带的位置由理论正确尺寸确定，其位置固定不变。

3.2　评定几何误差的基本原则——最小条件

按照 GB/T 1958—2004 的规定，几何误差的评定应符合最小条件，即被测提取要素对其拟合要素的最大变动量为最小，以达到最大限度通过合格件的目的，按最小条件评定形状误差的示例见表 3.3-6。

表 3.3-6　评定几何误差的示例

项目特征名称	评定说明	示例图
直线度	被测的实际线上的各点相对其理想直线的最大变动量为直线度误差，它应等于或小于给定的公差值 从图中可以看出，针对这一实际要素可作多条几何理想线如 A_1-B_1，A_2-B_2，A_3-B_3，…等，但符合最小条件的只有一根线即 A_1-B_1，它既包容了实际要素又使其间的距离为最小，因此 h_1 为直线度误差	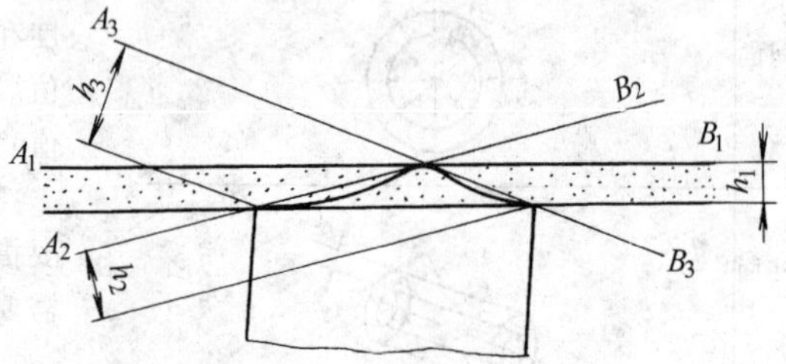 $h_1<h_2<h_3$
平面度	被测实际表面上的各点相对其理想平面的最大变动量为平面度误差，它应等于或小于给定的公差值 从图中可以看出，包容被测面的理想平面可以有多个。图中分别示出 A_1B_1　C_1D_1　和 $A_2B_2C_2D_2$ 两个平面，还可以有多种情况，但符合最小条件的只有一个理想平面即 $A_1B_1C_1D_1$。它既包容了被测平面又使两平行平面间的距离为最小，h_1 即为平面度误差	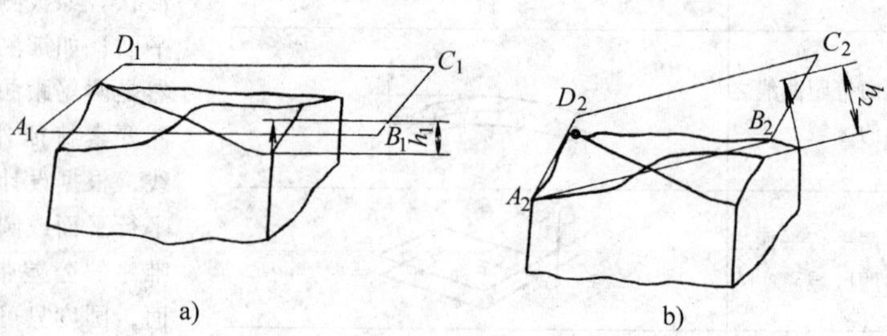 $h_1<h_2$
圆度	包容实际圆作一外包容圆和与之同心的内包容圆形成一组同心圆。按此条件可作多组包容实际圆的同心圆。在图中仅示出两组符合最小条件要求的是既包容实际要素又使同心圆之间的半径差为最小。显然，以 C_2 圆心定位的 A_2 同心圆组半径差 Δr_2 为最小，符合最小条件，此半径差的值 Δr_2 即为圆度误差	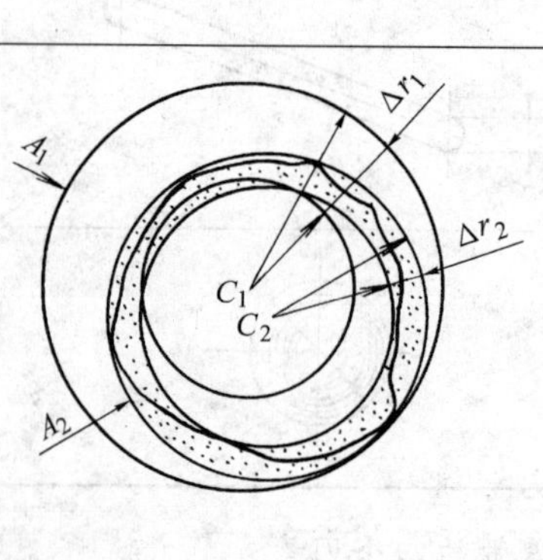 $\Delta r_2<\Delta r_1$

（续）

项目特征名称	评定说明	示例图
圆柱度	包容实际圆柱面作一外包容圆柱面和与之同轴的内包容圆柱面，形成一组同轴圆柱面。按此条件可作多组包容实际圆柱面的同轴圆柱面。在图中示出了两组 符合最小条件的一组同轴圆柱面是既要包容实际圆柱面，又应使两圆柱面之间的半径差为最小。图中以 z_2 为轴线半径差为 Δr_2 的 A_2 圆柱面组符合最小条件，圆柱度误差为 Δr_2	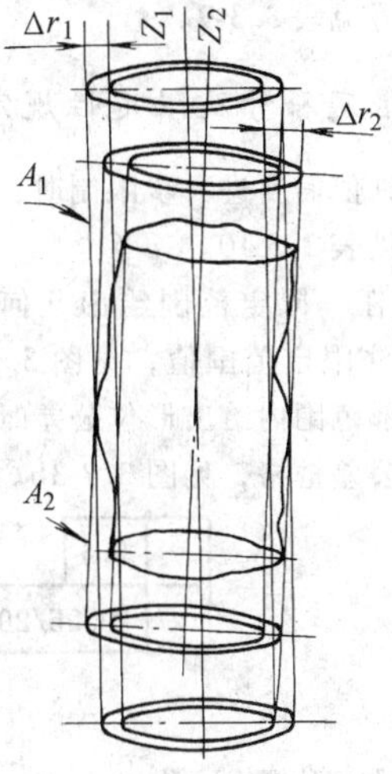 $\Delta r_2 < \Delta r_1$

4　几何公差的符号与标注

根据 GB/T 1182 的规定，图样中几何公差的各项要求均应采用标准中所规定的与国际标准完全一致的符号及框格表示法，并应遵守标准中所提及的基本原则。

4.1　GB/T 1182—2008《产品几何技术规范（GPS）几何公差　形状、方向、位置和跳动公差标注》与 GB/T 1182—1996 的主要不同点（表 3.3-7）

表 3.3-7　新旧标准主要区别

	GB/T 1182—2008	GB/T 1182—1996
几何公差分类	标准与 ISO 1101 一致，将形位公差分为四大类，即形状、方向、位置和跳动公差	依据零件被测要素与基准要素的关系，将十四项形位公差分成形状和位置两大类。对轮廓度则视其与基准的关系，确定其属性
术语	为与 GB/T 18780.1～18780.2 规定一致，标准将中心要素改为导出要素，轮廓要素改为组成要素，测得要素改为提取要素等	原标准规定的术语和定义是由形位公差自身体系提出的如理想要素，被测要素，实际要素等
基准符号	与 ISO 一致，仅采用三角形与方框组合的方式	采用我国自行规定的圆形与横线组合的表示方法，同时允许采用国际规定的三角形与方框的组合方式
最小条件原则	将几何误差的评定（最小条件原则）列入附录 B 中	列入标准正文第 3.7 条
不允许采用的标注方法	在附录 A 中，列出被取消的一些标注方法，同时提出替代的标注方法示例	取消这些含义不清的标注方法。没有再将其列入附录

4.2　几何公差标注的基本原则

1）图样上给定的尺寸、形状、方向、位置的公差要求均是独立的，均应遵循独立原则，此时不需加注任何符号。只有当尺寸和形状、方向位置之间有相关要求时，才需给出相关要求的符号。

2）构成零件的各要素均应符合规定的几何公差要求，无一例外。

3）在大多数情况下，零件要素的几何公差由机床和工艺保证，不需在图样中给出，只有在高于所保证的精度时，才需给出几何公差要求。

4）由设计给出的几何公差带适用于整个被测要素，否则必须在图样上表示所要求的被测要素范围。

5）几何公差的给定方向，就是公差带的宽度方向，应垂直于被测要素。否则，必需在图样上注明。

4.3　几何公差的分类及符号

4.3.1　几何公差的分类及基本符号

几何公差的分类及基本符号见表 3.3-8。

4.3.2　几何公差的附加符号

几何公差的附加符号见表3.3-9。

4.3.3　几何误差的限定符号及限定性规定

对于给定的误差允许值需要进一步限制时，应采用误差值的限定符号，见表3.3-10。

需要对被测要素上任一限定范围给出几何公差时，可在公差值后面加注限定范围值，见图3.3-3a，如同时要求在整个和局部范围内给出形位公差时，可在同一项目上给出两个公差框格，见图3.3-3b。

a) | ⏤ | 0.05/200 |

b) | ⏤ | 0.1 / 0.05/200 |

图3.3-3　限定范围值示例

表3.3-8　几何公差分类与基本符号

公差类型	几何特征	符号	有无基准
形状公差	直线度	⏤	无
	平面度	⏥	无
	圆度	○	无
	圆柱度	⌭	无
	线轮廓度	⌒	无
	面轮廓度	⌓	无
方向公差	平行度	//	有
	垂直度	⊥	有
	倾斜度	∠	有
	线轮廓度	⌒	有
	面轮廓度	⌓	有
位置公差	位置度	⌖	有或无
	同心度（用于中心点）	◎	有
	同轴度（用于轴线）	◎	有
	对称度	⌯	有
	线轮廓度	⌒	有
	面轮廓度	⌓	有
跳动公差	圆跳动	↗	有
	全跳动	⌰	有

表3.3-9　几何公差的附加符号

符号	意义
Ⓔ	包容要求
Ⓜ	最大实体要求
Ⓛ	最小实体要求
Ⓡ	可逆要求
Ⓟ	延伸公差带
Ⓕ	非刚性零件处于自由状态
φ5/A2　2×2/B1　C1	基准目标符号
[100]	理论正确尺寸
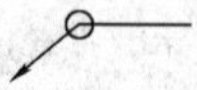	全周（轮廓）
CZ	公共公差带
LD	小径
MD	大径
PD	中径、节径
LE	线素
NC	不凸起
ACS	任意横截面

表3.3-10　几何误差值的限定符号

对误差限定	符号	标注示例
只许提取要素的中间部位向材料内凹下	(−)	⏤ | t(−) 或 ⏥ | 0.1 NC
只许提取要素的中间部位向材料外凸起	(+)	⏥ | t(+)

（续）

对误差限定	符号	标注示例
只许提取要素从左至右逐渐减小	(▷)	| ⌭ | t (▷) |
只许提取要素从右至左逐渐减小	(◁)	| ⌭ | t (◁) |

4.4　几何公差的框格标注

框格标注法是国际统一的准确表达设计者对被控制要素的几何公差要求的标注方法。

4.4.1　框格标注的基本符号

框格标注的基本符号见表3.3-11。

表3.3-11　框格标注基本符号

符　号	意　义	用　途
	| | t | 公差值（t 或 Φt 或 $S\Phi t$）几何公差项目特征符号	用于几何公差或无基准要求的线、面轮廓度公差和位置公差
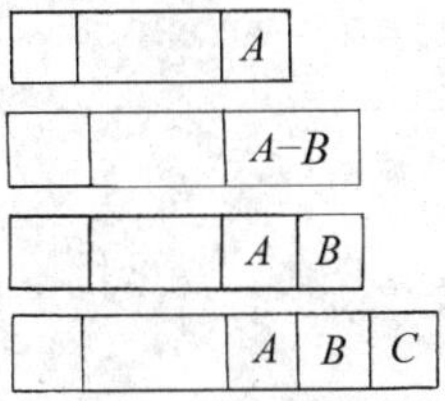	| | t | A | B | C | 三基面体系字母基准字母（X 或 X_1-X_2）公差值（t 或 Φt 或 $S\Phi t$）几何公差项目特征符号	用于有基准要求的线、面轮廓度公差和位置公差
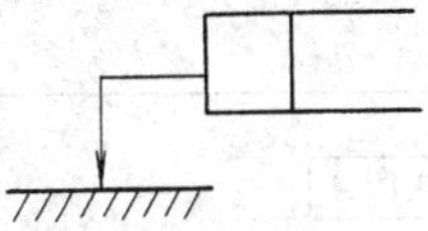	与框格相连的被测要素指引线及箭头	所有被测要素
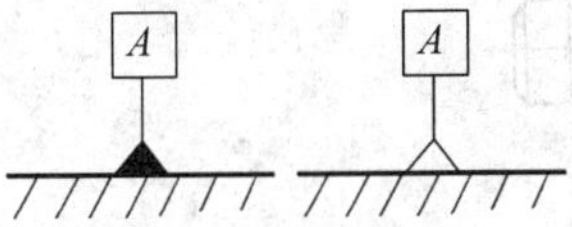	基准符号（E、M、L、P、F、O、I、R 等字母尽量不采用）	所有被测要素

4.4.2　被测要素的标注

被测要素的标注是用带箭头的指引线与其连接，指引线的另一端引自公差框格的任意一侧，见表3.3-12。

表3.3-12　被测要素的标注示例

序号	解　释	图　例
1	当被测要素是轮廓要素时，箭头应指向轮廓线，也可指向轮廓线的延长线，但必须与尺寸线明显地分开	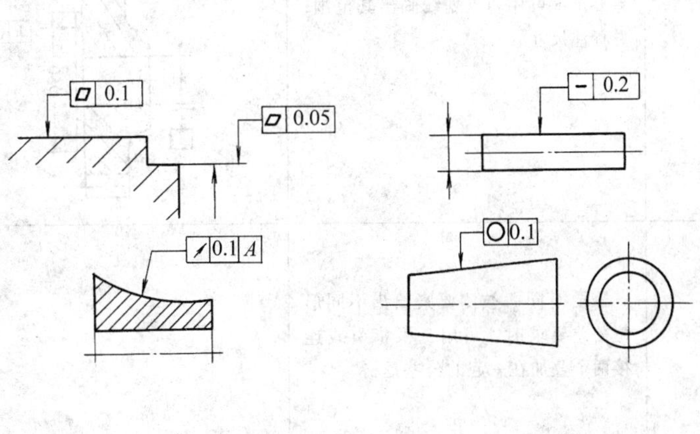

（续）

序号	解　　释	图　　例
2	当被测要素是中心要素时，箭头应对准尺寸线，即与尺寸线的延长线重合 被测要素指引线的箭头可代替一个尺寸箭头	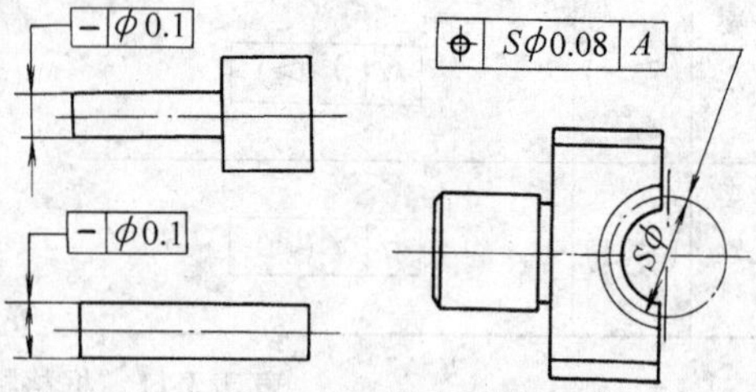
3	受图形限制，需表示图样中某要素的形位公差要求时，可在该要素的投影面上画一小黑点，由黑点处引出参考线。箭头指向参考线	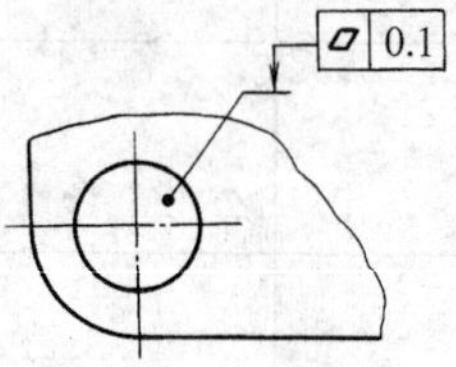
4	当被测要素是圆锥体的轴线时，指引线应对准圆锥体的大端或小端的尺寸线	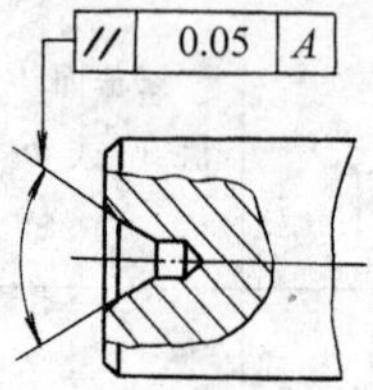
	如图样中仅有任意处的空白尺寸线，则可与该尺寸线相连	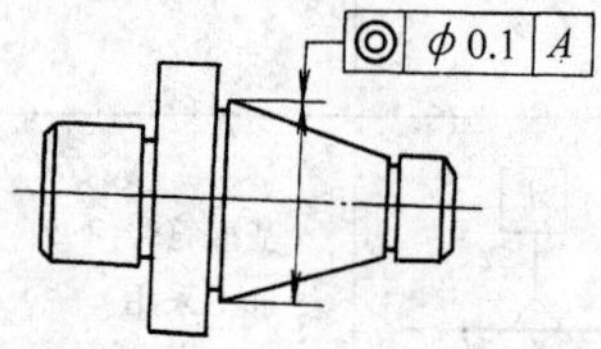
5	仅对被测要素的局部提出形位公差要求，可用粗点划线画出其范围，并标注尺寸	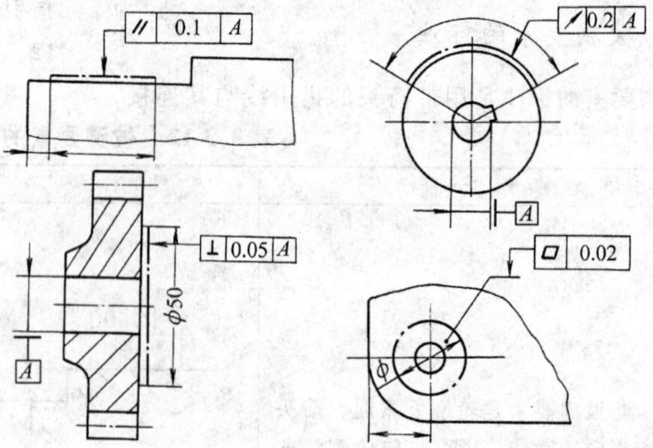
6	需要对同一被测要素给出不同形位公差要求时，可用一根指引线连接两个叠加在一起的公差框格	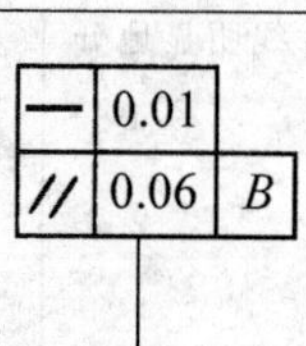

4.4.3 基准要素的标注

基准要素采用与国际标准一致的四方形与黑三角形（或空三角形）相连并用大写字母表示的符号，三角形的底面必须置于基准要素上或其延长线上。中心点、轴线及中心平面作为基准要素时，三角形底面应对准尺寸线。

（1）基准要素的标注示例（见表3.3-13）

（2）三基面体系的标注

三基面体系是由三个互相垂直的平面组成。这三个平面按功能要求分别称为第一基准平面，第二基准平面和第三基准平面。三基面体系由提取表面、提取中心或提取中心面建立，见图3.3-4。其标注示例见表3.3-14。

（3）基准目标的标注方法

当需要在基准要素上指定某些点、线或面来体现三基面体系中各基准要素时应标注基准目标。基准目标一般在大型零件上采用，其标注方法见表3.3-15。其标注示例见图3.3-5～图3.3-7。

表3.3-13 基准要素的标注示例

序号	解 释	图 例
1	当基准要素是轮廓要素时，基准符号的三角形应置于基准要素的轮廓线或轮廓面，也可靠近轮廓的延长线，但必须与尺寸线明显地分开	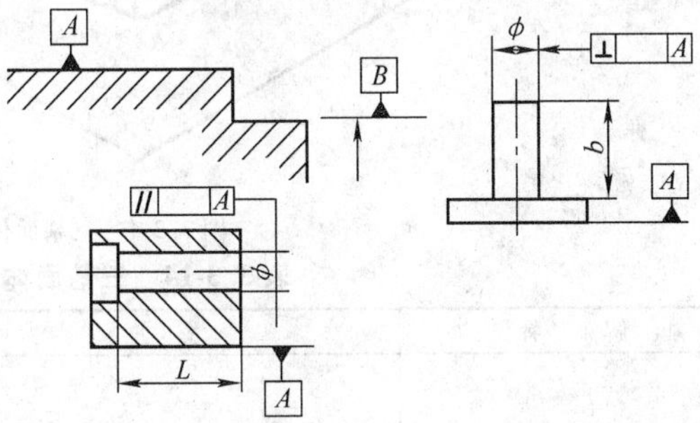
2	当基准要素是中心要素时，基准符号的三角形应对准尺寸线 基准符号的三角形也可代替尺寸线中的一个箭头	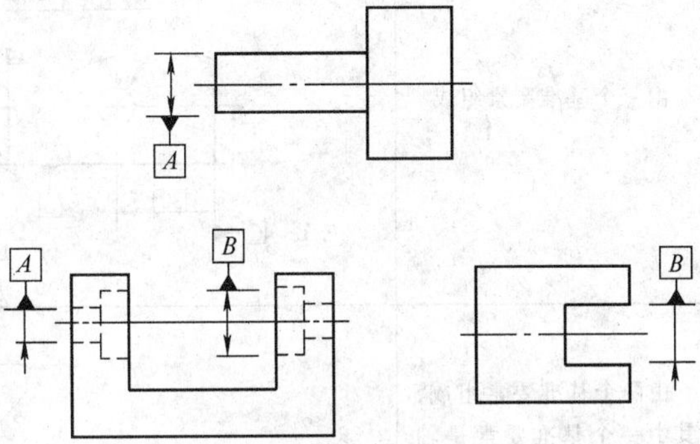
3	受图形限制，需表示某要素为基准要素时，可在该要素的投影面上画一小黑点，由黑点处引出参考线，基准符号置于参考线上	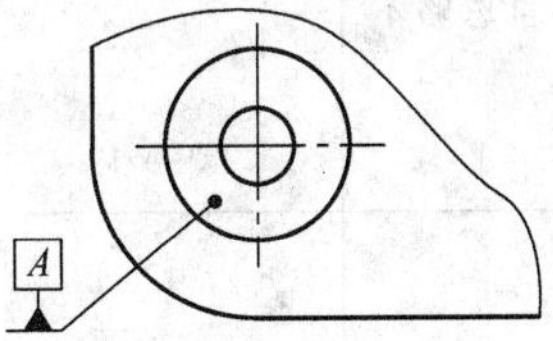
4	仅用要素的局部而不是整体作为基准要素时，可用粗点划线画出其范围，并标注尺寸。 基准符号置于粗点划线上	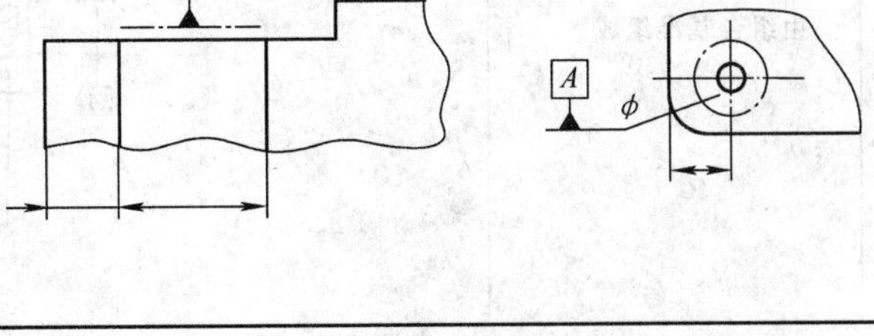

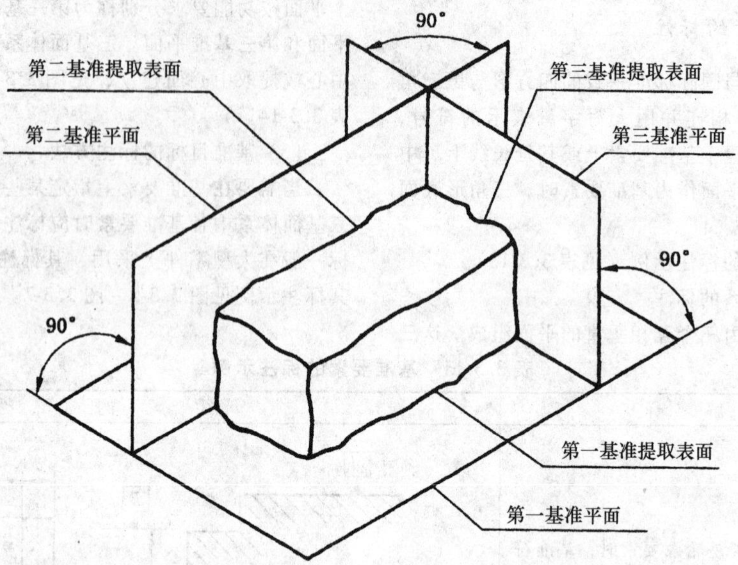

图 3.3-4　三基面体系的组成

表 3.3-14　三基面体系的标注方法

序号	解　　释	图　　　　例
1	由三个基准要素组成	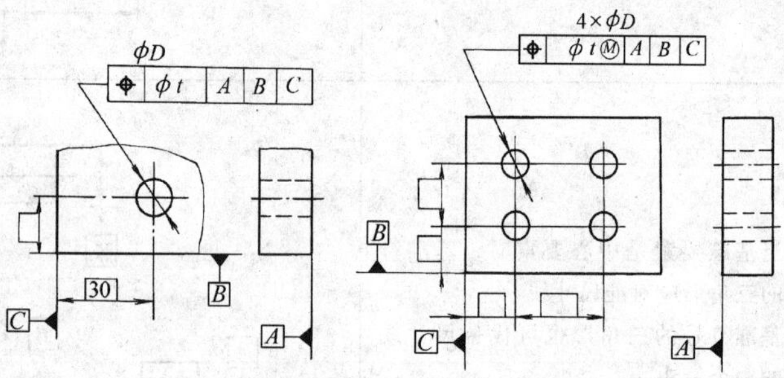
2	由两个基准要素组成，其中一个基准要素是轴线或厚度过小可忽略不计的零件	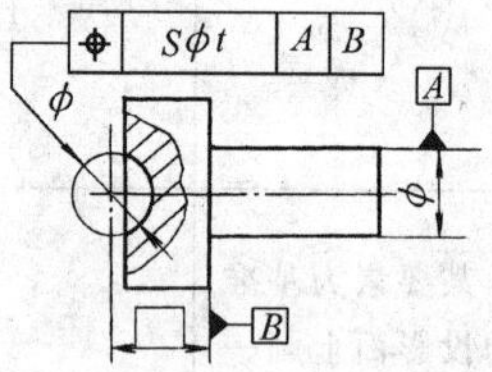
3	由组合基准组成	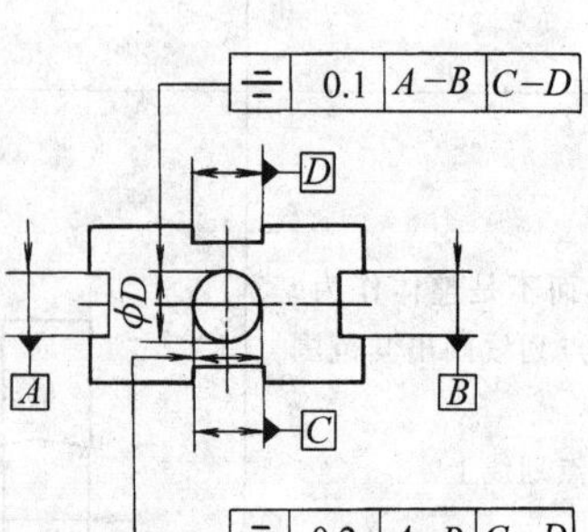

表 3.3-15　基准目标的标注方法

序号	解　释	图　例	序号	解　释	图　例
1	基准目标为点时，用符号“×”表示	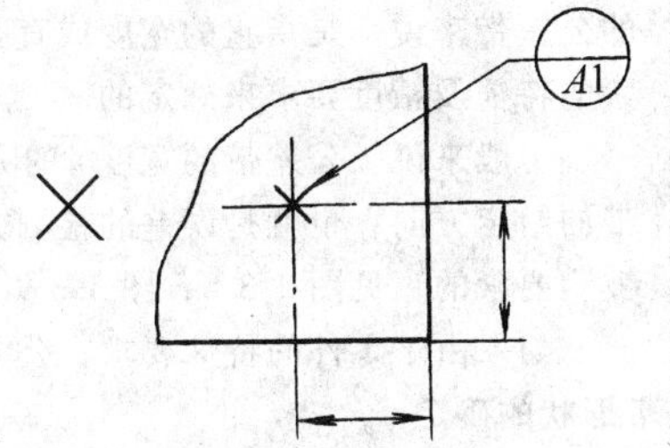	2	基准目标为线时，用细实线表示，并在棱边上加符号“×”	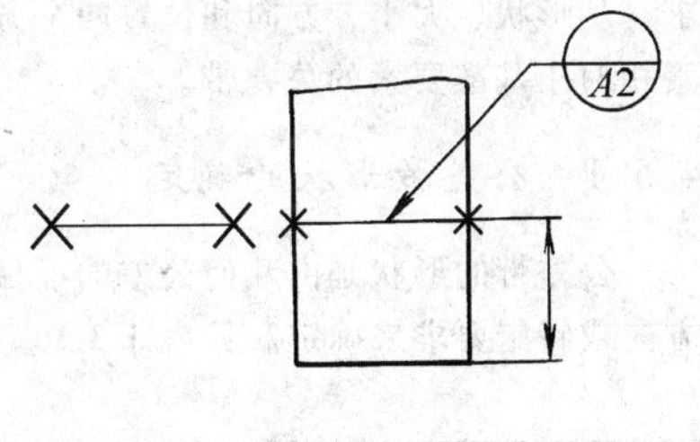

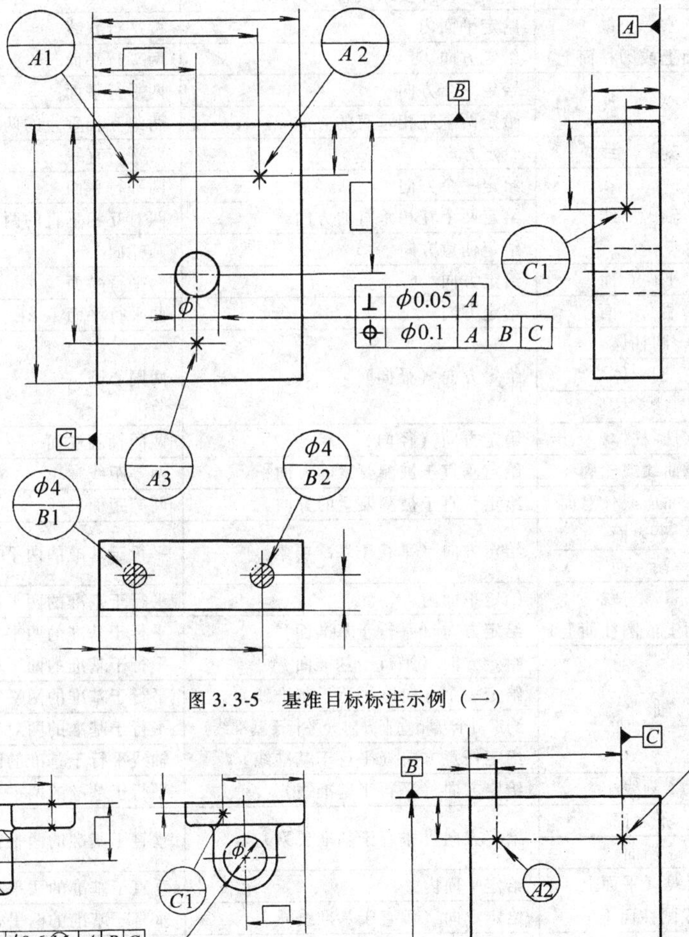

图 3.3-5　基准目标标注示例（一）

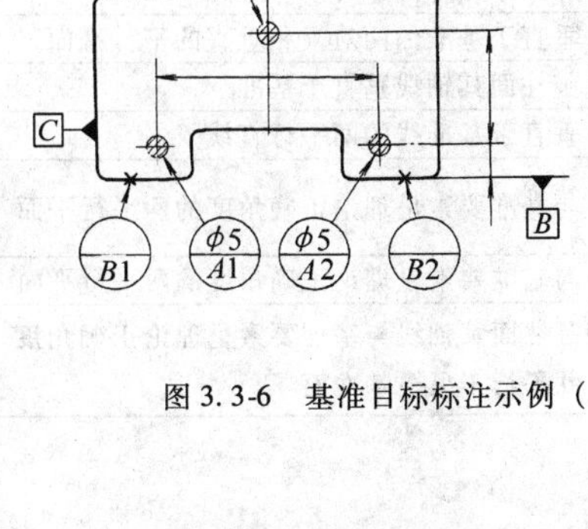

图 3.3-6　基准目标标注示例（二）

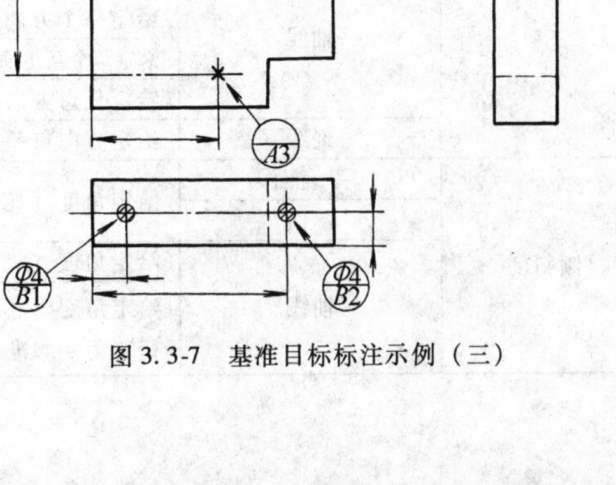

图 3.3-7　基准目标标注示例（三）

4.5 公差带的标注

被测要素与基准要素确定后，应按零件的功能要求，从形状、大小、方向和位置四个方面确定被测要素相对于基准要素的公差带。

4.5.1 公差带形状的确定

公差带的形状是由几何公差的项目特征和给出的方向或特定要求来确定。见表3.3-16。

4.5.2 公差带大小——公差值的确定

公差带的大小反映了零件的精度，对于几何公差的公差带来说，是指它的宽度或直径，是根据被测要素的特征及精度要求来确定的。

一般来说，公差带的宽度 t 的方向就是几何公差带的给定方向，也就是误差的检测方向，它是垂直于被测要素的，见图3.3-8，图3.3-9。

如果由于零件的特殊要求，公差带的给定方向不

表3.3-16　公差带形状的确定

形位公差项目	被测要素特征	设计要求（箭头指向）	公差带形状
直线度	素　线（平面上或圆柱面上）	给定平面内	两平行直线
		给定方向	两平行平面
	交　线	给定一个方向	两平行平面
		给定两个互相垂直的方向	两组互相垂直的两平行平面
	刻　线	给定方向	两平行直线
	轴　线	给定一个方向	两平行平面
		给定两个互相垂直的方向	两对互相垂直的两平行平面
		给定任意方向	圆柱面
平面度	平　面	给定方向	两平行平面
	端　面	给定方向	两平行平面
圆　度	圆柱体	给定方向（径向）	两同心圆
	圆锥体		
	球　体		
圆柱度	圆柱体	给定方向（径向）	两同轴圆柱面
线轮廓度	任意曲线或轮廓线	给定垂直于被测要素的方向	两等距线
面轮廓度	任意曲面或任意面	给定垂直于被测要素的方向	两等距面
平行度	平表面	给定方向（平行于基准要素）	平行于基准的两平行平面
	端　面		
	素　线（平面上或圆柱面上）	给定平面内	平行于基准的两平行直线
		给定方向（平行于基准面）	平行于基准的两平行平面
	轴　线	给定方向（平行于基准面）	平行于基准的两平行平面
		给定一个方向（平行于基准线）	平行于基准的两平行平面
		给定两个互相垂直方向（平行于基准线）	平行于基准的两对互相垂直的平行平面
		给定任意方向（平行于基准线）	轴线平行于基准的圆柱面
	刻线	给定方向（平行于基准线）	平行于基准的两平行直线
垂直度	平表面	给定方向（垂直于基准要素）	垂直于基准的两平行平面
	端面		
	素线（平面上或圆柱面上）	给定平面内	垂直于基准的两平行直线
		给定方向（垂直于基准线）	垂直于基准的两平行平面
	轴线	给定方向（垂直于基准面）	垂直于基准的两平行平面
		给定一个方向（垂直于基准线）	
		给定两个互相垂直方向（垂直于基准线）	垂直于基准的两对互相垂直的平行平面
		给定任意方向（垂直于基准线）	圆柱面其轴线垂直于基准
	刻线	给定方向（垂直于基准线）	垂直于基准线的两平行直线
倾斜度	平表面	给定角度（相对于基准要素）	与基准要素呈理论正确角度的两平行平面
	端面		
	轴线	给定角度（相对于基准要素）	与基准要素呈理论正确角度的两平行平面
		给定角度（相对于基准要素）并平行于另一基准	圆柱面其轴线与基准要素呈理论正确角度并平行于另一基准面

（续）

形位公差项目		被测要素特征	设计要求（箭头指向）	公差带形状
位置度		点	给定平面内的任意方向（相对于理想位置）	一个圆，其圆心处于理想位置
位置度		点	给定三维空间的任意方向（相对于理想位置）	球面，其球心处于理想位置
位置度	线	轴线或中心线	给定一个方向（相对于三基面体系的理想位置）	两平行平面，相对于理想位置对称配置
位置度	线	轴线或中心线	给定两个互相垂直方向（相对于三基面体系的理想位置）	两互相垂直的平行平面，相对于理想位置对称配置
位置度	线	轴线或中心线	给定任意方向（相对于三基面体系的理想位置）	圆柱面，其轴线处于理想位置
位置度	线	刻线	给定平面内（相对于理想位置）	两平行直线，相对于理想位置对称配置
位置度		平面、中心平面	给定方向（相对于理想面）	两平行平面，相对于理想位置对称配置
同轴度		点	给定任意方向（相对于基准圆心）	一个圆，其圆心与基准圆心同心
同轴度		线	给定任意方向（相对于基准轴线）	圆柱面，其轴线与基准轴线同轴
对称度		中心平面	给定方向（相对于基准中心平面）	两平行平面，相对于基准中心平面对称配置
圆跳动	径向	圆表面	给定方向（垂直于基准轴线）	两同心圆，在任一测量平面内，其圆心在基准轴线上
圆跳动	端面	端面	给定方向（平行于基准轴线）	一般圆柱面，其轴线与基准轴线同轴
圆跳动	斜跳动	圆锥面、圆弧面	给定方向（垂直于被测面）	一段圆锥面或弧面，其轴线与基准轴线同轴
全跳动	径向	圆柱面、圆锥面	给定方向（垂直于基准轴线）	圆柱面，其轴线与基准轴线同轴
全跳动	端面	端面	给定方向（垂直于被测面）	两平行平面，与基准轴线垂直

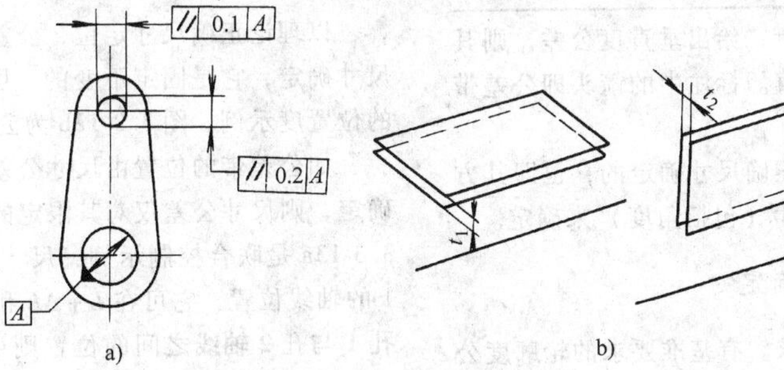

图 3. 3-8　公差值示例（一）

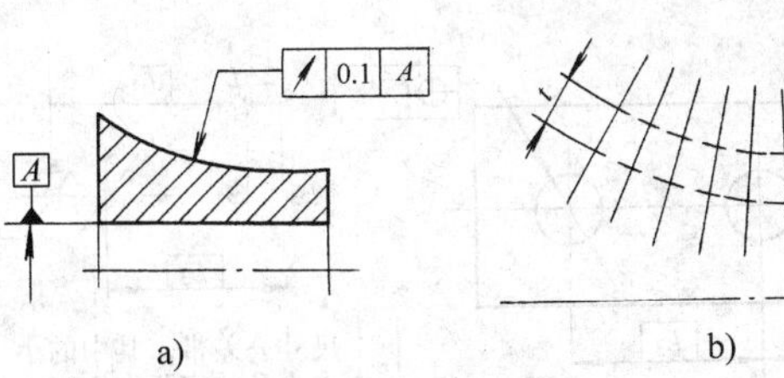

图 3. 3-9　公差值示例（二）

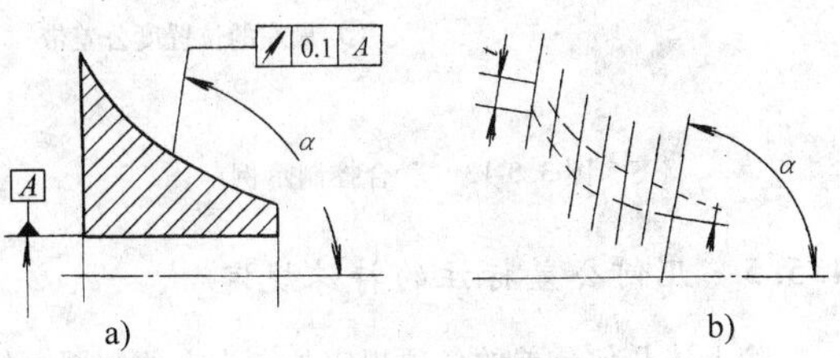

图 3. 3-10　公差值示例（三）

垂直于被测要素就应在图上将角度 α 注出，如图 3. 3-10 所示。

如要求控制被测要素在任意方向上的误差，就应在公差值前加注“ϕ”，以形成圆或圆柱面公差带。

当被测要素为点时，需控制其两维方向的误差时，应给出圆形公差带 ϕt，需控制其三维方向误差时，应给出球形公差带 $S\phi t$。

各几何公差项目可能出现的公差值标注形式见表 3. 3-17。

4. 5. 3　公差带方向的确定

几何公差带的方向应与误差评定的方向一致，即应符合最小条件的要求。

方向公差带的方向由设计给定的被测要素与基准要素的几何关系确定。如给出平行度公差的要求，其

表 3.3-17　公差值标注形式

形位公差项目	公差值标注	说　明
直线度	t、ϕt	对轴线任意方向要求注 ϕt
平面度	t	
圆　度	t	t 为半径差
圆柱度	t	t 为半径差
线轮廓度	t	小圆直径 $\phi d = t$
面轮廓度	t	小球直径 $S\phi d = t$
平行度	t，ϕt	对轴线任意方向要求注 ϕt，仅用于轴线对轴线
垂直度	t，ϕt	对轴线任意方向要求注 ϕt，仅用于轴线对平面
倾斜度	t，ϕt	对轴线任意方向要求注 ϕt，仅用于轴线对平面
同轴度	ϕt	
对称度	t	
位置度	t，ϕt，$S\phi t$	对轴线任意方向要求注 ϕt，对点的三维任意方向要求注 $S\phi t$
圆跳动	t	
全跳动	t	

公差带的方向应与基准平行，给出垂直度公差，则其公差带的方向应与基准垂直。标注中的箭头即公差带的方向。

位置公差带是由理论正确尺寸确定的，也即其方向和位置均由理论正确尺寸（包括角度）来确定。

4.5.4　公差带位置的确定

形状公差没有位置要求。有基准要求的轮廓度公差带和定向、定位公差带由尺寸公差或理论正确尺寸来确定被测要素与基准之间的关系。

以尺寸公差定位，则公差带处于尺寸公差带内，即形位公差带可以在尺寸公差带内浮动。其浮动范围为尺寸公差值。图 3.3-11a 为平行度示例，图 3.3-11b 是它的公差带解释。

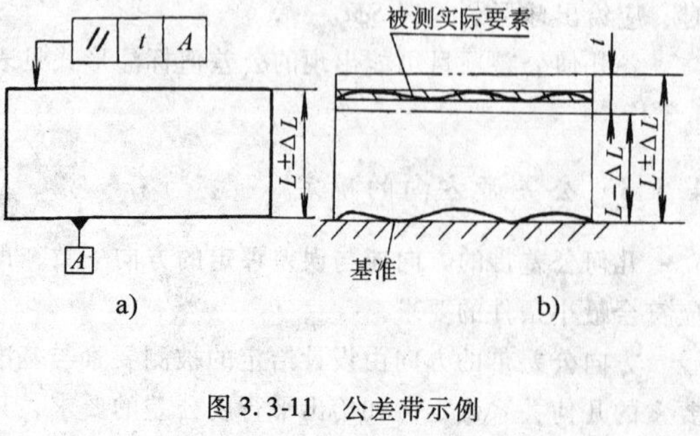

图 3.3-11　公差带示例

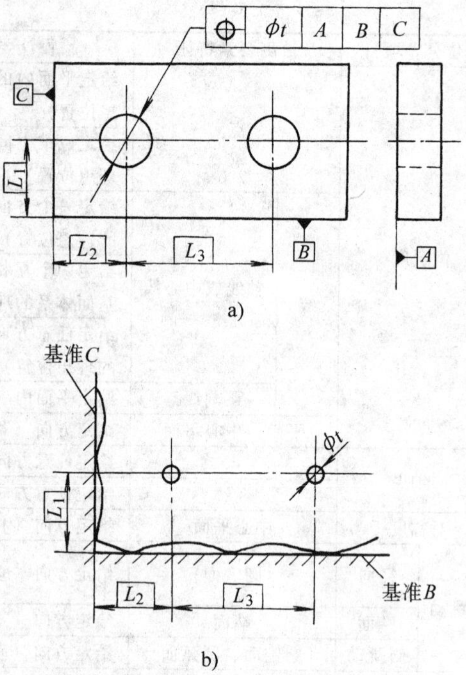

图 3.3-12　位置度示例

以理论正确尺寸定位，公差带的位置由理论正确尺寸确定，它是固定不变的，图 3.3-12a 为两孔轴线的位置度示例，图 3.3-12b 为公差带解释。

如公差带的位置由尺寸公差和理论正确尺寸共同确定，则尺寸公差仅对其限定的要素有控制作用。图 3.3-13a 是联合控制示例，尺寸公差 $L\pm\Delta L$ 仅控制孔 1 的轴线位置，它可在 $L+\Delta L$ 和 $L-\Delta L$ 之间浮动，而孔 1 与孔 2 轴线之间的位置则由理论正确尺寸 L_3 控制，其公差带解释见图 3.3-13b。

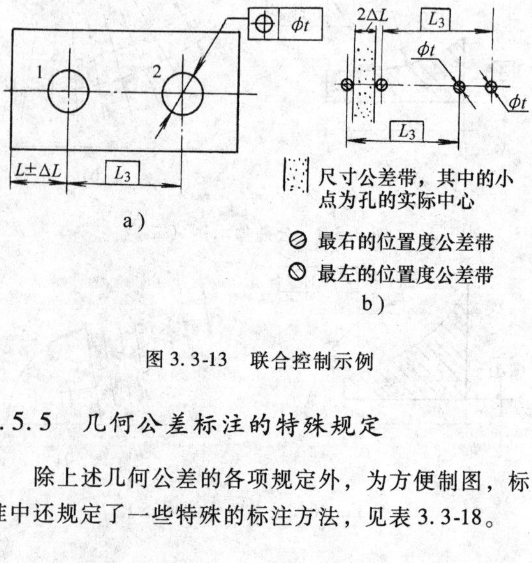

图 3.3-13　联合控制示例

4.5.5　几何公差标注的特殊规定

除上述几何公差的各项规定外，为方便制图，标准中还规定了一些特殊的标注方法，见表 3.3-18。

表 3.3-18　几何公差的特殊标注方法

名称	标注规定	示　　例
公共公差带	图为三个表面用同一公差带控制以达到功能要求的示例，应在公差框格的公差值后加注符号“CZ”	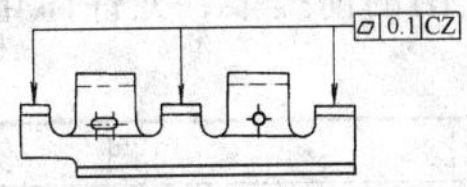
全周符号	1. 图 a 为外轮廓线的全周统一要求 2. 图 b 为外轮廓面的全周统一要求	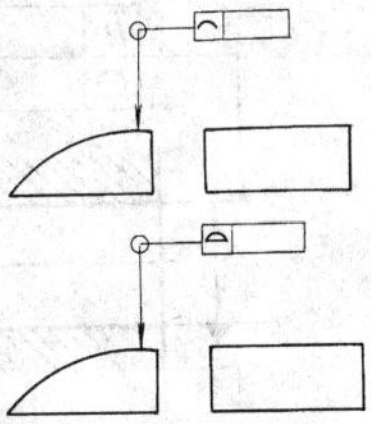 a) b)
对误差值的进一步限制	1. 对同一被测要素，如在全长上给出公差值的同时，又要求在任一长度上进行进一步的限制，可同给出全长上和任意长度上两项要求，任一长度的公差值要求用分数表示，如图 a 所示 同时给出全长和任一长度上的公差值时，全长上的公差值框格并置于任一长度的公差值框格上面，如图 b 所示 2. 对被测要素形状误差的变化方向有进一步限制要求时，应在公差值后加注限定符号 图 c 表示该平面的平面度误差只允许两边高中间低，即外边向中心凹下 图 d 表示该圆柱面的圆柱度误差只允许从左端向右端减小	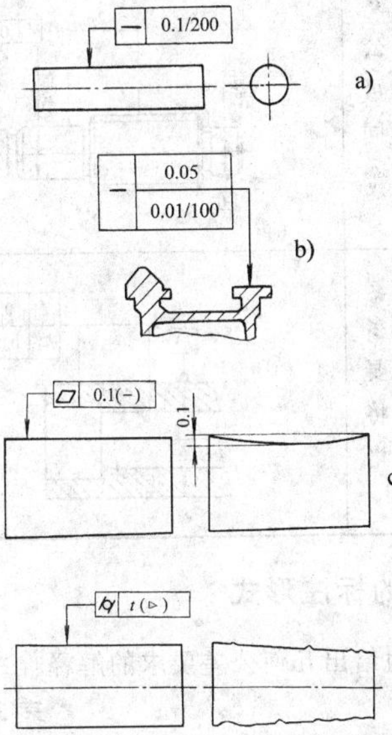 a) b) c) d)
说明性内容	表示被测要素的数量，应注在框格的上方，其他说明性内容应注在框格的下方。但也允许例外的情况，如上方或下方没有位置标注时，可注在框格的周围或指引线上	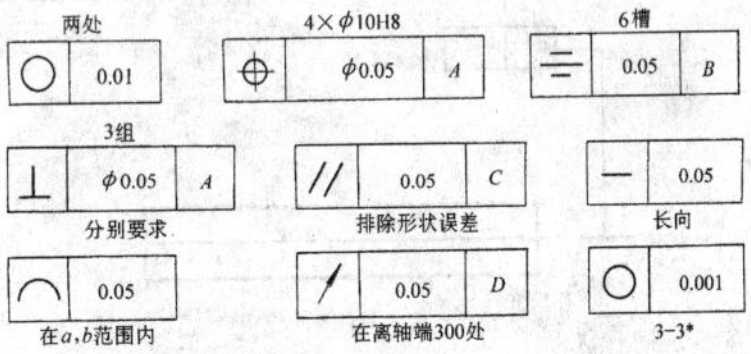
螺纹	一般情况下，以螺纹的中径轴线作为被测要素或基准要素时，不需另加说明 如需以螺纹大径或小径作为被测要素或基准要素时，应在框格下方或基准符号中的圆圈下方加注“*MD*”或“*LD*”，如图示	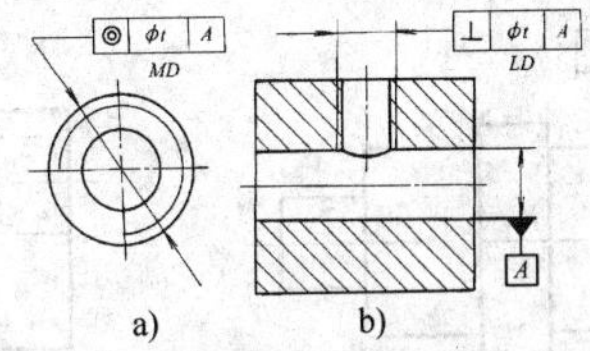 a)　b)
齿轮、花键	由齿轮和花键作为被测要素或基准要素时，其分度圆轴线用“*PD*”表示。大径（对外齿轮是顶圆直径，内齿轮是根圆直径）轴线用“*MD*”表示，小径（对外齿轮是根圆直径，内齿轮是顶圆直径）轴线用“*LD*”表示。如图示	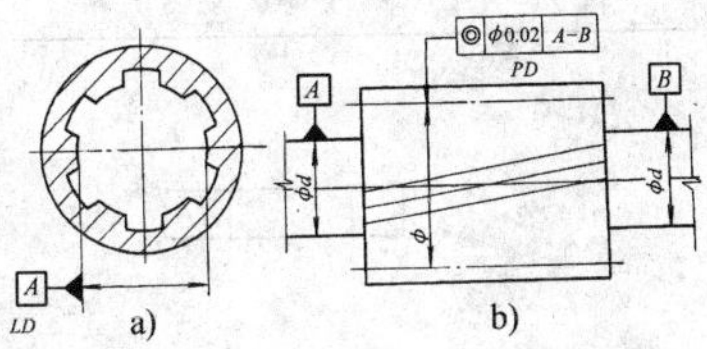 a)　b)

4.6 简化标注

在不影响读图的前提下，允许简化标注，简化标注的有关规定及图例见表3.3-19。

表3.3-19　简化标注的规定

一般规定	图例	一般规定	图例
同一要素有多项几何公差要求时，可在一条指引线末端画出多个框格	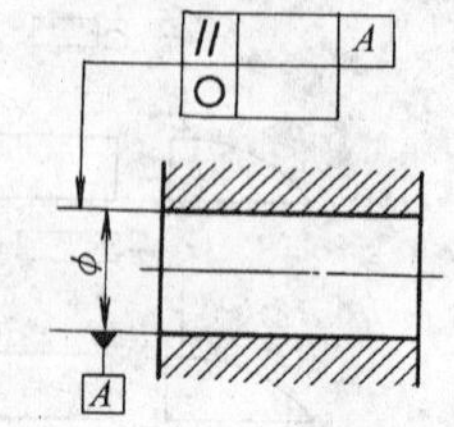	同一要素对同一几何公差项目的要求不同，可用共同项目框格或基准框格表示	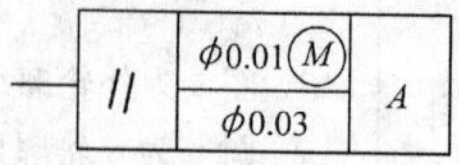
当几个要素有相同几何公差要求时，可以从框格的同一端引出多个指示箭头	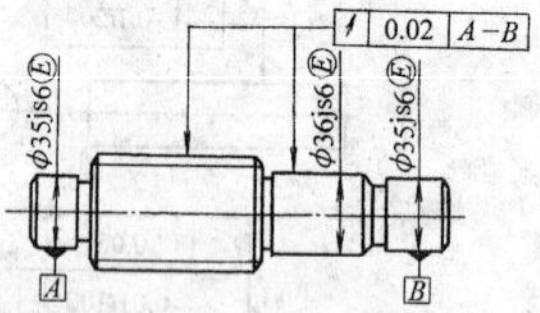	对于同样的结构要素具有相同的几何公差要求时，可只标注一个公差框格，并在框格上方用文字说明	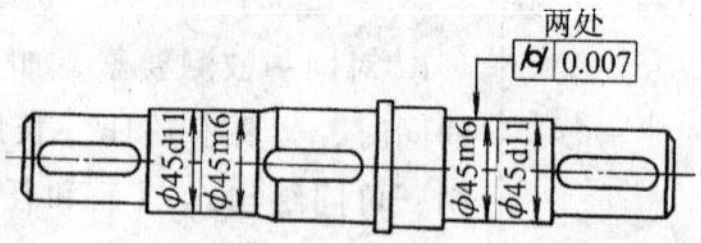
对不同的要素有相同的多项几何公差要求时，可以将多个公差框格联在一起	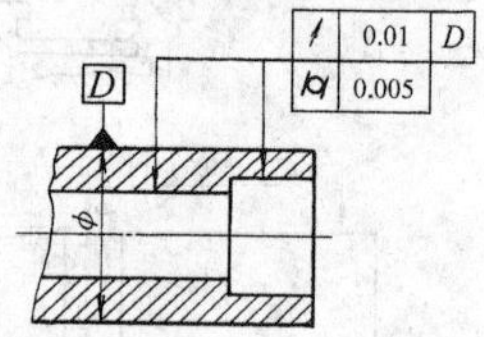	以中心孔为基准时，可以从中心线和端面的交点处引出标注	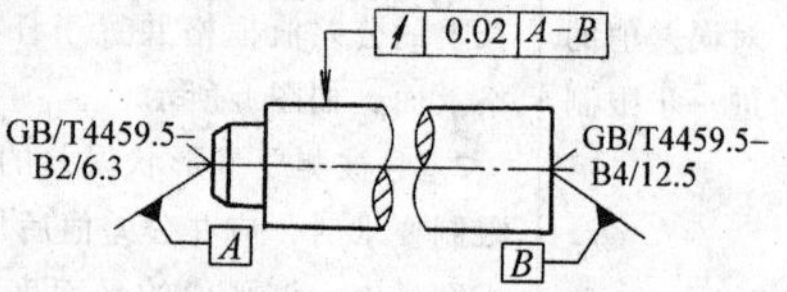

4.7 废止的标注形式

为保证对给出几何公差要求的解释唯一性，一些容易混淆或意义不明的标注形式，应尽量不采用，在ISO及我国标准中均取消了这类标注形式，见表3.3-20。

表3.3-20　废止采用的标注形式

图例	说明
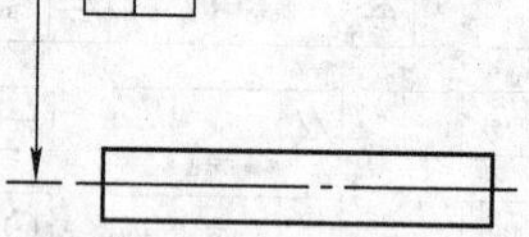 a) 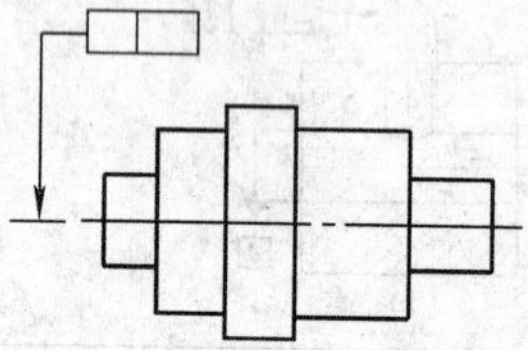 b) 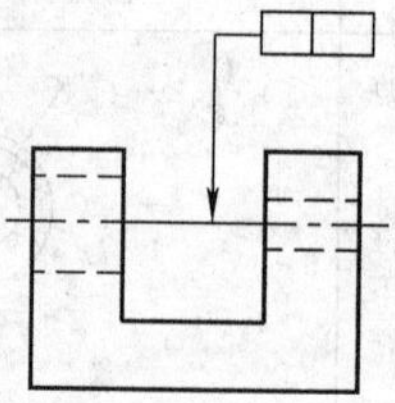 c)	被测要素为单一要素的轴线（图a）、多要素的公共轴线（图b、c），指示箭头不应直接指向轴线，必须与尺寸线相连
	没有给出基准的先后顺序，这样不能清楚区别第一基准与第二基准

（续）

图　例	说　明
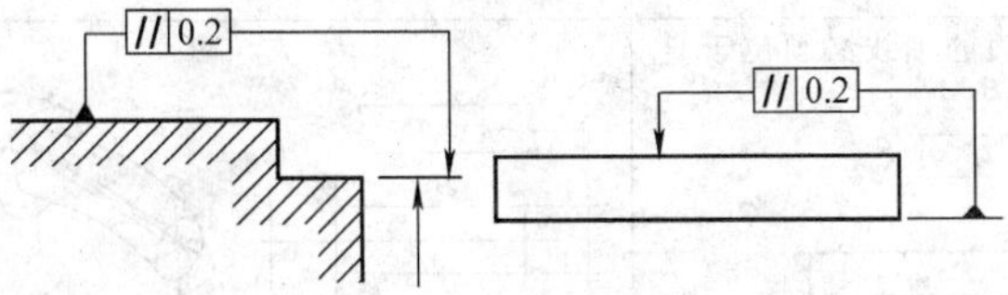	不能用指引线直接连接公差框格和基准要素
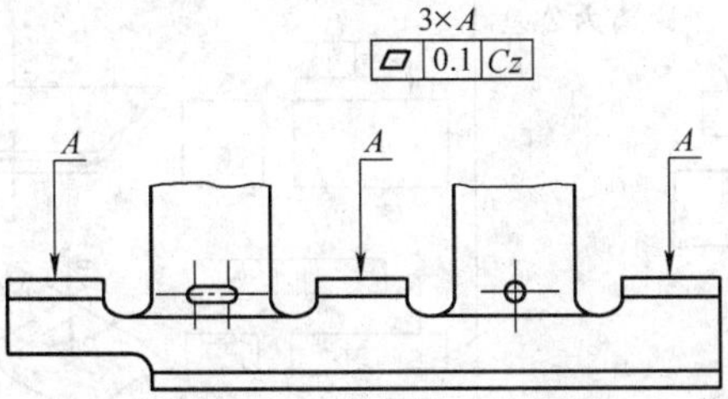	公差框格脱离被测要素会造成误解 公差框格上方“公共公差带”字样，已为“CZ”替代，并标注在框格内

5　几何公差的公差带定义、标注解释

GB/T 1182—2008 中规定了形状，方向、位置和跳动公差的公差带定义，标注解释及示例，分别列表介绍。

5.1　形状公差（直线度、平面度、圆度、圆柱度）公差带的定义、标注解释及示例（见表 3.3-21）

表 3.3-21　形状公差带定义，标注解释及示例

项目	符号	公差带定义	标注解释	示　例
直线度	—	在给定平面内，公差带是距离为公差值 t 的两平行直线之间的区域 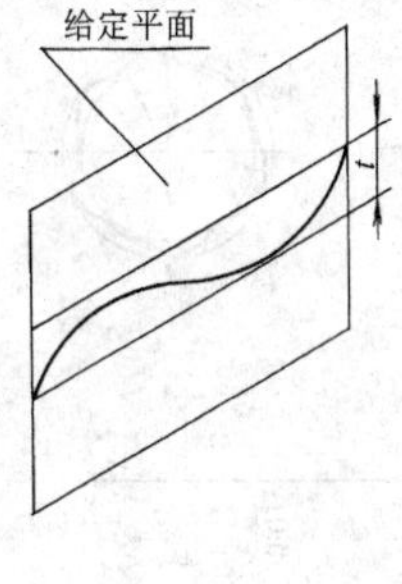	在上平面提取的任一实际线，必须位于平行于图样所示投影面且距离为公差值 t 的两平行直线内 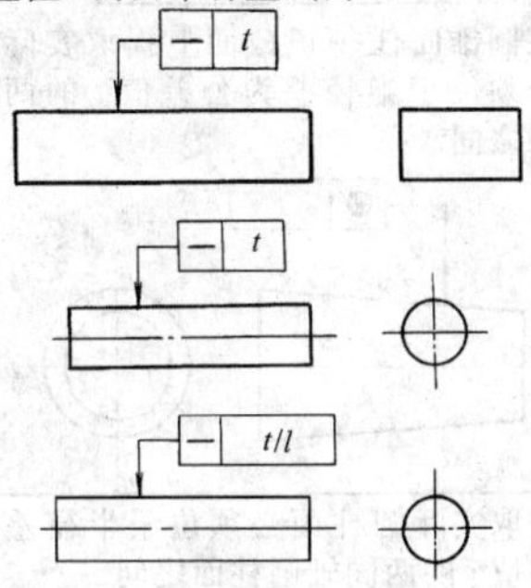	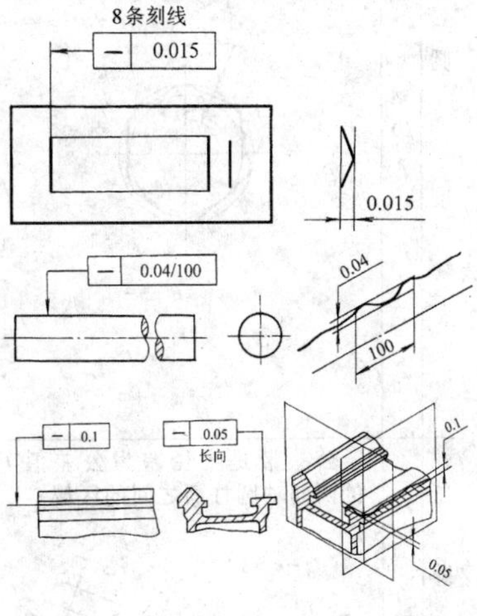
		在给定方向上公差带是距离为公差值 t 的两平行平面之间的区域 （1）一个方向 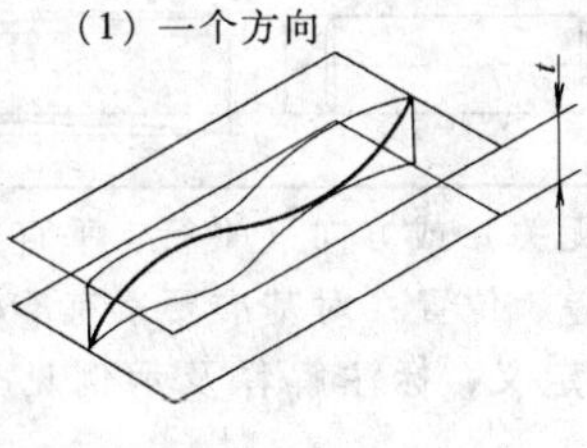	提取圆柱面上的任一实际素线必须位于距离为公差值 t 的两平行平面之内 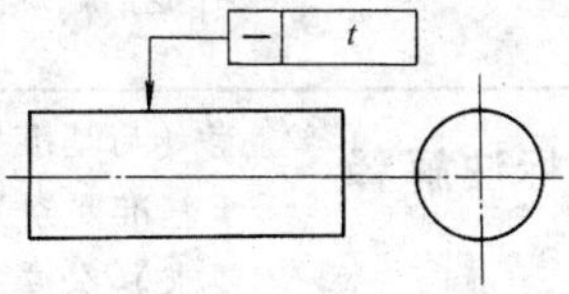	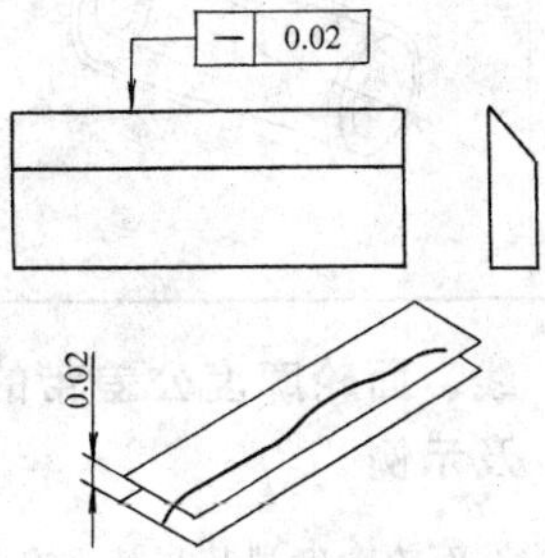

（续）

项目	符号	公差带定义	标注解释	示例
直线度	—	如在公差值前加注 ϕ，则公差带是直径为 t 的圆柱面内的区域 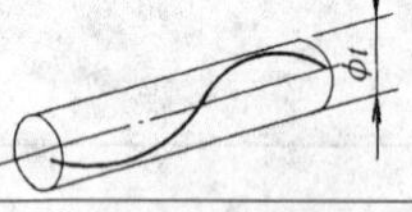	提取实际圆柱面的轴线必须位于直径为 ϕt 的圆柱面内 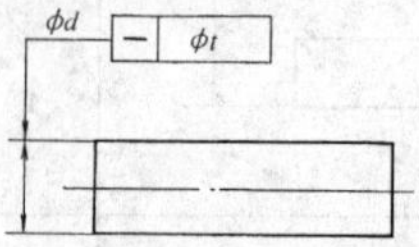	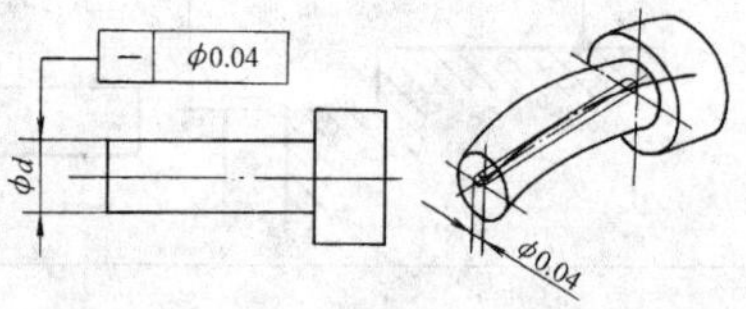
平面度	▱	公差带是距离为公差值 t 的两平行平面之间的区域 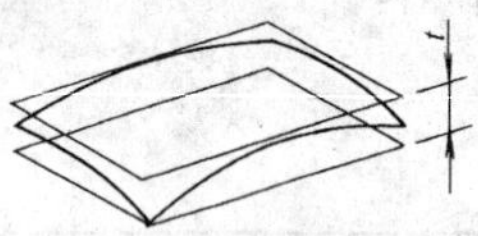	提取实际表面必须位于距离为公差值 t 的两平行平面内 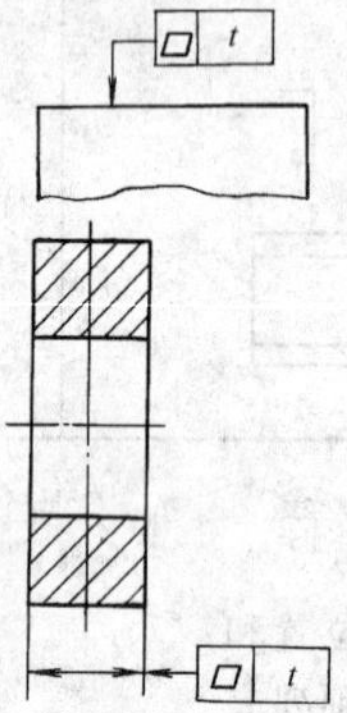	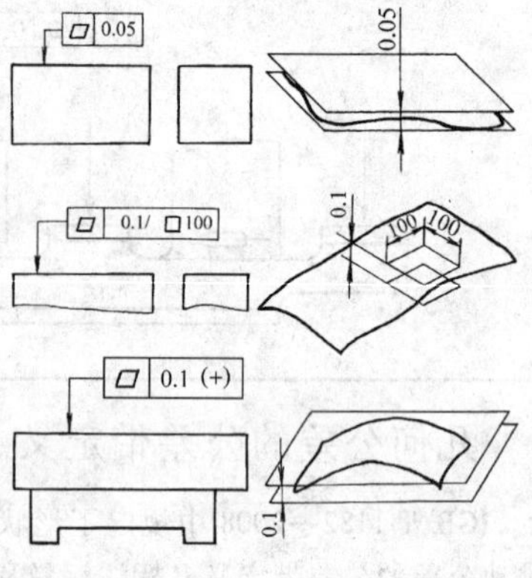
圆度	○	公差带是在同一正截面上，半径差为公差值 t 的两同心圆之间的区域 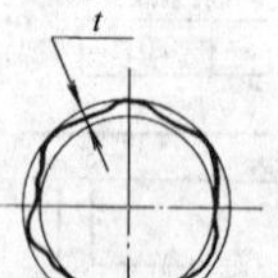	在圆柱面任一正截面上提取实际圆周必须位于半径差为公差值 t 的两同心圆之间 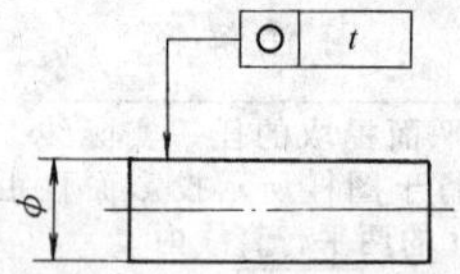 在圆锥面任一正截面上提取实际圆周必须位于半径差为公差值 t 的两同心圆之间 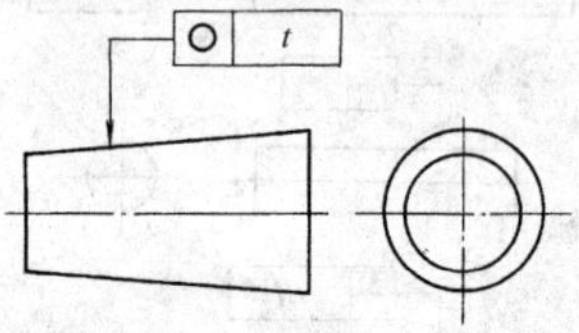	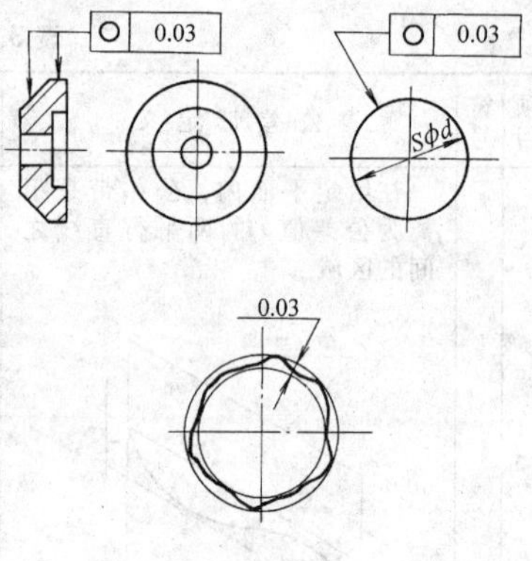
圆柱度	⌭	公差带是半径差为公差值 t 的两同轴圆柱面之间的区域 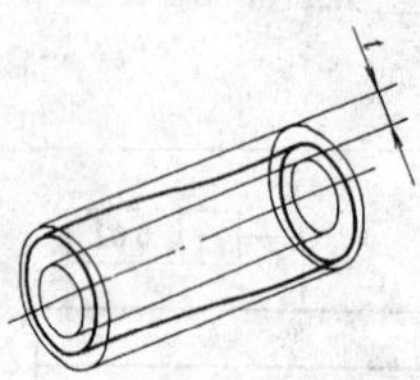	提取实际圆柱面必须位于半径差为公差值 t 的两同轴圆柱面之间 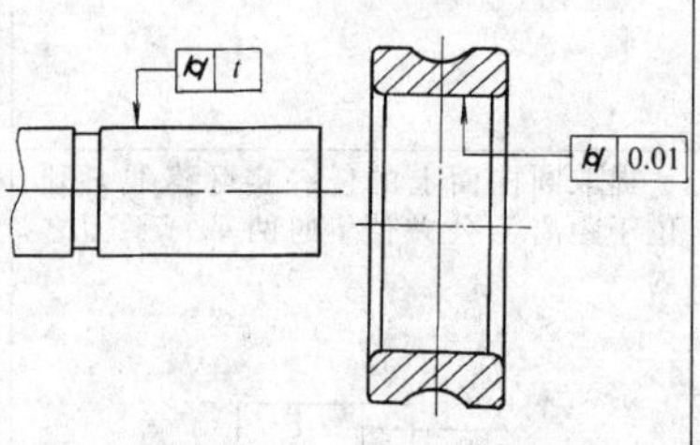	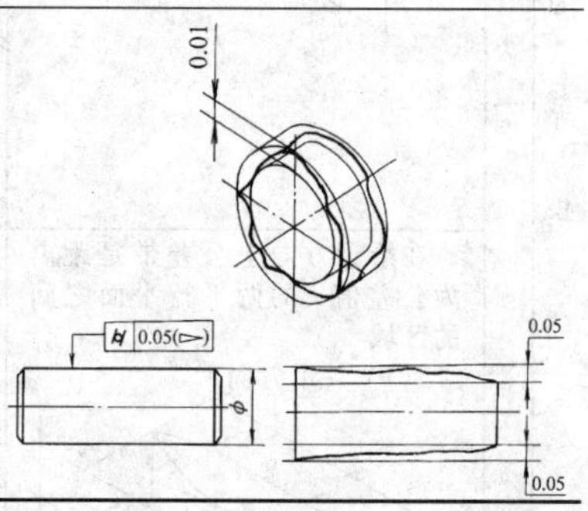

5.2 线、面轮廓度公差带的定义、标注解释及示例

线、面轮廓度视其与基准有无关系分属于形状公差（与基准要素无关）或方向（平行、垂直或倾斜于基准要素）公差、位置（对基准要素有准确位置要求）公差，其定义，标注解释及示例见表3.3-22。

表 3.3-22　线、面轮廓度公差带定义，标注解释及示例

项目	符号	公差带定义	标注和解释	示例	
线轮廓度	⌒	公差带是包络一系列直径为公差值 t 的圆的两包络线之间的区域。诸圆的圆心位于具有理论正确几何形状的线上 a）无基准要求 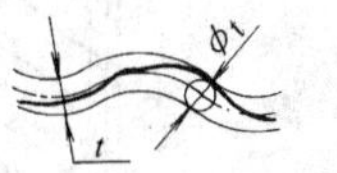	在平行于图样所示投影面的任一截面上，被测轮廓线必须位于包络一系列直径为公差值 t，且圆心位于具有理论正确几何形状的线上的两包络线之间 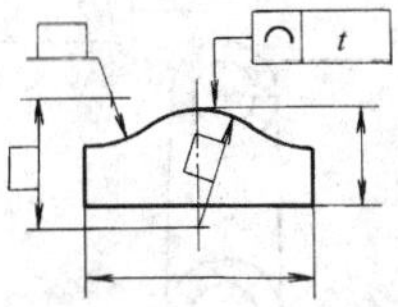	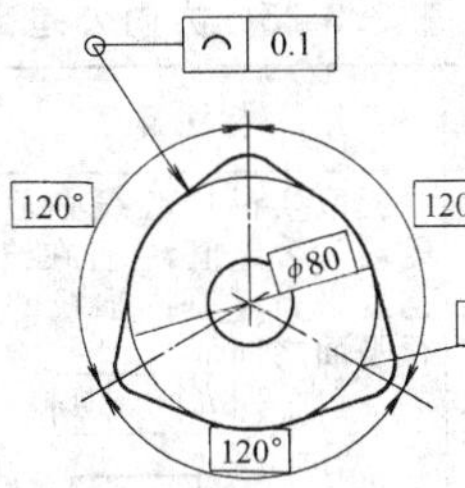	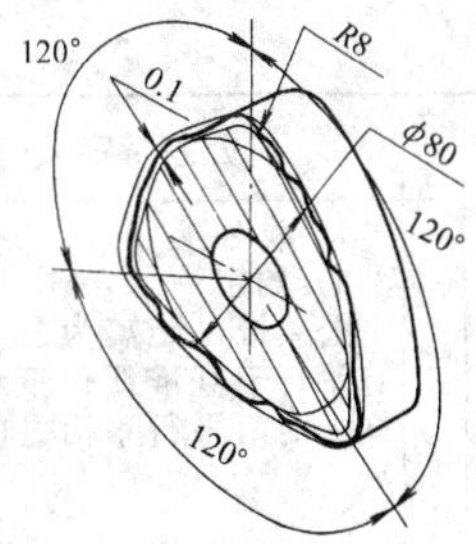
		b）有基准要求 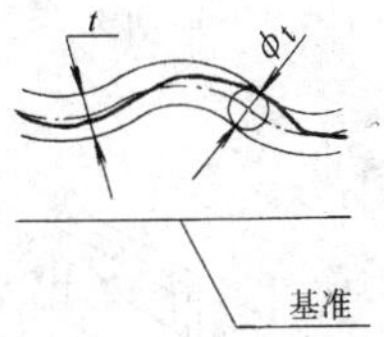	在平行于图样所示的投影面的任一截面上提取实际轮廓线必须位于包络一系列直径为公差值 t，且圆心位于由基准平面 A 和 B 所确定的理论正确几何形状上的两包络线之间 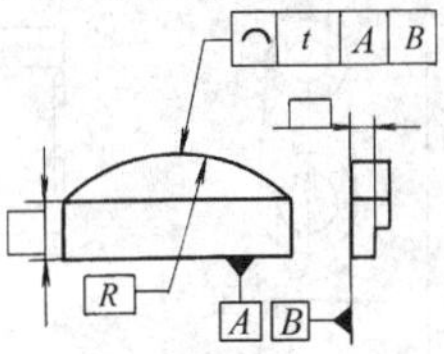	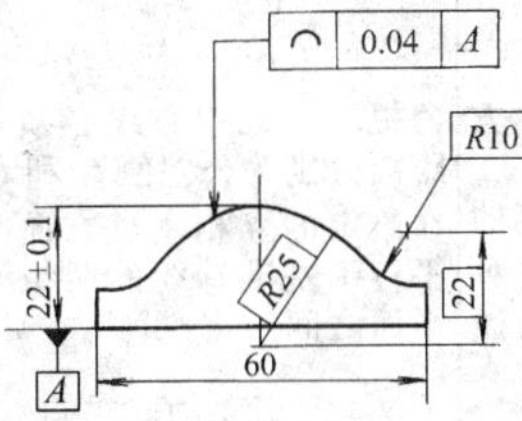	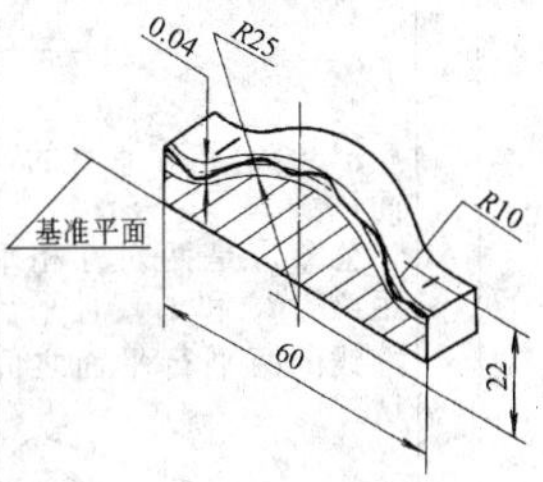
面轮廓度	⌓	公差带是包络一系列直径为公差值 t 的球的两包络面之间的区域，诸球的球心应位于具有理论正确几何形状的面上 a）无基准要求 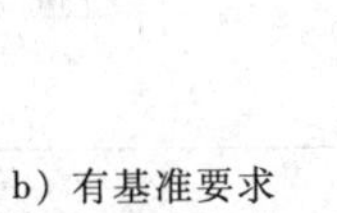	被测轮廓面必须位于包络一系列球的两包络面之间，诸球的直径为公差值 t，且球心位于具有理论正确几何形状的面上的两包络面之间 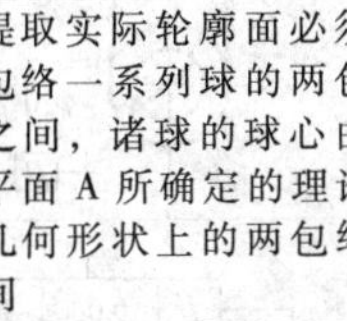	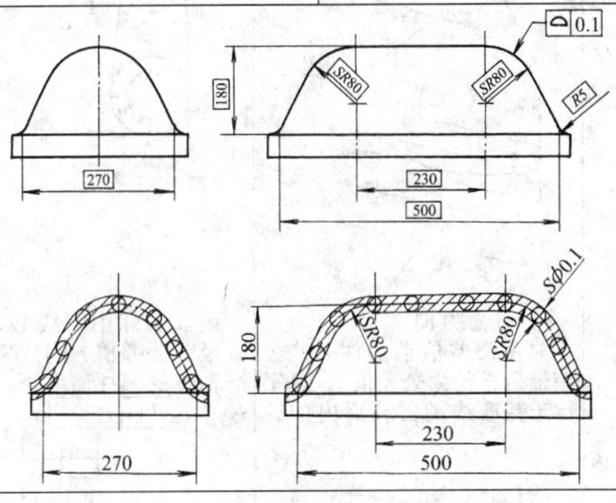	
		b）有基准要求 	提取实际轮廓面必须位于包络一系列球的两包络面之间，诸球的球心由基准平面 A 所确定的理论正确几何形状上的两包络面之间 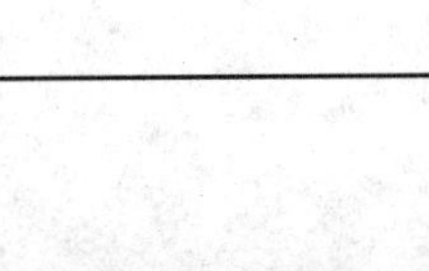	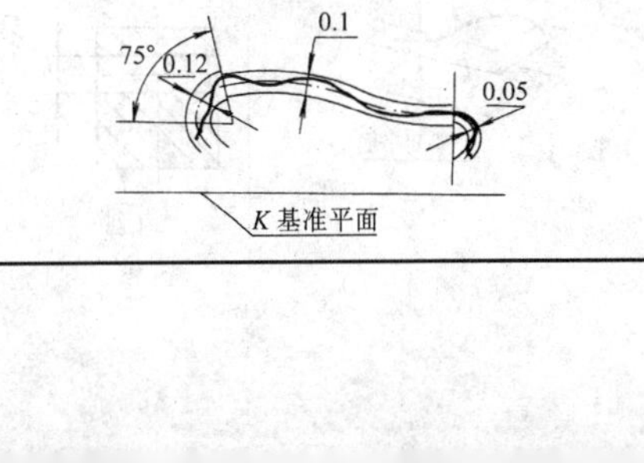	

5.3　方向公差（平行度、垂直度和倾斜度）公差带的定义、标注解释及示例

方向公差是关联要素的方向相对于基准所允许的变动全量，其公差带定义，标注解释及示例见表3.3-23。

表3.3-23　方向公差带定义、标注解释及示例

项目	符号	公差带定义	标注解释	示例	
平行度	//	1）线对线 a）给定一个方向 公差带是距离为公差值 t，且平行于基准线位于给定方向上的两平行平面之间的区域 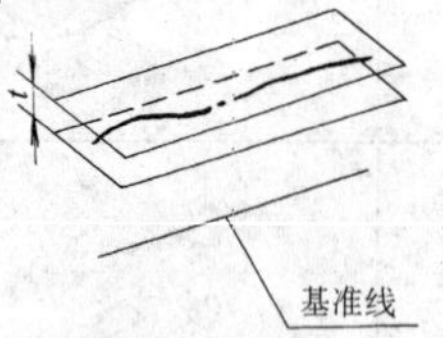	提取实际中心线必须位于距离为公差值 t，且在给定方向上平行于基准轴线的两平行平面之间 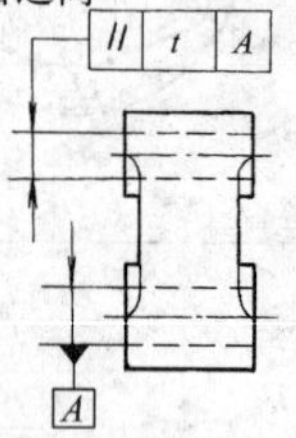	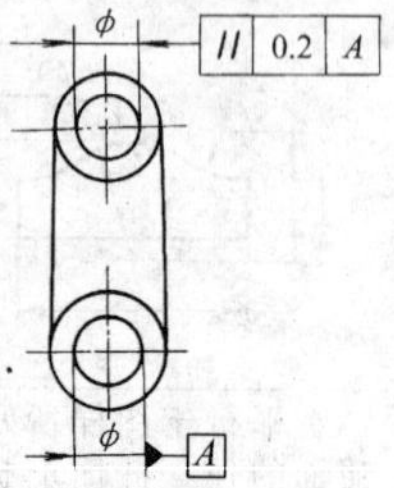	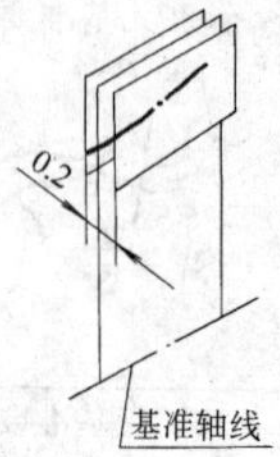
		b）给定相互垂直的两个方向 公差带是两对互相垂直的距离为 t_1 和 t_2，且平行于基准线的两平行平面之间的区域 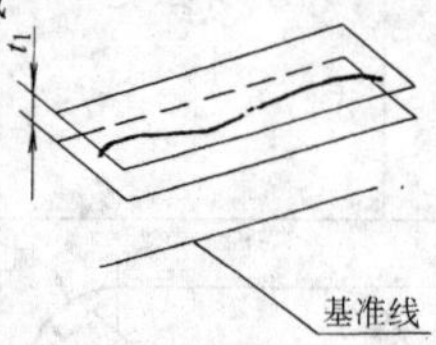 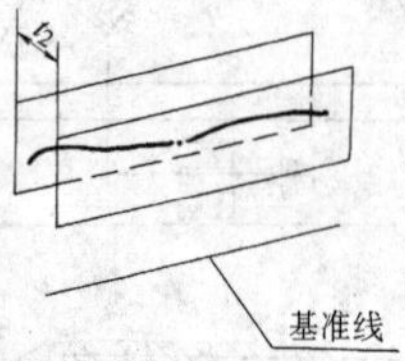	提取实际中心线必须位于距离分别为公差值 t_1 和 t_2 的在给定的互相垂直方向上且平行于基准轴线的两组平行平面之间 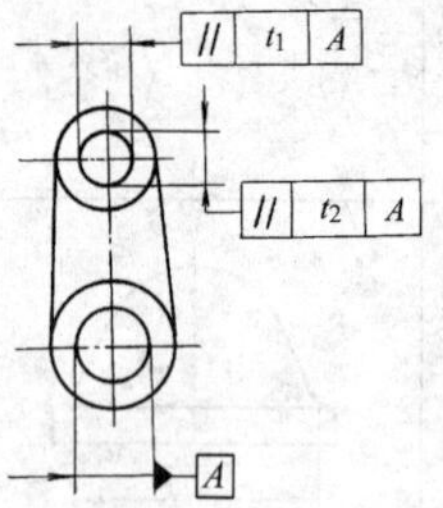	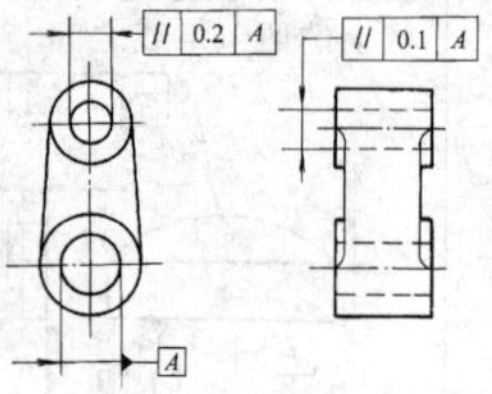	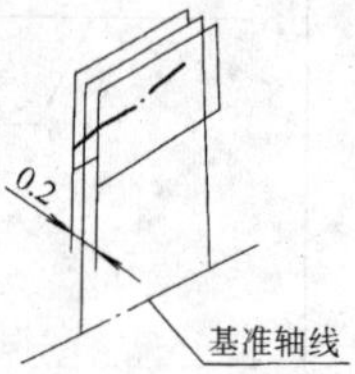 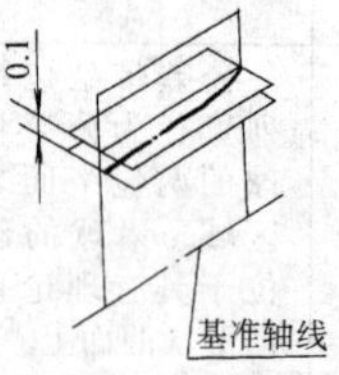
		c）任意方向 如在公差值前加注 ϕ，公差带是直径为公差值 t，且平行于基准线的圆柱面内的区域 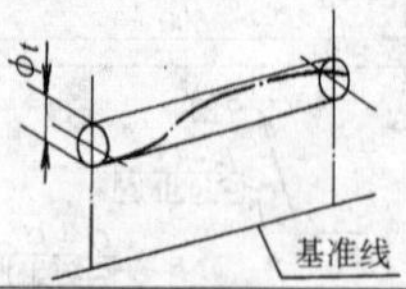	提取实际中心线必须位于直径为公差值 t，且平行于基准轴线的圆柱面内 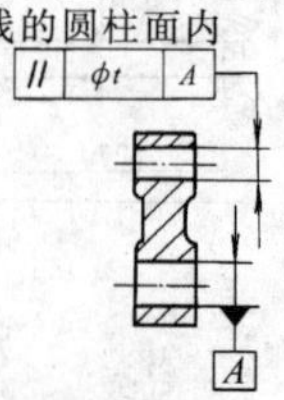	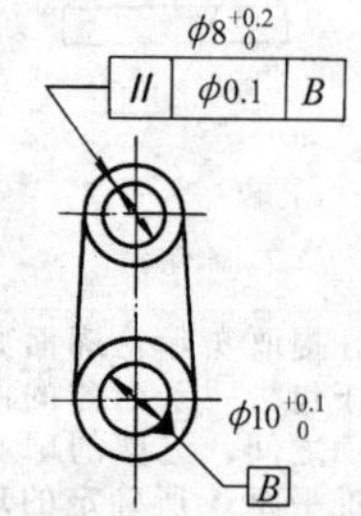	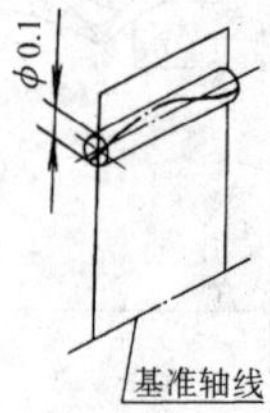
		2）线对面 公差带是距离为公差值 t，且平行于基准平面的两平行平面之间的区域 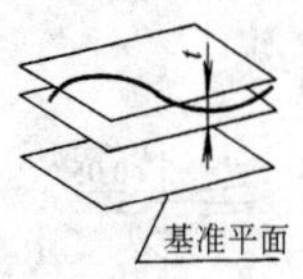	提取实际中心线必须位于距离为公差值 t，且平行于基准表面 B（基准平面）的两平行平面之间 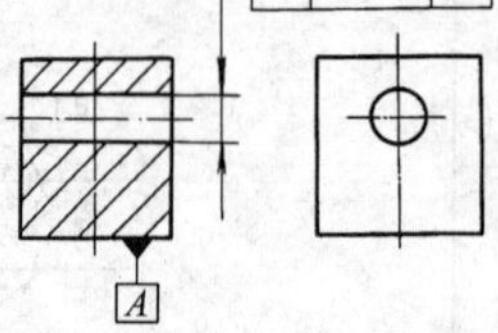		

（续）

项目	符号	公差带定义	标注解释	示例
平行度	//	3）面对线 公差带是距离为公差值 t，且平行于基准线的两平行平面之间的区域 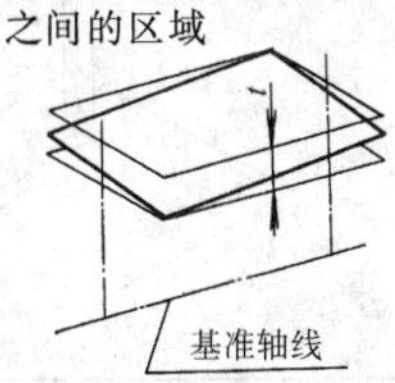	提取实际中心线必须位于距离为公差值 t，且平行于基准线（基准轴线）的两平行平面之间 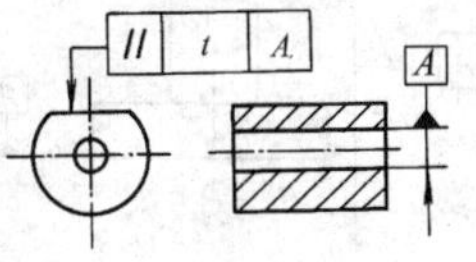	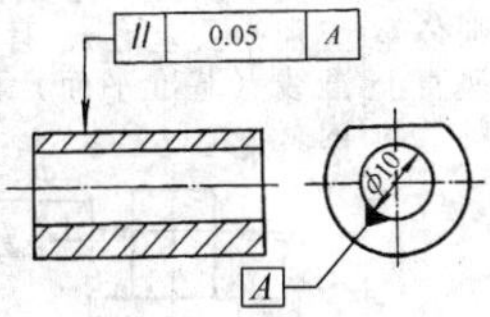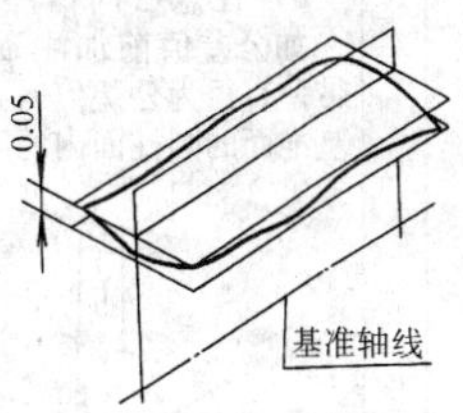
		4）面对面 公差带是距离为公差值 t，且平行于基准面的两平行平面之间的区域 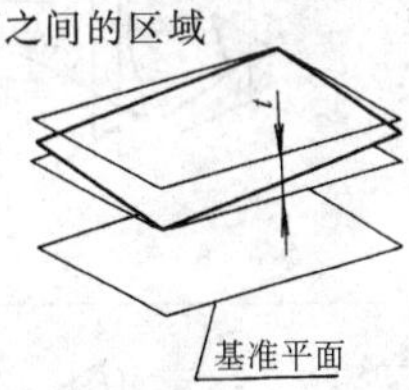	提取实际中心线必须位于距离为公差值 t，且平行于基准表面（基准平面）的两平行平面之间 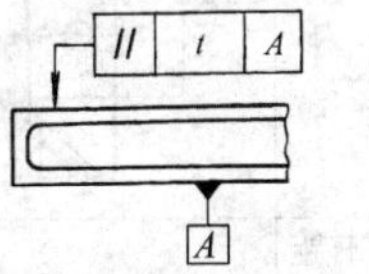	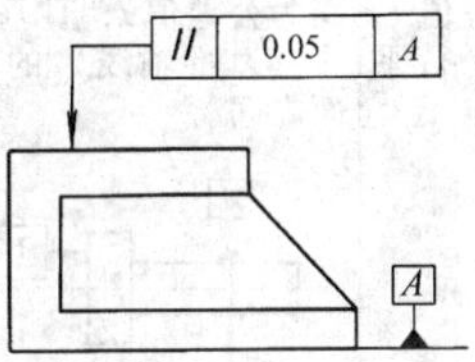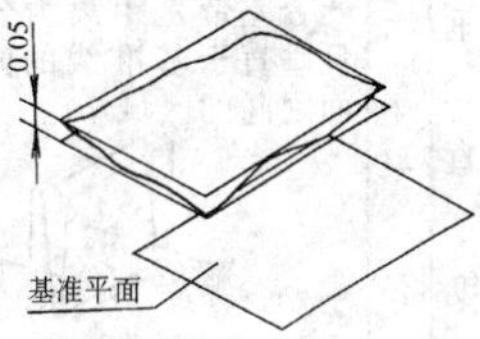
垂直度	⊥	1）线对线 公差带是距离为公差值 t，且垂直于基准线的两平行平面之间的区域 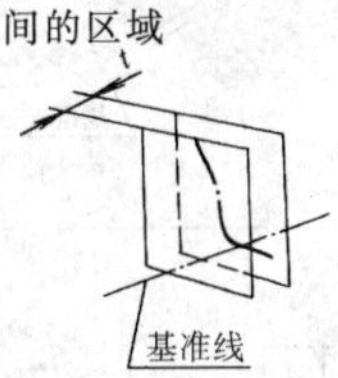	提取实际中心线必须位于距离为公差值 t，且垂直于基准线（基准轴线）的两平行平面之间 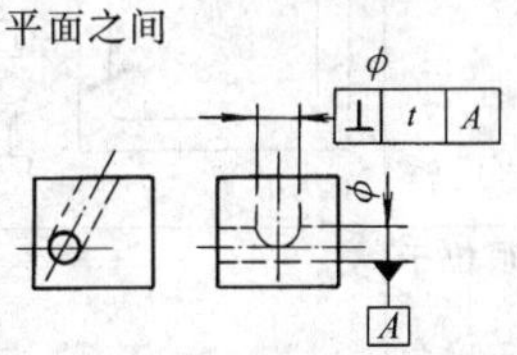	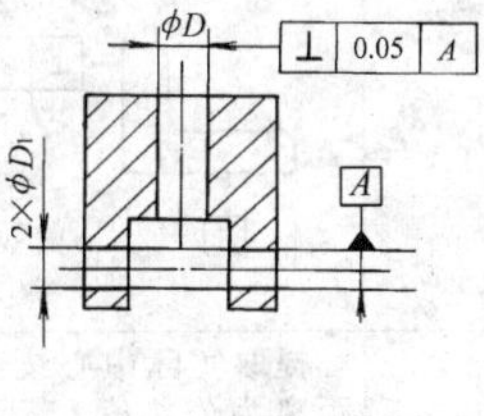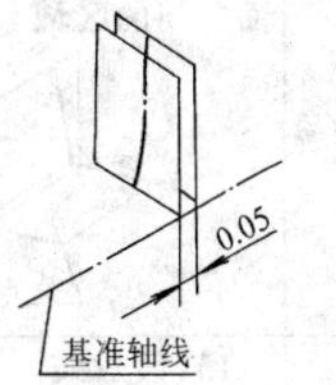
		2）线对面 a）给定一个方向 在给定方向上，公差带是距离为公差值 t 且垂直于基准面的两平行平面之间的区域 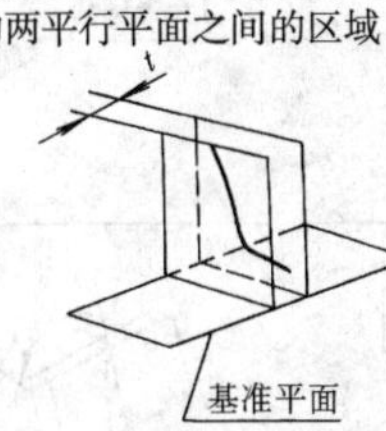	在给定方向上提取实际中心线必须位于距离为公差值 t，且垂直于基准表面 A 的两平行平面之间 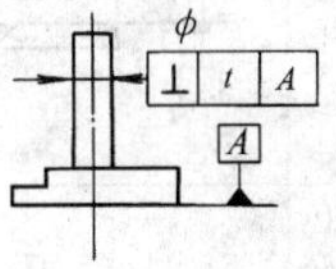	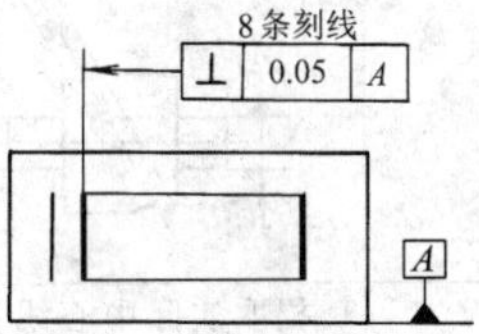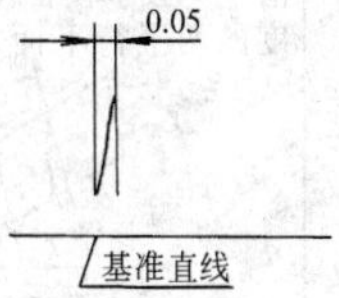
		b）给定相互垂直的两个方向 公差带分别是互相垂直的距离为 t_1 和 t_2 且垂直于基准面的两对平行平面之间的区域 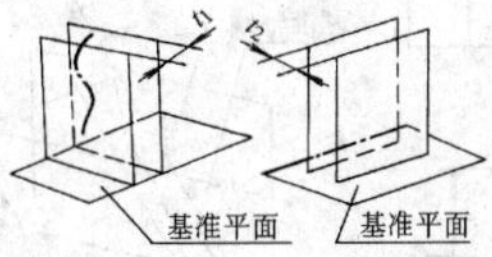	提取实际中心线必须位于距离分别为公差值 t_2 和 t_1 的互相垂直且垂直于基准平面的两对平行平面之间 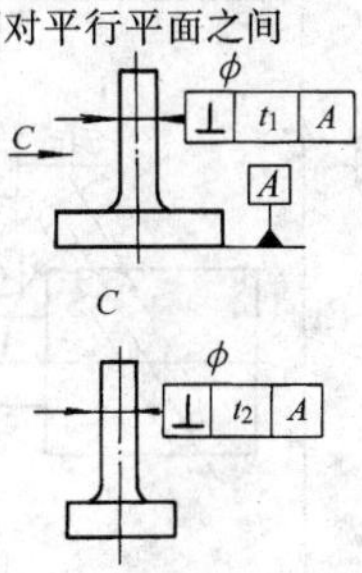	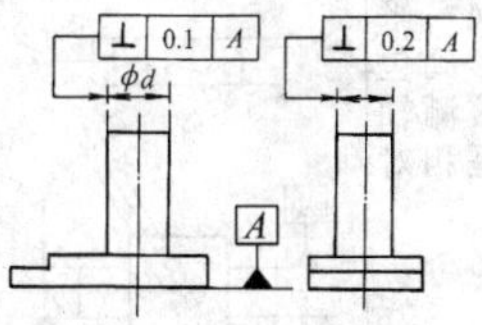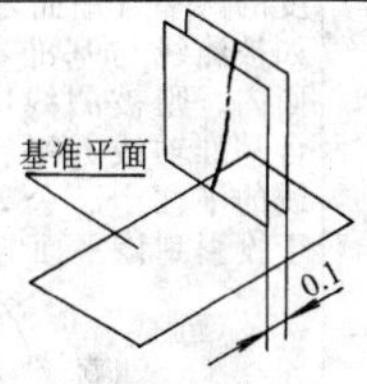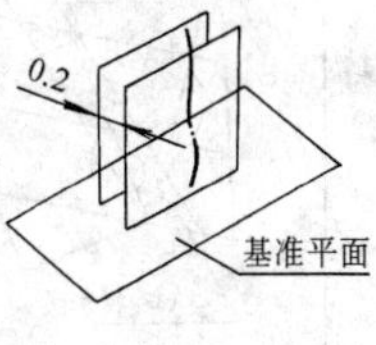

（续）

项目	符号	公差带定义	标注解释	示　　例
垂直度	⊥	c）任意方向 如公差值前加注 ϕ，则公差带是直径为公差值 t，且垂直于基准面的圆柱面内的区域 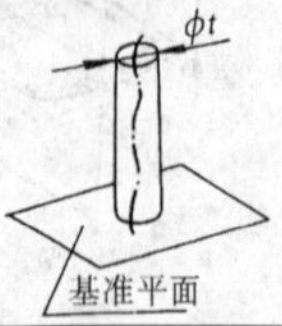	提取实际中心线必须位于直径为公差值 t，且垂直于基准线（基准平面）的圆柱面内 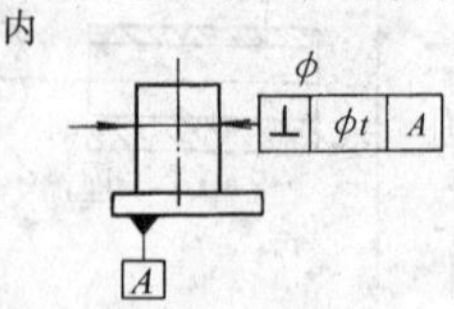	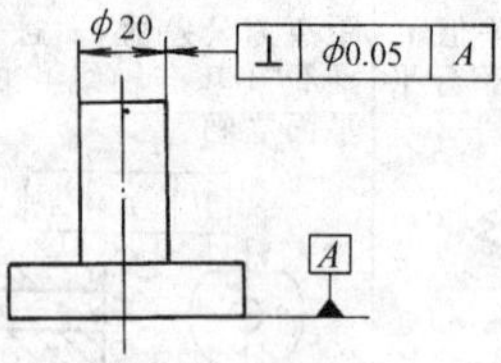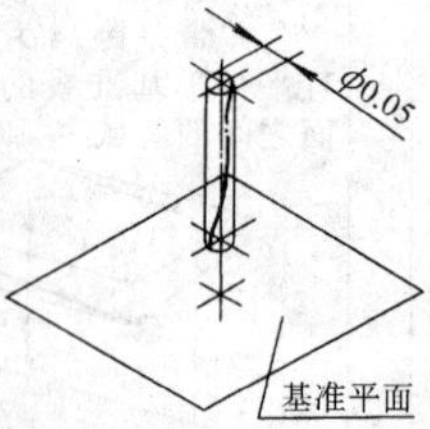
		3）面对线 公差带是距离为公差值 t，且垂直于基准线的两平行平面之间的区域 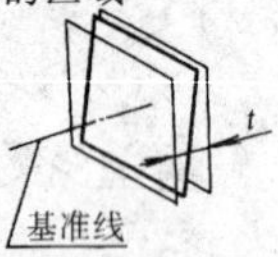	提取实际表面必须位于距离为公差值 t，且垂直于基准线（基准轴线）的两平行平面之间 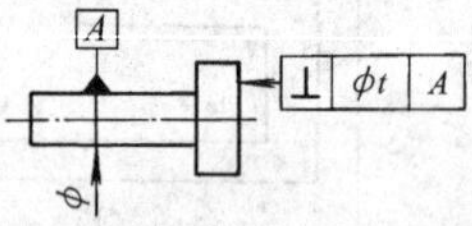	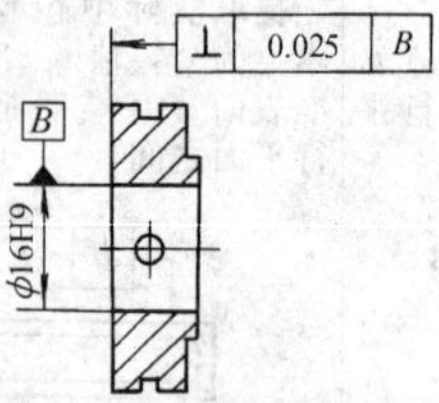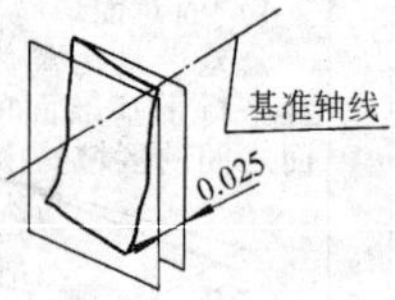
		4）面对面 公差带是距离为公差值 t，且垂直于基准面的两平行平面之间的区域 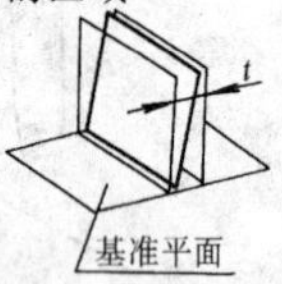	提取实际表面必须位于距离为公差值 t，且垂直于基准平面的两平行平面之间 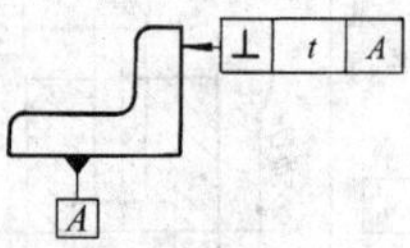	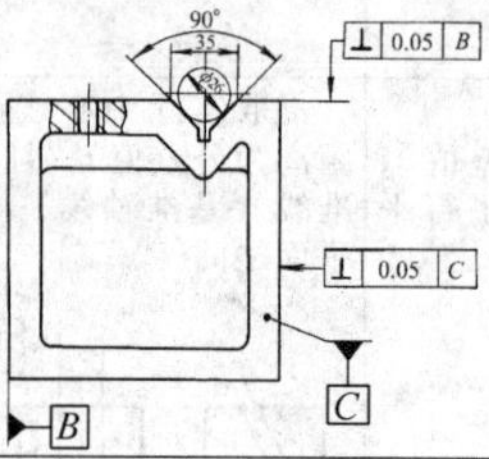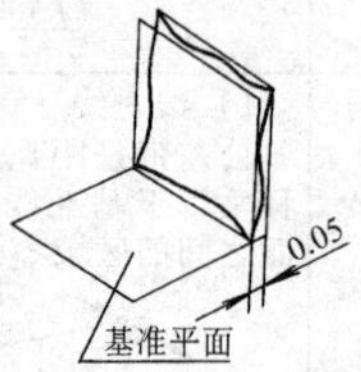
倾斜度	∠	1）线对线 a）在同一平面内 被测线和基准线在同一平面内：公差带是距离为公差值 t，且与基准线成一给定角度的两平行平面之间的区域 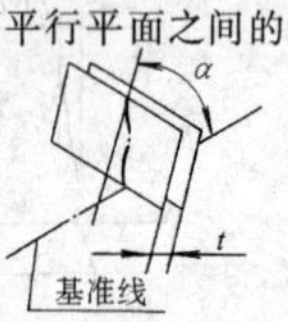	提取实际中心线必须位于距离为公差值 t，且与 $A—B$ 公共基准线成一理论正确角度的两平行平面之间 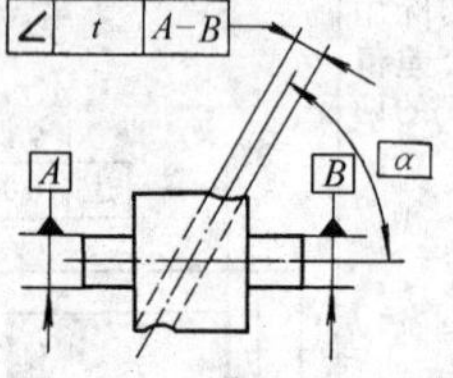	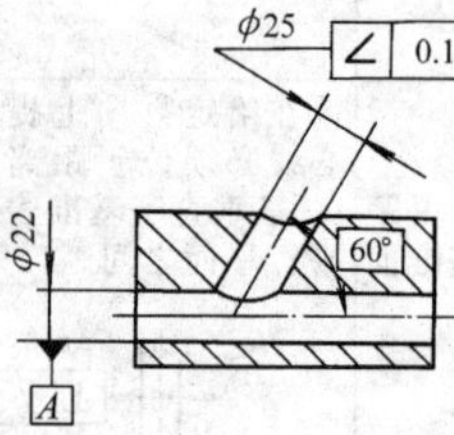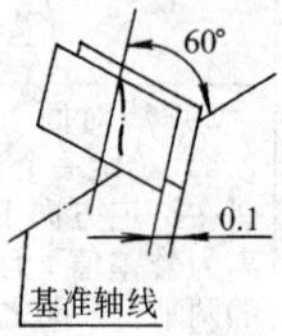
		b）不在同一平面内 被测线与基准线不在同一平面内：公带差是距离为公差值 t，且与基准成一给定角度的两平行平面之间的区域。如被测线与基准不在同一平面内，则被测线应投影到包含基准轴线并平行于被测轴线的平面上，公差带是相对于投影到该平面的线而言 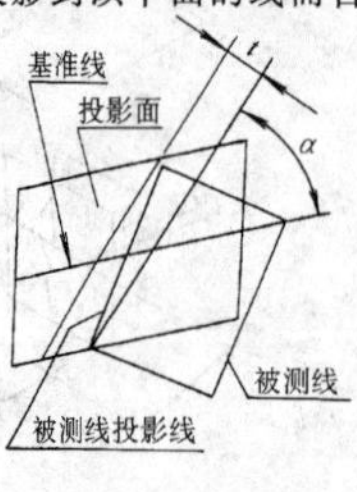	提取实际中心线投影到包含基准轴线的平面上，它必须位于距离为公差值 t，并与 $A—B$ 公共基准线成理论正确角度 α 的两平行平面之间 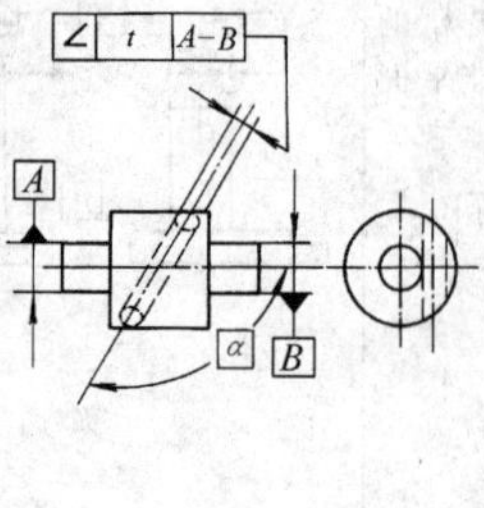	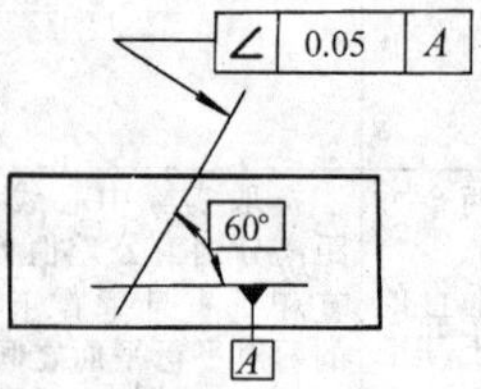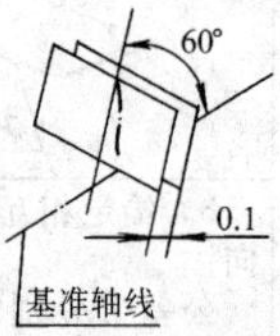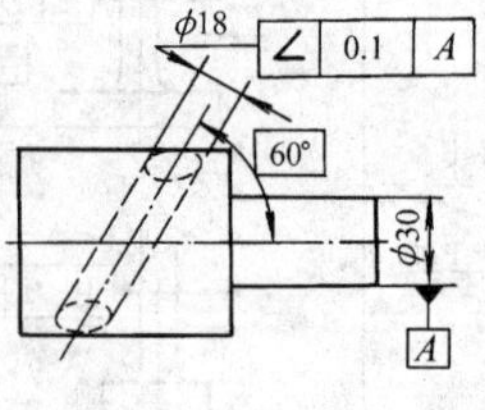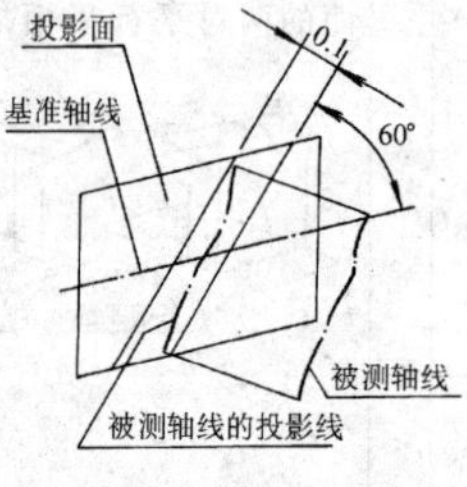

（续）

项目	符号	公差带定义	标注解释	示例
倾斜度	∠	2）线对面 a）给定方向 公差带是距离为公差值 t，且与基准成一给定角度的两平行平面之间的区域 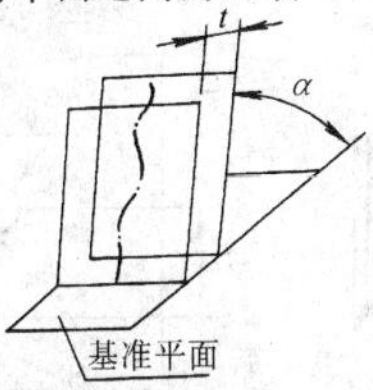	提取实际中心线必须位于距离为公差值 t，且与基准面（基准平面）成理论正确角度 60°的两平行平面之间 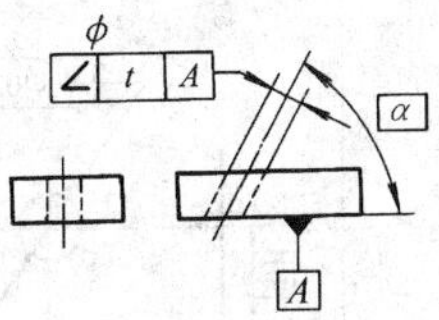	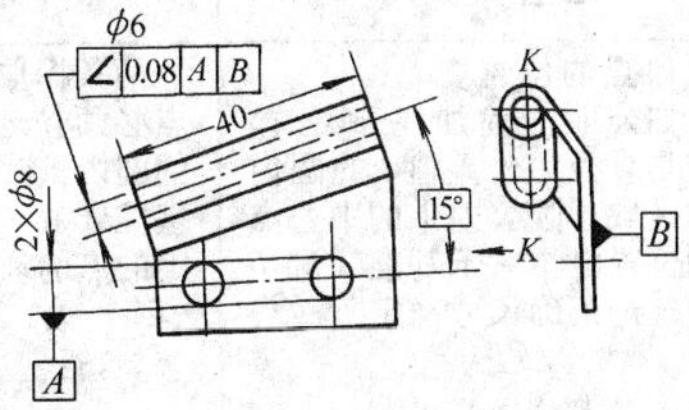
		b）任意方向 如在公差值前加注 ϕ，则公差带是直径为公差值 t 的圆柱面内的区域，该圆柱面的轴线应平行于基准平面，并与基准体系呈一给定的角度 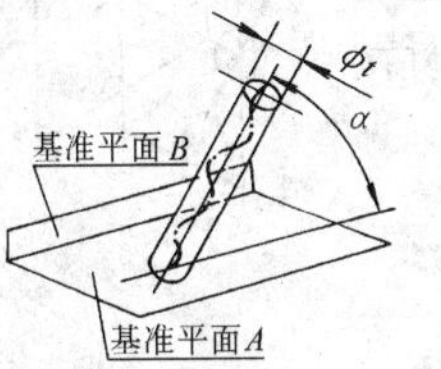	提取实际中心线必须位于直径为 t 的圆柱公差带内，该公差带应平行于垂直于基准的平面并与基表面（基准平面）呈理论正确角度 α 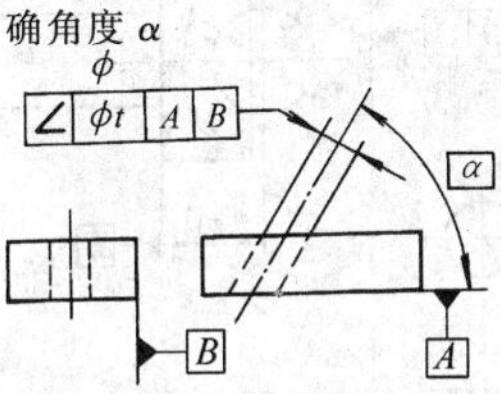	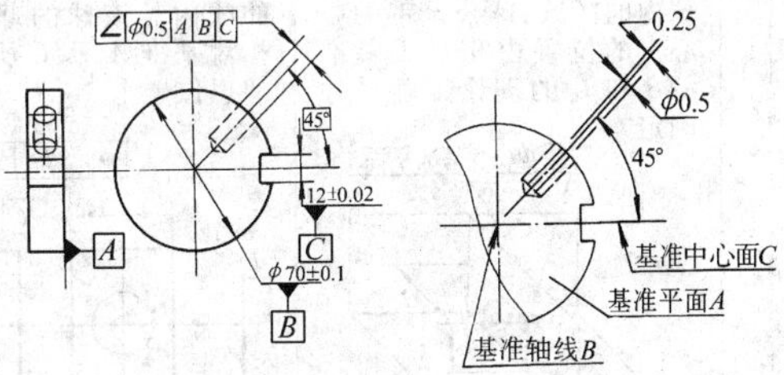
		3）面对线 公差带是距离为公差值 t，且与基准线成一给定角度的两平行平面之间的区域 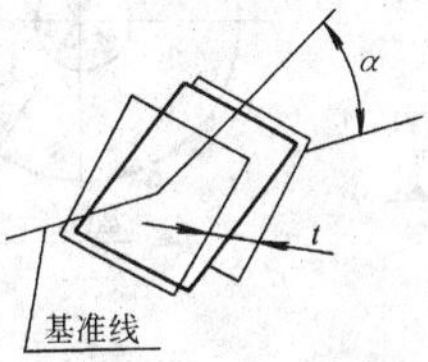	提取实际表面必须位于距离为公差值 t，且与基准线（基准轴线）成理论正确角度 75°的两平行平面之间 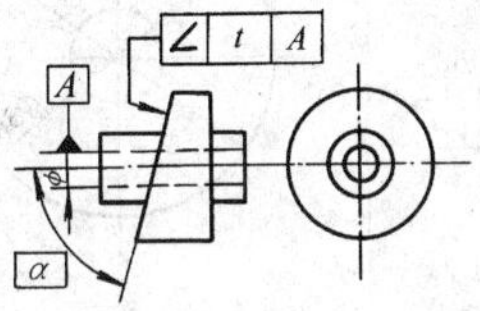	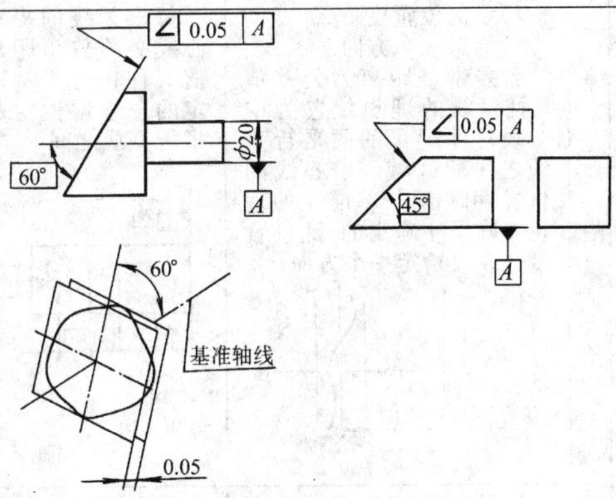
		4）面对面 公差带是距离为公差值 t，且与基准面成一给定角度的两平行平面之间的区域 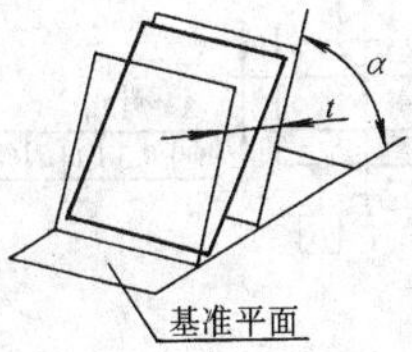	提取实际表面必须位于距离为公差值 t，且与基准面（基准平面）成理论正确角度 α 的两平行平面之间 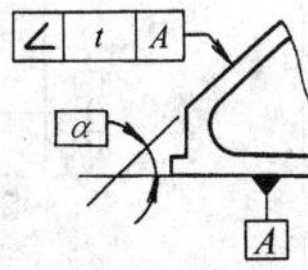	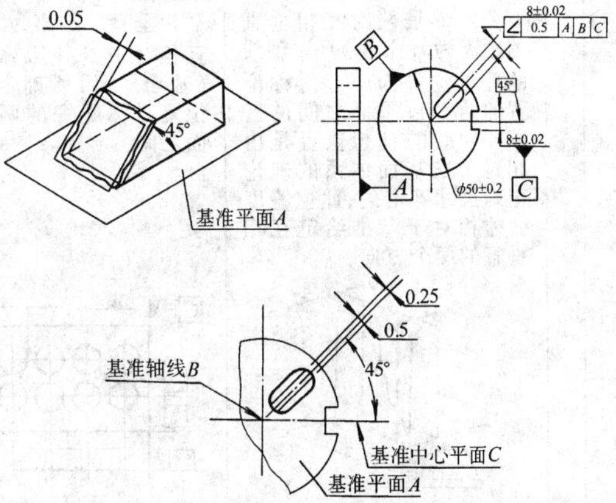

5.4　位置公差（位置度、同轴度、对称度）的公差带定义、标注解释及示例（见表3.3-24）

表3.3-24　位置公差带定义，标注解释及示例

项目	符号	公差带定义	标注解释	示例
位置度	⌖	1）点的位置度 如公差值前加注 ϕ，公差带是直径为公差值 t 的圆内的区域。圆公差带的中心点的位置由相对于基准 A 和 B 的理论正确尺寸确定 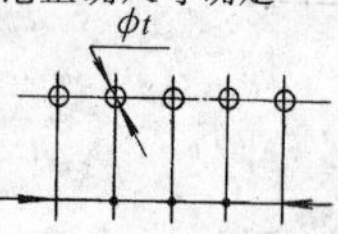	两条提取实际中心线的交点必须位于直径为公差值 t 的圆内，该圆的圆心位于相对基准 A 和 B（基准直线）所确定的点的理想位置上 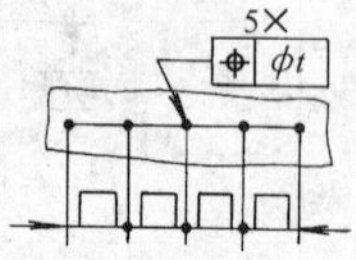	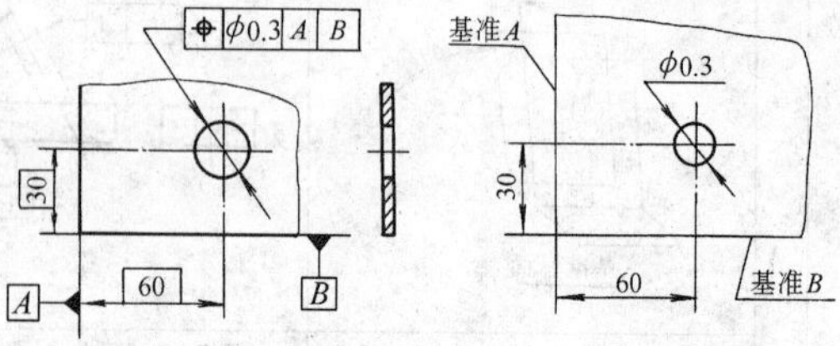
		如公差值前加注 $S\phi$，公差带是直径为公差值 t 的球内的区域，球公差带的中心点的位置由相对于基准 A、B 和 C 的理论正确尺寸确定 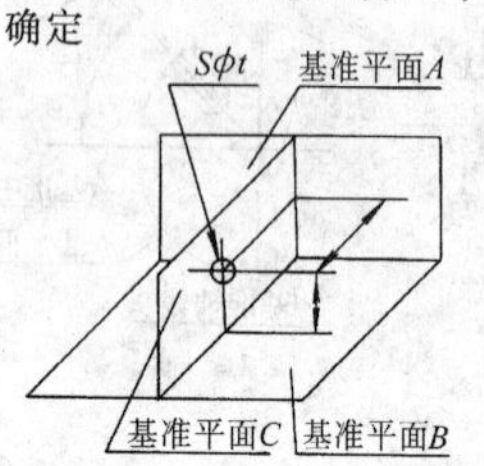	提取实际球表面的中心点必须位于直径为公差值 t 的球内。该球的球心位于相对基准 A、B、C 所确定的理想位置上 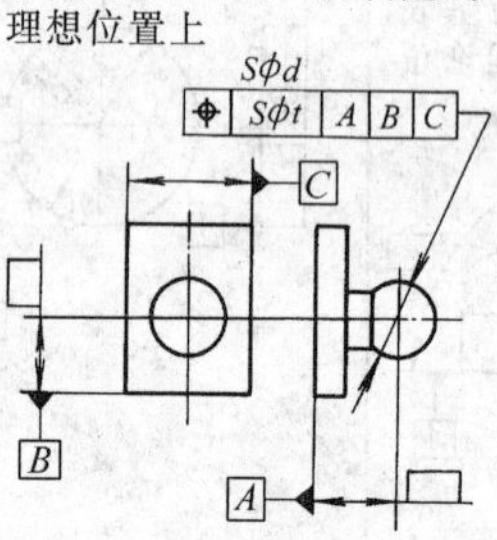	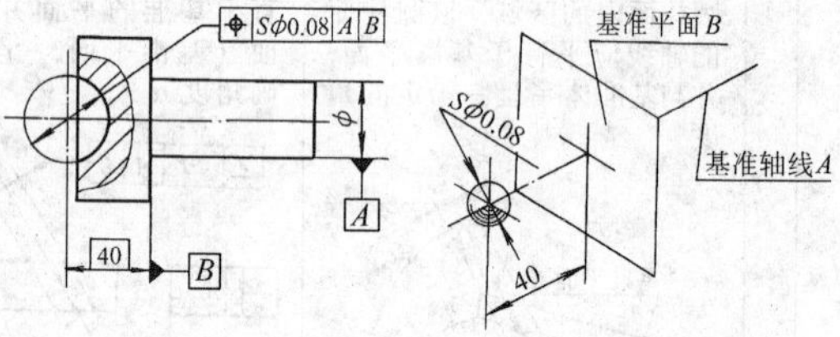
		2）线的位置度 a）给定一个方向 公差带是距离为公差值 t，且以线的理想位置为中心线对称配置的两平行直线之间的区域。中心线的位置，由相对于基准 A 的理论正确尺寸确定的，此位置度公差仅给定一个方向 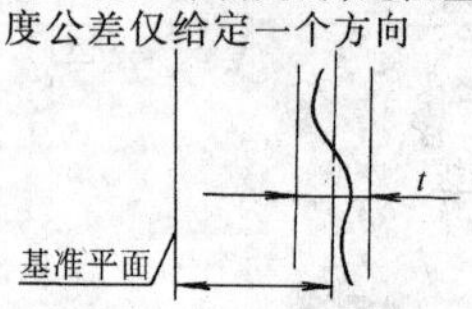	每根刻线的提取实际中心线必须位于距离为公差值 t，且相对于基准 A 所确定的理想位置对称的诸两平行直线之间 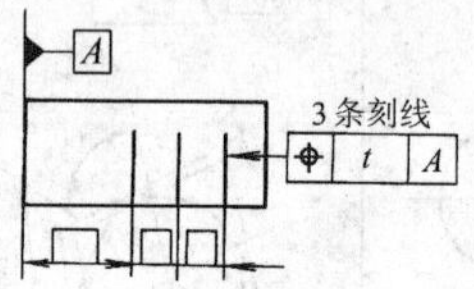	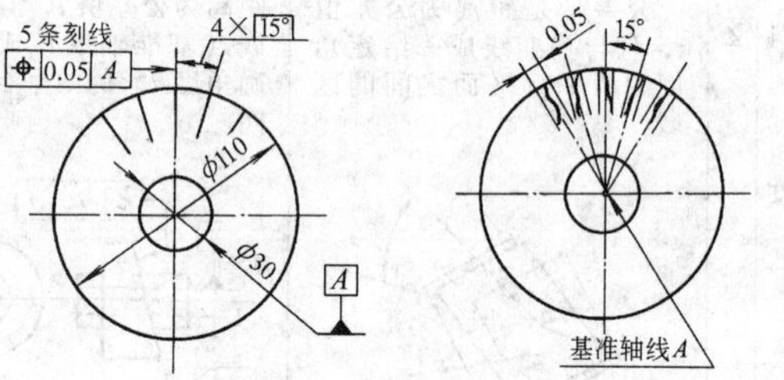
		b）给定相互垂直的两个方向 公差带是两对互相垂直的距离为 t_1 和 t_2，且以轴线的理想位置为中心对称配置的两平行平面之间的区域。轴线的理想位置是由相对于三基面体系的理论正确尺寸确定的，此位置度公差相对于基准给定互相垂直的两个方向 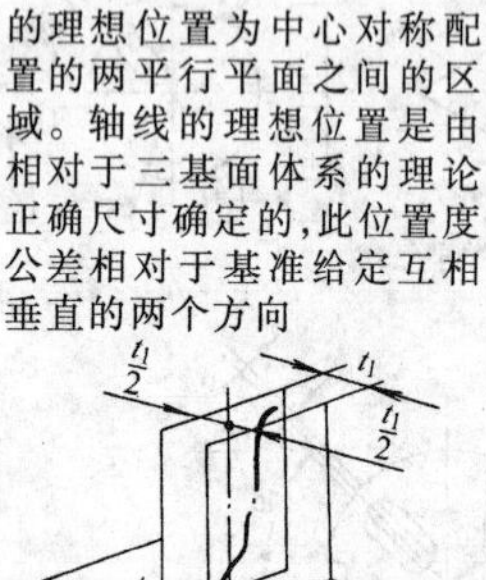	各个被测孔的提取实际中心线必须分别位于两对互相垂直的距离为 t_1 和 t_2，且相对于 C、A、B 基准表面（基准平面）所确定的理想位置对称配置的两平行平面之间 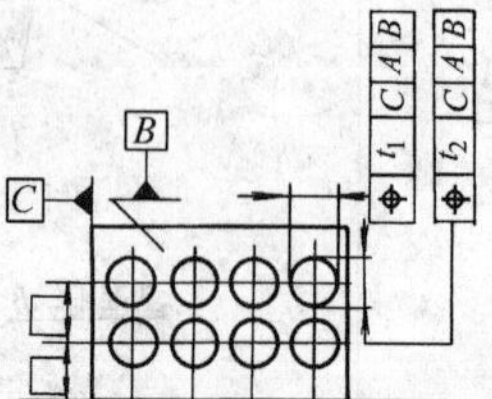	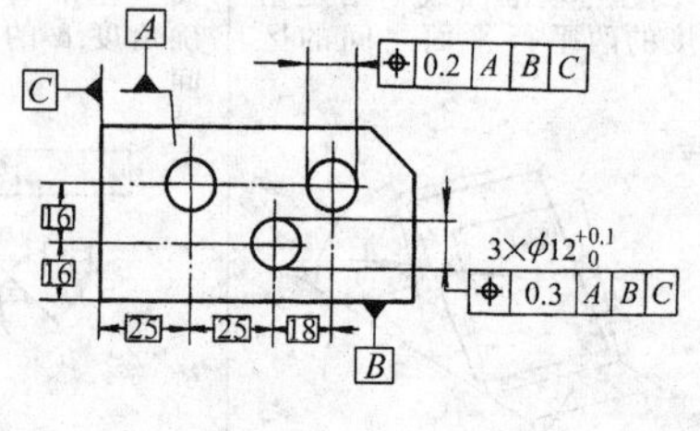

（续）

<table>
<tr><th>项目</th><th>符号</th><th>公差带定义</th><th>标注解释</th><th>示　　例</th></tr>
<tr><td rowspan="4">位
置
度</td><td rowspan="4">⌖</td><td>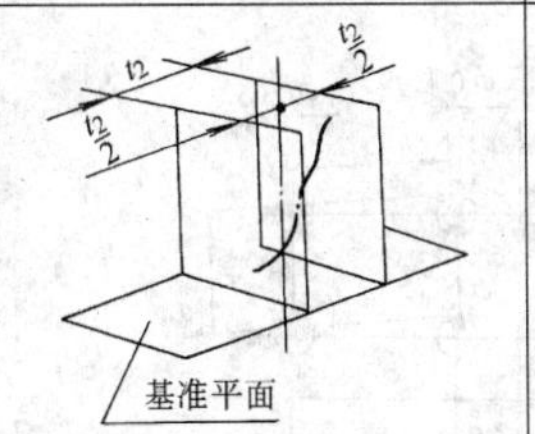
</td><td></td><td>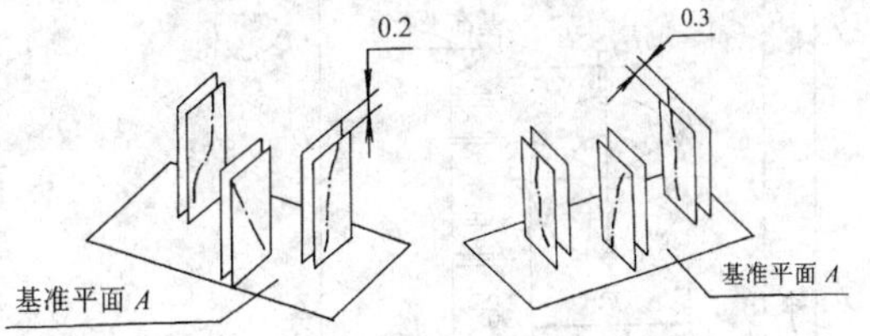
</td></tr>
<tr><td>c)任意方向
如在公差值前加注 ϕ，则公差带是直径为 t 的圆柱面内的区域，公差带的轴线的位置由相对于三基面体系的理论正确尺寸确定
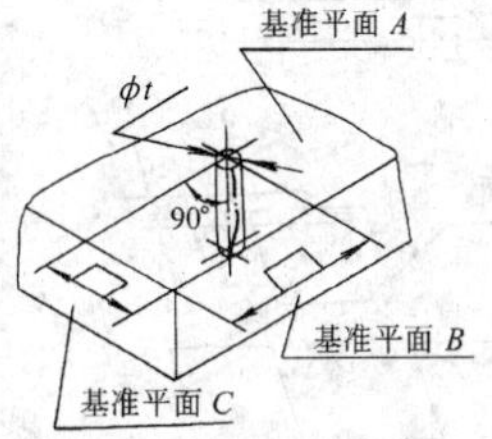
</td><td>提取实际中心线必须位于直径为公差值 t，且以相对于 C、A、B 基准表面（基准平面）所确定的理想位置为轴线的圆柱面内
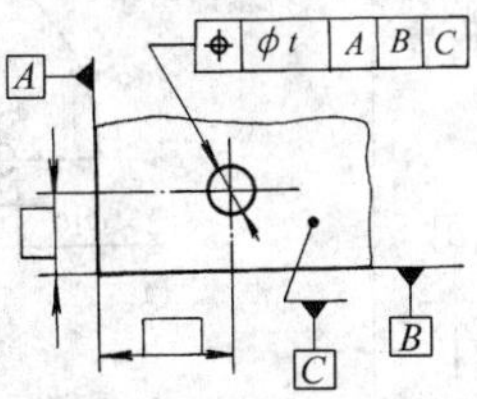
</td><td>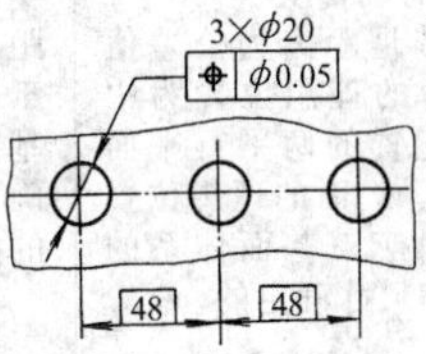
</td></tr>
<tr><td></td><td>每个提取实际中心线必须位于直径为公差值 t，且以相对于 C、A、B 基准表面（基准平面）所确定的理想位置为轴线的圆柱面内
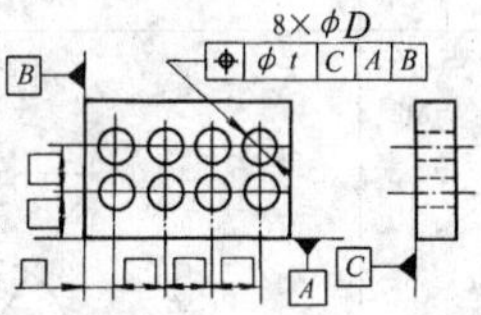
</td><td>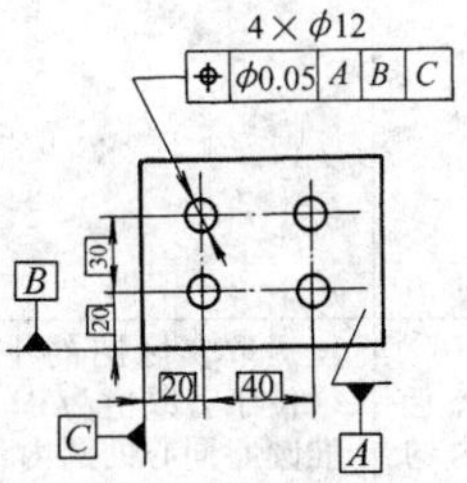

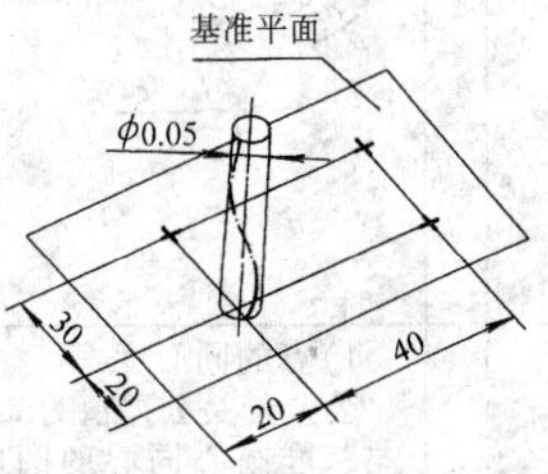

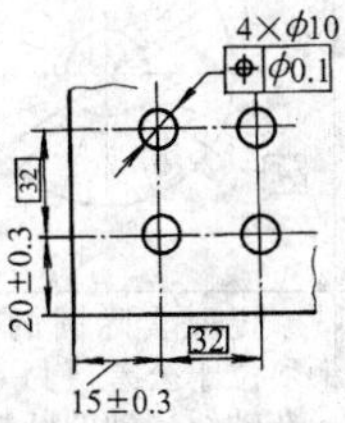

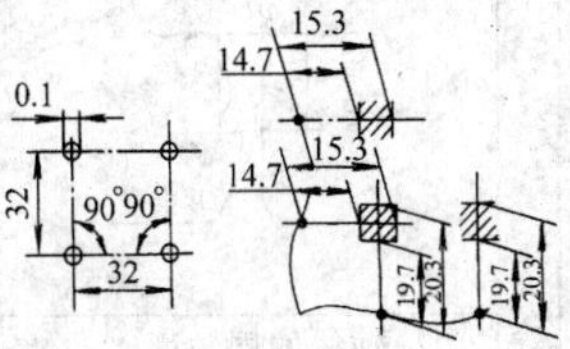
</td></tr>
<tr><td>d)复合位置度
公差带分别是直径为公差值 ϕt_1 的圆柱面内的区域（该圆柱面轴线相对于三基面体系确定）和公差带为 ϕ_2 的圆柱面内的区域（该圆柱面的轴线垂直于基准 A）
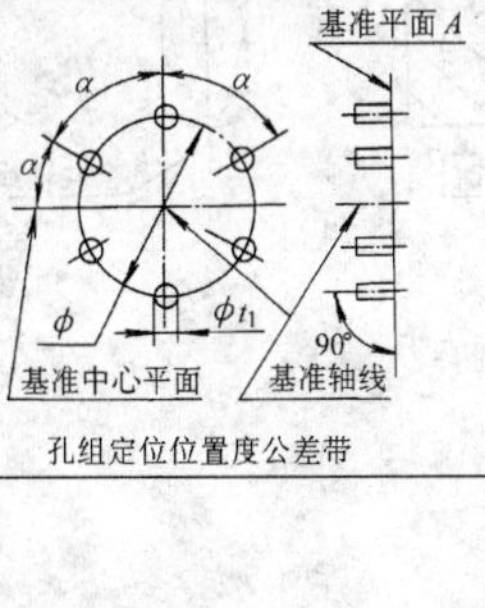

孔组定位位置度公差带</td><td>提取实际中心线必须位于公差值为 ϕt_1 且以相对于 A、B、C 三基准表面（基准平面）所确定的理想位置为轴线的圆柱面内，同时也必须位于公差值为 ϕt_2，其轴线垂直于基准面 A 的圆柱面内
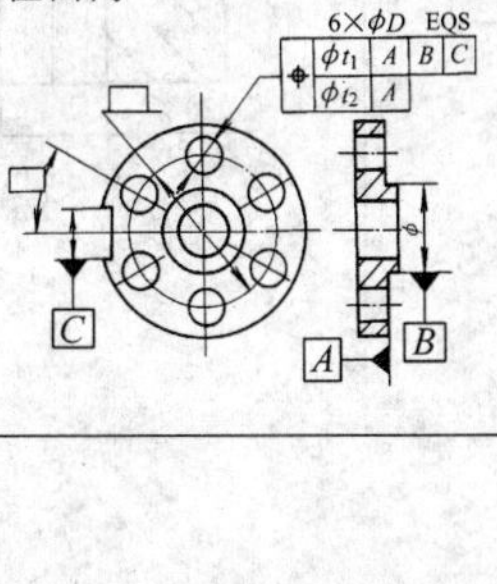
</td><td>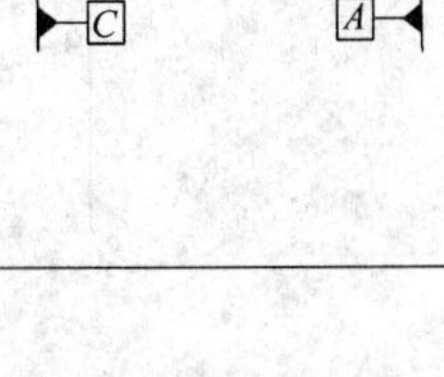
</td></tr>
</table>

（续）

项目	符号	公差带定义	标注解释	示　例
位置度	⌖	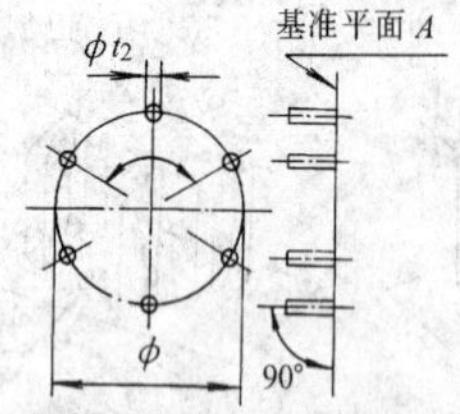 孔组内各孔位置度公差带		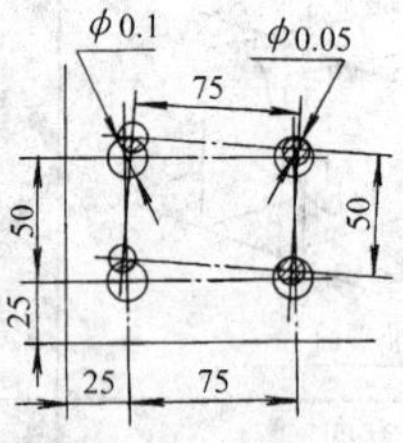 在最大实体状态下
		3）面的位置度 公差带是距离为公差值 t，且以面的理想位置为中心对称配置的两平行平面之间的区域，面的理想位置是由相对于三基面体系的理论正确尺寸确定的 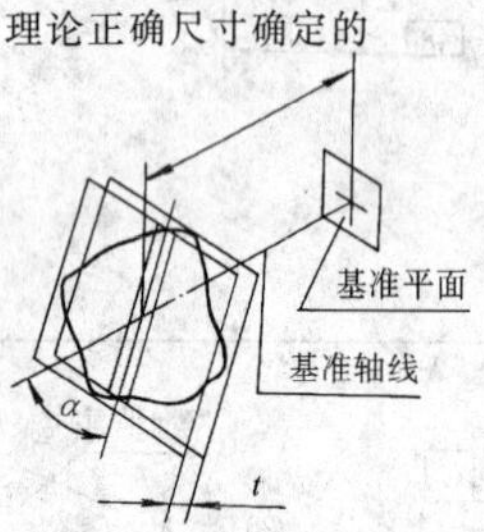	提取实际表面必须位于距离为公差值 t，且以相对于基准线 B（基准轴线）和基准表面 A（基准平面）所确定的理想位置对称配置的两平行平面之间 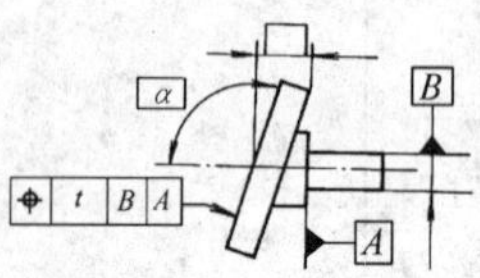	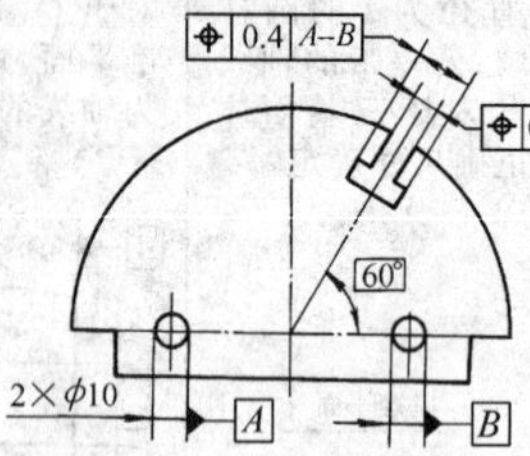 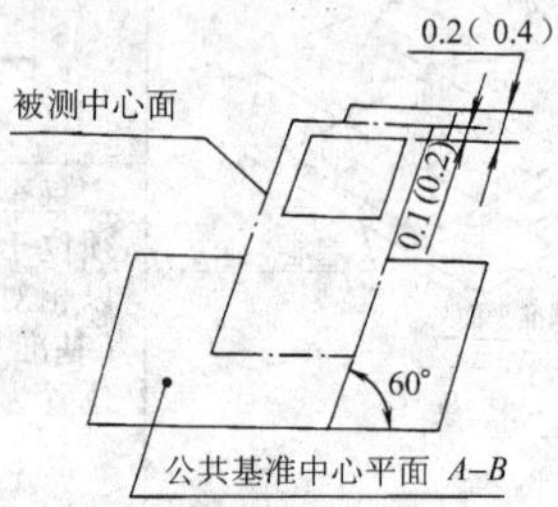
同轴度（同心度）	◎	1）点的同心度 公差带是公差值为 ϕt，且与基准圆心同心的圆内的区域 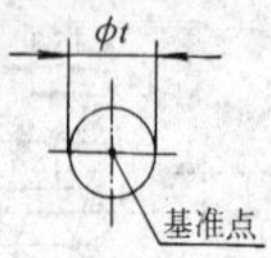	提取实际圆的中心点必须位于公差值为 ϕt，且与基准圆心同心的圆内 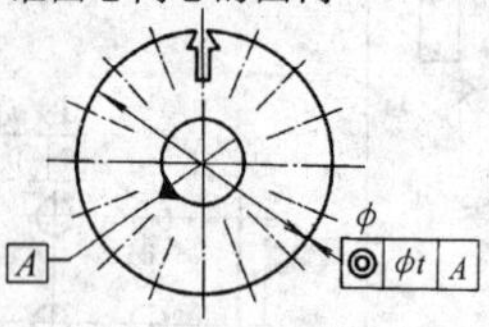	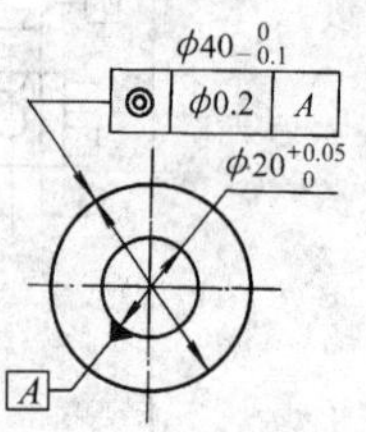 
		2）轴线的同轴度 公差带是公差值 ϕt 的圆柱面的区域，该圆柱面的轴线与基准轴线同轴 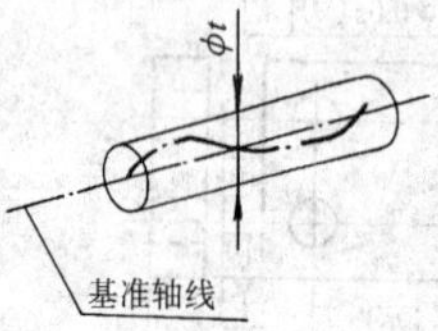	提取实际圆的中心线必须位于公差值为 ϕt，且与基准轴线同轴的圆柱面内 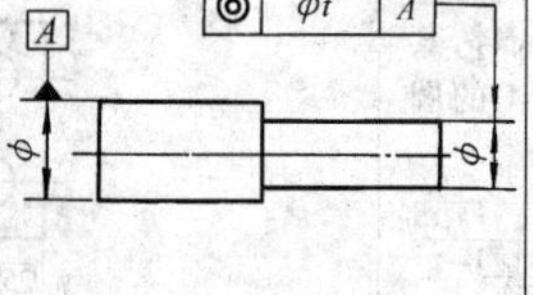	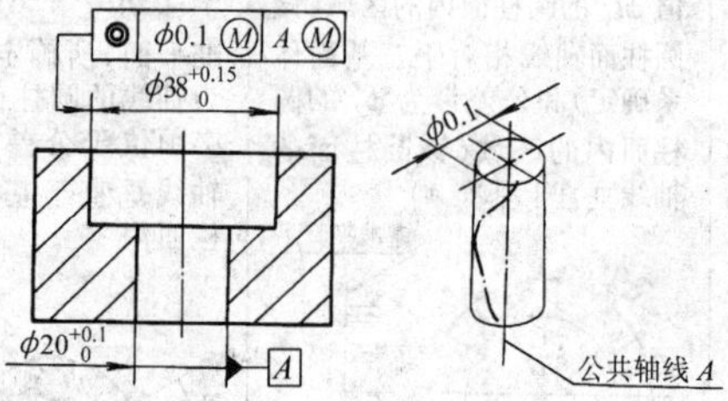

（续）

项目	符号	公差带定义	标注解释	示　例
对称度	⌯	公差带是距离为公差值 t，且相对基准的中心平面对称配置的两平行平面之间的区域 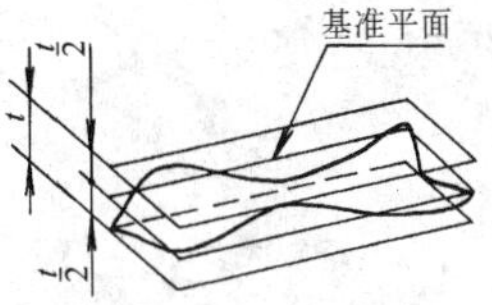	提取实际中心平面必须位于距离为公差值 t，且相对于基准中心平面 A 对称配置的两平行平面之间 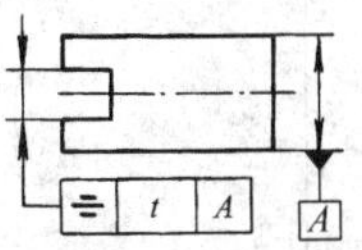	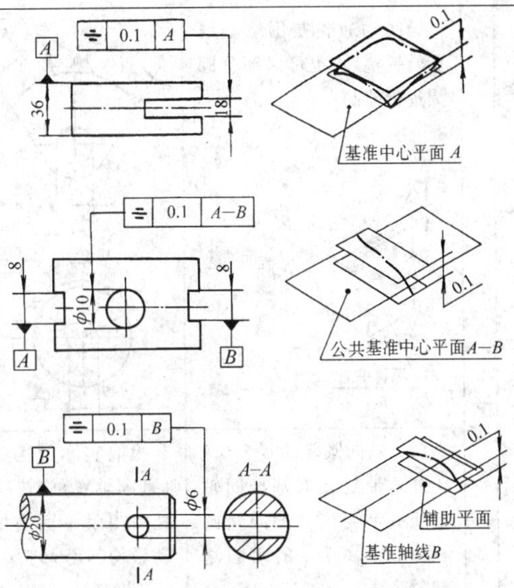

5.5　跳动公差公差带定义、标注解释及示例

跳动公差是由提取实际要素跳动量之差来控制实际表面形状，方向和位置的一项综合指标。跳动公差包括圆跳动公差和全跳动公差，圆跳动是指被测要素围绕基准轴线在无轴向移动的前提下在任一测量平面内旋转一周时的最大变动量，即最大跳动量与最小跳动量之差。

圆跳动公差按其测量方向可分为径向圆跳动、轴向圆跳动和斜向圆跳动三种。

全跳动是指被测要素绕基准轴线在无轴向移动的前提下旋转，在整个表面上的最大变动量即最大跳动量与最小跳动量之差。

全跳动公差分径向全跳动和轴向全跳动两种。

跳动公差带的定义，标注解释及示例见表 3.3-25。

表 3.3-25　跳动公差带定义，标注解释及示例

项目	符号	公差带定义	标注解释	示　例
圆跳动	↗	(1)径向圆跳动 公差带是在垂直于基准轴线的任一测量平面内半径差为公差值 t，且圆心在基准轴线上的两个同心圆之间的区域 	在任一垂直于基准 A 的横截面内，提取（实际）圆应限定在半径差等于 0.1，圆心在基准轴线 A 上的两同心圆之间（见图 a） 在任一平行于基准平面 B、垂直于基准轴线 A 的截面上，提取（实际）圆应限定在半径差等于 0.1，圆心在基准轴线 A 上的两同心圆之间（见图 b） 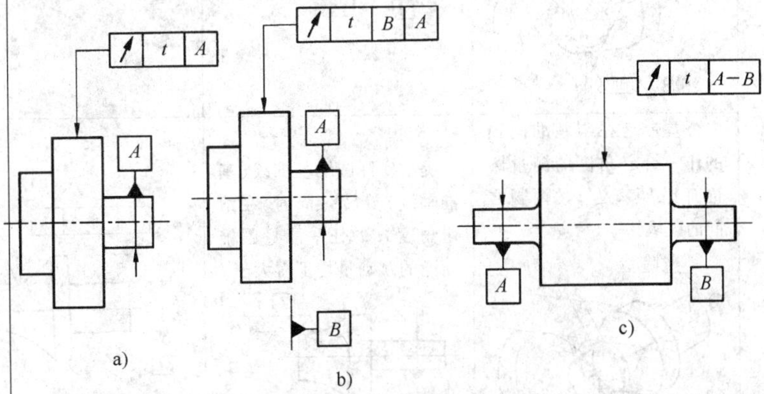 a)　b)　c) 在任一垂直于公共基准轴线 $A-B$ 的横截面内，提取（实际）圆应限定在半径差等于 0.1、圆心在基准轴线 $A-B$ 上的两同心圆之间（图 c）	

（续）

项目	符号	公差带定义	标注解释	示例
圆跳动	↗	圆跳动通常是围绕轴线旋转一整周,也可对部分圆周进行控制 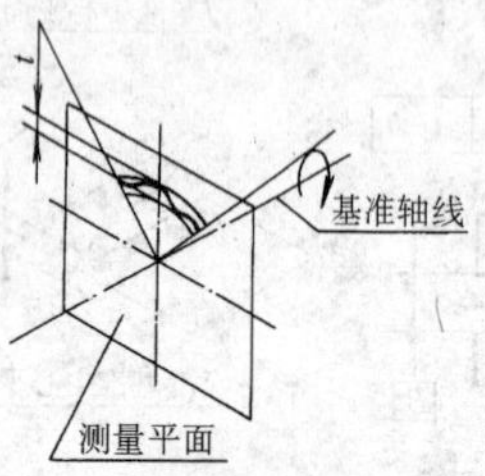	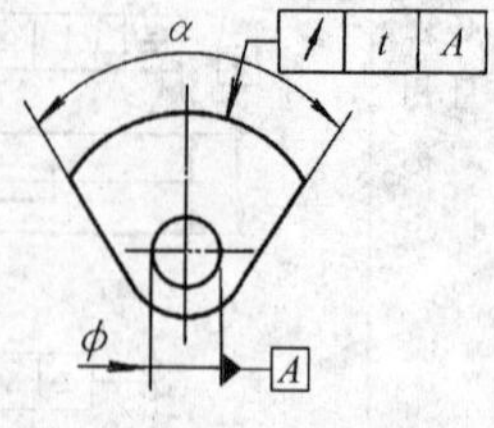 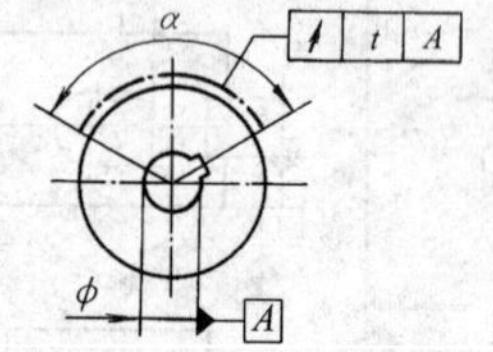	
		(2) 轴向圆跳动 公差带是在与基准同轴的任一半径位置的测量圆柱面上距离为 t 的两圆之间的区域 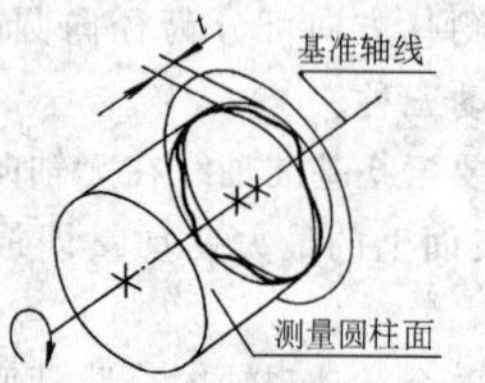	提取实际圆围绕基准线(基准轴线)旋转一周时,在任一测量平面内的轴向跳动量均不得大于 t 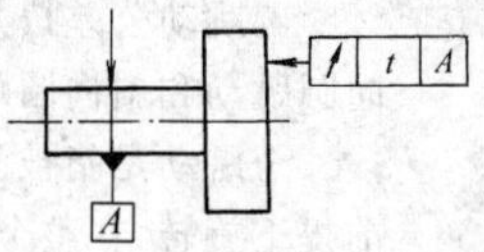	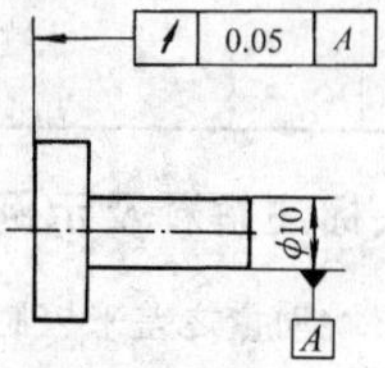 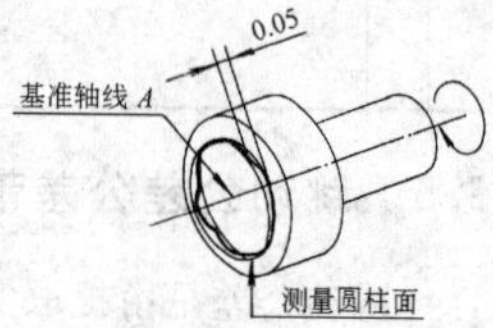
		(3) 斜向圆跳动 公差带是在与基准同轴的任一测量圆锥面上,距离为 t 的两圆之间的区域 除另有规定,其测量方向应与被测面垂直 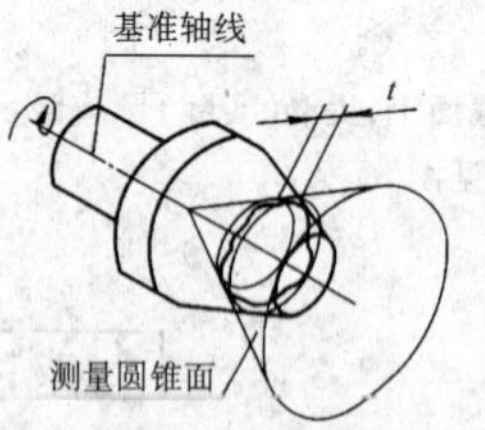	提取实际圆绕基准线(基准轴线)旋转一周时,在任一测量圆锥面上的跳动量均不得大于 t 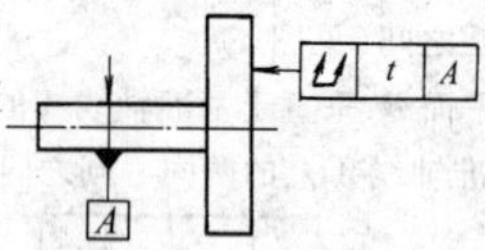	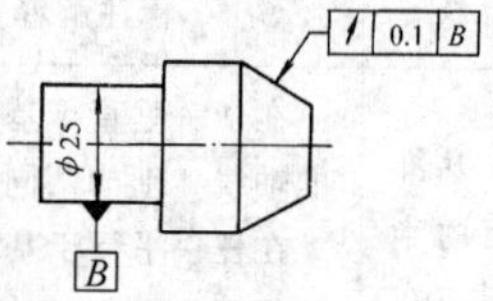 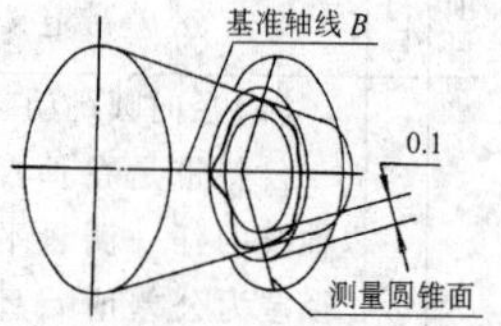
		公差带是在与基准同轴的任一给定角度的测量圆锥面上,距离为 t 的两圆之间的区域 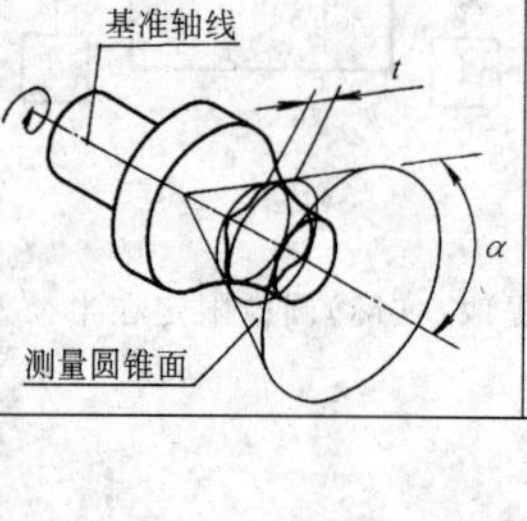	提取实际圆绕基准线(基准轴线)旋转一周时,在给定角度 α 的任一测量圆锥面上的跳动量均不得大于 t 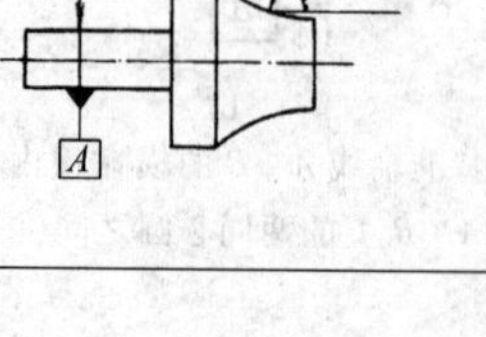	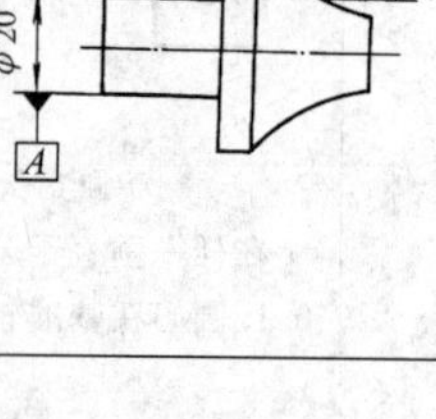 

（续）

项目	符号	公差带定义	标注解释	示例
全跳动	⌰	（1）径向全跳动 公差带是半径差为公差值 t，且与基准或公共基准同轴的两圆柱面之间的区域 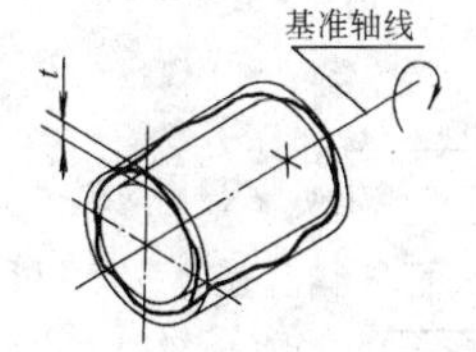	提取实际圆围绕基准线 $A—B$ 作若干次旋转，并在测量仪器与工件间同时作轴向移动，此时在被测要素上各点间的示值差均不得大于 t，测量仪器或工件必须沿着基准轴线方向并相对于公共基准轴线 $A—B$ 移动 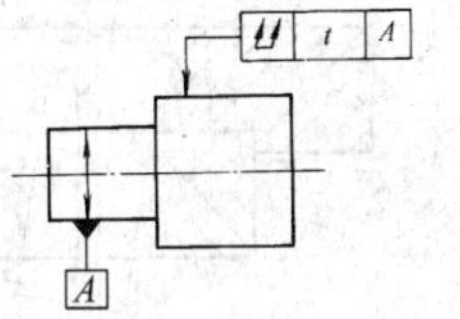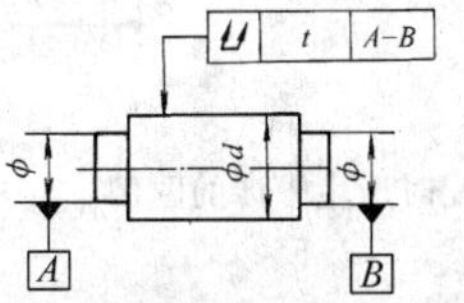	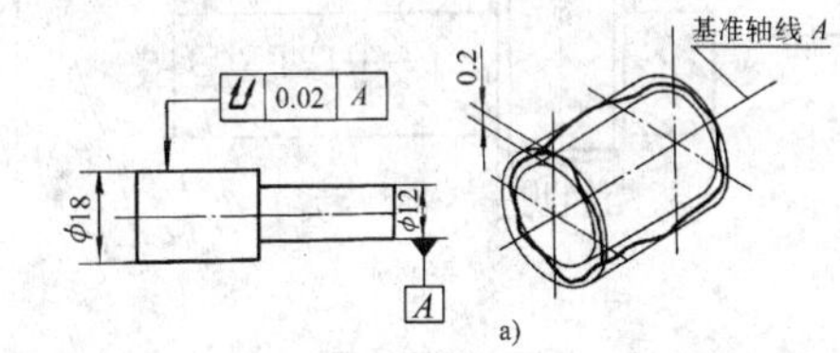a) 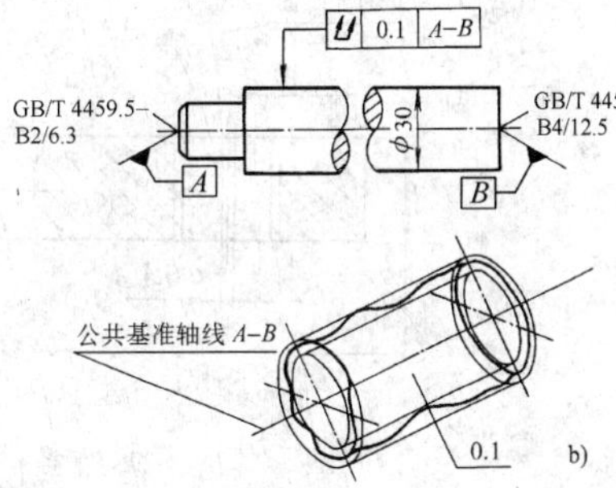b)
		（2）轴向全跳动 公差带是距离为公差值 t，且与基准垂直的两平行平面之间的区域 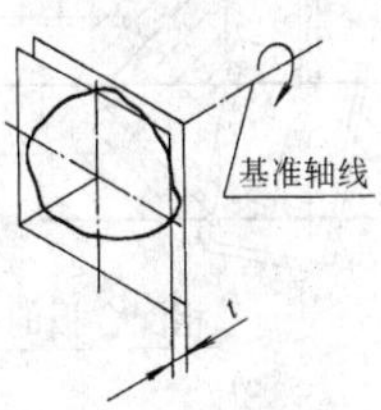	提取实际圆围绕基准轴线作若干次旋转，并在测量仪器与工件间作径向移动，此时，在被测要素上各点间的示值差均不得大于 t，测量仪器或工件必须沿着轮廓具有理想正确形状的线和相对于基准轴线的正确方向移动 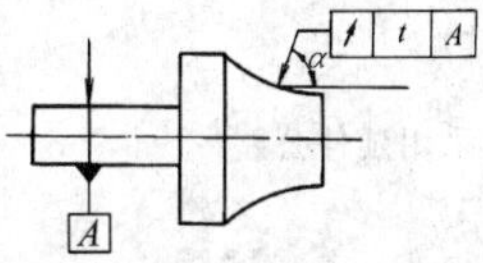	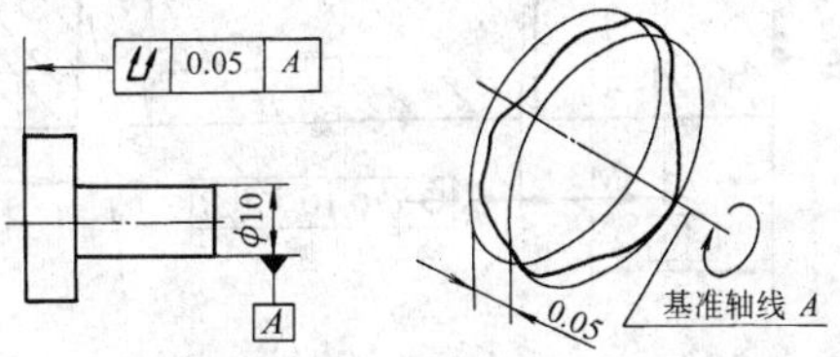

6 延伸公差带的含义及标注

延伸公差带是一种特殊的公差带标注方法，以满足特殊的功能要求。GB/T 17773—1999《形状和位置公差 延伸公差带及其表示法》中规定了延伸公差带的含义、符号及图样上的标注形式。修订后的 GB/T 13319《位置度公差注法》标准中也将其纳入附录。

（1）延伸公差带的含义

对于螺纹件（螺钉、螺柱、螺栓等），销，键等联接件，如各自给出形位公差要求，常会出现虽各自能满足所给出的几何公差要求，但仍无法保证装配的情况。其原因是在装配时，联接件之间产生了干涉现象。

为避免联接件在装配时产生的干涉现象，以保证其顺利装配，应该采用延伸公差带。

图 3.3-14 表示采用各自给出几何公差带的方法，导致装配时产生干涉的图例。

图 3.3-14a 表示板 1 和板 2 用螺钉 3 联接。

图 3.3-14b 表示板 1 和板 2 各自的位置公差要求。

图 3.3-14c 表示板 1 和板 2 孔的提取中心线各自均在给定的公差带内。但由于板 2 有自身的厚度及板 2 与板 1 的总高度使螺钉装入后在板 2 的位置上产生了干涉（图 3.3-14d）。

图 3.3-15 表示采用延伸公差带以保证装配的图例。

图 3.3-15a 表示板 1 螺孔提取中心线的位置度公差不在板 1 处控制，而是将其向板 2 延伸在板 2 的位置上控制。此时，应加注延伸公差带符号。

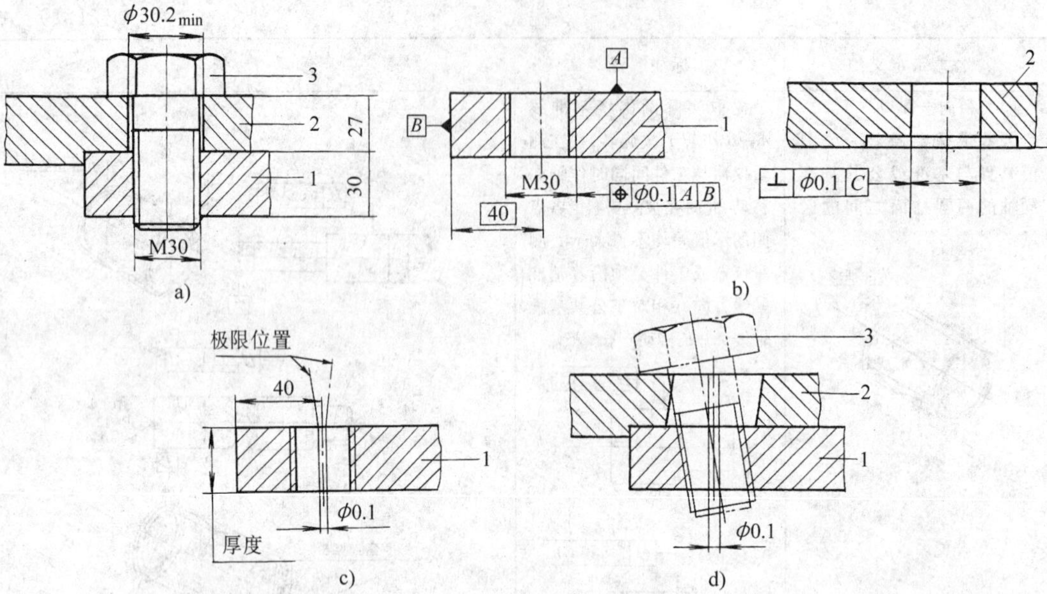

图 3.3-14　装配时产生干涉的图例

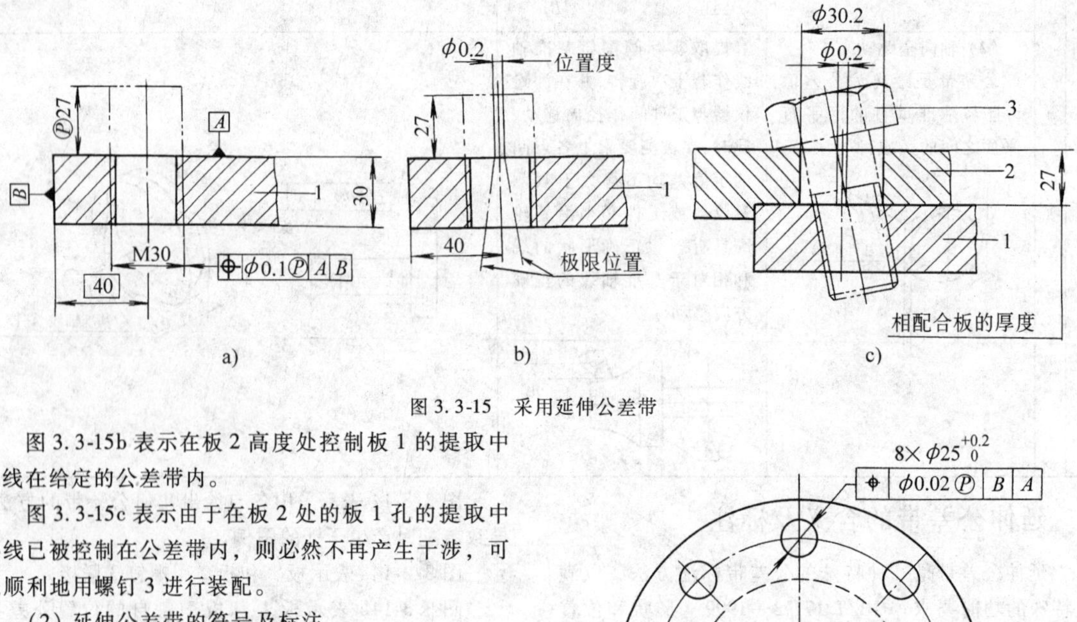

图 3.3-15　采用延伸公差带

图 3.3-15b 表示在板 2 高度处控制板 1 的提取中心线在给定的公差带内。

图 3.3-15c 表示由于在板 2 处的板 1 孔的提取中心线已被控制在公差带内，则必然不再产生干涉，可以顺利地用螺钉 3 进行装配。

(2) 延伸公差带的符号及标注

采用延伸公差带时应加注延伸公差带符号，延伸公差带符号采用其英文名词 Project Tolerance Zone 中的第一个字的字首 P 并围以圆圈，即Ⓟ。

在图样上除应将符号Ⓟ加注在形位公差框格中公差值的右边外，还应在图样中延伸长度的尺寸数字前加注符号Ⓟ，见图 3.3-16。

(3) 延伸公差带示例

延伸公差带常用于螺纹联接、销联接和键联接等。延伸公差带的采用类型根据零件功能要求而定。

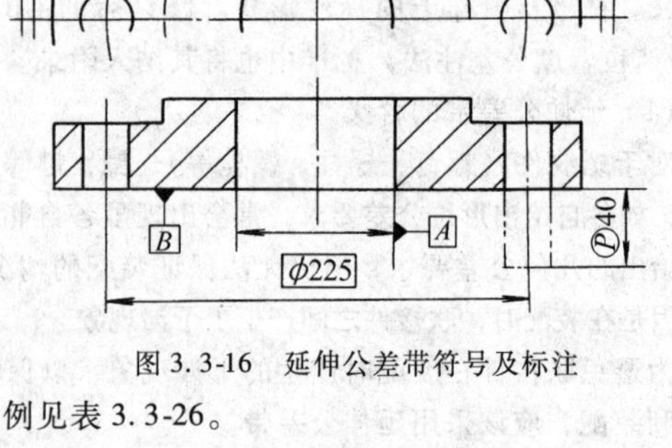

图 3.3-16　延伸公差带符号及标注

示例见表 3.3-26。

表 3.3-26　延伸公差带示例

<table>
<tr><th>序号</th><th>应用场合</th><th>标　注</th><th>公差带解释</th></tr>
<tr><td>1</td><td>用于控制螺孔轴线相对于板 1 的正确位置</td><td>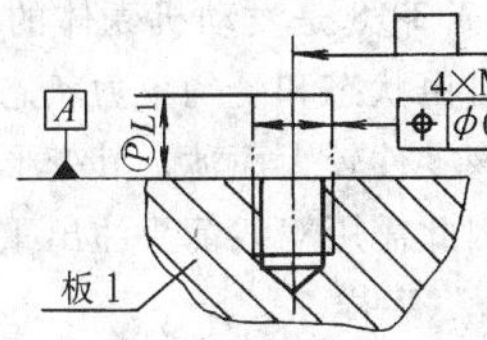
</td><td>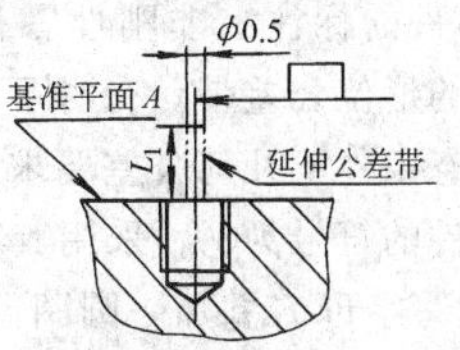
</td></tr>
<tr><td>2</td><td>用于控制两轴线在任意方向的垂直相交</td><td>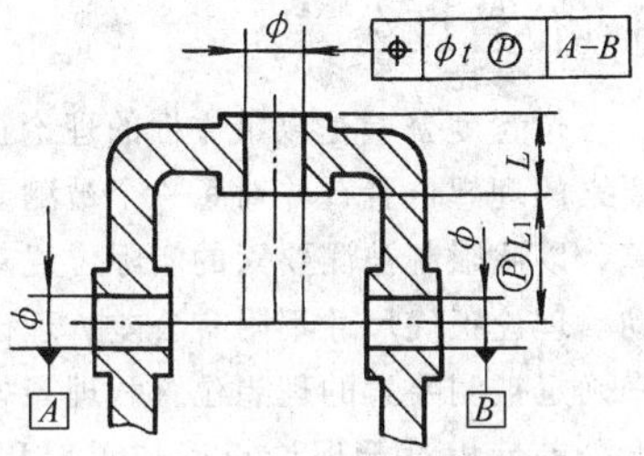
</td><td>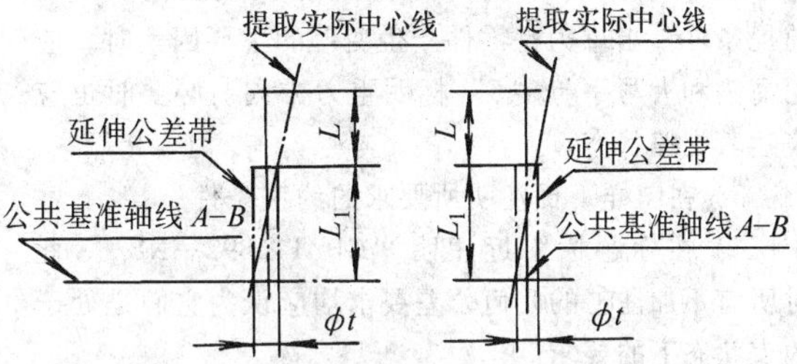
</td></tr>
<tr><td>3</td><td>用于控制与基准有一段距离的轴线的正确位置</td><td>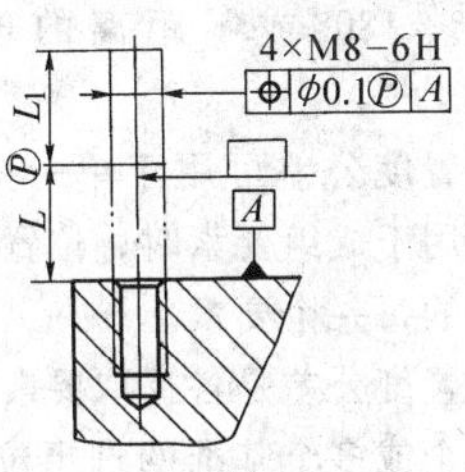
</td><td>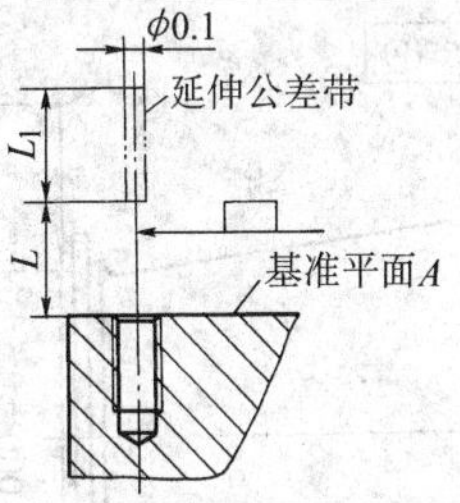
</td></tr>
<tr><td>4</td><td>用于控制螺柱连接轴线的正确位置</td><td>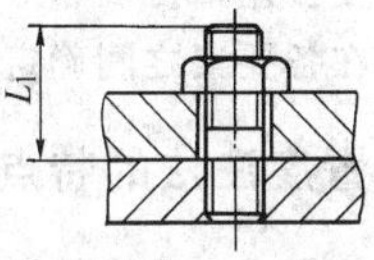
</td><td>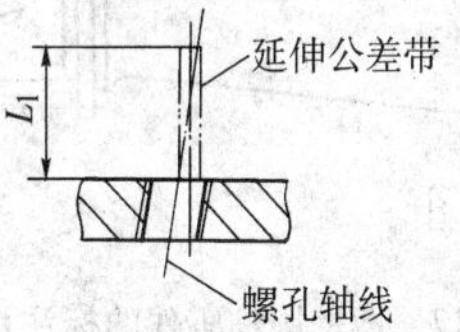
</td></tr>
<tr><td>5</td><td>用于控制两个方向的对称位置</td><td>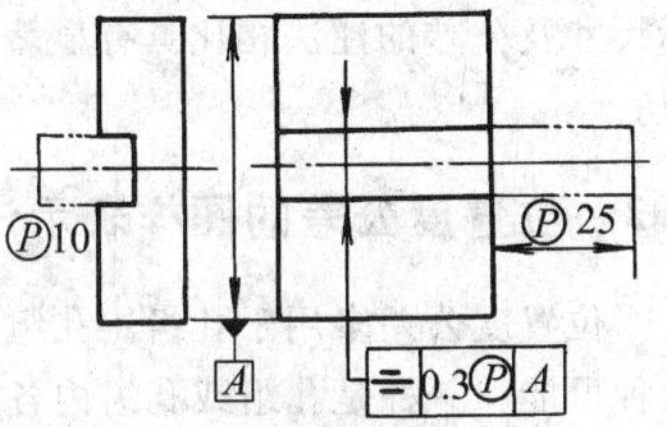
</td><td>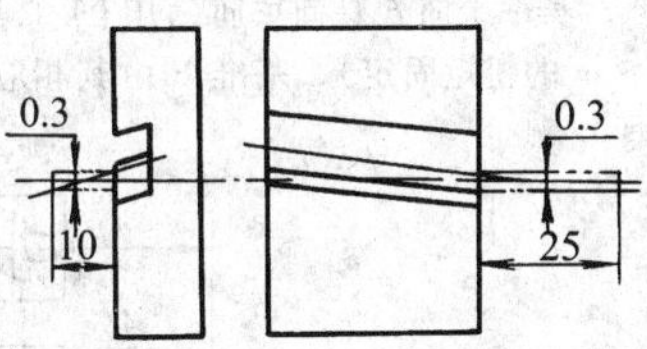
</td></tr>
</table>

7　非刚性零件的定义及标注

非刚性零件在加工或装配时，由于受到外力的影响，其要素处于受约束的状态，几何误差值较小。一旦去除外力，其几何误差值会大大超出受力时的状态。如何判断该类零件的形位误差合格与否是生产中经常出现的问题。我国于 1997 年批准发布了 GB/T16892—1997《形状和位置公差　非刚性零件注法》，规定了非刚性零件的定义及标注方法，解决了这类零件误废的情况。

(1) 非刚性零件的定义与应用原则

1) 非刚性零件　在自由状态下相对其处于约束状态下会产生显著变形的零件。如金属薄壁件，挠性材质零件如橡胶件，塑料件等。非刚性零件用 Non-Rigid Part 中的字首（大写）“NR”表示。

2) 自由状态　零件只受到重力作用时的状态。

3) 应用原则

① 非刚性零件在自由状态下的允许变形量应满足装配条件下的几何公差要求，装配应在正常的受力状态下进行。这样就保证了非刚性零件装配后的功能要求。

② 零件在自由状态时，虽已摆脱了外力的影响，但仍然受着自身重力的影响，一些大型的薄壳零件会受重力的影响产生变形。因此，零件在自由状态时的放置方向十分重要，对于这类零件应在给出自由状态条件下的形位公差值同时，在图样上注出造成零

件变形的各种因素，如重力方向，支撑状态等。

（2）非刚性零件的符号及标注

1）非刚性零件的标注　非刚性零件常需给出在自由状态条件下的形位公差带。有时可同时给出约束条件下和自由状态条件下几何公差要求。

自由状态条件的符号为Ⓕ，采用其英文名词 Free State 中 Free 的大写字母 *F* 并加一圆圈。

2）在图样上注出在自由状态下几何公差要求的前提条件　当重力是零件产生变形的主要因素时，应用箭头和大写字母“*G*”标明重力方向。必要时也应表达其支撑状态。

3）在图样下面注明所要求的约束条件。

4）在标题栏附近注明“GB/T16892—NR”。此时所有不加注Ⓕ的几何公差要求均应认为它们是处于约束状态下的要求。

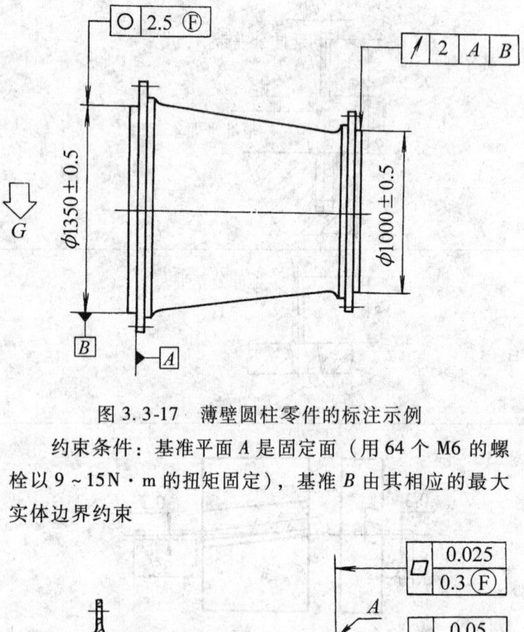

图 3.3-17　薄壁圆柱零件的标注示例

约束条件：基准平面 *A* 是固定面（用 64 个 M6 的螺栓以 9～15N·m 的扭矩固定），基准 *B* 由其相应的最大实体边界约束

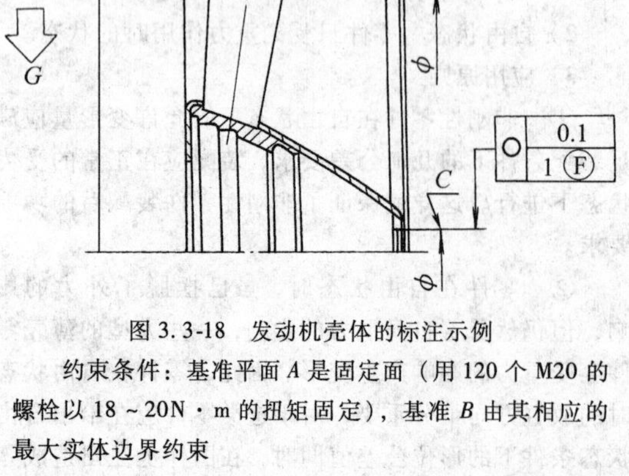

图 3.3-18　发动机壳体的标注示例

约束条件：基准平面 *A* 是固定面（用 120 个 M20 的螺栓以 18～20N·m 的扭矩固定），基准 *B* 由其相应的最大实体边界约束

（3）非刚性零件标注示例

1）图 3.3-17 是一个薄壁圆柱零件的标注示例。

2）图 3.3-18 是发动机壳体的标注示例。本例同时给出了自由状态和受约束力状态下的形位公差。

由于该零件较大而薄，其变形量也受其自身重量的影响。因此需用双线箭头注出重力方向，并在箭头下加注“*G*”字样。

8　位置度公差

位置度公差是以带方框的理论正确尺寸给定被测要素的理想位置，并对每一个被测要素给定位置度公差，以此限制被测要素的实际位置对其理想位置的变动。理论正确尺寸不附带公差，理论上的正确尺寸用来确定被测要素的理想位置和理想方向。给出的位置度公差带相对于理论正确位置对称分布。对隐含的0°、90°、180°或零距离的理论正确尺寸省略标注。

位置度公差可用于单一要素，也可用于成组要素。当用于成组要素时，位置度公差带同时限定成组要素中的每一个要素。

位置度公差是各提取要素相互之间或各提取要素相对一个或多个基准的理想位置所允许的变动全量。因此位置度公差带可以相对于基准确定，也可以不相对基准而在各要素之间确定。

8.1　位置度注法的特点

采用位置度注法来控制被测要素的实际位置与坐标尺寸及公差的注法相比具有显著的优点，见表 3.3-27。

8.2　位置度公差的图样表示法

位置度公差多用于孔组。孔组的位置度公差存在两种可能：一种是孔组或孔组内各孔对零件上其他要素的位置关系；一种是孔组内各孔之间的位置关系；仅控制各孔对其理想位置的变动量，对零件上的其他要素无位置关系的要求。因此，前者是有基准要求的位置度，而后者是没有基准要求的位置度。

位置度公差注法见表 3.3-28。

8.3　位置度的应用

位置度公差除用于相互平行、垂直或呈圆周分布的孔组外，也可用于控制类似关系的场合，如相交要素、共面、共线要素、沉孔孔组，非圆形成组要素、非平行轴线的成组要素等。同轴度和对称度也可视为位置度的特例。

位置度的应用见表 3.3-29。

表 3.3-27　位置度注法与坐标尺寸注法对比

<table>
<tr><th rowspan="2">序号</th><th rowspan="2">内容</th><th colspan="2">位置度公差</th><th colspan="2">坐标尺寸公差</th></tr>
<tr><th>图例</th><th>说明</th><th>图例</th><th>说明</th></tr>
<tr><td>1</td><td>积累误差</td><td>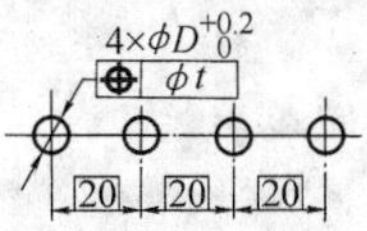

a) 位置度公差注法
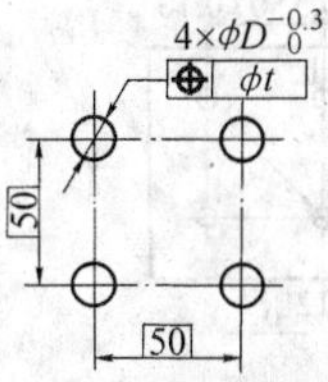

b) 位置度公差注法</td><td>在任何情况下，不存在积累误差，便于位置精度的控制
图 a 为一线排列的 4 孔，图 b 为成方形排列的 4 孔，无论呈什么形式排列，均无积累误差</td><td>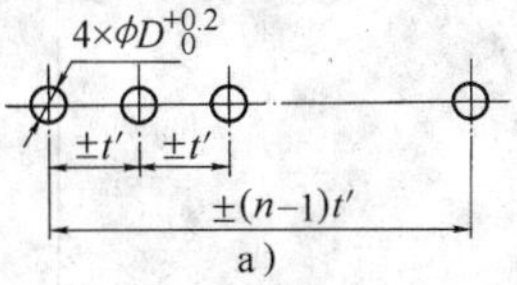

a)
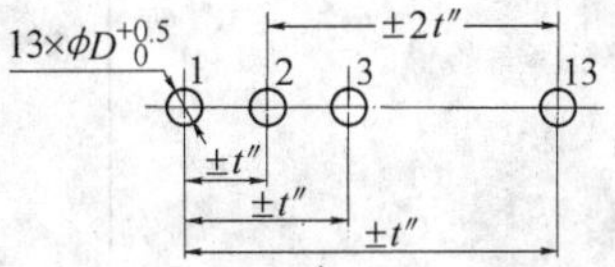

b)</td><td>存在积累误差，其大小与标注形式有关
如尺寸及其公差采用链式标注(图 a)，若相邻两孔之间的尺寸公差为 $\pm t'$则首尾的孔中心距的积累误差为：$\pm(n-1)t'$
如采用同一基准的标注方法(图 b)，则第 2、3、…、n 孔相对于第 1 孔的最大孔距误差仅为 $\pm t''$。但任意两孔(除第 1 孔外)间的孔距误差均为 $\pm 2t''$</td></tr>
<tr><td>2</td><td>对被测要素的控制范围</td><td>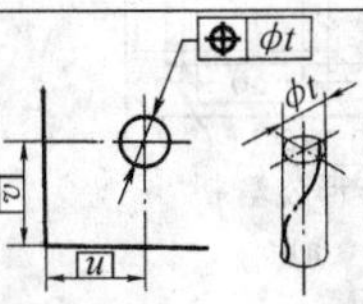

a)
圆柱形公差带
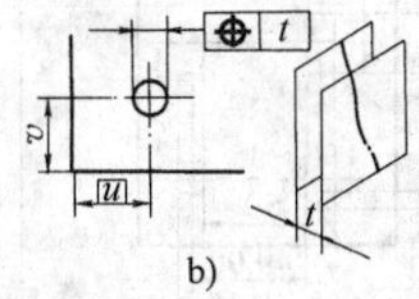

b)
两平行平面公差带
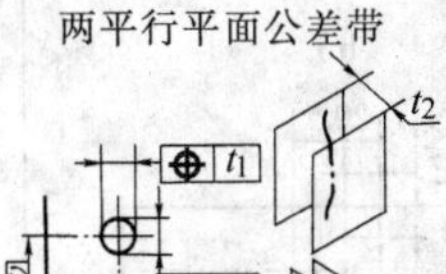

c)
两对互相垂直的平行平面</td><td>可根据功能要求选择最恰当的公差带形状，如提取实际要素为中心线时，可以选用圆柱形公差带(图 a)，也可选用二平行平面(图 b)或两对互相垂直的两平行平面(图 c)等等</td><td>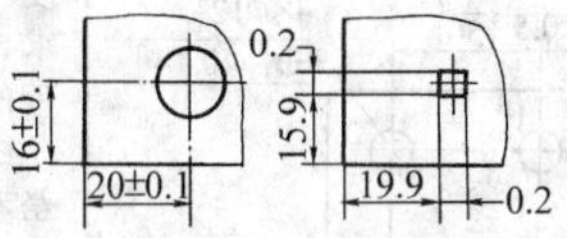

a) 正方形公差带
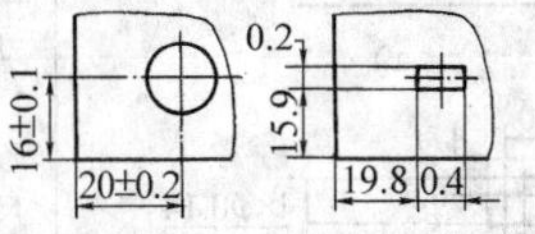

b) 矩形公差带
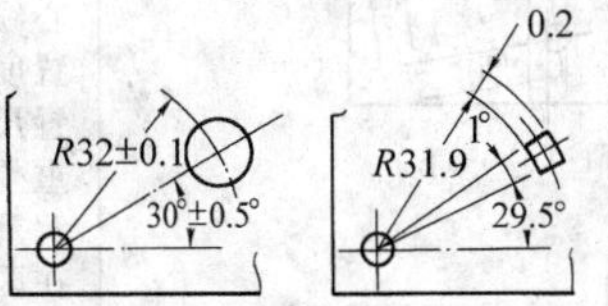

c)
楔形公差带</td><td>在直角坐标尺寸公差注法中，只能给出正方形或矩形(图 a、图 b)公差带
在极坐标尺寸公差注法中，只能给出楔形公差带(图 c)</td></tr>
<tr><td>3</td><td>公差带的利用率</td><td>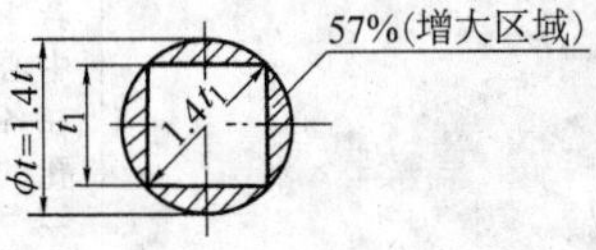
</td><td>若要求在任意方向控制提取实际要素(点或线)，在公差值前加注"ϕ"，即 ϕt(圆形)、$S\phi t$(球形)，此时，在同样精度情况下比尺寸公差带扩大 57%。此处的 $t = 1.4t_1$</td><td>同左图</td><td>被测要素由尺寸公差 t_1 控制，在两个方向上给出，则公差带为 $t_1 \times t_1$ 的方形，提取实际要素落在方形的对角线处是合格的，此时误差为 $1.4t_1$，但同样是 $1.4t_1$ 落在别的位置则是不合格的</td></tr>
</table>

（续）

序号	内容	位置度公差		坐标尺寸公差	
		图例	说明	图例	说明
4	对公差带的解释唯一性	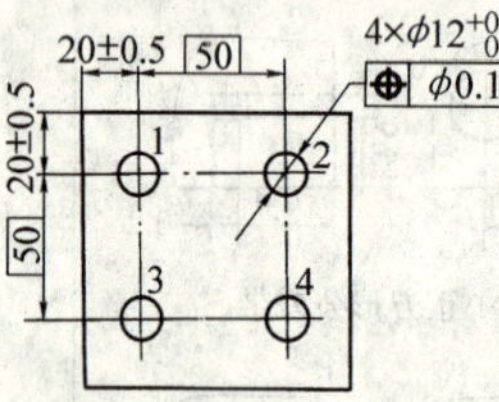 a） 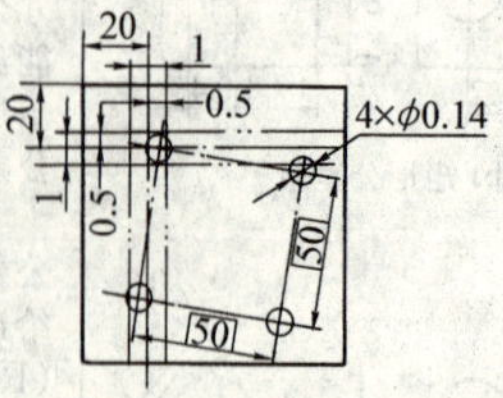 b）	表达明确、解释具有唯一性 图a为对4孔组轴线给出位置度ϕ0.14的要求，图b为公差带的解释 由于位置度公差未注明基准，4孔组的几何图框相对于侧面允许平移和角向移动，但孔1、3和1、2的实际位置不能超越由位置尺寸公差规定的活动范围。这些孔的提取实际中心线必须位于位置度公差带与位置尺寸公差带的重叠部分。这种解释是唯一的，在国际上也是统一的，不会出现不同理解	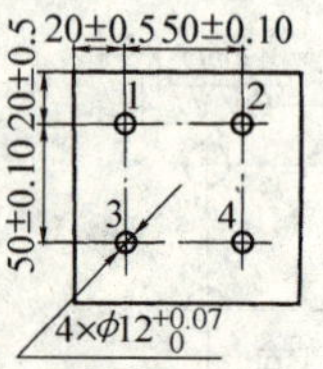 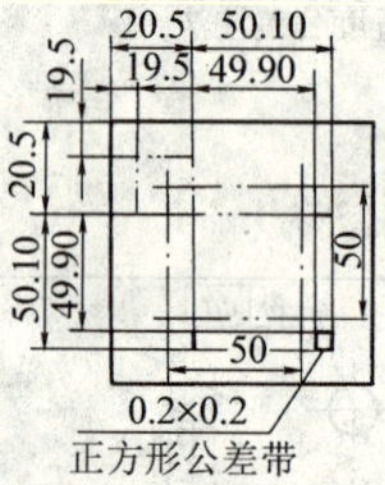 a） 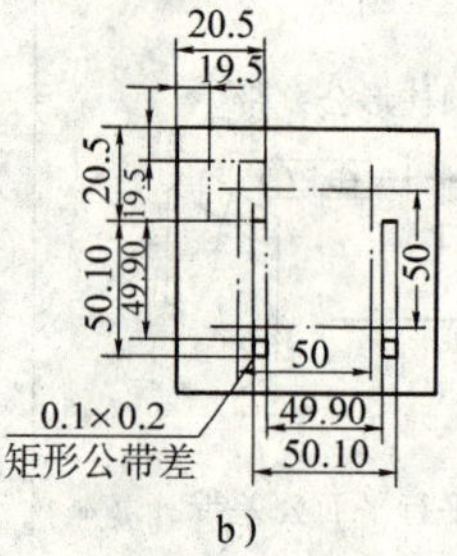 b） 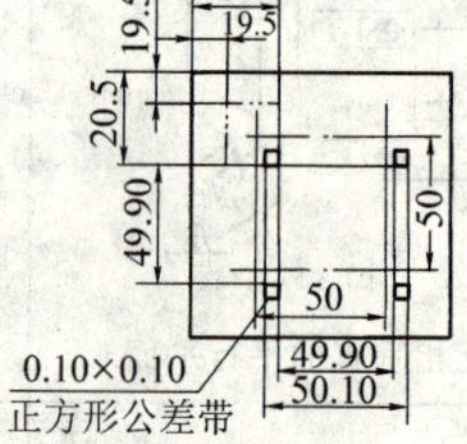 c）	规定不明确，公差带的形状和大小可能产生各种解释 图a是同样一个4孔组零件、给出的是尺寸公差，则可以产生三种不同的解释，在生产中引起争议： 解释1（图a）：设孔1提取实际中心线在1.00×1.00mm公差带的右下角，以此基准确定其他3孔位置时，在水平方向上1、2两孔的中心距公差0.20mm全部集中孔2上；在垂直方向上，1、3两孔的中心距差0.20mm全部集中在孔3上，则2、3孔的公差带各为一条长0.20mm的直线右下角孔4的公差带为一个0.2×0.2的正方 解释2（图b）：在水平方向上，将1、2孔的中心距公差均布在孔1、2上，在垂直方向上，仍令1、3（2、4）两孔的中心距公差全部集中在孔3(4)上，则1、2两孔的公差带各为一条长0.10mm的直线3、4两孔的公差带各为一个0.10×0.2mm的矩形 解释3（图c）：若4个孔的两孔中心距公差均布在各个孔上，则各孔的公差带都是一个0.10×0.10mm的正方形

（续）

序号	内容	位置度公差		坐标尺寸公差	
		图例	说明	图例	说明
5	检验方法		采用圆形或圆柱形公差带时，可采用模拟最不利装配状态的功能量规，检查时，只要量规通过，零件即为合格		公差带总是方形或矩形，只能用通用量具进行两点法测量，无法使用功能量规
6	基准及基准目标		引进基准和基准体系，在图样上明确地指示基准和三基准体系。不仅可明确地表达设计要求，且解释唯一，使设计、加工和检验理解一致，可采用基准目标，降低加工成本		设计者不在图样中明确地给出基准，而是采用“隐含基准”的概念。“隐含基准”由加工或检验人员自定。容易产生多种解释，也不能保证设计、加工和检验的一致性，无法采用基准目标

表 3.3-28　位置度公差注法

序号	方法	基准要求	图例	解释
1	直角坐标注法	有基准要求	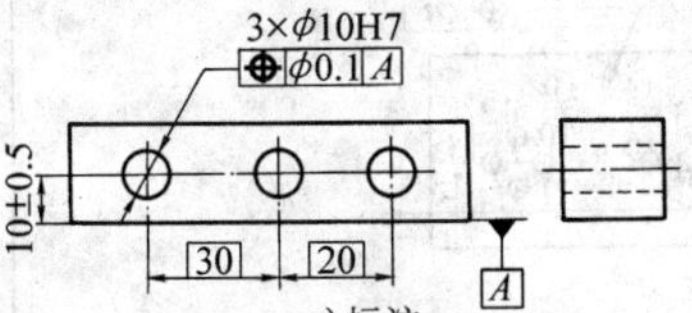 a) 标注 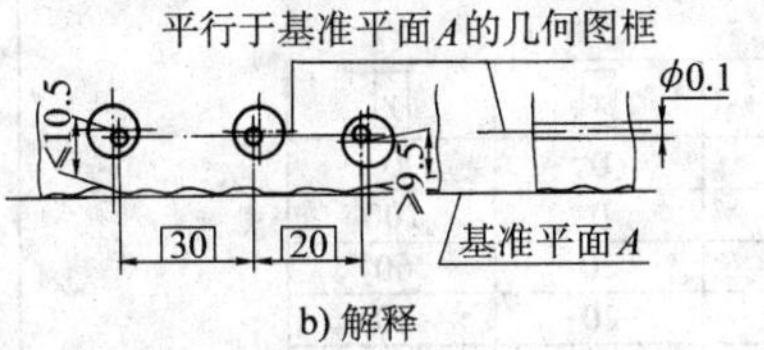 b) 解释	3 孔组中各孔对零件侧面有基准要求。各孔的提取要素的中心线要平行于基准 A，各孔之间由理论正确尺寸确定理想轴线的位置，并给出公差带 $\phi0.1$（图 a）。其几何图框及公差带解释见图 b
		无基准要求	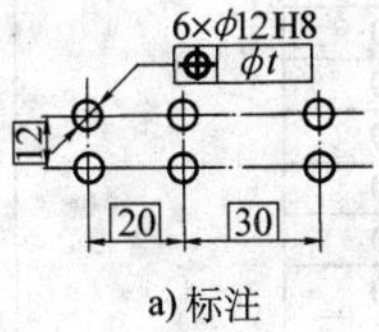 a) 标注 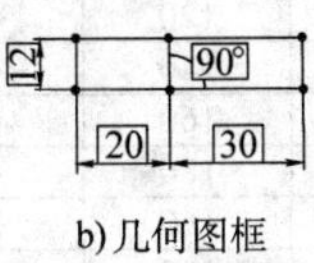 b) 几何图框	上下两排 6 个孔，各孔提取要素的中心线之间的位置由理论正确尺寸控制，其允许变动量为 ϕt（图 a），6 个孔对零件的侧面、底面均无几何关系的要求，其几何图框见图 b

（续）

<table>
<tr><th>序号</th><th>方法</th><th>基准要求</th><th>图 例</th><th>解 释</th></tr>
<tr><td rowspan="2">2</td><td rowspan="2">极坐标法</td><td>有基准要求</td><td>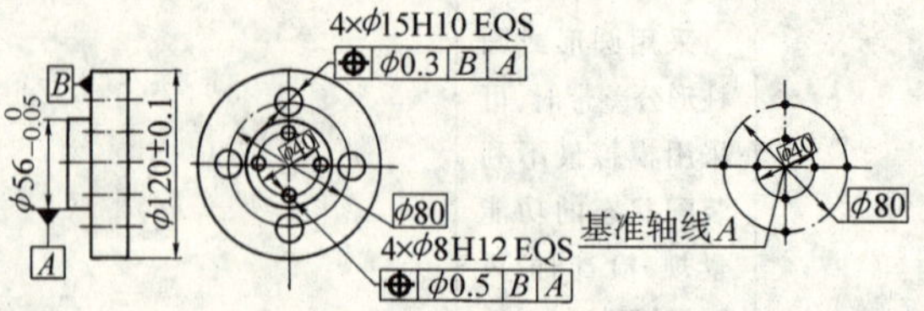

a) 标注 b) 几何图框</td><td>对分布在同一中心线上的各个成组要素，给定位置度公差时，采用同一基准或基准体系，如图 a 所示。由于孔组是均匀分布的，理论正确尺寸允许不注，但必须在孔的尺寸旁加注“EQS”（均匀分布）。由于是同一基准的两个不同孔组，其几何图框为由各自理论正确尺寸确定的，共同构成的一个单几何图框（图 b）</td></tr>
<tr><td>无基准要求</td><td>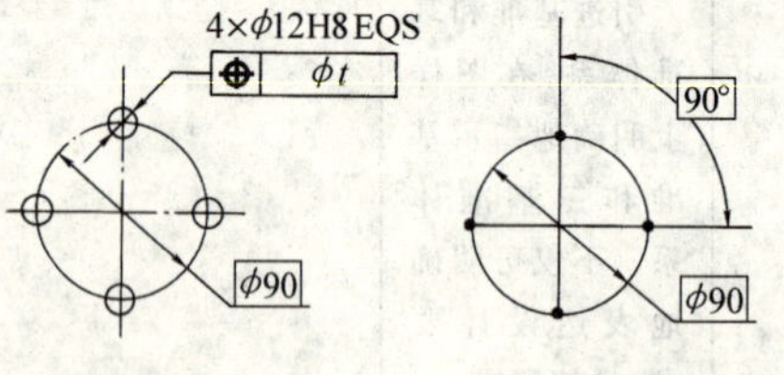

a) 标注 b) 几何图框</td><td>4 孔提取要素的中心线在理论正确尺寸为直径的圆周上均匀分布（图 a），无基准要求，只需保持 4 孔之间所要求的位置关系，其几何图框见图 b</td></tr>
<tr><td>3</td><td>直角坐标与极坐标混合注法</td><td>无基准要求</td><td>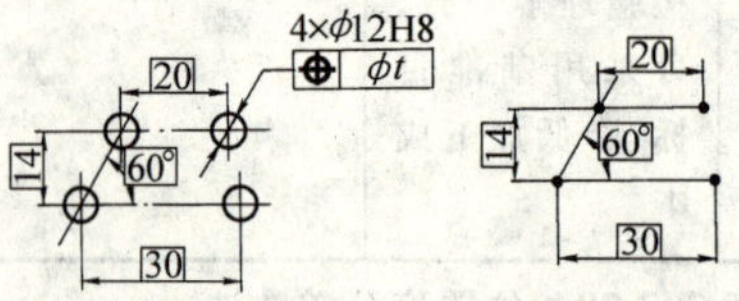

a) 标注 b) 几何图框</td><td>用理论正确角度和理论正确尺寸联合控制孔组提取要素的中心线位置或倾斜面的位置是常见的方法，图 a 表示由理论正确尺寸 20 和 30，理论正确角度 60°联合控制 4 个 ϕ12 孔轴线之间的位置度示例。图 b 为其几何图框</td></tr>
<tr><td>4</td><td>表格法</td><td></td><td>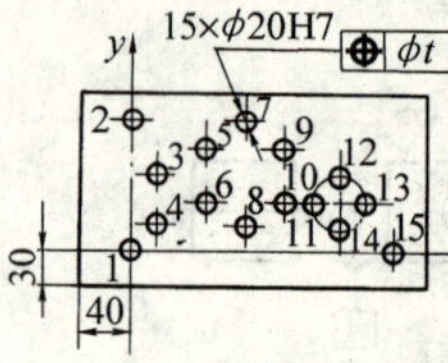

a）
<table>
<tr><th>序号</th><th>x</th><th>y</th></tr>
<tr><td>1</td><td>0</td><td>0</td></tr>
<tr><td>2</td><td>0</td><td>100</td></tr>
<tr><td>3</td><td>20</td><td>60</td></tr>
<tr><td>4</td><td>20</td><td>20</td></tr>
<tr><td>5</td><td>60</td><td>80</td></tr>
<tr><td>6</td><td>60</td><td>40</td></tr>
<tr><td>7</td><td>90</td><td>100</td></tr>
<tr><td>8</td><td>90</td><td>20</td></tr>
<tr><td>9</td><td>120</td><td>80</td></tr>
<tr><td>10</td><td>120</td><td>40</td></tr>
<tr><td>11</td><td>140</td><td>40</td></tr>
<tr><td>12</td><td>160</td><td>60</td></tr>
<tr><td>13</td><td>180</td><td>40</td></tr>
<tr><td>14</td><td>160</td><td>20</td></tr>
<tr><td>15</td><td>200</td><td>0</td></tr>
</table>
b）</td><td>带有多孔的板类零件，为方便标注和图面清晰，其位置度要求常用表格法标注，如图 a 中各孔应注出序号、以对应于表格（图 b），表格与图一般应同置于一张图样中</td></tr>
</table>

（续）

序号	方法	基准要求	图例	解释
5	位置度公差的方向标注	有基准要求	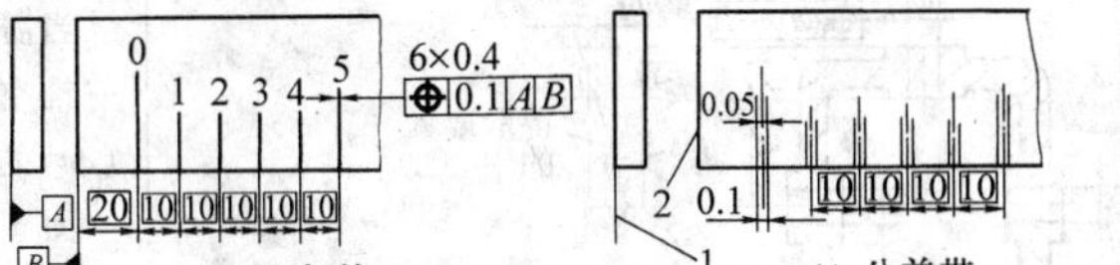 a) 标注 b) 公差带 1—基准平面 A 2—基准平面 B	在一个方向上给定位置度公差(图a)。此时,公差带是距离为给定的公差值0.1,且以理论位置为中心对称分布的两平行直线(或两平行平面)之间的区域,公差带的宽度方向是框格指引线箭头所指的方向(图b)
			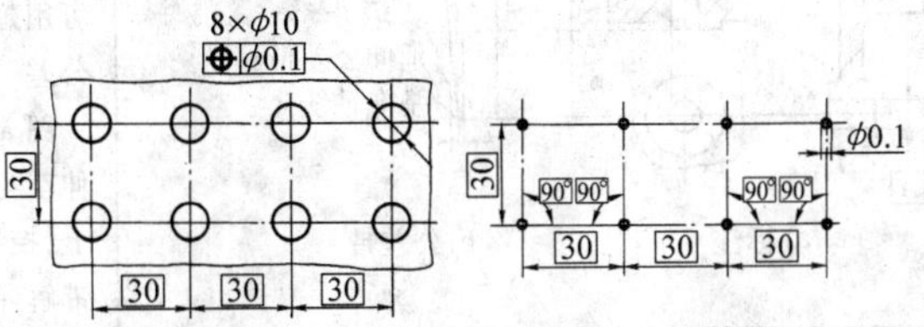 a) 标注 b) 公差带	在任意方向上给定位置度公差(图a),公差带是直径为给定的公差值,且以理想位置为中心(或轴线)的圆、球(或圆柱)内的区域 由圆柱形公差带限制位置度公差带,如图b所示。圆柱形公差带随着提取要素的位置而浮动
6	复合位置度注法	有基准要求	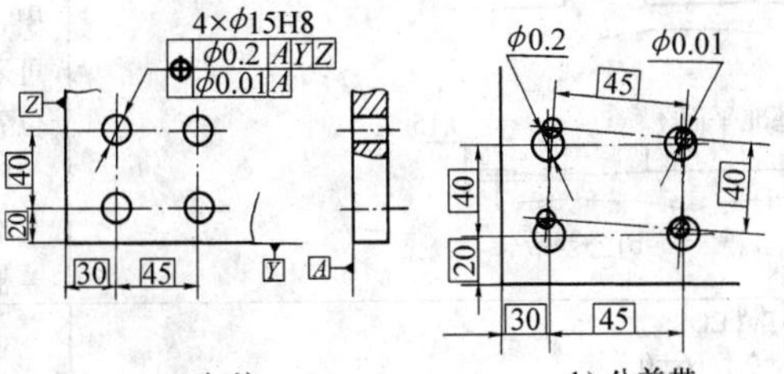 a) 标注 b) 公差带	复合位置度是对同一组提取中心线的两项不同的位置度要求。一项是对三基面体系的孔组定位要求,另一项是对某一基面(一般是主基面)的进一步要求(图a)。复合位置度上下框格的两项要求必须同时满足 图a示4孔组相对于三基面体系的位置度要求为ϕ0.1,采用最大实体要求。同时4孔中的每个孔提取中心线相对于A基准的垂直要求(用位置度表示)的公差值为0.05,也采用最大实体要求 图b示出这两项位置度要求的公差带图,ϕ0.1圆为成组提取中心线相对于三基面的公差带,ϕ0.05圆为各孔提取中心线对三基面的公差带,复合位置度要求两项公差必须同时满足。因而,仅斜线部分才是孔组的共用公差带,即提取中心线只有位于斜线部位方为合格

表3.3-29 位置度的应用

序号	应用方面		图例	解释
1	相交要求	线任意相交	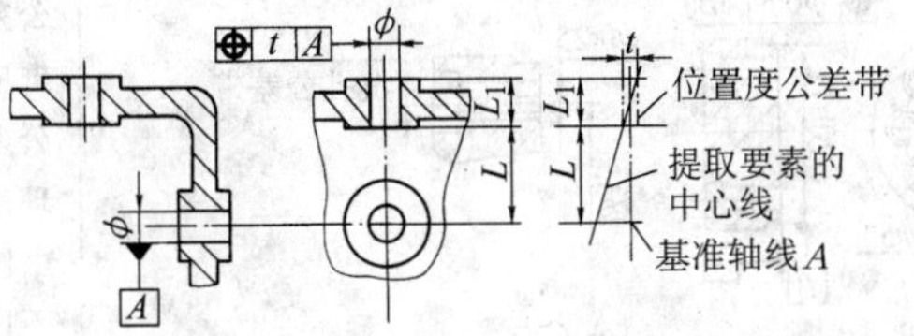 a)标注 b)公差带	当仅需要控制相交时,可给定一个方向的位置度公差。图a为图样标注,图b为公差带解释,此公差带控制一个方向上的相交误差

（续）

序号	应用方面		图　例	解　释
1	相交要求	垂直相交	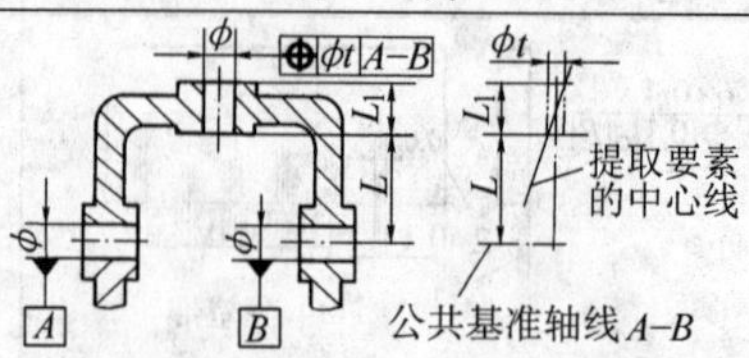 a) 标注　b) 公差带	当需要控制垂直相交时，需在三维空间控制，采用任意方向（ϕt）的位置度公差 图a为图样标注，图b为公差带解释，此公差带控制两提取中心线在360°范围内的相交误差
		点相交	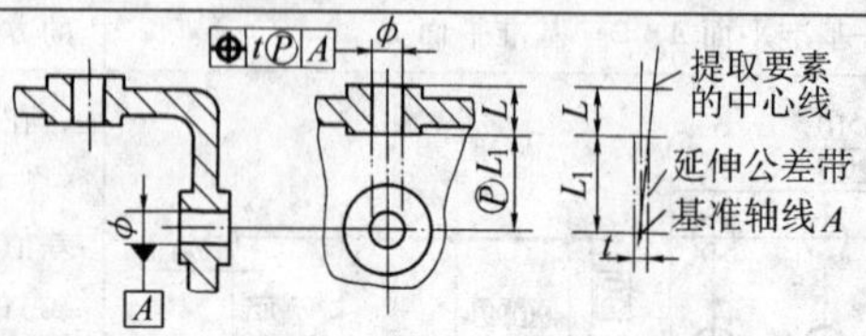 a) 标注　b) 公差带	当需要控制交点处的相交时，可用延伸公差带来控制位置度公差 图a为图样标注，将孔轴线延伸至与之相交的另一孔的轴线上，控制其位置度，图b为公差带解释
2	公共公差带		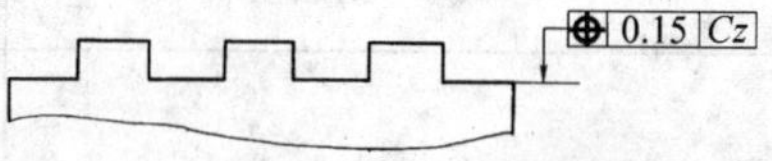 a) 标注 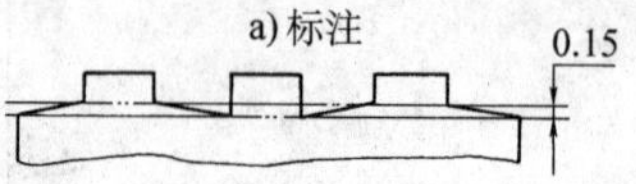 b) 公差带	当有公共公差带要求的各要素具有同等重要的定位功能时，可采用相对公共平面的位置度公差 图a为图样标注，图b为公差带解释
			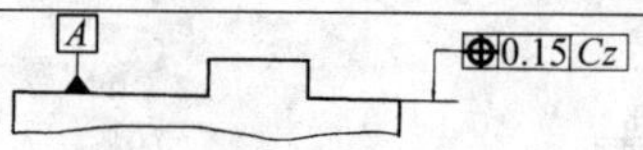 a) 标注 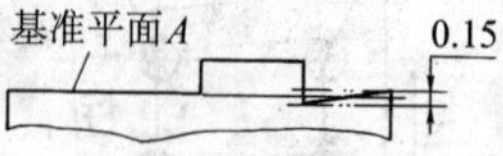 b) 公差带	当要求公共公差带的各要素中，有的要素起主定位作用时，可采用以主定位要素为基准的位置度公差 图a为图样标注，以左平面为基准，起主定位作用，图b为公差带解释
3			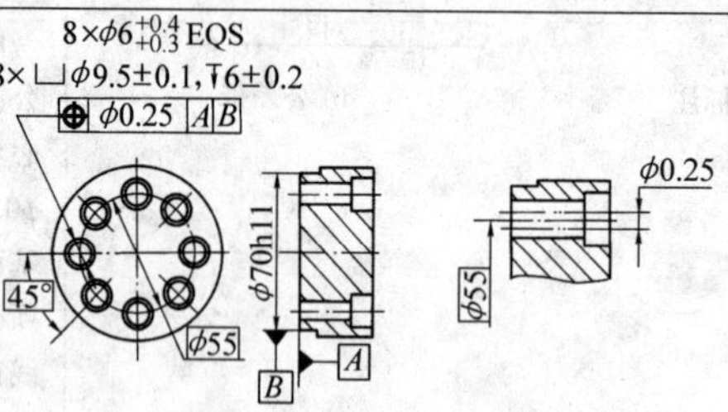 a) 标注　b) 公差带	当沉孔与光孔的位置关系采用相同的位置度公差控制时，可采用一个位置度公差标注，作为一个整体孔组。此时，沉孔和光孔的位置度公差带直径相等，且位于相同的理想轴线上 图a为图样标注，图b为公差带解释
			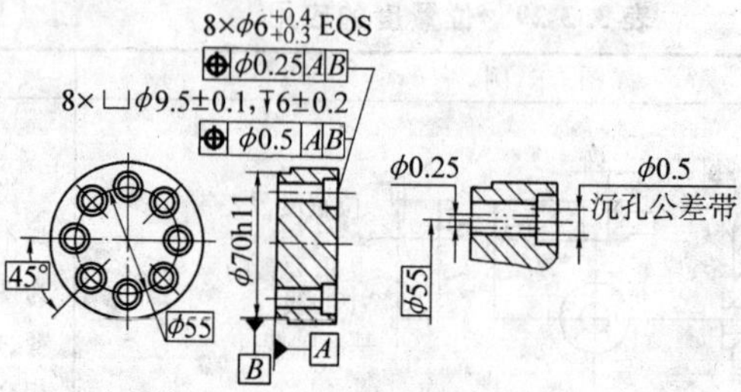 a) 标注　b) 公差带	当沉孔与光孔的位置关系采用不同的位置度公差控制时，可分别对沉孔和光孔给定位置度公差。此时，两个孔组的几何图框应重合，沉孔和光孔的位置度公差带直径不同，但位于相同的理想轴线上 图a为图样标注，给出了两个不同数值的公差带。图b为公差带解释

（续）

序号	应用方面	图例	解释
3		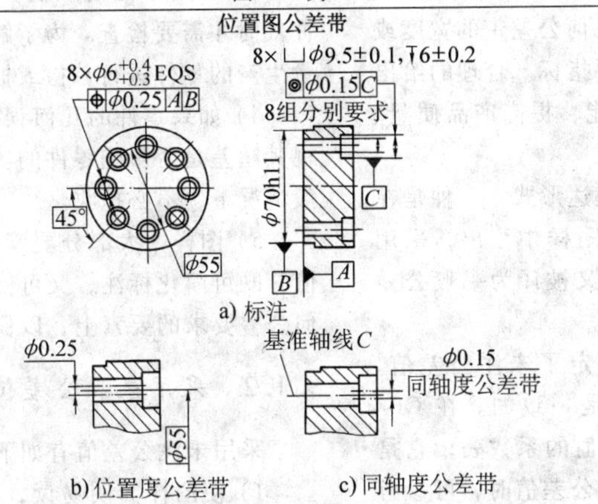a) 标注 b) 位置度公差带 c) 同轴度公差带	当光孔的位置用位置度公差控制，沉孔与光孔的关系用同轴度公差分别控制时，可给出光孔位置度公差和沉孔相对光孔的同轴度公差 图a为图样标注，图b、c分别为位置度和同轴度公差带
4	非圆要素的要求	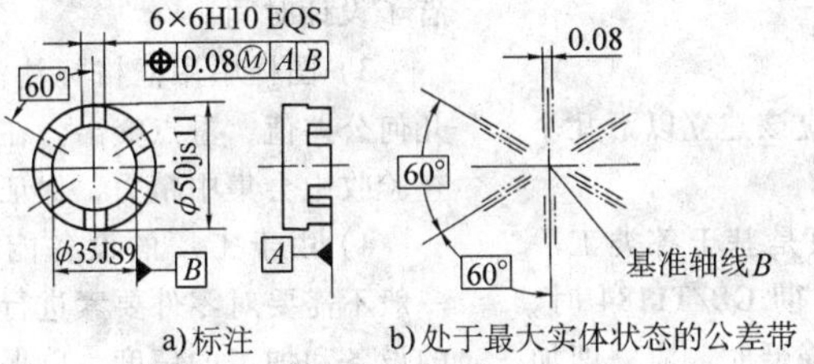a) 标注 b) 处于最大实体状态的公差带	圆形要素圆周分布的位置度公差标注原理同样适用于非圆形要素圆周分布的角向位置控制。采用位置度公差标注控制非圆形要素的中心平面，此时，公差带是距离为公差值 t 的一组两平行平面（或两平行直线） 图a为6槽中心平面的位置度要求。相对于以端面 B 和轴线 A 的基准体系，采用最大实体要求，图b为公差带解释
5	非平行轴线的成组要素要求	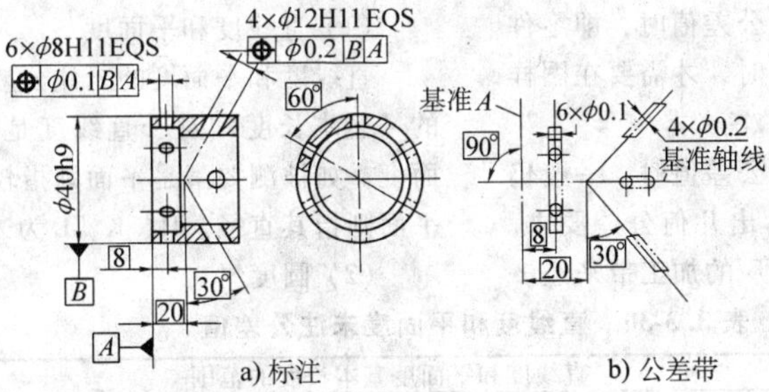a) 标注 b) 公差带	位置度公差的标注原理同样可以用于控制轴线之间既不平行，也不垂直于表面的孔组位置关系 图a表示4×φ8和4×φ12两组孔的位置度公差，由于采用同一基准体系，形成单一的几何图框。图b为公差带解释
6	长孔两端面要求	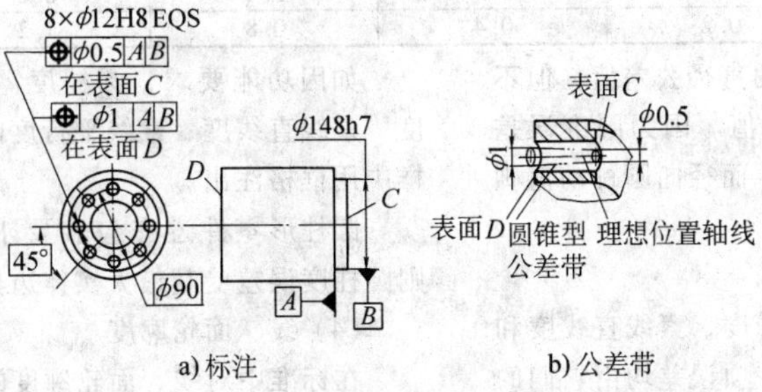a) 标注 b) 公差带	对于较长的孔类要素，根据功能要求，可对其两端给出不同公差值的位置度。此时，公差带为圆锥形 图a给出了8孔 φ12 在 C 表面和 D 表面两个不同的位置度 φ0.5 和 φ1，相对于同一基准体系。图b表示一端为0.5、另一端为 φ1 的圆锥形公差带

9　几何公差的公差值

零件要素的几何公差值决定几何公差带的宽度或直径，是控制零件制造精度的重要指标。合理的给出几何公差值，对于保证产品的功能、提高产品质量、降低制造成本是至关重要的。

图样中的几何公差值有两种表达形式：一种是在框格内注出公差值；一种是不在图样中注出，采用GB/T1184中规定的未注公差值（又被译为一般公差值），并在图样的技术要求中说明。

国家标准GB/T1184—1996规定了未注公差值。它与国际标准ISO2768—2：1989是一致的。在GB/T1184附录中，给出了注出公差的值的系数表，它是按加工精度的规律给出的。在给出公差值时，可参考使用。

9.1　未注公差值

9.1.1　未注公差值的基本概念

在图形中采用未注公差值时，应该建立以下几个基本概念。

1）在标准中给出的未注公差值是基于各类工厂的常用设备应有的精度，因此在贯彻GB/T1184时，要求工厂有关部门在发现设备精度降低时，应立即加以修复，保持设备的应有精度。

2）由于大部分要素的几何公差值应是工厂中常用设备能保证的精度，因此不需在图样中标注其公差值。只有当要素的公差值小于未注公差值时，即零件要素的精度高于未注公差值的精度时，才需要在图样中用框格给出几何公差要求。

当要素的几何公差值大于未注公差值时，一般仍采用未注公差值，不需要用框格给出几何公差要求。只有在给出大的公差值后，会给工厂的加工带来经济效益时，才有必要给出大的几何公差值。

3）采用未注公差值，一般不需要检查，只有在仲裁时才需要检查。为了解设备的精度，可以对于批量生产的零件进行首检或抽检。

4）如果零件的几何误差超出了未注公差值，要视其超差是否影响零件的功能，才确定拒收与否。一般情况下，不必拒收。

5）图样中大部分要素的几何公差值是未注公差值，既可简化标注，又可使人们的注意力集中到有几何公差要求的要素上，以保证零件的质量。

9.1.2　采用未注公差值的优点

采用未注公差值有如下优点：

1）使图样简明易读，即节省绘图时间，又能高效地进行信息交换。

2）设计者只需对小于未注公差值的要素和部分大于未注公差值的要素进行公差值的计算和选择，节省了设计时间。

3）图样中用框格标注法对极少数关键要素给出几何公差值，重点突出。在安排生产和质量控制、检查验收中会集中精力，保证这个重点。

4）由于工厂的设备能满足未注公差值的要求，一般不需要对零件要素进行检测，只需抽样检查工厂的设备和加工的精度，以保证不被破坏，必要时可对零件要素进行抽查或首检。

9.1.3　未注公差值的规定

（1）直线度和平面度

直线度和平面度的未注公差值见表3.3-30。表中的“基本长度”对于直线度是指其被测长度，对平面度，如被测要素是平面则指较长一边的长度，是圆平面则指其直径。H、K、L为未注公差的三个等级。

（2）圆度

表3.3-30　直线度和平面度未注公差值

（mm）

公差等级	直线度和平面度基本长度的范围					
	~10	>10~30	>30~100	>100~300	>300~1000	>1000~3000
H	0.02	0.05	0.1	0.2	0.3	0.4
K	0.05	0.1	0.2	0.4	0.6	0.8
L	0.1	0.2	0.4	0.8	1.2	1.6

圆度的未注公差值为其相应的直径公差值，但不能大于表3.3-33中的径向圆跳动值。因为圆度误差会直接反映到径向圆跳动值中去，而径向圆跳动值则是几何误差的综合反映。

（3）圆柱度

圆柱度误差由圆度、轴线直线度、素线直线度和素线平行度等误差组成。其中每一项误差均由它们的注出公差或未注公差控制。

如因功能要求，圆柱度需小于圆度、轴线直线度、素线直线度、素线平行度的综合反映值，应在图样中用框格注出。

圆柱形零件遵守包容要求（加注符号Ⓔ）时，则圆柱度误差受其最大实体边界的控制。

（4）线、面轮廓度

在标准中对线、面轮廓度的未注公差值未作具体规定。线、面轮廓度误差直接与该线、面轮廓的线性尺寸公差或角度公差有关，受注出或未注的线性尺寸公差或角度公差控制。

（5）倾斜度

倾斜度未注公差值在标准中未作规定，由注出或未注出的角度公差控制。

（6）平行度

平行度的未注公差值等于其相应的尺寸公差（两要素间的距离公差）值，或等于其平面度或直线度的未注公差值，取两者中数值较大者。两个要素中取较长者作为基准要素，较短者作为被测要素。如两要素长度相等，则可取任一要素作为基准要素。

（7）垂直度

垂直度的未注公差值见表 3.3-31。形成直角的两要素中的较长者作为基准要素，较短者为被测要素。如两者相等，则可取任一要素作为基准要素。

表 3.3-31　垂直度未注公差值　（mm）

公差等级	垂直度公差短边基本长度的范围			
	≤100	>100 ~ 300	>300 ~ 1000	>1000 ~ 3000
H	0.2	0.3	0.4	0.5
K	0.4	0.6	0.8	1
L	0.6	1	1.5	2

（8）对称度

对称度的未注公差值见表 3.3-32 两要素中较长者作为基准要素，如两要素长度相等，可取任一要素作为基准要素。

表 3.3-32　对称度未注公差值　（mm）

公差等级	对称度公差基本长度的范围			
	≤100	>100 ~ 300	>300 ~ 1000	>1000 ~ 3000
H	0.5	0.5	0.5	0.5
K	0.6	0.6	0.8	1
L	0.6	1	1.5	2

对称度的未注公差值用于至少两个要素中有一个是中心平面，或者是轴线互相垂直的两要素。

（9）同轴度

同轴度误差会直接反映到径向圆跳动误差值中。但径向圆跳动误差值除包括同轴度误差外，还包括圆度误差。因此，在极限情况下，同轴度误差值可取表 3.3-33 中径向圆跳动值。

（10）位置度

位置度的未注公差值在标准中未作规定。因为位置度误差是一项综合性误差，是各项误差的综合反映，不需要另行规定位置度的未注公差值。

（11）圆跳动

圆跳动包括径向、轴向和斜向圆跳动，其未注公差值见表 3.3-33。

表 3.3-33　圆跳动未注公差值（mm）

公差等级	圆跳动公差值
H	0.1
K	0.2
L	0.5

对于圆跳动未注公差值，应选择设计给出的支承轴线作为基准要素。如无法选择支承轴线，则对于径向圆跳动应取两要素中较长者为基准要素。如两要素相等，则取任一要素为基准要素。对于轴向和斜向圆跳动，其基准必然是支承它的轴线。

9.1.4　未注公差在图样上的表示方法

为明确图样中的各要素未注公差值，应按照标准中规定选择合适的等级，并在标题栏内或附近注出，如：“未注形位公差采用 GB/T1184—H”，也可简化为“GB/T1184—H”。在一张图样中，未注公差值应采用同一个等级。未注公差值也可在企业标准中统一规定，以省去图样中的说明。

9.1.5　未注公差值的测量

根据 GB/T4249 的规定，未注公差值应采用两点法测量，遵守独立原则。

提取实际要素处处都是最大实体尺寸时，仍然会产生几何误差。因此，图样中没有注出几何公差值时，应遵守未注公差值的规定，见图 3.3-19a。图 3.3-19b 表示当横截面内的圆呈奇数棱状，其直径处处都处于

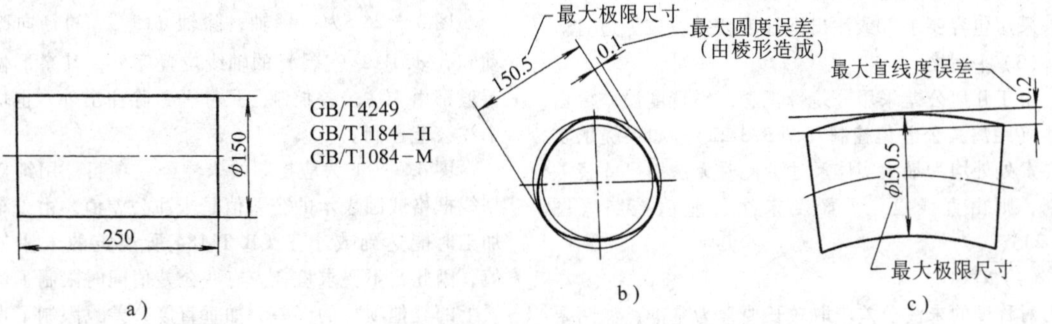

图 3.3-19　遵守未注公差值图例

最大实体尺寸 $\phi150.5$（未注尺寸公差为 ±0.5mm）时，还会产生圆度误差0.1mm。图3.3-17c表示在纵剖面内的轴，当其直径处处都是 $\phi150.5$mm时，还会产生轴线直线度误差0.2。

9.1.6　未注公差值的应用要点

（1）圆度

注出直径公差值的圆要素。图3.3-20a为注出直径公差值 $\phi25_{-0.1}^{\ 0}$，其圆度未注公差值应等于尺寸公差值0.1mm，见图3.3-20b。

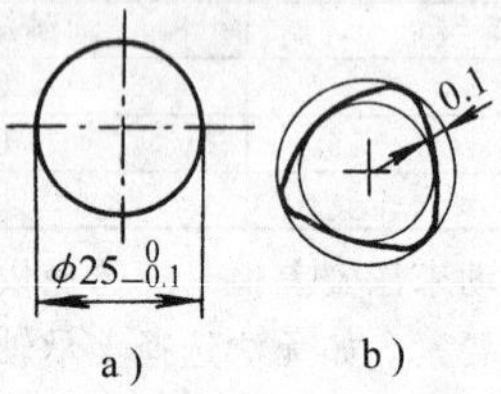

图3.3-20　注出尺寸公差值控制圆度

采用未注公差的圆要素。图3.3-21a规定其未注尺寸公差按GB/T1804中m级，其未注形位公差按GB/T1184中K级（仅对直线度而言）。图3.3-21b表示其未注圆度公差值按其未注尺寸公差 ±2mm（见附表1），其素线直线度和轴线直线度未注公差值则按GB/T 1184—K，即0.1。

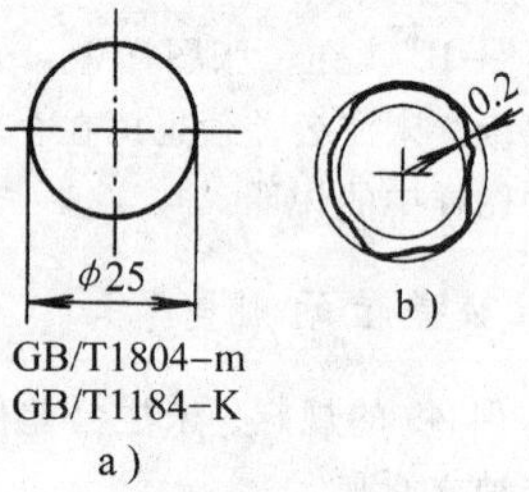

图3.3-21　未注尺寸公差值控制圆度

（2）圆柱度

由于圆度、直线度和两相应素线的平行度同时反映到圆柱度误差中去，因此它们综合形成的圆柱度未注公差值应小于上述三种公差值的综合值。为简单起见，采用包容要求Ⓔ或注出圆柱度公差，较为适宜。

（3）平行度

由于几何公差采用公差带概念，平行度误差可由尺寸（距离）公差值控制（图3.3-22）；如果提取实际要素处处均为最大实体尺寸，此时无法用尺寸公差控制，则由直线度、平面度未注公差值控制（图3.3-23）。

（4）对称度

对称度的未注公差应取较长要素为基准，如两要素长度相等则可任选一要素为基准（见图3.3-24）。

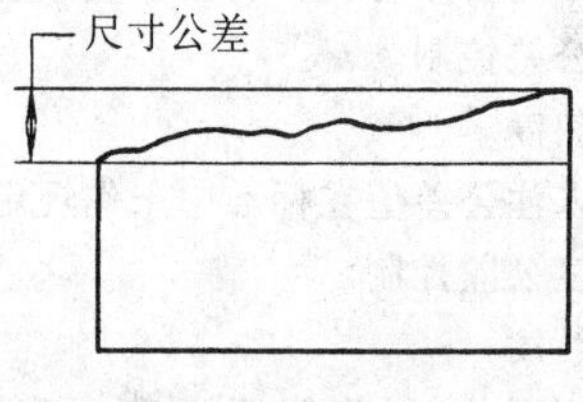

图3.3-22　尺寸公差值控制直线度

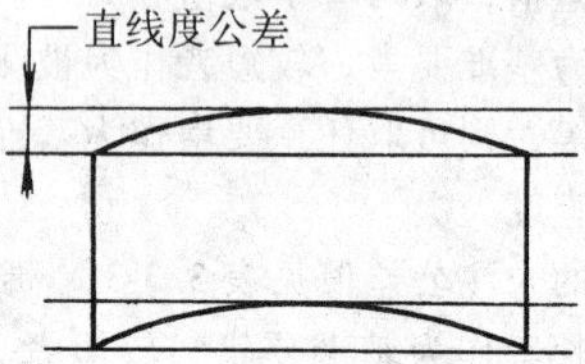

图3.3-23　直线度公差控制直线度

图3.3-24a，$l_2>l_1$，l_2 为基准要素，l_1 为被测要素；
图3.3-24b，$l_1>l_2$，l_2 为基准要素，l_1 为被测要素；
图3.3-24c，$l_2>l_1$，l_2 为基准要素，l_1 为被测要素；
图3.3-24d，$l_1>l_2$，l_1 为基准要素，l_2 为被测要素。

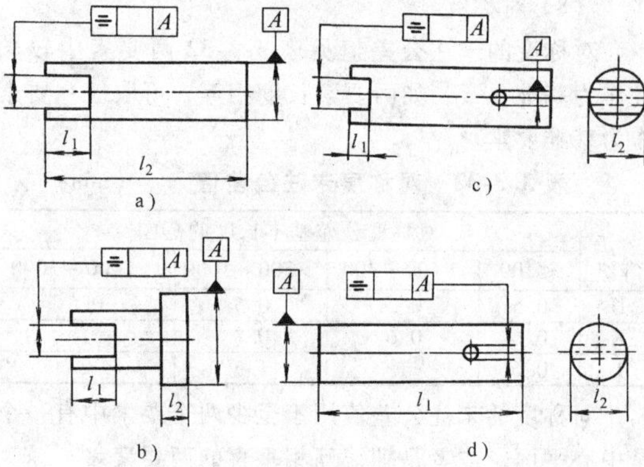

图3.3-24　对称度未注公差的基准选取

9.1.7　综合示例

图3.3-25a为一销轴，除轴 $\phi15_{-0.15}^{-0}$ 的径向圆跳动和孔 $\phi3H12$（$_{\ 0}^{+0.1}$）的轴线位置度外，其余形位公差值都由未注公差控制。尺寸公差除注出外，也均由未注公差控制。

图3.3-25b为应控制的未注公差项目。用细双点划线框格或圆表示的公差值是未注公差值。由于车间加工时能达到或小于GB/T1184所规定的未注公差值，因此，不要求检查。有些公差值同时限制了该要素上的其他项目的误差，如垂直度公差也限制了直线度误差，因而图中没有表示所有的未注公差值。

为便于查找，将未注公差的线性与角度的极限偏差数值列表如下：

——线性尺寸的极限偏差数值（GB/T1804—2000）见表 3. 3-34。

——倒圆半径和倒角高度尺寸的极限偏差数值（GB/T1804—2000）见表 3. 3-35。

——角度尺寸的极限偏差值按角度短边的长度确定，其数值按（GB/T 1804—2000）选用，见表 3. 3-36。

——一般用途的棱体角度与斜度系列按（GB/T 4096—2001）选用，优先选用系列 1，其次系列 2，见表 3. 3-37。

——便于设计，生产和质量控制，棱体角和棱体斜度的棱体比率、斜度和角度的推算值按（GB/T 4096—2001）选用，见表 3. 3-38。

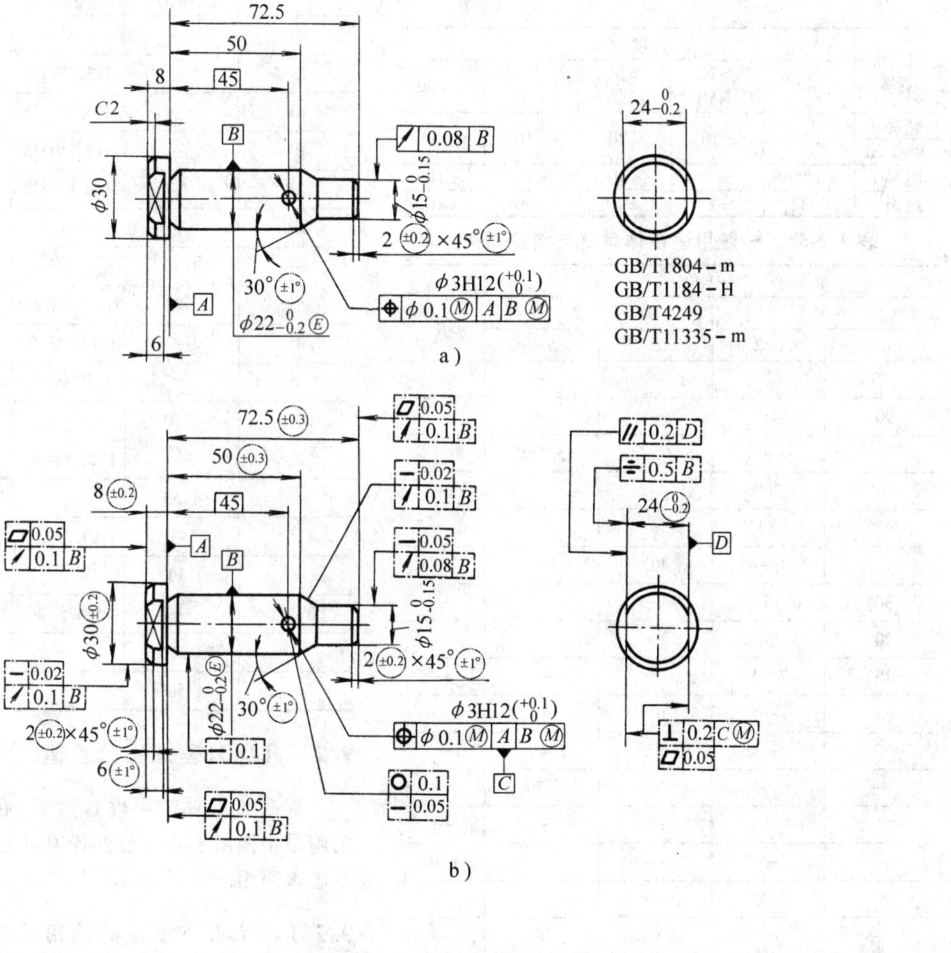

图 3. 3-25　综合示例

表 3. 3-34　线性尺寸的极限偏差数值　（mm）

公差等级	尺寸分段							
	0. 5～3	＞3～6	＞6～30	＞30～120	＞120～400	＞400～1000	＞1000～2000	＞2000～4000
f(精密级)	±0. 05	±0. 05	±0. 1	±0. 15	±0. 2	±0. 3	±0. 5	—
m(中等级)	±0. 1	±0. 1	±0. 2	±0. 3	±0. 5	±0. 8	±1. 2	±2
c(粗糙级)	±0. 2	±0. 3	±0. 5	±0. 8	±1. 2	±2	±3	±4
v(最粗级)		±0. 5	±1	±1. 5	±2. 5	±4	±6	±8

表3.3-35　倒圆半径和倒角高度尺寸的极限偏差数值　（mm）

公差等级	基本尺寸分段			
	0.5～3	＞3～6	＞6～30	＞30
精密 f 中等 m	±0.2	±0.5	±1	±2
粗糙 c 最粗 v	±0.4	±1	±2	±4

注：倒圆半径和倒角高度的含义参见GB/T6403.4。

表3.3-36　角度尺寸的极限偏差数值

（mm）

公差等级	长度分段				
	～10	＞10～50	＞50～120	＞120～400	＞400
精密 f 中等 m	±1°	±30′	±20′	±10′	±5′
粗糙 c	±1°30′	±1°	±30′	±15′	±10′
最粗 v	±3°	±2°	±1°	±30′	±20′

表3.3-37　一般用途棱体角度与斜度系列

棱体角				棱体斜度 S
系列1		系列2		
β	$\beta/2$	β	$\beta/2$	
120°	60°	—	—	—
90°	45°	—	—	—
—	—	75°	37°30′	—
60°	30°	—	—	—
45°	22°30′	—	—	—
—	—	40°	20°	—
30°	15°	—	—	—
20°	10°	—	—	—
15°	7°30′	—	—	—
—	—	10°	5°	—
—	—	8°	4°	—
—	—	7°	3°30′	—
—	—	6°	3°	—
—	—	—	—	1:10
5°	2°30′	—	—	—
—	—	4°	2°	—
—	—	3°	1°30′	—
—	—	—	—	1:20
—	—	2°	1°	—
—	—	—	—	1:50
—	—	1°	0°30′	—
—	—	—	—	1:100
—	—	0°30′	0°15′	—
—	—	—	—	1:200
—	—	—	—	1:500

表3.3-38　推算值

基本值		推算值		
β	S	C_p	S	β
120°	—	1:0.288675	—	—
90°	—	1:0.500000	—	—
75°	—	1:0.651613	1:0.267949	—
60°	—	1:0.866025	1:0.577350	—
45°	—	1:1.207107	1:1.000000	—
40°	—	1:1.373739	1:1.191754	—
30°	—	1:1.866025	1:1.732051	—
20°	—	1:2.835641	1:2.747477	—
15°	—	1:3.797877	1:3.732051	—
10°	—	1:5.715026	1:5.671282	—
8°	—	1:7.150333	1:7.115370	—
7°	—	1:8.174928	1:8.144346	—
6°	—	1:9.540568	1:9.514364	—
—	1:10	—	—	5°42′38.1″
5°	—	1:11.451.883	1:11.430052	—
4°	—	1:14.318127	1:14.300666	—
3°	—	1:19094230	1:19.081137	—
—	1:20	—	—	2°51′44.7″
2°	—	1:28.644981	1:28.636253	—
—	1:50	—	—	1°8′44.7″
1°	—	1:57.294325	1:57.289962	—
—	1:100	—	—	34′22.6″
0°30′	—	1:114.590832	1:114.588650	—
—	1:200	—	—	17′11.3″
—	1:500	—	—	6′52.5″

9.2　几何公差注出公差值

根据加工规律和优选数系，在GB/T1184—1996的附录中提出了几何公差各项目的注出公差值，供设计者参照用。

9.2.1　注出公差值的选用原则

1）根据零件的功能要求，并考虑加工的经济性和零件的结构、刚性等情况，按表中的数系确定要素的公差值。并考虑下列情况：

在同一要素上给出的形状公差值应小于位置公差值。如要求平行的两个平面，其平面度公差值应小于平行度公差值；

圆柱形零件的形状公差值（轴线的直线度除外）一般情况下应小于其尺寸公差值；

平行度公差值应小于其相应的距离公差值。

2）对于下列情况，考虑到加工的难易程度和除主参数外其他参数的影响，在满足零件功能要求下，适当降低 1～2 级使用。

—孔相对于轴；

—细长比较大的轴或孔；

—距离较大的轴或孔；

—宽度较大（一般大于 1/2 长度）的零件表面；

—线对线和线对面相对于面对面的平行度；

—线对线和线对面相对于面对面的垂直度。

9.2.2　注出公差值数系表

（1）直线度、平面度

直线度、平面度公差值数系见表 3.3-39。主参数 L 示例见图 3.3-26。

（2）圆度、圆柱度

圆度、圆柱度公差值数系见表 3.3-40。主参数 $d(D)$ 示例见图 3.3-27。

（3）平行度、垂直度、倾斜度

平行度、垂直度、倾斜度公差值数系见表 3.3-41，主参数 $L, d(D)$ 示例见图 3.3-28。

（4）同轴度、对称度、圆跳动和全跳动

同轴度、对称度、圆跳动和全跳动公差值数系见表 3.3-42。主参数 $d(D), B, L$ 示例见图 3.3-29。

（5）位置度

位置度公差值数系见表 3.3-43。

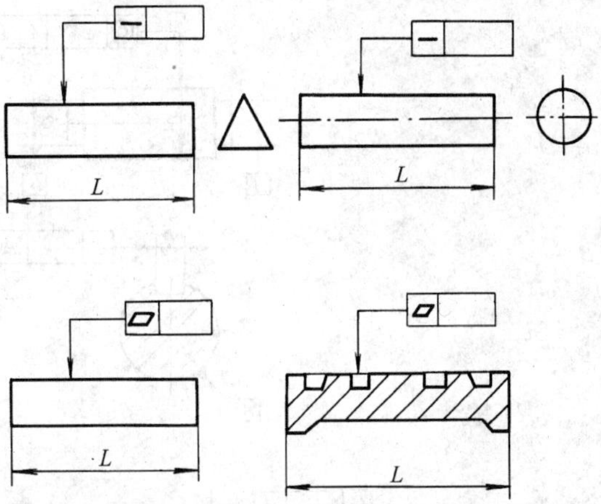

图 3.3-26　直线度、平面度主参数

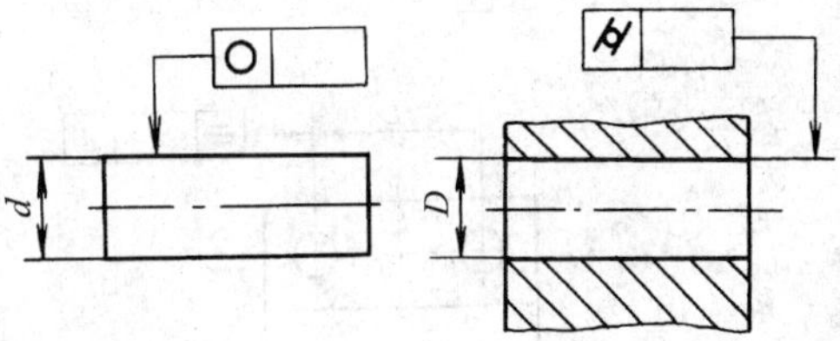

图 3.3-27　圆度、圆柱度主参数

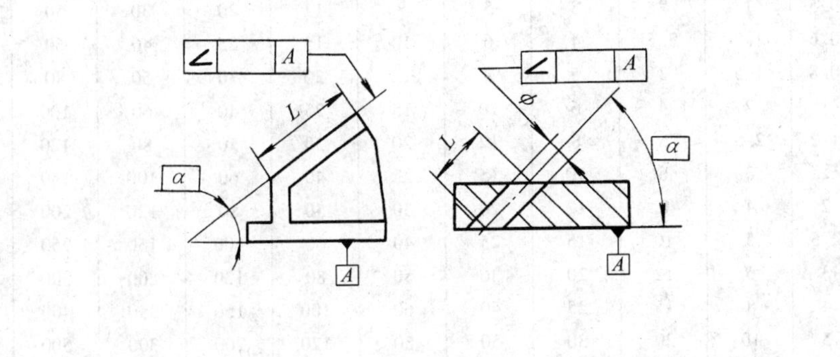

图 3.3-28　平行度、垂直度、倾斜度主参数

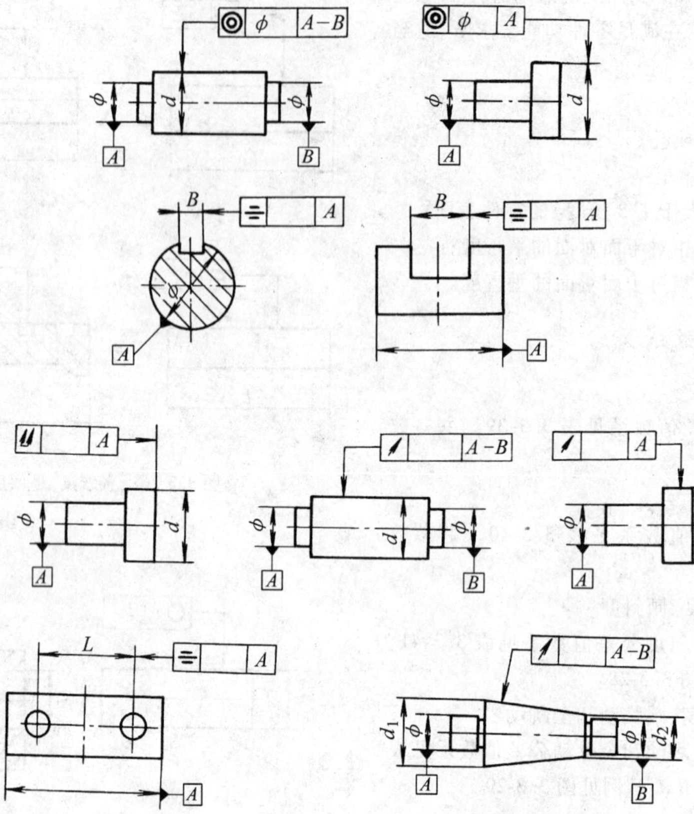

当被测要素为圆锥面时，

取$d=\frac{d_1+d_2}{2}$

图3.3-29　同轴度、对称度、圆跳动和全跳动主参数

表3.3-39　直线度、平面度公差值数系

主参数 L /mm	公差等级 1	2	3	4	5	6	7	8	9	10	11	12
	公差值/μm											
≤10	0.2	0.4	0.8	1.2	2	3	5	8	12	20	30	60
>10～16	0.25	0.5	1	1.5	2.5	4	6	10	15	25	40	80
>16～25	0.3	0.6	1.2	2	3	5	8	12	20	30	50	100
>25～40	0.4	0.8	1.5	2.5	4	6	10	15	25	40	60	120
>40～63	0.5	1	2	3	5	8	12	20	30	50	80	150
>63～100	0.6	1.2	2.5	4	6	10	15	25	40	60	100	200
>100～160	0.8	1.5	3	5	8	12	20	30	50	80	120	250
>160～250	1	2	4	6	10	15	25	40	60	100	150	300
>250～400	1.2	2.5	5	8	12	20	30	50	80	120	200	400
>400～630	1.5	3	6	10	15	25	40	60	100	150	250	500
>630～1000	2	4	8	12	20	30	50	80	120	200	300	600
>1000～1600	2.5	5	10	15	25	40	60	100	150	250	400	800
>1600～2500	3	6	12	20	30	50	80	120	200	300	500	1000
>2500～4000	4	8	15	25	40	60	100	150	250	400	600	1200
>4000～6300	5	10	20	30	50	80	120	200	300	500	800	1500
>6300～10000	6	12	25	40	60	100	150	250	400	600	1000	2000

表 3.3-40 圆度、圆柱度公差值数系

主参数 d(D) /mm	公差等级												
	0	1	2	3	4	5	6	7	8	9	10	11	12
	公差值 /μm												
≤3	0.1	0.2	0.3	0.5	0.8	1.2	2	3	4	6	10	14	25
>3~6	0.1	0.2	0.4	0.6	1	1.5	2.5	4	5	8	12	18	30
>6~10	0.12	0.25	0.4	0.6	1	1.5	2.5	4	6	9	15	22	36
>10~18	0.15	0.25	0.5	0.8	1.2	2	3	5	8	11	18	27	43
>18~30	0.2	0.3	0.6	1	1.5	2.5	4	6	9	13	21	33	52
>30~50	0.25	0.4	0.6	1	1.5	2.5	4	7	11	16	25	39	62
>50~80	0.3	0.5	0.8	1.2	2	3	5	8	13	19	30	46	74
>80~120	0.4	0.6	1	1.5	2.5	4	6	10	15	22	35	54	87
>120~180	0.6	1	1.2	2	3.5	5	8	12	18	25	40	63	100
>180~250	0.8	1.2	2	3	4.5	7	10	14	20	29	46	72	115
>250~315	1.0	1.6	2.5	4	6	8	12	16	23	32	52	81	130
>315~400	1.2	2	3	5	7	9	13	18	25	36	57	89	140
>400~500	1.5	2.5	4	6	8	10	15	20	27	40	63	97	155

表 3.3-41 平行度、垂直度、倾斜度公差值数系

主参数 L d(D) /mm	公差等级											
	1	2	3	4	5	6	7	8	9	10	11	12
	公差值 /μm											
≤10	0.4	0.8	1.5	3	5	8	12	20	30	50	80	120
>10~16	0.5	1	2	4	6	10	15	25	40	60	100	150
>16~25	0.6	1.2	2.5	5	8	12	20	30	50	80	120	200
>25~40	0.8	1.5	3	6	10	15	25	40	60	100	150	250
>40~63	1	2	4	8	12	20	30	50	80	120	200	300
>63~100	1.2	2.5	5	10	15	25	40	60	100	150	250	400
>100~160	1.5	3	6	12	20	30	50	80	120	200	300	500
>160~250	2	4	8	15	25	40	60	100	150	250	400	600
>250~400	2.5	5	10	20	30	50	80	120	200	300	500	800
>400~630	3	6	12	25	40	60	100	150	250	400	600	1000
>630~1000	4	8	15	30	50	80	120	200	300	500	800	1200
>1000~1600	5	10	20	40	60	100	150	250	400	600	1000	1500
>1600~2500	6	12	25	50	80	120	200	300	500	800	1200	2000
>2500~4000	8	15	30	60	100	150	250	400	600	1000	1500	2500
>4000~6300	10	20	40	80	120	200	300	500	800	1200	2000	3000
>6300~10000	12	25	50	100	150	250	400	600	1000	1500	2500	4000

表 3.3-42 同轴度、对称度、圆跳动和全跳动公差值数系

主参数 d(D) B L /mm	公差等级											
	1	2	3	4	5	6	7	8	9	10	11	12
	公差值 /μm											
≤1	0.4	0.6	1.0	1.5	2.5	4	6	10	15	25	40	60
>1~3	0.4	0.6	1.0	1.5	2.5	4	6	10	20	40	60	120
>3~6	0.5	0.8	1.2	2	3	5	8	12	25	50	80	150
>6~10	0.6	1	1.5	2.5	4	6	10	15	30	60	100	200
>10~18	0.8	1.2	2	3	5	8	12	20	40	80	120	250
>18~30	1	1.5	2.5	4	6	10	15	25	50	100	150	300
>30~50	1.2	2	3	5	8	12	20	30	60	120	200	400
>50~120	1.5	2.5	4	6	10	15	25	40	80	150	250	500
>120~250	2	3	5	8	12	20	30	50	100	200	300	600
>250~500	2.5	4	6	10	15	25	40	60	120	250	400	800
>500~800	3	5	8	12	20	30	50	80	150	300	500	1000
>800~1250	4	6	10	15	25	40	60	100	200	400	600	1200
>1250~2000	5	8	12	20	30	50	80	120	250	500	800	1500
>2000~3150	6	10	15	25	40	60	100	150	300	600	1000	2000
>3150~5000	8	12	20	30	50	80	120	200	400	800	1200	2500
>5000~8000	10	15	25	40	60	100	150	250	500	1000	1500	3000
>8000~10000	12	20	30	50	80	120	200	300	600	1200	2000	4000

表 3.3-43 位置度公差值数系 (μm)

1	1.2	1.5	2	2.5	3	4	5	6	8
1×10^n	1.2×10^n	1.5×10^n	2×10^n	2.5×10^n	3×10^n	4×10^n	5×10^n	6×10^n	8×10^n

注：n 为正整数。

9.2.3　常用的加工方法可达到的几何公差等级(仅供参考)

1）常用加工方法可达到的直线度、平面度公差等级见表3.3-44。

表3.3-44　常用加工方法可达到的直线度、平面度公差等级

加工方法		1	2	3	4	5	6	7	8	9	10	11	12
车	粗											○	○
	细									○	○		
	精					○	○	○	○				
铣	粗											○	○
	细										○	○	
	精						○	○	○	○			
刨	粗											○	○
	细									○	○		
	精							○	○	○			
磨	粗									○	○	○	
	细							○	○	○			
	精		○	○	○	○	○	○					
研磨	粗				○	○							
	细			○									
	精	○	○										
刮研	粗						○	○					
	细				○	○							
	精	○	○	○									

2）常用加工方法可达到的圆度、圆柱度公差等级见表3.3-45。

表3.3-45　常用加工方法可达到的圆度、圆柱度公差等级

表面	加工方法		1	2	3	4	5	6	7	8	9	10	11	12
轴	精密车削				○	○	○							
	普通车削						○	○	○	○	○	○		
	普通立车	粗					○	○	○					
		细						○	○	○	○	○		
	自动、半自动车	粗								○	○			
		细							○	○				
		精						○	○					
	外圆磨	粗					○	○	○					
		细			○	○	○							
		精	○	○	○									
	无心磨	粗						○	○					
		细		○	○	○	○							
	研　磨			○	○	○	○							
	精　磨		○	○										
孔	钻								○	○	○	○	○	○
	镗 普通镗	粗							○	○	○	○		
		细					○	○	○	○				
		精				○	○							
	镗 金刚石镗	细			○	○								
		精	○	○	○									
	铰　孔						○	○	○					
	扩　孔						○	○	○					
	内圆磨	细				○	○							
		精			○	○								
孔	研　磨	细				○	○	○						
		精	○	○	○	○								
	珩　磨						○	○	○					

3）常用加工方法可达到的平行度、垂直度公差等级见表3.3-46。

4）常用加工方法可达到的同轴度、圆跳动公差等级见表3.3-47。

表3.3-46　常用加工方法可达到的平行度、垂直度公差等级

加工方法		1	2	3	4	5	6	7	8	9	10	11	12
面对面													
研磨		○	○	○	○								
刮		○	○	○	○	○	○						
磨	粗					○	○	○	○				
	细				○	○	○						
	精		○	○	○								
铣							○	○	○	○	○	○	
刨								○	○	○	○	○	
拉								○	○	○			
插								○	○				
轴线对轴线(或平面)													
磨	粗							○	○				
	细				○	○	○	○					
镗	粗								○	○	○		
	细							○	○				
	精						○	○					
金刚石镗					○	○	○						
车	粗										○	○	
	细							○	○	○	○		
铣							○	○	○	○	○		
钻										○	○	○	○

表3.3-47　常用加工方法可达到的同轴度、圆跳动公差等级

加工方法		1	2	3	4	5	6	7	8	9	10	11
车、镗	(加工孔)				○	○	○	○	○	○		
	(加工轴)			○	○	○	○	○	○			
铰						○	○	○				
磨	孔		○	○	○	○	○	○				
	轴	○	○	○	○	○	○					
珩　磨			○	○	○							
研　磨		○	○	○								

9.2.4　圆度、圆柱度占尺寸公差的百分比

根据实测及分析,圆度和圆柱度误差在一般加工条件下所占尺寸公差的平均百分比为30%以下,极少数情况达50%以上。因此,用一般工艺方法在保证尺寸公差的同时,也必然能保证相应的圆度和圆柱度的精度。只有在要求圆度、圆柱度公差占尺寸公差50%以下时,才有必要给出公差值。表3.3-48给出了圆度、圆柱度占尺寸公差百分比数值,给出公差值仅供参考。

表 3.3-48　圆度、圆柱度占尺寸公差百分比数值

尺寸公差公差等级	圆度、圆柱度公差等级	公差带占尺寸公差的百分比（%）
IT01	0	66
IT0	0	40
	1	80
IT1	0	25
	1	50
	2	75
IT2	0	16
	1	33
	2	50
	3	85
IT3	0	10
	1	20
	2	30
	3	50
	4	80
IT4	1	13
	2	20
	3	33
	4	53
	5	80
IT5	2	15
	3	25

尺寸公差公差等级	圆度、圆柱度公差等级	公差带占尺寸公差的百分比（%）
IT5	4	40
	5	60
	6	95
IT6	3	16
	4	26
	5	40
	6	66
	7	95
IT7	4	16
	5	24
	6	40
	7	60
	8	80
IT8	5	17
	6	28
	7	43
	8	57
	9	85
IT9	6	16
	7	24
	8	32
	9	48

尺寸公差公差等级	圆度、圆柱度公差等级	公差带占尺寸公差的百分比（%）
IT9	10	80
IT10	7	15
	8	20
	9	30
	10	50
	11	70
IT11	8	13
	9	20
	10	33
	11	46
	12	83
IT12	9	12
	10	20
	11	28
	12	50
IT13	10	14
	11	20
	12	35
IT14	11	11
	12	20
IT15	12	12

10　公差原则——独立原则与相关要求

一般情况下，图样中的各项要求都是基于功能的要求分别独立给出的，如尺寸公差、几何公差、表面粗糙度和表面波纹度等，它们均应各自满足设计要求。

我国于 1996 年发布了 GB/T 4249 和 GB/T 16671 两项标准，规定了在加工，装配和检验时应分别保证其尺寸公差和几何公差之间的设计要求，并将此规定称之为独立原则。独立原则是尺寸公差与几何公差之间应遵循的基本原则。对于产品功能的特定要求，除独立原则外，为满足产品功能的要求，尽可能地降低制造成品，标准还规定了最大实体要求，最小实体要求和可逆要求等尺寸公差与几何公差之间互相补偿的相关要求。

ISO TC213 成立后，从 GPS 角度统一提出了产品几何技术特征方面的术语、名词定义和解释，为与 ISO 标准取得一致，我国于 2009 年发布了修订后的 GB/T 4249 和 GB/T 16671 标准，与原标准相比，主要是在一些名词术语和文字编辑方面进行了改动，基本概念没有变化。

10.1　独立原则

10.1.1　独立原则的解释

图样上给定的每一个尺寸和形状、方向、位置要求均是独立的，应分别满足要求。

独立原则是尺寸公差和几何公差间相互关系应遵循的基本原则，在图样上不加任何标注。如果对尺寸和形状，尺寸和方向、位置之间的相互关系有特定要求时，应在图样上作出规定。

尺寸公差包括线性尺寸公差和角度公差，其特点如下：

（1）尺寸公差与几何误差各自独立

线性尺寸是两点之间的距离，它的公差由两点法测量，不控制提取要素本身的形状误差。

图3.3-30a表示一外圆柱面其直径及极限偏差

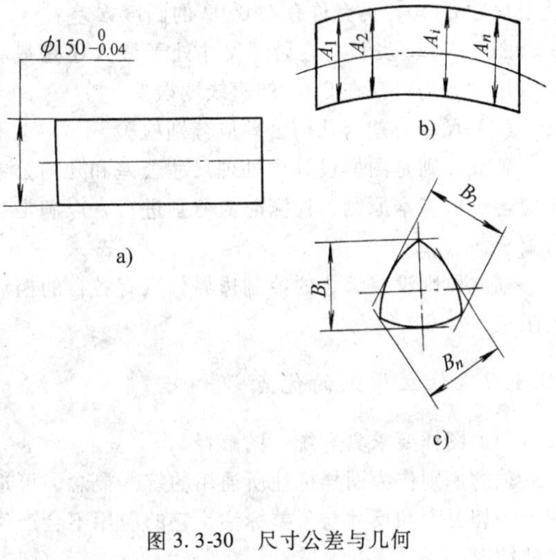

图 3.3-30　尺寸公差与几何误差分别控制示例

为 $\phi150_{-0.04}^{\ 0}$，即提取要素的局部直径必须在 $\phi149.96$ 与 $\phi150$ 之间。如该零件的提取中心线弯曲，其局部直径均位于 $\phi149.96$—$\phi150$ 之间，尺寸也是合格的，因为用两点法测量，其提取中心线弯曲状况并不反应在尺寸中，如图3.3-30b所示，可能出现无法装入与之相配的孔内。又如其横截面如成三棱状，此时局部直径均在尺寸公差范围内，尺寸是合格的，但由于存在着圆度误差，它在尺寸中无法反映，如图3.3-30c所示，同样会出现无法装入所配孔内的情况。

（2）角度公差排除形状误差

角度公差仅控制提取组成要素与理想要素之间的角度变动量，不控制提取组成要素的形状误差。其拟合组成要素的位置应符合最小条件。

图3.3-31a为两线间角度公差的标注示例。

图3.3-31b表示对于形成角度的两根提取实际线，因为存在形状误差，无法确定其角度。应按提取实际线找出其拟合组成要素，再确定这两根拟合组成要素间的角度。拟合组成要素的确定应符合最小条件。从图中明显地看出提取的实际夹角并不反映这两根线的形状误差。

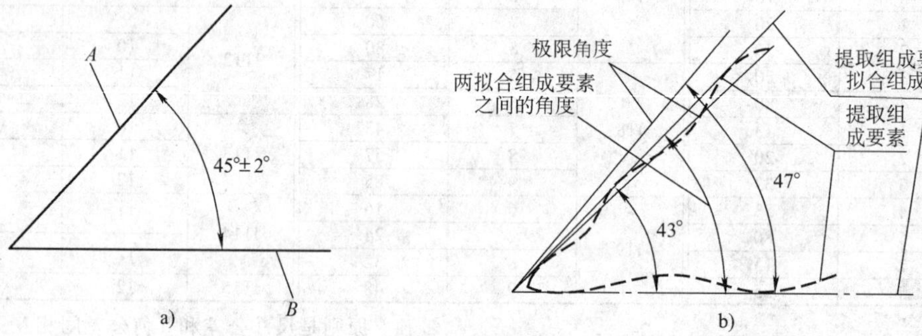

图3.3-31 角度公差排除形状误差图例

（3）几何误差由几何公差控制

由于线性尺寸公差和角度公差实际上均不控制几何误差，必须给出几何公差值以控制几何误差。此时，不论提取要素的局部尺寸如何，均应位于给出的几何公差带内。

图3.3-32a表示一外圆柱面零件同时给出尺寸公差和形状公差。应按独立原则要求分别控制。

图3.3-32b表示虽然提取圆柱面的局部尺寸已达极限尺寸 $\phi150$，仍允许存在0.02的圆度误差。

图3.3-32c表示不论局部尺寸处于最大还是最小极限尺寸，仍可存在0.06的直线度误差。

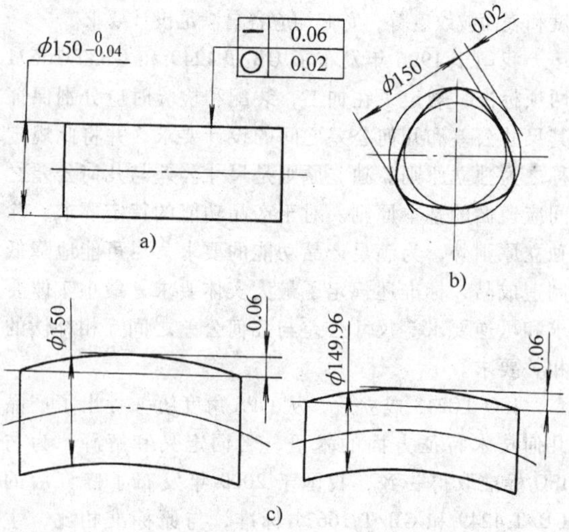

图3.3-32 几何误差由几何公差控制的图例

（4）尺寸公差与几何公差应分别检验

独立原则是图样设计中处理尺寸公差和几何公差时应遵守的基本原则，检测时应分别进行，以满足各自要求。

独立原则没有综合的控制边界，只有各自的控制极限。

10.1.2 独立原则的优点

（1）图样要求具有统一的解释

独立原则作为图样标注所通用的统一概念，可适用于一切要素和尺寸与公差标注，它的应用不会产生例外情况。

（2）经济性好

采用独立原则时，可以通过使用关系符号或文字说明来表示各项技术要求间相互有关的附加要求，从而能够根据实际要素的具体功能要求来明确给定和区分不同的图样要求，经济地组织生产。

另一方面，对单一要素的功能起重要作用的形状误差，至今还会出现通过给定高精度的尺寸公差而间接地加以控制的情况。但是，尺寸公差在很大程度上是取决于机床操作者的技术水平和依赖于精心操作来保证的，而形状误差主要是取决于机床精度和制造方法，操作者的技术水平对形状误差的影响是轻微的。现在设计人员依据独立原则，按功能要求可选择较高精度的形状公差要求和尽可能大的尺寸公差，这样工艺人员可以根据形状公差选择相应精度的机床以保证形状精度，而较大的尺寸公差就可放宽对操作者技术水平的要求，取得节省费用和降低成本的经济效果。

(3) 图样标注无“隐含”要求

独立原则不存在“隐含”要求，各项要求及其相互关系均在图样上标出。此外它也不存在尺寸公差和形状公差在数值之间的固定关系，即形状公差的数值可以大于、等于或小于尺寸公差。

(4) 使设计、制造、检验协调一致

过去设计人员按泰勒原则来解释尺寸与形状公差之间的关系，但在车间实际生产中往往按独立原则用两点法进行测量，设计与生产之间产生矛盾，即没有按图样生产。按照独立原则，就可使图样的设计要求与制造方式以及检验控制更加协调，从而解决了设计人员与生产人员在图样解释上的矛盾，真正做到按图生产。

(5) 能表达与全形量规检验无关的设计意图

按照泰勒原则，最大实体尺寸是用全形通端量规检验的。过去设计人员一旦给出尺寸和公差，就要遵循泰勒原则，必须采用全形量规来检验通端尺寸。按照独立原则，尺寸检验就不需要与全形量规相连系。

10.1.3　独立原则的应用场合

独立原则应用范围很广，常见有以下几种场合：

1) 几何精度要求较高，但尺寸精度要求较低的要素。图 3.3-33 为一侧量平板，其上平面是一模拟零件基准的平面，要求较高的平面度，而平板的厚度尺寸则对功能没什么影响，采用未注公差。

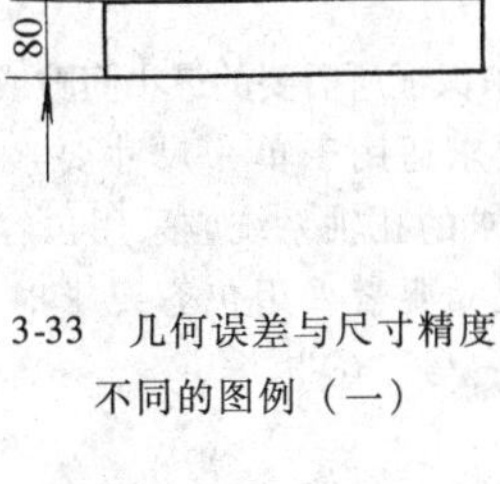

图 3.3-33　几何误差与尺寸精度要求不同的图例（一）

2) 尺寸精度要求高，几何精度要求低的要素，图 3.3-34 为零件上的通油孔，不需要配合，但需保证一定的尺寸精度以控制油的流量，而孔的形状公差要求较低，其轴线直线度、圆度等均按 GB/T1184—1996 中所规定的未注公差控制。

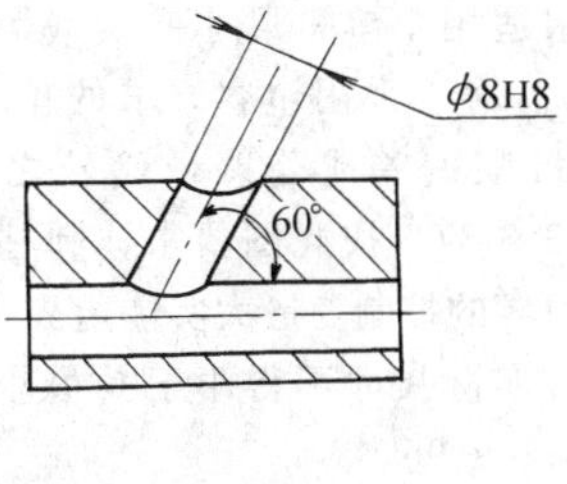

图 3.3-34　几何与尺寸精度要求不同的图例（二）

3) 尺寸与几何精度均要求较高，但不允许补偿或反补偿。图 3.3-35 为一连杆 $\phi12.5$ 孔与活塞销配合，内圆表面的尺寸精度与形状精度均要求较高，并不允许尺寸公差给以补偿，采用独立原则，并给出圆柱度公差。

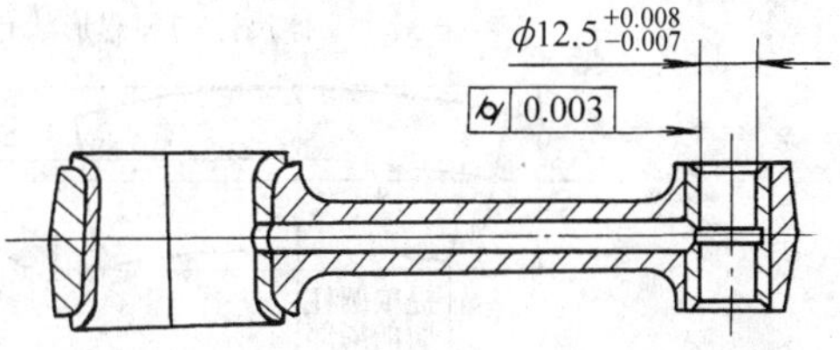

图 3.3-35　尺寸与几何精度均要求高、不允许相互补偿

4) 几何精度与尺寸本身无必然联系的要素。图 3.3-36 为一轴类零件，被测要素是直径为 ϕd 端面相对于 ϕd_1 轴线的端面圆跳动，与两轴的实际直径无关，必须采用独立原则，分别给出要求。

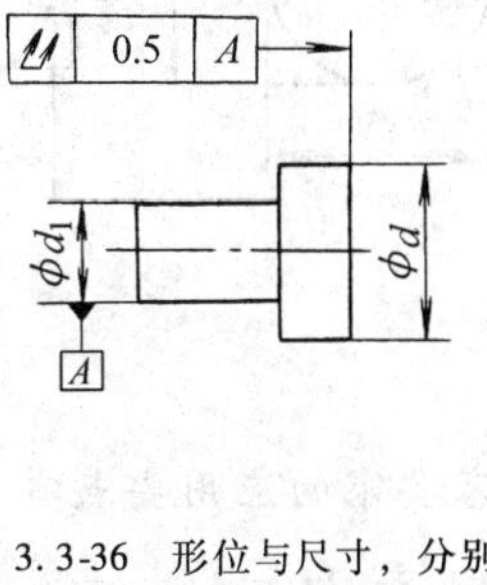

图 3.3-36　形位与尺寸，分别给出要求

5) 几何精度与尺寸均要求较低的非配合要素，如手轮、手柄、箱体、床身、轴端等外露件。

10.2　包容要求

10.2.1　包容要求的解释

包容要求即提取组成要素应遵守其最大实体边界，其局部尺寸不得超出最小实体尺寸的要求。

包容要求适用于单一尺寸要素（圆柱表面或两平行对应面）。对于采用包容要求的单一尺寸要素，应在其尺寸极限偏差或公差带代号之后加注符号“Ⓔ”，见图3.3-37。按此图要求，圆柱表面必须受其最大实体边界的控制。最大实体边界为 $\phi150+0=\phi150$，其局部实际尺寸不得小于其最小实体尺寸即 $\phi150-0.04=149.96$。

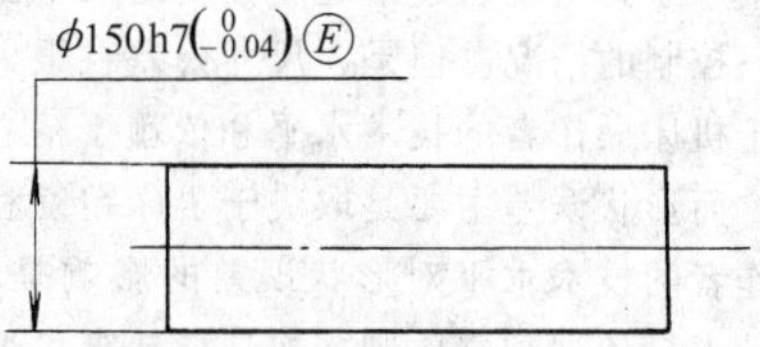

图3.3-37　包容要求标注

提取的圆柱表面在其最大实体边界内可呈任意形状。图3.3-38a～d为提取的圆柱表面的纵截面可能呈现的四种情况：任意形、毂形、弯曲形和最大实体尺寸时的理想形状。图3.3-39a～d为提取的圆柱表面的横截面可能呈现的四种情况。

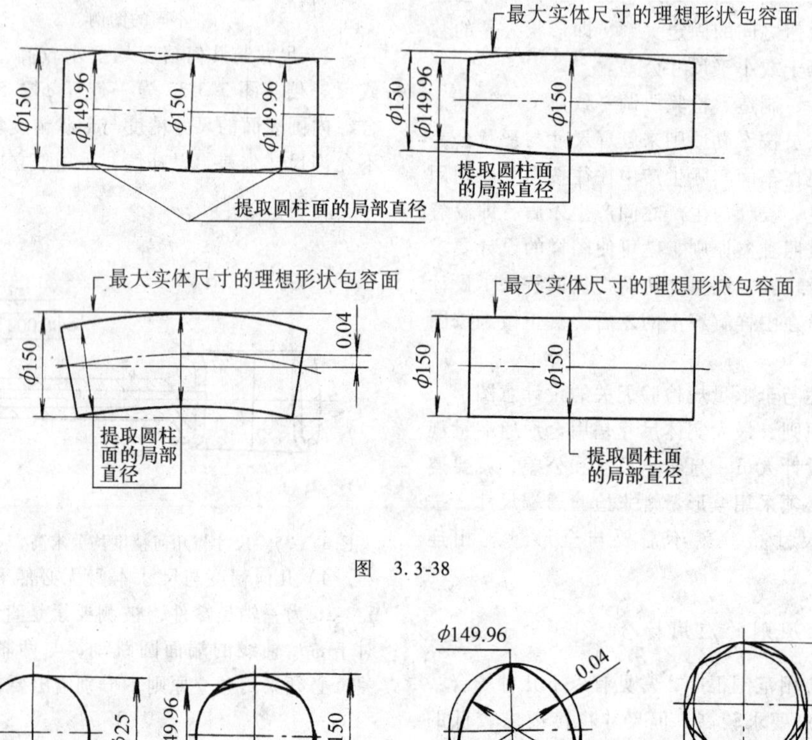

图　3.3-38

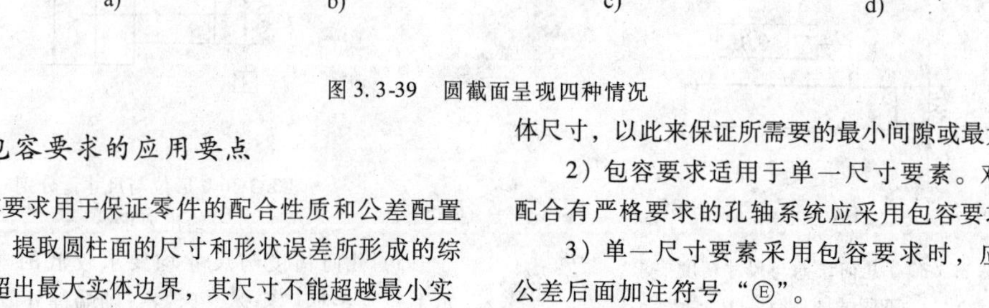

图3.3-39　圆截面呈现四种情况

10.2.2　包容要求的应用要点

1）包容要求用于保证零件的配合性质和公差配置要求的场合。提取圆柱面的尺寸和形状误差所形成的综合边界不能超出最大实体边界，其尺寸不能超越最小实体尺寸，以此来保证所需要的最小间隙或最大过盈。

2）包容要求适用于单一尺寸要素。对于精度或配合有严格要求的孔轴系统应采用包容要求。

3）单一尺寸要素采用包容要求时，应在其尺寸公差后面加注符号“Ⓔ”。

10.2.3 包容要求的应用示例

（1）保证精度

图3.3-40为一塞规，测杆外圆采用包容要求以保证精度。图3.3-41为一同轴度量规，两孔除同轴度要求外，为保证精度需采用包容要求。

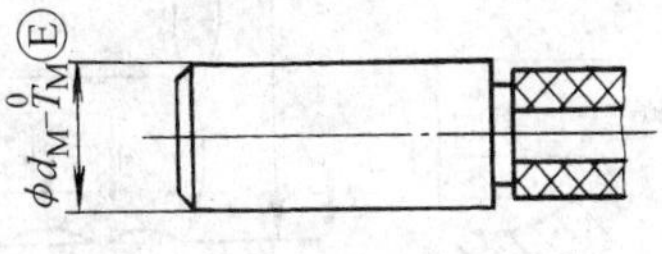

图 3.3-40

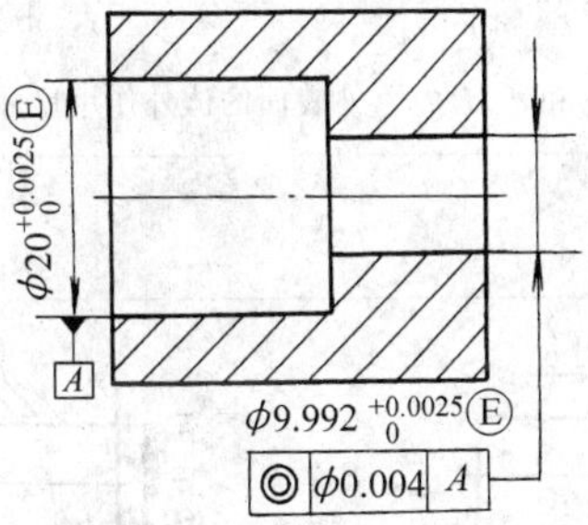

图 3.3-41

（2）保证配合

图3.3-42为一花键轴，齿外圆采用包容要求，以保证与花键孔的配合。

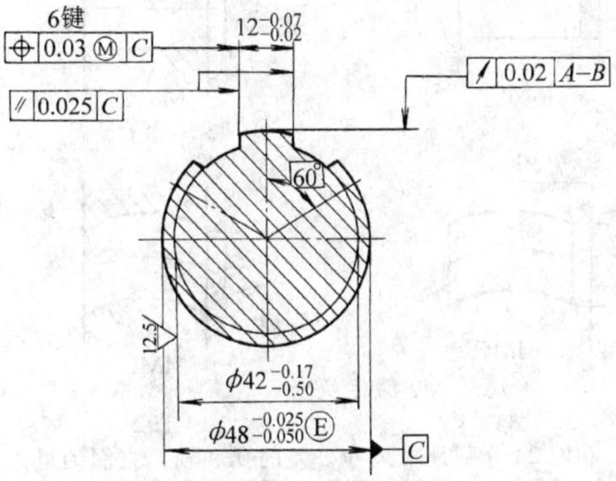

图 3.3-42

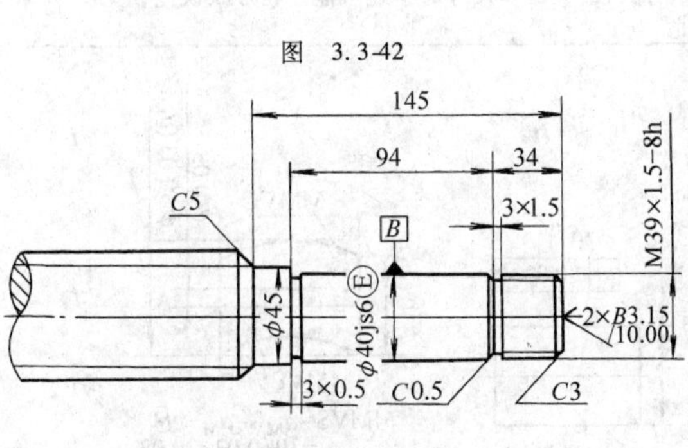

图 3.3-43

图3.3-43为一铣床丝杠，为保证配合，轴颈部分采用包容要求。

10.3 最大实体要求

最大实体要求是一种几何公差与尺寸公差间的相关要求。当被测要素或基准要素偏离其最大实体状态时，形状公差，方向位置公差可获得补偿值，即所允许的形状，方向或位置误差值可以在原设计的基础上增大。

最大实体要求适用于中心要素。采用最大实体要求应在形位公差框格中的公差值或（和）基准符号后加注符号“Ⓜ”。

10.3.1 最大实体要求的术语及定义

除第2节中介绍的术语及定义外，最大实体要求涉及的专用术语及定义见表3.3-49。

10.3.2 最大实体要求的应用要点

1）所给出的形状，方向或位置公差值是在被测要素或基准要素的提取组成要素处于最大实体状态的前提下给定的，符号Ⓜ应紧接在公差框格中的公差值或基准符号之后标出。

2）提取组成要素的轮廓是由最大实体尺寸和几何公差值综合形成的最大实体实效边界控制的。当提取组成要素处于该实效状态时，装配间隙为最小。当提取组成要素的局部尺寸偏离其最大实体尺寸时，可使形状，方向或位置公差值超过所给出的值，但必须位于该控制边界内。在一般情况下提取组成要素处于最小实体状态时，几何公差所得到的补偿量为最大。

3）当基准要素采用最大实体要求时，其控制边界要看基准要素自身的要求而定。

4）基准提取组成要素自身的偏离量是以它的体外作用尺寸而不是实际尺寸对控制边界的偏离来确定其偏离量的。如被测要素是成组要素，则基准要素体外作用尺寸对控制边界偏离所得到的补偿量只能补偿给成组要素，即几何图框，而不是补偿给每一个被测要素。基准采用最大实体要求时，其偏离量并不一定100%地补偿给被测要素，受零件结构的影响，有时只能部分地补偿给被测要素。

10.3.3 最大实体要求的应用示例

（1）最大实体要求应用于被测要素

1）基本规定 最大实体要求应用于被测要素时，提取组成要素的实际轮廓在给定的长度上处处不得超

表 3.3-49 最大实体要求的专用术语及定义

序号	术语	定义	图解
1	体外作用尺寸[①] （EFS）	在被测要素的给定长度上，与实际内表面体外相接的最大理想面或与实际外表面体外相接的最小理想面的直径或宽度 对于关联要素，该理想面的轴线或中心平面必须与基准保持图样给定的几何关系	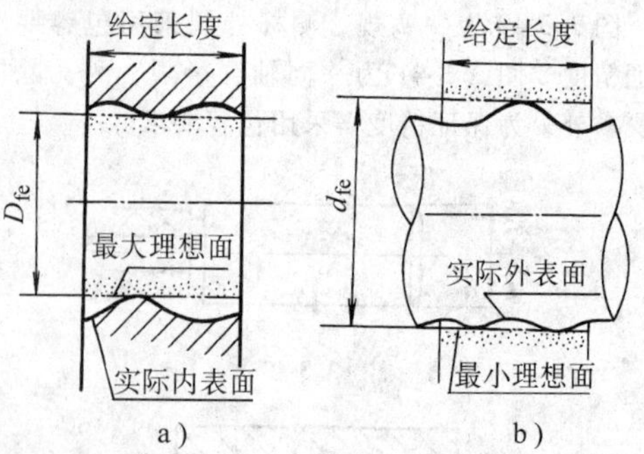 a) b) D_{fe}和d_{fe}为内、外表面的体外作用尺寸
2	最大实体状态 （MMC）	提取组成要素的局部尺寸处处位于极限尺寸之内并具有实体最大时的状态	
3	最大实体尺寸 （MMS）	确定要素在最大实体状态下的尺寸，对于外表面为上极限尺寸图1，对于内表面为下极限尺寸图2	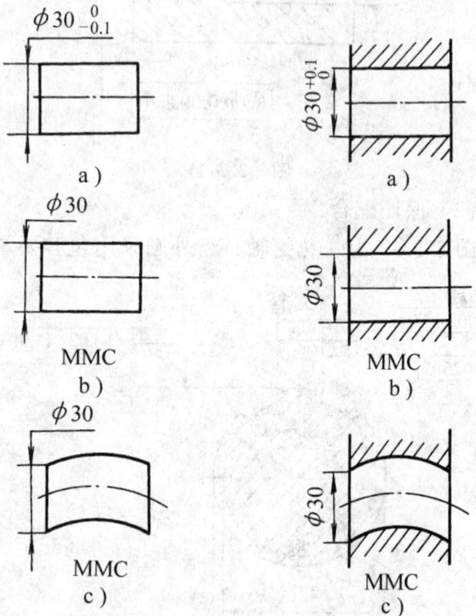 图1 图2 图1a和图2a分别是带尺寸公差的孔和轴，它们的最大实体状态见图1b和图2b，但在实际生产中，零件尺寸处处都为最大实体尺寸时，还可能存在形状误差，见图1c和图2c
4	最大实体实效状态 （MMVC）	拟合要素的尺寸为其最大实体实效尺寸（MMVS）时的状态	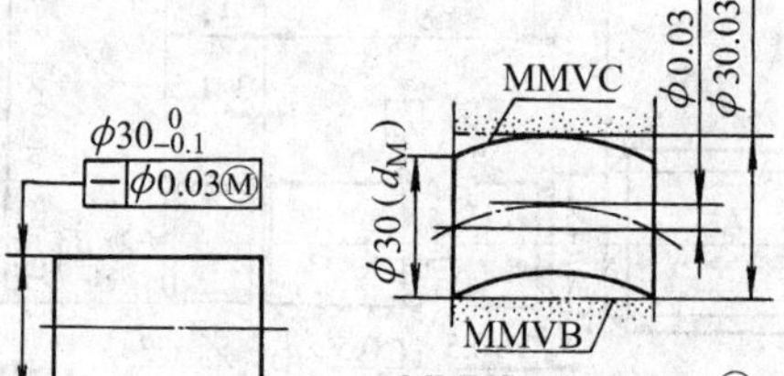 MMVS=d_{MV}=d_M+tⓂ =30+0.03=30.03 图样标注 a) b)

（续）

序号	术　语	定　义	图　解
5	最大实体实效尺寸（MMVS）	尺寸要素的最大实体尺寸与其导出要素的几何公差（形状、方向或位置）共同作用产生的尺寸 对于内表面为最大实体尺寸减几何公差值（加注符号Ⓜ 的）；对于外表面为最大实体尺寸加几何公差值（加注符号Ⓜ 的）	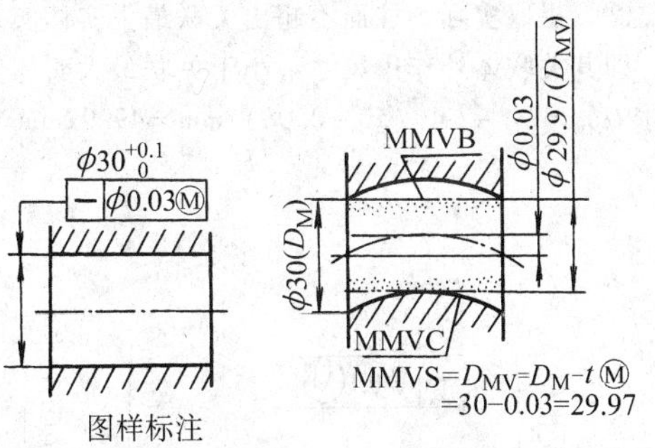 图样标注 a)　　b) 图中 $\phi30.03$ 和 $\phi29.97$ 分别为轴 $\phi30_{-0.1}^{\ 0}$ 和孔 $\phi30_{\ 0}^{+0.1}$ 的最大实体实效尺寸
6	最大实体边界[①]（MMB）	尺寸为最大实体尺寸的边界	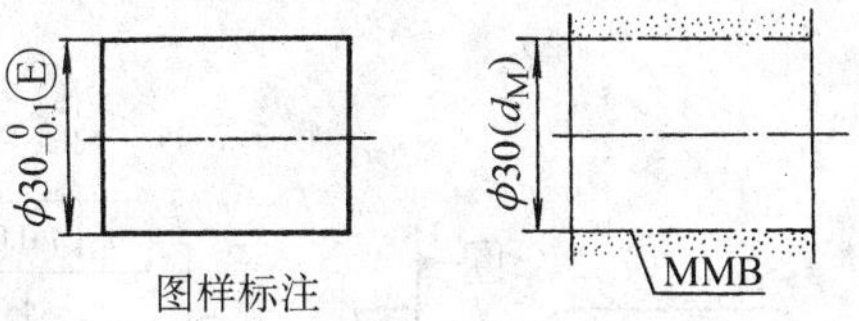 图样标注 a)　　b)
7	最大实体实效边界（MMVB）	尺寸为最大实体实效尺寸的边界	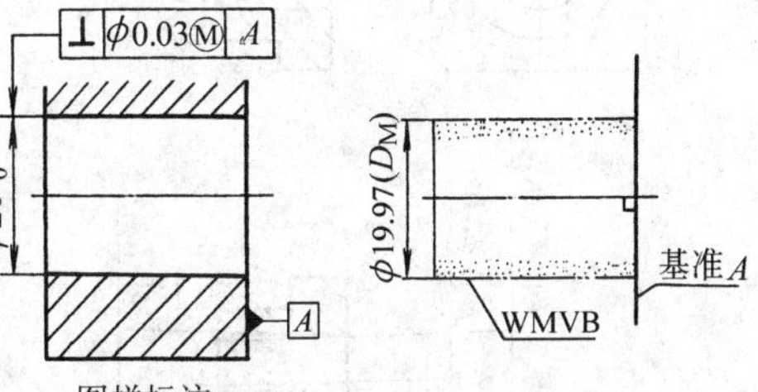 图样标注 a)　　b)

① 原标准中的术语，为便于理解，仍列入此表作解释用

出最大实体实效边界，即其体外作用尺寸不应超出最大实体实效尺寸，且其局部实际尺寸不得超出最大实体尺寸和最小实体尺寸。

当给出的几何公差值为零时，则为零几何公差。此时，被测要素的最大实体实效边界等于最大实体边界；最大实体实效尺寸等于最大实体尺寸。

2）应用示例　最大实体要求可用于形状公差、定向或定位公差。

示例 1　轴线直线度公差采用最大实体要求

图 3.3-44a 表示 $\phi20_{-0.3}^{\ 0}$ 的轴线直线度公差采用最大实体要求。当被测要素处于最大实体状态时，其轴线直线度公差为 $\phi0.1$mm，如图 3.3-44b 所示。图 3.3-44c 给出了表示上述关系的动态公差图。

该轴应满足下列要求：

① 局部直径在 $\phi19.7 \sim \phi20$mm 之内；

② 提取实际圆柱面不超出最大实体实效边界，即其体外作用尺寸不大于最大实体实效尺寸 $d_{MV}=d_M+t=(20+0.1)\ \text{mm}=20.1\text{mm}$。

当该提取实际圆柱面处于最小实体状态时，其提取实际中心线直线度误差允许达到最大值，即等于图样给出的直线度公差值（$\phi0.1$mm）与轴的尺寸公差（0.3mm）之和（$\phi0.4$mm）。

示例 2　轴线垂直度公差采用最大实体要求

图 3.3-45a 表示孔 $\phi50_{\ 0}^{+0.13}$ 的轴线对 A 基准的垂直度公差采用最大实体要求。当被测要素处于最大实体状态时，其提取实际中心线对基准 A 的垂直度公差为 $\phi0.08$mm，如图 3.3-45b 所示。图 3.3-45c 给出了表示上述关系的动态公差图。

该孔应满足下列要求：

① 局部直径在 $\phi50 \sim \phi50.13$mm 之内；

② 提取实际圆柱面不超出关联最大实体实效边界，即其关联体外作用尺寸不小于关联最大实体实效尺寸 $D_{MV}=D_M-t=(50-0.08)$ mm $=49.92$mm。

当该孔处于最小实体状态时，其提取实际中心线对基准 A 的垂直度误差允许达到最大值，即等于图样给出的垂直度公差（$\phi0.08$mm）与孔的尺寸公差（0.13mm）之和（$\phi0.21$mm）。

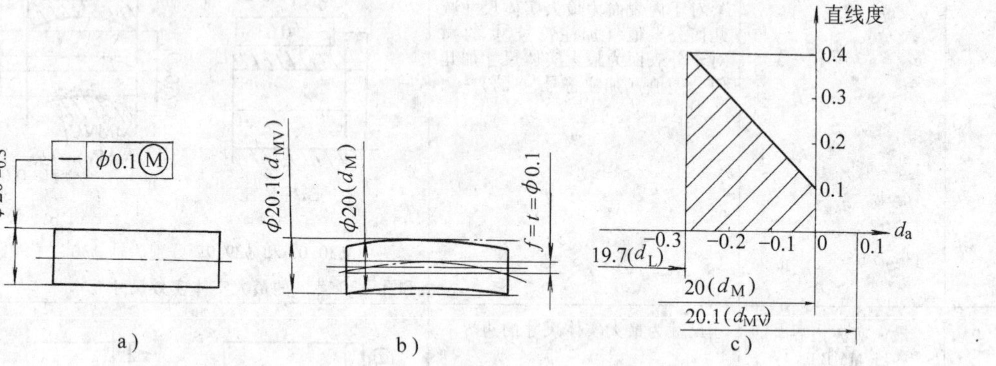

图 3.3-44　轴线直线度公差采用最大实体要求

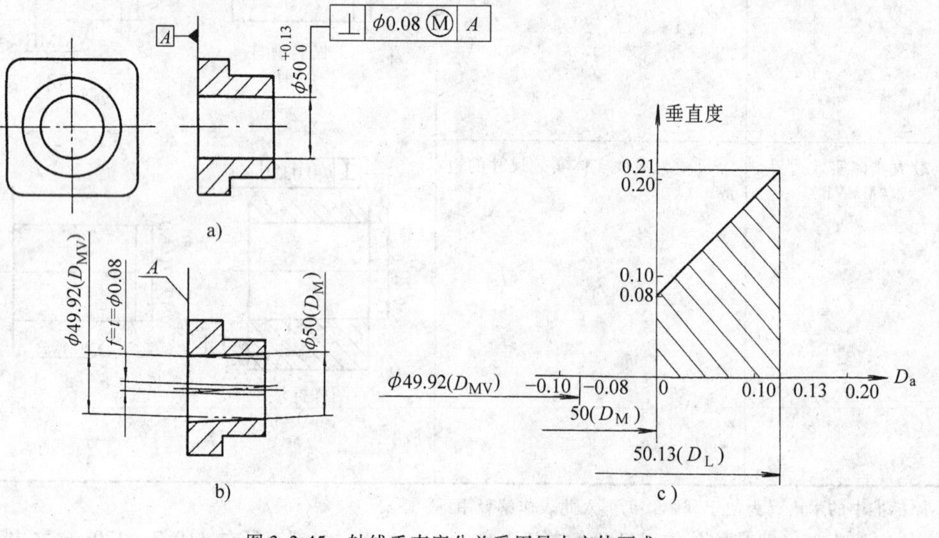

图 3.3-45　轴线垂直度公差采用最大实体要求

（2）最大实体要求应用于基准要素

1）基本规定

① 最大实体要求应用于基准要素时，基准要素应遵守相应的边界。若基准要素的提取实际轮廓偏离其相应的边界，即其体外作用尺寸偏离其相应的边界尺寸，则允许基准要素在一定范围内浮动，其浮动范围等于基准要素的体外作用尺寸与其相应的边界尺寸之差。

② 基准要素应遵守的边界由其自身的要求而定。

基准要素自身采用最大实体要求时，其所应遵守的边界为最大实体实效边界。

标准中规定，此时的基准符号应直接标注在形成该最大实体实效边界的几何公差框格下面，见图 3.3-46a、b。

基准要素自身不采用最大实体要求，即采用独立原则或包容要求，则其所应遵守的边界为最大实体边界。图 3.3-47a 为采用独立原则的示例，图 3.3-47b 为采用包容要求的示例。

2）应用示例　最大实体要求较少单独应用于基准要素，一般是同时应用于被测要素和基准要素。

示例1　同轴度公差，被测要素和基准要素同时采用最大实体要求。

图 3.3-48a 表示最大实体要求应用于轴 $\phi12_{-0.05}^{\ 0}$ 的轴线对轴 $\phi25_{-0.05}^{\ 0}$ 的轴线的同轴度公差，并同时应用于基准要素。当提取组成要素处于最大实体状态时，其提取中心线对基准 A 的同轴度公差为 $\phi0.04$mm，如图 3.3-48b 所示。

被测轴应满足下列要求：

a）局部直径在 $\phi 11.95 \sim 12\text{mm}$ 之内；

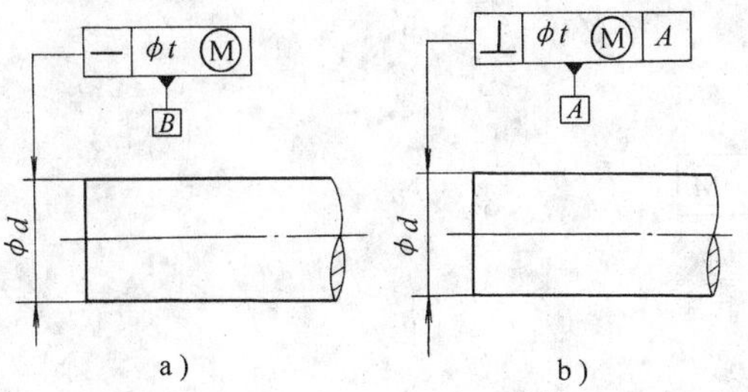

图 3.3-46　最大实体要求应用于基准要素

a）基准 B 的边界为最大实体实效边界

b）基准 A 的边界为最大实体实效边界

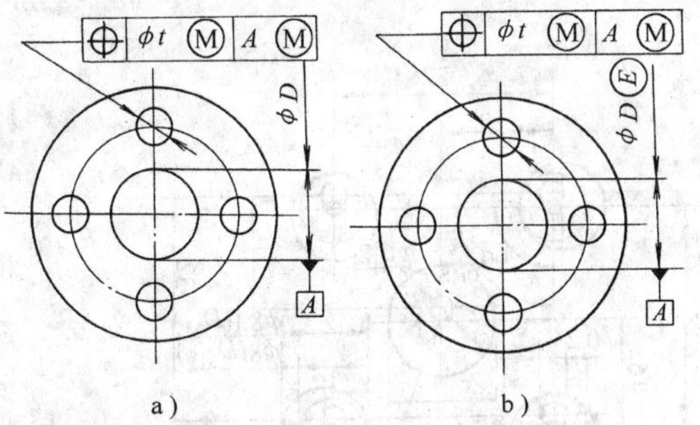

图 3.3-47　最大实体要求应用于基准要素

a）基准 A 的边界为最大实体边界

b）基准 A 的边界为最大实体边界

b）提取实际圆柱面不超出关联最大实体实效边界，即其关联体外作用尺寸不大于关联最大实体实效尺寸 $d_{MV} = d_M + t =$ （$12 + 0.04$） $\text{mm} = 12.04\text{mm}$。

当提取实际中心线处于最小实体状态时，其对基准 A 的轴线的同轴度允许达到最大值，即等于图样给出的同轴度公差（$\phi 0.04\text{mm}$）与轴的尺寸公差（0.05mm）之和（$\phi 0.09\text{mm}$），如图 3.3-48c 所示。

当基准 A 的提取实际圆柱面处于最大实体边界时，即其体外作用尺寸等于最大实体尺寸 $d_M = 25\text{mm}$ 时，基准的提取实际中心线不能浮动，如图 3.3-48b 和 c 所示。当基准 A 的提取实际圆柱面偏离最大实体边界，即其体外作用尺寸偏离最大实体尺寸 $d_M = 25\text{mm}$ 时，基准提取实际中心线可以浮动。当其体外作用尺寸等于最小实体尺寸 $d_1 = 24.95\text{mm}$ 时，其浮动范围达到最大值 $\phi 0.05\text{mm}$（$= d_M - d_L =$ （$25 - 24.95$） mm），如图 3.3-48d 所示。

示例 2　成组要素的位置度公差，被测要素和基准要素同时采用最大实体要求。

图 3.3-49a 表示最大实体要求应用于 4 孔 $8^{+0.2}_{+0.1}$ 的轴线对基准 A 的位置度公差，同时应用于基准要素。当均处于最大实体状态时，其提取中心线对基准 A 的位置度公差为 $\phi 0.1\text{mm}$，如图 3.3-49b 所示。

各提取实际内表面应满足下列要求：

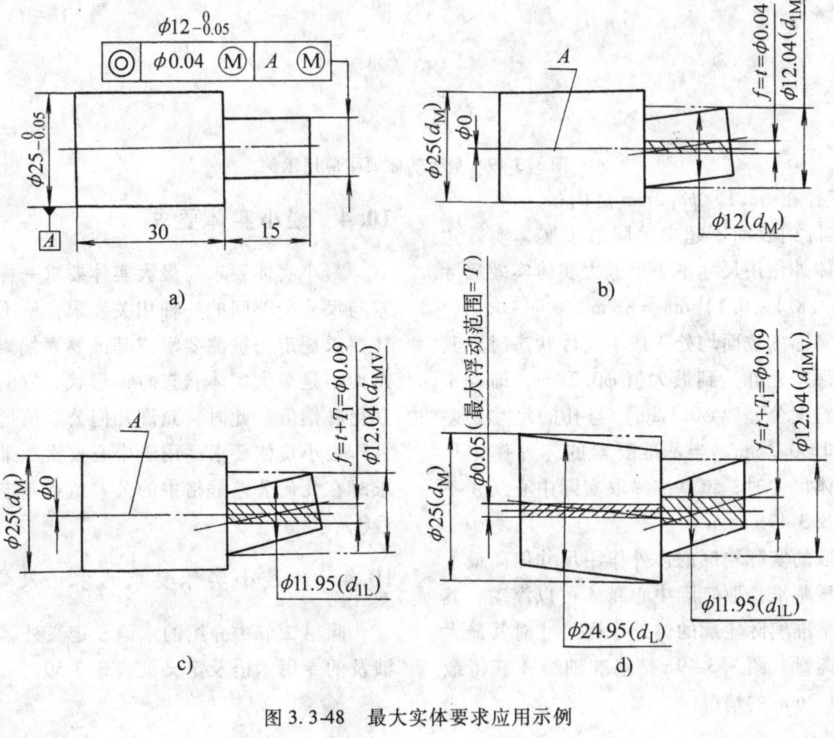

图 3.3-48　最大实体要求应用示例

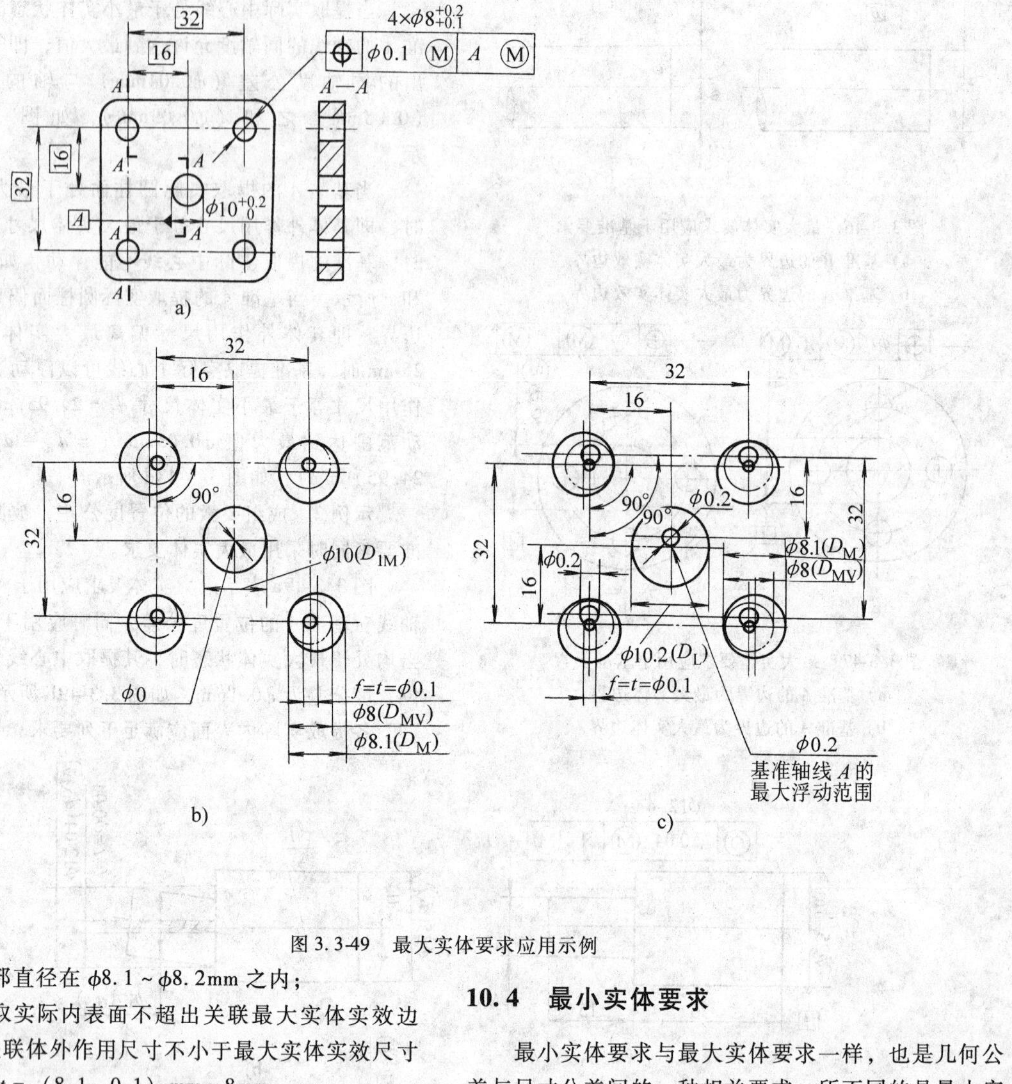

图 3.3-49　最大实体要求应用示例

a）局部直径在 $\phi8.1 \sim \phi8.2$mm 之内；

b）提取实际内表面不超出关联最大实体实效边界，即其关联体外作用尺寸不小于最大实体实效尺寸 $D_{MV}=D_M-t=(8.1-0.1)$ mm = 8mm。

当各提取实际内表面均处于最小实体状态时，其轴线的位置度误差允许达到最大值 $\phi0.2$mm，即等于图样给出的位置度公差（$\phi0.1$mm）与孔的尺寸公差（0.1mm）之和 $\phi0.2$mm。当基准要素的体外作用尺寸等于最大实体尺寸时，该基准提取实际中心线 A 不能浮动，如图 3.3-49b 所示。

当基准提取的实际轮廓的体外作用尺寸偏离最大实体尺寸时，该基准提取实际中心线 A 可以浮动，其浮动量等于该基准实际轮廓的体外作用尺寸对其最大实体尺寸的偏离量。图 3.3-49c 是基准轴线 A 获得最大浮动范围 $\phi0.2$mm 的情况。

10.4　最小实体要求

最小实体要求与最大实体要求一样，也是几何公差与尺寸公差间的一种相关要求，所不同的是最小实体要求规定当被测要素或基准要素偏离其最小实体状态而不是最大实体状态时，形状、方向或位置公差可获得补偿值。此时，允许几何公差值增大。

最小实体要求适用于中心要素。采用最小实体要求时在几何公差框格中的公差值或基准符号后加注符号Ⓛ。

10.4.1　最小实体要求的术语及定义

除第 2 节中介绍的术语及定义外，最小实体要求涉及的专用术语及定义见表 3.3-50。

表 3.3-50　最小实体要求的专用术语及定义

序号	术　语	定　义	图　解
1	体内作用尺寸[①] (IFS)	在被测要素的给定长度上，与实际内表面体内相接的最小理想面或与实际外表面体内相接的最大理想面的直径或宽度	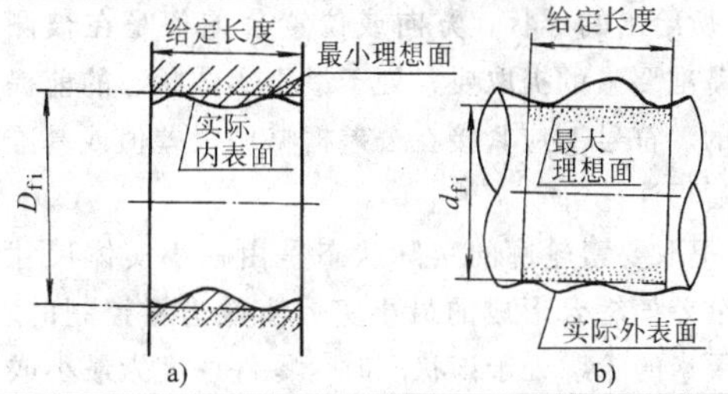
2	最小实体状态 (LMC)	提取组成要素的局部尺寸处处位于极限尺寸之内，并具有实体最小时状态	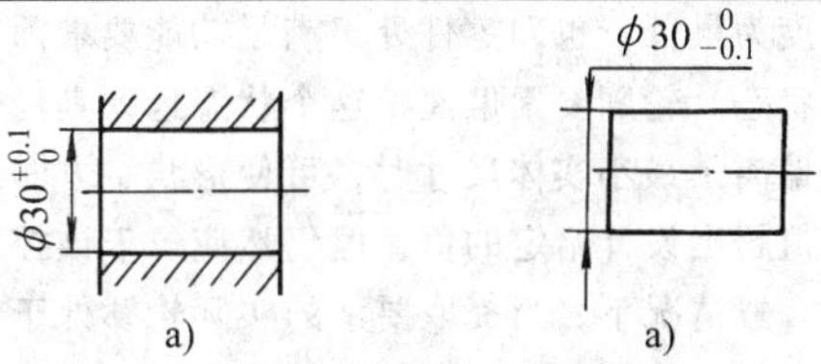
3	最小实体尺寸 (LMS)	确定要素在最小实体状态下的极限尺寸。对于外表面为下极限尺寸，对于内表面为最上极限尺寸	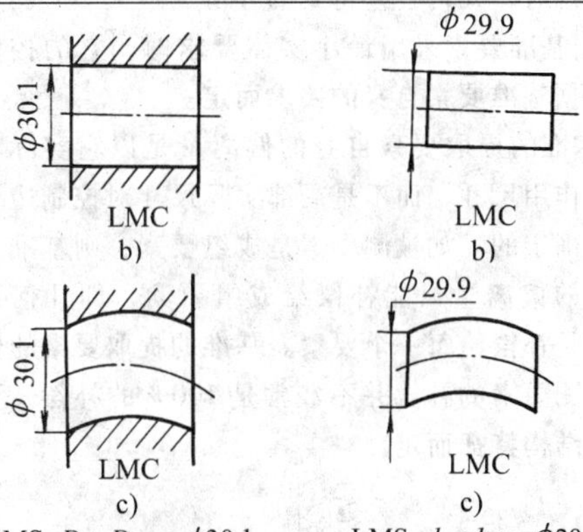 LMS=D_L=D_{max}=$\phi30.1$　　LMS=d_L=d_{min}=$\phi29.9$
4	最小实体实效状态 (LMVC)	拟合要素的尺寸为最小实体实效尺寸（LMVS）时的状态	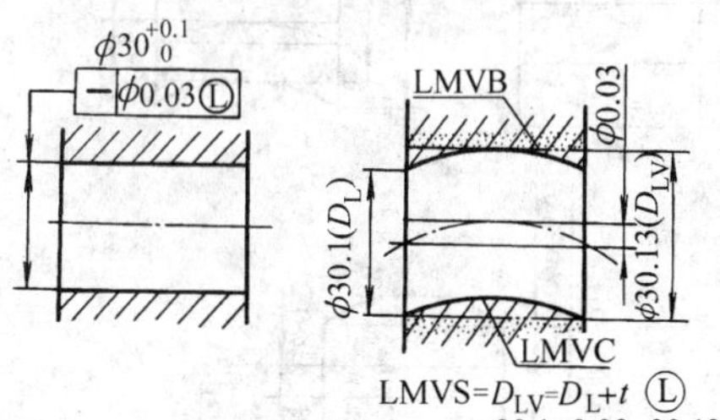 LMVS=D_{LV}=D_L+t Ⓛ =30.1+0.03=30.13 b)
5	最小实体实效尺寸 (LMVS)	尺寸要素的最小实体尺寸与其导出要素的形状、方向或位置公差共同作用产生的尺寸 对于内表面为最小实体尺寸加形位公差值（加注符号Ⓛ的）；对于外表面为最小实体尺寸减形位公差值（加注符号Ⓛ的）	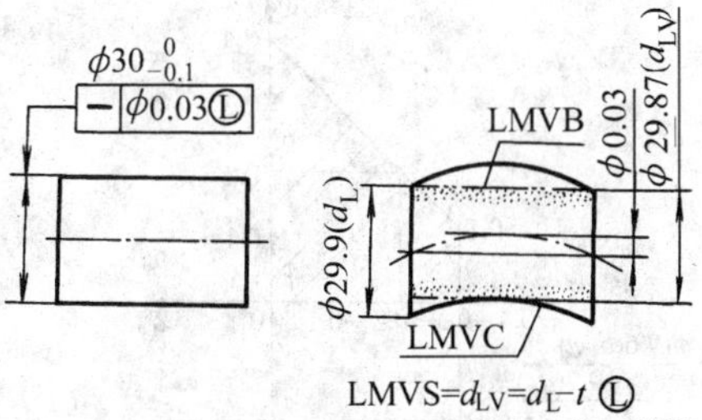 LMVS=d_{LV}=d_L−t Ⓛ = 29.9−0.03=29.87 b)
6	最小实体边界[①] (LMB)	尺寸为最小实体尺寸的边界	
7	最小实体实效边界 (LMVB)	尺寸为最小实体实效尺寸的边界	

① 原标准中的术语，为便于理解，仍列入此表作解释用。

10.4.2　最小实体要求的应用要点

1）所给出的形状、方向或位置公差值是在被测要素或基准要素的提取要素处于最小实体状态的前提下给定的。符号Ⓛ应紧接在公差框格中公差值或基准符号之后标注。

2）提取要素轮廓的实际状态是由最小实体尺寸和形位公差值综合形成的最小实体实效边界控制的。当提取要素的轮廓处于该状态时，零件厚度为最小或零件的强度为最低，也即零件处于满足功能要求前提下的最坏状态。轮廓要素偏离了这个状态也即其局部实际尺寸偏离了最小实体尺寸时，可使形状、方向或位置公差值超出设计给定的值，但仍然应位于该控制边界内。一般情况下，当提取要素的实际轮廓处于最大实体状态时，几何公差得到的补偿量最大。

3）当基准要素采用最小实体要求时，它的控制边界要根据基准要素自身的要求而定。

4）基准的提取要素自身的偏离量是以它实际轮廓的体内作用尺寸，而不是局部实际尺寸对控制边界的偏离而确定的。如被测要素是成组要素，则基准的提取要素的偏离量只能补偿给成组要素，即几何图框，而不是补偿给每一个要素。基准的提取要素的偏离量对被测要素的补偿并不经常是100%的补偿，要视零件的结构特征而定。

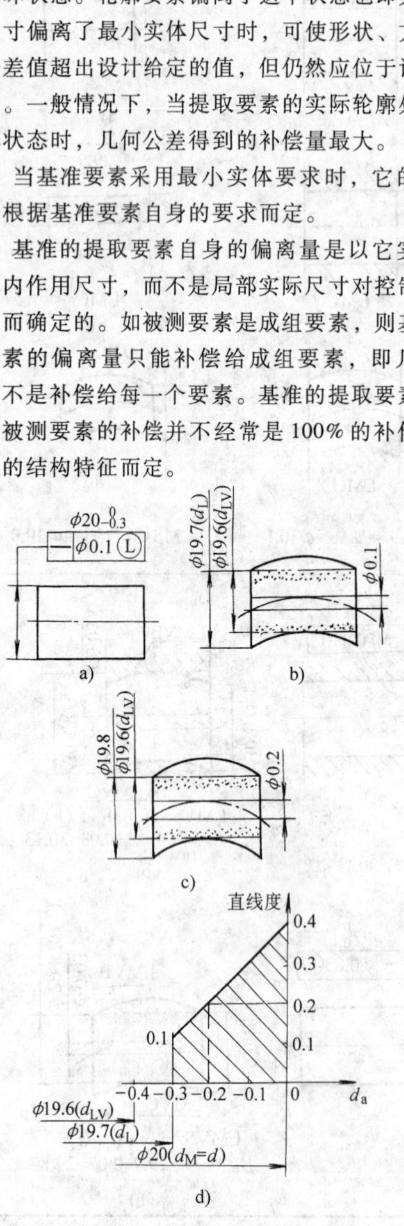

图3.3-50　轴线直线度公差采用最小实体要求

10.4.3　最小实体要求的应用示例

（1）最小实体要求应用于被测要素

1）基本规定　最小实体要求应用于被测要素时，被测要素的实际轮廓在给定的长度上处处不得超出最小实体实效边界，即其体内作用尺寸不应超出最小实体实效尺寸，且其局部实际尺寸不得超出最大实体尺寸和最小实体尺寸。

当给出的几何公差值为零时（可简称为零几何公差）。此时，控制其提取要素的最小实体实效边界等于最小实体边界；最小实体实效尺寸等于最小实体尺寸。

2）应用示例　最小实体要求可用于形状公差、方向或位置公差。

示例1　轴线直线度公差采用最小实体要求。

图3.3-50a表示$\phi20_{-0.3}^{\ 0}$轴的轴线直线度公差采用最小实体要求（ϕ0.1Ⓛ）。图3.3-50b表示处于最小实体实效状态的提取要素，它正好位于最小实体实效边界上。图3.3-50c表示提取要素的局部实际尺寸向最大实体尺寸方向偏离最小实体尺寸0.1mm，即d_a＝19.7＋0.1＝19.8mm时，其提取要素直线度误差可以超出图样给出的公差值0.1mm，最大可达0.2mm。图3.3-50d是表示上述关系的动态公差图。

示例2　轴线位置度采用最小实体要求。

图3.3-51a表示孔$\phi8_{\ 0}^{+0.25}$的轴线相对于零件侧面的位置度。为保证侧面与孔外缘之间的最小壁厚，被测孔轴线采用最小实体要求。孔轴线与侧面距离的理论正确尺寸为6mm。图3.3-51b表示当孔提取要素直径为最小实体尺寸ϕ8.25时，允许位置度误差ϕ0.4mm，其最小实体实效边界为直径ϕ8.65mm（8.25＋0.4）的理想圆。

当孔的提取要素直径偏离最小实体尺寸时，其实际轮廓与控制边界之间会产生一个相应的量，允许位置度误差增大。当孔的提取要素实际直径为最大实体尺寸ϕ8时，其中心线的位置度误差可增大至0.65（0.4＋0.25）。由于受边界控制，不能再增大，这样就保证了最小壁厚。图3.3-51c是表示上述关系的动态公差图。

（2）最小实体要求应用于基准要素

1）基本规定

①　最小实体要求应用于基准要素时，基准要素的提取实际轮廓应遵守相应的边界。若基准要素的提取实际轮廓偏离相应的边界，即其体内作用尺寸偏离相应的边界尺寸，则允许基准要素在一定范围内浮动，其浮动范围等于基准要素提取实际轮廓的体内作用尺寸与相应边界尺寸之差。

②　基准要素应遵守的边界由其自身的要求而

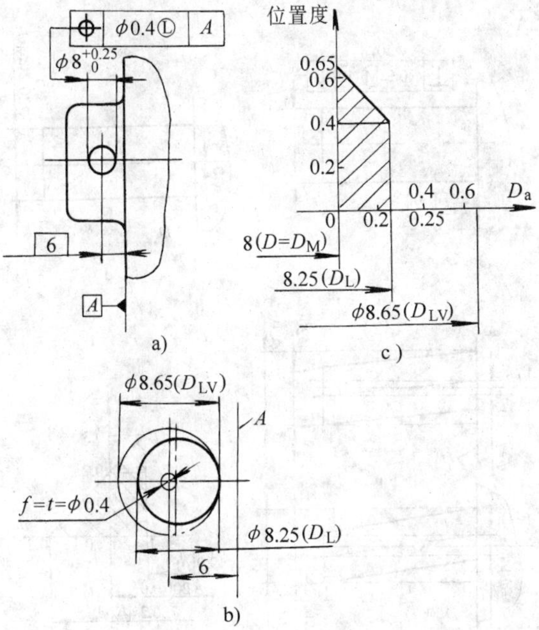

图 3.3-51　轴线位置度公差采用最小实体要求

定。

基准要素本身采用最小实体要求时，则其控制边界为最小实体实效边界。此时，基准符号应直接标注在形成该最小实体实效边界的形位公差框格下面，见图 3.3-52。

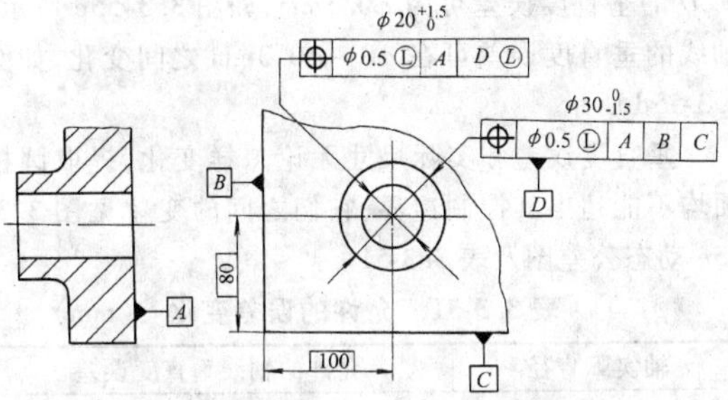

图 3.3-52　D 基准的边界为最小实体实效边界

基准要素本身不采用最小实体要求时，其控制边界为最小实体边界，见图 3.3-53。

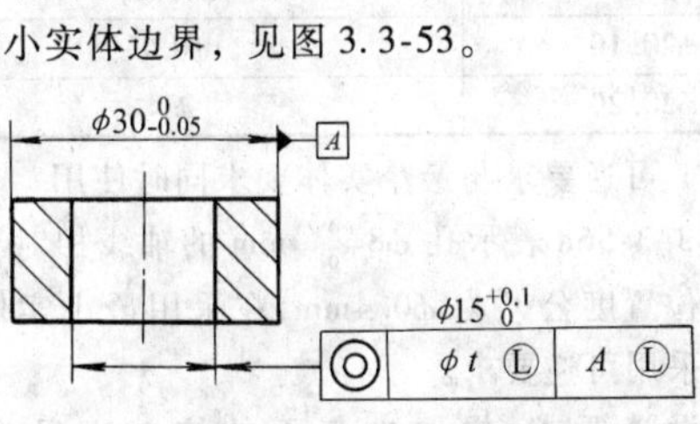

图 3.3-53　A 基准的边界为最小实体边界

2）应用示例　图 3.3-54 表示了一圆环零件被测要素和基准要素同时采用最小实体要求。图 3.3-54a 表示同轴度公差采用最小实体要求。孔 $\phi39^{+1}_{0}$ 和外圆

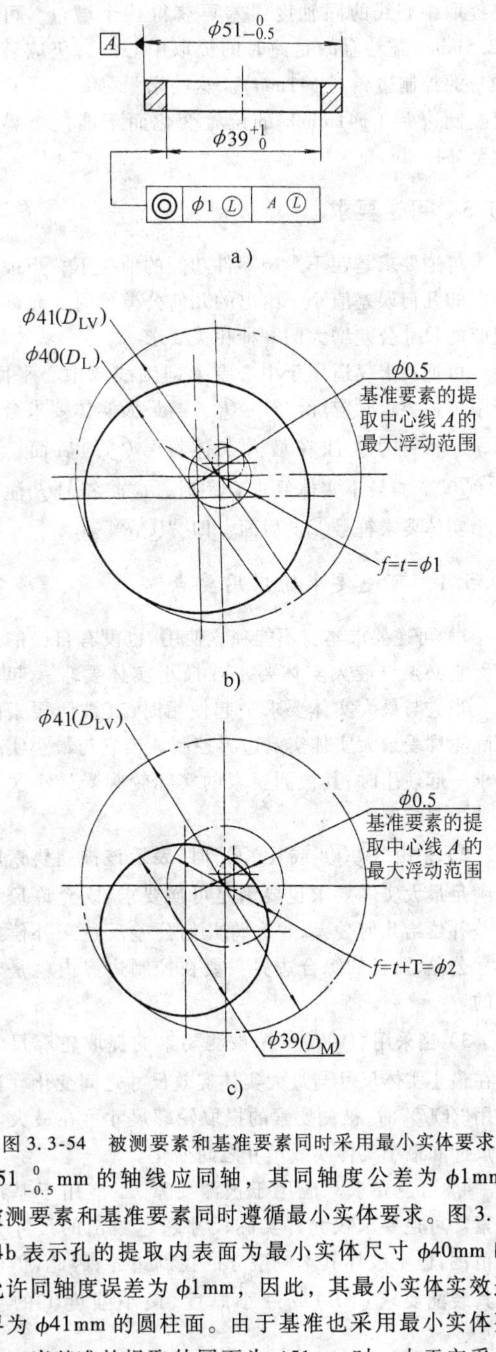

图 3.3-54　被测要素和基准要素同时采用最小实体要求

$\phi51^{\ 0}_{-0.5}$ mm 的轴线应同轴，其同轴度公差为 ϕ1mm，被测要素和基准要素同时遵循最小实体要求。图 3.3-54b 表示孔的提取内表面为最小实体尺寸 ϕ40mm 时允许同轴度误差为 ϕ1mm，因此，其最小实体实效边界为 ϕ41mm 的圆柱面。由于基准也采用最小实体要求，当基准的提取外圆面为 ϕ51mm 时，由于它采用独立原则，遵循最小实体边界，因而偏离其最小实体尺寸 ϕ50.5mm，可获得一浮动范围为 ϕ0.5mm。图 3.3-54c 表示孔的提取内表面直径为 ϕ39mm，偏离其最小实体尺寸，从而使提取中心线的同轴度误差可获得一增量，增大至 ϕ2（1+1）mm。此时基准的提取外圆柱面的直径仍为 ϕ51mm，可获得浮动范围为 ϕ0.5mm。根据实际基准提取中心线的浮动状况，可

使提取中心线的同轴度误差再获得一个增量，可达ϕ2.5mm。需注意的是此时的提取中心线，仍应遵循自身的控制边界（ϕ41mm）。这一增量ϕ0.5mm只能使控制边界（ϕ41mm）的位置变化而不能使边界扩大至ϕ41.5mm。

10.5 可逆要求

可逆要求是在不影响零件功能的前提下，当被测要素的几何误差值小于给出的几何公差值时，允许其相应的尺寸公差增大的一种相关要求。

可逆要求仅适用于中心要素即轴线或中心平面。采用可逆要求时应标注符号Ⓡ。与最大实体要求合用时，应将符号Ⓡ注在最大实体符号Ⓜ的后面，即"ⓂⓇ"。与最小实体要求合用时，应将符号Ⓡ注在最小实体要求符号Ⓛ的后面，即"ⓁⓇ"。

10.5.1 可逆要求的应用要点

1）可逆要求本身不能独立使用,也没有自己的边界。它必须与最大实体要求或最小实体要求一起使用。当它与最大实体要求一起使用时,其被测要素的实际轮廓受最大实体实效边界控制。当它与最小实体要求一起使用时,其被测要素的实际轮廓受最小实体实效边界控制。

2）采用"ⓂⓇ"或"ⓁⓇ"时,表示该被测要素既要满足最大实体要求也要满足可逆要求,既允许尺寸公差补偿给几何公差,也允许几何公差反过来补偿给尺寸公差,两者的综合边界只要在控制边界内就是合格的。

3）当采用"ⓂⓇ"时,被测要素的提取轮廓尺寸可在最小实体尺寸与最大实体实效尺寸之间变化。当采用"ⓁⓇ"时,被测要素的提取轮廓尺寸可在最大实体尺寸和最小实体实效尺寸之间变化。

4）可逆要求只应用于被测要素,不能用于基准要素。可逆要求仅允许实际尺寸超越给出的尺寸公差范围,但不破坏其本应遵守的控制边界,因此,仍保证其装配要求（Ⓜ）或最小厚度、最小强度Ⓛ的要求。

10.5.2 可逆要求的应用示例

（1）可逆要求与最大实体要求同时使用

图3.3-55a表示$\phi20^{\ 0}_{-0.1}$ mm的轴线与基准面D的垂直度公差为ϕ0.2mm,在采用最大实体要求的同时采用可逆要求。

按设计要求,被测轴提取圆柱面的控制边界为直径ϕ20.2(ϕ20+0.2)mm的理想圆柱面(图3.3-55b)。当轴

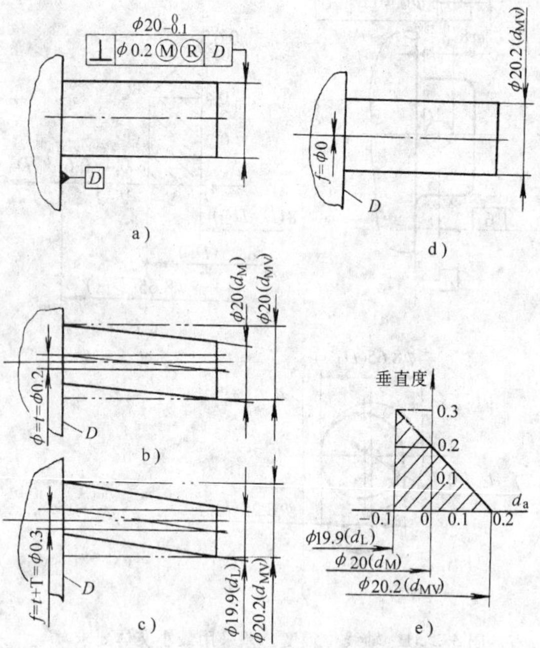

图3.3-55　可逆要求与最大实体要求同时使用

的提取圆柱面的直径为ϕ20时,垂直度公差为ϕ0.2mm。

轴的实际直径不能小于最小实体尺寸ϕ19.9mm,当提取圆柱面的直径为ϕ19.9mm时,轴线相对于基准面D的垂直度误差可为ϕ0.3mm,如图3.3-55c所示。轴线的垂直度误差可在ϕ0~ϕ0.3mm之间变化,如图3.3-55d所示。

垂直度误差和实际尺寸无论怎样变化,提取圆柱面均不能超出其控制边界,它们之间的变化见图3.3-55e动态公差图及表3.3-51。

表3.3-51　允许的误差变化　（mm）

轴实际直径	允许的轴线垂直度误差
ϕ19.9	ϕ0.3
ϕ20.0	ϕ0.2
ϕ20.05	ϕ0.15
ϕ20.10	ϕ0.1
ϕ20.20	ϕ0

（2）可逆要求与最小实体要求同时使用

图3.3-56a表示孔$\phi8^{+0.25}_{\ 0}$ mm的轴线相对于基准面A的位置度公差为ϕ0.4mm,在采用最小实体要求的同时采用可逆要求。

按设计要求,提取内表面的控制边界为直径ϕ8.65(ϕ8.25+ϕ0.4)mm的理想圆柱面,当孔的提取内表面直径为ϕ8.25mm时,位置度公差为ϕ0.4mm(图3.3-56b)。

提取内表面的直径不能破坏其最大实体尺寸,即

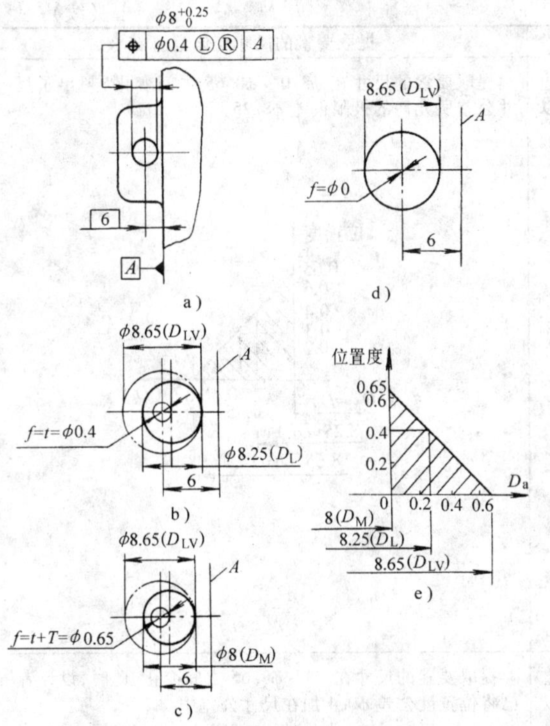

图 3.3-56　可逆要求与最小实体要求同时使用

不能小于 ϕ8mm。当提取内表面的直径为 ϕ8mm 时，允许位置度误差达 ϕ0.65(0.4＋0.25)mm，见图 3.3-56c。由于采用可逆要求，如果位置度误差为 0，实际尺寸可达 ϕ8.65(8.25＋0.4)mm，见图 3.3-56d。

位置度误差和孔的提取内表面尺寸无论怎样变化，其实际轮廓均受其最小实体实效边界的控制。它们之间的变化见图 3.3-56e 动态公差图及表 3.3-52。

表　3.3-52　(mm)

孔的实际直径	允许的轴线位置度误差
ϕ8.0	ϕ0.65
ϕ8.25	ϕ0.4
ϕ8.4	ϕ0.25
ϕ8.6	ϕ0.05
ϕ8.65	ϕ0

10.5.3　采用可逆要求与零几何公差要求的对比

采用可逆要求与采用零几何公差形位公差为 0 要求的效果是一样的，但由于给出方法不同，对尺寸公差的解释不同，前者导致提取要素的尺寸超差，后者则在允许的尺寸范围内，其对比见表 3.3-53。

表 3.3-53　可逆要求与零几何公差对比

相关要求		图　例	功能要求	提取要素的尺寸变化范围
最大实体要求	可逆要求	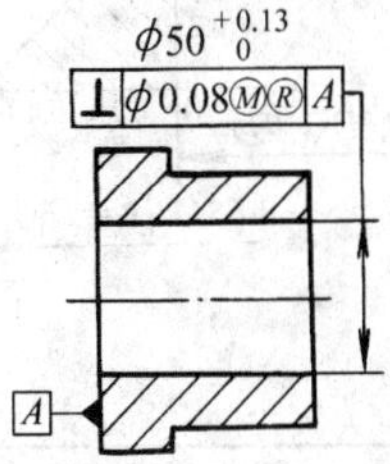	遵守的控制边界为 ϕ49.92，以保证装配	提取要素的尺寸在 ϕ49.92～ϕ50.13 间变化(超出了尺寸公差所允许的极限偏差 ϕ50) 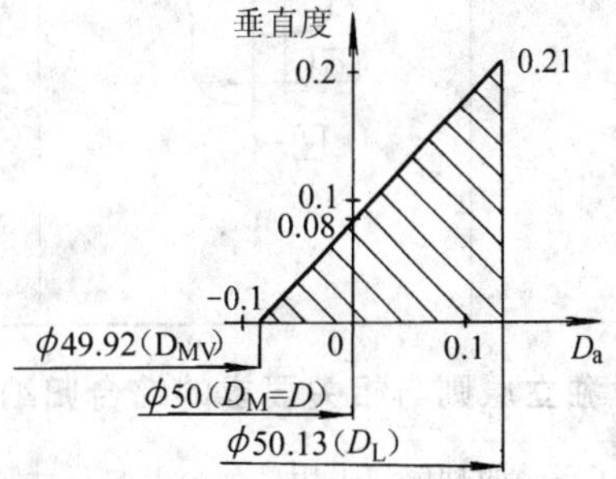
	零几何公差	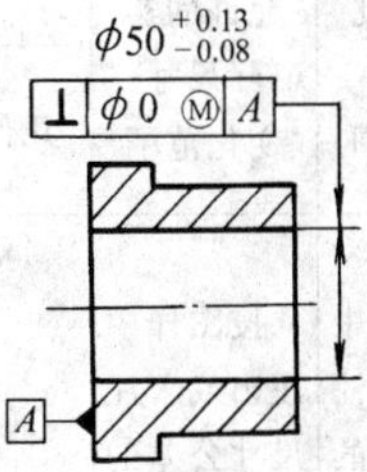	遵守的控制边界为 ϕ49.92，以保证装配	提取要素的尺寸在 ϕ49.92～ϕ50.13 间变化，符合尺寸公差要求(此时设计者已将垂直度公差 ϕ0.08 加在尺寸公差中) 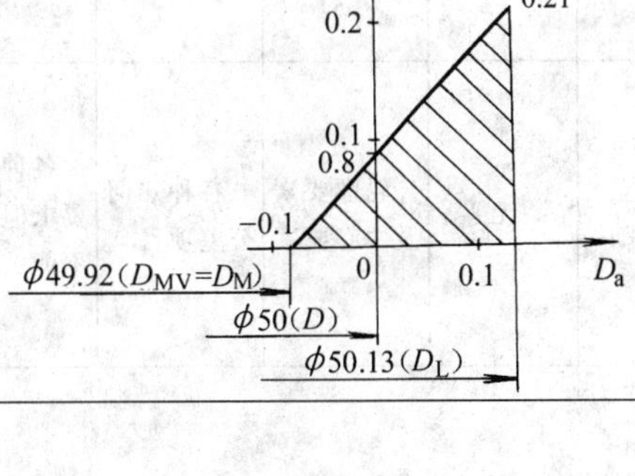

（续）

相关要求		图例	功能要求	提取要素的尺寸变化范围
最小实体要求	可逆要求	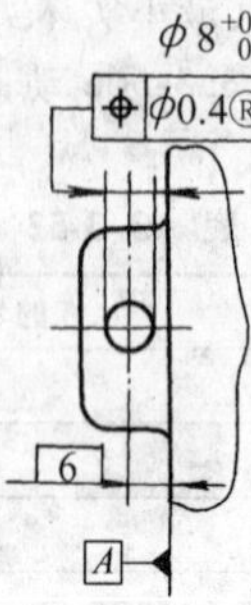	遵守的控制边界为 ϕ8.65，以保证最小壁厚	提取要素的尺寸在 ϕ8.0～ϕ8.65 之间变化（超出了尺寸公差所允许的极限偏差 ϕ8.25） 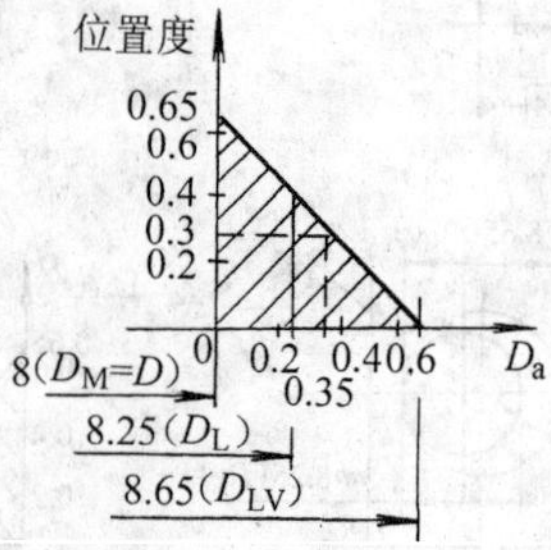
	零几何公差	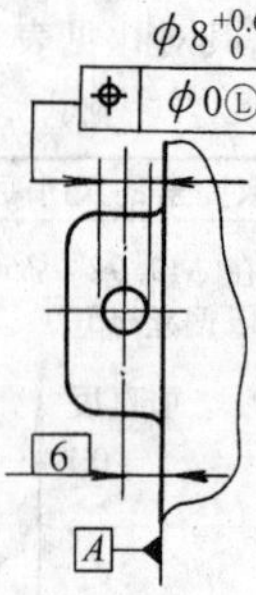	遵守的控制边界为 ϕ8.65，以保证最小壁厚	提取要素的尺寸在 ϕ8～ϕ8.65 之间变化，此时，设计者已将位置度公差 ϕ0.4 加在尺寸公差中 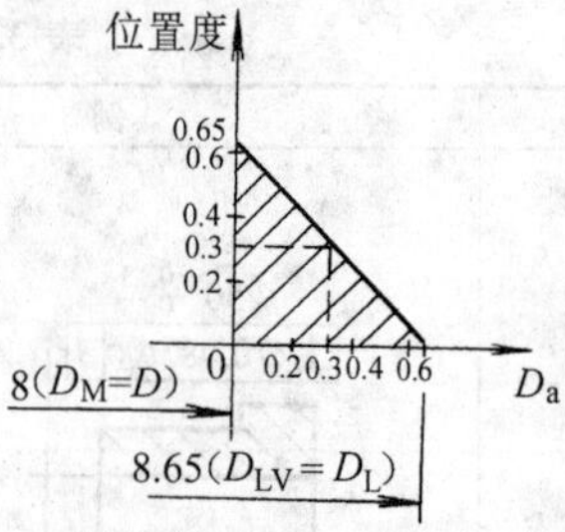

10.6　独立原则与相关要求的综合归纳

为了正确的理解和采用几何公差与尺寸公差所应遵循的原则，现将独立原则与相关要求的应用场合、功能要求、控制边界及检测方法等进行综合的归纳与对比，见表3.3-54。

表3.3-54　独立原则与相关要求综合归纳与对比

公差原则	符号	应用要素	应用项目	功能要求	控制边界	允许的几何误差变化范围	允许的实际尺寸变化范围	检测方法	
								几何误差	实际尺寸
独立原则	无	轮廓要素及中心要素	各种几何公差项目	各种功能要求但互相不能关联	无边界，几何误差和实际尺寸各自满足要求	按图样中注出或未注几何公差的要求	按图样中注出或未注尺寸公差的要求	通用量仪	两点法测量

（续）

公差原则		符号	应用要素	应用项目	功能要求	控制边界	允许的几何误差变化范围	允许的实际尺寸变化范围	检测方法	
									几何误差	实际尺寸
相关要求	包容要求	Ⓔ	单一尺寸要素（圆、圆柱面、两平行平面）	形状公差（线、面轮廓度除外）	配合要求	最大实体边界	各项形状误差不能超出其控制边界	最大实体尺寸不能超出其控制边界，提取要素的尺寸不能超越其最小实体尺寸	通端极限量规及专用量仪	通端极限量规测最大实体尺寸，两点法测量最小实体尺寸
	最大实体要求	Ⓜ	中心要素（轴线及中心平面）	直线度、倾斜度、平行度、垂直度、同轴度、对称度、位置度	满足装配要求但无严格的配合要求时采用，如螺栓孔轴线的位置度，两轴线的平行度等	最大实体实效边界	当局部实际尺寸偏离其最大实体尺寸时，几何公差可获得补偿值（增大）	提取要素的尺寸不能超出尺寸公差的允许范围	综合量规（功能量规及专用量仪）	两点法测量
	最小实体要求	Ⓛ	中心要素（轴线及中心平面）	直线度、垂直度、同轴度、位置度等	满足临界设计值的要求，以控制最小壁厚，提高对中度，满足最小强度的要求	最小实体实效边界	当局部实际尺寸偏离其最小实体尺寸时，几何公差可获得补偿值（增大）	提取要素的尺寸不能超出尺寸公差的允许范围	通用量仪	两点法测量
	可逆要求	Ⓡ　Ⓜ Ⓡ	中心要素（轴线及中心平面）	适用于Ⓜ的各项目	对最大实体尺寸没有严格要求的场合	最大实体实效边界	当　与Ⓜ同时使用时，几何误差变化同Ⓜ	当几何误差小于给出的形位公差时，可补偿给尺寸公差，使尺寸公差增大，其局部实际尺寸可超出给定范围	综合量规或专用量仪控制其最大实体边界	仅用两点法测量最小实体尺寸
		Ⓡ　Ⓛ Ⓡ		适用于Ⓛ的各项目	对最小实体尺寸没有严格要求的场合	最小实体实效边界	当　与Ⓛ同时使用时，几何误差变化同Ⓛ		三坐标仪或专用量仪控制其最小实体边界	仅用两点法测量其最大实体尺寸

11　圆锥尺寸和公差注法

圆锥表面是既具有形状要求又具有尺寸要求的一种表面。圆锥结构可方便有效地在径向和轴向位置进行调整，因而具有自动定心、保证密封、调整间隙和方便装配等功能。其功能、设计要求及图例等见表 3.3-55。

表 3.3-55　圆锥的功能、设计要求及图例

功　能	设 计 要 求	图　例	应 用 场 合
装配	控制相配合圆锥部位的径向或轴向位置，以保证装配的精确度和快速装拆	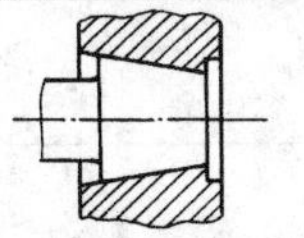	刀具柄部的结合部位 主轴与刀具结合的轴颈部位等
定心	控制和保证径向位置的精度、轴向位置由辅助平面确定	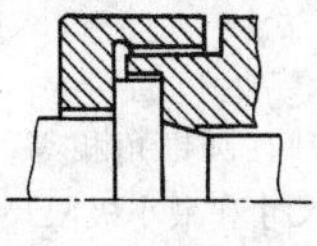	圆锥滚子轴承、推力滚子轴承的内、外圈，腔式滑动轴承与轴的变截面等
调整	根据内外锥面间隙或过盈的配合要求，保证内、外锥面之间的调整量，从而获得不同的配合	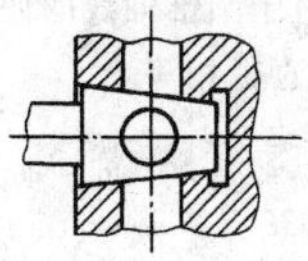	锥形滑动轴承与轴的配合面，联轴器轮毂与轴的配合面等

（续）

功　能	设 计 要 求	图　例	应 用 场 合
密封	控制和保证密封用圆锥和与之配合件的尺寸精度和表面粗糙度，以达到密封要求	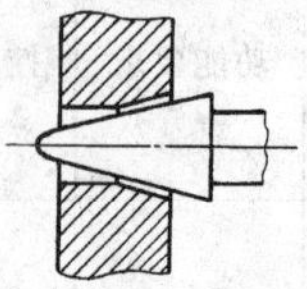	液压控制阀、排气阀、堵头等
其他（连接处结构缓冲结构等）	根据零件结构要求设计圆锥尺寸与公差	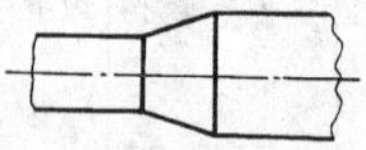	各种阶梯轴连接处的一种过渡结构，液压缸缓冲装置等

11.1　术语及定义

GB/T 15754—1995《技术制图　圆锥的尺寸和公差注法》规定了统一的圆锥尺寸和公差的表示方法。

圆锥尺寸及公差的基本术语与定义见表3.3-56。

表3.3-56　圆锥尺寸及公差的基本术语与定义

序号	术　语	定　义	图　例
1	圆锥表面	与轴线成一定角度，且一端相交于轴线的一条直线段（母线），围绕着该轴线旋转形成的表面	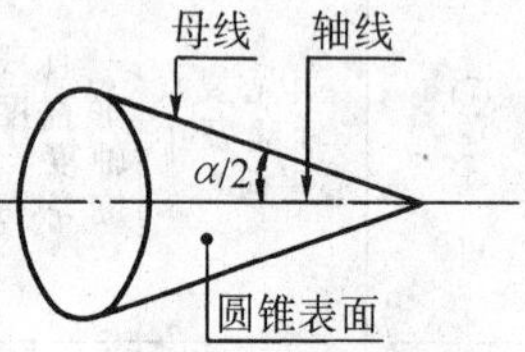
2	圆锥	圆锥表面与一定尺寸所限定的几何体 外圆锥是外部表面为圆锥表面的几何体（图a）；内圆锥为内部表面为圆锥表面的几何体（图b）。外圆锥又可称为锥轴，内圆锥又可称为锥孔	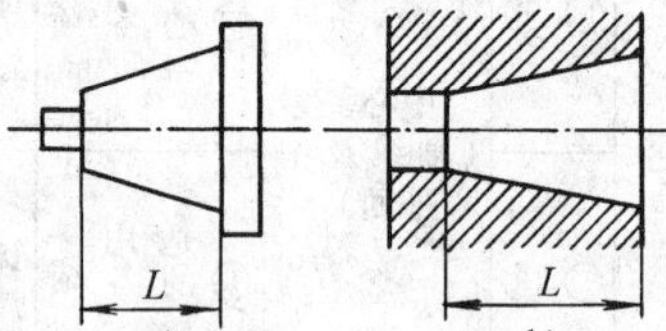
3	基本圆锥	设计给定的圆锥。可由一个基本圆锥直径（D、d或d_x），基本圆锥长度（L），基本圆锥角（α）或基本锥度确定；也可由两个基本圆锥直径和基本圆锥长度（L）确定	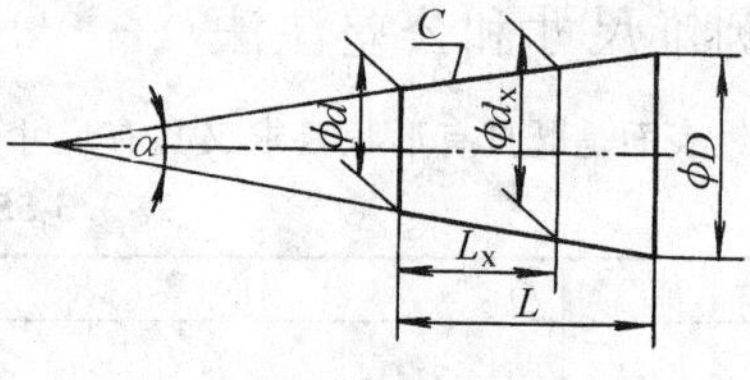
4	极限圆锥	与基本圆锥共轴且圆锥角相等，直径分别为最大极限尺寸和最小极限尺寸的两个圆锥。在垂直于圆锥轴线的任一截面上，两个圆锥的直径相等	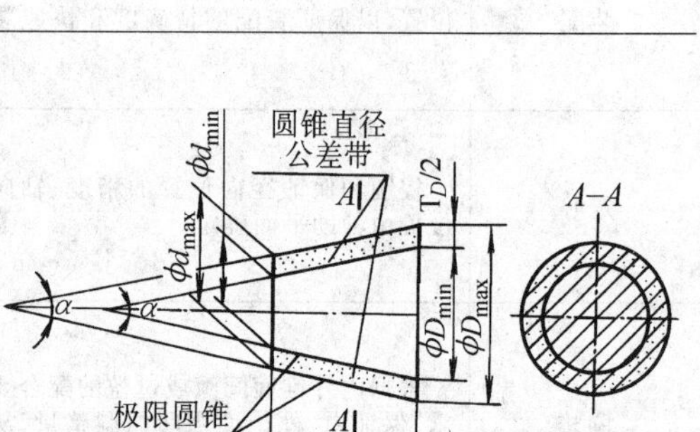

（续）

序号	术　语	定　义	图　例
5	实际圆锥	实际存在并通过测量得到的圆锥	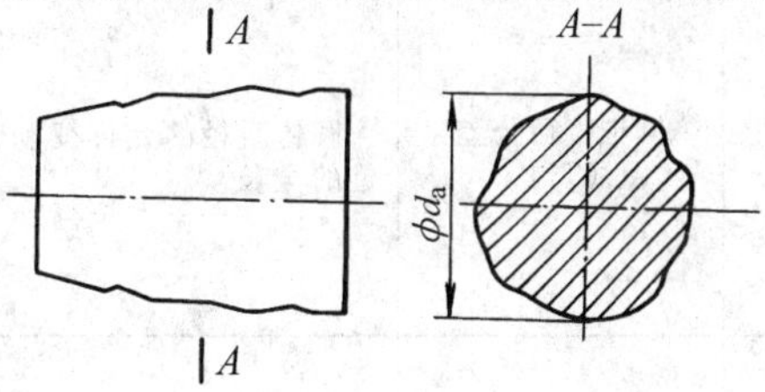
6	圆锥角 α	在通过圆锥轴线的截面内，两条素线间的夹角。圆锥角简称为锥角	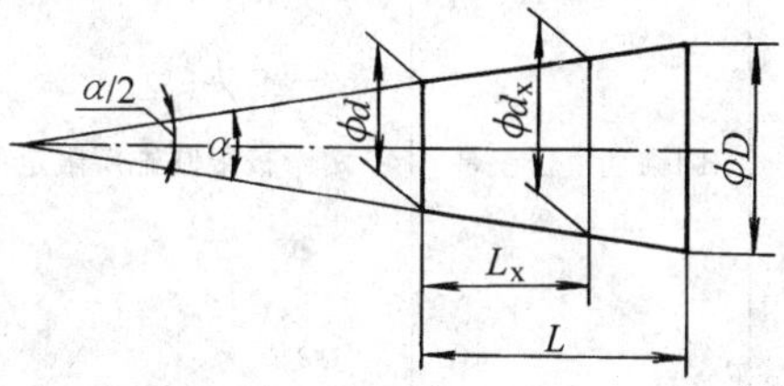
7	极限圆锥角	允许的最大或最小圆锥角	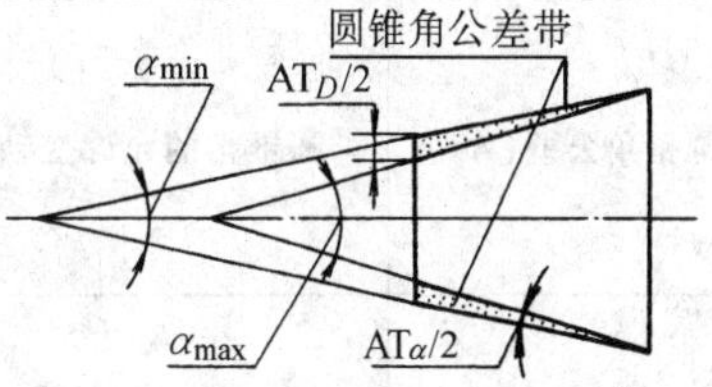
8	实际圆锥角	在实际圆锥的任一轴向截面内，包容圆锥素线且距离为最小的两对平行直线之间的夹角	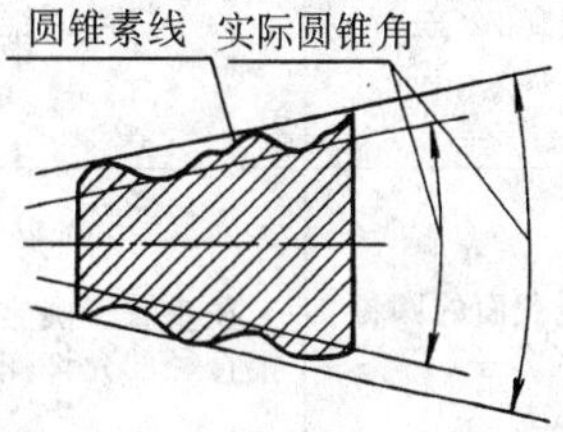
9	锥度（C）	两个垂直圆锥轴线的圆截面直径差与该两截面间的轴向距离之比 $C=\frac{D-d}{L}$或$C=2\tan\frac{\alpha}{2}=1:\frac{1}{2}\cot\frac{\alpha}{2}$	
10	圆锥长度（L）	最大端圆锥直径截面与最小端圆锥截面之间的距离	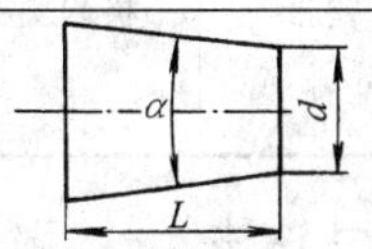
11	圆锥直径（d、D）	圆锥在垂直轴线截面上的直径 最大端圆锥直径—D 最小端圆锥直径—d	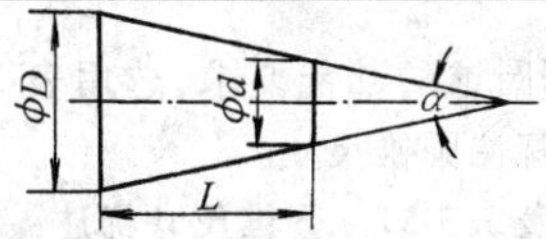
12	极限圆锥直径	垂直于极限圆锥轴线截面上的直径	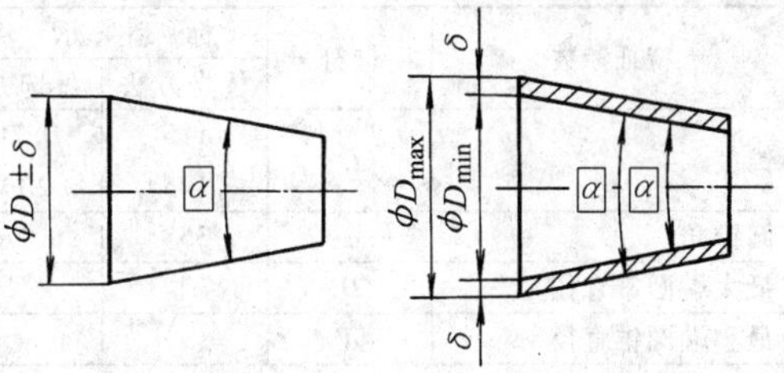

（续）

<table>
<tr><th>序号</th><th>术　语</th><th>定　义</th><th>图　例</th></tr>
<tr><td>13</td><td>圆锥直径公差（T_0）</td><td>圆锥直径的允许变动量，它适用于圆锥的全长</td><td>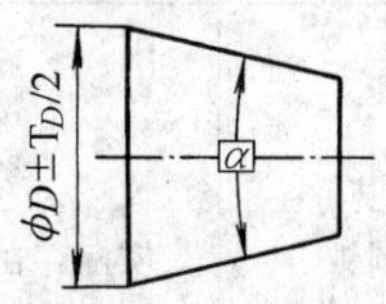
</td></tr>
<tr><td>14</td><td>圆锥直径公差带</td><td>两个极限圆锥所限定的区域</td><td>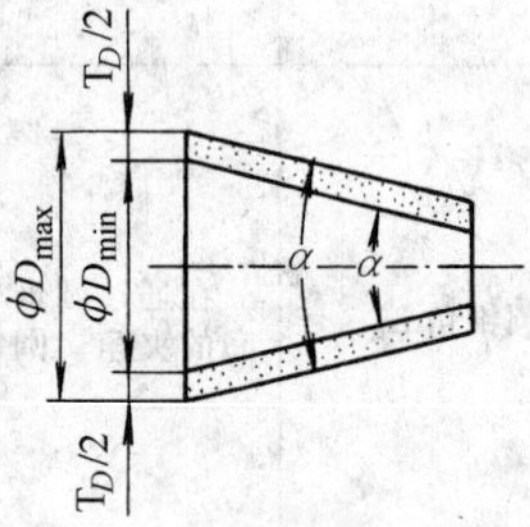
</td></tr>
<tr><td>15</td><td>圆锥角公差（AT）</td><td>圆锥角的允许变动量</td><td rowspan="2">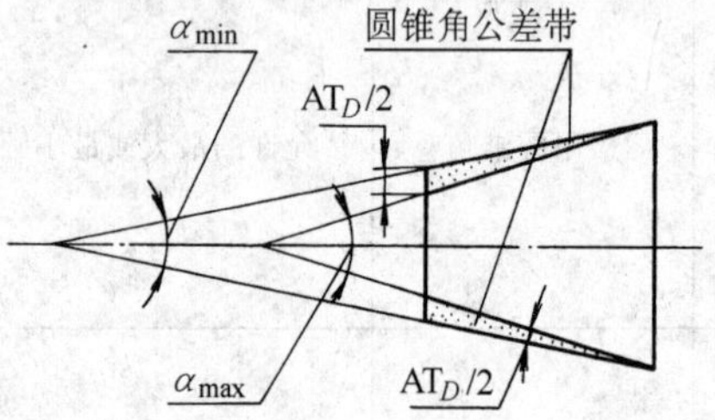
</td></tr>
<tr><td>16</td><td>圆锥角公差带</td><td>两个极限圆锥角所限定的区域</td></tr>
<tr><td>17</td><td>给定截面的圆锥直径公差（T_{DS}）</td><td>在垂直于圆锥轴线的给定截面内，圆锥直径的允许变动量</td><td rowspan="2">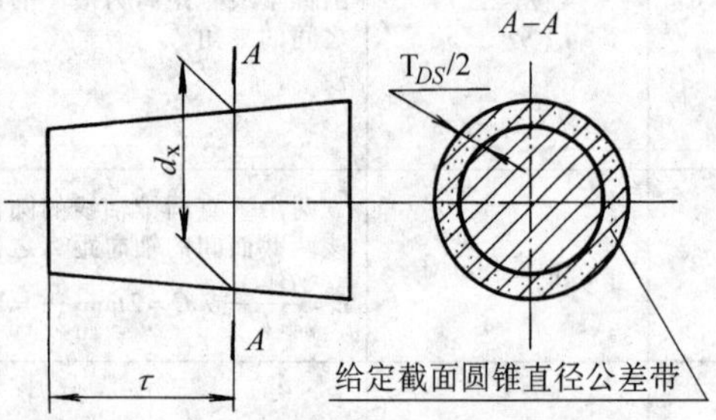
</td></tr>
<tr><td>18</td><td>给定截面的圆锥直径公差带</td><td>在垂直于圆锥轴线的给定截面内，两个极限圆锥所限定的区域</td></tr>
</table>

11.2　圆锥尺寸注法

1）根据圆锥的功能要求，选用表3.3-57中的特征参数组合标注圆锥尺寸。

表3.3-57　圆锥尺寸标注（一）

特征参数	字母符号	标注示例	
		优先方法	可选方法
锥度	C	1:5	0.2:1
		1/5	20%
圆锥角	α	35°	0.6rad
最大端圆锥直径	D		
最小端圆锥直径	d		

（续）

特征参数	字母符号	标注示例	
		优先方法	可选方法
给定横截面处圆锥直径	d_x		
圆锥长度	L		
总长	L'		
给定横截面的长度	L_x		

2）标注圆锥尺寸采用圆锥直径、圆锥角和圆锥长度相互结合的方法，也可用参考尺寸的形式标注附加尺寸，见表3.3-58。一般情况下，应采用GB/T157—2001《产品几何量技术规范（GPS）圆锥的锥度与锥角系列》中规定的圆锥角系列。

表 3.3-58　圆锥尺寸标注(二)

标注方法	图　例
由最大端圆锥直径 D、圆锥角 α 和圆锥长度 L 组合	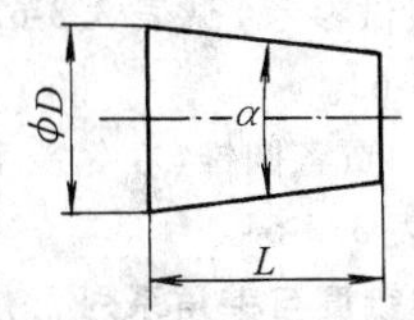
由最小端圆锥直径 d、圆锥角 α 和圆锥长度 L 组合	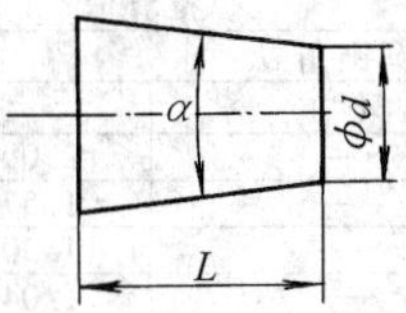
由给定截面处直径 d_x、圆锥角 α、给定截面的长度 L_x 和圆锥总长度 L' 组合	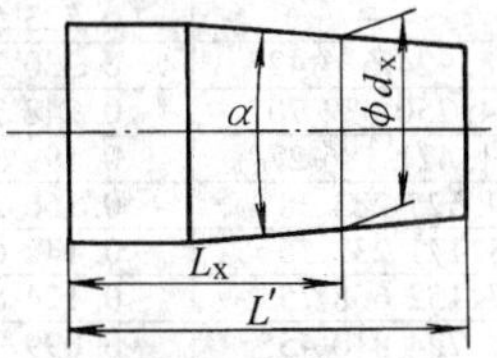
由最大端圆锥直径 D、最小端圆锥直径 ϕd 及圆锥长度 L 组合	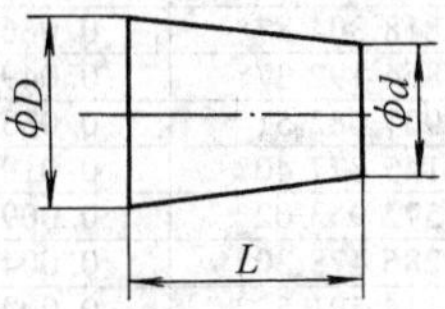
增加附加尺寸 $\frac{\alpha}{2}$，此时 $\frac{\alpha}{2}$ 应加括号作为参考尺寸	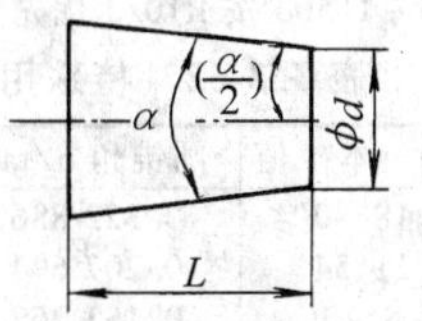

11.3　圆锥锥度的表示

(1) 符号

在图样上，圆锥应采用图 3.3-57 所示的图形符号，该符号应配置在基准线上，见图 3.3-58。基准线平行于圆锥轴线并通过指引线与圆锥轮廓线相连。

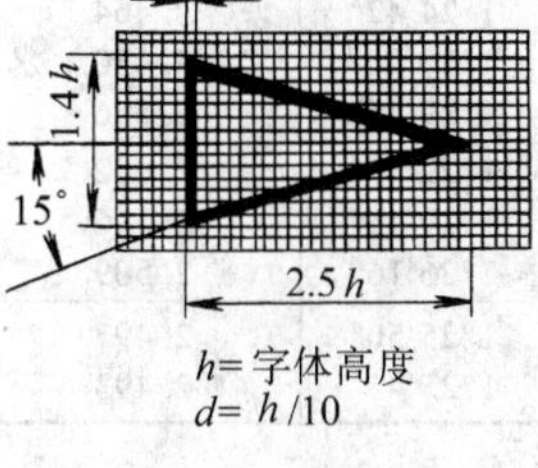

图 3.3-57　圆锥符号

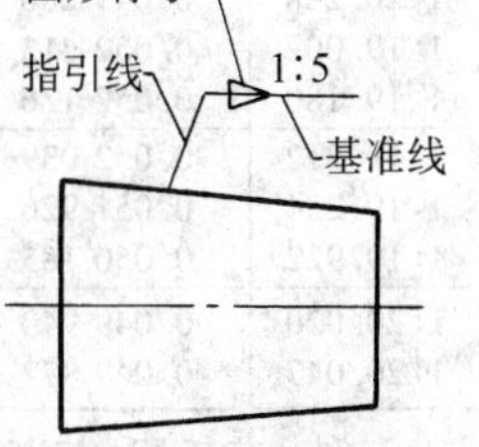

图 3.3-58　圆锥符号的位置

(2) 标注方法

设计者应根据零件的功能要求，按标准规定(GB/T157)给出锥度值 C，或采用专用标准规定的锥度系列(如莫氏锥度)。用锥度 C 标注，见图 3.3-59。GB/T157 中规定的锥度系列值，见表 3.3-60 与表 3.3-61。如所标注的锥度是标准系列之一(尤其是莫氏锥度或米制锥度，见 GB/T1443)时，可用标准系列号和相应的标注表示。图样上标注见图 3.3-60。标注方法见表 3.3-59。

表 3.3-59　标注方法

标注方法	图　例
由锥度 C、最大端圆锥直径 D 及圆锥长度 L 组合	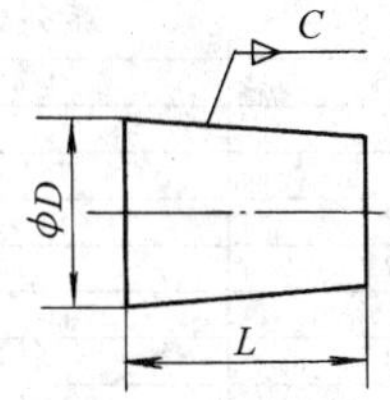
由锥度 C、最小端圆锥直径 d 及圆锥长度 L 组合	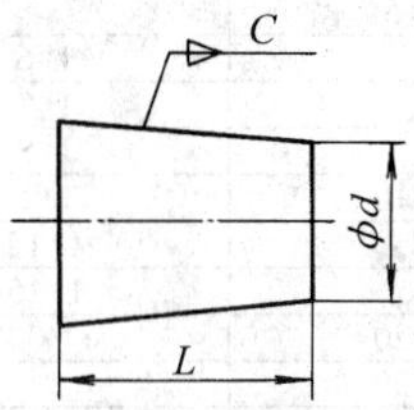
由锥度 C、给定截面处直径 d_x、给定截面长度 L_x 及圆锥总长度 L' 组合	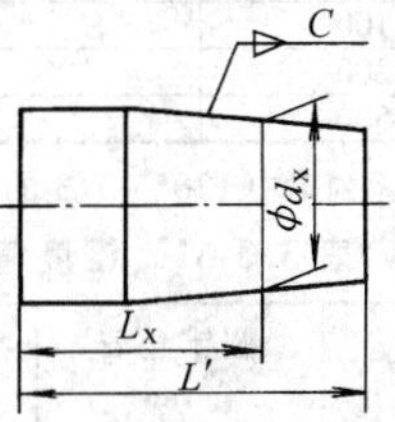
采用莫氏锥度时，用相应标准中规定的标记表示	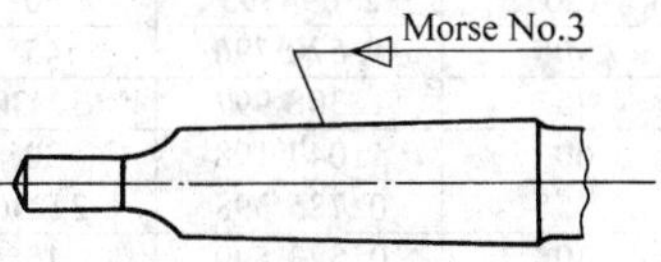

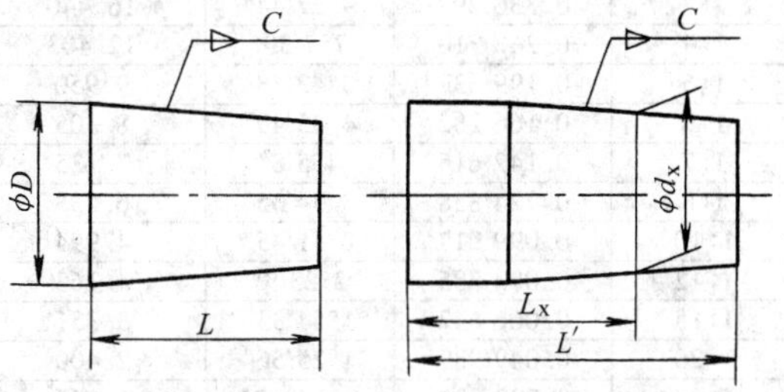

图 3.3-59　锥度值标注方法(一)

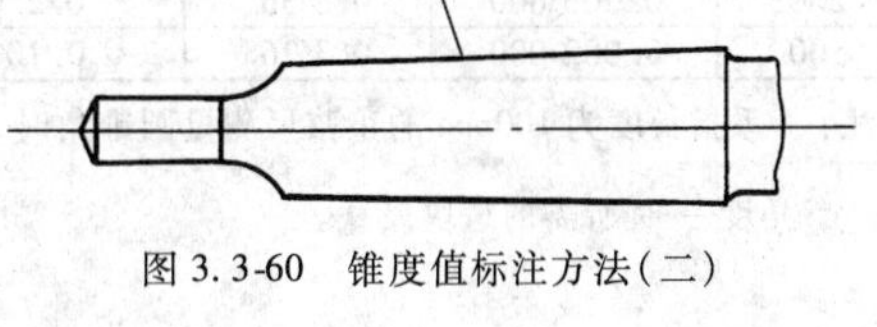

图 3.3-60　锥度值标注方法(二)

11.4　圆锥角与锥度系列值

（1）一般用途的锥度与锥角系列值

GB/T157 中规定了一般用途圆锥和圆锥角系列，见表3.3-60，其相应的锥度值和给定高度 h 值（仅供参考）见表3.3-61。

（2）特殊用途的锥度与锥角系列值

标准中规定的特殊用途的锥度值和给定高度 h 值（仅供参考）见表3.3-62。锥度与圆锥角系列值见表3.3-63。

贾各圆锥（在钻头和夹具中使用）的形式和参数见表3.3-64。

表3.3-60　一般用途圆锥的锥度与锥角系列

基本值		推算值			
		圆锥角 α			锥度 C
系列1	系列2	（°）（′）（″）	（°）	rad	
120°		—	—	2.094 395 10	1:0.288 675 1
90°		—	—	1.570 796 33	1:0.500 000 0
	75°	—	—	1.308 996 94	1:0.651 612 7
60°		—	—	1.047 197 55	1:0.866 025 4
45°		—	—	0.785 398 16	1:1.207 106 8
30°		—	—	0.523 598 78	1:1.866 025 4
1:3		18°55′28.7199″	18.924 644 42°	0.330 297 35	—
	1:4	14°15′0.1177″	14.250 032 70°	0.248 709 99	—
1:5		11°25′16.2706″	11.421 186 27°	0.199 337 30	—
	1:6	9°31′38.2202″	9.527 283 38°	0.166 282 46	—
	1:7	8°10′16.4408″	8.171 233 56°	0.142 614 93	—
	1:8	7°9′9.6075″	7.152 668 75°	0.124 837 62	—
1:10		5°43′29.3176″	5.724 810 45°	0.099 916 79	—
	1:12	4°46′18.7970″	4.771 888 06°	0.083 285 16	—
	1:15	3°49′5.8975″	3.818 304 87°	0.066 641 99	—
1:20		2°51′51.0925″	2.864 192 37°	0.049 989 59	—
1:30		1°54′34.8570″	1.909 682 51°	0.033 330 25	—
1:50		1°8′45.1586″	1.145 877 40°	0.019 999 33	—
1:100		34′22.6309″	0.572 953 02°	0.009 999 92	—
1:200		17′11.3219″	0.286 478 30°	0.004 999 99	—
1:500		6′52.5295″	0.114 591 52°	0.002 000 00	—

注：系列1中120°～1:3的数值近似按R10/2优先数系列，1:5～1:500按R10/3优先数系列（见GB/T 321）。

表3.3-61　锥度值和给定高度值

基本值	圆锥角 α /rad	圆锥半角 α/2	给定高度 h/mm
120°	2.094395	60°	86.603
90°	1.570 796	45°	70.711
75°	1.308 997	37°30′	60.876
60°	1.047 198	30°	50.000
45°	0.785 398	22°30′	38.268
30°	0.523 599	15°	25.882
1:3	0.330 297	9°27′44″	16.440
1:4	0.248 710	7°7′30″	12.403
1:5	0.199 337	5°42′38″	9.950
1:6	0.166 282	4°45′49″	8.305
1:7	0.142 615	4°5′8″	7.125
1:8	0.124 838	3°34′35″	6.238
1:10	0.099 917	2°51′45″	4.994
1:12	0.083 285	2°23′9″	4.163
1:15	0.066 642	1°54′33″	3.331
1:20	0.049 989	1°25′56″	2.400
1:30	0.033 330	0°57′17″	1.666
1:40	0.024 999	0°42′58″	1.250
1:50	0.019 99	0°34′23″	1.000
1:100	0.010 000	0°17′11″	0.500
1:200	0.005 000	0°8′36″	0.250
1:500	0.002 000	0°3′26″	0.100

注：h 系指长度为100mm的正弦尺测量圆锥角时，垫起角度 $\frac{\alpha}{2}$ 时所需的量块尺寸。

表3.3-62　特殊用途的锥度值和给定高度值

基　本　值	圆锥角 α/rad	圆锥半角 α/2	给定高度 h/mm
18°30′	0.322 886	9°15′	16.074
11°54′	0.207 694	5°57′	10.366
8°40′	0.151 262	4°20′	7.556
7°40′	0.133 808	3°50′	6.690
7:24	0.289 625	8°17′50″	14.431
1:9	0.110 997	3°10′47″	5.547
1:16.666	0.059 982	1°43′6″	2.999
1:12.262	0.081 508	2°20′6″	4.074
1:12.972	0.077 051	2°12′26″	3.852
1:15.748	0.063 479	1°49′7″	3.173
1:18.779	0.053 238	1°31′31″	2.662
1:19.264	0.051 898	1°29′12″	2.595
1:20.288	0.049 280	1°24′42″	2.464
1:19.002	0.052 613	1°30′26″	2.630
1:19.180	0.052 126	1°29′36″	2.606
1:19.212	0.052 039	1°29′27″	2.602
1:19.254	0.051 926	1°29′15″	2.596
1:19.922	0.050 185	1°26′16″	2.509
1:20.020	0.049 940	1°25′50″	2.497
1:20.047	0.049 872	1°25′43″	2.493

（3）莫氏圆锥系列值

1）GB/T1443—1996《机床和工具柄用自夹圆锥》中给出了莫氏圆锥的代号米制圆锥及其对应的锥度、圆锥角等系列值见表3.3-65，供参考使用。

表3.3-63　特定用途的锥度与圆锥角系列值

基本值	推算值 圆锥角α (°)(′)(″)	推算值 圆锥角α (°)	推算值 圆锥角α rad	推算值 锥度C	标准号 GB/T (ISO)	用途
11°54′	—	—	0.207 694 18	1:4.797 451 1	(5237) (8489-5)	纺织机械和附件
8°40′	—	—	0.151 261 87	1:6.598 441 5	(8489-3) (8489-4) (324.575)	
7°	—	—	0.122 173 05	1:8.174 927 7	(8489-2)	
1:38	1°30′27.7080″	1.507 696 67°	0.206 314 27	—	(368)	
1:64	0°53′42.8220″	0.895 228 34°	0.015 624 68	—	(368)	
7:24	16°35′39.4443″	16.594 290 08°	0.289 625 00	1:3.428 571 4	3 837.3 (297)	机床主轴工具配合
1:12.262	4°40′12.1514″	4.670 042 05°	0.081 507 61	—	(239)	贾各锥度 No.2
1:12.972	4°24′52.9039″	4.414 695 52°	0.077 050 97	—	(239)	贾各锥度 No.1
1:15.748	3°38′13.4429″	3.637 067 47°	0.063 478 80	—	(239)	贾各锥度 No.33
6:100	3°26′12.1776″	3.436 716 00°	0.059 982 01	1:16.666 666 7	1962 (594-1) (595-1) (595-2)	医疗设备
1:18.779	3°3′1.2070″	3.050 335 27°	0.053 238 39	—	(239)	贾各锥度 No.3
1:19.002	3°0′52.3956″	3.014 554 34°	0.052 613 90	—	1443 (296)	莫氏锥度 No.5
1:19.180	2°59′11.7258″	2.986 590 50°	0.052 125 84	—	1443 (296)	莫氏锥度 No.6
1:19.212	2°58′53.8255″	2.981 618 20°	0.052 039 05	—	1443 (296)	莫氏锥度 No.0
1:19.254	2°58′30.4217″	2.975 117 13°	0.051 925 59	—	1443 (296)	莫氏锥度 No.4
1:19.264	2°58′24.8644″	2.973 573 43°	0.051 898 65	—	(239)	贾各锥度 No.6
1:19.922	2°52′31.4463″	2.875 401 76°	0.050 185 23	—	1443 (296)	莫氏锥度 No.3
1:20.020	2°51′40.7960″	2.861 332 23°	0.049 939 67	—	1443 (296)	莫氏锥度 No.2
1:20.047	2°51′26.9283″	2.857 480 08°	0.049 872 44	—	1443 (296)	莫氏锥度 No.1
1:20.288	2°49′24.7802″	2.823 550 06°	0.049 280 25	—	(239)	莫氏锥度 No.0
1:23.904	2°23′47.6244″	2.396 562 32°	0.041 827 90	—	1443 (296)	布朗夏普锥度 No.1至No.3
1:28	2°2′45.8174″	2.046 060 38°	0.035 710 49	—	(8382)	复苏器（医用）
1:36	1°35′29.2096″	1.591 447 11°	0.027 775 99	—	(5356-1)	麻醉器具
1:40	1°25′56.3516″	1.432 319 89°	0.024 998 70	—		

2）GB/T6090—2003《钻夹头圆锥》中规定的在　　供参考。
钻夹头上使用的贾各圆锥的形式和参数见表3.3-64，

表3.3-64　贾各圆锥的形式和参数　（mm）

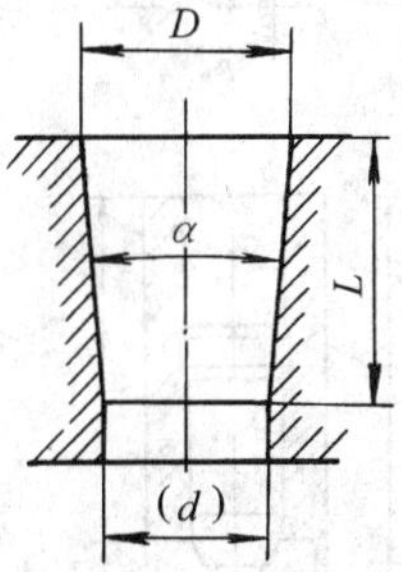

圆锥规格	D	d	L	锥角α	锥　度
J0	6.350	5.802	11.112	2°49′24.7″	1:20.288＝0.04929
J1	9.754	8.469	16.669	4°24′53.1″	1:12.972＝0.07709
J2（短）	13.940	12.386	19.050	4°40′11.6″	1:12.262＝0.08155
J2	14.199	12.386	22.225	4°40′11.6″	1:12.262＝0.08155
J33	15.850	14.237	25.400	3°38′13.4″	1:15.748＝0.06350
J6	17.170	15.852	25.400	2°58′24.8″	1:19.264＝0.05191
J3	20.599	18.951	30.956	3°3′1.0″	1:18.779＝0.05325
（J4）	28.550	26.346	42.069	3°0′5.8″	1:19.084＝0.05240
（J5）	35.890	33.422	47.625	2°58′8.3″	1:19.305＝0.05183

注：表中括号内的参数尽可能不选用。

表 3.3-65　莫氏圆锥代号及锥度、圆锥角系列值　(mm)

带扁尾的内圆锥和外圆锥

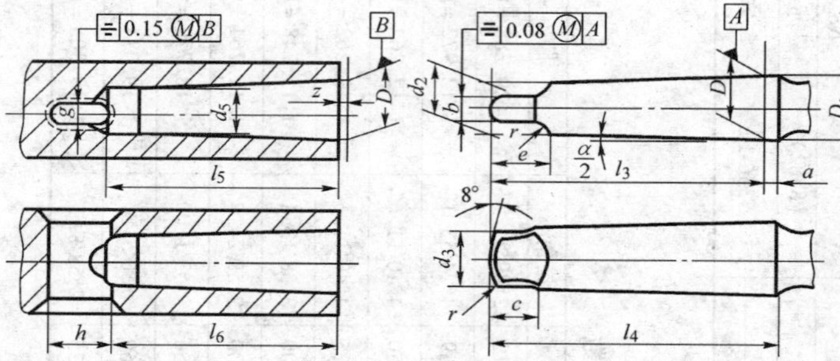

带螺纹孔的内圆锥和外圆锥

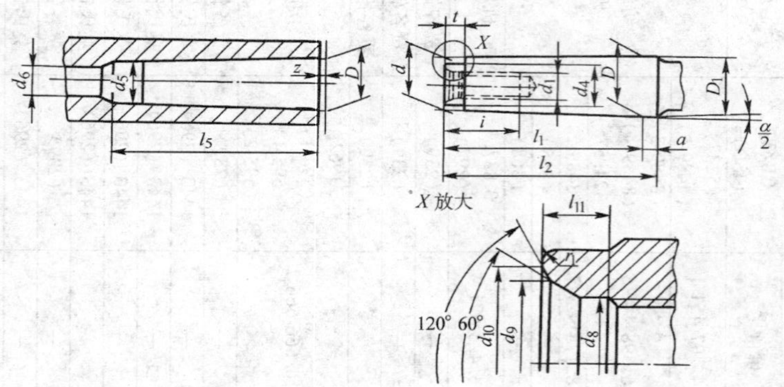

带扁尾、带冷却液输入孔的内圆锥和外圆锥

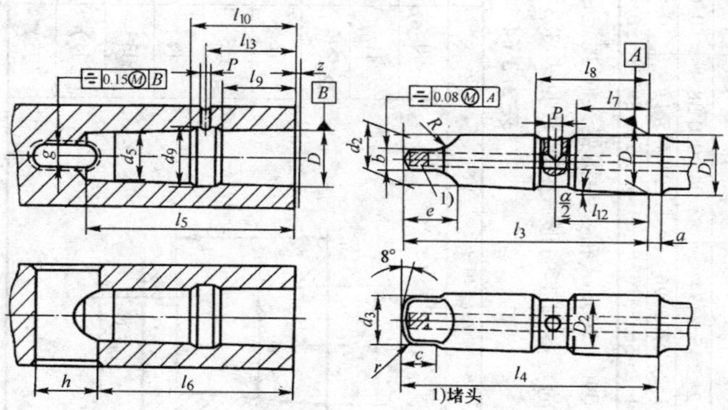

带螺纹孔、带冷却液输入孔的内圆锥和外圆锥

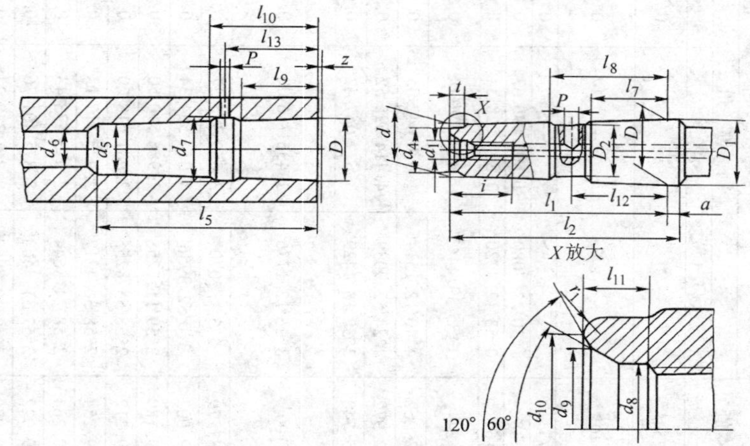

（续）

名称		米制圆锥		莫氏圆锥							米制圆锥				
		4	6	0	1	2	3	4	5	6	80	100	120	160	200
锥度		1:20 = 0.05		1:19.212 = 0.052 05	1:20.047 = 0.049 88	1:20.020 = 0.049 95	1:19.922 = 0.050 20	1:19.254 = 0.051 94	1:19.002 = 0.052 63	1:19.180 = 0.052 14	1:20 = 0.05				
外圆锥	D	4	6	9.045	12.065	17.780	23.825	31.267	44.399	63.348	80	100	120	160	200
	a	2	3	3	3.5	5	5	6.5	6.5	8	8	10	12	16	20
	$D_1 \approx$	4.1	6.2	9.2	12.2	18	24.1	31.6	44.7	63.8	80.4	100.5	120.6	160.8	201
	D_2	—	—	—	—	15	21	28	40	56	—	—	—	—	—
	$d \approx$	2.9	4.4	6.4	9.4	14.6	19.8	25.9	37.6	53.9	70.2	88.4	106.6	143	179.4
	d_1	—	—	—	M6	M10	M12	M16	M20	M24	M30	M36	M36	M48	M48
	$d_2 \approx$	—	—	6.1	9	14	19.1	25.2	36.5	52.4	69	87	105	141	177
	$d_3 \leqslant$	—	—	6	8.7	13.5	18.5	24.5	35.7	51	67	85	102	138	174
	$d_4 \leqslant$	2.5	6	8	9①	14①	19	25	35.7	51	67	85	102	138	174
	d_8	—	—	—	6.4	10.5	13	17	21	26	—	—	—	—	—
	d_9	—	—	—	8	12.5	15	20	26	31	—	—	—	—	—
	$d_{10} \leqslant$	—	—	—	8.5	13.2	17	22	30	36	—	—	—	—	—
	$l_1 \leqslant$	23	32	50	53.5	64	81	102.5	129.5	182	196	232	268	340	412
	$l_2 \leqslant$	25	35	53	57	69	86	109	136	190	204	242	280	356	432
	$l_3\ {}^{0}_{-1}$	—	—	56.5	62	75	94	117.5	149.5	210	220	260	300	380	460
	$l_4 \leqslant$	—	—	59.5	65.5	80	99	124	156	218	228	270	312	396	480
	$l_7\ {}^{0}_{-1}$	—	—	—	—	20	29	39	51	81	—	—	—	—	—
	$l_8\ {}^{0}_{-1}$	—	—	—	—	34	43	55	69	99	—	—	—	—	—
	l_{11}	—	—	—	4	5	5.5	8.2	10	11.5	—	—	—	—	—
	l_{12}	—	—	—	—	27	36	47	60	90	—	—	—	—	—
	P	—	—	—	—	4.2	5	6.8	8.5	10.2	—	—	—	—	—
	b h13	—	—	3.9	5.2	6.3	7.9	11.9	15.9	19	26	32	38	50	62
	c	—	—	6.5	8.5	10	13	16	19	27	24	28	32	40	48
	$e \leqslant$	—	—	10.5	13.5	16	20	24	29	40	48	58	68	88	108
	$i \geqslant$	—	—	—	16	24	24	32	40	47	59	70	70	92	92
	$R \leqslant$	—	—	4	5	6	7	8	12	18	24	30	36	48	60
	r	—	—	1	1.2	1.6	2	2.5	3	4	5	5	6	8	10
	r_1	0.2			0.2①		0.6	1	2.5	4	5	5	6	8	10
	$t \leqslant$	2	3	4	5①		7	9	10	16	24	30	36	48	60
内圆锥	d_5 H11	3	4.6	6.7	9.7	14.9	20.2	26.5	38.2	54.8	71.5	90	108.5	145.5	182.5
	$d_6 \geqslant$	—	—	—	7	11.5	14	18	23	27	33	39	39	52	52
	d_7	—	—	—	—	19.5	24.5	32	44	63	—	—	—	—	—
	$l_5 \geqslant$	25	34	52	56	67	84	107	135	188	202	240	276	350	424
	l_6	21	29	49	52	62	78	98	125	177	186	220	254	321	388
	l_9	—	—	—	—	22	31	41	53	83	—	—	—	—	—
	l_{10}	—	—	—	—	32	41	53	67	97	—	—	—	—	—
	l_{13}	—	—	—	—	27	36	47	60	90	—	—	—	—	—
	g A13	2.2	3.2	3.9	5.2	6.3	7.9	11.9	15.9	19	26	32	38	50	62
	h	8	12	15	19	22	27	32	38	47	52	60	70	90	110
	P	—	—	—	—	4.2	5	6.8	8.5	10.2	—	—	—	—	—
	z	0.5	0.5	1	1	1	1	1	1	1	1.5	1.5	1.5	2	2

注：1. 1 号和 2 号含内螺纹的外圆锥小端可不做小圆柱（$d_4 \times t$），d 处倒角。
2. c 值可以增加，但不超过 e 值。
3. 根据需要，图中的外圆锥可做成不连续表面。

① 给出的 D_1、d 或 d_2 为近似值，供参考（其实际值，在确定了锥度和基本尺寸 D 时，分别取决于 a 和 l_1 或 l_3 的实际值）。

11.5　圆锥的公差注法

与国际标准 ISO3040—1990《技术制图　锥体尺寸和公差注法》一致，我国标准也将面轮廓度作为圆锥公差的基本表示法加以推荐使用。由于圆锥面应看作单一要素，和圆柱面一样，是由母线围绕轴线旋转而形成，不同点只是圆柱面的母线平行于轴线而圆锥面的母线与轴线呈一定角度。理论圆锥面是一个理想轮廓面，因而用面轮廓度控制是适宜的。考虑到我国生产中常用的方法及一些非配合圆锥面没有严格要求的实际情况，标准中列了两个附录，附录中提出了基本锥度法和公差锥度法，仅供选择使用。

11.5.1　面轮廓度法

GB/T1182 中规定，理想轮廓面是由理论正确尺寸建立的，其公差带是包络一系列直径为公差值 t 的球的两包络面之间的区域，诸球的球心应位于具有理论正确几何形状的轮廓面上。这样所形成的公差带的轴线必然与理想轮廓面的轴线一致，以此来控制提取的圆锥面对理想圆锥面的偏离状况。检测时只需判断提取的轮廓面是否处于公差带内以确定合格与否。有配合要求的圆锥面应采取此法。用面轮廓度控制圆锥面公差有多种标注方法，见表 3.3-66。

表 3.3-66　标注方法

序号	标 注 方 法	公 差 带 解 释
1	给定圆锥角 α 与最大端圆锥直径 D 给出面轮廓度公差 t 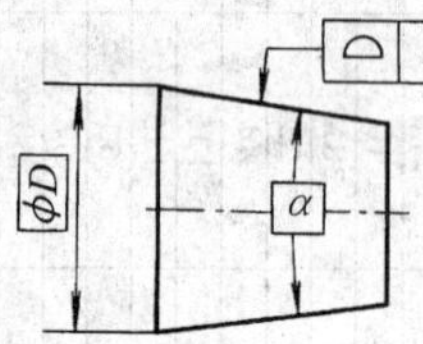	以理论正确圆锥角 α 和理论正确直径 D 来确定理想圆锥面。以面轮廓度公差 t 为球的直径（$S\phi t$）的一系列球的球心位于理想圆锥面上，形成了两个包络面，两包络面之间的区域即面轮廓度公差带，也即公差带是距离为公差值 t 与理想圆锥面同轴的两等距圆锥面之间的区域 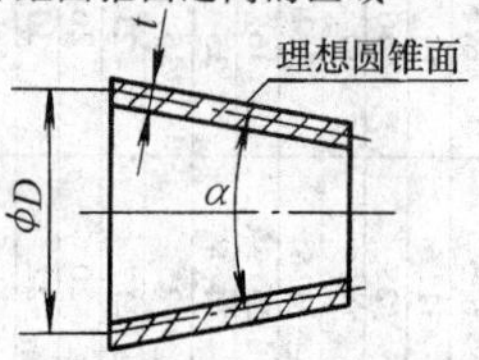
2	给定锥度 C 与最大端圆锥直径 D 给出面轮廓度公差 t 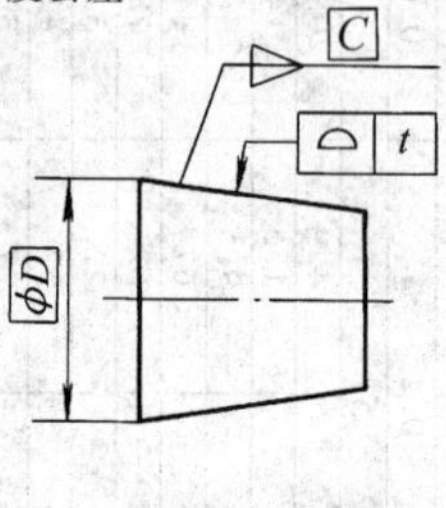	以理论正确锥度 C 和理论正确直径 D 来确定理想圆锥面。以面轮廓度公差为球的直径的一系列球位于此理想轮廓面上所形成的两等距圆锥面之间的区域，即控制提取实际圆锥面的公差带 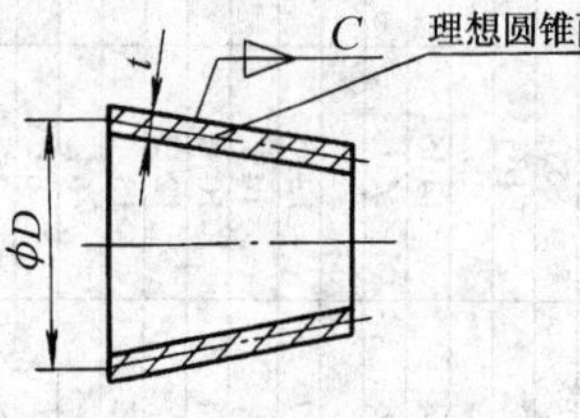
3	给定锥度 C 与轴向位置尺寸 L_x 和 d_x 以理论正确的 C 和 L_x、d_x 给出面轮廓度公差 t 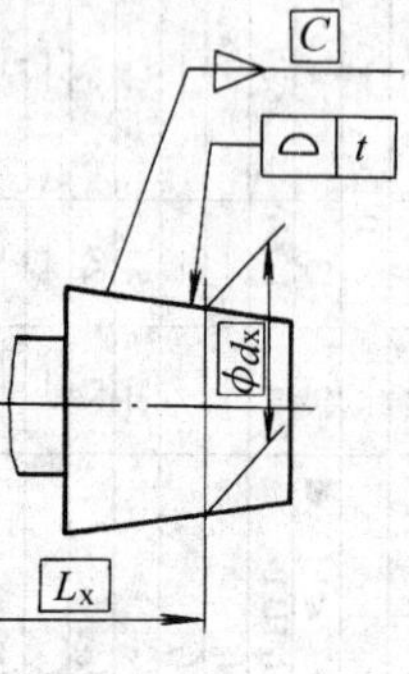	以基面距 L_x 处的直径 d_x 与锥度 C 所确定的理想轮廓面，以面轮廓度公差 t 为球的直径的一系列球位于此理想轮廓面上所形成的两等距圆锥面之间的区域，即控制提取实际圆锥面的公差带 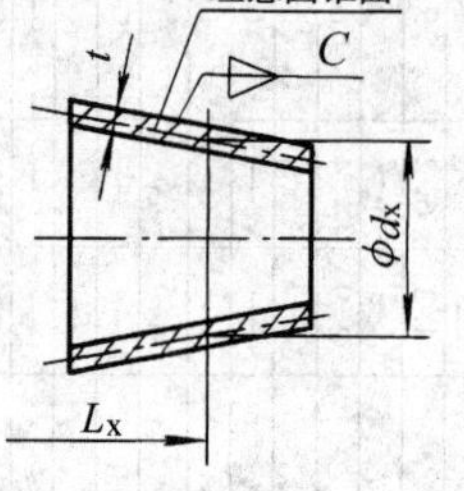

（续）

序号	标注方法	公差带解释
4	给定锥度 C 与轴向位置尺寸和公差 $L_x \pm \delta_x$ 和 d_x 给出面轮廓度公差 t 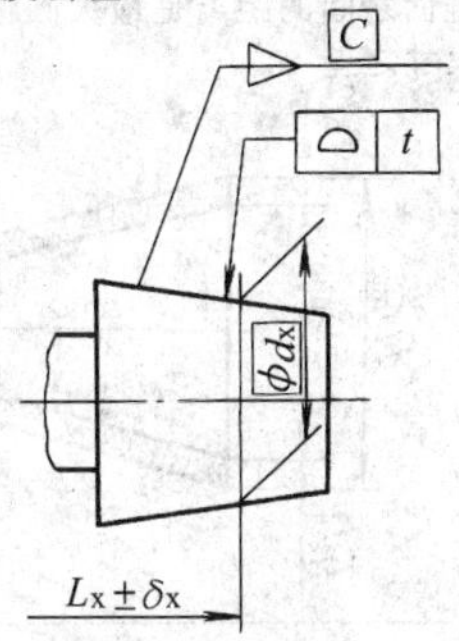	基面距 L_x 带有公差 $\pm\delta_x$，说明此距离是变化的。两个极端情况是以理论正确锥度 C 和 d_x 与 $L_x+\delta_x$ 所组成的理想圆锥面和以理论正确锥度 C 和 d_x 与 $L_x-\delta_x$ 所组成的理想圆锥面。实际情况则是处于两者之间，即：$+\delta_x > \delta > -\delta_x$ 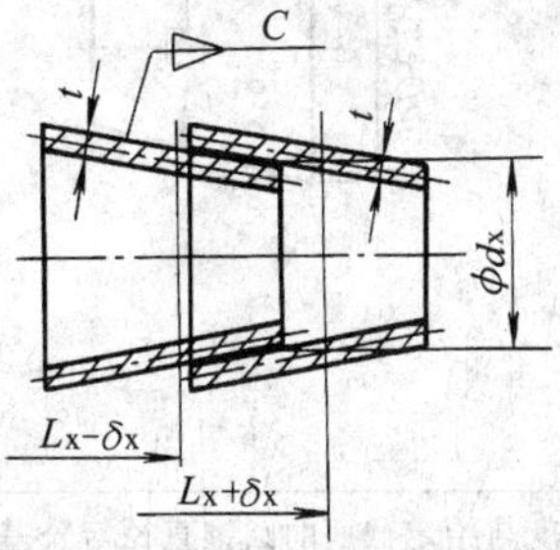
5	给定圆锥角 α 与最大端圆锥直径 D 给出面轮廓度公差 t，并相对于基准 A（另一圆柱面的轴线）有位置要求 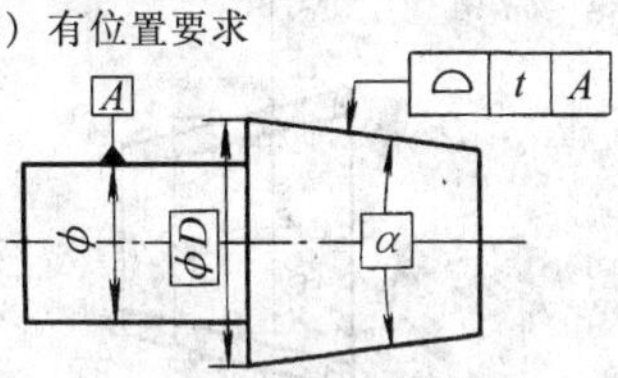	以理论正确圆锥角 α 和理论正确直径 D 以及面轮廓度公差 t 形成面轮廓度公差带，但此公差带的轴线必须与相邻圆柱体的轴线同轴 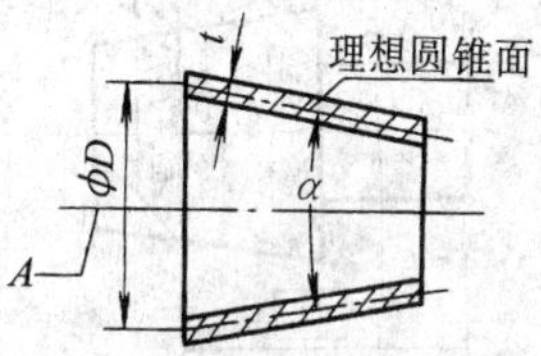
6	给定锥度 C 和最大端圆锥直径 D 给出面轮廓度公差 t，同时又给出倾斜度公差 t_1，用以对实际圆锥面相对理想圆锥面轴线的倾斜情况作进一步限制 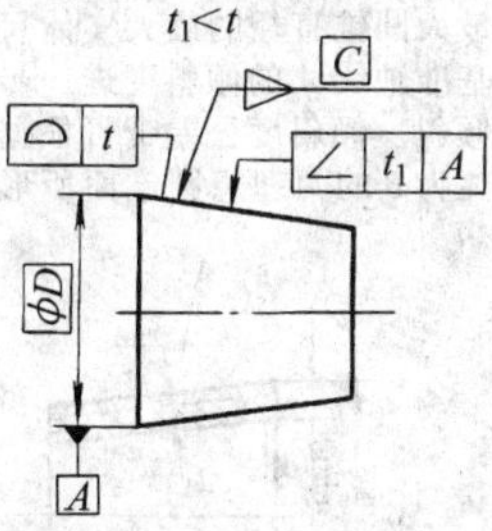	以理论正确锥度 C 和理论正确直径 D 与面轮廓度公差 t 形成面轮廓度公差带（斜线部分）。与此同时，相对于 A 基准轴线距离为 t_1 的倾斜度公差带（点的部分）在面轮廓度公差带内，进一步限制实际圆锥面的倾斜 倾斜度公差带可根据提取实际圆锥面的具体情况在面轮廓公差带内浮动 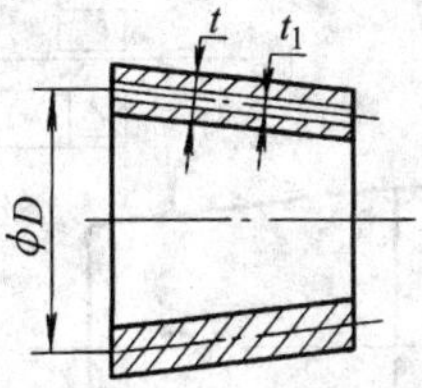

注：1. 相配合的圆锥面应注意其所给定尺寸的一致性。

2. 进一步限制的要求除倾斜度外，还可用直线度、圆度等形位公差项目及控制量规涂色接触率等方法限制。

11.5.2　基本锥度法

基本锥度法是一种规定的表示方法，ISO3040 中无此内容。我国标准将此方法放在附录 A 中。基本锥度法的标注形式见表 3.3-67。基本锥度的特点是不论圆锥直径还是长度带有公差，但给出的锥度总是理论正确锥度。

11.5.3　公差锥度法

公差锥度法是根据 GB/T11334 中规定的第二种圆锥公差的表示方法。它同时给出圆锥直径公差和锥角公差。用此种方法，圆锥的实际尺寸由两点法测定，它不构成公差带，更不会构成对称于轴线分布的两同轴圆锥面公差带。严格地说，此种方法不能控制圆锥面误差，只适用于非配合圆锥或仅对某一截面尺寸有要求的场合。因此放在附录 B 中仅供参考。

图 3.3-61 是公差锥度法的标注示例之一，给出了圆锥角公差 $\alpha \pm \delta_0$ 和最大圆锥直径及公差 $\phi D \pm T_D/2$。由于尺寸公差控制不了其素线的直线度误差，因此增加了素线直线度公差的要求。

图 3.3-62 是示例之二，为控制圆锥面上某一截提取面的尺寸，应在指定截面上控制其圆锥角公差和直径公差。

表 3.3-67　基本锥度法标注形式

序号	标注方法	公差带解释
1	给定圆锥角 α 与最大圆锥直径与公差 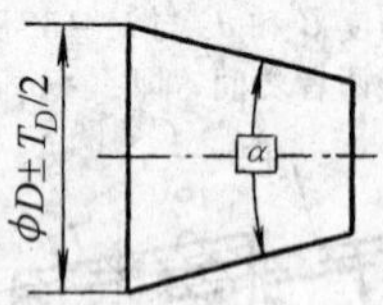	由于给出的圆锥角 α 是理论正确角度，就视作控制提取实际圆锥面的公差带是相对于轴线对称分布的两个理想圆锥面。两理想圆锥面之间的距离是最大圆锥直径的最大实体尺寸与最小实体尺寸之差 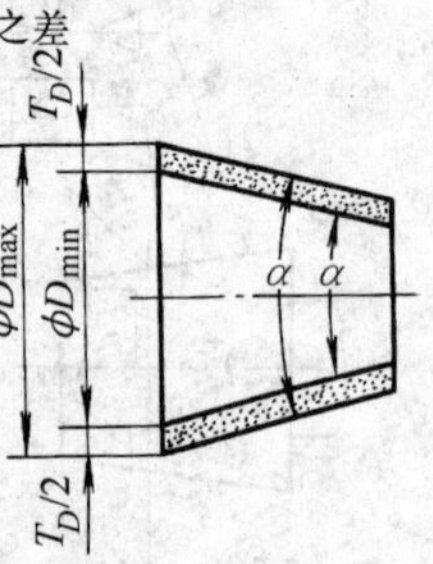
2	给定锥度与给定截面的圆锥直径与公差 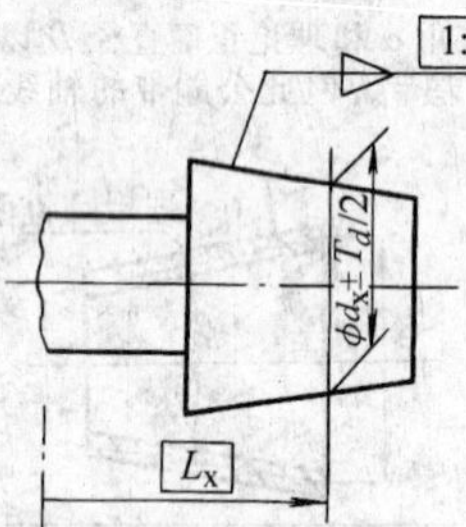	与1同理，但两个理想圆锥面是由理论正确锥度 1∶5 与理论正确的给定长度 L_x 确定的。两圆锥面之间的距离是在 L_x 上的圆锥直径的最大实体尺寸与最小实体尺寸之差 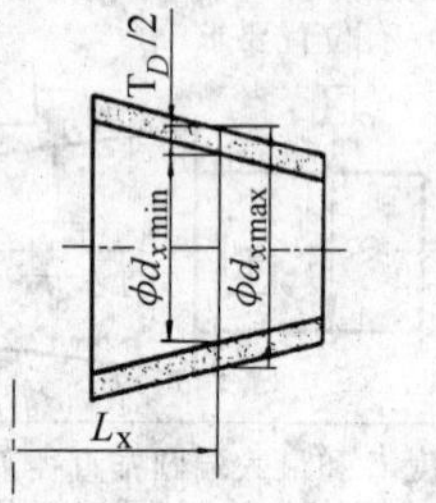
3	给定锥度 C 及最大圆锥直径及公差 同时又给出相对基准 A 的倾斜度公差 t，以限制实际圆锥面相对于基准 A 的倾斜 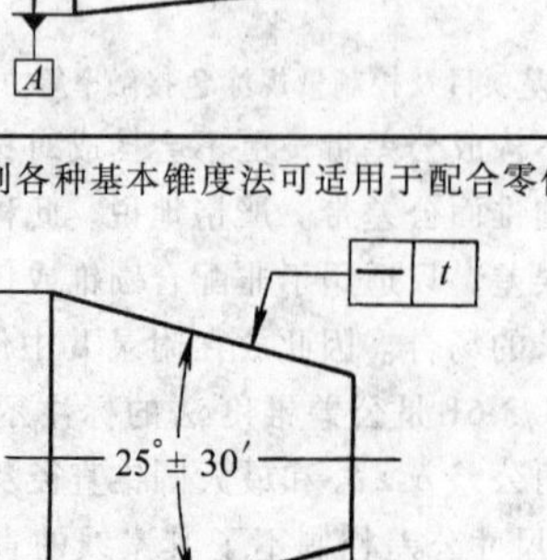	由于给出的锥度 C 是理论正确锥度，就视作控制实际圆锥面的公差带是相对于轴线对称分布的两个理想圆锥面，它们之间的距离是最大圆锥直径的最大实体尺寸与最小实体尺寸之差。相对于基准轴线 A 的倾斜度进一步限制实际圆锥面对基准轴线 A 的倾斜。倾斜度公差带可根据提取实际圆锥面的具体情况在距离为 δ 的两理想圆锥面所形成的公差带内浮动 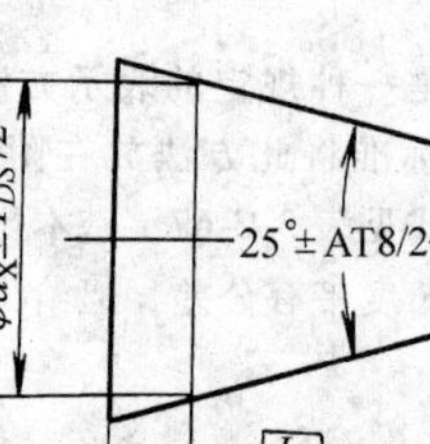

注：此表所列各种基本锥度法可适用于配合零件。

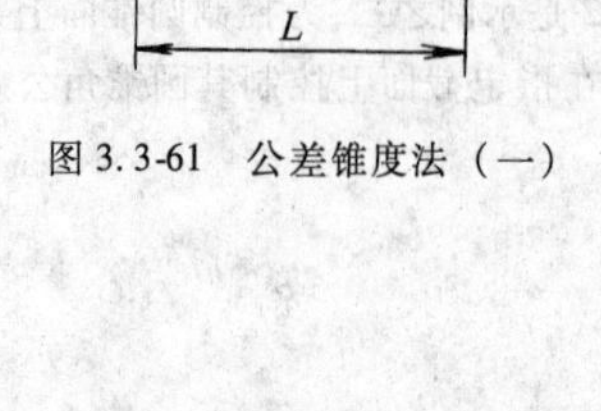

图 3.3-61　公差锥度法（一）

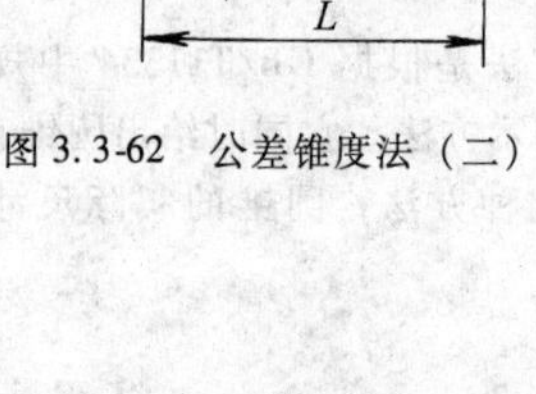

图 3.3-62　公差锥度法（二）

12 综合示例

为了说明必须从零件在产品中的功能要求出发，正确地选用几何公差的项目、数值，选定适合的基准或基准体系，正确采用公差原则及相关要求，本节特选择了10个典型零件的图例，并从以上诸方面加以解释，供读者参考。

本节所选的图例主要为了说明上述问题及采用的概念，图样并不完整，各项要求也是不齐全的，不能作为生产图样使用。

示例1 圆柱齿轮

1）图例（图3.3-63）

2）说明

① 为保证与相配轴的配合要求，孔 ϕ50H6 采用包容要求，标注包容要求符号Ⓔ。但此孔圆柱度要求较高，用最大实体边界控制尚不能满足它的要求，特别注出⌭0.004。

② 以 ϕ50H6 Ⓔ孔的轴线为基准，两侧面对基准 *A* 的端面圆跳动公差为0.005mm。

③ 圆齿轮两个端面形状相同不易分辨，采用任选基准，其平行度公差为0.008mm。

④ 齿顶圆柱面对基准 *A* 的径向圆跳动公差为0.008mm。

⑤ 必须在图样右下角（或其他空白处）标明该图样是贯彻国标公差原则，即公差原则按GB/T4249，并注明所采用的线性尺寸和角度的未注公差级别，如未注线性尺寸公差按GB/T1804—f、未注角度公差按GB/T 1804—f。也应注明形位的未注公差值的级别，如未注形位公差按GB/T1184—H（以下图例同此，不再叙述）。

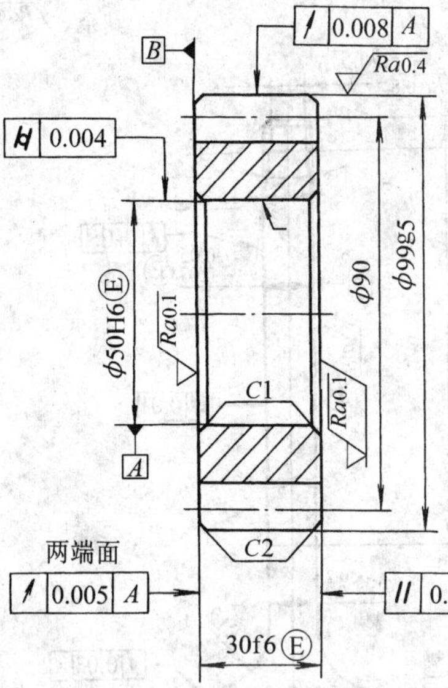

公差原则按GB/T 4249
未注线性尺寸公差按GB/T 1804-f
未注角度公差按GB/T1804-f
未注形位公差按GB/T 1184-H

图 3.3-63

示例2 端盖

1）图例（图3.3-64）

2）说明

① ϕ38h7 与 ϕ36h7 均要求与相应的孔配合。

② ϕ38h7 与孔配合后需用螺栓固定，4个螺栓光孔 ϕ4.5mm 的轴线应相对于 ϕ38h7 的轴线均匀分布。给出位置度公差 ϕ0.5mm，相对于基准 *A*。

③ ϕ38h7 的轴线与 ϕ36h7 的轴线应保持同轴，以保证螺栓的装入及端面的贴合，给出同轴度公差 ϕ0.12mm。

④ 左右两端面分别要求与 ϕ38h7 和 ϕ36h7 轴线垂直，以保证装配，给出相对于基准 *A* 的垂直度为0.05mm和相对于基准 *B* 的垂直度为0.03mm，因只要求在某一给定方向，故公差数值前不加 ϕ。

⑤ 允许尺寸补偿给位置度，采用最大实体要求 ϕ0.5 Ⓜ。

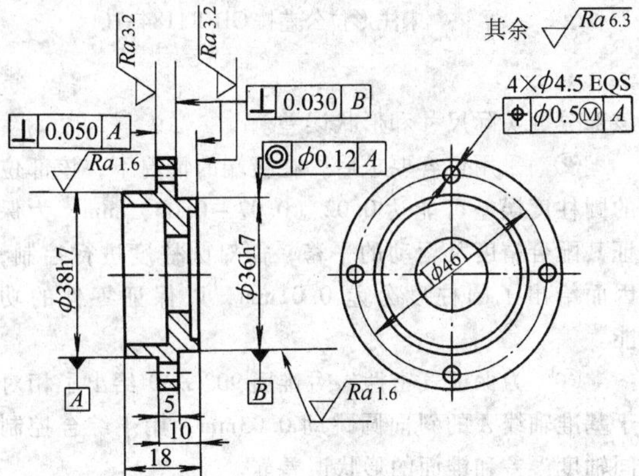

公差原则按GB/T 4249
未注线性尺寸公差按GB/T 1804-m
未注角度公差按GB/T 1804-m
未注形位公差按GB/T 1184-K

图 3.3-64

示例3 排气阀

1）图例（图3.3-65）

2）说明

① 在图样中示出的尺寸“90”要求的长度内，排气阀杆部要进行往复运动，除给出较高的尺寸公差及较小的表面粗糙度外，还应控制其形状误差，这里采用了包容要求Ⓔ，以最大实体边界 ϕ8.95mm 控制

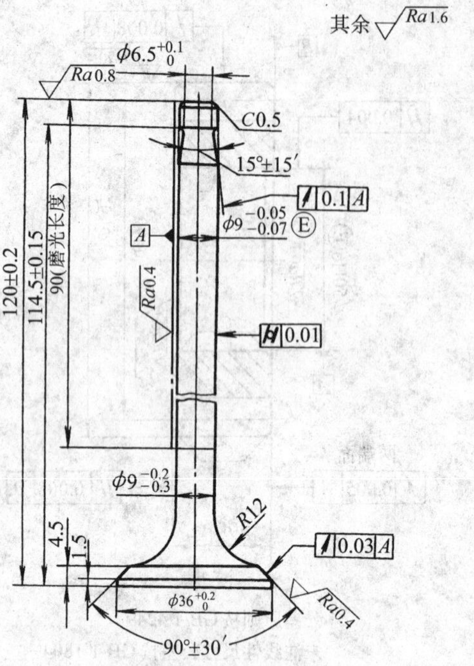

公差原则按 GB/T 4249
未注线性尺寸公差按 GB/T 1804-m
未注角度公差按 GB/T 1804-m
未注形位公差按 GB/T 1184-H

图　3.3-65

该部分的实际尺寸和形状误差。

② 采用包容要求后，在极端的情况下，该部位的圆柱度误差可能达 0.02（0.07 - 0.05）mm，为保证其配合精度及运动的平稳，需对圆柱度进行控制，因而给出了圆柱度公差 0.01mm，以保证零件的功能。

③ 为保证气密性，对锥面 90° ±30′给出了相对于基准轴线 *A* 的斜向圆跳动 0.03mm，用于综合控制同轴度误差和锥面的形状误差。

示例 4　传动轴

1）图例（图 3.3-66）

2）说明

① 在轴颈 φ18h7 及 φ25js6 上需装齿轮，为保证齿轮的传动精度，应控制两轴颈相对于该传动轴轴线的形位误差，该轴的轴线应采用公共轴线，以两端顶尖孔的连线 *A*—*B* 为基准轴线，两轴颈分别对基准 *A*—*B* 给出径向圆跳动，以控制其圆表面的形状误差和相对于基准轴线的同轴度误差，保证其与基准轴线的同轴及与锥面的配合精度。

② 锥度为 1∶5 的圆锥表面也是一配合表面，需控制其圆锥表面的形状和位置误差，按 GB/T15754 的规定给出有位置要求的轮廓度公差，即相对于基准轴线 *A*—*B* 的面轮廓度 0.01mm。

③ φ32 轴两端面用于轴承的轴向定位，给出其对基准轴线 *A*—*B* 的端面圆跳动公差 0.02。

④ 6N9 键槽应与其相应轴有正确的位置要求。给出其对称平面对基准轴线 *C* 的对称度公差 0.2mm，并进一步给出平行度公差 0.02mm，以限制键侧面与槽侧面的歪斜，用以保证两者之间的良好接触。

示例 5　尾座

1）图例（图 3.3-67）

2）说明

① 该尾座的平导轨和 V 形导轨需与床身导轨相配合并进行往复运动，尾座孔 φ9H6 必须与此两导轨保持正确的方向。

② 以平导轨面作第一基准 *A*，以 V 形导轨面的对称中心平面作第二基准 *B*，两基准互相垂直形成一个三基面体系。

③ 平导轨面与 V 形导规面都应有较高的平面度公差要求，并只允许误差向中间减少，以便于与床身导轨贴合。

给出平导轨面的平面度公差总值为 0.02mm（ - ），误差只允许向中间凹下，并同时限制在整个面上每 40mm 的平面度误差不得大于平面度公差值 0.01mm。

给出 V 形导轨两个面的平面度公差总值为 0.02mm（ - ），误差只允许向中间凹下，并同时限制在整个面上每 40mm 的平面度误差不得大于平面度公差值 0.01mm。

④ 给出孔 φ9H6 相对于三基面体系的两个互相垂直的平行度公差，即分别为平行度公差 0.01mm 和 0.02mm。

示例 6　前叉

1）图例（图 3.3-68）

2）说明

① 此为一前叉组件，由前叉立管、前叉腿管、前叉肩和摩电灯接片组成。前叉腿管应与前叉立管对称安置。腿管的带槽头部的半圆中心点也要求相对立管和腿管保持正确位置。

② 前叉立管先装入前叉肩再装腿管，应以立管的轴线为第一基准，腿管的两腿对称中心面为第二基准，以此建立一个三基面体系，以保证三个零件的安装位置。

③ 前叉腿管零件较大，且有斜度，为加工经济及能较精确的建立三基面体系，在腿管处采用基准目标（B_1、B_2），以建立第二基准 *B*，并在图样中给出基准 *B* 点的位置、符号“×”及基准目标代号。

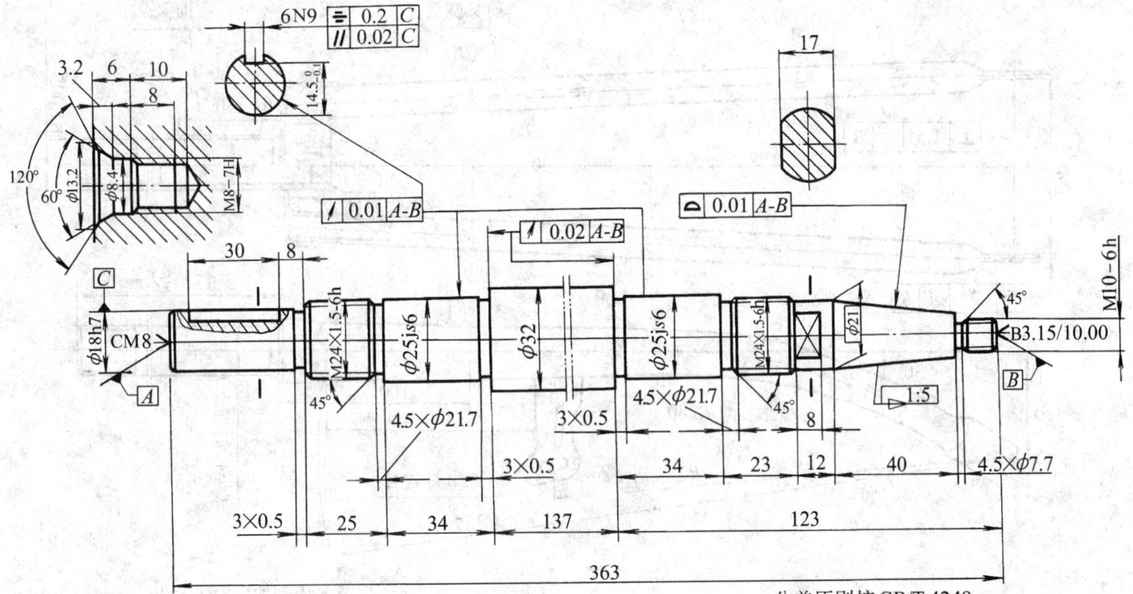

公差原则按 GB/T 4249

未注线性尺寸公差按 GB/T 1804－m

未注角度公差按 GB/T 1804－m

未注形位公差按 GB/T 1184－K

图　3.3-66

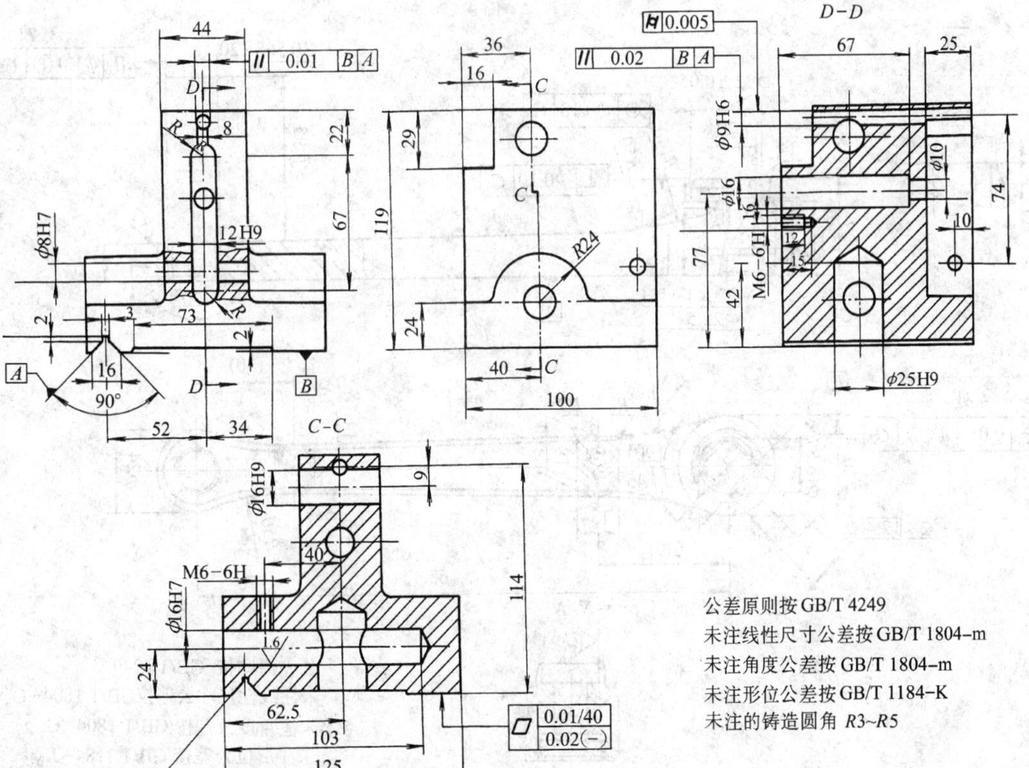

公差原则按 GB/T 4249

未注线性尺寸公差按 GB/T 1804-m

未注角度公差按 GB/T 1804-m

未注形位公差按 GB/T 1184-K

未注的铸造圆角 $R3\sim R5$

图　3.3-67

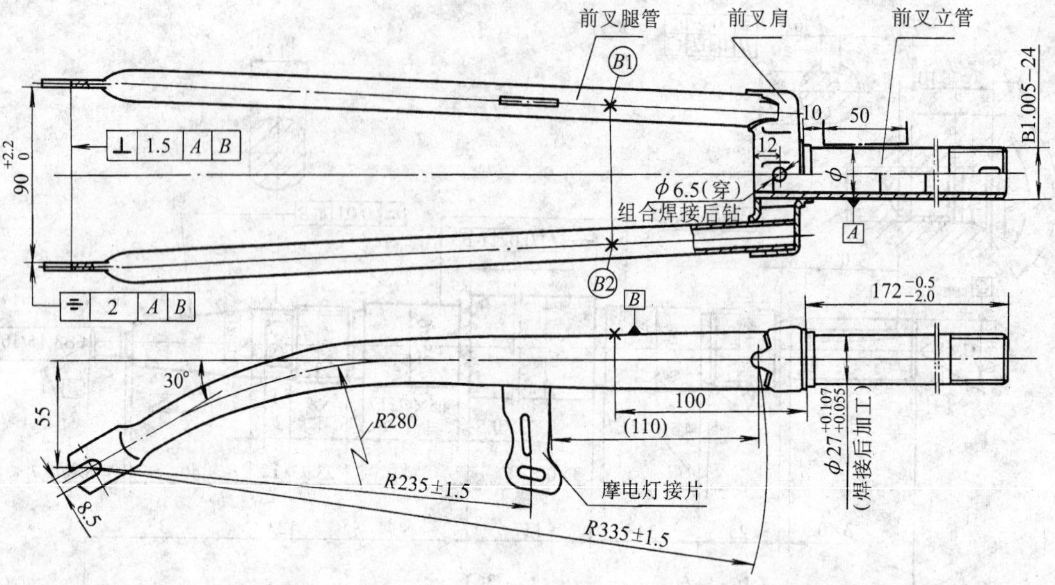

公差原则按 GB/T 4249
未注线性尺寸公差按GB/T 1804－C
未注角度公差按GB/T 1184－C
未注形位公差按 GB/T 1184－L

图 3.3-68

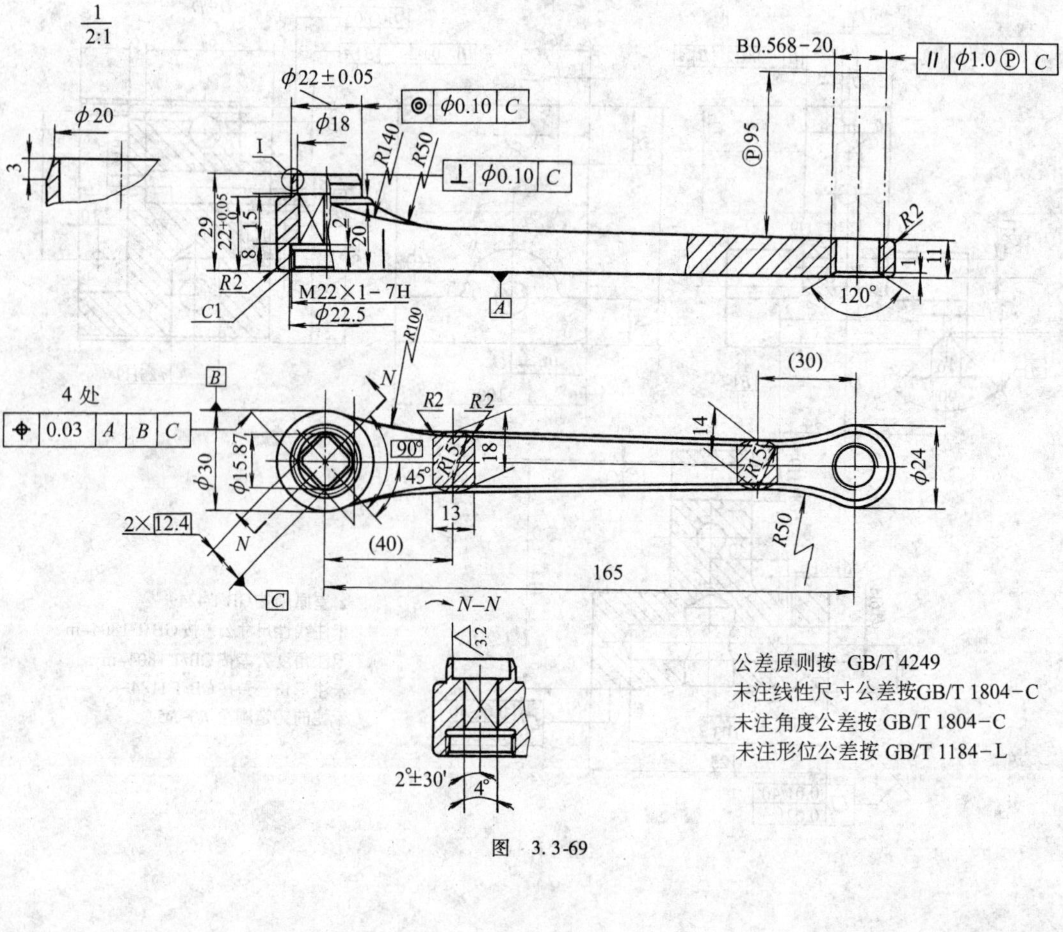

公差原则按 GB/T 4249
未注线性尺寸公差按GB/T 1804－C
未注角度公差按 GB/T 1804－C
未注形位公差按 GB/T 1184－L

图 3.3-69

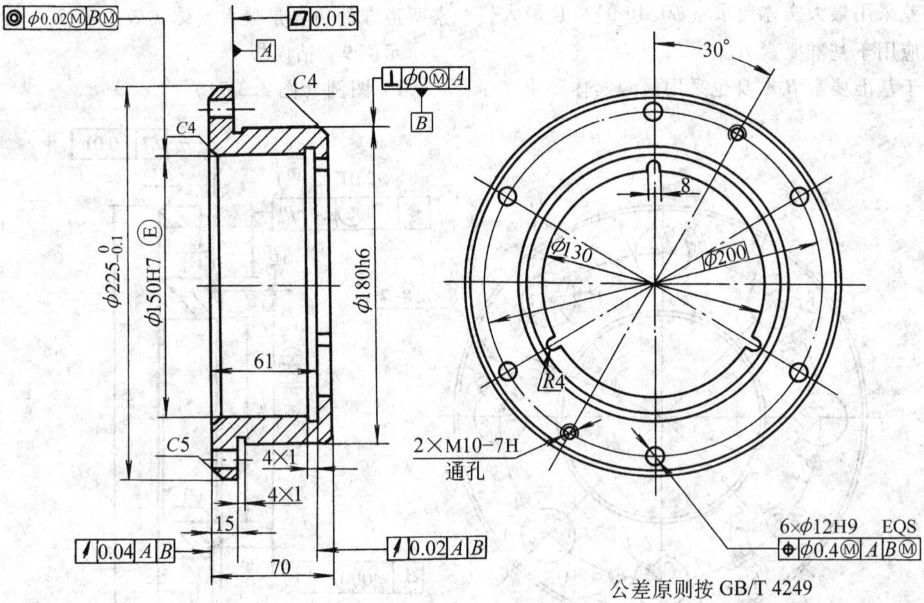

公差原则按 GB/T 4249
未注线性尺寸公差按 GB/T 1804－m
未注角度公差按 GB/T 1804－m
未注形位公差按 GB/T 1184－K

图　3.3-70

④　给出前叉腿管的对称中心平面相对于前叉立管轴线和基准 B 所组成的三基面体系的对称度公差 2mm。

⑤　给出腿管头部半圆中心点连线相对于三基面体系的垂直度公差 1.5mm。

⑥　以上两项公差值均大于未注公差值，一般不必注出，但考虑了要求较低，可以在装配过程中快速地调整，故注出其公差值，以提高装配速度，获得经济效益。

示例 7　右曲柄

1）图例（图 3.3-69）

2）说明

①　本图例为一自行车上的右曲柄，采用延伸公差带的示例，曲柄的螺孔 B0.568 用来安装自行车脚蹬，脚蹬应与中轴平行，由于一般锥孔与螺孔轴线的平行度不能保证装上脚蹬后不被破坏，应采用延伸公差带，给出相对于方孔轴线从螺孔延伸 95mm 的平行度公差 ϕ1.0mm。

B0.568-20 为英寸制螺纹代号，B 表示自行车英制螺纹，0.568 是以英寸为单位的螺纹公称直径，20 表示每英寸的牙数。

②　在方孔侧面上截得的任两相邻的提取实际截线应相互垂直，垂直度公差为 0.06mm。本示例以四棱锥孔的各侧面分别对基准 A、B 和 C 的位置度公差 0.03mm 来保证。

③　（ϕ22 ± 0.05）mm 轴对基准轴线 C 的同轴度公差（ϕ0.10）mm 和 ϕ30mm 上端面对基准轴线 C 的垂直度公差（ϕ0.10）mm 均遵循独立原则。

示例 8　轴承座

1）图例（图 3.3-70）

2）说明

①　轴承座内圆表面 ϕ150H7 与轴承外圆表面相配，轴承座的外圆表面 ϕ180h6 与箱体相配，前者采用包容要求，以保证其配合性质。

②　以右端面为基准 A，外圆 ϕ180h6 轴线为基准 B，组成三基面体系。

基准平面 A 给出平面度公差 0.015mm，基准 B 应对基准 A 垂直，给出垂直度公差并采用最大实体要求的零形位公差（遵守最大实体边界），要求在外圆提取实际轮廓处于极限状态时，也即处于最大实体状态时，其中心线必须完全垂直于 A 基准。

③　ϕ150H7 孔的轴线对基准 B 的同轴度公差为 ϕ0.02mm，且最大实体要求同时应用于被测要素（ϕ0.02 Ⓜ）和基准要素（B Ⓜ）。基准要素 B 应遵守最大实体实效边界，由于给出的垂直度公差为 0，此时的最大实体实效边界等于最大实体边界。

④　两处端面对基准 A、B 的端面圆跳动公差分别为 0.04mm 和 0.02mm。

⑤　6 × ϕ12H9 孔组的轴线对 A、B 三基面体系的位置度公差采用最大实体要求（ϕ0.4Ⓜ），且最大实体要求也应用于基准要素 B。

⑥　由于基准要素 B 本身也采用最大实体要求（ϕ0Ⓜ），其基准代号标注在公差框格下方，基准要素所遵守的边界是最大实体实效边界。

示例 9　钻模板

1）图例（图 3.3-71）

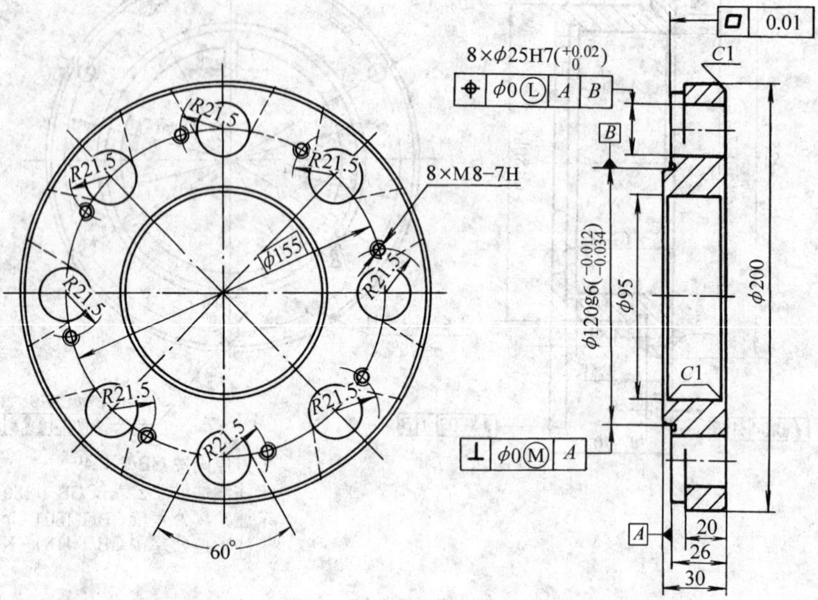

公差原则按 GB/T 4249
未注线性尺寸公差按 GB/T 1804－m
未注角度公差按 GB/T 1804－m
未注形位公差按 GB/T 1184－H

图　3.3-71

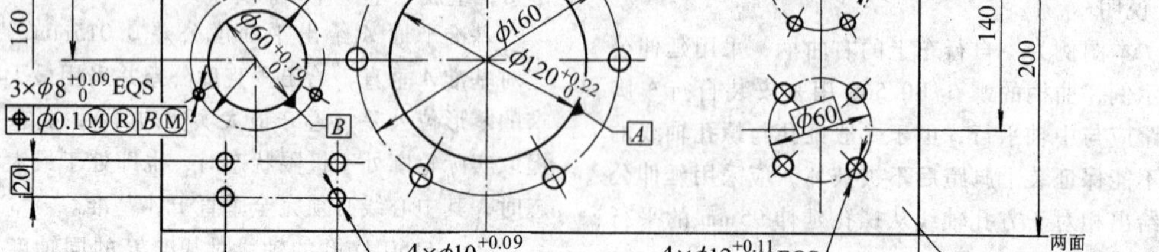

公差原则按 GB/T 4249
未注线性尺寸公差按 GB/T 1804－m
未注角度公差按 GB/T 1804－m
未注形位公差按 GB/T 1184－H

图　3.3-72

2）说明

① 钻模板要求板上的钻模孔尺寸精确，轴线定位准确，由于受冲击力较大，孔与孔之间需保证一定的距离，以保证足够的强度。

② 为保证各孔轴线的正确位置及分布均匀性，应给出其位置度要求，并采用三基面体系。

③ 由平面 *A* 和轴线 B 构成基准体系。平面 A 为第一基准，其平面度公差为 0.01mm。轴线 B 为第二基准，它对基准 *A* 的垂直度公差采用最大实体要求的零形位公差（ϕ0Ⓜ），以保证定位精度。

④ 8×ϕ25H7 孔组轴线对基准体系的位置度公差采用最小实体要求的零形位公差（ϕ0Ⓛ），以保证定位精度。因为钻模孔与钻头之间的间隙会产生定位误差，应限制钻模孔孔壁至理想中心平面的最大距离，以保证其强度要求。

示例十　仪表板

1）图例（图 3.3-72）

2）说明

① 仪表板上各孔是供装配用的。只需由最大实体实效边界控制，尺寸无严格要求。

② 3孔组 3×$\phi8^{+0.09}_{0}$ 相对于大孔 $\phi60^{+0.19}_{0}$ 的轴线有较准确的位置要求，给出位置度公差 ϕ0.1mm；被测孔和基准孔均采用最大实体要求，并允许反补偿，因此同时采用可逆要求，即控制边界为 ϕ7.8mm，也就是在位置度误差为 0 的极限情况下，孔直径可做得更小些为 ϕ7.9mm。当实际尺寸为最小实体尺寸时，各孔轴线的位置度可增至 ϕ1.09mm。至于基准 *B* 对孔位置度的补偿，只能对孔组的几何图框进行补偿，不能补偿给各孔的直径尺寸。

③ 同理，6 孔组 $\phi12^{+0.11}_{0}$ 相对于基准 *A*（$\phi120^{+0.22}_{0}$ 的轴线）采用最大实体要求，同时采用可逆要求。基准 *A* 采用最大实体要求，在位置度为零的极限情况下，6 孔的直径允许减小到 ϕ11.9mm。当孔的实际尺寸做到最小实体尺寸这一极限情况时，各孔轴线位置度公差可增至 ϕ1.11mm。

④ 4 孔 $\phi10^{+0.09}_{0}$、4 孔 $\phi12^{+0.11}_{0}$、2 孔 $\phi15^{+0.11}_{0}$、2 孔 $\phi8^{+0.09}_{0}$ 和 2 孔 $\phi14^{+0.11}_{0}$ 均同时采用了最大实体要求和可逆要求。但它们没有对基准的要求，仅要求孔与孔之间的正确位置。在极限情况下，孔的提取面的直径可分别减小至 ϕ9.8mm、ϕ14.8mm、ϕ11.8mm、ϕ7.8mm 和 ϕ13.8mm。当孔提取面的实际尺寸为最小实体尺寸时，轴线的位置度公差可增至 ϕ0.209mm、ϕ0.211mm、ϕ0.211mm、ϕ0.209mm 和 ϕ0.211mm。

第4章　表面结构

1　概述

1.1　基本概念

通过去除材料或成形加工制造的零件表面，必然具有各种不同类型的不规则状态，叠加在一起形成一个实际存在的复杂的表面轮廓。它主要由尺寸的偏离、实际形状相对于理想（几何）形状的偏离以及表面的微观值和中间值的几何形状误差等综合形成。各实际的表面轮廓都具有其特定的表面特征称零件的表面结构。

对于零件的表面轮廓，应给出有关表面特征的要求。除了需要控制其实际尺寸、形状、方向和位置外，还应控制其表面粗糙度、表面波纹度和表面缺陷。

表面粗糙度主要是由加工过程中，刀具和零件表面之间的摩擦、切屑分离时的塑性变形以及工艺系统中存在的高频振动等原因所形成的，属于微观几何误差。它影响着工件的摩擦系数、密封性、耐腐蚀性、疲劳强度、接触刚度及导电、导热性能等。

表面波纹度主要是由于在加工过程中。机床—刀具—工件这一加工系统的振动、发热，以及在回转过程中的质量不均衡等原因形成，它具有较强的周期性。改善和提高机床的安装、调整精度及其工艺性，可降低表面波纹度的参数值。

表面缺陷是从零件加工一直到使用过程中都可能形成的一种表面状况。它不存在周期性及规律性，但发生缺陷也有其内在的规律。因此，控制缺陷以及接受零件表面所产生的不影响零件功能的缺陷也是合理地控制产品质量的一个生产环节。

区分形状误差、表面粗糙度与表面波纹度常见的方法有在表面轮廓截面上采用三种不同的频率范围的定义来划定；也有以波形峰与峰之间的间距作区分界限。对于间距小于 1mm 的，称表面粗糙度；1 ~ 10mm 范围的，称表面波纹度；大于 10mm 的则视作形状误差，但这显然不够严密。零件大小不一及工艺条件变化均会影响这种区分原则。还有一种是用波形起伏的间距和幅度比来划分，比值小于 50 的为粗糙度；在 50 ~ 1000 范围内为波纹度；大于 1000 的视作形状误差。这种比值的划分是在生产实际中综合统计得出的，也没有严格的理论支持。

图 3.4-1a 表示零件在加工后表面粗糙度和表面波纹度的复合轮廓，图 3.4-1b 表示排除波纹度后的粗糙度轮廓，图 3.4-1c 表示排除粗糙度后的波纹度轮廓。

图 3.4-2a 表示铰孔后的表面粗糙度和表面波纹度的复合轮廓，图 3.4-2b 表示排除波纹度后的粗糙度轮廓，图 3.4-2c 表示排除粗糙度后的波纹度轮廓。

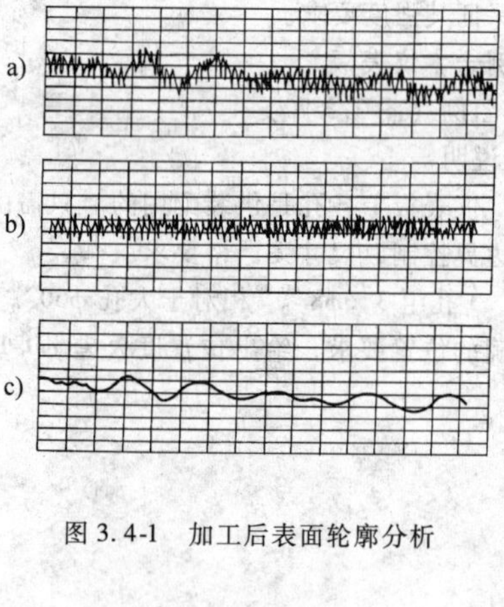

图 3.4-1　加工后表面轮廓分析

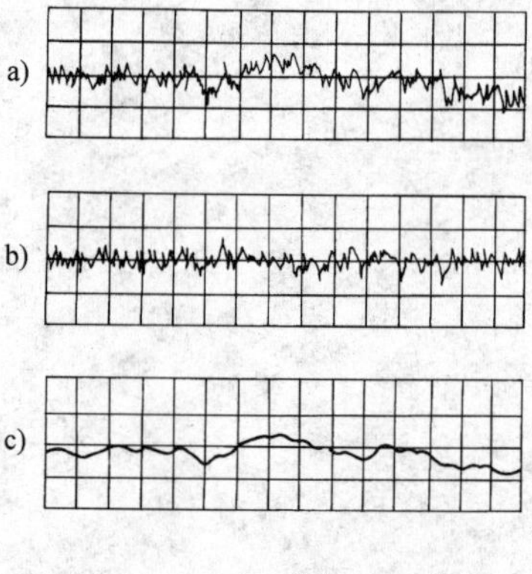

图 3.4-2　铰孔后表面轮廓分析

1.2　国家标准与对应的 ISO 标准

对于表面粗糙度，原 ISOTC57（现 TC213）和原 ISO TC10/SC5（现 TC213）已提出一系列标准，包括术语、参数值、符号、代号和图样上的表示方法以及有关测试方法及测试仪器等标准。对于表面波纹度，除词汇已提出标准外其参数值以及与表面粗糙度的区分界限等目前尚提不出一个统一的定量区分标准。我国等效等同采用该领域的各项 ISO 标准，制订和发布了一系列有关标准，详见国家标准与对应的 ISO 标准（表 3.4-1）。

表 3.4-1　国家标准与对应的 ISO 标准

序号	国家标准	ISO 标准	采用程度
1	GB/T 1031—2009《产品几何技术规范（GPS）表面结构　轮廓法　表面粗糙度参数及其数值》（代替 GB/T 1031—1995）	无相应标准（原 ISO 468 已取消）	
2	GB/T 131—2006《产品几何技术规范（GPS）技术产品文件中表面结构的表示法》（代替 GB/T 131—1993）	ISO 1302：2002《产品几何技术规范（GPS）技术产品文件中表面结构表示法》	IDT（等同）
3	GB/T 3505—2009《产品几何技术规范（GPS）表面结构　轮廓法　术语、定义及表面结构参数》（代替 GB/T 3505—2000）	ISO 4287：1997《产品几何技术规范（GPS）表面结构　轮廓法　表面结构的术语、定义及参数》	IDT
4	GB/T 6060.1—1997《表面粗糙度比较样块　铸造表面》（代替 GB/T 6060.1—1985）	—	—
5	GB/T 6060.2—2006《表面粗糙度比较样块　磨、车、镗、铣、插及刨加工表面》（代替 GB/T 6060.2—1985）	ISO 2632-1：1985《表面粗糙度比较样块第 1 部分　磨，车，镗，铣，插及刨加工表面》	修改采用
6	GB/T 6060.3—2008《表面粗糙度比较样块　第 3 部分：电火花、抛（喷）丸、喷砂、研磨、锉、抛光加工表面》（代替 GB/T 6060.3—1986，GB/T 6060.4—1988，GB/T 6060.5—1988）	—	—
7	GB/T 6062—2009《产品几何技术规范（GPS）表面结构　轮廓法　接触（触针）式仪器的标称特性》（代替 GB/T 6062—2002）	ISO 3274：1996《产品几何技术规范（GPS）　表面结构　轮廓法　接触（触针）式仪器的标称特性》	IDT
8	GB/T 7220—2004《产品几何技术规范（GPS）表面结构　轮廓法　表面粗糙度　术语　参数测量》（代替 GB/T 7220—1987）	—	—
9	JB/T 7976—1999《轮廓法测量表面粗糙度的仪器术语》（代替 JB/T 7976—1995）	—	—
10	GB/T 10610—2009《产品几何技术规范（GPS）表面结构　轮廓法　评定表面结构的规则和方法》（代替 GB/T 10610—1998）	ISO 4288：1996《产品几何技术规范（GPS）表面结构　轮廓法　评定表面结构的规则和方法》	IDT
11	GB/T 12472—2003《产品几何量技术规范（GPS）表面结构　轮廓法　木制件表面粗糙度及其数值》	—	—
12	GB/T 14495—2009《产品几何技术规范（GPS）表面结构　轮廓法　木制件表面粗糙度比较样块》（代替 GB/T 14495—1993）	—	—
13	GB/T 15757—2002《产品几何量技术规范（GPS）表面缺陷　术语、定义及参数》（代替 GB/T 15757—1995）	ISO/DIS 8785《表面缺陷　术语，定义及参数》	IDT

（续）

序号	国家标准	ISO 标准	采用程度
14	GB/T 16747—2009《产品几何技术规范（GPS）　表面结构　轮廓法表面波纹度词汇》（代替 GB/T 16747—1997）	—	—
15	GB/T 18618—2002《产品几何量技术规范（GPS）表面结构　轮廓法　图形参数》	—	—
16	GB/T 18777—2002《产品几何量技术规范（GPS）表面结构　轮廓法相位修正滤波器的计量特性》	—	—
17	GB/T 18778.1—2002《产品几何量技术规范（GPS）表面结构　轮廓法　具有复合加工特征的表面　第 1 部分　滤波和一般测量条件》	—	—
18	GB/T 18778.2—2003《产品几何量技术规范（GPS）表面结构　轮廓法　具有复合加工特征的表面　第 2 部分　用线性化的支承率曲线表征高度特性》	ISO 13565.2—1996《产品几何技术规范（GPS）　表面结构　轮廓法　具有复合加工特征表面　第 2 部分　用线性化的支承率曲线表征高度特性》	IDT
19	GB/T 18778.3—2006《产品几何技术规范（GPS）表面结构　轮廓法　具有复合加工特征的表面　第 3 部分：用概率支承率曲线表征高度特性》	ISO 13565—3: 1998《产品几何技术规范　轮廓法　具有复合加工特征表面　第 3 部分：用概率支承率曲线表征高度特性》	IDT

2　术语及定义

表面结构的术语及定义涉及设计、加工工艺、计量、测试和评定等各生产环节，关系到国内外技术交流及贸易往来。因此，它的统一和标准化是至关重要的。

GB/T 3505 不仅规定了表面粗糙度轮廓及其参数的术语及其定义，并从定义出发涉及或包含了表面波纹度轮廓及原始轮廓。有关表面波纹度的术语及定义详见本章第 4 节表面波纹度。

2.1　一般术语及定义

一般术语包括表面轮廓、中线、取样长度及测试仪器的基本术语，见表 3.4-2。

表 3.4-2　一般术语及定义

序号	术　语	定　义　或　解　释	图　　示
1	坐标系	确定表示结构参数的坐标体系 注：通常采用一个直角坐标体系，其轴线形成一右旋笛卡儿坐标系，x 轴与中线方向一致，y 轴也处于实际表面上，而 z 轴则在从材料到周围介质的外延方向上。所有参数和术语均在此坐标系中定义	
2	实际表面	物体与周围介质分离的表面	
3	表面轮廓	一个指定平面与实际表面相交所得的轮廓 注：实际上，通常采用一条名义上与实际表面平行和在一个适当方向的法线来选择一个平面	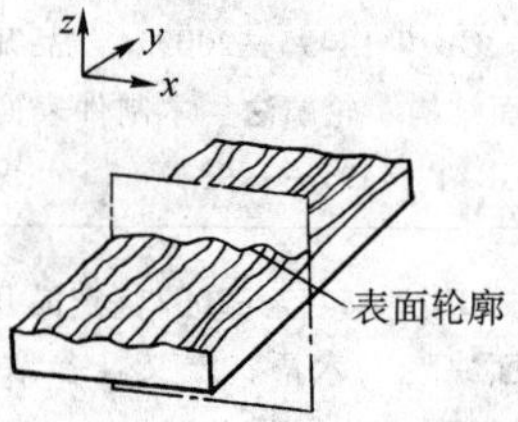

（续）

序号	术 语	定 义 或 解 释	图 示
4	原始轮廓	通过 λs 轮廓滤波器后的总的轮廓 注:原始轮廓是评定原始轮廓参数的基础	
5	粗糙度轮廓	粗糙度轮廓是对原始轮廓采用 λc 滤波器抑制长波成分以后形成的轮廓,这是人为修正的轮廓 注:1. 粗糙度轮廓的传输频带是由 λs 和 λc 轮廓滤波器来限定的 2. 粗糙度轮廓是评定粗糙度轮廓参数的基础 3. λc 和 λs 之间的关系标准中不作规定	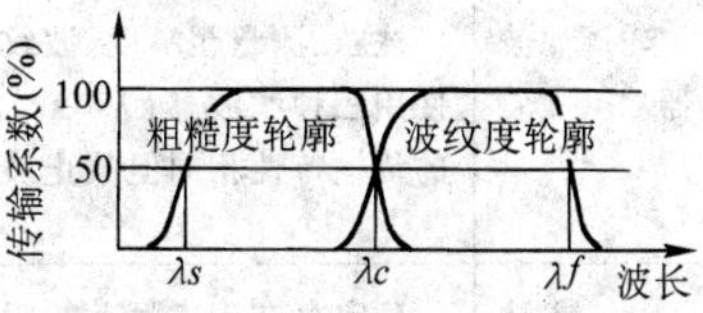
6	波纹度轮廓	波纹度轮廓是对原始轮廓连续应用 λf 和 λc 两个滤波器以后形成的轮廓。采用 λf 滤波器抑制长波成分,而采用 λc 滤波器抑制短波成分。这是人为修正的轮廓 注:1. 在运用 λf 滤波器分离波纹度轮廓的以前,应首先用最小二乘法的最佳拟合,从总轮廓中提取标称的形状。对于圆的标称形式,建议将半径也包含在最小二乘法的优化计算中,而不是保持固定的标称值。这个分离波纹度轮廓的过程限定了理想的波纹度运算操作 2. 波纹度轮廓的传输频带是由 λf 和 λc 轮廓滤波器来限定的 3. 波纹度轮廓是评定波纹度轮廓参数的基础	
7	中线	具有几何轮廓形状并划分轮廓的基准线	
8	粗糙度轮廓中线	用轮廓滤波器 λc 抑制了长波轮廓成分相对应的中线	
9	波纹度轮廓中线	用 λf 轮廓滤波器抑制了长波轮廓成分相对应的中线	
10	原始轮廓中线	用标称形式的线穿过在原始轮廓上,按标称形式用最小二乘法拟合所确定的中线	
11	取样长度	在 x 轴方向判别被评定轮廓的不规则特征的 x 轴方向上的长度 注:评定长度粗糙度和波纹度轮廓的取样长度 lr 和 lw 在数值上分别与轮廓滤波器 λc 和 λf 的轮廓滤波器的截止波长相等。原始轮廓的取样长度 lp 则与评定长度相等	

（续）

序号	术语	定义或解释	图示
12	评定长度	用于判别被评定轮廓的 x 轴方向上的长度 注：评定长度包含一个或和几个取样长度	
13	轮廓滤波器	把轮廓分成长波和短波成分的滤波器 注：在测量粗糙度、波纹度和原始轮廓的仪器中使用三种滤波器（λs、λc、λf 轮廓滤波器）。它们的传输特性相同但截止波长不同	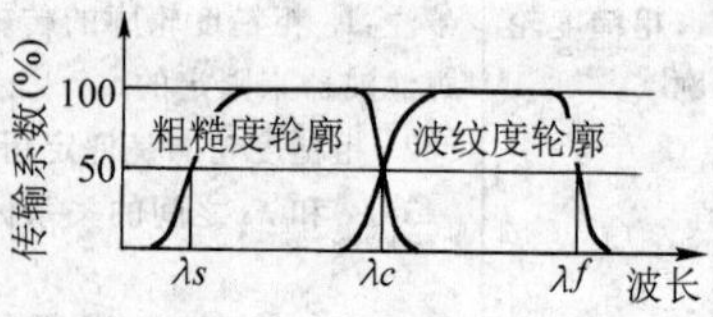
14	λs 滤波器	确定存在于表面上的粗糙度与比它更短的波的成分之间相交界限的滤波器（见图）	
15	λc 滤波器	确定粗糙度与波纹度成分之间相交界限的滤波器（见图）	
16	λf 滤波器	确定存在于表面上的波纹度与比它更长的波的成分之间相交界限的滤波器（见图）	

2.2　几何参数术语及定义

几何参数术语包括在原始轮廓、表面粗糙度轮廓及波纹度轮廓上的轮廓及参数，以及与其有关的术语及定义，见表3.4-3。

表3.4-3　几何参数术语及定义

序号	术语	定义或解释	图示
1	P 参数	从原始轮廓上计算所得的参数	
2	R 参数	从粗糙度轮廓上计算所得的参数	
3	W 参数	从波纹度轮廓上计算所得的参数	
4	轮廓峰	被评定轮廓上连接（轮廓和 x-轴）两相邻交点向外（从材料到周围介质）的轮廓部分	
5	轮廓谷	被评定轮廓上连接两相邻交点向内（从周围介质到材料）的轮廓部分	
6	高度和间距辨别力	应计入的被评定轮廓的轮廓峰和轮廓谷的最小高度和最小间距 注：轮廓峰和轮廓谷的最小高度通常用 Rz、Pz、Wz 或任一幅度参数的百分率来表示，最小间距则以取样长度的百分率表示	
7	轮廓单元	轮廓峰和相邻轮廓谷的组合（见图） 注：在取样长度始端或末端的评定轮廓的向外部分或向内部分应看成是一个轮廓峰或一个轮廓谷。当在若干个连续的取样长度上确定若干个轮廓单元时，在每一个取样长度的始端或末端评定的峰和谷仅在每个取样长度的始端计入一次	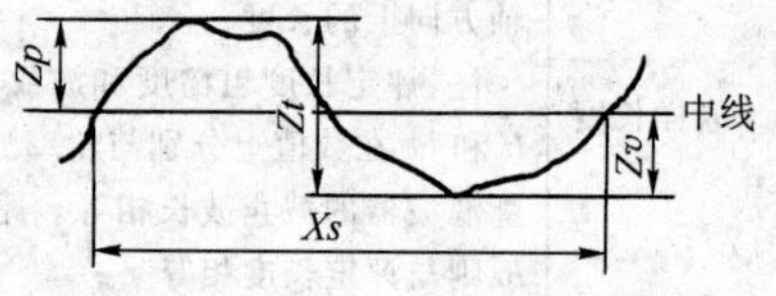

（续）

序号	术　语	定 义 或 解 释	图　　示
8	纵坐标值 $Z(x)$	被评定轮廓在任一位置上距 x 轴的高度 注：若纵坐标于 x 轴下方，该高度被视作负值，反之则为正值	
9	局部斜率 $\frac{dZ}{dX}$	评定轮廓在某一位置 x_1 的斜率 注：1. 局部斜率和这些参数 $P\Delta q$、$R\Delta q$、$W\Delta q$ 的数值主要视纵坐标间距 ΔX 而定 2. 计算局部斜率的公式之一 $\frac{dZ_i}{dX} = \frac{1}{60\Delta X}(Z_{i+3} - 9Z_{i+2} + 45Z_{i+1} - 45Z_{i-1} + 9Z_{i-2} - Z_{i-3})$ 式中，Z_i 为第 i 个轮廓点的高度，ΔX 为相邻两轮廓点之间距	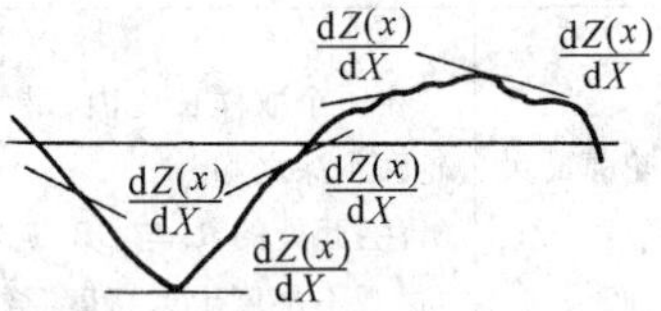
10	轮廓峰高 Zp	轮廓峰的最高点距 x 轴的距离	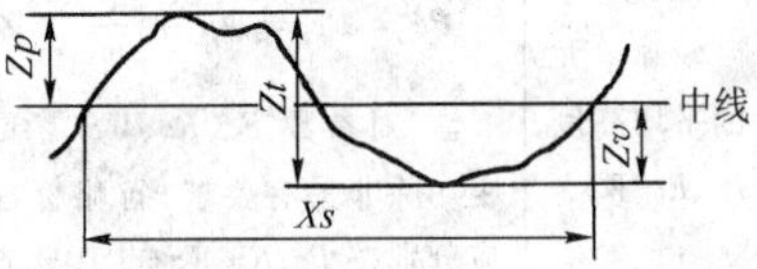
11	轮廓谷深 Zv	轮廓谷最低点距 x 轴的距离	
12	轮廓单元的高度 Zt	一个轮廓单元的轮廓峰高和轮廓谷深之和	
13	轮廓单元的宽度 xs	一个 x 轴线与轮廓单元相交线段的长度	
14	在水平位置 c 上，轮廓的实体材料长度 $Ml(c)$	在一个给定水平截面高度 c 上，用一平行于 x 轴的线与轮廓单元相截所获得的各段截线长度之和（见图）	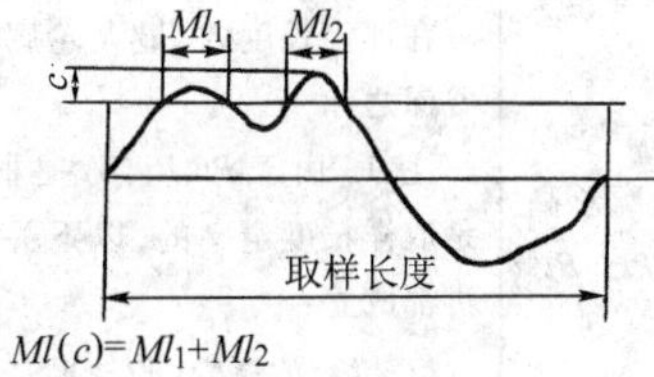

2.3　表面轮廓参数术语及定义

表面轮廓参数术语及定义包括了表示峰、谷之间关系的幅度参数。以纵坐标平均值定义的幅度参数、间距参数以及混合参数的术语及定义，见表 3.4-4。

表 3.4-4　表面轮廓参数术语及定义

序号	术　语	定 义 或 解 释	图　　示
1	幅度参数（峰和谷）	包括以峰和谷值定义的最大轮廓峰高、最大轮廓谷深、轮廓的最大高度、轮廓单元的平均线高度及轮廓的总高度等参数	
2	最大轮廓峰高 Pp、Rp、Wp	在一个取样长度内，最大的轮廓峰高 Zp	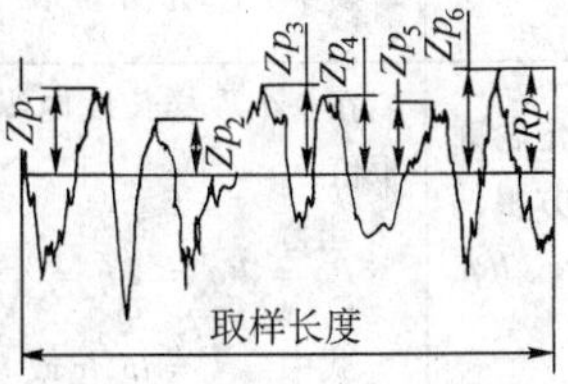

（续）

序号	术 语	定 义 或 解 释	图 示
3	最大轮廓谷深 Pv、Rv、Wv	在一个取样长度内，最大的轮廓谷深 Zv	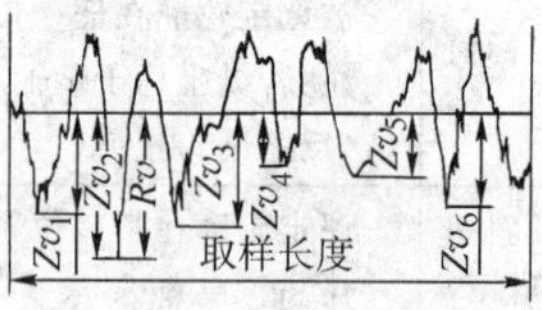
4	轮廓最大高度 Pz、Rz、Wz	在一个取样长度内，最大轮廓峰高和最大轮廓谷深之和 注：此处的 Rz 与 GB/T 3505—1983 中的 Rz"微观不平度十点高度"含义不同，需注意区分	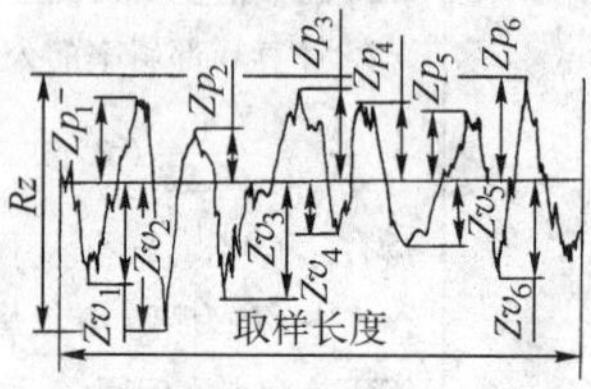
5	轮廓单元的平均高度 Pc、Rc、Wc	在一个取样长度内，轮廓单元高度 Zt 的平均值，见图 $Pc = Rc = Wc = \frac{1}{m}\sum_{i=1}^{m} Zt_i$ 注：对参数 Pc、Rc、Wc 需要辨别高度和间距。除非另有要求，省略标注的高度分辨率应分别按 Pz、Rz、Wz 的 10% 选取。省略标注的间距分辨率应按取样长度的 1% 选取。上述两个条件都应满足	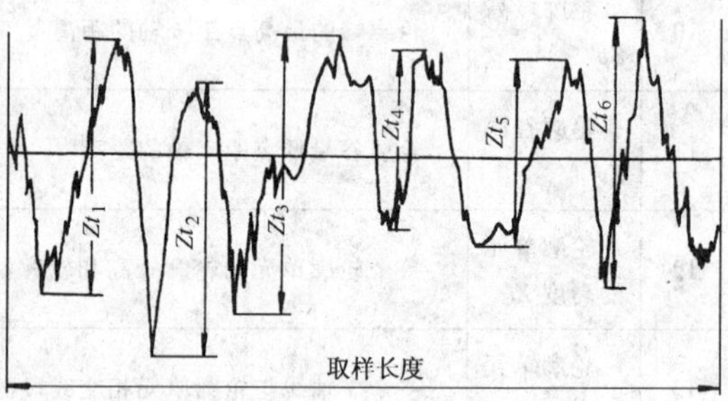
6	轮廓总高度 Pt、Rt、Wt	在评定长度内，最大轮廓峰高和最大轮廓谷深之和 注：1. 由于 Pt、Rt、Wt 是根据评定长度而不是取样长度定义的，以下关系对任何轮廓来讲都成立： $Pt \geqslant Pz$；$Rt \geqslant Rz$；$Wt \geqslant Wz$ 2. 在未规定的情况下，Pz 和 Pt 是相等的，此时建议采用 Pt	
7	幅度参数（纵坐标平均值）	以纵坐标平均值定义的评定轮廓的算术平均偏差，评定轮廓的均方根偏差，评定轮廓的偏斜度及评定轮廓的陡度等参数	
8	评定轮廓的算术平均偏差 Pa、Ra、Wa	在一个取样长度内纵坐标值 $Z(x)$ 绝对值的算术平均值 $Pa = Ra = Wa = \frac{1}{l}\int_0^l \mid Z(x) \mid \mathrm{d}x$ 式中　$l = lp, lr$ 或 lw	
9	评定轮廓的均方根偏差 Pq、Rq、Wq	在一个取样长度内纵坐标值 $Z(x)$ 的均方根值 $Pq = Rq = Wq = \sqrt{\frac{1}{l}\int_0^l Z^2(x)\mathrm{d}x}$ 式中　$l = lp, lr$ 或 lw	

（续）

序号	术　语	定义或解释	图　示
10	评定轮廓的偏斜度 *Psk*、*Rsk*、*Wsk*	在一个取样长度内，纵坐标值 $Z(x)$ 三次方的平均值分别与 *Pq*、*Rq* 和 *Wq* 的三次方比值 $Rsk=\frac{1}{Rq^3}\left[\frac{1}{lr}\int_0^{lr}Z^3(x)\mathrm{d}x\right]$ 注：1. 以上公式定义了 *Rsk*，用类似的方式定义 *Psk* 和 *Wsk* 2. *Psk*、*Rsk* 和 *Wsk* 是纵坐标值概率密度函数的不对称性的测定 3. 这些参数受离散的峰或离散的谷的影响很大	
11	评定轮廓的陡度 *Rku*、*Rku*、*Wku*	在取样长度内，纵坐标值 $Z(x)$ 四次方的平均值分别与 *Pq*，*Rq* 和 *Wq* 的四次方的比值 $Rku=\frac{1}{Rq^4}\left[\frac{1}{lr}\int_0^{lr}Z^4(x)\mathrm{d}x\right]$ 注：　1. 上式定义了 *Rku*，用类似方式定义 *Pku* 和 *Wku* 2. *Pku*、*Rku* 和 *Wku* 是纵坐标值概率密度函数锐度的测定	
12	间距参数	以轮廓单元宽度值定义的参数，如轮廓单元的平均宽度	
13	轮廓单元的平均宽度 *Psm*、*Rsm*、*Wsm*	在一个取样长度内，轮廓单元宽度 *Xs* 的平均值 $Psm=Rsm=Wsm=\frac{1}{m}\sum_{i=1}^{m}Xs_i$ 注：对参数 *Psm*、*Rsm*、*Wsm* 需要判断高度和间距。若未另外规定，省略标注的高度分辨率分别为 *Pz*、*Rz*、*Wz* 的 10%，省略标注的水平间距分辨率为取样长度的 1%。上述两个条件都应满足	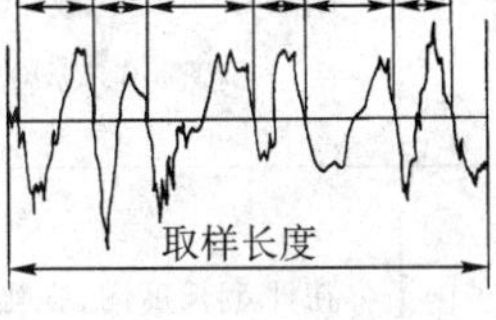
14	评定轮廓的均方根斜率 *P*Δ*q*、*R*Δ*q*、*W*Δ*q*	在取样长度内，纵坐标斜率 $\frac{\mathrm{d}Z}{\mathrm{d}X}$ 的均方根值	

（续）

序号	术 语	定 义 或 解 释	图 示
15	曲线和相关参数	依据评定长度而不是在取样长度上定义，提供稳定的曲线和相关参数，包括轮廓的支承长度率、轮廓的支承长度率曲线、轮廓截面高度差、相对支承比率及轮廓幅度分布曲线等	
16	轮廓支承长度率 $Pmr(c)$、$Rmr(c)$、$Wmr(c)$	在给定的水平截面高度 c 上，轮廓的实体材料长度 $Ml(c)$ 与评定长度的比率 $Pmr(c)=Rmr(c)=Wmr(c)=\frac{Ml(c)}{ln}$	
17	轮廓支承长度率曲线	表示轮廓支承率随水平截面高度 c 变化的关系曲线 注：该曲线为在一个评定长度内的各坐标值 $Z(x)$ 采样累积的分布概率函数	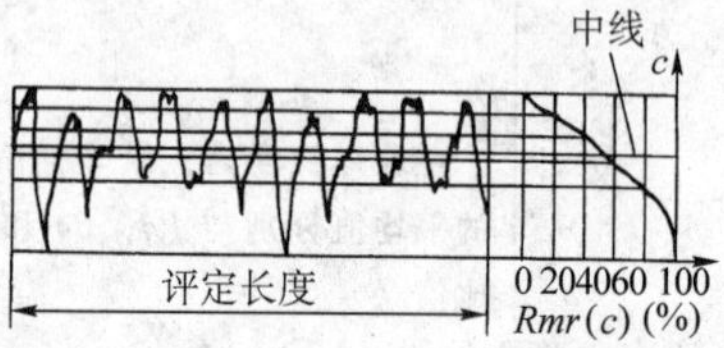
18	轮廓水平截面高度差 $P\delta c$、$R\delta c$、$W\delta c$	给定支承比率的两个水平截面之间的垂直距离 $R\delta c=C(Rmr1)-C(Rmr2)$ $Rmr1<Rmr2$ 注：以上公式定义了 $R\delta c$，用类似方法可定义 $P\delta c$ 和 $W\delta c$	
19	相对支承长度率 Pmr、Rmr、Wmr	在一个轮廓水平截面 $R\delta c$ 确定的，与起始零位 C_0 相关的支承长度率 $Pmr、Rmr、Wmr=Pmr、Rmr、Wmr(C_1)$ 式中： $C_1=C_0-R\delta c$（或 $P\delta c$ 或 $W\delta c$） $C_0=C(Pmr0,Rmr0,Wmr0)$	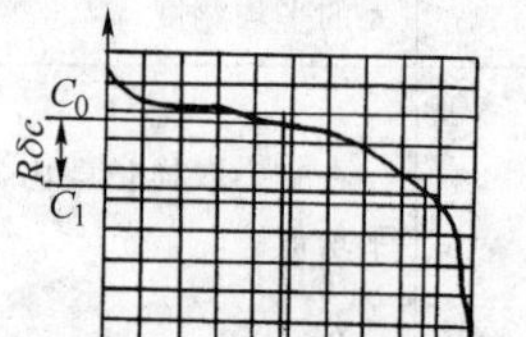
20	轮廓幅度分布曲线	在评定长度内，纵坐标值 $Z(x)$ 采样的概率密度函数 注：有关轮廓幅度分布曲线的各参数见本表中7～11	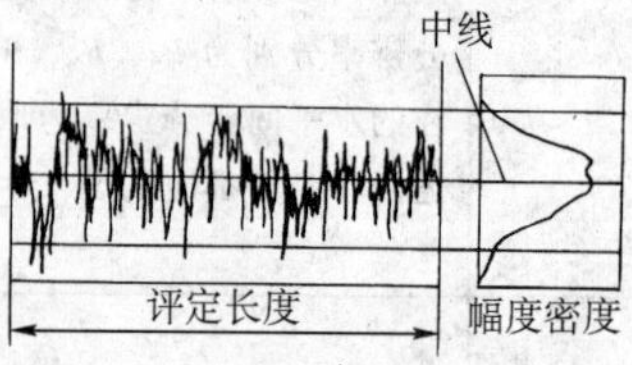

2.4 GB/T 3505新、旧标准的不同

GB/T—2009与GB/T 3505—2000没有根本性的变化，主要是编写方法与国际标准的进一步统一，个别术语名称的变化。

（1）将2000年标准中几何参数术语“水平位置

c"改为"水平截面高度 c";将"轮廓单元的平均线高度"改为"轮廓单元的平均高度"等。

(2) 将局部斜率的计算公式$\frac{XP}{ZP}$改为$\frac{dZ}{dX}$。

(3) 增加了附录D,说明该标准在GPS体系中的位置。

3 表面粗糙度

表面粗糙度是指零件在加工过程中由于不同的加工方法、机床与工具的精度、振动及磨损等因素在加工表面上所形成的具有较小间距和较小峰、谷的微观不平状况,它属微观几何误差。

3.1 表面粗糙度对机械零件及设备功能的影响

3.1.1 对机械零件的影响

(1) 对机械零件耐磨性的影响

由于零件表面粗糙度的存在,两个表面接触时,其接触面仅仅是在加工表面许多凸出小峰的顶端上,实际两零件表面的接触面积只是理论面积的一部分。当两个零件表面有相对运动时,由于两零件实际接触面积较理论面积要小,因而单位面积上承受的压力相应增大。实际接触面积的大小取决于两接触表面粗糙度的状况及参数值的大小,波谷浅,参数值小,表面较平坦,实际接触面积就大,反之,实际接触面积就小。

零件的接触表面越粗糙、相对运动速度越快时,磨损越快,即零件耐磨性能差。因此,合理地提高零件的表面粗糙度的状况,即可减少磨损,提高零件耐磨性,延长其使用寿命。但并不是零件的表面越精细越好,因为超出了合理值后,不仅增加制造成本,而且由于表面过于光滑会使金属分子的吸附力加大,接触表面间的润滑油层将会被挤掉而形成干摩擦,使金属表面加剧摩擦磨损。因此,对有相对运动的接触表面,其表面粗糙度参数值要选用适当,既不能偏低,也不能过高。

(2) 影响零件的耐腐蚀性

金属的腐蚀速度取决于它们各自加工的表面粗糙度。不同加工方法所获得的不同表面粗糙度的金属表面,具有不同的腐蚀速度。因此,降低表面粗糙度的数值,可提高耐腐蚀能力,从而延长机械设备的使用寿命。

(3) 影响零件的抗疲劳强度

机械零件的抗疲劳强度除金属材料的理化性能、零件自身结构及内应力等外,与零件的表面粗糙度有很大关系。零件表面越粗糙,其凹痕、裂纹或尖锐的切口越明显。当零件受力,尤其受到交变载荷时,这些凹痕、裂纹或切口处产生应力集中现象,金属疲劳裂纹往往从这些地方开始。因此适当提高零件的表面粗糙度状况,就可以增加零件的疲劳强度。表3.4-5说明圆柱滚子轴承零件表面粗糙度与轴承平均寿命的关系,供读者参考。

表3.4-5 圆柱滚子轴承零件表面粗糙度与轴平均寿命

套圈滚道 Ra/μm	滚子外径 Ra/μm	轴承平均寿命和计算寿命之比
0.8	0.4	1.00
0.4	0.2	3.80
0.2	0.2	4.40
0.2	0.1~0.05	4.84
0.1	0.1~0.05	5.60

(4) 影响零件的接触刚度

接触刚度是零件结合面在外力作用下,抵抗接触变形的能力。机器的刚度在很大程度上取决于各零件之间的接触刚度。

两表面接触时,其实际接触面积只是理论接触面积的一部分,所接触的峰顶由于其面积减小而压强增大,在外力作用下,这些峰顶很容易产生接触变形,从而降低了表面层的接触刚度。因此欲提高结合件的接触刚度,必须提高对零件表面粗糙度的要求。

(5) 影响零件的配合性能

零件之间的配合性能是根据零件在机械设备中的功能要求及工作条件来确定的。如果相配合两零件的表面比较粗糙,不仅会增加装配的困难,更重要的是在设备运转时易于磨损,造成间隙,从而改变配合的性质,这是不允许的。对于那些配合间隙或过盈较小、运动稳定性要求较高的高速重载的机械设备零件,选定适当的零件表面粗糙度参数值尤为重要。

(6) 影响机械零件的密封性

机械零件的结合密封分为静力密封和动力密封两种。

对于静力密封的表面,当表面加工粗糙、波谷过深时,密封材料在装配后受到的预压力还不能塞满这些微观不平的深谷,因而会在密封面上留下许多渗漏的微小缝隙,影响结合密封性。对于动力密封面,由于存在相对运动,故需加适当的润滑油。虽然表面加工粗糙会影响密封性能,但加工过于精细,会使附着在波峰上的油分子受压后被排开,从而破坏油膜,失去了润滑作用。因此,对于密封表面来说,其表面粗糙度参数值不能过低或过高。

(7) 影响零件的测量精度

零件被测表面和测量工具测量面的表面粗糙度都会直接影响测量的精度,尤其是在精密测量时。

在测量过程中往往会出现读数不稳定现象,这是由于被测表面存在微观不平度,当参数值较大时,测头会因落在波峰或波谷上而读数各不相同。所以被测表面和测量工具测量面的表面越粗糙，测量误差就越大。

此外，表面粗糙度对零件的镀涂层、导热性和接触电阻、反射能力和辐射性能、液体和气体流动的阻力、导体表面电流的流通等都会有不同程度的影响。

3.1.2　对机械设备功能的影响

（1）影响机械设备的动力损耗

如果相互接触且有相对运动的零件表面粗糙，机械设备在运转时为了克服运动件之间相互摩擦而会损耗动力。

（2）使机械设备产生振动和噪声

在机械设备中，如果所有的运动副表面加工精细、平整光滑，设备运转时，则运动件的运动会平稳，不会产生振动与噪声。反之，如果运动副的表面加工粗糙，运动件就会产生振动和噪声。这种现象在高速运转的发动机的曲轴和凸轮、齿轮以及滚动轴承上尤为显著。因此，提高对运动件表面粗糙度的要求，是提高机械设备运动平稳性、降低振动和噪声的一项有效措施。

3.2　表面粗糙度数值及其选用原则

GB/T 1031—2009《产品几何技术规范（GPS）表面结构　轮廓法　表面粗糙度参数及其数值》中规定了表面粗糙度的参数首先从高度参数 *Ra*、*Rz*㊀两项中选取，根据产品表面功能的要求，在高度参数不能满足的前提下，可用附加参数 *Rsm*㊁或 *Rmr*（*c*）。对于有表面粗糙度要求的表面，应同时给出两项要求——参数值和取样长度。附加参数一般不单独使用，常作为补充参数使用，与高度参数一起共同控制零件表面的微观不平程度。

3.2.1　参数值、取样长度值及两者之间的关系

（1）高度参数值

高度参数值包括：轮廓的算术平均偏差 *Ra* 和轮廓的最大高度 *Rz* 的数值，分别见表3.4-6和表3.4-7。

（2）附加参数值

附加参数值包括：轮廓单元的平均宽度 *Rsm* 和轮廓的支承长度率 *Rmr*（*c*）的数值，分别见表3.4-8和表3.4-9。

表3.4-6　轮廓的算术平均偏差 *Ra* 的数值（μm）

Ra	0.012 0.025 0.05 0.1	0.2 0.4 0.8 1.6	3.2 6.3 12.5 25	50 100

Rmr（*c*）是衡量零件表面耐磨性的参数，是控制表面微观不平度的高度和间距的综合参数，选用此参数时必须同时给出轮廓截面高度 *c* 值，它可用微米（μm）或 *Rz* 的百分数表示，如 *Rmr*（*c*）为70，*c* 为50，则表示在轮廓最大高度50%的截面位置上，其轮廓的支承长度率的最小允许值为70%。

表3.4-7　轮廓的最大高度 *Rz* 的数值（μm）

Rz	0.025 0.05 0.1 0.2	0.4 0.8 1.6 3.2	6.3 12.5 25 50	100 200 400 800	1600

表3.4-8　轮廓单元的平均宽度 *Rsm* 的数值（mm）

Rsm	0.006 0.0125 0.025 0.05	0.1 0.2 0.4 0.8	1.6 3.2 6.3 12.5

表3.4-9　轮廓的支承长度率 *Rmr*（*c*）的数值

Rmr(*c*)（%）	10	15	20	25	30	40	50	60	70	80	90

Rz 的百分数系列见表3.4-10。

表3.4-10　*Rz* 的百分数系列

c	*Rz* 的百分数系列											
	5	10	15	20	25	30	40	50	60	70	80	90

（3）取样长度及评定长度

取样长度系列见表3.4-11。

表3.4-11　取样长度系列　　（mm）

lr	0.08	0.25	0.8	2.5	8	25

一般情况下，在测量 *Ra*、*Rz* 时推荐按表3.4-12和表3.4-13选用对应的取样长度 *lr*，此时取样长度的标注在图样上或技术文件中可省略。当有特殊要求时应给出相应的取样长度，并在图样上或技术文件中注出。

表3.4-12　*Ra* 与取样长度的对应关系

Ra/μm	*lr*/mm	*ln*(*ln*＝5*l*)/mm
≥0.008～0.02	0.08	0.4
>0.02～0.1	0.25	1.25
>0.1～2.0	0.8	4.0
>2.0～10.0	2.5	12.5
>10.0～80.0	8.0	40.0

表3.4-13　*Rz* 与取样长度的对应关系

Rz/μm	*lr*/mm	*ln*(*ln*＝5*lr*)/mm
≥0.025～0.10	0.08	0.4
>0.10～0.50	0.25	1.25
>0.50～10.0	0.8	4.0
>10.0～50.0	2.5	12.5
>50～320	8.0	40.0

㊀ 原标准GB/T 1031—1995中高度参数为 *Ra*、*Rz*、*Ry* 三项，新标准中为了与GB/T 3505—2009标准取得一致，将三项高度参数改为 *Ra*、*Rz* 两项。要注意的是新标准中的 *Rz* 为原标准中的 *Ry*。原标准中的 *Rz*，其术语及定义已取消，即取消了“微观不平度十点高度”这一参数定义。

㊁ 原标准GB/T 1031—1995中间矩参数为 *S*，*Sm* 两项。新标准中仅采用了轮廓单元宽度 *Xs* 的平均值（原 *Sm*），命名为 *Rsm*，取消了原单峰平均间距 *S*。

对于微观不平度间距较大的端铣、滚铣及其他大进给量的加工表面，应按标准中规定的取样长度系列选取较大的取样长度值。

由于加工表面的不均匀性，在评定表面粗糙度时其评定长度应根据不同的加工方法和相应的取样长度并考虑加工表面的均匀状况来确定。如被测表面均匀性较好，测量时可选用小于 $5lr$ 的评定长度，均匀性较差的表面可选用大于 $5lr$ 的评定长度。

3.2.2　参数及参数值的选用原则

（1）参数的选择原则

1）在 *Ra*、*Rz* 两个高度参数中，由于 *Ra* 既能反映加工表面的微观几何形状特征又能反映凸峰高度，且在测量时便于进行数值处理，因此被推荐优先选用 *Ra* 来评定轮廓表面。

参数 *Rz* 只能反映表面轮廓的最大高度，不能反映轮廓的微观几何形状特征，但它可控制表面不平度的极限情况，因此常用于某些零件不允许出现较深的加工痕迹及小零件的表面，其测量、计算也较方便。常用于在 *Ra* 评定的同时控制 *Rz*，也可单独使用。

2）在 *Rsm*、*Rmr*（*c*）两个参数中，*Rsm* 是反映轮廓间距特性的评定参数；*Rmr*(*c*) 是反映轮廓微观不平度形状特性的综合评定参数。在大多数情况下，首先采用 *Ra*、*Rz* 反映高度特性的参数，只有在选用高度参数还不能满足零件表面功能要求时，即还需要控制其间距或综合情况时，才选用 *Rsm* 或 *Rmr*(*c*) 其中的一个参数。例如，必须控制零件表面加工痕迹的疏密度时，应增加选用 *Rsm* 当零件要求具有良好的耐磨性能时，则应增加选用 *Rmr*(*c*) 参数。需要指出的是参数 *Rmr*(*c*) 是一个在高度和间距方面全面反映零件微观几何形状的参数，一些先进工业国家常以 *Rmr*(*c*)这一综合性参数来观察零件的微观几何形状。

（2）参数值的选择原则

参数值的选用应根据零件功能要求来确定，在满足零件的工作性能和使用寿命的前提下，应尽可能选择要求较低的表面粗糙度。由于零件的材料和功能要求不同，每个零件的表面都有一个合理的参数值范围。一般来讲，高于或低于合理值都会影响零件的性能和使用寿命。

在选用表面粗糙度参数值时，还应考虑下列各种因素：

1）同一零件上工作面的表面粗糙度参数值应小于非工作面的参数值。

2）工作过程中摩擦表面粗糙度参数值应小于非摩擦表面参数值；滚动摩擦表面的表面粗糙度参数值应小于滑动摩擦表面参数值。

3）运动精度要求高的表面，应选取较小的表面粗糙度参数值。

4）接触刚度要求较高的表面，应选取较小的表面粗糙度参数值。

5）承受交变载荷的零件，在易引起应力集中的部位，表面粗糙度参数值要求较小。

6）表面承受腐蚀的零件，应选取较小的表面粗糙度参数值。

7）配合性质和公差相同的零件、基本尺寸较小的零件，应选取较小的表面粗糙度参数值。

8）要求配合稳定可靠的零件表面，其表面粗糙度参数值应选取较小的值。

9）在间隙配合中，间隙要求越小，表面粗糙度参数值也应相应的小；在条件相同时，间隙配合表面的粗糙度参数值应比过盈配合表面小；在过盈配合中，为了保证连接强度，应选取较小的表面粗糙度参数值。

10）操作手柄、食品用具及卫生设备等特殊用途的零件表面，因与其尺寸大小和公差等级无关，一般应选取较小的表面粗糙度参数值，以保证外观光滑、亮洁。

3.2.3　实际加工中有关参数的经验图表

对零件表面粗糙度的要求，除考虑其功能要求外，还应进一步掌握加工中的内在规律及各参数的特征，以便准确合理地规定其参数及参数值。现提供一些在生产实际中的经验图表，供选择参数及参数值时参考。

（1）加工时间对参数值的影响

英国标准中提供了几种常用切削加工方法所得的 *Ra* 值和所需的生产工时之间的关系（图 3.4-3）。从曲线可以看出，加工时间越长，其表面得到的 *Ra* 值越小，表面的状况也越好。

按图中平面磨加工可以看出：表面参数值 $Ra=20\mu m$ 时，加工时间为 1min；$Ra=6.3\mu m$ 时，加工时间为 1.1min；$Ra=1.3\mu m$ 时，加工时间为 2.5min；当 $Ra=0.16\mu m$ 时，则加工时间需长达 16min。因此，当给出表面粗糙度参数值时，应同时考虑加工的经济性，即在不降低零件使用性能的前提下，尽量选用较大的表面粗糙度数值。

（2）*Ra* 值相同的表面微观几何形状差异很大

由于 *Ra* 值是由表面不平状况的所有各点参与计算并取绝对值的算术平均值，因此相同的 *Ra* 值，其实际表面的微观几何特性会有很大差异。图 3.4-4 说明三个表面的 *Ra* 值相同，但 *Rz* 值相差甚大，必要时应对图 3.4-4c 中给出的 *Rz* 值加以限制。

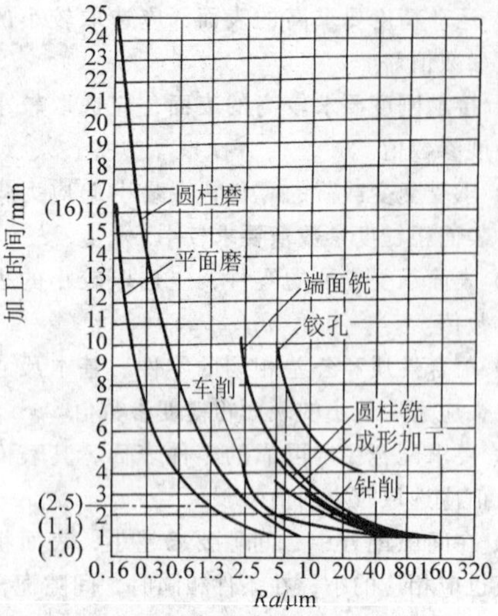

图3.4-3　生产工时与 Ra 的关系

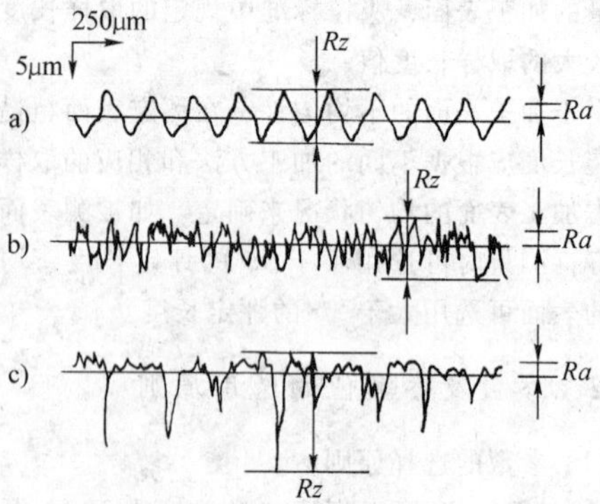

图　3.4-4

3.2.4　参数值应用举例（供参考）

1）表面粗糙度参数值 Ra 的应用范围见表3.4-14。

2）典型零件表面的 Ra 和 Rmr(c) 值见表3.4-15。

3）常用零件表面的表面粗糙度参数值见表3.4-16。

4）各种加工方法所能达到的 Ra 值见表3.4-17。

表3.4-14　Ra 的应用范围

Ra/μm	适应的零件表面
12.5	粗加工非配合表面，包括轴端面、倒角、钻孔、链槽非工作表面、垫圈接触面、不重要的安装支承面、螺钉、铆钉孔表面等
6.3	半精加工表面，用于不重要的零件的非配合表面，包括支柱、轴、支架、外壳、衬套、盖等的端面；螺钉、螺栓和螺母的自由表面；不要求定心和配合特性的表面，如螺栓孔、螺钉通孔、铆钉孔等；飞轮、带轮、离合器、联轴器、凸轮、偏心轮的侧面；平键及键槽上、下面，花键非定心表面，齿顶圆表面；所有轴和孔的退刀槽；不重要的连接配合表面；犁铧、犁侧板、深耕铲等零件的摩擦工作面；插秧爪面等
3.2	半精加工表面包括，外壳、箱体、盖、套筒、支架等和其他零件连接而不形成配合的表面；不重要的紧固螺纹表面；非传动用梯形螺纹、锯齿形螺纹表面；燕尾槽表面；键和键槽的工作面；需要发蓝的表面；需滚花的预加工表面；低速滑动轴承和轴的摩擦面；张紧链轮、导向滚轮与轴的配合表面；滑块及导向面（速度20～50m/min）；收割机械切割器的摩擦器动刀片、压力片的摩擦面；脱粒机格板工作表面等
1.6	要求有定心及配合特性的固定支承、衬套、轴承和定位销的压入孔表面；不要求定心及配合特性的活动支承面，活动关节及花键结合面；8级齿轮的齿面，齿条齿面；传动螺纹工作面；低速传动的轴颈；楔形键及键槽上、下面；轴承盖凸肩（对中心用），V带轮槽表面，电镀前金属表面等
0.8	要求保证定心及配合特性的表面，锥销和圆柱销表面；与P0和P6级滚动轴承相配合的孔和轴颈表面；中速转动的轴颈，过盈配合的孔（IT7），间隙配合的孔（IT8），花键轴定心表面，滑动导轨面 不要求保证定心及配合特性的活动支承面；高精度的活动球状接头表面、支承垫圈、榨油机螺旋榨辊表面等
0.2	要求能长期保持配合特性的孔（IT6、IT5），6级精度齿轮齿面，蜗杆齿面（6～7级），与P5级滚动轴承配合的孔和轴颈表面；要求保证定心及配合特性的表面；滑动轴承轴瓦工作表面；分度盘表面；工作时受交变应力的重要零件表面；受力螺栓的圆柱表面，曲轴和凸轮轴工作表面、发动机气门圆锥面，与橡胶油封相配合的轴表面等

（续）

Ra/μm	适应的零件表面
0.1	工作时受较大交变应力的重要零件表面，保证疲劳强度、耐腐蚀性及在活动接头工作中要求耐久性的一些表面；精密机床主轴箱与套筒配合的孔；活塞销的表面；液压传动用孔的表面，阀的工作表面，气缸内表面，保证精确定心的锥体表面；仪器中承受摩擦的表面，如导轨、槽面等
0.05	滚动轴承套圈滚道、滚动体表面，摩擦离合器的摩擦表面，工作量规的测量表面，精密刻度盘表面，精密机床主轴套筒外圆面等
0.025	特别精密的滚动轴承套圈滚道、滚动体表面；量仪中较高精度间隙配合零件的工作表面；柴油机高压泵中柱塞副的配合表面；保证高度气密的接合表面等
0.012	仪器的测量面；量仪中高精度间隙配合零件的工作表面；尺寸超过100mm量块的工作表面等

注：1. 上表中只列举了 *Ra* 参数值所适应的零件表面的示例，如由于客观条件的限制或某些特殊的要求，只能测出 *Rz* 参数值时，可根据 *Ra* 和 *Rz* 之间的大致对应比值关系，换算出 *Rz* 的参数值。

2. 对应关系比值为 $Rz=(4\sim15)Ra$（由于较大轮廓出现的随机性较大，因此其发散范围也较大，一般处于中间部位）。

表 3.4-15　典型零件表面的 *Ra* 和 *Rmr*(*c*) 值

要求的表面	Ra/μm	Rmr(c)（%）（c=20%）	lr/mm	要求的表面		Ra/μm	Rmr(c)（%）（c=20%）	lr/mm
和滑动轴承配合的支承轴颈①	0.32	30	0.8	蜗杆齿侧面		0.32	—	0.25
				铸铁箱体上主要孔		1.0～2.0	—	0.8
和青铜轴瓦配合的支承轴颈	0.40	15	0.8	钢箱体上主要孔		0.63～1.6	—	0.8
和巴比特合金轴瓦配合的支承轴颈	0.25	20	0.25	箱体和盖的结合面		—	—	2.5
				机床滑动导轨	普通	0.63	—	0.8
和铸铁轴瓦配合的支承轴颈	0.32	40	0.8		高精度	0.10	15	0.25
和石墨片轴瓦 АИС-1 配合的支承轴颈	0.32	40	0.8		重型	1.6	—	0.25
				滚动导轨		0.16	—	0.25
和滚动轴承配合的支承轴颈	0.80	—	0.8	缸体工作面		0.40	40	0.8
钢球和滚柱轴承的工作面	0.80	15	0.25	活塞环工作面		0.25	—	0.25
保证选择器或排挡转移情况的表面	0.25	15	0.25	曲轴轴颈		0.32	30	0.8
				曲轴连杆轴颈		0.25	20	0.25
和齿轮孔配合的轴颈	1.6	—	0.8	活塞侧缘		0.80	—	0.8
按疲劳强度工作的轴	—	60	0.8	活塞上活塞销孔		0.50	—	0.8
喷镀过的滑动摩擦面	0.08	10	0.25	活塞销		0.25	15	0.25
准备喷镀的表面	—	—	0.8	分配轴轴颈和凸轮部分		0.32	30	0.8
电化学镀层前的表面	0.2～0.8	—	—	油针偶件		0.08	15	0.25
齿轮配合孔	0.5～2.0	—	0.8	摇杆小轴孔和轴颈		0.63	—	0.8
齿轮齿面	0.63～1.25	—	0.8	腐蚀性的表面②		0.063	10	0.25

① $Rz=1\mu m$。

② $Rmr(c)=0.032mm$。

表 3.4-16　常用零件表面的表面粗糙度参数值

配合表面 公差等级	表面	基本尺寸/mm ≤50	基本尺寸/mm 50～500
IT5	轴	0.2	0.4
IT5	孔	0.4	0.8
IT6	轴	0.4	0.8
IT6	孔	0.4～0.8	0.8～1.6
IT7	轴	0.4～0.8	0.8～1.6
IT7	孔	0.8	
IT8	轴	0.8	
IT8	孔	0.8～1.6	

过盈配合	公差等级	表面	基本尺寸/mm ≤50	50～120	120～500
压入装配	IT5	轴	0.1～0.2	0.4	0.4
压入装配	IT5	孔	0.2～0.4	0.8	0.8
压入装配	IT6～IT7	轴	0.4	0.8	1.6
压入装配	IT6～IT7	孔	0.8	1.6	1.6
压入装配	IT8	轴	0.8	0.8～1.6	1.6～3.2
压入装配	IT8	孔			
热装	—	轴	1.6		
热装	—	孔	1.6～3.2		

分组装配的零件表面	分组公差/μm <2.5	2.5	5	10	20
轴	0.05	0.1	0.2	0.4	0.8
孔	0.1	0.2	0.4	0.8	1.6

定心精度高的配合表面	径向圆跳动公差/μm 2.5	4	6	10	16	20
轴	0.05	0.1	0.1	0.2	0.4	0.8
孔	0.1	0.2	0.2	0.4	0.8	1.6

滑动轴承表面	公差等级 IT6～IT9	公差等级 IT10～IT12	流体润滑
轴	0.4～0.8	0.8～3.2	0.1～0.4
孔	0.8～1.6	1.6～3.2	0.2～0.8

导轨面 性质	速度/m·s^{-1}	平面度公差/(μm/100mm范围内) ≤6	10	20	60	>60
滑动	≤0.5	0.2	0.4	0.8	1.6	3.2
滑动	>0.5	0.1	0.2	0.4	0.8	1.6
滚动	≤0.5	0.1	0.2	0.4	0.8	1.6
滚动	>0.5	0.05	0.1	0.2	0.4	0.8

圆锥结合工作表面	密封结合	对中结合	其他
	0.1～0.4	0.4～1.6	1.6～6.3

键结合 结构名称		键	轴上键槽	毂上键槽
不动结合	工作面	3.2	1.6～3.2	1.6～3.2
不动结合	非工作面	6.3～12.5	6.3～12.5	6.3～12.5
用导向键	工作面	1.6～3.2	1.6～3.2	1.6～3.2
用导向键	非工作面	6.3～12.5	6.3～12.5	6.3～12.5

渐开线花键结合 结构名称	孔槽	轴齿	定心面 孔	定心面 轴	非定心面 孔	非定心面 轴
不动结合	1.6～3.2	1.6～3.2	0.8～1.6	0.4～0.8	3.2～6.3	1.6～6.3
动结合	0.8～1.6	0.4～0.8	0.8～1.6	0.4～0.8	3.2	1.6～6.3

（续）

螺纹结合	精度等级	IT4、IT5	IT6、IT7	IT8、IT9
	紧固螺纹	1.6	3.2	3.2 ~ 6.3
	在轴上、杆上和套上螺纹	0.8 ~ 1.6	1.6	3.2
	丝杠和起重螺纹	—	0.4	0.8
	丝杠螺母和起重螺母	—	0.8	1.6

齿轮传动	精度等级	IT3	IT4	IT5	IT6	IT7	IT8	IT9	IT10	IT11
	直齿、斜齿、人字齿轮、蜗轮（圆柱）	0.1 ~ 0.2	0.2 ~ 0.4	0.2 ~ 0.4	0.4 ~ 0.8	0.4 ~ 0.8	1.6	3.2	6.3	6.3
	圆锥齿轮	—	—	0.2 ~ 0.4	0.4 ~ 0.8	0.4 ~ 0.8	0.8 ~ 1.6	1.6 ~ 3.2	3.2 ~ 6.3	6.3
	蜗杆牙型面	0.1	0.2	0.2	0.4	0.4 ~ 0.8	0.8 ~ 1.6	1.6 ~ 3.2		
	根圆	和工作面同或接近的更粗的优先数								
	顶圆	3.2 ~ 12.5								

链　轮	应用精度	普通	提高
	工作表面	3.2 ~ 6.3	1.6 ~ 3.2
	根圆	6.3	3.2
	顶圆	3.2 ~ 12.5	3.2 ~ 12.5

分度机构表面（如分度板、插销）	定　位　精　度　/μm					
	≤4	6	10	25	63	>63
	0.1	0.2	0.4	0.8	1.6	3

齿轮、链轮和蜗轮的非工作端面			3.2 ~ 12.5
孔和轴的非工作表面			6.3 ~ 12.5
倒角、倒圆、退刀槽等			3.2 ~ 12.5
螺栓、螺钉等用的通孔			25
精制螺栓和螺母			3.2 ~ 12.5
半精制螺栓和螺母			25
螺钉头表面			3.2 ~ 12.5
压簧支承表面			12.5 ~ 25
准备焊接的倒棱			50 ~ 100
床身、箱体上的槽和凸起			12.5 ~ 25
在水泥、砖或木质基础上的表面			100 或更大
对疲劳强度有影响的非结合表面			0.2 ~ 0.4 抛光
影响蒸汽和气流的表面	特别精密		0.2 抛光
	一般		0.8 ~ 1.6
影响零件平衡的表面	直径	≤180mm	1.6 ~ 3.2
		180 ~ 500mm	6.3
		>500mm	15.2 ~ 52

表 3.4-17　各种加工方法能达到的 *Ra* 值

加工方法	表面粗糙度 Ra/μm													
	0.012	0.025	0.05	0.100	0.20	0.40	0.80	1.60	3.20	6.30	12.5	25	50	100
砂模铸造										—	—	—	—	—
壳型铸造										—	—	—	—	—
金属模铸造								—	—	—	—	—	—	

（续）

加工方法		表面粗糙度 Ra/μm													
		0.012	0.025	0.05	0.100	0.20	0.40	0.80	1.60	3.20	6.30	12.5	25	50	100
离心铸造									—	—	—	—	—		
精密铸造								—	—	—	—	—			
蜡模铸造							—	—	—	—	—	—			
压力铸造							—	—	—	—	—				
热　轧											—	—	—	—	—
模　锻									—	—	—	—	—	—	—
冷　轧						—	—	—	—	—	—	—			
挤　压							—	—	—	—	—	—			
冷　拉						—	—	—	—	—	—				
锉							—	—	—	—	—	—	—		
铲　刮							—	—	—	—	—	—			
刨削	粗										—	—	—		
	半精								—	—	—				
	精						—	—	—						
插　削									—	—	—	—	—		
钻　孔								—	—	—	—	—	—		
扩孔	粗										—	—	—		
	精								—	—	—				
金刚镗孔				—	—	—	—								
镗孔	粗										—	—	—	—	
	半精							—	—	—	—				
	精						—	—	—						
铰孔	粗								—	—	—	—			
	半精						—	—	—	—					
	精				—	—	—	—	—						
端面铣	粗									—	—	—			
	半精						—	—	—	—	—				
	精					—	—	—	—						
车外圆	粗										—	—	—		
	半精								—	—	—	—			
	精					—	—	—	—						
金冈车			—	—	—	—									
车端面	粗										—	—	—		
	半精								—	—	—	—			
	精						—	—	—						
磨外圆	粗							—	—	—	—				
	半精					—	—	—	—						
	精		—	—	—	—	—	—							
磨平面	粗								—	—					
	半精						—	—	—						
	精		—	—	—	—	—								
珩磨	平面		—	—	—	—	—	—	—						
	圆柱	—	—	—	—	—	—								
研磨	粗					—	—	—	—						
	半精			—	—	—	—								
	精	—	—	—	—										
抛光	一般				—	—	—	—	—						
	精	—	—	—	—										

（续）

加工方法		表面粗糙度 Ra/μm													
		0.012	0.025	0.05	0.100	0.20	0.40	0.80	1.60	3.20	6.30	12.5	25	50	100
滚压抛光				—	—	—	—	—	—	—					
超精加工	平面	—	—	—	—	—	—								
	柱面	—	—	—	—	—	—								
化学蚀割								—	—	—	—	—	—		
电火花加工								—	—	—	—	—	—		
切割	气割										—	—	—	—	—
	锯										—	—	—	—	—
	车									—	—	—	—		
	铣											—	—	—	
	磨								—	—	—				
锯加工								—	—	—	—	—	—	—	
成形加工							—	—	—	—	—	—	—		
拉削	半精						—	—	—	—	—				
	精				—	—	—								
滚铣	粗									—	—	—			
	半精							—	—	—	—				
	精						—	—	—						
螺纹加工	丝锥板牙							—	—	—	—	—			
	梳洗							—	—	—	—				
	滚					—	—	—							
	车							—	—	—	—	—			
	搓螺纹							—	—	—	—				
	滚压						—	—	—	—					
	磨					—	—	—	—						
	研磨			—	—	—	—	—							
齿轮及花键加工	刨							—	—	—	—	—			
	滚							—	—	—	—	—			
	插							—	—	—	—	—			
	磨				—	—	—	—							
	剃					—	—	—	—						
电光束加工						—	—	—	—	—	—				
激光加工						—	—	—	—	—	—				
电化学加工				—	—	—	—	—	—	—	—	—			

3.3 木制件表面粗糙度及其数值*

由于木制件的表面功能、加工方法以及评定方法不同于金属和非金属表面，GB/T 12472—2003《产品几何量技术规范(GPS) 表面结构 轮廓法 木制件表面粗糙度参数及其数值》中规定了对木制件表面粗糙度的评定方法、参数和数值。该标准适用于木制件未经涂饰处理表面的粗糙度评定，也适用于采用单板、复面板木质基材、胶合板、木质刨花板、木质层压板、中密度纤维板等制成的制件未经涂饰处理表面的粗糙度评定。

3.3.1 评定参数及其数值

木制件的有关表面粗糙度的术语及定义与国标GB/T3505—2000《产品几何技术规范（GPS）表面结构 轮廓法 术语定义及表面结构参数》完全一致。为适用于评定有较粗孔材的表面粗糙度，在该标准的附录中增加了参数 *Rpv*。

（1）高度参数及其数值

评定木制件表面粗糙度的高度参数可由轮廓算术平均偏差 *Ra* 和轮廓最大高度 *Rz* 两项中选取。其参数值见表3.4-18。

表 3.4-18　高度参数 *Ra*、*Rz*[⊖]数值

(μm)

Ra	0.8	1.6	3.2	6.3	12.5	25	50	100
Rz	3.2	6.3	12.5	25	50	100	200	400

(2) 附加的评定参数

根据表面功能的需要，除高度参数（*Ra*、*Rz*[⊖]）外，可用轮廓微观不平度的平均间距 *Rsm* 作为附加的评定参数。其数值见表 3.4-19。

表 3.4-19　附加评定参数 *Rsm* (mm)

Rsm	0.4	0.8	1.6	3.2	6.3	12.5

(3) 取样长度的数值（见表 3.4-20）和选用

表 3.4-20　取样长度数值　(mm)

lr	0.8	25	8	25

在测量 *Ra* 和 *Rz*[⊖]时，可按表 3.4-21 选用对应的取样长度，此时，在图样上的表面粗糙度代号或技术文件中无须注出。如有特殊要求时，应给出相应的取样长度，并在图样上注出其数值。

表 3.4-21　*lr* 的选用

Ra/μm	*Rz*/μm	*lr*/mm
0.8、1.6、3.2	3.2、6.3、12.5	0.8
6.3、12.5	25、50	2.5
25、50	100、200	8
100	400	25

(4) 单个微观不平度高度和在测量长度上的平均值（*Rpv*）

为了减小木材导管被剖切形成构造不平度对测量结果的影响，标准中增加了参数 *Rpv*，见图 3.4-5，即在给定测量长度（*L*）内各单个微观不平度的高度（h_1）之和除以该测量长度，以单位 μm/mm 表示，计算公式为

$$Rpv = \frac{\sum_{i=1}^{n} h_i}{L}$$

测量长度规定为 20～200mm，一般情况下选用 200mm。若被测表面幅面较小或微观不平度均匀性较好时，可选用 20mm。

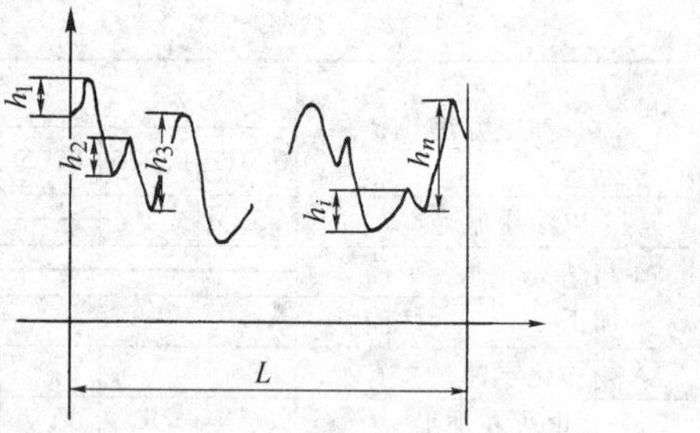

图 3.4-5　参数 *Rpv* 图解

单个微观不平度高度和在测量长度上的平均值 *Rpv* 的数值见表 3.4-22。

表　3.4-22　(μm/mm)

Rpv	6.3	12.5	25	50	100

3.3.2　选用木制件表面粗糙度的一般规则

在选用和标注木制件表面粗糙度时应遵循下列规则：

1) 必须给出高度参数的数值和测定时的取样长度，必要时也可规定构造纹理、加工工艺等附加要求。

2) 标注方法应符合 GB/T131—2006《产品几何技术规范（GPS）技术产品文件中表面结构的表示法》的有关规定。

3) 表面粗糙度各参数的数值是指在垂直于基准面的各截面上获得的。给定的表面如截面方向与加工产生的微观不平度高度参数（*Ra*，*Rz*[⊖]）最大值的方向一致时，可不规定其测量截面的方向，否则应在图样上标出。

4) 用 *Ra*、*Rz*[⊖] 参数评定木制件表面粗糙度时，一般应避开剖切导管较集中的局部表面。若无法避开，则应在评定时除去剖切导管形成的轮廓凹坑。

5) 对木制件表面粗糙度的要求不适用于表面缺陷。在评定时不应把表面缺陷（如裂纹、节子、纤维撕裂、表面碰伤、木刺等）包含在内，必要时可单独规定对表面缺陷的限制。

在标准附录中给出了不同加工方法对不同材质所能达到的参数值范围，见表 3.4-23。

表 3.4-23　不同加工方法能达到的参数值

加工方法	表面树种	参数值范围		
		Ra/μm	微观不平度十点高度 *Rz*[①]/μm	*Rpv*/μm·mm^{-1}
手光刨	水曲柳	12.5～25	50～200	12.5～25
	柞木	3.2～25	25～200	12.5～25
	樟子松	3.2～25	25～100	6.3～25
	落叶松	6.3～25	25～100	12.5～50

⊖　此处的 *Rz* 为“微观不平度十点高度”，与 GB/T 3505 中的 *Rz* 含义不同，下同。

（续）

加工方法	表面树种	参数值范围		
		Ra/μm	微观不平度十点高度 Rz①/μm	Rpv/μm·mm^{-1}
手光刨	柳桉	6.3~50	25~200	12.5~25
	美松	3.2~12.5	25~50	6.3~25
	红杉	3.2~25	25~100	12.5~25
	红松	3.2~12.5	25~50	12.5~25
	色木	3.2~12.5	25~50	6.3~25
砂光	柞木	6.3~25	25~200	25~100
	水曲柳	6.3~50	25~200	25~100
	刨花板	6.3~50	50~200	12.5~50
	人造柚木	3.2~25	12.5~200	25~100
	柳桉	6.3~50	50~200	25~100
	红松	3.2~12.5	25~100	12.5~50
机光刨	柞木	6.3~25	25~100	12.5~25
	红松	6.3~25	50~100	12.5~25
	樟子松	6.3~25	25~100	12.5~25
	落叶松	6.3~25	25~100	12.5~25
	红杉	6.3~25	25~100	12.5~50
	美松	6.3~25	25~100	12.5~50
车削	红松	3.2~25	25~100	—
	落叶松	3.2~12.5	25~100	—
	樟子松	3.2~25	25~100	—
	红杉	12.5~25	50~100	—
	美松	3.2~25	50~100	—
纵铣	樟子松	3.2~12.5	25~100	12.5~25
	美松	3.2~12.5	25~100	12.5~25
	红松	6.3~12.5	25~100	12.5~25
	落叶松	3.2~25	25~100	12.5~25
	红杉	3.2~12.5	25~100	12.5~50
平刨	水曲柳	6.3~50	50~200	12.5~25
	柞木	6.3~50	50~200	12.5~50
	麻栎	3.2~25	25~200	12.5~50
	桦木层压板	3.2~12.5	12.5~50	12.5~25
	柳桉	6.3~50	50~200	12.5~50
	樟子松	3.2~25	25~100	12.5~25
	红松	3.2~25	25~100	12.5~25
	美松	3.2~12.5	25~100	12.5~25
	枫杨	6.3~25	25~100	12.5~50
	落叶松	3.2~25	25~100	12.5~25
	红杉	6.3~50	50~100	12.5~25
	栲木	6.3~25	50~200	12.5~25
压刨	水曲柳	3.2~50	25~200	12.5~50
	柞木	6.3~25	25~200	12.5~50
	麻栎	3.2~50	25~100	12.5~50
	桦木层压板	3.2~25	25~100	12.5~25
	柳桉	3.2~50	50~200	12.5~50
	美松	6.3~50	25~100	12.5~25
	樟子松	6.3~25	25~100	12.5~25
	红杉	3.2~12.5	25~100	12.5~25
	美松	3.2~12.5	25~100	12.5~25

（续）

加工方法	表面树种	参数值范围		
		Ra/μm	微观不平度十点高度 Rz①/μm	Rpv/μm·mm^{-1}
压刨	落叶松	3.2～25	25～100	12.5～25
	柞木	6.3～25	25～100	12.5～25

注：除砂光、机光刨光及手光刨的测量方向垂直于木材构造纹理外，其他加工方法的测量方向均平行于木材构造纹理方向。

① 此处的 Rz 为微观不平度十点高度，GB/T 3505—2009 中已将其取消，为读者参考使用，此表中仍保留。需注意的是此处的 Rz 与 GB/T 3505—2009 中的 Rz 含义不同。

4　表面波纹度

表面波纹度是间距大于表面粗糙度小于表面形状误差的随机或接近周期形式的成分构成的表面几何不平度，是零件表面在机械加工过程中，由于机床与工具系统的振动或一些意外因素所形成的表面纹理变化。

表面波纹度直接影响零件表面的机械性能，如零件的接触刚度、疲劳强度、结合强度、耐磨性、抗振性和密封性等，它与表面粗糙度一样也是影响产品质量的一项重要指标，与表面粗糙度、形状误差一起形成零件的表面特征。

GB/T16747—2009《产品几何技术规范（GPS）表面结构　轮廓法　表面波纹度词汇》规定了表面波纹度的表面、轮廓和参数的术语及定义。

为使读者较全面了解和选用表面波纹度，本节除介绍 GB/T16747 外还介绍国家标准和国际标准尚未规定的参数值，以及不同加工方法可能达到的表面波纹度波幅值范围，供读者参考。

4.1　表面波纹度术语及定义

4.1.1　表面、轮廓及基准的术语及定义（表 3.4-24）

表 3.4-24　表面、轮廓及基准的术语及定义

序号	术语	定义或解释	图例
1	表面波纹度	由间距比表面粗糙度大得多的随机或接近周期形式的成分构成的表面不平度（见图） 通常包含了工件表面加工时由意外因素引起的不平度，例如由一个工件或某一刀具的失控运动所引起。波纹度通频带的极限为高斯滤波器的长波段截止波长和短波段截止波长之比，$\lambda f : \lambda c$ 为 10:1，否则需另加规定	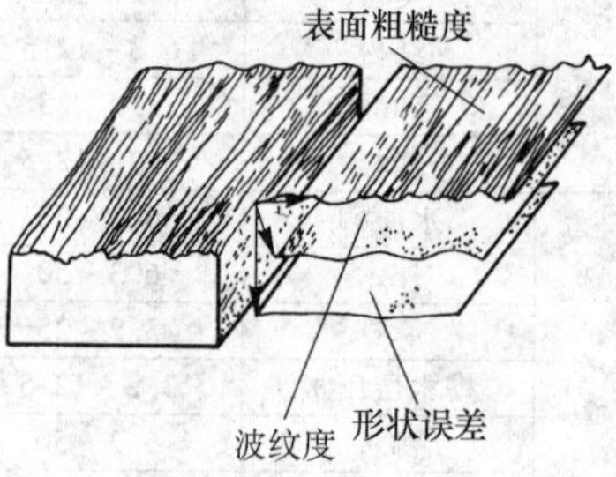
2	实际表面	物体与周围介质分离的表面，实际表面是由表面粗糙度、波纹度和形状误差叠加而成	
3	表面轮廓（实际轮廓）	由一个指定平面与实际表面相交所得的轮廓。它由粗糙度轮廓、波纹度轮廓和形状轮廓构成	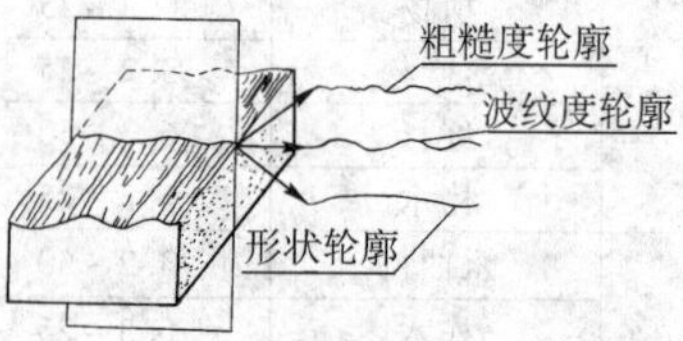
4	波纹度轮廓	是一个实际表面的轮廓的组成部分，是不平度的间距比粗糙度大得多的那部分。实际上，该轮廓部分是用波纹度求值系统（滤波器）从实际表面的轮廓中分离而得出	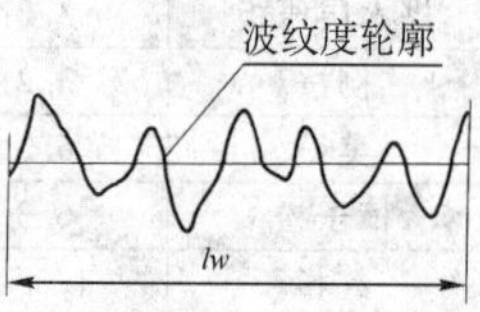

（续）

序号	术语	定义或解释	图　例
5	波纹度轮廓峰	表面波纹度轮廓与波纹度中线相交，相邻两点之间的向外（从工件材料到周围介质）的轮廓部分 注：在波纹度取样长度内，即使是始端或终端，若有向外的轮廓部分，也应视作波纹度轮廓峰。当计算波纹度的连续几个取样长度上的峰数时，对每个取样长度的始端或终端的波纹度轮廓峰，只应计入一次始端的波纹度轮廓峰	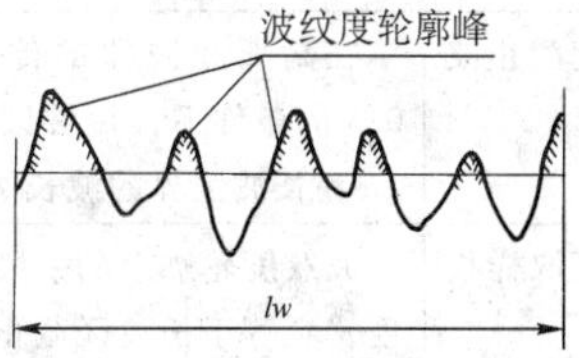
6	波纹度轮廓谷	表面波纹度轮廓与波纹度中线相交，相邻两交点之间的向内（从周围介质到材料）的轮廓部分 注：在波纹度取样长度的始端或终端，若有向内的轮廓部分，也应视作轮廓谷。当计算波纹度的连续几个取样长度上的谷数时，对每个取样长度的始端或终端的波纹度轮廓谷，只计入一次始端的波纹度轮廓谷	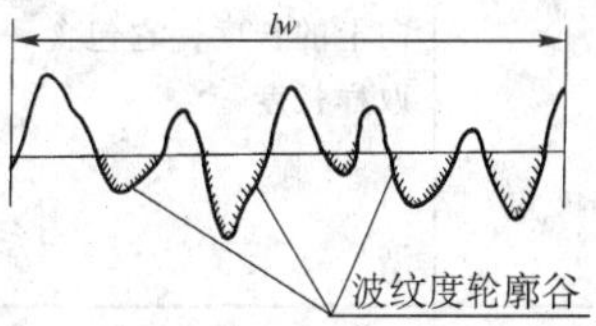
7	波纹度轮廓峰顶线	在波纹度取样长度内，与中线等距并通过波纹度轮廓最高点的线	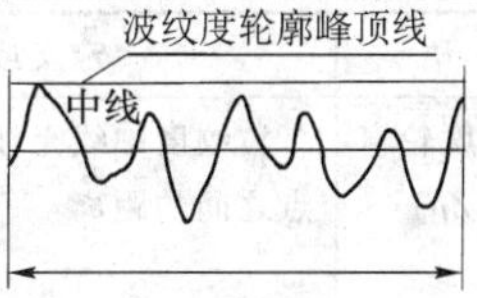
8	波纹度轮廓谷底线	在波纹度取样长度内，与中线等距并通过波纹度轮廓最低点的线	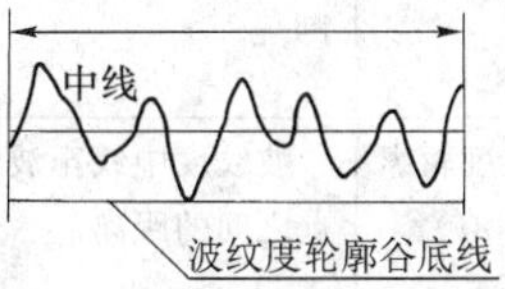
9	波纹度轮廓偏距［$Z(x)$］	波纹度轮廓上的点与波纹度中线之间的距离	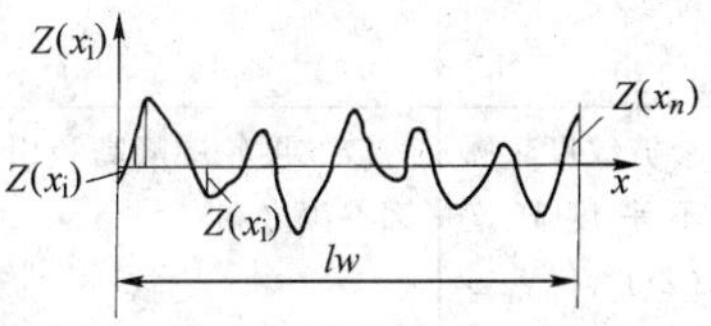
10	分离实际表面轮廓成分的求值系统（滤波器）	通过预定的信息转换，对实际表面的轮廓的成分进行分离的一种处理过程，如图示。实际上，该过程可用不同的方式实现。对各种不同方式分离出的轮廓成分，应说明其方法离差。若总体轮廓含有公认的公称形状，就需用一个附加的预处理过程来消除该轮廓的形状部分	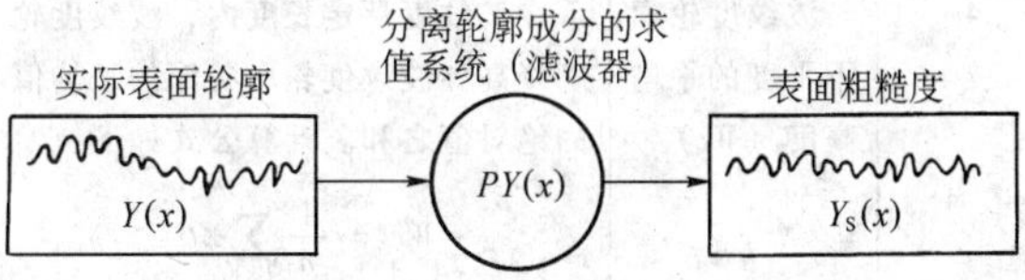

（续）

序号	术语	定义或解释	图　例
11	标准的波纹度求值系统	具有符合标准规定特性的求值系统（滤波器）。该求值系统一般被认为是理想的	
12	波纹度截止波长	在高斯滤波器的传输系数为0.5的条件下，短波区界的波长 λc 和长波区界的波长 λf	
13	波纹度取样长度 Lw	波纹度轮廓上的一段基准线长度，它等于长波区截止波长 λf，在这段长度上确定波纹度参数	
14	波纹度评定长度 ln	用于评定波纹度参数值的一段长度，它可包含一个或几个取样长度	
15	波纹度轮廓中线	用于评定波纹度轮廓的 x 轴方向上的长度，它包含一个或几个取样长度	

4.1.2　参数的术语及定义（见表3.4-25）

表3.4-25　波纹度参数的术语及定义

序号	术　语	定义或解释	图　例
1	波纹度轮廓峰高（Zp）	波纹度中线至波纹度轮廓峰最高点之间的距离	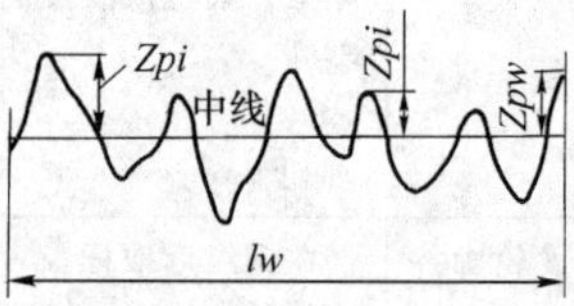
2	波纹度轮廓谷深（Zv）	波纹度中线至波纹度轮廓谷最低点之间的距离	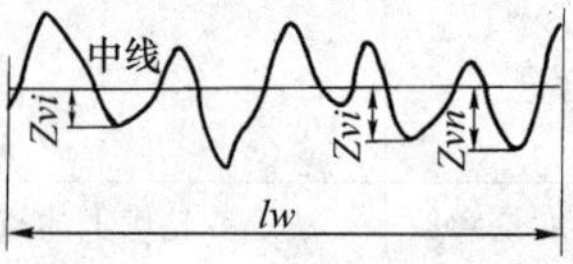
3	波纹度轮廓不平度高度（Zt）	波纹度轮廓峰高和相邻波纹度轮廓谷深之和	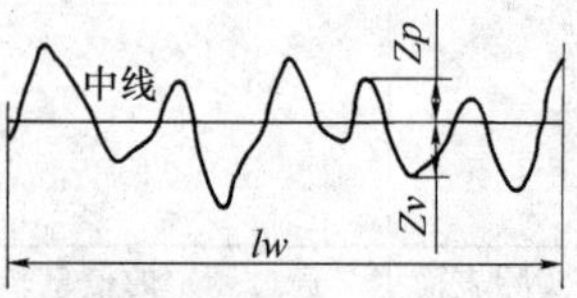
4	波纹度轮廓不平度的平均高度（Wc）	在波纹度评定长度内，波纹度轮廓峰高和波纹度轮廓谷深的平均值的绝对值之和。计算公式如下：$$Wc=\frac{1}{n}\sum_{i=1}^{n}Zti$$	

（续）

序号	术　语	定义或解释	图　　例
5	波纹度轮廓的最大峰高（Wp）	在波纹度取样长度内，波纹度轮廓最高点和波纹度中线之间的距离	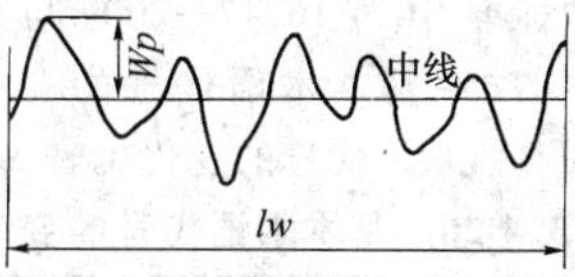
6	波纹度轮廓的最大谷深（Wv）	在波纹度取样长度内，波纹度轮廓最低点和波纹度中线之间的距离	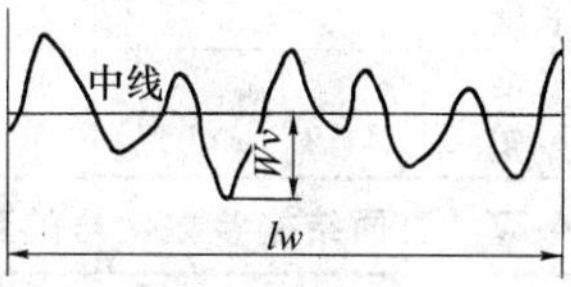
7	波纹度轮廓的最大高度（Wz）	在波纹度评定长度内，波纹度轮廓峰顶线和波纹度轮廓谷底线之间的距离	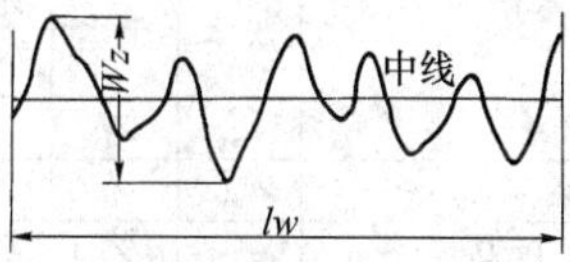
8	波纹度轮廓算术平均偏差（Wa）	在波纹度评定长度内，波纹度轮廓偏距绝对值的算术平均值 $$Wa = \frac{1}{lw}\int_0^{lw} \mid Z(x) \mid \mathrm{d}x$$ 或近似为 $$Wa = \frac{1}{n}\sum_{i=1}^{n} \mid Zi \mid$$ 式中　n——离散的波纹度轮廓偏距的个数	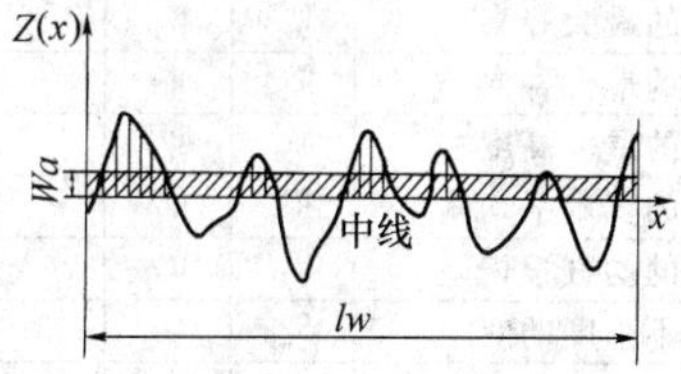
9	波纹度轮廓均方根偏差（Wq）	在波纹度评定长度内，波纹度轮廓偏距的均方根值 $$Wq = \sqrt{\frac{1}{lw}\int_0^{lw} Z^2(x)\mathrm{d}x}$$	
10	波纹度轮廓不平度的间距（Ws）	含有一个波纹度轮廓峰和相邻波纹度轮廓谷的一段波纹度中线长度	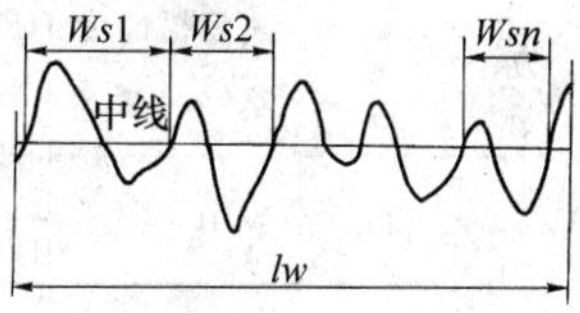
11	波纹度轮廓的平均间距（Wsm）	在波纹度取样长度内，波纹度轮廓不平度间距的平均值 $$Wsm = \frac{1}{n}\sum_{i=1}^{n} Wsi$$ 式中　Wsi——波纹度轮廓不平度间距 n——在波纹度取样长度内，波纹度轮廓间距的个数	

4.1.3　新、旧标准在术语与参数代号方面的变化

新发布的标准 GB/T 16747—2009 与原标准 GB/T 16747—1997 标准中基本术语代号的变化见表 3.4-26，表面结构参数术语代号的变化见表 3.4-27。

表 3.4-26　基本术语代号的变化

基本术语	1997 版本	2009 版本
波纹度取样长度	l_{w}	lw
波纹度评定长度	l_{mw}	ln
波纹度轮廓偏距	$h_{w}(x)$	$Z(x)$

表 3.4-27　表面结构参数代号的变化

参数术语	1997 版本	2009 版本	在测量范围内 评定长度 ln	在测量范围内 取样长度①
波纹度轮廓峰高	h_{wp}	Zp		✓
波纹度轮廓谷深	h_{ww}	Zv		✓
波纹度轮廓不平度高度	—	Zt		✓
波纹度轮廓不平度的平均高度	W_{c}	Wc		✓
波纹度轮廓的最大峰高	W_{p}	Wp		✓
波纹度轮廓的最大谷深	W_{m}	Wv		✓
波纹度轮廓的最大高度	W_{t}	Wz		✓
波纹度轮廓的算术平均偏差	W_{a}	Wa		✓
波纹度轮廓的均方根偏差	W_{q}	Wq		✓
波纹度轮廓不平度的间距	S_{wi}	—		✓
波纹度轮廓的平均间距	S_{wm}	Wsm		✓

① ✓符号表示在测量范围内，现采用的评定长度和取样长度。

4.2　表面波纹度参数值

在原 ISO/TC57 的工作文件《表面粗糙度参数参数值和给定要求的通则》中，提出了在图样和技术文件规定表面波纹度要求的一般规则、表面波纹度评定参数、参数值和波纹度截止波长数值等内容。上述内容，至今尚无正式标准发布。

工作文件中规定，在需要给出评定表面波纹度参数时，一般采用波纹度轮廓最大高度 Wz 参数。如需要也可采用以下波纹度参数：

波纹度轮廓不平度平均高度 Wc；

波纹度轮廓最大峰高 Wp；

波纹度轮廓算术平均偏差 Wa；

波纹度轮廓最大谷深 Wv；

波纹度轮廓不平度的平均间距 Ws。

对于表面波纹度参数的数值，在工作文件中只规定了波纹度轮廓最大高度 Wz 的参数系列值，见表 3.4-28。

对 Wc、Wp、Wa、Wv 和 Ws 等 5 个波纹度参数的数值，可从 ISO3—1973 优先数—优先数系中选取优先数系列值。

表 3.4-28　Wz 的参数系列值　（μm）

	0.1	1.6	25
	0.2	3.2	50
	0.4	6.3	100
0.05	0.8	12.5	200

4.3　不同加工方法可能达到的表面波纹度波幅值范围

不同加工方法可能达到的表面波纹度幅值范围见表 3.4-29 和表 3.4-30（仅供参考）。

表 3.4-29　圆柱表面加工波幅值

加工方法			表面粗糙度 Ra/μm	尺寸公差等级	波幅值/μm 直径基本尺寸/mm ≤6	6～18	18～50	50～120	120～260	260～500
外圆柱表面	车加工	粗	10～40	IT14	20	30	40	50	60	80
				IT12～IT13	12	20	25	30	40	50
		半精	2.5～20	IT11	8	12	16	20	25	30
				IT10	5	8	10	12	16	20
		精	1.25～10	IT8～IT9	3	5	6	8	10	12
		精细	0.4～1.25	IT6～IT7	2	3	4	5	6	8
	磨加工	粗	0.8～2.5	IT8～IT9	3	5	6	8	10	12
		精	0.4～1.25	IT6～IT7	2	3	4	5	6	8
		精细	0.08～0.63	IT5	1.2	2	2.5	3	4	5
	超精磨和研磨	粗	0.16～0.63	IT5～IT6	0.8	1.2	1.6	2	2.5	3
		精	0.04～0.32	IT4～IT5	0.5	0.8	1	1.2	1.6	2
		精细	0.01～0.16	IT3～IT4	0.3	0.5	0.6	0.8	1	1.2
	滚压		0.32～1.25	IT8～IT10	3	5	6	8	10	12
				IT6～IT7	2	3	4	5	6	8

（续）

加工方法			表面粗糙度 Ra/μm	尺寸公差等级	波幅值/μm 直径基本尺寸/mm ≤6	6~18	18~50	50~120	120~260	260~500
内圆柱表面	钻、扩钻		2.5~20	IT12~IT13	12	20	25	30	—	—
				IT11	8	12	16	—	—	—
	扩	粗	IT5~20	IT12~IT13	—	20	25	30	—	—
		毛坯上孔	2.5~10	IT11	—	12	16	20	—	—
		精	2.5~10	IT10	—	8	10	12	—	—
	铰	粗	2.5	IT11	5	8	10	12	16	20
				IT10	3	5	6	8	10	12
	铰	精	1.25	IT8~IT9	2	3	4	5	6	8
		精细	0.63	IT6~IT7	1.2	2	2.5	3	4	5
	拉	粗	2.5	IT11	—	—	10	12	16	—
				IT10	—	5	6	8	10	—
		精	0.4~1.25	IT7~IT9	—	3	4	5	6	—
	镗	粗	5~20	IT12~IT13	8	12	16	20	25	30
				IT11	5	8	10	12	16	20
		精	1.25~5	IT9~IT10	3	5	6	8	10	12
				IT7~IT8	2	3	4	5	6	8
		精细	0.16~1.25	IT6	1.2	2	2.5	3	4	5
	磨	粗	2.5	IT9	3	5	6	8	10	12
		精	0.4~1.25	IT7~IT8	2	3	4	5	6	8
		精细	0.08~0.63	IT6	1.2	2	2.5	3	4	5
	珩	粗	0.8~2.5	IT9	—	—	6	8	10	12
		精	0.16~0.63	IT7~IT8	—	—	4	5	6	8
		精细	0.08~0.32	IT6	—	—	2.5	3	4	5
	研磨	精	0.04~0.32	IT6	0.8	1.2	1.6	2	2.5	3
				IT5	0.5	0.8	1.0	1.2	1.6	2
		精细	0.01~0.08	IT4	0.3	0.5	0.6	0.8	1.0	1.2

表 3.4-30 平面加工波幅值

加工方法			表面粗糙度 Ra/μm	尺寸公差等级	波幅值/μm 加工平面尺寸/mm ≤60×60	(60×60)~(160×160)	(160×160)~(400×400)	(400×400)~(1000×1000)
平面加工	铣和刨	粗	5~20	IT12~IT13	40	60	100	160
				IT11	25	40	60	100
				IT9~IT10	16	25	40	60
		精	0.63~2.5	IT10~IT11	25	40	60	100
				IT9	16	25	40	60
				IT8	10	16	25	40
		精细	0.4~1.25	IT9	10	16	25	40
				IT8	6	10	16	25
				IT7	4	6	10	16
	端面车	粗	10~40	IT12~IT14	40	60	100	160
				IT11	25	40	60	100
		精	1.25~20	IT12~IT13	40	60	100	160
				IT11	25	40	60	100
				IT10	16	25	40	60
				IT9	10	16	25	40

（续）

加工方法			表面粗糙度 Ra/μm	尺寸公差等级	波幅值/μm 加工平面尺寸/mm			
					≤60×60	(60×60)~(160×160)	(160×160)~(400×400)	(400×400)~(1000×1000)
平面加工	端面车	精细	0.32~2.5	IT10	10	16	25	40
				IT9	6	10	16	25
				IT8	4	6	10	16
	拉		0.63~2.5	IT10	10	16	25	40
				IT9	6	10	16	25
				IT8	4	6	10	16
	磨	粗	2.5	IT10	10	16	25	40
				IT9	6	10	16	25
				IT8	4	6	10	16
		精	0.4~1.25	IT9	6	10	16	25
				IT8	4	6	10	16
				IT7	2.5	4	6	10
		精细	0.08~0.63	IT8	2.5	4	6	10
				IT7	1.6	2.5	4	6
				IT6	1.0	1.6	2.5	4
	研磨和刮削		0.16~0.63	IT6	1.6	2.5	4	6
			0.08~0.32	IT6	1.0	1.6	2.5	4
			0.08~0.16	IT5	0.6	1.0	1.6	2.5

5　表面缺陷

表面缺陷是零件表面在加工、运输、储存或使用过程中生成的无一定规则的单元体。它与表面粗糙度、表面波纹度和有限表面上的形状误差一起综合形成了零件的表面特征。

GB/T15757—2002《产品几何量技术规范（GPS）　表面缺陷　术语、定义及参数》等效采用国际标准草案ISO/DIS8785—1998《表面缺陷　术语、定义及参数》。由于国际标准化组织尚未对表面缺陷在图样上的表示方法制定统一的标准，目前只能以文字叙述的方式在图样或技术文件中说明。

5.1　一般术语与定义

表面缺陷的一般术语及定义见表3.4-31。

表3.4-31　一般术语及定义

名　称	定义或解释	说　明
基准面	用以评定表面缺陷参数的一个几何表面	1. 基准面通过除缺陷之外的实际表面的最高点，且与由最小二乘法确定的表面等距 2. 基准面是在一定的表面区域或表面区域的某有限部分上确定的，这个区域和单个缺陷的尺寸大小有关。该区域的大小需足够用来评定缺陷，同时在评定时能控制表面形状误差的影响 3. 基准面具有几何表面形状，它的方位和实际表面在空间与总的走向相一致
表面缺陷评定区域（A）	工件实际表面的局部或全部，在该区域上，检验和确定表面缺陷	
表面结构	出自几何表面的重复或偶然的偏差，这些偏差形成该表面的三维形貌	表面结构包括在有限区域上的粗糙度、波纹度、纹理方向、表面缺陷和形状误差
表面缺陷（SIM）	在加工、储存或使用期间，非故意或偶然生成的实际表面的单元体、成组的单元体、不规则体	1. 这些单元体或不规则体的类型，明显区别于构成一个粗糙度表面的那些单元体或不规则体 2. 在实际表面上存在缺陷并不表示该表面不可用。缺陷的可接受性取决于表面的用途或功能，并由适当的项目来确定，即长度、宽度、深度、高度、单位面积上的缺陷数等

5.2　表面缺陷的特征和参数

表面上允许的表面缺陷参数和特征的最大值，是一个规定的极限值，零件的表面缺陷不允许超过这个极限值。例如：$SIM_n = 60$
式中 SIM_n 是表面缺陷数。

$$SIM_n/A = 60/1m^{-2}$$

$$SIM_n/A = 10/50mm^{-2}$$

式中，A 是表面缺陷评定区域。

1）表面缺陷长度（SIM_e）　平行于基准面测得的表面缺陷最大尺寸。

2）表面缺陷宽度（SIM_w）　平行于基准面且垂直于表面缺陷长度测得的表面缺陷最大尺寸。

3）缺陷深度

① 单一表面缺陷深度（SIM_{sd}）　从基准面垂直测得的表面缺陷最大深度。

② 混合表面缺陷深度（SIM_{cd}）　从基准面垂直测得的该基准面和表面缺陷中的最低点之间的距离。

4）缺陷高度

① 单一表面缺陷高度（SIM_{sh}）　从基准面垂直测得的表面缺陷最大高度。

② 混合表面缺陷高度（SIM_{ch}）　从基准面垂直测得的该基准面和表面缺陷中的最高点之间的距离。

5）表面缺陷面积（SIM_a）　单个表面缺陷投影在基准面上的面积。

6）表面缺陷总面积（SIM_t）　在商定的判别极限内，各单个表面缺陷面积之和。

① 表面缺陷总面积的计算公式：
$SIM_t = SIM_{a1} + SIM_{a2} + \cdots + SIM_{an}$

② 使用判别极限时，采用的尺寸判别条件规定了表面缺陷特征的最小尺寸，在确定 SIM_n 和 SIM_t 值时，小于该差别条件的表面缺陷被忽略。

7）表面缺陷数（SIM_n）　在商定判别极限范围内，实际表面上的表面缺陷总数。

8）单位面积上表面缺陷数（SIM_n/A）　在给定的评定区域面积 A 内，表面缺陷的个数。

5.3　表面缺陷类型的术语及定义

5.3.1　凹缺陷的术语及定义（表 3.4-32）

表 3.4-32　凹缺陷术语及定义

序号	术　语	定义或解释	图　例
1	沟槽	具有一定长度的、底部圆弧形的或平的凹缺陷	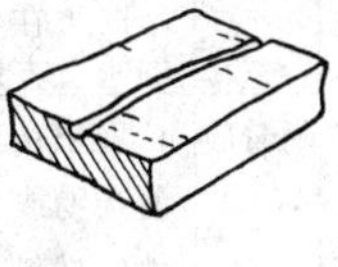
2	擦痕	形状不规则和没有确定方向的凹缺陷	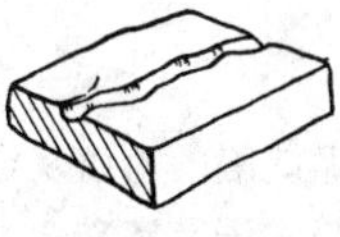
3	破裂	由于表面和基体完整性的破损造成具有尖锐底部的条状缺陷	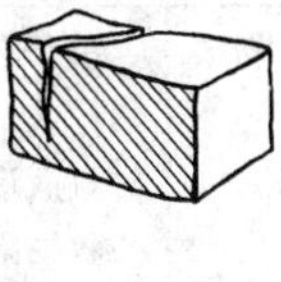
4	毛孔	尺寸很小，斜壁很陡的孔穴，通常带锐边，孔穴的上边缘不高过基准面的切平面	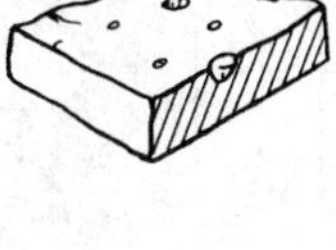
5	砂眼	由于杂粒失落、侵蚀或气体影响形成的以单个凹缺陷形式出现的表面缺陷	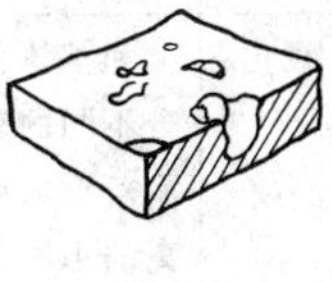
6	缩孔	铸件、焊缝等在凝固时，由于不均匀收缩所引起的凹缺陷	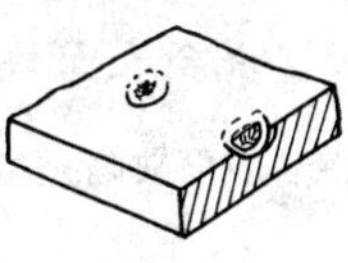
7	裂缝、缝隙、裂隙	条状凹缺陷，呈尖角形，有很浅的不规则开口	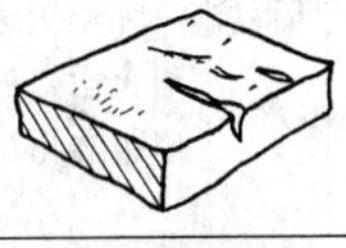
8	缺损	在工件两个表面的相交处呈圆弧状的缺陷	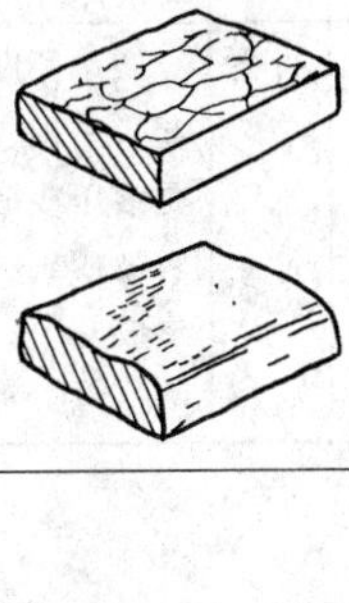

（续）

序号	术　语	定义或解释	图　例	序号	术　语	定义或解释	图　例
9	瓢曲（凹面）	板材表面由于局部弯曲形成的凹缺陷	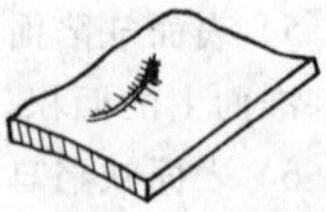	10	窝陷	无隆起的凹坑，通常由于压印或打击产生塑性变形而引起的凹缺陷	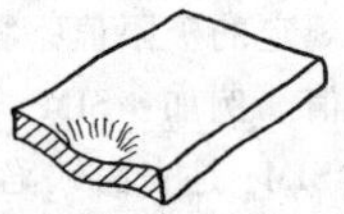

5.3.2　凸缺陷的术语及定义（表3.4-33）

表3.4-33　凸缺陷的术语及定义

序号	术　语	定义或解释	图　例	序号	术　语	定义或解释	图　例
1	树瘤	小尺寸和有限高度的脊状或丘状凸起	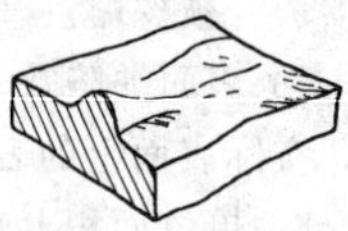	5	夹杂物	嵌进工件材料里的杂物	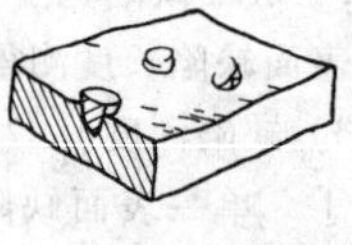
2	疱疤	由于表面下层含有气体或液体所形成的局部凸起	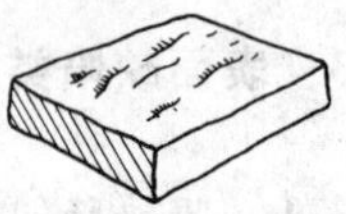	6	飞边	表面周边上尖锐状的凸起，通常在对应的一边出现缺损	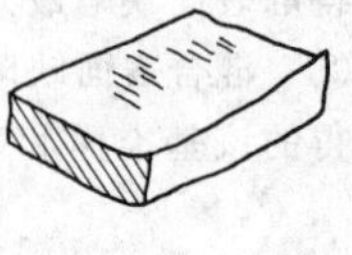
3	瓢曲（凸面）	板材表面由于局部弯曲所形成的拱起	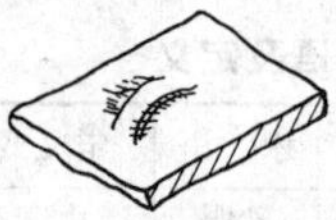	7	缝脊	工件材料的脊状凸起，是由于模铸或模锻等成形加工时材料从模子缝隙挤出，或在电阻焊接（电阻对焊、熔化对焊）两表面时，在受压面的垂直方向形成	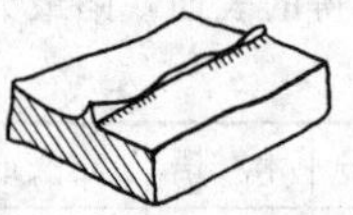
4	氧化皮	和基体材料成分不同的表皮层剥落形成局部脱离的小厚度鳞片状凸起		8	附着物	堆积在工件上的杂物或另一工件的材料	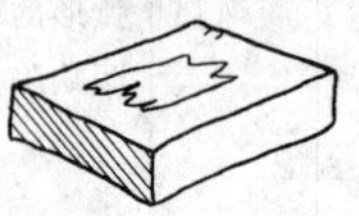

5.3.3　混合表面缺陷

混合表面缺陷是指部分向外和部分向内的缺陷，混合表面缺陷的术语及定义见表3.4-34。

表3.4-34　混合表面缺陷术语及定义

序号	术语	定义或解释	图例	序号	术语	定义或解释	图例
1	环形坑	环形周边隆起、类似火山口的坑，它的周边高出基准面	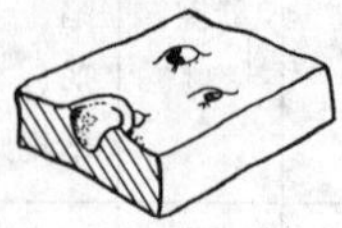	3	划痕	由于外来物移动，划掉或挤压工件表层材料而形成的连续凹凸状缺陷	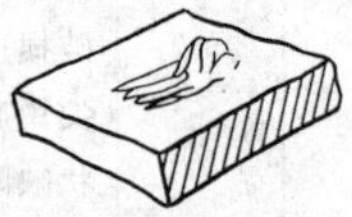
2	折叠	微小厚度的舌状隆起，一般呈皱纹状，是滚压或锻压时的材料被褶皱压向表层所形成	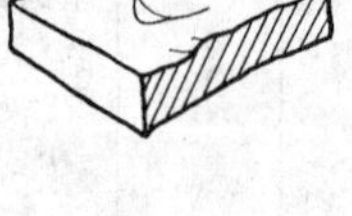	4	切屑残余	由于切屑去除不良引起的带状隆起	

5.3.4　区域缺陷和外观缺陷

散布在最外层表面上，一般没有尖锐的轮廓，且通常没有实际可测量的深度或高度。区域缺陷和外观缺陷的术语及定义见表3.4-35。

表3.4-35　区域缺陷和外观缺陷术语及定义

序号	术语	定义或解释	图例
1	滑痕	由于间断性过载在表面上不连续区域出现，如球轴承、滚子轴承和轴承座圈上所形成的雾状表面损伤	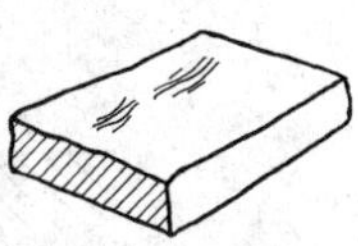
2	磨蚀	由于物理性破坏或磨损而造成的表面损伤	
3	腐蚀	由于化学性破坏造成的表面损伤	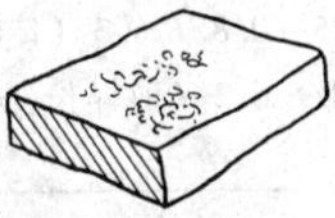
4	麻点	在表面上大面积分布，往往是深的凹点状和小孔状缺陷	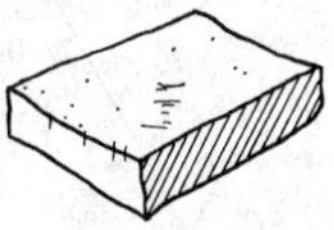
5	裂纹	表面上呈网状细小裂痕的缺陷	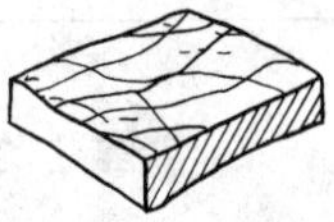
6	斑点、斑纹	外观用眼看上去与相邻表面不同的区域	
7	褪色	表面上脱色或颜色变淡的区域	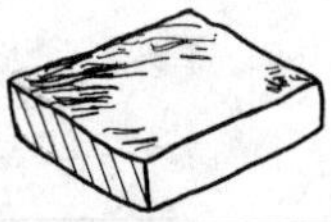
8	条纹	深度较浅的呈带状的凹陷区域，或表面结构呈异样的区域	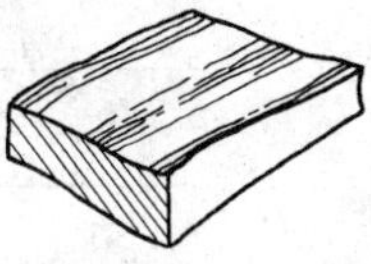
9	劈裂、鳞片	局部工件表层部分分离所形成的缺陷	

6　表面结构的表示法

在GB/T 131—2006《产品几何技术规范（GPS）技术产品文件中表面结构的表示法》中规定了表面结构在图样和技术文件中的符号、代号和表示方法，它适用于粗糙度参数（*R*）、波纹度参数（*W*）和原始轮廓参数（*P*）。GB/T 131同样适用木制件的表面粗糙度，但不适用于表面缺陷的图样表示。

6.1　表面结构的图形符号及代号

表面结构的图形符号分为基本符号，扩展符号和完整（信息完整）符号三种，其形式及含义见表3.4-36。

表3.4-36　表面结构的符号形式及其含义

名称	符　号	意义及说明
基本符号		基本符号，表示加工表面可用任何方法获得。当不加注粗糙度参数值或有关说明（例如：表面处理、局部热处理状况等）时，仅适用于简化代号标注
扩展符号		基本符号加一短划，表示表面是用去除材料的方法获得。例如：车、铣、钻、磨、剪切、抛光、腐蚀、电火花加工、气割等。如不加注数值，则仅要求去除材料
		基本符号加一小圆，表示表面是用不去除材料的方法获得。例如：铸、锻、冲压变形、热轧、冷轧、粉末冶金等。如不注数值，则表示该表面为保持原供应状况或保持上道工序状况的表面

（续）

名称	符 号	意义及说明
完整符号	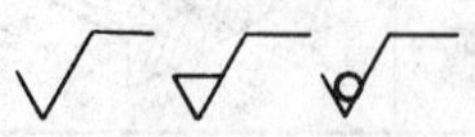	在上述三个符号的长边上均可加一横线，用于标注有关参数和说明
视图中各表面要求相同	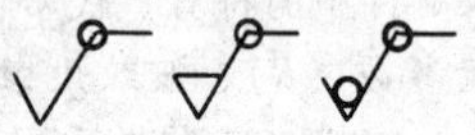	在上述三个符号上均可加一小圆，表示视图中的所有表面具有相同的表面结构要求

6.1.1 表面结构的图形符号及其组成

在图样中，除了标注表面结构的参数和数值外，根据零件表面的要求，有时还需标注有关的附加要求，如表面纹理方向、加工余量、传输带（即指传输带是两个定义的滤波器或图形法的两个极限值之间的波长范围）、取样长度、加工工艺等（详见 GB/T 131—2006 附录 D）。它的标注位置见图 3.4-6。

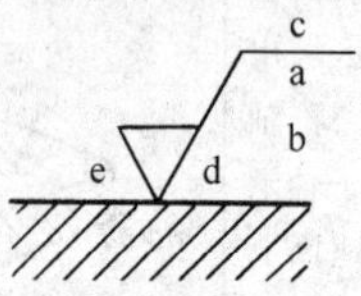

图 3.4-6 补充要求的注写位置

各字母代号的含义见表 3.4-37。

表 3.4-37 字母代号的含义

字母代号	含 义	示 例
a	表面结构的参数代号和极限值，必要时标注传输带或取样长度	1）0.0025－0.8/*Rz*6.3（传输带标注） 2）－0.8/*Rz*6.3（取样长度标注）
b	两个或多个表面结构参数要求，在 a 位置的垂直延长部位	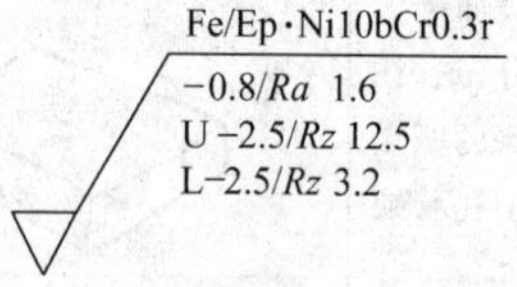
c	表面的加工方法，如表面处理，涂镀层、车、磨、铣等加工方法，右图为车削加工，粗糙度 *Rz*3.2	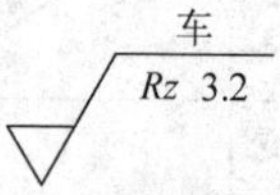
d	表面纹理和纹理方向	见表 3.4-39
e	加工余量。在必要时，可提出加工余量的要求，以 mm 为单位，右图表示在视图上所有表面的加工余量为 3mm	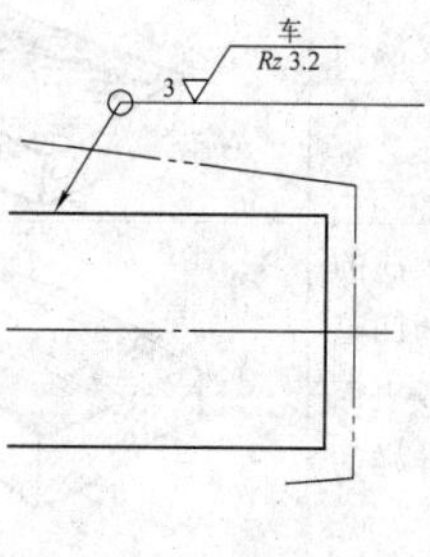

6.1.2　图形符号的比例和尺寸

1）表面结构的基本符号由两条长度不等且与被注表面的投影轮廓成60°的细实线组成。符号中的线宽、高度及宽度的规定分别见图 3.4-7 和图 3.4-8。完整的符号各项内容的位置及比例见图 3.4-9。

2）图形符号和附加标注的尺寸及宽度见表 3.4-38。

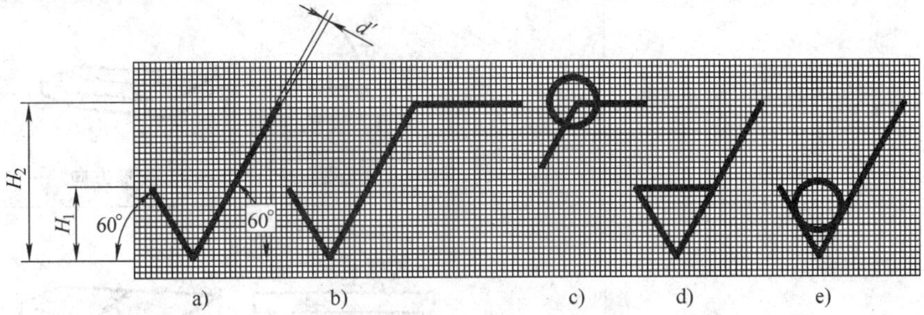

图 3.4-7　基本符号的规定

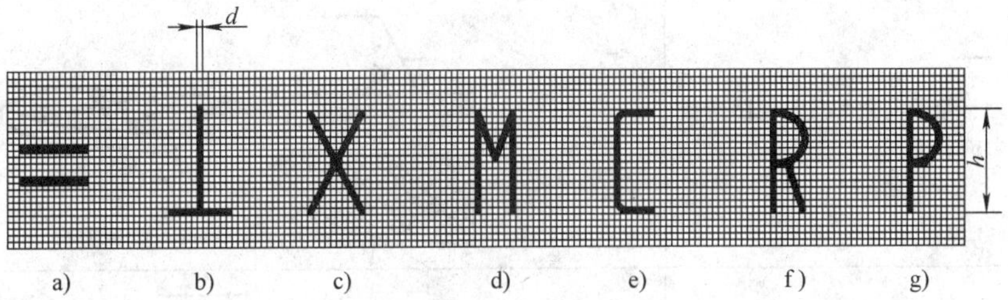

图 3.4-8　字体的规定

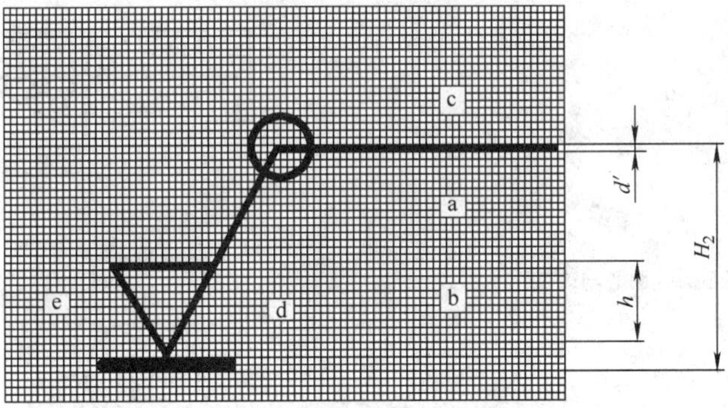

图 3.4-9　完整符号的位置及比例

表 3.4-38　图形符号和附加标注的尺寸及宽度　　（mm）

数字和字母高度 h（见 GB/T 14690）	2.5	3.5	5	7	10	14	20
符号线宽 d' 字母线宽 d	0.25	0.35	0.5	0.7	1	1.4	2
高度 H_1	3.5	5	7	10	14	20	28
高度 H_2（最小值）①	7.5	10.5	15	21	30	42	60

① H_2 取决于标注内容。

6.1.3　表面纹理符号及标注解释

表面纹理符号及标注解释见表3.4-39。

表3.4-39　表面纹理符号及标注解释

符　号	标注解释	
=	纹理平行于视图所在的投影面	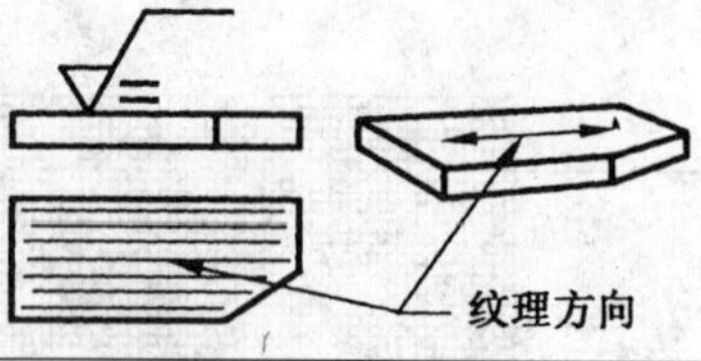
⊥	纹理垂直于视图所在的投影面	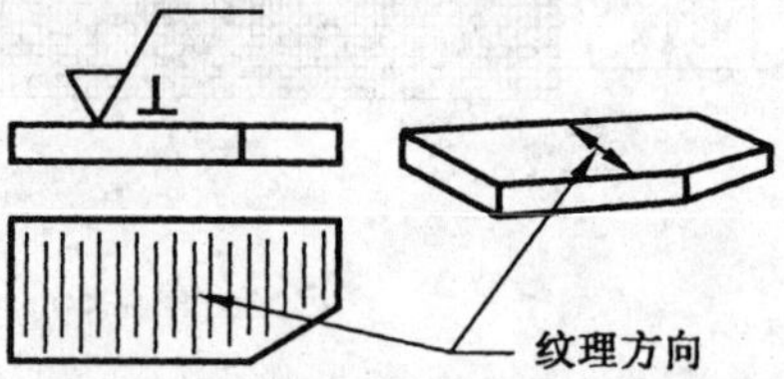
×	纹理呈两斜向交叉且与视图所在的投影面相交	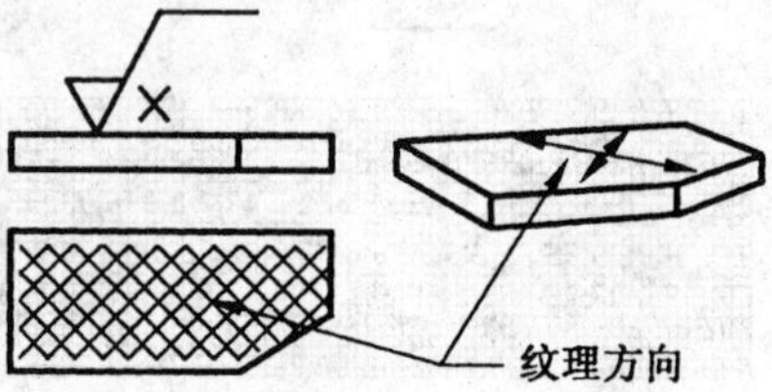
M	纹理呈多方向	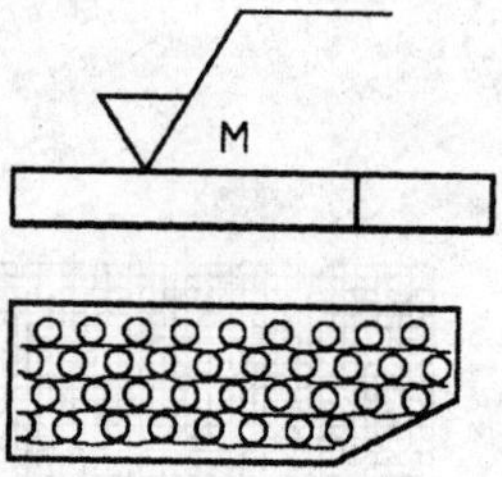
C	纹理呈近似同心圆且圆心与表面中心相关	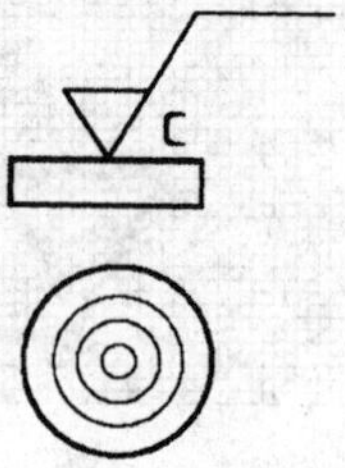
R	纹理呈近似放射状且与表面圆心相关	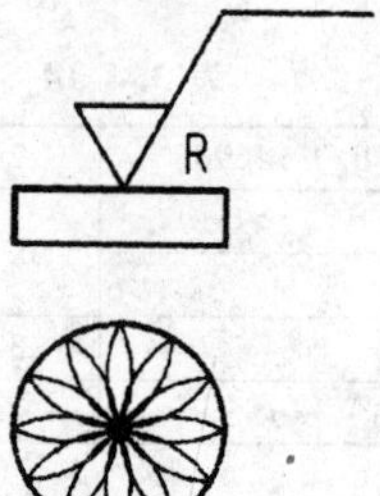

（续）

符　号	标注解释	
P	纹理呈微粒、凸起，无方向	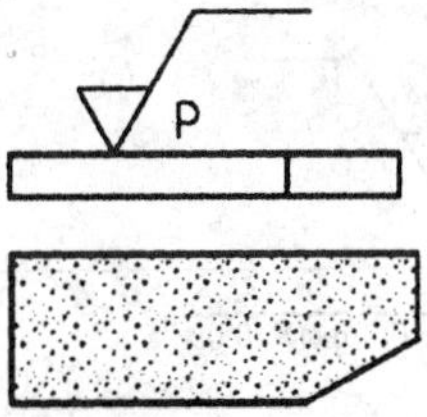

注：如果表面纹理不能清楚地用这些符号表示，必要时，可以在图样上加注说明。

6.2　标注参数及附加要求的规定

6.2.1　表面结构的四项内容

给出表面结构代号时，一般应包括以下四项内容，并按完整符号的规定注出。

1）三种轮廓参数（*R*、*W*、*P*）中的一种。

2）轮廓特征。

3）满足评定长度要求的取样长度个数，如按标准规定的对应关系选取，则不必标注，此时取样长度为“默认”值。

4）极限值或最大值。

6.2.2　表面结构代号示例及含义

表面结构代号示例及含义见表3.4-40。

表3.4-40　表面结构代号示例及含义

序号	符　号	含义或解释
1	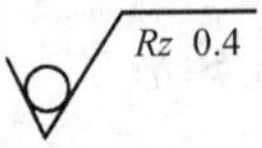	表示不允许去除材料，单向上限值，默认传输带，*R*轮廓，粗糙度的最大高度0.4μm，评定长度为5个取样长度（默认），“16%规则”（默认）
2	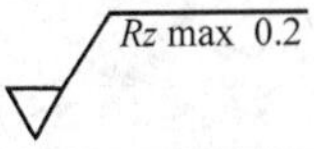	表示去除材料，单向上限值，默认传输带，*R*轮廓，粗糙度最大高度的最大值0.2μm，评定长度为5个取样长度（默认），“最大规则”
3	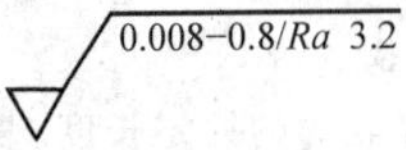	表示去除材料，单向上限值，传输带0.008-0.8mm，*R*轮廓，算术平均偏差3.2μm，评定长度为5个取样长度（默认），“16%规则”（默认）
4	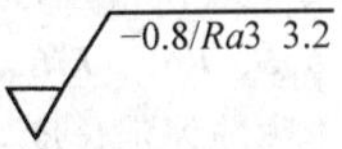	表示去除材料，单向上限值，传输带：根据GB/T 6062，取样长度0.8μm（λs默认0.0025mm），*R*轮廓，算术平均偏差3.2μm，评定长度包含3个取样长度，“16%规则”（默认）
5	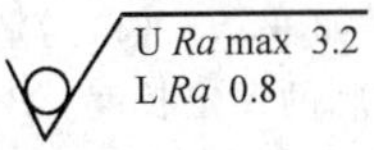	表示不允许去除材料，双向极限值，两极限值均使用默认传输带，*R*轮廓，上限值：算术平均偏差3.2μm，评定长度为5个取样长度（默认），“最大规则”，下限值：算术平均偏差0.8μm，评定长度为5个取样长度（默认），“16%规则”（默认）
6	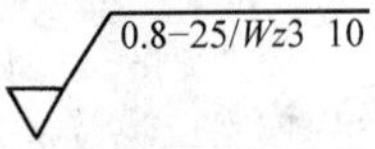	表示去除材料，单向上限值，传输带0.8-25mm，*W*轮廓，波纹度最大高度10μm，评定长度包含3个取样长度，“16%规则”（默认）
7	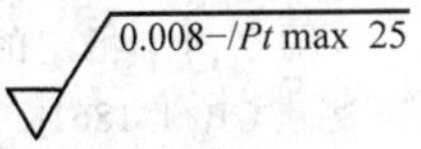	表示去除材料，单向上限值，传输带λs=0.008mm，无长波滤波器，*P*轮廓，轮廓总高25μm，评定长度等于工件长度（默认），“最大规则”
8	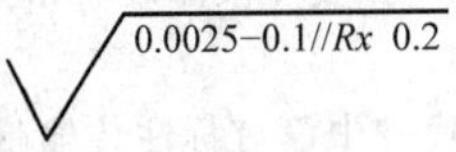	表示任意加工方法，单向上限值，传输带λs=0.0025mm，*A*=0.1mm，评定长度3.2mm（默认），粗糙度图形参数，粗糙度图形最大深度0.2μm，“16%规则”（默认）
9	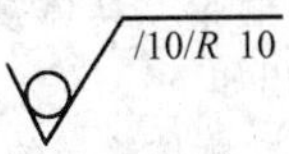	表示不允许去除材料，单向上限值，传输带λs=0.008mm（默认），*A*=0.5mm（默认），评定长度10mm，粗糙度图形参数，粗糙度图形平均深度10μm，“16%规则”（默认）

（续）

序号	符　　号	含义或解释
10	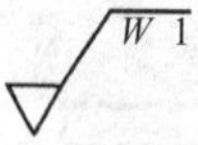 W 1	表示去除材料，单向上限值，传输带 $A=0.5\text{mm}$（默认），$B=2.5\text{mm}$（默认），评定长度16mm（默认），波纹度图形参数，波纹度图形平均深度1mm，“16%规则”（默认） *W*—图形参数
11	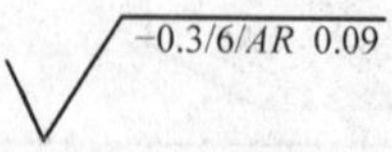 −0.3/6/AR 0.09	表示任意加工方法，单向上限值，传输带 $\lambda s=0.008\text{mm}$（默认），$A=0.3\text{mm}$（默认），评定长度6mm，粗糙度图形参数，粗糙度图形平均间距0.09mm，“16%规则”（默认）

注：表中给出的表面结构参数、传输带/取样长度和参数值以及所选择的符号仅作为示例。

6.2.3　表面结构代号的简化标注

1）当工件的所有表面有统一的表面结构要求时，则其表面结构代号可统一标注在图样的右下角，即标题栏附近，见图3.4-10。

2）在多个相同要求的表面上标出表面粗糙度符号和字母代号。与此同时，在图样右下角、标题栏附近，用等号形式给出详细的表面粗糙度要求，见图3.4-11。

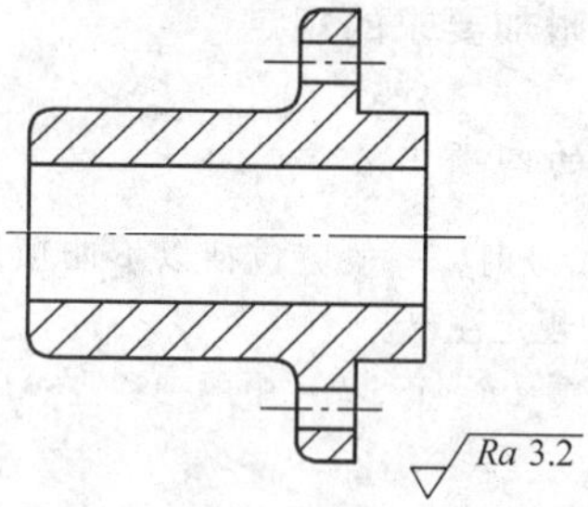

图3.4-10　简化标注（一）

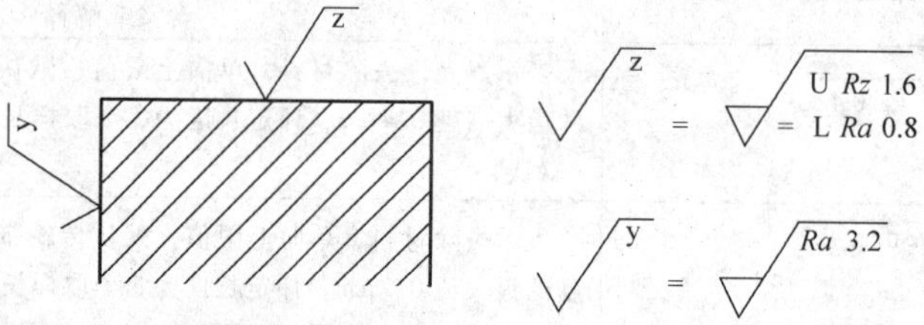

图3.4-11　简化标注（二）

3）在多个相同要求的表面上，仅标出粗糙度符号，与此同时，在图样右下角、标题栏附近用等号形式给出表面粗糙度的要求。此时如没有加工方法、取样长度等特定要求，如图3.4-12所示。

图3.4-12　简化标注（三）

6.2.4　取样长度和评定长度的标注

（1）取样长度 *lr* 的标注

参数 *Ra* 和 *Rz* 所对应的取样长度 *lr* 系列见表3.4-12和表3.4-13。

当图样上给定参数值的后面没有任何标注时，则默认为按表中选定的取样长度，即取样长度为“默认值”。

（2）评定长度 *ln* 的标注

评定长度包含一个或几个取样长度，按GB/T 10610的规定，当评定长度为5个取样长度即 $ln=5lr$ 时，则不必标出取样长度的个数，否则需标出。如 *Ra*3、*Rz*1 分别表示3个和1个取样长度。

1）粗糙度 *R* 轮廓的评定长度。表面粗糙度的评定长度不是默认值时，应在相应的参数后面标注其个数，如 *Ra*3、*Rz*2、*Rc*3、*Rp*1、*Rv*6、*Rt*4 等。

2）波纹度 *W* 轮廓的评定长度。表面波纹度的评定长度没有默认值的规定，应在相应的波纹度参数代号后标注其个数，如 *W*25、*Wa*3 等。

3）原始 *P* 轮廓的评定长度。*P* 轮廓参数的评定长度等于取样长度，也与测量长度相等，因此不需要标注取样长度的个数。

6.2.5　传输带的标注

传输带的波长范围在两个指定的滤波器（GB/T 6062）之间或图形法（GB/T 18618）的两个极限值之间，也即被一个截止短波滤波器和一个截止长波滤波器所限制。

1）当参数代号中没有标注传输带时，表面结构要求采用默认的传输带。具体规定由GB/T 131—2006中的附录G给出如下：

① *R* 轮廓。*R* 轮廓传输带的截止波长值代号是

λs（短波滤波器）和 λc（长波滤波器），λc 表示取样长度。粗糙度参数默认传输带由 GB/T 10610—1998 第 7 章和 GB/T 6062—2002 的 4.4 共同定义。

GB/T 10610 定义默认长波滤波器 λc，而 GB/T 6062 定义与 λc 相关的默认短波滤波器 λs。

② *W* 轮廓：*W* 轮廓传输带的截止波长值代号是 λc（短波滤波器）和 λf（长波滤波器），λf 表示取样长度。*W* 轮廓传输带没有定义默认值，也没有定义 λc 和 λf 的比率。

③ *P* 轮廓：*P* 轮廓传输带的截止波长值代号是 λs（短波滤波器），长波滤波器无规定代号。*P* 轮廓短波滤波器的截止波长值 λs 没有定义默认值。

2）传输带应标注在参数代号的前面，并用斜线“/”隔开。传输带标注包括滤波器截止波长（mm），短波滤波器 λs 与长波滤波器 λc 中间用“－”隔开，如图 3.4-13a（用于文件中）和图 3.4-13b（用于图样上）所示。

MRR 0.0025−0.8/*Rz* 3.2

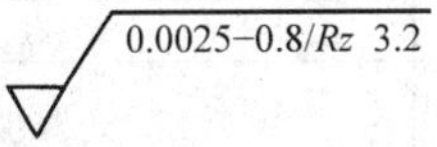

a)　　b)

图 3.4-13　表面结构代号中传输带的注法
a）在文本中　b）在图样上

在某些情况下，在传输带中只标注两个滤波器中的一个。如果存在第二个滤波器，使用默认的截止波长值。如果只标注一个滤波器，应保留连字号“－”来区分是短波滤波器还是长波滤波器。举例如下：

① 0.008－　短波滤波器标注。

② －0.25　长波滤波器标注。

各参数代号中传输带的标注示例见表 3.4-41。

表 3.4-41　传输带的标注

参数	传输带标注	解　　释
R（粗糙度）	0.008−0.8/*Rz* 3.2	λs 为 0.008 λc 为 0.8
	0.008−/*Ra* 1.6	λs 为 0.008 λc 为默认值
	Ra 3.2	λs、λc 均为默认值
W（波纹度）	0.8−2.5/*Wz* 125	λc 为 0.8 λf 为 2.5
P（原始轮廓）	0.008−/*Pt* max 25	$\lambda s = 0.008$ 无长波滤波器用“－”表示

6.2.6　极限值判断规则的标注

在表面结构的代号中给出的极限值的判断规则应遵循下列两种规则中的一种，这两种规则均是对上限值的判断。

（1）16% 规则

当表面结构代号中仅标注参数代号和参数值时，应遵循 16% 规则（见本章 7.2.1），它是默认规则，见图 3.4-14。

（2）最大规则

当表面结构代号中的参数代号右边加上“max”时，则应遵循最大规则（见本章 7.2.2），见图 3.4-15。

MRR *Ra* 0.8；*Rz*1 3.2

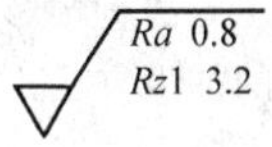

a)　　b)

图 3.4-14　应用 16% 规则（默认传输带）时参数的标注
a）在文本中　b）在图样上

MRR *Ra*max 0.8；*Rz*1max 3.2

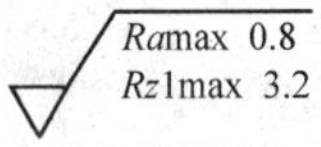

a)　　b)

图 3.4-15　应用最大规则时参数值的标注
a）在文本中　b）在图样上

轮廓参数可采用 16% 规则或最大规则；图形参数只能采用 16% 规则；支承率曲线参数与轮廓参数一样，可采用 16% 规则或最大规则。

6.2.7　表面参数的双向极限值的标注

由于产品功能的要求，有时工件表面结构的参数需给出双向的极限值。上极限值标在上方，在参数值前加注“U”，下极限值标在下方，在参数值前加注“L”。同一参数具有双向极限要求时，可以不加注“U”和“L”，见图 3.4-16。

图 3.4-16a *Rz*0.8 为上极限值，*Ra*0.2 为下极限值。图 3.4-16b *Ra* 要求双向极限值，上极限值为 1.6，下极限值为 0.8，不会引起误解，省略标注“U”和“L”。

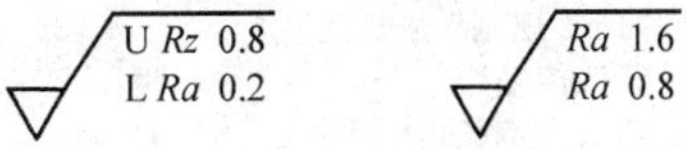

a)　　b)

图 3.4-16　双向极限值的标注

6.2.8　其他标注的规定

（1）表面纹理的标注

表面纹理的要求应按表 3.4-39 中的规定标注。其方向应垂直于视图所在的投影面，如图 3.4-17 所示。

（2）加工余量的标注

在同一图样中，多个加工工序的表面可给出加工余量以保证其表面粗糙度的要求。有时为了限制其加工方法也需给出加工余量，见图 3.4-18。

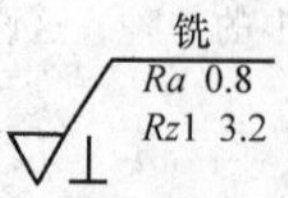

图 3. 4-17　表面纹理的标注

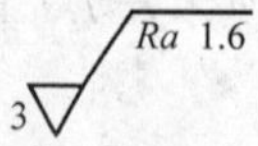

图 3. 4-18　加工余量的标注

（3）加工方法的标注

加工方法直接影响轮廓曲线的特征，必要时应标注特定的加工方法，见图 3. 4-19。

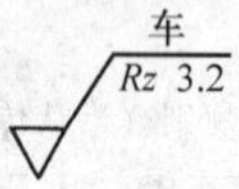

图 3. 4-19　加工方法的标注

（4）表面处理、镀（涂）覆层的标注

为提高零件的表面质量，需进行镀、涂或表面处理时，应将此要求标注在表面结构代号的横线上方，见图 3. 4-20。如不另加说明，表面结构的参数值为完工后的数值，否则应加注“前”字。

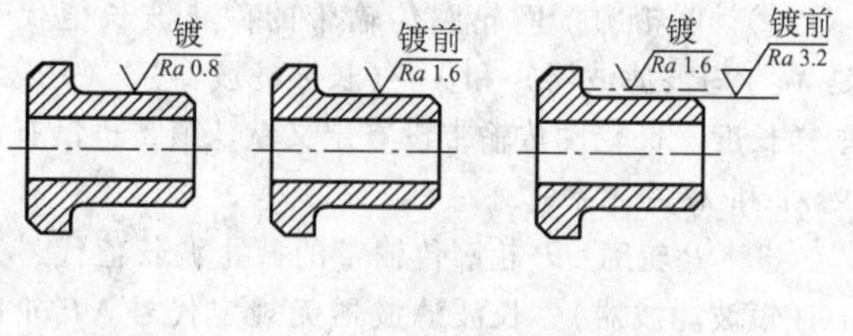

图 3. 4-20　表面处理、镀（涂）覆层的标注

6. 3　表面结构代号的综合示例

表面结构代号的综合示例见表 3. 4-42。

表 3. 4-42　表面结构代号的综合示例

序号	要　求	示　例
1	表面粗糙度 1）双向极限值 2）上限值 $Ra=50\mu m$ 3）下限值 $Ra=6.3\mu m$ 4）均为“16% 规则”（默认） 5）两个传输带均为 0. 008-4mm 6）默认的评定长度 5 × 4mm = 20mm 7）表面纹理呈近似同心圆且圆心与表面中心相关 8）加工方法：铣削 注：因为不会引起争议，不必加 U 和 L	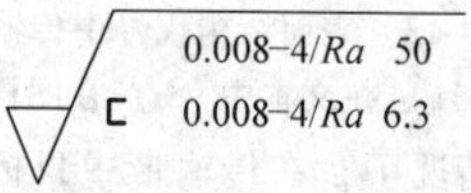
2	除一个表面以外，所有表面的粗糙度为： 1）单向上限值 2）$Rz=6.3\mu m$ 3）“16% 规则”（默认） 4）默认传输带 5）默认评定长度（$5\times\lambda c$） 6）表面纹理没有要求 7）去除材料的工艺 不同要求的表面的表面粗糙度为： 1）单向上限值 2）$Ra=0.8\mu m$ 3）“16% 规则”（默认） 4）默认传输带 5）默认评定长度（$5\times\lambda c$） 6）表面纹理没有要求 7）去除材料的工艺	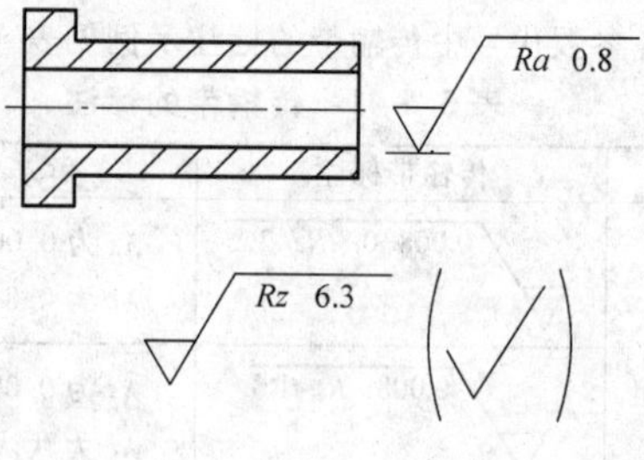
3	表面粗糙度 1）两个单向上限值 ①　$Ra=1.6\mu m$ a）“16% 规则”（默认）（GB/T 10610） b）默认传输带（GB/T 10610 和 GB/T 6062） c）默认评定长度（$5\times\lambda c$）（GB/T 10610） ②　$Rz\ max=6.3\mu m$ a）最大规则 b）传输带 $-2.5\mu m$（GB/T 6062） c）评定长度默认（5 × 2. 5mm） 2）表面纹理垂直于视图的投影面； 3）加工方法：磨削	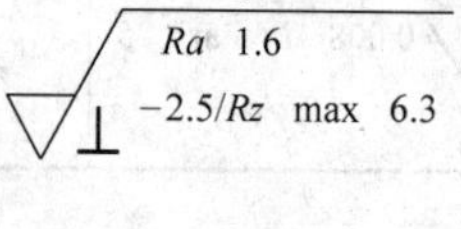

（续）

序号	要 求	示 例
4	表面粗糙度 1）单向上限值 2）$Rz=0.8\mu m$ 3）"16%规则"（默认）（GB/T 10610） 4）默认传输带（GB/T 10610 和 GB/T 6062） 5）默认评定长度（$5\times\lambda c$）（GB/T 10610） 6）表面纹理没有要求 7）表面处理：铜件，镀镍/铬 8）表面要求对封闭轮廓的所有表面有效	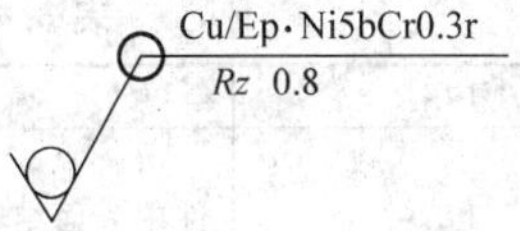
5	表面粗糙度： 1）单向上限值和一个双向极限值： ① 单向 $Ra=1.6\mu m$ a）"16%规则"（默认）（GB/T 10610） b）传输带 －0.8mm（λs 根据 GB/T 6062 确定） c）评定长度 $5\times0.8=4$mm（GB/T 10610） ② 双向 Rz a）上限值 $Rz=12.5\mu m$ b）下限值 $Rz=3.2\mu m$ c）"16%规则"（默认） d）上、下极限传输带均为 －2.5mm（λs 根据 GB/T 6062 确定） e）上、下极限评定长度均为 $5\times2.5=12.5$mm （即使不会引起争议，也可以标注 U 和 L 符号） 2）表面处理：钢件，镀镍/铬	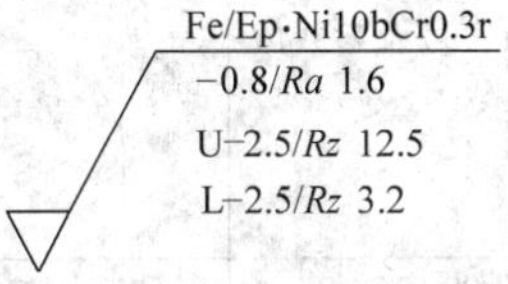
6	表面结构和尺寸可以标注在同一尺寸线上 1）键槽侧壁的表面粗糙度 ① 一个单向上限值 ② $Ra=6.3\mu m$ ③ "16%规则"（默认）（GB/T 10610） ④ 默认评定长度（$5\times\lambda c$）（GB/T 6062） ⑤ 默认传输带（GB/T 10610 和 GB/T 6062） ⑥ 表面纹理没有要求 ⑦ 去除材料的工艺 2）倒角的表面粗糙度 ① 一个单向上限值 ② $Ra=3.2\mu m$ ③ "16%规则"（默认）（GB/T 10610） ④ 默认评定长度 $5\times\lambda c$（GB/T 6062） ⑤ 默认传输带（GB/T 10610 和 GB/T 6062） ⑥ 表面纹理没有要求 ⑦ 去除材料的工艺	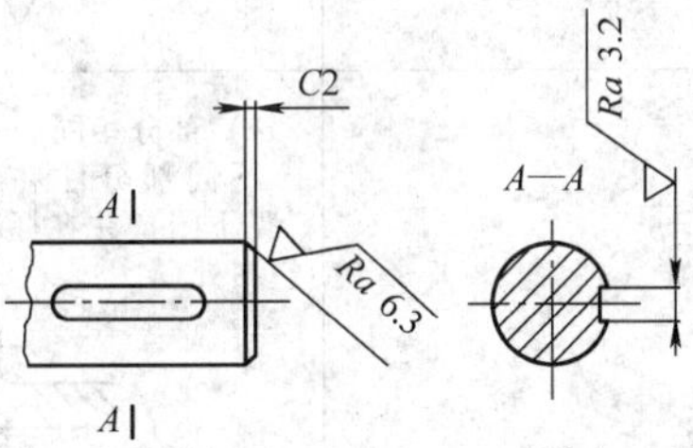
7	1）表面结构和尺寸可以标注为：一起标注在延长线上，或分别标注在轮廓线和尺寸界线上。 2）示例中的三个表面粗糙度要求为： ① 单向上限值 ② 分别是：$Ra=1.6\mu m$，$Ra=6.3\mu m$，$Rz=12.5\mu m$ ③ "16%规则"（默认）（GB/T 10610） ④ 默认评定长度 $5\times\lambda c$（GB/T 6062） ⑤ 默认传输带（GB/T 10610 和 GB/T 6062） ⑥ 表面纹理没有要求 ⑦ 去除材料的工艺	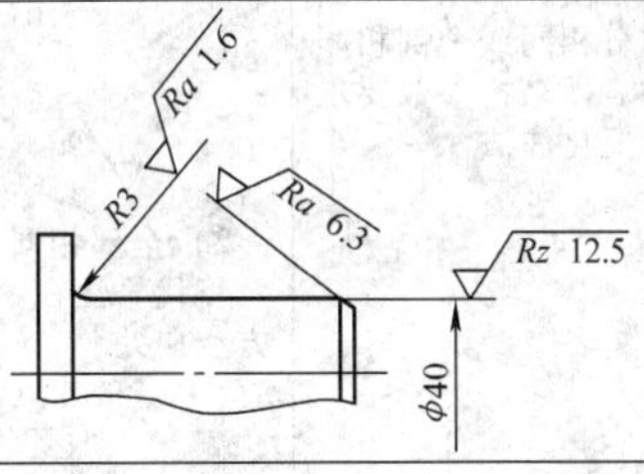
8	表面结构、尺寸和表面处理的标注 示例是三个连续的加工工序 1）第一道工序 ① 单向上限值 ② $Rz=1.6\mu m$ ③ "16%规则"（默认）（GB/T 10610） ④ 默认评定长度（$5\times\lambda c$）（GB/T 6062） ⑤ 默认传输带（GB/T 10610 和 GB/T 6062） ⑥ 表面纹理没有要求 ⑦ 去除材料的工艺 2）第二道工序：① 镀铬，无其他表面结构要求 第三道工序 ② 一个单向上限值，仅对长为 50mm 的圆柱表面有效 ③ $Rz=6.3\mu m$ ④ "16%规则"（默认）（GB/T 10610） ⑤ 默认评定长度（$5\lambda c$）（GB/T 6062） ⑥ 默认传输带（GB/T 10610 和 GB/T 6062） ⑦ 表面纹理没有要求 ⑧ 磨削加工工艺	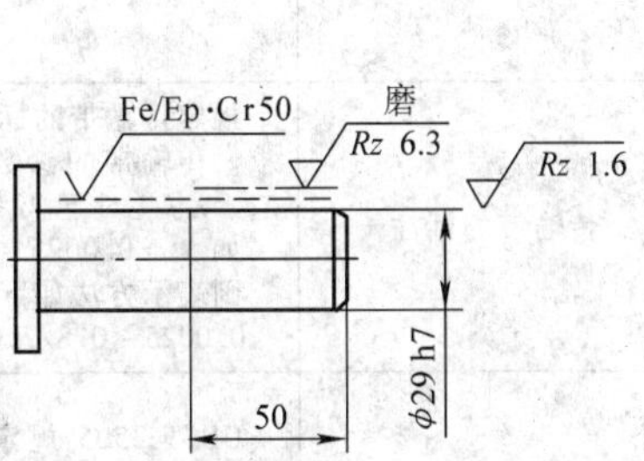

6.4　新、旧国标 GB/T 131 的主要不同点

2006年发布的GB/T 131与1993年标准的主要不同点见表3.4-43。

表3.4-43　新、旧国标 GB/T 131 的主要不同点

序号	内容	GB/T 131—2006	GB/T 131—1993
1	标准名称	《产品几何技术规范（GPS）　技术产品文件中表面结构的表示法》	《机械制图　表面粗糙度符号、代号及其标注》
2	适用范围	适用于表面结构包含表面粗糙度、表面波纹度、原始轮廓的参数及图形参数	仅适用于表面粗糙度
3	参数符号及参数值的标注位置	标注在符号长边的横线下面 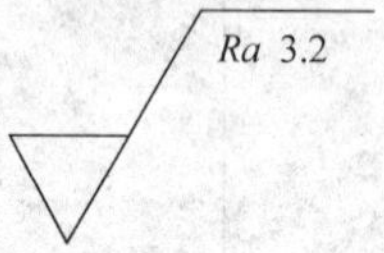	标注在符号的上方 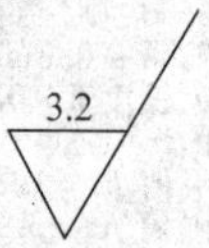
4	对于 *Ra* 参数	和其他参数符号一样要在符号上标出	由于 *Ra* 用得较广泛，*Ra* 符号可省略不标
5	关于上、下极限值	上极限值前要加注“U”，下极限值前要加注“L” 在不致引起误解时，可省略 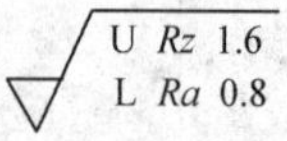	只规定上、下极限值标注位置，不加注字母 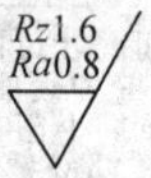
6	在图样中零件表面部分相同或全部相同的表面结构参数要求的简化注法	1）部分相同 不同部分注在图样上，相同部分按规定（见下图）注在标题栏的上方或图样的右下方空白处 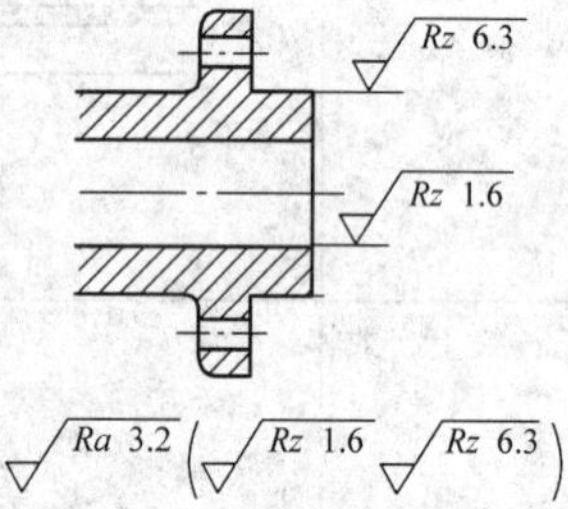 2）全部相同 将代号注在图样中标题栏的上方或图样右下方空白处 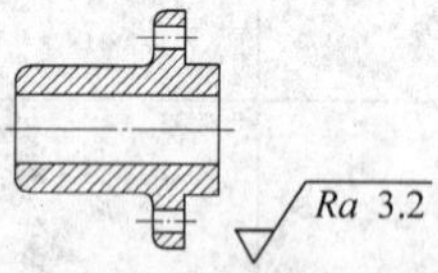	1）部分相同 不同部分注在图样上，相同部分的代号注在图样的右上角并加注“其余”两字，如下图，需放大1.6倍注出 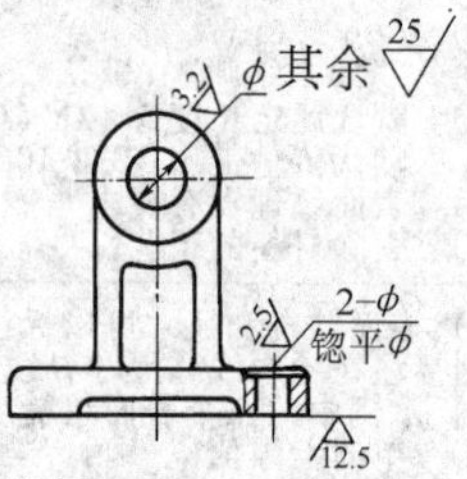 2）全部相同 将代号放大1.6倍，注在图样的右上方，如下图 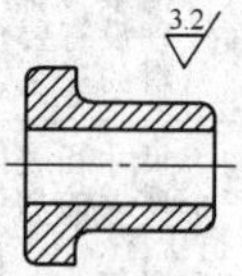
7	传输带的标注	规定传输带的标注是表面结构代号的补充要求。传输带的参数 λs 和 λc（对于 *R* 参数），λc、λf（对于 *W* 参数）的表示方法等 如 $\lambda s=0.0025$，$\lambda c=0.8$ 则表示方法如下： 0.0025－0.8/*Rz*6.3	没有规定，不需标出
8	*Rz* 参数及其含义	GB/T 3505规定取消“*Ry*”的参数代号，以“*Rz*”取代“*Ry*”，其含义为“*Ry*”的含义。标注中不再出现“*Ry*”代号，同时也取消了原 *Rz* 的含义	*Rz* 与 *Ry* 同时存在并有不同含义，示例中有 *Ry* 的图样

7 轮廓法评定表面结构的规则和方法

GB/T 10610—2009《产品几何技术规范（GPS） 表面结构 轮廓法 评定表面结构的规则和方法》规定了参数测定，测得值与公差极限值相比较的规则，参数评定和用触针式仪器检验的规则和方法。

7.1 参数测定

7.1.1 在取样长度上定义的参数

1）仅由一个取样长度测得的数据计算参数值的一次测定称“参数测定”。

2）将所有按单个取样长度计算的参数值，取其算术平均值得到的参数值称“平均参数测定”。

7.1.2 在评定长度上定义的参数

对于在评定长度上定义的参数 *Pt*，*Rt* 和 *Wt*，其参数值的测定是由在评定长度上所测得的数据计算而得的。

7.1.3 曲线及相关参数测定

对于曲线及相关参数的测定，首先以评定长度为基础求解曲线，以此曲线测得的数据计算得出某一参数值。

7.1.4 默认评定长度

如在图样上或技术文件中没有标出评定长度，则视为默认评定长度，应遵循以下规定：

——*R* 参数，按表 3.4-44 确定评定长度；

——*P* 参数，评定长度等于被测特征的长度；

——图形参数，评定长度的规定按 GB/T 18618 规定选取。

7.2 测得值与规定值的对比规则

表面结构均匀的情况下，采用整体表面上测得的参数值与图样（或技术文件）中规定值比较。

表面结构有明显差异时，应将每个区域上测定的参数值分别与规定值比较。

当参数的规定值为上限值时，应在若干个测量区域中选择可能出现最大参数值的区域测量。

7.2.1 16%规则

当参数规定值为上限值时，在同一评定长度上全部测得值大于规定值的个数不超过实测值总数 16%，则该表面为合格表面。

当参数的规定值为下限值时，在同一评定长度上的全部实测值中，小于规定值的个数不超过实测值总数的 16%，则该表面为合格表面。

7.2.2 最大规则

若参数规定的是最大值而不是上下极限值时，应在参数符号后面加注“max”，如 *Rz*max。

检验时，应在被检表面的全部区域内测得的参数值均不得超过其规定值。

7.3 参数评定的基本要求

1）表面结构参数不表面缺陷，因此在检验表面结构时，不应把表面缺陷（如划痕、气孔等）考虑进去。

2）为了判定工件表面是否符合技术要求，必须采用表面结构参数的一组测量值，其中每个单元的数值是从一个评定长度上测得的。

3）判别被检表面是否符合技术要求的可靠性，以及由同一表面获得的表面结构参数平均值的精度取决于获得表面参数单元值的评定长度内取样长度的个数。

4）粗糙度轮廓参数。对于 GB/T 3505 有关的粗糙度系列参数，如果评定长度不等于 5 个取样长度，则上、下限值应重新计算，而且将其和等于 5 个取样长度的评定长度联系起来。图 3.4-21 所示每个 σ 等于 σ_5。

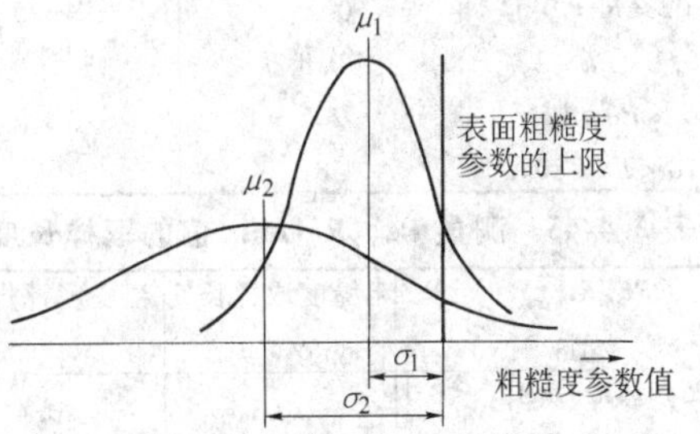

图 3.4-21 σ_n 不等于 σ_5 的换算示例

σ_n 和 σ_s 的关系由下式给出：$\sigma_5=\sigma_n\sqrt{n/5}$

式中 *n* 为所用取样长度的个数（小于 5）。

测量的次数愈多、评定长度愈长，则判别被检表面是否符合要求的可靠性愈高，测量参数平均值的不确定度也愈小。

然而，测量次数的增加将导致测量时间和成本的增加。因此，检验方法必须考虑一个兼顾可靠性和成本的折衷方案。

7.4 粗糙度轮廓参数的测量

1）当没有指定测量方向时，工件的安放应使其测量截面方向与粗糙度高度参数（*Ra*、*Rz*）的最大值的测量方向相一致，该方向垂直于被测表面的加工纹理。对无方向性的表面，测量截面的方向可以是任意的。

2）应该在被测表面可能产生极值的部位进行测量，这可通过目测来估计。应在表面这一部位均匀分布的位置上分别测量，以获得各个独立的测量结果。

3）为了确定粗糙度轮廓参数的测得值，应首先观察表面并判断粗糙度轮廓是周期性的还是非周期性的。若没有其他规定，基于这一判断，则应分别遵照下述 a）或 b）中规定的程序执行。如果采用特殊的测量程序，必须在技术文件和测量记录中加以说明。

7.4.1　非周期性粗糙度轮廓的测量程序

对于具有非周期性粗糙度轮廓的表面应遵循下列步骤进行测量：

①　待求的粗糙度轮廓参数 Ra、Rz、$Rz1_{max}$ 或 Rsm 的数值，可先用目测、粗糙度比较样块、全轮廓轨迹的图解分析等方法来估计。

②　利用①中估计的 Ra、Rz、$Rz1_{max}$ 或 Rsm 的数值，按表 3.4-44、表 3.4-45 或表 3.4-46 预选取样长度。

表 3.4-44　测量 *Ra* 值的取样长度

Ra /μm	粗糙度取样长度 *lr*/mm	粗糙度评定长度 *ln*/mm
(0.006) $< Ra \leqslant 0.02$	0.08	0.4
$0.02 < Ra \leqslant 0.1$	0.25	1.25
$0.1 < Ra \leqslant 2$	0.8	4
$2 < Ra \leqslant 10$	2.5	12.5
$10 < Ra \leqslant 80$	8	40

表 3.4-45　测量 *Rz*、*Rz*1max 值的取样长度

Rz① $Rz1_{max}$② /μm	粗糙度取样长度 *lr*/mm	粗糙度评定长度 *ln*/mm
(0.025) $< Rz$、$Rz1_{max} \leqslant 0.1$	0.08	0.4
$0.1 < Rz$、$Rz1_{max} \leqslant 0.5$	0.25	1.25
$0.5 < Rz$、$Rz1_{max} \leqslant 10$	0.8	4
$10 < Rz$、$Rz1_{max} \leqslant 50$	2.5	12.5
$50 < Rz$、$Rz1_{max} \leqslant 200$	8	40

①　Rz 是在测量 Rz，Rv，Rp，Rc 和 Rt 时使用。

②　$Rz1_{max}$ 仅在测量 $Rz1_{max}$，$Rv1_{max}$，$Rp1_{max}$ 和 $Rc1_{max}$ 时使用。

表 3.4-46　测量 *Rsm* 值时的取样长度

Rsm /μm	粗糙度取样长度 *lr*/mm	粗糙度评定长度 *ln*/mm
$0.013 < Rsm \leqslant 0.04$	0.08	0.4
$0.04 < Rsm \leqslant 0.13$	0.25	1.25
$0.13 < Rsm \leqslant 0.4$	0.8	4
$0.4 < Rsm \leqslant 1.3$	2.5	12.5
$1.3 < Rsm \leqslant 4$	8	40

③　利用测量仪器按②中预选的取样长度，完成 Ra、Rz、$Rz1_{max}$ 或 Rsm 的一次预测量。

④　将测得的 Ra、Rz、$Rz1_{max}$ 或 Rsm 的数值和表 3.4-44、表 3.4-45 或表 3.4-46 中预先取样长度所对应的 Ra、Rz、$Rz1_{max}$ 或 Rsm 的数值范围相比较。

如果测得值超出了预选取样长度对应的数值范围，则应按测得值对应的取样长度来设定，即把仪器调整至相应的较高或较低的取样长度。然后应用这一调定的取样长度测得一组典型数值，并再次与三个表中数值相比。此时，测得值应达到由表中建议的测得值和取样长度的组合。

⑤　如果以前在④步骤评定时没有采用过更短的取样长度，则把取样长度调至更短些获得一组 Ra、Rz、$Rz1_{max}$ 或 Rsm 的数值，检查所得到的 Ra、Rz、$Rz1_{max}$ 或 Rsm 的数值和取样长度的组合是否亦满足表中的规定。

⑥　只要④步骤中最后的设定与表相符合，则设定的取样长度和 Ra、Rz、$Rz1_{max}$ 或 Rsm 的数值二者是正确的。如果⑤步骤也产生一个满足表中规定的组合，则这个较短的取样长度设定值和相对应的 Ra、Rz、$Rz1_{max}$ 或 Rsm 的数值是最佳的。

⑦　运用上述步骤中预选出的截止波长（取样长度）完成一次典型的要求的参数的测量。

7.4.2　周期性粗糙度轮廓的测量程序

对于具有周期性粗糙度轮廓的表面应采用下述步骤进行测量：

①　用图解法估计待求粗糙度的表面参数 Rsm 的数值。

②　按估计的 Rsm 的数值，由表 3.4-46 确定推荐的取样长度作为截止波长值。

③　必要时，如在有争议的情况下，利用由②选定的截止波长值测量 Rsm 值。

④　如果按照③步骤相应的 Rsm 值由表 3.4-46 查出的取样长度比②步骤较小或较大，则应采用这较小或较大的取样长度值作为截止波长值。

⑤　用上述步骤中预选的截止波长（取样长度）完成一次典型的要求的参数的测量。

8　表面粗糙度比较样块

对于完工的零件或在加工过程中（如镀前）有表面粗糙度要求的零件表面需进行表面粗糙度的检测和评定，以保证产品质量。

常用的检测方法有触针法，干涉法，光切法等，均需在精密的测量仪器上进行。在车间里则常用比较法进行检测。

比较法，即将零件的被测表面与一组表面粗糙度的比较样块进行比对，凭触觉或视觉进行评定。用触觉即凭手指抚摸其加工痕迹的深浅和疏密程度时，应将两者放在同一温度的外在环境下进行。用视觉（肉眼观察或借助放大镜或显微镜）进行比对时，要求两者的加工方法一致，并注意从各个方向观测，比对其加工痕迹及反光强度，避免粗糙度和光亮度相混淆。

比较法虽简便，快速，经济实用，但只能定性测量，无法得到表面粗糙度的量值。比较法要求检验者具有丰富的实践经验。因此，比较法用于具有一般而不是严格要求的表面粗糙度的零件表面。

本节主要介绍四项比较样块标准的主要内容。

8.1　铸造表面比较样块

GB/T 6060.1—1997《表面粗糙度比较样块　铸造表面》规定了铸造金属及合金表面粗糙度比较样块的制造方法，表面特征、样块分类和粗糙度参数值及其评定方法，适用于与同他表征的铸造金属及合金，和铸造方法相同的并经过喷砂、喷丸、滚筒清理等方法清理的铸造表面进行比对，它还作为其他特定铸造工艺和铸造表面粗糙度选用的参考依据。

8.1.1　样块的分类及参数值

铸造表面比较样块按铸造工艺及材质的不同分成两大类15种，其详细分类及所表征的表面粗糙度参数值（*Ra*）见表3.4-47。

表3.4-47　铸造表面样块的分类及参数值

铸型类型		砂型类									金属型类					
合金种类		钢			铁		铜	铝	镁	锌	铜		铝		镁	锌
铸造方法		砂型铸造	壳型铸造	熔模铸造	砂型铸造	壳型铸造	砂型铸造	砂型铸造	砂型铸造	砂型铸造	金属型铸造	压力铸造	金属型铸造	压力铸造	压力铸造	压力铸造
粗糙度参数公称值 *Ra*/μm	0.2														×	×
	0.4													×	×	×
	0.8			×									×	×	※	※
	1.6		×	×		×						×	×	※	※	※
	3.2		×	※	×	×	×	×	×	×	×	×	※	※	※	※
	6.3		※	※	×	※	×	×	×	×	×	※	※	※	※	※
	12.5	×	※	※	※	※	※	※	※	※	※	※	※	※	※	※
	25	×	※		※	※	※	※	※	※	※	※	※	※	※	※
	50	※	※		※		※	※	※	※	※	※	※			
	100	※			※		※	※	※	※	※					
	200	※			※		※	※	※	※						
	400	※														

注：×为采取特殊措施方能达到的表面粗糙度；
※表示可以达到的表面粗糙度。

8.1.2　样块的表面特征

1）样块表面特征应呈现它所要表征的特定铸造金属及合金材质和铸造方法产生的铸造表面粗糙度特征，而不应含有表面粗糙度以外的其他表面特征（尽管这些特征可能是实际铸造表面所允许存在的），如波纹度、缺陷等。

2）样块表面的色泽，应是它所表征的特定铸造金属及合金材质铸件表面所能出现的色泽。

8.1.3　表面粗糙度的评定方法

（1）测量数据与取样长度

在均匀分布的表面位置上取足够的数据（对于大多数铸造表面，取25个读数），如数据过于分散可增加数目。测量时，对应样块的表面粗糙度参数公称值，选用表3.4-48的取样长度值。

表3.4-48　对应样块的表面粗糙度取样长度

表面粗糙度参数公称值/μm	0.2	0.4	0.8	1.6	3.6	6.3	12.5	25	50	100	200	400
取样长度/mm	0.25	0.8			2.5				8		25	

（2）平均值公差

测得读数值的平均值对公称值的偏离量不应超过给出的公称值百分率的范围，见表3.4-49。

测量结果的标准偏差，应不超过表3.4-49中给出的有效值（即算术平均值）百分率的范围。表中以5个取样长度的评定长度标准偏差为基础，对其他不同评定长度（即测量长度）的标准偏差的最大允许值，依据其评定长度所包括的取样长度的个数，按下式计：

$$\delta_n=\delta_5\sqrt{\frac{5}{n}}$$

式中　δ_n——评定长度包括 n 个取样长度的标准偏差；

δ_5——评定长度包括5个取样长度的标准偏差；

n——实测所选用的评定长度包括的取样长度的个数。

表3.4-49　平均值公差及标准偏差

<table>
<tr><th rowspan="3">合金种类</th><th rowspan="3">铸造方法</th><th rowspan="3">平均值公差（公差值百分率）（%）</th><th colspan="5">标准偏差（有效值百分率）（%）
评定长度所包括的取样长度的数目</th></tr>
<tr><th>2个</th><th>3个</th><th>4个</th><th>5个</th><th>6个</th></tr>
<tr></tr>
<tr><td rowspan="3">黑色金属</td><td>砂型铸造</td><td rowspan="4">+10
−20</td><td rowspan="2">32</td><td rowspan="2">26</td><td rowspan="2">22</td><td rowspan="2">20</td><td rowspan="2">18</td></tr>
<tr><td>壳型铸造</td></tr>
<tr><td>熔模铸造</td><td rowspan="2">24</td><td rowspan="2">19</td><td rowspan="2">17</td><td rowspan="2">15</td><td rowspan="2">14</td></tr>
<tr><td>有色金属</td><td>各种方法</td></tr>
</table>

8.1.4　样块的结构尺寸

样块表面每边的最小尺寸符合表3.4-50中的规定。

表3.4-50　铸造表面样块的每边最小尺寸

<table>
<tr><th colspan="2" rowspan="2">粗糙度参数值
/μm</th><th colspan="12">R_a</th></tr>
<tr><th>0.2</th><th>0.4</th><th>0.8</th><th>1.6</th><th>3.2</th><th>6.3</th><th>12.5</th><th>25</th><th>50</th><th>100</th><th>200</th><th>400</th></tr>
<tr><td rowspan="3">样块规格尺寸
/mm</td><td>Ⅰ</td><td colspan="6">20</td><td>30</td><td colspan="5">50</td></tr>
<tr><td>Ⅱ</td><td colspan="10">17</td><td colspan="2">26</td></tr>
<tr><td>Ⅲ</td><td colspan="12">100</td></tr>
</table>

8.1.5　样块的标志

比较样块的标志包括以下各项：

1）国标号—GB/T 6060.1—1997；

2）表面粗糙度参数公称值 Ra（μm）；

3）表征的铸造金属及合金材质种类及铸造方法的类型；

4）制造厂名称或注册商标；

5）产品序号。

8.2　机械加工——磨、车、镗、铣、插及刨加工表面的比较样块

GB/T 6060.2—2006规定了表征磨、车、镗、铣、插及刨等机械加工的已知轮廓算术平均偏差 Ra 值的表面粗糙度比较样块，该样块用来与相同加工纹理和相同方法制造的加工表面进行比较，通过视觉和触觉评定表面粗糙度。

机械加工样块有电铸复制、塑料或其他材料复制和机加工三种，电铸复制经济耐用，复制精度不失真，机加工样块精度高，但成本也高。一般采用电铸法较多。

8.2.1　样块的定义及表面特征

（1）定义

磨、车、镗、铣、插及刨加工的表面粗糙度比较样块是表征一种特定机械加工或其他生产方法的已知表面轮廓算术平均偏差 Ra 值的样块。

“加工纹理”系指主要表面的加工痕迹方向，通常由加工方法决定。

（2）表面特征

样块表面只应呈现它所要表征的机械加工方法产生的表面粗糙度特征，而不应包含其他特征，如在不正常条件下，磨削可能产生的不真实表面特征。

8.2.2　分类及参数值

样块按加工方法分成四类，其分类及所表征的表面粗糙度参数值（Ra）见表3.4-51。

表3.4-51　分类及参数值　（μm）

样块加工方法	磨	车、镗	铣	插、刨
表面粗糙度参数 Ra 公称值	0.025			
	0.05			
	0.1			
	0.2			
	0.4	0.4	0.4	
	0.8	0.8	0.8	0.8
	1.6	1.6	1.6	1.6
	3.2	3.2	3.2	3.2
		6.3	6.3	6.3
		12.5	12.5	12.5
				25.0

注：1. 表中的表面粗糙度参数 Ra 公称值系选自GB/T 1031—1995[㊀]表1；如需提供中间数值的样块，其中间数值则应从GB/T 1031—1995附录A的表A1中选择。

2. 表中表面粗糙度参数 Ra 值较小（如0.025μm、0.05μm和0.1μm）的样块主要适用于为设计人员提供较小表面粗糙度差异的概念。

㊀ GB/T 1031—1995已被GB/T 1031—2009取代，但表中所采用的数系与2009年标准是一致的。

8.2.3　样块的分类及粗糙度参数

样块的分类及其对应的表面粗糙度参数公称值见表3.4-51。

8.2.4　表面粗糙度的评定

（1）评定方法

在样块标准表面垂直于加工纹理的方向上，均匀分布测取足够的数据，以便能求出平均值和标准偏差。对于大多数样块标准表面，测取25个数据已经足够；对于加工纹理呈周期变化的样块标准表面，则可以少于25个数据；而对于加工纹理呈随机变化的样块标准表面，则可以多于25个数据。数据必须是按GB/T 6062—2002的要求选择测量仪器，经正确操作所测得的。

（2）取样长度

取样长度应按照表3.4-52的规定选取。

表3.4-52　取样长度

表面粗糙度参数 Ra 公称值/μm	样块加工方法			
	磨	车、镗	铣	插、刨
	取样长度/mm			
0.025	0.25	—	—	—
0.05	0.25	—	—	—
0.1	0.25	—	—	—
0.2	0.25	—	—	—
0.4	0.8	0.8	0.8	—
0.8	0.8	0.8	0.8	0.8
1.6	0.8	0.8	2.5	0.8
3.2	2.5	2.5	2.5	2.5
6.3	—	2.5	8.0	2.5
12.5	—	2.5	8.0	8.0
25.0	—	—	—	8.0

注：1. 样块表面微观不平度主要间距应不大于给定的取样长度。
2. 对于加工纹理呈周期变化的样块标准表面，其取样长度应取距表中规定值最近的、较大的整周期数的长度。

（3）平均值公差

测量读数的平均值对公称值的偏离量应不超过表3.4-53给出的公称值百分率的范围。

表3.4-53　平均值公差与标准偏差

样块加工方法	平均值公差（公称值百分率，%）	标准偏差（有效值百分率，%）			
		评定长度所包括的取样长度的数目			
		3个	4个	5个	6个
磨	+12 −17	12	10	9	8
铣					
车、镗		5	4		
插		4	3		
刨					

注：表中取样长度数目为3个、4个、6个的标准偏差是按取样长度数目为5个的标准偏差计算的。

（4）标准偏差

偏离平均值的标准偏差应不超过表3.4-53中给出的有效值百分率的范围。

不同评定长度的标准偏差的最大允许值 σ_n，依据评定长度所包括的取样长度的数目，按照以下公式计算：

$$\sigma_n = \sigma_5 \sqrt{\frac{5}{n}}$$

式中：

σ_5——评定长度包括5个取样长度的标准偏差；

n——实测所选用的评定长度所包括的取样长度的个数。

8.2.5　样块的加工纹理

加工纹理的总方向最好平行于样块的短边。对精圆周铣削时，虽然走刀痕迹可平行于长边，但主要加工纹理仍应平行于样块的短边，而由于切削刃的不完善所产生的表面微观不平度不视作加工纹理。样块的加工纹理特征应符合表3.4-54的规定。

表3.4-54　机加工表面样块的纹理特征

纹理形式	加工方法	样块表面形式	表面纹理特征图
直纹理	圆周磨削	平面圆柱凸面	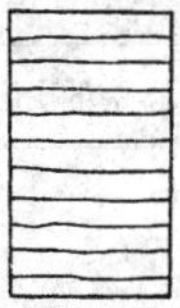
	车	圆柱凸面	
	镗	圆柱凹面	
	平铣	平面	
	插	平面	
	刨	平面	
弓形纹理	端铣	平面	
	端车	平面	
交叉式弓形纹理	端铣	平面	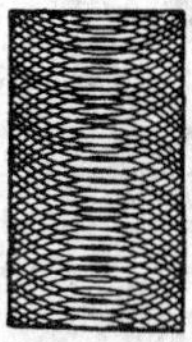
	端磨	平面	

8.2.6　样块的结构尺寸及标志

1）样块的结构尺寸应便于样块与机械加工表面的对比，以及便于自身的检测，样块表面每边的最小长度应符合表3.4-55的要求。

表 3.4-55　机加工表面样块每边最小长度

粗糙度参数公称值 Ra/μm	0.025 ~ 3.2	6.3 ~ 12.5	25
最小长度/mm	20	30	50

2）机加工样块必须有相应的标志，以表明其加工方法与参数值，其内容包括以下 5 个方面：

① 制造厂厂名或注册商标；

② 采用的标准代号；

③ 表面粗糙度参数 Ra 及其公称值（μm）；

④ 表征的机械加工方法；

⑤ 产品序号。

8.3　电火花、抛（喷）丸、喷砂、研磨、锉、抛光表面比较样块

GB/T 6060.3—2008《表面粗糙度比较样块　第 3 部分、电火花、抛（喷）丸、喷砂、研磨、锉、抛光加工表面》代替了原 GB/T 6060.3—1986，GB/T 6060.4—1988 和 GB/T 6060.5—1988 三个标准中的有关内容，并增加了研磨、锉加工表面的技术要求。

8.3.1　电火花、研磨、锉和抛光表面及抛（喷）丸、喷砂表面的粗糙度参数值（表 3.4-56 及表 3.4-57）

表 3.4-56　电火花、研磨、锉、抛光表面参数值

比较样块的分类	研磨	抛光	锉	电火花
	金属或非金属			
表面粗糙度参数 Ra 公称值/μm	0.012	0.012	—	—
	0.025	0.025	—	—
	0.05	0.05	—	—
	0.1	0.1	—	—
	—	0.2	—	—
	—	0.4	—	0.4
	—	—	0.8	0.8
	—	—	1.6	1.6
	—	—	3.2	3.2
	—	—	6.3	6.3
	—	—	—	12.5

表 3.4-57　抛（喷）丸、喷砂表面参数值

<table>
<tr><th rowspan="2">表面粗糙度参数 Ra 公称值/μm</th><th colspan="3">抛(喷)丸表面比较样块的分类</th><th colspan="3">喷砂表面比较样块的分类</th><th rowspan="2">覆盖率</th></tr>
<tr><th>钢、铁</th><th>铜</th><th>铝、镁、锌</th><th>钢、铁</th><th>铜</th><th>铝、镁、锌</th></tr>
<tr><td>0.2</td><td rowspan="2">☆</td><td rowspan="2">☆</td><td rowspan="2">☆</td><td rowspan="2">—</td><td rowspan="2">—</td><td rowspan="2">—</td><td rowspan="10">98%</td></tr>
<tr><td>0.4</td></tr>
<tr><td>0.8</td><td rowspan="8">※</td><td rowspan="8">※</td><td rowspan="8">※</td><td rowspan="7">※</td><td rowspan="7">※</td><td rowspan="7">※</td></tr>
<tr><td>1.6</td></tr>
<tr><td>3.2</td></tr>
<tr><td>6.3</td></tr>
<tr><td>12.5</td></tr>
<tr><td>25</td></tr>
<tr><td>50</td></tr>
<tr><td>100</td><td>—</td><td>—</td><td>—</td></tr>
</table>

注：1.“☆”表示采取特殊措施方能达到的表面粗糙度。
2.“※”表示采取一般工艺措施可以达到的表面粗糙度。

8.3.2　表面粗糙度的评定

（1）评定方法

在比较样块标准表面均匀分布的 10 个位置上（有纹理方向的应垂直于纹理方向），测取 Ra 值数据，以便能求出平均值和标准偏差。当有争议时，测取 25 个数据。根据数据的分散程度，可适当增加或减少测取 Ra 数据的个数。

测量仪器应符合 GB/T 6062—2002 的规定，测量方法应符合 GB/T 10610—1998㊀的规定。测量仪器如有已知或给定的误差，应予以考虑。

（2）取样长度

比较样块取样长度的选取见表 3.4-58 的规定。

表 3.4-58　取样长度

<table>
<tr><th rowspan="2">表面粗糙度参数 Ra 公称值/μm</th><th colspan="5">取样长度/mm</th></tr>
<tr><th>电火花表面</th><th>抛（喷）丸、喷砂表面</th><th>锉表面</th><th>研磨表面</th><th>抛光表面</th></tr>
<tr><td>0.012</td><td rowspan="5">—</td><td rowspan="5">—</td><td rowspan="6">—</td><td rowspan="2">0.08</td><td rowspan="2">0.08</td></tr>
<tr><td>0.025</td></tr>
<tr><td>0.05</td><td rowspan="2">0.25</td><td rowspan="2">0.25</td></tr>
<tr><td>0.1</td></tr>
<tr><td>0.2</td><td rowspan="10">—</td><td rowspan="3">0.8</td></tr>
<tr><td>0.4</td><td rowspan="3">0.8</td><td rowspan="3">0.8</td></tr>
<tr><td>0.8</td><td rowspan="2">0.8</td></tr>
<tr><td>1.6</td><td rowspan="7">—</td></tr>
<tr><td>3.2</td><td rowspan="2">2.5</td><td rowspan="2">2.5</td><td rowspan="2">2.5</td></tr>
<tr><td>6.3</td></tr>
<tr><td>12.5</td><td>8.0</td><td rowspan="3">0.8</td><td rowspan="2">8.0</td></tr>
<tr><td>25</td><td rowspan="3">—</td></tr>
<tr><td>50</td><td rowspan="2">—</td></tr>
<tr><td>100</td><td>25</td></tr>
</table>

（3）平均值公差及标准偏差

1）测量读数的平均值对公称值的偏差不应大于表 3.4-59 所给出的平均值公差（公称值百分率）的范围。

2）标准偏差

偏离平均值的标准偏差不应大于表 4 所给出的标准偏差（有效值百分率）的范围。不同评定长度的标准偏差的最大值，根据评定长度所包括的取样长度的个数，按下式计算。

$$\sigma_n = \sigma_5 \sqrt{\frac{5}{n}}$$

式中　σ_n——实测时，选用的评定长度所包括 n 个取样长度的标准偏差；

σ_5——评定长度所包括 5 个取样长度的标准偏差；

㊀ GB/T 10610—1998 已被 GB/T 10610—2009 代替。

n——实测时，选用的评定长度所包括的取样长度的个数。

读数的平均值公差与标准偏差见表3.4-59。

表3.4-59　平均值公差与标准偏差

比较样块	平均值公差（公称值百分率）	标准偏差（有效值百分率）评定长度所包括的取样长度数目			
		3个	4个	5个	6个
电火花表面	（+12%）~（-17%）	15%	13%	12%	11%
抛(喷)丸、喷砂表面					
锉表面					
抛光表面					
研磨表面	（+20%）~（-25%）	12%	10%	9%	8%

（4）样块的加工纹理

加工纹理的总方向应平行于比较样块的短边，其纹理特征见表3.4-60。

表3.4-60　样块的加工纹理特征

纹理式样	具有代表性的加工方法	比较样块形式
多方向性直纹理	机械抛光	平面、凸圆（圆柱形）
	手研	
	锉	
无方向性	机械研磨	
	电化学抛光	
	化学抛光	

（5）样块的结构尺寸与标志

1）比较样块的结构尺寸应满足使用以及测量本身表面粗糙度的要求。

比较样块的标准表面为矩形，长边尺寸不应小于20mm；对轮廓算术平均偏差 Ra 的公称值为6.3μm~0.012μm的比较样块，短边尺寸不应小于11mm；对轮廓算术平均偏差 Ra 的公称值为50μm、100μm的比较样块，长边尺寸不应小于50mm，短边尺寸不应小于20mm。

2）样块必须有相应的标志，以表明其加工方法与参数值，其内容应包括以下5个方面：

① 制造厂厂名或注册商标；

② 表面粗糙度参数 Ra 及其公称值（μm）；

③ 所表征的加工方法；

注：如“抛光”字样。

④ 本部分的标准号；

⑤ 产品序号。

8.4　木制件表面比较样块

GB/T 14495—2009规定了木制件表面粗糙度比较样块的制造方法、表面特征、样块分类、表面粗糙度参数、评定方法结构尺寸及标志等内容。它适用于砂、铣、刨、车等方法加工的木制件。该样块用以与其结构纹理相近和加工方法相同的表面进行比较。通过视觉和触觉来评定木制件的表面粗糙度。还可作为木制件表面粗糙度选用的参考依据。

8.4.1　样块的定义及表面特征

（1）定义

木制件表面粗糙度比较样块是表征木材经机械加工或其他方法加工的具有与实际工件相近似表面特征的已知表面轮廓算术平均偏差 Ra 值的样块。

（2）表面特征

样块表面只应呈现它所要表征的特定材质和加工方法所产生的表面粗糙度特征，而不应含有表面粗糙度以外的如波纹度、翘曲度、木材缺陷及加工缺陷等其他表面特征。

8.4.2　样块的分类及参数值

样块按加工方法及材质分成四类8种。其详细分类与所表征的表面粗糙度参数值 Ra 见表3.4-61。

表3.4-61　样块表面粗糙度参数值

加工方法	砂光		光刨类		平、压刨类		车	
木材分类	粗孔材	细孔材	粗孔材	细孔材	粗孔材	细孔材	粗孔材	细孔材
表面粗糙度参数公称值 Ra	3.2	3.2	3.2	3.2	3.2	3.2	3.2	3.2
	6.3	6.3	6.3	6.3	6.3	6.3	6.3	6.3
	12.5	12.5	12.5		12.5	12.5	12.5	12.5
	25		25		25	25	25	
					50	50		

注：1. 光刨类包括手光刨、机光刨、刮刨。
2. 平、压刨类包括铣削。
3. 粗孔材类指管孔直径大于200μm的木材；细孔材类指管孔直径小于或等于200μm的木材（包括无孔材）。

8.4.3　粗糙度的评定

（1）评定方法

按加工产生的最大粗糙度参数值的方向，在样块表面均匀分布的25个位置，分别测得表面粗糙度参数值，并计算这些参数值的平均值和标准偏差。根据测得参数的分散程度，可适当增加或减少测量位置的个数。测量时，一般应避开剖切导管较集中的局部表面。

测量仪器应符合GB/T 6062的规定。测量仪器如果有已知或给定的误差，应予以考虑。

（2）取样长度

测量时，取样长度按表 3.4-62 选取。

表 3.4-62　取样长度推荐数值

$Ra/\mu m$		3.2	6.3	2.5	25	50①
加工方法	平、压刨类	2.5	8.0		25	
	其他	2.5			8.0	

① 对于轮廓微观不平度的平均间距（*Rsm*）大于 10mm 的木制件表面，在评定表面粗糙度 *Ra* 参数值时，应采用在记录轮廓图形上计算的方法。

(3) 平均值偏差与标准偏差

测量粗糙度参数值的平均值对公称值的相对偏差，应不超过表 3.4-63 中给出的百分率的范围。

表 3.4-63　平均值偏差与标准偏差

加工方法	木材分类	平均值偏差（公称值百分率,%）	评定长度所包括的取样长度个数 2	3	4	5	6
			标准偏差（有效值百分率,%）				
砂光	细孔材	+20 −15	24	19	17	15	14
	粗孔材	+25 −20	32	26	22	20	18
其他	细孔材	+25 −20	32	26	22	20	18
	粗孔材	+30 −25	40	32	28	25	23

偏离平均值的标准偏差，应不超过表 3 中所规定的有效值百分率范围。

不同评定长度的标准偏差的最大允许值，根据评定长度所包括的取样长度的个数按下列公式计算：

$$\sigma_n = \sigma_5\sqrt{\frac{5}{n}}$$

式中　σ_n——实测时选用的评定长度所包括 n 个取样长度的标准偏差；

σ_5——评定长度包括 5 个取样长度的标准偏差；

n——实测时选用的评定长度所包括的取样长度的个数。

8.4.4　样块的结构尺寸与标志

(1) 样块的结构尺寸

样块的结构尺寸应满足使用需要和对本身表面粗糙度测量的要求。

样块表面的最小尺寸应为 50mm×100mm。

(2) 样块的标志

样块的标志应包含以下 5 个方面：

① GB/T 14495—2009；

② 表面粗糙度参数 *Ra* 及其公称值（μm）；

③ 木材分类及加工方法的类型；

④ 制造厂厂名或注册商标；

⑤ 产品序号。

第5章　螺　　纹

1　概述

1.1　螺纹的用途和特征

螺纹具有结构简单、装拆方便、性能可靠，易于加工等优点，长期以来被广泛地应用于各种机电产品。常用螺纹的用途和特征见表3.5-1。

1.2　螺纹标准（见表3.5-2）

表3.5-1　常用螺纹的用途和特征

螺纹名称	主要用途和特征	备　　注
普通螺纹	主要用于紧固联接，是牙型角60°，牙型对称的圆柱螺纹，其螺距分为粗牙和细牙。粗牙螺纹的直径和螺距的比例适中、强度好；细牙螺纹用于薄壁零件和轴向尺寸受限制的场合或用于轴向微调机构	亦称一般用途的螺纹，是螺纹件数量最多的一种
特种细牙螺纹	主要用于光学仪器上大直径、小螺距的薄壁零件。其牙型与普通螺纹相同，而螺距比普通螺纹的细牙更小	
过渡配合螺纹	主要用于双头螺柱固定于机体的一端，其牙型与普通螺纹相同，选取普通螺纹的部分尺寸，利用内、外螺纹旋合后在中径上形成过渡配合进行锁紧，易产生过松或过紧而影响装配效率	应在中径尺寸之外采用辅助的锁紧结构，防止螺柱松动
过盈配合螺纹	主要用于功率大、转速高、工作环境恶劣的动力机械（如飞机发动机），其牙型与普通螺纹相同，利用中径尺寸过盈锁紧螺柱，不允许采用辅助的锁紧机构	推荐采用分组装配以提高效率
短牙螺纹	用于细牙螺纹尚不能满足要求的薄壁零件，将牙型高度由普通螺纹的$\frac{5}{8}H$改为$\frac{4}{8}H$。牙型角仍为60°，其螺距采用了普通螺纹的全部细牙螺距，公称直径范围为8～160mm	多用于光学仪器的调焦部分
MJ螺纹	主要用于航空和航天器，其牙型角为60°。与普通螺纹相比，加大了外螺纹的牙底圆弧半径R，加大了小径的削平量，从而提高了螺纹强度	亦称加强螺纹
小螺纹	用于钟表、仪器仪表和电子产品中，公称直径小于1mm的紧固联接螺纹。其牙型角为60°。为提高小螺纹的强度，其基本牙型上小径处的削平高度由普通螺纹的$0.25H$提高为$0.321H$	由于小螺纹的牙槽浅，所以工艺性能有改善
方形螺纹	最初的传动螺纹，牙型为90°正方形，传动效率高，牙根强度差，对中性不好，磨损后间隙也无法补偿，因工艺性能差，目前仅用于对传动效率有较高要求的机件	亦称矩形螺纹，没有制定国标
梯形螺纹	一般用途的传动螺纹，牙型角为30°，牙型高度为$0.5P$。与方型螺纹相比，强度好，对中性也好，间隙可调，工艺性能好，但传动效率低于方形螺纹。被广泛应用于各种传动和大尺寸机件的紧固	
短牙梯形螺纹	适用于要求径向尺寸小的梯形螺纹传动，如阀门等。牙型角为30°，牙型高度为$0.3P$，结构紧凑、强度好，工艺性也好。也可用于紧固和定位	
锯齿形螺纹	用于单向受力的传动和定位。是集方形螺纹效率高和梯形螺纹工艺好、强度好于一身的非对称牙型的螺纹。一般用途的锯齿形螺纹其牙侧角分别为3°/30°。此外可根据对传动效率的不同要求，另外选择承载面的牙侧角，并根据牙底强度的需要选取非承载面的牙侧角，同时还需选择大径和中径两种不同定心方式中的一种	目前使用的牙侧角有：3°/30°、3°/45°、7°/45°、0°/45°等数种不同的锯齿形螺纹

（续）

螺纹名称	主要用途和特征	备　注
圆弧螺纹	因其牙型为圆弧，故不易碰伤并易于清除污垢。用于玻璃器皿的瓶口、吊钩或需清除污物的场合。常用的牙型角为30°或45°	亦称圆螺纹
55°非密封管螺纹	牙型角为55°，内、外螺纹均为圆柱形的管螺纹。内、外螺纹配合后不具有密封性，在管路系统中仅起机械联接作用。也可用于电线保护等场合。由于可借助密封圈在螺纹副之外的端面进行密封，故多用于静载下的低压管路系统	牙型角为55°的管螺纹，其牙顶和牙底均为圆弧形
55°密封管螺纹	牙型角为55°的密封管螺纹，内、外螺纹旋紧后螺纹副本身具有密封能力。它包括两种配合方式： 1）圆柱内螺纹/圆锥外螺纹，密封性好，用于低压静载，水、煤气管多采用此种配合方式 2）圆锥内螺纹/圆锥外螺纹，密封效率低，但不易被破坏，可用于高压，承受冲击载荷的场合	锥螺纹的锥度为1∶16，牙顶和牙底均为圆弧形
60°密封管螺纹	牙型角为60°的密封管螺纹，与55°密封管螺纹的配合方式及性能相同，在汽车、飞机和机床等行业中使用较多，其锥度为1∶16	该螺纹牙型规定的牙顶和牙底均是平的，实际加工中多呈圆弧形，该螺纹牙型来源于美国标准
米制密封螺纹	基本牙型及尺寸系列均符合普通螺纹规定的管螺纹，其性能与其他密封管螺纹相同。其优点是能与普通螺纹组成配合，加工和测量都比较方便，锥度为1∶16	
气瓶螺纹	牙型角为55°，锥度为3∶25的圆锥螺纹，牙顶与牙底均为圆弧形，用于气瓶与瓶阀的连接，以及用于瓶帽与颈圈连接的圆柱螺纹	螺纹牙的方向分为：螺纹牙的角平分线垂直于螺纹轴线和垂直于圆锥体母线两种。锥螺纹的锥度也不完全相同
目镜螺纹	用于光学仪器中目镜和镜筒的连接，螺纹的原始三角形亦为60°的等边三角形。但其牙型却有别于特种细牙螺纹和短牙螺纹，与两者相比较牙型高度更矮	
热浸镀锌螺纹	用于电力设备上的普通螺纹，为容纳较厚热浸镀层，分别在内螺纹或外螺纹上留有更大间隙的螺纹	
统一螺纹	牙型角为60°的英制一般用途螺纹，其牙型与普通螺纹相同。对高强度的外螺纹规定有圆弧牙底。以直径和牙数系列表达螺纹的尺寸。大量用于螺钉、螺栓和螺母，尺寸范围为0.06～6in（1in＝25.4mm）	该螺纹最初是由美国、英国和加拿大三国共同商定的。此后被纳入国际标准，技术内容无原则变化

表3.5-2　常用螺纹标准一览表

序号	标准名称	标准号	代替号	相应国际标准	备　注
1	螺纹术语	GB/T 14791—1993	GB 2515—1981	ISO5408:1993neq	—
2	普通螺纹　基本牙型	GB/T 192—2003	GB 192—1981	ISO68—1:1998MOD	—
3	普通螺纹　直径与螺距系列	GB/T 193—2003	GB 193—1981	ISO261:1998MOD	—
4	普通螺纹　基本尺寸	GB/T 196—2003	GB 196—1981	ISO724:1993MOD	—
5	普通螺纹　公差	GB/T 197—2003	GB 197—1981	ISO965—1:1998MOD	—
6	普通螺纹　极限偏差	GB/T 2516—2003	GB 2516—1981	ISO965—3:1998MOD	—
7	普通螺纹　极限尺寸	GB/T 15756—2008	GB/T 15756—1995	—	未列入本手册
8	普通螺纹　优选系列	GB/T 9144—2003	GB 9144—1988	ISO262:1998MOD	—
9	普通螺纹　中等精度优选系列的极限尺寸	GB/T 9145—2003	GB 9145—1988	ISO965—2—1998MOD	—
10	普通螺纹　粗糙精度优选系列的极限尺寸	GB/T 9146—2003	GB 9146—1988	—	—
11	光学仪器-特种细牙螺纹	JB/T 9313—1999	ZBN 30006—1988	—	—
12	MJ螺纹　第1部分:通用要求	GJB 3.1A—2003	GJB3.1～3.5—1982（部分内容）	—	—
13	过渡配合螺纹	GB/T 1167—1996	GB 1167—1974、GB 1180—1974	—	—

（续）

序号	标准名称	标 准 号	代 替 号	相应国际标准	备　　注
14	过盈配合螺纹	GB/T 1181—1998	GB 1181—1974	—	—
15	小螺纹　牙型	GB/T 15054.1—1994	GB 192—1963 的小螺纹部分	—	—
16	小螺纹　直径与螺距系列	GB/T 15054.2—1994	GB 193—1963 的小螺纹部分	—	—
17	小螺纹　基本尺寸	GB/T 15054.3—1994	GB 194—1963	ISO/R1501: 1970neq	—
18	小螺纹　公差	GB/T 15054.4—1994	GB 195—1963	—	—
19	小螺纹　极限尺寸	GB/T 15054.5—1994	—	—	—
20	梯形螺纹　第 1 部分: 牙型	GB/T 5796.1—2005	GB 5796.1—1986	ISO2901; 1993MOD	—
21	梯形螺纹　第 2 部分: 直径与螺距系列	GB/T 5796.2—2005	GB 5796.2—1986	ISO2902; 1977MOD	—
22	梯形螺纹　第 3 部分: 基本尺寸	GB/T 5796.3—2005	GB 5796.3—1986	ISO2904; 1977MOD	—
23	梯形螺纹　第 4 部分: 公差	GB/T 5796.4—2005	GB 5796.4—1986	ISO2903: 1993MOD	—
24	梯形螺纹　极限尺寸	GB/T 12359—2008	GB/T 12359—1990	—	未列入本手册
25	机床梯形螺纹丝杠、螺母　技术条件	JB/T 2886—2008	JB 2886—1992	—	—
26	锯齿形(3°、30°)螺纹 第 1 部分: 牙型	GB/T 13576.1—2008	GB/T 13576.1—1992	—	—
27	锯齿形(3°、30°)螺纹 第 2 部分: 直径与螺距系列	GB/T 13576.2—2008	GB/T 13576.2—1992	—	—
28	锯齿形(3°、30°)螺纹 第 3 部分: 基本尺寸	GB/T 13576.3—2008	GB/T 13576.3—1992	—	—
29	锯齿形(3°、30°)螺纹 第 4 部分: 公差	GB/T 13576.4—2008	GB/T 13576.4—1992	—	—
30	普通螺纹　管路系列	GB/T 1414—2003	GB 1414—1978	—	—
31	米制密封螺纹	GB/T 1415—2008	GB/T 1415—1992	—	—
32	55°密封管螺纹　第 1 部分: 圆柱内螺纹与圆锥外螺纹	GB/T 7306.1—2000	部分代替 GB 7306—1987	ISO7—1: 1994eqv	—
33	55°密封管螺纹　第 2 部分: 圆锥内螺纹与圆锥外螺纹	GB/T 7306.2—2000	部分代替 GB 7306—1987	ISO7—1: 1994eqv	—
34	55°非密封管螺纹	GB/T 7307—2001	GB 7307—1987	ISO228: 1994eqv	
35	60°密封管螺纹	GB/T 12716—2002	GB/T 12716—1991	—	
36	气瓶专用螺纹	GB 8335—1998	GB 8335—1987	—	—
37	热浸镀锌螺纹 在内螺纹上容纳镀锌层	GB/T 22028—2008	—	ISO965—5: 1998MOD	—
38	热浸镀锌螺纹 在外螺纹上容纳镀锌层	GB/T 22029—2008	—	ISO965—4: 1998MOD	—
39	统一螺纹牙型	GB/T 20669—2006	—	ISO68—2: 1998MOD	—
40	统一螺纹直径与牙数系列	GB/T 20670—2006	—	ISO263: 1973MOD	—
41	统一螺纹公差	GB/T 20666—2006	—	ISO5864: 1993MOD	—
42	统一螺纹基本尺寸	GB/T 20668—2006	—	—	参照采用 ASME B1.1: 2003
43	统一螺纹极限尺寸	GB/T 20667—2006	—	—	
44	普通螺纹收尾、肩距、退刀槽和倒角	GB/T 3—1997	GB 3—1979	ISO3508: 1976 MOD ISO4755: 1983	
45	搓、滚制普通螺纹前的毛坯直径	GB/T 18685—2002	—	—	—
46	普通螺纹量规技术条件	GB/T 3934—2003	GB 3934—1983	ISO1502: 1996neq	未列入本手册
47	螺纹量规和光滑极限量规型式与尺寸	GB/T 10920—2008	GB/T 10920—2003	ISO/DIS 3670: 1994neq	
48	梯形螺纹量规　技术条件	GB/T 8124—2004	GB 8124—1987	—	未列入本手册
49	梯形螺纹量规　型式与尺寸	GB/T 8125—2004	GB 8125—1987		
50	55°非密封管螺纹量规	GB/T 10922—2006	GB 10922—1989	ISO228—2: 1987MOD	未列入本手册

1.3　英制螺纹

国外常用英制螺纹的代号、名称和标准号见表 3.5-3。

表 3.5-3　国外常用英制螺纹的代号、名称和标准号

标记代号	名　　称	国别及标准号	备　　注
B. S. W.	标准惠氏粗牙系列，一般用途圆柱螺纹	英国标准 BS84	牙型角为 55°的英制螺纹
B. S. F.	标准惠氏细牙系列，一般用途圆柱螺纹		
Whit. S	附加的惠氏可选择系列，一般用途圆柱螺纹		
Whit	惠氏牙型的非标准螺纹		
UN	恒定螺距系列的统一螺纹	美国标准 ANSIB1. 1	牙型角为 60°的英制螺纹，具有标准牙型（牙底是平的或随意倒圆的）的内、外螺纹
UNC	粗牙系列的统一螺纹		
UNF	细牙系列的统一螺纹		
UNEF	超细牙系列的统一螺纹		
UNS[①]	特殊系列的统一螺纹		
UNR	圆弧牙底恒定螺距系列的统一螺纹		牙型角为 60°的英制螺纹，具有圆弧牙底的 UNR、UNRC、UNRF、UNREF、UNRS 只用于外螺纹而不用于内螺纹
UNRC	圆弧牙底粗牙系列统一螺纹		
UNRF	圆弧牙底细牙系列统一螺纹		
UNREF	圆弧牙底超细牙系列统一螺纹		
UNRS	圆弧牙底特殊系列统一螺纹		
NPT[②]	一般用途的锥管螺纹	美国标准 ANSIB1. 20. 1	牙型角为 60°的英制管螺纹
NPSC[②]	管接头用直管螺纹		
NPTR	导杆连接用锥管螺纹		
NPSM	机械连接用直管螺纹		
NPSL	锁紧螺母用直管螺纹		
NPSH	软管连接用直管螺纹		
NPTF	干密封标准型锥管螺纹	美国标准 ANSIB1. 20. 3	Ⅰ型
PTF-SAE SHORT	干密封短型锥管螺纹		Ⅱ型
NPSF	干密封标准型燃油用直管内螺纹		Ⅲ型
NPS1	干密封标准型一般用直管内螺纹		Ⅳ型
ACME[③]	一般用途的梯形螺纹	美国标准 ANSIB1. 5	牙型角为 29°的英制传动螺纹

① 公差使用与标准系列相同的公式计算的标准系列之外的所有直径与螺距组合。

② 我国的 60°密封管螺纹 GB/T 12716—2002 包括 NPT 和 NPSC。

③ ACME 螺纹包括一般用途的和定心的两种配合的梯形螺纹，其中一般用途者与我国标准 GB/T 5796.1～5796.4—2005 规定的梯形螺纹的性能相同。

2　螺纹术语

螺纹术语及其定义（GB/T 14791—1993）见表 3.5-4。

关于螺纹术语的几点说明

(1) 关于基本牙型定义

在 GB/T 14791—1993《螺纹术语》中基本牙型的定义：

削去原始三角形的顶部和底部所形成的内、外螺纹共有的理论牙型，它是确定设计牙型的基础。

普通螺纹的基本牙型和设计牙型是一致的，是内、外螺纹共有的牙型，并且具有基本尺寸。但是并不是所有的螺纹都如此，例如梯形螺纹的基本尺寸就在设计牙型上，而它的设计牙型又不同于基本牙型，参看图 3.5-1。

在梯形螺纹设计牙型上的基本尺寸有两个尺寸不同于基本牙型上的对应尺寸，它们是：

内螺纹的大径 $D_4 = D + 2a_c$

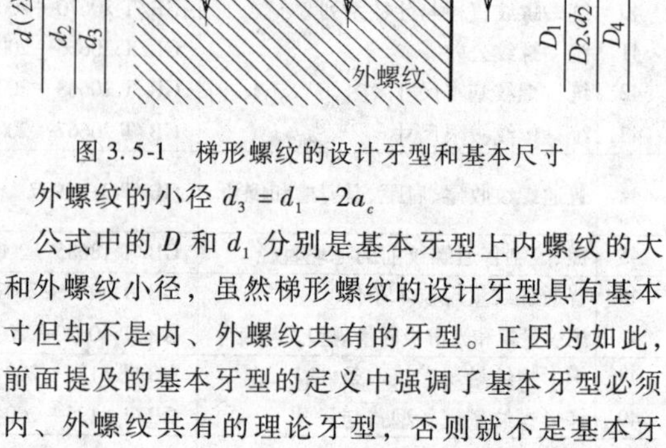

图 3.5-1　梯形螺纹的设计牙型和基本尺寸

外螺纹的小径 $d_3 = d_1 - 2a_c$

公式中的 D 和 d_1 分别是基本牙型上内螺纹的大径和外螺纹小径，虽然梯形螺纹的设计牙型具有基本尺寸但却不是内、外螺纹共有的牙型。正因为如此，在前面提及的基本牙型的定义中强调了基本牙型必须是内、外螺纹共有的理论牙型，否则就不是基本牙型，这一特征对所有的螺纹都是适用的。

表 3.5-4　螺纹术语及其定义

序号	术　　语	定　　义
1	螺旋线 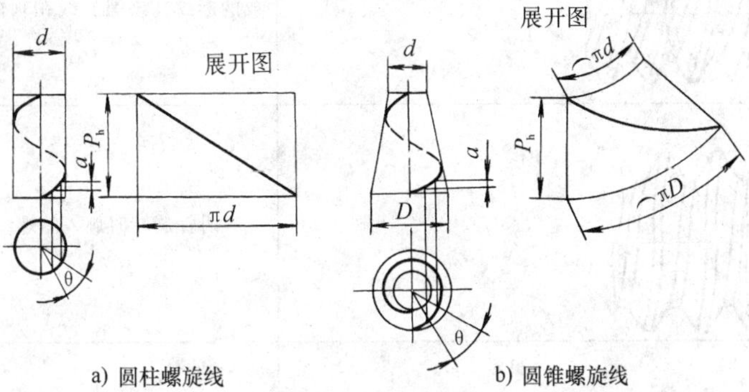 a) 圆柱螺旋线　　b) 圆锥螺旋线	沿着圆柱或圆锥表面运动的点的轨迹，该点的轴向位移和相应的角位移成定比
2	螺纹 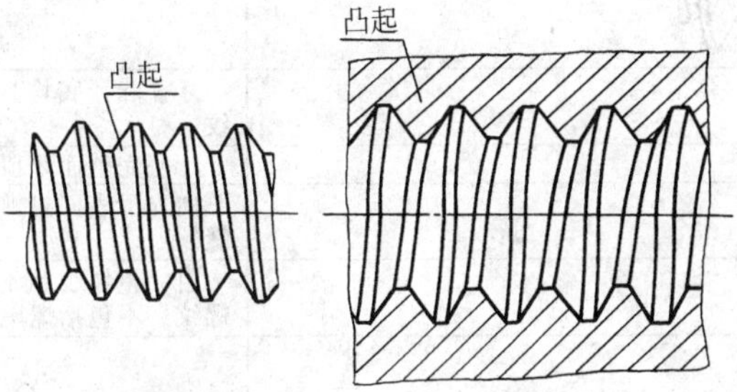 a) 外螺纹　　b) 内螺纹	在圆柱或圆锥表面上，沿着螺旋线所形成的具有规定牙型的连续凸起 注：凸起是指螺纹两侧面间的实体部分，又称牙
3	圆柱螺纹（见序号 2 图）	在圆柱表面上所形成的螺纹
4	圆锥螺纹 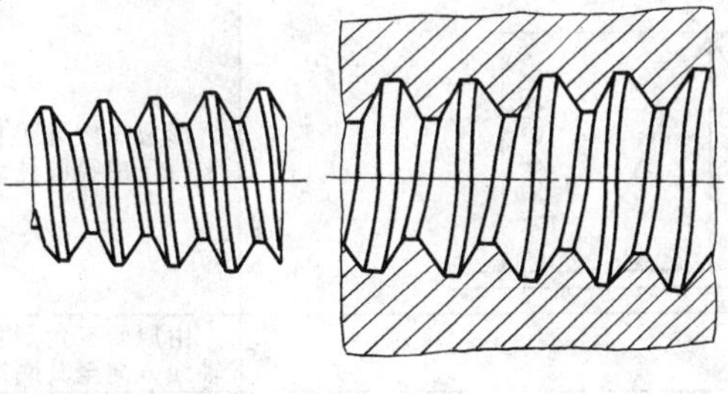 a)外螺纹　　b)内螺纹	在圆锥表面上所形成的螺纹
5	外螺纹（见序号 2 和 4 的图 a）	在圆柱或圆锥外表面上所形成的螺纹
6	内螺纹（见序号 2 和 4 的图 b）	在圆柱或圆锥内表面上所形成的螺纹
7	螺纹副	内、外螺纹相互旋合形成的联结
8	单线螺纹 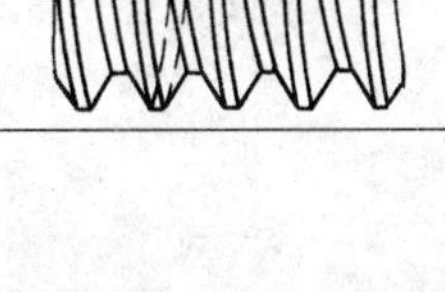	沿一条螺旋线所形成的螺纹

（续）

序号	术　语	定　义
9	多线螺纹 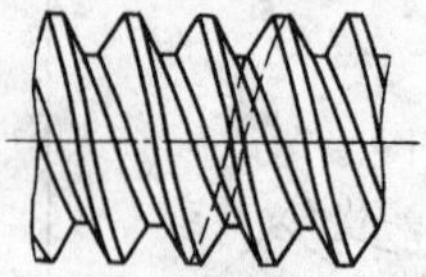	沿两条或两条以上的螺旋线所形成的螺纹，该螺旋线在轴向等距分布
10	右旋螺纹 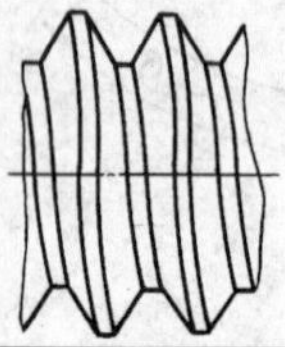	顺时针旋转时旋入的螺纹
11	左旋螺纹 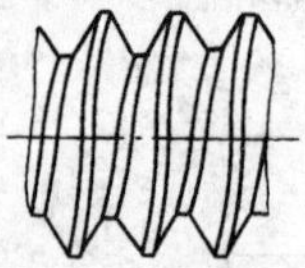	逆时针旋转时旋入的螺纹
12	完整螺纹（见序号59图）	牙顶和牙底均具有完整形状的螺纹
13	不完整螺纹（见序号59图）	牙底完整而牙顶不完整的螺纹
14	螺尾（见序号59图）	向光滑表面过渡的牙底不完整的螺纹
15	有效螺纹（见序号59图）	由完整螺纹和不完整螺纹组成的螺纹，不包括螺尾
16	螺纹牙型 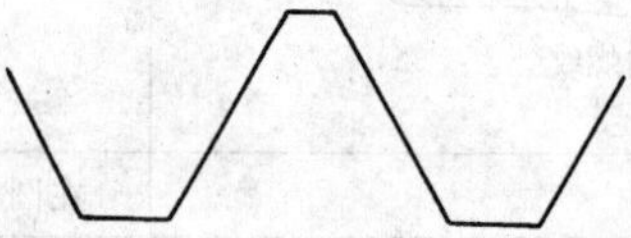	在通过螺纹轴线的剖面上螺纹的轮廓形状
17	原始三角形 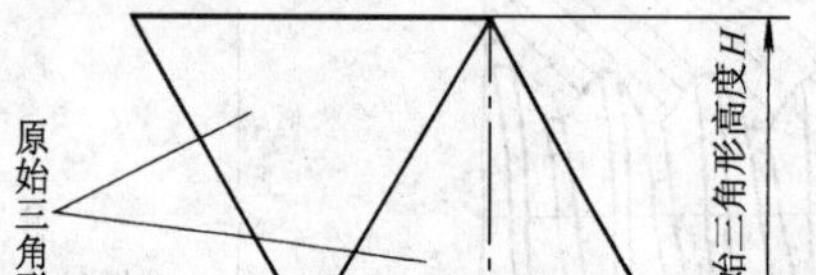	形成螺纹牙型的三角形，其底边平行于中径圆柱或圆锥的母线
18	原始三角形高度（见序号17图）	由原始三角形顶点沿垂直于螺纹轴线方向至其底边的距离
19	基本牙型 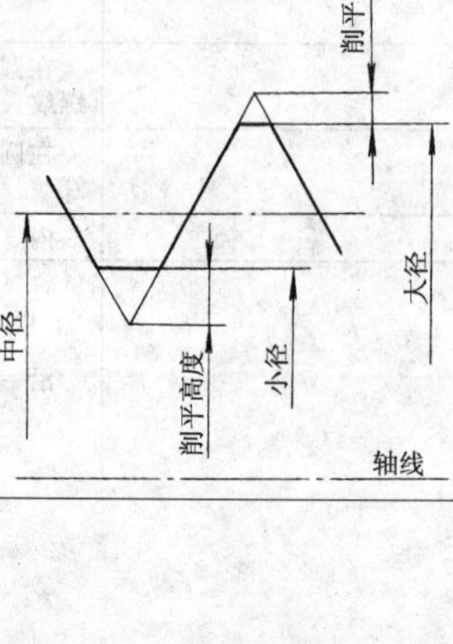	削去原始三角形的顶部和底部所形成的内、外螺纹共有的理论牙型。它是确定螺纹设计牙型的基础

（续）

序号	术　语	定　义
20	削平高度（见序号19图）	从螺纹牙型的顶部或底部到它所在原始三角形的顶点之间，在垂直于螺纹轴线方向上的距离
21	设计牙型 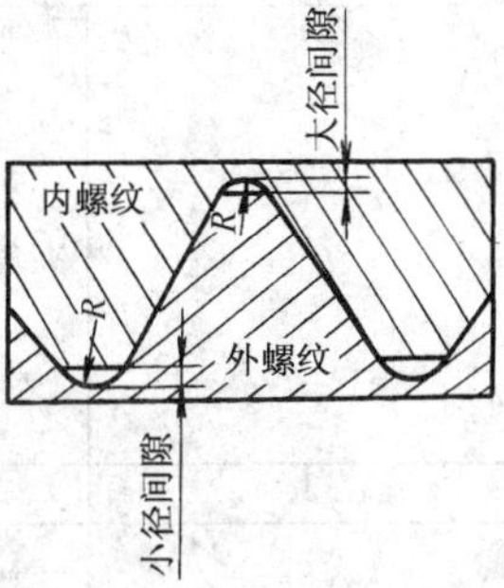	设计给定的牙型，该牙型相对于基本牙型规定出功能所需的各种间隙和圆弧半径。它是内、外螺纹基本偏差的起点
22	最大实体牙型	由设计牙型和各直径的基本偏差和公差所决定的最大实体状态下的螺纹牙型
23	最小实体牙型	由设计牙型和各直径的基本偏差及公差所决定的最小实体状态下的螺纹牙型
24	牙顶 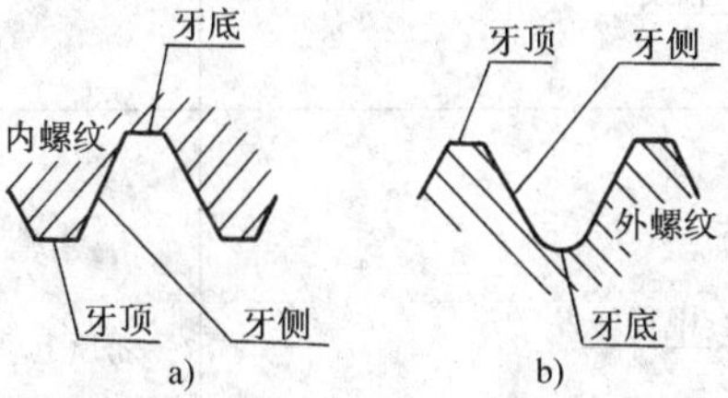	在螺纹凸起的顶部，连接相邻两个牙侧的螺纹表面
25	牙底（见序号24图）	在螺纹沟槽的底部，连接相邻两个牙侧的螺纹表面
26	牙侧（见序号24图）	在通过螺纹轴线的剖面上，牙顶和牙底之间的那部分螺旋表面
27	承载牙侧 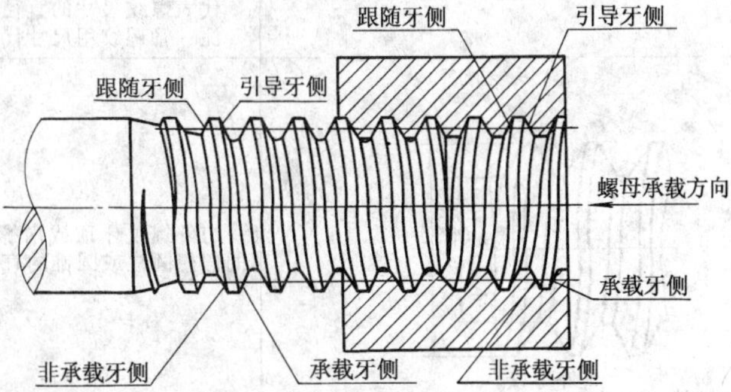	螺纹副中承受轴向载荷的牙侧
28	非承载牙侧（见序号27图）	与承载牙侧相对的牙侧
29	引导牙侧（见序号27图）	螺纹旋入时面对前进方向的牙侧
30	跟随牙侧（见序号27图）	与引导牙侧相对的牙侧
31	牙顶高 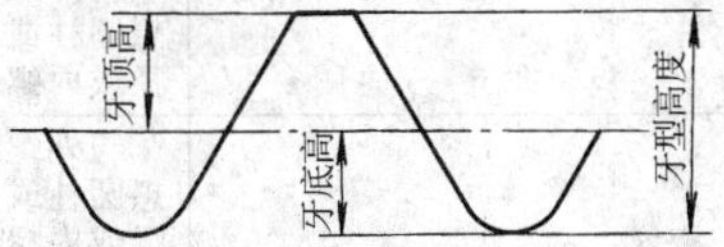	在螺纹牙型上，由牙顶沿垂直于螺纹轴线方向到中径线的距离

（续）

序号	术　语	定　义
32	牙底高（见序号31图）	在螺纹牙型上，由牙底沿垂直于螺纹轴线方向到中径线的距离
33	牙型高度（见序号31图）	在螺纹牙型上，牙顶到牙底在垂直于螺纹轴线方向上的距离
34	牙型角 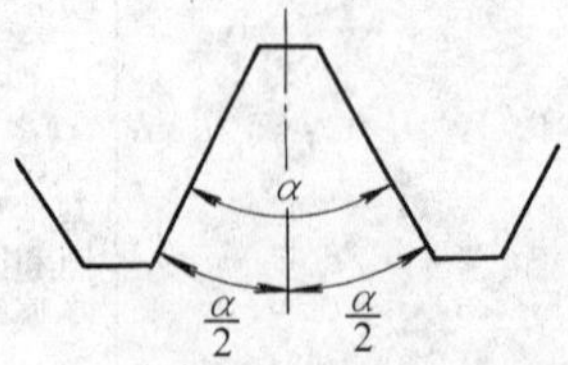	在螺纹牙型上，两相邻牙侧间的夹角
35	牙型半角（见序号34图）	牙型角的一半
36	牙侧角 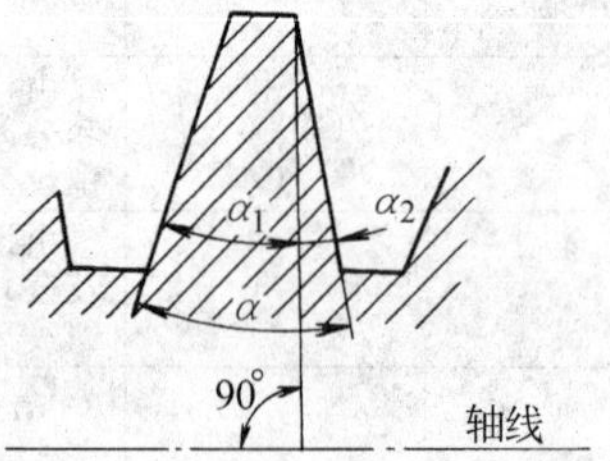	在螺纹牙型上，牙侧与螺纹轴线的垂线间的夹角 （图中：α_1、α_2—牙侧角；α—牙型角）
37	牙顶圆弧半径 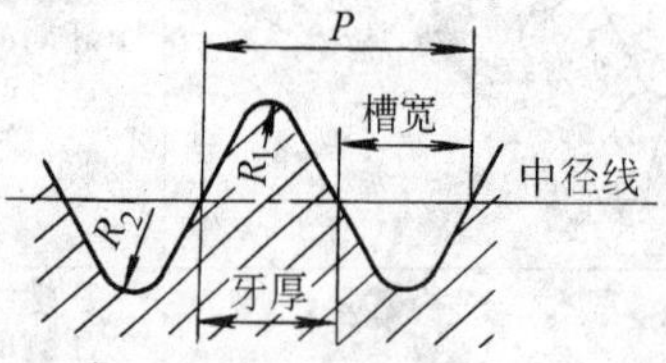	牙顶上呈圆弧部分的半径
38	牙底圆弧半径（见序号37图）	牙底上呈圆弧部分的半径
39	公称直径	代表螺纹尺寸的直径 注：管螺纹用尺寸代号表示
40	大径 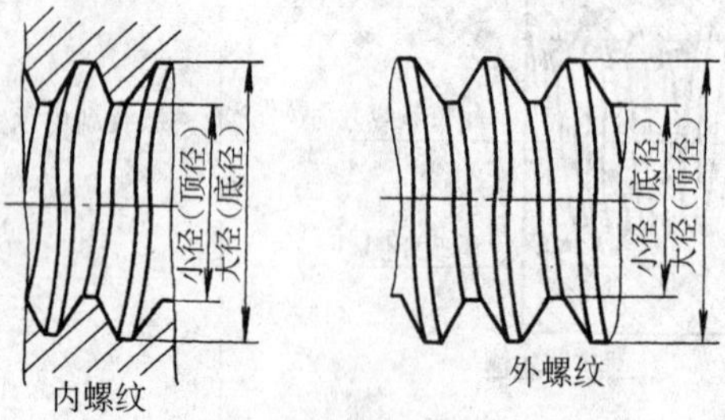	与外螺纹牙顶或内螺纹牙底相切的假想圆柱或圆锥的直径
41	小径（见序号40图）	与外螺纹牙底或内螺纹牙顶相切的假想圆柱或圆锥的直径
42	顶径（见序号40图）	与外螺纹或内螺纹牙顶相切的假想圆柱或圆锥的直径，即外螺纹大径或内螺纹小径
43	底径（见序号40图）	与外螺纹或内螺纹牙底相切的假想圆柱或圆锥的直径，即外螺纹小径或内螺纹大径

（续）

序号	术 语	定 义
44	中径 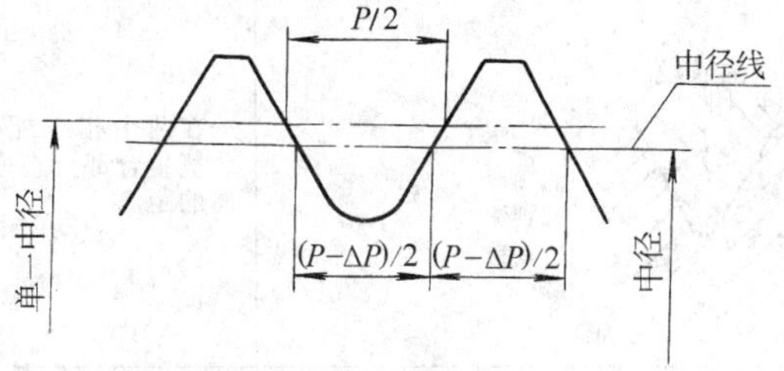	一个假想圆柱或圆锥的直径，该圆柱或圆锥的母线通过牙型上沟槽和凸起宽度相等的地方。该假想圆柱或圆锥称为中径圆柱或中径圆锥
45	单一中径（见序号44图）	一个假想圆柱或圆锥的直径，该圆柱或圆锥的母线通过牙型上沟槽宽度等于$\frac{1}{2}$基本螺距的地方
46	作用中径 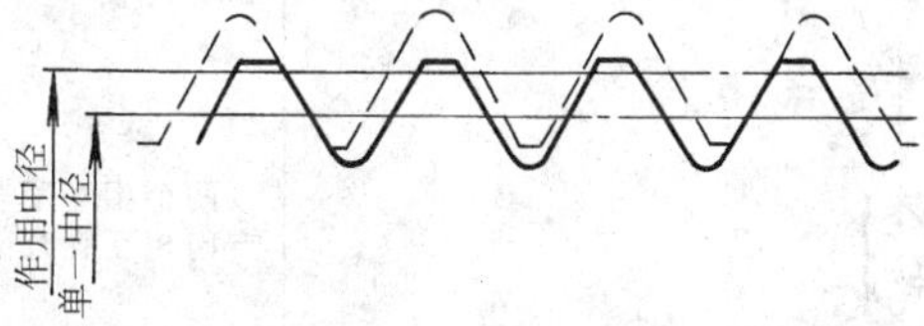	在规定的旋合长度内，恰好包容实际螺纹的一个假想螺纹的中径，这个假想螺纹具有理想的螺距、半角以及牙型高度，并另在牙顶处和牙底处留有间隙，以保证包容时不与实际螺纹的大、小径发生干涉
47	基准直径（见序号59图）	设计给定的内锥螺纹或外锥螺纹的基本大径
48	螺纹轴线 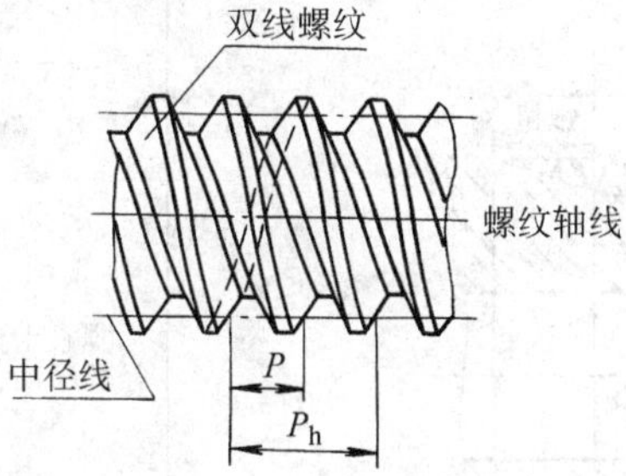	中径圆柱或中径圆锥的轴线
49	中径线（见序号48图）	中径圆柱或中径圆锥的母线
50	螺距（见序号48图）	相邻两牙在中径线上对应两点间的轴向距离
51	导程（见序号48图）	同一条螺旋线上的相邻两牙在中径线上对应两点间的轴向距离
52	螺纹升角 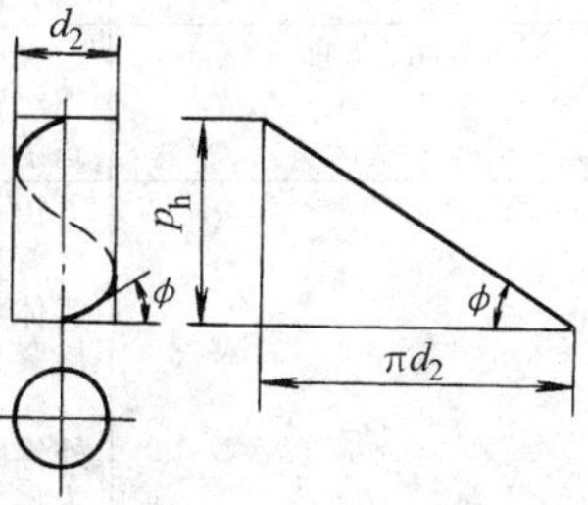	在中径圆柱或中径圆锥上，螺旋线的切线与垂直于螺纹轴中线的平面的夹角
53	螺纹牙厚（见序号37图）	在螺纹牙型上，一个螺纹凸起的两牙侧间在中径线上的轴向距离
54	螺纹槽宽（见序号37图）	在螺纹牙型上，一个螺纹沟槽的两牙侧间在中径线上的轴向距离

（续）

序号	术　语	定　义
55	螺纹接触高度 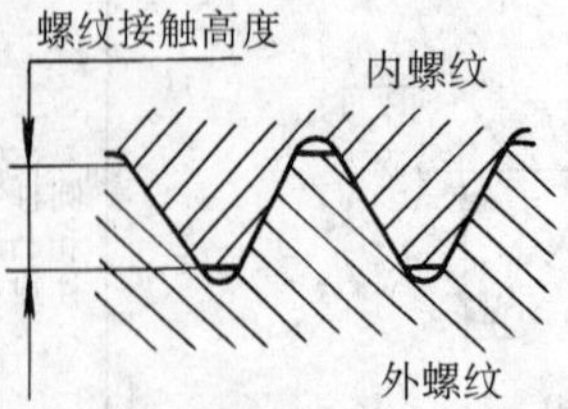 	在两个相互配合螺纹的牙型上，牙侧重合部分在垂直于螺纹轴线方向的距离
56	大径间隙（见序号21图）	在设计牙型上，同轴装配的内螺纹牙底与外螺纹牙顶之间的径向距离
57	小径间隙（见序号21图）	在设计牙型上，同轴装配的内螺纹牙顶与外螺纹牙底之间的径向距离
58	螺纹旋合长度 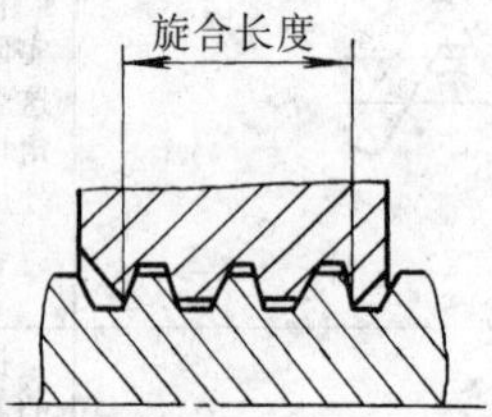 	两个相互配合的螺纹沿螺纹轴线方向相互旋合部分的长度
59	基准平面 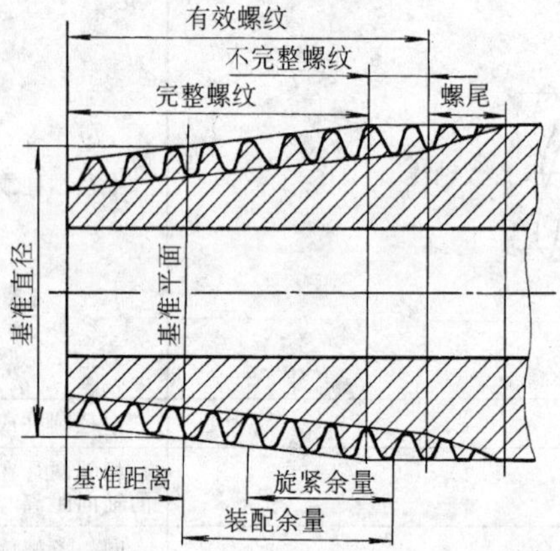 	垂直于锥螺纹轴线，具有基准直径的平面，简称基面
60	基准距离（见序号59图）	从基准平面到外锥螺纹小端的距离，简称基距
61	装配余量（见序号59图）	在外锥螺纹基准平面之后的有效螺纹长度，它提供了与最小实体状态下的内螺纹配合时的余量
62	旋紧余量（见序号59图）	内、外锥螺纹用手旋合后所余下的有效螺纹长度，它提供了与最小实体状态下之内螺纹手旋合之后的旋紧量 注：手旋合的理想状态系指内、外锥螺纹的配合处于间隙和过盈均为零的状态
63	行程	内、外螺纹相对转动某一角度所产生的相对轴向位移量
64	螺纹精度	由螺纹公差带和旋合长度共同组成的衡量螺纹质量的综合指标

（续）

序号	术　语	定　义
65	螺距偏差	螺距的实际值与其基本值之差 N 个螺距偏差系指跨 N 牙螺距的实际值与其基本值之差
66	螺距累积误差 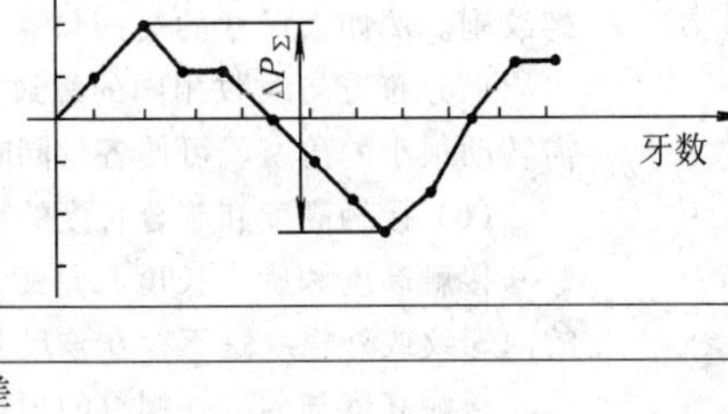	在规定的螺纹长度内，任意两同名牙侧与中径线交点间的实际轴向距离与其基本值之差的最大绝对值
67	导程偏差	导程的实际值与其基本值之差
68	导程累积误差 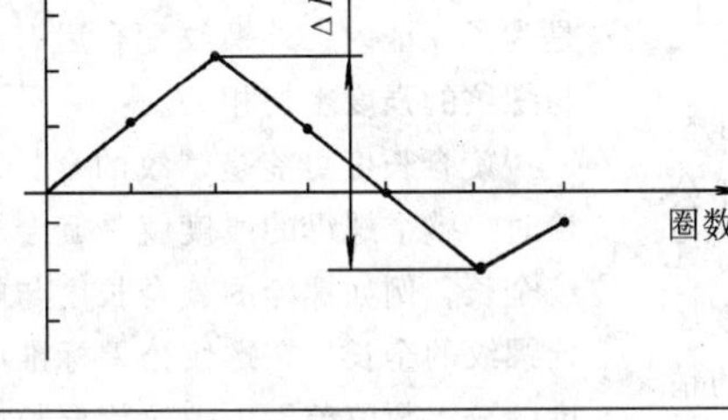	在规定的螺纹长度内，同一螺旋面上任意两牙侧与中径线交点间的实际轴向距离与其基本值之差的最大绝对值
69	螺旋线轴向误差	在规定的长度内，实际螺旋线沿轴向偏离其理想螺旋线的最大变动量
70	牙侧角偏差	牙侧角的实际值与其基本值之差
71	螺距误差中径当量	将螺距误差换算成中径的数值
72	牙侧角误差中径当量	将牙侧角误差换算成中径的数值
73	基准距离偏差 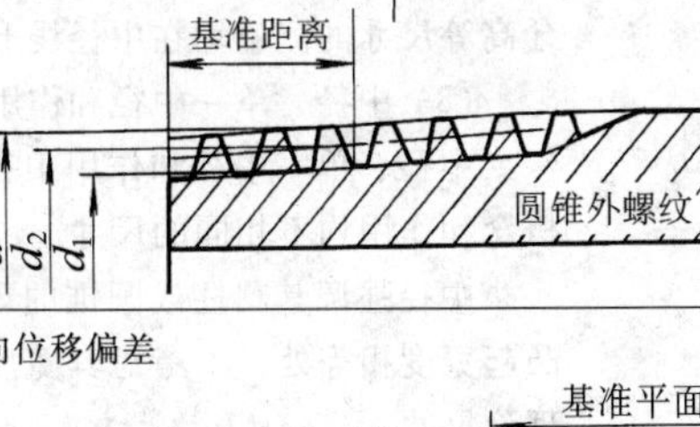	基准距离的实际值与其基本值之差
74	基准平面的轴向位移偏差 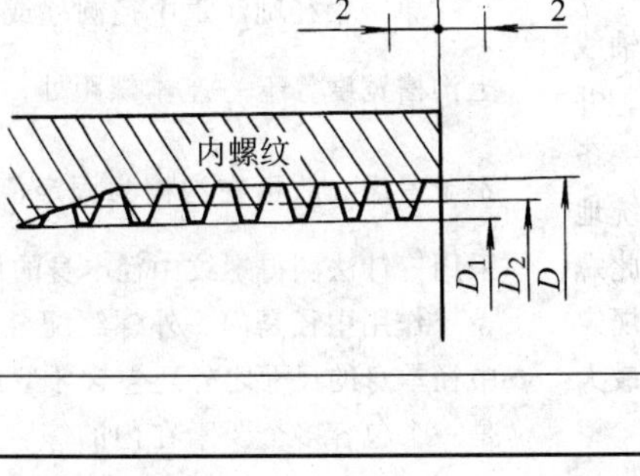	螺纹基准平面偏离规定轴向位置的轴向量
75	行程偏差	行程的实际值与其基本值之差

（2）牙型半角和牙侧角的区别

普通螺纹术语标准中规定的牙型半角和牙侧角的定义见表3.5-4序号35、36，如图3.5-2所示，牙型角对称于螺纹轴线的垂线的螺纹牙型称为对称牙型，其牙型半角就是牙侧角；而非对称牙型的牙型半角不等于牙侧角。

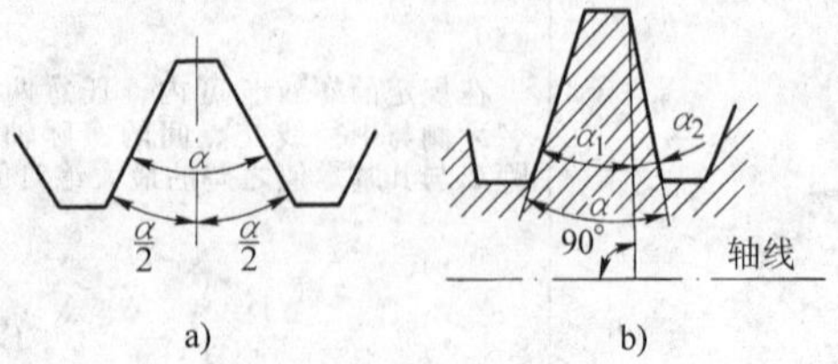

图3.5-2　牙侧角和牙型半角的比较

a）对称牙型　b）不对称牙型

$\frac{\alpha}{2}$—半角　α_1、α_2—牙侧角

（3）螺纹精度的概念

从普通螺纹内、外螺纹的推荐公差带表（表3.5-15和表3.5-16）中可以看到：当两个螺纹同是7H公差带时（即公差值相同），若螺纹的旋合长度属于L组则其精度属于中等精度级，当其螺纹的旋合长度属于N组时，其精度属于粗糙精度级。此说明螺纹的精度除了与公差值有关，还与螺纹的旋合长度相关。但是当两个螺纹的旋合长度同属于一组时，它们的精度又再次由公差值来决定了。据此新近修订的普通螺纹公差标准GB/T197—2003将其称为“公差精度”。在一些国家中则将其称之为“公差质量”，无非都在表达螺纹的精度或质量是一个与公差值大小相关的综合指标。现将螺纹公差制中规定的公差带的组成，旋合长度和公差精度（或螺纹精度）之间的关系归纳如图3.5-3所示。

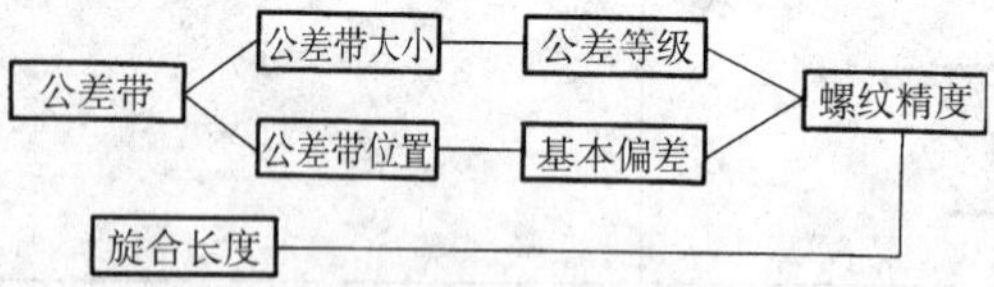

图3.5-3　螺纹的公差结构

（4）螺旋线轴向误差

在机械加工中一般是采用测量实际螺旋线在轴线方向偏离理想螺旋线的距离来控制螺旋线精度的，并习惯于将其称为螺旋线误差。但是由于螺旋线是一条空间曲线，在空间各个方向均可能产生误差，笼统地将其轴向误差称为螺旋线误差是不够全面的。为此螺纹术语标准明确地将螺旋线轴向误差定义为：在规定的长度内，实际螺旋线沿轴向偏离理想螺旋线的最大变动量。

（5）螺纹的线数、螺距和导程的关系

在螺距和导程的定义中没有说明它们之间的关系。对于相邻牙在同一条螺旋线上的单线螺纹，螺距也是导程。对于相邻牙不在同一条螺旋线上的多线螺纹，螺距和导线不再相同，它们的关系可用公式：“导程=螺距×线数”表示。当直径和螺距为常数时，线数愈多螺纹的升角愈大，适用于要求快速旋入或退出的螺纹副。例如大尺寸的短瓶口螺纹的旋合，在瓶口的一周上分布着与线数相同的螺纹牙与瓶盖相旋合，只需转动很小的角度就可使各牙同时旋紧。

（6）接触高度和旋合长度的用途

接触高度和旋合长度都是螺纹的配合尺寸，单独的内螺纹或外螺纹是不存在该尺寸的。

接触高度与内、外螺纹的顶径尺寸及其公差有关。标准中规定内螺纹的小径公差和外螺纹的大径公差就是为了保证内、外螺纹配合后有足够的接触高度。它与螺纹的强度密切相关。

旋合长度可能是螺纹的全长，当螺母全部旋入螺栓时，整个螺母的厚度就是旋合长度；也可能不是螺纹全长，例如螺栓的旋合长度与螺母相同，而不是螺栓螺纹的全长。在螺纹公差标准中规定有螺纹旋合长度的分组数值范围，螺纹旋合长度的组别关系到螺纹的公差精度级别，不能与螺纹的全长相混淆。

（7）螺纹轴线和中径线的作用

螺纹轴线的定义在于它明确了中径圆柱或圆锥的轴线是螺纹的轴线，这是因为中径是螺纹配合中起关键作用的尺寸。当螺纹的大、中、小径不同心时应以中径来确定螺纹轴线的位置。中径圆柱或圆锥的母线通过牙槽和牙厚相等的地方，并称该母线为中径线，它和螺纹轴线共同构成螺纹测量的基准。螺距、导程、牙高等尺寸的测量均在中径线上进行。

（8）中径、单一中径和作用中径的区别

中径、单一中径和作用中径是同一个螺纹上三个概念和作用均不相同的尺寸。

中径强调其圆柱或圆锥的母线通过牙型上沟槽和凸起宽度相等处，不考虑其宽度值的大小，是泛指的理论尺寸。

单一中径则注重中径圆柱或圆锥的母线通过牙型上沟槽宽度等于$\frac{1}{2}$基本螺距处，至于牙厚尺寸大小则不予考虑。故可在沟槽为固定值（$\frac{1}{2}$基本螺距）处，采用三针法测得螺纹中径本身的尺寸。

作用中径是内、外螺纹配合时的作用尺寸，除了中径本身的尺寸之外还包含牙型角和螺距误差的影响，是一个包容多个要素在内的综合尺寸。到目前为止还难以用一般的手段进行测量，生产中使用的通端螺纹量规就是内、外螺纹最大实体状态下的极限尺寸。当螺纹完全没有误差时三个中径是相等的，当螺纹出现误差时三者不再相等，并存在如下所示的关系式：

$$d_{作用} = d_{单一} \pm (f_\alpha + f_P)$$

式中　f_α——牙侧角误差的中径当量；

f_P——螺距误差的中径当量。

式中，正号用于外螺纹，负号用于内螺纹。在验收不方便使用量规的大尺寸螺纹时，可以先测出螺纹的牙侧角误差和螺距误差，然后用上述关系式计算作用中径的尺寸大小，用以判断其是否合格。

(9) 牙侧角误差、螺距误差的中径补偿值和中径当量的差别

术语标准中分别给出了牙侧角误差和螺距误差中径当量的定义，即该两项误差通过几何关系折算到中径方向的数值，在计算作用中径时就用到了这两个量。这里要说明的是牙侧角和螺距误差的中径当量与牙侧角和螺距误差的中径补偿值是两种不同的量。后者是指在确定螺纹的中径公差数值大小时，考虑到牙侧角和螺距误差对中径尺寸有影响，制订者给中径公差值再增加的部分公差值；而前者则是从实际螺纹上测得的具体误差值。因此不能将两者混为一谈。

(10) 基准直径与基本直径的不同

基准直径是锥螺纹的专门用语，是设计给定的锥螺纹大径的基本尺寸。在锥螺纹的各个不同轴向截面中，具有基准直径的截面就是基准平面。锥螺纹的加工精度就是用规定基准平面的轴向位移量来控制的。由此可见基准直径做为锥螺纹基准尺寸的理论地位。它不是加工尺寸，也没有公差。而基本直径则是泛指各种螺纹直径的基本尺寸，如基本大径、基本中径等，其作用完全不能与基准直径相比。

(11) 完整螺纹、不完整螺纹、螺尾和有效螺纹长度，以及对有效螺纹长度的规定

完整螺纹的牙顶和牙底都是完好的。不完整螺纹的牙底也是完整的，只有牙顶缺少材料，多是因为用圆柱形棒料加工锥螺纹时，螺纹大端材料不够造成的。螺尾是在退刀时形成的牙底不完整的那部分螺纹。有效螺纹包括完整螺纹和不完整螺纹，因为它们均能正常旋合，在螺纹联接中起作用。而螺尾由于其牙底的深度不够，内、外螺纹不能正常旋合，所以不是有效螺纹，不能将这部分长度计算在有效螺纹长度之内。管螺纹标准中规定有锥管螺纹的有效螺纹的长度值，该值是满足管螺纹装配所需要的最小值，是管螺纹设计的重要尺寸，加工中若材料和位置允许尽可以超出，但不能小于规定值。

(12) 旋紧余量和装配余量

这两个值均与有效螺纹长度的确定密切相关。装配余量是指外螺纹基准平面之后的那部分有效螺纹的长度值。正是由于装配余量计算的是基准平面之后的有效螺纹长度，因而可暂不考虑外螺纹直径误差对装配余量的影响，因为外螺纹的尺寸大小只会引起外螺纹基准平面之前的基准距离的变化。装配余量必须保证内螺纹处于最小实体状态（孔最大）下，内、外螺纹装配时所需要的有效螺纹长度值是足够的。这就保证了合格螺纹在任何尺寸的情况下都是够用的。旋紧余量是用手旋合后再旋紧的有效螺纹长度，它应该是设计者根据管螺纹的密封性能要求确定的，并与装配时的扭紧力矩大小成正比。由于是计算手旋合位置之后的尺寸，故应该与内、外螺纹的尺寸误差没有关系。

一般情况下装配余量应比旋紧余量大，其差值等于内螺纹上偏差的轴向量。如果没有误差，则装配余量可以等于旋紧余量。此时一旦孔做大了就达不到旋紧的要求。鉴于上述情况锥螺纹的最小有效螺纹长度应该是基准距离与装配余量之和。由于外螺纹的加工误差，基准距离是变化的，为此标准中给出了基准距离为基本值、最大值和最小值三种情况下对应的三个有效螺纹长度的最小值。实际生产中一般都要求实际螺纹的有效螺纹长度值不小于标准中给出的最大值，只有在轴向尺寸很紧张的情况下才会分别考虑。

(13) 关于密封管螺纹、非密封管螺纹和干密封管螺纹的概念

密封管螺纹是指内、外螺纹旋合后，螺纹副本身具有密封能力的管螺纹。非密封管螺纹系指内、外螺纹旋合后螺纹副本身不具有密封能力的管螺纹，但并不排除在螺纹副之外利用其他形式获得密封性，如内、外螺纹均为圆柱形管螺纹的配合，螺纹副本身是没有密封能力的，此时可利用管子的端面压紧密封垫圈，同样可以达到密封的目的。

干密封管螺纹系指除螺纹副本身具有密封能力之外，不允许在螺纹副内添加任何密封剂，以免管路内的气体或液体与密封剂发生化学作用，以及在高温下溶化等。为保证该螺纹在没有密封剂的情况下仍能有良好的密封性能，对其加工和材料提出了更高的要求。

(14) 螺距偏差和螺距累积误差的区分

螺距偏差的定义规定了单个螺距的偏差和跨 N 个牙的螺距偏差，均为它们的实际值与基本值之差。因为是两数之差，所以有正有负，这是偏差值的特点。而由螺距累积误差的定义可知，该值是不分正负的，因为它是规定长度内任意两牙间的实际距离与基本值之差的最大绝对值。测量该值的目的在于发现规定长度内哪两个牙的实际距离偏离基本值最多。不管该值比基本值大还是小，因此被称之为累积误差。将跨 N

个牙的螺距偏差称之为螺距累积误差是不合适的。

3　普通螺纹

我国的普通螺纹标准采用了国际标准中的米制螺纹系列，其内容包括牙型、尺寸、公差和标记等。

3.1　普通螺纹的基本牙型

3.1.1　普通螺纹基本牙型的规定

普通螺纹基本牙型的原始三角形为 60°的等边三角形。在其顶部和底部分别削去 $\frac{H}{8}$ 和 $\frac{H}{4}$ 便构成了普通螺纹的基本牙型，具体形状如图 3.5-4 所示。

普通螺纹的基本牙型是内、外螺纹共有的牙型并具有基本尺寸。

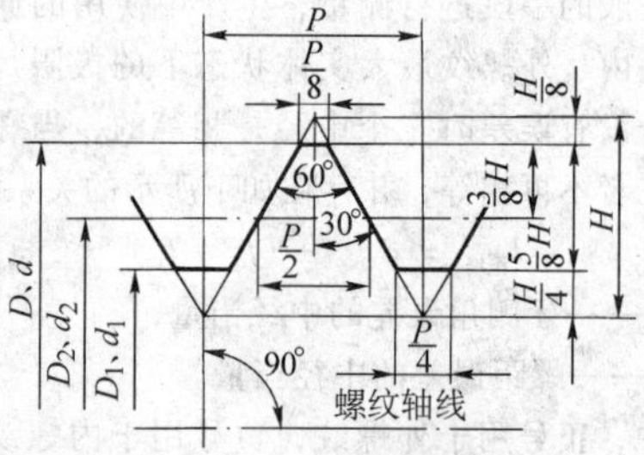

图 3.5-4　普通螺纹基本牙型

D—内螺纹的基本大径（公称直径）

D_2—内螺纹的基本中径

D_1—内螺纹的基本小径

d—外螺纹的基本大径（公称直径）

d_2—外螺纹的基本中径

d_1—外螺纹的基本小径

P—螺距　H—原始三角形高度

3.1.2　普通螺纹基本牙型的尺寸

基本牙型上的尺寸按下列公式计算，其值列于表 3.5-5。

$$H = \frac{\sqrt{3}}{2}P = 0.866\ 025\ 404P;$$

$$\frac{5}{8}H = 0.541\ 265\ 877P;$$

$$\frac{3}{8}H = 0.324\ 759\ 526P;$$

$$\frac{1}{4}H = 0.216\ 506\ 315P;$$

$$\frac{1}{8}H = 0.108\ 253\ 175P。$$

表 3.5-5　基本牙型尺寸　（mm）

P	H	$\frac{5}{8}H$	$\frac{3}{8}H$	$\frac{H}{4}$	$\frac{H}{8}$
0.2	0.173 205	0.108 253	0.064 952	0.043 301	0.021 651
0.25	0.216 506	0.135 316	0.081 190	0.054 127	0.027 063
0.3	0.259 808	0.162 380	0.097 428	0.064 952	0.032 476
0.35	0.303 109	0.189 443	0.113 666	0.075 777	0.037 889
0.4	0.346 410	0.216 506	0.129 904	0.086 603	0.043 301
0.45	0.389 711	0.243 570	0.146 142	0.097 428	0.048 714
0.5	0.433 013	0.270 633	0.162 380	0.108 253	0.054 127
0.6	0.519 615	0.324 760	0.194 856	0.129 904	0.064 952
0.7	0.606 218	0.378 886	0.227 332	0.151 554	0.075 777
0.75	0.649 519	0.405 949	0.243 570	0.162 380	0.081 190
0.8	0.692 820	0.433 013	0.259 808	0.173 205	0.086 603
1	0.866 025	0.541 266	0.324 760	0.216 506	0.108 253
1.25	1.082 532	0.676 582	0.405 949	0.270 633	0.135 316
1.5	1.299 038	0.811 899	0.487 139	0.324 760	0.162 380
1.75	1.515 544	0.947 215	0.568 329	0.378 886	0.189 443
2	1.732 051	1.082 532	0.649 519	0.433 013	0.216 506
2.5	2.165 064	1.353 165	0.811 899	0.541 266	0.270 633
3	2.598 076	1.623 798	0.974 279	0.649 519	0.324 760
3.5	3.031 089	1.894 431	1.136 658	0.757 772	0.378 886
4	3.464 102	2.165 064	1.299 038	0.866 025	0.433 013
4.5	3.897 114	2.435 696	1.461 418	0.974 279	0.487 139
5	4.330 127	2.706 329	1.623 798	1.082 532	0.541 266
3.5	4.763 140	2.976 962	1.786 177	1.190 785	0.595 392
6	5.196 152	3.247 595	1.948 557	1.299 038	0.649 519
8	6.928 203	4.330 127	2.598 076	1.732 051	0.866 025

3.2　普通螺纹的尺寸

3.2.1　普通螺纹的直径与螺距系列

普通螺纹的尺寸是由直径和螺距两个尺寸共同决定的。标准规定了它们的搭配关系，并称之为直径与螺距的组合。设计者应该按标准的规定进行选用。

GB/T193—2003《普通螺纹　直径与螺距系列》标准对普通螺纹（一般用途米制螺纹）的直径与螺距组合系列做了如下规定：

1）适用于一般用途的机械紧固螺纹联接，其螺纹本身不具有密封功能。

2）直径与螺距的标准组合系列见表3.5-6的规定，在表内应选择与直径处于同一行内的螺距，并尽可能避免选用括号内的螺距；对于直径，则应优先选用第一系列的直径，其次是第二系列，最后再选择第三系列。此外表内还有两个标注（①、②）的尺寸规格，仅用于其脚注所限定的特定场合使用。

3）除了标准系列，还规定有直径与螺距的特殊系列，对特殊系列的使用有如下限制：

①　对于标准系列的直径，如需使用比标准组合系列中规定还要小的特殊螺距，则应从下列螺距中选取：

3mm、2mm、1.5mm、0.75mm、0.5mm、0.35mm、0.25mm、0.2mm。

选择非标准组合的特殊螺距会增加螺纹的制造难度。

②　表3.5-7规定了表中所列各螺距对应的最大特殊直径。

表3.5-6　直径与螺距标准组合系列　(mm)

公称直径 D、d			螺距 P										
第1系列	第2系列	第3系列	粗牙	细牙									
				3	2	1.5	1.25	1	0.75	0.5	0.35	0.25	0.2
1			0.25										0.2
	1.1		0.25										0.2
1.2			0.25										0.2
	1.4		0.3										0.2
1.6			0.35										0.2
	1.8		0.35										0.2
2			0.4									0.25	
	2.2		0.45									0.25	
2.5			0.45								0.35		
3			0.5								0.35		
	3.5		0.6								0.35		
4			0.7							0.5			
	4.5		0.75							0.5			
5			0.8							0.5			
		5.5								0.5			
6			1						0.75				
	7		1						0.75				
8			1.25					1	0.75				
		9	1.25					1	0.75				
10			1.5				1.25	1	0.75				
		11	1.5					1	0.75				
12			1.75			1.5	1.25	1					
	14		2			1.5	1.25①	1					
		15				1.5		1					
16			2			1.5		1					
		17				1.5		1					
	18		2.5		2	1.5		1					
20			2.5		2	1.5		1					
	22		2.5		2	1.5		1					
24			3		2	1.5		1					
		25			2	1.5		1					
		26				1.5							
	27		3		2	1.5		1					
		28			2	1.5		1					
30			3.5	(3)	2	1.5		1					
		32			2	1.5							
	33		3.5	(3)	2	1.5							
		35②				1.5							
36			4	3	2	1.5							
		38				1.5							
	39		4	3	2	1.5							

（续）

公称直径 D、d			螺距 P						
第1系列	第2系列	第3系列	粗　牙	细　牙					
				8	6	4	3	2	1.5
		40					3	2	1.5
42			4.5			4	3	2	1.5
	45		4.5			4	3	2	1.5
48			5			4	3	2	1.5
		50					3	2	1.5
	52		5			4	3	2	1.5
		55				4	3	2	1.5
56			5.5			4	3	2	1.5
		58				4	3	2	1.5
	60		5.5			4	3	2	1.5
		62				4	3	2	1.5
64			6			4	3	2	1.5
		65				4	3	2	1.5
	68		6			4	3	2	1.5
		70			6	4	3	2	1.5
72					6	4	3	2	1.5
		75				4	3	2	1.5
	76				6	4	3	2	1.5
		78						2	
80					6	4	3	2	1.5
		82						2	
	85				6	4	3	2	
90					6	4	3	2	
	95				6	4	3	2	
100					6	4	3	2	
	105				6	4	3	2	
110					6	4	3	2	
	115				6	4	3	2	
	120				6	4	3	2	
125				8	6	4	3	2	
	130			8	6	4	3	2	
		135			6	4	3	2	
140				8	6	4	3	2	
		145			6	4	3	2	
	150			8	6	4	3	2	
		155			6	4	3		
160				8	6	4	3		
		165			6	4	3		
	170			8	6	4	3		
		175			6	4	3		
180				8	6	4	3		
		185			6	4	3		
	190			8	6	4	3		
		195			6	4	3		
200				8	6	4	3		
		205			6	4	3		
	210			8	6	4	3		
		215			6	4	3		
220				8	6	4	3		
		225			6	4	3		
		230		8	6	4	3		
		235			6	4	3		
	240			8	6	4	3		
		245			6	4	3		
250				8	6	4	3		
		255			6	4			
	260			8	6	4			

（续）

公称直径 D、d			螺距 P						
第1系列	第2系列	第3系列	粗牙	细牙					
				8	6	4	3	2	1.5
		265			6	4			
		270		8	6	4			
		275			6	4			
280				8	6	4			
		285			6	4			
		290		8	6	4			
		295			6	4			
	300			8	6	4			

① 仅用于发动机的火花塞。
② 仅用于轴承的锁紧螺母。

表 3.5-7　螺距对应的最大公称直径　（mm）

螺距	最大公称直径
0.5	22
0.75	33
1	80
1.5	150
2	200
3	300

4）螺纹的标记方法见 GB/T197—2003 的规定。

3.2.2　普通螺纹的基本尺寸

依据普通螺纹基本牙型上的尺寸关系和普通螺纹直径与螺距系列标准规定的尺寸规格，GB/T196—2003《普通螺纹　基本尺寸》标准对普通螺纹的基本尺寸做了如下规定：

1）标准适用于一般用途的机械紧固螺纹联接，其螺纹本身不具有密封功能。

2）大、中、小径的位置如图 3.5-5 所示，标准中各尺寸的代号规定如下：

D——内螺纹的基本大径（公称直径）；

d——外螺纹的基本大径（公称直径）；

D_2——内螺纹的基本中径；

d_2——外螺纹的基本中径；

D_1——内螺纹的基本小径；

d_1——外螺纹的基本小径；

H——原始三角形高度；

P——螺距。

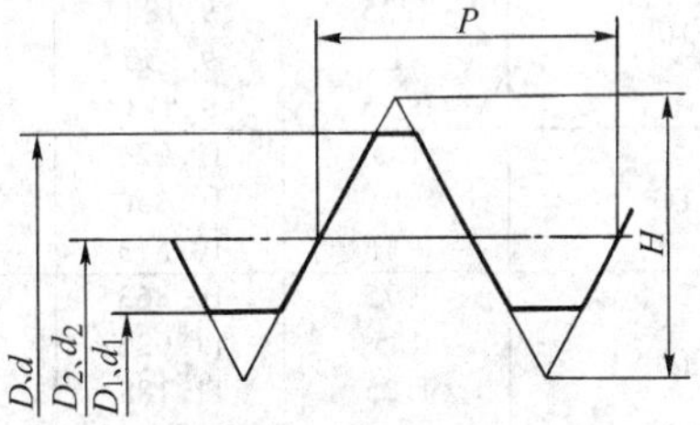

图 3.5-5　普通螺纹基本尺寸

3）普通螺纹的中径和小径按下列公式计算，计算数值圆整到小数点后的第三位。

$$D_2 = D - 2 \times \frac{3}{8}H = D - 0.6495P;$$

$$d_2 = d - 2 \times \frac{3}{8}H = d - 0.6495P;$$

$$D_1 = D - 2 \times \frac{5}{8}H = D - 1.0825P;$$

$$d_1 = d - 2 \times \frac{5}{8}H = d - 1.0825P;$$

其中：$H = \frac{\sqrt{3}}{2}P = 0.866\,025\,404P$。

普通螺纹直径与螺距标准组合系列的基本尺寸值见表 3.5-8。

表 3.5-8　普通螺纹基本尺寸　（mm）

公称直径（大径）D、d	螺距 P	中径 D_2、d_2	小径 D_1、d_1	公称直径（大径）D、d	螺距 P	中径 D_2、d_2	小径 D_1、d_1
1	0.25	0.838	0.729	2	0.4	1.740	1.567
	0.2	0.870	0.783		0.25	1.838	1.729
1.1	0.25	0.938	0.829	2.2	0.45	1.908	1.713
	0.2	0.970	0.883		0.25	2.038	1.929
1.2	0.25	1.038	0.929	2.5	0.45	2.208	2.013
	0.2	1.070	0.983		0.35	2.273	2.121
1.4	0.3	1.205	1.075	3	0.5	2.675	2.459
	0.2	1.270	1.183		0.35	2.773	2.621
1.6	0.35	1.373	1.221	3.5	0.6	3.110	2.850
	0.2	1.470	1.383		0.35	3.273	3.121
1.8	0.35	1.573	1.421	4	0.7	3.545	3.242
	0.2	1.670	1.583		0.5	3.675	3.459

（续）

公称直径（大径） D、d	螺　距 P	中　径 D_2、d_2	小　径 D_1、d_1
4.5	0.75	4.013	3.688
	0.5	4.175	3.959
5	0.8	4.480	4.134
	0.5	4.675	4.459
5.5	0.5	5.175	4.959
6	1	5.350	4.917
	0.75	5.513	5.188
7	1	6.350	5.917
	0.75	6.513	6.188
8	1.25	7.188	6.647
	1	7.350	6.917
	0.75	7.513	7.188
9	1.25	8.188	7.647
	1	8.350	7.917
	0.75	8.513	8.188
10	1.5	9.026	8.376
	1.25	9.188	8.647
	1	9.350	8.917
	0.75	9.513	9.188
11	1.5	10.026	9.376
	1	10.350	9.917
	0.75	10.513	10.188
12	1.75	10.863	10.106
	1.5	11.026	10.376
	1.25	11.188	10.647
	1	11.350	10.917
14	2	12.701	11.835
	1.5	13.026	12.376
	1.25	13.188	12.647
	1	13.350	12.917
15	1.5	14.026	13.376
	1	14.350	13.917
16	2	14.701	13.835
	1.5	15.026	14.376
	1	15.350	14.917
17	1.5	16.026	15.376
	1	16.350	15.917
18	2.5	16.376	15.294
	2	16.701	15.835
	1.5	17.026	16.376
	1	17.350	16.917
20	2.5	18.376	17.294
	2	18.701	17.835
	1.5	19.026	18.376
	1	19.350	18.917
22	2.5	20.376	19.294
	2	20.701	19.835
	1.5	21.026	20.376
	1	21.350	20.917
24	3	22.051	20.752
	2	22.701	21.835
	1.5	23.026	22.376
	1	23.350	22.917
25	2	23.701	22.835
	1.5	24.026	23.376
	1	24.350	23.917
26	1.5	25.026	24.376
27	3	25.051	23.752
	2	25.701	24.835
	1.5	26.026	25.376
27	1	26.350	25.917
28	2	26.701	25.835
	1.5	27.026	26.376
	1	27.350	26.917
30	3.5	27.727	26.211
	3	28.051	26.752
	2	28.701	27.835
	1.5	29.026	28.376
	1	29.350	28.917
32	2	30.701	29.835
	1.5	31.026	30.376
33	3.5	30.727	29.211
	3	31.051	29.752
	2	31.701	30.835
	1.5	32.026	31.376
35	1.5	34.026	33.376
36	4	33.402	31.670
	3	34.051	32.752
	2	34.701	33.835
	1.5	35.026	34.376
38	1.5	37.026	36.376
39	4	36.402	34.670
	3	37.051	35.752
	2	37.701	36.835
	1.5	38.026	37.376
40	3	38.051	36.752
	2	38.701	37.835
	1.5	39.026	38.376
42	4.5	39.077	37.129
	4	39.402	37.670
	3	40.051	38.752
	2	40.701	39.835
	1.5	41.026	40.376
45	4.5	42.077	40.129
	4	42.402	40.670
	3	43.051	41.752
	2	43.701	42.835
	1.5	44.026	43.376
48	5	44.752	42.587
	4	45.402	43.670
	3	46.051	44.752
	2	46.701	45.835
	1.5	47.026	46.376
50	3	48.051	46.752
	2	48.701	47.835
	1.5	49.026	48.376
52	5	48.752	46.587
	4	49.402	47.670
	3	50.051	48.752
	2	50.701	49.835
	1.5	51.026	50.376
55	4	52.402	50.670
	3	53.051	51.752
	2	53.701	52.835
	1.5	54.026	53.376
56	3.5	52.428	50.046
	4	53.402	51.670
	3	54.051	52.752
	2	54.701	53.835
	1.5	55.026	54.376
58	4	55.402	53.670

（续）

公称直径（大径）D、d	螺距 P	中径 D_2、d_2	小径 D_1、d_1
58	3	56.051	54.752
	2	56.701	55.835
	1.5	57.026	56.376
60	5.5	56.428	54.046
	4	57.402	55.670
	3	58.051	56.752
	2	58.701	57.835
	1.5	59.026	58.376
62	4	59.402	57.670
	3	60.051	58.752
	2	60.701	59.835
	1.5	61.026	60.376
64	6	60.103	57.505
	4	61.402	59.670
	3	62.051	60.752
	2	62.701	61.835
	1.5	63.026	63.376
65	4	62.402	60.670
	3	63.051	61.752
	2	63.701	62.835
	1.5	64.026	63.376
68	6	64.103	61.505
	4	65.402	63.670
	3	66.051	64.752
	2	66.701	65.835
	1.5	67.026	66.376
70	6	66.103	63.505
	4	67.402	65.670
	3	68.051	66.752
	2	68.701	67.835
	1.5	69.026	68.376
72	6	68.103	65.505
	4	69.402	67.670
	3	70.051	68.752
	2	70.701	69.835
	1.5	71.026	70.376
75	4	72.402	70.670
	3	73.051	71.752
	2	73.701	72.835
	1.5	74.026	73.376
76	6	72.103	69.505
	4	73.402	71.670
	3	74.051	72.752
	2	74.701	73.835
	1.5	75.026	74.376
78	2	76.700	75.835
80	6	76.103	73.505
	4	77.402	75.670
	3	78.051	76.752
	2	78.701	77.835
	1.5	79.026	78.376
82	2	80.701	79.835
85	6	81.103	78.505
	4	82.402	80.670
	3	83.051	81.752
	2	83.701	82.835
90	6	86.103	83.505
	4	87.402	85.670
	3	88.051	86.752
	2	88.701	87.835
95	6	91.103	88.505
	4	92.402	90.670
	3	93.051	91.752
	2	93.701	92.835
100	6	96.103	93.505
	4	97.402	95.670
	3	98.051	96.752
	2	98.701	97.835
105	6	101.103	98.505
	4	102.402	100.670
	3	103.051	101.752
	2	103.701	102.835
110	6	106.103	103.505
	4	107.402	105.670
	3	108.051	106.752
	2	108.701	107.835
115	6	111.103	108.505
	4	112.402	110.670
	3	113.051	111.752
	2	113.701	112.835
120	6	116.103	113.505
	4	117.402	115.670
	3	118.051	116.752
	2	118.701	117.835
125	6	121.103	118.505
	4	122.402	120.670
	3	123.051	121.752
	2	123.701	122.835
130	6	126.103	123.505
	4	127.402	125.670
	3	128.051	126.752
	2	128.701	127.835
135	6	131.103	128.505
	4	132.402	130.670
	3	133.051	131.752
	2	133.701	132.835
140	6	136.103	133.505
	4	137.402	135.670
	3	138.051	136.752
	2	138.701	137.835
145	6	141.103	138.505
	4	142.402	140.670
	3	143.051	141.752
	2	143.701	142.835
150	8	144.804	141.340
	6	146.103	143.505
	4	147.402	145.670
	3	148.051	146.752
	2	148.701	147.835
155	6	151.103	148.505
	4	152.402	150.670
	3	153.051	151.752
160	8	154.804	151.340
	6	156.103	153.505
	4	157.402	155.670
	3	158.051	156.752
165	6	161.103	158.505
	4	162.402	160.670
	3	163.051	161.752
170	8	164.804	161.340

（续）

公称直径（大径）D、d	螺距 P	中径 D_2、d_2	小径 D_1、d_1	公称直径（大径）D、d	螺距 P	中径 D_2、d_2	小径 D_1、d_1
170	6	166.103	163.505	230	6	226.103	223.505
	4	167.402	165.670		4	227.402	225.670
	3	168.051	166.752		3	228.051	226.752
175	6	171.103	168.505	235	6	231.103	228.505
	4	172.402	170.670		4	232.402	230.670
	3	173.051	171.752		3	233.051	231.752
180	8	174.804	171.340	240	8	234.804	231.340
	6	176.103	173.505		6	236.103	233.505
	4	177.402	175.670		4	237.402	235.670
	3	178.051	176.752		3	238.051	236.752
185	6	181.103	178.505	245	6	241.103	238.505
	4	182.402	180.670		4	242.402	240.670
	3	183.051	181.752		3	243.051	241.752
190	8	184.804	181.340	250	8	244.804	241.340
	6	186.103	183.505		6	246.103	243.505
	4	187.402	185.670		4	247.402	245.670
	3	188.051	186.752		3	248.051	246.752
195	6	191.103	188.505	255	6	251.103	248.505
	4	192.402	190.670		4	252.402	250.670
	3	193.051	191.752	260	8	254.804	251.340
200	8	194.804	191.340		6	256.103	253.505
	6	196.103	193.505		4	257.402	255.670
	4	197.402	195.670	265	6	261.103	258.505
	3	198.051	196.752		4	262.402	260.670
205	6	201.103	198.505	270	8	264.804	261.340
	4	202.402	200.670		6	266.103	263.505
	3	203.051	201.752		4	267.402	265.670
210	8	204.804	201.340	275	6	271.103	268.505
	6	206.103	203.505		4	272.402	270.670
	4	207.402	205.670	280	8	274.804	271.340
	3	208.051	206.752		6	276.103	273.505
215	6	211.103	208.505		4	277.402	275.670
	4	212.402	210.670	285	6	281.103	278.505
	3	213.051	211.752		4	282.402	280.670
220	8	214.804	211.340	290	8	284.804	281.340
	6	216.103	213.505		6	286.103	283.505
	4	217.402	215.670		4	287.402	285.670
	3	218.051	216.752	295	6	291.103	288.505
225	6	221.103	218.505		4	292.402	290.670
	4	222.402	220.670	300	8	294.804	291.340
	3	223.051	221.752		6	296.103	293.505
230	8	224.804	221.340		4	297.402	295.670

3.3　普通螺纹公差

3.3.1　适用范围和代号

GB/T197—2003《普通螺纹　公差》标准规定了普通螺纹的公差和标记。适用于一般用途机械紧固螺纹联接，其螺纹本身不具有密封功能。

标准中所用各种代号及名称规定如下：

D——内螺纹的基本大径（公称直径）；

d——外螺纹的基本大径（公称直径）；

D_2——内螺纹的基本中径；

d_2——外螺纹的基本中径；

D_1——内螺纹的基本小径；

d_1——外螺纹的基本小径（在基本牙型上）

d_3——外螺纹的小径（见图3.5-6）；

P——螺距；

Ph——导程；

H——原始三角形高度；

S——短旋合长度组；

N——中等旋合长度组；

L——长旋合长度组；

T——公差；

T_{D_2}——内螺纹中径公差；

T_{d_2}——外螺纹中径公差；

T_{D_1}——内螺纹小径公差；

T_d——外螺纹大径公差；

EI——内螺纹直径的下偏差（基本偏差）；

ei——外螺纹直径的下偏差；

ES——内螺纹直径的上偏差；

es——外螺纹直径的上偏差（基本偏差）；

R——外螺纹的牙底圆弧半径；

C——外螺纹的牙底削平高度。

3.3.2　公差带

螺纹的公差带由公差带位置和公差带的大小两个要素组成，并且是沿螺纹牙型均匀分布的牙型公差带，在垂直于螺线轴线方向计量其公差和偏差值的大小。

（1）公差带的位置

公差带的位置是指公差带起始点离开基本牙型的距离，该距离被称之为基本偏差。普通螺纹的基本偏差主要用于容纳涂镀层和螺纹件的装配间隙，是选择公差带位置的主要依据，并应按下列规定选取内、外螺纹的公差带位置。

外螺纹：

e、f、g——其基本偏差(es)为负值，见图3.5-6a；

h——其基本偏差（es）为零，见图3.5-6b。

内螺纹：

G——其基本偏差（EI）为正值，见图3.5-7a；

H——其基本偏差（EI）为零，见图3.5-7b。

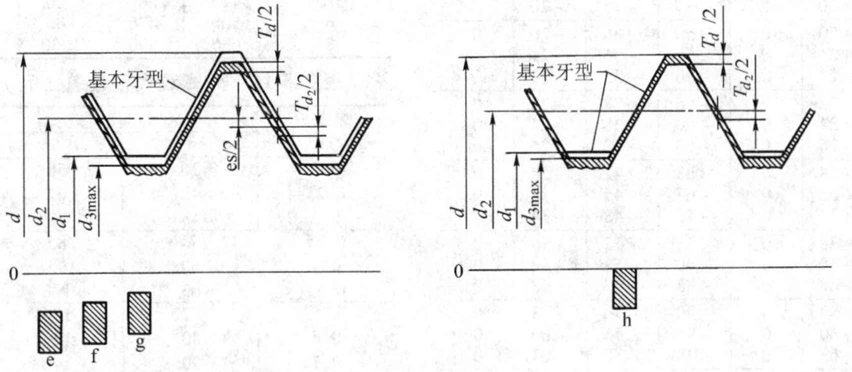

注：d_{3max} 见3.3.5中相关内容和图3.5-8

a)　　b)

图3.5-6　外螺纹公差带位置

a）公差带位置为e、f和g　b）公差带位置为h

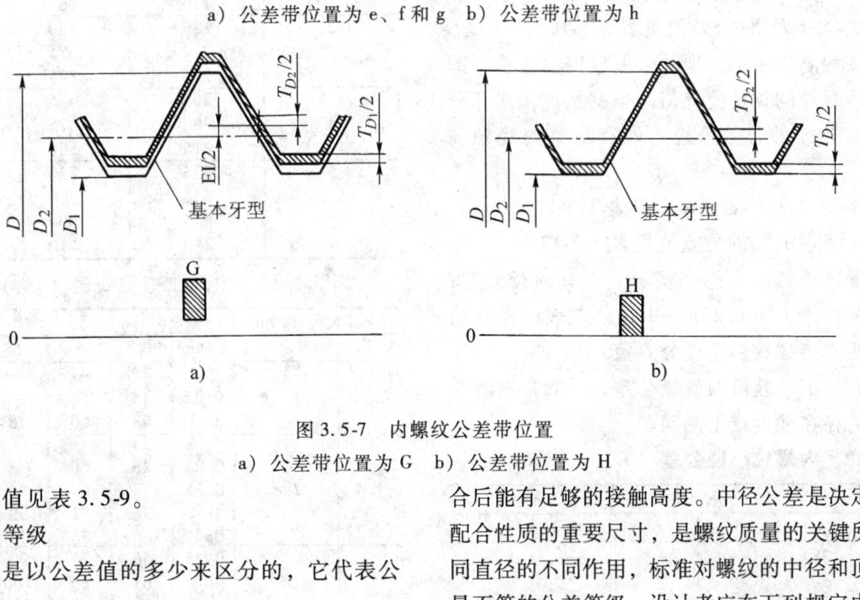

a)　　b)

图3.5-7　内螺纹公差带位置

a）公差带位置为G　b）公差带位置为H

基本偏差值见表3.5-9。

（2）公差等级

公差等级是以公差值的多少来区分的，它代表公差带的大小。

普通螺纹公差标准对内、外螺纹的顶径和中径均规定有公差。规定顶径公差的目的在于保证内、外螺纹旋合后能有足够的接触高度。中径公差是决定内、外螺纹配合性质的重要尺寸，是螺纹质量的关键所在。根据不同直径的不同作用，标准对螺纹的中径和顶径规定有数量不等的公差等级。设计者应在下列规定中分别选取中径和顶径的公差等级。标准中没有规定内、外螺纹的底径公差，底径的尺寸是由工艺来保证的。

螺纹直径	公差等级
内螺纹小径 D_1	4、5、6、7、8
外螺纹大径 d	4、6、8
内螺纹中径 D_2	4、5、6、7、8
外螺纹中径 d_2	3、4、5、6、7、8、9

表 3.5-9　内、外螺纹的基本偏差　（μm）

螺距 P /mm	基本偏差					
	内螺纹		外螺纹			
	G EI	H EI	e es	f es	g es	h es
0.2	+17	0	—	—	−17	0
0.25	+18	0	—	—	−18	0
0.3	+18	0	—	—	−18	0
0.35	+19	0	—	−34	−19	0
0.4	+19	0	—	−34	−19	0
0.45	+20	0	—	−35	−20	0
0.5	+20	0	−50	−36	−20	0
0.6	+21	0	−53	−36	−21	0
0.7	+22	0	−56	−38	−22	0
0.75	+22	0	−56	−38	−22	0
0.8	+24	0	−60	−38	−24	0
1	+26	0	−60	−40	−26	0
1.25	+28	0	−63	−42	−28	0
1.5	+32	0	−67	−45	−32	0
1.75	+34	0	−71	−48	−34	0
2	+38	0	−71	−52	−38	0
2.5	+42	0	−80	−58	−42	0
3	+48	0	−85	−63	−48	0
3.5	+53	0	−90	−70	−53	0
4	+60	0	−95	−75	−60	0
4.5	+63	0	−100	−80	−63	0
5	+71	0	−106	−85	−71	0
5.5	+75	0	−112	−90	−75	0
6	+80	0	−118	−95	−80	0
8	+100	0	−140	−118	−100	0

内螺纹小径（D_1）的公差值见表3.5-10。

外螺纹大径（d）的公差值见表3.5-11。

因螺纹接触高度不够，顶径公差表内没有给出部分小螺距规格螺纹的顶径公差值。也就是说，这部分螺纹必需选取较高的公差等级才能有足够的接触高度。

内螺纹中径（D_2）的公差值见表3.5-12。

外螺纹中径（d_2）的公差值见表3.5-13。

因必须保证外螺纹中径公差不大于其顶径公差，内螺纹中径公差不大于0.25P，中径公差表内没有给出部分小螺距规格螺纹的中径公差值。

上述没有列出公差值的各级公差，一般是不能采用的，因为均存在强度或工艺问题。

表 3.5-10　内螺纹小径公差（T_{D_1}）　（μm）

螺距 P /mm	公差等级				
	4	5	6	7	8
0.2	38	—	—	—	—
0.25	45	56	—	—	—
0.3	53	67	85	—	—
0.35	63	80	100	—	—
0.4	71	90	112	—	—
0.45	80	100	125	—	—

（续）

螺距 P /mm	公差等级				
	4	5	6	7	8
0.5	90	112	140	180	—
0.6	100	125	160	200	—
0.7	112	140	180	224	—
0.75	118	150	190	236	—
0.8	125	160	200	250	315
1	150	190	236	300	375
1.25	170	212	265	335	425
1.5	190	236	300	375	475
1.75	212	265	335	425	530
2	236	300	375	475	600
2.5	280	355	450	560	710
3	315	400	500	630	800
3.5	355	450	560	710	900
4	375	475	600	750	950
4.5	425	530	670	850	1060
5	450	560	710	900	1120
5.5	475	600	750	950	1180
6	500	630	800	1000	1250
8	630	800	1000	1250	1600

表 3.5-11　外螺纹大径公差（T_d）　（μm）

螺距 P /mm	公差等级		
	4	6	8
0.2	36	56	—
0.25	42	67	—
0.3	48	75	—
0.35	53	85	—
0.4	60	95	—
0.45	63	100	—
0.5	67	106	—
0.6	80	125	—
0.7	90	140	—
0.75	90	140	—
0.8	95	150	236
1	112	180	280
1.25	132	212	335
1.5	150	236	375
1.75	170	265	425
2	180	280	450
2.5	212	335	530
3	236	375	600
3.5	265	425	670
4	300	475	750
4.5	315	500	800
5	335	530	850
5.5	355	560	900
6	375	600	950
8	450	710	1180

表 3.5-12　内螺纹中径公差（T_{D_2}）　（μm）

基本大径 D/mm		螺距	公差等级				
>	≤	P/mm	4	5	6	7	8
0.99	1.4	0.2	40	—	—	—	—
		0.25	45	56	—	—	—
		0.3	48	60	75	—	—
1.4	2.8	0.2	52	—	—	—	—
		0.25	48	60	—	—	—
		0.35	53	67	85	—	—
		0.4	56	71	90	—	—
		0.45	60	75	95	—	—
2.8	5.6	0.35	56	71	90	—	—
		0.5	63	80	100	125	—
		0.6	71	90	112	140	—
		0.7	75	95	118	150	—
		0.75	75	95	118	150	—
		0.8	80	100	125	160	200

（续）

基本大径 D/mm		螺距 P/mm	公差等级				
>	≤		4	5	6	7	8
5.6	11.2	0.75	85	106	132	170	—
		1	95	118	150	190	236
		1.25	100	125	160	200	250
		1.5	112	140	180	224	280
11.2	22.4	1	100	125	160	200	250
		1.25	112	140	180	224	280
		1.5	118	150	190	236	300
		1.75	125	160	200	250	315
		2	132	170	212	265	335
		2.5	140	180	224	280	355
22.4	45	1	106	132	170	212	—
		1.5	125	160	200	250	315
		2	140	180	224	280	355
		3	170	212	265	335	425
		3.5	180	224	280	355	450
		4	190	236	300	375	475
		4.5	200	250	315	400	500
45	90	1.5	132	170	212	265	335
		2	150	190	236	300	375
		3	180	224	280	355	450
		4	200	250	315	400	500
		5	212	265	335	425	530
		5.5	224	280	355	450	560
		6	236	300	375	475	600
90	180	2	160	200	250	315	400
		3	190	236	300	375	475
		4	212	265	335	425	530
		6	250	315	400	500	630
		8	280	355	450	560	710
180	355	3	212	265	335	425	530
		4	236	300	375	475	600
		6	265	335	425	530	670
		8	300	375	475	600	750

表 3.5-13　外螺纹中径公差（T_{d_2}）　（μm）

基本大径 d/mm		螺距 P/mm	公差等级						
>	≤		3	4	5	6	7	8	9
0.99	1.4	0.2	24	30	38	48	—	—	—
		0.25	26	34	42	53	—	—	—
		0.3	28	36	45	56	—	—	—
1.4	2.8	0.2	25	32	40	50	—	—	—
		0.25	28	36	45	56	—	—	—
		0.35	32	40	50	63	80	—	—
		0.4	34	42	53	67	85	—	—
		0.45	36	45	56	71	90	—	—
2.8	5.6	0.35	34	42	53	67	85	—	—
		0.5	38	48	60	75	95	—	—
		0.6	42	53	67	85	106	—	—
		0.7	45	56	71	90	112	—	—
		0.75	45	56	71	90	112	—	—
		0.8	48	60	75	95	118	150	190
5.6	11.2	0.75	50	63	80	100	125	—	—
		1	56	71	90	112	140	180	224
		1.25	60	75	95	118	150	190	236
		1.5	67	85	106	132	170	212	265

（续）

基本大径 d/mm		螺距 P/mm	公差等级						
>	≤		3	4	5	6	7	8	9
11.2	22.4	1	60	75	95	118	150	190	236
		1.25	67	85	106	132	170	212	265
		1.5	71	90	112	140	180	224	280
		1.75	75	95	118	150	190	236	300
		2	80	100	125	160	200	250	315
		2.5	85	106	132	170	212	265	335
22.4	45	1	63	80	100	125	160	200	250
		1.5	75	95	118	150	190	236	300
		2	85	106	132	170	212	265	335
		3	100	125	160	200	250	315	400
		3.5	106	132	170	212	265	335	425
		4	112	140	180	224	280	355	450
		4.5	118	150	190	236	300	375	475
45	90	1.5	80	100	125	160	200	250	315
		2	90	112	140	180	224	280	355
		3	106	132	170	212	265	335	425
		4	118	150	190	236	300	375	475
		5	125	160	200	250	315	400	500
		5.5	132	170	212	265	335	425	530
		6	140	180	224	280	355	450	560
90	180	2	95	118	150	190	236	300	375
		3	112	140	180	224	280	355	450
		4	125	160	200	250	315	400	500
		6	150	190	236	300	375	475	600
		8	170	212	265	335	425	530	670
180	355	3	125	160	200	250	315	400	500
		4	140	180	224	280	355	450	560
		6	160	200	250	315	400	500	630
		8	180	224	280	355	450	560	710

3.3.3　旋合长度及其分组

旋合长度影响螺纹的公差精度，螺纹越长加工越困难，需给予更大的公差值。标准将螺纹的旋合长度分为短、中、长三组，分别用 S、N、L 表示，各组的长度范围见表 3.5-14。

表 3.5-14　螺纹的旋合长度　（mm）

基本大径 D、d		螺距 P	旋合长度			
			S	N		L
>	≤		≤	>	≤	>
0.99	1.4	0.2	0.5	0.5	1.4	1.4
		0.25	0.6	0.6	1.7	1.7
		0.3	0.7	0.7	2	2
1.4	2.8	0.2	0.5	0.5	1.5	1.5
		0.25	0.6	0.6	1.9	1.9
		0.35	0.8	0.8	2.6	2.6
		0.4	1	1	3	3
		0.45	1.3	1.3	3.8	3.8
2.8	5.6	0.35	1	1	3	3
		0.5	1.5	1.5	4.5	4.5
		0.6	1.7	1.7	5	5
		0.7	2	2	6	6
		0.75	2.2	2.2	6.7	6.7
		0.8	2.5	2.5	7.5	7.5

（续）

基本大径 D、d		螺距 P	旋合长度			
			S	N		L
>	≤		≤	>	≤	>
5.6	11.2	0.75	2.4	2.4	7.1	7.1
		1	3	3	9	9
		1.25	4	4	12	12
		1.5	5	5	15	15
11.2	22.4	1	3.8	3.8	11	11
		1.25	4.5	4.5	13	13
		1.5	5.6	5.6	16	16
		1.75	6	6	18	18
		2	8	8	24	24
		2.5	10	10	30	30
22.4	45	1	4	4	12	12
		1.5	6.3	6.3	19	19
		2	8.5	8.5	25	25
		3	12	12	36	36
		3.5	15	15	45	45
		4	18	18	53	53
		4.5	21	21	63	63
45	90	1.5	7.5	7.5	22	22
		2	9.5	9.5	28	28
		3	15	15	45	45
		4	19	19	56	56
		5	24	24	71	71
		5.5	28	28	85	85
		6	32	32	95	95
90	180	2	12	12	36	36
		3	18	18	53	53
		4	24	24	71	71
		6	36	36	106	106
		8	45	45	132	132
180	355	3	20	20	60	60
		4	26	26	80	80
		6	40	40	118	118
		8	50	50	150	150

3.3.4　公差精度及推荐公差带的应用

（1）公差精度分级

螺纹的公差精度是衡量螺纹质量的综合指标，在国际标准中将其称为公差质量（Tolerance quality）。它不仅取决于螺纹的公差等级，还与螺纹的旋合长度密切相关，其重要程度可以在内、外螺纹的推荐公差带表中得到体现。普通螺纹公差标准根据使用场合将公差精度分为精密、中等和粗糙三个级别。

1）精密级。用于精密螺纹，它能保证内、外螺纹间的配合性质变化较小。

2）中等级。用于一般用途螺纹。

3）粗糙级。用于制造螺纹有困难的场合，例如在热轧棒料上和深不通孔内加工螺纹。

（2）推荐公差带及其选用原则

1）一般情况下应按表3.5-15和表3.5-16的规定选取内、外螺纹的公差带。除特殊情况外，不宜选用推荐公差带表规定之外的公差带。

2）如果不知道螺纹旋合长度的实际值，推荐按中等旋合长度（N）选取螺纹公差带。

3）推荐公差带的优先选择顺序为：粗字体公差带、一般字体公差带、括号内公差带。带方框的粗字体公差带用于大量生产的紧固件螺纹。

（3）内、外螺纹公差带的组合

表3.5-15的内螺纹公差带能与表3.5-16的外螺纹公差带任意组合。但是，为了保证内、外螺纹间有足够的接触高度，推荐完工后的螺纹件优先组成H/g、H/h、或G/h配合。对于公称直径小于1.4mm的螺纹，应选用5H/6h、4H/6h或更精密的配合。

（4）涂镀螺纹的公差带

如无特殊说明，推荐公差带适用于涂镀前的螺纹；涂镀后，螺纹实际轮廓上的任何点均不应超越由公差位置H、h所确定的最大实体牙型。

推荐公差带仅适用于具有较薄涂镀层的螺纹，例如电镀螺纹，而不适用于过厚涂层的螺纹，如热浸锡等。

表3.5-15　内螺纹的推荐公差带

公差精度	公差带位置G			公差带位置H		
	S	N	L	S	N	L
精　密	—	—	—	4H	5H	6H
中　等	(5G)	**6G**	(7G)	**5H**	**[6H]**	**7H**
粗　糙	—	(7G)	(8G)	—	7H	8H

表3.5-16　外螺纹的推荐公差带

公差精度	公差带位置e			公差带位置f			公差带位置g			公差带位置h		
	S	N	L	S	N	L	S	N	L	S	N	L
精密	—	—	—	—	—	—	—	(4g)	(5g4g)	(3h4h)	**4h**	(5h4h)
中等	—	**6e**	(7e6e)		**6f**	—	(5g6g)	**[6g]**	(7g6g)	(5h6h)	6h	(7h6h)
粗糙	—	(8e)	(9e8e)	—	—	—		8g	(9g8g)	—	—	—

3.3.5　关于牙底形状的规定

1）内、外螺纹牙底实际轮廓上的任何点不应超越按基本牙型和公差带位置所确定的最大实体牙型。该规定保证了内、外螺纹能够顺利地旋合。

2）为提高螺纹的抗疲劳强度，对机械性能（见GB/T3098.1—2000《紧固件机械性能　螺栓、螺钉和螺柱》）高于和等于8.8级的紧固件，其外螺纹牙底轮廓应没有反向圆弧，并且牙底各处的圆弧半径应不小于 0.125P。外螺纹牙底最小圆弧半径（R_{min}）值见表 3.5-17。具体形状见图 3.5-8。

由图可知，在最大的小径（d_{3max}）位置处，两个 $R_{min}=0.125P$ 的圆弧通过螺纹最大实体牙侧与量规（符合 GB/T3934 的规定）通端小径圆柱的交点，并且与螺纹最小实体牙侧相切。

最大削平高度 C_{max} 按下式计算：

$$C_{max}=\frac{H}{4}-R_{min}\left\{1-\cos\left[\frac{\pi}{3}-\arccos\left(1-\frac{T_{d2}}{4\times R_{min}}\right)\right]\right\}+\frac{T_{d2}}{2}$$

最小削平高度 C_{min} 按下式计算：

$$C_{min}=0.125P\approx\frac{H}{7}$$

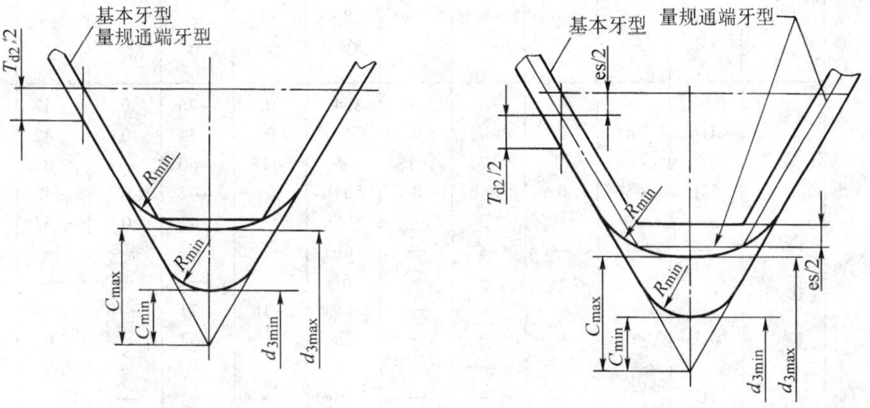

a)　　b)

图 3.5-8　外螺纹牙底形状

a）h 位置　b）e、f、g 位置

表 3.5-17　外螺纹最小牙底圆弧半径

螺距 P/mm	R_{min} /μm	螺距 P/mm	R_{min} /μm
0.2	25	1.25	156
0.25	31	1.5	188
0.3	38	1.75	219
0.35	44	2	250
0.4	50	2.5	313
0.45	56	3	375
0.5	63	3.5	438
0.6	75	4	500
0.7	88	4.5	563
0.75	94	5	625
0.8	100	5.5	688
1	125	6	750
		8	1000

3）对于机械性能等级低于 8.8 级的紧固件，其外螺纹牙底形状宜优先遵守机械性能等级等于和高于 8.8 级紧固件外螺纹牙底的相关要求，因为牙底圆弧对承受疲劳和冲击载荷的螺纹紧固件至关重要。除了外螺纹最大的小径应小于量规通端的最小小径之外，对外螺纹牙底没有其他要求。

4）建议外螺纹牙底采用$\frac{H}{6}$削平，此时对应的牙底圆弧半径 $R=0.14434P$。并且以削平高度$\frac{H}{6}$作为外螺纹小径 d_3 应力计算的基础，用于应力计算的小径的极限偏差值见表 3.5-18。

表 3.5-18　螺纹的极限偏差（摘自 GB/T 2516—2003）　（μm）

基本大径/mm		螺距/mm	内螺纹					外螺纹					
			公差带	中径		小径		公差带	中径		大径		小径
>	≤			ES	EI	ES	EI		es	ei	es	ei	用于计算应力的偏差
0.99	1.4	0.2	—	—	—	—	—	3h4h	0	－24	0	－36	－29
			4H	＋40	0	＋38	0	4h	0	－30	0	－36	－29
			5G	—	—	—	—	5g6g	－17	－55	－17	－73	－46
			5H	—	—	—	—	5h4h	0	－38	0	－36	－29
			—	—	—	—	—	5h6h	0	－38	0	－56	－29
			—	—	—	—	—	6e	—	—	—	—	—
			—	—	—	—	—	6f	—	—	—	—	—
			6G	—	—	—	—	6g	－17	－65	－17	－73	－46
			6H	—	—	—	—	6h	0	－48	0	－56	－29

（续）

基本大径/mm		螺距/mm	内螺纹					外螺纹					
			公差带	中径		小径		公差带	中径		大径		小径
>	≤			ES	EI	ES	EI		es	ei	es	ei	用于计算应力的偏差
0.99	1.4	0.2	—	—	—	—	—	7e6e	—	—	—	—	—
			7G	—	—	—	—	7g6g	—	—	—	—	—
			7H	—	—	—	—	7h6h	—	—	—	—	—
			8G	—	—	—	—	8g	—	—	—	—	—
			8H	—	—	—	—	9g8g	—	—	—	—	—
		0.25	—	—	—	—	—	3h4h	0	-26	0	-42	-36
			4H	+45	0	+45	0	4h	0	-34	0	-42	-36
			5G	+74	+18	+74	+18	5g6g	-18	-60	-18	-85	-54
			5H	+56	0	+56	0	5h4h	0	-42	0	-42	-36
			—	—	—	—	—	5h6h	0	-42	0	-67	-36
			—	—	—	—	—	6e	—	—	—	—	—
			—	—	—	—	—	6f	—	—	—	—	—
			6G	—	—	—	—	6g	-18	-71	-18	-85	-54
			6H	—	—	—	—	6h	0	-53	—	-67	-36
			—	—	—	—	—	7e6e	—	—	—	—	—
			7G	—	—	—	—	7g6g	—	—	—	—	—
			7H	—	—	—	—	7h6h	—	—	—	—	—
			8G	—	—	—	—	8g	—	—	—	—	—
			8H	—	—	—	—	9g8g	—	—	—	—	—
		0.3	—	—	—	—	—	3h4h	0	-28	0	-48	-43
			4H	+48	0	+53	0	4h	0	-36	0	-48	-43
			5G	+78	+18	+85	+18	5g6g	-18	-63	-18	-93	-61
			5H	+60	0	+67	0	5h4h	0	-45	0	-48	-43
			—	—	—	—	—	5h6h	0	-45	0	-75	-43
			—	—	—	—	—	6e	—	—	—	—	—
			—	—	—	—	—	6f	—	—	—	—	—
			6G	+93	+18	+103	+18	6g	-18	-74	-18	-93	-61
			6H	+75	0	+85	0	6h	0	-56	0	-75	-43
			—	—	—	—	—	7e6e	—	—	—	—	—
			7G	—	—	—	—	7g6g	—	—	—	—	—
			7H	—	—	—	—	7h6h	—	—	—	—	—
			8G	—	—	—	—	8g	—	—	—	—	—
			8H	—	—	—	—	9g8g	—	—	—	—	—
1.4	2.8	0.2	—	—	—	—	—	3h4h	0	-25	0	-36	-29
			4H	+42	0	+38	0	4h	0	-32	0	-36	-29
			5G	—	—	—	—	5g6g	-17	-57	-17	-73	-46
			5H	—	—	—	—	5h4h	0	-40	0	-36	-29
			—	—	—	—	—	5h6h	0	-40	0	-56	-29
			—	—	—	—	—	6e	—	—	—	—	—
			—	—	—	—	—	6f	-32	-82	-32	-88	-61
			6G	—	—	—	—	6g	-17	-67	-17	-73	-46
			6H	—	—	—	—	6h	0	-50	0	-56	-29
			—	—	—	—	—	7e6e	—	—	—	—	—
			7G	—	—	—	—	7g6g	—	—	—	—	—
			7H	—	—	—	—	7h6h	—	—	—	—	—
			8G	—	—	—	—	8g	—	—	—	—	—
			8H	—	—	—	—	9g8g	—	—	—	—	—

（续）

基本大径/mm		螺距/mm	内螺纹					外螺纹					
			公差带	中径		小径		公差带	中径		大径		小径
>	≤			ES	EI	ES	EI		es	ei	es	ei	用于计算应力的偏差
1.4	2.8	0.25	—	—	—	—	—	3h4h	0	-28	0	-42	-36
			4H	+48	0	+45	0	4h	0	-36	0	-42	-36
			5G	+78	+18	+74	+18	5g6g	-19	-63	-18	-85	-54
			5H	+60	0	+56	0	5h4h	0	-45	0	-42	-36
			—	—	—	—	—	5h6h	0	-45	0	-67	-36
			—	—	—	—	—	6e	—	—	—	—	—
			—	—	—	—	—	6f	-33	-89	-33	-100	-69
			6G	—	—	—	—	6g	-18	-74	-18	-85	-54
			6H	—	—	—	—	6h	0	-56	0	-67	-36
			—	—	—	—	—	7e6e	—	—	—	—	—
			7G	—	—	—	—	7g6g	—	—	—	—	—
			7H	—	—	—	—	7h6h	—	—	—	—	—
			8G	—	—	—	—	8g	—	—	—	—	—
			8H	—	—	—	—	9g8g	—	—	—	—	—
		0.35	—	—	—	—	—	3h4h	0	-32	0	-53	-51
			4H	+53	0	+63	0	4h	0	-40	0	-53	-51
			5G	+86	+19	+99	+19	5g6g	-19	-69	-19	-104	-70
			5H	+67	0	+80	0	5h4h	0	-50	0	-53	-51
			—	—	—	—	—	5h6h	0	-50	0	-85	-51
			—	—	—	—	—	6e	—	—	—	—	—
			—	—	—	—	—	6f	-34	-97	-34	-119	-85
			6G	+104	+19	+119	+19	6g	-19	-82	-19	-104	-70
			6H	+85	0	+100	0	6h	0	-63	0	-85	-51
			—	—	—	—	—	7e6e	—	—	—	—	—
			7G	—	—	—	—	7g6g	-19	-99	-19	-104	-70
			7H	—	—	—	—	7h6h	0	-80	0	-85	-51
			8G	—	—	—	—	8g	—	—	—	—	—
			8H	—	—	—	—	9g8g	—	—	—	—	—
		0.4	—	—	—	—	—	3h4h	0	-34	0	-60	-58
			4H	+56	0	+71	0	4h	0	-42	0	-60	-58
			5G	+90	+19	+109	+19	5g6g	-19	-72	-19	-114	-77
			5H	+71	0	+90	0	5h4h	0	-53	0	-60	-58
			—	—	—	—	—	5h6h	0	-53	0	-95	-58
			—	—	—	—	—	6e	—	—	—	—	—
			—	—	—	—	—	6f	-34	-101	-34	-129	-92
			6G	+109	+19	+131	+19	6g	-19	-86	-19	-114	-77
			6H	+90	0	+112	0	6h	0	-67	0	-95	-58
			—	—	—	—	—	7e6e	—	—	—	—	—
			7G	—	—	—	—	7g6g	-19	-104	-19	-114	-77
			7H	—	—	—	—	7h6h	0	-85	0	-95	-58
			8G	—	—	—	—	8g	—	—	—	—	—
			8H	—	—	—	—	9g8g	—	—	—	—	—
		0.45	—	—	—	—	—	3h4h	0	-36	0	-63	-65
			4H	+60	0	+80	0	4h	0	-45	0	-63	-65
			5G	+95	+20	+120	+20	5g6g	-20	-76	-20	-120	-85
			5H	+75	0	+100	0	5h4h	0	-56	0	-63	-65
			—	—	—	—	—	5h6h	0	-56	0	-100	-65
			—	—	—	—	—	6e	—	—	—	—	—
			—	—	—	—	—	6f	-35	-106	-35	-135	-100
			6G	+115	+20	+145	+20	6g	-20	-91	-20	-120	-85
			6H	+95	0	+125	0	6h	0	-71	0	-100	-65
			—	—	—	—	—	7e6e	—	—	—	—	—
			7G	—	—	—	—	7g6g	-20	-110	-20	-120	-85
			7H	—	—	—	—	7h6h	0	-90	0	-100	-65
			8G	—	—	—	—	8g	—	—	—	—	—
			8H	—	—	—	—	9g8g	—	—	—	—	—

（续）

基本大径/mm		螺距/mm	内螺纹					外螺纹					
			公差带	中径		小径		公差带	中径		大径		小径
>	≤			ES	EI	ES	EI		es	ei	es	ei	用于计算应力的偏差
2.8	5.6	0.35	—	—	—	—	—	3h4h	0	-34	0	-53	-51
			4H	+56	0	+63	0	4h	0	-42	0	-53	-51
			5G	+90	+19	+99	+19	5g6g	-19	-72	-19	-104	-70
			5H	+71	0	+80	0	5h4h	0	-53	0	-53	-51
			—	—	—	—	—	5h6h	0	-53	0	-85	-51
			—	—	—	—	—	6e	—	—	—	—	—
			—	—	—	—	—	6f	-34	-101	-34	-119	-85
			6G	+109	+19	+119	+19	6g	-19	-86	-19	-104	-70
			6H	+90	0	+100	0	6h	0	-67	0	-85	-51
			—	—	—	—	—	7e6e	—	—	—	—	—
			7G	—	—	—	—	7g6g	-19	-104	-19	-104	-70
			7H	—	—	—	—	7h6h	0	-85	0	-85	-51
			8G	—	—	—	—	8g	—	—	—	—	—
			8H	—	—	—	—	9g8g	—	—	—	—	—
		0.5	—	—	—	—	—	3h4h	0	-38	0	-67	-72
			4H	+63	0	+90	0	4h	0	-48	0	-67	-72
			5G	+100	+20	+132	+20	5g6g	-20	-80	-20	-126	-92
			5H	+80	0	+112	0	5h4h	0	-60	0	-67	-72
			—	—	—	—	—	5h6h	0	-60	0	-106	-72
			—	—	—	—	—	6e	-50	-125	-50	-156	-122
			—	—	—	—	—	6f	-36	-111	-36	-142	-108
			6G	+120	+20	+160	+20	6g	-20	-95	-20	-126	-92
			6H	+100	0	+140	0	6h	0	-75	0	-106	-72
			—	—	—	—	—	7e6e	-50	-145	-50	-156	-122
			7G	+145	+20	+200	+20	7g6g	-20	-115	-20	-126	-92
			7H	+125	0	+180	0	7h6h	0	-95	0	-106	-72
			8G	—	—	—	—	8g	—	—	—	—	—
			8H	—	—	—	—	9g8g	—	—	—	—	—
		0.6	—	—	—	—	—	3h4h	0	-42	0	-80	-87
			4h	+71	0	+100	0	4h	0	-53	0	-80	-87
			5G	+111	+21	+146	+21	5g6g	-21	-88	-21	-146	-108
			5H	+90	0	+125	0	5h4h	0	-67	0	-80	-87
			—	—	—	—	—	5h6h	0	-67	0	-125	-87
			—	—	—	—	—	6e	-53	-138	-53	-178	-140
			—	—	—	—	—	6f	-36	-121	-36	-161	-123
			6G	+133	+21	+181	+21	6g	-21	-106	-21	-146	-108
			6H	+112	0	+160	0	6h	0	-85	0	-125	-87
			—	—	—	—	—	7e6e	-53	-159	-53	-178	-140
			7G	+161	+21	+221	+21	7g6g	-21	-127	-21	-146	-108
			7H	+140	0	+200	0	7h6h	0	-106	0	-125	-87
			8G	—	—	—	—	8g	—	—	—	—	—
			8H	—	—	—	—	9g8g	—	—	—	—	—
		0.7	—	—	—	—	—	3h4h	0	-45	0	-90	-101
			4H	+75	0	+112	0	4h	0	-56	0	-90	-101
			5G	+117	+22	+162	+22	5g6g	-22	-93	-22	-162	-123
			5H	+95	0	+140	0	5h4h	0	-71	0	-90	-101
			—	—	—	—	—	5h6h	0	-71	0	-140	-101
			—	—	—	—	—	6e	-56	-146	-56	-196	-157
			—	—	—	—	—	6f	-38	-128	-38	-178	-139
			6G	+140	+22	+202	+22	6g	-22	-112	-22	-162	-123
			6H	+118	0	+180	0	6h	0	-90	0	-140	-101
			—	—	—	—	—	7e6e	-56	-168	-56	-196	-157
			7G	+172	+22	+246	+22	7g6g	-22	-134	-22	-162	-123
			7H	+150	0	+224	0	7h6h	0	-112	0	-140	-101
			8G	—	—	—	—	8g	—	—	—	—	—
			8H	—	—	—	—	9g8g	—	—	—	—	—

（续）

基本大径/mm		螺距/mm	内螺纹					外螺纹					
			公差带	中径		小径		公差带	中径		大径		小径
>	≤			ES	EI	ES	EI		es	ei	es	ei	用于计算应力的偏差
2.8	5.6	0.75	—	—	—	—	—	3h4h	0	-45	0	-90	-108
			4H	+75	0	+118	0	4h	0	-56	0	-90	-108
			5G	+117	+22	+172	+22	5g6g	-22	-93	-22	-162	-130
			5H	+95	0	+150	0	5h4h	0	-71	0	-90	-108
			—	—	—	—	—	5h6h	0	-71	0	-140	-108
			—	—	—	—	—	6e	-56	-146	-56	-196	-164
			—	—	—	—	—	6f	-38	-128	-38	-178	-146
			6G	+140	+22	+212	+22	6g	-22	-112	-22	-162	-130
			6H	+118	0	+190	0	6h	0	-90	0	-140	-108
			—	—	—	—	—	7e6e	-56	-168	-56	-196	-164
			7G	+172	+22	+258	+22	7g6g	-22	-134	-22	-162	-130
			7H	+150	0	+236	0	7h6h	0	-112	0	-140	-108
			8G	—	—	—	—	8g	—	—	—	—	—
			8H	—	—	—	—	9g8g	—	—	—	—	—
		0.8	—	—	—	—	—	3h4h	0	-48	0	-95	-115
			4H	+80	0	+125	0	4h	0	-60	0	-95	-115
			5G	+124	+24	+184	+24	5g6g	-24	-99	-24	-174	-140
			5H	+100	0	+160	0	5h4h	0	-75	0	-95	-115
			—	—	—	—	—	5h6h	0	-75	0	-150	-115
			—	—	—	—	—	6e	-60	-155	-60	-210	-176
			—	+149	—	—	—	6f	-38	-133	-38	-188	-153
			6G	+125	+24	+224	+24	6g	-24	-119	-24	-174	-140
			6H	—	0	+200	0	6h	0	-95	0	-150	-115
			—	+184	—	—	—	7e6e	-60	-178	-60	-210	-176
			7G	+160	+24	+274	+24	7g6g	-24	-142	-24	-174	-140
			7H	+224	0	+250	0	7h6h	0	-118	0	-150	-115
			8G	+200	+24	+339	+24	8g	-24	-174	-24	-260	-140
			8H	—	0	+315	0	9g8g	-24	-214	-24	-260	-140
5.6	11.2	0.75	—	—	—	—	—	3h4h	0	-50	0	-90	-108
			4H	+85	0	+118	0	4h	0	-63	0	-90	-108
			5G	+128	+22	+172	+22	5g6g	-22	-102	-22	-162	-130
			5H	+106	0	+150	0	5h4h	0	-80	0	-90	-108
			—	—	—	—	—	5h6h	0	-80	0	-140	-108
			—	—	—	—	—	6e	-56	-156	-56	-196	-164
			—	—	—	—	—	6f	-38	-138	-38	-178	-146
			6G	+154	+22	+212	+22	6g	-22	-122	-22	-162	-130
			6H	+132	0	+190	0	6h	0	-100	0	-140	-108
			—	—	—	—	—	7e6e	-56	-181	-56	-196	-164
			7G	+192	+22	+258	+22	7g6g	-22	-147	-22	-162	-130
			7H	+170	0	+236	0	7h6h	0	-125	0	-140	-108
			8G	—	—	—	—	8g	—	—	—	—	—
			8H	—	—	—	—	9g8g	—	—	—	—	—
		1	—	—	—	—	—	3h4h	0	-56	0	-112	-144
			4H	+95	0	+150	0	4h	0	-71	0	-112	-144
			5G	+144	+26	+216	+26	5g6g	-26	-116	-26	-206	-170
			5H	+118	0	+190	0	5h4h	0	-90	0	-112	-144
			—	—	—	—	—	5h6h	0	-90	0	-180	-144
			—	—	—	—	—	6e	-60	-172	-60	-240	-204
			—	—	—	—	—	6f	-40	-152	-40	-220	-184
			6G	+176	+26	+262	+26	6g	-26	-138	-26	-206	-170
			6H	+150	0	+236	0	6h	0	-112	0	-180	-144
			—	—	—	—	—	7e6e	-60	-200	-60	-240	-204
			7G	+216	+26	+326	+26	7g6g	-26	-166	-26	-206	-170
			7H	+190	0	+300	0	7h6h	0	-140	0	-180	-144
			8G	+262	+26	+401	+26	8g	-26	-206	-26	-306	-170
			8H	+236	0	+375	0	9g8g	-26	-250	-26	-306	-170

（续）

基本大径/mm		螺距/mm	内螺纹					外螺纹					
			公差带	中径		小径		公差带	中径		大径		小径
>	≤			ES	EI	ES	EI		es	ei	es	ei	用于计算应力的偏差
5.6	11.2	1.25	—	—	—	—	—	3h4h	0	–60	0	–132	–180
			4H	+100	0	+170	0	4h	0	–75	0	–132	–180
			5G	+153	+28	+240	+28	5g6g	–28	–123	–28	–240	–208
			5H	+125	0	+212	0	5h4h	0	–95	0	–132	–180
			—	—	—	—	—	5h6h	0	–95	0	–212	–180
			—	—	—	—	—	6e	–63	–181	–63	–275	–243
			—	—	—	—	—	6f	–42	–160	–42	–254	–222
			6G	+188	+28	+293	+28	6g	–28	–146	–28	–240	–208
			6H	+160	0	+265	0	6h	0	–118	0	–212	–180
			—	—	—	—	—	7e6e	–63	–213	–63	–275	–243
			7G	+228	+28	+363	+28	7g6g	–28	–178	–28	–240	–208
			7H	+200	0	+335	0	7h6h	0	–150	0	–212	–180
			8G	+278	+28	+453	+28	8g	–28	–218	–28	–363	–208
			8H	+250	0	+425	0	9g8g	–28	–264	–28	–363	–208
		1.5	—	—	—	—	—	3h4h	0	–67	0	–150	–217
			4H	+112	0	+190	0	4h	0	–85	0	–150	–217
			5G	+172	+32	+268	+32	5g6g	–32	–138	–32	–268	–249
			5H	+140	0	+236	0	5h4h	0	–106	0	–150	–217
			—	—	—	—	—	5h6h	0	–106	0	–236	–217
			—	—	—	—	—	6e	–67	–199	–67	–303	–284
			—	—	—	—	—	6f	–45	–177	–45	–281	–262
			6G	+212	+32	+332	+32	6g	–32	–164	–32	–268	–249
			6H	+180	0	+300	0	6h	0	–132	0	–236	–217
			—	—	—	—	—	7e6e	–67	–237	–67	–303	–284
			7G	+256	+32	+407	+32	7g6g	–32	–202	–32	–268	–249
			7H	+224	0	+375	0	7h6h	0	–170	0	–236	–217
			8G	+312	+32	+507	+32	8g	–32	–244	–32	–407	–249
			8H	+280	0	+475	0	9g8g	–32	–297	–32	–407	–249
11.2	22.4	1	—	—	—	—	—	3h4h	0	–60	0	–112	–144
			4H	+100	0	+150	0	4h	0	–75	0	–112	–144
			5G	+151	+26	+216	+26	5g6g	–26	–121	–26	–206	–170
			5H	+125	0	+190	0	5h4h	0	–95	0	–112	–144
			—	—	—	—	—	5h6h	0	–95	0	–180	–144
			—	—	—	—	—	6e	–60	–178	–60	–240	–204
			—	—	—	—	—	6f	–40	–158	–40	–220	–184
			6G	+186	+26	+262	+26	6g	–26	–144	–26	–206	–170
			6H	+160	0	+236	0	6h	0	–118	0	–180	–144
			—	—	—	—	—	7e6e	–60	–210	–60	–240	–204
			7G	+226	+26	+326	+26	7g6g	–26	–176	–26	–206	–170
			7H	+200	0	+300	0	7h6h	0	–150	0	–180	–144
			8G	+276	+26	+401	+26	8g	–26	–216	–26	–306	–170
			8H	+250	0	+375	0	9g8g	–26	–262	–26	–306	–170
		1.25	—	—	—	—	—	3h4h	0	–67	0	–132	–180
			4H	+112	0	+170	0	4h	0	–85	0	–132	–180
			5G	+168	+28	+240	+28	5g6g	–28	–134	–28	–240	–208
			5H	+140	0	+212	0	5h4h	0	–106	0	–132	–180
			—	—	—	—	—	5h6h	0	–106	0	–212	–180
			—	—	—	—	—	6e	–63	–195	–63	–275	–243
			—	—	—	—	—	6f	–42	–174	–42	–254	–222
			6G	+208	+28	+293	+28	6g	–28	–160	–28	–240	–208
			6H	+180	0	+265	0	6h	0	–132	0	–212	–180
			—	—	—	—	—	7e6e	–63	–233	–63	–275	–243
			7G	+252	+28	+363	+28	7g6g	–28	–198	–28	–240	–208
			7H	+224	0	+335	0	7h6h	0	–170	0	–212	–180
			8G	+308	+28	+453	+28	8g	–28	–240	–28	–363	–208
			8H	+280	0	+425	0	9g8g	–28	–293	–28	–363	–208

（续）

基本大径/mm		螺距/mm	内螺纹					外螺纹					
			公差带	中径		小径		公差带	中径		大径		小径
>	≤			ES	EI	ES	EI		es	ei	es	ei	用于计算应力的偏差
11.2	22.4	1.5	—	—	—	—	—	3h4h	0	-71	0	-150	-217
			4H	+118	0	+190	0	4h	0	-90	0	-150	-217
			5G	+182	+32	+268	+32	5g6g	-32	-144	-32	-268	-249
			5H	+150	0	+236	0	5h4h	0	-112	0	-150	-217
			—	—	—	—	—	5h6h	0	-112	0	-236	-217
			—	—	—	—	—	6e	-67	-207	-67	-303	-284
			—	—	—	—	—	6f	-45	-185	-45	-281	-262
			6G	+222	+32	+332	+32	6g	-32	-172	-32	-268	-249
			6H	+190	0	+300	0	6h	0	-140	0	-236	-217
			—	—	—	—	—	7e6e	-67	-247	-67	-303	-284
			7G	+268	+32	+407	+32	7g6g	-32	-212	-32	-268	-249
			7H	+236	0	+375	0	7h6h	0	-180	0	-236	-217
			8G	+332	+32	+507	+32	8g	-32	-256	-32	-407	-249
			8H	+300	0	+475	0	9g8g	-32	-312	-32	-407	-249
		1.75	—	—	—	—	—	3h4h	0	-75	0	-170	-253
			4H	+125	0	+212	0	4h	0	-95	0	-170	-253
			5G	+194	+34	+299	+34	5g6g	-34	-152	-34	-299	-287
			5H	+160	0	+265	0	5h4h	0	-118	0	-170	-253
			—	—	—	—	—	5h6h	0	-118	0	-265	-253
			—	—	—	—	—	6e	-71	-221	-71	-336	-324
			—	—	—	—	—	6f	-48	-198	-48	-313	-301
			6G	+234	+34	+369	+34	6g	-34	-184	-34	-299	-287
			6H	+200	0	+335	0	6h	0	-150	0	-265	-253
			—	—	—	—	—	7e6e	-71	-261	-71	-336	-324
			7G	+284	+34	+459	+34	7g6g	-34	-224	-34	-299	-287
			7H	+250	0	+425	0	7h6h	0	-190	0	-265	-253
			8G	+349	+34	+564	+34	8g	-34	-270	-34	-459	-287
			8H	+315	0	+530	0	9g8g	-34	-334	-34	-459	-287
		2	—	—	—	—	—	3h4h	0	-80	0	-180	-289
			4H	+132	0	+236	0	4h	0	-100	0	-180	-289
			5G	+208	+38	+338	+38	5g6g	-38	-163	-38	-318	-327
			5H	+170	0	+300	0	5h4h	0	-125	0	-180	-289
			—	—	—	—	—	5h6h	0	-125	0	-280	-289
			—	—	—	—	—	6e	-71	-231	-71	-351	-360
			—	—	—	—	—	6f	-52	-212	-52	-332	-341
			6G	+250	+38	+413	+38	6g	-38	-198	-38	-318	-327
			6H	+212	0	+375	0	6h	0	-160	0	-280	-289
			—	—	—	—	—	7e6e	-71	-271	-71	-351	-360
			7G	+303	+38	+513	+38	7g6g	-38	-238	-38	-318	-327
			7H	+265	0	+475	0	7h6h	0	-200	0	-280	-289
			8G	+373	+38	+638	+38	8g	-38	-288	-38	-488	-327
			8H	+335	0	+600	0	9g8g	-38	-353	-38	-448	-327
		2.5	—	—	—	—	—	3h4h	0	-85	0	-212	-361
			4H	+140	0	+280	0	4h	0	-106	0	-212	-361
			5G	+222	+42	+397	+42	5g6g	-42	-174	-42	-377	-403
			5H	+180	0	+355	0	5h4h	0	-132	0	-212	-361
			—	—	—	—	—	5h6h	0	-132	0	-335	-361
			—	—	—	—	—	6e	-80	-250	-80	-415	-441
			—	—	—	—	—	6f	-58	-228	-58	-393	-419
			6G	+266	+42	+492	+42	6g	-42	-212	-42	-377	-403
			6H	+224	0	+450	0	6h	0	-170	0	-335	-361
			—	—	—	—	—	7e6e	-80	-292	-80	-415	-441
			7G	+322	+42	+602	+42	7g6g	-42	-254	-42	-377	-403
			7H	+280	0	+560	0	7h6h	0	-212	0	-335	-361
			8G	+397	+42	+752	+42	8g	-42	-307	-42	-572	-403
			8H	+355	0	+710	0	9g8g	-42	-377	-42	-572	-403

（续）

基本大径/mm		螺距/mm	内螺纹					外螺纹					
			公差带	中径		小径		公差带	中径		大径		小径
＞	≤			ES	EI	ES	EI		es	ei	es	ei	用于计算应力的偏差
22.4	45	1	—	—	—	—	—	3h4h	0	－63	0	－112	－144
			4H	＋106	0	＋150	0	4h	0	－80	0	－112	－144
			5G	＋158	＋26	＋218	＋26	5g6g	－26	－126	－26	－206	－170
			5H	＋132	0	＋190	0	5h4h	0	－100	0	－112	－144
			—	—	—	—	—	5h6h	0	－100	0	－180	－144
			—	—	—	—	—	6e	－60	－185	－60	－240	－204
			—	—	—	—	—	6f	－40	－165	－40	－220	－184
			6G	＋196	＋26	＋262	＋26	6g	－26	－151	－26	－206	－170
			6H	＋170	0	＋236	0	6h	0	－125	0	－180	－144
			—	—	—	—	—	7e6e	－60	－220	－60	－240	－204
			7G	＋238	＋26	＋326	＋26	7g6g	－26	－186	－26	－206	－170
			7H	＋212	0	＋300	0	7h6h	0	－160	0	－180	－144
			8G	—	—	—	—	8g	－26	－226	－26	－306	－170
			8H	—	—	—	—	9g8g	－26	－276	－26	－306	－170
		1.5	—	—	—	—	—	3h4h	0	－75	0	－150	－217
			4H	＋125	0	＋190	0	4h	0	－95	0	－150	－217
			5G	＋192	＋32	＋268	＋32	5g6g	－32	－150	－32	－268	－249
			5H	＋160	0	＋236	0	5h4h	0	－118	0	－150	－217
			—	—	—	—	—	5h6h	0	－118	0	－236	－217
			—	—	—	—	—	6e	－67	－217	－67	－303	－284
			—	—	—	—	—	6f	－45	－195	－45	－281	－262
			6G	＋232	＋32	＋332	＋32	6g	－32	－182	－32	－268	－249
			6H	＋200	0	＋300	0	6h	0	－150	0	－236	－217
			—	—	—	—	—	7e6e	－67	－257	－67	－303	－284
			7G	＋282	＋32	＋407	＋32	7g6g	－32	－222	－32	－268	－249
			7H	＋250	0	＋375	0	7h6h	0	－190	0	－236	－217
			8G	＋347	＋32	＋507	＋32	8g	－32	－268	－32	－407	－249
			8H	＋315	0	＋475	0	9g8g	－32	－332	－32	－407	－249
		2	—	—	—	—	—	3h4h	0	－85	0	－180	－289
			4H	＋140	0	＋236	0	4h	0	－106	0	－180	－289
			5G	＋218	＋38	＋338	＋38	5g6g	－38	－170	－38	－318	－327
			5H	＋180	0	＋300	0	5h4h	0	－132	0	－180	－289
			—	—	—	—	—	5h6h	0	－132	0	－280	－289
			—	—	—	—	—	6e	－71	－241	－71	－351	－360
			—	—	—	—	—	6f	－52	－222	－52	－332	－341
			6G	＋262	＋38	＋413	＋38	6g	－38	－208	－38	－318	－327
			6H	＋224	0	＋375	0	6h	0	－170	0	－280	－289
			—	—	—	—	—	7e6e	－71	－283	－71	－351	－360
			7G	＋318	＋38	＋513	＋38	7g6g	－38	－250	－38	－318	－327
			7H	＋280	0	＋475	0	7h6h	0	－212	0	－280	－289
			8G	＋393	＋38	＋638	＋38	8g	－38	－307	－38	－488	－327
			8H	＋355	0	＋600	0	9g8g	－38	－373	－38	－488	－327
		3	—	—	—	—	—	3h4h	0	－100	0	－236	－433
			4H	＋170	0	＋315	0	4h	0	－125	0	－236	－433
			5G	＋260	＋48	＋448	＋48	5g6g	－48	－208	－48	－423	－481
			5H	＋212	0	＋400	0	5h4h	0	－160	0	－236	－433
			—	—	—	—	—	5h6h	0	－160	0	－375	－433
			—	—	—	—	—	6e	－85	－285	－85	－460	－518
			—	—	—	—	—	6f	－63	－263	－63	－438	－496
			6G	＋313	＋48	＋548	＋48	6g	－48	－248	－48	－423	－481
			6H	＋265	0	＋500	0	6h	0	－200	0	－375	－433
			—	—	—	—	—	7e6e	－85	－335	－85	－460	－518
			7G	＋383	＋48	＋678	＋48	7g6g	－48	－298	－48	－423	－481
			7H	＋335	0	＋630	0	7h6h	0	－250	0	－375	－433
			8G	＋473	＋48	＋848	＋48	8g	－48	－363	－48	－648	－481
			8H	＋425	0	＋800	0	9g8g	－48	－448	－48	－648	－481

（续）

基本大径/mm		螺距/mm	内螺纹					外螺纹					
			公差带	中径		小径		公差带	中径		大径		小径
>	≤			ES	EI	ES	EI		es	ei	es	ei	用于计算应力的偏差
22.4	45	3.5	—	—	—	—	—	3h4h	0	－106	0	－265	－505
			4H	＋180	0	＋355	0	4h	0	－132	0	－265	－505
			5G	＋277	＋53	＋503	＋53	5g6g	－53	－223	－53	－478	－558
			5H	＋224	0	＋450	0	5h4h	0	－170	0	－265	－505
			—	—	—	—	—	5h6h	0	－170	0	－425	－505
			—	—	—	—	—	6e	－90	－302	－90	－515	－595
			—	—	—	—	—	6f	－70	－282	－70	－495	－575
			6G	＋333	＋53	＋613	＋53	6g	－53	－265	－53	－478	－558
			6H	＋280	0	＋560	0	6h	0	－212	0	－425	－505
			—	—	—	—	—	7e6e	－90	－355	－90	－515	－595
			7G	＋408	＋53	＋763	＋53	7g6g	－53	－318	－53	－478	－558
			7H	＋355	0	＋710	0	7h6h	0	－265	0	－425	－505
			8G	＋503	＋53	＋953	＋53	8g	－53	－388	－53	－723	－558
			8H	＋450	0	＋900	0	9g8g	－53	－478	－53	－723	－558
		4	—	—	—	—	—	3h4h	0	－112	0	－300	－577
			4H	＋190	0	＋375	0	4h	0	－140	0	－300	－577
			5G	＋296	＋60	＋535	＋60	5g6g	－60	－240	－60	－535	－637
			5H	＋236	0	＋475	0	5h4h	0	－180	0	－300	－577
			—	—	—	—	—	5h6h	0	－180	0	－475	－577
			—	—	—	—	—	6e	－95	－319	－95	－570	－672
			—	—	—	—	—	6f	－75	－299	－75	－550	－652
			6G	＋360	＋60	＋660	＋60	6g	－60	－284	－60	－535	－637
			6H	＋300	0	＋600	0	6h	0	－224	0	－475	－577
			—	—	—	—	—	7e6e	－95	－375	－95	－570	－672
			7G	＋435	＋60	＋810	＋60	7g6g	－60	－340	－60	－535	－637
			7H	＋375	0	＋750	0	7h6h	0	－280	0	－475	－577
			8G	＋535	＋60	＋1010	＋60	8g	－60	－415	－60	－810	－637
			8H	＋475	0	＋950	0	9g8g	－60	－510	－60	－810	－637
45	90	3	—	—	—	—	—	3h4h	0	－106	0	－236	－433
			4H	＋180	0	＋315	0	4h	0	－132	0	－236	－433
			5G	＋272	＋48	＋448	＋48	5g6g	－48	－218	－48	－423	－481
			5H	＋224	0	＋400	0	5h4h	0	－170	0	－236	－433
			—	—	—	—	—	5h6h	0	－170	0	－375	－433
			—	—	—	—	—	6e	－85	－297	－85	－460	－518
			—	—	—	—	—	6f	－63	－275	－63	－438	－496
			6G	＋328	＋48	＋548	＋48	6g	－48	－260	－48	－423	－481
			6H	＋280	0	＋500	0	6h	0	－212	0	－375	－433
			—	—	—	—	—	7e6e	－85	－350	－85	－460	－518
			7G	＋403	＋48	＋678	＋48	7g6g	－48	－313	－48	－423	－481
			7H	＋355	0	＋630	0	7h6h	0	－265	0	－375	－433
			8G	＋498	＋48	＋848	＋48	8g	－48	－383	－48	－648	－481
			8H	＋450	0	＋800	0	9g8g	－48	－473	－48	－648	－481
		4	—	—	—	—	—	3h4h	0	－118	0	－300	－577
			4H	＋200	0	＋375	0	4h	0	－150	0	－300	－577
			5G	＋310	＋60	＋535	＋60	5g6g	－60	－250	－60	－535	－637
			5H	＋250	0	＋475	0	5h4h	0	－190	0	－300	－577
			—	—	—	—	—	5h6h	0	－190	0	－475	－577
			—	—	—	—	—	6e	－95	－331	－95	－570	－672
			—	—	—	—	—	6f	－75	－311	－75	－550	－652
			6G	＋375	＋60	＋660	＋60	6g	－60	－296	－60	－535	－637
			6H	＋315	0	＋600	0	6h	0	－236	0	－475	－577
			—	—	—	—	—	7e6e	－95	－395	－95	－570	－672
			7G	＋460	＋60	＋810	＋60	7g6g	－60	－360	－60	－535	－637
			7H	＋400	0	＋750	0	7h6h	0	－300	0	－475	－577
			8G	＋560	＋60	＋1010	＋60	8g	－60	－435	－60	－810	－637
			8H	＋500	0	＋950	0	9g8g	－60	－535	－60	－810	－637

（续）

基本大径/mm		螺距/mm	内螺纹					外螺纹					
			公差带	中径		小径		公差带	中径		大径		小径
>	≤			ES	EI	ES	EI		es	ei	es	ei	用于计算应力的偏差
45	90	5	—	—	—	—	—	3h4h	0	-125	0	-335	-722
			4H	+212	0	+450	0	4h	0	-160	0	-335	-722
			5G	+336	+71	+631	+71	5g6g	-71	-271	-71	-601	-793
			5H	+265	0	+560	0	5h4h	0	-200	0	-335	-722
			—	—	—	—	—	5h6h	0	-200	0	-530	-722
			—	—	—	—	—	6e	-106	-356	-106	-636	-828
			—	—	—	—	—	6f	-85	-335	-85	-615	-807
			6G	+460	+71	+781	+71	6g	-71	-321	-71	-601	-793
			6H	+335	0	+710	0	6h	0	-250	0	-530	-722
			—	—	—	—	—	7e6e	-106	-421	-106	-636	-828
			7G	+496	+71	+971	+71	7g6g	-71	-386	-71	-601	-793
			7H	+425	0	+900	0	7h6h	0	-315	0	-530	-722
			8G	+601	+71	+1191	+71	8g	-71	-471	-71	-921	-793
			8H	+530	0	+1120	0	9g8g	-71	-571	-71	-921	-793
		5.5	—	—	—	—	—	3h4h	0	-132	0	-355	-794
			4H	+224	0	+475	0	4h	0	-170	0	-355	-794
			5G	+355	+75	+675	+75	5g6g	-75	-287	-75	-635	-869
			5H	+280	0	+600	0	5h4h	0	-212	0	-355	-794
			—	—	—	—	—	5h6h	0	-212	0	-560	-794
			—	—	—	—	—	6e	-112	-377	-112	-672	-906
			—	—	—	—	—	6f	-90	-355	-90	-650	-884
			6G	+430	+75	+825	+75	6g	-75	-340	-75	-635	-869
			6H	+355	0	+750	0	6h	0	-265	0	-560	-794
			—	—	—	—	—	7e6e	-112	-447	-112	-672	-906
			7G	+525	+75	+1025	+75	7g6g	-75	-410	-75	-635	-869
			7H	+450	0	+950	0	7h6h	0	-335	0	-560	-794
			8G	+635	+75	+1255	+75	8g	-75	-500	-75	-975	-869
			8H	+560	0	+1180	0	9g8g	-75	-605	-75	-975	-869
		6	—	—	—	—	—	3h4h	0	-140	0	-375	-866
			4H	+236	0	+500	0	4h	0	-180	0	-375	-866
			5G	+380	+80	+710	+80	5g6g	-80	-304	-80	-680	-946
			5H	+300	0	+630	0	5h4h	0	-224	0	-375	-866
			—	—	—	—	—	5h6h	0	-224	0	-600	-866
			—	—	—	—	—	6e	-118	-398	-118	-718	-984
			—	—	—	—	—	6f	-95	-375	-95	-695	-961
			6G	+455	+80	+880	+80	6g	-80	-360	-80	-680	-946
			6H	+375	0	+800	0	6h	0	-280	0	-600	-866
			—	—	—	—	—	7e6e	-118	-473	-118	-718	-984
			7G	+555	+80	+1080	+80	7g6g	-80	-435	-80	-680	-946
			7H	+475	0	+1000	0	7h6h	0	-355	0	-600	-866
			8G	+680	+80	+1330	+80	8g	-80	-530	-80	-1030	-946
			8H	+600	0	+1250	0	9g8g	-80	-640	-80	-1030	-946
90	180	2	—	—	—	—	—	3h4h	0	-95	0	-180	-289
			4H	+160	0	+236	0	4h	0	-118	0	-180	-289
			5G	+238	+38	+338	+38	5g6g	-38	-188	-38	-318	-327
			5H	+200	0	+300	0	5h4h	0	-150	0	-180	-289
			—	—	—	—	—	5h6h	0	-150	0	-280	-289
			—	—	—	—	—	6e	-71	-261	-71	-351	-360
			—	—	—	—	—	6f	-52	-242	-52	-332	-341
			6G	+288	+38	+413	+38	6g	-38	-228	-38	-318	-327
			6H	+250	0	+375	0	6h	0	-190	0	-280	-289
			—	—	—	—	—	7e6e	-71	-307	-71	-351	-360
			7G	+353	+38	+513	+38	7g6g	-38	-274	-38	-318	-327
			7H	+315	0	+475	0	7h6h	0	-236	0	-280	-289
			8G	+438	+38	+638	+38	8g	-38	-338	-38	-488	-327
			8H	+400	0	+600	0	9g8g	-38	-413	-38	-488	-327

（续）

基本大径/mm		螺距/mm	内螺纹					外螺纹					
			公差带	中径		小径		公差带	中径		大径		小径
>	≤			ES	EI	ES	EI		es	ei	es	ei	用于计算应力的偏差
90	180	3	—	—	—	—	—	3h4h	0	-112	0	-236	-433
			4H	+190	0	+315	0	4h	0	-140	0	-236	-433
			5G	+284	+48	+448	+48	5g6g	-48	-228	-48	-423	-481
			5H	+236	0	+400	0	5h4h	0	-180	0	-236	-433
			—	—	—	—	—	5h6h	0	-180	0	-375	-433
			—	—	—	—	—	6e	-85	-309	-85	-460	-518
			—	—	—	—	—	6f	-63	-287	-63	-438	-496
			6G	+348	+48	+548	+48	6g	-48	-272	-48	-423	-481
			6H	+300	0	+500	0	6h	0	-224	0	-375	-433
			—	—	—	—	—	7e6e	-85	-365	-85	-460	-518
			7G	+423	+48	+678	+48	7g6g	-48	-328	-48	-423	-481
			7H	+375	0	+630	0	7h6h	0	-280	0	-375	-433
			8G	+523	+48	+848	+48	8g	-48	-403	-48	-648	-481
			8H	+475	0	+800	0	9g8g	-48	-498	-48	-648	-481
		4	—	—	—	—	—	3h4h	0	-125	0	-300	-577
			4H	+212	0	+375	0	4h	0	-160	0	-300	-577
			5G	+325	+60	+535	+60	5g6g	-60	-260	-60	-535	-637
			5H	+265	0	+475	0	5h4h	0	-200	0	-300	-577
			—	—	—	—	—	5h6h	0	-200	0	-475	-577
			—	—	—	—	—	6e	-95	-345	-95	-570	-672
			—	—	—	—	—	6f	-75	-325	-75	-550	-652
			6G	+395	+60	+660	+60	6g	-60	-310	-60	-535	-637
			6H	+335	0	+600	0	6h	0	-250	0	-475	-577
			—	—	—	—	—	7e6e	-95	-410	-95	-570	-672
			7G	+485	+60	+810	+60	7g6g	-60	-375	-60	-535	-637
			7H	+425	0	+750	0	7h6h	0	-315	0	-475	-577
			8G	+590	+60	+1010	+60	8g	-60	-460	-60	-810	-637
			8H	+530	0	+950	0	9g8g	-60	-560	-60	-810	-637
		6	—	—	—	—	—	3h4h	0	-150	0	-375	-866
			4H	+250	0	+500	0	4h	0	-190	0	-375	-866
			5G	+395	+80	+710	+80	5g6g	-80	-316	-80	-680	-946
			5H	+315	0	+630	0	5h4h	0	-236	0	-375	-866
			—	—	—	—	—	5h6h	0	-236	0	-600	-866
			—	—	—	—	—	6e	-118	-418	-118	-718	-984
			—	—	—	—	—	6f	-95	-395	-95	-695	-961
			6G	+480	+80	+880	+80	6g	-80	-380	-80	-680	-946
			6H	+400	0	+800	0	6h	0	-300	0	-600	-866
			—	—	—	—	—	7e6e	-118	-493	-118	-718	-984
			7G	+580	+80	+1080	+80	7g6g	-80	-455	-80	-680	-946
			7H	+500	0	+1000	0	7h6h	0	-375	0	-600	-866
			8G	+710	+80	+1330	+80	8g	-80	-555	-80	-1030	-946
			8H	+630	0	+1250	0	9g8g	-80	-680	-80	-1030	-946
		8①	—	—	—	—	—	3h4h	0	-170	0	-450	-1155
			4H	+280	0	+630	0	4h	0	-212	0	-450	-1155
			5G	+380	+100	+900	+100	5g6g	-100	-365	-100	-810	-1255
			5H	+355	0	+800	0	5h4h	0	-265	0	-450	-1155
			—	—	—	—	—	5h6h	0	-265	0	-710	-1155
			—	—	—	—	—	6e	-140	-475	-140	-850	-1295
			—	—	—	—	—	6f	-118	-453	-118	-828	-1273
			6G	+550	+100	+1100	+100	6g	-100	-435	-100	-810	-1255
			6H	+450	0	+1000	0	6h	0	-335	0	-710	-1155
			—	—	—	—	—	7e6e	-140	-565	-140	-850	-1295
			7G	+660	+100	+1350	+100	7g6g	-100	-525	-100	-810	-1255
			7H	+560	0	+1250	0	7h6h	0	-425	0	-710	-1155
			8G	+810	+100	+1700	+100	8g	-100	-630	-100	-1280	-1255
			8H	+710	0	+1600	0	9g8g	-100	-770	-100	-1280	-1255

（续）

基本大径/mm		螺距/mm	内螺纹					外螺纹					
			公差带	中径		小径		公差带	中径		大径		小径
>	≤			ES	EI	ES	EI		es	ei	es	ei	用于计算应力的偏差
180	355	3	—	—	—	—	—	3h4h	0	-125	0	-236	-433
			4H	+212	0	+315	0	4h	0	-160	0	-236	-433
			5G	+313	+48	+448	+48	5g6g	-48	-248	-48	-423	-481
			5H	+265	0	+400	0	5h4h	0	-200	0	-236	-433
			—	—	—	—	—	5h6h	0	-200	0	-375	-433
			—	—	—	—	—	6e	-85	-335	-85	-460	-518
			—	—	—	—	—	6f	-63	-313	-63	-438	-496
			6G	+383	+48	+548	+48	6g	-48	-298	-48	-423	-481
			6H	+335	0	+500	0	6h	0	-250	0	-375	-433
			—	—	—	—	—	7e6e	-85	-400	-85	-460	-518
			7G	+473	+48	+678	+48	7g6g	-48	-363	-48	-423	-481
			7H	+425	0	+630	0	7h6h	0	-315	0	-375	-433
			8G	+578	+48	+848	+48	8g	-48	-448	-48	-648	-481
			8H	+530	0	+800	0	9g8g	-48	-548	-48	-648	-481
		4	—	—	—	—	—	3h4h	0	-140	0	-300	-577
			4H	+236	0	+375	0	4h	0	-180	0	-300	-577
			5G	+360	+60	+535	+60	5g6g	-60	-284	-60	-535	-637
			5H	+300	0	+475	0	5h4h	0	-224	0	-300	-577
			—	—	—	—	—	5h6h	0	-224	0	-475	-577
			—	—	—	—	—	6e	-95	-375	-95	-570	-672
			—	—	—	—	—	6f	-75	-355	-75	-550	-652
			6G	+435	+60	+660	+60	6g	-60	-340	-60	-535	-637
			6H	+375	0	+660	0	6h	0	-280	0	-475	-577
			—	—	—	—	—	7e6e	-95	-450	-95	-570	-672
			7G	+535	+60	+810	+60	7g6g	-60	-415	-60	-535	-637
			7H	+475	0	+750	0	7h6h	0	-355	0	-475	-577
			8G	+660	+60	+1010	+60	8g	-60	-510	-60	-810	-637
			8H	+600	0	+950	0	9g8g	-60	-620	-60	-810	-637
		6	—	—	—	—	—	3h4h	0	-160	0	-375	-866
			4H	+265	0	+500	0	4h	0	-200	0	-375	-866
			5G	+415	+80	+710	+80	5g6g	-80	-330	-80	-680	-946
			5H	+335	0	+630	0	5h4h	0	-250	0	-375	-866
			—	—	—	—	—	5h6h	0	-250	0	-600	-866
			—	—	—	—	—	6e	-118	-433	-118	-718	-984
			—	—	—	—	—	6f	-95	-410	-95	-695	-961
			6G	+505	+80	+880	+80	6g	-80	-395	-80	-680	-946
			6H	+425	0	+800	0	6h	0	-315	0	-600	-866
			—	—	—	—	—	7e6e	-118	-518	-118	-718	-984
			7G	+610	+80	+1080	+80	7g6g	-80	-480	-80	-680	-946
			7H	+530	0	+1000	0	7h6h	0	-400	0	-600	-866
			8G	+750	+80	+1330	+80	8g	-80	-580	-80	-1030	-946
			8H	+670	0	+1250	0	9g8g	0	-710	-80	-1030	-946
		8①	—	—	—	—	—	3h4h	0	-180	0	-450	-1155
			4H	+300	0	+630	0	4h	0	-224	0	-450	-1155
			5G	+475	+100	+900	+100	5g6g	-100	-380	-100	-810	-1255
			5H	+375	0	+800	0	5h4h	0	-280	0	-450	-1155
			—	—	—	—	—	5h6h	0	-280	0	-710	-1155
			—	—	—	—	—	6e	-140	-495	-140	-850	-1295
			—	—	—	—	—	6f	-118	-473	-118	-828	-1273
			6G	+575	+100	+1100	+100	6g	-100	-455	-100	-810	-1255
			6H	+475	0	+1000	0	6h	0	-355	0	-710	-1155
			—	—	—	—	—	7e6e	-140	-590	-140	-850	-1295
			7G	+700	+100	+1350	+100	7g6g	-100	-550	-100	-810	-1255
			7H	+600	0	+1250	0	7h6h	0	-450	0	-710	-1155
			8G	+850	+100	+1700	+100	8g	-100	-660	-100	-1280	-1255
			8H	+750	0	+1600	0	9g8g	-100	-810	-100	-1280	-1255

注：ES和es分别为内、外螺纹的上偏差代号；EI和ei分别为内、外螺纹的下偏差代号。

① 8mm螺距仅适用于基本大径大于和等于125mm的螺纹。

3.3.6　螺纹标记

完整的螺纹标记由螺纹特征代号、尺寸代号、公差带代号及有必要进一步说明的其他个别信息组成。

1）螺纹特征代号用大写字母“M”表示，该字母代表米制一般用途普通螺纹。

2）螺纹尺寸代号中的尺寸单位全部为毫米。

①　单线螺纹的尺寸代号为“公称直径×螺距”，对于粗牙螺纹可省略其螺距不标注，其标记示例如下：

M10×1：表示公称直径为10mm，螺距为1mm的细牙螺纹。

M10：表示公称直径为10mm，螺距为1.5mm的粗牙螺纹（省略其粗牙螺距）。

②　多线螺纹的尺寸代号为“公称直径×*Ph*导程*P*螺距”。如果要进一步表明螺纹的线数，可在后面增加括号用英语进行说明。其标记示例如下：

M36×*Ph*4*P*2（two starts）　表示公称直径为36mm，导程为4mm，螺距为2mm的双线螺纹。

（3）公差带代号

公差带代号由中径公差带代号和顶径公差带代号两部分组成。中径公差带代号在前，顶径公差带代号在后。若两者相同，则只标记一组代号，写在尺寸代号的后面，用“—”分开。

各直径的公差带代号由表示公差等级的数值和代表公差带位置的字母组成。内螺纹用大写字母、外螺纹用小写字母，并以此区分内、外螺纹。其标记示例如下：

M8×1—5h4h，表示中径公差带为5h，顶径公差带为4h的外螺纹；

M8—6H　表示中径公差带和顶径公差带均为6H的粗牙内螺纹（此例中省去了一组公差带代号和粗牙螺纹的螺距）。

对于公差带代号仅有中等公差精度的下列情况可以略去其标记：

1）公称直径小于和等于1.4mm的5H；公称直径大于和等于1.6mm的6H。

2）公称直径小于和等于1.4mm的6h；公称直径大于和等于1.6mm的6g。

基于上述规定，M10将能代表中径公差带和顶径公差带均为6H的中等公差精度的粗牙内螺纹；或是中径公差带和顶径公差带均为6g的中等公差精度的粗牙外螺纹。

（4）内、外螺纹的配合

表示内、外螺纹配合时，内螺纹公差带代号在前，外螺纹公差带代号在后，中间用一斜线分开，其示例如下：

M24×2—7H/8g，表示内螺纹公差带为7H与外螺纹公差带为8g的外螺纹组成配合。

根据各项标记的简化规定，当内螺纹公差带为6H，外螺纹公差带为6g时，它们的配合标记也将被省略，例如M8将代表M8—6H/6g。

（5）有必要说明的其他信息的标记规定

1）对短旋合长度或长旋合长度的螺纹，宜在公差带代号之后加注旋合长度代号“S”或“L”，用“—”与公差带代号分开，中等旋合长度的螺纹不标注旋合长度代号，例如：

M10×1—5H—S为短旋合长度的内螺纹。

M5—7h6h—L为长旋合长度的外螺纹。

2）对左旋螺纹，应在旋合长度代号之后加注左旋代号“LH”，用“—”与旋合长度代号分开。右旋螺纹不标注旋向代号，其示例如下：

M4×0.5—7h6h—L—LH，表示长旋合长度的左旋外螺纹。

M6—5G/5h6h—S—LH，表示短旋合长度的左旋螺纹副。

（6）繁、简螺纹标记的对比

总结一下在GB/T197—2003中规定的螺纹标记方法，最复杂和最简要的标记之间相差甚远，使用者要根据具体场合，注意选择和区分。

1）各项标记均未省略的标记如下：

M36×*Ph*4*P*2（two starts）—7H/7h6h—L—LH。

上述标记代表公称直径为36mm、导程为4mm、螺距为2mm、内螺纹公差带为7H、外螺纹公差带为7h6h、旋合长度为L、中等公差精度的左旋螺纹副。

2）各项标记均省略后的标记如下：

M10

该标记代表①公称直径为10mm、螺距为1.5mm、粗牙、单线、公差带为6H、中等旋合长度、中等公差精度的右旋内螺纹；②公差带为6g、中等旋合长度、中等公差精度的右旋外螺纹；③公差带为6H/6g、中等旋合长度、中等公差精度的右旋螺纹副。至于到底是内螺纹、外螺纹还是螺纹副，则要根据具体情况而定。

3.3.7　标准中的公式

由中径、顶径公差计算式和基本偏差计算式计算得到的数值，需圆整到R40优先数系的最临近值。当出现小数时，此数要进一步圆整到最临近的整数值。

为了给出均匀的公差系列值，会有个别数值不完全遵守上述原则，当按下列公式计算出的数值与公差表中所列数值有差异时，应以公差表中所列数值为准。

（1）基本偏差计算式

$EI_G = +(15+11P)$

$EI_H = 0$

$es_e = -(50+11P)$（$P=0.45$mm 时不适用）

$es_f = -(30+11P)$（$P \leqslant 0.3$mm 时不适用）

$es_g = -(15+11P)$

$es_h = 0$

EI 和 es 的单位为 μm，P 的单位为 mm。

（2）顶径公差计算式

1）外螺纹大径的6级公差：

$$T_d(6) = 180P^{\frac{2}{3}} - \frac{3.15}{\sqrt{P}}$$

T_d 的单位为 μm，P 的单位为 mm。

外螺纹大径的4级和8级公差：

$$T_d(4) = 0.63T_d(6)$$

$$T_d(8) = 1.6T_d(6)$$

3）内螺纹小径的6级公差：

①　当 $0.2\text{mm} \leqslant P \leqslant 0.8\text{mm}$ 时：

$$T_{D_1}(6) = 433P - 190P^{1.22}$$

②　当 $P \geqslant 1$mm 时：

$$T_{D_1}(6) = 230P^{0.7}$$

T_{D_1}的单位为 μm，P 的单位为 mm。

4）内螺纹小径的4级、5级、7级和8级公差：

$$T_{D_1}(4) = 0.63T_{D_1}(6)$$

$$T_{D_1}(5) = 0.8T_{D_1}(6)$$

$$T_{D_1}(7) = 1.25T_{D_1}(6)$$

$$T_{D_1}(8) = 1.6T_{D_1}(6)$$

（3）中径公差计算式

1）外螺纹中径的6级公差：

$$T_{d_2}(6) = 90P^{0.4}d^{0.1}$$

式中 d 为各螺纹公称直径分段内首尾两数的几何平均值。T_{d_2}的单位为 μm，P 和 d 的单位为 mm。

2）外螺纹中径的3级、4级、5级、7级、8级和9级公差：

$$T_{d_2}(3) = 0.5T_{d_2}(6)$$

$$T_{d_2}(4) = 0.63T_{d_2}(6)$$

$$T_{d_2}(5) = 0.8T_{d_2}(6)$$

$$T_{d_2}(7) = 1.25T_{d_2}(6)$$

$$T_{d_2}(8) = 1.6T_{d_2}(6)$$

$$T_{d_2}(9) = 2T_{d_2}(6)$$

T_{d_2}值不要大于推荐公差带表内与它组合的相应大径的公差值 T_d。

3）内螺纹中径的4级、5级、6级、7级和8级公差：

$$T_{D_2}(4) = 0.8T_{d_2}(6)$$

$$T_{D_2}(5) = 1.06T_{d_2}(6)$$

$$T_{D_2}(6) = 1.32T_{d_2}(6)$$

$$T_{D_2}(7) = 1.7T_{d_2}(6)$$

$$T_{D_2}(8) = 2.12T_{d_2}(6)$$

T_{D_2}值不得大于 $0.25P$。

（4）旋合长度的计算式

$$l_{N\min} \approx 2.24Pd^{0.2}$$

$$l_{N\max} \approx 6.7Pd^{0.2}$$

式中的 d 为各螺纹公称直径分段内最靠近分段下限的，并符合 GB/T 193—2003 表中所规定的标准公称直径。l_N、P 和 d 的单位为 mm。

3.4　普通螺纹极限尺寸

3.4.1　普通螺纹极限尺寸的计算

计算 M24×2-6H/6g 的极限尺寸。

1）在表 3.5-8 中查取各直径的基本尺寸。

$d = D = 24$mm

$d_2 = D_2 = 22.701$mm

$d_1 = D_1 = 21.835$mm

2）内螺纹 M24×2-6H 的极限尺寸，参看图 3.5-6b）图。

$D_{min} = D = 24$mm

$D_{2min} = D_2 = 22.701$mm

$D_{2max} = D_{2min} + T_{D_2}$（在表 3.5-12 中查取）

$= (22.701+0.224)\text{mm} = 22.925$mm

$D_{1min} = D_1 = 21.835$mm

$D_{1max} = D_{1min} + T_{D_1}$（在表 3.5-10 中查取）

$= (21.835+0.375)\text{mm} = 22.21$mm

3）外螺纹 M24×1－6g 的极限尺寸，参看图 3.5-7a）图。

$d_{max} = d + es$（在表 3.5-9 中查取）

$= (24-0.038)\text{mm} = 23.962$mm

$d_{min} = d_{max} - T_d$（在表 3.5-11 中查取）

$= (23.962-0.280)\text{mm} = 23.682$mm

$d_{2max} = d_2 + es$（在表 3.5-9 中查取）

$= (22.701-0.038)\text{mm} = 22.663$mm

$d_{2min} = d_{2max} - T_{d_2}$（在表 3.5-13 中查取）

$= (22.663-0.170)\text{mm} = 22.493$mm

$d_{1max} = d_1 - es$（同中径）

$= (21.835-0.038)\text{mm} = 21.797$mm

3.4.2　普通螺纹常用极限尺寸标准

为了避免计算错误，普通螺纹标准中有多个极限尺寸标准（见表3.5-2）供使用者直接查表选用。这里仅介绍两个最常用的极限尺寸标准。它们是根据GB/T 9144—2003《普通螺纹优选系列》标准规定的尺寸系列（见表3.5-19）列出了其中最常用的中等精度和粗糙精度的极限尺寸。适用于一般用途机械紧固螺纹联接，其螺纹本身不具有密封功能。

表3.5-19　普通螺纹的优选系列

（mm）

公称直径 D、d		螺距 P	
第1选择	第2选择	粗　牙	细　牙
1		0.25	
1.2		0.25	
	1.4	0.3	
1.6		0.35	
	1.8	0.35	
2		0.4	
2.5		0.45	
3		0.5	
	3.5	0.6	
4		0.7	
5		0.8	
6		1	
	7	1	
8		1.25	1
10		1.5	1.25　1
12		1.75	1.5　1.25
	14	2	1.5
16		2	1.5
	18	2.5	2　1.5
20		2.5	2　1.5
	22	2.5	2　1.5
24		3	2
	27	3	2
30		3.5	2
	33	3.5	2
36		4	3
	39	4	3
42		4.5	3
	45	4.5	3
48		5	3
	52	5	4
56		5.5	4
	60	5.5	4
64		6	4

1）GB/T 9145—2003《普通螺纹　中等精度优选系列的极限尺寸》标准的有关规定如下：

① 粗牙内螺纹

公差精度：中等。

旋合长度：中等。

公差带：5H用于公称直径小于和等于1.4mm；6H用于公称直径大于1.4mm。

粗牙内螺纹中径和小径的极限尺寸见表3.5-20。

表3.5-20　粗牙内螺纹中径和小径的极限尺寸

（mm）

螺纹	旋合长度		中径 D_2		中径 D_1	
	>	≤	max	min	max	min
M1	0.6	1.7	0.894	0.838	0.785	0.729
M1.2	0.6	1.7	1.094	1.038	0.985	0.929
M1.4	0.7	2	1.265	1.205	1.142	1.075
M1.6	0.8	2.6	1.458	1.373	1.321	1.221
M1.8	0.8	2.6	1.658	1.573	1.521	1.421
M2	1	3	1.830	1.740	1.679	1.567
M2.5	1.3	3.8	2.303	2.208	2.138	2.013
M3	1.5	4.5	2.775	2.675	2.599	2.459
M3.5	1.7	5	3.222	3.110	3.010	2.850
M4	2	6	3.663	3.545	3.422	3.242
M5	2.5	7.5	4.605	4.480	4.334	4.134
M6	3	9	5.500	5.350	5.153	4.917
M7	3	9	6.500	6.350	6.153	5.917
M8	4	12	7.348	7.188	6.912	6.647
M10	5	15	9.206	9.026	8.676	8.376
M12	6	18	11.063	10.863	10.441	10.106
M14	8	24	12.913	12.701	12.210	11.835
M16	8	24	14.913	14.701	14.210	13.835
M18	10	30	16.600	16.376	15.744	15.294
M20	10	30	18.600	18.376	17.744	17.294
M22	10	30	20.600	20.376	19.744	19.294
M24	12	36	22.316	22.051	21.252	20.752
M27	12	36	35.316	25.051	24.252	23.752
M30	15	45	28.007	27.727	26.771	26.211
M33	15	45	31.007	30.727	29.771	29.211
M36	18	53	33.702	33.402	32.270	31.670
M39	18	53	36.702	36.402	35.270	34.670
M42	21	63	39.392	39.077	37.799	37.129
M45	21	63	42.392	42.077	40.799	40.129
M48	24	71	45.087	44.752	43.297	42.587
M52	24	71	49.087	48.752	47.297	46.587
M56	28	85	52.783	52.428	50.796	50.046
M60	28	85	56.783	56.428	54.796	54.046
M64	32	95	60.478	60.103	58.305	57.505

② 粗牙外螺纹

公差精度：中等。

旋合长度：中等。

公差带：6h用于公称直径小于和等于1.4mm；6g用于公称直径大于1.4mm。

粗牙外螺纹大径和中径的极限尺寸见表3.5-21。

表 3.5-21 粗牙外螺纹大径和中径的极限尺寸

（mm）

螺纹	旋合长度		大径 d		中径 d_2		牙底圆弧半径
	>	≤	max	min	max	min	min①
M1	0.6	1.7	1.000	0.933	0.838	0.785	0.031
M1.2	0.6	1.7	1.200	1.133	1.038	0.985	0.031
M1.4	0.7	2	1.400	1.325	1.205	1.149	0.038
M1.6	0.8	2.6	1.581	1.496	1.354	1.291	0.044
M1.8	0.8	2.6	1.781	1.696	1.554	1.491	0.044
M2	1	3	1.981	1.886	1.721	1.654	0.050
M2.5	1.3	3.8	2.480	2.380	2.188	2.117	0.056
M3	1.5	4.5	2.980	2.874	2.655	2.580	0.063
M3.5	1.7	5	3.479	3.354	3.089	3.004	0.075
M4	2	6	3.978	6.749	3.523	3.433	0.088
M5	2.5	7.5	4.976	7.760	4.456	4.361	0.100
M6	3	9	5.974	9.732	5.324	5.212	0.125
M7	3	9	6.974	6.794	6.324	6.212	0.125
M8	4	12	7.972	7.760	7.160	7.042	0.156
M10	5	15	9.968	9.732	8.994	8.862	0.188
M12	6	18	11.966	11.701	10.829	10.679	0.219
M14	8	24	13.962	13.682	12.663	12.503	0.250
M16	8	24	15.962	15.682	14.663	14.503	0.250
M18	10	30	17.958	17.623	16.334	16.164	0.313
M20	10	30	19.958	19.623	18.334	18.164	0.313
M22	10	30	21.958	21.623	20.334	20.164	0.313
M24	12	36	23.952	23.577	22.003	21.803	0.375
M27	12	36	26.952	26.577	25.003	24.803	0.375
M30	15	45	29.947	29.522	27.674	27.462	0.438
M33	15	45	32.947	32.522	30.674	30.462	0.438
M36	18	53	35.940	35.465	33.342	33.118	0.500
M39	18	53	38.940	38.465	36.342	36.118	0.500
M42	21	63	41.937	41.437	39.014	38.778	0.563
M45	21	63	44.937	44.437	42.014	41.778	0.563
M48	24	71	47.929	47.399	44.681	44.431	0.625
M52	24	71	51.929	51.399	48.681	48.431	0.625
M56	28	85	55.925	55.365	52.353	52.088	0.688
M60	28	85	59.925	59.365	56.353	56.088	0.688
M64	32	95	63.920	63.320	60.023	59.743	0.750

① 其数值同表 3.5-17 的规定。

③ 细牙内螺纹

公差精度：中等

旋合长度：中等

公差带：6H

细牙内螺纹中径和小径的极限尺寸见表 3.5-22。

④ 细牙外螺纹

公差精度：中等

旋合长度：中等

公差带：6g

细牙外螺纹大径和中径的极限尺寸见表 3.5-23。

表 3.5-22 细牙内螺纹中径和小径的极限尺寸

（mm）

螺 纹	旋合长度		中径 D_2		小径 D_1	
	>	≤	max	min	max	min
M8×1	3	9	7.500	7.350	7.153	6.917
M10×1	4	12	9.500	9.350	9.153	8.917
M10×1.25	4	12	9.348	9.188	8.912	8.647
M12×1.25	4.5	13	11.368	11.188	10.912	10.647
M12×1.5	4.5	13	11.216	11.026	10.676	10.376
M14×1.5	5.6	16	13.216	13.026	12.676	12.376
M16×1.5	5.6	16	15.216	15.026	14.676	14.376
M18×1.5	5.6	16	17.216	17.026	16.676	16.376
M18×2	5.6	16	16.913	16.701	16.210	15.835
M20×1.5	5.6	16	19.216	19.026	18.676	18.376
M20×2	5.6	16	18.913	18.701	18.210	17.835
M22×1.5	5.6	16	21.216	21.026	20.676	20.376
M22×2	5.6	16	20.913	20.701	20.210	19.835
M24×2	8.5	25	22.925	22.701	22.210	21.835
M27×2	8.5	25	25.925	25.701	25.210	24.835
M30×2	8.5	25	28.925	28.701	28.210	27.835
M33×2	8.5	25	31.925	31.701	31.210	30.752
M36×2	12	36	34.316	34.051	33.252	32.752
M39×3	12	36	37.316	37.051	36.252	35.752
M42×3	12	36	40.316	40.051	39.252	38.752
M45×3	12	36	43.316	43.051	42.252	41.752
M48×3	15	45	46.331	46.051	45.252	44.752
M52×4	19	56	49.717	49.402	48.270	47.670
M56×4	19	56	53.717	53.402	52.270	51.670
M60×4	19	56	57.717	57.402	56.270	55.670
M64×4	19	56	61.717	61.402	60.270	59.670

表 3.5-23 细牙外螺纹大径和中径的极限尺寸

（mm）

螺纹	旋合长度		中径 d_2		中径 d_1		牙底圆弧半径
	>	≤	max	min	max	min	min①
M8×1	3	9	7.974	7.794	7.324	7.212	0.125
M10×1	4	12	9.974	9.794	9.324	9.212	0.125
M10×1.25	4	12	9.972	9.760	9.160	9.042	0.156
M12×1.25	4.5	13	11.972	11.760	11.160	11.028	0.156
M12×1.5	4.5	13	11.968	11.732	10.994	10.854	0.188
M14×1.5	5.6	16	13.968	13.732	12.994	12.854	0.188

（续）

螺纹	旋合长度		中径 d_2		中径 d_1		牙底圆弧半径
	>	≤	max	min	max	min	min①
M16×1.5	5.6	16	15.968	15.732	14.994	14.854	0.188
M18×1.5	5.6	16	17.968	17.732	16.994	16.854	0.188
M18×2	5.6	16	17.962	17.682	16.663	16.503	0.250
M20×1.5	5.6	16	19.968	19.732	18.994	18.854	0.188
M20×2	5.6	16	19.962	19.682	18.663	18.503	0.250
M22×1.5	5.6	16	21.968	21.732	20.994	20.854	0.188
M22×2	5.6	16	21.962	21.682	20.663	20.503	0.250
M24×2	8.5	25	23.962	23.682	22.663	22.493	0.250
M27×2	8.5	25	26.962	25.682	25.663	25.493	0.250
M30×2	8.5	25	29.962	29.682	28.663	28.493	0.250
M33×2	8.5	25	32.962	32.682	31.663	31.493	0.250
M36×3	12	36	35.952	35.577	34.003	33.803	0.375
M39×3	12	36	38.952	38.577	37.003	36.803	0.375
M42×3	12	36	41.952	41.577	40.003	39.803	0.375
M45×3	12	36	44.952	44.577	43.003	42.803	0.375
M48×3	15	45	47.952	47.577	46.003	45.791	0.375
M52×4	19	56	51.940	51.465	49.342	49.106	0.500
M56×4	19	56	55.940	55.465	53.342	53.106	0.500
M60×4	19	56	59.940	59.465	57.342	57.106	0.500
M64×4	19	56	63.940	63.465	61.342	61.106	0.500

① 其数值同表 3.5-17 的规定

2）GB/T 9146—2003《普通螺纹　粗糙精度优选系列的极限尺寸》标准的有关规定如下：

① 粗糙精度、中等旋合长度、7H 公差带的粗牙内螺纹中径和小径的极限尺寸见表 3.5-24。

表 3.5-24　粗牙内螺纹中径和小径的极限尺寸

（mm）

螺纹	旋合长度		中径 D_2		小径 D_1	
	>	≤	max	min	max	min①
M3	1.5	4.5	2.800	2.675	2.639	2.459
M3.5	1.7	5	3.250	3.110	3.050	2.850
M4	2	6	3.695	3.545	3.466	3.242
M5	2.5	7.5	4.640	4.480	4.384	4.134
M6	3	9	5.540	5.350	5.217	4.917
M7	3	9	6.540	6.350	6.217	5.917
M8	4	12	7.388	7.188	6.982	6.647
M10	5	15	9.250	9.026	8.751	8.376
M12	6	18	11.113	10.863	10.531	10.106
M14	8	24	12.966	12.701	12.310	11.835
M16	8	24	14.966	14.701	14.310	13.835
M18	10	30	16.656	16.376	15.854	15.294
M20	10	30	18.656	18.376	17.854	17.294
M22	10	30	20.656	20.376	19.854	19.294
M24	12	36	22.386	22.051	21.382	20.752
M27	12	36	25.386	25.051	24.382	23.752
M30	15	45	28.082	27.727	26.921	26.211
M33	15	45	31.082	30.727	29.921	29.211
M36	18	53	33.777	33.402	32.420	31.670
M39	18	53	36.777	36.402	35.420	34.670
M42	21	63	39.477	39.077	37.979	37.129
M45	21	63	42.477	42.077	40.979	40.129
M48	24	71	45.177	44.752	43.487	42.587
M52	24	71	49.177	48.752	47.487	46.587
M56	28	85	52.878	52.428	50.996	50.046
M60	28	85	56.878	56.428	54.996	54.046
M64	32	95	60.578	60.103	58.505	57.505

② 粗糙精度、中等旋合长度、8g 公差带的粗牙外螺纹大径和中径的极限尺寸见表 3.5-25。

表 3.5-25　粗牙外螺纹大径和中径的极限尺寸

（mm）

螺纹	旋合长度		大径 d		中径 d_2		牙底圆弧半径
	>	≤	max	min	max	min	min①
M5	2.5	7.5	4.976	4.740	4.456	4.306	0.100
M6	3	9	5.974	5.694	5.324	5.144	0.125
M7	3	9	6.974	6.694	6.324	6.144	0.125
M8	4	12	7.972	7.637	7.160	6.970	0.156
M10	5	15	9.968	9.593	8.994	8.782	0.188
M12	6	18	11.966	11.541	10.829	10.593	0.219
M14	8	24	13.962	13.512	12.663	12.413	0.250
M16	8	24	15.962	15.512	14.663	14.413	0.250
M18	10	30	17.958	17.428	16.334	16.069	0.313
M20	10	30	19.958	19.428	18.334	18.069	0.313
M22	10	30	21.958	21.428	20.334	20.069	0.313
M24	12	36	23.952	23.352	22.003	21.688	0.375
M27	12	36	26.952	26.352	25.003	24.688	0.375
M30	15	45	29.947	29.277	27.674	27.339	0.438
M33	15	45	32.947	32.277	30.674	30.339	0.438
M36	18	53	35.940	35.190	33.342	32.987	0.500
M39	18	53	38.940	38.190	36.342	35.987	0.500
M42	21	63	41.937	41.137	39.014	38.639	0.563
M45	21	63	44.937	44.137	42.014	41.639	0.563
M48	24	71	47.929	47.079	44.681	44.281	0.625
M52	24	71	51.929	51.079	48.681	48.281	0.625
M56	28	85	55.925	55.025	52.353	51.928	0.688
M60	28	85	59.925	59.025	56.353	55.928	0.688
M64	32	95	63.920	62.970	60.023	59.573	0.750

① 其数值同表 3.5-17 的规定。

4 过渡配合螺纹

4.1 过渡配合螺纹的性质和用途

内、外螺纹配合后其中径尺寸具有过渡配合性质的螺纹称为过渡配合螺纹。利用中径的这种尺寸关系可将外螺纹固定于螺孔之中，例如用于双头螺柱固定于机体的一端，以防止当扭开螺柱另一端的螺母时螺柱从机体中脱出。

4.2 过渡配合螺纹的牙型和尺寸

过渡配合螺纹采用了与普通螺纹完全相同的基本牙型（参看图3.5-4），即由原始三角形为60°的等边三角形在大径和小径处分别削去$\frac{H}{8}$和$\frac{H}{4}$所构成。同时推荐在外螺纹（如双头螺柱）上采用GB/T 197—2003《普通螺纹公差》标准中规定的圆弧形牙底(图3.5-8)，这对提高外螺纹的强度和延长其使用寿命都是非常有效的。

过渡配合螺纹选用了普通螺纹的部分尺寸，其直径与螺距系列见表3.5-26。由于这些规格均符合普通螺纹的尺寸规定，所以其大、中、小径的基本尺寸可在普通螺纹的基本尺寸表（见表3.5-8）中查取。

表3.5-26 过渡配合螺纹直径与螺距系列

（摘自GB/T 1167—1996） (mm)

公称直径		螺距	
第一系列	第二系列	粗牙	细牙
5		0.8	
6		1	
8		1.25	1
10		1.5	1.25
12		1.75	1.25
	14	2	1.5
16		2	1.5
	18	2.5	1.5
20		2.5	1.5
	22	2.5	1.5
24		3	2
	27	3	
30		3.5	
	33	3.5	
36		4	
	39	4	

4.3 过渡配合螺纹的公差带

(1) 内螺纹公差带

过渡配合中的内螺纹采用了普通螺纹H位置的标准公差带，中径公差带分为3H、4H和5H三种，其顶径公差带均为5H。这样就省去了为过渡配合内螺纹制造专用工、量具的麻烦。

(2) 外螺纹公差带

由于内螺纹选用了普通螺纹规定的标准公差带，过渡配合螺纹所需要的各种间隙或过盈均依赖于改变外螺纹的中径尺寸来完成，因此必须在过渡配合螺纹标准中规定专门用于过渡配合外螺纹中径的公差带，它们分别是：4kj、3k和2km，这些公差带都是普通螺纹所没有的。外螺纹的大径公差均为6h。

上述内、外螺纹的公差带位置及其极限偏差见图3.5-9及表3.5-27、表3.5-28

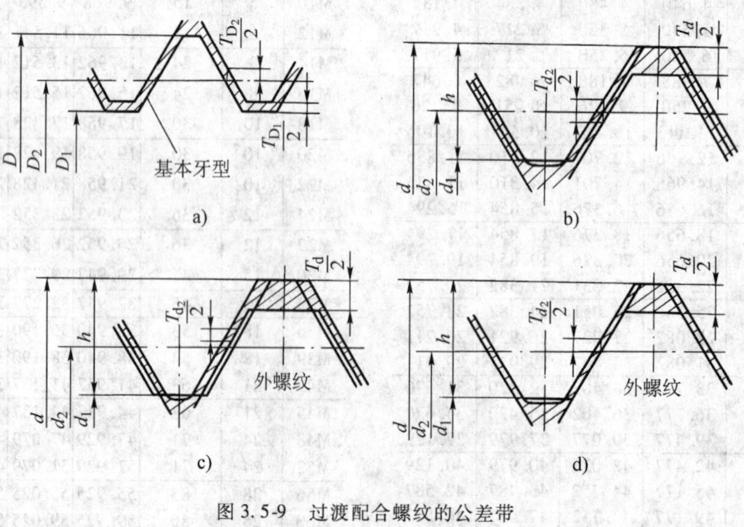

图3.5-9 过渡配合螺纹的公差带

a) 内螺纹公差带3H、4H、5H b) 外螺纹公差带4kj c) 外螺纹公差带2km

d) 外螺纹公差带3k

表 3.5-27　内螺纹公差带的极限偏差

（GB/T 1167—1996）　　（μm）

直径 d /mm	螺距 P /mm	中径 上偏差 3H	中径 上偏差 4H	中径 上偏差 5H	中径 下偏差 3H、4H、5H	小径 5H 上偏差	小径 5H 下偏差
5	0.8	+63	+80	+100	0	+160	0
6	1	+75	+95	+118	0	+190	0
8	1.25	+80	+100	+125	0	+212	0
	1	+75	+95	+118	0	+190	0
10	1.5	+90	+112	+140	0	+236	0
	1.25	+80	+100	+125	0	+212	0
12	1.75	+100	+125	+160	0	+265	0
	1.25	+90	+112	+140	0	+212	0
14	2	+106	+132	+170	0	+300	0
	1.5	+95	+118	+150	0	+236	0
16	2	+106	+132	+170	0	+300	0
	1.5	+95	+118	+150	0	+236	0
18	2.5	+112	+140	+180	0	+355	0
	1.5	+95	+118	+150	0	+236	0
20	2.5	+112	+140	+180	0	+355	0
	1.5	+95	+118	+150	0	+236	0
22	2.5	+112	+140	+180	0	+355	0
	1.5	+95	+118	+150	0	+236	0
24	3	+132	+170	+212	0	+400	0
	2	+112	+140	+180	0	+300	0
27	3	+132	+170	+212	0	+400	0
30	3.5	+140	+180	+224	0	+450	0
33	3.5	+140	+180	+224	0	+450	0
36	4	+150	+190	+236	0	+475	0
39	4	+150	+190	+236	0	+475	0

表 3.5-28　外螺纹公差带的极限偏差

（GB/T 1167—1996）　　（μm）

直径 d /mm	螺距 P /mm	中径 上偏差 3k、2km、4kj	中径 下偏差 3k	中径 下偏差 2km	中径 下偏差 4kj	大径 6h 上偏差	大径 6h 下偏差
5	0.8	+48	0	+10	-12	0	-150
6	1	+56	0	+11	-15	0	-180
8	1.25	+60	0	+12	-15	0	-212
	1	+56	0	+11	-15	0	-180
10	1.5	+67	0	+14	-18	0	-236
	1.25	+60	0	+12	-15	0	-212
12	1.75	+75	0	+15	-20	0	-265
	1.25	+67	0	+14	-18	0	-212
14	2	+80	0	+17	-20	0	-280
	1.5	+71	0	+15	-19	0	-236
16	2	+80	0	+17	-20	0	-280
	1.5	+71	0	+15	-19	0	-236
18	2.5	+85	0	+18	-21	0	-335
	1.5	+71	0	+15	-19	0	-236
20	2.5	+85	0	+18	-21	0	-335
	1.5	+71	0	+15	-19	0	-236
22	2.5	+85	0	+18	-21	0	-335
	1.5	+71	0	+15	-19	0	-236
24	3	+100	0	+20	-25	0	-375
	2	+85	0	+18	-21	0	-280
27	3	+100	0	+20	-25	0	-375
30	3.5	+106	0	+21	-26	0	-425
33	3.5	+106	0	+21	-26	0	-425
36	4	+112	0	+22	-28	0	-475
39	4	+112	0	+22	-28	0	-475

4.4　公差带的组合及适用场合

过渡配合螺纹的选用公差带是成组推荐的。标准规定一般情况下应优先选用 4H/4kj，其次是 4H/3k 或 5H/3k。对于精度有较高要求的场合或希望中径有较可靠的防松性能时应考虑采用 4H/2km 或 3H/3k。当机体材料较软（如钢螺柱旋入铝机体）时采用较紧密的配合尤为必要。内、外螺纹各种公差带之间的相对关系如图 3.5-10 所示。

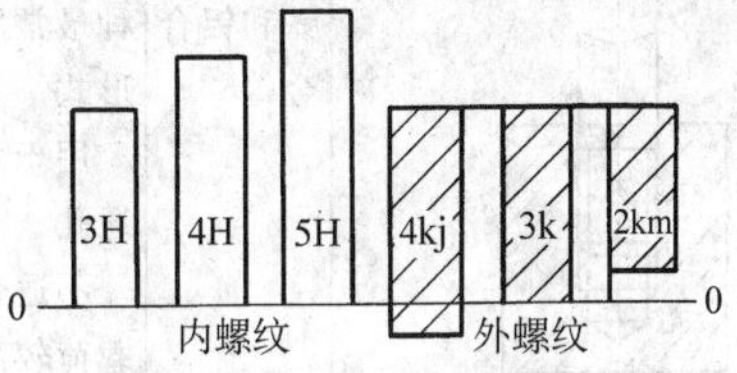

图 3.5-10　内、外螺纹各种公差带间的关系

4.5　过渡配合螺纹的标记

过渡配合螺纹的标记由螺纹代号和中径公差带代号组成。由于其基本牙型、直径与螺距系列均取自普通螺纹，所以其螺纹代号（包括用字母 M 代表螺纹的牙型特征和用直径 × 螺距表示尺寸）与普通螺纹相同。与普通螺纹的区别在于有关公差带标记的不同规定。过渡配合螺纹虽然也有中径和顶径两组公差带，但其顶径公差带却是固定不变的，即内螺纹的小径永远是 5H，而外螺纹大径永远是 6h。所以标准规定过渡配合螺纹只标记中径公差带。其具体示例如下：

内螺纹：M12 × 1.25—4H

左旋外螺纹：M24 × 2LH—3k

螺纹副：M16 × 1.5—3H/3k

与普通螺纹相比，过渡配合螺纹没有 L 组和 S 组螺纹，由于其长度均为 N 组，故标记中不出现旋合长度的代号。值得注意的是当过渡配合的内螺纹公差带为 3H 和 4H 时，实际上相当于普通螺纹的 3H5H 和 4H5H，在无法确认为过渡配合螺纹的场合，最好仍标记为 3H5H 和 4H5H，以免产生误解。至于过渡配合的外螺纹，其公差带都是普通螺纹所没有的，所以不存在相混淆的问题。

4.6　过渡配合螺纹与辅助锁紧结构

在产品装配中过渡配合螺纹经常会出现过松或过紧的情况，过松时螺柱被带出机体；过紧时拧入困难，严重影响装配效率。其实这一现象是过渡配合螺纹本身的性质决定的，是不可避免的。解决的办法就是缩小公差，提高制造精度，使所有的零件尺寸都处在很小的过盈配合范围内，从而保证配合质量和装配效率。但是这样就加大了工艺难度、增加了成本。为了减轻中径尺寸的制造压力，近年来许多国家采用了辅助锁紧装置来解决过松现象，并放大间隙以避免过紧现象的产生。我国于1996年颁布的过渡配合螺纹标准GB/T 1167—1996就采用了这样的思路，推荐了辅助锁紧方式（见表3.5-29）。

表3.5-29　辅助锁紧方式

辅助锁紧型式	机体材料	备　注
1. 螺纹收尾 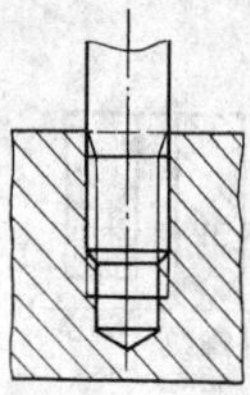	钢、铸铁和铝合金等	螺尾锁紧是一种最常用的锁紧形式 用于透孔和不通孔 不适合用于动载荷较高的场合 螺尾的最大轴向长度为2.5P
2. 平凸台 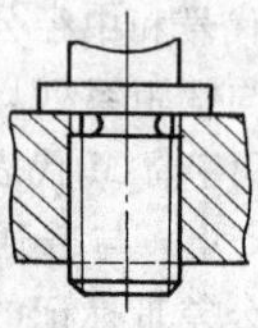	铝合金等	用于透孔和不通孔。凸台端面应与螺纹轴线垂直。其直径应不小于1.5d
3. 端面顶尖 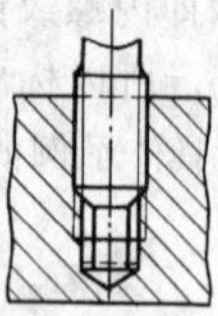	钢、铸铁和铝合金等	用于不通孔 顶尖的光滑圆柱直径应小于内螺纹的小径。顶尖的圆锥角应与麻花钻钻头的刃角重合
4. 厌氧型螺纹锁固密封剂	钢、铸铁和铝合金等	涂于螺纹表面，具有锁固和密封功能。与前三种辅助锁紧形式结合使用，可使螺柱的承载能力进一步地提高

4.7　使用中的几点注意事项

1）对于原有国内使用GB/T 1167—1974中的第一种配合的产品，推荐使用新标准中的3H/3K，因为该组公差带与旧标准的第一种配合非常接近。如果原有工艺比较稳定，可不加任何改变即可过渡为新标准的3H/3K，并可采用最简便的螺尾锁紧结构以防松脱。旧标准中的第一种配合是使用最多的过渡配合螺纹，第二和第三种配合由于过盈量太大本来就很少使用，因此新标准的贯彻将不会给原有产品的生产和使用带来任何麻烦。

2）过渡配合的内螺纹就是普通螺纹，可采用与普通螺纹完全相同的办法进行验收。但过渡配合的外螺纹公差带则是普通螺纹所没有的，为了能综合控制其各个单项要素，必须制造过渡配合用的各种公差带的专用通规。另外由于外螺纹的中径尺寸是决定配合性质的关键所在，为了得到中径的具体尺寸一般不使用止规，而是采用三针法来测量其单一中径。当然也不排除供需双方协议使用的其他验收方法。

5　过盈配合螺纹

5.1　过盈配合螺纹的性质和用途

过盈配合螺纹是指内、外螺纹配合后在中径上具有过盈配合性质的螺纹。它采用了与普通螺纹相同的基本牙型，并从普通螺纹的直径与螺距系列中选取了部分尺寸做为过盈配合螺纹的尺寸。过盈配合螺纹利用其中径尺寸的过盈能将外螺纹牢固地固定于螺孔之中。如果说过渡配合螺纹还需要依赖于辅助锁紧结构帮助锁紧的话，而过盈配合螺纹则完全不允许使用任何辅助锁紧。所以通常被用于功率较大、转数较高、振动较大的动力机械，以及使用要求较严格或野外作业等条件下的工作机。

过盈配合螺纹尺寸的设定，原则上应以内、外螺纹的材料及产品对扭矩的要求来决定螺纹中径的尺寸，其中最大过盈应限于外螺纹不被扭断、内螺纹不被胀裂；而最小过盈则应保证螺纹联结不松动。

5.2　过盈配合螺纹标准的主要内容

GB/T 1181—1998过盈配合螺纹标准适用于螺纹中径具有过盈配合的钢制双头螺柱，与其配合的内螺纹机体材料为铝合金、镁合金、钛合金和钢。另将非铁金属螺柱旋入铝、镁合金机体的过盈螺纹公差列入了标准的附录A。

5.2.1 过盈配合螺纹的牙型和尺寸

1）过盈配合螺纹的基本牙型应符合 GB/T 192 的规定，外螺纹设计牙型的牙底为圆滑连接的曲线，并符合 GB/T 197 对性能等级高于 8.8 级紧固件螺纹牙底的规定。牙底圆弧的最小半径不得小于 $0.125P$。

2）直径与螺距系列和基本尺寸见表 3.5-30，应优先选用表中第一系列的直径、对公称直径为 8mm 和 10mm 的螺纹，应优先选用粗牙螺纹。

表 3.5-30 过盈配合螺纹的直径与螺距系列及其基本尺寸（GB/T 1181—1998）（mm）

公称直径 D、d		螺距 P		中径	小径
第一系列	第二系列	粗牙	细牙	D_2、d_2	D_1、d_1
5		0.8		4.480	4.134
6		1		5.350	4.917
8		1.25		7.188	6.647
			1	7.350	6.917
10		1.5		9.026	8.376
			1.25	9.188	8.647
12			1.5	11.026	10.376
			1.25	11.188	10.647
	14		1.5	13.026	12.376
16			1.5	15.026	14.376
	18		1.5	17.026	16.376
20			1.5	19.026	18.376

5.2.2 过盈配合螺纹的公差

与过渡配合螺纹一样，当前各国都采用基孔制，即使用普通螺纹中公差带为 H 位置的内螺纹，其公差等级一般较过渡配合螺纹更严格。并另外规定外螺纹公差带，用以达到中径尺寸的过盈。从保证产品性能考虑，内、外螺纹的公差值愈小，螺纹的配合性质愈稳定。但是由于受到制造技术和经济效益的限制，公差值也不宜规定得太小。在公差带大小适中的情况下要做到螺纹联结的性能稳定、不松动，装配时又不困难，较为有效的办法就是分组装配。

（1）内螺纹公差带

内螺纹的中径公差带为2H；小径公差带为4D 或 5D；当螺距为 1.5mm 时小径的公差带为 4C 或 5C。机体材料为铝合金或镁合金时小径公差等级取 5 级；机体材料为钢或钛合金时，小径公差等级为 4 级。内螺纹的公差带如图 3.5-11。其基本偏差和公差值见表 3.5-31 和表 3.5-32。

（2）外螺纹公差带

外螺纹中径公差带为 3p、3n 或 3m，大径公差带为 6e，当螺距 $P=1.5$mm 时大径公差为 6c。外螺纹公差带分布如图 3.5-12。其基本偏差和公差值见表 3.5-31 和表 3.5-32。

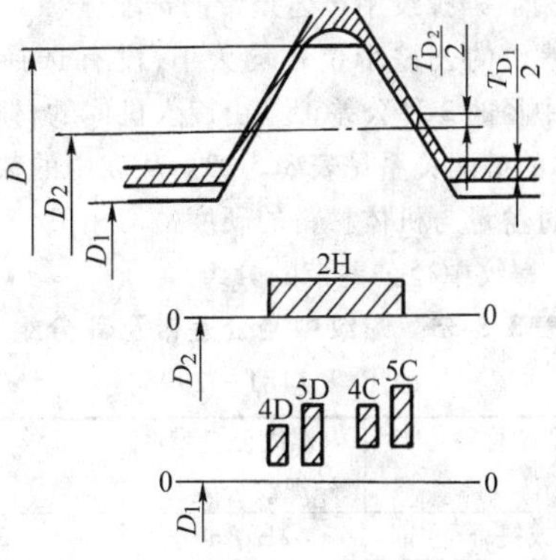

图 3.5-11 过盈配合内螺纹的公差带

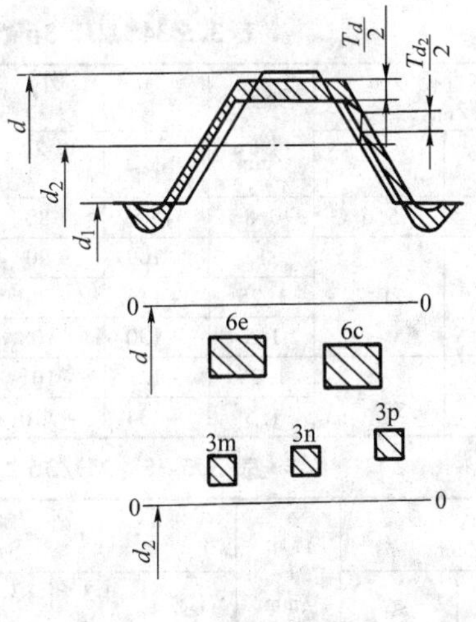

图 3.5-12 过盈配合外螺纹的公差带

表 3.5-31 过盈配合螺纹的基本偏差（GB/T 1181—1998）（μm）

螺距 P /mm	内螺纹			外螺纹				
	中径 D_2	小径 D_1		大径 d		中径 d_2		
	下偏差 EI	下偏差 EI		上偏差 es		下偏差 ei		
	H	D	C	e	c	m	n	p
0.8	0	+90	—	−60	—	+24	+34	+48
1	0	+90	—	−60	—	+26	+38	+53
1.25	0	+95	—	−63	—	+28	+42	+56
1.5	0	—	+140	—	−140	+32	+45	+63

表 3.5-32 过盈配合螺纹的公差（GB/T 1181—1998）（μm）

公称直径 D、d /mm		螺距 P	内螺纹			外螺纹	
			中径	小径 T_{D_1}		大径	中径
>	≤	/mm	T_{D_2}	4 级	5 级	T_d	T_{d_2}
2.8	5.6	0.8	50	125	160	150	48
5.6	11.2	1	60	150	190	180	56
		1.25	63	170	212	212	60
		1.5	71	190	236	236	67
11.2	22.4	1.25	71	170	212	212	67
		1.5	75	190	236	236	71

（3）内、外螺纹中径公差带的选取

内螺纹的公差带位置均为H，没有选择的余地。外螺纹中径的3种公差带是由旋入机体的材料来决定的，具体的搭配关系见表3.5-33。从表中的数值可知，中径的过盈量与机体材料的硬度密切相关。

（4）螺纹中径公差带的分组

表3.5-33　螺纹中径公差带及其分组数

（GB/T 1181—1998）

内螺纹材料/外螺纹材料	内螺纹公差带/外螺纹公差带	中径公差带分组数
铝合金或镁合金/钢	2H/3p	3
钢/钢	2H/3n	4
钛合金/钢	2H/3m	4

按表3.5-33规定的组数对内、外螺纹的中径公差带进行分组。各公差带的分组位置见图3.5-13。内、外螺纹中径公差带分组的极限偏差见表3.5-34～表3.5-36。

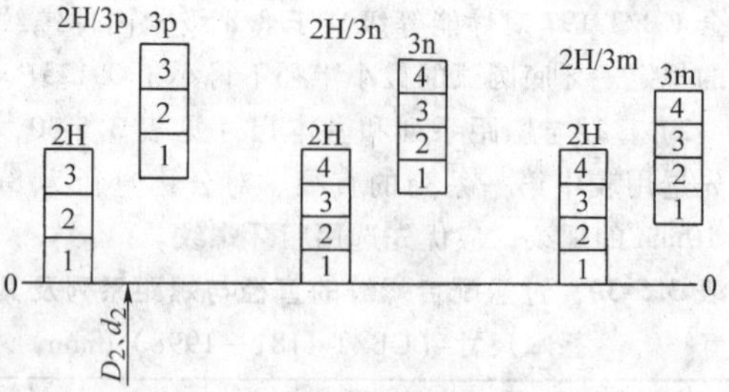

图3.5-13　螺纹中径公差带分组位置

表3.5-34　2H/3p螺纹中径分组极限偏差（GB/T 1181—1998）　（μm）

公称直径 D、d /mm		螺距 P /mm	外螺纹 3p				内螺纹 2H				中径径向过盈量（平均）	
>	≤		es	3-2 交界	2-1 交界	ei	ES	3-2 交界	2-1 交界	EI	max	min
2.8	5.6	0.8	+96	+80	+64	+48	+50	+33	+16	0	64	31
5.6	11.2	1	+109	+90	+71	+53	+60	+40	+20	0	70	31
		1.25	+116	+96	+76	+56	+63	+42	+21	0	75	34
		1.5	+130	+108	+85	+63	+71	+47	+23	0	84	38
11.2	22.4	1.25	+123	+101	+78	+56	+71	+47	+23	0	77	31
		1.5	+134	+110	+86	+63	+75	+50	+25	0	85	36

表3.5-35　2H/3n螺纹中径分组极限偏差（GB/T 1181—1998）　（μm）

公称直径 D、d /mm		螺距 P /mm	外螺纹 3n					内螺纹 2H					中径径向过盈量（平均）	
>	≤		es	4-3 交界	3-2 交界	2-1 交界	ei	ES	4-3 交界	3-2 交界	2-1 交界	EI	max	min
2.8	5.6	0.8	+82	+70	+58	+46	+34	+50	+38	+25	+13	0	45	21
5.6	11.2	1	+94	+80	+66	+52	+38	+60	+45	+30	+16	0	50	21
		1.25	+102	+87	+72	+57	+42	+63	+47	+32	+16	0	56	25
		1.5	+112	+95	+78	+61	+45	+71	+53	+36	+18	0	60	25
11.2	22.4	1.25	+109	+92	+75	+58	+42	+71	+53	+36	+18	0	57	22
		1.5	+116	+98	+80	+62	+45	+75	+56	+38	+20	0	61	24

表3.5-36　2H/3m螺纹中径分组极限偏差（GB/T 1181—1998）　（μm）

公称直径 D、d /mm		螺距 P /mm	外螺纹 3m					内螺纹 2H					中径径向过盈量（平均）	
>	≤		es	4-3 交界	3-2 交界	2-1 交界	ei	ES	4-3 交界	3-2 交界	2-1 交界	EI	max	min
2.8	5.6	0.8	+72	+60	+48	+36	+24	+50	+38	+25	+13	0	35	11
5.6	11.2	1	+82	+68	+54	+40	+26	+60	+45	+30	+16	0	38	9
		1.25	+88	+73	+58	+43	+28	+63	+47	+32	+16	0	42	11
		1.5	+99	+82	+65	+48	+32	+71	+53	+36	+18	0	47	12
11.2	22.4	1.25	+95	+79	+62	+45	+28	+71	+53	+36	+18	0	44	9
		1.5	+103	+85	+67	+49	+32	+75	+56	+38	+20	0	48	11

1）上述三个表中“$(n+1)-n$”交界栏的数值是第$(n+1)$组公差带的下偏差和第n组公差带的上偏差。

2）对于外螺纹，在螺纹轴向长度的中部按单一中径进行分组；对于内螺纹按作用中径进行分组。

5.2.3　螺纹其他要素的公差和要求

1）螺距误差和牙侧角误差的极限偏差见表3.5-37。

表 3.5-37 螺距累积偏差①和牙侧角偏差

（GB/T 1181—1998）

螺距 P /mm	极限偏差	
	螺距/μm	牙侧角(′)
0.8 1 1.25	±12	±40
1.5	±16	±30

① 此处的螺距累积偏差应该是旋合长度内N个牙的螺距偏差。参看 GB/T 14791—1993 相关术语的定义。

2）螺纹的作用中径与单一中径之差不得大于其中径公差的四分之一。

3）从螺纹的旋入端向螺尾方向，螺纹的中径尺寸只能逐渐增大或保持不变，不允许出现中径尺寸逐渐减小的现象。

5.2.4 过盈配合螺纹的旋合长度

过盈配合螺纹标准所规定的螺纹公差仅适用于旋合长度符合表 3.5-38 规定的过盈配合螺纹。对于旋合长度过长或过短的过盈配合螺纹为满足标准规定的装配扭矩要求，需适当调整螺纹公差。

表 3.5-38 过盈配合螺纹的旋合长度

（GB/T 1181—1998）

内螺纹机体材料	旋合长度
钢、钛合金	$1d \sim 1.25d$
铝合金、镁合金	$1.5d \sim 2d$

5.2.5 螺纹零件的其他技术要求

1）表面质量 螺纹应具有光滑的表面，不得有影响使用的夹层、裂纹和毛刺。镀前外螺纹牙型表面粗糙度 Ra 值不得大于 1.6μm，内螺纹牙型表面粗糙度 Ra 值不得大于 3.2μm。

2）倒角 为方便装配，外螺纹件的旋入端应倒圆或倒角，内螺纹件的螺孔应倒角。

3）镀层 当外螺纹表面需要涂镀时，镀前尺寸应符合极限偏差表的要求。

4）检验 对于螺纹的各单项要素，无特殊需要时，一般不作单项检验。但是对螺纹的大、中、小径的尺寸应采用螺纹的通、止规进行 100% 的综合检验。

5.2.6 装配质量要求

1）清洁度 装配前应清除螺孔内的金属屑，硬粒和其他碎物。

2）润滑 装配前应对螺纹进行良好的润滑。推荐优先对螺孔进行润滑，对外螺纹也可同时进行润滑。对盲孔螺纹润滑时，为防止对装配产生液压阻力，禁止使用过量的润滑液。

3）扭紧过程 用手将外螺纹旋入螺孔，手感良好后再进行扳紧。应根据零件的材料、表面硬度和表面粗糙度的状况，选择适当的旋拧速度和暂停散热的时间、次数。应旋拧外螺纹到预定的深度。并严禁螺尾参与螺纹挤压配合。

4）装配扭矩 装配时，应将在同一分组组别内的内、外螺纹进行装配。螺纹的最终装配扭矩应满足表 3.5-39 的要求。在保证表中规定之扭矩的前提下，螺纹可不按分组进行装配。

表 3.5-39 螺纹装配扭矩（GB/T 1181—1998）

（N·m）

螺纹规格（公称直径×螺距）	2H/3p		2H/3n		2H/3m	
	max	min	max	min	max	min
5×0.8	7.00	3.30	—	—	—	—
6×1	12.00	5.00	15.00	7.70	14.80	5.40
8×1	25.70	11.90	30.70	15.00	34.20	12.20
8×1.25	24.10	10.30	33.80	17.80	37.10	15.10
10×1.25	44.10	22.50	64.20	28.30	59.20	24.00
10×1.5	46.90	23.60	65.10	26.90	62.80	25.00
12×1.25	65.40	29.50	95.40	36.20	102.10	30.40
12×1.5	72.10	34.30	100.90	40.00	112.80	37.40
14×1.5	95.70	45.50	131.00	51.00	146.40	48.60
16×1.5	128.70	61.00	178.40	70.00	199.50	66.20
18×1.5	166.60	79.00	233.10	91.00	260.60	86.00
20×1.5	201.60	95.00	277.70	110.00	310.50	103.00

5.2.7 过盈配合螺纹的标记

过盈配合螺纹的标记由螺纹特征代号（M）、螺纹尺寸代号（公称直径×螺距），中径公差带代号及其分组数组成。对粗牙螺纹，在螺纹尺寸代号中可不注出螺距值。对左旋螺纹，应在尺寸代号之后加注左旋代号“LH”。表示螺纹副时，应先注出内螺纹公差带代号，再注出外螺纹公差带代号，中间用斜线分开。

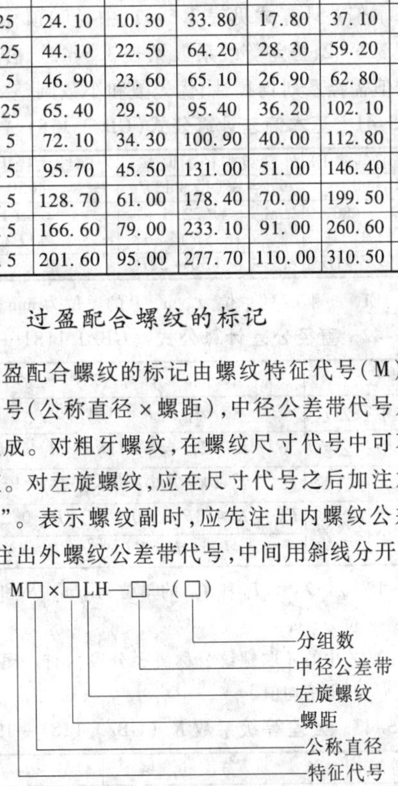

标记示例：

内螺纹：M8×1—2H(3)；

外螺纹：M8—3m(4)

螺纹副：M8 2H/3m(4)

5.3 过盈配合螺纹标准的各项附录

5.3.1　用于非铁材料螺柱的过盈配合螺纹（附录A）

该附录规定了非铁材料螺柱或钢制螺套旋入铝镁合金机体所采用的过盈配合螺纹。其技术要求如下：

1）除螺纹中径公差带、中径分组数以及最终的装配扭矩要求不同外，附录中螺纹的其他技术要求同标准正文的相应要求完全一致。

2）内、外螺纹的中径公差带分别为2H和3m，其中径成组装配的分组数为3组。中径分组的极限偏差见表3.5-40。

3）螺纹装配的扭矩由产品设计者根据使用情况自行提出。

表3.5-40　用于有色金属螺柱的2H/3m螺纹中径分组极限偏差（GB/T 1181—1998）　（μm）

公称直径 D、d /mm		螺距 P /mm	外螺纹 3m				内螺纹 2H				中径径向过盈量（平均）	
>	≤		es	3-2 交界	2-1 交界	ei	ES	3-2 交界	2-1 交界	EI	max	min
2.8	5.6	0.8	+72	+56	+40	+24	+50	+33	+16	0	40	7
5.6	11.2	1	+82	+63	+44	+26	+60	+40	+20	0	43	4
		1.25	+88	+68	+48	+28	+63	+42	+21	0	47	6
		1.5	+99	+77	+55	+32	+71	+47	+23	0	54	8
11.2	22.4	1.25	+95	+73	+51	+28	+71	+47	+23	0	50	4
		1.5	+103	+80	+56	+32	+75	+50	+25	0	55	6

5.3.2　公差计算式（附录B）

基本偏差计算式见表3.5-41，中径和顶径的计算式见表3.5-42，公差等级系数见表3.5-43。公式计算出的数值需经系列均衡性、优先数和小数圆整处理。

表3.5-41　基本偏差计算公式（GB/T 1181—1998）

内螺纹下偏差EI	外螺纹中径下偏差ei	外螺纹大径上偏差es
$EI_H=0$	$ei_m=+(15+11P)$	$es_e=-(50+11P)$
$EI_D=+(80+11P)$	$ei_n=+(22.5+16.5P)$	$es_c=-(125+11P)$
$EI_C=+(125+11P)$	$ei_p=+(30+22P)$	

注：EI、ei和es的单位为μm，P的单位为mm。

表3.5-42　直径公差计算公式（GB/T 1181—1998）

直径	计算公式
外螺纹中径公差	$T_{d_2}=K\times 90P^{0.4}d^{0.1}$
内螺纹中径公差	$T_{D_2}=K\times 118P^{0.4}d^{0.1}$
外螺纹大径公差	$T_d=K(180P^{2/3}-3.15P^{-1/2})$
内螺纹小径公差	$T_{D_1}=K(433P-190P^{1.22})(P=0.2\sim0.8)$
	$T_{D_1}=K\times 230P^{0.7}\ (P\geqslant 1)$

注：1. T_{d_2}、T_{D_2}、T_d和T_{D_1}的单位为μm；P和d的单位为mm。

2. 式中的d取螺纹公称直径分段内首、尾两数的几何平均值。

表3.5-43　公差等级系数K（GB/T 1181—1998）

公差等级	2	3	4	5	6
K	0.4	0.5	0.63	0.8	1

5.3.3　装配扭矩计算式（附录C）

1）装配扭矩计算式：

$$T=\frac{n\cdot\pi\cdot\mu_f}{3\cdot\sqrt{3}}\cdot(C_1+C_2)\cdot p$$

式中　n——旋合长度内的牙数；

μ_f——内、外螺纹牙侧面间的摩擦系数；

$C_1=\frac{4D_2\ (D_2^3-D_1^3)}{D_1+D_2}$，（$D_2$和$D_1$分别为螺纹的中径和小径）；

$C_2=\frac{8D_2\ (D^3-D_2^3)}{3\ (D+D_2)}$，（$D$和$D_2$分别为螺纹的大径和中径）。

p——中径假想压力，（将螺纹配合假想成光滑轴孔配合）；

① 当螺柱和机体的过盈变形都处于弹性变形范围时，中径假想压力为：

$$p=A\cdot\Delta$$

式中 $A=\dfrac{1}{\left[\frac{1}{E_1}(1-\mu_1)+\frac{1}{E_2}\left(1+\mu_2+\frac{2D_2^2}{b^2-D_2^2}\right)\right]\cdot D_2}$

E_1、μ_1和E_2、μ_2分别为螺柱和机体材料的弹性模量及泊松比；

b为机体的计算直径，可取4～5倍的D_2；

Δ——内、外螺纹间的总径向过盈量。

② 当螺柱处于弹性变形，机体处于弹塑性变形范围时：

螺柱上中径假想压力与变形的关系为：

$$p=\frac{E_1\cdot\Delta_1}{(1-\mu_1)D_2}$$

机体上中径假想压力与变形的关系为：

$$p=\sigma_{s2}\left(1-\frac{E_p}{E_2}\right)\cdot\frac{1}{\sqrt{3}}\ln\left(\frac{2}{\sqrt{3}}\cdot\frac{1}{\varepsilon_s}\cdot\frac{\Delta_2}{D_2}\right)+E_p\cdot\frac{2}{3}\left(\frac{\Delta_2}{D_2}-\frac{\sqrt{3}}{2}\varepsilon_s\right)+\frac{1}{\sqrt{3}}\sigma_{s2}$$

式中 σ_{s2}——材料的屈服点；

E_p——材料的割线弹性模量；

ε_s——材料的屈服应变。

螺柱变形量（Δ_1）与机体变形量（Δ_2）之和为总径向过盈量：

$$\Delta = \Delta_1 + \Delta_2$$

已知总过盈量，利用各式可算出中径假想压力。

2）一般按表3.5-44推荐的平均摩擦系数（μ_f）代入公式计算装配扭矩。

表3.5-44 内、外螺纹牙侧间的摩擦系数

（GB/T 1181—1998）

螺距与直径系列/mm	内螺纹材料/外螺纹材料					
	铝、镁合金/钢		钢/钢		钛合金/钢	
	max	min	max	min	max	min
5×0.8	0.035	0.025	0.035	0.030	0.055	0.050
6×1	0.035	0.025	0.035	0.030	0.055	0.050
8×1	0.035	0.025	0.035	0.030	0.065	0.060
8×1.25	0.035	0.025	0.035	0.030	0.065	0.060
10×1.25	0.035	0.025	0.045	0.030	0.065	0.060
10×1.5	0.035	0.025	0.045	0.030	0.065	0.060
12×1.25	0.035	0.025	0.045	0.030	0.075	0.065
12×1.5	0.035	0.025	0.045	0.030	0.075	0.065
14×1.5	0.035	0.025	0.045	0.030	0.075	0.065
16×1.5	0.035	0.025	0.045	0.030	0.075	0.065
18×1.5	0.035	0.025	0.045	0.030	0.075	0.065
20×1.5	0.035	0.025	0.045	0.030	0.075	0.065

螺纹牙侧表面间的摩擦系数受材料、表面粗糙度、润滑剂、热处理、表面涂镀、螺纹加工精度（各种形位误差）、螺纹规格等因素影响。必要时，用户可利用计算公式，对特定条件下的过盈配合螺纹摩擦系数进行验证（已知总过盈量和装配扭矩，求摩擦系数）和调整。

6 以普通螺纹为基础的其他螺纹

6.1 光学仪器特种细牙螺纹

光学仪器特种细牙螺纹的牙型与普通螺纹相同，并采用了与普通螺纹相同的公差制，只在普通螺纹尺寸的基础上补充了用于光学仪器行业所需要的特殊直径和较小螺距的螺纹。这是由于诸如镜头距离的调整，要求螺纹转动一周时产生较小的轴向移动，以达到微调的目的。

6.1.1 光学仪器特种细牙螺纹的尺寸

（1）光学仪器特种细牙螺纹的直径与螺距系列

见表3.5-45。优先选用第一系列的直径、其次是第二系列、第三系列；对于同一公称直径、应在允许的范围内优先选用较大的螺距。

表3.5-45 特种细牙螺纹直径与螺距系列

（JB/T 9313—1999） （mm）

公称直径 D、d			螺距 P				
			特种细牙				
第一系列	第二系列	第三系列	1.5	1	0.75	0.5	0.35
4							0.35
5							0.35
6							0.35
		7					0.35
							0.35
8							0.35
		9					0.35
10							0.35
		13			0.75	0.5	
		15			0.75	0.5	
		17			0.75	0.5	
		19			0.75	0.5	
		21			0.75	0.5	
	23				0.75	0.5	
24						0.5	
		25			0.75	0.5	
		26			0.75	0.5	
	27					0.5	
		28			0.75	0.5	
		29			0.75	0.5	
30						0.5	
		31			0.75	0.5	
		32		1	0.75	0.5	
	33					0.5	
		34		1	0.75	0.5	
		35		1	0.75	0.5	
36					0.75	0.5	
		37			0.75	0.5	
		38		1	0.75	0.5	
	39				0.75	0.5	
		40		1	0.75	0.5	
		41			0.75	0.5	
42					0.75	0.5	
		43			0.75	0.5	
		44			0.75	0.5	
	45				0.75	0.5	
		46		1	0.75	0.5	
		47			0.75	0.5	
48					0.75	0.5	
		49			0.75	0.5	
		50		1	0.75	0.5	
	52				0.75	0.5	
		54		1	0.75	0.5	
		55		1	0.75	0.5	
56					0.75	0.5	
		58		1	0.75	0.5	
	60				0.75	0.5	
				1	0.75		
64		62			0.75		
		65		1	0.75		
		66		1	0.75		
	68				0.75		
		70		1	0.75		

（续）

公称直径 D、d			螺距 P				
第一系列	第二系列	第三系列	特种细牙				
			1.5	1	0.75	0.5	0.35
72					0.75		
		74		1	0.75		
		75		1	0.75		
	76				0.75		
		78		1	0.75		
80					0.75		
		82		1	0.75		
	85			1	0.75		
		88		1	0.75		
90				1	0.75		
		92		1	0.75		
	95			1	0.75		
		98		1	0.75		
100				1	0.75		
		102		1	0.75		
	105			1	0.75		
		108		1	0.75		
110				1	0.75		
		112		1			
	115			1			
		118		1			
	120			1			
		122		1			
125				1			
		128		1			
	130			1			
		132		1			
		135		1			
		138		1			
140				1			
		142		1			
		145		1			
		148		1			
	150			1			
		155	1.5				
160			1.5				
		165	1.5				
	170		1.5				
		175	1.5				
180			1.5				
		185	1.5				
	190		1.5				
		195	1.5				
200			1.5				
		205	1.5				
	210		1.5				
		215	1.5				
220			1.5				
		225	1.5				
		230	1.5				
		235	1.5				
	240		1.5				
		245	1.5				
250			1.5				
		255	1.5				
	260		1.5				

（2）光学仪器特种细牙螺纹的基本尺寸

由于光学仪器特种细牙螺纹的基本牙型与普通螺纹相同，其基本尺寸的计算式也与普通螺纹相同，即：

内螺纹中径 $D_2 = D - 2 \times \frac{3}{8}H$

外螺纹中径 $d_2 = d - 2 \times \frac{3}{8}H$

内螺纹小径 $D_1 = D - 2 \times \frac{5}{8}H$

外螺纹小径 $d_1 = d - 2 \times \frac{5}{8}H$

原始三角形高度 $H = \frac{\sqrt{3}}{2}P = 0.866025404P$

由于特种细牙螺纹的直径与螺距系列与普通螺纹有所不同，所以列出的基本尺寸规格也有所不同，需要者可根据计算式进行计算。也可在 JB/T9313—1999“光学仪器特种细牙螺纹”标准的基本尺寸表中直接查取。

6.1.2　光学仪器特种细牙螺纹的公差

1）特种细牙螺纹的公差带（包括公差带位置、公差等级）按 GB/T197 的规定。

2）特种细牙螺纹的旋合长度分为短（S）、中（N）和长（L）三组，其分段数值见表 3.5-46。由于其直径与螺距系列有别于普通螺纹，所以其旋合长度分组也有别于普通螺纹。

3）特种细牙螺纹内、外螺纹的选用公差带见表 3.5-47 和表 3.5-48。由表可知光学螺纹均为精制螺纹，间隙也都比较小，这些都是光学螺纹的特点。

4）特种细牙螺纹的牙底形状按 GB/T197 的规定（参看本手册第3篇第5章 3.3.5）

表 3.5-46　特种细牙螺纹的旋合长度分组

（JB/T 9313—1999）　　（mm）

公称直径 D、d		螺距 P	旋合长度			
			S	N		L
>	≤		≤	>	≤	>
2.8	5.6	0.35	1	1	3	3
5.6	11.2		1.1	1.1	3.3	3.3
11.2	22.4	0.5	1.8	1.8	5.4	5.4
		0.75	2.7	2.7	8.1	8.1
22.4	45	0.5	2.1	2.1	6.2	6.2
		0.75	3.1	3.1	9.4	9.4
		1	4	4	12	12
45	90	0.5	2.4	2.4	7.1	7.1
		0.75	3.6	3.6	11	11
		1	4.8	4.8	14	14
90	180	0.75	4.1	4.1	12	12
		1	5.5	5.5	16	16
		1.5	8.3	8.3	25	25
180	355	1.5	9.5	9.5	28	28

表 3.5-47　内螺纹选用公差带(JB/T 9313—1999)

准确度	公差带位置 H		
	S	N	L
精密	(4H)	4H5H	
中等	(5H)	6H	(7H)

表 3.5-48　外螺纹选用公差带(JB/T 9313—1999)

精度	公差带位置 g			公差带位置 h		
	S	N	L	S	N	L
精密					4h	
中等		6g		(5h6h)	6h	(7h6h)

注:括号内的公差带尽可能不用。

6.1.3　特种细牙螺纹的极限偏差

虽然特种细牙螺纹的公差制与普通螺纹相同，但由于两者的尺寸系列不同。在计算极限尺寸时，仍有相当一部分尺寸不能在普通螺纹标准列出的公差表中查到相应的数值，所以在光学仪器特种细牙螺纹标准中列出了特种细牙内、外螺纹选用公差带的极限偏差(见表 3.5-49)，供设计者计算极限尺寸时直接查表采用。

表 3.5-49　光学仪器特种细牙螺纹极限偏差 (JB/T 9313—1999)

直径分段 D、d/mm		螺距 P/mm	内　螺　纹					外　螺　纹				
			公差带	中径 D_2		小径 D_1		公差带	中径 d_2		大径 d	
>	≤			ES	EI	ES	EI		es	ei	es	ei
				μm					μm			
2.8	5.6	0.35	4H	+56	0	+63	0	4h	0	-42	0	-53
			4H5H	+56	0	+80	0	5h6h	0	-53	0	-85
			5H	+71	0	+80	0	6h	0	-67	0	-85
								7h6h	0	-85	0	-85
								6g	-19	-86	-19	-104
5.6	11.2		4H	+60	0	+63	0	4h	0	-45	0	-53
			4H5H	+60	0	+80	0	5h6h	0	-56	0	-85
			5H	+75	0	+80	0	6h	0	-71	0	-85
								6g	-19	-90	-19	-104
11.2	22.4	0.5	4H	+75	0	+90	0	4h	0	-56	0	-67
			4H5H	+75	0	+112	0	5h6h	0	-71	0	-106
			5H	+95	0	+112	0	6h	0	-90	0	-106
			6H	+118	0	+140	0	6g	-20	-110	-20	-126
			7H	+150	0	+180	0					
		0.75	4H	+90	0	+118	0	4h	0	-67	0	-90
			4H5H	+90	0	+150	0	5h6h	0	-85	0	-140
			5H	+112	0	+150	0	6h	0	-106	0	-140
			6H	+140	0	+190	0	6g	-22	-128	-22	-162
			7H	+180	0	+236	0	7h6h	0	-132	0	-140
22.4	45	0.5	4H	+80	0	+90	0	4h	0	-60	0	-67
			4H5H	+80	0	+112	0	5h6h	0	-75	0	-106
			5H	+100	0	+112	0	6h	0	-95	0	-106
			6H	+125	0	+140	0	6g	-20	-115	-20	-126
			7H	+160	0	+180	0					
22.4	45	0.75	4H	+95	0	+118	0	4h	0	-71	0	-90
			4H5H	+95	0	+150	0	5h6h	0	-90	0	-140
			5H	+118	0	+150	0	6h	0	-112	0	-140
			6H	+150	0	+190	0	6g	-22	-134	-22	-162
			7H	+190	0	+236	0	7h6h	0	-140	0	-140
22.4	45	1	4H	+106	0	+150	0	4h	0	-80	0	-112
			4H5H	+106	0	+190	0	5h6h	0	-100	0	-180
			5H	+132	0	+190	0	6h	0	-125	0	-180
22.4	45	1	6H	+170	0	+236	0	6g	-26	-151	-26	-206
			7H	+212	0	+300	0	7h6h	0	-160	0	-180
45	90	0.5	4H	+90	0	+90	0	4h	0	-67	0	-67
			4H5H	+90	0	+112	0	5h6h	0	-85	0	-106
			5H	+112	0	+112	0	6h	0	-106	0	-106
								6g	-20	-126	-20	-126

（续）

直径分段 D、d/mm		螺距 P/mm	内螺纹					外螺纹				
			公差带	中径 D_2		小径 D_1		公差带	中径 d_2		大径 d	
>	≤mm			ES	EI	ES	EI		es	ei	es	ei
				μm					μm			
45	90	0.75	4H	+100	0	+118	0	4h	0	-75	0	-90
			4H5H	+100	0	+150	0	6h6h	0	-95	0	-140
			5H	+125	0	+150	0	6h	0	-118	0	-140
			6H	+160	0	+190	0	6g	-22	-140	-22	-162
			7H	+200	0	+236	0					
		1	4H	+118	0	+150	0	4h	0	-90	0	-112
			4H5H	+118	0	+190	0	5h6h	0	-112	0	-180
			5H	+150	0	+190	0	6g	0	-140	0	-180
			6H	+180	0	+236	0	6g	-26	-166	-26	-206
			7H	+236	0	+300	0	7h6h	0	-180	0	-180
90	180	0.75	4H	+112	0	+118	0	4h	0	-85	0	-90
			4H5H	+112	0	+150	0	5h6h	0	-106	0	-140
			5H	+140	0	+150	0	6h	0	-132	0	-140
			6H	+180	0	+190	0	6g	-22	-154	-22	-162
			7H	+210	0	+236	0					
		1	4H	+125	0	+150	0	4h	0	-95	0	-112
			4H5H	+125	0	+190	0	5h6h	0	-188	0	-180
			5H	+160	0	+190	0	6h	0	-150	0	-180
			6H	+200	0	+236	0	6g	-26	-176	-26	-206
			7H	+260	0	+300	0					
		1.5	4H	+140	0	+190	0	4h	0	-106	0	-150
			4H5H	+140	0	+236	0	5h6h	0	-132	0	-236
			5H	+180	0	+236	0	6h	0	-170	0	-236
			6H	+224	0	+300	0	6g	-32	-220	-32	-268
			7H	+280	0	+375	0	7h6h	0	-212	0	-236
180	355		4H	+150	0	+190	0	4h	0	-112	0	-150
			4H5H	+150	0	+236	0	5h6h	0	-140	0	-236
			5H	+190	0	+236	0	6h	0	-180	0	-236
			6H	+236	0	+300	0	6g	-32	-212	-32	-268
			7H	+295	0	+375	0	7h6h	0	-224	0	-236

6.1.4　光学仪器特种细牙螺纹的标记

光学仪器特种细牙螺纹的完整标记由螺纹代号、螺纹公差带代号和螺纹旋合长度代号组成，示例如下：

TM15×0.5—5h6h—S

表示光学仪器特种细牙螺纹直径为15mm，螺距为0.5mm、中径公差带为5h、顶径公差带为6h、旋合长度为S的外螺纹。

6.2　短牙螺纹

短牙螺纹是采用普通螺纹的原始三角形，加大了大径处的削平量而得到的螺纹牙型。由于其牙槽浅，适用于细牙螺纹还不足以满足的薄壁零件。目前主要用于光学仪器，也可以用于其他产品的薄壁零件。

6.2.1　短牙螺纹的基本牙型

短牙螺纹的基本牙型是在原始三角形的顶部和底部对称地削去$\frac{H}{4}$后得到的。与普通螺纹相比，其牙高矮、内、外螺纹的接触高度也小。具体牙型如图3.5-14所示。

基本牙型上的尺寸见表3.5-50。

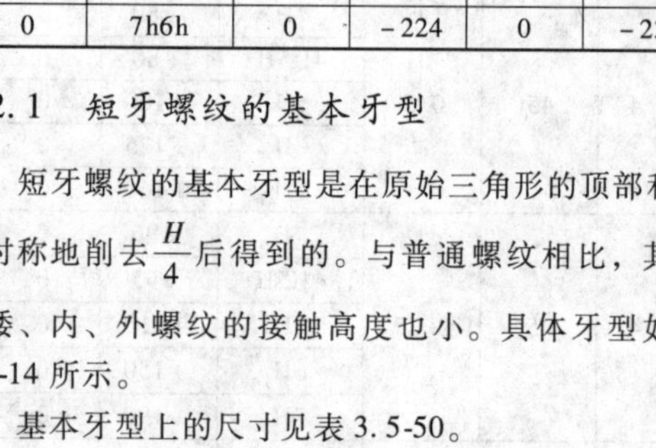

图3.5-14　短牙螺纹的基本牙型

表 3.5-50　短牙螺纹基本牙型尺寸

(JB/T 5450—2007)　　(mm)

P	H	$\frac{H}{2}$	$\frac{H}{4}$
0.5	0.433	0.217	0.108
0.75	0.650	0.325	0.162
1	0.866	0.433	0.217
1.25	1.083	0.541	0.271
1.5	1.299	0.650	0.325
2	1.732	0.866	0.433
3	2.598	1.299	0.650
4	3.464	1.732	0.866

6.2.2　短牙螺纹的尺寸

短牙螺纹的尺寸范围为公称直径 8~160mm，其直径与螺距的组合关系可参照普通螺纹标准的规定，但只采用了普通螺纹中螺距小于 6mm 的全部细牙尺寸系列。其尺寸的选用顺序也与普通螺纹的有关规定相同类，需要者可参看表 3.5-6 中短牙螺纹尺寸范围内的相应规格。值得特别注意的是：由于短牙螺纹的基本牙型有别于普通螺纹，所以其基本尺寸不同于普通螺纹，短牙螺纹基本尺寸的计算式如下

$$D_2 = D - 2 \times \frac{H}{4}$$

$$d_2 = d - 2 \times \frac{H}{4}$$

$$D_1 = D - 2 \times \frac{H}{2}$$

$$d_1 = d - 2 \times \frac{H}{2}$$

$$H = \frac{\sqrt{3}}{2}P - 0.866025404P$$

在 JB/T 5450—2007 光学仪器用短牙螺纹标准中列有直径与螺距系列及基本尺寸表，本手册不再列入。

6.2.3　短牙螺纹的公差与配合

短牙螺纹采用了普通螺纹的公差原理，并根据短牙螺纹用于光学仪器调焦的需要，对少数公差项目或公差值进行了必要的调整和选择。

(1) 公差带

对内螺纹和外螺纹分别规定了 H、G 和 h、g 各两种公差带位置，各位置的基本偏差值与普通螺纹相应位置的基本偏差相等，见表 3.5-9。

对各种直径规定了如下公差等级：

螺纹直径	公差等级
内螺纹小径	5、6、7
内螺纹中径	5、6、7
外螺纹大径	4、5、6、7
外螺纹中径	4、5、6、7
外螺纹小径	4、5、6、7

上述各直径的各级公差值，除外螺纹大径 5 和 7 级及外螺纹的小径公差是短牙螺纹增加的项目外，其余各项公差值均与普通螺纹的相应值相同，请参看表 3.5-10~13。由于普通螺纹没有规定外螺纹大径的 5 级和 7 级公差，可以用表 3.5-51 给出的公差计算式和表 3.5-52 给出的公差等级系数进行计算。

表 3.5-51　各直径公差的计算式

直径公差	计算式
T_{D_2}	$K118P^{0.4}d^{0.1}$
T_{d_2}	$K90P^{0.4}d^{0.1}$
T_{D_1}	$K(433P-190P^{1.22})$ ($P=0.2\sim0.8$mm) $K230P^{0.7}$ ($P\geqslant1$mm)
T_d	$K(180P^{2/3}-3.15P^{-1/2})$

注：1. T_{D_2}、T_{d_2}、T_{D_1} 和 T_d 的单位为 μm；P 和 d 的单位为 mm。
2. d 取公称直径分段内首尾两数的几何平均值。
3. 对外螺纹，当按所列公式计算得到的 T_{d_2} 值超过与之组合的 T_d 值时，则不在极限偏差表中给出 T_{d_2} 值。
4. 对内螺纹，当按所列公式计算得到的 T_{D_2} 值超过 $0.25P$ 时则不给出 T_{D_2} 值。
5. 对小螺距的某些等级中未列出公差值是由于没有足够的接触高度。

表 3.5-52　公差等级系数 K

公差等级	3	4	5	6	7	8	9
K	0.5	0.63	0.8	1	1.25	1.6	2

(2) 旋合长度

短牙螺纹没有短旋合长度，其中等旋合长度和长旋合长度的分组方法与普通螺纹相同（参看表 3.5-14）。

(3) 多线螺纹的公差

多线螺纹的顶径公差与单线螺纹相同，中径公差按表 3.5-54 中列出的补偿系数给予补偿。

(4) 精度和选用公差带

短牙螺纹分为精密和中等两个精度级别，精密级用于光学精密调焦螺纹，配合性质相对稳定，中等级用于一般情况。根据各级精度螺纹的需要在表 3.5-55、56 中规定了两组旋合长度下对应的选用公差带。

(5) 对短牙螺纹牙底间隙及牙底和牙顶圆弧的规定

表 3.5-53 外螺纹小径公差 T_{d_1}

（JB/T 5450—2007）

公称直径 d /mm		螺距 P /mm	与 d_2 的公差等级对应的 d_1 的公差值/μm	
			公差等级	
>	≤		6级	7级
8	11	0.5	126	153
		0.75	147	178
		1	166	201
		1.25	176	216
11	22	0.5	133	160
		0.75	155	187
		1	174	214
		1.25	193	241
		1.5	207	257
		2	238	288
22	45	0.75	162	197
		1	182	226
		1.5	220	270
		2	251	303
		3	298	361
		4	340	410
45	90	1	201	251
		1.5	232	282
		2	263	318
		3	313	379
		4	355	435
90	160	1.5	245	297
		2	276	333
		3	328	398
		4	373	454

表 3.5-54 中径公差的补偿系数

（JB/T 5450—2007）

线数	2	3	4	≥5
系数	1.12	1.25	1.40	1.60

表 3.5-55 内螺纹的选用公差带

（JB/T 5450—2007）

精 度	公差带位置 G		公差带位置 H	
	N	L	N	L
精 密	—	—	5H	6H
中 等	6G	7G	6H	7H

表 3.5-56 外螺纹的选用公差带

（JB/T 5450—2007）

精 度	公差带位置 g		公差带位置 h	
	N	L	N	L
精 密			4h	5h
中 等	6g	7g	6h	7h

短牙螺纹用于调焦时，在内、外螺纹的顶径和底径之间留有间隙用于贮油，以保持动作灵活。另外还在外螺纹的牙顶和内、外螺纹的牙底制有圆角，以消除尖角和毛刺。其牙底间隙 ac 和圆角半径值见表 3.5-57。

短牙螺纹的基本牙型、间隙及公差带间的关系如图 3.5-15 所示。

表 3.5-57 牙底间隙 ac 和圆角半径 R

（mm）

螺 距 P	外螺纹小径 d_1 和内螺纹大径 D		外螺纹大径 d
	牙底间隙 ac	牙底圆角 $R_{2\max}$	牙顶圆角 $R_{1\max}$
0.5	0.025	0.025	0.013
0.75	0.038	0.038	0.019
1	0.050	0.050	0.025
1.25	0.063	0.063	0.031
1.5	0.075	0.075	0.038
2	0.100	0.100	0.050
3	0.150	0.150	0.075
4	0.200	0.200	0.100

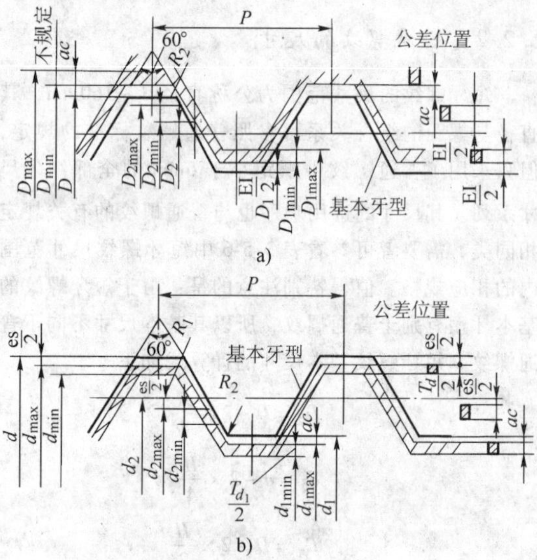

图 3.5-15 短牙螺纹的基本牙型、基本偏差、间隙及公差带的关系

a）内螺纹公差带（G位置） b）外螺纹公差带（g位置）

EI—内螺纹基本偏差 T_{D_1}—内螺纹小径公差

es—外螺纹基本偏差 T_{D_2}—内螺纹中径公差

ac—牙底间隙 T_d—外螺纹大径公差

R_1—外螺纹牙顶圆角半径 T_{d_2}—外螺纹中径公差

R_2—内、外螺纹牙底圆角半径 T_{d_1}—外螺纹小径公差

6.2.4 短牙螺纹的标记方法

短牙螺纹的标记采用了普通螺纹的基本模式，其不同之处主要有如下两方面：

1）短牙螺纹的牙型特征字母为“MD”；

2）短牙螺纹的螺距、导程和线数的表示方法与普通螺纹、梯形螺纹都有不同，是采用：公称直径 × P_h 导程 P 螺距的方法。

具体的标记示例如下：

MD36 × P_h4P2 表示公称直径为 36mm，螺距为

2mm，导程为4的螺纹。

MD36×P_h4P2—5h—LH　表示外螺纹大、中、小径公差带均为5h的左旋螺纹。

MD36×P_h4P2—6H　表示内螺纹中径和小径公差带均为6H的右旋螺纹。

MD36×2—5h—L　表示该螺纹长度属L组，因为中等长度N可以省去不标注，当特殊需要时可用具体的旋合长度值代替组别代号L。

MD36×2—6H/5h　表示一个螺纹副，分子表示内螺纹的公差带，分母表示外螺纹的公差带。而且该螺纹副是线数为1的右旋螺纹。

6.3　MJ螺纹

MJ螺纹又称高强度螺纹，亦称加强螺纹。世界各国的研究和试验都表明，无论是低抗拉强度钢还是高抗拉强度钢制成的螺栓，其牙底圆弧半径的尺寸大小都直接影响其疲劳强度的高低。即牙底圆弧半径较大的螺栓其抗疲劳的能力明显高于牙底圆弧较小的螺栓。尤其是使用高抗拉强度钢制成的螺栓，其牙底圆弧半径R大小对疲劳强度的影响更为敏感。当然圆弧尺寸的增加与抗疲劳强度的这种关系是在一定的尺寸范围之内。为此MJ螺纹的主要特点就是外螺纹的牙底具有较大的圆弧半径。为适应大圆弧牙底的需要，MJ螺纹的基本牙型在普通螺纹基本牙型的基础上加大了对原始三角形相当于螺纹小径处的削平量。除牙型外，在尺寸和公差制方面均与普通螺纹类同。目前这种螺纹主要用于航空和航天产品，最早由原航空工业部根据国际标准ISO5855“MJ螺纹”订有国家军用标准（见表3.5-2），随着科技的发展，今后也可用于功率较大、转速高、振动大的其他动力机械。

6.3.1　MJ螺纹的基本牙型

MJ螺纹的基本牙型如图3.5-16所示。其尺寸列于表3.5-58。由图可知，其原始三角形与普通螺纹相同。基本牙型小径处，原始三角形的削平高度为$\frac{5}{16}H$，而普通螺纹则为$\frac{H}{4}$。MJ螺纹的削平量较普通螺纹增大了$\frac{H}{16}$，使其最大牙底圆弧半径$R_{max}=0.18042P$，与普通螺纹$R_{min}=0.125P$相比增加了许多，是MJ螺纹具有高疲劳强度的根本原因。外螺纹牙底圆弧半径的尺寸列于表3.5-59。

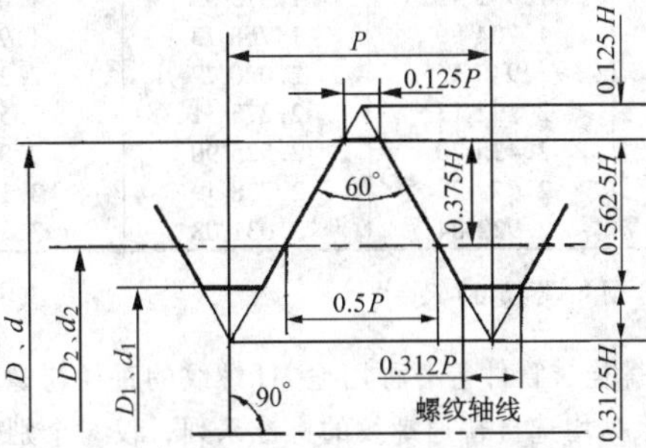

图3.5-16　MJ螺纹的基本牙型

D—内螺纹的基本大径　D_2—内螺纹的基本中径

D_1—内螺纹的基本小径　d—外螺纹的基本大径

d_2—外螺纹的基本中径　d_1—外螺纹的基本小径

H—原始三角形高度　P—螺距

表3.5-58　基本牙型尺寸（摘自GJB/T 3.1—2003）　（mm）

P	$0.125P$	$0.312\,5P$	H $0.866\,025\,403\,8P$	$0.125H$ $0.108\,25P$	$0.312\,5H$ $0.270\,63P$	$0.375H$ $0.324\,76P$
0.2	0.025 00	0.062 50	0.173 21	0.021 65	0.054 13	0.064 95
0.25	0.031 25	0.078 13	0.216 51	0.027 06	0.067 66	0.081 19
0.35	0.043 75	0.109 38	0.303 11	0.037 89	0.094 72	0.113 67
0.4	0.050 00	0.125 00	0.346 41	0.043 30	0.108 25	0.129 90
0.45	0.056 25	0.140 62	0.389 71	0.048 71	0.121 78	0.146 14
0.5	0.062 50	0.156 25	0.433 01	0.054 13	0.135 32	0.162 38
0.6	0.075 00	0.187 50	0.519 62	0.064 95	0.162 38	0.194 86
0.7	0.087 50	0.218 75	0.606 22	0.075 78	0.189 44	0.227 33
0.75	0.093 75	0.234 38	0.649 52	0.081 19	0.202 97	0.243 57
0.8	0.100 00	0.250 00	0.692 82	0.086 60	0.216 51	0.259 81
1	0.125 00	0.312 50	0.866 03	0.108 25	0.270 63	0.324 76
1.25	0.156 25	0.390 62	1.082 53	0.135 32	0.338 29	0.405 95
1.5	0.187 50	0.468 75	1.299 04	0.162 38	0.405 95	0.487 14
1.75	0.218 75	0.546 88	1.515 54	0.189 44	0.473 60	0.568 33
2	0.250 00	0.625 00	1.732 05	0.216 51	0.541 27	0.649 52
2.5	0.312 50	0.781 25	2.165 06	0.270 63	0.676 58	0.811 90
3	0.375 00	0.937 50	2.598 08	0.324 75	0.811 89	0.974 28
3.5	0.437 50	1.093 75	3.031 09	0.378 88	0.947 21	1.136 66
4	0.500 00	1.250 00	3.464 10	0.433 00	1.082 52	1.299 04
4.5	0.562 50	1.406 25	3.897 11	0.487 13	1.217 84	1.461 42
5	0.625 00	1.562 50	4.330 13	0.541 25	1.353 15	1.623 80
5.5	0.687 50	1.718 75	4.763 14	0.595 38	1.488 47	1.786 18
6	0.750 00	1.875 00	5.196 15	0.649 50	1.623 78	1.948 56

（续）

P	0.562 5H 0.487 14P	0.583 33H 0.505 18P	0.56580P	0.75H 0.649 519P	0.916 67H 0.793 86P	1.125H 0.974 28P
0.2	0.097 43	0.10104	0.11316	0.129904	0.15877	0.19485
0.25	0.121 79	0.126 30	0.141 45	0.162 380	0.198 46	0.243 57
0.35	0.170 50	0.176 81	0.198 03	0.227 332	0.277 85	0.341 00
0.4	0.194 86	0.202 07	0.226 32	0.259 808	0.317 54	0.389 71
0.45	0.219 21	0.227 33	0.254 61	0.292 283	0.357 24	0.438 43
0.5	0.243 57	0.252 59	0.282 90	0.324 759	0.396 93	0.487 14
0.6	0.292 28	0.303 11	0.339 48	0.389 711	0.476 32	0.584 57
0.7	0.341 00	0.353 63	0.396 06	0.454 663	0.555 70	0.682 00
0.75	0.365 36	0.378 88	0.424 35	0.487 139	0.595 39	0.730 71
0.8	0.389 71	0.404 14	0.452 64	0.519 615	0.635 09	0.779 42
1	0.487 14	0.505 18	0.565 80	0.649 519	0.793 86	0.974 28
1.25	0.608 92	0.631 47	0.707 25	0.811 899	0.992 32	1.217 85
1.5	0.730 71	0.757 78	0.848 70	0.974 278	1.190 79	1.461 42
1.75	0.852 50	0.884 06	0.990 15	1.136 658	1.389 25	1.704 99
2	0.974 28	1.010 36	1.131 60	1.299 038	1.587 72	1.948 56
2.5	1.217 85	1.262 95	1.414 50	1.623 797	1.984 65	2.435 70
3	1.461 42	1.515 54	1.697 40	1.948 557	2.381 58	2.922 84
3.5	1.704 99	1.768 13	1.980 30	2.273 316	2.778 51	3.409 98
4	1.948 56	2.020 72	2.263 20	2.598 076	3.175 44	3.897 12
4.5	2.192 13	2.273 31	2.546 10	2.922 835	3.572 37	4.384 26
5	2.435 70	2.525 90	2.829 00	3.247 595	3.969 30	4.871 40
5.5	2.679 27	2.778 49	3.111 90	3.572 354	4.366 23	5.358 54
6	2.922 84	3.031 08	3.394 80	3.987 114	4.763 16	5.845 68

6.3.2　MJ 螺纹的尺寸

1）螺栓、管件等各种用途 MJ 螺纹的直径与螺距的组合系列均选自普通螺纹的标准系列，仅对个别的直径与螺距进行了调整。MJ 结构件螺纹的公称直径与螺距系列见表 3.5-60。

由表可知，MJ 螺纹的公称直径范围为 1.6～300mm，并且不再有第一、第二系列直径和粗、细牙的分类。

2）由于 MJ 螺纹的基本牙型在小径处不同于普通螺纹，所以两者的小径尺寸也就不同了。一般来说两者是不能互换的。MJ 螺纹中径和小径基本尺寸的计算式如下：

$$D_2 = D - 2 \times \frac{3}{8}H$$

$$d_2 = d - 2 \times \frac{3}{8}H$$

$$D_1 = D - 2 \times \frac{9}{16}H$$

$$d_1 = d - 2 \times \frac{9}{16}H$$

$$H = \frac{\sqrt{3}}{2}P = 0.866025404P$$

表 3.5-59　外螺纹牙底圆弧半径

（摘自 GJB/T 3.4—2003）　（mm）

P	R_{max}	R_{min}	P	R_{max}	R_{min}
0.2	0.036	0.030	1.5	0.271	0.225
0.25	0.045	0.038	1.75	0.316	0.263
0.35	0.063	0.053	2	0.361	0.300
0.4	0.072	0.060	2.5	0.451	0.375
0.45	0.081	0.068	3	0.541	0.450
0.5	0.090	0.075	3.5	0.631	0.525
0.6	0.108	0.090	4	0.722	0.600
0.7	0.126	0.105	4.5	0.812	0.676
0.75	0.135	0.113	5	0.902	0.751
0.8	0.144	0.120	5.5	0.992	0.826
1	0.180	0.150	6	1.083	0.901
1.25	0.226	0.188			

表 3.5-60　公称直径与螺距组合（GJB/T 3.1—2003）　（mm）

$D(d)\times P$	$D(d)\times P$	$D(d)\times P$	$D(d)\times P$	$D(d)\times P$	$D(d)\times P$	$D(d)\times P$
1.6×0.35	3.5×0.6	6×1	10×0.75	12×1.25	16×1	20×1
1.8×0.35	4×0.5	7×0.75	10×1	12×1.5	16×1.5	20×1.5
2×0.4	4×0.7	7×1	10×1.25	12×1.75	16×2	20×2
2.2×0.45	4.5×0.5	8×0.75	10×1.5	14×1	17×1	20×2.5
2.5×0.35	4.5×0.75	8×1	11×0.75	14×1.25	17×1.5	22×1
2.5×0.45	5×0.5	8×1.25	11×1	14×1.5	18×1	22×1.5
3×0.35	5×0.8	9×0.75	11×1.25	14×2	18×1.5	22×2
3×0.5	5.5×0.5	9×1	11×1.5	15×1	18×2	22×2.5
3.5×0.35	6×0.75	9×1.25	12×1	15×1.5	18×2.5	24×1

（续）

$D(d)\times P$	$D(d)\times P$	$D(d)\times P$	$D(d)\times P$	$D(d)\times P$	$D(d)\times P$	$D(d)\times P$
24×1.5	42×3	62×3	80×6	115×2	155×4	225×3
24×2	42×4	62×4	82×1.5	115×3	155×6	225×4
24×3	42×4.5	64×1.5	82×2	115×4	160×3	225×6
25×1	45×1.5	64×2	82×3	115×6	160×4	230×3
25×1.5	45×2	64×3	85×1.5	118×1.5	160×6	230×4
25×2	45×3	64×4	85×2	120×1.5	165×3	230×6
26×1.5	45×4	64×6	85×3	120×2	165×4	235×3
27×1	45×4.5	65×1.5	85×4	120×3	165×6	235×4
27×1.5	48×1.5	65×2	85×6	120×4	170×3	235×6
27×2	48×2	65×3	88×1.5	120×6	170×4	240×3
27×3	48×3	65×4	90×1.5	125×1.5	170×6	240×4
28×1	48×4	68×1.5	90×2	125×2	175×3	240×6
28×1.5	48×5	68×2	90×3	125×3	175×4	245×3
28×2	50×1.5	68×3	90×4	125×4	175×6	245×4
30×1	50×2	68×4	90×6	125×6	180×3	245×6
30×1.5	50×3	68×6	92×1.5	130×1.5	180×4	250×3
30×2	52×1.5	70×1.5	95×1.5	130×2	180×6	250×4
30×3	52×2	70×2	95×2	130×3	185×3	250×6
30×3.5	52×3	70×3	95×3	130×4	185×4	255×4
32×1.5	52×4	70×4	95×4	130×6	185×6	255×6
32×2	52×5	70×6	95×6	135×1.5	190×3	260×4
33×1.5	55×1.5	72×1.5	98×1.5	135×2	190×4	260×6
33×2	55×2	72×2	100×1.5	135×3	190×6	265×4
33×3	55×3	72×3	100×2	135×4	195×3	265×6
33×3.5	55×4	72×4	100×3	135×6	195×4	270×4
35×1.5	56×1.5	72×6	100×4	140×1.5	195×6	270×6
35×2	56×2	75×1.5	100×6	140×2	200×3	275×4
36×1.5	56×3	75×2	102×1.5	140×3	200×4	275×6
36×2	56×4	75×3	105×1.5	140×4	200×6	280×4
36×3	56×5.5	75×4	105×2	140×6	205×3	280×6
36×4	58×1.5	76×1.5	105×3	145×1.5	205×4	285×4
38×1.5	58×2	76×3	105×4	145×2	205×6	285×6
39×1.5	58×3	76×4	105×6	145×3	210×3	290×4
39×2	58×4	76×6	108×1.5	145×4	210×4	290×6
39×3	60×1.5	78×1.5	110×1.5	145×6	210×6	295×4
39×4	60×2	78×2	110×2	150×1.5	215×3	295×6
40×1.5	60×3	78×3	110×3	150×2	215×4	300×4
40×2	60×4	80×1.5	110×4	150×3	215×6	300×6
40×3	60×5.5	80×2	110×6	150×4	220×3	
42×1.5	62×1.5	80×3	112×1.5	150×6	220×4	
42×2	62×2	80×4	115×1.5	155×3	220×6	

6.3.3　MJ螺纹的公差

MJ螺纹采用了普通螺纹的公差制，各直径的公差分级及其公差值大小均与普通螺纹相等。区别在于MJ螺纹选用的公差精度较高。具体规定见表3.5-61。表中公差带的最大、最小实体牙型如图3.5-17。

由图可知，对内螺纹牙侧和牙底的连接形状不做规定；而对外螺纹，牙底圆弧和牙侧必须是平滑地连接。

为保证MJ螺纹的质量，标准除对螺纹的中径进行综合控制之外，还要求螺距、牙型半角、圆度、锥度等一切影响螺纹形位误差的中径当量总和不得超过中径公差值的$\frac{1}{2}$。并给出了螺距和牙型半角两项影响最大的单项要素的极限偏差值（见表3.5-62）。

表3.5-61　MJ螺纹的选用公差带

（根据GJB/T 3.4—2003）

<table>
<tr><th colspan="3">外螺纹</th><th colspan="2">内螺纹</th></tr>
<tr><td>d_2</td><td>4h</td><td>4g</td><td>D_2</td><td>4H</td></tr>
<tr><td rowspan="2">d</td><td rowspan="2">6h</td><td rowspan="2">6g</td><td rowspan="2">D_1</td><td>5H（$D<5$mm）</td></tr>
<tr><td>6H（$D\geqslant5$mm）</td></tr>
</table>

表 3.5-62　螺纹螺距（导程）和牙型半角极限偏差（GJB/T 3.4—2003）

公称直径 d 或 D /mm	螺距 P /mm	外螺纹 ΔP /μm	外螺纹 $\Delta\alpha$	内螺纹 ΔP /μm	内螺纹 $\Delta\alpha$	公称直径 d 或 D /mm	螺距 P /mm	外螺纹 ΔP /μm	外螺纹 $\Delta\alpha$	内螺纹 ΔP /μm	内螺纹 $\Delta\alpha$
1.6	0.35	9.2	1°45′	12.2	2°19′	22	1.5	20.8	0°55′	27.3	1°12′
1.8	0.35	9.2	1°45′	12.2	2°19′	22	2	23.1	0°46′	30.5	1°
2	0.4	9.7	1°37′	12.9	2°8′	22	2.5	24.5	0°39′	32.3	0°51′
2.2	0.45	10.4	1°32′	13.9	2°2′	24	1	18.5	1°13′	24.5	1°37′
2.5	0.35	9.2	1°45′	12.2	2°19′	24	1.5	21.9	0°58′	28.9	1°16′
2.5	0.45	10.4	1°32′	13.9	2°2′	24	2	24.5	0°49′	32.3	1°4′
3	0.35	9.7	1°50′	12.9	2°27′	24	3	28.9	0°38′	39.3	0°52′
3	0.5	11.1	1°28′	14.5	1°55′	25	1	18.5	1°13′	24.5	1°37′
3.5	0.35	9.8	1°50′	12.9	2°27′	25	1.5	21.9	0°58′	28.9	1°16′
3.5	0.6	12.2	1°21′	16.4	1°48′	25	2	24.5	0°49′	32.3	1°4′
4	0.5	11.1	1°28′	14.5	1°55′	26	1.5	21.9	0°58′	28.9	1°16′
4	0.7	12.9	1°13′	17.3	1°38′	27	1	18.5	1°13′	24.5	1°37′
4.5	0.5	11.1	1°28′	14.5	1°55′	27	1.5	21.9	0°58′	28.9	1°16′
4.5	0.75	12.9	1°8′	17.3	1°32′	27	2	24.5	0°49′	32.3	1°4′
5	0.5	11.1	1°28′	14.5	1°55′	27	3	28.9	0°38′	39.3	1°52′
5	0.8	13.9	1°9′	18.5	1°32′	28	1	18.5	1°13′	24.5	1°37′
5.5	0.5	11.1	1°28′	14.5	1°55′	28	1.5	21.9	0°58′	28.9	1°16′
6	0.75	14.5	1°17′	19.6	1°44′	28	2	24.5	0°49′	32.3	1°4′
6	1	16.4	1°5′	21.9	1°27′	30	1	18.5	1°13′	24.5	1°37′
7	0.75	14.5	1°17′	19.6	1°44′	30	1.5	21.9	0°58′	28.9	1°16′
7	1	16.4	1°5′	21.9	1°27′	30	2	24.5	0°49′	32.3	1°4′
8	0.75	14.5	1°17′	19.6	1°44′	30	3	28.9	0°38′	39.3	0°52′
8	1	16.4	1°5′	21.9	1°27′	30	3.5	30.5	0°35′	41.6	0°47′
8	1.25	17.3	0°55′	23.1	1°13′	32	1.5	21.9	0°58′	28.9	1°16′
9	0.75	14.5	1°17′	19.6	1°44′	32	2	24.5	0°49′	32.3	1°4′
9	1	16.4	1°5′	21.9	1°27′	33	1.5	21.9	0°58′	28.9	1°16′
9	1.25	17.3	0°55′	23.1	1°13′	33	2	24.5	0°49′	32.3	1°4′
10	0.75	14.5	1°17′	19.6	1°44′	33	3	28.9	0°38′	39.3	0°52′
10	1	16.4	1°5′	21.9	1°27′	33	3.5	30.5	0°35′	41.6	0°47′
10	1.25	17.3	0°55′	23.1	1°13′	35	1.5	21.9	0°58′	28.9	1°16′
10	1.5	19.6	0°52′	25.9	1°8′	35	2	24.5	0°49′	32.3	1°4′
11	0.75	14.5	1°17′	19.6	1°44′	36	1.5	21.9	0°58′	28.9	1°16′
11	1	16.4	1°5′	21.9	1°27′	36	2	24.5	0°49′	32.3	1°4′
11	1.25	17.3	0°55′	23.1	1°13′	36	3	28.9	0°38′	39.3	0°52′
11	1.5	19.6	0°52′	25.9	1°8′	36	4	32.3	0°32′	43.9	0°44′
12	1	17.3	1°9′	23.1	1°32′	38	1.5	21.9	0°58′	28.9	1°16′
12	1.25	19.6	1°2′	25.9	1°22′	39	1.5	21.9	0°58′	28.9	1°16′
12	1.5	20.8	0°55′	27.3	1°12′	39	2	24.5	0°49′	32.3	1°4′
12	1.75	21.9	0°50′	28.9	1°5′	39	3	28.9	0°38′	39.3	0°52′
14	1	17.3	1°9′	23.1	1°32′	39	4	32.3	0°32′	43.9	0°44′
14	1.25	19.6	1°2′	25.9	1°22′	40	1.5	21.9	0°58′	28.9	1°16′
14	1.5	20.8	0°55′	27.3	1°12′	40	2	24.5	0°49′	32.3	1°4′
14	2	23.1	0°46′	30.5	1°	40	3	28.9	0°38′	39.3	0°52′
15	1	17.3	1°9′	23.1	1°32′	42	1.5	21.9	0°58′	28.9	1°16′
15	1.5	20.8	0°55′	27.3	1°12′	42	2	24.5	0°49′	32.3	1°4′
16	1	17.3	1°9′	23.1	1°32′	42	3	28.9	0°38′	39.3	0°52′
16	1.5	20.8	0°55′	27.3	1°12′	42	4	32.3	0°32′	43.9	0°44′
16	2	23.1	0°46′	30.5	1°	42	4.5	34.6	0°31′	46.2	0°41′
17	1	17.3	1°9′	23.1	1°32′	45	1.5	21.9	0°58′	28.9	1°16′
17	1.5	20.8	0°55′	27.3	1°12′	45	2	24.5	0°49′	32.3	1°4′
18	1	17.3	1°9′	23.1	1°32′	45	3	28.9	0°38′	39.3	0°52′
18	1.5	20.8	0°55′	27.3	1°12′	45	4	32.3	0°32′	43.9	0°44′
18	2	23.1	0°46′	30.5	1°	45	4.5	34.6	0°31′	46.2	0°41′
18	2.5	24.5	0°39′	32.3	0°51′	48	1.5	23.1	1°1′	30.5	1°21′
20	1	17.3	1°9′	23.1	1°32′	48	2	25.9	0°51′	34.6	1°8′
20	1.5	20.8	0°55′	27.3	1°12′	48	3	30.5	0°40′	41.6	0°55′
20	2	23.1	0°46′	30.5	1°′	48	4	34.6	0°34′	46.2	0°46′
20	2.5	24.5	0°39′	32.3	0°51′	48	5	36.9	0°29′	49	0°39′
22	1	17.3	1°9′	23.1	1°32′	50	1.5	23.1	1°1′	30.5	1°20′

（续）

公称直径 *d* 或 *D* /mm	螺距 *P* /mm	外螺纹		内螺纹		公称直径 *d* 或 *D* /mm	螺距 *P* /mm	外螺纹		内螺纹	
		ΔP /μm	$\Delta\alpha$	ΔP /μm	$\Delta\alpha$			ΔP /μm	$\Delta\alpha$	ΔP /μm	$\Delta\alpha$
50	2	25.9	0°51′	34.6	1°8′	75	4	34.6	0°34′	46.2	0°46′
50	3	30.5	0°40′	41.6	0°55′	76	1.5	23.1	1°1′	30.5	1°21′
52	1.5	23.1	1°1′	30.5	1°21′	76	3	30.5	0°40′	41.6	0°55′
52	2	25.9	0°51′	34.6	1°8′	76	4	34.6	0°34′	46.2	0°46′
52	3	30.5	0°40′	41.6	0°55′	76	6	41.6	0°28′	54.5	0°36′
52	4	34.6	0°34′	46.2	0°46′	78	1.5	23.1	1°1′	30.5	1°21′
52	5	36.9	0°29′	49	0°39′	78	2	25.9	0°51′	34.6	1°8′
55	1.5	23.1	1°1′	30.5	1°21′	78	3	30.5	0°40′	41.6	0°55′
55	2	25.9	0°51′	34.6	1°8′	80	1.5	23.1	1°1′	30.5	1°21′
55	3	30.5	0°40′	41.6	0°55′	80	2	25.9	0°51′	34.6	1°8′
55	4	34.6	0°34′	46.2	0°46′	80	3	30.5	0°40′	41.6	0°55′
56	1.5	23.1	1°1′	30.5	1°21′	80	4	34.6	0°34′	46.2	0°46′
56	2	25.9	0°51′	34.6	1°8′	80	6	41.6	0°28′	54.5	0°36′
56	3	30.5	0°40′	41.6	0°55′	82	1.5	23.1	1°1′	30.5	1°21′
56	4	34.6	0°34′	46.2	0°46′	82	2	25.9	0°51′	34.6	1°8′
56	5.5	39.3	0°28′	51.7	0°37′	82	3	30.5	0°40′	41.6	0°55′
58	1.5	23.1	1°1′	30.5	1°21′	85	1.5	23.1	1°1′	30.5	1°21′
58	2	25.9	0°51′	34.6	1°8′	85	2	25.9	0°51′	34.6	1°8′
58	3	30.5	0°40′	41.6	0°55′	85	3	30.5	0°40′	41.6	0°55′
58	4	34.6	0°34′	46.2	0°46′	85	4	34.6	0°34′	46.2	0°46′
60	1.5	23.1	1°1′	30.5	1°21′	85	6	41.6	0°28′	54.5	0°36′
60	2	25.9	0°51′	34.6	1°8′	88	1.5	23.1	1°1′	30.5	1°21′
60	3	30.5	0°40′	41.6	0°55′	90	1.5	23.1	1°1′	30.5	1°21′
60	4	34.6	0°34′	46.2	0°46′	90	2	25.9	0°51′	34.6	1°8′
60	5.5	39.3	0°28′	51.7	0°37′	90	3	30.5	0°40′	41.6	0°55′
62	1.5	23.1	1°1′	30.5	1°21′	90	4	34.6	0°34′	46.2	0°46′
62	2	25.9	0°51′	34.6	1°8′	90	6	41.6	0°28′	54.5	0°36′
62	3	30.5	0°40′	41.6	0°55′	92	1.5	24.5	1°4′	32.3	1°25′
62	4	34.6	0°34′	46.2	0°46′	95	1.5	24.5	1°4′	32.3	1°25′
64	1.5	23.1	1°1′	30.5	1°21′	95	2	27.3	0°54′	36.9	1°13′
64	2	25.9	0°51′	34.6	1°8′	95	3	32.3	0°43′	43.9	0°58′
64	3	30.5	0°40′	41.6	0°55′	95	4	36.9	0°37′	49	0°49′
64	4	34.6	0°34′	46.2	0°46′	95	6	43.9	0°29′	57.7	0°38′
64	6	41.6	0°28′	54.5	0°36′	98	1.5	24.5	1°4′	32.3	1°25′
65	1.5	23.1	1°1′	30.5	1°21′	100	1.5	24.5	1°4′	32.3	1°25′
65	2	25.9	0°51′	34.6	1°8′	100	2	27.3	0°54′	36.9	1°13′
65	3	30.5	0°40′	41.6	0°55′	100	3	32.3	0°43′	43.9	0°58′
65	4	34.6	0°34′	46.2	0°46′	100	4	36.9	0°37′	49	0°49′
68	1.5	23.1	1°1′	30.5	1°21′	100	6	43.9	0°29′	57.7	0°38′
68	2	25.9	0°51′	34.6	1°8′	102	1.5	24.5	1°4′	32.3	1°25′
68	3	30.5	0°40′	41.6	0°55′	105	1.5	24.5	1°4′	32.3	1°25′
68	4	34.6	0°34′	46.2	0°46′	105	2	27.3	0°54′	36.9	1°13′
68	6	41.6	0°28′	54.5	0°36′	105	3	32.3	0°43′	43.9	0°58′
70	1.5	23.1	1°1′	30.5	1°21′	105	4	36.9	0°37′	49	0°49′
70	2	25.9	0°51′	34.6	1°8′	105	6	43.9	0°29′	57.7	0°38′
70	3	30.5	0°40′	41.6	0°55′	108	1.5	24.5	1°4′	32.3	1°25′
70	4	34.6	0°34′	46.2	0°46′	110	1.5	24.5	1°4′	32.3	1°25′
70	6	41.6	0°28′	54.5	0°36′	110	2	27.3	0°54′	36.9	1°13′
72	1.5	23.1	1°1′	30.5	1°21′	110	3	32.3	0°43′	43.9	0°58′
72	2	25.9	0°51′	34.6	1°8′	110	4	36.9	0°37′	49	0°49′
72	3	30.5	0°40′	41.6	0°55′	110	6	43.9	0°29′	57.7	0°38′
72	4	34.6	0°34′	46.2	0°46′	112	1.5	24.5	1°4′	32.3	1°25′
72	6	41.6	0°28′	54.5	0°36′	115	1.5	24.5	1°4′	32.3	1°25′
75	1.5	23.1	1°1′	30.5	1°21′	115	2	27.3	0°54′	36.9	1°13′
75	2	25.9	0°51′	34.6	1°8′	115	3	32.3	0°43′	43.9	0°58′
75	3	30.5	0°40′	41.6	0°55′	115	4	36.9	0°37′	49	0°49′

（续）

公称直径 d 或 D /mm	螺距 P /mm	外螺纹 ΔP /μm	外螺纹 Δα	内螺纹 ΔP /μm	内螺纹 Δα
115	6	43.9	0°29′	57.7	0°38′
118	1.5	24.5	1°4′	32.3	1°25′
120	1.5	24.5	1°4′	32.3	1°25′
120	2	27.3	0°54′	36.9	1°13′
120	3	32.3	0°43′	43.9	0°58′
120	4	36.9	0°37′	49	0°49′
120	6	43.9	0°29′	57.7	0°38′
125	1.5	24.5	1°4′	32.3	1°25′
125	2	27.3	0°54′	36.9	1°13′
125	3	32.3	0°43′	43.9	0°58′
125	4	36.9	0°37′	49	0°49′
125	6	43.9	0°29′	57.7	0°38′
130	1.5	24.5	1°4′	32.3	1°25′
130	2	27.3	0°54′	36.9	1°13′
130	3	32.3	0°43′	43.9	0°58′
130	4	36.9	0°37′	49	0°49′
130	6	43.9	0°29′	57.7	0°38′
135	1.5	24.5	1°4′	32.3	1°25′
135	2	27.3	0°54′	36.9	1°13′
135	3	32.3	0°43′	43.9	0°58′
135	4	36.9	0°37′	49	0°49′
135	6	43.9	0°29′	57.7	0°38′
140	1.5	24.5	1°4′	32.3	1°25′
140	2	27.3	0°54′	36.9	1°13′
140	3	32.3	0°43′	43.9	0°58′
140	4	36.9	0°37′	49	0°49′
140	6	43.9	0°29′	57.7	0°38′
145	1.5	24.5	1°4′	32.3	1°25′
145	2	27.3	0°54′	36.9	1°13′
145	3	32.3	0°43′	43.9	0°58′
145	4	36.9	0°37′	49	0°49′
145	6	43.9	0°29′	57.7	0°38′
150	1.5	24.5	1°4′	32.3	1°25′
150	2	27.3	0°54′	36.9	1°13′
150	3	32.3	0°43′	43.9	0°58′
150	4	36.9	0°37′	49	0°49′
150	6	43.9	0°29′	57.7	0°38′
155	3	32.3	0°43′	43.9	0°58′
155	4	36.9	0°37′	49	0°49′
155	6	43.9	0°29′	57.7	0°38′
160	3	32.3	0°43′	43.9	0°58′
160	4	36.9	0°37′	49	0°49′
160	6	43.9	0°29′	57.7	0°38′
165	3	32.3	0°43′	43.9	0°58′
165	4	36.9	0°37′	49	0°49′
165	6	43.9	0°29′	57.7	0°38′
170	3	32.3	0°43′	43.9	0°58′
170	4	36.9	0°37′	49	0°49′
170	6	43.9	0°29′	57.7	0°38′
175	3	32.3	0°43′	43.9	0°58′
175	4	36.9	0°37′	49	0°49′
175	6	43.9	0°29′	57.7	0°38′
180	3	32.3	0°43′	43.9	0°58′
180	4	36.9	0°37′	49	0°49′
180	6	43.9	0°29′	57.7	0°38′
185	3	36.9	0°49′	49	1°5′
185	4	41.6	0°41′	54.5	0°54′
185	6	46.2	0°31′	61.2	0°40′
190	3	36.9	0°49′	49	1°5′
190	4	41.6	0°41′	54.5	0°54′
190	6	46.2	0°31′	61.2	0°40′
195	3	36.9	0°49′	49	1°5′
195	4	41.6	0°41′	54.5	0°54′
195	6	46.2	0°31′	61.2	0°40′
200	3	36.9	0°49′	49	1°5′
200	4	41.6	0°41′	54.5	0°54′
200	6	46.2	0°31′	61.2	0°40′
205	3	36.9	0°49′	49	1°5′
205	4	41.6	0°41′	54.5	0°54′
205	6	46.2	0°31′	61.2	0°40′
210	3	36.9	0°49′	49	1°5′
210	4	41.6	0°41′	54.5	0°54′
210	6	46.2	0°31′	61.2	0°40′
215	3	36.9	0°49′	49	1°5′
215	4	41.6	0°41′	54.5	0°54′
215	6	46.2	0°31′	61.2	0°40′
220	3	36.9	0°49′	49	1°5′
220	4	41.6	0°41′	54.5	0°54′
220	6	46.2	0°31′	61.2	0°40′
225	3	36.9	0°49′	49	1°5′
225	4	41.6	0°41′	54.5	0°54′
225	6	46.2	0°31′	61.2	0°40′
230	3	36.9	0°49′	49	1°5′
230	4	41.6	0°41′	54.5	0°54′
230	6	46.2	0°31′	61.2	0°40′
235	3	36.9	0°49′	49	1°5′
235	4	41.6	0°41′	54.5	0°54′
235	6	46.2	0°31′	61.2	0°40′
240	3	36.9	0°49′	49	1°5′
240	4	41.6	0°41′	54.5	0°54′
240	6	46.2	0°31′	61.2	0°40′
245	3	36.9	0°49′	49	1°5′
245	4	41.6	0°41′	54.5	0°54′
245	6	46.2	0°31′	61.2	0°40′
250	3	36.9	0°49′	49	1°5′
250	4	41.6	0°41′	54.5	0°54′
250	6	46.2	0°31′	61.2	0°40′
255	4	41.6	0°41′	54.5	0°54′
255	6	46.2	0°31′	61.2	0°40′
260	4	41.6	0°41′	54.5	0°54′
260	6	46.2	0°31′	61.2	0°40′
265	4	41.6	0°41′	54.5	0°54′
265	6	46.2	0°31′	61.2	0°40′
270	4	41.6	0°41′	54.5	0°54′
270	6	46.2	0°31′	61.2	0°40′
275	4	41.6	0°41′	54.5	0°54′
275	6	46.2	0°31′	61.2	0°40′
280	4	41.6	0°41′	54.5	0°54′
280	6	46.2	0°31′	61.2	0°40′
285	4	41.6	0°41′	54.5	0°54′
285	6	46.2	0°31′	61.2	0°40′
290	4	41.6	0°41′	54.5	0°54′
290	6	46.2	0°31′	61.2	0°40′
295	4	41.6	0°41′	54.5	0°54′
295	6	46.2	0°31′	61.2	0°40′
300	4	41.6	0°41′	54.5	0°54′
300	6	46.2	0°31′	61.2	0°40′

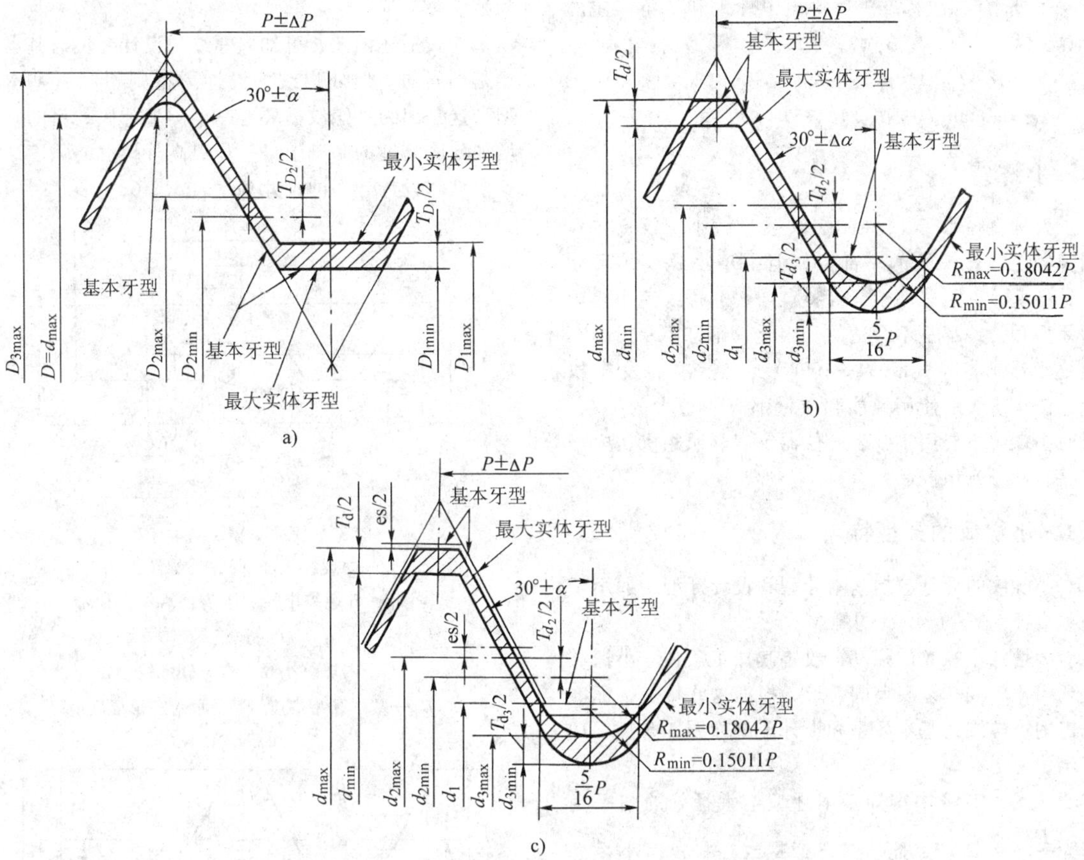

图 3.5-17　MJ 螺纹的最大、最小实体牙型

a）H 位置的内螺纹　b）h 位置的外螺纹　c）g 位置的外螺纹

6.3.4　MJ 螺纹的标记

（1）MJ 螺纹的基本标记

MJ 公称直径 × 螺距——公差带代号

其中 M——表示米制螺纹

　　J——表示螺纹牙型特征

例如：MJ6 × 1—4h6h

（2）特殊螺纹的标记

凡公称直径、螺距或公差带中任何一项或几项不符合标准规定者，但螺纹各参数是按标准规定计算式计算的螺纹可按下列方法标记，并称之为特殊螺纹。其标记方法为：

MJS 公称直径 × 螺距——公差带

例如：MJS13 × 1—4h

其中 S——表示特殊螺纹，示例中的公称直径 13 为非标准直径。

上述螺纹如为左旋则应在公差带代号之后加注左旋螺纹的代号 LH，并用一分开。

例如：MJ12 × 1.5—4H5H—LH

6.3.5　MJ 螺纹极限尺寸的计算

内、外螺纹极限尺寸计算式如下：

1）外螺纹的极限尺寸

$d_{max} = d + es$

$d_{min} = d_{max} - T_d$

$d_{2max} = d_{max} - 0.64952P$

$d_{2min} = d_{2max} - T_{d_2}$

$d_{3max} = d_{2max} - 0.50518P$

$d_{3min} = d_{2min} - 0.56580P$

2）内螺纹的极限尺寸

$D_{1min} = D - 0.97428P + EI$

$D_{1max} = D_{1min} + T_{D_1}$

$D_{2min} = D - 0.64952P + EI$

$D_{2max} = D_{2min} + T_{D_2}$

$D_{3max} = D_{2max} + 0.79386P$

上述各式中的单位均为 mm，式中的公差和基本偏差值均与普通螺纹相同，可在普通螺纹的相应数值表中查取。非标准螺纹的公差可由设计者自行规定。

另外MJ螺纹标准中还给出了螺距和半角误差的计算公式：

$\Delta P = 0.4T_{d_2}/1.7321$

$\Delta\alpha = \arctan\ (0.3T_{d_2}/1.125P)$

7　小螺纹

公称直径小于1mm的螺纹被叫做小螺纹，在我国曾经是普通螺纹的一部分，但由于小螺纹的尺寸小、强度差、工艺性不好等特点与普通螺纹使用相同的牙型和公差都是不合适的。因此，制订了专门的小螺纹标准（GB/T 15054—1994）。该标准的发布执行，使小螺纹的使用性能和质量都有了很大的提高。目前小螺纹主要用于钟表、仪器仪表、照相机、电子产品和部分音像产品。

7.1　小螺纹的牙型特点

小螺纹的牙型包括基本牙型和设计牙型，适用于公称直径0.3~1.4mm的螺纹。

为增加小螺纹的强度，改善其加工条件，小螺纹的牙槽比较浅、牙底呈圆弧形，根据这些特点，标准规定的小螺纹的基本牙型和设计牙型如图3.5-18、19所示。

从图3.5-18中得知基本牙型上大径处的削平高度为$\frac{H}{8}=0.125H$，此值与普通螺纹一样；而小径处的削平高度为$0.321H$，此值大于普通螺纹的削平量$\frac{H}{4}$（$=0.25H$），所以牙型的总高度有所减小。

图3.5-19为小螺纹的设计牙型，该牙型具有基本尺寸，可根据图中的公式计算出小螺纹大、中、小径的基本尺寸。如图所示，在设计牙型上外螺纹的牙底是在基本牙型的基础上再留出一个高度a_c以便能做成圆弧形牙底，其圆弧半径为R，并称a_c为小径间隙。

比较上述两图，可知内螺纹的设计牙型与基本牙型是相同的，但外螺纹的设计牙型则不同于基本牙型，这是因为外螺纹需要有一个圆弧牙底，目的是在增加牙底高度的基础上进一步提高外螺纹的强度。基本牙型和设计牙型的尺寸列于表3.5-63、64。

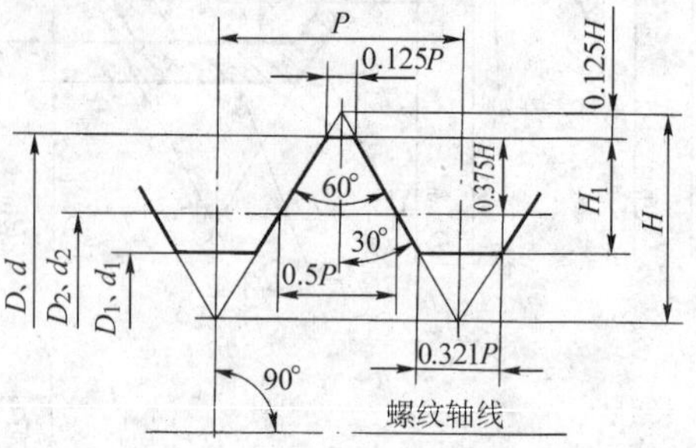

图3.5-18　小螺纹基本牙型

D—内螺纹大径　d—外螺纹大径

d_2—外螺纹中径　D_2—内螺纹中径

P—螺距

D_1—内螺纹小径　d_1—外螺纹小径

H_1—基本牙型高度　H—原始三角形高度

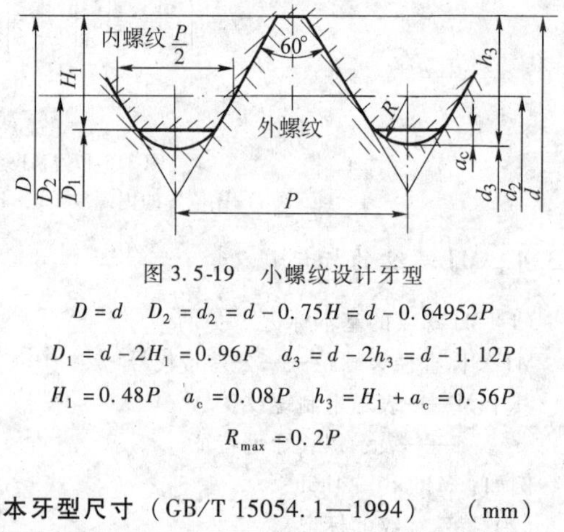

图3.5-19　小螺纹设计牙型

$D=d\quad D_2=d_2=d-0.75H=d-0.64952P$

$D_1=d-2H_1=0.96P\quad d_3=d-2h_3=d-1.12P$

$H_1=0.48P\quad a_c=0.08P\quad h_3=H_1+a_c=0.56P$

$R_{max}=0.2P$

表3.5-63　小螺纹基本牙型尺寸（GB/T 15054.1—1994）　（mm）

螺距 P	H ($0.866025P$)	H_1 ($0.480000P$)	$0.375H$ ($0.324760P$)	$0.125000P$	$0.320744P$
0.08	0.069282	0.038400	0.025981	0.010000	0.025660
0.09	0.077942	0.043200	0.029228	0.011250	0.028867
0.1	0.086603	0.048000	0.032476	0.012500	0.032074
0.125	0.108253	0.060000	0.040595	0.015625	0.040093
0.15	0.129904	0.072000	0.048714	0.018750	0.048112
0.175	0.151554	0.084000	0.056833	0.021875	0.056130
0.2	0.173205	0.096000	0.064952	0.025000	0.064149
0.225	0.194856	0.108000	0.073071	0.028125	0.072167
0.25	0.216506	0.120000	0.018190	0.031250	0.080186
0.3	0.259808	0.144000	0.097428	0.037500	0.096223

表 3.5-64　小螺纹设计牙型尺寸

（GB/T 15054—1994）　（mm）

P	$2a_c$	h_3	R_{max}
0.08 0.09 0.1	0.013 0.014 0.016	0.045 0.050 0.056	0.016 0.018 0.020
0.125 0.15 0.175	0.020 0.024 0.028	0.070 0.084 0.098	0.025 0.030 0.035
0.2 0.225 0.25	0.032 0.036 0.040	0.112 0.126 0.140	0.040 0.045 0.050
0.3	0.048	0.168	0.060

7.2　小螺纹的尺寸

小螺纹各尺寸的名称、代号和关系式见表 3.5-65。

表 3.5-65　尺寸的名称、代号和关系式

（摘自 GB/T 15054.3—1994）

名　称	代号	关　系　式
外螺纹大径	d	
内螺纹大径	D	$D=d$
螺距	P	
小径间隙	a_c	$a_c=0.08P$
基本牙型高度	H_1	$H_1=0.48P$
外螺纹牙高	h_3	$h_3=H_1+a_c=0.56P$
外螺纹中径	d_2	$d_2=d-0.75H=d-0.64925P$
内螺纹中径	D_2	$D_2=d_2$
外螺纹小径	d_3	$d_3=d-2h_3=d-1.12P$
内螺纹小径	D_1	$D_1=d-2H_1=d-0.96P$
牙底圆弧半径	R	$R_{max}=0.2P$

在小螺纹的尺寸范围内公称直径 1～1.4mm 的这段尺寸与普通螺纹是重叠的，这是因为使用英制螺纹国家的一般用途螺纹标准规定的最小直径为 1.524mm（No.0—8UNF），在他们的要求下 ISO 小螺纹标准将公称直径的范围扩大到了 1.4mm。为此设计者在产品中不应单独的使用小螺纹的这段尺寸，只有在使用小螺纹的其他尺寸（公称直径 0.3～1mm）的同时考虑到同一产品所用标准的一致性时才可采用这段尺寸。表 3.5-66 为我国小螺纹标准规定的直径与螺距系列及基本尺寸。

表 3.5-66　小螺纹的直径与螺距系列及基本尺寸

（GB/T 15054—1994）　（mm）

公称直径		螺距	中径	小　径	
第一系列	第二系列	P	$d_2=D_2$	d_3	D_1
0.3		0.08	0.248038	0.210200	0.223200
	0.35	0.09	0.291543	0.249600	0.263600
0.4		0.1	0.335048	0.288000	0.304000
	0.45	0.1	0.385048	0.338000	0.354000
0.5		0.125	0.418810	0.360000	0.380000
	0.55	0.125	0.468810	0.410000	0.430000
0.6		0.15	0.502572	0.432000	0.456000
	0.7	0.175	0.586334	0.504000	0.532000
0.8		0.2	0.670096	0.576000	0.608000
	0.9	0.225	0.753858	0.648000	0.684000
1		0.25	0.837620	0.720000	0.760000
	1.1	0.25	0.937620	0.820000	0.860000
1.2		0.25	1.037620	0.920000	0.960000
	1.4	0.3	1.205144	1.064000	1.112000

7.3　小螺纹的公差制

小螺纹采用了国际标准规定的公差制，其公差原理与普通螺纹是一致的。

7.3.1　公差带的位置和大小

公差带的位置由基本偏差决定，外螺纹的基本偏差为上偏差 es，内螺纹的基本偏差为下偏差 EI。根据标准规定，外螺纹大、中、小径的公差带位置均为 h，h 的基本偏差为零；内螺纹小径的公差带位置为 H，其基本偏差为零，内螺纹中径的公差带有两种位置 H 和 G，大径的基本偏差与中径相同。其基本偏差值列于表 3.5-67。

表 3.5-67　内螺纹大径和中径的基本偏差

（GB/T 15054.4—1994）　（μm）

螺　距 P /mm	大径 D 和中径 D_2	
	H EI	G EI
0.08 0.09 0.1	0 0 0	+6 +6 +6
0.125 0.15 0.175	0 0 0	+8 +8 +10
0.2 0.225 0.25	0 0 0	+10 +10 +12
0.3	0	+12

公差带的大小是用公差等级来表示的，标准对小螺纹各直径规定的公差等级如下：

直径	公差等级
内螺纹中径 D_2	3、4
内螺纹小径 D_1	5、6
外螺纹大径 d	3、5
外螺纹中径 d_2	5
外螺纹小径 d_3	4

上述各直径的各级公差值见表 3.5-68～70。

表 3.5-68　内、外螺纹的顶径公差

（GB/T 15054.4—1994）　　（μm）

螺　距 P /mm	内螺纹小径公差等级		外螺纹大径公差等级	
	5	6	3	5
0.08	17		16	
0.09	22		18	
0.1	26	38	20	
0.125	35	55	20	32
0.15	46	66	25	40
0.175	53	73	25	45
0.2	57	79	30	50
0.225	61	81	30	50
0.25	65	85	35	
0.3	73	93	40	

表 3.5-69　内、外螺纹的中径公差

（GB/T 15054.4—1994）　　（μm）

螺　距 P /mm	内螺纹中径公差等级		外螺纹中径公差等级
	3	4	5
0.08	14	20	20
0.09	16	22	22
0.1	18	24	24
0.125	18	26	26
0.15	20	28	28
0.175	22	32	32
0.2	26	36	36
0.225	30	40	40
0.25	32	44	44
0.3	38	50	50

表 3.5-70　外螺纹小径公差

（GB/T 15054.4—1994）

螺　距 P /mm	公差等级 4 /μm
0.08	20
0.09	22
0.1	24
0.125	28
0.15	32
0.175	36
0.2	40
0.225	44
0.25	48
0.3	56

7.3.2　公差带的组成和选用

公差带是由公差带位置和公差等级组成的。根据前述公差带位置和公差等级的情况，标准只允许内螺纹中径组成两种公差带：4H 和 3G，其顶径公差可以在 5 级和 6 级中选择。因此，内螺纹总共能组成四组公差带；4H5、4H6、3G5 和 3G6。对于外螺纹的中径和小径分别都只有一种公差带，中径为 5h、小径为 4h，但外螺纹大径可以在 3 级和 5 级公差中进行选择，所以外螺纹最终可以组成 5h3 和 5h5 两组公差带，它们所对应的小径都是 4h（不标注）。内、外螺纹的上述公差带的相对位置参看图 3.5-20、21。

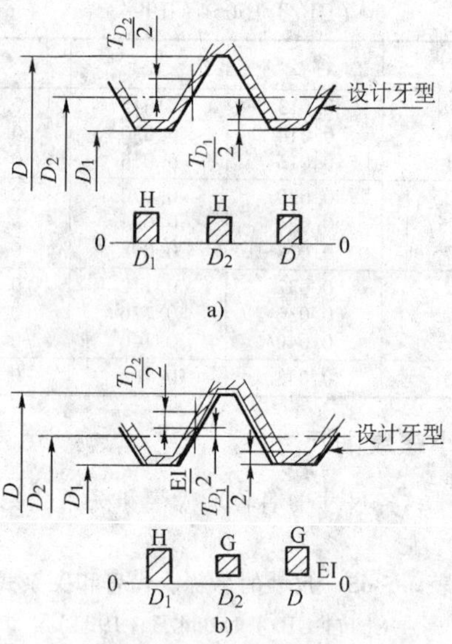

图 3.5-20　内螺纹公差带

a）公差带 4H5、4H6

b）公差带 3G5、3G6

D—内螺纹大径　D_2—内螺纹中径

D_1—内螺纹小径　EI—大径和中径的基本偏差　T_{D_2}—内螺纹中径公差　T_{D_1}—内螺纹小径公差

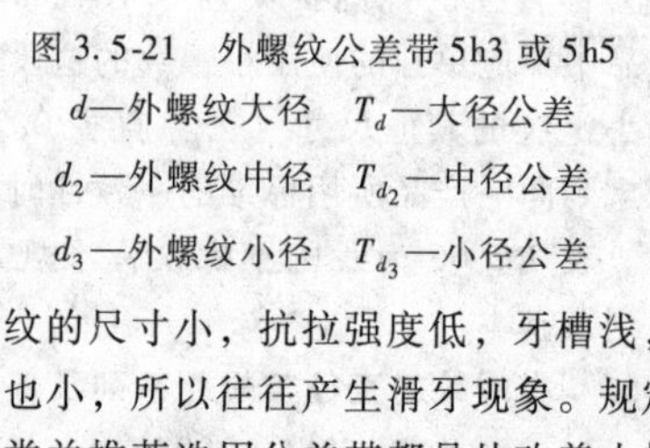

图 3.5-21　外螺纹公差带 5h3 或 5h5

d—外螺纹大径　T_d—大径公差

d_2—外螺纹中径　T_{d_2}—中径公差

d_3—外螺纹小径　T_{d_3}—小径公差

小螺纹的尺寸小，抗拉强度低，牙槽浅，螺牙的接触高度也小，所以往往产生滑牙现象。规定公差带的组成种类并推荐选用公差带都是从改善小螺纹的上述弱点出发的。例如标准只允许使用内螺纹 4H 和 3G 两种公差带是因为两者的性能不同（4H 的保证间隙为零，3G 具有 6μm 的保证间隙），但其最大极限尺寸却相等或接近，这样就能使其强度相对稳定，参看图 3.5-22。从发展看，提高小螺纹各直径的公差，尤其是顶径公差是决定小螺纹是否滑牙的关键。因此，标准推荐优先选用 4H5 和 5h3 组成的螺纹副。

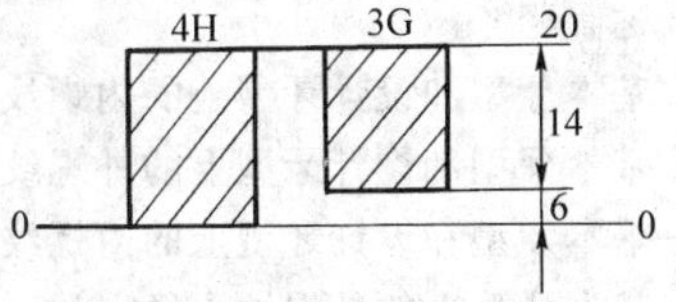

图 3.5-22　内螺纹 S 0.3 的中径公差带 4H 和 3G

7.4　小螺纹的标记

小螺纹的标记包括代表小螺纹的特征代号 S，用直径（只对应一个螺距）表示的尺寸和公差带代号。其中的公差带代号本应由中径公差带和顶径公差带两组公差带组成，但由于顶径公差带位置在任何时候都是 H 或 h，可以不标注，于是就变成了仅标注中径公差带和顶径公差等级数了。至于底径，其中内、外螺纹的基本偏差总是和中径相同而外螺纹的小径只有一种公差等级，也不用标注。具体示例如下：

内螺纹：S 0.9—4H 5

- 5——顶径公差等级数
- 4H——中径公差带
- 0.9——公称直径
- S——小螺纹特征代号

外螺纹：S 0.9—5h3

螺纹副：S 0.9— 4H5/5h3

- 5h3——外螺纹
- 4H5——内螺纹

当螺纹为左旋时，应在公称直径之后加注左旋代号 LH。

7.5　小螺纹的极限尺寸

在设计和加工中往往需要计算出零件的极限尺寸，小螺纹极限尺寸的计算式如下。

（1）内螺纹的极限尺寸

$D_{\min} = d$（最大尺寸由工具自行控制）

$D_{2\max} = d - 0.75H + T_{D_2} = d - 0.64952P + T_{D_2}$

$D_{2\min} = d - 0.75H = d - 0.64952P$

$D_{1\max} = d - 2H_1 + T_{D_1} = d - 0.96P + T_{D_1}$

$D_{1\min} = d - 2H_1 = d - 0.96P$

（2）外螺纹的极限尺寸

$d_{\max} = d$

$d_{\min} = d - T_d$

$d_{2\max} = d - 0.75H = d - 0.64952P$

$d_{2\min} = d - 0.75H - T_{D_2} = d - 0.64952P - T_{d_2}$

$d_{3\max} = d - 2h_3 = d - 1.12P$

$d_{3\min} = d - 2h_3 - T_{d_3} = d - 1.12P - T_{d_3}$

现将推荐的优选公差带 4H5 和 5h3 的极限尺寸列入表 3.5-71、72，使用者可直接查表。

表 3.5-71　内螺纹 4H5 的极限尺寸

（GB/T 15054.5—1994）　（mm）

螺纹规格	螺距 P	大径最小	中径		小径	
			最大	最小	最大	最小
S0.3	0.08	0.3	0.268	0.248	0.240	0.223
S0.35	0.09	0.35	0.314	0.292	0.268	0.264
S0.4	0.1	0.4	0.359	0.335	0.330	0.304
S0.45	0.1	0.45	0.409	0.385	0.380	0.354
S0.5	0.125	0.5	0.445	0.419	0.415	0.380
S0.55	0.125	0.55	0.495	0.469	0.465	0.430
S0.6	0.15	0.6	0.531	0.503	0.502	0.456
S0.7	0.175	0.7	0.618	0.586	0.585	0.532
S0.8	0.2	0.8	0.706	0.670	0.665	0.608
S0.9	0.225	0.9	0.794	0.754	0.745	0.684
S1	0.25	1.0	0.882	0.838	0.825	0.760
S1.1	0.25	1.1	0.982	0.938	0.925	0.860
S1.2	0.25	1.2	1.082	0.038	0.025	0.960
S1.4	0.3	1.4	1.255	1.205	1.185	1.112

表 3.5-72　外螺纹 5h3 的极限尺寸

（GB/T 15054.5—1994）　（mm）

螺纹规格	螺距 P	大径		中径		小径	
		最大	最小	最大	最小	最大	最小
S0.3	0.08	0.300	0.284	0.248	0.228	0.210	0.190
S0.35	0.09	0.350	0.332	0.292	0.270	0.250	0.228
S0.4	0.1	0.400	0.380	0.355	0.311	0.288	0.264
S0.45	0.1	0.450	0.430	0.385	0.361	0.338	0.314
S0.5	0.125	0.500	0.480	0.419	0.393	0.360	0.332
S0.55	0.125	0.550	0.530	0.469	0.443	0.410	0.382
S0.6	0.15	0.600	0.575	0.503	0.475	0.432	0.400
S0.7	0.175	0.700	0.675	0.586	0.554	0.504	0.468
S0.8	0.2	0.800	0.770	0.670	0.634	0.576	0.536
S0.9	0.225	0.900	0.870	0.754	0.714	0.648	0.604
S1	0.25	1.000	0.965	0.838	0.794	0.720	0.672
S1.1	0.25	0.100	1.065	0.938	0.894	0.820	0.772
S1.2	0.25	1.200	1.165	1.038	0.994	0.920	0.872
S1.4	0.3	1.400	1.360	1.205	1.155	1.064	1.008

7.6　关于使用小螺纹的几点说明

1）由于小螺纹的强度低，现行标准删除了公称直径为 0.25mm 这一规格，最小公称直径为 0.3mm。

2）现行小螺纹的特征代号 S 曾经是我国锯齿形螺纹的特征代号，由于国际标准采用 S 代表小螺纹，因此我国小螺纹标准也采用了 S，并已将锯齿形螺纹的特征代号改为 B。

3）由于现行小螺纹标准规定的牙型与原属普通螺纹牙型的小螺纹的基本牙型不同，故新、旧标准的小螺纹不能互换，即新的内螺纹可以拧入旧的外螺纹，因为旧的外螺纹牙槽深，新的内螺纹牙顶高小，所以完全能旋合。但是旧的内螺纹不能拧入新的外螺纹，因为新的外螺纹的牙槽浅，容不下旧内螺纹的牙顶。

4）我国原有小螺纹的顶径公差过大，是小螺纹易产生滑牙的重要原因，也是我国小螺纹生产水平与国际标准的差距所在。工艺分析认为小螺纹顶径误差的大小主要取决于螺纹毛坯直径的精度，故目前认为提高小螺纹螺坯尺寸的精度是解决这一问题的有效手段。由于绝大多数外螺纹均采用辗制工艺，故精确计算小螺纹的螺坯体积（主要是螺坯直径的尺寸）是至关重要的。

8　梯形螺纹及梯形螺纹丝杠

梯形螺纹是使用最多的传动螺纹，这是由于梯形螺纹具有加工比较容易、强度适中、传动性能可靠的特性。在各种机械设备中经常采用梯形螺纹将旋转运动转换为直线运动，例如机床进给刀架、千斤顶、台虎钳、各种升降机构，都是利用梯形螺纹这一特性的典型。另外一些大尺寸机件有时也采用梯形螺纹进行定位和连接。

国家标准 GB/T 5796.1～4—2005 规定了用于一般用途梯形螺纹的牙型、尺寸和公差。该标准与国际标准 ISO2901～ISO2904 等效。该标准通用性很好，但是不适用于对传动精度有较高要求的机床丝杠。我国机床行业对机床丝杠螺母定有专门的精度标准，可用于各种精密机床（如螺纹磨床、精密螺纹车床）的主轴丝杠等重要部位的传动。

8.1　梯形螺纹的术语和代号

GB/T 5796.1～4—2005 标准中所使用的术语符合 GB/T 14791—1993“螺纹术语”标准规定的术语和定义。标准中所用代号列出如下：

D——基本牙型上的内螺纹大径；

D_4——设计牙型上的内螺纹大径；

d——基本牙型和设计牙型上的外螺纹大径（公称直径）；

D_2——基本牙型和设计牙型上的内螺纹中径；

d_2——基本牙型和设计牙型上的外螺纹中径；

D_1——基本牙型和设计牙型上的内螺纹小径；

d_1——基本牙型上的外螺纹小径；

d_3——设计牙型上的外螺纹小径；

P——螺距；

H——原始三角形高度；

H_1——基本牙型牙高；

H_4——设计牙型上的内螺纹牙高；

h_3——设计牙型上的外螺纹牙高；

a_c——牙顶间隙；

R_1——外螺纹牙顶倒角圆弧半径；

R_2——螺纹牙底倒角圆弧半径。

8.2　梯形螺纹的牙型

梯形螺纹具有基本牙型和设计牙型两种不同的牙型。GB/T 5796.1—2005 对它们做了具体规定。

8.2.1　梯形螺纹的基本牙型

梯形螺纹的基本牙型是由原始三角形截去顶部和底部所形成的内、外螺纹共有的理论牙型。其原始三角形是顶角为30°的等腰三角形，在顶部和底部对称削平后得到基本牙型，其牙顶和牙底的宽度均为 $0.366P$，具体形状如图 3.5-23 所示，基本牙型上的各参数值列于表 3.5-73。

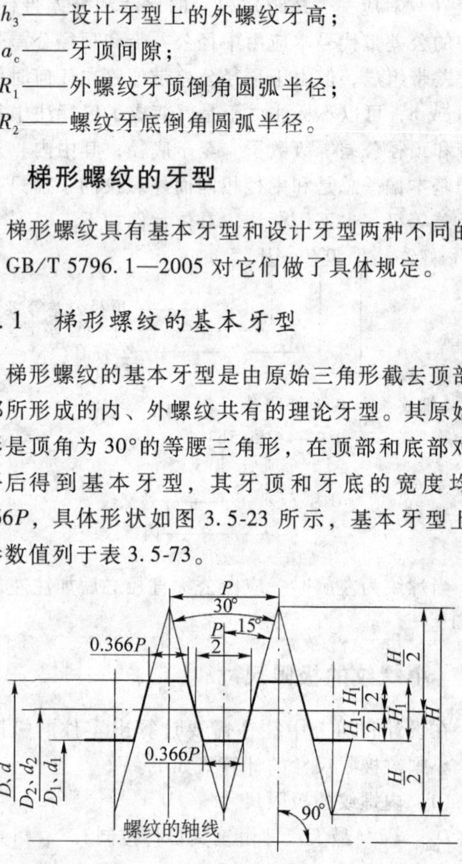

图 3.5-23　梯形螺纹基本牙型

表 3.5-73　基本牙型尺寸（GB/T 5796.1—2005）　（mm）

螺距 P	H $(1.866P)$	$H/2$ $(0.933P)$	H_1 $(0.5P)$	$0.366P$	螺距 P	H $(1.866P)$	$H/2$ $(0.933P)$	H_1 $(0.5P)$	$0.366P$
1.5	2.799	1.400	0.75	0.549	14	26.124	13.062	7	5.124
2	3.732	1.866	1	0.732	16	29.856	14.928	8	5.856
3	5.598	2.799	1.5	1.098	18	33.588	16.794	9	6.588
4	7.464	3.732	2	1.464	20	37.320	18.660	10	7.320
5	9.330	4.665	2.5	1.830	22	41.052	20.526	11	8.052
6	11.196	5.598	3	2.196	24	44.784	22.392	12	8.784
7	13.062	6.531	3.5	2.562	28	52.248	26.124	14	10.248
8	14.928	7.464	4	2.928	32	59.712	29.856	16	11.712
9	16.794	8.397	4.5	3.294	36	67.176	33.588	18	13.176
10	18.660	9.330	5	3.660	40	74.640	37.320	20	14.640
12	22.392	11.196	6	4.392	44	82.104	41.052	22	16.104

8.2.2 梯形螺纹的设计牙型

具有基本牙型的内、外螺纹配合后是没有间隙的。为了保证主要做为传动用梯形螺纹的灵活性，必须使配合后的内、外螺纹在大径间和小径间留有一定的间隙，为此分别在内、外螺纹的基本牙型的牙底处留出一个保证间隙 a_c，这样就得到了另外一个牙型，它就是梯形螺纹的设计牙型。具体牙型及参数关系如图 3.5-24 所示，在图上我们看到：设计牙型上内螺纹的大径是 D_4，它不同于基本牙型上的大径 D；外螺纹的小径是 d_3，它也不同于基本牙型上的小径 d_1。其余各直径的尺寸没有什么变化，只是在内、外螺纹的牙底和外螺纹的牙顶都制有圆弧，其半径分别为 R_2 和 R_1。

设计牙型上各参数值列于表 3.5-74。其中 $H_4 = H_3 = H_1 + a_c$；$R_{2max} = a_c$；$R_{1max} = 0.5a_c$。

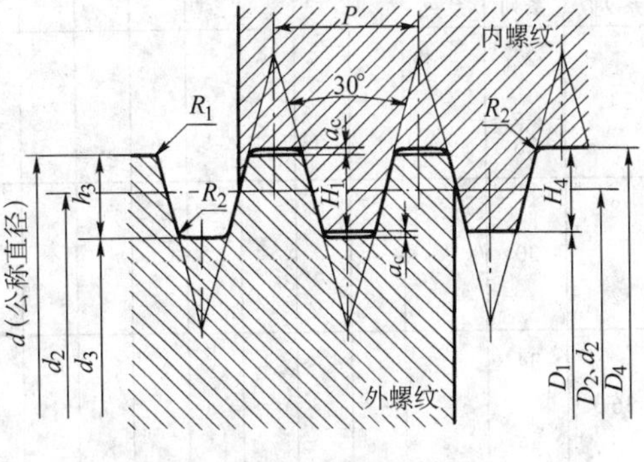

图 3.5-24 梯形螺纹设计牙型

表 3.5-74 设计牙型尺寸 (GB/T 5796.1—2005) (mm)

螺距 P	a_c	$H_4 = h_3$	R_1 max	R_2 max	螺距 P	a_c	$H_4 = h_3$	R_1 max	R_2 max
1.5	0.15	0.9	0.075	0.15	14	1	8	0.5	1
2	0.25	1.25	0.125	0.25	16	1	9	0.5	1
3	0.25	1.75	0.125	0.25	18	1	10	0.5	1
4	0.25	2.25	0.125	0.25	20	1	11	0.5	1
5	0.25	2.75	0.125	0.25	22	1	12	0.5	1
6	0.5	3.5	0.25	0.5	24	1	13	0.5	1
7	0.5	4	0.25	0.5	28	1	15	0.5	1
8	0.5	4.5	0.25	0.5	32	1	17	0.5	1
9	0.5	5	0.25	0.5	36	1	19	0.5	1
10	0.5	5.5	0.25	0.5	40	1	21	0.5	1
12	0.5	6.5	0.25	0.5	44	1	23	0.5	1

8.3 梯形螺纹的尺寸

8.3.1 梯形螺纹的直径与螺距系列

梯形螺纹与其他螺纹一样，其尺寸是由直径和螺距两个尺寸共同构成的尺寸组合，GB/T 5796.2—2005 规定了公称直径 8～300mm 范围内梯形螺纹的直径与螺距系列以及这些尺寸的选择顺序。直径与螺距系列见表 3.5-75。

表 3.5-75 直径与螺距的标准组合系列 (GB/T 5796.2—2005) (mm)

公称直径			螺距																				
第一系列	第二系列	第三系列	44	40	36	32	28	24	22	20	18	16	14	12	10	9	8	7	6	5	4	3	2	1.5
8																								1.5
	9																						2	1.5
10																							2	1.5
	11																					3	2	
12																						3	2	
	14																					3	2	
16																					4		2	
	18																				4		2	
20																					4		2	

（续）

公称直径			螺距																					
第一系列	第二系列	第三系列	44	40	36	32	28	24	22	20	18	16	14	12	10	9	8	7	6	5	4	3	2	1.5
	22																8			5		3		
24																	8			5		3		
	26																8			5		3		
28																	8			5		3		
	30														10				6			3		
32															10				6			3		
	34														10				6			3		
36															10				6			3		
	38														10			7				3		
40															10			7				3		
	42														10			7				3		
44														12				7				3		
	46													12			8					3		
48														12			8					3		
	50													12			8					3		
52														12			8					3		
	55												14			9						3		
60													14			9						3		
	65											16			10						4			
70												16			10						4			
	75											16			10						4			
80												16			10						4			
	85										18			12							4			
90											18			12							4			
	95										18			12							4			
100										20				12							4			
		105								20				12							4			
	110									20				12							4			
		115							22				14						6					
120									22				14						6					
		125							22				14						6					
	130								22				14						6					
		135						24					14						6					
140								24					14						6					
		145						24					14						6					
	150							24				16							6					
		155						24				16							6					
160							28					16							6					
		165					28					16							6					

（续）

公称直径			螺距																					
第一系列	第二系列	第三系列	44	40	36	32	28	24	22	20	18	16	14	12	10	9	8	7	6	5	4	3	2	1.5
	170						28					16							6					
		175					28					16					8							
180							28				18						8							
		185				32					18						8							
	190					32					18						8							
		195				32					18						8							
200						32					18						8							
	210				36					20							8							
220					36					20							8							
	230				36					20							8							
240					36				22								8							
	250			40					22					12										
260				40					22					12										
	270			40				24						12										
280				40				24						12										
	290		44					24						12										
300			44					24						12										

上表中各组尺寸的选择规则为：

1）应选择与直径处于同一行内的螺距，并优先选用粗黑框内的螺距。如需使用表中规定之外的螺距（非标准组合），则应选用邻近直径所对应的螺距，即不应使用表外的螺距。

2）优先选用第一系列的直径，其次选用第二系列的直径，新产品设计不宜选用第三系列的直径。

图 3.5-25 梯形螺纹基本尺寸

表 3.5-76 基本尺寸的名称、代号和关系式

名 称	代号	关 系 式
外螺纹大径（公称直径）	d	
螺距	P	

8.3.2 梯形螺纹的基本尺寸

梯形螺纹的基本尺寸是根据设计牙型上的尺寸关系计算得到的，各尺寸的名称、代号和关系式列于表 3.5-76，参看图 3.5-25。

（续）

名 称	代号	关 系 式
牙顶间隙	a_c	a_c 值见表 3.5-74
基本牙型高度	H_1	$H_1 = 0.5P$
外螺纹牙高	h_3	$h_3 = H_1 + a_c = 0.5P + a_c$
内螺纹牙高	H_4	$H_4 = H_1 + a_c = 0.5P + a_c$
外螺纹中径	d_2	$d_2 = d - H_1 = d - 0.5P$
内螺纹中径	D_2	$D_2 = d - H_1 = d - 0.5P$
外螺纹小径	d_3	$d_3 = d - 2h_3 = d - P - 2a_c$
内螺纹小径	D_1	$D_1 = d - 2H_1 = d - P$
内螺纹大径	D_4	$D_4 = d + 2a_c$

根据表 3.5-76 中所列公式计算得到的基本尺寸列于表 3.5-77。

表 3.5-77　梯形螺纹基本尺寸（GB/T 5796.3—2005）　　（mm）

公称直径 d			螺距	中径	大径	小径	
第一系列	第二系列	第三系列	P	$d_2=D_2$	D_4	d_3	D_1
8			1.5	7.250	8.300	6.200	6.500
	9		1.5	8.250	9.300	7.200	7.500
			2	8.000	9.500	6.500	7.000
10			1.5	9.250	10.300	8.200	8.500
			2	9.000	10.500	7.500	8.000
	11		2	10.000	11.500	8.500	9.000
			3	9.500	11.500	7.500	8.000
12			2	11.000	12.500	9.500	10.000
			3	10.500	12.500	8.500	9.000
	14		2	13.000	14.500	11.500	12.000
			3	12.500	14.500	10.500	11.000
16			2	15.000	16.500	13.500	14.000
			4	14.000	16.500	11.500	12.000
	18		2	17.000	18.500	15.500	16.000
			4	16.000	18.500	13.500	14.000
20			2	19.000	20.500	17.500	18.000
			4	18.000	20.500	15.500	16.000
	22		3	20.500	22.500	18.500	19.000
			5	19.500	22.500	16.500	17.000
			8	18.000	23.000	13.000	14.000
24			3	22.500	24.500	20.500	21.000
			5	21.500	24.500	18.500	19.000
			8	20.000	25.000	15.000	16.000
	26		3	24.500	26.500	22.500	23.000
			5	23.500	26.500	20.500	21.000
			8	22.000	27.000	17.000	18.000
28			3	26.500	28.500	24.500	25.000
			5	25.500	28.500	22.500	23.000
			8	24.000	29.000	19.000	20.000
	30		3	28.500	30.500	26.500	27.000
			6	27.000	31.000	23.000	24.000
			10	25.000	31.000	19.000	20.000
32			3	30.500	32.500	28.500	29.000
			6	29.000	33.000	25.000	26.000
			10	27.000	33.000	21.000	22.000
	34		3	32.500	34.500	30.500	31.000
			6	31.000	35.000	27.000	28.000
			10	29.000	35.000	23.000	24.000
36			3	34.500	36.500	32.500	33.000
			6	33.000	37.000	29.000	30.000
			10	31.000	37.000	25.000	26.000
	38		3	36.500	38.500	34.500	35.000
			7	34.500	39.000	30.000	31.000
			10	33.000	39.000	27.000	28.000
40			3	38.500	40.500	36.500	37.000
			7	36.500	41.000	32.000	33.000
			10	35.000	41.000	29.000	30.000
	42		3	40.500	42.500	38.500	39.000
			7	38.500	43.000	34.000	35.000
			10	37.000	43.000	31.000	32.000
44			3	42.500	44.500	40.500	41.000
			7	40.500	45.000	36.000	37.000
			12	38.000	45.000	31.000	32.000

（续）

公称直径 d			螺距 P	中径 $d_2=D_2$	大径 D_4	小径	
第一系列	第二系列	第三系列				d_3	D_1
	46		3 8 12	44.500 42.000 40.000	46.500 47.000 47.000	42.500 37.000 33.000	43.000 38.000 34.000
48			3 8 12	46.500 44.000 42.000	48.500 49.000 49.000	44.500 39.000 35.000	45.000 40.000 36.000
	50		3 8 12	48.500 46.000 44.000	50.500 51.000 51.000	46.500 41.000 37.000	47.000 42.000 38.000
52			3 8 12	50.500 48.000 46.000	52.500 53.000 53.000	48.500 43.000 39.000	49.000 44.000 40.000
	55		3 9 14	53.500 50.500 48.000	55.500 56.000 57.000	51.500 45.000 39.000	52.000 46.000 41.000
60			3 9 14	58.500 55.500 53.000	60.500 61.000 62.000	56.500 50.000 44.000	57.000 51.000 46.000
	65		4 10 16	63.000 60.000 57.000	65.500 66.000 67.000	60.500 54.000 47.000	61.000 55.000 49.000
70			4 10 16	68.000 65.000 62.000	70.500 71.000 72.000	65.500 59.000 52.000	66.000 60.000 54.000
	75		4 10 16	73.000 70.000 67.000	75.500 76.000 77.000	70.500 64.000 57.000	71.000 65.000 59.000
80			4 10 16	78.000 75.000 72.000	80.500 81.000 82.000	75.500 69.000 62.000	76.000 70.000 64.000
	85		4 12 18	83.000 79.000 76.000	85.500 86.000 87.000	80.500 72.000 65.000	81.000 73.000 67.000
90			4 12 18	88.000 84.000 81.000	90.500 91.000 92.000	85.500 77.000 70.000	86.000 78.000 72.000
	95		4 12 18	93.000 89.000 86.000	95.500 96.000 97.000	90.500 82.000 75.000	91.000 83.000 77.000
100			4 12 20	98.000 94.000 90.000	100.500 101.000 102.000	95.500 87.000 78.000	96.000 88.000 80.000
		105	4 12 20	103.00 99.000 95.000	105.500 106.000 107.000	100.500 92.000 83.000	101.000 93.000 85.000
	110		4 12 20	108.000 104.000 100.000	110.500 111.000 112.000	105.500 97.000 88.000	106.000 98.000 90.000
		115	6 14 22	112.000 108.000 104.000	116.000 117.000 117.000	108.000 99.000 91.000	109.000 101.000 93.000
120			6 14 22	117.000 113.000 109.000	121.000 122.000 122.000	113.000 104.000 96.000	114.000 106.000 98.000
		125	6 14 22	122.000 118.000 114.000	126.000 127.000 127.000	118.000 109.000 101.000	119.000 111.000 103.000

（续）

公称直径 d			螺　距	中　径	大　径	小　径	
第一系列	第二系列	第三系列	P	$d_2=D_2$	D_4	d_3	D_1
	130		6	127.000	131.000	123.000	124.000
			14	123.000	132.000	114.000	116.000
			22	119.000	132.000	106.000	108.000
		135	6	132.000	136.000	128.000	129.000
			14	128.000	137.000	119.000	121.000
			24	123.000	137.000	109.000	111.000
140			6	137.000	141.000	133.000	134.000
			14	133.000	142.000	124.000	126.000
			24	128.000	142.000	114.000	116.000
		145	6	142.000	146.000	138.000	139.000
			14	138.000	147.000	129.000	131.000
			24	133.000	147.000	119.000	121.000
	150		6	147.000	151.000	143.000	144.000
			16	142.000	152.000	132.000	134.000
			24	138.000	152.000	124.000	126.000
		155	6	152.000	156.000	148.000	149.000
			16	147.000	157.000	137.000	139.000
			24	143.000	157.000	129.000	131.000
160			6	157.000	161.000	153.000	154.000
			16	152.000	162.000	142.000	144.000
			28	146.000	162.000	130.000	132.000
		165	6	162.000	166.000	158.000	159.000
			16	157.000	167.000	147.000	149.000
			28	151.000	167.000	135.000	137.000
	170		6	167.000	171.000	163.000	164.000
			16	162.000	172.000	152.000	154.000
			28	156.000	172.000	140.000	142.000
		175	8	171.000	176.000	166.000	167.000
			16	167.000	177.000	157.000	159.000
			28	161.000	177.000	145.000	147.000
180			8	176.000	181.000	171.000	172.000
			18	171.000	182.000	160.000	162.000
			28	166.000	182.000	150.000	152.000
		185	8	181.000	186.000	176.000	177.000
			18	176.000	187.000	165.000	167.000
			32	169.000	187.000	151.000	153.000
	190		8	186.000	191.000	181.000	182.000
			18	181.000	192.000	170.000	172.000
			32	174.000	192.000	156.000	158.000
		195	8	191.000	196.000	186.000	187.000
			18	186.000	197.000	175.000	177.000
			32	179.000	197.000	161.000	163.000
200			8	196.000	201.000	191.000	192.000
			18	191.000	202.000	180.000	182.000
			32	184.000	202.000	166.000	168.000
	210		8	206.000	211.000	201.000	202.000
			20	200.000	212.000	188.000	190.000
			36	192.000	212.000	172.000	174.000
220			8	216.000	221.000	211.000	212.000
			20	210.000	222.000	198.000	200.000
			36	202.000	222.000	182.000	184.000
	230		8	226.000	231.000	221.000	222.000
			20	220.000	232.000	208.000	210.000
			36	212.000	232.000	192.000	194.000

（续）

公称直径 d			螺　距 P	中　径 $d_2=D_2$	大　径 D_4	小　径	
第一系列	第二系列	第三系列				d_3	D_1
240			8 22 36	236.000 229.000 222.000	241.000 242.000 242.000	231.000 216.000 202.000	232.000 218.000 204.000
	250		12 22 40	244.000 239.000 230.000	251.000 252.000 252.000	237.000 226.000 208.000	238.000 228.000 210.000
260			12 22 40	254.000 249.000 240.000	261.000 262.000 262.000	247.000 236.000 218.000	248.000 238.000 220.000
	270		12 24 40	264.000 258.000 250.000	271.000 272.000 272.000	257.000 244.000 228.000	258.000 246.000 230.000
280			12 24 40	274.000 268.000 260.000	281.000 282.000 282.000	267.000 254.000 238.000	268.000 256.000 240.000
	290		12 24 44	284.000 278.000 268.000	291.000 292.000 292.000	277.000 264.000 244.000	278.000 266.000 246.000
300			12 24 44	294.000 288.000 278.000	301.000 302.000 302.000	287.000 274.000 254.000	288.000 276.000 256.000

8.4　梯形螺纹的公差制

梯形螺纹的公差制采用了普通螺纹的公差原则，其公差计算式和公差值均来源于普通螺纹公差体系。与普通螺纹一样，梯形螺纹的公差带是沿牙型分布的牙型公差带。由公差带位置和代表公差带大小的公差等级两个要素组成。在垂直于螺纹轴线方向计算公差和偏差值。

8.4.1　公差带的位置

标准对内螺纹的大径 D_4、中径 D_2 和小径 D_1 只规定了一种公差带位置 H，其基本 EI 为零。外螺纹大径 d 和小径 d_3 也只有一种公差带位置 h，其基本偏差 es 为零。标准对外螺纹中径 d_2 规定有两种公差带位置 e 和 c，它们的基本偏差 es 为负值。内、外螺纹的公差带位置见图 3.5-26 和图 3.5-27。图中粗黑线所示均为具有基本尺寸的设计牙型。

内、外螺纹的基本偏差值列于表 3.5-78。

表 3.5-78　梯形螺纹中径的基本偏差

（GB/T 5796.4—2005）　　（μm）

螺　距 P/mm	内螺纹 D_2	外螺纹 d_2	
	H EI	c es	e es
1.5	0	-140	-67
2	0	-150	-71
3	0	-170	-85
4	0	-190	-95
5	0	-212	-106
6	0	-236	-118

（续）

螺　距 P/mm	内螺纹 D_2	外螺纹 d_2	
	H EI	c es	e es
7	0	-250	-125
8	0	-265	-132
9	0	-280	-140
10	0	-300	-150
12	0	-335	-160
14	0	-355	-180
16	0	-375	-190
18	0	-400	-200
20	0	-425	-212
22	0	-450	-224
24	0	-475	-236
28	0	-500	-250
32	0	-530	-265
36	0	-560	-280
40	0	-600	-300
44	0	-630	-315

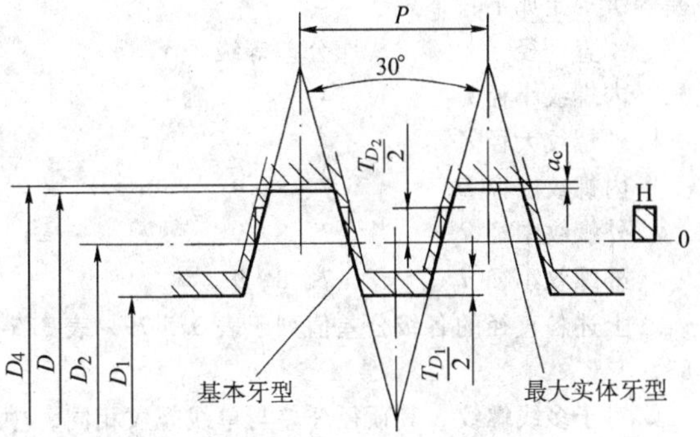

图 3.5-26　内螺纹公差带

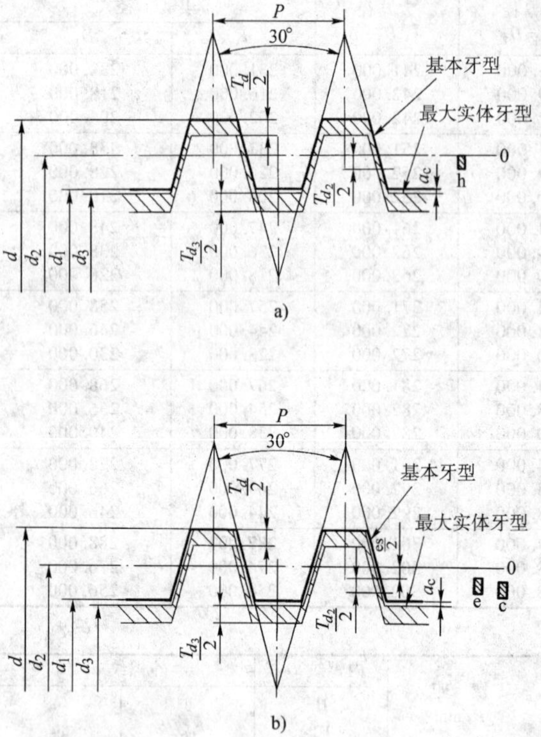

图3.5-27　外螺纹公差带

8.4.2　公差带的大小

公差带的大小是用公差等级数来表示的。顶径公差的作用在于保证内、外螺纹旋合后有足够的接触高度，标准对内、外螺纹的顶径只规定了一个公差等级；中径公差关系到螺纹的配合质量，应该留有选择的余地。为了确保牙顶间隙和螺纹的强度，与普通螺纹相比梯形螺纹增设了外螺纹小径公差，并规定小径的公差等级永远与中径公差相同。标准对各直径的公差等级规定如下：

直　径	公差等级
内螺纹小径 D_1	4
外螺纹大径 d	4
内螺纹中径 D_2	7、8、9
外螺纹中径 d_2	7、8、9
外螺纹小径 d_2	7、8、9

上述各直径的各级公差值列于表3.5-79～表3.5-83。

对于多线螺纹，其顶径公差与单线螺纹相同，中径公差需在单线螺纹中径公差值上乘以线数的修正系数。具体系数值见表3.5-84。

表3.5-79　内螺纹小径公差 T_{D_1}

（GB/T 5796.4—2005）　　（μm）

螺距 P/mm	4级公差	螺距 P/mm	4级公差
1.5	190	16	1000
2	236	18	1120
3	315	20	1180
4	375	22	1250
5	450	24	1320
6	500	28	1500
7	560	32	1600
8	630	36	1800
9	670	40	1900
10	710	44	2000
12	800		
14	900		

表3.5-80　外螺纹大径公差 T_d

（GB/T 5796.4—2005）　　（μm）

螺距 P/mm	4级公差	螺距 P/mm	4级公差
1.5	150	16	710
2	180	18	800
3	236	20	850
4	300	22	900
5	335	24	950
6	375	28	1060
7	425	32	1120
8	450	36	1250
9	500	40	1320
10	530	44	1400
12	600		
14	670		

表3.5-81　内螺纹中径公差 T_{D_2}

（GB/T 5796.4—2005）　　（μm）

公称直径 d/mm		螺距 P/mm	公差等级		
>	≤		7	8	9
5.6	11.2	1.5	224	280	355
		2	250	315	400
		3	280	355	450
11.2	22.4	2	265	335	425
		3	300	375	475
		4	355	450	560
		5	375	475	600
		8	475	600	750
22.4	45	3	335	425	530
		5	400	500	630
		6	450	560	710
		7	475	600	750
		8	500	630	800
		10	530	670	850
		12	560	710	900
45	90	3	355	450	560
		4	400	500	630
		8	530	670	850
		9	560	710	900
		10	560	710	900
		12	630	800	1000

（续）

公称直径 d/mm		螺距 P/mm	公差等级		
>	≤		7	8	9
45	90	14	670	850	1060
		16	710	900	1120
		18	750	950	1180
90	180	4	425	530	670
		6	500	630	800
		8	560	710	900
		12	670	850	1060
		14	710	900	1120
		16	750	950	1180
		18	800	1000	1250
		20	800	1000	1250
		22	850	1060	1320
		24	900	1120	1400
		28	950	1180	1500
180	355	8	600	750	950
		12	710	900	1120
		18	850	1060	1320
		20	900	1120	1400
		22	900	1120	1400
		24	950	1180	1500
		32	1060	1320	1700
		36	1120	1400	1800
		40	1120	1400	1800
		44	1250	1500	1900

表 3.5-82　外螺纹中径公差 T_{d_2}

（GB/T 5796.4—2005）　　（μm）

公称直径 d/mm		螺距 P/mm	公差等级		
>	≤		7	8	9
5.6	11.2	1.5	170	212	265
		2	190	236	300
		3	212	265	335
11.2	22.4	2	200	250	315
		3	224	280	355
		4	265	335	425
		5	280	355	450
		8	355	450	560

（续）

公称直径 d/mm		螺距 P/mm	公差等级		
>	≤		7	8	9
22.4	45	3	250	315	400
		5	300	375	475
		6	335	425	530
		7	355	450	560
		8	375	475	600
		10	400	500	630
		12	425	530	670
45	90	3	265	335	425
		4	300	375	475
		8	400	500	630
		9	425	530	670
		10	425	530	670
		12	475	600	750
		14	500	630	800
		16	530	670	850
		18	560	710	900
90	180	4	315	400	500
		6	375	475	600
		8	425	530	670
		12	500	630	800
		14	530	670	850
		16	560	710	900
		18	600	750	950
		20	600	750	950
		22	630	800	1000
		24	670	850	1060
		28	710	900	1120
180	355	8	450	560	710
		12	530	670	850
		18	630	800	1000
		20	670	850	1060
		22	670	850	1060
		24	710	900	1120
		32	800	1000	1250
		36	850	1060	1320
		40	850	1060	1320
		44	900	1120	1400

表 3.5-83　外螺纹小径公差 T_{d_3}（GB/T 5796.4—2005）　　（μm）

公称直径 d/mm		螺距 P /mm	中径公差带位置为 c			中径公差带位置为 e		
			公差等级			公差等级		
>	≤		7	8	9	7	8	9
5.6	11.2	1.5	352	405	471	279	332	398
		2	388	445	525	309	366	446
		3	435	501	589	350	416	504
11.2	22.4	2	400	462	544	321	383	465
		3	450	520	614	365	435	529
		4	521	609	690	426	514	595
		5	562	656	775	456	550	669
		8	709	828	965	576	695	832
22.4	45	3	482	564	670	397	479	585
		5	587	681	806	481	575	700
		6	655	767	899	537	649	781
		7	694	813	950	569	688	398
		8	734	859	1015	601	726	882
		10	800	925	1087	650	775	937
		12	866	998	1223	691	823	1048

（续）

公称直径 d/mm		螺距 P /mm	中径公差带位置为c			中径公差带位置为e		
			公差等级			公差等级		
>	≤		7	8	9	7	8	9
45	90	3	501	589	701	416	504	616
		4	565	659	784	470	564	689
		8	765	890	1052	632	757	919
		9	811	943	1118	671	803	978
		10	831	963	1138	681	813	988
		12	929	1085	1273	754	910	1098
		14	970	1142	1355	805	967	1180
		16	1038	1213	1438	853	1028	1253
		18	1100	1288	1525	900	1088	1320
90	180	4	584	690	815	489	595	720
		6	705	830	986	587	712	868
		8	796	928	1103	663	795	970
		12	960	1122	1335	785	947	1160
		14	1018	1193	1418	843	1018	1243
		16	1075	1263	1500	890	1078	1315
		18	1150	1338	1588	950	1138	1388
		20	1175	1363	1613	962	1150	1400
		22	1232	1450	1700	1011	1224	1474
		24	1313	1538	1800	1074	1299	1561
		28	1388	1625	1900	1138	1375	1650
180	355	8	828	965	1153	695	832	1020
		12	965	1173	1398	823	998	1223
		18	1187	1400	1650	987	1200	1450
		20	1263	1488	1750	1050	1275	1537
		22	1288	1513	1775	1062	1287	1549
		24	1363	1600	1875	1124	1361	1636
		32	1530	1780	2092	1265	1515	1827
		36	1623	1885	2210	1343	1605	1930
		40	1663	1925	2250	1363	1625	1950
		44	1755	2030	2380	1440	1715	2065

表 3.5-84　螺纹线数的修正系数

线数	2	3	4	≥5
系数	1.12	1.25	1.4	1.6

8.4.3　梯形螺纹的旋合长度及其分组

梯形螺纹的旋合长度是精度的重要内容，梯形螺纹的旋合长度分为 N 和 L 两组，其分组界限列于表 3.5-85。

表 3.5-85　螺纹旋合长度

（GB/T 5796.4—2005）　　（mm）

公称直径 d		螺距 P	旋合长度组		
			N		L
>	≤		>	≤	>
5.6	11.2	1.5	5	15	15
		2	6	19	19
		3	10	28	28
11.2	22.4	2	8	24	24
		3	11	32	32
		4	15	43	43
		5	18	53	53
		8	30	85	85
22.4	45	3	12	36	36
		5	21	63	63
		6	25	75	75

（续）

公称直径 d		螺距 P	旋合长度组		
			N		L
>	≤		>	≤	>
22.4	45	7	30	85	85
		8	34	100	100
		10	42	125	125
		12	50	150	150
45	90	3	15	45	45
		4	19	56	56
		8	38	118	118
		9	43	132	132
		10	50	140	140
		12	60	170	170
		14	67	200	200
		16	75	236	236
		18	85	265	265
90	180	4	24	71	71
		6	36	106	106
		8	45	132	132
		12	67	200	200
		14	75	236	236
		16	90	265	265
		18	100	300	300
		20	112	335	335
		22	118	355	355
		24	132	400	400
		28	150	450	450

（续）

公称直径 d		螺距 P	旋合长度组		
			N		L
>	≤		>	≤	>
180	355	8	50	150	150
		12	75	224	224
		18	112	335	335
		20	125	375	375
		22	140	425	425
		24	150	450	450
		32	200	600	600
		36	224	670	670
		40	250	750	750
		44	280	850	850

8.4.4 梯形螺纹精度的划分和公差带的选择

梯形螺纹分为中等级和粗糙级两个公差精度级别，一般情况下均采用中等精度级，只在要求不高或制造有困难时才使用粗糙级。对于这两种精度的螺纹推荐采用表3.5-86所列出的相应公差带。

表3.5-86 梯形螺纹的选用公差带

（GB/T 5796.4—2005）

公差精度	内螺纹		外螺纹	
	N	L	N	L
中等	7H	8H	7e	8e
粗糙	8H	9H	8c	9c

当组成螺纹副时，允许选择内、外螺纹的任意两个公差带，不要求内、外螺纹的精度级别相同。

8.4.5 梯形螺纹的标记

梯形螺纹的标记由梯形螺纹的代号、公差带代号和旋合长度组别代号三部分组成。其中的公差带代号是指中径公差带，这是因为标准对内螺纹小径和外螺纹的大径仅规定了一种公差带，没有必要对它们进行标记。另外只在旋合长度属L组时需在公差带代号之后注出旋合长度的组别代号L。当旋合长度属N组时则应省去组别代号N，所以多数梯形螺纹是不需要标记旋合长度组别代号的，具体示例如下。

L组单线螺纹：

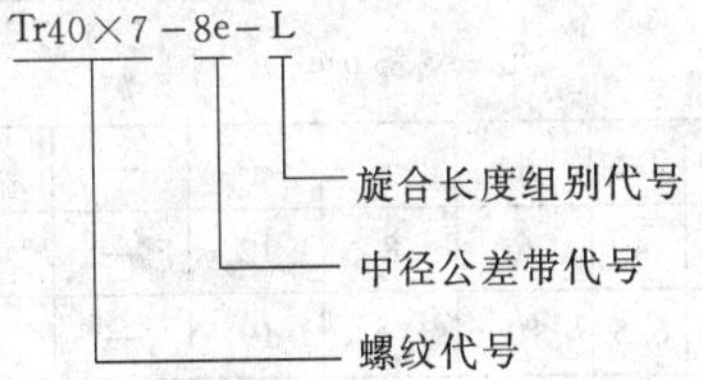

N组多线螺纹副：

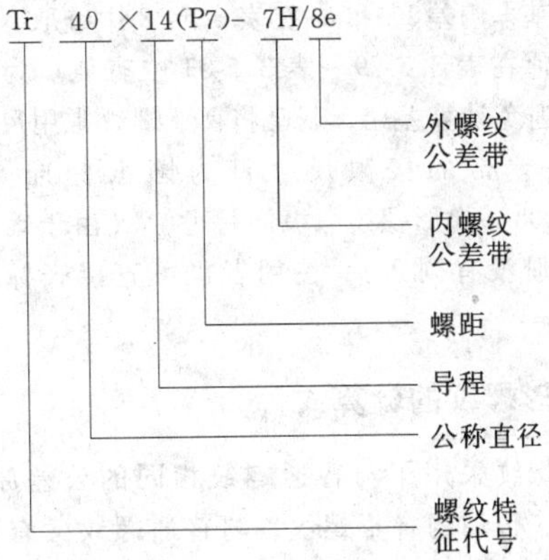

8.5 梯形螺纹极限尺寸的计算

在产品设计和生产中不仅需要基本尺寸，往往还需要其极限尺寸。梯形螺纹的极限尺寸应根据基本尺寸、基本偏差和公差进行计算。现将内、外螺纹大、中、小径极限尺寸的计算式列出如下：

1）内螺纹大径的极限尺寸。内螺纹大径的最大尺寸由工具来保证，其最小尺寸为 $D_{4\min}=D_4+EI_H$

式中 D_4 为基本尺寸，$EI_H=0$

2）内螺纹中径的极限尺寸

$$D_{2\min}=D_2+EI_H$$
$$D_{2\max}=D_2+EI_H+T_{D_2}$$

式中 D_2 为基本尺寸，$EI_H=0$，T_{D_2} 为内螺纹中径公差。

3）内螺纹小径的极限尺寸

$$D_{1\min}=D_1+EI_H$$
$$D_{1\max}=D_1+EI_H+T_{D_1}$$

式中 D_1 为基本尺寸，$EI_H=0$，T_{D_1} 为内螺纹小径公差。

4）外螺纹大径的极限尺寸

$$d_{\max}=d+es_h$$
$$d_{\min}=d+es_h-T_d$$

式中 d 为基本尺寸，$es_h=0$，T_d 为外螺纹大径公差。

5）外螺纹中径的极限尺寸

$$d_{2\max}=d_2+es$$
$$d_{2\min}=d_2+es-T_{d_2}$$

式中 d_2 为基本尺寸，由于外螺纹公差带有二种位置，es_e 和 es_c 为负值。T_{d_2} 为外螺纹中径公差值。

6）外螺纹小径的极限尺寸

$$d_{3\max}=d_3+es_h$$
$$d_{3\min}=d_3+es_h-T_{d_3}$$

式中 d_3 为基本尺寸，$es_h=0$，T_{d_3} 为小径的公差值。

上述各式的基本尺寸可在表3.5-77中查取，内、外螺纹的基本偏差EI和es在表3.5-78中查取，各直径的公差值在表3.5-79～表3.5-83中查取。为了使用方便，避免计算差错，现已将梯形螺纹常用尺寸段的选用公差带的极限尺寸订为国家标准GB/T 12359—2008《梯形螺纹　极限尺寸》（由于篇幅所限，本手册没有列入），使用者也可直接查标准选用。

8.6　梯形螺纹的计算式

梯形螺纹采用了与普通螺纹相同的公差原理，但主要用于传动的梯形螺纹，与普通螺纹又有所不同。其计算式见表3.5-87、88。这些计算式仅供参考。

表3.5-87　梯形螺纹基本偏差的计算式

内螺纹下偏差	外螺纹上偏差
$EI_H=0$	$es_h=0$
	$es_c=-(125+11P)$　$P\leqslant2$
	$es_c=-(5+94.12\sqrt{P})$　$P=3\sim44$
	$es_e=-(50+11P)$　$P\leqslant3$
	$es_e=-47.49\sqrt{P}$　$P=4\sim44$

注：表中EI和es的单位为μm、P的单位为mm。

表3.5-88　梯形螺纹各直径的公差计算式

直径公差	计算公式
T_{D_1}（4）①	$0.63(230P^{0.7})$
T_d（4）	$0.63\left(180P^{\frac{2}{3}}-\frac{3.15}{\sqrt{P}}\right)$
T_{d_2}（6）	$90P^{0.4}d^{0.1}$
T_{d_2}（7）	$1.25T_{d_2}(6)$
T_{d_2}（8）	$1.6T_{d_2}(6)$
T_{d_2}（9）	$2T_{d_2}(6)$
T_{D_2}（7）	$1.7T_{d_2}(6)$
T_{D_2}（8）	$2.12T_{d_2}(6)$
T_{D_2}（9）	$2.65T_{d_2}(6)$
T_{d_3}	$1.25T_{d_2}+\|es\|$ ②

注：表中各直径的公差值T的单位均为μm，P和d的单位为mm。

①　（　）号内的数值为公差等级数。

②　外螺纹小径的公差等级数永远与其中径相同，es的单位为μm。

8.7　新旧标准的差异

梯形螺纹国家标准GB/T 5796.1～4—2005（以下称05标准），已代替GB/T 5796.1～4—1986（以下称86标准）。这次修订没有原则性变化，对实际使用没有太大的影响。现就这些变化说明如下：

1）关于梯形螺纹的牙型标准

05标准和86标准均包括两种牙型。05标准保留了86标准中的基本牙型；而用设计牙型取代了86标准中的最大实体牙型。

2）关于梯形螺纹的公差

2005标准删除了外螺纹h位置的中径公差带。作者认为：因为梯形螺纹多数情况下均用于运动和力的传递，e、c两种位置有利于储油，会使传动更加轻便灵活。但是取消h位置会使得用于大机件紧固连接的梯形螺纹难锁紧，更不利于要求减少空程的定位装置。所以虽然标准中不再设置h位置的公差带，必要时仍可根据具体情况采用轴向零间隙的配合（见图3.5-27a）。标准推荐有优先选用的公差带是希望用户使用的公差带相对集中，方便组织生产、保证供应。

8.8　机床梯形螺纹丝杠、螺母技术条件

由于国标梯形螺纹采用了普通螺纹的公差制，所以不能用于精密传动。为此机床行业制订了JB/T 2886—2008机床梯形螺纹丝杠、螺母技术条件标准，以满足对传动精度有严格要求的机床主轴丝杠等场合的需要。该标准中丝杠、螺母的牙型、直径与螺距系列及基本尺寸均符合GB/T 5796.1～3—2005中的有关规定，只是不采用有关梯形螺纹公差的规定。而是在技术条件中另外规定了与传动精度相关的各种公差项目。

8.8.1　梯形螺纹丝杠螺母的精度等级及精度检验项目

机床梯形螺纹丝杠螺母分为3、4、5、6、7、8、9共7个等级，3级精度最高，依次逐渐降低。现将与传动精度相关的各项公差值列于表3.5-89～表3.5-97。

表3.5-89　丝杠螺纹的螺旋线轴向公差
（JB/T 2886—2008）　（μm）

精度等级	$\delta_{L2\pi}$	δ_{L25}	δ_{L100}	δ_{L300}	在下列螺纹有效长度内的δ_{Lu}				
					≤1000	>1000～2000	>2000～3000	>3000～4000	>4000～5000
	允差μm								
3	0.9	1.2	1.8	2.5	4	—	—	—	—
4	1.5	2	3	4	6	8	12	—	—
5	2.5	3.5	4.5	6.5	10	14	19	—	—
6	4	7	8	11	16	21	27	33	39

表 3.5-90 丝杠螺纹的螺距及螺距累积公差 (JB/T 2886—2008) (μm)

精度等级	δ_P	δ_{P60}	δ_{P300}	在下列螺纹有效长度内的 δ_{PLu}					
				≤1000	>1000~2000	>2000~3000	>3000~4000	>4000~5000	>5000，长度每增加 1000，δ_{PLu} 增加
	允差								
7	6	10	18	28	36	44	52	60	8
8	12	20	35	55	65	75	85	95	10
9	25	40	70	110	130	150	170	190	20

表 3.5-91 丝杠螺纹有效长度上中径尺寸的一致性公差 (JB/T 2886—2008)

(μm)

精度等级	螺纹有效长度/mm					
	≤1000	>1000~2000	>2000~3000	>3000~4000	>4000~5000	>5000 每增加1000 应增加
3	5	—	—	—	—	—
4	6	11	17	—	—	—
5	8	15	22	30	38	—
6	10	20	30	40	50	5
7	12	26	40	53	65	10
8	16	36	53	70	90	20
9	21	48	70	90	116	30

注：用公法线千分尺和量针在丝杠同一轴向截面内测量。

表 3.5-92 丝杠螺纹的大径对螺纹轴线的径向跳动公差 (JB/T 2886—2008)

(μm)

长径比	精度等级						
	3	4	5	6	7	8	9
≤10	2	3	5	8	16	32	63
>10~15	2.5	4	6	10	20	40	80
>15~20	3	5	8	12	25	50	100
>20~25	4	6	10	16	32	63	125
>25~30	5	8	12	20	40	80	160
>30~35	6	10	16	25	50	100	200
>35~40	—	12	20	32	63	125	250
>40~45	—	16	25	40	80	160	315
>45~50	—	20	32	50	100	200	400
>50~60	—	—	—	63	125	250	500
>60~70	—	—	—	80	160	315	630
>70~80	—	—	—	100	200	400	800
>80~90	—	—	—	—	250	500	—

注：长径比系指丝杠全长与螺纹公称直径之比。

表 3.5-93 丝杠螺纹牙型半角的极限偏差 (JB/T 2886—2008) (μm)

螺距 P/mm	精度等级						
	3	4	5	6	7	8	9
	半角极限偏差 (′)						
2~5	±8	±10	±12	±15	±20	±30	±30
6~10	±6	±8	±10	±12	±18	±25	±28
12~20	±5	±6	±8	±10	±15	±20	±25

表 3.5-94 丝杠螺纹大、中、小径的极限偏差 (JB/T 2886—2008) (μm)

螺距 P /mm	公称直径 d /mm	螺纹大径 下偏差	螺纹大径 上偏差	螺纹中径 下偏差	螺纹中径 上偏差	螺纹小径 下偏差	螺纹小径 上偏差
2	10~26 18~28 30~42	-100	0	-294 -314 -350	-34	-362 -388 -399	0
3	10~14 22~28 30~44 46~60	-150	0	-336 -360 -392 -392	-37	-410 -447 -465 -478	0
4	16~20 44~60 65~80	-200	0	-400 -438 -462	-45	-485 -534 -565	0
5	22~28 30~42 85~110	-250	0	-462 -482 -530	-52	-565 -578 -650	0
6	30~42 44~60 65~80 120~150	-300	0	-522 -550 -572 -585	-56	-635 -646 -665 720	0
8	22~28 44~60 65~80 160~190	-400	0	-590 -620 -656 -682	-67	-720 -758 -765 -830	0
10	30~40 44~60 65~80 200~220	-550	0	-680 -696 -710 -738	-75	-820 -854 -865 -900	0
12	30~42 44~60 65~80 85~110	-660	0	-754 -772 -789 -800	-82	-892 -948 -955 -978	0
16	44~60 65~80 120~170	-800	0	-877 -920 -970	-93	-1108 -1135 -1190	0
20	85~110 180~220	-1000	0	-1068 -1120	-105	-1305 -1370	0

注：1. 螺纹大径作工艺基准时，其尺寸及形状公差由工艺提出；

2. 6 级以上配制螺母的丝杠中径按表中规定的公差带宽相对于尺寸零线两侧对称分布。

表 3.5-95　螺母螺纹大径和小径的极限偏差

（JB/T 2886—2008）　（μm）

螺距 P /mm	公称直径 D/mm	螺纹大径		螺纹小径	
		上偏差	下偏差	上偏差	下偏差
2	10~16 18~28 30~42	+328 +355 +370	0	+100	0
3	10~14 22~28 30~44 46~60	+372 +408 +428 +440	0	+150	0
4	16~20 44~60 65~80	+440 +490 +520	0	+200	0
5	22~28 30~42 85~110	+515 +528 +595	0	+250	0
6	30~42 44~60 65~80 120~150	+578 +590 +610 +660	0	+300	0
8	22~28 44~60 65~80 160~190	+650 +690 +700 +765	0	+400	0
10	30~42 44~60 65~80 200~220	+745 +778 +790 +825	0	+500	0
12	30~42 44~60 65~80 85~110	+813 +865 +872 +895	0	+600	0
16	44~60 65~80 120~170	+1017 +1040 +1100	0	800	0
20	85~110 180~220	+1200 +1265	0	1000	0

注：螺纹大径或小径作工艺基准时，其尺寸公差及形状公差由工艺提出。

表 3.5-96　非配作螺母螺纹中径的极限偏差

（JB/T 2886—2008）　（μm）

螺距 P/mm	精度等级			
	6	7	8	9
	极限偏差			
2~5	+55 0	+65 0	+85 0	+100 0
6~10	+65 0	+75 0	+100 0	+120 0
12~20	+75 0	+85 0	+120 0	+150 0

注：螺母的螺距和半角误差由中径公差间接控制。

表 3.5-97　丝杠和螺母螺纹的表面粗糙度 R_a 值（JB/T 2886—2008）（μm）

精度等级	螺纹大径		牙型表面		螺纹大径	
	丝杠	螺母	丝杠	螺母	丝杠	螺母
3	0.2	3.2	0.2	0.4	0.8	0.8
4	0.4	3.2	0.4	0.8	0.8	0.8
5	0.4	3.2	0.4	0.8	0.8	0.8
6	0.4	3.2	0.4	0.8	1.6	0.8
7	0.4	6.3	0.8	1.6	3.2	1.6
8	0.8	6.3	1.6	1.6	6.3	1.6
9	1.6	6.3	1.6	1.6	6.3	1.6

注：丝杠和螺母的牙侧面不应有明显的波纹。

从以上各表的内容看，机床丝杠、螺母技术条件所规定的公差项目和数值与国标梯形螺纹的规定有原则性的差异，例如表 3.5-91 中规定了中径尺寸的一致性公差。比较中径尺寸一致性公差和中径尺寸的极限偏差可知，前者比后者严格得多，说明对于丝杠更看重中径尺寸的一致性而不苛求其中径尺寸本身的大小。这是因为作为传动精度测量基准的中径，其尺寸的一致性直接关系到传动精度的测量结果。又如，在丝杠、螺母技术条件中单独规定了螺距及螺距累积公差（见表 3.5-90）和牙型半角的极限偏差（见表 3.5-93），这表明采用量规对螺纹各要素进行综合控制是不够的。这些差异说明对用途不同的螺纹（虽然牙型和基本尺寸相同）需要采用不同的公差制，规定不同的精度要求。

8.8.2　机床丝杠、螺母产品的标志

符合 JB/T 2886 标准规定的机床丝杠、螺母产品的标志由产品代号、尺寸规格及精度等级组成。机床丝杠、螺母的产品代号为 T。螺纹的尺寸规格用“公称直径×螺距”表示，单位为 mm。当螺纹为左旋时需在尺寸规格之后标注“LH”，右旋不注出。在尺寸或左旋代号之后注出螺纹的精度等级数，用“——”分开。示例如下：

公称直径 55mm、螺距 12mm，精度 6 级的右旋螺纹：

T55×12—6

公称直径55mm、螺距12mm、精度6级的左旋螺纹：

T55×12LH—6

9 短牙梯形螺纹

短牙梯形螺纹是一种牙槽较浅的梯形螺纹，具有结构紧凑、工艺性好等优点，适用于要求根部强度好，又要外形尺寸小的场合，如薄壁零件，各种阀门就是使用短牙梯形螺纹最多的产品之一。目前我国还没有短牙梯形螺纹的国家标准，现以JB/T Q374—1985为例给出有关短牙梯形螺纹的牙型、尺寸和公差供设计者参照使用。

9.1 短牙梯形螺纹的牙型

短牙梯形螺纹的牙型分为基本牙型和最大实体牙型，除牙高 $H_1=0.3P$（梯形螺纹的牙高 $H_1=0.5P$）之外，其他各参数均与国标梯形螺纹的规定相同，图3.5-28为短牙梯形螺纹的基本牙型，图3.5-29为短牙梯形螺纹的最大实体牙型，两图中的尺寸值列于表3.5-98、99。

表3.5-98 基本牙型尺寸

（JB/T Q374—1985） （mm）

螺距 P	H (1.866P)	$H/2$ (0.933P)	H_1 (0.3P)	0.42P
1.5	2.799	1.400	0.450	0.630
2	3.732	1.866	0.600	0.840
3	5.598	2.799	0.900	1.260
4	7.464	3.732	1.200	1.680
5	9.330	4.665	1.500	2.100

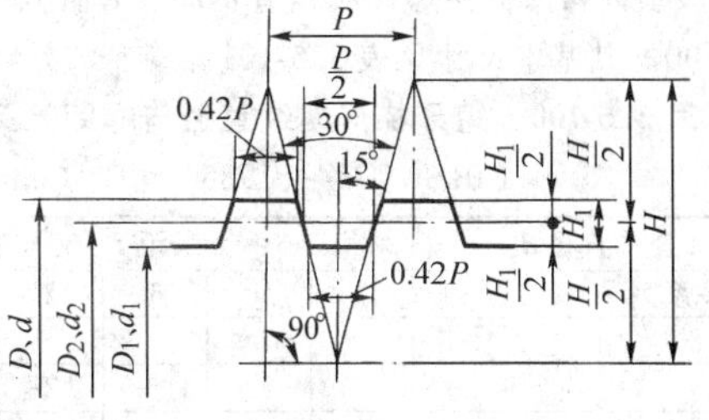

图3.5-28 短牙梯形螺纹的基本牙型

D—内螺纹大径 P—螺距

D_2—内螺纹中径 H—原始三角形高度

D_1—内螺纹大径 d_1—外螺纹大径

H_1—基本牙型高度 d_2—外螺纹中径

d_1—外螺纹小径

表3.5-99 最大实体牙型尺寸

（JB/T Q374—1985） （mm）

螺距 P	牙顶间隙 a_c	牙高 $H_4=h_3$	牙顶圆弧半径 R_{1max}	牙底圆弧半径 R_{2max}
1.5	0.15	0.600	0.075	0.15
2	0.25	0.850	0.125	0.25
3	0.25	1.150	0.125	0.25
4	0.25	1.450	0.125	0.25
5	0.25	1.750	0.125	0.25

注：当采用滚压方法加工时，外螺纹牙底形状可以修正成较大的圆弧，并允许外螺纹的小径 d_3 减小0.15P。

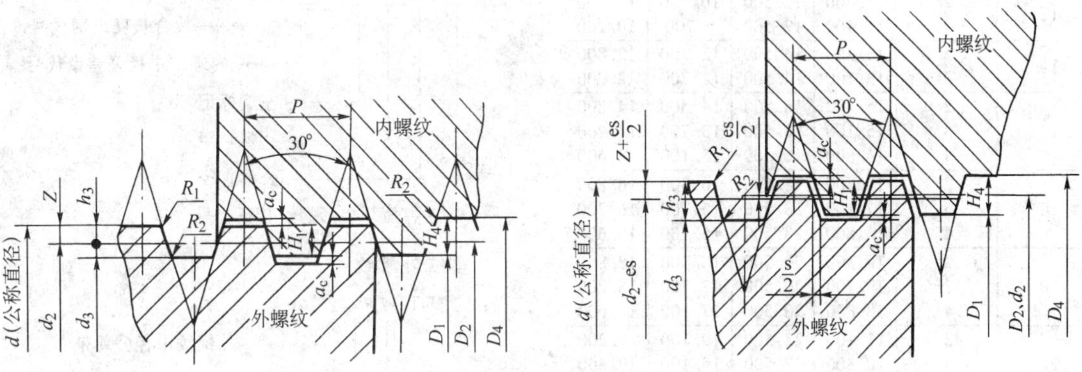

图3.5-29 短牙梯形螺纹的最大实体牙型

a）具有牙顶间隙的螺纹牙型

$H_1=0.3P$

a_c—牙顶间隙

es—外螺纹中径的基本偏差

$s=0.26795\text{es}$

$R_{1max}=0.5a_c$

$R_{2max}=a_c$

b）具有牙顶和牙侧间隙的螺纹牙型

$h_3=H_4=H_1+a_c=0.3P+a_c$

$Z=0.15P=H_1/2$

$d_3=d-2h_3=d-2\times(0.3P+a_c)$

$d_2=D_2=d-2Z=d-0.3P$

$D_1=d-2H_1=d-0.6P$

$D_4=d+2a_c$

9.2　短牙梯形螺纹的尺寸

根据阀门行业使用情况规定了直径与螺距的组合系列该系列与国标梯形螺纹稍有不同，具体尺寸见表3.5-100。其基本尺寸见表3.5-101。

表3.5-100　短牙梯形螺纹直径与螺距系列

（JB/T Q374—1985）　　（mm）

公称直径 d		螺距 P				
第一系列	第二系列	5	4	3	2	1.5
8						1.5
	9				2	1.5
10					2	
	11			3	2	
12				3	2	
	14			3	2	
16			4	3	2	
	18		4	3	2	
20			4	3	2	
	22	5	4	3		
24		5	4	3		
	26	5	4	3		
28		5	4	3		

表3.5-101　短牙梯形螺纹基本尺寸

（JB/T Q375—1985）　　（mm）

公称直径 d	螺距 P	中径 $d_2=D_2$	大径 D_4	小径 d_3	小径 D_1
8	1.5	7.550	8.300	6.800	7.100
9	1.5	8.550	9.300	7.800	8.100
	2	8.400	9.500	7.300	7.800
10	2	9.400	10.500	8.300	8.800
11	2	10.400	11.500	9.300	9.800
	3	10.100	11.500	8.700	9.200
12	2	11.400	12.500	10.300	10.800
	3	11.100	12.500	9.700	10.200
14	2	13.400	14.500	12.300	12.800
	3	13.100	14.500	11.700	12.200
16	2	15.400	16.500	14.300	14.800
	3	15.100	16.500	13.700	14.200
	4	14.800	16.500	13.100	13.600
18	2	17.400	18.500	16.300	16.800
	3	17.100	18.500	15.700	16.200
	4	16.800	18.500	15.100	15.600
20	2	19.400	20.500	18.300	18.800
	3	19.100	20.500	17.700	18.200
	4	18.800	20.500	17.100	17.600
22	3	21.100	22.500	19.700	20.200
	4	20.800	22.500	19.100	19.600
	5	20.500	22.500	18.500	19.000
24	3	23.100	24.500	21.700	22.200
	4	22.800	24.500	21.100	21.600
	5	22.500	24.500	20.500	21.000
26	3	25.100	26.500	23.700	24.200
	4	24.800	26.500	23.100	23.600
	5	24.500	26.500	22.500	23.000
28	3	27.100	28.500	25.700	26.200
	4	26.800	28.500	25.100	25.600
	5	26.500	28.500	24.500	25.000

9.3　短牙梯形螺纹的精度及公差带的选择

短牙梯形螺纹采用了与国标梯形螺纹完全相同的公差制，其公差带的分级、旋合长度的分组，以及各级公差值的大小均与国标梯形螺纹相同，因此可以在国标梯形螺纹的相应表格中查取，对于少数国标梯形螺纹没有的尺寸可利用公差计算式（与梯形螺纹相同）进行计算。

短牙梯形螺纹分为中等和粗糙两个精度级别，通常都使用中等精度级，针对不同的旋合长度对上述两个精度级别推荐选用表3.5-102所列出的公差带。

表3.5-102　推荐公差带

（摘自JB/T Q374—1985）

精度	内螺纹中径		外螺纹中径	
	N组	L组	N组	L组
中等	7H	8H	7e	8e
粗糙	8H	9H	8c	9c

9.4　短牙梯形螺纹的标记

短牙梯形螺纹的标记由螺纹代号、公差带代号和旋合长度组别代号三部分组成。其中的公差带代号为中径公差带，因为内、外螺纹的顶径公差带是固定的，故没有必要进行标记。具体示例如下：

单线内螺纹：

DT 12×2 左 － 7H－ L

- L —— 旋合长度组别代号
- 7H —— 内螺纹中径公差带代号
- 左 —— 左旋标记
- 2 —— 螺　距
- 12 —— 公称直径
- DT —— 短牙梯形螺纹特征代号

多线外螺纹：

DT 12×4/2－7e

- 7e —— 外螺纹中径公差带
- 2 —— 线数
- 4 —— 导程⊖
- （线数、导程）两项之商为螺距
- 12 —— 公称直径

上述标记中有关多线螺纹的导程和螺距也可与现行国标梯形螺纹的标记方法相统一。

⊖　某些标准文本中将其误印为螺距是不对的。

10　锯齿形螺纹

锯齿形螺纹是集方形螺纹传动效率高、梯形螺纹工艺性能好于一体的新型螺纹。锯齿形螺纹一般多用于承受单向载荷的场所。承载面的牙型角较小，以提高传动效率，各国使用较多的角度有 3°和 7°；非承载面的角度视载荷大小要求牙底圆弧的大小而定，牙型角愈大，牙底圆弧就可以更大些，有利于提高螺纹的抗疲劳强度，目前使用较多的有 30°和 45°两种。

我国颁布的 GB/T 13576.1～4—2008 锯齿形（3°、30°）螺纹国家标准规定了使用最多的一般用途的锯齿形螺纹的牙型、尺寸和公差。其他还有 7°/45°，3°/45°等不同角度的组合。现以 GB/T 13576—2008 为例，基本上代表了锯齿形螺纹的总体情况，其尺寸系列和公差制也可供其他角度的锯齿形螺纹参考使用。

10.1　锯齿形（3°、30°）螺纹的牙型

GB/T 13576.1—2008 锯齿形(3°，30°)螺纹　牙型标准规定了该螺纹的基本牙型和设计牙型。其牙型如图 3.5-30、图 3.5-31 所示。牙型上各参数值列于表 3.5-103、表 3.5-104。

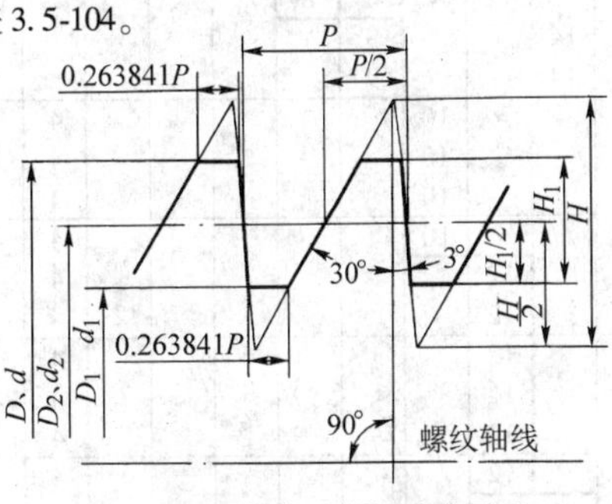

图 3.5-30　锯齿形螺纹基本牙型
d—外螺纹大径　D—内螺纹大径
d_2—外螺纹中径　D_2—内螺纹中径
d_1—外螺纹小径　D_1—内螺纹小径
P—螺距　H—原始三角形高度
H_1—基本牙型高度

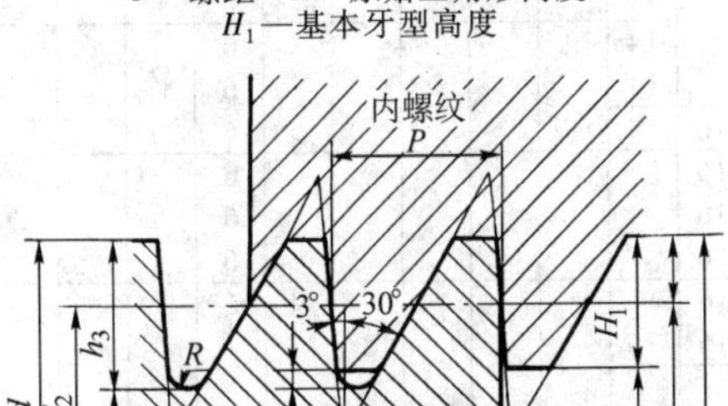

图 3.5-31　锯齿形螺纹的设计牙型
$H_1 = 0.75P$　$a_c = 0.117767P$
$h_3 = H_1 + a_c = 0.867767P$
$R = 0.124271P$　$D = d$
$D_2 = d_2 = d - 0.75P$
$D_1 = d - 2H_1 = d - 1.5P$
$d_3 = d - 2h_3 = d - 1.735534P$

表 3.5-103　基本牙型尺寸

（GB/T 13576.1—2008）　（mm）

螺距 P	H (1.587911P)	$H/2$ (0.793956P)	H_1 (0.75P)	牙顶(牙底)宽 0.263841P
2	3.176	1.588	1.50	0.528
3	4.764	2.382	2.25	0.792
4	6.352	3.176	3.00	1.055
5	7.940	3.970	3.75	1.319
6	9.527	4.764	4.50	1.583
7	11.115	5.558	5.25	1.847
8	12.703	6.352	6.00	2.111
9	14.291	7.146	6.75	2.375
10	15.879	7.940	7.50	2.638
12	19.055	9.527	9.00	3.166
14	22.231	11.115	10.50	3.694
16	25.407	12.703	12.00	4.221
18	28.582	14.291	13.50	4.749
20	31.758	15.879	15.00	5.277
22	34.934	17.467	16.50	5.804
24	38.110	18.055	18.00	6.332
28	44.462	22.231	21.00	7.388
32	50.813	25.407	24.00	8.443
36	57.165	28.582	27.00	9.498
40	63.516	31.758	30.00	10.554
44	69.868	34.934	33.00	11.609

表 3.5-104　设计牙型的尺寸

（GB/T 13576.1—2008）　（mm）

P	a_c	h_3	R
2	0.236	1.736	0.249
3	0.353	2.603	0.373
4	0.471	3.471	0.497
5	0.589	4.339	0.621
6	0.707	5.207	0.746
7	0.824	6.074	0.870
8	0.942	6.942	0.994
9	1.060	7.810	1.118
10	1.178	8.678	1.243
12	1.413	10.413	1.491
14	1.649	12.149	1.740
16	1.884	13.884	1.988
18	1.120	15.620	2.237
20	2.355	17.355	2.485
22	2.591	19.091	2.734
24	2.826	20.826	2.982
28	3.297	24.297	3.480
32	3.769	27.769	3.977
36	4.240	31.240	4.474
40	4.711	34.711	4.971
44	5.182	38.182	5.468

10.2　锯齿形螺纹的尺寸

锯齿形螺纹的尺寸由直径和螺距两个尺寸组成，标准规定的直径与螺距系列见表 3.5-105。根据设计牙型上的尺寸关系可以计算出锯齿形螺纹的基本尺寸，这些尺寸的名称、代号和关系式列于表 3.5-106，也可在GB/T13576.3—2008 中查取，本手册将其略去。

表 3.5-105　直径与螺距的标准组合系列（GB/T 13576.2—2008）　　（mm）

公称直径			螺距																				
第一系列	第二系列	第三系列	44	40	36	32	28	24	22	20	18	16	14	12	10	9	8	7	6	5	4	3	2
10																							2
12																						3	2
	14																					3	2
16																					4		2
	18																				4		2
20																					4		2
	22																8			5		3	
24																	8			5		3	
	26																8			5		3	
28																	8			5		3	
	30														10				6			3	
32															10				6			3	
	34														10				6			3	
36															10				6			3	
	38														10			7				3	
40															10			7				3	
	42														10			7				3	
44														12				7				3	
	46													12			8					3	
48														12			8					3	
	50													12			8					3	
52														12			8					3	
	55												14			9						3	
60													14			9						3	
	65											16			10						4		
70												16			10						4		
	75											16			10						4		
80												16			10						4		
	85										18			12							4		
90											18			12							4		
	95										18			12							4		
100										20				12							4		
		105								20				12							4		
	110									20				12							4		
		115							22				14						6				
120									22				14						6				
		125							22				14						6				
	130								22				14						6				
		135						24					14						6				
140								24					14						6				
		145						24					14						6				
	150							24				16							6				
		155						24				16							6				
160							28					16							6				
		165					28					16							6				
	170						28					16							6				
		175					28					16					8						
180							28				18						8						
		185				32					18						8						
	190					32					18						8						
		195				32					18						8						
200						32					18						8						
	210				36					20							8						
220					36					20							8						
	230				36					20							8						
240					36				22								8						
	250			40					22					12									

（续）

公称直径			螺距																				
第一系列	第二系列	第三系列	44	40	36	32	28	24	22	20	18	16	14	12	10	9	8	7	6	5	4	3	2
260				40					22					12									
	270			40				24						12									
280				40				24						12									
	290	44						24						12									
300		44						24						12									
	320	44												12									
340		44												12									
	360													12									
380														12									
	400													12									
420											18												
	440										18												
460											18												
	480										18												
500											18												
	520							24															
540								24															
	560							24															
580								24															
	600							24															
620								24															
	640							24															

表 3.5-106 基本尺寸的名称、代号和关系式

名称	代号	关系式	名称	代号	关系式
外螺纹大径	d		外螺纹中径	d_2	$d_s = d - H_1 = d - 0.75P$
内螺纹大径	D	$D = d$	内螺纹中径	D_2	$D_2 = d_2$
螺距	P		外螺纹小径	d_3	$d_3 = d - 2h_3 = d - 1.735534P$
牙顶与牙底间的间隙	a_c	$a_c = 0.117767P$	内螺纹小径	D_1	$D_1 = d - 2H_1 = d - 1.5P$
基本牙型的高度	H_1	$H_1 = 0.75P$	牙底圆弧半径	R	$R = 0.124271P$
外螺纹牙高	h_3	$h_3 = H_1 + a_c = 0.867767P$			

10.3 锯齿形螺纹的公差制

由于锯齿形螺纹多用于一般传动，其性质类似于梯形螺纹，故采用了梯形螺纹的公差制，它们均属于普通螺纹公差体系。由于锯齿形螺纹的尺寸范围更大些，各项数值稍有差异。

10.3.1 公差带

GB/T 13576.4—2008 锯齿形（3°、30°）螺纹公差标准对内螺纹的大径 D、中径 D_2 和小径 D_1 都只规定了一种公差带位置 H，其基本偏差 EI 为零，具体位置如图 3.5-32。外螺纹大径 d 和小径 d_3 的公差带位置为 h，其基本偏差 es 为零；外螺纹中径 d_2 的公差带位置为 e 和 c，其基本偏差 es 为负值，见图 3.5-33。内、外螺纹中径公差带的基本偏差见表 3.5-107。

对锯齿形螺纹中径和小径的公差等级规定如下，其中外螺纹小径 d_3 应选取与其中径 d_2 相同的公差等级。

螺纹直径	公差等级
内螺纹中径 D_2	7、8、9
外螺纹中径 d_2	7、8、9
外螺纹小径 d_3	7、8、9
内螺纹小径 D_1	4

标准对内螺纹的大径和外螺纹的大径也规定了公差值，分别为 GB/T 1800.3—1998 所规定的 IT10 和 IT9。如此规定说明锯齿形螺纹采用了大径定心的方

式消除传动过程的偏心，以提高传动精度。各直径的各级公差值列于表 3.5-108 ~ 表 3.5-112。

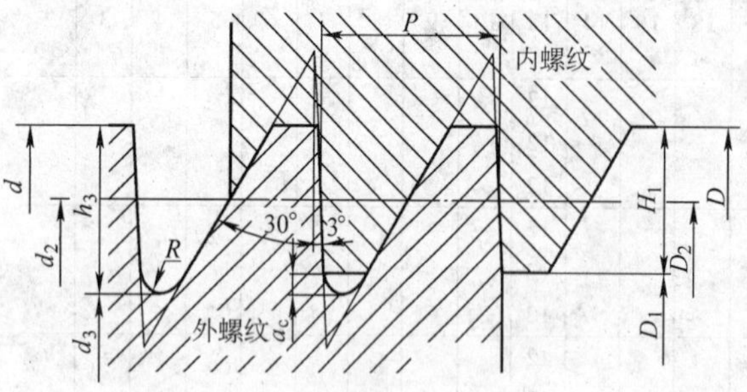

图 3.5-32　内螺纹公差带位置

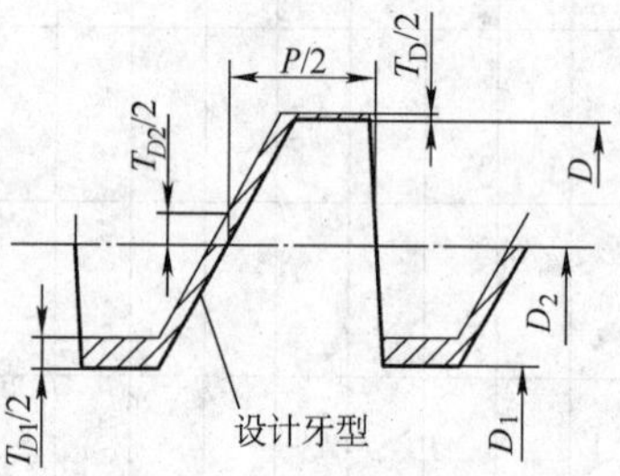

图 3.5-33　外螺纹公差带位置

表 3.5-107　锯齿形螺纹中径的基本偏差

（GB/T 13576.4—2008）　（μm）

螺距 P/mm	内螺纹 D_2	外螺纹 d_2	
	H EI	c es	e es
2	0	−150	−71
3	0	−170	−85
4	0	−190	−95
5	0	−212	−106
6	0	−236	−118
7	0	−250	−125
8	0	−265	−132
9	0	−280	−140
10	0	−300	−150
12	0	−335	−160
14	0	−355	−180
16	0	−375	−190
18	0	−400	−200
20	0	−425	−212
22	0	−450	−224
24	0	−475	−236
28	0	−500	−250
32	0	−530	−265
36	0	−560	−280
40	0	−600	−300
44	0	−630	−315

表 3.5-108　内螺纹小径公差（T_{D_1}）

（GB/T 13576.4—2008）　（μm）

螺距 P/mm	4 级公差	螺距 P/mm	4 级公差
2	236	18	1120
3	315	20	1180
4	375	22	1250
5	450	24	1320
6	500	28	1500
7	560	32	1600
8	630	36	1800
9	670	40	1900
10	710	44	2000
12	800		
14	900		
16	1000		

表 3.5-109　内、外螺纹大径公差

（GB/T 13576.4—2008）　（μm）

公称直径 d/mm		内螺纹大径公差 T_D　H10	外螺纹大径公差 T_d　h9
>	≤		
6	10	58	36
10	18	70	43
18	30	84	52
30	50	100	62
50	80	120	74
80	120	140	87
120	180	160	100
180	250	185	115
250	315	210	130
315	400	230	140
400	500	250	155
500	630	280	175
630	800	320	200

表 3.5-110　外螺纹小径公差（T_{d_3}）（GB/T 13576.4—2008）　（μm）

基本大径 d/mm		螺距 P/mm	中径公差带位置为 c			中径公差带位置为 e		
			公差等级			公差等级		
>	≤		7	8	9	7	8	9
5.6	11.2	2	388	445	525	309	366	446
		3	435	501	589	350	416	504
11.2	22.4	2	400	462	544	321	383	465
		3	450	520	614	365	435	529
		4	521	609	690	426	514	595
		5	562	656	775	456	550	669
		8	709	828	965	576	695	832
22.4	45	3	482	564	670	397	479	585
		5	587	681	806	481	575	700
		6	655	767	899	537	649	781
		7	694	813	950	569	688	825
		8	734	859	1015	601	726	882
		10	800	925	1087	650	775	937
		12	866	998	1223	691	823	1048
45	90	3	501	589	701	416	504	616
		4	565	659	784	470	564	689
		8	765	890	1052	632	757	919
		9	811	943	1118	671	803	978
		10	831	963	1138	681	813	988
		12	929	1085	1273	754	910	1098
		14	970	1142	1355	805	967	1180
		16	1038	1213	1438	853	1028	1253
		18	1100	1288	1525	900	1088	1320
90	180	4	584	690	815	489	595	720
		6	705	830	986	587	712	868
		8	796	928	1103	663	795	970
		12	960	1122	1335	785	947	1160
		14	1018	1193	1418	843	1018	1243
		16	1075	1263	1500	890	1078	1315
		18	1150	1338	1588	950	1138	1388
		20	1175	1363	1613	962	1150	1400
		22	1232	1450	1700	1011	1224	1474
		24	1313	1538	1800	1074	1299	1561
		28	1388	1625	1900	1138	1375	1650
180	355	8	828	965	1153	695	832	1020
		12	998	1173	1398	823	998	1223
		18	1187	1400	1650	987	1200	1450
		20	1263	1488	1750	1050	1275	1537
		22	1288	1513	1775	1062	1287	1549
		24	1363	1600	1875	1124	1361	1636
		32	1530	1780	2092	1265	1515	1827
		36	1623	1885	2210	1343	1605	1930
		40	1663	1925	2250	1363	1625	1950
		44	1755	2030	2380	1440	1715	2065
355	640	12	1035	1223	1460	870	1058	1295
		18	1238	1462	1725	1038	1263	1525
		24	1363	1600	1875	1124	1361	1636
		44	1818	2155	2530	1503	1840	2215

表 3.5-111　内螺纹中径公差（T_{D_2}）

（μm）

基本大径 d/mm		螺距	公差等级		
>	≤	P/mm	7	8	9
5.6	11.2	2	250	315	400
		3	280	355	450
11.2	22.4	2	265	335	425
		3	300	375	475
		4	355	450	560
		5	375	475	600
		8	475	600	750
22.4	45	3	335	425	530
		5	400	500	630
		6	450	560	710
		7	475	600	750
		8	500	630	800
		10	530	670	850
		12	560	710	900
45	90	3	355	450	560
		4	400	500	630
		8	530	670	850
		9	560	710	900
		10	560	710	900
		12	630	800	1000
		14	670	850	1060
		16	710	900	1120
		18	750	950	1180
90	180	4	425	530	670
		6	500	630	800
		8	560	710	900
		12	670	850	1060
		14	710	900	1120
		16	750	950	1180
		18	800	1000	1250
		20	800	1000	1250
		22	850	1060	1320
		24	900	1120	1400
		28	950	1180	1500
180	355	8	600	750	950
		12	710	900	1120
		18	850	1060	1320
		20	900	1120	1400
		22	900	1120	1400
		24	950	1180	1500
		32	1060	1320	1700
		36	1120	1400	1800
		40	1120	1400	1800
		44	1250	1500	1900
355	640	12	760	950	1200
		18	900	1120	1400
		24	950	1180	1480
		44	1290	1610	2000

表 3.5-112　外螺纹中径公差（T_{d_2}）

（GB/T 13576.4—2008）　（μm）

基本大径 d/mm		螺距	公差等级		
>	≤	P/mm	7	8	9
5.6	11.2	2	190	236	300
		3	212	265	335
11.2	22.4	2	200	250	315
		3	224	280	355
		4	265	335	425
		5	280	355	450
		8	355	450	560
22.4	45	3	250	315	400
		5	300	375	475
		6	335	425	530
		7	355	450	560
		8	375	475	600
		10	400	500	630
		12	425	530	670
45	90	3	265	335	425
		4	300	375	475
		8	400	500	630
		9	425	530	670
		10	425	530	670
		12	475	600	750
		14	500	630	800
		16	530	670	850
		18	560	710	900
90	180	4	315	400	500
		6	375	475	600
		8	425	530	670
		12	500	630	800
		14	530	670	850
		16	560	710	900
		18	600	750	950
		20	600	750	950
		22	630	800	1000
		24	670	850	1060
		28	710	900	1120
180	355	8	450	560	710
		12	530	670	850
		18	630	800	1000
		20	670	850	1060
		22	670	850	1060
		24	710	900	1120
		32	800	1000	1250
		36	850	1060	1320
		40	850	1060	1320
		44	900	1120	1400
355	640	12	560	710	900
		18	670	850	1060
		24	710	900	1120
		44	950	1220	1520

10.3.2　多线螺纹的公差值

多线螺纹的顶径和底径的公差值与其相同螺距的单线螺纹相同；多线螺纹的中径公差值等于单线螺纹的中径公差值乘以线数的修正系数。其修正系数列于表 3.5-113。

表 3.5-113　多线螺纹的中径公差修正系数

线数	2	3	4	≥5
修正系数	1.12	1.25	1.4	1.6

10.3.3　螺纹的旋合长度

锯齿形螺纹的旋合长度分为中等旋合长度 N 和长旋合长度 L 两组，见表 3.5-114。

表 3.5-114　螺纹旋合长度

（GB/T 13576.4—2008）　　（mm）

基本大径 d/mm		螺距 P/mm	旋合长度		
			N		L
>	≤		>	≤	>
5.6	11.2	2	6	19	19
		3	10	28	28
11.2	22.4	2	8	24	24
		3	11	32	32
		4	15	43	43
		5	18	53	53
		8	30	85	85
22.4	45	3	12	36	36
		5	21	63	63
		6	25	75	75
		7	30	85	85
		8	34	100	100
		10	42	125	125
		12	50	150	150
45	90	3	15	45	45
		4	19	56	56
		8	38	118	118
		9	43	132	132
		10	50	140	140
		12	60	170	170
		14	67	200	200
		16	75	236	236
		18	85	265	265
90	180	4	24	71	71
		6	36	106	106
		8	45	132	132
		12	67	200	200
		14	75	236	236
		16	90	265	265
		18	100	300	300
		20	112	335	335
		22	118	355	355
		24	132	400	400
		28	150	450	450
180	355	8	50	150	150
		12	75	224	224
		18	112	335	335
		20	125	375	375
		22	140	425	425
		24	150	450	450
		32	200	600	600
		36	224	670	670
		40	250	750	750
		44	280	850	850
355	640	12	87	260	260
		18	132	390	390
		24	174	520	520
		44	319	950	950

10.3.4　推荐公差带

应优先选用表 3.5-115 推荐的公差带。一般情况下均使用中等精度，粗糙级只用于制造有困难的场合。当螺纹旋合长度的实际值不能确定时，推荐按中等长度选取公差带。

表 3.5-115　内、外螺纹中径的推荐公差带

（GB/T 13576.4—2008）

精度等级	内螺纹		外螺纹	
	N	L	N	L
中等	7H	8H	7e	8e
粗糙	8H	9H	8c	9c

10.4　锯齿形螺纹的标记方法

锯齿形（3°、30°）螺纹标记示例如下：

单线螺纹：

B　40×7—7H—L

- L——旋合长度
- 7H——公差带代号
- 40×7——尺寸代号（直径×螺距）
- B——螺纹特征代号

多线左旋螺纹副：

B　40×14（P7）LH—7H/7e

- 7e——外螺纹公差带
- 7H——内螺纹公差带
- LH——左旋螺纹代号
- P7——螺距
- 14——导程
- 40——公称直径
- B——锯齿形螺纹特征代号

关于标记简化的几点说明：

1）旋向为右旋时不标记旋向代号。

2）由于锯齿形螺纹的顶径只有一种公差带、又外螺纹小径的公差等级永远与其中径相同，所以锯齿形螺纹只标记中径公差带。

3）当旋合长度为中等旋合长度时，不需注出旋合长度代号。

10.5　锯齿形螺纹的计算公式

10.5.1　基本偏差

$EI_H = 0$；

$es_h = 0$；

$es_c = -(125 + 11P)$（当 $P \leqslant 2$mm 时）；

$es_c = -(5 + 94.12\sqrt{P})$（当 $3 \leqslant P \leqslant 44$mm 时）；

$es_e = -(50 + 11P)$（当 $P \leqslant 3$mm 时）；

$es_c = -47.49\sqrt{P}$（当 $4 \leqslant P \leqslant 44$mm 时）。

EI 和 es 的单位为微米，P 的单位为毫米。

10.5.2　顶径公差

内螺纹小径的4级公差：$T_{D_1}=0.63\times230P^{0.7}$

T_{D_1}的单位为微米，P的单位为毫米。

10.5.3　中径公差

外螺纹中径的6级公差：$T_{d_2}(6)=90P^{0.4}d^{0.1}$（用于计算7级、8级和9级的中径公差值）；

外螺纹中径的7级公差：$T_{d_2}(7)=1.25T_{d_2}(6)$；

外螺纹中径的8级公差：$T_{d_2}(8)=1.6T_{d_2}(6)$；

外螺纹中径的9级公差：$T_{d_2}(9)=2T_{d_2}(6)$；

内螺纹中径的7级公差：$T_{D_2}(7)=1.7T_{d_2}(6)$；

内螺纹中径的8级公差：$T_{D_2}(8)=2.12T_{d_2}(6)$；

内螺纹中径的9级公差：$T_{D_2}(9)=2.65T_{d_2}(6)$。

公式中的d为表6或表5内各公称直径分段首尾两数的几何平均值。T_{d_2}和T_{D_2}的单位为微米，P和d的单位为毫米。

10.5.4　外螺纹小径公差

$T_{d_3}=1.25T_{d_2}+|es|$

T_{d_2}和T_{d_3}及外螺纹中径上偏差es的单位为微米。

10.6　新、旧标准的差别

GB/T 13576.1～4—2008与GB/T 13576.1～4—1992相比，其主要差别如下：

1）GB/T 13576.2—2008锯齿形螺纹直径与螺距系列比GB/T 13576.2—1992增加了第三系列的直径，该系列共包括10个直径（见表3.5-105），新增的直径处于100～200mm之间的常用尺寸段。为此在GB/T 13576.3—2008锯齿形螺纹基本尺寸标准中也新增了相应的基本尺寸。

2）GB/T 13576.4—2008锯齿形螺纹公差与GB/T 13576.4—1992相比，其内容变化如下：

①　将旧标准中内螺纹公差带位置A（基本偏差为正值）改为H（基本偏差为零）。

②　新标准增加了外螺纹中径公差带位置e，e位置的基本偏差值较原有c位置的数值更小些。为此新标准的配合会更加紧密，有利于传动精度的提高。

③　由于内、外螺纹的公差带位置均有变化，故推荐公差带也有相应的改变。

11　管螺纹

11.1　牙型角为55°的惠氏管螺纹

11.1.1　圆柱内螺纹与圆锥外螺纹的配合

柱/锥配合被订为GB/T 7306.1—2000“55°密封管螺纹　第一部分：圆柱内螺纹与圆锥外螺纹”

该标准等效地采用了国际标准ISO7—1：1994“用螺纹密封的管螺纹”中柱/锥配合的有关内容，并代替GB7306—1987的这部分技术内容。

该标准适用于管子、阀门、管接头、旋塞及其他管路附件的螺纹连结。并允许在螺纹副内添加合适的密封介质，例如在螺纹表面缠胶带，添加密封胶等。当外锥螺纹旋入圆柱内螺纹时，很容易就能在圆柱内螺纹端面锁紧，并在内、外螺纹中径尺寸相等处形成密封环（参看图3.5-34）。使用起来很方便，被大量用于低压静载的场合，其中水、煤气管就是使用柱/锥配合进行管路联接的最好例子。

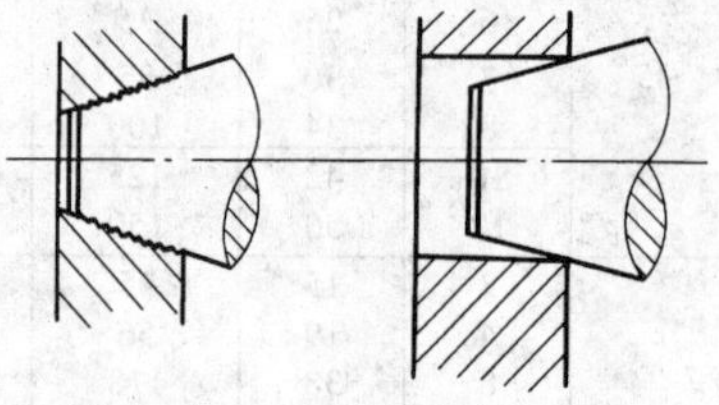

内锥/外锥的配合　内柱/外锥的配合

图3.5-34　两种配合方式的比较

（1）术语

1）参照平面：量规检验螺纹时，读取检验数值（基准平面的位置偏差）所参照的可见平面。它是内螺纹的大端面或外螺纹的小端面。

由于国际标准将内螺纹的基准平面由原来的大端面向内移动了0.5P，而测量时又只能在大端面进行读数，所以将这个读取数据的平面正式命名为参照平面。对于外螺纹的小端平面一直就是测量时读取数据的平面。参照平面的给定恰好统一了这两个读数平面的概念和用途。

2）容纳长度：从内螺纹大端面到妨碍外螺纹旋入的第一个障碍物间的距离。

容纳长度是用于内螺纹的术语，是外螺纹可以旋入内螺纹的最大长度，并与螺纹收尾情况有关。它不同于螺纹的旋合长度，因为旋合长度是螺纹配合后，内、外螺纹共有的长度；也不同于有效螺纹长度，因为在容纳长度内不一定都有螺纹。

（2）参数代号

D——内螺纹在基准平面上的大径；

d——外螺纹在基准平面上的大径(基准直径);

D_2——内螺纹在基准平面上的中径;

d_2——外螺纹在基准平面上的中径;

D_1——内螺纹在基准平面上的小径;

d_1——外螺纹在基准平面上的小径;

n——每25.4mm轴向长度内所包含的螺纹牙数;

P——螺距;

H——原始三角形高度;

h——螺纹牙高;

r——螺纹牙顶和牙底的圆弧半径;

T_1——外螺纹基准距离（基准平面位置）公差;

T_2——内螺纹公差。

（3）牙型

55°管螺纹的原始三角形是顶角为55°的等腰三角形，螺纹大、小径在原始三角形上的削平高度均为$\frac{H}{6}$。圆柱内螺纹和圆锥外螺纹的设计牙型如图3.5-35、36所示。

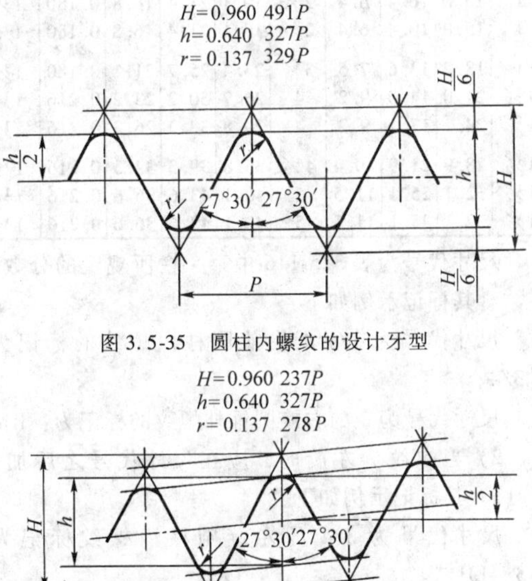

图3.5-35　圆柱内螺纹的设计牙型

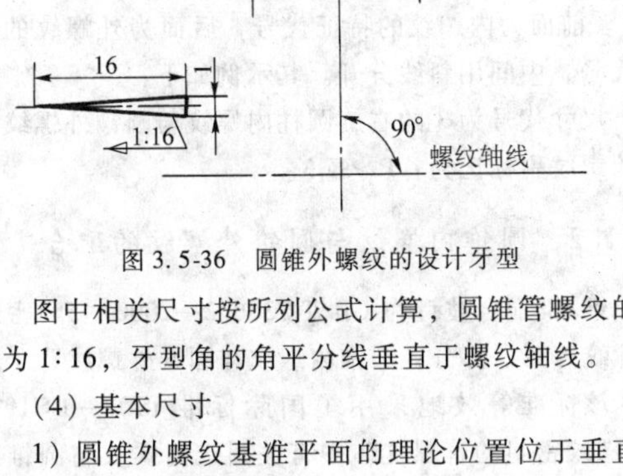

图3.5-36　圆锥外螺纹的设计牙型

图中相关尺寸按所列公式计算，圆锥管螺纹的锥度为1:16，牙型角的角平分线垂直于螺纹轴线。

（4）基本尺寸

1）圆锥外螺纹基准平面的理论位置位于垂直于螺纹轴线、与小端面（参照平面）相距一个基准距离的平面内（见图3.5-37）；圆柱内螺纹基准平面的理论位置位于垂直于螺纹轴线，深入端面（参照平面）以内0.5P的平面内（见图3.5-38）。

2）圆锥外螺纹和圆柱内螺纹的各种尺寸关系如图3.5-37、38所示。内、外螺纹的基本尺寸均在基面上，具体数值列于表3.5-116。

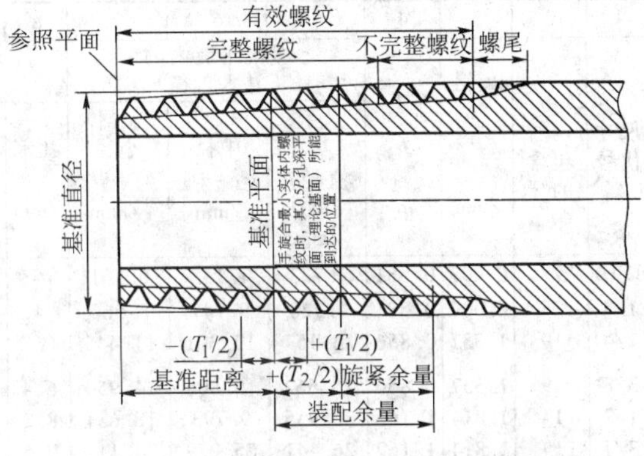

图3.5-37　圆锥外螺纹上各主要尺寸的分布

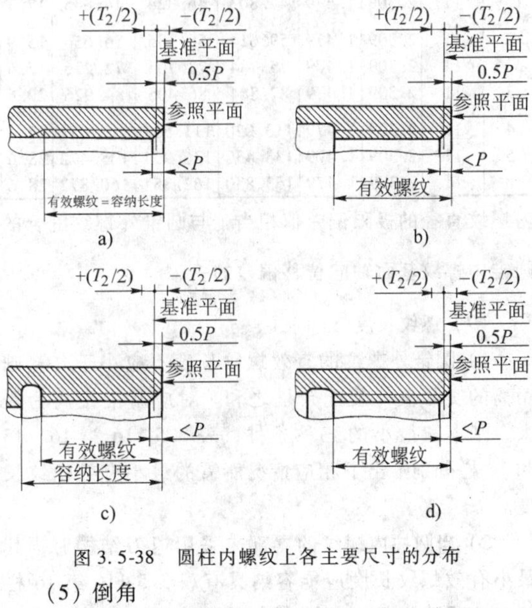

图3.5-38　圆柱内螺纹上各主要尺寸的分布

（5）倒角

圆锥外螺纹小端面和圆柱内螺纹外端面的倒角轴向长度不得大于P。

上述两个平面均为参照平面，倒角的角度及其轴向长度将不同程度的影响量规的检验结果。因此标准中特别规定了对倒角的要求。

（6）公差

圆锥螺纹的特点就是不同轴向位置的平面具有不同的尺寸，并且规定基准平面具有基本尺寸。如果理论位置上的平面不具有基本尺寸，就说明该平面不是基准平面，同时在其他位置肯定能找到一个平面具有基本尺寸，那么该平面即是基准平面。这个新的基准平面的位置距离理论位置的距离被称之为基准平面的位移。它是由制造误差造成的。于是就规定基准平面的位移量的极限偏差来控制锥螺纹的制造精度。

1）圆锥外螺纹基准距离的极限偏差（$\pm T_1/2$）见表3.5-116第9、10栏。

2）圆柱内螺纹各直径的极限偏差见表3.5-116第18、19栏，其中19栏为锥形塞规轴向移动的圈数。

上述规定中基准距离是外螺纹基准平面到小端平面的距离、规定该距离的极限偏差相当于规定了外螺纹的基面轴向位移的极限偏差。该标准中规定的圆柱

表3.5-116　螺纹的基本尺寸及其公差（GB/T 7306.1—2000）

1	2	3	4	5	6	7	8	9	10	11	12	13	14	15	16	17	18	19
尺寸代号	每25.4mm内所包含的牙数 n	螺距 P /mm	牙高 h /mm	基准平面内的基本直径			基准距离					装配余量		外螺纹的有效螺纹不小于			圆柱内螺纹直径的极限偏差 ±	
				大径（基准直径）$d=D$ /mm	中径 $d_2=D_2$ /mm	小径 $d_1=D_1$ /mm	基本 /mm	极限偏差 $\pm T_1/2$		最大 /mm	最小 /mm			基准距离分别为			径向 /mm	轴向圈数 $T_2/2$
								/mm	圈数			/mm	圈数	基本 /mm	最大 /mm	最小 /mm		
1/16	28	0.907	0.581	7.723	7.142	6.561	4	0.9	1	4.9	3.1	2.5	2¾	6.5	7.4	5.6	0.071	1¼
1/8	28	0.907	0.581	9.728	9.147	8.566	4	0.9	1	4.9	3.1	2.5	2¾	6.5	7.4	5.6	0.071	1¼
1/4	19	1.337	0.856	13.157	12.301	11.445	6	1.3	1	7.3	4.7	3.7	2¾	9.7	11	8.4	0.104	1¼
3/8	19	1.337	0.856	16.662	15.806	14.950	6.4	1.3	1	7.7	5.1	3.7	2¾	10.1	11.4	8.8	0.104	1¼
1/2	14	1.814	1.162	20.955	9.793	18.631	8.2	1.8	1	10.0	6.4	5.0	2¾	13.2	15	11.4	0.142	1¼
3/4	14	1.814	1.162	26.441	25.279	24.117	9.5	1.8	1	11.3	7.7	5.0	2¾	14.5	16.3	12.7	0.142	1¼
1	11	2.309	1.479	33.249	31.770	30.291	10.4	2.3	1	12.7	8.1	6.4	2¾	16.8	19.1	14.5	0.180	1¼
1¼	11	2.309	1.479	41.910	40.431	38.952	12.7	2.3	1	15.0	10.4	6.4	2¾	19.1	21.4	16.8	0.180	1¼
1½	11	2.309	1.479	47.803	46.324	44.845	12.7	2.3	1	15.0	10.4	6.4	2¾	19.1	21.4	16.8	0.180	1¼
2	11	2.309	1.479	59.614	58.135	56.656	15.9	2.3	1	18.2	13.6	7.5	3¼	23.4	25.7	21.1	0.180	1¼
2½	11	2.309	1.479	75.184	73.705	72.226	17.5	3.5	1½	21.0	14.0	9.2	4	26.7	30.2	23.2	0.216	1½
3	11	2.309	1.479	87.884	86.405	84.926	20.6	3.5	1½	24.1	17.1	9.2	4	29.8	33.3	26.3	0.216	1½
4	11	2.309	1.479	113.030	111.551	110.072	25.4	3.5	1½	28.9	21.9	10.4	4½	35.8	39.3	32.3	0.216	1½
5	11	2.309	1.479	138.430	136.951	135.472	28.6	3.5	1½	32.1	25.1	11.5	5	40.1	43.6	36.6	0.216	1½
6	11	2.309	1.479	163.830	162.351	160.872	28.6	3.5	1½	32.1	25.1	11.5	5	40.1	43.6	36.6	0.216	1½

内螺纹直径的极限偏差值相当于与圆锥外螺纹配合的圆锥内螺纹基面轴向位移偏差的$\frac{1}{16}$。

（7）螺纹长度

1）圆锥外螺纹的有效螺纹长度不应小于其基础距离的实际值与装配余量之和。对应基准距离为最大，基本和最小的三种条件，表3.5-116第16、15和17栏分别给出了相应情况所需的最小有效螺纹长度。

2）当圆柱内螺纹的尾部未采用退刀结构时，其最小有效螺纹长度应能容纳具有表3.5-116第16栏长度的圆锥外螺纹。当圆柱内螺纹的尾部、采用退刀结构时，其容纳长度应能容纳具有表中第16栏长度的圆锥外螺纹，其最小有效螺纹长度应不小于表中第17栏规定长度的80%，参见图3.5-38。

（8）标记

1）管螺纹的标记由螺纹特征代号和尺寸代号组成，其特征代号如下：

R_P——代表圆柱内螺纹；

R_1——代表与圆柱内螺纹相配合的圆锥外螺纹。

尺寸代号为表3.5-116中第一栏所规定的分数或整数。其标记示例如下：

尺寸代号为3/4的右旋圆柱内螺纹的标记为：R_P3/4；

尺寸代号为3的右旋圆锥外螺纹的标记为：$R_1$3。

2）当螺纹为左旋时，应在尺寸代号之后加注"LH"。其标记示例如下：

尺寸代号为3/4的左旋圆柱内螺纹标记为：R_P3/4LH。

3）表示螺纹副时，螺纹的特征代号为："R_P/R_1"。前面为内螺纹的特征代号，后面为外螺纹的特征代号，中间用斜线分开。其示例如下：

尺寸代号为3的右旋圆柱内螺纹与圆锥外螺纹组成的螺纹副标记为：$R_P/R_1$3。

11.1.2　圆锥内螺纹与圆锥外螺纹的配合

锥/锥配合被订为GB/T 7306.2—2000"55°密封管螺纹　第二部分：圆锥内螺纹与圆锥外螺纹"

该标准等效地采用了国际标准ISO7—1：1999"用螺纹密封的管螺纹"中有关圆锥内螺纹与圆锥外

螺纹配合（锥/锥）的技术内容。

该标准适用于管子、阀门、管接头、旋塞及其他管路附件的螺纹连接。允许在螺纹副内添加合适的密封介质，例如在螺纹表面缠胶带、涂密封胶等。与柱/锥配合相比，锥/锥配合是在内、外螺纹相互旋紧的整个锥面上进行密封（参看图 3.5-34）。因为受到内、外螺纹锥度、牙型半角等多个要素一致性的制约，完成全锥面的密封是比较困难的，往往已经拧得很紧，却仍然有泄漏。但是一旦实现密封就不会轻易被破坏，适用于高压、动载等受力复杂的场合。

（1）与 GB/T 7306.1—2000 相同的技术规定

1）该标准涉及的两个术语“参照平面”和“容纳长度”的定义和作用与 GB/T 7306.1—2000 的规定相同。这里不再重述。

2）该标准关于螺纹各参数的代号、螺纹牙型（圆锥内螺纹与圆锥外螺纹相同）、基本尺寸、基面位置、倒角、圆锥外螺纹各尺寸的分布位置、公差和螺纹长度的规定均与 GB/T 7306.1—2000 相同（参看图 3.5-36、37 和表 3.5-116）。其中基本尺寸、公差和螺纹长度也可在表 3.5-117 中查取。

（2）与圆锥内螺纹有关的规定

1）圆锥内螺纹各主要尺寸的分布位置见图 3.5-39。

2）圆锥内螺纹基准平面的理论位置位于垂直于螺纹轴线，深入端面（参照平面）以内 0.5P 的平面内。

3）圆锥内螺纹大端面的倒角轴向长度不得大于 P。

4）圆锥内螺纹基准平面轴向位置的极限偏差（$\pm T_2/2$）见表 3.5-117 的规定。

5）当圆锥内螺纹的尾部未采用退刀结构时，其最小有效长度应能容纳具有表 3.5-117 第 16 栏长度的圆锥外螺纹；当圆锥内螺纹的尾部采用退刀结构时，其容纳长度应能容纳具有表中第 16 栏长度的圆锥外螺纹，其最小有效螺纹长度应不小于表中第 17 栏规定长度的 80%，见图 3.5-39。

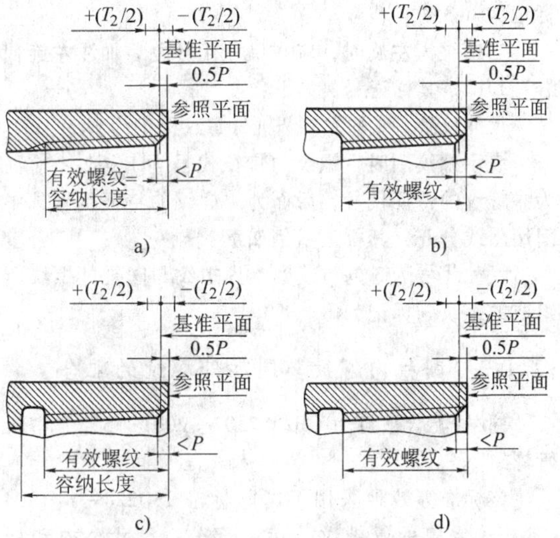

图 3.5-39　圆锥内螺纹上各主要尺寸的分布位置

表 3.5-117　螺纹的基本尺寸及其公差（GB/T 7306.2—2000）

1	2	3	4	5	6	7	8	9	10	11	12	13	14	15	16	17	18	19
尺寸代号	每25.4mm内所包含的牙数 n	螺距 P /mm	牙高 h /mm	基准平面内的基本直径			基准距离					装配余量		外螺纹的有效螺纹不小于			圆锥内螺纹基准平面轴向位置的极限偏差 $\pm T_2/2$	
				大径（基准直径）$d=D$ /mm	中径 $d_2=D_2$ /mm	小径 $d_1=D_1$ /mm	基本 /mm	极限偏差 $\pm T_1/2$		最大 /mm	最小 /mm			基准距离分别为				
								/mm	圈数			/mm	圈数	基本 /mm	最大 /mm	最小 /mm	/mm	圈数
1/16	28	0.907	0.581	7.723	7.142	6.561	4	0.9	1	4.9	3.1	2.5	2¾	6.5	7.4	5.6	1.1	1¼
1/8	28	0.907	0.581	9.728	9.147	8.566	4	0.9	1	4.9	3.1	2.5	2¾	6.5	7.4	5.6	1.1	1¼
1/4	19	1.337	0.856	13.157	12.301	11.445	6	1.3	1	7.3	4.7	3.7	2¾	9.7	11	8.4	1.7	1¼
3/8	19	1.337	0.856	16.662	15.806	14.950	6.4	1.3	1	7.7	5.1	3.7	2¾	10.1	11.4	8.8	1.7	1¼
1/2	14	1.814	1.162	20.955	19.793	18.631	8.2	1.8	1	10.0	6.4	5.0	2¾	13.2	15	11.4	2.3	1¼
3/4	14	1.814	1.162	26.441	25.279	24.117	9.5	1.8	1	11.3	7.7	5.0	2¾	14.5	16.3	12.7	2.3	1¼
1	11	2.309	1.479	33.249	31.770	30.291	10.4	2.3	1	12.7	8.1	6.4	2¾	16.8	19.1	14.5	2.9	1¼
1¼	11	2.309	1.479	41.910	40.431	38.952	12.7	2.3	1	15.0	10.4	6.4	2¾	19.1	21.4	16.8	2.9	1¼
1½	11	2.309	1.479	47.803	46.324	44.845	12.7	2.3	1	15.0	10.4	6.4	2¾	19.1	21.4	16.8	2.9	1¼
2	11	2.309	1.479	59.614	58.135	56.656	15.9	2.3	1	18.2	13.6	7.5	3¼	23.4	25.7	21.1	2.9	1¼
2½	11	2.309	1.479	75.184	73.705	72.226	17.5	3.5	1½	21.0	14.0	9.2	4	26.7	30.2	23.2	3.5	1½
3	11	2.309	1.479	87.884	86.405	84.926	20.6	3.5	1½	24.1	17.1	9.2	4	29.8	33.3	26.3	3.5	1½
4	11	2.309	1.479	113.030	111.551	110.072	25.4	3.5	1½	28.9	21.9	10.4	4½	35.8	39.3	32.3	3.5	1½
5	11	2.309	1.479	138.430	136.951	135.472	28.6	3.5	1½	32.1	25.1	11.5	5	40.1	43.6	36.6	3.5	1½
6	11	2.309	1.479	163.830	162.351	160.872	28.6	3.5	1½	32.1	25.1	11.5	5	40.1	43.6	36.6	3.5	1½

(3) 标记

由于55°密封管螺纹只有一种公差，所以其标记由螺纹特征代号和尺寸代号组成。

螺纹特征代号R_c——表示圆锥内螺纹；

R_2——表示与圆锥内螺纹配合的圆锥外螺纹。

螺纹的尺寸代号为表3.5-117中第一栏所规定的分数或整数。

标记示例：尺寸代号为3/4的右旋圆锥内螺纹的标记为R_c3/4；

当螺纹为左旋时，应在尺寸代号之后加注左旋代号“LH”，其标记示例如下：

尺寸代号3/4的左旋圆锥外螺纹标记为$R_2$3/4LH。

表示螺纹副时，螺纹的特征代号为R_c/R_2，前面为内螺纹的特征代号，后面为外螺纹的特征代号，中间用斜线分开，其标记示例如下：

尺寸代号为3的右旋圆锥内螺纹与圆锥外螺纹所组成的螺纹副标记为$R_c/R_2$3。

11.1.3　圆柱内螺纹与圆柱外螺纹的配合

柱/柱配合被订为GB/T 7307—2001“55°非密封管螺纹”。

该标准等效地采用了国际标准ISO228—1：1994“非螺纹密封的管螺纹　第一部分：尺寸公差和标记”。与我国标准的不同在于我国不推荐使用密封管螺纹与非密封管螺纹组成螺纹副（G/R或R_p/G）。

(1) 标准的适用范围和代号

该标准规定的牙型角为55°的圆柱管螺纹，螺纹副本身不具有密封性。适用于管子、阀门、管接头、旋塞及其他管路附件的螺纹连接。若要求此连接具有密封性，应在螺纹以外设计密封面结构（例如圆锥面、平端面等）。在密封面内添加合适的密封介质，密封圈等，利用螺纹将密封面锁紧密封。

螺纹上各参数的代号如下：

D——内螺纹大径；

d——外螺纹大径；

D_2——内螺纹中径；

d_2——外螺纹中径；

D_1——内螺纹小径；

d_1——外螺纹小径；

T_{D_2}——内螺纹中径公差；

T_{d_2}——外螺纹中径公差；

T_{D_1}——内螺纹小径公差；

T_d——外螺纹大径公差；

n——每25.4mm轴向长度内包含的螺纹牙数；

P——螺距；

H——原始三角形高度；

h——螺纹牙高；

r——螺纹牙顶和牙底的圆弧半径。

(2) 牙型

55°圆柱管螺纹牙型的原始三角形是顶角为55°的等腰三角形、螺纹大径和小径处原始三角形的削平高度均为$\frac{H}{6}$。设计牙型上的牙顶和牙底均为圆弧形，圆弧半径为r，具体形状如图3.5-40所示。

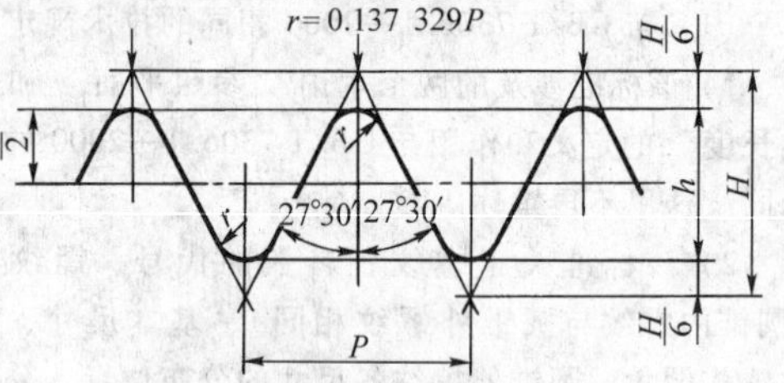

图3.5-40　圆柱管螺纹的设计牙型

(3) 基本尺寸及公差（见图3.5-41）

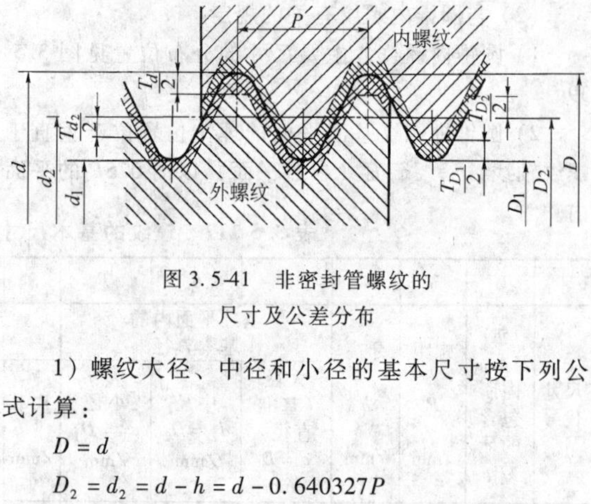

图3.5-41　非密封管螺纹的尺寸及公差分布

1) 螺纹大径、中径和小径的基本尺寸按下列公式计算：

$D=d$

$D_2=d_2=d-h=d-0.640327P$

$D_1=d_1=d-2h=d-1.280654P$

2) 内螺纹的下偏差（EI）和外螺纹的上偏差（es）为基本偏差，其基本偏差为零。

3) 对内螺纹中径和小径规定了一种公差等级。

4) 对外螺纹的中径规定了两种公差等级，A级和B级；对外螺纹大径，规定了一种公差等级。

5) 对内、外螺纹的底径，未规定公差。

6) 在顶径公差带范围内，允许将螺纹圆弧牙顶削平。

圆柱管螺纹的基本尺寸和公差值列于表3.5-118。

(4) 标记

非密封圆柱管螺纹的标记由螺纹特征代号、尺寸代号和公差等级代号组成。

螺纹尺寸代号为表3.5-118第一栏所列出的分数或整数。

螺纹公差等级代号，对外螺纹分为A、B两级进行标记，对内螺纹不标记公差等级。

标记示例如下：

尺寸代号为3的右旋圆柱内螺纹标记为G3；

尺寸代号为2的A级右旋圆柱外螺纹标记为G2A；

尺寸代号为4的B级右旋圆柱外螺纹标记为G4B；

表3.5-118　非密封管螺纹的基本尺寸及其公差（GB/T 7307—2001）　（mm）

尺寸代号	每25.4mm内所包含的牙数 n	螺距 P	牙高 h	基本直径			中径公差①					小径公差		大径公差	
				大径 $d=D$	中径 $d_2=D_2$	小径 $d_1=D_1$	内螺纹		外螺纹			内螺纹		外螺纹	
							下偏差	上偏差	下偏差 A级	下偏差 B级	上偏差	下偏差	上偏差	下偏差	上偏差
1/16	28	0.907	0.581	7.723	7.142	6.561	0	+0.107	-0.107	-0.214	0	0	+0.282	-0.214	0
1/8	28	0.907	0.581	9.728	9.147	8.566	0	+0.107	-0.107	-0.214	0	0	+0.282	-0.214	0
1/4	19	1.337	0.856	13.157	12.301	11.445	0	+0.125	-0.125	-0.250	0	0	+0.445	-0.250	0
3/8	19	1.337	0.856	16.662	15.806	14.950	0	+0.125	-0.125	-0.250	0	0	+0.445	-0.250	0
1/2	14	1.814	1.162	20.955	19.793	18.631	0	+0.142	-0.142	-0.284	0	0	+0.541	-0.284	0
5/8	14	1.814	1.162	22.911	21.749	20.587	0	+0.142	-0.142	-0.284	0	0	+0.541	-0.284	0
3/4	14	1.814	1.162	26.441	25.279	24.117	0	+0.142	-0.142	-0.284	0	0	+0.541	-0.284	0
7/8	14	1.814	1.162	30.201	29.039	27.877	0	+0.142	-0.142	-0.284	0	0	+0.541	-0.284	0
1	11	2.309	1.479	33.249	31.770	30.291	0	+0.180	-0.180	-0.360	0	0	+0.640	-0.360	0
1⅛	11	2.309	1.479	37.897	36.418	34.939	0	+0.180	-0.180	-0.360	0	0	+0.640	-0.360	0
1¼	11	2.309	1.479	41.910	40.431	38.952	0	+0.180	-0.180	-0.360	0	0	+0.640	-0.360	0
1½	11	2.309	1.476	47.803	46.324	44.845	0	+0.180	-0.180	-0.360	0	0	+0.640	-0.360	0
1¾	11	2.309	1.479	53.746	52.267	50.788	0	+0.180	-0.180	-0.360	0	0	+0.640	-0.360	0
2	11	2.309	1.479	59.614	58.135	56.656	0	+0.180	-0.180	-0.360	0	0	+0.640	-0.360	0
2¼	11	2.309	1.479	65.710	64.231	62.752	0	+0.217	-0.217	-0.434	0	0	+0.640	-0.434	0
2½	11	2.309	1.479	75.184	73.705	72.226	0	+0.217	-0.217	-0.434	0	0	+0.640	-0.434	0
2¾	11	2.309	1.479	81.534	80.055	78.576	0	+0.217	-0.217	-0.434	0	0	+0.640	-0.434	0
3	11	2.309	1.479	87.884	86.405	84.926	0	+0.217	-0.217	-0.434	0	0	+0.640	-0.434	0
3½	11	2.309	1.479	100.330	98.851	97.372	0	+0.217	-0.217	-0.434	0	0	+0.640	-0.434	0
4	11	2.309	1.479	113.030	111.551	110.072	0	+0.217	-0.217	-0.434	0	0	+0.640	-0.434	0
4½	11	2.309	1.479	125.730	124.251	122.772	0	+0.217	-0.217	-0.434	0	0	+0.640	-0.434	0
5	11	2.309	1.479	138.430	136.951	135.472	0	+0.217	-0.217	-0.434	0	0	+0.640	-0.434	0
5½	11	2.309	1.479	151.130	149.651	148.172	0	+0.217	-0.217	-0.434	0	0	+0.640	-0.434	0
6	11	2.309	1.479	163.830	162.351	160.872	0	+0.217	-0.217	-0.434	0	0	+0.640	-0.434	0

① 对薄壁件，此公差适用于平均中径，该中径是测量两个相互垂直直径的算术平均值。

当螺纹为左旋时应在外螺纹的公差等级代号或内螺纹的尺寸代号之后加注左旋代号“LH”。

标记示例如下：

尺寸代号为3/8的左旋圆柱内螺纹的标记为G3/8LH。

尺寸代号为3/8的A级左旋圆柱外螺纹的标记为G3/8A-LH。

表示螺纹副时，仅需标注外螺纹的标记代号。

11.2　牙型角为60°的密封管螺纹

GB/T 12716—2002“60°密封管螺纹”等效地采用了美国标准ANSIB1.20.1—1983“一般用途管螺纹”中有关密封管螺纹(NPT和NPSC)的技术内容。

11.2.1　术语和代号

1）标准规定了两个术语：参照平面和容纳长度，其定义均与55°管螺纹GB/T 7306—2000的规定相同，其他术语均符合GB/T 14791的规定。

2）60°密封管螺纹尺寸的代号和名称见表3.5-119。

表3.5-119　60°密封管螺纹尺寸的代号和名称

代号	名　　称	代号	名　　称
D	内螺纹大径	n	25.4mm内的螺纹牙数
d	外螺纹大径	f	削平高度
D_2	内螺纹中径	V	螺尾长度
d_2	外螺纹中径	L_1	基准长度
D_1	内螺纹小径	L_2	有效螺纹长度
d_1	外螺纹小径	L_3	装配余量
P	螺距	L_5	完整螺纹长度
H	原始三角形高度	L_6	不完整螺纹长度
h	牙型高度	L_7	旋紧余量

在表 3.5-119 中，各直径尺寸的代号与美国标准不同，而与我国和 ISO 的其他螺纹标准相一致。在轴向尺寸方面，我国其他螺纹还没有过类似的规定，因此直接采用了美国标准的代号，见图 3.5-42。

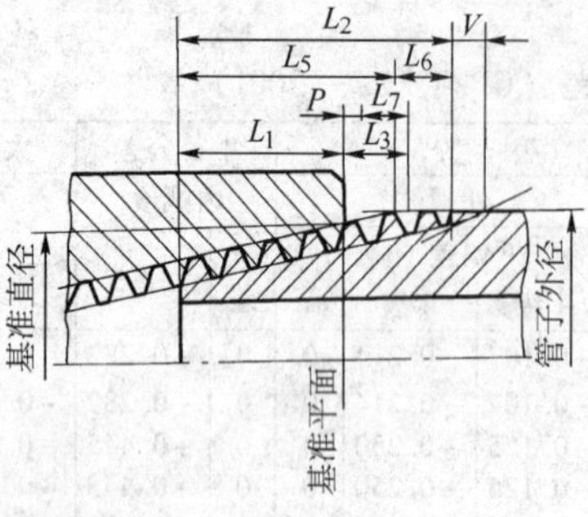

图 3.5-42　60°圆锥管螺纹的轴向尺寸

11.2.2　牙型

60°密封管螺纹的牙型，其原始三角形为 60°的等边三角形。圆锥螺纹的锥度为 1:16，其牙型角的角平分线垂直于螺纹轴线。圆柱内螺纹和圆锥内、外螺纹的牙型见图 3.5-43 和 44。

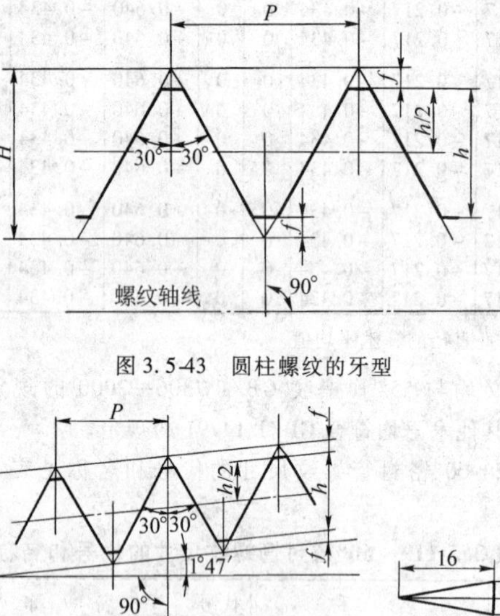

图 3.5-43　圆柱螺纹的牙型

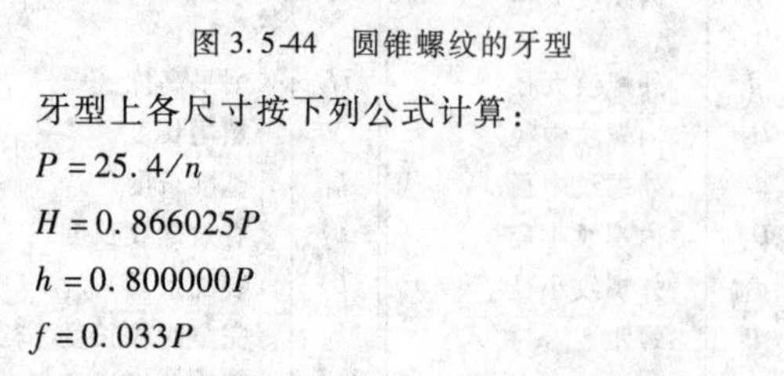

图 3.5-44　圆锥螺纹的牙型

牙型上各尺寸按下列公式计算：

$P=25.4/n$

$H=0.866025P$

$h=0.800000P$

$f=0.033P$

牙顶高和牙底高公差带的分布位置如图 3.5-45 所示，其公差值列于表 3.5-120。

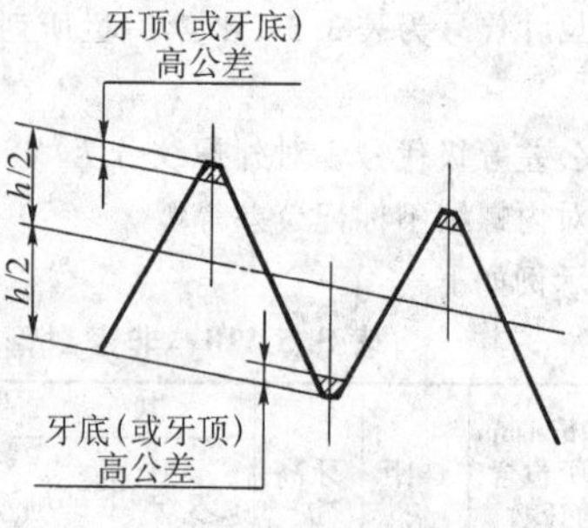

图 3.5-45　牙顶高和牙底高公差带的位置分布

表 3.5-120　牙顶高和牙底高公差

25.4mm 轴向长度内所包含的牙数 n	牙顶高和牙底高公差 /mm
27	0.059
18	0.077
14	0.081
11.5	0.088
8	0.092

11.2.3　圆锥管螺纹的尺寸和公差

（1）基准平面

圆锥外螺纹基准平面的理论位置位于垂直于螺纹轴线，与小端面（参照平面）相距一个基准距离的平面内；内螺纹基准平面的理论位置位于垂直于螺纹轴线的端面（参照平面）内。参看图 3.5-42。

（2）基本尺寸

圆锥螺纹大、中、小径的基本尺寸在基面上，轴向尺寸的分布如图 3.5-42 所示。各项基本尺寸的数值见表 3.5-121。

（3）公差

1）圆锥管螺纹基准平面轴向位置的极限偏差为 ±P。是圆锥螺纹的一项综合公差。

2）在同一轴向平面内，螺纹的大径和小径尺寸应随中径的尺寸变化而变化，以保证螺纹牙顶高和牙底高在规定的公差范围（见表 3.5-120）之内。

3）圆锥管螺纹的锥度、导程和牙侧角的极限偏差见表 3.5-122。这些单项要素的误差一般由控制刀具的尺寸来保证。为确保管螺纹的密封性能，设计者可提出单独对某项要素进行误差检验的技术要求。此外螺纹的圆度误差对螺纹的密封性也有直接影响。

11.2.4　圆柱内螺纹的尺寸和公差

（1）基准平面

圆柱内螺纹基准平面的理论位置位于垂直于螺纹轴线的端面（参照平面）内。

（2）基本尺寸

表 3.5-121　圆锥管螺纹的基本尺寸（GB/T 12716—2002）

1	2	3	4	5	6	7	8	9	10	11	12
螺纹的尺寸代号	25.4mm 内包含的牙数 n	螺距 P	牙型高度 h	基准平面内的基本直径			基准距离 L_1		装配余量 L_3		外螺纹小端面内的基本小径
				大径 $d=D$	中径 $d_2=D_2$	小径 $d_1=D_1$					
		mm					圈数	mm	圈数	mm	/mm
1/16	27	0.941	0.752	7.894	7.142	6.389	4.32	4.064	3	2.822	6.137
1/8	27	0.941	0.752	10.242	9.489	8.737	4.36	4.102	3	2.822	8.481
1/4	18	1.411	1.129	13.616	12.487	11.358	4.10	5.785	3	4.233	10.996
3/8	18	1.411	1.129	17.055	15.926	14.797	4.32	6.096	3	4.233	14.417
1/2	14	1.814	1.451	21.224	19.772	18.321	4.48	8.128	3	5.443	17.813
3/4	14	1.814	1.451	26.569	25.117	23.666	4.75	8.618	3	5.443	23.127
1	11.5	2.209	1.767	33.228	31.461	29.694	4.60	10.160	3	6.626	29.060
1¼	11.5	2.209	1.767	41.985	40.218	38.451	4.83	10.668	3	6.626	37.785
1½	11.5	2.209	1.767	48.054	46.287	44.520	4.83	10.668	3	6.626	43.853
2	11.5	2.209	1.767	60.092	58.325	56.558	5.01	11.065	3	6.626	55.867
2½	8	3.175	2.540	72.699	70.159	67.619	5.46	17.335	2	6.350	66.535
3	8	3.175	2.540	88.608	86.068	83.528	6.13	19.463	2	6.350	82.311
3½	8	3.175	2.540	101.316	98.776	96.236	6.57	20.860	2	6.350	94.932
4	8	3.175	2.540	113.973	111.433	108.893	6.75	21.431	2	6.350	107.554
5	8	3.175	2.540	140.952	138.412	135.872	7.50	23.812	2	6.350	134.384
6	8	3.175	2.540	167.792	165.252	162.712	7.66	24.320	2	6.350	161.191
8	8	3.175	2.540	218.441	215.901	213.361	8.50	26.988	2	6.350	211.673
10	8	3.175	2.540	272.312	269.772	267.232	9.68	30.734	2	6.350	265.311
12	8	3.175	2.540	323.032	320.492	317.952	10.88	34.544	2	6.350	315.793
14 O.D.	8	3.175	2.540	354.904	352.364	349.824	12.50	39.688	2	6.350	347.345
16 O.D.	8	3.175	2.540	405.784	403.244	400.704	14.50	46.038	2	6.350	397.828
18 O.D.	8	3.175	2.540	456.565	454.025	451.485	16.00	50.800	2	6.350	448.310
20 O.D.	8	3.175	2.540	507.246	504.706	502.166	17.00	53.975	2	6.350	498.792
24 O.D.	8	3.175	2.540	608.608	606.068	603.528	19.00	60.325	2	6.350	599.758

注：1. 可参照表中第12栏数据选择攻螺纹前的麻花钻直径。

2. 螺纹收尾长度（V）为 3.47P。

3. O.D. 是英文管子外径（outside diameter）的缩写。

表 3.5-122　圆锥螺纹的单项要素极限偏差（GB/T 12716—2002）

在25.4mm轴向长度内所包含的牙数 n	中径线锥度（1:16）中的极限偏差	有效螺纹的导程累积偏差/mm	牙侧角偏差/(°)
27	+1/96 -1/192	±0.076	±1.25
18，14			±1
11.5，8			±0.75

注：对有效螺纹长度大于25.4mm的螺纹，其导程累积偏差的最大测量跨度为25.4mm。

圆柱内螺纹大径、中径和小径的基本尺寸应分别与圆锥螺纹在基准平面内的大径、中径和小径的基本尺寸值相等，具体数值见表3.5-121。

（3）公差

1）圆柱内螺纹基准平面的轴向位置的极限偏差为 ±1.5P[⊖]。

2）在同一轴向平面内，螺纹的大径和小径尺寸应随其中径的尺寸变化而变化，以保证螺纹牙顶高和牙底高尺寸在规定的公差范围内。为此螺纹中径在径向所对应的极限尺寸应符合表3.5-123所列数值。

表 3.5-123　圆柱内螺纹的极限尺寸（GB/T 12716—2002）

螺纹的尺寸代号	在25.4mm长度内所包含的牙数 n	中径/mm		小径/mm
		max	min	min
1/8	27	9.578	9.401	8.636
1/4	18	12.618	12.355	11.227
3/8	18	16.057	15.794	14.656
1/2	14	19.941	19.601	18.161
3/4	14	25.288	24.948	23.495
1	11.5	31.668	31.255	29.489
1¼	11.5	40.424	40.010	38.252
1½	11.5	46.494	46.081	44.323
2	11.5	58.531	58.118	56.363
2½	8	70.457	69.860	67.310
3	8	86.365	85.771	83.236
3½	8	99.072	98.479	95.936
4	8	111.729	111.135	108.585

注：可参照最小小径数据选择攻螺纹前的麻花钻直径。

11.2.5　有效螺纹长度

圆锥外螺纹的有效螺纹长度不应小于其基准距离

⊖ 编者注：圆柱内螺纹在轴向上直径尺寸是不变的，故不存在其基面轴向位置的变动。在美国标准 ANSI B1.20 中采用圆锥螺纹塞规检验圆柱内螺纹，其公差为 ±1.5P。该值是中径公差在锥螺纹塞规上的轴向变化量。

的实际尺寸与装配余量之和。内螺纹的有效螺纹长度应不小于其基准平面位置的实际偏差值、基准距离的基本尺寸与装配余量之和。

11.2.6　倒角与基准平面的理论位置

1）在外螺纹的小端面倒角，其基准平面的理论位置不变，见图3.5-46a。

2）在内螺纹的大端面倒角，如果倒角的直径小于或等于大端面上内螺纹的大径，则其基准平面的轴向理论位置不变，见图3.5-46b，如果倒角的直径大于大端上内螺纹的大径，则其基准平面的理论位置位于内螺纹大径圆锥或大径圆柱与倒角圆锥相交的轴向位置处，见图3.5-46c。

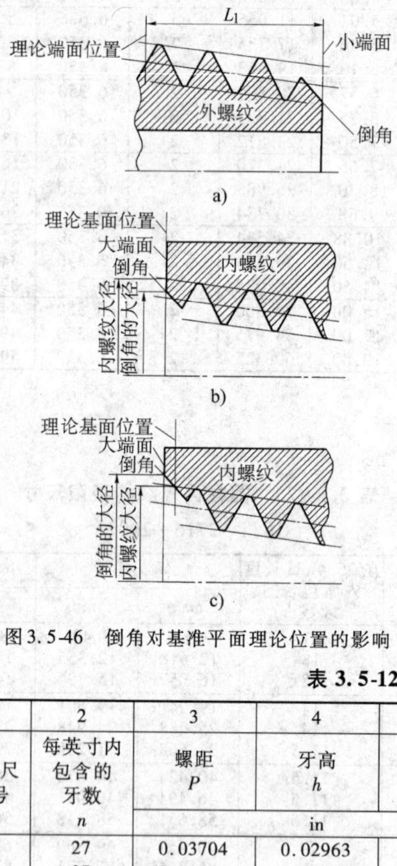

图3.5-46　倒角对基准平面理论位置的影响

11.2.7　标记

1）60°密封管螺纹的标记由螺纹特征代号和螺纹尺寸代号组成

螺纹特征代号：NPT——圆锥管螺纹

NPSC——圆柱内螺纹

螺纹尺寸代号见表3.5-121的第一栏。

标记示例：

尺寸为3/4的右旋圆柱内螺纹为NPSC3/4

尺寸为6的右旋圆锥内或外螺纹为NPT6

2）当螺纹为左旋时，应在尺寸代号后面加注“LH”。

标记示例：

尺寸为14 O. D. 的左旋圆锥内螺纹为NPT14 O. D—LH。

11.2.8　附录

GB/T 12716—2002的附录A（标准的附录）给出了有关60°密封管螺纹的英寸尺寸和公差，其数值见表3.5-124～表3.5-127。

表3.5-124　牙顶高和牙底高公差

每英寸轴向长度内所包含的牙数 n	牙顶高和牙底高公差/in
27	0.002 4
18	0.003 1
14	0.003 2
11.5	0.003 4
8	0.003 7

表3.5-125　圆锥管螺纹的英寸尺寸

1	2	3	4	5	6	7	8	9	10
螺纹的尺寸代号	每英寸内包含的牙数 n	螺距 P	牙高 h	基准平面内的中径 $d_2=D_2$	基准距离 L_1		装配余量 L_3		外螺纹小端面内的基本小径
		in			圈数	in	圈数	in	in
1/16	27	0.03704	0.02963	0.28118	4.32	0.160	3	0.1111	0.2416
1/8	27	0.03704	0.02963	0.37360	4.36	0.1615	3	0.1111	0.3339
1/4	18	0.05556	0.04444	0.49163	4.10	0.2278	3	0.1667	0.4329
3/8	18	0.05556	0.04444	0.62701	4.32	0.240	3	0.1667	0.5676
1/2	14	0.07143	0.05714	0.77843	4.48	0.320	3	0.2143	0.7013
3/4	14	0.07143	0.05714	0.98887	4.75	0.339	3	0.2143	0.9105
1	11.5	0.08696	0.06957	1.23863	4.60	0.400	3	0.2609	1.1441
1¼	11.5	0.08696	0.06957	1.58338	4.83	0.420	3	0.2609	1.4876
1½	11.5	0.08696	0.06957	1.82234	4.83	0.420	3	0.2609	1.7265
2	11.5	0.08696	0.06957	2.29627	5.01	0.436	3	0.2609	2.1995
2½	8	0.12500	0.10000	2.76216	5.46	0.682	2	0.2500	2.6195
3	8	0.12500	0.10000	3.38850	6.13	0.766	2	0.2500	3.2406
3½	8	0.12500	0.10000	3.88881	6.57	0.821	2	0.2500	3.7375
4	8	0.12500	0.10000	4.38712	6.75	0.844	2	0.2500	4.2344
5	8	0.12500	0.10000	5.44929	7.50	0.937	2	0.2500	5.2907
6	8	0.12500	0.10000	6.50597	7.66	0.958	2	0.2500	6.3461
8	8	0.12500	0.10000	8.50003	8.50	1.063	2	0.2500	8.3336

（续）

1	2	3	4	5	6	7	8	9	10
螺纹的尺寸代号	每英寸内包含的牙数	螺距 P	牙高 h	基准平面内的中径 $d_2=D_2$	基准距离 L_1		装配余量 L_3		外螺纹小端面内的基本小径
	n	in			圈数	in	圈数	in	in
10	8	0.12500	0.10000	10.62094	9.68	1.210	2	0.2500	10.4453
12	8	0.12500	0.10000	12.61781	10.88	1.360	2	0.2500	12.4328
14 O.D.	8	0.12500	0.10000	13.87262	12.50	1.562	2	0.2500	13.6750
16 O.D.	8	0.12500	0.10000	15.87575	14.50	1.812	2	0.2500	15.6625
18 O.D.	8	0.12500	0.10000	17.87500	16.00	2.000	2	0.2500	17.6500
20 O.D.	8	0.12500	0.10000	19.87031	17.00	2.125	2	0.2500	19.6375
24 O.D.	8	0.12500	0.10000	23.86094	19.00	2.375	2	0.2500	23.6125

表 3.5-126　圆锥螺纹的单项要素极限偏差

每英寸轴向长度内所包含的牙数 n	中径线锥度(1/16)的极限偏差	有效螺纹的导程偏差/in	牙侧角偏差/(°)
27	+1/96 -1/192	±0.003	±1.25
18,14			±1
11.5,8			±0.75

表 3.5-127　圆柱内螺纹的极限尺寸

螺纹的尺寸代号	每英寸长度内所包含的牙数 n	中径/in		小径/in
		max	min	min
1/8	27	0.3771	0.3701	0.340
1/4	18	0.4968	0.4864	0.442
3/8	18	0.6322	0.6218	0.577
1/2	14	0.7851	0.7717	0.715
3/4	14	0.9956	0.9822	0.925
1	11.5	1.2468	1.2305	1.161
1¼	11.5	1.5915	1.5752	1.506
1½	11.5	1.8305	1.8142	1.745
2	11.5	2.3044	2.2881	2.219
2½	8	2.7739	2.7504	2.650
3	8	3.4002	3.3768	3.277
3½	8	3.9005	3.8771	3.777
4	8	4.3988	4.3754	4.275

11.2.9　美国一般用途管螺纹的用途和代号

由于 GB/T 12716—2002“60°密封管螺纹”等效的采用了美国标准 ANSI B1.20.1 中的锥螺纹（NPT）和圆柱内螺纹（NPSC）部分，现将美国标准 ANSI B1.20.1—1983“一般用途管螺纹”的全部用途及代号列入表 3.5-128，供使用者参考。

表 3.5-128　美国一般用途管螺纹的用途和代号

标准号	性能	用途	内锥	外锥	内柱	外柱
ANSI B1.20.1 代替 ASA B2.1	密封连接	普通用途（管子和附件）	NPT	NPT	—	—
		低压管接头连接	—	NPT	NPSC	
	机械连接	钢轨联结	NPTR	NPTR	—	—
		设备的自由配合接头	—	—	NPSM	NPSM
		带锁紧螺母的松配合接头	—	—	NPSL	NPSL

11.3　米制管螺纹

我国于 1978 年即颁布了两个相关的米制管螺纹标准 GB1414 和 GB1415。几经修订，现介绍如下。

11.3.1　普通螺纹管路系列标准

GB/T 1414—2003“普通螺纹管路系列”所列的尺寸系列见表 3.5-129。这些尺寸均选自 GB/T 193—2003“普通螺纹直径与螺距系列”标准，并执行 GB/T 197—2003“普通螺纹公差”标准的规定。

表 3.5-129　普通螺纹的管路系列

（GB/T 1414—2003）　（mm）

公称直径 D、d 第1选择	第2选择	螺距 P	公称直径 D、d 第1选择	第2选择	螺距 P
8		1.25、1		52	1.5
10		1.25、1		60	3、2
12		1	64		1.5
	14	2、1.5	72		3
16		1.5、1		76	3
	18	2、1.5	80		1.5
20		1.5		85	2
	22	1.5	90		4
24		2	100		3
	27	2		115	4
30		2、1.5	125		2
	33	2	140		3
36		1.5		150	2
	39	3	160		2
42		3、2		170	4
48		3、2			

11.3.2　米制密封螺纹

GB/T 1415—2008 标准规定了米制密封螺纹的牙型、尺寸、公差和标记，包括圆锥内螺纹与圆锥外螺纹、圆柱内螺纹和圆锥外螺纹两种联结形式。这两种联结形式的螺纹副都具有密封性，并允许在螺纹副内加入密封填料以提高其密封性能。适用于管子、阀门、管接头、旋塞等使用米制螺纹的管路系统。

（1）各参数的代号

D——内螺纹在基准平面内的大径；

D_2——内螺纹在基准平面内的中径；

D_1——内螺纹在基准平面内的小径；

d——外螺纹在基准平面内的大径；

d_2——外螺纹在基准平面内的中径；

d_1——外螺纹在基准平面内的小径；

P——螺距；

H——原始三角形高度；

L_1——基准距离；

L_2——有效螺纹长度；

φ——圆锥螺纹锥角的一半；

T_1——圆锥外螺纹基准距离（基准平面位置）公差；

T_2——圆锥内螺纹基准距离（基准平面位置）公差。

（2）关于牙型和尺寸的规定

米制圆锥螺纹的基本牙型如图 3.5-47 所示，其锥度为 1∶16，与圆锥外螺纹配合的圆柱内螺纹的基本牙型应符合 GB/T 192—2003 普通螺纹基本牙型的规定，参看图 3.5-4。

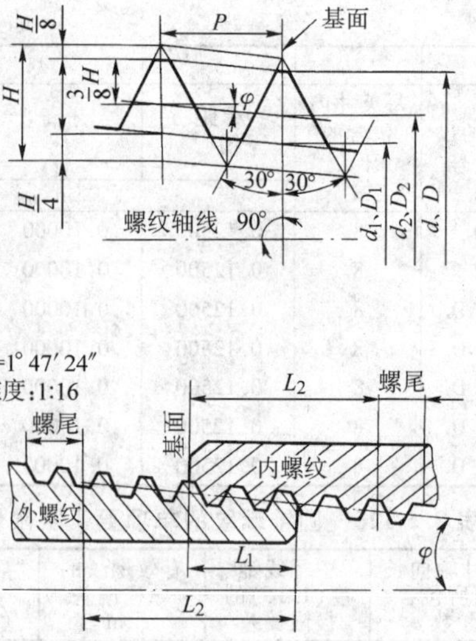

图 3.5-47　米制锥螺纹的牙型和尺寸

螺纹牙型尺寸按下列公式进行计算：

$H=0.866\,025\,404P$

$5H/8=0.541\,265\,877P$

$3H/8=0.324\,759\,526P$

$H/4=0.216\,506\,351P$

$H/8=0.108\,253\,175P$

圆锥外螺纹基准平面的理论位置应在垂直于螺纹轴线、与小端面相距一个基准距离的平面上；内螺纹基准平面的理论位置应在垂直于螺纹轴线的大端面上。螺纹各尺寸的分布位置见图 3.5-47 的下图。与圆锥外螺纹配合的圆柱内螺纹的尺寸与圆锥外螺纹的基面尺寸相同。米制密封螺纹的基本尺寸列于表 3.5-130。

表 3.5-130　米制密封螺纹的基本尺寸　　(mm)

公称直径 D，d	螺距 P	基准平面内的直径①			基准距离②		最小有效螺纹长度②	
		大径 D，d	中径 D_2，d_2	小径 D_1，d_1	标准型 L_1	短型 $L_{1短}$	标准型 L_2	短型 $L_{2短}$
8	1	8.000	7.350	6.917	5.500	2.500	8.000	5.500
10	1	10.000	9.350	8.917	5.500	2.500	8.000	5.500
12	1	12.000	11.350	10.917	5.500	2.500	8.000	5.500
14	1.5	14.000	13.026	12.376	7.500	3.500	11.000	8.500
16	1	16.000	15.350	14.917	5.500	2.500	8.000	5.500
	1.5	16.000	15.026	14.376	7.500	3.500	11.000	8.500
20	1.5	20.000	19.026	18.376	7.500	3.500	11.000	8.500
27	2	27.000	25.701	24.835	11.000	5.000	16.000	12.000
33	2	33.000	31.701	30.835	11.000	5.000	16.000	12.000
42	2	42.000	40.701	39.835	11.000	5.000	16.000	12.000
48	2	48.000	46.701	45.835	11.000	5.000	16.000	12.000
60	2	60.000	58.701	57.835	11.000	5.000	16.000	12.000
72	3	72.000	70.051	68.752	16.500	7.500	24.000	18.000
76	2	76.000	74.701	73.835	11.000	5.000	16.000	12.000

（续）

公称直径 D，d	螺距 P	基准平面内的直径①			基准距离②		最小有效螺纹长度②	
		大径 D，d	中径 D_2，d_2	小径 D_1，d_1	标准型 L_1	短型 $L_{1短}$	标准型 L_2	短型 $L_{2短}$
90	2	90.000	88.701	87.835	11.000	5.000	16.000	12.000
	3	90.000	88.051	86.752	16.500	7.500	24.000	18.000
115	2	115.000	113.701	112.835	11.000	5.000	16.000	12.000
	3	115.000	113.051	111.752	16.500	7.500	24.000	18.000
140	2	140.000	138.701	137.835	11.000	5.000	16.000	12.000
	3	140.000	138.051	136.752	16.500	7.500	24.000	18.000
170	3	170.000	168.051	166.752	16.500	7.500	24.000	18.000

①　对圆锥螺纹，不同轴向位置平面内的螺纹直径数值是不同的。要注意各直径的轴向位置。

②　基准距离有两种形式：标准型和短型。两种基准距离分别对应两种形式的最小有效螺纹长度。标准型基准距离 L_1 和标准型最小有效螺纹长度 L_2 适用于由圆锥内螺纹与圆锥外螺纹组成的“锥/锥”配合螺纹；短型基准距离 $L_{1短}$ 和短型最小有效螺纹长度 $L_{2短}$ 适用于由圆柱内螺纹与圆锥外螺纹组成的“柱/锥”配合螺纹。选择时要注意两种配合形式对应两组不同的基准距离和最小有效螺纹长度，避免选择错误。

（3）关于公差的规定

圆锥螺纹的公差共有三项，它们是基准平面轴向位置的极限偏差（见表3.5-131）、牙顶高和牙底高的极限偏差（见表3.5-132）和单项要素的极限偏差（见表3.5-133）。

表3.5-131　圆锥螺纹基准平面轴向位置的极限偏差

（mm）

螺距 P	圆锥外螺纹基准平面的极限偏差（$\pm T_1/2$）	圆锥内螺纹基准平面的极限偏差（$\pm T_2/2$）
1	0.7	1.2
1.5	1	1.5
2	1.4	1.8
3	2	3

表3.5-132　螺纹牙顶高和牙底高的极限偏差

（mm）

螺距 P	外螺纹极限偏差		内螺纹极限偏差	
	牙顶高	牙底高	牙顶高	牙底高
1	0 -0.032	-0.015 -0.050	±0.030	±0.030
1.5	0 -0.048	-0.020 -0.065	±0.040	±0.040
2	0 -0.050	-0.025 -0.075	±0.045	±0.045
3	0 -0.055	-0.030 -0.085	±0.050	±0.050

圆柱内螺纹的中径公差带为5H，其公差值按GB 197普通螺纹公差标准的规定，具体数值见表3.5-12。圆柱内螺纹的牙顶高和牙底高的极限偏差与圆锥螺纹相同，见表3.5-132。

表3.5-133　螺纹其他单项要素的极限偏差

螺距 P/mm	牙侧角 /（′）	螺距累积①/mm		中径锥角②/（′）	
		在 L_1 范围内	在 L_2 范围内	外螺纹	内螺纹
1	±45	±0.04	±0.07	+24 -12	+12 -24
1.5					
2					
3					

①　该项误差应为在 L_1 或 L_2 长度范围内测得的螺距偏差，而不是螺距累积误差。

②　测量中径锥角的测量跨度为 L_1。

（4）标记方法

米制密封螺纹的标记由螺纹特征代号，尺寸代号和基准距离的组别代号组成，具体规定如下：

①　圆锥螺纹的特征代号为 M_c；圆柱内螺纹的特征代号为 M_p。

②　螺纹尺寸代号为“公称直径×螺距”，其数值单位为毫米。

③　当采用标准型基准距离时，可以省去基准距离的组别代号N；短型基准距离的组别代号为S，不能省略。

④　左旋螺纹应在基准距离组别代号之后加注左旋代号LH，右旋螺纹不标注旋向代号。

⑤　锥/锥配合（标准型）的螺纹副与单独的内锥螺纹或外锥螺纹三者的标注方法完全相同。

⑥　柱/锥配合（短型）螺纹副的代号为 M_p/M_c。

标记示例如下：

圆锥外螺纹、圆锥内螺纹或锥/锥配合的左旋螺纹副：

M_c　12×1—LH

　左旋代号

　尺寸代号

　圆锥螺纹的特征代号

右旋短型基准距离的圆锥外螺纹：

M_c　20×1.5—S

　短型基准距离组别代号

　尺寸代号

　圆锥螺纹的特征代号

短型基准距离、右旋圆柱内螺纹：

M_p　20×1.5—S

　短型基准距离组别代号

　尺寸代号

　圆柱内螺纹特征代号

柱/锥配合的螺纹副：

M_p/M_c　20×1.5—S

　短型基准距离组别代号

　尺寸代号

　圆柱内螺纹与圆锥外螺纹配合的螺纹副代号

（5）螺纹检验

锥/锥配合的螺纹除了需用圆锥螺纹塞规和环规进行检验外还需用圆锥光滑塞规和环规对圆锥内、外螺纹的顶径进行检验。

柱/锥配合的螺纹分别采取圆柱螺纹塞规和圆锥螺纹环规进行综合检验。

上述两种配合由于基距的不同，所使用的量规是不同的，注意不能混用。允许在合同中增加进行单项要素检验的要求。

11.4　干密封管螺纹

前面介绍的几种管螺纹都是需要加入密封介质用以确保螺纹副的密封性。到目前为止，只有美国制订的 ANSI B1.20.4—1976"干密封管螺纹"（米制转化）是不借助密封介质进行密封的管螺纹，可以用在不宜于使用密封介质的场合。当然，在条件允许的情况下也不反对使用密封介质。这里仅介绍其主要内容供设计者参考。

美国干密封管螺纹标准 ANSI B1.20.4—1976 是 ANSI B1.20.3—1976 的米制尺寸标准，两者的技术内容相同。

该标准所规定的螺纹所以具有密封性能是对一般用途管螺纹的牙型进行了调整，使内、外螺纹的牙底略宽于牙顶（牙底的削平量稍大），这样较尖的牙顶就能在较宽的牙底处被挤压变形而消除了大小径间的间隙。可想而知，牙顶高和牙底高的微小尺寸差异需控制在一定的精度范围内。

11.4.1　干密封管螺纹的种类和代号

干密封管螺纹的外螺纹都是锥螺纹，内螺纹有圆锥和圆柱两种。螺纹的长度分为标准的和短的两种。短的外螺纹是在小端切除一扣；短的内螺纹是在大端切除一扣。所以干密封管螺纹共有四种形式，其名称和代号如下：

Ⅰ型——干密封美国标准锥管螺纹 NPTF；

Ⅱ型——干密封短锥管螺纹 PTF-SAE SHORT；

Ⅲ型——干密封美国标准燃料用直管内螺纹 NPSF；

Ⅳ型——干密封美国标准一般用直管内螺纹 NPSI。

这四种类型的螺纹中 NPTF 又分为两类，第一类不要求对牙顶和牙底的削平尺寸进行检验，第二类则要求检验牙顶和牙底的削平。

上述螺纹的标记顺序为：螺纹规格（公称直径和每英寸的牙数）、形式种类代号和分类等级，其标记示例如下：

1/8——27NPTF—1

1/8——27NPTF—2[⊖]

1/8——27PTF—SAE SHORT

1/8——27NPSF

1/8——27NPSI

11.4.2　干密封管螺纹的牙型

干密封管螺纹的牙型是以一般用途管螺纹的牙型为基础进行改进而得到的。除牙顶和牙底的削平量不同外，其余各参数均与一般用途的管螺纹相同。干密封管螺纹旋紧后，内、外螺纹的大、小径间没有间隙，如图 3.5-48 所示。图左侧为最小实体条件，此时牙顶和牙底的削去量相等，配合后牙顶和牙底各点的接触与侧面的接触一样，而且没有间隙。图右侧是最大实体条件，此时处于牙顶最尖，牙底最宽的极限状态，当螺纹旋紧时应该得到最大过盈，牙侧、牙顶和牙底均应充满。

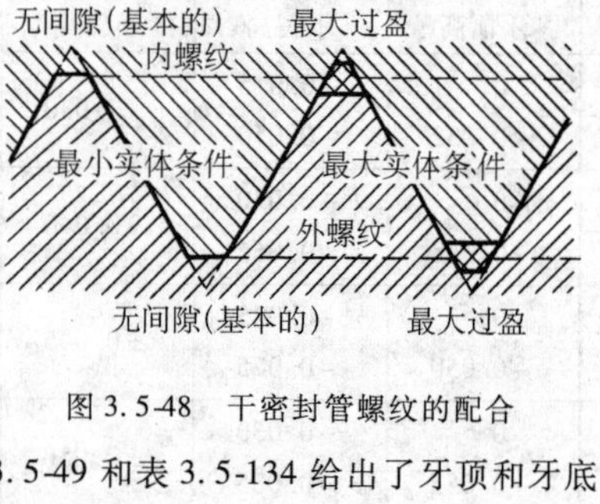

图 3.5-48　干密封管螺纹的配合

图 3.5-49 和表 3.5-134 给出了牙顶和牙底的形状和削平尺寸的极限，如图所示允许牙顶和牙底在公差范围内呈圆弧形。

⊖　若不注出分类等级则被认为是1类。

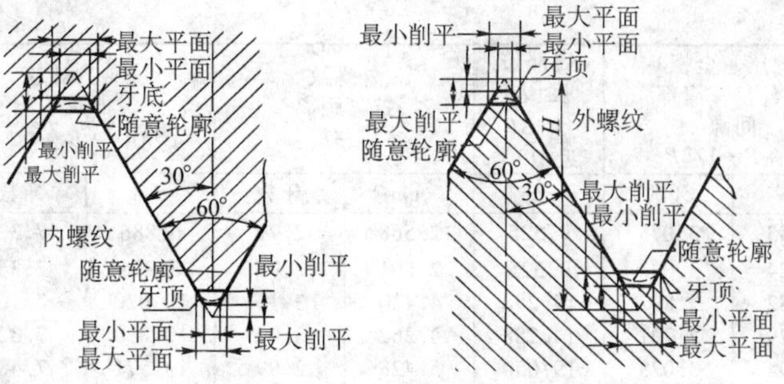

图 3.5-49　干密封管螺纹牙顶和牙底的削平极限

表 3.5-134　干密封管螺纹牙顶和牙底的削平极限

螺纹/in	V形螺纹的高度 H	削平							
		最小				最大			
		在牙顶处		在牙底处		在牙顶处		在牙底处	
		公式	尺寸/mm	公式	尺寸/mm	公式	尺寸/mm	公式	尺寸/mm
27	0.815	0.047P	0.043	0.094P	0.089	0.094P	0.089	0.140P	0.132
18	1.222	0.047P	0.066	0.078P	0.109	0.078P	0.109	0.109P	0.155
14	1.571	0.036P	0.066	0.060P	0.109	0.060P	0.109	0.085P	0.155
11½	1.913	0.040P	0.089	0.060P	0.132	0.060P	0.132	0.090P	0.198
8	2.750	0.042P	0.132	0.055P	0.175	0.055P	0.175	0.076P	0.241

螺纹/in	V形螺纹的高度 H	平面的当量宽度							
		最小				最大			
		在牙顶处		在牙底处		在牙顶处		在牙底处	
		公式	尺寸/mm	公式	尺寸/mm	公式	尺寸/mm	公式	尺寸/mm
27	0.815	0.054P	0.051	0.108P	0.102	0.108P	0.102	0.162P	0.152
18	1.222	0.540P	0.076	0.090P	0.127	0.090P	0.127	0.126P	0.178
14	1.571	0.042P	0.076	0.070P	0.127	0.070P	0.127	0.098P	0.178
11½	1.913	0.046P	0.102	0.069P	0.152	0.069P	0.152	0.103P	0.229
8	2.750	0.048P	0.152	0.064P	0.203	0.064P	0.203	0.088P	0.279

11.4.3　NPTF 螺纹

NPTF 是干密封的标准锥管螺纹，包括内螺纹和外螺纹。是四种螺纹中最长的，也是强度和密封性能最好的。旋合后的每个牙顶和牙底都能密合，适用于各种类型的管子和管接头。其基本尺寸见表 3.5-135，表中的尺寸关系见图 3.5-50。

表 3.5-135　NPTF 螺纹的基本尺寸

规　格	螺距 P	外螺纹小端处中径 E_0	内螺纹大端处中径 E_1	外螺纹大端处中径 E_2	内螺纹小端处中径 E_3	手拧旋合 L_1		完整螺纹长度 $L_2$①	
	mm	mm	mm	mm	mm	mm	牙数	mm	牙数
1/16—27	0.9408	6.888	7.142	7.302	6.711	4.064	4.32	6.632	7.05
1/8—27	0.9408	9.233	9.489	9.652	9.058	4.102	4.36	6.703	7.12
1/4—18	1.4112	12.126	12.487	12.764	11.862	5.786	4.10	10.206	7.23
3/8—18	1.4112	15.545	15.926	16.192	15.281	6.096	4.32	10.358	7.34
1/2—14	1.8143	19.264	19.772	20.111	18.926	8.128	4.48	13.556	7.47
3/4—14	1.8143	24.579	25.117	25.445	24.239	8.611	4.75	13.861	7.64
1—11½	2.2088	30.826	31.461	31.910	30.411	10.160	4.60	17.343	7.85
1¼—11½	2.2088	39.551	40.218	40.673	39.136	10.668	4.83	17.953	8.13
1½—11½	2.2088	45.621	46.287	46.769	45.207	10.668	4.83	18.377	8.32
2—11½	2.2088	57.633	58.325	58.834	57.219	11.074	5.01	19.215	8.70
2½—8	3.1750	69.076	70.159	70.882	68.481	17.323	5.46	28.893	9.10
3—8	3.1750	84.852	86.068	87.757	84.257	19.456	6.13	30.480	9.60

（续）

规　格	螺尾+全螺纹公差+肩部间隙（$V+P+1/2P$）		肩部长度[L_2+（3P近似）]	外螺纹拧紧距离[L_2-L_1]		完整内螺纹长度（L_1+L_3）②		配合外径 D_2	管子外径 D
	mm	牙数	mm	mm	牙数	mm	牙数	mm	mm
1/16—27	2.893	3.075	9.525	2.568	2.73	6.886	7.32	8.00	7.938
1/8—27	2.824	3.072	9.525	2.601	2.76	6.924	7.36	10.34	10.287
1/4—18	4.082	2.892	14.288	4.420	3.13	10.020	7.10	13.87	13.716
3/8—18	3.929	2.791	14.288	4.262	3.02	10.330	7.32	17.30	17.145
1/2—14	5.494	3.028	19.050	5.428	2.99	13.571	7.48	21.59	21.336
3/4—14	5.189	2.860	19.050	5.250	2.89	14.054	7.75	26.92	26.670
1—11½	6.469	2.929	23.813	7.183	3.25	16.787	7.60	33.71	33.401
1¼—11½	6.655	3.013	24.608	7.285	3.30	17.295	7.83	42.47	42.164
1½—11½	7.023	3.190	25.400	7.709	3.49	17.295	7.83	48.56	48.260
2—11½	6.977	3.159	26.192	8.141	3.69	17.701	8.01	60.63	60.325
2½—8	9.604	3.025	38.496	11.570	3.64	26.848	8.46	73.48	73.025
3—8	9.604	3.025	40.084	11.024	3.47	28.981	9.13	89.36	88.900

① 表中外螺纹的完整螺纹长度包括不超过一个螺距（螺纹）长度的倒角。

② 表中内螺纹的完整螺纹长度不包括在中径线和倒角（测量参考点）交线外的锥口孔。完整螺纹长度的设计尺寸等于完整内螺纹加一个螺距。

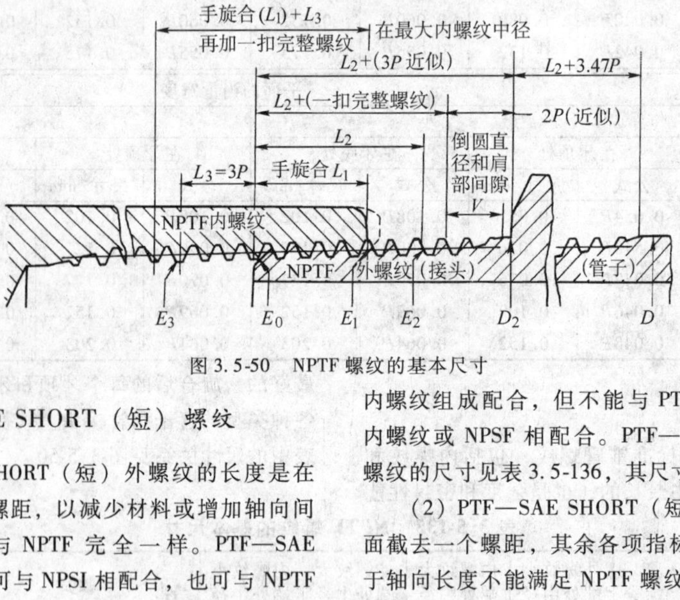

图 3.5-50　NPTF 螺纹的基本尺寸

11.4.4　PTF—SAE SHORT（短）螺纹

（1）PTF—SAE SHORT（短）外螺纹的长度是在螺纹的小端截去一个螺距，以减少材料或增加轴向间隙。其余各参数均与 NPTF 完全一样。PTF—SAE SHORT（短）外螺纹可与 NPSI 相配合，也可与 NPTF 内螺纹组成配合，但不能与 PTF—SAE SHORT（短）内螺纹或 NPSF 相配合。PTF—SAE SHORT（短）外螺纹的尺寸见表 3.5-136，其尺寸关系见图 3.5-51。

（2）PTF—SAE SHORT（短）是在内螺纹的大端面截去一个螺距，其余各项指标均与 NPTF 一样。用于轴向长度不能满足 NPTF 螺纹长度要求的零件，也

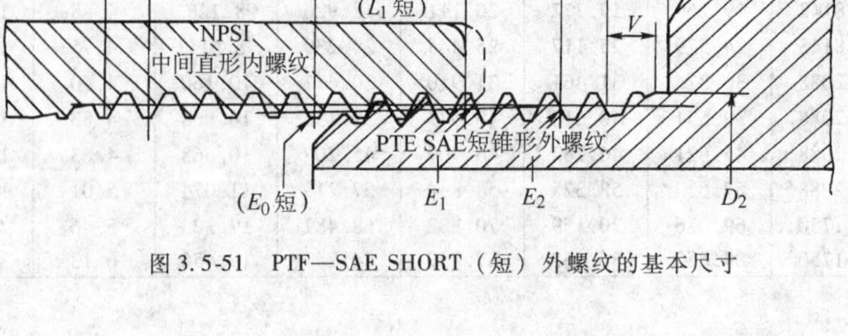

图 3.5-51　PTF—SAE SHORT（短）外螺纹的基本尺寸

为了缩短攻螺纹的长度。PTF—SAE SHORT 主要用于与 NPTF 外螺纹装配，而不用于与 PTF—SAE SHORT 外螺纹组成配合。其尺寸见表 3.5-137，尺寸关系见图 3.5-52。

表 3.5-136 PTF—SAE SHORT（短）外螺纹基本尺寸

规格	螺距 P	外螺纹端部中径 E_0 短	L_1		手旋合 L_1 短		完整外螺纹长度 L_2 短①		螺尾＋全螺纹公差＋肩部间隙 $(V+P+1/2P)$		最小肩部长度 $(L_2$ 短 $+2\frac{1}{2}P)$	外螺纹拧紧距离 $(L_2$ 短 $-L_1$ 短)		完整内螺纹长度 $(L_1$ 短 $+4P)$②	
	mm	mm	mm	牙数	mm	牙数	mm	牙数	mm	牙数	mm	mm	牙数	mm	牙数
1/16—27	0.9408	6.947	4.064	4.32	3.124	3.32	5.692	6.05	2.352	2.50	8.044	2.568	2.73	6.886	7.32
1/8—27	0.9408	9.292	4.102	4.36	3.160	3.36	5.761	6.12	2.352	2.50	8.113	2.601	2.76	6.924	7.36
1/4—18	1.4112	12.214	5.786	4.10	4.374	3.10	8.793	6.23	3.528	2.50	12.322	4.420	3.13	10.020	7.10
3/8—18	1.4112	15.633	6.096	4.32	4.684	3.32	8.946	6.34	3.528	2.50	12.474	4.262	3.02	10.330	7.32
1/2—14	1.8143	19.377	8.128	4.48	6.314	3.48	11.742	6.47	4.536	2.50	16.279	5.428	2.99	13.571	7.48
3/4—14	1.8143	24.692	8.611	4.75	6.797	3.75	12.047	6.64	4.536	2.50	16.581	5.250	2.89	14.054	7.75
1—11½	2.2088	30.964	10.160	4.60	7.950	3.60	15.133	6.85	5.522	2.50	20.655	7.183	3.25	16.787	7.60
1¼—11½	2.2088	39.689	10.668	4.83	8.458	3.83	15.743	7.13	5.522	2.50	21.265	7.285	3.30	17.295	7.83
1½—11½	2.2088	45.759	10.668	4.83	8.458	3.83	16.167	7.32	5.522	2.50	21.689	7.709	3.49	17.295	7.83
2—11½	2.2088	57.771	11.074	5.01	8.865	4.01	17.005	7.70	5.522	2.50	22.527	8.141	3.69	17.701	8.01
2½—8	3.1750	69.274	17.323	5.46	14.148	4.46	25.718	8.10	7.938	2.50	33.655	11.570	3.64	26.848	8.46
3—8	3.1750	85.050	19.456	6.13	16.281	5.13	27.305	8.60	7.938	2.50	35.243	11.024	3.47	28.981	9.13

① 表中外螺纹的完整螺纹长度包括不超过一个螺距（螺纹）长度的倒角。

② 表中内螺纹的完整螺纹长度不包括在中线和倒角（测量参考点）交线之外的锥口孔。

表 3.5-137 PTF—SAE SHORT 内螺纹基本尺寸

规格	螺距 P	内螺纹大端的中径 E_1 短	L_1		手旋合 L_1 短		内螺纹完整螺纹长度 $(L_1$ 短 $+L_3)$①		SAE 短锥螺纹孔深
	mm	mm	mm	牙数	mm	牙数	mm	牙数	mm
1/16—27	0.9408	7.083	4.064	4.32	3.124	3.32	5.946	6.32	11.593
1/8—27	0.9408	9.431	4.102	4.36	3.160	3.36	5.984	6.36	11.628
1/4—18	1.4112	12.399	5.786	4.10	4.374	3.10	8.608	6.10	17.074
3/8—18	1.4112	15.838	6.096	4.32	4.684	3.32	8.918	6.32	17.384
1/2—14	1.8143	19.659	8.128	4.48	6.314	3.48	11.758	6.48	22.644
3/4—14	1.8143	25.004	8.611	4.75	6.797	3.75	12.240	6.75	23.127
1—11½	2.2088	31.323	10.160	4.60	7.950	3.60	14.577	6.60	27.828
1¼—11½	2.2088	40.080	10.668	4.83	8.458	3.83	15.085	6.83	28.336
1½—11½	2.2088	46.150	10.668	4.83	8.458	3.83	15.085	6.83	28.336
2—11½	2.2088	58.187	11.074	5.01	8.865	4.01	15.491	7.01	28.743
2½—8	3.1750	69.960	17.323	5.46	14.148	4.46	23.673	7.46	42.723
3—8	3.1750	85.870	19.456	6.13	16.281	5.13	25.806	8.13	44.856

① 表中内螺纹的完整螺纹长度不包括在中径线和倒角(测量参考点)交线外的锥口孔。

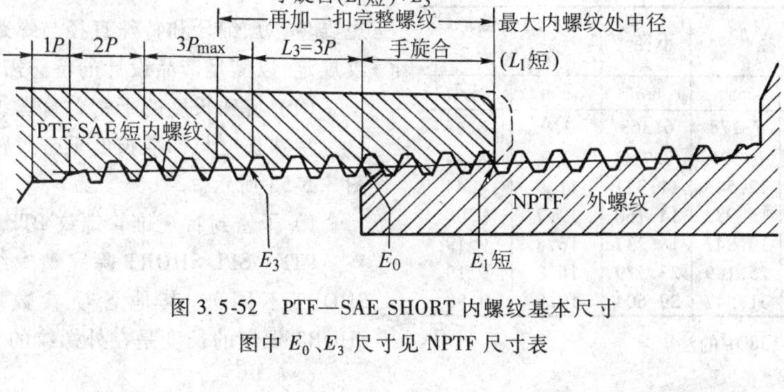

图 3.5-52 PTF—SAE SHORT 内螺纹基本尺寸

图中 E_0、E_3 尺寸见 NPTF 尺寸表

11.4.5 NPSF螺纹

NPSF是圆柱形内螺纹，也称内直螺纹，代替内锥螺纹与外锥螺纹组成配合。装配后牙顶和牙底之间的过盈仅发生在内螺纹端面的最初的几扣内，因此不如与内锥螺纹配合时那么紧密和牢固。NPSF螺纹一般多采用较软或有韧性的材料，以便能更好地适应外锥螺纹。当使用硬脆性材料时，应有较厚的截面。NPSF内直螺纹主要用于与NPTF外锥螺纹配合，另外还能与干密封的某些特殊螺纹配合。NPSF的尺寸见表3.5-138。

表3.5-138 NPSF螺纹的尺寸

规格	中径①		小径②	要求的完整螺纹最小长度③	
	min	max	min	mm	牙数
1/16—27	7.031	7.120	6.304	7.9	8.44
1/8—27	9.378	9.467	8.651	7.9	8.44
1/4—18	12.324	12.456	11.232	11.9	8.44
3/8—18	15.761	15.893	14.671	12.7	9.00
1/2—14	19.558	19.728	18.118	16.8	9.19
3/4—14	24.905	25.075	23.465	16.8	9.19
1—11½	31.201	31.407	29.464	19.8	8.98

① 由于量规一定要旋进大约3/8扣才能与第一个全牙旋合，因此由锥形塞规测出的螺孔的中径略大于给定的值。

② 由于要保持标准干密封管螺纹的牙型，内螺纹大径和小径随中径而变化。

③ 表中内螺纹的完整螺纹长度不包括中径线和倒角锥交点之外的锥口孔。

11.4.6 NPSI螺纹

NPSI是圆柱内螺纹，其直径稍大于NPSF，公差和螺纹长度均与NPSF相同。其材料多为硬性或脆性的。用于厚壁零件，与外锥螺纹旋合后几乎没有变形。NPSI不能像内锥螺纹那样保证有牢固的密封，主要用于与PTE—SAE SHORT外锥螺纹配合，也可与NPTF外螺纹装配。NPSI螺纹的尺寸见表3.5-139。

表3.5-139 NPSI螺纹的尺寸

规格	中径①		小径②	要求的完整螺纹最小长度③	
	min	max	min	mm	牙数
1/16—27	7.089	7.178	6.363	7.9	8.44
1/8—27	9.436	9.525	8.710	7.9	8.44
1/4—18	12.410	12.543	11.321	11.9	8.44
3/8—18	15.850	15.982	14.760	12.7	9.00
1/2—14	19.672	19.842	18.237	16.8	9.19
3/4—14	25.019	25.189	23.579	16.8	9.19
1—11½	31.339	31.547	29.604	19.8	8.98

①②③ 见表3.5-138中的注。

11.4.7 装配规则与旋合长度

NPTF和PTF—SAE SHORT都是锥管螺纹，包括内螺纹和外螺纹，只是螺纹长度不同；而NPSF和NPSI则都是圆柱管螺纹，只有内螺纹，没有外螺纹。这四种形式的干密封管螺纹的装配关系如表3.5-140所示。在表3.5-141中推荐有装配时的旋合长度。

表3.5-140 推荐的不同型干密封螺纹的装配规则①

干密封外螺纹		干密封内螺纹	
形式	说明	形式	说明
Ⅰ	NPTF(锥形)外螺纹	Ⅰ	NPTF(锥形)内螺纹
		Ⅱ②④	PTF—SAE SHORT(锥形)内螺纹
		Ⅲ②⑤	NPSF(直形)内螺纹
		Ⅳ②⑤⑥	NPSI(直形)内螺纹
Ⅱ②③	PTF—SAE SHORT(锥形)外螺纹	Ⅳ	NPSI(直形)内螺纹
		Ⅰ	NPSF(直形)内螺纹

① 用圆柱内螺纹与锥形外螺纹装配较内、外螺纹都是锥形的装配要快。干密封没有内、外都是直螺纹的装配。

② 在理论上过盈发生在所有螺纹牙上，因此不用密封剂的压力密封连接，能很好地保证两个NPTF螺纹在全长上进行旋合，短锥形要比NPTF少两扣。采用圆柱内螺纹时，由于材料有韧性，仅在一扣上产生过盈。

③ PTF—SAE SHORT外螺纹主要用来与NPSI Ⅳ型内螺纹装配，但也可与NPTF Ⅰ型内螺纹装配。原本并不是为了与PTF—SAE SHORT Ⅱ型内螺纹或NPSF Ⅲ型内螺纹配合而设计的，而且在公差的极限位置将无法装配。

④ PTF—SAE SHORT内螺纹主要用来与NPTF外螺纹装配，而不是与PTF—SAE SHORT Ⅱ型外螺纹相配，并且在公差的极限位置将无法与之配合。

⑤ 没有直形干密封外螺纹。

⑥ NPSI内螺纹主要用来与PTF—SAE SHORT Ⅱ型外螺纹相配，也可与NPTF Ⅰ型外螺纹相配。

11.4.8 特殊类型的干密封管螺纹

在ASNI B1.20.4—1976标准的附录中给出了特短、超特短、细牙和特殊直径与螺距组合的干密封管螺纹规定，以满足产品设计的特殊需求。

(1) 特殊长度的干密封管螺纹

特殊长度与标准长度干密封管螺纹的长度关系如图3.5-53所示。

1) 干密封特短锥管螺纹PTF—SPL SHORT

PTF—SPL SHORT除完整螺纹长度与PTF—SAE SHORT不同外，其他各项参数均相同。PTF—SPL SHORT螺纹的长度是在外螺纹的大端再减去一扣，或在内螺纹的小端再减去一扣。此时测量外螺纹长度和锥度的 L_2 环规和测量内螺纹长度和锥度 L_3 塞规均不能再使用。该螺纹的标记为：

1/8－27PTF—SPL SHORT

表 3.5-141　干密封螺纹装配旋合的参考尺寸　（mm）

规　格	螺纹旋合的近似长度 NPTF 外螺纹装入				螺纹旋合的近似长度 “PTF—SAE 短”外螺纹装入			
	NPSI 内螺纹	NPTF 内螺纹	NPSF 内螺纹	PTF—SAE 短内螺纹	NPSI 内螺纹	NPTF 内螺纹	NPSF 内螺纹	PTF—SAE 短内螺纹
	L_1+3P	$L_1+2.5P$	L_1+2P	$L_1+1.5P$	L_1+2P	$L_1+1.5P$	L_1+1P	$L_1+0.5P$
1	2	3	4	5	6	7	8	9
1/16—27	6.9	6.4	5.8	5.6	5.8	5.6	5.1	4.6
1/8—27	6.9	6.4	5.8	5.6	5.8	5.6	5.1	4.6
1/4—18	9.9	9.4	8.6	7.9	8.6	7.9	7.1	6.6
3/8—18	10.4	9.7	8.9	8.1	8.9	8.1	7.4	6.9
1/2—14	13.5	12.7	11.7	10.9	11.7	10.9	9.9	9.1
3/4—14	14.0	13.2	12.2	11.4	12.2	11.4	10.4	9.4
1—11½	16.9	15.7	14.5	13.5	14.5	13.5	12.4	11.2
1¼—11½	17.3	16.3	15.0	14.0	15.0	14.0	13.0	11.7
1½—11½	17.3	16.3	15.0	14.0	15.0	14.0	13.0	11.7
2—11½	17.8	16.5	15.5	14.5	15.5	14.5	13.2	12.2
2½—8	26.9	25.1	23.6	22.1	23.6	22.1	20.6	18.8
3—8	29.0	27.4	25.9	24.1	25.9	24.1	22.6	21.1

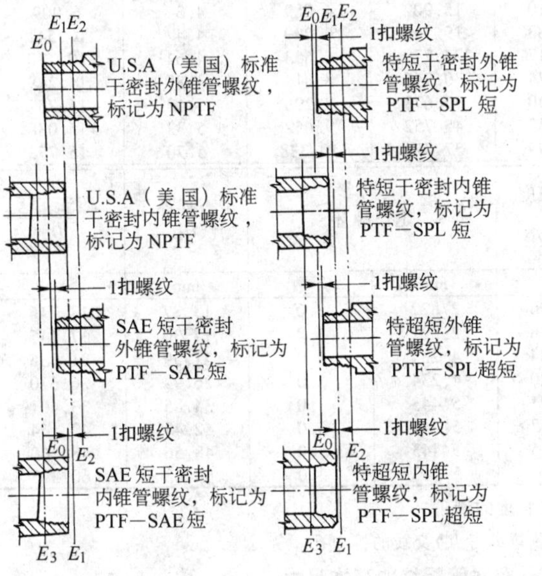

图 3.5-53　特殊长度和标准长度干密封管螺纹的比较

2）干密封特超短锥管螺纹 PTF—SPL EXTRA SHORT

该螺纹除了完整螺纹长度外，其他各参数均与 PTF—SAE SHORT 一样。PTF—SPL EXTRA SHORT 螺纹，其完整螺纹的长度更短，是在外螺纹大端再去掉两扣，或在内螺纹小端再去掉两扣。其螺纹的标记为：

1/8－27PTF—SPL EXTRA SHORT

3）对干密封特殊长度的螺纹和干密封标准螺纹内、外螺纹可装配的对应关系如表 3.5-142。

表 3.5-142　干密封特殊螺纹和标准螺纹的装配关系

外　螺　纹	内　螺　纹
PTF SPL SHORT 外螺纹① PTF SPL EXTRA SHORT 外螺纹①	PTF SAE SHORT 内螺纹 NPSF 内螺纹 PTF SPL SHORT 内螺纹 PTF SPL EXTRA SHORT 内螺纹
PTF SAE SHORT 外螺纹①	PTF SPL SHORT 内螺纹 PTF SPL EXTRA SHORT 内螺纹
PTF SPL SHORT 外螺纹② PTF SPL EXTRA SHORT 外螺纹②	NPTF 或 NPSI 内螺纹
NPTF 外螺纹②	PTF SPL SHORT 内螺纹 PTF SPL EXTRA SHORT 内螺纹

① 只有当内螺纹接近最小中径、外螺纹接近最大中径时才能保证手紧旋合长度为一扣；在公差极限处由于完整螺纹的削短有可能旋不上。

② 当内螺纹接近最小中径，外螺纹接近最大中径尺寸时，扳手拧紧和密封用的最小长度为2扣；在公差的极限处，已被削短的完整螺纹长度减少了扳手拧紧扣数，因而有可能不密封。

（2）干密封的细牙螺纹

推荐的细牙螺纹系列见表 3.5-143，表中的尺寸关系见图 3.5-54。该系列适用于内、外螺纹的全长，并适用于要求比 NPTF 螺纹更细的场合。其标记示例为：

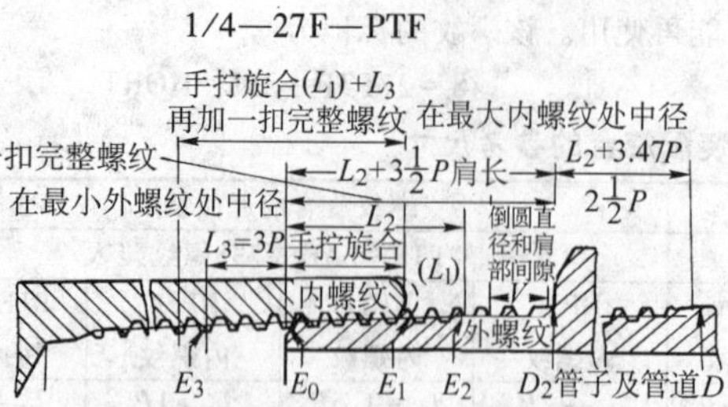

图3.5-54　干密封细牙螺纹 F—PTF 的基本尺寸

(3) 特殊直径与螺距组合的干密封管螺纹

特殊直径与螺距组合的干密封管螺纹适用于标准外径的薄壁管，其基本尺寸列于表3.5-144。表中的尺寸分布见图3.5-55。此系列中每英寸的牙数均为27。其标记示例如下：

1/2—27　SPL—PTF　0D0.500

- 管子外径
- 特殊系列代号
- 尺寸规格

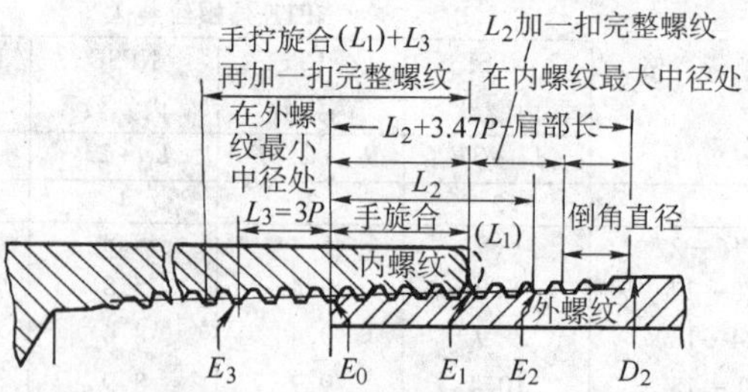

图3.5-55　特殊直径与螺距干密封管螺纹的基本尺寸

表3.5-143　干密封细牙螺纹 F—PTF 的基本尺寸

规格	螺距 P	外螺纹小端处中径 E_0	内螺纹大端处中径 E_1	外螺纹大端处中径 E_2	内螺纹小端处中径 E_3	手拧旋合 L_1		完整螺纹长度，外螺纹 $L_2$①，内螺纹 (L_1+L_3)②
	mm	mm	mm	mm	mm	mm	牙数	mm
1/4—27	0.9408	12.656	12.905	13.081	12.480	3.988	4.23	6.807
3/8—27	0.9408	16.078	16.334	16.510	15.902	4.089	4.34	6.909
1/2—18	1.4112	19.724	20.118	20.383	19.560	6.299	4.47	10.541
3/4—18	1.4112	25.044	25.453	25.717	24.779	6.553	4.64	10.770
1—14	1.8143	31.286	31.837	32.174	30.946	8.814	4.85	14.249
1¼—14	1.8143	40.018	40.598	40.940	39.678	9.296	5.13	14.757
1½—14	1.8143	46.092	46.695	47.035	45.752	9.652	5.32	15.088
2—14	1.8143	58.114	58.760	59.099	57.774	10.338	5.70	15.773

规格	完整螺纹长度，外螺纹 $L_2$①，内螺纹 (L_1+L_3)②	螺尾+完整螺纹公差+肩部间隙 $(V+1P+P/2)$		肩部长度 $(L_2+3\frac{1}{2}P)$	退出螺牙		配合件外径 D_2	管子外径 D
	牙数	mm	牙数	mm	mm	牙数	mm	mm
1/4—27	7.23	3.292	3.5	10.096	2.822	3.0	13.87	13.716
3/8—27	7.34	3.292	3.5	10.198	2.822	3.0	17.30	17.145
1/2—18	7.47	4.938	3.5	15.484	4.234	3.0	21.59	21.336
3/4—18	7.64	4.938	3.5	15.720	4.234	3.0	26.92	26.670
1—14	7.85	6.350	3.5	20.597	5.443	3.0	34.85	33.401
1¼—14	8.13	6.350	3.5	21.097	5.443	3.0	42.47	42.164
1½—14	8.32	6.350	3.5	21.445	5.443	3.0	48.56	48.260
2—14	8.70	6.350	3.5	22.134	5.443	3.0	60.63	60.325

① 表中外螺纹的完整螺纹长度包括不超过一个螺距(螺纹)长度的倒角。

② 表中内螺纹的完整螺纹长度不包括超过中径线和倒角(测量参考点)交线的锥口孔。

表3.5-144　特殊直径与螺距干密封管螺纹的基本尺寸

管子直径 D③	规格	螺距 P	外螺纹小端处中径 E_0	内螺纹大端处中径 E_1	外螺纹大端处中径 E_2	内螺纹小端处中径 E_3	手拧旋合 L_1		完整螺纹长度，外螺纹(L_2)①，内螺纹(L_1+L_3)②		退出螺牙	
mm		mm	mm	mm	mm	mm	mm	牙数	mm	牙数	mm	牙数
12.70	1/2—27	0.9408	11.642	11.889	12.065	11.465	3.952	4.2	6.774	7.2	2.882	3.0
15.88	5/8—27	0.9408	14.811	15.064	15.240	14.634	4.046	4.3	6.868	7.3	2.882	3.0
19.05	3/4—27	0.9408	17.980	18.239	18.415	18.016	4.140	4.4	6.962	7.4	2.882	3.0
22.22	7/8—27	0.9408	21.149	21.414	21.590	20.973	4.234	4.5	7.056	7.5	2.882	3.0
25.40	1—27	0.9408	24.318	24.588	24.765	24.142	4.328	4.6	7.150	7.6	2.882	3.0

① 表中外螺纹的完整螺纹长度包括不超过一个螺距(螺纹)长度的倒角。

② 表中内螺纹的完整螺纹长度不包括超过中径线和倒角(测量参考点)交线的锥口径。

③ 此处是管子的标准外径，不要与标准管子直径和螺纹的标记混淆。

11.5　气瓶专用螺纹

气瓶专用螺纹订有国标 GB8335—1998。

气瓶螺纹包括气瓶的瓶口与瓶阀连接用的圆锥螺纹及瓶帽与颈圈连接用的非封密的圆柱管螺纹，还有溶解乙炔气瓶易熔塞与瓶的连接采用的55°密封管螺纹。其中与 GB/T7306 规定相同的部分这里不再介绍，仅对气瓶专用螺纹加以简要的说明，因为气瓶螺纹从广义上说也属于管螺纹，但在锥度、牙型和尺寸上均与国标规定的牙型角为55°和60°的两种管螺纹有所不同。从气瓶螺纹的规定我们知道，锥螺纹的锥度不仅有1∶16，还有其他的锥度比。

11.5.1　术语和符号

气瓶专用螺纹标准 GB8335—1998 中有关“基准平面”、“基准直径”和“基准距离”三个术语的定义符合国标 GB/T14791—1993 的规定。下面是有关气瓶专用螺纹的特别规定。

1）圆锥螺纹螺距的定义：在中径线上相邻牙对应两点间平行圆锥体母线的距离。

该定义与 GB/T14791 有关螺距定义的不同在于，GB/T14791 定义的螺距是计量中径线上相邻牙对应两点间的轴向距离。这与气瓶的螺纹牙（角平分线）垂直于圆锥体的母线有关。

2）圆锥螺纹中径偏差的定义：是包括中径本身的偏差和牙型半角偏差、螺距偏差、锥角偏差等所引起的中径径向当量在内的中径综合偏差。

3）参照面的定义：外锥螺纹的小端面（检验可见平面）或内锥螺纹大端面（检验可见平面）。

该定义的含义与 GB/T7306 和 GB/T12716 相同，只是叙述方法不同。

4）气瓶专用螺纹的符号

$D(d)$——螺纹大径；

$D_2(d_2)$——螺纹中径；

PZ——气瓶圆锥螺纹；

PG——气瓶圆柱螺纹；

n——每25.4mm 内的螺纹牙数；

P——螺距；

L_1——基距；

L_2——圆锥外螺纹有效长度；

L_3——圆锥内螺纹有效长度；

H——原始三角形高度；

h——牙型高度（$h=2h_1=2h_2$）；

r——圆弧半径；

α——牙型角；

$\Delta\frac{\alpha}{2}$——牙型半角偏差；

φ——倾斜角；

K——锥度。

11.5.2　圆锥螺纹的基本牙型和尺寸

圆锥螺纹的基本牙型如图3.5-56所示，其尺寸见表3.5-145。

如图3.5-56所示，气瓶专用锥螺纹和其他一般用途锥管螺纹的最大不同点是：

1）锥螺纹的锥度为3∶25。

2）螺纹牙的角平分线垂直于圆锥体的母线，而不是螺纹的轴线。

11.5.3　圆锥螺纹的中径偏差

圆锥螺纹的中径偏差以其基面位置的轴向变动量表示，其变动范围不超过1.5mm。圆锥外螺纹的中径偏差是＋0.18mm，圆锥内螺纹的中径偏差是－0.18mm，圆锥外螺纹用圆锥螺纹环规检查，环规螺纹大端的尺寸应与螺纹基面上的尺寸相同；环规螺纹的小端制有一个台阶，台阶的高度为1.5mm，小端平面到大端平面的距离等于基距。当环规旋合在外螺纹上时，外螺纹小端平面应在环规小端台阶高度范围内，如图3.5-57。

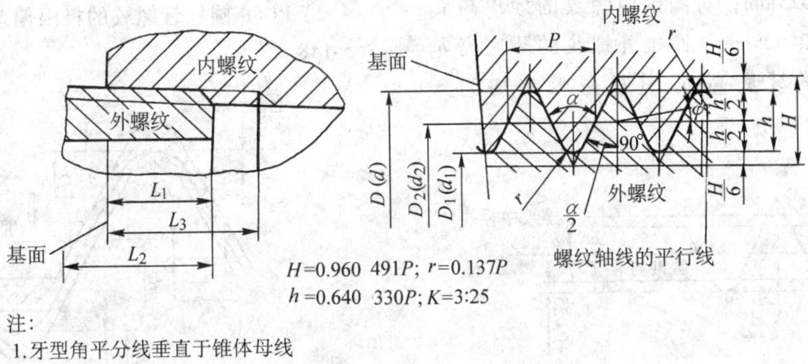

$H=0.960\ 491P$；$r=0.137P$

$h=0.640\ 330P$；$K=3:25$

注：

1.牙型角平分线垂直于锥体母线

2.牙型顶部允许是平的

图3.5-56　气瓶锥螺纹的牙型和尺寸

表 3.5-145 圆锥螺纹的基本尺寸及偏差（GB8335—1998）

螺纹代号	n	P	基面上直径 $D(d)$ 基本尺寸	$D(d)$ 极限偏差 d	$D(d)$ 极限偏差 D	$D_2(d_2)$ 基本尺寸	$D_2(d_2)$ 极限偏差 d_2	$D_2(d_2)$ 极限偏差 D_2	$D_1(d_1)$ 基本尺寸	$D_1(d_1)$ 极限偏差 d_1	$D_1(d_1)$ 极限偏差 D_1	螺纹长度 L_1	L_2	L_3	牙型高度 h	r	α
			mm														
PZ39	12	2.117	39.000	+0.18	-0.18	37.643	+0.18	-0.18	36.286	+0.18	-0.18	17.67	26	22	1.355	0.291	55°
PZ27.8	14	1.814	27.800			26.636			25.472						1.162	0.249	
PZ19.2			19.200			18.036			16.872			16.00	22	19			

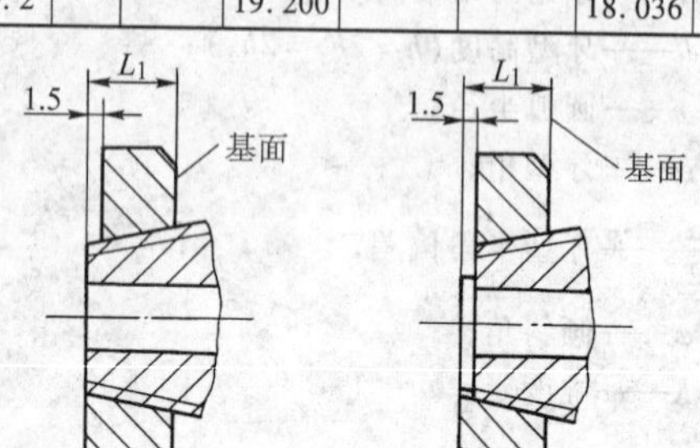

图 3.5-57 圆锥外螺纹的环规检查

圆锥内螺纹用圆锥螺纹塞规检查，塞规大端制有台阶，台阶的高度为 1.5mm，台阶大端部位的螺纹尺寸应与该螺纹基面上的螺纹尺寸相同，台阶大端部位到小端平面的距离等于基距。当把塞规旋入内螺纹时，螺孔端面应在台阶高度范围内。如图 3.5-58 所示。

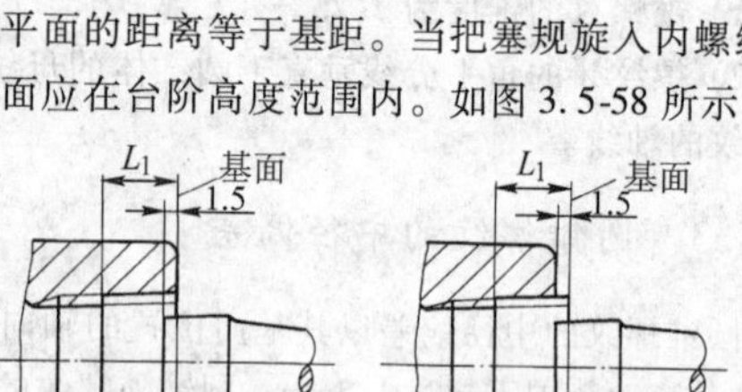

图 3.5-58 圆锥内螺纹的塞规检查

11.5.4 圆锥螺纹牙顶与牙底至螺纹中径线距离的偏差

如图 3.5-59 所示，对圆锥外螺纹的牙顶高 h_1 其极限偏差取 -0.025mm；对圆锥内螺纹的牙顶高 h_2 其极限偏差取 +0.025mm。圆锥外螺纹的牙底高 h_2 和圆锥内螺纹的牙底高 h_1 其极限偏差均为 ±0.025mm。

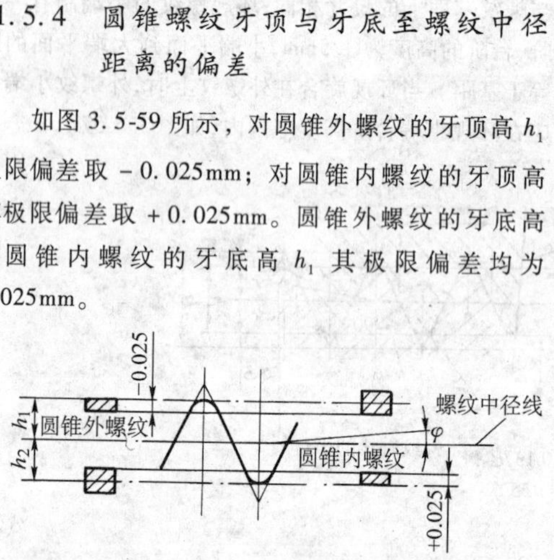

图 3.5-59 圆锥螺纹牙顶和牙底对螺纹中径线的偏差

11.5.5 圆锥螺纹各单项要素的偏差

牙型半角偏差、倾斜角偏差和螺距偏差见表 3.5-146，表中数据可做为设计螺纹工具的依据。必要时，可对单项要素提出检验要求。

表 3.5-146 牙型半角偏差、倾斜角偏差和螺距偏差（GB8335—1998）

螺纹代号	$\Delta\frac{\alpha}{2}$	$\Delta\varphi$ 圆锥外螺纹	$\Delta\varphi$ 圆锥内螺纹	ΔP 在 L_1 长度上	ΔP 在 L_2 和 L_3 长度上
				mm	
PZ39	±1°	+10′ -5′	+5′ -10′	±0.04	±0.07
PZ27.8					
PZ19.2					

11.5.6 气瓶专用圆柱管螺纹

1）瓶帽与颈圈连接的非密封管螺纹的内、外螺纹均为圆柱形，其牙型和尺寸见图 3.5-60 和表 3.5-147，其螺纹标记为：PG80。

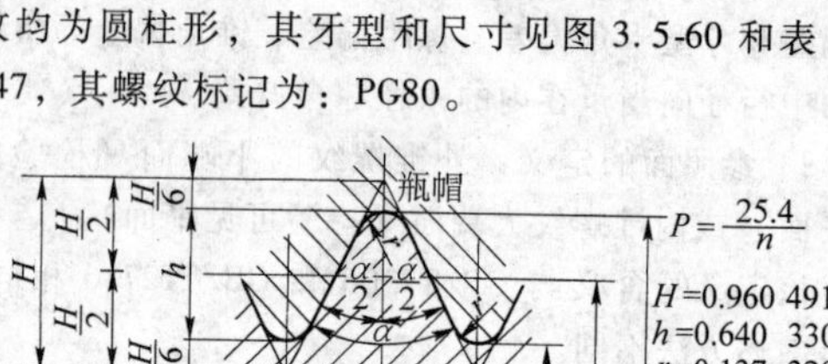

图 3.5-60 气瓶用圆柱管螺纹的牙型和尺寸

2）PG80 圆柱管螺纹的极限偏差见图 3.5-61 和表 3.5-148。

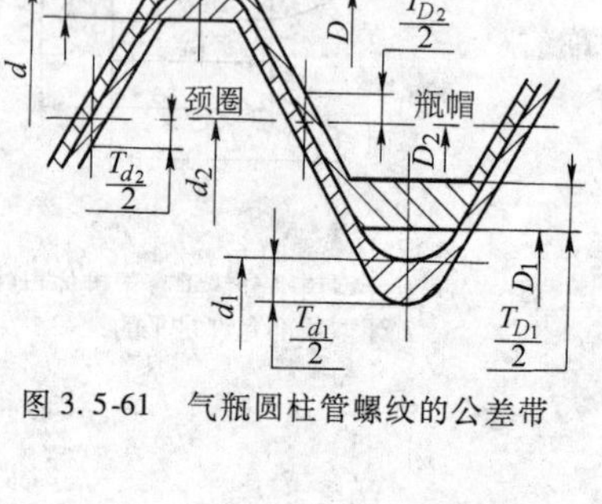

图 3.5-61 气瓶圆柱管螺纹的公差带

表 3.5-147　PG80 圆柱螺纹的基本尺寸

螺纹代号	n	P	h	r	瓶帽（颈圈）			α
					D（d）	D_2（d_2）	D_1（d_1）	
		mm						
PG80	11	2.309	1.479	0.317	80.000	78.521	77.042	55°

表 3.5-148　PG80 圆柱螺纹的极限偏差　（mm）

螺纹类别	瓶　帽			颈　圈		
螺纹直径	D	D_2	D_1	d	d_2	d_1
极限偏差	+0.620 +0.100	+0.360 +0.100	+0.900 +0.340	0 -0.520	0 -0.260	0 -0.430

12　普通螺纹的工艺尺寸

GB/T3—1997“普通螺纹收尾、肩距、退刀槽和倒角”是螺纹加工重要的工艺尺寸标准。该标准所规定的收尾、肩距和退刀槽与刀具的退出时间、刀具的导锥尺寸以及螺纹的整体尺寸直接相关。与普通螺纹牙型相同或相接近的其他螺纹（如过渡配合螺纹等）均可参照使用。

12.1　外螺纹

1）外螺纹收尾和肩距的形式和尺寸见图 3.5-62 和表 3.5-149。螺纹收尾的牙底圆弧半径不应小于对完整螺纹所规定的最小牙底圆弧半径。

表 3.5-149　外螺纹的收尾和肩距　（mm）

螺距 P	收尾 x max		肩距 a max		
	一般	短的	一般	长的	短的
0.2	0.5	0.25	0.6	0.8	0.4
0.25	0.6	0.3	0.75	1	0.5
0.3	0.75	0.4	0.9	1.2	0.6
0.35	0.9	0.45	1.05	1.4	0.7
0.4	1	0.5	1.2	1.6	0.8
0.45	1.1	0.6	1.35	1.8	0.9
0.5	1.25	0.7	1.5	2	1
0.6	1.5	0.75	1.8	2.4	1.2
0.7	1.75	0.9	2.1	2.8	1.4
0.75	1.9	1	2.25	3	1.5
0.8	2	1	2.4	3.2	1.6
1	2.5	1.25	3	4	2
1.25	3.2	1.6	4	5	2.5
1.5	3.8	1.9	4.5	6	3
1.75	4.3	2.2	5.3	7	3.5
2	5	2.5	6	8	4
2.5	6.3	3.2	7.5	10	5
3	7.5	3.8	9	12	6
3.5	9	4.5	10.5	14	7
4	10	5	12	16	8

（续）

螺距 P	收尾 x max		肩距 a max		
	一般	短的	一般	长的	短的
4.5	11	5.5	13.5	18	9
5	12.5	6.3	15	20	10
5.5	14	7	16.5	22	11
6	15	7.5	18	24	12
参考值	≈2.5P	≈12.5P	≈3P	=4P	=2P

注：应优先选用“一般”长度的收尾和肩距；“短”收尾和“短”肩距仅用于结构受限制的螺纹件上；产品等级为 B 或 C 级的螺纹紧固件可采用“长”肩距。

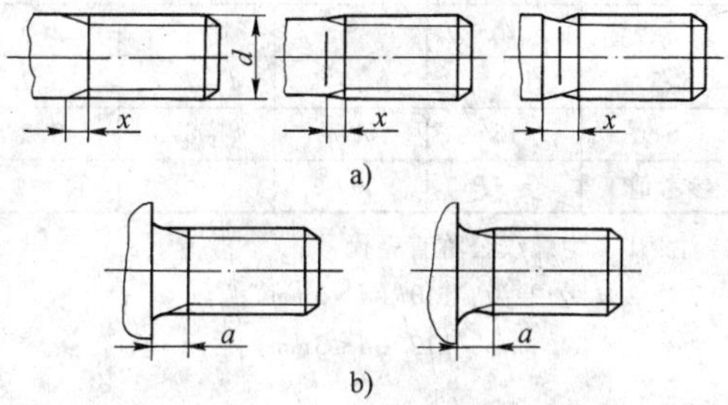

图 3.5-62　外螺纹的收尾和肩距
a）收尾　b）肩距

2）外螺纹退刀槽的形式和尺寸见图 3.5-63 和表 3.5-150。过渡角（α）不得小于 30°。

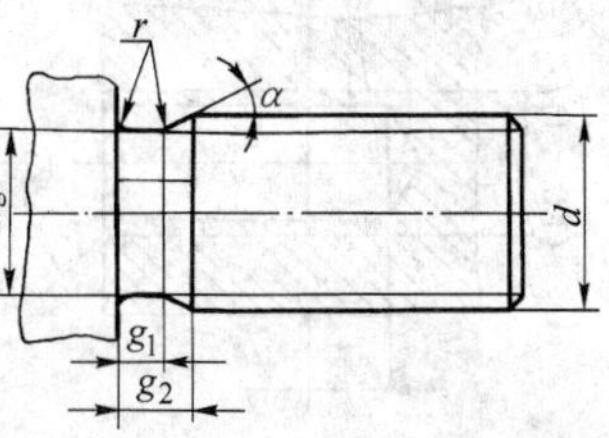

图 3.5-63　外螺纹退刀槽

3）外螺纹始端端面的倒角一般为 45°，也可采用 60°或 30°倒角；倒角深度应大于或等于螺纹牙型高度。对搓（滚）方法加工的外螺纹，其始端不完整螺纹的轴向长度不能大于 2P。

表 3.5-150　外螺纹的退刀槽（mm）

螺距 P	g_2 max	g_1 min	d_g	r ≈
0.25	0.75	0.4	$d-0.4$	0.12
0.3	0.9	0.5	$d-0.5$	0.16
0.35	1.05	0.6	$d-0.6$	0.16
0.4	1.2	0.6	$d-0.7$	0.2
0.45	1.35	0.7	$d-0.7$	0.2
0.5	1.5	0.8	$d-0.8$	0.2
0.6	1.8	0.9	$d-1$	0.4
0.7	2.1	1.1	$d-1.1$	0.4
0.75	2.25	1.2	$d-1.2$	0.4
0.8	2.4	1.3	$d-1.3$	0.4
1	3	1.6	$d-1.6$	0.6
1.25	3.75	2	$d-2$	0.6
1.5	4.5	2.5	$d-2.3$	0.8
1.75	5.25	3	$d-2.6$	1
2	6	3.4	$d-3$	1
2.5	7.5	4.4	$d-3.6$	1.2
3	9	5.2	$d-4.4$	1.6
3.5	10.5	6.2	$d-5$	1.6
4	12	7	$d-5.7$	2
4.5	13.5	8	$d-6.4$	2.5
5	15	9	$d-7$	2.5
5.5	17.5	11	$d-7.7$	3.2
6	18	11	$d-8.3$	3.2
参考值	≈$3P$	—	—	—

注：1. d 为螺纹公称直径代号。

2. d_g 公差为：h13（$d>3$mm）；

h12（$d\leqslant3$mm）。

12.2　内螺纹

1）内螺纹收尾和肩距的形式和尺寸见图 3.5-64 和表 3.5-151。

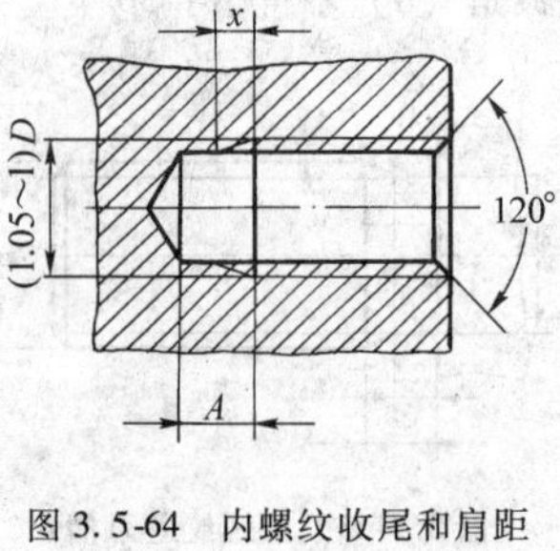

图 3.5-64　内螺纹收尾和肩距

2）内螺纹退刀槽的形式与尺寸见图 3.5-65 和表 3.5-152。

3）内螺纹入口端面的倒角一般为 120°，也可采用 90°倒角；端面倒角直径为（1.05～1）D。

表 3.5-151　内螺纹的收尾和肩距

（mm）

螺距 P	收尾 x max		肩距 A max	
	一般	短的	一般	长的
0.2	0.8	0.4	1.2	1.6
0.25	1	0.5	1.5	2
0.3	1.2	0.6	1.8	2.4
0.35	1.4	0.7	2.2	2.8
0.4	1.6	0.8	2.5	3.2
0.45	1.8	0.9	2.8	3.6
0.5	2	1	3	4
0.6	2.4	1.2	3.2	4.8
0.7	2.8	1.4	3.5	5.6
0.75	3	1.5	3.8	6
0.8	3.2	1.6	4	6.4
1	4	2	5	8
1.25	5	2.5	6	10
1.5	6	3	7	12
1.75	7	3.5	9	14
2	8	4	10	16
2.5	10	5	12	18
3	12	6	14	22
3.5	14	7	16	24
4	16	8	18	26
4.5	18	9	21	29
5	20	10	23	32
5.5	22	11	25	35
6	24	12	28	38
参考值	$=4P$	$=2P$	$\approx6\sim5P$	$\approx8\sim6.5P$

注：应优先选用“一般”长度的收尾和肩距；容屑需要较大空间时可选用“长”肩距，结构限制时可选用“短”收尾。

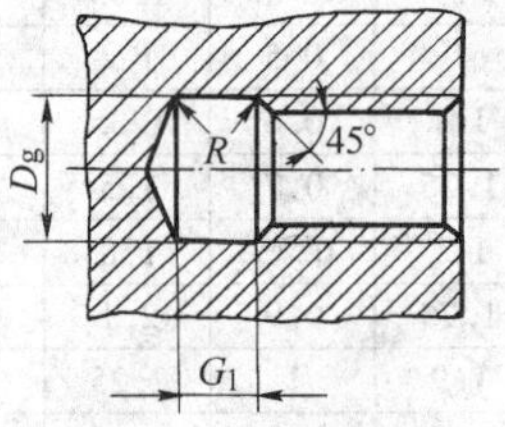

图 3.5-65　内螺纹退刀槽

表 3.5-152　内螺纹的退刀槽（mm）

螺距 P	G_1		D_g	R ≈
	一般	短的		
0.5	2	1	$D+0.3$	0.2
0.6	2.4	1.2		0.3
0.7	2.8	1.4		0.4
0.75	3	1.5		0.4
0.8	3.2	1.6		0.4

（续）

螺距 P	G_1		D_g	R ≈
	一般	短的		
1	4	2	$D+0.5$	0.5
1.25	5	2.5		0.6
1.5	6	3		0.8
1.75	7	3.5		0.9
2	8	4		1
2.5	10	5		1.2
3	12	6		1.5
3.5	14	7		1.8
4	16	8		2
4.5	18	9		2.2
5	20	10		2.5
5.5	22	11		2.8
6	24	12		3
参考值	$=4P$	$=2P$	—	$\approx 0.5P$

注：1. “短”退刀槽仅在结构受限制时采用。

2. D_g 公差为 H13。

3. D 为螺纹公称直径代号。

13　热浸镀锌螺纹

热浸镀锌螺纹共有两个标准，即 GB/T 22028—2008《热浸镀锌螺纹　在内螺纹上容纳镀锌层》和 GB/T 22029—2008《热浸镀锌螺纹　在外螺纹上容纳镀锌层》。并规定不能同时使用两个标准中的大间隙内螺纹和大间隙外螺纹配合，因为这样会使螺纹的强度削弱过多。为此在两个标准中分别允许大间隙内螺纹的抗剪强度低于普通螺纹；同样也允许大间隙外螺纹的抗拉强度低于普通螺纹。

13.1　热浸镀锌螺纹　在内螺纹上容纳镀锌层

该标准规定了内螺纹镀后攻螺纹所留出的大间隙用于容纳外螺纹表面的热浸镀锌镀层。外螺纹镀前必须采用 GB/T 197—2003 普通螺纹公差标准所规定的公差带位置和公差等级。

13.1.1　关于牙型的规定

热浸镀锌螺纹的牙型采用了 GB/T 192 普通螺纹基本牙型的规定（见图 3.5-4）。

13.1.2　关于尺寸的规定

热浸镀锌螺纹的直径与螺距系列选自 GB/T 9144 普通螺纹优先系列中直径大于 10mm 的粗牙螺纹（见表 3.5-6）。其基本尺寸按 GB/T 196—2003 普通螺纹基本尺寸标准的规定（见表 3.5-8）。

13.1.3　公差与配合

1）由于在内螺纹上容纳镀锌层，对与其配合的外螺纹规定了 h、g、f 和 e 四种公差带位置。其中 h 位置的外螺纹是镀前尺寸最大者。具体的基本偏差值按 GB/T 197—2003 普通螺纹公差标准的规定（见表 3.5-9）。

2）对于容纳热浸镀锌层的内螺纹规定了两种公差带位置：AZ 和 AX，其基本偏差为正值，见表 3.5-153。

表 3.5-153　内螺纹的基本偏差

螺距 P/mm	AZ EI/μm	AX EI/μm	螺距 P/mm	AZ EI/μm	AX EI/μm
1.5	+330	+310	4	+380	+860
1.75	+335	+365	4.5	+390	+970
2	+340	+420	5	+400	+1080
2.5	+350	+530	5.5	+410	+1190
3	+360	+640	6	+420	+1300
3.5	+370	+750	—	—	—

注：内螺纹基本偏差计算式为：$EI_{AZ}=+(300+20P)$；$EI_{AX}=+(220P-20)$。其中：EI 的单位为微米，P 的单位为毫米。

3）内、外螺纹的中径和顶径的公差等级均为 6 级。其公差值按 GB/T 197—2003 普通螺纹公差标准的规定（见表 3.5-10 ~ 表 3.5-13）。

4）推荐 AZ 位置的内螺纹与镀后经过离心处理的热浸镀锌的外螺纹组成螺纹副；AX 位置的内螺纹与镀后没有经过离心处理的热浸镀锌的外螺纹组成螺纹副。

13.1.4　旋合长度

热浸镀锌螺纹的旋合长度采用了 GB/T 197—2003 普通螺纹公差标准中相应尺寸规格的中等旋合长度（见表 3.5-154、表 3.5-155）。

13.1.5　螺纹标记

热浸镀锌螺纹采用了普通螺纹的公差制，其标记方法按 GB/T 197—2003 普通螺纹公差标准的规定，其标记示例如下：

M12—6AX
- 内螺纹公差带位置（AX）
- 中径和顶径的公差等级（6）
- 右旋普通粗牙螺纹（M12）

13.1.6　极限尺寸

公差带为 6AZ 和 6AX 的内螺纹极限尺寸见表 3.5-154 和表 3.5-155。

公差带为 6h、6g、6f 和 6e 的外螺纹可根据普通螺纹的基本尺寸（见表 3.5-8）和普通螺纹的极限偏差（见表 3.5-18）进行计算，也可在 GB/T 15756—2008 普通螺纹极限尺寸标准中直接查取。

表 3.5-154　**6AZ 内螺纹的极限尺寸**　（mm）

螺纹（粗牙）	旋合长度 N		中径 D_2		小径 D_1		大径 D
	>	≤	max	min	max	min	min
M10	5	15	9.536	9.356	9.006	8.706	10.330
M12	6	18	11.398	11.198	10.776	10.441	12.335
M14	8	24	13.253	13.041	12.550	12.175	14.340
M16	8	24	15.253	15.041	14.550	14.175	16.340
M18	10	30	16.950	16.726	16.094	15.644	18.350
M20	10	30	18.950	18.726	18.094	17.644	20.350
M22	10	30	20.950	20.726	20.094	19.644	22.350
M24	12	36	22.676	22.411	21.612	21.112	24.360
M27	12	36	25.676	25.411	24.612	24.112	27.360
M30	15	45	28.377	28.097	27.141	26.581	30.370
M33	15	45	31.377	31.097	30.141	29.581	33.370
M36	18	53	34.082	33.782	32.650	32.050	36.380
M39	18	53	37.082	36.782	35.650	35.050	39.380
M42	21	63	39.782	39.467	38.189	37.519	42.390
M45	21	63	42.782	42.467	41.189	40.519	45.390
M48	24	71	45.487	45.152	43.697	42.987	48.400
M52	24	71	49.487	49.152	47.697	46.987	52.400
M56	28	85	53.193	52.838	51.206	50.456	56.410
M60	28	85	57.193	56.838	55.206	54.456	60.410
M64	32	95	60.898	60.523	58.725	57.925	64.420

表 3.5-155　**6AX 内螺纹的极限尺寸**　（mm）

螺纹（粗牙）	旋合长度 N		中径 D_2		小径 D_1		大径 D
	>	≤	max	min	max	min	min
M10	5	15	9.516	9.336	8.986	8.686	10.310
M12	6	18	11.428	11.228	10.806	10.471	12.365
M14	8	24	13.333	13.121	12.630	12.255	14.420
M16	8	24	15.333	15.121	14.630	14.255	16.420
M18	10	30	17.130	16.906	16.274	15.824	18.530
M20	10	30	19.130	18.906	18.274	17.824	20.530
M22	10	30	21.130	20.906	20.274	19.824	22.530
M24	12	36	22.956	22.691	21.892	21.392	24.640
M27	12	36	25.956	25.691	24.892	24.392	27.640
M30	15	45	28.757	28.477	27.521	26.961	30.750
M33	15	45	31.757	31.477	30.521	29.961	33.750
M36	18	53	34.562	34.262	33.130	32.530	36.860
M39	18	53	37.562	37.262	36.130	35.530	39.860
M42	21	63	40.362	40.047	38.769	38.099	42.970
M45	21	63	43.362	43.047	41.769	41.099	45.970
M48	24	71	46.167	45.832	44.377	43.667	49.080
M52	24	71	50.167	49.832	48.377	47.667	53.080
M56	28	85	53.973	53.618	51.986	51.236	57.190
M60	28	85	57.973	57.618	55.986	55.236	61.190
M64	32	95	61.778	61.403	59.605	58.805	65.300

13.2　热浸镀锌螺纹　在外螺纹上容纳镀锌层

该标准规定了由外螺纹镀前所留出的大间隙用于容纳外螺纹表面上经热浸镀锌后所形成的镀锌层。与其配合的内螺纹镀后攻螺纹尺寸应符合 GB/T 197—2003 普通螺纹标准规定的公差带位置和公差等级。

13.2.1　关于牙型和尺寸的规定

热浸镀锌螺纹的基本牙型和尺寸系列都是一样的，参见本章 13.1.1 和 13.1.2 的规定。要特别提醒的是 GB/T 20029 中的外螺纹，若用于机械性能等于或高于 8.8 级的紧固件，其外螺纹设计牙型的牙底轮廓应设有反向圆弧，且牙底圆弧半径应不小于 $0.125P$。最小牙底圆弧半径值（R_{min}）见表 3.5-156。

表 3.5-156　外螺纹的最小牙底圆弧半径

（mm）

螺距 P	最小牙底圆弧半径 R_{min}	螺距 P	最小牙底圆弧半径 R_{min}
1.5	0.188	4	0.500
1.75	0.219	4.5	0.563
2	0.250	5	0.625
2.5	0.313	5.5	0.688
3	0.375	6	0.750
3.5	0.438	—	—

13.2.2　公差与配合

1）对于镀后攻螺纹的内螺纹规定了两种公差带位置：*H* 和 *G*。它们的基本偏差（EI）值按 GB/T 197—2003 普通螺纹公差标准的规定（见表 3.5-9）。

2）对于自身容纳镀锌层的外螺纹，其镀前的公差带位置为 az。为容纳镀层，该位置的基本偏差（es）为负值，其值见表 3.5-157。

表 3.5-157　外螺纹的基本偏差

螺距 P/mm	az es/μm	螺距 P/mm	az es/μm
1.5	－330	4	－380
1.75	－335	4.5	－390
2	－340	5	－400
2.5	－350	5.5	－410
3	－360	6	－420
3.5	－370	—	—

注：外螺纹基本偏差计算式为：$es_{az}=-(300+20P)$。
　　其中：es 的单位为微米，P 的单位为毫米。

3）内、外螺纹的中径和顶径的公差等级均为 6 级，其公差值按 GB/T 197—2003 普通螺纹公差标准的规定。

4）如无特殊说明，镀后外螺纹实际轮廓上的任何点不应超越按公差带位置 h 所规定的最大实体牙型。

13.2.3　螺纹旋合长度

采用中等旋合长度 N，其旋合长度范围列于表 3.5-158。

13.2.4　螺纹标记

螺纹的标记按 GB/T 197—197 普通螺纹公差标准的规定。其标记示例如下：

M12—6az
- 6az——外螺纹公差带
- M12——右旋普通粗牙螺纹

13.2.5　极限尺寸

公差带为 6az 的外螺纹极限尺寸见表 3.5-158。

表 3.5-158　外螺纹大径和中径的极限尺寸以及抗拉面积小径　（mm）

螺纹（粗牙）	旋合长度 N		大径 d		中径 d_2		小径①
	>	≤	max	min	max	min	max
M10	5	15	9.670	9.434	8.696	8.564	7.829
M12	6	18	11.665	11.400	10.528	10.378	9.518
M14	8	24	13.660	13.380	12.361	12.201	11.206
M16	8	24	15.660	15.380	14.361	14.201	13.206
M18	10	30	17.650	17.315	16.026	15.856	14.583
M20	10	30	19.650	19.315	18.026	17.856	16.583
M22	10	30	21.650	21.315	20.026	19.856	18.583
M24	12	36	23.640	23.265	21.691	21.491	19.959
M27	12	36	26.640	26.265	24.691	24.491	22.959
M30	15	45	29.630	29.205	27.357	27.145	25.336
M33	15	45	32.630	32.205	30.357	30.145	28.336
M36	18	53	35.620	35.145	33.022	32.798	30.713

（续）

螺纹（粗牙）	旋合长度 N		大径 d		中径 d_2		小径[①]
	>	≤	max	min	max	min	max
M39	18	53	38.620	38.145	36.022	35.798	33.713
M42	21	63	41.610	41.110	38.687	38.451	36.089
M45	21	63	44.610	44.110	41.687	41.451	39.089
M48	24	71	47.600	47.070	44.352	44.102	41.465
M52	24	71	51.600	51.070	48.352	48.102	45.465
M56	28	85	55.590	55.030	52.018	51.753	48.842
M60	28	85	59.590	59.030	56.018	55.753	52.842
M64	32	95	63.580	62.980	59.683	59.403	56.219

① 用于计算抗拉应力面积。

外螺纹小径是原始三角形高度$\frac{H}{6}$所对应的直径，并以此作为计算外螺纹抗拉应力面积的依据。

14　统一螺纹

统一螺纹是欧美各国使用最为广泛的英制螺纹，国际标准化第一技术委员会（螺纹技术委员会）制订的英制螺纹即为统一螺纹。我国多年来采用其中的米制螺纹标准制订了包括普通螺纹在内的多个国家标准。作为世贸组织的成员，制订一套统一螺纹国家标准有利于我国的经济发展和进出口贸易。

关于统一螺纹我国制订有 GB/T 20669—2006《统一螺纹　牙型》、GB/T 20670—2006《统一螺纹　直径与牙数系列》、GB/T 20668—2006《统一螺纹　基本尺寸》、GB/T 20666—2006《统一螺纹　公差》和 GB/T 20667—2006《统一螺纹　极限尺寸》共五个标准。GB/T 14791—1993《螺纹术语》标准中规定的术语和定义适用于统一螺纹。

14.1　关于牙型的规定

（1）基本牙型

基本牙型如图 3.5-66 所示。

基本牙型的尺寸按下式计算：

$H=0.86602540P$

$\frac{5}{8}H=0.54126588P$

$\frac{3}{8}H=0.32475953P$

$\frac{1}{4}H=0.21650635P$

$\frac{1}{8}H=0.10825318P$

具体数值见表 3.5-159。

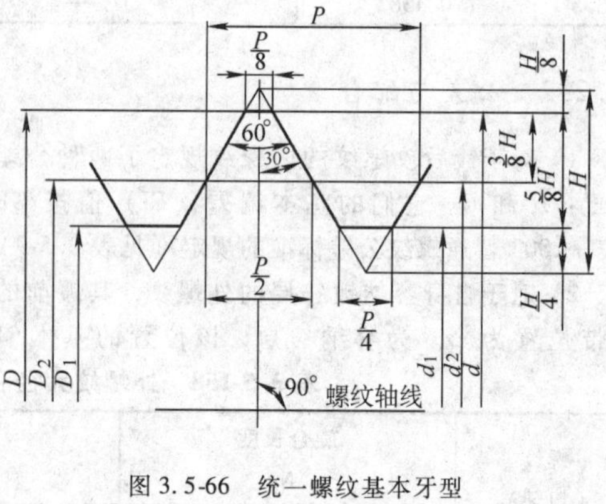

图 3.5-66　统一螺纹基本牙型

表 3.5-159　基本牙型尺寸　（in）

牙数/（牙/in）	螺距 P	H	$\frac{5}{8}H$	$\frac{3}{8}H$	$\frac{1}{4}H$	$\frac{1}{8}H$
80	0.01250000	0.010825	0.006766	0.004059	0.002706	0.001353
72	0.01388889	0.012028	0.007518	0.004511	0.003007	0.001504
64	0.01562500	0.013532	0.008457	0.005074	0.003383	0.001691
56	0.01785714	0.015465	0.009665	0.005799	0.003866	0.001933
48	0.02083333	0.018042	0.011276	0.006766	0.004511	0.002255
44	0.02272727	0.019682	0.012301	0.007381	0.004921	0.002460
40	0.02500000	0.021651	0.013532	0.008119	0.005413	0.002706
36	0.02777778	0.024056	0.015035	0.009021	0.006014	0.003007
32	0.03125000	0.027063	0.016915	0.010149	0.006766	0.003383

（续）

牙数 /（牙/in）	螺距 P	H	$\frac{5}{8}H$	$\frac{3}{8}H$	$\frac{1}{4}H$	$\frac{1}{8}H$
28	0.03571429	0.030929	0.019331	0.011599	0.007732	0.003866
24	0.04166667	0.036084	0.022553	0.013532	0.009021	0.004511
20	0.05000000	0.043301	0.027063	0.016238	0.010825	0.005413
18	0.05555556	0.048113	0.030070	0.018042	0.012028	0.006014
16	0.06250000	0.054127	0.033829	0.020297	0.013532	0.006766
14	0.07142857	0.061859	0.038662	0.023197	0.015465	0.007732
13	0.07692308	0.066617	0.041636	0.024982	0.016654	0.008327
12	0.08333333	0.072169	0.045105	0.027063	0.018042	0.009021
11	0.09090909	0.078730	0.049206	0.029524	0.019682	0.009841
10	0.10000000	0.086603	0.054127	0.032476	0.021651	0.010825
9	0.11111111	0.096225	0.060141	0.036084	0.024056	0.012028
8	0.12500000	0.108253	0.067658	0.040595	0.027063	0.013532
7	0.14285714	0.123718	0.077324	0.046394	0.030929	0.015465
6	0.16666667	0.144338	0.090211	0.054127	0.036084	0.018042
5	0.20000000	0.173205	0.108253	0.064952	0.043301	0.021651
4.5	0.22222222	0.192450	0.120281	0.072169	0.048113	0.024056
4	0.25000000	0.216506	0.135316	0.081190	0.054127	0.027063

（2）设计牙型

内螺纹的设计牙型与基本牙型的区别在于基本牙型为平牙底，而设计牙型的牙底一般均为圆弧形，其形状由刀具来决定。最大牙底圆弧半径为 $0.07216878P$。适用于 UN、UNC、UNF 和 UNEF。内螺纹的设计牙型如图 3.5-67 所示。

外螺纹的设计牙型如图 3.5-68 所示，其牙底为圆弧形，最大牙底圆弧半径为 $0.14433757P$。当用于

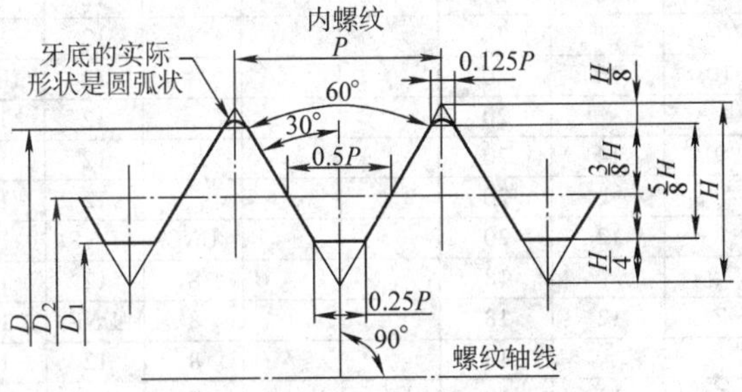

图 3.5-67　内螺纹的设计牙型

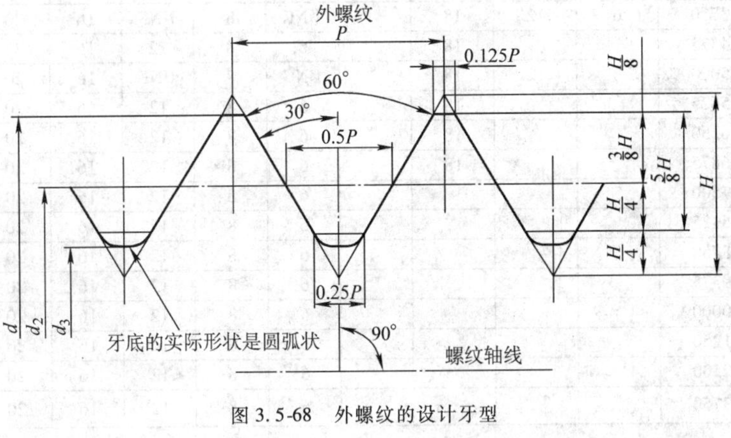

图 3.5-68　外螺纹的设计牙型

UN、UNC、UNF 和 UNEF 时，其牙底圆弧取决于刀具牙顶形状，此时对最小牙底圆弧半径没有具体要求；当用于 UNR、UNRC、UNRF 和 UNREF 时，要求最小牙底圆弧半径不得小于 0.10825318P，此时应选用能满足牙底圆弧半径要求的刀具加工。

14.2　直径与牙数系列

GB/T 20670—2006 标准规定了统一螺纹的直径与牙数的组合系列，适用于一般用途的机械紧固联接。直径与牙数的标准组合系列见表 3.5-160。

表 3.5-160　直径与牙数标准组合系列

公称直径		基本大径 D，d /in	牙数/（牙/in）										
			分类螺距系列			恒定螺距系列							
第一系列	第二系列		粗牙 UNC UNRC	细牙 UNF UNRF	超细牙 UNEF UNREF	4 UN UNR	6 UN UNR	8 UN UNR	12 UN UNR	16 UN UNR	20 UN UNR	28 UN UNR	32 UN UNR
0		0.0600		80									
	1	0.0730	64	72									
2		0.0860	56	64									
	3	0.0990	48	56									
4		0.1120	40	48									
5		0.1250	40	44									
6		0.1380	32	40									UNC
8		0.1640	32	36									UNC
10		0.1900	24	32									UNF
	12	0.2160	24	28	32							UNF	UNEF
1/4		0.2500	20	28	32						UNC	UNF	UNEF
5/16		0.3125	18	24	32						20	28	UNEF
3/8		0.3750	16	24	32					UNC	20	28	UNEF
7/16		0.4375	14	20	28					16	UNF	UNEF	32
1/2		0.5000	13	20	28					16	UNF	UNEF	32
9/16		0.5625	12	18	24				UNC	16	20	28	32
5/8		0.6250	11	18	24				12	16	20	28	32
	11/16	0.6875			24				12	16	20	28	32
3/4		0.7500	10	16	20				12	UNF	UNEF	28	32
	13/16	0.8125			20				12	16	UNEF	28	32
7/8		0.8750	9	14	20				12	16	UNEF	28	32
	15/16	0.9375			20				12	16	UNEF	28	32
1		1.0000	8	12	20			UNC	UNF	16	UNEF	28	32
	$1^{1}/_{16}$	1.0625			18			8	12	16	20	28	
$1^{1}/_{8}$		1.1250	7	12	18			8	UNF	16	20	28	
	$1^{3}/_{16}$	1.1875			18			8	12	16	20	28	
$1^{1}/_{4}$		1.2500	7	12	18			8	UNF	16	20	28	
	$1^{5}/_{16}$	1.3125			18			8	12	16	20	28	
$1^{3}/_{8}$		1.3750	6	12	18		UNC	8	UNF	16	20	28	
	$1^{7}/_{16}$	1.4375			18		6	8	12	16	20	28	
$1^{1}/_{2}$		1.5000	6	12	18		UNC	8	UNF	16	20	28	
	$1^{9}/_{16}$	1.5625			18		6	8	12	16	20		
$1^{5}/_{8}$		1.6250			18		6	8	12	16	20		
	$1^{11}/_{16}$	1.6875			18		6	8	12	16	20		
$1^{3}/_{4}$		1.7500	5				6	8	12	16	20		
	$1^{13}/_{16}$	1.8125					6	8	12	16	20		
$1^{7}/_{8}$		1.8750					6	8	12	16	20		
	$1^{15}/_{16}$	1.9375					6	8	12	16	20		
2		2.0000	$4^{1}/_{2}$				6	8	12	16	20		
	$2^{1}/_{8}$	2.1250					6	8	12	16	20		
$2^{1}/_{4}$		2.2500	$4^{1}/_{2}$				6	8	12	16	20		
	$2^{3}/_{8}$	2.3750					6	8	12	16	20		

（续）

公称直径		基本大径 D，d /in	牙数/（牙/in）										
			分类螺距系列			恒定螺距系列							
第一系列	第二系列		粗牙 UNC UNRC	细牙 UNF UNRF	超细牙 UNEF UNREF	4 UN UNR	6 UN UNR	8 UN UNR	12 UN UNR	16 UN UNR	20 UN UNR	28 UN UNR	32 UN UNR
$2^{1}/_{2}$		2.5000	4			UNC	6	8	12	16	20		
	$2^{5}/_{8}$	2.6250				(4)	6	8	12	16	20		
$2^{3}/_{4}$		2.7500	4			UNC	6	8	12	16	20		
	$2^{7}/_{8}$	2.8750				(4)	6	8	12	16	20		
3		3.0000	4			UNC	6	8	12	16	20		
	$3^{1}/_{8}$	3.1250				(4)	6	8	12	16			
$3^{1}/_{4}$		3.2500	4			UNC	6	8	12	16			
	$3^{3}/_{8}$	3.3750				(4)	6	8	12	16			
$3^{1}/_{2}$		3.5000	4			UNC	6	8	12	16			
	$3^{5}/_{8}$	3.6250				(4)	6	8	12	16			
$3^{3}/_{4}$		3.7500	4			UNC	6	8	12	16			
	$3^{7}/_{8}$	3.8750				(4)	6	8	12	16			
4		4.0000	4			UNC	6	8	12	16			
	$4^{1}/_{8}$	4.1250				(4)	6	8	12	16			
$4^{1}/_{4}$		4.2500				4	6	8	12	16			
	$4^{3}/_{8}$	4.3750				(4)	6	8	12	16			
$4^{1}/_{2}$		4.5000				4	6	8	12	16			
	$4^{5}/_{8}$	4.6250				(4)	6	8	12	16			
$4^{3}/_{4}$		4.7500				4	6	8	12	16			
	$4^{7}/_{8}$	4.8750				(4)	6	8	12	16			
5		5.0000				4	6	8	12	16			
	$5^{1}/_{8}$	5.1250				(4)	6	8	12	16			
$5^{1}/_{4}$		5.2500				4	6	8	12	16			
	$5^{3}/_{8}$	5.3750				(4)	6	8	12	16			
$5^{1}/_{2}$		5.5000				4	6	8	12	16			
	$5^{5}/_{8}$	5.6250				(4)	6	8	12	16			
$5^{3}/_{4}$		5.7500				4	6	8	12	16			
	$5^{7}/_{8}$	5.8750				(4)	6	8	12	16			
6		6.0000				4	6	8	12	16			

注：1. 对基本大径小于1/4in的前10个螺纹，其公称直径栏内所列出的自然数是公称直径代码，不是公称直径的英寸值。

2. 在恒定螺距系列栏内如出现分类螺距系列代号（UNC、UNF、UNEF），则表示此规格已纳入分类螺距系列之中，它们也适用于有最小牙底圆弧半径要求的螺纹（UNRC、UNRF、UNREF）。

在表内应选择与直径处于同一行内的牙数，其选择顺序如下：

1）应优先选用第一系列的直径。

2）对于一般机械工程和商品紧固件应优先选择粗牙（UNC或UNRC）和细牙（UNF或UNRF）系列，如需要更小螺距可选择超细牙系列（UNEF或UNREF）。上述粗牙、细牙和超细牙系列被称为分类螺距。

3）当分类螺距还不能满足所需时，也可从8个恒定螺距系列（UN或UNR）中选取所需牙数。在恒定螺距中优先推荐8牙、12牙和16牙系列而不推荐选用括号内的（4牙）。

14.3　基本尺寸

螺纹各直径的位置见图3.5-69。

螺纹各直径的基本尺寸按下列公式计算：

$$D_2 = d_2 = D - 2 \times \frac{3}{8}H = D - 0.64951905P;$$

$$D_1 = D - 2 \times \frac{5}{8}H = D - 1.08253175P;$$

$$d_3 = d - 2 \times \frac{11}{16}H = d - 1.19078493P;$$

其中：$H = 0.86602540P$。

各直径的基本尺寸列于表3.5-161。

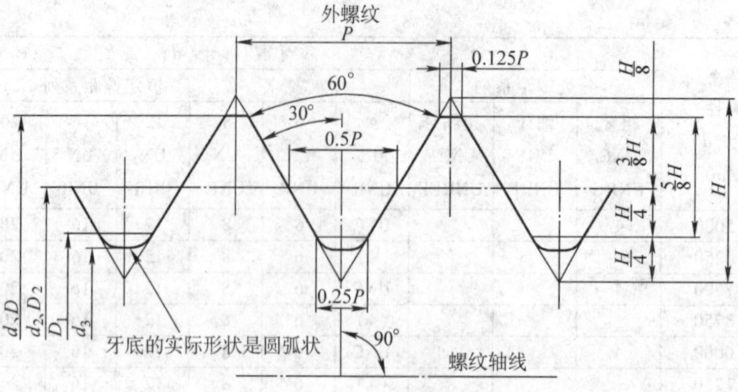

图 3.5-69　统一螺纹的基本尺寸

表 3.5-161　统一螺纹的基本尺寸　　(in)

公称直径	基本大径 D、d	牙数 n（牙/in）	系列代号	基本中径 D_2、d_2	内螺纹基本小径 D_1	外螺纹基本小径（参考）d_3
0	0.0600	80	UNF	0.0519	0.0465	0.0451
1	0.0730	64	UNC	0.0629	0.0561	0.0544
1	0.0730	72	UNF	0.0640	0.0580	0.0565
2	0.0860	56	UNC	0.0744	0.0667	0.0647
2	0.0860	64	UNF	0.0759	0.0691	0.0674
3	0.0990	48	UNC	0.0855	0.0764	0.0742
3	0.0990	56	UNF	0.0874	0.0797	0.0777
4	0.1120	40	UNC	0.0958	0.0849	0.0822
4	0.1120	48	UNF	0.0985	0.0894	0.0872
5	0.1250	40	UNC	0.1088	0.0979	0.0952
5	0.1250	44	UNF	0.1102	0.1004	0.0979
6	0.1380	32	UNC	0.1177	0.1042	0.1008
6	0.1380	40	UNF	0.1218	0.1109	0.1082
8	0.1640	32	UNC	0.1437	0.1302	0.1268
8	0.1640	36	UNF	0.1460	0.1339	0.1309
10	0.1900	24	UNC	0.1629	0.1449	0.1404
10	0.1900	32	UNF	0.1697	0.1562	0.1528
12	0.2160	24	UNC	0.1889	0.1709	0.1664
12	0.2160	28	UNF	0.1928	0.1773	0.1735
12	0.2160	32	UNEF	0.1957	0.1822	0.1788
1/4	0.2500	20	UNC	0.2175	0.1959	0.1905
1/4	0.2500	28	UNF	0.2268	0.2113	0.2075
1/4	0.2500	32	UNEF	0.2297	0.2162	0.2128
5/16	0.3125	18	UNC	0.2764	0.2524	0.2463
5/16	0.3125	20	UN	0.2800	0.2584	0.2530
5/16	0.3125	24	UNF	0.2854	0.2674	0.2629
5/16	0.3125	28	UN	0.2893	0.2738	0.2700
5/16	0.3125	32	UNEF	0.2922	0.2787	0.2753
3/8	0.3750	16	UNC	0.3344	0.3073	0.3006
3/8	0.3750	20	UN	0.3425	0.3209	0.3155
3/8	0.3750	24	UNF	0.3479	0.3299	0.3254
3/8	0.3750	28	UN	0.3518	0.3363	0.3325

（续）

公称直径	基本大径 D、d	牙数 / （牙/in）	系列代号	基本中径 D_2、d_2	内螺纹基本小径 D_1	外螺纹基本小径（参考） d_3
3/8	0.3750	32	UNEF	0.3547	0.3412	0.3378
7/16	0.4375	14	UNC	0.3911	0.3602	0.3524
7/16	0.4375	16	UN	0.3969	0.3698	0.3631
7/16	0.4375	20	UNF	0.4050	0.3834	0.3780
7/16	0.4375	28	UNEF	0.4143	0.3988	0.3950
7/16	0.4375	32	UN	0.4172	0.4037	0.4003
1/2	0.5000	13	UNC	0.4500	0.4167	0.4084
1/2	0.5000	16	UN	0.4594	0.4323	0.4256
1/2	0.5000	20	UNF	0.4675	0.4459	0.4405
1/2	0.5000	28	UNEF	0.4768	0.4613	0.4575
1/2	0.5000	32	UN	0.4797	0.4662	0.4628
9/16	0.5625	12	UNC	0.5084	0.4723	0.4633
9/16	0.5625	16	UN	0.5219	0.4948	0.4881
9/16	0.5625	18	UNF	0.5264	0.5024	0.4963
9/16	0.5625	20	UN	0.5300	0.5084	0.5030
9/16	0.5625	24	UNEF	0.5354	0.5174	0.5129
9/16	0.5625	28	UN	0.5393	0.5238	0.5200
9/16	0.5625	32	UN	0.5422	0.5287	0.5253
5/8	0.6250	11	UNC	0.5660	0.5266	0.5167
5/8	0.6250	12	UN	0.5709	0.5348	0.5258
5/8	0.6250	16	UN	0.5844	0.5573	0.5506
5/8	0.6250	18	UNF	0.5889	0.5649	0.5588
5/8	0.6250	20	UN	0.5925	0.5709	0.5655
5/8	0.6250	24	UNEF	0.5979	0.5799	0.5754
5/8	0.6250	28	UN	0.6018	0.5863	0.5825
5/8	0.6250	32	UN	0.6047	0.5912	0.5878
11/16	0.6875	12	UN	0.6334	0.5973	0.5883
11/16	0.6875	16	UN	0.6469	0.6198	0.6131
11/16	0.6875	20	UN	0.6550	0.6334	0.6280
11/16	0.6875	24	UNEF	0.6604	0.6424	0.6379
11/16	0.6875	28	UN	0.6643	0.6488	0.6450
11/16	0.6875	32	UN	0.6672	0.6537	0.6503
3/4	0.7500	10	UNC	0.6850	0.6417	0.6309
3/4	0.7500	12	UN	0.6959	0.6598	0.6508
3/4	0.7500	16	UNF	0.7094	0.6823	0.6756
3/4	0.7500	20	UNEF	0.7175	0.6959	0.6905
3/4	0.7500	28	UN	0.7268	0.7113	0.7075
3/4	0.7500	32	UN	0.7297	0.7162	0.7128
13/16	0.8125	12	UN	0.7584	0.7223	0.7133
13/16	0.8125	16	UN	0.7719	0.7448	0.7381
13/16	0.8125	20	UNEF	0.7800	0.7584	0.7530
13/16	0.8125	28	UN	0.7893	0.7738	0.7700
13/16	0.8125	32	UN	0.7922	0.7787	0.7753
7/8	0.8750	9	UNC	0.8028	0.7547	0.7427
7/8	0.8750	12	UN	0.8209	0.7848	0.7758

（续）

公称直径	基本大径 D、d	牙数 n（牙/in）	系列代号	基本中径 D_2、d_2	内螺纹基本小径 D_1	外螺纹基本小径（参考） d_3
7/8	0.8750	14	UNF	0.8286	0.7977	0.7899
7/8	0.8750	16	UN	0.8344	0.8073	0.8006
7/8	0.8750	20	UNEF	0.8425	0.8209	0.8155
7/8	0.8750	28	UN	0.8518	0.8363	0.8325
7/8	0.8750	32	UN	0.8547	0.8412	0.8378
15/16	0.9375	12	UN	0.8834	0.8473	0.8383
15/16	0.9375	16	UN	0.8969	0.8698	0.8631
15/16	0.9375	20	UNEF	0.9050	0.8834	0.8780
15/16	0.9375	28	UN	0.9143	0.8988	0.8950
15/16	0.9375	32	UN	0.9172	0.9037	0.9003
1	1.0000	8	UNC	0.9188	0.8647	0.8512
1	1.0000	12	UNF	0.9459	0.9098	0.9008
1	1.0000	16	UN	0.9594	0.9323	0.9256
1	1.0000	20	UNEF	0.9675	0.9459	0.9405
1	1.0000	28	UN	0.9768	0.9613	0.9575
1	1.0000	32	UN	0.9797	0.9662	0.9628
$1^1/_{16}$	1.0625	8	UN	0.9813	0.9272	0.9137
$1^1/_{16}$	1.0625	12	UN	1.0084	0.9723	0.9633
$1^1/_{16}$	1.0625	16	UN	1.0219	0.9948	0.9881
$1^1/_{16}$	1.0625	18	UNEF	1.0264	1.0024	0.9963
$1^1/_{16}$	1.0625	20	UN	1.0300	1.0084	1.0030
$1^1/_{16}$	1.0625	28	UN	1.0393	1.0238	1.0200
$1^1/_8$	1.1250	7	UNC	1.0322	0.9704	0.9549
$1^1/_8$	1.1250	8	UN	1.0438	0.9897	0.9762
$1^1/_8$	1.1250	12	UNF	1.0709	1.0348	1.0258
$1^1/_8$	1.1250	16	UN	1.0844	1.0573	1.0506
$1^1/_8$	1.1250	18	UNEF	1.0889	1.0649	1.0588
$1^1/_8$	1.1250	20	UN	1.0925	1.0709	1.0655
$1^1/_8$	1.1250	28	UN	1.1018	1.0863	1.0825
$1^3/_{16}$	1.1875	8	UN	1.1063	1.0522	1.0387
$1^3/_{16}$	1.1875	12	UN	1.1334	1.0973	1.0883
$1^3/_{16}$	1.1875	16	UN	1.1469	1.1198	1.1131
$1^3/_{16}$	1.1875	18	UNEF	1.1514	1.1274	1.1213
$1^3/_{16}$	1.1875	20	UN	1.1550	1.1334	1.1280
$1^3/_{16}$	1.1875	28	UN	1.1643	1.1488	1.1450
$1^1/_4$	1.2500	7	UNC	1.1572	1.0954	1.0799
$1^1/_4$	1.2500	8	UN	1.1688	1.1147	1.1012
$1^1/_4$	1.2500	12	UNF	1.1959	1.1598	1.1508
$1^1/_4$	1.2500	16	UN	1.2094	1.1823	1.1756
$1^1/_4$	1.2500	18	UNEF	1.2139	1.1899	1.1838
$1^1/_4$	1.2500	20	UN	1.2175	1.1959	1.1905
$1^1/_4$	1.2500	28	UN	1.2268	1.2113	1.2075
$1^5/_{16}$	1.3125	8	UN	1.2313	1.1772	1.1637
$1^5/_{16}$	1.3125	12	UN	1.2584	1.2223	1.2133
$1^5/_{16}$	1.3125	16	UN	1.2719	1.2448	1.2381

（续）

公称直径	基本大径 D、d	牙数 / （牙/in）	系列代号	基本中径 D_2、d_2	内螺纹基本小径 D_1	外螺纹基本小径（参考） d_3
$1^{5}/_{16}$	1.3125	18	UNEF	1.2764	1.2524	1.2463
$1^{5}/_{16}$	1.3125	20	UN	1.2800	1.2584	1.2530
$1^{5}/_{16}$	1.3125	28	UN	1.2893	1.2738	1.2700
$1^{3}/_{8}$	1.3750	6	UNC	1.2667	1.1946	1.1765
$1^{3}/_{8}$	1.3750	8	UN	1.2938	1.2397	1.2262
$1^{3}/_{8}$	1.3750	12	UNF	1.3209	1.2848	1.2758
$1^{3}/_{8}$	1.3750	16	UN	1.3344	1.3073	1.3006
$1^{3}/_{8}$	1.3750	18	UNEF	1.3389	1.3149	1.3088
$1^{3}/_{8}$	1.3750	20	UN	1.3425	1.3209	1.3155
$1^{3}/_{8}$	1.3750	28	UN	1.3518	1.3363	1.3325
$1^{7}/_{16}$	1.4375	6	UN	1.3292	1.2571	1.2390
$1^{7}/_{16}$	1.4375	8	UN	1.3563	1.3022	1.2887
$1^{7}/_{16}$	1.4375	12	UN	1.3834	1.3473	1.3383
$1^{7}/_{16}$	1.4375	16	UN	1.3969	1.3698	1.3631
$1^{7}/_{16}$	1.4375	18	UNEF	1.4014	1.3774	1.3713
$1^{7}/_{16}$	1.4375	20	UN	1.4050	1.3834	1.3780
$1^{7}/_{16}$	1.4375	28	UN	1.4143	1.3988	1.3950
$1^{1}/_{2}$	1.5000	6	UNC	1.3917	1.3196	1.3015
$1^{1}/_{2}$	1.5000	8	UN	1.4188	1.3647	1.3512
$1^{1}/_{2}$	1.5000	12	UNF	1.4459	1.4098	1.4008
$1^{1}/_{2}$	1.5000	16	UN	1.4594	1.4323	1.4256
$1^{1}/_{2}$	1.5000	18	UNEF	1.4639	1.4399	1.4338
$1^{1}/_{2}$	1.5000	20	UN	1.4675	1.4459	1.4405
$1^{1}/_{2}$	1.5000	28	UN	1.4768	1.4613	1.4575
$1^{9}/_{16}$	1.5625	6	UN	1.4542	1.3821	1.3640
$1^{9}/_{16}$	1.5625	8	UN	1.4813	1.4272	1.4137
$1^{9}/_{16}$	1.5625	12	UN	1.5084	1.4723	1.4633
$1^{9}/_{16}$	1.5625	16	UN	1.5219	1.4948	1.4881
$1^{9}/_{16}$	1.5625	18	UNEF	1.5264	1.5024	1.4963
$1^{9}/_{16}$	1.5625	20	UN	1.5300	1.5084	1.5030
$1^{5}/_{8}$	1.6250	6	UN	1.5167	1.4446	1.4265
$1^{5}/_{8}$	1.6250	8	UN	1.5438	1.4897	1.4762
$1^{5}/_{8}$	1.6250	12	UN	1.5709	1.5348	1.5258
$1^{5}/_{8}$	1.6250	16	UN	1.5844	1.5573	1.5506
$1^{5}/_{8}$	1.6250	18	UNEF	1.5889	1.5649	1.5588
$1^{5}/_{8}$	1.6250	20	UN	1.5925	1.5709	1.5655
$1^{11}/_{16}$	1.6875	6	UN	1.5792	1.5071	1.4890
$1^{11}/_{16}$	1.6875	8	UN	1.6063	1.5522	1.5387
$1^{11}/_{16}$	1.6875	12	UN	1.6334	1.5973	1.5883
$1^{11}/_{16}$	1.6875	16	UN	1.6469	1.6198	1.6131
$1^{11}/_{16}$	1.6875	18	UNEF	1.6514	1.6274	1.6213
$1^{11}/_{16}$	1.6875	20	UN	1.6550	1.6334	1.6280
$1^{3}/_{4}$	1.7500	5	UNC	1.6201	1.5335①	1.5118
$1^{3}/_{4}$	1.7500	6	UN	1.6417	1.5696	1.5515
$1^{3}/_{4}$	1.7500	8	UN	1.6688	1.6147	1.6012

（续）

公称直径	基本大径 D、d	牙数 / （牙/in）	系列代号	基本中径 D_2、d_2	内螺纹基本小径 D_1	外螺纹基本小径（参考） d_3
$1^3/_4$	1.7500	12	UN	1.6959	1.6598	1.6508
$1^3/_4$	1.7500	16	UN	1.7094	1.6823	1.6756
$1^3/_4$	1.7500	20	UN	1.7175	1.6959	1.6905
$1^{13}/_{16}$	1.8125	6	UN	1.7042	1.6321	1.6140
$1^{13}/_{16}$	1.8125	8	UN	1.7313	1.6772	1.6637
$1^{13}/_{16}$	1.8125	12	UN	1.7584	1.7223	1.7133
$1^{13}/_{16}$	1.8125	16	UN	1.7719	1.7448	1.7381
$1^{13}/_{16}$	1.8125	20	UN	1.7800	1.7584	1.7530
$1^7/_8$	1.8750	6	UN	1.7667	1.6946	1.6765
$1^7/_8$	1.8750	8	UN	1.7938	1.7397	1.7262
$1^7/_8$	1.8750	12	UN	1.8209	1.7848	1.7758
$1^7/_8$	1.8750	16	UN	1.8344	1.8073	1.8006
$1^7/_8$	1.8750	20	UN	1.8425	1.8209	1.8155
$1^{15}/_{16}$	1.9375	6	UN	1.8292	1.7571	1.7390
$1^{15}/_{16}$	1.9375	8	UN	1.8563	1.8022	1.7887
$1^{15}/_{16}$	1.9375	12	UN	1.8834	1.8473	1.8383
$1^{15}/_{16}$	1.9375	16	UN	1.8969	1.8698	1.8631
$1^{15}/_{16}$	1.9375	20	UN	1.9050	1.8834	1.8780
2	2.0000	$4^1/_2$	UNC	1.8557	1.7594	1.7354
2	2.0000	6	UN	1.8917	1.8196	1.8015
2	2.0000	8	UN	1.9188	1.8647	1.8512
2	2.0000	12	UN	1.9459	1.9098	1.9008
2	2.0000	16	UN	1.9594	1.9323	1.9256
2	2.0000	20	UN	1.9675	1.9459	1.9405
$2^1/_8$	2.1250	6	UN	2.0167	1.9446	1.9265
$2^1/_8$	2.1250	8	UN	2.0438	1.9897	1.9762
$2^1/_8$	2.1250	12	UN	2.0709	2.0348	2.0258
$2^1/_8$	2.1250	16	UN	2.0844	2.0573	2.0506
$2^1/_8$	2.1250	20	UN	2.0925	2.0709	2.0655
$2^1/_4$	2.2500	$4^1/_2$	UNC	2.1057	2.0094	1.9854
$2^1/_4$	2.2500	6	UN	2.1417	2.0696	2.0515
$2^1/_4$	2.2500	8	UN	2.1688	2.1147	2.1012
$2^1/_4$	2.2500	12	UN	2.1959	2.1598	2.1508
$2^1/_4$	2.2500	16	UN	2.2094	2.1823	2.1756
$2^1/_4$	2.2500	20	UN	2.2175	2.1959	2.1905
$2^3/_8$	2.3750	6	UN	2.2667	2.1946	2.1765
$2^3/_8$	2.3750	8	UN	2.2938	2.2397	2.2262
$2^3/_8$	2.3750	12	UN	2.3209	2.2848	2.2758
$2^3/_8$	2.3750	16	UN	2.3344	2.3073	2.3006
$2^3/_8$	2.3750	20	UN	2.3425	2.3209	2.3155
$2^1/_2$	2.5000	4	UNC	2.3376	2.2294	2.2023
$2^1/_2$	2.5000	6	UN	2.3917	2.3196	2.3015
$2^1/_2$	2.5000	8	UN	2.4188	2.3647	2.3512
$2^1/_2$	2.5000	12	UN	2.4459	2.4098	2.4008
$2^1/_2$	2.5000	16	UN	2.4594	2.4323	2.4256

（续）

公称直径	基本大径 D、d	牙数 / (牙/in)	系列代号	基本中径 D_2、d_2	内螺纹基本小径 D_1	外螺纹基本小径（参考） d_3
$2^1/_2$	2.5000	20	UN	2.4675	2.4459	2.4405
$2^5/_8$	2.6250	4	UN	2.4626	2.3544	2.3273
$2^5/_8$	2.6250	6	UN	2.5167	2.4446	2.4265
$2^5/_8$	2.6250	8	UN	2.5438	2.4897	2.4762
$2^5/_8$	2.6250	12	UN	2.5709	2.5348	2.5258
$2^5/_8$	2.6250	16	UN	2.5844	2.5573	2.5506
$2^5/_8$	2.6250	20	UN	2.5925	2.5709	2.5655
$2^3/_4$	2.7500	4	UNC	2.5876	2.4794	2.4523
$2^3/_4$	2.7500	6	UN	2.6417	2.5696	2.5515
$2^3/_4$	2.7500	8	UN	2.6688	2.6147	2.6012
$2^3/_4$	2.7500	12	UN	2.6959	2.6598	2.6508
$2^3/_4$	2.7500	16	UN	2.7094	2.6823	2.6756
$2^3/_4$	2.7500	20	UN	2.7175	2.6959	2.6905
$2^7/_8$	2.8750	4	UN	2.7126	2.6044	2.5773
$2^7/_8$	2.8750	6	UN	2.7667	2.6946	2.6765
$2^7/_8$	2.8750	8	UN	2.7938	2.7397	2.7262
$2^7/_8$	2.8750	12	UN	2.8209	2.7848	2.7758
$2^7/_8$	2.8750	16	UN	2.8344	2.8073	2.8006
$2^7/_8$	2.8750	20	UN	2.8425	2.8209	2.8155
3	3.0000	4	UNC	2.8376	2.7294	2.7023
3	3.0000	6	UN	2.8917	2.8196	2.8015
3	3.0000	8	UN	2.9188	2.8647	2.8512
3	3.0000	12	UN	2.9459	2.9098	2.9008
3	3.0000	16	UN	2.9594	2.9323	2.9256
3	3.0000	20	UN	2.9675	2.9459	2.9405
$3^1/_8$	3.1250	4	UN	2.9626	2.8544	2.8273
$3^1/_8$	3.1250	6	UN	3.0167	2.9446	2.9265
$3^1/_8$	3.1250	8	UN	3.0438	2.9897	2.9762
$3^1/_8$	3.1250	12	UN	3.0709	3.0348	3.0258
$3^1/_8$	3.1250	16	UN	3.0844	3.0573	3.0506
$3^1/_4$	3.2500	4	UNC	3.0876	2.9794	2.9523
$3^1/_4$	3.2500	6	UN	3.1417	3.0696	3.0515
$3^1/_4$	3.2500	8	UN	3.1688	3.1147	3.1012
$3^1/_4$	3.2500	12	UN	3.1959	3.1598	3.1508
$3^1/_4$	3.2500	16	UN	3.2094	3.1823	3.1756
$3^3/_8$	3.3750	4	UN	3.2126	3.1044	3.0773
$3^3/_8$	3.3750	6	UN	3.2667	3.1946	3.1765
$3^3/_8$	3.3750	8	UN	3.2938	3.2397	3.2262
$3^3/_8$	3.3750	12	UN	3.3209	3.2848	3.2758
$3^3/_8$	3.3750	16	UN	3.3344	3.3073	3.3006
$3^1/_2$	3.5000	4	UNC	3.3376	3.2294	3.2023
$3^1/_2$	3.5000	6	UN	3.3917	3.3196	3.3015
$3^1/_2$	3.5000	8	UN	3.4188	3.3647	3.3512
$3^1/_2$	3.5000	12	UN	3.4459	3.4098	3.4008
$3^1/_2$	3.5000	16	UN	3.4594	3.4323	3.4256

（续）

公称直径	基本大径 D、d	牙数 /（牙/in）	系列代号	基本中径 D_2、d_2	内螺纹基本小径 D_1	外螺纹基本小径（参考） d_3
$3\frac{5}{8}$	3.6250	4	UN	3.4626	3.3544	3.3273
$3\frac{5}{8}$	3.6250	6	UN	3.5167	3.4446	3.4265
$3\frac{5}{8}$	3.6250	8	UN	3.5438	3.4897	3.4762
$3\frac{5}{8}$	3.6250	12	UN	3.5709	3.5348	3.5258
$3\frac{5}{8}$	3.6250	16	UN	3.5844	3.5573	3.5506
$3\frac{3}{4}$	3.7500	4	UNC	3.5876	3.4794	3.4523
$3\frac{3}{4}$	3.7500	6	UN	3.6417	3.5696	3.5515
$3\frac{3}{4}$	3.7500	8	UN	3.6688	3.6147	3.6012
$3\frac{3}{4}$	3.7500	12	UN	3.6959	3.6598	3.6508
$3\frac{3}{4}$	3.7500	16	UN	3.7094	3.6823	3.6756
$3\frac{7}{8}$	3.8750	4	UN	3.7126	3.6044	3.5773
$3\frac{7}{8}$	3.8750	6	UN	3.7667	3.6946	3.6765
$3\frac{7}{8}$	3.8750	8	UN	3.7938	3.7397	3.7262
$3\frac{7}{8}$	3.8750	12	UN	3.8209	3.7848	3.7758
$3\frac{7}{8}$	3.8750	16	UN	3.8344	3.8073	3.8006
4	4.0000	4	UNC	3.8376	3.7294	3.7023
4	4.0000	6	UN	3.8917	3.8196	3.8015
4	4.0000	8	UN	3.9188	3.8647	3.8512
4	4.0000	12	UN	3.9459	3.9098	3.9008
4	4.0000	16	UN	3.9594	3.9323	3.9256
$4\frac{1}{8}$	4.1250	4	UN	3.9626	3.8544	3.8273
$4\frac{1}{8}$	4.1250	6	UN	4.0167	3.9446	3.9265
$4\frac{1}{8}$	4.1250	8	UN	4.0438	3.9897	3.9762
$4\frac{1}{8}$	4.1250	12	UN	4.0709	4.03478	4.0258
$4\frac{1}{8}$	4.1250	16	UN	4.0844	4.0573	4.0506
$4\frac{1}{4}$	4.2500	4	UN	4.0876	3.9794	3.9523
$4\frac{1}{4}$	4.2500	6	UN	4.1417	4.0696	4.0515
$4\frac{1}{4}$	4.2500	8	UN	4.1688	4.1147	4.1012
$4\frac{1}{4}$	4.2500	12	UN	4.1959	4.1598	4.1508
$4\frac{1}{4}$	4.2500	16	UN	4.2094	4.1823	4.1756
$4\frac{3}{8}$	4.3750	4	UN	4.2126	4.1044	4.0773
$4\frac{3}{8}$	4.3750	6	UN	4.2667	4.1946	4.1765
$4\frac{3}{8}$	4.3750	8	UN	4.2938	4.2397	4.2262
$4\frac{3}{8}$	4.3750	12	UNC	4.3209	4.2848	4.2758
$4\frac{3}{8}$	4.3750	16	UN	4.3344	4.3073	4.3006
$4\frac{1}{2}$	4.5000	4	UN	4.3376	4.2294	4.2023
$4\frac{1}{2}$	4.5000	6	UN	4.3917	4.3196	4.3015
$4\frac{1}{2}$	4.5000	8	UN	4.4188	4.3647	4.3512
$4\frac{1}{2}$	4.5000	12	UN	4.4459	4.4098	4.4008
$4\frac{1}{2}$	4.5000	16	UN	4.4594	4.4323	4.4256
$4\frac{5}{8}$	4.6250	4	UN	4.4626	4.3544	4.3273
$4\frac{5}{8}$	4.6250	6	UN	4.5167	4.4446	4.4265
$4\frac{5}{8}$	4.6250	8	UN	4.5438	4.4897	4.4762
$4\frac{5}{8}$	4.6250	12	UN	4.5709	4.5348	4.5258
$4\frac{5}{8}$	4.6250	16	UN	4.5844	4.5573	4.5506
$4\frac{3}{4}$	4.7500	4	UN	4.5876	4.4794	4.4523

（续）

公称直径	基本大径 D、d	牙数 / （牙/in）	系列代号	基本中径 D_2、d_2	内螺纹基本小径 D_1	外螺纹基本小径（参考） d_3
$4^3/_4$	4.7500	6	UN	4.6417	4.5696	4.5515
$4^3/_4$	4.7500	8	UN	4.6688	4.6147	4.6012
$4^3/_4$	4.7500	12	UN	4.6959	4.6598	4.6508
$4^3/_4$	4.7500	16	UN	4.7094	4.6823	4.6756
$4^7/_8$	4.8750	4	UN	4.7126	4.6044	4.5773
$4^7/_8$	4.8750	6	UN	4.7667	4.6946	4.6765
$4^7/_8$	4.8750	8	UN	4.7938	4.7397	4.7262
$4^7/_8$	4.8750	12	UN	4.8209	4.7848	4.7758
$4^7/_8$	4.8750	16	UN	4.8344	4.8073	4.8006
5	5.0000	4	UN	4.8376	4.7294	4.7023
5	5.0000	6	UN	4.8917	4.8196	4.8015
5	5.0000	8	UN	4.9188	4.8647	4.8512
5	5.0000	12	UN	4.9459	4.9098	4.9008
5	5.0000	16	UN	4.9594	4.9323	4.9256
$5^1/_8$	5.1250	4	UN	4.9626	4.8544	4.8273
$5^1/_8$	5.1250	6	UN	5.0167	4.9446	4.9265
$5^1/_8$	5.1250	8	UN	5.0438	4.9897	4.9762
$5^1/_8$	5.1250	12	UN	5.0709	5.0348	5.0258
$5^1/_8$	5.1250	16	UN	5.0844	5.0573	5.0506
$5^1/_4$	5.2500	4	UN	5.0876	4.9794	4.9523
$5^1/_4$	5.2500	6	UN	5.1417	5.0696	5.0515
$5^1/_4$	5.2500	8	UN	5.1688	5.1147	5.1012
$5^1/_4$	5.2500	12	UN	5.1959	5.1598	5.1508
$5^1/_4$	5.2500	16	UN	5.2094	5.1823	5.1756
$5^3/_8$	5.3750	4	UN	5.2126	5.1044	5.0773
$5^3/_8$	5.3750	6	UN	5.2667	5.1946	5.1765
$5^3/_8$	5.3750	8	UN	5.2938	5.2397	5.2262
$5^3/_8$	5.3750	12	UN	5.3209	5.2848	5.2758
$5^3/_8$	5.3750	16	UN	5.3344	5.3073	5.3006
$5^1/_2$	5.5000	4	UN	5.3376	5.2294	5.2023
$5^1/_2$	5.5000	6	UN	5.3917	5.3196	5.3015
$5^1/_2$	5.5000	8	UN	5.4188	5.3647	5.3512
$5^1/_2$	5.5000	12	UN	5.4459	5.4098	5.4008
$5^1/_2$	5.5000	16	UN	5.4594	5.4323	5.4256
$5^5/_8$	5.6250	4	UN	5.4626	5.3544	5.3273
$5^5/_8$	5.6250	6	UN	5.5167	5.4446	5.4265
$5^5/_8$	5.6250	8	UN	5.5438	5.4897	5.4762
$5^5/_8$	5.6250	12	UN	5.5709	5.5348	5.5258
$5^5/_8$	5.6250	16	UN	5.5844	5.5573	5.5506
$5^3/_4$	5.7500	4	UN	5.5876	5.4794	5.4523
$5^3/_4$	5.7500	6	UN	5.6417	5.5696	5.5515
$5^3/_4$	5.7500	8	UN	5.6688	5.6147	5.6012
$5^3/_4$	5.7500	12	UN	5.6959	5.6598	5.6508
$5^3/_4$	5.7500	16	UN	5.7094	5.6823	5.6756
$5^7/_8$	5.8750	4	UN	5.7126	5.6044	5.5773
$5^7/_8$	5.8750	6	UN	5.7667	5.6946	5.6765
$5^7/_8$	5.8750	8	UN	5.7938	5.7397	5.7262
$5^7/_8$	5.8750	12	UN	5.8209	5.7848	5.7758
$5^7/_8$	5.8750	16	UN	5.8344	5.8073	5.8006
6	6.0000	4	UN	5.8376	5.7294	5.7023
6	6.0000	6	UN	5.8917	5.8196	5.8015
6	6.0000	8	UN	5.9188	5.8647	5.8512
6	6.0000	12	UN	5.9459	5.9098	5.9008
6	6.0000	16	UN	5.9594	5.9323	5.9256

① 此 D_1 的精确值为1.533494。在本表内，此 D_1 保留4位小数，其值为1.5335；在计算 D_{1min} 极限尺寸时，$D_{1min}=D_1$，此 D_1 保留3位小数，其值为1.533或1.5330（在第4位小数处补零）。

14.4　统一螺纹的公差与配合

14.4.1　有关公差与配合的尺寸代号

LE——旋合长度；

es——外螺纹直径的上偏差；

EI——内螺纹直径的下偏差；

T_{D_2}——内螺纹中径公差；

T_{d_2}——外螺纹中径公差；

T_{D_1}——内螺纹小径公差；

T_d——外螺纹大径公差；

SE——特殊配合（螺纹标记）；

PD——中径（螺纹标记）；

MOD——修正内螺纹小径极限（螺纹标记）。

14.4.2　公差带的种类

外螺纹有三种公差带：1A、2A和3A。其中1A和2A的基本偏差es为负值，3A的基本偏差es为零。三种公差带中3A的公差值最小。

内螺纹也有3种公差带：1B、2B和3B。其基本偏差均为零。其中3B的公差值最小。

内、外螺纹的公差带位置见图3.5-70和图3.5-71。

14.4.3　内外螺纹的配合

外螺纹的三种公差带可以与内螺纹的三种公差带组成多种配合，各种公差带的选用原则见表3.5-162。

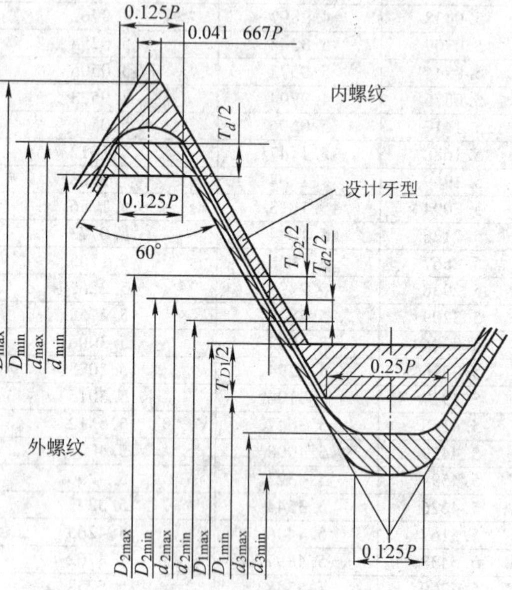

图3.5-70　1A、2A、1B和2B螺纹的公差带位置

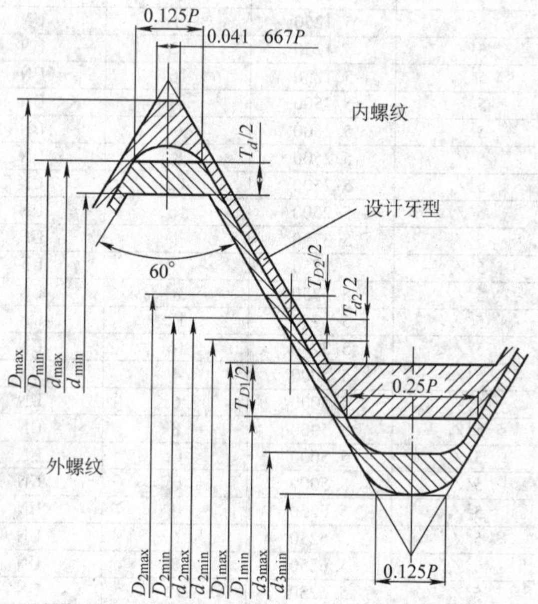

图3.5-71　3A和3B螺纹的公差带位置

表3.5-162　螺纹公差带的选用原则

公差带	用　途	备　注
1A和1B	用于要求容易装配、基本大径不小于0.25in的粗牙和细牙系列螺纹	螺纹的公差较大；外螺纹基本偏差不能用于容纳涂镀层
2A和2B	使用最多、最广的公差带，包括螺纹紧固件	外螺纹的基本偏差可以用于容纳涂镀层
3A和3B	用于形成螺纹紧配合	对螺纹的螺距和牙侧角单项要素精度有较高要求

14.4.4　基本偏差和公差

对标准系列和标准旋合长度的螺纹，其基本偏差和各直径的公差值见表3.5-163和表3.5-164。

14.5　标准旋合长度

14.5.1　中径公差的标准旋合长度

表3.5-163和表3.5-164所规定的中径公差仅适用于标准旋合长度范围内、标准系列的螺纹。

表3.5-163　2A、2B、3A和3B统一螺纹的基本偏差和公差（GB/T20669—2006）　(in)

公称直径	牙数/(牙/in)	系列代号	2A外螺纹基本偏差 es	外螺纹大径公差 T_d	中径公差 T_{d_2} 或 T_{D_2}				内螺纹小径公差 T_{D_1}	
					2A	2B	3A	3B	2B	3B
0	80	UNF	0.0005	0.0032	0.001762	0.0023	0.0013	0.0017	0.0049	0.0049
1	64	UNC	0.0006	0.0038	0.001970	0.0026	0.0015	0.0019	0.0061	0.0061
1	72	UNF	0.0006	0.0035	0.001899	0.0025	0.0014	0.0019	0.0054	0.0054
2	56	UNC	0.0006	0.0041	0.002127	0.0028	0.0016	0.0021	0.0070	0.0070
2	64	UNF	0.0006	0.0038	0.002040	0.0027	0.0015	0.0020	0.0061	0.0061
3	48	UNC	0.0007	0.0045	0.002302	0.0030	0.0017	0.0022	0.0081	0.0081
3	56	UNF	0.0007	0.0041	0.002191	0.0028	0.0016	0.0021	0.0068	0.0068
4	40	UNC	0.0008	0.0051	0.002507	0.0033	0.0019	0.0024	0.0090	0.0090
4	48	UNF	0.0007	0.0045	0.002361	0.0031	0.0018	0.0023	0.0074	0.0074
5	40	UNC	0.0008	0.0051	0.002562	0.0033	0.0019	0.0025	0.0083	0.0083
5	44	UNF	0.0007	0.0048	0.002484	0.0032	0.0019	0.0024	0.0075	0.0075
6	32	UNC	0.0008	0.0060	0.002820	0.0037	0.0021	0.0027	0.0098	0.0097
6	40	UNF	0.0008	0.0051	0.002614	0.0034	0.0020	0.0025	0.0077	0.0077
8	32	UNC	0.0009	0.0060	0.002916	0.0038	0.0022	0.0028	0.0087	0.0086
8	36	UNF	0.0008	0.0055	0.002804	0.0036	0.0021	0.0027	0.0077	0.0077
10	24	UNC	0.0010	0.0072	0.003319	0.0043	0.0025	0.0032	0.0106	0.0106
10	32	UNF	0.0009	0.0060	0.003004	0.0039	0.0023	0.0029	0.0079	0.0079
12	24	UNC	0.0010	0.0072	0.003400	0.0044	0.0026	0.0033	0.0098	0.0098
12	28	UNF	0.0010	0.0065	0.003224	0.0042	0.0024	0.0031	0.0084	0.0084
12	32	UNEF	0.0010	0.0060	0.003183	0.0041	0.0024	0.0031	0.0074	0.0073
1/4	20	UNC	0.0011	0.0081	0.003731	0.0049	0.0028	0.0036	0.0115	0.0108
1/4	28	UNF	0.0010	0.0065	0.003322	0.0043	0.0025	0.0032	0.0084	0.0077
1/4	32	UNEF	0.0010	0.0060	0.003228	0.0042	0.0024	0.0031	0.0074	0.0067
5/16	18	UNC	0.0012	0.0087	0.004041	0.0053	0.0030	0.0039	0.0127	0.0106
5/16	20	UN	0.0012	0.0081	0.004060	0.0053	0.0030	0.0040	0.0115	0.0096
5/16	24	UNF	0.0011	0.0072	0.003660	0.0048	0.0027	0.0036	0.0097	0.0080
5/16	28	UN	0.0010	0.0065	0.003495	0.0045	0.0026	0.0034	0.0084	0.0069
5/16	32	UNEF	0.0010	0.0060	0.003301	0.0043	0.0025	0.0032	0.0074	0.0059
3/8	16	UNC	0.0013	0.0094	0.004363	0.0057	0.0033	0.0043	0.0141	0.0109
3/8	20	UN	0.0012	0.0081	0.004124	0.0054	0.0031	0.0040	0.0115	0.0088
3/8	24	UNF	0.0011	0.0072	0.003804	0.0049	0.0029	0.0037	0.0097	0.0073
3/8	28	UN	0.0011	0.0065	0.003559	0.0046	0.0027	0.0035	0.0084	0.0063
3/8	32	UNEF	0.0010	0.0060	0.003365	0.0044	0.0025	0.0033	0.0074	0.0057
7/16	14	UNC	0.0014	0.0103	0.004713	0.0061	0.0035	0.0046	0.0158	0.0115
7/16	16	UN	0.0014	0.0094	0.004626	0.0060	0.0035	0.0045	0.0141	0.0102
7/16	20	UNF	0.0013	0.0081	0.004167	0.0054	0.0031	0.0041	0.0115	0.0082

（续）

公称直径	牙数/(牙/in)	系列代号	2A外螺纹基本偏差 es	外螺纹大径公差 T_d	中径公差 T_{d_2} 或 T_{D_2}				内螺纹小径公差 T_{D_1}	
					2A	2B	3A	3B	2B	3B
7/16	28	UNEF	0.0011	0.0065	0.003616	0.0047	0.0027	0.0035	0.0084	0.0063
7/16	32	UN	0.0010	0.0060	0.003422	0.0044	0.0026	0.0033	0.0074	0.0057
1/2	13	UNC	0.0015	0.0109	0.004965	0.0065	0.0037	0.0048	0.0169	0.0117
1/2	16	UN	0.0014	0.0094	0.004678	0.0061	0.0035	0.0046	0.0141	0.0097
1/2	20	UNF	0.0013	0.0081	0.004288	0.0056	0.0032	0.0042	0.0115	0.0078
1/2	28	UNEF	0.0011	0.0065	0.003668	0.0048	0.0028	0.0036	0.0084	0.0063
1/2	32	UN	0.0010	0.0060	0.003474	0.0045	0.0026	0.0034	0.0074	0.0057
9/16	12	UNC	0.0016	0.0114	0.005225	0.0068	0.0039	0.0051	0.0181	0.0120
9/16	16	UN	0.0014	0.0094	0.004725	0.0061	0.0035	0.0046	0.0141	0.0093
9/16	18	UNF	0.0014	0.0087	0.004547	0.0059	0.0034	0.0044	0.0127	0.0082
9/16	20	UN	0.0013	0.0081	0.004280	0.0056	0.0032	0.0042	0.0115	0.0077
9/16	25	UNEF	0.0012	0.0072	0.003960	0.0051	0.0030	0.0039	0.0097	0.0070
9/16	28	UN	0.0011	0.0065	0.003715	0.0048	0.0028	0.0036	0.0084	0.0063
9/16	32	UN	0.0011	0.0060	0.003521	0.0046	0.0026	0.0034	0.0074	0.0057
5/8	11	UNC	0.0017	0.0121	0.005501	0.0072	0.0041	0.0054	0.0194	0.0125
5/8	12	UN	0.0016	0.0114	0.005443	0.0071	0.0041	0.0053	0.0181	0.0115
5/8	16	UN	0.0014	0.0094	0.004769	0.0062	0.0036	0.0046	0.0141	0.0089
5/8	18	UNF	0.0014	0.0087	0.004652	0.0060	0.0035	0.0045	0.0127	0.0081
5/8	20	UN	0.0013	0.0081	0.004324	0.0056	0.0032	0.0042	0.0115	0.0077
5/8	24	UNEF	0.0012	0.0072	0.004004	0.0052	0.0030	0.0039	0.0097	0.0070
5/8	28	UN	0.0011	0.0065	0.003759	0.0049	0.0028	0.0037	0.0084	0.0063
5/8	32	UN	0.0011	0.0060	0.003565	0.0046	0.0027	0.0035	0.0074	0.0057
11/16	12	UN	0.0016	0.0114	0.005485	0.0071	0.0041	0.0053	0.0181	0.0112
11/16	16	UN	0.0014	0.0094	0.004811	0.0063	0.0036	0.0047	0.0141	0.0086
11/16	20	UN	0.0013	0.0081	0.004366	0.0057	0.0033	0.0043	0.0115	0.0077
11/16	24	UNEF	0.0012	0.0072	0.004046	0.0053	0.0030	0.0039	0.0097	0.0070
11/16	28	UN	0.0011	0.0065	0.003801	0.0049	0.0029	0.0037	0.0084	0.0063
11/16	32	UN	0.0011	0.0060	0.003607	0.0047	0.0027	0.0035	0.0074	0.0057
3/4	10	UNC	0.0018	0.0129	0.005894	0.0077	0.0044	0.0057	0.0210	0.0128
3/4	12	UN	0.0017	0.0114	0.005524	0.0072	0.0041	0.0054	0.0181	0.0109
3/4	16	UNF	0.0015	0.0094	0.005024	0.0065	0.0038	0.0049	0.0141	0.0086
3/4	20	UNEF	0.0013	0.0081	0.004405	0.0057	0.0033	0.0043	0.0115	0.0077
3/4	28	UN	0.0012	0.0065	0.003840	0.0050	0.0029	0.0037	0.0084	0.0063
3/4	32	UN	0.0011	0.0060	0.003646	0.0047	0.0027	0.0036	0.0074	0.0057
13/16	12	UN	0.0017	0.0114	0.005561	0.0072	0.0042	0.0054	0.0181	0.0106
13/16	16	UN	0.0015	0.0094	0.004887	0.0064	0.0037	0.0048	0.0141	0.0086
13/16	20	UNEF	0.0013	0.0081	0.004442	0.0058	0.0033	0.0043	0.0115	0.0077
13/16	28	UN	0.0012	0.0065	0.003877	0.0050	0.0029	0.0038	0.0084	0.0063
13/16	32	UN	0.0011	0.0060	0.003683	0.0048	0.0028	0.0036	0.0074	0.0057

（续）

公称直径	牙数/(牙/in)	系列代号	2A外螺纹基本偏差 es	外螺纹大径公差 T_d	中径公差 T_{d_2}或T_{D_2}				内螺纹小径公差 T_{D_1}	
					2A	2B	3A	3B	2B	3B
7/8	9	UNC	0.0019	0.0139	0.006305	0.0082	0.0047	0.0061	0.0228	0.0134
7/8	12	UN	0.0017	0.0114	0.005596	0.0073	0.0042	0.0055	0.0181	0.0104
7/8	14	UNF	0.0016	0.0103	0.005420	0.0070	0.0041	0.0053	0.0158	0.0090
7/8	16	UN	0.0015	0.0094	0.004922	0.0064	0.0037	0.0048	0.0141	0.0086
7/8	20	UNEF	0.0013	0.0081	0.004477	0.0058	0.0034	0.0044	0.0115	0.0077
7/8	28	UN	0.0012	0.0065	0.003912	0.0051	0.0029	0.0038	0.0084	0.0063
7/8	32	UN	0.0011	0.0060	0.003718	0.0048	0.0028	0.0036	0.0074	0.0057
15/16	12	UN	0.0017	0.0114	0.005629	0.0073	0.0042	0.0055	0.0181	0.0102
15/16	16	UN	0.0015	0.0094	0.004955	0.0064	0.0037	0.0048	0.0141	0.0086
15/16	20	UNEF	0.0014	0.0081	0.004510	0.0059	0.0034	0.0044	0.0115	0.0077
15/16	28	UN	0.0012	0.0065	0.003945	0.0051	0.0030	0.0038	0.0084	0.0063
15/16	32	UN	0.0011	0.0060	0.003751	0.0049	0.0028	0.0037	0.0074	0.0057
1	8	UNC	0.0020	0.0150	0.006750	0.0088	0.0051	0.0066	0.0250	0.0150
1	12	UNF	0.0018	0.0114	0.005862	0.0076	0.0044	0.0057	0.0181	0.0100
1	16	UN	0.0015	0.0094	0.004987	0.0065	0.0037	0.0049	0.0141	0.0086
1	20	UNEF	0.0014	0.0081	0.004542	0.0059	0.0034	0.0044	0.0115	0.0077
1	28	UN	0.0012	0.0065	0.003977	0.0052	0.0030	0.0039	0.0084	0.0063
1	32	UN	0.0011	0.0060	0.003783	0.0049	0.0028	0.0037	0.0074	0.0057
1 1/16	8	UN	0.0020	0.0150	0.006827	0.0089	0.0051	0.0067	0.0250	0.0150
1 1/16	12	UN	0.0017	0.0114	0.005692	0.0074	0.0043	0.0055	0.0181	0.0100
1 1/16	16	UN	0.0015	0.0094	0.005018	0.0065	0.0038	0.0049	0.0141	0.0086
1 1/16	18	UNEF	0.0014	0.0087	0.004776	0.0062	0.0036	0.0047	0.0127	0.0081
1 1/16	20	UN	0.0014	0.0081	0.004573	0.0059	0.0034	0.0045	0.0115	0.0077
1 1/16	28	UN	0.0012	0.0065	0.004008	0.0052	0.0030	0.0039	0.0084	0.0063
1 1/8	7	UNC	0.0022	0.0164	0.007250	0.0094	0.0054	0.0071	0.0276	0.0171
1 1/8	8	UN	0.0021	0.0150	0.006901	0.0090	0.0052	0.0067	0.0250	0.0150
1 1/8	12	UNF	0.0018	0.0114	0.006013	0.0078	0.0045	0.0059	0.0181	0.0100
1 1/8	16	UN	0.0015	0.0094	0.005047	0.0066	0.0038	0.0049	0.0141	0.0086
1 1/8	18	UNEF	0.0014	0.0087	0.004805	0.0062	0.0036	0.0047	0.0127	0.0081
1 1/8	20	UN	0.0014	0.0081	0.004602	0.0060	0.0035	0.0045	0.0115	0.0077
1 1/8	28	UN	0.0012	0.0065	0.004037	0.0052	0.0030	0.0039	0.0084	0.0063
1 3/16	8	UN	0.0021	0.0150	0.006973	0.0091	0.0052	0.0068	0.0250	0.0150
1 3/16	12	UN	0.0017	0.0114	0.005749	0.0075	0.0043	0.0056	0.0181	0.0100
1 3/16	16	UN	0.0015	0.0094	0.005075	0.0066	0.0038	0.0049	0.0141	0.0086
1 3/16	18	UNEF	0.0014	0.0087	0.004833	0.0063	0.0036	0.0047	0.0127	0.0081
1 3/16	20	UN	0.0014	0.0081	0.004630	0.0060	0.0035	0.0045	0.0115	0.0077
1 3/16	28	UN	0.0012	0.0065	0.004065	0.0053	0.0030	0.0040	0.0084	0.0063

（续）

公称直径	牙数/(牙/in)	系列代号	2A外螺纹基本偏差 es	外螺纹大径公差 T_d	中径公差 T_{d_2}或T_{D_2}				内螺纹小径公差 T_{D_1}	
					2A	2B	3A	3B	2B	3B
$1\frac{1}{4}$	7	UNC	0.0022	0.0164	0.007392	0.0096	0.0055	0.0072	0.0276	0.0171
$1\frac{1}{4}$	8	UN	0.0021	0.0150	0.007043	0.0092	0.0053	0.0069	0.0250	0.0150
$1\frac{1}{4}$	12	UNF	0.0018	0.0114	0.006155	0.0080	0.0046	0.0060	0.0181	0.0100
$1\frac{1}{4}$	16	UN	0.0015	0.0094	0.005103	0.0066	0.0038	0.0050	0.0141	0.0086
$1\frac{1}{4}$	18	UNEF	0.0015	0.0087	0.004861	0.0063	0.0036	0.0047	0.0127	0.0081
$1\frac{1}{4}$	20	UN	0.0014	0.0081	0.004658	0.0061	0.0035	0.0045	0.0115	0.0077
$1\frac{1}{4}$	28	UN	0.0012	0.0065	0.004093	0.0053	0.0031	0.0040	0.0084	0.0063
$1\frac{5}{16}$	8	UN	0.0021	0.0150	0.007110	0.0092	0.0053	0.0069	0.0250	0.0150
$1\frac{5}{16}$	12	UN	0.0017	0.0114	0.005803	0.0075	0.0044	0.0057	0.0181	0.0100
$1\frac{5}{16}$	16	UN	0.0015	0.0094	0.005129	0.0067	0.0038	0.0050	0.0141	0.0086
$1\frac{5}{16}$	18	UNEF	0.0015	0.0087	0.004887	0.0064	0.0037	0.0048	0.0127	0.0081
$1\frac{5}{16}$	20	UN	0.0014	0.0081	0.004684	0.0061	0.0035	0.0046	0.0115	0.0077
$1\frac{5}{16}$	28	UN	0.0012	0.0065	0.004119	0.0054	0.0031	0.0040	0.0084	0.0063
$1\frac{3}{8}$	6	UNC	0.0024	0.0182	0.007970	0.0104	0.0060	0.0078	0.0306	0.0200
$1\frac{3}{8}$	8	UN	0.0022	0.0150	0.007177	0.0093	0.0054	0.0070	0.0250	0.0150
$1\frac{3}{8}$	12	UNF	0.0019	0.0114	0.006289	0.0082	0.0047	0.0061	0.0181	0.0100
$1\frac{3}{8}$	16	UN	0.0015	0.0094	0.005155	0.0067	0.0039	0.0050	0.0141	0.0086
$1\frac{3}{8}$	18	UNEF	0.0015	0.0087	0.004913	0.0064	0.0037	0.0048	0.0127	0.0081
$1\frac{3}{8}$	20	UN	0.0014	0.0081	0.004710	0.0061	0.0035	0.0046	0.0115	0.0077
$1\frac{3}{8}$	28	UN	0.0012	0.0065	0.004145	0.0054	0.0031	0.0040	0.0084	0.0063
$1\frac{7}{16}$	6	UN	0.0024	0.0182	0.008034	0.0104	0.0060	0.0078	0.0306	0.0200
$1\frac{7}{16}$	8	UN	0.0022	0.0150	0.007241	0.0094	0.0054	0.0071	0.0250	0.0150
$1\frac{7}{16}$	12	UN	0.0018	0.0114	0.005854	0.0076	0.0044	0.0057	0.0181	0.0100
$1\frac{7}{16}$	16	UN	0.0016	0.0094	0.005180	0.0067	0.0039	0.0051	0.0141	0.0086
$1\frac{7}{16}$	18	UNEF	0.0015	0.0087	0.004938	0.0064	0.0037	0.0048	0.0127	0.0081
$1\frac{7}{16}$	20	UN	0.0014	0.0081	0.004735	0.0062	0.0036	0.0046	0.0115	0.0077
$1\frac{7}{16}$	28	UN	0.0013	0.0065	0.004170	0.0054	0.0031	0.0041	0.0084	0.0063
$1\frac{1}{2}$	6	UNC	0.0024	0.0182	0.008097	0.0105	0.0061	0.0079	0.0306	0.0200
$1\frac{1}{2}$	8	UN	0.0022	0.0150	0.007304	0.0095	0.0055	0.0071	0.0250	0.0150
$1\frac{1}{2}$	12	UNF	0.0019	0.0114	0.006416	0.0083	0.0048	0.0063	0.0181	0.0100
$1\frac{1}{2}$	16	UN	0.0016	0.0094	0.005204	0.0068	0.0039	0.0051	0.0141	0.0086
$1\frac{1}{2}$	18	UNEF	0.0015	0.0087	0.004962	0.0065	0.0037	0.0048	0.0127	0.0081
$1\frac{1}{2}$	20	UN	0.0014	0.0081	0.004759	0.0062	0.0036	0.0046	0.0115	0.0077
$1\frac{1}{2}$	28	UN	0.0013	0.0065	0.004194	0.0055	0.0031	0.0041	0.0084	0.0063
$1\frac{9}{16}$	6	UN	0.0024	0.0182	0.008159	0.0106	0.0061	0.0080	0.0306	0.0200

（续）

公称直径	牙数/(牙/in)	系列代号	2A外螺纹基本偏差 es	外螺纹大径公差 T_d	中径公差 T_{d_2}或T_{D_2}				内螺纹小径公差 T_{D_1}	
					2A	2B	3A	3B	2B	3B
1 9/16	8	UN	0.0022	0.0150	0.007366	0.0096	0.0055	0.0072	0.0250	0.0150
1 9/16	12	UN	0.0018	0.0114	0.005902	0.0077	0.0044	0.0058	0.0181	0.0100
1 9/16	16	UN	0.0016	0.0094	0.005228	0.0068	0.0039	0.0051	0.0141	0.0086
1 9/16	18	UNEF	0.0015	0.0087	0.004986	0.0065	0.0037	0.0049	0.0127	0.0081
1 9/16	20	UN	0.0014	0.0081	0.004783	0.0062	0.0036	0.0047	0.0115	0.0077
1 5/8	6	UN	0.0025	0.0182	0.008219	0.0107	0.0062	0.0080	0.0306	0.0200
1 5/8	8	UN	0.0022	0.0150	0.007426	0.0097	0.0056	0.0072	0.0250	0.0150
1 5/8	12	UN	0.0018	0.0114	0.005925	0.0077	0.0044	0.0058	0.0181	0.0100
1 5/8	16	UN	0.0016	0.0094	0.005251	0.0068	0.0039	0.0051	0.0141	0.0086
1 5/8	18	UNEF	0.0015	0.0087	0.005009	0.0065	0.0038	0.0049	0.0127	0.0081
1 5/8	20	UN	0.0014	0.0081	0.004806	0.0062	0.0036	0.0047	0.0115	0.0077
1 11/16	6	UN	0.0025	0.0182	0.008278	0.0108	0.0062	0.0081	0.0306	0.0200
1 11/16	8	UN	0.0022	0.0150	0.007485	0.0097	0.0056	0.0073	0.0250	0.0150
1 11/16	12	UN	0.0018	0.0114	0.005947	0.0077	0.0045	0.0058	0.0181	0.0100
1 11/16	16	UN	0.0016	0.0094	0.005273	0.0069	0.0040	0.0051	0.0141	0.0086
1 11/16	18	UNEF	0.0015	0.0087	0.005031	0.0065	0.0038	0.0049	0.0127	0.0081
1 11/16	20	UN	0.0014	0.0081	0.004828	0.0063	0.0036	0.0047	0.0115	0.0077
1 3/4	5	UNC	0.0027	0.0205	0.008922	0.0116	0.0067	0.0087	0.0340	0.0240
1 3/4	6	UN	0.0025	0.0182	0.008335	0.0108	0.0063	0.0081	0.0306	0.0200
1 3/4	8	UN	0.0023	0.0150	0.007542	0.0098	0.0057	0.0074	0.0250	0.0150
1 3/4	12	UN	0.0018	0.0114	0.005969	0.0078	0.0045	0.0058	0.0181	0.0100
1 3/4	16	UN	0.0016	0.0094	0.005295	0.0069	0.0040	0.0052	0.0141	0.0086
1 3/4	20	UN	0.0015	0.0081	0.004850	0.0063	0.0036	0.0047	0.0115	0.0077
1 13/16	6	UN	0.0025	0.0182	0.008391	0.0109	0.0063	0.0082	0.0306	0.0200
1 13/16	8	UN	0.0023	0.0150	0.007598	0.0099	0.0057	0.0074	0.0250	0.0150
1 13/16	12	UN	0.0018	0.0114	0.005990	0.0078	0.0045	0.0058	0.0181	0.0100
1 13/16	16	UN	0.0016	0.0094	0.005316	0.0069	0.0040	0.0052	0.0141	0.0086
1 13/16	20	UN	0.0015	0.0081	0.004871	0.0063	0.0037	0.0047	0.0115	0.0077
1 7/8	6	UN	0.0025	0.0182	0.008447	0.0110	0.0063	0.0082	0.0306	0.0200
1 7/8	8	UN	0.0023	0.0150	0.007654	0.0100	0.0057	0.0075	0.0250	0.0150
1 7/8	12	UN	0.0018	0.0114	0.006011	0.0078	0.0045	0.0059	0.0181	0.0100
1 7/8	16	UN	0.0016	0.0094	0.005337	0.0069	0.0040	0.0052	0.0141	0.0086
1 7/8	20	UN	0.0015	0.0081	0.004892	0.0064	0.0037	0.0048	0.0115	0.0077
1 15/16	6	UN	0.0026	0.0182	0.008501	0.0111	0.0064	0.0083	0.0306	0.0200
1 15/16	8	UN	0.0023	0.0150	0.007708	0.0100	0.0058	0.0075	0.0250	0.0150

（续）

公称直径	牙数/(牙/in)	系列代号	2A外螺纹基本偏差 es	外螺纹大径公差 T_d	中径公差 T_{d_2} 或 T_{D_2}				内螺纹小径公差 T_{D_1}	
					2A	2B	3A	3B	2B	3B
$1^{15}/_{16}$	12	UN	0.0018	0.0114	0.006031	0.0078	0.0045	0.0059	0.0181	0.0100
$1^{15}/_{16}$	16	UN	0.0016	0.0094	0.005357	0.0070	0.0040	0.0052	0.0141	0.0086
$1^{15}/_{16}$	20	UN	0.0015	0.0081	0.004912	0.0064	0.0037	0.0048	0.0115	0.0077
2	4½	UNC	0.0029	0.0220	0.009514	0.0124	0.0071	0.0093	0.0358	0.0267
2	6	UN	0.0026	0.0182	0.008554	0.0111	0.0064	0.0083	0.0306	0.0200
2	8	UN	0.0023	0.0150	0.007761	0.0101	0.0058	0.0076	0.0250	0.0150
2	12	UN	0.0018	0.0114	0.006051	0.0079	0.0045	0.0059	0.0181	0.0100
2	16	UN	0.0016	0.0094	0.005377	0.0070	0.0040	0.0052	0.0141	0.0086
2	20	UN	0.0015	0.0081	0.004932	0.0064	0.0037	0.0048	0.0115	0.0077
2⅛	6	UN	0.0026	0.0182	0.008658	0.0113	0.0065	0.0084	0.0306	0.0200
2⅛	8	UN	0.0024	0.0150	0.007865	0.0102	0.0059	0.0077	0.0250	0.0150
2⅛	12	UN	0.0018	0.0114	0.006089	0.0079	0.0046	0.0059	0.0181	0.0100
2⅛	16	UN	0.0016	0.0094	0.005415	0.0070	0.0041	0.0053	0.0141	0.0086
2⅛	20	UN	0.0015	0.0081	0.004970	0.0065	0.0037	0.0048	0.0115	0.0077
2¼	4½	UNC	0.0029	0.0220	0.009719	0.0126	0.0073	0.0095	0.0358	0.0267
2¼	6	UN	0.0026	0.0182	0.008759	0.0114	0.0066	0.0085	0.0306	0.0200
2¼	8	UN	0.0024	0.0150	0.007966	0.0104	0.0060	0.0078	0.0250	0.0150
2¼	12	UN	0.0018	0.0114	0.006127	0.0080	0.0046	0.0060	0.0181	0.0100
2¼	16	UN	0.0016	0.0094	0.005453	0.0071	0.0041	0.0053	0.0141	0.0086
2¼	20	UN	0.0015	0.0081	0.005008	0.0065	0.0038	0.0049	0.0115	0.0077
2⅜	6	UN	0.0027	0.0182	0.008856	0.0115	0.0066	0.0086	0.0306	0.0200
2⅜	8	UN	0.0024	0.0150	0.008063	0.0105	0.0060	0.0079	0.0250	0.0150
2⅜	12	UN	0.0018	0.0114	0.006162	0.0080	0.0046	0.0060	0.0181	0.0100
2⅜	16	UN	0.0016	0.0094	0.005488	0.0071	0.0041	0.0054	0.0141	0.0086
2⅜	20	UN	0.0015	0.0081	0.005043	0.0066	0.0038	0.0049	0.0115	0.0077
2½	4	UNC	0.0031	0.0238	0.010361	0.0135	0.0078	0.0101	0.0375	0.0300
2½	6	UN	0.0027	0.0182	0.008951	0.0116	0.0067	0.0087	0.0306	0.0200
2½	8	UN	0.0024	0.0150	0.008158	0.0106	0.0061	0.0080	0.0250	0.0150
2½	12	UN	0.0019	0.0114	0.006197	0.0081	0.0046	0.0060	0.0181	0.0100
2½	16	UN	0.0017	0.0094	0.005523	0.0072	0.0041	0.0054	0.0141	0.0086
2½	20	UN	0.0015	0.0081	0.005078	0.0066	0.0038	0.0050	0.0115	0.0077
2⅝	6	UN	0.0027	0.0182	0.009042	0.0118	0.0068	0.0088	0.0306	0.0200
2⅝	8	UN	0.0025	0.0150	0.008249	0.0107	0.0062	0.0080	0.0250	0.0150
2⅝	12	UN	0.0019	0.0114	0.006230	0.0081	0.0047	0.0061	0.0181	0.0100
2⅝	16	UN	0.0017	0.0094	0.005556	0.0072	0.0042	0.0054	0.0141	0.0086

（续）

公称直径	牙数/(牙/in)	系列代号	2A外螺纹基本偏差 es	外螺纹大径公差 T_d	中径公差 T_{d_2} 或 T_{D_2}				内螺纹小径公差 T_{D_1}	
					2A	2B	3A	3B	2B	3B
2⅝	20	UN	0.0015	0.0081	0.005111	0.0066	0.0038	0.0050	0.0115	0.0077
2¾	4	UNC	0.0032	0.00238	0.010542	0.0137	0.0079	0.0103	0.0375	0.0300
2¾	6	UN	0.0027	0.0182	0.009132	0.0119	0.0068	0.0089	0.0306	0.0200
2¾	8	UN	0.0025	0.0150	0.008339	0.0108	0.0063	0.0081	0.0250	0.0150
2¾	12	UN	0.0019	0.0114	0.006263	0.0081	0.0047	0.0061	0.0181	0.0100
2¾	16	UN	0.0017	0.0094	0.005589	0.0073	0.0042	0.0054	0.0141	0.0086
2¾	20	UN	0.0015	0.0081	0.005144	0.0067	0.0039	0.0050	0.0115	0.0077
2⅞	6	UN	0.0028	0.0182	0.009219	0.0120	0.0069	0.0090	0.0306	0.0200
2⅞	8	UN	0.0025	0.0150	0.008426	0.0110	0.0063	0.0082	0.0250	0.0150
2⅞	12	UN	0.0019	0.0114	0.006294	0.0082	0.0047	0.0061	0.0181	0.0100
2⅞	16	UN	0.0017	0.0094	0.005620	0.0073	0.0042	0.0055	0.0141	0.0086
2⅞	20	UN	0.0016	0.0081	0.005175	0.0067	0.0039	0.0050	0.0115	0.0077
3	4	UNC	0.0032	0.0238	0.010714	0.0139	0.0080	0.0104	0.0375	0.0300
3	6	UN	0.0028	0.0182	0.009304	0.0121	0.0070	0.0091	0.0306	0.0200
3	8	UN	0.0026	0.0150	0.008511	0.0111	0.0064	0.0083	0.0250	0.0150
3	12	UN	0.0019	0.0114	0.006324	0.0082	0.0047	0.0062	0.0181	0.0100
3	16	UN	0.0017	0.0094	0.005650	0.0073	0.0042	0.0055	0.0141	0.0086
3	20	UN	0.0016	0.0081	0.005205	0.0068	0.0039	0.0051	0.0115	0.0077
3⅛	6	UN	0.0028	0.0182	0.009388	0.0122	0.0070	0.0092	0.0306	0.0200
3⅛	8	UN	0.0026	0.0150	0.008595	0.0112	0.0064	0.0084	0.0250	0.0150
3⅛	12	UN	0.0019	0.0114	0.006354	0.0083	0.0048	0.0062	0.0181	0.0100
3⅛	16	UN	0.0017	0.0094	0.005680	0.0074	0.0043	0.0055	0.0141	0.0086
3¼	4	UNC	0.0033	0.0238	0.010879	0.0141	0.0082	0.0106	0.0375	0.0300
3¼	6	UN	0.0028	0.0182	0.009469	0.0123	0.0071	0.0092	0.0306	0.0200
3¼	8	UN	0.0026	0.0150	0.008676	0.0113	0.0065	0.0085	0.0250	0.0150
3¼	12	UN	0.0019	0.0114	0.006383	0.0083	0.0048	0.0062	0.0181	0.0100
3¼	16	UN	0.0017	0.0094	0.005709	0.0074	0.0043	0.0056	0.0141	0.0086
3⅜	6	UN	0.0029	0.0182	0.009549	0.0124	0.0072	0.0093	0.0306	0.0200
3⅜	8	UN	0.0026	0.0150	0.008756	0.0114	0.0066	0.0085	0.0250	0.0150
3⅜	12	UN	0.0019	0.0114	0.006411	0.0083	0.0048	0.0063	0.0181	0.0100
3⅜	16	UN	0.0017	0.0094	0.005737	0.0075	0.0043	0.0056	0.0141	0.0086
3½	4	UNC	0.0033	0.0238	0.011036	0.0143	0.0083	0.0108	0.0375	0.0300
3½	6	UN	0.0029	0.0182	0.009626	0.0125	0.0072	0.0094	0.0306	0.0200
3½	8	UN	0.0026	0.0150	0.008833	0.0115	0.0066	0.0086	0.0250	0.0150
3½	12	UN	0.0019	0.0114	0.006438	0.0084	0.0048	0.0063	0.0181	0.0100
3½	16	UN	0.0017	0.0094	0.005764	0.0075	0.0043	0.0056	0.0141	0.0086

（续）

公称直径	牙数/(牙/in)	系列代号	2A外螺纹基本偏差 es	外螺纹大径公差 T_d	中径公差 T_{d_2} 或 T_{D_2}				内螺纹小径公差 T_{D_1}	
					2A	2B	3A	3B	2B	3B
3⅝	6	UN	0.0029	0.0182	0.009703	0.0126	0.0073	0.0095	0.0306	0.0200
3⅝	8	UN	0.0027	0.0150	0.008910	0.0116	0.0067	0.0087	0.0250	0.0150
3⅝	12	UN	0.0019	0.0114	0.006465	0.0084	0.0048	0.0063	0.0181	0.0100
3⅝	16	UN	0.0017	0.0094	0.005791	0.0075	0.0043	0.0056	0.0141	0.0086
3¾	4	UNC	0.0034	0.0238	0.011188	0.0145	0.0084	0.0109	0.0375	0.0300
3¾	6	UN	0.0029	0.0182	0.009778	0.0127	0.0073	0.0095	0.0306	0.0200
3¾	8	UN	0.0027	0.0150	0.008985	0.0117	0.0067	0.0088	0.0250	0.0150
3¾	12	UN	0.0019	0.0114	0.006491	0.0084	0.0049	0.0063	0.0181	0.0100
3¾	16	UN	0.0017	0.0094	0.005817	0.0076	0.0044	0.0057	0.0141	0.0086
3⅞	6	UN	0.0030	0.0182	0.009852	0.0128	0.0074	0.0096	0.0306	0.0200
3⅞	8	UN	0.0027	0.0150	0.009059	0.0118	0.0068	0.0088	0.0250	0.0150
3⅞	12	UN	0.0020	0.0114	0.006517	0.0085	0.0049	0.0064	0.0181	0.0100
3⅞	16	UN	0.0018	0.0094	0.005843	0.0076	0.0044	0.0057	0.0141	0.0086
4	4	UNC	0.0034	0.0238	0.011334	0.0147	0.0085	0.0111	0.0375	0.0300
4	6	UN	0.0030	0.0182	0.009924	0.0129	0.0074	0.0097	0.0306	0.0200
4	8	UN	0.0027	0.0150	0.009131	0.0119	0.0068	0.0089	0.0250	0.0150
4	12	UN	0.0020	0.0114	0.006542	0.0085	0.0049	0.0064	0.0181	0.0100
4	16	UN	0.0018	0.0094	0.005868	0.0076	0.0044	0.0057	0.0141	0.0086
4⅛	6	UN	0.0030	0.0182	0.009996	0.0130	0.0075	0.0097	0.0306	0.0200
4⅛	8	UN	0.0028	0.0150	0.009203	0.0120	0.0069	0.0090	0.0250	0.0150
4⅛	12	UN	0.0020	0.0114	0.006567	0.0085	0.0049	0.0064	0.0181	0.0100
4⅛	16	UN	0.0018	0.0094	0.005893	0.0077	0.0044	0.0057	0.0141	0.0086
4¼	4	UN	0.0034	0.0238	0.011475	0.0149	0.0086	0.0112	0.0375	0.0300
4¼	6	UN	0.0030	0.0182	0.010065	0.0131	0.0075	0.0098	0.0306	0.0200
4¼	8	UN	0.0028	0.0150	0.009272	0.0121	0.0070	0.0090	0.0250	0.0150
4¼	12	UN	0.0020	0.0114	0.006591	0.0086	0.0049	0.0064	0.0181	0.0100
4¼	16	UN	0.0018	0.0094	0.005917	0.0077	0.0044	0.0058	0.0141	0.0086
4⅜	6	UN	0.0030	0.0182	0.010133	0.0132	0.0076	0.0099	0.0306	0.0200
4⅜	8	UN	0.0028	0.0150	0.009340	0.0121	0.0070	0.0091	0.0250	0.0150
4⅜	12	UN	0.0020	0.0114	0.006614	0.0086	0.0050	0.0064	0.0181	0.0100
4⅜	16	UN	0.0018	0.0094	0.005940	0.0077	0.0045	0.0058	0.0141	0.0086
4½	4	UN	0.0035	0.0238	0.011611	0.0151	0.0087	0.0113	0.0375	0.0300
4½	6	UN	0.0031	0.0182	0.010201	0.0133	0.0077	0.0099	0.0306	0.0200
4½	8	UN	0.0028	0.0150	0.009408	0.0122	0.0071	0.0092	0.0250	0.0150
4½	12	UN	0.0020	0.0114	0.006637	0.0086	0.0050	0.0065	0.0181	0.0100
4½	16	UN	0.0018	0.0094	0.005963	0.0078	0.0045	0.0058	0.0141	0.0086

（续）

公称直径	牙数/(牙/in)	系列代号	2A外螺纹基本偏差 es	外螺纹大径公差 T_d	中径公差 T_{d_2} 或 T_{D_2}				内螺纹小径公差 T_{D_1}	
					2A	2B	3A	3B	2B	3B
4⅝	6	UN	0.0031	0.0182	0.010268	0.0133	0.0077	0.0100	0.0306	0.0200
4⅝	8	UN	0.0028	0.0150	0.009475	0.0123	0.0071	0.0092	0.0250	0.0150
4⅝	12	UN	0.0020	0.0114	0.006660	0.0087	0.0050	0.0065	0.0181	0.0100
4⅝	16	UN	0.0018	0.0094	0.005986	0.0078	0.0045	0.0058	0.0141	0.0086
4¾	4	UN	0.0035	0.0238	0.011743	0.0153	0.0088	0.0114	0.0375	0.0300
4¾	6	UN	0.0031	0.0182	0.010333	0.0134	0.0077	0.0101	0.0306	0.0200
4¾	8	UN	0.0029	0.0150	0.009540	0.0124	0.0072	0.0093	0.0250	0.0150
4¾	12	UN	0.0020	0.0114	0.006682	0.0087	0.0050	0.0065	0.0181	0.0100
4¾	16	UN	0.0018	0.0094	0.006008	0.0078	0.0045	0.0059	0.0141	0.0086
4⅞	6	UN	0.0031	0.0182	0.010398	0.0135	0.0078	0.0101	0.0306	0.0200
4⅞	8	UN	0.0029	0.0150	0.009605	0.0125	0.0072	0.0094	0.0250	0.0150
4⅞	12	UN	0.0020	0.0114	0.006704	0.0087	0.0050	0.0065	0.0181	0.0100
4⅞	16	UN	0.0018	0.0094	0.006030	0.0078	0.0045	0.0059	0.0141	0.0086
5	4	UN	0.0036	0.0238	0.011872	0.0154	0.0089	0.0116	0.0375	0.0300
5	6	UN	0.0031	0.0182	0.010462	0.0136	0.0078	0.0102	0.0306	0.0200
5	8	UN	0.0029	0.0150	0.009669	0.0126	0.0073	0.0094	0.0250	0.0150
5	12	UN	0.0020	0.0114	0.006726	0.0087	0.0050	0.0066	0.0181	0.0100
5	16	UN	0.0018	0.0094	0.006052	0.0079	0.0045	0.0059	0.0141	0.0086
5⅛	6	UN	0.0032	0.0182	0.010525	0.0137	0.0079	0.0103	0.0306	0.0200
5⅛	8	UN	0.0029	0.0150	0.009732	0.0127	0.0073	0.0095	0.0250	0.0150
5⅛	12	UN	0.0020	0.0114	0.006747	0.0088	0.0051	0.0066	0.0181	0.0100
5⅛	16	UN	0.0018	0.0094	0.006073	0.0079	0.0046	0.0059	0.0141	0.0086
5¼	4	UN	0.0036	0.0238	0.011997	0.0156	0.0090	0.0117	0.0375	0.0300
5¼	6	UN	0.0032	0.0182	0.010587	0.0138	0.0079	0.0103	0.0306	0.0200
5¼	8	UN	0.0029	0.0150	0.009794	0.0127	0.0073	0.0095	0.0250	0.0150
5¼	12	UN	0.0020	0.0114	0.006768	0.0088	0.0051	0.0066	0.0181	0.0100
5¼	16	UN	0.0018	0.0094	0.006094	0.0079	0.0046	0.0059	0.0141	0.0086
5⅜	6	UN	0.0032	0.0182	0.010649	0.0138	0.0080	0.0104	0.0306	0.0200
5⅜	8	UN	0.0030	0.0150	0.009856	0.0128	0.0074	0.0096	0.0250	0.0150
5⅜	12	UN	0.0020	0.0114	0.006789	0.0088	0.0051	0.0066	0.0181	0.0100
5⅜	16	UN	0.0018	0.0094	0.006115	0.0079	0.0046	0.0060	0.0141	0.0086
5½	4	UN	0.0036	0.0238	0.012119	0.0158	0.0091	0.0118	0.0375	0.0300
5½	6	UN	0.0032	0.0182	0.010709	0.0139	0.0080	0.0104	0.0306	0.0200
5½	8	UN	0.0030	0.0150	0.009916	0.0129	0.0074	0.0097	0.0250	0.0150
5½	12	UN	0.0020	0.0114	0.006809	0.0089	0.0051	0.0066	0.0181	0.0100
5½	16	UN	0.0018	0.0094	0.006135	0.0080	0.0046	0.0060	0.0141	0.0086

（续）

公称直径	牙数/(牙/in)	系列代号	2A 外螺纹基本偏差 es	外螺纹大径公差 T_d	中径公差 T_{d_2} 或 T_{D_2}				内螺纹小径公差 T_{D_1}	
					2A	2B	3A	3B	2B	3B
$5\frac{5}{8}$	6	UN	0.0032	0.0182	0.010769	0.0140	0.0081	0.0105	0.0306	0.0200
$5\frac{5}{8}$	8	UN	0.0030	0.0150	0.009976	0.0130	0.0075	0.0097	0.0250	0.0150
$5\frac{5}{8}$	12	UN	0.0020	0.0114	0.006829	0.0089	0.0051	0.0067	0.0181	0.0100
$5\frac{5}{8}$	16	UN	0.0018	0.0094	0.006155	0.0080	0.0046	0.0060	0.0141	0.0086
$5\frac{3}{4}$	4	UN	0.0037	0.0233	0.012237	0.0159	0.0092	0.0119	0.0375	0.0300
$5\frac{3}{4}$	6	UN	0.0032	0.0182	0.010827	0.0141	0.0081	0.0106	0.0306	0.0200
$5\frac{3}{4}$	8	UN	0.0030	0.0150	0.010034	0.0130	0.0075	0.0098	0.0250	0.0150
$5\frac{3}{4}$	12	UN	0.0021	0.0114	0.006848	0.0089	0.0051	0.0067	0.0181	0.0100
$5\frac{3}{4}$	16	UN	0.0019	0.0094	0.006174	0.0080	0.0046	0.0060	0.0141	0.0086
$5\frac{7}{8}$	6	UN	0.0033	0.0182	0.010886	0.0142	0.0082	0.0106	0.0306	0.0200
$5\frac{7}{8}$	8	UN	0.0030	0.0150	0.010093	0.0131	0.0076	0.0098	0.0250	0.0150
$5\frac{7}{8}$	12	UN	0.0021	0.0114	0.006868	0.0089	0.0052	0.0067	0.0181	0.0100
$5\frac{7}{8}$	16	UN	0.0019	0.0094	0.006194	0.0081	0.0046	0.0060	0.0141	0.0086
6	4	UN	0.0037	0.0238	0.012353	0.0161	0.0093	0.0120	0.0375	0.0300
6	6	UN	0.0033	0.0182	0.010943	0.0142	0.0082	0.0107	0.0306	0.0200
6	8	UN	0.0030	0.0150	0.010150	0.0132	0.0076	0.0099	0.0250	0.0150
6	12	UN	0.0021	0.0114	0.006887	0.0090	0.0052	0.0067	0.0181	0.0100
6	16	UN	0.0019	0.0094	0.006213	0.0081	0.0047	0.0061	0.0141	0.0086

注：计算外螺纹最小中径 $d_{2\min}$、基本偏差 es 以及 1A、3A、1B、2B 和 3B 中径公差时，需代入保留 6 位小数的 2A 中径公差值。

表 3.5-164　1A 和 1B 统一螺纹的基本偏差和公差　　（in）

公称直径	牙数/(牙/in)	系列代号	外螺纹基本偏差 es	外螺纹大径公差 T_d	中径公差 T_{d_2} 或 T_{D_2}		内螺纹小径公差 T_{D_1}
					1A	1B	
1/4	20	UNC	0.0011	0.0122	0.0056	0.0073	0.0115
1/4	28	UNF	0.0010	0.0098	0.0050	0.0065	0.0084
5/16	18	UNC	0.0012	0.0131	0.0061	0.0079	0.0127
5/16	24	UNF	0.0011	0.0108	0.0055	0.0071	0.0097
3/8	16	UNC	0.0013	0.0142	0.0065	0.0085	0.0141
3/8	24	UNF	0.0011	0.0108	0.0057	0.0074	0.0097
7/16	14	UNC	0.0014	0.0155	0.0071	0.0092	0.0158
7/16	20	UNF	0.0013	0.0122	0.0063	0.0081	0.0115
1/2	13	UNC	0.0015	0.0163	0.0074	0.0097	0.0169
1/2	20	UNF	0.0013	0.0122	0.0064	0.0084	0.0115
9/16	12	UNC	0.0016	0.0172	0.0078	0.0102	0.0181
9/16	18	UNF	0.0014	0.0131	0.0068	0.0089	0.0127
5/8	11	UNC	0.0017	0.0182	0.0083	0.0107	0.0194

（续）

公称直径	牙数/（牙/in）	系列代号	外螺纹基本偏差 es	外螺纹大径公差 T_d	中径公差 T_{d_2} 或 T_{D_2}		内螺纹小径公差 T_{D_1}
					1A	1B	
5/8	18	UNF	0.0014	0.0131	0.0070	0.0091	0.0127
3/4	10	UNC	0.0018	0.0194	0.0088	0.0115	0.0210
3/4	16	UNF	0.0015	0.0142	0.0075	0.0098	0.0141
7/8	9	UNC	0.0019	0.0208	0.0095	0.0123	0.0228
7/8	14	UNF	0.0016	0.0155	0.0081	0.0106	0.0158
1	8	UNC	0.0020	0.0225	0.0101	0.0132	0.0250
1	12	UNF	0.0018	0.0172	0.0088	0.0114	0.0181
1⅛	7	UNC	0.0022	0.0246	0.0109	0.0141	0.0276
1⅛	12	UNF	0.0018	0.0172	0.0090	0.0117	0.0181
1¼	7	UNC	0.0022	0.0246	0.0111	0.0144	0.0276
1¼	12	UNF	0.0018	0.0172	0.0092	0.0120	0.0181
1⅜	6	UNC	0.0024	0.0273	0.0120	0.0155	0.0306
1⅜	12	UNF	0.0019	0.0172	0.0094	0.0123	0.0181
1½	6	UNC	0.0024	0.0273	0.0121	0.0158	0.0306
1½	12	UNF	0.0019	0.0172	0.0096	0.0125	0.0181
1¾	5	UNC	0.0027	0.0308	0.0134	0.0174	0.0340
2	4½	UNC	0.0029	0.0330	0.0143	0.0186	0.0358
2¼	4½	UNC	0.0029	0.0330	0.0146	0.0190	0.0358
2½	4	UNC	0.0031	0.0357	0.0155	0.0202	0.0375
2¾	4	UNC	0.0032	0.0357	0.0158	0.0206	0.0375
3	4	UNC	0.0032	0.0357	0.0161	0.0209	0.0375
3¼	4	UNC	0.0033	0.0357	0.0163	0.0212	0.0375
3½	4	UNC	0.0033	0.0357	0.0166	0.0215	0.0375
3¾	4	UNC	0.0034	0.0357	0.0168	0.0218	0.0375
4	4	UNC	0.0034	0.0357	0.0170	0.0221	0.0375

1）对粗牙和细牙螺纹以及恒定螺距系列内牙数少于12牙的螺纹，其标准旋合长度范围为：大于$5P$，小于或等于$1.5D$。

2）对超细牙螺纹以及恒定螺距系列内牙数多于12牙和等于12牙的螺纹，其标准旋合长度范围为：大于$5P$，小于或等于$15P$。

14.5.2　内螺纹小径公差的标准旋合长度

表3.5-163和表3.5-164所规定的内螺纹小径公差仅适用于标准旋合长度范围内的标准系列的螺纹。其标准旋合长度范围为：大于$0.667D$、小于或等于$1.5D$。

14.6　公差修正

14.6.1　中径公差的修正

1）对标准系列螺纹，如果其旋合长度超出标准旋合长度的范围，则其中径公差应按标准规定的公差计算式进行计算，在公式中代入的旋合长度LE，为实际旋合长度值。

2）对特殊系列螺纹，其中径公差应按标准规定的中径公差计算式进行计算。如果其旋合长度在大于$5P$，小于或等于$15P$范围之内，其代入公式的旋合长度LE为$9P$；如果其旋合长度在大于$5P$，小于或等于 15P 范围之外，则其代入公式的旋合长度 LE 为实际旋合长度值。

14.6.2　内螺纹小径公差的修正

对旋合长度在大于 0.667D，小于或等于 1.5D 范围之外的螺纹，其小径公差应按标准规定的修正系数进行修正。其修正系数列于表 3.5-165。

表 3.5-165　内螺纹小径公差的修正系数

旋合长度 >	旋合长度 ≤	备　注
—	0.333D	超短旋合长度，0.5 倍的标准公差
0.333D	0.667D	短旋合长度，0.75 倍的标准公差
0.667D	1.5D	标准旋合长度，不修正
1.5D	—	长旋合长度，1.25 倍的标准公差

注：当内螺纹小径公差大于 0.394P 时，则取内螺纹小径公差为 0.394P。

14.7　公差计算式

统一螺纹的公差计算式列于表 3.5-166，当公式计算结果与公差表所规定之数值出现差异时，以公差表规定值为准。

14.8　螺纹标记方法

14.8.1　统一螺纹的基本标记

对具有标准系列、标准旋合长度和标准公差的右旋螺纹，其标记由公称直径或基本大径的英寸值、牙数、螺纹代号和公差带代号 4 项内容组成。对左旋螺纹，在公差带代号后添加左旋代号 LH。

表 3.5-166　统一螺纹公差计算公式

螺　纹	直　径	公差带	公差计算公式	备　注
外螺纹	直径基本偏差	1A 和 2A	$0.3T_{d_2}(2A)$	$T_{d_2}(2A)$ 为 2A 中径公差代号
		3A	0	
	大径	1A	$0.09\sqrt[3]{P^2}$	
		2A 和 3A	$0.06\sqrt[3]{P^2}$	
	中径	1A	$1.5T_{d_2}(2A)$	$T_{d_2}(2A)$ 为 2A 中径公差代号
		2A	$0.0015\sqrt[3]{D}+0.0015\sqrt{LE}+0.015\sqrt[3]{P^2}$	计算标准公差时：LE 取 D 或 9P
		3A	$0.75T_{d_2}(2A)$	$T_{d_2}(2A)$ 为 2A 中径公差代号
内螺纹	小径	1B 和 2B	$0.05\sqrt[3]{P^2}+0.03P/D-0.002$	D < 1/4in 时，公差限定在 $0.25P-0.4P^2 \leqslant T_{D_1} \leqslant 0.394P$ 内
			$0.25P-0.4P^2$	$D \geqslant 1/4$in，牙数 80～4 牙/in 时
			$0.15P$	$D \geqslant 1/4$in，牙数小于 4 牙/in 时
		3B	$0.05\sqrt[3]{P^2}+0.03P/D-0.002$	80～13 牙/in 时，公差限定在 $0.23P-1.5P^2 \leqslant T_{D_1} \leqslant 0.394P$ 内；牙数小于 13 牙/in 时，公差限定在 $0.12P \leqslant T_{D_1} \leqslant 0.394P$ 内
	中径	1B	$1.95T_{d_2}(2A)$	$T_{d_2}(2A)$ 为 2A 中径公差代号
		2B	$1.30T_{d_2}(2A)$	
		3B	$0.975T_{d_2}(2A)$	

螺纹代号：

粗牙螺纹　　UNC 或 UNRC；

细牙螺纹　　UNF 或 UNRF；

超细牙螺纹　　UNEF 或 UNREF；

恒定螺距系列螺纹　UN 或 UNR；

注：螺纹代号内如含有字母"R"，则表示外螺纹牙底的最小圆弧半径为 0.108 253 18P。

示例：1/4-20UNC-2A

10-32UNF-2A-LH

0.4375-20UNRF-2A

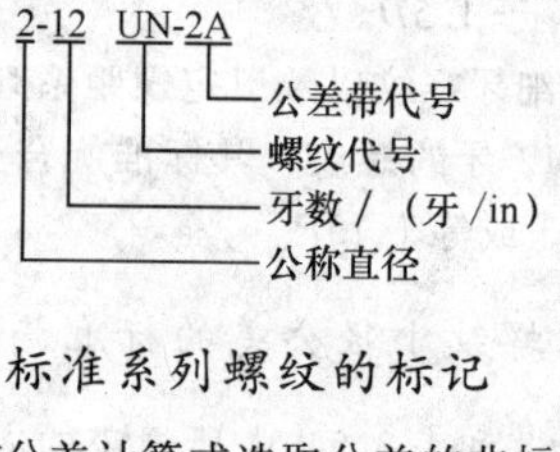

14.8.2　非标准系列螺纹的标记

对按标准公差计算式选取公差的非标准系列螺纹，其标记是在基本标记的基础上补充各个直径（大径 Major dia、中径 PD、小径 Minor dia）极限尺寸的英寸值。

非标准系列螺纹代号为 UNS 和 UNRS。

示例：1/4-24UNS-3A

Major dia. 0.2500-0.2428

PD 0.2229-0.2201

Minor dia. 0.205max.

1.200-10UNS-2B

Minor dia. 1.092-1.113

PD 1.1350-1.1432

Major dia. 1.200 min.

14.8.3 涂镀螺纹的标记

对涂镀螺纹，其标记在基本标记的基础上补充镀前（BEFORE COATING）和镀后（AFTER COATING）螺纹顶径（大径 Major dia. 或小径 Minor dia.）和中径 PD 极限尺寸的英寸值。

当2A 螺纹的基本偏差用于容纳涂镀层时，其镀后最大值为螺纹基本尺寸；镀前极限尺寸为2A 螺纹的标准极限尺寸。

示例：3/4-10UNC-2A

AFTER COATING

Major dia. 0.7500 max.

PD 0.6850 max.

BEFORE COATING

Major dia. 0.7482-0.7353

PD 0.6832-0.6773

对3A 和1A 螺纹，其镀后最大值为3A 和1A 螺纹标准极限尺寸的最大值（可以省去标注）；其镀前极限尺寸为3A 和1A 螺纹的特殊极限尺寸（SPL）。

示例：1/4-20UNC-1A

AFTER COATING

Major dia. 0.2489 max.

PD 0.2164 max.

BEFORE COATING

Major dia. 0.2483-0.2363 SPL

PD 0.2152-0.2100 SPL

对1B、2B 和3B 内螺纹，其镀后最小值为1B、2B 和3B 螺纹标准极限尺寸的最小值（可以省去标记）；其镀前极限尺寸为1B、2B 和3B 螺纹的特殊极限尺寸（SPL）。

示例：1/4-20UNC-1B

AFTER COATING

Minor dia. 0.196 min.

PD 0.2175 min.

BEFORE COATING

Minor dia. 0.197-0.207 SPL

PD 0.2187-0.2256 SPL

14.8.4 特殊旋合长度螺纹的标记

对因采用特殊旋合长度而修正过中径公差的标准螺纹，在其公差带代号前加注代号“SE”，并注出特殊中径 PD 极限尺寸的英寸值和特殊旋合长度 LE 的英寸值。如其顶径公差也是特殊的，也需注出顶径极限尺寸的英寸值。

示例：1/2-13UNC-SE 2A

PD 0.4485-0.4423

LE1.00

14.8.5 修正极限尺寸螺纹的标记

如仅修改螺纹顶径极限尺寸，则在公差带代号后加注代号“MOD”，并注出特殊顶径（大径 Major dia、小径 Minor dia.）极限尺寸的英寸值。

示例：1/4-20UNC-2B MOD

Minor dia. 0.196-0.210

3/8-24 UNF-3A MOD

Major dia. 0.3720-0.3648

14.9 统一螺纹尺寸的米制转化

为了减少计算过程中因约省而构成的误差，应先按英寸单位计算螺纹的最终尺寸，然后利用 1in = 25.4mm 进行米制尺寸的转化，最后进行米制尺寸的圆整。例如计算螺纹各直径的极限尺寸时不宜使用已经米制化的基本尺寸和公差代入公式计算，而应采用英寸数值的基本尺寸和公差代入公式进行计算，得到所需的极限尺寸（最终尺寸）后再进行米制转换，最后进行对米制尺寸的圆整。

在统一螺纹的五个标准中均在各自标准的附录中给出了相应尺寸的米制尺寸值，需要者可在相应标准中直接查取。

14.10 统一螺纹的极限尺寸

极限尺寸的计算可按下列公式进行。

$$d_{max} = d + es$$

$$d_{min} = d_{max} - T_d$$

$$d_{2max} = d_{max} - \frac{3}{4}H = d_{max} - 0.649\ 519\ 05P$$

$$d_{2min} = d_{2max} - T_{d_2}$$

$$d_{3max} = d_{max} - \frac{11}{8}H = d_{max} - 1.190\ 784\ 93P$$

$$D_{min} = D$$

$$D_{2min} = D_{min} - \frac{3}{4}H = D_{min} - 0.649\ 519\ 05P$$

$$D_{2max} = D_{2min} + T_{D_2}$$

$$D_{1min} = D_{min} - \frac{5}{4}H = D_{min} - 1.082\ 531\ 75P$$

$$D_{1max} = D_{1min} + T_{D_1}$$

第 4 篇　零件结构设计工艺性

主　编　王宛山

编写人　王宛山

单瑞兰

崔虹雯

于天彪

审稿人　鄂中凯

巩亚东

第 4 版

零件结构设计工艺性

主　编　崔虹雯
编写人　单瑞兰
　　　　王宛山

第1章 概 述

1 零件结构设计工艺性的概念

在机械设计中,不仅要保证所设计的机械设备具有良好的工作性能,而且还要考虑能否制造和便于制造。这种在机械设计中综合考虑的制造、装配工艺及维修等方面的各种技术问题,称为机械设计工艺性。机器及其零部件的工艺性体现于结构设计当中,所以又称为结构设计工艺性。

机械制造工业,要能做到优质、高产和低耗,除了工艺人员应采取有关技术措施外,结构设计也有着决定性的影响。因此,机械设计工作者应掌握充分的设计原始资料,同时应熟悉制造工艺的理论和知识,要做到对设计方案全面考虑和分析,使设计能经得起制造、使用、维护等方面的综合考验。

结构设计工艺性问题涉及的面较广,它存在于零部件生产过程的各个阶段:材料选择、毛坯生产、机械加工、热处理、机器装配、机器操作、维修等。在结构设计中,产生矛盾时,应统筹安排,综合考虑,找出主要问题,予以妥善解决。

2 影响零件结构设计工艺性的因素

结构设计工艺性随客观条件的不同及科学技术的发展而变化。影响结构设计工艺性的因素大致有三个方面。

1)生产类型 生产类型是影响结构设计工艺性的首要因素。当单件、小批生产零件时,大都采用生产效率较低、通用性较强的设备和工艺装备,采用普通的制造方法,因此,机器和零部件的结构应与这类工艺装备和工艺方法相适应。在大批大量生产时,产品结构必须与采用高生产率的工艺装备和工艺方法相适应。在单件小批生产中具有良好工艺性的结构,往往在大批大量生产中,其工艺性并不一定好,反之亦如此。当产品由单件小批量生产扩大到大批量生产时,必须对其结构工艺性进行审查和修改,以适应新的生产类型的需要。

2)制造条件 机械零部件的结构必须与制造厂的生产条件相适应。具体生产条件应包括:毛坯的生产能力及技术水平;机械加工设备和工艺装备的规格及性能;热处理的设备及能力;技术人员和工人的技术水平;辅助部门的制造能力和技术力量等。

3)工艺技术的发展 随着生产不断发展,新的加工设备和工艺方法不断出现。精密铸造、精密锻造、精密冲压、挤压、镦锻、轧制成形、粉末冶金等先进工艺,使毛坯制造精度大大提高;真空技术、离子氮化、镀渗技术使零件表面质量有了很大的提高;电火花、电解、激光、电子束、超声波加工技术使难加工材料、复杂形面、精密微孔等加工较为方便。设计者要不断掌握新的工艺技术,设计出符合当代工艺水平的零部件结构。

3 零件结构设计工艺性的基本要求

零部件的结构工艺性主要在保证技术要求的前提下和一定的生产条件下,能采用较经济的方法,保质、保量地制造出来。结构工艺性对产品结构的基本要求如下:

1)从整个机器的工艺性出发,分析零部件的结构工艺性 机器零部件是为整机工作性能服务的,零部件结构工艺性应服从整机的工艺性,不能把两者分割开来。

2)在满足工作性能的前提下,零件造型尽量简单 在满足工作性能的前提下,应当用最简单的圆柱面、平面、共轭曲面等构成零件的轮廓;同时应尽量减少零件的加工表面数量和加工面积;尽量采用标准件、通用件和外购件;增加相同形状和相同元素(如直径、圆角半径、配合、螺纹、键、齿轮模数等)的数量。

3)零件设计时应考虑加工的可能性、方便性、精确性和经济性 在能满足精度要求的加工方案中,应符合经济性要求。这样,在满足零件工作性能的前提下,应尽量降低零件的技术要求(即尽量低的加工精度和表面质量),以提高零件的设计工艺性能。

4)尽量减少零件的机械加工量 应使零件毛坯的形状和尺寸尽量接近零件本身的形状和尺寸,力求实现少或无切屑加工,充分利用原材料,以降低零件的生产成本。应尽量采用精密铸造、精密锻造、冷轧、冷挤压、粉末冶金等先进工艺,以达到上述要求。

5)合理选择零件材料 要考虑材料的力学性能是否适应零件的工作条件,使零件具有预定的寿命,成本消耗低。例如:碳钢的锻造、切削加工等方面的性能好,但强度还不够高,淬透性低;铸铁和青铜不能锻造、焊接性差。要积极使用新材料,在满足零件使用性能的前提下,有较好的材料工艺性和经济性,例如:稀土镁球墨铸铁代替锻钢,工程塑料和粉末冶金材料代替有色金属材料等。

第2章 铸件结构设计工艺性

1 常用铸造金属材料和铸造方法

1.1 常用铸造金属材料的铸造性和结构特点

常用的铸造金属材料可分为铸铁、铸钢和铸造非铁合金(表4.2-1),其中95%以上的铸件是采用铸铁与铸钢制成的。

1.2 常用铸造方法的特点和应用范围

铸造方法可分砂型铸造和特种铸造两大类,用砂型浇注的铸件占铸件总产量的90%以上。特种铸造是一种少用砂或不用砂、采用专用的工艺装备使金属熔液成型的铸造方法,能获得比砂型铸造更细的表面粗糙度,更高尺寸精度和力学性能的铸件,但铸造成本较高。其特点和应用范围见表4.2-2~表4.2-4。

表4.2-1 常用铸件结构的特点

类别	性能特点	结构特点
灰铸铁件	流动性好;体收缩和线收缩小;综合力学性能低,抗压强度比抗拉强度高约3~4倍;吸振性好;弹性模量较低	形状可以复杂,结构允许不对称,有箱体形、筒形等。例如,用于发动机的气缸体、筒套,各种机床的床身、底座、平板、平台等铸件
球墨铸铁件	流动性与灰铸铁相近;体收缩比灰铸铁大,而线收缩小,易形成缩孔、疏松,综合力学性能较高,弹性模量比灰铸铁高;抗磨性好;冲击韧度、疲劳强度较好。消振能力比灰铸铁低	一般多设计成均匀壁厚;对于厚大断面件,可采用空心结构,如球墨铸铁曲轴轴颈部分
可锻铸铁件	流动性比灰铸铁差;体收缩很大,退火后最终线收缩很小。退火前很脆,毛坯易损坏。综合力学性能稍次于球墨铸铁,冲击韧度比灰铸铁大3~4倍	由于铸态要求白口,一般是薄壁均匀件,常用厚度为5~16mm。为增加其刚性,截面形状多为工字形、丁字形或箱形,避免十字形截面;零件突出部分应用肋条加固
铸钢件	流动性差,体收缩、线收缩和裂纹敏感性都较大。综合力学性能高;抗压强度与抗拉强度几乎相等。吸振性差	结构应具有最少的热节点,并创造顺序凝固的条件。相邻壁的连接和过渡更应圆滑;铸件截面应采用箱形和槽形等近似封闭状的结构;一些水平壁应改成斜壁或波浪形;整体壁改成带窗口的壁,窗口形状最好为椭圆形或圆形,窗口边缘应做出凸台,以减少产生裂纹的可能
铸造锡青铜和铸造磷青铜	铸造性能类似灰铸铁。但结晶范围大,易产生缩松;流动性差;高温性能差,易脆。强度随截面增大而显著下降。耐磨性好	壁厚不得过大;零件突出部分应用较薄的加强肋加固,以免热裂;形状不宜太复杂
铸造无锡青铜和铸造黄铜	收缩较大,结晶范围小,易产生集中缩孔;流动性好。耐磨、耐腐蚀性好	类似铸钢件
铝合金件	铸造性能类似铸钢,但强度随壁厚增大而下降得更显著	壁厚不能过大。其余类似铸钢件

表4.2-2 砂型铸造方法的类别、特点和应用范围

造型方法		主要特点	应用范围
手工造型	砂箱造型	在专用的砂箱内造型,造型、起模、修型等操作方便	大、中、小型铸件成批或单件生产
	劈箱造型	将模样和砂箱分成相应的几块,分别造型,然后组装,造型、烘干、搬运、合箱和检验等操作方便,但制造模样、砂箱的工作量大	成批生产大型复杂铸件,如机床床身,大型柴油机机身

（续）

造型方法		主要特点	应用范围
手工造型	叠箱造型	将几个甚至十几个铸型重叠起来浇注,可节约金属,充分利用生产面积	中、小型铸件成批生产,多用于小型铸钢件
	脱箱造型	造型后将砂箱取走,在无箱或加套箱的情况下浇注,又称无箱造型	小型铸件成批或单件生产
	地坑造型	在车间地坑中造型,不用砂箱或只用箱盖,操作较麻烦、劳动量大、生产周期长	中、大型铸件单件生产,在无合适砂箱时采用
	刮板造型	用专制的刮板刮制铸型,可节省制造模样的材料和工时,但操作麻烦、生产率低	单件小批生产,外形简单或圆形铸件
	组芯造型	在砂箱、地坑中,用多块砂芯组装成铸型,可用夹具组装铸型	单件或成批生产结构复杂的铸件
一般机器造型	震击式	靠造型机的震击来紧实铸型,机构简单、制造成本低,但噪声大,生产率低,对厂房基础要求高	大量或成批生产的中、大型铸件
	震压式	在震击后加压紧实铸型,造型机制造成本较低,生产率较高,噪声大	大量或成批生产中、小型铸件
	微震压实式	在微震的同时加压紧实铸型,生产率较高,震击机构容易磨损	大量或成批生产中、小型铸件
	压实式	用较低的比压压实铸型,机器结构简单,噪声较小,生产率较高	大量或成批生产较小的铸件
	抛砂机	用抛砂的方法填实和紧实砂型,机器的制造成本较高	单件、成批生产中、大型铸件
高压造型	多触头式	机械方法加砂,高压多触头压实,铸件尺寸精确,生产率高,但机器结构复杂,辅机多、砂箱刚度要求高,制造成本高	大量生产中等铸件
	脱箱射压式	射砂方式填砂和预紧实,高压压实,铸件尺寸精确,辅机多,砂箱精度要求高,与多触头式相比,机器结构简单,生产率更高	大量生产中、小型铸件
	无箱挤压式	射砂方式填砂和预紧实,高压压实后将铸型推出箱框,不用砂箱,铸件尺寸精确,生产率最高,辅机较少,垂直分型时下芯需有专门机械手	大量生产中、小型铸件

表 4.2-3 砂型的类别、特点和应用范围

铸型类别	主要特点	应用范围
干 型	水分少,强度高,透气性好,成本高,劳动条件差,可用机器造型,但不易实现机械化、自动化	结构复杂、质量要求高、单件小批生产的中、大型铸件
湿 型	不用烘干,成本低、粉尘少,可用机器造型,容易实现机械化、自动化,采用膨润土活化砂及高压造型,可以得到强度高、透气性较好的铸型	多用于单件或大批大量生产的中、小型铸件
自硬型	一般不需烘干,强度高,硬化快,劳动条件好,铸型精度较高。自硬型砂按使用粘结剂和硬化方法不同,各有特点	多用于单件、小批或成批生产的中、大型铸件,对大型铸件效果较好

表 4.2-4 特种铸造方法的类别、特点和应用范围

铸造方法	主要特点	应用范围
压力铸造	用金属铸型,在高压、高速下充型,在压力下快速凝固,是效率高、精度高的金属成型方法,但压铸机、压铸型制造费用高	大批、大量生产,以锌合金、铝合金、镁合金及铜合金为主的中小型薄壁铸件,也用于钢铁铸件
熔模铸造	用蜡模,在蜡模外制成整体的耐火质薄壳铸型。加热熔掉蜡模后,用重力浇注。铸件精度高,表面质量好,但压型制造费高、工序繁多。手工操作时,劳动条件差	各种生产批量,以碳钢、合金钢为主的各种合金和难于加工的高熔点合金复杂零件为宜,铸件质量一般 <10kg

（续）

铸造方法	主要特点	应用范围
金属型铸造	用金属铸型，在重力下浇注成型，对非铁合金铸件有细化组织的作用，灰铸铁件易出白口，生产率高，无粉尘，设备费用较高，手工操作时，劳动条件差	成批，大量生产，以非铁合金为主，也可用于铸钢、铸铁的厚壁、简单或中等复杂的中小铸件
低压铸造	用金属型、石墨型、砂型，在气体压力下充型及结晶凝固，铸件致密，金属收得率高，设备简单	单件、小批或大量生产，以非铁合金为主的中、大型薄壁铸件
陶瓷型铸造	采用高精度模样，用自硬耐火浆料灌注成型，重力浇注，铸件精度、表面粗糙度较好，但陶瓷浆料价格贵	单件、小批生产中、小型且厚壁中等的复杂铸件，特别宜作金属型、模板、热芯盒及各种热锻模具
离心铸造	用金属型或砂型，在离心力作用下浇注成型，铸件组织致密、设备简单、成本低、生产率高，但机械加工量大	单件、成批大量生产铁管、铜套、轧辊、金属轴瓦、气缸套等旋转体型铸件
实型铸造	用聚苯乙烯泡沫塑料模，局部或全部代替木模或金属模造型，在浇注时烧失。可节约木材、简化工序，但烟尘中有害气体较多	单件、小批生产的中、大型铸件，尤以1～2件为宜，或取模困难的铸件部分
磁型铸造	用磁性材料（铁丸、钢丸）代替型砂作造型材料，磁性材料可重复使用，简化了砂处理设备，但铸钢件表面渗碳，涂料干燥时间长，生产率低	大批大量生产中、小型中等复杂的钢铁零件，如锚链、阀体等
连续铸造	铸型是水冷结晶器，金属液连续浇入后，凝固的铸件不断地从结晶器的另一端拉出。生产率高，但设备费用高	大批、大量生产各类合金的铸管、铸锭、铸带、铸杆等
真空吸铸	在结晶器内抽真空，造成负压，吸入液体金属成型。铸件无气孔、砂眼，组织致密，生产率高，设备简单	大批、大量生产铜合金、铝合金的筒形和棒类铸件
挤压铸造	先在铸型的下型中浇入定量的液体金属，迅速合型，并在压力下凝固。铸件组织致密，无气孔，但设备较复杂。挤压钢铁合金时模具寿命较短	大批生产以非铁合金为主的形状简单，内部质量要求高或轮廓尺寸大的薄壁铸件
石墨型铸造	用石墨材料制成铸型，重力浇注成型、铸件组织致密，尺寸精确，生产率高，但铸型质脆，易碎，手工操作时劳动条件差	成批生产铜合金螺旋桨等形状不太复杂的中、小型铸件，也可用于钛合金铸件

注：特种铸造还包括石膏型、壳型、金属型覆砂铸造、热芯盒造型等。

2　铸造工艺对铸件结构设计工艺性的要求

设计铸件时，应考虑铸造工艺过程对铸件结构的要求，即必须考虑模样制造、造型、制芯、合箱、浇注、清理等工序的操作要求，以简化铸造工艺过程，提高生产率，保证铸件质量。铸件结构工艺性的要求见表4.2-5。

表4.2-5　铸造工艺对铸件结构的基本要求

序号	注意事项		图例 改进前	图例 改进后	说明
1	便于制模	外形力求简单	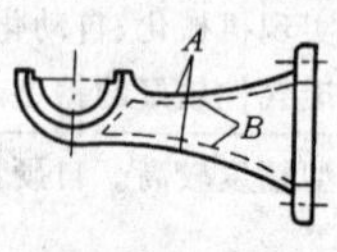	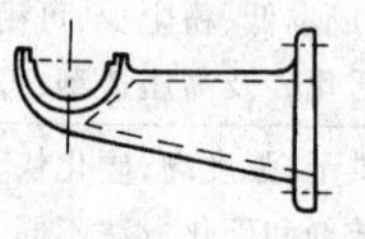	A、B为弧面时，制模、制芯困难，应改为平面
			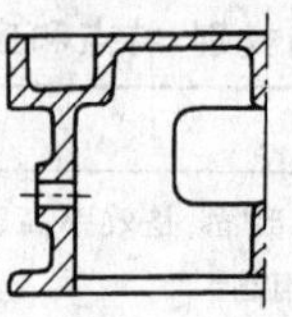	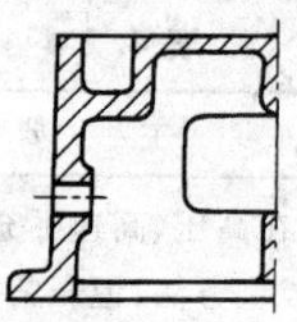	尽量减少凹凸部分
		分型面力求简单		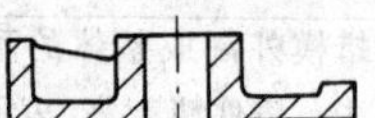	分型面形状力求简单，尽量设计在同一平面内

（续）

序号	注意事项		图例		说明
			改进前	改进后	
1	便于制模	分型面力求简单		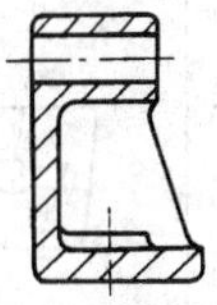	分型面形状力求简单，尽量设计在同一平面内
2	便于造型	分型面应是平面	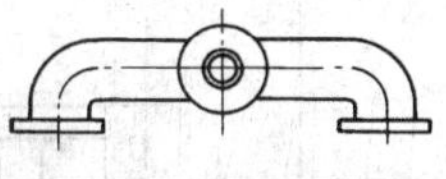	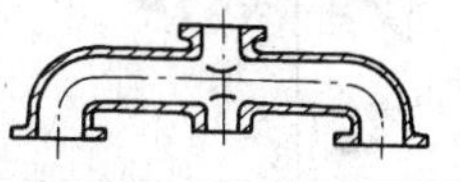	铸件外形应使分型方便，如三通管在不影响使用的情况下，各管口截面最好在一个平面上
			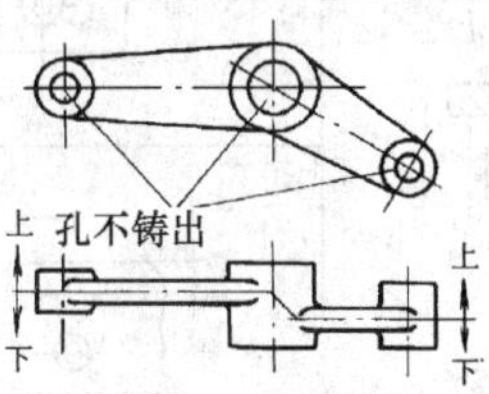	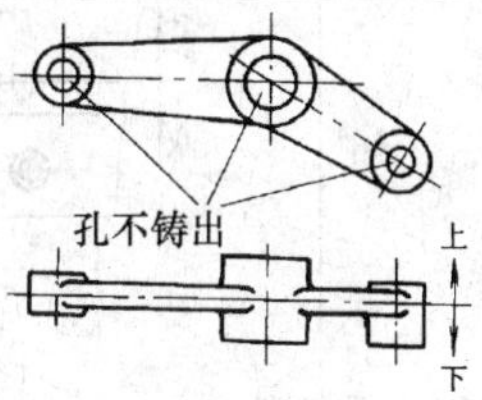	
		尽量减少分型面的数量	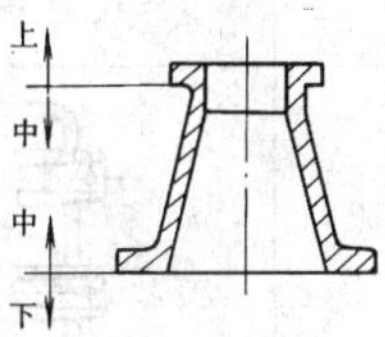	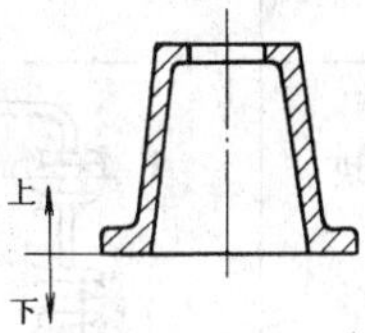	分型面应尽量少，改进后，三箱造型变为两箱造型
			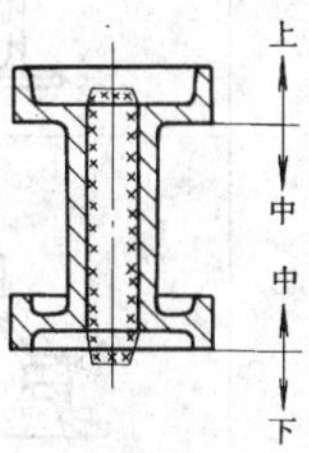	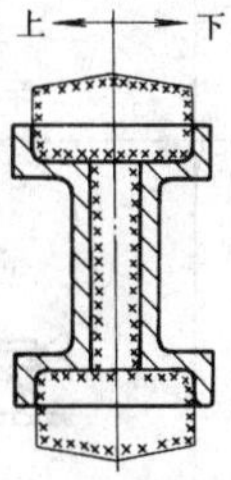	
		应有结构斜度	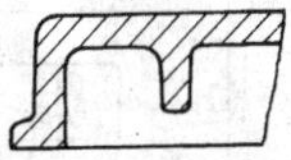	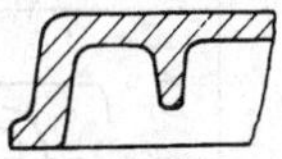	在起模方向留有结构斜度（包括内腔）
			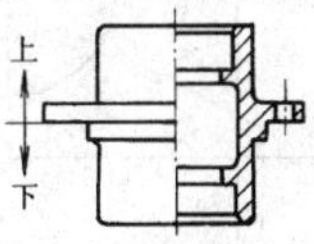	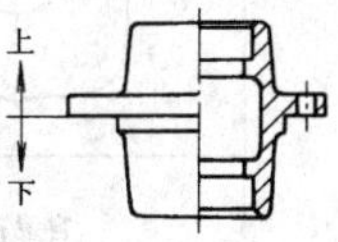	
		减少活块的数量	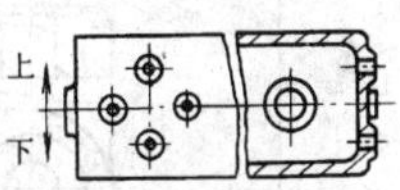	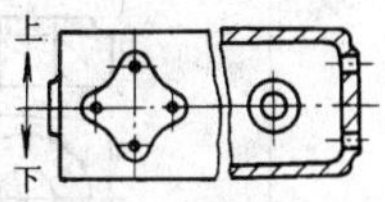	铸件外壁的局部凸台应连成一片
			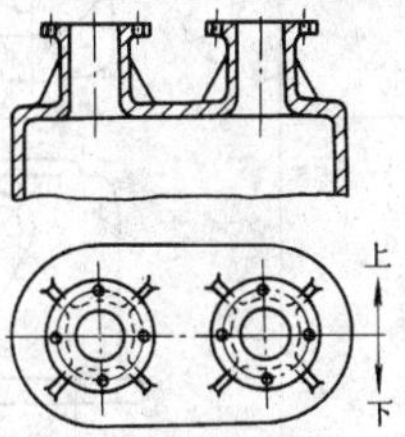	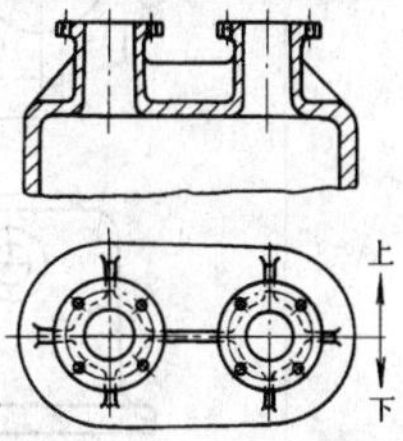	加强肋应合理布置

（续）

序号	注意事项		图例 改进前	图例 改进后	说明
2	便于造型	减少活块的数量	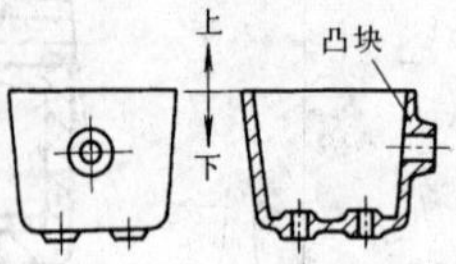	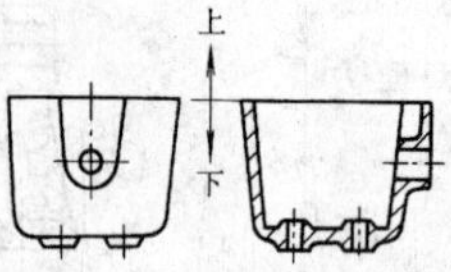	去掉凸台后减少活块造模，较适于机器造型
			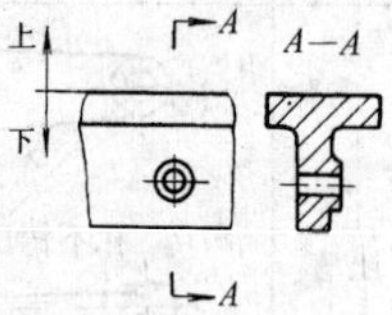	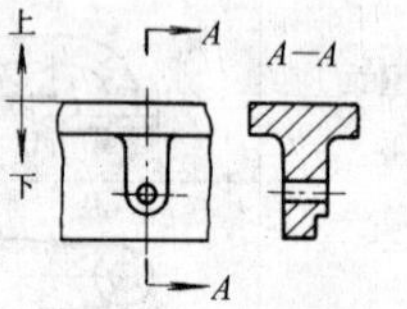 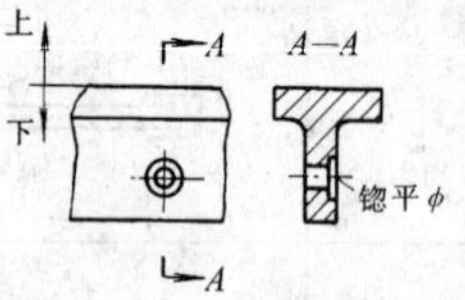	为避免采用活块，可将凸台加长，引伸至分型面。如加工方便，也可不设凸台，采取锪平措施
		使活块容易取出	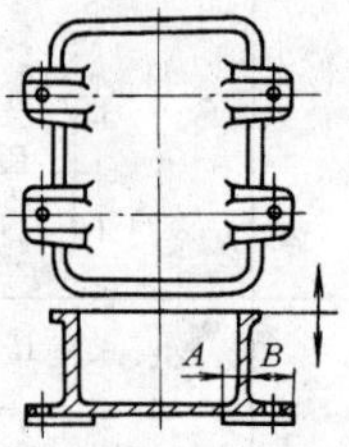	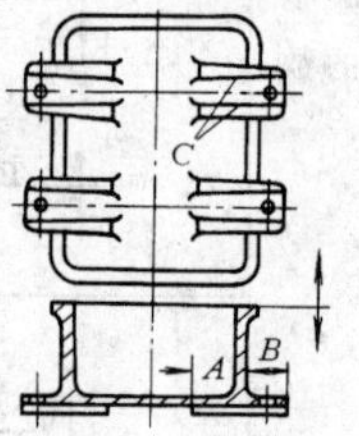	$A>B$，将 C 部作成斜面时，活块容易取出
		增加砂型强度	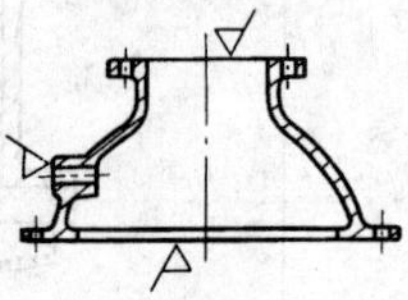	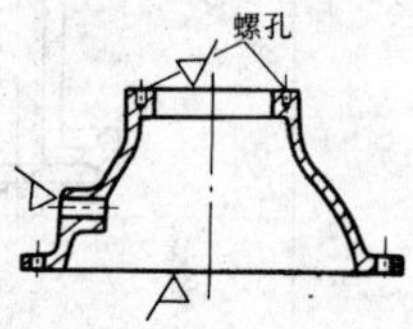	改进后，将小头法兰改成内法兰，大头法兰改成外法兰。为保证其强度，法兰厚度应稍增大
			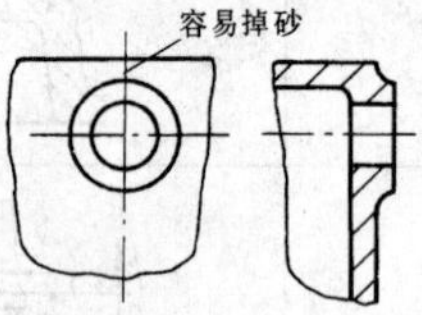	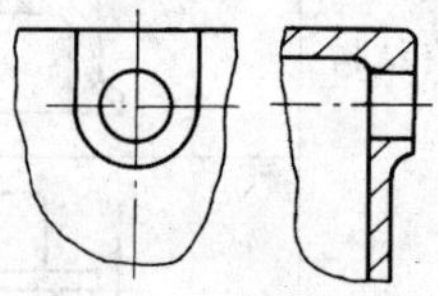	离平面很近或相切的圆凸台砂型不牢
			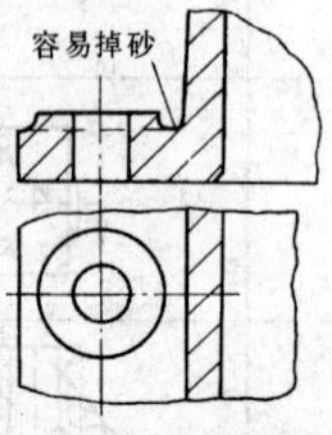	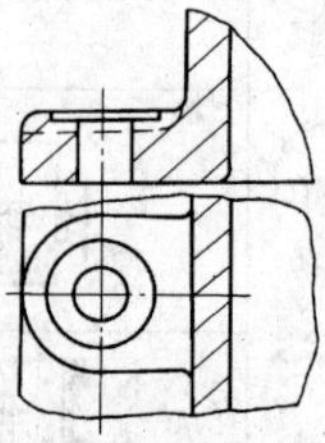	圆凸台侧壁的沟缝处容易掉砂，可改为机械加工平面
			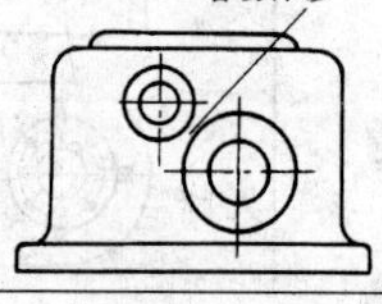	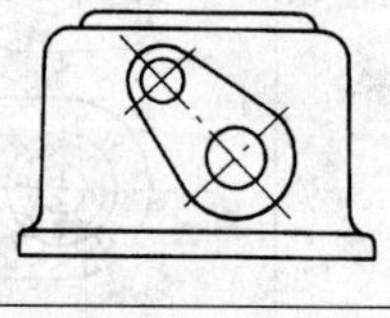	相距很近的凸台，可将其连接起来

（续）

序号	注意事项		图例 改进前	图例 改进后	说明
2	便于造型	便于取模	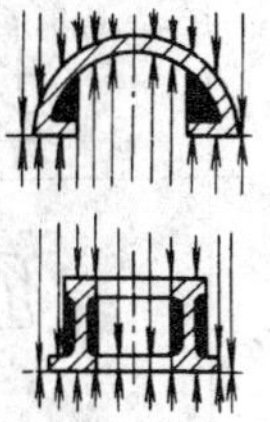	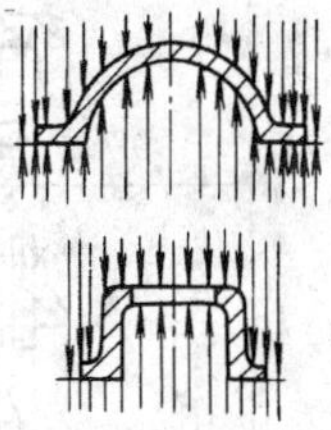	可作垂直于分型面的平行线来检验,阴影部分不能取模
			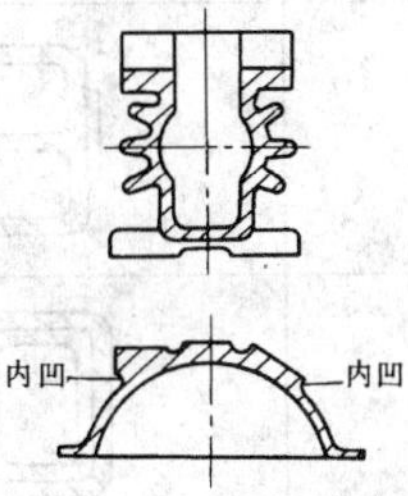	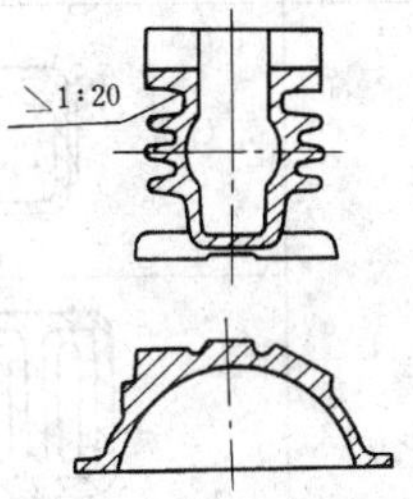	避免使造模、取模产生困难的死角和内凹
		采用组合铸件	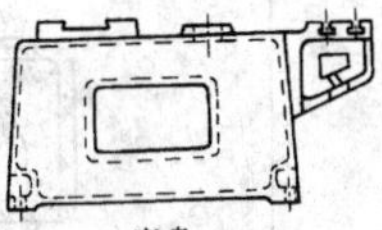 床身	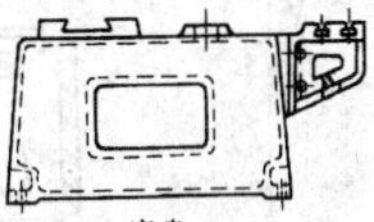 床身	对于大型复杂件,在不影响其精度、强度及刚度要求的情况下,为使铸件的结构简单,可考虑分成几个铸件组成。如床身由整体改为分铸、螺栓连接;鼓轮型铸钢件的法兰改成焊接组合
			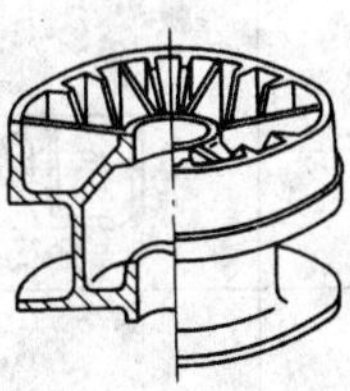	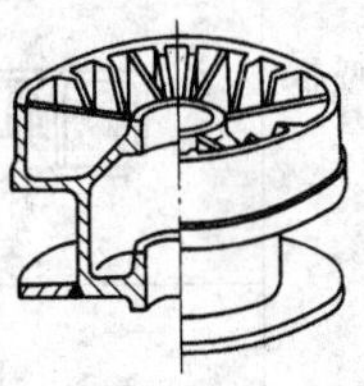	
3	便于制芯	简化内腔,少用型芯	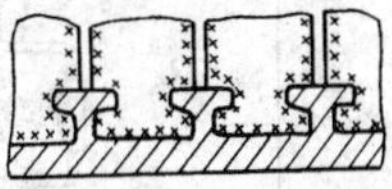	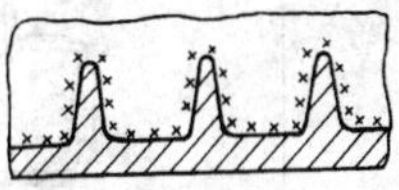	铸件内腔形状应尽量简单,减少型芯,并简化芯盒结构
			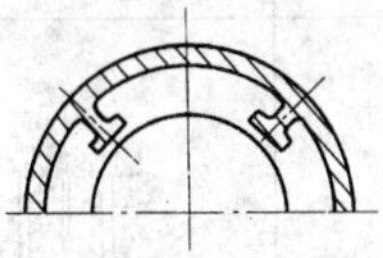	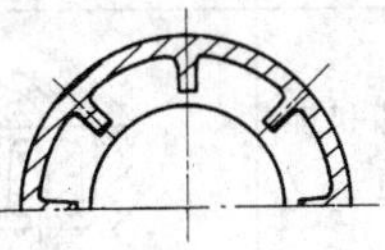	
			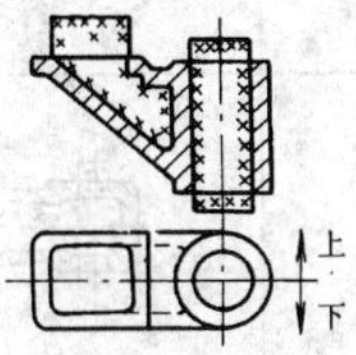	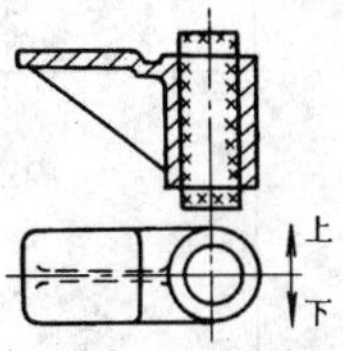	将箱形结构改为肋骨形结构,可省去型芯,但强度和刚性比箱形结构差
			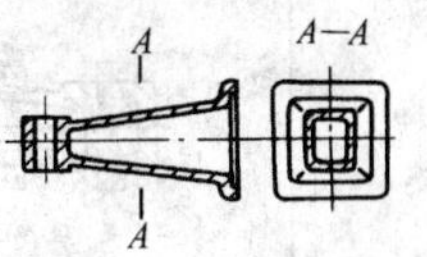	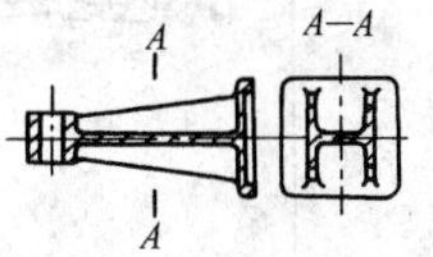	

（续）

序号	注意事项		图例 改进前	图例 改进后	说明
3	便于制芯	简化内腔，少用型芯	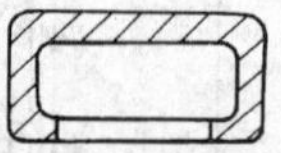	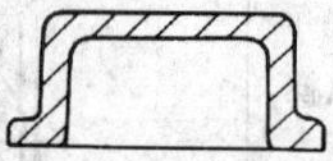	尽可能将内腔做成开式的，可不需型芯
			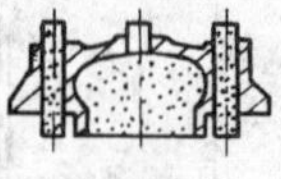	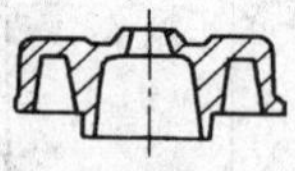	
			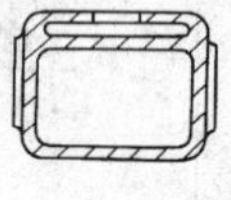	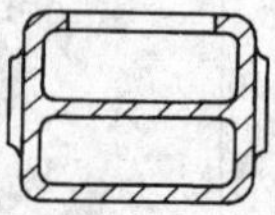	在结构允许的条件下，采用对称结构，可减少制造木模和型芯的工作量
			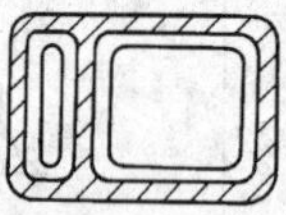	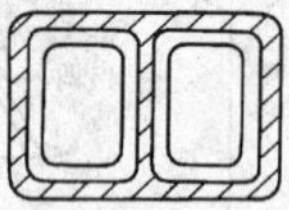	
			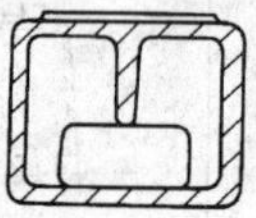	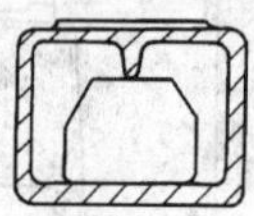	内腔的狭长肋，需要狭窄沟缝的型芯，不易刷上涂料，应尽可能避免
		便于型芯固定	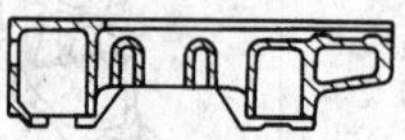	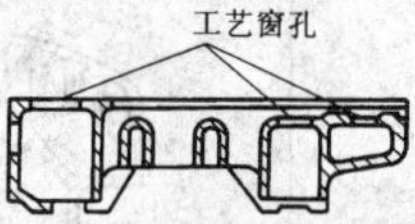	设置固定型芯的专用工艺窗孔
			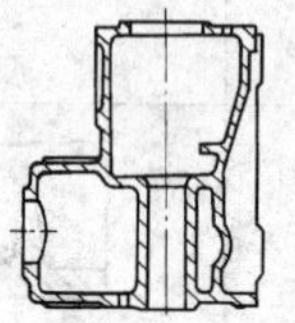	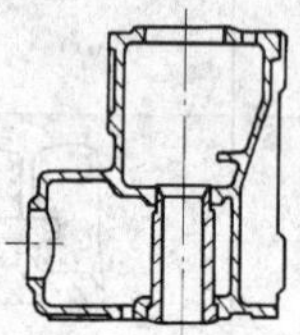	铸件改为组合结构后，使型芯形状简单、固定稳固，易保证铸件的壁厚
4	便于合箱	下芯和排气方便	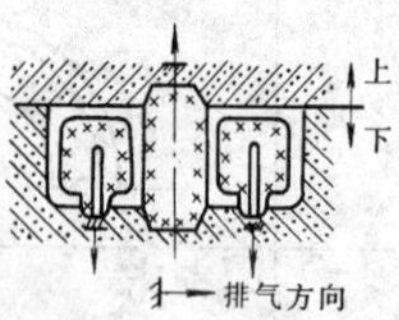	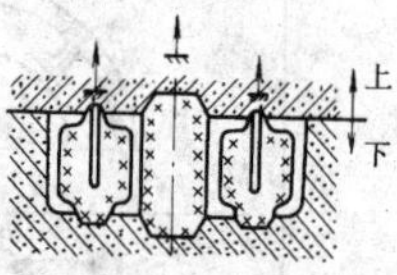	有利于型芯的固定和排气
			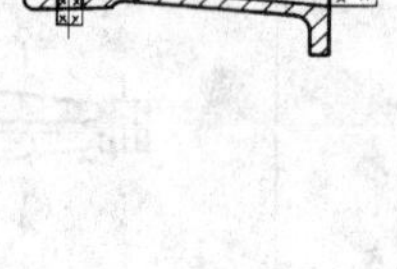	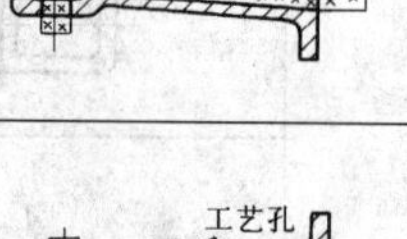 	尽量避免采用悬臂芯，可连通中间部分；若使用要求不允许此部分结构改变，则可设工艺孔，加强型芯的固定和排气

（续）

序号	注意事项		图例		说明
			改进前	改进后	
4	便于合箱	下芯和排气方便	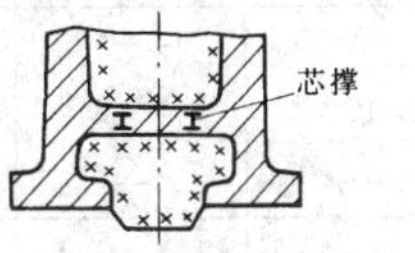	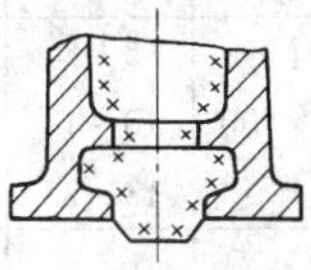	改进后，减少型芯，不用芯撑
			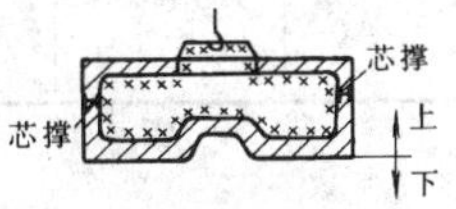	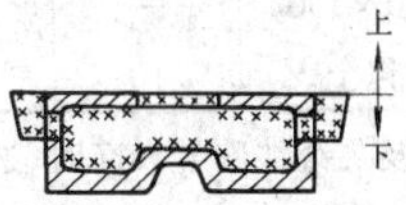	改进后，避免采用吊芯，不用芯撑
			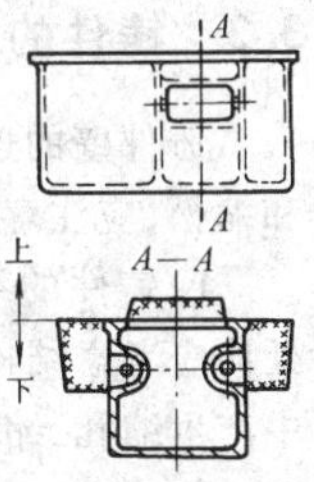	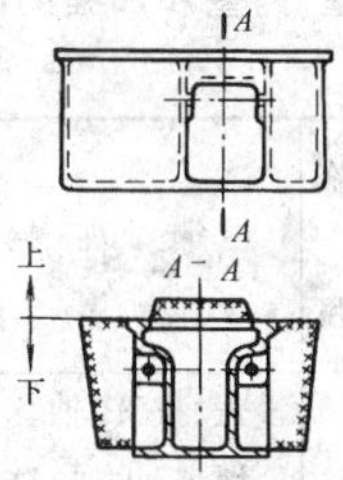	改进前，下芯十分不便，需先放入中间芯，放芯撑固定后，再从侧面放入两边型芯，芯头处需用干砂填实；改进后，两边型芯可先放入，不妨碍中间型芯的安放
		减小砂箱体积	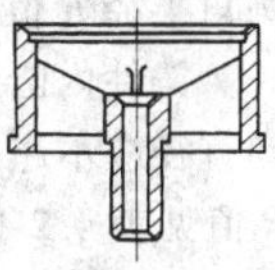	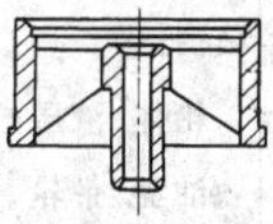	缩小铸件的轮廓尺寸，可减小砂箱体积，降低造型费用
			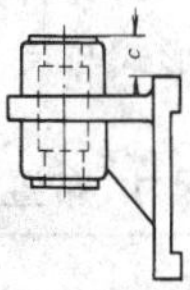	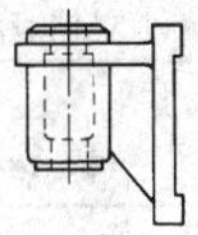	
5	便于清砂	留有足够清理空间	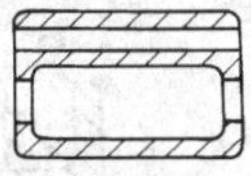	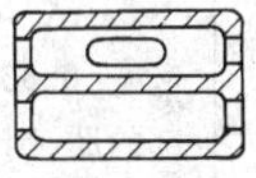	狭长内腔不便制芯和清铲，应尽可能避免
			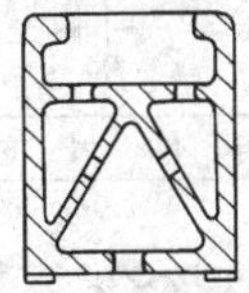	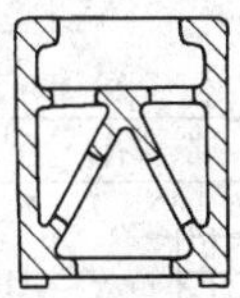	在保证刚性的前提下，可加大清铲窗孔，以便于清砂及破出芯骨

3　合金铸造性能对铸件结构设计工艺性的要求

铸件结构必须符合合金铸造性能的要求，否则铸件容易产生浇不足、冷隔、缩孔、缩松、粘砂烧结、变形、裂纹等缺陷。

3.1　合理设计铸件壁厚

1）铸件的最小壁厚　合理的铸件壁厚，能保证铸件的力学性能和防止产生浇不足、冷隔等缺陷。铸件的最小壁厚见表 4.2-6。

2）避免截面过厚—采用加强肋　为保证铸件的强度与刚度，选择合理的截面形状，如 T 字形、I 字形、槽形、箱形结构，并在薄弱部分安置加强肋（见表 4.2-7～表 4.2-10）。

3）铸件壁厚应尽可能均匀　铸件壁厚不均匀易产生缩孔或缩松，引起铸件变形或产生较大内应力导致铸件产生裂纹。

表 4.2-6　铸件最小允许壁厚

（mm）

铸型种类	铸件尺寸	最小允许壁厚							
		铸钢	灰铸铁	球墨铸铁	可锻铸铁	铝合金	镁合金	铜合金	高锰钢
砂型	200×200 以下	6～8	5～6	6	4～5	3	—	3～5	20（最大壁厚不超过125）
	200×200～500×500	10～12	6～10	12	5～8	4	3	6～8	
	500×500 以上	18～25	15～20	—	—	5～7	—	—	
金属型	70×70 以下	5	4	—	2.5～3.5	2～3	—	3	
	70×70～150×150	—	5	—	3.5～4.5	4	2.5	4～5	
	150×150 以上	10	6	—	—	5	—	6～8	

注：1. 结构复杂的铸件及灰铸铁牌号较高时，选取偏大值。

2. 特大型铸件的最小允许壁厚，还可适当增加。

表 4.2-7　灰铸铁件外壁、内壁和加强肋的厚度

（mm）

铸件质量 /kg	铸件最大尺寸	外壁厚度	内壁厚度	肋条厚度	零件举例
<5	300	7	6	5	盖、拔叉、轴套，端盖
6～10	500	8	7	5	挡板、支架、箱体、门、盖
11～60	750	10	8	6	箱体、电动机支架、溜板箱、托架
61～100	1250	12	10	8	箱体、液压缸体、溜板箱
101～500	1700	14	12	8	油盘、带轮、搪模架
501～800	2500	16	14	10	箱体、床身、盖、滑座
801～1200	3000	18	16	12	小立柱、床身、箱体、油盘

3.2　铸件的结构圆角与圆滑过渡

铸件壁的连接或转角部分容易产生内应力、缩孔和缩松，应注意防止壁厚突变及铸件尖角。

1）铸件的结构圆角　铸件壁的转向及壁间连接处均应考虑结构圆角，防止铸件因金属积聚和应力集中产生缩孔、缩松和裂纹等缺陷。此外，铸造圆角还有利于造型，减少取模掉砂，并使铸件外形美观。铸造外圆角半径 R 值见表 4.2-10。

铸件内圆角必须与壁厚相适应，通常圆角处内接圆直径应不超过相邻壁厚的 1.5 倍。铸造内圆角半径 R 值见表 4.2-11。

2）铸件壁与壁相交时，应避免锐角连接　壁的连接形式与尺寸见表 4.2-12。

表 4.2-8　加强肋的种类、尺寸、布置和形状

中部的筋		两边的筋	
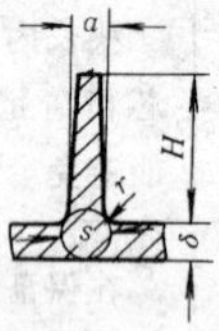	$H\leqslant5\delta$ $a=0.8\delta$（若是铸件内部的肋，则 $a\approx0.6\delta$） $s=1.3\delta$ $r=0.5\delta$	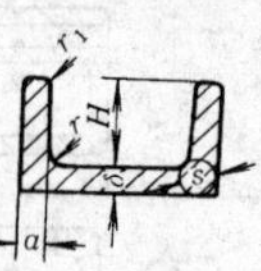	$H\leqslant5\delta$ $a=\delta$ $s=1.25\delta$ $r=0.3\delta$ $r_1=0.25\delta$

带有肋的截面的铸件尺寸比例

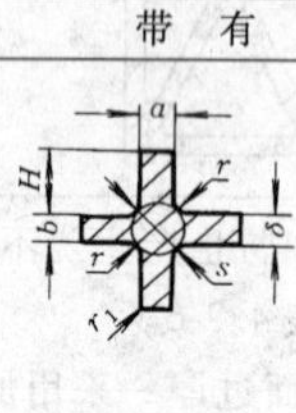

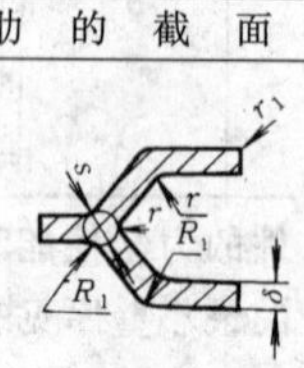

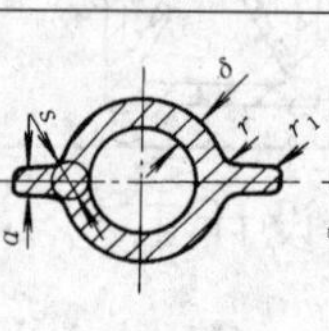

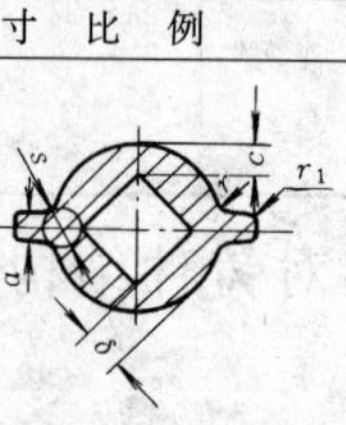

（δ的倍数）

断面	H	a	b	c	R_1	r	r_1	s
十字形	3	0.6	0.6	—	—	0.3	0.25	1.25
叉形	—	—	—	—	1.5	0.5	0.25	1.25
环形附肋	—	0.8	—	—	—	0.5	0.25	1.25
同上，但有方孔	—	1.0	—	0.5	—	0.25	0.25	1.25

（续）

肋的布置	
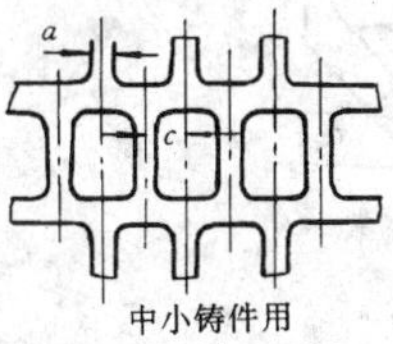 中小铸件用 $c=2a$	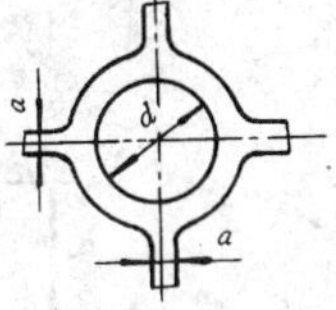 大铸件用 $d=4a$
肋的形状	
 不合理　合理	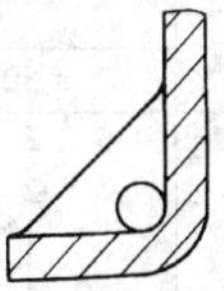 中空的结构
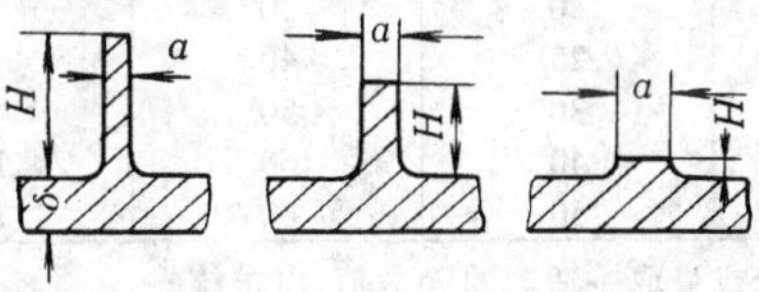 当 $a=\delta/4$　$H<4\delta$ 当 $a=\delta/2$　$H<1.5\delta$ 当 $a=\delta3/4$　$H\leqslant0.5\delta$ 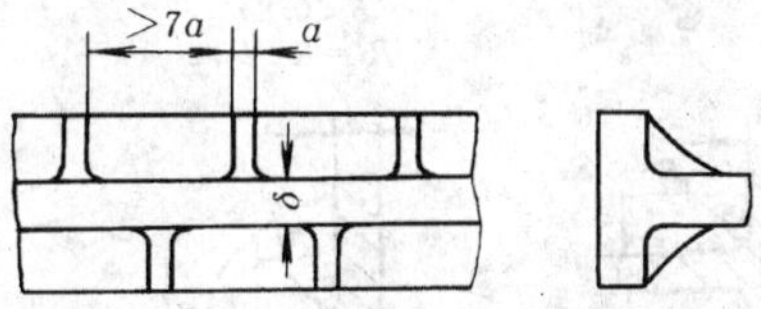 	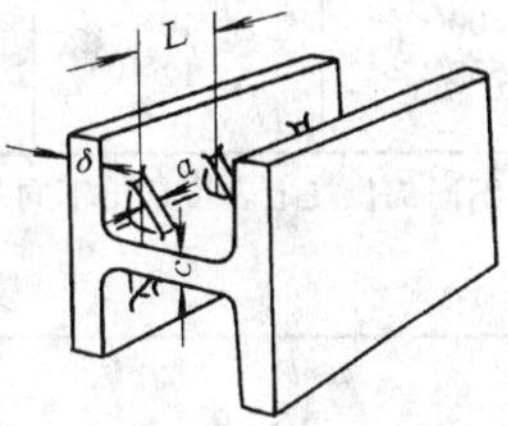 $s<a<\delta$ $c=2\delta/3$ $L>3\delta$
说明	a、b—肋厚度　δ—壁厚

表 4.2-9　两壁之间肋的连接形式

序号	简图	说明	序号	简图	说明
1	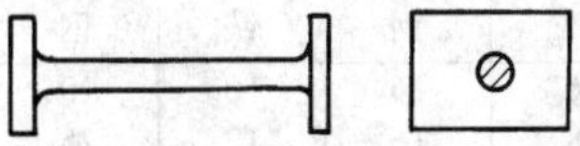	抗弯和抗扭曲性最差	7	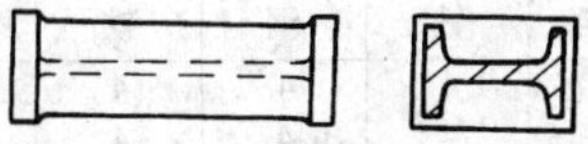	抗弯性较高
2	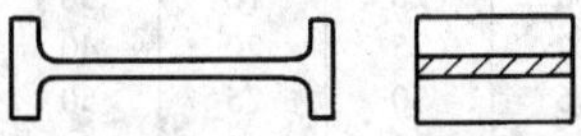	仅在一个方向上有抗弯能力	8		较序号2抗弯性和抗扭曲性稍高
3	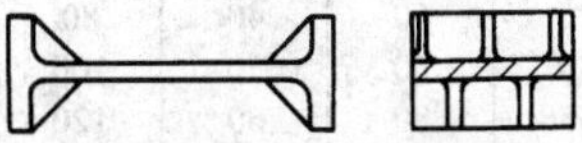	较序号2抗弯和抗扭曲性稍高	9		较序号2抗弯性和抗扭曲性稍高
4	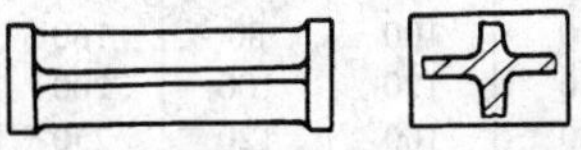	在两个方向上有抗弯能力	10	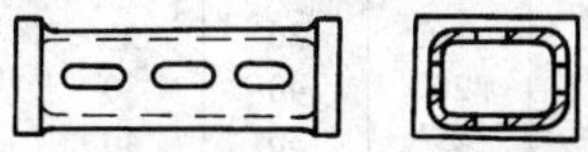	双向均有大的抗弯性和抗扭曲性。但需用型芯
5	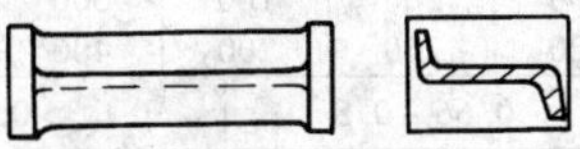	较序号2抗弯性稍高	11	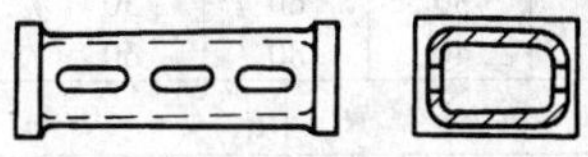	
6	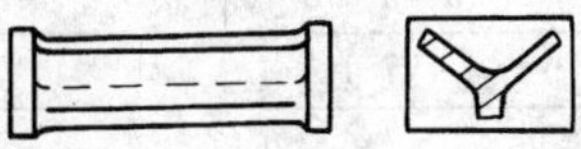				

注：抗弯和抗扭曲性大致按序号顺序递增。

表 4.2-10　铸造外圆角半径 R 值　　（mm）

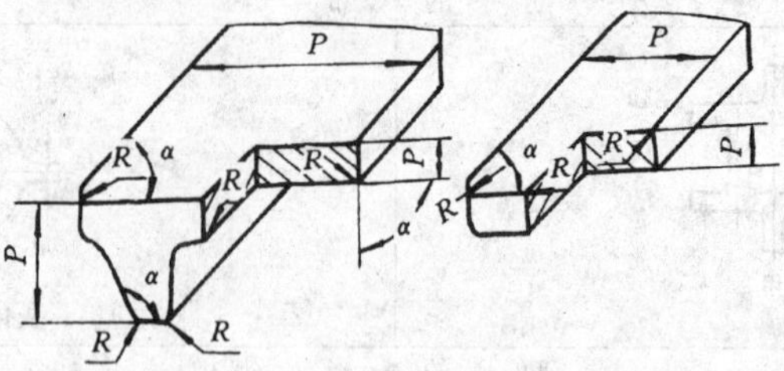

表面的最小边尺寸 P	外圆角 α					
	≤50°	51°～75°	76°～105°	106°～135°	136°～165°	>165°
≤25	2	2	2	4	6	8
>25～60	2	4	4	6	10	16
>60～160	4	4	6	8	16	25
>160～250	4	6	8	12	20	30
>250～400	6	8	10	16	25	40
>400～600	6	8	12	20	30	50
>600～1000	8	12	16	25	40	60
>1000～1600	10	16	20	30	50	80
>1600～2500	12	20	25	40	60	100
>2500	16	25	30	50	80	120

注：如果铸件不同部位按上表可选出不同的圆角 R 数值时，应尽量减少或只取一适当的 R 数值，以求统一。

表 4.2-11　铸造内圆角半径 R 值　　（mm）

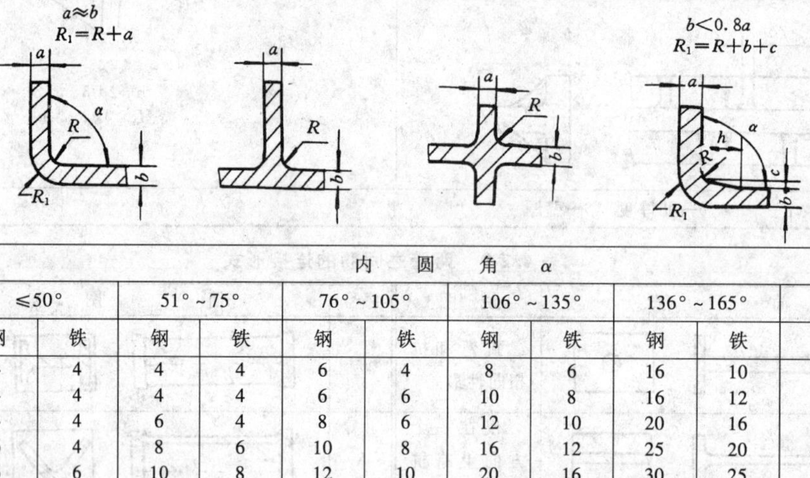

$\frac{a+b}{2}$	内圆角 α											
	≤50°		51°～75°		76°～105°		106°～135°		136°～165°		>165°	
	钢	铁	钢	铁	钢	铁	钢	铁	钢	铁	钢	铁
≤8	4	4	4	4	6	4	8	6	16	10	20	16
9～12	4	4	4	4	6	6	10	8	16	12	25	20
13～16	4	4	6	4	8	6	12	10	20	16	30	25
17～20	6	4	8	6	10	8	16	12	25	20	40	30
21～27	6	6	10	8	12	10	20	16	30	25	50	40
28～35	8	6	12	10	16	12	25	20	40	30	60	50
36～45	10	8	16	12	20	16	30	25	50	40	80	60
46～60	12	10	20	16	25	20	35	30	60	50	100	80
61～80	16	12	25	20	30	25	40	35	80	60	120	100
81～110	20	16	25	20	35	30	50	40	100	80	160	120
111～150	20	16	30	25	40	35	60	50	100	80	160	120
151～200	25	20	40	30	50	40	80	60	120	100	200	160
201～250	30	25	50	40	60	50	100	80	160	120	250	200
251～300	40	30	60	50	80	60	120	100	200	160	300	250
>300	50	40	80	60	100	80	160	120	250	200	400	300

c 和 h 值					
	b/a	<0.4	0.5～0.65	0.66～0.8	>0.8
	c≈	0.7(a－b)	0.8(a－b)	a－b	—
	h≈ 钢	8c			
	h≈ 铁	9c			

注：对于高锰钢铸件，内圆角半径 R 值应比表中数值增大 1.5 倍。

表 4.2-12　壁的连接形式与尺寸

形式	图例：不合理结构	图例：合理结构	连接尺寸
两壁斜向相连（$\alpha<75°$）		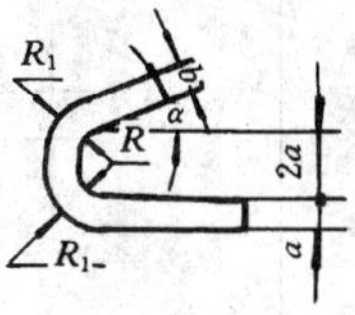	$b=a$ $R=\left(\frac{1}{3}\sim\frac{1}{2}\right)a$ $R_1=R+a$
		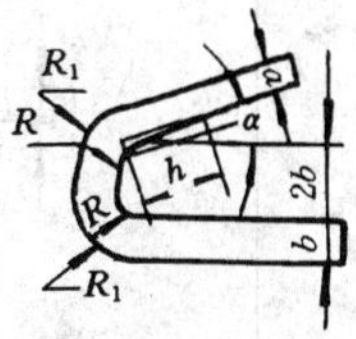	$b>1.25a$，铸铁 $h=4c$ $c=b-a$，铸钢 $h=5c$ $R=\left(\frac{1}{3}\sim\frac{1}{2}\right)\left(\frac{a+b}{2}\right)$ $R_1=R+b$
		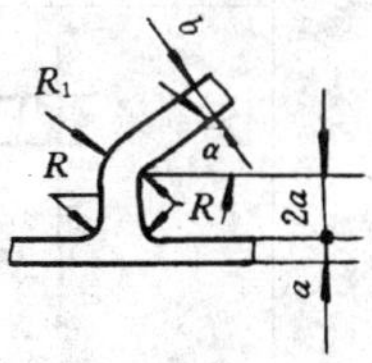	$b\approx1.25a$ $R=\left(\frac{1}{3}\sim\frac{1}{2}\right)\left(\frac{a+b}{2}\right)$ $R_1=R+b$
		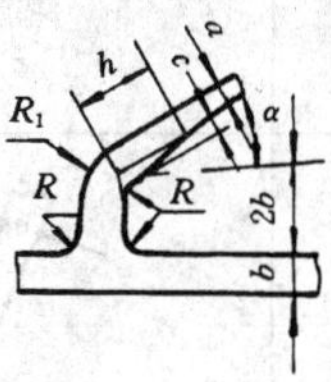	$b\approx1.25a$，铸铁 $h=8c$ $c=\frac{b-a}{2}$，铸钢 $h=10c$ $R=\left(\frac{1}{3}\sim\frac{1}{2}\right)\left(\frac{a+b}{2}\right)$ $R_1=R+\frac{a+b}{2}$
两壁垂直相连	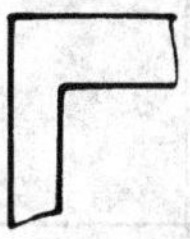	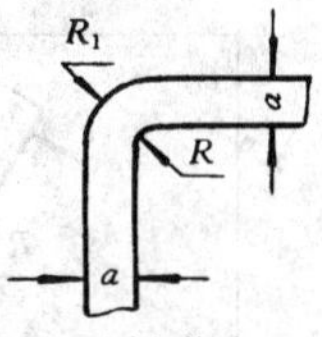 两壁相等时	$R\geqslant\left(\frac{1}{3}\sim\frac{1}{2}\right)a$ $R_1\geqslant R+a$
		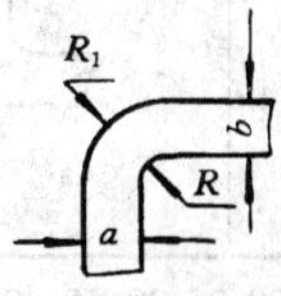 $a<b<2a$ 时	$R\geqslant\left(\frac{1}{3}\sim\frac{1}{2}\right)\left(\frac{a+b}{2}\right)$ $R_1\geqslant R+\frac{a+b}{2}$
		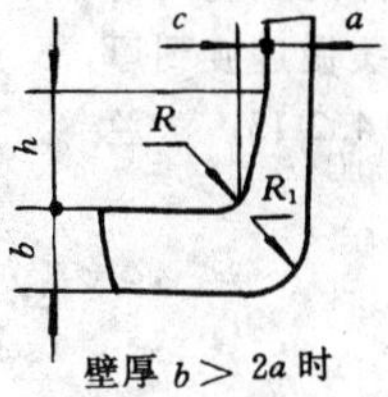 壁厚 $b>2a$ 时	$b\geqslant a+c$，铸铁 $h\geqslant4c$ $c\approx3\sqrt{b-a}$，铸钢 $h\geqslant5c$ $R\geqslant\left(\frac{1}{3}\sim\frac{1}{2}\right)\left(\frac{a+b}{2}\right)$ $R_1\geqslant R+\frac{a+b}{2}$

（续）

形式	图例		连接尺寸
	不合理结构	合理结构	
两壁垂直相连	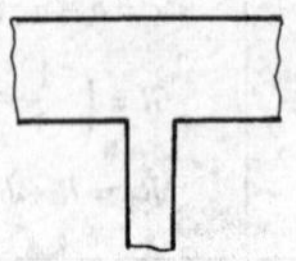	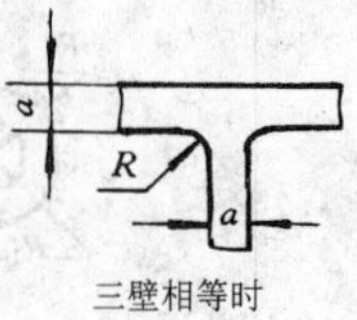 三壁相等时	$R \geqslant \left(\frac{1}{3} \sim \frac{1}{2}\right)a$
		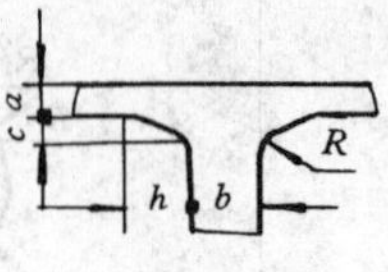 壁厚$b>a$时	$b \geqslant a+c$，铸铁 $h \geqslant 4c$ $c \approx 3\sqrt{b-a}$，铸钢 $h \geqslant 5c$ $R \geqslant \left(\frac{1}{3} \sim \frac{1}{2}\right)\left(\frac{a+b}{2}\right)$
		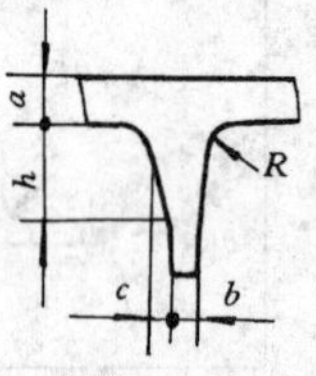 壁厚$b<a$时	$a \geqslant b+2c$，铸铁 $h \geqslant 8c$ $c \approx 1.5\sqrt{b-a}$，铸钢 $h \geqslant 10c$ $R \geqslant \left(\frac{1}{3} \sim \frac{1}{2}\right)\left(\frac{a+b}{2}\right)$
其他	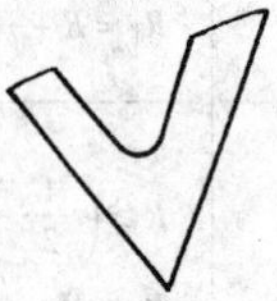	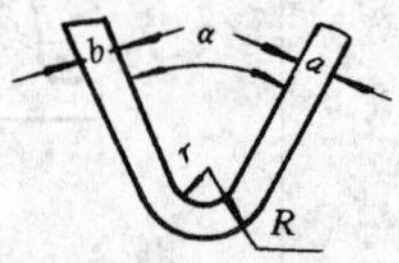 b与a相差不多	$\alpha < 90°$ $r = 1.5a$（≥25） $R = r + a$ $R = 1.5r + a$
		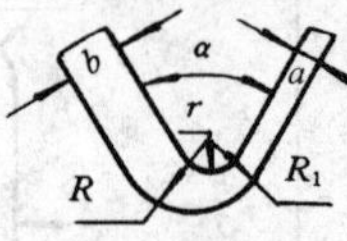 b比a大得多	$\alpha < 90°$ $r = \frac{a+b}{2}$（≥25） $R = r + a$ $R_1 = r + b$
	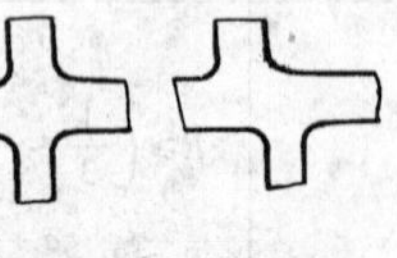	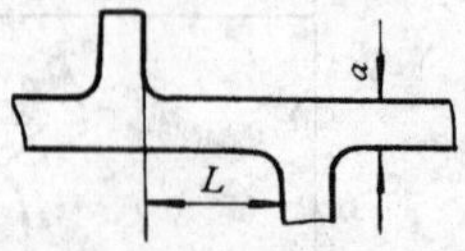	$L > 3a$

注：1. 圆角标准数列为：2、4、6、8、10、12、16、20、25、30、35、40、50、60、80、100mm。

2. 当壁厚大于50mm时，R取数列中小值。

3）不同壁厚相接应逐渐过渡　铸件的厚壁与薄壁相连接时，连接部位的结构应从薄壁缓慢过渡到厚壁，防止突变。过渡的形式与尺寸见表4.2-13。法兰铸造过渡斜度见表4.2-14。

3.3　合理的铸件结构形状

（1）避免铸件固态收缩受阻碍

对于热裂、冷裂敏感的铸造合金，铸件结构应尽量避免其冷却时收缩受阻而开裂。

（2）铸件应避免设置过大水平面

浇注时铸件朝上的水平面易产生气孔、砂眼、夹渣和冷隔等缺陷。因此，应尽量减少过大的水平面或采用倾斜的表面。

（3）其他

表 4.2-13　壁厚的过渡形式与尺寸　（mm）

<table>
<tr><th>图　例</th><th colspan="13">过　渡　尺　寸</th></tr>
<tr><td rowspan="3">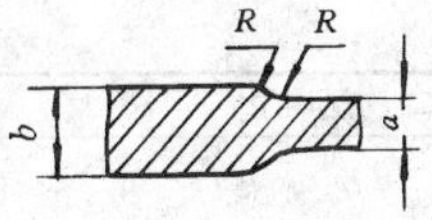</td><td rowspan="3">$b \leqslant 2a$</td><td>铸　铁</td><td colspan="11">$R \geqslant \left(\frac{1}{3} \sim \frac{1}{2}\right)\left(\frac{a+b}{2}\right)$</td></tr>
<tr><td rowspan="2">铸　钢
可锻铸铁
非铁合金</td><td>$\frac{a+b}{2}$</td><td><12</td><td>12～16</td><td>16～20</td><td>20～27</td><td>27～35</td><td>35～45</td><td>45～60</td><td>60～80</td><td>80～110</td><td>110～150</td></tr>
<tr><td>R</td><td>6</td><td>8</td><td>10</td><td>12</td><td>15</td><td>20</td><td>25</td><td>30</td><td>35</td><td>40</td></tr>
<tr><td rowspan="2">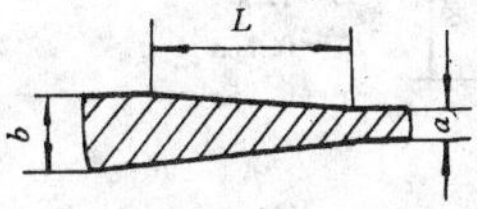</td><td rowspan="2">$b > 2a$</td><td>铸　铁</td><td colspan="11">$L \geqslant 4(b-a)$</td></tr>
<tr><td>铸　钢</td><td colspan="11">$L \geqslant 5(b-a)$</td></tr>
<tr><td>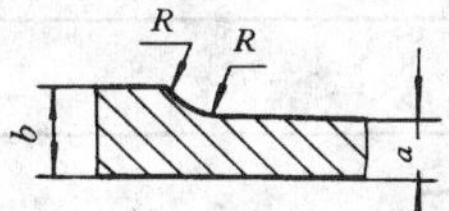</td><td>$b \leqslant 1.5a$</td><td colspan="12">$R \geqslant \frac{2a+b}{2}$</td></tr>
<tr><td>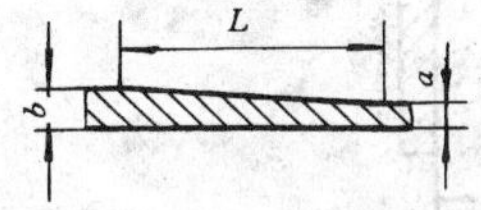</td><td>$b > 1.5a$</td><td colspan="12">$L = 4(a+b)$</td></tr>
</table>

表 4.2-14　法兰铸造过渡斜度　（mm）

<table>
<tr><th>简　图</th><th colspan="14">尺　寸</th></tr>
<tr><td rowspan="4">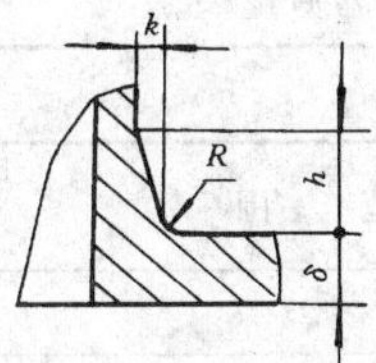</td><td>δ</td><td>10～15</td><td>>15～20</td><td>>20～25</td><td>>25～30</td><td>>30～35</td><td>>35～40</td><td>>40～45</td><td>>45～50</td><td>>50～55</td><td>>55～60</td><td>>60～65</td><td>>65～70</td><td>>70～75</td></tr>
<tr><td>k</td><td>3</td><td>4</td><td>5</td><td>6</td><td>7</td><td>8</td><td>9</td><td>10</td><td>11</td><td>12</td><td>13</td><td>14</td><td>15</td></tr>
<tr><td>h</td><td>15</td><td>20</td><td>25</td><td>30</td><td>35</td><td>40</td><td>45</td><td>50</td><td>55</td><td>60</td><td>65</td><td>70</td><td>75</td></tr>
<tr><td>R</td><td>5</td><td>5</td><td>5</td><td>8</td><td>8</td><td>10</td><td>10</td><td>10</td><td>10</td><td>15</td><td>15</td><td>15</td><td>15</td></tr>
</table>

表 4.2-15　最小铸孔尺寸　（mm）

<table>
<tr><td rowspan="3">材　料</td><td>孔壁厚度</td><td colspan="2"><25</td><td colspan="2">26～50</td><td colspan="2">51～75</td><td colspan="2">76～100</td><td colspan="2">101～150</td><td colspan="2">151～200</td><td colspan="2">201～300</td><td colspan="2">≥301</td></tr>
<tr><td rowspan="2">孔的深度</td><td colspan="16">最　小　孔　径</td></tr>
<tr><td>√</td><td>◎√</td><td>√</td><td>◎√</td><td>√</td><td>◎√</td><td>√</td><td>◎√</td><td>√</td><td>◎√</td><td>√</td><td>◎√</td><td>√</td><td>◎√</td><td>√</td><td>◎√</td></tr>
<tr><td rowspan="5">碳钢与一般合金钢</td><td>≤100</td><td>75</td><td>55</td><td>75</td><td>55</td><td>90</td><td>70</td><td>100</td><td>80</td><td>120</td><td>100</td><td>140</td><td>120</td><td>160</td><td>140</td><td>180</td><td>160</td></tr>
<tr><td>101～200</td><td>75</td><td>55</td><td>90</td><td>70</td><td>100</td><td>80</td><td>110</td><td>90</td><td>140</td><td>120</td><td>160</td><td>140</td><td>180</td><td>160</td><td>210</td><td>190</td></tr>
<tr><td>201～400</td><td>105</td><td>80</td><td>115</td><td>90</td><td>125</td><td>100</td><td>135</td><td>110</td><td>165</td><td>140</td><td>195</td><td>170</td><td>215</td><td>190</td><td>255</td><td>230</td></tr>
<tr><td>401～600</td><td>125</td><td>100</td><td>135</td><td>110</td><td>145</td><td>120</td><td>165</td><td>140</td><td>195</td><td>170</td><td>225</td><td>200</td><td>255</td><td>230</td><td>295</td><td>270</td></tr>
<tr><td>601～1000</td><td>150</td><td>120</td><td>160</td><td>130</td><td>180</td><td>150</td><td>200</td><td>170</td><td>230</td><td>200</td><td>260</td><td>230</td><td>300</td><td>270</td><td>340</td><td>310</td></tr>
<tr><td rowspan="2">高锰钢</td><td>孔壁厚度</td><td colspan="4"><50</td><td colspan="4">51～100</td><td colspan="8">≥101</td></tr>
<tr><td>最小孔径</td><td colspan="4">20</td><td colspan="4">30</td><td colspan="8">40</td></tr>
<tr><td>灰铸铁</td><td colspan="17">大量生产：12～15，成批生产：15～30，小批、单件生产：30～50</td></tr>
</table>

注：1. 不通圆孔最小容许铸造孔直径应比表中值大 20%，矩形或方形孔其短边要大于表中值的 20%，而不通矩形或方形孔则要大 40%。

2. 表中√表示加工后孔径，◎√表示不加工的孔径。

3. 难加工的金属，如高锰钢铸件等的孔应尽量铸出，而其中需要加工的孔，常用镶铸碳素钢的办法，待铸出后，再在镶铸的碳素钢部分进行加工。

1）铸件孔眼和凹腔不宜过小、太深，见表4.2-15、表4.2-16。

2）铸造内腔见表4.2-17。

3）铸造斜度见表4.2-18。

4）平面上凸台尺寸见表4.2-19。

表4.2-16　孔边凸台

铸孔边缘凸台	壁中窗口凸边
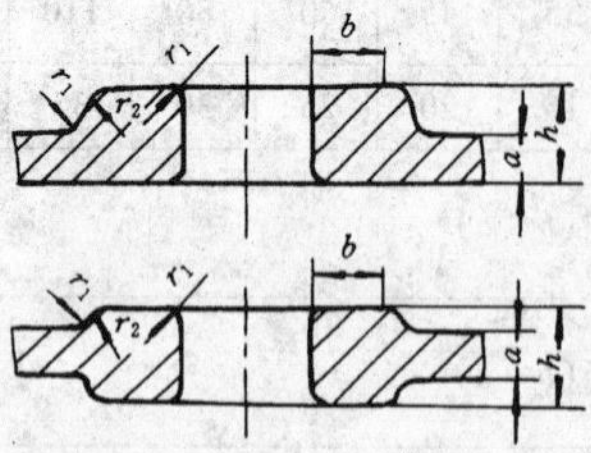 $r_1=0.25a$ $r_2=0.75a$ $h=2a$ $b=1.5a$	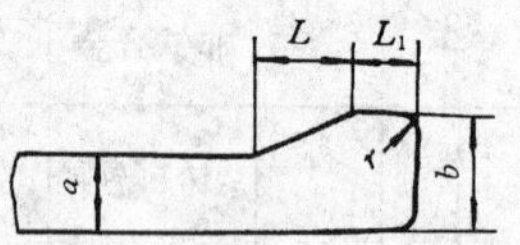 $b=1.3a$ $L=1.5a$ $L_1=0.75a$ $r=0.25a$

表4.2-17　铸造内腔

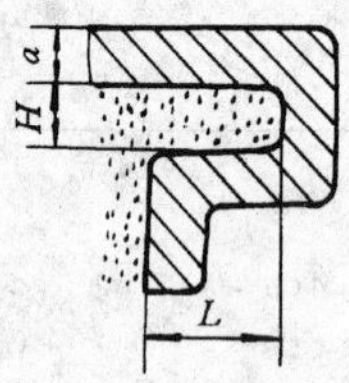 $H>2a$ $L\leqslant 3H$	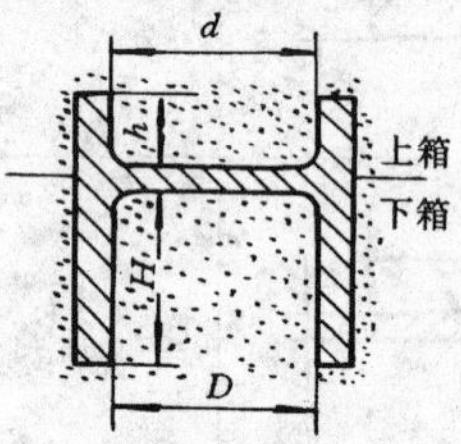 不用型芯所能铸出的凹腔尺寸： $H\leqslant D,h\leqslant 0.3d$（机器造型） $H\leqslant 0.5D,h\leqslant 0.15d$（手工造型）

表4.2-18　铸造斜度

图例	斜度 $b:h$	角度 β	应用范围
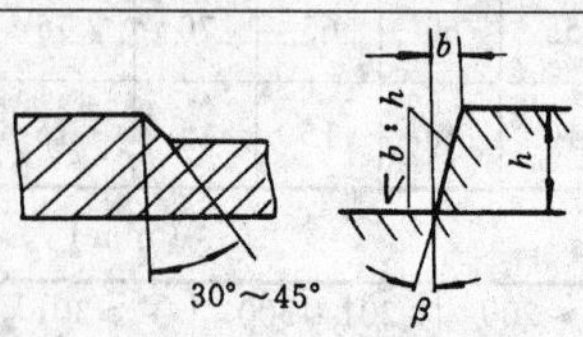	1:5	11°30′	$h<25$mm时钢和铁的铸件
	1:10 1:20	5°30′ 3°	$h=25\sim500$mm时钢和铁的铸件
	1:50	1°	$h>500$mm时钢和铁的铸件
	1:100	30′	有色金属铸件

注：当设计不同壁厚的铸件时，在转折点处的斜角最大增到30°～45°（见表中上图）。

表4.2-19　平面上凸台尺寸　　（mm）

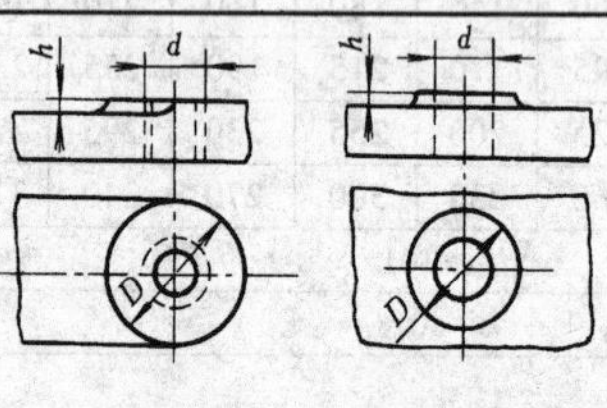

d	孔	4	5	5	6	7	8	9	10	11	12	13	14
	螺孔	M4		M5		M6		M8		M10		M12	
D		12		14		16		20		25		30	
h		2						2.5			3		

4　铸造方法对铸件结构设计工艺性的要求

当设计铸件结构时，除应考虑铸造工艺和铸造合金所要求的一般原则外，对于采用特种铸造方法制造的铸件，还应根据其工艺特点考虑一些特殊要求。

4.1　压力铸件的结构特点

1）压铸件设计的基本参数　压力铸造不宜用于厚壁铸件；对所有合金，不推荐使用大于 6mm 的壁厚。压铸件设计基本参数见表 4.2-20。

2）压铸件结构设计的注意事项　见表 4.2-21。

3）用镶铸法获得复杂铸件　在压铸时，可采用镶铸法制造形状复杂的铸件，并可满足铸件某些部位的特殊要求，如高强度、耐磨、导电、绝缘等性能，以及把 *N* 个零件浇铸成一个组件，以代替部分装配工序，其基本结构形式如图 4.2-1 所示。

表 4.2-20　压铸件设计的基本参数

合金	壁厚/mm		最小孔径/mm	孔深尺寸①（孔径的倍数）		螺纹尺寸/mm			齿最小模数/mm	斜度		收缩率（%）	加工余量/mm
	合理的	技术上可能的		盲孔	通孔	最小螺距	外螺纹	内螺纹		内侧	外侧		
锌合金	1～3	0.3	0.7	6	12	0.75	6	10	0.3	15′～1°30′	10′～1°	0.4～0.65	0.3～0.8
铝合金	1～3	0.5	1.0	4	8	1.0	10	15	0.5	30′～2°	15′～1°	0.45～0.8	0.3～0.8
镁合金	1～3	0.6	0.7	5	10	1.0	6	20	0.5	30′～2°	15′～1°	0.5～0.8	0.3～0.8
铜合金	2～4	1.0	2.5	3	6	1.5	12	—	1.5	45′～2°	35′～1°	0.6～1.0	0.3～0.8

①　指形成孔的型芯在不受弯曲力的情况下。

表 4.2-21　压铸件结构设计的注意事项

序号	注意事项	图例 改进前	图例 改进后	说明
1	消除内凹	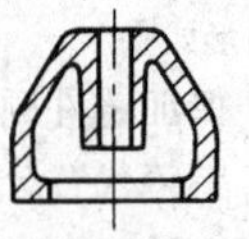		内凹铸件型芯不易取出
2	壁厚均匀	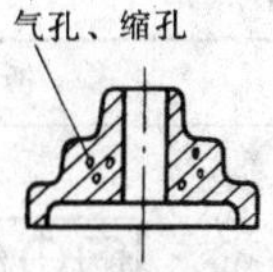	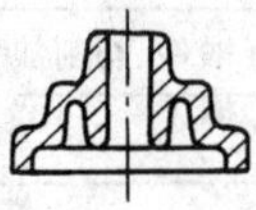	壁厚不均，易产生气孔、缩孔
3	采用加强肋减小壁厚	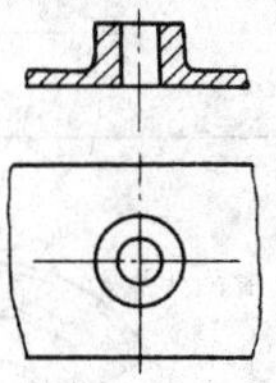	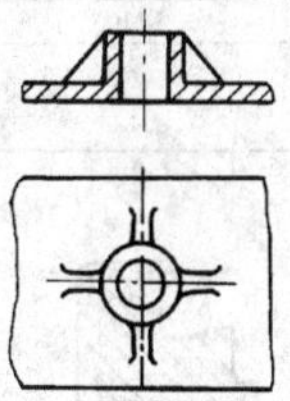	厚壁处易产生疏松和气孔
4	消除尖角过渡圆滑	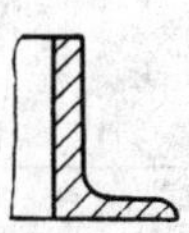		充填良好，不产生裂纹
5	简化铸型结构	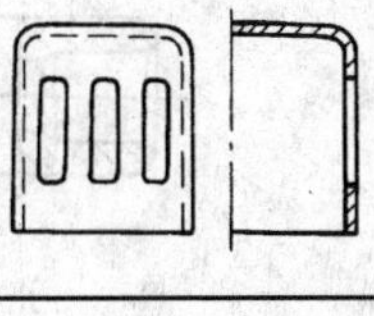	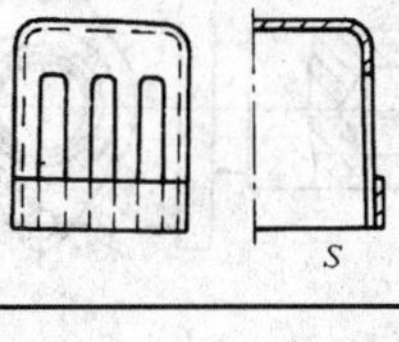	尽量避免横向抽芯，否则使铸型结构复杂；改进后抽芯方向与开型取件方向一致，简化铸型结构

注：压铸件结构的设计还应注意使压铸型加工方便。

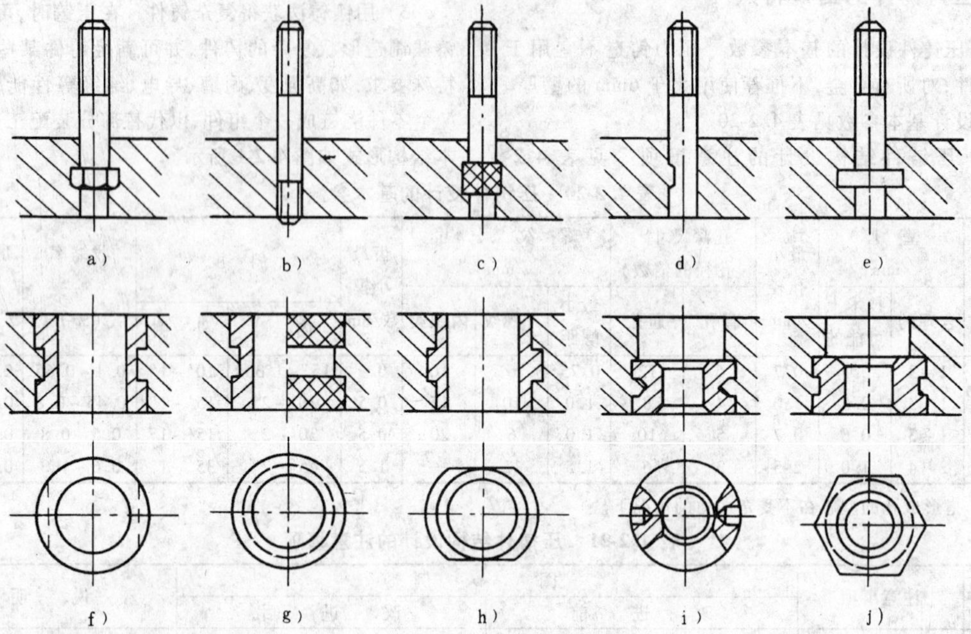

图 4.2-1　镶嵌件基本结构形式

4.2　熔模铸件的结构特点

1）壁厚均匀、减小热节（见表 4.2-22）

2）保证铸件顺序凝固（见表 4.2-23）

3）整铸代替分制（见表 4.2-24）

表 4.2-22　壁厚均匀减小热节

序号	零件名称	改进前（锻件、切削加工件）	改进后（熔模铸钢件）
1	压板	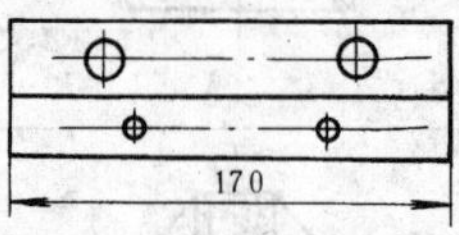	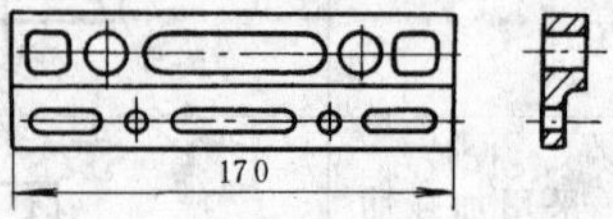
2	扇形齿轮	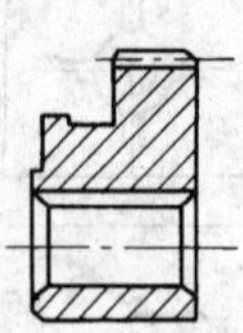	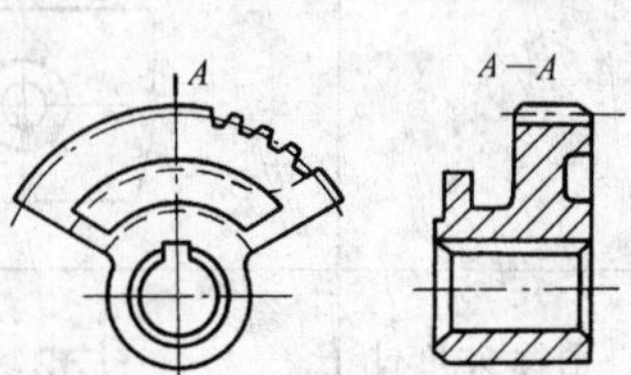
3	支座	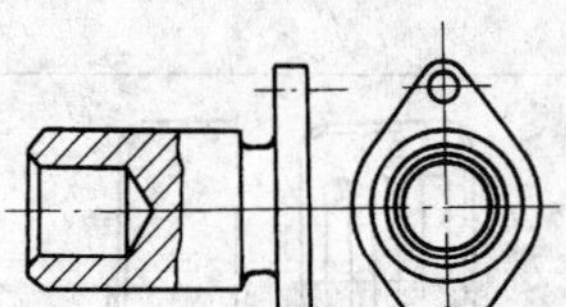	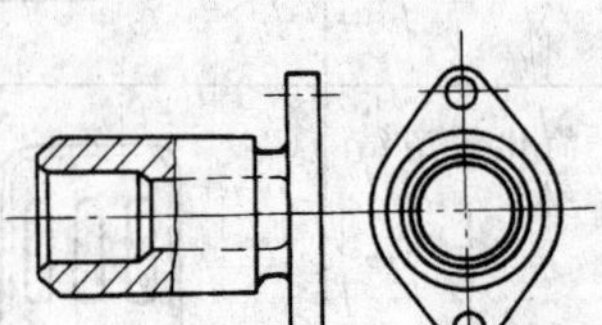

表 4.2-23　保证铸件顺序凝固

序号	铸钢件名称	改　进　前	改　进　后
1	气门摇臂	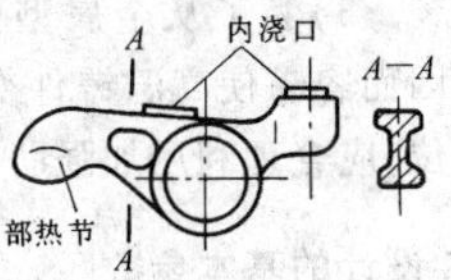	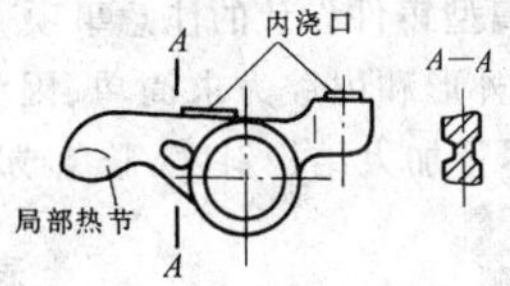
2	拖拉机零件	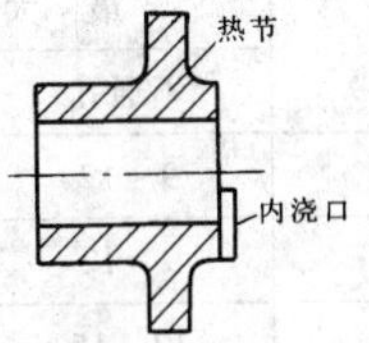	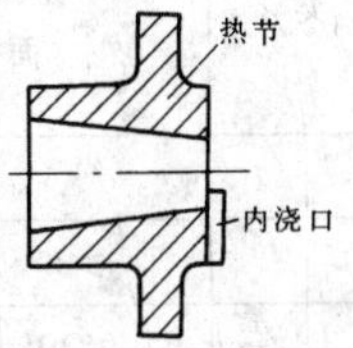
3	拖拉机零件	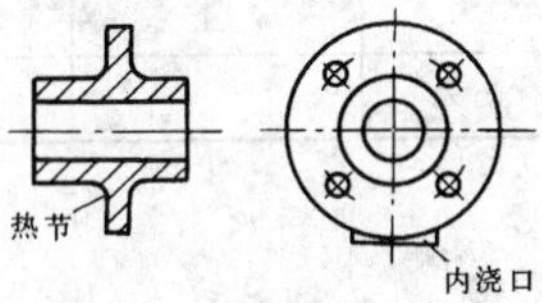	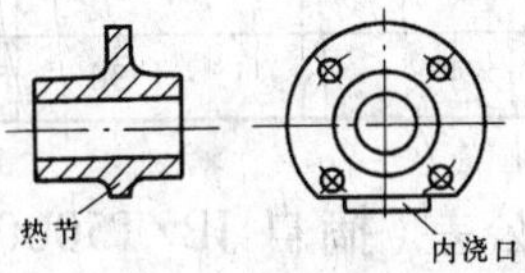

表 4.2-24　整铸代替分制

序号	铸钢件名称	改　进　前（分　制）	改　进　后（整　铸）
1	手柄	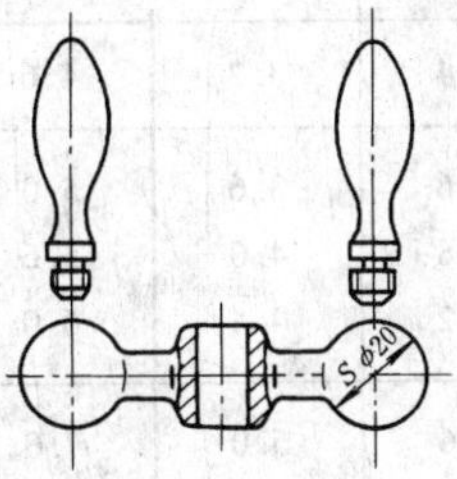	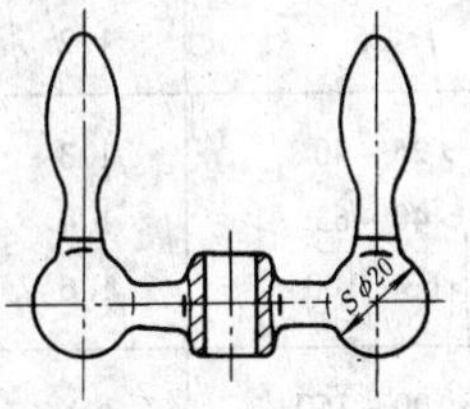
2	纺织机械右挑针头	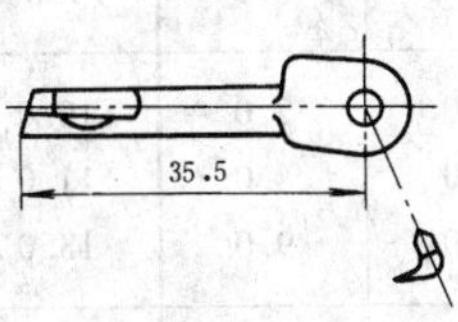	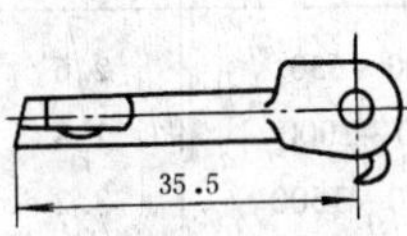
3	制动器爪	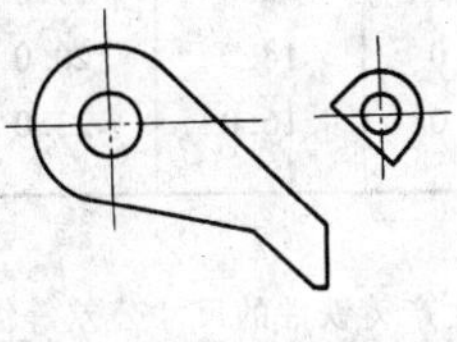	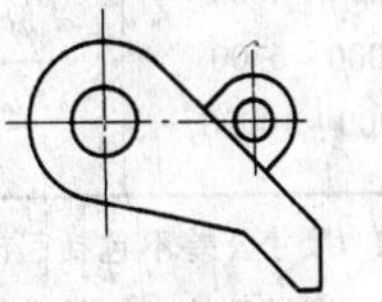

4.3　金属型铸件的结构特点

(1)金属型铸件设计的基本参数(见表4.2-25)

(2)金属型铸件设计的注意事项

1)铸件外形和内腔力求简单,因为金属型没有退让性,故应尽量加大结构斜度,避免或减小铸件上的凸台和凹坑及小直径深孔,以便顺利脱型。

2)铸件的壁厚不能过薄,以保证金属液能充满型腔,否则易产生冷隔、浇不足等缺陷。

3)为了从金属型中取出铸件,常采用顶出机构,因而容易使高温铸件变形。因此,为加强铸件薄弱部位,应合理利用加强肋。

表4.2-25　金属型铸件设计的基本参数　(mm)

合金种类	铸造斜度		孔的尺寸			铸件最小壁厚
	外面	里面	最小直径 d	最大深度		
				不通孔	通孔	
锌合金			6~8	9~12	12~20	2.5~3
镁合金	≥1°	≥2°	6~8	9~12	12~20	2.5~4
铝合金	0°30′	0°30′~2°	8~10	12~15	15~25	2.5~5
铜合金			10~12	10~15	15~20	3.0~8
铸铁	1°	>2°				4~6
铸钢	1°~1°30′	>2°				5~10

5　铸造公差(摘自JB/T5000.4—2007)

铸造公差见表4.2-26。

表4.2-26　铸铁件尺寸公差　(mm)

毛坯铸件基本尺寸	公差等级								
	CT8	CT9	CT10	CT11	CT12	CT13	CT14	CT15	CT16
≤25	1.2	1.7	2.4	3.2	4.6	6.0	8.0	10.0	12.0
>25~40	1.3	1.8	2.6	3.6	5.0	7.0	9.0	11.0	14.0
>40~63	1.4	2.0	2.8	4.0	5.6	8.0	10.0	12.0	16.0
>63~100	1.6	2.2	3.2	4.4	6.0	9.0	11.0	14.0	18.0
>100~160	1.8	2.5	3.6	5.0	7.0	10.0	12.0	16.0	20.0
>160~250	2.0	2.8	4.0	5.6	8.0	11.0	14.0	18.0	22.0
>250~400	2.2	3.2	4.4	6.2	9.0	12.0	16.0	20.0	25.0
>400~630	2.6	3.6	5.0	7.0	10.0	14.0	18.0	22.0	28.0
>630~1000	2.8	4.0	6.0	8.0	11.0	16.0	20.0	25.0	32.0
>1000~1600	3.2	4.6	7.0	9.0	13.0	18.0	23.0	29.0	37.0
>1600~2500	3.8	5.4	8.0	10.0	15.0	21.0	26.0	33.0	42.0
>2500~4000	4.4	6.2	9.0	12.0	17.0	24.0	30.0	38.0	49.0
>4000~6300	—	7.0	10.0	14.0	20.0	28.0	35.0	44.0	56.0
>6300~10000	—	—	11.0	16.0	23.0	32.0	40.0	50.0	64.0

注:1. 尺寸公差不包括起模斜度。

2. 图样及技术文件未作规定时,小批和单件生产铸铁件的尺寸公差等级按黑框推荐的等级选取;成批和大量生产铸铁件的尺寸公差等级相应提高两级。

6　铸件缺陷与改进措施(表 4.2-27)

表 4.2-27　铸件缺陷与改进措施

铸件缺陷形式	注意事项	图例 改进前	图例 改进后	改进措施
1　缩孔与疏松	壁厚不均	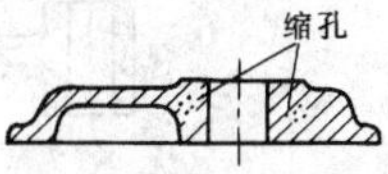	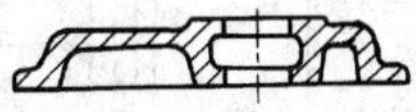	壁厚力求均匀,减少厚大断面以利于金属同时凝固。改进后将孔径中部适当加大,使壁厚均匀
		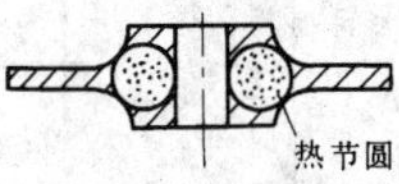	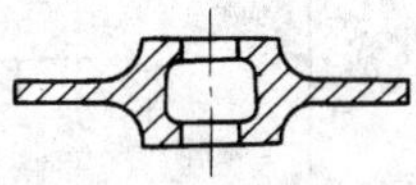	
		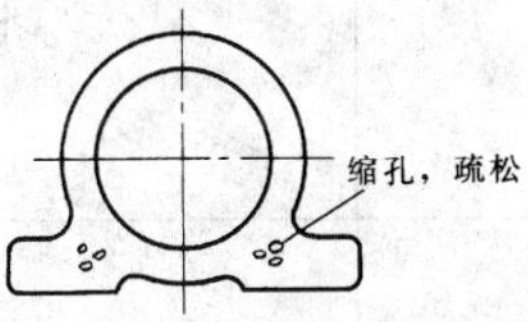	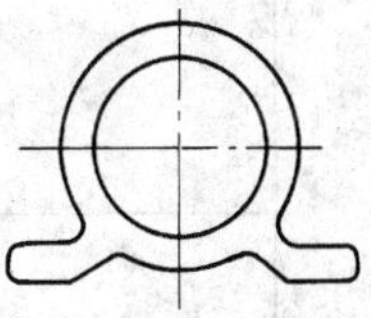	铸件壁厚应尽量均匀,以防止厚截面处金属积聚导致缩孔、疏松、组织不密致等缺陷
		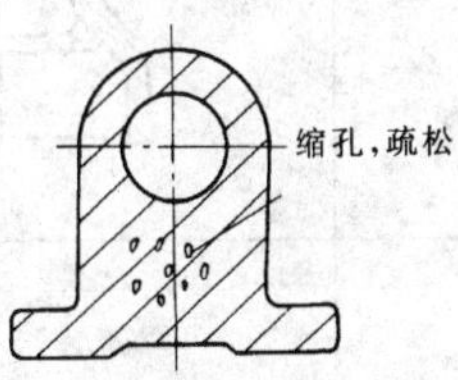	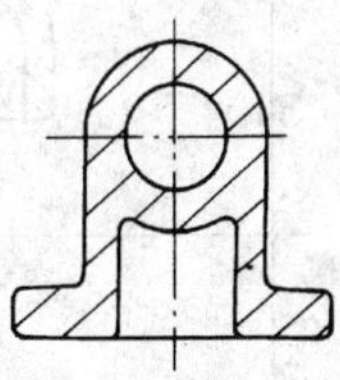	
		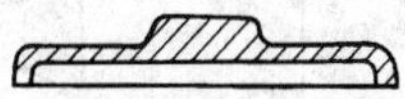	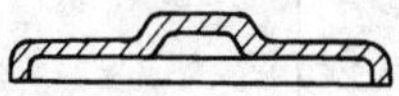	局部厚壁处减薄
		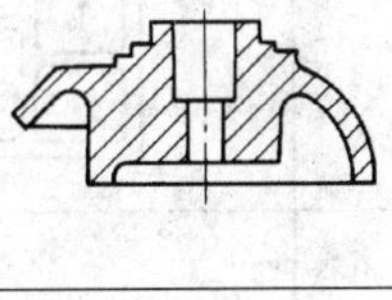	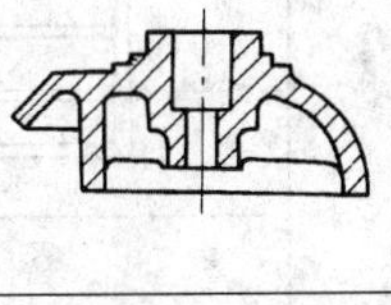	采用加强肋代替整体厚壁铸件
		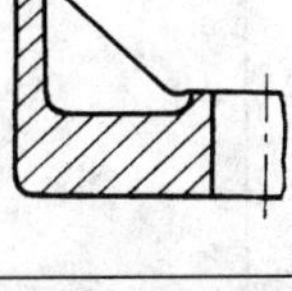	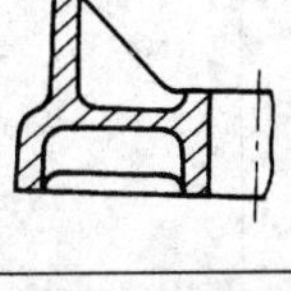	
		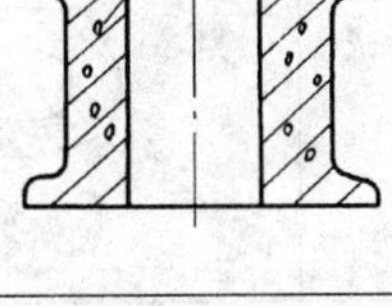	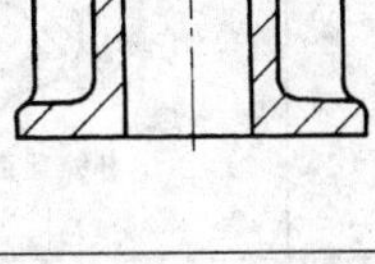	

（续）

铸件缺陷形式	注意事项	图例		改进措施
		改进前	改进后	
1　缩孔与疏松	壁厚不均	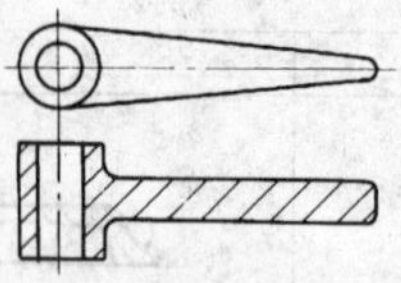	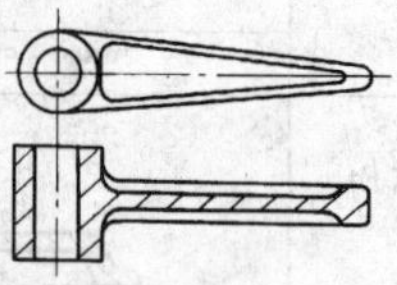	采用加强肋代替整体厚壁铸件
		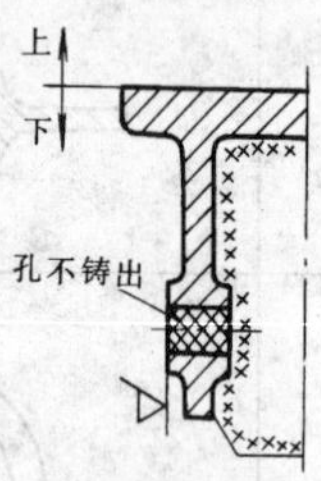	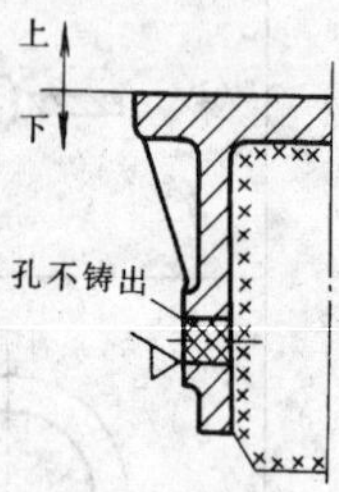	为减少金属的积聚，将双面凸台改为单面凸台
		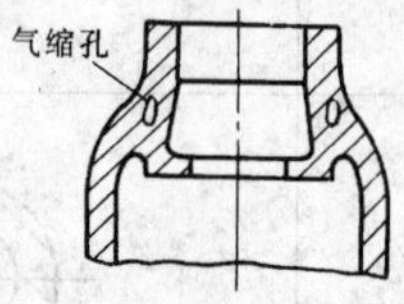	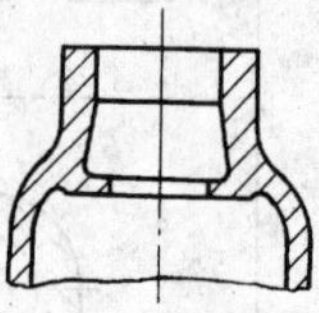	改进前，深凹的锐角处易产生气缩孔
	肋或壁交叉	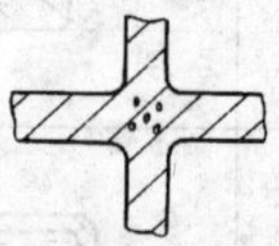	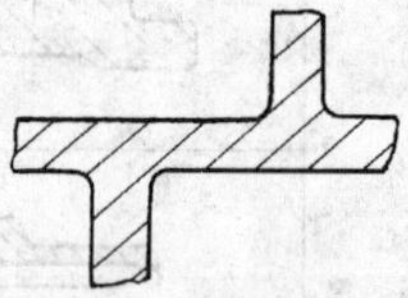	尽量不采用正十字交叉结构，以减少金属积聚
		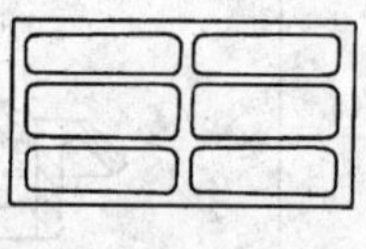	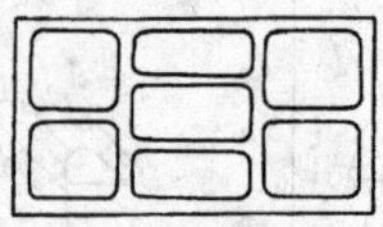	
			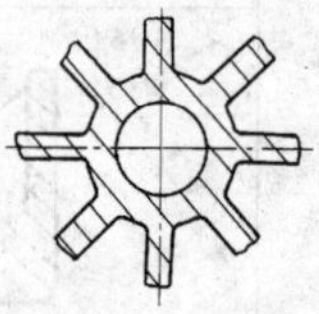	交叉肋的交点应置环形结构
	补缩不良	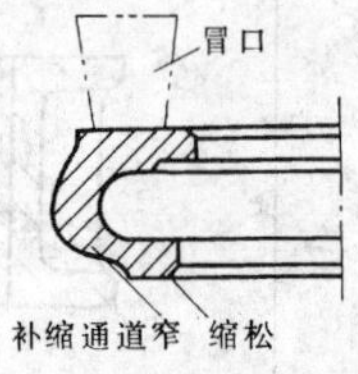	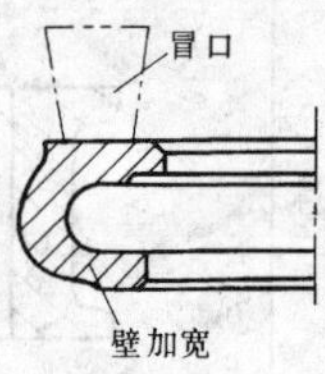	易产生缩松处难以安放冒口，故加厚与该处连通的壁厚，加宽补缩通道

（续）

铸件缺陷形式	注意事项	图例 改进前	图例 改进后	改进措施
1　缩孔与疏松	补缩不良	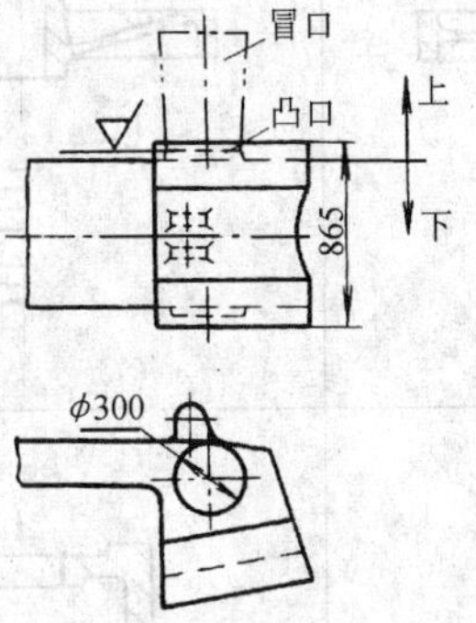	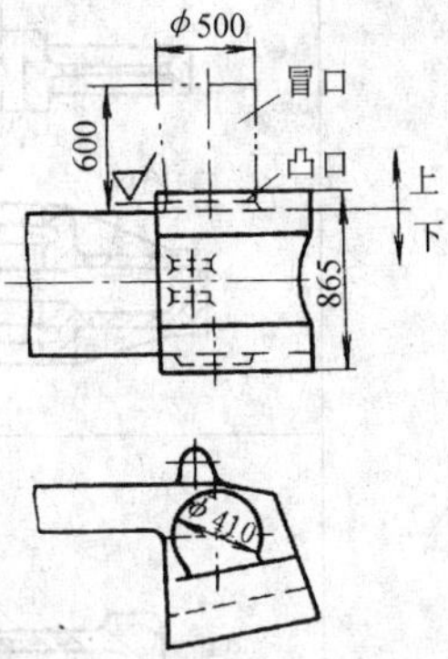	图示一铸钢夹子，冒口放在凸台上。原设计凸台不够大（φ310mm），补缩不良。后将凸台放大到φ410mm，才消除了缩孔
		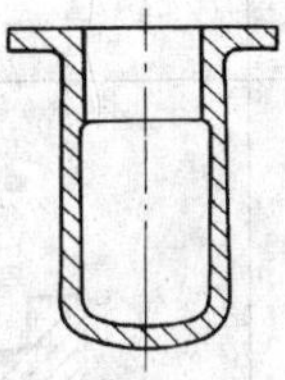	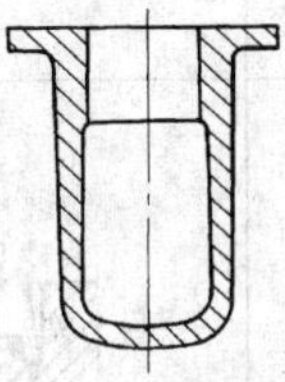	考虑顺序凝固，以利逐层补缩，缸体壁设计成上厚下薄
		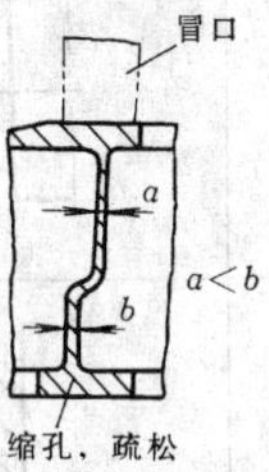	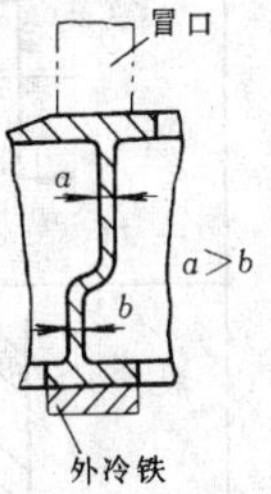	对于两端壁较厚的铸钢件断面，为创造顺序凝固条件，应使 $a \geqslant b$，并在底部设置外冷铁，形成上下温度梯度有利于顺序补缩，消除缩孔、缩松
2　气孔与夹渣	水平面过大	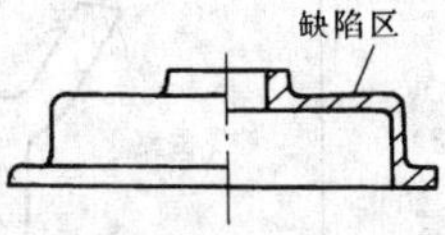	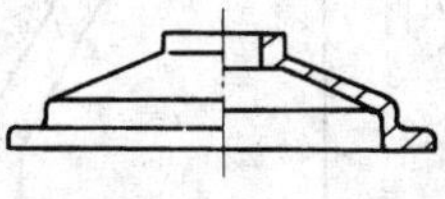	尽量减少较大的水平平面，尽可能采用斜平面，便于金属中夹杂物和气体上浮排除，并减少内应力
		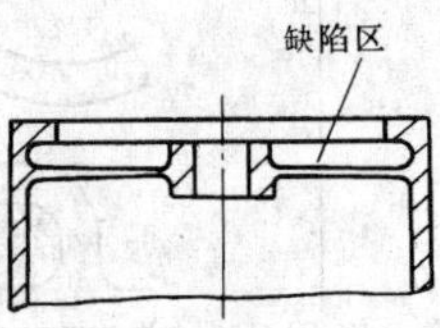	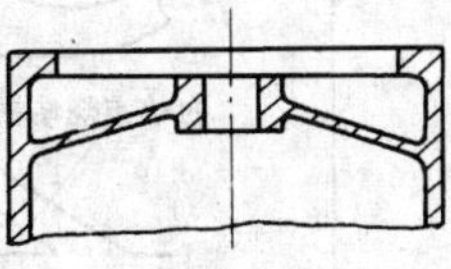	铸孔的轴线应与起模方向一致

（续）

铸件缺陷形式	注意事项	图例 改进前	图例 改进后	改进措施
2　气孔与夹渣	水平面过大	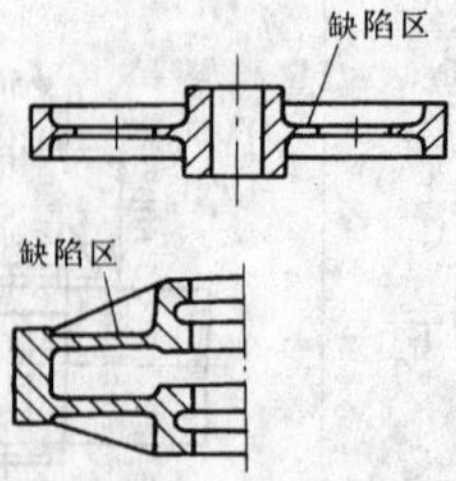	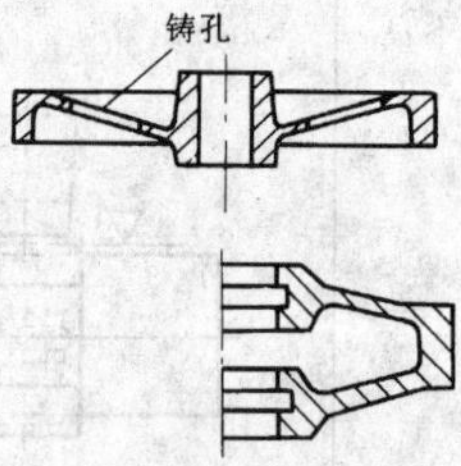	尽量减少较大的水平平面，尽可能采用斜平面，便于金属中夹杂物和气体上浮排除，并减少内应力 铸孔的轴线应与起模方向一致
		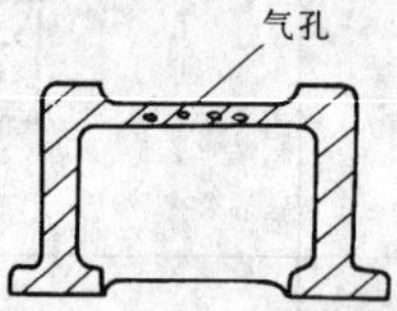	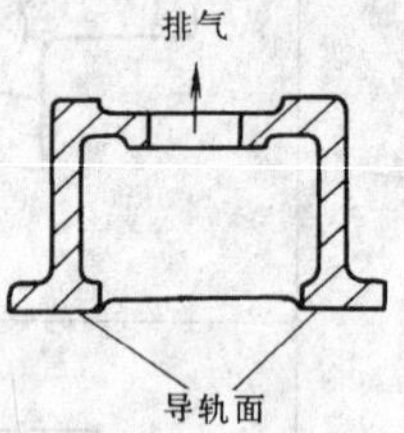	避免薄壁和大面积封闭，使气体能充分排出；浇注时，重要面（如导轨面）应在下部，以便金属补给
3　烧结粘砂	避免小凹槽	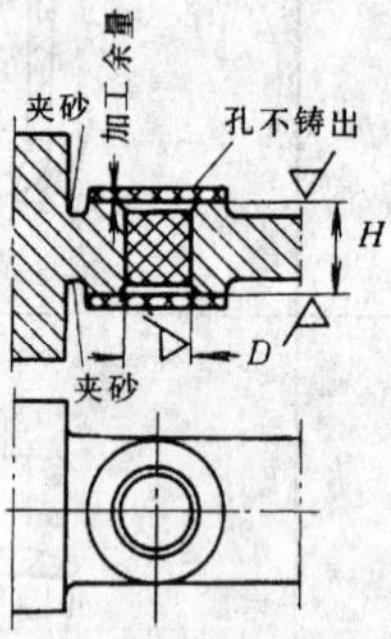	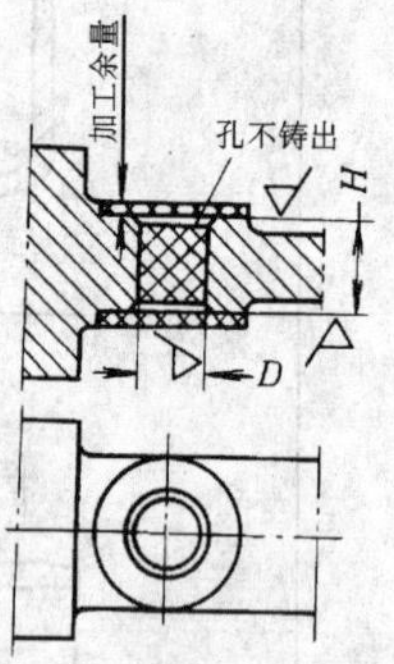	改进前，小凹槽容易掉砂，造成铸件夹砂
		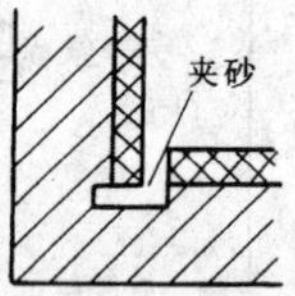	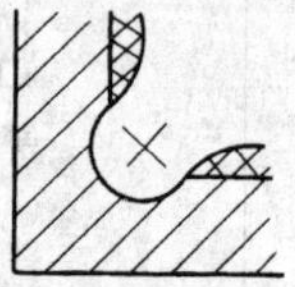	
	避免尖角	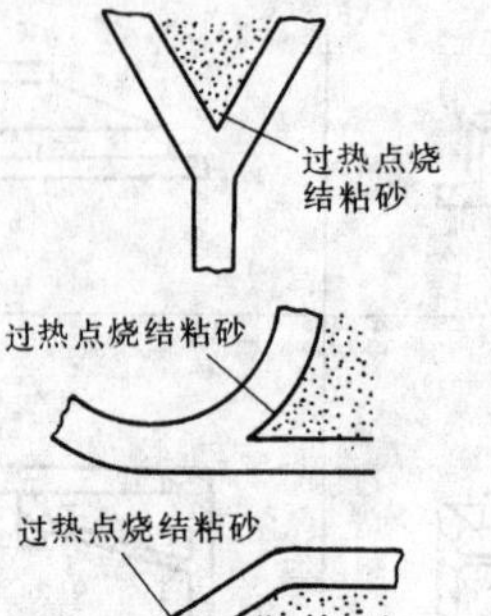	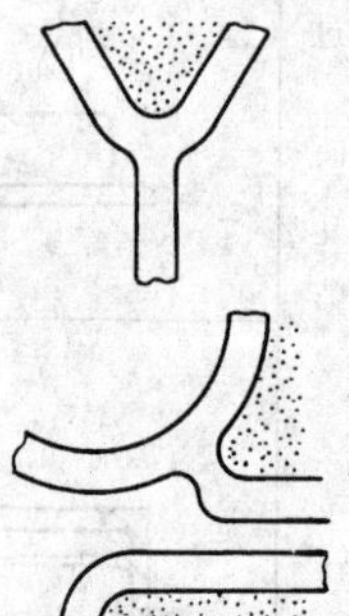	避免尖角的泥芯或砂型

（续）

铸件缺陷形式	注意事项	图例 改进前	图例 改进后	改进措施
3　烧结粘砂	避免狭小内腔	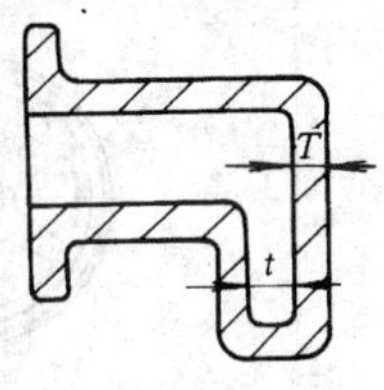 $t \leqslant 2T$	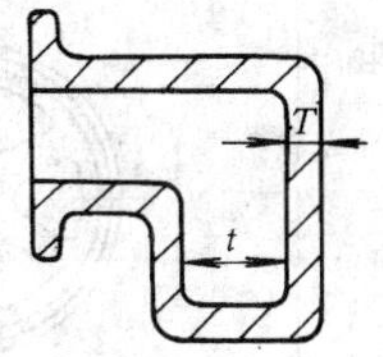 $t \geqslant 2T$	避免狭小的内腔
4　裂纹	内壁过厚	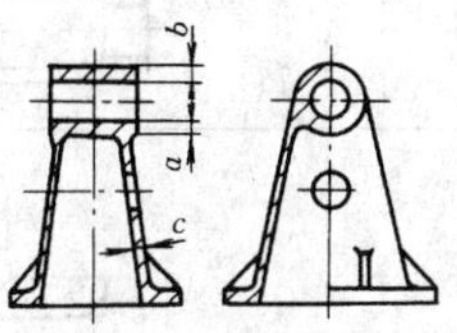 $a \geqslant b$	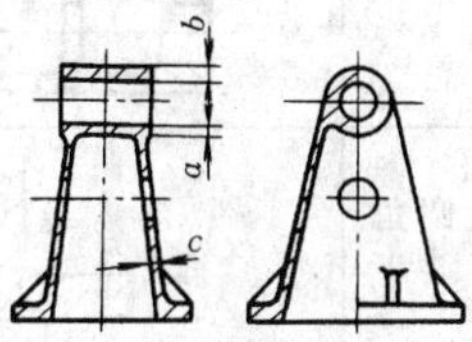 $a < b$	铸件内壁的厚度应略小于铸件外壁的厚度，使整个铸件均匀冷却
		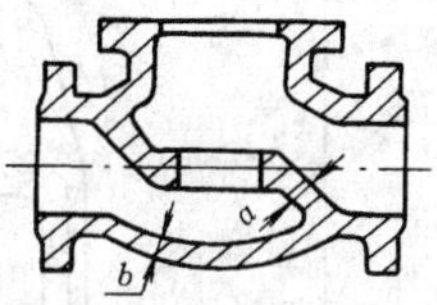 $a \geqslant b$	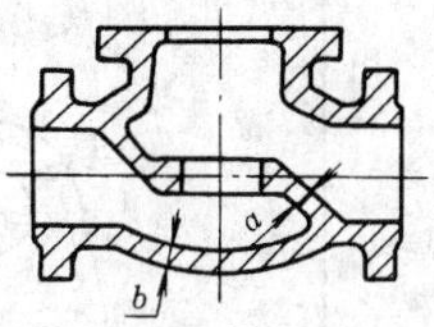 $a < b$	
		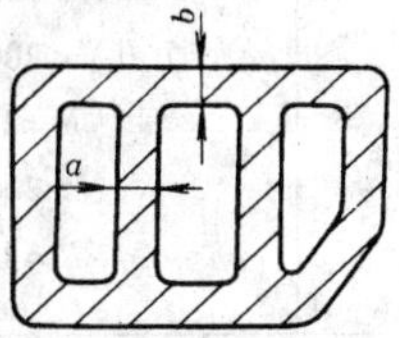 $a \geqslant b$	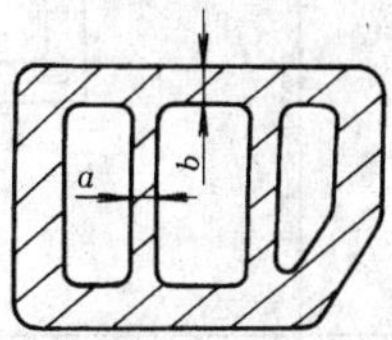 $a = (0.7 \sim 0.9)b$	
	截面突变	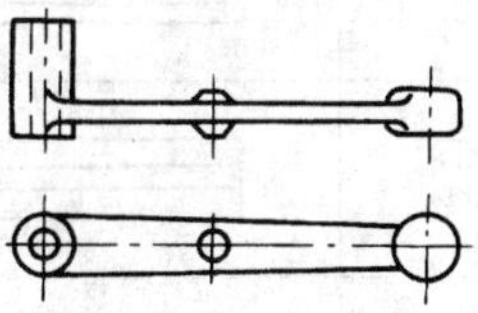	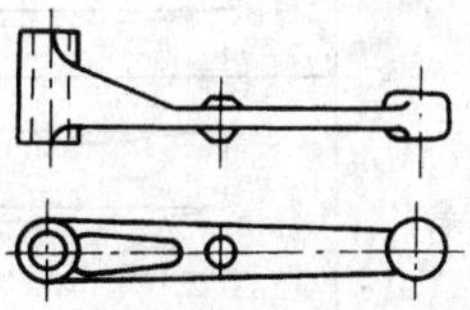	突变截面应有缓和过渡结构
	收缩受阻		 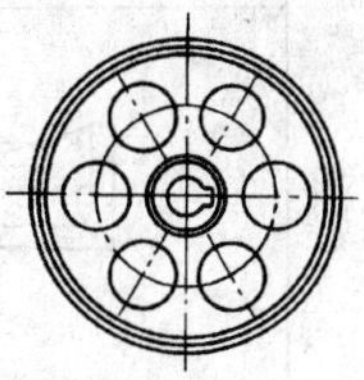	铸件应避免阻碍收缩的结构，较大的飞轮、带轮、齿轮的轮辐可做成弯曲的辐条或带孔的辐板

（续）

铸件缺陷形式	注意事项	图例 改进前	图例 改进后	改进措施
4　裂纹	收缩受阻		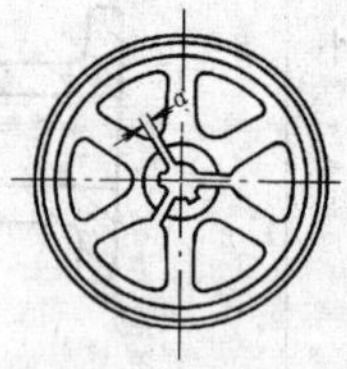	大型轮类铸件,可在轮毂处作出缝隙（$a \approx$ 30mm），以防止裂纹
		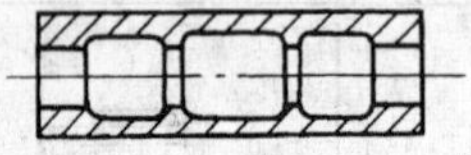	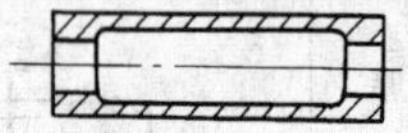	没有肋的框型内腔冷却时均能自由收缩
	过渡圆角太小	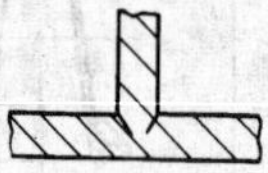	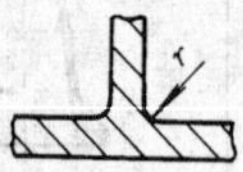	避免锐角连接,采用圆弧过渡
		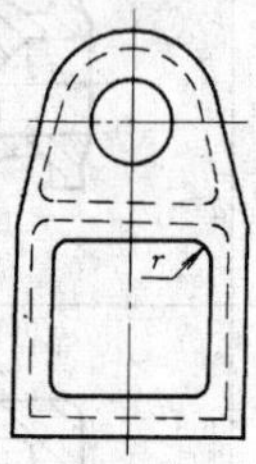	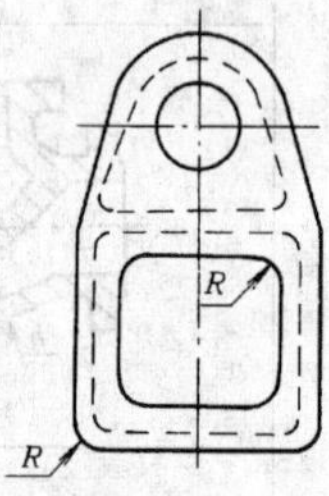 方孔：＜200×200mm $R = 10 \sim 15$mm ＞200×200mm $R = 15 \sim 20$mm	铸件方形窗孔四角处的圆角半径不应太小
5　变形	截面形状不合理	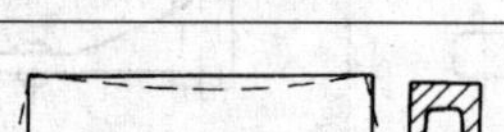	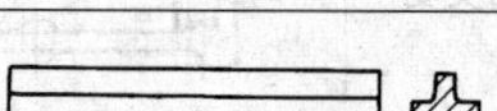	为防止细长件和大的平板件在收缩时挠曲变形,应正确选择零件的截面形状（如对称截面）和合理的设置加强肋
		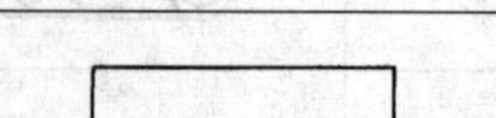	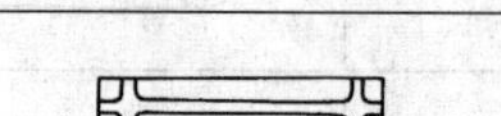	
		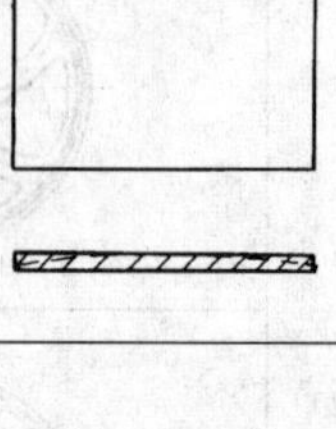	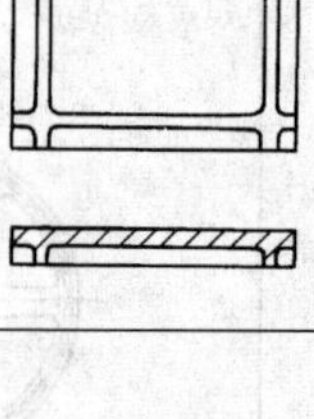	
		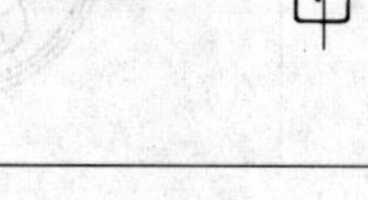		铸件抗压强度大于抗弯强度和抗拉强度,设计中应合理利用

（续）

铸件缺陷形式	注意事项	图例		改进措施
		改进前	改进后	
5 变形	缺少加强肋	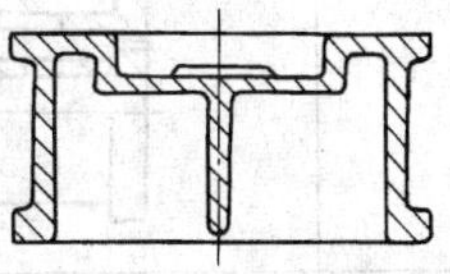	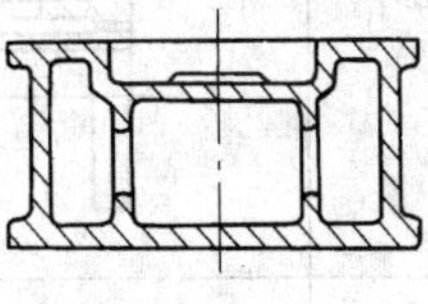	不用增加壁厚而用合理增加加强肋的方法来提高零件刚性
		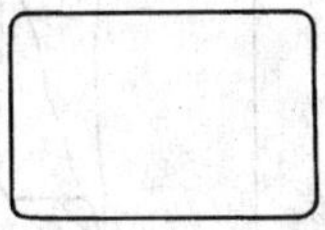	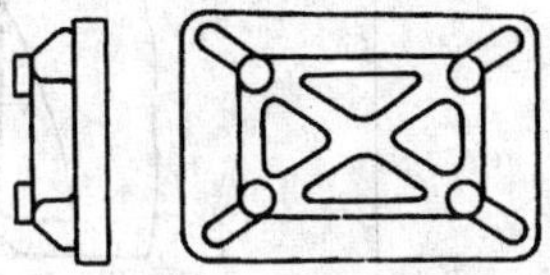	大而薄的壁冷却时易扭曲，应适当加筋
	缺少凸台	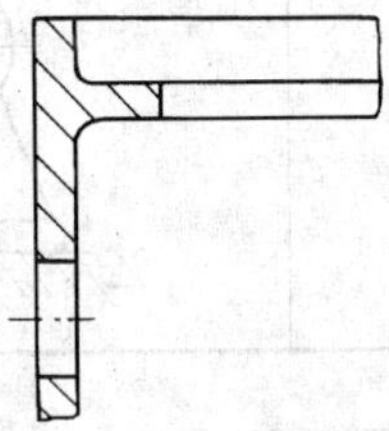	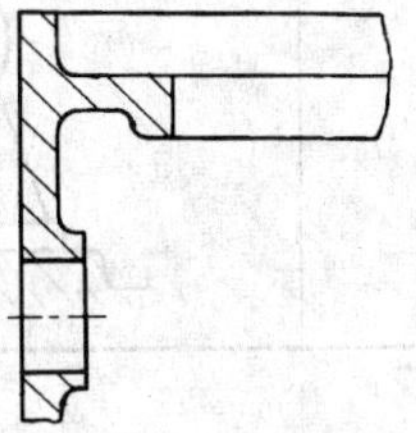	孔洞周沿增加凸边可加大刚性
6 渗漏	错用撑钉	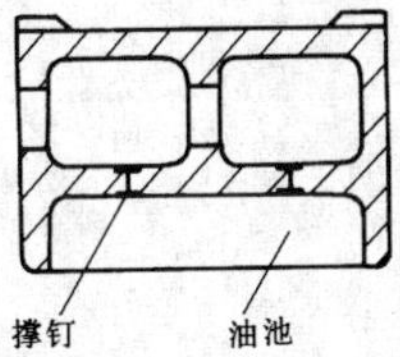	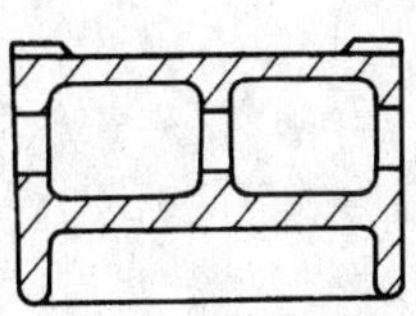	液体容器部分避免用撑钉，以防渗漏；右图的泥芯，可在两端固定，不用撑钉
7 损伤	突出部分薄弱	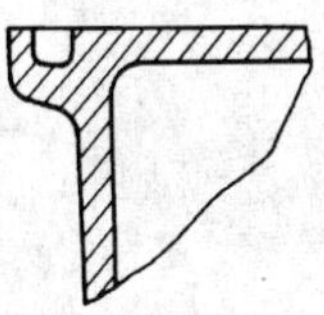	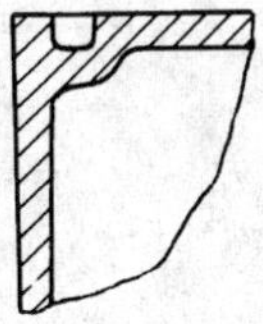	避免大铸件有薄的突出部分（易损坏）
8 错箱	铸件在两砂箱	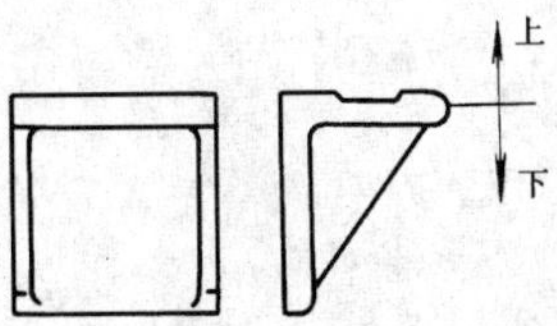	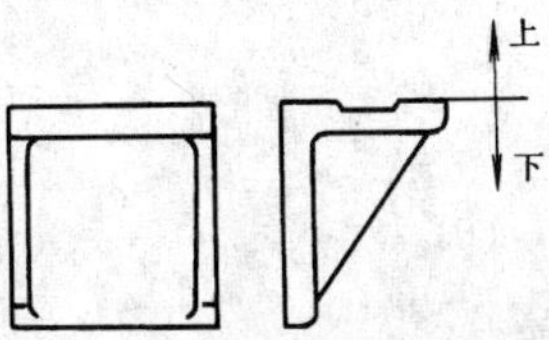	尽量使铸件在一个砂箱中形成，以避免因错箱而造成尺寸误差和影响外形美观
		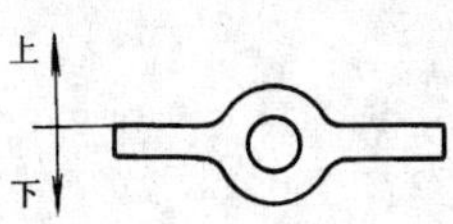	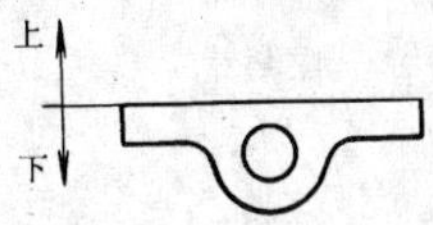	

（续）

铸件缺陷形式	注意事项	图例 改进前	图例 改进后	改进措施
9 形状与尺寸不合格	内腔过小	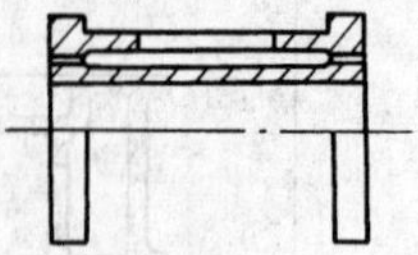	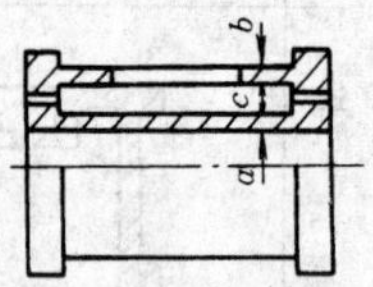	铸件两壁之间的型芯厚度一般应不小于两边壁厚的总和（$c>a+b$），以免两壁熔接在一起
	凸台过小	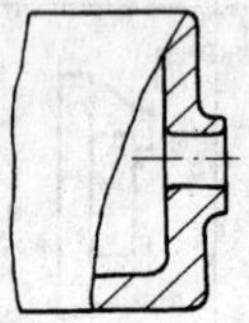	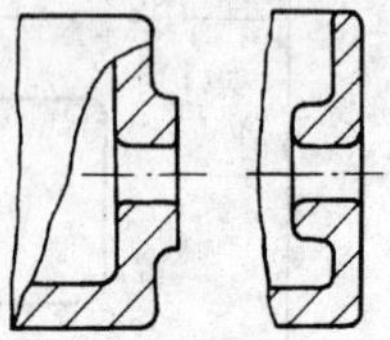	大件中部凸台位置尺寸不易保证，铸造偏差较大；应考虑将凸台尺寸加大，或移至内部
		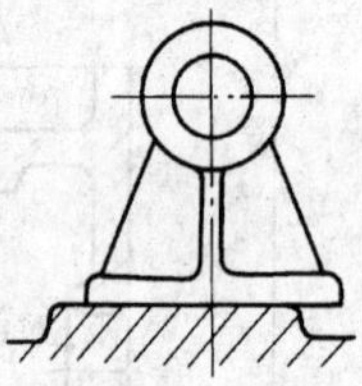	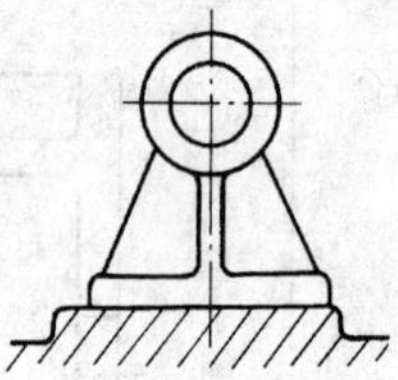	凸台应大于支座的底面，以保证装配位置和外观整齐

第3章 锻件结构设计工艺性

1 锻造方法与金属材料的可锻性

1.1 各种锻造方法及其特点

锻造方法有许多种(表4.3-1),一般可分为自由锻造、模型锻造(模锻)、特种锻造三类。

自由锻造所用设备和工具通用性强、操作简单,锻件质量可以很大,但工人劳动强度大、生产率低,锻件形状简单、精度低,消耗金属较多,因此,它主要适用单件小批量生产。

模锻生产率高,锻件精度高,可以锻出形状复杂的零件,与自由锻相比,金属消耗可大大减少,但模锻成本高,锻件重量受限制,所以,它主要应用于大批大量生产,见表4.3-2。

特种锻造是新发展起来的先进锻造方法,它包括精密锻造、粉末锻造、多向模锻、辊锻、镦锻、挤压等成形工艺。它可以锻出许多类型、形状复杂、少切削甚至无切削的大小零件,这是降低材料消耗、提高劳动生产率的重要途径,这些工艺都应用于大批大量生产中。

表4.3-1 锻压方法及其适用性

加工方法	使用设备	特点及适用范围	生产率	设备费用	锻件精度	模具质量要求	模具寿命	机械化及自动化	劳动条件	对环境的影响
自由锻	手工锻	单件、小批、小型锻件		很低	低				差	
	3t以下自由锻锤	单件、小批,小型锻件	中	低	低			较难	差	振动噪声
	3t以上自由锻锤	单件、小批,中型锻件	中	中	低			较难	差	振动噪声
	12500kN以下自由锻水压机	单件、小批,中型锻件	中	高	低			较易	较好	
	12500~120000kN自由锻水压机	单件、小批,大型及特大型锻件		很高	低			较易	较好	
胎模锻	利用自由锻锤及水压机	中小批,中小型锻件。用胎模成形,提高锻件质量和设备的生产效率	较高	低、中	中	低	低	较难	差	
模锻	有砧座模锻锤	大批量,中小型模锻件;可在一台设备上拔长、聚料、预锻、终锻	高	中	中	高	中	较难	差	振动噪声
	无砧座模锻锤	大、中批,中小型模锻件;单模膛模锻	高	较低	中	高	中	较难	较差	噪声
	热模锻压力机	大、中批,中小型模锻件;大批量需配备制坯设备;亦可用于精密模锻	很高	高	较高	较高	较高	易	好	
	平锻机	大批大量。适用于法兰轴、带孔模锻件;多模膛模锻	高	高	较高	高	较高	易(水平分模)	较好	噪声
	螺旋压力机	大、中批,中小型模锻件;一般是单模膛模锻;可进行精密模锻;大型精密模锻件用液压螺旋压力机	较高	较高	高	高	中	较易	好	噪声
	高速锤	中、小批。单模膛模锻;用于锻制低塑性合金锻件和薄壁高筋复杂模锻件	中	中	高	高	较低	较难		噪声

（续）

加工方法		使用设备	特点及适用范围	生产率	设备费用	锻件精度	模具质量要求	模具寿命	机械化及自动化	劳动条件	对环境的影响
模锻		多向模锻水压机	大批,可锻制不同方向具有多孔腔的复杂模锻件	中	高	高	高	高	易	较好	
		模锻水压机	小批,锻制大型非铁合金模锻件	中	很高	高	高	高	较易		
精密锻造		精密锻轴机	大批,锻制空心和实心阶梯轴	中	高	高	高	中	较易		噪声
挤压	冷挤	冷挤压力机	大批大量,钢及非铁合金小型零件	高	高	高	高	高	较易	好	
	温热挤	机械压力机 螺旋压力机 液压机	大批大量,挤压不锈钢、轴承钢零件以及非铁合金的坯料	高	高	较高	高	中	较易	好	
镦锻		多工位冷镦机	大批大量生产标准件	很高	高	高	高	高	易	好	噪声
		多工位热镦机	大批大量生产轴承环、齿轮、汽车锻件	很高	高	较高	高	高	易	好	噪声
		电热镦机	大批大量生产大头螺杆锻件	高	中	中	中	高	易	好	
轧锻	纵轧	二辊或三辊轧机	成批大量。可改制坯料,轧等截面或周期截面坯料。冷轧或热轧	高		中			易		
	辊锻	辊锻机	大批大量。辊锻扳手、叶片等。亦可用于模锻前制坯	高	中	中	高	高	易	好	
	楔形模横轧	平板式、辊式、行星式楔形横轧机	大批大量。可轧锻圆形变截面零件,如带台阶、锥面或球面的轴类件以及双联齿轮坯等	高	高	高	高	高	易	好	
	螺旋孔型斜轧	二辊或三辊斜轧机	大批大量生产钢球、丝杆等	高	高	高	高	高	易	好	
	仿形斜轧	三辊仿形斜轧机	大批大量生产实心或空心台阶轴、纺锭杆等	高	高	高	中	高	易	好	
	辗扩	扩孔机	大批大量生产大、小环形锻件	高	中	高	中	高	易	好	
	齿轮轧制	齿轮轧机	大批大量生产。热轧后冷轧,可大大提高精度	高	高		高		易	好	
	摆动辗压	摆动辗压机	中、小批生产盘类、轴对称类锻件。要求配备制坯设备。可热辗、温辗和冷辗	中	高	高	高	中	较易	好	

表 4.3-2　各种锻造方法的应用范围

锻造方法	自由锻	胎模锻	锤上模锻	压力机上模锻	平锻机上顶锻
示意图	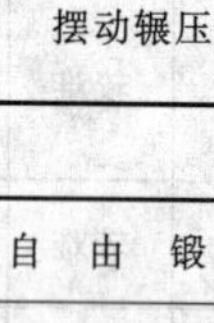	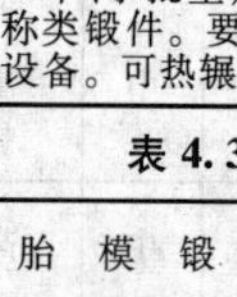	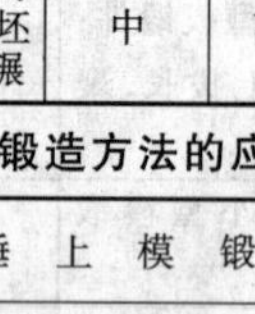	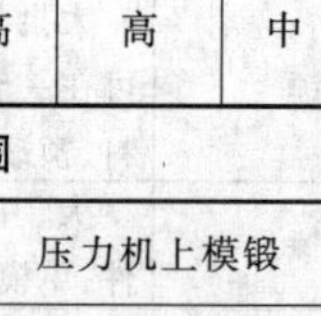	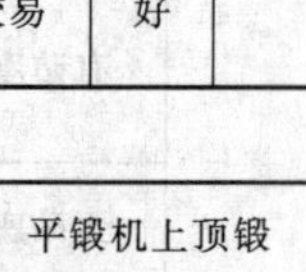
零件形状	只能锻出简单形状。精度低、表面状态差。除要求很低的尺寸和表面外,零件的形状和尺寸需通过切削加工来达到	可锻出复杂的形状(压力机上模锻最优,锤上模锻次之,胎模锻再次之)。尺寸精度较高,表面状态较好。在零件的非配合部分,可以保留毛坯面(黑皮)。黑皮部分的尺寸精度要求,不应超过规定标准。形状(模锻斜度、圆角半径、肋的高度比、腹板厚度等)应适应工艺要求			用以锻造带实心或空心头部的杆形零件。尺寸精度较高,表面状态较好

（续）

锻造方法	自由锻	胎模锻	锤上模锻	压力机上模锻	平锻机上顶锻
锻造范围	5t自由锻锤可锻出350~700kg的钢锻件 120000kN自由锻水压机可锻出150t以上的钢锻件	一般锻造50kg以下的钢锻件 用大型自由锻水压机可能锻出重达500kg的钢胎膜锻件	5t模锻锤可锻投影面积达$1250cm^2$的钢模锻件；16t锤可锻$4000cm^2$的钢模锻件 100t·m的无砧模锻锤可锻投影面积达$10000cm^2$的钢模锻件	40000kN热模锻压力机可锻投影面积达$650cm^2$的钢模锻件 120000kN压力机可锻$2000cm^2$的钢锻件	10000kN平锻机可顶锻ϕ140mm钢棒料。31500kN平锻机可顶锻ϕ270mm钢棒料
合适批量	单件、小批	中、小批	大、中批		大批

1.2　金属材料的可锻性

金属材料的可锻性是指金属材料在受锻压后，可改变自己的形状而又不产生破裂的性能。

碳钢随含碳量的增加可锻性下降。低碳钢可锻性最好，锻后一般不需热处理；高碳钢则较差，当碳的质量分数达2.2%时，就很难锻造。

低合金钢的可锻性近似于中碳钢。合金钢中随某些降低金属塑性的合金元素的增加可锻性下降，高合金钢锻造困难。

各种有色金属合金的可锻性都较好，类似于低碳钢。

在设计可锻性较差金属锻件时，应力求形状简单，截面尽量均匀。常用金属材料热锻时的成形特性见表4.3-3。

表4.3-3　常用金属材料热锻时的成形特性

序号	材料类别	热锻工艺特性	对锻件形状的影响
1	$w_C \leqslant 0.65\%$的碳素钢及低合金结构钢	塑性高，变形抗力比较低，锻造温度范围宽	锻件形状可复杂，可以锻出较高的筋、较薄的腹板和较小的圆角半径
2	$w_C > 0.65\%$的碳素钢，中合金的高强度钢、工具模具钢、轴承钢，以及铁素体或马氏体不锈钢等	有良好塑性，但变形抗力大，锻造温度范围比较窄	锻件形状尽量简化，最好不带薄的辐板、高的筋，锻件的余量、圆角半径、公差等应加大
3	高合金钢（合金的质量分数高于20%）和高温合金、莱氏体钢等	塑性低，变形抗力很大，锻造温度范围窄，锻件对晶粒度或碳化物大小分布等项指标要求高	用一般锻造工艺时，锻件形状要简单，截面尺寸变化要小；最好采用挤压、多向模锻等提高塑性的工艺方法，锻压速度要合适
4	铝合金	大多数具有高塑性，变形抗力低，仅为碳钢的1/2左右，变形温度为350~500°C	与序号1相近
5	镁合金	大多数具有良好塑性，变形抗力低，变形温度在500°C以下，希望在速度较低的液压机和压力机上加工	与序号1相近
6	钛合金	大多数具有高塑性，变形抗力比较大，锻造温度范围比较窄	与序号1、2相近；由于热导率低，锻件截面要求均匀，以减少内应力
7	铜与铜合金	绝大部分塑性高，变形抗力较低，变形温度低于950°C，但锻造温度范围窄，工序要求少（因温度容易下降），除青铜和高锌黄铜外，应在速度较高的设备上锻造	可获得复杂形状的锻件

注：w_C为碳的质量分数。

2　锻造方法对锻件结构设计工艺性的要求

设计锻造的零件应根据零件的生产批量、形状和尺寸，以及现有的生产条件，选择技术上可行、经济上合理的锻造方法，再按所选用的锻造方法的工艺性要求，进行零件的结构设计。

2.1　自由锻件的结构设计工艺性

自由锻是特大型锻件的唯一生产方法，它的原材料为锭料或轧材。

1）锻件规格与锻造设备见表4.3-4、表4.3-5。

2）自由锻件结构设计工艺性见表4.3-6。

表4.3-4　锻锤锻造能力范围

锻锤吨位/t		5	3	1	0.75	0.40	0.15
锻件特征		最大锻造能力					
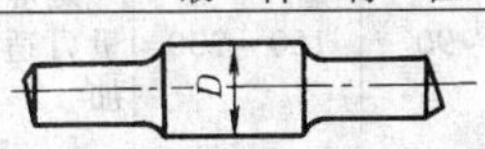	D①	350	280	180	150	80	40
	m②	1500	800	250	80	30	6

（续）

锻 锤 吨 位/t		5	3	1	0. 75	0. 40	0. 15
锻 件 特 征		最 大 锻 造 能 力					
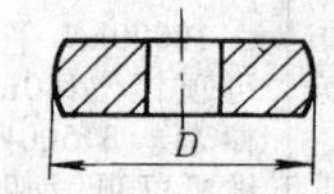	*D*	750	550	380	300	200	150
	m	700	400	100	50	20	5
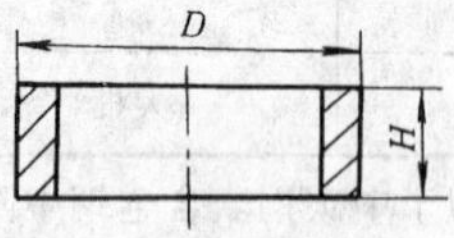	*D*	1000	650	400	300	200	150
	H	280	200	150	80	60	40
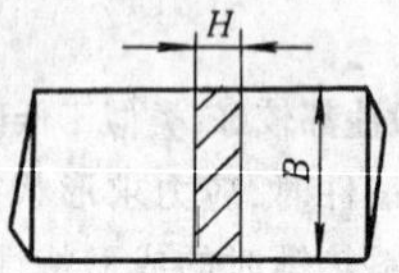	*B*	500	450	250	180	130	70
	H≥	70	50	30	20	10	7
	m	700	400	150	40	18	4
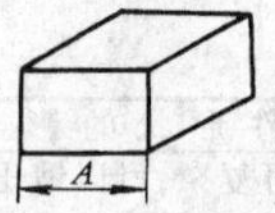	*A*	400	300	200	160	110	80
	m	500	210	65	32	10	4
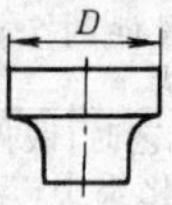	*D*	550	450	350	220	140	60
	m	350	250	80	40	15	4
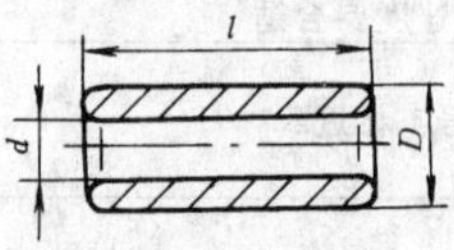	*D*	450	330	220	150	120	
	d	140 ~250	100 ~150	80 ~120	60 ~100	50 ~80	
	l	700	500	350	250	200	
参考数据	最大行程	1500	1450	1000	835	700	410
	砧面尺寸	710 ×400	600 ×330	410 ×230	345 ×130	265 ×100	200 ×58
	生产能力/kg · h⁻¹	500	400	140	100	60	15

① 各长度尺寸单位均为 mm。

② *m*—锻件重量，单位为 kg。

表 4. 3-5　水压机锻造能力范围①

水 压 机 吨 位/t		800	1250	2500	3150	6000	12000	备 注
锻 件 特 征		最大锻造能力						
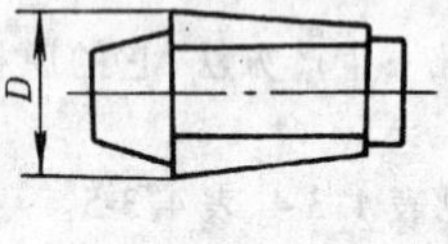	*D*	740	900	1360	1450	2000	3000	
	m_t②	7	12	45	50	130	300	主要取决于起重设备
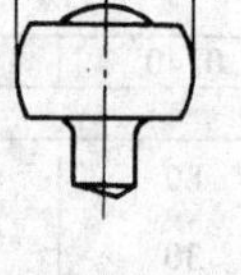	*D*	800	1100	1600	1800	2600	3200	
	m_t	2. 5	6	24	30	60 ~90	150 ~230	矮胖锭质量可适当增加

（续）

水压机吨位/t		800	1250	2500	3150	6000	12000	备注
锻件特征		最大锻造能力						
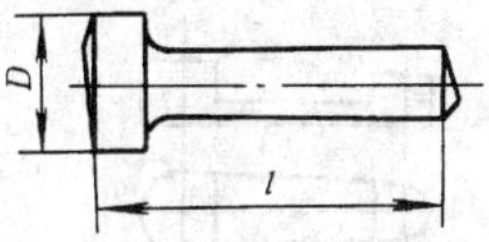	$D\times l$	$\phi500\times4500$	$\phi750\times14000$	$\phi1000\times16000$	$\phi1350\times18000$	$\phi1900\times20000$	$\phi2500\times26000$	长度取决于辅助设备
	m③	4	7	25	30	80	150	
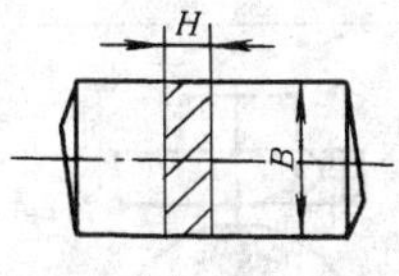	$H\geqslant$	100	125	140	150	200	400	
	B	800	1000	1400	1500	2200	3700	
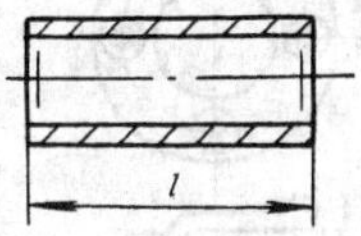	l	2500	4000	6500	10000	16000	18000	
	m	1.5	3.5	14	20	40	130	
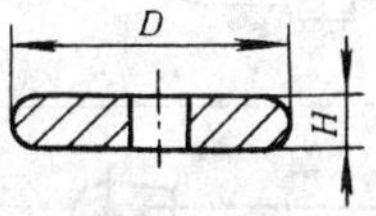	D	1000	1200	1800	2000	2500	3500 ~ 5000	
	H	80 ~ 100	100 ~ 120	100 ~ 150	130 ~ 150	180 ~ 200	250 ~ 300	
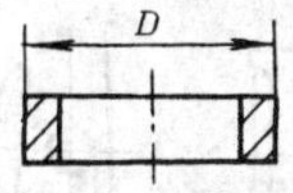	D	1200	1600	2200	2600	3800	5000 ~ 6000	
参考数据	活动横梁最大行程	1000	1250	1800	2000	2580	3000	
	活动横梁底面与工作台面最大距离	2000	2680	3400	3800	6110	7000	
	立柱护套间净距	1400 × 540	1800 × 600	2710 × 910	2900 × 1400	4100 × 1200	5000 × 2150	
	工作台面尺寸	1200 × 2000	1500 × 3000	2000 × 5000	2000 × 6000	3400 × 9000	4000 × 10000	
	砧面尺寸	850 × 240	1050 × 300	1400 × 450	1500 × 500	2300 × 600	3500 × 850	

①　各长度尺寸单位均为 mm。

②　m_t—所用钢锭重量，单位为 t。

③　m—锻件重量，单位为 t。

表 4.3-6　自由锻件结构设计工艺性

序号	注意事项	图例 改进前	图例 改进后
1	避免锥形和楔形	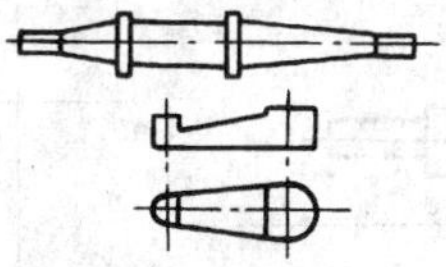	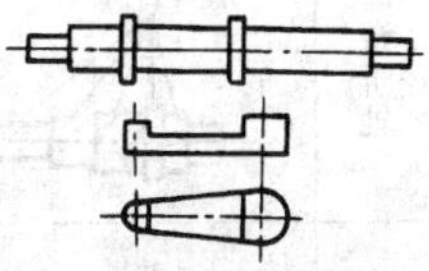
2	圆柱形表面与其他曲面交接时，应力求简化	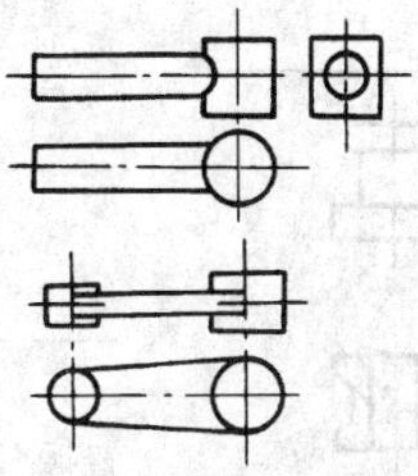	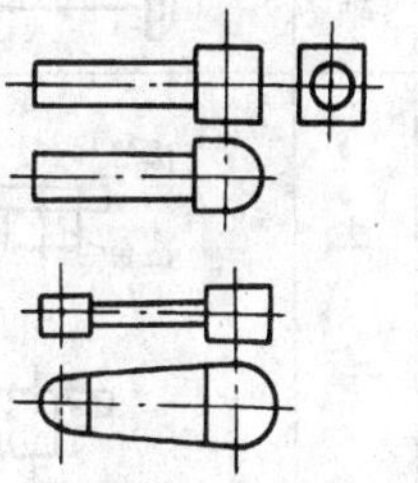

（续）

序号	注意事项	图例 改进前	图例 改进后
3	避免肋、工字形截面等复杂形状	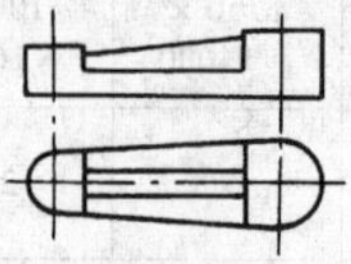	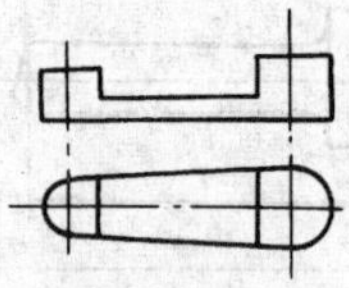
4	避免形状复杂的凸台及叉形件内凸台	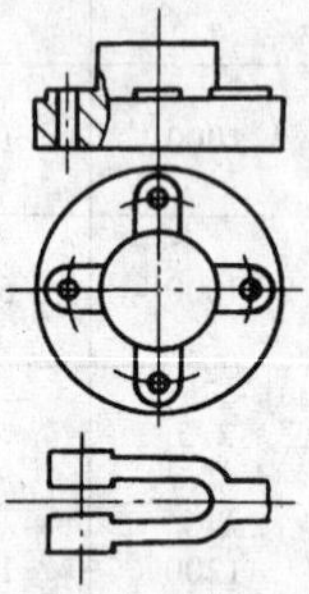	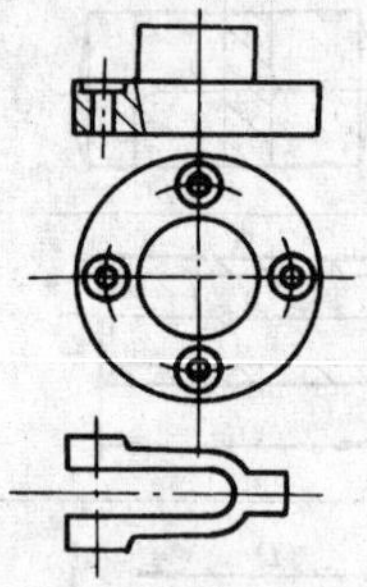
5	形状复杂或具有骤变的横截面的零件，必须改为锻件组合或焊接结构	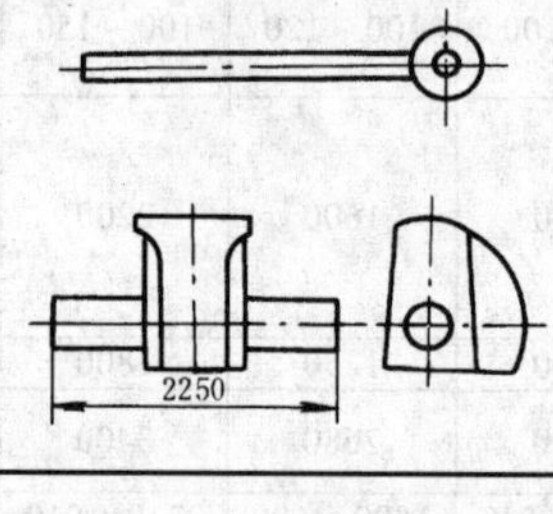	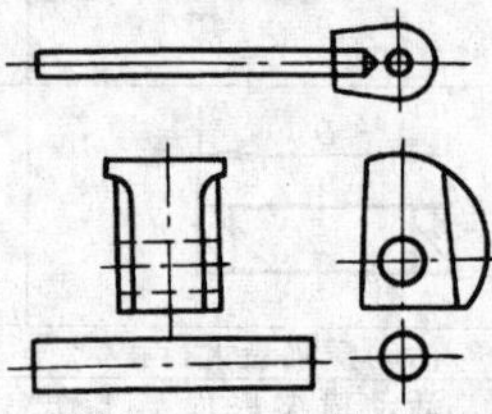

2.2 模锻件的结构设计工艺性

模锻可分为胎模锻和固定模锻。

胎模锻是在普通自由锻锤上进行的，下模放在砧座上，将坯料放在下模中，合模后用锤头打击上模，使金属充满模膛（表4.3-2）。锻件种类见表4.3-7所示。

表4.3-7 胎模锻件类别

锻件类别		简图
圆轴类	台阶轴	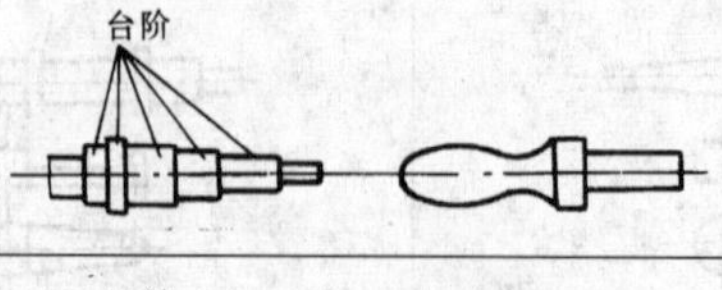
圆轴类	法兰轴	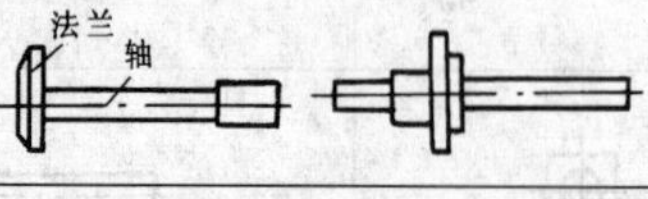
圆盘类	法兰	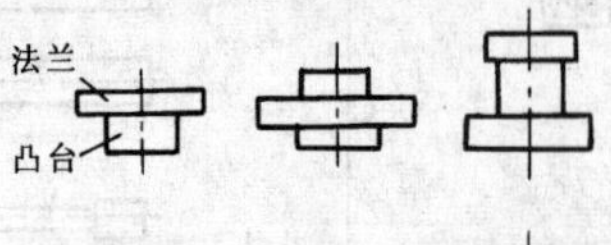
圆盘类	法兰	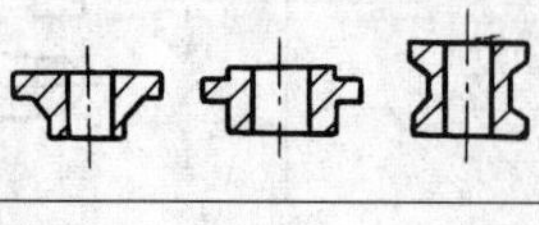

（续）

锻件类别		简图
圆盘类	齿轮	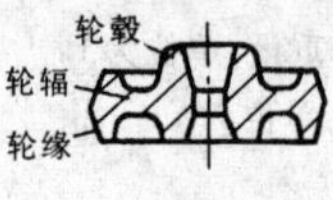
圆环类	杯筒	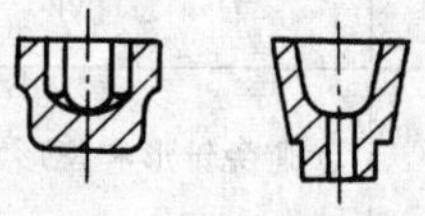
圆环类	环	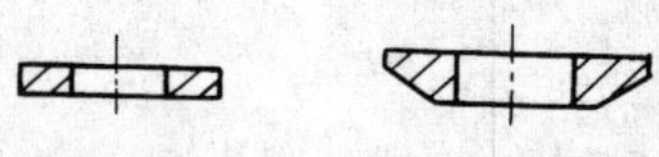
圆环类	套	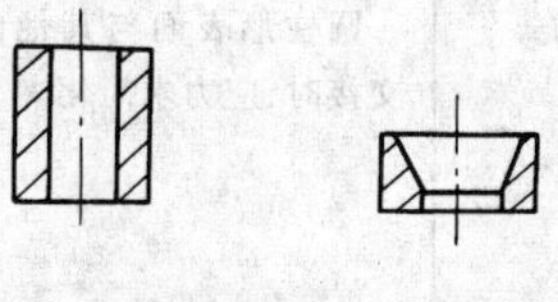
杆叉类	直杆	

（续）

锻件类别		简　　图
杆叉类	弯杆	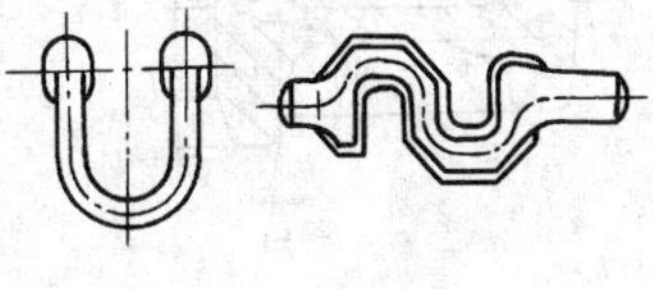
	枝杆	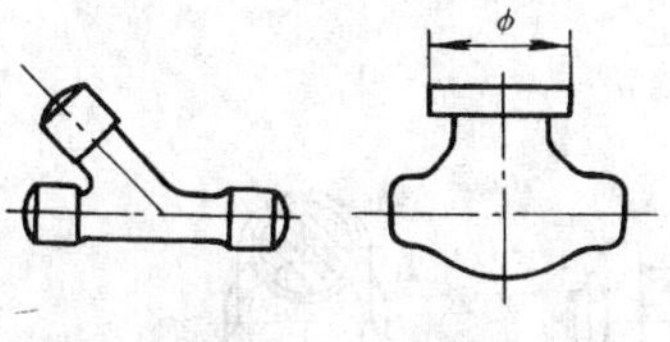
	叉杆	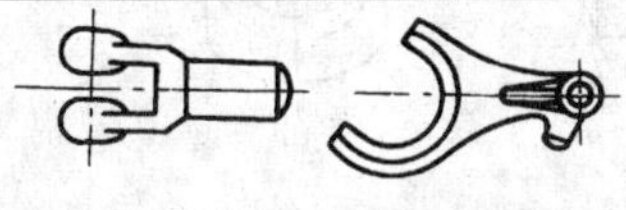

固定模锻是在专用的模锻锤上进行，上模固定在锤头上，下模固定在砧座上，锤头带动上模来打击金属，使金属受压充满模膛（表 4.3-2）。常用模锻设备有：模锻锤、热模锻压力机、平锻机、螺旋压力机等。中小型胎模锻件尺寸与设备能力见表 4.3-8。

表 4.3-8　中小型胎模锻件尺寸与设备能力

成形方法	锻件尺寸/mm	空气锤落下部分重量/kg				
		250	400	560	750	1000
摔　模 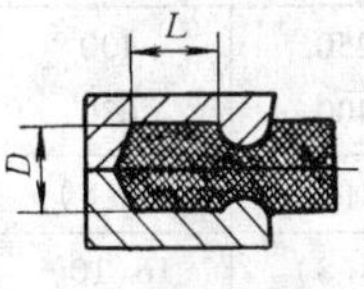	D × L	60 × 80	80 × 90	90 × 120	100 × 150	120 × 180
垫　模 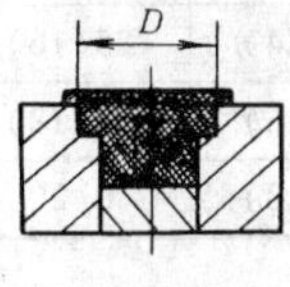	D	120	140	160	180	220
跳　模 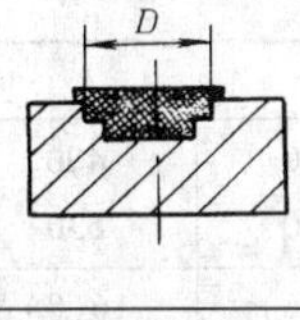	D	65	75	85	100	120
顶镦垫模 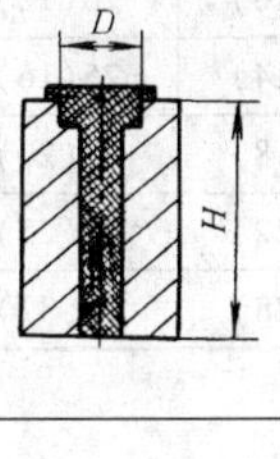	D × H	65 × 250	100 × 320	120 × 380	140 × 450	160 × 500

（续）

成形方法	锻件尺寸/mm	空气锤落下部分质量/kg				
		250	400	560	750	1000
套　模 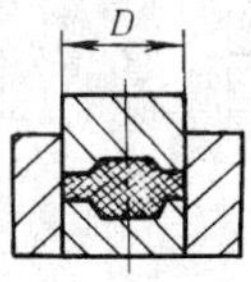	D	80	130	155	175	200
合　模 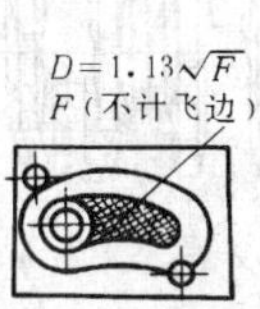	D	60	75	90	110	130

注：1. 表中锻件尺寸系指一火成形（或制坯后一火焖形）时的上限尺寸；若增加火次，锻件尺寸可以增大或选用较小锻锤。

2. 摔模 L 受砧宽限制；顶镦垫模 H 受锤头有效打击行程限制。

2.2.1　模锻件的结构要素（JB/T 9177—1999）

（1）收缩截面、多台阶截面、齿轮轮辐、曲轴的凹槽圆角半径

收缩截面（图 4.3-1a），多台阶截面（图 4.3-1b），齿轮轮辐（图 4.3-1c），曲轴（图 4.3-1d）的最小内外凹槽圆角 r_A、r_1 按所在凸肩高度。分别查表 4.3-9 和表 4.3-10。

（2）最小底厚

最小底厚尺寸 S_B（图 4.3-2）按直径和宽度查表 4.3-11 确定。

（3）最小壁厚、肋宽及肋端圆角半径

最小壁厚 S_W、肋宽 S_R 及肋端圆角半径 r_{RK}（图 4.3-3）按壁高 h_W 和肋高 h_R 查表 4.3-12 确定。

（4）最小冲孔直径、盲孔和连皮厚度

① 锻件最小冲孔直径为 ϕ20mm（图 4.3-4）。

② 单向盲孔深度：当 $L=B$ 时，$H/B\leqslant0.7$；当 $L>B$ 时，$H/B\leqslant1.0$（图 4.3-5）。

③ 双向盲孔深度：分别按单向盲孔确定（图 4.3-6）。

④ 连皮厚度：不小于腹板的最小厚度 t_2，见表 4.3-13 和图 4.3-8。

（5）最小腹板厚度

最小腹板厚度按锻件在分模面的投影面积，查表 4.3-13 确定（图 4.3-7 和图 4.3-8）。

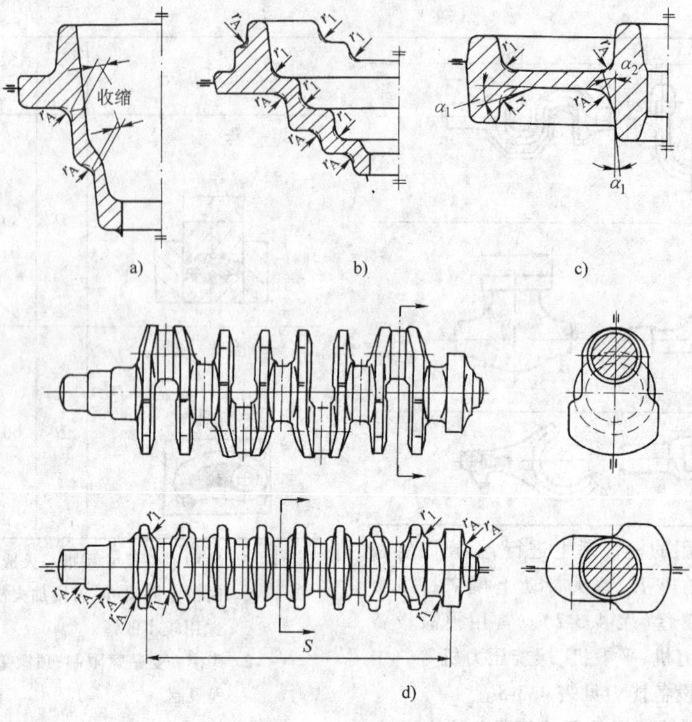

图　4.3-1

表 4.3-9　内凹槽圆角 r_A　(mm)

所在的凸肩高度		锻件的最大直径或高度							
大于	至	大于 至 25	25 40	40 63	63 100	100 160	160 250	250 400	400 630
	16	3(1.5)	4(2)	5(2)	6(3)	8(4)	10(5)	12(6)	14(8)
16	40	4(2)	5(2)	6(3)	8(4)	10(5)	12(6)	14(8)	16(10)
40	63	—	6(3)	8(4)	10(5)	12(6)	14(8)	16(10)	20(12)
63	100	—	—	12(6)	14(8)	16(10)	18(12)	20(14)	25(16)
100	160	—	—	—	18(10)	20(12)	22(14)	25(16)	32(18)
160	250	—	—	—	—	25(14)	28(16)	32(18)	40(20)

注:括号内的数值由于较高的技术费用而尽可能不用。

表 4.3-10　外凹槽圆角 r_1　(mm)

所在的凸肩高度		锻件的最大直径或高度							
大于	至	大于 至 25	25 40	40 63	63 100	100 160	160 250	250 400	400 630
	16	4(2)	5(2)	6(3)	8(3)	10(4)	12(5)	14(6)	16(8)
16	40	6(3)	8(3)	10(4)	12(5)	14(6)	16(8)	18(10)	20(12)
40	63	—	12(5)	14(6)	16(8)	18(10)	20(12)	22(14)	25(16)
63	100	—	—	18(10)	20(12)	22(14)	25(16)	28(18)	32(20)
100	160	—	—	—	25(16)	28(18)	32(20)	36(22)	40(25)
160	250	—	—	—	—	36(22)	40(25)	50(28)	63(32)

注:括号内的数值由于较高的技术费用而尽可能不用。

表 4.3-11　最小底厚 S_B　　(mm)

旋转对称的			非旋转对称的									
直径 d_1		底厚 S_B	宽度 b_4		长度 l							
大于	至		大于	至	大于 至 25	25 40	40 63	63 100	100 160	160 250	250 400	400 630
	20	2(1.5)		16	2(1.5)	2.5(1.5)	2.5(1.5)	3(2)	3(2)	—	—	—
20	50	4(2)	16	40	—	4(2)	4(2)	4(2)	5(2.5)	5(3)	7(4)	7(5)
50	80	5(3)	40	63	—	—	5(3)	5(3)	6(4)	7(5)	8(5)	10(7)
80	125	7(5)	63	100	—	—	—	7(5)	8(5)	10(7)	10(7)	13(9)
125	200	11(7)	100	160	—	—	—	—	11(7)	11(7)	13(9)	16(11)
200	315	16(11)	160	250	—	—	—	—	—	16(11)	18(13)	22(16)
315	500	22(16)	250	400	—	—	—	—	—	—	22(16)	25(18)
500	800	32(22)	400	630	—	—	—	—	—	—	—	32(22)

注:括号内的数据因技术费用较高而尽可能不用。

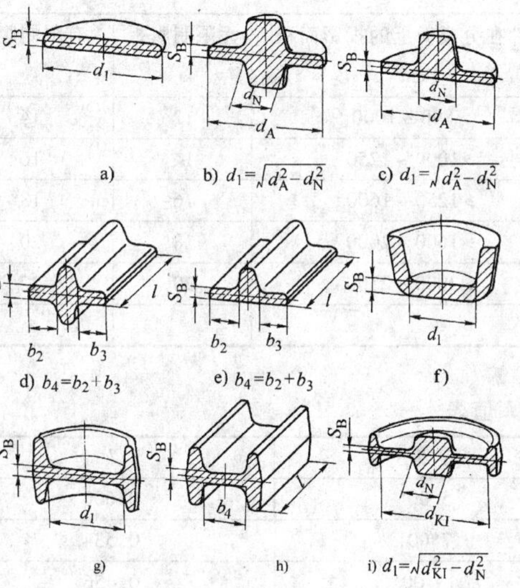

图　4.3-2

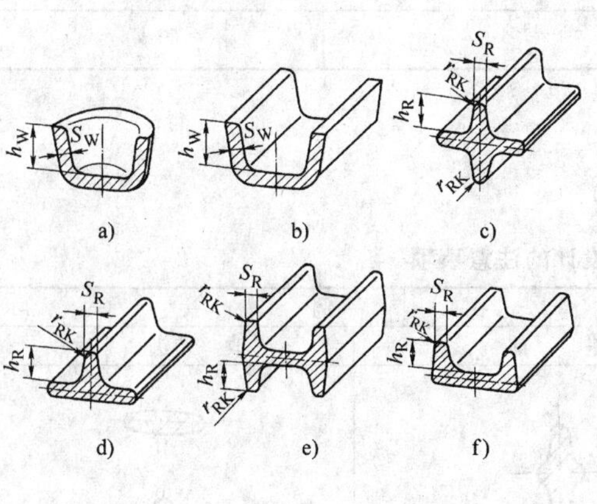

图　4.3-3

表 4.3-12　最小壁厚 S_W、肋宽 S_R 及肋端圆角半径 r_{RK}　　(mm)

壁高或肋高(h_W 或 h_R)		壁厚	肋宽	肋端圆角半径
大于	至	S_W	S_R	r_{RK}
	16	4(2)	4(2)	2(1)
16	40	8(4)	8(4)	4(2)
40	63	12(8)	12(8)	6(4)
63	100	20(12)	20(12)	10(6)
100	160	32(20)		

注:括号内的数据因技术费用较高而尽可能不用。

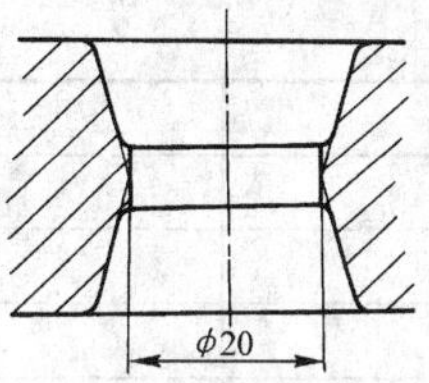

图　4.3-4

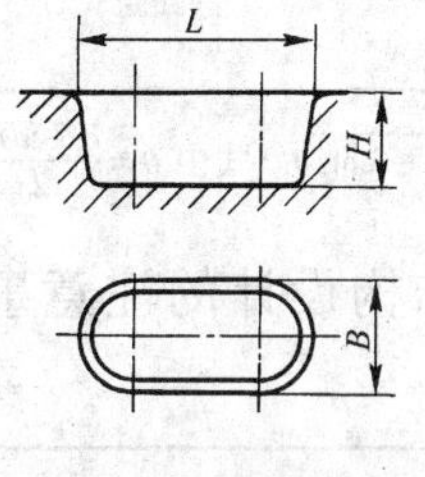

图　4.3-5

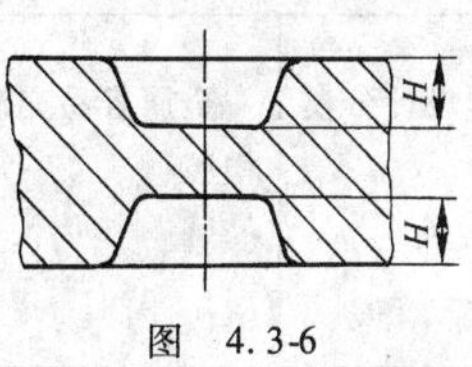

图　4.3-6

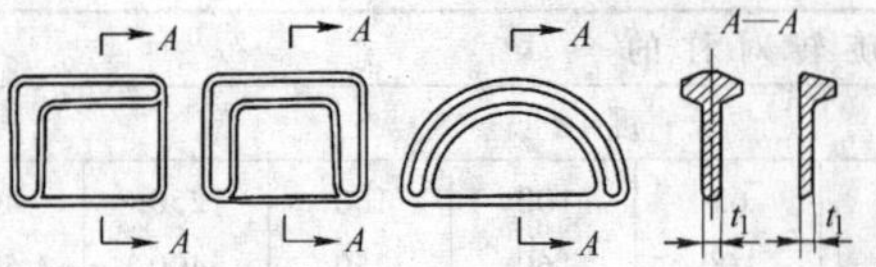

图　4.3-7

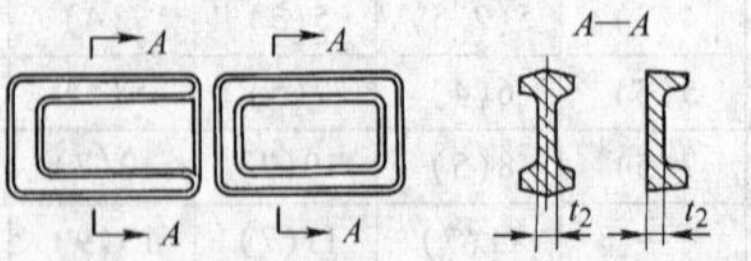

图　4.3-8

2.2.2　锻件尺寸标注及其测量法

（1）垂直于分模面的尺寸标注及其测量法

锻件垂直于分模面的尺寸，其标注及其测量法与一般零件相同。

（2）平行于分模面的尺寸标注及其测量法

锻件平行于分模面的尺寸，除特殊注明者外，一律按理论交点标注（图4.3-9），此交点在锻件上的位置用移动一段距离（$k\times r$）的方法确定。系数k值按表4.3-14确定，表中α或β为模锻斜度（以角度计）。

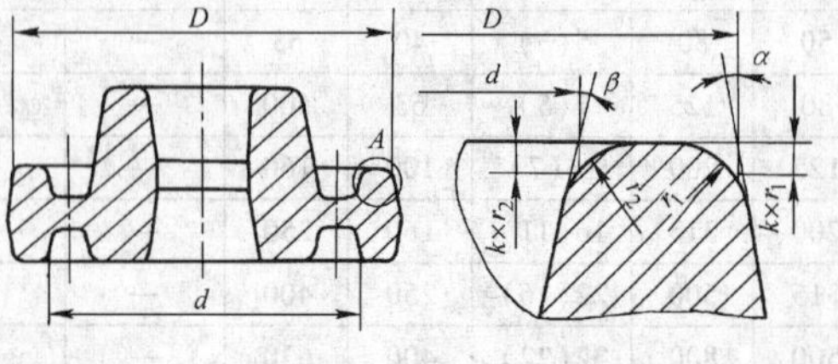

图　4.3-9

表4.3-13　最小腹板的厚度　（mm）

锻件在分模面上的投影面积 /cm^2	无限制腹板 t_1	有限制腹板 t_2	锻件在分模面上的投影面积 /cm^2	无限制腹板 t_1	有限制腹板 t_2
≤25	3	4	>800～1000	12	14
>25～50	4	5	>1000～1250	14	16
>50～100	5	6	>1250～1600	16	18
>100～200	6	8	>1600～2000	18	20
>200～400	8	10	>2000～2500	20	22
>400～800	10	12			

注：表列t_1和t_2允许根据设备、工艺条件协商变动。

表4.3-14　系数k值表

α或β	k	α或β	k
0°00′	1.000	5°00′	0.600
0°15′	0.907	7°00′	0.534
0°30′	0.868	10°00′	0.456
1°00′	0.815	12°00′	0.413
1°30′	0.774	15°00′	0.359
3°00′	0.685		

注：$k=1-\sqrt{1-\cot^2\theta}$　式中$\theta=\frac{\alpha+90°}{2}$或$\theta=\frac{\beta+90°}{2}$。

3　模锻件结构设计的注意事项（见表4.3-15）

表4.3-15　模锻件结构设计的注意事项

序号	注意事项		图例 改进前	图例 改进后
1	合理设计分模面	金属容易充满模膛	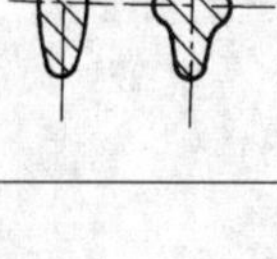	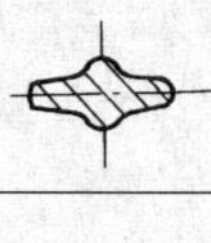

（续）

序号	注意事项		图例 改进前	图例 改进后
1	合理设计分模面	简化模具制造	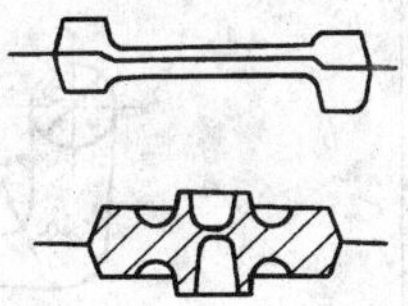	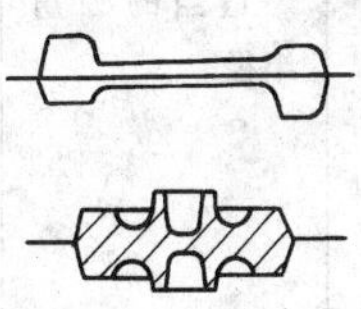
		容易检查错模	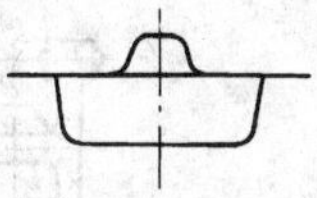	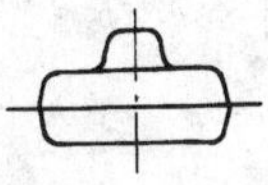
		平衡模锻错移力	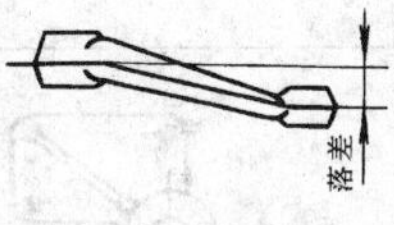	
		能干净切除飞边	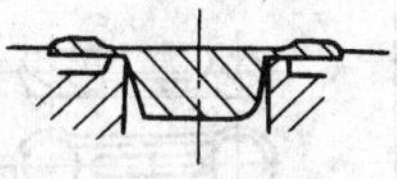	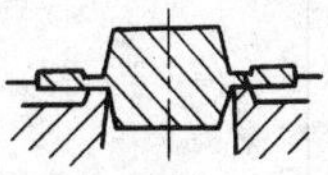
		锻件流线合乎要求	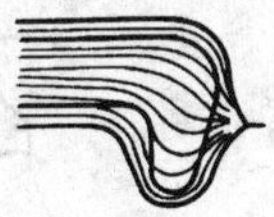	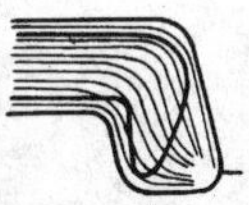
2	便于脱模	锻件截面适于脱模 注：图中涂黑处需加工去掉	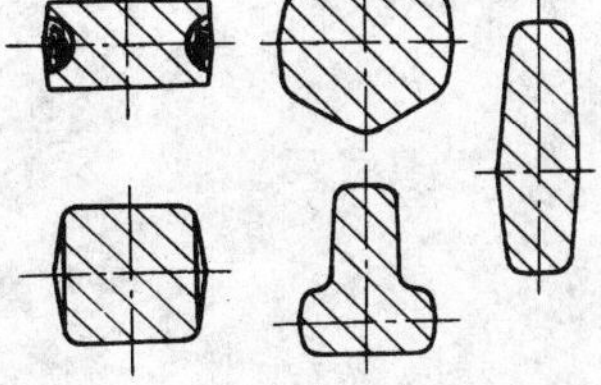	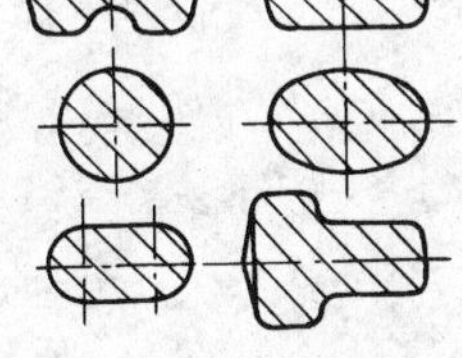

（续）

序号	注意事项		图例 改进前	图例 改进后
3	适当的圆角半径	圆角过小，模具易发生裂纹，寿命低 圆角过大，机械加工余量过大	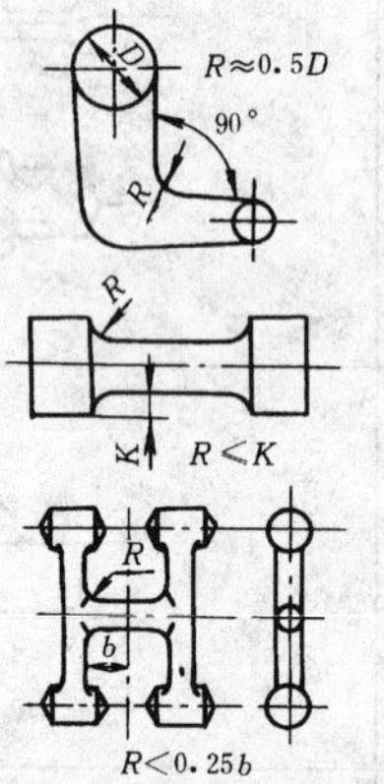	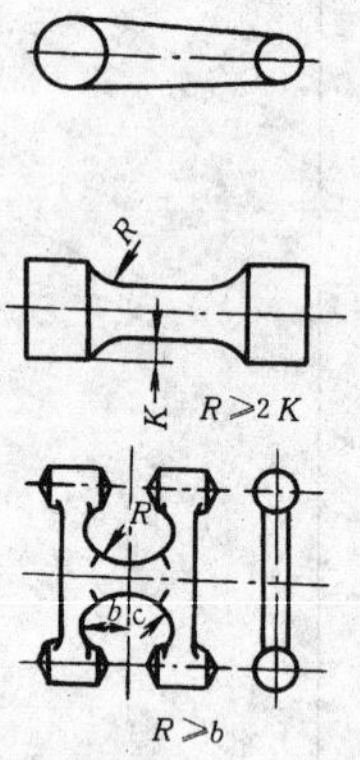
4	简化模具设计与制造	形状对称的零件可设计为同一种零件	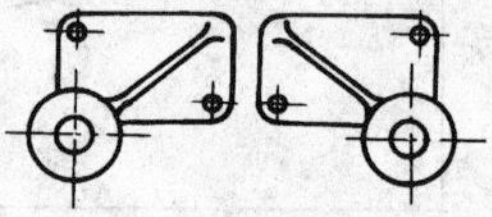	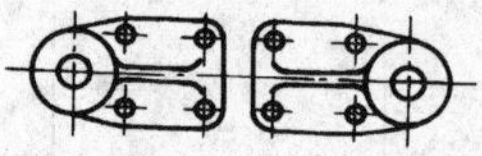
		零件应尽量设计成对称结构	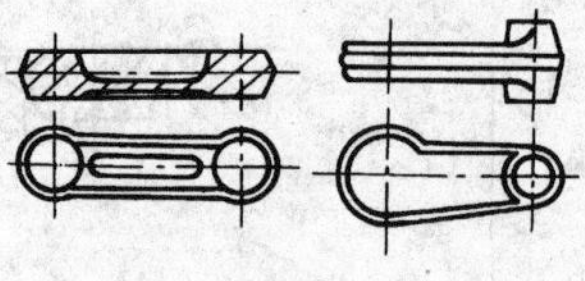	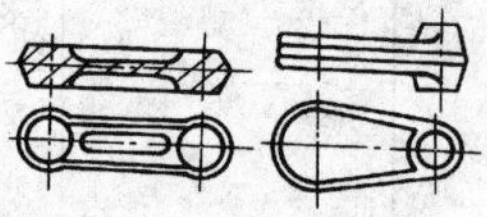
		薄而高的肋不能直接锻出	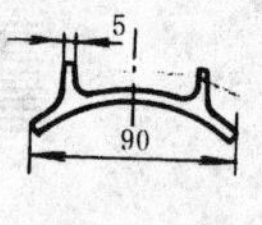	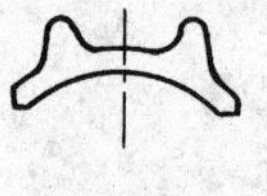
5	减少模锻劳动量	大直径薄凸缘模锻困难	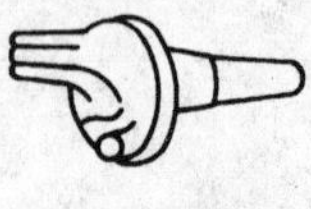	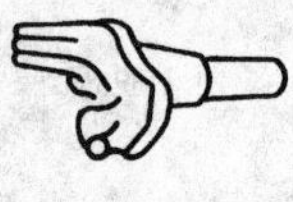

第 4 章　冲压件结构设计工艺性

1　冲压方法和冲压材料的选用

1.1　冲压的基本工序

冲压的基本工序可分分离工序（见表 4.4-1）、成形工序（见表 4.4-2）为两类。

表 4.4-1　分离工序分类

工序名称	简　　图	特点及常用范围
切断	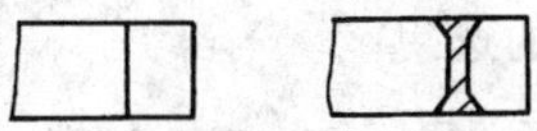	用剪刀或冲模切断板材，切断线不封闭
落料		用冲模沿封闭线冲切板料，冲下来的部分为制件
冲孔	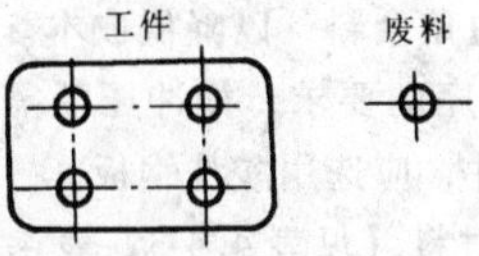	用冲模沿封闭线冲切板料，冲下来的部分为废料
剖切	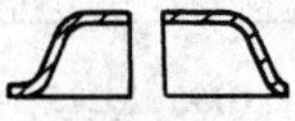	把半成品切开成两个或几个制件，常用于成双冲压
切口	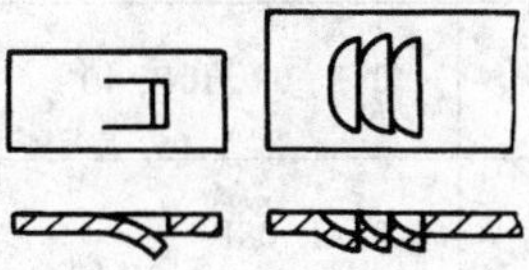	在坯料上沿不封闭线冲出缺口，切口部分发生弯曲，如通风板

（续）

工序名称	简　　图	特点及常用范围
切边	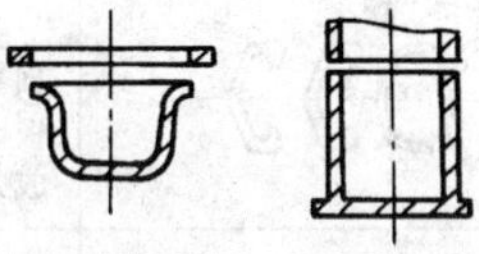	将制件的边缘部分切掉

表 4.4-2　成形工序分类

工序名称		简　　图	特点及常用范围
弯曲	弯曲		把板料弯成一定的形状
	卷圆		把板料端部卷圆，如合页
	扭曲	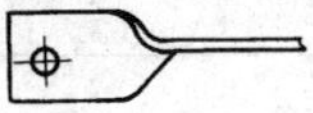	把制件扭转成一定角度
拉深	拉深	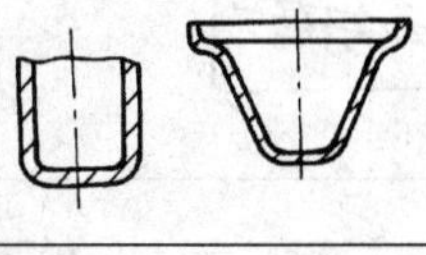	把平板形坯料制成空心制件，壁厚基本不变
	变薄拉深	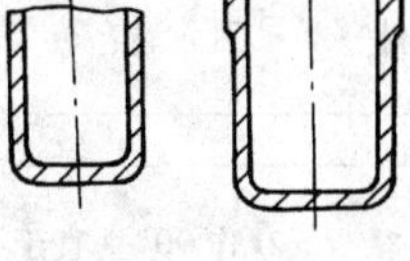	把空心制件拉深成侧壁比底部薄的制件
成形	翻孔	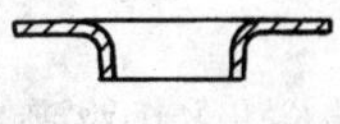	把制件上有孔的边缘翻出边缘
	翻边	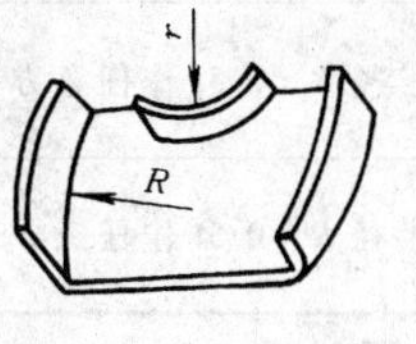	把制件的外缘翻起成圆弧或曲线状的竖立边缘

（续）

工序名称		简图	特点及常用范围
成形	扩口		把空心制件的口部扩大，常用于管子
	缩口		把空心制件的口部缩小
	滚弯		通过一系列轧辊把平板卷料滚弯成复杂形状
	起伏	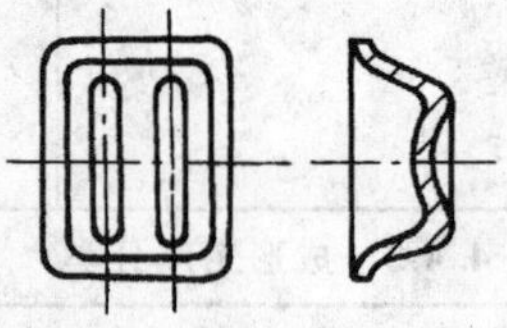	在制件上压出肋条，花纹或文字，在起伏处的整个厚度上都有变形
	卷边	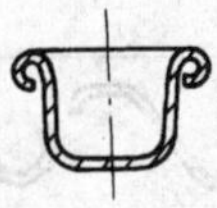	把空心件的边缘卷成一定形状
	胀形	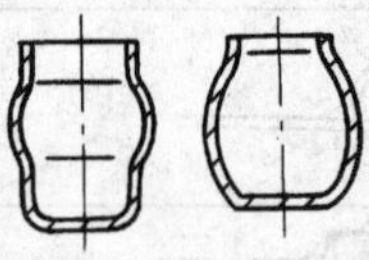	使制件的一部分凸起，呈凸肚形
	旋压		把平板形坯料用小滚轮旋压出一定形状（分变薄与不变薄两种）

（续）

工序名称		简图	特点及常用范围
成形	整形	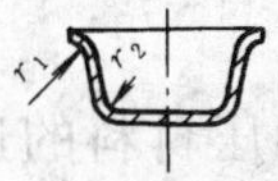	把形状不太准确的制件校正成形，如获得小的 r 等
	校平		校正制件的平面度
	压印		在制件上压出文字或花纹，只在制件厚度的一个平面上有变形

1.2　冲压材料的选用

冲压零件所用的材料，不仅要适合零件在机器中的工作条件，而且要适合冲压过程中材料变形特点及变形程度所决定的制造工艺要求，即应具有足够的强度及较高的可塑性。

（1）选用原则

1）对于拉深及复杂弯曲件，应选用成形性好的材料。

2）对于弯曲件，应考虑材料的纤维方向。

3）在保证产品质量的前提下，尽量降低所使用的材料的价格。用薄料代替厚料；用钢铁材料代替非铁材料；充分利用边角余料，以降低成本。

4）考虑后继工序的要求，如冲压后需焊接、涂漆、镀膜处理的零件，应选用酸洗钢板。

（2）冲压用的材料（见表4.4-3、表4.4-4）

表4.4-3　冲压件对材料的要求

冲压件类别	材料力学性能			常用材料
	抗拉强度 σ_b /MPa	伸长率 δ (%)	硬度 HRW	
平板冲裁件	<637	1～5	84～96	Q195，电工硅钢
冲裁件 弯曲件（以圆角半径 $R>2t$ 作90°垂直于轧制方向的弯曲）	<490	4～14	76～85	Q195，Q275，40，45，65Mn
浅拉深件 成形件 弯曲件（以圆角半径 $R>0.5t$ 作90°垂直于轧制方向的弯曲）	<412	13～27	64～74	Q215，Q235，15，20
深拉深件 弯曲件（以圆角半径 $R<0.5t$ 作任意方向180°的弯曲）	<363	24～36	52～64	08F，08，10F，10
复杂拉深件 弯曲件（以圆角半径 $R<0.5t$ 作任意方向180°的弯曲）	<324	33～45	38～52	08Al，08F

注：表中 t 为板料厚度。

表 4.4-4　适用于精冲的材料

钢铁材料	非铁材料
普通碳素结构钢： Q195 ~ Q275 优质碳素结构钢： 05，08，10 ~ 60［含碳量（质量分数）超过 0.4% 的碳钢，须经球化退火后再精冲］ 低合金钢和合金钢（经球化退火后 σ_b < 588MPa 的均可精冲） 不锈钢及经球化退火的合金工具钢也可精冲	黄铜：（H62、H68、H70、H80），锡黄铜、铝黄铜、镍黄铜均可进行精冲； 青铜，锡青铜，铝青铜，铍青铜都可精冲； 铜：T1、T2、T3 无氧铜：TU1，TU2 纯铝：1070A ~ 8A06 防锈铝：5A01 ~ 5A06，5B05 等经淬火时效处理，在时效期内均可精冲

2　冲压件结构设计的基本参数

2.1　冲裁件

冲裁是利用冲模使材料分离的冲压工艺，它是切断、落料、冲孔、切口、切边等工序的总称。

1）冲裁的最小尺寸见表 4.4-5 ~ 表 4.4-7。

2）精冲件的最小圆角半径　精冲件轮廓不应有尖角，否则尖角处材料易产生撕裂，致使凸模极易损坏（见表 4.4-8、表 4.4-9）。

3）精冲件最小槽宽与槽边距见表 4.4-10、表 4.4-11。

表 4.4-5　冲裁最小尺寸

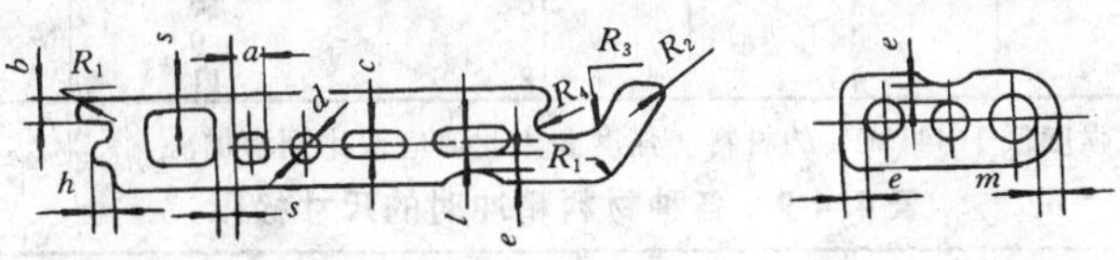

材　　料	b	h	a	s、d	c、m	e、l	R_1，R_3 $\alpha \geqslant 90°$	R_2，R_4 $\alpha < 90°$
钢 σ_b > 882MPa	1.9t	1.6t	1.3t	1.4t	1.2t	1.1t	0.8t	1.1t
钢 σ_b = 490 ~ 882MPa	1.7t	1.4t	1.1t	1.2t	1.0t	0.9t	0.6t	0.9t
钢 σ_b < 490MPa	1.5t	1.2t	0.9t	1.0t	0.8t	0.7t	0.4t	0.7t
黄铜、铜、铝、锌	1.3t	1.0t	0.7t	0.8t	0.6t	0.5t	0.2t	0.5t

注：1. t 为材料厚度。
2. 若冲裁件结构无特殊要求，应采用大于表中所列数值。
3. 当采用整体凹模时，冲裁件轮廓应避免清角。

表 4.4-6　孔的位置安排

简图	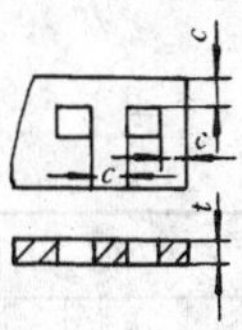	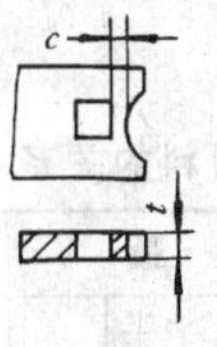	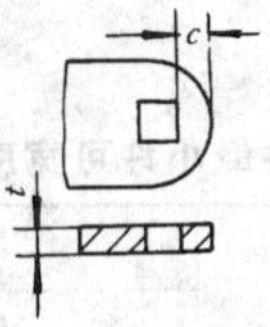	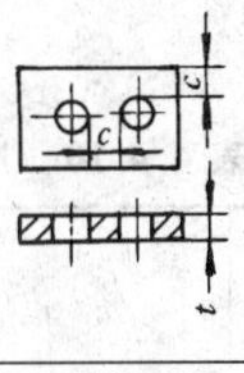	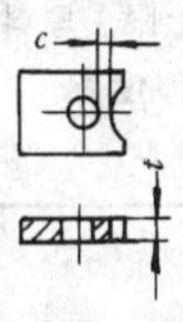	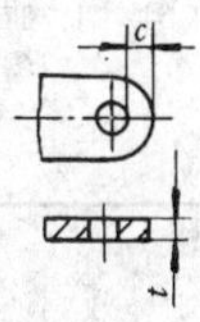
最小距离	$c \geqslant t$	$c \geqslant 0.8t$	$c \geqslant 1.3t$	$c \geqslant t$	$c \geqslant 0.7t$	$c \geqslant 1.2t$

简图	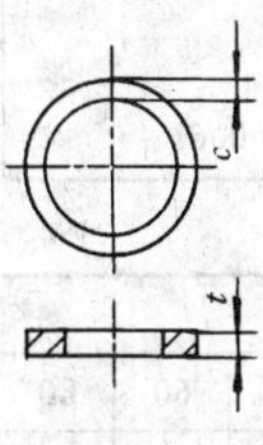	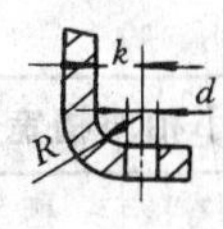	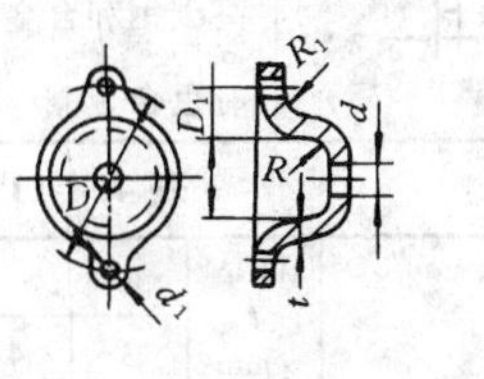	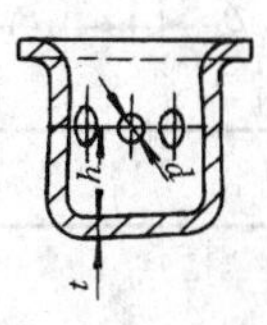
最小距离	$c \geqslant 1.5t$	$k \geqslant R + \dfrac{d}{2}$	$d < D_1 - 2R$ $D > (D_1 + 2t + 2R_1 + d_1)$	$h > 2d + t$

表 4.4-7　最小可冲孔眼的尺寸

材　　料	圆孔直径	方孔边长	长方孔	长圆孔
			短　边　（径）　长	
钢（σ_b > 686MPa）	1.5t	1.3t	1.2t	1.1t
钢（σ_b > 490 ~ 686MPa）	1.3t	1.2t	1t	0.9t
钢（σ_b ≤ 490MPa）	1t	0.9t	0.8t	0.7t
黄铜、铜	0.9t	0.8t	0.7t	0.6t

（续）

材　　料	圆孔直径	方孔边长	长　方　孔	长　圆　孔
			短　边　（径）　长	
铝、锌	0.8	0.7	0.6	0.5
胶木、胶布板	0.7	0.6	0.5	0.4
纸板	0.6	0.5	0.4	0.3

注：当板厚 <4mm 时可以冲出垂直孔，而当板厚 >4～5mm 时，则孔的每边须做出6°～10°的斜度。

表 4.4-8　精冲件的最小圆角半径　（mm）

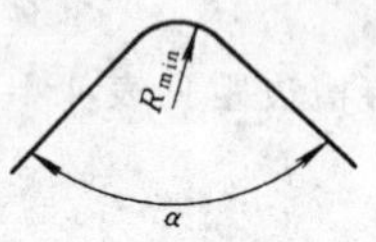

料　厚	工件轮廓角度 α			
	30°	60°	90°	120°
1	0.4	0.2	0.1	0.05
2	0.9	0.45	0.23	0.15
3	1.5	0.75	0.35	0.25
4	2	1	0.5	0.35
5	2.6	1.3	0.7	0.5
6	3.2	1.6	0.85	0.65
8	4.6	2.5	1.3	1
10	7	4	2	1.5
12	10	6	3	2.2
14	15	9	4.5	3
15	18	11	6	4

注：上表数值适用于抗拉强度低于441MPa的材料。强度高于此值应按比例增加。

表 4.4-9　各种材料精冲时的尺寸极限

材料的强度 σ_b /MPa	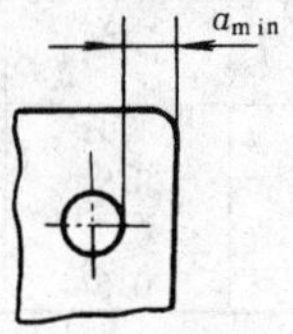 a_{min}	 b_{min}	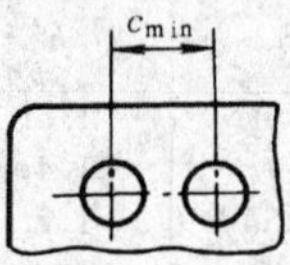 c_{min}	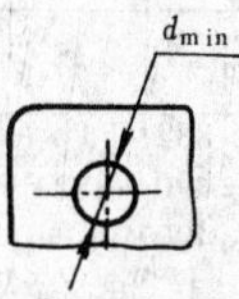 d_{min}
147	(0.25～0.35) t	(0.3～0.4) t	(0.2～0.3) t	(0.3～0.4) t
294	(0.35～0.45) t	(0.4～0.45) t	(0.3～0.4) t	(0.45～0.55) t
441	(0.5～0.55) t	(0.55～0.65) t	(0.45～0.5) t	(0.65～0.7) t
588	(0.7～0.75) t	(0.75～0.8) t	(0.6～0.65) t	(0.85～0.9) t

注：1. 薄料取上限，厚料取下限。

2. t 为材料厚度。

表 4.4-10　冲裁件最小许可宽度与材料的关系

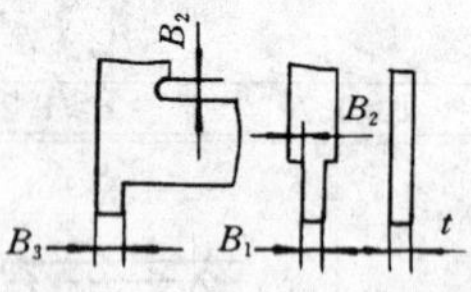

材　　料	最　　小　　值		
	B_1	B_2	B_3
中等硬度的钢	$1.25t$	$0.8t$	$1.5t$
高碳钢和合金钢	$1.65t$	$1.1t$	$2t$
有色合金	t	$0.6t$	$1.2t$

表 4.4-11　精冲件最小相对槽宽 e/t

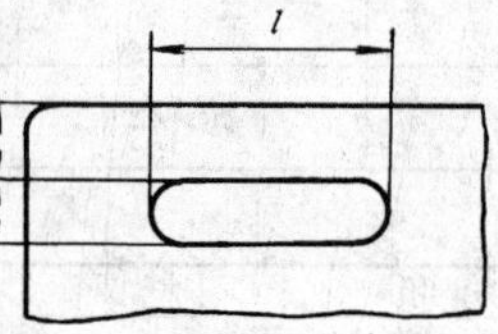

料厚 t /mm	槽长 l /mm												
	2	4	6	8	10	15	20	40	60	80	100	150	200
1	0.69	0.78	0.82	0.84	0.88	0.94	0.97						
1.5	0.62	0.72	0.75	0.78	0.82	0.87	0.90						
2	0.58	0.67	0.70	0.73	0.77	0.83	0.86	1					
3		0.62	0.65	0.68	0.71	0.76	0.79	0.92	0.98				
4		0.60	0.63	0.65	0.68	0.74	0.76	0.88	0.94	0.97	1		
5			0.62	0.64	0.67	0.73	0.75	0.86	0.92	0.95	0.97		
8				0.63	0.66	0.71	0.73	0.85	0.9	0.93	0.95	1	
10						0.68	0.71	0.80	0.85	0.87	0.88	0.93	0.96
12							0.70	0.79	0.84	0.86	0.87	0.92	0.95
15							0.69	0.78	0.83	0.85	0.86	0.90	0.93

注：最小槽边距 f_{min} = (1.1～1.2) e_{min}。

4）冲裁间隙见表4.4-12、表4.4-13。

表4.4-12　冲裁间隙

材料牌号	料厚/mm	合理间隙（径向双面）最小	合理间隙（径向双面）最大
08	0.05	无间隙	
	0.1		
08	0.2		
50			
08	0.22		
08	0.3		
50			
08	0.4		
65Mn			
08	0.5	8%	12%
65Mn			
35			
08	0.6	8%	12%
08	0.7	9%	13%
65Mn			
09Mn			
08	0.8	9%	13%
20			
65Mn			
09Mn			
Q345			

材料牌号	料厚/mm	合理间隙（径向双面）最小	合理间隙（径向双面）最大
Q235	0.9	10%	14%
08			
65Mn			
09Mn			
08	1	10%	14%
09Mn			
08	1.2	11%	15%
09Mn			
Q235	1.5	11%	15%
Q235			
08			
20			
09Mn			
16Mn			
08	1.75	12%	18%
Q235	2	12%	18%
Q235			
08			
10			
20		13%	19%
09Mn		12%	18%
16Mn		13%	19%

材料牌号	料厚/mm	合理间隙（径向双面）最小	合理间隙（径向双面）最大
50	2.1	13%	19%
Q235	2.5	14%	20%
Q235			
08			
20		15%	21%
09Mn		14%	20%
Q345		15%	21%
08	2.75	14%	20%
Q235	3	15%	21%
08			
20		16%	22%
09Mn		15%	21%
Q345		16%	22%
Q235	3.5	15%	21%
Q235	4	16%	22%
08			
20		17%	23%
Q345			

材料牌号	料厚/mm	合理间隙（径向双面）最小	合理间隙（径向双面）最大
Q235	4.5	16%	22%
08			
20		17%	23%
Q345		15%	21%
Q235	5	17%	23%
08			
20		18%	24%
Q345		15%	21%
08	5.5	17%	23%
Q345		14%	20%
Q235	6	18%	24%
08			
20		19%	25%
Q345		14%	20%
Q345	6.5	14%	20%
Q345	8	15%	21%
Q345	12	11%	15%

表4.4-13　冲裁时合理搭边值　（mm）

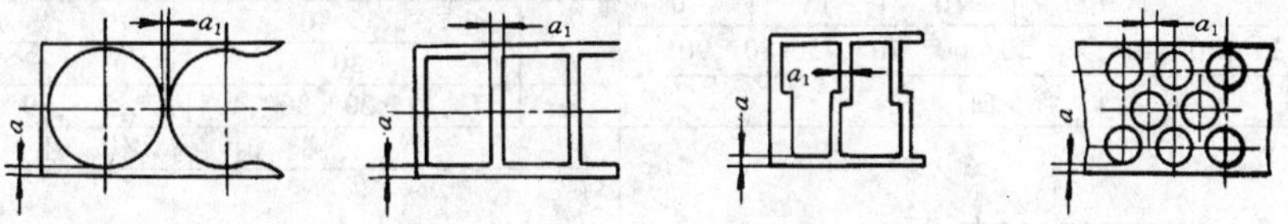

料　厚	手送料 圆形 a	圆形 a_1	非圆形 a	非圆形 a_1	往复送料 a	往复送料 a_1	自动送料 a	自动送料 a_1
≤1	1.5	1.5	2	1.5	3	2	3	2
>1～2	2	1.5	2.5	2	3.5	2.5		
>2～3	2.5	2	3	2.5	4	3.5	4	3
>3～4	3	2.5	3.5	3	5	4		
>4～5	4	3	5	4	6	5	5	4
>5～6	5	4	6	5	7	6	6	5
>6～8	6	5	7	6	8	7	7	6
>8	7	6	8	7	9	8	8	7

注：非金属材料（皮革、纸板、石棉等）的搭边值应比金属大1.5～2倍。

2.2　弯曲件

1）板件最小弯曲圆角半径见表4.4-14、表4.4-15。

表 4.4-14　板件最小弯曲圆角半径（为厚度 t 的倍数）

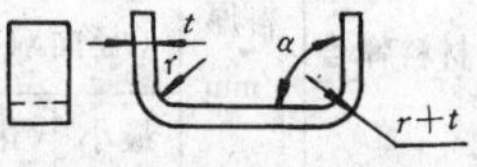

弯成 90°角时

材　　料	垂直于轧制纹路	与轧制纹路成 45°	平行轧制纹路
08, 10, Q195, Q215	0.3	0.5	0.8
15, 20, Q235	0.5	0.8	1.3
30, 40, Q235	0.8	1.2	1.5
45, 50, Q275	1.2	1.8	3.0
25CrMnSi, 30CrMnSi	1.5	2.5	4.0
软黄铜和铜	0.3	0.45	0.8
半硬黄铜	0.5	0.75	1.2
铝	0.35	0.5	1.0
硬铝合金	1.5	2.5	4.0

注：弯曲角度 α 缩小时，还须乘上系数 K。当 $90° > \alpha > 60°$ 时，$K = 1.1 \sim 1.3$，当 $60° > \alpha > 45°$ 时，$K = 1.3 \sim 1.5$。

表 4.4-15　弯曲件尾部弯出长度

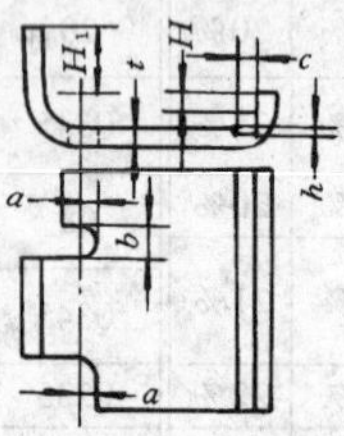

$H_1 > 2t$（弯出零件圆角中心以上的长度）

$H < 2t$

$b > t$

$a > t$

$c = 3 \sim 6$mm

$h =（0.1 \sim 0.3）t$ 且不小于 3mm

2）型材弯曲半径　见表 4.4-16 ~ 表 4.4-21。

表 4.4-16　扁钢、圆钢弯曲的推荐尺寸　　（mm）

扁　钢　平　面　弯　曲

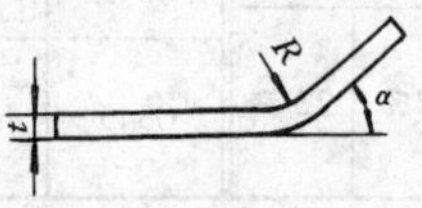

t	2	3	4	5	6	7	8	10	12	14	16	18	20
R	3		5			8		10		15		20	
α	7°,15°,20°,30°,40°,45°,50°,60°,70°,75°,80°,90°												

扁　钢　侧　面　弯　曲

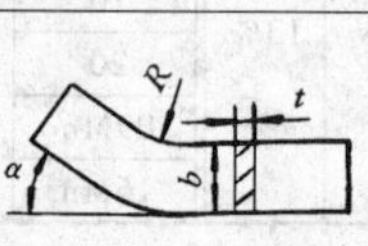

t	2	3	4	5	6	7	8	10	12	14	16	18	20
b	15 ~ 40								40 ~ 70				
R	30								50				
α	7°,15°,20°,30°,40°,45°,50°,60°,70°,75°,80°,90°												

圆　钢　弯　曲

d	6	8	10	12	14	16	18	20	25	28	30
$r_{(最小)}$	4		6		8		10		12	15	
$r_{(一般)}$	$= d$										

圆　钢　弯　钩　环

d	D	c（小于）	R	l
6	8 ~ 14	6	5 ~ 8	14 ~ 26
8	10 ~ 18	6	5 ~ 10	27 ~ 36
10	10 ~ 20	8	5 ~ 10	30 ~ 40
12	12 ~ 24	10	5 ~ 12	36 ~ 48
14	12 ~ 28	12	8 ~ 15	40 ~ 56
16	16 ~ 32	16	8 ~ 15	48 ~ 64
18	18 ~ 36	20	10 ~ 20	54 ~ 72

1. 直径 D 由下列尺寸系列中选择：8, 10, 12, 14, 16, 18, 20, 22, 24, 28, 32, 36mm。
2. 半径 R 在 5, 8, 10, 12, 15, 20mm 各数值选择，应略等于 $\frac{D}{2}$

圆　钢　弯　小　钩

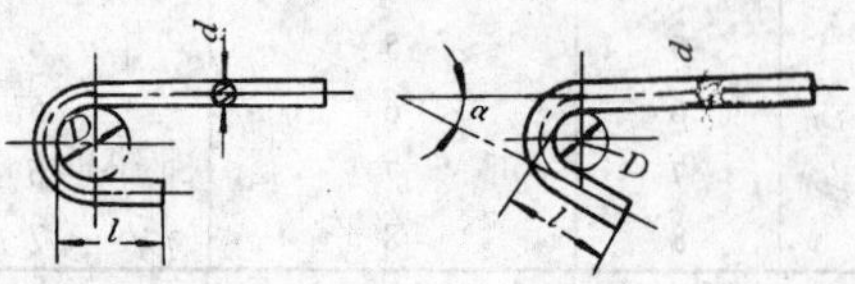

$\alpha = 45°$ 或 $75°$　$l = 3d$

$D = 2d$；其尺寸最好从下列尺寸系列中选择：

8, 10, 12, 14, 16, 18, 20, 22, 24, 28, 32, 36, 40mm

表 4.4-17　型钢最小弯曲半径

	型钢					
弯曲条件	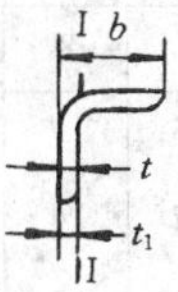	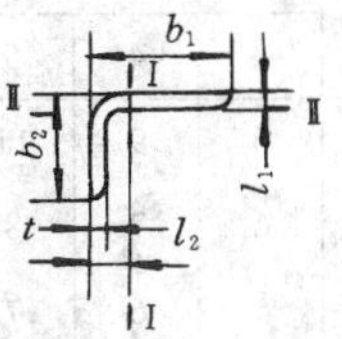		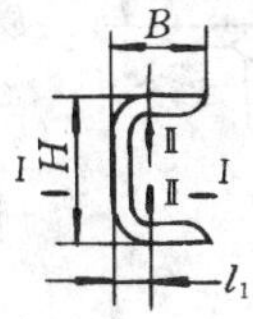		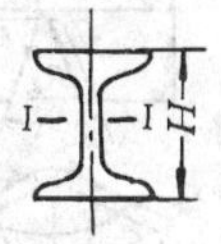
作为弯曲的轴线	Ⅰ—Ⅰ	Ⅰ—Ⅰ	Ⅱ—Ⅱ	Ⅰ—Ⅰ	Ⅱ—Ⅱ	Ⅰ—Ⅰ
轴线位置	$l_1=0.95t$	$l_2=1.12t$	$l_1=0.8t$	—	$l_1=1.15t$	—
最小弯曲半径	$R=5(b-0.95t)$	$R=5(b_2-1.12t)$	$R=5(b_1-0.8t)$	$R=2.5H$	$R=4.5B$	$R=2.5H$

表 4.4-18　管子最小弯曲半径　　(mm)

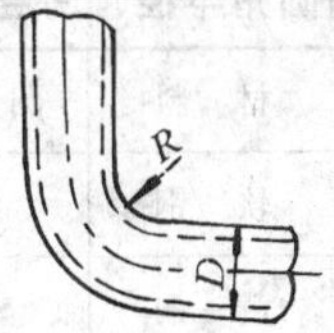

硬聚氯乙烯管			铝管			纯铜与黄铜管			焊接钢管				无缝钢管					
D	壁厚 t	R	D	壁厚 t	R	D	壁厚 t	R	D	壁厚 t	R 热	R 冷	D	壁厚 t	R	D	壁厚 t	R
12.5	2.25	30	6	1	10	5	1	10	13.5		40	80	6	1	15	45	3.5	90
15	2.25	45	8	1	15	6	1	10	17		50	100	8	1	15	57	3.5	110
25	2	60	10	1	15	7	1	15	21.25	2.75	65	130	10	1.5	20	57	4	150
25	2	80	12	1	20	8	1	15	26.75	2.75	80	160	12	1.5	25	76	4	180
32	3	110	14	1	20	10	1	15	33.5	3.25	100	200	14	1.5	30	89	4	220
40	3.5	150	16	1.5	30	12	1	20	42.25	3.25	130	250	14	3	18	108	4	270
51	4	180	20	1.5	30	14	1	20	48	3.5	150	290	16	1.5	30	133	4	340
65	4.5	240	25	1.5	50	15	1	30	60	3.5	180	360	18	1.5	40	159	4.5	450
76	5	330	30	1.5	60	16	1.5	30	75.5	3.75	225	450	18	3	28	159	6	420
90	6	400	40	1.5	80	18	1.5	30	88.5	4	265	530	20	1.5	40	194	6	500
114	7	500	50	2	100	20	1.5	30	114	4	340	680	22	3	50	219	6	500
140	8	600	60	2	125	24	1.5	40					25	3	50	245	6	600
166	8	800				25	1.5	40					32	3	60	273	8	700
						28	1.5	50					32	3.5	60	325	8	800
						35	1.5	60					38	3	80	371	10	900
						45	1.5	80					38	3.5	70	426	10	1000
						55	2	100					44.5	3	100			

表 4.4-19　角钢弯曲半径推荐值　　(mm)

简图	弯曲角 α		
	7°~30°	40°~60°	70°~90°
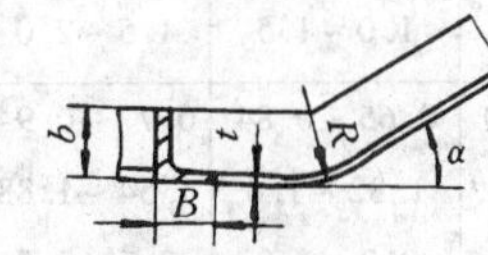	R = 150	R = 100	R = 50
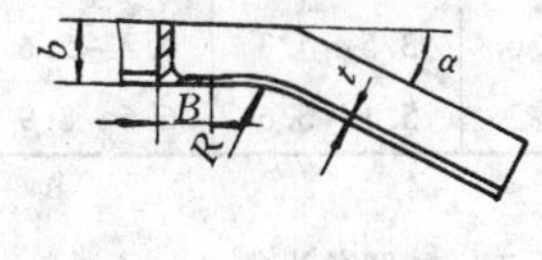	R = 50	R = 30	R = 15

表 4.4-20　角钢截切角推荐值

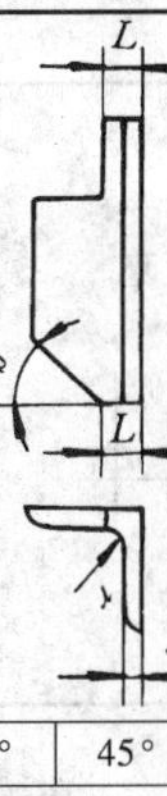

截切角 α	15°	30°	45°	60°	75°	90°
L	≥t + r					

表 4.4-21　角钢破口弯曲 c 值　　(mm)

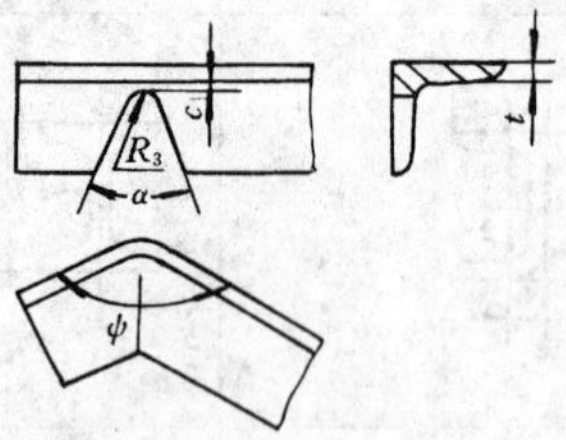

截切角 α	角钢厚度 t								
	3	4	5	6	7	8	9	10	12
<30°	6	9	11	15	16	17	18	19	21
>30°~60°	6	7	8	11	12	14	15	16	18
>60°~90°	5	6	7	9	10	11	12	13	15
>90°	4	5	6	7	8	9	10	11	13

截切角 $\alpha = 180° - \psi$

2.3　拉深件（见表4.4-22～表4.4-28）

表 4.4-22　箱形零件的圆角半径、法兰边宽度和工件高度

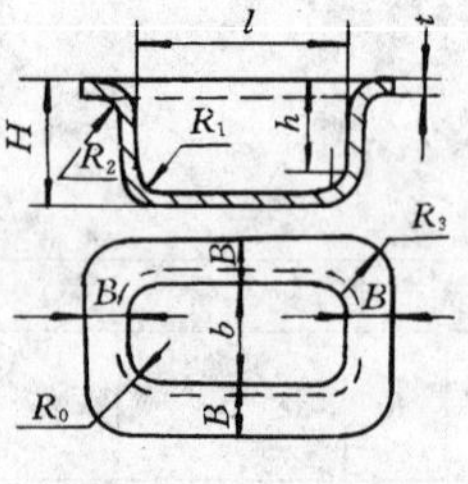

	材料	圆角半径	材料厚度 t/mm		
			<0.5	>0.5～3	>3～5
R_1、R_2	软钢	R_1	(5～7) t	(3～4) t	(2～3) t
		R_2	(5～10) t	(4～6) t	(2～4) t
	黄铜	R_1	(3～5) t	(2～3) t	(1.5～2.0) t
		R_2	(5～7) t	(3～5) t	(2～4) t
$\frac{H}{R_0}$ 当 $R_0 > 0.14B$ $R_1 \geqslant 1$	材料		比值		
	酸洗钢		4.0～4.5	当 $\frac{H}{R_0}$ 需大于左列数值时，则应采用多次拉深工序	
	冷拉钢、铝、黄铜、铜		5.5～6.5		
B	$\leqslant R_2 + (3～5)\ t$				
R_3	$\geqslant R_0 + B$				

表 4.4-23　有凸缘筒形件第一次拉深的许可相对高度 $\frac{h_1}{d_1}$

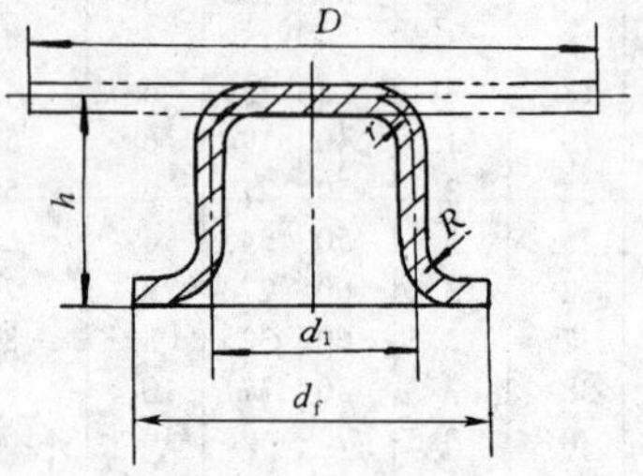

凸缘相对直径 $\frac{d_f}{d_1}$	坯料相对厚度 $\frac{t}{D} \times 100$				
	>0.06～0.2	>0.2～0.5	>0.5～1	>1～1.5	>1.5
≤1.1	0.45～0.52	0.50～0.62	0.57～0.70	0.60～0.82	0.75～0.90
>1.1～1.3	0.40～0.47	0.45～0.53	0.50～0.60	0.56～0.72	0.65～0.80
>1.3～1.5	0.35～0.42	0.40～0.48	0.45～0.53	0.50～0.63	0.58～0.70
>1.5～1.8	0.29～0.35	0.34～0.39	0.37～0.44	0.42～0.53	0.48～0.58
>1.8～2	0.25～0.30	0.29～0.34	0.32～0.38	0.36～0.46	0.42～0.51
>2～2.2	0.22～0.26	0.25～0.29	0.27～0.33	0.31～0.40	0.35～0.45
>2.2～2.5	0.17～0.21	0.20～0.23	0.22～0.27	0.25～0.32	0.28～0.35
>2.5～2.8	0.13～0.16	0.15～0.18	0.17～0.21	0.19～0.24	0.22～0.27

注：材料为钢08、10。

表 4.4-24　无凸缘筒形件的许可相对高度 h/d

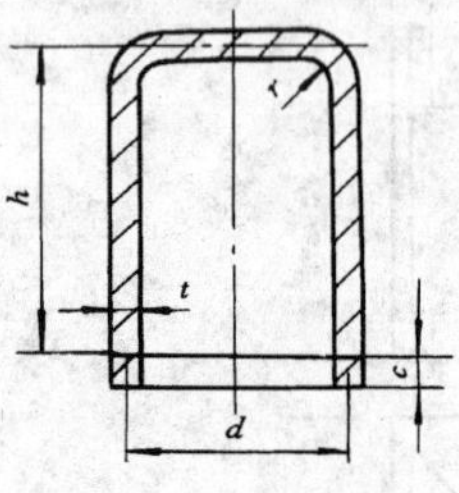

c—修边余量

拉深次数	坯料相对厚度 $\frac{t}{D} \times 100$				
	0.1～0.3	0.3～0.6	0.6～1.0	1.0～1.5	1.5～2.0
1	0.45～0.52	0.5～0.62	0.57～0.70	0.65～0.84	0.77～0.94
2	0.83～0.96	0.94～1.13	1.1～1.36	1.32～1.6	1.54～1.88
3	1.3～1.6	1.5～1.9	1.8～2.3	2.2～2.8	2.7～3.5
4	2.0～2.4	2.4～2.9	2.9～3.6	3.5～4.3	4.3～5.6
5	2.7～3.3	3.3～4.1	4.1～5.2	5.1～6.6	6.6～8.9

注：1. 适用08、10钢。

2. 表中大的数值，适用于第一次拉深中有大的圆角半径（$r=8t～15t$），小的数值适用于小的圆角半径（$r=4t～8t$）。

表 4. 4-25　无凸缘拉深件的修边余量 c　　（mm）

简图：

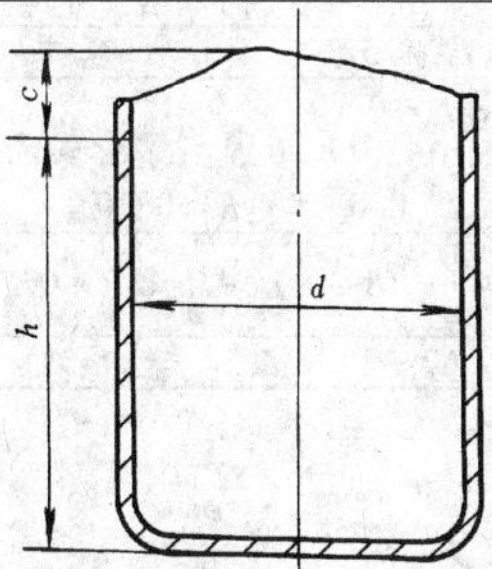

拉深高度 h	拉深相对高度 $\frac{h}{d}$ 0. 5 ~ 0. 8	0. 8 ~ 1. 6	1. 6 ~ 2. 5	2. 5 ~ 4
<25	1. 2	1. 6	2	2. 5
25 ~ 50	2	2. 5	3. 3	4
50 ~ 100	3	3. 8	5	6
100 ~ 150	4	5	6. 5	8
150 ~ 200	5	6. 3	8	10
200 ~ 250	6	7. 5	9	11
>250	7	8. 5	10	12

表 4. 4-26　有凸缘拉深件的修边余量 c/2　　（mm）

简图：

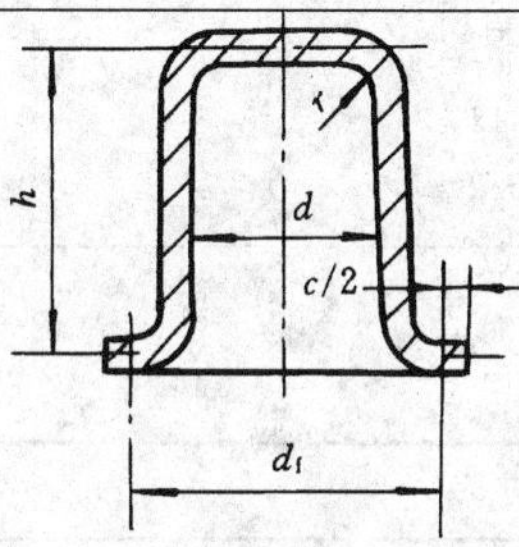

d_f—制件凸缘外径

凸缘直径 d_f	凸缘的相对直径 $\frac{d_f}{d}$ ~ 1. 5	大于 1. 5 ~ 2	大于 2 ~ 2. 5	大于 2. 5
<25	1. 8	1. 6	1. 4	1. 2
25 ~ 50	2. 5	2	1. 8	1. 6
50 ~ 100	3. 5	3	2. 5	2. 2
100 ~ 150	4. 3	3. 6	3	2. 5
150 ~ 200	5	4. 2	3. 5	2. 7
200 ~ 250	5. 5	4. 6	3. 8	2. 8
>250	6	5	4	3

表 4. 4-27　圆形拉深件的孔径和孔距（摘自 JB/T 6959—2008）

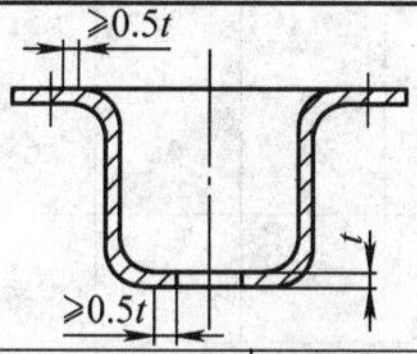

拉深件底部及凸缘口的冲孔的边缘与工件圆角半径的切点之间的距离不应小于 0. 5t

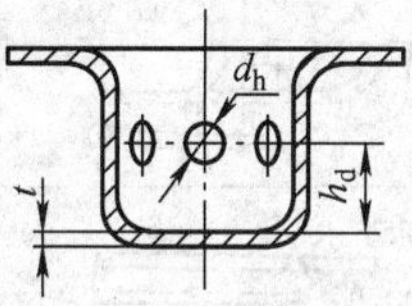

拉深件侧壁上的冲孔，孔中心与底部或凸缘的距离应满足

$h_d \geqslant 2d_h + t$

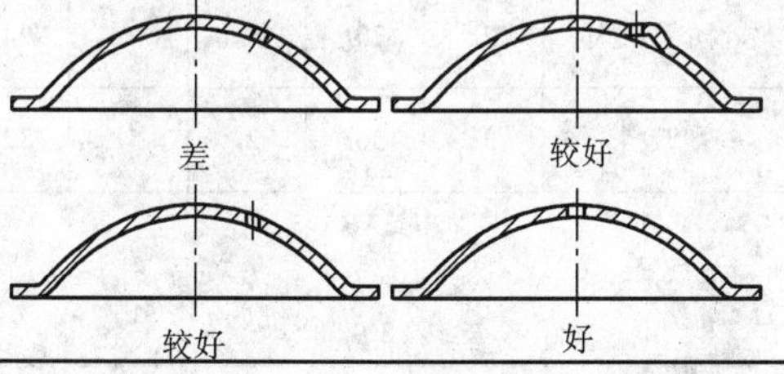

拉深件上的孔位应设置在与主要结构面（凸缘面）同一平面上，或使孔壁垂直于该平面以使冲孔与修边同时在一道工序中完成

表 4. 4-28　拉深件的尺寸注法（摘自 JB/T 6959—2008）

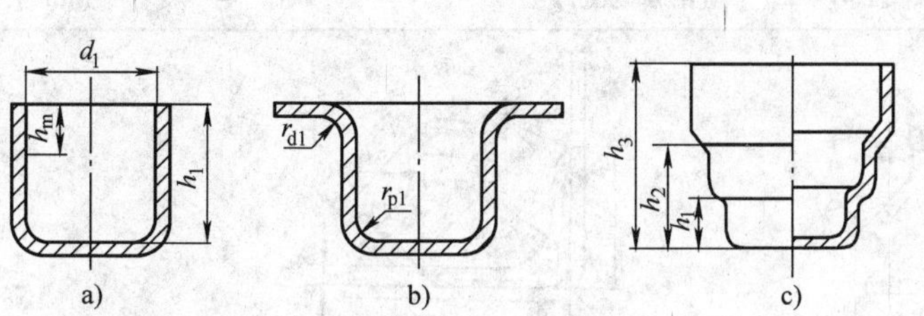

a)　　b)　　c)

在拉深件图样上应注明必须保证的内腔尺寸或外部尺寸，不能同时标注内外形尺寸。对于有配合要求的口部尺寸应标注配合部分深度。对于拉深件的圆角半径，应标注在较小半径的一侧，即模具能够控制到的圆角半径的一侧。有台阶的拉深件，其高度尺寸应以底部为基准进行标注

2.4　成型件（见表4.4-29～表4.4-36）

表4.4-29　内孔一次翻边的参考尺寸

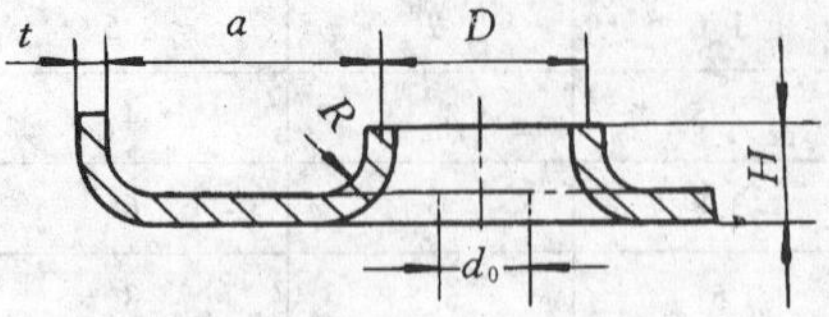

项目	参考尺寸
翻边直径（中径）D	由结构给定
翻边圆角半径 R	$R \geqslant 1+1.5t$
翻边系数 K	软钢 $K \geqslant 0.70$ 黄铜 H62（$t=0.5 \sim 6$）$K \geqslant 0.68$ 铝（$t=0.5 \sim 5$）$K \geqslant 0.70$
翻边高度 H	$H=\frac{D}{2}(1-K)+0.43R+0.72t$
翻边孔至外缘的距离 a	$a>(7 \sim 8)t$

注：1. 翻边系数 $K=d_0/D$。

2. 若翻边高度较高，一次翻边不能满足要求时，可采用拉深、翻边复合工艺。

3. 翻边后孔壁减薄，如变薄量有特殊要求，应予注明。

表4.4-30　缩口时直径缩小的合理比例

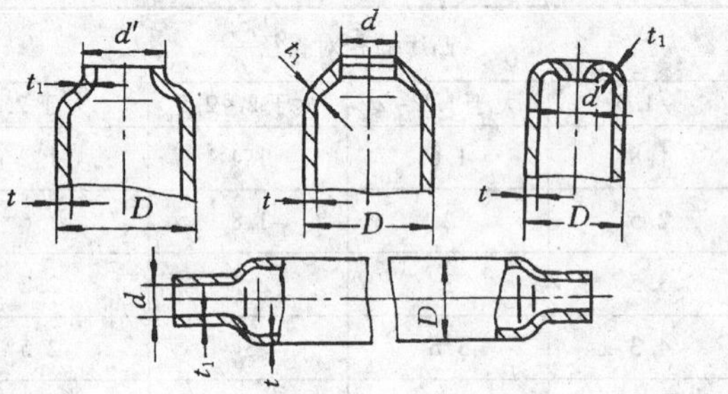

条件	合理比例
$\frac{D}{t} \leqslant 10$ 时	$d \geqslant 0.7D$
$\frac{D}{t}>10$ 时	$d=(1-k)D$ 钢制件：$k=0.1 \sim 0.15$ 铝制件：$k=0.15 \sim 0.2$
箍压部分壁厚将增加	$t_1=t\sqrt{\frac{D}{d}}$

表4.4-31　加强肋的形状、尺寸及适宜间距

形式	简图	尺寸	h	B	r	R_1	R_2
半圆形肋	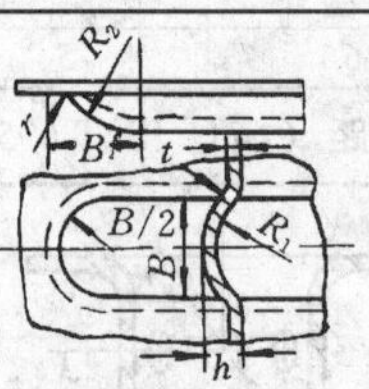	最小允许尺寸	$2t$	$7t$	t	$3t$	$5t$
		一般尺寸	$3t$	$10t$	$2t$	$4t$	$6t$
形式	简图	尺寸	h	B	r	r_1	R_2
梯形肋	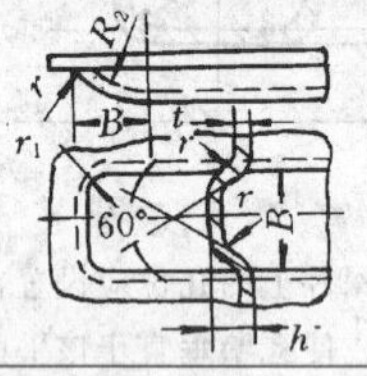	最小允许尺寸	$2t$	$20t$	t	$4t$	$24t$
		一般尺寸	$3t$	$30t$	$2t$	$5t$	$32t$
加强肋之间及加强肋与边缘之间的适宜距离	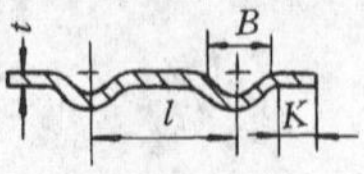	$l \geqslant 3B$ $K \geqslant (3 \sim 5)t$					

注：t 为钢板厚度。

表4.4-32　角部加强肋　　　　（mm）

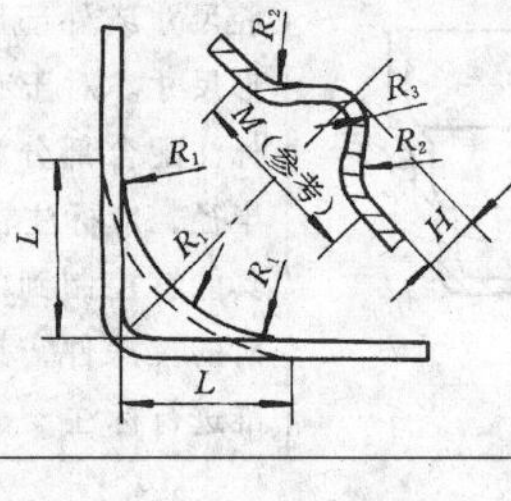

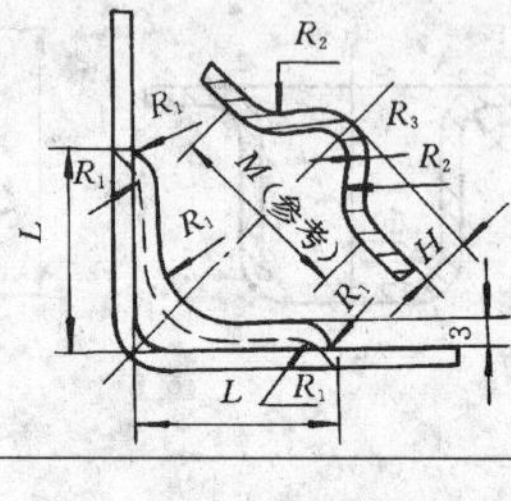

（续）

L	型　式	R_1	R_2	R_3	H	M（参考）	间距
12.5	A	6	9	5	3	18	65
20	A	8	16	7	5	29	75
30	B	9	22	8	7	38	90

表 4.4-33　加强窝的间距及其至外缘的距离

（mm）

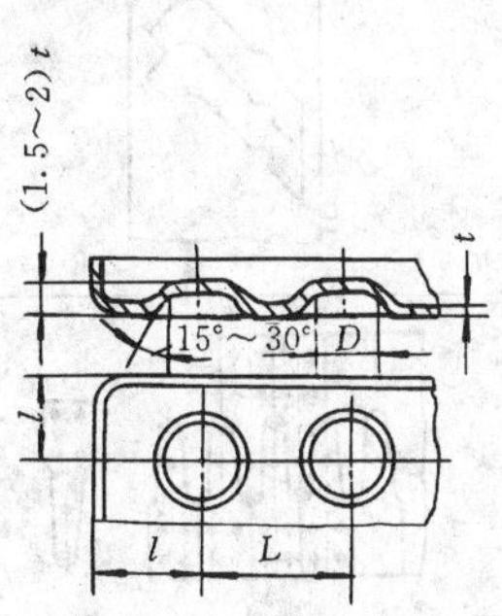

D	L	l
6.5	10	6
8.5	13	7.5
10.5	15	9
13	18	11
15	22	13
18	26	16
24	34	20
31	44	26
36	51	30
43	60	35
48	68	40
55	78	45

表 4.4-34　冲出凸部的高度

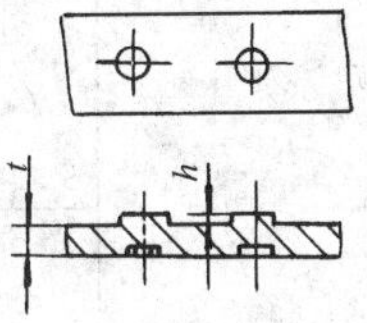

$h=(0.25\sim0.35)t$

超出这个范围，凸部容易脱落

表 4.4-35　最小卷边直径

（mm）

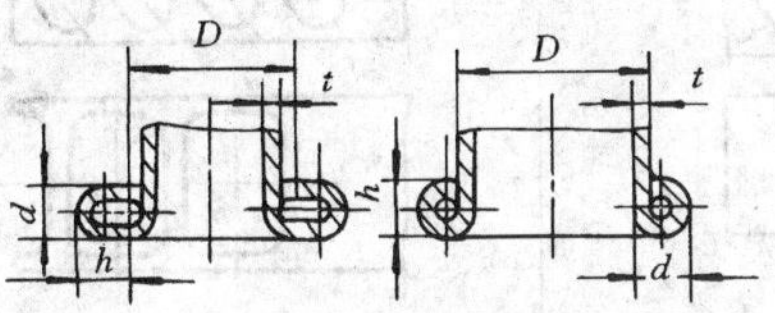

$d>1.4t$

d—卷边直径

工件直径 D	材料厚度 t				
	0.3	0.5	0.8	1.0	2.0
<50	2.5	3.0	—	—	—
>50～100	3.0	4.0	5.0	—	—
>100～200	4.0	5.0	6.0	7.0	8.0
>200	5.0	6.0	7.0	8.0	9.0

表 4.4-36　铁皮咬口类型、用途和余量

咬口类型	用途
1型 光面咬口 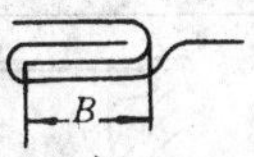 a) 普通咬口 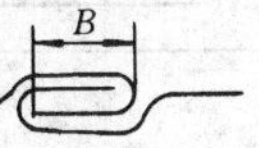 b)	圆柱形、圆锥形和长方形管子连接时，采用1型咬口，咬口需附着在平面上或需要有气密性时使用光面咬口，需要咬口具有强度时才使用普通咬口。连接长度不同时，尺寸B可根据长的零件选择，但两个零件的尺寸B应相同
2型 折角咬口 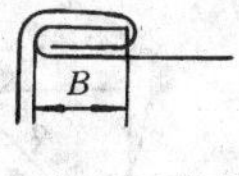	折角咬口（2型）在制造折角联合肘管时使用
3型 过渡咬口 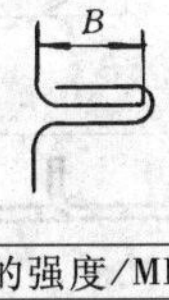	过渡咬口（3型）在连接接管、肘管和从圆过渡到另一些截面时，用作各种过渡连接

钢板的强度/MPa		30～40		45～60		65～80	90～100
零件极限尺寸/mm	直径或方形边 D	小于200	大于200	小于600	大于600	大于600	在一切情况下
	长　度　L	小于200	大于200	小于800	大于800	大于800	在一切情况下
接头长度 B/mm		5	7	7	10	10	14
咬口裕量 $3B$/mm		15	21	21	30	30	42

3　冲压件结构设计的注意事项

冲压件结构设计的注意事项见表4.4-37。

表4.4-37　冲压件结构设计的注意事项

序　号	注　意　事　项		图　例 改　进　前	图　例 改　进　后
1. 落料件	节约金属	合理设计工件形状，以利于节料		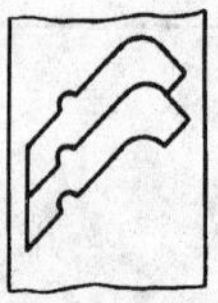
			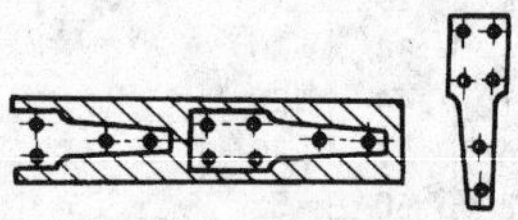	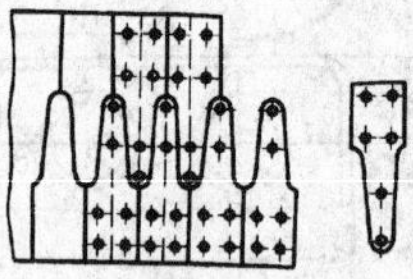
	避免尖角	工件如有细长尖角，易产生飞边或塌角	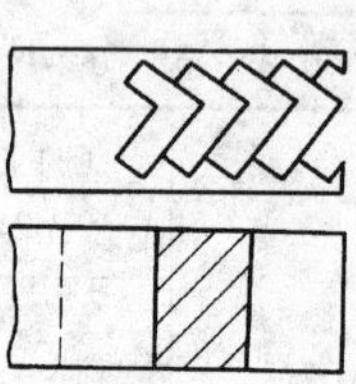	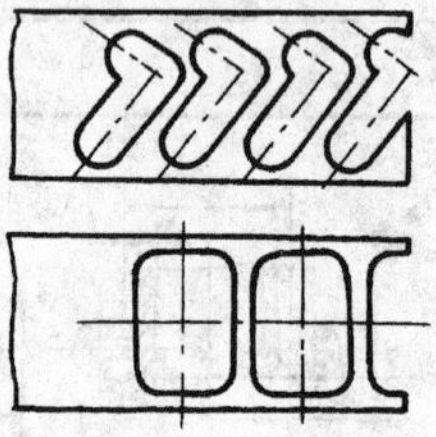
	工件不宜过窄	工件太窄，冲模制造困难且寿命低	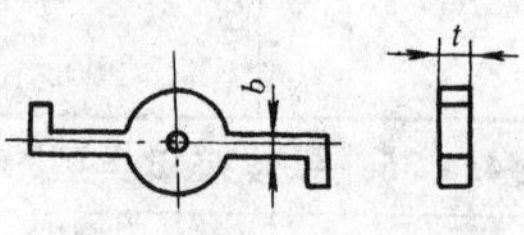 $b=0.6t$	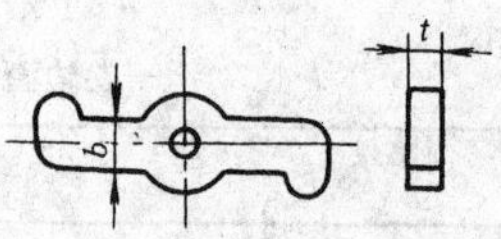 $b>(1\sim1.2)\ t$
	开口槽不宜过窄		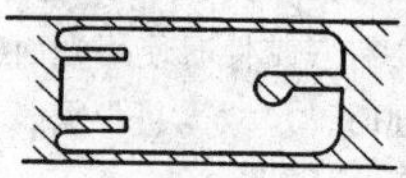	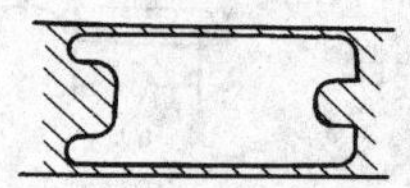
	圆弧边与过渡边不宜相切	节约金属和避免咬边	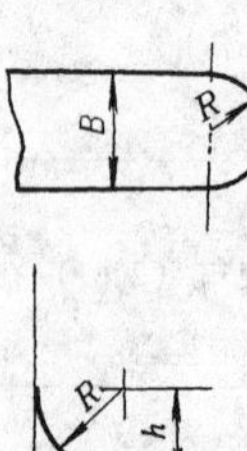	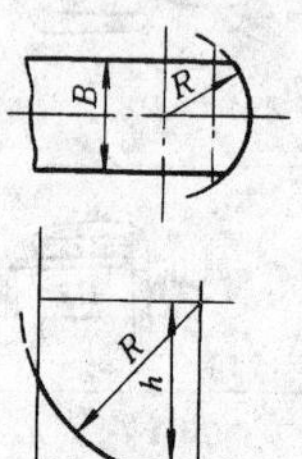
2. 切口件	切口处应有斜度	避免工件从凹模中退出时舌部与凹模内壁摩擦	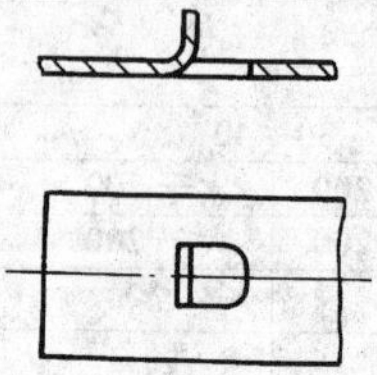	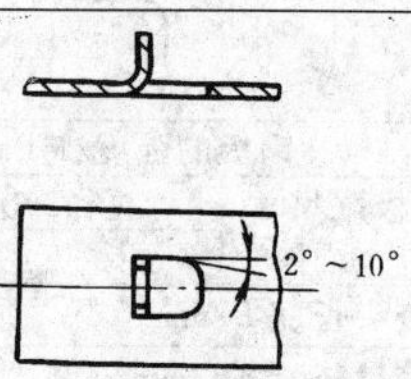

（续）

序　号	注　意　事　项		图例 改　进　前	图例 改　进　后
3. 弯曲件	弯曲处切口	窄料小半径弯曲时，为防止弯曲处变宽，工件弯曲处应有切口	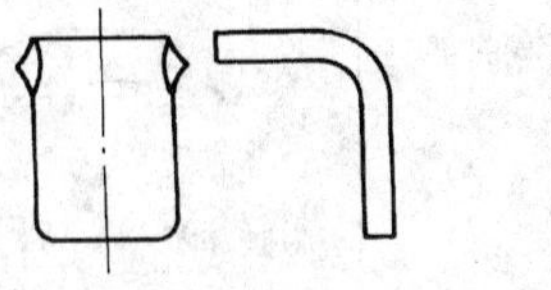	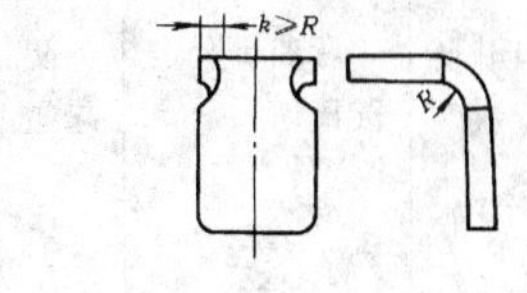
	预冲月牙槽	弯曲带孔的工件时，如孔在弯曲线附近，可预冲出月牙槽或孔，以防止孔变形	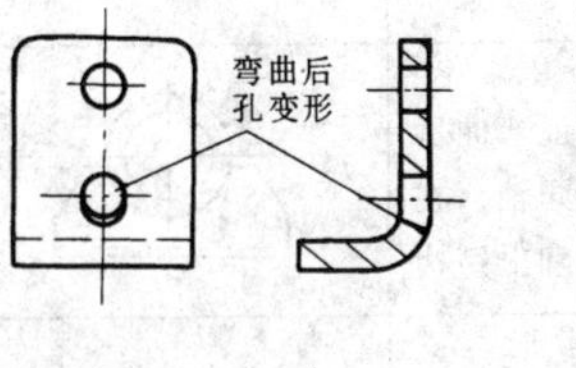	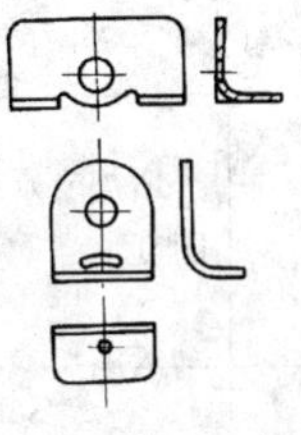
	预冲防裂槽	在局部弯曲时，预冲防裂槽或外移弯曲线，以免交界处撕裂	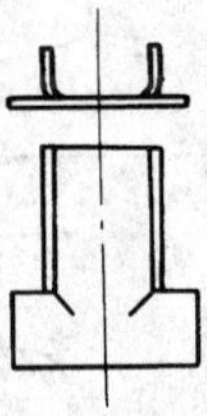	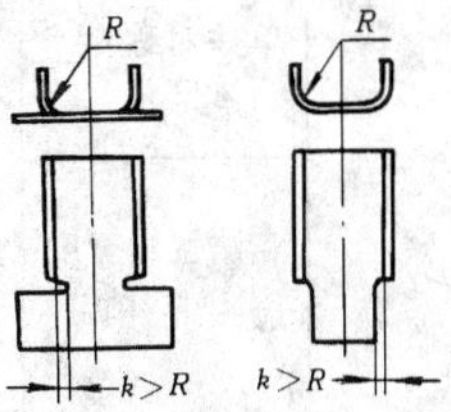
			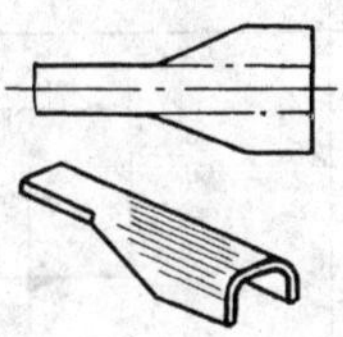	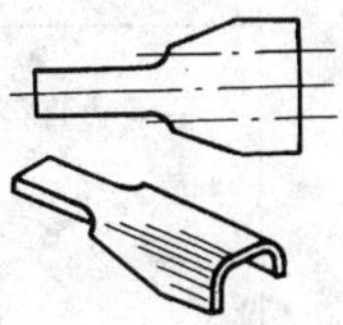
	形状尽量对称	弯曲件形状尽量对称，否则工件受力不均，不易达到预定尺寸	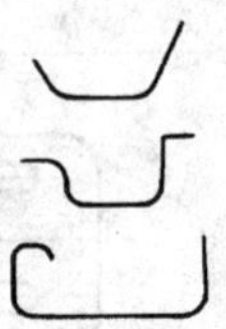	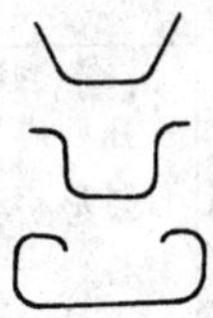
	弯曲部分压筋	可增加工件刚度，减小回弹	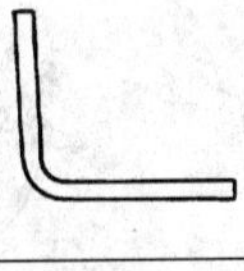	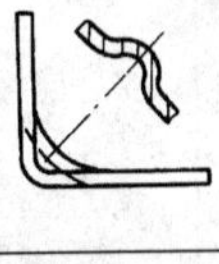
	坯料形状简单	工件外形利于简化展开料形状	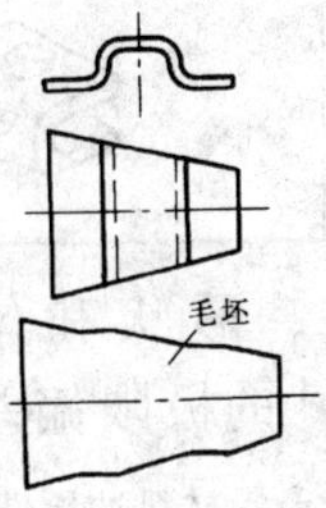	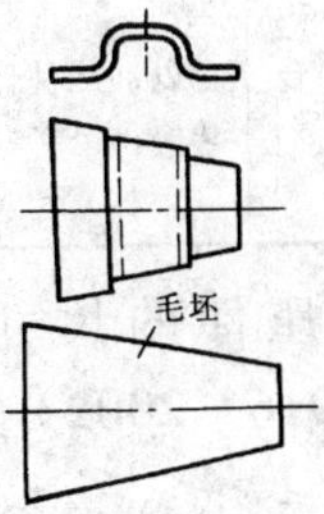

（续）

<table>
<tr><th rowspan="2">序　号</th><th colspan="2" rowspan="2">注　意　事　项</th><th colspan="2">图　　例</th></tr>
<tr><th>改　进　前</th><th>改　进　后</th></tr>
<tr><td rowspan="2">3. 弯曲件</td><td>弯曲部分进行预切</td><td>防止弯曲部分起皱</td><td>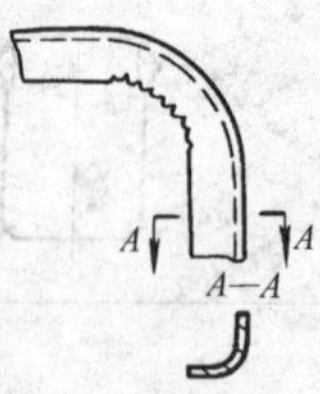</td><td>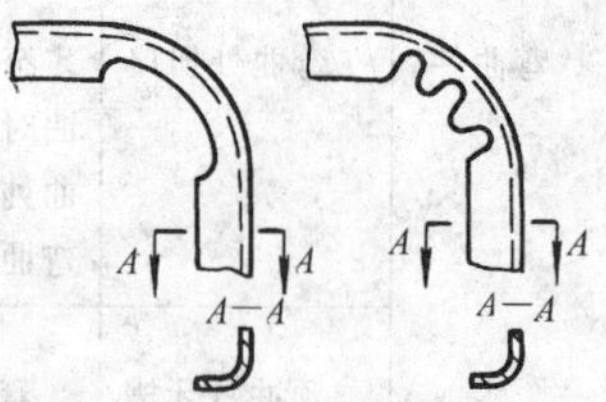</td></tr>
<tr><td>增加支承孔刚度</td><td>为保证弯曲后支承孔同轴，在弯曲时翻出短边</td><td>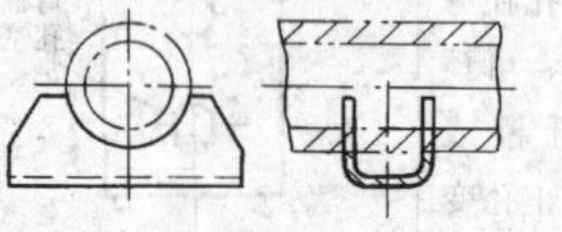</td><td>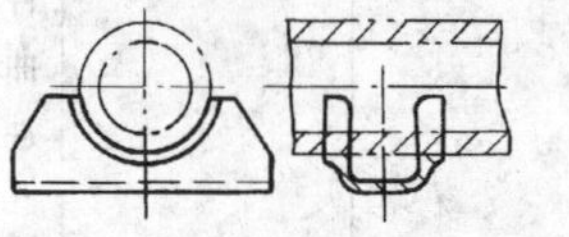</td></tr>
<tr><td rowspan="3">4. 拉伸件</td><td>形状尽量简单并对称</td><td>圆筒形、锥形、球形、非回转体、空间曲面，成形难度依次增加</td><td>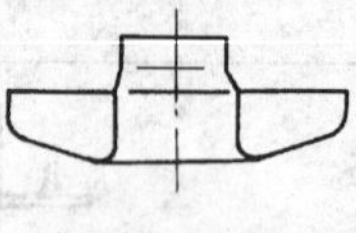</td><td>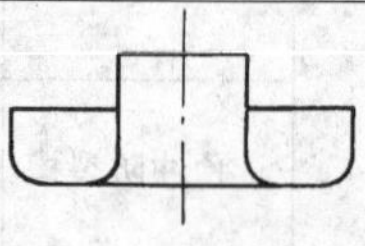</td></tr>
<tr><td>法兰边宽度应一致</td><td>拉伸困难，需增加工序，金属消耗大</td><td>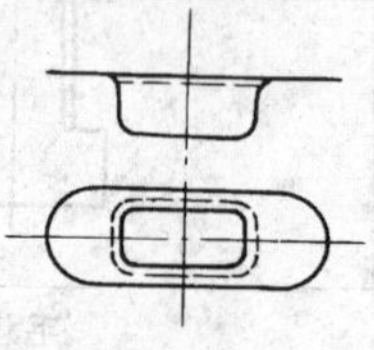</td><td>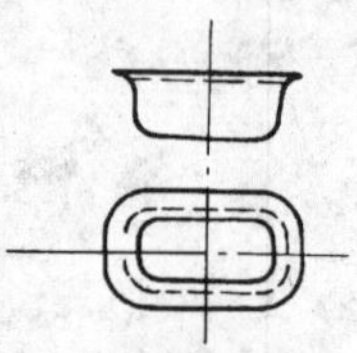</td></tr>
<tr><td>法兰边直径过大</td><td>拉伸困难</td><td>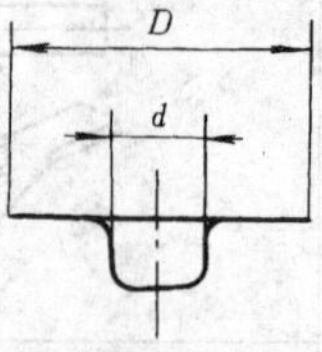
$D>2.5d$</td><td>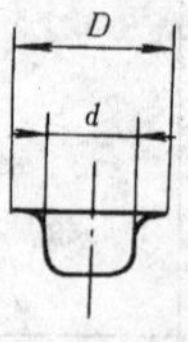
$D<1.5d$</td></tr>
<tr><td rowspan="2">5. 起伏件</td><td rowspan="2">压肋应与零件外形相近或对称</td><td>压肋与零件外形相近</td><td>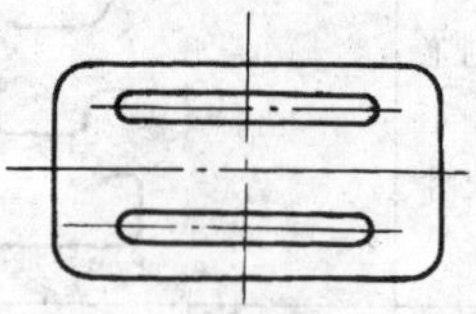</td><td>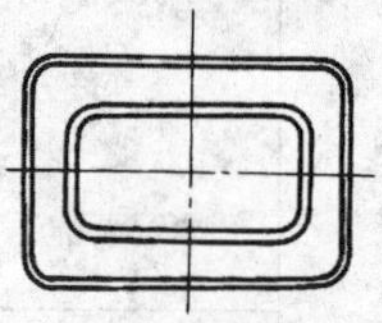</td></tr>
<tr><td>压肋应对称</td><td></td><td></td></tr>
<tr><td>6. 组合冲压件</td><td>以冲压件代替锻件</td><td>制造简单、精度高</td><td>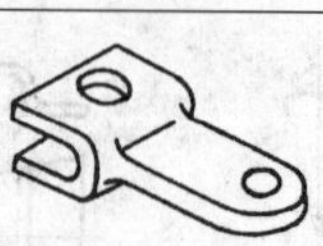</td><td></td></tr>
</table>

4　冲压件的尺寸和角度公差、形状和位置未注公差（GB/T 13914、13915、13916—2002）、未注公差尺寸的极限偏差（GB/T 15055—2007）

4个标准均适用于金属材料冲压件，非金属材料冲压件可参照执行，见表4.4-38～表4.4-46。

表 4.4-38　平冲压件和成形冲压件尺寸公差　（mm）

基本尺寸	材料厚度	平冲压件尺寸公差（GB/T 13914—2002） 公差等级 ST1	ST2	ST3	ST4	ST5	ST6	ST7	ST8	ST9	ST10	ST11	成形冲压件尺寸公差（GB/T 13914—2002） 公差等级 FT1	FT2	FT3	FT4	FT5	FT6	FT7	FT8	FT9	FT10
>0～1	0.5	0.008	0.010	0.015	0.020	0.03	0.04	0.06	0.08	0.12	0.16	—	0.010	0.016	0.026	0.04	0.06	0.10	0.16	0.26	0.40	0.60
	>0.5～1	0.010	0.015	0.020	0.03	0.04	0.06	0.08	0.12	0.16	0.24	—	0.014	0.022	0.034	0.05	0.09	0.14	0.22	0.34	0.50	0.90
	>1～1.5	0.015	0.020	0.03	0.04	0.06	0.08	0.12	0.16	0.24	0.34	—	0.020	0.030	0.05	0.08	0.12	0.20	0.32	0.50	0.90	1.40
>1～3	0.5	0.012	0.018	0.026	0.036	0.05	0.07	0.10	0.14	0.20	0.28	0.40	0.016	0.026	0.040	0.07	0.11	0.18	0.28	0.44	0.70	1.00
	>0.5～1	0.018	0.026	0.036	0.05	0.07	0.10	0.14	0.20	0.28	0.40	0.56	0.022	0.036	0.06	0.09	0.14	0.24	0.38	0.60	0.90	1.40
	>1～3	0.026	0.036	0.05	0.07	0.10	0.14	0.20	0.28	0.40	0.56	0.78	0.032	0.05	0.08	0.12	0.20	0.34	0.54	0.86	1.20	2.00
	>3～4	0.034	0.05	0.07	0.09	0.13	0.18	0.26	0.36	0.50	0.70	0.98	0.04	0.07	0.11	0.18	0.28	0.44	0.70	1.10	1.80	2.80
>3～10	0.5	0.018	0.026	0.036	0.05	0.07	0.10	0.14	0.20	0.28	0.40	0.56	0.022	0.036	0.06	0.09	0.14	0.24	0.38	0.60	0.96	1.40
	>0.5～1	0.026	0.036	0.05	0.07	0.10	0.14	0.20	0.28	0.40	0.56	0.78	0.032	0.05	0.08	0.12	0.20	0.34	0.54	0.86	1.40	2.20
	>1～3	0.036	0.05	0.07	0.10	0.14	0.20	0.28	0.40	0.56	0.78	1.10	0.05	0.07	0.11	0.18	0.30	0.48	0.76	1.20	2.00	3.20
	>3～6	0.046	0.06	0.09	0.13	0.18	0.26	0.36	0.48	0.68	0.98	1.40	0.06	0.09	0.14	0.24	0.38	0.60	1.00	1.60	2.60	4.00
	>6	0.06	0.08	0.11	0.16	0.22	0.30	0.42	0.60	0.84	1.20	1.60	0.07	0.11	0.18	0.28	0.44	0.70	1.10	1.80	2.80	4.40
>10～25	0.5	0.026	0.036	0.05	0.07	0.10	0.14	0.20	0.28	0.40	0.56	0.78	0.030	0.05	0.08	0.12	0.20	0.32	0.50	0.80	1.20	2.00
	>0.5～1	0.036	0.05	0.07	0.10	0.14	0.20	0.28	0.40	0.56	0.78	1.10	0.04	0.07	0.11	0.18	0.28	0.46	0.72	1.10	1.80	2.80
	>1～3	0.05	0.07	0.10	0.14	0.20	0.28	0.40	0.56	0.78	1.10	1.50	0.06	0.10	0.16	0.26	0.40	0.64	1.00	1.60	2.60	4.00
	>3～6	0.06	0.09	0.13	0.18	0.26	0.36	0.50	0.70	1.00	1.40	2.00	0.08	0.12	0.20	0.32	0.50	0.80	1.20	2.00	3.20	5.00
	>6	0.08	0.12	0.16	0.22	0.32	0.44	0.60	0.88	1.20	1.60	2.40	0.10	0.14	0.24	0.40	0.62	1.00	1.60	2.60	4.00	6.40
>25～63	0.5	0.036	0.05	0.07	0.10	0.14	0.20	0.28	0.40	0.56	0.78	1.10	0.04	0.06	0.10	0.16	0.26	0.40	0.64	1.00	1.60	2.60
	>0.5～1	0.05	0.07	0.10	0.14	0.20	0.28	0.40	0.56	0.78	1.10	1.50	0.06	0.09	0.14	0.22	0.36	0.58	0.90	1.40	2.20	3.60
	>1～3	0.07	0.10	0.14	0.20	0.28	0.40	0.56	0.78	1.10	1.50	2.10	0.08	0.12	0.20	0.32	0.50	0.80	1.20	2.00	3.20	5.00
	>3～6	0.09	0.12	0.18	0.26	0.36	0.50	0.70	0.98	1.40	2.00	2.80	0.10	0.16	0.26	0.40	0.66	1.00	1.60	2.60	4.00	6.40
	>6	0.11	0.16	0.22	0.30	0.44	0.60	0.86	1.20	1.60	2.20	3.00	0.11	0.18	0.28	0.46	0.76	1.20	2.00	3.20	5.00	8.00
>63～160	0.5	0.04	0.06	0.09	0.12	0.18	0.26	0.36	0.50	0.70	0.98	1.40	0.05	0.08	0.14	0.22	0.36	0.56	0.90	1.40	2.20	3.60
	>0.5～1	0.06	0.09	0.12	0.18	0.26	0.36	0.50	0.70	0.98	1.40	2.00	0.07	0.12	0.19	0.30	0.48	0.78	1.20	2.00	3.20	5.00
	>1～3	0.09	0.12	0.18	0.26	0.36	0.50	0.70	0.98	1.40	2.00	2.80	0.10	0.16	0.26	0.42	0.68	1.10	1.80	2.80	4.40	7.00

（续）

基本尺寸	材料厚度	平冲压件尺寸公差（GB/T 13914—2002）											成形冲压件尺寸公差（GB/T 13914—2002）									
		公差等级											公差等级									
		ST1	ST2	ST3	ST4	ST5	ST6	ST7	ST8	ST9	ST10	ST11	FT1	FT2	FT3	FT4	FT5	FT6	FT7	FT8	FT9	FT10
>63～160	>3～6	0.12	0.16	0.24	0.32	0.46	0.64	0.90	1.30	1.80	2.60	3.60	0.14	0.22	0.34	0.54	0.88	1.40	2.20	3.40	5.60	9.00
	>6	0.14	0.20	0.28	0.40	0.56	0.78	1.10	1.50	2.10	2.90	4.20	0.15	0.24	0.38	0.62	1.00	1.60	2.60	4.00	6.60	10.00
>160～400	0.5	0.06	0.09	0.12	0.18	0.26	0.36	0.50	0.70	0.98	1.40	2.00	—	0.10	0.16	0.26	0.42	0.70	1.10	1.80	2.80	4.40
	>0.5～1	0.09	0.12	0.18	0.26	0.36	0.50	0.70	1.00	1.40	2.00	2.80	—	0.14	0.24	0.38	0.62	1.00	1.60	2.60	4.00	6.40
	>1～3	0.12	0.18	0.26	0.36	0.50	0.70	1.00	1.40	2.00	2.80	4.00	—	0.22	0.34	0.54	0.88	1.40	2.20	3.40	5.60	9.00
	>3～6	0.16	0.24	0.32	0.46	0.64	0.90	1.30	1.80	2.60	3.60	4.80	—	0.28	0.44	0.70	1.10	1.80	2.80	4.40	7.00	11.00
	>6	0.20	0.28	0.40	0.56	0.78	1.10	1.50	2.10	2.90	4.20	5.80	—	0.34	0.54	0.88	1.40	2.20	3.40	5.60	9.00	14.00
>400～1000	0.5	0.09	0.12	0.18	0.24	0.34	0.48	0.66	0.94	1.30	1.80	2.60	—	—	0.24	0.38	0.62	1.00	1.60	2.60	4.00	6.60
	>0.5～1	—	0.18	0.24	0.34	0.48	0.66	0.94	1.30	1.80	2.60	3.60	—	—	0.34	0.54	0.88	1.40	2.20	3.40	5.60	9.00
	>1～3	—	0.24	0.34	0.48	0.66	0.94	1.30	1.80	2.60	3.60	5.00	—	—	0.44	0.70	1.10	1.80	2.80	4.40	7.00	11.00
	>3～6	—	0.32	0.45	0.62	0.88	1.20	1.60	2.40	3.40	4.60	6.60	—	—	0.56	0.90	1.40	2.20	3.40	5.60	9.00	14.00
	>6	—	0.34	0.48	0.70	1.00	1.40	2.00	2.80	4.00	5.60	7.80	—	—	0.62	1.00	1.60	2.60	4.00	6.40	10.00	16.00
>1000～6300	0.5	—	—	0.26	0.36	0.50	0.70	0.98	1.40	2.00	2.80	4.00										
	>0.5～1	—	—	0.36	0.50	0.70	0.98	1.40	2.00	2.80	4.00	5.60										
	>1～3	—	—	0.50	0.70	0.98	1.40	2.00	2.80	4.00	5.60	7.80										
	>3～6	—	—	—	0.90	1.20	1.60	2.20	3.20	4.40	6.20	8.00										
	>6	—	—	—	1.00	1.40	1.90	2.60	3.60	5.20	7.20	10.00										

注：1. 平冲压件是经平面冲裁工序加工而成型的冲压件。

成型冲压件是经弯曲、拉深及其他成型方法加工而成的冲压件。

2. 平冲压件尺寸公差适用于平冲压件，也适用于成型冲压件上经冲裁工序加工而成的尺寸。

3. 平冲压件、成型冲压件尺寸的极限偏差按下述规定选取。

（1）孔（内形）尺寸的极限偏差取表中给出的公差数值，冠以“+”作为上偏差，下偏差为0。

（2）轴（外形）尺寸的极限偏差取表中给出的公差数值，冠以“-”号作为下偏差，上偏差为0。

（3）孔中心距、孔边距、弯曲、拉深与其他成型方法而成的长度、高度及未注公差尺寸的极限偏差，取表中给出的公差值的一半，冠以“±”号分别作为上、下偏差。

表4.4-39　未注公差（冲裁、成型）尺寸的极限偏差　（mm）

基本尺寸	材料厚度	未注公差冲裁尺寸的极限偏差				未注公差成型尺寸的极限偏差			
		公差等级				公差等级			
		f	m	c	v	f	m	c	v
>0.5～3	1	±0.05	±0.10	±0.15	±0.20	±0.15	±0.20	±0.35	±0.50
	>1～3	±0.15	±0.20	±0.30	±0.40	±0.30	±0.45	±0.60	±1.00
>3～6	1	±0.10	±0.15	±0.20	±0.30	±0.20	±0.30	±0.50	±0.70
	>1～4	±0.20	±0.30	±0.40	±0.55	±0.40	±0.60	±1.00	±1.60
	>4	±0.30	±0.40	±0.60	±0.80	±0.55	±0.90	±1.40	±2.20
>6～30	1	±0.15	±0.20	±0.30	±0.40	±0.25	±0.40	±0.60	±1.00
	>1～4	±0.30	±0.40	±0.55	±0.75	±0.50	±0.80	±1.30	±2.00
	>4	±0.45	±0.60	±0.80	±1.20	±0.80	±1.30	±2.00	±3.20
>30～120	1	±0.20	±0.30	±0.40	±0.55	±0.30	±0.50	±0.80	±1.30
	>1～4	±0.40	±0.55	±0.75	±1.05	±0.60	±1.00	±1.60	±2.50
	>4	±0.60	±0.80	±1.10	±1.50	±1.00	±1.60	±2.50	±4.00
>120～400	1	±0.25	±0.35	±0.50	±0.70	±0.45	±0.70	±1.10	±1.80
	>1～4	±0.50	±0.70	±1.00	±1.40	±0.90	±1.40	±2.20	±3.50
	>4	±0.75	±1.05	±1.45	±2.10	±1.30	±2.00	±3.30	±5.00
>400～1000	1	±0.35	±0.50	±0.70	±1.00	±0.55	±0.90	±1.40	±2.20
	>1～4	±0.70	±1.00	±1.40	±2.00	±1.10	±1.70	±2.80	±4.50
	>4	±1.05	±1.45	±2.10	±2.90	±1.70	±2.80	±4.50	±7.00
>1000～2000	1	±0.45	±0.65	±0.90	±1.30	±0.80	±1.30	±2.00	±3.30
	>1～4	±0.90	±1.30	±1.80	±2.50	±1.40	±2.20	±3.50	±5.50
	>4	±1.40	±2.00	±2.80	±3.90	±2.00	±3.20	±5.00	±8.00
>2000～4000	1	±0.70	±1.00	±1.40	±2.00				
	>1～4	±1.40	±2.00	±2.80	±3.90				
	>4	±1.80	±2.60	±3.60	±5.00				

注：对于0.5mm及0.5mm以下的尺寸应标公差。

表4.4-40　未注公差（冲裁、成型）圆角半径的极限偏差（摘自GB/T 15055—2007）　（mm）

冲裁圆角半径的极限偏差				成型圆角半径	
基本尺寸	材料厚度	公差等级		基本尺寸	极限偏差
		f　m	c　v		
>0.5～3	≤1	±0.15	±0.20	≤3	+1.00 −0.30
	>1～4	±0.30	±0.40		
>3～6	≤4	±0.40	±0.60	>3～6	+1.50 −0.50
	>4	±0.60	±1.00		
>6～30	≤4	±0.60	±0.80	>6～10	+2.50 −0.80
	>4	±1.00	±1.40		
>30～120	≤4	±1.00	±1.20	>10～18	+3.00 −1.00
	>4	±2.00	±2.40		
>120～400	≤4	±1.20	±1.50	>18～30	+4.00 −1.50
	>4	±2.40	±3.00		
>400	≤4	±2.00	±2.40	>30	+5.00 −2.00
	>4	±3.00	±3.50		

表4.4-41　尺寸公差等级的选用（摘自GB/T 13914—2002）

	加工方法	尺寸类型	ST1	ST2	ST3	ST4	ST5	ST6	ST7	ST8	ST9	ST10	ST11
平冲压件	精密冲裁	外形	—	—	—	—	—						
		内形	—	—	—	—							
		孔中心距	—	—	—	—							
		孔边距				—	—	—					
	普通冲裁	外形		—	—	—	—	—	—	—	—	—	—
		内形		—	—	—	—	—	—	—	—	—	—
		孔中心距		—	—	—	—	—	—	—	—	—	—
		孔边距				—	—	—	—	—	—	—	—
	成型冲压平面冲裁	外形					—	—	—	—	—	—	—
		内形				—	—	—	—	—	—	—	—
		孔中心距				—	—	—	—	—	—	—	—
		孔边距						—	—	—	—	—	—

（续）

	加工方法	尺寸类型	公差等级										
			ST1	ST2	ST3	ST4	ST5	ST6	ST7	ST8	ST9	ST10	ST11
成型冲压件	拉深	直径											
		高度											
	带凸缘拉深	直径											
		高度											
	弯曲	长度											
	其他成型方法	直径											
		高度											
		长度											

表4.4-42　角度公差（摘自GB/T 13915—2002）

	公差等级	短边尺寸/mm						
		≤10	>10~25	>25~63	>63~160	>160~400	>400~1000	>1000~2500
冲压件冲裁角度	AT1	0°40′	0°30′	0°20′	0°12′	0°5′	0°4′	—
	AT2	1°	0°40′	0°30′	0°20′	0°12′	0°6′	0°4′
	AT3	1°20′	1°	0°40′	0°30′	0°20′	0°12′	0°6′
	AT4	2°	1°20′	1°	0°40′	0°30′	0°20′	0°12′
	AT5	3°	2°	1°30′	1°	0°40′	0°30′	0°20′
	AT6	4°	3°	2°	1°30′	1°	0°40′	0°30′
	公差等级	短边尺寸/mm						
		≤10	>10~25	>25~63	>63~160	>160~400	>400~1000	>1000
冲压件弯曲角度	BT1	1°	0°40′	0°30′	0°16′	0°12′	0°10′	0°8′
	BT2	1°30′	1°	0°40′	0°20′	0°16′	0°12′	0°10′
	BT3	2°30′	2°	1°30′	1°15′	1°	0°45′	0°30′
	BT4	4°	3°	2°	1°30′	1°15′	1°	0°45′
	BT5	6°	4°	3°	2°30′	2°	1°30′	1°

注：1. 冲压件冲裁角度：在平冲压件或成型冲压件的平面部分，经冲裁工序加工而成的角度。

2. 冲压件弯曲角度：经弯曲工序加工而成的冲压件的角度。

3. 冲压件冲裁角度与弯曲角度的极限偏差按下述规定选取。

（1）依据使用的需要选用单向偏差。

（2）未注公差的角度极限偏差，取表中给出的公差值的一半，冠以“±”号分别作为上、下偏差。

表4.4-43　未注公差（冲裁、弯曲）角度的极限偏差（摘自GB/T 15055—2007）　（mm）

	公差等级	短边长度						
		≤10	>10~25	>25~63	>63~160	>160~400	>400~1000	>1000~2500
冲裁	f	±1°00′	±0°40′	±0°30′	±0°20′	±0°15′	±0°10′	±0°06′
	m	±1°30′	±1°00′	±0°45′	±0°30′	±0°20′	±0°15′	±0°10′
	c v	±2°00′	±1°30′	±1°00′	±0°40′	±0°30′	±0°20′	±0°15′
	公差等级	短边长度						
		≤10	>10~25	>25~63	>63~160	>160~400	>400~1000	>1000
弯曲	f	±1°15′	±1°00′	±0°45′	±0°35′	±0°30′	±0°20′	±0°15′
	m	±2°00′	±1°30′	±1°00′	±0°45′	±0°35′	±0°30′	±0°20′
	c v	±3°00′	±2°00′	±1°30′	±1°15′	±1°00′	±0°45′	±0°30′

表4.4-44　角度公差等级选用

	材料厚度/mm	公差等级					
		AT1	AT2	AT3	AT4	AT5	AT6
冲压件冲裁角度	≤3						
	>3						

	材料厚度/mm	公差等级				
		BT1	BT2	BT3	BT4	BT5
冲压件弯曲角度	≤3					
	>3					

表 4.4-45　直线度、平面度未注公差（摘自 GB/T 13916—2002）　（mm）

本标准适用于金属材料冲压件，非金属材料冲压件可参照执行。

直线度、平面度未注公差

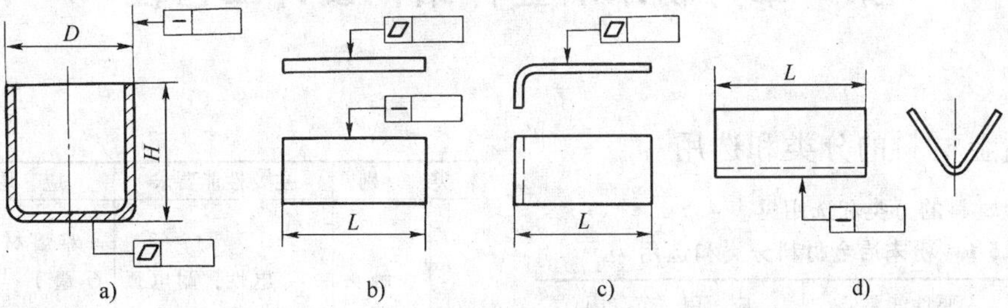

a)　b)　c)　d)

公差等级	主参数（L、H、D）						
	≤10	>10~25	>25~63	>63~160	>160~400	>400~1000	>1000
1	0.06	0.10	0.15	0.25	0.40	0.60	0.90
2	0.12	0.20	0.30	0.50	0.80	1.20	1.80
3	0.25	0.40	0.60	1.00	1.60	2.50	4.00
4	0.50	0.80	1.20	2.00	3.20	5.00	8.00
5	1.00	1.60	2.50	4.00	6.50	10.00	16.00

表 4.4-46　同轴度、对称度未注公差（摘自 GB/T 13916—2002）　（mm）

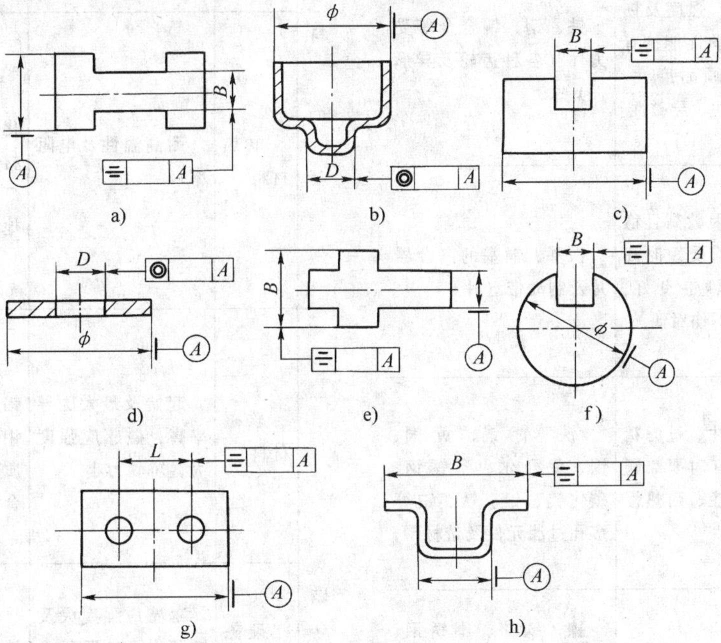

a)　b)　c)　d)　e)　f)　g)　h)

公差等级	主参数（B、D、L）							
	≤3	>3~10	>10~25	>25~63	>63~160	>160~400	>400~1000	>1000
1	0.12	0.20	0.30	0.40	0.50	0.60	0.80	1.00
2	0.25	0.40	0.60	0.80	1.00	1.20	1.60	2.00
3	0.50	0.80	1.20	1.60	2.00	2.50	3.20	4.00
4	1.00	1.60	2.50	3.20	4.00	5.00	6.50	8.00

圆度未注公差值应不大于尺寸公差值。

圆柱度未注公差值由其圆度、素线的直线度未注公差值和要素的尺寸公差分别控制。

平行度未注公差值由平行要素的平面度或直线度的未注公差值和平行要素间的尺寸公差分别控制。

垂直度、倾斜度未注公差由角度公差和直线度未注公差值分别控制。

第 5 章　粉末冶金件结构设计工艺性

1　粉末冶金材料的分类和选用

粉末冶金材料的分类和选用见表 4.5-1。

表 4.5-1　粉末冶金材料分类和选用

类　　别		主要性能要求	应　用　范　围
机械零件材料	减摩材料	自润滑性好，承载能力（pv 值）高，摩擦因数小，耐磨且不伤对偶	铁基及铜基含油轴承、双金属轴瓦、高石墨铁基轴承、铁硫轴承、多孔碳化钨浸 MoS_2 轴承
	结构材料	硬度、强度及韧性等力学性能，有时要兼顾耐磨性、耐腐蚀性、导磁性	铁、钢、铜合金等受力件（各种齿轮及异形件）
	摩擦材料	摩擦因数高且稳定，能承受短时高温，导热性良好，耐磨且不伤对偶	铁基、铜基的离合器片及制动带（片）
	过滤材料	透过性、过滤精度高，有时要兼顾耐腐蚀性、耐热性及导电性	铁、青铜、黄铜、镍、蒙乃尔、不锈钢、碳化钨、银、钛、铂等多孔过滤元件及带材
	热交换材料	孔隙度、基体的高温强度及耐腐蚀性	镍、镍铬、不锈钢、钨、钼等为基体，浸低熔点金属，或利用孔隙渗出冷却液的高温工作零件
	密封材料	质软，使用时易因变形而贴紧，本身致密，有时要兼顾耐磨性及耐腐蚀性	多孔铁浸沥青的管道密封垫，多孔青铜浸塑料的长管道中热胀冷缩补偿器中的密封件

（续）

类　　别		主要性能要求	应　用　范　围
电工材料	触头材料	导电性，耐电弧性	难熔材料（钨、钼、石墨）与导电材料（铜、银）形成假合金的开关触头
	集电材料	导电性、减摩性及一定程度的耐电弧性	电动机中集电用的银石墨、铜石墨电刷，电车用的铁、铜基集电滑板（块）
	电热材料	耐高温性及电阻率	钨、钼、钽、铌及其化合物，以及弥散强化材料做成的发热元件、灯丝、电子管极板及其他电真空材料
磁性材料	软磁材料	起始及最大磁导率高，磁感应强度大，矫顽力小	坡莫合金、铁铝及铁铝硅合金、纯铁、铜磷钼铁合金、高硅（硅的质量分数为 5% ~7%）合金制成的铁心
	硬磁材料	磁感应强度大及矫顽力大，即要求磁能积高	铝镍钴、钴稀土（钕铁硼）合金做成的永久磁铁
	磁介质材料	高的电阻率，有一定的磁导率	高频用的导磁性物质（如高纯铁粉、铁铝硅合金粉）与绝缘介质（树脂、陶土）做成的铁心

（续）

类别		主要性能要求	应用范围
工具材料	刀具材料	硬度、热硬性、强度、韧性及耐磨性	含钴（质量分数）小于15%的硬质合金及钢结构硬质合金做成的刀具、粉末高速钢刀具及陶瓷刀具
	模具、凿岩及耐磨材料	硬度、强度及耐磨性	含钴（质量分数）15%～25%的硬质合金及钢结构硬质合金
	金刚石—金属工具材料	胎体（金属）的硬度、强度及与金刚石的粘结强度	金刚石地质钻头、研磨工具、修正砂轮工具
高温材料	非金属难熔化合物基合金材料	硬度、耐磨性、热强性及抗氧化性	碳化硅、碳化硼、氮化硅、氮化硼基的高温零件及磨具
	难熔金属及其化合物基合金材料	热强性、冲击韧度及硬度	钨、钼、钽、铌、钛及其碳化物、硼化物、氮化物基的高温零件
	弥散强化材料	热强性、抗蠕变能力	铝、铜、银、镍、铬、铁与氧化铝、氧化锆做成的高温下阻碍晶粒长大的材料和零件

1.1　粉末冶金减摩材料

采用粉末冶金工艺可制成多种用途的减摩材料，其用途与青铜、巴氏合金、减摩铸铁及某些工程塑料相同，可作为滑动轴承的材料。常用的粉末冶金含油轴承的形状如图 4.5-1 所示。

粉末冶金减摩材料的特点为：

1）在混料时可渗入各种固体润滑剂，如石墨、铅、氧化铅、硫及硫化物等，以改变材料的减摩性能。

2）利用材料的多孔性，可浸渍多种润滑组元，如润滑油、硫磺、聚四氟乙烯、二硫化钼等，使材料具有更好的自润滑性能。

3）较易制得无偏析的铜铅—钢背双金属材料。

1.2　粉末冶金摩擦材料

粉末冶金摩擦材料通常是以金属（铜和铁）为基体，添加一种或多种金属和非金属组元，通过压制和加压烧结而制成。粉末冶金摩擦材料主要用于制造轮船、汽车、机床等的离合器、制动器的摩擦元件，它具有如下特性：

1）摩擦因数大，热稳定性好，即在较宽的温度范围内仍保持较高的摩擦因数。

2）导热性好。

3）强度高，可承受较高的工作压力。

4）改变组元成分后，可提高和改善材料的磨合性、抗咬合性及耐磨性。

1.3　粉末冶金过滤材料

粉末冶金多孔材料的孔隙度和孔径尺寸，可以在相当宽的范围内调整。它们被作为过滤元件，广泛应用于石油化工、机械工业、冶金工业之中。

粉末冶金过滤材料与毡质、棉布、纸等过滤材料相比，具有质地坚固，能在较高温度下工作，过滤精度高，过滤介质不易被沾污的优点。与金属丝网和线隙式过滤材料相比，过滤精度高，易于成批生产。此外，粉末冶金过滤材料还具有强度高，可进行机械加工和可焊接的特点。

1.4　粉末冶金铁基结构材料

粉末冶金铁基结构材料是以铁粉或合金钢粉为主

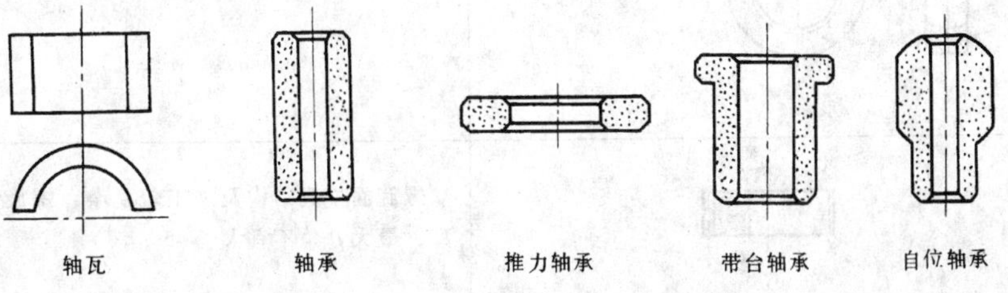

图 4.5-1　粉末冶金含油轴承的形状

要原料，经过粉末冶金方法制造零件的材料。它能达到力学性能或耐磨性能要求、较好的工艺性能，以及耐热、耐腐蚀等。

2　粉末冶金零件结构设计的基本参数

结构设计的基本参数见表 4.5-2～表 4.5-10。

表 4.5-2　可以压制成型的零件结构

名　称	举　　例	简　要　说　明
无台柱体类	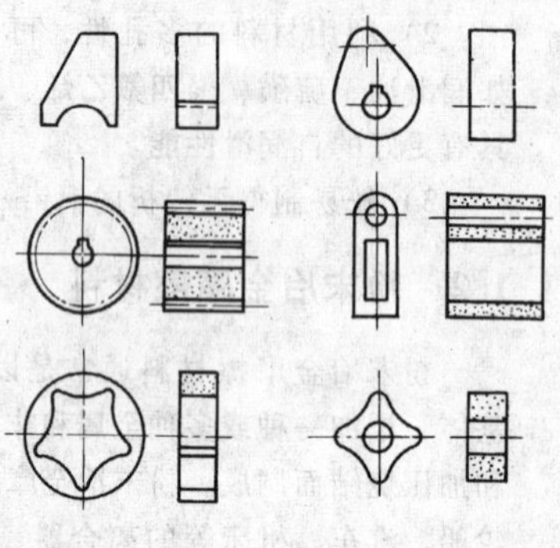	沿压制方向的横截面无变化，压制时，粉末无需横向流动，各处压缩比相等，密度最易均匀 任何异形的横截面，对压制并不增加特殊困难，但长（高）度方向尺寸，受上下密度允许差的限制，过于薄壁（ <1mm）和尖角应避免
带台柱体类	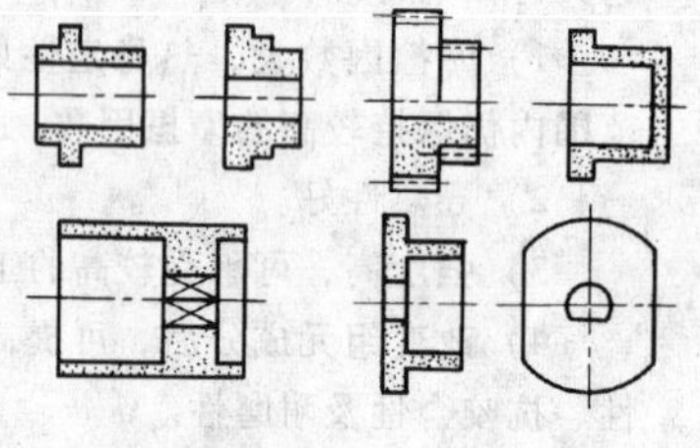	沿压制方向的横截面有突变，模具结构稍复杂，外台较内台、多台较少台以及外台在中间较在一端难度大，密度均匀性较无台类差
带锥面类	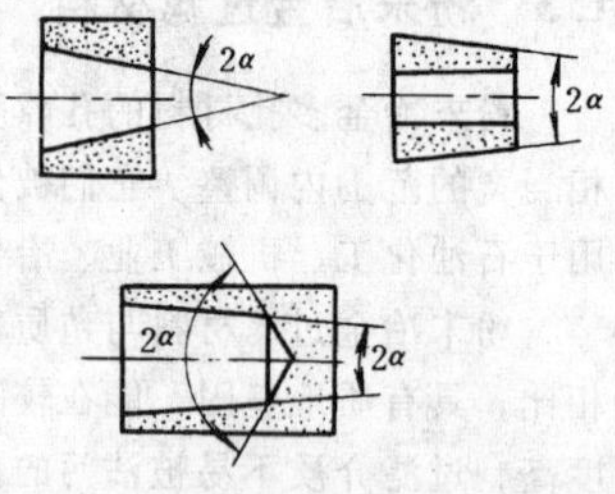	横截面渐变，锥角 2α 越小（接近 0°）或越大（接近 80°）压制困难越少，2α 在 90°左右应尽量避免锥台大小端尺寸不宜相差太大
带球面类	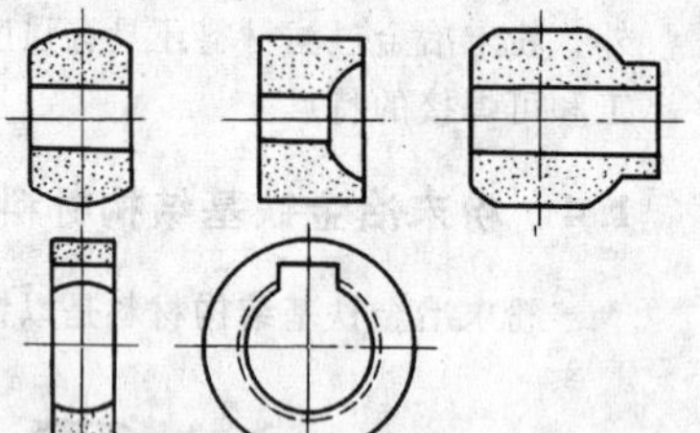	球台表面压制时易出现皱纹，可在烧结后滚压消除，脱模较复杂 小于球径的局部球面，成型无特殊困难
带螺旋面类	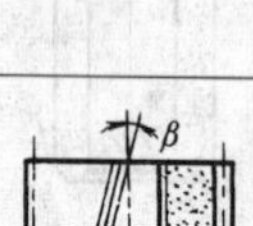	螺旋面模具结构及加工较复杂，螺旋角 β 小易成型，最大 β 角不宜大于 45°
带凸脐及凹槽类	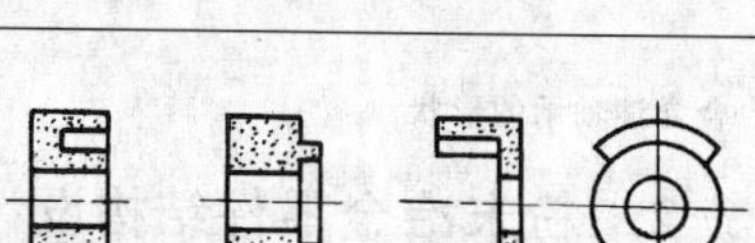	模具结构较复杂，槽深度或凸脐高度小，密度易均匀

表 4.5-3　需要辅助机械加工举例

成品	坯件	简要说明	成品	坯件	简要说明
	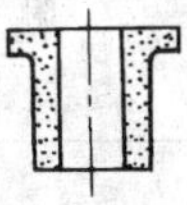	横槽难以压制	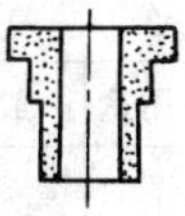	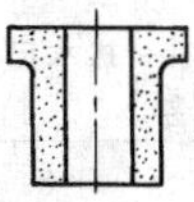	多外台模具结构复杂
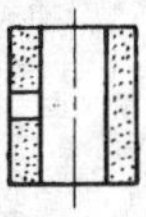	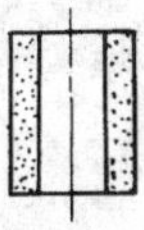	横孔难以压制	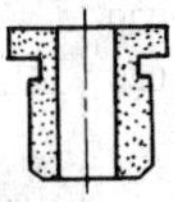	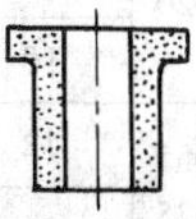	螺纹难以压制
		倒锥难以压制	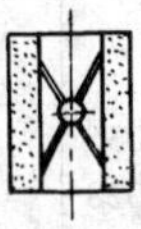	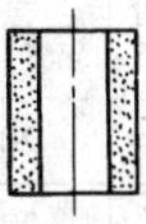	油槽难以压制
	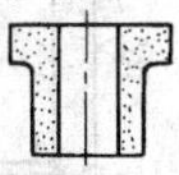	外台在中间，模具结构复杂			

表 4.5-4　最小壁厚　　(mm)

最大外径	最小壁厚	最大外径	最小壁厚
10	0.80	40	1.75
20	1.00	50	2.15
30	1.50	60	2.50

表 4.5-5　一般烧结机械零件的尺寸范围

材料	最大横断面面积 /cm^2	宽度 /mm		高度 /mm	
		最大	最小	最大	最小
铁基	40	120	5	40	3
铜基	50	120	5	50	3

表 4.5-6　粉末冶金过滤材料粉末分级及元件壁厚推荐值

编号	1	2	3	4	5	6	7	8	9	10	11	12	13	14
筛号 目	-18 +30	-30 +40	-40 +55	-55 +75	-75 +100	-100 +120	-120 +150	-150 +200	-200 +250	-250 +300	-300	-300	-300	-300
粒级 μ	1000 ~ 630	630 ~ 450	450 ~ 315	315 ~ 200	200 ~ 154	154 ~ 125	125 ~ 100	100 ~ 76	76 ~ 61	61 ~ 45	45 ~ 25	25 ~ 18	18 ~ 12	12 ~ 6
平均粒级 μ	815	540	382	258	177	140	113	88	69	53	35	22	15	9
元件推荐厚度 /mm	5	4	3.5	3	2.5	2.5	2	2	1.5 ~ 2	1.5 ~ 2	1 ~ 1.5	1 ~ 1.5	1 ~ 1.5	1 ~ 1.5

表 4.5-7　含油轴承推荐的尺寸精度　　(mm)

部位 / 尺寸精度	内径		外径		长度					
	经济的	可达到的	经济的	可达到的	经济的			可达到的		
					≤30	>30 ~ 80	>80 ~ 120	≤30	>30 ~ 80	>80 ~ 120
等级或偏差	3 ~ 5	1 ~ 2	3 ~ 5	1 ~ 2	±0.25	±0.40	±0.60	±0.15	±0.25	±0.40

表 4.5-8　推荐的含油轴承径向尺寸表　　(mm)

内径 d			外径 D			内外圆同轴度允差		倒角	附注
基本尺寸	公差		基本尺寸	公差		精密用途	一般用途	c	
	精密用途	一般用途		精密用途	一般用途				
4	+0.016 +0.000	+0.045 +0.020	8	+0.029 +0.023	+0.065 +0.035	+0.010	0.025	0.3	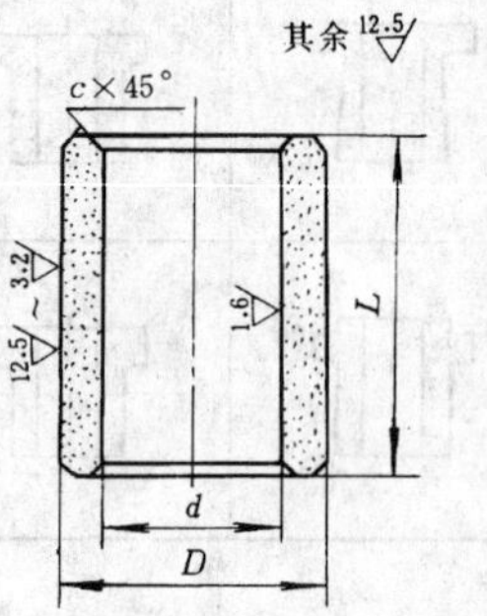
5			9						
6			10						
8		+0.055 +0.025	12		+0.075 +0.040		0.030	0.4	
10			16						
12	+0.019 +0.000	+0.060 +0.025	18	+0.036 +0.028		0.015	0.040		
14		+0.065 +0.030	20		+0.095 +0.050			0.5	
16			22						
18			25						
20	+0.023 +0.000	+0.075 +0.030	28	+0.062 +0.039		0.018	0.050		
22			30						
25		+0.080 +0.035	32		+0.110 +0.060			0.8	
28			35						
30			38						
32	+0.039 +0.000	+0.085 +0.035	40	+0.087 +0.060		0.020	0.060		
35			45						
38			48						
40			50						
45		+0.095 +0.045	55					1.0	内孔允许有轻微的轴向划痕，外径允许有不影响公差的轴向划痕，同轴度要求很高时，可经辅助机械加工解决
50			60						
55	+0.046 +0.000	+0.105 +0.045	65	+0.105 +0.075	+0.135 +0.075	0.025	0.070		
60			70						

表 4.5-9　烧结机械零件尺寸容许公差

(mm)

基本尺寸	宽度			高度		
	容许尺寸公差					
	精级	中级	粗级	精级	中级	粗级
<10	±0.05	±0.10	±0.30	±0.15	±0.30	±0.70
>10～25	±0.07	±0.20	±0.50	±0.20	±0.50	±1.20
>25～63	±0.10	±0.30	±0.70	±0.40	±0.70	±1.80
>63～160	±0.15	±0.50	±1.20			

注：宽度尺寸为垂直压制方向的尺寸，高度为平行压制方向的尺寸。

表 4.5-10　精压机械零件尺寸精度

(mm)

基本尺寸	尺寸公差	基本尺寸	尺寸公差
≤40	+0.00 －0.025	≤40	+0.125
>40～65	+0.00 －0.04	>40～75	+0.19
>65	+0.00 －0.05	>75	±0.25

3　粉末冶金零件结构设计的注意事项

粉末冶金件结构设计注意事项见表 4.5-11。

表 4.5-11　粉末冶金零件结构设计的注意事项

序号	注意事项		图例 改进前	图例 改进后
1	简化模具	改进后易实现自动压制		
2	避免尖角、深窄凹槽	冲模、工件尖角处应力集中，易产生裂纹	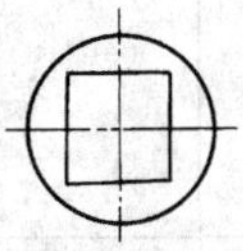	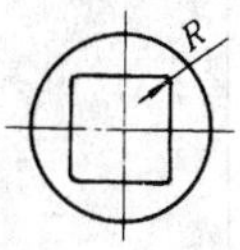
		深窄凹槽、易产生裂纹，装粉、成型困难	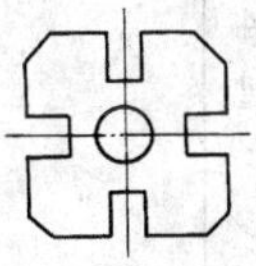	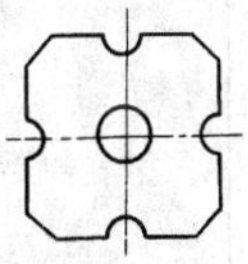
		$R>0.5$mm 幅宽在 1mm 以上	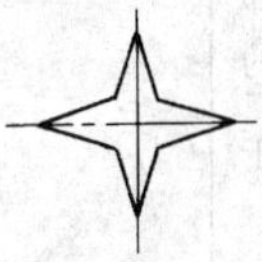	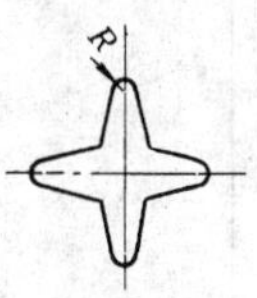
3	避免突然过渡	金属粉难于充满压制困难		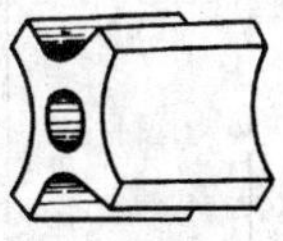
		圆角过渡利于压制工件，可避免产生裂纹，便于脱模	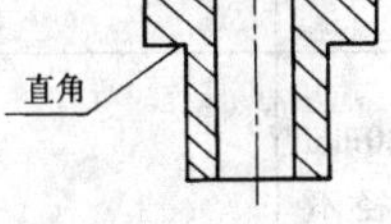	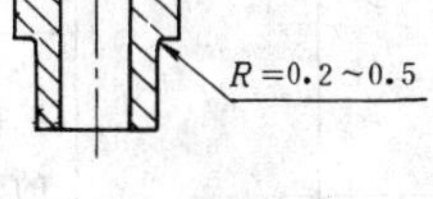
4	合理的斜度	改进后易压制成型		
5	保证压件质量	凸起或凹槽的深度不能过大，且应有一定斜度，以保证压制成型与脱模方便	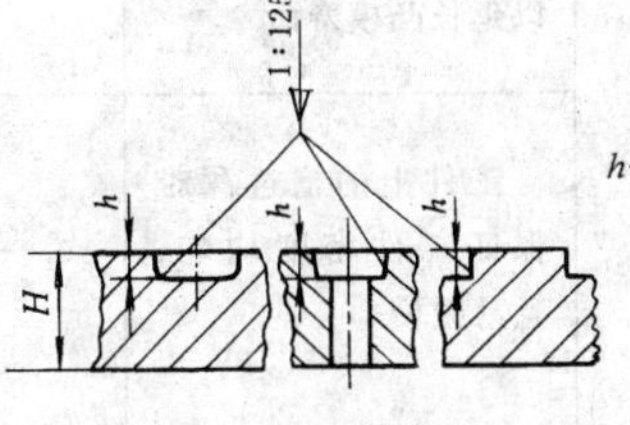	$h<H/5$

（续）

序号	注意事项		图例	
			改进前	改进后
5	保证压件质量	为保证较长工件两端粉末密实度差别不大，工件不能过长	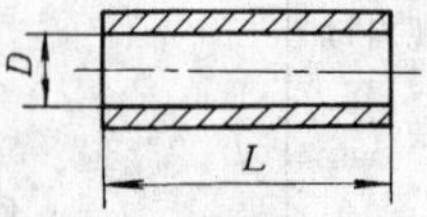	$L \leqslant (2.5 \sim 3.5)D$
		避免工件壁厚急剧改变或壁厚相差过大	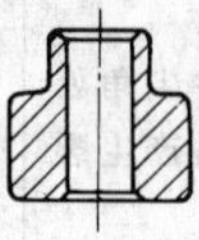	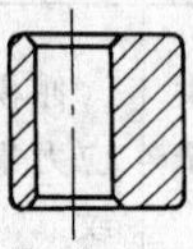
		为保证模具强度和压坯强度足够，工件窄条部分尺寸不能过小	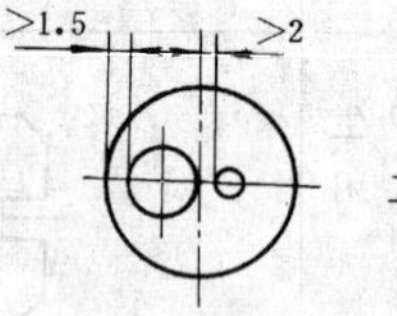 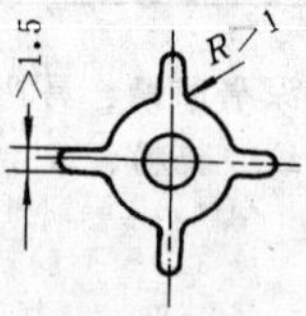	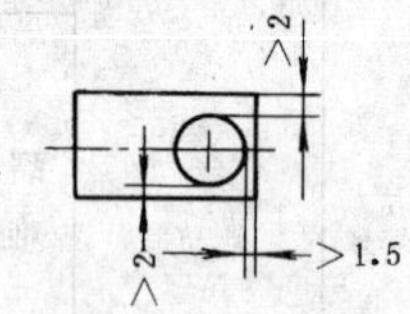
		阶梯形制件的相邻阶差不应小于直径的$\frac{1}{16}$，其尺寸不应小于0.9mm	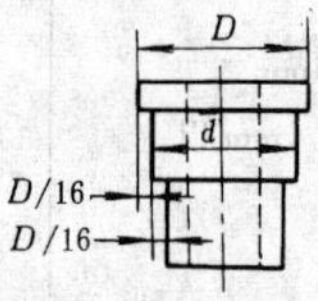	$\frac{D-d}{2} \geqslant \frac{1}{16}D$
		齿轮的齿根圆直径应大于轮毂直径3mm以上	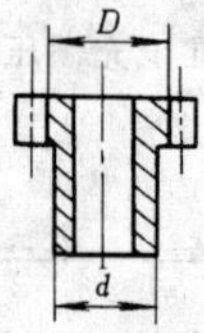	$D > d + 3$
		长度大于18～20mm的工件，法兰直径不应超过轴套直径的1.5倍，法兰根部应有圆角	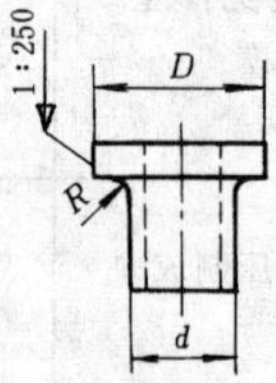	$D < 1.5d$ $R = 0.8 \sim 2.5$
		端面倒角后，应留出0.1mm的小平面，以延长凸模寿命	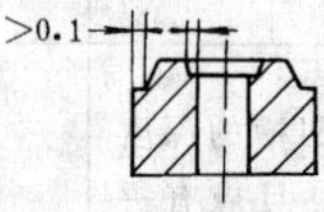	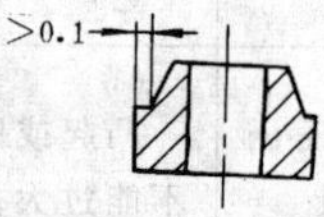
		工件上的槽过深难保证工件密度均匀，且易脱模	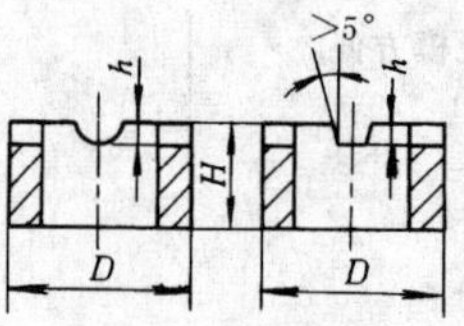	当$\frac{H}{D} \leqslant 1$时 圆槽深$h \leqslant \frac{1}{3}H$ 梯形槽深$h \leqslant \frac{1}{5}H$

（续）

序号	注意事项		图例 改进前	图例 改进后
5	保证压件质量	工件上花纹的方向应与压制方向平行，菱形花纹不能压制	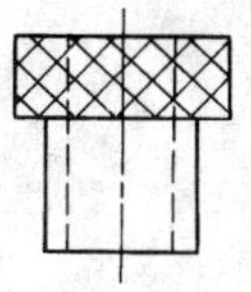 不适宜	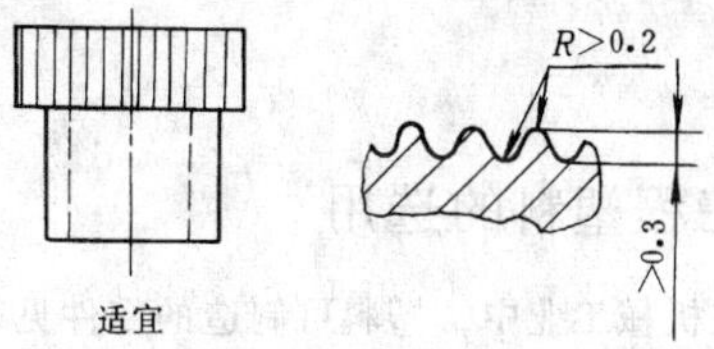 适宜
6	铸、锻件改为粉末冶金零件时应便于压制过程	把凸出部分移到与其配合的零件上，以简化粉末冶金零件结构和减少压制的困难	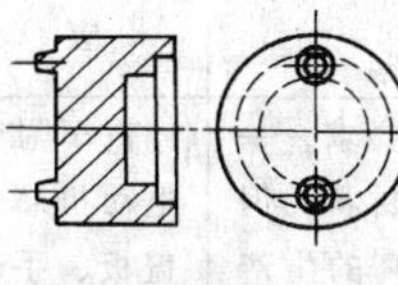 用模锻或铸造，然后用机械加工法制造	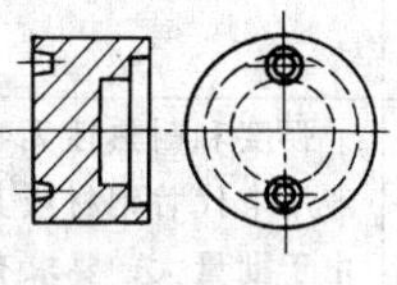 用粉末冶金法制造
		以粉末冶金整体零件代替需要装配的部件	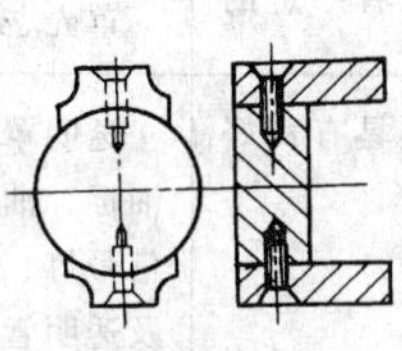 需要装配的零件	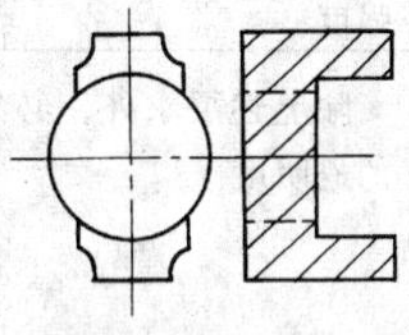 不需装配的粉末冶金零件

第6章　工程塑料件结构设计工艺性

1　工程塑料的选用

在机械工业中，塑料可制造的零件见表4.6-1。

表4.6-1　工程塑料的选用

用途	要求	应用举例	材料
一般结构零件	强度和耐热性无特殊要求，一般用来代替钢材或其他材料，但由于批量大，要求有较高的生产率，成本低，有时对外观有一定要求	汽车调节器盖及喇叭后罩壳、电动机罩壳、各种仪表罩壳、盖板、手轮、手柄、油管、管接头、紧固件等	低压聚乙烯、聚氯乙烯、改性聚苯乙烯（203A，204）、ABS、聚丙烯等。这些材料只承受较低的载荷，当受力小时，大约在60～80℃范围内使用
	同上述要求，并要求有一定的强度	罩壳、支架、盖板、紧固件等	聚甲醛、尼龙1010
透明结构零件	除上述要求外，必须具有良好的透明度	透明罩壳、汽车用各类灯罩、油标、油杯、视镜、光学镜片、信号灯、防爆灯、防护玻璃以及透明管道等	改性有机玻璃（372）、改性聚苯乙烯（204）、聚碳酸酯
耐磨受力传动零件	要求有较高的强度、刚性、韧性、耐磨性、耐疲劳性，并有较高的热变形温度、尺寸稳定	轴承、齿轮、齿条、蜗轮、凸轮、辊子、联轴器等	尼龙、MC尼龙、聚甲醛、聚碳酸酯、聚酚氧、氯化聚醚、线型聚酯等。这类塑料的拉伸强度都在60MPa以上，使用温度可达80～120℃
减摩自润滑零件	对机械强度要求不高，但由于零件的运动速度较高，故要求具有低的摩擦系数，优异的耐磨性和自润滑性	活塞环、机械动密封圈、填料、轴承等	聚四氟乙烯、填充的聚四氟乙烯、聚四氟乙烯填充的聚甲醛、聚全氟乙丙烯（F-46）等；在小载荷、低速时可采用低压聚乙烯
耐高温结构零件	除耐磨受力传动零件和减摩自润滑零件要求外，还必须具有较高的热变形温度及高温抗蠕变性	高温工作的结构传动零件，如汽车分速器盖、轴承、齿轮、活塞环、密封圈、阀门、阀杆、螺母等	聚砜、聚苯醚、氟塑料（F-4，F-46）、聚酰亚胺、聚苯硫醚，以及各种玻璃纤维增强塑料等。这些材料都可在150℃以上使用
耐腐蚀设备与零件		化工容器、管道、阀门、泵、风机、叶轮、搅拌器以及它们的涂层或衬里等	聚四氟乙烯、聚全氟乙丙烯、聚三氟氯乙烯（F-3）、氯化聚醚、聚氯乙烯、低压聚乙烯、聚丙烯、酚醛塑料等

2　工程塑料零件的制造方法

2.1　工程塑料的成型方法

热塑性塑料可用注射、挤出、吹塑等成型工艺，制成各种规格的管、棒、板、薄膜、泡沫塑料、增强塑料、以及各种形状的零件，见表4.6-2。

表4.6-2　工程塑料主要成型方法、特点及应用

成型方法	特点	应用
压制成型	将塑料粉或经增强、耐磨、耐热等材料改性的材料置于金属模中，用加压加热方法制得一定形状的塑料制品	一般用于热固性塑料的成型，也适于热塑性塑料的成型

（续）

成型方法	特　　点	应　　用
注射成型	将颗粒状或粉状塑料置于注射机机筒内加热，使其软化后用旋转螺杆施加压力，使机筒内的物料自机筒末端的喷嘴注射到所需形状的模具中，然后冷却脱模，即得所需的制品，该法适于加工形状复杂而批量又大的制件，成本低，速度快	用于聚乙烯、ABS、聚酰胺、聚丙烯、聚苯乙烯等热塑性塑料的成型。可制作形状复杂的零件
挤出成型	将颗粒状或粉状塑料由加料斗连续地加入带有加热装置的机筒中，受热软化后，用旋转的螺杆连续从口模挤出（口模的形状即为所需制品的断面形状，其长度视需要而定），冷却后即为所需之制品	用于加工连续的管材、棒材或片状制品
浇注成型	将加有填料或未加填料的流动状态树脂倒入具有一定形状的模具中，在常压或低压下置于一定温度的烘箱中烘焙使其固化，即得所需形状之制品	用于酚醛、环氧等热固性塑料的成型。可制作大型复杂的零件
吹塑成型	先将已制成的片材、管材塑料加热软化或直接把挤出、注射成型出来的熔融状态的管状物，置于模具内，吹入压缩空气，使塑料处于高于弹性变形温度而又低于其流动温度下，吹成所需的空心制品	用于聚乙烯、软聚氯乙烯、聚丙烯、聚苯乙烯等热塑性塑料中空制品的成型。可制作瓶子和薄壁空心制品
真空成型	将已制成的塑料片加热到软化温度，借真空的作用使之紧贴在模具上，经过一定时间的冷却使其保持模具的形状，即得所需之制品	用于聚碳酸酯、聚砜、聚氯乙烯、聚苯乙烯、ABS等热塑性塑料的成型。可制作薄壁的杯、盘、罩、盖、壳、盒等敞口制品

热固性塑料可通过模压、层压、浇注等工艺制成层压板、管、棒以及各种形状的零件。

2.2　工程塑料的机械加工

一般工程塑料可采用普通切削工具和设备进行机械加工。由于塑料散热性差，有弹性，加工时易变形，以及易产生分层、开裂、崩落等现象，故应采取如下工艺措施，见表 4.6-3。

表 4.6-3　普通塑料机械加工条件

加工方法	切　削　刀　具	切　削　用　量
车　削	前角 10°～25°，后角 15°	$v = 30\text{m/min}$ $f = 0.05 \sim 0.1\text{mm/r}$ $a_p = 0.10 \sim 0.50\text{mm}$
铣　削	最好用镶片铣刀、高速钢刀，前角大、刀齿少	同加工黄铜，足够切削液
钻　孔	孔径 $D < \phi 15\text{mm}$，顶角 60°～90°，$D \geqslant \phi 15\text{mm}$，顶角 118°	$D < \phi 15\text{mm}$ 时 $n = 500 \sim 1500\text{r/min}$ $f = 0.1 \sim 0.5\text{mm/r}$ 足够切削液，常退屑
扩(铰)孔	螺旋槽扩孔钻、铰刀	同加工黄铜
攻螺纹	直接用二锥加工	
刨　削	后角 6°～8°	a_p 与 v 都要小
锯　割	弓形锯、电动木工圆锯、手锯、钢锉	
说　明	v——切削速度；a_p——背吃刀量；f——进给量	

1）刀具刃口要锋利，前角和后角要比加工金属时大。

2）充分冷却，多采用风冷或水冷。

3）工件不能夹持过紧。

4）切削速度高，进给量小，以获得较光滑的表面。

泡沫塑料在机械加工时，可采用木工工具和普通机械加工设备，但需用特殊刀具及操作方法，同时还可用电阻丝通电发热熔割（一般可用 5～12V 电压和直径为 0.5～1mm 的电阻丝），并可采用粘结剂（如沥青胶、聚醋酸乙烯乳液、环氧胶、聚氨酯胶等）进行胶接成型。

3　工程塑料零件设计的基本参数

（见表 4.6-4～表 4.6-17）

表 4.6-4　几种塑料轴承的配合间隙　（mm）

轴　径	尼龙 6 和 66	聚四氟乙烯	酚醛布层压塑料
6	0.050～0.075	0.050～0.100	0.030～0.075
12	0.075～0.100	0.100～0.200	0.040～0.085
20	0.100～0.125	0.150～0.300	0.060～0.120
25	0.125～0.150	0.200～0.375	0.080～0.150
38	0.150～0.200	0.250～0.450	0.100～0.180
50	0.200～0.250	0.300～0.525	0.130～0.240

表 4.6-5　聚甲醛轴承的配合间隙　（mm）

轴　径	室温～60℃	室温～120℃	－45～120℃
6	0.076	0.100	0.150
13	0.100	0.200	0.250
19	0.150	0.310	0.380
25	0.200	0.380	0.510
31	0.250	0.460	0.640
38	0.310	0.530	0.710

表 4.6-6 塑料零件外形尺寸与最佳厚度的关系 (mm)

材料		外形尺寸与壁厚				
		<20	20~50	50~80	80~150	150~250
压塑粉	酚醛塑料	—	1.0~1.5	2.0~2.5	5.0~6.0	—
	聚酰胺	0.8	1.0	1.3~1.5	3.0~3.5	4.0~6.0
纤维塑料		—	1.5	2.5~3.5	4.0~6.0	6.0~8.0
耐热塑料		0.5	0.5~1.0	1.0~1.5	1.5~2.0	2.0~3.0

表 4.6-7 壁厚、高度和最小壁厚 (mm)

塑料类型	壁厚(建议尺寸)			
	最低限值	小型制件	一般制件	大型制件
聚苯乙烯	0.75	1.25	1.6	3.2~5.4
有机玻璃(372)	0.8	1.5	2.2	4~6.5
聚乙烯	0.8	1.25	1.6	2.4~3.2
聚氯乙烯(硬)	1.15	1.6	1.8	3.2~5.8
聚氯乙烯(软)	0.85	1.25	1.5	2.4~3.2
聚丙烯	0.85	1.45	1.75	2.4~3.2
聚甲醛	0.8	1.4	1.6	3.2~5.4
聚碳酸酯	0.95	1.8	2.3	3~4.5
尼龙	0.45	0.75	1.6	2.4~3.2
聚苯醚	1.2	1.75	2.5	3.5~6.4
氯化聚醚(酚通)	0.85	1.35	1.8	2.5~3.4

高度和最小壁厚

制件高度	<50	>50~100	>100~200
最小壁厚	1.5	1.5~2	2~2.5

表 4.6-8 加强肋

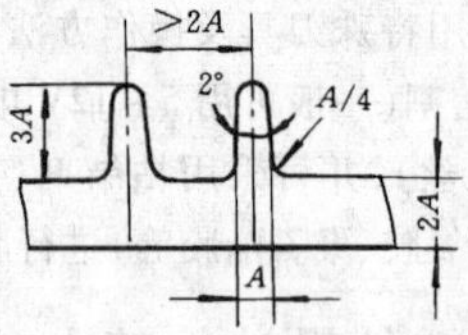

加强肋底部为壁厚的一半

加强肋高度不超过3A为较宜

加强肋间中心距离不应小于2A

表 4.6-9 不同表面的推荐脱模斜度

表面部位	斜度	
	连接零件与薄壁零件	其他零件
外表面	15′	30′~1°
内表面	30′	≈1°
孔(深度<1.5d)	15′	30′~45′
加强肋、凸缘	2°、3°、5°、10°	

表 4.6-10 不同塑料的推荐脱模斜度

塑料名称	脱模斜度
聚乙烯、聚丙烯、软聚氯乙烯	30′~1°
ABS、聚酰胺、聚甲醛、氯化聚醚、聚苯醚	40′~1°30′
硬聚氯乙烯、聚碳酸酯、聚砜	50′~2°
聚苯乙烯、有机玻璃	50′~2°
热固性塑料	20′~1°

表 4.6-11 孔深 $h \leqslant 2d$ 情况下的孔最小直径 (mm)

材料	d_{min}
聚酰胺	0.5
玻璃纤维	1.0
压塑料	1.5
纤维塑料	2.5
酚醛塑料	4.0
其他	0.8

表 4.6-12 塑料制件上孔眼尺寸的关系 (mm)

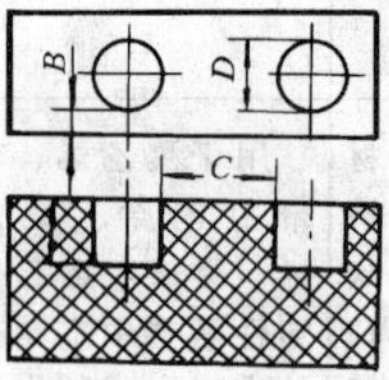

孔径 D	最小壁厚 B	相邻孔间最小间隔宽度 C	最大孔深 $H:D$
1.5	1.5	1.5	从2:1到15:1
3.0	2.3	2.2	
4.5	3.0	3.0	
6.5	3.0	4.0	
9.5	4.0	4.5	
12.5	5.0	5.5	

表 4.6-13 孔的尺寸关系(最小值) (mm)

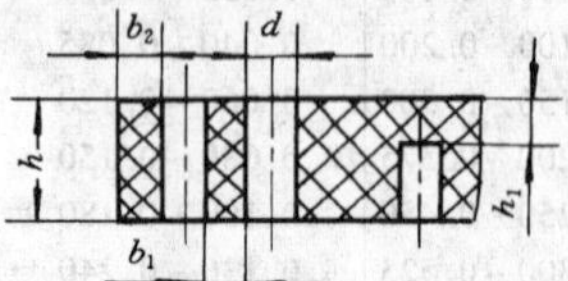

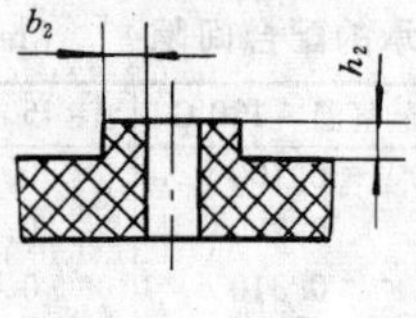

当 $b_2 \geqslant 0.3$mm 时,采用 $h_2 \leqslant 3b_2$

孔径 d	孔深与孔径比 h/d		边距尺寸		盲孔的最小厚度 h_1
	制件边孔	制件中孔	b_1	b_2	
≤2	2.0	3.0	0.5	1.0	1.0
>2~3	2.3	3.5	0.8	1.25	1.0
>3~4	2.5	3.8	0.8	1.5	1.2
>4~6	3.0	4.8	1.0	2.0	1.5
>6~8	3.4	5.0	1.2	2.3	2.0
>8~10	3.8	5.5	1.5	2.8	2.5
>10~14	4.6	6.5	2.2	3.8	3.0
>14~18	5.0	7.0	2.5	4.0	3.0
>18~30	—	—	4.0	4.0	4.0
>30	—	—	5.0	5.0	5.0

表 4.6-14　用成形型芯制出通孔的孔深和孔径

凸模形式	圆锥形阶段	圆柱形阶段	圆柱圆锥形阶段
单边凸模	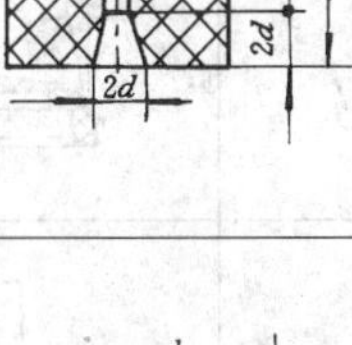	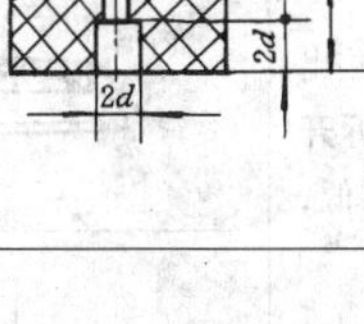	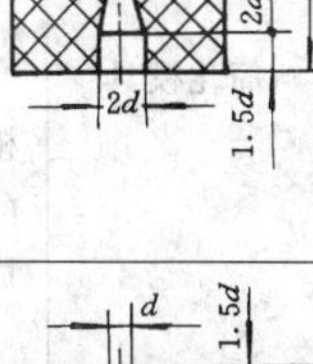
双边凸模	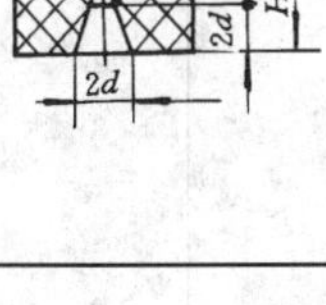	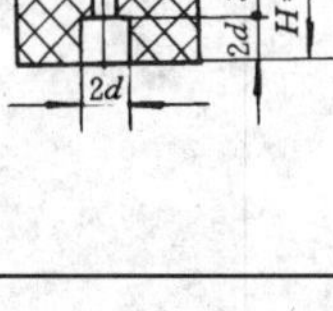	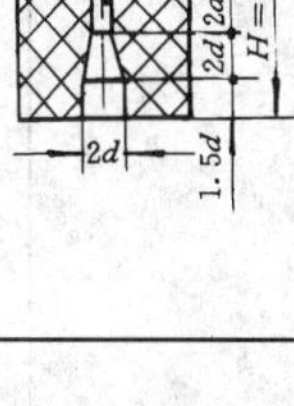

表 4.6-15　螺纹孔的尺寸关系(最小值)　　(mm)

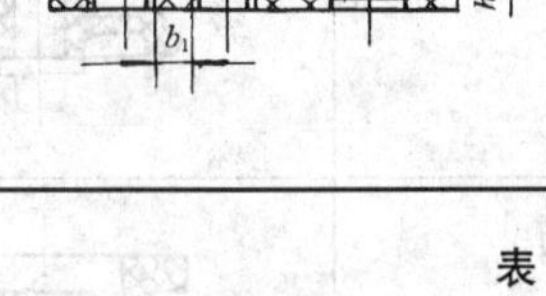

螺纹直径	边距尺寸		不通螺纹孔最小底厚
	b_1	b_2	h_1
≤3	1.3	2.0	2.0
>3～6	2.0	2.5	3.0
>6～10	2.5	3.0	3.8
>10	3.8	4.3	5.0

表 4.6-16　螺纹成型部分的退刀尺寸　　(mm)

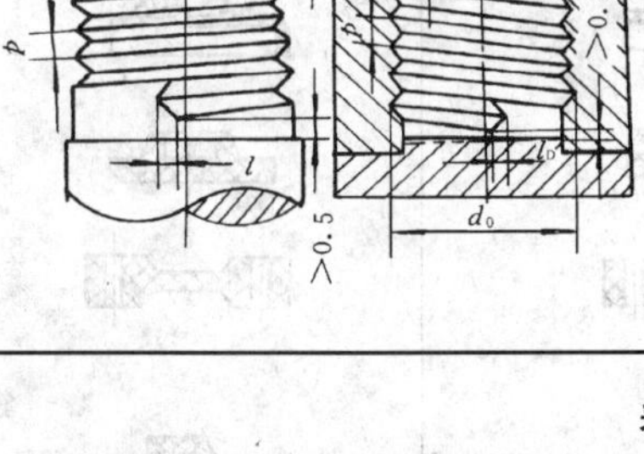

螺纹直径 d_0	螺距 p		
	<0.5	>0.5～1	>1
	退刀尺寸 l		
≤10	1	2	3
>10～20	2	2	4
>20～34	2	4	6
>34～52	3	6	8
>52	3	8	10

表 4.6-17　滚花的推荐尺寸　　(mm)

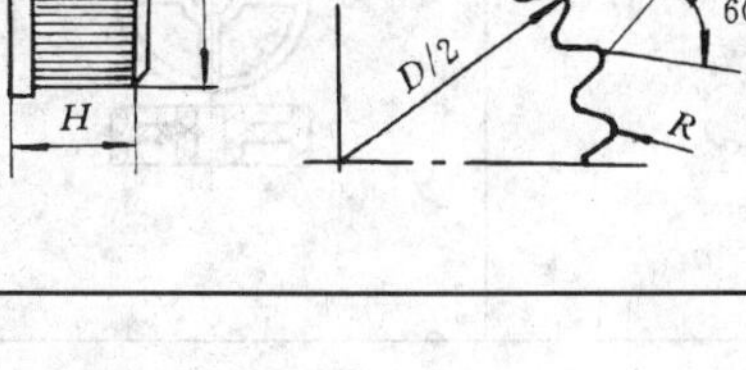

制件直径 D	滚花的距离		$\frac{D}{H}$
	齿距 p	半径 R	
≤8	1.2～1.5	0.2～0.3	1
>18～50	1.5～2.5	0.3～0.5	1.2
>50～80	2.5～3.5	0.5～0.7	1.5
>80～120	3.5～4.5	0.7～1	1.5

4　工程塑料零件结构设计的注意事项（见表4.6-18）

表4.6-18　工程塑料零件结构设计的注意事项

序号	注意事项		图例：改进前	图例：改进后
1	简化模具	避免凹陷，方便出模，改进前需用可拆开的模具，生产率较低，成本较高	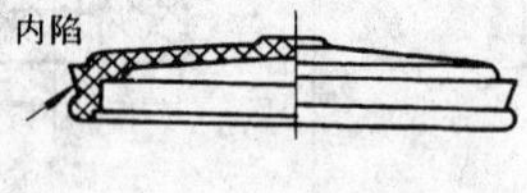	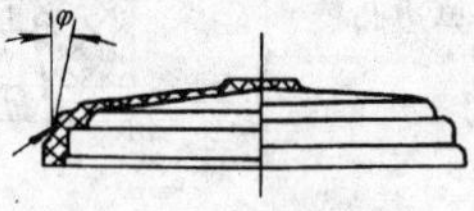
			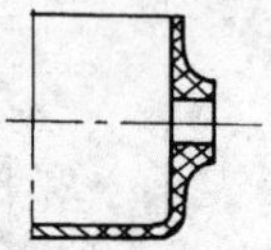	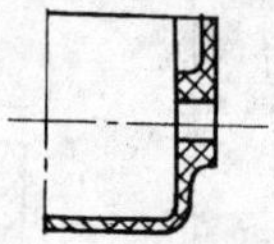
			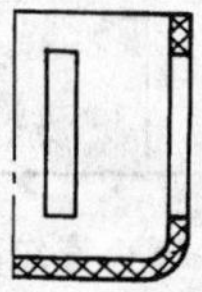	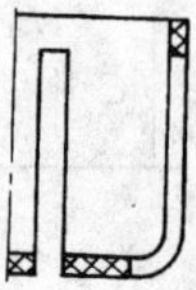
			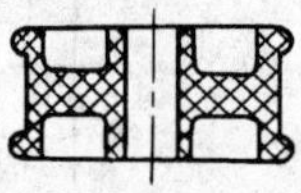	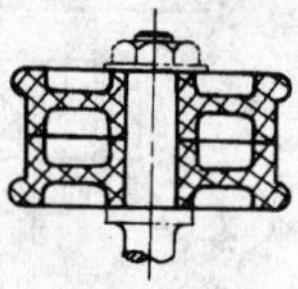
2	壁厚力求均匀	壁厚不均匀处易产生气泡和收缩变形，甚至产生应力裂纹	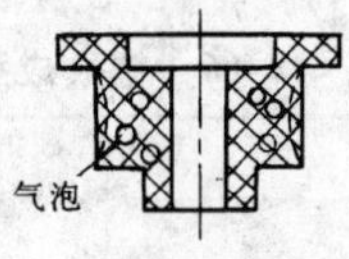	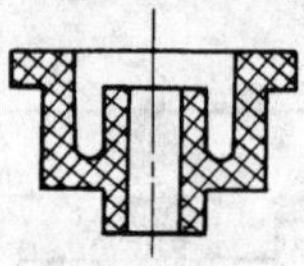
			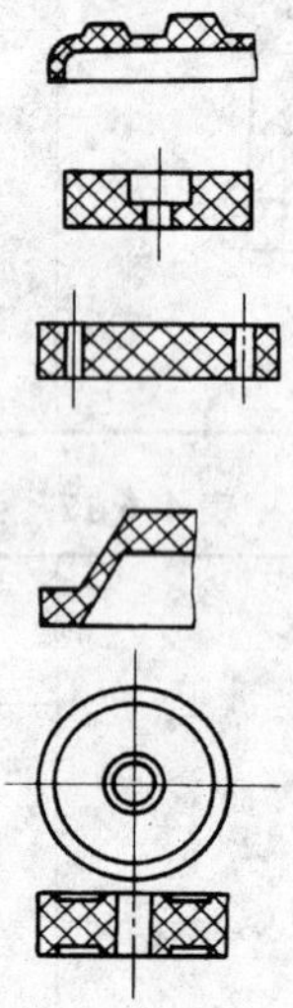	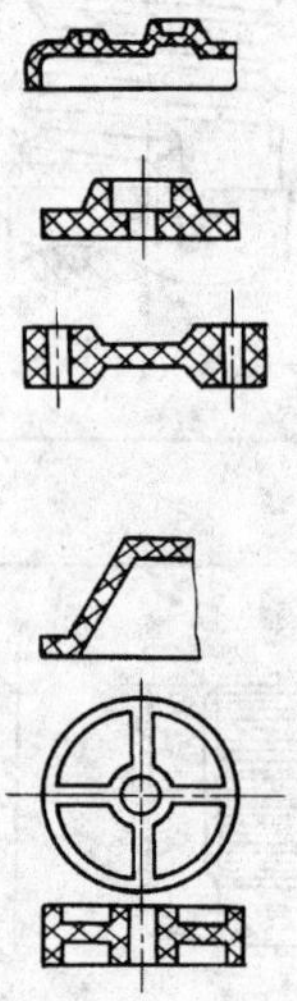

（续）

序　号	注　意　事　项		图例 改　进　前	图例 改　进　后
3	足够的脱模斜度	斜度大小与塑料性质、收缩率、厚度、形状有关，一般为 15′～1°	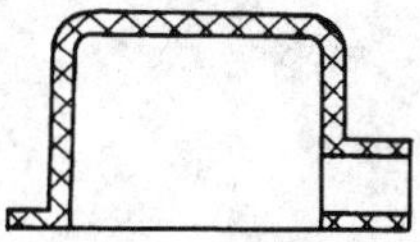	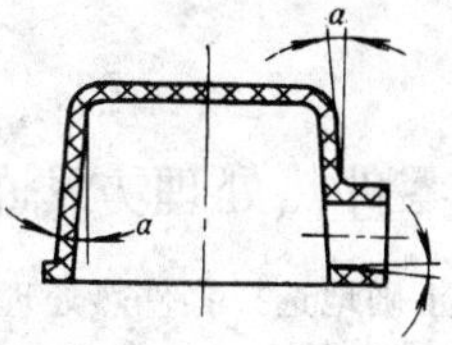
4	避免锐角与直角过渡	尖角处应力集中易产生裂纹，影响工件强度	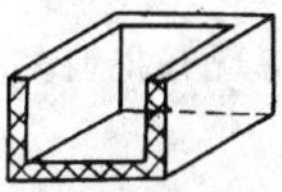 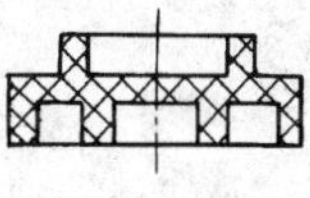	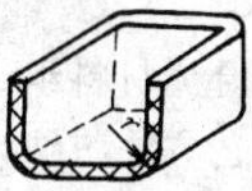 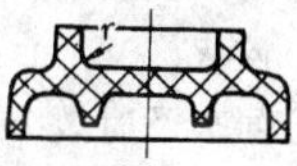 $r>0.5$
5	合理设计肋板	采用加强肋可节省材料，提高工件刚度、强度，防止翘曲	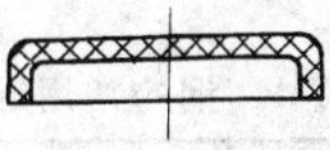	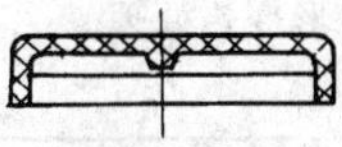
			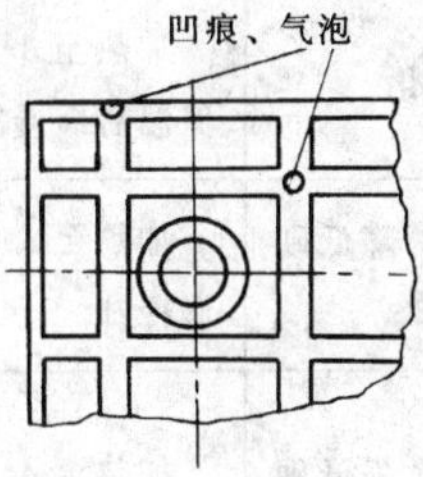	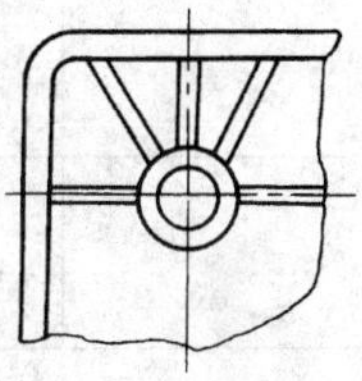
6	合理设计凸台	凸台尽量位于转角处 凸台高度应不大于其直径的两倍 凸台不能超过 3 个，如超过 3 个则应进行机械加工	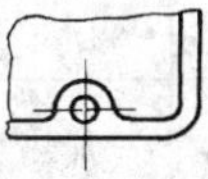 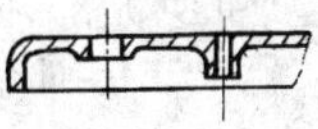	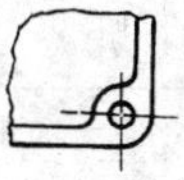 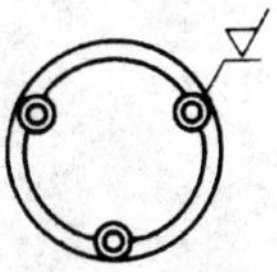

第7章　热处理零件结构设计工艺性

1　零件热处理方法的选择

正确地选择零件热处理的具体方法是实现零件热处理的前提,应根据零件的使用性能、技术要求、材料的成分、形状和尺寸等因素合理地选择热处理工艺方法。

按照金属材料组织变化的特征,可将现有主要的热处理工艺方法归纳为如下6类:

1)退火及正火。

2)淬火。

3)回火及时效。

4)表面淬火。

5)化学热处理。

6)形变热处理。

1.1　退火及正火

退火及正火常用于毛坯的预备热处理,其目的在于使钢的成分均匀化,细化晶粒,改善组织,消除加工应力,降低硬度,改善可加工性等,为下一步冷、热加工或热处理工序作准备。对于性能要求不高的钢件,正火可作为最终热处理工序。

1.1.1　钢的退火

退火的目的在于:降低钢件的硬度,消除钢中内应力,使钢的成分均匀化,细化钢的组织,并为下一步工序作准备。

钢的常用退火工艺的分类及应用见表4.7-1。

表4.7-1　钢的常用退火工艺的分类及应用

类　别	主要目的	工艺特点	应用范围
扩散退火	成分均匀化	加热至 $Ac_3+(150\sim200)$℃,长时间保温后缓慢冷却	铸钢件及具有成分偏析的锻轧件等
完全退火	细化组织,降低硬度	加热至 $Ac_3+(30\sim50)$℃,保温后缓慢冷却	铸、焊件及中碳钢和中碳合金钢锻轧件等
不完全退火	细化组织,降低硬度	加热至 $Ac_1+40\sim60$℃,保温后缓慢冷却	中、高碳钢和低合金钢锻轧件等(组织细化程度低于完全退火)
等温退火	细化组织,降低硬度,防止产生白点	加热至 $Ac_3+(30\sim50)$℃(亚共析钢)或 $Ac_1+(20\sim40)$℃(共析钢和过共析钢),保持一定时间,随炉冷至稍低于 Ar_1 进行等温转变,然后空气冷却(简称空冷)	中碳合金钢和某些高合金钢的重型铸锻件及冲压件等(组织与硬度比完全退火更为均匀)
球化退火	碳化物球状化,降低硬度,提高塑性	加热至 $Ac_1+(20\sim40)$℃或 $Ac_1-(20\sim30)$℃,保温后等温冷却或直接缓慢冷却	工模具及轴承钢件,结构钢冷挤压件等
再结晶退火或中间退火	消除加工硬化	加热至 $Ac_1-(50\sim150)$℃,保温后空冷	冷变形钢材和钢件
去应力退火	消除内应力	加热至 $Ac_1-(100\sim200)$℃,保温后空冷或炉冷至200~300℃,再出炉空冷	铸钢件、焊接件及锻轧件

1.1.2　钢的正火

正火的目的在于:调整钢件的硬度,细化晶粒及消除网状碳化物,为淬火作好组织准备或作为最终热处理。

钢正火工艺的特点及应用范围见表 4.7-2,40Cr 钢退火和正火后力学性能比较见表 4.7-3。

表 4.7-2　钢正火工艺的特点及应用范围

工艺特点	应用范围
将工件加热到 Ac_3 或 A_{cm} 以上 40～60℃,保温一定时间,然后以稍大于退火的冷却速度冷却下来,如空冷、风冷、喷雾等,得到片层间距较小的珠光体组织(有的叫正火索氏体)	1. 改善切削性能。含碳量(质量分数)低于 0.25% 的低碳钢和低合金钢,高温正火后硬度可提高到 140～190HBW,有利于切削加工 2. 消除共析钢中的网状碳化物,为球化退火作准备 3. 作为中碳钢、合金钢淬火前的预备热处理,以减少淬火缺陷 4. 用于淬火返修件消除内应力和细化组织,以防重新淬火时产生变形与裂纹 5. 对于大型、重型及形状复杂零件或性能要求不高的普通结构零件作为最终热处理,以提高力学性能

表 4.7-3　40Cr 钢退火和正火后力学性能比较

热处理状态	性能				
	σ_b /MPa	$\sigma_{0.2}$ /MPa	δ (%)	ψ (%)	a_K /J·cm^{-2}
退火	656	364	21	53.5	56
正火	754	45	21	56.9	78

1.2　淬火及回火

1.2.1　钢的淬火

淬火的目的在于:使钢获得较高的强度和硬度。淬火后的零件再经中、高温回火,可获得良好的综合力学性能。淬火还可防止某些沉淀相在过饱和固溶体自高温冷却时析出,为下一步冷变形加工或时效强化作好准备,淬火是热处理强化中最重要的工序。

如果工件只需局部提高硬度,则可进行局部淬火或表面淬火,以避免工件其他部分产生变形和开裂。

应根据淬火零件的材料、形状、尺寸和所要求的力学性能的不同,选用不同的淬火方法。

淬火的分类及特点见表 4.7-4。

表 4.7-4　淬火的分类及特点

类别	工艺过程	特点	应用范围
单液淬火	工件加热到淬火温度后,浸入一种淬火介质中,直到工件冷至室温为止	优点是操作简便,缺点是易使工件产生较大内应力,发生变形,甚至开裂	适用于形状简单的工件,对于碳钢工件,直径大于 5mm 的在水中冷却,直径小于 5mm 的可以在油中冷却;对于合金钢工件,大都在油中冷却
双液淬火	加热后的工件先放入水中淬火,冷却至接近 *Ms* 点(300～200℃)时,从水中取出立即转到油中(或放在空气中)冷却	利用冷却速度不同的两种介质,先快冷躲过奥氏体最不稳定的温度区间(650～550℃),至接近发生马氏体转变(钢在发生体积变化)时再缓冷,以减小内应力和变形开裂倾向	主要适用于碳钢制成的中型零件和由合金钢制成的大型零件
分级淬火	工件加热到淬火温度,保温后,取出置于温度略高(也可稍低)于 *Ms* 点的淬火冷却剂(盐浴或碱浴)中停留一定时间,待表里温度基本一致时,再取出置于空气中冷却	1. 减小了表里温差,降低了热应力 2. 马氏体转变主要是在空气中进行,降低了组织应力,所以工件的变形与开裂倾向小 3. 便于热校直 4. 比双液淬火容易操作	此法多用于形状复杂、小尺寸的碳钢和合金钢工件,如各种刀具。对于淬透性较低的碳钢工件,其直径或厚度应小于 10mm
等温淬火	工件加热到淬火温度后,浸入一种温度稍高于 *Ms* 点的盐浴或碱浴中,保温足够的时间,使其发生下贝氏体转变后在空气中冷却	与其他淬火比较,特点如下: 1. 淬火后得到下贝氏体组织,在相同硬度情况下强度和冲击韧度高	1. 由于变形很小,因而很适合于处理一些精密的结构零件,如冲模、轴承、精密齿轮等

（续）

类别	工艺过程	特点	应用范围
等温淬火		2. 一般工件淬火后可以不经回火直接使用，所以也无回火脆性问题，对于要求性能较高的工件，仍需回火 3. 下贝氏体质量体积比马氏体小，减小了内应力与变形、开裂	2. 由于组织结构均匀，内应力很小，显微和超显微裂纹产生的可能性小，因而用于处理各种弹簧，可以大大提高其疲劳抗力 3. 特别对于有显著的第一类回火脆性的钢，等温淬火优越性更大 4. 受等温槽冷却速度限制，工件尺寸不能过大 5. 球墨铸铁件也常用等温淬火以获得高的综合力学性能，一般合金球铁零件等温淬火有效厚度可达100mm或更高
喷雾淬火	工件加热到淬火温度后，将压缩空气通过喷嘴使冷却水雾化后喷到工件上进行冷却	可通过调节水及空气的流量来任意调节冷却速度，在高温区实现快冷，在低温区实现缓冷。可用喷嘴数量、水量实现工件均匀冷却	对于大型复杂工件或重要轴类零件（如汽轮发电机的轴），可使其旋转以实现均匀性冷却

1.2.2 钢的回火

淬火钢在回火过程中硬度和强度不断下降，而塑性和韧性逐渐提高，同时降低和消除了工件中的残余应力，避免淬火钢的开裂，并能保持在使用过程中的尺寸稳定性。

回火工艺由于温度、热源、介质等的差异可以分为多种。其中，淬火与高温回火合称为调质处理，时效处理。冷处理也是淬火后工件的一种热处理方法，其目的与回火相似。回火、调质、时效与冷处理工艺见表4.7-5。

表4.7-5 回火、调质、时效与冷处理工艺

类别		工艺过程	特点	应用范围
回火	低温回火	回火温度为150～250℃	回火后获得回火马氏体组织，但内应力消除不彻底，故应适当延长保温时间	目的是降低内应力和脆性，而保持钢在淬火后的高硬度和耐磨性。主要用于各种工具、模具、滚动轴承和渗碳或表面淬火的零件等
回火	中温回火	回火温度为350～450℃	回火后获得托氏体组织，在这一温度范围内回火，必须快冷，以避免第二类回火脆性	目的在于保持一定韧度的条件下提高弹性和屈服点，故主要用于各种弹簧、锻模、冲击工具及某些要求强度的零件，如刀杆等
回火	高温回火	回火温度为500～680℃，回火后获得索氏体组织。淬火+高温回火称为调质处理，可获得强度、塑性、韧性都较好的综合力学性能，并可使某些具有二次硬化作用的高合金钢（如高速钢）二次硬化，其缺点是工艺较复杂，在提高塑性、韧性同时，强度、硬度有所降低		广泛地应用于各种较为重要的结构零件，特别是在交变负荷下工作的连杆、螺栓、齿轮及轴等。不但可作为这些重要零件的最终热处理，而且还常可作为某些精密零件如丝杠等的预备热处理，以减小最终热处理中的变形，并为获得较好的最终性能提供组织基础
调质				
时效处理	高温时效	加热略低于高温回火的温度，保温后缓冷到300℃以下出炉	时效与回火有类似的作用，这种方法操作简便，效果也很好，但是耗费时间太长	时效的目的是使淬火后的工件进一步消除内应力，稳定工件尺寸 常用来处理要求形状不再发生变形的精密工件，例如精密轴承、精密丝杠、床身、箱体等
时效处理	低温时效	将工件加热到100～150℃，保温较长时间（约5～20h）		低温时效实际就是低温补充回火
冷处理		将淬火后的工件，在0℃以下的低温介质中继续冷却到-80℃，待工件截面冷到温度均匀一致后，取出空冷	可使残留奥氏体全部或大部分转变为马氏体。因此，不仅提高了工件硬度、抗拉强度，还可以稳定工件尺寸	主要适用于合金钢制成的精密刀具、量具和精密零件，如量块、量规、铰刀、样板、高精度的丝杠、齿轮等，还可以使磁钢更好地保持磁性

1.3　表面淬火

表面淬火可使工件表层具有较高的耐磨性和抗疲劳强度，而心部却有良好的塑性和韧度。表面淬火的方法很多，见表 4.7-6。

表 4.7-6　表面淬火的种类和特点

类 别	工　艺　过　程	特　点	应　用　范　围
感应加热表面淬火	将工件放入感应器中，使工件表层产生感应电流，在极短的时间内加热到淬火温度后，立即喷水冷却，使工件表层淬火，从而获得非常细小的针状马氏体组织 根据电流频率不同，感应加热表面淬火，可以分为： 1. 高频淬火：100～1000kHz 2. 中频淬火：1～10kHz 3. 工频淬火：50Hz	1. 表层硬度比普通淬火高 2～3HRC，并具有较低的脆性 2. 疲劳强度、冲击韧度都有所提高，一般工件可提高 20%～30% 3. 变形小 4. 淬火层深度易于控制 5. 淬火时不易氧化和脱碳 6. 可采用较便宜的低淬透性钢 7. 操作易于实现机械化和自动化，生产率高 8. 电流频率愈高，淬透层愈薄。例如高频淬火一般 1～2mm，中频淬火一般 3～5mm，工频淬火能到 ≥10～15mm 缺点：处理复杂零件比渗碳困难	常用中碳钢（w_C0.4%～0.5%）和中碳合金结构钢，也可用高碳工具钢和低合金工具钢，以及铸铁 一般零件淬透层深度为半径的 1/10 左右时，可得到强度、耐疲劳性和韧性的最好配合。对于小直径（10～20mm）的零件，建议用较深的淬透层深度，即可达半径的 1/5；对于截面较大的零件可取较浅的淬透层深度，即小于半径 1/10 以下
火焰表面淬火	用乙炔—氧或煤气—氧的混合气体燃烧的火焰，喷射到零件表面上，快速加热，当达到淬火温度后，立即喷水或用乳化液进行冷却	淬透层深度一般为 2～6mm，过深往往引起零件表面严重过热，易产生淬火裂纹。表面硬度钢可达 65HRC，灰铸铁为 40～48HRC，合金铸铁为 43～52HRC。这种方法简便，无需特殊设备，但易过热，淬火效果不稳定，因而限制了它的应用	适用于单件或小批生产的大型零件和需要局部淬火的工具或零件，如大型轴类、大模数齿轮等 常用钢材为中碳钢，如 35、45 钢及中碳合金钢（合金元素 <3%），如 40Cr、65Mn 等，还可用于灰铸铁件、合金铸铁件。含碳量过低，淬火后硬度低，而碳和合金元素含量过高，则易碎裂，因此，以含碳量（质量分数）在 0.35%～0.5%之间的碳素钢最适宜
电接触加热表面淬火	采用两电极（铜滚轮或碳棒）向工件表面通低电压大电流，在电极与工件表面接触处产生接触电阻，产生的热使工件表面温度达到临界点以上，电极移去后冷却淬火	1. 设备简单，操作方便 2. 工件变形极小，不需回火 3. 淬硬层薄，仅为 0.15～0.35mm 4. 工件淬硬层金相组织，硬度不均匀	适用于机床铸铁导轨表面淬火与维修，气缸套、曲轴、工具等也可应用
脉冲淬火	用脉冲能量加热可使工件表面以极快速度（1/1000s）加热到临界点以上，然后冷却淬火	1. 由于加热冷却迅速，工件组织极细，晶粒极小 2. 淬火后不需回火 3. 淬火层硬度高（950～1250HV） 4. 工件无淬火变形，无氧化膜	适于热导率高的钢种，高合金钢难于进行这种淬火。用于小型零件、金属切削工具、照相机、钟表等机器易磨损件

1.4　钢的化学热处理

经化学热处理后，工件表层的化学成分及组织状态与心部有很大不同，再经适当的热处理方法，能显著提高工件的耐磨性、抗蚀性、疲劳强度或接触疲劳强度等性能指标。根据渗入元素的不同，化学热处理可分为渗碳、渗氮、碳氮共渗、渗硫、渗硼等，见表 4.7-7。

表 4.7-7　化学热处理常用渗入元素及其作用

渗入元素	工艺方法	常用钢材	渗层组成	渗层深度 /mm	表面硬度	作用与特点	应用举例
C	渗碳	低碳钢、低碳合金钢、热作模具钢	淬火后为碳化物＋马氏体＋残余奥氏体	0.3～1.6	57～63HRC	渗碳淬火后可提高表面硬度、耐磨性、疲劳强度、能承受重载荷。处理温度较高，工件变形较大	齿轮、轴、活塞销、链条、万向联轴器
N	渗氮（氮化）	含铝低合金钢，中碳含铬低合金钢，含5%Cr的热作模具钢，铁素体、马氏体、奥氏体不锈钢，沉淀硬化不锈钢	合金氮化物＋含氮固溶体	0.1～0.6	700～900HV	提高表面硬度、耐磨性、抗咬合性、疲劳强度、抗蚀性（不锈钢例外）以及抗回火软化能力。硬度、耐磨性比渗碳者高。渗氮温度低，工件变形小。处理时间长，渗层脆性大	镗杆、轴、量具、模具、齿轮
C、N	碳氮共渗	低中碳钢，低中碳合金钢	淬火后为碳氮化合物＋含氮马氏体＋残余奥氏体	0.25～0.6	58～63HRC	提高表面硬度、耐磨性、疲劳强度。共渗温度比渗碳低，工件变形小，厚层共渗较难	齿轮、轴、链条
	软氮化（低温碳氮共渗）	碳钢、合金钢、高速钢、铸铁、不锈钢	碳氮化合物＋含氮固溶体	0.007～0.020 0.3～0.5	50～68HRC	提高表面硬度、耐磨性、疲劳强度。温度低、工件变形小。硬度较一般渗氮低	齿轮、轴、工模具、液压件
S	渗硫	碳钢、合金钢、高速钢	硫化铁	0.006～0.08	70HV	渗层具有良好的减摩性，可提高零件的抗咬合能力。可在200℃以下低温进行	工模具、齿轮、缸套、滑动轴承等
S、N	硫氮共渗	碳钢、合金钢、高速钢	硫化物、氮化物	硫化物＜0.01 氮化物 0.01～0.03	300～1200HV	提高抗咬合能力、耐磨性及疲劳强度。提高高速钢刀具的红硬性和切削能力。渗层抗蚀性差	工模具、缸套
S、C、N	硫碳氮共渗	碳钢、合金钢、高速钢	硫化物、碳氮化合物	硫化物＜0.01 碳氮化合物 0.01～0.03	600～1200HV	作用同上。在溶盐介质中一般含有剧毒的氰盐	工模具、缸套
B	渗硼	中高碳钢、中高碳合金钢	硼化物	0.1～0.3	1200～1800HV	渗层硬度高，抗磨料磨损能力强，减摩性好，红硬性高，抗蚀性有改善。脆性大，盐浴渗硼时，熔盐流动性差，易分层，渗后的工件难清洗	冷作模具、阀门

2　影响热处理零件结构设计工艺性的因素

在产品设计过程中，设计人员有时只注意如何使零件的结构形状适合部件机构的需要，而往往忽视了零件材料、结构不合理给热处理工艺带来的不便，甚至造成热处理后零件产生各种缺陷，而使零件变成废品。因此，要注意影响热处理零件设计工艺性的因素。

2.1　零件材料的热处理性能

在选择零件材料时，应注意材料的力学性能、工艺性能和经济性，与此同时也要注意材料的热处理性能，以保证零件较容易达到预定的热处理要求，而且成本低廉、生产周期短。

1）淬硬性　淬硬性与钢的含碳量有关，含碳量愈高，淬火后硬度愈高，而对合金元素无显著影响，淬火硬度还受到工件截面尺寸的影响（见表4.7-8所示）。一般来说，钢的强度与耐磨性与钢的硬度相一致，由于硬度检验方法简单快速而又无损，有时用以代替全面的性能检验。

2）淬透性　淬透性主要取决于钢的合金成分，还受冷却速度、冷却剂以及工件尺寸大小的影响。不同的钢，淬火后得到的淬透层深度、金相组织以及力学性能都不同。

3）变形开裂倾向性　工件产生变形开裂的倾向（见表4.7-9所示）。一般含碳量较高的碳素结构钢、高碳工具钢，变形开裂倾向大。另外，加热或冷却速度太快，加热和冷却不均匀也会增加工件淬火变形开裂倾向性。

4）回火脆性　某些钢（如锰钢、硅锰钢、铬硅钢等），淬火后在某一温度范围回火时，发生冲击韧性降低、脆性转变温度提高的现象。

表4.7-8　几种常用钢材、不同截面尺寸的淬火硬度（HRC）

材　　料	截　面　尺　寸　/mm						
	≤3	>3～10	>10～20	>20～30	>30～50	>50～80	>80～120
15钢渗碳淬水	58～65	58～65	58～65	58～65	58～62	50～60	
15钢渗碳淬油	58～62	40～60					
35钢淬水	45～50	45～50	45～50	45～50	35～45	30～40	
45钢淬水	54～59	50～58	50～55	48～52	45～50	40～50	25～35
45钢淬油	40～45	30～35					
T8淬水	60～65	60～65	60～65	60～65	56～62	50～55	40～45
T8淬油	55～62	≤41					
20Cr渗碳淬油	60～65	50～55	60～65	60～65	56～62	45～55	
40Cr淬油	50～60	48～53	50～55	45～50	40～45	35～40	
35SiMn淬油	48～53	48～53	48～53	45～50	40～45	35～40	
65SiMn淬油	58～64	58～64	50～60	48～55	45～50	40～45	35～40
GCr15淬油	60～64	60～64	60～64	58～63	52～62	48～50	
CrWMn淬油	60～65	60～65	60～65	60～64	58～63	56～62	56～60

表4.7-9　热处理变形的一般趋向

	轴　　类	盘　状　体	正　方　体	圆　筒　体	环　状　体
原始状态		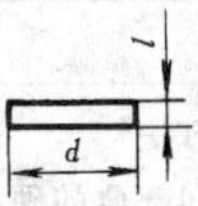	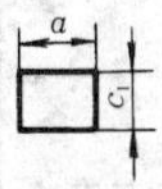	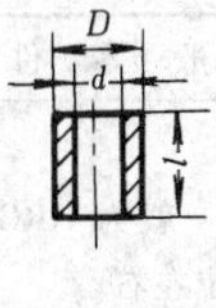	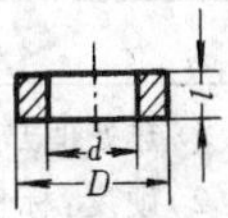
热应力作用	d^+、l^- 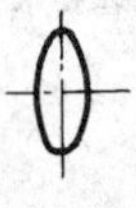	d^-、l^+ 	趋向球状 	d^-、D^+、l^- 	D^+、l^- 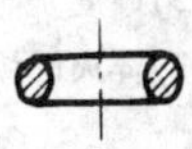
组织应力作用	d^-、l^+ 	d^+、l^- 	平面内凹 棱角突出 	d^-、D^-、l^+ 	D^-、d^+ 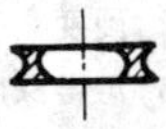
组织转变作用	d^+、l^+或 d^-、l^- 	d^+、l^+或 d^-、l^- 	a^+、c^+或 a^-、c^- 	d^+、D^-、l^- 或d^-、D^+、l^+ 	D^-、d^+、l^-或 D^+、d^-、l^+ 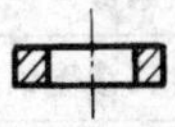

注：当圆筒的内径d很小时，则其变形规律如圆棒或正方体类；当圆环的内径d很小时，则其变形规律如圆饼。

2.2　零件的几何形状和刚度

为避免产生变形、开裂等热处理缺陷，零件几何形状除考虑力求简单、对称，减少应力集中因素外，还应考虑在热处理过程中零件形状便于运输、吊挂和装夹。

零件刚度差，有时需要采用专门的夹具以防止热处理变形。

2.3　零件的尺寸大小

钢材标准中所列的热处理后的力学性能，除有明显说明外，都是小尺寸试样（一般 $<\phi 25$mm）的试验数据。工件尺寸变大，热处理性能下降。例如碳钢，截面稍大就不能淬透；经调质的碳钢，力学性能随深度的增加而迅速降低，当截面较大时，其心部可能仍处于正火状态。这种由于工件截面尺寸变大而使热处理性能恶化的现象称为钢的热处理尺寸效应，见表4.7-10。

表4.7-10　几种常用结构钢的尺寸效应范围
（能达到规定力学性能的最大直径）（mm）

钢　号	水冷	油冷	钢　号	水冷	油冷
30	30		20Cr	45	35
35	32		40Cr	65	40
40	35		12CrNi3	60	40
45	37		20CrMo	60	45
50	40		35CrMo	80	60
55	42		30CrMnSi		60

2.4　零件的表面质量

零件的表面质量对热处理过程有一定的影响，工件表面裂纹等缺陷和残余应力将加大热处理后工件的变形和裂纹。

零件在热处理时，应具有一定的表面粗糙度 R_a 值。R_a 值过小，淬火气膜不易附着，冷却均匀，变形减小，所以淬火零件（包括表面淬火）的表面粗糙度应使 $R_a \leqslant 3.2\mu m$。渗氮零件表面粗糙度 R_a 值过大，则脆性增加，硬度不准确，所以一般要求 $R_a=(0.8 \sim 0.1)\ \mu m$，渗碳零件表面粗糙度 $R_a \leqslant 6.3\mu m$。

3　对零件的热处理要求

3.1　在工作图上应标明的热处理要求（见表4.7-11）

3.2　金属热处理工艺分类及代号的表示方法（摘自GB/T12603—2005）（见表4.7-12）

表4.7-11　在工作图上应标明的热处理要求

<table>
<tr><th>方法</th><th colspan="2">一　般　零　件</th><th colspan="4">重　要　零　件</th></tr>
<tr><td>普通热处理</td><td colspan="2">1)热处理方法
2)硬度:标注波动范围一般为HRC在5个单位左右;HBW在30~40个单位左右</td><td colspan="4">1)热处理方法
2)零件不同部位的硬度
3)必要时提出零件不同部位的金相组织要求</td></tr>
<tr><td>表面淬火</td><td colspan="2">1)热处理方法
2)硬度
3)淬火区域</td><td colspan="4">1)热处理方法,必要时提出预先热处理要求;
2)表面淬火硬度、心部硬度;
3)淬硬层深度;
4)表面淬火区域;
5)必要时提出变形要求</td></tr>
<tr><td rowspan="6">渗碳</td><td colspan="2">1)热处理方法
2)硬度
3)渗层深度:目前工厂多用下述方法确定</td><td colspan="4">1)热处理方法;
2)淬火、回火后表面硬度、心部硬度;
3)渗碳层深度;
4)渗碳区域;
5)必要时提出渗碳层含碳量,一般在下述范围</td></tr>
<tr><td>使用场合</td><td>深　度</td><td rowspan="2">状态</td><td colspan="3">含碳量(%)(质量分数)</td></tr>
<tr><td>碳素渗碳钢</td><td>由表面至过渡层1/2处</td><td>表面过共析区</td><td>共析区</td><td>亚共析(过渡)区</td></tr>
<tr><td>含铬渗碳钢</td><td>由表面至过渡层2/3处</td><td>炉冷</td><td>0.9~1.2</td><td>0.7~0.7</td><td><0.7</td></tr>
<tr><td>合金渗碳钢汽车齿轮</td><td>过共析、共析、过渡区总和</td><td>空冷</td><td>1.0~1.2</td><td>0.6~1.0</td><td><0.6</td></tr>
<tr><td colspan="2">4)渗碳区域</td><td colspan="4">6)必要时提出心部金相组织要求</td></tr>
</table>

（续）

方法	一般零件	重要零件
氮化	1）热处理方法 2）表面和心部硬度（表面硬度用 HV 或 HRA 测定） 3）氮化层深度（一般应≤0.6mm） 4）氮化区域	1）热处理方法 2）除一般零件几项要求外，还需提出心部力学性能 3）必要时，还要提出金相组织及对渗氮层脆性要求（直接用维氏硬度计压头的压痕形状来评定）
碳氮共渗	1）中温碳氮共渗与渗碳同 2）低温碳氮共渗与氮化同	1）中温碳氮共渗与渗碳同 2）低温碳氮共渗与氮化同

表 4.7-12　金属热处理工艺分类及代号的表示方法（摘自 GB/T12603—2005）

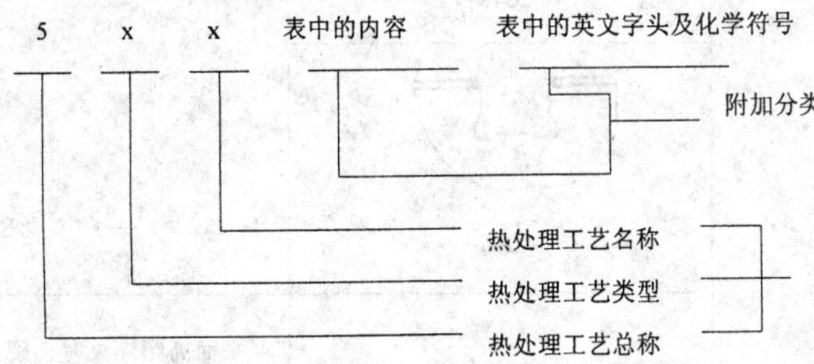

基础分类工艺代号由 3 位数字组成，3 位数字均为 JB/T 5992.7 中表示热处理的工艺代号。第一位数字 5 为机械制造工艺分类与代号中热处理的工艺代号；第 2，3 位数字分别代表基础分类中的第二、三层次中的分类代号

基础分类						附加分类					
工艺总称	代号	工艺类型	代号	工艺名称	代号	加热方式	代号	退火工艺	代号	淬火冷却介质方法	代号
热处理	5	整体热处理	1	退火	1	可按气氛（气体）	01	去应力退火	St	空气	A
				正火	2					油	O
				淬火	3	真空	02	均匀化退火	H	水	W
				淬火和回火	4	盐浴（液体）	03			盐水	B
				调质	5					有机聚合物溶液	Po
				稳定化处理	6	感应	04	再结晶退火	R		
				固溶处理；水韧处理	7	火焰	05			热浴	H
				固溶处理＋时效	8			石墨化退火	G	加压淬火	Pr
		表面热处理	2	表面淬火和回火	1	激光	06				
				物理气相沉积	2					双介质淬火	I
				化学气相沉积	3	电子束	07	脱氢处理	D		
				等离子增强化学气相沉积	4					分级淬火	M
				离子注入	5	等离子体	08	球化退火	Sp		
		化学热处理	3	渗碳	1					等温淬火	At
				碳氮共渗	2	固体装箱	09	等温退火	I		
				渗氮	3					变形淬火	Af
				氮碳共渗	4	流态床	10	完全退火	F		
				渗其他非金属	5					冷气淬火	G
				渗金属	6	电接触	11	不完全退火	P		
				多元共渗	7					冷处理	C

说明

1. 当对基础工艺中的某些具体实施条件有明确要求时，使用附加分类代号

2. 附加分类工艺代号，按加热，退火，淬火冷却顺序标注。当工艺在某个层次不需进行分类时，该层次用阿拉伯数字“0”代替

3. 当对冷却介质及冷却方法需要用两个以上字母表示时，用加号将两个或几个字母连接起来，如 H＋M 代表盐浴分级淬火

4. 化学处理中，没有表明渗入元素的各种工艺，如多共元渗，渗金属，渗其他非金属，可以在其代号后用括号表示出渗入元素的化学符号表示

5. 多工序处理工艺代号用破折号将各工艺代号连接组成，但除第一个工艺外，后面的工艺均省略第一位数字“5”，如 515-33-01 表示调质和气体渗氮

4　热处理零件结构设计的注意事项

为防止零件在热处理过程中出现开裂、变形、硬度不均等缺陷，在机械零件结构设计时必须遵守如下基本要求。

4.1　防止热处理零件开裂的注意事项

防止热处理开裂的注意事项见表4.7-13。

表4.7-13　防止热处理零件开裂的注意事项

序　号	注意事项	图例 改　进　前	图例 改　进　后	说　　明
1	避免尖角、棱角	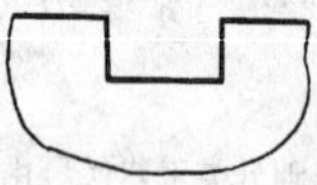 G48	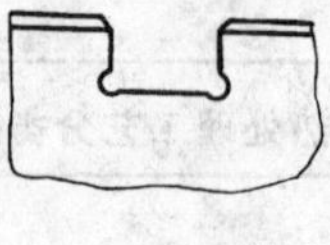 G48 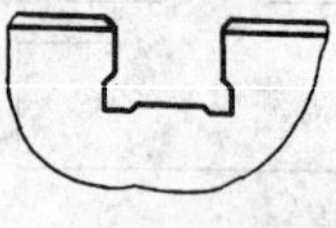 G48	零件的尖角、棱角部分是淬火应力最集中的地方，往往成为淬火裂纹的起点，应予倒钝
			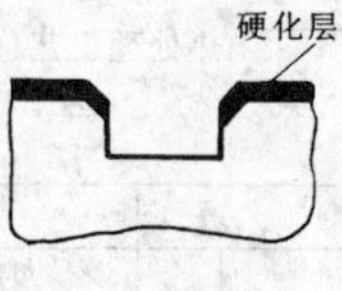 G48	平面高频淬火时，硬化层达不到槽底，槽底虽有尖角，但不致于开裂
		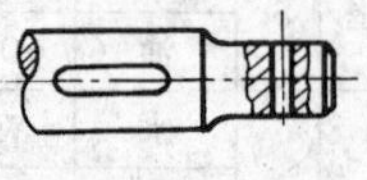	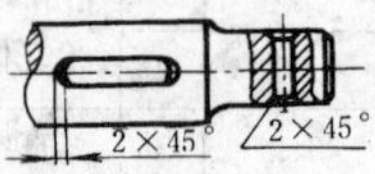	为了避免锐边尖角熔化或过热，在槽或孔的边上应有2～3mm的倒角（与轴线平行的键槽边可不倒角），直径过渡应为圆角
		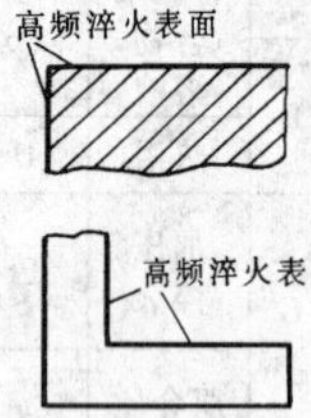	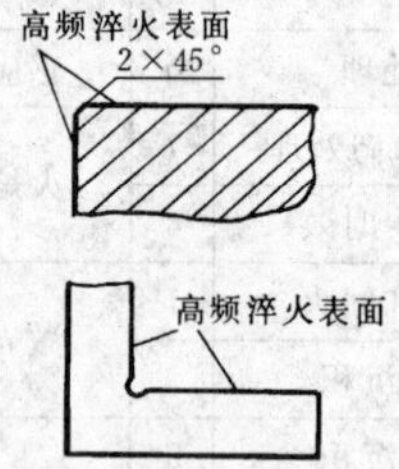	二平面交角处应有较大的圆角或倒角，并有5～8mm不能淬硬
2	避免断面突变	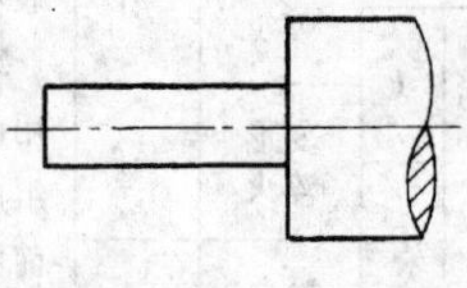	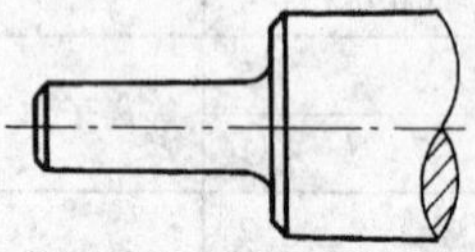	断面过渡处应有较大的圆角半径，以避免冷却速度不一致而开裂
			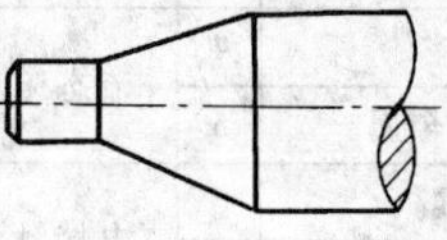	结构允许时，可设计成过渡圆锥

（续）

序　号	注意事项	图例：改　进　前	图例：改　进　后	说　　明
3	避免结构尺寸厚薄相差悬殊	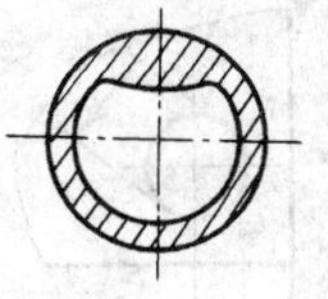	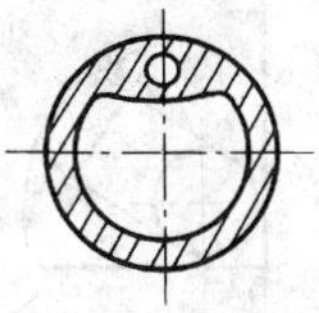	加开工艺孔，使零件截面较均匀
		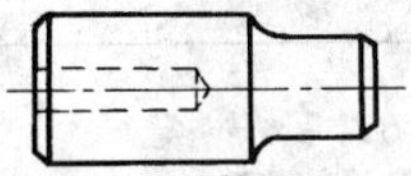	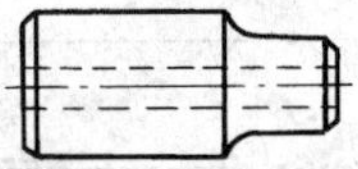	变不通孔为通孔
		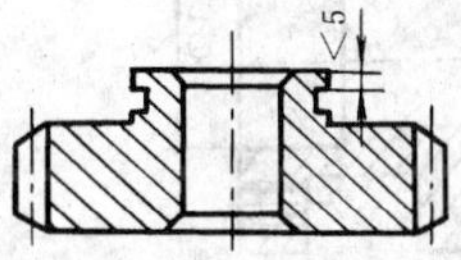 齿部槽部 G42	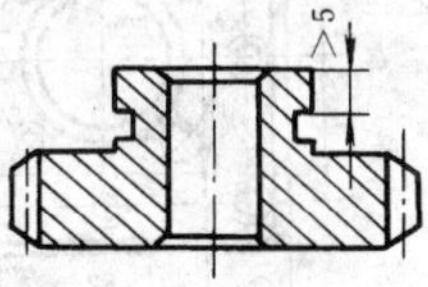 齿部槽部 G42	拨叉槽部的一侧厚度不得小于5mm
		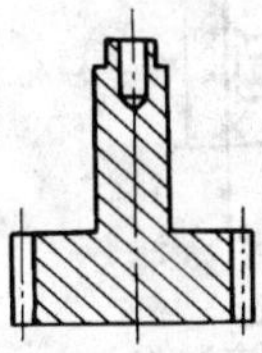	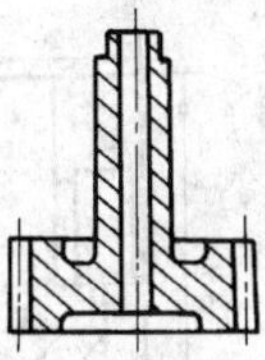 G42	不通孔改为通孔，以使厚薄均匀
			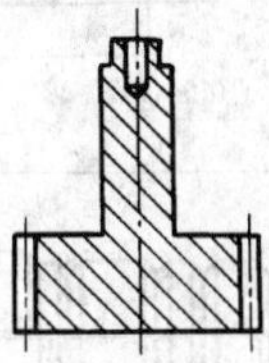 齿部 G42	形状不改变，仅由全部淬火改为齿部高频淬火
4	避免孔距离边缘太近	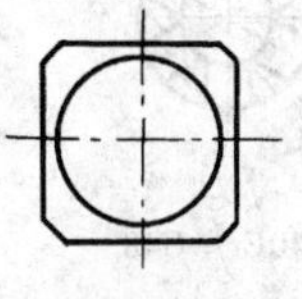	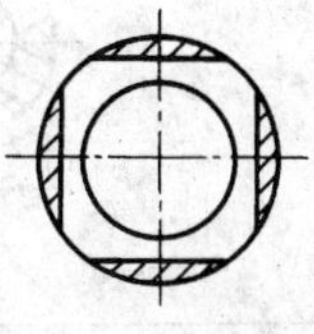	避免危险尺寸或太薄的边缘。当零件要求必须是薄边时，应在热处理后成形（加工去多余部分）
		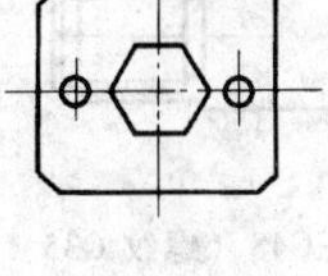	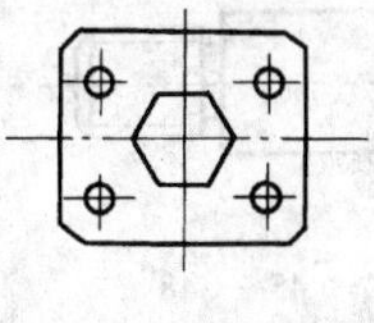	改变冲模螺孔的数量和位置，减少淬裂倾向

（续）

<table>
<tr><th rowspan="2">序　号</th><th rowspan="2">注意事项</th><th colspan="2">图　　例</th><th rowspan="2">说　　明</th></tr>
<tr><th>改　进　前</th><th>改　进　后</th></tr>
<tr><td rowspan="3">4</td><td rowspan="3">避免孔距离边缘太近</td><td>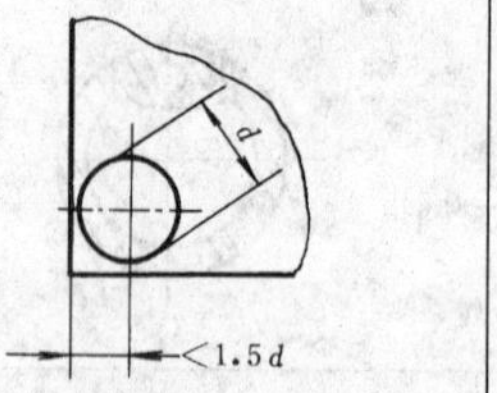
</td><td>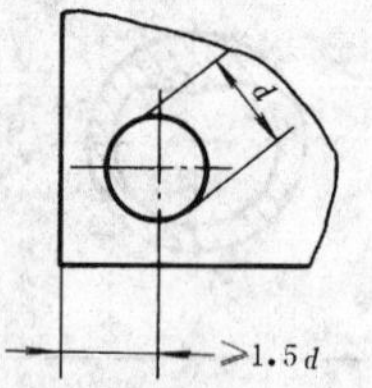
</td><td>结构允许时，孔距离边缘应不小于 1.5d</td></tr>
<tr><td colspan="2">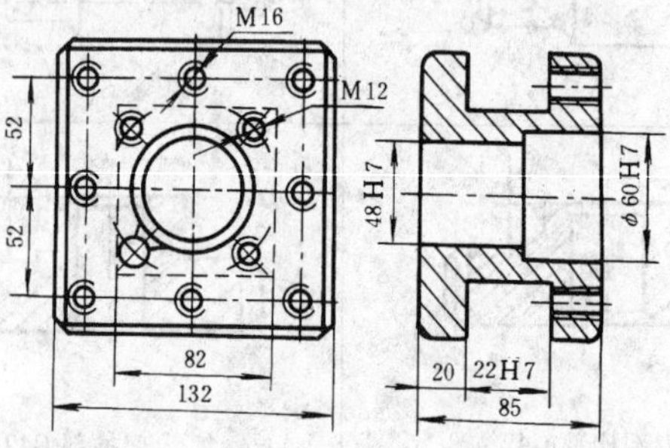
</td><td>结构不允许时（如车床刀架），可采用降温预冷淬火方法，以避免开裂</td></tr>
<tr><td colspan="2">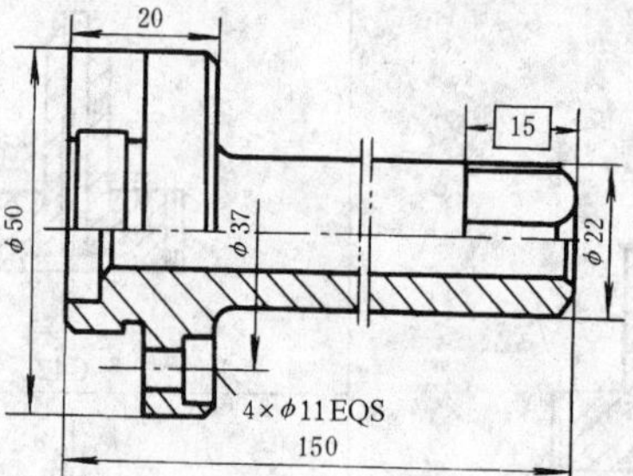

45-G42　　45-[15]方头G42</td><td>全部淬火时，4 孔 ϕ11 边缘易开裂；若局部淬火能满足要求，就不必全部淬火</td></tr>
<tr><td>5</td><td>形状复杂的零件，避免选用要求水淬的钢</td><td colspan="2">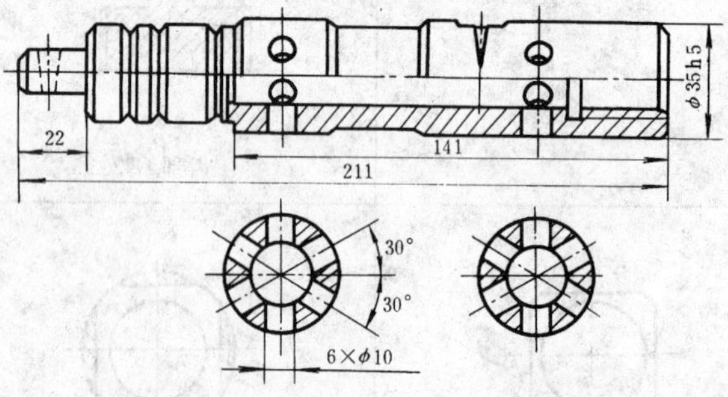

45—G48　　40Cr—G48</td><td>改进前，用 45 钢水淬，6 × ϕ10 孔处易开裂，整个工件易发生弯曲变形，且不易校直；改用 40Cr 钢油淬，减少了开裂倾向</td></tr>
<tr><td>6</td><td>防止螺纹脆裂</td><td>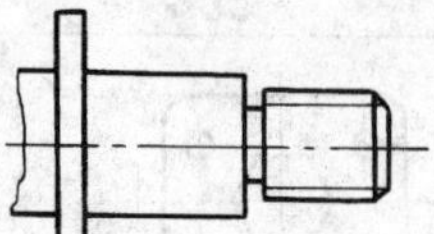
45—G48</td><td>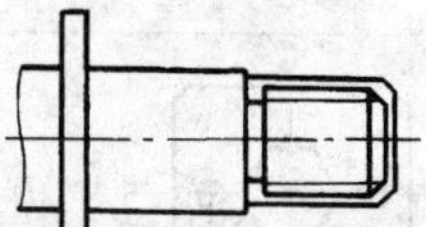
45—G48（螺纹 G35）</td><td>螺纹在淬火前已车好，则在淬火时用石棉泥、铁丝包扎防护，或用耐火泥调水玻璃防护</td></tr>
</table>

（续）

序　号	注意事项	图例：改　进　前	图例：改　进　后	说　　明
6	防止螺纹脆裂	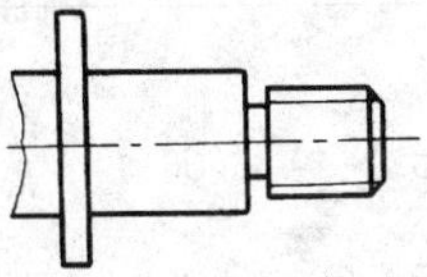 20Cr—S—G59	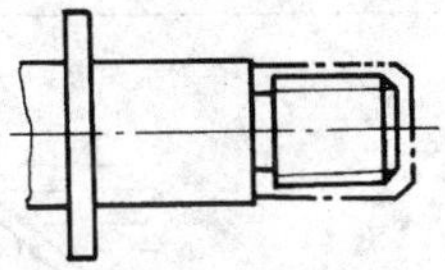 渗碳后车螺纹再淬火 20Cr—S—G59（螺纹 G35）	渗碳件螺纹部位采用留加工余量的方法，或螺纹先车出，采用直接防护方法（镀铜、涂膏剂等）
		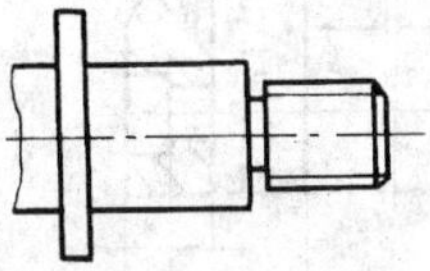 38CrMoAlA—D900	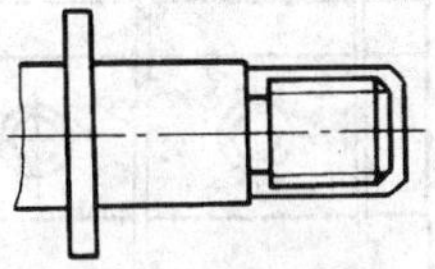 38CrMoAlA—D900 （螺纹部分≤42HRC）	渗氮件螺纹部位采用留加工余量方法，或螺纹先车出，采用直接涂料或电镀防护

4.2　防止热处理零件变形的注意事项（见表 4.7-14）

表 4.7-14　防止热处理零件变形的基本要求

序　号	注意事项	图例：改　进　前	图例：改　进　后	说　　明
1	采用封闭对称结构	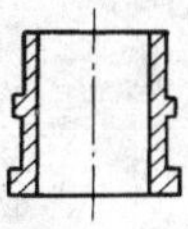	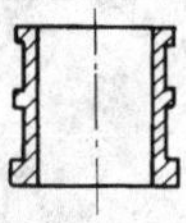	一端有凸缘的薄壁套类零件渗氮后变形成喇叭口，在另一端增加凸缘后，变形大大减小
		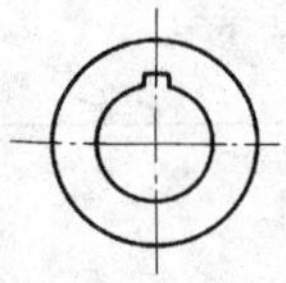	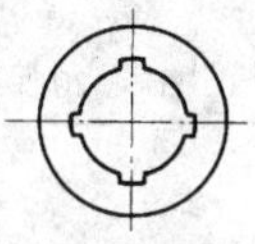	几何形状力求对称，使变形减小或变形有规律：如图例 T611A 机床渗氮摩擦片、坐标镗床精密刻线尺退火
		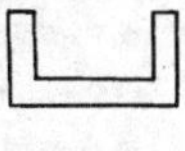	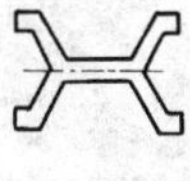	
		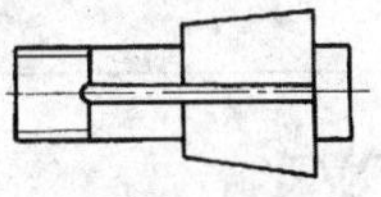	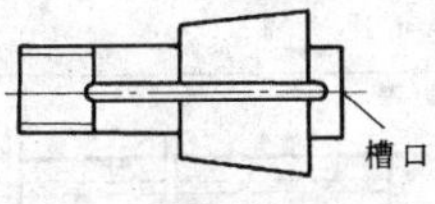	弹簧夹头都采用封闭结构，淬火、回火后再切开槽口
		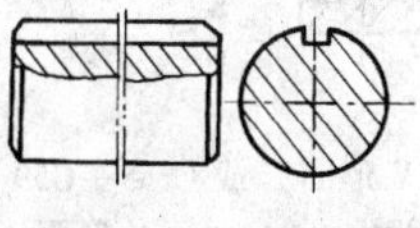	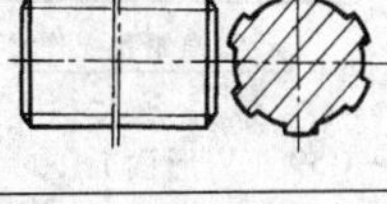	单键槽的细长轴，淬火后一定弯曲；宜改用花键轴
			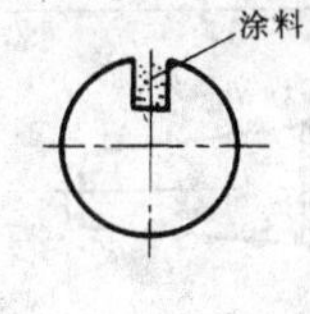	将淬火时冷却快的部位涂上涂料（耐火泥或石棉与水玻璃的混合物），以降低冷却速度，使冷却均匀

（续）

序　号	注意事项	图例 改进前	图例 改进后	说　　明
1	采用封闭对称结构	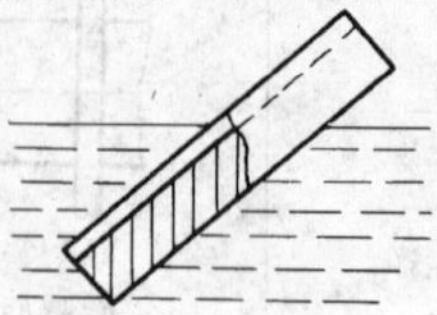		改变淬火时入水方式，使断面各部分冷却速度接近，以减少变形
2	细长轴类、长板类零件应避免采用水淬	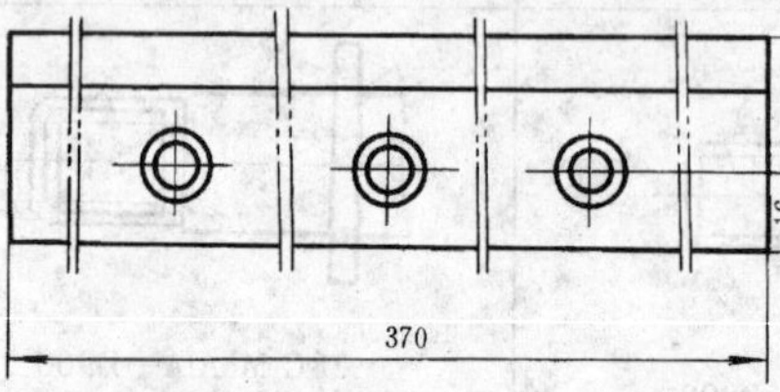 45—G48	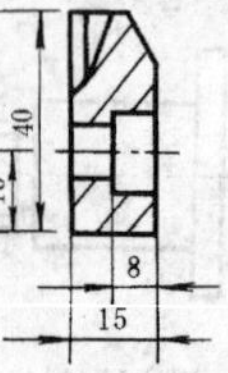 40Cr—G48	长板类零件水淬会产生翘曲变形，采用油淬，可减小变形
3	选择适当的材料和热处理方法	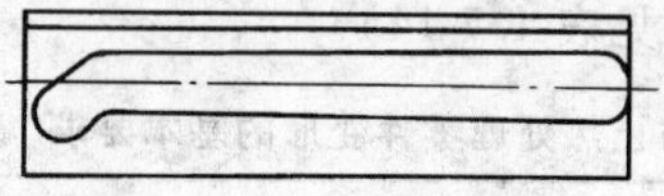 40Cr—G52（槽部）	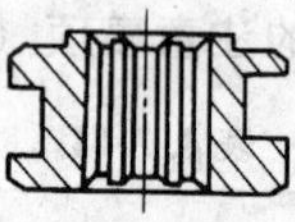 20Cr—S—G59（花键孔防护）	改进前，槽部直接淬火比较困难，改用渗碳淬火（花键孔防护）
		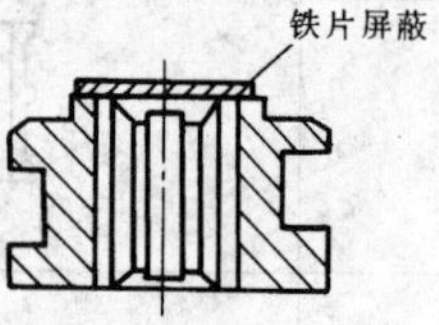 20Cr—D600 或 40Cr—D500		最好改用离子渗氮（花键孔用铁片屏蔽）
		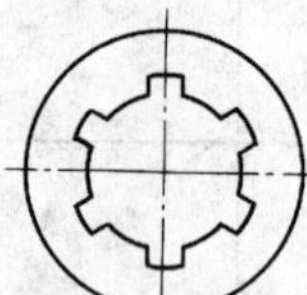 15—S0.5—G59	65Mn—G52	摩擦片用15钢，渗碳淬火时须有专用淬火夹具和回火夹具，合格率较低；改用65Mn钢油淬，夹紧回火即可
		 20Cr—S—G59（V形面）	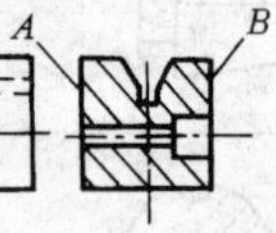 T10A—G59（V形面）或Cr15—G59（V形面）或20Cr—S—59（V形面）	改进前，由于考虑销孔配作，选用20Cr钢渗碳，渗碳后去掉A、B面碳层，然后淬火，工艺复杂；改用高频淬火较为简单
		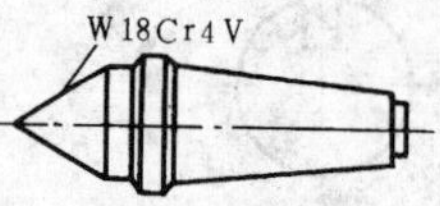	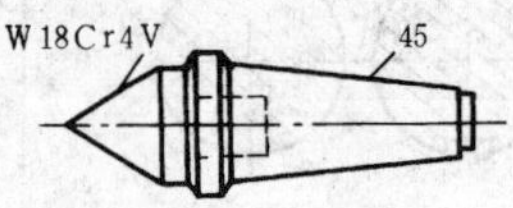	此件两部分工作条件不相同，设计成组合结构，不同部位用不同材料，既提高工艺性，又节约高合金钢材料

（续）

序　号	注意事项	图　例 改进前	图　例 改进后	说　　明
4	机械加工与热处理工艺互相配合	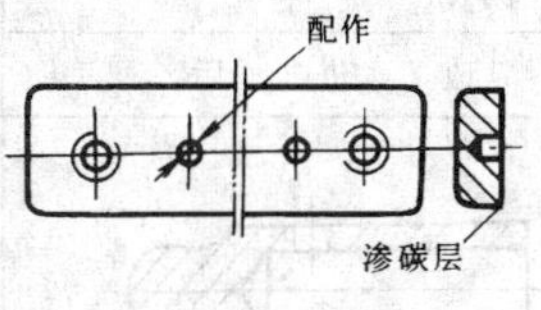 20Cr—S—G59	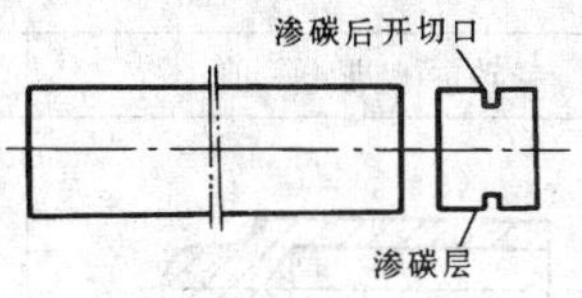 两件一起下料	改进前，有配作孔的一面去掉渗碳层，形成碳层不对称，淬火后必然翘曲；改为两件一起下料，渗碳后开切口，淬火后再切成单件
		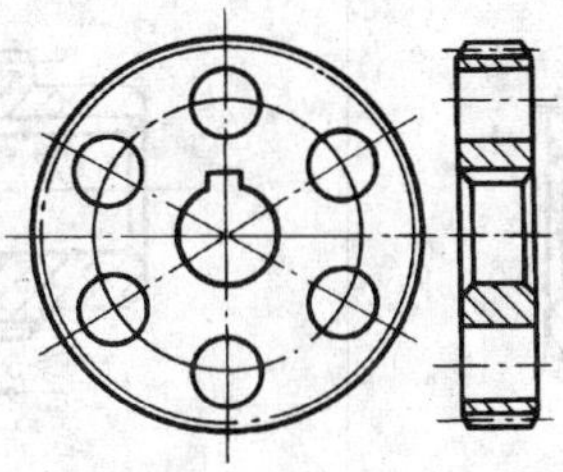 齿部 G52		改进前，齿部淬火后6个孔处的齿圈将下凹；应在齿部淬火后再钻6个孔
		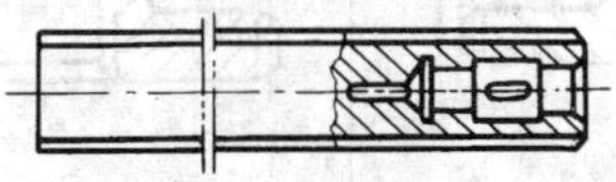 38CrMoAlA—D900 直接渗氮	在整个加工过程中安排正火、调质、高温时效、低温时效等工序	使渗氮前获得均匀理想的金相组织，并消除切削加工应力，以保证渗氮件变形微小
		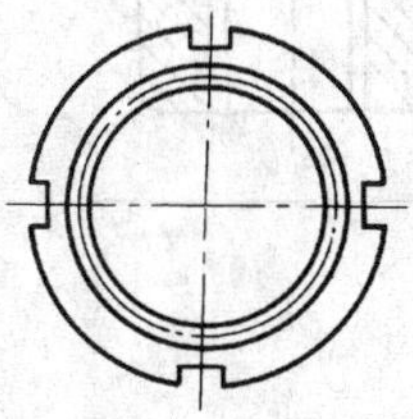 槽部 G42	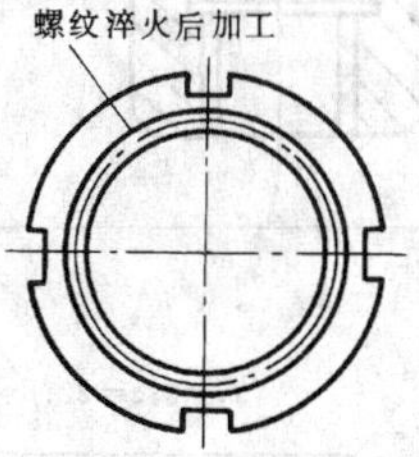 槽部 G42	全部加工后淬火则内螺纹会产生变形；最好在槽口局部淬火后再车内螺纹
5	增加零件刚性	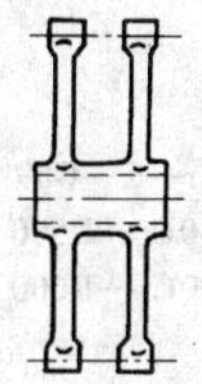	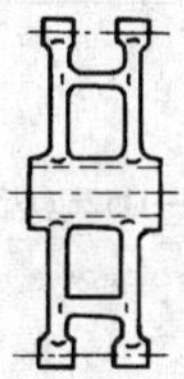	杠杆为铸件，其杆臂较长，铸造时及热处理时均易变形。加横梁后，使变形减少

4.3　防止热处理零件硬度不均的注意事项（见表4.7-15）

表4.7-15　防止热处理零件硬度不均的注意事项

序　号	注意事项	图例：改　进　前	图例：改　进　后	说　　明
1	避免不通孔和死角	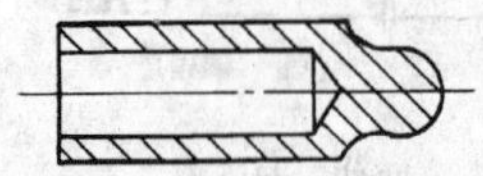	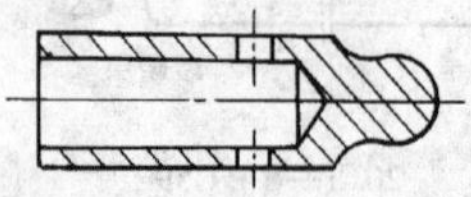	不通孔和死角使淬火时的气泡无法逸出，造成硬度不均；应设计工艺排气孔
2	两个高频淬火部位不应相距太近，以免互相影响	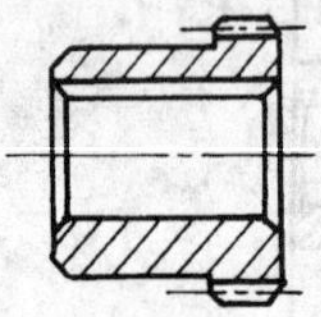	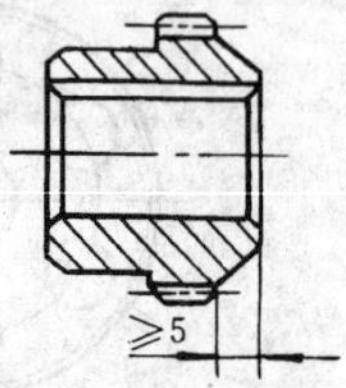	齿部和端面均要求淬火时，端面与齿部距离应不小于5mm
		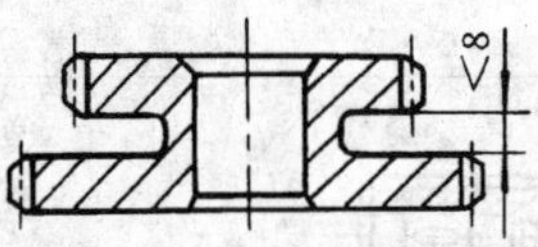	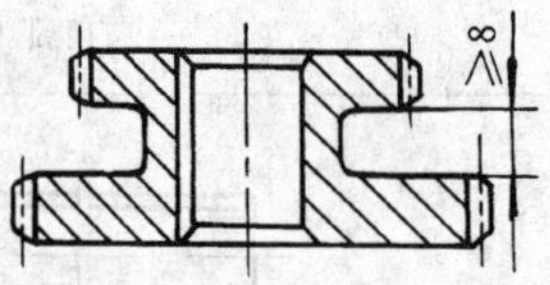	二联或二联以上的齿轮，若齿部均需高频淬火，则齿部两端面间的距离应不小于8mm
		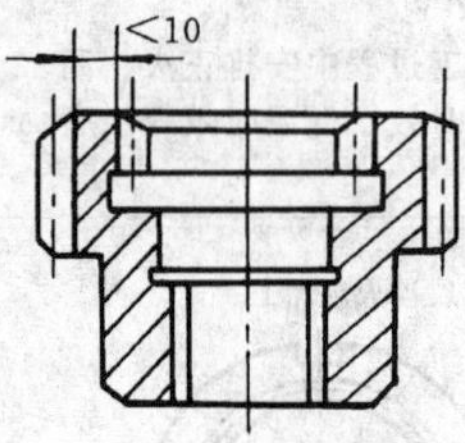	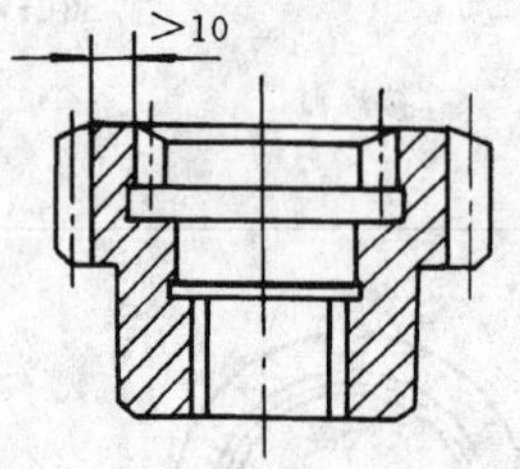	内外齿均需高频淬火时，两齿根圆间的距离应不小于10mm
3	选择适当的材料和热处理方法	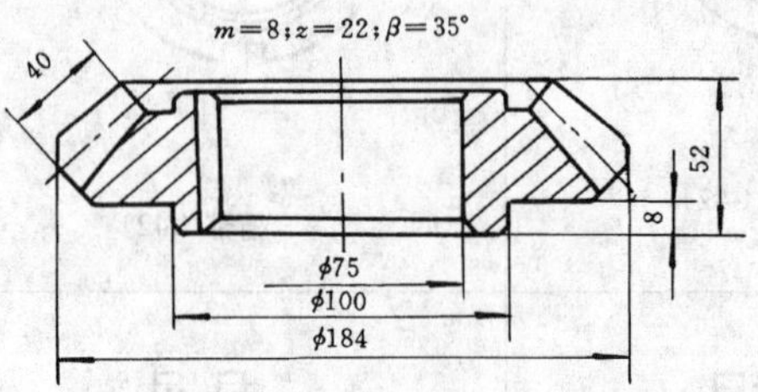 40Cr—G52（齿部）	20Cr—S—G59 或40Cr—D500 或20Cr—D600	改进前，弧齿锥齿轮凹凸齿面硬度不一致，特别是模数较大时，硬度差亦较大；应采用渗碳或渗氮，用离子渗氮更好

（续）

序号	注意事项	图例：改进前	图例：改进后	说明
4	齿条避免采用高频淬火	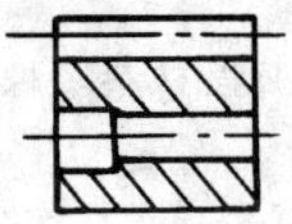 45—G48	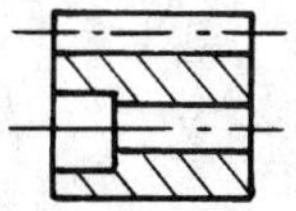 20Cr—S—G59 或 40Cr—D500	平齿条高频淬火只能淬到齿顶，如果加热过久，会使齿顶熔化，而齿根淬不上火；应采用渗碳或渗氮
		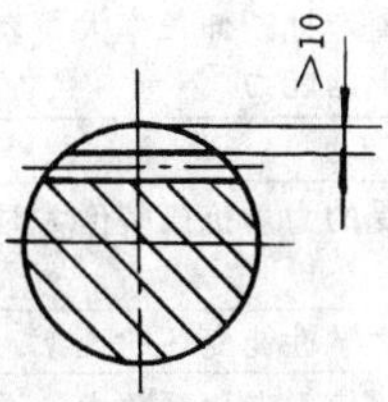 G48	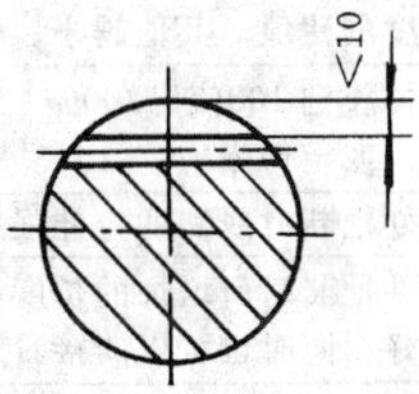 G48	圆断面的齿条，当齿顶平面到圆柱表面的距离小于 10mm 时，可采用高频淬火
			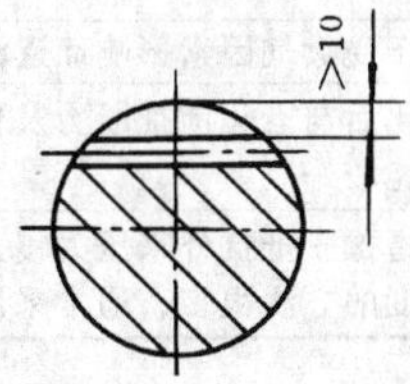 40Cr—D500	最好采用渗氮处理，用离子渗氮更好

第 8 章　橡胶件结构设计工艺性

1　橡胶制品质量指标的含义

橡胶是一种有机高分子化合物，是工业上用途广泛的工程材料。橡胶制品质量指标的含义见表 4.8-1。

表 4.8-1　橡胶制品质量指标的含义

质量指标	含义	表示
永久变形	橡胶试件扯断后经过一定时间（一般为 3min）停放，其单位长度所增长的长度与原长度的比值。其值越小，橡胶的弹性越好。又称扯断变形	%
定伸强度	硫化胶伸长到 100%、200%、300% 或是 500% 时，单位面积所需的力。又叫定伸强度，或定伸强力	N/m^2
扯断强度	橡胶试件扯断时所需的拉伸强度，又叫扯断强力	N/m^2
扯断伸长率	橡胶试件扯断时所增加的长度与原长度的比值。扯断伸长率大，表示橡胶质地软，塑性好，同时也可以间接看成橡胶弹性变形的能力	%
耐磨耗	橡胶试件抵抗各种物质与其摩擦的性能	$cm^3/(kW\cdot h)$
抗撕裂值	单位厚度的橡胶在切口发生撕裂到断开时所受的力。抗撕裂值大时，说明此橡胶质量好	N/cm
老化	橡胶由于受大气因素影响而逐渐产生物理、力学性能变坏的现象	
老化系数	橡胶老化后与老化前扯断力及伸长率乘积的比值。老化系数大，说明这种橡胶老化的性能较好	
邵氏硬度	硬度是指橡胶抵抗外来压力侵入的能力，用以表示橡胶的坚硬程度。测定和表示橡胶硬度的方法很多，通常采用邵氏硬度，又叫邵尔硬度	

2　橡胶的选用（见表 4.8-2）

表 4.8-2　橡胶的选用

使用要求 \ 选用顺序 \ 品种	天然橡胶	丁苯橡胶	异戊橡胶	顺丁橡胶	丁基橡胶	氯丁橡胶	丁腈橡胶	乙丙橡胶	聚氨酯橡胶	丙烯酸酯橡胶	氯醇橡胶	聚硫橡胶	硅橡胶	氟橡胶	氯磺化聚乙烯橡胶	氯化聚乙烯橡胶
高强度	A	C	AB	C	B	B	C	C	A					B	B	
耐磨	B	AB	B	AB	C	B	B	B	A	C			C	B	AB	B
防振	A	B	AB	A		B		B	AB				B			
气密	B	B	B		A	B	B	B	B	B	B	AB	C	AB	B	
耐热		C		C	B	B	B	B		AB	B		A	A	B	C
耐寒	B	C	B	AB	C	C		B	C				A		C	
耐燃						AB							C	A	B	B
耐臭氧					A	AB		A	AB	A	A	A	A	A	A	A
电绝缘	A	AB			A	C		A					A	B	C	C
磁性	A					A										
耐水	A	B	A	A	B	A	A	A	C		A	C	B	A	B	B
耐油						C	B		B	AB	B	A②		A②	C	C
耐酸碱					AB	B	C	AB		C	B	BC		A	C	B
高真空					A		B①							B		

注：选用顺序可按 A→AB→B→BCC 进行。

① 高丙烯氰成分的丁腈橡胶。

② 聚硫橡胶的耐油性虽很突出，但是因为其综合性能均较差，而且易燃烧，还有催泪性气味等严重缺点，故工业上很少选用其作耐油制品。氟橡胶的耐油性是橡胶中最好的，但价格昂贵，故用作耐油制品的也较少。目前的耐油制品中，一般多选用丁腈橡胶。

3　橡胶件结构设计的工艺性

3.1　脱模斜度

橡胶零件在硫化中的化学作用和起模后温度降低的物理作用共同影响下，为了脱模方便，应当考虑橡胶零件脱模斜度这一要素。

橡胶零件脱模斜度的设计，可参考表 4.8-3 所示。

表 4.8-3　橡胶零件的脱模斜度

L/mm	<50	50～150	150～250	>250
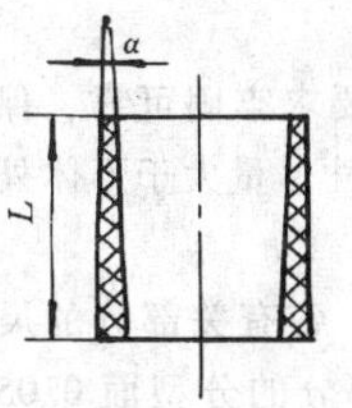	0	30′	20′	15′
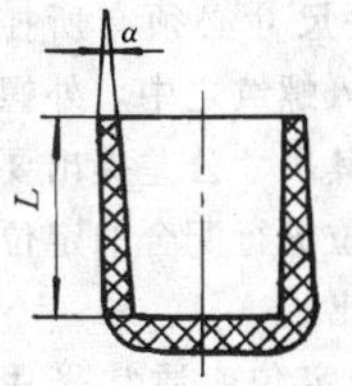	10′	40′	30′	20′

3.2　断面厚度与圆角

橡胶零件断面的各个部分，除了厚度在设计时力求均匀一致外，还希望各部分在相互交接处，尽量设计成圆弧形，如表 4.8-4 所示。

表 4.8-4　橡胶件的断面厚度与圆角

图　例	
改　进　前	改　进　后
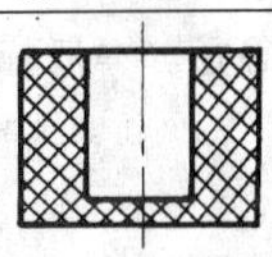	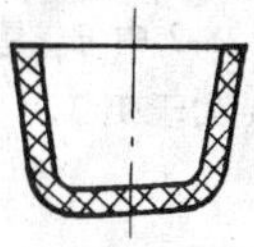
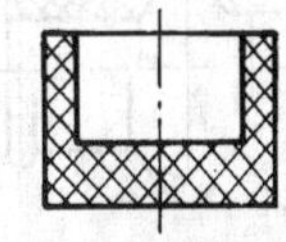	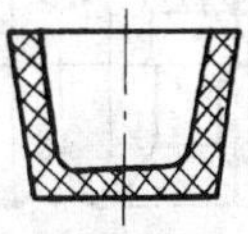
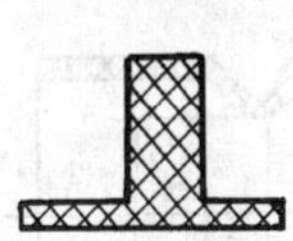	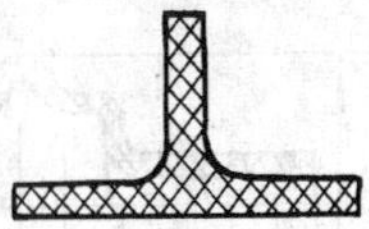
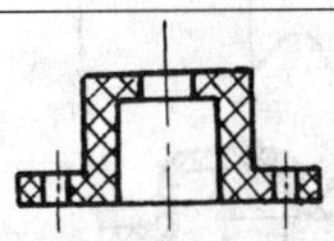	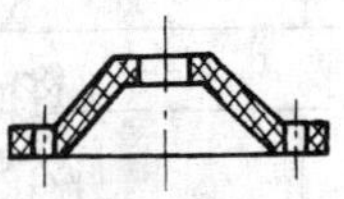
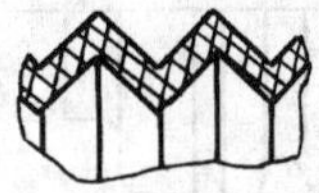	

3.3　囊类零件的口径腹径比

囊类零件的橡胶制品如图 4.8-1 所示。

一般，对这类零件，约取 $d/D=\frac{1}{2}\sim\frac{1}{3}$左右。对颈长 L 尺寸大，颈壁较厚及颈部形状结构复杂的橡胶制品，其口径、腹径比值应取得大一些。另外，对于硬度低、弹性高的橡胶制品，其口径与腹径比值可取得小一些。

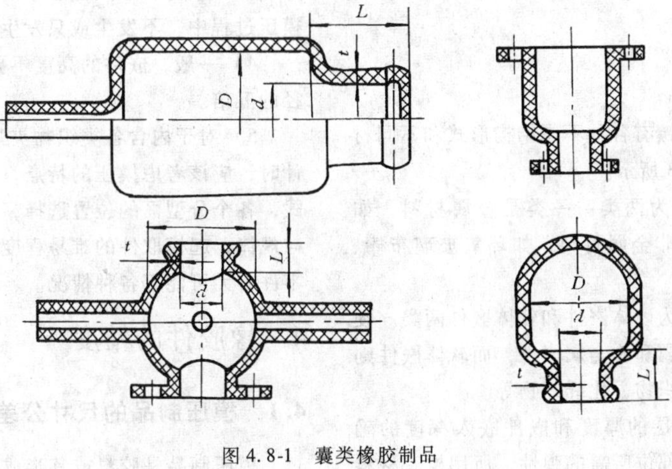

图 4.8-1　囊类橡胶制品

3.4　波纹管制品的峰谷直径比

橡胶波纹管制品如图4.8-2所示。

图4.8-2中ϕ_1是峰径，ϕ_2是谷径。一般峰谷径之比不要大于1.3。

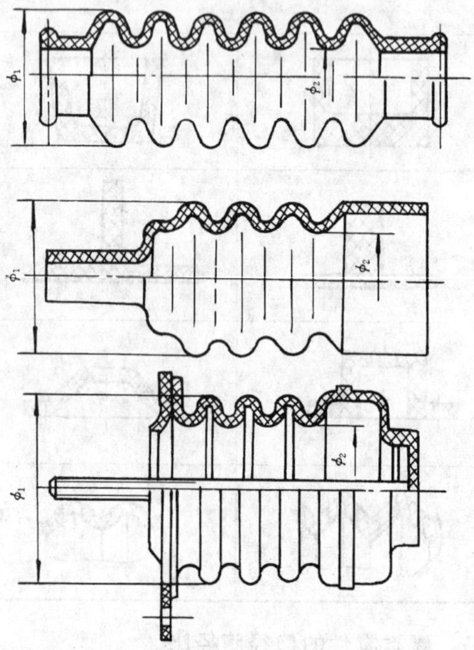

图4.8-2　橡胶波纹管制品

3.5　孔

对于橡胶制品上的各种孔，包括方孔、六边孔等异形孔在内，都应当给以脱模的斜度方向和大小。

对于非直通式的孔，可采用双向拼合抽芯法。

对于一部分环状异形孔还可以利用吹气法来完成。

3.6　镶嵌件

橡胶模制品中常镶有各种不同结构形式和不同材料的嵌件，如图4.8-3所示。

嵌件的材料可分为两类：一类是金属材料，如钢、铜等，另一类是非金属材料，如环氧玻璃布棒、酚醛布棒等。

嵌件的强度可分为硬体嵌件和软体嵌件两类。硬体嵌件如上所述的金属和非金属嵌件，而软体嵌件则是各类织物等，如绵织物，化纤织物等。

嵌件周围橡胶包层的厚度和嵌件嵌入深度的确定，取决于零件在该部位所需的弹性，所用橡胶材料的硫化收缩率，以及零件的使用环境、条件和要求等各种因素。

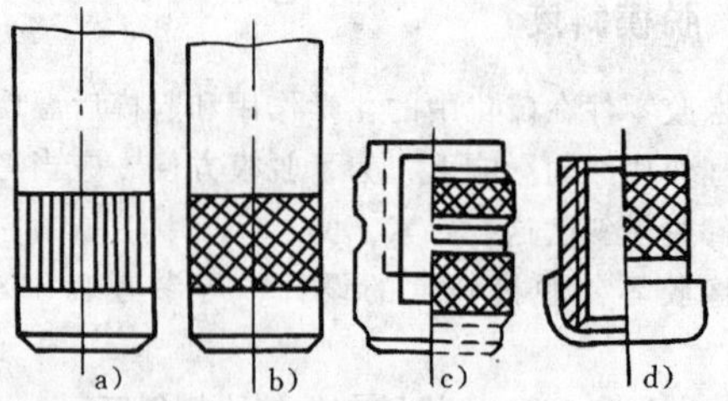

图4.8-3　镶嵌件

a）直纹滚花　b）网纹滚花　c）环槽滚花　d）护盖滚花

镶嵌件的设计原则

1）嵌件镶入橡胶模制品内，要求牢固可靠，保证使用，因此应当使嵌入部分的尺寸尽量大于形体外边裸露部分尺寸。

2）嵌件为内螺纹或外螺纹时，各有关部分的尺寸高度，应该略低于模具各相应部分的分型面0.05～0.10mm。

内螺纹嵌件在设计时，对有关尺寸必须有所控制，以防止胶料在模压过程中被挤入螺纹之中。外螺纹设计时，应该在无螺纹部分，对其尺寸公差提出要求，用以作为模具设计时与有关部位进行配合的定位基准，同时还可以用来防止胶料溢出。

3）嵌件在模具各相应部位的定位，通常采用$\frac{H8}{h7}$、$\frac{H8}{f8}$、$\frac{H9}{h9}$等配合。对于嵌件为孔的配合，则采用相应精度或者近似精度的基轴制配合，即选用$\frac{H8}{h8}$、$\frac{H9}{h8}$、$\frac{F9}{h9}$等配合。另外，嵌件在模具型腔中的固定还可以设计成卡式结构、螺纹联接结构等形式，总之，必须保证嵌件在模具型腔中的定位准确可靠，并且在模压过程中，不发生或只发生少许溢胶现象。

4）一般，嵌件的高度不要超过其直径或平均直径的五倍。

5）对于内含各类织物夹层的橡胶模制品，在设计时，应该考虑模压的特点，织物夹层的填装操作方式，各个分型面的位置选择，模压时胶料流动的特点与规律，起模取件的难易程度，抽取型芯和剥落制品零件有无可能等各种情况。

4　橡胶件的精度

4.1　模压制品的尺寸公差

模压制品是胶料或其半成品在一定的模具中经硫

化制得的合格成品。

模压制品的尺寸分为固定尺寸和封模尺寸两种。

固定尺寸，就是不受胶边厚度或上、下模、模芯之间错位的形变影响由模型型腔尺寸及胶料收缩率所决定的尺寸，如图 4.8-4 中尺寸 *W*、*X* 和 *Y*。

封模尺寸，就是随着胶边厚度或上、下模、模芯之间错位的形变影响而变的尺寸，如图 4.8-4 中尺寸 *s*、*t*、*u* 和 *z*。

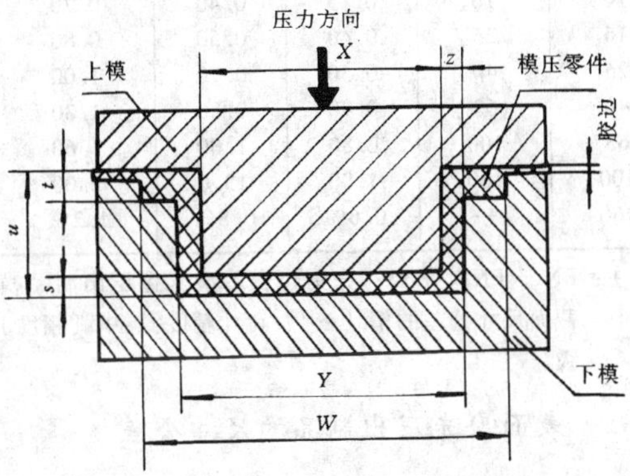

图 4.8-4　压模和压模零件（示意图）

对于移模和注压及无边模型的模压制品，可以把所有尺寸看作是固定的。对固定尺寸和封模尺寸，只有当它们彼此独立时，才能给以公差。

公差等级分为 4 级

精〔密〕级[⊖]：适用于精密模压制品要求的尺寸公差。这类模压制品要求精密的模具，在模压硫化后往往还需要进行某种机械加工；这类制品的尺寸要求使用精密光学仪器或其他精密的测量装置进行计量。因此，成本很高。

高〔精度〕级：适用于高质量模压制品要求的尺寸公差。其中要用到许多上述精〔密〕级所要求的严格的生产控制条件。

中〔精度〕级：适用于一般质量的模压制品要求的尺寸公差。

低〔精度〕级：适用于尺寸控制要求不严格的模压制品未注尺寸公差。

模压制品尺寸公差列于表 4.8-5。表中 M1、M2、M3、M4 级分别代表模压制品精、高、中、低级尺寸公差级别。F 是固定尺寸公差，C 是封模尺寸公差。

一般模压制品的尺寸公差应根据制品的使用要求从表 4.8-5 中所规定的 4 个公差级别中选取。

表 4.8-5　模压制品尺寸公差（摘自 GB/T3672.1—2002）　(mm)

公称尺寸		M1 级		M2 级		M3 级		M4 级
大于	直到并包括	*F* ±	*C* ±	*F* ±	*C* ±	*F* ±	*C* ±	*F* 和 *C* ±
0	4.0	0.08	0.10	0.10	0.15	0.25	0.40	0.50
4.0	6.3	0.10	0.12	0.15	0.20	0.25	0.40	0.50
6.3	10	0.10	0.15	0.20	0.20	0.30	0.50	0.70
10	16	0.15	0.20	0.20	0.25	0.40	0.60	0.80
16	25	0.20	0.20	0.25	0.35	0.50	0.80	1.00
25	40	0.20	0.25	0.35	0.40	0.60	1.00	1.30
40	63	0.25	0.35	0.40	0.50	0.80	1.30	1.60
63	100	0.35	0.40	0.50	0.70	1.00	1.60	2.00
100	160	0.40	0.50	0.70	0.80	1.30	2.00	2.50
160	—	0.3%	0.4%	0.5%	0.7%	0.8%	1.3%	1.5%

所有胶料硫化后都有不同程度的收缩，在设计模具时要考虑到收缩率。收缩率取决于生胶和胶料配方及生产工艺的影响。某些合成橡胶，如硅橡胶、氟橡胶、聚丙烯酸酯橡胶的制品收缩率大；橡胶与非橡胶材料粘接的复合制品收缩率不一致；形状复杂或截面变化很大的制品尺寸较难控制，对此都可适当放宽尺寸公差要求。

一般模压橡胶制品应采用 M3 级公差。当尺寸精度要求更高时，可采用 M2 级，甚至 M1 级。

对于某一制品的尺寸可能不是全部要求同样的公差级别。在同一图样上的不同尺寸，可以采用不同的公差级别。图样上未标明所要求的公差级别，则采用 M4 级公差。

标准中的公差带均为对称分布。若因设计需要，经有关单位之间商定后，也可改为不对称分布。如：允许 ±0.35mm 的公差也可规定为 $^{+0.2}_{-0.5}$mm 或 $^{+0.7}_{0}$mm 或 $^{0}_{-0.7}$mm 等。

4.2　压出制品的尺寸公差

胶料通过压出成型经硫化制得的合格成品，称

⊖ 本标准中词语，包括方括号内的字就是全称，去掉方括号中的字即为简称。

之为压出制品。压出制品分无支撑压出制品和有芯支撑压出制品两种。

压出制品的公差等级分为4级。

精〔密〕级：适用于精密压出制品要求的尺寸公差。这类压出制品，要求严格控制胶料、工艺及检验；需采用具有精密尺寸的支撑体进行硫化，或者采用磨床磨削、车床切割；以及使用精密的测量仪器，因此成本较高。

高〔精度〕级：适用于高质量压出制品的尺寸公差。它要用到许多上述精〔密〕级所要求的严格的生产工艺的控制条件。

中〔精度〕级：适用于质量好的压出制品要求的尺寸公差。

低〔精度〕级：适用于尺寸控制要求不严格的压出制品未注尺寸公差。

4.2.1 无支撑压出制品的横截面尺寸公差

无支撑压出制品的横截面尺寸公差见表4.8-6。

表4.8-6　无支撑压出制品的横截面尺寸公差

（摘自GB/T3672.1—2002）　（mm）

公称尺寸		E1级	E2级	E3级
大于	直到并包括	±	±	±
0	1.5	0.15	0.25	0.40
1.5	2.5	0.20	0.35	0.50
2.5	4.0	0.25	0.40	0.70
4.0	6.3	0.35	0.50	0.80
6.3	10.0	0.40	0.70	1.00
10	16	0.50	0.80	1.30
16	25	0.70	1.00	1.60
25	40	0.80	1.30	2.00
40	63	1.00	1.60	2.50
63	100	1.30	2.00	3.20

注：E1、E2、E3：分别代表无支撑压出制品横截面尺寸公差的高〔精度〕、中〔精度〕、低〔精度〕级。

4.2.2 芯型支撑压出制品的尺寸公差

作为切割成环或垫圈的中空压出制品（通常是胶管），其内径尺寸要求比无芯硫化制品更为严格的公差，则可采用内芯支撑硫化。制品从芯棒上取下时常常发生收缩，故制品的最终尺寸比其芯棒外径尺寸要小些。收缩量取决于所用胶料的性质及工艺条件。

如果供需双方同意，制品内径尺寸正公差就是相应的芯棒外径尺寸公差。

芯型支撑压出制品的内径尺寸公差见表4.8-7。其他尺寸公差见表4.8-6。

表4.8-7　芯型支撑的压出制品内尺寸公差

（摘自GB/T3672.1—2002）　（mm）

公称尺寸		EN1级	EN2级	EN3级
大于	直到并包括	±	±	±
0	4	0.20	0.20	0.35
4	6.3	0.20	0.25	0.40
6.3	10	0.25	0.35	0.50
10	16	0.35	0.40	0.70
16	25	0.40	0.50	0.80
25	40	0.50	0.70	1.00
40	63	0.70	0.80	1.30
63	100	0.80	1.00	1.60
100	160	1.00	13.0	2.00
160	—	0.6%	0.8%	1.2%

注：EN1、EN2、EN3：分别代表芯型支撑压出制品横截面尺寸公差的精〔密〕、高〔精度〕、中〔精度〕级。

4.2.3 表面磨光压出制品的尺寸公差

表面磨光的压出制品（通常是胶管）的外缘尺寸（一般为直径）公差见表4.8-8。

表4.8-8　表面磨光压出制品尺寸公差

（摘自GB/T3672.1—2002）　（mm）

公称尺寸		EG1级	EG2级
大于	直到并包括	±	±
0	10	0.15	0.25
10	16	0.20	0.35
16	25	0.20	0.40
25	40	0.25	0.50
40	63	0.35	0.70
63	100	0.40	0.80
100	160	0.50	1.00
160	—	0.3%	0.5%

注：EG1、EG2：分别代表表面磨削压出制品外缘尺寸公差的精〔密〕、中〔精度〕级。

表面磨削压出制品（通常是胶管）的壁厚公差见表4.8-9。

表4.8-9　表面磨削压出制品的壁厚公差

（摘自GB/T3672.1—2002）　（mm）

基本尺寸		EW1级	EW2级
大于	直到并包括	±	±
0	4	0.10	0.20
4	6.3	0.15	0.20
6.3	10	0.20	0.25
10	16	0.20	0.35
16	25	0.25	0.40

注：EW1、EW2：分别代表表面磨削压出制品壁厚公差的精〔密〕、中〔精度〕级。

4.2.4 压出制品的切割长度公差

压出制品的切割长度公差见表4.8-10，并综合应用表4.8-7～表4.8-9。

对于低硬度高扯断强度的硫化胶（如天然橡胶的未填充硫化胶）须另行规定其公差。

表4.8-10 压出制品的切割长度公差

（摘自GB/T3672.1—2002） （mm）

基本尺寸		L1级	L2级	L3级
大于	直到并包括	±	±	±
0	40	0.70	1.0	1.6
40	63	0.80	1.3	2.0
63	100	1.0	1.6	2.5
100	160	1.3	2.0	3.2
160	250	1.6	2.5	4.0
250	400	2.0	3.2	5.0
400	630	2.5	4.0	6.3
630	1000	3.2	5.0	10.0
1000	1600	4.0	6.3	12.5
1600	2500	5.0	10.0	16.0
2500	4000	6.3	12.5	20.0
4000	—	0.16%	0.32%	0.50%

注：L1、L2、L3：分别代表压出制品切割长度公差的精〔密〕、中〔精度〕、低〔精度〕级。

4.2.5 压出制品的切割截面厚度公差

压出制品切割截面（如环、垫圈、圆片等）的厚度公差见表4.8-11。

对于低硬度高扯断强度的硫化胶（如天然橡胶的未填充硫化胶），须另行规定其公差。

表4.8-11 压出制品的切割零件厚度公差

（摘自GB/T3672.1—2002） （mm）

基本尺寸		EC1级	EC2级	EC3级
大于	至	±	±	±
0.63	1.00	0.10	0.15	0.20
1.00	1.60	0.10	0.20	0.25
1.60	2.50	0.15	0.20	0.35
2.50	4.00	0.20	0.25	0.40
4.00	6.30	0.20	0.35	0.50
6.30	10	0.25	0.40	0.70
10	16	0.35	0.50	0.80
16	25	0.40	0.70	1.00

注：1. EC1、EC2、EC3：分别代表压出制品切割截面厚度公差的精〔密〕、中〔精度〕、低〔精度〕级。

2. EC1和EC2级公差，用车床切割才能达到。

3. 此公差也适于模压制品切割截面的厚度。

压出制品的有关尺寸公差应从表4.8-6～表4.8-11所规定的相应公差级别中分别选取。

压出制品在生产中所需的公差比模压制品的要大些，因为胶料在强行通过型腔出口后要发生膨胀，并在随后的硫化过程中发生收缩和变形。这些变化取决于所用生胶与胶料的性质，以及工艺的影响。

当制品要求特殊的物理性能时，又要要求精密级的公差，不一定总是可能的。软的硫化胶比硬度大的硫化胶需要更大的公差。

任何压出制品的横截面，其内径、外径和壁厚这3个尺寸中，只需限定两个公差即可。

压出制品的尺寸公差要求，应随其具体使用技术条件而定。对于某一制品的关键部位应要求严格一些，其他部位酌情宽一些。一般制品的非工作部位或图样上未标明所要求的公差级别者，则采用有关表中最低那一级公差。

标准中的公差带均为对称分布。若因设计需要，可改成不对称分布。

4.3 胶辊尺寸公差

4.3.1 胶辊尺寸公差的等级

标准GB/T9896—1988胶辊尺寸公差规定了6个等级。

XXP 极高精密级
XP 高精密级
P 精密级
H 高标准级
Q 标准级
N 非标准级

它们是根据胶辊的类型和使用要求规定的。对于一种特定的胶辊，可以分别选用不同等级的尺寸公差。

通常低硬度胶料比高硬度胶料的公差大，故最高精密级公差等级不是所有硬度的胶辊都能适用的。如果没有注明所要求的尺寸公差级别时，通常选N级公差。

4.3.2 胶辊的直径公差

胶辊直径公差由胶辊的长度、刚度和包覆胶硬度决定。

当包覆胶厚度确定后，直径公差应为辊芯直径与两倍包覆胶厚度之和的公差。

胶辊具有足够的刚度，且胶辊的包覆胶长度为辊心直径的15倍以内时，胶辊的直径公差由表4.8-12规定。

胶辊具有足够的刚度，且胶辊的包覆胶长度为辊芯直径的15～25倍时，胶辊的直径公差由表4.8-13规定。

表 4.8-12　胶辊的直径公差

硬度		级别					
国际硬度 邵尔 A 硬度	PJ 硬度						
<50	>120	—	—	—	H	Q	N
50~70	120~70	—	—	P	H	Q	N
>70~<100	<70~10	—	XP	P	H	Q	N
≈100	9~0	XXP	XP	P	H	Q	N
胶辊公称直径 /mm		直径偏差 /mm					
≤40		±0.04	±0.06	±0.10	±0.15	±0.3	±0.5
>40~63		±0.05	±0.07	±0.15	±0.20	±0.3	±0.6
>63~100		±0.06	±0.09	±0.15	±0.25	±0.4	±0.7
>100~160		±0.07	±0.11	±0.20	±0.30	±0.5	±0.9
>160~250		±0.08	±0.14	±0.25	±0.40	±0.6	±1.1
>250~400		±0.11	±0.18	±0.30	±0.50	±0.8	±1.4
>400~630		±0.14	±0.23	±0.40	±0.65	±1.1	±1.8
>630		—	±0.50	±0.75	±1.25	±2.0	±3.0

表 4.8-13　胶辊的直径公差

硬度		级别					
国际硬度 邵尔 A 硬度	PJ 硬度						
<50	>120	—	—	—	H	Q	N
50~70	120~70	—	—	P	H	Q	N
>70~<100	<70~10	—	XP	P	H	Q	N
≈100	9~0	XXP	XP	P	H	Q	N
胶辊公称直径 /mm		直径偏差 /mm					
≤40		±0.06	±0.10	±0.15	±0.3	±0.5	±0.8
>40~63		±0.07	±0.15	±0.20	±0.3	±0.6	±1.0
>63~100		±0.09	±0.15	±0.25	±0.4	±0.7	±1.2
>100~160		±0.11	±0.20	±0.30	±0.5	±0.9	±1.5
>160~250		±0.14	±0.25	±0.40	±0.6	±1.1	±1.8
>250~400		±0.18	±0.30	±0.50	±0.8	±1.4	±2.3
>400~630		±0.23	±0.40	±0.65	±1.1	±1.8	±3
>630		±0.50	±0.75	±1.25	±2.0	±3.0	±5

胶辊的刚度不足或包覆胶长度为辊心直径的25倍以上时，胶辊直径的公差由供需双方商定。

胶辊的直径公差允许向正负两个方向调整。例如：允许偏差为±0.4mm，则可调整为$^{+0.2}_{-0.6}$mm或$^{+0.8}_{0}$mm或$^{0}_{-0.8}$mm等。

4.3.3　胶辊包覆胶长度公差

胶辊包覆胶长度公差由表4.8-14规定。

包覆胶长度公差允许向正负两个方向调整。

XP级（高精密级）只适用于胶辊两个端面无包覆胶，且要求包覆胶端面与辊心端面在同一平面内的胶辊，则包覆胶长度公差，应由辊心的实际长度代替包覆胶公称长度来决定。

4.3.4　胶辊的圆跳动公差

胶辊的圆跳动公差取决于胶辊的硬度和直径。当包覆胶厚度一定时，圆跳动公差与辊心直径与两倍包覆胶厚度之和有关。

表 4.8-14　胶辊包覆胶长度公差　（mm）

包覆胶辊公称长度	等级		
	XP	Q	N
	长度偏差		
≤250	±0.2	±0.5	±1.0
>250~400	±0.2	±0.8	±1.5
>400~630	±0.2	±1.0	±2.0
>630~1000	±0.2	±1.0	±2.5
>1000~1600	±0.2	±1.5	±3.0
>1600~2500	±0.2	±1.8	±3.5
>2500	±0.2	±0.08%	±0.15%

测量圆跳动公差时，其转速不超过30m/min。

当胶辊具有足够的刚度时，圆跳动公差由表4.8-15规定。当胶辊刚度不足时公差按实际情况决定。

表 4.8-15　胶辊的圆跳动公差

硬度：国际硬度邵尔 A 硬度	硬度：PJ 硬度	级别				
<50	>120	—	—	H	Q	N
50 ~ 70	120 ~ 70	—	P	H	Q	N
>70 ~ <100	<70 ~ 10	—	P	H	Q	N
≈100	9 ~ 0	XP	P	H	Q	N
胶辊的公称直径 /mm		圆跳动公差 t /mm				
≤40		0.01	0.02	0.04	0.08	0.15
>40 ~ 63		0.02	0.03	0.06	0.10	0.18
>63 ~ 100		0.03	0.04	0.08	0.13	0.20
>100 ~ 160		0.03	0.05	0.10	0.17	0.25
>160 ~ 250		0.03	0.06	0.12	0.20	0.30
>250 ~ 400		0.04	0.07	0.14	0.23	0.35
>400 ~ 630		0.04	0.08	0.18	0.30	0.45
>630		0.05	0.10	0.25	0.35	0.55

4.3.5　胶辊的圆柱度公差

胶辊的圆柱度公差，取决于胶辊的直径与包覆胶硬度。当包覆胶硬度确定后，其公差与辊心直径和两倍包覆胶厚度有关。

当胶辊具有一定刚度时，其公差按表 4.8-16 规定。

当胶辊刚度不足时，其公差值按实际情况决定。

4.3.6　胶辊的中高度公差

胶辊的中高度公差（图 4.8-5）应按表 4.8-17 规定执行。

表 4.8-16　胶辊的圆柱度公差

硬度：国际硬度邵尔 A 硬度	硬度：PJ 硬度	级别				
<50	>120	—	—	—	H	Q
50 ~ 70	120 ~ 70	—	—	P	H	Q
>70 ~ <100	<70 ~ 10	—	XP	P	H	Q
≈100	9 ~ 0	XXP	XP	P	H	Q
胶辊的公称直径 /mm		圆柱度公差 t /mm				
≤40		0.01	0.02	0.04	0.08	0.15
>40 ~ 63		0.02	0.03	0.06	0.10	0.19
>63 ~ 100		0.03	0.04	0.08	0.13	0.20
>100 ~ 160		0.03	0.05	0.10	0.17	0.25
>160 ~ 250		0.03	0.06	0.12	0.20	0.30
>250 ~ 400		0.04	0.07	0.14	0.23	0.35
>400 ~ 630		0.04	0.08	0.18	0.30	0.45
>630		0.05	0.10	0.25	0.35	0.55

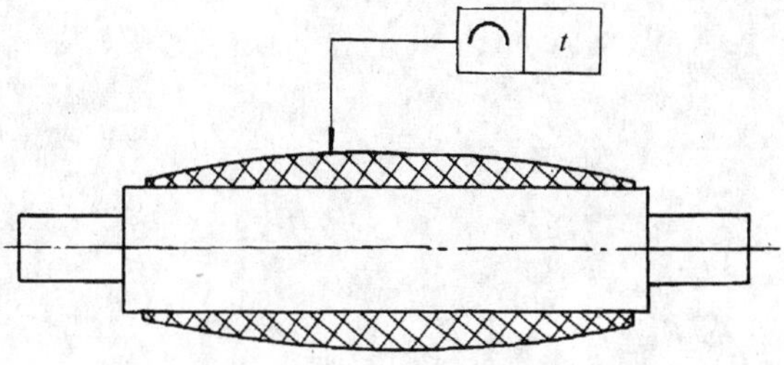

图 4.8-5　胶辊的中高度公差

表4.8-17　胶辊的中高度公差

公称中高/mm	等级 XP	等级 P
	中高度轮廓公差 t/mm	
≤0.10	0.04	0.06
>0.10～0.16	0.05	0.08
>0.16～0.25	0.06	0.10
>0.25～0.40	0.08	0.12
>0.40～0.63	0.10	0.16
>0.63～1.00	0.12	0.20
>1.00～1.60	0.16	0.30
>1.60～2.50	0.25	0.40
>2.50～4.00	0.40	0.60
>4.00	10%	—①

① 此项公差数值可由双方协定，并可用百分数表示。

4.4　橡胶制品的尺寸测量

硫化后的橡胶制品至少应停放16h后才能测量尺寸，也可酌情延长至72h后测量。测量前制品应在试验室（23±2)℃下至少停放3h方可进行测量。

制品应从硫化之日起3个月内或从收货之日起2个月内完成测量，见GB2941—2006橡胶试样停放和试验的标准温度、湿度及时间。

注意确保制品不在有害的环境条件下贮存，见《密封橡胶制品标志、包装、运输、贮存一般规定》。

第 9 章　焊接件结构设计工艺性

1　焊接方法及其应用

1.1　焊接方法的分类、特点及应用

根据焊接过程中接头状态，焊接方法可归纳为熔焊、压力焊和钎焊 3 个基本类型，见表 4.9-1。

1.2　常用金属材料的适用焊接方法

常用金属材料的适用焊接方法见表 4.9-2。

表 4.9-1　焊接方法分类、特点及应用

<table>
<tr><th>类别</th><th colspan="4">焊接方法</th><th>特　点</th><th colspan="2">应　用</th><th>设备费</th></tr>
<tr><td rowspan="9">熔焊</td><td rowspan="6">电弧焊</td><td colspan="3">涂药焊条电弧焊（手工电弧焊）</td><td>具有灵活、机动，适用性广泛，可进行全位置焊接，设备简单、耐用性好、维护费用低等优点。但劳动强度大，质量不够稳定，焊接质量决定于操作者水平</td><td colspan="2">在单件、小批、修配加工中广泛应用，适于焊接 3mm 以上的碳钢、低合金钢、不锈钢和铜、铝等非铁合金</td><td>少</td></tr>
<tr><td colspan="3">焊剂层下电弧焊（埋弧焊）</td><td>生产率高，比手工电弧焊提高 5～10 倍，焊接质量高且稳定，节省金属材料，改善劳动条件</td><td colspan="2">在大量生产中适用于长直、环形或垂直位置的横焊缝，能焊接碳钢、合金钢以及某些铜合金等中等或厚壁结构</td><td>中</td></tr>
<tr><td rowspan="4">气体保护焊</td><td rowspan="2">惰性气体</td><td>非熔化极（钨极氩弧焊）</td><td rowspan="2">气体保护充分，热量集中，熔池较小，焊接速度快，热影响区较窄，焊接变形小，电弧稳定，飞溅小，焊缝致密，表面无熔渣，成形美观，明弧便于操作，易实现自动化，但限于室内焊接</td><td rowspan="2">最适于焊接易氧化的铜、铝、钛及其合金，锆、钽、钼等稀有金属，以及不锈钢、耐热钢等</td><td>对 > 50mm 厚板不适用</td><td>少</td></tr>
<tr><td>熔化极（金属极氩弧焊）</td><td>对 < 3mm 薄板不适用</td><td>中</td></tr>
<tr><td colspan="2">二氧化碳气体保护焊</td><td>成本低，为埋弧和手工弧焊的 40% 左右，质量较好，生产率高，操作性能好，但大电流时飞溅较大，成形不够美观，设备较复杂</td><td colspan="2">广泛应用于造船、机车车辆、起重机、农业机械中的低碳钢和低合金钢结构</td><td>中</td></tr>
<tr><td colspan="2">窄间隙气保护电弧焊</td><td>高效率的熔化极电弧焊，节省金属，但仅限于垂直位置焊缝</td><td colspan="2">应用于碳钢、低合金钢、不锈钢，耐热钢、低温钢等，以及厚壁结构</td><td></td></tr>
<tr><td colspan="4">电渣焊</td><td>生产率高，任何厚度可不开坡口一次焊成，焊缝金属比较纯净，但热影响区比其他焊法都宽，晶粒粗大，易产生过热组织，焊后需进行正火处理以改善其性能</td><td colspan="2">应用于碳钢、合金钢，以及大型和重型结构，如水轮机、水压机、轧钢机等的全焊或组合结构的制造，常用于 35～400mm 壁厚结构</td><td>大</td></tr>
<tr><td colspan="4">气　焊</td><td>火焰温度和性质可以调节，比弧焊热源的热影响区宽，但热量不如电弧集中，生产率比较低</td><td colspan="2">应用于薄壁结构和小件的焊接，可焊钢、铸铁、铝、铜及其合金、硬质合金等</td><td>少</td></tr>
<tr><td colspan="4">等离子弧焊</td><td>除具有氩弧焊特点外，还由于等离子弧能量密度大，弧柱温度高，穿透能力强，能一次焊透双面成形。此外，电流小到 0.1A 时，电弧仍能稳定燃烧，并保持良好的挺度和方向性</td><td colspan="2">广泛应用于铜合金、合金钢、钨、钼、钴、钛等金属的焊接，如钛合金的导弹壳体、波纹管及膜盒，微型电容器、电容器的外壳封接，以及飞机和航天装置上的一些薄壁容器的焊接</td><td></td></tr>
</table>

（续）

类别	焊接方法	特　点	应　用	设备费
熔焊	电子束焊接	在真空中焊接，无金属电极沾污，可保证焊缝金属的高纯度，表面平滑无缺陷；热源能量密度大、熔深大、焊速快、热影响区小，不产生变形，可防止难熔金属焊接时易产生裂纹和泄漏。焊接时一般不填加金属，参数可在较宽范围内调节、控制灵活	用于焊接从微型的电子电路组件、真空膜盒、钼箔蜂窝结构、原子能燃料原件到大型的导弹外壳，以及异种金属、复合结构件等。由于设备复杂，造价高，使用维护技术要求高，焊件尺寸受限制等，其应用范围受一定限制	大
	激光（束）焊接	辐射能量放出迅速，生产率高，可在大气中焊接，不需真空环境和保护气体；能量密度很高，热量集中、时间短，热影响区小；焊接不需与工件接触；焊接异种材料比较容易，但设备有效系数低、功率较小，焊接厚度受限	特别适用于焊接微型精密、排列非常密集、对受热敏感的焊件，除焊接一般的薄壁搭接外，还可焊接细的金属线材以及导线和金属薄板的搭接，如集成电路内、外引线，仪表游丝等的焊接	
压焊	电阻焊　点焊	低电压大电流，生产率高，变形小，限于搭接。不需填加焊接材料，易于实现自动化，设备较一般熔化焊复杂，耗电量大，缝焊过程中分流现象较严重	点焊主要用于焊接各种薄板冲压结构及钢筋，目前广泛用于汽车制造、飞机、车厢等轻型结构，利用悬挂式点焊枪可进行全位焊接。缝焊主要用于制造油箱等要求密封的薄壁结构 闪光对焊用于重要工件的焊接，可焊异种金属（铝-钢、铝-铜等），从直径 0.01mm 金属丝到面积约 $20000mm^2$ 的金属棒，如刀具、钢筋、钢轨等	大
	电阻焊　缝焊			
	电阻焊　接触对焊	接触（电阻）对焊，焊前对被焊工件表面清理工作要求较高，一般仅用于断面简单直径小于 20mm 和强度要求不高的工件，而闪光焊对工件表面焊前无需加工，但金属损耗多		
	电阻焊　闪光对焊			
	摩擦焊	接头组织致密，表面不易氧化，质量好且稳定，可焊金属范围较广，可焊异种金属，焊接操作简单、不需添加焊接材料，易实现自动控制，生产率高，设备简单，电能消耗少	广泛用于圆形工件及管子的对接，如大直径铜铝导线的连接，管-板的连接	
	气压焊	利用火焰将金属加热到熔化状态后加外力使其连接在一起	用于连接圆形、长方形截面的杆件与管子	中
	扩散焊	焊件紧密贴合，在真空或保护气氛中，在一定温度和压力下保持一段时间，使接触面之间的原子相互扩散完成焊接的一种压焊方法，焊接变形小	接头的力学性能高；可焊接性能差别大的异种金属，可用来制造双层和多层复合材料，可焊形状复杂的互相接触的面与面，代替整锻	
	高频焊	热能高度集中，生产率高，成本低，焊缝质量稳定，焊件变形小，适于连续性高速生产	适于生产有缝金属管，可焊低碳钢、工具钢、铜、铝、钛、镍、异种金属等	
	爆炸焊	爆炸焊接好的双金属或多种金属材料，结合强度高，工艺性好，焊后可经冷、热加工。操作简单，成本低	适于各种可塑性金属的焊接	
钎焊	软钎焊	焊件加热温度低、组织和力学性能变化很小，变形也小，接头平整光滑，工件尺寸精确。软钎焊接头强度较低，硬钎焊接头强度较高。焊前工件需清洗、装配要求较严	应用于机械、仪表、航空、空间技术所用装配中，如电真空器件、导线、蜂窝和夹层结构、硬质合金刀具等	少
	硬钎焊			

表 4.9-2 常用金属材料适用的焊接方法

焊接方法	铁	碳钢					铸钢		铸铁			低合金钢											不锈钢			耐热合金		轻金属								铜合金					锆
	纯铁	低碳钢	中碳钢	高碳钢	工具钢	含铜钢	碳素铸钢	高锰钢	灰铸铁	可锻铸铁	合金铸铁	镍钢	镍铜钢	锰钼钢	碳素钼钢	镍铬钢	铬钼钢	铬镍钼钢	镍钼钢	铬钢	铬钒钢	锰钢	铬钢M型	铬钢F型	铬镍钢A型	耐热超合金	高镍合金	纯铝	铝合金①	铝合金②	纯镁	镁合金	纯钛	钛合金①	钛合金②	纯铜	黄铜	磷青铜	铝青铜	镍青铜	铌
手工电弧焊	A	A	A	A	B	A	A	B	B	B	B	A	A	A	A	A	A	B	B	A	A	A	A	A	A	A	A	B	B	B	D	D	D	D	D	B	B	B	B	B	D
埋弧焊	A	A	A	B	B	A	A	B	D	D	D	A	A	A	A	A	A	A	B	B	A	A	A	A	A	A	A	D	D	D	D	D	D	D	D	C	D	C	D	D	D
CO_2焊	B	A	A	C	D	C	A	B	D	D	D	C	C	C	C	C	C	C	C	C	C	C	C	B	B	B	C	D	D	D	D	D	D	D	D	C	C	C	C	C	D
氩弧焊	C	B	B	B	B	B	B	B	B	B	B	B	—	—	—	—	B	B	A	—	—	B	A	A	A	A	A	A	A	B	A	A	A	A	B	A	A	A	A	A	B
电渣焊	A	A	A	B	C	A	A	A	B	B	B	D	D	D	D	D	D	D	D	D	D	B	C	C	C	C	C	D	D	D	D	D	D	D	D	D	D	D	D	D	D
气电焊	A	A	A	B	C	A	A	A	B	B	B	D	D	B	B	D	D	D	D	D	D	B	B	B	B	C	C	D	D	D	D	D	D	D	D	D	D	D	D	D	D
氧-乙炔焊	A	A	A	B	A	A	A	B	A	B	A	A	A	A	A	A	A	B	B	A	A	A	B	B	A	A	A	A	A	B	B	B	D	D	D	B	B	C	C	C	D
气压焊	A	A	A	A	A	A	B	D	D	D	D	A	A	B	B	A	A	A	B	A	A	B	B	B	A	B	B	C	C	C	C	C	D	D	D	C	C	C	C	C	D
点、缝焊	A	A	B	D	D	A	B	B	D	D	D	A	A	A	—	D	D	D	D	D	D	D	C	A	A	A	A	A	A	A	A	A	B	B	C	C	C	C	C	C	B
闪光对焊	A	A	A	A	B	A	A	B	D	D	D	A	A	A	A	A	A	B	B	A	A	A	B	A	A	A	A	A	A	A	A	A	D	D	D	C	C	C	C	C	D
铝热焊	A	A	A	A	B	B	A	B	B	B	A	B	B	B	B	B	B	B	B	B	B	B	D	D	D	D	D	D	D	D	D	D	D	D	D	D	D	D	D	D	D
电子束焊	A	A	A	A	A	A	A	A	C	C	C	A	A	A	A	A	A	A	A	A	A	A	A	A	A	A	A	A	A	A	B	B	A	A	A	B	B	B	B	B	B
钎焊	A	A	B	B	B	B	B	B	C	C	C	B	B	B	B	B	B	B	B	B	B	B	C	C	B	C	B	B	B	C	B	C	C	D	D	B	B	B	B	B	C

注：1. 表中①铝、钛合金为非热处理型；②铝、钛合金为热处理型。

2. A—最适用；B—适用；C—稍适用；D—不适用。

2 焊接结构的设计原则

2.1 焊接性

焊接性是指采用一定的焊接工艺方法、工艺参数及结构型式条件下获得优质焊接接头的难易程度。

2.1.1 钢的焊接性

一般认为碳的质量分数 <0.25% 的碳钢及碳质量分数 <0.18% 的合金钢焊接性良好。在设计重要焊接结构时，选择焊接材料，必须经过仔细的焊接性试验。在设计中还必须结合结构的复杂程度、刚度、焊接方法，以及采用的焊条及焊接的工艺条件等因素去考虑钢材的焊接性。

常用钢材的焊接性见表 4.9-3。

表 4.9-3 常用钢材的焊接性

<table>
<tr><th rowspan="3">钢 号</th><th colspan="3">焊 接 性</th><th rowspan="3">特 点</th></tr>
<tr><th rowspan="2">等级</th><th>合金元素总含量</th><th>含碳量</th></tr>
<tr><th colspan="2">概略指标(质量分数)(%)</th></tr>
<tr><td rowspan="3">Q195,Q215,Q235
08,10,15,20,25;ZG25
Q345,16MnCu,Q390
15MnTi,Q295,09Mn2Si,20Mn
15Cr,20Cr,15CrMn
0Cr13, 1Cr18Ni9, 1Cr18Ni9Ti, 2Cr18Ni9, 0Cr17Ti, 0Cr18Ni10, 0Cr18Ni9Ti, 0Cr17Ni13Mo2Ti, 1Cr18Ni10Ti, 1Cr17Ni13Mo2Ti, Cr17Ni13Mo3Ti, 1Cr17Ni13Mo3Ti</td><td rowspan="3">I
(良好)</td><td>1 以下</td><td>0.25 以下</td><td rowspan="3">在任何普通生产条件下都能焊接,没有工艺限制,对于焊接前后的热处理及焊接热规范没有特殊要求。焊接后的变形容易校正。厚度大于 20mm,结构刚度很大时要预热
低合金钢预热及焊后热处理。1Cr18Ni9、1Cr18Ni9Ti 需预热焊后高温退火。要做到焊缝成形好,表面粗糙度好,才能很好地保证耐腐蚀性</td></tr>
<tr><td>1～3</td><td>0.20 以下</td></tr>
<tr><td>3 以上</td><td>0.18 以下</td></tr>
</table>

（续）

钢　　号	焊接性 等级	焊接性 合金元素总含量	焊接性 含碳量	特　　点
		概略指标（质量分数）（%）		
Q255，Q275 30，35，ZG230-450 30Mn，18MnSi，20CrV，20CrMo，30Cr，20CrMnSi，20CrMoA，12CrMoA，22CrMo，Cr11MoV，1Cr13，12CrMo，14MnMoVB，Cr25Ti，15CrMo，12CrMoV	Ⅱ （一般）	1以下	0.25～0.35	形成冷裂倾向小，采用合理的焊接热规范可以得到满意的焊接性能。在焊接复杂结构和厚板时，必须预热
		1～3	0.20～0.30	
		3以上	0.18～0.25	
Q275 35，40，45 40Mn，35Mn2，40Mn2，20Cr，40Cr，35SiMn，30CrMnSi，30Mn2，35CrMoA，25Cr2MoVA，30CrMoSiA，2Cr13，Cr6SiMo，Cr18Si2	Ⅲ （较差）	1以上	0.35～0.45	在通常情况下，焊接时有形成裂纹的倾向，焊前应预热，焊后应热处理，只有有限的焊接热规范可能获得较好的焊接性能
		1～3	0.30～0.40	
		3以上	0.28～0.38	
Q275 50，55，60，65，85 50Mn60Mn，65Mn，45Mn2，50Mn2，50Cr，30CrMo，40CrSi，35CrMoV，38CrMnAlA，35SiMnA，35CrMoVA，30Cr2MoVA，3Cr13，4Cr13，4Cr9Si2，60Si2CrA，50CrVA，30W4Cr2VA	Ⅳ （不好）	1以下	0.45以上	焊接时很容易形成裂纹，但在采用合理的焊接规范、预热和焊后热处理的条件下，这些钢也能够焊接
		1～3	0.40以上	
		3以下	0.38以上	

2.1.2　铸铁的焊接性

铸铁的焊接性见表4.9-4。焊接铸铁要比焊低碳钢困难得多，这里介绍的焊接性，只是就它们本身比较而言。

表4.9-4　铸铁的焊接性

焊接金属	焊接性	焊接方法与焊接接头的特点		备　注
灰铸铁	良　好	电弧冷焊	采用铸铁焊条焊接。加工性一般，易出现裂纹，只适于小中型工件中较小缺陷的焊补，如小砂眼、小气孔及小裂缝等	复杂铸件均应整体加热，简单零件用焊炬局部加热即可
			采用铜钢焊条焊接。加工性较差，抗裂纹性好，强度较高，能承受较大静荷及一定动载荷，能基本满足焊缝致密性要求。对复杂的、刚度大的焊件不宜采用	
			采用镍铜焊条焊接。加工性好，强度较低，用于刚度不大、预热有困难的焊件上	
		铸铁焊条气焊	加工性良好，接头具有与工件相近的机械性能与颜色，焊补处刚度大，结构复杂时，易出现裂纹，适于焊补刚度不大、结构不复杂、待加工尺寸不大的焊件的缺陷	
		铸铁焊条热焊及半热焊	加工性、致密性都好，内应力小，不易出现裂纹，接头具有与母材相近的强度，但生产率低，主要用于修复，焊后须加工，对承受较大静载荷、动载荷、要求致密性等的复杂结构中，大的缺陷且工件壁较厚时，用电弧焊，中小缺陷且工件较薄用气焊	
		铸铁焊条电渣焊补	加工性、强度及紧密性良好，但在焊补复杂及刚度大的工件时，易发生裂纹	
可锻铸铁				
球墨铸铁	较　差	手工电弧焊	采用低碳钢焊条焊接。容易产生裂纹	
			采用镍铁焊条冷焊焊接。加工性良好，接头具有与母材相等的强度	
		气焊	用于接头质量要求高的中小型缺陷的修补	
白口铸铁	很　难			硬度高，脆性大，容易出现裂纹

2.1.3　有色金属的焊接性

有色金属的焊接性见表4.9-5。有色金属要比焊低碳钢困难得多,这里介绍的焊接性,只是就它们本身比较而言。

2.1.4　异种金属间的焊接性

异种金属间的焊接性见表4.9-6。

2.2　结构刚度和减振能力

一般钢材比铸铁的减振能力都低,故有较高要求的铸铁件(如机床床身等)时不能简单地按许用应力减少其截面,必须考虑其刚度和减振能力。

2.3　应力集中

焊接结构截面变化大,过渡区较陡,圆角较小处,

表4.9-5　有色金属的焊接性

焊接金属	焊接性	焊接方法与焊接接头的特点	备　注
铜	一　般	通常采用气焊和氩弧焊并选好用焊丝以达到焊接要求的焊接接头	大的复杂的铸件,焊前须预热
黄铜(Cu-Zn)	良　好		薄的轧制黄铜板不须预热,大的复杂的结构、厚板须预热。铸造黄铜工件须全部或局部预热
硅青铜,磷青铜			
锡青铜,铝青铜	较　差		主要用于焊补铸件,焊前须预热,焊后应缓慢冷却
纯铝1060　1050A 1035　1200	良　好		
铝镁5A03 5A04 5A06			
锰铝	一　般		
硬铝	较　差		焊缝>18mm容易出现裂纹
Al-Zn-Mg-Cu 高强度铝合金	很　难		结晶裂缝倾向大

表4.9-6　异种金属间的焊接性

被焊材料牌号	气　焊	氢原子焊	二氧化碳保护焊	手工电弧焊	氩弧焊
20+30CrMnSiA	△	△	△	△	△
20+30CrMnSiNi2A	—	△	—	△	△
20+1Cr18Ni9Ti	△	—	△	△	△
30CrMnSiA+1Cr18Ni9Ti	△	—	△	△	△
30CrMnSiA+30CrMnSiNi2A	—	△	—	△	△
1Cr18Ni9Ti+1Cr19Ni11Si4AlTi	—	—	△	—	△
LF21+LF2　3A21+5A02	△	—	—	—	△
LF21+LF3　3A21+5A03	—	—	—	—	△
LF21+ZL-101　3A21+ZL-101	△	—	—	—	△
LF3+LF6　5A03+5A06	—	—	—	—	△

注:"△"——表示可以焊接。

易引起较大的应力集中。在动载和低温条件下工作的高强度钢结构件,在设计和施工过程中,尤需采用措施以减少应力集中。

2.4　焊接残余应力和变形

拉伸残余应力会降低结构的强度,变形会引起结构尺寸、精度变化,为此需恰当地设计结构,使之有利于降低焊接残余应力和变形。

2.5　焊接接头性能的不均匀性

在焊接热作用下,焊缝和热影响区的成分、组织和性能都不同于母材。故在选择焊接材料、焊接方法、制定焊接工艺时,应保证接头性能达到设计要求。

2.6　应尽量减少和排除焊接缺陷

在设计中应考虑便于焊接操作,为减少焊接缺陷创造条件。焊缝布置应避开高应力区。重要焊缝必须进行无损探测。

3　焊接接头的形式

3.1　焊接接头的特点

电弧焊焊接接头由焊缝、热影响区和母材3部分构成。焊缝的加热温度>1500℃,凝固后为铸态结晶,

呈分层柱状晶结构，晶粒比较粗大。热影响区比较复杂，加热温度在300～1250℃，温度高处，晶粒粗大化，温度低处，晶粒细化。母材为未受热影响的基本金属。

3.2　接头形式及选用

焊接接头是焊接结构最基本的部分，接头设计应根据结构形状、强度要求、工件厚度、焊接性、焊后变形大小、焊条消耗量、坡口加工难易程度等各方面因素综合考虑决定。

接头的基本形式有对接、搭接、丁字接和十字接、角接与边接等，见图4.9-1。

对接接头受力较均匀，也是用得最多的一种，对重要受力焊缝应尽量选用。搭接接头因两工件不在同一平面上，受力时产生附加弯矩，而且消耗金属量也较大，一般应尽量避免采用。但搭接接头不需开坡口，装配时尺寸要求不高，对有些受力不大的平面联接，采用搭接接头可节省工作量。丁字接头及角接接头受力情况都较对接接头复杂些，但接头成直角联接时，必须采用这类接头。边接是两个或两个以上平行或近于平行的结构单元边缘之间的接头，它的特点是不需要填充金属。

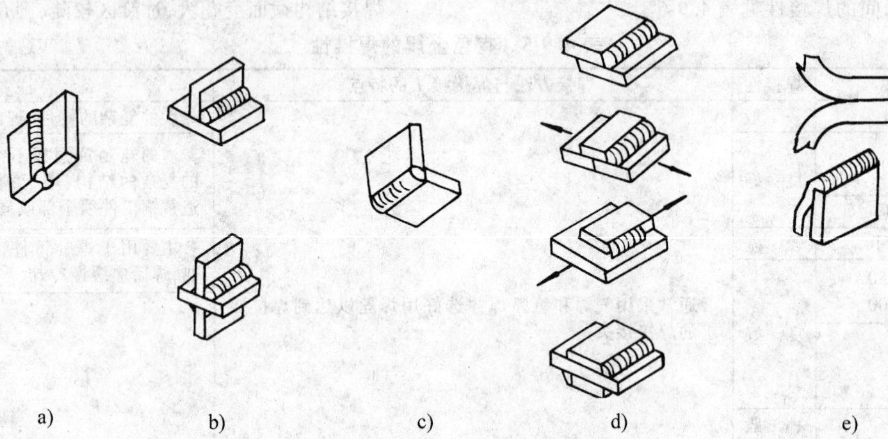

图4.9-1　焊接接头的基本形式

a）对接　b）丁字接和十字接　c）角接　d）搭接　e）边接

4　焊缝坡口的基本形式与尺寸

4.1　坡口参数的确定

坡口参数包括：坡口角，根部间隙、钝边和坡口面角度等。

坡口角：坡口角为20°～60°，坡口角小则需要的焊缝金属量少，但它需满足焊条能接近接头根部并保证多层焊道侧壁很好熔化。

根部间隙：间隙过小根部熔化困难，加上必须使用小直径焊条，焊接过程减慢。间隙过大需用更多的焊缝金属量，增加成本和增大变形倾向。

钝边：是指在预加工边缘上保留最小限度熔透金属的附加厚度，焊接时金属量通过它导向间隙。当用垫板焊接时不需钝边。

坡口面角度，或称斜边角：它影响根部间隙、接头可接近性和整个焊缝横截面的熔化质量。

4.2　碳钢、低合金钢的手工电弧焊、气焊及气体保护焊焊缝坡口的基本形式与尺寸（见表4.9-7）

表4.9-7(1)　单面对接焊坡口（摘自GB/T 985.1—2008）　　(mm)

序号	母材厚度 t	坡口/接头种类	基本符号	横截面示意图	尺寸 坡口角 α 或坡口面角 β	尺寸 间隙 b	尺寸 钝边 c	尺寸 坡口深度 h	适用的焊接方法	焊缝示意图	备注
1	≤2	卷边坡口	八		—	—	—	—	3 111 141 512		通常不填加焊接材料

（续）

序号	母材厚度 t	坡口/接头种类	基本符号	横截面示意图	尺寸：坡口角 α 或坡口面角 β	尺寸：间隙 b	尺寸：钝边 c	尺寸：坡口深度 h	适用的焊接方法	焊缝示意图	备注
2	≤4	I形坡口	‖	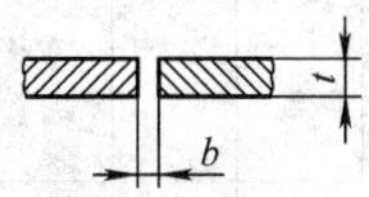	—	≈t	—	—	3 111 141		—
	3 < t ≤8					3≤b≤8			13		必要时加衬垫
						≈t			141①		
	≤15					≤1②			52		
						0					
3	≤100	I形坡口（带衬垫）	—	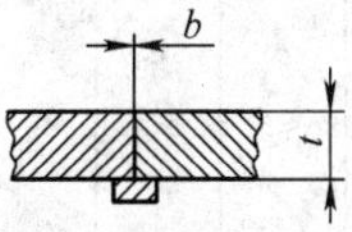	—	—	—	—	51	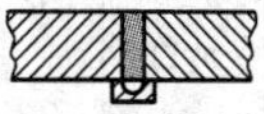	—
		I形坡口（带锁底）	—	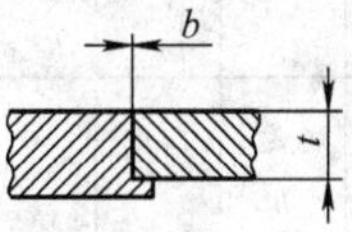						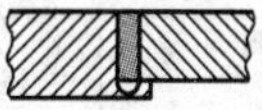	
4	3 < t ≤10	V形坡口	V	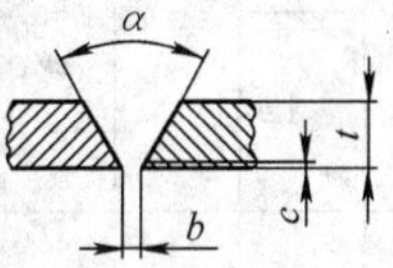	40°≤α≤60°	≤4	≤2	—	3 111 13 141	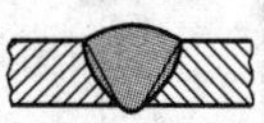	必要时加衬垫
	8 < t ≤12				6°≤α≤8°	—			52②		
5	>16	陡边坡口		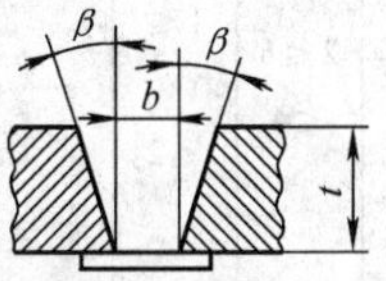	5°≤β≤20°	5≤b≤15	—	—	111 13	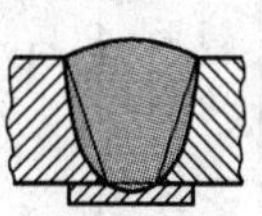	带衬垫
6	5≤t≤40	V形坡口（带钝边）	Y	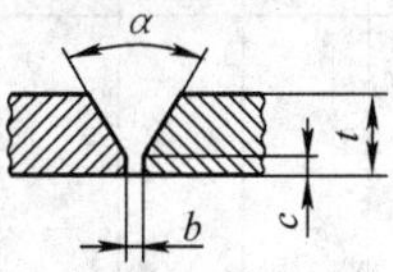	α≈60°	1≤b≤4	2≤c≤4	—	111 13 141	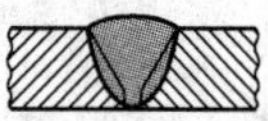	—
7	>12	U-V形组合坡口		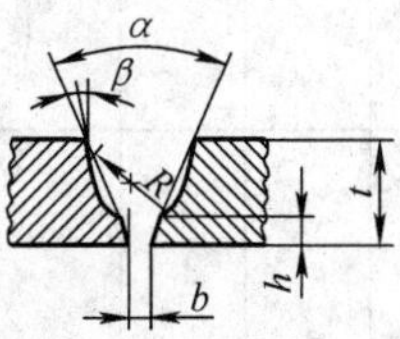	60°≤α≤90° 8°≤β≤12°	1≤b≤3	—	≈4	111 13 141	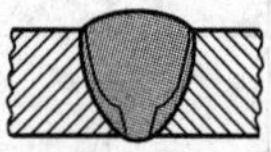	6≤R≤9
8	>12	V-V形组合坡口		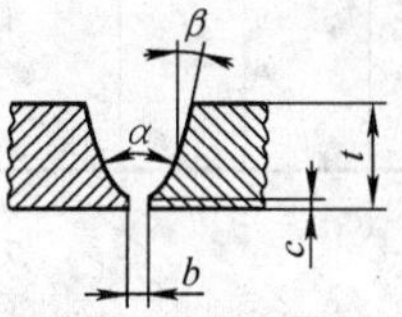	60°≤α≤90° 10°≤β≤15°	2≤b≤4	>2	—	111 13 141	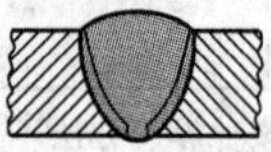	—

（续）

序号	母材厚度 t	坡口/接头种类	基本符号	横截面示意图	尺寸：坡口角 α 或坡口面角 β	尺寸：间隙 b	尺寸：钝边 c	尺寸：坡口深度 h	适用的焊接方法	焊缝示意图	备注
9	>12	U形坡口		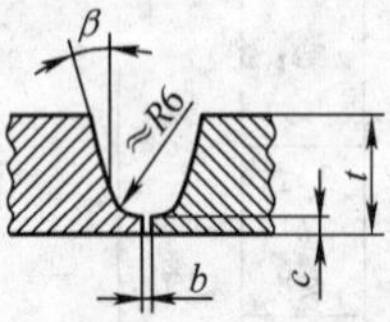	8°≤β≤12°	≤4	≤3	—	111 13 141	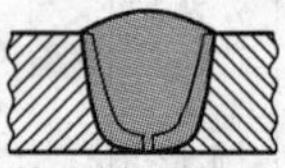	—
10	3<t≤10	单边V形坡口		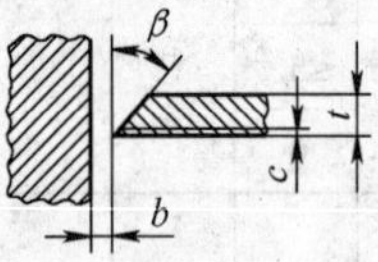 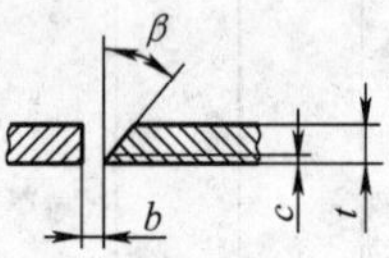	35°≤β≤60°	2≤b≤4	1≤c≤2	—	111 13 141	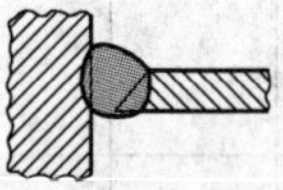 	—
11	>16	单边陡边坡口		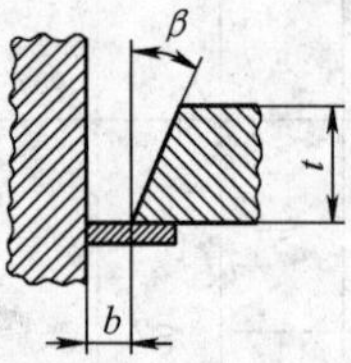	15°≤β≤60°	6≤b≤12	—	—	111	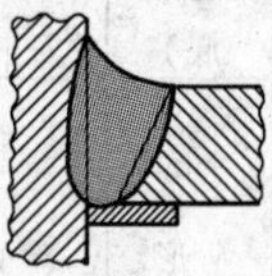	带衬垫
						≈12			13 141		
12	>16	J形坡口		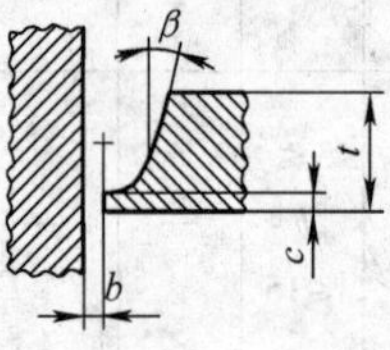	10°≤β≤20°	2≤b≤4	1≤c≤2	—	111 13 141	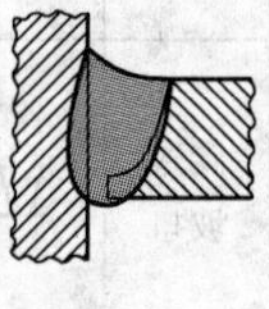	—
13	≤15	T形接头		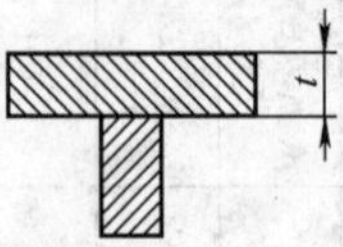	—	—	—	—	52	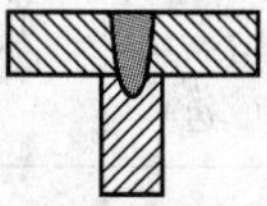	—
	≤100								51		
14	≤15	T形接头		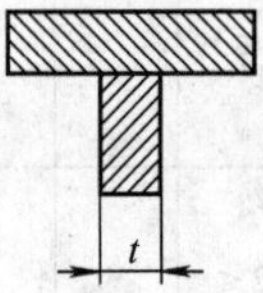	—	—	—	—	52		—
	≤100								51		

① 该种焊接方法不一定适用于整个工件厚度范围的焊接。

② 需要添加焊接材料。

表 4.9-7(2)　双面对接焊坡口(摘自 GB/T 985.1—2008)　　(mm)

序号	母材厚度 t	坡口/接头种类	基本符号	横截面示意图	尺寸：坡口角 α 或坡口面角 β	尺寸：间隙 b	尺寸：钝边 c	尺寸：坡口深度 h	适用的焊接方法	焊缝示意图	备注
1	≤8	I 形坡口	‖	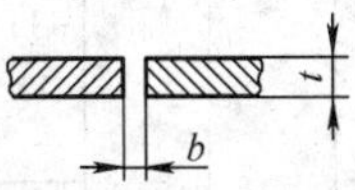	—	≈t/2	—	—	111 141 13	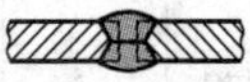	—
	≤15					0			52		
2	3≤t≤40	V 形坡口		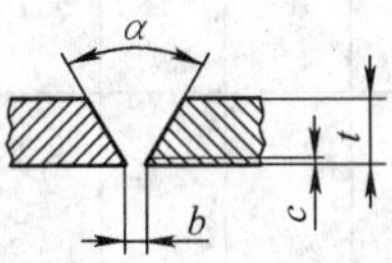	α≈60°	≤3	≤2	—	111 141	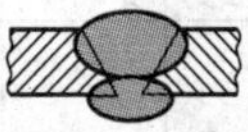	封底
					40°≤α≤60°				13		
3	>10	带钝边 V 形坡口		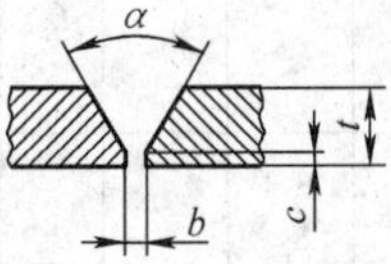	α≈60°	1≤b≤3	2≤c≤4	—	111 141	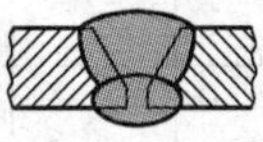	特殊情况下可适用更小的厚度和气保焊方法。注明封底
					40°≤α≤60°				13		
4	>10	双 V 形坡口(带钝边)		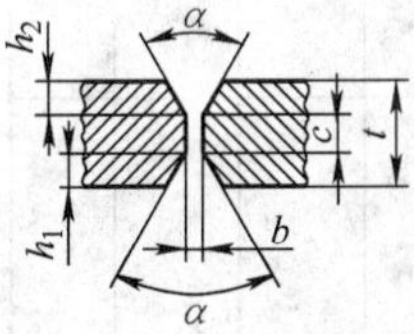	α≈60°	1≤b≤4	2≤c≤6	h_1 = h_2 = $\frac{t-c}{2}$	111 141	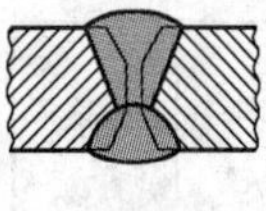	—
					40°≤α≤60°				13		
5	>10	双 V 形坡口		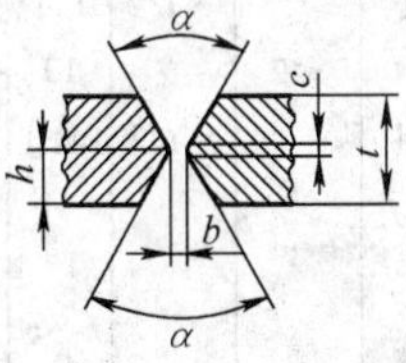	α≈60°	1≤b≤3	≤2	≈t/2	111 141	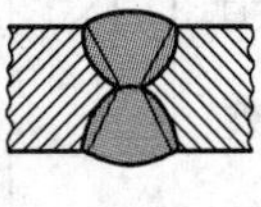	—
					40°≤α≤60°				13		
		非对称双 V 形坡口		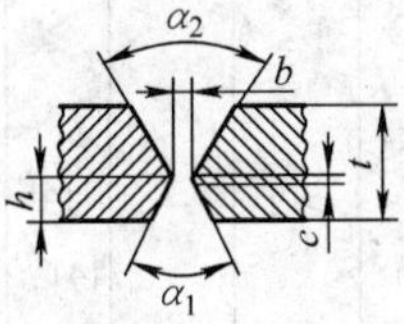	α_1≈60° α_2≈60°			≈t/3	111 141	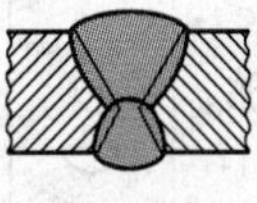	—
					40°≤α_1≤60° 40°≤α_2≤60°				13		

（续）

序号	母材厚度 t	坡口/接头种类	基本符号	横截面示意图	尺寸 坡口角 α 或坡口面角 β	尺寸 间隙 b	尺寸 钝边 c	尺寸 坡口深度 h	适用的焊接方法	焊缝示意图	备注
6	>12	U 形坡口		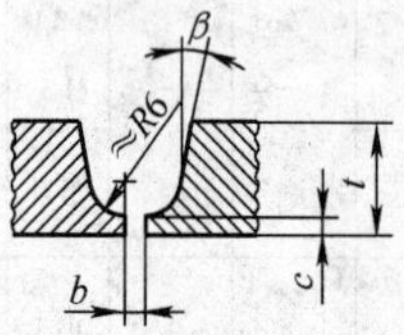	8°≤ β ≤12°	1≤ b ≤3 ≤3	≈5	—	111 13 141①	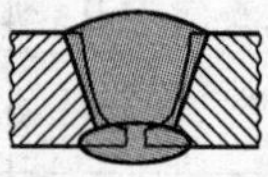	封底
7	≥30	双 U 形坡口		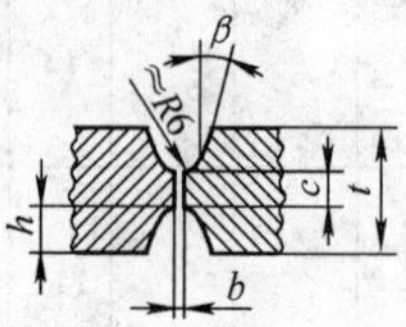	8°≤ β ≤12°	≤3	≈3	$\approx\frac{t-c}{2}$	111 13 141①	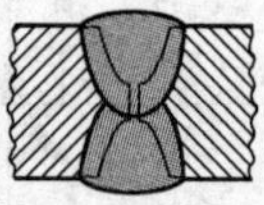	可制成与 V 形坡口相似的非对称坡口形式
8	3≤ t ≤30	单边 V 形坡口		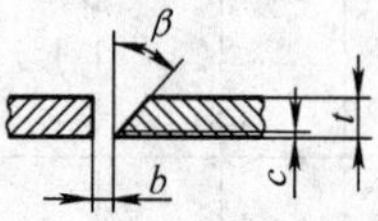	35°≤ β ≤60°	1≤ b ≤4	≤2	—	111 13 141①		封底
9	>10	K 形坡口		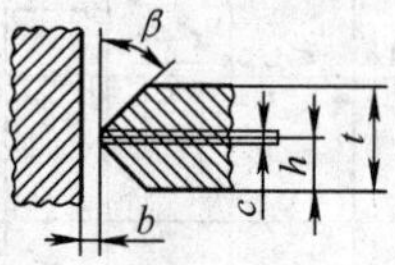 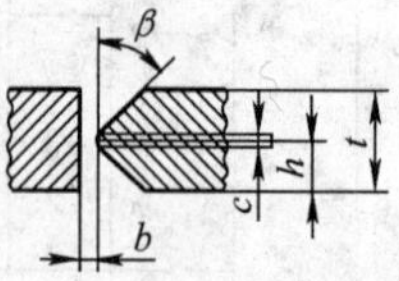	35°≤ β ≤60°	1≤ b ≤4	≤2	≈ t/2 或 ≈ t/3	111 13 141①	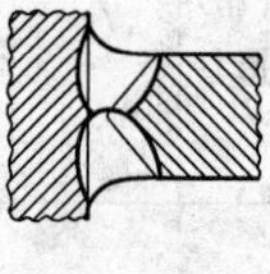 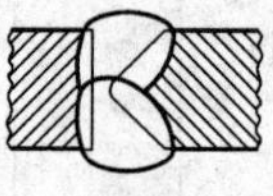	可制成与 V 形坡口相似的非对称坡口形式
10	>16	J 形坡口		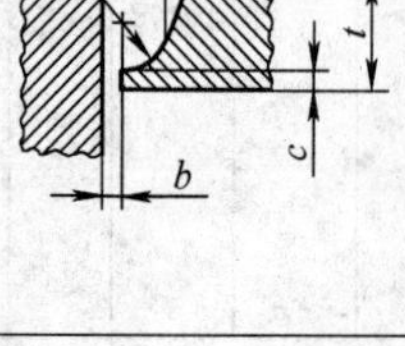	10°≤ β ≤20°	1≤ b ≤3	≥2	—	111 13 141①	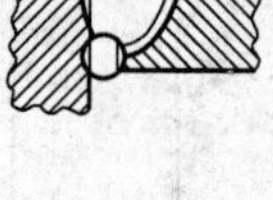	封底

（续）

序号	母材厚度 t	坡口/接头种类	基本符号	横截面示意图	尺寸：坡口角 α 或坡口面角 β	尺寸：间隙 b	尺寸：钝边 c	尺寸：坡口深度 h	适用的焊接方法 ①	焊缝示意图	备注
11	>30	双 J 形坡口		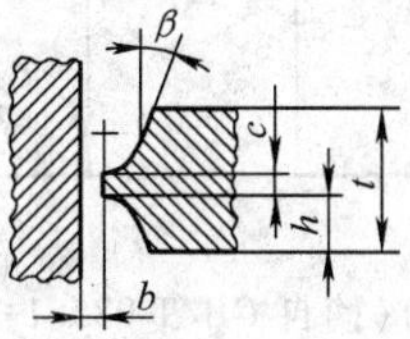	$10° \leqslant \beta \leqslant 20°$	≤3	≥2	$-\frac{t-c}{2}$	111 13 141①	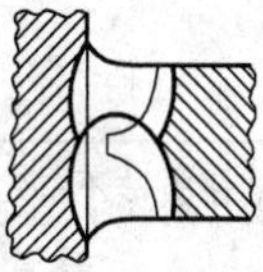	可制成与 V 形坡口相似的非对称坡口形式
							<2	≈$t/2$			
12	≤25	T 形接头		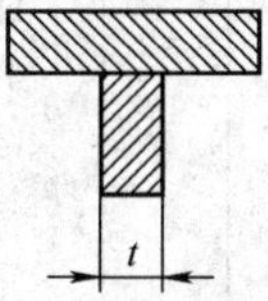	—	—	—	—	52		—
	≤170								51		

① 该种焊接方法不一定适用于整个工件厚度范围的焊接。

表 4.9-7(3)　角焊缝的接头形式(单面焊)(摘自 GB/T 985.1—2008)　　(mm)

序号	母材厚度 t	接头形式	基本符号	横截面示意图	尺寸：角度 α	尺寸：间隙 b	适用的焊接方法①	焊缝示意图
1	$t_1>2$ $t_2>2$	T 形接头		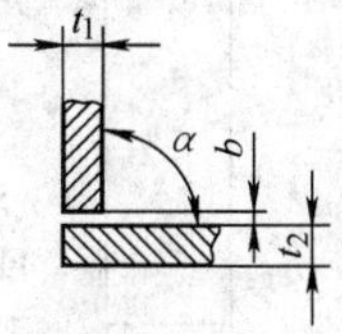	$70° \leqslant \alpha \leqslant 100°$	≤2	3 111 13 141	
2	$t_1>2$ $t_2>2$	搭接		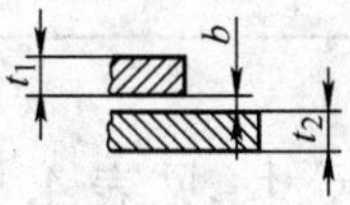	—	≤2	3 111 13 141	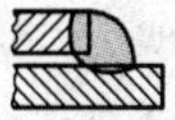

（续）

序号	母材厚度 t	接头形式	基本符号	横截面示意图	尺寸 角度 α	尺寸 间隙 b	适用的焊接方法[①]	焊缝示意图
3	$t_1>2$ $t_2>2$	角接		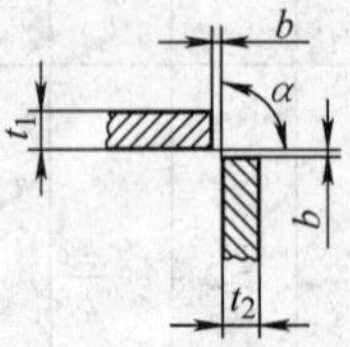	$60°\leqslant\alpha\leqslant120°$	$\leqslant2$	3 111 13 141	

① 这些焊接方法不一定适用于整个工件厚度范围的焊接。

表 4.9-7(4)　角焊缝的接头形式（双面焊）（摘自 GB/T 985.1—2008）　（mm）

序号	母材厚度 t	接头形式	基本符号	横截面示意图	尺寸 角度 α	尺寸 间隙 b	适用的焊接方法[①]	焊缝示意图
1	$t_1>3$ $t_2>3$	角接		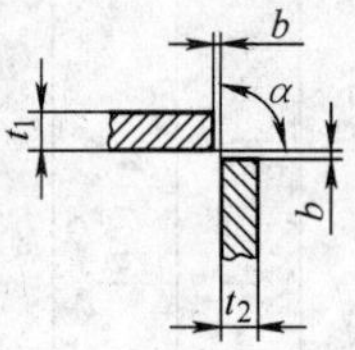	$70°\leqslant\alpha\leqslant100°$	$\leqslant2$	3 111 13 141	
2	$t_1>2$ $t_2>5$	角接		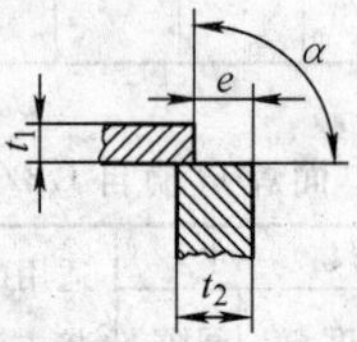	$60°\leqslant\alpha\leqslant120°$	—	3 111 13 141	
3	$2\leqslant t_1\leqslant4$ $2\leqslant t_2\leqslant4$	T形接头		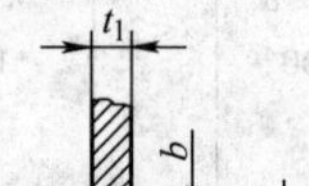	—	$\leqslant2$	3 111 13 141	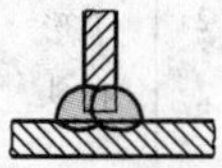
	$t_1>4$ $t_2>4$					—		

① 这些焊接方法不一定适用于整个工件厚度范围的焊接。

4.3　碳钢、低合金钢埋弧焊焊缝坡口的形式与尺寸（见表 4.9-8）

表 4.9-8(1)　单面对接焊坡口(摘自 GB/T 985.2—2008)　(mm)

序号	工件厚度 t	焊缝 名称	基本符号	焊缝示意图	坡口形式和尺寸 横截面示意图	坡口角 α 或坡口面角 β	间隙 b、圆弧半径 R	钝边 c	坡口深度 h	焊接位置	备　注
1	$3\leqslant t\leqslant 12$	平对接焊缝	||		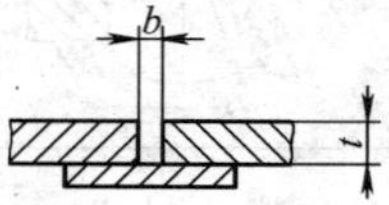	—	$b\leqslant 0.5t$ 最大 5	—	—	PA	带衬垫,衬垫厚度至少:5mm 或 0.5t
2	$10\leqslant t\leqslant 20$	V 形焊缝	V		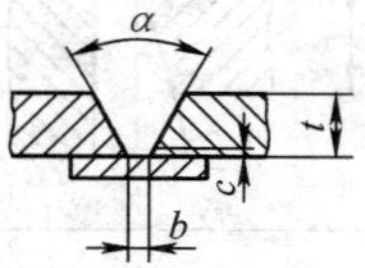	$30°\leqslant\alpha\leqslant 50°$	$4\leqslant b\leqslant 8$	$c\leqslant 2$	—	PA	带衬垫,衬垫厚度至少:5mm 或 0.5t
3	$t>20$	陡边 V 形焊缝		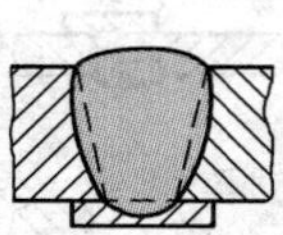	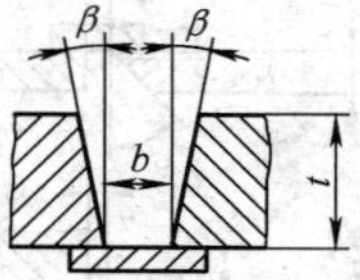	$4°\leqslant\beta\leqslant 10°$	$16\leqslant b\leqslant 25$	—	—	PA	带衬垫,衬垫厚度至少:5mm 或 0.5t
4	$t>12$	双 V 形组合焊缝		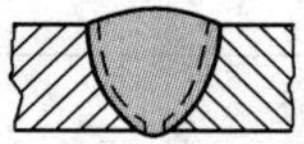	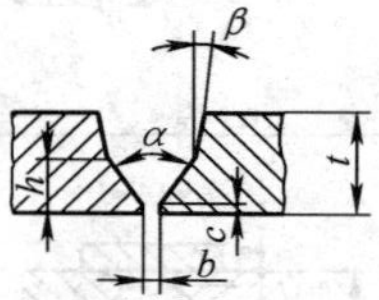	$60°\leqslant\alpha\leqslant 70°$ $4°\leqslant\beta\leqslant 10°$	$1\leqslant b\leqslant 4$	$0\leqslant c\leqslant 3$	$4\leqslant h\leqslant 10$	PA	根部焊道可采用合适的方法焊接
5	$t\geqslant 12$	U-V 形组合焊缝		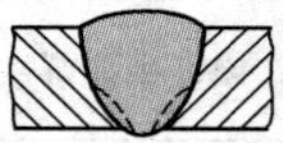	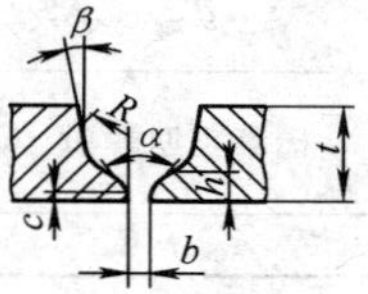	$60°\leqslant\alpha\leqslant 70°$ $4°\leqslant\beta\leqslant 10°$	$1\leqslant b\leqslant 4$ $5\leqslant R\leqslant 10$	$0\leqslant c\leqslant 3$	$4\leqslant h\leqslant 10$	PA	根部焊道可采用合适的方法焊接

（续）

序号	工件厚度 t	焊缝 名称	基本符号	焊缝示意图	坡口形式和尺寸 横截面示意图	坡口角 α 或坡口面角 β	间隙 b、圆弧半径 R	钝边 c	坡口深度 h	焊接位置	备注
6	$t \geqslant 30$	U形焊缝	Y	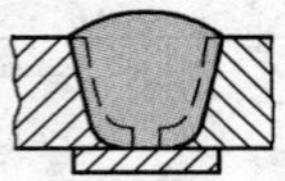	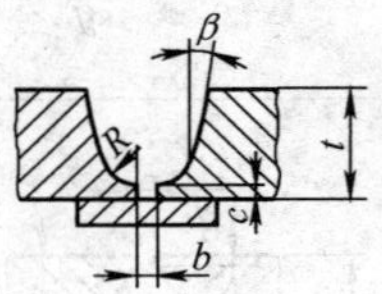	$4° \leqslant \beta \leqslant 10°$	$1 \leqslant b \leqslant 4$ $5 \leqslant R \leqslant 10$	$2 \leqslant c \leqslant 3$	—	PA	带衬垫，衬垫厚度至少：5mm 或 $0.5t$
7	$3 \leqslant t \leqslant 16$	单边V形焊缝	V	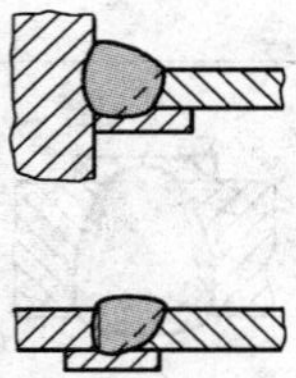	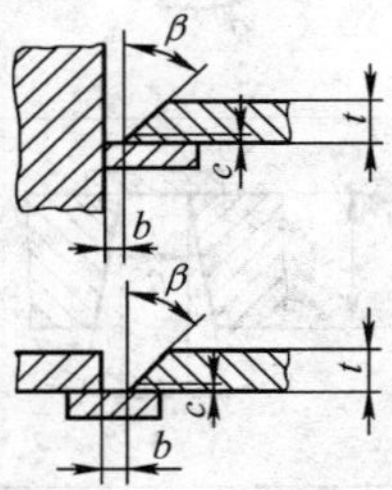	$30° \leqslant \beta \leqslant 50°$	$1 \leqslant b \leqslant 4$	$c \leqslant 2$	—	PA PB	带衬垫，衬垫厚度至少：5mm 或 $0.5t$
8	$t \geqslant 16$	单边陡边V形焊缝	I/	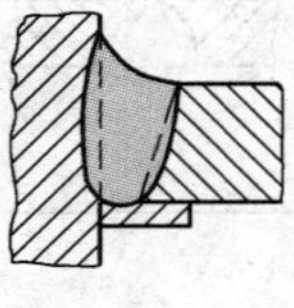	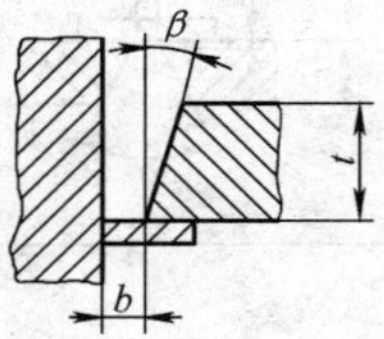	$8° \leqslant \beta \leqslant 10°$	$5 \leqslant b \leqslant 15$	—	—	PA PB	带衬垫，衬垫厚度至少：5mm 或 $0.5t$
9	$t \geqslant 16$	J形焊缝	J	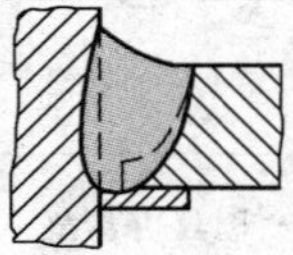	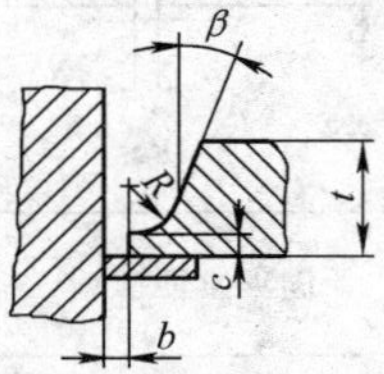	$4° \leqslant \beta \leqslant 10°$	$2 \leqslant b \leqslant 4$ $5 \leqslant R \leqslant 10$	$2 \leqslant c \leqslant 3$	—	PA PB	带衬垫，衬垫厚度至少：5mm 或 $0.5t$

注：衬垫的选择和使用应结合具体工况条件决定。

表 4.9-8(2)　双面对接焊坡口(摘自 GB/T 985.2—2008)

(mm)

序号	焊缝				坡口形式和尺寸					焊接位置	备　注
	工件厚度 t	名称	基本符号	焊缝示意图	横截面示意图	坡口角 α 或坡口面角 β	间隙 b、圆弧半径 R	钝边 c	坡口深度 h		
1	$3 \leqslant t \leqslant 20$	平对接焊缝			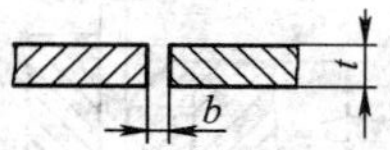	—	$b \leqslant 2$	—	—	PA	间隙应符合公差要求
2	$10 \leqslant t \leqslant 35$	带钝边V形焊缝/封底		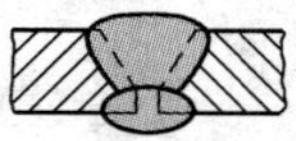	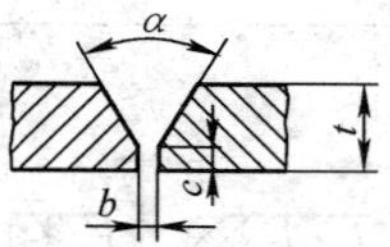	$30° \leqslant \alpha \leqslant 60°$	$b \leqslant 4$	$4 \leqslant c \leqslant 10$	—	PA	根部焊道可用其他方法焊接
3	$10 \leqslant t \leqslant 20$	V形焊缝/平对接焊缝			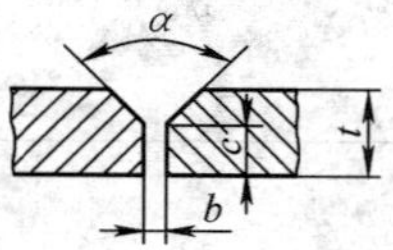	$60° \leqslant \alpha \leqslant 80°$	$b \leqslant 4$	$5 \leqslant c \leqslant 15$	—	PA	根部焊道可用其他方法焊接
4	$t \geqslant 16$	带钝边的双V形焊缝			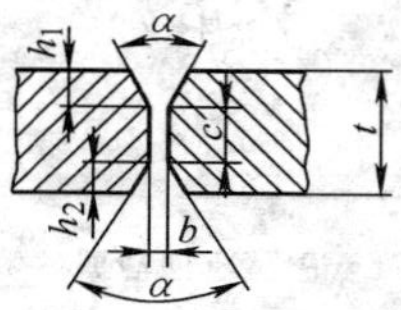	$30° \leqslant \alpha \leqslant 70°$	$b \leqslant 4$	$4 \leqslant c \leqslant 10$	$h_1 = h_2$	PA	—

（续）

序号	工件厚度 t	焊缝 名称	焊缝 基本符号	焊缝 焊缝示意图	坡口形式和尺寸 横截面示意图	坡口角 α 或坡口面角 β	间隙 b、圆弧半径 R	钝边 c	坡口深度 h	焊接位置	备　注
5	$t\geqslant30$	U形焊缝/封底焊缝			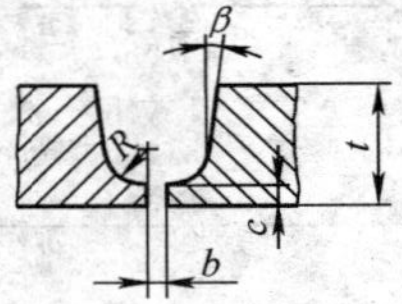	$5°\leqslant\beta\leqslant10°$	$b\leqslant4$ $5\leqslant R\leqslant10$	$4\leqslant c\leqslant10$	—	PA	—
6	$t\geqslant50$	双U形焊缝		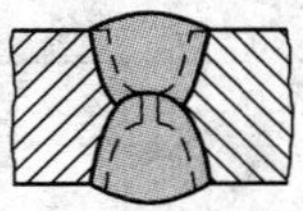	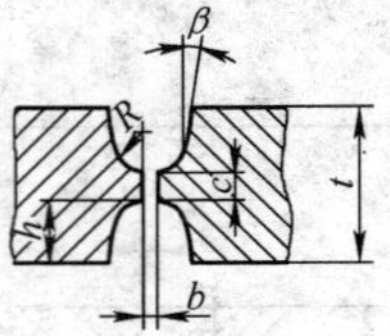	$5°\leqslant\beta\leqslant10°$	$b\leqslant4$ $5\leqslant R\leqslant10$	$4\leqslant c\leqslant10$	$h=0.5(t-c)$	PA	与双V形对称坡口相似，这种坡口可制成对称的形式
7	$t\geqslant12$	带钝边的K形焊缝		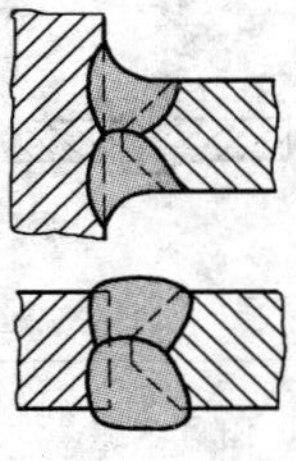	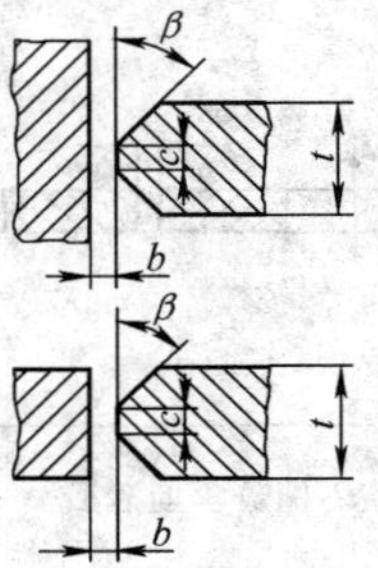	$30°\leqslant\beta\leqslant50°$	$b\leqslant4$	$4\leqslant c\leqslant10$	—	PA PB	与双V形对称坡口相似，这种坡口可制成对称的形式。 必要时可进行打底焊

（续）

焊缝					坡口形式和尺寸					焊接位置	备注
序号	工件厚度 t	名称	基本符号	焊缝示意图	横截面示意图	坡口角 α 或坡口面角 β	间隙 b、圆弧半径 R	钝边 c	坡口深度 h		
8	$t \geqslant 20$	J形焊缝/封底焊缝		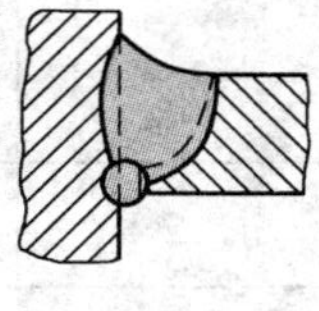	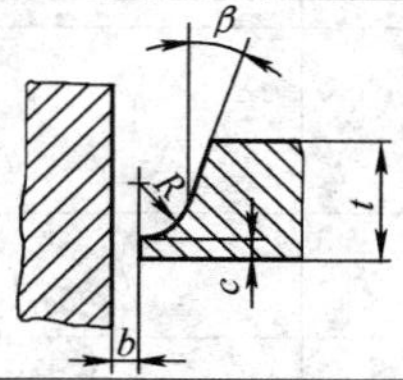	$5° \leqslant \beta \leqslant 10°$	$b \leqslant 4$ $5 \leqslant R \leqslant 10$	$4 \leqslant c \leqslant 10$	—	PA PB	必要时可进行打底焊接
9	$t < 12$	单边V形焊缝		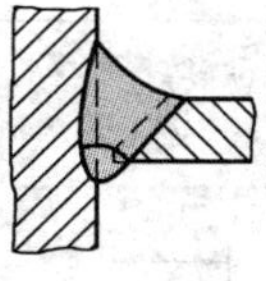	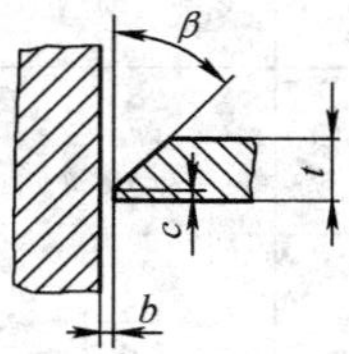	$30° \leqslant \beta \leqslant 50°$	$b \leqslant 4$	$c \leqslant 2$	—	PA PB	必要时可进行打底焊接
10	$t \geqslant 30$	双面J形焊缝		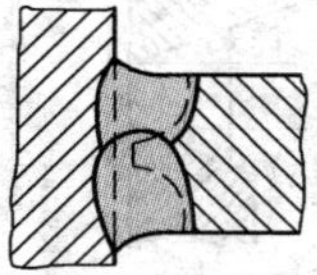	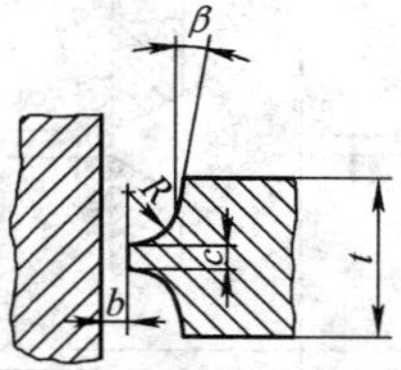	$5° \leqslant \beta \leqslant 10°$	$b \leqslant 4$ $5 \leqslant R \leqslant 10$	$2 \leqslant c \leqslant 7$	—	PA PB	与双V形对称坡口相似，这种坡口可制成对称的形式。 必要时可进行打底焊
11	$t \leqslant 12$	双面J形焊缝		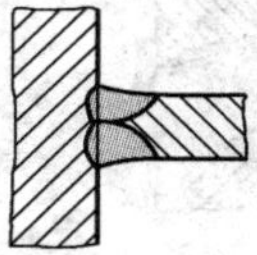	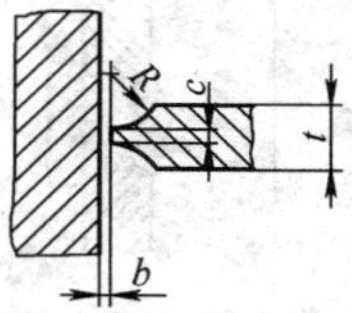	—	$b \leqslant 2$ $5 \leqslant R \leqslant 10$	$2 \leqslant c \leqslant 3$	—	PA PB	单道焊坡口
12	$t > 12$	双面J形焊缝		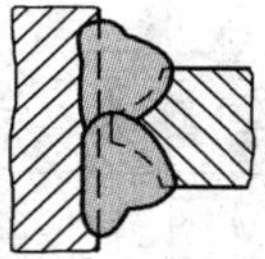	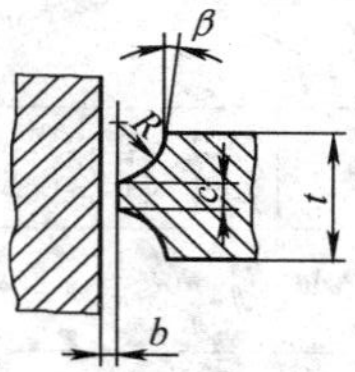	$5° \leqslant \beta \leqslant 10°$	$b \leqslant 4$ $5 \leqslant R \leqslant 10$	$2 \leqslant c \leqslant 7$	—	PA PB	多道焊坡口。 必要时可进行打底焊接

4.4　铝合金气体保护焊焊缝坡口形式与尺寸(见表4.9-9)

表4.9-9(1)　单面对接焊坡口(摘自GB/T 985.3—2008)　　(mm)

序号	工件厚度 t	名称	基本符号①	焊缝示意图	横截面示意图	坡口角 α 或坡口面角 β	间隙 b	钝边 c	其他尺寸	适用的焊接方法②	备注
1	$t\leqslant2$	卷边焊缝	八		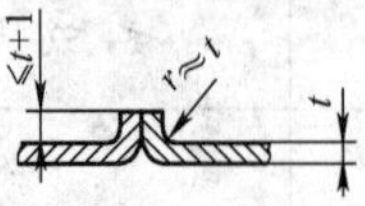	—	—	—	—	141	
2	$t\leqslant4$	I形焊缝	‖		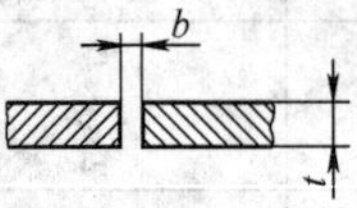	—	$b\leqslant2$	—	—	141	建议根部倒角
	$2\leqslant t\leqslant4$	带衬垫的I形焊缝		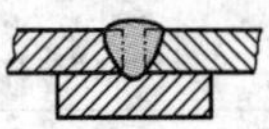	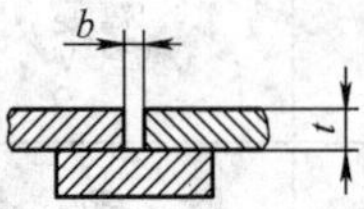	—	$b\leqslant1.5$	—	—	131	
3	$3\leqslant t\leqslant5$	V形焊缝	V		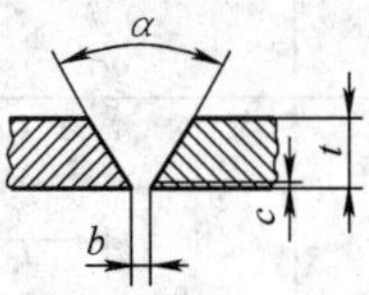	$\alpha\geqslant50°$ $60°\leqslant\alpha\leqslant90°$	$b\leqslant3$ $b\leqslant2$	$c\leqslant2$	—	141 131	
		带衬垫的V形焊缝		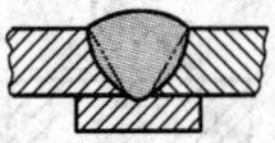	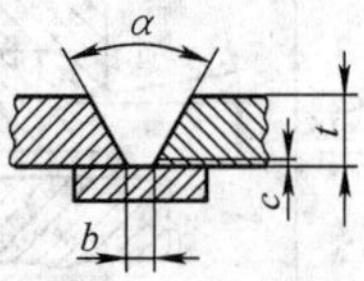	$60°\leqslant\alpha\leqslant90°$	$b\leqslant4$	$c\leqslant2$	—	131	
4	$8\leqslant t\leqslant20$	带衬垫的陡边焊缝		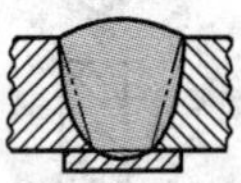	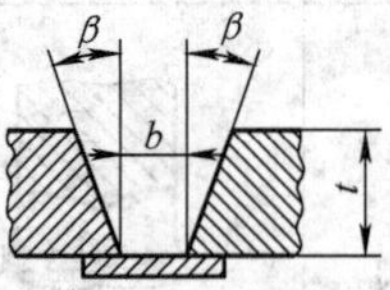	$15°\leqslant\beta\leqslant20°$	$3\leqslant b\leqslant10$	—	—	131	
5	$3\leqslant t\leqslant15$	带钝边V形焊缝	Y	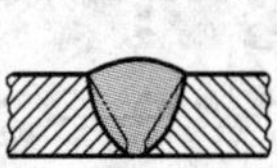	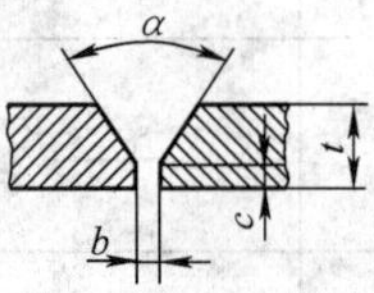	$\alpha\geqslant50°$	$b\leqslant2$	$c\leqslant2$	—	131 141	
	$6\leqslant t\leqslant25$	带钝边V形焊缝(带衬垫)			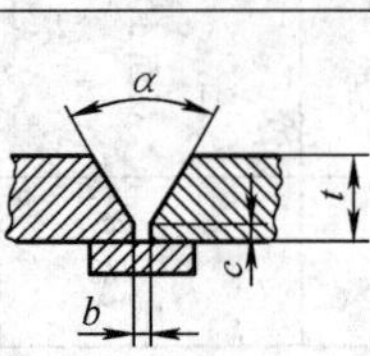	$\alpha\geqslant50°$	$4\leqslant b\leqslant10$	$c=3$	—	131	

（续）

焊缝					坡口形式及尺寸					适用的焊接方法②	备注
序号	工件厚度 t	名称	基本符号①	焊缝示意图	横截面示意图	坡口角 α 或坡口面角 β	间隙 b	钝边 c	其他尺寸		
6	板 $t \geqslant 12$ 管 $t \geqslant 5$	带钝边U形焊缝	Y	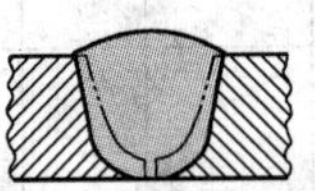	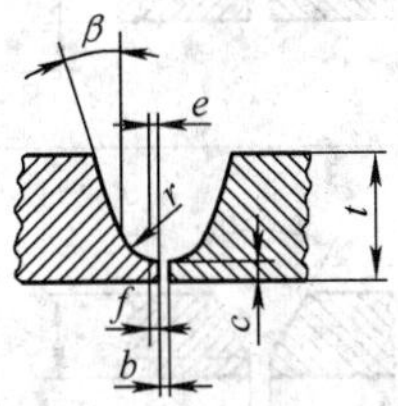	$15° \leqslant \beta \leqslant 20°$	$b \leqslant 2$	$2 \leqslant c \leqslant 4$	$4 \leqslant r \leqslant 6$ $3 \leqslant f \leqslant 4$ $0 \leqslant e \leqslant 4$	141	
	$5 \leqslant t \leqslant 30$					$15° \leqslant \beta \leqslant 20°$	$1 \leqslant b \leqslant 3$	$2 \leqslant c \leqslant 4$		131	根部焊道建议采用TIG焊（141）
7	$4 \leqslant t \leqslant 10$	单边V形焊缝	V		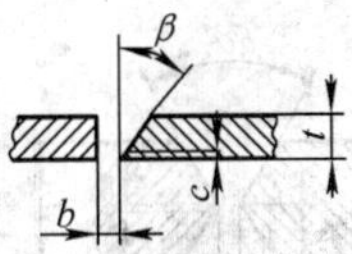	$\beta \geqslant 50°$	$b \leqslant 3$	$c \leqslant 2$	—	131 141	
	$3 \leqslant t \leqslant 20$	带衬垫单边V形焊缝		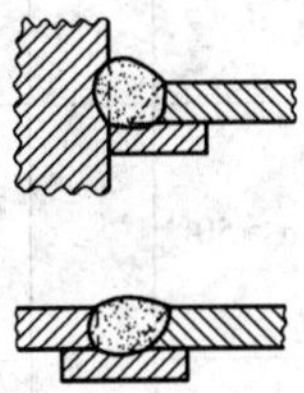	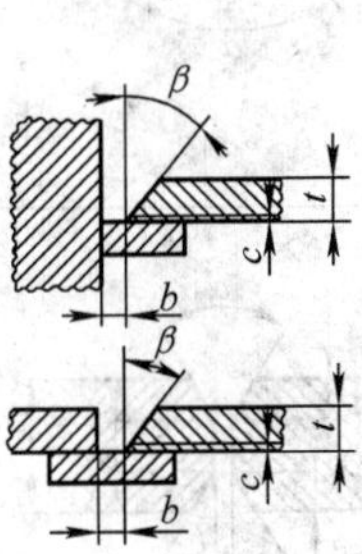	$50° \leqslant \beta \leqslant 70°$	$b \leqslant 6$	$c \leqslant 2$	—	131 141	
8	$2 \leqslant t \leqslant 20$	锁底焊缝	—		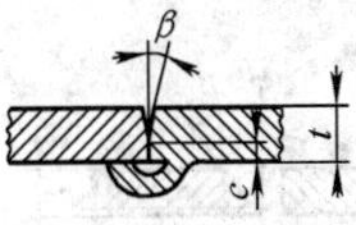	$20° \leqslant \beta \leqslant 40°$	$b \leqslant 3$	$1 \leqslant c \leqslant 3$	—	131 141	
9	$6 \leqslant t \leqslant 40$	锁底焊缝	—		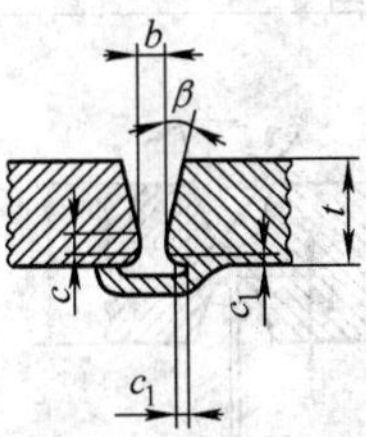	$10° \leqslant \beta \leqslant 20°$	$0 \leqslant b \leqslant 3$	$2 \leqslant c \leqslant 3$	$c_1 \geqslant 1$	131 141	

① 基本符号参见 GB/T 324。

② 焊接方法代号参见 GB/T 5185。

表 4.9-9(2)　双面对接焊坡口(摘自 GB/T 985.3—2008)　　　　(mm)

序号	工件厚度 t	名称	基本符号①	焊缝示意图	横截面示意图	坡口角 α 或坡口面角 β	间隙 b	钝边 c	其他尺寸	适用的焊接方法②	备注
1	$6\leqslant t\leqslant 20$	I 形焊缝	‖		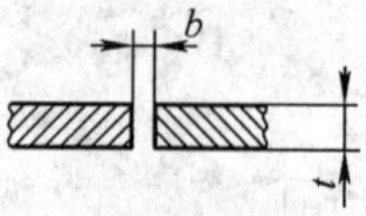	—	$b\leqslant 6$	—	—	131 141	
2	$6\leqslant t\leqslant 15$	单钝边 V 形焊缝封底			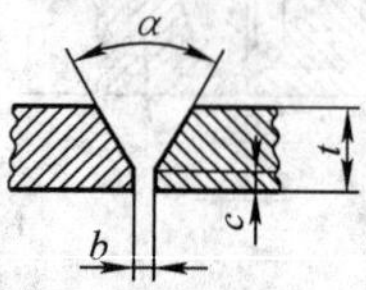	$\alpha\geqslant 50°$	$b\leqslant 3$	$2\leqslant c\leqslant 4$	—	141 131	
3	$6\leqslant t\leqslant 15$	双面 V 形焊缝	X	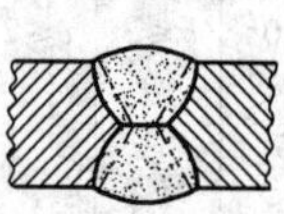	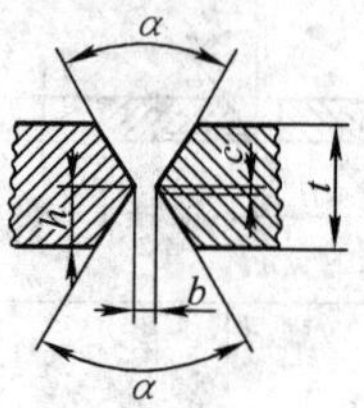	$\alpha\geqslant 60°$	$b\leqslant 3$	$c\leqslant 2$	—	141	
	$t>15$					$\alpha\geqslant 70°$				131	
4	$6\leqslant t\leqslant 15$	带钝边双面 V 形焊缝		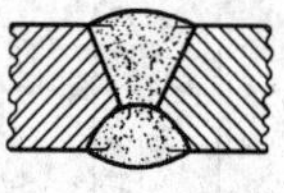	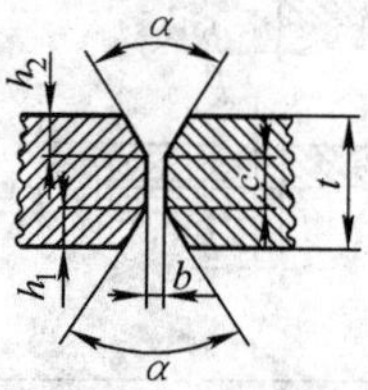	$\alpha\geqslant 50°$		$2\leqslant c\leqslant 4$	$h_1=h_2$	141	
	$t>15$					$60°\leqslant\alpha\leqslant 70°$		$2\leqslant c\leqslant 6$		131	
5	$3\leqslant t\leqslant 15$	单边 V 形焊缝封底		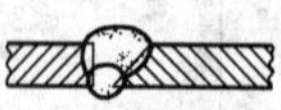	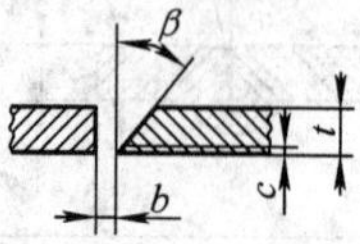	$\beta\geqslant 50°$	$b\leqslant 3$	$c\leqslant 2$	—	141 131	
6	$t\geqslant 15$	带钝边双面 U 形焊缝		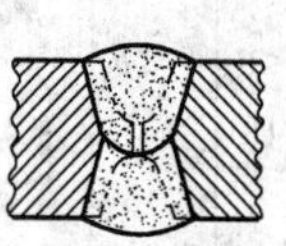	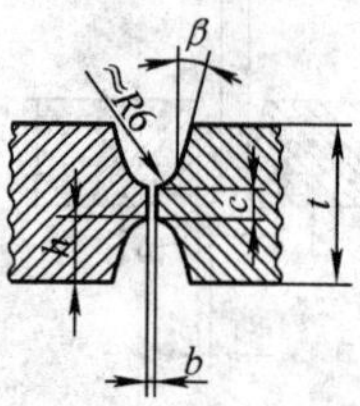	$15°\leqslant\beta\leqslant 20°$		$2\leqslant c\leqslant 4$	$h=0.5(t-c)$	131	

① 基本符号参见 GB/T 324。

② 焊接方法代号参见 GB/T 5185。

表 4.9-9(3)　T 型接头坡口(摘自 GB/T 985.3—2008)　(mm)

焊缝					坡口形式及尺寸					适用的焊接方法②	备注
序号	工件厚度 t	名称	基本符号①	焊缝示意图	横截面示意图	坡口角 α 或坡口面角 β	间隙 b	钝边 c	其他尺寸		
1	—	单面角焊缝		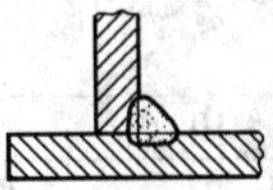	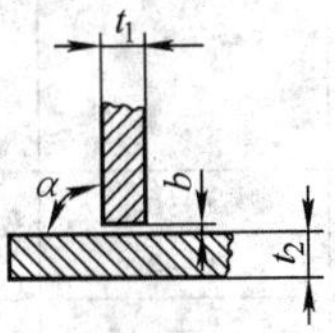	$\alpha=90°$	$b\leqslant2$	—	—	141 131	
2	—	双面角焊缝		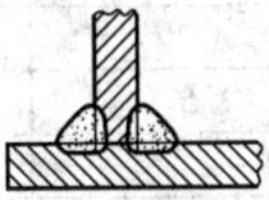	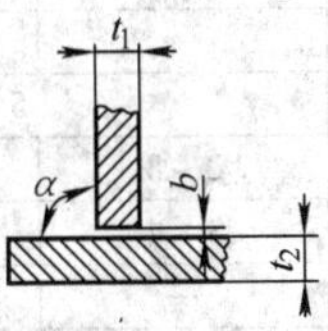	$\alpha=90°$	$b\leqslant2$	—	—	141 131	
3	$t_1\geqslant5$	单 V 形焊缝		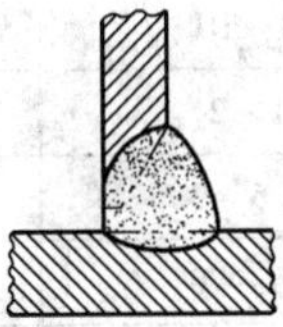	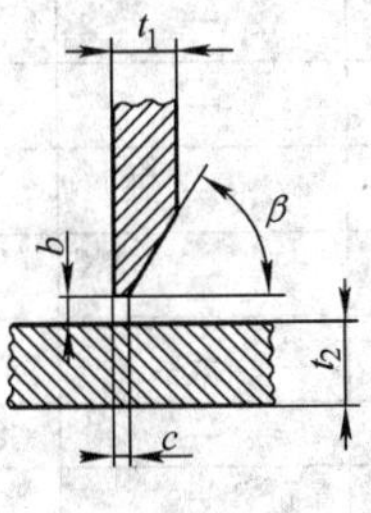	$\beta\geqslant50°$	$b\leqslant2$	$c\leqslant2$	$t_2\geqslant5$	141 131	
4	$t_1\geqslant8$	双 V 形焊缝		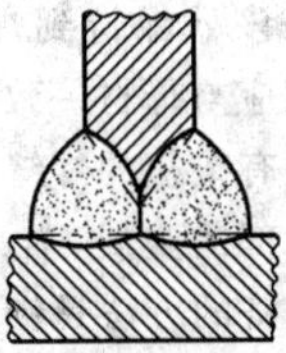	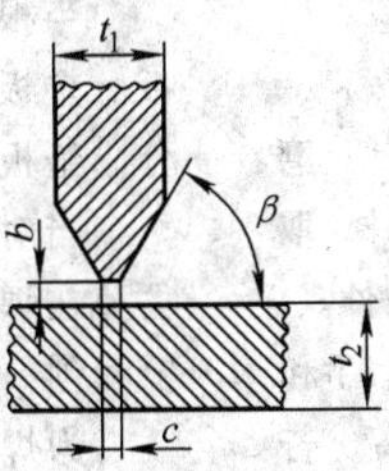	$\beta\geqslant50°$	$b\leqslant2$	$c\leqslant2$	$t_2\geqslant8$	141 131	采用双人双面同时焊接工艺时,坡口尺寸可适当调整

① 基本符号参见 GB/T 324。

② 焊接方法代号参见 GB/T 5185。

4.5　铜及铜合金焊接坡口形状及尺寸(见表4.9-10)

表4.9-10　铜及铜合金焊接坡口型式及尺寸　　(mm)

<table>
<tr><td colspan="3">坡口型式</td><td>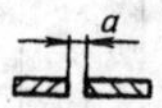</td><td>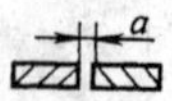</td><td>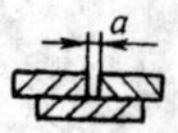</td><td colspan="2">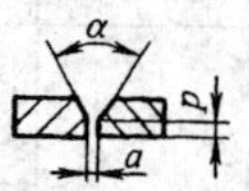</td><td>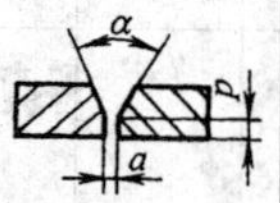</td><td>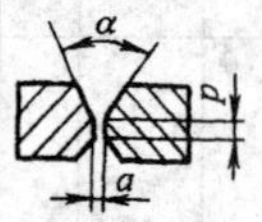</td></tr>
<tr><td rowspan="24">坡口尺寸</td><td rowspan="4">氧-乙炔气焊</td><td>板厚</td><td>1~3</td><td>3~6</td><td>3~6</td><td colspan="2">5~10</td><td>10~15</td><td>15~25</td></tr>
<tr><td>间隙 a</td><td>1~1.5</td><td>1~2</td><td>3~4</td><td colspan="2">1~3</td><td>2~3</td><td>2~3</td></tr>
<tr><td>钝边 p</td><td>—</td><td>—</td><td>—</td><td colspan="2">1.5~3</td><td>1.5~3</td><td>1~3</td></tr>
<tr><td>角度 α(°)</td><td>—</td><td>—</td><td>—</td><td colspan="4">60~80</td></tr>
<tr><td rowspan="4">手工电弧焊</td><td>板厚</td><td>—</td><td>—</td><td>—</td><td colspan="2">5~10</td><td>—</td><td>10~20</td></tr>
<tr><td>间隙 a</td><td>—</td><td>—</td><td>—</td><td colspan="2">0~2</td><td>—</td><td>0~2</td></tr>
<tr><td>钝边 p</td><td>—</td><td>—</td><td>—</td><td colspan="2">1~3</td><td>—</td><td>1.5~2</td></tr>
<tr><td>角度 α(°)</td><td>—</td><td>—</td><td>—</td><td colspan="2">60~70</td><td>—</td><td>60~80</td></tr>
<tr><td rowspan="4">碳弧焊</td><td>板厚</td><td>3~5</td><td>—</td><td colspan="3">5~10</td><td>—</td><td>10~20</td></tr>
<tr><td>间隙 a</td><td>2~2.5</td><td>—</td><td>2~3</td><td colspan="2">2~2.5</td><td>—</td><td>2~2.5</td></tr>
<tr><td>钝边 p</td><td>—</td><td>—</td><td>3~4</td><td colspan="2">1~2</td><td>—</td><td>1.5~2</td></tr>
<tr><td>角度 α(°)</td><td>—</td><td>—</td><td>—</td><td colspan="4">60~80</td></tr>
<tr><td rowspan="4">钨极手工氩弧焊</td><td>板厚</td><td>3</td><td>—</td><td>—</td><td colspan="2">6</td><td>12~18</td><td>>24</td></tr>
<tr><td>间隙 a</td><td>0~1.5</td><td>—</td><td>—</td><td colspan="4">0~1.5</td></tr>
<tr><td>钝边 p</td><td>—</td><td>—</td><td>—</td><td colspan="2">1.5</td><td colspan="2">1.5~3</td></tr>
<tr><td>角度 α(°)</td><td>—</td><td>—</td><td>—</td><td colspan="2">70~80</td><td colspan="2">80~90</td></tr>
<tr><td rowspan="4">熔化极自动氩弧焊</td><td>板厚</td><td>3~4</td><td>6</td><td>—</td><td colspan="2">8~10</td><td>12</td><td>—</td></tr>
<tr><td>间隙 a</td><td>1</td><td>2.5</td><td>—</td><td colspan="2">1~2</td><td>1~2</td><td>—</td></tr>
<tr><td>钝边 p</td><td>—</td><td>—</td><td>—</td><td colspan="2">2.5~3</td><td>2~3</td><td>—</td></tr>
<tr><td>角度 α(°)</td><td>—</td><td>—</td><td>—</td><td colspan="2">60~70</td><td>70~80</td><td>—</td></tr>
<tr><td rowspan="4">埋弧自动焊</td><td>板厚</td><td>3~4</td><td>5~6</td><td>—</td><td>8~10</td><td>12~16</td><td>21~25</td><td>≥20</td></tr>
<tr><td>间隙 a</td><td>1</td><td>2.5</td><td>—</td><td>2~3</td><td>2.5~3</td><td>1~3</td><td>1~2</td></tr>
<tr><td>钝边 p</td><td>—</td><td>—</td><td>—</td><td colspan="2">3~4</td><td>4</td><td>2</td></tr>
<tr><td>角度 α(°)</td><td>—</td><td>—</td><td>—</td><td>60~70</td><td>70~80</td><td>80</td><td>60~65</td></tr>
</table>

4.6　接头坡口的制作

焊接接头预加工方法有:机械加工、铲切、剪切、磨削、气割、气刨和空气碳弧切割等。最经济方法的选择,取决于原材料类型、截面特性、质量要求和现有设备条件。

斜边和V形坡口用气割较易制作,应用广泛。J和U形坡口需用机械加工或空气碳弧切割,成本较高。若有刨边机采用J或U形接头,可减少焊缝金属需要量。

当使用双面坡口接头,根部间隙非常大的时候,为防止熔穿,需用垫片。在用垫片时,接头另一面在焊接之前必须进行背刨,至出现无缺陷的光泽金属。

当根部间隙过大,且需从一面进行焊接时,应用垫板。垫板常在该处保持到焊后变成接头总体的一部分。垫板材料应与母材一致。

当对接没有垫板的焊缝,为排除钝边处熔化缺陷,去掉在焊缝根部的金属,需采用背刨。背刨法有:磨、铲和刨。最经济的方法是刨,可获得理想外形。

为焊接U形坡口,在一定条件下,得应用刨削预加工前的装配和定位。

5　焊接件结构设计应注意的问题(见表4.9-11)

表 4.9-11　焊接件结构设计应注意的问题

序号	注意事项	图例 改进前	图例 改进后	说　明
1	节省原料	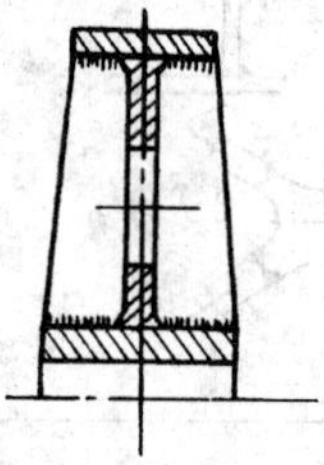	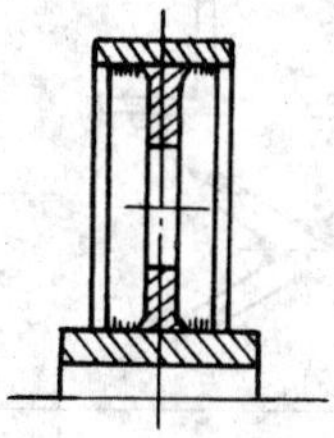	用钢板焊制零件时，尽量使所用板料形状规范，以减少下料时产生边角废料
		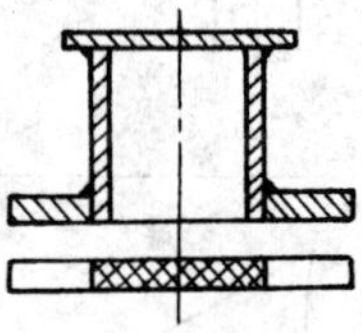	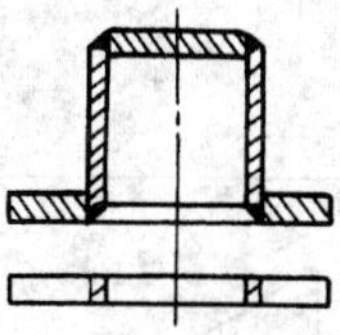	设计时设法搭配各零件的尺寸，使有些板料可以采用套料剪裁的方法制造，原设计底板冲下的圆板为废料，改进后，可以利用这块圆板制成零件顶部的圆板，废料大为减少
2	减少焊接工作量			减少拼焊的毛坯数，用一块厚板代替几块薄板
		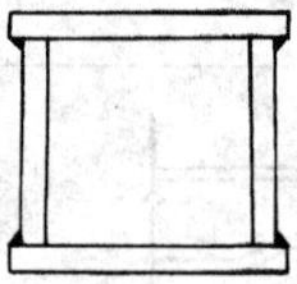	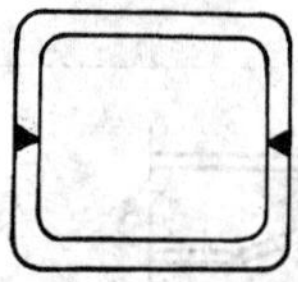	用钢板焊接的零件，如改为先将钢板弯曲成一定形状再进行焊接较好
3	焊缝位置应便于操作	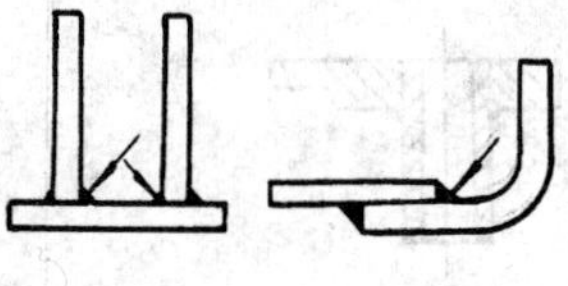	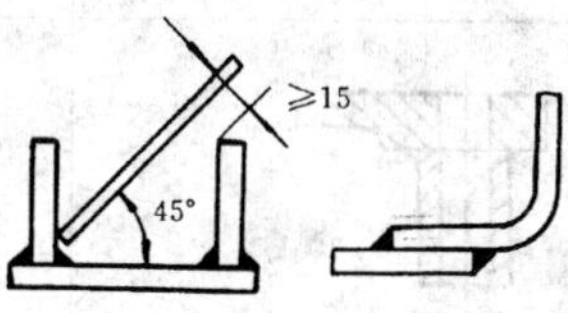	手工焊要考虑焊条操作空间
		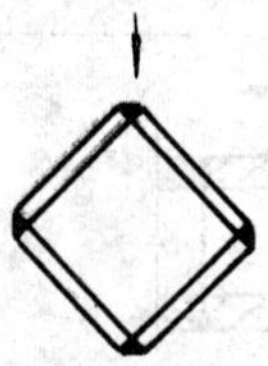	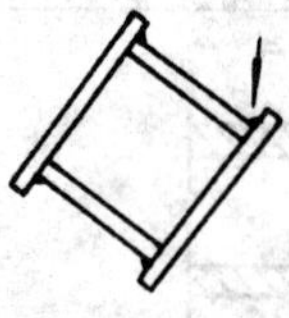	自动焊应考虑接头处便于存放焊剂
		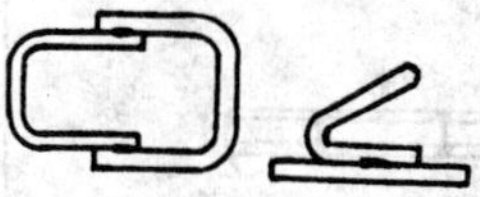	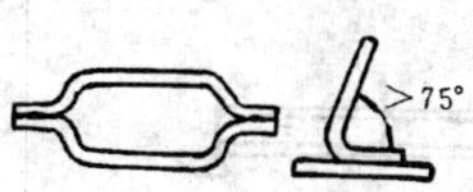	点焊应考虑电极伸入方便

（续）

序号	注意事项	图例		说明
		改进前	改进后	
4	焊缝位置布置应有利于减少焊接应力与变形	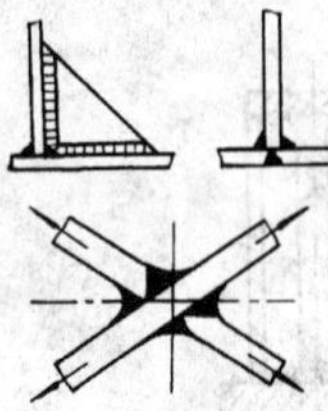	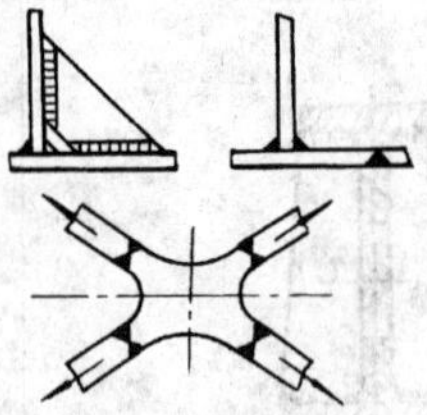	焊缝应避免过分密集或交叉
		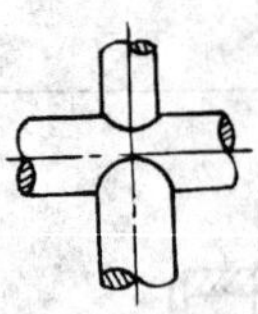	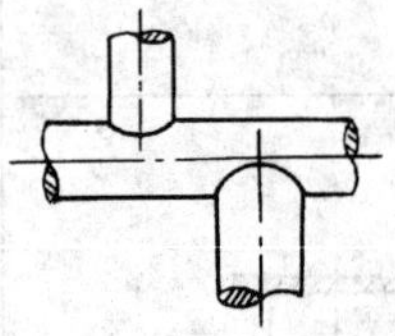	不要让热影响区相距太近
		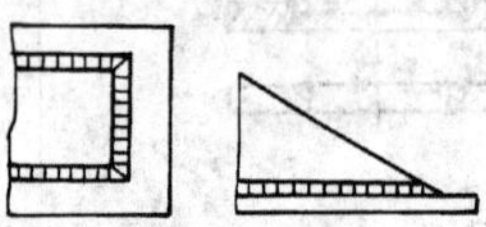	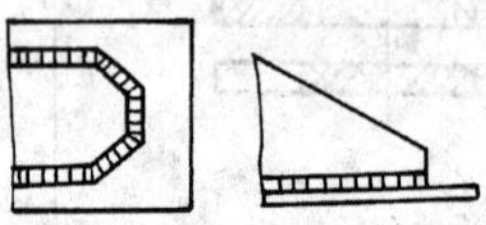	焊接端部应去除锐角
		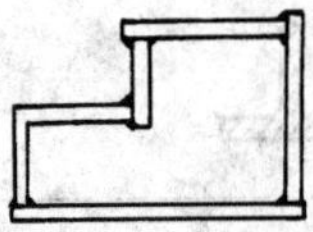	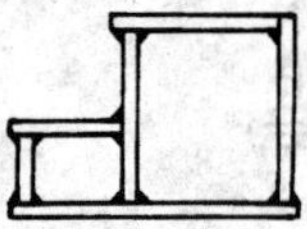	焊接件设计应具有对称性，焊缝布置与焊接顺序也应对称
5	注意焊缝受力	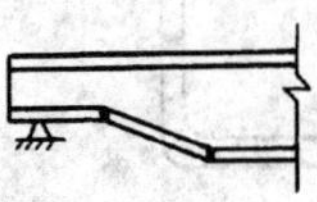	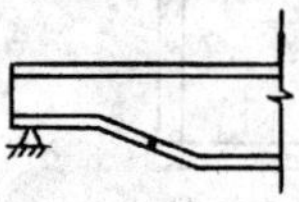	断面转折处不应布置焊缝
		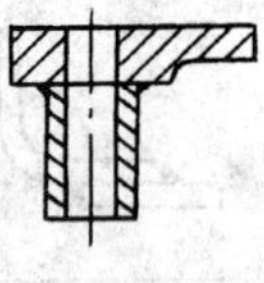	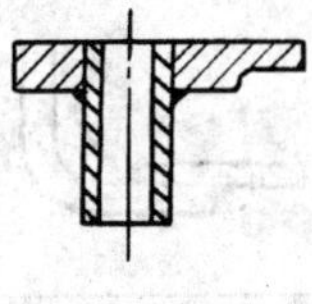	套管与板的联接，应将套管插入板孔
		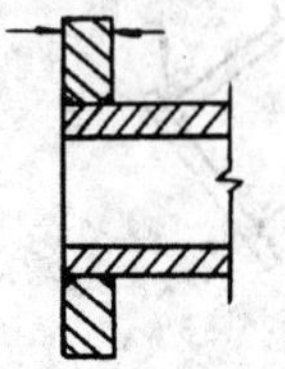	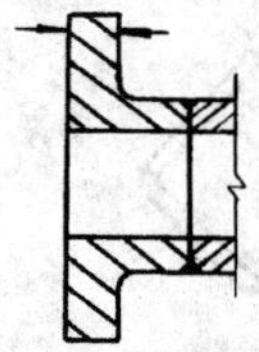	焊缝应避免受剪力
		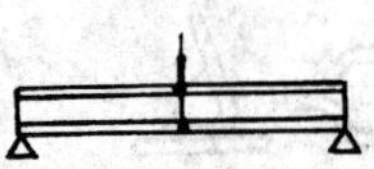		焊缝应避免集中载荷

（续）

<table>
<tr><th rowspan="2">序号</th><th rowspan="2">注意事项</th><th colspan="2">图　　例</th><th rowspan="2">说　明</th></tr>
<tr><th>改 进 前</th><th>改 进 后</th></tr>
<tr><td rowspan="2">6</td><td rowspan="2">焊缝应避开加工面</td><td>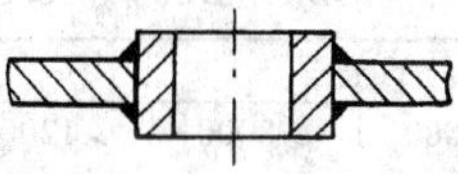</td><td>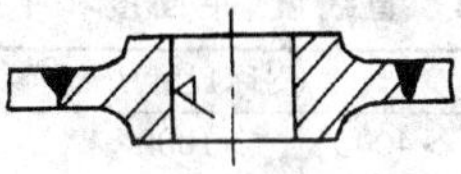</td><td>加工面应距焊缝远些</td></tr>
<tr><td>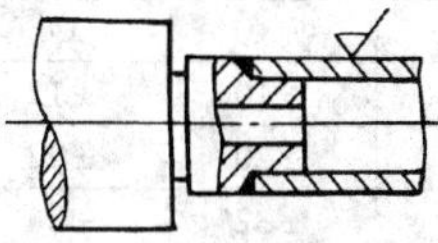</td><td>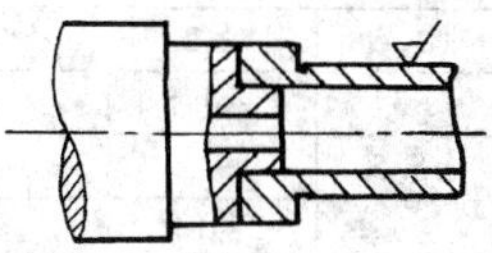</td><td>焊缝不应在加工表面上</td></tr>
<tr><td>7</td><td>不同厚度工件焊接</td><td>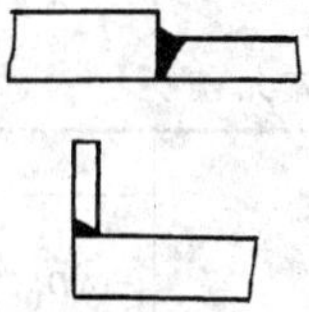</td><td>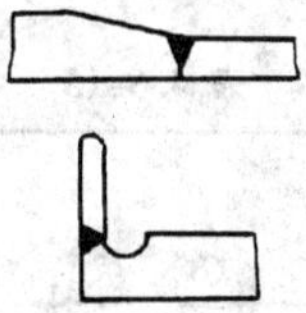</td><td>接头应平滑过渡</td></tr>
</table>

6　焊接件的几何尺寸公差和形状公差

6.1　线性尺寸公差（见表 4.9-12）

表 4.9-12　线性尺寸公差（摘自 GB/T 19804—2005）　（mm）

<table>
<tr><th rowspan="3">公差等级</th><th colspan="11">公称尺寸 L 的范围</th></tr>
<tr><th>2～30</th><th>>30～120</th><th>>120～400</th><th>>400～1000</th><th>>1000～2000</th><th>>2000～4000</th><th>>4000～8000</th><th>>8000～12000</th><th>>12000～16000</th><th>>16000～20000</th><th>>20000</th></tr>
<tr><th colspan="11">公差 t</th></tr>
<tr><td>A</td><td rowspan="4">±1</td><td>±1</td><td>±1</td><td>±2</td><td>±3</td><td>±4</td><td>±5</td><td>±6</td><td>±7</td><td>±8</td><td>±9</td></tr>
<tr><td>B</td><td>±2</td><td>±2</td><td>±3</td><td>±4</td><td>±6</td><td>±8</td><td>±10</td><td>±12</td><td>±14</td><td>±16</td></tr>
<tr><td>C</td><td>±3</td><td>±4</td><td>±6</td><td>±8</td><td>±11</td><td>±14</td><td>±18</td><td>±21</td><td>±24</td><td>±27</td></tr>
<tr><td>D</td><td>±4</td><td>±7</td><td>±9</td><td>±12</td><td>±16</td><td>±21</td><td>±27</td><td>±32</td><td>±36</td><td>±40</td></tr>
</table>

6.2　角度尺寸公差（见表 4.9-13）

表 4.9-13　角度尺寸公差（摘自 GB/T 19804—2005）

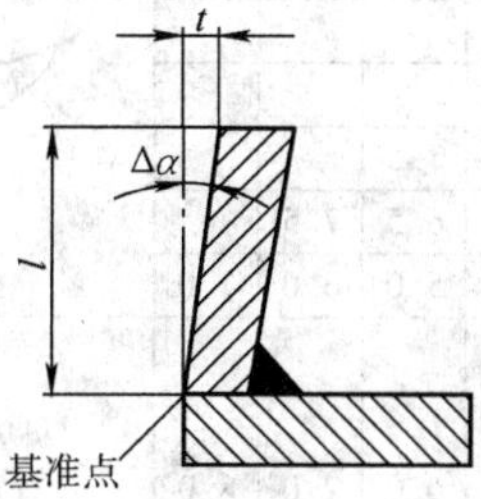

（续）

<table>
<tr><th rowspan="2">公差等级</th><th colspan="3">公称尺寸 l（工件长度或短边长度）范围/mm</th></tr>
<tr><th>0～400</th><th>>400～1000</th><th>>1000</th></tr>
<tr><td></td><td colspan="3">以角度表示的公差 Δα（°）</td></tr>
<tr><td>A</td><td>±20′</td><td>±15′</td><td>±10′</td></tr>
<tr><td>B</td><td>±45′</td><td>±30′</td><td>±20′</td></tr>
<tr><td>C</td><td>±1°</td><td>±45′</td><td>±30′</td></tr>
<tr><td>D</td><td>±1°30′</td><td>±1°15′</td><td>±1°</td></tr>
<tr><td colspan="4">以长度表示的公差 t/mm · m⁻¹</td></tr>
<tr><td>A</td><td>±6</td><td>±4.5</td><td>±3</td></tr>
<tr><td>B</td><td>±13</td><td>±9</td><td>±6</td></tr>
<tr><td>C</td><td>±18</td><td>±13</td><td>±9</td></tr>
<tr><td>D</td><td>±26</td><td>±22</td><td>±18</td></tr>
</table>

注：t 为 $\Delta\alpha$ 的正切值，它可由短边的长度计算得出，以 mm/m 计，即每米短边长度内所允许的偏差值。

6.3　直线度、平面度和平行度公差

表 4.9-14 规定的直线度、平面度及平行度公差既适用于焊件、焊接组装件或焊接构件的所有尺寸，也适用于图样上标注的尺寸。

表 4.9-14　直线度、平面度和平行度公差（摘自 GB/T 19804—2005）　（mm）

公差等级	公称尺寸 l（对应表面的较长边）的范围									
	>30 ~120	>120 ~400	>400 ~1000	>1000 ~2000	>2000 ~4000	>4000 ~8000	>8000 ~12000	>12000 ~16000	>16000 ~20000	>20000
	公差 t									
E	±0.5	±1	±1.5	±2	±3	±4	±5	±6	±7	±8
F	±1	±1.5	±3	±4.5	±6	±8	±10	±12	±14	±16
G	±1.5	±3	±5.5	±9	±11	±16	±20	±22	±25	±25
H	±2.5	±5	±9	±14	±18	±26	±32	±36	±40	±40

6.4　焊前弯曲成形的筒体允差（见表 4.9-15）

表 4.9-15　焊前弯曲成形的筒体允差　（mm）

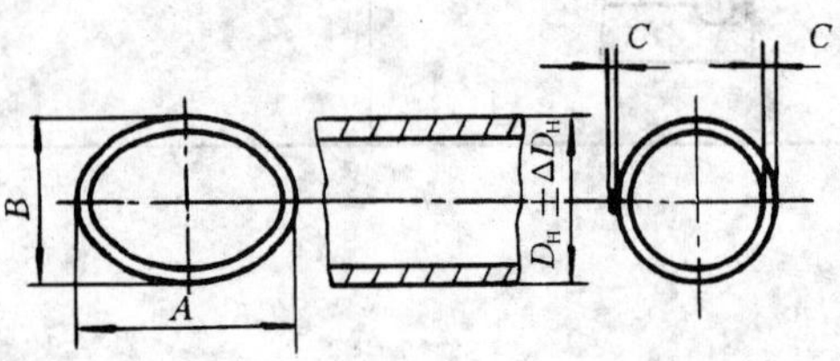

外径 D_H	公差 ΔD_H	当筒体壁厚为下列数值时的圆度 ≤30	当筒体壁厚为下列数值时的圆度 >30	弯角 C
≤1000	±5	8	5	3
>1000 ~1500	±7	11	7	4
>1500 ~2000	±9	14	9	4
>2000 ~2500	±11	17	11	5
>2500 ~3000	±13	20	13	5
>3000	±15	23	15	6

6.5　焊前管子的弯曲半径、圆度公差及允许波纹度（见表 4.9-16）

表 4.9-16　焊前管子的弯曲半径、圆度公差及允许的波纹深度　（mm）

公差名称		管子外径 30	38	51	60	70	83	102	108	125	150	200	示意图
弯曲半径 R 的公差	R=75 ~125	±2	±2	±3	±3	±4							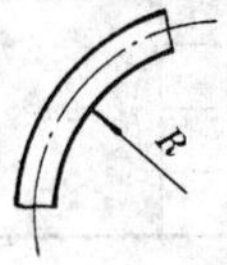
	R=160 ~300	±1	±1	±2	±2	±3							
	R=400						±5	±5	±5	±5	±5	±5	
	R=500 ~1000						±4	±4	±4	±4	±4	±4	
	R>1000						±3	±3	±3	±3	±3	±3	
在弯曲半径处的圆度 a 或 b	R=75	3.0											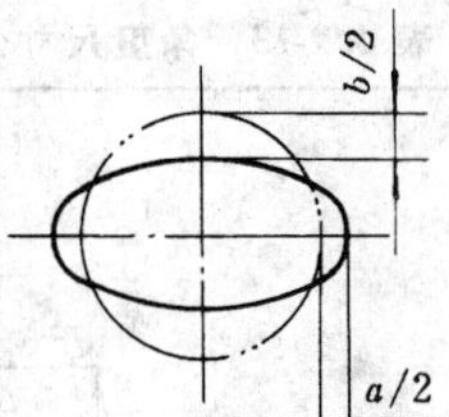
	R=100	2.5	3.1										
	R=125	2.3	2.6	3.6									
	R=160	1.7	2.1	3.2									
	R=200		1.7	2.8	3.6								
	R=300		1.6	2.6	3.0	4.6	5.8						
	R=400				2.4	3.3	5.0	7.2	8.1				
	R=500				1.8	3.4	4.2	6.2	7.0	7.6			
	R=600				1.5	2.3	3.4	5.1	5.9	6.5	7.5		
	R=700				1.2	1.9	2.5	3.6	4.4	5.0	6.0	7.0	
弯曲处的波纹深度 a'		—	1.0	1.5	1.5	2.0	3.0	4.0	5.0	6.0	7.0	8.0	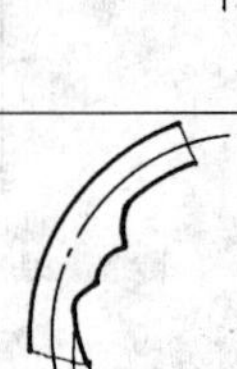

7　焊接质量检验

质量检验贯穿在产品从设计到成品的整个过程中，必须确保质量检验过程中所用检验方法的合理性、检验仪器的可靠性和检验人员的技术水平。焊后的产品要运用各种检验方法检查接头的致密性、物理性能、力学性能、金相组织、化学成分、抗腐蚀性能、外表尺寸和焊接缺陷。

焊接缺陷可分为外部缺陷和内部缺陷。外部缺陷包括：余高尺寸不合要求、焊瘤、咬边、弧坑、电弧烧伤、表面气孔、表面裂纹、焊接变形和翘曲等。内部缺陷包括：裂纹、未焊透、未熔合、夹渣和气孔等。焊接缺陷中危害性最大的是裂纹，其次是未焊透、未熔合、夹渣、气孔和组织缺陷等。

焊接缺陷的检验方法分破坏性检验和非破坏性检验（也称无损检验）两大类。非破坏性检验方法有外观检查、致密性检验、受压容器整体强度试验、渗透性检验、射线检验、磁力探伤、超声波探伤、全息探伤、中子探伤、液晶探伤、声发射探伤和物理性能测定等。破坏性检验方法有机械性能试验、化学分析和金相试验等。

正确选用检验方法，不但能彻底查清缺陷的性质、大小和位置，而且可以找出缺陷的产生原因，从而避免缺陷的再度出现。

第 10 章　金属切削加工件结构设计工艺性

1　金属材料的可加工性

金属材料的可加工性指金属经过切削加工成为合乎要求的工件的难易程度。到目前为止，还不能用材料的某一种性能全面地表示出材料的可加工性。目前生产中最常用的是以刀具寿命为 60min 的切削速度 v_{60} 来表示。v_{60} 愈高，表示材料的可加工性愈好，并以 $\sigma_b = 600\text{MPa}$ 的 45 钢的 v_{60} 作为基准，简写为 $(v_{60})_j$。其他材料的 v_{60} 和 $(v_{60})_j$ 的比值 $K = \frac{v_{60}}{(v_{60})_j}$ 叫做相对加工性。常用材料的相对加工性见表 4.10-1。

根据金属的力学性能分析，硬度在 170～230HBW 时，可加工性比较好。硬度过高，难以加工，且造成刀具磨损快；硬度过低，则易形成长的切屑缠绕，造成刀具发热和磨损，零件表面粗糙。材料塑性增加，$\psi = 50\% \sim 60\%$ 时，可加工性也显著下降。

影响钢、铁可加工性的因素及铜、铝合金加工的特点见表 4.10-2。

表 4.10-1　常用材料的相对加工性

可加工性等级	各种材料的加工性质		相对加工性 K	代表性的材料
1	很容易加工	一般有色金属	8～20	铝镁合金、5-5-5 铜铅合金
2	易加工	易切削钢	2.5～3	自动机钢（$\sigma_b = 400 \sim 500\text{MPa}$）
3		较易切削钢	1.6～2.5	30 钢正火（$\sigma_b = 500 \sim 580\text{MPa}$）
4	普通	一般碳钢及铸铁	1.0～1.5	45 钢、灰铸铁
5		稍难切削材料	0.7～0.9	85 轧制、2Cr13 调质（$\sigma_b = 850\text{MPa}$）
6	难加工	较难切削材料	0.5～0.65	65Mn 调质（$\sigma_b = 950 \sim 1000\text{MPa}$）、易切削不锈钢
7		难切削材料	0.15～0.5	不锈钢（1Cr18Ni9Ti）
8		很难切削材料	0.04～0.14	耐热合金钢、钛合金

表 4.10-2　影响钢、铁可加工性的因素及铜、铝合金加工的特点

材料	影响因素	可加工性	影响因素	可加工性
钢	力学性能	硬度：170～230HBW 时最好，>300HBW 时显著下降，≈400HBW 时很差 塑性：$\psi = 50\% \sim 60\%$ 时显著下降	轧制方法	$w_C < 0.3\%$ 时，冷轧或冷拔比热轧好 w_C 为 0.3%～0.4% 的中碳钢时，冷轧与热轧差不多 $w_C > 0.4\%$ 的高碳钢时，热轧比冷轧好

（续）

材料	影响因素	可加工性	影响因素		可加工性
钢	力学性能	w_C 为 0.25% ~0.35% 时最好；当 w_C <0.2% 时，w_{Mn} =1.5% 最好；w_{Ni} >8% 时加工更困难；w_{Mo} 为 0.15% ~0.40% 时稍提高可加工性，当淬火钢硬度为 >350HBW 时，加入一些 Mo 可提高其可加工性 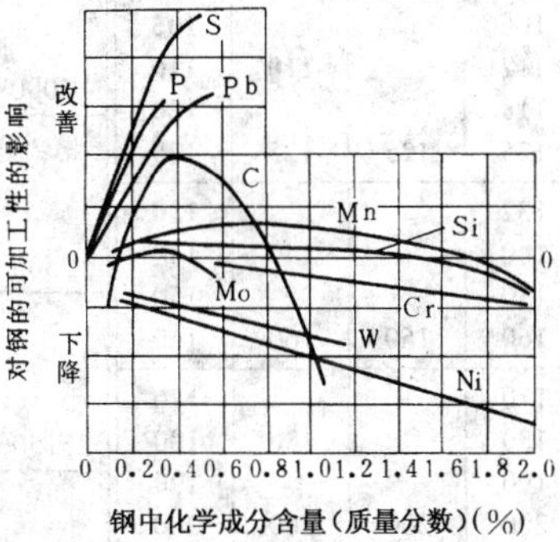	金相组织	铁素体	塑性很大的铁素体钢，可加工性很差，切削前一般经过冷轧或冷拔提高可加工性
				珠光体	w_C >0.6% 时，粒状珠光体比片状珠光体好，低碳钢以断续细网状的片状珠光体为好
				索氏体、托氏体	二者都比珠光体硬，可加工性稍差
				马氏体	更硬、更差
				奥氏体	软而韧，加工硬化厉害，导热性差易粘刀，可加工性很差
			冶炼方法	转炉钢	含硫、磷较高，可加工性最好
				平炉钢	含硫、磷较低，可加工性较差
				电炉钢	含硫、磷最低，可加工性最差
			热处理	退火	可加工性提高
				正火 淬火	提高低碳钢的可加工性
铸铁	硬度一般虽然不高，但是其热导率较差，并含有碳化铁及其他坚硬的杂质，且切下的切屑是崩碎的，所以刀口附近的较小面积上的温度梯度较大，并且集中地受到一些硬质点的摩擦，因此其可加工性同样应综合多方面因素来考虑				
	化学成分	C、Si、Al、Ni、Cu、Ti：提高。适当含量是 w_{Si} 0.1% ~0.2%，w_{Ni} 0.1% ~3.0%，w_{Ti} 0.05% ~0.10%，w_{Mo} 0.5% ~2.0% Cr、V、Mn、Co、S、P 等：超过某种限度时就降低，其含量不宜大于 w_{Cr} 1.0%，w_V 0.5%，w_{Mn} 1.5%，w_P 0.14%	金相组织		自由石墨（显微粒度 15 ~40μm）：提高，但石墨颗粒太大表面粗糙度值变大 自由铁素体（显微粒度 215 ~270μm）：一般铸件中约占 10%，可加工性提高 珠光体（显微粒度 300 ~390μm）：可加工性一般 针状组织（显微粒度 400 ~495μm）：可加工性略降低 磷铁共晶体（P10% + Fe%）（显微粒度 600 ~1200μm）：存在于 w_P >0.1% 的铸铁中，一般当其在铸铁中的相对密度 <5% 时，影响不大，再多就降低 自由碳化物（显微粒度 1000 ~2300μm）：很硬，降低可加工性
	热处理	退火使硬度下降 15% ~30%，可提高切削速度 30% ~80%			
铜、铝合金	铜合金： 1. 强度、硬度比钢低，可加工性好 2. 青铜比较硬脆，切削时与灰铸铁类似；黄铜比较韧软，切削时与低碳钢有些相同，但较易获得良好的表面粗糙度 3. 黄铜容易产生"扎刀"的问题 4. 除车削某些青铜外，刀具使用寿命比钢、铁高 5. 装夹容易引起变形 6. 线膨胀系数比钢、铁大，加工发热，尺寸精度较难控制		铝合金： 1. 强度、硬度比铜更低，可加工性更好，但车螺纹容易"崩扣" 2. 加工时容易粘刀，形成积屑瘤，表面粗糙度变坏 3. 组织不够致密，很难获得较好的表面粗糙度 4. 除车铸造硅铝合金外，刀具使用寿命一般都较高（禁止使用陶瓷刀具） 5. 装夹和加工时容易引起变形，工件表面也易碰伤或划伤 6. 线膨胀系数比铜更大，影响尺寸精度更突出		

2　金属切削加工件的一般标准

2.1　标准尺寸（见表 4.10-3）

表 4.10-3 标准尺寸(摘自 GB/T2822—2005) (mm)

R系列			R′系列		
R10	R20	R40	R′10	R′20	R′40
1.00	1.00		1.0	1.0	
	1.12			**1.1**	
1.25	1.25		**1.2**	**1.2**	
	1.40			1.4	
1.60	1.60		1.6	1.6	
	1.80			1.8	
2.00	2.00		2.0	2.0	
	2.24			**2.2**	
2.50	2.50		2.5	2.5	
	2.80			2.8	
3.15	3.15		**3.0**	**3.0**	
	3.55			**3.5**	
4.00	4.00		4.0	4.0	
	4.50			4.5	
5.00	5.00		5.0	5.0	
	5.60			**5.5**	
6.30	6.30		**6.0**	**6.0**	
	7.10			**7.0**	
8.00	8.00		8.0	8.0	
	9.00			9.0	
10.00	10.00		10.0	10.0	
	11.2			**11**	
12.5	12.5	12.5	**12**	**12**	12
		13.2			**13**
	14.0	14.0		14	14
		15.0			15
16.0	16.0	16.0	16	16	16
		17.0			17
	18.0	18.0		18	18
		19.0			19
20.0	20.0	20.0	20	20	20
		21.2			**21**
	22.4	22.4		**22**	**22**
		23.6			**24**
25.0	25.0	25.0	25	25	25
		26.5			**26**
	28.0	28.0		28	28
		30.0			30
31.5	31.5	31.5	**32**	**32**	**32**
		33.5			**34**
	35.5	35.5		**36**	**36**
		37.5			**38**
40.0	40.0	40.0	40	40	40
		42.5			**42**
	45.0	45.0		45	45
		47.5			**48**
50.0	50.0	50.0	50	50	50
		53.0			53
	56.0	56.0		56	56
		60.0			60
63.0	63.0	63.0	63	63	63

R系列			R′系列		
R10	R20	R40	R′10	R′20	R′40
		67.0			67
	71.0	71.0		71.0	71
		75.0			75
80.0	80.0	80.0	80	80	80
		85.0			85
	90.0	90.0		90	90
		95.0			95
100.0	100.0	100.0	100	100	100
		106			**105**
	112	112		**110**	**110**
		118			**120**
125	125	125	125	125	125
		132			**130**
	140	140		140	140
		150			150
160	160	160	160	160	160
		170			170
	180	180		180	180
		190			190
200	200	200	200	200	200
		212			**210**
	224	224		**220**	**220**
		236			**240**
250	250	250	250	250	250
		265			**260**
	280	280		280	280
		300			300
315	315	315	**320**	**320**	**320**
		335			**340**
	355	355		**360**	**360**
		375			**380**
400	400	400	400	400	400
		425			**420**
	450	450		450	450
		475			**480**
500	500	500	500	500	500
		530			530
	560	560		560	560
		600			600
630	630	630	630	630	630
		670			670
	710	710		710	710
		750			750
800	800	800	800	800	800
		850			850
	900	900		900	900
		950			950
1000	1000	1000	1000	1000	1000
		1060			

R系列		
R10	R20	R40
	1120	1120
		1180
1250	1250	1250
		1320
	1400	1400
		1500
1600	1600	1600
		1700
	1800	1800
		1900
2000	2000	2000
		2120
	2240	2240
		2360
2500	2500	2500
		2650
	2800	2800
		3000
3150	3150	3150
		3350
	3550	3550
		3750
4000	4000	4000
		4250
	4500	4500
		4750
5000	5000	5000
		5300
	5600	5600
		6000
6300	6300	6300
		6700
	7100	7100
		7500
8000	8000	8000
		8500
	9000	9000
		9500
10000	10000	10000
		10600
	11200	11200
		11800
12500	12500	12500
		13200
	14000	14000
		15000
16000	16000	16000
		17000
	18000	18000
		19000
20000	20000	20000

注:1. “标注尺寸”为直径、长度、高度等系列尺寸。

2. R′系列中的黑体字,为R系列相应各项优先数的化整值。

3. 选择尺寸时,优先选用R系列,按照R10、R20、R40顺序。如必须将数值圆整,可选择相应的R′系列,应按照R′10、R′20、R′40顺序选择。

2.2　圆锥的锥度与锥角系列（见表 4.10-4、表 4.10-5）

表 4.10-4　一般用途圆锥的锥度与锥角（摘自 GB/T 157—2001）

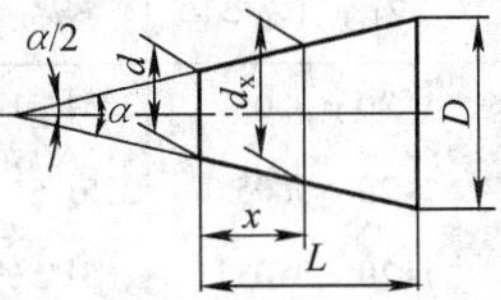

锥度 $C=\frac{D-d}{L}=2\tan\frac{\alpha}{2}$

基本值 系列 1	基本值 系列 2	推算值 圆锥角 α (°)(′)(″)	推算值 圆锥角 α (°)	推算值 圆锥角 α rad	推算值 锥度 C	应用举例
120°				2.094395	1∶0.288675	螺纹孔的内倒角，填料盒内填料的锥度
90°				1.570796	1∶0.500000	沉头螺钉头，螺纹倒角，轴的倒角
	75°	—	—	1.308997	1∶0.651613	车床顶尖，中心孔
60°		—	—	1.047198	1∶0.866025	车床顶尖，中心孔
45°		—	—	0.785398	1∶1.207107	轻型螺旋管接口的锥形密合
30°		—	—	0.523599	1∶1.866025	摩擦离合器
1∶3		18°55′28.7″	18.924644°	0.330297	—	有极限转矩的摩擦圆锥离合器
1∶5		11°25′16.3″	11.421186°	0.199337	—	易拆机件的锥形连接，锥形摩擦离合器
	1∶6	9°31′38.2″	9.522783°	0.166282	—	
	1∶7	8°10′16.4″	8.171234°	0.142615	—	重型机床顶尖，旋塞
	1∶8	7°9′9.6″	7.152669°	0.124838	—	联轴器和轴的圆锥面连接
1∶10		5°43′29.3″	5.724810°	0.099917	—	受轴向力及横向力的锥形零件的接合面，电机及其他机械的锥形轴端
	1∶12	4°46′18.8″	4.771888°	0.083285	—	固定球及滚子轴承的衬套
	1∶15	3°49′5.9″	3.818305°	0.066642	—	受轴向力的锥形零件的接合面，活塞与活塞杆的连接
1∶20		2°51′51.1″	2.864192°	0.049990	—	机床主轴锥度，刀具尾柄，公制锥度铰刀，圆锥螺栓
1∶30		1°54′34.9″	1.909683°	0.033330	—	装柄的铰刀及扩孔钻
1∶50		1°8′45.2″	1.145877°	0.019999	—	圆锥销，定位销，圆锥销孔的铰刀
1∶100		0°34′22.6″	0.572953°	0.010000	—	承受陡振及静变载荷的不需拆开的连接机件
1∶200		0°17′11.3″	0.286478°	0.005000	—	承受陡振及冲击变载荷的需拆开的零件，圆锥螺栓
1∶500		0°6′62.5″	0.114592°	0.002000	—	

注：系列 1 中 120°～1∶3 的数值近似按 R10/2 优先数系列，1∶5～1∶500 按 R10/3 优先数系列（见 GB/T 321）。

表 4.10-5　特殊用途圆锥的锥度与锥角（摘自 GB/T 157—2001）

基本值	圆锥角 α		锥度 C	应用举例
18°30′	—	—	1∶3.070115	纺织工业
11°54′	—	—	1∶4.797451	纺织工业
8°40′	—	—	1∶6.598442	纺织工业
7°40′	—	—	1∶7.462208	纺织工业
7∶24	16°35′39.4″	16.594290°	1∶3.428571	机床主轴，工具配合
1∶9	6°21′34.8″	6.359660°	—	电池接头
1∶16.666	3°26′12.7″	3.436853°	—	医疗设备
1∶12.262	4°40′12.2″	4.670042°	—	贾各锥度 No.2
1∶12.972	4°24′52.9″	4.414696°	—	贾各锥度 No.1
1∶15.748	3°38′13.4″	3.637067°	—	贾各锥度 No.33

基本值	圆锥角 α		应用举例
1∶18.779	3°3′1.2″	3.050335°	贾各锥度 No.3
1∶19.264	2°58′24.9″	2.973573°	贾各锥度 No.6
1∶20.288	2°49′24.8″	2.823550°	贾各锥度 No.0
1∶19.002	3°0′52.4″	3.014554°	莫氏锥度 No.5
1∶19.180	2°59′11.7″	2.936590°	莫氏锥度 No.6
1∶19.212	2°58′53.8″	2.981618°	莫氏锥度 No.0
1∶19.254	2°58′30.4″	2.975117°	莫氏锥度 No.4
1∶19.922	2°52′31.4″	2.875402°	莫氏锥度 No.3
1∶20.020	2°51′40.8″	2.861332°	莫氏锥度 No.2
1∶20.047	2°51′26.9″	2.857480°	莫氏锥度 No.1

莫氏和公制锥度系列见表4.10-6。

表4.10-6　莫氏和公制锥度（附斜度对照）

圆锥号数		锥　度 $C=2\tan(\alpha/2)$	锥角 α	斜角 $\alpha/2$	斜度 $\tan(\alpha/2)$	圆锥号数		锥　度 $C=2\tan(\alpha/2)$	锥角 α	斜角 $\alpha/2$	斜度 $\tan(\alpha/2)$
莫氏	0	1∶19.212＝0.05205	2°58′54″	1°29′27″	0.026	公制	4	1∶20＝0.05	2°51′51″	1°25′56″	0.025
	1	1∶20.047＝0.04988	2°51′26″	1°25′43″	0.0249		6	1∶20＝0.05	2°51′51″	1°25′56″	0.025
	2	1∶20.020＝0.04995	2°51′41″	1°25′50″	0.025		80	1∶20＝0.05	2°51′51″	1°25′56″	0.025
	3	1∶19.922＝0.05020	2°52′32″	1°26′16″	0.0251		100	1∶20＝0.05	2°51′51″	1°25′56″	0.025
	4	1∶19.254＝0.05194	2°58′31″	1°29′15″	0.026		120	1∶20＝0.05	2°51′51″	1°25′56″	0.025
	5	1∶19.002＝0.05263	3°00′53″	1°30′26″	0.0263		140	1∶20＝0.05	2°51′51″	1°25′56″	0.025
	6	1∶19.180＝0.05214	2°59′12″	1°29′36″	0.0261		160	1∶20＝0.05	2°51′51″	1°25′56″	0.025
	7	1∶19.231＝0.052	2°58′36″	1°29′18″	0.026		200	1∶20＝0.05	2°51′51″	1°25′56″	0.025

注：1. 公制圆锥号数表示圆锥的大端直径，如80号公制圆锥，它的大端直径即为80mm。

2. 莫氏锥度目前在钻头及铰刀的锥柄、车床零件等应用较多。

2.3　棱体的角度与斜度（见表4.10-7、表4.10-8）

表4.10-7　棱体的角度和斜度（摘自GB/T 4096—2001）

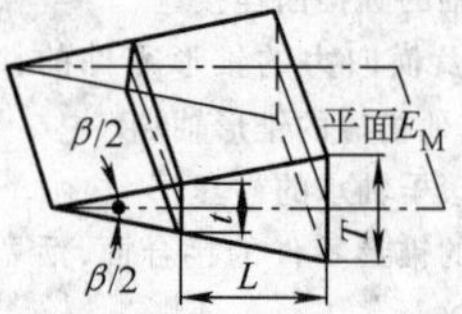

棱体比率 $C_p=\dfrac{T-t}{L}$

$C_p=2\tan\dfrac{\beta}{2}=1:\dfrac{1}{2}\cot\dfrac{\beta}{2}$

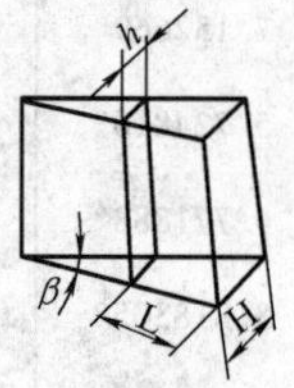

棱体斜度 $S=\dfrac{H-h}{L}$

$S=\tan\beta=1:\cot\beta$

	基本值			推算值		
	系列1	系列2	S	C_p	S	β
一般用途	120°	—	—	1∶0.288675	—	
	90°	—	—	1∶0.500000	—	
	—	75°	—	1∶0.651613	1∶0.267949	
	60°	—	—	1∶0.866025	1∶0.577350	
	45°	—	—	1∶1.207107	1∶1.000000	
	—	40°	—	1∶1.373739	1∶1.191754	
	30°	—	—	1∶1.866025	1∶1.732051	
	20°	—	—	1∶2.835641	1∶2.747477	
	15°	—	—	1∶3.797877	1∶3.732051	
	—	10°	—	1∶5.715026	1∶5.671282	
	—	8°	—	1∶7.150333	1∶7.115370	
	—	7°	—	1∶8.174928	1∶8.144346	
	—	6°	—	1∶9.540568	1∶9.514364	
	—	—	1∶10	—	—	5°42′38″
	5°	—	—	1∶11.451883	1∶11.430052	

	基本值			推算值		
	系列1	系列2	S	C_p	S	β
一般用途	—	4°	—	1∶14.318127	1∶14.300666	
	—	3°	—	1∶19.094230	1∶19.081137	
	—	—	1∶20	—	—	2°51′44.7″
	—	2°	—	1∶28.644982	1∶28.636253	—
	—	—	1∶50	—	—	1°8′44.7″
	—	1°	—	1∶57.294327	1∶57.289962	—
	—	—	1∶100	—	—	0°34′25.5″
	—	0°30′	—	1∶114.590832	1∶114.588650	—
	—	—	1∶200	—	—	0°17′11.3″
	—	—	1∶500	—	—	0°6′52.5″

说明：优先选用系列1，当不能满足需要时，选用系列2

特殊用途	V形体	角度 β	108°	C_p	1∶0.3632713	S	
	V形体		72°		1∶0.6881910		
	燕尾体		55°		1∶0.9604911		1∶0.700207
	燕尾体		50°		1∶1.0722535		1∶0.839100

表 4.10-8　标准角度

第一系列	第二系列	第三系列	第一系列	第二系列	第三系列	第一系列	第二系列	第三系列	第一系列	第二系列	第三系列	第一系列	第二系列	第三系列
0°	0°	0°			4°			18°			55°			110°
		0°15′	5°	5°	5°		20°	20°	60°	60°	60°	120°	120°	120°
	0°30′	0°30′			6°			22°30′			65°			135°
		0°45′			7°			25°			72°		150°	150°
	1°	1°			8°	30°	30°	30°		75°	75°			165°
		1°30′			9°			36°			80°	180°	180°	180°
	2°	2°		10°	10°			40°			85°			270°
		2°30′			12°	45°	45°	45°	90°	90°	90°	360°	360°	360°
	3°	3°	15°	15°	15°			50°			100°			

注：1. 本标准为一般用途的标准角度，不适用于由特定尺寸或参数所确定的角度以及工艺和使用上有特殊要求的角度。

2. 选用时优先选用第一系列，其次是第二系列，再次是第三系列。

3. 该表不属于 GB/T 4096—2001 的内容仅供参考。

2.4　中心孔（见表 4.10-9、表 4.10-10）

表 4.10-9　60°中心孔（摘自 GB/T145—2001）　　（mm）

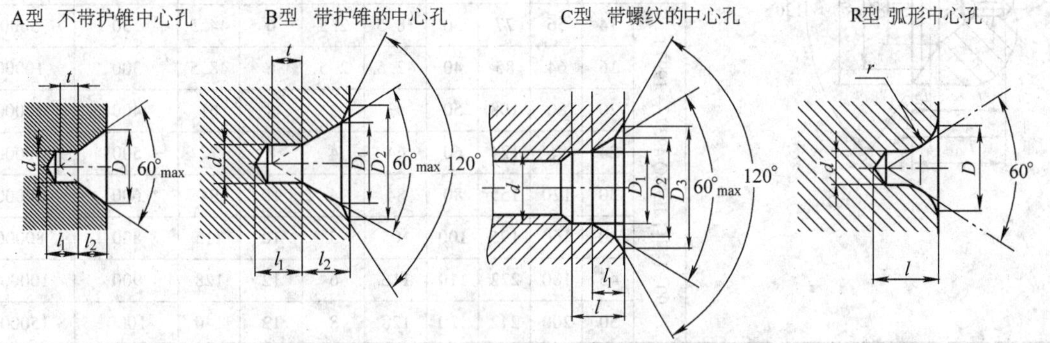

d	D		D_1	D_2	l_2		t（参考）		l_{min}	r max	r min	d	D_1	D_2	D_3	l	l_1 参考
A、B、R 型	A 型	R 型	B 型		A 型	B 型	A 型	B 型	R 型			C 型					
(0.50)	1.06	—	—	—	0.48	—	0.5	—	—	—	—	M3	3.2	5.3	5.8	2.6	1.8
(0.63)	1.32	—	—	—	0.60	—	0.6	—	—	—	—	M4	4.3	6.7	7.4	3.2	2.1
(0.80)	1.70	—	—	—	0.73	—	0.7	—	—	—	—	M5	5.3	8.1	8.8	4.0	2.4
1.00	2.12	2.12	2.12	3.15	0.97	1.27	0.9	0.9	2.3	3.15	2.50	M6	6.4	9.6	10.5	5.0	2.8
(1.25)	2.65	2.65	2.65	4.00	1.21	1.60	1.1	1.1	2.8	4.00	3.15	M8	8.4	12.2	13.2	6.0	3.3
1.60	3.35	3.35	3.35	5.00	1.52	1.99	1.4	1.4	3.5	5.00	4.00	M10	10.5	14.9	16.3	7.5	3.8
2.00	4.25	4.25	4.25	6.30	1.95	2.54	1.8	1.8	4.4	6.30	5.00	M12	13.0	18.1	19.8	9.5	4.4
2.50	5.30	5.30	5.30	8.00	2.42	3.20	2.2	2.2	5.5	8.00	6.30	M16	17.0	23.0	25.3	12.0	5.2
3.15	6.70	6.70	6.70	10.00	3.07	4.03	2.8	2.8	7.0	10.00	8.00	M20	21.0	28.4	31.3	15.0	6.4
4.00	8.50	8.50	8.50	12.50	3.90	5.05	3.5	3.5	8.9	12.50	10.00	M24	26.0	34.2	38.0	18.0	8.0
(5.00)	10.60	10.60	10.60	16.00	4.85	6.41	4.4	4.4	11.2	16.00	12.50						
6.30	13.20	13.20	13.20	18.00	5.98	7.36	5.5	5.5	14.0	20.00	16.00						
(8.00)	17.00	17.00	17.00	22.40	7.79	9.36	7.0	7.0	17.9	25.00	20.00						
10.00	21.20	21.20	21.20	28.00	9.70	11.66	8.7	8.7	22.5	31.50	25.00						

注：1. 括号内尺寸尽量不用。

2. A、B 型中尺寸 l_1 取决于中心钻的长度，即使中心孔重磨后再使用，此值不应小于 t 值。

3. A 型同时列出了 D 和 l_2 尺寸，B 型同时列出了 D_2 和 l_2 尺寸，制造厂可分别任选其中一个尺寸。

表 4.10-10　75°、90°中心孔　　(mm)

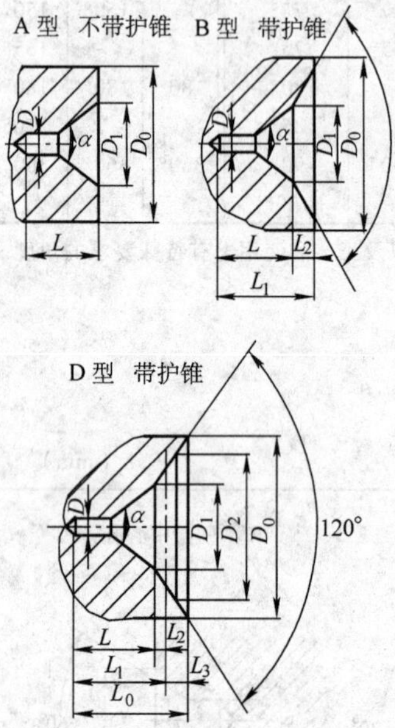

α	规格 D	D_1	D_2	L	L_1	L_2	L_3	L_0	选择中心孔的参考数据 毛坯轴端直径（min）D_0	 毛坯重量（max）/kg
75°（摘自 JB/ZQ 4236—1997）	3	9		7	8	1			30	200
	4	12		10	11.5	1.5			50	360
	6	18		14	16	2			80	800
	8	24		19	21	2			120	1500
	12	36		28	30.5	2.5			180	3000
	20	60		50	53	3			260	9000
	30	90		70	74	4			360	20000
	40	120		95	100	5			500	35000
	45	135		115	121	6			700	50000
	50	150		140	148	8			900	80000
90°（摘自 JB/ZQ 4237—1997）	14	56	77	36	38.5	2.5	6	44.5	250	5000
	16	64	85	40	42.5	2.5	6	48.5	300	10000
	20	80	108	50	53	3	8	61	400	20000
	24	96	124	60	64	4	8	72	500	30000
	30	120	155	80	84	4	10	94	600	50000
	40	160	195	100	105	5	10	115	800	80000
	45	180	222	110	116	6	12	128	900	100000
	50	200	242	120	128	8	12	140	1000	150000

注：1. 中心孔的选择：中心孔的尺寸主要根据毛坯轴端直径 D_0 和零件毛坯总重量（如轴上装有齿轮、齿圈及其他零件等）来选择。若毛坯总重量超过表中 D_0 相对应的重量时，则依据毛坯重量确定中心孔尺寸。

2. 当加工零件毛坯总重量超过5000kg时，一般宜选择B型中心孔。

3. D型中心孔是属于中间型式，在制造时要考虑到在机床上加工去掉余量“L_3”以后，应与B型中心孔相同。

4. 中心孔的表面粗糙度按用途自行规定。

2.5　球面半径（见表 4.10-11）

表 4.10-11　球面半径（摘自 GB/T6403.1—2008）

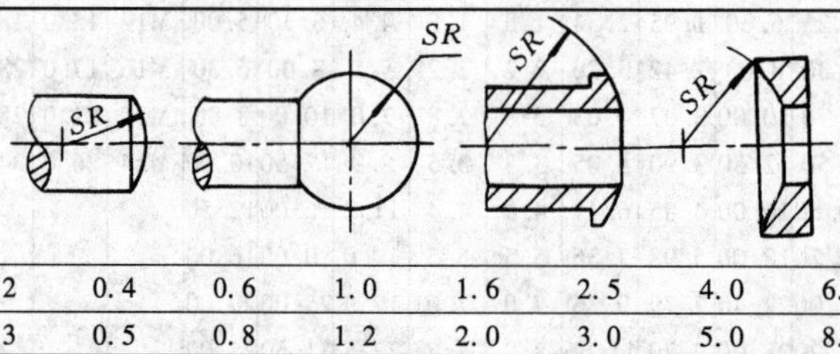

(mm)

系列	1	0.2	0.4	0.6	1.0	1.6	2.5	4.0	6.0	10	16	20
	2	0.3	0.5	0.8	1.2	2.0	3.0	5.0	8.0	12	18	22
	1	25	32	40	50	63	80	100	125	160	200	250
	2	28	36	45	56	71	90	110	140	180	220	280
	1	320	400	500	630	800	1000	1250	1600	2000	2500	3200
	2	360	450	560	710	900	1100	1400	1800	2200	2800	

2.6 滚花（见表4.10-12）

表4.10-12　滚花（摘自GB/T6403.3—2008）　　(mm)

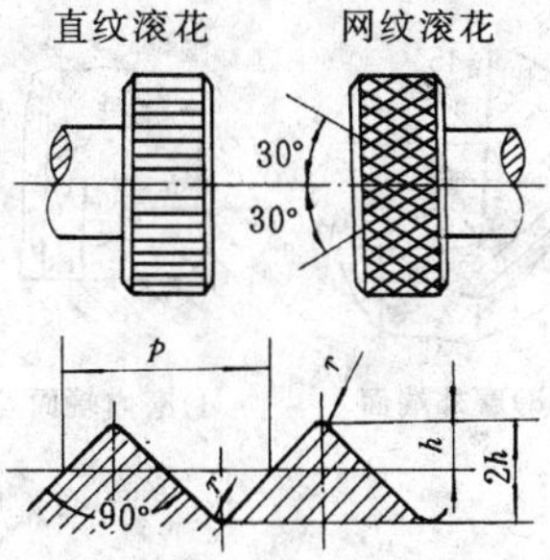

标记示例：

模数 $m=0.3$ 直径滚花：

直纹 $m=0.3$GB6403.3—2008

模数 $m=0.4$ 网纹滚花：

网纹 $m=0.4$GB6403.3—2008

模　数　m	h	r	节　距　p
0.2	0.132	0.06	0.628
0.3	0.198	0.09	0.942
0.4	0.264	0.12	1.257
0.5	0.326	0.16	1.571

注：1. 表中 $h=0.785m-0.414r$。

2. 滚花前工件表面的粗糙度的轮廓算术平均偏差 R_a 的最大允许值为12.5μm。

3. 滚花后工件直径大于滚花前直径，其值 $\Delta\approx$（0.8~1.6）m，m 为模数。

2.7 零件倒圆与倒角（见表4.10-13）

表4.10-13　零件倒圆与倒角（摘自GB/T6403.4—2008）

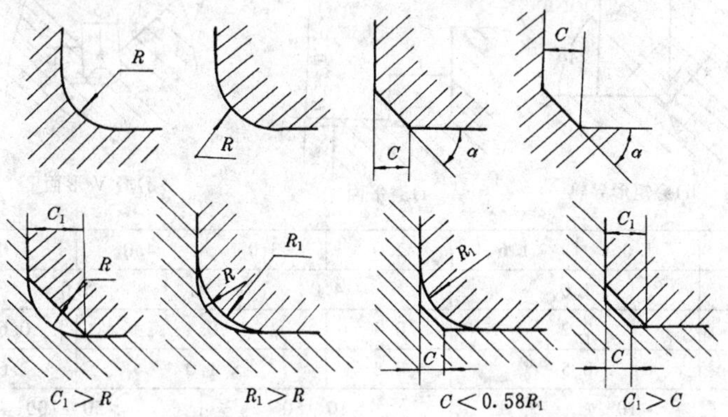

直　径　D		~3		>3~6		>6~10		>10~18	>18~30	>30~50		>50~80	>80~120	>120~180
R C	R_1	0.1	0.2	0.3	0.4	0.5	0.6	0.8	1.0	1.2	1.6	2.0	2.5	3.0
	C_{max} ($C<0.58R_1$)	—	0.1	0.1	0.2	0.2	0.3	0.4	0.5	0.6	0.8	1.0	1.2	1.6
直径 D		>180~250	>250~320	>320~400	>400~500	>500~630	>630~800	>800~1000	>1000~1250	>1250~1600				
R C	R_1	4.0	5.0	6.0	8.0	10	12	16	20	25				
	C_{max} ($C<0.58R_1$)	2.0	2.5	3.0	4.0	5.0	6.0	8.0	10	12				

注：α 一般采用45°，也可采用30°或60°。

2.8　砂轮越程槽（见表4.10-14）

表4.10-14　砂轮越程槽（摘自GB/T6403.5—2008）　　（mm）

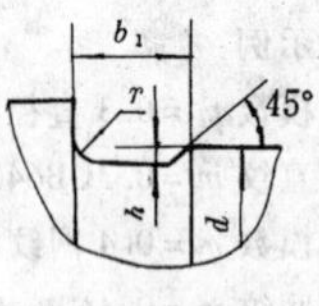
a）磨外圆

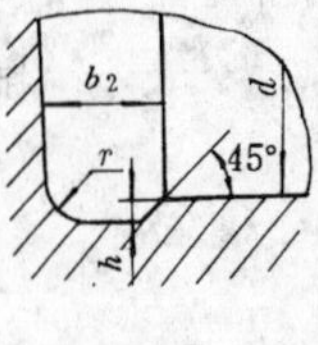
b）磨内圆

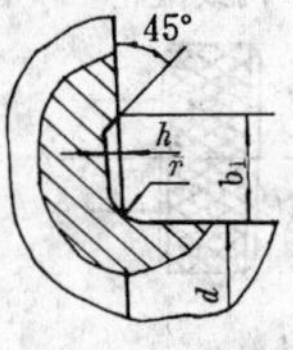
c）磨外端面

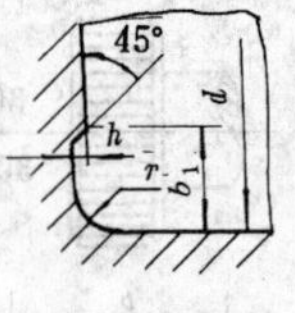
d）磨内端面

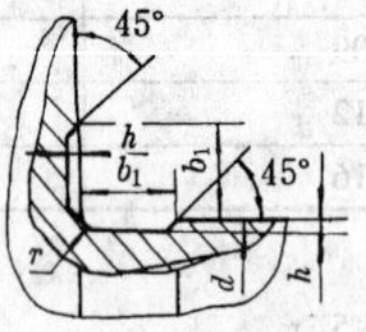
e）磨外圆及端面

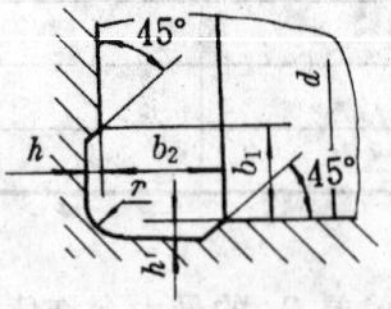
f）磨内圆及端面

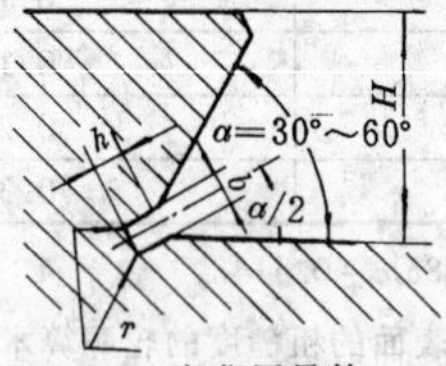
g）磨燕尾导轨

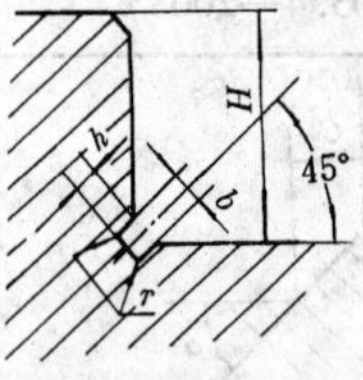
h）磨矩形导轨

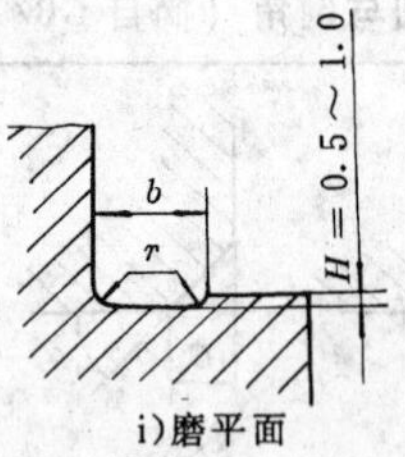
i）磨平面

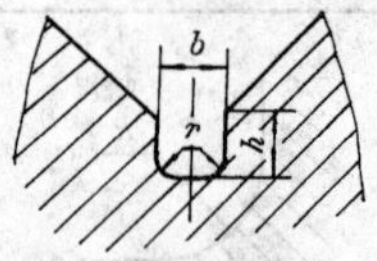
j）磨V形面

b_1	0.6	1.0	1.6	2.0	3.0	4.0	5.0	8.0	10
b_2	2.0	3.0		4.0		5.0		8.0	10
h	0.1	0.2		0.3	0.4		0.6	0.8	1.2
r	0.2	0.5		0.8	1.0		1.6	2.0	3.0
d	~10			>10~50		>50~100		>100	

注：1. 越程槽内二直线相交处，不允许产生尖角。

2. 越程槽深度h与圆弧半径r，要满足$r<3h$。

H	<5	6	8	10	12	16	20	25	32	40	50	63	80
b / h	1	2		3			4			5			6
r	0.5	0.5		1.0			1.6			1.6			2.0

H	8	10	12	16	20	25	32	40	50	63	80	100
b	2				3				5		8	
h	1.6				2.0				3.0		5.0	
r	0.5				1.0				1.6		2.0	

b	2	3	4	5
h	1.6	2.0	2.5	3.0
r	0.5	1.0	1.2	1.6

2.9　刨切、插、珩磨越程槽（见表4.10-15）

表4.10-15　刨切、插、珩磨越程槽　(mm)

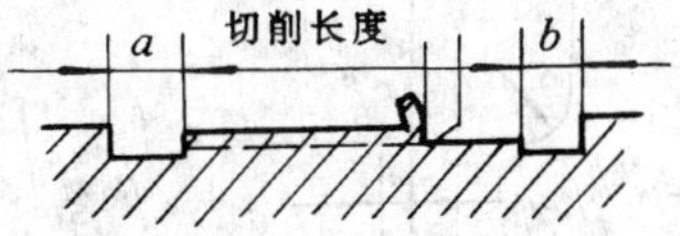

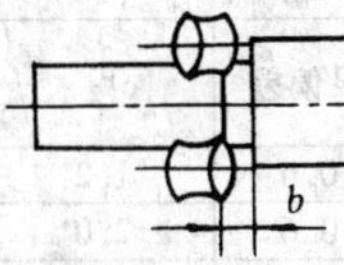

名　称	刨切越程
龙　门　刨	$a+b=100\sim200$
牛头刨床 立刨床	$a+b=50\sim75$
大插床如STSR1400 小插床如B516	50～100 10～12
珩磨内圆	$b>30$
外圆	$b=6\sim8$

2.10　退刀槽

(1) 外圆退刀槽及相配件的倒角和倒圆（见表4.10-16～表4.10-20）

外圆退刀槽及相配件的倒圆和倒角

1）适用于交变载荷，也可用于一般的磨削件。

表4.10-16　A、B型退刀槽尺寸　(mm)

A型

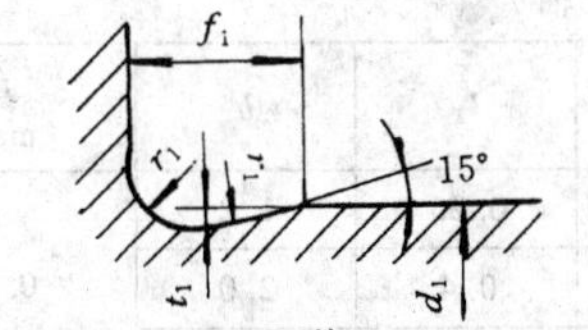

B型

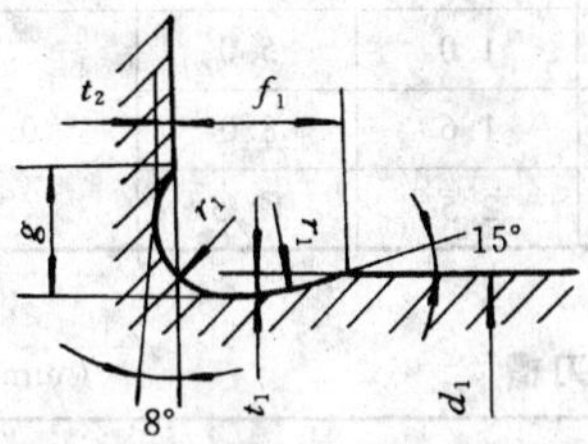

r_1	$t_1+0.1$	f_1	g	$t_2+0.05$	推荐的配合直径 d_1 用在一般载荷	用在交变载荷
0.6	0.2	2	1.4	0.1	<18	
0.6	0.3	2.5	2.1	0.2	>18～80	—
1	0.4	4	3.2	0.3	>80	
1	0.2	2.5	1.8	0.1		>18～50
1.6	0.3	4	3.1	0.2	—	>50～80
2.5	0.4	5	4.8	0.3		>80～125
4	0.5	7	6.4	0.3		125

表4.10-17　相配件的倒角和倒圆　(mm)

$d_2=d_1+a$

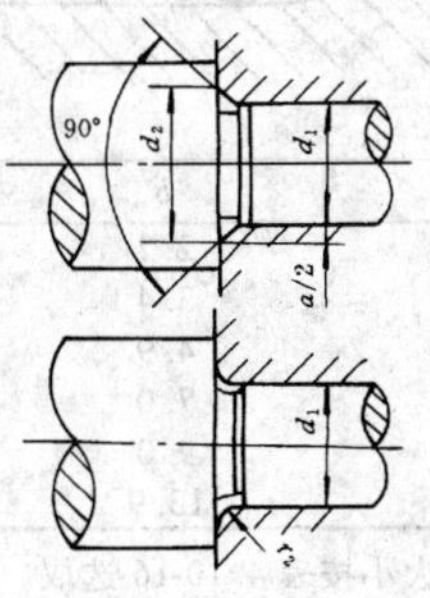

退刀槽尺寸 $r_1\times t_1$	倒角最小值 a A型	倒角最小值 a B型	倒圆最小值 r_2 A型	倒圆最小值 r_2 B型
0.6×0.2	0.8	0.2	1	0.3
0.6×0.3	0.6	0	0.8	0
1×0.2	1.6	0.8	2	1
1×0.4	1.2	0	1.5	0
1.6×0.3	2.6	1.1	3.2	1.4
2.5×0.4	4.2	1.9	5.2	2.4
4×0.5	7	4.0	8.8	5

表 4.10-18　C、D、E 型退刀槽及相配件尺寸　（mm）

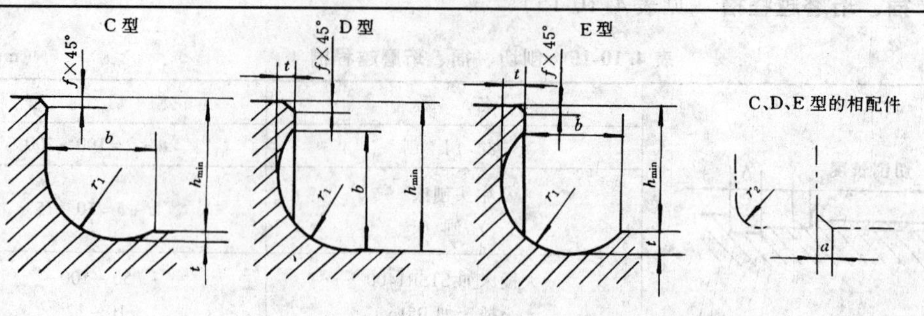

轴						相配件（孔）			
h min	r_1	t	b C、D 型	b E 型	f max	a	极限偏差	r_2	极限偏差
2.5	1.0	0.25	1.6	1.4	0.2	1	+0.6	1.2	+0.6
4	1.6	0.25	2.4	2.2	0.2	1.6	+0.6	2.0	+0.6
6	2.5	0.25	3.6	3.4	0.2	2.5	+1.0	3.2	+1.0
10	4.0	0.4	5.7	5.3	0.4	4.0	+1.0	5.0	+1.0
16	6.0	0.4	8.1	7.7	0.4	6.0	+1.6	8.0	+1.6
25	10.0	0.6	13.4	12.8	0.4	10.0	+1.6	12.5	+1.6
40	16.0	0.6	20.3	19.7	0.6	16.0	+2.5	20.0	+2.5
60	25.0	1.0	32.1	31.1	0.6	25.0	+2.5	32.0	+2.5

表 4.10-19　F 型退刀槽及相配件尺寸　（mm）

F型

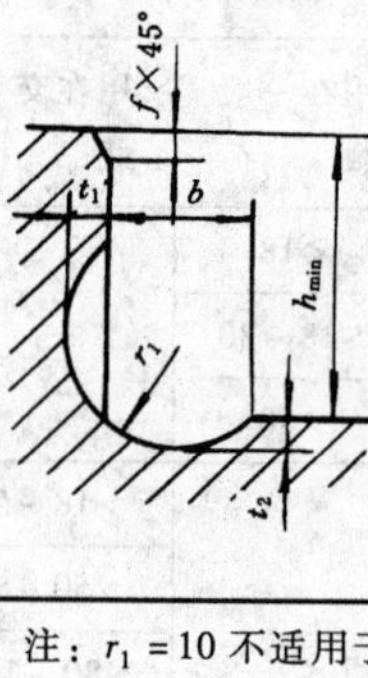

相配件

轴					
h min	r_1	t_1	t_2	b	f max
4	1.0	0.4	0.25	1.2	0.2
5	1.6	0.6	0.4	2.0	
8	2.5	1.0	0.6	3.2	
12.5	4.0	1.6	1.0	5.0	0.4
20	6.0	2.5	1.6	8.0	
30	10.0	4.0	2.5	12.5	

注：$r_1=10$ 不适用于光整。

表 4.10-20　公称直径相同具有不同配合的退刀槽　（mm）

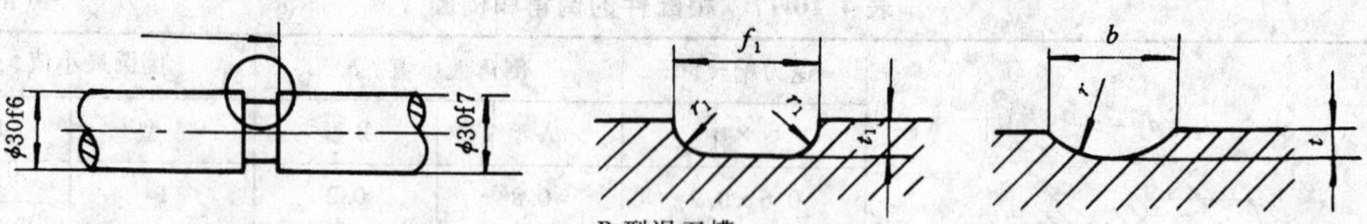

B 型退刀槽

r	t	b
2.5	0.25	2.2
4	0.4	3.4
6	0.4	4.9
10	0.6	7.0
16	0.6	9.0
25	1.0	13.9

注：1. A 型退刀槽长度 f_1 包括在公差带较小的一段长度内：各部尺寸根据直径 d_1 的大小按表 4.10-16 选取。

2. B 型退刀槽各部尺寸由本表中查。

A 型（轴的配合表面需磨削，轴肩不磨削）

B 型（轴的配合表面及轴肩皆需磨削

2）适用于对受载无特殊要求的磨削件

C 型（轴的配合表面需磨削，轴肩不磨削）

D 型（轴的配合表面不磨削，轴肩需磨削）

E 型（轴的配合表面及轴肩皆需磨削）

F 型（相配件为锐角的轴的配合表面及轴肩皆需磨削）

（2）带槽孔的退刀槽

退刀槽直径 d_2 可按选用的平键或楔键而定。

退刀槽的深度 t_2 一般为 20mm，因结构原因，t_2 的最小值不得小于 10mm。见图 4.10-1。

（3）退刀槽的表面粗糙度

一般选用 $R_a3.2\mu m$，根据需要也可选用 $R_a1.6$、0.8、$0.4\mu m$。

2.11　插齿空刀槽、滚齿退刀槽（见表 4.10-21、见表 4.10-22）

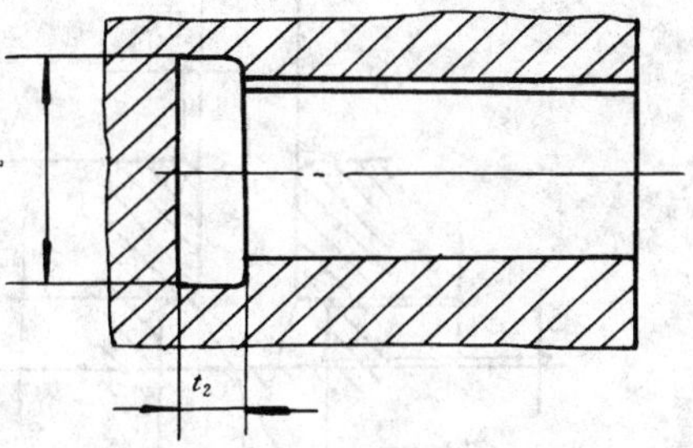

图 4.10-1　带槽孔的退刀槽

表 4.10-21　插齿空刀槽　　（mm）

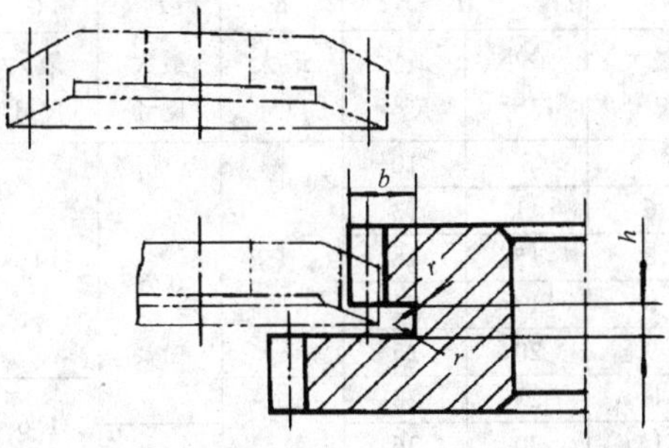

模数	2	2.5	3	4	5	6	7	8	9	10	12	14	16	18	20	22	25
h_{min}	5		6			7			8			9			10		12
b_{min}	5	6	7.5	10.5	13	15	16	19	22	24	28	33	38	42	46	51	58
r	0.5									1.0							

表 4.10-22　滚人字齿轮退刀槽　　（mm）

法向模数 m_n	螺旋角 25°	30°	35°	40°	法向模数 m_n	螺旋角 25°	30°	35°	40°
	退刀槽最小宽度 b					退刀槽最小宽度 b			
4	46	50	52	54	18	164	175	184	192
5	58	58	62	64	20	185	198	208	218
6	64	66	72	74	22	200	212	224	234
7	70	74	78	82	25	215	230	240	250
8	78	82	86	90	28	238	252	266	278
9	84	90	94	98	30	246	260	276	290
10	94	100	104	108	32	264	270	300	312
12	118	124	130	136	36	284	304	322	335
14	130	138	146	152	40	320	330	350	370
16	148	158	165	174					

注：退刀槽深度由设计者决定。

2.12 T形槽（见表4.10-23～表4.10-27）

表4.10-23 T形槽（摘自GB/T158—1996） (mm)

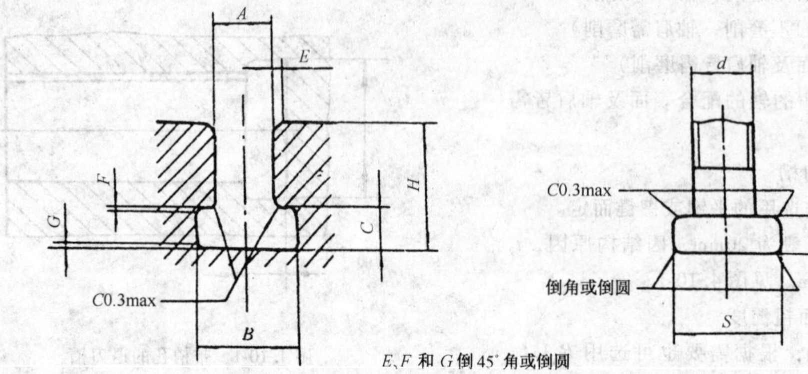

E、F和G倒45°角或倒圆

T形槽										螺栓头部		
A	B		C		H		E	F	G	d	S	K
基本尺寸	最小尺寸	最大尺寸	最小尺寸	最大尺寸	最小尺寸	最大尺寸	最大尺寸	最大尺寸	最大尺寸	公称尺寸	最大尺寸	最大尺寸
5	10	11	3.5	4.5	8	10	1	0.6	1	M4	9	3
6	11	12.5	5	6	11	13				M5	10	4
8	14.5	16	7	8	15	18				M6	13	6
10	16	18	7	8	17	21				M8	15	6
12	19	21	8	9	20	25				M10	18	7
14	23	25	9	11	23	28				M12	22	8
18	30	32	12	14	30	36	1.6		1.6	M16	28	10
22	37	40	16	18	38	45		1		M20	34	14
28	46	50	20	22	48	56			2.5	M24	43	18
36	56	60	25	28	61	71				M30	53	23
42	68	72	32	35	74	85	2.5	1.6	4	M36	64	28
48	80	85	36	40	84	95		2	6	M42	75	32
54	90	95	40	44	94	106				M48	85	36

表4.10-24 T形槽间距尺寸

（摘自GB/T158—1996） (mm)

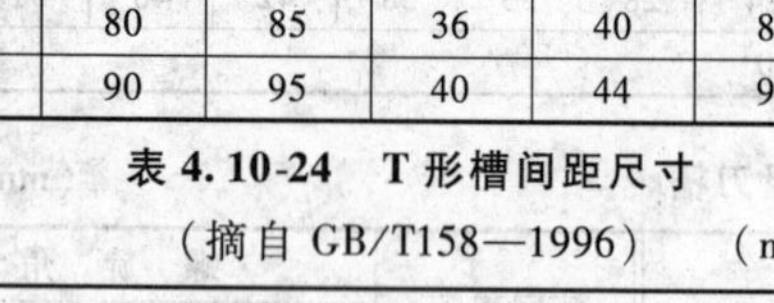

T形槽宽度A	T形槽间距p			
5		20	25	32
6		25	32	40
8		32	40	50
10		40	50	63

（续）

T形槽宽度A	T形槽间距p			
12	(40)	50	63	80
14	(50)	63	80	100
18	(63)	80	100	125
22	(80)	100	125	160
28	100	125	160	200
36	125	160	200	250
42	160	200	250	320
48	200	250	320	400
54	250	320	400	500

注：T形槽间距P栏中，括号内的数值与T形槽槽底宽度最大值之差值，可能较小，应避免采用。

相对于每个T形槽宽度，表4.10-24中给出3个间距，应根据使用需要条件选择T形槽间距。特殊情况需采用其他尺寸的间距时，则应符合下列原则：

1）采用数值大于或小于规定 T 形槽间距 p 的尺寸时，应从优先数系 R10 系列的数值中选取；

2）采用数值在规定 T 形槽间距 p 的尺寸范围内，则应从优先数系 R20 系列的数值中选取。

T 形槽的间距尺寸 p 的极限偏差，如表 4.10-25。

表 4.10-25　T 形槽间距 p 尺寸的极限偏差

（摘自 GB/T158—1996）　（mm）

T 形槽间距 p	极限偏差
20	±0.2
25	
32 ~ 100	±0.3
125 ~ 250	±0.5
320 ~ 500	±0.8

注：任一 T 形槽间距的极限偏差都不是累计误差。

表 4.10-26　T 形槽不通端型式及尺寸

（摘自 GB/T158—1996）　（mm）

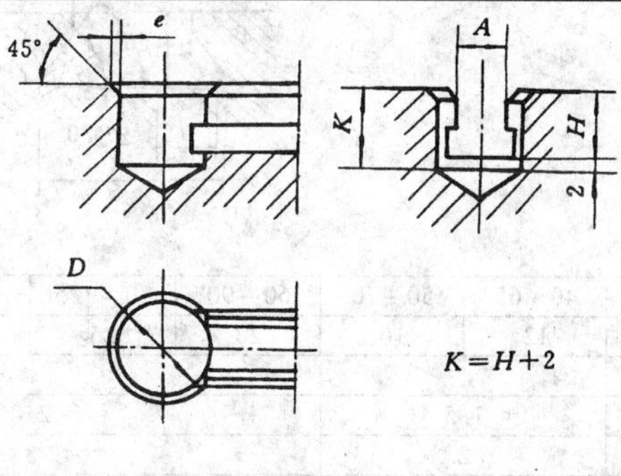

$K = H + 2$

<table>
<tr><td colspan="2">T 形槽宽度 A</td><td>5</td><td>6</td><td>8</td><td>10</td><td>12</td><td>14</td><td>18</td><td>22</td><td>28</td><td>36</td><td>42</td><td>48</td><td>54</td></tr>
<tr><td colspan="2">K</td><td>12</td><td>15</td><td>20</td><td>23</td><td>27</td><td>30</td><td>38</td><td>47</td><td>58</td><td>73</td><td>87</td><td>97</td><td>108</td></tr>
<tr><td rowspan="2">D</td><td>基本尺寸</td><td>15</td><td>16</td><td>20</td><td>22</td><td>28</td><td>32</td><td>42</td><td>50</td><td>62</td><td>76</td><td>92</td><td>108</td><td>122</td></tr>
<tr><td>极限偏差</td><td colspan="2">+1
0</td><td colspan="5">+1.5
0</td><td colspan="6">+2
0</td></tr>
<tr><td colspan="2">e</td><td colspan="2">0.5</td><td colspan="4">1</td><td colspan="2">1.5</td><td colspan="5">2</td></tr>
</table>

表 4.10-27　T 形槽用螺母尺寸（摘自 GB/T158—1996）　（mm）

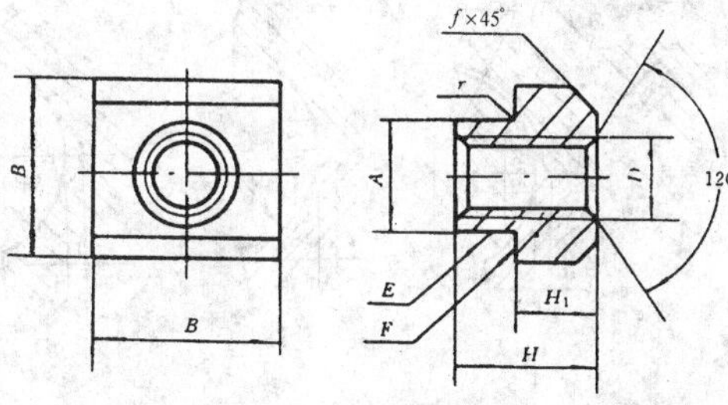

<table>
<tr><td rowspan="2">T 形槽宽度 A</td><td>D</td><td colspan="2">A</td><td colspan="2">B</td><td colspan="2">H₁</td><td colspan="2">H</td><td>f</td><td>r</td></tr>
<tr><td>公称尺寸</td><td>基本尺寸</td><td>极限偏差</td><td>基本尺寸</td><td>极限偏差</td><td>基本尺寸</td><td>极限偏差</td><td>基本尺寸</td><td>极限偏差</td><td>最大尺寸</td><td>最大尺寸</td></tr>
<tr><td>5</td><td>M4</td><td>5</td><td rowspan="4">-0.3
-0.5</td><td>9</td><td rowspan="2">±0.29</td><td>3</td><td>±0.2</td><td>6.5</td><td rowspan="3">±0.29</td><td>1</td><td rowspan="4">0.3</td></tr>
<tr><td>6</td><td>M5</td><td>6</td><td>10</td><td>4</td><td rowspan="3">±0.24</td><td>8</td><td rowspan="3">1.6</td></tr>
<tr><td>8</td><td>M6</td><td>8</td><td>13</td><td rowspan="3">±0.35</td><td>6</td><td>10</td></tr>
<tr><td>10</td><td>M8</td><td>10</td><td>15</td><td>6</td><td>12</td><td rowspan="3">±0.35</td></tr>
<tr><td>12</td><td>M10</td><td>12</td><td rowspan="5">-0.3
-0.6</td><td>18</td><td>7</td><td rowspan="3">±0.29</td><td>14</td><td rowspan="4">2.5</td><td rowspan="3">0.4</td></tr>
<tr><td>14</td><td>M12</td><td>14</td><td>22</td><td rowspan="2">±0.42</td><td>8</td><td>16</td></tr>
<tr><td>18</td><td>M16</td><td>18</td><td>23</td><td>10</td><td>20</td><td rowspan="2">±0.42</td></tr>
<tr><td>22</td><td>M20</td><td>22</td><td>34</td><td rowspan="2">±0.5</td><td>14</td><td rowspan="2">±0.35</td><td>28</td><td rowspan="3">0.5</td></tr>
<tr><td>28</td><td>M24</td><td>28</td><td>43</td><td>18</td><td>36</td><td rowspan="2">±0.5</td><td>4</td></tr>
<tr><td>36</td><td>M30</td><td>36</td><td rowspan="4">-0.4
-0.7</td><td>53</td><td rowspan="3">±0.6</td><td>23</td><td rowspan="2">±0.42</td><td>44</td><td rowspan="4">6</td></tr>
<tr><td>42</td><td>M36</td><td>42</td><td>64</td><td>28</td><td>52</td><td rowspan="3">±0.6</td><td rowspan="3">0.8</td></tr>
<tr><td>48</td><td>M42</td><td>48</td><td>75</td><td>32</td><td rowspan="2">±0.5</td><td>60</td></tr>
<tr><td>54</td><td>M48</td><td>54</td><td>85</td><td>±0.7</td><td>36</td><td>70</td></tr>
</table>

螺母材料为 45 钢。螺母表面粗糙度（按 GB1031）最大允许值；基准槽用螺母的 E 面和 F 面为 3.2μm；其余为 6.3μm。螺母进行热处理，硬度为 35HRC，并发蓝。

2.13　燕尾槽（见表 4.10-28）

表 4.10-28　燕尾槽　(mm)

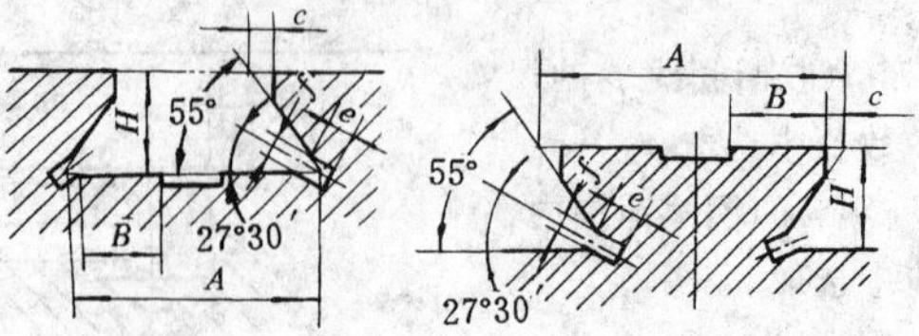

A	40~65	50~70	60~90	80~125	100~160	125~200	160~250	200~320	250~400	320~500
B	12	16	20	25	32	40	50	65	80	100
c	1.5~5									
e	1.5		2.0				2.5			
f	2		3				4			
H	8	10	12	16	20	25	32	40	50	65

注：1. “A”的系列为（mm）：40，45，50，55，60，65，70，80，90，100，110，125，140，160，180，200，225，250，280，320，360，400，450，500。

2. “c”为推荐值。

2.14　润滑槽

滑动轴承上用的润滑槽型式与尺寸见表4.10-29。

平面上用的机床导轨用的润滑槽型式与尺寸见表4.10-30。

表 4.10-29　滑动轴承上用的润滑槽型式与尺寸（摘自 GB/T6403.2—2008）　(mm)

径向轴承

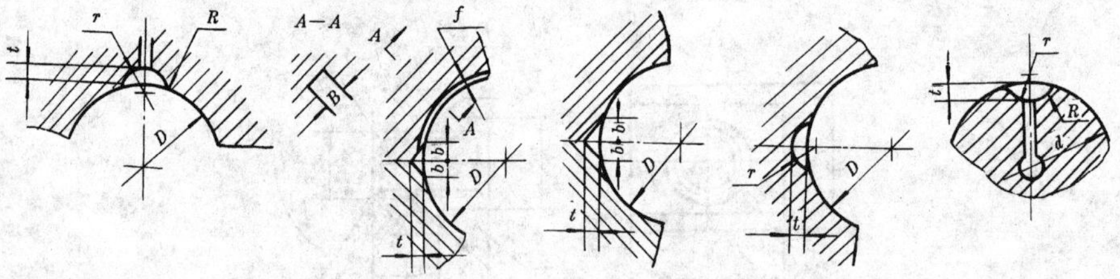

a)　b)　c)　d)　e)

a) ~d) 用于轴瓦轴套　e) 用于轴上

推力轴承

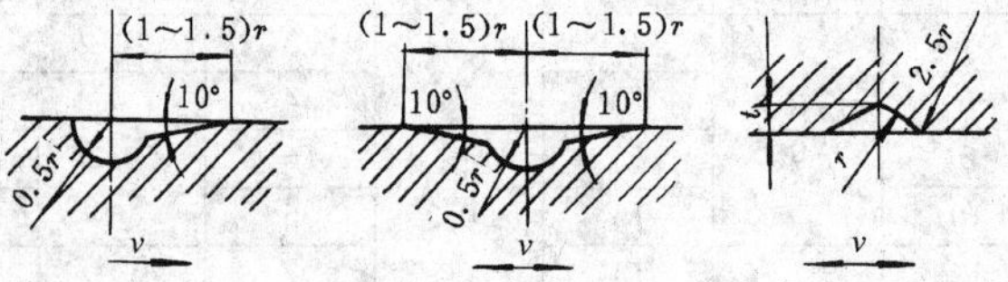

f)　g)　h)

直径 D	直径 d	t	r	R	B	f	b
≤50		0.8	1.0	1.0	—	—	—
		1.0	1.6	1.6	—	—	—
		1.6	3.0	6.0	5.0	1.6	4.0
>50~120		2.0	4.0	10	8.0	2.0	6.0
		2.5	5.0	16	10	2.0	8.0
		3.0	6.0	20	12	2.5	10
>120		4.0	8.0	25	16	3.0	12
		5.0	10	32	20	3.0	16
		6.0	12	40	25	4.0	20

注：推力轴承润滑槽型式图下箭头说明运动方向为单向或双向。标准中未注明尺寸的棱边，按小于0.5mm倒圆。

表 4.10-30　平面上用的机床导轨用的润滑槽型式与尺寸（摘自 GB/T6403.2—2008）　（mm）

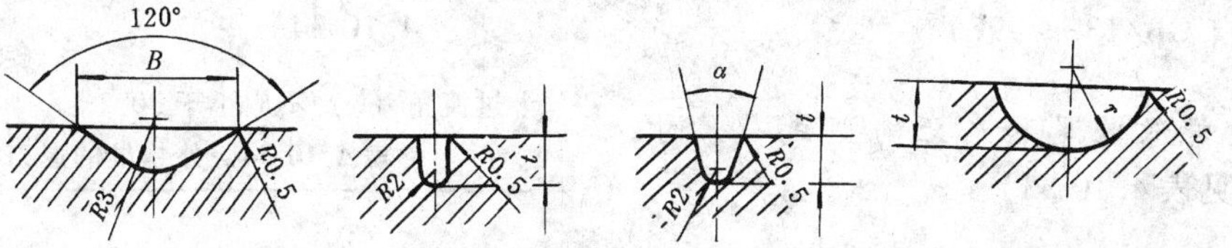

B	4	6	10	12	16	导轨润滑槽尺寸			
α	15°		30°		45°	t	1.0	1.6	2.0
t	3		4		5	r	1.6	2.5	4.0

注：标准中未注明尺寸的棱边，按小于 0.5mm 倒圆。

2.15　锯缝尺寸

在设计有锯缝的零件时，应考虑金属锯片的尺寸，如表 4.10-31 所示。

锯缝在图样上的标记方法如图 4.10-2 所示。

表 4.10-31　锯缝尺寸　（mm）

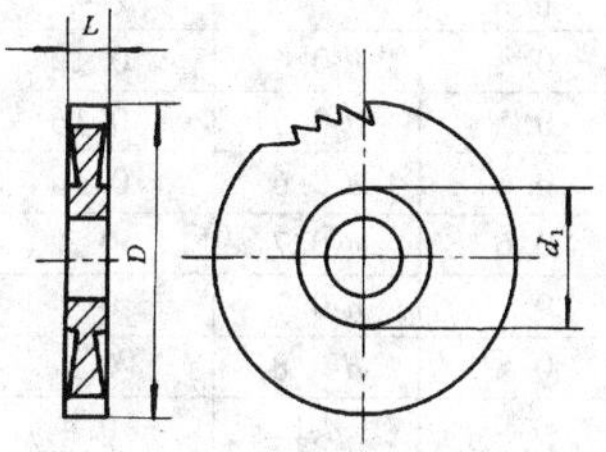

D	$d_{1\min}$	L 0.6	0.8	1.0	1.2	1.6	2.0	2.5	3.0	4.0	5.0	6.0
80	34	✓	✓	✓	✓	✓	✓	✓	✓	✓	✓	✓
100	(40)		✓	✓	✓	✓	✓	✓	✓	✓	✓	✓
125				✓	✓	✓	✓	✓	✓	✓	✓	✓
160	47				✓	✓	✓	✓	✓	✓	✓	✓
200	63					✓	✓	✓	✓	✓	✓	✓
250							✓	✓	✓	✓	✓	✓
315	80							✓	✓	✓	✓	✓

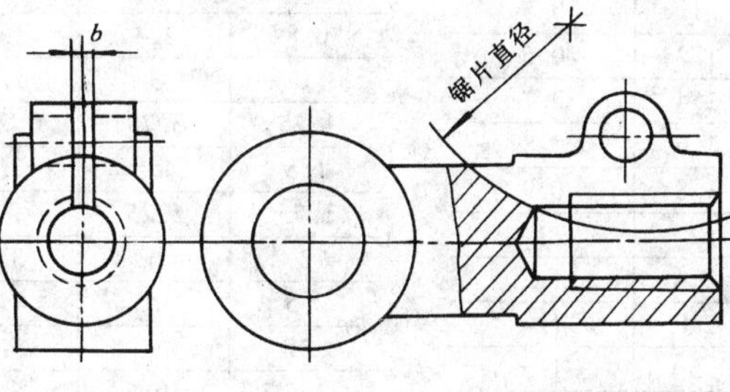

图 4.10-2　锯缝的标记方法

2.16　弧形槽端部半径（见表 4.10-32）

表 4.10-32　弧形槽端部半径　（mm）

花键槽	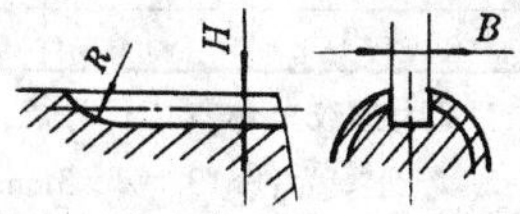	铣切深度 H		5	10	12	25
		铣切宽度 B		4	4	5	10
		R		20～30	30～37.5	37.5	55
弧形键槽	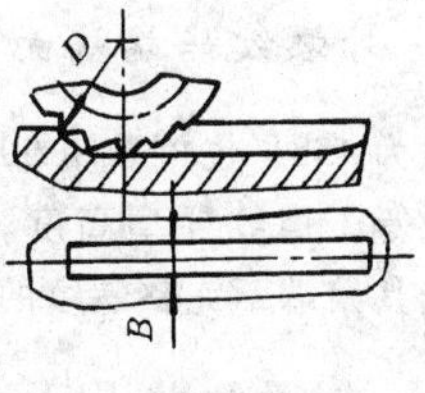	键公称尺寸 $B\times d$	铣刀 D	键公称尺寸 $B\times d$	铣刀 D	键公称尺寸 $B\times d$	铣刀 D
		1×4	4.25	3×16	16.9	6×22	23.20
		1.5×7	7.40	4×16		6×25	26.50
		2×7		5×16		8×28	29.70
		2×10	10.60	4×19	20.10	10×32	33.90
		2.5×10		5×19			
		3×13	13.80	5×22	23.20		

注：d 是铣削键槽时键槽弧形部分的直径。

2.17 普通螺纹收尾、肩距、退刀槽和倒角（摘自 GB/T3—1997）

2.17.1 外螺纹收尾和肩距的型式与尺寸（见表4.10-33）

螺纹收尾的牙底圆弧半径不应小于对完整螺纹所规定的最小牙底圆弧半径。

表4.10-33 外螺纹的收尾和肩距

（mm）

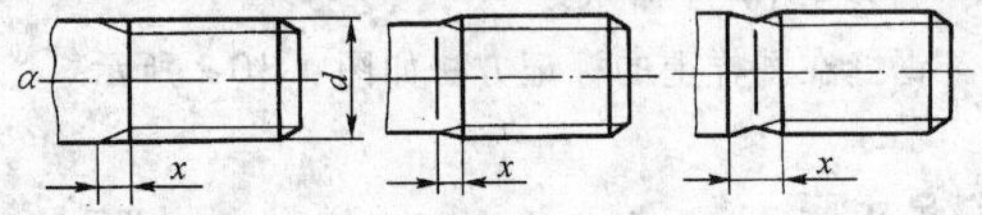

a) 收尾

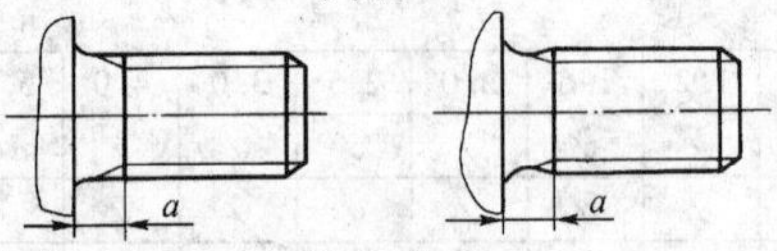

b)（肩距）

螺距 P	收尾 x max		肩距 a max		
	一般	短的	一般	长的	短的
0.2	0.5	0.25	0.6	0.8	0.4
0.25	0.6	0.3	0.75	1	0.5
0.3	0.75	0.4	0.9	1.2	0.6
0.35	0.9	0.45	1.05	1.4	0.7
0.4	1	0.5	1.2	1.6	0.8
0.45	1.1	0.6	1.35	1.8	0.9
0.5	1.25	0.7	1.5	2	1
0.6	1.5	0.75	1.8	2.4	1.2
0.7	1.75	0.9	2.1	2.8	1.4
0.75	1.9	1	2.25	3	1.5
0.8	2	1	2.4	3.2	1.6
1	2.5	1.25	3	4	2
1.25	3.2	1.5	4	5	2.5
1.5	3.8	1.9	4.5	6	3
1.75	4.3	2.2	5.3	7	3.5
2	5	2.5	6	8	4
2.5	6.3	3.2	7.5	10	5
3	7.5	3.8	9	12	6
3.5	9	4.5	10.5	14	7
4	10	5	12	16	8
4.5	11	5.5	13.5	18	9
5	12.5	6.3	15	20	10
5.5	14	7	16.5	22	11
6	15	7.5	18	24	12
参考值	≈2.5P	≈1.25P	≈3P	=4P	=2P

注：应优先选用"一般"长度的收尾和肩距；"短"收尾和"短"肩距仅用于结构受限制的螺纹件上；产品等级为B或C级的螺纹紧固件可采用"长"肩距。

2.17.2 外螺纹退刀槽的型式与尺寸（见表4.10-34）

过渡角（α）不应小于30°。

表4.10-34 外螺纹的退刀槽（mm）

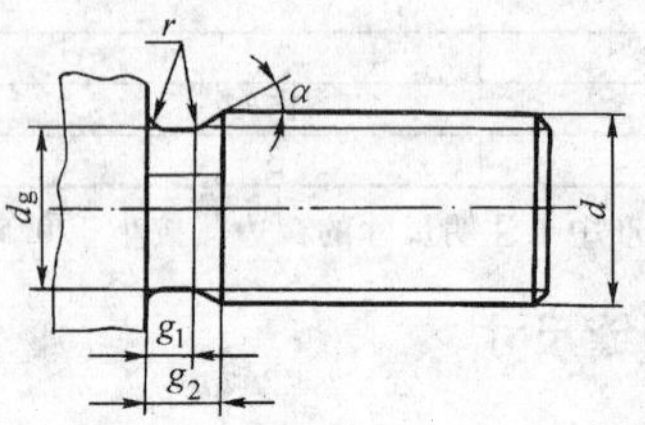

螺距 P	g_2 max	g_1 min	d_g	r ≈
0.25	0.75	0.4	d-0.4	0.12
0.3	0.9	0.5	d-0.5	0.16
0.35	1.05	0.6	d-0.6	0.16
0.4	1.2	0.6	d-0.7	0.2
0.45	1.35	0.7	d-0.7	0.2
0.5	1.5	0.8	d-0.8	0.2
0.6	1.8	0.9	d-1	0.4
0.7	2.1	1.1	d-1.1	0.4
0.75	2.25	1.2	d-1.2	0.4
0.8	2.4	1.3	d-1.3	0.4
1	3	1.6	d-1.6	0.6
1.25	3.75	2	d-2	0.6
1.5	4.5	2.5	d-2.3	0.8
1.75	5.25	3	d-2.6	1
2	6	3.4	d-3	1
2.5	7.5	4.4	d-3.6	1.2
3	9	5.2	d-4.4	1.6
3.5	10.5	6.2	d-5	1.6
4	12	7	d-5.7	2
4.5	13.5	8	d-6.4	2.5
5	15	9	d-7	2.5
5.5	17.5	11	d-7.7	3.2
6	18	11	d-8.3	3.2
参考值	≈3P	—	—	—

注：1. d为螺纹公称直径代号。

2. d_g公差为：h13（$d>3$mm）；

h12（$d \leqslant 3$mm）。

2.17.3 外螺纹始端端面的倒角

一般为45°，也可采用60°或30°倒角；倒角深度应大于或等于螺纹牙型高度。对搓（滚）丝加工的外螺纹，其始端不完整螺纹的轴向长度不能大于2P。

2.17.4 内螺纹收尾和肩距的型式与尺寸（见表4.10-35）

表 4. 10-35　内螺纹收尾和肩距（mm）

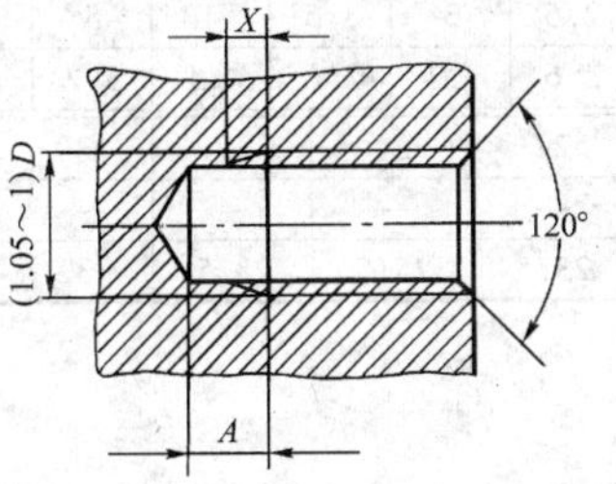

螺距 P	收尾 X max 一般	收尾 X max 短的	肩距 A 一般	肩距 A 长的
0. 2	0. 8	0. 4	1. 2	1. 6
0. 25	1	0. 5	1. 5	2
0. 3	1. 2	0. 6	1. 8	2. 4
0. 35	1. 4	0. 7	2. 2	2. 8
0. 4	1. 6	0. 8	2. 5	3. 2
0. 45	1. 8	0. 9	2. 8	3. 6
0. 5	2	1	3	4
0. 6	2. 4	1. 2	3. 2	4. 8
0. 7	2. 8	1. 4	3. 5	5. 6
0. 75	3	1. 5	3. 8	6
0. 8	3. 2	1. 6	4	6. 4
1	4	2	5	8
1. 25	5	2. 5	6	10
1. 5	6	3	7	12
1. 75	7	3. 5	9	14
2	8	4	10	16
2. 5	10	5	12	18
3	12	6	14	22
3. 5	14	7	16	24
4	16	8	18	26
4. 5	18	9	21	29
5	20	10	23	32
5. 5	22	11	25	35
6*	24	12	28	38
参考值	$=4P$	$=2P$	$\approx 6\sim5P$	$\approx 8\sim6.5P$

注：应优先选用“一般”长度的收尾和肩距；容屑需要较大空间时可选用“长”肩距，结构限制时可选用“短”收尾。

2. 17. 5　内螺纹退刀槽型式与尺寸（见表 4. 10-36）

表 4. 10-36　内螺纹的退刀槽（mm）

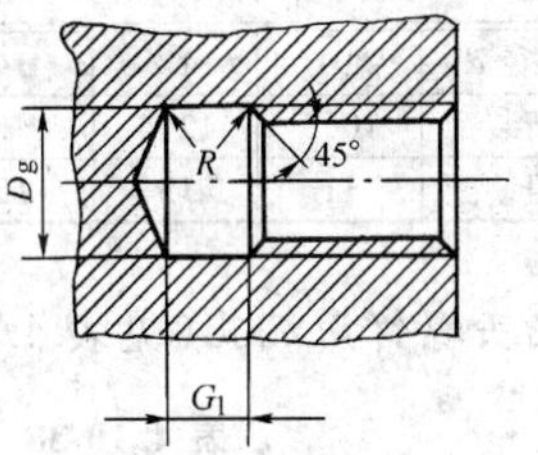

螺距 P	G_1 一般	G_1 短的	D_g	R ≈
0. 5	2	1	$D+0.3$	0. 2
0. 6	2. 4	1. 2		0. 3
0. 7	2. 8	1. 4		0. 4
0. 75	3	1. 5		0. 4
0. 8	3. 2	1. 6		0. 4
1	4	2	$D+0.5$	0. 5
1. 25	5	2. 5		0. 6
1. 5	6	3		0. 8
1. 75	7	3. 5		0. 9
2	8	4		1
2. 5	10	5		1. 2
3	12	6		1. 5
3. 5	14	7		1. 8
4	16	8		2
4. 5	18	9		2. 2
5	20	10		2. 5
5. 5	22	11		2. 8
6	24	12		3
参考值	$=4P$	$=2P$	—	$\approx 0.5P$

注：1. “短”退刀槽仅在结构受限制时采用。

2. D_g 公差为 H13。

3. D 为螺纹公称直径代号。

2. 17. 6　内螺纹入口端面的倒角

一般为 120°，也可采用 90°倒角；端面倒角直径为（1. 05～1）D。

2. 18　紧固件用孔

2. 18. 1　铆钉用通孔（见表 4. 10-37）

表 4. 10-37　铆钉用通孔（摘自 GB/T 152. 1—1988）　（mm）

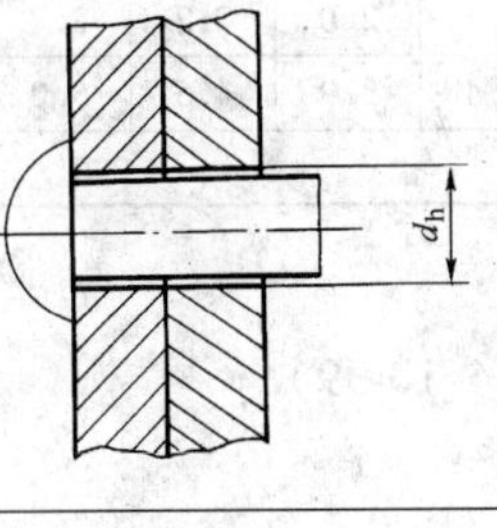

（续）

铆钉公称直径 d	0.6	0.7	0.8	1	1.2	1.4	1.6	2	2.5	3	3.5	4	5	6	8
d_h 精装配	0.7	0.8	0.9	1.1	1.3	1.5	1.7	2.1	2.6	3.1	3.6	4.1	5.2	6.2	8.2

铆钉公称直径 d		10	12	14	16	18	20	22	24	27	30	36
d_h	精装配	10.3	12.4	14.5	16.5	—	—	—	—	—	—	—
	粗装配	11	13	15	17	19	21.5	23.5	25.5	28.5	32	38

2.18.2　沉头螺钉用沉孔（见表4.10-38）

表4.10-38　沉头螺钉用沉孔（摘自GB/T 152.2—1988）　　（mm）

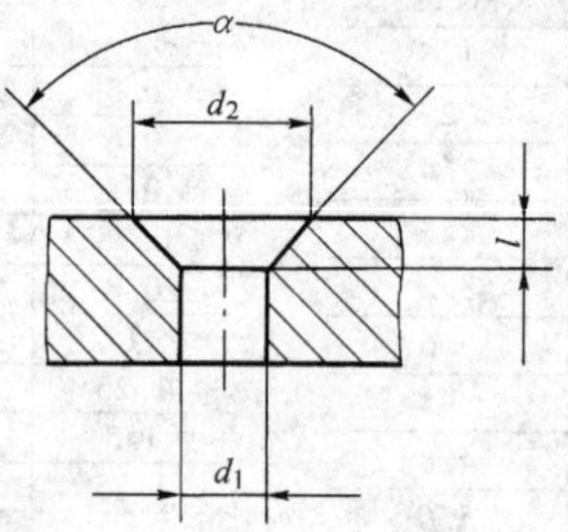

表(1)适用于沉头螺钉及半沉头螺钉用的沉孔尺寸

螺纹规格	M1.6	M2	M2.5	M3	M3.5	M4	M5	M6	M8	M10	M12	M14	M16	M20
d_2	3.7	4.5	5.6	6.4	8.4	9.6	10.6	12.8	17.6	20.3	24.4	28.4	32.4	40.0
$t\approx$	1	1.2	1.5	1.6	2.4	2.7	2.7	3.3	4.6	5.0	6.0	7.0	8.0	10.0
d_1	1.8	2.4	2.9	3.4	3.9	4.5	5.5	6.6	9	11	13.5	15.5	17.5	22
α	$90^{\circ}{}^{-2^{\circ}}_{-4^{\circ}}$													

注：尺寸 d_1 和 d_2 的公差带均为H13。

表(2)适用于沉头自攻螺钉及半沉头自攻螺钉用的沉孔尺寸

螺钉规格	ST2.2	ST2.9	ST3.5	ST4.2	ST4.8	ST5.5	ST6.3	ST8	ST9.5
d_2	4.4	6.3	8.2	9.4	10.4	11.5	12.6	17.3	20
$t\approx$	1.1	1.7	2.4	2.6	2.8	3.0	3.2	4.6	5.2
d_1	2.4	3.1	3.7	4.5	5.1	5.8	6.7	8.4	10
α	$90^{\circ}{}^{-2^{\circ}}_{-4^{\circ}}$								

注：尺寸 d_1 和 d_2 的公差带均为H12。

表(3)适用于沉头木螺钉及半沉头木螺钉用的沉孔尺寸

公称规格	1.6	2	2.5	3	3.5	4	4.5	5	5.5	6	7	8	10
d_2	3.7	4.5	5.4	6.6	7.7	8.6	10.1	11.2	12.1	13.2	15.3	17.3	21.9
$t\approx$	1.0	1.2	1.4	1.7	2.0	2.2	2.7	3.0	3.2	3.5	4.0	4.5	5.8
d_1	1.8	2.4	2.9	3.4	3.9	4.5	5.0	5.5	6.0	6.6	7.6	9.0	11.0
α	$90^{\circ}{}^{-2^{\circ}}_{-4^{\circ}}$												

注：尺寸 d_1 和 d_2 的公差带均为H13。

2.18.3　紧固件用圆柱头沉孔（见表4.10-39）

表 4.10-39　圆柱头沉孔(摘自 GB/T 152.3—1988)　(mm)

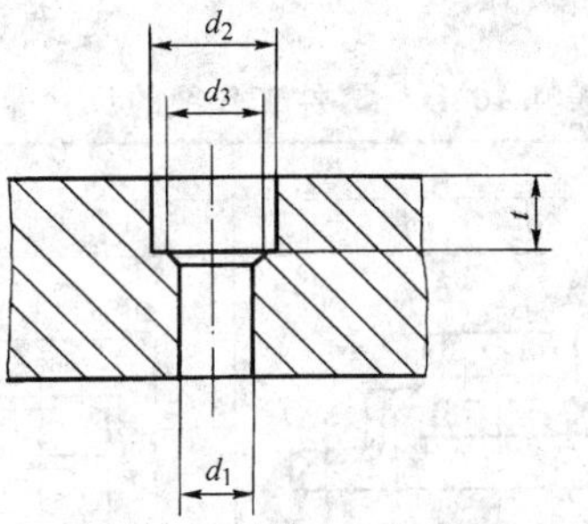

表(1)适用于 GB/T70.1—2000《内六角圆柱头螺钉》用的圆柱头沉孔尺寸

螺纹规格	M1.6	M2	M2.5	M3	M4	M5	M6	M8	M10	M12	M14	M16	M20	M24	M30	M36
d_2	3.3	4.3	5.0	6.0	8.0	10.0	11.0	15.0	18.0	20.0	24.0	26.0	33.0	40.0	48.0	57.0
l	1.8	2.3	2.9	3.4	4.6	5.7	6.8	9.0	11.0	13.0	15.0	17.5	21.5	25.5	32.0	38.0
d_3	—	—	—	—	—	—	—	—	—	16	18	20	24	28	36	42
d_1	1.8	2.4	2.9	3.4	4.5	5.5	6.6	9.0	11.0	13.5	15.5	17.5	22.0	26.0	33.0	39.0

表(2)适用于 GB/T6190、6191—1986《内六角花形圆柱头螺钉》及 GB/T65—2000《开槽圆柱头螺钉用》的圆柱头沉孔尺寸

螺纹规格	M4	M5	M6	M8	M10	M12	M14	M16	M20
d_2	8	10	11	15	18	20	24	26	33
t	3.2	4.0	4.7	6.0	7.0	8.0	9.0	10.5	12.5
d_2	—	—	—	—	—	16	18	20	24
d_1	4.5	5.5	6.6	9.0	11.0	13.5	15.5	17.5	22.0

注:尺寸 d_1、d_2 和 t 的公差带均为 H13。

2.18.4　六角头螺栓和六角螺母用沉孔(见表 4.10-40)

表 4.10-40　六角头螺栓和六角螺母用的沉孔尺寸(摘自 GB/T 152.4—1988)　(mm)

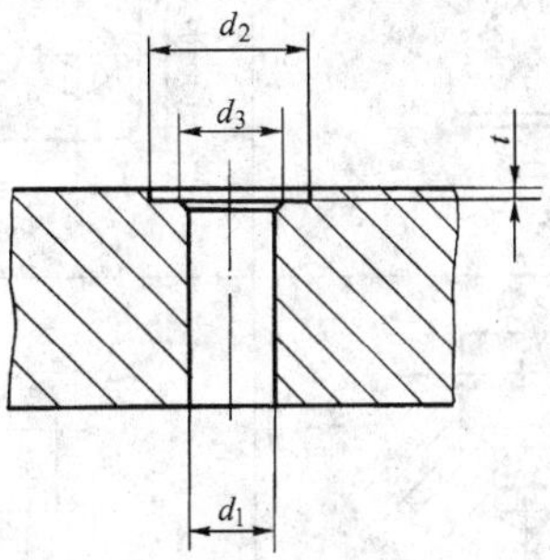

螺纹规格	M1.6	M2	M2.5	M3	M4	M5	M6	M8	M10	M12	M14	M16	M18	M20
d_2	5	6	8	9	10	11	13	18	22	26	30	33	36	40
d_3	—	—	—	—	—	—	—	—	—	16	18	20	22	24
d_1	1.8	2.4	2.9	3.4	4.5	5.5	6.6	9.0	11.0	13.5	15.5	17.5	20.0	22.0
螺纹规格	M22	M24	M27	M30	M33	M36	M39	M42	M45	M48	M52	M56	M60	M64
d_2	43	48	53	61	66	71	76	82	89	98	107	112	118	125
d_3	26	28	33	36	39	42	45	48	51	56	60	68	72	76
d_1	24	26	30	33	36	39	42	45	48	52	56	62	66	70

注:1. 对尺寸 t,只要能制出与通孔轴线垂直的圆平面即可。

2. 尺寸 d_1 的公差带为 H13;尺寸 d_2 的公差带为 H15。

3　切削加工件的结构设计工艺性

3.1　零件工作图的尺寸标注应适应加工工艺要求（见表4.10-41）

表4.10-41　零件工作图的尺寸标注

序号	注意事项	图例 改进前	图例 改进后	说明
1	加工面与毛坯面的关联尺寸原则上在一个坐标方向，只应当标注一个（当多于一个时，应注明哪一个是划线基准）	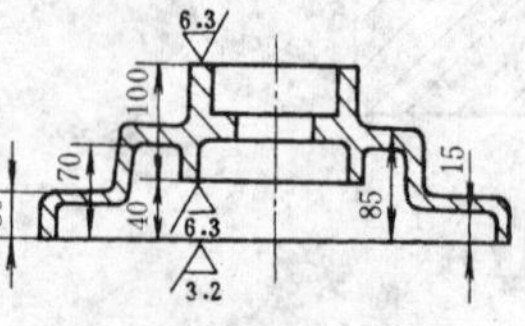	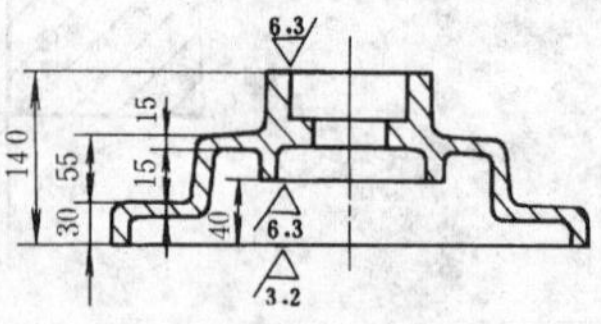	毛坯面本身的尺寸误差大，一个加工面难以同时满足几个毛坯面的尺寸关系
2	零件图上的尺寸、公差、表面粗糙度、技术要求等，尽可能集中标注	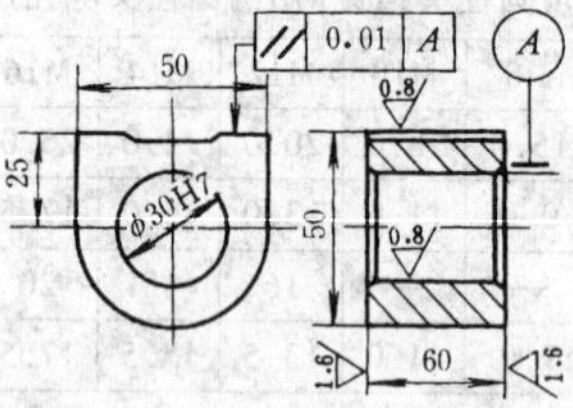	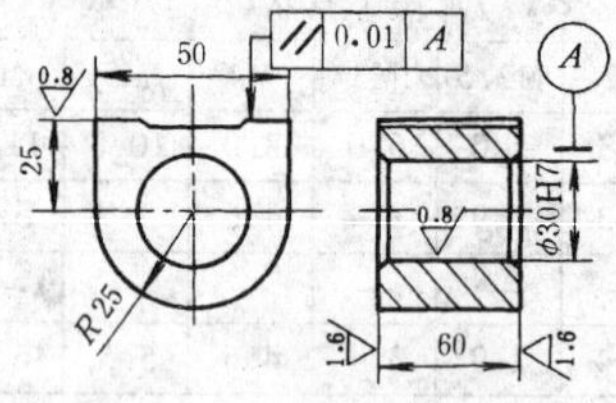	看图方便、清楚、避免加工时出差错
3	尺寸标注应考虑到加工顺序	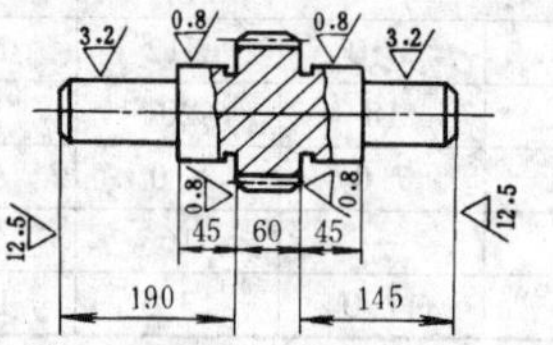	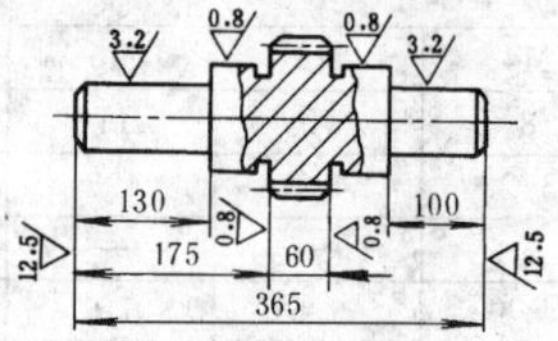	左图是从精磨的齿轮端面起注尺寸，而此面是最后加工的，应按右图从车削端面起标注为好（有特殊要求者例外）
4	尺寸标注应满足加工时的实际要求	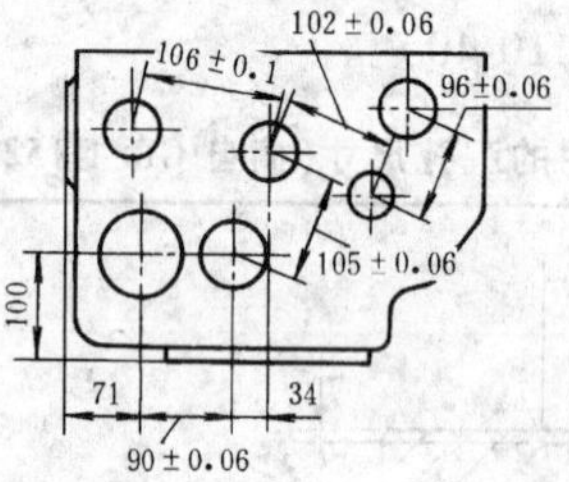	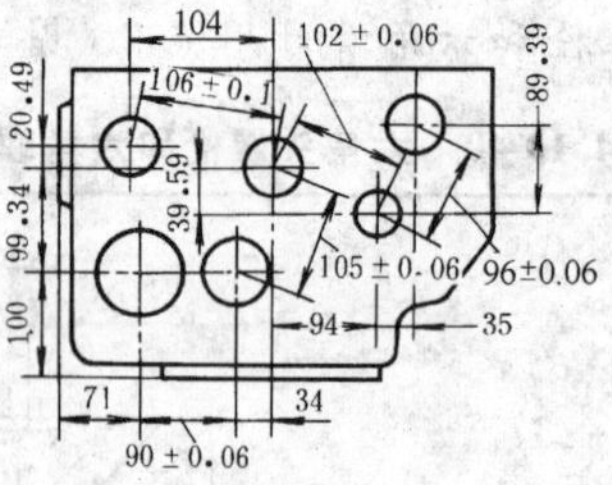	箱体孔不仅要注出孔距测量尺寸，而且要注出加工时所需的坐标尺寸
5	尺寸标注应考虑检验和测量方便	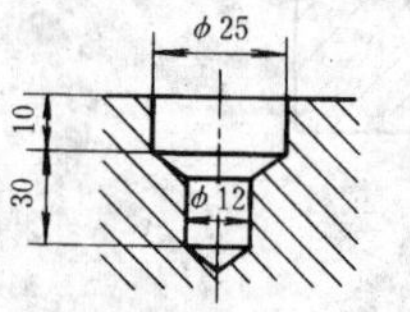	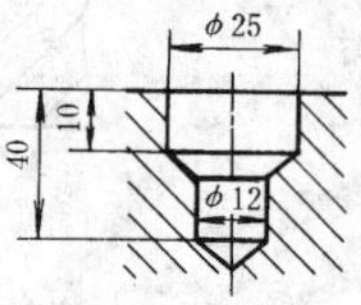	分别注出不同直径的钻削深度，便于测量
6	选择合理的尺寸封闭环	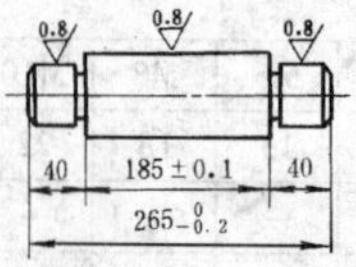	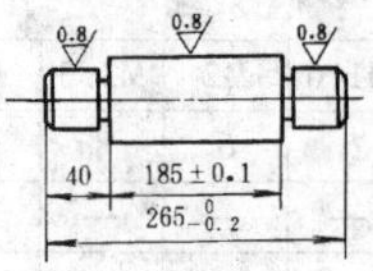	左图未留尺寸封闭环
		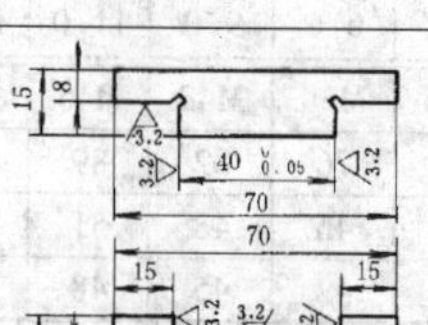	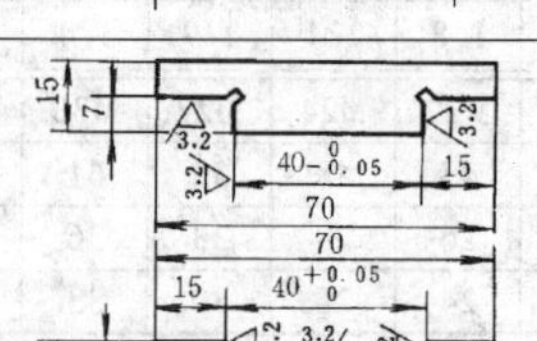	封闭环应留在非主要尺寸上

3.2　零件应有安装和夹紧的基面（见表 4.10-42）

表 4.10-42　零件安装和夹紧的基面

序号	注意事项	图例 改进前	图例 改进后	说明
1	设计基面与工艺基面尽可能一致	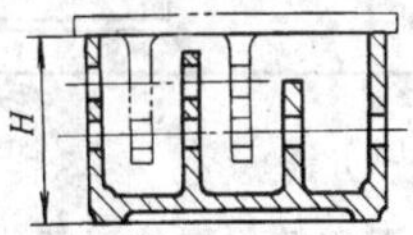	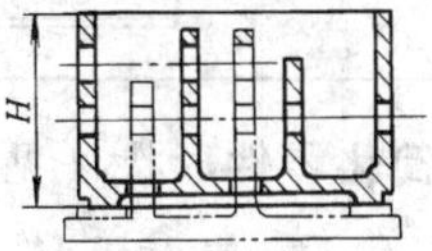	镗杆支承吊架装在箱体上平面时，尺寸 H 要求严格，若改到下平面，与安装基面一致，H 可为自由尺寸
2	不规则外形应设置工艺凸台（此凸台尽可能布置在装夹压力的作用线上）	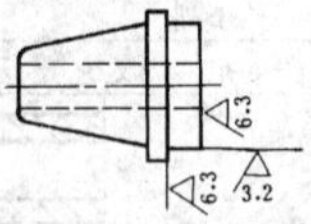	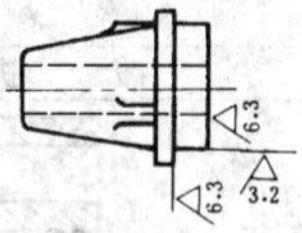	锥形零件应作出装夹工艺面
		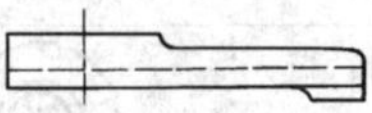	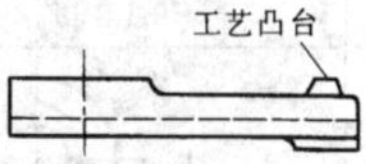	车床小刀架作出工艺凸台，以便加工下部燕尾导轨面
		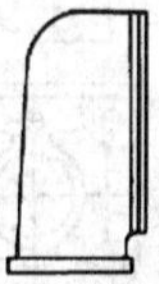		为加工立柱导轨面，在斜面上设置工艺凸台
3	大件、沉重刮研件和长轴，应考虑工艺吊装位置	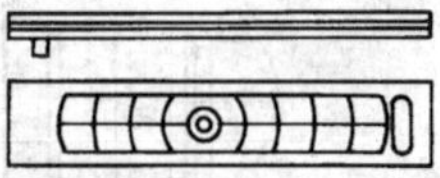	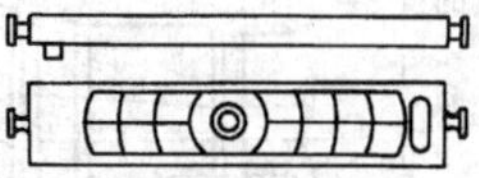	大件、沉重刮研件设置吊装凸耳（或专设吊装孔、吊装螺孔等），以便于加工、刮研、吊运、装配和维修
		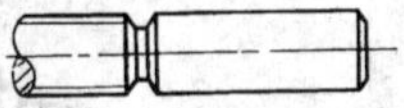	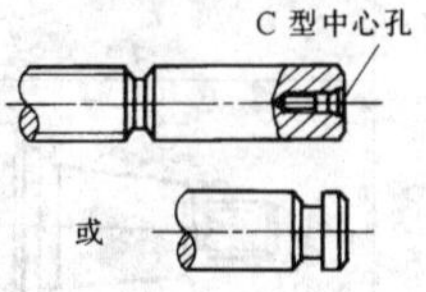	长轴一端设置吊挂螺孔或吊挂环，以便于吊运、热处理和保管

3.3　减少装夹和进给次数（见表 4.10-43）

表 4.10-43　减少装夹和走刀次数

序号	注意事项	图例 改进前	图例 改进后	说明
1	力求加工面布置在同一平面上	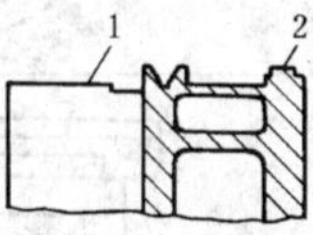	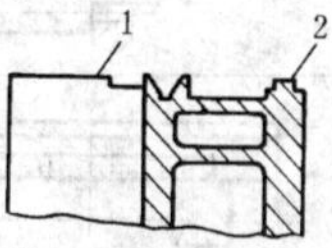	将 1 和 2 面布置在同一平面上，可以一次走刀加工，缩减加工时间，保证加工面的相对位置精度
2	尽可能避免倾斜的加工面	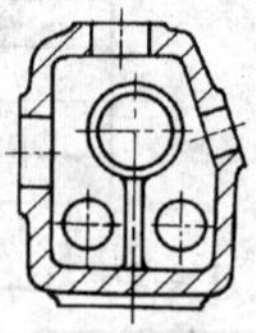	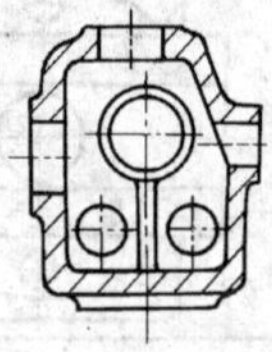	减少装夹和机床调整时间

（续）

序号	注意事项	图例 改进前	图例 改进后	说明
3	尽可能避免大件的端面加工	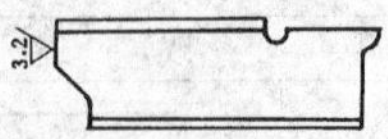	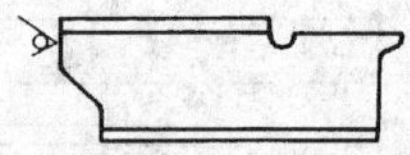	当大件长度超过龙门刨加工宽度时，需落地镗或专用设备，而且装夹费时

3.4 减少加工面积，简化零件形状（见表4.10-44）

表4.10-44　减少加工面积简化零件形状

序号	注意事项	图例 改进前	图例 改进后	说明
1	减少大面积的加工面	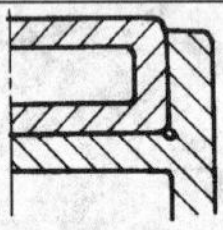	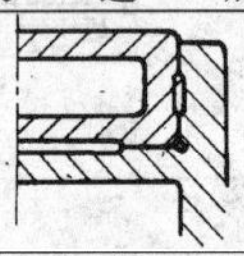	把相配的接触面改成环形带
		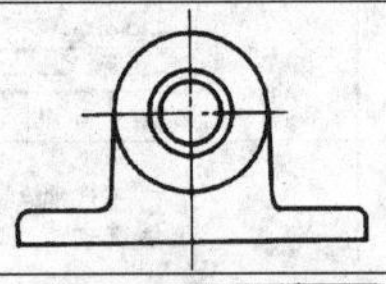	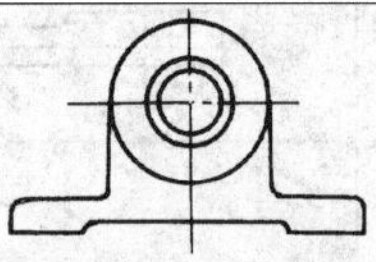	整个支承面改成部分支承面
		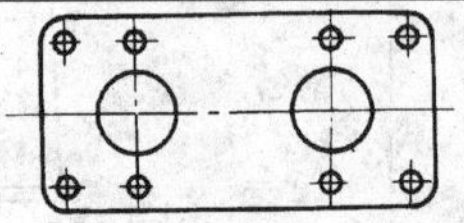	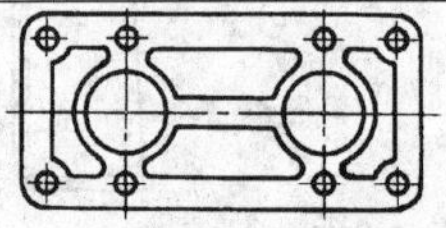	减少大面积的磨削加工面
2	减少轴类零件的阶梯差	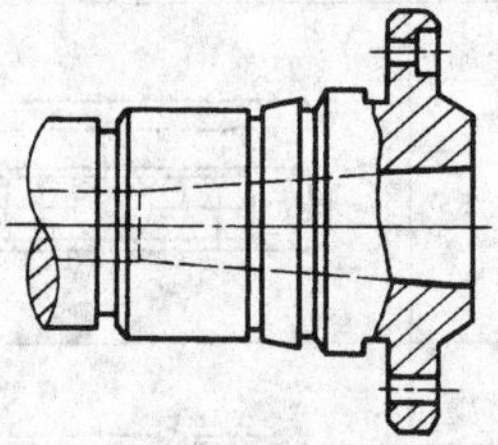	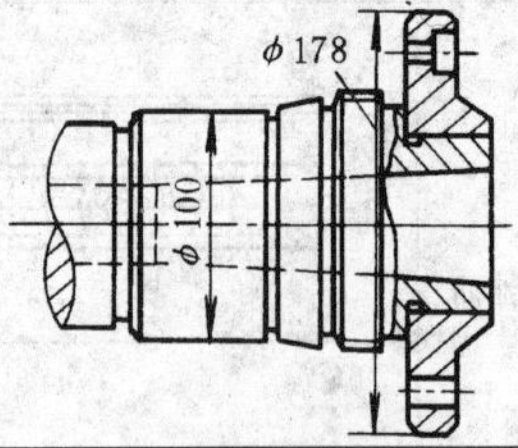	某些车床主轴以热压组合零件代替大台阶整体零件（在成批生产中可采用模锻）
		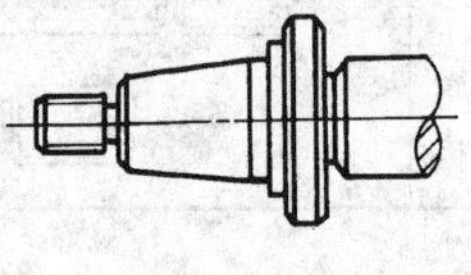	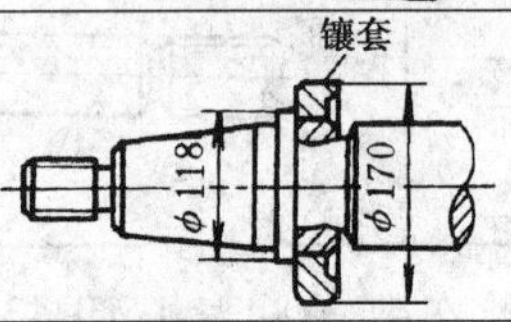	某些磨床主轴以镶套零件代替凸台
3	采用无切削加工	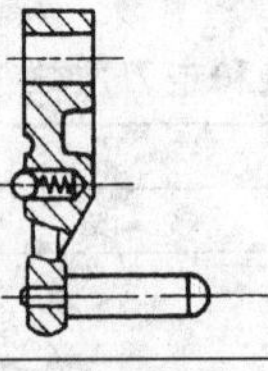	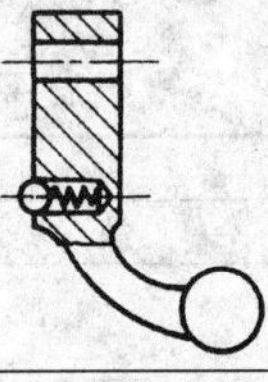	以精铸手柄代替加工件手柄，无需加工，且外形美观
4	简化工艺复杂的结构	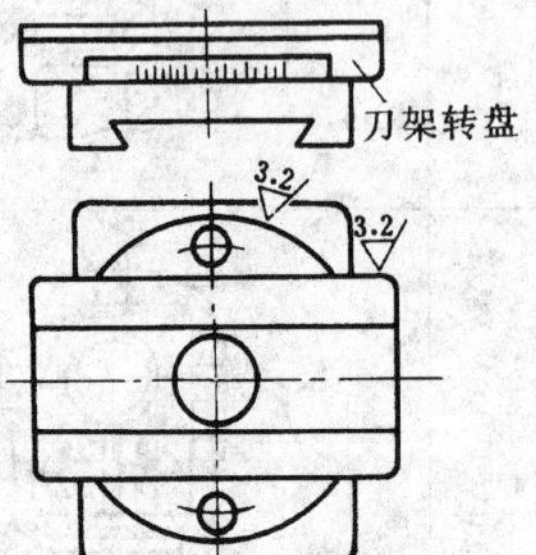	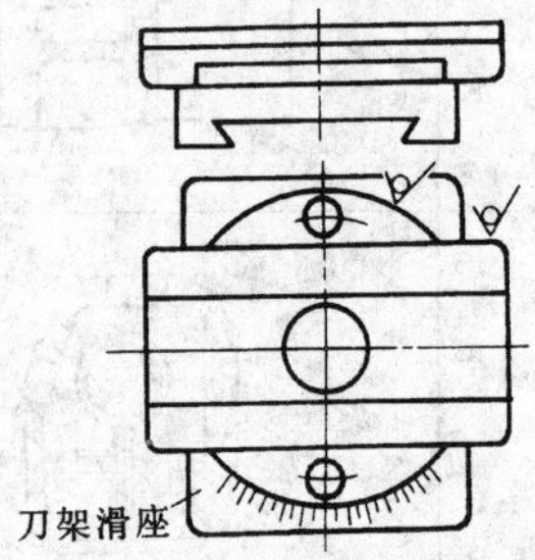	在刀架转盘圆柱面上刻度，四周要进行复杂加工，改在刀架滑座水平面上刻度后，工艺性得到改善

3.5　尽可能避免内凹表面及内表面的加工（见表 4.10-45）

表 4.10-45　避免内凹表面及内表面的加工

序号	注意事项	图例 改进前	图例 改进后	说明
1	避免把加工平面布置在低凹处	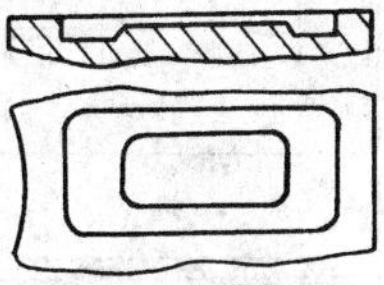	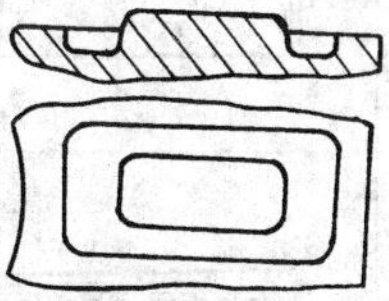	改进后可采用高效率加工方法（结构有特殊要求者例外）
2	避免在加工平面中间设置凸台	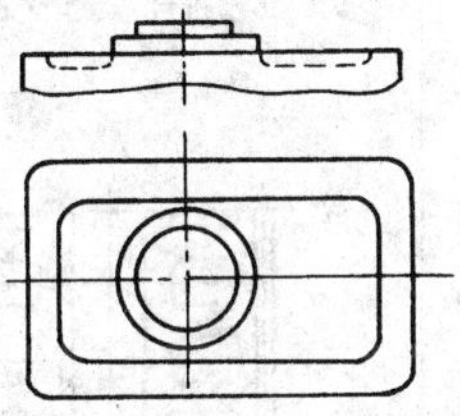	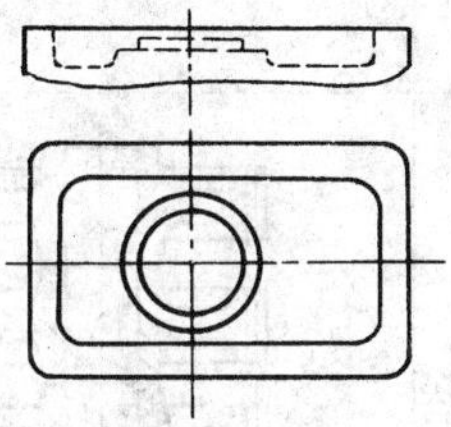	改进后可采用高效率加工方法（结构有特殊要求者例外）
3	避免箱体孔的内端面加工	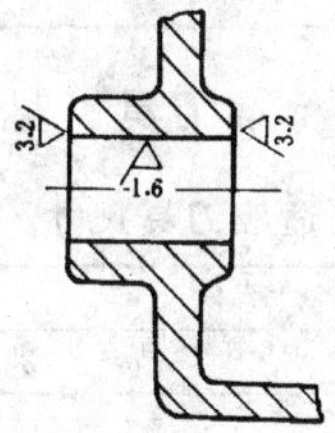	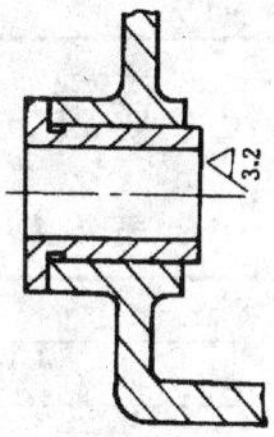	箱体孔的内端面加工比较困难，可用镶套零件代替
4	精加工孔尽可能做成通孔	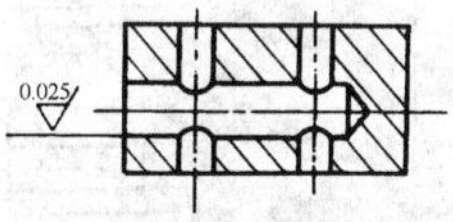	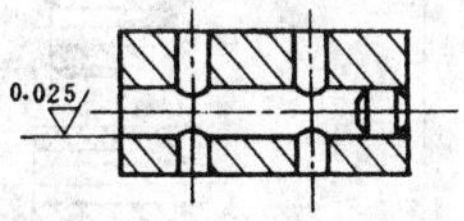	研磨孔做成通孔，改善了加工条件，较易保证加工精度，也便于测量
5	以外表面加工代替内表面加工	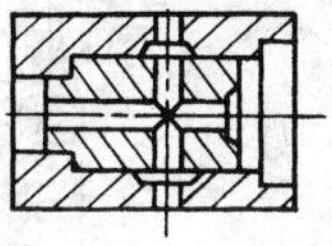	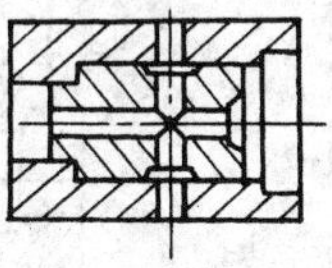	将配合孔内的内沟槽改为轴上的外沟槽，加工方便
6	设置必要的工艺孔	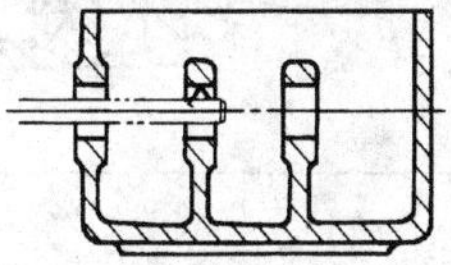	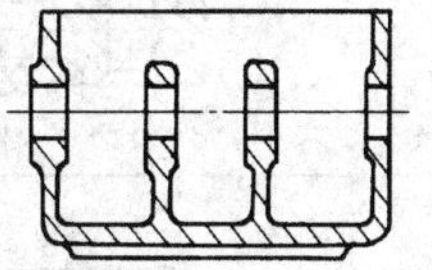	左图右壁未设工艺孔，镗内孔时要配作镗杆支承套，不便加工；设工艺孔后，可在箱体外支承镗杆，改善了加工条件
7	进行合适的组合，减少内凹面的加工	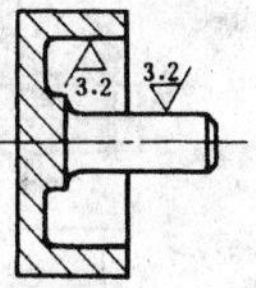	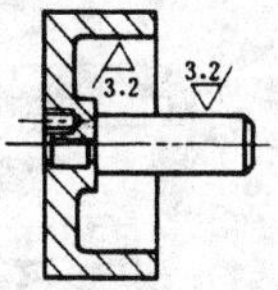	将难加工的内表面改在单独零件上，改善了加工条件，并可提高加工质量

3.6　保证零件加工时的必要的刚性（见表 4.10-46）

表 4.10-46　保证零件加工时必要的刚性

序号	注意事项	图例 改进前	图例 改进后	说明
1	增设必要的加强肋	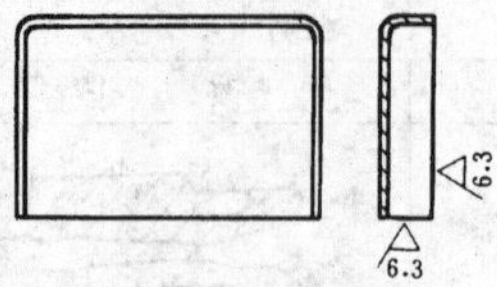	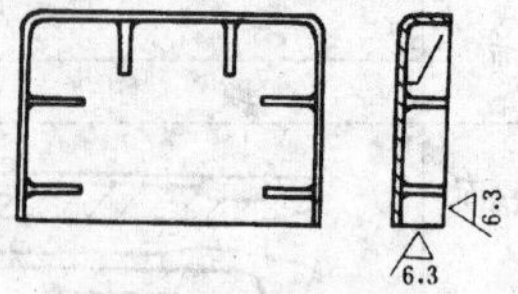	较大面积的薄壁零件，刚性不好，应增设必要的加强肋
2	设置支承用工艺凸台	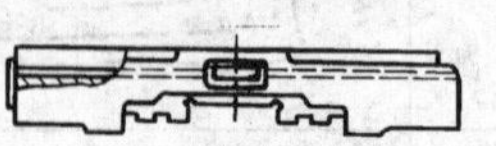	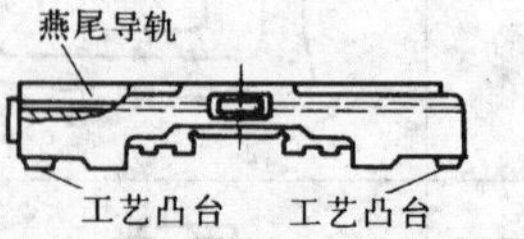	铣床工作台底座支承面积小，加工小平面及燕尾导轨时，振动大，增设工艺凸台后，提高了刚性，并使装夹容易
3	零件形状适应加工方法	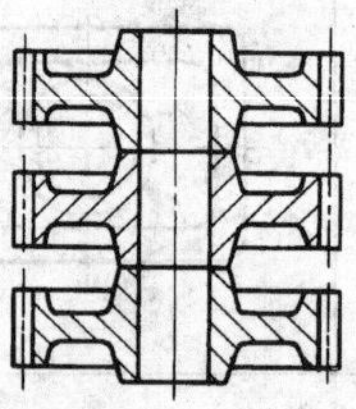	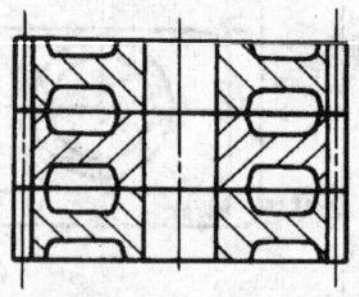	在可能情况下，改为右图，可提高加工时的刚性

3.7　零件结构要适应刀具尺寸要求，并尽可能采用标准刀具（见表 4.10-47）

表 4.10-47　零件结构要适应刀具尺寸

序号	注意事项	图例 改进前	图例 改进后	说明
1	应考虑刀具退出时所需的退刀槽	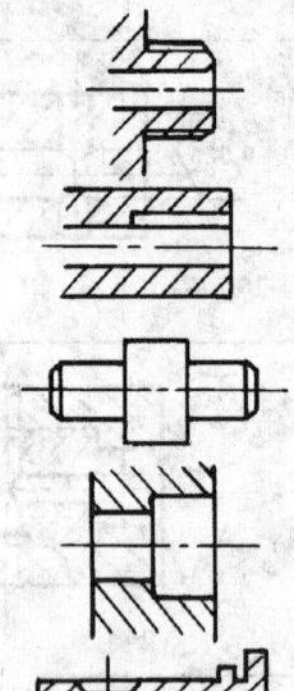	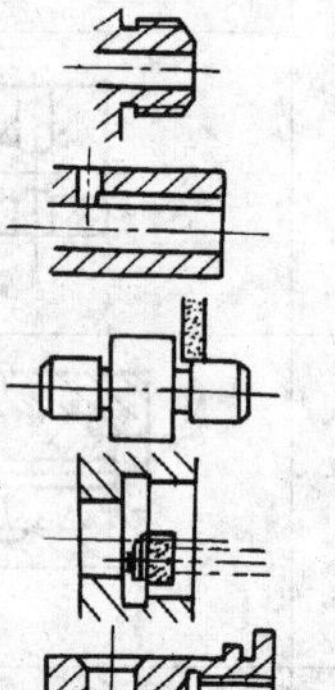	1. 保证刀具能自由退刀 2. 避免刀具损坏和过早磨损 3. 提高加工质量 4. 避免设备事故
2	当尺寸差别不大时，零件各结构要素，如沟、槽、孔、窝等，应尽可能一致	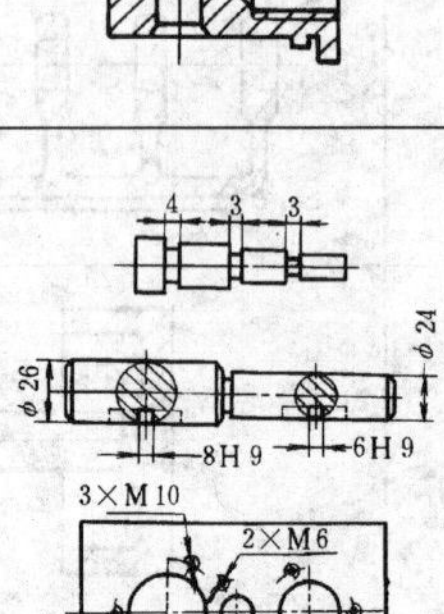	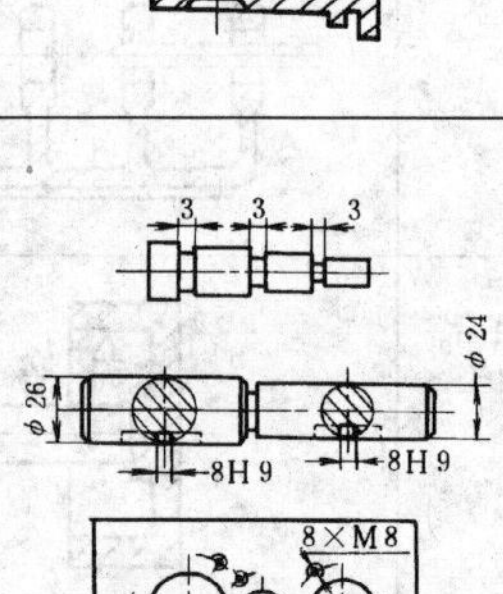	1. 减少刀具种类 2. 减少更换刀具等辅助时间

（续）

序号	注 意 事 项	图例 改 进 前	图例 改 进 后	说　明
3	应考虑刀具能正常地进刀和退刀	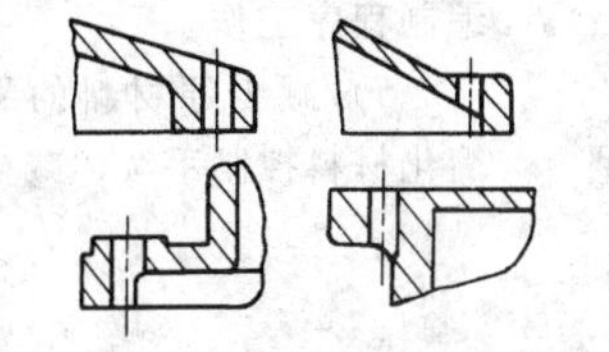	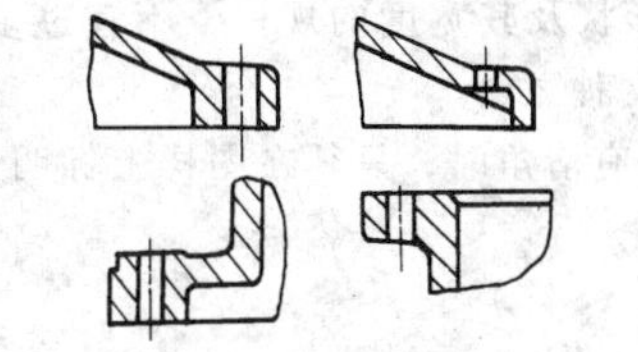	尽可能避免在斜面上钻孔和钻不完整孔，以防止刀具损坏和提高加工精度及切削用量
		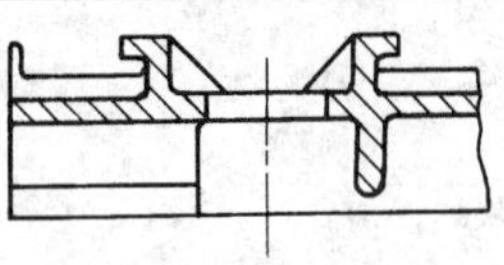	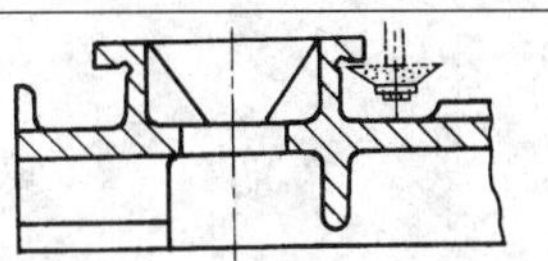	应保证砂轮自由退出和加工的空间
4	尽可能采用标准刀具	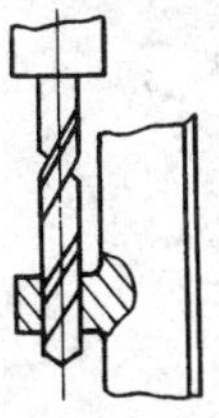	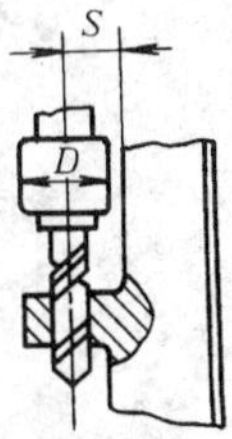	尽量不采用接长钻头等非标准刀具

4　自动化生产对零件结构设计工艺性的要求（见表 4.10-48）

表 4.10-48　自动化生产对零件结构工艺性要求

序号	注 意 事 项	图例 改 进 前	图例 改 进 后	说　明
1	薄壁平构件的结构要满足输送要求，构件应能互相接触而不阻碍移送	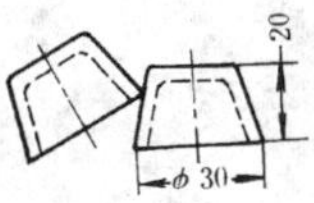	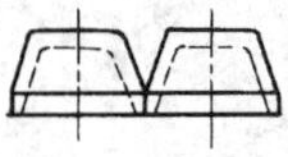	左图锥部极易相互重叠而发生堵塞；改进后把构件下部设计成圆柱形，可以防止构件重叠及堵塞
2	平薄小，不规则等构件必须以固定位置输送给下道工序	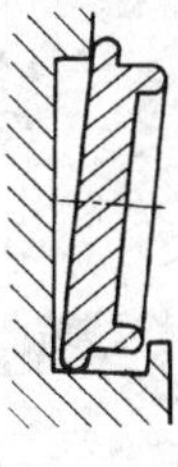	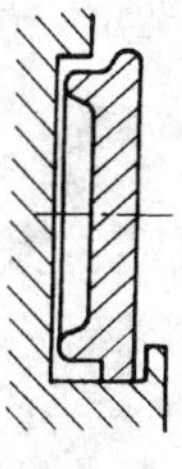	左图输送位置不正确，右图构件处于正确输送位置
3	零件形状应便于装卸运输	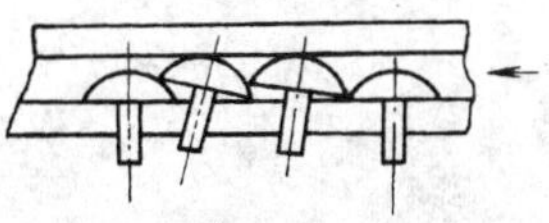	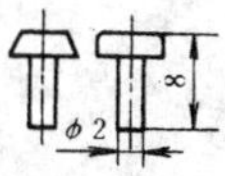	圆柱头铆钉比圆头铆钉易于装卸、装配
4	加工表面应设计在一个水平面上	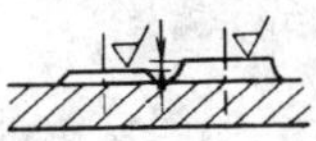	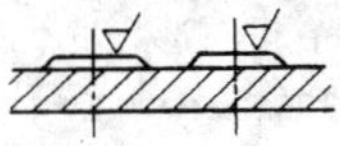	右图加工可一次完成，左图则需两次完成

在数控机床上加工零件时对结构的要求：

1）零件上的孔径和螺纹规格不宜过多，尽量减少刀具更换次数。

2）沉割槽的形状及其宽度的规格，不宜过多；最好限制在一种或两种之内。

3）零件不允许有清角时，只须在图样上标明倒角或倒圆即可，而不要标具体尺寸，因为通常在数控机床上，装有自动倒角装置。

4）应尽量使加工表面处于同一平面上，以简化编制程序工作。

5）减少原材料的品种规格，以节省储料空间，简化材料控制手续，减少更换夹头次数。

第11章　零部件的装配和维修工艺性

1　一般装配对零部件结构设计工艺性的要求

1.1　组成单独的部件或装配单元（见表4.11-1）

1.2　应具有合适的装配基面（见表4.11-2）

1.3　结合工艺特点考虑结构的合理性（见表4.11-3）

1.4　考虑装配的方便性（见表4.11-4）

1.5　考虑拆卸的方便性（见表4.11-5）

1.6　考虑修配的方便性（见表4.11-6）

1.7　选择合理的调整补偿环（见表4.11-7）

1.8　减少修整外观的工作量（见表4.11-8）

表4.11-1　组成单独的部件或装配单元

序号	注意事项	图例 改进前	图例 改进后	说明
1	尽可能组成单独的箱体或部件	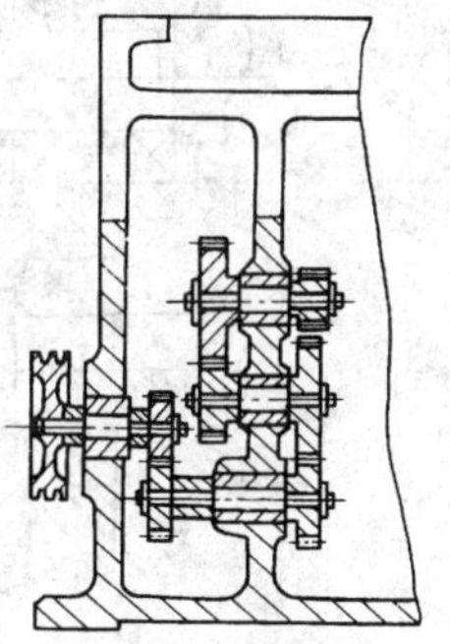	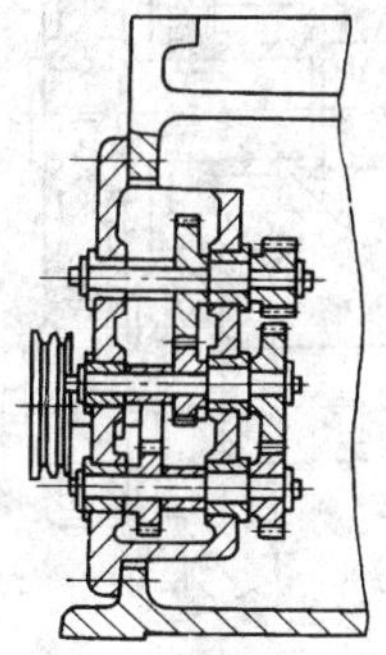	将传动齿轮组成单独的齿轮箱，以便分别装配，提高工效，便于维修
2	将部件分成若干装配单元，以便组装	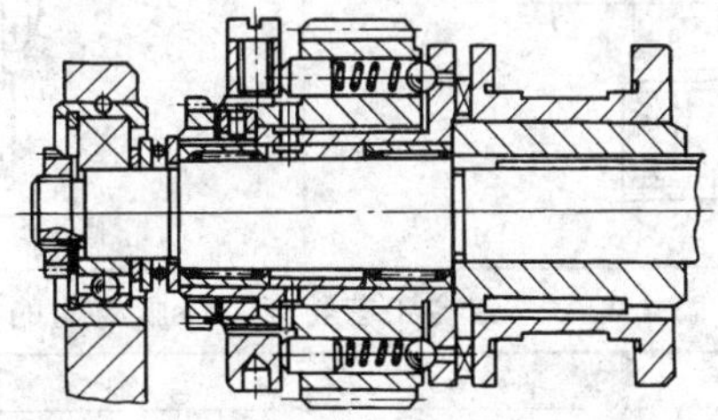		轴上的安全离合器等件可以分别单独装配，然后组装
3	同一轴上的零件，尽可能考虑能从箱体一端成套装卸	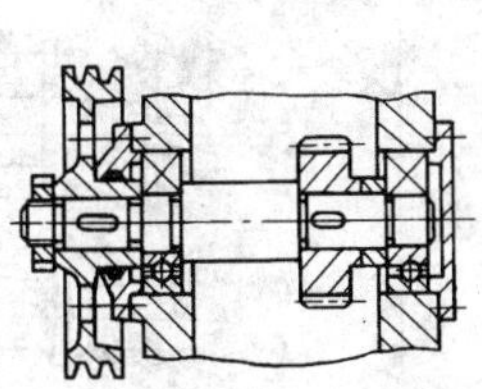	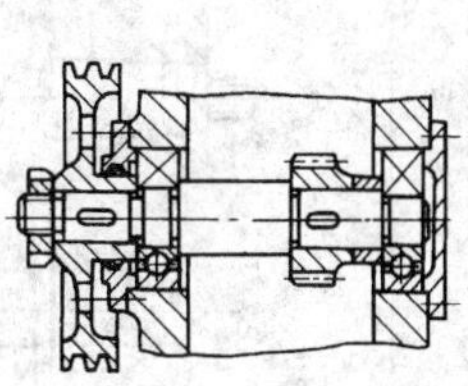	左图轴上齿轮大于轴承孔，需在箱内装配；改进后，轴上零件可在组装后一次装入箱体内

表 4.11-2　应具有合适的装配基面

序号	注意事项	图例		说明
		改进前	改进后	
1	零件装配位置不应是游动的，而应有定位基面	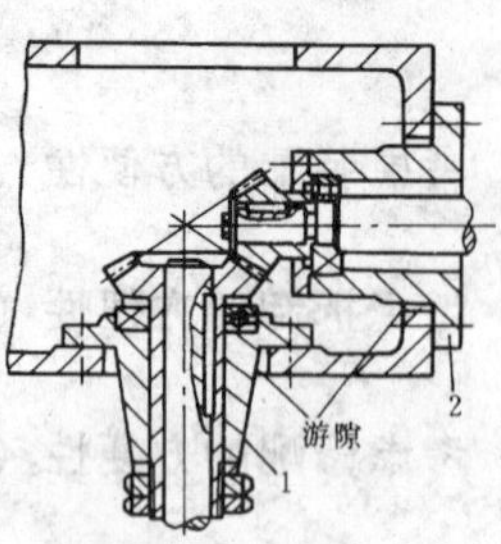	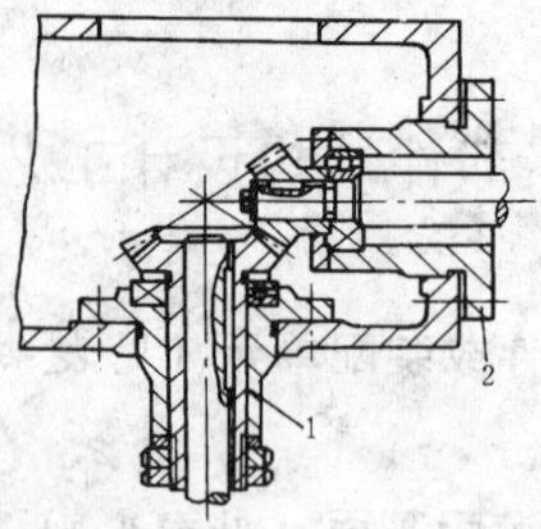	左图中，支架 1 和 2 都是套在无定位面的箱体孔内，调整装配锥齿轮，需用专用夹具、改用右图，作出支架定位基面后，可使装配调整简化
2	避免用螺纹定位	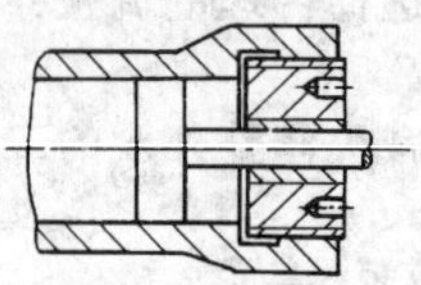	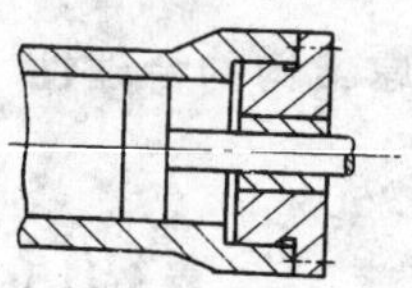	左图由于有螺纹间隙，不能保证端盖孔与液压缸的同轴度，必须改用圆柱配合面定位
3	互相有定位要求的零件，应按同一基准来定位	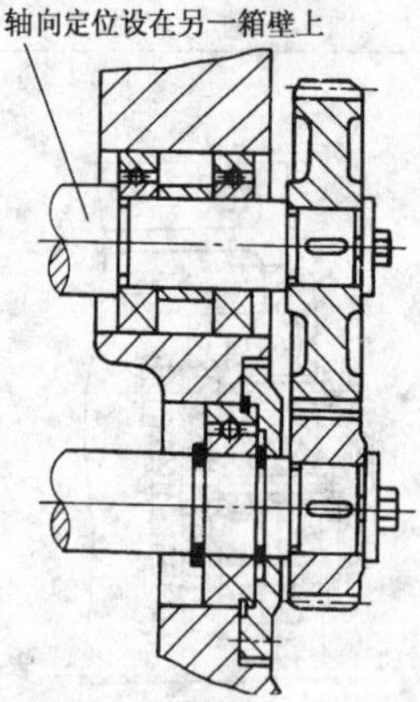	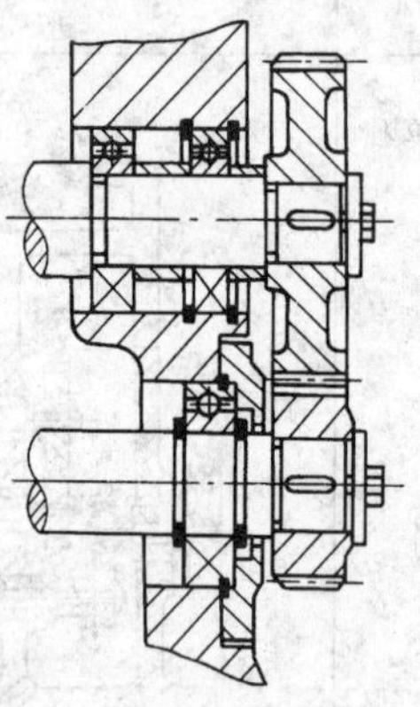	交换齿轮两根轴不在同一箱体壁上作轴向定位，当孔和轴加工误差较大时，齿轮装配相对偏差加大，应改在同一壁上，作轴向固定
4	挠性连接的部件，可以用不加工面作基面	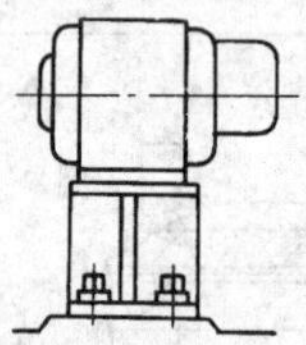	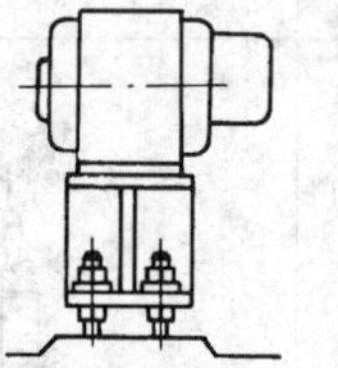	电动机和液压泵组装件，两端是以电线和油管连结，无配合要求，可用不加工面定位

表 4.11-3　结合工艺特点、考虑结构的合理性

序号	注意事项	图例		说明
		改进前	改进后	
1	轴和毂的配合在锥形轴头上必须留有一充分伸出部分 a，不许在锥形部分之外加轴肩	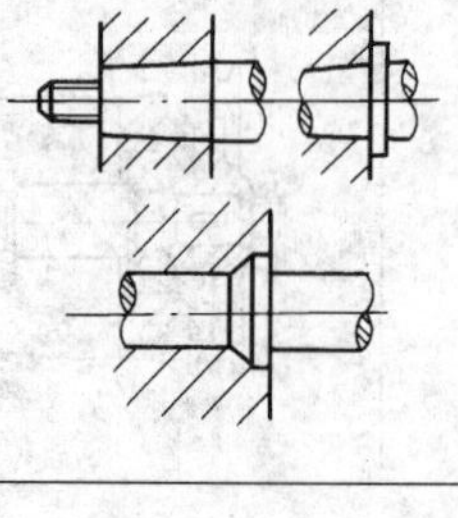	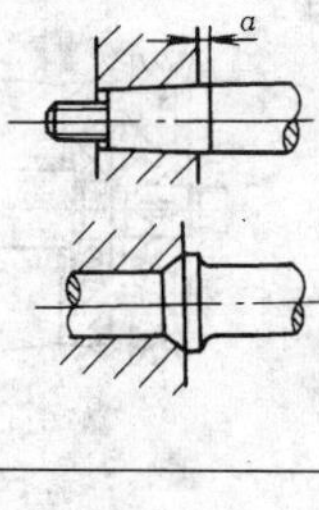	使轴和轴毂能保证紧密配合

（续）

序号	注意事项	图例 改进前	图例 改进后	说明
2	圆形的铸件加工面必须与不加工处留有充分的间隙 a	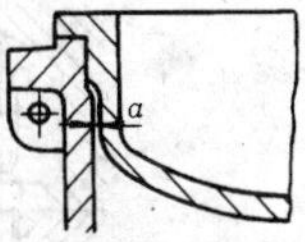	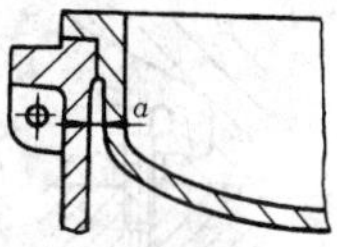	防止铸件圆度有误差，两件相互干涉
3	定位销的孔应尽可能钻通	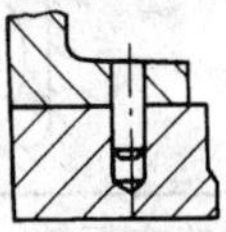	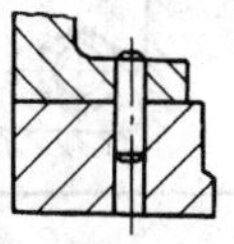	销子容易取出
4	螺纹端部应倒角	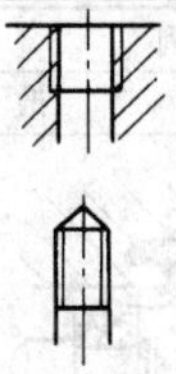	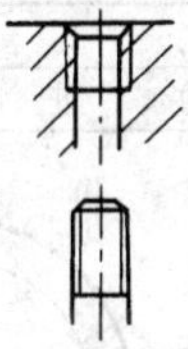	避免装配时将螺纹端部损坏

表 4.11-4　考虑装配的方便性

序号	注意事项	图例 改进前	图例 改进后	说明
1	考虑装配时能方便地找正和定位	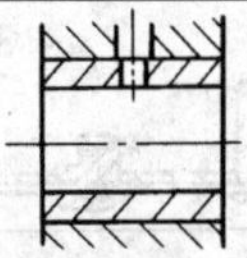	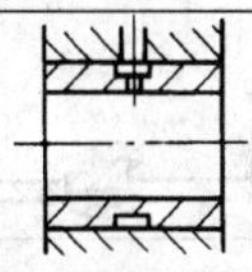	为便于装配时找正油孔，作出环形槽
		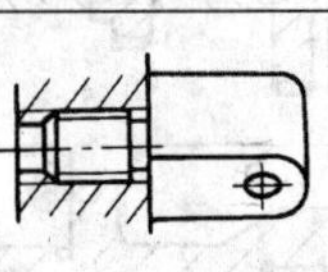	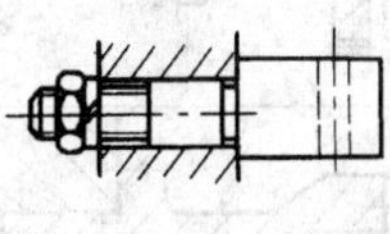	有方向性的零件应采用适应方向要求的结构，改进后的图例可调整孔的位置
2	轴上几个有配合的台阶表面，避免同时入孔装配	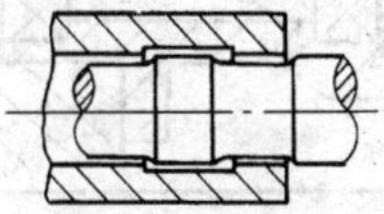	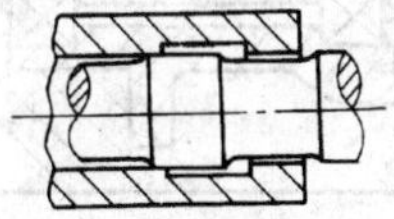	轴上几个台阶同时装配，找正不方便，且易损坏配合面。右图可改善工艺性
3	轴与套相配部分较长时，应作退刀槽	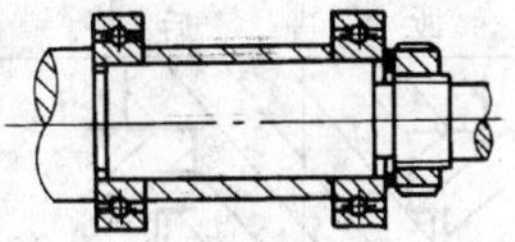	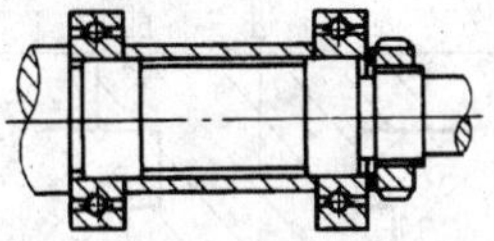	避免装配接触面过长
4	尽可能把紧固件布置在易于装拆的部位	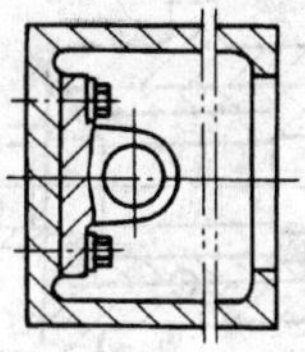	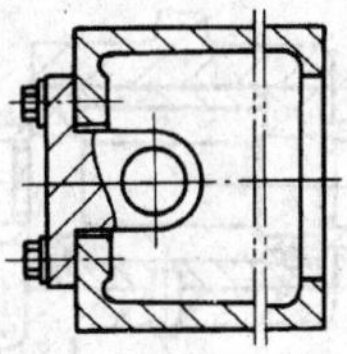	左图轴承架需专用工具装拆，改进后，比较简便

（续）

序号	注意事项	图例		说明
		改进前	改进后	
5	留出足够的位置	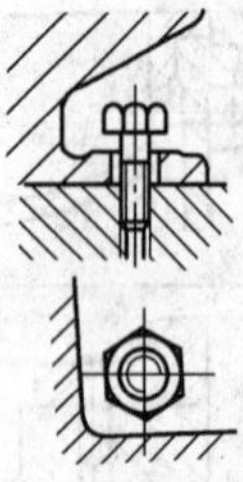	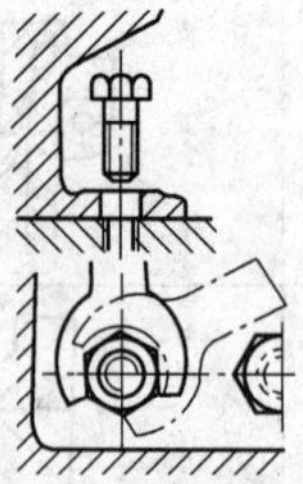	应留出放螺钉的高度空间和扳手的活动空间

表4.11-5　考虑拆卸的方便性

序号	注意事项	图例		说明
		改进前	改进后	
1	在轴、法兰、压盖、堵头及其他零件的端面，应有必要的工艺螺孔	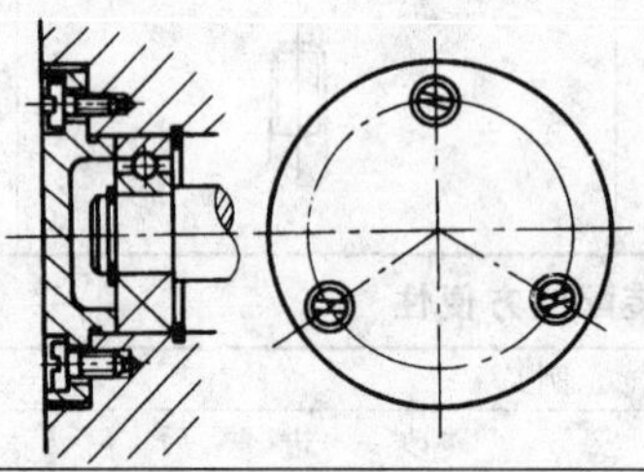	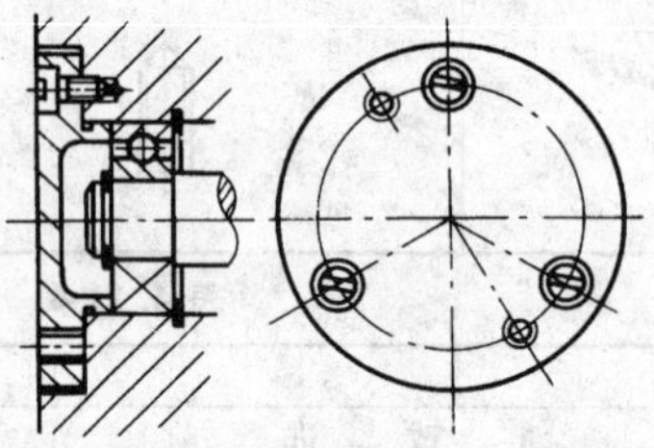	避免使用非正常拆卸方法易损坏零件
2	作出适当的拆卸窗口、孔槽	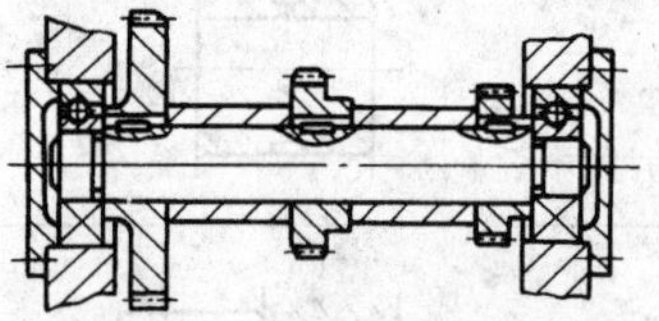	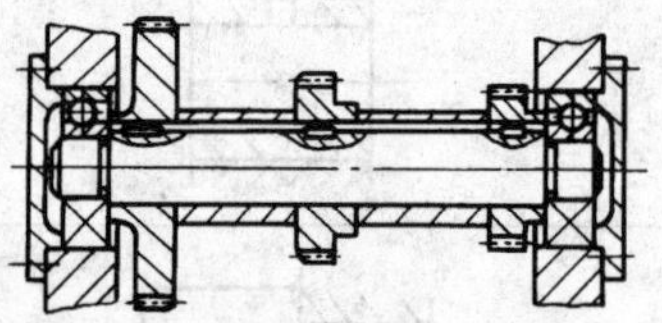	在隔套上作出键槽，便于安装，拆时不需将键拆下
3	当调整维修个别零件时，避免拆卸全部零件	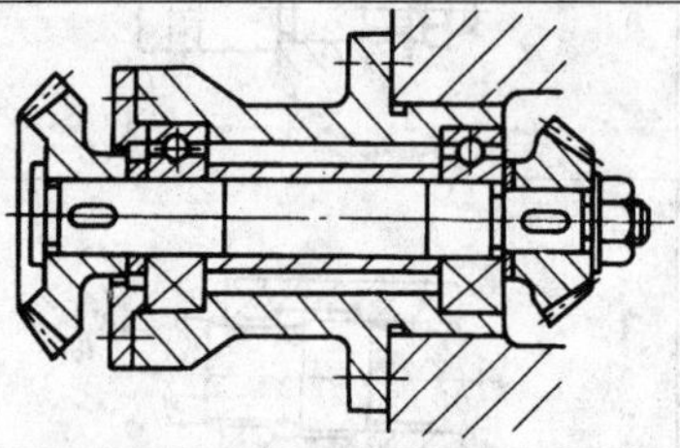	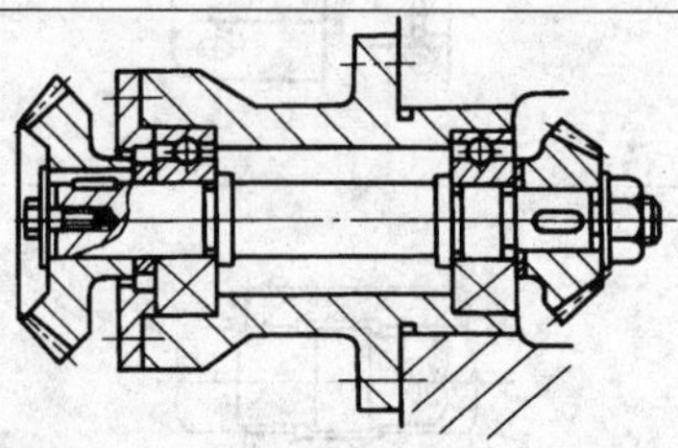	左图在拆卸左边调整垫圈时，几乎需拆下轴上全部零件

表4.11-6　考虑修配的方便性

序号	注意事项	图例		说明
		改进前	改进后	
1	尽量减少不必要的配合面		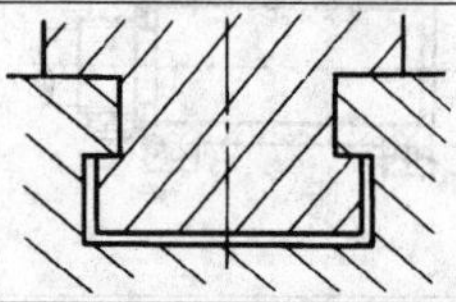	配合面过多，零件尺寸公差要求严格，不易制造，并增加装配时修配工作量
2	应避免配作的切屑带入难以清理的内部	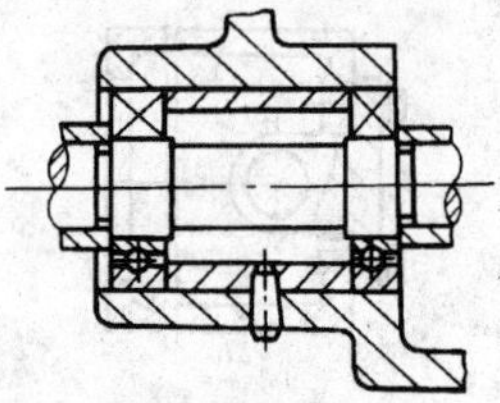	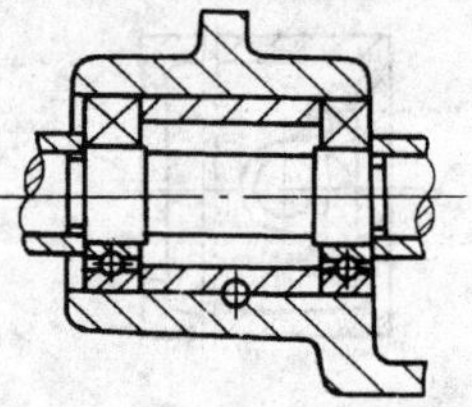	在便于钻孔部位，将径向销改为切向销，避免切屑带入轴承内部

（续）

序号	注意事项	图例 改进前	图例 改进后	说明
3	减少装配时的刮研和手工修配工作量	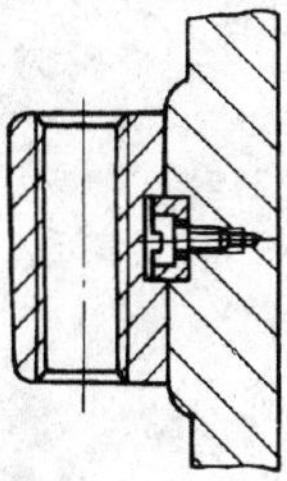	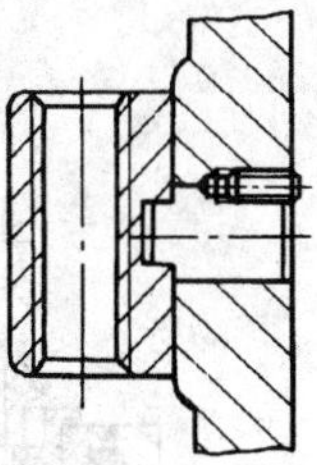	用键定位的丝杠螺母，为保证螺母轴线与刀架导轨的平行度，通常要进行修配；如用两侧削平的圆柱销来代替键，就可转动圆柱销来对导轨调整定位，最后固定圆柱销，不用修配
4	减少装配时的机加工配作	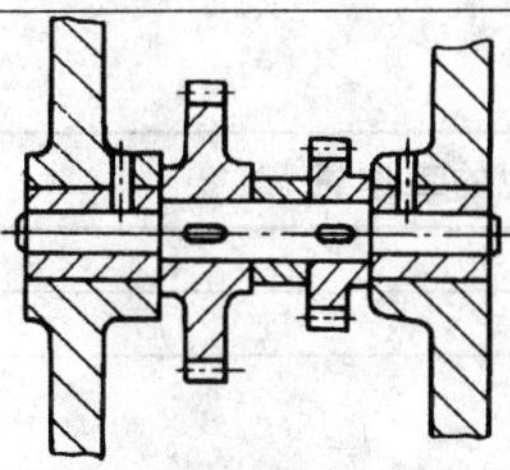	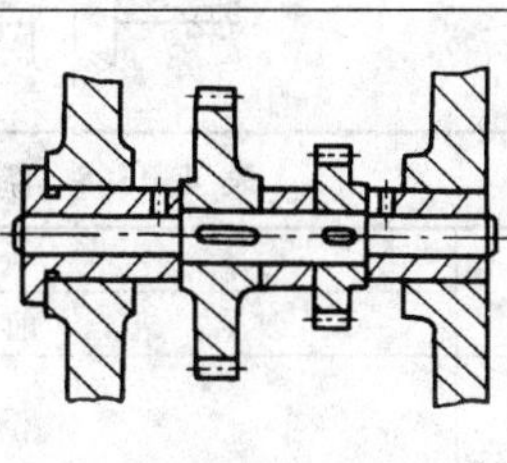	将箱体上配钻的油孔，改在轴套上，预先钻出
		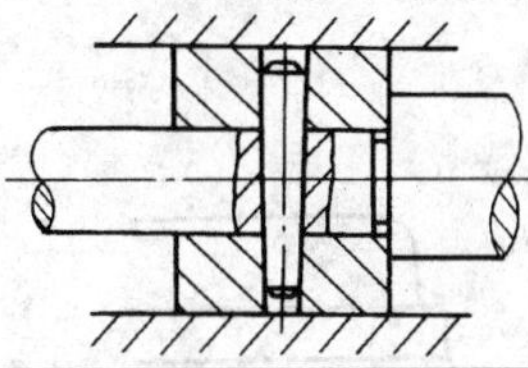	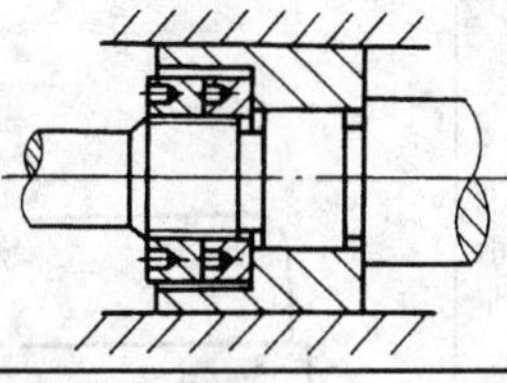	将活塞上配钻销孔的销钉联接改为螺纹联接

表 4.11-7　选择合理的调整补偿环

序号	注意事项	图例 改进前	图例 改进后	说明
1	在零件的相对位置需要调整的部位，应设置调整补偿环，以补偿尺寸链误差，简化装配工作	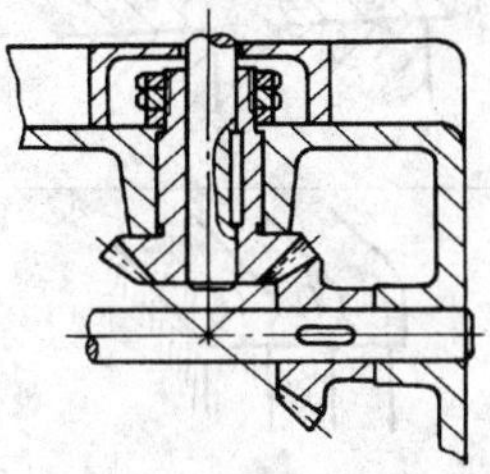	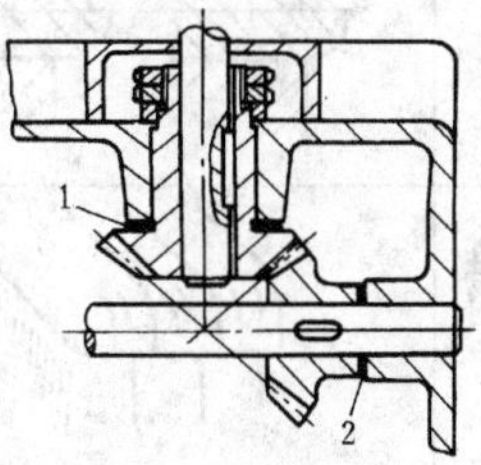	左图锥齿轮的啮合要靠反复修配支承面来调整；右图可靠修磨调整垫 1 和 2 的厚度来调整
		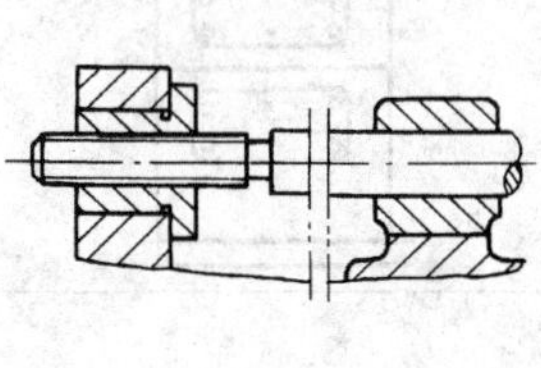	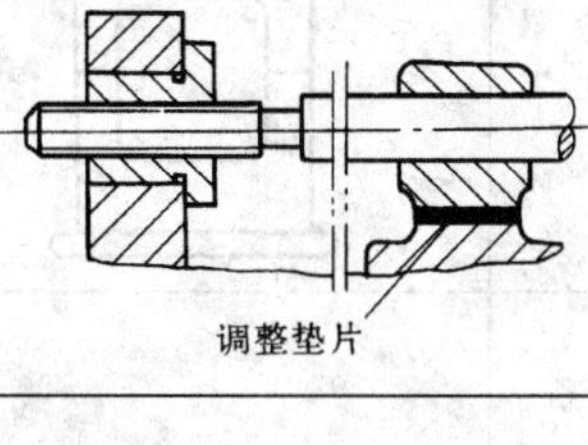	用调整垫片来调整丝杠支承与螺母的同轴度
2	调整补偿环应考虑测量方便	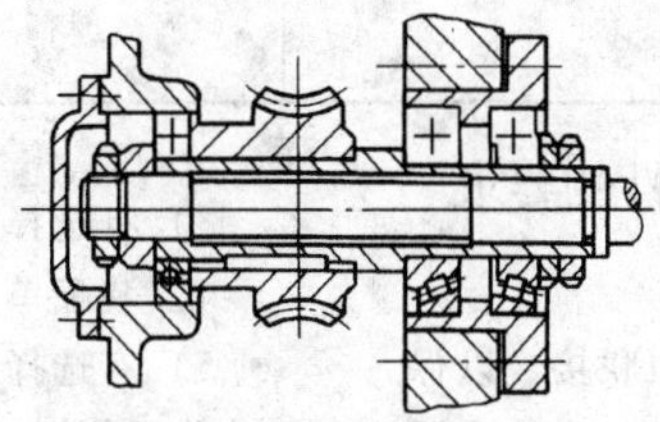		调整垫尽可能布置在易于拆卸的部位

（续）

序号	注意事项	图例		说　明
		改　进　前	改　进　后	
3	调整补偿环应考虑调整方便	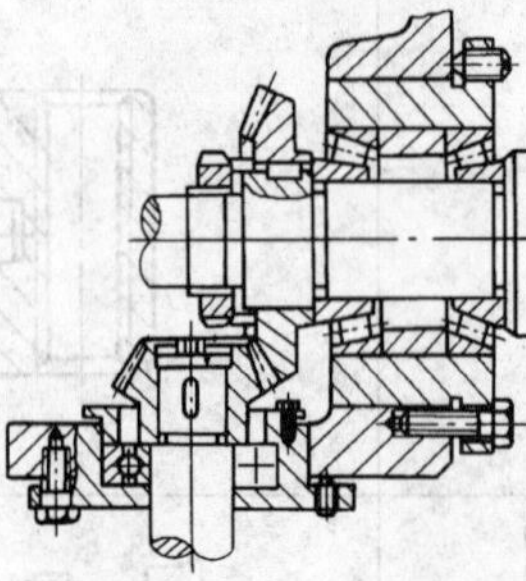		精度要求不太高的部位，采用调整螺钉代替调整垫，可省去修磨垫片，并避免孔的端面加工

表 4.11-8　减少修整外观的工作量

序号	注　意　事　项	图例		说　明
		改　进　前	改　进　后	
1	零件的轮廓表面，尽可能具有简单的外形和圆滑地过渡			床身、箱体、外罩、盖、小门等零件，尽可能具有简单外形，便于制造装配，并可使外形很好地吻合
2	部件接合处，可适当采用装饰性凸边	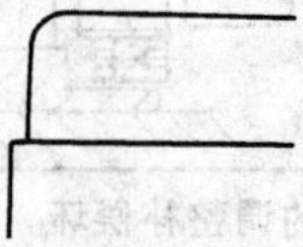	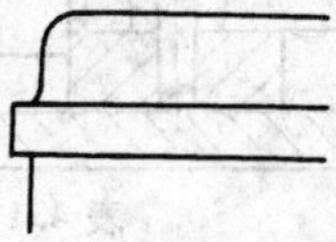	装饰性凸边可掩盖外形不吻合误差、减少加工和整修外形的工作量
3	铸件外形结合面的圆滑过渡处，应避免作为分型面	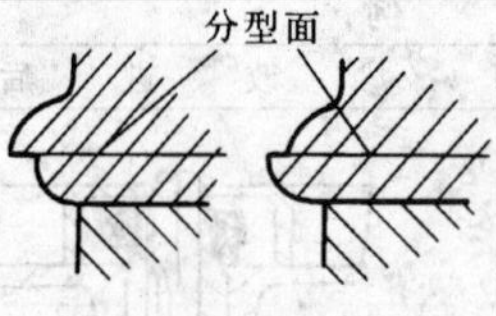	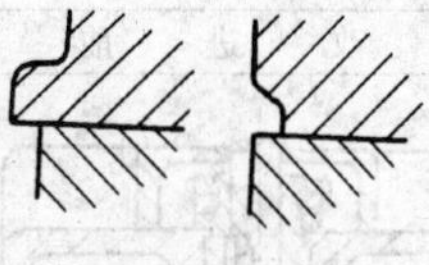	在圆滑过渡处作分型面，当砂箱偏移时，就需要修整外观
4	零件上的装饰性肋条应避免直接对缝联接	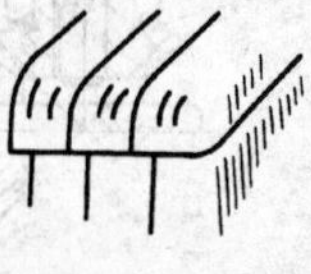		装饰性肋条直接对缝很难对准，反而影响外观整齐
5	不允许一个罩（或盖）同时与两个箱体或部件相连	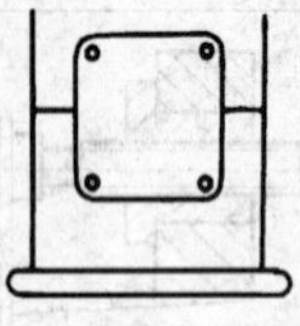	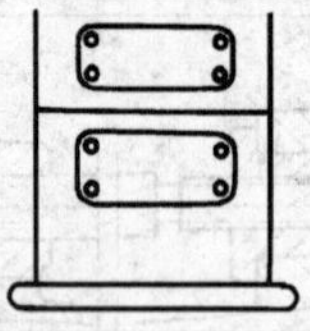	同时与两件相连时，需要加工两个平面，装配时也不易找正对准，外观不整齐
6	在冲压的罩、盖、门上适当布置凸条			在冲压的零件上适当布置凸条，可增加零件刚性，并具有较好的外观

2　自动装配对零件结构设计工艺性的要求

1）结构简单并确保容易组合。

2）能划分成完全互换的装配单元和联接，以保证装配夹具简单又便于引进、抓取、移动、安装和调节。

3）有选择工艺基准定位面的依据。

4）装配单元能互换，从而完全取消修配工作。

5）有选择基准面和配合面的表面粗糙度和装配尺寸公差依据。

6）装配单元高度的通用化和标准化。

7）装配单元中包含的零件数目应最少。

8）装配时不要用机械加工。

进行自动装配的零、部件结构，应有助于减少装配线的设备，便于识别、储存和输送

便于定位的一些措施见表 4.11-9。

表 4.11-9　易于定位

序号	注意事项	图例 改进前	图例 改进后	说明
1	零件形状尽可能设计成对称的	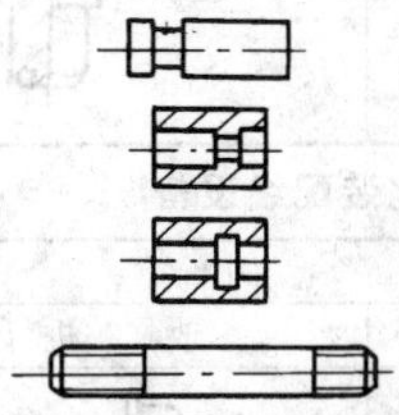	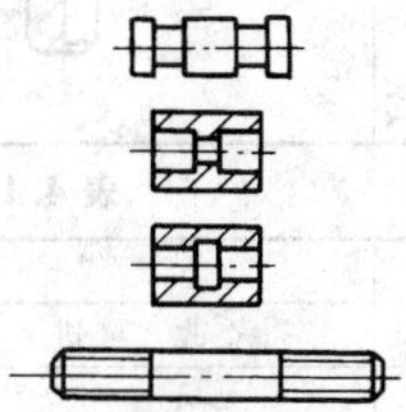	改为对称，便于确定正确位置，避免错装
2	为保证装配正确宜在零件上做出记号	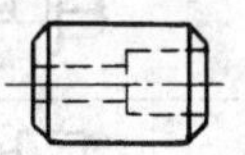	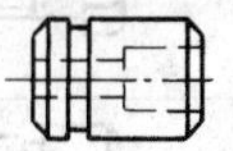	孔径不同，宜在相对于小孔径处切槽或倒角，以资识别
3	为保证自动装配有时需增加加工面	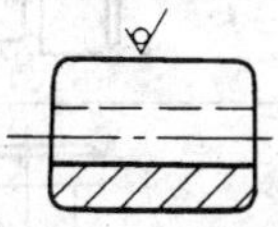	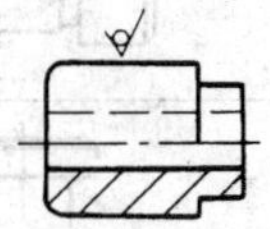	自由装配时，宜将夹紧处车削为圆柱面，使与内孔同轴
4	为保证孔的位置可在零件上加工一小平面	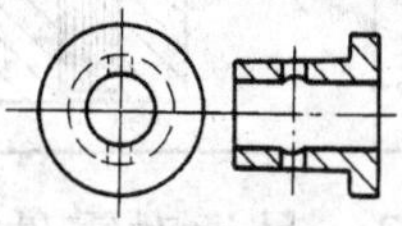	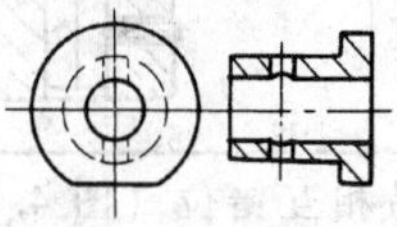	孔的方向要求一定，若不影响零件性能，可铣一小平面，其位置与孔成一定关系，平面较孔易于定位
5	为保证垫片上偏心位置可加工一小平面	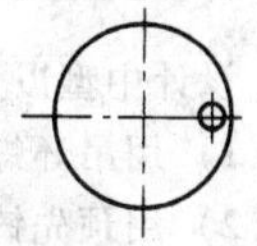	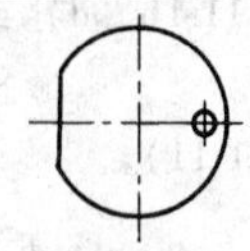	为保证偏心孔正确位置，可再加一小平面
6	为便于输送可把零件底部设计成弧面	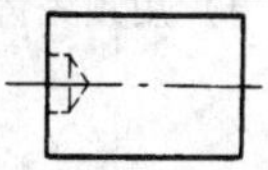	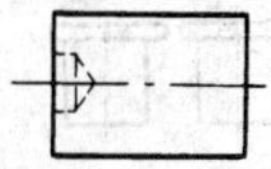	工件底端为弧面时，便于导向，有利于自动装配的输送

避免零件互相缠结的措施见表 4.11-10。

表 4.11-10　避免零件互相缠结

序号	注意事项	图例 改进前	图例 改进后	说明
1	薄壁有通槽的零件容易缠结	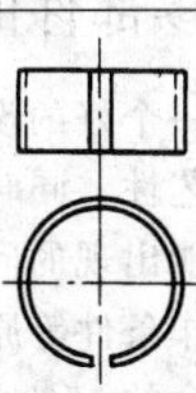	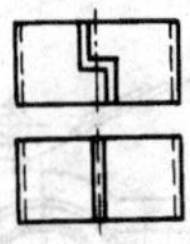	零件具有通槽时，为避免工件相互套住，可将槽位置错开，或使槽宽度小于工件壁厚
2	零件具有相同的内外锥度表面时，容易互相“卡死”	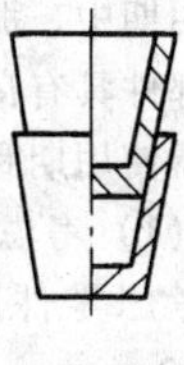	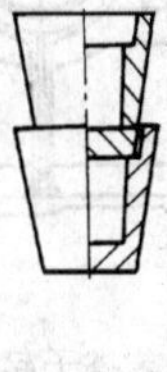	可使内外锥度不等

（续）

序号	注 意 事 项	图例		说　明
		改　进　前	改　进　后	
3	零件的凸出部分易于进入另外同类零件的孔中造成装配困难	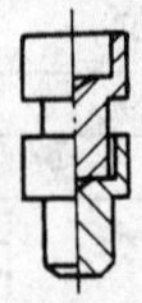		宜使凸出部分直径大于孔径

表 4.11-11　简化装配线设备

序号	注 意 事 项	图例		说　明
		改　进　前	改　进　后	
1	有可能做成一体的两个零件尽可能做成一体	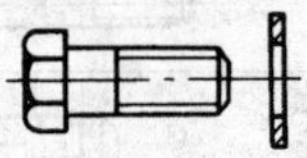	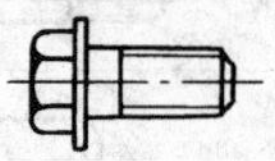	螺钉与垫圈一体时，可节省送料机构
2	定位面要便于安装和调整	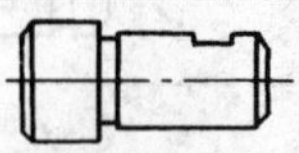	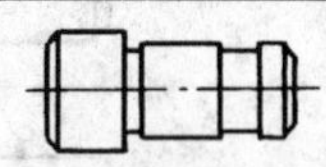	改为环形槽，装配时省去按径向调整机构
3	改变互相配合零件的表面可简化装配	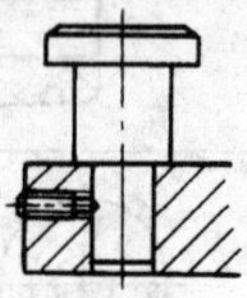	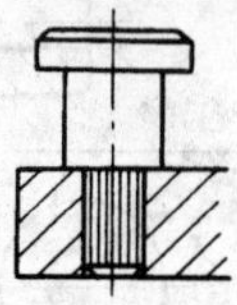	轴一端滚花，与其配合件为过盈配合效果好

有些零件在输送时易相互错位（图 4.11-1a、c），可将接触面积加大（图 4.11-1b、d）或增大接触处的角度（图 4.11-1e）。

简化装配线设备（见表 4.11-11）。

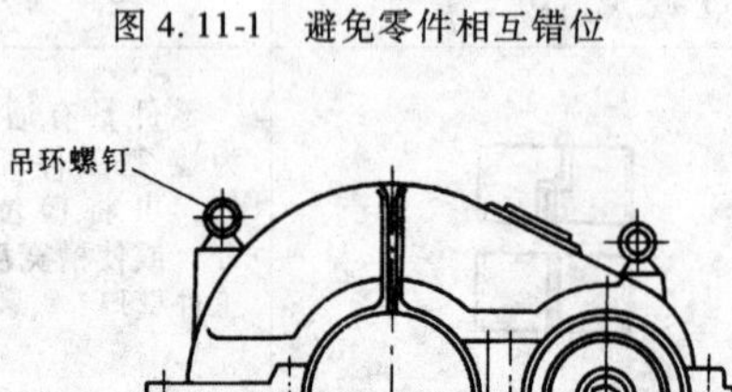

图 4.11-1　避免零件相互错位

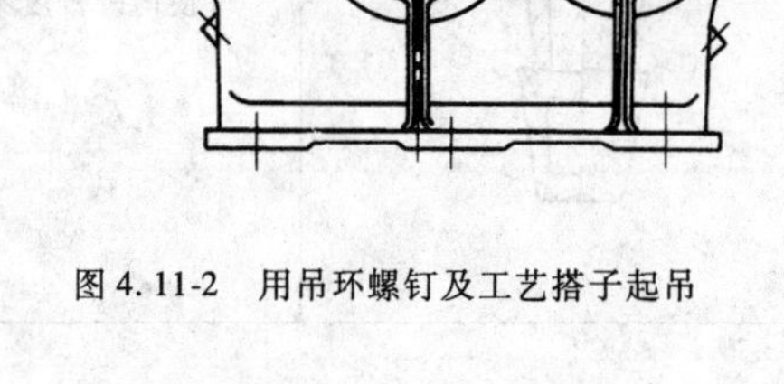

图 4.11-2　用吊环螺钉及工艺搭子起吊

3　吊运对零件结构设计工艺性的要求

设计中型以上零件时必须考虑起吊问题。

1）用吊环螺钉起吊，如图 4.11-2 所示。

2）用预先铸出的洞孔起吊，如图 4.11-3 所示。

3）用预先铸出的工艺搭子起吊，如图 4.11-2 所示。

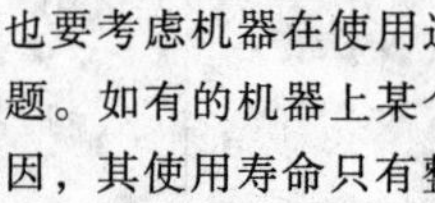

图 4.11-3　用铸出洞孔起吊

4　零部件的维修工艺性

一个好的设计不仅应考虑其制造阶段所要求的结构工艺性，同时也要考虑机器在使用过程中各个零部件可能出现的问题。如有的机器上某个零件，由于局部工作条件等原因，其使用寿命只有整台机器规定使用寿命的 15% ~20%，甚至更少，就是说，在机器的使用期中，那些易损零件需要多次更新。因此，机器零部件具有良好的维修工艺性，对于方便修理，延长机器使用期和降低生产成本是很重要的。

（1）考虑零件磨损后修复的可能性和方便性

考虑零件磨损后修复的可能性和方便性见表 4.11-12。

(2) 保证拆卸的方便性（见表 4.11-13）

1）轴套、环和销等零件，应有自由通路或其他结构措施，使其有拆卸的可能性。

2）轴、法兰、压盖和其他零件如有外露的螺孔或外螺纹时，可以利用带耳环的螺钉或螺母拆下这些零件。也可考虑设置拆卸螺孔等工艺结构。

3）滚动轴承与轴颈配合应严格按照标准所定的配合配用，在设计时，必须考虑在装入或拆卸轴承时，最好不用手锤而靠压力或带螺纹的拆装工具。

4）轴头设计装有带轮、大齿轮等类似零件时，轴头最好设计成带有锥度，以便于拆装。

5）在一根轴上的全部零件，最好能从轴的一端套入。

表 4.11-12　考虑修复的可能性和方便性

序号	注意事项	图例 改进前	图例 改进后	说明
1	大尺寸齿轮应考虑磨损修复的可能性	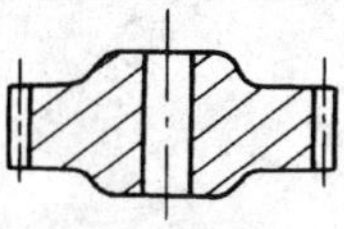	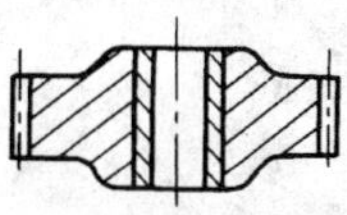	右图加套易于修复
2	设计应考虑修配的方式	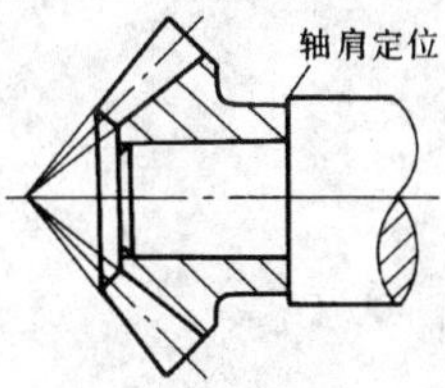	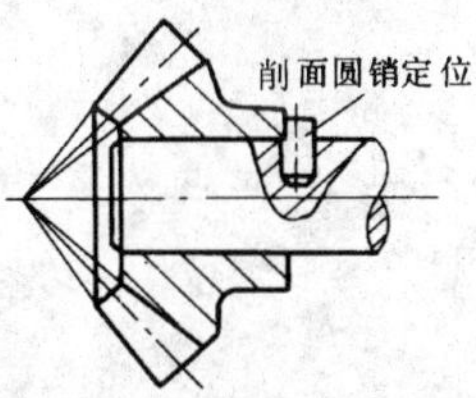	右图修刮圆销面积小，修配方便

表 4.11-13　保证拆卸的可能性

序号	注意事项	图例 改进前	图例 改进后	说明
1	销孔结构钻成通孔便于拆卸	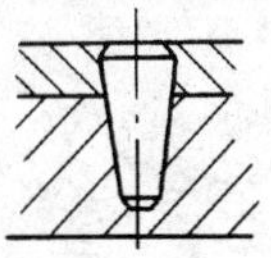	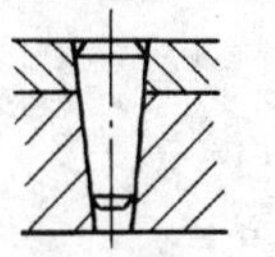	右图销子取出方便
2	轴肩及台肩应按规定尺寸设计	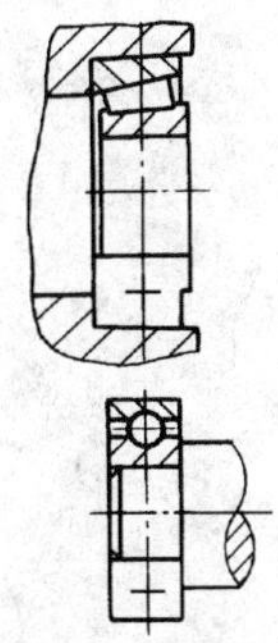	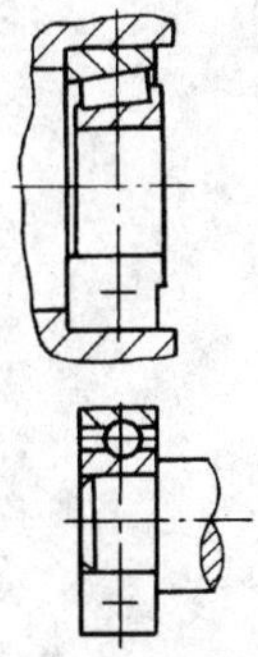	左图台肩及轴肩过高，轴承不易拆卸

参 考 文 献

〔1〕　徐灏．机械设计［M］．沈阳：东北工学院出版社，1987.

〔2〕　机械工程手册编辑委员会电机工程手册编辑委员会．机械工程手册［M］．北京：机械工业出版社，1996.

〔3〕　机械设计手册编委会．机械设计手册：第 1 卷新版［M］．北京：机械工业出版社，2004.

〔4〕　成大先．机械设计手册：第 1 卷．5 版［M］．北京：化学工业出版社，2008.

〔5〕　日本机械学会．机械技术手册：第 17 篇

[M]. 张志平，等，译. 北京：机械工业出版社，1984.
〔6〕 邓文英. 金属工艺学 [M]. 5版. 北京：高等教育出版社，2008.
〔7〕 机床设计手册编写组. 机床设计手册：第一册 [M]. 北京：机械工业出版社，1978.
〔8〕 王绍俊. 机械制造工艺设计手册 [M]. 北京：机械工业出版社，1985.
〔9〕 顾崇衔，等. 机械制造工艺学 [M]. 西安：陕西科学技术出版社，1990.
〔10〕 日本铸物协会. 铸物便览 [M]. 日本：丸善株式会社，1986.
〔11〕 Parsley K J, Manufacturing Technology [M] Leuel Ⅱ Hollen Street Press, 1983.
〔12〕 董杰，机械设计工艺性手册 [M]. 上海：上海交通大学出版社，1991.